U0226721

生态环境保护文件选编 2018

（上册）

生态环境部办公厅　编

中国环境出版集团·北京

图书在版编目（CIP）数据

生态环境保护文件选编. 2018 / 生态环境部办公厅编.
—北京：中国环境出版集团，2019.11
ISBN 978-7-5111-4142-2

Ⅰ. ①生… Ⅱ. ①生… Ⅲ. ①生态环境保护—文件
—汇编—中国—2018 Ⅳ. ①X-012

中国版本图书馆 CIP 数据核字（2019）第 250220 号

出 版 人　武德凯
责任编辑　曹　玮
责任校对　任　丽
封面设计　彭　杉

出版发行　**中国环境出版集团**
　　　　　（100062　北京市东城区广渠门内大街 16 号）
　　　　　网　　　址：http://www.cesp.com.cn
　　　　　电子邮箱：bjgl@cesp.com.cn
　　　　　联系电话：010-67112765（编辑管理部）
　　　　　　　　　　010-67113412（第二分社）
　　　　　发行热线：010-67125803，010-67113405（传真）
　　　　　印装质量热线：010-67113404
印　　刷　北京市联华印刷厂
版　　次　2019 年 11 月第 1 版
印　　次　2019 年 11 月第 1 次印刷
开　　本　787×1092　1/16
印　　张　41
字　　数　993 千字
定　　价　全书上下两册，定价 285.00 元

目　录

二、生态环境部（含原环境保护部）有关文件

（一）部令

（二）规范性文件

（三）公告

一、中共中央、国务院有关生态环境保护文件

中共中央 国务院关于全面加强生态环境保护
坚决打好污染防治攻坚战的意见

中发〔2018〕17号

良好生态环境是实现中华民族永续发展的内在要求，是增进民生福祉的优先领域。为深入学习贯彻习近平新时代中国特色社会主义思想和党的十九大精神，决胜全面建成小康社会，全面加强生态环境保护，打好污染防治攻坚战，提升生态文明，建设美丽中国，现提出如下意见。

一、深刻认识生态环境保护面临的形势

党的十八大以来，以习近平同志为核心的党中央把生态文明建设作为统筹推进"五位一体"总体布局和协调推进"四个全面"战略布局的重要内容，谋划开展了一系列根本性、长远性、开创性工作，推动生态文明建设和生态环境保护从实践到认识发生了历史性、转折性、全局性变化。各地区各部门认真贯彻落实党中央、国务院决策部署，生态文明建设和生态环境保护制度体系加快形成，全面节约资源有效推进，大气、水、土壤污染防治行动计划深入实施，生态系统保护和修复重大工程进展顺利，核与辐射安全得到有效保障，生态文明建设成效显著，美丽中国建设迈出重要步伐，我国成为全球生态文明建设的重要参与者、贡献者、引领者。

同时，我国生态文明建设和生态环境保护面临不少困难和挑战，存在许多不足。一些地方和部门对生态环境保护认识不到位，责任落实不到位；经济社会发展同生态环境保护的矛盾仍然突出，资源环境承载能力已经达到或接近上限；城乡区域统筹不够，新老环境问题交织，区域性、布局性、结构性环境风险凸显，重污染天气、黑臭水体、垃圾围城、生态破坏等问题时有发生。这些问题，成为重要的民生之患、民心之痛，成为经济社会可持续发展的瓶颈制约，成为全面建成小康社会的明显短板。

进入新时代，解决人民日益增长的美好生活需要和不平衡不充分的发展之间的矛盾对生态环境保护提出许多新要求。当前，生态文明建设正处于压力叠加、负重前行的关键期，

已进入提供更多优质生态产品以满足人民日益增长的优美生态环境需要的攻坚期，也到了有条件有能力解决突出生态环境问题的窗口期。必须加大力度、加快治理、加紧攻坚，打好标志性的重大战役，为人民创造良好生产生活环境。

二、深入贯彻习近平生态文明思想

习近平总书记传承中华民族传统文化、顺应时代潮流和人民意愿，站在坚持和发展中国特色社会主义、实现中华民族伟大复兴中国梦的战略高度，深刻回答了为什么建设生态文明、建设什么样的生态文明、怎样建设生态文明等重大理论和实践问题，系统形成了习近平生态文明思想，有力指导生态文明建设和生态环境保护取得历史性成就、发生历史性变革。

坚持生态兴则文明兴。建设生态文明是关系中华民族永续发展的根本大计，功在当代、利在千秋，关系人民福祉，关乎民族未来。

坚持人与自然和谐共生。保护自然就是保护人类，建设生态文明就是造福人类。必须尊重自然、顺应自然、保护自然，像保护眼睛一样保护生态环境，像对待生命一样对待生态环境，推动形成人与自然和谐发展现代化建设新格局，还自然以宁静、和谐、美丽。

坚持绿水青山就是金山银山。绿水青山既是自然财富、生态财富，又是社会财富、经济财富。保护生态环境就是保护生产力，改善生态环境就是发展生产力。必须坚持和贯彻绿色发展理念，平衡和处理好发展与保护的关系，推动形成绿色发展方式和生活方式，坚定不移走生产发展、生活富裕、生态良好的文明发展道路。

坚持良好生态环境是最普惠的民生福祉。生态文明建设同每个人息息相关。环境就是民生，青山就是美丽，蓝天也是幸福。必须坚持以人民为中心，重点解决损害群众健康的突出环境问题，提供更多优质生态产品。

坚持山水林田湖草是生命共同体。生态环境是统一的有机整体。必须按照系统工程的思路，构建生态环境治理体系，着力扩大环境容量和生态空间，全方位、全地域、全过程开展生态环境保护。

坚持用最严格制度最严密法治保护生态环境。保护生态环境必须依靠制度、依靠法治。必须构建产权清晰、多元参与、激励约束并重、系统完整的生态文明制度体系，让制度成为刚性约束和不可触碰的高压线。

坚持建设美丽中国全民行动。美丽中国是人民群众共同参与、共同建设、共同享有的事业。必须加强生态文明宣传教育，牢固树立生态文明价值观念和行为准则，把建设美丽中国化为全民自觉行动。

坚持共谋全球生态文明建设。生态文明建设是构建人类命运共同体的重要内容。必须同舟共济、共同努力，构筑尊崇自然、绿色发展的生态体系，推动全球生态环境治理，建设清洁美丽世界。

习近平生态文明思想为推进美丽中国建设、实现人与自然和谐共生的现代化提供了方向指引和根本遵循，必须用以武装头脑、指导实践、推动工作。要教育广大干部增强"四个意识"，树立正确政绩观，把生态文明建设重大部署和重要任务落到实处，让良好生态环境成为人民幸福生活的增长点、成为经济社会持续健康发展的支撑点、成为展现我国良好形象的发力点。

三、全面加强党对生态环境保护的领导

加强生态环境保护、坚决打好污染防治攻坚战是党和国家的重大决策部署，各级党委和政府要强化对生态文明建设和生态环境保护的总体设计和组织领导，统筹协调处理重大问题，指导、推动、督促各地区各部门落实党中央、国务院重大政策措施。

（一）落实党政主体责任。落实领导干部生态文明建设责任制，严格实行党政同责、一岗双责。地方各级党委和政府必须坚决扛起生态文明建设和生态环境保护的政治责任，对本行政区域的生态环境保护工作及生态环境质量负总责，主要负责人是本行政区域生态环境保护第一责任人，至少每季度研究一次生态环境保护工作，其他有关领导成员在职责范围内承担相应责任。各地要制定责任清单，把任务分解落实到有关部门。抓紧出台中央和国家机关相关部门生态环境保护责任清单。各相关部门要履行好生态环境保护职责，制定生态环境保护年度工作计划和措施。各地区各部门落实情况每年向党中央、国务院报告。

健全环境保护督察机制。完善中央和省级环境保护督察体系，制定环境保护督察工作规定，以解决突出生态环境问题、改善生态环境质量、推动高质量发展为重点，夯实生态文明建设和生态环境保护政治责任，推动环境保护督察向纵深发展。完善督查、交办、巡查、约谈、专项督察机制，开展重点区域、重点领域、重点行业专项督察。

（二）强化考核问责。制定对省（自治区、直辖市）党委、人大、政府以及中央和国家机关有关部门污染防治攻坚战成效考核办法，对生态环境保护立法执法情况、年度工作目标任务完成情况、生态环境质量状况、资金投入使用情况、公众满意程度等相关方面开展考核。各地参照制定考核实施细则。开展领导干部自然资源资产离任审计。考核结果作为领导班子和领导干部综合考核评价、奖惩任免的重要依据。

严格责任追究。对省（自治区、直辖市）党委和政府以及负有生态环境保护责任的中央和国家机关有关部门贯彻落实党中央、国务院决策部署不坚决不彻底、生态文明建设和生态环境保护责任制执行不到位、污染防治攻坚任务完成严重滞后、区域生态环境问题突出的，约谈主要负责人，同时责成其向党中央、国务院作出深刻检查。对年度目标任务未完成、考核不合格的市、县，党政主要负责人和相关领导班子成员不得评优评先。对在生态环境方面造成严重破坏负有责任的干部，不得提拔使用或者转任重要职务。对不顾生态环境盲目决策、违法违规审批开发利用规划和建设项目的，对造成生态环境质量恶化、生态严重破坏的，对生态环境事件多发高发、应对不力、群众反映强烈的，对生态环境保护责任没有落实、推诿扯皮、没有完成工作任务的，依纪依法严格问责、终身追责。

四、总体目标和基本原则

（一）总体目标。到 2020 年，生态环境质量总体改善，主要污染物排放总量大幅减少，环境风险得到有效管控，生态环境保护水平同全面建成小康社会目标相适应。

具体指标：全国细颗粒物（$PM_{2.5}$）未达标地级及以上城市浓度比 2015 年下降 18% 以上，地级及以上城市空气质量优良天数比率达到 80% 以上；全国地表水 Ⅰ～Ⅲ类水体比例

达到 70%以上，劣Ⅴ类水体比例控制在 5%以内；近岸海域水质优良（一、二类）比例达到 70%左右；二氧化硫、氮氧化物排放量比 2015 年减少 15%以上，化学需氧量、氨氮排放量减少 10%以上；受污染耕地安全利用率达到 90%左右，污染地块安全利用率达到 90%以上；生态保护红线面积占比达到 25%左右；森林覆盖率达到 23.04%以上。

通过加快构建生态文明体系，确保到 2035 年节约资源和保护生态环境的空间格局、产业结构、生产方式、生活方式总体形成，生态环境质量实现根本好转，美丽中国目标基本实现。到本世纪中叶，生态文明全面提升，实现生态环境领域国家治理体系和治理能力现代化。

（二）基本原则

——坚持保护优先。落实生态保护红线、环境质量底线、资源利用上线硬约束，深化供给侧结构性改革，推动形成绿色发展方式和生活方式，坚定不移走生产发展、生活富裕、生态良好的文明发展道路。

——强化问题导向。以改善生态环境质量为核心，针对流域、区域、行业特点，聚焦问题、分类施策、精准发力，不断取得新成效，让人民群众有更多获得感。

——突出改革创新。深化生态环境保护体制机制改革，统筹兼顾、系统谋划，强化协调、整合力量，区域协作、条块结合，严格环境标准，完善经济政策，增强科技支撑和能力保障，提升生态环境治理的系统性、整体性、协同性。

——注重依法监管。完善生态环境保护法律法规体系，健全生态环境保护行政执法和刑事司法衔接机制，依法严惩重罚生态环境违法犯罪行为。

——推进全民共治。政府、企业、公众各尽其责、共同发力，政府积极发挥主导作用，企业主动承担环境治理主体责任，公众自觉践行绿色生活。

五、推动形成绿色发展方式和生活方式

坚持节约优先，加强源头管控，转变发展方式，培育壮大新兴产业，推动传统产业智能化、清洁化改造，加快发展节能环保产业，全面节约能源资源，协同推动经济高质量发展和生态环境高水平保护。

（一）促进经济绿色低碳循环发展。对重点区域、重点流域、重点行业和产业布局开展规划环评，调整优化不符合生态环境功能定位的产业布局、规模和结构。严格控制重点流域、重点区域环境风险项目。对国家级新区、工业园区、高新区等进行集中整治，限期进行达标改造。加快城市建成区、重点流域的重污染企业和危险化学品企业搬迁改造，2018 年年底前，相关城市政府就此制定专项计划并向社会公开。促进传统产业优化升级，构建绿色产业链体系。继续化解过剩产能，严禁钢铁、水泥、电解铝、平板玻璃等行业新增产能，对确有必要新建的必须实施等量或减量置换。加快推进危险化学品生产企业搬迁改造工程。提高污染排放标准，加大钢铁等重点行业落后产能淘汰力度，鼓励各地制定范围更广、标准更严的落后产能淘汰政策。构建市场导向的绿色技术创新体系，强化产品全生命周期绿色管理。大力发展节能环保产业、清洁生产产业、清洁能源产业，加强科技创新引领，着力引导绿色消费，大力提高节能、环保、资源循环利用等绿色产业技术装备水平，培育发展一批骨干企业。大力发展节能和环境服务业，推行合同能源管理、合同节水管理，积极探

索区域环境托管服务等新模式。鼓励新业态发展和模式创新。在能源、冶金、建材、有色、化工、电镀、造纸、印染、农副食品加工等行业，全面推进清洁生产改造或清洁化改造。

（二）推进能源资源全面节约。强化能源和水资源消耗、建设用地等总量和强度双控行动，实行最严格的耕地保护、节约用地和水资源管理制度。实施国家节水行动，完善水价形成机制，推进节水型社会和节水型城市建设，到 2020 年，全国用水总量控制在 6 700 亿米^3 以内。健全节能、节水、节地、节材、节矿标准体系，大幅降低重点行业和企业能耗、物耗，推行生产者责任延伸制度，实现生产系统和生活系统循环链接。鼓励新建建筑采用绿色建材，大力发展装配式建筑，提高新建绿色建筑比例。以北方采暖地区为重点，推进既有居住建筑节能改造。积极应对气候变化，采取有力措施确保完成 2020 年控制温室气体排放行动目标。扎实推进全国碳排放权交易市场建设，统筹深化低碳试点。

（三）引导公众绿色生活。加强生态文明宣传教育，倡导简约适度、绿色低碳的生活方式，反对奢侈浪费和不合理消费。开展创建绿色家庭、绿色学校、绿色社区、绿色商场、绿色餐馆等行动。推行绿色消费，出台快递业、共享经济等新业态的规范标准，推广环境标志产品、有机产品等绿色产品。提倡绿色居住，节约用水用电，合理控制夏季空调和冬季取暖室内温度。大力发展公共交通，鼓励自行车、步行等绿色出行。

六、坚决打赢蓝天保卫战

编制实施打赢蓝天保卫战三年作战计划，以京津冀及周边、长三角、汾渭平原等重点区域为主战场，调整优化产业结构、能源结构、运输结构、用地结构，强化区域联防联控和重污染天气应对，进一步明显降低 PM$_{2.5}$ 浓度，明显减少重污染天数，明显改善大气环境质量，明显增强人民的蓝天幸福感。

（一）加强工业企业大气污染综合治理。全面整治"散乱污"企业及集群，实行拉网式排查和清单式、台账式、网格化管理，分类实施关停取缔、整合搬迁、整改提升等措施，京津冀及周边区域 2018 年年底前完成，其他重点区域 2019 年年底前完成。坚决关停用地、工商手续不全并难以通过改造达标的企业，限期治理可以达标改造的企业，逾期依法一律关停。强化工业企业无组织排放管理，推进挥发性有机物排放综合整治，开展大气氨排放控制试点。到 2020 年，挥发性有机物排放总量比 2015 年下降 10% 以上。重点区域和大气污染严重城市加大钢铁、铸造、炼焦、建材、电解铝等产能压减力度，实施大气污染物特别排放限值。加大排放高、污染重的煤电机组淘汰力度，在重点区域加快推进。到 2020 年，具备改造条件的燃煤电厂全部完成超低排放改造，重点区域不具备改造条件的高污染燃煤电厂逐步关停。推动钢铁等行业超低排放改造。

（二）大力推进散煤治理和煤炭消费减量替代。增加清洁能源使用，拓宽清洁能源消纳渠道，落实可再生能源发电全额保障性收购政策。安全高效发展核电。推动清洁低碳能源优先上网。加快重点输电通道建设，提高重点区域接受外输电比例。因地制宜、加快实施北方地区冬季清洁取暖五年规划。鼓励余热、浅层地热能等清洁能源取暖。加强煤层气（煤矿瓦斯）综合利用，实施生物天然气工程。到 2020 年，京津冀及周边、汾渭平原的平原地区基本完成生活和冬季取暖散煤替代；北京、天津、河北、山东、河南及珠三角区域煤炭消费总量比 2015 年均下降 10% 左右，上海、江苏、浙江、安徽及汾渭平原煤炭消费总量均下降 5%

左右；重点区域基本淘汰每小时 35 蒸吨以下燃煤锅炉。推广清洁高效燃煤锅炉。

（三）打好柴油货车污染治理攻坚战。以开展柴油货车超标排放专项整治为抓手，统筹开展油、路、车治理和机动车船污染防治。严厉打击生产销售不达标车辆、排放检验机构检测弄虚作假等违法行为。加快淘汰老旧车，鼓励清洁能源车辆、船舶的推广使用。建设"天地车人"一体化的机动车排放监控系统，完善机动车遥感监测网络。推进钢铁、电力、电解铝、焦化等重点工业企业和工业园区货物由公路运输转向铁路运输。显著提高重点区域大宗货物铁路水路货运比例，提高沿海港口集装箱铁路集疏港比例。重点区域提前实施机动车国六排放标准，严格实施船舶和非道路移动机械大气排放标准。鼓励淘汰老旧船舶、工程机械和农业机械。落实珠三角、长三角、环渤海京津冀水域船舶排放控制区管理政策，全国主要港口和排放控制区内港口靠港船舶率先使用岸电。到 2020 年，长江干线、西江航运干线、京杭运河水上服务区和待闸锚地基本具备船舶岸电供应能力。2019 年 1 月 1 日起，全国供应符合国六标准的车用汽油和车用柴油，力争重点区域提前供应。尽快实现车用柴油、普通柴油和部分船舶用油标准并轨。内河和江海直达船舶必须使用硫含量不大于 10 毫克/千克的柴油。严厉打击生产、销售和使用非标车（船）用燃料行为，彻底清除黑加油站点。

（四）强化国土绿化和扬尘管控。积极推进露天矿山综合整治，加快环境修复和绿化。开展大规模国土绿化行动，加强北方防沙带建设，实施京津风沙源治理工程、重点防护林工程，增加林草覆盖率。在城市功能疏解、更新和调整中，将腾退空间优先用于留白增绿。落实城市道路和城市范围内施工工地等扬尘管控。

（五）有效应对重污染天气。强化重点区域联防联控联治，统一预警分级标准、信息发布、应急响应，提前采取应急减排措施，实施区域应急联动，有效降低污染程度。完善应急预案，明确政府、部门及企业的应急责任，科学确定重污染期间管控措施和污染源减排清单。指导公众做好重污染天气健康防护。推进预测预报预警体系建设，2018 年年底前，进一步提升国家级空气质量预报能力，区域预报中心具备 7 至 10 天空气质量预报能力，省级预报中心具备 7 天空气质量预报能力并精确到所辖各城市。重点区域采暖季节，对钢铁、焦化、建材、铸造、电解铝、化工等重点行业企业实施错峰生产。重污染期间，对钢铁、焦化、有色、电力、化工等涉及大宗原材料及产品运输的重点企业实施错峰运输；强化城市建设施工工地扬尘管控措施，加强道路机扫。依法严禁秸秆露天焚烧，全面推进综合利用。到 2020 年，地级及以上城市重污染天数比 2015 年减少 25%。

七、着力打好碧水保卫战

深入实施水污染防治行动计划，扎实推进河长制、湖长制，坚持污染减排和生态扩容两手发力，加快工业、农业、生活污染源和水生态系统整治，保障饮用水安全，消除城市黑臭水体，减少污染严重水体和不达标水体。

（一）打好水源地保护攻坚战。加强水源水、出厂水、管网水、末梢水的全过程管理。划定集中式饮用水水源保护区，推进规范化建设。强化南水北调水源地及沿线生态环境保护。深化地下水污染防治。全面排查和整治县级及以上城市水源保护区内的违法违规问题，长江经济带于 2018 年年底前、其他地区于 2019 年年底前完成。单一水源供水的地级及以上城市应当建设应急水源或备用水源。定期监（检）测、评估集中式饮用水水源、供水单位供水和用户水龙头水质状况，县级及以上城市至少每季度向社会公开一次。

（二）打好城市黑臭水体治理攻坚战。实施城镇污水处理"提质增效"三年行动，加快补齐城镇污水收集和处理设施短板，尽快实现污水管网全覆盖、全收集、全处理。完善污水处理收费政策，各地要按规定将污水处理收费标准尽快调整到位，原则上应补偿到污水处理和污泥处置设施正常运营并合理盈利。对中西部地区，中央财政给予适当支持。加强城市初期雨水收集处理设施建设，有效减少城市面源污染。到2020年，地级及以上城市建成区黑臭水体消除比例达90%以上。鼓励京津冀、长三角、珠三角区域城市建成区尽早全面消除黑臭水体。

（三）打好长江保护修复攻坚战。开展长江流域生态隐患和环境风险调查评估，划定高风险区域，从严实施生态环境风险防控措施。优化长江经济带产业布局和规模，严禁污染型产业、企业向上中游地区转移。排查整治入河入湖排污口及不达标水体，市、县级政府制定实施不达标水体限期达标规划。到2020年，长江流域基本消除劣Ⅴ类水体。强化船舶和港口污染防治，现有船舶到2020年全部完成达标改造，港口、船舶修造厂环卫设施、污水处理设施纳入城市设施建设规划。加强沿河环湖生态保护，修复湿地等水生态系统，因地制宜建设人工湿地水质净化工程。实施长江流域上中游水库群联合调度，保障干流、主要支流和湖泊基本生态用水。

（四）打好渤海综合治理攻坚战。以渤海海区的渤海湾、辽东湾、莱州湾、辽河口、黄河口等为重点，推动河口海湾综合整治。全面整治入海污染源，规范入海排污口设置，全部清理非法排污口。严格控制海水养殖等造成的海上污染，推进海洋垃圾防治和清理。率先在渤海实施主要污染物排海总量控制制度，强化陆海污染联防联控，加强入海河流治理与监管。实施最严格的围填海和岸线开发管控，统筹安排海洋空间利用活动。渤海禁止审批新增围填海项目，引导符合国家产业政策的项目消化存量围填海资源，已审批但未开工的项目要依法重新进行评估和清理。

（五）打好农业农村污染治理攻坚战。以建设美丽宜居村庄为导向，持续开展农村人居环境整治行动，实现全国行政村环境整治全覆盖。到2020年，农村人居环境明显改善，村庄环境基本干净整洁有序，东部地区、中西部城市近郊区等有基础、有条件的地区人居环境质量全面提升，管护长效机制初步建立；中西部有较好基础、基本具备条件的地区力争实现90%左右的村庄生活垃圾得到治理，卫生厕所普及率达到85%左右，生活污水乱排乱放得到管控。减少化肥农药使用量，制修订并严格执行化肥农药等农业投入品质量标准，严格控制高毒高风险农药使用，推进有机肥替代化肥、病虫害绿色防控替代化学防治和废弃农膜回收，完善废旧地膜和包装废弃物等回收处理制度。到2020年，化肥农药使用量实现零增长。坚持种植和养殖相结合，就地就近消纳利用畜禽养殖废弃物。合理布局水产养殖空间，深入推进水产健康养殖，开展重点江河湖库及重点近岸海域破坏生态环境的养殖方式综合整治。到2020年，全国畜禽粪污综合利用率达到75%以上，规模养殖场粪污处理设施装备配套率达到95%以上。

八、扎实推进净土保卫战

全面实施土壤污染防治行动计划，突出重点区域、行业和污染物，有效管控农用地和城市建设用地土壤环境风险。

（一）强化土壤污染管控和修复。加强耕地土壤环境分类管理。严格管控重度污染耕地，严禁在重度污染耕地种植食用农产品。实施耕地土壤环境治理保护重大工程，开展重点地区涉重金属行业排查和整治。2018 年年底前，完成农用地土壤污染状况详查。2020 年年底前，编制完成耕地土壤环境质量分类清单。建立建设用地土壤污染风险管控和修复名录，列入名录且未完成治理修复的地块不得作为住宅、公共管理与公共服务用地。建立污染地块联动监管机制，将建设用地土壤环境管理要求纳入用地规划和供地管理，严格控制用地准入，强化暂不开发污染地块的风险管控。2020 年年底前，完成重点行业企业用地土壤污染状况调查。严格土壤污染重点行业企业搬迁改造过程中拆除活动的环境监管。

（二）加快推进垃圾分类处理。到 2020 年，实现所有城市和县城生活垃圾处理能力全覆盖，基本完成非正规垃圾堆放点整治；直辖市、计划单列市、省会城市和第一批分类示范城市基本建成生活垃圾分类处理系统。推进垃圾资源化利用，大力发展垃圾焚烧发电。推进农村垃圾就地分类、资源化利用和处理，建立农村有机废弃物收集、转化、利用网络体系。

（三）强化固体废物污染防治。全面禁止洋垃圾入境，严厉打击走私，大幅减少固体废物进口种类和数量，力争 2020 年年底前基本实现固体废物零进口。开展"无废城市"试点，推动固体废物资源化利用。调查、评估重点工业行业危险废物产生、贮存、利用、处置情况。完善危险废物经营许可、转移等管理制度，建立信息化监管体系，提升危险废物处理处置能力，实施全过程监管。严厉打击危险废物非法跨界转移、倾倒等违法犯罪活动。深入推进长江经济带固体废物大排查活动。评估有毒有害化学品在生态环境中的风险状况，严格限制高风险化学品生产、使用、进出口，并逐步淘汰、替代。

九、加快生态保护与修复

坚持自然恢复为主，统筹开展全国生态保护与修复，全面划定并严守生态保护红线，提升生态系统质量和稳定性。

（一）划定并严守生态保护红线。按照应保尽保、应划尽划的原则，将生态功能重要区域、生态环境敏感脆弱区域纳入生态保护红线。到 2020 年，全面完成全国生态保护红线划定、勘界定标，形成生态保护红线全国"一张图"，实现一条红线管控重要生态空间。制定实施生态保护红线管理办法、保护修复方案，建设国家生态保护红线监管平台，开展生态保护红线监测预警与评估考核。

（二）坚决查处生态破坏行为。2018 年年底前，县级及以上地方政府全面排查违法违规挤占生态空间、破坏自然遗迹等行为，制定治理和修复计划并向社会公开。开展病危险尾矿库和"头顶库"专项整治。持续开展"绿盾"自然保护区监督检查专项行动，严肃查处各类违法违规行为，限期进行整治修复。

（三）建立以国家公园为主体的自然保护地体系。到 2020 年，完成全国自然保护区范围界限核准和勘界立标，整合设立一批国家公园，自然保护地相关法规和管理制度基本建立。对生态严重退化地区实行封禁管理，稳步实施退耕还林还草和退牧还草，扩大轮作休耕试点，全面推行草原禁牧休牧和草畜平衡制度。依法依规解决自然保护地内的矿业权合理退出问题。全面保护天然林，推进荒漠化、石漠化、水土流失综合治理，强化湿地保护和恢复。加强休渔禁渔管理，推进长江、渤海等重点水域禁捕限捕，加强海洋牧场建设，加大渔业资源增殖放流。推动耕地草原森林河流湖泊海洋休养生息。

十、改革完善生态环境治理体系

深化生态环境保护管理体制改革，完善生态环境管理制度，加快构建生态环境治理体系，健全保障举措，增强系统性和完整性，大幅提升治理能力。

（一）完善生态环境监管体系。整合分散的生态环境保护职责，强化生态保护修复和污染防治统一监管，建立健全生态环境保护领导和管理体制、激励约束并举的制度体系、政府企业公众共治体系。全面完成省以下生态环境机构监测监察执法垂直管理制度改革，推进综合执法队伍特别是基层队伍的能力建设。完善农村环境治理体制。健全区域流域海域生态环境管理体制，推进跨地区环保机构试点，加快组建流域环境监管执法机构，按海域设置监管机构。建立独立权威高效的生态环境监测体系，构建天地一体化的生态环境监测网络，实现国家和区域生态环境质量预报预警和质控，按照适度上收生态环境质量监测事权的要求加快推进有关工作。省级党委和政府加快确定生态保护红线、环境质量底线、资源利用上线，制定生态环境准入清单，在地方立法、政策制定、规划编制、执法监管中不得变通突破、降低标准，不符合、不衔接、不适应的于 2020 年年底前完成调整。实施生态环境统一监管。推行生态环境损害赔偿制度。编制生态环境保护规划，开展全国生态环境状况评估，建立生态环境保护综合监控平台。推动生态文明示范创建、绿水青山就是金山银山实践创新基地建设活动。

严格生态环境质量管理。生态环境质量只能更好、不能变坏。生态环境质量达标地区要保持稳定并持续改善；生态环境质量不达标地区的市、县级政府，要于 2018 年年底前制定实施限期达标规划，向上级政府备案并向社会公开。加快推行排污许可制度，对固定污染源实施全过程管理和多污染物协同控制，按行业、地区、时限核发排污许可证，全面落实企业治污责任，强化证后监管和处罚。在长江经济带率先实施入河污染源排放、排污口排放和水体水质联动管理。2020 年，将排污许可证制度建设成为固定源环境管理核心制度，实现"一证式"管理。健全环保信用评价、信息强制性披露、严惩重罚等制度。将企业环境信用信息纳入全国信用信息共享平台和国家企业信用信息公示系统，依法通过"信用中国"网站和国家企业信用信息公示系统向社会公示。监督上市公司、发债企业等市场主体全面、及时、准确地披露环境信息。建立跨部门联合奖惩机制。完善国家核安全工作协调机制，强化对核安全工作的统筹。

（二）健全生态环境保护经济政策体系。资金投入向污染防治攻坚战倾斜，坚持投入同攻坚任务相匹配，加大财政投入力度。逐步建立常态化、稳定的财政资金投入机制。扩大中央财政支持北方地区清洁取暖的试点城市范围，国有资本要加大对污染防治的投入。完善居民取暖用气用电定价机制和补贴政策。增加中央财政对国家重点生态功能区、生态保护红线区域等生态功能重要地区的转移支付，继续安排中央预算内投资对重点生态功能区给予支持。各省（自治区、直辖市）合理确定补偿标准，并逐步提高补偿水平。完善助力绿色产业发展的价格、财税、投资等政策。大力发展绿色信贷、绿色债券等金融产品。

设立国家绿色发展基金。落实有利于资源节约和生态环境保护的价格政策，落实相关税收优惠政策。研究对从事污染防治的第三方企业比照高新技术企业实行所得税优惠政策，研究出台"散乱污"企业综合治理激励政策。推动环境污染责任保险发展，在环境高风险领域建立环境污染强制责任保险制度。推进社会化生态环境治理和保护。采用直接投资、投资补助、运营补贴等方式，规范支持政府和社会资本合作项目；对政府实施的环境绩效合同服务项目，公共财政支付水平同治理绩效挂钩。鼓励通过政府购买服务方式实施生态环境治理和保护。

（三）健全生态环境保护法治体系。依靠法治保护生态环境，增强全社会生态环境保护法治意识。加快建立绿色生产消费的法律制度和政策导向。加快制定和修改土壤污染防治、固体废物污染防治、长江生态环境保护、海洋环境保护、国家公园、湿地、生态环境监测、排污许可、资源综合利用、空间规划、碳排放权交易管理等方面的法律法规。鼓励地方在生态环境保护领域先于国家进行立法。建立生态环境保护综合执法机关、公安机关、检察机关、审判机关信息共享、案情通报、案件移送制度，完善生态环境保护领域民事、行政公益诉讼制度，加大生态环境违法犯罪行为的制裁和惩处力度。加强涉生态环境保护的司法力量建设。整合组建生态环境保护综合执法队伍，统一实行生态环境保护执法。将生态环境保护综合执法机构列入政府行政执法机构序列，推进执法规范化建设，统一着装、统一标识、统一证件、统一保障执法用车和装备。

（四）强化生态环境保护能力保障体系。增强科技支撑，开展大气污染成因与治理、水体污染控制与治理、土壤污染防治等重点领域科技攻关，实施京津冀环境综合治理重大项目，推进区域性、流域性生态环境问题研究。完成第二次全国污染源普查。开展大数据应用和环境承载力监测预警。开展重点区域、流域、行业环境与健康调查，建立风险监测网络及风险评估体系。健全跨部门、跨区域环境应急协调联动机制，建立全国统一的环境应急预案电子备案系统。国家建立环境应急物资储备信息库，省、市级政府建设环境应急物资储备库，企业环境应急装备和储备物资应纳入储备体系。落实全面从严治党要求，建设规范化、标准化、专业化的生态环境保护人才队伍，打造政治强、本领高、作风硬、敢担当，特别能吃苦、特别能战斗、特别能奉献的生态环境保护铁军。按省、市、县、乡不同层级工作职责配备相应工作力量，保障履职需要，确保同生态环境保护任务相匹配。加强国际交流和履约能力建设，推进生态环境保护国际技术交流和务实合作，支撑核安全和核电共同走出去，积极推动落实2030年可持续发展议程和绿色"一带一路"建设。

（五）构建生态环境保护社会行动体系。把生态环境保护纳入国民教育体系和党政领导干部培训体系，推进国家及各地生态环境教育设施和场所建设，培育普及生态文化。公共机构尤其是党政机关带头使用节能环保产品，推行绿色办公，创建节约型机关。健全生态环境新闻发布机制，充分发挥各类媒体作用。省、市两级要依托党报、电视台、政府网站，曝光突出环境问题，报道整改进展情况。建立政府、企业环境社会风险预防与化解机制。完善环境信息公开制度，加强重特大突发环境事件信息公开，对涉及群众切身利益的重大项目及时主动公开。2020年年底前，地级及以上城市符合条件的环保设施和城市污水垃圾处理设施向社会开放，接受公众参观。强化排污者主体责任，企业应严格守法，规范自身环境行为，落实资金投入、物资保障、生态环境保护措施和应急处置主体责任。实施工业污染源全面达标排放计划。2018年年底前，重点排污单位全部安装自动在线监控设备并同生态环境主管部门联网，依法公开排污信息。到 2020 年，实现长江经济带入河排污口监测全覆盖，并将监测数据纳入长江经济带综合信息平台。推动环保社会组织和志愿者队伍规范健康发展，引导环保社会组织依法开展生态环境保护公益诉讼等活动。按照国家有关规定表彰对保护和改善生态环境有显著成绩的单位和个人。完善公众监督、举报反馈机制，保护举报人的合法权益，鼓励设立有奖举报基金。

新思想引领新时代，新使命开启新征程。让我们更加紧密地团结在以习近平同志为核心的党中央周围，以习近平新时代中国特色社会主义思想为指导，不忘初心、牢记使命，锐意进取、勇于担当，全面加强生态环境保护，坚决打好污染防治攻坚战，为决胜全面建成小康社会、实现中华民族伟大复兴的中国梦不懈奋斗。

中共中央办公厅 国务院办公厅关于印发《生态环境部职能配置、内设机构和人员编制规定》的通知

厅字〔2018〕70 号

各省、自治区、直辖市党委和人民政府，中央和国家机关各部委，解放军各大单位，中央军委机关各部门，各人民团体：

《生态环境部职能配置、内设机构和人民编制规定》经中央机构编制委员会办公室审核后，已报党中央、国务院批准，现予印发。

中共中央办公厅
国务院办公厅
2018 年 8 月 1 日

生态环境部职能配置、内设机构和人民编制规定

第一条 根据党的十九届三中全会审议通过的《中共中央关于深化党和国家机构改革的决定》、《深化党和国家机构改革方案》和第十三届全国人民代表大会第一次会议批准的《国务院机构改革方案》，制定本规定。

第二条 生态环境部是国务院组成部门，为正部级，对外保留国家核安全局牌子，加挂国家消耗臭氧层物质进出口管理办公室牌子。

第三条 生态环境部贯彻落实党中央关于生态环境保护工作的方针政策和决策部署，在履行职责过程中坚持和加强党对生态环境保护工作的集中统一领导。主要职责是：

（一）负责建立健全生态环境基本制度。会同有关部门拟订国家生态环境政策、规划并组织实施，起草法律法规草案，制定部门规章。会同有关部门编制并监督实施重点区域、流域、海域、饮用水水源地生态环境规划和水功能区划，组织拟订生态环境标准，制定生态环境基准和技术规范。

（二）负责重大生态环境问题的统筹协调和监督管理。牵头协调重特大环境污染事故和生态破坏事件的调查处理，指导协调地方政府对重特大突发生态环境事件的应急、预警工作，牵头指导实施生态环境损害赔偿制度，协调解决有关跨区域环境污染纠纷，统筹协调国家重点区域、流域、海域生态环境保护工作。

（三）负责监督管理国家减排目标的落实。组织制定陆地和海洋各类污染物排放总量控制、排污许可证制度并监督实施，确定大气、水、海洋等纳污能力，提出实施总量控制的污染物名称和控制指标，监督检查各地污染物减排任务完成情况，实施生态环境保护目标责任制。

（四）负责提出生态环境领域固定资产投资规模和方向、国家财政性资金安排的意见，按国务院规定权限审批、核准国家规划内和年度计划规模内固定资产投资项目，配合有关部门做好组织实施和监督工作。参与指导推动循环经济和生态环保产业发展。

（五）负责环境污染防治的监督管理。制定大气、水、海洋、土壤、噪声、光、恶臭、固体废物、化学品、机动车等的污染防治管理制度并监督实施。会同有关部门监督管理饮用水水源地生态环境保护工作，组织指导城乡生态环境综合整治工作，监督指导农业面源污染治理工作。监督指导区域大气环境保护工作，组织实施区域大气污染联防联控协作机制。

（六）指导协调和监督生态保护修复工作。组织编制生态保护规划，监督对生态环境有影响的自然资源开发利用活动、重要生态环境建设和生态破坏恢复工作。组织制定各类自然保护地生态环境监管制度并监督执法。监督野生动植物保护、湿地生态环境保护、荒漠化防治等工作。指导协调和监督农村生态环境保护，监督生物技术环境安全，牵头生物物种（含遗传资源）工作，组织协调生物多样性保护工作，参与生态保护补偿工作。

（七）负责核与辐射安全的监督管理。拟订有关政策、规划、标准，牵头负责核安全工作协调机制有关工作，参与核事故应急处理，负责辐射环境事故应急处理工作。监督管理核设施和放射源安全，监督管理核设施、核技术应用、电磁辐射、伴有放射性矿产资源开发利用中的污染防治。对核材料管制和民用核安全设备设计、制造、安装及无损检验活动实施监督管理。

（八）负责生态环境准入的监督管理。受国务院委托对重大经济和技术政策、发展规划以及重大经济开发计划进行环境影响评价。按国家规定审批或审查重大开发建设区域、规划、项目环境影响评价文件。拟订并组织实施生态环境准入清单。

（九）负责生态环境监测工作。制定生态环境监测制度和规范、拟订相关标准并监督实施。会同有关部门统一规划生态环境质量监测站点设置，组织实施生态环境质量监测、污染源监督性监测、温室气体减排监测、应急监测。组织对生态环境质量状况进行调查评价、预警预测，组织建设和管理国家生态环境监测网和全国生态环境信息网。建立和实行生态环境质量公告制度，统一发布国家生态环境综合性报告和重大生态环境信息。

（十）负责应对气候变化工作。组织拟订应对气候变化及温室气体减排重大战略、规划和政策。与有关部门共同牵头组织参加气候变化国际谈判。负责国家履行联合国气候变化框架公约相关工作。

（十一）组织开展中央生态环境保护督察。建立健全生态环境保护督察制度，组织协调中央生态环境保护督察工作，根据授权对各地区各有关部门贯彻落实中央生态环境保护决策部署情况进行督察问责。指导地方开展生态环境保护督察工作。

（十二）统一负责生态环境监督执法。组织开展全国生态环境保护执法检查活动。查处重大生态环境违法问题。指导全国生态环境保护综合执法队伍建设和业务工作。

（十三）组织指导和协调生态环境宣传教育工作，制定并组织实施生态环境保护宣传教育纲要，推动社会组织和公众参与生态环境保护。开展生态环境科技工作，组织生态环境重大科学研究和技术工程示范，推动生态环境技术管理体系建设。

（十四）开展生态环境国际合作交流，研究提出国际生态环境合作中有关问题的建议，组织协调有关生态环境国际条约的履约工作，参与处理涉外生态环境事务，参与全球陆地和海洋生态环境治理相关工作。

（十五）完成党中央、国务院交办的其他任务。

（十六）职能转变。生态环境部要统一行使生态和城乡各类污染排放监管与行政执法职责，切实履行监管责任，全面落实大气、水、土壤污染防治行动计划，大幅减少进口固体废物种类和数量直至全面禁止洋垃圾入境。构建政府为主导、企业为主体、社会组织和公众共同参与的生态环境治理体系，实行最严格的生态环境保护制度，严守生态保护红线和环境质量底线，坚决打好污染防治攻坚战，保障国家生态安全，建设美丽中国。

第四条 生态环境部设下列内设机构：

（一）办公厅。负责机关日常运转工作，承担信息、安全、保密、信访、政务公开、信息化等工作，承担全国生态环境信息网建设和管理工作。

（二）中央生态环境保护督察办公室。监督生态环境保护党政同责、一岗双责落实情况，拟订生态环境保护督察制度、工作计划、实施方案并组织实施，承担中央生态环境保护督察组织协调工作。承担国务院生态环境保护督察工作领导小组日常工作。

（三）综合司。组织起草生态环境政策、规划，协调和审核生态环境专项规划，组织生态环境统计、污染源普查和生态环境形势分析，承担污染物排放总量控制综合协调和管理工作，拟订生态环境保护年度目标和考核计划。

（四）法规与标准司。起草法律法规草案和规章，承担机关有关规范性文件的合法性审查工作，承担机关行政复议、行政应诉等工作，承担国家生态环境标准、基准和技术规范管理工作。

（五）行政体制与人事司。承担机关、派出机构及直属单位的干部人事、机构编制、劳动工资工作，指导生态环境行业人才队伍建设工作，承担生态环境保护系统领导干部双重管理有关工作，承担生态环境行政体制改革有关工作。

（六）科技与财务司。承担生态环境领域固定资产投资和项目管理相关工作，承担机关和直属单位财务、国有资产管理、内部审计工作。承担生态环境科技工作，参与指导和推动循环经济与生态环保产业发展。

（七）自然生态保护司（生物多样性保护办公室、国家生物安全管理办公室）。组织起草生态保护规划，开展全国生态状况评估，指导生态示范创建。承担自然保护地、生态保护红线相关监管工作。组织开展生物多样性保护、生物遗传资源保护、生物安全管理工作。承担中国生物多样性保护国家委员会秘书处和国家生物安全管理办公室工作。

（八）水生态环境司。负责全国地表水生态环境监管工作，拟订和监督实施国家重点流域生态环境规划，建立和组织实施跨省（国）界水体断面水质考核制度，监督管理饮用水水源地生态环境保护工作，指导入河排污口设置。

（九）海洋生态环境司。负责全国海洋生态环境监管工作，监督陆源污染物排海，负责防治海岸和海洋工程建设项目、海洋油气勘探开发和废弃物海洋倾倒对海洋污染损害的生态环境保护工作，组织划定海洋倾倒区。

（十）大气环境司（京津冀及周边地区大气环境管理局）。负责全国大气、噪声、光、化石能源等污染防治的监督管理，建立对各地区大气环境质量改善目标落实情况考核制度，组织拟订重污染天气应对政策措施，组织协调大气面源污染防治工作。承担京津冀及周边地区大气污染防治领导小组日常工作。

（十一）应对气候变化司。综合分析气候变化对经济社会发展的影响，牵头承担国家履行联合国气候变化框架公约相关工作，组织实施清洁发展机制工作。承担国家应对气候变化及节能减排工作领导小组有关具体工作。

（十二）土壤生态环境司。负责全国土壤、地下水等污染防治和生态保护的监督管理，组织指导农村生态环境保护，监督指导农业面源污染治理工作。

（十三）固体废物与化学品司。负责全国固体废物、化学品、重金属等污染防治的监督管理，组织实施危险废物经营许可及出口核准、固体废物进口许可、有毒化学品进出口登记、新化学物质环境管理登记等环境管理制度。

（十四）核设施安全监管司。承担核与辐射安全法律法规草案的起草，拟订有关政策，负责核安全工作协调机制有关工作，组织辐射环境监测，承担核与辐射事故应急工作，负责核材料管制和民用核安全设备设计、制造、安装及无损检验活动的监督管理。

（十五）核电安全监管司。负责核电厂、研究型反应堆、临界装置等核设施的核安全、辐射安全、辐射环境保护的监督管理。

（十六）辐射源安全监管司。负责核燃料循环设施、放射性废物处理和处置设施、核设施退役项目、核技术利用项目、铀（钍）矿和伴生放射性矿、电磁辐射装置和设施、放射性物质运输的核安全、辐射安全和辐射环境保护、放射性污染治理的监督管理。

（十七）环境影响评价与排放管理司。承担规划环境影响评价、政策环境影响评价、项目环境影响评价工作，承担排污许可综合协调和管理工作，拟订生态环境准入清单并组织实施。

（十八）生态环境监测司。组织开展生态环境监测、温室气体减排监测、应急监测，调查评估全国生态环境质量状况并进行预测预警，承担国家生态环境监测网建设和管理工作。

（十九）生态环境执法局。监督生态环境政策、规划、法规、标准的执行，组织拟订重特大突发生态环境事件和生态破坏事件的应急预案，指导协调调查处理工作，协调解决有关跨区域环境污染纠纷，组织实施建设项目环境保护设施同时设计、同时施工、同时投产使用制度。

（二十）国际合作司。研究提出国际生态环境合作中有关问题的建议，牵头组织有关国际条约的谈判工作，参与处理涉外的生态环境事务，承担与生态环境国际组织联系事务。

（二十一）宣传教育司。研究拟订并组织实施生态环境保护宣传教育纲要，组织开展生态文明建设和环境友好型社会建设的宣传教育工作。承担部新闻审核和发布，指导生态环境舆情收集、研判、应对工作。

机关党委。负责机关和在京派出机构、直属单位的党群工作。

离退休干部办公室。负责离退休干部工作。

第五条　生态环境部机关行政编制478名（含两委人员编制4名、援派机动编制2名、离退休干部工作人员编制10名）。设部长1名，副部长4名，司局级领导职数78名（含总工程师1名、核安全总工程师1名、国家生态环境保护督察专员8名、机关党委专职副书记1名、离退休干部办公室领导职数1名）。

核设施安全监管司、核电安全监管司、辐射源安全监管司既是生态环境部的内设机构，也是国家核安全局的内设机构。核安全总工程师和核设施安全监管司、核电安全监管司、辐射源安全监管司的司长对外可使用"国家核安全局副局长"的名称。

第六条　生态环境部所属华北、华东、华南、西北、西南、东北区域督察局，承担所辖区域内的生态环境保护督察工作。6个督察局行政编制240名，在部机关行政编制总额外单列。各督察局设局长1名、副局长2名、生态环境保护督察专员1名，共24名司局级领导职数。

长江、黄河、淮河、海河、珠江、松辽、太湖流域生态环境监督管理局，作为生态环境部设在七大流域的派出机构，主要负责流域生态环境监管和行政执法相关工作，实行生态环境部和水利部双重领导、以生态环境部为主的管理体制，具体设置、职责和编制事项另行规定。

第七条　生态环境部所属事业单位的设置、职责和编制事项另行规定。

第八条　本规定由中央机构编制委员会办公室负责解释，其调整由中央机构编制委员会办公室按规定程序办理。

第九条　本规定自2018年8月1日起施行。

中共中央办公厅　国务院办公厅
关于印发《农村人居环境整治三年行动方案》的通知

中办发〔2018〕5号

近日，中共中央办公厅、国务院办公厅印发了《农村人居环境整治三年行动方案》，并发出通知，要求各地区各部门结合实际认真贯彻落实。

《农村人居环境整治三年行动方案》全文如下。

改善农村人居环境，建设美丽宜居乡村，是实施乡村振兴战略的一项重要任务，事关全面建成小康社会，事关广大农民根本福祉，事关农村社会文明和谐。近年来，各地区各部门认真贯彻党中央、国务院决策部署，把改善农村人居环境作为社会主义新农村建设的重要内容，大力推进农村基础设施建设和城乡基本公共服务均等化，农村人居环境建设取得显著成效。同时，我国农村人居环境状况很不平衡，脏乱差问题在一些地区还比较突出，与全面建成小康社会要求和农民群众期盼还有较大差距，仍然是经济社会发展的突出短板。为加快推进农村人居环境整治，进一步提升农村人居环境水平，制定本方案。

一、总体要求

（一）指导思想。全面贯彻党的十九大精神，以习近平新时代中国特色社会主义思想为指导，紧紧围绕统筹推进"五位一体"总体布局和协调推进"四个全面"战略布局，牢固树立和贯彻落实新发展理念，实施乡村振兴战略，坚持农业农村优先发展，坚持绿水青山就是金山银山，顺应广大农民过上美好生活的期待，统筹城乡发展，统筹生产生活生态，以建设美丽宜居村庄为导向，以农村垃圾、污水治理和村容村貌提升为主攻方向，动员各方力量，整合各种资源，强化各项举措，加快补齐农村人居环境突出短板，为如期实现全面建成小康社会目标打下坚实基础。

（二）基本原则

——因地制宜、分类指导。根据地理、民俗、经济水平和农民期盼，科学确定本地区整治目标任务，既尽力而为又量力而行，集中力量解决突出问题，做到干净整洁有序。有条件的地区可进一步提升人居环境质量，条件不具备的地区可按照实施乡村振兴战略的总体部署持续推进，不搞"一刀切"。确定实施易地搬迁的村庄、拟调整的"空心村"等可不列入整治范围。

——示范先行、有序推进。学习借鉴浙江等先行地区经验，坚持先易后难、先点后面，通过试点示范不断探索、不断积累经验，带动整体提升。加强规划引导，合理安排整治任务和建设时序，采用适合本地实际的工作路径和技术模式，防止一哄而上和生搬硬套，杜绝形象工程、政绩工程。

——注重保护、留住乡愁。统筹兼顾农村田园风貌保护和环境整治，注重乡土味道，强化地域文化元素符号，综合提升田水路林村风貌，慎砍树、禁挖山、不填湖、少拆房，保护乡情美景，促进人与自然和谐共生、村庄形态与自然环境相得益彰。

——村民主体、激发动力。尊重村民意愿，根据村民需求合理确定整治优先序和标准。建立政府、村集体、村民等各方共谋、共建、共管、共评、共享机制，动员村民投身美丽家园建设，保障村民决策权、参与权、监督权。发挥村规民约作用，强化村民环境卫生意识，提升村民参与人居环境整治的自觉性、积极性、主动性。

——建管并重、长效运行。坚持先建机制、后建工程，合理确定投融资模式和运行管护方式，推进投融资体制机制和建设管护机制创新，探索规模化、专业化、社会化运营机制，确保各类设施建成并长期稳定运行。

——落实责任、形成合力。强化地方党委和政府责任，明确省负总责、县抓落实，切实加强统筹协调，加大地方投入力度，强化监督考核激励，建立上下联动、部门协作、高效有力的工作推进机制。

（三）行动目标。到 2020 年，实现农村人居环境明显改善，村庄环境基本干净整洁有序，村民环境与健康意识普遍增强。

东部地区、中西部城市近郊区等有基础、有条件的地区，人居环境质量全面提升，基本实现农村生活垃圾处置体系全覆盖，基本完成农村户用厕所无害化改造，厕所粪污基本得到处理或资源化利用，农村生活污水治理率明显提高，村容村貌显著提升，管护长效机制初步建立。

中西部有较好基础、基本具备条件的地区，人居环境质量较大提升，力争实现 90% 左右的村庄生活垃圾得到治理，卫生厕所普及率达到 85% 左右，生活污水乱排乱放得到管控，村内道路通行条件明显改善。

地处偏远、经济欠发达等地区，在优先保障农民基本生活条件基础上，实现人居环境干净整洁的基本要求。

二、重点任务

（一）推进农村生活垃圾治理。统筹考虑生活垃圾和农业生产废弃物利用、处理，建立健全符合农村实际、方式多样的生活垃圾收运处置体系。有条件的地区要推行适合农村特点的垃圾就地分类和资源化利用方式。开展非正规垃圾堆放点排查整治，重点整治垃圾山、垃圾围村、垃圾围坝、工业污染"上山下乡"。

（二）开展厕所粪污治理。合理选择改厕模式，推进厕所革命。东部地区、中西部城市近郊区以及其他环境容量较小地区村庄，加快推进户用卫生厕所建设和改造，同步实施厕所粪污治理。其他地区要按照群众接受、经济适用、维护方便、不污染公共水体的要求，普及不同水平的卫生厕所。引导农村新建住房配套建设无害化卫生厕所，人口规模较大村庄配套建设公共厕所。加强改厕与农村生活污水治理的有效衔接。鼓励各地结合实际，将厕所粪污、畜禽养殖废弃物一并处理并资源化利用。

（三）梯次推进农村生活污水治理。根据农村不同区位条件、村庄人口聚集程度、污水产生规模，因地制宜采用污染治理与资源利用相结合、工程措施与生态措施相结合、集中与分散相结合的建设模式和处理工艺。推动城镇污水管网向周边村庄延伸覆盖。积极推广低成本、低能耗、易维护、高效率的污水处理技术，鼓励采用生态处理工艺。加强生活污水源头减量和尾水回收利用。以房前屋后河塘沟渠为重点实施清淤疏浚，采取综合措施恢复水生态，逐步消除农村黑臭水体。将农村水环境治理纳入河长制、湖长制管理。

（四）提升村容村貌。加快推进通村组道路、入户道路建设，基本解决村内道路泥泞、村民出行不便等问题。充分利用本地资源，因地制宜选择路面材料。整治公共空间和庭院环境，消除私搭乱建、乱堆乱放。大力提升农村建筑风貌，突出乡土特色和地域民族特点。加大传统村落民居和历史文化名村名镇保护力度，弘扬传统农耕文化，提升田园风光品质。推进村庄绿化，充分利用闲置土地组织开展植树造林、湿地恢复等活动，建设绿色生态村庄。完善村庄公共照明设施。深入开展城乡环境卫生整洁行动，推进卫生县城、卫生乡镇等卫生创建工作。

（五）加强村庄规划管理。全面完成县域乡村建设规划编制或修编，与县乡土地利用总体规划、土地整治规划、村土地利用规划、农村社区建设规划等充分衔接，鼓励推行多规合一。推进实用性村庄规划编制实施，做到农房建设有规划管理、行政村有村庄整治安排、生产生活空间合理分离，优化村庄功能布局，实现村庄规划管理基本覆盖。推行政府组织领导、村委会发挥主体作用、技术单位指导的村庄规划编制机制。村庄规划的主要内容应纳入村规民约。加强乡村建设规划许可管理，建立健全违法用地和建设查处机制。

（六）完善建设和管护机制。明确地方党委和政府以及有关部门、运行管理单位责任，基本建立有制度、有标准、有队伍、有经费、有督查的村庄人居环境管护长效机制。鼓励专业化、市场化建设和运行管护，有条件的地区推行城乡垃圾污水处理统一规划、统一建设、统一运行、统一管理。推行环境治理依效付费制度，健全服务绩效评价考核机制。鼓励有条件的地区探索建立垃圾污水处理农户付费制度，完善财政补贴和农户付费合理分担机制。支持村级组织和农村"工匠"带头人等承接村内环境整治、村内道路、植树造林等小型涉农工程项目。组织开展专业化培训，把当地村民培养成为村内公益性基础设施运行维护的重要力量。简化农村人居环境整治建设项目审批和招投标程序，降低建设成本，确保工程质量。

三、发挥村民主体作用

（一）发挥基层组织作用。发挥好基层党组织核心作用，强化党员意识、标杆意识，带领农民群众推进移风易俗、改进生活方式、提高生活质量。健全村民自治机制，充分运用"一事一议"民主决策机制，完善农村人居环境整治项目公示制度，保障村民权益。鼓励农村集体经济组织通过依法盘活集体经营性建设用地、空闲农房及宅基地等途径，多渠道筹措资金用于农村人居环境整治，营造清洁有序、健康宜居的生产生活环境。

（二）建立完善村规民约。将农村环境卫生、古树名木保护等要求纳入村规民约，通过群众评议等方式褒扬乡村新风，鼓励成立农村环保合作社，深化农民自我教育、自我管理。明确农民维护公共环境责任，庭院内部、房前屋后环境整治由农户自己负责；村内公共空间整治以村民自治组织或村集体经济组织为主，主要由农民投工投劳解决，鼓励农民和村集体经济组织全程参与农村环境整治规划、建设、运营、管理。

（三）提高农村文明健康意识。把培育文明健康生活方式作为培育和践行社会主义核心价值观、开展农村精神文明建设的重要内容。发挥爱国卫生运动委员会等组织作用，鼓励群众讲卫生、树新风、除陋习，摒弃乱扔、乱吐、乱贴等不文明行为。提高群众文明卫生意识，营造和谐、文明的社会新风尚，使优美的生活环境、文明的生活方式成为农民内在自觉要求。

四、强化政策支持

（一）加大政府投入。建立地方为主、中央补助的政府投入体系。地方各级政府要统筹整合相关渠道资金，加大投入力度，合理保障农村人居环境基础设施建设和运行资金。中央财政要加大投入力度。支持地方政府依法合规发行政府债券筹集资金，用于农村人居环境整治。城乡建设用地增减挂钩所获土地增值收益，按相关规定用于支持农业农村发展和改善农民生活条件。村庄整治增加耕地获得的占补平衡指标收益，通过支出预算统筹安排支持当地农村人居环境整治。创新政府支持方式，采取以奖代补、先建后补、以工代赈等多种方式，充分发挥政府投资撬动作用，提高资金使用效率。

（二）加大金融支持力度。通过发放抵押补充贷款等方式，引导国家开发银行、中国农业发展银行等金融机构依法合规提供信贷支持。鼓励中国农业银行、中国邮政储蓄银行等商业银行扩大贷款投放，支持农村人居环境整治。支持收益较好、实行市场化运作的农村基础设施重点项目开展股权和债权融资。积极利用国际金融组织和外国政府贷款建设农村人居环境设施。

（三）调动社会力量积极参与。鼓励各类企业积极参与农村人居环境整治项目。规范推广政府和社会资本合作（PPP）模式，通过特许经营等方式吸引社会资本参与农村垃圾污水处理项目。引导有条件的地区将农村环境基础设施建设与特色产业、休闲农业、乡村旅游等有机结合，实现农村产业融合发展与人居环境改善互促互进。引导相关部门、社会组织、个人通过捐资捐物、结对帮扶等形式，支持农村人居环境设施建设和运行管护。倡导新乡贤文化，以乡情乡愁为纽带吸引和凝聚各方人士支持农村人居环境整治。

（四）强化技术和人才支撑。组织高等学校、科研单位、企业开展农村人居环境整治关键技术、工艺和装备研发。分类分级制定农村生活垃圾污水处理设施建设和运行维护技术指南，编制村容村貌提升技术导则，开展典型设计，优化技术方案。加强农村人居环境项目建设和运行管理人员技术培训，加快培养乡村规划设计、项目建设运行等方面的技术和管理人才。选派规划设计等专业技术人员驻村指导，组织开展企业与县、乡、村对接农村环保实用技术和装备需求。

五、扎实有序推进

（一）编制实施方案。各省（自治区、直辖市）要在摸清底数、总结经验的基础上，抓紧编制或修订省级农村人居环境整治实施方案。省级实施方案要明确本地区目标任务、责任部门、资金筹措方案、农民群众参与机制、考核验收标准和办法等内容。特别是要对照本行动方案提出的目标和六大重点任务，以县（市、区、旗）为单位，从实际出发，对具体目标和重点任务作出规划。扎实开展整治行动前期准备，做好引导群众、建立机制、筹措资金等工作。各省（自治区、直辖市）原则上要在 2018 年 3 月底前完成实施方案编制或修订工作，并报住房城乡建设部、环境保护部、国家发展改革委备核。中央有关部门要加强对实施方案编制工作的指导，并将实施方案中的工作目标、建设任务、体制机制创新等作为督导评估和安排中央投资的重要依据。

（二）开展典型示范。各地区要借鉴浙江"千村示范万村整治"等经验做法，结合本地实践深入开展试点示范，总结并提炼出一系列符合当地实际的环境整治技术、方法，以及能复制、易推广的建设和运行管护机制。中央有关部门要切实加强工作指导，引导各地建设改善农村人居环境示范村，建成一批农村生活垃圾分类和资源化利用示范县（市、区、旗）、农村生活污水治理示范县（市、区、旗），加强经验总结交流，推动整体提升。

（三）稳步推进整治任务。根据典型示范地区整治进展情况，集中推广成熟做法、技术路线和建管模式。中央有关部门要适时开展检查、评估和督导，确保整治工作健康有序推进。在方法技术可行、体制机制完善的基础上，有条件的地区可根据财力和工作实际，扩展治理领域，加快整治进度，提升治理水平。

六、保障措施

（一）加强组织领导。完善中央部署、省负总责、县抓落实的工作推进机制。中央有关部门要根据本方案要求，出台配套支持政策，密切协作配合，形成工作合力。省级党委和政府对本地区农村人居环境整治工作负总责，要明确牵头责任部门、实施主体，提供组织和政策保障，做好监督考核。要强化县级党委和政府主体责任，做好项目落地、资金使用、推进实施等工作，对实施效果负责。市地级党委和政府要做好上下衔接、域内协调和督促检查等工作。乡镇党委和政府要做好具体组织实施工作。各地在推进易地扶贫搬迁、农村危房改造等相关项目时，要将农村人居环境整治统筹考虑、同步推进。

（二）加强考核验收督导。各省（自治区、直辖市）要以本地区实施方案为依据，制定考核验收标准和办法，以县为单位进行检查验收。将农村人居环境整治工作纳入本省（自治区、直辖市）政府目标责任考核范围，作为相关市县干部政绩考核的重要内容。住房城乡建设部要会同有关部门，根据省级实施方案及明确的目标任务，定期组织督导评估，评估结果向党中央、国务院报告，通报省级政府，并以适当形式向社会公布。将农村人居环境作为中央环保督察的重要内容。强化激励机制，评估督察结果要与中央支持政策直接挂钩。

（三）健全治理标准和法治保障。健全农村生活垃圾污水治理技术、施工建设、运行维护等标准规范。各地区要区分排水方式、排放去向等，分类制定农村生活污水治理排放标准。研究推进农村人居环境建设立法工作，明确农村人居环境改善基本要求、政府责任和村民义务。鼓励各地区结合实际，制定农村垃圾治理条例、乡村清洁条例等地方性法规规章和规范性文件。

（四）营造良好氛围。组织开展农村美丽庭院评选、环境卫生光荣榜等活动，增强农民保护人居环境的荣誉感。充分利用报刊、广播、电视等新闻媒体和网络新媒体，广泛宣传推广各地好典型、好经验、好做法，努力营造全社会关心支持农村人居环境整治的良好氛围。

国务院关于印发打赢蓝天保卫战三年行动计划的通知

国发〔2018〕22 号

各省、自治区、直辖市人民政府，国务院各部委、各直属机构：
　　现将《打赢蓝天保卫战三年行动计划》印发给你们，请认真贯彻执行。

国务院

2018 年 6 月 27 日

打赢蓝天保卫战三年行动计划

打赢蓝天保卫战，是党的十九大作出的重大决策部署，事关满足人民日益增长的美好生活需要，事关全面建成小康社会，事关经济高质量发展和美丽中国建设。为加快改善环境空气质量，打赢蓝天保卫战，制定本行动计划。

一、总体要求

（一）指导思想。以习近平新时代中国特色社会主义思想为指导，全面贯彻党的十九大和十九届二中、三中全会精神，认真落实党中央、国务院决策部署和全国生态环境保护大会要求，坚持新发展理念，坚持全民共治、源头防治、标本兼治，以京津冀及周边地区、长三角地区、汾渭平原等区域（以下称重点区域）为重点，持续开展大气污染防治行动，综合运用经济、法律、技术和必要的行政手段，大力调整优化产业结构、能源结构、运输结构和用地结构，强化区域联防联控，狠抓秋冬季污染治理，统筹兼顾、系统谋划、精准施策，坚决打赢蓝天保卫战，实现环境效益、经济效益和社会效益多赢。

（二）目标指标。经过 3 年努力，大幅减少主要大气污染物排放总量，协同减少温室气体排放，进一步明显降低细颗粒物（PM$_{2.5}$）浓度，明显减少重污染天数，明显改善环境空气质量，明显增强人民的蓝天幸福感。

到 2020 年，二氧化硫、氮氧化物排放总量分别比 2015 年下降 15%以上；PM$_{2.5}$ 未达标地级及以上城市浓度比 2015 年下降 18%以上，地级及以上城市空气质量优良天数比率达到 80%，重度及以上污染天数比率比 2015 年下降 25%以上；提前完成"十三五"目标任务的省份，要保持和巩固改善成果；尚未完成的，要确保全面实现"十三五"约束性目标；北京市环境空气质量改善目标应在"十三五"目标基础上进一步提高。

（三）重点区域范围。京津冀及周边地区，包含北京市，天津市，河北省石家庄、唐山、邯郸、邢台、保定、沧州、廊坊、衡水市以及雄安新区，山西省太原、阳泉、长治、晋城市，山东省济南、淄博、济宁、德州、聊城、滨州、菏泽市，河南省郑州、开封、安阳、鹤壁、新乡、焦作、濮阳市等；长三角地区，包含上海市、江苏省、浙江省、安徽省；汾渭平原，包含山西省晋中、运城、临汾、吕梁市，河南省洛阳、三门峡市，陕西省西安、铜川、宝鸡、咸阳、渭南市以及杨凌示范区等。

二、调整优化产业结构，推进产业绿色发展

（四）优化产业布局。各地完成生态保护红线、环境质量底线、资源利用上线、环境准入清单编制工作，明确禁止和限制发展的行业、生产工艺和产业目录。修订完善高耗能、高污染和资源型行业准入条件，环境空气质量未达标城市应制订更严格的产业准入门槛。积极推行区域、规划环境影响评价，新、改、扩建钢铁、石化、化工、焦化、建材、有色等项目的环境影响评价，应满足区域、规划环评要求。（生态环境部牵头，发展改革委、工业和信息化部、自然资源部参与，地方各级人民政府负责落实。以下均需地方各级人民

政府落实，不再列出）

加大区域产业布局调整力度。加快城市建成区重污染企业搬迁改造或关闭退出，推动实施一批水泥、平板玻璃、焦化、化工等重污染企业搬迁工程；重点区域城市钢铁企业要切实采取彻底关停、转型发展、就地改造、域外搬迁等方式，推动转型升级。重点区域禁止新增化工园区，加大现有化工园区整治力度。各地已明确的退城企业，要明确时间表，逾期不退城的予以停产。（工业和信息化部、发展改革委、生态环境部等按职责负责）

（五）严控"两高"行业产能。重点区域严禁新增钢铁、焦化、电解铝、铸造、水泥和平板玻璃等产能；严格执行钢铁、水泥、平板玻璃等行业产能置换实施办法；新、改、扩建涉及大宗物料运输的建设项目，原则上不得采用公路运输。（工业和信息化部、发展改革委牵头，生态环境部等参与）

加大落后产能淘汰和过剩产能压减力度。严格执行质量、环保、能耗、安全等法规标准。修订《产业结构调整指导目录》，提高重点区域过剩产能淘汰标准。重点区域加大独立焦化企业淘汰力度，京津冀及周边地区实施"以钢定焦"，力争 2020 年炼焦产能与钢铁产能比达到 0.4 左右。严防"地条钢"死灰复燃。2020 年，河北省钢铁产能控制在 2 亿吨以内；列入去产能计划的钢铁企业，需一并退出配套的烧结、焦炉、高炉等设备。（发展改革委、工业和信息化部牵头，生态环境部、财政部、市场监管总局等参与）

（六）强化"散乱污"企业综合整治。全面开展"散乱污"企业及集群综合整治行动。根据产业政策、产业布局规划，以及土地、环保、质量、安全、能耗等要求，制定"散乱污"企业及集群整治标准。实行拉网式排查，建立管理台账。按照"先停后治"的原则，实施分类处置。列入关停取缔类的，基本做到"两断三清"（切断工业用水、用电，清除原料、产品、生产设备）；列入整合搬迁类的，要按照产业发展规模化、现代化的原则，搬迁至工业园区并实施升级改造；列入升级改造类的，树立行业标杆，实施清洁生产技术改造，全面提升污染治理水平。建立"散乱污"企业动态管理机制，坚决杜绝"散乱污"企业项目建设和已取缔的"散乱污"企业异地转移、死灰复燃。京津冀及周边地区 2018 年底前全面完成；长三角地区、汾渭平原 2019 年底前基本完成；全国 2020 年底前基本完成。（生态环境部、工业和信息化部牵头，发展改革委、市场监管总局、自然资源部等参与）

（七）深化工业污染治理。持续推进工业污染源全面达标排放，将烟气在线监测数据作为执法依据，加大超标处罚和联合惩戒力度，未达标排放的企业一律依法停产整治。建立覆盖所有固定污染源的企业排放许可制度，2020 年底前，完成排污许可管理名录规定的行业许可证核发。（生态环境部负责）

推进重点行业污染治理升级改造。重点区域二氧化硫、氮氧化物、颗粒物、挥发性有机物（VOCs）全面执行大气污染物特别排放限值。推动实施钢铁等行业超低排放改造，重点区域城市建成区内焦炉实施炉体加罩封闭，并对废气进行收集处理。强化工业企业无组织排放管控。开展钢铁、建材、有色、火电、焦化、铸造等重点行业及燃煤锅炉无组织排放排查，建立管理台账，对物料（含废渣）运输、装卸、储存、转移和工艺过程等无组织排放实施深度治理，2018 年底前京津冀及周边地区基本完成治理任务，长三角地区和汾渭平原 2019 年底前完成，全国 2020 年底前基本完成。（生态环境部牵头，发展改革委、工业和信息化部参与）

推进各类园区循环化改造、规范发展和提质增效。大力推进企业清洁生产。对开发区、工业园区、高新区等进行集中整治，限期进行达标改造，减少工业集聚区污染。完善园区集中供热设施，积极推广集中供热。有条件的工业集聚区建设集中喷涂工程中心，配备高效治污设施，替代企业独立喷涂工序。（发展改革委牵头，工业和信息化部、生态环境部、科技部、商务部等参与）

（八）大力培育绿色环保产业。壮大绿色产业规模，发展节能环保产业、清洁生产产业、清洁能源产业，培育发展新动能。积极支持培育一批具有国际竞争力的大型节能环保龙头企业，支持企业技术创新能力建设，加快掌握重大关键核心技术，促进大气治理重点技术装备等产业化发展和推广应用。积极推行节能环保整体解决方案，加快发展合同能源管理、环境污染第三方治理和社会化监测等新业态，培育一批高水平、专业化节能环保服务公司。（发展改革委牵头，工业和信息化部、生态环境部、科技部等参与）

三、加快调整能源结构，构建清洁低碳高效能源体系

（九）有效推进北方地区清洁取暖。坚持从实际出发，宜电则电、宜气则气、宜煤则煤、宜热则热，确保北方地区群众安全取暖过冬。集中资源推进京津冀及周边地区、汾渭平原等区域散煤治理，优先以乡镇或区县为单元整体推进。2020 年采暖季前，在保障能源供应的前提下，京津冀及周边地区、汾渭平原的平原地区基本完成生活和冬季取暖散煤替代；对暂不具备清洁能源替代条件的山区，积极推广洁净煤，并加强煤质监管，严厉打击销售使用劣质煤行为。燃气壁挂炉能效不得低于 2 级水平。（能源局、发展改革委、财政部、生态环境部、住房城乡建设部牵头，市场监管总局等参与）

抓好天然气产供储销体系建设。力争 2020 年天然气占能源消费总量比重达到 10%。新增天然气量优先用于城镇居民和大气污染严重地区的生活和冬季取暖散煤替代，重点支持京津冀及周边地区和汾渭平原，实现"增气减煤"。"煤改气"坚持"以气定改"，确保安全施工、安全使用、安全管理。有序发展天然气调峰电站等可中断用户，原则上不再新建天然气热电联产和天然气化工项目。限时完成天然气管网互联互通，打通"南气北送"输气通道。加快储气设施建设步伐，2020 年采暖季前，地方政府、城镇燃气企业和上游供气企业的储备能力达到量化指标要求。建立完善调峰用户清单，采暖季实行"压非保民"。（发展改革委、能源局牵头，生态环境部、财政部、住房城乡建设部等参与）

加快农村"煤改电"电网升级改造。制定实施工作方案。电网企业要统筹推进输变电工程建设，满足居民采暖用电需求。鼓励推进蓄热式等电供暖。地方政府对"煤改电"配套电网工程建设应给予支持，统筹协调"煤改电""煤改气"建设用地。（能源局、发展改革委牵头，生态环境部、自然资源部参与）

（十）重点区域继续实施煤炭消费总量控制。到 2020 年，全国煤炭占能源消费总量比重下降到 58%以下；北京、天津、河北、山东、河南五省（直辖市）煤炭消费总量比 2015 年下降 10%，长三角地区下降 5%，汾渭平原实现负增长；新建耗煤项目实行煤炭减量替代。按照煤炭集中使用、清洁利用的原则，重点削减非电力用煤，提高电力用煤比例，2020 年全国电力用煤占煤炭消费总量比重达到 55%以上。继续推进电能替代燃煤和燃油，替代规模达到 1 000 亿度以上。（发展改革委牵头，能源局、生态环境部参与）

制定专项方案，大力淘汰关停环保、能耗、安全等不达标的 30 万千瓦以下燃煤机组。对于关停机组的装机容量、煤炭消费量和污染物排放量指标，允许进行交易或置换，可统筹安排建设等容量超低排放燃煤机组。重点区域严格控制燃煤机组新增装机规模，新增用电量主要依靠区域内非化石能源发电和外送电满足。限时完成重点输电通道建设，在保障电力系统安全稳定运行的前提下，到 2020 年，京津冀、长三角地区接受外送电量比例比 2017 年显著提高。（能源局、发展改革委牵头，生态环境部等参与）

（十一）开展燃煤锅炉综合整治。加大燃煤小锅炉淘汰力度。县级及以上城市建成区基本淘汰每小时 10 蒸吨及以下燃煤锅炉及茶水炉、经营性炉灶、储粮烘干设备等燃煤设施，原则上不再新建每小时 35 蒸吨以下的燃煤锅炉，其他地区原则上不再新建每小时 10 蒸吨以下的燃煤锅炉。环境空气质量未达标城市应进一步加大淘汰力度。重点区域基本淘汰每小时 35 蒸吨以下燃煤锅炉，每小时 65 蒸吨及以上燃煤锅炉全部完成节能和超低排放改造；燃气锅炉基本完成低氮改造；城市建成区生物质锅炉实施超低排放改造。（生态环境部、市场监管总局牵头，发展改革委、住房城乡建设部、工业和信息化部、能源局等参与）

加大对纯凝机组和热电联产机组技术改造力度，加快供热管网建设，充分释放和提高供热能力，淘汰管网覆盖范围内的燃煤锅炉和散煤。在不具备热电联产集中供热条件的地区，现有多台燃煤小锅炉的，可按照等容量替代原则建设大容量燃煤锅炉。2020 年底前，重点区域 30 万千瓦及以上热电联产电厂供热半径 15 千米范围内的燃煤锅炉和落后燃煤小热电全部关停整合。（能源局、发展改革委牵头，生态环境部、住房城乡建设部等参与）

（十二）提高能源利用效率。继续实施能源消耗总量和强度双控行动。健全节能标准体系，大力开发、推广节能高效技术和产品，实现重点用能行业、设备节能标准全覆盖。重点区域新建高耗能项目单位产品（产值）能耗要达到国际先进水平。因地制宜提高建筑节能标准，加大绿色建筑推广力度，引导有条件地区和城市新建建筑全面执行绿色建筑标准。进一步健全能源计量体系，持续推进供热计量改革，推进既有居住建筑节能改造，重点推动北方采暖地区有改造价值的城镇居住建筑节能改造。鼓励开展农村住房节能改造。（发展改革委、住房城乡建设部、市场监管总局牵头，能源局、工业和信息化部等参与）

（十三）加快发展清洁能源和新能源。到 2020 年，非化石能源占能源消费总量比重达到 15%。有序发展水电，安全高效发展核电，优化风能、太阳能开发布局，因地制宜发展生物质能、地热能等。在具备资源条件的地方，鼓励发展县域生物质热电联产、生物质成型燃料锅炉及生物天然气。加大可再生能源消纳力度，基本解决弃水、弃风、弃光问题。（能源局、发展改革委、财政部负责）

四、积极调整运输结构，发展绿色交通体系

（十四）优化调整货物运输结构。大幅提升铁路货运比例。到 2020 年，全国铁路货运量比 2017 年增长 30%，京津冀及周边地区增长 40%、长三角地区增长 10%、汾渭平原增长 25%。大力推进海铁联运，全国重点港口集装箱铁水联运量年均增长 10% 以上。制定实施运输结构调整行动计划。（发展改革委、交通运输部、铁路局、中国铁路总公司牵头，财政部、生态环境部参与）

推动铁路货运重点项目建设。加大货运铁路建设投入，加快完成蒙华、唐曹、水曹等

货运铁路建设。大力提升张唐、瓦日等铁路线煤炭运输量。在环渤海地区、山东省、长三角地区，2018年底前，沿海主要港口和唐山港、黄骅港的煤炭集港改由铁路或水路运输；2020年采暖季前，沿海主要港口和唐山港、黄骅港的矿石、焦炭等大宗货物原则上主要改由铁路或水路运输。钢铁、电解铝、电力、焦化等重点企业要加快铁路专用线建设，充分利用已有铁路专用线能力，大幅提高铁路运输比例，2020年重点区域达到50%以上。（发展改革委、交通运输部、铁路局、中国铁路总公司牵头，财政部、生态环境部参与）

大力发展多式联运。依托铁路物流基地、公路港、沿海和内河港口等，推进多式联运型和干支衔接型货运枢纽（物流园区）建设，加快推广集装箱多式联运。建设城市绿色物流体系，支持利用城市现有铁路货场物流货场转型升级为城市配送中心。鼓励发展江海联运、江海直达、滚装运输、甩挂运输等运输组织方式。降低货物运输空载率。（发展改革委、交通运输部牵头，财政部、生态环境部、铁路局、中国铁路总公司参与）

（十五）加快车船结构升级。推广使用新能源汽车。2020年新能源汽车产销量达到200万辆左右。加快推进城市建成区新增和更新的公交、环卫、邮政、出租、通勤、轻型物流配送车辆使用新能源或清洁能源汽车，重点区域使用比例达到80%；重点区域港口、机场、铁路货场等新增或更换作业车辆主要使用新能源或清洁能源汽车。2020年底前，重点区域的直辖市、省会城市、计划单列市建成区公交车全部更换为新能源汽车。在物流园、产业园、工业园、大型商业购物中心、农贸批发市场等物流集散地建设集中式充电桩和快速充电桩。为承担物流配送的新能源车辆在城市通行提供便利。（工业和信息化部、交通运输部牵头，财政部、住房城乡建设部、生态环境部、能源局、铁路局、民航局、中国铁路总公司等参与）

大力淘汰老旧车辆。重点区域采取经济补偿、限制使用、严格超标排放监管等方式，大力推进国三及以下排放标准营运柴油货车提前淘汰更新，加快淘汰采用稀薄燃烧技术和"油改气"的老旧燃气车辆。各地制定营运柴油货车和燃气车辆提前淘汰更新目标及实施计划。2020年底前，京津冀及周边地区、汾渭平原淘汰国三及以下排放标准营运中型和重型柴油货车100万辆以上。2019年7月1日起，重点区域、珠三角地区、成渝地区提前实施国六排放标准。推广使用达到国六排放标准的燃气车辆。（交通运输部、生态环境部牵头，工业和信息化部、公安部、财政部、商务部等参与）

推进船舶更新升级。2018年7月1日起，全面实施新生产船舶发动机第一阶段排放标准。推广使用电、天然气等新能源或清洁能源船舶。长三角地区等重点区域内河应采取禁限行等措施，限制高排放船舶使用，鼓励淘汰使用20年以上的内河航运船舶。（交通运输部牵头，生态环境部、工业和信息化部参与）

（十六）加快油品质量升级。2019年1月1日起，全国全面供应符合国六标准的车用汽柴油，停止销售低于国六标准的汽柴油，实现车用柴油、普通柴油、部分船舶用油"三油并轨"，取消普通柴油标准，重点区域、珠三角地区、成渝地区等提前实施。研究销售前在车用汽柴油中加入符合环保要求的燃油清净增效剂。（能源局、财政部牵头，市场监管总局、商务部、生态环境部等参与）

（十七）强化移动源污染防治。严厉打击新生产销售机动车环保不达标等违法行为。严格新车环保装置检验，在新车销售、检验、登记等场所开展环保装置抽查，保证新车环保装置生产一致性。取消地方环保达标公告和目录审批。构建全国机动车超标排放信息数据库，追溯超标排放机动车生产和进口企业、注册登记地、排放检验机构、维修单位、运输企业等，实现全链条监管。推进老旧柴油车深度治理，具备条件的安装污染控制装置、配备实时排放监控终端，并与生态环境等有关部门联网，协同控制颗粒物和氮氧化物排放，稳定达标的可免于上线排放检验。有条件的城市定期更换出租车三元催化装置。（生态环境部、交通运输部牵头，公安部、工业和信息化部、市场监管总局等参与）

加强非道路移动机械和船舶污染防治。开展非道路移动机械摸底调查，划定非道路移动机械低排放控制区，严格管控高排放非道路移动机械，重点区域 2019 年底前完成。推进排放不达标工程机械、港作机械清洁化改造和淘汰，重点区域港口、机场新增和更换的作业机械主要采用清洁能源或新能源。2019 年底前，调整扩大船舶排放控制区范围，覆盖沿海重点港口。推动内河船舶改造，加强颗粒物排放控制，开展减少氮氧化物排放试点工作。（生态环境部、交通运输部、农业农村部负责）

推动靠港船舶和飞机使用岸电。加快港口码头和机场岸电设施建设，提高港口码头和机场岸电设施使用率。2020 年底前，沿海主要港口 50%以上专业化泊位（危险货物泊位除外）具备向船舶供应岸电的能力。新建码头同步规划、设计、建设岸电设施。重点区域沿海港口新增、更换拖船优先使用清洁能源。推广地面电源替代飞机辅助动力装置，重点区域民航机场在飞机停靠期间主要使用岸电。（交通运输部、民航局牵头，发展改革委、财政部、生态环境部、能源局等参与）

五、优化调整用地结构，推进面源污染治理

（十八）实施防风固沙绿化工程。建设北方防沙带生态安全屏障，重点加强三北防护林体系建设、京津风沙源治理、太行山绿化、草原保护和防风固沙。推广保护性耕作、林间覆盖等方式，抑制季节性裸地农田扬尘。在城市功能疏解、更新和调整中，将腾退空间优先用于留白增绿。建设城市绿道绿廊，实施"退工还林还草"。大力提高城市建成区绿化覆盖率。（自然资源部牵头，住房城乡建设部、农业农村部、林草局参与）

（十九）推进露天矿山综合整治。全面完成露天矿山摸底排查。对违反资源环境法律法规、规划，污染环境、破坏生态、乱采滥挖的露天矿山，依法予以关闭；对污染治理不规范的露天矿山，依法责令停产整治，整治完成并经相关部门组织验收合格后方可恢复生产，对拒不停产或擅自恢复生产的依法强制关闭；对责任主体灭失的露天矿山，要加强修复绿化、减尘抑尘。重点区域原则上禁止新建露天矿山建设项目。加强矸石山治理。（自然资源部牵头，生态环境部等参与）

（二十）加强扬尘综合治理。严格施工扬尘监管。2018 年底前，各地建立施工工地管理清单。因地制宜稳步发展装配式建筑。将施工工地扬尘污染防治纳入文明施工管理范畴，建立扬尘控制责任制度，扬尘治理费用列入工程造价。重点区域建筑施工工地要做到工地周边围挡、物料堆放覆盖、土方开挖湿法作业、路面硬化、出入车辆清洗、渣土车辆密闭运输"六个百分之百"，安装在线监测和视频监控设备，并与当地有关主管部门联网。将扬尘管理工作不到位的不良信息纳入建筑市场信用管理体系，情节严重的，列入建筑市场主体"黑名单"。加强道路扬尘综合整治。大力推进道路清扫保洁机械化作业，提高道路机械化清扫率，2020 年底前，地级及以上城市建成区达到 70%以上，县城达到 60%以上，

重点区域要显著提高。严格渣土运输车辆规范化管理，渣土运输车要密闭。（住房城乡建设部牵头，生态环境部参与）

实施重点区域降尘考核。京津冀及周边地区、汾渭平原各市平均降尘量不得高于 9 吨/（月·千米^2）；长三角地区不得高于 5 吨/（月·千米^2），其中苏北、皖北不得高于 7 吨/（月·千米^2）。（生态环境部负责）

（二十一）加强秸秆综合利用和氨排放控制。切实加强秸秆禁烧管控，强化地方各级政府秸秆禁烧主体责任。重点区域建立网格化监管制度，在夏收和秋收阶段开展秸秆禁烧专项巡查。东北地区要针对秋冬季秸秆集中焚烧和采暖季初锅炉集中起炉的问题，制定专项工作方案，加强科学有序疏导。严防因秸秆露天焚烧造成区域性重污染天气。坚持堵疏结合，加大政策支持力度，全面加强秸秆综合利用，到 2020 年，全国秸秆综合利用率达到 85%。（生态环境部、农业农村部、发展改革委按职责负责）

控制农业源氨排放。减少化肥农药使用量，增加有机肥使用量，实现化肥农药使用量负增长。提高化肥利用率，到 2020 年，京津冀及周边地区、长三角地区达到 40%以上。强化畜禽粪污资源化利用，改善养殖场通风环境，提高畜禽粪污综合利用率，减少氨挥发排放。（农业农村部牵头，生态环境部等参与）

六、实施重大专项行动，大幅降低污染物排放

（二十二）开展重点区域秋冬季攻坚行动。制定并实施京津冀及周边地区、长三角地区、汾渭平原秋冬季大气污染综合治理攻坚行动方案，以减少重污染天气为着力点，狠抓秋冬季大气污染防治，聚焦重点领域，将攻坚目标、任务措施分解落实到城市。各市要制定具体实施方案，督促企业制定落实措施。京津冀及周边地区要以北京为重中之重，雄安新区环境空气质量要力争达到北京市南部地区同等水平。统筹调配全国环境执法力量，实行异地交叉执法、驻地督办，确保各项措施落实到位。（生态环境部牵头，发展改革委、工业和信息化部、财政部、住房城乡建设部、交通运输部、能源局等参与）

（二十三）打好柴油货车污染治理攻坚战。制定柴油货车污染治理攻坚战行动方案，统筹油、路、车治理，实施清洁柴油车（机）、清洁运输和清洁油品行动，确保柴油货车污染排放总量明显下降。加强柴油货车生产销售、注册使用、检验维修等环节的监督管理，建立天地车人一体化的全方位监控体系，实施在用汽车排放检测与强制维护制度。各地开展多部门联合执法专项行动。（生态环境部、交通运输部、财政部、市场监管总局牵头，工业和信息化部、公安部、商务部、能源局等参与）

（二十四）开展工业炉窑治理专项行动。各地制定工业炉窑综合整治实施方案。开展拉网式排查，建立各类工业炉窑管理清单。制定行业规范，修订完善涉各类工业炉窑的环保、能耗等标准，提高重点区域排放标准。加大不达标工业炉窑淘汰力度，加快淘汰中小型煤气发生炉。鼓励工业炉窑使用电、天然气等清洁能源或由周边热电厂供热。重点区域取缔燃煤热风炉，基本淘汰热电联产供热管网覆盖范围内的燃煤加热、烘干炉（窑）；淘汰炉膛直径 3 米以下燃料类煤气发生炉，加大化肥行业固定床间歇式煤气化炉整改力度；集中使用煤气发生炉的工业园区，暂不具备改用天然气条件的，原则上应建设统一的清洁煤制气中心；禁止掺烧高硫石油焦。将工业炉窑治理作为环保强化督查重点任务，凡未列

入清单的工业炉窑均纳入秋冬季错峰生产方案。（生态环境部牵头，发展改革委、工业和信息化部、市场监管总局等参与）

（二十五）实施VOCs专项整治方案。制定石化、化工、工业涂装、包装印刷等VOCs排放重点行业和油品储运销综合整治方案，出台泄漏检测与修复标准，编制VOCs治理技术指南。重点区域禁止建设生产和使用高VOCs含量的溶剂型涂料、油墨、胶黏剂等项目，加大餐饮油烟治理力度。开展VOCs整治专项执法行动，严厉打击违法排污行为，对治理效果差、技术服务能力弱、运营管理水平低的治理单位，公布名单，实行联合惩戒，扶持培育VOCs治理和服务专业化规模化龙头企业。2020年，VOCs排放总量较2015年下降10%以上。（生态环境部牵头，发展改革委、工业和信息化部、商务部、市场监管总局、能源局等参与）

七、强化区域联防联控，有效应对重污染天气

（二十六）建立完善区域大气污染防治协作机制。将京津冀及周边地区大气污染防治协作小组调整为京津冀及周边地区大气污染防治领导小组；建立汾渭平原大气污染防治协作机制，纳入京津冀及周边地区大气污染防治领导小组统筹领导；继续发挥长三角区域大气污染防治协作小组作用。相关协作机制负责研究审议区域大气污染防治实施方案、年度计划、目标、重大措施，以及区域重点产业发展规划、重大项目建设等事关大气污染防治工作的重要事项，部署区域重污染天气联合应对工作。（生态环境部负责）

（二十七）加强重污染天气应急联动。强化区域环境空气质量预测预报中心能力建设，2019年底前实现7～10天预报能力，省级预报中心实现以城市为单位的7天预报能力。开展环境空气质量中长期趋势预测工作。完善预警分级标准体系，区分不同区域不同季节应急响应标准，同一区域内要统一应急预警标准。当预测到区域将出现大范围重污染天气时，统一发布预警信息，各相关城市按级别启动应急响应措施，实施区域应急联动。（生态环境部牵头，气象局等参与）

（二十八）夯实应急减排措施。制定完善重污染天气应急预案。提高应急预案中污染物减排比例，黄色、橙色、红色级别减排比例原则上分别不低于10%、20%、30%。细化应急减排措施，落实到企业各工艺环节，实施"一厂一策"清单化管理。在黄色及以上重污染天气预警期间，对钢铁、建材、焦化、有色、化工、矿山等涉及大宗物料运输的重点用车企业，实施应急运输响应。（生态环境部牵头，交通运输部、工业和信息化部参与）

重点区域实施秋冬季重点行业错峰生产。加大秋冬季工业企业生产调控力度，各地针对钢铁、建材、焦化、铸造、有色、化工等高排放行业，制定错峰生产方案，实施差别化管理。要将错峰生产方案细化到企业生产线、工序和设备，载入排污许可证。企业未按期完成治理改造任务的，一并纳入当地错峰生产方案，实施停产。属于《产业结构调整指导目录》限制类的，要提高错峰限产比例或实施停产。（工业和信息化部、生态环境部负责）

八、健全法律法规体系，完善环境经济政策

（二十九）完善法律法规标准体系。研究将VOCs纳入环境保护税征收范围。制定排

污许可管理条例、京津冀及周边地区大气污染防治条例。2019 年底前，完成涂料、油墨、胶黏剂、清洗剂等产品 VOCs 含量限值强制性国家标准制定工作，2020 年 7 月 1 日起在重点区域率先执行。研究制定石油焦质量标准。修改《环境空气质量标准》中关于监测状态的有关规定，实现与国际接轨。加快制修订制药、农药、日用玻璃、铸造、工业涂装类、餐饮油烟等重点行业污染物排放标准，以及 VOCs 无组织排放控制标准。鼓励各地制定实施更严格的污染物排放标准。研究制定内河大型船舶用燃料油标准和更加严格的汽柴油质量标准，降低烯烃、芳烃和多环芳烃含量。制定更严格的机动车、非道路移动机械和船舶大气污染物排放标准。制定机动车排放检测与强制维修管理办法，修订《报废汽车回收管理办法》。（生态环境部、财政部、工业和信息化部、交通运输部、商务部、市场监管总局牵头，司法部、税务总局等参与）

（三十）拓宽投融资渠道。各级财政支出要向打赢蓝天保卫战倾斜。增加中央大气污染防治专项资金投入，扩大中央财政支持北方地区冬季清洁取暖的试点城市范围，将京津冀及周边地区、汾渭平原全部纳入。环境空气质量未达标地区要加大大气污染防治资金投入。（财政部牵头，生态环境部等参与）

支持依法合规开展大气污染防治领域的政府和社会资本合作（PPP）项目建设。鼓励开展合同环境服务，推广环境污染第三方治理。出台对北方地区清洁取暖的金融支持政策，选择具备条件的地区，开展金融支持清洁取暖试点工作。鼓励政策性、开发性金融机构在业务范围内，对大气污染防治、清洁取暖和产业升级等领域符合条件的项目提供信贷支持，引导社会资本投入。支持符合条件的金融机构、企业发行债券，募集资金用于大气污染治理和节能改造。将"煤改电"超出核价投资的配套电网投资纳入下一轮输配电价核价周期，核算准许成本。（财政部、发展改革委、人民银行牵头，生态环境部、银保监会、证监会等参与）

（三十一）加大经济政策支持力度。建立中央大气污染防治专项资金安排与地方环境空气质量改善绩效联动机制，调动地方政府治理大气污染积极性。健全环保信用评价制度，实施跨部门联合奖惩。研究将致密气纳入中央财政开采利用补贴范围，以鼓励企业增加冬季供应量为目标调整完善非常规天然气补贴政策。研究制定推进储气调峰设施建设的扶持政策。推行上网侧峰谷分时电价政策，延长采暖用电谷段时长至 10 个小时以上，支持具备条件的地区建立采暖用电的市场化竞价采购机制，采暖用电参加电力市场化交易谷段输配电价减半执行。农村地区利用地热能向居民供暖（制冷）的项目运行电价参照居民用电价格执行。健全供热价格机制，合理制定清洁取暖价格。完善跨省跨区输电价格形成机制，降低促进清洁能源消纳的跨省跨区专项输电工程增送电量的输配电价，优化电力资源配置。落实好燃煤电厂超低排放环保电价。全面清理取消对高耗能行业的优待类电价以及其他各种不合理价格优惠政策。建立高污染、高耗能、低产出企业执行差别化电价、水价政策的动态调整机制，对限制类、淘汰类企业大幅提高电价，支持各地进一步提高加价幅度。加大对钢铁等行业超低排放改造支持力度。研究制定"散乱污"企业综合治理激励政策。进一步完善货运价格市场化运行机制，科学规范两端费用。大力支持港口和机场岸基供电，降低岸电运营商用电成本。支持车船和作业机械使用清洁能源。研究完善对有机肥生产销售运输等环节的支持政策。利用生物质发电价格政策，支持秸秆等生物质资源消纳处置。（发展改革委、财政部牵头，能源局、生态环境部、交通运输部、农业农村部、铁路局、

中国铁路总公司等参与）

加大税收政策支持力度。严格执行环境保护税法，落实购置环境保护专用设备企业所得税抵免优惠政策。研究对从事污染防治的第三方企业给予企业所得税优惠政策。对符合条件的新能源汽车免征车辆购置税，继续落实并完善对节能、新能源车船减免车船税的政策。（财政部、税务总局牵头，交通运输部、生态环境部、工业和信息化部、交通运输部等参与）

九、加强基础能力建设，严格环境执法督察

（三十二）完善环境监测监控网络。加强环境空气质量监测，优化调整扩展国控环境空气质量监测站点。加强区县环境空气质量自动监测网络建设，2020 年底前，东部、中部区县和西部大气污染严重城市的区县实现监测站点全覆盖，并与中国环境监测总站实现数据直联。国家级新区、高新区、重点工业园区及港口设置环境空气质量监测站点。加强降尘量监测，2018 年底前，重点区域各区县布设降尘量监测点位。重点区域各城市和其他臭氧污染严重的城市，开展环境空气 VOCs 监测。重点区域建设国家大气颗粒物组分监测网、大气光化学监测网以及大气环境天地空大型立体综合观测网。研究发射大气环境监测专用卫星。（生态环境部牵头，国防科工局等参与）

强化重点污染源自动监控体系建设。排气口高度超过 45 米的高架源，以及石化、化工、包装印刷、工业涂装等 VOCs 排放重点源，纳入重点排污单位名录，督促企业安装烟气排放自动监控设施，2019 年底前，重点区域基本完成；2020 年底前，全国基本完成。（生态环境部负责）

加强移动源排放监管能力建设。建设完善遥感监测网络、定期排放检验机构国家—省—市三级联网，构建重型柴油车车载诊断系统远程监控系统，强化现场路检路查和停放地监督抽测。2018 年底前，重点区域建成三级联网的遥感监测系统平台，其他区域 2019 年底前建成。推进工程机械安装实时定位和排放监控装置，建设排放监控平台，重点区域 2020 年底前基本完成。研究成立国家机动车污染防治中心，建设区域性国家机动车排放检测实验室。（生态环境部牵头，公安部、交通运输部、科技部等参与）

强化监测数据质量控制。城市和区县各类开发区环境空气质量自动监测站点运维全部上收到省级环境监测部门。加强对环境监测和运维机构的监管，建立质控考核与实验室比对、第三方质控、信誉评级等机制，健全环境监测量值传递溯源体系，加强环境监测相关标准物质研制，建立"谁出数谁负责、谁签字谁负责"的责任追溯制度。开展环境监测数据质量监督检查专项行动，严厉惩处环境监测数据弄虚作假行为。对地方不当干预环境监测行为的，监测机构运行维护不到位及篡改、伪造、干扰监测数据的，排污单位弄虚作假的，依纪依法从严处罚，追究责任。（生态环境部负责）

（三十三）强化科技基础支撑。汇聚跨部门科研资源，组织优秀科研团队，开展重点区域及成渝地区等其他区域大气重污染成因、重污染积累与天气过程双向反馈机制、重点行业与污染物排放管控技术、居民健康防护等科技攻坚。大气污染成因与控制技术研究、大气重污染成因与治理攻关等重点项目，要紧密围绕打赢蓝天保卫战需求，以目标和问题为导向，边研究、边产出、边应用。加强区域性臭氧形成机理与控制路径研究，深化 VOCs

全过程控制及监管技术研发。开展钢铁等行业超低排放改造、污染排放源头控制、货物运输多式联运、内燃机及锅炉清洁燃烧等技术研究。常态化开展重点区域和城市源排放清单编制、源解析等工作，形成污染动态溯源的基础能力。开展氨排放与控制技术研究。（科技部、生态环境部牵头，卫生健康委、气象局、市场监管总局等参与）

（三十四）加大环境执法力度。坚持铁腕治污，综合运用按日连续处罚、查封扣押、限产停产等手段依法从严处罚环境违法行为，强化排污者责任。未依法取得排污许可证、未按证排污的，依法依规从严处罚。加强区县级环境执法能力建设。创新环境监管方式，推广"双随机、一公开"等监管。严格环境执法检查，开展重点区域大气污染热点网格监管，加强工业炉窑排放、工业无组织排放、VOCs 污染治理等环境执法，严厉打击"散乱污"企业。加强生态环境执法与刑事司法衔接。（生态环境部牵头，公安部等参与）

严厉打击生产销售排放不合格机动车和违反信息公开要求的行为，撤销相关企业车辆产品公告、油耗公告和强制性产品认证。开展在用车超标排放联合执法，建立完善环境部门检测、公安交管部门处罚、交通运输部门监督维修的联合监管机制。严厉打击机动车排放检验机构尾气检测弄虚作假、屏蔽和修改车辆环保监控参数等违法行为。加强对油品制售企业的质量监督管理，严厉打击生产、销售、使用不合格油品和车用尿素行为，禁止以化工原料名义出售调和油组分，禁止以化工原料勾兑调和油，严禁运输企业储存使用非标油，坚决取缔黑加油站点。（生态环境部、公安部、交通运输部、工业和信息化部牵头，商务部、市场监管总局等参与）

（三十五）深入开展环境保护督察。将大气污染防治作为中央环境保护督察及其"回头看"的重要内容，并针对重点区域统筹安排专项督察，夯实地方政府及有关部门责任。针对大气污染防治工作不力、重污染天气频发、环境质量改善达不到进度要求甚至恶化的城市，开展机动式、点穴式专项督察，强化督察问责。全面开展省级环境保护督察，实现对地市督察全覆盖。建立完善排查、交办、核查、约谈、专项督察"五步法"监管机制。（生态环境部负责）

十、明确落实各方责任，动员全社会广泛参与

（三十六）加强组织领导。有关部门要根据本行动计划要求，按照管发展的管环保、管生产的管环保、管行业的管环保原则，进一步细化分工任务，制定配套政策措施，落实"一岗双责"。有关地方和部门的落实情况，纳入国务院大督查和相关专项督查，对真抓实干成效明显的强化表扬激励，对庸政懒政怠政的严肃追责问责。地方各级政府要把打赢蓝天保卫战放在重要位置，主要领导是本行政区域第一责任人，切实加强组织领导，制定实施方案，细化分解目标任务，科学安排指标进度，防止脱离实际层层加码，要确保各项工作有力有序完成。完善有关部门和地方各级政府的责任清单，健全责任体系。各地建立完善"网格长"制度，压实各方责任，层层抓落实。生态环境部要加强统筹协调，定期调度，及时向国务院报告。（生态环境部牵头，各有关部门参与）

（三十七）严格考核问责。将打赢蓝天保卫战年度和终期目标任务完成情况作为重要内容，纳入污染防治攻坚战成效考核，做好考核结果应用。考核不合格的地区，由上级生态环境部门会同有关部门公开约谈地方政府主要负责人，实行区域环评限批，取消国家授

予的有关生态文明荣誉称号。发现篡改、伪造监测数据的，考核结果直接认定为不合格，并依纪依法追究责任。对工作不力、责任不实、污染严重、问题突出的地区，由生态环境部公开约谈当地政府主要负责人。制定量化问责办法，对重点攻坚任务完成不到位或环境质量改善不到位的实施量化问责。对打赢蓝天保卫战工作中涌现出的先进典型予以表彰奖励。（生态环境部牵头，中央组织部等参与）

（三十八）加强环境信息公开。各地要加强环境空气质量信息公开力度。扩大国家城市环境空气质量排名范围，包含重点区域和珠三角、成渝、长江中游等地区的地级及以上城市，以及其他省会城市、计划单列市等，依据重点因素每月公布环境空气质量、改善幅度最差的 20 个城市和最好的 20 个城市名单。各省（自治区、直辖市）要公布本行政区域内地级及以上城市环境空气质量排名，鼓励对区县环境空气质量排名。各地要公开重污染天气应急预案及应急措施清单，及时发布重污染天气预警提示信息。（生态环境部负责）

建立健全环保信息强制性公开制度。重点排污单位应及时公布自行监测和污染排放数据、污染治理措施、重污染天气应对、环保违法处罚及整改等信息。已核发排污许可证的企业应按要求及时公布执行报告。机动车和非道路移动机械生产、进口企业应依法向社会公开排放检验、污染控制技术等环保信息。（生态环境部负责）

（三十九）构建全民行动格局。环境治理，人人有责。倡导全社会"同呼吸共奋斗"，动员社会各方力量，群防群治，打赢蓝天保卫战。鼓励公众通过多种渠道举报环境违法行为。树立绿色消费理念，积极推进绿色采购，倡导绿色低碳生活方式。强化企业治污主体责任，中央企业要起到模范带头作用，引导绿色生产。（生态环境部牵头，各有关部门参与）

积极开展多种形式的宣传教育。普及大气污染防治科学知识，纳入国民教育体系和党政领导干部培训内容。各地建立宣传引导协调机制，发布权威信息，及时回应群众关心的热点、难点问题。新闻媒体要充分发挥监督引导作用，积极宣传大气环境管理法律法规、政策文件、工作动态和经验做法等。（生态环境部牵头，各有关部门参与）

国务院关于加强滨海湿地保护严格管控围填海的通知

国发〔2018〕24 号

各省、自治区、直辖市人民政府，国务院各部委、各直属机构：

滨海湿地（含沿海滩涂、河口、浅海、红树林、珊瑚礁等）是近海生物重要栖息繁殖地和鸟类迁徙中转站，是珍贵的湿地资源，具有重要的生态功能。近年来，我国滨海湿地保护工作取得了一定成效，但由于长期以来的大规模围填海活动，滨海湿地大面积减少，自然岸线锐减，对海洋和陆地生态系统造成损害。为切实提高滨海湿地保护水平，严格管控围填海活动，现通知如下。

一、总体要求

（一）重大意义。进一步加强滨海湿地保护，严格管控围填海活动，有利于严守海洋生态保护红线，改善海洋生态环境，提升生物多样性水平，维护国家生态安全；有利于深化自然资源资产管理体制改革和机制创新，促进陆海统筹与综合管理，构建国土空间开发保护新格局，推动实施海洋强国战略；有利于树立保护优先理念，实现人与自然和谐共生，构建海洋生态环境治理体系，推进生态文明建设。

（二）指导思想。深入贯彻习近平新时代中国特色社会主义思想，深入贯彻党的十九大和十九届二中、三中全会精神，牢固树立绿水青山就是金山银山的理念，严格落实党中央、国务院决策部署，坚持生态优先、绿色发展，坚持最严格的生态环境保护制度，切实转变"向海索地"的工作思路，统筹陆海国土空间开发保护，实现海洋资源严格保护、有效修复、集约利用，为全面加强生态环境保护、建设美丽中国作出贡献。

二、严控新增围填海造地

（三）严控新增项目。完善围填海总量管控，取消围填海地方年度计划指标，除国家重大战略项目外，全面停止新增围填海项目审批。新增围填海项目要同步强化生态保护修复，边施工边修复，最大程度避免降低生态系统服务功能。未经批准或骗取批准的围填海项目，由相关部门严肃查处，责令恢复海域原状，依法从重处罚。

（四）严格审批程序。党中央、国务院、中央军委确定的国家重大战略项目涉及围填海的，由国家发展改革委、自然资源部按照严格管控、生态优先、节约集约的原则，会同有关部门提出选址、围填海规模、生态影响等审核意见，按程序报国务院审批。

省级人民政府为落实党中央、国务院、中央军委决策部署，提出的具有国家重大战略意义的围填海项目，由省级人民政府报国家发展改革委、自然资源部；国家发展改革委、自然资源部会同有关部门进行论证，出具围填海必要性、围填海规模、生态影响等审核意见，按程序报国务院审批。原则上，不再受理有关省级人民政府提出的涉及辽东湾、渤海湾、莱州湾、胶州湾等生态脆弱敏感、自净能力弱海域的围填海项目。

三、加快处理围填海历史遗留问题

（五）全面开展现状调查并制定处理方案。自然资源部要会同国家发展改革委等有关部门，充分利用卫星遥感等技术手段，在 2018 年底前完成全国围填海现状调查，掌握规划依据、审批状态、用海主体、用海面积、利用现状等，查明违法违规围填海和围而未填情况，并通报给有关省级人民政府。有关省级人民政府按照"生态优先、节约集约、分类施策、积极稳妥"的原则，结合 2017 年开展的围填海专项督察情况，确定围填海历史遗留问题清单，在 2019 年底前制定围填海历史遗留问题处理方案，提出年度处置目标，严格限制围填海用于房地产开发、低水平重复建设旅游休闲娱乐项目及污染海洋生态环境的项目。原则上不受理未完成历史遗留问题处理的省（自治区、直辖市）提出的新增围填海项目申请。

（六）妥善处置合法合规围填海项目。由省级人民政府负责组织有关地方人民政府根据围填海工程进展情况，监督指导海域使用权人进行妥善处置。已经完成围填海的，原则上应集约利用，进行必要的生态修复；在 2017 年底前批准而尚未完成围填海的，最大限度控制围填海面积，并进行必要的生态修复。

（七）依法处置违法违规围填海项目。由省级人民政府负责依法依规严肃查处，并组织有关地方人民政府开展生态评估，根据违法违规围填海现状和对海洋生态环境的影响程度，责成用海主体认真做好处置工作，进行生态损害赔偿和生态修复，对严重破坏海洋生态环境的坚决予以拆除，对海洋生态环境无重大影响的，要最大限度控制围填海面积，按有关规定限期整改。涉及军队建设项目违法违规围填海的，由中央军委机关有关部门会同有关地方人民政府依法依规严肃处理。

四、加强海洋生态保护修复

（八）严守生态保护红线。对已经划定的海洋生态保护红线实施最严格的保护和监管，全面清理非法占用红线区域的围填海项目，确保海洋生态保护红线面积不减少、大陆自然岸线保有率标准不降低、海岛现有砂质岸线长度不缩短。

（九）加强滨海湿地保护。全面强化现有沿海各类自然保护地的管理，选划建立一批海洋自然保护区、海洋特别保护区和湿地公园。将天津大港湿地、河北黄骅湿地、江苏如东湿地、福建东山湿地、广东大鹏湾湿地等亟须保护的重要滨海湿地和重要物种栖息地纳入保护范围。

（十）强化整治修复。制定滨海湿地生态损害鉴定评估、赔偿、修复等技术规范。坚持自然恢复为主、人工修复为辅，加大财政支持力度，积极推进"蓝色海湾""南红北柳""生态岛礁"等重大生态修复工程，支持通过退围还海、退养还滩、退耕还湿等方式，逐步修复已经破坏的滨海湿地。

五、建立长效机制

（十一）健全调查监测体系。统一湿地技术标准，结合第三次全国土地调查，对包括滨海湿地在内的全国湿地进行逐地块调查，对湿地保护、利用、权属、生态状况及功能等进行准确评价和分析，并建立动态监测系统，进一步加强围填海情况监测，及时掌握滨海湿地及自然岸线的动态变化。

（十二）严格用途管制。坚持陆海统筹，将滨海湿地保护纳入国土空间规划进行统一安排，加强国土空间用途管制，提高环境准入门槛，严格限制在生态脆弱敏感、自净能力弱的海域实施围填海行为，严禁国家产业政策淘汰类、限制类项目在滨海湿地布局，实现山水林田湖草整体保护、系统修复、综合治理。

（十三）加强围填海监督检查。自然资源部要将加快处理围填海历史遗留问题情况纳入督察重点事项，督促地方整改落实，加大督察问责力度，压实地方政府主体责任。抓好首轮围填海专项督察发现问题的整改工作，挂账督改，确保整改到位、问责到位。2018 年下半年启动围填海专项督察"回头看"，确保国家严控围填海的政策落到实处，坚决遏制、严厉打击违法违规围填海行为。

六、加强组织保障

（十四）明确部门职责。国务院有关部门要提高对滨海湿地保护重要性的认识，强化围填海管控意识，明确分工，落实责任，加强沟通，形成管理合力。自然资源部要切实担负起保护修复与合理利用海洋资源的责任，会同国家发展改革委等有关部门，建立部省协调联动机制，统筹各方面力量，加大保护和管控力度，确保完成目标任务。

（十五）落实地方责任。各沿海省（自治区、直辖市）是加强滨海湿地保护、严格管控围填海的责任主体，政府主要负责人是本行政区域第一责任人，要切实加强组织领导，制定实施方案，细化分解目标任务，依法分类处置围填海历史遗留问题，加大海洋生态保护修复力度。

（十六）推动公众参与。要通过多种形式及时宣传报道相关政策措施和取得的成效，加强舆论引导和监督，及时回应公众关切，提升公众保护滨海湿地的意识，促进公众共同参与、共同保护，营造良好的社会环境。

国务院

2018 年 7 月 14 日

国务院关于淮河生态经济带发展规划的批复

国函〔2018〕126 号

江苏、安徽、山东、河南、湖北省人民政府，国家发展改革委：

国家发展改革委《关于报送淮河生态经济带发展规划（送审稿）的请示》（发改地区〔2018〕945 号）收悉。现批复如下：

一、原则同意《淮河生态经济带发展规划》（以下简称《规划》），请认真组织实施。

二、《规划》实施要全面贯彻党的十九大和十九届二中、三中全会精神，以习近平新时代中国特色社会主义思想为指导，落实党中央、国务院决策部署，坚持稳中求进工作总基调，坚持新发展理念，按照高质量发展要求，统筹推进"五位一体"总体布局和协调推进"四个全面"战略布局，以供给侧结构性改革为主线，坚决打好防范化解重大风险、精准脱贫、污染防治三大攻坚战，着力推进绿色发展，改善淮河流域生态环境，实施创新驱动发展战略，深化体制机制改革，构建全方位开放格局，促进区域协调发展，推动经济发展质量变革、效率变革、动力变革，建设现代化经济体系，增进民生福祉，加快建成美丽宜居、充满活力、和谐有序的生态经济带。

三、江苏、安徽、山东、河南、湖北省人民政府要加强组织领导，制定工作方案，明确责任分工，完善工作机制，将《规划》确定的重大工程、重大项目、重大政策、重要改革任务与本地区经济社会发展紧密衔接起来，确保各项目标任务落到实处。《规划》实施中涉及的重大事项、重大政策和重大项目按规定程序报批。

四、国务院有关部门和单位要按照职责分工加强指导，围绕《规划》确定的总体目标和重点任务，研究制定具体政策，在体制机制创新、政策措施实施、重点项目安排等方面给予积极支持；同时，注重调动社会力量参与，为《规划》实施创造良好环境，为增强淮河流域经济发展动力提供有力支撑。

五、国家发展改革委要加强综合协调与服务，研究解决《规划》实施中的重点难点问题，会同有关部门加强跟踪分析和督促检查，适时组织开展《规划》实施情况评估，推动《规划》目标任务落实。重大问题及时向国务院报告。

国务院
2018 年 10 月 6 日

国务院关于汉江生态经济带发展规划的批复

国函〔2018〕127 号

河南、湖北、陕西省人民政府，国家发展改革委：

国家发展改革委《关于报送汉江生态经济带发展规划（送审稿）的请示》（发改地区〔2018〕1059 号）收悉。现批复如下：

一、原则同意《汉江生态经济带发展规划》（以下简称《规划》），请认真组织实施。

二、《规划》实施要全面贯彻党的十九大和十九届二中、三中全会精神，以习近平新时代中国特色社会主义思想为指导，落实党中央、国务院决策部署，坚持稳中求进工作总基调，坚持新发展理念，按照高质量发展要求，统筹推进"五位一体"总体布局和协调推进"四个全面"战略布局，以供给侧结构性改革为主线，主动融入"一带一路"建设、京津冀协同发展、长江经济带发展等国家重大战略，坚决打好防范化解重大风险、精准脱贫、污染防治三大攻坚战。围绕改善提升汉江流域生态环境，共抓大保护，不搞大开发，加快生态文明体制改革，推进绿色发展，着力解决突出环境问题，加大生态系统保护力度；围绕推动质量变革、效率变革、动力变革，推进创新驱动发展，加快产业结构优化升级，进一步提升新型城镇化水平，打造美丽、畅通、创新、幸福、开放、活力的生态经济带。

三、河南、湖北、陕西省人民政府要加强组织领导，制定工作方案，明确责任分工，完善工作机制，将《规划》确定的重大工程、重大项目、重大政策、重要改革任务与本地区经济社会发展紧密衔接起来，确保各项目标任务落到实处。《规划》实施中涉及的重大事项、重大政策和重大项目按规定程序报批。

四、国务院有关部门和单位要按照职责分工加强指导，围绕《规划》确定的总体目标和重点任务，研究制定具体政策，在体制机制创新、政策措施实施、重点项目安排等方面给予积极支持；同时，注重调动社会力量参与，为《规划》实施创造良好环境，为增强汉江流域经济发展动力提供有力支撑。

五、国家发展改革委要加强综合协调与服务，研究解决《规划》实施中的重点难点问题，会同有关部门加强跟踪分析和督促检查，适时组织开展《规划》实施情况评估，推动《规划》目标任务落实。重大问题及时向国务院报告。

国务院
2018 年 10 月 8 日

国务院办公厅关于公布辽宁五花顶等 6 处新建国家级自然保护区名单的通知

国办发〔2018〕9 号

各省、自治区、直辖市人民政府，国务院各部委、各直属机构：

辽宁五花顶、吉林园池湿地、黑龙江仙洞山梅花鹿、黑龙江朗乡、四川南莫且湿地和陕西红碱淖等 6 处新建国家级自然保护区已经国务院审定，现将名单予以公布。新建国家级自然保护区的面积、范围和功能分区等由环境保护部另行公布。有关地区要按照批准的面积和范围组织勘界，落实自然保护区土地权属，并在规定的时限内标明区界，予以公告。

自然保护区是推进生态文明、建设美丽中国的重要载体。强化自然保护区建设和管理，是贯彻落实新发展理念的具体行动，是落实生态保护红线、维护国家生态安全的重要保障，是保护生物多样性、确保各类自然生态系统安全稳定、改善生态环境质量的有效举措。有关地区和部门要严格执行自然保护区条例等有关规定，认真贯彻《国务院办公厅关于做好自然保护区管理有关工作的通知》（国办发〔2010〕63 号）要求，严格落实生态环境保护责任，加强组织领导和协调配合，健全管理机构，加大资金投入，强化对涉及自然保护区各类环境违法违规行为的监管执法力度，妥善处理好自然保护区管理与当地经济社会发展及居民生产生活的关系，确保各项管理措施得到落实，不断提高国家级自然保护区建设和管理水平。

国务院办公厅
2018 年 2 月 8 日

新建国家级自然保护区名单

（共计 6 处）

辽宁省
　　五花顶国家级自然保护区
吉林省
　　园池湿地国家级自然保护区
黑龙江省
　　仙洞山梅花鹿国家级自然保护区
　　朗乡国家级自然保护区
四川省
　　南莫且湿地国家级自然保护区
陕西省
　　红碱淖国家级自然保护区

国务院办公厅关于开展工程建设项目审批制度改革试点的通知

国办发〔2018〕33 号

各省、自治区、直辖市人民政府，国务院各部委、各直属机构：

　　为贯彻落实党中央、国务院关于深化"放管服"改革和优化营商环境的部署要求，推动政府职能转向减审批、强监管、优服务，促进市场公平竞争，国务院决定开展工程建设项目审批制度改革试点。经国务院同意，现就试点工作有关事项通知如下：

一、总体要求

　　（一）指导思想。全面深入贯彻党的十九大和十九届二中、三中全会精神，以习近平新时代中国特色社会主义思想为指导，按照党中央、国务院关于深化"放管服"改革和优化营商环境的部署要求，以推进政府治理体系和治理能力现代化为目标，对工程建设项目审批制度进行全流程、全覆盖改革，努力构建科学、便捷、高效的工程建设项目审批和管理体系。

　　（二）试点地区。北京市、天津市、上海市、重庆市、沈阳市、大连市、南京市、厦门市、武汉市、广州市、深圳市、成都市、贵阳市、渭南市、延安市和浙江省。

（三）改革内容。改革覆盖工程建设项目审批全过程（包括从立项到竣工验收和公共设施接入服务）；主要是房屋建筑和城市基础设施等工程，不包括特殊工程和交通、水利、能源等领域的重大工程；覆盖行政许可等审批事项和技术审查、中介服务、市政公用服务以及备案等其他类型事项，推动流程优化和标准化。

（四）工作目标。2018 年，试点地区建成工程建设项目审批制度框架和管理系统，按照规定的流程，审批时间压减一半以上，由目前平均 200 多个工作日压减至 120 个工作日。2019 年，总结推广试点经验，在全国范围开展工程建设项目审批制度改革，上半年将审批时间压减至 120 个工作日，试点地区审批事项和时间进一步减少；地级及以上城市建成工程建设项目审批制度框架和管理系统。2020 年，基本建成全国统一的工程建设项目审批和管理体系。

二、统一审批流程

（五）优化审批阶段。将工程建设项目审批流程主要划分为立项用地规划许可、工程建设许可、施工许可、竣工验收等四个阶段。其中，立项用地规划许可阶段主要包括项目审批核准备案、选址意见书核发、用地预审、用地规划许可等。工程建设许可阶段主要包括设计方案审查、建设工程规划许可证核发等。施工许可阶段主要包括消防、人防等设计审核确认和施工许可证核发等。竣工验收阶段主要包括规划、国土、消防、人防等验收及竣工验收备案等。其他行政许可、涉及安全的强制性评估、中介服务、市政公用服务以及备案等事项纳入相关阶段办理或与相关阶段并行推进。

（六）分类细化流程。根据工程建设项目类型、投资类别、规模大小等，分类细化审批流程，确定审批阶段和审批事项。简化社会投资的中小型工程建设项目审批，对于带方案出让土地的项目，不再对设计方案进行审核，将工程建设许可和施工许可合并为一个阶段。对于出让土地的工程建设项目，将建设用地审批纳入立项用地规划许可阶段。

（七）大力推广并联审批。每个审批阶段确定一家牵头部门，实行"一家牵头、并联审批、限时办结"，由牵头部门组织协调相关部门严格按照限定时间完成审批。

三、精简审批环节

（八）精减审批事项和条件。取消不符合上位法和不合规的审批事项。取消不合理、不必要的审批事项。对于保留的审批事项，要减少审批前置条件，公布审批事项清单。取消施工合同备案、建筑节能设计审查备案等事项。社会投资的房屋建筑工程，建设单位可以自主决定发包方式。

（九）下放审批权限。按照方便企业和群众办事的原则，对下级机关有能力承接的审批事项，下放或委托下级机关审批。相关部门要加强沟通协调，制定配套措施，完善监管制度，开展指导培训，提高审批效能。

（十）合并审批事项。由同一部门实施的管理内容相近或者属于同一办理阶段的多个审批事项，应整合为一个审批事项。推行联合勘验、联合测绘、联合审图、联合验收等。将消防设计审核、人防设计审查等技术审查并入施工图设计文件审查，相关部门不再进行技术审查。推行以政府购买服务方式开展施工图设计文件审查。将工程质量安全监督手续与施工许可证合并办理。规划、国土、消防、人防、档案、市政公用等部门和单位实行限时联合验收，统一竣工验收图纸和验收标准，统一出具验收意见。对于验收涉及的测量工作，实行"一次委托、统一测绘、成果共享"。

（十一）转变管理方式。对于能够用征求相关部门意见方式替代的审批事项，调整为政府内部协作事项。建设工程规划许可证核发时一并进行设计方案审查，由发证部门征求相关部门和单位意见，其他部门不再对设计方案进行单独审查。推行由政府统一组织对地震安全性评价、地质灾害危险性评估、环境影响评价、节能评价等事项实行区域评估。

（十二）调整审批时序。落实取消下放行政审批事项有关要求，环境影响评价、节能评价、地震安全性评价等评价事项不作为项目审批或核准条件，地震安全性评价在工程设计前完成即可，其他评价事项在施工许可前完成即可。可以将用地预审意见作为使用土地证明文件申请办理建设工程规划许可证，用地批准手续在施工许可前完成即可。将供水、供电、燃气、热力、排水、通信等市政公用基础设施报装提前到施工许可证核发后办理，在工程施工阶段完成相关设施建设，竣工验收后直接办理接入事宜。

（十三）推行告知承诺制。对通过事中事后监管能够纠正不符合审批条件的行为且不会产生严重后果的审批事项，实行告知承诺制。公布实行告知承诺制的审批事项清单及具体要求，申请人按照要求作出书面承诺的，审批部门可以直接作出审批决定。对已经实施区域评估的工程建设项目，相应的审批事项实行告知承诺制。在部分工程建设项目中推行建设工程规划许可告知承诺制。

四、完善审批体系

（十四）"一张蓝图"统筹项目实施。加快建立"多规合一"业务协同平台，统筹各类规划。以"多规合一"的"一张蓝图"为基础，统筹协调各部门提出项目建设条件，建设单位落实建设条件要求，相关部门加强监督管理和考核评估。

（十五）"一个系统"实施统一管理。在国家和地方现有信息平台基础上，整合形成"横向到边、纵向到底"的工程建设项目审批管理系统，覆盖各部门和市、县、区、乡镇（街道）各层级，实现统一受理、并联审批、实时流转、跟踪督办、信息共享。其中，涉密工程按照有关保密要求执行。审批管理系统要与"多规合一"业务协同平台、各部门审批管理系统等信息平台互联互通，做到审批过程、审批结果实时传送。通过工程建设项目审批管理系统，加强对地方工程建设项目审批工作的指导和监督管理。

（十六）"一个窗口"提供综合服务。整合各部门和各市政公用单位分散设立的服务窗口，设立工程建设项目审批综合服务窗口。建立完善"前台受理、后台审核"机制，综合服务窗口统一收件、出件，实现"一个窗口"服务和管理。

（十七）"一张表单"整合申报材料。各审批阶段均实行"一份办事指南，一张申请表单，一套申报材料，完成多项审批"的运作模式，牵头部门制定统一的办事指南和申报表格，每一个审批阶段申请人只需提交一套申报材料。不同审批阶段的审批部门应当共享申报材料，不得要求申请人重复提交。

（十八）"一套机制"规范审批运行。建立健全工程建设项目审批配套制度，明确部门职责，明晰工作规程，规范审批行为，确保审批各阶段、各环节无缝衔接。建立审批协调机制，协调解决部门意见分歧。建立督办督查制度，实时跟踪审批办理情况，对全过程实施督查。

五、强化监督管理

（十九）加强事中事后监管。建立与工程建设项目审批制度改革相适应的监管体系。全面推行"双随机、一公开"监管，加大监督检查力度，严肃查处违法违规行为。对于实行告知承诺制的审批事项，审批部门应当在规定时间内对申请人履行承诺的情况进行检查，对申请人未履行承诺的，撤销行政审批决定并追究申请人的相应责任。

（二十）加强信用体系建设。建立工程建设项目审批信用信息平台，建立黑名单制度，将企业和从业人员违法违规、不履行承诺的不良行为向社会公开，构建"一处失信、处处受限"的联合惩戒机制。

（二十一）规范中介和市政公用服务。建立健全管理制度，实行服务承诺制，明确服务标准和办事流程，规范服务收费。依托工程建设项目审批管理系统建立中介服务网上交易平台，对中介服务行为实施全过程监管。

六、统筹组织实施

（二十二）强化组织领导。住房城乡建设部要切实担负起工程建设项目审批制度改革工作的组织协调和督促指导责任，各有关部门要加强协作、密切配合。试点地区人民政府要高度重视工程建设项目审批制度改革工作，成立以主要负责同志为组长的领导小组，完善工作机制，层层压实责任。试点地区要根据本通知编制实施方案，细化分解任务，明确责任部门，制定时间表、路线图，确保试点工作有序推进，并于2018年6月15日前将实施方案报送住房城乡建设部。鼓励改革创新，改革中涉及突破相关法律法规及政策规定的，按照程序报有权机关授权。支持试点地区在立法权限范围内先行先试，依法依规推进改革工作。研究推动在农村地区因地制宜开展相关工程建设项目审批制度改革。

（二十三）建立考评机制。住房城乡建设部要会同相关部门建立工程建设项目审批制度改革考核评价机制，重点考核评价试点地区全流程、全覆盖实施改革情况，考核评价试点地区统一审批流程、精简审批环节、完善审批体系等情况，及时总结试点做法，形成可复制、可推广的经验，并将有关情况报国务院。试点地区人民政府要加大对有关部门改革工作的督查力度，跟踪督查改革任务落实情况。试点地区要定期向住房城乡建设部报送工作进展情况。对于工作推进不力、影响工程建设项目审批制度改革进程的，特别是未按时完成阶段性工作目标的，要依法依规严肃问责。

（二十四）做好宣传引导。试点地区要通过多种形式及时宣传报道相关工作措施和取得的成效，加强舆论引导，增进社会公众对试点工作的了解和支持，及时回应群众关切，为顺利推进试点工作营造良好的舆论环境。

国务院办公厅
2018 年 5 月 14 日

国务院办公厅关于公布山西太宽河等 5 处新建国家级自然保护区名单的通知

国办发〔2018〕41 号

各省、自治区、直辖市人民政府，国务院各部委、各直属机构：

山西太宽河、吉林头道松花江上游、吉林甑峰岭、黑龙江细鳞河、贵州大沙河等 5 处新建国家级自然保护区已经国务院审定，现将名单予以公布。新建国家级自然保护区的面积、范围和功能分区等由生态环境部另行公布。有关地区要按照批准的面积和范围组织勘界，落实自然保护区土地权属，并在规定的时限内标明区界，予以公告。

自然保护区是推进生态文明、建设美丽中国的重要载体。强化自然保护区建设和管理，是贯彻落实新发展理念的具体行动，是落实生态保护红线、维护国家生态安全的重要保障，是保护生物多样性、确保各类自然生态系统安全稳定、改善生态环境质量的有效举措。有关地区和部门要严格执行自然保护区条例等有关规定，认真贯彻《国务院办公厅关于做好自然保护区管理有关工作的通知》（国办发〔2010〕63 号）要求，严格落实生态环境保护责任，加强组织领导和协调配合，健全管理机构，加大资金投入，强化对涉及自然保护区各类环境违法违规行为的监管执法力度，妥善处理好自然保护区管理与当地经济社会发展及居民生产生活的关系，确保各项管理措施得到落实，不断提高国家级自然保护区建设和管理水平。

国务院办公厅

2018 年 5 月 31 日

新建国家级自然保护区名单
（共计 5 处）

山西省
　　太宽河国家级自然保护区
吉林省
　　头道松花江上游国家级自然保护区
　　甑峰岭国家级自然保护区

黑龙江省

　　细鳞河国家级自然保护区

贵州省

　　大沙河国家级自然保护区

国务院办公厅关于成立京津冀及周边地区
大气污染防治领导小组的通知

国办发〔2018〕54 号

各省、自治区、直辖市人民政府，国务院各部委、各直属机构：

　　为推动完善京津冀及周边地区大气污染联防联控协作机制，经党中央、国务院同意，将京津冀及周边地区大气污染防治协作小组调整为京津冀及周边地区大气污染防治领导小组（以下简称领导小组）。现将有关事项通知如下：

一、主要职责

　　贯彻落实党中央、国务院关于京津冀及周边地区（以下称区域）大气污染防治的方针政策和决策部署；组织推进区域大气污染联防联控工作，统筹研究解决区域大气环境突出问题；研究确定区域大气环境质量改善目标和重点任务，指导、督促、监督有关部门和地方落实，组织实施考评奖惩；组织制定有利于区域大气环境质量改善的重大政策措施，研究审议区域大气污染防治相关规划等文件；研究确定区域重污染天气应急联动相关政策措施，组织实施重污染天气联合应对工作；完成党中央、国务院交办的其他事项。

二、组成人员

组　长：韩　正　国务院副总理
副组长：李干杰　生态环境部部长
　　　　陈吉宁　北京市市长
　　　　张国清　天津市市长
　　　　许　勤　河北省省长
成　员：丁学东　国务院副秘书长
　　　　张　勇　发展改革委副主任
　　　　辛国斌　工业和信息化部副部长
　　　　李　伟　公安部副部长

刘　伟　财政部副部长

赵英民　生态环境部副部长

倪　虹　住房城乡建设部副部长

戴东昌　交通运输部副部长

刘雅鸣　气象局局长

努尔·白克力　能源局局长

贺天才　山西省副省长

欧阳晓晖　内蒙古自治区副主席

于国安　山东省副省长

刘　伟　河南省副省长

领导小组成员因工作变动需要调整的，由所在单位向领导小组办公室提出，按程序报领导小组组长批准。

三、工作机构

领导小组办公室设在生态环境部，承担领导小组日常工作。办公室主任由生态环境部副部长赵英民兼任，成员为领导小组成员单位有关司局级负责同志。

四、工作规则

领导小组实行工作会议制度和信息报送制度。工作会议由组长召集，也可由组长委托副组长召集，根据工作需要定期或不定期召开；参加人员为领导小组成员，必要时可邀请其他有关部门和地方人员参加。相关部门和省级政府每年向领导小组报告区域大气污染防治年度任务完成情况和下一年度工作计划。

国务院办公厅

2018 年 7 月 3 日

国务院办公厅关于调整全国绿化委员会组成人员的通知

国办发〔2018〕58 号

各省、自治区、直辖市人民政府，国务院各部委、各直属机构：

根据机构设置、人员变动情况和工作需要，国务院决定对全国绿化委员会的组成单位和人员进行调整。现将调整后的名单通知如下：

主　任：韩　正　国务院副总理

副主任：丁学东　国务院副秘书长

张建龙　自然资源部党组成员、林草局局长

钱毅平　中央军委后勤保障部副部长

张　勇　发展改革委副主任

程丽华　财政部副部长

倪　虹　住房城乡建设部副部长

卢　彦　北京市副市长

委　员：孙　尧　教育部副部长

徐南平　科技部副部长

刘　炤　司法部副部长

汤　涛　人力资源社会保障部副部长

黄润秋　生态环境部副部长

李建波　交通运输部党组成员

陆桂华　水利部副部长

于康震　农业农村部副部长

魏洪涛　文化和旅游部党组成员

刘国强　人民银行行长助理

徐福顺　国资委副主任

范卫平　广电总局副局长

毛有丰　统计局副局长

王正军　中直管理局副局长

陈建明　国管局副局长

余　勇　气象局副局长

刘东生　林草局副局长

尹德明　全国总工会副主席、书记处书记

徐　晓　共青团中央书记处书记

杨　柳　全国妇联书记处书记

李文新　中国铁路总公司副总经理

全国绿化委员会办公室设在林草局，承担全国绿化委员会日常工作，办公室主任由自然资源部党组成员、林草局局长张建龙兼任。全国绿化委员会成员因工作变动等需要调整的，由所在单位向全国绿化委员会提出，报全国绿化委员会主任审批。

国务院办公厅

2018 年 7 月 11 日

国务院办公厅关于调整国家应对气候变化及节能减排工作领导小组组成人员的通知

国办发〔2018〕66号

各省、自治区、直辖市人民政府，国务院各部委、各直属机构：

根据国务院机构设置、人员变动情况和工作需要，国务院决定对国家应对气候变化及节能减排工作领导小组组成单位和人员进行调整。现将调整后的名单通知如下：

组　长：李克强　国务院总理

副组长：韩　正　国务院副总理

　　　　王　毅　国务委员

成　员：丁学东　国务院副秘书长

　　　　孔铉佑　外交部副部长

　　　　张　勇　发展改革委副主任

　　　　陈宝生　教育部部长

　　　　王志刚　科技部部长

　　　　苗　圩　工业和信息化部部长

　　　　黄树贤　民政部部长

　　　　傅政华　司法部部长

　　　　刘　昆　财政部部长

　　　　陆　昊　自然资源部部长

　　　　李干杰　生态环境部部长

　　　　王蒙徽　住房城乡建设部部长

　　　　李小鹏　交通运输部部长

　　　　鄂竟平　水利部部长

　　　　韩长赋　农业农村部部长

　　　　钟　山　商务部部长

　　　　雒树刚　文化和旅游部部长

　　　　马晓伟　卫生健康委主任

　　　　易　纲　人民银行行长

　　　　肖亚庆　国资委主任

　　　　王　军　税务总局局长

　　　　张　茅　市场监管总局局长

　　　　宁吉喆　发展改革委副主任、统计局局长

王晓涛　国际发展合作署署长

李宝荣　国务院副秘书长、国管局局长

白春礼　中科院院长

刘雅鸣　气象局局长

努尔·白克力　发展改革委副主任、能源局局长

张建龙　林草局局长

杨宇栋　交通运输部副部长、铁路局局长

冯正霖　交通运输部副部长、民航局局长

国家应对气候变化及节能减排工作领导小组具体工作由生态环境部、发展改革委按职责承担。

国务院办公厅

2018 年 7 月 19 日

国务院办公厅关于加强核电标准化工作的指导意见

国办发〔2018〕71 号

各省、自治区、直辖市人民政府，国务院各部委、各直属机构：

安全高效发展核电是我国能源战略的重要组成部分。核电标准化是支撑我国核电安全和可持续发展的重要保障，是促进核电"走出去"的重要抓手，对推动我国由核电大国向核电强国迈进具有重要意义。为进一步加强我国核电标准化工作，经国务院同意，现提出以下意见。

一、总体要求

（一）指导思想。

以习近平新时代中国特色社会主义思想为指导，全面贯彻党的十九大和十九届二中、三中全会精神，按照国务院印发的《深化标准化工作改革方案》部署，立足我国核电长远发展，坚持标准自主化与国际化相结合，凝聚共识，自主创新，加快建设一套自主、统一、协调、先进、与我国核电发展水平相适应的核电标准体系，充分发挥标准的规范、引领和支撑作用，推动核电技术和装备进步，促进我国核电安全和可持续发展。

（二）基本原则。

——完善机制，强化领导。建立核电标准化工作领导协调机制，明确各相关部门职责分工，在核电标准体系建设、实施、监督、科研、国际合作等方面发挥领导和协调作用。

——部门联动，加强实施。制定相关政策和措施，建立相应工作机制，在核电项目核准等环节积极引导和推动我国核电项目采用自主核电标准。

——统筹规划，自主统一。全面覆盖我国各压水堆核电机型的技术需求，兼顾其他堆型需求，以自主技术为基础，充分利用核电工程建设经验和研究成果，制定自主统一核电标准，持续完善标准体系，提升自主化水平。

——国际合作，助力出口。分层次、有重点地与相关国际标准组织、国家和地区开展核电标准化国际合作与交流，接轨国际，提升核电标准国际影响力，助推核电"走出去"。

二、总体目标

建立政府引导、相关企事业单位广泛参与、协同推进核电标准化工作的体制机制；形成标准技术路线统一、结构完善的核电标准体系，全面支撑核电安全高效发展及核电"走出去"。

到 2019 年，核电标准体系更加完善，体系框架结构进一步优化，标准技术内容逐步统一，标准自主化水平和协调性显著提高，形成自主统一的、与我国核电发展水平相适应的核电标准体系。

到 2022 年，标准应用明显加强。国内自主核电项目采用自主核电标准的比例大幅提高，我国核电标准的国际影响力和认可度显著提升。

到 2027 年，跻身核电标准化强国前列，在国际核电标准化领域发挥引领作用。

三、重点任务

（一）加强自主创新，优化完善核电标准体系。

1．提升标准自主化水平。在充分总结、凝练我国核电工程技术经验、科研成果的基础上，提升我国核电标准的自主化程度。以核岛机械设备领域为切入点，重点开展标准技术路线统一专题研究，统筹考虑我国核电安全性、经济性及工业基础和监管体系，加强试验验证，制定我国自主统一的核岛机械设备标准。

2．优化标准体系结构。推动建立以通用标准为主、专用标准为辅的标准体系。提高标准体系的协调性、自治性，加强标准应用的整体性、配套性，编制总目录，分卷汇编，方便使用。

3．提高标准质量。加快建立能源行业核电标准动态管理机制，梳理分析现有核电标准质量和适用性，加强标准制修订工作，力争标准质量达到国际先进水平，满足实施应用的现实需求。

（二）加强政策引导，推动核电标准广泛应用。

4．完善相关政策。完善核电项目核准、监督的相关制度，将采用自主核电标准的比例作为项目核准的一项重要参考指标。制定相关政策，提高行业研究和应用自主标准的积极性。

5．推进标准认可。完善与核安全相关标准的认可制度，优化程序，创新模式，提高效率，为我国核电标准的应用和实施创造条件。

6．加强宣传贯彻实施。通过宣讲培训、技术交流等方式，多渠道、多层次开展核电标准宣传贯彻工作。搭建标准实施反馈平台，优化实施反馈机制，实现标准实施—反馈—提升的良性循环。

（三）深化国际合作，扩大核电标准国际影响。

7. 推进与核电贸易国标准化合作。加强对核电贸易国行业政策、监管体系和标准体系的研究，推动建立双边、多边合作机制，强化标准与政策、规则的有效衔接。

8. 加强与国际标准组织合作。积极参与国际标准组织活动，在相关国际标准化工作中发挥更大作用。加强与核电强国的标准技术交流与合作，推动标准互认、标准共建及技术交流等合作，提升我国核电标准国际影响力和认可度。

（四）强化能力建设，支撑核电标准长远发展。

9. 提升信息化水平。统筹规划，建立核电标准信息化工作平台，做好与现有平台的对接，推进核电标准化与信息化融合，提升核电标准化工作效率，提高核电标准共享程度，拓展核电标准服务内容，提升核电标准服务质量。

10. 注重人才队伍建设。加强核电标准化组织建设，积极引进和培育标准化高端人才，广泛吸纳核电技术专家，引进国际高级专业技术人才。对参与核电标准化工作的专业技术人员在待遇提高、职务和职称晋升等方面予以倾斜。

（五）开展配套研究，提升标准自主创新水平。

11. 全面开展标准化科研。结合我国工业基础和研究现状，对关键性能指标开展必要的试验研究和验证，提升核电标准自主化水平。分析比对国外先进核电标准，总结我国核电标准与国外先进核电标准的差异，进一步提升我国核电标准自洽性、完整性和先进性。加强科研成果转化，适时将技术创新成果转化为标准，促进新技术的推广和应用。

四、组织实施

（一）建立机制，加强组织落实。

建立核电标准化领导协调机制，在政策引导、资源保障、协同推进等方面加强统筹协调和督查落实。根据需要不定期召开会议，研究制定和细化政策措施，提出具体工作计划和年度重点任务，衔接协调核电标准化有关规划、政策、专项、"走出去"工作等，为核电标准化工作提供强有力的组织保障。

（二）政府引导，形成政策合力。

政府各有关部门要及时出台政策，组织推动行业形成核电标准化工作合力。能源局要加大对核电标准化工作的支持，加强核电标准顶层设计，推动核电标准统一；在核电项目核准阶段，审核项目采用自主核电标准的比例，推动自主核电标准的实施应用。标准委要积极推进核电标准化体系建设，推动核电标准国际合作，支持打造我国核电标准自主品牌。核安全局要积极支持和鼓励采用自主核电标准，开展与核安全相关标准的认可工作，创新认可方式，提高认可效率。国防科工局、能源局、标准委要根据各自职责推动核电核燃料、乏燃料、核安保、核应急等相关标准的制定。科技部要鼓励和支持核电标准配套研究。财政部要统筹利用现有资金渠道做好核电标准建设经费保障。

（三）企业配套，提升行业能力。

核电相关企业、研究机构要将核电标准化作为重点工作进行部署，积极承担标准的制修订和研究任务，积极采用自主核电标准；增加标准化工作在职称评定、绩效考核、评选先进等方面的评价指标权重，鼓励职工积极参与核电标准化工作。

（四）资金支持，保障工作开展。

各有关单位要加大核电标准化经费支持，各核电集团要积极配套核电标准化工作经费，引导和鼓励社会力量积极参与核电标准化工作，多渠道落实核电标准化经费，形成对核电标准化工作的有效支持保障。

国务院办公厅
2018 年 7 月 23 日

国务院办公厅关于开展生态环境保护法规、规章、规范性文件清理工作的通知

国办发〔2018〕87 号

各省、自治区、直辖市人民政府，国务院各部委、各直属机构：

坚决打好污染防治攻坚战，是党的十九大作出的重大决策部署。2018 年 6 月，党中央、国务院发布《关于全面加强生态环境保护坚决打好污染防治攻坚战的意见》，要求健全生态环境保护法治体系。7 月，第十三届全国人大常委会第四次会议通过关于全面加强生态环境保护依法推动打好污染防治攻坚战的决议，提出建立健全最严格最严密的生态环境保护法律制度。为落实上述相关要求，做好生态环境保护法规、规章、规范性文件清理工作，经国务院同意，现就有关事项通知如下：

一、清理范围

此次清理的范围是生态环境保护相关行政法规，省、自治区、直辖市、设区的市、自治州人民政府和国务院部门制定的规章，以及县级以上地方人民政府及其所属部门、国务院部门制定的规范性文件。清理的重点是，与习近平生态文明思想和党的十八大以来党中央、国务院有关生态环境保护文件精神，以及生态环境保护方面的法律不符合、不衔接、不适应的规定。

二、清理职责

清理工作坚持"谁制定、谁清理"的原则。国务院部门制定的规章、规范性文件和县级以上地方人民政府所属部门制定的规范性文件，由制定部门负责清理；部门联合制定或

涉及多个部门职责的，由牵头部门负责组织清理；制定部门被撤销或者职权已调整的，由继续行使其职权的部门负责清理。县级以上地方人民政府制定的规章、规范性文件，由实施部门提出清理意见和建议，报同级人民政府决定。

国务院各部门在开展清理工作的同时，认为法律、行政法规存在不利于生态环境保护的有关规定，应当提出具体建议、修改方案和修改废止理由；对于涉及有关法律、地方性法规、司法解释的问题，应当及时报告全国人大常委会法工委；对于涉及有关法律立改废释工作或者需要全国人大常委会作出相关决定的，应报请国务院依法提出相关议案。

三、清理要求

各地区、各部门要依据党中央、国务院有关生态环境保护文件精神和上位法修改、废止情况，逐项研究清理。规章、规范性文件的主要内容与党中央、国务院有关生态环境保护文件相抵触，或与现行生态环境保护相关法律、行政法规不一致的，要予以废止；部分内容与党中央、国务院有关生态环境保护文件相抵触，或与现行生态环境保护相关法律、行政法规不一致的，要予以修改。

四、结果报送

县级以上地方人民政府所属部门要及时向本级人民政府报送清理结果。市、县级人民政府要及时将本级政府及其所属部门的清理结果报送上一级地方人民政府。各省、自治区、直辖市人民政府和国务院各部门应于 2018 年 10 月 15 日前将本地区、本部门的规章、规范性文件清理结果报送国务院，同时抄送生态环境部、司法部。国务院有关部门应于 2018 年 10 月 15 日前将对法律、行政法规的清理意见、修改草案和说明报送国务院，并抄送生态环境部、司法部。生态环境部、司法部应于 2018 年 10 月底前将上述清理情况汇总后报送国务院。

五、组织实施

各地区、各部门要充分认识清理工作的重要性，加强组织领导，制定具体方案，明确责任分工和时限要求，抓紧开展清理工作。生态环境部、司法部要加强统筹协调指导，及时跟踪了解进展情况，研究解决共性问题，确保清理工作顺利完成。

附件：1．规章清理情况统计表
2．规范性文件清理情况统计表

国务院办公厅
2018 年 9 月 12 日

规章清理情况统计表

填表单位：　　　　　　　　　　　　　　　　填表时间：　　年　　月　　日

制定单位名称				
已废止的规章	序号	规章名称	废止日期	备注
已修改的规章	序号	规章名称	修改日期	备注
拟废止的规章	序号	规章名称	时间安排	备注
拟修改的规章	序号	规章名称	时间安排	备注

附件 2

规范性文件清理情况统计表

填表单位：　　　　　　　　　　　　　　　　填表时间：　　年　　月　　日

处理结果	类　别	数　量（件）
已废止的规范性文件	国务院部门规范性文件	
	省级政府及其部门规范性文件	
	市级政府及其部门规范性文件	
	县级政府及其部门规范性文件	
	合　计	
已修改的规范性文件	国务院部门规范性文件	
	省级政府及其部门规范性文件	
	市级政府及其部门规范性文件	
	县级政府及其部门规范性文件	
	合　计	
拟废止的规范性文件	国务院部门规范性文件	
	省级政府及其部门规范性文件	
	市级政府及其部门规范性文件	
	县级政府及其部门规范性文件	
	合　计	

处 理 结 果	类 别	数 量（件）
拟修改的规范性文件	国务院部门规范性文件	
	省级政府及其部门规范性文件	
	市级政府及其部门规范性文件	
	县级政府及其部门规范性文件	
	合 计	

国务院办公厅关于加强长江水生生物保护工作的意见

国办发〔2018〕95 号

各省、自治区、直辖市人民政府，国务院各部委、各直属机构：

长江是中华民族的母亲河，是中华民族发展的重要支撑。多年来，受拦河筑坝、水域污染、过度捕捞、航道整治、岸坡硬化、挖砂采石等人类活动影响，长江生物多样性持续下降，水生生物保护形势严峻，水域生态修复任务艰巨。为加强长江水生生物保护工作，经国务院同意，现提出以下意见。

一、总体要求

（一）指导思想。全面贯彻党的十九大和十九届二中、三中全会精神，以习近平新时代中国特色社会主义思想为指导，认真落实党中央、国务院决策部署，统筹推进"五位一体"总体布局和协调推进"四个全面"战略布局，牢固树立和贯彻落实创新、协调、绿色、开放、共享的发展理念，坚持保护优先和自然恢复为主，强化完善保护修复措施，全面加强长江水生生物保护工作，把"共抓大保护、不搞大开发"的有关要求落到实处，推动形成人与自然和谐共生的绿色发展新格局。

（二）基本原则。

树立红线思维，留足生态空间。严守生态保护红线、环境质量底线和资源利用上线，根据水生生物保护和水域生态修复的实际需要，在生态功能重要和生态环境敏感脆弱区域科学建立水生生物保护区，实施严格的保护管理。

落实保护优先，实施生态修复。坚持尊重自然、顺应自然、保护自然的理念，把修复长江生态环境摆在压倒性位置，进一步强化涉水工程监管，完善生态补偿机制，修复水生生物重要栖息地和关键生境的生态功能。

坚持全面布局，系统保护修复。坚持上下游、左右岸、江河湖泊、干支流有机统一的空间布局，把水生生物和水域生态环境放在山水林田湖草生命共同体中，全面布局、科学规划、系统保护、重点修复。

（三）主要目标。到 2020 年，长江流域重点水域实现常年禁捕，水生生物保护区建设和监管能力显著提升，保护功能充分发挥，重要栖息地得到有效保护，关键生境修复取得实质性进展，水生生物资源恢复性增长，水域生态环境恶化和水生生物多样性下降趋势基本遏制。到 2035 年，长江流域生态环境明显改善，水生生物栖息生境得到全面保护，水生生物资源显著增长，水域生态功能有效恢复。

二、开展生态修复

（四）实施生态修复工程。统筹山水林田湖草整体保护、系统修复、综合治理。在重要水生生物产卵场、索饵场、越冬场和洄游通道等关键生境实施一批重要生态系统保护和修复重大工程，构建生态廊道和生物多样性保护网络，优化生态安全屏障体系，消除已有不利影响，恢复原有生态功能，提升生态系统质量和稳定性，确保生态安全。在闸坝阻隔的自然水体之间，通过灌江纳苗、江湖连通和设置过鱼设施等措施，满足水生生物洄游习性和种质交换需求。

（五）优化完善生态调度。深入研究长江干支流水库群蓄水及运行对长江水域生态的影响，开展基于水生生物需求、兼顾其他重要功能的统筹综合调度，最大限度降低不利影响。采取针对性措施，防治大型水库库容调度对水生生物造成的不利影响。建立健全长江流域江河湖泊生态用水保障机制，明确并保障干支流江河湖泊重要断面的生态流量，维护流域生态平衡。

（六）科学开展增殖放流。完善增殖放流管理机制，科学确定放流种类，合理安排放流数量，加快恢复水生生物种群适宜规模。建立健全放流苗种管理追溯体系，严格保障苗种质量。加强放流效果跟踪评估，开展标志放流和跟踪评估技术研究，为增殖放流效果评估提供技术支撑。严禁向天然开放水域放流外来物种、人工杂交或有转基因成分的物种，防范外来物种入侵和种质资源污染。

（七）推进水产健康养殖。加快编制养殖水域滩涂规划，依法开展规划环评，科学划定禁止养殖区、限制养殖区和允许养殖区。加强水产养殖科学技术研究与创新，推广成熟的生态增养殖、循环水养殖、稻渔综合种养等生态健康养殖模式，推进养殖尾水治理。加强全价人工配合饲料推广，逐步减少冰鲜鱼直接投喂，发展不投饵滤食性、草食性鱼类养殖，实现以鱼控草、以鱼抑藻、以鱼净水，修复水生生态环境。加强水产养殖环境管理和风险防控，减少鱼病发生与传播，防止外来物种养殖逃逸造成开放水域种质资源污染。

三、拯救濒危物种

（八）实施珍稀濒危物种拯救行动。实施以中华鲟、长江鲟、长江江豚为代表的珍稀濒危水生生物抢救性保护行动。在三峡库区、长江故道、河口、近海等水域建设一批中华鲟接力保种基地，开展中华鲟生活史关键环节生境保护和分段驯养繁育，通过人工技术条件满足中华鲟江海洄游习性需求。开展长江鲟亲本放归和幼鱼规模化放流，补充野生资源，推动实现长江鲟野生种群重建和恢复。加强长江江豚栖息地保护，开展长江中下游长江江豚迁地保护行动。在有条件的科研单位和水族馆建设长江珍稀濒危物种人工驯养繁育和科普教育基地。建立中华鲟、长江鲟人工驯养繁育基地以及长江江豚就地、迁地保护场所，加快提升中华鲟、长江江豚等重点保护物种涉及的保护区等级。

（九）全面加强水生生物多样性保护。科学确定、适时调整国家和地方重点保护野生动物名录和保护等级，依法严惩破坏重点保护野生动物资源及其生境的违法行为。针对不同物种的濒危程度和致危因素，制定保护规划，完善管理制度，落实保护措施，开展一批珍稀濒危物种人工繁育和种群恢复工程，全方位提升水生生物多样性保护能力和水平。

四、加强生境保护

（十）强化源头防控。强化国土空间规划对各专项规划的指导约束作用，增强水电、航道、港口、采砂、取水、排污、岸线利用等各类规划的协同性，加强对水域开发利用的规范管理，严格限制并努力降低不利影响。涉及水生生物栖息地的规划和项目应依法开展环境影响评价，强化水生态系统整体性保护，严格控制开发强度，统筹处理好开发建设与水生生物保护的关系。

（十一）加强保护地建设。结合长江流域生态保护红线划定，在水生生物重要栖息地和关键生境建立自然保护区、水产种质资源保护区或其他保护地，实行严格的保护和管理。统筹协调保护地与人类活动之间的关系，优化调整保护地主体功能和空间布局，在科学论证和依法审批的基础上，确定保护地功能区范围，合理规范涉保护地人类活动。强化水生生物重要栖息地完整性保护，对具有重要生态服务功能的支流进行重点修复。

（十二）提升保护地功能。有关地方人民政府要依法落实各类保护地管理机构和人员，在设施建设和运行经费等方面提供必要保障。加强水生生物资源监测和水域生态监控能力建设，增强监管、救护和科普教育功能。国务院有关部门要持续开展专项督查检查行动，及时查处和有效防止水生生物保护地违法开发利用和保护职责不落实等问题。

五、完善生态补偿

（十三）完善生态补偿机制。充分考虑修复措施的流域性、系统性特点，建立健全生态补偿机制，支持水生生物重要栖息地的保护与恢复。科学确定涉水工程对水生生物和水域生态影响补偿范围，规范补偿标准，明确补偿用途。通过完善均衡性转移支付和重点生态功能区转移支付政策，加大对长江上游、重要支流、鄱阳湖、洞庭湖和河口等重点生态功能区生态补偿与保护的支持力度。加强涉水生生物保护区在建和已建项目督查，跟踪评估生态补偿措施落实情况，确保生态补偿措施到位、资源生态修复见效。

（十四）推进重点水域禁捕。科学划定禁捕、限捕区域。加快建立长江流域重点水域禁捕补偿制度，统筹推进渔民上岸安居、精准扶贫等方面政策落实，通过资金奖补、就业扶持、社会保障等措施，引导长江流域捕捞渔民加快退捕转产，率先在水生生物保护区实现全面禁捕。健全河流湖泊休养生息制度，在长江干流和重要支流等重点水域逐步实行合理期限内禁捕的禁渔期制度。

六、加强执法监管

（十五）提升执法监管能力。加强立法工作，推动完善相关法律法规。加强执法队伍和装备设施建设，引导退捕渔民参与巡查监督工作，形成与保护管理新形势相适应的监管能力。完善行政执法与刑事司法衔接机制，依法严厉打击严重破坏资源生态的犯罪行为。强化水域污染风险预警和防控，及时调查处理水域污染和环境破坏事故。健全执法检查和执法督察制度，严肃追究失职渎职责任。

（十六）强化重点水域执法。健全部门协作、流域联动、交叉检查等合作执法和联合执法机制，提升重点水域和交界水域管理效果。在长江口、鄱阳湖、洞庭湖等重点水域和问题突出的其他水域，定期组织开展专项执法行动，清理取缔各种非法利用和破坏水生生物资源及其生态、生境的行为，做到发现一起、查处一起、整改一起。坚决清理取缔涉渔"三无"船舶和"绝户网"，严厉打击"电毒炸"等非法捕捞行为。

七、强化支撑保障

（十七）加大保护投入。鼓励和支持长江流域地方各级人民政府根据大保护需要，创新水生生物保护管理体制机制，加强对水生生物保护工作的政策扶持和资金投入。设立长江水生生物保护基金，鼓励企业和公众支持长江水生生物保护事业，健全多主体参与、多元化融资、精准化投入的体制机制。

（十八）加强科技支撑。深化水生生物保护研究，加快珍稀濒危水生生物人工驯养和繁育技术攻关，开展生态修复技术集成示范，形成一批可复制、可推广的水生生物保护模式和技术。建设长江重要水生生物物种基因库和活体库，强化珍稀濒危物种遗传学研究，支持利用基因技术复活近代消失的水生生物物种的探索研究，支持以研究和保护为目的开展鱼类网箱养殖、繁殖等工作，提升物种资源保护、保存和恢复能力。

（十九）提升监测能力。全面开展水生生物资源与环境本底调查，准确掌握水生生物资源和栖息地状况，建立水生生物资源资产台账。加强水生生物资源监测网络建设，提高监测系统自动化、智能化水平，加强生态环境大数据集成分析和综合应用，促进信息共享和高效利用。

八、加强组织领导

（二十）严格落实责任。将水生生物保护工作纳入长江流域地方人民政府绩效及河长制、湖长制考核体系，进一步明确长江流域地方各级人民政府在水生生物保护方面的主体责任，根据任务清单和时间节点要求，定期考核验收，形成共抓长江大保护的强大合力。

（二十一）强化督促检查。农业农村部等有关部门要按照职责分工，建立健全沟通协调机制，适时督查和通报相关工作落实情况。对在长江水生生物保护工作中做出显著成绩的，按照国家有关规定予以表彰。对工作推进不力、责任落实不到位的，依法依规严肃处理。

（二十二）营造良好氛围。完善信息发布机制，定期公开长江水生生物和水域生态环境状况，接受公众监督。积极开展长江水生生物保护宣传，鼓励各类媒体加大公益广告投放力度。加强长江渔文化遗产保护和开发，挖掘长江流域珍稀特有水生生物及其栖息地历史文化内涵和生态价值，营造全社会关心支持长江大保护的良好氛围。

国务院办公厅

2018 年 9 月 24 日

国务院办公厅关于印发"无废城市"建设试点
工作方案的通知

国办发〔2018〕128 号

各省、自治区、直辖市人民政府，国务院各部委、各直属机构：

《"无废城市"建设试点工作方案》已经国务院同意，现印发给你们，请认真贯彻执行。

国务院办公厅

2018 年 12 月 29 日

"无废城市"建设试点工作方案

"无废城市"是以创新、协调、绿色、开放、共享的新发展理念为引领，通过推动形成绿色发展方式和生活方式，持续推进固体废物源头减量和资源化利用，最大限度减少填埋量，将固体废物环境影响降至最低的城市发展模式。"无废城市"并不是没有固体废物产生，也不意味着固体废物能完全资源化利用，而是一种先进的城市管理理念，旨在最终实现整个城市固体废物产生量最小、资源化利用充分、处置安全的目标，需要长期探索与实践。现阶段，要通过"无废城市"建设试点，统筹经济社会发展中的固体废物管理，大力推进源头减量、资源化利用和无害化处置，坚决遏制非法转移倾倒，探索建立量化指标体系，系统总结试点经验，形成可复制、可推广的建设模式。为指导地方开展"无废城市"建设试点工作，制定本方案。

一、总体要求

（一）重大意义。党的十八大以来，党中央、国务院深入实施大气、水、土壤污染防治行动计划，把禁止洋垃圾入境作为生态文明建设标志性举措，持续推进固体废物进口管理制度改革，加快垃圾处理设施建设，实施生活垃圾分类制度，固体废物管理工作迈出坚实步伐。同时，我国固体废物产生强度高、利用不充分，非法转移倾倒事件仍呈高发频发态势，既污染环境，又浪费资源，与人民日益增长的优美生态环境需要还有较大差距。开展"无废城市"建设试点是深入落实党中央、国务院决策部署的具体行动，是从城市整体层面深化固体废物综合管理改革和推动"无废社会"建设的有力抓手，是提升生态文明、建设美丽中国的重要举措。

（二）指导思想。以习近平新时代中国特色社会主义思想为指导，全面贯彻党的十九大和十九届二中、三中全会精神，紧紧围绕统筹推进"五位一体"总体布局和协调推进"四个全面"战略布局，深入贯彻习近平生态文明思想和全国生态环境保护大会精神，认真落实党中央、国务院决策部署，坚持绿色低碳循环发展，以大宗工业固体废物、主要农业废弃物、生活垃圾和建筑垃圾、危险废物为重点，实现源头大幅减量、充分资源化利用和安全处置，选择典型城市先行先试，稳步推进"无废城市"建设，为全面加强生态环境保护、建设美丽中国作出贡献。

（三）基本原则。

坚持问题导向，注重创新驱动。着力解决当前固体废物产生量大、利用不畅、非法转移倾倒、处置设施选址难等突出问题，统筹解决本地实际问题与共性难题，加快制度、机制和模式创新，推动实现重点突破与整体创新，促进形成"无废城市"建设长效机制。

坚持因地制宜，注重分类施策。试点城市根据区域产业结构、发展阶段，重点识别主要固体废物在产生、收集、转移、利用、处置等过程中的薄弱点和关键环节，紧密结合本地实际，明确目标，细化任务，完善措施，精准发力，持续提升城市固体废物减量化、资源化、无害化水平。

坚持系统集成，注重协同联动。围绕"无废城市"建设目标，系统集成固体废物领域相关试点示范经验做法。坚持政府引导和市场主导相结合，提升固体废物综合管理水平与推进供给侧结构性改革相衔接，推动实现生产、流通、消费各环节绿色化、循环化。

坚持理念先行，倡导全民参与。全面增强生态文明意识，将绿色低碳循环发展作为"无废城市"建设重要理念，推动形成简约适度、绿色低碳、文明健康的生活方式和消费模式。强化企业自我约束，杜绝资源浪费，提高资源利用效率。充分发挥社会组织和公众监督作用，形成全社会共同参与的良好氛围。

（四）试点目标。到2020年，系统构建"无废城市"建设指标体系，探索建立"无废城市"建设综合管理制度和技术体系，试点城市在固体废物重点领域和关键环节取得明显进展，大宗工业固体废物贮存处置总量趋零增长、主要农业废弃物全量利用、生活垃圾减量化资源化水平全面提升、危险废物全面安全管控，非法转移倾倒固体废物事件零发生，培育一批固体废物资源化利用骨干企业。通过在试点城市深化固体废物综合管理改革，总结试点经验做法，形成一批可复制、可推广的"无废城市"建设示范模式，为推动建设"无废社会"奠定良好基础。

（五）试点范围。在全国范围内选择10个左右有条件、有基础、规模适当的城市，在全市域范围内开展"无废城市"建设试点。综合考虑不同地域、不同发展水平及产业特点、地方政府积极性等因素，优先选取国家生态文明试验区省份具备条件的城市、循环经济示范城市、工业资源综合利用示范基地、已开展或正在开展各类固体废物回收利用无害化处置试点并取得积极成效的城市。

二、主要任务

（一）强化顶层设计引领，发挥政府宏观指导作用。建立"无废城市"建设指标体系，发挥导向引领作用。2019年6月底前，研究建立以固体废物减量化和循环利用率为核心指标的"无废城市"建设指标体系，并与绿色发展指标体系、生态文明建设考核目标体系衔接融合。健全固体废物统计制度，统一工业固体废物数据统计范围、口径和方法，完善农业废弃物、建筑垃圾统计方法。（生态环境部牵头，国家发展改革委、工业和信息化部、住房城乡建设部、农业农村部、国家统计局参与）

优化固体废物管理体制机制，强化部门分工协作。根据城市经济社会发展实际，以深化地方机构改革为契机，建立部门责任清单，进一步明确各类固体废物产生、收集、转移、利用、处置等环节的部门职责边界，提升监管能力，形成分工明确、权责明晰、协同增效的综合管理体制机制。（生态环境部指导，试点城市政府负责落实。以下均需试点城市政府落实，不再列出）

加强制度政策集成创新，增强试点方案系统性。落实《生态文明体制改革总体方案》相关改革举措，围绕"无废城市"建设目标，集成目前已开展的有关循环经济、清洁生产、资源化利用、乡村振兴等方面改革和试点示范政策、制度与措施。在继承与创新基础上，试点城市制定"无废城市"建设试点实施方案，和城市建设与管理有机融合，明确改革试点的任务措施，增强相关领域改革系统性、协同性和配套性。（生态环境部、国家发展改革委、工业和信息化部、财政部、自然资源部、住房城乡建设部、农业农村部、商务部、国家卫生健康委、国家统计局指导）

统筹城市发展与固体废物管理，优化产业结构布局。组织开展区域内固体废物利用处置能力调查评估，严格控制新建、扩建固体废物产生量大、区域难以实现有效综合利用和无害化处置的项目。构建工业、农业、生活等领域间资源和能源梯级利用、循环利用体系。以物质流分析为基础，推动构建产业园区企业内、企业间和区域内的循环经济产业链运行机制。明确规划期内城市基础设施保障能力需求，将生活垃圾、城镇污水污泥、建筑垃圾、废旧轮胎、危险废物、农业废弃物、报废汽车等固体废物分类收集及无害化处置设施纳入城市基础设施和公共设施范围，保障设施用地。（国家发展改革委、工业和信息化部、自然资源部、生态环境部、住房城乡建设部、农业农村部、商务部指导）

（二）实施工业绿色生产，推动大宗工业固体废物贮存处置总量趋零增长。全面实施绿色开采，减少矿业固体废物产生和贮存处置量。以煤炭、有色金属、黄金、冶金、化工、非金属矿等行业为重点，按照绿色矿山建设要求，因矿制宜采用充填采矿技术，推动利用矿业固体废物生产建筑材料或治理采空区和塌陷区等。到2020年，试点城市的大中型矿山达到绿色矿山建设要求和标准，其中煤矸石、煤泥等固体废物实现全部利用。（自然资源部、工业和信息化部指导）

开展绿色设计和绿色供应链建设，促进固体废物减量和循环利用。大力推行绿色设计，提高产品可拆解性、可回收性，减少有毒有害原辅料使用，培育一批绿色设计示范企业；

大力推行绿色供应链管理，发挥大企业及大型零售商带动作用，培育一批固体废物产生量小、循环利用率高的示范企业。（工业和信息化部、商务部、生态环境部指导）以铅酸蓄电池、动力电池、电器电子产品、汽车为重点，落实生产者责任延伸制，到 2020 年，基本建成废弃产品逆向回收体系。（国家发展改革委、工业和信息化部、生态环境部、商务部、市场监管总局指导）

健全标准体系，推动大宗工业固体废物资源化利用。以尾矿、煤矸石、粉煤灰、冶炼渣、工业副产石膏等大宗工业固体废物为重点，完善综合利用标准体系，分类别制定工业副产品、资源综合利用产品等产品技术标准。（市场监管总局、工业和信息化部负责）推广一批先进适用技术装备，推动大宗工业固体废物综合利用产业规模化、高值化、集约化发展。（工业和信息化部指导）

严格控制增量，逐步解决工业固体废物历史遗留问题。以磷石膏等为重点，探索实施"以用定产"政策，实现固体废物产消平衡。全面摸底调查和整治工业固体废物堆存场所，逐步减少历史遗留固体废物贮存处置总量。（生态环境部、工业和信息化部指导）

（三）推行农业绿色生产，促进主要农业废弃物全量利用。以规模养殖场为重点，以建立种养循环发展机制为核心，逐步实现畜禽粪污就近就地综合利用。在肉牛、羊和家禽等养殖场鼓励采用固体粪便堆肥或建立集中处置中心生产有机肥，在生猪和奶牛等养殖场推广快速低排放的固体粪便堆肥技术、粪便垫料回用和水肥一体化施用技术，加强二次污染管控。推广"果沼畜""菜沼畜""茶沼畜"等畜禽粪污综合利用、种养循环的多种生态农业技术模式。到 2020 年，规模养殖场粪污处理设施装备配套率达到 95% 以上，畜禽粪污综合利用率达到 75% 以上。（农业农村部指导）

以收集、利用等环节为重点，坚持因地制宜、农用优先、就地就近原则，推动区域农作物秸秆全量利用。以秸秆就地还田，生产秸秆有机肥、优质粗饲料产品、固化成型燃料、沼气或生物天然气、食用菌基料和育秧、育苗基料，生产秸秆板材和墙体材料为主要技术路线，建立肥料化、饲料化、燃料化、基料化、原料化等多途径利用模式。到 2020 年，秸秆综合利用率达到 85% 以上。（国家发展改革委、农业农村部指导）

以回收、处理等环节为重点，提升废旧农膜及农药包装废弃物再利用水平。建立政府引导、企业主体、农户参与的回收利用体系。推广一膜多用、行间覆盖等技术，减少地膜使用。推广应用标准地膜，禁止生产和使用厚度低于 0.01 毫米的地膜。有条件的城市，将地膜回收作为生产全程机械化的必要环节，全面推进机械化回收。到 2020 年，重点用膜区当季地膜回收率达到 80% 以上。（农业农村部、市场监管总局指导）按照"谁购买谁交回、谁销售谁收集"原则，探索建立农药包装废弃物回收奖励或使用者押金返还等制度，对农药包装废弃物实施无害化处理。（生态环境部、农业农村部、财政部指导）

（四）践行绿色生活方式，推动生活垃圾源头减量和资源化利用。以绿色生活方式为引领，促进生活垃圾减量。通过发布绿色生活方式指南等，引导公众在衣食住行等方面践行简约适度、绿色低碳的生活方式。（生态环境部、住房城乡建设部指导）支持发展共享经济，减少资源浪费。限制生产、销售和使用一次性不可降解塑料袋、塑料餐具，扩大可降解塑料产品应用范围。加快推进快递业绿色包装应用，到 2020 年，基本实现同城快递环境友好型包装材料全面应用。（国家发展改革委、商务部、国家邮政局、市场监管总局指导）推动公共机构无纸化办公。在宾馆、餐饮等服务性行业，推广使用可循环利用物品，限制使用一次性用品。创建绿色商场，培育一批应用节能技术、销售绿色产品、提供绿色服务的绿色流通主体。（商务部、文化和旅游部、国管局指导）

多措并举，加强生活垃圾资源化利用。全面落实生活垃圾收费制度，推行垃圾计量收费。建设资源循环利用基地，加强生活垃圾分类，推广可回收物利用、焚烧发电、生物处理等资源化利用方式。（国家发展改革委、住房城乡建设部指导）垃圾焚烧发电企业实施"装、树、联"（垃圾焚烧企业依法依规安装污染物排放自动监测设备、在厂区门口树立电子显示屏实时公布污染物排放和焚烧炉运行数据、自动监测设备与生态环境部门联网），强化信息公开，提升运营水平，确保达标排放。（生态环境部指导）以餐饮企业、酒店、机关事业单位和学校食堂等为重点，创建绿色餐厅、绿色餐饮企业，倡导"光盘行动"。促进餐厨垃圾资源化利用，拓宽产品出路。（国家发展改革委、商务部、国管局指导）

开展建筑垃圾治理，提高源头减量及资源化利用水平。摸清建筑垃圾产生现状和发展趋势，加强建筑垃圾全过程管理。强化规划引导，合理布局建筑垃圾转运调配、消纳处置和资源化利用设施。加快设施建设，形成与城市发展需求相匹配的建筑垃圾处理体系。开展存量治理，对堆放量比较大、比较集中的堆放点，经评估达到安全稳定要求后，开展生态修复。在有条件的地区，推进资源化利用，提高建筑垃圾资源化再生产品质量。（住房城乡建设部、国家发展改革委、工业和信息化部指导）

（五）提升风险防控能力，强化危险废物全面安全管控。筑牢危险废物源头防线。新建涉危险废物建设项目，严格落实建设项目危险废物环境影响评价指南等管理要求，明确管理对象和源头，预防二次污染，防控环境风险。以有色金属冶炼、石油开采、石油加工、化工、焦化、电镀等行业为重点，实施强制性清洁生产审核。（生态环境部指导）

夯实危险废物过程严控基础。开展排污许可"一证式"管理，探索将固体废物纳入排污许可证管理范围，掌握危险废物产生、利用、转移、贮存、处置情况。严格落实危险废物规范化管理考核要求，强化事中事后监管。（生态环境部指导）全面实施危险废物电子转移联单制度，依法加强道路运输安全管理，及时掌握流向，大幅提升危险废物风险防控水平。（生态环境部、交通运输部指导）开展废铅酸蓄电池等危险废物收集经营许可证制度试点。（生态环境部指导）落实《医疗废物管理条例》，强化地方政府医疗废物集中处置设施建设责任，推动医疗废物集中处置体系覆盖各级各类医疗机构。加强医疗废物分类管理，做好源头分类，促进规范处置。（生态环境部、国家卫生健康委指导）

完善危险废物相关标准规范。以全过程环境风险防控为基本原则，明确危险废物处置过程二次污染控制要求及资源化利用过程环境保护要求，规定资源化利用产品中有毒有害物质含量限值，促进危险废物安全利用。（生态环境部、市场监管总局指导）建立多部门联合监管执法机制，将危险废物检查纳入环境执法"双随机"监管，严厉打击非法转移、非法利用、非法处置危险废物。（生态环境部指导）

（六）激发市场主体活力，培育产业发展新模式。提高政策有效性。将固体废物产生、利用处置企业纳入企业环境信用评价范围，根据评价结果实施跨部门联合惩戒。（生态环境部、国家发展改革委、人民银行、银保监会指导）落实好现有资源综合利用增值税等税收优惠政策，促进固体废物综合利用。（财政部、税务总局指导）构建工业固体废物资源综合利用评价机制，制定国家工业固体废物资源综合利用产品目录，对依法综合利用固体废物、符合国家和地方环境保护标准的，免征环境保护税。（工业和信息化部、财政部、税务总局指导）按照市场化和商业可持续原则，探索开展绿色金融支持畜禽养殖业废弃物处置和无害化处理试点，支持固体废物利用处置产业发展。到 2020 年，在试点城市危险废物经营单位全面推行环境污染责任保险。（人民银行、财政部、国家发展改革委、生态环境部、农业农村部、银保监会指导）在农业支持保护补贴中，加大对畜禽粪污、秸秆综合利用生产有机肥的补贴力度，同步减少化肥补贴。（农业农村部、财政部指导）增加政府绿色采购中循环利用产品种类，加大采购力度。（财政部、国家发展改革委、生态环境部指导）加快建立有利于促进固体废物减量化、资源化、无害化处理的激励约束机制。在政府投资公共工程中，优先使用以大宗工业固体废物等为原料的综合利用产品，推广新型墙材等绿色建材应用；探索实施建筑垃圾资源化利用产品强制使用制度，明确产品质量要求、使用范围和比例。（国家发展改革委、工业和信息化部、住房城乡建设部、市场监管总局、国管局指导）

发展"互联网+"固体废物处理产业。推广回收新技术新模式，鼓励生产企业与销售商合作，优化逆向物流体系建设，支持再生资源回收企业建立在线交易平台，完善线下回收网点，实现线上交废与线下回收有机结合。（商务部指导，供销合作总社参与）建立政府固体废物环境管理平台与市场化固体废物公共交易平台信息交换机制，充分运用物联网、全球定位系统等信息技术，实现固体废物收集、转移、处置环节信息化、可视化，提高监督管理效率和水平。（生态环境部指导）

积极培育第三方市场。鼓励专业化第三方机构从事固体废物资源化利用、环境污染治理与咨询服务，打造一批固体废物资源化利用骨干企业。（工业和信息化部指导）以政府为责任主体，推动固体废物收集、利用与处置工程项目和设施建设运行，在不增加地方政府债务前提下，依法合规探索采用第三方治理或政府和社会资本合作（PPP）等模式，实现与社会资本风险共担、收益共享。（财政部、国家发展改革委、生态环境部指导）

三、实施步骤

（一）确定试点城市。试点城市由省级有关部门推荐，生态环境部会同国家发展改革委、工业和信息化部、财政部、自然资源部、住房城乡建设部、农业农村部、商务部、文化和旅游部、国家卫生健康委、国家统计局、国家邮政局等部门筛选确定。

（二）制定实施方案。试点城市负责编制"无废城市"建设试点实施方案，明确试点目标，确定任务清单和分工，做好年度任务分解，明确每项任务的目标成果、进度安排、保障措施等。实施方案按程序报送生态环境部，经生态环境部会同有关部门组织专家评审通过后实施。2019 年上半年，试点城市政府印发实施方案。

（三）组织开展试点。试点城市政府是"无废城市"建设试点责任主体，要围绕试点内容，有力有序开展试点，确保实施方案规定任务落地见效。生态环境部会同有关部门对试点工作进行指导和成效评估，发现问题及时调整和改进，适时组织开展"无废城市"建设试点经验交流。

（四）开展评估总结。2021 年 3 月底前，试点城市政府对本地区试点总体情况、主要做法和成效、存在的问题及建议等进行评估总结，形成试点工作总结报告报送生态环境部。生态环境部会同有关部门组织开展"无废城市"建设试点工作成效评估，对成效突出的城市给予通报表扬，把试点城市行之有效的改革创新举措制度化。

四、保障措施

（一）加强组织领导。生态环境部会同有关部门组建协调小组和专家委员会，建立工作协调机制，共同指导推进"无废城市"建设试点工作，统筹研究重大问题，协调重大政策，指导各地试点实践，确保试点工作取得实效。各试点城市政府要高度重视，把试点工作列为政府年度重点工作任务，作为深化城市管理体制改革的重要内容，成立领导小组，健全工作机制，明确部门职责，强化激励措施。正在开展固体废物相关领域试点工作的，要做好与"无废城市"建设试点工作的统筹衔接，加强系统集成，发挥综合效益。

（二）加大资金支持。鼓励地方政府统筹运用相关政策，支持建设固体废物处置等公共设施。试点城市政府要加大各级财政资金统筹整合力度，明确"无废城市"建设试点资金范围和规模。加大科技投入，加快固体废物减量化、高质化利用关键技术、工艺和设备研发制造。鼓励金融机构在风险可控前提下，加大对"无废城市"建设试点的金融支持力度。

（三）严格监管执法。强化对试点城市绿色矿山建设、建筑垃圾处置、固体废物资源化利用工作的督导检查。鼓励试点城市制定相关地方性法规和规章。依法严厉打击各类固体废物非法转移、倾倒行为，以及无证从事危险废物收集、利用与处置经营活动。持续打击非法收集和拆解废铅酸蓄电池、报废汽车、废弃电器电子产品行为。加大对生产和销售超薄塑料购物袋、农膜的查处力度。加强固体废物集散地综合整治。对固体废物监管责任落实不到位、工作任务未完成的，依纪依法严肃追究责任。

（四）强化宣传引导。面向学校、社区、家庭、企业开展生态文明教育，凝聚民心、汇集民智，推动生产生活方式绿色化。加大固体废物环境管理宣传教育，有效化解"邻避效应"，引导形成"邻利效应"。将绿色生产生活方式等内容纳入有关教育培训体系。依法加强固体废物产生、利用与处置信息公开，充分发挥社会组织和公众监督作用。

国务院办公厅关于调整湖南东洞庭湖等4处
国家级自然保护区的通知

国办函〔2018〕19号

湖南省、重庆市、云南省、西藏自治区人民政府，环境保护部、国家林业局：

《环境保护部关于批准湖南东洞庭湖等4处国家级自然保护区范围调整的请示》（环生态〔2018〕13号）收悉。经国务院批准，现通知如下：

一、国务院同意调整湖南东洞庭湖、重庆金佛山、云南白马雪山和西藏珠穆朗玛峰国家级自然保护区的范围。调整后保护区的面积、范围和功能分区等由环境保护部予以公布。

二、有关地区要按照批准的调整方案组织勘界，落实自然保护区土地权属，并在规定的时限内标明区界，予以公告。

三、有关地区和部门要严格执行《中华人民共和国自然保护区条例》和《国家级自然保护区调整管理规定》等有关规定，切实加强对自然保护区工作的领导、协调和监督，妥善处理好自然保护区管理与当地经济社会发展及居民生产生活的关系，确保各项管理措施得到落实，高标准建设国家级自然保护区。

国务院办公厅

2018 年 2 月 8 日

国务院办公厅关于调整内蒙古大黑山等 6 处
国家级自然保护区的通知

国办函〔2018〕42 号

内蒙古自治区、河南省、广西壮族自治区、四川省、西藏自治区人民政府，生态环境部、林草局：

《生态环境部关于批准内蒙古大黑山等 6 处国家级自然保护区范围调整的请示》（环生态〔2018〕59 号）收悉。经国务院批准，现通知如下：

一、国务院同意调整内蒙古大黑山、河南丹江湿地、广西九万山、四川花萼山、西藏芒康滇金丝猴和西藏羌塘国家级自然保护区的范围。调整后保护区的面积、范围和功能分区等由生态环境部予以公布。

二、有关地区要按照批准的调整方案组织勘界，落实自然保护区土地权属，并在规定的时限内标明区界，予以公告。

三、有关地区和部门要严格执行《中华人民共和国自然保护区条例》和《国家级自然保护区调整管理规定》等有关规定，切实加强对自然保护区工作的领导、协调和监督，妥善处理好自然保护区管理与当地经济社会发展及居民生产生活的关系，确保各项管理措施得到落实，高标准建设国家级自然保护区。

国务院办公厅

2018 年 7 月 7 日

二、生态环境部（含原环境保护部）有关文件

（一）部令

排污许可管理办法（试行）

环境保护部令　第 48 号

《排污许可管理办法（试行）》已于 2017 年 11 月 6 日由环境保护部部务会议审议通过，现予公布，自公布之日起施行。

环境保护部部长　李干杰

2018 年 1 月 10 日

附件

排污许可管理办法（试行）

第一章　总　则

第一条　为规范排污许可管理，根据《中华人民共和国环境保护法》《中华人民共和国水污染防治法》《中华人民共和国大气污染防治法》以及国务院办公厅印发的《控制污染物排放许可制实施方案》，制定本办法。

第二条　排污许可证的申请、核发、执行以及与排污许可相关的监管和处罚等行为，适用本办法。

第三条　环境保护部依法制定并公布固定污染源排污许可分类管理名录，明确纳入排污许可管理的范围和申领时限。

纳入固定污染源排污许可分类管理名录的企业事业单位和其他生产经营者（以下简称排污单位）应当按照规定的时限申请并取得排污许可证；未纳入固定污染源排污许可分类管理名录的排污单位，暂不需申请排污许可证。

第四条　排污单位应当依法持有排污许可证，并按照排污许可证的规定排放污染物。

应当取得排污许可证而未取得的，不得排放污染物。

第五条　对污染物产生量大、排放量大或者环境危害程度高的排污单位实行排污许可重点管理，对其他排污单位实行排污许可简化管理。

实行排污许可重点管理或者简化管理的排污单位的具体范围，依照固定污染源排污许可分类管理名录规定执行。实行重点管理和简化管理的内容及要求，依照本办法第十一条规定的排污许可相关技术规范、指南等执行。

设区的市级以上地方环境保护主管部门，应当将实行排污许可重点管理的排污单位确定为重点排污单位。

第六条　环境保护部负责指导全国排污许可制度实施和监督。各省级环境保护主管部门负责本行政区域排污许可制度的组织实施和监督。

排污单位生产经营场所所在地设区的市级环境保护主管部门负责排污许可证核发。地方性法规对核发权限另有规定的，从其规定。

第七条　同一法人单位或者其他组织所属、位于不同生产经营场所的排污单位，应当以其所属的法人单位或者其他组织的名义，分别向生产经营场所所在地有核发权的环境保护主管部门（以下简称核发环保部门）申请排污许可证。

生产经营场所和排放口分别位于不同行政区域时，生产经营场所所在地核发环保部门负责核发排污许可证，并应当在核发前，征求其排放口所在地同级环境保护主管部门意见。

第八条　依据相关法律规定，环境保护主管部门对排污单位排放水污染物、大气污染物等各类污染物的排放行为实行综合许可管理。

2015年1月1日及以后取得建设项目环境影响评价审批意见的排污单位，环境影响评价文件及审批意见中与污染物排放相关的主要内容应当纳入排污许可证。

第九条　环境保护部对实施排污许可管理的排污单位及其生产设施、污染防治设施和排放口实行统一编码管理。

第十条　环境保护部负责建设、运行、维护、管理全国排污许可证管理信息平台。

排污许可证的申请、受理、审核、发放、变更、延续、注销、撤销、遗失补办应当在全国排污许可证管理信息平台上进行。排污单位自行监测、执行报告及环境保护主管部门监管执法信息应当在全国排污许可证管理信息平台上记载，并按照本办法规定在全国排污许可证管理信息平台上公开。

全国排污许可证管理信息平台中记录的排污许可证相关电子信息与排污许可证正本、副本依法具有同等效力。

第十一条　环境保护部制定排污许可证申请与核发技术规范、环境管理台账及排污许可证执行报告技术规范、排污单位自行监测技术指南、污染防治可行技术指南以及其他排污许可政策、标准和规范。

第二章　排污许可证内容

第十二条　排污许可证由正本和副本构成，正本载明基本信息，副本包括基本信息、登记事项、许可事项、承诺书等内容。

设区的市级以上地方环境保护主管部门可以根据环境保护地方性法规，增加需要在排污许可证中载明的内容。

第十三条　以下基本信息应当同时在排污许可证正本和副本中载明：

（一）排污单位名称、注册地址、法定代表人或者主要负责人、技术负责人、生产经营场所地址、行业类别、统一社会信用代码等排污单位基本信息；

（二）排污许可证有效期限、发证机关、发证日期、证书编号和二维码等基本信息。

第十四条　以下登记事项由排污单位申报，并在排污许可证副本中记录：

（一）主要生产设施、主要产品及产能、主要原辅材料等；

（二）产排污环节、污染防治设施等；

（三）环境影响评价审批意见、依法分解落实到本单位的重点污染物排放总量控制指标、排污权有偿使用和交易记录等。

第十五条　下列许可事项由排污单位申请，经核发环保部门审核后，在排污许可证副本中进行规定：

（一）排放口位置和数量、污染物排放方式和排放去向等，大气污染物无组织排放源的位置和数量；

（二）排放口和无组织排放源排放污染物的种类、许可排放浓度、许可排放量；

（三）取得排污许可证后应当遵守的环境管理要求；

（四）法律法规规定的其他许可事项。

第十六条　核发环保部门应当根据国家和地方污染物排放标准，确定排污单位排放口或者无组织排放源相应污染物的许可排放浓度。

排污单位承诺执行更加严格的排放浓度的，应当在排污许可证副本中规定。

第十七条　核发环保部门按照排污许可证申请与核发技术规范规定的行业重点污染物允许排放量核算方法，以及环境质量改善的要求，确定排污单位的许可排放量。

对于本办法实施前已有依法分解落实到本单位的重点污染物排放总量控制指标的排污单位，核发环保部门应当按照行业重点污染物允许排放量核算方法、环境质量改善要求和重点污染物排放总量控制指标，从严确定许可排放量。

2015 年 1 月 1 日及以后取得环境影响评价审批意见的排污单位，环境影响评价文件和审批意见确定的排放量严于按照本条第一款、第二款确定的许可排放量的，核发环保部门应当根据环境影响评价文件和审批意见要求确定排污单位的许可排放量。

地方人民政府依法制定的环境质量限期达标规划、重污染天气应对措施要求排污单位执行更加严格的重点污染物排放总量控制指标的，应当在排污许可证副本中规定。

本办法实施后，环境保护主管部门应当按照排污许可证规定的许可排放量，确定排污单位的重点污染物排放总量控制指标。

第十八条　下列环境管理要求由核发环保部门根据排污单位的申请材料、相关技术规范和监管需要，在排污许可证副本中进行规定：

（一）污染防治设施运行和维护、无组织排放控制等要求；

（二）自行监测要求、台账记录要求、执行报告内容和频次等要求；

（三）排污单位信息公开要求；

（四）法律法规规定的其他事项。

第十九条 排污单位在申请排污许可证时，应当按照自行监测技术指南，编制自行监测方案。

自行监测方案应当包括以下内容：

（一）监测点位及示意图、监测指标、监测频次；

（二）使用的监测分析方法、采样方法；

（三）监测质量保证与质量控制要求；

（四）监测数据记录、整理、存档要求等。

第二十条 排污单位在填报排污许可证申请时，应当承诺排污许可证申请材料是完整、真实和合法的；承诺按照排污许可证的规定排放污染物，落实排污许可证规定的环境管理要求，并由法定代表人或者主要负责人签字或者盖章。

第二十一条 排污许可证自作出许可决定之日起生效。首次发放的排污许可证有效期为三年，延续换发的排污许可证有效期为五年。

对列入国务院经济综合宏观调控部门会同国务院有关部门发布的产业政策目录中计划淘汰的落后工艺装备或者落后产品，排污许可证有效期不得超过计划淘汰期限。

第二十二条 环境保护主管部门核发排污许可证，以及监督检查排污许可证实施情况时，不得收取任何费用。

第三章　申请与核发

第二十三条 省级环境保护主管部门应当根据本办法第六条和固定污染源排污许可分类管理名录，确定本行政区域内负责受理排污许可证申请的核发环保部门、申请程序等相关事项，并向社会公告。

依据环境质量改善要求，部分地区决定提前对部分行业实施排污许可管理的，该地区省级环境保护主管部门应当报环境保护部备案后实施，并向社会公告。

第二十四条 在固定污染源排污许可分类管理名录规定的时限前已经建成并实际排污的排污单位，应当在名录规定时限申请排污许可证；在名录规定的时限后建成的排污单位，应当在启动生产设施或者在实际排污之前申请排污许可证。

第二十五条 实行重点管理的排污单位在提交排污许可申请材料前，应当将承诺书、基本信息以及拟申请的许可事项向社会公开。公开途径应当选择包括全国排污许可证管理信息平台等便于公众知晓的方式，公开时间不得少于五个工作日。

第二十六条 排污单位应当在全国排污许可证管理信息平台上填报并提交排污许可证申请，同时向核发环保部门提交通过全国排污许可证管理信息平台印制的书面申请材料。

申请材料应当包括：

（一）排污许可证申请表，主要内容包括：排污单位基本信息，主要生产设施、主要产品及产能、主要原辅材料，废气、废水等产排污环节和污染防治设施，申请的排放口位置和数量、排放方式、排放去向，按照排放口和生产设施或者车间申请的排放污染物种类、排放浓度和排放量，执行的排放标准；

（二）自行监测方案；

（三）由排污单位法定代表人或者主要负责人签字或者盖章的承诺书；

（四）排污单位有关排污口规范化的情况说明；

（五）建设项目环境影响评价文件审批文号，或者按照有关国家规定经地方人民政府依法处理、整顿规范并符合要求的相关证明材料；

（六）排污许可证申请前信息公开情况说明表；

（七）污水集中处理设施的经营管理单位还应当提供纳污范围、纳污排污单位名单、管网布置、最终排放去向等材料；

（八）本办法实施后的新建、改建、扩建项目排污单位存在通过污染物排放等量或者减量替代削减获得重点污染物排放总量控制指标情况的，且出让重点污染物排放总量控制指标的排污单位已经取得排污许可证的，应当提供出让重点污染物排放总量控制指标的排污单位的排污许可证完成变更的相关材料；

（九）法律法规规章规定的其他材料。

主要生产设施、主要产品产能等登记事项中涉及商业秘密的，排污单位应当进行标注。

第二十七条　核发环保部门收到排污单位提交的申请材料后，对材料的完整性、规范性进行审查，按照下列情形分别作出处理：

（一）依照本办法不需要取得排污许可证的，应当当场或者在五个工作日内告知排污单位不需要办理；

（二）不属于本行政机关职权范围的，应当当场或者在五个工作日内作出不予受理的决定，并告知排污单位向有核发权限的部门申请；

（三）申请材料不齐全或者不符合规定的，应当当场或者在五个工作日内出具告知单，告知排污单位需要补正的全部材料，可以当场更正的，应当允许排污单位当场更正；

（四）属于本行政机关职权范围，申请材料齐全、符合规定，或者排污单位按照要求提交全部补正申请材料的，应当受理。

核发环保部门应当在全国排污许可证管理信息平台上作出受理或者不予受理排污许可证申请的决定，同时向排污单位出具加盖本行政机关专用印章和注明日期的受理单或者不予受理告知单。

核发环保部门应当告知排污单位需要补正的材料，但逾期不告知的，自收到书面申请材料之日起即视为受理。

第二十八条　对存在下列情形之一的，核发环保部门不予核发排污许可证：

（一）位于法律法规规定禁止建设区域内的；

（二）属于国务院经济综合宏观调控部门会同国务院有关部门发布的产业政策目录中明令淘汰或者立即淘汰的落后生产工艺装备、落后产品的；

（三）法律法规规定不予许可的其他情形。

第二十九条　核发环保部门应当对排污单位的申请材料进行审核，对满足下列条件的排污单位核发排污许可证：

（一）依法取得建设项目环境影响评价文件审批意见，或者按照有关规定经地方人民政府依法处理、整顿规范并符合要求的相关证明材料；

（二）采用的污染防治设施或者措施有能力达到许可排放浓度要求；

（三）排放浓度符合本办法第十六条规定，排放量符合本办法第十七条规定；

（四）自行监测方案符合相关技术规范；

（五）本办法实施后的新建、改建、扩建项目排污单位存在通过污染物排放等量或者减量替代削减获得重点污染物排放总量控制指标情况的，出让重点污染物排放总量控制指标的排污单位已完成排污许可证变更。

第三十条 对采用相应污染防治可行技术的，或者新建、改建、扩建建设项目排污单位采用环境影响评价审批意见要求的污染治理技术的，核发环保部门可以认为排污单位采用的污染防治设施或者措施有能力达到许可排放浓度要求。

不符合前款情形的，排污单位可以通过提供监测数据予以证明。监测数据应当通过使用符合国家有关环境监测、计量认证规定和技术规范的监测设备取得；对于国内首次采用的污染治理技术，应当提供工程试验数据予以证明。

环境保护部依据全国排污许可证执行情况，适时修订污染防治可行技术指南。

第三十一条 核发环保部门应当自受理申请之日起二十个工作日内作出是否准予许可的决定。自作出准予许可决定之日起十个工作日内，核发环保部门向排污单位发放加盖本行政机关印章的排污许可证。

核发环保部门在二十个工作日内不能作出决定的，经本部门负责人批准，可以延长十个工作日，并将延长期限的理由告知排污单位。

依法需要听证、检验、检测和专家评审的，所需时间不计算在本条所规定的期限内。核发环保部门应当将所需时间书面告知排污单位。

第三十二条 核发环保部门作出准予许可决定的，须向全国排污许可证管理信息平台提交审核结果，获取全国统一的排污许可证编码。

核发环保部门作出准予许可决定的，应当将排污许可证正本以及副本中基本信息、许可事项及承诺书在全国排污许可证管理信息平台上公告。

核发环保部门作出不予许可决定的，应当制作不予许可决定书，书面告知排污单位不予许可的理由，以及依法申请行政复议或者提起行政诉讼的权利，并在全国排污许可证管理信息平台上公告。

第四章　实施与监管

第三十三条 禁止涂改排污许可证。禁止以出租、出借、买卖或者其他方式非法转让排污许可证。排污单位应当在生产经营场所内方便公众监督的位置悬挂排污许可证正本。

第三十四条 排污单位应当按照排污许可证规定，安装或者使用符合国家有关环境监测、计量认证规定的监测设备，按照规定维护监测设施，开展自行监测，保存原始监测记录。

实施排污许可重点管理的排污单位，应当按照排污许可证规定安装自动监测设备，并与环境保护主管部门的监控设备联网。

对未采用污染防治可行技术的，应当加强自行监测，评估污染防治技术达标可行性。

第三十五条 排污单位应当按照排污许可证中关于台账记录的要求，根据生产特点和

污染物排放特点,按照排污口或者无组织排放源进行记录。记录主要包括以下内容:

(一)与污染物排放相关的主要生产设施运行情况;发生异常情况的,应当记录原因和采取的措施;

(二)污染防治设施运行情况及管理信息;发生异常情况的,应当记录原因和采取的措施;

(三)污染物实际排放浓度和排放量;发生超标排放情况的,应当记录超标原因和采取的措施;

(四)其他按照相关技术规范应当记录的信息。

台账记录保存期限不少于三年。

第三十六条 污染物实际排放量按照排污许可证规定的废气、污水的排污口、生产设施或者车间分别计算,依照下列方法和顺序计算:

(一)依法安装使用了符合国家规定和监测规范的污染物自动监测设备的,按照污染物自动监测数据计算;

(二)依法不需安装污染物自动监测设备的,按照符合国家规定和监测规范的污染物手工监测数据计算;

(三)不能按照本条第一项、第二项规定的方法计算的,包括依法应当安装而未安装污染物自动监测设备或者自动监测设备不符合规定的,按照环境保护部规定的产排污系数、物料衡算方法计算。

第三十七条 排污单位应当按照排污许可证规定的关于执行报告内容和频次的要求,编制排污许可证执行报告。

排污许可证执行报告包括年度执行报告、季度执行报告和月执行报告。

排污单位应当每年在全国排污许可证管理信息平台上填报、提交排污许可证年度执行报告并公开,同时向核发环保部门提交通过全国排污许可证管理信息平台印制的书面执行报告。书面执行报告应当由法定代表人或者主要负责人签字或者盖章。

季度执行报告和月执行报告至少应当包括以下内容:

(一)根据自行监测结果说明污染物实际排放浓度和排放量及达标判定分析;

(二)排污单位超标排放或者污染防治设施异常情况的说明。

年度执行报告可以替代当季度或者当月的执行报告,并增加以下内容:

(一)排污单位基本生产信息;

(二)污染防治设施运行情况;

(三)自行监测执行情况;

(四)环境管理台账记录执行情况;

(五)信息公开情况;

(六)排污单位内部环境管理体系建设与运行情况;

(七)其他排污许可证规定的内容执行情况等。

建设项目竣工环境保护验收报告中与污染物排放相关的主要内容,应当由排污单位记载在该项目验收完成当年排污许可证年度执行报告中。

排污单位发生污染事故排放时,应当依照相关法律法规规章的规定及时报告。

第三十八条 排污单位应当对提交的台账记录、监测数据和执行报告的真实性、完整性负责，依法接受环境保护主管部门的监督检查。

第三十九条　环境保护主管部门应当制定执法计划，结合排污单位环境信用记录，确定执法监管重点和检查频次。

环境保护主管部门对排污单位进行监督检查时，应当重点检查排污许可证规定的许可事项的实施情况。通过执法监测、核查台账记录和自动监测数据以及其他监控手段，核实排污数据和执行报告的真实性，判定是否符合许可排放浓度和许可排放量，检查环境管理要求落实情况。

环境保护主管部门应当将现场检查的时间、内容、结果以及处罚决定记入全国排污许可证管理信息平台，依法在全国排污许可证管理信息平台上公布监管执法信息、无排污许可证和违反排污许可证规定排污的排污单位名单。

第四十条　环境保护主管部门可以通过政府购买服务的方式，组织或者委托技术机构提供排污许可管理的技术支持。

技术机构应当对其提交的技术报告负责，不得收取排污单位任何费用。

第四十一条　上级环境保护主管部门可以对具有核发权限的下级环境保护主管部门的排污许可证核发情况进行监督检查和指导，发现属于本办法第四十九条规定违法情形的，上级环境保护主管部门可以依法撤销。

第四十二条　鼓励社会公众、新闻媒体等对排污单位的排污行为进行监督。排污单位应当及时公开有关排污信息，自觉接受公众监督。

公民、法人和其他组织发现排污单位有违反本办法行为的，有权向环境保护主管部门举报。

接受举报的环境保护主管部门应当依法处理，并按照有关规定对调查结果予以反馈，同时为举报人保密。

第五章　变更、延续、撤销

第四十三条　在排污许可证有效期内，下列与排污单位有关的事项发生变化的，排污单位应当在规定时间内向核发环保部门提出变更排污许可证的申请：

（一）排污单位名称、地址、法定代表人或者主要负责人等正本中载明的基本信息发生变更之日起三十个工作日内；

（二）因排污单位原因许可事项发生变更之日前三十个工作日内；

（三）排污单位在原场址内实施新建、改建、扩建项目应当开展环境影响评价的，在取得环境影响评价审批意见后，排污行为发生变更之日前三十个工作日内；

（四）新制修订的国家和地方污染物排放标准实施前三十个工作日内；

（五）依法分解落实的重点污染物排放总量控制指标发生变化后三十个工作日内；

（六）地方人民政府依法制定的限期达标规划实施前三十个工作日内；

（七）地方人民政府依法制定的重污染天气应急预案实施后三十个工作日内；

（八）法律法规规定需要进行变更的其他情形。

发生本条第一款第三项规定情形，且通过污染物排放等量或者减量替代削减获得重点污染物排放总量控制指标的，在排污单位提交变更排污许可申请前，出让重点污染物排放总量控制指标的排污单位应当完成排污许可证变更。

第四十四条 申请变更排污许可证的，应当提交下列申请材料：

（一）变更排污许可证申请；

（二）由排污单位法定代表人或者主要负责人签字或者盖章的承诺书；

（三）排污许可证正本复印件；

（四）与变更排污许可事项有关的其他材料。

第四十五条 核发环保部门应当对变更申请材料进行审查，作出变更决定的，在排污许可证副本中载明变更内容并加盖本行政机关印章，同时在全国排污许可证管理信息平台上公告；属于本办法第四十三条第一款第一项情形的，还应当换发排污许可证正本。

属于本办法第四十三条第一款规定情形的，排污许可证期限仍自原证书核发之日起计算；属于本办法第四十三条第二款情形的，变更后排污许可证期限自变更之日起计算。

属于本办法第四十三条第一款第一项情形的，核发环保部门应当自受理变更申请之日起十个工作日内作出变更决定；属于本办法第四十三条第一款规定的其他情形，应当自受理变更申请之日起二十个工作日内作出变更许可决定。

第四十六条 排污单位需要延续依法取得的排污许可证的有效期的，应当在排污许可证届满三十个工作日前向原核发环保部门提出申请。

第四十七条 申请延续排污许可证的，应当提交下列材料：

（一）延续排污许可证申请；

（二）由排污单位法定代表人或者主要负责人签字或者盖章的承诺书；

（三）排污许可证正本复印件；

（四）与延续排污许可事项有关的其他材料。

第四十八条 核发环保部门应当按照本办法第二十九条规定对延续申请材料进行审查，并自受理延续申请之日起二十个工作日内作出延续或者不予延续许可决定。

作出延续许可决定的，向排污单位发放加盖本行政机关印章的排污许可证，收回原排污许可证正本，同时在全国排污许可证管理信息平台上公告。

第四十九条 有下列情形之一的，核发环保部门或者其上级行政机关，可以撤销排污许可证并在全国排污许可证管理信息平台上公告：

（一）超越法定职权核发排污许可证的；

（二）违反法定程序核发排污许可证的；

（三）核发环保部门工作人员滥用职权、玩忽职守核发排污许可证的；

（四）对不具备申请资格或者不符合法定条件的申请人准予行政许可的；

（五）依法可以撤销排污许可证的其他情形。

第五十条 有下列情形之一的，核发环保部门应当依法办理排污许可证的注销手续，并在全国排污许可证管理信息平台上公告：

（一）排污许可证有效期届满，未延续的；

（二）排污单位被依法终止的；

（三）应当注销的其他情形。

第五十一条 排污许可证发生遗失、损毁的，排污单位应当在三十个工作日内向核发环保部门申请补领排污许可证；遗失排污许可证的，在申请补领前应当在全国排污许可证管理信息平台上发布遗失声明；损毁排污许可证的，应当同时交回被损毁的排污许可证。

核发环保部门应当在收到补领申请后十个工作日内补发排污许可证，并在全国排污许可证管理信息平台上公告。

第六章　法律责任

第五十二条　环境保护主管部门在排污许可证受理、核发及监管执法中有下列行为之一的，由其上级行政机关或者监察机关责令改正，对直接负责的主管人员或者其他直接责任人员依法给予行政处分；构成犯罪的，依法追究刑事责任：

（一）符合受理条件但未依法受理申请的；

（二）对符合许可条件的不依法准予核发排污许可证或者未在法定时限内作出准予核发排污许可证决定的；

（三）对不符合许可条件的准予核发排污许可证或者超越法定职权核发排污许可证的；

（四）实施排污许可证管理时擅自收取费用的；

（五）未依法公开排污许可相关信息的；

（六）不依法履行监督职责或者监督不力，造成严重后果的；

（七）其他应当依法追究责任的情形。

第五十三条　排污单位隐瞒有关情况或者提供虚假材料申请行政许可的，核发环保部门不予受理或者不予行政许可，并给予警告。

第五十四条　违反本办法第四十三条规定，未及时申请变更排污许可证的；或者违反本办法第五十一条规定，未及时补办排污许可证的，由核发环保部门责令改正。

第五十五条　重点排污单位未依法公开或者不如实公开有关环境信息的，由县级以上环境保护主管部门责令公开，依法处以罚款，并予以公告。

第五十六条　违反本办法第三十四条，有下列行为之一的，由县级以上环境保护主管部门依据《中华人民共和国大气污染防治法》《中华人民共和国水污染防治法》的规定，责令改正，处二万元以上二十万元以下的罚款；拒不改正的，依法责令停产整治：

（一）未按照规定对所排放的工业废气和有毒有害大气污染物、水污染物进行监测，或者未保存原始监测记录的；

（二）未按照规定安装大气污染物、水污染物自动监测设备，或者未按照规定与环境保护主管部门的监控设备联网，或者未保证监测设备正常运行的。

第五十七条　排污单位存在以下无排污许可证排放污染物情形的，由县级以上环境保护主管部门依据《中华人民共和国大气污染防治法》《中华人民共和国水污染防治法》的规定，责令改正或者责令限制生产、停产整治，并处十万元以上一百万元以下的罚款；情节严重的，报经有批准权的人民政府批准，责令停业、关闭：

（一）依法应当申请排污许可证但未申请，或者申请后未取得排污许可证排放污染物的；

（二）排污许可证有效期限届满后未申请延续排污许可证，或者延续申请未经核发环保部门许可仍排放污染物的；

（三）被依法撤销排污许可证后仍排放污染物的；

（四）法律法规规定的其他情形。

第五十八条　排污单位存在以下违反排污许可证行为的，由县级以上环境保护主管部门依据《中华人民共和国环境保护法》《中华人民共和国大气污染防治法》《中华人民共和国水污染防治法》的规定，责令改正或者责令限制生产、停产整治，并处十万元以上一百万元以下的罚款；情节严重的，报经有批准权的人民政府批准，责令停业、关闭：

（一）超过排放标准或者超过重点大气污染物、重点水污染物排放总量控制指标排放水污染物、大气污染物的；

（二）通过偷排、篡改或者伪造监测数据、以逃避现场检查为目的的临时停产、非紧急情况下开启应急排放通道、不正常运行大气污染防治设施等逃避监管的方式排放大气污染物的；

（三）利用渗井、渗坑、裂隙、溶洞，私设暗管，篡改、伪造监测数据，或者不正常运行水污染防治设施等逃避监管的方式排放水污染物的；

（四）其他违反排污许可证规定排放污染物的。

第五十九条　排污单位违法排放大气污染物、水污染物，受到罚款处罚，被责令改正的，依法作出处罚决定的行政机关组织复查，发现其继续违法排放大气污染物、水污染物或者拒绝、阻挠复查的，作出处罚决定的行政机关可以自责令改正之日的次日起，依法按照原处罚数额按日连续处罚。

第六十条　排污单位发生本办法第三十五条第一款第二、三项或者第三十七条第四款第二项规定的异常情况，及时报告核发环保部门，且主动采取措施消除或者减轻违法行为危害后果的，县级以上环境保护主管部门应当依据《中华人民共和国行政处罚法》相关规定从轻处罚。

排污单位应当在相应季度执行报告或者月执行报告中记载本条第一款情况。

第七章　附　则

第六十一条　依照本办法首次发放排污许可证时，对于在本办法实施前已经投产、运营的排污单位，存在以下情形之一，排污单位承诺改正并提出改正方案的，环境保护主管部门可以向其核发排污许可证，并在排污许可证中记载其存在的问题，规定其承诺改正内容和承诺改正期限：

（一）在本办法实施前的新建、改建、扩建建设项目不符合本办法第二十九条第一项条件；

（二）不符合本办法第二十九条第二项条件。

对于不符合本办法第二十九条第一项条件的排污单位，由核发环保部门依据《建设项目环境保护管理条例》第二十三条，责令限期改正，并处罚款。

对于不符合本办法第二十九条第二项条件的排污单位，由核发环保部门依据《中华人民共和国大气污染防治法》第九十九条或者《中华人民共和国水污染防治法》第八十三条，责令改正或者责令限制生产、停产整治，并处罚款。

本条第二款、第三款规定的核发环保部门责令改正内容或者限制生产、停产整治内容，应当与本条第一款规定的排污许可证规定的改正内容一致；本条第二款、第三款规定的核发环保部门责令改正期限或者限制生产、停产整治期限，应当与本条第一款规定的排污许可证规定的改正期限的起止时间一致。

本条第一款规定的排污许可证规定的改正期限为三至六个月、最长不超过一年。

在改正期间或者限制生产、停产整治期间，排污单位应当按证排污，执行自行监测、台账记录和执行报告制度，核发环保部门应当按照排污许可证的规定加强监督检查。

第六十二条 本办法第六十一条第一款规定的排污许可证规定的改正期限到期，排污单位完成改正任务或者提前完成改正任务的，可以向核发环保部门申请变更排污许可证，核发环保部门应当按照本办法第五章规定对排污许可证进行变更。

本办法第六十一条第一款规定的排污许可证规定的改正期限到期，排污单位仍不符合许可条件的，由核发环保部门依据《中华人民共和国大气污染防治法》第九十九条或者《中华人民共和国水污染防治法》第八十三条或者《建设项目环境保护管理条例》第二十三条的规定，提出建议报有批准权的人民政府批准责令停业、关闭，并按照本办法第五十条规定注销排污许可证。

第六十三条 对于本办法实施前依据地方性法规核发的排污许可证，尚在有效期内的，原核发环保部门应当在全国排污许可证管理信息平台填报数据，获取排污许可证编码；已经到期的，排污单位应当按照本办法申请排污许可证。

第六十四条 本办法第十二条规定的排污许可证格式、第二十条规定的承诺书样本和本办法第二十六条规定的排污许可证申请表格式，由环境保护部制定。

第六十五条 本办法所称排污许可，是指环境保护主管部门根据排污单位的申请和承诺，通过发放排污许可证法律文书形式，依法依规规范和限制排污行为，明确环境管理要求，依据排污许可证对排污单位实施监管执法的环境管理制度。

第六十六条 本办法所称主要负责人是指依照法律、行政法规规定代表非法人单位行使职权的负责人。

第六十七条 涉及国家秘密的排污单位，其排污许可证的申请、受理、审核、发放、变更、延续、注销、撤销、遗失补办应当按照保密规定执行。

第六十八条 本办法自发布之日起施行。

关于修改《建设项目环境影响评价分类管理名录》部分内容的决定

生态环境部令 第1号

《关于修改〈建设项目环境影响评价分类管理名录〉部分内容的决定》已于2018年4月28日经生态环境部第3次部务会议通过，现予公布，自公布之日起施行。

生态环境部部长 李干杰

2018年4月28日

关于修改《建设项目环境影响评价分类管理名录》部分内容的决定

为贯彻落实党中央、国务院关于"简政放权、放管结合、优化服务"改革要求，依据《中华人民共和国环境影响评价法》《建设项目环境保护管理条例》有关规定，现决定对《建设项目环境影响评价分类管理名录》（环境保护部令 第 44 号）的部分内容作以下修改：

一、将第六条和第七条中的"环境保护部"修改为"生态环境部"。将第六条中的"省级环境保护主管部门"修改为"省级生态环境主管部门"。

二、对项目类别、环评类别部分内容予以修改。修改内容见附件。

本决定自公布之日起施行。

《建设项目环境影响评价分类管理名录》（环境保护部令 第 44 号）根据本决定作相应修改，重新公布。

附件

《建设项目环境影响评价分类管理名录》修改单

环评类别项目类别		报告书	报告表	登记表	本栏目环境敏感区含义
二、农副食品加工业					
2	粮食及饲料加工	含发酵工艺的	年加工 1 万吨及以上的	其他	
4	制糖、糖制品加工	原糖生产	其他（单纯分装的除外）	单纯分装的	
三、食品制造业					
11	方便食品制造	/	除手工制作和单纯分装外的	手工制作或单纯分装的	
12	乳制品制造	/	除单纯分装外的	单纯分装的	
13	调味品、发酵制品制造	含发酵工艺的味精、柠檬酸、赖氨酸等制造	其他（单纯分装的除外）	单纯分装的	
15	饲料添加剂、食品添加剂制造	/	除单纯混合和分装外的	单纯混合或分装的	
16	营养食品、保健食品、冷冻饮品、食用冰制造及其他食品制造	/	除手工制作和单纯分装外的	手工制作或单纯分装的	
四、酒、饮料制造业					
17	酒精饮料及酒类制造	有发酵工艺的（以水果或水果汁为原料年生产能力 1 000 千升以下的除外）	其他（单纯勾兑的除外）	单纯勾兑的	
18	果菜汁类及其他软饮料制造	/	除单纯调制外的	单纯调制的	

环评类别项目类别		报告书	报告表	登记表	本栏目环境敏感区含义
五、烟草制品业					
19	卷烟	/	全部	/	
二十八、计算机、通信和其他电子设备制造业					
80	计算机制造	/	显示器件；集成电路；有分割、焊接、酸洗或有机溶剂清洗工艺的	其他	
81	智能消费设备制造	/	全部	/	
82	电子器件制造	/	显示器件；集成电路；有分割、焊接、酸洗或有机溶剂清洗工艺的	其他	
83	电子元件及电子专用材料制造	/	印刷电路板；电子专用材料；有分割、焊接、酸洗或有机溶剂清洗工艺的		
84	通信设备制造、广播电视设备制造、雷达及配套设备制造、非专业视听设备制造及其他电子设备制造	/	全部	/	
三十四、环境治理业					
99	脱硫、脱硝、除尘、VOCs 治理等工程	/	新建脱硫、脱硝、除尘	其他	
三十六、房地产					
106	房地产开发、宾馆、酒店、办公用房、标准厂房等	/	涉及环境敏感区的；需自建配套污水处理设施的	其他	第三条（一）中的全部区域；第三条（二）中的基本农田保护区、基本草原、森林公园、地质公园、重要湿地、天然林、野生动物重要栖息地、重点保护野生植物生长繁殖地；第三条（三）中的文物保护单位，针对标准厂房增加第三条（三）中的以居住、医疗卫生、文化教育、科研、行政办公等为主要功能的区域
三十九、卫生					
111	医院、专科防治院（所、站）、社区医疗卫生院（所、站）、血站、急救中心、妇幼保健院、疗养院等卫生机构	新建、扩建床位500张及以上的	其他（20张床位以下的除外）	20张床位以下的	

环评类别项目类别		报告书	报告表	登记表	本栏目环境敏感区含义
四十、社会事业与服务业					
113	学校、幼儿园、托儿所、福利院、养老院	/	涉及环境敏感区的；有化学、生物等实验室的学校	其他（建筑面积 5 000 米^{2}以下的除外）	第三条（一）中的全部区域；第三条（二）中的基本农田保护区、基本草原、森林公园、地质公园、重要湿地、天然林、野生动物重要栖息地、重点保护野生植物生长繁殖地
114	批发、零售市场	/	涉及环境敏感区的	其他	第三条（一）中的全部区域；第三条（二）中的基本农田保护区、基本草原、森林公园、地质公园、重要湿地、天然林、野生动物重要栖息地、重点保护野生植物生长繁殖地；第三条（三）中的文物保护单位
116	宾馆饭店及医疗机构衣物集中洗涤、餐具集中清洗消毒		需自建配套污水处理设施的	其他	
118	展览馆、博物馆、美术馆、影剧院、音乐厅、文化馆、图书馆、档案馆、纪念馆、体育场、体育馆等	/	涉及环境敏感区的	其他	第三条（一）中的全部区域；第三条（二）中的基本农田保护区、基本草原、森林公园、地质公园、重要湿地、天然林、野生动物重要栖息地、重点保护野生植物生长繁殖地；第三条（三）中的文物保护单位
119	公园（含动物园、植物园、主题公园）	特大型、大型主题公园	其他（城市公园和植物园除外）	城市公园、植物园	
120	旅游开发	涉及环境敏感区的缆车、索道建设；海上娱乐及运动、海上景观开发	其他	/	第三条（一）中的全部区域；第三条（二）中的森林公园、地质公园、重要湿地、天然林、野生动物重要栖息地、重点保护野生植物生长繁殖地、重要水生生物的自然产卵场、索饵场、越冬场和洄游通道、封闭及半封闭海域；第三条（三）中的文物保护单位

环评类别项目类别		报告书	报告表	登记表	本栏目环境敏感区含义
123	驾驶员训练基地、公交枢纽、大型停车场、机动车检测场	/	涉及环境敏感区的	其他	第三条（一）中的全部区域；第三条（二）中的基本农田保护区、基本草原、森林公园、地质公园、重要湿地、天然林、野生动物重要栖息地、重点保护野生植物生长繁殖地；第三条（三）中的文物保护单位
125	洗车场	/	涉及环境敏感区的；危险化学品运输车辆清洗场	其他	第三条（一）中的全部区域；第三条（二）中的基本农田保护区、基本草原、森林公园、地质公园、重要湿地、天然林、野生动物重要栖息地、重点保护野生植物生长繁殖地；第三条（三）中的全部区域
126	汽车、摩托车维修场所	/	涉及环境敏感区的；有喷漆工艺的	其他	第三条（一）中的全部区域；第三条（三）中的全部区域
四十九、交通运输业、管道运输业和仓储业					
157	等级公路（不含维护，不含改扩建四级公路）	新建30千米以上的三级及以上等级公路；新建涉及环境敏感区的1千米及以上的隧道；新建涉及环境敏感区的主桥长度1千米及以上的桥梁	其他（配套设施、不涉及环境敏感区的四级公路除外）	配套设施、不涉及环境敏感区的四级公路	第三条（一）中的全部区域；第三条（二）中的全部区域；第三条（三）中的全部区域
172	城市道路（不含维护，不含支路）	/	新建快速路、干道	其他	
173	城市桥梁、隧道（不含人行天桥、人行地道）	/	全部	/	
五十、核与辐射					
183	电视塔台	涉及环境敏感区的100千瓦及以上的	其他	/	第三条（三）中的以居住、医疗卫生、文化教育、科研、行政办公等为主要功能的区域

环评类别项目类别		报告书	报告表	登记表	本栏目环境敏感区含义
184	卫星地球上行站	涉及环境敏感区的	其他	/	第三条(三)中的以居住、医疗卫生、文化教育、科研、行政办公等为主要功能的区域
185	雷达	涉及环境敏感区的	其他	/	第三条(三)中的以居住、医疗卫生、文化教育、科研、行政办公等为主要功能的区域
187	核动力厂（核电厂、核热电厂、核供汽供热厂等）；反应堆（研究堆、实验堆、临界装置等）；核燃料生产、加工、贮存、后处理；放射性废物贮存、处理或处置；上述项目的退役。放射性污染治理项目	新建、扩建（独立的放射性废物贮存设施除外）	主生产工艺或安全重要构筑物的重大变更，但源项不显著增加；次临界装置的新建、扩建；独立的放射性废物贮存设施	核设施控制区范围内新增的不带放射性的实验室、试验装置、维修车间、仓库、办公设施等	
191	核技术利用建设项目（不含在已许可场所增加不超出已许可活动种类和不高于已许可范围等级的核素或射线装置）	生产放射性同位素的（制备PET用放射性药物的除外）；使用Ⅰ类放射源的（医疗使用的除外）；销售（含建造）、使用Ⅰ类射线装置的；甲级非密封放射性物质工作场所	制备PET用放射性药物的；医疗使用Ⅰ类放射源的；使用Ⅱ类、Ⅲ类放射源的；生产、使用Ⅱ类射线装置的；乙、丙级非密封放射性物质工作场所（医疗机构使用植入治疗用放射性粒子源的除外）；在野外进行放射性同位素示踪试验的	销售Ⅰ类、Ⅱ类、Ⅲ类、Ⅳ类、Ⅴ类放射源的；使用Ⅳ类、Ⅴ类放射源的；医疗机构使用植入治疗用放射性粒子源的；销售非密封放射性物质的；销售Ⅱ类射线装置的；生产、销售、使用Ⅲ类射线装置的	

关于废止有关排污收费规章和规范性文件的决定

生态环境部令　第 2 号

《关于废止有关排污收费规章和规范性文件的决定》已于 2018 年 4 月 12 日由生态环境部部务会议审议通过，现予公布。

生态环境部部长 李干杰
2018 年 5 月 2 日

附件

关于废止有关排污收费规章和规范性文件的决定

《中华人民共和国环境保护税法》及《中华人民共和国环境保护税法实施条例》已于 2018 年 1 月 1 日起施行，2003 年 1 月 2 日国务院公布的《排污费征收使用管理条例》同时废止。经研究，现决定废止下列有关排污收费的 1 件规章和 27 件规范性文件。

一、决定予以废止的规章

《排污费征收工作稽查办法》（原国家环境保护总局令　第 42 号，2007 年 10 月 23 日公布）

二、决定予以废止的规范性文件

1. 关于统一排污费征收稽查常用法律文书格式的通知（环办〔2008〕19 号，2008 年 2 月 25 日公布）

2. 关于征收污水废气排污费有关问题的复函（环函〔2008〕48 号，2008 年 4 月 28 日公布）

3. 关于《排污费征收标准管理办法》第三条适用问题的复函（环函〔2008〕72 号，2008 年 5 月 13 日公布）

4. 关于矿山企业排污收费有关问题的复函（环函〔2008〕246 号，2008 年 10 月 21

日公布）

5．关于向无照经营者征收排污费有关问题的复函（环函〔2008〕286 号，2008 年 11 月 12 日公布）

6．关于停止征收水污染物超标排污费问题的复函（环函〔2008〕287 号，2008 年 11 月 12 日公布）

7．关于排污费征收稽查中排污量核定告知等问题的复函（环函〔2009〕15 号，2009 年 1 月 15 日公布）

8．关于焦炭生产企业环境监管及排污收费有关问题的复函（环函〔2009〕122 号，2009 年 6 月 1 日公布）

9．关于排污申报与排污收费工作涉密有关问题的复函（环函〔2009〕170 号，2009 年 7 月 20 日公布）

10．关于"十五小"征收排污费及行政处罚有关问题的复函（环函〔2009〕285 号，2009 年 11 月 24 日公布）

11．关于加强国家重点监控企业排污费征收公告有关工作的通知（环办〔2010〕140 号，2010 年 10 月 11 日公布）

12．关于电厂脱硫海水排污费征收有关问题的复函（环函〔2010〕254 号，2010 年 8 月 23 日公布）

13．关于辽宁省油气排污费征收及计算方法的复函（环函〔2010〕390 号，2010 年 12 月 20 日公布）

14．关于《水污染防治法》第七十三条和第七十四条"应缴纳排污费数额"具体应用问题的通知（环函〔2011〕32 号，2011 年 2 月 22 日公布）

15．关于应用污染源自动监控数据核定征收排污费有关工作的通知（环办〔2011〕53 号，2011 年 5 月 3 日公布）

16．关于城市污水集中处理设施大肠菌群排污收费有关问题的复函（环函〔2011〕61 号，2011 年 3 月 22 日公布）

17．关于地方法规对《水污染防治法》有关"应缴纳排污费数额"已有规定情况下法律适用问题的复函（环函〔2011〕76 号，2011 年 3 月 30 日公布）

18．关于火电机组脱硫海水排污费征收方式有关问题的复函（环办函〔2011〕494 号，2011 年 5 月 5 日公布）

19．关于城镇污水集中处理设施直接排放污水征收排污费有关问题的复函（环函〔2011〕188 号，2011 年 7 月 12 日公布）

20．关于水泥行业排污收费有关问题的复函（环函〔2013〕42 号，2013 年 3 月 13 日公布）

21．关于城镇污水集中处理设施征收排污费有关问题的复函（环函〔2013〕147 号，2013 年 7 月 1 日公布）

22．关于排污申报与排污费征收有关问题的通知（环办〔2014〕80 号，2014 年 9 月 29 日公布）

23．关于执行调整排污费征收标准政策有关具体问题的通知（环办〔2015〕10 号，2015 年 1 月 30 日公布）

24. 关于排污地与注册地不一致企业排污费核定征收主体有关问题的复函（环函〔2015〕136 号，2015 年 6 月 12 日公布）

25. 关于追缴危险废物排污费有关问题的复函（环函〔2015〕235 号，2015 年 9 月 21 日公布）

26. 关于五项主要重金属污染物排污收费有关问题的复函（环环监函〔2016〕14 号，2016 年 1 月 22 日公布）

27. 关于明确排污费核算有关问题的复函（环环监函〔2016〕54 号，2016 年 3 月 28 日公布）

工矿用地土壤环境管理办法（试行）

生态环境部令　第 3 号

《工矿用地土壤环境管理办法（试行）》已于 2018 年 4 月 12 日由生态环境部部务会议审议通过，现予公布，自 2018 年 8 月 1 日起施行。

生态环境部部长　李干杰

2018 年 5 月 3 日

工矿用地土壤环境管理办法（试行）

第一章　总　则

第一条　为了加强工矿用地土壤和地下水环境保护监督管理，防治工矿用地土壤和地下水污染，根据《中华人民共和国环境保护法》《中华人民共和国水污染防治法》等法律法规和国务院印发的《土壤污染防治行动计划》，制定本办法。

第二条　本办法适用于从事工业、矿业生产经营活动的土壤环境污染重点监管单位用地土壤和地下水的环境现状调查、环境影响评价、污染防治设施的建设和运行管理、污染隐患排查、环境监测和风险评估、污染应急、风险管控和治理与修复等活动，以及相关环境保护监督管理。

矿产开采作业区域用地，固体废物集中贮存、填埋场所用地，不适用本办法。

第三条　土壤环境污染重点监管单位（以下简称重点单位）包括：

（一）有色金属冶炼、石油加工、化工、焦化、电镀、制革等行业中应当纳入排污许可重点管理的企业；

（二）有色金属矿采选、石油开采行业规模以上企业；

（三）其他根据有关规定纳入土壤环境污染重点监管单位名录的企事业单位。

重点单位以外的企事业单位和其他生产经营者生产经营活动涉及有毒有害物质的，其用地土壤和地下水环境保护相关活动及相关环境保护监督管理，可以参照本办法执行。

第四条 生态环境部对全国工矿用地土壤和地下水环境保护工作实施统一监督管理。

县级以上地方生态环境主管部门负责本行政区域内的工矿用地土壤和地下水环境保护相关活动的监督管理。

第五条 设区的市级以上地方生态环境主管部门应当制定公布本行政区域的土壤环境污染重点监管单位名单，并动态更新。

第六条 工矿企业是工矿用地土壤和地下水环境保护的责任主体，应当按照本办法的规定开展相关活动。

造成工矿用地土壤和地下水污染的企业应当承担治理与修复的主体责任。

第二章　污染防控

第七条 重点单位新、改、扩建项目，应当在开展建设项目环境影响评价时，按照国家有关技术规范开展工矿用地土壤和地下水环境现状调查，编制调查报告，并按规定上报环境影响评价基础数据库。

重点单位应当将前款规定的调查报告主要内容通过其网站等便于公众知晓的方式向社会公开。

第八条 重点单位新、改、扩建项目用地应当符合国家或者地方有关建设用地土壤污染风险管控标准。

重点单位通过新、改、扩建项目的土壤和地下水环境现状调查，发现项目用地污染物含量超过国家或者地方有关建设用地土壤污染风险管控标准的，土地使用权人或者污染责任人应当参照污染地块土壤环境管理有关规定开展详细调查、风险评估、风险管控、治理与修复等活动。

第九条 重点单位建设涉及有毒有害物质的生产装置、储罐和管道，或者建设污水处理池、应急池等存在土壤污染风险的设施，应当按照国家有关标准和规范的要求，设计、建设和安装有关防腐蚀、防泄漏设施和泄漏监测装置，防止有毒有害物质污染土壤和地下水。

第十条 重点单位现有地下储罐储存有毒有害物质的，应当在本办法公布后一年之内，将地下储罐的信息报所在地设区的市级生态环境主管部门备案。

重点单位新、改、扩建项目地下储罐储存有毒有害物质的，应当在项目投入生产或者使用之前，将地下储罐的信息报所在地设区的市级生态环境主管部门备案。

地下储罐的信息包括地下储罐的使用年限、类型、规格、位置和使用情况等。

第十一条 重点单位应当建立土壤和地下水污染隐患排查治理制度，定期对重点区域、重点设施开展隐患排查。发现污染隐患的，应当制定整改方案，及时采取技术、管理措施消除隐患。隐患排查、治理情况应当如实记录并建立档案。

重点区域包括涉及有毒有害物质的生产区，原材料及固体废物的堆存区、储放区和转运区等；重点设施包括涉及有毒有害物质的地下储罐、地下管线，以及污染治理设施等。

第十二条　重点单位应当按照相关技术规范要求，自行或者委托第三方定期开展土壤和地下水监测，重点监测存在污染隐患的区域和设施周边的土壤、地下水，并按照规定公开相关信息。

第十三条　重点单位在隐患排查、监测等活动中发现工矿用地土壤和地下水存在污染迹象的，应当排查污染源，查明污染原因，采取措施防止新增污染，并参照污染地块土壤环境管理有关规定及时开展土壤和地下水环境调查与风险评估，根据调查与风险评估结果采取风险管控或者治理与修复等措施。

第十四条　重点单位拆除涉及有毒有害物质的生产设施设备、构筑物和污染治理设施的，应当按照有关规定，事先制定企业拆除活动污染防治方案，并在拆除活动前十五个工作日报所在地县级生态环境、工业和信息化主管部门备案。

企业拆除活动污染防治方案应当包括被拆除生产设施设备、构筑物和污染治理设施的基本情况、拆除活动全过程土壤污染防治的技术要求、针对周边环境的污染防治要求等内容。

重点单位拆除活动应当严格按照有关规定实施残留物料和污染物、污染设备和设施的安全处理处置，并做好拆除活动相关记录，防范拆除活动污染土壤和地下水。拆除活动相关记录应当长期保存。

第十五条　重点单位突发环境事件应急预案应当包括防止土壤和地下水污染相关内容。

重点单位突发环境事件造成或者可能造成土壤和地下水污染的，应当采取应急措施避免或者减少土壤和地下水污染；应急处置结束后，应当立即组织开展环境影响和损害评估工作，评估认为需要开展治理与修复的，应当制定并落实污染土壤和地下水治理与修复方案。

第十六条　重点单位终止生产经营活动前，应当参照污染地块土壤环境管理有关规定，开展土壤和地下水环境初步调查，编制调查报告，及时上传全国污染地块土壤环境管理信息系统。

重点单位应当将前款规定的调查报告主要内容通过其网站等便于公众知晓的方式向社会公开。

土壤和地下水环境初步调查发现该重点单位用地污染物含量超过国家或者地方有关建设用地土壤污染风险管控标准的，应当参照污染地块土壤环境管理有关规定开展详细调查、风险评估、风险管控、治理与修复等活动。

第三章　监督管理

第十七条　县级以上生态环境主管部门有权对本行政区域内的重点单位进行现场检查。被检查单位应当予以配合，如实反映情况，提供必要的资料。实施现场检查的部门、机构及其工作人员应当为被检查单位保守商业秘密。

第十八条　县级以上生态环境主管部门对重点单位进行监督检查时，有权采取下列措施：

（一）进入被检查单位进行现场核查或者监测；

（二）查阅、复制相关文件、记录以及其他有关资料；

（三）要求被检查单位提交有关情况说明。

第十九条 重点单位未按本办法开展工矿用地土壤和地下水环境保护相关活动或者弄虚作假的，由县级以上生态环境主管部门将该企业失信情况记入其环境信用记录，并通过全国信用信息共享平台、国家企业信用信息公示系统向社会公开。

第四章 附 则

第二十条 本办法所称的下列用语的含义：

（一）矿产开采作业区域用地，指露天采矿区用地、排土场等与矿业开采作业直接相关的用地。

（二）有毒有害物质，是指下列物质：

1．列入《中华人民共和国水污染防治法》规定的有毒有害水污染物名录的污染物；

2．列入《中华人民共和国大气污染防治法》规定的有毒有害大气污染物名录的污染物；

3．《中华人民共和国固体废物污染环境防治法》规定的危险废物；

4．国家和地方建设用地土壤污染风险管控标准管控的污染物；

5．列入优先控制化学品名录内的物质；

6．其他根据国家法律法规有关规定应当纳入有毒有害物质管理的物质。

（三）土壤和地下水环境现状调查，指对重点单位新、改、扩建项目用地的土壤和地下水环境质量进行的调查评估，其主要调查内容包括土壤和地下水中主要污染物的含量等。

（四）土壤和地下水污染隐患，指相关设施设备因设计、建设、运行管理等不完善，而导致相关有毒有害物质泄漏、渗漏、溢出等污染土壤和地下水的隐患。

（五）土壤和地下水污染迹象，指通过现场检查和隐患排查发现有毒有害物质泄漏或者疑似泄漏，或者通过土壤和地下水环境监测发现土壤或者地下水中污染物含量升高的现象。

第二十一条 本办法自 2018 年 8 月 1 日起施行。

环境影响评价公众参与办法

生态环境部令 第 4 号

《环境影响评价公众参与办法》已于 2018 年 4 月 16 日由生态环境部部务会议审议通过，现予公布，自 2019 年 1 月 1 日起施行。

生态环境部部长 李干杰

2018 年 7 月 16 日

环境影响评价公众参与办法

第一条 为规范环境影响评价公众参与，保障公众环境保护知情权、参与权、表达权和监督权，依据《中华人民共和国环境保护法》《中华人民共和国环境影响评价法》《规划环境影响评价条例》《建设项目环境保护管理条例》等法律法规，制定本办法。

第二条 本办法适用于可能造成不良环境影响并直接涉及公众环境权益的工业、农业、畜牧业、林业、能源、水利、交通、城市建设、旅游、自然资源开发的有关专项规划的环境影响评价公众参与，和依法应当编制环境影响报告书的建设项目的环境影响评价公众参与。

国家规定需要保密的情形除外。

第三条 国家鼓励公众参与环境影响评价。

环境影响评价公众参与遵循依法、有序、公开、便利的原则。

第四条 专项规划编制机关应当在规划草案报送审批前，举行论证会、听证会，或者采取其他形式，征求有关单位、专家和公众对环境影响报告书草案的意见。

第五条 建设单位应当依法听取环境影响评价范围内的公民、法人和其他组织的意见，鼓励建设单位听取环境影响评价范围之外的公民、法人和其他组织的意见。

第六条 专项规划编制机关和建设单位负责组织环境影响报告书编制过程的公众参与，对公众参与的真实性和结果负责。

专项规划编制机关和建设单位可以委托环境影响报告书编制单位或者其他单位承担环境影响评价公众参与的具体工作。

第七条 专项规划环境影响评价的公众参与，本办法未作规定的，依照《中华人民共和国环境影响评价法》《规划环境影响评价条例》的相关规定执行。

第八条 建设项目环境影响评价公众参与相关信息应当依法公开，涉及国家秘密、商业秘密、个人隐私的，依法不得公开。法律法规另有规定的，从其规定。

生态环境主管部门公开建设项目环境影响评价公众参与相关信息，不得危及国家安全、公共安全、经济安全和社会稳定。

第九条 建设单位应当在确定环境影响报告书编制单位后7个工作日内，通过其网站、建设项目所在地公共媒体网站或者建设项目所在地相关政府网站（以下统称网络平台），公开下列信息：

（一）建设项目名称、选址选线、建设内容等基本情况，改建、扩建、迁建项目应当说明现有工程及其环境保护情况；

（二）建设单位名称和联系方式；

（三）环境影响报告书编制单位的名称；

（四）公众意见表的网络链接；

（五）提交公众意见表的方式和途径。

在环境影响报告书征求意见稿编制过程中，公众均可向建设单位提出与环境影响评价相关的意见。

公众意见表的内容和格式，由生态环境部制定。

第十条　建设项目环境影响报告书征求意见稿形成后，建设单位应当公开下列信息，征求与该建设项目环境影响有关的意见：

（一）环境影响报告书征求意见稿全文的网络链接及查阅纸质报告书的方式和途径；

（二）征求意见的公众范围；

（三）公众意见表的网络链接；

（四）公众提出意见的方式和途径；

（五）公众提出意见的起止时间。

建设单位征求公众意见的期限不得少于 10 个工作日。

第十一条　依照本办法第十条规定应当公开的信息，建设单位应当通过下列三种方式同步公开：

（一）通过网络平台公开，且持续公开期限不得少于 10 个工作日；

（二）通过建设项目所在地公众易于接触的报纸公开，且在征求意见的 10 个工作日内公开信息不得少于 2 次；

（三）通过在建设项目所在地公众易于知悉的场所张贴公告的方式公开，且持续公开期限不得少于 10 个工作日。

鼓励建设单位通过广播、电视、微信、微博及其他新媒体等多种形式发布本办法第十条规定的信息。

第十二条　建设单位可以通过发放科普资料、张贴科普海报、举办科普讲座或者通过学校、社区、大众传播媒介等途径，向公众宣传与建设项目环境影响有关的科学知识，加强与公众互动。

第十三条　公众可以通过信函、传真、电子邮件或者建设单位提供的其他方式，在规定时间内将填写的公众意见表等提交建设单位，反映与建设项目环境影响有关的意见和建议。

公众提交意见时，应当提供有效的联系方式。鼓励公众采用实名方式提交意见并提供常住地址。

对公众提交的相关个人信息，建设单位不得用于环境影响评价公众参与之外的用途，未经个人信息相关权利人允许不得公开。法律法规另有规定的除外。

第十四条　对环境影响方面公众质疑性意见多的建设项目，建设单位应当按照下列方式组织开展深度公众参与：

（一）公众质疑性意见主要集中在环境影响预测结论、环境保护措施或者环境风险防范措施等方面的，建设单位应当组织召开公众座谈会或者听证会。座谈会或者听证会应当邀请在环境方面可能受建设项目影响的公众代表参加。

（二）公众质疑性意见主要集中在环境影响评价相关专业技术方法、导则、理论等方面的，建设单位应当组织召开专家论证会。专家论证会应当邀请相关领域专家参加，并邀请在环境方面可能受建设项目影响的公众代表列席。

建设单位可以根据实际需要，向建设项目所在地县级以上地方人民政府报告，并请求县级以上地方人民政府加强对公众参与的协调指导。县级以上生态环境主管部门应当在同级人民政府指导下配合做好相关工作。

第十五条　建设单位决定组织召开公众座谈会、专家论证会的，应当在会议召开的 10

个工作日前，将会议的时间、地点、主题和可以报名的公众范围、报名办法，通过网络平台和在建设项目所在地公众易于知悉的场所张贴公告等方式向社会公告。

建设单位应当综合考虑地域、职业、受教育水平、受建设项目环境影响程度等因素，从报名的公众中选择参加会议或者列席会议的公众代表，并在会议召开的 5 个工作日前通知拟邀请的相关专家，并书面通知被选定的代表。

第十六条　建设单位应当在公众座谈会、专家论证会结束后 5 个工作日内，根据现场记录，整理座谈会纪要或者专家论证结论，并通过网络平台向社会公开座谈会纪要或者专家论证结论。座谈会纪要和专家论证结论应当如实记载各种意见。

第十七条　建设单位组织召开听证会的，可以参考环境保护行政许可听证的有关规定执行。

第十八条　建设单位应当对收到的公众意见进行整理，组织环境影响报告书编制单位或者其他有能力的单位进行专业分析后提出采纳或者不采纳的建议。

建设单位应当综合考虑建设项目情况、环境影响报告书编制单位或者其他有能力的单位的建议、技术经济可行性等因素，采纳与建设项目环境影响有关的合理意见，并组织环境影响报告书编制单位根据采纳的意见修改完善环境影响报告书。

对未采纳的意见，建设单位应当说明理由。未采纳的意见由提供有效联系方式的公众提出的，建设单位应当通过该联系方式，向其说明未采纳的理由。

第十九条　建设单位向生态环境主管部门报批环境影响报告书前，应当组织编写建设项目环境影响评价公众参与说明。公众参与说明应当包括下列主要内容：

（一）公众参与的过程、范围和内容；

（二）公众意见收集整理和归纳分析情况；

（三）公众意见采纳情况，或者未采纳情况、理由及向公众反馈的情况等。

公众参与说明的内容和格式，由生态环境部制定。

第二十条　建设单位向生态环境主管部门报批环境影响报告书前，应当通过网络平台，公开拟报批的环境影响报告书全文和公众参与说明。

第二十一条　建设单位向生态环境主管部门报批环境影响报告书时，应当附具公众参与说明。

第二十二条　生态环境主管部门受理建设项目环境影响报告书后，应当通过其网站或者其他方式向社会公开下列信息：

（一）环境影响报告书全文；

（二）公众参与说明；

（三）公众提出意见的方式和途径。

公开期限不得少于 10 个工作日。

第二十三条　生态环境主管部门对环境影响报告书作出审批决定前，应当通过其网站或者其他方式向社会公开下列信息：

（一）建设项目名称、建设地点；

（二）建设单位名称；

（三）环境影响报告书编制单位名称；

（四）建设项目概况、主要环境影响和环境保护对策与措施；

（五）建设单位开展的公众参与情况；

（六）公众提出意见的方式和途径。

公开期限不得少于 5 个工作日。

生态环境主管部门依照第一款规定公开信息时，应当通过其网站或者其他方式同步告知建设单位和利害关系人享有要求听证的权利。

生态环境主管部门召开听证会的，依照环境保护行政许可听证的有关规定执行。

第二十四条　在生态环境主管部门受理环境影响报告书后和作出审批决定前的信息公开期间，公民、法人和其他组织可以依照规定的方式、途径和期限，提出对建设项目环境影响报告书审批的意见和建议，举报相关违法行为。

生态环境主管部门对收到的举报，应当依照国家有关规定处理。必要时，生态环境主管部门可以通过适当方式向公众反馈意见采纳情况。

第二十五条　生态环境主管部门应当对公众参与说明内容和格式是否符合要求、公众参与程序是否符合本办法的规定进行审查。

经综合考虑收到的公众意见、相关举报及处理情况、公众参与审查结论等，生态环境主管部门发现建设项目未充分征求公众意见的，应当责成建设单位重新征求公众意见，退回环境影响报告书。

第二十六条　生态环境主管部门参考收到的公众意见，依照相关法律法规、标准和技术规范等审批建设项目环境影响报告书。

第二十七条　生态环境主管部门应当自作出建设项目环境影响报告书审批决定之日起 7 个工作日内，通过其网站或者其他方式向社会公告审批决定全文，并依法告知提起行政复议和行政诉讼的权利及期限。

第二十八条　建设单位应当将环境影响报告书编制过程中公众参与的相关原始资料，存档备查。

第二十九条　建设单位违反本办法规定，在组织环境影响报告书编制过程的公众参与时弄虚作假，致使公众参与说明内容严重失实的，由负责审批环境影响报告书的生态环境主管部门将该建设单位及其法定代表人或主要负责人失信信息记入环境信用记录，向社会公开。

第三十条　公众提出的涉及征地拆迁、财产、就业等与建设项目环境影响评价无关的意见或者诉求，不属于建设项目环境影响评价公众参与的内容。公众可以依法另行向其他有关主管部门反映。

第三十一条　对依法批准设立的产业园区内的建设项目，若该产业园区已依法开展了规划环境影响评价公众参与且该建设项目性质、规模等符合经生态环境主管部门组织审查通过的规划环境影响报告书和审查意见，建设单位开展建设项目环境影响评价公众参与时，可以按照以下方式予以简化：

（一）免予开展本办法第九条规定的公开程序，相关应当公开的内容纳入本办法第十条规定的公开内容一并公开；

（二）本办法第十条第二款和第十一条第一款规定的 10 个工作日的期限减为 5 个工作日；

（三）免予采用本办法第十一条第一款第三项规定的张贴公告的方式。

第三十二条　核设施建设项目建造前的环境影响评价公众参与依照本办法有关规定执行。

堆芯热功率300兆瓦以上的反应堆设施和商用乏燃料后处理厂的建设单位应当听取该设施或者后处理厂半径 15 千米范围内公民、法人和其他组织的意见；其他核设施和铀矿冶设施的建设单位应当根据环境影响评价的具体情况，在一定范围内听取公民、法人和其他组织的意见。

大型核动力厂建设项目的建设单位应当协调相关省级人民政府制定项目建设公众沟通方案，以指导与公众的沟通工作。

第三十三条　土地利用的有关规划和区域、流域、海域的建设、开发利用规划的编制机关，在组织进行规划环境影响评价的过程中，可以参照本办法的有关规定征求公众意见。

第三十四条　本办法自 2019 年 1 月 1 日起施行。《环境影响评价公众参与暂行办法》自本办法施行之日起废止。其他文件中有关环境影响评价公众参与的规定与本办法规定不一致的，适用本办法。

关于发布《伴生放射性矿开发利用企业环境辐射监测及信息公开办法（试行）》的公告

国环规辐射〔2018〕1号

为贯彻《国务院关于印发土壤污染防治行动计划的通知》（国发〔2016〕31号）和《国务院关于核安全与放射性污染防治"十三五"规划及2025年远景目标的批复》（国函〔2017〕29号），规范伴生放射性矿开发利用企业环境辐射监测及信息公开工作，我部制定了《伴生放射性矿开发利用企业环境辐射监测及信息公开办法（试行）》，现予公布。

各省级生态环境主管部门应于2019年1月1日前，根据本办法附录一中的相关要求补充完善省级地区国家重点监控企业自行监测信息公开平台。

本办法自2019年1月1日起施行。

特此公告。

附件：伴生放射性矿开发利用企业环境辐射监测及信息公开办法（试行）

生态环境部

2018年7月4日

附件

伴生放射性矿开发利用企业环境辐射监测及信息公开办法（试行）

第一条 为了促进矿产资源开发利用的可持续发展，规范伴生放射性矿开发利用企业（以下简称企业）的环境辐射监测及信息公开工作，根据有关法律法规以及《国务院关于印发土壤污染防治行动计划的通知》（国发〔2016〕31号）、《国务院关于核安全与放射性污染防治"十三五"规划及2025年远景目标的批复》（国函〔2017〕29号）等有关规定，制定本办法。

第二条　本办法适用于除铀（钍）矿外所有矿产资源开发利用活动中原矿、中间产品、尾矿（渣）或者其他残留物中铀（钍）系单个核素含量超过 1 贝可/克（Bq/g）的企业。其他企业可参照执行。

上述条款中所指超过 1 贝可/克（Bq/g），是指任一批次的原矿、中间产品、尾矿（渣）或者其他残留物的任一物料中铀（钍）系单个核素含量超过 1 贝可/克（Bq/g）。

第三条　各省级生态环境主管部门应当建立需开展环境辐射监测工作的企业名录，向社会公开并动态更新。

设区的市级以上生态环境主管部门应当根据《重点排污单位名录管理规定（试行）》（环办监测〔2017〕86 号）将上述企业纳入重点排污单位名录。

第四条　本办法所称的环境辐射监测，是指企业按照环境保护法律法规要求，为掌握流出物排放状况及其对周边辐射环境质量的影响等情况，组织开展的监测活动。

企业可依托本企业人员、场所、设备开展监测或委托具有相应资质的机构进行监测。

企业对其监测结果及信息公开内容的真实性、准确性、完整性负责。

第五条　企业应制定环境辐射监测方案，监测方案要求见附录一。环境辐射监测方案及其调整、变化情况应及时向社会公开。

第六条　企业环境辐射监测应当遵守国家颁布的环境监测质量管理规定、环境监测技术规范和方法，确保监测数据科学、准确。

第七条　环境辐射监测记录应包含监测各环节的原始记录、委托监测相关记录等。各类记录内容应完整并有相关人员签字，保存三年。

第八条　企业环境辐射监测发现流出物排放超标的，应立即停止排放，分析原因，并向省级生态环境主管部门报告。

第九条　企业应于每年 2 月 1 日前编制完成上年度环境辐射监测年度报告（格式与内容见附录二），并向社会公开。

第十条　环境辐射监测信息包括环境辐射监测方案、监测报告和环境辐射监测年度报告。企业应在环境辐射监测信息生成或变更完成后十个工作日内向社会公开。

第十一条　企业应在《关于发布全国 31 个省级地区国家重点监控企业污染源监测信息公开网址的公告》（环境保护部公告 2015 年第 40 号）中的信息公开平台上公开环境辐射监测信息，并至少保存一年。同时，企业也可通过对外网站、报纸、广播、电视等便于公众知晓的方式公开环境辐射监测信息。

第十二条　各级生态环境主管部门应加强信息共享。各省级生态环境主管部门应于每年 3 月 1 日前将本行政区域内的企业环境辐射监测信息汇总报送国务院生态环境主管部门。

第十三条　设区的市级以上生态环境主管部门负责对企业环境辐射监测开展情况进行监督检查。

必要时，省级生态环境主管部门负责组织开展监督性监测工作。

第十四条　对拒不开展环境辐射监测、不公开环境辐射监测信息和信息公开过程中有弄虚作假行为，或者开展相关工作存在问题且整改不到位的企业，生态环境主管部门依照有关法律法规及《关于深化环境监测改革提高环境监测数据质量的意见》等有关规定采取环境管理措施，对发现的违法违规行为予以责任追究。

第十五条　本办法由生态环境部负责解释。

伴生放射性矿开发利用企业环境辐射监测要求
（试行）

1．适用范围

本要求适用于除铀（钍）矿外所有矿产资源开发利用活动中原矿、中间产品、尾矿（渣）或者其他残留物中铀（钍）系单个核素含量超过 1 贝可/克（Bq/g）的企业自行开展环境辐射监测。

2．术语和定义

2.1　流出物

实践中源所造成的以气体、气溶胶、粉尘或液体等形态排入环境的通常情况下可在环境中得到稀释和弥散的放射性物质。

2.2　辐射环境监测

在源的所在场所边界以外环境中所进行的辐射监测。

3．监测目的和要求

3.1　监测目的

（1）判断伴生放射性矿开发利用活动流出物是否达标排放；

（2）掌握活动期间辐射环境质量，积累辐射环境水平数据，掌握辐射环境质量的变化趋势，总结辐射环境的变化规律，了解辐射环境水平是否异常，为辐射环境管理提供依据。

3.2　监测要求

（1）应编制环境辐射监测方案，并向社会公开；

（2）环境辐射监测方案可根据活动期间的变化、监测经验和数据的积累进行调整；

（3）流出物监测方案要考虑伴生铀/钍元素的种类和工艺特点等因素；

（4）辐射环境监测方案除要考虑伴生铀/钍元素的种类外，还要考虑环境特征、周围居民点和其他敏感点；

（5）辐射环境监测的点位应包括监测范围内辐射环境本底调查的点位。

4．流出物监测

伴生放射性矿开发利用企业流出物监测方案可参照表 1 并结合环境影响评价文件制定。

表 1　流出物监测方案

介质	采样点	监测项目		频次	备注
废气	矿山：排风井	伴生铀	^{222}Rn 及其子体	1 次/半年	两次监测的间隔时间应不少于 3 个月
		伴生钍	钍射气		
	其他有放射性物质流出的排气口	伴生铀	U 天然	1 次/半年	
		伴生钍	Th		

介质	采样点	监测项目			频次	备注
废水	车间排放口、总排放口、尾矿（渣）库渗出水排放口	伴生铀	U天然、^{226}Ra	总α、总β	1 次/月	车间排放口是指单独处理放射性废水的处理车间
		伴生钍	Th			

5. 辐射环境监测

伴生放射性矿开发利用企业辐射环境监测方案可参照表 2 并结合环境影响评价文件制定。

表 2　辐射环境监测方案

介质	采样点或监测点	监测项目		频次	备注
空气	设施周围最近居民点；最大风频下风向 500 米内最近居民点；对照点	伴生铀	^{222}Rn 及其子体	1 次/半年	两次监测的间隔时间应不少于 3 个月
		伴生钍	钍射气		
陆地γ	厂界四周不少于 4 个点（必须包括最大风频的下风向厂界处，间距不能超过 500 米）；空气、土壤采样布点处；易洒落矿物的公路；对照点	γ辐射空气吸收剂量率		1 次/半年	
地表水	排放口上游 500 米、下游 1 000 米范围	伴生铀	U天然、^{226}Ra	1 次/半年	如果有汇入支流，在汇入口的前后均需取样
		伴生钍	Th		
地下水	尾矿（渣）库、采场、堆场及工业场地附近 200 米内具有代表性的居民饮用水井或灌溉水井	伴生铀	U天然、^{226}Ra	1 次/年	
		伴生钍	Th		
土壤	厂界四周 500 米范围内土壤；排风井、排气口最大风频下风向 500 米范围内土壤；厂界和废水排放口最近的农田；对照点	伴生铀	U天然、^{226}Ra	1 次/年	包括排气口最大落地点附近的土壤
		伴生钍	Th		
底泥	同地表水取样点	伴生铀	U天然、^{226}Ra	1 次/半年	
		伴生钍	Th		

6. 样品的采集、保存和管理

样品的采集、保存和管理参考《铀矿冶辐射环境监测规定》（GB 23726）、《固定污染源排气中颗粒物测定与气态污染物采样方法》（GB/T 16157）、《辐射环境监测技术规范》（HJ/T 61）、《水质　样品的保存和管理技术规定》（HJ 493）、《水质　采样技术指导》（HJ 494）、《环境核辐射监测中土壤样品采集与制备的一般规定》（EJ428）等标准中相关要求执行。同时还要考虑以下几个方面：

（1）排风井取样点应尽可能位于排风井口的中间位置；

（2）在下风向采集样品时，应在最大风频的下风向；

（3）水样采集后，用浓硝酸酸化到 pH 值为 1～2。当水中泥沙含量较高时，应澄清二十四小时后取上清液进行酸化；

（4）水样的保存期不超过两个月，铀、钍分析应该在一个月内完成。

7．分析方法

优先采用国家标准、环境保护行业标准和其他行业标准分析方法。如采用其他分析方法，则应是实验室资质认证范围内的分析方法。推荐使用的分析方法见表3。

8．质量保证

环境辐射监测的质量保证按照《环境核辐射监测规定》（GB 12379）、《辐射环境监测技术规范》（HJ/T 61）和《固定污染源监测质量保证与质量控制技术规范（试行）》（HJ/T 373）中相关要求进行。

表3　环境辐射监测分析方法

监测项目	监测介质	标准编号	标准名称	备注
γ辐射空气吸收剂量率	空气	GB/T 14583	环境地表γ辐射剂量率测定规范	
氡及其子体	空气	GB/T 14582	环境空气中氡的标准测量方法	
铀	空气、水样、土壤、底泥	HJ 840	环境样品中微量铀的分析方法	
		GB/T 14506.30	硅酸盐岩石化学分析方法　第30部分：44个元素量测定	适合土壤和底泥铀的测定
		HJ 700	水质65种元素的测定　电感耦合等离子体质谱法	适合水中铀的测定
钍	水样	GB 11224	水中钍的分析方法	
		HJ 700	水质65种元素的测定　电感耦合等离子体质谱法	
	空气、土壤、底泥	HJ 840	环境样品中微量铀的分析方法	附录B
		GB/T 14506.30	硅酸盐岩石化学分析方法　第30部分：44个元素量测定	适合土壤和底泥中钍的测定
^{226}Ra	土壤、底泥	GB/T 11743	土壤中放射性核素的γ能谱分析方法	
		EJ/T 1117	土壤中镭-226的放射化学分析方法	
		GB/T 13073	岩石样品226Ra的测定　射气法	
	水样	GB/T 11214	水中镭-226的分析测定	
总α	水样	EJ/T 1075	水中总α放射性浓度的测定厚源法	
总β	水样	EJ/T 900	水中总β放射性测定蒸发法	

伴生放射性矿开发利用企业环境辐射监测年度报告格式与内容
（试行）

1．单位概况

说明本单位的基本情况，包括企业名称、法定代表人、联系方式、所属行业、地理位置、生产周期、主要产品以及委托监测的机构名称等。

2．生产工艺

介绍本单位主要的工艺流程，含放射性废气、废水和固体废物的处理措施和设施，物料中核素的放射性水平。

3．厂（场）址辐射环境本底

提供单位厂（场）址所在地的辐射环境本底值。如厂（场）址在建设前未开展辐射环境本底调查，提供本地区的辐射环境质量水平。

4．监测的依据和标准

列出开展环境辐射监测依据的法规、标准，流出物排放执行的标准和限值，监测采用的标准等。

5．质量保证

说明开展环境辐射监测采取的质量保证措施。委托监测的说明被委托单位的质量保证措施、资质情况。

6．流出物监测

6.1　流出物监测方案
给出流出物监测方案，并说明与上一年度相比是否有调整及调整的原因。
6.2　流出物监测结果列表给出流出物监测结果。
6.3　流出物监测结果分析
分析流出物排放是否达标。如在监测中发现流出物排放超标，说明采取的措施、原因分析及报告情况。

7．辐射环境监测

7.1　辐射环境监测方案
给出辐射环境监测方案，并说明与上一年度相比是否有调整及调整的原因，给出辐射环境监测布点图。

7.2 辐射环境监测结果列表给出辐射环境监测结果。

7.3 辐射环境监测结果分析

将本年度的辐射环境监测结果与上年度监测结果及本底值进行比较，分析变化的趋势及原因。如监测结果超过本底值三倍，应分析原因并采取措施。

8. 结论

对本年度的环境辐射监测做总结性评述，总结存在的问题，并提出解决办法。

9. 附件

提供各类监测报告、委托监测单位的资质等附件。

关于发布《乏燃料后处理设施安全要求（试行）》的公告

国环规辐射〔2018〕2 号

为贯彻落实《民用核设施安全监督管理条例》和《民用核燃料循环设施安全规定》，完善我国核燃料循环设施监管的法规体系，进一步规范和指导乏燃料后处理设施的选址、设计、建造、调试、运行和退役，我部组织制定了《乏燃料后处理设施安全要求（试行）》（见附件），现予公布。

特此公告。

附件：乏燃料后处理设施安全要求（试行）

生态环境部

2018 年 12 月 18 日

附件

乏燃料后处理设施安全要求
（试行）

1 引言

1.1 目的和范围

本要求用于指导和规范后处理设施的选址、设计、建造、调试、运行和退役。

本要求适用于采用液-液萃取水法工艺（如 PUREX 流程）处理动力堆乏燃料的后处理设施，包括配套的乏燃料接收与贮存设施、放射性废物处理和贮存设施等，其他工艺流程的后处理设施也可参照执行。

后处理设施应满足国家现行法规和标准的要求。本要求是结合后处理设施特点提出的针对性要求，是现有法规和标准的补充和完善。

2 通用要求

要求 1：纵深防御

纵深防御应贯彻于与设施安全有关的全部活动，包括组织、人员行为或设计等有关方面，以保证这些活动均置于多重防御措施之下。即使有故障发生，也能由适当措施予以探测、补偿或纠正。

要求 2：质量保证

营运单位应在选址、设计、建造、调试、运行和退役各阶段制定和有效地实施质量保证大纲及执行程序，确保质量保证体系的有效运行。质量保证大纲应包括为使物项或服务达到规定质量所必需的活动，验证是否满足规定的质量要求以及是否有效获得客观证据所必需的活动。

要求 3：核安全文化

营运单位和为其提供设备、工程以及服务等的单位应当积极培育和建设核安全文化，将核安全文化融入生产、经营、科研和管理的各个环节。

要求 4：公众沟通

营运单位应建立健全公众沟通机制，配备必要的专业力量，统筹做好信息公开、科普宣传、了解舆情并回应社会关切等工作。

3 厂址要求

要求 5：厂址选择

后处理设施的建设应与厂址所在区域的发展规划、生态环境保护相关规划和土地利用规划等相容，注意避让自然保护区等环境敏感区，以确保厂址区域可持续协调发展。

后处理设施的选址应确保厂址特征满足后处理设施的建造、运行和退役的安全要求。

应开展多个厂址比选工作，择优选择更安全和更经济的厂址。

要求 6：厂址特征调查

应通过资料调研、实地调查或实验的手段，获得厂址所在区域和可能受影响区域的厂址特征资料，包括厂址地理位置、地形地貌、气象、水文、地质、地震、生物多样性、周围区域人口分布、工业设施、军事设施、土地利用与资源概况、水体利用与资源概况等自然和社会厂址特征资料。

应开展环境放射性本底初步调查。

要求 7：厂址评价

应基于厂址特征调查开展厂址评价，包括可能影响设施安全的自然特征和社会特征，包括自然灾害和外部人为事件的可能性和相应的严重程度。

应研究确定适用于厂址确定评价的流出物排放源项，选择适当的大气和水体扩散参数，对正常工况下的辐射环境影响进行评价。

应研究确定选址假想事故，选择适当的大气和水体扩散参数，对事故工况下的辐射环境影响进行评价。

要求 8：规划限制区与实施应急预案可行性

营运单位应根据厂址事故评价和外部事件评价结论，结合厂址特征，根据相关法规要求提出厂址规划限制区范围的建议，由省级地方政府确定，并报国家核安全监管部门。

应根据厂址自然与社会特征，论证并确保在整个预计寿期内执行应急预案的可行性。

4 设计要求

要求 9：设计基准与安全分析

后处理设施设计应确保实现下述主要安全功能：（1）预防临界；（2）放射性物质包容；（3）辐射防护；（4）热导出；（5）防止化学危害。

设施状态分为运行状态（包括正常运行和预期运行事件）和事故工况（包括设计基准事故和设计扩展工况）。

应对设施设计进行安全分析，识别始发事件，给出每类始发事件发生的原因、后果及预防措施。在安全分析的基础上，制定和确认安全重要物项的设计基准。还应论证设计能够满足各类设施状态下放射性物质释放的所有规定限值和潜在的辐射剂量的可接受限值，论证纵深防御措施的有效性，并为应急准备和响应提供支持。

应确定所有可能影响设施安全的内部事件。这些事件可能包括设备故障或误操作。设施设计应考虑发生内部事件的可能性，提供适当的预防和缓解措施。

应结合厂址特征，确定设计基准外部自然事件和外部人为事件。应保证安全重要物项能够承受设计基准外部事件的影响，并通过设计将发生外部事件潜在危害的可能性及其后果减至最低，尽最大限度减少安全重要的构筑物与其他构筑物之间的各种相互作用。

安全分析中应用的计算机程序、分析方法和设施模型应加以验证和确认，并充分考虑各种不确定性。

应采用确定论分析、工程判断辅以概率评估确定设计扩展工况，其安全分析可采用现实假设和最佳估算方法。

要求 10：构筑物、系统和部件

应根据安全功能和安全重要性对构筑物、系统和部件进行安全分级，其设计、建造和维修的质量和可靠性应与分级相适应。应在不同级别的构筑物、系统和部件之间提供合适的接口设计，以保证较低级别物项的任何故障不会蔓延到较高级别的物项。

应对安全重要设备进行鉴定，采用鉴定程序确认安全重要设备能够执行预期安全功能。鉴定程序考虑的环境条件应包括后处理设施设计基准中所预期的周围环境条件的变化，应考虑到设备预期寿期内各种环境因素引起的老化效应。

如果计算机系统对安全具有重要性，或者构成安全重要系统的一部分，应确保该系统（尤其是软件）的可靠性与其安全重要性相称。

后处理设施的动力供应设计应确保其充分可用性、可持续性和可靠性。在失去正常动力的情况下，应向相关安全重要物项提供应急动力供应。

后处理设施应按照经批准的最新的或当前适用的规范和标准进行设计。当选用不同的规范和标准体系时，应进行充分论证，并处理好接口关系。当引入未经验证的设计或设施时，应借助适当的支持性研究计划、具有明确准则的性能试验或通过其他相关的应用中获得的运行经验的检验，来证明其安全性是合适的。安全重要物项的设计可适当考虑独立验证。应充分考虑国内外后处理设施以及相关核设施的成熟经验和良好实践，充分吸纳安全改进成果。

要求 11：临界安全设计

应尽可能的通过工程措施实现临界安全。设计应遵从双偶然原则以及故障安全和容错理念。

设计应规定临界安全的安全限值，留有足够的安全裕量。设计中应综合考虑质量、浓度、慢化、几何、核素组成、富集度、密度、反射、相互作用和中子吸收等临界安全控制参数。优先选用几何控制。在临界安全控制措施中采用中子毒物控制时，应定期对毒物的性能进行监测和评价，防止中子毒物有效性降低或丧失。

凡含有易裂变物质的系统和设备都应当进行临界安全评价。应在保守假设的基础上进行临界安全评价。应采用材料成分和物理特性相同或相近的临界安全基准实验数据对评价分析方法进行验证。应确保足够的安全裕量，确保系统和设备在所有正常工况、可信的事故工况下都处于次临界状态。合理确定各主要系统和设备的次临界限值。

临界安全评价中，应考虑易裂变材料的窜料、积累、溢流、载带和泄漏物蒸发的可能性。

当采用燃耗信任制时，应采用带来最大剩余反应性的燃耗水平和相关参数进行临界安全分析评价。应设置乏燃料成分精确测量手段，并制定更加严格和周密的管理措施。

在可能发生临界事故的场所，应设置足够灵敏和可靠的临界事故探测与报警系统。

要求 12：放射性物质包容

后处理设施应充分考虑α密封特点，按照独立性、互补性、冗余性原则，设置适当的密封系统，提供可靠的密封功能和足够的包容能力，将放射性物质限制在规定部位或场所，使运行状态和事故工况下规定部位或场所之外遭受放射性物质污染的可能性减至最小，并保证任何放射性物质释放所造成的污染在运行状态下低于规定限值，事故工况下低于可接受限值。

后处理设施应设置静态包容（实体屏障）和动态包容实现对放射性物质的包容。应对放射性物质包容进行分区。应设置三道静态包容。每一道静态包容应由一个或多个动态包容系统加以补充。动态包容系统应在包容分区间建立压力梯度，防止放射性气体、毒性气体、蒸汽和气载微粒通过屏障中的开口向低污染的区域或有害物质浓度低的区域移动或扩散。

要求 13：辐射防护设计

应确保运行状态下由设施引起的辐射照射保持在低于国家规定的限值，并可合理达到的尽量低。

应按可预见的辐射水平、表面污染和空气污染程度对辐射工作场所进行分区，并按分区合理组织人流、物流和通风。

应通过适当的屏蔽及利用远距离操作等工程措施实现防护。

污染控制应主要通过密封和泄漏检测实现。这些措施的性质、数量及其性能应与潜在危害的程度相对应，并应特别关注α发射体的潜在扩散。

应对辐射水平、表面污染和空气污染等进行监测，以便探测到所发生的异常工况并疏散工作人员。

要求 14：热导出

后处理设施应设置有效的冷却系统，以导出衰变热、反应放热等，并配备相应的动力供应。应评估冷却系统冷却能力、有效性和可靠性。

要求 15：防止化学危害

应在火灾危害性分析的基础上进行防火设计，包括防火分区、火灾探测报警系统和灭火系统。防火设计中应避免灭火剂（主要是消防水）导致临界事故。

应考虑爆炸性物质产生和积累，设置报警系统和稀释系统。应采取有效的预防、控制和缓解措施，避免有毒化学危险品的伤害，加强危险化学品的安全管理。

要求 16：通风设计

通风系统应根据建筑物内的分区进行设计，其空气流动方向按顺序由非污染区到污染区，由低污染区到高污染区，各区域之间应维持适当的压差。

通风系统贯穿防火屏障的部位应设置防火阀，以防止火灾经通风系统蔓延。设备间、热室和手套箱通风系统的设计和控制应实现预防和缓解火灾后果的目标，在尽可能长时间保持动态密封系统、保护最后一级过滤的同时，还要限制火灾蔓延。

应根据厂址条件确定通风系统的室外设计参数，合理确定通风系统新风口和排风烟囱的位置。

与安全相关的通风系统应设置适当的监测和报警仪表。

要求 17：放射性废物管理系统设计

流出物排放监测系统包括在线监测和取样监测，应满足正常运行流出物排放控制和事故释放源项监测需求。流出物排放监测系统应满足取样代表性要求，应尽可能降低探测限，应能监测气态和液态流出物中主要放射性核素。流出物监测系统应设置向国务院核安全监管部门和省级生态环境部门数据报送接口。流出物监督性监测实验室纳入后处理设施建设成本。

应根据受纳水体的特性，选择适当的液态流出物排放方式。

应在设计上贯彻废物最小化原则，尽可能减少放射性废物的产生量。应对放射性废物进行分类和收集，并采用最佳可行技术对放射性废气、废液和固体废物进行处理。形成的低、中、高水平放射性废物包应满足处置要求。低放固体废物应有明确的处置设施。

应通过选择便于去污材料、减少放射性物质和化学物质累积、易于接近和具有可达性、可实施有效的远距离拆除和去污、便于废物管理和处置、减少受污染区域的数量和规模等措施，最大程度地为未来退役提供便利。

要求 18：实物保护设计

后处理设施的实物保护等级应按一级实物保护等级设计。应根据实物保护目标的重要程度和潜在风险，合理划定实物保护分区。实物保护系统应确保实现控制区、保护区、要害区和要害部位的探测、延迟和响应的基本功能，并做到人防和技防措施有机结合，保证实物保护系统完整、可靠与有效。

要求 19：核材料衡算

应设置核材料衡算平衡区。平衡区应尽量与实体边界一致，应便于核材料准确测量，应避免互相交叉，应有利于采用封隔/监视措施。

应根据工艺流程及核材料形态便于测量等因素设置关键测量点。测量方法的选择应考虑测量方法本身的准确度和精密度。测量系统应具有追溯性。

要求20：厂内运输

乏燃料接收和场内转运应采用轨道或其他平稳的运输方式。

应进行辐射屏蔽，应防止泄漏和临界。

产品、放射性废物及其他危险化学品的厂内运输，应尽可能减少运输环节，选择安全合理的运输方式和运输路线。

要求21：环境监测与评价

后处理设施应建设固定监测站和环境监测实验室，开展环境监测工作。流出物和周围环境监督性监测自动站和实验室纳入后处理设施建设成本。

根据设施正常运行工况和事故工况下可能向环境释放的放射性源项，选用合理的、经过验证的大气弥散和水弥散评价模式以及剂量估算模式，评价通过大气、地表水和地下水途径对环境的影响。

应评价化学污染物对环境的影响。

要求22：应急准备

应分析后处理设施事故类型（包括设计扩展工况）及其后果（一般需要考虑场外应急），建立适当的应急组织及其职责的框架，设计场内应急设施和设备，测算应急计划区的范围，规划应急撤离路线，并对应急资源及接口等作出安排。

营运单位应保障在应急期间营运单位内部（包括各应急设施、各应急组织之间）以及与国务院核安全监督管理部门、场外应急组织等单位的通信联络和数据信息传输；应具有运行状态和应急情况下向国务院核安全监督管理部门进行实时在线传输重要安全参数和流出物排放情况的能力。

5 建造和调试要求

要求23：建造

营运单位应制定并严格遵守建造阶段质量保证大纲，确保在建造阶段充分满足设计要求；应按照质量保证大纲的要求保留施工记录，证明设施是按照设计要求建造的。

应制定设计变更程序，准确地记录在建造期间对设施所作的变更，并对其影响作出评价。应对建造阶段产生的不符合项进行分类管理。

要求24：调试大纲和调试报告

调试大纲应至少包括：调试的组织机构和职责、调试阶段、调试内容、进度安排、调试程序、审查和核实的方法、偏差和缺陷的处理、主要审查点和控制点等。

应对调试大纲进行审核、审查和核实，确保试验按计划执行并确保满足大纲目标。不得进行可能使设施进入没有分析过的工况的试验。

各调试阶段完成后应编制调试报告。调试报告应至少包括：试验结果、数据分析、结果评价、偏差和缺陷分析、纠正行动及依据等。

6 运行要求

要求25：组织机构和人员资质

营运单位应建立和保持适当的职责分明的安全管理机构，并配备称职的负责人和足够数量的合格工作人员，以胜任和有效地履行各项安全管理职责。

营运单位应制定配套的培训、考核、资格管理和持照岗位管理制度。设施操纵人员应按照有关规定取得相应资格证书。

要求 26：运行限值和条件

营运单位应根据设施的最终设计、安全分析、环境影响评价和调试情况制定包括技术和管理两个方面的运行限值和条件。应根据运行经验和有关安全特性的实际变化，对运行限值和条件进行复审或修改。

要求 27：运行规程

营运单位应保证所有与安全有关的运行操作均按正式批准的、详细的、最新版本书面规程进行。运行规程应符合所批准的运行限值和条件，并留有适当的安全裕量；应对运行状态和事故工况下应采取的行动进行明确的规定；应定期对所有运行规程进行复审或修改，并将所作的修改及时通知有关人员。

要求 28：检查与维修

营运单位应制定预防性维修大纲和程序，定期对设施进行检查和维修，确保其安全性和可靠性。应收集和分析试验、维修、在役检查和监督有关数据，并对相关文件进行更新。

要求 29：定期安全评价

运行寿期内应定期对后处理设施进行系统的安全评价。应基于设施的实际状况、运行经验、预期的寿期末状况、目前的分析方法、适用的规定、标准及科技水平进行定期安全评价。定期安全评价的范围应覆盖设施的所有安全方面。

应评价设计中考虑的老化机理和鉴别在使用中可能发生的预计不到的情况或性能劣化。

应根据定期安全评价结果，实施必要的纠正行动，以符合更新的法规和标准。

要求 30：临界安全管理

营运单位应建立和健全核临界安全责任制。应配备核临界安全专业人员。

在开始一项新的涉及易裂变材料的操作或改变现有操作前，应进行核临界安全分析和评价。评价应明确判断和确定核临界安全所依赖的受控参数及其限值。

涉及核临界安全的任何运行操作应按书面运行操作规程的规定进行。运行操作规程应定期进行复查。新编和现行运行操作规程的评审和复查应有核临界安全专业人员参加。

应当建立和健全对易裂变材料的操作人员、核临界安全专业人员及有关管理人员的核临界安全培训和考核制度，定期与不定期地结合实际进行核临界安全培训和再培训。

贮存与转移存放的易裂变材料应有材料标签，存放地点应加标牌。标签和标牌应标明易裂变材料种类和所有受控参数的限值。易裂变材料的转移应按书面程序的规定予以控制。应有专人负责易裂变材料的清点和统计，掌握易裂变材料的分布、积存和转移情况。

要求 31：放射性废物管理

营运单位应制定并实施流出物排放管理大纲及实施程序，确保气态和液态流出物排放低于流出物排放量申请值，并可合理达到的尽量低。应合理设定气态和液态流出物排放报警值，并制定相应的控制措施。应测量流出物中主要放射性核素的排放量，按月、年进行统计并及时上报国家和地方生态环境主管部门。应根据设计排放量以及同类设施的相关运行实践，优化气、液态流出物的排放量申请值，且每 5 年修订一次。

应建立并实施放射性废物管理大纲及实施程序并定期修订，确保实现放射性废物最小化。

应对放射性废物信息进行收集、记录、保存，建立放射性废物管理信息系统。

要求 32：辐射防护管理

营运单位应制定并实施辐射防护大纲及其实施程序，应制定恰当的剂量约束值，持续开展运行辐射防护最优化管理，确保将工作人员所受辐射照射保持在低于国家规定的限值，并可合理达到的尽量低。

应进行个人剂量监测、记录、评价和报告。

要求 33：核材料衡算

营运单位应开展核材料实物盘存和核材料衡算。核材料记录与核材料衡算报告应完整、及时、准确、规范，数据应具有可追溯性。记录系统应及时反映后处理设施中核材料的动态分布。

在核材料衡算评价中，所有进入核材料衡算的数据应是实测值，所用测量系统的误差应是已知的；所有数据具有可追溯性，并具有可靠的技术性文件；测量系统误差传递总标准偏差应符合法规要求。

要求 34：环境监测和评价

应在运行前开展连续两年的放射性本底调查。

应根据设施正常运行工况以及事故工况下可能向环境释放的放射性物质的量和释放途径，结合厂址环境特征，合理制定环境监测大纲，对设施附近地区开展环境监测，并定期上报国家和地方生态环境部门。

应选用合理的、经过验证的大气弥散和水弥散评价模式以及剂量估算模式评价计算放射性物质的辐射影响。

要求 35：应急准备与响应

营运单位应建立健全核应急管理体系，全面做好核应急准备与响应工作。

应编制场内应急预案和执行程序，并在热试前进行综合应急演习。应急预案应定期进行复审和修订。应定期进行单项演习和综合演习。场内应急预案中应包含与场外应急组织的接口，并按有关法规要求，做好日常和应急状态下的信息公开工作。

应急设施、设备和通信系统应处于随时可用状态。

在设施进入应急状态时，应有效实施应急响应，及时向国务院核安全监督管理部门报告事故情况。

7 退役要求

要求 36：退役计划

营运单位应对最终退役做出合理、可行安排，包括退役费用提取、资金筹措和保障措施。应在设计阶段编制初步退役计划，在运行期间每 5 年更新一次，在退役前 2 年制定最终退役计划。应全面记录并保存设施寿期内影响退役的所有重要活动和事件。

要求 37：退役实施

营运单位在确定设施停止运行前，应编制最终退役计划、退役安全分析报告、环境影响报告及相关准备支持性材料。退役实施应按照最终退役计划进行，确保安全并明确规定组织安排。针对推迟退役或意外关闭的情形，应制定有效措施，保证安全。

要求 38：退役完成

后处理设施退役完成前应开展退役场址的终态监测和调查。若场址不能达到无限制开放，应维持适当的控制，以确保对人类健康和环境的保护。应编制最终退役报告，妥善安全保存有关记录。

名词解释：

设计扩展工况：是指设计基准事故中未考虑的假设事故工况，但在设施的设计过程中按照最佳估算方法考虑，并且在这类工况下放射性物质的释放保持在可接受的限值内。

关于发布《中国地表水环境水体代码编码规则》
国家环境保护标准的公告

环境保护部公告　2018年第1号

为贯彻《中华人民共和国环境保护法》《中华人民共和国水污染防治法》，适应国家水环境管理现代化、精细化、信息化建设的需要，规范地表水环境水体代码的使用和管理，现批准《中国地表水环境水体代码编码规则》为国家环境保护标准，并予发布。

标准名称、编号如下：

《中国地表水环境水体代码编码规则》（HJ 932—2017）。

本标准自2018年3月1日起实施，由中国环境出版社出版，标准内容可在环境保护部网站（kjs.mee.gov.cn/hjbhbz/）查询。

特此公告。

环境保护部
2018年1月2日

关于发布《环境专题空间数据加工处理技术规范》
等五项国家环境保护标准的公告

环境保护部公告　2018年第2号

为贯彻落实《中华人民共和国环境保护法》《中华人民共和国大气污染防治法》《中华人民共和国水污染防治法》等法律法规，促进环境信息化工作，保障环境信息互联互通与共享，现批准《环境专题空间数据加工处理技术规范》《环保物联网　总体框架》《环保物

联网 术语》《环保物联网 标准化工作指南》及《排污单位编码规则》为国家环境保护标准，并予发布。

标准名称、编号如下：

《环境专题空间数据加工处理技术规范》（HJ 927—2017）

《环保物联网 总体框架》（HJ 928—2017）

《环保物联网 术语》（HJ 929—2017）

《环保物联网 标准化工作指南》（HJ 930—2017）

《排污单位编码规则》（HJ 608—2017）

上述标准自 2018 年 3 月 1 日起实施。自标准实施之日起，《污染源编码规则》（试行）（HJ 608—2011）废止。

上述标准由中国环境出版社出版，标准内容可在环境保护部网站（kjs.mee.gov.cn/hjbhbz/）查询。

特此公告。

环境保护部

2018 年 1 月 2 日

关于发布《制浆造纸工业污染防治可行技术指南》的公告

环境保护部公告 2018 年第 4 号

为贯彻《中华人民共和国环境保护法》，改善环境质量，落实《国务院办公厅关于印发控制污染物排放许可制实施方案的通知》（国办发〔2016〕81 号），建立健全基于排放标准的可行技术体系，推动企事业单位污染防治措施升级改造和技术进步，现批准《制浆造纸工业污染防治可行技术指南》为国家环境保护标准，并予发布。

标准名称、编号如下：

《制浆造纸工业污染防治可行技术指南》（HJ 2302—2018）。

该标准自 2018 年 3 月 1 日起实施，由中国环境科学出版社出版，标准内容可登录环境保护部网站（www.mee.gov.cn）查询。

自上述标准实施之日起，《关于发布〈造纸行业木材制浆工艺污染防治可行技术指南〉等三项指导性技术文件的公告》（环境保护部公告 2013 年第 81 号）废止。

特此公告。

环境保护部

2018 年 1 月 4 日

关于发布《国家先进污染防治技术目录（固体废物处理处置、环境噪声与振动控制领域）》（2017 年）的公告

环境保护部公告　2018 年第 5 号

为贯彻《中华人民共和国环境保护法》《中华人民共和国固体废物污染环境防治法》和《中华人民共和国环境噪声污染防治法》，推动相关领域污染防治技术进步，满足污染治理对先进技术的需求，我部组织筛选了一批固体废物处理处置和环境噪声与振动控制先进技术，编制形成《国家先进污染防治技术目录（固体废物处理处置领域）》（2017 年）和《国家先进污染防治技术目录（环境噪声与振动控制领域）》（2017 年），现予发布。

附件：1.《国家先进污染防治技术目录（固体废物处理处置领域）》（2017 年）
　　　2.《国家先进污染防治技术目录（环境噪声与振动控制领域）》（2017 年）

环境保护部
2018 年 1 月 3 日

附件 1

《国家先进污染防治技术目录（固体废物处理处置领域）》
（2017 年）

序号	技术名称	工艺路线及参数	主要技术指标	技术特点	适用范围	技术类别
1	大型多级液压往复翻动式炉排生活垃圾焚烧技术	垃圾经推料器到达炉排干燥段，通过滑动炉排和翻动炉排翻动垃圾实现垃圾干燥、燃烧分解、燃烬，达到充分燃烧。烟气经上部炉膛在 850℃ 以上停留 2 s 以上后采用"SNCR 炉内脱硝+半干法脱酸+干粉喷射+活性炭吸附+袋除尘"工艺净化达标排放，渗滤液处理达标后回用或排放，炉渣综合利用。垃圾热值 4 180～9 200 kJ/kg，设计垃圾热值 7 536 kJ/kg；设计年累计运行时间大于 8 000 h；炉排热负荷 515 kW/m^2；炉排机械负荷 251 kg/m^2；炉排更换率每年不大于 5%	单台焚烧炉处理能力 750 t/d，焚烧炉渣热灼减率 <3%	设多列给料小车，保证垃圾布料的均匀性；采用翻动加滑动炉排，可实现垃圾料层良好的透气性；采用多台一次风机，可实现不同燃烧段的一次风单独调节；上部炉膛和二次风口布置采用优化设计，有利于实现挥发性气体的充分燃烧分解	城市生活垃圾焚烧	推广

序号	技术名称	工艺路线及参数	主要技术指标	技术特点	适用范围	技术类别
2	生活垃圾机械生物预处理和水泥窑协同处置技术	原生垃圾破碎后进入储坑进行静态好氧发酵，然后送入挤压脱水机脱水，脱水垃圾打散后进入储坑短期储存，最后经带式计量给料机及管状带式输送机送入热盘炉焚烧，焚烧产生的烟气和细颗粒物进入分解炉高温分解，焚烧炉渣进入回转窑煅烧成水泥熟料。除尘后的窑尾废气和脱氯后的旁路放风烟气从烟囱达标排放，臭气、渗滤液处理达标排放，渗滤液处理产生的浓缩液和污泥送入窑内焚烧 原生垃圾破碎后进入垃圾缓冲池进行生物干化，然后二次破碎送入两级风选系统，风选后重物料进入惰性料仓，轻物料进入 60 mm 滚筒筛，筛上物送入破碎机循环破碎，筛下物进入垃圾衍生燃料（RDF）储仓。RDF 经水泥窑头烟气烘干后送至分解炉燃烧。烘干产生的湿热气送入蓖式冷却机，然后以二次风和三次风的形式送入回转窑和分解炉。惰性物料送入水泥窑作为生料进行煅烧，臭气、渗滤液处理达标排放。垃圾生物干化时间 15～20 d，干化后垃圾含水率 10%～30%；一次破碎粒径 250 mm，二次破碎粒径 75 mm；RDF 热值 2 100～3 500 kcal/kg	单条线垃圾总处理规模 300 t/d，热盘炉单台处理能力 300 t/d。水泥熟料性能满足《硅酸盐水泥熟料》（GB/T 21372）要求	利用热盘炉作为焚烧设备，炉内温度高，燃烧充分；采用破碎+好氧生物发酵+机械挤压脱水预处理工艺，降低了入炉垃圾水分，提高了垃圾热值 对于高含水、复杂形态、大尺寸的 RDF 处置技术优势突出，节煤效果突出；处置系统稳定，对水泥产品质量影响小	水泥窑协同处置生活垃圾（掺加生活垃圾质量不超过入窑物料总质量的30%），配套单线熟料生产规模 ≥3 000 t/d 的新型干法水泥窑	推广
3	餐厨垃圾高效单相厌氧资源化处理技术	将餐厨垃圾经自动分选出的有机物浆化后进行加热和搅拌，分离回收废油脂并去除砂砾和浮渣等惰性物，剩余的混合物厌氧消化产沼。产生的沼气经收集、净化、储存可进入沼气锅炉或沼气发电系统，产生的沼液进入后续污水处理系统	每吨餐厨垃圾产沼气达 70 m³，沼气中 CH₄ 含量＞60%，油脂提取率达 90%	大物质分选采用正反转自感应识别控制技术，解决了粗大物堵卡和纤维缠绕等问题；采用外部强制循环、内部同心相错封闭环形布。水的厌氧反应器，消除了传统厌氧反应器物料短路的缺陷	餐厨垃圾处理及资源化利用	推广
4	餐厨垃圾两相厌氧消化处理技术	将餐厨垃圾经破碎、去除轻物质和重物质、油脂提取等预处理后，进入水解酸化、中温厌氧产沼两个独立系统组成的湿式两相连续厌氧消化系统，产生的沼气通过预处理净化后进行发电、供热或制取压缩天然气等。沼渣无害化处理利用，沼液并入垃圾渗滤液处理系统处理达标后排放	有机物降解率达到85%，吨原料产气约 100 m³	水解酸化和厌氧产沼两相分离，避免了餐厨垃圾产酸过快、系统不稳定问题；采用特殊的搅拌器和罐体设计，防止罐内浮渣和积砂堆积，确保 10 年不清罐	餐厨垃圾等有机废弃物处理	推广

序号	技术名称	工艺路线及参数	主要技术指标	技术特点	适用范围	技术类别
5	高固体浓度有机废物厌氧消化技术	将餐厨垃圾经沥水、除杂和提油等预处理后,通过混合调配、均质打浆,制成含固率15%左右的高固体浓度有机废物浆料,进入具有自动排砂装置的全密闭双层不锈钢厌氧反应罐厌氧产沼,采用全方位立体液流搅拌,浆料保持高度均质化,提高沼气产生量。产生的沼气送至沼气净化及利用设备(沼气发电机、锅炉),发电机余热和锅炉产热经二次换热后供给厌氧物料增温保温和消化污泥的干化。消化液经固液分离,沼渣干化至含水率60%以下后外运作为营养土,沼液处理达标后排放	每吨含水率80%的餐厨垃圾可产80～120 m³沼气,同时可获取工业油脂35 kg、固态有机肥80 kg;每吨含水80%的市政污泥可产50～60 m³沼气,污泥减量率可达50%	可大幅缩小厌氧罐容积,节约成本和占地;全方位立体液流搅拌避免反应死角,提高沼气产生量;高效节能的全自动热交换及温控系统,解决大型厌氧消化装置的全方位恒温问题,保证系统四季运行稳定	高固体浓度有机废物资源化、无害化处理	推广
6	城镇有机废弃物生物强化腐殖化技术	利用微生物分解有机物放热及外源加热方式使有机废弃物物料达到70℃以上并维持12 h。其中,物料温度为35～45℃时接种抗酸化复合微生物菌剂(乳酸菌、芽孢杆菌等),达到高温期(>55℃)时接种康氏木霉、白腐菌等,高温后期接种纤维素降解菌。处理过程中动态返混富含有益微生物的发酵物料,实现接种菌剂与土著微生物协同共生,同时醌基物质不断富集,加速小分子物质的定向腐殖化,产品可用于土壤改良	有机废弃物中有机质资源化率可达95%以上	定向腐殖化,养分利用率高,转化速度快,有机质利用率高	餐厨垃圾等有机废弃物处理及利用	推广
7	污泥除湿热泵低温干化设备	采用螺杆泵将含水率80%～85%的污泥送入网带干燥机,干燥产生的湿热气体进入除湿热泵,除湿加热后再返回网带干燥机作为污泥干燥热源,干化温度40～75℃,产生的冷凝水可直接排放	干化后污泥含水率可按要求调整为10%～50%,脱水能耗低于250 kW·h/t 水	采用除湿热泵对干化产生的湿热空气进行余热回收,比普通热泵节能10%～30%。采用低温干化,有害气体挥发少	污泥干化	推广
8	密闭式畜禽粪便高效发酵技术	通过在畜禽粪便中添加一定量农业废弃物,调整物料水分至65%以下,碳氮比为(25～30):1。发酵周期为7 d,其中65℃以上发酵保持72h以上。设备全程密闭,发酵完成后物料从设备下部排出,同时由设备上部添加预混好的粪污物料,往复循环,保持设备满载运转。发酵产物可加工为有机肥产品	有机肥产品满足《有机肥料》(NY 525)要求	设备充分利用立体空间,密闭性好,无臭味溢出	规模化畜禽养殖场畜禽粪便处理	推广

序号	技术名称	工艺路线及参数	主要技术指标	技术特点	适用范围	技术类别
9	畜禽粪污动态发酵生物干化技术	将复合微生物发酵菌剂加入畜禽粪污和秸秆的混合物料中，采用管式通风技术在卧旋式连续发酵设备内发酵产热，达到物料高温灭菌及水分蒸发的效果，产物可作为有机肥原料和垫床料。畜禽粪污在好氧发酵中除臭、灭菌，产生的水分及原有的游离水蒸发去除，其余物料作为有机肥原料使用，实现粪污无害化处理。生物干化周期 2～6 d，生物干化温度 50～70℃	物料含水率可由60%～70%降至50%	卧旋式连续生物发酵设备采用玻璃钢材质，质量轻、强度高、保温好、耐腐蚀性强；通过添加复合微生物发酵菌剂，缩短了发酵时间	周边有大量秸秆的规模化养牛场粪污处理及资源化利用	推广
10	医疗废物高温干热灭菌处理技术	采用双齿辊破碎机将医疗废物破碎成 10～40 mm 大小的颗粒，输送到由导热油加热的蒸煮锅内进行高温消毒杀菌，蒸煮过程中喷入消毒液，保证医疗废物杀菌效果。处理后医疗废物送往填埋场填埋。高温灭菌装置产生的气体经水喷淋除尘、紫外光解净化除臭与灭菌，以及活性炭吸附进一步除臭后达标排放。蒸煮温度 180～200℃、时间 20 min 左右，灭菌器真空度 500 Pa，消毒液控制温度为 60℃	繁殖体细菌、真菌、亲脂性/亲水性病毒、寄生虫和分枝杆菌的灭菌率大于 99.999 9%，枯草杆菌黑色变种芽孢的灭菌率大于 99.99%	蒸煮锅的夹层内设拢流导流片使导热油作紊流运动；灭菌仓内温度梯度较小，提高了热传导效率和灭菌效率；医疗废物经破碎再进入蒸煮锅，能充分吸收导热油的高温热量，灭菌效果好	5～10 t/d 处理能力的医疗废物灭菌处理	推广
11	医疗废物高温蒸汽处理技术	将装入灭菌小车的医疗废物在高温蒸汽处理锅进行灭菌处理，处理锅内的废气经冷却、除臭、过滤后达标排放，处理锅内的废液经污水处理单元处理后用于工艺循环冷却水或用于运输车辆、装载容器清洗，灭菌后废物送入破碎单元毁形。也可先将医疗废物破碎毁形，再高温蒸汽灭菌。处理后医疗废物送往填埋场填埋。灭菌温度不低于 134℃，压力不小于 0.22 MPa，灭菌时间不少于 45 min。废气净化装置过滤器的过滤尺寸不大于 0.2 μm，耐温不低于 140℃，过滤效率大于 99.999%	以嗜热性脂肪杆菌芽孢（ATCC 7953 或 SSIK31）作为生物指示菌种衡量，微生物灭活效率不小于 99.99%	采用容器钢渗合涂层技术的高温蒸汽处理设备可解决内壁腐蚀问题，延长设备使用寿命	感染性废物、损伤性废物及一部分病理性废物，病害动物尸体的无害化处理	推广

序号	技术名称	工艺路线及参数	主要技术指标	技术特点	适用范围	技术类别
12	水煤浆气化炉协同处置固体废物技术	固体废物按一定比例与原料煤、添加剂水溶液共磨制成低位热值≥11 000 kJ/kg 的浆料，将其从顶部喷入气化炉；高热值的废液可通过废液专用通道喷入气化炉。在气化炉内，固体废物中有机物彻底分解为以 CO、H_2、CO_2 为主的粗合成气，重金属固化于玻璃态炉渣中。粗合成气经洗涤、变换、脱硫、除杂制得高纯度产品 H_2 和 CO_2，粗合成气中 HCl 以氯化物形态转移至废水和炉渣中，H_2S 转化为硫磺回收利用。气化炉黑水经压滤后滤饼和大部分滤液回用，少部分滤液处理后达标排放。炉渣可作为原料制备建材，废气经净化后达标排放	固体废物中有机物高效利用，碳转化率≥80%，重金属固化于炉渣中	将含水率高的固体废物作为原料配置水煤浆，利用德士古气化炉协同处置，有机成分及所含水分最终转变为气化产品 H_2 和 CO_2，可实现固体废物的资源化利用	医药、化工等行业产生的有机固体废物处置，尤其适用于液态废物及含水率高的固态、半固态废物处置	推广
13	利用工业副产石膏水法生产高强石膏技术	将工业副产石膏进行预处理后与水和转晶剂均匀混合输送至密封的反应装置，在一定温度、压力条件下使 $CaSO_4 \cdot 2H_2O$ 逐渐转化为α型半水石膏，转晶完成后石膏浆液进入离心固液分离系统，分离后半水石膏湿料经闪蒸干燥、气固分离、收集后最终获得α型高强石膏成品。废气治理达标排放。工艺温度 120～150℃，工作压力 0.2～0.4 MPa	α型高强石膏产品 2 h 抗折强度大于 6 MPa，烘干抗压强度大于 50 MPa	工业副产石膏利用率高；专用离心机固液分离效率高，转晶剂高效无毒副作用	氯碱工业副产石膏、脱硫石膏、磷石膏、钛石膏等	推广
14	工业副产石膏和废硫酸协同处理技术	按石膏制硫酸和水泥的配料要求配制生料，然后将生料和燃料加入煅烧窑煅烧，煅烧同时利用 0.35～0.95MPa 压缩空气将废硫酸按一定比例通过酸枪雾化喷入煅烧窑内。煅烧分解生成的含 SO_2 窑气经窑尾换热回收余热降温至不低于 400℃后进入硫酸生产系统制取硫酸，熟料由窑头经冷却机冷却后进入熟料库磨制水泥，烟气治理达标排放。窑内烧成温度 1 200～1 450℃，生料配制 C/SO_2 摩尔比 0.57～0.72，1 t 生料配 0.4～0.5t 废硫酸	废硫酸分解率≥99.95%，工业副产石膏分解率≥98.5%。硫酸产品符合《工业硫酸》（GB/T 534）、水泥产品符合《通用硅酸盐水泥》（GB 175）标准	工业副产石膏（磷石膏、脱硫石膏、钛石膏、盐石膏等）和废硫酸	工业副产石膏和废硫酸	推广
15	报废汽车车身整体破碎及综合回收处理技术	报废汽车初步拆解后，车壳依次进入双轴破碎机、立式破碎机进行两级破碎后，通过磁选、涡电流及风选设备将铁、铜铝、泡沫、塑料等依次分离，破碎时产生的废气经过布袋除尘器和活性炭处理后达标排放	废车壳破碎料堆密度为 1.0～1.2 t/m³，在达到同等效果情况下，整套设备功率为同类型设备的 60%	集成双轴撕碎和立式辊轮破碎技术，产物附加值高	报废汽车处理	推广

序号	技术名称	工艺路线及参数	主要技术指标	技术特点	适用范围	技术类别
16	基于亚临界水解的餐厨垃圾厌氧消化技术	将餐厨垃圾脱水后的固形物进行破碎分选去除杂质后送入亚临界装置，在160～180℃、0.9 MPa（表压）条件下进行液化水解，生成的高浓度有机废液进行固液分离和油水分离，固液分离所得固体部分与脱脂液混合进入厌氧消化系统生产沼气、部分用于生产饲料，沼液进入污水处理系统处理达标排放	含水率85%～90%的餐厨垃圾可产沼气约70 m³/t	将亚临界技术应用于餐厨垃圾预处理，油脂回收效率和厌氧产沼率提高	餐厨垃圾、食品废弃物处理及资源化利用	示范
17	市政污泥超高温好氧发酵技术	将新鲜污泥与含特殊超高温菌的返混腐熟污泥在混合槽内搅拌均匀后，送至好氧发酵槽进行强制供风发酵。发酵周期45 d，每7 d翻堆一次，发酵温度65～80℃，堆体局部温度最高可达100℃。发酵期结束后，腐熟污泥按1:1～1.6:1比例与80%含水率新鲜污泥返混，剩余部分进行下一步的资源化利用	若发酵前污泥含水率为55%左右，发酵后低于30%	采用特定超高温菌，好氧发酵温度高	市政污泥等有机固体废物好氧堆肥处理	示范
18	电镀污泥火法熔融处置技术	将高含水率电镀污泥经回转烘干窑预干燥后，在逆流焙烧炉中高温焙烧去除物料结晶水，再将焙烧块加入熔融炉进行高温熔融还原。利用密度差分离得到的Cu、Ni等金属单质与FeO、SiO₂及CaO等组成的熔渣，回收铜，熔渣作为水泥生产原料资源化利用。各环节产生的烟气经净化后达标排放	电镀污泥中Cu、Ni回收率达到95%	有价金属回收率高；解决了电镀污泥还原熔炼时熔渣黏稠、易结瘤、炉料难下行炉龄短且频繁死炉等问题	电镀污泥处理	示范
19	水泥窑协同处置生活垃圾焚烧飞灰技术	飞灰经逆流漂洗、固液分离后，利用箅冷机废气余热烘干经气力输送到水泥窑尾烟室作为水泥原料煅烧。洗灰水经物化法沉淀去除重金属离子和钙镁离子，沉淀污泥烘干后与处理后飞灰一并进入水泥窑煅烧；沉淀池上部澄清液经多级过滤、蒸发结晶脱盐后全部回用于飞灰水洗。窑尾烟气经净化后达标排放。处理1 t飞灰综合用水量为0.7～1.0 t	飞灰经水洗处理可去除95%以上氯离子和70%以上钾钠离子，处理后飞灰中氯含量小于0.5%	集成飞灰逆流漂洗、气流烘干、水泥窑高温煅烧以及洗灰水多级过滤、蒸发结晶等关键技术，实现焚烧飞灰的无害化、减量化和资源化	单线熟料生产规模2 000 t/d及以上的水泥窑协同处置生活垃圾焚烧飞灰	示范
20	含砷重金属冶炼废渣治理与资源化利用技术	含砷物料经干燥和球磨车间配料后，采用脱砷剂在高压富氧条件下选择性脱砷，料浆经冷却、过滤后，滤液中砷经亚铁盐空气氧化转化为稳定的臭葱石，经热压熔融形成稳定的高密度固砷体；脱砷渣经控电位浸出实现铋、铜与铅锑等的分离，铋、铜利用水解pH值差分步回收，含铅、锑物料中的铅、银、锑则通过低温富氧熔池熔炼进行回收利用	含砷冶炼废渣经处理后，砷浸出浓度降低至0.16mg/L，固砷体含砷量达27.1%；锑回收率达90%左右，铋回收率96%以上	高砷废液中砷通过形成稳定臭葱石晶体实现脱除；采用电位调控法实现了锑、铋提取	含砷废物脱砷、综合利用和处理处置	示范

序号	技术名称	工艺路线及参数	主要技术指标	技术特点	适用范围	技术类别
21	黄金冶炼氰化渣除氰和金属回收技术	氰化渣浮选脱泥预处理后,加入活化剂进行化学活化并除去氰化物,然后用磨矿进行物理活化,采用一次粗选-四次扫选-三次精选流程,通过浮选柱和浮选机联用高效回收氰化渣中的金,实现氰化渣无害化	治理前总氰化物含量约 400 mg/L,治理后总氰化物含量低于0.006 mg/L	含金矿物浮选效率高;活化剂选择性强,清洁高效	黄金行业金品位 ≥ 2 g/t、处理规模 ≥ 200 t/d 氰化渣的资源化和无害化	示范
		采用蒸压的方法水解氰化渣中的氰化物。将氰化渣装进特制蒸压釜,在温度 170～190℃、压力 0.8～1 MPa 条件下保温反应 12 h,用吸收水塔吸收蒸汽中的氨,采用磷酸铵镁沉淀法沉淀吸收液中的氨氮,处理后的氰化渣浮选得到高品质硫精矿,无废水排放	处理后氰化渣浸出液中氰化物浓度 <1mg/L,一次性除氰率达99.5%以上;浮选渣含硫量 >48%	实现了氰化渣解毒和资源化利用	黄金冶炼氰化渣处理	
22	含铜锡等多元素冶炼废渣金属回收技术	采用富氧侧吹炉处理冶炼废渣,回收其中的铜、锡、锌、铅等有价金属。在高温和还原气氛中,熔渣中锌、铅、锡的氧化物被还原成金属蒸气,与烟尘一并进入收尘系统被收集,铜呈冰铜从炉渣中析出,镍、金、银富集在冰铜。高温烟气先经余热锅炉降温,再经脱硫处理后达标排放。烟尘送锌精炼厂,采用"浸出-萃取-电积"工艺提取电解锌,浸出渣送电炉还原熔炼提取锡铅合金,熔炼渣用于制建材	铜回收率约95.5%,锡回收率约 96%,镍回收率约94.5%,锌回收率约96.5%。熔炼渣含铜量低于0.2%、含锡量低于 0.13%、含铅量低于0.08%、含锌量低于 0.4%,总脱硫效率达99%。产品阴极铜含量约99.95%,符合《阴极铜》(GB/T 467)要求;精锡锡含量约99.95%,符合《锡锭》(GB/T 728)要求;电解锌锌含量约99.95%,符合《锌锭》(GB/T 470)要求	解决了复杂多金属物料的提取、高效分离与高值化利用及其污染控制问题	含铜锡等多金属冶炼废渣	示范
23	振频磁能加热废润滑油循环利用再生技术	采用组合式振频磁能加热器,以可控的恒温分布加热方式在管道和蒸馏釜中将废润滑油进行循环加热,再通过短程分子蒸馏脱除废油中的燃料油组分;剩余废油进行循环分子负压蒸馏,按照馏出温度的不同,得到不同组分的再生基础油产品	得到的三种再生基础油产品MVI150、MVI250和 MVI350 达到国家一类基础油标准	将振频磁能加热技术运用到废润滑油再生工艺中,可以更有效地控制裂解温度,同时提高加热效率	废润滑油再生	示范

序号	技术名称	工艺路线及参数	主要技术指标	技术特点	适用范围	技术类别
24	油基泥浆钻井废物资源回收技术	利用油基泥浆钻井废物中不同物质的密度差，采用多级多效变频耦合离心技术有效降低油基泥浆含水量，分离的泥浆可直接回用；其他分离物进行深度脱附处理，辅以高效处理剂，实现基油、主辅乳等化学添加剂、加重剂等的分离和回收利用	油基泥浆钻井废物处理后固相含油率<0.6%，回收油基泥浆满足钻井工程回用要求；基油、主辅乳等化学添加剂、加重剂等的回收率超过99%	采用离心-脱附的集成技术，有效分离并回收泥浆，同时实现泥浆中有效成分的回收利用	油基泥浆钻井废物处理	示范
25	利用粉煤灰提取氧化铝及废渣综合利用技术	将粉煤灰与石灰石磨细配比混匀，在1 320～1 400℃下焙烧，形成以铝酸钙和硅酸二钙为主要成分的氧化铝熟料。在熟料冷却过程中通过温度控制使熟料产生自粉化，采用碱溶法在自粉化后的氧化铝熟料中提取氧化铝后，废渣（主要成分为活性硅酸钙）用于生产水泥。各环节烟气经净化后达标排放。产1 t氧化铝约消耗3.3 t粉煤灰	产品执行《氧化铝》（YS/T 274）中冶金级砂状氧化铝一级标准	从粉煤灰中提取氧化铝资源综合利用效益突出；在熟料生产阶段采用无碱煅烧、熟料自粉化工艺，节能增效	氧化铝含量在40%以上的粉煤灰	示范
26	废电路板电子元器件自动拆解与资源化技术	采用半自动翻转倒料系统将物料送入四轴破碎机破碎，破碎后的物料经选择输送机分为含电子元器件（含件料）和不含电子元器件（不含件料）。含件料分别经磁选机、涡电流分选机分选出铁金属、非铁金属和非金属。不含件料经两级破碎、双层振动筛选机、重力分选机实现铜粉和树脂粉的分离。工艺中加设两个暂存槽防止堵料，全过程统一集尘避免粉尘二次污染，并通过PLC控制实现系统的自动化操作	金属与非金属（废塑料等）解离率为95%以上分选效率90%以上	半自动化加料，多级破碎分、选实现金属与非金属分离	电路板电子元器件、半导体类存储介质破碎、分选、销毁	示范
27	废液晶屏智能分离及铟富集技术	运用自动控制技术将液晶面板分离为两个半屏，采用物理磨刮方法将液晶、取向膜、氧化铟锡与玻璃板分开；对磨刮后的液晶屏进行高压冲洗，分离的物料冲至循环水槽进行固液分离，得到含液晶铟富集物；采用海绵吸附、热风吹扫等手段去除液晶屏表面的水分，得到玻璃片材；工艺中使用的冲洗水等均可循环使用	液晶、铟与玻璃面板分离率达90%，铟富集比达到200倍以上	实现了废液晶屏中不同材料的自动分离及铟的有效富集	废液晶屏处理利用	示范
28	废荧光粉中稀土富集及综合利用技术	将废荧光粉过筛分离玻璃碎屑及颗粒较大的铝箔后，通过涡轮气流分级装置两级分离及布袋过滤，将废弃荧光粉分离成含铅玻璃渣、稀土富集料、铝箔和石墨等	稀土富集料稀土含量可达45%	实现了废荧光粉中的含铅玻璃、铝箔、石墨及稀土材料的有效分离和富集	废荧光粉处理利用	示范

序号	技术名称	工艺路线及参数	主要技术指标	技术特点	适用范围	技术类别
29	矿山采空区尾砂膏体充填技术	采用深锥膏体浓密机将尾矿浆浓缩至65%～75%，浓缩过程中添加絮凝剂以提高尾矿浆的沉降速度、降低溢流水含固量。尾矿浆浓密沉降后排出的溢流水回选矿厂使用，浓密后的膏体料浆与水泥和水在搅拌桶中充分搅拌制备成膏体充填料浆，通过充填工业泵加压经管道输送至待充采空区	经深锥浓密机浓密后的尾矿浆溢流水含固率＜300 ppm，充填体终凝强度≥1.5 MPa	提高尾砂利用率，最大限度减少矿山固体废物排放量	金属矿山采空区回填	示范

备注：1. 本目录以最新版本为准，自本领域下一版目录发布之日起，本目录内容废止；

2. 示范技术具有创新性，技术指标先进、治理效果好，基本达到实际工程应用水平，具有工程示范价值；推广技术是经工程实践证明了的成熟技术，治理效果稳定、经济合理可行，鼓励推广应用；

3. 所列技术详细信息和典型应用案例见中国环境保护产业协会网站（http://www.caepi.org.cn）"技术目录"栏目。

附件2

《国家先进污染防治技术目录（环境噪声与振动控制领域）》
（2017 年）

序号	技术名称	工艺路线	主要技术指标	技术特点	适用范围	技术类别
1	阵列式消声技术	根据项目通风量、声源的频谱特性以及控制点的控制标准，考虑允许阻力损失、允许气流再生噪声等因素在传播途径上设置规格一致的柱状吸声体并排阵列式分布，吸声体在宽度和高度方向上灵活调整，通过反复优化调整，选取最适合的阵列式消声器性能，达到噪声控制目标	通流面积为50%、刚性外壳、有效长度1 m时，消声量≥20 dB(A)，比同规格的传统片式消声器提高消声量10 dB(A)以上	有效提升低频、高频段降噪效果。通风阻力小，节省运行成本；对于同样降噪效果、同样压力损失要求的前提下，阵列式消声器体积较小；配合灵活、性能提高、安装难度降低	适用于大风量、低压头的通风消声，如地铁隧道通风空调和大型建筑风道等通风噪声控制	推广
2	阻尼弹簧浮置道床隔振系统	通过专业设计形成不同尺寸、不同载荷和不同固有频率的浮置道床，外套筒事先预埋于混凝土道床之中、然后放置阻尼弹簧组件(由特殊钢制螺旋压缩弹簧、黏滞阻尼结构和上下壳体组成)并完成顶升的工艺，下限频率低、隔振效果好，可大幅度降低振动和二次结构噪声	正常轨道结构高度条件下，阻尼弹簧浮置道床Z振级隔振效果可达17 dB以上，系统阻尼比≥0.08，车辆通过时轨面动态下沉量≤4 mm，组件抗疲劳寿命≥500万次	可在获得较低系统固有频率的同时保持较高的轨道精度，满足各项安全和运营平顺性要求，同时具有失效指示、应急限位等	适用于减振效果要求较高的特殊地铁路段(涉及居住、文教、文物古迹、医院等的路段)，电厂、建筑物、桥梁等需要特殊减振、降噪的部位	推广

序号	技术名称	工艺路线	主要技术指标	技术特点	适用范围	技术类别
3	噪声地图绘制技术	通过道路交通数据、地理信息数据的收集与处理，结合实际调研和校正工作，根据计算要求将多类数据进行整合处理，通过模型选择、声源转换和参数设定，得出高精度的噪声地图，计算并呈现城市范围内由规划、设计和固定噪声源及交通状况改变等引起的噪声污染问题，应用于城市区域尺度的噪声控制与管理	计算方法符合《户外声传播的衰减的计算方法》（ISO 9613-2：1996）和《环境影响评价技术导则声环境》（HJ 2.4—2009）要求，考虑声绕射、反射以及折射算法；直达声区域噪声预测精度不低于3 dB(A)；噪声地图绘制网格分辨率不低于 10 m×10 m	综合计算机仿真、数据库技术、物联网、云计算等，凭借科学的声学预测模型，实现噪声地图绘制三维可视化，准确预测区域内环境噪声变化趋势，控制声环境质量，为环境噪声管理提供有力支撑	城市区域噪声预测，城市区域噪声水平的计算和展示	推广
4	集中式冷却塔通风降噪技术	统一设置顶部整体式隔声吸声棚，在冷却塔上部平台与顶棚安装结构之间设置可拆卸式密闭隔声吸声结构，形成膨胀式消声结构，在膨胀式消声结构上的顶棚设置大风量复合消声器及防雨消声风帽，同时根据工程需求在进风段设置吸声结构	进、出风通道分设，杜绝进出风短路；出风消声通道消声量≥25 dB	集中式通风降噪系统，景观性能良好，成本较低。进出气通道的分设，有利于改善冷却塔的热工性能	适用于多台冷却塔、热泵集中设置情况下的噪声控制	推广
5	全采光隔声通风节能窗	双层窗设计，根据室外风速选择自然通风或开启机械辅助通风满足通风需求，采用抗性和多层薄空腔共振宽频消声技术，设置抗性消声—双层薄空腔共振宽频消声—抗性消声—双层薄空腔共振宽频消声的四级消声	在隔声通风通道开启状态下，新风进入室内的同时降低环境噪声≥23 dB(A)。在隔声通风通道关闭状态下，有效降低环境噪声≥30 dB(A)	在满足通风需求同时，吸收环境噪声，采用隔热断桥铝型材和塑料型材两大类型材，选用中空玻璃，保温隔热效果良好	适用于大多数建筑物墙体	推广
6	电抗器隔声技术	采用隔声、消声、吸声等综合降噪措施，在保证设备正常运行的前提下，综合设计声学系统、通风系统、消防系统及维护系统等，形成模块化的罩壳及其辅助系统用于降低电抗器等设备的噪声辐射对外界环境影响	隔声间整体隔声量≥25 dB	模块化设计，有利于快速拆装与维护，通风降噪效果好，能够实现自动控制	适用于较高通风要求和消防要求的高噪声设备的噪声控制	推广

序号	技术名称	工艺路线	主要技术指标	技术特点	适用范围	技术类别
7	预制短板浮置减振道床	由阻尼弹簧隔振器（螺旋压缩弹簧、阻尼结构、上下壳体）、混凝土道床、套管、剪力板及限位器组成。根据需求进行前期模块化设计，在工厂按照设计预埋好套管等辅助零件，然后经模具化制造完成产品预制	正常轨道结构条件下，直线段Z振级减振效果可达16 dB以上，曲线段Z振级减振效果可达15 dB以上，阻尼比0.08～0.12；预制板动态下沉量≤4 mm；批量化生产，预制板强度达到C50及以上，弹簧隔振元件使用寿命≥50年，疲劳实验前后平均静刚度变化＜±5%	基于快速施工的拼装技术的应用，预制短板连接采用刚性连接和柔性连接，提高连接后形成的道床系统的综合受力能力，结构简单、安装运输方便，后期维护方便	主要应用于新建或改建的减振要求高的地铁路段	示范
8	橡胶基高阻尼隔声技术	根据不同工程需要，设计材料配方和调整结构参数，通过配料、混炼、涂层、硫化，生产高阻尼橡胶，通过壁板结构吸收声能量	面密度10 kg/m² 以上，按《建筑隔声评价标准》（GB/T 50121—2005），3.8 mm高阻尼板隔声量R_W≥42 dB	通过阻尼材料配方及其与金属板的组合工艺的改进，提高结构的隔声性能，形成兼有减振、隔声双重性能的新型材料	适用于传播途径的隔声	示范
9	水泵复合隔振技术	根据最佳荷载，选定复合隔振台座型号及技术参数，按照复合隔振台座进行结构设计，选取碳钢钢板裁切、折板，焊接上、下隔振台，打磨及涂装防腐层，形成在一次隔振结构的基础发展的双自由度隔振体系	系统综合隔振效率η≥90%	采用二次隔振技术，有效提高隔振效率	水泵机组的隔振	示范
10	应用微型声锁结构技术的隔声门	通过在门页和门框间采用密封圈，同时在密封之间设置多孔材料，形成"微型声锁结构"，克服密封不良导致的隔声效果不足，提高整体结构隔声量	隔声门隔声量≥45 dB	应用便利，门窗开启方便，有效提升整体结构的隔声效果	有较高需求的门窗产品隔声	示范
11	尖劈错列阻抗复合消声器	综合考虑压力损失及气流再生噪声等因素，根据消声要求布置多层尖劈状吸声体，各层间留有一定间隙，尖劈面迎风布置，各层正交错开排列，使气流与尖劈状吸声体有更多的接触	4层尖劈吸声体布置情况下，消声量≥50dB(A)	与同规格的传统阻性片式消声器相比较，有效气流通道面积较大，风速较低，有利于减少气流压力损失和气流再生噪声	通风换气系统的消声	示范

序号	技术名称	工艺路线	主要技术指标	技术特点	适用范围	技术类别
12	页岩陶粒吸声板降噪技术	轮轨源头降噪，主材页岩陶粒内部具有大量细微孔隙，当声波传入后，引起孔隙内部空气振动，利用孔壁的摩擦作用和黏滞阻力，将声能（空气振动）变为热能，从而达到吸声并减小噪声向外传播的目的	吸声系数≥0.8（混响室法）；CRH列车速度250～300 km/h情况下，距轨道中心线8 m以内的近测点位置，降低环境噪声≥4 dB(A)。抗压强度（28d）≥5.0 MPa；干表观密度≥800 kg/m³；透水系数（15℃）≥$1.0×10^{-2}$cm/s	以页岩陶粒为主材，配以胶凝材料制成吸声构件，采用固定限位方式，铺设在铁路无砟轨道顶面，在源头吸收降低铁路轮轨区域噪声	适用于轨道交通的轮轨噪声控制	示范

备注： 1. 本目录以最新版本为准，自本领域下一版目录发布之日起，本目录内容废止；

2. 示范技术具有创新性，技术指标先进、治理效果好，基本达到实际工程应用水平，具有工程示范价值；推广技术是经工程实践证明了的成熟技术，治理效果稳定、经济合理可行，鼓励推广应用；

3. 所列技术详细信息和典型应用案例见中国环境保护产业协会网站（http://www.caepi.org.cn）"技术目录"栏目。

关于发布国家环境保护标准《污染防治可行技术指南编制导则》的公告

环境保护部公告　2018年第6号

为贯彻《中华人民共和国环境保护法》《中华人民共和国水污染防治法》《中华人民共和国大气污染防治法》，落实《国务院办公厅关于印发控制污染物排放许可制实施方案的通知》（国办发〔2016〕81号），建立健全基于国家污染物排放标准的可行技术体系，规范污染防治可行技术指南编制，现批准《污染防治可行技术指南编制导则》为国家环境保护标准，并予发布。

标准名称、编号如下：

《污染防治可行技术指南编制导则》（HJ 2300—2018）。

该标准自2018年3月1日起实施，由中国环境科学出版社出版，标准内容可在环境保护部网站（www.mee.gov.cn）查询。

特此公告。

环境保护部
2018年1月11日

关于发布《饮料酒制造业污染防治技术政策》的公告

环境保护部公告　2018年第7号

为贯彻落实《中华人民共和国环境保护法》和《中华人民共和国清洁生产促进法》，改善环境质量，加快环境技术管理体系建设，推动污染防治技术进步，我部组织制订了《饮料酒制造业污染防治技术政策》（见附件），现予发布。文件内容可登录环境保护部网站（http：//www.mee.gov.cn/）查询。

附件：饮料酒制造业污染防治技术政策

环境保护部

2018年1月11日

附件

饮料酒制造业污染防治技术政策

一、总则

（一）为贯彻《中华人民共和国环境保护法》《中华人民共和国清洁生产促进法》等法律法规，防治环境污染，改善环境质量，规范饮料酒制造业污染治理和管理行为，引领饮料酒制造业生产工艺和污染防治技术进步，促进饮料酒制造业的绿色低碳循环发展，制订本技术政策。

（二）本技术政策所称饮料酒包括白酒、啤酒、葡萄酒与果酒、黄酒（含酿造料酒）：

白酒制造是指以粮谷为主要原料，用大曲、小曲或麸曲及酒母等为糖化发酵剂，经蒸煮、糖化、发酵、蒸馏而制成蒸馏酒的生产过程。

啤酒制造是指以麦芽、水为主要原料，加啤酒花（包括啤酒花制品），经酵母发酵酿制而成的、含有二氧化碳并可形成泡沫的发酵酒的生产过程，不包括啤酒麦芽和啤酒花制品的生产过程。

葡萄酒与果酒制造是指以新鲜的葡萄（水果）、葡萄汁（果汁）为原料，经全部或部分发酵而成的、含有一定酒精度的发酵酒的生产过程。

黄酒制造是指以稻米、黍米等为主要原料，经蒸煮、糖化、发酵、压榨、过滤、煎酒、贮存等工艺生产发酵酒的生产过程。

（三）本技术政策为指导性文件，为饮料酒制造业环境保护相关产业政策制定、环境管理和企业污染防治工作提供技术指导。

（四）饮料酒制造业污染防治应遵循减量化、资源化、无害化的原则，采用源头控制、生产过程减排、废物资源化利用和末端治理的全过程综合污染防治技术路线，强化工艺清洁、资源循环利用。

（五）鼓励在生产过程中采用自动控制系统和生产监控系统，在各用水节点安装计量装置，加强用水量监控。

（六）积极在全行业推行清洁生产技术和工艺，满足行业清洁生产的基本要求。

二、源头及生产过程污染防控

（一）源头控制

1. 葡萄酒与果酒制造业应注重原料生产基地建设，推行适宜的栽培方式，减少和控制农药和化肥使用量。鼓励采用滴灌等节水灌溉技术，鼓励利用本企业处理达标的废水进行灌溉。

2. 白酒、啤酒、黄酒制造业应加强原料储存与输送过程的污染控制，原料宜采用标准化仓储、密闭输送。

（二）生产过程污染防控

1. 白酒制造业

（1）鼓励蒸馏冷却系统以风冷代替水冷，降低耗水量。

（2）提高生产用水的重复利用率。蒸馏用冷却水应封闭循环利用，洗瓶水经单独净化后回用。

（3）鼓励蒸粮车间安装集气排气系统，实现蒸粮、馏酒及摊晾过程中废气的集中收集、处理和排放。

（4）应推进粉碎车间采用大功率、低能耗的新型制粉成套设备，并安装高效的除尘设备及降噪系统。

2. 啤酒制造业

（1）鼓励麦汁过滤采用干排糟技术，提高麦糟的综合利用率，减少用水量及水污染负荷。

（2）应配备热凝固物、废酵母、废硅藻土回收系统，回收和再利用固体废物中的有用物质，降低综合废水污染负荷。

（3）发酵过程应对二氧化碳进行回收，回收率应达到85%以上。

（4）鼓励采用错流膜过滤等新型无土过滤技术，代替硅藻土过滤技术。

（5）加强对冷却水和冲洗水等低浓度工艺废水的循环利用，提高水重复利用率。

（6）应采用高效在线清洗 CIP（原位清洗）技术，通过采取调整清洗液配方、分段冲洗、优化 CIP 流程和改良清洗装备等措施，降低取水量。

（7）麦汁冷却应采用一段或多段冷却热麦汁热能回收技术，降低能耗和水耗。

（8）煮沸锅应配备二次蒸汽回收系统。鼓励采用低压动态煮沸等新型节能煮沸技术。

3．葡萄酒与果酒制造业

（1）鼓励利用酶技术处理原料，提高酿酒原料的出汁率。

（2）鼓励含白兰地生产的企业对蒸馏残液进行回收利用，降低废水的污染负荷。

（3）应配备皮渣、废硅藻土收集系统，降低废水的污染负荷。

（4）鼓励采用离心过滤等技术对酒泥和酒脚进行处理，提高出酒率。

（5）鼓励采用错流膜过滤等新型无土过滤技术，代替硅藻土过滤技术。

（6）鼓励采用高效在线清洗 CIP 技术，并通过采取调整清洗液配方、优化清洗工艺等措施，降低取水量。

（7）鼓励采用臭氧消毒等先进高效的消毒技术，对灌装线进行杀菌消毒，降低综合能耗和水耗。

（8）原酒发酵罐宜配备自动化控制制冷系统，取消罐外喷淋降温技术。

（9）鼓励在冷处理过程中采用快速冷冻技术代替常规的冷处理，并鼓励北方地区的企业，在冬季利用自然冷资源进行批量化冷处理，降低能耗。

4．黄酒制造业

（1）优化传统浸米蒸饭工艺，减少高浓米浆水产生量。鼓励企业缩短浸米时间、采用米浆水、淋饭水回用技术。

（2）过滤宜采用密闭式自动化压滤机，防止滴漏产生的污染。推广采用洗布机替代滤布人工水洗，提高洗涤效率，减少用水量。

（3）鼓励采用自动化灌坛装酒、热酒灌装工艺，减少喷淋杀菌用水，实现节能节水。

（4）鼓励采用机械化高压水力洗坛，减少洗涤水用量。

（5）推广生曲及熟曲的自动化连续生产替代间歇生产工艺。

（6）鼓励推广大型连续化、自动化生产设备替代陶缸、陶坛发酵；推广安装发酵单罐冷却、自动清洗回收等装置。

（7）鼓励余热回用，蒸饭机应配备二次蒸汽再压缩和热交换回收装置。

（8）鼓励采用大罐储酒方式，实现节能。

（9）鼓励规模化发展，小型企业集约布局、集中治理，开发特色化和高附加值产品。

三、污染治理及综合利用

（一）大气污染治理

1．原料输送、粉碎工序产生的粉尘应采用封闭粉碎、袋式除尘或喷水降尘等方法与技术进行收集与处理。

2．酒糟、滤渣堆场应采取封闭措施对产生废气进行收集，采用化学吸收法或活性炭吸附法等技术对收集废气进行处理。

（二）水污染治理

1．高浓度废水（锅底水、黄水、废糟液、麦糟滤液、酵母滤洗水、洗糟水、米浆水、酒糟堆存场地渗滤液等）宜单独收集进行预处理，再与中低浓度工艺废水（冲洗水、洗涤水、冷却水等）混合处理。

2．鼓励白酒企业提取锅底水中的乳酸和乳酸钙，黄水中的酸、酯、醇类物质；鼓励啤酒企业残余废碱液单独收集、处理、封闭循环利用；鼓励葡萄酒与果酒企业对洗瓶废水单独收集处理循环利用；鼓励黄酒企业回收米浆水中的固形物。

3．综合废水宜采取"预处理+（厌氧）好氧"的废水处理工艺技术路线。对于排放标准要求高的区域或需废水回用的企业，废水应进行深度处理，宜在生物处理后再增加混凝沉淀、过滤或膜分离等处理单元。

（三）固体废物处理处置及综合利用

1．酒糟、麦糟宜作为优质饲料或锅炉燃料。葡萄酒与果酒皮渣应100%收集，并进行综合利用或无害化处理。黄酒糟宜制备糟烧酒、调味料、栽培食用菌，开发饲料蛋白等。

2．鼓励白酒企业废窖泥经处理后作为肥料利用；鼓励啤酒企业产生的废酵母100%回收利用，废酵母深度开发生产医药、食品添加剂等产品；鼓励葡萄酒与果酒企业对酒石进行回收综合利用；鼓励采用坛式储酒方式的黄酒企业回收和减少封坛泥用量，节约资源。

3．应对废硅藻土全部收集并妥善处置（填埋等），禁止排入下水道和环境中。

4．鼓励对废酒瓶、废包装材料等进行收集、利用。

四、二次污染防治

（一）鼓励将废水厌氧生化处理过程中产生的沼气，经净化处理后作为燃料使用。

（二）废水处理过程中产生的恶臭气体应收集和处理，采用生物、化学或物理等技术进行处理。

（三）鼓励将废水生物处理产生的剩余污泥、沼渣等进行资源化综合利用。

（四）酒糟、滤渣等堆场应防雨、防渗。

五、鼓励研发与推广的新技术

（一）鼓励研制白酒蒸汽再压缩工艺与装置，回收二次蒸汽热量。

（二）鼓励培育白酒优良菌种，提高大曲、小曲、麸曲和酵母发酵力，提高淀粉出酒率。

（三）鼓励研发啤酒快速发酵技术，缩短发酵周期，节能降耗。

（四）鼓励研发啤酒超高浓度酿造技术，降低综合能耗和水耗。

（五）鼓励啤酒企业使用水力、风力、生物质能或太阳能等可再生能源发电。

（六）鼓励啤酒企业进行中水和再生水回收利用技术的开发和设备改造。

（七）鼓励研发可回收啤酒瓶的安全性技术，提高可回收啤酒瓶的循环使用比例。

（八）鼓励研发葡萄酒与果酒微氧大罐贮存技术，缩短葡萄酒的陈酿时间。

（九）鼓励研发葡萄酒与果酒快速陈酿技术，缩短贮存时间，降低资源消耗水平。

（十）鼓励研发缩短浸米时间的新工艺（如添加乳酸菌浸泡、延长蒸米时间等），减少黄酒企业高浓米浆水产生量。

（十一）鼓励研发黄酒大罐贮酒陈化技术。

（十二）鼓励开发可循环利用的新型过滤材料。

（十三）鼓励研发新材料替代现有酒坛的封坛泥，减少泥土用量，保护资源。

关于发布《船舶水污染防治技术政策》的公告

环境保护部公告 2018 年第 8 号

为贯彻《中华人民共和国环境保护法》《中华人民共和国水污染防治法》《中华人民共和国海洋环境保护法》《中华人民共和国防治船舶污染海洋环境管理条例》等法律法规，防治船舶污染水环境，保障生态安全和人体健康，指导环境管理与科学治污，促进船舶水污染防治技术进步，我部组织制订了《船舶水污染防治技术政策》（见附件），现予发布，文件内容可登录环境保护部网站（http：//www.mee.gov.cn）查询。

附件：船舶水污染防治技术政策

环境保护部

2018 年 1 月 11 日

附件

船舶水污染防治技术政策

一、总则

（一）为贯彻《中华人民共和国环境保护法》《中华人民共和国水污染防治法》《中华人民共和国海洋环境保护法》《中华人民共和国防治船舶污染海洋环境管理条例》等法律法规，防治船舶污染水环境，保障生态安全和人体健康，指导环境管理与科学治污，促进船舶水污染防治技术进步，制订本技术政策。

（二）本技术政策适用于中国籍船舶和进入中华人民共和国领域和管辖的其他海域的外国籍船舶（军事船舶除外）营运中产生的含油污水（船舶机器处所油污水和油船含货油残余物的油污水）、生活污水（包括黑水和灰水）、含有毒液体物质的污水和船舶垃圾的污染防治。压舱水、锅炉及废气清洁系统的洗涤水、除含货油残余物的油污水和含有毒液体物质的污水之外的其他洗舱水、除船舶垃圾之外的其他固体废物（如核废物）、大气污染物和噪声的污染防治不适用于本技术政策。

（三）本技术政策中含油污水是指船舶营运中产生的含有原油和各种石油产品及其残余物的污水，包括机器处所油污水和含货油残余物的油污水。生活污水是指船舶上主要由人员生活产生的污水，分为黑水和灰水两类，其中黑水包括：a）任何形式便器的排出物和其他废物；b）医务室（药房、病房等）的洗手池、洗澡盆，以及这些处所排水孔的排出物；c）装有活的动物处所的排出物；d）混有上述排出物或废物的其他污水。灰水包括来自洗碗水、厨房水槽、淋浴、洗衣、洗澡池和洗手池下水道的排水，不包括来自货物处所的排水。有毒液体物质是指对水环境或者人体健康有危害或会对水资源利用造成损害的物质，包括在《国际散装运输危险化学品船舶构造和设备规则》（IBC 规则）的第 17 或 18 章的污染物种类列表中标明的，或者根据《国际防止船舶造成污染公约》（MARPOL）附则 II 第 6.3 条暂时被评定为 X 类、Y 类或 Z 类物质的任何物质。含有毒液体物质的污水是指船舶由于洗舱等活动产生的含有毒液体物质的污水。船舶垃圾是指产生于船舶正常营运期间，需要连续或定期处理的废弃物，包括各种塑料废弃物、食品废弃物、生活废弃物、废弃食用油、操作废弃物、货物残留物、动物尸体、废弃渔具和电子垃圾以及废弃物焚烧炉灰渣，《国际防止船舶造成污染公约》（MARPOL）附则 I、II、III、IV、VI 所适用的物质除外，也不包括以下活动过程中的鲜鱼（含贝类）及其各部分：a）航行过程中捕获鱼产品（含贝类）的活动；b）将鱼产品（含贝类）安置在船上水产品养殖设施内的活动；c）将捕获的鱼产品（含贝类）从船上水产品养殖设施转移到岸上加工运输的活动。

（四）本技术政策为指导性文件，主要包括船舶营运中产生水污染物的源头预防、船上处理与回用、船上收集与转运、岸上处理与回用等过程的污染防治技术和鼓励研发的新技术等内容，为防治船舶水污染及相关环境管理提供技术指导。

（五）船舶水污染防治应遵循预防优先、分类管控、船岸并用、以岸为主、强化监管的综合防治原则。

（六）推进船舶污染防治设施标准化建设，实现船舶含油污水、生活污水、含有毒液体物质的污水、船舶垃圾的收集、处理及回用等污染防治设施的专业化配置，推动船舶绿色发展。

（七）逐步建立船舶水污染防治全过程的信息化监管体系。

二、源头预防

（一）鼓励生产企业开展船舶的绿色生态设计，降低能耗物耗，最大限度地减少船舶水污染物的产生。

（二）机器处所油污水、油船含货油残余物的油污水的收集或排放系统应单独设置，各自专用。

（三）燃油、滑油及其他油类装卸管路的甲板接头处，应设置封闭式泄放系统的滴油盘。

（四）燃油沉淀柜、滑油柜和其他日用油柜应设有高液位报警装置，防止溢流。

（五）除经型式认可能够同时处理黑水和灰水的船用生活污水处理装置外，黑水与灰水的收集或排放系统应单独设置。

（六）鼓励船舶采用真空便器等节水装置。

（七）剩余寿命较短的老旧船舶因空间限制、难以承受改造成本等因素既不能安装船上污水处理装置，也无法安装收集装置的，应逐步淘汰。

（八）船舶垃圾应实施分类收集、贮存。

（九）清洗货舱、甲板和船舶外表面时，应使用不含有危害海洋环境物质的清洁剂或添加剂。

三、船上处理与回用

（一）一般要求

1. 船舶向环境水体排放含油污水、黑水、含有毒液体物质的污水、船舶垃圾，应满足《船舶水污染物排放控制标准》（GB 3552）中规定的排放控制要求。船舶含油污水和生活污水经处理后回用应满足相关标准要求。地方政府有更严格要求的，从其规定。

2. 船舶应按照相关法律法规以及防污染管理体系或制度的要求，建立船上水污染物处理与回用设备管理程序。

3. 船舶营运中应按照操作规程进行货物作业、设备操作和使用，做好含油污水、生活污水、含有毒液体物质的污水、船舶垃圾的处理、排放与回用情况的相关记录，以便备查。

4. 船舶应定期对船上水污染物处理与回用设备进行维护和保养。

（二）含油污水

1. 逐步实现内河水域新建造船舶的船舶机器处所油污水全部收集并排入接收设施；其他船舶或位于沿海水域时则应达标排放或收集并排入接收设施。

加快实现内河水域全部油船、沿海水域 150 总吨以下油船的含货油残余物的油污水全部收集并排入接收设施；沿海水域 150 总吨及以上油船的含货油残余物的油污水应达标排放或收集并排入接收设施。

2. 拟进行达标排放的船舶机器处所油污水的船舶，宜安装符合相关法规及规范要求并经型式认可的油水分离器，采用重力分离、聚合分离、吸附过滤或膜法过滤等处理技术及其组合工艺。船舶含油污水的排放管路应设置标准排放接头，不应设有任何其他直接舷外排放口。鼓励在装置出水口安装 15 ppm 舱底水报警装置（油份浓度计），当处理出水含油量不超过 15 ppm 时方可排出舷外。

3. 拟进行达标排放含货油残余物的油污水的 150 总吨及以上油船，应安装符合相关法规和规范要求并经型式认可的排油监控系统。

（三）生活污水

1. 船舶可以根据管理要求、运营特点、经济成本等因素对黑水自主选择"船上收集岸上处理"或"船上处理即时排放"的处理方式。

2. 船上收集岸上处理的方式适用于短程运营航线以及需较为频繁地停靠港口的船舶。船上处理即时排放的方式适用于吨位较大、载运人数较多、管理水平较高、经济条件较好、运营航线停靠港口间隔较长的船舶。

3. 400 总吨及以上的船舶，以及 400 总吨以下且经核定许可载运 15 人及以上的船舶黑水，根据安装（含更换）船舶黑水处理装置的时间和排放水域，应达到《船舶水污染物排放控制标准》（GB 3552）相应排放控制要求。在内河和距最近陆地 3 海里以内（含）应收集并排入接收设施或达标排放；在距最近陆地 3 海里以外 12 海里以内（含）海域，应经打碎、消毒并在一定船速和排放速率条件下排放；在 12 海里以外在一定船速和排放速率条件下排放。严格控制客运船舶向内河排放黑水，推进船舶黑水岸上处理。

4．船舶黑水处理宜采用膜生物反应器、接触氧化法、电解法、膜过滤、臭氧消毒、紫外线消毒等技术及其组合工艺，减少五日生化需氧量、悬浮物、耐热大肠菌群、化学需氧量和总氯（总余氯）的排放。

推进新安装（含更换）黑水处理装置的客运船舶，向内河排放黑水时增加高效的脱氮除磷一体化处理工艺，达标排放。

5．应逐步实施灰水管控，船舶灰水处理宜采用模块集成处理装置。

6．船舶生活污水处理装置宜具有集成度高、一体化、占地面积小、耐冲击负荷、处理效果稳定等特点。

7．船舶生活污水处理宜采用污泥产生量少的技术，应将污泥及时排入接收设施或排至适用的船上焚烧炉。

8．应建立有效的船舶生活污水处理作业程序，并对生活污水处理与排放进行详细记录。在饮用水水源保护区等不得排放生活污水的水域内，应采取将生活污水收集储存在船上相应装置内并关闭排水阀等控制措施，防止生活污水进入环境水体，并按规定对相关控制措施进行记录。

（四）含有毒液体物质的污水

1．含有毒液体物质的污水不得向内河水域排放；在沿海水域，应达标排放。根据污水中有毒液体物质类别[《国际散装运输危险化学品船舶构造和设备规则》的第 17 或 18 章的污染物种类列表中标明的，或者根据《国际防止船舶造成污染公约》附则Ⅱ 第6.3 条以及国际海事组织每年发布的"液体物质的临时分类"（MEPC.2/Circ.XX 通函）暂时被评定为 X 类、Y 类或 Z 类的物质]，分别执行《船舶水污染物排放控制标准》（GB 3552）相应的排放控制要求。

2．如不能免除预洗，船舶在离开卸货港前应按规定程序预洗，预洗的洗舱水应排入接收设施。其中，X 类物质应预洗至浓度小于或等于 0.1%（质量百分比），浓度达到要求后应将舱内剩余的污水继续排入接收设施，直至该舱排空。预洗后，含有毒液体物质的污水方可按照国家法律法规的要求排放。

（五）船舶垃圾

1．船舶垃圾不得向内河水域倾倒。根据船舶垃圾类别和海域范围，分别执行相应的排放控制要求。在任何海域，对于不同类别船舶垃圾的混合垃圾的排放控制，应同时满足所含每一类船舶垃圾的排放控制要求。

2．宜采用液压打包等技术，利用船用垃圾压实机暂时收存船舶垃圾。

3．在距最近陆地大于 3 海里且小于等于 12 海里的海域，宜采用双轴破碎等技术，通过污物粉碎机粉碎或磨碎食品废弃物，当粉碎或磨碎后污物最大尺寸≤25 mm 时排放。

4．船舶应制定船舶垃圾管理计划，设置船舶垃圾告示牌，按要求填写并保存垃圾记录簿。

四、船上收集与转运

（一）对船舶含油污水、生活污水和船舶垃圾实施收集并排入接收设施时，应在船上设置含油污水贮存舱（柜、容器）、船舶生活污水集污舱和船舶垃圾收集、贮存点。

含油污水贮存舱、船舶生活污水集污舱应防渗防漏，设置高液位报警装置。

船舶垃圾收集和贮存应符合国家法律法规的相关要求，保持卫生，不发生污染、腐烂和产生恶臭气味。

（二）向接收设施转移含油污水、生活污水的船舶，应设置相应的标准排放接头。

（三）从事船舶污染物、废弃物接收作业，或者从事装载油类、污染危害性货物船舱清洗作业的单位，应当具备与其运营规模相适应的接收处理能力，并将船舶污染物接收情况按规定报告。

（四）应逐步建立完善船舶污染物接收、转运、处置监管联单制度。

五、岸上接收与处理

（一）港口、码头、装卸站和船舶修造厂所在地市、县级人民政府应按《中华人民共和国水污染防治法》等法律要求，统筹规划建设船舶污染物、废弃物的接收、转运和处置设施，宜与其他市政设施衔接，集约高效运行。

接收设施包括水上接收设施和岸上接收设施。接收设施应设置标准接收接头。

港口应建设船舶含油污水接收设施，鼓励地方人民政府在港口建设船舶含油污水处理和回用设施。

加强内河船舶含有毒液体物质的污水的接收和处理设施建设和运行，严格执行排放控制要求，防范环境风险。

（二）港口码头建设的污水处理设施向环境水体排放水污染物应满足国家和地方相关水污染物排放标准和排污许可证要求。

港口码头建设的污水接收设施或处理设施排向污水集中处理设施的，应执行间接排放标准或满足污水集中处理设施的预处理要求。

（三）岸上处理处置污泥、船舶垃圾，宜送交市政设施处置。

（四）鼓励建设国际公约中要求的其他船舶污染物的接收与处理处置设施。

六、鼓励研发和推广的新技术

（一）鼓励研发结构简单、处理效率高、全自动运行维护、出水含油量更低的机器处所油污水处理技术。

（二）鼓励研发船上安装的沉船防油泄漏设备。

（三）鼓励研发处理周期短、占用空间小、无或较少二次污染、运行维护简单，适应船舶运行、处理稳定的生活污水处理装置和技术。如高效膜生物反应器（EMBR）、黑水和灰水一体化处理技术等。

（四）鼓励研发能够高效脱氮除磷的船舶生活污水处理技术。

（五）鼓励研发可对船舶含油污水、生活污水排放实施在线监测并能控制排放口开关的技术与设备。

关于京津冀大气污染传输通道城市执行大气污染物特别排放限值的公告

环境保护部公告　2018年第9号

为贯彻落实党的十九大关于"打赢蓝天保卫战""提高污染排放标准"的要求，切实加大京津冀及周边地区大气污染防治工作力度，依据《中华人民共和国环境保护法》《中华人民共和国大气污染防治法》，决定在京津冀大气污染传输通道城市执行大气污染物特别排放限值。现将有关事项公告如下：

一、执行地区

执行地区为京津冀大气污染传输通道城市行政区域。

京津冀大气污染传输通道城市包括北京市，天津市，河北省石家庄、唐山、廊坊、保定、沧州、衡水、邢台、邯郸市，山西省太原、阳泉、长治、晋城市，山东省济南、淄博、济宁、德州、聊城、滨州、菏泽市，河南省郑州、开封、安阳、鹤壁、新乡、焦作、濮阳市（以下简称"2+26"城市，含河北雄安新区、辛集市、定州市，河南巩义市、兰考县、滑县、长垣县、郑州航空港区）。

二、执行行业与时间

（一）新建项目。

1．对于国家排放标准中已规定大气污染物特别排放限值的行业以及锅炉，自2018年3月1日起，新受理环评的建设项目执行大气污染物特别排放限值。

2．对于目前国家排放标准中未规定大气污染物特别排放限值的行业，待相应排放标准制修订或修改后，新受理环评的建设项目执行相应大气污染物特别排放限值，执行时间与排放标准实施时间或标准修改单发布时间同步。

3．地方有更严格排放控制要求的，按地方要求执行。

（二）现有企业。

1．对于国家排放标准中已规定大气污染物特别排放限值的行业以及锅炉，执行要求如下：

火电、钢铁、石化、化工、有色（不含氧化铝）、水泥行业现有企业以及在用锅炉，自2018年10月1日起，执行二氧化硫、氮氧化物、颗粒物和挥发性有机物特别排放限值；

炼焦化学工业现有企业，自2019年10月1日起，执行二氧化硫、氮氧化物、颗粒物和挥发性有机物特别排放限值。

2. 对于目前国家排放标准中未规定大气污染物特别排放限值的行业，待相应排放标准制修订或修改后，现有企业执行二氧化硫、氮氧化物、颗粒物和挥发性有机物特别排放限值。执行时间要求如下：

通过制修订排放标准规定大气污染物特别排放限值的，执行时间与排放标准中规定的现有企业实施时间同步；

通过标准修改单规定大气污染物特别排放限值的，执行时间按相应公告规定的时间执行。

3. 地方有更严格排放控制要求的，按地方要求执行。

三、其他要求

（一）"2+26"城市各级环保部门要严格按照上述要求审批新建项目，确保满足大气污染物特别排放限值。

（二）"2+26"城市现有企业应采取有效措施，在规定期限内达到大气污染物特别排放限值。逾期仍达不到的，有关部门应严格按照《中华人民共和国环境保护法》《中华人民共和国大气污染防治法》等要求责令改正或限制生产、停产整治，并处以罚款；情节严重的，报经有批准权的人民政府批准，责令停业、关闭。

（三）2018年10月1日前，"2+26"城市现有企业仍按《关于执行大气污染物特别排放限值的公告》（环境保护部公告 2013年第14号）中的有关要求执行。

附件：已规定大气污染物特别排放限值的国家排放标准

环境保护部
2018年1月15日

附件

已规定大气污染物特别排放限值的国家排放标准

序号	标准名称	标准编号
1	火电厂大气污染物排放标准	GB 13223—2011
2	铁矿采选工业污染物排放标准	GB 28661—2012
3	钢铁烧结、球团工业大气污染物排放标准	GB 28662—2012
4	炼铁工业大气污染物排放标准	GB 28663—2012
5	炼钢工业大气污染物排放标准	GB 28664—2012
6	轧钢工业大气污染物排放标准	GB 28665—2012
7	铁合金工业污染物排放标准	GB 28666—2012
8	炼焦化学工业污染物排放标准	GB 16171—2012

序号	标准名称	标准编号
9	石油炼制工业污染物排放标准	GB 31570—2015
10	石油化学工业污染物排放标准	GB 31571—2015
11	合成树脂工业污染物排放标准	GB 31572—2015
12	烧碱、聚氯乙烯工业污染物排放标准	GB 15581—2016
13	硝酸工业污染物排放标准	GB 26131—2010
14	硫酸工业污染物排放标准	GB 26132—2010
15	无机化学工业污染物排放标准	GB 31573—2015
16	铝工业污染物排放标准	GB 25465—2010
	铝工业污染物排放标准修改单	环境保护部公告 2013 年第 79 号
17	铅、锌工业污染物排放标准	GB 25466—2010
	铅、锌工业污染物排放标准修改单	环境保护部公告 2013 年第 79 号
18	铜、镍、钴工业污染物排放标准	GB 25467—2010
	铜、镍、钴工业污染物排放标准修改单	环境保护部公告 2013 年第 79 号
19	镁、钛工业污染物排放标准	GB 25468—2010
	镁、钛工业污染物排放标准修改单	环境保护部公告 2013 年第 79 号
20	稀土工业污染物排放标准	GB 26451—2011
	稀土工业污染物排放标准修改单	环境保护部公告 2013 年第 79 号
21	钒工业污染物排放标准	GB 26452—2011
	钒工业污染物排放标准修改单	环境保护部公告 2013 年第 79 号
22	锡、锑、汞工业污染物排放标准	GB 30770—2014
23	再生铜、铝、铅、锌工业污染物排放标准	GB 31574—2015
24	水泥工业大气污染物排放标准	GB 4915—2013
25	锅炉大气污染物排放标准	GB 13271—2014

关于发布《烟气循环流化床法烟气脱硫工程通用技术规范》等3项国家环境保护标准的公告

环境保护部公告 2018 年第 11 号

为贯彻《中华人民共和国环境保护法》和《中华人民共和国大气污染防治法》，规范相关工业行业脱硫工程建设和运行管理，防治环境污染，现批准《烟气循环流化床法烟气脱硫工程通用技术规范》《石灰石/石灰—石膏湿法烟气脱硫工程通用技术规范》《氨法烟气脱硫工程通用技术规范》为国家环境保护标准，并予发布。

标准名称、编号如下：

一、《烟气循环流化床法烟气脱硫工程通用技术规范》（HJ 178—2018）；

二、《石灰石/石灰—石膏湿法烟气脱硫工程通用技术规范》（HJ 179—2018）；

三、《氨法烟气脱硫工程通用技术规范》（HJ 2001—2018）。

以上标准自 2018 年 5 月 1 日起实施，自实施之日起，《火电厂烟气脱硫工程技术规范 烟气循环流化床法》（HJ/T 178—2005）、《火电厂烟气脱硫工程技术规范 石灰石/石灰—石膏法》（HJ/T 179—2005）和《火电厂烟气脱硫工程技术规范 氨法》（HJ 2001—2010）废止。

上述标准由中国环境科学出版社出版，标准内容可在环境保护部网站（www.mee.gov.cn）查询。

特此公告。

环境保护部
2018 年 1 月 15 日

关于发布国家环境保护标准《船舶水污染物排放控制标准》的公告

环境保护部公告　2018 年第 12 号

为贯彻《中华人民共和国环境保护法》《中华人民共和国水污染防治法》《中华人民共和国海洋环境保护法》，防治污染，保护和改善生态环境，保障人体健康，现批准《船舶水污染物排放控制标准》为国家污染物排放控制标准，并由我部与国家质量监督检验检疫总局联合发布。

标准名称、编号如下：

船舶水污染物排放控制标准（GB 3552—2018）。

按有关法律规定，该标准具有强制执行的效力。

该标准自 2018 年 7 月 1 日起实施，自实施之日起，《船舶污染物排放标准》（GB 3552—83）废止。

该标准由中国环境科学出版社出版，标准内容可在环境保护部网站（bz.mee.gov.cn）查询。

特此公告。

环境保护部
2018 年 1 月 16 日

关于发布国家环境保护标准《企业突发环境事件风险分级方法》的公告

环境保护部公告　2018 年第 14 号

为贯彻《中华人民共和国环境保护法》《中华人民共和国突发事件应对法》，保护环境，防范环境风险，指导企业自主评估突发环境事件风险确定环境风险等级，我部组织制定了《企业突发环境事件风险分级方法》，现予发布。

标准名称、编号如下：

《企业突发环境事件风险分级方法》（HJ 941—2018）。

本标准自 2018 年 3 月 1 日起实施。自本标准实施之日起，企业突发环境事件风险分级不再执行《企业突发环境事件风险评估指南（试行）》（环办〔2014〕34 号）的附录 A 和附录 B。

本标准由中国环境出版社出版，标准内容可在环境保护部网站（kjs.mee.gov.cn/hjbhbz/）查询。

特此公告。

环境保护部

2018 年 2 月 5 日

关于发布《排污许可证申请与核发技术规范　总则》国家环境保护标准的公告

环境保护部公告　2018 年第 15 号

为贯彻落实《中华人民共和国环境保护法》《中华人民共和国大气污染防治法》《中华人民共和国水污染防治法》等法律法规、《国务院办公厅关于印发控制污染物排放许可制实施方案的通知》（国办发〔2016〕81 号）和《排污许可管理办法（试行）》（环境保护部令　第 48 号），完善排污许可技术支撑体系，指导和规范排污单位排污许可证申请与核发工作，我部组织制定了《排污许可证申请与核发技术规范　总则》，现予发布。

标准名称、编号如下：

《排污许可证申请与核发技术规范　总则》（HJ 942—2018）。

以上标准自发布之日起实施，由中国环境出版社出版，标准内容可在环境保护部网站（kjs.mee.gov.cn/hjbhbz/）查询。

特此公告。

环境保护部

2018 年 2 月 8 日

关于发布《黄金行业氰渣污染控制技术规范》国家环境保护标准的公告

环境保护部公告　2018 年第 17 号

为贯彻落实《中华人民共和国环境保护法》《中华人民共和国固体废物污染环境防治法》等法律法规，加强黄金行业氰渣在贮存、运输、脱氰处理、利用和处置过程中的污染防治及环境监管，有效防范环境风险，根据《国家环境保护标准"十三五"发展规划》和国家环境保护标准修订工作管理规定，我部组织制定了《黄金行业氰渣污染控制技术规范》，现予发布。

标准名称、编号如下：

《黄金行业氰渣污染控制技术规范》（HJ 943—2018）。

本标准自发布之日起实施，由中国环境出版社出版，标准内容可在环境保护部网站（kjs.mee.gov.cn/hjbhbz/）查询。

特此公告。

环境保护部

2018 年 3 月 1 日

关于发布国家环境保护标准《饮用水水源保护区划分技术规范》的公告

环境保护部公告　2018 年第 19 号

为贯彻落实《中华人民共和国环境保护法》和《中华人民共和国水污染防治法》，规范我国饮用水水源保护区划定工作，提升我国饮用水水源管理水平，现批准《饮用水水源保护区划分技术规范》（HJ 338—2018），并予发布。

标准名称、编号如下：

《饮用水水源保护区划分技术规范》（HJ 338—2018）。

本标准自 2018 年 7 月 1 日起实施，由中国环境出版社出版，标准内容可在环境保护部网站（kjs.mee.gov.cn/hjbhbz/）查询。

自本标准实施之日起，《饮用水水源保护区划分技术规范》（HJ/T 338—2007）废止。

特此公告。

环境保护部

2018 年 3 月 9 日

关于发布《集中式地表水饮用水水源地突发环境事件应急预案编制指南（试行）》的公告

生态环境部公告　2018 年第 1 号

为贯彻《中华人民共和国水污染防治法》，指导地方县级及以上人民政府开展集中式地表水饮用水水源地突发环境事件应急预案编制工作，提高预案的针对性、实用性和可操作性，我部制订了《集中式地表水饮用水水源地突发环境事件应急预案编制指南（试行）》，现予发布。

特此公告。

附件：集中式地表水饮用水水源地突发环境事件应急预案编制指南（试行）

生态环境部
（环境保护部代章）
2018 年 3 月 23 日

附件

集中式地表水饮用水水源地突发环境事件应急预案编制指南
（试 行）

1 总则

1.1 目的
指导市、县级人民政府开展集中式地表水饮用水水源地（以下简称水源地）突发环境事件应急预案（以下简称水源地应急预案）编制工作，提高水源地应急预案的针对性、实用性和可操作性，为水源地应急预案编制工作提供技术支撑。

1.2 适用范围
本指南规定了水源地应急预案编制程序以及预案文本应涵盖的主要内容与具体要求。

本指南主要针对因固定源、流动源、非点源突发环境事件以及水华灾害等事件情景所导致的水源地突发环境事件的预案编制工作。

本指南适用于市、县级人民政府组织编制和修订水源地应急预案，县级以下人民政府亦可参照执行。

行政区域内有多个水源地的，可一个水源地编制一个应急预案，也可以多个水源地统一编制一个水源地应急预案，但要为每一个水源地单独编制一个符合各自特点和特定突发环境事件情景的应急响应专章。应急响应专章的编制程序和文本内容可参照本指南要求执行。

1.3 原则
（1）系统性原则。编制水源地应急预案，应全面掌握和分析行政区域内水源地的风险源信息、可能发生的突发环境事件情景和应急资源状况，逐一梳理明确各部门应对突发环境事件的工作职责、应急流程和任务分工，有效提升政府和有关部门的应急准备能力与应急处置能力。

（2）针对性原则。编制水源地应急预案，应在全面调查和了解行政区域内水源地环境风险状况的基础上，针对不同类型的水源地、面临的不同环境风险，以及可能发生的突发环境事件情景，制定切实有效的应急处置措施。

（3）协调性原则。水源地应急预案，应作为市、县级人民政府突发事件应急预案编制体系的重要组成部分，水源地应急预案与行政区域内的企业突发环境事件应急预案、道路交通事故应急预案、水上交通事故应急预案和城市供水系统重大事故应急预案等有机衔接。

1.4 依据以下文件适用于本指南。

1.4.1 法律、法规和规章

《中华人民共和国环境保护法》；

《中华人民共和国突发事件应对法》；

《中华人民共和国水污染防治法》；

《危险化学品安全管理条例》（国务院令 第591号）；

《饮用水水源保护区污染防治管理规定》（环境保护部令 第16号）；

《突发环境事件信息报告办法》（环境保护部令 第17号）；

《突发环境事件调查处理办法》（环境保护部令 第32号）；

《突发环境事件应急管理办法》（环境保护部令 第34号）；

《城市供水水质管理规定》（建设部令 第156号）；

《生活饮用水卫生监督管理办法》（住房城乡建设部、国家卫生计生委令 第31号）。

1.4.2 有关预案、标准规范和规范性文件

《国家突发环境事件应急预案》；

《国家突发公共事件总体应急预案》；

《国家安全生产事故灾难应急预案》；

《地表水环境质量标准》（GB 3838）；

《突发环境事件应急监测技术规范》（HJ 589）；

《集中式饮用水水源地规范化建设环境保护技术要求》（HJ 773）；

《集中式饮用水水源地环境保护状况评估技术规范》（HJ 774）；

《企业突发环境事件风险分级方法》（HJ 941）

《突发环境事件应急预案管理暂行办法》（环发〔2010〕113号）；

《集中式地表饮用水水源地环境应急管理工作指南》（环办〔2011〕93号）；

《集中式饮用水水源环境保护指南（试行）》（环办〔2012〕50号）；

《企业突发环境事件风险评估指南（试行）》（环办〔2014〕34号）；

《企业事业单位突发环境事件应急预案备案管理办法（试行）》（环发〔2015〕4号）；

《行政区域突发环境事件风险评估推荐方法》（环办应急〔2018〕9号）。

1.5 专用术语

下列专用术语适用于本指南。

1.5.1 集中式地表水饮用水水源地

指进入输水管网、送到用户且具有一定取水规模（供水人口一般大于1 000人）的在用、备用和规划的地表水饮用水水源地。依据取水口所在水体类型不同，可分为河流型水源地和湖泊（水库）型水源地。

1.5.2 饮用水水源保护区

指国家为防治饮用水水源地污染、保障水源地环境质量而划

定，并要求加以特殊保护的一定面积的水域和陆域。饮用水水源保护区（以下简称水源保护区）分为一级保护区和二级保护区，必要时可在水源保护区外划定准保护区。

1.5.3 地表水饮用水水源地风险物质（以下简称水源地风险物质）

指《地表水环境质量标准》中表1、表2和表3所包含的项目与物质，以及该标准之

外其他可能影响人体健康的项目与物质。

1.5.4 饮用水水源地突发环境事件（以下简称水源地突发环境事件）

指由于污染物排放或自然灾害、生产安全事故、交通运输事故等因素，导致水源地风险物质进入水源保护区或其上游的连接水体，突然造成或可能造成水源地水质超标，影响或可能影响饮用水供水单位（以下简称供水单位）正常取水，危及公众身体健康和财产安全，需要采取紧急措施予以应对的事件。

1.5.5 水质超标

指水源地水质超过《地表水环境质量标准》规定的Ⅲ类水质标准或标准限值的要求。

《地表水环境质量标准》未包括的项目，可根据物质本身的危害特性和有关供水单位的净化能力，参考国外有关标准（如世界卫生组织、美国环境保护署等）规定的浓度值，由市、县级人民政府组织有关部门会商或依据应急专家组意见确定。

2 水源地应急预案编制过程

2.1 明确编制主体

市、县级人民政府可在其上级环境保护主管部门的指导下，组织编制本行政区域内水源地应急预案。

位于本市（或县）行政区域内的市（或县）级水源地应急预案，由相应的市（或县）级人民政府负责编制；

跨县级行政区域水源地应急预案，可由有关县级人民政府协商后共同编制，或由其共同的上一级人民政府负责编制，有关县级人民政府参与；

跨省（或市）级行政区域水源地应急预案，由有关市级人民政府协商后共同编制，或各自编制本市所辖行政区域的水源地应急预案，并与相邻市级人民政府建立应急联动机制；

水源地所属行政区域与供水区域分属不同行政区域的水源地应急预案，由水源地所属市、县级人民政府商供水市、县级人民政府共同编制。

2.2 成立编制工作领导小组

市、县级人民政府成立水源地应急预案编制工作领导小组。成员单位应包括政府应急管理、公安消防、财政、国土资源、环境保护、供水管理（住房城乡建设或水务）、交通运输、水利、农业、卫生、安全生产监管、气象、通信管理、宣传、战区（武装）等部门。

编制工作领导小组下设办公室，具体负责水源地应急预案的起草、征求意见、审查、报批和日常管理等工作。

2.3 制定工作路线

水源地应急预案编制的工作路线见图1。

2.4 开展环境状况调查与风险评估

水源地基础状况调查和风险评估的主要内容与要求见附件1。

2.5 划分事件情景

根据风险评估结果，参考下列分类提出可能发生的水源地突发环境事件情景。

2.5.1 固定源突发环境事件

可能发生突发环境事件的排放污染物企业事业单位，生产、储存、运输、使用危险化学品的企业，产生、收集、贮存、运输、利用、处置危险废物的企业，以及尾矿库等固定源，因自然灾害、生产安全事故、违法排污等原因，导致水源地风险物质直接或间接排入水源保护区或其上游连接水体，造成水质污染的事件。

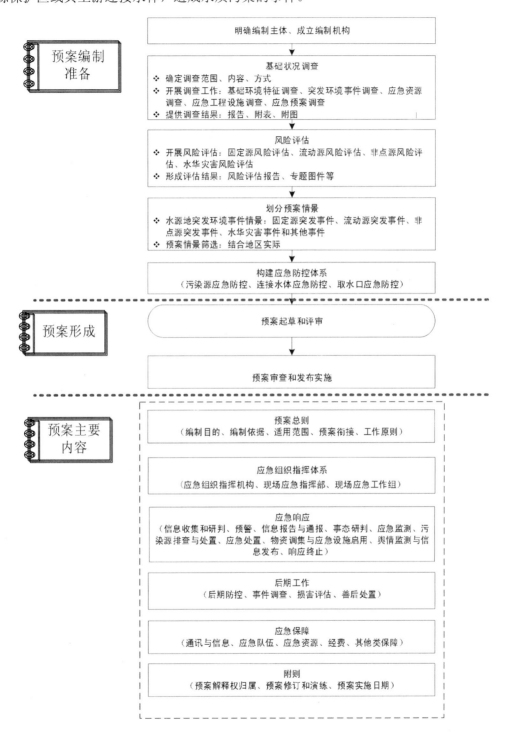

图 1　预案编制工作路线

2.5.2 流动源突发环境事件

在公路或水路运输过程中，由于交通事故等原因，导致油品、化学品或其他有毒有害物质进入水源保护区或其上游连接水体，造成水质污染的事件。

2.5.3 非点源突发环境事件

主要包括以下两种情形：一是暴雨冲刷畜禽养殖废物、农田或果园土壤，导致大量细菌、农药、化肥等随地表或地下径流进入水源保护区或其上游连接水体，造成水质污染的事件；二是闸坝调控等原因，导致坝前污水短期内集中排放造成水源保护区或其上游连接水体水质污染的事件。

2.5.4 水华灾害事件

封闭型或半封闭型的水域（湖泊、水库）在营养条件、水动力条件、光热条件等适宜情况下，浮游藻类大量繁殖并聚集，使得水体色度发生变化、水体溶氧降低、藻类厌氧分解产生异味或毒性物质，导致水华灾害的事件。

2.5.5 其他事件情景

主要为上述四种事件情景中一种或多种同时出现的情形。根据需要，还可考虑汛期、枯水期、雨雪冰冻或台风等特殊时期可能造成水源地水质污染的情景。

2.6 完善应急防控体系

市、县级人民政府应针对水源地突发环境事件的特点，以保障水源地水质安全和满足应急处置需求为目的，在水源地基础调查与风险评估的基础上，构建"风险源—连接水体—取水口"三级应急防控体系，规划和布设各级防控工程和措施。应急防控体系建设的主要内容与要求见附件2。

编制水源地应急预案时，应将现有已建成的水源地应急防控体系纳入预案中，或明确可建设防控工程和措施的具体地址。

2.7 预案的编制和评审

组织编写水源地应急预案。

预案文本编制完成后，应多方征求意见建议，包括有关人民政府及有关部门、供水单位，以及社会公众等，并组织召开专家论证会和专家评审会进行论证评审。

预案文本论证评审通过后，报送编制工作领导小组审查。

2.8 预案审查和发布实施

预案文本经编制工作领导小组审查通过后，报送组织编制预案的人民政府进行审议，审议通过后颁布实施。

3 水源地应急预案的主要内容

预案文本应包括预案总则、应急组织指挥体系、应急响应、后期工作、应急保障和附则等内容。

水源地应急预案编制提纲见附件3。

3.1 预案总则

应明确水源地应急预案的编制目的、编制依据、适用范围、预案衔接和工作原则等内容。

3.1.1　编制目的

编制水源地应急预案的目的，是为有效应对水源地突发环境事件，最大程度降低突发环境事件对水源地水质影响，为规范水源地突发环境事件应对的各项工作提供指导。

3.1.2　编制依据

列明水源地应急预案编制所依据的法律、法规、规章和技术标准规范，以及组织编制预案的人民政府关于水源地保护管理的有关规定等。

3.1.3　适用的地域范围

应明确水源地应急预案适用的地域范围，即启动水源地应急预案的范围。该范围既不可向水源保护区上游和周边区域无限延伸，也不可仅限于水源保护区。

不同水源地自然条件和管理情况的差异较大，各地可根据水源保护区及其连接水体的流速、流量、可能发生的突发环境事件情景，以及所属市、县级人民政府及有关部门最快的应急响应时间等因素，综合考虑确定水源地应急预案适用的地域范围。

建议水源地应急预案适用的地域范围，包括水源保护区、水源保护区边界向上游连接水体及周边汇水区域上溯 24 小时流程范围内的水域和分水岭内的陆域，最大不超过汇水区域的范围。假定水源地上游连接水体流速分别为 1 米/秒或 0.1 米/秒，则水源地应急预案适用的地域范围应分别不少于 86.4 千米或 8.6 千米。

3.1.4　预案衔接

水源地应急预案既可以作为政府的专项应急预案独立编制，也可以作为政府突发（水）环境事件应急预案的子预案专篇编制。

水源地应急预案编制过程中，应充分收集整理有关市、县级人民政府及有关部门的应急预案，并与这些预案中的有关要求相互衔接。由于水源地的重要性和敏感性，若上述预案中存在要求不一致的情况，水源地应急预案应坚持从严原则进行要求，避免出现组织指挥不协调、信息报告不及时、应对措施不得力等情况。

在与政府和部门预案衔接方面，应重点在组织指挥体系、适用的地域范围、预警分级、信息报告、应急保障等方面进行衔接，确保突发环境事件的应急组织指挥方式协调一致。以发生在流域汇水区域内、水源地应急预案适用地域范围外的突发（水）环境事件为例，事件发生后，首先启动所在行政区域的政府或部门突发（水）环境事件应急预案，一旦污染物迁移到水源地应急预案适用的地域范围，则适用并启动水源地应急预案。具体要求见本指南第 3.3.2 节。

在与有关单位的应急预案衔接方面，应重点与可能产生相互影响的上下游企业事业单位的有关预案相互衔接，针对突发环境事件发生、发展及污染物迁移的全过程，共同配合做好污染物拦截、信息收集研判、事件预警和应急响应等工作。

3.1.5　工作原则

应对水源地突发环境事件时，组织体系一般采取统一领导、分工负责、协调联动的原则；应对措施一般采取快速反应、科学处置、资源共享、保障有力的原则。

编制工作领导小组应根据当地实际情况，确定有关工作原则。

3.2　应急组织指挥体系

3.2.1　应急组织指挥体系

应包括应急组织指挥机构和现场应急指挥部。根据突发环境事件影响程度和应急处置工作需要，还包括可能的外部应急救援力量，如上级或周边地区的市、县级人民政府及有关部门、专业应急组织、应急咨询或支援机构等。

3.2.1.1　应急组织指挥机构

应明确应急组织指挥机构的领导、组成部门、职责分工和日常应急管理职责。

市、县级人民政府应组织有关部门和单位成立水源地突发环境事件应急组织指挥机构，并明确各单位职责。

应急组织指挥机构，应包括总指挥、副总指挥、协调办公室和专项工作组。其成员包括但不限于以下单位：政府应急管理、公安消防、财政、国土资源、环境保护、供水管理（住房城乡建设或水务）、交通运输、水利、农业、卫生、安全生产监管、气象、通信管理、宣传、战区（武装）等部门。

考虑到水源地的重要性和敏感性，一般情况下，市、县级人民政府负责市、县级水源地突发环境事件应对工作，总指挥由市、县级人民政府负责人或主要负责人担任。跨行政区域水源地突发环境事件的应对工作，由各有关行政区域人民政府共同负责，或由其共同的上一级地方人民政府负责，总指挥由相应的人民政府负责人或主要负责人或共同的上一级地方人民政府负责人或主要负责人担任。对需要国家层面协调处置的跨省级行政区域水源地突发环境事件，按照《国家突发环境事件应急预案》的要求执行。

应急组织指挥机构组成、职责分工和成员名单编写要求及示例见附件4。

3.2.1.2　现场应急指挥部

应明确成立现场应急指挥部的组织程序、组成部门、工作职责和要求。当信息研判和会商判断水源地水质可能受影响时，应立即成立现场应急指挥部。见本指南第3.3.1.2节。

根据不同突发环境事件情景，可在应急组织指挥机构中选择有直接关系的部门和单位成立现场应急指挥部，全面负责指挥、组织和协调水源地突发环境事件的应急响应工作。

3.2.1.3　现场应急工作组

应包括应急处置组、应急监测组、应急供水保障组、应急物资保障组、应急专家组和综合组等，并列明现场应急工作组职责及人员名单、专业方向和具体工作。

应急工作组组成、职责分工和人员名单编写要求及示例见附件5。

3.2.2　具体要求

应急组织指挥机构、现场应急指挥部的组成及工作职责，应作为水源地应急预案的重要组成部分。

水源地应急预案应列出所有参与应急指挥、协调活动的负责人姓名、所处部门、职务和联系电话，期间如有人员变化应及时更新。联系人列表应将第一联系人列在首位，并按照先后次序排列所有联系人。

应明确应急状态下，请求支援的外部应急救援力量名单，以及支援方式、支援能力、装备水平、联系人及联系电话、最快可抵达时限等，并及时更新。联系单位列表应将第一联系单位列在首位，并按照先后次序排列所有联系单位。

应急组织指挥机构和现场应急指挥部的人员均应建立AB角制度，即明确各岗位的主要责任人和替补责任人。重要的应急岗位应有多个替补人员。

上述内容均应以预案附件的形式予以明确。

3.3 应急响应

一般包括信息收集和研判、预警、信息报告与通报、事态研判、应急监测、污染源排查与处置、应急处置、物资调集及应急设施启用、舆情监测与信息发布、响应终止等工作内容。

水源地应急预案编制可参考以下应急响应工作线路图。

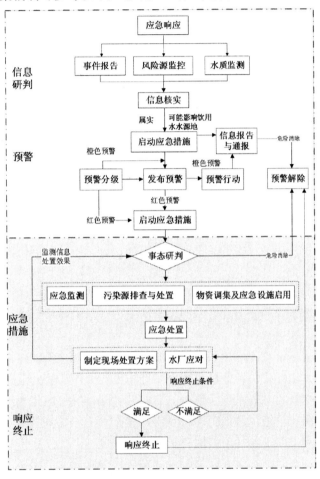

图2 水源地突发环境事件应急响应工作路线

3.3.1 信息收集和研判

应明确信息收集和研判的责任单位、过程和具体要求。

3.3.1.1 信息收集

应明确信息收集的责任单位、信息来源、信息收集范围和途径。其中，信息收集范围应与水源地应急预案适用的地域范围保持一致。

信息来源包括但不限于以下途径。

（1）水源地所属行政区域的市、县级人民政府、环境保护、住房城乡建设、水务等部门，可通过流域、水源地或供水单位开展的水质监督性监测（常规断面）、在线监测（常规和预警监控断面）等日常监管渠道获取水质异常信息，也可以通过水文气象、地质灾害、污染源排放等信息开展水质预测预警，获取水质异常信息。

（2）环境保护部门可通过水源地上游及周边主要风险源监控获取异常排放信息，也可通过 12369 热线、网络等途径获取突发环境事件信息；公安交通部门可通过交通事故报警获取流动源事故信息；水利部门可通过对湖泊（水库）藻密度变化情况的监测，获取水华事件信息。

（3）通过本级人民政府不同部门之间、上下游相邻行政区域政府之间建立的信息收集与共享渠道，获取突发环境事件信息。

3.3.1.2 信息研判与会商

应明确负责信息核实和研判的责任单位，信息研判的程序和方法等具体内容。

通过日常监管渠道首次发现水质异常或群众举报、责任单位报告等获取突发事件信息的部门，应第一时间开展以下工作。

（1）核实信息的真实性。

（2）进一步收集信息，必要时通报有关部门共同开展信息收集工作。

（3）将有关信息报告本级人民政府。

接到信息报告的人民政府应立即组织有关部门及应急专家进行会商，研判水质变化趋势，若判断可能对水源地水质造成影响，应立即成立现场应急指挥部。

3.3.2 预警

应明确预警级别、启动预警的条件、预警发布、预警行动及解除的条件、发布单位和责任单位等内容。

3.3.2.1 预警分级

水源地突发环境事件预警分级应与政府有关突发（水）环境事件应急预案的预警分级相互衔接。

水源地应急预案属于政府专项预案，并且有适用的地域范围。

为提高效率、简化程序，各地可根据水源地重要性、污染物的危害性、事态的紧急程度、采取的响应措施以及对取水可能造成的影响等实际情况，简化水源地应急预案的预警级别。实践中，可简化为橙色和红色两级预警，甚至红色一级预警。

发布预警，即应采取预警行动或同时采取应急措施。一般发布橙色预警时，仅采取预警行动；发布红色预警时，在采取预警行动的同时，应启动应急措施。

以橙色和红色两级预警为例，当污染物迁移至水源地应急预案适用的地域范围，但水源保护区或其连接水体尚未受到污染，或是污染物已进入水源保护区上游连接水体，但应急专家组研判认为对水源地水质影响可能较小、可能不影响取水时，为橙色预警；当污染物已进入（或出现在）水源保护区或其上游连接水体，且应急专家组研判认为对水源地水质影响可能较大时、可能影响取水时，为红色预警。

3.3.2.2 预警的启动条件

应根据信息获取方式，综合考虑突发事件类型、发生地点、污染物质种类和数量等情况，制定不同级别预警的启动条件。

以红色预警为例，下列情形均可作为预警启动条件。

（1）通过信息报告发现，在一级、二级保护区内发生突发环境事件。

（2）通过信息报告发现，在二级保护区上游汇水区域 4 小时流程范围内发生固定源或流动源突发环境事件，或污染物已扩散至距水源保护区上游连接水体的直线距离不足 100

米的陆域或水域。

（3）通过信息报告发现，在二级保护区上游汇水区域8小时流程范围内发生固定源或流动源突发环境事件，或污染物已扩散至距水源保护区上游连接水体的直线距离不足200米的陆域或水域，经水质监测和信息研判，判断污染物迁移至取水口位置时，相应指标浓度仍会超标的。

（4）通过监测发现，水源保护区或其上游连接水体理化指标异常。

①在二级保护区内，出现自动站水质监测指标超标或生物综合毒性异常，经实验室监（复）测确认的。

②在二级保护区上游8小时流程范围内，出现水质监测指标、有毒有害物质或生物综合毒性异常，且污染物浓度持续升高的。

③在二级保护区上游4小时流程范围内，出现水质监测指标、有毒有害物质或生物综合毒性异常的。

（5）通过监测发现，水源保护区或其上游连接水体感官性状异常，即水体出现异常颜色或气味的。

（6）通过监测发现，水源保护区或其上游连接水体生态指标异常，即水面出现大面积死鱼或生物综合毒性异常并经实验室监测后确认的。

3.3.2.3 发布预警和预警级别调整

应明确负责发布预警的责任单位、预警信息内容和发布对象。一般由现场应急指挥部负责对事件信息进行跟踪收集和研判，并根据达到的预警级别条件发布相应的预警。

预警信息发布后，可根据事态发展、采取措施的效果，适时调整预警级别并再次发布。

预警发布的对象，应主要针对组织实施预警行动和应急处置行动的部门和单位。

3.3.2.4 预警行动

应明确预警信息发布后，实施预警行动的组织部门和责任人、实施程序、时限要求和主要工作内容等。一般情况下，发布红色预警时，现场应急指挥部的总指挥应当到达现场，组织开展应急响应工作。

预警行动包含但不限于以下内容。

（1）下达启动水源地应急预案的命令。

（2）通知现场应急指挥部中的有关单位和人员做好应急准备，进入待命状态，必要时到达现场开展相关工作。

（3）通知水源地对应的供水单位进入待命状态，做好停止取水、深度处理、低压供水或启动备用水源等准备。

（4）加强信息监控，核实突发环境事件污染来源、进入水体的污染物种类和总量、污染扩散范围等信息。

（5）开展应急监测或做好应急监测准备。

（6）做好事件信息上报和通报。

（7）调集所需应急物资和设备，做好应急保障。

（8）在危险区域设置提示或警告标志。

（9）必要时，及时通过媒体向公众发布信息。

（10）加强舆情监测、引导和应对工作。

3.3.2.5 预警解除

应明确预警解除的条件、程序及解除预警的责任主体。

当判断危险已经解除时，由发布预警的责任单位宣布解除预警，终止已经采取的有关行动和措施。具体要求见本指南第 3.3.10 节。

3.3.3 信息报告与通报

3.3.3.1 信息报告程序

应明确不同情况下负责信息报告的部门、单位及责任人和报告程序等。

（1）发现已经造成或可能造成水源地污染的有关人员和责任单位，应按照有关规定立即向本级人民政府应急组织指挥机构及环境保护等部门报告。

（2）水源地突发环境事件发生地所属行政区域的市、县级人民政府有关部门在发现或得知水源地突发环境事件信息后，应立即进行核实，了解有关情况。经过核实后，第一时间向本级人民政府应急组织指挥机构和上级人民政府主管部门报告。

（3）上级人民政府主管部门先于下级人民政府主管部门获悉水源地突发环境事件信息的，可要求下级人民政府主管部门核实并报告相应信息。

（4）特殊情况下，若遇到敏感事件或发生在重点地区、特殊时期，或可能演化为重大、特别重大突发环境事件的信息，有关责任单位和部门应立即向本级人民政府应急组织指挥机构报告。

3.3.3.2 信息通报程序

应明确负责信息通报的责任单位、信息通报的对象和程序。

对经核实的水源地突发环境事件，接报的有关部门应向本级人民政府和有关部门通报。通报的部门至少应包括环境保护、供水管理（住房城乡建设或水务）、卫生、水行政等部门；根据水源地突发环境事件的类型和情景，还应通报消防（遇火灾爆炸）、交通（遇水上运输事故）、公安（遇火灾爆炸、道路运输事故）、安监、农业（遇大面积死鱼）等部门。

水源地突发环境事件已经或可能影响相邻行政区域的，事件发生地人民政府及有关部门应及时通报相邻区域同级人民政府及有关部门。

3.3.3.3 信息报告和通报内容

应明确不同阶段信息报告和通报的内容及形式要求。

按照不同的时间节点，水源地突发环境事件报告分为初报、续报和处理结果报告。初报是发现或得知突发环境事件后的首次报告；续报是查清有关基本情况、事件发展情况后的报告，可随时报告；处理结果报告是突发环境事件处理完毕后的报告。

（1）初报应报告水源地突发环境事件的发生时间、地点、信息来源、事件起因和性质、基本过程、主要污染物和数量、监测结果、人员伤亡情况、水源地受影响情况、事件发展趋势、处置情况、拟采取的措施以及下一步工作建议等初步情况。

（2）续报应在初报的基础上，报告事件及有关处置措施的进展情况。

（3）处理结果报告应在初报、续报的基础上，报告突发环境事件的处置措施、过程和结果等详细情况。

应采用传真、网络、邮寄或面呈等方式书面报告，情况紧急时，可通过电话报告，但应及时补充书面报告。书面报告应说明突发环境事件报告单位、报告签发人、联系人及联系电话等内容，并尽可能提供地图、图片以及有关的多媒体资料。

3.3.4 事态研判

应明确发布预警后，组织事态研判的指挥体系、参与人员名单、实施程序和基本内容。

发布预警后，一般由现场应急指挥部总指挥按照水源地应急预案中列明的副总指挥、协调办公室、专项工作组成员及名单，迅速组建参加应急指挥的各个工作组，跟踪开展事态研判。

事态研判包括但不限于以下内容：事故点下游沿河水利设施工程情况、判断污染物进入河流的数量及种类性质、事故点下游水系分布（包括清洁水情况）、距离水源地取水口的距离和可能对水源地造成的危害，以及备用水源地情况。

事态研判的结果，应作为制定和动态调整应急响应有关方案、实施应急监测、污染源排查与处置和应急处置的重要基础。

3.3.5 应急监测

3.3.5.1 开展应急监测程序

应明确发布预警后，实施应急监测的具体部门。

事件处置初期，实施应急监测的部门应按照现场应急指挥部命令，根据现场实际情况制定监测方案、设置监测点位（断面）、确定监测频次、组织开展监测、形成监测报告，第一时间向现场应急指挥部报告监测结果和污染浓度变化态势图，并安排人员对突发环境事件监测情况进行全过程记录。

事件处置中期，应根据事态发展，如上游来水量、应急处置措施效果等情况，适时调整监测点位（断面）和监测频次。

事件处置末期，应按照现场应急指挥部命令，停止应急监测，并向现场应急指挥部提交应急监测总结报告。

3.3.5.2 制定应急监测方案

应急监测方案应包括依据的技术规范、实施人员、布点原则、采样频次和注意事项、监测结果记录和报告方式等。

应急监测重点是抓住污染带前锋、峰值位置和浓度变化，对污染带移动过程形成动态监控。当污染来源不明时，应先通过应急监测确定特征污染物成分，再进行污染源排查和先期处置。

应急监测原则和注意事项包括但不限于以下内容。

（1）监测范围。应尽量涵盖水源地突发环境事件的污染范围，并包括事件可能影响区域和污染物本底浓度的监测区域。

（2）监测布点和频次。以突发环境事件发生地点为中心或源头，结合水文和气象条件，在其扩散方向及可能受到影响的水源地位置合理布点，必要时在事故影响区域内水源取水口、农灌区取水口处设置监测点位（断面）。应采取不同点位（断面）相同间隔时间（一般为1小时）同步采样监测方式，动态监控污染带移动过程。

①针对固定源突发环境事件，应对固定源排放口附近水域、下游水源地附近水域进行加密跟踪监测。

②针对流动源、非点源突发环境事件，应对事发区域下游水域、下游水源地附近进行加密跟踪监测。

③水华灾害突发事件若发生在一级、二级保护区范围，应对取水口不同水层进行加密

跟踪监测。

（3）现场采样。应制定采样计划和准备采样器材。采样量应同时满足快速监测、实验室监测和留样的需要。采样频次应考虑污染程度和现场水文条件，按照应急专家组的意见确定。

（4）监测项目。通过现场信息收集、信息研判、代表性样品分析等途径，确定主要污染物及监测项目。监测项目应考虑主要污染物在环境中可能产生的化学反应、衍生成其他有毒有害物质，有条件的地区可同时开展水生生物指标的监测，为后期损害评估提供第一手资料。

（5）分析方法。具备现场监测条件的监测项目，应尽量在现场监测。必要时，备份样品送实验室监（复）测，以确认现场定性或定量监测结果的准确性。

（6）监测结果与数据报告。应按照有关监测技术规范进行数据处理。监测结果可用定性、半定量或定量方式报出。监测结果可采用电话、传真、快报、简报、监测报告等形式第一时间报告现场应急指挥部。

（7）监测数据的质量保证。应急监测过程中的样品采集、现场监测、实验室监测、数据统计等环节，都应有质量控制措施，并对应急监测报告实行三级审核。

3.3.6 污染源排查与处置

3.3.6.1 明确排查对象

当水质监测发现异常、污染物来源不确定时，应明确负责开展溯源分析的部门、责任人及工作程序。根据特征污染物种类、浓度变化、释放总量、释放路径、释放时间，以及当时的水文和气象条件，迅速组织开展污染源排查。

针对不同类型污染物的排查重点和对象如下。

（1）有机类污染：重点排查城镇生活污水处理厂、工业企业，调查污水处理设施运行、尾水排放的异常情况。

（2）营养盐类污染：重点排查城镇生活污水处理厂、工业企业、畜禽养殖场（户）、农田种植户、农村居民点、医疗场所等，调查污水处理设施运行、养殖废物处理处置、农药化肥施用、农村生活污染、医疗废水处理及消毒设施的异常情况。

（3）细菌类污染：重点排查城镇生活污水处理厂、畜禽养殖场（户）、农村居民点，调查污水处理设施运行、养殖废物处理处置、医疗场所、农村生活污染的异常情况。

（4）农药类污染：重点排查农药制造有关的工业企业、果园种植园（户）、农田种植户、农灌退水排放口，调查农药施用和流失的异常情况。

（5）石油类污染：重点排查加油站、运输车辆、港口、码头、洗舱基地、运输船舶、油气管线、石油开采、加工和存贮的工业企业，调查上述企业和单位的异常情况。

（6）重金属及其他有毒有害物质污染：重点排查采矿及选矿的工业企业（含化工园区）、尾矿库、危险废物储存单位、危险品仓库和装卸码头、危化品运输船舶、危化品运输车辆等，调查上述企业和单位的异常情况。

3.3.6.2 切断污染源

对水源地应急预案适用地域范围内的污染源，应明确负责实施切断污染源的部门、程序、方法及工作要点；对水源地应急预案适用地域范围外的污染源，按有关突发环境事件应急预案要求进行处置。

处置措施主要采取切断污染源、收集和围堵污染物等，包括但不限于以下内容。

（1）对发生非正常排放或有毒有害物质泄漏的固定源突发环境事件，应尽快采取关闭、封堵、收集、转移等措施，切断污染源或泄漏源。

（2）对道路交通运输过程中发生的流动源突发事件，可启动路面系统的导流槽、应急池或紧急设置围堰、闸坝等，对污染源进行围堵并收集污染物。

（3）对水上船舶运输过程中发生的流动源突发事件，主要采取救援打捞、油毡吸附、围油栏、闸坝拦截等方式，对污染源进行围堵并收集污染物。

（4）启动应急收集系统集中收集陆域污染物，设立拦截设施，防止污染物在陆域漫延，组织有关部门对污染物进行回收处置。

（5）根据现场事态发展对扩散至水体的污染物进行处置。

3.3.7 应急处置

3.3.7.1 制定现场处置方案

应明确不同事件情景下现场处置方案的制定程序、基本内容、责任单位和时限等具体要求。

现场处置方案包括但不限于以下内容：应急监测、污染处置措施、物资调集、应急队伍和人员安排、供水单位应对等。

根据污染特征，水源地突发环境事件的污染处置措施如下。

（1）水华灾害突发事件。对一级、二级水源保护区的水华发生区域，采取增氧机、藻类打捞等方式减少和控制藻类生长和扩散；有条件的，可采用生态调水的方式，通过增加水体扰动控制水华灾害。

（2）水体内污染物治理、总量或浓度削减。根据应急专家组等意见，制定综合处置方案，经现场应急指挥部确认后实施。一般采取隔离、吸附、打捞、扰动等物理方法，氧化、沉淀等化学方法，利用湿地生物群消解等生物方法和上游调水等稀释方法，可以采取一种或多种方式，力争短时间内削减污染物浓度。现场应急指挥部可根据需要，对水源地汇水区域内的污染物排放企业实施停产、减产、限产等措施，削减水域污染物总量或浓度。

（3）应急工程设施拦截污染水体。在河道内启用或修建拦截坝、节制闸等工程设施拦截污染水体；通过导流渠将未受污染水体导流至污染水体下游，通过分流沟将污染水体分流至水源保护区外进行收集处置；利用前置库、缓冲池等工程设施，降低污染水体的污染物浓度，为应急处置争取时间。不能建设永久应急工程的，应事先论证确定可建设应急工程的地址，并在预案中明确。

针对污染物可采取的物理、化学、生物处理技术如表 3-1 所示。

表 3-1　适用于处理不同超标项目的推荐技术

超标项目	推荐技术
浊度	快速砂滤池、絮凝、沉淀、过滤
色度	快速砂滤池、絮凝；活性炭吸附；化学氧化预处理：臭氧、氯、高锰酸钾、二氧化氯
嗅味	化学氧化预处理：臭氧、氯、高锰酸钾、二氧化氯、活性炭
氟化物	吸附法：氧化铝、磷酸二钙；混凝沉淀法：硫酸铝、聚合氯化铝；离子交换法；电渗析法

超标项目	推荐技术
氨氮	化学氧化预处理：氯、高锰酸钾；深度处理：臭氧—生物活性炭
铁、锰	锰砂；化学氧化预处理：氯、高锰酸钾；深度处理：臭氧—生物活性炭
挥发性有机物	生物活性炭吸附
有机化合物	生物活性炭、膜处理
细菌和病毒	过滤（部分去除）；消毒处理：氯、二氧化氯、臭氧、膜处理、紫外消毒
汞、铬等部分重金属（应急状态）	氧化法：高锰酸钾；生物活性炭吸附（部分去除）
藻类及藻毒素	化学氧化预处理：除藻剂法、高锰酸钾、氯；微滤法；气浮法；臭氧氧化法

3.3.7.2 供水安全保障

应明确与供水单位通报联络的工作人员姓名、职务和联系电话，掌握供水单位的应急监测能力、深度处理设施的处理能力和启动时间、备用水源启动时间等。建立向供水单位通报应急监测信息制度，并在启动预警时第一时间通知供水单位。

供水单位应根据污染物的种类、浓度、可能影响取水口的时间，及时采取深度处理、低压供水或启动备用水源等应急措施，并加强污染物监测，待水质满足取水要求时恢复取水和供水。无备用水源的，应使用应急供水车等设施保障居民用水。

3.3.8 物资调集及应急设施启用

应明确负责物资调集的工作人员姓名、职务和联系电话。根据应急物资调查结果，列明应急物资、装备和设施清单，以及调集、运输和使用方式。清单应包括物资、装备和设施的种类、名称、数量、存放位置、规格、性能、用途和用法等信息，还应明确应急物资、装备、设施的定期检查和维护要求。

应急物资、装备和设施包括但不限于以下内容。

（1）对水体内污染物进行打捞和拦截的物资、装备和设施，如救援打捞设备、油毡、围油栏、筑坝材料、溢出控制装备等。

（2）控制和消除污染物的物资、装备和设施，如中和剂、灭火剂、解毒剂、吸收剂等。

（3）移除和拦截移动源的装备和设施，如吊车、临时围堰、导流槽、应急池等。

（4）雨水口垃圾清运和拦截的装备和设施，如格栅、清运车、临时设置的导流槽等。

（5）针对水华灾害，消除有毒有害物质产生条件、清除藻类的物资、装备和设施，如增氧机、除草船等。

（6）对污染物进行拦截、导流、分流及降解的应急工程设施，如拦截坝、节制闸、导流渠、分流沟、前置库等。

3.3.9 舆情监测与信息发布

应明确舆情信息收集分析与信息公开的责任单位、对象和方式。现场应急指挥部在突发环境事件发生后，应第一时间向社会发布信息，并针对舆情及时发布事件原因、影响区域、已采取的措施及成效、公众应注意的防范措施、热线电话等。

3.3.10 响应终止

应明确应急响应终止的条件和程序，包括提出应急响应终止建议的部门、批准部门、发布应急响应终止信息的部门和渠道、发布对象等。

符合下列情形之一的，可终止应急响应。

（1）进入水源保护区陆域范围的污染物已成功围堵，且清运至水源保护区外，未向水域扩散时。

（2）进入水源保护区水域范围的污染团已成功拦截或导流至水源保护区外，没有向取水口扩散的风险，且水质监测结果稳定达标。

（3）水质监测结果尚未稳定达标，但根据应急专家组建议可恢复正常取水时。

3.4 后期工作

包括后期防控、事件调查、损害评估、善后处置等内容。

3.4.1 后期防控

应明确响应终止后污染防控的内容和工作要点，并落实到责任单位。如针对泄漏的油品、化学品进行回收；进行后期污染监测和治理，消除投放药剂的残留毒性和后期效应，防止次生突发环境事件；事故场地及漫延区域的污染物清除完成后，对土壤或水生态系统进行修复；部分污染物导流到水源地下游或其他区域，对这些区域的污染物进行清除等。

3.4.2 事件调查

根据有关规定，应由环境保护主管部门牵头，有关部门配合，组织开展事件调查，查明事件原因和性质，提出整改防范措施和处理建议。

3.4.3 损害评估

根据有关规定，应及时组织开展污染损害评估，并将评估结果向社会公布。

3.4.4 善后处置

应明确善后处置工作内容，包括损害赔偿、风险源整改和污染场地修复等具体工作方案，并落实到责任单位。

3.5 应急保障

应急保障部分，应包括通信与信息保障、应急队伍保障、应急物资保障、应急资源保障、经费保障及其他保障等内容。

3.5.1 通信与信息保障

应明确应急组织指挥机构的联络方式，包括联络人的姓名、联系电话等。

应明确承担救援保障任务的部门和人员，建立应急救援机构和人员通信录。

应明确授予应急组织指挥机构获取与饮用水水源有关信息的权限，列明备用水源管理部门、具有启用备用水源权限的联系人名单和联系电话。

应明确对外发布事件信息及应急处置进展情况的部门和渠道。

3.5.2 应急队伍保障

应列明应急队伍人员名单，包括姓名、联系电话、专业、职务和职责等，并明确应急队伍日常管理办法和不同部门、人员之间的协作方式，提出制定应急培训计划和演练方案的要求。

应急队伍培训，由市、县级人民政府根据应急队伍知识技能掌握程度自定，至少每年一次，包括信息报告、个体防护、应急资源使用、应急监测布点及监测方法、应急处置方法等培训科目。

3.5.3 应急资源保障

应明确应急资源（包括药剂、物资、装备和设施）的配备、保存、更新及养护方案。应根据事件和演练经验，持续改进提高药剂、物资、装备的存放规范、应急设施的建设要求，确保事件发生时能够快速高效的使用应急资源。

3.5.4　经费保障

应明确应急工作经费（包括水源地应急预案编制、演练、修订及应急处置等费用）来源、预算编制、审核、资金管理和使用办法。如将应急管理部门预算、应急物资采购费用列入年度预算予以保障；应急处置结束后，据实核销应急处置费用；加强应急工作经费的审计和监督管理，确保专款专用等。

3.5.5　其他保障

应明确负责物资运输、设备设施运输、医疗卫生救助、治安和社会动员保障等任务的责任单位、责任人、保障方式、办法及具体要求。

3.6　附则

应明确水源地应急预案涉及的名词术语、解释权属、定期修订、演练和实施日期等要求。

3.6.1　名词术语

指水源地应急预案编制过程中使用的、需要明确规定并解释的词语。

3.6.2　预案解释权属

水源地应急预案的解释权一般归属组织编制预案的市、县级人民政府预案编制部门。

3.6.3　预案演练和修订

应明确预案实施前后，市、县级人民政府组织预案演练和修订的具体要求。

演练内容主要包括通信系统是否正常运作、信息报送流程是否畅通、各应急工作组配合是否协调、应急人员能力是否满足需要等。演练结束后，市、县级人民政府应对演练情况进行总结评估，并根据演练结果及时修订完善。

3.6.4　预案实施日期

一般由市、县级人民政府确定预案印发和实施的具体时间。

附1

水源地基础状况调查和风险评估主要内容与要求

一、确定调查范围

针对水华灾害事件情景，调查范围为湖泊（水库）型水源地多年平均水位线以下的全部水域。

针对其他事件情景，调查范围为水源保护区，以及从保护区边界向上游连接水体及周边汇水区域上溯24小时流程范围内的水域及分水岭内的陆域，最大不超过汇水区域的范围。

二、调查内容与方式

调查内容包括基础环境特征调查、历史突发环境事件调查、应急资源调查、应急工程设施调查、应急预案调查等5个方面内容。

调查方式有资料收集法、现场踏勘法、遥感信息收集法和随机访谈法等。

三、基础环境特征调查

调查行政区域内基础环境特征，为编制预案提供依据。

（一）一般性调查内容

水源地基本状况。包括取水口位置和日取水量、日供水量和供水服务人口、水源保护区范围和规范化建设情况、备用水源名称、位置和日供水量等。

自然地理特征。包括水文、气象、水系组成、闸坝分布等。

社会经济状况。包括行政区划、人口及分布、产业规模和结构等。

水环境监测状况。包括断面名称、断面位置、断面属性、监测频次、监测指标和富营养化指标等。

水环境质量状况。包括水质现状、主要污染物、富营养化状况、水生生物等。

（二）固定源调查与风险评估

1. 调查内容

固定源各类排放口的位置、排放方式、排放去向，水源地风险物质类型及存量、主要风险环节及其风险防范措施等。其中，对于地下油气管线固定源，其排放口位置主要考虑油气管线穿越环境敏感点位置的情况。

2. 固定源风险识别与评估

以风险源调查的结果为基础，识别可能造成水源地水质污染的主要风险源，并进行风险大小筛查，形成水源地风险源名录。

参照国家和地方制定的环境风险评估方法，对单一企业和水源地进行环境风险评估，确定评估指标，得出定性以及定量的评估结论。企业环境风险评估，可参照《企业突发环境事件风险评估指南（试行）》和《企业突发环境事件风险分级方法》进行评估。水源地环境风险评估可参考《集中式饮用水水源环境保护指南（试行）》和《行政区域突发环境事件风险评估推荐方法》进行评估。

（三）流动源调查与风险评估

1. 调查内容

跨越水体或沿江、沿湖泊（水库）建设的县级及以上公路、铁路和桥梁及其现有环境风险防控措施，危险化学品管理制度建设和危险化学品运输车辆监管等情况。包括公路、铁路和桥梁的位置、长度、宽度，公路、铁路、桥梁和水源保护区及取水口的位置关系，公路、铁路的车流量，桥梁可承受的最大载重量，公路、铁路和桥梁现有环境风险防控措施，危险化学品运输种类、运载量、运输车辆的安全防护措施等。

水源地连接水体的航道分布、航道与取水口的位置关系、船舶运输油品化学品种类和规模、船舶运输登记监管、水上交通运输安全防护措施等情况。

2. 流动源风险识别与评估

以风险源调查的结果为基础，重点识别可能发生突发环境事件并造成水源地水质污染的公路、铁路和桥梁的名称，依据其公路建设等级的高低、距离取水口的距离、危险化学品运输的状况等内容，进行风险筛查，依据风险筛查的结果，编制形成水源地流动源风险源名录。

结合一级、二级保护区及上游流动源分布的特征，参考《集中式饮用水水源环境保护指南（试行）》，对流动源的风险进行评估，识别应重点防控的道路、路段和桥梁。

（四）非点源调查与风险评估

1．调查内容

水土流失状况。包括不同强度的水土流失面积、年平均侵蚀总量、年平均侵蚀模数。

土地利用状况。包括土地利用类型、面积、分布及变化态势等。

农田径流污染状况。包括耕地（不同坡度的坡耕地）分布及比例，种植作物种类、农药化肥施用情况（农药化肥种类、施用量、施用时间）、不同类型肥料施用的比例及营养物质比例、农药施用比例及污染物比例、氮磷或农药流失情况。

畜禽养殖污染状况。包括分散式畜禽养殖数量、粪便污染物排泄量、处理情况及污染物平均流失情况。

农村生活污染状况。包括农村人口、农村生活污水及垃圾产生情况、污染物含量、处理处置情况及污染物流失情况。

闸坝调控状况。包括闸坝工程位置及分布、闸门开启及运行调度情况，最大下泄水量、闸坝前水质状况等情况。

2．非点源风险识别与评估

结合一级、二级保护区及上游非点源排放的特征，参考《集中式饮用水水源环境保护指南（试行）》，开展非点源的风险评估，识别应重点防控的区域和时段。

（五）水华灾害调查与风险评估

1．调查内容

封闭或半封闭型的水域（湖泊、水库）水生生态状况及时空变化特征。包括浮游植物（藻类）数量及种类组成、浮游动物数量及种类组成、底栖动物数量及种类组成、沉水植被分布与种类组成等。

2．水华灾害风险识别与评估

综合营养盐条件（氮、磷浓度）、水动力条件（风速、流速）、光热条件（温度、光照、悬浮物）、浮游植物生长状况（叶绿素 a 浓度）等可能造成水华暴发的综合性因素，采用层次分析法和专家打分法，对湖泊（水库）的水华灾害的风险进行评价，识别应重点防控的区域和时段。

四、突发环境事件调查及分析

调查行政区域内突发环境事件和涉水突发环境事件历史资料。如与水体污染可能有关的涉危化品生产安全事故、交通运输事故等事件记录，包括事件类型、事件原因、发生过程、主要影响、处置情况等。

分析行政区域内涉水突发环境事件特征。综合发生频次、危害程度等信息，辨识主要的易发突发环境事件、易发时段及区域。

五、应急资源调查

收集现有环境应急资源信息。

（一）一般性调查内容

第一时间可以调用的环境应急资源情况。包括环境应急队伍和应急物资、装备、场所等资源，可以是实体资源，也可以是记录的资源信息，同时调查人员、物资等管理、维护、获取方式与时限情况。

环境应急队伍。指应急管理、抢险救援和专家队伍，包括承担应急计划、指挥、组织、协调等管理任务的管理人员，承担监测、处置、救援、调查等行动任务的抢险救援人员，提供应急业务、知识、技术等支持任务的专家以及志愿者等人员。

环境应急物资。指消耗性物资，一般不列为固定资产，包括个人防护物资、围堵物资、处理处置物资等。

环境应急装备。指可重复使用的设备，包括应急监测、应急装置、应急交通、应急通信、应急急救等设备。

环境应急场所调查。指临时或长期活动处所，包括应急处置场所、应急物资或装备存放场所、应急指挥场所等。

（二）重点关注内容

应根据当地易发突发环境事件情景，确定应急资源调查的工作重点。以水华灾害事件情景为例，应重点调查水体曝气增氧设备、藻类打捞和收割设备情况、硫酸铜和高锰酸钾等杀藻物资储存量、位置等资源情况。

六、应急工程设施调查

调查应急工程设施的基本情况，并制作应急工程设施信息表。包括可用于拦截污染物进入水体的设施，以及建设在连接水体上的水利闸坝和航运船闸等工程设施。

可拦截污染物进入水体的应急工程设施。调查企业厂区内、事故发生地点或污染物迁移路径上的污染物拦截工程设施，如事故导流槽、应急池、缓冲塘等，其建设进展、分布、处置能力和管理主体等情况。

连接水体的应急工程设施。调查连接水体的防护工程，如拦污坝、节制闸、导流渠、调水沟渠等，其建设、分布、拦截或处置能力、调度方式、管理主体等情况。

七、应急预案调查

调查与水源地应急预案有关的预案情况。包括国家、省、市、县级人民政府（所属行政区域与上游行政区域）、部门（环境保护、水利、交通运输、卫生、安全生产监管等）、排污单位、供水单位的突发环境事件应急预案，分析其预案的主要内容、程序及具体要求，明确水源地应急预案与有关预案的衔接节点、衔接内容和要求。

八、调查结论和评估结果

1. 调查评估结论应详细说明各类调查的结果和结论。预期成果包括调查报告、调查表格、专题图等形式。

（1）调查报告。包括但不限于基础环境特征调查、突发环境事件调查、应急资源调查、应急工程设施调查、应急预案调查等内容。

（2）调查表格。包括但不限于水源地信息表、风险源清单表、应急资源清单表（队伍、物资、装备、场所)、应急工程设施清单表。

（3）专题图。包括但不限于水源地分布、水质监测点位分布、风险源分布、应急物资储备场所分布、应急工程设施分布等图件。

2．风险评估成果

依据上述风险评估结果，识别并预测水源地突发环境事件发生的概率、时间、可能发生的区域、可能影响的水域、事件可能造成的影响和后果等，为后续预警和应急处置各项工作提供参考。

应详细说明各类风险源风险评估结果和结论。预期成果包括风险评估报告和专题图。

（1）风险评估报告。包括但不限于风险源分布与排放特征分析、取水口敏感性分析、水源地风险物质迁移过程分析、不同类型风险源风险排序、区域风险评估结果等内容。

（2）提出在高风险和敏感区域建设应急防控工程的对策建议。

（3）专题图。包括但不限于水源地、风险源分布、高风险区域分布、主要风险物质特征等图件。

附2

水源地应急防控体系建设的主要内容与要求

应急防控体系建设包括但不限于以下内容。

一、风险源应急防控

（1）结合水源地基础状况调查和风险评估结果，以源头管控为目的，对可能影响水源地的主要风险源加强监控，全过程监控水源地风险物质产生至排放的各关键环节。

（2）针对水源地主要风险源，结合不同预案情景，设置或优化风险源应急防控工程，为应急响应提供支撑。

①经风险评估认定的重点防控固定源单位，应储备必要的应急物资，完善污染物拦截、导流、收集和处置的应急工程设施，防止污染物排向外环境。

②经风险评估认定的重点防控道路和桥梁，应设置导流槽、应急池等，拦截和收集污染物，防止污染扩散。

③经风险评估认定的重点防控化学品运输码头、水上交通事故高发地段以及油气管线等，有关单位应储备救援打捞、油毡吸附、围油栏、临时围堰等应急物资，拦截和收集污染物，防止污染扩散。

二、连接水体的应急防控

（1）结合水源地基础状况调查和风险评估结果，加强水源地风险预警监控，优化连接水体的预警断面布设和预警监控指标。

预警断面设置，应采取风险源分类监控、风险源影响的快速警示、应急响应时间缓冲、经济技术可行等原则。

结合风险源调查评估结果，一般可以考虑在连接水体的跨省（市）界断面、风险源汇入的下游水域（包括集中污水处理设施排污口、城市总排口、排污单位排污口、重点防控道路和桥梁、重点防控的化学品运输码头、主要支流入河口等下游水域）、距离取水口 X 小时迁移时间的上游水域边界（X 小时按照当地应急响应时间考虑）以及水源地二级保护区边界等地点，设置预警断面。

在常规监测、自动监测的基础上，根据流域污染特征，可以适当增加预警指标，采用生物毒性综合预警手段对重金属、有机污染物等有毒有害物质进行实时监控。

（2）结合水源地基础状况调查，设置或优化连接水体应急防控工程，为应急响应提供支撑。

①在连接水体的现有水利工程基础上，建设或提前规划拦污坝、节制闸、导流渠、分流沟、蓄污湿地、前置库等工程设施。

②在重点防控道路、桥梁和危化品运输码头的临近水域，建设围堰等防护设施。

③根据河道和水文条件，提前规划水流改道、迁移等工程设施。

三、取水口的应急防控

（1）结合水源地基础状况调查和风险评估结果，加强水源地取水口的自动监控。根据流域污染特征，可以适当增加监控指标。可采用生物毒性综合预警手段实现对重金属、有机污染物等有毒有害物质的实时监控。根据水源地特征，可以增加不同垂直深度的水质自动监控，为改变取水层位等应急措施提供依据。

（2）结合水源地基础状况调查和风险评估结果，设置取水口应急工程。

①针对供排水格局交错、风险源分布较为密集的区域，实施取水口优化工程；

②针对深水湖库型水源地，垂向布设多个取水口，预置改变取水层位的应急工程；

③针对水华风险较高的湖库型水源地，储备或预置曝气装置、藻类拦截等设施，以及水华期的控藻工程；

④针对沿岸具备傍河取水条件的地域，预置傍河地下水井及取水设施，实施改变取水方式的应急工程等；

⑤建设调水沟渠应急工程，通过调水稀释措施，降低污染物浓度。

四、其他

（1）增加供水单位深度处理工艺。

（2）启动备用水源。

（3）改变水源供给方式，如联网供水或供水车临时应急供水等。

水源地突发环境事件应急预案编制提纲

一、总则

（一）编制目的

（二）编制依据

（三）适用范围

（四）预案衔接

（五）工作原则

二、应急组织指挥体系

（一）应急组织指挥机构

（二）现场应急指挥部

（三）现场应急工作组

三、应急响应

（一）预警

（二）信息报告与通报

（三）事态研判

（四）应急监测

（五）污染源排查与处置

（六）应急处置

（七）物资调集及应急设施启用

（八）舆情监测与信息发布

（九）响应终止

四、后期工作

（一）后期防控

（二）事件调查

（三）损害评估

（四）善后处置

五、应急保障

（一）通信与信息保障

（二）应急队伍保障

（三）应急资源保障

附4

应急组织指挥机构和职责示例

（各地可根据实际情况设置）

应急组织指挥机构组成		主要负责人和联系电话	日常职位	日常职责	应急职责
总指挥	一般由分管环境保护工作的市、县级人民政府负责人或主要负责人担任	明确具体的责任人、联系电话，确保通信畅通，能及时联系	明确具体人员的日常职位	(1) 贯彻执行国家、地方人民政府及有关部门关于水源地突发环境事件的各项要求； (2) 组织编制、修订和批准水源地应急预案； (3) 指导加强水源地突发环境事件应急管理体系建设； (4) 协调保障水源地突发环境事件应急管理工作经费	(1) 发生水源地突发环境事件时，亲自（或委托副总指挥）赶赴现场进行指挥，组织开展现场应急处置； (2) 贯彻执行当地或上级人民政府及有关部门的应急指令； (3) 按照预警、应急启动或终止条件，决定预案的启动或终止； (4) 研判突发环境事件发展态势，组织制定并批准现场处置方案； (5) 组织开展损害评估等后期工作
副总指挥	一般由政府副秘书长（或政府应急管理部门主要负责人）和环境保护部门主要负责人同时担任			(1) 协助总指挥开展有关工作； (2) 组织指导预案培训和演练、应急救援队伍建设和能力评估等工作； (3) 指导开展水源地突发环境事件风险防范和应急准备工作	(1) 协助总指挥组织开展现场应急处置； (2) 根据分工或总指挥安排，负责现场的具体指挥协调； (3) 负责提出有关应急处置建议； (4) 负责向场外人员通报有关应急信息； (5) 负责协调现场与场外应急处置工作； (6) 停止取水后，负责协调保障居民用水； (7) 处置现场出现的紧急情况

应急组织指挥机构组成	主要负责人和联系电话	日常职位	日常职责	应急职责
协调办公室	一般由市、县级人民政府应急管理部门、水源地管理或环境保护等有关部门的工作人员组成。日常协助总指挥、副总指挥开展水源地突发环境事件应急管理体系建设；应急期间，协调组织有关部门落实总指挥、副总指挥的指令和要求		（1）组织编制、修订水源地应急预案；（2）负责水源地应急预案的日常管理，开展预案培训和演练、应急救援队伍建设和能力评估等工作；（3）组织开展水源地突发环境事件风险防范和应急准备工作	（1）贯彻执行总指挥、副总指挥的各项指令和要求；（2）负责信息汇总上报，并与有关的外部应急部门、组织和机构进行联络；（3）负责调动应急人员、调配应急资源和联络外部应急组织或机构；（4）收集整理有关事件数据
专项工作组	一般由公安消防、财政、国土资源、环境保护住房城乡建设或水务、交通运输、水利、农业、卫生、安全生产监管、气象、通信、宣传和战区（武装）等有关部门负责应急管理或水源地管理的工作人员组成	明确具体的责任人、联系电话，确保通信畅通，能及时联系	明确具体人员的日常职位	—	消防：在处置火灾爆炸事故时，防止消防水进入水源地及其连接水体。公安：查处导致水源地突发环境事件的违法犯罪行为
				财政：负责保障水源地突发环境事件应急管理工作经费	负责保障水源地突发环境事件应急处置期间的费用
				国土资源：规划、建设和管理适用于水源地突发环境事件应急处置的场地	负责保障水源地突发环境事件应急处置的场地
				环境保护：负责水源地日常监测，及时上报并通报水源地水质异常信息。开展水源地污染防治的日常监督和管理	负责应急监测，督促、指导有关部门和单位开展水源地污染物削减处置等工作
				住房城乡建设或水务（供水单位）：负责供水单位日常管理工作，对供水单位水质异常现象进行调查处理，及时上报并通报供水单位水质异常信息	负责指导供水单位的应急处置工作，组织供水单位进行应急监测，落实停止取水、启动深度处理设施和切换备用水源等应急工作安排
				交通运输：负责危险化学品运输车辆跨越水源保护区道路桥梁的日常应急管理工作，建设维护道路桥梁应急工程设施	协助处置交通事故次生的水源地突发环境事件，事故发生后及时启用道路桥梁应急工程设施，并负责保障应急物资运输车辆快速通行

应急组织指挥机构组成		主要负责人和联系电话	日常职位	日常职责	应急职责
专项工作组	一般由公安消防、财政、国土资源、环境保护住房城乡建设或水务、交通运输、水利、农业、卫生、安全生产监管、气象、通信、宣传和战区（武装）等有关部门负责应急管理或水源地管理的工作人员组成	明确具体的责任人、联系电话，确保通信畅通，能及时联系	明确具体人员的日常职位	水利：负责指导水源地水利设施建设和管理	按照应急指挥部要求，利用水利工程进行污染团拦截、降污或调水稀释等工作
				农业：管理暴雨期间入河农灌退水排放行为，防范农业面源导致的水源地突发环境事件	协助处置因农业面源、渔业养殖导致的水源地突发环境事件。对具有农灌功能的水源地，在应急期间暂停农灌取水
				卫生：负责自来水管网末梢水水质卫生日常管理，及时上报并通报管网末梢水水质异常信息	负责管网末梢水水质应急监测，确保应急期间居民饮水卫生安全
				安全生产监管：防范企业生产安全事故次生水源地突发环境事件，及时上报并通报事故信息	协助处置因企业生产安全事故、违法排污等导致的水源地突发环境事件
				气象：及时上报、通报和发布暴雨、洪水等气象信息	负责应急期间提供水源地周边气象信息
				—	通信管理：负责应急期间的通信保障
				—	宣传：负责应急期间的新闻发布、对外通报和信息公开等工作
				—	战区（武装）：对影响范围大或严重的水源地突发环境事件的应急响应工作进行支援支持
				应急物资所属部门：负责有关应急物资的日常维护管理	负责有关应急物资的使用管理

附5

应急工作组职责示例

（各地可根据实际情况设置）

应急工作组组成		主要负责人和联系电话	日常职位和专业方向	应急职责
应急处置组	为现场应急处置机构，一般由熟悉水源地情况或水体应急处置修复工作的人员组成	明确具体的责任人、联系电话，确保通信畅通，能及时联系	明确具体人员的日常职位和专业方向	（1）负责组织制定应急处置方案；（2）负责现场污染物消除、围堵和削减，以及污染物收集、转运和异地处置等工作

应急工作组组成		主要负责人和联系电话	日常职位和专业方向	应急职责
应急监测组	为应急监测机构，一般由环境保护、住房城乡建设、卫生和水利等有关部门的人员组成			（1）负责制定应急监测方案； （2）负责在污染带上游、下游分别设置断面进行应急监测； （3）负责应急期间的水源地、供水单位和管网末梢水的水质监测
应急供水保障组	为供水保障机构，一般由住房城乡建设、水利、环境保护、卫生等有关部门的人员组成	明确具体的责任人、联系电话，确保通信畅通，能及时联系	明确具体人员的日常职位和专业方向	（1）负责制定应急供水保障方案； （2）负责指导供水单位启动深度处理设施或备用水源以及应急供水车等措施，保障居民用水
应急物资保障组	为后勤保障机构，一般由负责管理应急物资的部门或单位的人员组成			（1）负责制定应急物资保障方案； （2）负责调配应急物资、协调运输车辆； （3）负责协调补偿征用物资、应急救援和污染物处置等费用
应急专家组	为参谋机构，一般由水源地管理、水体修复、环境保护和饮水卫生安全等方面的专家组成			为现场应急处置提供技术支持
综合组	为综合协调机构，一般由熟悉应急管理、信息报告、信息发布和舆情应对等方面的人员组成			负责信息报告、信息发布和舆情应对等工作

关于发布《污染源源强核算技术指南　准则》等五项国家环境保护标准的公告

生态环境部公告　2018 年第 2 号

　　为贯彻落实《中华人民共和国环境保护法》《中华人民共和国环境影响评价法》，完善建设项目环境影响评价及排污许可技术支撑体系，指导和规范钢铁工业、水泥工业、制浆造纸、火电等行业污染源源强核算工作，现批准《污染源源强核算技术指南　准则》《污染源源强核算技术指南　钢铁工业》《污染源源强核算技术指南　水泥工业》《污染源源强核算技术指南　制浆造纸》和《污染源源强核算技术指南　火电》为国家环境保护标准，并予发布。

标准名称、编号如下：

《污染源源强核算技术指南　准则》（HJ 884—2018）

《污染源源强核算技术指南　钢铁工业》（HJ 885—2018）

《污染源源强核算技术指南　水泥工业》（HJ 886—2018）

《污染源源强核算技术指南　制浆造纸》（HJ 887—2018）

《污染源源强核算技术指南　火电》（HJ 888—2018）

以上标准自发布之日起实施，由中国环境出版社出版，标准内容可在环境保护部网站（www.mee.gov.cn）查询。

特此公告。

生态环境部

（环境保护部代章）

2018 年 3 月 27 日

关于发布《排污单位环境管理台账及排污许可证执行报告技术规范　总则（试行）》国家环境保护标准的公告

生态环境部公告　2018 年第 3 号

为贯彻落实《中华人民共和国环境保护法》《中华人民共和国大气污染防治法》《中华人民共和国水污染防治法》等法律法规，以及《国务院办公厅关于印发控制污染物排放许可制实施方案的通知》（国办发〔2016〕81 号）和《排污许可管理办法（试行）》（环境保护部令第 48 号），完善排污许可技术支撑体系，指导和规范排污单位排污许可证申请与核发工作，我部组织制定了《排污单位环境管理台账及排污许可证执行报告技术规范 总则（试行）》，现予发布。

标准名称、编号如下：

《排污单位环境管理台账及排污许可证执行报告技术规范　总则（试行）》（HJ 944—2018）。

以上标准自发布之日起实施，由中国环境出版社出版，标准内容可在生态环境部政府网站查询。

特此公告。

生态环境部

（环境保护部代章）

2018 年 3 月 27 日

关于发布《燃煤电厂超低排放烟气治理工程技术规范》等 3 项国家环境保护标准的公告

生态环境部公告 2018 年第 4 号

为贯彻《中华人民共和国环境保护法》，规范相关行业污染防治工程建设和运行管理，现批准《燃煤电厂超低排放烟气治理工程技术规范》《磷肥工业废水治理工程技术规范》《城市轨道交通环境振动与噪声控制工程技术规范》为国家环境保护标准，并予发布。

标准名称、编号如下：

《燃煤电厂超低排放烟气治理工程技术规范》（HJ 2053—2018）；

《磷肥工业废水治理工程技术规范》（HJ 2054—2018）；

《城市轨道交通环境振动与噪声控制工程技术规范》（HJ 2055—2018）。

以上标准自 2018 年 6 月 1 日起实施，由中国环境科学出版社出版，标准内容可在生态环境部网站（www.mee.gov.cn）查询。

特此公告。

生态环境部

2018 年 4 月 8 日

关于 2017 年国家重点监控企业主要污染物排放严重超标和处罚情况的公告

生态环境部公告 2018 年第 5 号

按照《中华人民共和国环境保护法》的有关规定，我部根据主要污染物排放自动监测数据汇总整理了 2017 年国家重点监控企业严重超标和处罚情况，现予公布。

一、列入 2017 年主要污染物排放严重超标的国家重点监控企业，应按照《中华人民共和国环境保护法》的要求，采取有效措施整改违法排污行为，向社会公开整改措施和完成时限。

二、对严重超标企业的处罚情况，请查阅企业所在地省级生态环境部门网站"污染源环境监管信息公开"栏目。

三、欢迎社会各界监督举报企业超标排放违法行为。

特此公告。

附件：2017年国家重点监控企业主要污染物排放严重超标和处罚情况

生态环境部

2018年4月10日

附件

2017年第一季度国家重点监控企业主要污染物排放严重超标和处罚情况

序号	行政区划	企业名称	处罚情况	整改情况
1	北京市	北京市丰台区污水处理设施管理所	警告	限期2018年5月17日完成整改
2	河北省	辛集市水处理中心	警告	2017年12月底已整改完成
3	河北省	张家口市塞北管理区圣洁污水处理有限公司	罚款4.54万元	2017年3月13日达标
4	山西省	陵川县洁美污水处理有限公司	罚款16万元；按日连续处罚118.68万元	已整改完成
5	山西省	吉县污水处理厂	罚款9.63万元	2017年4月3日达标
6	内蒙古自治区	乌达经济开发区污水处理厂	罚款23.21万元	已整改完成
7	内蒙古自治区	内蒙古恒业成有机硅有限公司	罚款16.71万元	2017年3月8日达标
8	内蒙古自治区	赤峰富龙热电厂有限责任公司	罚款34万元	2017年4月15日已关闭停产
9	内蒙古自治区	东乌旗广厦热电有限责任公司	罚款10万元；责令限期治理	2017年4月15日达标
10	辽宁省	辽中县污水生态处理厂	罚款1.97万元	已整改完成
11	辽宁省	鞍钢集团矿业公司齐大山铁矿	按日连续处罚360万元	已整改完成
12	辽宁省	鞍山盛盟煤气化有限公司	按日连续处罚590万元	已整改完成
13	辽宁省	鞍山市千峰供暖公司	警告	已整改完成
14	辽宁省	抚顺长顺电力有限公司	按日连续处罚340万元；责令限期治理	超标机组于2017年4月1日全部关停
15	辽宁省	本溪衡泽热力发展有限公司（溪湖区彩屯热源厂）	按日连续处罚160万元	已整改完成
16	辽宁省	本溪泛亚环保热电有限公司	罚款10万元	已整改完成
17	辽宁省	丹东五兴化纤纺织（集团）有限公司	罚款10万元	2017年12月底已全面停产
18	辽宁省	北控（大石桥）水务发展有限公司	按日连续处罚60.27万元	正在整改
19	吉林省	德惠市东风污水处理有限公司	罚款16.27万元；按日连续处罚179.06万元	2017年4月17日达标

序号	行政区划	企业名称	处罚情况	整改情况
20	吉林省	松原市供热公司	罚款10万元	2017年3月25日达标
21	吉林省	延吉市集中供热有限责任公司	按日连续处罚290万元	已整改完成
22	黑龙江省	黑龙江龙煤鹤岗矿业有限责任公司热电厂	罚款10万元；按日连续处罚270万元；限制生产	已整改完成
23	黑龙江省	逊克县污水处理厂	罚款11.02万元	已整改完成
24	黑龙江省	宾州镇污水处理厂	罚款2.29万元；按日连续处罚11.47万元；责令限期治理	2017年3月14日达标
25	黑龙江省	中煤龙化哈尔滨煤化工有限公司	处罚174万元	2017年9月已整改完成
26	浙江省	温岭市泽国丹崖污水处理服务有限公司	责令限期治理	2017年4月10日达标
27	贵州省	习水县供水公司污水处理有限公司	罚款8万元	2017年4月28日达标
28	贵州省	仁怀市中枢污水处理厂	警告；责令限期治理	2017年3月18日达标
29	贵州省	普定县污水处理厂	罚款5万元	2017年4月4日达标
30	青海省	西宁张氏实业集团畜禽制品有限公司	罚款1.44万元；按日连续处罚35.92万元	已整改完成
31	宁夏回族自治区	宁夏电投银川热电有限公司	罚款30万元	已整改完成
32	宁夏回族自治区	贺兰县惠民科技有限公司（原贺兰县污水处理厂）	罚款31.9万元	已整改完成
33	宁夏回族自治区	平罗县供热公司	责令限期治理	该公司锅炉全部关停
34	宁夏回族自治区	彭阳县污水处理厂	警告	2017年7月已整改完成
35	宁夏回族自治区	西吉县污水处理厂	警告	2017年7月已整改完成
36	宁夏回族自治区	海原县污水处理厂	罚款13.51万元	已整改完成
37	新疆维吾尔自治区	乌鲁木齐河东威立雅水务有限公司	警告	正在整改（城北再生水厂建成后，对该公司排水深度处理，城北再生水厂二期工程已试运行，三期正在建设）
38	新疆维吾尔自治区	温泉县供排水有限责任公司	罚款3万元	已整改完成
39	新疆维吾尔自治区	库尔勒金城洁净排水有限责任公司	警告	2017年2月20日达标
40	新疆维吾尔自治区	沙湾县永弘焦化有限责任公司	罚款25万元	已整改完成

2017 年第二季度国家重点监控企业主要污染物排放严重超标和处罚情况

序号	行政区划	企业名称	处罚情况	整改情况
1	北京市	北京市丰台区污水处理设施管理所	罚款 15 万元	限期 2018 年 5 月 17 日完成整改
2	河北省	深泽县嘉诚水质净化有限公司	罚款 214.73 万元	已整改完成
3	河北省	辛集市水处理中心	警告	2017 年 12 月底已整改完成
4	河北省	唐山市丰南区城南污水处理厂	罚款 101 万元	2017 年 7 月 2 日达标
5	山西省	陵川县洁美污水处理有限公司	罚款 16 万元；按日连续处罚 118.68 万元	2017 年 5 月 12 日达标
6	山西省	文水大运水工业有限公司（污水厂）	罚款 1.24 万元	2017 年 6 月 6 日达标
7	山西省	交城县供水公司污水处理厂	罚款 5.40 万元	已整改完成
8	内蒙古自治区	赤峰富龙热电厂有限责任公司	罚款 34 万元	2017 年 4 月 15 日关闭停产
9	内蒙古自治区	包头市加通污水处理有限责任公司	罚款 180.75 万元	正在整改
10	内蒙古自治区	乌达经济开发区污水处理厂（内蒙古普信环保科技有限公司）	罚款 86.3991 万元	已整改完成
11	内蒙古自治区	宁城县污水处理工程建设管理处	责令限期治理	2017 年 5 月 9 日达标
12	辽宁省	鞍山盛盟煤气化有限公司	罚款 910 万元	2017 年 9 月底已整改完成
13	辽宁省	丹东五兴化纤纺织（集团）有限公司	罚款 10 万元；按日连续处罚 110 万元	2017 年 12 月底已全面停产
14	辽宁省	阜新煤矸石热电厂	罚款 10 万元	已整改完成
15	辽宁省	辽中县污水生态处理厂	罚款 6.42 万元	2017 年 5 月 10 日达标
16	辽宁省	鞍山腾鳌污水处理有限公司	罚款 10 万元	已整改完成
17	辽宁省	海城渤海环境工程有限公司	责令限期治理	已整改完成
18	辽宁省	北控（大石桥）水务发展有限公司	警告	正在整改
19	黑龙江省	中煤龙化哈尔滨煤化工有限公司	罚款 81 万元；按日连续处罚 81 万元	2017 年 5 月 26 日全厂 7 台锅炉全部停炉检修
20	黑龙江省	五大连池市污水处理厂	罚款 28.66 万元	2017 年 7 月 8 日达标
21	黑龙江省	逊克县污水处理厂	罚款 4.45 万元	已整改完成
22	黑龙江省	龙江县清龙湾污水处理有限公司	按日连续处罚 309.38 万元	已整改完成
23	浙江省	绍兴太平洋印染有限公司（绍兴市金丰印染有限公司）	罚款 49.11 万元	2017 年 6 月 30 日达标
24	湖北省	湖北三峡新型建材股份有限公司	罚款 440 万元	2017 年 7 月 23 日达标
25	湖南省	永州市蓝山建宏环保有限公司（蓝山县污水处理厂）	罚款 5.08 万元	2017 年 6 月 11 日达标
26	湖南省	保靖县污水处理厂	罚款 2 万元	2017 年 7 月 4 日达标
27	贵州省	镇宁自治县污水处理厂	罚款 1 万元	2017 年 5 月 24 日达标
28	贵州省	思南县污水处理厂	罚款 0.81 万元	已整改完成

序号	行政区划	企业名称	处罚情况	整改情况
29	贵州省	顶效开发区污水处理厂	罚款 5 万元	2017 年 5 月 12 日达标
30	陕西省	富县城区生活污水处理厂	罚款 6.90 万元	2017 年 7 月 4 日达标
31	宁夏回族自治区	宁夏电投银川热电有限公司	罚款 68.80 万元	已整改完成
32	宁夏回族自治区	西吉县污水处理厂	警告	已整改完成
33	宁夏回族自治区	海原县污水处理厂	罚款 8.08 万元；按日连续处罚 105.07 万元	已整改完成
34	新疆维吾尔自治区	乌鲁木齐河东威立雅水务有限公司	警告	正在整改（城北再生水厂建成后，对该公司排水深度处理，城北再生水厂二期工程已试运行，三期正在建设）
35	新疆维吾尔自治区	乌鲁木齐市头屯河区西站污水处理厂	警告	2017 年 6 月 13 日达标
36	新疆维吾尔自治区	哈密市污水处理厂	罚款 25 万元	正在整改
37	新疆维吾尔自治区	温泉县供排水有限责任公司	警告	已整改完成

2017 年第三季度国家重点监控企业主要污染物排放严重超标和处罚情况

序号	行政区划	企业名称	处罚情况	整改情况
1	北京市	北京市丰台区污水处理设施管理所	责令限期治理	限期 2018 年 5 月 17 日完成整改
2	河北省	唐山市荣义炼焦制气有限公司	罚款 20 万元	已整改完成
3	河北省	辛集市水处理中心	警告	2017 年 12 月底已整改完成
4	山西省	灵石县污水处理厂	责令限期治理	2017 年 9 月 20 日完成技改
5	山西省	山西晋城钢铁控股集团有限公司	罚款 45 万元	2017 年 9 月 30 日完成治理
6	内蒙古自治区	乌达经济开发区污水处理厂	罚款 1.65 万元	已整改完成
7	内蒙古自治区	通辽环亚水务科技有限公司宝龙山分公司	罚款 2.92 万元	已整改完成
8	内蒙古自治区	呼伦贝尔市海拉尔区污水处理厂	警告	预计 2018 年 10 月 15 日完成改造
9	内蒙古自治区	牙克石市益民污水处理厂	警告	预计 2018 年 8 月完成提标改造
10	内蒙古自治区	东乌旗乌里雅斯太镇污水处理厂	罚款 1 万元，按日连续处罚 45.09 万元	已整改完成
11	内蒙古自治区	黄河工贸集团千里山煤焦化有限责任公司	罚款 10 万元	正在整改

序号	行政区划	企业名称	处罚情况	整改情况
12	内蒙古自治区	乌海市华资煤焦有限公司	警告	已整改完成
13	内蒙古自治区	包头市加通污水处理有限责任公司	罚款 24.70 万元，按日连续处罚 707.73 万元	正在整改
14	辽宁省	鞍山盛盟煤气化有限公司	罚款 10 万元，按日连续处罚 320 万元	脱硫脱销改造工程已完工，2017 年 10 月 20 日开始联机调试
15	辽宁省	丹东五兴化纤纺织（集团）有限公司	罚款 10 万元	2017 年 12 月底已全面停产
16	辽宁省	鞍山腾鳌污水处理有限公司	罚款 10 万元	已整改完成
17	辽宁省	海城渤海环境工程有限公司	责令限期治理	2017 年 12 月 31 日前已整改完成
18	辽宁省	北控（大石桥）水务发展有限公司	警告	正在整改
19	吉林省	双辽市蓝天污水处理有限责任公司	罚款 30.52 万元	正在整改
20	吉林省	东丰县三达水务有限公司	警告	已整改完成
21	黑龙江省	饶河县镇北污水处理厂	罚款 2.870 8 万元	已整改完成
22	黑龙江省	逊克县污水处理厂	责令停产整治	已整改完成
23	江苏省	江苏洋河酒厂股份有限公司	警告	已整改完成
24	浙江省	慈溪热电厂	罚款 14.10 万元，按日连续处罚 126.90 万元	2017 年年底已关停
25	浙江省	湖州南浔和孚污水处理厂	责令限期治理	2017 年 11 月 30 日已整改完成
26	浙江省	舟山市丰岛工业投资开发有限公司	罚款 4.66 万元，按日连续处罚 83.88 万元	已整改完成
27	山东省	山东斯普莱环境科技有限公司	罚款 3.669 0 万元	已整改完成
28	河南省	范县华兴羽绒制品有限公司	罚款 1.258 8 万元	已整改完成
29	河南省	长垣县清泉污水处理有限公司	责令限期治理	已整改完成
30	河南省	孟州市田寺污水处理厂	罚款 0.96 万元	已整改完成
31	广东省	珠海市城市排水有限公司新青水质净化厂	责令限期治理	2017 年 11 月 20 日完成限期治理
32	四川省	攀枝花市水务（集团）有限公司污水处理分公司仁和污水处理厂	罚款 18.08 万元	2017 年 11 月 15 日完成限期治理
33	贵州省	镇宁自治县污水处理厂	罚款 1 万元	2017 年 12 月 31 日完成停产改造
34	贵州省	思南县污水处理厂	罚款 0.81 万元，按日连续处罚 13.90 万元	已整改完成
35	贵州省	贵州梵净山金顶水泥有限公司	责令限期治理	已整改完成
36	陕西省	西安神州水务工程有限公司（户县第二污水厂）	罚款 28.374 3 万元	已整改完成
37	陕西省	泾阳县冠业生物净化有限公司	警告	已整改完成

序号	行政区划	企业名称	处罚情况	整改情况
38	陕西省	扶风县百合污水处理有限责任公司	警告	已整改完成
39	宁夏回族自治区	宁夏电投银川热电有限公司	罚款 10 万元	已整改完成
40	宁夏回族自治区	西吉县污水处理厂	警告	已整改完成
41	宁夏回族自治区	海原县污水处理厂	警告	已整改完成
42	新疆维吾尔自治区	新疆玛纳斯发电有限责任公司	警告	正在整改（该企业 2017 年 4 月 20 日启动超低排放改造项目，8 号机组计划于 11 月 15 日完成，7 号机组于 12 月 30 日前完成 1~6 号机组由于冬季供热暂无计划）
43	新疆维吾尔自治区	新疆中泰矿冶有限公司	责令限期治理	已整改完成
44	新疆维吾尔自治区	华电新疆发电有限公司哈密分公司	罚款 70 万元	已整改完成
45	新疆维吾尔自治区	潞安新疆煤化工（集团）有限公司热电分公司	罚款 100 万元	已整改完成
46	新疆维吾尔自治区	新疆美克化工股份有限公司	警告	已整改完成
47	新疆维吾尔自治区	乌鲁木齐河东威立雅水务有限公司	警告	正在整改（城北再生水厂建成后，对该公司排水深度处理，城北再生水厂二期工程已试运行，三期正在建设）
48	新疆维吾尔自治区	哈密市污水处理厂	罚款 55.862 8 万元	正在整改
49	新疆生产建设兵团	新疆奎屯热电厂二厂	警告	已整改完成

2017 年第四季度国家重点监控企业主要污染物排放严重超标和处罚情况

序号	行政区划	企业名称	处罚情况	整改情况
1	北京市	北京市丰台区污水处理设施管理所	责令限期治理	限期 2018 年 5 月 17 日完成整改
2	河北省	辛集市水处理中心	责令限期治理	2017 年 12 月底完成整改
3	河北省	国中（秦皇岛）污水处理有限公司	责令限期治理	正在整改
4	河北省	河北民悦热力供应有限公司	罚款 12 万元，警告	已维修废气治理设施和在线设施
5	河北省	青县荣盛供热有限公司	罚款 12 万元，警告	已整改完成
6	河北省	青县华源集中供热管理有限公司	罚款 13 万元，警告	已整改完成
7	山西省	大同市新荣区污水处理厂	罚款 12 万元	正在整改
8	山西省	灵石县污水处理厂	责令限期治理	正在整改
9	山西省	运城市城东污水处理中心	罚款 6.23 万元	已整改完成

序号	行政区划	企业名称	处罚情况	整改情况
10	山西省	芮城县源清污水处理有限公司	罚款 13.433 6 万元	已整改完成
11	内蒙古自治区	包头市加通污水处理有限责任公司	罚款 24.702 2 万元，按日连续处罚 707.732 4 万元	正在整改
12	内蒙古自治区	固阳县金山镇生活污水处理站	罚款 9.061 4 万元，按日连续处罚 216.559 2 万元	正在整改
13	内蒙古自治区	乌达经济开发区污水处理厂	罚款 32.672 2 万元	正在整改
14	内蒙古自治区	通辽环亚水务科技有限公司宝龙山分公司	罚款 17.989 万元，责令限期治理	已整改完成
15	内蒙古自治区	牙克石市益民污水处理厂	罚款 5.000 16 万元	正在整改
16	内蒙古自治区	黄河工贸集团千里山煤焦化有限责任公司	罚款 10 万元，按日连续处罚 110 万元	正在整改
17	内蒙古自治区	东乌旗广厦热电有限责任公司	罚款 10 万元	正在整改
18	辽宁省	大连清本再生水有限公司	警告	限期 2018 年 6 月完成改造
19	辽宁省	海城汇通污水处理有限公司	责令限期治理	已整改完成
20	辽宁省	北控（大石桥）水务发展有限公司	警告	正在整改
21	辽宁省	大连热电股份有限公司北海热电厂	警告	已整改完成
22	辽宁省	鞍山盛盟煤气化有限公司	罚款 10 万元，按日连续处罚 640 万元	正在整改
23	辽宁省	本溪衡泽热力发展有限公司（溪湖区彩屯热源厂）	警告	正在整改
24	辽宁省	本溪泛亚环保热电有限公司	罚款 100 万元	正在整改
25	辽宁省	丹东五兴化纤纺织（集团）有限公司	责令关闭	全面停产
26	辽宁省	锦州金日纸业有限责任公司	警告	已整改完成
27	吉林省	双辽市蓝天污水处理有限责任公司	罚款 16.839 2 万元	正在整改
28	吉林省	梅河口市三达水务有限公司	罚款 66.716 4 万元	正在整改
29	吉林省	松原市供热公司	罚款 25 万元	已整改完成
30	浙江省	象山爵溪污水处理有限公司	罚款 3 万元	已整改完成
31	浙江省	嘉善县大地污水处理工程有限公司姚庄污水处理厂	罚款 15.54 万元	正在整改
32	浙江省	湖州南浔和孚污水处理厂	限制生产	正在整改
33	浙江省	德清县新市乐安污水处理厂	罚款 20.6 万元	正在整改
34	浙江省	慈溪热电厂	罚款 141 万元	已关停
35	河南省	濮阳县清源水务有限公司	罚款 24.709 2 万元，责令限期治理	已整改完成
36	广东省	珠海市城市排水有限公司新青水质净化厂	责令限期治理	2017 年 11 月 20 日已整改完成
37	四川省	攀枝花市水务（集团）有限公司污水处理分公司仁和污水处理厂	罚款 18.071 61 万元	正在整改

序号	行政区划	企业名称	处罚情况	整改情况
38	贵州省	镇宁自治县污水处理厂	罚款1万元	已整改完成
39	云南省	云南曲靖德鑫煤业股份有限公司	警告	正在整改
40	甘肃省	永昌县供热公司	罚款11.8万元，按日连续处罚342.2万元	正在整改
41	新疆维吾尔自治区	新疆玛纳斯发电有限责任公司	罚款100万元	正在整改（该企业2017年4月20日启动超低排放改造项目，8号机组计划于11月15日完成，7号机组于12月30日前完成1~6号机组由于冬季供热暂无计划）
42	新疆维吾尔自治区	潞安新疆煤化工（集团）有限公司热电分公司	罚款100万元，责令限期治理	限期2018年10月14日完成整改
43	新疆维吾尔自治区	新疆腾博热力公司	警告	已整改完成
44	新疆维吾尔自治区	乌鲁木齐河东威立雅水务有限公司	警告	正在整改（城北再生水厂建成后，对该公司排水深度处理，城北再生水厂二期工程已试运行，三期正在建设）
45	新疆维吾尔自治区	哈密市污水处理厂	罚款55万元，责令限期治理	正在整改

关于调整《进口废物管理目录》的公告

生态环境部公告 2018年第6号

为进一步规范固体废物进口管理，防治环境污染，根据《中华人民共和国固体废物污染环境防治法》《固体废物进口管理办法》及有关法律法规，生态环境部、商务部、发展改革委、海关总署对现行的《限制进口类可用作原料的固体废物目录》《非限制进口类可用作原料的固体废物目录》和《禁止进口固体废物目录》进行以下调整：

一、将废五金类、废船、废汽车压件、冶炼渣、工业来源废塑料等16个品种固体废物（见附件1），从《限制进口类可用作原料的固体废物目录》调入《禁止进口固体废物目录》，自2018年12月31日起执行。

二、将不锈钢废碎料、钛废碎料、木废碎料等16个品种固体废物（见附件2），从《限制进口类可用作原料的固体废物目录》《非限制进口类可用作原料的固体废物目录》调入

《禁止进口固体废物目录》，自 2019 年 12 月 31 日起执行。

《进口废物管理目录》（环境保护部、商务部、发展改革委、海关总署、质检总局 2017 年第 39 号公告）所附目录与本公告不一致的，以本公告为准。

特此公告。

附件：1. 2018 年年底调整为禁止进口的固体废物目录

2. 2019 年年底调整为禁止进口的固体废物目录

生态环境部

商务部

发展改革委

海关总署

2018 年 4 月 13 日

附件 1

2018 年年底调整为禁止进口的固体废物目录

序号	海关商品编号	废物名称	简称	其他要求或注释
1	2618001001	主要含锰的冶炼钢铁产生的粒状熔渣，含锰量＞25%（包括熔渣砂）	含锰大于 25%的冶炼钢铁产生的粒状熔渣	
2	2619000010	轧钢产生的氧化皮	轧钢产生的氧化皮	
3	2619000030	含铁大于 80%的冶炼钢铁产生的渣钢铁	含铁大于 80%的冶炼钢铁产生的渣钢铁	
4	3915100000	乙烯聚合物的废碎料及下脚料	乙烯聚合物的废碎料及下脚料，不包括铝塑复合膜	工业来源废塑料（指在塑料生产及塑料制品加工过程中产生的热塑性下脚料、边角料和残次品）
5			铝塑复合膜	
6	3915200000	苯乙烯聚合物的废碎料及下脚料	苯乙烯聚合物的废碎料及下脚料	
7	3915300000	氯乙烯聚合物的废碎料及下脚料	氯乙烯聚合物的废碎料及下脚料	
8	3915901000	聚对苯二甲酸乙二酯废碎料及下脚料	PET 的废碎料及下脚料，不包括废 PET 饮料瓶（砖）	
9			废 PET 饮料瓶（砖）	
10	3915909000	其他塑料的废碎料及下脚料	其他塑料的废碎料及下脚料，不包括废光盘破碎料	
11			废光盘破碎料	
12	7204490010	废汽车压件	废汽车压件	
13	7204490020	以回收钢铁为主的废五金电器	以回收钢铁为主的废五金电器	
14	7404000010	以回收铜为主的废电机等（包括废电机、电线、电缆、五金电器）	以回收铜为主的废电机等	

序号	海关商品编号	废物名称	简称	其他要求或注释
15	7602000010	以回收铝为主的废电线等（包括废电线、电缆、五金电器）	以回收铝为主的废电线等	
16	8908000000	供拆卸的船舶及其他浮动结构体	废船	

注：海关商品编号栏仅供参考。

附件2

2019年年底调整为禁止进口的固体废物目录

序号	海关商品编号	废物名称	简称	其他要求或注释
1	4401310000	木屑棒	木废料	
2	4401390000	其他锯末、木废料及碎片		
3	4501901000	软木废料	软木废料	
4	7204210000	不锈钢废碎料	不锈钢废碎料	
5	8101970000	钨废碎料	钨废碎料	
6	8104200000	镁废碎料	镁废碎料	
7	8106001092	其他未锻轧铋废碎料	铋废碎料	
8	8108300000	钛废碎料	钛废碎料	
9	8109300000	锆废碎料	锆废碎料	
10	8112921010	未锻轧锗废碎料	锗废碎料	
11	8112922010	未锻轧的钒废碎料	钒废碎料	
12	8112924010	铌废碎料	铌废碎料	
13	8112929011	未锻轧的铪废碎料	铪废碎料	
14	8112929091	未锻轧的镓、铼废碎料	镓、铼废碎料	
15	8113001010	颗粒或粉末状碳化钨废碎料	颗粒或粉末状碳化钨废碎料	
16	8113009010	其他碳化钨废碎料，颗粒或粉末除外	其他碳化钨废碎料，颗粒或粉末除外	

注：海关商品编号栏仅供参考。

关于发布《建设项目竣工环境保护验收技术指南 污染影响类》的公告

生态环境部公告　2018年第9号

为贯彻落实《建设项目环境保护管理条例》和《建设项目竣工环境保护验收暂行办法》，

进一步规范和细化建设项目竣工环境保护验收的标准和程序，提高可操作性，我部制定了《建设项目竣工环境保护验收技术指南 污染影响类》，现予公布。

特此公告。

附件：建设项目竣工环境保护验收技术指南 污染影响类

生态环境部

2018 年 5 月 15 日

附件

建设项目竣工环境保护验收技术指南 污染影响类

1 适用范围

本技术指南规定了污染影响类建设项目竣工环境保护验收的总体要求，提出了验收程序、验收自查、验收监测方案和报告编制、验收监测技术的一般要求。

本技术指南适用于污染影响类建设项目竣工环境保护验收，已发布行业验收技术规范的建设项目从其规定，行业验收技术规范中未规定的内容按照本指南执行。

2 术语和定义

下列术语和定义适用于本指南。

2.1 污染影响类建设项目

污染影响类建设项目是指主要因污染物排放对环境产生污染和危害的建设项目。

2.2 建设项目竣工环境保护验收监测

建设项目竣工环境保护验收监测是指在建设项目竣工后依据相关管理规定及技术规范对建设项目环境保护设施建设、调试、管理及其效果和污染物排放情况开展的查验、监测等工作，是建设项目竣工环境保护验收的主要技术依据。

2.3 环境保护设施

环境保护设施是指防治环境污染和生态破坏以及开展环境监测所需的装置、设备和工程设施等。

2.4 环境保护措施

环境保护措施是指预防或减轻对环境产生不良影响的管理或技术等措施。

2.5 验收监测报告

验收监测报告是依据相关管理规定和技术要求，对监测数据和检查结果进行分析、评价得出结论的技术文件。

2.6 验收报告

验收报告是记录建设项目竣工环境保护验收过程和结果的文件，包括验收监测报告、验收意见和其他需要说明的事项三项内容。

3 验收工作程序

验收工作主要包括验收监测工作和后续工作，其中验收监测工作可分为启动、自查、编制验收监测方案、实施监测与检查、编制验收监测报告五个阶段。具体工作程序见图1。验收推荐程序与方法见附录1。

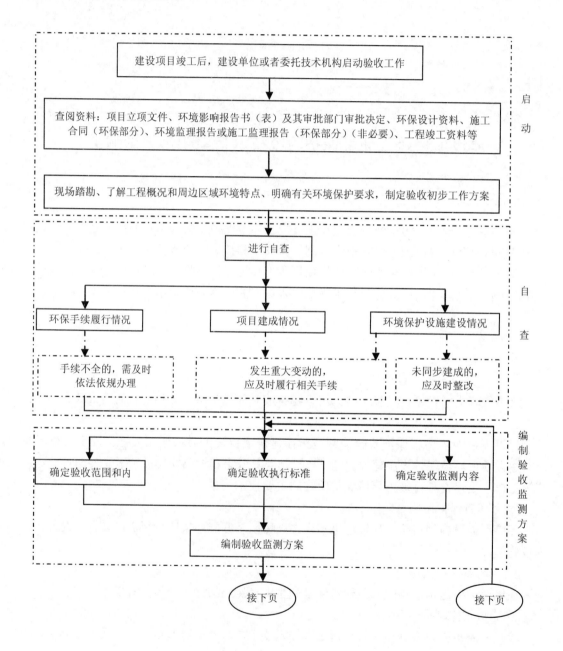

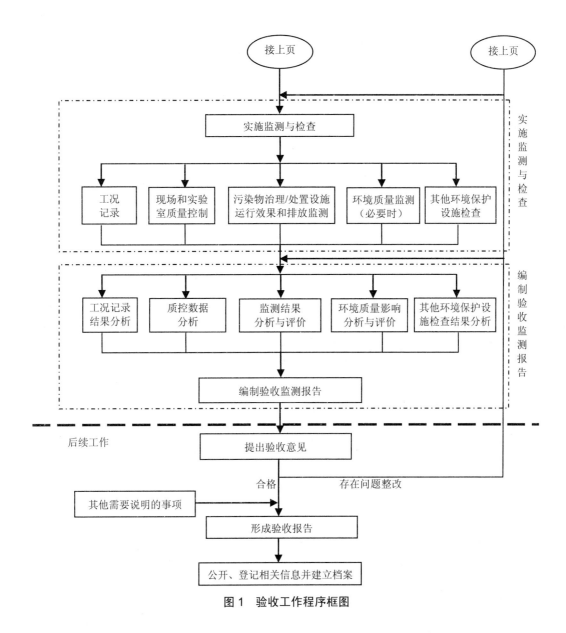

图 1 验收工作程序框图

4 验收自查

4.1 环保手续履行情况

主要包括环境影响报告书（表）及其审批部门审批决定，初步设计（环保篇）等文件，国家与地方生态环境部门对项目的督查、整改要求的落实情况，建设过程中的重大变动及相应手续履行情况，是否按排污许可相关管理规定申领了排污许可证，是否按辐射安全许可管理办法申领了辐射安全许可证。

4.2 项目建成情况

对照环境影响报告书（表）及其审批部门审批决定等文件，自查项目建设性质、规模、地点，主要生产工艺、产品及产量、原辅材料消耗，项目主体工程、辅助工程、公用工程、储运工程和依托工程内容及规模等情况。

4.3 环境保护设施建设情况

4.3.1 建设过程

施工合同中是否涵盖环境保护设施的建设内容和要求，是否有环境保护设施建设进度和资金使用内容，项目实际环保投资总额占项目实际总投资额的百分比。

4.3.2 污染物治理/处置设施

按照废气、废水、噪声、固体废物的顺序，逐项自查环境影响报告书（表）及其审批部门审批决定中的污染物治理/处置设施建成情况，如废水处理设施类别、规模、工艺及主要技术参数，排放口数量及位置；废气处理设施类别、处理能力、工艺及主要技术参数，排气筒数量、位置及高度；主要噪声源的防噪降噪设施；辐射防护设施类别及防护能力；固体废物的储运场所及处置设施等。

4.3.3 其他环境保护设施

按照环境风险防范、在线监测和其他设施的顺序，逐项自查环境影响报告书（表）及其审批部门审批决定中的其他环境保护设施建成情况，如装置区围堰、防渗工程、事故池；规范化排污口及监测设施、在线监测装置；"以新带老"改造工程、关停或拆除现有工程（旧机组或装置）、淘汰落后生产装置；生态恢复工程、绿化工程、边坡防护工程等。

4.3.4 整改情况

自查发现未落实环境影响报告书（表）及其审批部门审批决定要求的环境保护设施的，应及时整改。

4.4 重大变动情况

自查发现项目性质、规模、地点、采用的生产工艺或者防治污染、防止生态破坏的措施发生重大变动，且未重新报批环境影响报告书（表）或环境影响报告书（表）未经批准的，建设单位应及时依法依规履行相关手续。

5 验收监测方案与验收监测报告编制

5.1 验收监测方案编制

5.1.1 验收监测方案编制目的及要求

编制验收监测方案是根据验收自查结果，明确工程实际建设情况和环境保护设施落实情况，在此基础上确定验收工作范围、验收评价标准，明确监测期间工况记录方法，确定验收监测点位、监测因子、监测方法、频次等，确定其他环境保护设施验收检查内容，制定验收监测质量保证和质量控制工作方案。

验收监测方案作为实施验收监测与检查的依据，有助于验收监测与检查工作开展得更加规范、全面和高效。石化、化工、冶炼、印染、造纸、钢铁等重点行业编制环境影响报告书的项目推荐编制验收监测方案。建设单位也可根据建设项目的具体情况，自行决定是否编制验收监测方案。

5.1.2 验收监测方案推荐内容

验收监测方案内容可包括：建设项目概况、验收依据、项目建设情况、环境保护设施、验收执行标准、验收监测内容、现场监测注意事项、其他环保设施检查内容、质量保证和质量控制方案等。

5.2 验收监测报告编制

编制验收监测报告是在实施验收监测与检查后，对监测数据和检查结果进行分析、评价得出结论。结论应明确环境保护设施调试、运行效果，包括污染物排放达标情况、环境保护设施处理效率达到设计指标情况、主要污染物排放总量核算结果与总量指标符合情况，建设项目对周边环境质量的影响情况，其他环保设施落实情况等。

5.2.1 报告编制基本要求

验收监测报告编制应规范、全面，必须如实、客观、准确地反映建设项目对环境影响报告书（表）及审批部门审批决定要求的落实情况。

5.2.2 验收监测报告内容

验收监测报告内容应包括但不限于以下内容：

建设项目概况、验收依据、项目建设情况、环境保护设施、环境影响报告书（表）主要结论与建议及审批部门审批决定、验收执行标准、验收监测内容、质量保证和质量控制、验收监测结果、验收监测结论、建设项目环境保护"三同时"竣工验收登记表等。

编制环境影响报告书的建设项目应编制建设项目竣工环境保护验收监测报告，编制环境影响报告表的建设项目可视情况自行决定编制建设项目竣工环境保护验收监测报告书或表。建设项目竣工环境保护验收监测报告书参考格式与内容见附录 2-1，建设项目竣工环境保护验收监测表参考格式见附录 2-2。

6 验收监测技术要求

6.1 工况记录要求

验收监测应当在确保主体工程工况稳定、环境保护设施运行正常的情况下进行，并如实记录监测时的实际工况以及决定或影响工况的关键参数，如实记录能够反映环境保护设施运行状态的主要指标。典型行业主体工程、环保工程及辅助工程在验收监测期间的工况记录推荐方法见附录 3。

6.2 验收执行标准

6.2.1 污染物排放标准

建设项目竣工环境保护验收污染物排放标准原则上执行环境影响报告书（表）及其审批部门审批决定所规定的标准。在环境影响报告书（表）审批之后发布或修订的标准对建设项目执行该标准有明确时限要求的，按新发布或修订的标准执行。特别排放限值的实施地域范围、时间，按国务院生态环境主管部门或省级人民政府规定执行。

建设项目排放环境影响报告书（表）及其审批部门审批决定中未包括的污染物，执行相应的现行标准。

对国家和地方标准以及环境影响报告书（表）审批决定中尚无规定的特征污染因子，可按照环境影响报告书（表）和工程《初步设计》（环保篇）等的设计指标进行参照评价。

6.2.2 环境质量标准

建设项目竣工环境保护验收期间的环境质量评价执行现行有效的环境质量标准。

6.2.3 环境保护设施处理效率

环境保护设施处理效率按照相关标准、规范、环境影响报告书（表）及其审批部门审批决定的相关要求进行评价，也可参照工程《初步设计》（环保篇）中的要求或设计指标进行评价。

6.3 监测内容

6.3.1 环保设施调试运行效果监测

6.3.1.1 环境保护设施处理效率监测

1) 各种废水处理设施的处理效率；

2) 各种废气处理设施的去除效率；

3) 固 (液) 体废物处理设备的处理效率和综合利用率等；

4) 用于处理其他污染物的处理设施的处理效率；

5) 辐射防护设施屏蔽能力及效果。

若不具备监测条件，无法进行环保设施处理效率监测的，需在验收监测报告 (表) 中说明具体情况及原因。

6.3.1.2 污染物排放监测

1) 排放到环境中的废水，以及环境影响报告书 (表) 及其审批部门审批决定中有回用或间接排放要求的废水；

2) 排放到环境中的各种废气，包括有组织排放和无组织排放；

3) 产生的各种有毒有害固 (液) 体废物，需要进行危废鉴别的，按照相关危废鉴别技术规范和标准执行；

4) 厂界环境噪声；

5) 环境影响报告书 (表) 及其审批部门审批决定、排污许可证规定的总量控制污染物的排放总量；

6) 场所辐射水平。

6.3.2 环境质量影响监测

环境质量影响监测主要针对环境影响报告书 (表) 及其审批部门审批决定中关注的环境敏感保护目标的环境质量，包括地表水、地下水和海水、环境空气、声环境、土壤环境、辐射环境质量等的监测。

6.3.3 监测因子确定原则

监测因子确定的原则如下：

1) 环境影响报告书 (表) 及其审批部门审批决定中确定的污染物；

2) 环境影响报告书 (表) 及其审批部门审批决定中未涉及，但属于实际生产可能产生的污染物；

3) 环境影响报告书 (表) 及其审批部门审批决定中未涉及，但现行相关国家或地方污染物排放标准中有规定的污染物；

4) 环境影响报告书 (表) 及其审批部门审批决定中未涉及，但现行国家总量控制规定的污染物；

5) 其他影响环境质量的污染物，如调试过程中已造成环境污染的污染物，国家或地方生态环境部门提出的、可能影响当地环境质量、需要关注的污染物等。

6.3.4 验收监测频次确定原则

为使验收监测结果全面真实地反映建设项目污染物排放和环境保护设施的运行效果，采样频次应能充分反映污染物排放和环境保护设施的运行情况，因此，监测频次一般按以下原则确定：

1）对有明显生产周期、污染物稳定排放的建设项目，污染物的采样和监测频次一般为 2～3 个周期，每个周期 3～多次（不应少于执行标准中规定的次数）；

2）对无明显生产周期、污染物稳定排放、连续生产的建设项目，废气采样和监测频次一般不少于 2 天、每天不少于 3 个样品；废水采样和监测频次一般不少于 2 天，每天不少于 4 次；厂界噪声监测一般不少于 2 天，每天不少于昼夜各 1 次；场所辐射监测运行和非运行两种状态下每个测点测试数据一般不少于 5 个；固体废物（液）采样一般不少于 2 天，每天不少于 3 个样品，分析每天的混合样，需要进行危废鉴别的，按照相关危废鉴别技术规范和标准执行；

3）对污染物排放不稳定的建设项目，应适当增加采样频次，以便能够反映污染物排放的实际情况；

4）对型号、功能相同的多个小型环境保护设施处理效率监测和污染物排放监测，可采用随机抽测方法进行。抽测的原则为：同样设施总数大于 5 个且小于 20 个的，随机抽测设施数量比例应不小于同样设施总数量的 50%；同样设施总数大于 20 个的，随机抽测设施数量比例应不小于同样设施总数量的 30%；

5）进行环境质量监测时，地表水和海水环境质量监测一般不少于 2 天、监测频次按相关监测技术规范并结合项目排放口废水排放规律确定；地下水监测一般不少于 2 天、每天不少于 2 次，采样方法按相关技术规范执行；环境空气质量监测一般不少于 2 天、采样时间按相关标准规范执行；环境噪声监测一般不少于 2 天、监测量及监测时间按相关标准规范执行；土壤环境质量监测至少布设三个采样点，每个采样点至少采集 1 个样品，采样点布设和样品采集方法按相关技术规范执行；

6）对设施处理效率的监测，可选择主要因子并适当减少监测频次，但应考虑处理周期并合理选择处理前、后的采样时间，对于不稳定排放的，应关注最高浓度排放时段。

6.4 质量保证和质量控制要求

验收监测采样方法、监测分析方法、监测质量保证和质量控制要求均按照《排污单位自行监测技术指南 总则》（HJ 819）执行。

附录 1

验收推荐程序与方法

1 推荐程序

建设单位可采用以下程序开展验收工作：

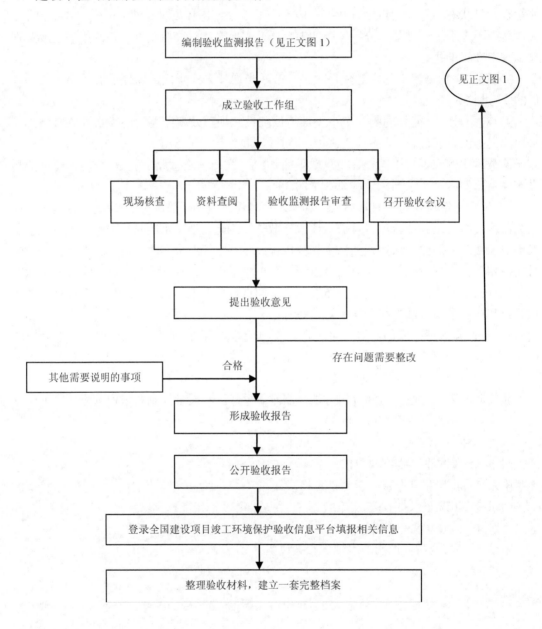

2 推荐方法

2.1 成立验收工作组

建设单位组织成立的验收工作组可包括项目的环保设施设计单位、环保设施施工单位、环境监理单位（如有）、环境影响报告书（表）编制单位、验收监测报告（表）编制单位等技术支持单位和环境保护验收、行业、监测、质控等领域的技术专家。技术支持单位和技术专家的专业技术能力应足够支撑验收组对项目能否通过验收做出科学准确的结论。

2.2 现场核查

验收工作组现场核查工作目的是核查验收监测报告（表）内容的真实性和准确性，补充了解验收监测报告（表）中反映不全面或不详尽的内容，进一步了解项目特点和区域环境特征等。现场核查是得出验收意见的一种有效手段。现场核查要点可参照原环境保护部《关于印发建设项目竣工环境保护验收现场检查及审查要点的通知》（环办〔2015〕113 号）。

2.3 形成验收意见

验收工作组可以召开验收会议的方式，在现场核查和对验收监测报告内容核查的基础上，严格依照国家有关法律法规、建设项目竣工环境保护验收技术规范、建设项目环境影响报告书（表）及其审批部门审批决定等要求对建设项目配套建设的环境保护设施进行验收，形成科学合理的验收意见。验收意见应当包括工程建设基本情况，工程变动情况，环境保护设施落实情况，环境保护设施调试运行效果，工程建设对环境的影响，项目存在的主要问题，验收结论和后续要求。对验收不合格的项目，验收意见中还应明确详细、具体可操作的整改要求。

验收意见参考格式见附录4。

2.4 建立档案

一套完整的建设项目竣工环境保护验收档案包括环境影响报告书（表）及其审批部门审批决定、初步设计（环保篇）或环保设计方案、施工合同（环保部分）、环境监测报告或施工监理报告（环保部分）（若有）、工程竣工资料（环保部分）、验收报告（含验收监测报告（表）、验收意见和其他需要说明的事项）、信息公开记录证明（需要保密的除外）。建设单位委托技术机构编制验收监测报告的，还可把委托合同、责任约定等委托涉及的关键材料存入档案。建设单位成立验收工作组协助开展验收工作的，还可把验收工作组单位及成员名单、技术专家专长介绍等材料存入档案。

验收监测报告（表）推荐格式

2-1 验收监测报告推荐格式

××项目竣工环境保护
验收监测报告

建设单位：

编制单位：

××××年××月

建设单位法人代表： （签字）

编制单位法人代表： （签字）

项 目 负 责 人：

报 告 编 写 人：

建设单位 _____ （盖章）   编制单位 _____ （盖章）

电话：   电话：

传真：   传真：

邮编：   邮编：

地址：   地址：

1 项目概况

简述项目名称、性质、建设单位、建设地点，环境影响报告书（表）编制单位与完成时间、审批部门、审批时间与文号、开工、竣工、调试时间、申领排污许可证情况、验收工作由来、验收工作的组织与启动时间、验收范围与内容、是否编制了验收监测方案、方案编制时间、现场验收监测时间、验收监测报告形成过程。

2 验收依据

2.1 建设项目环境保护相关法律、法规和规章制度；

2.2 建设项目竣工环境保护验收技术规范；

2.3 建设项目环境影响报告书（表）及其审批部门审批决定：

2.4 其他相关文件。

3 项目建设情况

3.1 地理位置及平面布置

简述项目所处地理位置，所在省市、县区，周边易于辨识的交通要道及其他环境情况，重点突出项目所处地理区域内有无环境敏感目标，附项目地理位置图。

简述项目生产经营场所中心经度与纬度，主要设备、主要声源在厂区内所处的相对位置，附厂区总平面布置图。厂区总平面布置图上要注明厂区周边环境情况、主要污染源位置、废水和雨水排放口位置、厂界周围噪声敏感点位置、敏感点与厂界或排放源的距离，噪声监测点、无组织监测点位也可在图上标明。

3.2 建设内容

简述项目产品、设计生产规模、工程组成、建设内容、实际总投资，附环境影响报告书（表）及其审批部门审批决定建设内容与实际建设内容一览表［与环境影响报告书（表）及审批部门批决定不一致的内容需要备注说明］。

对于改、扩建项目应简单介绍原有工程及公辅设施情况，以及本项目与原有工程的依托关系等。

3.3 主要原辅材料及燃料

列表说明主要原料、辅料、燃料的名称、来源、设计消耗量、调试期间消耗量，给出燃料设计与实际成分。

3.4 水源及水平衡

简述建设项目生产用水和生活用水来源、用水量、循环水量、废水回用量和排放量，附实际运行的水量平衡图。

3.5 生产工艺

简述主要生产工艺原理、流程，并附生产工艺流程与产污排污环节示意图。

3.6 项目变动情况

简述或列表说明项目发生的主要变动情况，包括环境影响报告书（表）及其审批部门审批决定要求、实际建设情况、变动原因、是否属于重大变动，属于重大变动的有无重新报批环境影响报告书（表）、不属于重大变动的有无相关变动说明。

4 环境保护设施

4.1 污染物治理/处置设施

4.1.1 废水

简述废水类别、来源于何种工序、污染物种类、治理设施、排放去向，并列表说明，主要包括：废水类别、来源、污染物种类、排放规律（连续，间断）、排放量、治理设施、工艺与处理能力、设计指标、废水回用量、排放去向［不外排，排至厂内综合污水处理站，直接进入海域，直接进入江、湖、库等水环境，进入城市下水道再入江河、湖、库、沿海海域，进入城市污水处理厂，进入其他单位，进入工业废水集中处理厂，其他（包括回喷、回填、回灌、回用等）］。附主要废水治理工艺流程图、全厂废水（含初期雨水）流向示意图、废水治理设施图片。

4.1.2 废气

简述废气来源于何种工序或生产设施、废气名称、污染物种类、排放方式（有组织排放、无组织排放）及治理设施，并列表说明，主要包括：废气名称、来源、污染物种类、排放方式、治理设施、工艺与规模、设计指标、排气筒高度与内径尺寸、排放去向、治理设施监测点设置或开孔情况等，附主要废气治理工艺流程图、废气治理设施图片。

4.1.3 噪声

简述主要噪声来源、治理设施，并列表说明，主要包括：噪声源设备名称、源强、台数、位置、运行方式及治理设施（如隔声、消声、减振、设备选型、设置防护距离、平面布置等）。附噪声治理设施图片。

4.1.4 固（液）体废物

简述或列表说明固（液）体废物名称、来源、性质、产生量、处理处置量、处理处置方式，暂存场所，委托处理处置合同、委托单位资质，危废转移联单情况等。

涉及固（液）体废物储存场［如灰场、赤泥库、危废填埋场、尾矿（渣）库等］的，还应简述储存场地理位置、与厂区的距离、类型（山谷型或平原型）、储存方式、设计规模与使用年限、输送方式、输送距离、场区集水及排水系统、场区防渗系统、污染物及污染防治设施、场区周边环境敏感点情况等。

附相关生产设施、环保设施及敏感点图片。

4.1.5 辐射

简述主要辐射来源、类别、防护措施，并列表说明，主要包括：辐射源设备名称、放射性核素活度或射线装置参数、台数、位置、运行方式及防护措施（如屏蔽、材料类别、防护厚度、防护距离、平面布置等）。附辐射屏蔽设施图片。

4.2 其他环境保护设施

4.2.1 环境风险防范设施

简述危险化学品贮罐区、生产装置区围堰尺寸，防渗工程、地下水监测（控）井设置数量及位置，事故池数量、有效容积及位置，初期雨水收集系统及雨水切换阀位置与数量、切换方式及状态，危险气体报警器数量、安装位置、常设报警限值，事故报警系统，应急处置物资储备等。

4.2.2 规范化排污口、监测设施及在线监测装置

简述废水、废气排放口规范化及监测设施建设情况，如废气监测平台建设、通往监测平台

通道、监测孔等；在线监测装置的安装位置、数量、型号、监测因子、监测数据是否联网等。

4.2.3 其他设施

环境影响报告书（表）及其审批部门审批决定中要求采取的"以新带老"改造工程、关停或拆除现有工程（旧机组或装置）、淘汰落后生产装置，生态恢复工程、绿化工程、边坡防护工程等其他环境保护设施。

4.3 环保设施投资及"三同时"落实情况

简述项目实际总投资额、环保投资额及环保投资占总投资额的百分比，列表按废水、废气、噪声、固体废物、绿化、其他等说明各项环保设施实际投资情况。

简述项目环保设施设计单位、施工单位及环保设施"三同时"落实情况，附项目环保设施环评、初步设计、实际建设情况一览表，施工合同中环保设施建设进度和资金使用情况表。

5 环境影响报告书（表）主要结论与建议及其审批部门审批决定

5.1 环境影响报告书（表）主要结论与建议

以表格形式摘录环境影响评价报告书（表）中对废水、废气、固体废物及噪声污染防治设施效果的要求、工程建设对环境的影响及要求、其他在验收中需要考核的内容，有重大变动环境影响报告书（表）的，也要摘录变动环境影响报告书（表）报告的相关要求。

5.2 审批部门审批决定

原文抄录审批部门对项目环境影响报告书（表）的审批决定，重大变动环境影响报告书（表）审批决定（如有）。

6 验收执行标准

按环境要素分别以表格形式列出验收执行的国家或地方污染物排放标准、环境质量标准的名称、标准号、标准等级和限值，主要污染物总量控制指标与审批部门审批文件名称、文号，以及其他执行标准的标准来源、标准限值等。

7 验收监测内容

7.1 环境保护设施调试运行效果

通过对各类污染物排放及各类污染治理设施处理效率的监测，来说明环境保护设施调试运行效果，具体监测内容如下：

7.1.1 废水

列表给出废水类别、监测点位、监测因子、监测频次及监测周期，雨水排口也应设点监测（有流动水则测），附废水（包括雨水）监测点位布置图。

7.1.2 废气

7.1.2.1 有组织排放

列表给出废气名称、监测点位、监测因子、监测频次及监测周期，并附废气监测点位布置图，涉及等效排气筒的还应附各排气筒相对位置图。

7.1.2.2 无组织排放

列表给出无组织排放源、监测点位、监测因子、监测频次及监测周期，并附无组织排放监测点位布置图。无组织排放监测时，同时监测并记录各监测点位的风向、风速等气象参数。

7.1.3 厂界噪声监测

列表给出厂界噪声监测点位名称、监测量、监测频次及监测周期，附厂界监测点位布置图。

7.1.4　固（液）体废物监测

简述固（液）体废物监测点位设置依据，列表说明固（液）体废物名称、采样点位、监测因子、监测频次及监测周期。

7.1.5　辐射监测

列表给出辐射监测点位名称、监测因子、监测日期等，附辐射监测点位布置图。

7.2　环境质量监测

环境影响报告书（表）及其审批部门审批决定中对环境敏感保护目标有要求的，要进行环境质量监测，以说明工程建设对环境的影响，如有新增的环境敏感目标也应纳入监测范围。主要涉及如地表水、地下水和海水、环境空气、声环境、土壤环境质量、辐射环境等的监测。

简述环境敏感点与本项目的关系，说明环境质量监测点位或监测断面布设及监测因子的选取情况。按环境要素分别列表说明监测点位名称、监测点位经纬度、监测因子、监测频次及监测周期，附监测点位布置图［图中标注噪声敏感点与本项目噪声源及厂界的相对位置与距离，地表水或海水监测断面（点）与废水排放口的相对位置与距离，地下水、土壤、辐射环境监测点位与污染源相对位置与距离］。

8　质量保证和质量控制

排污单位应建立并实施质量保证和控制措施方案，以自证自行监测数据的质量。

8.1　监测分析方法

按环境要素说明各项监测因子监测分析方法名称、方法标准号或方法来源、分析方法的最低检出限。

8.2　监测仪器

按照监测因子给出所使用的仪器名称、型号、编号及量值溯源记录。

8.3　人员能力

简述参加验收监测人员能力情况。

8.4　水质监测分析过程中的质量保证和质量控制

水样的采集、运输、保存、实验室分析和数据计算的全过程均按《环境水质监测质量保证手册》（第四版）等的要求进行。选择的方法检出限应满足要求。采样过程中应采集一定比例的平行样；实验室分析过程一般应使用标准物质、空白试验、平行双样测定、加标回收率测定等质控措施，并对质控数据分析，附质控数据分析表。

8.5　气体监测分析过程中的质量保证和质量控制

（1）选择合适的方法尽量避免或减少被测排放物中共存污染物对目标化合物的干扰。方法的检出限应满足要求。

（2）被测排放物的浓度在仪器量程的有效范围。

（3）烟尘采样器在进入现场前应对采样器流量计等进行校核。烟气监测（分析）仪器在监测前按监测因子分别用标准气体和流量计对其进行校核（标定），在监测时应保证其采样流量的准确。附烟气监测校核质控表。

8.6　噪声监测分析过程中的质量保证和质量控制

声级计在监测前后用标准发声源进行校准，附噪声仪器校验表。

8.7　固（液）体废物监测分析过程中的质量保证和质量控制

布点、采样、样品制备、样品测试等按照《工业固体废物采样制样技术规范》（HJ/T 20—1998）、《危险废物鉴别技术规范》（HJ/T 298—2007）、《危险废物鉴别标准》（GB 5085—2008）要求进行。

8.8　土壤监测分析过程中的质量保证和质量控制

布点、采样、样品制备、样品分析等均按照《土壤环境监测技术规范》（HJ/T 166—2004）要求进行，实验室样品分析时应使用标准物质、采用空白试验、平行双样及加标回收率测定等，并对质控数据分析，附质控数据分析表。

9　验收监测结果

9.1　生产工况

简述验收监测期间实际运行工况及工况记录方法、各项环保设施运行状况，列表说明能反映设备运行负荷的数据或关键参数。若有燃料，附监测期间的燃料消耗量及成分分析表。

9.2　环保设施调试运行效果

9.2.1　环保设施处理效率监测结果

9.2.1.1　废水治理设施

根据各类废水治理设施进、出口监测结果，计算主要污染物处理效率，评价是否满足环境影响报告书（表）及其审批部门审批决定要求或设计指标，若不能满足应分析原因。

9.2.1.2　废气治理设施

根据各类废气治理设施进、出口监测结果，计算主要污染物处理效率，评价是否满足环境影响报告书（表）及审批部门审批决定要求或设计指标，若不能满足应分析原因。

9.2.1.3　噪声治理设施

根据监测结果评价噪声治理设施的降噪效果。

9.2.1.4　固体废物治理设施

根据监测结果评价固体废物治理设施（如铬渣解毒设施）的处理效果。

9.2.1.5　辐射防护设施

根据监测结果评价辐射防护设施的防护效果。

9.2.2　污染物排放监测结果

9.2.2.1　废水

废水监测结果按废水种类分别以监测数据列表表示，根据相关评价标准评价废水达标排放情况，若排放有超标现象应对超标原因进行分析。

9.2.2.2　废气

（1）有组织排放

有组织排放监测结果按废气类别分别以监测数据列表表示，根据相关评价标准评价废气达标排放情况，若排放有超标现象应对超标原因进行分析。

（2）无组织排放

无组织排放监测结果以监测数据列表表示，根据相关评价标准评价无组织排放达标情况，若排放有超标现象应对超标原因进行分析。附无组织排放监测时气象参数记录表。

9.2.2.3 厂界噪声

厂界噪声监测结果以监测数据列表表示，根据相关评价标准评价厂界噪声达标排放情况，若排放有超标现象应对超标原因进行分析。

9.2.2.4 固（液）体废物

固（液）体废物监测结果以监测数据列表表示，根据相关评价标准评价固（液）体废物达标情况，若排放有超标现象应对超标原因进行分析。

9.2.2.5 污染物排放总量核算

根据各排污口的流量和监测浓度，计算本工程主要污染物排放总量，评价是否满足环境影响报告书（表）及审批部门审批决定、排污许可证规定的总量控制指标，无总量控制指标的计算后不评价，列出环境影响报告书（表）预测值即可。

对于有"以新带老" 要求的，按环境影响报告书（表）列出"以新带老"前原有工程主要污染物排放量，并根据监测结果计算出"以新带老"后主要污染物产生量和排放量，涉及"区域削减"的，给出实际区域平衡替代削减量，核算项目实施后主要污染物增减量。附主要污染物排放总量核算结果表。

若项目废水接入污水处理厂的只核算出纳管量，无须核算排入外环境的总量。

9.2.2.6 辐射

辐射监测结果以监测数据列表表示，根据相关评价标准评价达标情况，若有超标现象应对超标原因进行分析

9.3 工程建设对环境的影响

环境质量监测结果分别以地表水、地下水、海水、环境空气、声环境、土壤、辐射环境质量监测数据列表表示，根据相关环境质量标准或环境影响报告书（表）及其审批部门审批决定，评价达标情况（无执行标准不评价），若有超标现象应对超标原因进行分析。

10 验收监测结论

10.1 环保设施调试运行效果

10.1.1 环保设施处理效率监测结果

简述各项环保设施主要污染物处理效率是否符合环境影响报告书（表）及其审批部门审批决定或设计指标。

10.1.2 污染物排放监测结果

简述废水、废气（有组织、无组织）、厂界噪声、固（液）体废物、辐射各项污染物监测结果及达标情况、主要污染物排放总量核算结果及达标情况。

10.2 工程建设对环境的影响

简述项目周边地表水、地下水、海水、环境空气、声环境、土壤、辐射环境质量是否达到验收执行标准。

11 建设项目竣工环境保护"三同时"验收登记表

附件 验收监测报告内容所涉及的主要证明或支撑材料

如审批部门对环境影响报告书（表）的审批决定、固体废物委托处置协议、危险废物委托处置单位资质证明等。

建设项目竣工环境保护"三同时"验收登记表

填表单位（盖章）：　　　　　填表人（签字）：　　　　　项目经办人（签字）：

建设项目	项目名称			项目代码	
	行业类别（分类管理名录）			建设性质 □新建 □改扩建 □技术改造	项目厂区中心经度/纬度
	设计生产能力			实际生产能力	建设地点
	环评文件审批机关			环评文件文号	环评文件类型
	开工日期			竣工日期	
	环保设施设计单位			环保设施施工单位	本工程排污许可证申领时间 / 排污许可证申领编号
	环保验收监测单位			验收监测时工况	
	投资总概算（万元）			环保投资总概算（万元）	所占比例（%）
	实际总投资			实际环保投资（万元）	所占比例（%）
	废水治理（万元）	废气治理（万元）	噪声治理（万元）	固体废物治理（万元）	其他（万元）
	新增废水处理设施能力	新增废气处理设施能力			绿化及生态（万元）
	运营单位			运营单位社会信用代码（或组织机构代码）	验收时间 / 年平均工作时间

污染物排放达标与总量控制（工业建设项目详填）	污染物	原有排放量(1)	本期工程实际排放浓度(2)	本期工程允许排放浓度(3)	本期工程产生量(4)	本期工程自身削减量(5)	本期工程实际排放量(6)	本期工程核定排放总量(7)	本期工程"以新带老"削减量(8)	全厂实际排放总量(9)	全厂核定排放总量(10)	区域平衡替代削减量(11)	排放增减量(12)
	废水												
	化学需氧量												
	氨氮												
	石油类												
	废气												
	二氧化硫												
	烟尘												
	工业粉尘												
	氮氧化物												
	工业固体废物												
	与项目有关的其他特征污染物												

注：1. 排放减量：（+）表示增加，（-）表示减少。2.（12）=（6）-（8）-（11），（9）=（4）-（5）-（8）-（11）+（1）。3. 计量单位：废水排放量——万吨/年；废气排放量——万标米³/年；工业固体废物排放量——万吨/年；水污染物排放浓度——毫克/升；废气污染物排放浓度——毫克/标米³。

××项目竣工环境保护验收监测报告表

建设单位：

编制单位：

××××年××月

建设单位法人代表： （签字）

编制单位法人代表： （签字）

项 目 负 责 人：

报 告 编 写 人：

建设单位 _____（盖章）　　　编制单位 _____（盖章）

电话：　　　　　　　　　　　　　　　　　电话：

传真：　　　　　　　　　　　　　　　　　传真：

邮编：　　　　　　　　　　　　　　　　　邮编：

地址：　　　　　　　　　　　　　　　　　地址：

建设项目名称					
建设单位名称					
建设项目性质	新建　改扩建　技改　迁建				
建设地点					
主要产品名称					
设计生产能力					
实际生产能力					
建设项目环评时间		开工建设时间			
调试时间		验收现场监测时间			
环评报告表 审批部门		环评报告表 编制单位			
环保设施设计单位		环保设施施工单位			
投资总概算		环保投资总概算		比例	%
实际总概算		环保投资		比例	%
验收监测依据					
验收监测评价标准、标号、 级别、限值					

表二

工程建设内容：
原辅材料消耗及水平衡：
主要工艺流程及产物环节（附处理工艺流程图，标出产污节点）

表三

主要污染源、污染物处理和排放（附处理流程示意图，标出废水、废气、厂界噪声监测点位）

表四

建设项目环境影响报告表主要结论及审批部门审批决定：

表五

验收监测质量保证及质量控制：

表六

验收监测内容：

表七

验收监测期间生产工况记录：
验收监测结果：

表八

验收监测结论：

附录 3

工况记录推荐方法

以下为推荐的典型行业主体工程、环保工程及辅助工程在验收监测期间的工况记录方法：

1 主体工程

1.1 生产制造类项目

（1）产品产量核算法

对于工业制造类项目在监测期间的工况，大多数情况下依据的是建设项目的相应产品在监测期间的实际产量。

①对于生产工序繁多的，监测之前需全面了解各工序的生产时间和产量，以合理安排对各工序的监测并记录各工序产品产量，如大型钢铁项目。

②对于多道工序连续生产的，按最终产品产量进行核算即可，如半导体行业。

③对于一条生产线生产多种产品，使用不同原辅材料的多种产品共用一条生产线的，在每个产品生产期间分别监测，以每种产品的产量核定工况，如兽药、农药、染料等生产行业。如产品种类繁多，可根据原辅材料种类将产品归类，在使用同种原辅材料的同类产品中选取典型产品监测。

（2）原辅材料核算法

①对于生产周期长，监测期间无法通过计算产量来核定生产负荷的，通常以主要原材料如钢材的处理量核算，如船舶及大型机械制造业。

②对于多种产品由同一生产线生产，生产工艺、原辅材料相近，排污情况基本相同的，通常选取某一产品生产时监测，根据主要原料投入量核定生产负荷，如生物制药行业。

1.2 公用市政类项目

（1）电厂

火电厂实际生产负荷以发电量衡量，热电厂实际生产负荷以蒸发量衡量，对于燃气-蒸汽联合循环发电机组，还需考虑余热锅炉的蒸发量。

（2）污水处理厂

通过记录污水厂进口累计流量数据核定工况。为与出口样品相匹配，建议提前一个处理周期即开始记录流量。

（3）垃圾填埋主体工程

根据监测期间垃圾填埋量统计工况。对于同一填埋场填埋生活垃圾和一般工业固体废物两种不同种类垃圾的，应对每种垃圾的填埋量均作统计。

（4）生活垃圾/危废焚烧主体工程

按监测期间的焚烧量统计工况。对于危废焚烧企业，还需确认其固体/液体/气体焚烧量的比例是否与设计值相同，确认焚烧入炉料配伍菜单是否与设计要求基本相同。

（5）机场项目主体工程

按起降架次统计工况。对于大型机场改、扩建项目，工况的把控应具体到所验收的跑道，掌握监测期间各跑道所有型号飞机的起降架次及时间。

1.3 其他建设项目

（1）化工原料或能源物料仓储

废气排放来源于储罐的大、小呼吸。验收监测重点集中在对环境影响较大的大呼吸排放时段，即装卸操作时段，并通过单位时间物料装卸量来核定工况。必要时可通过同类储罐间的物料转移来模拟运作。

（2）研发实验类项目

实验种类变换频繁，实验时间短，试剂复杂、消耗量少，排气管道多，难以用定量指标核定工况，只能通过各实验室试剂使用情况的记录来说明工况。

（3）房产类项目

验收监测时，模拟开启声源可满足噪声监测要求；废水处理和锅炉工况监控可参见本文环保、辅助工程部分，饮食业油烟气的验收监测一般待招商后开展。

2 环保工程

2.1 污水处理设施

工况记录同污水处理厂，但记录污水处理量时不应纳入因工艺需要用于稀释高浓度废水而掺入的地表水或回用水等。

2.2 半导体行业有机废气处理装置

半导体行业的有机废气通常是连续产生的，但对于有机废气的沸石转轮浓缩处理装置，其再生高浓度废气的燃烧是间歇运行的，应了解其燃烧时间。

2.3 焚烧炉

焚烧量是主要的工况核定参数，其他还有热功率等参数。

3 辅助工程

3.1 锅炉

蒸汽锅炉：负荷参数为锅炉蒸发量，以蒸汽流量表法、水表法、量水箱法测定，或根据燃料消耗量计算。

热水锅炉：负荷参数为锅炉功率，计算锅炉功率所需的参数有：读取锅炉出水、回水温度，读取或测定进/回水管流量从而计算循环水量。房产类项目的热水锅炉一般加热时间短（仅10分钟），保温时间长，应合理设定监测频率、安排监测时间。如锅炉加热运行时间短至无法满足监测所需时间时，可适当缩短监测时间。

导热油炉：与热水锅炉类似，但其功率计算涉及相应油品导热系数的查找。

3.2 工业炉窑

根据《工业炉窑大气污染物排放标准》（GB 9078—1996）规定，监测应在最大热负荷下进行，或在燃料耗量较大的稳定加热阶段进行。

熔炼炉、熔化炉等：在其熔炼、熔化作业时段进行监测，并以产品产量或投料量进行工况核定。

有固定的升温程序的加热炉（如钢铁、机电等行业）：确保在升温程序期间监测。

3.3 喷涂作业

如喷涂对象为同一种产品，大小、形状、表面积相同，常以喷涂对象的数量作为喷涂作业工况的核定参数；其他则可根据喷枪的使用数量、喷漆的用量、喷涂面积等核定工况。

验收意见推荐格式

××项目竣工环境保护验收意见

×年×月×日，××单位根据××项目竣工环境保护验收监测报告（表）并对照《建设项目竣工环境保护验收暂行办法》，严格依照国家有关法律法规、建设项目竣工环境保护验收技术规范/指南、本项目环境影响评价报告书（表）和审批部门审批决定等要求对本项目进行验收，提出意见如下：

一、工程建设基本情况

（一）建设地点、规模、主要建设内容

项目建设地点、性质、产品、规模，工程组成与建设内容，包括厂外配套工程和依托工程等情况，依托工程与本工程的同步性等。

（二）建设过程及环保审批情况

项目环境影响报告书（表）编制与审批情况、开工与竣工时间、调试运行时间、排污许可证申领情况及执行排污许可相关规定情况、项目从立项至调试过程中有无环境投诉、违法或处罚记录等。

（三）投资情况

项目实际总投资与环保投资情况。

（四）验收范围

明确本次验收的范围，不属于本次验收的内容予以说明。

二、工程变动情况

简述或列表说明项目发生的主要变动内容，包括环境影响报告书（表）及其审批部门审批决定要求、实际建设情况、变动原因、是否属于重大变动，属于重大变动的有无重新报批环境影响报告书（表）文件、不属于重大变动的有无相关变动说明。

三、环境保护设施建设情况

（一）废水

废水种类、主要污染物、治理设施与工艺及主要技术参数、设计处理能力与主要污染物去除率、废水回用情况、废水排放去向等。

（二）废气

有组织排放废气和无组织排放废气种类、主要污染物、污染治理设施与工艺及主要技术参数、主要污染物去除率、废气排放去向等。

（三）噪声

主要噪声源和所采取的降噪措施及主要技术参数，项目周边噪声敏感目标情况。

（四）固体废物

固体废物的种类、性质、产生量与处理处置量、处理处置方式、一般固体废物暂存与委托处置情况（合同、最终去向）、危险废物暂存与委托处置情况（转移联单、合同、处置单位资质）等。

固体废物储存场所与处理设施建设情况（若有固体废物储存场）及主要技术参数。

（五）辐射

主要辐射源项及安全和防护设施、措施建设和落实情况。

（六）其他环境保护设施

1．环境风险防范设施

简述危险化学品贮罐区、生产装置区围堰尺寸，防渗工程、地下水监测（控）井设置数量及位置，事故池数量、有效容积及位置，初期雨水收集系统及雨水切换阀位置及数量、切换方式及状态，危险气体报警器数量、安装位置、常设报警限值，事故报警系统，应急处置物资储备等。

2．在线监测装置

简述废水、废气排放口规范化建设情况，如废气监测平台建设、通往监测平台通道、监测孔等；在线监测装置的安装位置、数量、型号、监测因子、监测数据是否联网等。

3．其他设施

简述环境影响评价报告书（表）及审批部门审批决定中要求采取的"以新带老"改造工程、关停或拆除现有工程（旧机组或装置）、淘汰落后生产装置，生态恢复工程、绿化工程、边坡防护工程等其他环境保护设施的落实情况。

四、环境保护设施调试效果

（一）环保设施处理效率

1．废水治理设施

各类废水治理设施主要污染物去除率，是否满足环境影响报告书（表）及其审批部门审批决定或设计指标。

2．废气治理设施

各类废气治理设施主要污染物去除率，是否满足环境影响报告书（表）及其审批部门审批决定或设计指标。

3．厂界噪声治理设施

根据监测结果说明噪声治理设施的降噪效果。

4．固体废物治理设施

根据监测结果说明固体废物治理设施的处理效果。

5．辐射防护设施

根据监测结果评价辐射防护设施的防护能力是否满足环境影响报告书（表）及其审批部门审批决定或设计指标。

（二）污染物排放情况

1．废水

各类废水污染物排放监测结果及达标情况，若有超标现象应对超标原因进行分析。

2. 废气

有组织排放：各类废气污染物排放监测结果及达标情况，若有超标现象应对超标原因进行分析。

无组织排放：厂界/车间无组织排放监测结果及达标情况，若有超标现象应对超标原因进行分析。

3. 厂界噪声

厂界噪声监测结果及达标情况，若有超标现象应对超标原因进行分析。

4. 固体废物

固体废物监测结果及达标情况，若有超标现象应对超标原因进行分析。

5. 辐射

辐射监测结果及达标情况，若有超标现象应对超标原因进行分析。

6. 污染物排放总量

本项目主要污染排放总量核算结果、是否满足环境影响报告书（表）及其审批部门审批决定、排污许可证规定的总量控制指标。

五、工程建设对环境的影响

根据监测结果，按环境要素简述项目周边地表水、地下水、海水、环境空气、辐射环境、土壤环境质量及敏感点环境噪声是否达到验收执行标准。

六、验收结论

按《建设项目竣工环境保护验收暂行办法》中所规定的验收不合格情形对项目逐一对照核查，提出验收是否合格的意见。若不合格，应明确项目存在的主要问题，并针对存在的主要问题，如监测结果存在超标、环境保护设施未按要求完全落实、发生重大变动未履行相关手续、建设过程中造成的重大污染未完全治理、验收监测报告存在重大质量缺陷、各级生态环境主管部门的整改要求未完全落实等，提出内容具体、要求明确、技术可行、操作性强的后续整改事项。

七、后续要求

验收合格的项目，针对投入运行后需重点关注的内容提出工作要求。

八、验收人员信息

给出参加验收的单位及人员名单、验收负责人（建设单位），验收人员信息包括人员的姓名、单位、电话、身份证号码等。

××单位

×年×月×日

附录 5

"其他需要说明的事项"相关说明

根据《建设项目竣工环境保护验收暂行办法》，"其他需要说明的事项"中应如实记载的内容包括环境保护设施设计、施工和验收过程简况，环境影响报告书（表）及其审批部门审批决定中提出的，除环境保护设施外的其他环境保护措施的落实情况，以及整改工作情况等，现将建设单位需要说明的具体内容和要求列举如下：

1 环境保护设施设计、施工和验收过程简况

1.1 设计简况

如实说明是否将建设项目的环境保护设施纳入了初步设计，环境保护设施的设计是否符合环境保护设计规范的要求，是否编制了环境保护篇章，是否落实了防治污染和生态破环的措施以及环境保护设施投资概算。

1.2 施工简况

如实说明是否将环境保护设施纳入了施工合同，环境保护设施的建设进度和资金是否得到了保证，项目建设过程中是否组织实施了环境影响报告书（表）及其审批部门审批决定中提出的环境保护对策措施。

1.3 验收过程简况

说明建设项目竣工时间，验收工作启动时间，自主验收方式（自有能力或委托其他机构），自有能力进行验收的，需说明自有人员、场所和设备等自行监测能力；委托其他机构的需说明受委托机构的名称、资质和能力，委托合同和责任约定的关键内容。说明验收监测报告（表）完成时间、提出验收意见的方式和时间，验收意见的结论。

1.4 公众反馈意见及处理情况

说明建设项目设计、施工和验收期间是否收到过公众反馈意见或投诉、反馈或投诉的内容、企业对其处理或解决的过程和结果。

2 其他环境保护措施的落实情况

环境影响报告书（表）及其审批部门审批决定中提出的，除环境保护设施外的其他环境保护措施，主要包括制度措施和配套措施等，现将需要说明的措施内容和要求梳理如下：

2.1 制度措施落实情况

（1）环保组织机构及规章制度

如实说明是否建立了环保组织机构，机构人员组成及职责分工；列表描述各项环保规章制度及主要内容，包括环境保护设施调试及日常运行维护制度、环境管理台账记录要求、运行维护费用保障计划等。

（2）环境风险防范措施

如实说明是否制订了完善的环境风险应急预案、是否进行了备案及是否具有备案文件、预案中是否明确了区域应急联动方案，是否按照预案进行过演练等。

（3）环境监测计划

如实说明企业是否按照环境影响报告书（表）及其审批部门审批决定要求制定了环境监测计划，是否按计划进行过监测，监测结果如何。

2.2 配套措施落实情况

（1）区域削减及淘汰落后产能

涉及区域内削减污染物总量措施和淘汰落后产能的措施，应如实说明落实情况、责任主体，并附相关具有支撑力的证明材料。

（2）防护距离控制及居民搬迁

如实描述环境影响报告书（表）及其审批部门审批决定中提出的防护距离控制及居民搬迁要求、责任主体，如实说明采取的防护距离控制的具体措施、居民搬迁方案、过程及结果，并附相关具有支撑力的证明材料。

2.3 其他措施落实情况

如林地补偿、珍稀动植物保护、区域环境整治、相关外围工程建设情况等，应如实说明落实情况。

3 整改工作情况

整改工作情况应说明项目建设过程中、竣工后、验收监测期间、提出验收意见后等各环节采取的各项整改工作、具体整改内容、整改时间及整改效果等。

关于发布《中国生物多样性红色名录——大型真菌卷》的公告

生态环境部公告 2018 年第 10 号

为掌握生物多样性受威胁状况，加强生物多样性保护，生态环境部和中国科学院联合编制了《中国生物多样性红色名录——大型真菌卷》，现予公布。具体名录可在生态环境部政府网站（www.mee.gov.cn）查询。

特此公告。

附件：1.《中国生物多样性红色名录——大型真菌卷》评估报告
　　　2.《中国生物多样性红色名录——大型真菌卷》名录

生态环境部
中科院
2018 年 5 月 16 日

《中国生物多样性红色名录——大型真菌卷》评估报告

第一章 背 景

1.1 中国大型真菌多样性及保护现状

大型真菌是指能形成肉眼可见的子实体、子座、菌核或菌体的一类真菌，包括大型子囊菌、大型担子菌和地衣型真菌等类群。大型真菌是生态系统中不可或缺的分解者，在地球生物圈的物质循环和能量流动中发挥着不可替代的作用，具有重要的生态价值；同时许多食药用菌与人类生产生活密切相关，具有重大的社会经济价值。

我国是生物多样性最丰富的国家之一，大型真菌多样性丰富，已知种类约 10 000 种，其中食药用菌 1 700 多种，常见的食用菌有松口蘑（*Tricoloma mat sutake*，俗称"松茸"）、块菌（*Tuber* spp.，俗称"松露"）、羊肚菌（*Morchella* spp.）、牛肝菌（*Boletus* spp.）和鸡油菌（*Cantharellus* spp.）等，著名的药用菌有冬虫夏草（*Ophiocordyceps sinensis*）、灵芝（*Ganodermas* pp.）和茯苓（*Wolfiporia cocos*）等。

我国也是生物多样性受威胁最严重的国家之一。资源过度利用、环境污染、气候变化、生境丧失与破碎化等因素，不仅导致部分动、植物多样性降低，也同样威胁大型真菌的多样性。如分布在青藏高原及周边地区的药用菌冬虫夏草，因过度采挖，其种群密度已大幅减少，加上全球气候变暖的影响，分布区不断萎缩，许多产地已很难发现冬虫夏草的踪迹。

党中央和国务院高度重视生物多样性保护工作，发布了《中国生物多样性保护战略与行动计划（2011—2030 年）》，建立了生物物种资源保护部际联席会议制度，成立了中国生物多样性保护国家委员会，制定和实施了一系列生物多样性保护规划和计划，取得了积极成效。然而，由于缺乏对我国大型真菌资源现状和物种受威胁状况的全面了解，保护工作缺乏系统性、科学性和针对性。因此，全面评估大型真菌受威胁状况，制定红色名录，从而提出针对性的保护策略，对于加强生物多样性保护，推动实施健康中国战略，具有重要意义。

1.2 IUCN 红色名录评估方法的应用

世界自然保护联盟（IUCN）所制定和推广的红色名录等级和标准，是目前世界上使用最广的受威胁物种等级评估体系。目前，大约有 100 多个国家发布了国家级的物种红色名录，其中大部分国家采用了 IUCN 物种红色名录评估体系。IUCN 红色名录的评估主要集中在动植物，尤其是高等的动植物类群。目前，IUCN 网站公布的已完成评估的大型真菌（包括地衣）物种仅 57 个，大型真菌红色名录的评估相对于动植物的评估进程滞后很多。

欧洲是最早运用 IUCN 红色名录评估方法开展大型真菌红色名录评估的地区，已有多个国家发布了大型真菌红色名录，并定期更新。此外，多个国家制定了大型真菌的法律法规和保护计划，有的国家还建立了大型真菌保护地。

1.3 我国大型真菌评估工作开展情况

2000 年以来，我国专家学者对部分大型真菌的受威胁状况开展了评估工作，如采用 IUCN 红色名录的等级标准对 44 种地衣和 137 种大型真菌受威胁状况进行评估。然而，已开展的这些评估工作所涉及的物种数量少，而且所涉及的地理区域大多比较狭窄，难以反映我国大型真菌的整体生存状况。

为全面评估中国大型真菌受威胁状况，生态环境部（原环境保护部）联合中国科学院于 2016 年启动了《中国生物多样性红色名录——大型真菌卷》的编制工作。

第二章　评估方法

本次评估以《中国菌物名录数据库》和搜集的文献资料为基础，通过大规模的快速筛选，初步归类，针对需要特别关注的物种，依据 IUCN 物种红色名录等级和标准，进行全面评估。本次评估根据大型真菌与动植物在生物学特性上的差异，对 IUCN 物种红色名录标准做了适当调整，即依据可见的分布地点和子实体数量来估计、推测或判断种群的波动以及种群成熟个体数量的变化；以一定的时间段代替世代时长来计算种群的变化情况；将"疑似灭绝"作为一个独立的评估等级。

2.1　评估等级和标准

本次评估主要依据以下三个标准：《IUCN 物种红色名录等级和标准 3.1 版》（*IUCN Red List Categories and Criteria：Version 3.1.Second Edition. 2012*）、《IUCN 物种红色名录等级和标准使用指南 12 版》（*Guidelines for Using the IUCN Red List Categories and Criteria：Version 12.2016*）和《IUCN 物种红色名录标准在地区和国家的应用指南 4.0 版》（*Guidelines for Application of IUCN Red List Criteria at Regional and National Levels：Version 4.0.2012*）。

2.1.1　IUCN 评估等级与标准

本次评估主要根据 IUCN 红色名录的等级（图 1）：灭绝（Extinct，EX）、野外灭绝（Extinct in the Wild，EW）、极危（Critically Endangered，CR）、濒危（Endangered，EN）、

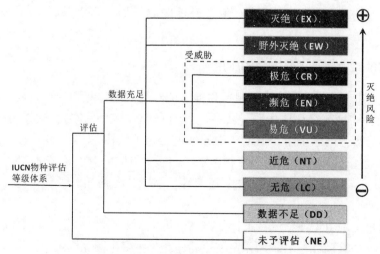

图 1　IUCN 红色名录评估等级

易危（Vulnerable，VU）、近危（Near Threatened，NT）、无危（Least Concern，LC）、数据不足（Data Deficient，DD）、未予评估（Not Evaluated，NE）。

各等级的涵义和评估标准如下：

灭绝（EX）

如果没有理由怀疑一分类单元的最后一个个体已经死亡，即认为该分类单元已经灭绝。

在适当时间（年、季、日），对已知和可能的栖息地进行彻底调查，如果没有发现任何一个个体，即认为该分类单元属于灭绝。但必须根据该分类单元的生活史和生活形式来选择适当的调查时间。

野外灭绝（EW）

如果已知一分类单元只生活在栽培、圈养条件下或者只作为自然化种群（或种群）生活在远离其过去的栖息地时，即认为该分类单元属于野外灭绝。如同灭绝等级一样，要对栖息地进行彻底的调查。

极危（CR）、濒危（EN）、易危（VU）

这三个等级统称为受威胁等级（Threatened Categories）。从极危（CR）、濒危（EN）到易危（VU），灭绝风险依次降低。当某一物种符合表 1 中 A～E 任一标准时，该种被列为相应的受威胁等级。如果根据不同标准评定的受威胁等级不同，则该种应被归于风险最高的受威胁等级。

近危（NT）

当一分类单元未达到极危、濒危或易危标准，但是在未来一段时间将接近符合或可能符合受威胁等级，该分类单元即列为近危。

无危（LC）

当某一物种评估未达到极危、濒危、易危或近危标准，则该种为无危。广泛分布和个体数量多的物种都属于该等级。

数据不足（DD）

如果没有足够的资料来直接或者间接地根据一分类单元的分布或种群状况来评估其灭绝的危险程度时，即认为该分类单元属于数据不足。

数据不足等级的分类单元可能已经有过大量研究，生物学资料比较丰富，但有关其丰富度和/或分布的资料却很缺乏。列在该等级的分类单元需要更多的信息资料，通过进一步的研究，可以将其划分到适当的等级中。

未予评估（NE）

如果一个分类单元未经应用本标准进行评估，则可将该分类单元列为未予评估。

表 1　IUCN 红色名录等级评估标准

A：种群减少。基于 A1 到 A4 中任何一种在 10 年内或三代内种群减少。			
	极危 CR	濒危 EN	易危 VU
A1	≥90%	≥70%	≥50%
A2，A3 & A4	≥80%	≥50%	≥30%

A1：通过观测、估计、推断或猜测，种群在过去有所减少，其致危因素是可逆转的、可理解并能终止的。

A2：通过观测、估计、推断或猜测，种群在过去有所减少，其致危因素是不能逆转、不能理解、也不能中止的。

A3：通过观测、估计、推断或猜测，种群在未来（最长100年内）有所减少[（a）不能用于A3]。

A4：通过观测、估计、推断或猜测，种群必须在过去和未来（最长100年内）都有所减少，其致危因素是不能逆转、不能理解也不能中止的。

基于以下任何一种

（a）直接观察（除了A3）；
（b）适合该分类单位的丰富度指数；
（c）占有面积、分布范围减少或（和）栖息地质量下降；
（d）实际的或潜在的开发利用影响；
（e）受外来物种、杂交、病原、污染、竞争者或寄生物带来的不利影响。

B：地理分布范围减少，或具有少数地点、严重破碎或种群波动

	极危 CR	濒危 EN	易危 VU
B1：分布区（EOO）	$<100\ km^2$	$<5\,000\ km^2$	$<20\,000\ km^2$
B2：占有面积（AOO）	$<10\ km^2$	$<500\ km^2$	$<2\,000\ km^2$

以下三个条件中至少满足2条，则符合B1或B2

	极危 CR	濒危 EN	易危 VU
（a）生境严重破碎或已知分布点数	$=1$	≤5	≤10

（b）以下条件中任一下降或减少：
（i）分布范围；（ii）占有面积；（iii）生境面积、范围和/或质量；（iv）地点或亚种群的数目；（v）成熟个体数。

（c）：以下条件中任一极度波动：
（i）分布范围；（ii）占有面积；（iii）生长地点数或亚种群数；（iv）成熟个体数。

C：小种群且在衰退

	极危 CR	濒危 EN	易危 VU
成熟个体数量	<250	$<2\,500$	$<10\,000$

C1和C2至少满足一个条件

	极危 CR	濒危 EN	易危 VU
C1：估计持续下降的幅度	三年或一世代内持续下降至少25%	五年或两个世代内持续下降至少20%	10年或三个世代内持续下降至少10%
C2：持续下降，且符合a或/和b：			

		极危 CR	濒危 EN	易危 VU
a：	（i）每个亚种群成熟个体数；	<50	<250	$<1\,000$
	（ii）一个亚种群个体数占总数的百分比；	90%～100%	95%～100%	100%

b：成熟个体数量极度波动。

D：小种群或局限分布

	极危 CR	濒危 EN	易危 VU
D1：种群成熟个体数	<50	<250	$<1\,000$
D2：易受人类活动影响，可能在极短时间成为极危，甚至灭绝			种群占有面积$<20\ km^2$或地点<5个

E：定量分析

	极危 CR	濒危 EN	易危 VU
使用定量模型评估野外灭绝率	$\geq50\%$（今后10年或三世代内）	$\geq20\%$（今后20年或五世代内）	$\geq10\%$（今后100年内）

2.1.2　中国大型真菌红色名录评估等级与标准

2.1.2.1　关于大型真菌物种"灭绝"和"野外灭绝"的判断问题

按照 IUCN 红色名录的等级和标准，灭绝（EX）或野外灭绝（EW）需要有可靠的证据判定物种的最后一个个体或野外的最后一个个体已经死亡。与动植物不同的是，大型真菌在几年甚至是上百年内都没有任何采集或观察记录，并不代表该物种已经灭绝，因为很难以子实体的出现情况来判断大型真菌物种的存在与否。大型真菌往往只在生活史中很短的一段时间里，在条件适宜的情况下才产生肉眼可见的子实体，而大部分的时间则以孢子、菌丝、菌索、菌核等形式存在于土壤、水体、空气以及动植物的活体或残体上，并可能在很长时期内都不产生子实体。即使产生了子实体，大型真菌相对于大型动植物的个体也明显偏小，很难引起注意。加上专业研究人员不足，难以在有限的时间内发现这些物种。要确认大型真菌物种是否已经灭绝，需要组织专家对其原产地及可能的生境开展针对性的深入调查研究。除了采集子实体标本，还需要对生境中的菌丝体进行检测，然后才能对物种的灭绝与否作出判断。

2.1.2.2　"疑似灭绝"在中国大型真菌红色名录评估中的应用

针对大型真菌的特点，本次评估将《IUCN 物种红色名录等级和标准使用指南 12 版》中"极危"等级受威胁状态标识的"疑似灭绝"（Possibly Extinct，PE）作为单独的红色名录评估等级，用于表明已知大型真菌物种长期未被发现，但又不能确凿证明其已经灭绝或野外灭绝的状况。根据《IUCN 物种红色名录等级和标准使用指南 12 版》关于疑似灭绝的说明，这个评估等级仍然属于受威胁的范畴。

疑似灭绝（PE）

如果某一分类单元经过长期（100 年，包括不同年度和季节）对已知和可能的栖息地进行观察和全面调查，未发现任何一个个体，但没有确切证据表明其最后一个个体已经死亡，即认为该分类单元属于疑似灭绝。

2.1.2.3　中国大型真菌红色名录评估等级体系

本次评估对中国已知的大型真菌均进行了评估，故不设未予评估等级。评估所采用的等级见图 2。

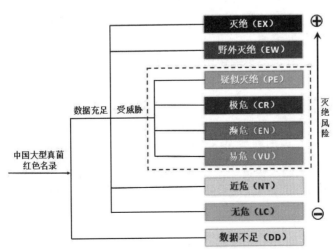

图 2　中国大型真菌红色名录评估等级体系

2.1.2.4 中国大型真菌红色名录评估等级标准

大型真菌的生物学的特性与动植物显著不同。许多动植物具有较为稳定的世代时长，而大型真菌的世代往往不明确，也没有固定时长。在外界条件不适合的情况下，大型真菌能够以各种形式蛰伏几年、几十年甚至更长的时间；而且很多种类在形成子实体后，其菌丝体还可以在地下存活很长时间，真菌的一个个体甚至可生存数千年。所以在本评估中采用一定的时间段代替世代时长来计算大型真菌种群的变化，并对 IUCN 受威胁标准进行了调整。在使用标准 A 和 C1 进行评估时，采用较长的时间段"30 年内"来代替原有的"10年内或 3 代内"来观测、估计、推断或猜测大型真菌种群在过去的变化。相应地，标准 C1 中"5 年或 2 代内"和"3 年或 1 代内"也分别调整为"15 年内"和"10 年内"。

此外，大型真菌的个体数量以及成熟个体数量等统计工作很难进行，在评估中难以直接作为判断等级的依据。因此，本评估通过大型真菌物种的分布范围以及观测到的子实体数量来估计、推测或判断其数量，并较多地使用了标准 B。涉及个体数量、小种群的标准C1、C2 和 D1 等比较少用或不用。限于现有的数据和资料，通过定量分析的标准 E 在本次评估中也未使用。

2.2 评估过程

本次评估以收集的文献资料为基础，结合大型子囊菌、大型担子菌和地衣型真菌的自身特点以及我国资源研究和保护现状，经过反复深入探讨研究，制定了与之相应的我国大型真菌红色名录的评估程序，即通过大规模的快速初步筛选归类，针对需要特别关注的物种进行全面分析评估。评估过程包括数据收集整理、初评、函评、会评、复审、形成评估说明书等步骤。全国从事大型真菌相关研究的 140 多位科研人员参与评估。

2.2.1 评估分工

本次评估设立项目组、咨询专家组和评估专家组。项目组承担项目的组织和实施，并形成评估报告。咨询专家组对整个评估过程进行指导，对评估对象、评估方法、标准使用、数据来源等重要问题进行界定。评估专家组对评估名单进行审核、提出评估意见、讨论审定有关物种的受威胁等级。

项目组分地衣型真菌、大型子囊菌和大型担子菌三个课题组，分别由中国科学院微生物研究所魏江春院士、庄文颖院士和姚一建研究员主持。咨询专家组由中国科学院植物研究所、中国科学院动物研究所、中国农业科学院农业资源与区划所、吉林农业大学等单位的 9 位权威专家组成。评估专家组由中国科学院微生物研究所、中国科学院昆明植物所、广东微生物所等单位共 130 多位专家组成。

2.2.2 评估对象

本次评估涵盖了我国（包括台湾地区）9 302 种大型真菌，其中大型子囊菌 870 种、大型担子菌 6 268 种、地衣型真菌 2 164 种，分属于 2 门 14 纲 62 目 227 科 1 298 属（表 2）。评估物种是从收集到的 14 511 个物种名称中，通过对相关文献资料和信息进行整理、核对和订正，排除存在问题的名称和已被处理为异名的名称后最终确定的。

表 2　评估的大型真菌类群统计

类群	纲	目	科	属	种
大型子囊菌	6	10	33	107	870
大型担子菌	3	23	106	841	6 268
地衣型真菌	9	34	93	352	2 164
总计*	14	62	227	1 298	9 302

*注：地衣型真菌在属及以上高阶分类单元分别与大型子囊菌和大型担子菌重合，所以总计结果为实际分类单元数，与表中各类群数量之和不一致。

2.2.3　数据收集

本次评估的信息来源主要有中国科学院微生物研究所建立的《中国菌物名录数据库》、文献资料和专家咨询。《中国菌物名录数据库》是评估的重要基础数据库，原有 12.5 万条记录，此次评估增补了 139 本书籍及大量文献资料信息，记录增至 22.9 万条。此外，相关领域的专家结合自身的研究成果和经验，提供其研究类群的最新信息，包括物种的分类信息、种群数量和变化趋势、野外生境状况、受威胁因素、利用状况和保护现状等。文献资料及评估专家提供的信息收集截止于 2016 年底。

2.2.4　初评

初步评估主要采用了"初步筛选归类"和"逐一分析评估"相结合的方式，前者主要根据中国大型真菌的研究现状和地理分布情况对大量的物种进行大规模快速筛选归类，而后者则基于初筛的结果，对需要全面分析的大型真菌进行逐一评估。

初步筛选归类，主要是根据大型真菌在中国的分布记录，以单一分布（县级行政区域）、分散分布、集中分布三种类型结合中国特有种和世界广布种（或区域分布种）的划分对物种进行初步评估。

（1）单一分布

a）仅分布于一个县级行政区域且为中国特有种，则其受威胁等级初步评为近危或以上。

b）仅分布于一个县级行政区域且为世界广布种（或区域分布种），则将其评为数据不足。

（2）分散分布

a）分布于两个及以上县级行政区，并且各分布点（县）之间的距离较大或分跨不同的省份，则初步评为无危。

b）包括世界广布种（或区域分布种）和中国特有种，除非有明确证据表明其分布面积在缩小、种群在衰退，均初步评为无危。

（3）集中分布

分布于两个及以上县级行政区，并且两个分布点（县）或多个点（县）集中分布在同一地区或在同一省份内：

a）评估物种为中国特有种或分布报道记录仅在 1973 年前，其受威胁等级初步评为近危或以上。

b）若评估物种为世界广布种（或区域分布种），则将其评为数据不足。

c）若为 10 年以内发表的新种，除特别说明外，一般列为数据不足。

对上述筛选归类初步列为近危及以上等级的物种，依据中国大型真菌红色名录等级和标准进行深入的分析评估，确定初评等级。

根据初步评估的结果形成了《中国大型真菌红色名录初评等级》，提供给评估专家组进行通信评审。

2.2.5 专家评审

按照中国大型真菌红色名录评估方法，每个物种的评估结果需由参加初评以外的人员进行复查和审核。项目组邀请了咨询专家组和评估专家组的专家对初评结果进行评审，完善评估依据，补充评估信息，以保证评估结果的准确性。

专家评审过程重点关注的对象是初评过程中被评为受威胁等级和近危的物种以及可能遗漏的受威胁物种。评审包括专家组通信评审、专家咨询会议审议和专家通信复审等程序。

（1）专家组通信评审

建立了专门的评估网站，并依据专家组成员的研究范围，针对各个物种的初步评估结果邀请相关专家进行通信评审，补充评估信息，完善评估依据。根据专家评审意见对大型真菌物种评估报告进行补充修改，再请专家审核。经过通信评审和补充修改，提出大型真菌初步红色名录。

（2）专家咨询会议审议

通过召开咨询会议，邀请相关专家，特别是关键类群的研究专家进行会议审议。来自全国 20 余个单位的 60 余位大型真菌研究专家参加了会审。根据评审专家的意见，对评估结果进行修改和调整，并补充相关信息，完善评估结果。

（3）专家通信复审

邀请会审专家再次在评估网站进行复审，核实受威胁物种的分类地位、分布情况、野外生境状况等信息，进一步确认会审物种的受威胁等级。

2.2.6 编制红色名录和受威胁物种评估说明

在专家会审和专家通信复审意见的基础上，按照统一格式，整理每个物种的信息，编制形成了《中国生物多样性红色名录——大型真菌卷》，并就受威胁物种作出评估说明。受威胁物种评估说明的内容包括物种学名、中文名、科名、中文科名、评估结果（受威胁等级及标准）、受威胁因素、参考文献、图片、评估人、复核人等信息。

第三章 评估结果分析

3.1 评估结果总体分析

本次评估的中国大型真菌有 9302 种，评估结果显示：中国大型真菌属于疑似灭绝（PE）的有 1 种，极危（CR）9 种、濒危（EN）25 种、易危（VU）62 种、近危（NT）101 种、无危（LC）2764 种、数据不足（DD）6340 种（表 3）。依据现有的数据，本次评估未评出可确认为灭绝（EX）和野外灭绝（EW）的物种。

表3 中国大型真菌红色名录评估结果

评估等级	总 数			总种数	总比例/%
	大型子囊菌	大型担子菌	地衣型真菌		
灭绝（EX）	0	0	0	0	0
野外灭绝（EW）	0	0	0	0	0
疑似灭绝（PE）	1	0	0	1	0.01
极危（CR）	6	0	3	9	0.10
濒危（EN）	3	15	7	25	0.27
易危（VU）	14	30	18	62	0.67
近危（NT）	41	54	6	101	1.09
无危（LC）	189	1 918	657	2 764	29.71
数据不足（DD）	616	4 251	1 473	6 340	68.16
总 和	870	6 268	2 164	9 302	

本次评估结果表明中国大型真菌受威胁物种（包括疑似灭绝、极危、濒危、易危）共97个，占被评估物种总数的1.04%（图3）。此外，近危等级的大型真菌有101种，数据不足等级的有6 340种。受威胁、近危以及数据不足的物种均为需要关注和保护的物种。因此，中国需关注和保护的大型真菌达6 538种，占被评估物种总数的70.29%。

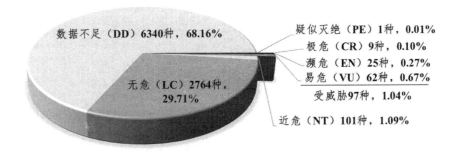

图3 中国大型真菌红色名录评估等级及比例

与芬兰、瑞典等欧洲国家已发布的菌物红色名录比较，本次评估受威胁物种的数量和比例较低，数据不足的数量和比例较高。其原因主要在于：首先，中国大型真菌分类学研究基础较弱，物种名称鉴定的准确性有待提升。分类学是生物多样性红色名录评估的基础，而我国大型真菌的现代分类研究起步远远落后于西方国家，大量的鉴定依赖于西方的物种描述，物种定名存在很大困难。其次，物种研究的基础数据不足。大型真菌研究数据信息的积累是红色名录评估的基础，我国大型真菌缺乏足够的野外考察和长期监测的基本数据，导致大量物种因缺乏有效数据信息无法确定评估等级。

IUCN红色名录目前评估的大型真菌中，7种在中国有过报道，即帕氏蘑菇（*Agaricus pattersoniae*）、雕柄蜜环菌（*Armillaria ectypa*）、黄绿丝膜菌（*Cortinarius citrino-olivaceus*）、香味全缘孔菌（*Haploporus odorus*）、岛圆盘衣（*Gymnoderma insulare*）、毛边黑蜈蚣衣（*Phaeophyscia hispidula*）和酸涩口蘑（*Tricholoma acerbum*）。在本次评估中，岛圆盘衣被

评为濒危，毛边黑蜈蚣衣被评为无危，与 IUCN 网站公布的结果一致，而其他 5 种均被评为数据不足。其中帕氏蘑菇和黄绿丝膜菌因为评估信息不足，无法确定其评估等级。此外，雕柄蜜环菌在中国报道的分布有三个省，而酸涩口蘑和香味全缘孔菌的分布范围则更为广泛，但这些报道所涉及的物种可能在分类上有不同的概念，所以本次评估将其定为数据不足。

与我国已发布的《中国生物多样性红色名录——高等植物卷》和《中国生物多样性红色名录——脊椎动物卷》相比，本次评估的大型真菌受威胁的物种比例（1.04%）远低于植物和动物受威胁的比例（分别为 10.9%和 21.4%），而数据不足的物种比例（68.16%）则显著高于植物和动物（分别为 10.5%和 21.6%）。这表明我国大型真菌的研究基础和数据积累相对于高等植物和脊椎动物有着较大差距。为了提高大型真菌红色名录评估的准确性和可靠性，必须加大其分类学研究的力度，并且开展物种调查和监测工作。

3.2 大型子囊菌评估结果与分析

3.2.1 大型子囊菌评估结果

本次评估的大型子囊菌共 870 种，分属于 6 纲 10 目 33 科 107 属。按纲统计，评估物种数最多的为盘菌纲（Pezizomycetes）和粪壳菌纲（Sordariomycetes），分别达到 411 种和 327 种，各占被评估大型子囊菌物种总数的 47.24%和 37.59%（图 4）。评估物种最多的目为盘菌目（Pezizales），包括盘菌纲全部 411 种。物种数最多的科为炭角菌科（Xylariaceae），属粪壳菌纲炭角菌目（Xylariales），共 165 种，占被评估子囊菌物种总数的 18.97%。

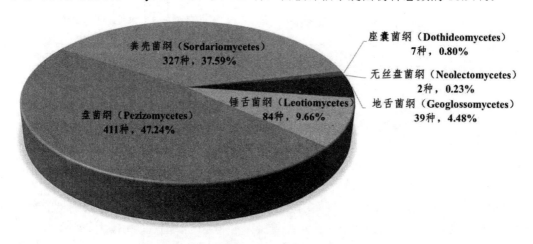

图 4　大型子囊菌各纲评估物种数及比例

评估结果表明，大型子囊菌疑似灭绝 1 种，极危 6 种，濒危 3 种，易危 14 种（表 4，图 5）。大型子囊菌受威胁物种（包含疑似灭绝）共 24 种，占被评估大型子囊菌物种总数的 2.76%（图 5），高于大型担子菌和地衣型真菌的比例。此外，近危的大型子囊菌有 41 种，占被评估大型子囊菌总数的 4.71%；无危的大型子囊菌有 189 种，占被评估大型子囊菌总数的 21.72%；数据不足的大型子囊菌有 616 种，占被评估大型子囊菌总数的 70.80%（图 5）。我国需要关注和保护的大型子囊菌达 681 种，占被评估大型子囊菌总数的 78.28%。

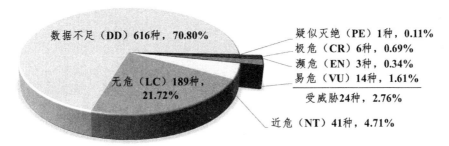

图5 大型子囊菌各评估等级物种数及比例

本次评估的盘菌纲有 1 种濒危、6 种易危、28 种近危、91 种无危、285 种数据不足，受威胁物种数占该类群被评估物种总数的 1.70%。粪壳菌纲有 4 种易危、8 种近危、65 种无危、250 种数据不足，受威胁物种占该纲评估物种总数的 1.22%。锤舌菌纲（Leotiomycetes）有 1 种疑似灭绝、2 种易危、2 种近危、21 种无危、58 种数据不足，受威胁物种占该纲评估物种总数的 3.57%。地舌菌纲（Geoglossomycetes）有 6 种极危、2 种濒危、1 种易危、3 种近危、11 种无危、16 种数据不足，受威胁物种在所有纲中的比例为最高，达 23.08%。座囊菌纲（Dothideomycetes）有 1 种易危、6 种数据不足，受威胁物种占该纲评估物种总数的 14.29%。无丝盘菌纲（Neolectomycetes）有 1 种无危、1 种数据不足，无受威胁物种。

表 4 大型子囊菌受威胁物种评估等级、分布及用途

物 种	等级	科	地理分布	中国特有种	用途
云南假地舌菌 *Hemiglossum yunnanense*	疑似灭绝 PE	柔膜菌科 Helotiaceae	云南	是	
桦杯盘菌 *Ciboria betulae*	易危 VU	核盘菌科 Sclerotiniaceae	内蒙古；俄罗斯	否	
古巴散胞盘菌 *Encoelia cubensis*	易危 VU	核盘菌科 Sclerotiniaceae	广东、广西；哥伦比亚、圭亚那、委内瑞拉	否	
中华肉球菌 *Engleromyces sinensis*	易危 VU	炭角菌科 Xylariaceae	云南	是	药用
细小地舌菌 *Geoglossum pusillum*	极危 CR	地舌菌科 Geoglossaceae	江西	是	
粘地舌菌 *Glutinoglossum glutinosum*	易危 VU	地舌菌科 Geoglossaceae	四川、云南；印度、日本、芬兰、德国、爱尔兰、意大利、挪威、俄罗斯、瑞典、英国、加拿大、哥斯达黎加、美国、澳大利亚、新西兰	否	
美洲粉盘菌 *Aleurina americana*	易危 VU	火丝菌科 Pyronemataceae	吉林；美国	否	

物　　种	等级	科	地理分布	中国特有种	用途
西藏羊肚菌 *Morchella tibetica*	易危 VU	羊肚菌科 Morchellaceae	云南、西藏	是	食用
老君山线虫草 *Ophiocordyceps laojunshanensis*	易危 VU	线虫草科 Ophiocordycipitaceae	云南	是	食药用
冬虫夏草 *Ophiocordyceps sinensis*	易危 VU	线虫草科 Ophiocordycipitaceae	甘肃、青海、四川、云南、西藏；不丹、印度、尼泊尔	否	食药用
巨孢奇块菌 *Paradoxa gigantospora*	濒危 EN	块菌科 Tuberaceae	四川、云南	是	食用
竹黄 *Shiraia bambusicola*	易危 VU	竹黄科 Shiraiaceae	陕西、安徽、浙江、江西、湖南、四川、贵州、云南、福建；日本	否	药用
广东虫草 *Tolypocladium guangdongensis*	易危 VU	线虫草科 Ophiocordycipitaceae	广东	是	食药用
景洪毛舌菌 *Trichoglossum cheliense*	极危 CR	地舌菌科 Geoglossaceae	云南	是	
紊乱毛舌菌 *Trichoglossum confusum*	濒危 EN	地舌菌科 Geoglossaceae	江苏；美国	否	
昆明毛舌菌 *Trichoglossum kunmingense*	极危 CR	地舌菌科 Geoglossaceae	云南	是	
柏松毛舌菌 *Trichoglossum persoonii*	极危 CR	地舌菌科 Geoglossaceae	云南	是	
罕见毛舌菌 *Trichoglossum rasum*	濒危 EN	地舌菌科 Geoglossaceae	浙江、云南；印度尼西亚、波兰、百慕大、古巴、巴拿马、美国、新喀里多尼亚	否	
中国毛舌菌 *Trichoglossum sinicum*	极危 CR	地舌菌科 Geoglossaceae	云南	是	
云南毛舌菌 *Trichoglossum yunnanense*	极危 CR	地舌菌科 Geoglossaceae	云南	是	
会东块菌 *Tuber huidongense*	易危 VU	块菌科 Tuberaceae	四川、云南	是	食用
印度块菌 *Tuber indicum*	易危 VU	块菌科 Tuberaceae	北京、甘肃、四川、云南；印度	否	食用
攀枝花块菌 *Tuber panzhihuanense*	易危 VU	块菌科 Tuberaceae	四川、云南	是	食用
中华夏块菌 *Tuber sinoaestivum*	易危 VU	块菌科 Tuberaceae	四川	是	食用

3.2.2 大型子囊菌评估结果分析

3.2.2.1 大型子囊菌受威胁物种

疑似灭绝物种云南假地舌菌（*Hemiglossum yunnanense*），属于锤舌菌纲。该物种是1890年法国学者基于来自云南的单一标本发表的，此后100多年里再无新的采集记录，目前全世界仅存一份标本。我国研究人员对此种十分关注，多次前往模式标本原产地云南大理苍山开展调查，均无新的发现，因此将其评为疑似灭绝物种。有别于高等植物和脊椎动物，尽管未采到该种的子实体标本，但可能土壤中还存在其菌丝体。要确认这个物种是否已经灭绝，需要对其模式标本原产地及类似的生境展开更加深入细致的调查研究，检测土壤中的可能存在的菌丝体，进一步澄清其受威胁状态。

大型子囊菌极危物种有细小地舌菌（*Geoglossum pusillum*）、景洪毛舌菌（*Trichoglossum cheliense*）、昆明毛舌菌（*Trichoglossum kunmingense*）、柏松毛舌菌（*Trichoglossum persoonii*）、中国毛舌菌（*Trichoglossum sinicum*）和云南毛舌菌（*Trichoglossum yunnanense*）6种（表4）。以上6种极危大型子囊菌均属于地舌菌科（Geoglossaceae），为中国特有种，自1944年描述以来再无报道。除了细小地舌菌仅在我国江西省发生外，其他5种毛舌菌均只在云南省分布，分布范围极为狭窄。

濒危的大型子囊菌有3种（表4），其中紊乱毛舌菌（*Trichoglossum confusum*）和罕见毛舌菌（*Trichoglossum rasum*）属于地舌菌科，前者仅在我国江苏省报道过一次，后者分布稍广，但正如其名称所示极为罕见，少有报道记录。巨孢奇块菌（*Paradoxa gigantospora*）属于块菌科（Tuberaceae），仅在我国云南、四川等地发现，为地下生真菌，一般生长于云南松、栎树林下石灰质土壤中，有一定的食用价值，与具有较高经济价值的块菌属（*Tuber*）成员形态相似，很有可能在产地被当作块菌采挖。由于其分布范围狭窄，种群数量少，个体相对于块菌更为稀少，遭受人类过度采挖后，该物种的生存状况正面临严重威胁，处于濒危状态。

易危的大型子囊菌共14种（表4），其中有8种食用菌和5种药用菌（包含3种药食两用真菌）。易危的食用菌中，有4种块菌和1种羊肚菌，均具有较高经济价值。其中会东块菌（*Tuber huidongense*）、印度块菌（*Tuber indicum*）、攀枝花块菌（*Tuber panzhihuanense*）和中华夏块菌（*Tuber sinoaestivum*）主要分布在我国云南、四川，近年来受过度采挖和不良采挖方式的影响，种群数量和成熟个体数量都出现了明显的下降，生存状况不容乐观。而西藏羊肚菌（*Morchella tibetica*）分布范围较窄，据报道仅分布于西藏林芝地区和滇西北，种群数量稀少，如果不限制采挖，很可能受到严重威胁。攀枝花块菌和中华夏块菌是2013年发表的两种块菌，尽管发表时间较晚，但因其经济价值较高而受到过度采挖的影响，处于易危状态。

易危的药用大型子囊菌中，有3个虫草类物种，即冬虫夏草、老君山线虫草（*Ophiocordyceps laojunshanensis*）和广东虫草（*Tolypocladium guangdongensis*，或称"广东弯颈霉"），此外还包括中华肉球菌（*Engleromyces sinensis*）和竹黄（*Shiraia bambusicola*）。其中以冬虫夏草最为典型，有学者曾提议将其列为真菌保护的旗舰物种。冬虫夏草分布于我国青海、西藏、四川、云南和甘肃五省，以及与我国相邻的喜马拉雅山南麓的国家或地区，如尼泊尔、不丹和印度北部的部分地区。相对于其他虫草类真菌，其分布范围较广、种群密度和生物量更高，但是由于受到长期过度采挖和环境气候变化的影响，其发生数量不断减少，分布范围在逐渐萎缩。三十多年来的相关报道和产地观察推测等表明其种群明显减少。而根据生态模型的预测，冬虫夏草分布区因气候变化也在未来三五十年之内可能丧失30%以上。

老君山线虫草主要分布于滇西北老君山、玉龙雪山等地的冷杉林下，与冬虫夏草类似，面临着气候变化和过度采挖的双重影响，资源逐步趋于匮乏。老君山线虫草是2011年发表的新种，但是由于一直被当作冬虫夏草，研究人员对该种已经连续关注15年以上，有数据表明其处于易危的状态。其分布范围比冬虫夏草更为狭窄，受威胁程度可能更严重。

广东虫草和竹黄作为药用真菌有着良好记录，特别是后者应用历史较长。广东虫草在2013年获批为新资源食品，虽然已实现人工栽培，但广东虫草野生资源量少，地理分布范围狭窄、仅在广东报道，已经处于易危的状态。竹黄分布的范围相对较广，但作为重要的传统中药材，主要依赖于野生资源，大量的人工采摘已对其物种生存造成了显著的威胁。中华肉球菌是2010年发表的新种，主要分布在我国云南西北部地区，寄生在高山竹类植物上，种群数量小，成熟个体数量少，作为药用菌使用有较长的历史，受到不合理开发利用的影响，处于易危的状态。

3.2.2.2 大型子囊菌近危物种

近危（NT）等级的大型子囊菌共41种，包括19种块菌属（*Tuber*）、7种虫草（*Cordyceps* s.l.）的物种，此外还有猪块菌属（*Choiromyces*）、马鞍菌属（*Helvella*）、羊肚菌属（*Morchella*）和盾盘菌属（*Scutellinia*）等属的物种。其中块菌、虫草以及羊肚菌等物种具有较高的食用或药用价值，人类采挖对其生存影响较大，已经受到一定程度的威胁，如不控制采挖并采取一定的保护措施，这些物种很可能在未来很短的时间内处于易危、濒危甚至极危等受威胁状态。

3.2.3 大型子囊菌受威胁物种的分布

大型子囊菌受威胁物种在各省（区、市）间的分布不均匀。云南省是受威胁大型子囊菌分布最为集中的省份，受威胁物种达17种，占受威胁大型子囊菌物种总数的70.83%；其次为四川，有8种。此外甘肃、浙江、江西、西藏、广东各2种，而吉林、内蒙古、北京、陕西、青海、安徽、江苏、湖南、贵州、福建各1种（表4）。云南和四川两省是受威胁大型子囊菌分布最多的省份，在物种保护方面应引起重视。

在24种受威胁的大型子囊菌中，有15种是中国特有种，包括云南假地舌菌、广东虫草、中华肉球菌、细小地舌菌、西藏羊肚菌、老君山线虫草、巨孢奇块菌、景洪毛舌菌、昆明毛舌菌、柏松毛舌菌、中国毛舌菌、云南毛舌菌、会东块菌、攀枝花块菌和中华夏块菌等，特有种占受威胁大型子囊菌的62.50%。在这些特有种中，目前有12种在云南有分布报道，4种在四川有分布，此外广东、江西、西藏各1种。其余9个受威胁的广布种也有5个在云南分布，4个在四川分布（表4）。

3.2.4 大型子囊菌受威胁因素分析

对大型子囊菌受威胁因素的分析结果显示，分布狭窄、种群数量少等特点是导致物种受到威胁的内在因素，如极危物种细小地舌菌、景洪毛舌菌、昆明毛舌菌、柏松毛舌菌、中国毛舌菌、云南毛舌菌，濒危物种巨孢奇块菌、紊乱毛舌菌、罕见毛舌菌等。这些物种分布范围有限，难以适应环境的快速变迁，土地开发利用、城市化等导致的栖息地丧失和退化都可能导致其濒危或灭绝。而对冬虫夏草、老君山线虫草、会东块菌、印度块菌、攀枝花块菌和中华夏块菌等食药用菌来说，过度采挖和在子实体成熟散发孢子之前的不良采挖方式都是其重要威胁因子。此外，气候变化也是重要的威胁因子之一，如全球气候变暖导致青藏高原及周边地区的冬虫夏草分布区出现萎缩，而这一状况在未来的几十年内可能进一步加剧。

3.3 大型担子菌评估结果与分析

3.3.1 大型担子菌评估结果

本次评估的大型担子菌共 6 340 种，分属于 3 纲 23 目 106 科 841 属。评估物种数最多的纲是蘑菇纲（Agaricomycetes），达 6 158 种，占被评估大型担子菌物种总数的 98.25%；其次为银耳纲（Tremellomycetes）和花耳纲（Dacrymycetes），分别为 56 种和 52 种（图 6）。评估物种数最多的目是蘑菇目（Agaricales），达 2 925 种，占被评估大型担子菌物种总数的 46.67%。评估物种数最多的科是多孔菌科（Polyporaceae），达 481 种，占被评估大型担子菌物种总数的 7.67%。

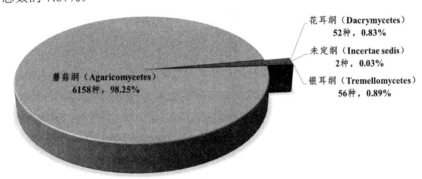

图 6　大型担子菌各纲评估物种数及比例

评估结果表明，受威胁大型担子菌共 45 种，占被评估大型担子菌总数的 0.72%（图 7），其中包括濒危物种 15 种、易危物种 30 种（表 5，图 7）。近危的大型担子菌共 54 种，占被评估大型担子菌总数的 0.86%。无危的大型担子菌共 1 918 种，占被评估大型担子菌总数的 30.60%。数据不足的大型担子菌共 4 251 种，占被评估大型担子菌总数的 67.82%（图 7）。我国需要关注和保护的大型担子菌达 4 350 种，占被评估大型担子菌物种总数的 69.40%。

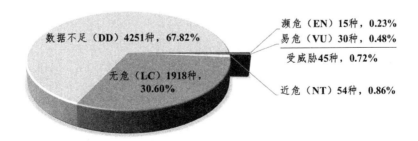

图 7　大型担子菌各评估等级物种数及比例

本次评估的蘑菇纲有 13 种濒危、28 种易危、54 种近危、1 880 种无危、4 183 种数据不足，受威胁物种数占该纲被评估物种总数的 0.67%。花耳纲有 2 种濒危、1 种易危、19

种无危、30 种数据不足，受威胁物种数占该纲被评估物种总数的 5.77%。银耳纲有 1 种易危、19 种无危、36 种数据不足，受威胁物种数占该纲被评估物种总数的 1.79%。

表5 大型担子菌受威胁物种评估等级、分布及用途

物　种	等级	科	地理分布	中国特有种	用途
云南蘑菇 *Agaricus yunnanensis*	濒危 EN	蘑菇科 Agaricaceae	云南、四川	是	
阳城光黑腹菌 *Alpova yangchengensis*	易危 VU	桩菇科 Paxillaceae	山西	是	
绒托鹅膏 *Amanita tomentosivolva*	易危 VU	鹅膏科 Amanitaceae	云南	是	
小孔小薄孔菌 *Antrodiella micra*	易危 VU	原毛平革菌科 Phanerochaetaceae	吉林、福建	是	
橙香牛肝菌 *Boletus citrifragrans*	易危 VU	牛肝菌科 Boletaceae	四川、云南、西藏；缅甸、泰国	否	食用
小橙黄牛肝菌 *Boletus miniatoaurantiacus*	易危 VU	牛肝菌科 Boletaceae	广东；北美洲	否	食用
湖南胶角耳 *Calocera hunanensis*	濒危 EN	花耳科 Dacrymycetaceae	湖南	是	
莽山胶角耳 *Calocera mangshanensis*	易危 VU	花耳科 Dacrymycetaceae	湖南、云南	是	
羊肚菌状胶角耳 *Caloceram orchelloides*	濒危 EN	花耳科 Dacrymycetaceae	福建	是	
彭氏丽口包 *Calostoma pengii*	濒危 EN	丽口包科 Calostomataceae	湖南	是	
变孢丽口包 *Calostoma variispora*	易危 VU	丽口包科 Calostomataceae	辽宁	是	
云南丽口包 *Calostoma yunnanense*	易危 VU	丽口包科 Calostomataceae	云南	是	
麦黄钟伞 *Campanella straminea*	濒危 EN	小皮伞科 Marasmiaceae	云南	是	
云南鸡油菌 *Cantharellus yunnanensis*	易危 VU	鸡油菌科 Cantharellaceae	贵州、云南、广西	是	食用
海南笼头菌 *Clathrus hainanensis*	濒危 EN	鬼笔科 Phallaceae	海南	是	
新囊靴耳 *Crepidotus neocystidiosus*	濒危 EN	丝盖伞科 Inocybaceae	云南	是	
景洪黑蛋巢菌 *Cyathus cheliensis*	濒危 EN	蘑菇科 Agaricaceae	云南	是	
紊乱黑蛋巢菌 *Cyathus confusus*	濒危 EN	蘑菇科 Agaricaceae	宁夏、云南	是	
五台山黑蛋巢菌 *Cyathus wutaishanensis*	濒危 EN	蘑菇科 Agaricaceae	山西	是	

物　种	等级	科	地理分布	中国特有种	用途
小孢软齿菌 Dentipellis microspora	易危 VU	猴头菌科 Hericiaceae	吉林	是	
近杯伞状粉褶蕈 Entoloma subclitocyboides	易危 VU	粉褶蕈科 Entolomataceae	贵州、海南、湖南	是	
承德高腹菌 Gautieria chengdensis	易危 VU	钉菇科 Gomphaceae	河北、湖北	是	
猴头菇 Hericium erinaceus	易危 VU	猴头菌科 Hericiaceae	黑龙江、吉林、辽宁、内蒙古、河北、山东、甘肃、湖南、四川、贵州、云南；日本、亚洲、欧洲、北美洲	否	食药用
斑玉蕈 Hypsizygus marmoreus	易危 VU	离褶伞科 Lyophyllaceae	黑龙江、吉林、辽宁、河北、山西、浙江、福建、台湾、香港；日本，欧洲	否	食药用
斜生纤孔菌 Inonotus obliquus	濒危 EN	刺革菌科 Hymenochaetaceae	黑龙江、吉林、内蒙古、陕西、青海、新疆；日本、芬兰、波兰、俄罗斯	否	药用
长白乳菇 Lactarius changbaiensis	易危 VU	红菇科 Russulaceae	吉林、云南	是	
迷你乳菇 Lactarius minimus	濒危 EN	红菇科 Russulaceae	广东；英国	否	
中国白环蘑 Leucoagaricus sinicus	易危 VU	光柄菇科 Pluteaceae	浙江	是	
蒙古白丽蘑 Leucocalocybe mongolica	易危 VU	分类位置未定 Incertaesedis	黑龙江、吉林、辽宁、内蒙古、河北、甘肃、青海、新疆；蒙古	否	食用
金耳 Naematelia aurantialba	易危 VU	白耳科 Naemateliaceae	内蒙古、陕西、宁夏、甘肃、青海、湖南、四川、云南、西藏	是	食药用
疏褶暗金钱菌 Phaeocollybia sparsilamellae	濒危 EN	丝膜菌科 Cortinariaceae	云南	是	
粉软卧孔菌 Poriodontia subvinosa	易危 VU	裂孔菌科 Schizoporaceae	黑龙江、吉林、四川；俄罗斯	否	
云南多舌菌 Pyrrhoglossum yunnanense	易危 VU	丝膜菌科 Cortinariaceae	云南	是	
短孢枝瑚菌 Ramaria nanispora	易危 VU	钉菇科 Gomphaceae	云南	是	

物　种	等级	科	地理分布	中国特有种	用途
拟粉红枝瑚菌 *Ramaria neoformosa*	易危 VU	钉菇科 Gomphaceae	青海、四川、云南；意大利	否	
朱细枝瑚菌 *Ramaria rubriattenuipes*	易危 VU	钉菇科 Gomphaceae	云南	是	食用
红肉枝瑚菌 *Ramaria rubricarnata*	易危 VU	钉菇科 Gomphaceae	云南；美国	否	
牛樟芝 *Taiwanofungus camphoratus*	濒危 EN	分类位置未定 Incertaesedis	台湾	是	药用
端圆蚁巢伞 *Termitomyces tylerianus*	易危 VU	离褶伞科 Lyophyllaceae	湖南、四川、云南、西藏、广东；非洲	否	食用
干巴菌 *Thelephora ganbajun*	易危 VU	革菌科 Thelephoraceae	河南、甘肃、安徽、江西、四川、云南、西藏、广东、广西	是	食用
松口蘑 *Tricholoma matsutake*	易危 VU	口蘑科 Tricholomataceae	黑龙江、吉林、辽宁、内蒙古、山西、陕西、甘肃、青海、湖北、四川、贵州、云南、广西；日本	否	食药用
青盖拟口蘑 *Tricholomopsis lividipileata*	易危 VU	蘑菇科 Agaricaceae	山西、甘肃、四川	是	
变孢柄灰包 *Tulostoma variisporum*	濒危 EN	蘑菇科 Agaricaceae	内蒙古；蒙古	否	
榆林柄灰包 *Tulostoma yulinense*	易危 VU	蘑菇科 Agaricaceae	内蒙古、陕西	是	
冬小包脚菇 *Volvariella brumalis*	易危 VU	蘑菇科 Agaricaceae	贵州	是	

3.3.2　大型担子菌评估结果分析

3.3.2.1　大型担子菌受威胁物种

濒危的大型担子菌共 15 种（表 5），其中牛樟芝（*Taiwanofungus camphoratus*）和斜生纤孔菌（*Inonotus obliquus*，原称"桦褐孔菌"）为药用菌。牛樟芝分布在我国台湾地区，目前已经可以人工栽培，但其野外种群受人类采挖利用的影响极为严重，几乎无成熟子实体存在，物种的生存状况十分堪忧。斜生纤孔菌的分布范围相对较广，但人类的过度采挖使其生存状况受到严重威胁。此外，濒危的大型担子菌中有紊乱黑蛋巢菌（*Cyathus confusus*）、云南蘑菇（*Agaricus yunnanensis*）等 12 个中国特有种。

紊乱黑蛋巢菌的分布区域狭小，种群数量有限，目前仅保存一份采自云南昆明的模式标本。尽管有报道在其他地区也有分布，但缺乏可靠的标本验证。受人类活动及气候变化的影响，该物种的生存受到威胁，处于濒危状态。景洪黑蛋巢菌（*Cyathus cheliensis*）、五台山黑蛋巢菌（*Cyathus wutaishanensis*）与紊乱黑蛋巢菌的情况类似，分布范围狭窄，易受人类活动及气候变化的影响，为濒危物种。其余 10 种濒危担子菌除云南蘑菇在云南、四川两地分布以外，其余物种已知的分布范围均局限在一个省，报道的分布点极少，种群数量有限，易受人类活动以及气候变化等的影响，因此评为濒危。

易危的大型担子菌包括松口蘑、金耳（*Naematelia aurantialba*）、湖南胶角耳（*Calocera hunanensis*）、莽山胶角耳（*Calocera mangshanensis*）和羊肚菌状胶角耳（*Calocera morchelloides*）等30种。松口蘑是一种名贵的野生食用菌，具有很高的经济价值，大量出口日本。松口蘑除了在日本四岛和朝鲜半岛有分布外，在中国主要形成"藏东南—横断山区"和"大兴安岭—长白山"两大分布区。松口蘑目前已被列入国家二级保护物种，并在吉林省延边朝鲜族自治州龙井境内的天佛指山建立了以其为主要保护对象的国家级自然保护区。然而，在西南和东北主产区的大部分地区，松口蘑是当地百姓的重要经济来源，过度采挖现象并未得到有效遏制，与冬虫夏草相似，松口蘑的分布范围相对较广，种群密度和生物量也较大，但由于受人类长期过度采挖的影响，种群密度下降的幅度已经很明显，达到易危等级。

受威胁的食药用大型担子菌共13种，其中猴头菇（*Hericium erinaceus*，或称"猴头菌"）、斑玉蕈（*Hypsizygus marmoreus*）、金耳、松口蘑等可以食药两用（表5）。目前大部分物种仍无法人工栽培，主要依赖野生资源，如松口蘑、牛肝菌、云南鸡油菌（*Cantharellus yunnanensis*）、干巴菌（*Thelephora ganbajun*，或称"干巴革菌"）等。部分可以人工栽培的种类，如牛樟芝和猴头菇等，即使已经开始规模化栽培，但其野生资源有限，种群显著衰减，同样面临着严重威胁。药用菌牛樟芝仅分布在台湾，其野生子实体价格极其昂贵。虽然已经人工培植，但其自然种群分布区狭窄，野生资源受到了极为严重的破坏，很难在野外再找到其成熟的子实体，已经处于濒危状态。猴头菇野生种群也受到严重威胁，但因其分布区域较广，种群数量相对较大，处于易危状态。

3.3.2.2 大型担子菌近危物种

近危的大型担子菌共54种，包括枝瑚菌属（*Ramaria*）、蚁巢伞属（*Termitomyces*）、蘑菇属（*Agaricus*）、灵芝属（*Ganoderma*）、假芝属（*Amauroderma*）、牛肝菌属（*Boletus*）、鸡油菌属（*Cantharellus*）和侧耳属（*Pleurotus*）等，其中枝瑚菌属物种最多，达16种；蚁巢伞属次之，有5种。这些物种大多数具有一定的食药用价值，受到人类活动的影响，但由于其地理分布相对广泛，种群数量相对较多，资源较为丰富，处于近危等级。此外，块菌、蚁巢伞和灵芝等一些物种受过度采挖的影响非常严重，种群开始出现衰退的迹象。如不合理控制采挖量和采用正确的采挖方式，并采取一定的保护措施，这些物种很可能在未来很短的时间内陷入受威胁状态。

3.3.3 大型担子菌受威胁物种的分布

大型担子菌受威胁物种在各省（区、市）的分布不均匀。云南省是受威胁大型担子菌分布最为集中的省份，受威胁物种多达22种，占受威胁大型担子菌物种总数的近二分之一；其次为四川10种，吉林9种；此外，内蒙古和湖南各7种，黑龙江和甘肃各6种，辽宁、山西、青海和贵州各5种，河北、陕西、西藏和广东各4种，福建和广西各3种，宁夏、新疆、浙江、湖北、台湾和海南各2种，山东、河南、安徽、江西和香港各1种（表5）。因此，我国西南和东北是受威胁大型担子菌分布相对集中的地区，是大型担子菌保护应重点关注的地区。

在45种受威胁的大型担子菌中，有32种是中国特有种，占受威胁大型担子菌物种总数的71.11%，高于地衣型真菌和大型子囊菌受威胁物种中的特有种比例。在受威胁的中国特有种中，目前 16 种在云南有报道，占受威胁特有种的 50.00%。此外，四川、湖南、贵州等省也有多种受威胁的中国特有大型担子菌分布。

3.3.4 大型担子菌受威胁因素分析

大型担子菌的受威胁因素与子囊菌类似，很多分布狭窄的中国特有种，如云南蘑菇、绒托鹅膏（*Amanita tomentosivolva*）、湖南胶角耳、麦黄钟伞（*Campanella straminea*）、海南笼头菌（*Clathrus hainanensis*）、云南多舌菌（*Pyrrhoglossum yunnanense*）等，不仅分布区域局限，而且种群数量少、子实体发生频率低。全球气候环境变化导致的物种栖息地萎缩和人类活动导致的栖息地破坏是威胁这些物种生存的重要因素。本次评估，受威胁大型担子菌物种中食药用菌比例达三分之一以上。目前，其大部分物种仍无法人工栽培，主要依赖野生资源，比如松口蘑、橙香牛肝菌（*Boletus citrifragrans*）、云南鸡油菌、干巴菌等，过度采挖是导致这些物种受到威胁的主要原因。受经济利益的趋动，松口蘑的采挖大部分在子实体成熟之前，孢子还来不及散发，土壤中的菌源得不到有效补充，这种不良的采挖方式加剧了其受威胁程度。

3.4 地衣型真菌评估结果与分析

3.4.1 地衣型真菌评估结果

地衣分类主要以其共生真菌为主，分为子囊菌地衣和担子菌地衣。子囊菌地衣占大多数，担子菌地衣数量很少。本次评估包括了我国（包括台湾地区）已知的地衣种类，共计 2164 种，包括子囊菌地衣 2145 种、担子菌地衣 19 种，分属于 2 门 9 纲 34 目 93 科 352 属。评估物种数最多的纲为茶渍纲（Lecanoromycetes），达 1933 种，占被评估地衣物种总数的 89.33%（图 8）。评估物种数最多的目为茶渍目（Lecanorales），有 866 种。评估物种数最多的科为梅衣科（Parmeliaceae），有 469 种。

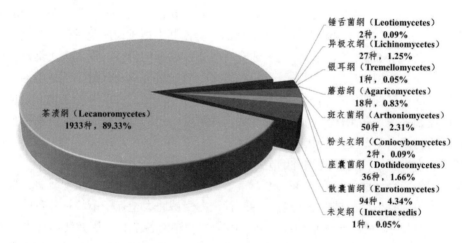

图 8　地衣各纲评估物种数及比例

评估结果表明，地衣受威胁物种共 28 种，占被评估地衣物种总数的 1.29%（表 6，图 9）。其中极危物种 3 种，濒危物种 7 种，易危物种 18 种。此外，近危的地衣共 6 种，占被评估地衣物种总数的 0.28%；无危的地衣 657 种，占被评估地衣物种总数的 30.36%；数据不足 1 473 种，占被评估地衣物种总数的 68.07%（图 9）。我国需要关注和保护的地衣达

1 507 种，占被评估地衣物种总数的 69.64%。

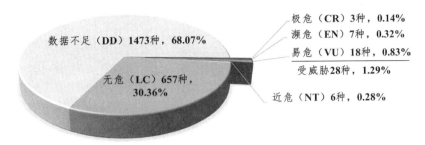

数据不足（DD）1473种，68.07%

无危（LC）657种，30.36%

极危（CR）3种，0.14%
濒危（EN）7种，0.32%
易危（VU）18种，0.83%

受威胁28种，1.29%

近危（NT）6种，0.28%

图 9　地衣各评估等级物种数及比例

本次评估的地衣受威胁物种全部集中在茶渍纲，包括 3 种极危、7 种濒危、18 种易危，受威胁物种数占该类群评估物种总数的 1.45%。散囊菌纲（Eurotiomycetes）有 8 种无危、86 种数据不足。斑衣菌纲（Arthoniomycetes）有 10 种无危、40 种数据不足。座囊菌纲有 1 种无危、35 种数据不足。异极衣纲（Lichinomycetes）有 2 种无危、25 种数据不足。蘑菇纲有 3 种无危、15 种数据不足。锤舌菌纲 2 种均为数据不足。粉头衣纲（Coniocybomycetes）有 1 种无危、1 种数据不足。银耳纲仅 1 种数据不足。其余未定纲有 1 种无危。

表 6　地衣型真菌受威胁物种评估等级、分布及用途

物　种	等级	科	地理分布	中国特有种	用途
顶杯衣 *Acroscyphus sphaerophoroides*	濒危 EN	粉衣科 Caliciaceae	四川、云南、西藏；印度、日本、尼泊尔、美洲	否	
裂芽厚枝衣 *Allocetraria isidiigera*	易危 VU	梅衣科 Parmeliaceae	西藏	是	
广开小孢发 *Bryoria divergescens*	易危 VU	梅衣科 Parmeliaceae	四川、云南；尼泊尔	否	
藏岛衣 *Cetraria xizangensis*	易危 VU	梅衣科 Parmeliaceae	西藏	是	
戴氏石蕊 *Cladonia delavayi*	易危 VU	石蕊科 Cladoniaceae	陕西、四川、云南、西藏；尼泊尔	否	药用
拟雀石蕊 *Cladonia pseudoevansii*	极危 CR	石蕊科 Cladoniaceae	吉林；日本	否	
圆盘衣 *Gymnoderma coccocarpum*	濒危 EN	石蕊科 Cladoniaceae	湖南、云南、西藏、台湾、广西；印度、日本、朝鲜、韩国、蒙古、菲律宾、泰国、马来西亚	否	
岛圆盘衣 *Gymnoderma insulare*	濒危 EN	石蕊科 Cladoniaceae	台湾；日本	否	
日光山袋衣 *Hypogymnia nikkoensis*	易危 VU	梅衣科 Parmeliaceae	内蒙古；日本	否	
台湾高山袋衣 *Hypogymnia taiwanalpina*	濒危 EN	梅衣科 Parmeliaceae	云南、台湾；东亚	否	

物　种	等级	科	地理分布	中国特有种	用途
金丝绣球 *Lethariella cashmeriana*	易危 VU	梅衣科 Parmeliaceae	甘肃、四川、西藏；印度	否	
金丝刷 *Lethariella cladonioides*	易危 VU	梅衣科 Parmeliaceae	山西、陕西、甘肃、青海、四川、云南、西藏；印度、尼泊尔	否	药用；石蕊试剂原料
曲金丝 *Lethariella flexuosa*	易危 VU	梅衣科 Parmeliaceae	甘肃、四川、云南、西藏；印度	否	
中华金丝 *Lethariella sinensis*	易危 VU	梅衣科 Parmeliaceae	西藏	是	
金丝带 *Lethariella zahlbruckneri*	易危 VU	梅衣科 Parmeliaceae	山西、陕西、四川、贵州、云南、西藏；东亚	否	药用
密裂大叶梅 *Parmotrema myriolobulatum*	极危 CR	梅衣科 Parmeliaceae	云南	是	
湖北蜈蚣衣 *Physcia hupehensis*	易危 VU	蜈蚣衣科 Physciaceae	湖北	是	
亚灰大孢衣 *Physconia perisidiosa*	易危 VU	蜈蚣衣科 Physciaceae	河北、新疆；德国	否	
朝比氏鳞网衣 *Psoraas ahinae*	易危 VU	鳞网衣科 Psoraceae	黑龙江	是	
甘肃地图衣 *Rhizocarpon kansuense*	易危 VU	地图衣科 Rhizocarpaceae	甘肃；中亚	否	
华脐鳞 *Rhizoplaca huashanensis*	极危 CR	茶渍科 Lecanoraceae	陕西	是	
卧白角衣 *Siphula decumbens*	易危 VU	霜降衣科 Icmadophilaceae	台湾、江西；新西兰	否	
绿丝槽枝 *Sulcaria virens*	易危 VU	梅衣科 Parmeliaceae	四川、云南、西藏、台湾；印度、尼泊尔、斯里兰卡	否	药用
阿尔泰石耳 *Umbilicaria altaiensis*	濒危 EN	石耳科 Umbilicariaceae	新疆	是	
庐山石耳 *Umbilicaria esculenta*	易危 VU	石耳科 Umbilicariaceae	黑龙江、吉林、辽宁、安徽、浙江、江西、湖南、湖北、云南、西藏、广西；日本、朝鲜、韩国	否	食药用
周裂石耳 *Umbilicaria loboperipherica*	易危 VU	石耳科 Umbilicariaceae	陕西、新疆	是	
皮芽石耳 *Umbilicaria squamosa*	濒危 EN	石耳科 Umbilicariaceae	云南	是	
太白石耳 *Umbilicaria taibaiensis*	濒危 EN	石耳科 Umbilicariaceae	陕西	是	

3.4.2 地衣型真菌评估结果分析

3.4.2.1 地衣型真菌受威胁物种

极危地衣有 3 种，为拟雀石蕊（*Cladonia pseudoevansii*）、密裂大叶梅（*Parmotrema myriolobulatum*）和华脐鳞（*Rhizoplaca huashanensis*）。其中拟雀石蕊属于石蕊科（Cladoniaceae），在我国仅分布于吉林长白山西南坡，其生境退化，生存状况堪忧。密裂大叶梅属于梅衣科，仅分布于云南，分布范围狭窄，种群数量少，新种发表后鲜有新增的采集记录。华脐鳞属于茶渍科，仅分布于陕西华山，自报道新种描述以来，就未再有新增的采集记录，国内也无馆藏标本。

濒危的地衣共 7 种，其中 2 种属于石蕊科，3 种属于石耳科（Umbilicariaceae），1 种属于梅衣科，1 种属于粉衣科（Caliciaceae）（表 6）。石耳科中的阿尔泰石耳（*Umbilicaria altaiensis*）仅分布于新疆，太白石耳（*Umbilicaria taibaiensis*）仅分布于陕西，皮芽石耳（*Umbilicaria squamosa*）仅分布于云南，均为中国特有种，分布狭窄。阿尔泰石耳和皮芽石耳种群数量少，新种发表后鲜有新增的采集记录。太白石耳只在太白山的部分区域分布，自 1992 年作为新种描述发表之后，研究人员多次前往模式标本产地调查，未再有发现。粉衣科中的顶杯衣属（*Acroscyphus*）为单种属，仅顶杯衣（*Acroscyphus sphaerophoroides*）一种，有较高的学术研究价值，分布于我国云南、西藏、四川等省有限的几个地点，且其栖息地严重退化和碎片化，处于濒危状态。

易危的地衣共 18 种（表 6），其中 6 种是中国特有种，即裂芽厚枝衣（*Allocetraria isidiigera*）、藏岛衣（*Cetraria xizangensis*）、中华金丝（*Lethariella sinensis*）、湖北蜈蚣衣（*Physcia hupehensis*）、朝比氏鳞网衣（*Psora asahinae*）和周裂石耳（*Umbilicaria loboperipherica*）。这些物种大多分布范围较窄，只在一个或两个省区有报道，但种群及个体数量相对较多，且受人类干扰程度较低，处于易危状态。此外，金丝刷（*Lethariella cladonioides*）、金丝带（*Lethariella zahlbruckneri*）、绿丝槽枝（*Sulcaria virens*）和庐山石耳（*Umbilicaria esculenta*）分布相对广泛，但由于具有一定的食药用价值而遭受不同程度的采挖破坏，种群出现波动、个体数量减少，如不采取保护措施，可能陷入濒危、甚至极危状态。

庐山石耳又名美味石耳，是东亚特有种，为文献记录中较为明确的风味鲜美的食药用地衣，且因其含有石耳多糖（又名石耳素），在抗癌、抗艾滋病等方面具有良好的免疫调节作用而受到关注。庐山石耳在东亚分布较为广泛，常生于高山的峭壁岩石，采集不易，但即便如此，由于具有较高的经济价值，当地百姓仍不惜冒险赴峭壁采摘，并包装出售。经数年持续考察，庐山石耳在中国分布的种群出现波动，个体数量明显减少，尤其在庐山等分布区几近绝迹。虽为东亚分布种，但其受过度采挖的严重威胁，处于易危等级。如果不进行管控，庐山石耳很可能陷入更加严重的受威胁状态。

金丝刷又名红雪茶，为喜马拉雅特有种，生于 3 500 米以上高海拔的柏树及杜鹃树皮上，以其药用价值及作为石蕊试剂原料而闻名。金丝刷传统上用于消炎和降血压，作为常见药材出现于云南一些较偏远地区，如丽江和滇西北等地的农贸市场及药材商店里。据统计，云南的一些收购站每年可收购包括红雪茶在内的当地食药用地衣 30～50 吨。这对地衣资源造成很大影响，如不采取有效保护措施，其受威胁程度将进一步加剧。

3.4.2.2 地衣型真菌近危物种

近危的地衣共 6 种，包括球孔衣（*Coccotrema cucurbitula*）、长丝萝（*Dichousnea longissima*）、近祁连鸡皮衣（*Pertusaria paraqilianensis*）、地茶（*Thamnolia vermicularis*）、亚直角松萝（*Usnea subrectangulata*）和亚粗壮松萝（*Usnea subrobusta*）。其中地茶和松萝具有一定的药用价值，开发利用对其造成了影响，但由于其分布较广、资源储量较大，尚未达到受威胁状态。若人为干扰无法得到有效遏制或干扰程度增大，这些物种则可能受到威胁。

3.4.3 地衣型真菌受威胁物种的分布

受威胁地衣 28 种，在各省区呈不均匀分布。以云南和西藏分布的物种最多，分别有 12 种，占受威胁地衣物种数的 42.86%。其他各省区依次为四川 8 种，陕西 6 种，台湾 5 种，甘肃 4 种，新疆 3 种，黑龙江、吉林、山西、江西、湖南、湖北和广西各 2 种，辽宁、内蒙古、河北、青海、安徽、浙江和贵州各有 1 种（表6）。云南、西藏、四川和陕西是受威胁地衣集中分布的地区，是地衣保护重点关注的地区。

在受威胁的地衣中，有 11 种是中国特有种，包括裂芽厚枝衣、藏岛衣、中华金丝、密裂大叶梅、湖北蜈蚣衣、朝比氏鳞网衣、华脐鳞、阿尔泰石耳、周裂石耳、皮芽石耳和太白石耳等（表6），占受威胁地衣的 39.29%。受威胁的中国特有地衣分布分散，陕西和西藏各分布有 3 种、新疆和云南各 2 种，黑龙江和湖北各 1 种。除周裂石耳分布于陕西和新疆外，其余种均只分布于一个省区内。

3.4.4 地衣型真菌受威胁因素分析

由于地衣自身生长缓慢和对环境污染敏感，并且绝大多数分布区域狭窄，种群数量很小，对生境退化的反应和恢复生长的能力薄弱，因此人类活动导致的栖息地破坏是这些地衣受威胁的主要原因。典型的如戴氏石蕊（*Cladoniadelavayi*）仅分布于西藏少数几个地点以及陕西的秦岭太白山的一个小台地上；华脐鳞由于受环境变化以及旅游开发的影响，栖息地生境退化，生存受到严重威胁，目前已难觅其踪迹。而对庐山石耳、金丝刷等具有食、药用价值的地衣，不受控制的大规模采收利用已经使其种群受到很大影响，甚至前者在庐山等分布区已几近绝迹。此外，很多地衣对基物的要求苛刻，特异性较强，如药用地衣金丝刷，只在特定的高山植物树枝上生长，森林砍伐对其造成严重威胁。

地衣对大气污染十分敏感，经常因为污染而消踪匿迹。袋衣（*Hypogymnia physodes*）、拟扁枝衣（*Pseudevernia furfuracea*）和石黄衣（*Xanthoria parietina*）是用于监测大气污染的最常见的地衣物种，空气的优劣直接影响其发生发展。此外，长蔓树发（*Alectoria sarmentosa*）、淡褐小孢发（*Bryoria fuscescens*）、粉芽灰叶（*Canoparmelia texana*）、鹿石蕊（*Cladonia rangiferina*）、雀石蕊（*Cladonia stellaris*）、哑铃孢（*Heterodermia speciosa*）、珊瑚黑盘衣（*Pyxine coralligera*）、叶树花（*Ramalina maciformis*）和槽梅衣（*Parmelia sulcata*）等一些地衣也可作为指示物种，用于大气污染的监测。

3.5 关于无危与数据不足物种的说明

本次评估发现无危（LC）等级的大型真菌共 2 764 种，占被评估物种总数的 29.71%，其中大型子囊菌 189 种、大型担子菌 1 918 种、地衣型真菌 657 种。这些大型真菌一般分布较为广泛，种群数量较为丰富且相对稳定，受人类活动或者环境变化的影响较小。如炭角菌属（*Xylaria*）、马鞍菌属、盘菌属（*Peziza*）、蘑菇属、鹅膏属（*Amanita*）、杯伞属（*Clitocybe*）、丝膜菌属（*Cortinarius*）以及丝盖伞属（*Inocybe*）的物种。无危的大型真菌数量占被评估物种数的比例低于我国高等植物（70.53%）和脊椎动物（42.9%）的评估结果，也低于芬兰（49.97%）和瑞士（37.75%）等欧洲国家的大型真菌评估结果，这在很大程度上是由于研究基础的差异所致。

数据不足（DD）的大型真菌共 6 340 种，占被评估物种总数的 68.16%。其中大型子囊菌 616 种，占被评估大型子囊菌总数的 70.80%；大型担子菌 4 251 种，占被评估大型担子菌总数的 67.82%；地衣型真菌 1 473 种，占被评估地衣物种总数的 68.07%。数据不足的物种可分为三种情况：一是分类研究不足所致物种鉴定和分类地位不明确，使有关报道的物种身份存在疑问；二是现有的物种地理分布范围、种群数量、种群变化趋势等研究数据不足以对物种的受威胁状况进行判断；三是近期发表的新种由于人们对其认识和熟悉程度还较低，现有的报道还不足以支持对这些新种的受威胁状态进行评估。我国大型真菌基础研究相对薄弱，可用于红色名录评估的数据明显不足，大量的物种在此次评估中被评为数据不足。

除了老君山线虫草、攀枝花块菌和中华肉球菌等一些已经长期认识而最近才作为新种发表的种类之外，发表时间不足 10 年的物种原则上均列为数据不足。如 2011 年发表的北京小孢盘菌（*Acervusbeijingensis*）新种，目前了解到的分布地点仅限于北京地区，但由于该物种为腐生真菌，对环境无特殊要求，其分布范围可能更广，目前对其分布、种群数量、种群动态变化等都缺乏了解，因此被评为数据不足。

随着分类研究的不断深入，被评为无危的大型真菌将得到更准确的鉴别，从而改变现有红色名录评估的数据基础，很可能导致评估等级的变化。由于生境退化、过度采挖等原因，一些被评为数据不足的物种，可能已经处于受威胁状态，但由于缺乏足够的数据而未能确定受威胁等级。下一步需要加强基础研究、开展物种的本底调查及野外监测等工作，掌握这些物种的本底数据及其变化趋势。

第四章　结　语

4.1　主要成果

《中国生物多样性红色名录——大型真菌卷》的评估工作是我国首次采用 IUCN 标准对大型真菌的受威胁状况进行的一次全面评估，是一项规模庞大的系统工程。本次评估汇集了全国 20 余家单位的 140 多位专家，覆盖了我国已知的 9 302 种大型真菌，包括大型子囊菌 870 种、大型担子菌 6 268 种、地衣型真菌 2 164 种，是国内外迄今为止大型真菌红色名录评估涉及物种数量最大、类群范围最宽、覆盖地域最广、参与人员最多的一次评估。主要成果如下：

第一，评估了中国大型真菌的生存和受威胁状况。结果表明：我国受威胁的大型真菌97 种，包括大型子囊菌 24 种、大型担子菌 45 种和地衣 28 种，占被评估大型真菌物种总数的 1.04%；受威胁的中国特有大型真菌有 57 种，占中国特有大型真菌物种总数的 4.20%；云南假地舌菌近 130 年未重新发现，疑似灭绝；需关注和保护的大型真菌高达 6 538 种，占被评估物种总数的 70.29%。

第二，完善了 IUCN 红色名录等级标准体系，建立了"中国大型真菌物种红色名录评估技术规范"。IUCN 红色名录评估等级和标准不完全适用于大型真菌。本次评估根据大型真菌的生物学特性，对 IUCN 评估标准体系做了必要的调整：将"疑似灭绝"作为一个独立的评估等级；在评估标准 A 和 C 中以一定的时间段代替世代时长来估算大型真菌的种群变化，并以分布地点和可见的子实体数量来估计、推测或判断其种群个体数量和成熟个体数量。本次评估完善了 IUCN 红色名录评估标准体系，建立了中国大型真菌红色名录评估技术规范，填补了大型真菌红色名录评估标准的空白，为国际红色名录评估工作贡献了中国智慧。

第三，掌握了大型真菌受威胁的主要原因。过度采挖和开发利用，以及不良的采挖方式是食药用大型真菌的主要威胁因子。环境污染和生境退化是地衣的主要受威胁因素。此外，全球气候变暖、土地利用、森林砍伐导致的栖息地丧失也是影响大型真菌生存的重要因素。

第四，整理核定了已知的我国大型真菌物种名称。评估过程中，对我国已知的 14 511 个大型真菌物种名称进行了整理核对和订正，确认了 13 164 个名称，并从中排除了 3 862 个异名，最终确定了 9 302 个种的科学名称。同时对上述评估对象的汉语学名进行了整理核定，订正汉语学名 2 000 多个、新拟汉语学名近 1 200 个。

4.2　重要意义

本次大型真菌红色名录评估涉及的类群、物种数量、地理范围和参与的研究人员数量是世界上规模最大的一次，对大型真菌多样性保护与管理将产生深远影响。评估结果将为相关管理部门和地方政府制定大型真菌保护政策和规划，以及大型真菌资源的可持续利用提供科学依据。

第一，红色名录为大型真菌就地保护和迁地保护规划布局提供了科学依据。本次评估结果显示，现有自然保护区对大型真菌受威胁物种分布区的覆盖程度很低。除了极少数针对某一特定物种的保护区，如天佛指山国家级自然保护区（保护松口蘑及其生态系统）、小金县冬虫夏草自然保护区（地区性保护区），绝大多数保护区未将大型真菌纳入保护范畴，大型真菌的保护几近空白。掌握大型真菌受威胁物种的地理分布和种群现状，对合理布局大型真菌自然保护地体系具有重要意义。对于就地保护无法达到保护目的的物种，应加强迁地保护的菌种资源保藏工作。

第二，红色名录为制定大型真菌保护行动和保护名录提供基础数据。本次评估明确了中国大型真菌的受威胁现状和应该重点保护和关注的物种，有助于确定中国大型真菌保护优先顺序，确定重点保护物种和保护区域，也为国家和地方制定物种保护策略提供依据。例如，一些虫草类、块菌等食、药用菌物种受到严重的威胁，应该作为重点类群加以保护；云南、四川不仅大型真菌多样性最为丰富，而且也是受威胁大型真菌物种分布最为集中的省份，应作为大型真菌多样性保护重点关注的地区。

第三，红色名录为开展全国物种资源本底调查提供理论基础。本次评估中数据不足的物种比例较高，表明我国大型真菌物种资源的本底还很不清楚，迫切需要开展物种资源本底调查，摸清我国大型真菌的分布、数量和受威胁状况，为生物多样性保护与管理提供科学支撑。

第四，红色名录为开展科普教育提供了基本信息和重要素材。大型真菌红色名录不仅明确了中国大型真菌物种的受威胁现状，也在一定程度上反映了中国大型真菌的多样性现状及其分布，是开展菌物多样性科普教育的重要素材。同时大型真菌红色名录还提出了物种保护的具体措施，不仅有利于提高公众保护意识，也利于更多的菌物爱好者更有效的参与到大型真菌的保护工作中来。

　　第五，红色名录是中国积极履行《生物多样性公约》的具体行动。2010 年《生物多样性公约》第十次缔约方大会通过了《2020 年全球生物多样性爱知目标》，要求各缔约方完成生物多样性评价、保护和恢复工作。目前，中国是世界上为数不多的、对全国范围大型真菌开展全面评估的国家。通过本次红色名录的编制，我国在大型真菌生物多样性评价方面已经先行一步，使我国在履行《生物多样性公约》方面走在世界各国的前列。

中国生物多样性红色名录——大型真菌卷　Redlist of China's Biodiversity—Macrofungi

中国生物多样性红色名录　大型子囊菌　Redlist of China's Biodiversity—Ascomycetes

序号 No.	科名 Chinese Family Names	科 Family	汉语学名 Chinese Names	学名 Scientific Names	评估等级 Status	评估依据 Assessment Criteria	特有种 Endemic
1	粪盘菌科	Ascobolaceae	寡纹粪盘菌	Ascobolus scatigenus	DD		
2	绿杯盘菌科	Chlorociboriaceae	小孢绿杯盘菌	Chlorociboria aeruginascens	LC		
3	绿杯盘菌科	Chlorociboriaceae	铜绿绿杯盘菌	Chlorociboria aeruginosa	LC		
4	绿杯盘菌科	Chlorociboriaceae	小绿杯盘菌	Chlorociboria omnivirens	DD		
5	裂皮盘菌科	Chorioactidaceae	长孢沃尔夫盘菌	Wolfina oblongispora	DD		√
6	麦角菌科	Clavicipitaceae	雀稗麦角菌	Claviceps paspali	DD		
7	麦角菌科	Clavicipitaceae	麦角菌	Claviceps purpurea	LC		
8	麦角菌科	Clavicipitaceae	凉山绿僵虫草	Metacordyceps liangshamensis	NT		√
9	麦角菌科	Clavicipitaceae	戴氏绿僵虫草	Metacordyceps taii	LC		√
10	麦角菌科	Clavicipitaceae	暗绿绿僵菌	Metarhizium atrovirens	DD		
11	麦角菌科	Clavicipitaceae	拟布里班克氏绿僵菌	Metarhizium brittlebankisoides	LC		√
12	麦角菌科	Clavicipitaceae	打铁虫绿僵菌	Metarhizium campsosterni	DD		√
13	麦角菌科	Clavicipitaceae	草牺绿僵菌	Metarhizium kusanagiense	DD		
14	麦角菌科	Clavicipitaceae	珊瑚绿僵菌	Metarhizium martiale	LC		
15	麦角菌科	Clavicipitaceae	尾张绿僵菌	Metarhizium owariense	DD		
16	麦角菌科	Clavicipitaceae	拟暗绿绿僵菌	Metarhizium pseudoatrovirens	LC		
17	虫草科	Cordycipitaceae	绿核虫草	Cordyceps aeruginosclerota	DD		√
18	虫草科	Cordycipitaceae	瓶状虫草	Cordyceps ampullacea	DD		
19	虫草科	Cordycipitaceae	粗糙虫草	Cordyceps aspera	DD		
20	虫草科	Cordycipitaceae	香棒虫草	Cordyceps barsii	DD		

序号 No.	科名 Chinese Family Names	科 Family	汉语学名 Chinese Names	学名 Scientific Names	评估等级 Status	评估依据 Assessment Criteria	特有种 Endemic
21	虫草科	Cordycipitaceae	球孢虫草	Cordyceps bassiana	DD		√
22	虫草科	Cordycipitaceae	双梭孢虫草	Cordyceps bifusispora	DD		
23	虫草科	Cordycipitaceae	博奇奥虫草	Cordyceps bokyoensis	DD		
24	虫草科	Cordycipitaceae	巴西虫草	Cordyceps brasiliensis	DD		
25	虫草科	Cordycipitaceae	布里班克虫草	Cordyceps brittlebankii	DD		
26	虫草科	Cordycipitaceae	布氏虫草	Cordyceps brongniartii	DD		
27	虫草科	Cordycipitaceae	哆嘴虫草	Cordyceps bulolensis	DD		
28	虫草科	Cordycipitaceae	鲜红虫草	Cordyceps cardinalis	DD		
29	虫草科	Cordycipitaceae	长白山虫草	Cordyceps changpaishanensis	DD		
30	虫草科	Cordycipitaceae	赤水虫草	Cordyceps chishuiensis	DD		√
31	虫草科	Cordycipitaceae	绯红虫草	Cordyceps coccinea	DD		
32	虫草科	Cordycipitaceae	柱形虫草	Cordyceps cylindrica	DD		
33	虫草科	Cordycipitaceae	弯曲虫草	Cordyceps deflectens	DD		
34	虫草科	Cordycipitaceae	棕黄虫草	Cordyceps flavobrunnescens	DD		
35	虫草科	Cordycipitaceae	台湾虫草	Cordyceps formosana	LC		
36	虫草科	Cordycipitaceae	蜣螂虫草	Cordyceps geotrupis	DD		√
37	虫草科	Cordycipitaceae	蟋蟀虫草	Cordyceps grylli	DD		
38	虫草科	Cordycipitaceae	蝼蛄虫草	Cordyceps gryllotalpae	DD		
39	虫草科	Cordycipitaceae	贵州虫草	Cordyceps guizhouensis	NT		√
40	虫草科	Cordycipitaceae	霍克斯虫草	Cordyceps hawkesii	NT		
41	虫草科	Cordycipitaceae	亨利虫草	Cordyceps henleyae	DD		
42	虫草科	Cordycipitaceae	成虫虫草	Cordyceps imagamiana	DD		
43	虫草科	Cordycipitaceae	小林虫草	Cordyceps kobayasii	DD		
44	虫草科	Cordycipitaceae	九洲虫草	Cordyceps kyushuensis	NT		
45	虫草科	Cordycipitaceae	拉克虫草	Cordyceps lacroixii	DD		
46	虫草科	Cordycipitaceae	龙洞虫草	Cordyceps longdongensis	DD		√
47	虫草科	Cordycipitaceae	娄山虫草	Cordyceps loushanensis	DD		

序号 No.	科名 Chinese Family Names	科 Family	汉语学名 Chinese Names	学名 Scientific Names	评估等级 Status	评估依据 Assessment Criteria	特有种 Endemic
48	虫草科	Cordycipitaceae	螳螂虫草	*Cordyceps mantidicola*	DD		
49	虫草科	Cordycipitaceae	茂兰虫草	*Cordyceps maolanensis*	DD		✓
50	虫草科	Cordycipitaceae	拟茂兰虫草	*Cordyceps maolanoides*	DD		✓
51	虫草科	Cordycipitaceae	珊瑚虫草	*Cordyceps martialis*	DD		
52	虫草科	Cordycipitaceae	勿忘虫草	*Cordyceps memorabilis*	DD		
53	虫草科	Cordycipitaceae	蛹虫草	*Cordyceps militaris*	NT		
54	虫草科	Cordycipitaceae	鼠尾虫草	*Cordyceps musicaudata*	DD		✓
55	虫草科	Cordycipitaceae	莲状虫草	*Cordyceps nelumboides*	DD		
56	虫草科	Cordycipitaceae	新表生虫草	*Cordyceps neosuperficialis*	DD		✓
57	虫草科	Cordycipitaceae	宁夏虫草	*Cordyceps ningxiaensis*	DD		✓
58	虫草科	Cordycipitaceae	橄榄色虫草	*Cordyceps olivacea*	LC		
59	虫草科	Cordycipitaceae	疣孢虫草	*Cordyceps phymatospora*	DD		✓
60	虫草科	Cordycipitaceae	多壳虫草	*Cordyceps polycarpica*	DD		✓
61	虫草科	Cordycipitaceae	粉被虫草	*Cordyceps pruinosa*	LC		
62	虫草科	Cordycipitaceae	莲座状虫草	*Cordyceps pseudonelumboides*	DD		
63	虫草科	Cordycipitaceae	总状虫草	*Cordyceps racemosa*	DD		
64	虫草科	Cordycipitaceae	红座虫草	*Cordyceps roseostromata*	LC		
65	虫草科	Cordycipitaceae	金龟虫草	*Cordyceps scarabaeidicola*	LC		
66	虫草科	Cordycipitaceae	斯科特虫草	*Cordyceps scottianus*	DD		
67	虫草科	Cordycipitaceae	山西虫草	*Cordyceps shanxiensis*	NT		
68	虫草科	Cordycipitaceae	清水虫草	*Cordyceps shimizui*	DD		
69	虫草科	Cordycipitaceae	球头虫草	*Cordyceps sphaerocapitata*	DD		
70	虫草科	Cordycipitaceae	桫椤虫草	*Cordyceps suoluoensis*	DD		✓
71	虫草科	Cordycipitaceae	泰山虫草	*Cordyceps taishanensis*	DD		✓
72	虫草科	Cordycipitaceae	高雄山虫草	*Cordyceps takaomontana*	LC		
73	虫草科	Cordycipitaceae	白蚁虫草	*Cordyceps termitophila*	DD		
74	虫草科	Cordycipitaceae	细座虫草	*Cordyceps tuberculata*	DD		

序号 No.	科名 Chinese Family Names	科 Family	汉语学名 Chinese Names	学名 Scientific Names	评估等级 Status	评估依据 Assessment Criteria	特有种 Endemic
75	虫草科	Cordycipitaceae	彩斑虫草	*Cordyceps variegata*	DD		
76	虫草科	Cordycipitaceae	蝉棒束孢	*Isaria cicadae*	DD		
77	虫草科	Cordycipitaceae	辛克莱棒束孢	*Isaria sinclairii*	DD		
78	虫草科	Cordycipitaceae	双节棍植生虫草	*Phytocordyceps ninchukispora*	DD		√
79	虫草科	Cordycipitaceae	喙锥壳	*Torrubiella rostrata*	DD		
80	地锤菌科	Cudoniaceae	旋卷地锤菌	*Cudonia circinans*	LC		
81	地锤菌科	Cudoniaceae	红地锤菌	*Cudonia confusa*	DD		
82	地锤菌科	Cudoniaceae	卷地锤菌	*Cudonia convoluta*	DD		
83	地锤菌科	Cudoniaceae	马鞍菌状地锤菌	*Cudonia helvelloides*	DD		
84	地锤菌科	Cudoniaceae	日本地锤菌	*Cudonia japonica*	DD		
85	地锤菌科	Cudoniaceae	黄地锤菌	*Cudonia lutea*	LC		
86	地锤菌科	Cudoniaceae	四川地锤菌	*Cudonia sichuanensis*	DD		√
87	地锤菌科	Cudoniaceae	地匙菌	*Spathularia flavida*	LC		
88	地锤菌科	Cudoniaceae	绒柄拟地匙菌	*Spathulariopsis velutipes*	LC		
89	皮盘菌科	Dermateaceae	黄绿盘菌	*Chlorosplenium chlora*	DD		
90	皮盘菌科	Dermateaceae	梭孢绿盘菌	*Chlorosplenium fusisporum*	DD		√
91	皮盘菌科	Dermateaceae	槭生皮盘菌	*Dermea acerina*	DD		
92	皮盘菌科	Dermateaceae	阿里皮皮盘菌	*Dermea ariae*	DD		
93	皮盘菌科	Dermateaceae	樱皮盘菌	*Dermea cerasi*	DD		
94	皮盘菌科	Dermateaceae	李皮盘菌	*Dermea pruni*	DD		√
95	皮盘菌科	Dermateaceae	橙黄无柄盘菌	*Pezicula aurantiaca*	DD		
96	皮盘菌科	Dermateaceae	棒无柄盘菌	*Pezicula cinnamomea*	DD		
97	皮盘菌科	Dermateaceae	欧石楠无柄盘菌	*Pezicula ericae*	DD		
98	皮盘菌科	Dermateaceae	巨孢无柄盘菌	*Pezicula magnispora*	DD		√
99	皮盘菌科	Dermateaceae	浅黄无柄盘菌	*Pezicula ocellata*	DD		
100	皮盘菌科	Dermateaceae	鲁布无柄盘菌	*Pezicula rubi*	DD		
101	皮盘菌科	Dermateaceae	多孢无柄盘菌	*Pezicula sporulosa*	DD		

序号 No.	科名 Chinese Family Names	科 Family	汉语学名 Chinese Names	学名 Scientific Names	评估等级 Status	评估依据 Assessment Criteria	特有种 Endemic
102	皮盘菌科	Dermateaceae	近肉色无柄盘菌	*Pezicula subcarnea*	DD		
103	平盘菌科	Discinaceae	平盘菌	*Discina ancilis*	LC		
104	平盘菌科	Discinaceae	皱突平盘菌	*Discina biondiana*	DD		
105	平盘菌科	Discinaceae	肉色平盘菌	*Discina caroliniana*	DD		
106	平盘菌科	Discinaceae	帚状平盘菌	*Discina fastigiata*	DD		
107	平盘菌科	Discinaceae	蒙古平盘菌	*Discina mongolica*	DD		
108	平盘菌科	Discinaceae	含糊鹿花菌	*Gyromitra ambigua*	DD		
109	平盘菌科	Discinaceae	鹿花菌	*Gyromitra esculenta*	DD		
110	平盘菌科	Discinaceae	大鹿花菌	*Gyromitra gigas*	DD		
111	平盘菌科	Discinaceae	钩基鹿花菌	*Gyromitra infula*	LC		
112	平盘菌科	Discinaceae	乳白鹿花菌	*Gyromitra lactea*	DD		√
113	平盘菌科	Discinaceae	四川鹿花菌	*Gyromitra sichuanensis*	DD		√
114	平盘菌科	Discinaceae	球孢鹿花菌	*Gyromitra sphaerospora*	NT		
115	平盘菌科	Discinaceae	亮鹿花菌	*Gyromitra splendida*	DD		
116	平盘菌科	Discinaceae	新疆鹿花菌	*Gyromitra xinjiangensis*	LC		√
117	平盘菌科	Discinaceae	脑状腔块菌	*Hydnotrya cerebriformis*	LC		
118	平盘菌科	Discinaceae	方孢腔块菌	*Hydnotrya cubispora*	DD		
119	平盘菌科	Discinaceae	老君山腔块菌	*Hydnotrya laojunshanensis*	DD		√
120	平盘菌科	Discinaceae	米氏腔块菌	*Hydnotrya michaelis*	DD		
121	平盘菌科	Discinaceae	涂氏腔块菌	*Hydnotrya tulasnei*	DD		
122	平盘菌科	Discinaceae	多形腔块菌	*Hydnotrya variiformis*	DD		
123	地舌菌科	Geoglossaceae	紫黑地舌菌	*Geoglossum atropurpureum*	DD		
124	地舌菌科	Geoglossaceae	库克地舌菌	*Geoglossum cookeanum*	LC		
125	地舌菌科	Geoglossaceae	假地舌菌	*Geoglossum fallax*	LC		
126	地舌菌科	Geoglossaceae	平滑地舌菌	*Geoglossum glabrum*	DD		
127	地舌菌科	Geoglossaceae	粘地舌菌	*Geoglossum glutinosum*	VU		
128	地舌菌科	Geoglossaceae	亮丝地舌菌	*Geoglossum laccatum*	DD		√

序号 No.	科名 Chinese Family Names	科 Family	汉语学名 Chinese Names	学名 Scientific Names	评估等级 Status	评估依据 Assessment Criteria	特有种 Endemic
129	地舌菌科	Geoglossaceae	黑地舌菌	*Geoglossum nigritum*	LC		
130	地舌菌科	Geoglossaceae	湿地地舌菌	*Geoglossum paludosum*	DD		
131	地舌菌科	Geoglossaceae	矮地舌菌	*Geoglossum pumilum*	DD		
132	地舌菌科	Geoglossaceae	细小地舌菌	*Geoglossum pusillum*	CR	B1ab(iii)	
133	地舌菌科	Geoglossaceae	相似地舌菌	*Geoglossum simile*	DD		
134	地舌菌科	Geoglossaceae	中国地舌菌	*Geoglossum sinense*	DD		√
135	地舌菌科	Geoglossaceae	荫蔽地舌菌	*Geoglossum umbratile*	LC		
136	地舌菌科	Geoglossaceae	头形小舌菌	*Microglossum capitatum*	DD		√
137	地舌菌科	Geoglossaceae	烟色小舌菌	*Microglossum fumosum*	LC		
138	地舌菌科	Geoglossaceae	长孢小舌菌	*Microglossum longisporum*	NT		
139	地舌菌科	Geoglossaceae	棕绿小舌菌	*Microglossum olivaceum*	LC		
140	地舌菌科	Geoglossaceae	裂小舌菌	*Microglossum partitium*	DD		
141	地舌菌科	Geoglossaceae	红棕小舌菌	*Microglossum rufum*	DD		
142	地舌菌科	Geoglossaceae	绿小舌菌	*Microglossum viride*	DD		
143	地舌菌科	Geoglossaceae	中国假地杖菌	*Nothomitra sinensis*	NT		√
144	地舌菌科	Geoglossaceae	球肉锤菌	*Sarcoleotia globosa*	NT		
145	地舌菌科	Geoglossaceae	景洪毛舌菌	*Trichoglossum cheliense*	CR	B1ab(i,iii)+2ab(ii,iii)	√
146	地舌菌科	Geoglossaceae	紊乱毛舌菌	*Trichoglossum confusum*	EN	B1ab(i,iii)+2ab(ii,iii)	
147	地舌菌科	Geoglossaceae	法洛毛舌菌	*Trichoglossum farlowii*	LC		
148	地舌菌科	Geoglossaceae	细柄毛舌菌	*Trichoglossum gracile*	DD		
149	地舌菌科	Geoglossaceae	毛舌菌	*Trichoglossum hirsutum*	LC		
150	地舌菌科	Geoglossaceae	昆明毛舌菌	*Trichoglossum kunmingense*	CR	B1ab(i,iii)+2ab(ii,iii)	√
151	地舌菌科	Geoglossaceae	八段毛舌菌	*Trichoglossum octopartitum*	DD		
152	地舌菌科	Geoglossaceae	柏松毛舌菌	*Trichoglossum persoonii*	CR	B1ab(i,iii)+2ab(ii,iii)	√
153	地舌菌科	Geoglossaceae	青城毛舌菌	*Trichoglossum qingchengense*	DD		√
154	地舌菌科	Geoglossaceae	罕见毛舌菌	*Trichoglossum rasum*	EN	B1ab(i,iii)+2ab(ii,iii)	
155	地舌菌科	Geoglossaceae	中国毛舌菌	*Trichoglossum sinicum*	CR	B1ab(i,iii)+2ab(ii,iii)	√

序号 No.	科名 Chinese Family Names	科 Family	汉语学名 Chinese Names	学名 Scientific Names	评估等级 Status	评估依据 Assessment Criteria	特有种 Endemic
156	地舌菌科	Geoglossaceae	四孢毛舌菌	*Trichoglossum tetrasporum*	LC		
157	地舌菌科	Geoglossaceae	变异毛舌菌	*Trichoglossum variabile*	LC		
158	地舌菌科	Geoglossaceae	绒柄毛舌菌	*Trichoglossum velutipes*	LC		
159	地舌菌科	Geoglossaceae	沃尔特毛舌菌	*Trichoglossum walteri*	DD		
160	地舌菌科	Geoglossaceae	赖特毛舌菌	*Trichoglossum wrightii*	DD		
161	地舌菌科	Geoglossaceae	云南毛舌菌	*Trichoglossum yunnanense*	CR	B1ab(i,iii)+2ab(ii,iii)	√
162	长孢盘菌科	Godroniaceae	壶形长孢盘菌	*Godronia urceolus*	DD		
163	长孢盘菌科	Godroniaceae	泽勒长孢盘菌	*Godronia zelleri*	DD		
164	柔膜菌科	Helotiaceae	紫色囊盾菌	*Ascocoryne cylichnium*	LC		
165	柔膜菌科	Helotiaceae	肉质囊盾菌	*Ascocoryne sarcoides*	DD		
166	柔膜菌科	Helotiaceae	产丝胞囊盾菌	*Ascocoryne trichophora*	DD		
167	柔膜菌科	Helotiaceae	山毛榉胶盘菌	*Ascotremella faginea*	DD		
168	柔膜菌科	Helotiaceae	陀螺状胶盘菌	*Ascotremella turbinata*	DD		
169	柔膜菌科	Helotiaceae	叶状复柄盘菌	*Cordierites frondosus*	LC		
170	柔膜菌科	Helotiaceae	黑聚盘菌	*Ionomidotis fulvotingens*	DD		
171	柔膜菌科	Helotiaceae	畸孢聚盘菌	*Ionomidotis irregularis*	DD		
172	马鞍菌科	Helvellaceae	阔孢胶枞块菌	*Balsamia platyspora*	DD		
173	马鞍菌科	Helvellaceae	碟状马鞍菌	*Helvella acetabulum*	LC		
174	马鞍菌科	Helvellaceae	粘马鞍菌	*Helvella adhaerens*	DD		
175	马鞍菌科	Helvellaceae	小白马鞍菌	*Helvella albella*	LC		
176	马鞍菌科	Helvellaceae	白柄马鞍菌	*Helvella albipes*	LC		
177	马鞍菌科	Helvellaceae	黑马鞍菌	*Helvella atra*	LC		
178	马鞍菌科	Helvellaceae	中华马鞍菌	*Helvella chinensis*	DD		
179	马鞍菌科	Helvellaceae	混乱马鞍菌	*Helvella confusa*	DD		
180	马鞍菌科	Helvellaceae	革马鞍菌	*Helvella corium*	DD		
181	马鞍菌科	Helvellaceae	肋盖马鞍菌	*Helvella costifera*	DD		
182	马鞍菌科	Helvellaceae	皱马鞍菌	*Helvella crispa*	LC		

序号 No.	科名 Chinese Family Names	科 Family	汉语学名 Chinese Names	学名 Scientific Names	评估等级 Status	评估依据 Assessment Criteria	特有种 Endemic
183	马鞍菌科	Helvellaceae	碗马鞍菌	*Helvella cupuliformis*	DD		
184	马鞍菌科	Helvellaceae	迪氏马鞍菌	*Helvella dissingii*	DD		
185	马鞍菌科	Helvellaceae	弹性马鞍菌	*Helvella elastica*	LC		
186	马鞍菌科	Helvellaceae	灰褐马鞍菌	*Helvella ephippium*	LC		
187	马鞍菌科	Helvellaceae	斑纹马鞍菌	*Helvella exarata*	DD		
188	马鞍菌科	Helvellaceae	法吉斯马鞍菌	*Helvella fargesii*	DD		
189	马鞍菌科	Helvellaceae	棕马鞍菌	*Helvella fusca*	DD		
190	马鞍菌科	Helvellaceae	伞形马鞍菌	*Helvella galeriformis*	DD		√
191	马鞍菌科	Helvellaceae	黏马鞍菌	*Helvella glutinosa*	DD		√
192	马鞍菌科	Helvellaceae	小马鞍菌	*Helvella helvellula*	NT		
193	马鞍菌科	Helvellaceae	北方马鞍菌	*Helvella hyperborea*	NT		
194	马鞍菌科	Helvellaceae	蛟河马鞍菌	*Helvella jiaohensis*	DD		√
195	马鞍菌科	Helvellaceae	吉林马鞍菌	*Helvella jilinensis*	DD		√
196	马鞍菌科	Helvellaceae	吉地马鞍菌	*Helvella jimsarica*	DD		√
197	马鞍菌科	Helvellaceae	乳白马鞍菌	*Helvella lactea*	DD		
198	马鞍菌科	Helvellaceae	多洼马鞍菌	*Helvella lacunosa*	LC		
199	马鞍菌科	Helvellaceae	阔孢马鞍菌	*Helvella latispora*	DD		
200	马鞍菌科	Helvellaceae	短马鞍菌	*Helvella leucomelaena*	LC		
201	马鞍菌科	Helvellaceae	裂盖马鞍菌	*Helvella leucopus*	DD		
202	马鞍菌科	Helvellaceae	粗柄马鞍菌	*Helvella macropus*	LC		
203	马鞍菌科	Helvellaceae	斑点马鞍菌	*Helvella maculata*	LC		
204	马鞍菌科	Helvellaceae	长孢马鞍菌	*Helvella oblongispora*	DD		
205	马鞍菌科	Helvellaceae	盘状马鞍菌	*Helvella pezizoides*	LC		
206	马鞍菌科	Helvellaceae	喜湿马鞍菌	*Helvella philonotis*	DD		
207	马鞍菌科	Helvellaceae	脉马鞍菌	*Helvella phlebophora*	LC		
208	马鞍菌科	Helvellaceae	灰黑马鞍菌	*Helvella rivularis*	DD		
209	马鞍菌科	Helvellaceae	中国马鞍菌	*Helvella sinensis*	DD		√

序号 No.	科名 Chinese Family Names	科 Family	汉语学名 Chinese Names	学名 Scientific Names	评估等级 Status	评估依据 Assessment Criteria	特有种 Endemic
210	马鞍菌科	Helvellaceae	独生马鞍菌	*Helvella solitaria*	DD		
211	马鞍菌科	Helvellaceae	白腿褐马鞍菌	*Helvella spadicea*	DD		
212	马鞍菌科	Helvellaceae	亚�梭孢马鞍菌	*Helvella subfusispora*	DD		√
213	马鞍菌科	Helvellaceae	太原马鞍菌	*Helvella taiyuanensis*	DD		√
214	马鞍菌科	Helvellaceae	毛马鞍菌	*Helvella villosa*	DD		
215	马鞍菌科	Helvellaceae	新疆马鞍菌	*Helvella xinjiangensis*	DD		√
216	马鞍菌科	Helvellaceae	中条马鞍菌	*Helvella zhongtiaoensis*	DD		√
217	马鞍菌科	Helvellaceae	长柄盘菌	*Paxina macropus*	DD		
218	马鞍菌科	Helvellaceae	亚柄伞盘菌	*Paxina subclavipes*	DD		
219	马鞍菌科	Helvellaceae	小丛耳	*Wynnella auricula*	DD		
220	马鞍菌科	Helvellaceae	林生小丛耳	*Wynnella silvicola*	LC		
221	绿杯盘菌科	Hemiphacidiaceae	扭曲绿散胞盘菌	*Chlorencoelia torta*	DD		
222	绿杯盘菌科	Hemiphacidiaceae	变形绿散胞盘菌	*Chlorencoelia versiformis*	LC		
223	肉座菌科	Hypocreaceae	土色肉座菌	*Hypocrea argillacea*	LC		
224	肉座菌科	Hypocreaceae	橙黄肉座菌	*Hypocrea aurantia*	DD		
225	肉座菌科	Hypocreaceae	竹红肉座菌	*Hypocrea bambusae*	DD		
226	肉座菌科	Hypocreaceae	竹黄肉座菌	*Hypocrea bambusella*	NT		
227	肉座菌科	Hypocreaceae	褐肉座菌	*Hypocrea brunneolutea*	DD		
228	肉座菌科	Hypocreaceae	碟状肉座菌	*Hypocrea cupularis*	DD		
229	肉座菌科	Hypocreaceae	黄绿肉座菌	*Hypocrea flavovirens*	DD		
230	肉座菌科	Hypocreaceae	胶肉座菌	*Hypocrea gelatinosa*	DD		
231	肉座菌科	Hypocreaceae	坚韧肉座菌	*Hypocrea lenta*	DD		
232	肉座菌科	Hypocreaceae	大硫色肉座菌	*Hypocrea megalosulphurea*	DD		
233	肉座菌科	Hypocreaceae	竹生肉座菌	*Hypocrea muroiana*	DD		
234	肉座菌科	Hypocreaceae	黑肉座菌	*Hypocrea nigricans*	DD		
235	肉座菌科	Hypocreaceae	厚担肉座菌	*Hypocrea pachybasioides*	DD		
236	肉座菌科	Hypocreaceae	佩奇肉座菌	*Hypocrea petchii*	DD		

序号 No.	科名 Chinese Family Names	科 Family	汉语学名 Chinese Names	学名 Scientific Names	评估等级 Status	评估依据 Assessment Criteria	特有种 Endemic
237	肉座菌科	Hypocreaceae	大肉座壳	Podostroma giganteum	DD		
238	肉座菌科	Hypocreaceae	粗肉座壳	Podostroma grossum	DD		
239	肉座菌科	Hypocreaceae	白肉座壳	Podostroma leucopus	DD		
240	肉座菌科	Hypocreaceae	滇肉座壳	Podostroma yunnanense	DD		✓
241	未定科	Incertae sedis	绿小碗菌	Catinella olivacea	DD		
242	未定科	Incertae sedis	云南假地舌菌	Hemiglossum yunnanense	PE		✓
243	未定科	Incertae sedis	杜兰白舌菌	Leucoglossum durandii	LC		
244	未定科	Incertae sedis	水生裸盘菌	Psilopezia aquatica	DD		
245	未定科	Incertae sedis	大巴裸盘菌	Psilopezia dabaensis	LC		✓
246	未定科	Incertae sedis	白缘裸盘菌	Psilopezia deligata	DD		
247	未定科	Incertae sedis	耶地裸盘菌	Psilopezia juruensis	DD		
248	未定科	Incertae sedis	硬币裸盘菌	Psilopezia nummularia	DD		
249	未定科	Incertae sedis	类裸盘菌	Psilopezia nummularialis	DD		
250	毛盘菌科	Lachnaceae	新胶鼓菌	Neobulgaria pura	LC		
251	锤舌菌科	Leotiaceae	栗色锤舌菌	Leotia castanea	DD		
252	锤舌菌科	Leotiaceae	绿头锤舌菌	Leotia chlorocephala	DD		✓
253	锤舌菌科	Leotiaceae	细丽锤舌菌	Leotia gracilis	DD		✓
254	锤舌菌科	Leotiaceae	昆明锤舌菌	Leotia kunmingensis	DD		
255	锤舌菌科	Leotiaceae	润滑锤舌菌	Leotia lubrica	LC		
256	锤舌菌科	Leotiaceae	凋萎锤舌菌	Leotia marcida	LC		
257	羊肚菌科	Morchellaceae	肋状坡盘菌	Disciotis venosa	DD		
258	羊肚菌科	Morchellaceae	小顶羊肚菌	Morchella angusticeps	LC		
259	羊肚菌科	Morchellaceae	双脉羊肚菌	Morchella bicostata	DD		✓
260	羊肚菌科	Morchellaceae	尖羊肚菌	Morchella canina	DD		
261	羊肚菌科	Morchellaceae	肋脉羊肚菌	Morchella costata	LC		
262	羊肚菌科	Morchellaceae	粗柄羊肚菌	Morchella crassipes	LC		
263	羊肚菌科	Morchellaceae	小羊肚菌	Morchella deliciosa	LC		

序号 No.	科名 Chinese Family Names	科 Family	汉语学名 Chinese Names	学名 Scientific Names	评估等级 Status	评估依据 Assessment Criteria	特有种 Endemic
264	羊肚菌科	Morchellaceae	德清羊肚菌	Morchella deqinensis	DD		√
265	羊肚菌科	Morchellaceae	高羊肚菌	Morchella elata	LC		
266	羊肚菌科	Morchellaceae	羊肚菌	Morchella esculenta	LC		
267	羊肚菌科	Morchellaceae	超群羊肚菌	Morchella eximia	DD		
268	羊肚菌科	Morchellaceae	庭园羊肚菌	Morchella hortensis	DD		
269	羊肚菌科	Morchellaceae	梯棱羊肚菌	Morchella importuna	DD		
270	羊肚菌科	Morchellaceae	非恰人羊肚菌	Morchella inamoena	DD		
271	羊肚菌科	Morchellaceae	间型羊肚菌	Morchella intermedia	DD		
272	羊肚菌科	Morchellaceae	梅里羊肚菌	Morchella meiliensis	DD		√
273	羊肚菌科	Morchellaceae	薄梭羊肚菌	Morchella miyabeana	NT		
274	羊肚菌科	Morchellaceae	卵形羊肚菌	Morchella ovalis	DD		
275	羊肚菌科	Morchellaceae	宽圆羊肚菌	Morchella robusta	DD		
276	羊肚菌科	Morchellaceae	野生羊肚菌	Morchella rudis	DD		
277	·羊肚菌科	Morchellaceae	淡褐羊肚菌	Morchella smithiana	NT		
278	羊肚菌科	Morchellaceae	小海绵羊肚菌	Morchella spongiola	DD		
279	羊肚菌科	Morchellaceae	西藏羊肚菌	Morchella tibetica	VU	A2acd+3cd	√
280	羊肚菌科	Morchellaceae	三齿羊肚菌	Morchella tridentina	DD		
281	羊肚菌科	Morchellaceae	波地钟菌	Verpa bohemica	LC		
282	羊肚菌科	Morchellaceae	圆锥钟菌	Verpa conica	DD		
283	羊肚菌科	Morchellaceae	指状钟菌	Verpa digitaliformis	LC		
284	无丝盘菌科	Neolectaceae	畸果无丝盘菌	Neolecta irregularis	LC		
285	无丝盘菌科	Neolectaceae	蛋黄无丝盘菌	Neolecta vitellina	DD		
286	线虫草科	Ophiocordycipitaceae	古尼娲氏梅里霉	Drechmeria gunnii	NT		
287	线虫草科	Ophiocordycipitaceae	针孢线虫草	Ophiocordyceps acicularis	LC		
288	线虫草科	Ophiocordycipitaceae	热带线虫草	Ophiocordyceps amazonica	DD		
289	线虫草科	Ophiocordycipitaceae	多枝线虫草	Ophiocordyceps arbuscula	LC		
290	线虫草科	Ophiocordycipitaceae	橙黄线虫草	Ophiocordyceps aurantia	DD		

序号 No.	科名 Chinese Family Names	科 Family	汉语学名 Chinese Names	学名 Scientific Names	评估等级 Status	评估依据 Assessment Criteria	特有种 Endemic
291	线虫草科	Ophiocordycipitaceae	巴恩斯线虫草	*Ophiocordyceps barnesii*	LC		
292	线虫草科	Ophiocordycipitaceae	步甲线虫草	*Ophiocordyceps carabidicola*	DD		
293	线虫草科	Ophiocordycipitaceae	蝉生线虫草	*Ophiocordyceps cicadicola*	DD		
294	线虫草科	Ophiocordycipitaceae	刺蛾生线虫草	*Ophiocordyceps cochlidiicola*	DD		
295	线虫草科	Ophiocordycipitaceae	珊瑚线虫草	*Ophiocordyceps corallomyces*	DD		
296	线虫草科	Ophiocordycipitaceae	发线虫草	*Ophiocordyceps crinalis*	DD		
297	线虫草科	Ophiocordycipitaceae	筒座线虫草	*Ophiocordyceps cylindrostromata*	DD		√
298	线虫草科	Ophiocordycipitaceae	大邑线虫草	*Ophiocordyceps dayiensis*	DD		√
299	线虫草科	Ophiocordycipitaceae	革翅目线虫草	*Ophiocordyceps dermapterigena*	DD		√
300	线虫草科	Ophiocordycipitaceae	双翅目线虫草	*Ophiocordyceps dipterigena*	DD		
301	线虫草科	Ophiocordycipitaceae	高生线虫草	*Ophiocordyceps elateridicola*	DD		
302	线虫草科	Ophiocordycipitaceae	伸长线虫草	*Ophiocordyceps elongata*	DD		
303	线虫草科	Ophiocordycipitaceae	峨眉线虫草	*Ophiocordyceps emeiensis*	DD		√
304	线虫草科	Ophiocordycipitaceae	虫根线虫草	*Ophiocordyceps entomorrhiza*	DD		
305	线虫草科	Ophiocordycipitaceae	刀镰状线虫草	*Ophiocordyceps falcata*	LC		
306	线虫草科	Ophiocordycipitaceae	锈色线虫草	*Ophiocordyceps ferruginosa*	DD		
307	线虫草科	Ophiocordycipitaceae	丝线虫草	*Ophiocordyceps filiformis*	LC		
308	线虫草科	Ophiocordycipitaceae	蚁窝线虫草	*Ophiocordyceps formicarum*	LC		
309	线虫草科	Ophiocordycipitaceae	福基尼翁线虫草	*Ophiocordyceps forquignonii*	DD		
310	线虫草科	Ophiocordycipitaceae	叉尾线虫草	*Ophiocordyceps furcicaudata*	DD		√
311	线虫草科	Ophiocordycipitaceae	拟细线虫草	*Ophiocordyceps gracilioides*	LC		
312	线虫草科	Ophiocordycipitaceae	细线虫草	*Ophiocordyceps gracilis*	LC		
313	线虫草科	Ophiocordycipitaceae	根足线虫草	*Ophiocordyceps heteropoda*	LC		
314	线虫草科	Ophiocordycipitaceae	依兰线虫草	*Ophiocordyceps irangiensis*	DD		
315	线虫草科	Ophiocordycipitaceae	江西线虫草	*Ophiocordyceps jiangxiensis*	LC		√
316	线虫草科	Ophiocordycipitaceae	井冈山线虫草	*Ophiocordyceps jinggangshanensis*	DD		√
317	线虫草科	Ophiocordycipitaceae	老君山线虫草	*Ophiocordyceps laojunshanensis*	VU	A2acd+3cd	√

序号 No.	科名 Chinese Family Names	科 Family	汉语学名 Chinese Names	学名 Scientific Names	评估等级 Status	评估依据 Assessment Criteria	特有种 Endemic
318	线虫草科	Ophiocordycipitaceae	幼虫线虫草	*Ophiocordyceps larvarum*	DD		
319	线虫草科	Ophiocordycipitaceae	极长座线虫草	*Ophiocordyceps longissima*	DD		
320	线虫草科	Ophiocordycipitaceae	鳃金龟线虫草	*Ophiocordyceps melolonthae*	LC		
321	线虫草科	Ophiocordycipitaceae	蚁线虫草	*Ophiocordyceps myrmecophila*	LC		
322	线虫草科	Ophiocordycipitaceae	下垂线虫草	*Ophiocordyceps nutans*	LC		
323	线虫草科	Ophiocordycipitaceae	蜻蜓线虫草	*Ophiocordyceps odonatae*	LC		
324	线虫草科	Ophiocordycipitaceae	尖头线虫草	*Ophiocordyceps oxycephala*	LC		
325	线虫草科	Ophiocordycipitaceae	泽地线虫草	*Ophiocordyceps paludosa*	DD		
326	线虫草科	Ophiocordycipitaceae	佩奇线虫草	*Ophiocordyceps petchii*	LC		
327	线虫草科	Ophiocordycipitaceae	臭蚁线虫草	*Ophiocordyceps pseudolloydii*	DD		
328	线虫草科	Ophiocordycipitaceae	罗伯茨线虫草	*Ophiocordyceps robertsii*	DD		
329	线虫草科	Ophiocordycipitaceae	锈壳线虫草	*Ophiocordyceps rubiginosiperitheciata*	DD		
330	线虫草科	Ophiocordycipitaceae	四川线虫草	*Ophiocordyceps sichuanensis*	DD		
331	线虫草科	Ophiocordycipitaceae	冬虫夏草	*Ophiocordyceps sinensis*	VU	A2acd+3cd	
332	线虫草科	Ophiocordycipitaceae	多座线虫草	*Ophiocordyceps sobolifera*	LC		
333	线虫草科	Ophiocordycipitaceae	蜂头线虫草	*Ophiocordyceps sphecocephala*	LC		
334	线虫草科	Ophiocordycipitaceae	柄壳线虫草	*Ophiocordyceps stipillata*	DD		√
335	线虫草科	Ophiocordycipitaceae	柱座线虫草	*Ophiocordyceps stylophora*	LC		
336	线虫草科	Ophiocordycipitaceae	淡黄线虫草	*Ophiocordyceps subflavida*	DD		
337	线虫草科	Ophiocordycipitaceae	麦生线虫草	*Ophiocordyceps superficialis*	LC		
338	线虫草科	Ophiocordycipitaceae	圆锥花序状线虫草	*Ophiocordyceps thyrsoides*	DD		
339	线虫草科	Ophiocordycipitaceae	吹泡虫线虫草	*Ophiocordyceps tricentri*	LC		
340	线虫草科	Ophiocordycipitaceae	单侧线虫草	*Ophiocordyceps unilateralis*	LC		
341	线虫草科	Ophiocordycipitaceae	变形线虫草	*Ophiocordyceps variabilis*	LC		
342	线虫草科	Ophiocordycipitaceae	武夷山线虫草	*Ophiocordyceps wuyishanensis*	DD		
343	线虫草科	Ophiocordycipitaceae	星久岛线虫草	*Ophiocordyceps yakusimensis*	DD		
344	线虫草科	Ophiocordycipitaceae	张家界线虫草	*Ophiocordyceps zhangjiajiensis*	DD		√

序号 No.	科名 Chinese Family Names	科 Family	汉语学名 Chinese Names	学名 Scientific Names	评估等级 Status	评估依据 Assessment Criteria	特有种 Endemic
345	线虫草科	Ophiocordycipitaceae	方孢多年虫草	*Perennicordyceps cuboidea*	DD		
346	线虫草科	Ophiocordycipitaceae	发箐多头菌	*Polycephalomyces kanzashianus*	DD		
347	线虫草科	Ophiocordycipitaceae	头状弯颈霉	*Tolypocladium capitatum*	LC		
348	线虫草科	Ophiocordycipitaceae	柔柄弯颈霉	*Tolypocladium delicatistipitatum*	DD		
349	线虫草科	Ophiocordycipitaceae	广东虫草	*Tolypocladium guangdongense*	VU	A2ad+3cd	√
350	线虫草科	Ophiocordycipitaceae	稻子山弯颈霉	*Tolypocladium inegoense*	LC		
351	线虫草科	Ophiocordycipitaceae	肿弯颈霉	*Tolypocladium inflatum*	DD		
352	线虫草科	Ophiocordycipitaceae	日本弯颈霉	*Tolypocladium japonicum*	LC		
353	线虫草科	Ophiocordycipitaceae	大团囊弯颈霉	*Tolypocladium ophioglossoides*	LC		
354	线虫草科	Ophiocordycipitaceae	分枝弯颈霉	*Tolypocladium ramosum*	LC		
355	线虫草科	Ophiocordycipitaceae	思茅弯颈霉	*Tolypocladium szemaoense*	DD		√
356	胶皿菌科	Patellariaceae	假皱裂菌	*Rhytidhysteron prosopidis*	DD		
357	胶皿菌科	Patellariaceae	微红皱裂菌	*Rhytidhysteron rufulum*	DD		
358	胶皿菌科	Patellariaceae	斯氏皱裂菌	*Rhytidhysteron scortechinii*	DD		
359	胶皿菌科	Patellariaceae	明地卷边盘菌	*Tryblidiella mindanaoensis*	DD		
360	胶皿菌科	Patellariaceae	桧柏卷边盘菌	*Tryblidiella saltuaria*	DD		√
361	盘菌科	Pezizaceae	紫红厚盘菌	*Pachyella celtica*	DD		
362	盘菌科	Pezizaceae	盾厚盘菌	*Pachyella clypeata*	DD		
363	盘菌科	Pezizaceae	茎盘菌	*Peziza ampliata*	LC		
364	盘菌科	Pezizaceae	头孢盘菌	*Peziza apiculata*	DD		
365	盘菌科	Pezizaceae	暗紫盘菌	*Peziza arenaria*	DD		
366	盘菌科	Pezizaceae	阿地盘菌	*Peziza arvernensis*	LC		
367	盘菌科	Pezizaceae	暗葡萄酒色盘菌	*Peziza atrovinosa*	DD		
368	盘菌科	Pezizaceae	黄盘菌	*Peziza aurata*	DD		
369	盘菌科	Pezizaceae	疣孢褐盘菌	*Peziza badia*	LC		
370	盘菌科	Pezizaceae	暗褐盘菌	*Peziza badiofusca*	DD		
371	盘菌科	Pezizaceae	棕黑盘菌	*Peziza brunneoatra*	DD		

序号 No.	科名 Chinese Family Names	科 Family	汉语学名 Chinese Names	学名 Scientific Names	评估等级 Status	评估依据 Assessment Criteria	特有种 Endemic
372	盘菌科	Pezizaceae	蜡质盘菌	Peziza cerea	DD		
373	盘菌科	Pezizaceae	糠状盘菌	Peziza cinatica	DD		
374	盘菌科	Pezizaceae	卷旋盘菌	Peziza convoluta	DD		
375	盘菌科	Pezizaceae	平凹盘菌	Peziza depressa	DD		
376	盘菌科	Pezizaceae	家园盘菌	Peziza domiciliana	DD		
377	盘菌科	Pezizaceae	刺孢盘菌	Peziza echinospora	DD		
378	盘菌科	Pezizaceae	小盘菌	Peziza elachroa	DD		
379	盘菌科	Pezizaceae	粪生盘菌	Peziza fimeti	DD		
380	盘菌科	Pezizaceae	杰勒德盘菌	Peziza gerardii	DD		
381	盘菌科	Pezizaceae	贵州盘菌	Peziza guizhouensis	DD		√
382	盘菌科	Pezizaceae	香港盘菌	Peziza hongkongensis	DD		
383	盘菌科	Pezizaceae	疣孢盘菌	Peziza howsei	DD		
384	盘菌科	Pezizaceae	青萍盘菌	Peziza limnaea	DD		
385	盘菌科	Pezizaceae	米氏盘菌	Peziza michelii	DD		
386	盘菌科	Pezizaceae	小柄盘菌	Peziza micropus	DD		
387	盘菌科	Pezizaceae	毛氏盘菌	Peziza moravecii	DD		
388	盘菌科	Pezizaceae	喜碱盘菌	Peziza natrophila	DD		
389	盘菌科	Pezizaceae	雪盘菌	Peziza nivalis	DD		
390	盘菌科	Pezizaceae	壳状盘菌	Peziza ostracoderma	DD		
391	盘菌科	Pezizaceae	皮氏盘菌	Peziza petersii	DD		
392	盘菌科	Pezizaceae	叶生盘菌	Peziza phyllogena	DD		
393	盘菌科	Pezizaceae	紫褐盘菌	Peziza praetervisa	LC		
394	盘菌科	Pezizaceae	沙生盘菌	Peziza psammobia	DD		
395	盘菌科	Pezizaceae	假紫盘菌	Peziza pseudoviolacea	DD		
396	盘菌科	Pezizaceae	凯莱盘菌	Peziza queletii	LC		
397	盘菌科	Pezizaceae	波缘盘菌	Peziza repanda	LC		
398	盘菌科	Pezizaceae	暗红盘菌	Peziza rufescens	DD		

序号 No.	科名 Chinese Family Names	科 Family	汉语学名 Chinese Names	学名 Scientific Names	评估等级 Status	评估依据 Assessment Criteria	特有种 Endemic
399	盘菌科	Pezizaceae	萨卡多盘菌	*Peziza saccardoana*	DD		
400	盘菌科	Pezizaceae	耳状盘菌	*Peziza saniosa*	DD		
401	盘菌科	Pezizaceae	褐盘菌	*Peziza sepiatra*	DD		
402	盘菌科	Pezizaceae	希氏盘菌	*Peziza shearii*	DD		
403	盘菌科	Pezizaceae	亚暗色盘菌	*Peziza subumbrina*	DD		
404	盘菌科	Pezizaceae	多汁盘菌	*Peziza succosa*	DD		
405	盘菌科	Pezizaceae	小多汁盘菌	*Peziza succosella*	DD		
406	盘菌科	Pezizaceae	林地盘菌	*Peziza sylvatica*	DD		
407	盘菌科	Pezizaceae	托泽盘菌	*Peziza thozetii*	DD		
408	盘菌科	Pezizaceae	嗜尿盘菌	*Peziza urinophila*	DD		√
409	盘菌科	Pezizaceae	变异盘菌	*Peziza varia*	DD		
410	盘菌科	Pezizaceae	多疣盘菌	*Peziza verrucosa*	DD		
411	盘菌科	Pezizaceae	泡质盘菌	*Peziza vesiculosa*	LC		
412	盘菌科	Pezizaceae	紫盘菌	*Peziza violacea*	DD		
413	盘菌科	Pezizaceae	暗孢褶盘菌	*Plicaria atrospora*	DD		
414	盘菌科	Pezizaceae	冠裂球肉盘菌	*Sarcosphaera coronaria*	LC		
415	盘菌科	Pezizaceae	地菇	*Terfezia arenaria*	LC		
416	盘菌科	Pezizaceae	小果地菇	*Terfezia parvocarpa*	DD		
417	星裂盘菌科	Phacidiaceae	污胶鼓菌	*Bulgaria inquinans*	LC		
418	火丝菌科	Pyronemataceae	北京小孢盘菌	*Acervus beijingensis*	DD		√
419	火丝菌科	Pyronemataceae	长春小孢盘菌	*Acervus changchunensis*	DD		√
420	火丝菌科	Pyronemataceae	黄小孢盘菌	*Acervus flavidus*	LC		
421	火丝菌科	Pyronemataceae	版纳小孢盘菌	*Acervus xishuangbannicus*	DD		√
422	火丝菌科	Pyronemataceae	橙黄网孢盘菌	*Aleuria aurantia*	LC		
423	火丝菌科	Pyronemataceae	双勺网孢盘菌	*Aleuria bicucullata*	DD		
424	火丝菌科	Pyronemataceae	大网孢盘菌	*Aleuria gigantea*	DD		
425	火丝菌科	Pyronemataceae	黄亮网孢盘菌	*Aleuria luteonitens*	DD		

序号 No.	科名 Chinese Family Names	科 Family	汉语学名 Chinese Names	学名 Scientific Names	评估等级 Status	评估依据 Assessment Criteria	特有种 Endemic
426	火丝菌科	Pyronemataceae	墨脱网孢盘菌	*Aleuria medogensis*	DD		√
427	火丝菌科	Pyronemataceae	光亮网孢盘菌	*Aleuria splendens*	DD		
428	火丝菌科	Pyronemataceae	美洲粉盘菌	*Aleurina americana*	VU	B1ac(iii,iv)	
429	火丝菌科	Pyronemataceae	锈色粉盘菌	*Aleurina ferruginea*	DD		
430	火丝菌科	Pyronemataceae	伊迈粉盘菌	*Aleurina imaii*	LC		
431	火丝菌科	Pyronemataceae	黑粉盘菌	*Aleurina nigrodisca*	DD		
432	火丝菌科	Pyronemataceae	橄榄色粉盘菌	*Aleurina olivacea*	DD		
433	火丝菌科	Pyronemataceae	绣球盘菌	*Ascosparassis heinricheri*	DD		
434	火丝菌科	Pyronemataceae	清水绣球盘菌	*Ascosparassis shimizuensis*	DD		
435	火丝菌科	Pyronemataceae	毛缘剌盘菌	*Cheilymenia ciliata*	DD		
436	火丝菌科	Pyronemataceae	粪居缘剌盘菌	*Cheilymenia fimicola*	LC		
437	火丝菌科	Pyronemataceae	粒缘剌盘菌	*Cheilymenia granulata*	LC		
438	火丝菌科	Pyronemataceae	大缘剌盘菌	*Cheilymenia magnifica*	DD		√
439	火丝菌科	Pyronemataceae	中国缘剌盘菌	*Cheilymenia sinensis*	DD		√
440	火丝菌科	Pyronemataceae	粪生缘剌盘菌	*Cheilymenia stercorea*	LC		
441	火丝菌科	Pyronemataceae	黄缘剌盘菌	*Cheilymenia theleboloides*	LC		
442	火丝菌科	Pyronemataceae	蛋黄缘剌盘菌	*Cheilymenia vitellina*	DD		
443	火丝菌科	Pyronemataceae	易碎假基块菌	*Genabea fragilis*	DD		
444	火丝菌科	Pyronemataceae	剌孢段基块菌	*Genabea spinospora*	DD		
445	火丝菌科	Pyronemataceae	中国囊被块菌	*Genea sinensis*	DD		√
446	火丝菌科	Pyronemataceae	变异囊被块菌	*Genea variabilis*	DD		√
447	火丝菌科	Pyronemataceae	疣状囊被块菌	*Genea verrucosa*	DD		
448	火丝菌科	Pyronemataceae	沙生地孔菌	*Geopora arenicola*	DD		
449	火丝菌科	Pyronemataceae	沙地地孔菌	*Geopora arenosa*	DD		
450	火丝菌科	Pyronemataceae	古氏地孔菌	*Geopora cooperi*	DD		
451	火丝菌科	Pyronemataceae	叶质地孔菌	*Geopora foliacea*	DD		
452	火丝菌科	Pyronemataceae	梭梢孢地孔菌	*Geopora perprolata*	LC		

序号 No.	科名 Chinese Family Names	科 Family	汉语学名 Chinese Names	学名 Scientific Names	评估等级 Status	评估依据 Assessment Criteria	特有种 Endemic
453	火丝菌科	Pyronemataceae	沙地孔菌	*Geopora sumneriana*	DD		
454	火丝菌科	Pyronemataceae	薄地孔菌	*Geopora tenuis*	DD		
455	火丝菌科	Pyronemataceae	炭地杯菌	*Geopyxis carbonaria*	LC		
456	火丝菌科	Pyronemataceae	柯夫地杯菌	*Geopyxis korfii*	LC		√
457	火丝菌科	Pyronemataceae	大孢地杯菌	*Geopyxis majalis*	DD		
458	火丝菌科	Pyronemataceae	小孢地杯菌	*Geopyxis vulcanalis*	LC		
459	火丝菌科	Pyronemataceae	华土盘菌	*Humaria chinensis*	DD		
460	火丝菌科	Pyronemataceae	红点土盘菌	*Humaria haemastigma*	DD		
461	火丝菌科	Pyronemataceae	半球土盘菌	*Humaria hemisphaerica*	LC		
462	火丝菌科	Pyronemataceae	肉色土盘菌	*Humaria potoninii*	DD		
463	火丝菌科	Pyronemataceae	日本腔囊块菌	*Hydnocystis japonica*	DD		
464	火丝菌科	Pyronemataceae	梭孢南费盘菌	*Jafnea fusicarpa*	LC		
465	火丝菌科	Pyronemataceae	半梭孢南费盘菌	*Jafnea semitosta*	DD		
466	火丝菌科	Pyronemataceae	蔡特弯毛盘菌	*Melastiza chateri*	DD		
467	火丝菌科	Pyronemataceae	弯毛盘菌	*Melastiza cornubiensis*	LC		
468	火丝菌科	Pyronemataceae	红弯毛盘菌	*Melastiza rubra*	LC		
469	火丝菌科	Pyronemataceae	苏格兰弯毛盘菌	*Melastiza scotica*	DD		
470	火丝菌科	Pyronemataceae	丽孢毛氏盘菌	*Moravecia calospora*	DD		
471	火丝菌科	Pyronemataceae	革侧盘菌	*Otidea alutacea*	LC		
472	火丝菌科	Pyronemataceae	双色侧盘菌	*Otidea bicolor*	DD		√
473	火丝菌科	Pyronemataceae	褐侧盘菌	*Otidea bufonia*	LC		
474	火丝菌科	Pyronemataceae	耳侧盘菌	*Otidea cochleata*	LC		
475	火丝菌科	Pyronemataceae	阔孢侧盘菌	*Otidea crassa*	DD		√
476	火丝菌科	Pyronemataceae	大理侧盘菌	*Otidea daliensis*	DD		
477	火丝菌科	Pyronemataceae	大侧盘菌	*Otidea grandis*	DD		
478	火丝菌科	Pyronemataceae	考氏侧盘菌	*Otidea kaushalii*	DD		
479	火丝菌科	Pyronemataceae	昆明侧盘菌	*Otidea kunmingensis*	DD		√

序号 No.	科名 Chinese Family Names	科 Family	汉语学名 Chinese Names	学名 Scientific Names	评估等级 Status	评估依据 Assessment Criteria	特有种 Endemic
480	火丝菌科	Pyronemataceae	乳白侧盘菌	*Otidea lactea*	DD		√
481	火丝菌科	Pyronemataceae	兔耳状侧盘菌	*Otidea leporina*	LC		
482	火丝菌科	Pyronemataceae	小孢侧盘菌	*Otidea microspora*	DD		
483	火丝菌科	Pyronemataceae	橄榄绿侧盘菌	*Otidea olivaceobrunnea*	DD		√
484	火丝菌科	Pyronemataceae	驴耳状侧盘菌	*Otidea onotica*	LC		
485	火丝菌科	Pyronemataceae	邻侧盘菌	*Otidea propinquata*	DD		
486	火丝菌科	Pyronemataceae	紫侧盘菌	*Otidea purpurea*	DD		√
487	火丝菌科	Pyronemataceae	中华侧盘菌	*Otidea sinensis*	DD		√
488	火丝菌科	Pyronemataceae	史密斯侧盘菌	*Otidea smithii*	DD		
489	火丝菌科	Pyronemataceae	近紫侧盘菌	*Otidea subpurpurea*	DD		√
490	火丝菌科	Pyronemataceae	天水侧盘菌	*Otidea tianshuiensis*	DD		√
491	火丝菌科	Pyronemataceae	托氏侧盘菌	*Otidea tuomikoskii*	DD		
492	火丝菌科	Pyronemataceae	云南侧盘菌	*Otidea yunnanensis*	DD		√
493	火丝菌科	Pyronemataceae	瑰丽盘菌	*Rhodoscypha ovilla*	LC		
494	火丝菌科	Pyronemataceae	阿氏盾盘菌	*Scutellinia ahmadii*	DD		
495	火丝菌科	Pyronemataceae	拟阿氏盾盘菌	*Scutellinia ahmadiopsis*	DD		√
496	火丝菌科	Pyronemataceae	沙丘生盾盘菌	*Scutellinia arenicola*	DD		
497	火丝菌科	Pyronemataceae	栗毛盾盘菌	*Scutellinia badio-berbis*	LC		
498	火丝菌科	Pyronemataceae	疣球孢盾盘菌	*Scutellinia barlae*	DD		
499	火丝菌科	Pyronemataceae	北京盾盘菌	*Scutellinia beijingensis*	DD		√
500	火丝菌科	Pyronemataceae	蔡氏盾盘菌	*Scutellinia cejpii*	DD		
501	火丝菌科	Pyronemataceae	假网孢盾盘菌	*Scutellinia colensoi*	LC		
502	火丝菌科	Pyronemataceae	粪盾盘菌	*Scutellinia coprinaria*	DD		
503	火丝菌科	Pyronemataceae	被毛盾盘菌	*Scutellinia crinita*	LC		
504	火丝菌科	Pyronemataceae	十字毛盾盘菌	*Scutellinia crucipila*	NT		
505	火丝菌科	Pyronemataceae	阔孢盾盘菌	*Scutellinia decipiens*	DD		
506	火丝菌科	Pyronemataceae	刺盾盘菌	*Scutellinia erinaceus*	DD		

序号 No.	科名 Chinese Family Names	科 Family	汉语学名 Chinese Names	学名 Scientific Names	评估等级 Status	评估依据 Assessment Criteria	特有种 Endemic
507	火丝菌科	Pyronemataceae	粪生盾盘菌	*Scutellinia fimetaria*	DD		
508	火丝菌科	Pyronemataceae	福建盾盘菌	*Scutellinia fujianensis*	NT		√
509	火丝菌科	Pyronemataceae	晶毛盾盘菌	*Scutellinia hyalohirsuta*	LC		√
510	火丝菌科	Pyronemataceae	吉林盾盘菌	*Scutellinia jilinensis*	DD		√
511	火丝菌科	Pyronemataceae	克地盾盘菌	*Scutellinia kerguelensis*	DD		
512	火丝菌科	Pyronemataceae	柯夫盾盘菌	*Scutellinia korfiana*	DD		√
513	火丝菌科	Pyronemataceae	红盾盘菌	*Scutellinia lusatiae*	DD		
514	火丝菌科	Pyronemataceae	球孢盾盘菌	*Scutellinia minor*	DD		
515	火丝菌科	Pyronemataceae	小盾盘菌	*Scutellinia minutella*	NT		
516	火丝菌科	Pyronemataceae	黑毛盾盘菌	*Scutellinia nigrohirtula*	LC		
517	火丝菌科	Pyronemataceae	橄榄盾盘菌	*Scutellinia olivascens*	DD		
518	火丝菌科	Pyronemataceae	小孢盾盘菌	*Scutellinia parvispora*	DD		
519	火丝菌科	Pyronemataceae	金边盾盘菌	*Scutellinia patagonica*	LC		
520	火丝菌科	Pyronemataceae	宾州盾盘菌	*Scutellinia pennsylvanica*	LC		
521	火丝菌科	Pyronemataceae	肿盾盘菌	*Scutellinia phymatodea*	DD		
522	火丝菌科	Pyronemataceae	红毛盾盘菌	*Scutellinia scutellata*	LC		
523	火丝菌科	Pyronemataceae	毛盾盘菌	*Scutellinia setosa*	DD		
524	火丝菌科	Pyronemataceae	拟毛盾盘菌	*Scutellinia setosiopsis*	DD		√
525	火丝菌科	Pyronemataceae	中国盾盘菌	*Scutellinia sinensis*	DD		√
526	火丝菌科	Pyronemataceae	华毛盾盘菌	*Scutellinia sinosetosa*	LC		√
527	火丝菌科	Pyronemataceae	亚黄褐盾盘菌	*Scutellinia subcervorum*	DD		
528	火丝菌科	Pyronemataceae	亚毛盾盘菌	*Scutellinia subhirtella*	LC		
529	火丝菌科	Pyronemataceae	超盾盘菌	*Scutellinia superba*	DD		
530	火丝菌科	Pyronemataceae	疣盾盘菌	*Scutellinia trechispora*	DD		
531	火丝菌科	Pyronemataceae	阴地盾盘菌	*Scutellinia umbrorum*	DD		
532	火丝菌科	Pyronemataceae	窄孢索氏盘菌	*Sowerbyella angustispora*	DD		√
533	火丝菌科	Pyronemataceae	山毛榉索氏盘菌	*Sowerbyella fagicola*	LC		

序号 No.	科名 Chinese Family Names	科 Family	汉语学名 Chinese Names	学名 Scientific Names	评估等级 Status	评估依据 Assessment Criteria	特有种 Endemic
534	火丝菌科	Pyronemataceae	壮丽索氏盘菌	*Sowerbyella imperialis*	DD		
535	火丝菌科	Pyronemataceae	光孢索氏盘菌	*Sowerbyella laevispora*	DD		√
536	火丝菌科	Pyronemataceae	根索氏盘菌	*Sowerbyella radiculata*	LC		
537	火丝菌科	Pyronemataceae	黄索氏盘菌	*Sowerbyella rhenana*	LC		
538	火丝菌科	Pyronemataceae	地疣杯菌	*Tarzetta catinus*	LC		
539	火丝菌科	Pyronemataceae	碟状疣杯菌	*Tarzetta cupularis*	DD		
540	火丝菌科	Pyronemataceae	黄薄毛盘菌	*Tricharina gilva*	LC		
541	线虫草科	Rhizinaceae	波状根盘菌	*Rhizina undulata*	LC		
542	斑痣盘菌科	Rhytismataceae	栎弯壳菌	*Colpoma quercinum*	DD		
543	斑痣盘菌科	Rhytismataceae	蔷薇弯壳菌	*Colpoma rosae*	LC		√
544	斑痣盘菌科	Rhytismataceae	中国弯壳菌	*Colpoma sinense*	DD		√
545	蜡盘菌科	Rutstroemiaceae	保拉蜡盘菌	*Rutstroemia bolaris*	DD		
546	蜡盘菌科	Rutstroemiaceae	同形蜡盘菌	*Rutstroemia conformata*	LC		
547	蜡盘菌科	Rutstroemiaceae	大巴蜡盘菌	*Rutstroemia dabaensis*	LC		√
548	蜡盘菌科	Rutstroemiaceae	坚实蜡盘菌	*Rutstroemia firma*	DD		
549	蜡盘菌科	Rutstroemiaceae	脊蜡盘菌	*Rutstroemia juglandis*	DD		
550	蜡盘菌科	Rutstroemiaceae	小柄蜡盘菌	*Rutstroemia petiolorum*	DD		
551	蜡盘菌科	Rutstroemiaceae	聚多蜡盘菌	*Rutstroemia sydowiana*	NT		
552	肉杯菌科	Sarcoscyphaceae	黄耳盘菌	*Aurophora dochmia*	DD		
553	肉杯菌科	Sarcoscyphaceae	皱缘毛杯菌	*Cookeina colensoi*	LC		
554	肉杯菌科	Sarcoscyphaceae	印度毛杯菌	*Cookeina indica*	LC		
555	肉杯菌科	Sarcoscyphaceae	中国毛杯菌	*Cookeina sinensis*	DD		√
556	肉杯菌科	Sarcoscyphaceae	艳毛杯菌	*Cookeina speciosa*	LC		
557	肉杯菌科	Sarcoscyphaceae	槽柄毛杯菌	*Cookeina sulcipes*	DD		
558	肉杯菌科	Sarcoscyphaceae	毛缘毛杯菌	*Cookeina tricholoma*	LC		
559	肉杯菌科	Sarcoscyphaceae	聚生小口盘菌	*Microstoma aggregatum*	DD		
560	肉杯菌科	Sarcoscyphaceae	尖孢小口盘菌	*Microstoma apiculosporum*	DD		√

序号 No.	科名 Chinese Family Names	科 Family	汉语学名 Chinese Names	学名 Scientific Names	评估等级 Status	评估依据 Assessment Criteria	特有种 Endemic
561	肉杯菌科	Sarcoscyphaceae	白毛小口盘菌	*Microstoma floccosum*	LC		
562	肉杯菌科	Sarcoscyphaceae	大孢小口盘菌	*Microstoma instititium*	LC		
563	肉杯菌科	Sarcoscyphaceae	巨孢小口盘菌	*Microstoma macrosporum*	DD		
564	肉杯菌科	Sarcoscyphaceae	肉色歪盘菌	*Phillipsia carnicolor*	DD		
565	肉杯菌科	Sarcoscyphaceae	中华歪盘菌	*Phillipsia chinensis*	LC		√
566	肉杯菌科	Sarcoscyphaceae	哥地歪盘菌	*Phillipsia costaricensis*	DD		
567	肉杯菌科	Sarcoscyphaceae	拟波缘歪盘菌	*Phillipsia crenulopsis*	DD		√
568	肉杯菌科	Sarcoscyphaceae	卷歪盘菌	*Phillipsia crispata*	DD		
569	肉杯菌科	Sarcoscyphaceae	多地歪盘菌	*Phillipsia domingensis*	DD		
570	肉杯菌科	Sarcoscyphaceae	巨歪盘菌	*Phillipsia gigantea*	DD		
571	肉杯菌科	Sarcoscyphaceae	哈特曼歪盘菌	*Phillipsia hartmannii*	DD		
572	肉杯菌科	Sarcoscyphaceae	桔色歪盘菌	*Phillipsia inaequalis*	DD		
573	肉杯菌科	Sarcoscyphaceae	近紫歪盘菌	*Phillipsia subpurpurea*	DD		
574	肉杯菌科	Sarcoscyphaceae	脐状歪盘菌	*Phillipsia umbilicata*	DD		
575	肉杯菌科	Sarcoscyphaceae	柏小艳盘菌	*Pithya cupressina*	LC		
576	肉杯菌科	Sarcoscyphaceae	脑纹孢肉杯菌	*Sarcoscypha cerebriformis*	DD		√
577	肉杯菌科	Sarcoscyphaceae	绯红肉杯菌	*Sarcoscypha coccinea*	LC		
578	肉杯菌科	Sarcoscyphaceae	汉氏肉杯菌	*Sarcoscypha humberiana*	DD		√
579	肉杯菌科	Sarcoscyphaceae	爪哇肉杯菌	*Sarcoscypha javensis*	DD		
580	肉杯菌科	Sarcoscyphaceae	柯夫肉杯菌	*Sarcoscypha korfiana*	DD		√
581	肉杯菌科	Sarcoscyphaceae	平盘肉杯菌	*Sarcoscypha mesocyatha*	DD		
582	肉杯菌科	Sarcoscyphaceae	小红肉杯菌	*Sarcoscypha occidentalis*	LC		
583	肉杯菌科	Sarcoscyphaceae	神农架肉杯菌	*Sarcoscypha shennongjiana*	DD		√
584	肉杯菌科	Sarcoscyphaceae	谢里夫肉杯菌	*Sarcoscypha sherriffii*	DD		√
585	肉杯菌科	Sarcoscyphaceae	白色肉杯菌	*Sarcoscypha vassiljevae*	LC		
586	肉杯菌科	Sarcoscyphaceae	美洲丛耳	*Wynnea americana*	DD		
587	肉杯菌科	Sarcoscyphaceae	大丛耳	*Wynnea gigantea*	LC		

序号 No.	科名 Chinese Family Names	科 Family	汉语学名 Chinese Names	学名 Scientific Names	评估等级 Status	评估依据 Assessment Criteria	特有种 Endemic
588	肉杯菌科	Sarcoscyphaceae	大孢丛耳	Wynnea macrospora	LC		
589	肉杯菌科	Sarcoscyphaceae	绒被丛耳	Wynnea macrotis	DD		
590	肉杯菌科	Sarcoscyphaceae	中国丛耳	Wynnea sinensis	DD		√
591	肉盘菌科	Sarcosomataceae	黑龙江盖尔盘菌	Galiella amurensis	LC		
592	肉盘菌科	Sarcosomataceae	日本盖尔盘菌	Galiella japonica	DD		
593	肉盘菌科	Sarcosomataceae	中国盖尔盘菌	Galiella sinensis	DD		√
594	肉盘菌科	Sarcosomataceae	黄盖尔盘菌	Galiella thwaitesii	DD		
595	肉盘菌科	Sarcosomataceae	弯孢粒盘菌	Plectania campylospora	LC		
596	肉盘菌科	Sarcosomataceae	黑色红盘菌	Plectania melaena	DD		
597	肉盘菌科	Sarcosomataceae	黑口红盘菌	Plectania melastoma	LC		
598	肉盘菌科	Sarcosomataceae	普拉塔红盘菌	Plectania platensis	DD		
599	肉盘菌科	Sarcosomataceae	皱红盘菌	Plectania rhytidia	DD		
600	肉盘菌科	Sarcosomataceae	云南红盘菌	Plectania yunnanensis	DD		√
601	肉盘菌科	Sarcosomataceae	假黑盘菌	Pseudoplectania nigrella	LC		
602	肉盘菌科	Sarcosomataceae	卷边假黑盘菌	Pseudoplectania vogesiaca	DD		
603	肉盘菌科	Sarcosomataceae	陀螺形肉盘菌	Sarcosoma turbinatum	DD		
604	肉盘菌科	Sarcosomataceae	浅脚瓶盘菌	Urnula craterium	LC		
605	肉盘菌科	Sarcosomataceae	脚瓶盘菌	Urnula helvelloides	DD		
606	核盘菌科	Sclerotiniaceae	革带状杯盘菌	Ciboria amentacea	DD		
607	核盘菌科	Sclerotiniaceae	美洲杯盘菌	Ciboria americana	DD		
608	核盘菌科	Sclerotiniaceae	栎杯盘菌	Ciboria batschiana	LC		
609	核盘菌科	Sclerotiniaceae	桦杯盘菌	Ciboria betulae	VU	B1ab(iii)	
610	核盘菌科	Sclerotiniaceae	桑杯盘菌	Ciboria carunculoides	DD		
611	核盘菌科	Sclerotiniaceae	贵州杯盘菌	Ciboria guizhouensis	DD		√
612	核盘菌科	Sclerotiniaceae	桑实杯盘菌	Ciboria shiraiana	LC		
613	核盘菌科	Sclerotiniaceae	古巴散胞盘菌	Encoelia cubensis	VU	B1ab(i,iii,iv)+2ab(ii,iii,iv)	
614	核盘菌科	Sclerotiniaceae	大龙山散胞盘菌	Encoelia dalongshanica	NT		√

序号 No.	科名 Chinese Family Names	科 Family	汉语学名 Chinese Names	学名 Scientific Names	评估等级 Status	评估依据 Assessment Criteria	特有种 Endemic
615	核盘菌科	Sclerotiniaceae	簇生散胞盘菌	Encoelia fascicularis	DD		
616	核盘菌科	Sclerotiniaceae	糠麸散胞盘菌	Encoelia furfuracea	DD		
617	核盘菌科	Sclerotiniaceae	黄散胞盘菌	Encoelia helvola	DD		
618	核盘菌科	Sclerotiniaceae	二色地杖菌	Mitrula bicolor	DD		
619	核盘菌科	Sclerotiniaceae	短孢地杖菌	Mitrula brevispora	DD		√
620	核盘菌科	Sclerotiniaceae	湿生地杖菌	Mitrula paludosa	DD		
621	核盘菌科	Sclerotiniaceae	粉头地杖菌	Mitrula roseola	DD		
622	核盘菌科	Sclerotiniaceae	细辛核盘菌	Sclerotinia asari	LC		√
623	核盘菌科	Sclerotiniaceae	北方核盘菌	Sclerotinia borealis	DD		
624	核盘菌科	Sclerotiniaceae	人参核盘菌	Sclerotinia ginseng	DD		√
625	核盘菌科	Sclerotiniaceae	小核盘菌	Sclerotinia minor	DD		
626	核盘菌科	Sclerotiniaceae	宫部核盘菌	Sclerotinia miyabeana	DD		
627	核盘菌科	Sclerotiniaceae	烟草核盘菌	Sclerotinia nicotianae	DD		
628	核盘菌科	Sclerotiniaceae	参核盘菌	Sclerotinia schinseng	DD		
629	核盘菌科	Sclerotiniaceae	核盘菌	Sclerotinia sclerotiorum	LC		
630	核盘菌科	Sclerotiniaceae	三叶草核盘菌	Sclerotinia trifoliorum	DD		
631	竹黄科	Shiraiaceae	竹黄	Shiraia bambusicola	VU	A3cd	
632	块菌科	Tuberaceae	蜂窝孢猪块菌	Choiromyces alveolatus	NT		
633	块菌科	Tuberaceae	充脉猪块菌	Choiromyces venosus	DD		
634	块菌科	Tuberaceae	巨孢奇块菌	Paradoxa gigantospora	EN	B1ab(i,iii)	√
635	块菌科	Tuberaceae	夏块菌	Tuber aestivum	DD		
636	块菌科	Tuberaceae	白脐块菌	Tuber alboumbilicum	NT		√
637	块菌科	Tuberaceae	阿萨块菌	Tuber asa-foetida	DD		
638	块菌科	Tuberaceae	波密块菌	Tuber bomiense	NT		√
639	块菌科	Tuberaceae	波氏块菌	Tuber borchii	DD		
640	块菌科	Tuberaceae	冬块菌	Tuber brumale	DD		
641	块菌科	Tuberaceae	加州块菌	Tuber californicum	DD		

序号 No.	科名 Chinese Family Names	科 Family	汉语学名 Chinese Names	学名 Scientific Names	评估等级 Status	评估依据 Assessment Criteria	特有种 Endemic
642	块菌科	Tuberaceae	喜栎块菌	*Tuber dryophilum*	DD		
643	块菌科	Tuberaceae	凹陷块菌	*Tuber excavatum*	DD		
644	块菌科	Tuberaceae	臭块菌	*Tuber foetidum*	DD		
645	块菌科	Tuberaceae	台湾块菌	*Tuber formosanum*	NT		√
646	块菌科	Tuberaceae	粉状块菌	*Tuber furfuraceum*	DD		√
647	块菌科	Tuberaceae	光巨孢块菌	*Tuber glabrum*	DD		√
648	块菌科	Tuberaceae	喜马拉雅块菌	*Tuber himalayense*	DD		
649	块菌科	Tuberaceae	湖北块菌	*Tuber hubeiense*	DD		
650	块菌科	Tuberaceae	会东块菌	*Tuber huidongense*	VU	A2acd+3cd; B1ab(i,iii)	√
651	块菌科	Tuberaceae	会泽块菌	*Tuber huizeanum*	NT		√
652	块菌科	Tuberaceae	印度块菌	*Tuber indicum*	VU	A2acd+3cd; B1ab(i,iii)	
653	块菌科	Tuberaceae	金沙江块菌	*Tuber jinshajiangense*	DD		
654	块菌科	Tuberaceae	阔孢块菌	*Tuber latisporum*	DD		√
655	块菌科	Tuberaceae	辽东块菌	*Tuber liaotongense*	DD		√
656	块菌科	Tuberaceae	丽江块菌	*Tuber lijiangense*	DD		√
657	块菌科	Tuberaceae	刘氏块菌	*Tuber liui*	DD		√
658	块菌科	Tuberaceae	李玉块菌	*Tuber liyuanum*	DD		√
659	块菌科	Tuberaceae	莱氏块菌	*Tuber lyonii*	DD		
660	块菌科	Tuberaceae	斑点块菌	*Tuber maculatum*	DD		
661	块菌科	Tuberaceae	大块菌	*Tuber magnatum*	DD		
662	块菌科	Tuberaceae	黑孢块菌	*Tuber melanosporum*	DD		
663	块菌科	Tuberaceae	膜皱块菌	*Tuber mesentericum*	DD		
664	块菌科	Tuberaceae	小孢块菌	*Tuber microspermum*	NT		√
665	块菌科	Tuberaceae	小球孢块菌	*Tuber microsphaerosporum*	NT		√
666	块菌科	Tuberaceae	密网孢块菌	*Tuber microspiculatum*	NT		√
667	块菌科	Tuberaceae	细疣块菌	*Tuber microverrucosum*	NT		√
668	块菌科	Tuberaceae	山地块菌	*Tuber montanum*	DD		

序号 No.	科名 Chinese Family Names	科 Family	汉语学名 Chinese Names	学名 Scientific Names	评估等级 Status	评估依据 Assessment Criteria	特有种 Endemic
669	块菌科	Tuberaceae	网狗凹陷块菌	*Tuber neoexcavatum*	NT		√
670	块菌科	Tuberaceae	光果块菌	*Tuber nitidum*	DD		
671	块菌科	Tuberaceae	少孢块菌	*Tuber oligospermum*	DD		
672	块菌科	Tuberaceae	攀枝花块菌	*Tuber panzhihuanense*	VU	A2acd+3cd; B1ab(i,iii)	√
673	块菌科	Tuberaceae	小块菌	*Tuber parvomurphium*	DD		
674	块菌科	Tuberaceae	多孢块菌	*Tuber polyspermum*	NT		√
675	块菌科	Tuberaceae	假孢块菌	*Tuber pseudobrumale*	DD		√
676	块菌科	Tuberaceae	拟凹陷块菌	*Tuber pseudoexcavatum*	DD		√
677	块菌科	Tuberaceae	假喜马拉雅块菌	*Tuber pseudohimalayense*	DD		√
678	块菌科	Tuberaceae	拟白块菌	*Tuber pseudomagnatum*	NT		√
679	块菌科	Tuberaceae	拟球孢块菌	*Tuber pseudosphaerosporum*	DD		√
680	块菌科	Tuberaceae	短毛块菌	*Tuber puberulum*	DD		
681	块菌科	Tuberaceae	芜菁味块菌	*Tuber rapaeodorum*	DD		
682	块菌科	Tuberaceae	棕红块菌	*Tuber rufum*	DD		
683	块菌科	Tuberaceae	歇尔氏块菌	*Tuber shearii*	DD		
684	块菌科	Tuberaceae	中国块菌	*Tuber sinense*	DD		√
685	块菌科	Tuberaceae	中华夏块菌	*Tuber sinoaestivum*	VU	A2acd+3cd; B1ab(i,iii)	√
686	块菌科	Tuberaceae	中华白块菌	*Tuber sinoalbidum*	NT		√
687	块菌科	Tuberaceae	中华凹陷块菌	*Tuber sinoexcavatum*	NT		√
688	块菌科	Tuberaceae	中华巨孢块菌	*Tuber sinomonosporum*	NT		√
689	块菌科	Tuberaceae	中华短毛块菌	*Tuber sinopuberulum*	DD		√
690	块菌科	Tuberaceae	中华球孢块菌	*Tuber sinosphaerosporum*	NT		√
691	块菌科	Tuberaceae	球孢块菌	*Tuber sphaerospermum*	DD		√
692	块菌科	Tuberaceae	亚球孢块菌	*Tuber subglobosum*	NT		√
693	块菌科	Tuberaceae	太原块菌	*Tuber taiyuanense*	DD		√
694	块菌科	Tuberaceae	德州块菌	*Tuber texense*	DD		
695	块菌科	Tuberaceae	姜黄块菌	*Tuber turmericum*	DD		

序号 No.	科名 Chinese Family Names	科 Family	汉语学名 Chinese Names	学名 Scientific Names	评估等级 Status	评估依据 Assessment Criteria	特有种 Endemic
696	块菌科	Tuberaceae	脐状块菌	*Tuber umbilicatum*	NT		√
697	块菌科	Tuberaceae	钩块菌	*Tuber uncinatum*	DD		
698	块菌科	Tuberaceae	囊被块菌	*Tuber vesicoperidium*	DD		√
699	块菌科	Tuberaceae	汉川块菌	*Tuber wenchuanense*	NT		√
700	块菌科	Tuberaceae	乌蒙块菌	*Tuber wumengense*	DD		
701	块菌科	Tuberaceae	黄孢块菌	*Tuber xanthomonosporum*	NT		√
702	块菌科	Tuberaceae	西藏块菌	*Tuber xizangense*	DD		√
703	块菌科	Tuberaceae	宣化块菌	*Tuber xuanhuaense*	DD		
704	块菌科	Tuberaceae	中甸块菌	*Tuber zhongdianense*	DD		√
705	芽孢盘菌科	Tympanidaceae	胶莓盘菌	*Myriodiscus sparassoides*	DD		
706	炭角菌科	Xylariaceae	壳轮层炭壳	*Daldinia bakeri*	DD		
707	炭角菌科	Xylariaceae	狭球轮层炭壳	*Daldinia caldariorum*	DD		
708	炭角菌科	Xylariaceae	加州轮层炭壳	*Daldinia californica*	DD		
709	炭角菌科	Xylariaceae	鹅耳枥轮层炭壳	*Daldinia carpinicola*	DD		
710	炭角菌科	Xylariaceae	启迪轮层炭壳	*Daldinia childiae*	DD		
711	炭角菌科	Xylariaceae	黑轮层炭壳	*Daldinia concentrica*	LC		
712	炭角菌科	Xylariaceae	铜色轮层炭壳	*Daldinia cuprea*	DD		
713	炭角菌科	Xylariaceae	光轮层炭壳	*Daldinia eschscholtzii*	DD		
714	炭角菌科	Xylariaceae	胶质轮层炭壳	*Daldinia gelatinoides*	DD		
715	炭角菌科	Xylariaceae	具隔轮层炭壳	*Daldinia loculata*	DD		
716	炭角菌科	Xylariaceae	光泽轮层炭壳	*Daldinia vernicosa*	DD		
717	炭角菌科	Xylariaceae	中华肉球菌	*Engleromyces sinensis*	VU	A3cd	√
718	炭角菌科	Xylariaceae	尖孢炭团菌	*Hypoxylon apiculatum*	DD		
719	炭角菌科	Xylariaceae	短孢炭团菌	*Hypoxylon brevisporum*	DD		√
720	炭角菌科	Xylariaceae	废退炭团菌	*Hypoxylon cercidicola*	DD		
721	炭角菌科	Xylariaceae	朱红炭团菌	*Hypoxylon cinnabarinum*	DD		
722	炭角菌科	Xylariaceae	杏黄炭团菌	*Hypoxylon crocopeplum*	DD		

序号 No.	科名 Chinese Family Names	科 Family	汉语学名 Chinese Names	学名 Scientific Names	评估等级 Status	评估依据 Assessment Criteria	特有种 Endemic
723	炭角菌科	Xylariaceae	戴氏炭团菌	*Hypoxylon dearnessii*	DD		
724	炭角菌科	Xylariaceae	邓氏炭团菌	*Hypoxylon dengii*	DD		√
725	炭角菌科	Xylariaceae	迪克曼炭团菌	*Hypoxylon dieckmannii*	DD		
726	炭角菌科	Xylariaceae	杜兰炭团菌	*Hypoxylon duranii*	DD		
727	炭角菌科	Xylariaceae	芬德勒炭团菌	*Hypoxylon fendleri*	DD		
728	炭角菌科	Xylariaceae	脆形炭团菌	*Hypoxylon fragiforme*	DD		
729	炭角菌科	Xylariaceae	白蜡炭团菌	*Hypoxylon fraxinophilum*	DD		
730	炭角菌科	Xylariaceae	暗紫炭团菌	*Hypoxylon fuscopurpureum*	DD		
731	炭角菌科	Xylariaceae	紫棕炭团菌	*Hypoxylon fuscum*	DD		
732	炭角菌科	Xylariaceae	灰炭团菌	*Hypoxylon griseocinctum*	DD		
733	炭角菌科	Xylariaceae	红炭团菌	*Hypoxylon haematostroma*	DD		
734	炭角菌科	Xylariaceae	蒙伊炭团菌	*Hypoxylon howeanum*	DD		
735	炭角菌科	Xylariaceae	湖北炭团菌	*Hypoxylon hubeiense*	DD		√
736	炭角菌科	Xylariaceae	粉褐炭团菌	*Hypoxylon hypomiltum*	DD		
737	炭角菌科	Xylariaceae	坚硬炭团菌	*Hypoxylon investiens*	DD		
738	炭角菌科	Xylariaceae	卡尔炭团菌	*Hypoxylon karii*	DD		
739	炭角菌科	Xylariaceae	克雷炭团菌	*Hypoxylon kretzschmarioides*	DD		
740	炭角菌科	Xylariaceae	拉什炭团菌	*Hypoxylon laschii*	DD		
741	炭角菌科	Xylariaceae	勒农炭团菌	*Hypoxylon lenormandii*	DD		
742	炭角菌科	Xylariaceae	台湾炭团菌	*Hypoxylon lienhwacheense*	DD		√
743	炭角菌科	Xylariaceae	铅色炭团菌	*Hypoxylon lividicolor*	DD		√
744	炭角菌科	Xylariaceae	巨孢炭团菌	*Hypoxylon macrosporum*	DD		
745	炭角菌科	Xylariaceae	山地炭团菌	*Hypoxylon monticulosum*	DD		
746	炭角菌科	Xylariaceae	粘炭团菌	*Hypoxylon musceum*	DD		
747	炭角菌科	Xylariaceae	显赫炭团菌	*Hypoxylon notatum*	DD		
748	炭角菌科	Xylariaceae	木槿炭团菌	*Hypoxylon parksianum*	DD		
749	炭角菌科	Xylariaceae	白孔炭团菌	*Hypoxylon perforatum*	DD		

序号 No.	科名 Chinese Family Names	科 Family	汉语学名 Chinese Names	学名 Scientific Names	评估等级 Status	评估依据 Assessment Criteria	特有种 Endemic
750	炭角菌科	Xylariaceae	皮尔格炭团菌	Hypoxylon pilgerianum	DD		
751	炭角菌科	Xylariaceae	圆环状炭团菌	Hypoxylon placentiforme	DD		
752	炭角菌科	Xylariaceae	粉红炭团菌	Hypoxylon retpela	DD		
753	炭角菌科	Xylariaceae	赤褐炭团菌	Hypoxylon rubiginosum	LC		
754	炭角菌科	Xylariaceae	红棕炭团菌	Hypoxylon rutilum	LC		
755	炭角菌科	Xylariaceae	硬暗炭团菌	Hypoxylon sclerophaeum	DD		
756	炭角菌科	Xylariaceae	菝葜炭团菌	Hypoxylon smilacicola	DD		
757	炭角菌科	Xylariaceae	亚铜色炭团菌	Hypoxylon subgilvum	DD		
758	炭角菌科	Xylariaceae	镶边炭团菌	Hypoxylon sublimbatum	DD		
759	炭角菌科	Xylariaceae	松杉炭团菌	Hypoxylon trugodes	DD		
760	炭角菌科	Xylariaceae	榆炭团菌	Hypoxylon ulmophilum	DD		
761	炭角菌科	Xylariaceae	卷边炭团菌	Hypoxylon vogesiacum	DD		
762	炭角菌科	Xylariaceae	云南炭团菌	Hypoxylon yunnanense	DD		√
763	炭角菌科	Xylariaceae	长尖炭角菌	Xylaria acuminatilongissima	DD		√
764	炭角菌科	Xylariaceae	钝顶炭角菌	Xylaria aemulans	DD		
765	炭角菌科	Xylariaceae	白纹炭角菌	Xylaria alboareolata	DD		
766	炭角菌科	Xylariaceae	蕉座炭角菌	Xylaria allantoidea	DD		
767	炭角菌科	Xylariaceae	葚座炭角菌	Xylaria anisopleura	LC		
768	炭角菌科	Xylariaceae	锐顶炭角菌	Xylaria apiculata	DD		
769	炭角菌科	Xylariaceae	无柄炭角菌	Xylaria apoda	DD		
770	炭角菌科	Xylariaceae	树状炭角菌	Xylaria arbuscula	DD		
771	炭角菌科	Xylariaceae	变黑炭角菌	Xylaria atrodivaricata	DD		√
772	炭角菌科	Xylariaceae	暗球炭角菌	Xylaria atroglobosa	DD		√
773	炭角菌科	Xylariaceae	黑球炭角菌	Xylaria atrosphaerica	LC		
774	炭角菌科	Xylariaceae	褐炭角菌	Xylaria badia	DD		
775	炭角菌科	Xylariaceae	竹生炭角菌	Xylaria bambusicola	DD		√
776	炭角菌科	Xylariaceae	版纳炭角菌	Xylaria bannaensis	DD		√

序号 No.	科名 Chinese Family Names	科 Family	汉语学名 Chinese Names	学名 Scientific Names	评估等级 Status	评估依据 Assessment Criteria	特有种 Endemic
777	炭角菌科	Xylariaceae	棒状炭角菌	Xylaria beccarii	DD		
778	炭角菌科	Xylariaceae	大孢炭角菌	Xylaria berkeleyi	DD		
779	炭角菌科	Xylariaceae	双头炭角菌	Xylaria biceps	DD		
780	炭角菌科	Xylariaceae	丛生炭角菌	Xylaria bipindensis	DD		
781	炭角菌科	Xylariaceae	串珠炭角菌	Xylaria botuliformis	DD		
782	炭角菌科	Xylariaceae	紫褐炭角菌	Xylaria brunneovinosa	DD		√
783	炭角菌科	Xylariaceae	丛簇炭角菌	Xylaria caespitulosa	DD		
784	炭角菌科	Xylariaceae	美头炭角菌	Xylaria calocephala	DD		
785	炭角菌科	Xylariaceae	果生炭角菌	Xylaria carpophila	LC		
786	炭角菌科	Xylariaceae	短柄炭角菌	Xylaria castorea	LC		
787	炭角菌科	Xylariaceae	周氏炭角菌	Xylaria choui	DD		√
788	炭角菌科	Xylariaceae	弯炭角菌	Xylaria cirrata	DD		
789	炭角菌科	Xylariaceae	柱状炭角菌	Xylaria columnifera	DD		
790	炭角菌科	Xylariaceae	花壳炭角菌	Xylaria comosa	DD		
791	炭角菌科	Xylariaceae	皱扁炭角菌	Xylaria consociata	LC		
792	炭角菌科	Xylariaceae	嗜鸡腿菇炭角菌	Xylaria coprinicola	DD		√
793	炭角菌科	Xylariaceae	角状炭角菌	Xylaria corniformis	DD		
794	炭角菌科	Xylariaceae	紫绒炭角菌	Xylaria cornu-damae	DD		
795	炭角菌科	Xylariaceae	冠状炭角菌	Xylaria coronata	DD		
796	炭角菌科	Xylariaceae	瘿状炭角菌	Xylaria cranioides	DD		
797	炭角菌科	Xylariaceae	冠毛炭角菌	Xylaria cristulata	DD		
798	炭角菌科	Xylariaceae	古巴炭角菌	Xylaria cubensis	LC		
799	炭角菌科	Xylariaceae	短小炭角菌	Xylaria curta	DD		
800	炭角菌科	Xylariaceae	二叉炭角菌	Xylaria dichotoma	DD		
801	炭角菌科	Xylariaceae	纹皮炭角菌	Xylaria ectogramma	DD		
802	炭角菌科	Xylariaceae	大白心炭角菌	Xylaria enteroleuca	DD		
803	炭角菌科	Xylariaceae	污白炭角菌	Xylaria escharoidea	DD		

序号 No.	科名 Chinese Family Names	科 Family	汉语学名 Chinese Names	学名 Scientific Names	评估等级 Status	评估依据 Assessment Criteria	特有种 Endemic
804	炭角菌科	Xylariaceae	舌状炭角菌	*Xylaria euglossa*	DD		
805	炭角菌科	Xylariaceae	梵净山炭角菌	*Xylaria fanjingensis*	DD		√
806	炭角菌科	Xylariaceae	黄心炭角菌	*Xylaria feejeensis*	LC		
807	炭角菌科	Xylariaceae	扣状炭角菌	*Xylaria fibula*	LC		
808	炭角菌科	Xylariaceae	榕生炭角菌	*Xylaria ficicola*	DD		√
809	炭角菌科	Xylariaceae	线座炭角菌	*Xylaria filiformis*	LC		
810	炭角菌科	Xylariaceae	劈裂炭角菌	*Xylaria fissilis*	DD		
811	炭角菌科	Xylariaceae	台湾炭角菌	*Xylaria formosana*	DD		√
812	炭角菌科	Xylariaceae	嵌状炭角菌	*Xylaria frustulosa*	LC		
813	炭角菌科	Xylariaceae	叉状炭角菌	*Xylaria furcata*	LC		
814	炭角菌科	Xylariaceae	大炭角菌	*Xylaria gigantea*	DD		
815	炭角菌科	Xylariaceae	产孢炭角菌	*Xylaria glebulosa*	DD		
816	炭角菌科	Xylariaceae	禾生炭角菌	*Xylaria graminicola*	DD		
817	炭角菌科	Xylariaceae	条纹炭角菌	*Xylaria grammica*	LC		
818	炭角菌科	Xylariaceae	灰黑炭角菌	*Xylaria griseosepiacea*	DD		√
819	炭角菌科	Xylariaceae	海南炭角菌	*Xylaria hainanensis*	DD		√
820	炭角菌科	Xylariaceae	陀螺炭角菌	*Xylaria heliscus*	DD		
821	炭角菌科	Xylariaceae	瘤柄炭角菌	*Xylaria hemiglossa*	DD		
822	炭角菌科	Xylariaceae	半球炭角菌	*Xylaria hemisphaerica*	DD		√
823	炭角菌科	Xylariaceae	马舌炭角菌	*Xylaria hippoglossa*	DD		
824	炭角菌科	Xylariaceae	光底炭角菌	*Xylaria hypoglossa*	DD		
825	炭角菌科	Xylariaceae	团炭角菌	*Xylaria hypoxylon*	LC		
826	炭角菌科	Xylariaceae	毛鞭炭角菌	*Xylaria ianthinovelutina*	LC		
827	炭角菌科	Xylariaceae	色心炭角菌	*Xylaria intracolorata*	DD		
828	炭角菌科	Xylariaceae	黄肉炭角菌	*Xylaria intraflava*	DD		√
829	炭角菌科	Xylariaceae	江苏炭角菌	*Xylaria jiangsuensis*	DD		√
830	炭角菌科	Xylariaceae	茹鲁阿炭角菌	*Xylaria juruensis*	DD		

序号 No.	科名 Chinese Family Names	科 Family	汉语学名 Chinese Names	学名 Scientific Names	评估等级 Status	评估依据 Assessment Criteria	特有种 Endemic
831	炭角菌科	Xylariaceae	皱柄炭角菌	*Xylaria kedahae*	LC		
832	炭角菌科	Xylariaceae	平滑炭角菌	*Xylaria laevis*	DD		
833	炭角菌科	Xylariaceae	粗糙炭角菌	*Xylaria leprosa*	DD		
834	炭角菌科	Xylariaceae	木生炭角菌	*Xylaria lignosa*	DD		
835	炭角菌科	Xylariaceae	枫果炭角菌	*Xylaria liquidambaris*	DD		
836	炭角菌科	Xylariaceae	长柄炭角菌	*Xylaria longipes*	LC		
837	炭角菌科	Xylariaceae	黑细炭角菌	*Xylaria melanaxis*	DD		
838	炭角菌科	Xylariaceae	棒炭角菌	*Xylaria moelleroclavus*	DD		
839	炭角菌科	Xylariaceae	簇炭角菌	*Xylaria multiplex*	DD		
840	炭角菌科	Xylariaceae	松球炭角菌	*Xylaria myosurus*	DD		
841	炭角菌科	Xylariaceae	黑炭角菌	*Xylaria nigrescens*	LC		
842	炭角菌科	Xylariaceae	大黄炭角菌	*Xylaria obesa*	DD		
843	炭角菌科	Xylariaceae	卵形炭角菌	*Xylaria obovata*	DD		
844	炭角菌科	Xylariaceae	褚子座炭角菌	*Xylaria ochraceostroma*	DD		√
845	炭角菌科	Xylariaceae	乳突炭角菌	*Xylaria papulis*	DD		
846	炭角菌科	Xylariaceae	纸质炭角菌	*Xylaria papyrifera*	DD		
847	炭角菌科	Xylariaceae	多形炭角菌	*Xylaria polymorpha*	LC		
848	炭角菌科	Xylariaceae	丛枝炭角菌	*Xylaria polyramosa*	LC		√
849	炭角菌科	Xylariaceae	委陵菜生炭角菌	*Xylaria potentillae*	DD		√
850	炭角菌科	Xylariaceae	普氏炭角菌	*Xylaria primorskensis*	DD		
851	炭角菌科	Xylariaceae	庄严炭角菌	*Xylaria regalis*	DD		
852	炭角菌科	Xylariaceae	根生炭角菌	*Xylaria rhizocola*	DD		
853	炭角菌科	Xylariaceae	竿状炭角菌	*Xylaria rhopaloides*	DD		
854	炭角菌科	Xylariaceae	笔状炭角菌	*Xylaria sanchezii*	DD		
855	炭角菌科	Xylariaceae	斯克德勒炭角菌	*Xylaria schreuderiana*	DD		
856	炭角菌科	Xylariaceae	施魏克炭角菌	*Xylaria schwackei*	DD		
857	炭角菌科	Xylariaceae	斯氏炭角菌	*Xylaria schweinitzii*	LC		

序号 No.	科名 Chinese Family Names	科 Family	汉语学名 Chinese Names	学名 Scientific Names	评估等级 Status	评估依据 Assessment Criteria	特有种 Endemic
858	炭角菌科	Xylariaceae	细枝炭角菌	*Xylaria scopiformis*	LC		
859	炭角菌科	Xylariaceae	皱皮炭角菌	*Xylaria scruposa*	DD		
860	炭角菌科	Xylariaceae	半圆炭角菌	*Xylaria semiglobosa*	DD		√
861	炭角菌科	Xylariaceae	纵裂炭角菌	*Xylaria siphonia*	DD		
862	炭角菌科	Xylariaceae	球炭角菌	*Xylaria sphaerica*	DD		√
863	炭角菌科	Xylariaceae	具纹炭角菌	*Xylaria striata*	DD		
864	炭角菌科	Xylariaceae	黄纹炭角菌	*Xylaria tabacina*	LC		
865	炭角菌科	Xylariaceae	戴尔菲炭角菌	*Xylaria telfairii*	DD		
866	炭角菌科	Xylariaceae	细弱炭角菌	*Xylaria tenuis*	DD		
867	炭角菌科	Xylariaceae	帝汶炭角菌	*Xylaria timorensis*	DD		
868	炭角菌科	Xylariaceae	三色炭角菌	*Xylaria tricolor*	DD		
869	炭角菌科	Xylariaceae	绒柄炭角菌	*Xylaria warburgii*	DD		
870	炭角菌科	Xylariaceae	乌兰炭角菌	*Xylaria wulaiensis*	DD		√

中国生物多样性红色名录—大型担子菌　Redlist of China's Biodiversity—Basidiomycetes

序号 No.	科名 Chinese Family Names	科 Family	汉语学名 Chinese Names	学名 Scientific Names	评估等级 Status	评估依据 Assessment Criteria	特有种 Endemic
1	蘑菇科	Agaricaceae	紫色无口腹菌	*Abstoma purpureum*	LC		
2	蘑菇科	Agaricaceae	网纹无口腹菌	*Abstoma reticulatum*	LC		
3	蘑菇科	Agaricaceae	球基蘑菇	*Agaricus abruptibulbus*	LC		
4	蘑菇科	Agaricaceae	高柄蘑菇	*Agaricus altipes*	DD		
5	蘑菇科	Agaricaceae	鹅膏状蘑菇	*Agaricus amanitiformis*	DD		
6	蘑菇科	Agaricaceae	狭蘑菇	*Agaricus angustus*	DD		
7	蘑菇科	Agaricaceae	阿根廷蘑菇	*Agaricus argentinus*	DD		
8	蘑菇科	Agaricaceae	褐顶银白蘑菇	*Agaricus argyropotamicus*	DD		
9	蘑菇科	Agaricaceae	野蘑菇	*Agaricus arvensis*	DD		

序号 No.	科名 Chinese Family Names	科 Family	汉语学名 Chinese Names	学名 Scientific Names	评估等级 Status	评估依据 Assessment Criteria	特有种 Endemic
10	蘑菇科	Agaricaceae	奥图斯蘑菇	*Agaricus auctus*	LC		
11	蘑菇科	Agaricaceae	大紫蘑菇	*Agaricus augustus*	LC		
12	蘑菇科	Agaricaceae	巴尔喀什蘑菇	*Agaricus balchaschensis*	DD		
13	蘑菇科	Agaricaceae	贝内什蘑菇	*Agaricus benesii*	LC		
14	蘑菇科	Agaricaceae	伯纳德蘑菇	*Agaricus bernardi*	DD		
15	蘑菇科	Agaricaceae	棱环蘑菇	*Agaricus bilamellatus*	LC		
16	蘑菇科	Agaricaceae	宾卡蘑菇	*Agaricus bingensis*	DD		
17	蘑菇科	Agaricaceae	二孢蘑菇	*Agaricus bisporatus*	DD		
18	蘑菇科	Agaricaceae	双孢蘑菇	*Agaricus bisporus*	DD		
19	蘑菇科	Agaricaceae	大肥蘑菇	*Agaricus bitorquis*	LC		
20	蘑菇科	Agaricaceae	布莱克蘑菇	*Agaricus blakei*	DD		
21	蘑菇科	Agaricaceae	巴西蘑菇	*Agaricus blazei*	DD		
22	蘑菇科	Agaricaceae	布胡斯蘑菇	*Agaricus bohusii*	DD		
23	蘑菇科	Agaricaceae	布莱萨蘑菇	*Agaricus bresadolanus*	LC		
24	蘑菇科	Agaricaceae	柏氏蘑菇	*Agaricus bretschneideri*	DD		
25	蘑菇科	Agaricaceae	褐磨蘑菇	*Agaricus brunneolus*	DD		
26	蘑菇科	Agaricaceae	变褐蘑菇	*Agaricus brunnescens*	LC		
27	蘑菇科	Agaricaceae	四孢蘑菇	*Agaricus caepestipes*	DD		
28	蘑菇科	Agaricaceae	加州蘑菇	*Agaricus californicus*	DD		
29	蘑菇科	Agaricaceae	蘑菇	*Agaricus campestris*	LC		
30	蘑菇科	Agaricaceae	肤色蘑菇	*Agaricus cappellianus*	DD		
31	蘑菇科	Agaricaceae	粉粒顶蘑菇	*Agaricus caribaeus*	DD		
32	蘑菇科	Agaricaceae	毛蘑菇	*Agaricus chaetodes*	DD		
33	蘑菇科	Agaricaceae	雪白皮蘑菇	*Agaricus chionodermus*	DD		
34	蘑菇科	Agaricaceae	枝生蘑菇	*Agaricus cladophyllus*	DD		
35	蘑菇科	Agaricaceae	康珀蘑菇	*Agaricus compernis*	LC		
36	蘑菇科	Agaricaceae	长柄小蘑菇	*Agaricus comtulellus*	DD		

序号 No.	科名 Chinese Family Names	科 Family	汉语学名 Chinese Names	学名 Scientific Names	评估等级 Status	评估依据 Assessment Criteria	特有种 Endemic
37	蘑菇科	Agaricaceae	小白蘑菇	*Agaricus comtulus*	LC		
38	蘑菇科	Agaricaceae	褐鳞蘑菇	*Agaricus crocopeplus*	LC		
39	蘑菇科	Agaricaceae	铜褐蘑菇	*Agaricus cupreobrunneus*	DD		
40	蘑菇科	Agaricaceae	枝菇菇	*Agaricus dactyliotus*	DD		
41	蘑菇科	Agaricaceae	细鳞蘑菇	*Agaricus decoratus*	DD		
42	蘑菇科	Agaricaceae	娄缩蘑菇	*Agaricus depauperatus*	DD		
43	蘑菇科	Agaricaceae	包柄蘑菇	*Agaricus devoniensis*	DD		
44	蘑菇科	Agaricaceae	小林蘑菇	*Agaricus diminutivus*	DD		
45	蘑菇科	Agaricaceae	异鳞蘑菇	*Agaricus dimorphosquamatus*	DD		√
46	蘑菇科	Agaricaceae	甜蘑菇	*Agaricus dulcidulus*	LC		
47	蘑菇科	Agaricaceae	美味蘑菇	*Agaricus edulis*	DD		
48	蘑菇科	Agaricaceae	蚕豆蘑菇	*Agaricus fabaceus*	DD		
49	蘑菇科	Agaricaceae	卷毛蘑菇	*Agaricus flocculosipes*	DD		
50	蘑菇科	Agaricaceae	褐毛蘑菇	*Agaricus fuscofibrillosus*	DD		
51	蘑菇科	Agaricaceae	尖柄包脚蘑菇	*Agaricus gennadii*	DD		
52	蘑菇科	Agaricaceae	绿褐蘑菇	*Agaricus glaucobrunneus*	DD		
53	蘑菇科	Agaricaceae	贵州蘑菇	*Agaricus guizhouensis*	DD		
54	蘑菇科	Agaricaceae	母岛林蘑菇	*Agaricus hahashimensis*	DD		
55	蘑菇科	Agaricaceae	灰褐蘑菇	*Agaricus halophilus*	LC		
56	蘑菇科	Agaricaceae	本田蘑菇	*Agaricus hondensis*	DD		
57	蘑菇科	Agaricaceae	园地蘑菇	*Agaricus hortensis*	DD		
58	蘑菇科	Agaricaceae	厌蘑菇	*Agaricus impudicus*	DD		
59	蘑菇科	Agaricaceae	碘蘑菇	*Agaricus iodosmus*	DD		
60	蘑菇科	Agaricaceae	北海道虾夷蘑菇	*Agaricus jezoensis*	DD		
61	蘑菇科	Agaricaceae	褚褐蘑菇	*Agaricus langei*	LC		
62	蘑菇科	Agaricaceae	锦合蘑菇	*Agaricus lanipes*	DD		
63	蘑菇科	Agaricaceae	海岸蘑菇	*Agaricus litoralis*	LC		

序号 No.	科名 Chinese Family Names	科 Family	汉语学名 Chinese Names	学名 Scientific Names	评估等级 Status	评估依据 Assessment Criteria	特有种 Endemic
64	蘑菇科	Agaricaceae	长柄蘑菇	*Agaricus longistipes*	DD		
65	蘑菇科	Agaricaceae	小黄斑蘑菇	*Agaricus luteomaculatus*	DD		
66	蘑菇科	Agaricaceae	小褐蘑菇	*Agaricus lutosus*	DD		
67	蘑菇科	Agaricaceae	大盖蘑菇	*Agaricus macrocarpus*	DD		
68	蘑菇科	Agaricaceae	似大孢蘑菇	*Agaricus macrosporoides*	DD		
69	蘑菇科	Agaricaceae	大果蘑菇	*Agaricus megalocarpus*	DD		
70	蘑菇科	Agaricaceae	麦氏蘑菇	*Agaricus merrillii*	DD		
71	蘑菇科	Agaricaceae	雀斑蘑菇	*Agaricus micromegethus*	LC		
72	蘑菇科	Agaricaceae	迷你蘑菇	*Agaricus minimus*	DD		
73	蘑菇科	Agaricaceae	丛毛蘑菇	*Agaricus moelleri*	LC		
74	蘑菇科	Agaricaceae	黄白蘑菇	*Agaricus niveolutescens*	DD		
75	蘑菇科	Agaricaceae	红褐鳞蘑菇	*Agaricus ochraceosquamulosus*	DD		
76	蘑菇科	Agaricaceae	白杵蘑菇	*Agaricus osecanus*	LC		
77	蘑菇科	Agaricaceae	帕氏蘑菇	*Agaricus pattersoniae*	DD		
78	蘑菇科	Agaricaceae	佩玫蘑菇	*Agaricus pequinii*	LC		
79	蘑菇科	Agaricaceae	全褐蘑菇	*Agaricus perfuscus*	DD		
80	蘑菇科	Agaricaceae	扰乱蘑菇	*Agaricus perturbans*	DD		
81	蘑菇科	Agaricaceae	暗鳞蘑菇	*Agaricus phaeolepidotus*	DD		
82	蘑菇科	Agaricaceae	灰白褐蘑菇	*Agaricus pilatianus*	DD		
83	蘑菇科	Agaricaceae	双环蘑菇	*Agaricus placomyces*	LC		
84	蘑菇科	Agaricaceae	莲座蘑菇	*Agaricus pocillator*	DD		
85	蘑菇科	Agaricaceae	早熟禾蘑菇	*Agaricus poigenus*	DD		
86	蘑菇科	Agaricaceae	紫肉蘑菇	*Agaricus porphyrizon*	DD		
87	蘑菇科	Agaricaceae	紫盖蘑菇	*Agaricus porphyrocephalus*	DD		
88	蘑菇科	Agaricaceae	瓦鳞蘑菇	*Agaricus praerimosus*	DD		
89	蘑菇科	Agaricaceae	假阿根廷蘑菇	*Agaricus pseudoargentinus*	DD		
90	蘑菇科	Agaricaceae	拟草地蘑菇	*Agaricus pseudopratensis*	DD		

序号 No.	科名 Chinese Family Names	科 Family	汉语学名 Chinese Names	学名 Scientific Names	评估等级 Status	评估依据 Assessment Criteria	特有种 Endemic
91	蘑菇科	Agaricaceae	拟林地蘑菇	*Agaricus rubribrunnescens*	DD		
92	蘑菇科	Agaricaceae	拟小白蘑菇	*Agaricus rusiophyllus*	DD		
93	蘑菇科	Agaricaceae	长脚小林蘑菇	*Agaricus semotellus*	DD		
94	蘑菇科	Agaricaceae	小红褐蘑菇	*Agaricus semotus*	LC		
95	蘑菇科	Agaricaceae	拟白林地蘑菇	*Agaricus silvicolae-similis*	DD		
96	蘑菇科	Agaricaceae	灰褶蘑菇	*Agaricus spodophyllus*	DD		
97	蘑菇科	Agaricaceae	亚食蘑菇	*Agaricus subedulis*	DD		
98	蘑菇科	Agaricaceae	絮状蘑菇	*Agaricus subfloccosus*	LC		
99	蘑菇科	Agaricaceae	拟柏氏蘑菇	*Agaricus subperonatus*	DD		
100	蘑菇科	Agaricaceae	褐鳞蘑菇	*Agaricus subrufescens*	DD		
101	蘑菇科	Agaricaceae	紫红蘑菇	*Agaricus subrutilescens*	LC		
102	蘑菇科	Agaricaceae	杂白蘑菇	*Agaricus subtilis*	DD		
103	蘑菇科	Agaricaceae	林地蘑菇	*Agaricus sylvaticus*	LC		
104	蘑菇科	Agaricaceae	白林地蘑菇	*Agaricus sylvicola*	LC		
105	蘑菇科	Agaricaceae	硫黄色蘑菇	*Agaricus trisulphuratus*	DD		
106	蘑菇科	Agaricaceae	淡茶色蘑菇	*Agaricus urinascens*	DD		
107	蘑菇科	Agaricaceae	绵毛蘑菇	*Agaricus vaporarius*	DD		
108	蘑菇科	Agaricaceae	丝绒蘑菇	*Agaricus velutinus*	DD		
109	蘑菇科	Agaricaceae	酒红带绿蘑菇	*Agaricus vinaceovirens*	DD		
110	蘑菇科	Agaricaceae	黄斑蘑菇	*Agaricus xanthodermus*	LC		
111	蘑菇科	Agaricaceae	黄鳞蘑菇	*Agaricus xantholepis*	DD		
112	蘑菇科	Agaricaceae	云南蘑菇	*Agaricus yunnanensis*	EN	B2ab(iii)	√
113	蘑菇科	Agaricaceae	白拟蛛包	*Arachniopsis albicans*	DD		
114	蘑菇科	Agaricaceae	鬼笔状钉灰包	*Battarrea phalloides*	LC		
115	蘑菇科	Agaricaceae	无梗灰球菌	*Bovista apedicellata*	DD		
116	蘑菇科	Agaricaceae	近灰球菌	*Bovista bovistoides*	DD		
117	蘑菇科	Agaricaceae	柔美灰球菌	*Bovista delicata*	DD		

序号 No.	科名 Chinese Family Names	科 Family	汉语学名 Chinese Names	学名 Scientific Names	评估等级 Status	评估依据 Assessment Criteria	特有种 Endemic
118	蘑菇科	Agaricaceae	冈恩灰球菌	*Bovista gunnii*	DD		
119	蘑菇科	Agaricaceae	长孢灰球菌	*Bovista longispora*	LC		
120	蘑菇科	Agaricaceae	黑灰球菌	*Bovista nigrescens*	LC		
121	蘑菇科	Agaricaceae	铅色灰球菌	*Bovista plumbea*	LC		
122	蘑菇科	Agaricaceae	多形灰球菌	*Bovista polymorpha*	LC		
123	蘑菇科	Agaricaceae	小灰球菌	*Bovista pusilla*	LC		
124	蘑菇科	Agaricaceae	白皮静灰球菌	*Bovistella dealbata*	LC		
125	蘑菇科	Agaricaceae	亨宁斯静灰球菌	*Bovistella henningsii*	DD		
126	蘑菇科	Agaricaceae	长柄静灰球菌	*Bovistella longipedicellata*	LC		√
127	蘑菇科	Agaricaceae	中国静灰球菌	*Bovistella sinensis*	LC		
128	蘑菇科	Agaricaceae	龟裂静灰球菌	*Bovistella utriformis*	LC		
129	蘑菇科	Agaricaceae	云南静灰球菌	*Bovistella yunnanensis*	LC		
130	蘑菇科	Agaricaceae	栗粒皮秃马勃	*Calvatia boninensis*	LC		
131	蘑菇科	Agaricaceae	西部大秃马勃	*Calvatia booniana*	DD		
132	蘑菇科	Agaricaceae	白秃马勃	*Calvatia candida*	LC		
133	蘑菇科	Agaricaceae	头状秃马勃	*Calvatia craniiformis*	DD		
134	蘑菇科	Agaricaceae	杯形秃马勃	*Calvatia cyathiformis*	LC		
135	蘑菇科	Agaricaceae	黄秃马勃	*Calvatia flava*	DD		
136	蘑菇科	Agaricaceae	加德纳秃马勃	*Calvatia gardneri*	DD		
137	蘑菇科	Agaricaceae	大秃马勃	*Calvatia gigantea*	LC		
138	蘑菇科	Agaricaceae	鳞秃马勃	*Calvatia lepidophora*	DD		
139	蘑菇科	Agaricaceae	紫秃马勃	*Calvatia lilacina*	LC		
140	蘑菇科	Agaricaceae	粗皮秃马勃	*Calvatia tatrensis*	LC		
141	蘑菇科	Agaricaceae	刘氏小秃马勃	*Calvatiella lioui*	DD		√
142	蘑菇科	Agaricaceae	中国小秃马勃	*Calvatiella sinensis*	DD		√
143	蘑菇科	Agaricaceae	露矮菇	*Chamaemyces fracidus*	DD		
144	蘑菇科	Agaricaceae	厚垣灰包	*Chlamydopus meyenianus*	LC		

序号 No.	科名 Chinese Family Names	科 Family	汉语学名 Chinese Names	学名 Scientific Names	评估等级 Status	评估依据 Assessment Criteria	特有种 Endemic
145	蘑菇科	Agaricaceae	伞菌状青褶伞	*Chlorophyllum agaricoides*	LC		
146	蘑菇科	Agaricaceae	变红青褶伞	*Chlorophyllum alborubescens*	DD		
147	蘑菇科	Agaricaceae	庭院青褶伞	*Chlorophyllum hortense*	LC		
148	蘑菇科	Agaricaceae	大青褶伞	*Chlorophyllum molybdites*	LC		
149	蘑菇科	Agaricaceae	乳头青褶伞	*Chlorophyllum neomastoideum*	LC		
150	蘑菇科	Agaricaceae	粗鳞青褶伞	*Chlorophyllum rhacodes*	LC		
151	蘑菇科	Agaricaceae	球孢青褶伞	*Chlorophyllum sphaerosporum*	DD		√
152	蘑菇科	Agaricaceae	绿褶洁皮伞	*Clarkeinda trachodes*	LC		
153	蘑菇科	Agaricaceae	竹生鬼伞	*Coprinus bambusicola*	DD		√
154	蘑菇科	Agaricaceae	瓦鳞鬼伞	*Coprinus clavatus*	LC		
155	蘑菇科	Agaricaceae	毛头鬼伞	*Coprinus comatus*	LC		
156	蘑菇科	Agaricaceae	白斑鬼伞	*Coprinus ebulbosus*	LC		
157	蘑菇科	Agaricaceae	褐盖鬼伞	*Coprinus fuscescens*	DD		
158	蘑菇科	Agaricaceae	巨孢鬼伞	*Coprinus giganteosporus*	DD		√
159	蘑菇科	Agaricaceae	球孢鬼伞	*Coprinus globisporus*	LC		
160	蘑菇科	Agaricaceae	褐鳞鬼伞	*Coprinus laniger*	DD		
161	蘑菇科	Agaricaceae	纹饰鬼伞	*Coprinus ornatus*	DD		
162	蘑菇科	Agaricaceae	鳞鬼伞	*Coprinus squamosus*	DD		
163	蘑菇科	Agaricaceae	灰白粪鬼伞	*Coprinus stercorarius*	DD		
164	蘑菇科	Agaricaceae	粪鬼伞	*Coprinus sterquilinus*	LC		
165	蘑菇科	Agaricaceae	乳白蛋巢菌	*Crucibulum laeve*	LC		
166	蘑菇科	Agaricaceae	小白蛋巢菌	*Crucibulum parvulum*	LC		
167	蘑菇科	Agaricaceae	中国十字孢伞	*Crucispora sinensis*	DD		
168	蘑菇科	Agaricaceae	大孢同型黑蛋巢菌	*Cyathia intermedia*	LC		
169	蘑菇科	Agaricaceae	隆纹同型黑蛋巢菌	*Cyathia poeppigii*	LC		
170	蘑菇科	Agaricaceae	同型黑蛋巢菌	*Cyathia rufipes*	DD		
171	蘑菇科	Agaricaceae	非洲黑蛋巢菌	*Cyathus africanus*	LC		

序号 No.	科名 Chinese Family Names	科 Family	汉语学名 Chinese Names	学名 Scientific Names	评估等级 Status	评估依据 Assessment Criteria	特有种 Endemic
172	蘑菇科	Agaricaceae	环状黑蛋巢菌	*Cyathus annulatus*	DD		
173	蘑菇科	Agaricaceae	小孢黑蛋巢菌	*Cyathus berkeleyanus*	LC		
174	蘑菇科	Agaricaceae	微黄黑蛋巢菌	*Cyathus byssisedus*	DD		√
175	蘑菇科	Agaricaceae	景洪黑蛋巢菌	*Cyathus cheliensis*	EN	B2ab(iii)	
176	蘑菇科	Agaricaceae	科伦索黑蛋巢菌	*Cyathus colensoi*	LC		
177	蘑菇科	Agaricaceae	紊乱黑蛋巢菌	*Cyathus confusus*	EN	B2ab(iii)	√
178	蘑菇科	Agaricaceae	角状黑蛋巢菌	*Cyathus cornucopioides*	DD		√
179	蘑菇科	Agaricaceae	浅棱黑蛋巢菌	*Cyathus costatus*	DD		
180	蘑菇科	Agaricaceae	厚壁黑蛋巢菌	*Cyathus crassimurus*	LC		
181	蘑菇科	Agaricaceae	盘状黑蛋巢菌	*Cyathus discoideus*	DD		√
182	蘑菇科	Agaricaceae	盘柄黑蛋巢菌	*Cyathus discostipitatus*	DD		√
183	蘑菇科	Agaricaceae	埃尔默黑蛋巢菌	*Cyathus elmeri*	LC		
184	蘑菇科	Agaricaceae	甘肃黑蛋巢菌	*Cyathus gansuensis*	DD		√
185	蘑菇科	Agaricaceae	浅被黑蛋巢菌	*Cyathus griseocarpus*	LC		
186	蘑菇科	Agaricaceae	关帝山黑蛋巢菌	*Cyathus guandishanensis*	DD		√
187	蘑菇科	Agaricaceae	毛被黑蛋巢菌	*Cyathus hirtulus*	DD		√
188	蘑菇科	Agaricaceae	胡克黑蛋巢菌	*Cyathus hookeri*	LC		
189	蘑菇科	Agaricaceae	嘉峪关黑蛋巢菌	*Cyathus jiayuguanensis*	DD		√
190	蘑菇科	Agaricaceae	犹利黑蛋巢菌	*Cyathus julietae*	LC		
191	蘑菇科	Agaricaceae	丽江黑蛋巢菌	*Cyathus lijiangensis*	DD		√
192	蘑菇科	Agaricaceae	皱缘黑蛋巢菌	*Cyathus limbatus*	LC		
193	蘑菇科	Agaricaceae	潞西黑蛋巢菌	*Cyathus luxiensis*	DD		√
194	蘑菇科	Agaricaceae	巨孢黑蛋巢菌	*Cyathus megasporus*	DD		√
195	蘑菇科	Agaricaceae	蒙塔尼黑蛋巢菌	*Cyathus montagnei*	DD		
196	蘑菇科	Agaricaceae	内蒙黑蛋巢菌	*Cyathus neimonggolensis*	DD		√
197	蘑菇科	Agaricaceae	新西兰黑蛋巢菌	*Cyathus novae-zeelandiae*	DD		
198	蘑菇科	Agaricaceae	榄褐黑蛋巢菌	*Cyathus olivaceobrunneus*	DD		√

序号 No.	科名 Chinese Family Names	科 Family	汉语学名 Chinese Names	学名 Scientific Names	评估等级 Status	评估依据 Assessment Criteria	特有种 Endemic
199	蘑菇科	Agaricaceae	亚黑蛋巢菌	*Cyathus olla*	LC		
200	蘑菇科	Agaricaceae	白被黑蛋巢菌	*Cyathus pallidus*	LC		
201	蘑菇科	Agaricaceae	着色黑蛋巢菌	*Cyathus pictus*	DD		
202	蘑菇科	Agaricaceae	深暗黑蛋巢菌	*Cyathus pullus*	LC		√
203	蘑菇科	Agaricaceae	任氏黑蛋巢菌	*Cyathus renweii*	DD		√
204	蘑菇科	Agaricaceae	中华黑蛋巢菌	*Cyathus sinensis*	DD		
205	蘑菇科	Agaricaceae	粪生黑蛋巢菌	*Cyathus stercoreus*	LC		
206	蘑菇科	Agaricaceae	隆纹黑蛋巢菌	*Cyathus striatus*	LC		
207	蘑菇科	Agaricaceae	太原黑蛋巢菌	*Cyathus taiyuanensis*	DD		√
208	蘑菇科	Agaricaceae	天山黑蛋巢菌	*Cyathus tianshanensis*	LC		
209	蘑菇科	Agaricaceae	三坡黑蛋巢菌	*Cyathus triplex*	LC		
210	蘑菇科	Agaricaceae	普通黑蛋巢菌	*Cyathus vulgare*	DD		
211	蘑菇科	Agaricaceae	五台山黑蛋巢菌	*Cyathus wutaishanensis*	EN	B2ab(iii)	√
212	蘑菇科	Agaricaceae	云南黑蛋巢菌	*Cyathus yunnanensis*	DD		√
213	蘑菇科	Agaricaceae	无斑小囊皮伞	*Cystoderma amianthinum*	LC		
214	蘑菇科	Agaricaceae	刺囊皮伞	*Cystoderma carcharias*	LC		
215	蘑菇科	Agaricaceae	金粒囊皮伞	*Cystoderma fallax*	LC		
216	蘑菇科	Agaricaceae	颗粒囊皮伞	*Cystodermella granulosum*	DD		
217	蘑菇科	Agaricaceae	南方小囊皮菌	*Cystodermella australis*	DD		√
218	蘑菇科	Agaricaceae	朱红小囊皮菌	*Cystodermella cinnabarina*	LC		
219	蘑菇科	Agaricaceae	颗粒小囊皮菌	*Cystodermella granulosa*	LC		
220	蘑菇科	Agaricaceae	日本小囊皮菌	*Cystodermella japonica*	DD		
221	蘑菇科	Agaricaceae	特里小囊皮菌	*Cystodermella terryi*	DD		
222	蘑菇科	Agaricaceae	小鳞囊小伞	*Cystolepiota adulterina*	DD		
223	蘑菇科	Agaricaceae	刺囊小伞	*Cystolepiota eriophora*	DD		
224	蘑菇科	Agaricaceae	哈氏囊小伞	*Cystolepiota hetieri*	DD		
225	蘑菇科	Agaricaceae	类哈氏囊小伞	*Cystolepiota hetieriana*	DD		

序号 No.	科名 Chinese Family Names	科 Family	汉语学名 Chinese Names	学名 Scientific Names	评估等级 Status	评估依据 Assessment Criteria	特有种 Endemic
226	蘑菇科	Agaricaceae	穆勒囊小伞	*Cystolepiota moelleri*	DD		
227	蘑菇科	Agaricaceae	粒棋囊小伞	*Cystolepiota pseudogranulosa*	DD		
228	蘑菇科	Agaricaceae	半棋囊小伞	*Cystolepiota seminuda*	LC		
229	蘑菇科	Agaricaceae	嘎声囊小伞	*Cystolepiota sistrata*	DD		
230	蘑菇科	Agaricaceae	红鳞囊小伞	*Cystolepiota squamulosa*	DD		√
231	蘑菇科	Agaricaceae	草场脱顶马勃	*Disciseda bovista*	DD		
232	蘑菇科	Agaricaceae	鹿皮色脱顶马勃	*Disciseda cervina*	LC		
233	蘑菇科	Agaricaceae	地生脱顶马勃	*Disciseda hypogaea*	DD		
234	蘑菇科	Agaricaceae	灰鳞环柄菇	*Echinoderma asperum*	LC		
235	蘑菇科	Agaricaceae	棕色鳞环柄菇	*Echinoderma carinii*	DD		
236	蘑菇科	Agaricaceae	刺鳞鳞环柄菇	*Echinoderma echinaceum*	DD		
237	蘑菇科	Agaricaceae	刺鳞环柄菇	*Echinoderma hystrix*	DD		
238	蘑菇科	Agaricaceae	锥鳞鳞环柄菇	*Echinoderma jacobi*	DD		
239	蘑菇科	Agaricaceae	假鳞鳞环柄菇	*Echinoderma pseudoasperulum*	DD		
240	蘑菇科	Agaricaceae	白黄卷毛菇	*Floccularia albolanaripes*	LC		
241	蘑菇科	Agaricaceae	黄绿卷毛菇	*Floccularia luteovirens*	LC		
242	蘑菇科	Agaricaceae	管腔菇包	*Gyrophragmium delilei*	LC		
243	蘑菇科	Agaricaceae	脱被马线菇	*Langermannia fenzlii*	LC		
244	蘑菇科	Agaricaceae	大马线菇	*Langermannia maxima*	DD		
245	蘑菇科	Agaricaceae	变环柄菇	*Lepiota albissima*	DD		
246	蘑菇科	Agaricaceae	宽囊环柄菇	*Lepiota ampliocystidiata*	DD		√
247	蘑菇科	Agaricaceae	黑顶环柄菇	*Lepiota atrodisca*	DD		
248	蘑菇科	Agaricaceae	尖疱环柄菇	*Lepiota attenuata*	DD		√
249	蘑菇科	Agaricaceae	大紫环柄菇	*Lepiota augustana*	DD		
250	蘑菇科	Agaricaceae	布迪耶环柄菇	*Lepiota boudieri*	LC		
251	蘑菇科	Agaricaceae	肉褐环柄菇	*Lepiota brunneoincarnata*	LC		
252	蘑菇科	Agaricaceae	栗色环柄菇	*Lepiota castanea*	LC		

序号 No.	科名 Chinese Family Names	科 Family	汉语学名 Chinese Names	学名 Scientific Names	评估等级 Status	评估依据 Assessment Criteria	特有种 Endemic
253	蘑菇科	Agaricaceae	串囊环柄菇	Lepiota catenariocystidiata	DD		√
254	蘑菇科	Agaricaceae	红褐鳞环柄菇	Lepiota cinnamomea	DD		
255	蘑菇科	Agaricaceae	橙褶环柄菇	Lepiota citrophylla	LC		
256	蘑菇科	Agaricaceae	盾形环柄菇	Lepiota clypeolaria	LC		
257	蘑菇科	Agaricaceae	光盖环柄菇	Lepiota coloratipes	DD		
258	蘑菇科	Agaricaceae	丝膜环柄菇	Lepiota cortinarius	LC		
259	蘑菇科	Agaricaceae	冠状环柄菇	Lepiota cristata	LC		
260	蘑菇科	Agaricaceae	拟冠状环柄菇	Lepiota cristatanea	DD		√
261	蘑菇科	Agaricaceae	缘毛环柄菇	Lepiota echinella	DD		
262	蘑菇科	Agaricaceae	貂皮环柄菇	Lepiota erminea	LC		
263	蘑菇科	Agaricaceae	红线环柄菇	Lepiota erythrogramma	LC		
264	蘑菇科	Agaricaceae	红斑环柄菇	Lepiota erythrosticta	DD		
265	蘑菇科	Agaricaceae	绢环柄菇	Lepiota felina	LC		
266	蘑菇科	Agaricaceae	恶臭环柄菇	Lepiota felinoides	DD		
267	蘑菇科	Agaricaceae	黄盖环柄菇	Lepiota flava	DD		
268	蘑菇科	Agaricaceae	鳞柄环柄菇	Lepiota furfuraceipes	DD		√
269	蘑菇科	Agaricaceae	灰褐鳞环柄菇	Lepiota fusciceps	LC		
270	蘑菇科	Agaricaceae	暗酒红环柄菇	Lepiota fuscovinacea	LC		
271	蘑菇科	Agaricaceae	格兰环柄菇	Lepiota grangei	DD		
272	蘑菇科	Agaricaceae	变灰红环柄菇	Lepiota griseorubescens	DD		
273	蘑菇科	Agaricaceae	褐鳞环柄菇	Lepiota helveola	LC		
274	蘑菇科	Agaricaceae	暗鳞环柄菇	Lepiota ianthinosquamosa	DD		
275	蘑菇科	Agaricaceae	低环柄菇	Lepiota ignivolvata	DD		
276	蘑菇科	Agaricaceae	伪装环柄菇	Lepiota insimulata	DD		
277	蘑菇科	Agaricaceae	豹皮环柄菇	Lepiota lepida	DD		
278	蘑菇科	Agaricaceae	淡紫环柄菇	Lepiota lilacea	LC		
279	蘑菇科	Agaricaceae	黄栗环柄菇	Lepiota luteocastanea	DD		

序号 No.	科名 Chinese Family Names	科 Family	汉语学名 Chinese Names	学名 Scientific Names	评估等级 Status	评估依据 Assessment Criteria	特有种 Endemic
280	蘑菇科	Agaricaceae	梭孢环柄菇	Lepiota magnispora	LC		
281	蘑菇科	Agaricaceae	长孢环柄菇	Lepiota metulispora	LC		
282	蘑菇科	Agaricaceae	微鳞环柄菇	Lepiota micropholis	LC		
283	蘑菇科	Agaricaceae	新环柄菇	Lepiota neophana	DD		
284	蘑菇科	Agaricaceae	雪白环柄菇	Lepiota nivalis	DD		
285	蘑菇科	Agaricaceae	小鳞环柄菇	Lepiota oreadiformis	DD		
286	蘑菇科	Agaricaceae	褐紫鳞环柄菇	Lepiota otsuensis	LC		
287	蘑菇科	Agaricaceae	浅赭环柄菇	Lepiota pallidiochracea	DD		√
288	蘑菇科	Agaricaceae	小环柄菇	Lepiota parvannulata	DD		
289	蘑菇科	Agaricaceae	褐柄环柄菇	Lepiota phaeosticta	DD		
290	蘑菇科	Agaricaceae	瘤鳞环柄菇	Lepiota phlyctaenodes	DD		
291	蘑菇科	Agaricaceae	瞭望环柄菇	Lepiota pratervisa	DD		
292	蘑菇科	Agaricaceae	假细环柄菇	Lepiota pseudofelina	DD		
293	蘑菇科	Agaricaceae	假颗粒环柄菇	Lepiota pseudogranulosa	DD		
294	蘑菇科	Agaricaceae	假褐鳞环柄菇	Lepiota pseudolilacea	LC		
295	蘑菇科	Agaricaceae	脊环柄菇	Lepiota rhachoderma	DD		
296	蘑菇科	Agaricaceae	暗红环柄菇	Lepiota rufipes	DD		
297	蘑菇科	Agaricaceae	土黄环柄菇	Lepiota spiculata	DD		
298	蘑菇科	Agaricaceae	亚白环柄菇	Lepiota subalba	DD		
299	蘑菇科	Agaricaceae	灰环柄菇	Lepiota subcitrophylla	DD		
300	蘑菇科	Agaricaceae	纤细环柄菇	Lepiota subgracilis	DD		
301	蘑菇科	Agaricaceae	近肉红环柄菇	Lepiota subincarnata	LC		
302	蘑菇科	Agaricaceae	亚高环柄菇	Lepiota subprocera	DD		
303	蘑菇科	Agaricaceae	栓孢环柄菇	Lepiota thrombophora	DD		
304	蘑菇科	Agaricaceae	弯毛环柄菇	Lepiota tomentella	DD		
305	蘑菇科	Agaricaceae	变绿环柄菇	Lepiota virescens	DD		
306	蘑菇科	Agaricaceae	瓦塞尔环柄菇	Lepiota wasseri	DD		

序号 No.	科名 Chinese Family Names	科 Family	汉语学名 Chinese Names	学名 Scientific Names	评估等级 Status	评估依据 Assessment Criteria	特有种 Endemic
307	蘑菇科	Agaricaceae	黄叶环柄菇	Lepiota xanthophylla	DD		
308	蘑菇科	Agaricaceae	美洲白环蘑	Leucoagaricus americanus	LC		
309	蘑菇科	Agaricaceae	黑鳞白环蘑	Leucoagaricus atrosquamulosus	DD		
310	蘑菇科	Agaricaceae	肉褐鳞白环蘑	Leucoagaricus brunneocingulatus	DD		
311	蘑菇科	Agaricaceae	蓝色白环蘑	Leucoagaricus coerulescens	DD		
312	蘑菇科	Agaricaceae	若尔然白环蘑	Leucoagaricus georginae	DD		
313	蘑菇科	Agaricaceae	砖红紫白环蘑	Leucoagaricus lateritiopurpureus	DD		
314	蘑菇科	Agaricaceae	鳞白环蘑	Leucoagaricus leucothites	LC		
315	蘑菇科	Agaricaceae	西方平盖白环蘑	Leucoagaricus meleagris	LC		
316	蘑菇科	Agaricaceae	翘鳞白环蘑	Leucoagaricus nympharum	LC		
317	蘑菇科	Agaricaceae	黄盖白环蘑	Leucoagaricus orientiflavus	DD		√
318	蘑菇科	Agaricaceae	紫红白环蘑	Leucoagaricus purpureoruber	DD		√
319	蘑菇科	Agaricaceae	红盖白环蘑	Leucoagaricus rubrotinctus	LC		
320	蘑菇科	Agaricaceae	丝盖白环蘑	Leucoagaricus serenus	DD		
321	蘑菇科	Agaricaceae	小褐白环蘑	Leucoagaricus sericifer	DD		
322	蘑菇科	Agaricaceae	中国白环蘑	Leucoagaricus sinicus	VU	B1ab(i)	√
323	蘑菇科	Agaricaceae	绿化白环蘑	Leucoagaricus viriditinctus	DD		
324	蘑菇科	Agaricaceae	巴氏白鬼伞	Leucocoprinus badhamii	DD		
325	蘑菇科	Agaricaceae	黄色白鬼伞	Leucocoprinus birnbaumii	LC		
326	蘑菇科	Agaricaceae	黑鳞白鬼伞	Leucocoprinus brebissonii	DD		
327	蘑菇科	Agaricaceae	变褐白鬼伞	Leucocoprinus brunnescens	DD		
328	蘑菇科	Agaricaceae	肥白鬼伞	Leucocoprinus cepistipes	LC		
329	蘑菇科	Agaricaceae	白垩白鬼伞	Leucocoprinus cretaceus	DD		
330	蘑菇科	Agaricaceae	天鹅色白鬼伞	Leucocoprinus cygneus	LC		
331	蘑菇科	Agaricaceae	易碎白鬼伞	Leucocoprinus fragilissimus	LC		
332	蘑菇科	Agaricaceae	染红白鬼伞	Leucocoprinus rubrosquamosus	DD		
333	蘑菇科	Agaricaceae	麦黄白鬼伞	Leucocoprinus straminellus	DD		

序号 No.	科名 Chinese Family Names	科 Family	汉语学名 Chinese Names	学名 Scientific Names	评估等级 Status	评估依据 Assessment Criteria	特有种 Endemic
334	蘑菇科	Agaricaceae	亚球孢白鬼伞	*Leucocoprinus subglobisporus*	LC		
335	蘑菇科	Agaricaceae	锡兰白鬼伞	*Leucocoprinus zeylanicus*	DD		
336	蘑菇科	Agaricaceae	粗皮马勃	*Lycoperdon asperum*	LC		
337	蘑菇科	Agaricaceae	黑心马勃	*Lycoperdon atropurpureum*	LC		
338	蘑菇科	Agaricaceae	小尾马勃	*Lycoperdon caudatum*	DD		
339	蘑菇科	Agaricaceae	迷惑马勃	*Lycoperdon decipiens*	DD		
340	蘑菇科	Agaricaceae	软皮马勃	*Lycoperdon dermoxanthum*	DD		
341	蘑菇科	Agaricaceae	长刺马勃	*Lycoperdon echinatum*	LC		
342	蘑菇科	Agaricaceae	绒毛马勃	*Lycoperdon echinella*	DD		
343	蘑菇科	Agaricaceae	小刺马勃	*Lycoperdon echinulatum*	DD		
344	蘑菇科	Agaricaceae	长柄马勃	*Lycoperdon excipuliforme*	LC		
345	蘑菇科	Agaricaceae	光滑白马勃	*Lycoperdon fuscatum*	DD		
346	蘑菇科	Agaricaceae	黑刺马勃	*Lycoperdon fuligineum*	DD		
347	蘑菇科	Agaricaceae	褐皮马勃	*Lycoperdon fuscum*	LC		
348	蘑菇科	Agaricaceae	纺锤状马勃	*Lycoperdon fusiforme*	DD		√
349	蘑菇科	Agaricaceae	光皮马勃	*Lycoperdon glabrescens*	DD		
350	蘑菇科	Agaricaceae	香港马勃	*Lycoperdon hongkongense*	DD		
351	蘑菇科	Agaricaceae	铅色马勃	*Lycoperdon lividum*	DD		
352	蘑菇科	Agaricaceae	长马勃	*Lycoperdon longistipes*	DD		√
353	蘑菇科	Agaricaceae	白鳞马勃	*Lycoperdon mammiforme*	LC		
354	蘑菇科	Agaricaceae	梭边马勃	*Lycoperdon marginatum*	LC		
355	蘑菇科	Agaricaceae	莫尔马勃	*Lycoperdon molle*	DD		
356	蘑菇科	Agaricaceae	畸形马勃	*Lycoperdon monstruosum*	DD		
357	蘑菇科	Agaricaceae	苔生马勃	*Lycoperdon muscorum*	DD		
358	蘑菇科	Agaricaceae	变黑马勃	*Lycoperdon nigrescens*	DD		
359	蘑菇科	Agaricaceae	挪威马勃	*Lycoperdon norvegicum*	DD		
360	蘑菇科	Agaricaceae	乳突马勃	*Lycoperdon papillatum*	DD		

序号 No.	科名 Chinese Family Names	科 Family	汉语学名 Chinese Names	学名 Scientific Names	评估等级 Status	评估依据 Assessment Criteria	特有种 Endemic
361	蘑菇科	Agaricaceae	钩刺马勃	*Lycoperdon penicillatum*	DD		
362	蘑菇科	Agaricaceae	网纹马勃	*Lycoperdon perlatum*	LC		
363	蘑菇科	Agaricaceae	多头马勃	*Lycoperdon polycephalum*	DD		
364	蘑菇科	Agaricaceae	多形马勃	*Lycoperdon polymorphum*	DD		
365	蘑菇科	Agaricaceae	草地马勃	*Lycoperdon pratense*	DD		
366	蘑菇科	Agaricaceae	美极马勃	*Lycoperdon pulcherrimum*	DD		
367	蘑菇科	Agaricaceae	紫马勃	*Lycoperdon purpurascens*	DD		
368	蘑菇科	Agaricaceae	小马勃	*Lycoperdon pusillum*	DD		
369	蘑菇科	Agaricaceae	梨形马勃	*Lycoperdon pyriforme*	DD		
370	蘑菇科	Agaricaceae	长根马勃	*Lycoperdon radicatum*	LC		
371	蘑菇科	Agaricaceae	刺马勃	*Lycoperdon setiferum*	DD		
372	蘑菇科	Agaricaceae	枣红马勃	*Lycoperdon spadiceum*	DD		
373	蘑菇科	Agaricaceae	近肉红色马勃	*Lycoperdon subincarnatum*	DD		
374	蘑菇科	Agaricaceae	褚色马勃	*Lycoperdon umbrinum*	LC		
375	蘑菇科	Agaricaceae	灰疣硬皮马勃	*Lycoperdon verrucosum*	DD		
376	蘑菇科	Agaricaceae	白刺马勃	*Lycoperdon wrightii*	DD		
377	蘑菇科	Agaricaceae	白大环柄菇	*Macrolepiota albuminosa*	DD		
378	蘑菇科	Agaricaceae	壳皮大环柄菇	*Macrolepiota crustosa*	DD		√
379	蘑菇科	Agaricaceae	褪皮大环柄菇	*Macrolepiota detersa*	DD		√
380	蘑菇科	Agaricaceae	长大环柄菇	*Macrolepiota dolichaula*	LC		
381	蘑菇科	Agaricaceae	脱皮大环柄菇	*Macrolepiota excoriata*	LC		
382	蘑菇科	Agaricaceae	乳头状大环柄菇	*Macrolepiota mastoidea*	LC		
383	蘑菇科	Agaricaceae	粉褶大环柄菇	*Macrolepiota naucina*	DD		
384	蘑菇科	Agaricaceae	东方裂皮大环柄菇	*Macrolepiota orientiexcoriata*	DD		
385	蘑菇科	Agaricaceae	纤柄大环柄菇	*Macrolepiota permixta*	DD		
386	蘑菇科	Agaricaceae	高大环柄菇	*Macrolepiota procera*	LC		
387	蘑菇科	Agaricaceae	褐盖大环柄菇	*Macrolepiota prominens*	DD		

序号 No.	科名 Chinese Family Names	科 Family	汉语学名 Chinese Names	学名 Scientific Names	评估等级 Status	评估依据 Assessment Criteria	特有种 Endemic
388	蘑菇科	Agaricaceae	黄褐大环柄菇	*Macrolepiota subcitrophylla*	DD		√
389	蘑菇科	Agaricaceae	具托大环柄菇	*Macrolepiota velosa*	DD		√
390	蘑菇科	Agaricaceae	艾尔暗褶伞	*Melanophyllum eyrei*	DD		
391	蘑菇科	Agaricaceae	红胞暗褶伞	*Melanophyllum haematospermum*	DD		
392	蘑菇科	Agaricaceae	糠鳞小腹蕈	*Micropsalliota furfuracea*	LC		
393	蘑菇科	Agaricaceae	沙生蒙塔假菇	*Montagnea arenaria*	LC		
394	蘑菇科	Agaricaceae	霍氏蒙塔假菇	*Montagnea haussknechtii*	LC		
395	蘑菇科	Agaricaceae	细弱蒙塔假菇	*Montagnea tenuis*	LC		
396	蘑菇科	Agaricaceae	皮树丝马勃	*Mycenastrum corium*	LC		
397	蘑菇科	Agaricaceae	网被钵菌	*Mycocalia reticulata*	DD		
398	蘑菇科	Agaricaceae	红蛋巢菌	*Nidula candida*	DD		
399	蘑菇科	Agaricaceae	埃地红蛋巢菌	*Nidula emodensis*	DD		
400	蘑菇科	Agaricaceae	小果红蛋巢菌	*Nidula microcarpa*	DD		
401	蘑菇科	Agaricaceae	白绒红蛋巢菌	*Nidula niveotomentosa*	LC		
402	蘑菇科	Agaricaceae	黄包红蛋巢菌	*Nidula shingbaensis*	DD		
403	蘑菇科	Agaricaceae	变形鸟巢菌	*Nidularia deformis*	DD		
404	蘑菇科	Agaricaceae	垫状鸟巢菌	*Nidularia pulvinata*	DD		
405	蘑菇科	Agaricaceae	金盖褐伞	*Phaeolepiota aurea*	LC		
406	蘑菇科	Agaricaceae	杵状轴灰包	*Podaxis pistillaris*	LC		
407	蘑菇科	Agaricaceae	佐方腹蕈	*Psalliota sagata*	DD		
408	蘑菇科	Agaricaceae	奇异蒯氏包	*Queletia mirabilis*	DD		
409	蘑菇科	Agaricaceae	巴西岸生小菇	*Ripartitella brasiliensis*	DD		
410	蘑菇科	Agaricaceae	百灵庙裂嘴壳	*Schizostoma bailingmiaoense*	DD		
411	蘑菇科	Agaricaceae	橙口裂嘴壳	*Schizostoma dengkouense*	DD		
412	蘑菇科	Agaricaceae	裂顶裂嘴壳	*Schizostoma laceratum*	LC		
413	蘑菇科	Agaricaceae	乌兰布和裂嘴壳	*Schizostoma ulanbuhense*	DD		
414	蘑菇科	Agaricaceae	喜马拉雅灰菇包	*Secotium himalaicum*	DD		

序号 No.	科名 Chinese Family Names	科 Family	汉语学名 Chinese Names	学名 Scientific Names	评估等级 Status	评估依据 Assessment Criteria	特有种 Endemic
415	蘑菇科	Agaricaceae	白皮柄灰包	*Tulostoma albicans*	DD		
416	蘑菇科	Agaricaceae	褚黄柄灰包	*Tulostoma aurasiacum*	DD		
417	蘑菇科	Agaricaceae	褐柄灰包	*Tulostoma bonianum*	LC		
418	蘑菇科	Agaricaceae	短柄灰包	*Tulostoma brevistipitatum*	DD		
419	蘑菇科	Agaricaceae	柄灰包	*Tulostoma brumale*	LC		
420	蘑菇科	Agaricaceae	肋孢柄灰包	*Tulostoma costatum*	DD		√
421	蘑菇科	Agaricaceae	石灰色柄灰包	*Tulostoma cretaceum*	DD		
422	蘑菇科	Agaricaceae	隐柄灰包	*Tulostoma evanescens*	DD		
423	蘑菇科	Agaricaceae	毛柄灰包	*Tulostoma fimbriatum*	LC		
424	蘑菇科	Agaricaceae	小孢柄灰包	*Tulostoma finkii*	DD		
425	蘑菇科	Agaricaceae	贺兰柄灰包	*Tulostoma helanshanense*	DD		√
426	蘑菇科	Agaricaceae	内蒙古柄灰包	*Tulostoma innermongolicum*	DD		
427	蘑菇科	Agaricaceae	内蒙柄灰包	*Tulostoma intramongolicum*	DD		√
428	蘑菇科	Agaricaceae	小顶柄灰包	*Tulostoma jourdanii*	LC		
429	蘑菇科	Agaricaceae	小柄灰包	*Tulostoma kotlabae*	DD		
430	蘑菇科	Agaricaceae	滴孢柄灰包	*Tulostoma lacrimisporum*	DD		√
431	蘑菇科	Agaricaceae	爱劳德氏柄灰包	*Tulostoma lloydii*	DD		
432	蘑菇科	Agaricaceae	肉质柄灰包	*Tulostoma obesum*	DD		
433	蘑菇科	Agaricaceae	惑柄灰包	*Tulostoma perplexum*	LC		
434	蘑菇科	Agaricaceae	美丽柄灰包	*Tulostoma pulchellum*	DD		
435	蘑菇科	Agaricaceae	沙漠柄灰包	*Tulostoma sabulosum*	NT		
436	蘑菇科	Agaricaceae	相似柄灰包	*Tulostoma simulans*	DD		
437	蘑菇科	Agaricaceae	中国柄灰包	*Tulostoma sinense*	DD		√
438	蘑菇科	Agaricaceae	条纹孢柄灰包	*Tulostoma striatum*	DD		
439	蘑菇科	Agaricaceae	多鳞柄灰包	*Tulostoma subsquamosum*	DD		
440	蘑菇科	Agaricaceae	变孢柄灰包	*Tulostoma variisporum*	EN	B1ab(i,iii,iv)+2ab(i,iii,i v)	√
441	蘑菇科	Agaricaceae	糙丝柄灰包	*Tulostoma verrucicapillitium*	DD		√

序号 No.	科名 Chinese Family Names	科 Family	汉语学名 Chinese Names	学名 Scientific Names	评估等级 Status	评估依据 Assessment Criteria	特有种 Endemic
442	蘑菇科	Agaricaceae	被疣柄灰包	*Tulostoma verrucosum*	LC		
443	蘑菇科	Agaricaceae	托柄灰包	*Tulostoma volvulatum*	DD		
444	蘑菇科	Agaricaceae	榆林柄灰包	*Tulostoma yulinense*	VU	B1ab(i,iii,iv)+2ab(i,iii,i v)	√
445	蘑菇科	Agaricaceae	黄褐疣孢伞	*Verrucospora flavofusca*	DD		
446	地花菌科	Albatrellaceae	蓝黄拟地花菌	*Albatrellopsis flettii*	DD		
447	地花菌科	Albatrellaceae	榛色地花菌	*Albatrellus avellaneus*	LC		
448	地花菌科	Albatrellaceae	鸡油地花菌	*Albatrellus cantharellus*	DD		
449	地花菌科	Albatrellaceae	桔黄地花菌	*Albatrellus citrinus*	DD		
450	地花菌科	Albatrellaceae	波缘地花菌	*Albatrellus confluens*	LC		
451	地花菌科	Albatrellaceae	大孢地花菌	*Albatrellus ellisii*	LC		
452	地花菌科	Albatrellaceae	灰褐地花菌	*Albatrellus fumosus*	DD		√
453	地花菌科	Albatrellaceae	河南地花菌	*Albatrellus henanensis*	DD		√
454	地花菌科	Albatrellaceae	尖峰岭地花菌	*Albatrellus jiangenglingensis*	DD		√
455	地花菌科	Albatrellaceae	绵羊状地花菌	*Albatrellus ovinus*	LC		
456	地花菌科	Albatrellaceae	云杉地花菌	*Albatrellus piceiphilus*	DD		√
457	地花菌科	Albatrellaceae	近变红地花菌	*Albatrellus subrubescens*	DD		
458	地花菌科	Albatrellaceae	西藏地花菌	*Albatrellus tibetanus*	DD		√
459	地花菌科	Albatrellaceae	庄氏地花菌	*Albatrellus zhuangii*	DD		√
460	地花菌科	Albatrellaceae	硬毛杨氏孔菌	*Jahnoporus hirtus*	LC		
461	地花菌科	Albatrellaceae	北京杨氏孔菌	*Jahnoporus pekingensis*	DD		√
462	地花菌科	Albatrellaceae	凹坑白腹菌	*Leucogaster foveolatus*	DD		
463	地花菌科	Albatrellaceae	裸白腹菌	*Leucogaster nudus*	DD		
464	地花菌科	Albatrellaceae	刺孢白脉腹菌	*Leucophleps spinispora*	DD		
465	地花菌科	Albatrellaceae	天山小盖孔菌	*Minuticeps tianschanica*	DD		
466	地花菌科	Albatrellaceae	黄盾地花菌	*Scutiger pes-caprae*	DD		
467	鹅膏科	Amanitaceae	球茎鹅膏	*Amanita abrupta*	LC		
468	鹅膏科	Amanitaceae	片鳞鹅膏	*Amanita agglutinata*	LC		

序号 No.	科名 Chinese Family Names	科 Family	汉语学名 Chinese Names	学名 Scientific Names	评估等级 Status	评估依据 Assessment Criteria	特有种 Endemic
469	鹅膏科	Amanitaceae	白肉色鹅膏	*Amanita albocreata*	DD		
470	鹅膏科	Amanitaceae	白黄鹅膏	*Amanita alboflavescens*	LC		
471	鹅膏科	Amanitaceae	白粉鹅膏	*Amanita albopulverulenta*	DD		
472	鹅膏科	Amanitaceae	长柄鹅膏	*Amanita altipes*	DD		√
473	鹅膏科	Amanitaceae	窄褶鹅膏	*Amanita angustilamellata*	LC		
474	鹅膏科	Amanitaceae	异形鹅膏	*Amanita amisata*	DD		
475	鹅膏科	Amanitaceae	鳞灰褐鹅膏	*Amanita asper*	DD		
476	鹅膏科	Amanitaceae	暗褐鹅膏	*Amanita atrofusca*	LC		√
477	鹅膏科	Amanitaceae	南方鹅膏	*Amanita australis*	DD		
478	鹅膏科	Amanitaceae	雀斑鳞鹅膏	*Amanita avellaneosquamosa*	LC		
479	鹅膏科	Amanitaceae	浆果鹅膏	*Amanita baccata*	DD		
480	鹅膏科	Amanitaceae	巴塔鹅膏	*Amanita battarrae*	LC		
481	鹅膏科	Amanitaceae	毛柄鹅膏	*Amanita berkeleyi*	LC		
482	鹅膏科	Amanitaceae	橙红鹅膏	*Amanita bingensis*	DD		
483	鹅膏科	Amanitaceae	双托鹅膏	*Amanita bivolvata*	DD		
484	鹅膏科	Amanitaceae	褐烟色鹅膏	*Amanita brunneofuliginea*	LC		
485	鹅膏科	Amanitaceae	暗褐毒鹅膏	*Amanita brunnescens*	DD		
486	鹅膏科	Amanitaceae	橙盖鹅膏	*Amanita caesarea*	DD		
487	鹅膏科	Amanitaceae	拟橙盖鹅膏	*Amanita caesareoides*	LC		
488	鹅膏科	Amanitaceae	扁盖鹅膏	*Amanita calyptrata*	DD		
489	鹅膏科	Amanitaceae	拟帽鹅膏	*Amanita calyptratoides*	DD		
490	鹅膏科	Amanitaceae	污白鳞鹅膏	*Amanita castanopsidis*	LC		
491	鹅膏科	Amanitaceae	圈托鹅膏	*Amanita ceciliae*	LC		
492	鹅膏科	Amanitaceae	朱氏鹅膏	*Amanita cheelii*	LC		
493	鹅膏科	Amanitaceae	白条盖鹅膏	*Amanita chepangiana*	LC		
494	鹅膏科	Amanitaceae	黄绿鹅膏	*Amanita chlorinosma*	DD		
495	鹅膏科	Amanitaceae	黄絮鳞鹅膏	*Amanita chrysoleuca*	DD		

序号 No.	科名 Chinese Family Names	科 Family	汉语学名 Chinese Names	学名 Scientific Names	评估等级 Status	评估依据 Assessment Criteria	特有种 Endemic
496	鹅膏科	Amanitaceae	缰足鹅膏	*Amanita cinctipes*	LC		
497	鹅膏科	Amanitaceae	浊白鹅膏	*Amanita cinereopannosa*	LC		
498	鹅膏科	Amanitaceae	橙黄鹅膏	*Amanita citrina*	LC		
499	鹅膏科	Amanitaceae	显鳞鹅膏	*Amanita clarisquamosa*	LC		
500	鹅膏科	Amanitaceae	柯克氏鹅膏	*Amanita cokeri*	DD		
501	鹅膏科	Amanitaceae	环鳞鹅膏	*Amanita concentrica*	DD		
502	鹅膏科	Amanitaceae	具鞘鹅膏	*Amanita cothurnata*	DD		
503	鹅膏科	Amanitaceae	刻纹鹅膏	*Amanita crenulata*	DD		
504	鹅膏科	Amanitaceae	杏黄鹅膏	*Amanita crocea*	DD		
505	鹅膏科	Amanitaceae	刺头鹅膏	*Amanita echinocephala*	DD		
506	鹅膏科	Amanitaceae	翘鳞鹅膏	*Amanita eijii*	LC		
507	鹅膏科	Amanitaceae	脱皮鹅膏	*Amanita elata*	DD		
508	鹅膏科	Amanitaceae	可食鹅膏	*Amanita esculenta*	LC		
509	鹅膏科	Amanitaceae	块鳞青鹅膏	*Amanita excelsa*	LC		
510	鹅膏科	Amanitaceae	致命鹅膏	*Amanita exitialis*	LC		√
511	鹅膏科	Amanitaceae	小鹅膏	*Amanita farinacea*	DD		
512	鹅膏科	Amanitaceae	小托柄鹅膏	*Amanita farinosa*	LC		
513	鹅膏科	Amanitaceae	金黄鹅膏	*Amanita flavipes*	LC		
514	鹅膏科	Amanitaceae	黄毒蝇鹅膏	*Amanita flavoconia*	DD		
515	鹅膏科	Amanitaceae	褚黄鹅膏	*Amanita flavorubescens*	DD		
516	鹅膏科	Amanitaceae	浅褐鹅膏	*Amanita franchetii*	DD		
517	鹅膏科	Amanitaceae	格纹鹅膏	*Amanita fritillaria*	LC		
518	鹅膏科	Amanitaceae	灰花纹鹅膏	*Amanita fuliginea*	LC		
519	鹅膏科	Amanitaceae	拟灰花纹鹅膏	*Amanita fuligineoides*	DD		√
520	鹅膏科	Amanitaceae	赤褐鹅膏	*Amanita fulva*	LC		
521	鹅膏科	Amanitaceae	黄白鹅膏	*Amanita gemmata*	LC		
522	鹅膏科	Amanitaceae	灰絮鳞鹅膏	*Amanita griseofarinosa*	LC		

序号 No.	科名 Chinese Family Names	科 Family	汉语学名 Chinese Names	学名 Scientific Names	评估等级 Status	评估依据 Assessment Criteria	特有种 Endemic
523	鹅膏科	Amanitaceae	灰褶鹅膏	Amanita griseofolia	LC		√
524	鹅膏科	Amanitaceae	灰盖鹅膏	Amanita griseoturcosa	DD		
525	鹅膏科	Amanitaceae	灰疣鹅膏	Amanita griseoverrucosa	LC		√
526	鹅膏科	Amanitaceae	裸柄鹅膏	Amanita gymnopus	LC		
527	鹅膏科	Amanitaceae	黄边鹅膏	Amanita hamadae	DD		
528	鹅膏科	Amanitaceae	黑石顶鹅膏	Amanita heishidingensis	DD		√
529	鹅膏科	Amanitaceae	浅橙黄鹅膏	Amanita hemibapha	LC		
530	鹅膏科	Amanitaceae	本乡鹅膏	Amanita hongoi	LC		
531	鹅膏科	Amanitaceae	鹬鸪鹅膏	Amanita hunanensis	NT		√
532	鹅膏科	Amanitaceae	假球基鹅膏	Amanita ibotengutake	DD		
533	鹅膏科	Amanitaceae	短棱鹅膏	Amanita imazekii	LC		
534	鹅膏科	Amanitaceae	粉褶鹅膏	Amanita incarnatifolia	DD		
535	鹅膏科	Amanitaceae	日本鹅膏	Amanita japonica	LC		
536	鹅膏科	Amanitaceae	爪哇鹅膏	Amanita javanica	LC		
537	鹅膏科	Amanitaceae	异味鹅膏	Amanita kotohiraensis	LC		
538	鹅膏科	Amanitaceae	残托斑鹅膏	Amanita kwangsiensis	LC		√
539	鹅膏科	Amanitaceae	李逵鹅膏	Amanita liquii	DD		√
540	鹅膏科	Amanitaceae	白长柄鹅膏	Amanita longipes	DD		
541	鹅膏科	Amanitaceae	长条棱鹅膏	Amanita longistriata	LC		
542	鹅膏科	Amanitaceae	黄鹅膏	Amanita lutea	DD		
543	鹅膏科	Amanitaceae	大果鹅膏	Amanita macrocarpa	DD		√
544	鹅膏科	Amanitaceae	大孢鹅膏	Amanita macrospora	DD		
545	鹅膏科	Amanitaceae	隐花青鹅膏	Amanita manginiana	LC		
546	鹅膏科	Amanitaceae	小毒蝇鹅膏	Amanita melleiceps	LC		
547	鹅膏科	Amanitaceae	美黄鹅膏	Amanita mira	DD		
548	鹅膏科	Amanitaceae	肉托鹅膏	Amanita modesta	DD		
549	鹅膏科	Amanitaceae	多鳞鹅膏	Amanita multisquamosa	DD		

序号 No.	科名 Chinese Family Names	科 Family	汉语学名 Chinese Names	学名 Scientific Names	评估等级 Status	评估依据 Assessment Criteria	特有种 Endemic
550	鹅膏科	Amanitaceae	毒蝇鹅膏	Amanita muscaria	LC		
551	鹅膏科	Amanitaceae	新卵托鹅膏	Amanita neo-ovoidea	LC		
552	鹅膏科	Amanitaceae	棕鳞鹅膏	Amanita nitida	DD		
553	鹅膏科	Amanitaceae	雪白鹅膏	Amanita nivalis	LC		
554	鹅膏科	Amanitaceae	欧氏鹅膏	Amanita oberwinkleriana	LC		
555	鹅膏科	Amanitaceae	瓦灰鹅膏	Amanita onusta	DD		
556	鹅膏科	Amanitaceae	东方褐盖鹅膏	Amanita orientifulva	LC		√
557	鹅膏科	Amanitaceae	东方黄盖鹅膏	Amanita orientigemmata	DD		
558	鹅膏科	Amanitaceae	红褐鹅膏	Amanita orsonii	LC		
559	鹅膏科	Amanitaceae	卵孢鹅膏	Amanita ovalispora	LC		
560	鹅膏科	Amanitaceae	卵盖鹅膏	Amanita ovoidea	DD		
561	鹅膏科	Amanitaceae	环盖鹅膏	Amanita pachycolea	DD		
562	鹅膏科	Amanitaceae	蟹红鹅膏	Amanita pallidocarnea	DD		
563	鹅膏科	Amanitaceae	玫瑰红鹅膏	Amanita pallidogrisea	DD		
564	鹅膏科	Amanitaceae	淡红鹅膏	Amanita pallidorosea	DD		
565	鹅膏科	Amanitaceae	豹斑鹅膏	Amanita pantherina	LC		
566	鹅膏科	Amanitaceae	红鹅膏	Amanita parcivolvata	DD		
567	鹅膏科	Amanitaceae	小豹斑鹅膏	Amanita parvipantherina	LC		√
568	鹅膏科	Amanitaceae	毒鹅膏	Amanita phalloides	DD		
569	鹅膏科	Amanitaceae	暗鳞隐丝鹅膏	Amanita pilosella	DD		
570	鹅膏科	Amanitaceae	褐云斑鹅膏	Amanita porphyria	LC		
571	鹅膏科	Amanitaceae	高大鹅膏	Amanita princeps	LC		
572	鹅膏科	Amanitaceae	假黄盖鹅膏	Amanita pseudogemmata	LC		
573	鹅膏科	Amanitaceae	假褐云斑鹅膏	Amanita pseudoporphyria	LC		
574	鹅膏科	Amanitaceae	假灰托鹅膏	Amanita pseudovaginata	LC		
575	鹅膏科	Amanitaceae	美鹅膏	Amanita puella	DD		
576	鹅膏科	Amanitaceae	裂皮鹅膏	Amanita rimosa	DD		√

序号 No.	科名 Chinese Family Names	科 Family	汉语学名 Chinese Names	学名 Scientific Names	评估等级 Status	评估依据 Assessment Criteria	特有种 Endemic
577	鹅膏科	Amanitaceae	赭盖鹅膏	Amanita rubescens	LC		
578	鹅膏科	Amanitaceae	红托鹅膏	Amanita rubrovolvata	LC		
579	鹅膏科	Amanitaceae	土红粉盖鹅膏	Amanita rufoferruginea	LC		
580	鹅膏科	Amanitaceae	黑褐鹅膏	Amanita sculpta	LC		
581	鹅膏科	Amanitaceae	暗盖淡鳞鹅膏	Amanita sepiacea	LC		
582	鹅膏科	Amanitaceae	泰国鹅膏	Amanita siamensis	DD		
583	鹅膏科	Amanitaceae	相似鹅膏	Amanita similis	DD		
584	鹅膏科	Amanitaceae	中华鹅膏	Amanita sinensis	LC		
585	鹅膏科	Amanitaceae	杵柄鹅膏	Amanita sinocitrina	LC		√
586	鹅膏科	Amanitaceae	史米斯鹅膏	Amanita smithiana	DD		
587	鹅膏科	Amanitaceae	枣褐鹅膏	Amanita spadicea	DD		
588	鹅膏科	Amanitaceae	圆足鹅膏	Amanita sphaerobulbosa	DD		
589	鹅膏科	Amanitaceae	角鳞灰鹅膏	Amanita spissacea	LC		
590	鹅膏科	Amanitaceae	纹缘鹅膏	Amanita spreta	DD		
591	鹅膏科	Amanitaceae	松塔鹅膏	Amanita striatuloides	DD		
592	鹅膏科	Amanitaceae	鳞头鹅膏	Amanita strobilacea	DD		
593	鹅膏科	Amanitaceae	松果鹅膏	Amanita strobiliformis	DD		
594	鹅膏科	Amanitaceae	黄鳞鹅膏	Amanita subfrostiana	DD		
595	鹅膏科	Amanitaceae	球基鹅膏	Amanita subglobosa	LC		
596	鹅膏科	Amanitaceae	芥黄鹅膏	Amanita subjunquillea	LC		√
597	鹅膏科	Amanitaceae	假淡红鹅膏	Amanita subpallidorosea	LC		
598	鹅膏科	Amanitaceae	近毒鹅膏	Amanita subphalloides	DD		
599	鹅膏科	Amanitaceae	残托鹅膏	Amanita sychnopyramis	LC		
600	鹅膏科	Amanitaceae	泛红鹅膏	Amanita timida	DD		
601	鹅膏科	Amanitaceae	绒托鹅膏	Amanita tomentosivolva	VU	D2	√
602	鹅膏科	Amanitaceae	灰鹅膏	Amanita vaginata	LC		
603	鹅膏科	Amanitaceae	春生鹅膏	Amanita verna	DD		

序号 No.	科名 Chinese Family Names	科 Family	汉语学名 Chinese Names	学名 Scientific Names	评估等级 Status	评估依据 Assessment Criteria	特有种 Endemic
604	鹅膏科	Amanitaceae	多疣鹅膏	*Amanita verrucosa*	DD		√
605	鹅膏科	Amanitaceae	疣托鹅膏	*Amanita verrucosivolva*	LC		√
606	鹅膏科	Amanitaceae	绒毡鹅膏	*Amanita vestita*	LC		
607	鹅膏科	Amanitaceae	锥鳞白鹅膏	*Amanita virgineoides*	LC		
608	鹅膏科	Amanitaceae	鳞柄白鹅膏	*Amanita virosa*	LC		
609	鹅膏科	Amanitaceae	苞脚鹅膏	*Amanita volvata*	DD		
610	鹅膏科	Amanitaceae	黄尖鳞鹅膏	*Amanita xanthogala*	DD		
611	鹅膏科	Amanitaceae	春生白鹅膏	*Amanita yema*	DD		
612	鹅膏科	Amanitaceae	颜氏鹅膏	*Amanita yenii*	DD		√
613	鹅膏科	Amanitaceae	袁氏鹅膏	*Amanita yuaniana*	DD		√
614	鹅膏科	Amanitaceae	角鳞圆盾伞	*Aspidella solitaria*	LC		
615	鹅膏科	Amanitaceae	臧氏圆盾伞	*Aspidella zangii*	DD		
616	鹅膏科	Amanitaceae	茶色粘伞	*Limacella delicata*	LC		
617	鹅膏科	Amanitaceae	斑粘伞	*Limacella guttata*	LC		
618	鹅膏科	Amanitaceae	散布粘伞	*Limacella illinita*	LC		
619	鹅膏科	Amanitaceae	褚黄粘伞	*Limacella ochraceolutea*	LC		
620	鹅膏科	Amanitaceae	台湾粘伞	*Limacella taiwanensis*	DD		√
621	鹅膏科	Amanitaceae	黄鳞腐生鹅膏	*Saproamanita flavofloccosa*	DD		
622	鹅膏科	Amanitaceae	臭味腐生鹅膏	*Saproamanita praegraveolens*	DD		
623	鹅膏科	Amanitaceae	白鳞粗柄腐生鹅膏	*Saproamanita vittadinii*	DD		
624	淀粉伏革菌科	Amylocorticiaceae	浅黄小淀粉伏革菌	*Amylocorticiellum cremeoisabellinum*	LC		
625	淀粉伏革菌科	Amylocorticiaceae	印度淀粉伏革菌	*Amylocorticium indicum*	DD		
626	淀粉伏革菌科	Amylocorticiaceae	亚肉质淀粉伏革菌	*Amylocorticium subincarnatum*	DD		
627	淀粉伏革菌科	Amylocorticiaceae	亚硫色淀粉伏革菌	*Amylocorticium subsulphureum*	DD		
628	淀粉伏革菌科	Amylocorticiaceae	北方蜡革菌	*Ceraceomyces borealis*	LC		
629	淀粉伏革菌科	Amylocorticiaceae	多晶蜡革菌	*Ceraceomyces cerebrosus*	DD		
630	淀粉伏革菌科	Amylocorticiaceae	伏生蜡革菌	*Ceraceomyces serpens*	DD		

序号 No.	科名 Chinese Family Names	科 Family	汉语学名 Chinese Names	学名 Scientific Names	评估等级 Status	评估依据 Assessment Criteria	特有种 Endemic
631	淀粉伏革菌科	Amylocorticiaceae	近光滑蜡革菌	*Ceraceomyces sublaevis*	LC		
632	淀粉伏革菌科	Amylocorticiaceae	蜡革菌	*Ceraceomyces tessulatus*	LC		
633	淀粉伏革菌科	Amylocorticiaceae	悬垂针齿菌	*Irpicodon pendulus*	DD		
634	淀粉韧革菌科	Amylostereaceae	空隙淀粉韧革菌	*Amylostereum areolatum*	LC		
635	淀粉韧革菌科	Amylostereaceae	细淀粉韧革菌	*Amylostereum chailletii*	LC		
636	滑瑚菌科	Aphelariaceae	弯曲滑瑚菌	*Aphelaria deflectens*	LC		
637	滑瑚菌科	Aphelariaceae	树状滑瑚菌	*Aphelaria dendroides*	DD		
638	滑瑚菌科	Aphelariaceae	裂枝滑瑚菌	*Aphelaria lacerata*	DD		√
639	木耳科	Auriculariaceae	厚质木耳	*Auricularia auricula-judae*	LC		
640	木耳科	Auriculariaceae	角质木耳	*Auricularia cornea*	LC		
641	木耳科	Auriculariaceae	皱木耳	*Auricularia delicata*	LC		
642	木耳科	Auriculariaceae	象牙白木耳	*Auricularia eburnea*	LC		√
643	木耳科	Auriculariaceae	琥珀木耳	*Auricularia fuscosuccinea*	LC		
644	木耳科	Auriculariaceae	海南木耳	*Auricularia hainanensis*	DD		√
645	木耳科	Auriculariaceae	细木耳	*Auricularia heimuer*	LC		
646	木耳科	Auriculariaceae	大毛木耳	*Auricularia hispida*	DD		
647	木耳科	Auriculariaceae	肠膜状木耳	*Auricularia mesenterica*	LC		
648	木耳科	Auriculariaceae	黑皱木耳	*Auricularia moelleri*	LC		
649	木耳科	Auriculariaceae	毛黑木耳	*Auricularia nigricans*	LC		
650	木耳科	Auriculariaceae	美丽木耳	*Auricularia ornata*	DD		
651	木耳科	Auriculariaceae	纸质木耳	*Auricularia papyracea*	DD		
652	木耳科	Auriculariaceae	盾形木耳	*Auricularia peltata*	LC		
653	木耳科	Auriculariaceae	网脉木耳	*Auricularia reticulata*	DD		√
654	木耳科	Auriculariaceae	薄木耳	*Auricularia tenuis*	LC		
655	木耳科	Auriculariaceae	西沙木耳	*Auricularia xishaensis*	DD		√
656	木耳科	Auriculariaceae	华盘革耳	*Eichleriella chinensis*	LC		
657	木耳科	Auriculariaceae	肉色盘革耳	*Eichleriella incarnata*	LC		

序号 No.	科名 Chinese Family Names	科 Family	汉语学名 Chinese Names	学名 Scientific Names	评估等级 Status	评估依据 Assessment Criteria	特有种 Endemic
658	木耳科	Auriculariaceae	席氏盘革耳	*Eichleriella shearii*	DD		
659	木耳科	Auriculariaceae	小盘革耳	*Eichleriella tenuicula*	DD		
660	木耳科	Auriculariaceae	致密黑耳	*Exidia compacta*	DD		
661	木耳科	Auriculariaceae	黑耳	*Exidia glandulosa*	LC		
662	木耳科	Auriculariaceae	日本黑耳	*Exidia japonica*	DD		
663	木耳科	Auriculariaceae	结节黑耳	*Exidia neglecta*	DD		
664	木耳科	Auriculariaceae	短黑耳	*Exidia recisa*	LC		
665	木耳科	Auriculariaceae	浅波黑耳	*Exidia repanda*	LC		
666	木耳科	Auriculariaceae	图勒黑耳	*Exidia thuretiana*	DD		
667	木耳科	Auriculariaceae	葡萄状黑耳	*Exidia uvapassa*	DD		
668	木耳科	Auriculariaceae	毛缘光滑拟黑耳	*Exidiopsis alliciens*	DD		
669	木耳科	Auriculariaceae	版纳拟黑耳	*Exidiopsis banlaensis*	DD		√
670	木耳科	Auriculariaceae	灰白拟黑耳	*Exidiopsis calcea*	DD		
671	木耳科	Auriculariaceae	拟黑耳	*Exidiopsis effusa*	LC		
672	木耳科	Auriculariaceae	蜡拟黑耳	*Exidiopsis galzinii*	DD		
673	木耳科	Auriculariaceae	尖峰拟黑耳	*Exidiopsis jianfengensis*	DD		
674	木耳科	Auriculariaceae	铅灰拟黑耳	*Exidiopsis molybdea*	DD		
675	木耳科	Auriculariaceae	苍白拟黑耳	*Exidiopsis pallida*	DD		
676	木耳科	Auriculariaceae	黄囊体刺皮菌	*Heterochaete chrysocystidiata*	DD		√
677	木耳科	Auriculariaceae	厚刺皮菌	*Heterochaete crassa*	DD		
678	木耳科	Auriculariaceae	白垩刺皮菌	*Heterochaete cretacea*	DD		
679	木耳科	Auriculariaceae	柔美刺皮菌	*Heterochaete delicata*	LC		
680	木耳科	Auriculariaceae	变色刺皮菌	*Heterochaete discolor*	LC		
681	木耳科	Auriculariaceae	镰孢刺皮菌	*Heterochaete falcato-sporifera*	DD		√
682	木耳科	Auriculariaceae	地衣状刺皮菌	*Heterochaete lichenoidea*	DD		
683	木耳科	Auriculariaceae	暗蓝刺皮菌	*Heterochaete lividofusca*	DD		
684	木耳科	Auriculariaceae	莽山刺皮菌	*Heterochaete mangensis*	DD		√

序号 No.	科名 Chinese Family Names	科 Family	汉语学名 Chinese Names	学名 Scientific Names	评估等级 Status	评估依据 Assessment Criteria	特有种 Endemic
685	木耳科	Auriculariaceae	小孢刺皮菌	*Heterochaete microspora*	DD		
686	木耳科	Auriculariaceae	莫索尼刺皮菌	*Heterochaete mussooriensis*	LC		
687	木耳科	Auriculariaceae	小笠原刺皮菌	*Heterochaete ogasawarasimensis*	LC		
688	木耳科	Auriculariaceae	彭氏刺皮菌	*Heterochaete pengii*	DD		√
689	木耳科	Auriculariaceae	粉红刺皮菌	*Heterochaete roseola*	LC		
690	木耳科	Auriculariaceae	白粉刺皮菌	*Heterochaete sanctae-catharinae*	LC		
691	木耳科	Auriculariaceae	思茅刺皮菌	*Heterochaete simaonensis*	DD		√
692	木耳科	Auriculariaceae	中国刺皮菌	*Heterochaete sinensis*	LC		
693	木耳科	Auriculariaceae	细刺刺皮菌	*Heterochaete spinulosa*	DD		
694	木耳科	Auriculariaceae	天目刺皮菌	*Heterochaete tianmuensis*	DD		
695	木耳科	Auriculariaceae	日本白胶刺耳	*Tremellochaete japonica*	LC		
696	耳匙菌科	Auriscalpiaceae	薄淀粉孔菌	*Amylonotus tenuis*	DD		√
697	耳匙菌科	Auriscalpiaceae	小密瑚菌	*Artomyces colensoi*	LC		
698	耳匙菌科	Auriscalpiaceae	冠密瑚菌	*Artomyces cristatus*	DD		
699	耳匙菌科	Auriscalpiaceae	杯密瑚菌	*Artomyces pyxidatus*	NT		
700	耳匙菌科	Auriscalpiaceae	缝缘耳匙菌	*Auriscalpium fimbriatoincisum*	DD		
701	耳匙菌科	Auriscalpiaceae	耳匙菌	*Auriscalpium vulgare*	LC		
702	耳匙菌科	Auriscalpiaceae	紫杉冠瑚菌	*Clavicorona taxophila*	DD		
703	耳匙菌科	Auriscalpiaceae	竹生螺壳菌	*Lentinellus bambusinus*	DD		√
704	耳匙菌科	Auriscalpiaceae	褐毛螺壳菌	*Lentinellus brunnescens*	LC		
705	耳匙菌科	Auriscalpiaceae	海狸色螺壳菌	*Lentinellus castoreus*	LC		
706	耳匙菌科	Auriscalpiaceae	螺壳菌	*Lentinellus cochleatus*	LC		
707	耳匙菌科	Auriscalpiaceae	半开螺壳菌	*Lentinellus dimidiatus*	DD		√
708	耳匙菌科	Auriscalpiaceae	扇形螺壳菌	*Lentinellus flabelliformis*	LC		
709	耳匙菌科	Auriscalpiaceae	吉林螺壳菌	*Lentinellus jilinensis*	DD		√
710	耳匙菌科	Auriscalpiaceae	米切纳螺壳菌	*Lentinellus micheneri*	DD		
711	耳匙菌科	Auriscalpiaceae	中华螺壳菌	*Lentinellus sinensis*	DD		√

序号 No.	科名 Chinese Family Names	科 Family	汉语学名 Chinese Names	学名 Scientific Names	评估等级 Status	评估依据 Assessment Criteria	特有种 Endemic
712	耳匙菌科	Auriscalpiaceae	三齿螺壳菌	*Lentinellus tridentinus*	DD		
713	耳匙菌科	Auriscalpiaceae	北方螺壳菌	*Lentinellus ursinus*	LC		
714	耳匙菌科	Auriscalpiaceae	复瓦螺壳菌	*Lentinellus vulpinus*	LC		
715	坂氏齿菌科	Bankeraceae	菁紫坂氏齿菌	*Bankera violascens*	LC		
716	坂氏齿菌科	Bankeraceae	灰黑拟牛肝菌	*Boletopsis grisea*	DD		
717	坂氏齿菌科	Bankeraceae	白黑拟牛肝菌	*Boletopsis leucomelaena*	DD		
718	坂氏齿菌科	Bankeraceae	亚鳞拟牛肝菌	*Boletopsis subsquamosa*	DD		
719	坂氏齿菌科	Bankeraceae	栗针丽齿菌	*Calodon montellicus*	DD		
720	坂氏齿菌科	Bankeraceae	绒盖丽齿菌	*Calodon velutinus*	DD		
721	坂氏齿菌科	Bankeraceae	橙色亚齿菌	*Hydnellum aurantiacum*	LC		
722	坂氏齿菌科	Bankeraceae	蓝亚齿菌	*Hydnellum caeruleum*	DD		
723	坂氏齿菌科	Bankeraceae	环纹亚齿菌	*Hydnellum concrescens*	LC		
724	坂氏齿菌科	Bankeraceae	集生亚齿菌	*Hydnellum cumulatum*	DD		
725	坂氏齿菌科	Bankeraceae	锈色亚齿菌	*Hydnellum ferrugineum*	DD		
726	坂氏齿菌科	Bankeraceae	派克亚齿菌	*Hydnellum peckii*	DD		
727	坂氏齿菌科	Bankeraceae	桃红亚齿菌	*Hydnellum regium*	DD		
728	坂氏齿菌科	Bankeraceae	蜂窝亚齿菌	*Hydnellum scrobiculatum*	DD		
729	坂氏齿菌科	Bankeraceae	海绵亚齿菌	*Hydnellum spongiosipes*	DD		
730	坂氏齿菌科	Bankeraceae	蓝柄亚齿菌	*Hydnellum suaveolens*	LC		
731	坂氏齿菌科	Bankeraceae	近白亚齿菌	*Hydnellum subalbidum*	DD		
732	坂氏齿菌科	Bankeraceae	汇合栓齿菌	*Phellodon confluens*	DD		
733	坂氏齿菌科	Bankeraceae	褐白栓齿菌	*Phellodon fuligineoalbus*	LC		
734	坂氏齿菌科	Bankeraceae	灰盖栓齿菌	*Phellodon maliensis*	DD		
735	坂氏齿菌科	Bankeraceae	黑白栓齿菌	*Phellodon melaleucus*	DD		
736	坂氏齿菌科	Bankeraceae	黑栓齿菌	*Phellodon niger*	DD		
737	坂氏齿菌科	Bankeraceae	毛栓齿菌	*Phellodon tomentosus*	LC		
738	坂氏齿菌科	Bankeraceae	褐肉齿菌	*Sarcodon amarescens*	LC		

序号 No.	科名 Chinese Family Names	科 Family	汉语学名 Chinese Names	学名 Scientific Names	评估等级 Status	评估依据 Assessment Criteria	特有种 Endemic
739	坂氏齿菌科	Bankeraceae	黑绿肉齿菌	*Sarcodon atroviridis*	DD		
740	坂氏齿菌科	Bankeraceae	偏生肉齿菌	*Sarcodon excentricus*	DD		
741	坂氏齿菌科	Bankeraceae	芬氏肉齿菌	*Sarcodon fennicus*	DD		
742	坂氏齿菌科	Bankeraceae	烟紫肉齿菌	*Sarcodon fuligineoviolaceus*	DD		
743	坂氏齿菌科	Bankeraceae	鳞形肉齿菌	*Sarcodon imbricatus*	LC		
744	坂氏齿菌科	Bankeraceae	白肉齿菌	*Sarcodon leucopus*	DD		
745	坂氏齿菌科	Bankeraceae	黄肉齿菌	*Sarcodon martioflavus*	DD		
746	坂氏齿菌科	Bankeraceae	粗糙肉齿菌	*Sarcodon scabrosus*	LC		
747	坂氏齿菌科	Bankeraceae	暗鳞肉齿菌	*Sarcodon squamosus*	DD		
748	坂氏齿菌科	Bankeraceae	大黄肉齿菌	*Sarcodon thwaitesii*	DD		
749	坂氏齿菌科	Bankeraceae	波状肉齿菌	*Sarcodon underwoodii*	DD		
750	坂氏齿菌科	Bankeraceae	紫肉齿菌	*Sarcodon violaceus*	DD		
751	粪伞科	Bolbitiaceae	粪生粪伞	*Bolbitius coprophilus*	DD		
752	粪伞科	Bolbitiaceae	粉粘粪伞	*Bolbitius demangei*	LC		
753	粪伞科	Bolbitiaceae	紫盖粪伞	*Bolbitius elegans*	DD		
754	粪伞科	Bolbitiaceae	网纹粪伞	*Bolbitius reticulatus*	DD		
755	粪伞科	Bolbitiaceae	粉柄粪伞	*Bolbitius roseipes*	LC		√
756	粪伞科	Bolbitiaceae	黄盖粪伞	*Bolbitius titubans*	LC		
757	粪伞科	Bolbitiaceae	云南粪伞	*Bolbitius yunnanensis*	LC		√
758	粪伞科	Bolbitiaceae	畸锥盖伞	*Conocybe aberrans*	DD		
759	粪伞科	Bolbitiaceae	草生锥盖伞	*Conocybe antipus*	DD		
760	粪伞科	Bolbitiaceae	阿帕锥盖伞	*Conocybe apala*	LC		
761	粪伞科	Bolbitiaceae	细小锥盖伞	*Conocybe arrhenii*	LC		
762	粪伞科	Bolbitiaceae	钟形锥盖伞	*Conocybe blattaria*	DD		
763	粪伞科	Bolbitiaceae	褐锥盖伞	*Conocybe brunnea*	LC		
764	粪伞科	Bolbitiaceae	暗蓝锥盖伞	*Conocybe cyanopus*	DD		
765	粪伞科	Bolbitiaceae	灌丛锥盖伞	*Conocybe dumetorum*	DD		

序号 No.	科名 Chinese Family Names	科 Family	汉语学名 Chinese Names	学名 Scientific Names	评估等级 Status	评估依据 Assessment Criteria	特有种 Endemic
766	粪伞科	Bolbitiaceae	纤丝锥盖伞	*Conocybe fibrillosipes*	DD		
767	粪伞科	Bolbitiaceae	线锥盖伞	*Conocybe filaris*	DD		
768	粪伞科	Bolbitiaceae	脆锥盖伞	*Conocybe fragilis*	LC		
769	粪伞科	Bolbitiaceae	肉色锥盖伞	*Conocybe incarnata*	DD		
770	粪伞科	Bolbitiaceae	砖红锥盖伞	*Conocybe lateritia*	DD		
771	粪伞科	Bolbitiaceae	巨帽锥盖伞	*Conocybe macrocephala*	DD		
772	粪伞科	Bolbitiaceae	大孢锥盖伞	*Conocybe macrospora*	LC		
773	粪伞科	Bolbitiaceae	中孢锥盖伞	*Conocybe mesospora*	DD		
774	粪伞科	Bolbitiaceae	多变锥盖伞	*Conocybe mutabilis*	DD		
775	粪伞科	Bolbitiaceae	褚色锥盖伞	*Conocybe ochracea*	DD		
776	粪伞科	Bolbitiaceae	培尔辛锥盖伞	*Conocybe percincta*	DD		
777	粪伞科	Bolbitiaceae	绒毛锥盖伞	*Conocybe pilosella*	DD		
778	粪伞科	Bolbitiaceae	绒柄锥盖伞	*Conocybe pubescens*	DD		
779	粪伞科	Bolbitiaceae	里肯锥盖伞	*Conocybe rickeniana*	DD		
780	粪伞科	Bolbitiaceae	皱盖锥盖伞	*Conocybe rugosa*	DD		
781	粪伞科	Bolbitiaceae	半圆锥盖伞	*Conocybe semiglobata*	DD		
782	粪伞科	Bolbitiaceae	褐叶锥盖伞	*Conocybe siennophylla*	DD		
783	粪伞科	Bolbitiaceae	石灰锥盖伞	*Conocybe siliginea*	DD		
784	粪伞科	Bolbitiaceae	多柄锥盖伞	*Conocybe stripes*	DD		
785	粪伞科	Bolbitiaceae	卵形锥盖伞	*Conocybe subovalis*	DD		
786	粪伞科	Bolbitiaceae	柔弱锥盖伞	*Conocybe tenera*	LC		
787	粪伞科	Bolbitiaceae	龟裂锥盖伞	*Conocybe utriformis*	DD		
788	粪伞科	Bolbitiaceae	白圆头伞	*Descolea alba*	LC		
789	粪伞科	Bolbitiaceae	黄环圆头伞	*Descolea flavoannulata*	LC		
790	粪伞科	Bolbitiaceae	大孢圆头伞	*Descolea macrospora*	LC		
791	粪伞科	Bolbitiaceae	普雷蒂圆头伞	*Descolea pretiosa*	DD		
792	粪伞科	Bolbitiaceae	褶纹小帽伞	*Galerella plicatella*	DD		

序号 No.	科名 Chinese Family Names	科 Family	汉语学名 Chinese Names	学名 Scientific Names	评估等级 Status	评估依据 Assessment Criteria	特有种 Endemic
793	粪伞科	Bolbitiaceae	荒漠拟帽伞	*Galeropsis desertorum*	LC		
794	牛肝菌科	Boletaceae	朱红金牛肝菌	*Aureoboletus auriflammeus*	LC		
795	牛肝菌科	Boletaceae	金孔金牛肝菌	*Aureoboletus auriporus*	LC		
796	牛肝菌科	Boletaceae	重孔金牛肝菌	*Aureoboletus duplicatoporus*	DD		√
797	牛肝菌科	Boletaceae	氏族金牛肝菌	*Aureoboletus gentilis*	DD		
798	牛肝菌科	Boletaceae	长柄金牛肝菌	*Aureoboletus longicollis*	LC		
799	牛肝菌科	Boletaceae	绒盖金牛肝菌	*Aureoboletus mirabilis*	LC		
800	牛肝菌科	Boletaceae	大条孢金牛肝菌	*Aureoboletus moravicus*	DD		
801	牛肝菌科	Boletaceae	大金牛肝菌	*Aureoboletus projectellus*	LC		
802	牛肝菌科	Boletaceae	粒表金牛肝菌	*Aureoboletus roxanae*	LC		
803	牛肝菌科	Boletaceae	棱柄金牛肝菌	*Aureoboletus russellii*	LC		
804	牛肝菌科	Boletaceae	小金牛肝菌	*Aureoboletus shichianus*	LC		
805	牛肝菌科	Boletaceae	纤细金牛肝菌	*Aureoboletus tenuis*	DD		√
806	牛肝菌科	Boletaceae	西藏金牛肝菌	*Aureoboletus thibetanus*	LC		
807	牛肝菌科	Boletaceae	粘盖金牛肝菌	*Aureoboletus viscidipes*	LC		
808	牛肝菌科	Boletaceae	粘胶金牛肝菌	*Aureoboletus viscosus*	DD		√
809	牛肝菌科	Boletaceae	臧氏金牛肝菌	*Aureoboletus zangii*	DD		√
810	牛肝菌科	Boletaceae	网翼南牛肝菌	*Austroboletus dictyotus*	LC		
811	牛肝菌科	Boletaceae	梭孢南牛肝菌	*Austroboletus fusisporus*	LC		
812	牛肝菌科	Boletaceae	细南牛肝菌	*Austroboletus gracilis*	LC		
813	牛肝菌科	Boletaceae	新柔南牛肝菌	*Austroboletus malaccensis*	DD		
814	牛肝菌科	Boletaceae	变紫褐南牛肝菌	*Austroboletus purpurascens*	DD		
815	牛肝菌科	Boletaceae	淡绿南牛肝菌	*Austroboletus subvirens*	LC		
816	牛肝菌科	Boletaceae	西藏南牛肝菌	*Austroboletus trinitatensis*	DD		
817	牛肝菌科	Boletaceae	双色薄瓢牛肝菌	*Baorangia bicolor*	LC		
818	牛肝菌科	Boletaceae	假红足薄瓢牛肝菌	*Baorangia pseudocalopus*	DD		
819	牛肝菌科	Boletaceae	厚鳞条孢牛肝菌	*Boletellus ananas*	LC		

序号 No.	科名 Chinese Family Names	科 Family	汉语学名 Chinese Names	学名 Scientific Names	评估等级 Status	评估依据 Assessment Criteria	特有种 Endemic
820	牛肝菌科	Boletaceae	淡红褐条孢牛肝菌	Boletellus badiovinosus	DD		
821	牛肝菌科	Boletaceae	金条孢牛肝菌	Boletellus chrysenteroides	LC		
822	牛肝菌科	Boletaceae	高脚条孢牛肝菌	Boletellus elatus	DD		
823	牛肝菌科	Boletaceae	木生条孢牛肝菌	Boletellus emodensis	LC		
824	牛肝菌科	Boletaceae	梵净条孢牛肝菌	Boletellus fanjingensis	DD		√
825	牛肝菌科	Boletaceae	花状条孢牛肝菌	Boletellus floriformis	DD		
826	牛肝菌科	Boletaceae	福建条孢牛肝菌	Boletellus fujianensis	DD		√
827	牛肝菌科	Boletaceae	贾地条孢牛肝菌	Boletellus jalapensis	DD		
828	牛肝菌科	Boletaceae	木栖条孢牛肝菌	Boletellus lignicola	DD		√
829	牛肝菌科	Boletaceae	深红条孢牛肝菌	Boletellus obscurecoccineus	DD		
830	牛肝菌科	Boletaceae	紫红条孢牛肝菌	Boletellus puniceus	DD		√
831	牛肝菌科	Boletaceae	辐射状条孢牛肝菌	Boletellus radiatus	DD		√
832	牛肝菌科	Boletaceae	蛇皮盖条孢牛肝菌	Boletellus serpentipileus	DD		√
833	牛肝菌科	Boletaceae	长领条孢牛肝菌	Boletellus singaporensis	DD		
834	牛肝菌科	Boletaceae	鳞盖条孢牛肝菌	Boletellus squamosus	DD		√
835	牛肝菌科	Boletaceae	狭孢条孢牛肝菌	Boletellus stenosporus	DD		
836	牛肝菌科	Boletaceae	台湾条孢牛肝菌	Boletellus taiwanensis	DD		√
837	牛肝菌科	Boletaceae	椭色条孢牛肝菌	Boletellus umbrinellus	DD		
838	牛肝菌科	Boletaceae	暗红条孢牛肝菌	Boletellus violaceus	DD		√
839	牛肝菌科	Boletaceae	普通条孢牛肝菌	Boletellus vulgaris	DD		√
840	牛肝菌科	Boletaceae	云南条孢牛肝菌	Boletellus yunnanensis	DD		√
841	牛肝菌科	Boletaceae	双色刺牛肝菌	Boletochaete bicolor	DD		
842	牛肝菌科	Boletaceae	密刺牛肝菌	Boletochaete setulosa	DD		
843	牛肝菌科	Boletaceae	毛刺牛肝菌	Boletochaete spinifera	DD		
844	牛肝菌科	Boletaceae	铜色牛肝菌	Boletus aereus	DD		
845	牛肝菌科	Boletaceae	白牛肝菌	Boletus albus	DD		
846	牛肝菌科	Boletaceae	淡棕牛肝菌	Boletus alutaceus	LC		

序号 No.	科名 Chinese Family Names	科 Family	汉语学名 Chinese Names	学名 Scientific Names	评估等级 Status	评估依据 Assessment Criteria	特有种 Endemic
847	牛肝菌科	Boletaceae	青木氏牛肝菌	*Boletus aokii*	LC		
848	牛肝菌科	Boletaceae	黑牛肝菌	*Boletus astratus*	DD		
849	牛肝菌科	Boletaceae	晕斑柄牛肝菌	*Boletus atkinsonii*	LC		
850	牛肝菌科	Boletaceae	金黄菌丝牛肝菌	*Boletus aureomycetinus*	DD		
851	牛肝菌科	Boletaceae	黄肉牛肝菌	*Boletus auripes*	LC		
852	牛肝菌科	Boletaceae	双色牛肝菌	*Boletus bicolor*	LC		
853	牛肝菌科	Boletaceae	粘盖牛肝菌	*Boletus bovinus*	DD		
854	牛肝菌科	Boletaceae	短管牛肝菌	*Boletus brevitubus*	LC		√
855	牛肝菌科	Boletaceae	栗褐色牛肝菌	*Boletus castaneobrunneus*	DD		√
856	牛肝菌科	Boletaceae	栎牛肝菌	*Boletus castaneus*	DD		
857	牛肝菌科	Boletaceae	橙香牛肝菌	*Boletus citrifragrans*	VU	A3cd	
858	牛肝菌科	Boletaceae	土红牛肝菌	*Boletus craspedius*	DD		
859	牛肝菌科	Boletaceae	网顶牛肝菌	*Boletus dictyocephalus*	DD		
860	牛肝菌科	Boletaceae	龙眼牛肝菌	*Boletus dimocarpicola*	DD		
861	牛肝菌科	Boletaceae	美味牛肝菌	*Boletus edulis*	DD		
862	牛肝菌科	Boletaceae	红柄牛肝菌	*Boletus erythropus*	LC		
863	牛肝菌科	Boletaceae	锈褐牛肝菌	*Boletus ferrugineus*	DD		
864	牛肝菌科	Boletaceae	深红牛肝菌	*Boletus flammans*	LC		
865	牛肝菌科	Boletaceae	黄牛肝菌	*Boletus flavus*	DD		
866	牛肝菌科	Boletaceae	美丽牛肝菌	*Boletus formosus*	LC		
867	牛肝菌科	Boletaceae	褐小孔牛肝菌	*Boletus fuscimicroporus*	DD		√
868	牛肝菌科	Boletaceae	褐点牛肝菌	*Boletus fuscopunctatus*	DD		
869	牛肝菌科	Boletaceae	甘肃牛肝菌	*Boletus gansuensis*	DD		√
870	牛肝菌科	Boletaceae	网柄牛肝菌	*Boletus gertrudiae*	LC		
871	牛肝菌科	Boletaceae	大牛肝菌	*Boletus gigas*	LC		
872	牛肝菌科	Boletaceae	光滑牛肝菌	*Boletus glabellus*	DD		
873	牛肝菌科	Boletaceae	红底牛肝菌	*Boletus hypohaematicus*	DD		

序号 No.	科名 Chinese Family Names	科 Family	汉语学名 Chinese Names	学名 Scientific Names	评估等级 Status	评估依据 Assessment Criteria	特有种 Endemic
874	牛肝菌科	Boletaceae	暗红牛肝菌	*Boletus kermesinus*	DD		
875	牛肝菌科	Boletaceae	阔孢牛肝菌	*Boletus latisporus*	DD		
876	牛肝菌科	Boletaceae	路易斯牛肝菌	*Boletus lewisii*	DD		
877	牛肝菌科	Boletaceae	红网牛肝菌	*Boletus luridellus*	DD		
878	牛肝菌科	Boletaceae	褐黄牛肝菌	*Boletus luridus*	LC		
879	牛肝菌科	Boletaceae	大孢牛肝菌	*Boletus macroporus*	DD		
880	牛肝菌科	Boletaceae	宽孢牛肝菌	*Boletus magnisporus*	LC		
881	牛肝菌科	Boletaceae	巨孢牛肝菌	*Boletus megasporus*	DD		√
882	牛肝菌科	Boletaceae	中国美味牛肝菌	*Boletus meiweiniuganjun*	DD		√
883	牛肝菌科	Boletaceae	小橙黄牛肝菌	*Boletus miniatoaurantiacus*	VU	A3cd	
884	牛肝菌科	Boletaceae	黄柄牛肝菌	*Boletus miniato-olivaceus*	LC		
885	牛肝菌科	Boletaceae	微渺牛肝菌	*Boletus minimus*	DD		√
886	牛肝菌科	Boletaceae	麻点牛肝菌	*Boletus multipunctus*	LC		
887	牛肝菌科	Boletaceae	黑紫牛肝菌	*Boletus nigrellus*	DD		
888	牛肝菌科	Boletaceae	黑斑牛肝菌	*Boletus nigromaculatus*	DD		
889	牛肝菌科	Boletaceae	大台原牛肝菌	*Boletus odaiensis*	DD		
890	牛肝菌科	Boletaceae	苍白牛肝菌	*Boletus pallidus*	LC		
891	牛肝菌科	Boletaceae	泽生牛肝菌	*Boletus paluster*	DD		
892	牛肝菌科	Boletaceae	漆红牛肝菌	*Boletus phytolaccae*	DD		
893	牛肝菌科	Boletaceae	褐红盖牛肝菌	*Boletus pinophilus*	LC		
894	牛肝菌科	Boletaceae	鳞盖牛肝菌	*Boletus poeticus*	DD		
895	牛肝菌科	Boletaceae	拟细牛肝菌	*Boletus pseudoparvulus*	DD		√
896	牛肝菌科	Boletaceae	假松塔牛肝菌	*Boletus pseudostrobilomyces*	DD		√
897	牛肝菌科	Boletaceae	美牛肝菌	*Boletus puellaris*	DD		√
898	牛肝菌科	Boletaceae	茸点牛肝菌	*Boletus punctilifer*	DD		√
899	牛肝菌科	Boletaceae	紫红牛肝菌	*Boletus purpureus*	LC		
900	牛肝菌科	Boletaceae	网纹牛肝菌	*Boletus reticulatus*	DD		

序号 No.	科名 Chinese Family Names	科 Family	汉语学名 Chinese Names	学名 Scientific Names	评估等级 Status	评估依据 Assessment Criteria	特有种 Endemic
901	牛肝菌科	Boletaceae	网盖牛肝菌	*Boletus reticuloceps*	LC		√
902	牛肝菌科	Boletaceae	裂皮牛肝菌	*Boletus rimosellus*	LC		
903	牛肝菌科	Boletaceae	近栗密牛肝菌	*Boletus roseobadius*	DD		
904	牛肝菌科	Boletaceae	红黄牛肝菌	*Boletus rubriflavus*	DD		
905	牛肝菌科	Boletaceae	变红褐牛肝菌	*Boletus rufobrunnescens*	DD		√
906	牛肝菌科	Boletaceae	长孢牛肝菌	*Boletus rugosellus*	LC		√
907	牛肝菌科	Boletaceae	敏感牛肝菌	*Boletus sensibilis*	DD		
908	牛肝菌科	Boletaceae	华金黄牛肝菌	*Boletus sinoaurantiacus*	LC		√
909	牛肝菌科	Boletaceae	小美牛肝菌	*Boletus speciosus*	LC		
910	牛肝菌科	Boletaceae	鳞柄牛肝菌	*Boletus squamulistipes*	NT		
911	牛肝菌科	Boletaceae	亚棒孢牛肝菌	*Boletus subclavatosporus*	DD		
912	牛肝菌科	Boletaceae	近浅灰色牛肝菌	*Boletus subgriseus*	DD		√
913	牛肝菌科	Boletaceae	拟褐黄牛肝菌	*Boletus subluridellus*	LC		
914	牛肝菌科	Boletaceae	亚血红牛肝菌	*Boletus subsanguineus*	DD		
915	牛肝菌科	Boletaceae	近光柄牛肝菌	*Boletus subscabripes*	DD		
916	牛肝菌科	Boletaceae	细绒牛肝菌	*Boletus subtomentosus*	DD		
917	牛肝菌科	Boletaceae	褐绒柄牛肝菌	*Boletus subvelutipes*	LC		
918	牛肝菌科	Boletaceae	毛脚牛肝菌	*Boletus tomentipes*	LC		
919	牛肝菌科	Boletaceae	毛鳞牛肝菌	*Boletus tomentososquamulosus*	DD		
920	牛肝菌科	Boletaceae	小管牛肝菌	*Boletus tubulus*	DD		√
921	牛肝菌科	Boletaceae	褐孔牛肝菌	*Boletus umbriniporus*	DD		
922	牛肝菌科	Boletaceae	全褐牛肝菌	*Boletus umbrinus*	LC		
923	牛肝菌科	Boletaceae	污褐牛肝菌	*Boletus variipes*	LC		
924	牛肝菌科	Boletaceae	类虫形牛肝菌	*Boletus vermiculosoides*	LC		
925	牛肝菌科	Boletaceae	蚀肉牛肝菌	*Boletus vermiculosus*	DD		
926	牛肝菌科	Boletaceae	酒红基牛肝菌	*Boletus vinaceobasis*	DD		
927	牛肝菌科	Boletaceae	紫牛肝菌	*Boletus violaceofuscus*	LC		

序号 No.	科名 Chinese Family Names	科 Family	汉语学名 Chinese Names	学名 Scientific Names	评估等级 Status	评估依据 Assessment Criteria	特有种 Endemic
928	牛肝菌科	Boletaceae	草绿牛肝菌	*Boletus viridis*	DD		
929	牛肝菌科	Boletaceae	黏盖牛肝菌	*Boletus viscidiceps*	DD		√
930	牛肝菌科	Boletaceae	云南牛肝菌	*Boletus yunnanensis*	LC		√
931	牛肝菌科	Boletaceae	栗色博氏牛肝菌	*Bothia castanella*	DD		
932	牛肝菌科	Boletaceae	福建博氏牛肝菌	*Bothia fujianensis*	DD		√
933	牛肝菌科	Boletaceae	腐生牛肝菌	*Buchwaldoboletus hemichrysus*	DD		
934	牛肝菌科	Boletaceae	木生小腐生牛肝菌	*Buchwaldoboletus lignicola*	DD		
935	牛肝菌科	Boletaceae	红管腐生牛肝菌	*Buchwaldoboletus parvulus*	DD		
936	牛肝菌科	Boletaceae	球盖腐生牛肝菌	*Buchwaldoboletus sphaerocephalus*	DD		
937	牛肝菌科	Boletaceae	缘盖黄肉牛肝菌	*Butyriboletus appendiculatus*	LC		
938	牛肝菌科	Boletaceae	彼氏黄肉牛肝菌	*Butyriboletus peckii*	DD		
939	牛肝菌科	Boletaceae	桃红黄肉牛肝菌	*Butyriboletus regius*	LC		
940	牛肝菌科	Boletaceae	粉黄黄肉牛肝菌	*Butyriboletus roseoflavus*	DD		√
941	牛肝菌科	Boletaceae	黄褐黄肉牛肝菌	*Butyriboletus subsplendidus*	LC		√
942	牛肝菌科	Boletaceae	丽柄美牛肝菌	*Caloboletus calopus*	DD		
943	牛肝菌科	Boletaceae	坚实美牛肝菌	*Caloboletus firmus*	DD		
944	牛肝菌科	Boletaceae	非美味美牛肝菌	*Caloboletus inedulis*	DD		
945	牛肝菌科	Boletaceae	毡盖美牛肝菌	*Caloboletus panniformis*	DD		
946	牛肝菌科	Boletaceae	假根美牛肝菌	*Caloboletus radicans*	DD		
947	牛肝菌科	Boletaceae	灰柄美牛肝菌	*Caloboletus taienus*	LC		√
948	牛肝菌科	Boletaceae	云南美牛肝菌	*Caloboletus yunnanensis*	DD		√
949	牛肝菌科	Boletaceae	辣红孔牛肝菌	*Chalciporus piperatus*	DD		
950	牛肝菌科	Boletaceae	辐射红孔牛肝菌	*Chalciporus radiatus*	DD		
951	牛肝菌科	Boletaceae	卡氏腹菌	*Chamonixia caespitosa*	DD		
952	牛肝菌科	Boletaceae	绿盖裘氏牛肝菌	*Chiua virens*	LC		
953	牛肝菌科	Boletaceae	橙色橙牛肝菌	*Crocinoboletus laetissimus*	LC		
954	牛肝菌科	Boletaceae	金红橙牛肝菌	*Crocinoboletus rufoaureus*	DD		

序号 No.	科名 Chinese Family Names	科 Family	汉语学名 Chinese Names	学名 Scientific Names	评估等级 Status	评估依据 Assessment Criteria	特有种 Endemic
955	牛肝菌科	Boletaceae	斜胸粉蓝牛肝菌	Cyanoboletus instabilis	LC		√
956	牛肝菌科	Boletaceae	粉状粉蓝牛肝菌	Cyanoboletus pulverulentus	LC		
957	牛肝菌科	Boletaceae	华粉蓝牛肝菌	Cyanoboletus sinopulverulentus	DD		√
958	牛肝菌科	Boletaceae	微小牛排菌	Fistulinella nana	DD		
959	牛肝菌科	Boletaceae	腹牛肝菌	Gastroboletus boedijnii	DD		√
960	牛肝菌科	Boletaceae	土居腹牛肝菌	Gastroboletus doii	DD		
961	牛肝菌科	Boletaceae	陀螺状腹牛肝菌	Gastroboletus turbinatus	DD		
962	牛肝菌科	Boletaceae	粗糙腹疣柄牛肝菌	Gastroleccinum scabrosum	DD		
963	牛肝菌科	Boletaceae	红疣柄牛肝菌	Harrya chromipes	LC		
964	牛肝菌科	Boletaceae	桦网孢牛肝菌	Heimioporus betula	DD		
965	牛肝菌科	Boletaceae	日本网孢牛肝菌	Heimioporus japonicus	LC		
966	牛肝菌科	Boletaceae	网孢牛肝菌	Heimioporus retisporus	LC		
967	牛肝菌科	Boletaceae	拟网孢牛肝菌	Heimioporus subretisporus	DD		
968	牛肝菌科	Boletaceae	堇色网孢牛肝菌	Heimioporus xerampelinus	DD		√
969	牛肝菌科	Boletaceae	半白半疣柄牛肝菌	Hemileccinum impolitum	LC		
970	牛肝菌科	Boletaceae	无饰半疣柄牛肝菌	Hemileccinum indecorum	DD		
971	牛肝菌科	Boletaceae	半疣柄牛肝菌	Hemileccinum subglabripes	LC		
972	牛肝菌科	Boletaceae	血红园圃牛肝菌	Hortiboletus rubellus	LC		
973	牛肝菌科	Boletaceae	酒红园圃牛肝菌	Hortiboletus subpaludosus	LC		√
974	牛肝菌科	Boletaceae	光柄厚瓤牛肝菌	Hourangia cheoi	LC		√
975	牛肝菌科	Boletaceae	小果厚瓤牛肝菌	Hourangia microcarpa	DD		
976	牛肝菌科	Boletaceae	黑斑厚瓤牛肝菌	Hourangia nigropunctata	LC		
977	牛肝菌科	Boletaceae	栗褐褐牛肝菌	Imleria badia	LC		√
978	牛肝菌科	Boletaceae	暗棕褐牛肝菌	Imleria obscurebrunnea	DD		
979	牛肝菌科	Boletaceae	小褐牛肝菌	Imleria parva	DD		√
980	牛肝菌科	Boletaceae	亚高山褐牛肝菌	Imleria subalpina	DD		√
981	牛肝菌科	Boletaceae	朱孔皇牛肝菌	Imperator rhodopurpureus	LC		

序号 No.	科名 Chinese Family Names	科 Family	汉语学名 Chinese Names	学名 Scientific Names	评估等级 Status	评估依据 Assessment Criteria	特有种 Endemic
982	牛肝菌科	Boletaceae	芳香兰茂牛肝菌	*Lanmaoa fragrans*	LC		
983	牛肝菌科	Boletaceae	白小疣柄牛肝菌	*Leccinellum albellum*	LC		
984	牛肝菌科	Boletaceae	黄皮小疣柄牛肝菌	*Leccinellum crocipodium*	LC		
985	牛肝菌科	Boletaceae	灰小疣柄牛肝菌	*Leccinellum griseum*	LC		
986	牛肝菌科	Boletaceae	假糙小疣柄牛肝菌	*Leccinellum pseudoscabrum*	DD		
987	牛肝菌科	Boletaceae	可疑疣柄牛肝菌	*Leccinum ambiguum*	LC		
988	牛肝菌科	Boletaceae	橙黄疣柄牛肝菌	*Leccinum aurantiacum*	LC		
989	牛肝菌科	Boletaceae	巴氏疣柄牛肝菌	*Leccinum barrowsii*	DD		
990	牛肝菌科	Boletaceae	婆罗洲疣柄牛肝菌	*Leccinum borneense*	DD		
991	牛肝菌科	Boletaceae	橄榄色疣柄牛肝菌	*Leccinum brunneo-olivaceum*	DD		
992	牛肝菌科	Boletaceae	小脱节疣柄牛肝菌	*Leccinum disarticulatum*	DD		
993	牛肝菌科	Boletaceae	皱皮疣柄牛肝菌	*Leccinum duriusculum*	DD		
994	牛肝菌科	Boletaceae	黄柄疣柄牛肝菌	*Leccinum flavostipitatum*	DD		
995	牛肝菌科	Boletaceae	污白疣柄牛肝菌	*Leccinum holopus*	LC		
996	牛肝菌科	Boletaceae	显著疣柄牛肝菌	*Leccinum insigne*	DD		
997	牛肝菌科	Boletaceae	变红疣柄牛肝菌	*Leccinum intusrubens*	LC		
998	牛肝菌科	Boletaceae	白疣柄牛肝菌	*Leccinum leucophaeum*	DD		
999	牛肝菌科	Boletaceae	黄疣柄牛肝菌	*Leccinum luteum*	DD		
1000	牛肝菌科	Boletaceae	苍白橄榄色疣柄牛肝菌	*Leccinum olivaceopallidum*	DD		
1001	牛肝菌科	Boletaceae	波特疣柄牛肝菌	*Leccinum potteri*	LC		
1002	牛肝菌科	Boletaceae	红点疣柄牛肝菌	*Leccinum rubropunctum*	LC		
1003	牛肝菌科	Boletaceae	红斑疣柄牛肝菌	*Leccinum rubrum*	DD		✓
1004	牛肝菌科	Boletaceae	皱盖疣柄牛肝菌	*Leccinum rugosiceps*	LC		
1005	牛肝菌科	Boletaceae	褐疣柄牛肝菌	*Leccinum scabrum*	LC		
1006	牛肝菌科	Boletaceae	亚颗粒疣柄牛肝菌	*Leccinum subgranulosum*	DD		
1007	牛肝菌科	Boletaceae	小近白褐疣柄牛肝菌	*Leccinum subleucophaeum*	LC		
1008	牛肝菌科	Boletaceae	污白褐疣柄牛肝菌	*Leccinum subradicatum*	LC		

序号 No.	科名 Chinese Family Names	科 Family	汉语学名 Chinese Names	学名 Scientific Names	评估等级 Status	评估依据 Assessment Criteria	特有种 Endemic
1009	牛肝菌科	Boletaceae	变色疣柄牛肝菌	*Leccinum variicolor*	LC		
1010	牛肝菌科	Boletaceae	变形疣柄牛肝菌	*Leccinum versipelle*	LC		
1011	牛肝菌科	Boletaceae	栗色黏盖牛肝菌	*Mucilopilus castaneiceps*	LC		
1012	牛肝菌科	Boletaceae	褐盖新牛肝菌	*Neoboletus brunneissimus*	LC		√
1013	牛肝菌科	Boletaceae	硫色新牛肝菌	*Neoboletus pseudosulphureus*	DD		
1014	牛肝菌科	Boletaceae	中国新牛肝菌	*Neoboletus sinensis*	DD		√
1015	牛肝菌科	Boletaceae	星孢奥腹菌	*Octaviania asterosperma*	DD		
1016	牛肝菌科	Boletaceae	塔斯马尼亚奥腹菌	*Octaviania tasmanica*	LC		
1017	牛肝菌科	Boletaceae	黑褶孔菌	*Phylloporus ater*	DD		
1018	牛肝菌科	Boletaceae	美丽褶孔菌	*Phylloporus bellus*	LC		
1019	牛肝菌科	Boletaceae	南洋褶孔菌	*Phylloporus borneensis*	DD		
1020	牛肝菌科	Boletaceae	褐盖褶孔菌	*Phylloporus brunneiceps*	DD		√
1021	牛肝菌科	Boletaceae	中凹褶孔菌	*Phylloporus depressus*	DD		
1022	牛肝菌科	Boletaceae	覆鳞褶孔菌	*Phylloporus imbricatus*	DD		√
1023	牛肝菌科	Boletaceae	灰黄褶孔菌	*Phylloporus incarnatus*	LC		
1024	牛肝菌科	Boletaceae	潞西褶孔菌	*Phylloporus luxiensis*	DD		√
1025	牛肝菌科	Boletaceae	斑盖褶孔菌	*Phylloporus maculatus*	DD		√
1026	牛肝菌科	Boletaceae	东方褶孔菌	*Phylloporus orientalis*	LC		
1027	牛肝菌科	Boletaceae	厚囊褶孔菌	*Phylloporus pachycystidiatus*	DD		√
1028	牛肝菌科	Boletaceae	小孢褶孔菌	*Phylloporus parvisporus*	DD		
1029	牛肝菌科	Boletaceae	玫红褶孔菌	*Phylloporus rhodophaeus*	DD		
1030	牛肝菌科	Boletaceae	红黄褶孔菌	*Phylloporus rhodoxanthus*	LC		
1031	牛肝菌科	Boletaceae	淡红褶孔菌	*Phylloporus rubeolus*	DD		√
1032	牛肝菌科	Boletaceae	红鳞褶孔菌	*Phylloporus rubrosquamosus*	DD		√
1033	牛肝菌科	Boletaceae	糙柄褶孔菌	*Phylloporus scabrosus*	DD		√
1034	牛肝菌科	Boletaceae	黄褶孔菌	*Phylloporus sulphureus*	DD		
1035	牛肝菌科	Boletaceae	云南褶孔菌	*Phylloporus yunnanensis*	DD		√

序号 No.	科名 Chinese Family Names	科 Family	汉语学名 Chinese Names	学名 Scientific Names	评估等级 Status	评估依据 Assessment Criteria	特有种 Endemic
1036	牛肝菌科	Boletaceae	黑褐红牛肝菌	*Porphyrellus atrofuscus*	DD		
1037	牛肝菌科	Boletaceae	台湾红牛肝菌	*Porphyrellus formosanus*	DD		√
1038	牛肝菌科	Boletaceae	污柄红牛肝菌	*Porphyrellus fumosipes*	DD		
1039	牛肝菌科	Boletaceae	烟褐红牛肝菌	*Porphyrellus holophaeus*	DD		
1040	牛肝菌科	Boletaceae	橙变红牛肝菌	*Porphyrellus indecisus*	LC		
1041	牛肝菌科	Boletaceae	黑红牛肝菌	*Porphyrellus nigropurpureus*	LC		
1042	牛肝菌科	Boletaceae	红牛肝菌	*Porphyrellus porphyrosporus*	LC		
1043	牛肝菌科	Boletaceae	拟南牛肝菌	*Pseudoaustroboletus valens*	DD		
1044	牛肝菌科	Boletaceae	星假牛肝菌	*Pseudoboletus astraeicola*	DD		
1045	牛肝菌科	Boletaceae	寄生假牛肝菌	*Pseudoboletus parasiticus*	DD		
1046	牛肝菌科	Boletaceae	红管粉末牛肝菌	*Pulveroboletus amarellus*	DD		
1047	牛肝菌科	Boletaceae	爱其逊粉末牛肝菌	*Pulveroboletus atkinsonianus*	DD		
1048	牛肝菌科	Boletaceae	褐糙粉末牛肝菌	*Pulveroboletus brunneoscabrosus*	DD		
1049	牛肝菌科	Boletaceae	密簇粉末牛肝菌	*Pulveroboletus caespitosus*	DD		
1050	牛肝菌科	Boletaceae	空柄粉末牛肝菌	*Pulveroboletus curtisii*	LC		
1051	牛肝菌科	Boletaceae	黄疸粉末牛肝菌	*Pulveroboletus icterinus*	LC		
1052	牛肝菌科	Boletaceae	黄粉末牛肝菌	*Pulveroboletus ravenelii*	LC		
1053	牛肝菌科	Boletaceae	网盖粉末牛肝菌	*Pulveroboletus reticulopileus*	DD		√
1054	牛肝菌科	Boletaceae	芥黄粉末牛肝菌	*Pulveroboletus sinapicolor*	DD		
1055	牛肝菌科	Boletaceae	灰网柄牛肝菌	*Retiboletus griseus*	LC		
1056	牛肝菌科	Boletaceae	考夫曼网柄牛肝菌	*Retiboletus kauffmanii*	LC		
1057	牛肝菌科	Boletaceae	黑网柄牛肝菌	*Retiboletus nigerrimus*	LC		
1058	牛肝菌科	Boletaceae	饰柄网柄牛肝菌	*Retiboletus ornatipes*	NT		
1059	牛肝菌科	Boletaceae	网状网柄牛肝菌	*Retiboletus retipes*	LC		
1060	牛肝菌科	Boletaceae	双孢罗叶腹菌	*Rossbeevera bispora*	DD		√
1061	牛肝菌科	Boletaceae	云南罗叶腹菌	*Rossbeevera yunnanensis*	DD		√
1062	牛肝菌科	Boletaceae	阔孢灰暗红牛肝菌	*Rubroboletus latisporus*	DD		√

序号 No.	科名 Chinese Family Names	科 Family	汉语学名 Chinese Names	学名 Scientific Names	评估等级 Status	评估依据 Assessment Criteria	特有种 Endemic
1063	牛肝菌科	Boletaceae	魔灰暗红牛肝菌	*Rubroboletus satanas*	LC		
1064	牛肝菌科	Boletaceae	中国灰暗红牛肝菌	*Rubroboletus sinicus*	LC		
1065	牛肝菌科	Boletaceae	皱牛肝菌	*Rugiboletus extremiorientalis*	LC		
1066	牛肝菌科	Boletaceae	白色华牛肝菌	*Sinoboletus albidus*	DD		√
1067	牛肝菌科	Boletaceae	褐盖华牛肝菌	*Sinoboletus fuscus*	DD		√
1068	牛肝菌科	Boletaceae	黏盖华牛肝菌	*Sinoboletus gelatinosus*	DD		√
1069	牛肝菌科	Boletaceae	贵州华牛肝菌	*Sinoboletus guizhouensis*	DD		√
1070	牛肝菌科	Boletaceae	前川华牛肝菌	*Sinoboletus maekawae*	DD		√
1071	牛肝菌科	Boletaceae	巨孔华牛肝菌	*Sinoboletus magniporus*	DD		√
1072	牛肝菌科	Boletaceae	巨孢华牛肝菌	*Sinoboletus magnisporus*	DD		√
1073	牛肝菌科	Boletaceae	梅明华牛肝菌	*Sinoboletus meipengianus*	DD		√
1074	牛肝菌科	Boletaceae	叔群华牛肝菌	*Sinoboletus tengii*	DD		√
1075	牛肝菌科	Boletaceae	蔚清华牛肝菌	*Sinoboletus wangii*	DD		√
1076	牛肝菌科	Boletaceae	高山松塔牛肝菌	*Strobilomyces alpinus*	DD		√
1077	牛肝菌科	Boletaceae	越南松塔牛肝菌	*Strobilomyces annamiticus*	DD		
1078	牛肝菌科	Boletaceae	网盖松塔牛肝菌	*Strobilomyces areolatus*	DD		√
1079	牛肝菌科	Boletaceae	黑鳞松塔牛肝菌	*Strobilomyces atrosquamosus*	DD		√
1080	牛肝菌科	Boletaceae	混淆松塔牛肝菌	*Strobilomyces confusus*	LC		
1081	牛肝菌科	Boletaceae	刺鳞松塔牛肝菌	*Strobilomyces echinocephalus*	DD		√
1082	牛肝菌科	Boletaceae	大松塔牛肝菌	*Strobilomyces giganteus*	DD		√
1083	牛肝菌科	Boletaceae	裸皱松塔牛肝菌	*Strobilomyces glabellus*	DD		√
1084	牛肝菌科	Boletaceae	光盖松塔牛肝菌	*Strobilomyces glabriceps*	LC		√
1085	牛肝菌科	Boletaceae	阔裂松塔牛肝菌	*Strobilomyces latirimosus*	DD		√
1086	牛肝菌科	Boletaceae	黄纱松塔牛肝菌	*Strobilomyces mirandus*	LC		√
1087	牛肝菌科	Boletaceae	软松塔牛肝菌	*Strobilomyces mollis*	DD		
1088	牛肝菌科	Boletaceae	黑松塔牛肝菌	*Strobilomyces nigricans*	DD		
1089	牛肝菌科	Boletaceae	微裂松塔牛肝菌	*Strobilomyces parvirimosus*	DD		√

序号 No.	科名 Chinese Family Names	科 Family	汉语学名 Chinese Names	学名 Scientific Names	评估等级 Status	评估依据 Assessment Criteria	特有种 Endemic
1090	牛肝菌科	Boletaceae	锥鳞松塔牛肝菌	*Strobilomyces polypyramis*	DD		
1091	牛肝菌科	Boletaceae	红松塔牛肝菌	*Strobilomyces porphyrius*	DD		
1092	牛肝菌科	Boletaceae	网孢松塔牛肝菌	*Strobilomyces retisporus*	LC		
1093	牛肝菌科	Boletaceae	三明松塔牛肝菌	*Strobilomyces sanmingensis*	DD		√
1094	牛肝菌科	Boletaceae	半裸松塔牛肝菌	*Strobilomyces seminudus*	LC		
1095	牛肝菌科	Boletaceae	松塔牛肝菌	*Strobilomyces strobilaceus*	LC		
1096	牛肝菌科	Boletaceae	近黑松塔牛肝菌	*Strobilomyces subnigricans*	DD		√
1097	牛肝菌科	Boletaceae	微绒松塔牛肝菌	*Strobilomyces subnudus*	DD		√
1098	牛肝菌科	Boletaceae	短绒松塔牛肝菌	*Strobilomyces velutinus*	DD		√
1099	牛肝菌科	Boletaceae	绒柄松塔牛肝菌	*Strobilomyces velutipes*	DD		
1100	牛肝菌科	Boletaceae	疣柄松塔牛肝菌	*Strobilomyces verruculosus*	LC		
1101	牛肝菌科	Boletaceae	臧氏松塔牛肝菌	*Strobilomyces zangii*	DD		√
1102	牛肝菌科	Boletaceae	褐黄小乳牛肝菌	*Suillellus luridus*	LC		
1103	牛肝菌科	Boletaceae	着色小乳牛肝菌	*Suillellus pictiformis*	DD		
1104	牛肝菌科	Boletaceae	红脚小乳牛肝菌	*Suillellus queletii*	LC		
1105	牛肝菌科	Boletaceae	红黄小乳牛肝菌	*Suillellus rhodoxanthus*	DD		
1106	牛肝菌科	Boletaceae	花盖乳牛肝菌	*Suillus areolatus*	DD		
1107	牛肝菌科	Boletaceae	单色乳牛肝菌	*Suillus unicolor*	DD		
1108	牛肝菌科	Boletaceae	超群紫盖牛肝菌	*Sutorius eximius*	LC		
1109	牛肝菌科	Boletaceae	海南紫盖牛肝菌	*Sutorius hainanensis*	DD		√
1110	牛肝菌科	Boletaceae	容氏紫盖牛肝菌	*Sutorius junquilleus*	DD		
1111	牛肝菌科	Boletaceae	华丽紫盖牛肝菌	*Sutorius magnificus*	LC		
1112	牛肝菌科	Boletaceae	暗盖紫盖牛肝菌	*Sutorius obscureumbrinus*	LC		
1113	牛肝菌科	Boletaceae	烟绒紫盖牛肝菌	*Sutorius tomentulosus*	DD		√
1114	牛肝菌科	Boletaceae	有毒紫盖牛肝菌	*Sutorius venenatus*	DD		
1115	牛肝菌科	Boletaceae	金囊体刺管牛肝菌	*Tubosaeta aureocystis*	DD		√
1116	牛肝菌科	Boletaceae	黑盖粉孢牛肝菌	*Tylopilus alboater*	LC		

序号 No.	科名 Chinese Family Names	科 Family	汉语学名 Chinese Names	学名 Scientific Names	评估等级 Status	评估依据 Assessment Criteria	特有种 Endemic
1117	牛肝菌科	Boletaceae	白粉孢牛肝菌	*Tylopilus albofarinaceus*	DD		√
1118	牛肝菌科	Boletaceae	花盖粉孢牛肝菌	*Tylopilus areolatus*	DD		
1119	牛肝菌科	Boletaceae	暗紫粉孢牛肝菌	*Tylopilus atripurpureus*	DD		
1120	牛肝菌科	Boletaceae	黑褐粉孢牛肝菌	*Tylopilus atrobrunneus*	DD		
1121	牛肝菌科	Boletaceae	褐盖粉孢牛肝菌	*Tylopilus badiceps*	DD		
1122	牛肝菌科	Boletaceae	褐红粉孢牛肝菌	*Tylopilus brunneirubens*	DD		
1123	牛肝菌科	Boletaceae	朱红粉孢牛肝菌	*Tylopilus cervinicoccineus*	LC		
1124	牛肝菌科	Boletaceae	采网粉孢牛肝菌	*Tylopilus chromoreticulatus*	DD		√
1125	牛肝菌科	Boletaceae	皱盖粉孢牛肝菌	*Tylopilus cutifractus*	DD		
1126	牛肝菌科	Boletaceae	苦粉孢牛肝菌	*Tylopilus felleus*	LC		
1127	牛肝菌科	Boletaceae	锈盖粉孢牛肝菌	*Tylopilus ferrugineus*	DD		
1128	牛肝菌科	Boletaceae	灰紫粉孢牛肝菌	*Tylopilus griseipurpureus*	DD		
1129	牛肝菌科	Boletaceae	爪哇粉孢牛肝菌	*Tylopilus javanicus*	DD		
1130	牛肝菌科	Boletaceae	小孢粉孢牛肝菌	*Tylopilus microsporus*	DD		√
1131	牛肝菌科	Boletaceae	新苦粉孢牛肝菌	*Tylopilus neofelleus*	DD		
1132	牛肝菌科	Boletaceae	黑粉孢牛肝菌	*Tylopilus nigricans*	DD		√
1133	牛肝菌科	Boletaceae	橄榄红粉孢牛肝菌	*Tylopilus olivaceirubens*	DD		
1134	牛肝菌科	Boletaceae	大津粉孢牛肝菌	*Tylopilus otsuensis*	DD		
1135	牛肝菌科	Boletaceae	类铅紫粉孢牛肝菌	*Tylopilus plumbeoviolaceoides*	DD		√
1136	牛肝菌科	Boletaceae	紫色粉孢牛肝菌	*Tylopilus plumbeoviolaceus*	LC		
1137	牛肝菌科	Boletaceae	斑褐粉孢牛肝菌	*Tylopilus punctatofumosus*	DD		√
1138	牛肝菌科	Boletaceae	茶色粉孢牛肝菌	*Tylopilus tabacinus*	DD		
1139	牛肝菌科	Boletaceae	绒表粉孢牛肝菌	*Tylopilus tristiculus*	DD		
1140	牛肝菌科	Boletaceae	绒帽粉孢牛肝菌	*Tylopilus veluticeps*	DD		
1141	牛肝菌科	Boletaceae	紫褐粉孢牛肝菌	*Tylopilus vinosobrunneus*	DD		
1142	牛肝菌科	Boletaceae	高山垂边牛肝菌	*Veloporphyrellus alpinus*	DD		√
1143	牛肝菌科	Boletaceae	拟垂边牛肝菌	*Veloporphyrellus pseudovelatus*	DD		√

序号 No.	科名 Chinese Family Names	科 Family	汉语学名 Chinese Names	学名 Scientific Names	评估等级 Status	评估依据 Assessment Criteria	特有种 Endemic
1144	牛肝菌科	Boletaceae	菌幕垂边牛肝菌	*Veloporphyrellus velatus*	DD		
1145	牛肝菌科	Boletaceae	褐金孢牛肝菌	*Xanthoconium affine*	LC		
1146	牛肝菌科	Boletaceae	紫金孢牛肝菌	*Xanthoconium purpureum*	LC		
1147	牛肝菌科	Boletaceae	裂管金孢牛肝菌	*Xanthoconium separans*	LC		
1148	牛肝菌科	Boletaceae	红小绒盖牛肝菌	*Xerocomellus chrysenteron*	DD		
1149	牛肝菌科	Boletaceae	同型小绒盖牛肝菌	*Xerocomellus intermedius*	DD		
1150	牛肝菌科	Boletaceae	孔孢小绒盖牛肝菌	*Xerocomellus porosporus*	LC		
1151	牛肝菌科	Boletaceae	截孢小绒盖牛肝菌	*Xerocomellus truncatus*	LC		
1152	牛肝菌科	Boletaceae	泽勒小绒盖牛肝菌	*Xerocomellus zelleri*	DD		
1153	牛肝菌科	Boletaceae	白褐绒盖牛肝菌	*Xerocomus albobrunneus*	DD		
1154	牛肝菌科	Boletaceae	黑色绒盖牛肝菌	*Xerocomus anthracinus*	DD		√
1155	牛肝菌科	Boletaceae	似柄星绒盖牛肝菌	*Xerocomus astraeicolopsis*	DD		√
1156	牛肝菌科	Boletaceae	竹生绒盖牛肝菌	*Xerocomus bambusicola*	DD		√
1157	牛肝菌科	Boletaceae	美囊体绒盖牛肝菌	*Xerocomus caiocystides*	DD		
1158	牛肝菌科	Boletaceae	楔孢绒盖牛肝菌	*Xerocomus cuneipes*	DD		
1159	牛肝菌科	Boletaceae	褐孢绒盖牛肝菌	*Xerocomus ferruginosporus*	DD		
1160	牛肝菌科	Boletaceae	异囊体绒盖牛肝菌	*Xerocomus heterocystides*	DD		√
1161	牛肝菌科	Boletaceae	癞绒盖牛肝菌	*Xerocomus hortonii*	LC		
1162	牛肝菌科	Boletaceae	拟绒盖牛肝菌	*Xerocomus illudens*	LC		
1163	牛肝菌科	Boletaceae	容氏绒盖牛肝菌	*Xerocomus junghuhnii*	DD		
1164	牛肝菌科	Boletaceae	巨孔绒盖牛肝菌	*Xerocomus magniporus*	DD		√
1165	牛肝菌科	Boletaceae	莫利斯绒盖牛肝菌	*Xerocomus morrisii*	DD		
1166	牛肝菌科	Boletaceae	细绒盖牛肝菌	*Xerocomus parvulus*	DD		
1167	牛肝菌科	Boletaceae	小绒盖牛肝菌	*Xerocomus parvus*	DD		
1168	牛肝菌科	Boletaceae	褐绒盖牛肝菌	*Xerocomus phaeocephalus*	DD		
1169	牛肝菌科	Boletaceae	辜杉绒盖牛肝菌	*Xerocomus piceicola*	DD		√
1170	牛肝菌科	Boletaceae	紫孔绒盖牛肝菌	*Xerocomus puniceiporus*	DD		√

序号 No.	科名 Chinese Family Names	科 Family	汉语学名 Chinese Names	学名 Scientific Names	评估等级 Status	评估依据 Assessment Criteria	特有种 Endemic
1171	牛肝菌科	Boletaceae	血红绒盖牛肝菌	*Xerocomus rubellus*	LC		
1172	牛肝菌科	Boletaceae	多褶绒盖牛肝菌	*Xerocomus satisfactus*	DD		
1173	牛肝菌科	Boletaceae	近密孔绒盖牛肝菌	*Xerocomus subdaedaleus*	DD		√
1174	牛肝菌科	Boletaceae	绒盖牛肝菌	*Xerocomus subtomentosus*	DD		
1175	牛肝菌科	Boletaceae	林绒盖牛肝菌	*Xerocomus sylvestris*	LC		
1176	牛肝菌科	Boletaceae	叔群绒盖牛肝菌	*Xerocomus tengii*	DD		√
1177	牛肝菌科	Boletaceae	毛柄绒盖牛肝菌	*Xerocomus tomentipes*	DD		
1178	牛肝菌科	Boletaceae	绿盖臧氏牛肝菌	*Zangia chlorinosma*	DD		√
1179	牛肝菌科	Boletaceae	黄盖臧氏牛肝菌	*Zangia citrina*	DD		√
1180	牛肝菌科	Boletaceae	血红臧氏牛肝菌	*Zangia erythrocephala*	DD		√
1181	牛肝菌科	Boletaceae	绿褐臧氏牛肝菌	*Zangia olivacea*	DD		√
1182	牛肝菌科	Boletaceae	红绿臧氏牛肝菌	*Zangia olivaceobrunnea*	DD		√
1183	牛肝菌科	Boletaceae	红盖臧氏牛肝菌	*Zangia roseola*	DD		√
1184	褶孔牛肝菌科	Boletinellaceae	短小褶孔牛肝菌	*Boletinellus exiguus*	DD		
1185	褶孔牛肝菌科	Boletinellaceae	褶孔牛肝菌	*Boletinellus merulioides*	LC		
1186	褶孔牛肝菌科	Boletinellaceae	黑脉柄牛肝菌	*Phlebopus marginatus*	DD		
1187	褶孔牛肝菌科	Boletinellaceae	暗褐脉柄牛肝菌	*Phlebopus portentosus*	LC		
1188	褶孔牛肝菌科	Boletinellaceae	热带脉柄牛肝菌	*Phlebopus tropicus*	DD		
1189	刺孢多孔菌科	Bondarzewiaceae	喜马拉雅炭孢珊瑚菌	*Amylaria himalayensis*	DD		
1190	刺孢多孔菌科	Bondarzewiaceae	洁粉孢菌	*Amylosporus campbellii*	LC		
1191	刺孢多孔菌科	Bondarzewiaceae	木麻黄粉孢菌	*Amylosporus casuarinicola*	DD		√
1192	刺孢多孔菌科	Bondarzewiaceae	迷路状粉孢菌	*Amylosporus daedaliformis*	DD		√
1193	刺孢多孔菌科	Bondarzewiaceae	红粉孢菌	*Amylosporus rubellus*	DD		√
1194	刺孢多孔菌科	Bondarzewiaceae	吕氏粉孢菌	*Amylosporus ryvardenii*	DD		
1195	刺孢多孔菌科	Bondarzewiaceae	伯克利刺孢多孔菌	*Bondarzewia berkeleyi*	LC		
1196	刺孢多孔菌科	Bondarzewiaceae	圆刺孢多孔菌	*Bondarzewia mesenterica*	LC		
1197	刺孢多孔菌科	Bondarzewiaceae	罗汉松刺孢多孔菌	*Bondarzewia podocarpi*	DD		√

序号 No.	科名 Chinese Family Names	科 Family	汉语学名 Chinese Names	学名 Scientific Names	评估等级 Status	评估依据 Assessment Criteria	特有种 Endemic
1198	刺孢多孔菌科	Bondarzewiaceae	刺胶革菌	*Gloiodon strigosus*	LC		
1199	刺孢多孔菌科	Bondarzewiaceae	冷杉异担子菌	*Heterobasidion abietinum*	DD		
1200	刺孢多孔菌科	Bondarzewiaceae	糊精异担子菌	*Heterobasidion amyloideum*	DD		✓
1201	刺孢多孔菌科	Bondarzewiaceae	多年异担子菌	*Heterobasidion annosum*	LC		
1202	刺孢多孔菌科	Bondarzewiaceae	南方异担子菌	*Heterobasidion australe*	LC		✓
1203	刺孢多孔菌科	Bondarzewiaceae	无壳异担子菌	*Heterobasidion ecrustosum*	LC		
1204	刺孢多孔菌科	Bondarzewiaceae	岛生异担子菌	*Heterobasidion insulare*	LC		
1205	刺孢多孔菌科	Bondarzewiaceae	林芝异担子菌	*Heterobasidion linzhiense*	DD		✓
1206	刺孢多孔菌科	Bondarzewiaceae	东方异担子菌	*Heterobasidion orientale*	LC		
1207	刺孢多孔菌科	Bondarzewiaceae	小孔异担子菌	*Heterobasidion parviporum*	LC		
1208	刺孢多孔菌科	Bondarzewiaceae	西藏异担子菌	*Heterobasidion tibeticum*	DD		✓
1209	刺孢多孔菌科	Bondarzewiaceae	紫杉小劳里菌	*Lauriliella taxodii*	DD		
1210	刺孢多孔菌科	Bondarzewiaceae	灰黑亚硬孔菌	*Rigidoporopsis griseonigra*	DD		
1211	刺孢多孔菌科	Bondarzewiaceae	大孢亚硬孔菌	*Rigidoporopsis macrospora*	DD		✓
1212	刺孢多孔菌科	Bondarzewiaceae	叠生亚硬孔菌	*Rigidoporopsis tegularis*	DD		✓
1213	刺孢多孔菌科	Bondarzewiaceae	胶囊刺孢齿耳菌	*Stecchericium seriatum*	LC		
1214	刺孢多孔菌科	Bondarzewiaceae	华南赖特卧孔菌	*Wrightoporia austrosinensis*	DD		✓
1215	刺孢多孔菌科	Bondarzewiaceae	棕色赖特卧孔菌	*Wrightoporia avellanea*	LC		
1216	刺孢多孔菌科	Bondarzewiaceae	北方赖特卧孔菌	*Wrightoporia borealis*	DD		✓
1217	刺孢多孔菌科	Bondarzewiaceae	胶囊赖特卧孔菌	*Wrightoporia gloeocystidiata*	DD		
1218	刺孢多孔菌科	Bondarzewiaceae	柔软赖特卧孔菌	*Wrightoporia lenta*	DD		
1219	刺孢多孔菌科	Bondarzewiaceae	浅黄赖特卧孔菌	*Wrightoporia luteola*	DD		✓
1220	刺孢多孔菌科	Bondarzewiaceae	黑边赖特卧孔菌	*Wrightoporia nigrolimitata*	DD		✓
1221	刺孢多孔菌科	Bondarzewiaceae	褐黄赖特卧孔菌	*Wrightoporia ochrocrocea*	DD		
1222	刺孢多孔菌科	Bondarzewiaceae	鲍扎尔赖特卧孔菌	*Wrightoporia pouzarii*	DD		✓
1223	刺孢多孔菌科	Bondarzewiaceae	根赖特卧孔菌	*Wrightoporia radicata*	DD		✓
1224	刺孢多孔菌科	Bondarzewiaceae	近烟色赖特卧孔菌	*Wrightoporia subadusta*	DD		✓

序号 No.	科名 Chinese Family Names	科 Family	汉语学名 Chinese Names	学名 Scientific Names	评估等级 Status	评估依据 Assessment Criteria	特有种 Endemic
1225	刺孢多孔菌科	Bondarzewiaceae	蹄形癞特卧孔菌	*Wrightoporia unguliformis*	DD		√
1226	布勒掷孢酵母科	Bulleraceae	椹形假银耳	*Pseudotremella moriformis*	DD		
1227	布勒掷孢酵母科	Bulleraceae	雪白假银耳	*Pseudotremella nivalis*	DD		√
1228	丽口包科	Calostomataceae	伯克利丽口包	*Calostoma berkeleyi*	DD		
1229	丽口包科	Calostomataceae	红皮丽口包	*Calostoma cinnabarinum*	LC		
1230	丽口包科	Calostomataceae	广西丽口包	*Calostoma guangxiense*	DD		√
1231	丽口包科	Calostomataceae	贵州丽口包	*Calostoma guizhouense*	DD		√
1232	丽口包科	Calostomataceae	湖南丽口包	*Calostoma hunanense*	DD		√
1233	丽口包科	Calostomataceae	日本丽口包	*Calostoma japonicum*	LC		
1234	丽口包科	Calostomataceae	姜氏丽口包	*Calostoma jiangii*	DD		√
1235	丽口包科	Calostomataceae	黄皮丽口包	*Calostoma junghuhnii*	DD		
1236	丽口包科	Calostomataceae	猫儿山丽口包	*Calostoma maoershanense*	DD		√
1237	丽口包科	Calostomataceae	小丽口包	*Calostoma miniata*	LC		√
1238	丽口包科	Calostomataceae	粗皮丽口包	*Calostoma oriruber*	DD		
1239	丽口包科	Calostomataceae	彭氏丽口包	*Calostoma pengii*	EN	B2ab(iii)	√
1240	丽口包科	Calostomataceae	拉文尼利丽口包	*Calostoma ravenelii*	DD		
1241	丽口包科	Calostomataceae	变孢丽口包	*Calostoma variispora*	VU	B2ab(iii)	√
1242	丽口包科	Calostomataceae	云南丽口包	*Calostoma yunnanense*	VU	B2ab(iii)	√
1243	丽口包科	Calostomataceae	台湾丽球包	*Mitremyces formosanus*	DD		
1244	鸡油菌科	Cantharellaceae	白边鸡油菌	*Cantharellus albomarginatus*	DD		
1245	鸡油菌科	Cantharellaceae	紫晶鸡油菌	*Cantharellus amethysteus*	DD		
1246	鸡油菌科	Cantharellaceae	阿巴拉契亚鸡油菌	*Cantharellus appalachiensis*	DD		
1247	鸡油菌科	Cantharellaceae	雪白鸡油菌	*Cantharellus candidus*	DD		√
1248	鸡油菌科	Cantharellaceae	黄肉鸡油菌	*Cantharellus carneoflavus*	LC		
1249	鸡油菌科	Cantharellaceae	鸡油菌	*Cantharellus cibarius*	DD		
1250	鸡油菌科	Cantharellaceae	灰鸡油菌	*Cantharellus cinereus*	LC		
1251	鸡油菌科	Cantharellaceae	红鸡油菌	*Cantharellus cinnabarinus*	LC		

序号 No.	科名 Chinese Family Names	科 Family	汉语学名 Chinese Names	学名 Scientific Names	评估等级 Status	评估依据 Assessment Criteria	特有种 Endemic
1252	鸡油菌科	Cantharellaceae	伤锈鸡油菌	*Cantharellus ferruginascens*	DD		
1253	鸡油菌科	Cantharellaceae	太平洋金色鸡油菌	*Cantharellus formosus*	DD		
1254	鸡油菌科	Cantharellaceae	薄黄鸡油菌	*Cantharellus lateritius*	NT		
1255	鸡油菌科	Cantharellaceae	淡紫鸡油菌	*Cantharellus melanoxeros*	DD		
1256	鸡油菌科	Cantharellaceae	小鸡油菌	*Cantharellus minor*	LC		
1257	鸡油菌科	Cantharellaceae	芳香鸡油菌	*Cantharellus odoratus*	LC		
1258	鸡油菌科	Cantharellaceae	紫色鸡油菌	*Cantharellus purpuraceus*	LC		
1259	鸡油菌科	Cantharellaceae	白鸡油菌	*Cantharellus subalbidus*	LC		
1260	鸡油菌科	Cantharellaceae	亚鸡油菌	*Cantharellus subcibarius*	DD		
1261	鸡油菌科	Cantharellaceae	疣孢鸡油菌	*Cantharellus tuberculosporus*	NT		
1262	鸡油菌科	Cantharellaceae	鞘状鸡油菌	*Cantharellus vaginatus*	DD		√
1263	鸡油菌科	Cantharellaceae	云南鸡油菌	*Cantharellus yunnanensis*	VU	A3cd	√
1264	鸡油菌科	Cantharellaceae	臧氏鸡油菌	*Cantharellus zangii*	DD		√
1265	鸡油菌科	Cantharellaceae	香喇叭菌	*Craterellus atratus*	DD		
1266	鸡油菌科	Cantharellaceae	金喇叭菌	*Craterellus auratus*	DD		
1267	鸡油菌科	Cantharellaceae	金黄喇叭菌	*Craterellus aureus*	LC		
1268	鸡油菌科	Cantharellaceae	半喇叭菌	*Craterellus borealis*	DD		
1269	鸡油菌科	Cantharellaceae	喇叭菌	*Craterellus cornucopioides*	LC		
1270	鸡油菌科	Cantharellaceae	卷毛喇叭菌	*Craterellus floccosus*	DD		
1271	鸡油菌科	Cantharellaceae	变黄喇叭菌	*Craterellus lutescens*	LC		
1272	鸡油菌科	Cantharellaceae	微喇叭菌	*Craterellus minimus*	DD		
1273	鸡油菌科	Cantharellaceae	管形喇叭菌	*Craterellus tubaeformis*	LC		
1274	鸡油菌科	Cantharellaceae	褐假喇叭菌	*Pseudocraterellus fuligineus*	DD		
1275	鸡油菌科	Cantharellaceae	中国假喇叭菌	*Pseudocraterellus sinensis*	DD		
1276	鸡油菌科	Cantharellaceae	波假喇叭菌	*Pseudocraterellus undulatus*	LC		
1277	闭腹菌科	Claustulaceae	山西胶皮菌	*Gelopellis shanxiensis*	DD		√
1278	闭腹菌科	Claustulaceae	中国脉腹菌	*Phlebogaster sinensis*	DD		√

序号 No.	科名 Chinese Family Names	科 Family	汉语学名 Chinese Names	学名 Scientific Names	评估等级 Status	评估依据 Assessment Criteria	特有种 Endemic
1279	闭腹菌科	Claustulaceae	假胶皮菌	Pseudogelopellis echinoperidium	DD		√
1280	珊瑚菌科	Clavariaceae	锐角珊瑚菌	Clavaria acuta	DD		
1281	珊瑚菌科	Clavariaceae	土色珊瑚菌	Clavaria argillacea	DD		
1282	珊瑚菌科	Clavariaceae	黑褐珊瑚菌	Clavaria atroumbrina	DD		
1283	珊瑚菌科	Clavariaceae	黄珊瑚菌	Clavaria flavipes	LC		
1284	珊瑚菌科	Clavariaceae	脆珊瑚菌	Clavaria fragilis	LC		
1285	珊瑚菌科	Clavariaceae	烟色珊瑚菌	Clavaria fumosa	DD		
1286	珊瑚菌科	Clavariaceae	微薄明珊瑚菌	Clavaria fuscata	DD		
1287	珊瑚菌科	Clavariaceae	胶质珊瑚菌	Clavaria gelatinosa	DD		
1288	珊瑚菌科	Clavariaceae	扁珊瑚菌	Clavaria gibbsiae	DD		
1289	珊瑚菌科	Clavariaceae	灯草珊瑚菌	Clavaria juncea	DD		
1290	珊瑚菌科	Clavariaceae	棒珊瑚菌	Clavaria ligata	DD		
1291	珊瑚菌科	Clavariaceae	淡紫珊瑚菌	Clavaria lilacina	DD		
1292	珊瑚菌科	Clavariaceae	苔藓珊瑚菌	Clavaria muscoides	DD		
1293	珊瑚菌科	Clavariaceae	沼生珊瑚菌	Clavaria paludicola	DD		
1294	珊瑚菌科	Clavariaceae	紫珊瑚菌	Clavaria purpurea	DD		
1295	珊瑚菌科	Clavariaceae	红珊瑚菌	Clavaria rosea	DD		
1296	珊瑚菌科	Clavariaceae	深红珊瑚菌	Clavaria rubicundula	DD		
1297	珊瑚菌科	Clavariaceae	尖孢珊瑚菌	Clavaria spiculospora	DD		
1298	珊瑚菌科	Clavariaceae	薄柄珊瑚菌	Clavaria tenuipes	LC		
1299	珊瑚菌科	Clavariaceae	越南珊瑚菌	Clavaria tonkinensis	DD		
1300	珊瑚菌科	Clavariaceae	豆芽珊瑚菌	Clavaria vermiculata	LC		
1301	珊瑚菌科	Clavariaceae	佐林格珊瑚菌	Clavaria zollingeri	LC		
1302	珊瑚菌科	Clavariaceae	怡人拟锁瑚菌	Clavulinopsis amoena	LC		
1303	珊瑚菌科	Clavariaceae	沙生拟锁瑚菌	Clavulinopsis arenicola	DD		
1304	珊瑚菌科	Clavariaceae	金赤拟锁瑚菌	Clavulinopsis aurantiocinnabarina	LC		
1305	珊瑚菌科	Clavariaceae	短柄拟锁瑚菌	Clavulinopsis brevipes	DD		

序号 No.	科名 Chinese Family Names	科 Family	汉语学名 Chinese Names	学名 Scientific Names	评估等级 Status	评估依据 Assessment Criteria	特有种 Endemic
1306	珊瑚菌科	Clavariaceae	玫瑰珊瑚状拟锁瑚菌	Clavulinopsis corallinorosacea	DD		
1307	珊瑚菌科	Clavariaceae	角拟锁瑚菌	Clavulinopsis corniculata	LC		
1308	珊瑚菌科	Clavariaceae	梭形拟锁瑚菌	Clavulinopsis fusiformis	LC		
1309	珊瑚菌科	Clavariaceae	微黄拟锁瑚菌	Clavulinopsis helvola	LC		
1310	珊瑚菌科	Clavariaceae	悦色拟锁瑚菌	Clavulinopsis laeticolor	DD		
1311	珊瑚菌科	Clavariaceae	黄白拟锁瑚菌	Clavulinopsis luteoalba	DD		
1312	珊瑚菌科	Clavariaceae	黄赭拟锁瑚菌	Clavulinopsis luteo-ochracea	DD		
1313	珊瑚菌科	Clavariaceae	宫部拟锁瑚菌	Clavulinopsis miyabeana	LC		
1314	珊瑚菌科	Clavariaceae	亚顶拟锁瑚菌	Clavulinopsis subfastigiata	DD		
1315	珊瑚菌科	Clavariaceae	环沟拟锁瑚菌	Clavulinopsis sulcata	LC		
1316	珊瑚菌科	Clavariaceae	纤细拟锁瑚菌	Clavulinopsis tenella	DD		
1317	珊瑚菌科	Clavariaceae	柔弱拟锁瑚菌	Clavulinopsis tenerrima	DD		
1318	珊瑚菌科	Clavariaceae	赭色拟锁瑚菌	Clavulinopsis umbrinella	DD		
1319	珊瑚菌科	Clavariaceae	泊氏尖齿菌	Mucronella bresadolae	DD		
1320	珊瑚菌科	Clavariaceae	光滑尖齿菌	Mucronella calva	DD		
1321	珊瑚菌科	Clavariaceae	散孢拟枝瑚菌	Ramariopsis asperulospora	DD		
1322	珊瑚菌科	Clavariaceae	二型拟枝瑚菌	Ramariopsis biformis	DD		
1323	珊瑚菌科	Clavariaceae	钝头拟枝瑚菌	Ramariopsis capitatus	DD		
1324	珊瑚菌科	Clavariaceae	变绿拟枝瑚菌	Ramariopsis crocea	LC		
1325	珊瑚菌科	Clavariaceae	孔策拟枝瑚菌	Ramariopsis kunzei	LC		
1326	珊瑚菌科	Clavariaceae	黄娇拟枝瑚菌	Ramariopsis luteotenerrima	DD		
1327	珊瑚菌科	Clavariaceae	小丽拟枝瑚菌	Ramariopsis pulchella	DD		
1328	珊瑚菌科	Clavariaceae	精细拟枝瑚菌	Ramariopsis subtilis	DD		
1329	珊瑚菌科	Clavariaceae	纤细拟枝瑚菌	Ramariopsis tenuicula	DD		
1330	珊瑚菌科	Clavariaceae	细枝拟枝瑚菌	Ramariopsis tenuiramosa	DD		
1331	珊瑚菌科	Clavariaceae	刺孢扁枝瑚菌	Scytinopogon echinosporus	LC		
1332	珊瑚菌科	Clavariaceae	扁枝瑚菌	Scytinopogon pallescens	DD		

序号 No.	科名 Chinese Family Names	科 Family	汉语学名 Chinese Names	学名 Scientific Names	评估等级 Status	评估依据 Assessment Criteria	特有种 Endemic
1333	棒瑚菌科	Clavariadelphaceae	美洲棒瑚菌	*Clavariadelphus americanus*	DD		
1334	棒瑚菌科	Clavariadelphaceae	喜马拉雅棒瑚菌	*Clavariadelphus himalayensis*	DD		
1335	棒瑚菌科	Clavariadelphaceae	小棒瑚菌	*Clavariadelphus ligula*	DD		
1336	棒瑚菌科	Clavariadelphaceae	奇棒瑚菌	*Clavariadelphus mirus*	DD		
1337	棒瑚菌科	Clavariadelphaceae	淡肉色棒瑚菌	*Clavariadelphus pallidoincarnatus*	DD		
1338	棒瑚菌科	Clavariadelphaceae	棒瑚菌	*Clavariadelphus pistillaris*	LC		
1339	棒瑚菌科	Clavariadelphaceae	长棒瑚菌	*Clavariadelphus sachalinensis*	LC		
1340	棒瑚菌科	Clavariadelphaceae	平截棒瑚菌	*Clavariadelphus truncatus*	LC		
1341	棒瑚菌科	Clavariadelphaceae	云南棒瑚菌	*Clavariadelphus yunnanensis*	LC		
1342	锁瑚菌科	Clavulinaceae	梅孔似锁瑚菌	*Clavulicium macounii*	DD		
1343	锁瑚菌科	Clavulinaceae	晶紫锁瑚菌	*Clavulina amethystina*	DD		
1344	锁瑚菌科	Clavulinaceae	紫晶锁瑚菌	*Clavulina amethystinoides*	DD		
1345	锁瑚菌科	Clavulinaceae	贝森锁瑚菌	*Clavulina bessonii*	DD		
1346	锁瑚菌科	Clavulinaceae	栗色锁瑚菌	*Clavulina castaneipes*	DD		
1347	锁瑚菌科	Clavulinaceae	灰锁瑚菌	*Clavulina cinerea*	LC		
1348	锁瑚菌科	Clavulinaceae	珊瑚锁瑚菌	*Clavulina cirrhata*	DD		
1349	锁瑚菌科	Clavulinaceae	珊瑚状锁瑚菌	*Clavulina coralloides*	LC		
1350	锁瑚菌科	Clavulinaceae	饰柄锁瑚菌	*Clavulina ornatipes*	DD		
1351	锁瑚菌科	Clavulinaceae	皱锁瑚菌	*Clavulina rugosa*	LC		
1352	粉孢革菌科	Coniophoraceae	干粉孢革菌	*Coniophora arida*	DD		
1353	粉孢革菌科	Coniophoraceae	梭孢粉孢革菌	*Coniophora fusispora*	DD		
1354	粉孢革菌科	Coniophoraceae	橄榄粉孢革菌	*Coniophora olivacea*	DD		
1355	粉孢革菌科	Coniophoraceae	凹痕粉孢革菌	*Coniophora puteana*	LC		
1356	粉孢革菌科	Coniophoraceae	糖圆齿菌	*Gyrodontium sacchari*	LC		
1357	伏革菌科	Corticiaceae	白油囊伏革菌	*Corticium abeuns*	DD		
1358	伏革菌科	Corticiaceae	奥伯氏伏革菌	*Corticium auberianum*	DD		
1359	伏革菌科	Corticiaceae	相接伏革菌	*Corticium contiguum*	DD		

序号 No.	科名 Chinese Family Names	科 Family	汉语学名 Chinese Names	学名 Scientific Names	评估等级 Status	评估依据 Assessment Criteria	特有种 Endemic
1360	伏革菌科	Corticiaceae	禾伏革菌	*Corticium gramineum*	DD		
1361	伏革菌科	Corticiaceae	灰白伏革菌	*Corticium incanum*	DD		
1362	伏革菌科	Corticiaceae	玫肉色伏革菌	*Corticium roseocarneum*	DD		
1363	伏革菌科	Corticiaceae	玫红伏革菌	*Corticium roseum*	LC		
1364	伏革菌科	Corticiaceae	红伏革菌	*Corticium rubrocanum*	DD		
1365	伏革菌科	Corticiaceae	近赭黄伏革菌	*Corticium subochraceum*	DD		
1366	伏革菌科	Corticiaceae	朱纹脉革菌	*Cytidia salicina*	LC		
1367	伏革菌科	Corticiaceae	多角树状革菌	*Dendrocorticium polygonioides*	DD		
1368	伏革菌科	Corticiaceae	尖树状皮革菌	*Dendrothele acerina*	DD		
1369	伏革菌科	Corticiaceae	洋葱味树状皮革菌	*Dendrothele alliacea*	DD		
1370	伏革菌科	Corticiaceae	混合树状皮革菌	*Dendrothele commixta*	DD		
1371	伏革菌科	Corticiaceae	小角树状皮革菌	*Dendrothele corniculata*	DD		
1372	伏革菌科	Corticiaceae	雪白树状皮革菌	*Dendrothele nivosa*	DD		
1373	伏革菌科	Corticiaceae	鲑色赤衣菌	*Erythricium salmonicolor*	DD		
1374	伏革菌科	Corticiaceae	土色库氏伏革菌	*Kurtia argillacea*	DD		
1375	伏革菌科	Corticiaceae	拟大伏革菌	*Licrostroma subgiganteum*	DD		
1376	伏革菌科	Corticiaceae	东亚疏伏革菌	*Lyomyces boninensis*	DD		
1377	伏革菌科	Corticiaceae	异囊丝皮革菌	*Mutatoderma heterocystidia*	DD		
1378	伏革菌科	Corticiaceae	多变丝皮革菌	*Mutatoderma mutatum*	LC		
1379	伏革菌科	Corticiaceae	杨丝皮革菌	*Mutatoderma populneum*	DD		
1380	伏革菌科	Corticiaceae	粗环点革菌	*Punctularia strigosozonata*	LC		
1381	伏革菌科	Corticiaceae	球梗孔盖革菌	*Tretopileus sphaerophorus*	DD		
1382	伏革菌科	Corticiaceae	旋卷似串担革菌	*Waitea circinata*	DD		
1383	丝膜菌科	Cortinariaceae	白丝膜菌	*Cortinarius albidus*	DD		
1384	丝膜菌科	Cortinariaceae	银紫丝膜菌	*Cortinarius alboviolaceus*	DD		
1385	丝膜菌科	Cortinariaceae	多型丝膜菌	*Cortinarius allutus*	DD		
1386	丝膜菌科	Cortinariaceae	赤杨丝膜菌	*Cortinarius alnetorum*	DD		

序号 No.	科名 Chinese Family Names	科 Family	汉语学名 Chinese Names	学名 Scientific Names	评估等级 Status	评估依据 Assessment Criteria	特有种 Endemic
1387	丝膜菌科	Cortinariaceae	桤木丝膜菌	*Cortinarius alneus*	DD		
1388	丝膜菌科	Cortinariaceae	环状丝膜菌	*Cortinarius annulatus*	DD		
1389	丝膜菌科	Cortinariaceae	烟灰褐丝膜菌	*Cortinarius anomalus*	DD		
1390	丝膜菌科	Cortinariaceae	煤黑丝膜菌	*Cortinarius anthracinus*	DD		
1391	丝膜菌科	Cortinariaceae	银色丝膜菌	*Cortinarius argentatus*	DD		
1392	丝膜菌科	Cortinariaceae	银盖丝膜菌	*Cortinarius argenteopileatus*	DD		
1393	丝膜菌科	Cortinariaceae	亚美尼亚丝膜菌	*Cortinarius armeniacus*	DD		
1394	丝膜菌科	Cortinariaceae	蜜环丝膜菌	*Cortinarius armillatus*	DD		
1395	丝膜菌科	Cortinariaceae	紫柄丝膜菌	*Cortinarius arquatus*	DD		
1396	丝膜菌科	Cortinariaceae	橙黄丝膜菌	*Cortinarius aurantiofulvus*	DD		
1397	丝膜菌科	Cortinariaceae	金黄丝膜菌	*Cortinarius aureifolius*	DD		
1398	丝膜菌科	Cortinariaceae	石榴丝膜菌	*Cortinarius balaustinus*	DD		
1399	丝膜菌科	Cortinariaceae	桦丝膜菌	*Cortinarius betuletorum*	DD		
1400	丝膜菌科	Cortinariaceae	桦生丝膜菌	*Cortinarius betulinus*	DD		
1401	丝膜菌科	Cortinariaceae	双环丝膜菌	*Cortinarius bivelus*	DD		
1402	丝膜菌科	Cortinariaceae	揶丝膜菌	*Cortinarius bolaris*	DD		
1403	丝膜菌科	Cortinariaceae	鳞柄丝膜菌	*Cortinarius bolbosus*	DD		
1404	丝膜菌科	Cortinariaceae	污褐丝膜菌	*Cortinarius borealis*	DD		
1405	丝膜菌科	Cortinariaceae	布迪耶丝膜菌	*Cortinarius boudieri*	DD		
1406	丝膜菌科	Cortinariaceae	牛丝膜菌	*Cortinarius bovinus*	DD		
1407	丝膜菌科	Cortinariaceae	黄褐丝膜菌	*Cortinarius brunneofulvus*	DD		
1408	丝膜菌科	Cortinariaceae	褐膜丝膜菌	*Cortinarius brunneovelatus*	DD		
1409	丝膜菌科	Cortinariaceae	棕丝膜菌	*Cortinarius brunneus*	DD		
1410	丝膜菌科	Cortinariaceae	球基丝膜菌	*Cortinarius bulbosus*	DD		
1411	丝膜菌科	Cortinariaceae	波兰奇丝膜菌	*Cortinarius bulliardii*	DD		
1412	丝膜菌科	Cortinariaceae	蓝丝膜菌	*Cortinarius caerulescens*	LC		
1413	丝膜菌科	Cortinariaceae	托柄丝膜菌	*Cortinarius callochrous*	DD		

序号 No.	科名 Chinese Family Names	科 Family	汉语学名 Chinese Names	学名 Scientific Names	评估等级 Status	评估依据 Assessment Criteria	特有种 Endemic
1414	丝膜菌科	Cortinariaceae	美孢丝膜菌	*Cortinarius calosporus*	DD		√
1415	丝膜菌科	Cortinariaceae	薰衣草色丝膜菌	*Cortinarius camphoratus*	DD		
1416	丝膜菌科	Cortinariaceae	管毛丝膜菌	*Cortinarius canabarba*	LC		
1417	丝膜菌科	Cortinariaceae	烛台丝膜菌	*Cortinarius candelaris*	DD		
1418	丝膜菌科	Cortinariaceae	犬丝膜菌	*Cortinarius caninus*	DD		
1419	丝膜菌科	Cortinariaceae	皱皮丝膜菌	*Cortinarius caperatus*	LC		
1420	丝膜菌科	Cortinariaceae	小栗色丝膜菌	*Cortinarius castanellus*	DD		
1421	丝膜菌科	Cortinariaceae	栗色丝膜菌	*Cortinarius castaneus*	DD		
1422	丝膜菌科	Cortinariaceae	浅灰褐丝膜菌	*Cortinarius catskillensis*	DD		
1423	丝膜菌科	Cortinariaceae	蜡叶丝膜菌	*Cortinarius cereifolius*	DD		
1424	丝膜菌科	Cortinariaceae	灰紫色丝膜菌	*Cortinarius cinereoroseolus*	DD		
1425	丝膜菌科	Cortinariaceae	灰堇紫丝膜菌	*Cortinarius cinereoviolaceus*	DD		
1426	丝膜菌科	Cortinariaceae	朱红丝膜菌	*Cortinarius cinnabarinus*	DD		
1427	丝膜菌科	Cortinariaceae	黄棕丝膜菌	*Cortinarius cinnamomeus*	LC		
1428	丝膜菌科	Cortinariaceae	黄绿丝膜菌	*Cortinarius citrino-olivaceus*	DD		
1429	丝膜菌科	Cortinariaceae	亮色丝膜菌	*Cortinarius claricolor*	DD		
1430	丝膜菌科	Cortinariaceae	粘腿丝膜菌	*Cortinarius collinitoides*	DD		
1431	丝膜菌科	Cortinariaceae	粘柄丝膜菌	*Cortinarius collinitus*	DD		
1432	丝膜菌科	Cortinariaceae	共同丝膜菌	*Cortinarius colus*	DD		
1433	丝膜菌科	Cortinariaceae	菁丝膜菌	*Cortinarius colymbadinus*	DD		
1434	丝膜菌科	Cortinariaceae	棕绿丝膜菌	*Cortinarius cotoneus*	DD		
1435	丝膜菌科	Cortinariaceae	厚丝膜菌	*Cortinarius crassifolius*	DD		
1436	丝膜菌科	Cortinariaceae	铬黄丝膜菌	*Cortinarius croceicolor*	DD		
1437	丝膜菌科	Cortinariaceae	红褶丝膜菌	*Cortinarius croceofulvus*	DD		
1438	丝膜菌科	Cortinariaceae	杏黄丝膜菌	*Cortinarius croceus*	DD		
1439	丝膜菌科	Cortinariaceae	晶体丝膜菌	*Cortinarius crystallinus*	DD		
1440	丝膜菌科	Cortinariaceae	暗蓝丝膜菌	*Cortinarius cyanites*	DD		

序号 No.	科名 Chinese Family Names	科 Family	汉语学名 Chinese Names	学名 Scientific Names	评估等级 Status	评估依据 Assessment Criteria	特有种 Endemic
1441	丝膜菌科	Cortinariaceae	暗蓝脚丝膜菌	*Cortinarius cyanopus*	DD		
1442	丝膜菌科	Cortinariaceae	直柄丝膜菌	*Cortinarius cylindripes*	DD		
1443	丝膜菌科	Cortinariaceae	迷惑丝膜菌	*Cortinarius decipiens*	DD		
1444	丝膜菌科	Cortinariaceae	脱色丝膜菌	*Cortinarius decolorus*	DD		
1445	丝膜菌科	Cortinariaceae	纹饰丝膜菌	*Cortinarius decoratus*	DD		
1446	丝膜菌科	Cortinariaceae	小粘柄丝膜菌	*Cortinarius delibutus*	LC		
1447	丝膜菌科	Cortinariaceae	鬼丝膜菌	*Cortinarius diabolicus*	DD		
1448	丝膜菌科	Cortinariaceae	淡色丝膜菌	*Cortinarius dilutus*	DD		
1449	丝膜菌科	Cortinariaceae	高丝膜菌	*Cortinarius elatior*	DD		
1450	丝膜菌科	Cortinariaceae	雅致丝膜菌	*Cortinarius elegantior*	DD		
1451	丝膜菌科	Cortinariaceae	美丽丝膜菌	*Cortinarius elegantissimus*	DD		
1452	丝膜菌科	Cortinariaceae	萼山丝膜菌	*Cortinarius emodensis*	LC		√
1453	丝膜菌科	Cortinariaceae	红丝膜菌	*Cortinarius erythrinus*	DD		
1454	丝膜菌科	Cortinariaceae	可食丝膜菌	*Cortinarius esculentus*	DD		
1455	丝膜菌科	Cortinariaceae	蓝柄丝膜菌	*Cortinarius evernius*	DD		
1456	丝膜菌科	Cortinariaceae	簇生丝膜菌	*Cortinarius fasciatus*	DD		
1457	丝膜菌科	Cortinariaceae	坚实丝膜菌	*Cortinarius firmus*	DD		
1458	丝膜菌科	Cortinariaceae	弯柄丝膜菌	*Cortinarius flexipes*	DD		
1459	丝膜菌科	Cortinariaceae	脆质丝膜菌	*Cortinarius fragilis*	LC		
1460	丝膜菌科	Cortinariaceae	光亮丝膜菌	*Cortinarius fulgens*	DD		
1461	丝膜菌科	Cortinariaceae	黄肉丝膜菌	*Cortinarius fulmineus*	DD		
1462	丝膜菌科	Cortinariaceae	拟盔孢伞丝膜菌	*Cortinarius galeroides*	DD		
1463	丝膜菌科	Cortinariaceae	氏族丝膜菌	*Cortinarius gentilis*	DD		
1464	丝膜菌科	Cortinariaceae	德国丝膜菌	*Cortinarius germanus*	DD		
1465	丝膜菌科	Cortinariaceae	光滑丝膜菌	*Cortinarius glabrellus*	DD		
1466	丝膜菌科	Cortinariaceae	蓝绿丝膜菌	*Cortinarius glaucopus*	DD		
1467	丝膜菌科	Cortinariaceae	胶丝膜菌	*Cortinarius glutinosus*	DD		

序号 No.	科名 Chinese Family Names	科 Family	汉语学名 Chinese Names	学名 Scientific Names	评估等级 Status	评估依据 Assessment Criteria	特有种 Endemic
1468	丝膜菌科	Cortinariaceae	赭黄丝膜菌	*Cortinarius helvolus*	DD		
1469	丝膜菌科	Cortinariaceae	羊毛盖丝膜菌	*Cortinarius hemitrichus*	LC		
1470	丝膜菌科	Cortinariaceae	草色丝膜菌	*Cortinarius hercynicus*	DD		
1471	丝膜菌科	Cortinariaceae	嫩肉丝膜菌	*Cortinarius hinnuleus*	LC		
1472	丝膜菌科	Cortinariaceae	狭丝膜菌	*Cortinarius illibatus*	DD		
1473	丝膜菌科	Cortinariaceae	锐裂丝膜菌	*Cortinarius incisus*	DD		
1474	丝膜菌科	Cortinariaceae	弯丝膜菌	*Cortinarius infractus*	DD		
1475	丝膜菌科	Cortinariaceae	丝盖伞褶丝膜菌	*Cortinarius inocybiphyllus*	DD		
1476	丝膜菌科	Cortinariaceae	堇丝膜菌	*Cortinarius iodes*	LC		
1477	丝膜菌科	Cortinariaceae	棠毛丝膜菌	*Cortinarius jubarinus*	DD		
1478	丝膜菌科	Cortinariaceae	柯夫丝膜菌	*Cortinarius korfii*	DD		
1479	丝膜菌科	Cortinariaceae	棉毛丝膜菌	*Cortinarius laniger*	DD		
1480	丝膜菌科	Cortinariaceae	巨丝膜菌	*Cortinarius largus*	DD		
1481	丝膜菌科	Cortinariaceae	侧丝膜菌	*Cortinarius latus*	DD		
1482	丝膜菌科	Cortinariaceae	丁香紫丝膜菌	*Cortinarius lilacinus*	DD		
1483	丝膜菌科	Cortinariaceae	紫盖丝膜菌	*Cortinarius limonius*	DD		
1484	丝膜菌科	Cortinariaceae	绿褐丝膜菌	*Cortinarius livido-ochraceus*	DD		
1485	丝膜菌科	Cortinariaceae	肝色丝膜菌	*Cortinarius livor*	DD		
1486	丝膜菌科	Cortinariaceae	长柄丝膜菌	*Cortinarius longipes*	DD		
1487	丝膜菌科	Cortinariaceae	褐丝膜菌	*Cortinarius luteus*	DD		
1488	丝膜菌科	Cortinariaceae	粗柄丝膜菌	*Cortinarius macropus*	DD		
1489	丝膜菌科	Cortinariaceae	锦葵丝膜菌	*Cortinarius malachius*	DD		
1490	丝膜菌科	Cortinariaceae	橄榄灰丝膜菌	*Cortinarius malicorius*	DD		
1491	丝膜菌科	Cortinariaceae	棕黑丝膜菌	*Cortinarius melanotus*	DD		
1492	丝膜菌科	Cortinariaceae	多结丝膜菌	*Cortinarius miltinus*	DD		
1493	丝膜菌科	Cortinariaceae	粘丝膜菌	*Cortinarius mucifluus*	DD		
1494	丝膜菌科	Cortinariaceae	粘肉丝膜菌	*Cortinarius mucosus*	DD		

序号 No.	科名 Chinese Family Names	科 Family	汉语学名 Chinese Names	学名 Scientific Names	评估等级 Status	评估依据 Assessment Criteria	特有种 Endemic
1495	丝膜菌科	Cortinariaceae	多形丝膜菌	*Cortinarius multiformis*	DD		
1496	丝膜菌科	Cortinariaceae	褚红丝膜菌	*Cortinarius mussivus*	DD		
1497	丝膜菌科	Cortinariaceae	暗褐丝膜菌	*Cortinarius neoarmillatus*	DD		
1498	丝膜菌科	Cortinariaceae	黑鳞丝膜菌	*Cortinarius nigrosquamosus*	DD		
1499	丝膜菌科	Cortinariaceae	亮丝膜菌	*Cortinarius nitidus*	DD		
1500	丝膜菌科	Cortinariaceae	伪异状丝膜菌	*Cortinarius nothoanomalus*	DD		
1501	丝膜菌科	Cortinariaceae	钝丝膜菌	*Cortinarius obrusseus*	DD		
1502	丝膜菌科	Cortinariaceae	钝顶丝膜菌	*Cortinarius obtusus*	DD		
1503	丝膜菌科	Cortinariaceae	褚色丝膜菌	*Cortinarius ochraceus*	DD		
1504	丝膜菌科	Cortinariaceae	淡褚丝膜菌	*Cortinarius ochroleucus*	DD		
1505	丝膜菌科	Cortinariaceae	蒿色丝膜菌	*Cortinarius olivaceostramineus*	DD		
1506	丝膜菌科	Cortinariaceae	奥林匹亚丝膜菌	*Cortinarius olympianus*	DD		
1507	丝膜菌科	Cortinariaceae	奥来丝膜菌	*Cortinarius orellanus*	DD		
1508	丝膜菌科	Cortinariaceae	金铜色丝膜菌	*Cortinarius orichalceus*	DD		
1509	丝膜菌科	Cortinariaceae	灰褐丝膜菌	*Cortinarius paleaceus*	DD		
1510	丝膜菌科	Cortinariaceae	皮尔松丝膜菌	*Cortinarius pearsonii*	DD		
1511	丝膜菌科	Cortinariaceae	友爱丝膜菌	*Cortinarius percomis*	DD		
1512	丝膜菌科	Cortinariaceae	盾丝膜菌	*Cortinarius personatus*	DD		
1513	丝膜菌科	Cortinariaceae	鳞丝膜菌	*Cortinarius pholideus*	LC		
1514	丝膜菌科	Cortinariaceae	松林丝膜菌	*Cortinarius pinetorum*	DD		
1515	丝膜菌科	Cortinariaceae	复型丝膜菌	*Cortinarius polymorphus*	DD		
1516	丝膜菌科	Cortinariaceae	岩红柄丝膜菌	*Cortinarius porphyropus*	DD		
1517	丝膜菌科	Cortinariaceae	缘纹丝膜菌	*Cortinarius praestans*	DD		
1518	丝膜菌科	Cortinariaceae	有名丝膜菌	*Cortinarius praestigiosus*	DD		
1519	丝膜菌科	Cortinariaceae	草绿丝膜菌	*Cortinarius prasinus*	DD		
1520	丝膜菌科	Cortinariaceae	胡褐丝膜菌	*Cortinarius privignus*	DD		
1521	丝膜菌科	Cortinariaceae	沙盖丝膜菌	*Cortinarius psammocephalus*	DD		

序号 No.	科名 Chinese Family Names	科 Family	汉语学名 Chinese Names	学名 Scientific Names	评估等级 Status	评估依据 Assessment Criteria	特有种 Endemic
1522	丝膜菌科	Cortinariaceae	假紫丝膜菌	*Cortinarius pseudopurpurascens*	DD		
1523	丝膜菌科	Cortinariaceae	拟荷叶丝膜菌	*Cortinarius pseudosalor*	DD		
1524	丝膜菌科	Cortinariaceae	假变色丝膜菌	*Cortinarius pseudovariicolor*	DD		
1525	丝膜菌科	Cortinariaceae	紫色丝膜菌	*Cortinarius purpurascens*	DD		
1526	丝膜菌科	Cortinariaceae	紫丝膜菌	*Cortinarius purpureus*	DD		
1527	丝膜菌科	Cortinariaceae	芜菁状丝膜菌	*Cortinarius rapaceus*	DD		
1528	丝膜菌科	Cortinariaceae	里肯丝膜菌	*Cortinarius rickenianus*	DD		
1529	丝膜菌科	Cortinariaceae	绢盖丝膜菌	*Cortinarius riculatus*	DD		
1530	丝膜菌科	Cortinariaceae	刚丝膜菌	*Cortinarius rigens*	DD		
1531	丝膜菌科	Cortinariaceae	硬丝膜菌	*Cortinarius rigidus*	DD		
1532	丝膜菌科	Cortinariaceae	微红丝膜菌	*Cortinarius rubellus*	DD		
1533	丝膜菌科	Cortinariaceae	深红丝膜菌	*Cortinarius rubicundulus*	DD		
1534	丝膜菌科	Cortinariaceae	红肉丝膜菌	*Cortinarius rubricosus*	DD		
1535	丝膜菌科	Cortinariaceae	暗红丝膜菌	*Cortinarius rufolatus*	DD		
1536	丝膜菌科	Cortinariaceae	紫红丝膜菌	*Cortinarius rufo-olivaceus*	DD		
1537	丝膜菌科	Cortinariaceae	锈红丝膜菌	*Cortinarius russeus*	DD		
1538	丝膜菌科	Cortinariaceae	大丝膜菌	*Cortinarius saginus*	DD		
1539	丝膜菌科	Cortinariaceae	蓝紫丝膜菌	*Cortinarius salor*	DD		
1540	丝膜菌科	Cortinariaceae	血红丝膜菌	*Cortinarius sanguineus*	DD		
1541	丝膜菌科	Cortinariaceae	败血丝膜菌	*Cortinarius saniosus*	DD		
1542	丝膜菌科	Cortinariaceae	土星丝膜菌	*Cortinarius saturninus*	DD		
1543	丝膜菌科	Cortinariaceae	翘鳞丝膜菌	*Cortinarius scaurus*	DD		
1544	丝膜菌科	Cortinariaceae	芽生丝膜菌	*Cortinarius scutulatus*	DD		
1545	丝膜菌科	Cortinariaceae	羊血红丝膜菌	*Cortinarius semisanguineus*	DD		
1546	丝膜菌科	Cortinariaceae	易混丝膜菌	*Cortinarius similis*	DD		
1547	丝膜菌科	Cortinariaceae	兰紫丝膜菌	*Cortinarius sodagnitus*	DD		
1548	丝膜菌科	Cortinariaceae	球子丝膜菌	*Cortinarius sphaerospermus*	DD		

序号 No.	科名 Chinese Family Names	科 Family	汉语学名 Chinese Names	学名 Scientific Names	评估等级 Status	评估依据 Assessment Criteria	特有种 Endemic
1549	丝膜菌科	Cortinariaceae	圆孢丝膜菌	*Cortinarius sphaerosporus*	DD		
1550	丝膜菌科	Cortinariaceae	斑丝膜菌	*Cortinarius spilomeus*	DD		
1551	丝膜菌科	Cortinariaceae	光泽丝膜菌	*Cortinarius splendens*	DD		
1552	丝膜菌科	Cortinariaceae	亚白紫丝膜菌	*Cortinarius subalboviolaceus*	DD		
1553	丝膜菌科	Cortinariaceae	类银白丝膜菌	*Cortinarius subargentatus*	DD		
1554	丝膜菌科	Cortinariaceae	拟蜜环丝柄丝膜菌	*Cortinarius subarmillatus*	DD		
1555	丝膜菌科	Cortinariaceae	亚小粘柄丝膜菌	*Cortinarius subdelibutus*	DD		
1556	丝膜菌科	Cortinariaceae	锈色丝膜菌	*Cortinarius subferrugineus*	DD		
1557	丝膜菌科	Cortinariaceae	绵毛丝膜菌	*Cortinarius sublanatus*	DD		
1558	丝膜菌科	Cortinariaceae	亚宽孢丝膜菌	*Cortinarius sublatisporus*	DD		
1559	丝膜菌科	Cortinariaceae	平丝膜菌	*Cortinarius subtabularis*	DD		
1560	丝膜菌科	Cortinariaceae	亚野丝膜菌	*Cortinarius subtorvus*	DD		
1561	丝膜菌科	Cortinariaceae	暗黄丝膜菌	*Cortinarius subturbinatus*	DD		
1562	丝膜菌科	Cortinariaceae	扁盖丝膜菌	*Cortinarius tabularis*	DD		
1563	丝膜菌科	Cortinariaceae	异形丝膜菌	*Cortinarius teraturgus*	DD		
1564	丝膜菌科	Cortinariaceae	野丝膜菌	*Cortinarius torvus*	DD		
1565	丝膜菌科	Cortinariaceae	退紫丝膜菌	*Cortinarius tragamus*	DD		
1566	丝膜菌科	Cortinariaceae	凯旋丝膜菌	*Cortinarius triumphans*	DD		
1567	丝膜菌科	Cortinariaceae	常见丝膜菌	*Cortinarius trivialis*	LC		
1568	丝膜菌科	Cortinariaceae	黄丝膜菌	*Cortinarius turmalis*	DD		
1569	丝膜菌科	Cortinariaceae	泥泞丝膜菌	*Cortinarius uliginosus*	DD		
1570	丝膜菌科	Cortinariaceae	茶褐丝膜菌	*Cortinarius umbrinolens*	DD		
1571	丝膜菌科	Cortinariaceae	黑丝膜菌	*Cortinarius uraceus*	DD		
1572	丝膜菌科	Cortinariaceae	城市丝膜菌	*Cortinarius urbicus*	DD		
1573	丝膜菌科	Cortinariaceae	变色丝膜菌	*Cortinarius variicolor*	DD		
1574	丝膜菌科	Cortinariaceae	多变丝膜菌	*Cortinarius varius*	DD		
1575	丝膜菌科	Cortinariaceae	海绿丝膜菌	*Cortinarius venetus*	LC		

序号 No.	科名 Chinese Family Names	科 Family	汉语学名 Chinese Names	学名 Scientific Names	评估等级 Status	评估依据 Assessment Criteria	特有种 Endemic
1576	丝膜菌科	Cortinariaceae	咨丝膜菌	*Cortinarius vibratilis*	DD		
1577	丝膜菌科	Cortinariaceae	紫毛边丝膜菌	*Cortinarius violaceolimbatus*	DD		
1578	丝膜菌科	Cortinariaceae	紫绿色丝膜菌	*Cortinarius violaceo-olivaceus*	DD		
1579	丝膜菌科	Cortinariaceae	紫褐色丝膜菌	*Cortinarius violaceorubens*	DD		
1580	丝膜菌科	Cortinariaceae	堇紫丝膜菌	*Cortinarius violaceus*	LC		
1581	丝膜菌科	Cortinariaceae	绿丝膜菌	*Cortinarius virescens*	DD		
1582	丝膜菌科	Cortinariaceae	黄橄榄色丝膜菌	*Cortinarius xantho-ochraceus*	DD		
1583	丝膜菌科	Cortinariaceae	钟形帽伞	*Galera campanulata*	DD		
1584	丝膜菌科	Cortinariaceae	白褐半球盖菇	*Hemistropharia albocrenulata*	LC		
1585	丝膜菌科	Cortinariaceae	束状褐湿盖菇	*Hydrocybe fasciata*	DD		
1586	丝膜菌科	Cortinariaceae	条纹近假脐菇	*Meottomyces striatulus*	LC		
1587	丝膜菌科	Cortinariaceae	长根暗金钱菌	*Phaeocollybia christinae*	DD		
1588	丝膜菌科	Cortinariaceae	头饰暗金钱菌	*Phaeocollybia cidaris*	DD		
1589	丝膜菌科	Cortinariaceae	哥伦比亚暗金钱菌	*Phaeocollybia columbiana*	DD		
1590	丝膜菌科	Cortinariaceae	圆顶暗金钱菌	*Phaeocollybia coniuncta*	DD		
1591	丝膜菌科	Cortinariaceae	褐暗金钱菌	*Phaeocollybia fallax*	DD		
1592	丝膜菌科	Cortinariaceae	美暗金钱菌	*Phaeocollybia festiva*	DD		
1593	丝膜菌科	Cortinariaceae	中间暗金钱菌	*Phaeocollybia intermedia*	DD		
1594	丝膜菌科	Cortinariaceae	詹尼暗金钱菌	*Phaeocollybia jennyae*	DD		
1595	丝膜菌科	Cortinariaceae	污黑暗金钱菌	*Phaeocollybia lugubris*	DD		
1596	丝膜菌科	Cortinariaceae	米拉暗金钱菌	*Phaeocollybia minuta*	DD		
1597	丝膜菌科	Cortinariaceae	紫色暗金钱菌	*Phaeocollybia purpurea*	DD		√
1598	丝膜菌科	Cortinariaceae	亚长根暗金钱菌	*Phaeocollybia similis*	DD		
1599	丝膜菌科	Cortinariaceae	疏褶暗金钱菌	*Phaeocollybia sparsilamellae*	EN	B2ab(iii)	√
1600	丝膜菌科	Cortinariaceae	盖条褐孢菌	*Phaeogalera stagnina*	DD		
1601	丝膜菌科	Cortinariaceae	黑原舌腹菌	*Protoglossum luteum*	DD		
1602	丝膜菌科	Cortinariaceae	雪白原舌腹菌	*Protoglossum niveum*	DD		

序号 No.	科名 Chinese Family Names	科 Family	汉语学名 Chinese Names	学名 Scientific Names	评估等级 Status	评估依据 Assessment Criteria	特有种 Endemic
1603	丝膜菌科	Cortinariaceae	云南多舌菌	*Pyrrhoglossum yunnanense*	VU	A3cd	√
1604	挂钟菌科	Cyphellaceae	紫小韧革菌	*Chondrostereum purpureum*	LC		
1605	挂钟菌科	Cyphellaceae	脐突玫氏菌	*Cunninghammyces umbonatus*	LC		
1606	挂钟菌科	Cyphellaceae	榆耳	*Gloeostereum incarnatum*	LC		
1607	囊韧革菌科	Cystostereaceae	硬壳黄囊革菌	*Cericium luteoincrustatum*	DD		
1608	囊韧革菌科	Cystostereaceae	苍白壳革菌	*Crustomyces expallens*	DD		
1609	囊韧革菌科	Cystostereaceae	古铜囊齿革菌	*Cystidiodontia isabellina*	DD		
1610	囊韧革菌科	Cystostereaceae	薄囊齿革菌	*Cystidiodontia laminifera*	DD		
1611	囊韧革菌科	Cystostereaceae	默里囊韧革菌	*Cystostereum murrayi*	LC		
1612	花耳科	Dacrymycetaceae	竹生胶角耳	*Calocera bambusicola*	DD		√
1613	花耳科	Dacrymycetaceae	珊瑚状胶角耳	*Calocera coralloides*	DD		
1614	花耳科	Dacrymycetaceae	角质胶角耳	*Calocera cornea*	LC		
1615	花耳科	Dacrymycetaceae	叉胶角耳	*Calocera furcata*	DD		
1616	花耳科	Dacrymycetaceae	暗色胶角耳	*Calocera fusca*	LC		
1617	花耳科	Dacrymycetaceae	舌状胶角耳	*Calocera glossoides*	DD		
1618	花耳科	Dacrymycetaceae	湖南胶角耳	*Calocera hunanensis*	EN	B2ab(iii)	√
1619	花耳科	Dacrymycetaceae	大泡胶角耳	*Calocera macrospora*	DD		
1620	花耳科	Dacrymycetaceae	莽山胶角耳	*Calocera mangshanensis*	VU	B2ab(iii)	√
1621	花耳科	Dacrymycetaceae	羊肚菌状胶角耳	*Calocera morchelloides*	EN	B2ab(iii)	√
1622	花耳科	Dacrymycetaceae	中国胶角耳	*Calocera sinensis*	LC		
1623	花耳科	Dacrymycetaceae	粘胶角耳	*Calocera viscosa*	LC		
1624	花耳科	Dacrymycetaceae	刺状片花耳	*Cerinomyces aculeatus*	DD		
1625	花耳科	Dacrymycetaceae	拉氏片花耳	*Cerinomyces lagerheimii*	DD		
1626	花耳科	Dacrymycetaceae	灰白片花耳	*Cerinomyces pallidus*	DD		
1627	花耳科	Dacrymycetaceae	彭氏片花耳	*Cerinomyces pengii*	DD		√
1628	花耳科	Dacrymycetaceae	胶脑花耳	*Dacrymyces aurantiacus*	DD		
1629	花耳科	Dacrymycetaceae	胶花耳	*Dacrymyces australis*	DD		

序号 No.	科名 Chinese Family Names	科 Family	汉语学名 Chinese Names	学名 Scientific Names	评估等级 Status	评估依据 Assessment Criteria	特有种 Endemic
1630	花耳科	Dacrymycetaceae	头状花耳	*Dacrymyces capitatus*	LC		
1631	花耳科	Dacrymycetaceae	黄冠毛花耳	*Dacrymyces chrysocomus*	DD		
1632	花耳科	Dacrymycetaceae	金孢花耳	*Dacrymyces chrysospermus*	LC		
1633	花耳科	Dacrymycetaceae	杜氏花耳	*Dacrymyces duii*	DD		
1634	花耳科	Dacrymycetaceae	延生花耳	*Dacrymyces enatus*	LC		
1635	花耳科	Dacrymycetaceae	泪滴花耳	*Dacrymyces lacrymalis*	LC		
1636	花耳科	Dacrymycetaceae	小孢花耳	*Dacrymyces microsporus*	LC		
1637	花耳科	Dacrymycetaceae	小花耳	*Dacrymyces minor*	LC		
1638	花耳科	Dacrymycetaceae	红染花耳	*Dacrymyces roseotinctus*	DD		
1639	花耳科	Dacrymycetaceae	四川花耳	*Dacrymyces sichuanensis*	DD		√
1640	花耳科	Dacrymycetaceae	花耳	*Dacrymyces stillatus*	LC		
1641	花耳科	Dacrymycetaceae	斑点花耳	*Dacrymyces tortus*	LC		
1642	花耳科	Dacrymycetaceae	变孢花耳	*Dacrymyces variisporus*	DD		
1643	花耳科	Dacrymycetaceae	云南花耳	*Dacrymyces yunnanensis*	DD		√
1644	花耳科	Dacrymycetaceae	花柄胶杆耳	*Dacryomitra depallens*	DD		
1645	花耳科	Dacrymycetaceae	橙黄假花耳	*Dacryopinax aurantiaca*	LC		
1646	花耳科	Dacrymycetaceae	裂纹假花耳	*Dacryopinax fissus*	DD		
1647	花耳科	Dacrymycetaceae	叶状假花耳	*Dacryopinax foliacea*	DD		√
1648	花耳科	Dacrymycetaceae	大孢假花耳	*Dacryopinax macrospora*	LC		√
1649	花耳科	Dacrymycetaceae	匙盖假花耳	*Dacryopinax spathularia*	LC		
1650	花耳科	Dacrymycetaceae	太白山假花耳	*Dacryopinax taibaishanensis*	DD		√
1651	花耳科	Dacrymycetaceae	西藏假花耳	*Dacryopinax xizangensis*	DD		√
1652	花耳科	Dacrymycetaceae	金舌耳	*Dacryoscyphus chrysochilus*	DD		√
1653	花耳科	Dacrymycetaceae	冷杉韧钉耳	*Ditiola abieticola*	DD		
1654	花耳科	Dacrymycetaceae	盘状韧钉耳	*Ditiola peziziformis*	LC		
1655	花耳科	Dacrymycetaceae	根韧钉耳	*Ditiola radicata*	LC		
1656	花耳科	Dacrymycetaceae	小胶杯耳	*Femsjonia minor*	DD		√

序号 No.	科名 Chinese Family Names	科 Family	汉语学名 Chinese Names	学名 Scientific Names	评估等级 Status	评估依据 Assessment Criteria	特有种 Endemic
1657	花耳科	Dacrymycetaceae	红胶杯耳	*Femsjonia rubra*	LC		√
1658	花耳科	Dacrymycetaceae	中国胶杯耳	*Femsjonia sinensis*	DD		√
1659	花耳科	Dacrymycetaceae	高山胶盘耳	*Guepiniopsis alpina*	DD		
1660	花耳科	Dacrymycetaceae	胶盘耳	*Guepiniopsis buccina*	LC		
1661	花耳科	Dacrymycetaceae	爱沙尼亚胶盘耳	*Guepiniopsis estonica*	DD		
1662	花耳科	Dacrymycetaceae	卵孢胶盘耳	*Guepiniopsis ovispora*	DD		√
1663	花耳科	Dacrymycetaceae	彭氏胶盘耳	*Guepiniopsis pengiana*	DD		
1664	双被地星科	Diplocystidiaceae	硬皮地星	*Astraeus hygrometricus*	LC		
1665	双被地星科	Diplocystidiaceae	朝鲜硬皮地星	*Astraeus koreanus*	LC		
1666	双被地星科	Diplocystidiaceae	巨型硬皮地星	*Astraeus pteridis*	DD		
1667	木齿菌科	Echinodontiaceae	日本木齿菌	*Echinodontium japonicum*	DD		
1668	木齿菌科	Echinodontiaceae	槽芳里菌	*Laurilia sulcata*	LC		
1669	粉褶蕈科	Entolomataceae	绢白粉褶蕈	*Alboleptonia sericella*	LC		
1670	粉褶蕈科	Entolomataceae	尖顶白粉褶蕈	*Alboleptonia stylophora*	DD		
1671	粉褶蕈科	Entolomataceae	假灰红褶菌	*Clitocella fallax*	LC		
1672	粉褶蕈科	Entolomataceae	洁灰红褶菌	*Clitocella mundula*	DD		
1673	粉褶蕈科	Entolomataceae	洁灰灰红褶菌	*Clitocella popinalis*	LC		
1674	粉褶蕈科	Entolomataceae	耳状拟斜盖伞	*Clitopilopsis hirneola*	LC		
1675	粉褶蕈科	Entolomataceae	杏孢斜盖伞	*Clitopilus amygdaliformis*	DD		√
1676	粉褶蕈科	Entolomataceae	柔软斜盖伞	*Clitopilus apalus*	DD		
1677	粉褶蕈科	Entolomataceae	杜鹃斜盖伞	*Clitopilus azalearum*	DD		
1678	粉褶蕈科	Entolomataceae	沙生斜盖伞	*Clitopilus caelatus*	DD		
1679	粉褶蕈科	Entolomataceae	密簇斜盖伞	*Clitopilus caespitosus*	LC		
1680	粉褶蕈科	Entolomataceae	皱纹斜盖伞	*Clitopilus crispus*	LC		
1681	粉褶蕈科	Entolomataceae	姆氏斜盖伞	*Clitopilus daamsii*	DD		
1682	粉褶蕈科	Entolomataceae	平截斜盖伞	*Clitopilus geminus*	DD		
1683	粉褶蕈科	Entolomataceae	巨孢斜盖伞	*Clitopilus gigantosporus*	DD		√

序号 No.	科名 Chinese Family Names	科 Family	汉语学名 Chinese Names	学名 Scientific Names	评估等级 Status	评估依据 Assessment Criteria	特有种 Endemic
1684	粉褶蕈科	Entolomataceae	荷伯生氏斜盖伞	*Clitopilus hobsonii*	DD		
1685	粉褶蕈科	Entolomataceae	木生斜盖伞	*Clitopilus lignyotus*	DD		
1686	粉褶蕈科	Entolomataceae	猫耳斜盖伞	*Clitopilus passeckerianus*	DD		
1687	粉褶蕈科	Entolomataceae	斜盖伞	*Clitopilus prunulus*	LC		
1688	粉褶蕈科	Entolomataceae	淡灰黄斜盖伞	*Clitopilus ravus*	DD		√
1689	粉褶蕈科	Entolomataceae	亚脐菇杯状斜盖伞	*Clitopilus scyphoides*	DD		
1690	粉褶蕈科	Entolomataceae	近杯状斜盖伞	*Clitopilus subscyphoides*	DD		√
1691	粉褶蕈科	Entolomataceae	细齿粉褶红盖菇	*Entocybe nitida*	LC		
1692	粉褶蕈科	Entolomataceae	锥形粉褶红盖菇	*Entocybe turbida*	LC		
1693	粉褶蕈科	Entolomataceae	角孢粉褶蕈	*Entoloma abortivum*	LC		
1694	粉褶蕈科	Entolomataceae	尖圆锥粉褶蕈	*Entoloma acutoconicum*	DD		
1695	粉褶蕈科	Entolomataceae	铜绿粉褶蕈	*Entoloma aeruginosum*	DD		
1696	粉褶蕈科	Entolomataceae	铁刀木粉褶蕈	*Entoloma aethiops*	DD		
1697	粉褶蕈科	Entolomataceae	小白粉褶蕈	*Entoloma albinellum*	DD		
1698	粉褶蕈科	Entolomataceae	亚白粉褶蕈	*Entoloma albipes*	DD		
1699	粉褶蕈科	Entolomataceae	白沟纹粉褶蕈	*Entoloma albosulcatum*	DD		
1700	粉褶蕈科	Entolomataceae	白脐芙粉褶蕈	*Entoloma alboumbonatum*	DD		
1701	粉褶蕈科	Entolomataceae	白黄粉褶蕈	*Entoloma album*	DD		
1702	粉褶蕈科	Entolomataceae	高山粉褶蕈	*Entoloma alpinum*	DD		
1703	粉褶蕈科	Entolomataceae	最高粉褶蕈	*Entoloma altissimum*	LC		
1704	粉褶蕈科	Entolomataceae	窄孢粉褶蕈	*Entoloma angustispermum*	DD		
1705	粉褶蕈科	Entolomataceae	安琪拉粉褶蕈	*Entoloma antillancae*	DD		
1706	粉褶蕈科	Entolomataceae	尖孢粉褶蕈	*Entoloma apiculatum*	DD		
1707	粉褶蕈科	Entolomataceae	尖顶粉褶蕈	*Entoloma aprile*	DD		
1708	粉褶蕈科	Entolomataceae	蛛丝粉褶蕈	*Entoloma araneosum*	DD		
1709	粉褶蕈科	Entolomataceae	黑色粉褶蕈	*Entoloma atropellitum*	DD		
1710	粉褶蕈科	Entolomataceae	黑盖粉褶蕈	*Entoloma atropileatum*	DD		

序号 No.	科名 Chinese Family Names	科 Family	汉语学名 Chinese Names	学名 Scientific Names	评估等级 Status	评估依据 Assessment Criteria	特有种 Endemic
1711	粉褶蕈科	Entolomataceae	黑粉褶蕈	Entoloma atrum	DD		
1712	粉褶蕈科	Entolomataceae	橙黄粉褶蕈	Entoloma aurantiacum	DD		
1713	粉褶蕈科	Entolomataceae	蓝鳞粉褶蕈	Entoloma azureosquamulosum	DD		√
1714	粉褶蕈科	Entolomataceae	双孢粉褶蕈	Entoloma bisporum	DD		
1715	粉褶蕈科	Entolomataceae	光滑粉褶蕈	Entoloma blandum	DD		
1716	粉褶蕈科	Entolomataceae	褐紫粉褶蕈	Entoloma brunneolilacinum	DD		
1717	粉褶蕈科	Entolomataceae	褐纹粉褶蕈	Entoloma brunneostriatum	DD		
1718	粉褶蕈科	Entolomataceae	棉絮状粉褶蕈	Entoloma byssisedum	LC		
1719	粉褶蕈科	Entolomataceae	褐双孢粉褶蕈	Entoloma caccabus	DD		
1720	粉褶蕈科	Entolomataceae	蓝黄粉褶蕈	Entoloma caeruleoflavum	DD		√
1721	粉褶蕈科	Entolomataceae	淡灰蓝粉褶蕈	Entoloma caesiellum	DD		
1722	粉褶蕈科	Entolomataceae	丛生粉褶蕈	Entoloma caespitosum	DD		√
1723	粉褶蕈科	Entolomataceae	变灰褐粉褶蕈	Entoloma canobrunnescens	DD		
1724	粉褶蕈科	Entolomataceae	肉褐色粉褶蕈	Entoloma carneobrunneum	DD		√
1725	粉褶蕈科	Entolomataceae	灰肉色粉褶蕈	Entoloma carneogriseum	DD		
1726	粉褶蕈科	Entolomataceae	肉色粉褶蕈	Entoloma carneum	DD		√
1727	粉褶蕈科	Entolomataceae	卡罗琳尼粉褶蕈	Entoloma carolinianum	DD		
1728	粉褶蕈科	Entolomataceae	角柄粉褶蕈	Entoloma ceratopus	DD		
1729	粉褶蕈科	Entolomataceae	黑蓝粉褶蕈	Entoloma chalybeum	LC		
1730	粉褶蕈科	Entolomataceae	矮生粉褶蕈	Entoloma chamaecyparidis	DD		
1731	粉褶蕈科	Entolomataceae	长春粉褶蕈	Entoloma changchunense	DD		√
1732	粉褶蕈科	Entolomataceae	晶盖粉褶蕈	Entoloma clypeatum	LC		
1733	粉褶蕈科	Entolomataceae	紫兰粉褶蕈	Entoloma coelestinum	LC		
1734	粉褶蕈科	Entolomataceae	绢状凹陷粉褶蕈	Entoloma concavosericeum	DD		
1735	粉褶蕈科	Entolomataceae	栗红粉褶蕈	Entoloma conferendum	LC		
1736	粉褶蕈科	Entolomataceae	明显粉褶蕈	Entoloma conspicuum	DD		
1737	粉褶蕈科	Entolomataceae	皱皮粉褶蕈	Entoloma corrugens	DD		

序号 No.	科名 Chinese Family Names	科 Family	汉语学名 Chinese Names	学名 Scientific Names	评估等级 Status	评估依据 Assessment Criteria	特有种 Endemic
1738	粉褶蕈科	Entolomataceae	乌黑粉褶蕈	*Entoloma corvinum*	DD		
1739	粉褶蕈科	Entolomataceae	厚囊粉褶蕈	*Entoloma crassicystidiatum*	DD		√
1740	粉褶蕈科	Entolomataceae	粗壮粉褶蕈	*Entoloma crassipes*	DD		
1741	粉褶蕈科	Entolomataceae	靴耳状粉褶蕈	*Entoloma crepidotoides*	DD		
1742	粉褶蕈科	Entolomataceae	修长粉褶蕈	*Entoloma crocotillum*	DD		√
1743	粉褶蕈科	Entolomataceae	类立方体孢粉褶蕈	*Entoloma cuboidosporum*	DD		
1744	粉褶蕈科	Entolomataceae	硬尖粉褶蕈	*Entoloma cuspidiferum*	DD		
1745	粉褶蕈科	Entolomataceae	蓝黑粉褶蕈	*Entoloma cyanonigrum*	DD		
1746	粉褶蕈科	Entolomataceae	脱色粉褶蕈	*Entoloma decolorans*	DD		
1747	粉褶蕈科	Entolomataceae	偏脚粉褶蕈	*Entoloma depluens*	DD		
1748	粉褶蕈科	Entolomataceae	鼎湖粉褶蕈	*Entoloma dinghuense*	DD		√
1749	粉褶蕈科	Entolomataceae	退色粉褶蕈	*Entoloma discolor*	DD		
1750	粉褶蕈科	Entolomataceae	野粉褶蕈	*Entoloma divum*	DD		
1751	粉褶蕈科	Entolomataceae	虚伪粉褶蕈	*Entoloma dolosum*	DD		
1752	粉褶蕈科	Entolomataceae	铁刀粉褶蕈	*Entoloma dysthales*	DD		
1753	粉褶蕈科	Entolomataceae	类铁刀木粉褶蕈	*Entoloma dysthaloides*	DD		
1754	粉褶蕈科	Entolomataceae	偏盖粉褶蕈	*Entoloma excentricum*	DD		
1755	粉褶蕈科	Entolomataceae	锈褐粉褶蕈	*Entoloma ferrugineobrunneum*	DD		√
1756	粉褶蕈科	Entolomataceae	黄粉褶蕈	*Entoloma flavidum*	DD		
1757	粉褶蕈科	Entolomataceae	黄肉色粉褶蕈	*Entoloma flavocerinum*	DD		
1758	粉褶蕈科	Entolomataceae	美丽粉褶蕈	*Entoloma formosum*	DD		
1759	粉褶蕈科	Entolomataceae	脆柄粉褶蕈	*Entoloma fragilipes*	DD		
1760	粉褶蕈科	Entolomataceae	脆粉粉褶蕈	*Entoloma fraternum*	DD		
1761	粉褶蕈科	Entolomataceae	烟色粉褶蕈	*Entoloma fumeum*	DD		
1762	粉褶蕈科	Entolomataceae	眉鳞粉褶蕈	*Entoloma furfuraceum*	DD		√
1763	粉褶蕈科	Entolomataceae	暗红粉褶蕈	*Entoloma fuscorufescens*	DD		
1764	粉褶蕈科	Entolomataceae	腹粉褶蕈	*Entoloma gasteromycetoides*	DD		

序号 No.	科名 Chinese Family Names	科 Family	汉语学名 Chinese Names	学名 Scientific Names	评估等级 Status	评估依据 Assessment Criteria	特有种 Endemic
1765	粉褶蕈科	Entolomataceae	同族粉褶蕈	Entoloma gentile	DD		
1766	粉褶蕈科	Entolomataceae	大粉褶蕈	Entoloma giganteum	DD		
1767	粉褶蕈科	Entolomataceae	鼠曲草粉褶蕈	Entoloma gnaphalodes	DD		
1768	粉褶蕈科	Entolomataceae	悦人粉褶蕈	Entoloma gratissimum	DD		
1769	粉褶蕈科	Entolomataceae	灰色粉褶蕈	Entoloma grayanum	DD		
1770	粉褶蕈科	Entolomataceae	褐粉粉褶蕈	Entoloma griseobrunneum	DD		
1771	粉褶蕈科	Entolomataceae	灰蓝粉褶蕈	Entoloma griseocyaneum	DD		
1772	粉褶蕈科	Entolomataceae	灰红粉粉褶蕈	Entoloma griseorubellum	DD		
1773	粉褶蕈科	Entolomataceae	海南粉褶蕈	Entoloma hainanense	DD		√
1774	粉褶蕈科	Entolomataceae	响流粉褶蕈	Entoloma hallstromii	DD		
1775	粉褶蕈科	Entolomataceae	赫氏粉褶蕈	Entoloma hesleri	DD		
1776	粉褶蕈科	Entolomataceae	异皮粉褶蕈	Entoloma heterocutis	DD		
1777	粉褶蕈科	Entolomataceae	毛柄粉褶蕈	Entoloma hirtipes	DD		
1778	粉褶蕈科	Entolomataceae	香港粉褶蕈	Entoloma hongkongense	DD		
1779	粉褶蕈科	Entolomataceae	绿变粉褶蕈	Entoloma incanum	LC		
1780	粉褶蕈科	Entolomataceae	不当粉褶蕈	Entoloma incongruum	DD		
1781	粉褶蕈科	Entolomataceae	带褐粉褶蕈	Entoloma infuscatum	LC		
1782	粉褶蕈科	Entolomataceae	日本粉褶蕈	Entoloma japonicum	DD		
1783	粉褶蕈科	Entolomataceae	鬃粉粉褶蕈	Entoloma jubatum	DD		
1784	粉褶蕈科	Entolomataceae	接合粉褶蕈	Entoloma juncinum	DD		
1785	粉褶蕈科	Entolomataceae	考夫曼粉褶蕈	Entoloma kauffmanii	DD		
1786	粉褶蕈科	Entolomataceae	久住粉褶蕈	Entoloma kujuense	DD		
1787	粉褶蕈科	Entolomataceae	蜡磨状粉褶蕈	Entoloma laccarioides	DD		
1788	粉褶蕈科	Entolomataceae	光亮粉褶蕈	Entoloma lampropus	DD		
1789	粉褶蕈科	Entolomataceae	细小蓝黑粉褶蕈	Entoloma lepidissimum	DD		
1790	粉褶蕈科	Entolomataceae	薄孢粉粉褶蕈	Entoloma leptoniisporum	DD		
1791	粉褶蕈科	Entolomataceae	白盾粉褶蕈	Entoloma leucaspis	DD		

序号 No.	科名 Chinese Family Names	科 Family	汉语学名 Chinese Names	学名 Scientific Names	评估等级 Status	评估依据 Assessment Criteria	特有种 Endemic
1792	粉褶蕈科	Entolomataceae	辽宁粉褶蕈	*Entoloma liaoningense*	DD		√
1793	粉褶蕈科	Entolomataceae	灰斑粉褶蕈	*Entoloma lividocyanulum*	DD		
1794	粉褶蕈科	Entolomataceae	长条纹粉褶蕈	*Entoloma longistriatum*	DD		
1795	粉褶蕈科	Entolomataceae	纯黄粉褶蕈	*Entoloma luteum*	LC		
1796	粉褶蕈科	Entolomataceae	紫盖粉褶蕈	*Entoloma madidum*	DD		
1797	粉褶蕈科	Entolomataceae	马利奥粉褶蕈	*Entoloma maleolens*	DD		
1798	粉褶蕈科	Entolomataceae	乳头粉褶蕈	*Entoloma mammillatum*	DD		
1799	粉褶蕈科	Entolomataceae	乳突粉褶蕈	*Entoloma mammosum*	DD		
1800	粉褶蕈科	Entolomataceae	凸粉褶蕈	*Entoloma mammulatum*	DD		
1801	粉褶蕈科	Entolomataceae	方孢粉褶蕈	*Entoloma mariae*	DD		
1802	粉褶蕈科	Entolomataceae	乳头状粉褶蕈	*Entoloma mastoideum*	DD		√
1803	粉褶蕈科	Entolomataceae	地中海粉褶蕈	*Entoloma mediterraneense*	DD		
1804	粉褶蕈科	Entolomataceae	蜡黄粉褶蕈	*Entoloma melleum*	DD		
1805	粉褶蕈科	Entolomataceae	结晶囊粉褶蕈	*Entoloma metuloideum*	DD		√
1806	粉褶蕈科	Entolomataceae	墨西哥粉褶蕈	*Entoloma mexicanum*	DD		
1807	粉褶蕈科	Entolomataceae	灰白粉褶蕈	*Entoloma murinipes*	DD		
1808	粉褶蕈科	Entolomataceae	默里粉褶蕈	*Entoloma murrayi*	DD		
1809	粉褶蕈科	Entolomataceae	木力粉褶蕈	*Entoloma murrillii*	DD		
1810	粉褶蕈科	Entolomataceae	小菇状粉褶蕈	*Entoloma mycenoides*	DD		
1811	粉褶蕈科	Entolomataceae	疏忽粉褶蕈	*Entoloma neglectum*	DD		
1812	粉褶蕈科	Entolomataceae	黑鳞粉褶蕈	*Entoloma nigrosquamosum*	DD		
1813	粉褶蕈科	Entolomataceae	黑毛粉褶蕈	*Entoloma nigrovillosum*	DD		
1814	粉褶蕈科	Entolomataceae	黑紫粉褶蕈	*Entoloma nigroviolaceum*	DD		
1815	粉褶蕈科	Entolomataceae	黄条纹粉褶蕈	*Entoloma omiense*	LC		
1816	粉褶蕈科	Entolomataceae	淡色粉褶蕈	*Entoloma pallidocarpum*	DD		
1817	粉褶蕈科	Entolomataceae	乳状粉褶蕈	*Entoloma papillatum*	DD		
1818	粉褶蕈科	Entolomataceae	寄生粉褶蕈	*Entoloma parasiticum*	DD		

序号 No.	科名 Chinese Family Names	科 Family	汉语学名 Chinese Names	学名 Scientific Names	评估等级 Status	评估依据 Assessment Criteria	特有种 Endemic
1819	粉褶蕈科	Entolomataceae	公园粉褶蕈	*Entoloma parkensis*	DD		
1820	粉褶蕈科	Entolomataceae	小方孢粉褶蕈	*Entoloma parvifructum*	DD		
1821	粉褶蕈科	Entolomataceae	微小粉褶蕈	*Entoloma parvum*	DD		
1822	粉褶蕈科	Entolomataceae	佩克粉褶蕈	*Entoloma peckianum*	DD		
1823	粉褶蕈科	Entolomataceae	温和粉褶蕈	*Entoloma placidum*	DD		
1824	粉褶蕈科	Entolomataceae	绒盖粉褶蕈	*Entoloma plebejum*	DD		
1825	粉褶蕈科	Entolomataceae	黄柄粉褶蕈	*Entoloma pleopodium*	DD		
1826	粉褶蕈科	Entolomataceae	光盖粉褶蕈	*Entoloma politum*	DD		
1827	粉褶蕈科	Entolomataceae	紫色粉褶蕈	*Entoloma porphyrophaeum*	DD		
1828	粉褶蕈科	Entolomataceae	极细粉褶蕈	*Entoloma praegracile*	DD		√
1829	粉褶蕈科	Entolomataceae	固有粉褶蕈	*Entoloma proprium*	DD		
1830	粉褶蕈科	Entolomataceae	李状粉褶蕈	*Entoloma prunuloides*	DD		
1831	粉褶蕈科	Entolomataceae	拟灰白粉褶蕈	*Entoloma pseudogriseoalbum*	DD		√
1832	粉褶蕈科	Entolomataceae	小鳞粉褶蕈	*Entoloma pulchellum*	DD		
1833	粉褶蕈科	Entolomataceae	类洁粉褶蕈	*Entoloma puroides*	DD		
1834	粉褶蕈科	Entolomataceae	紫褐粉褶蕈	*Entoloma purpureobrunneum*	DD		√
1835	粉褶蕈科	Entolomataceae	梨形粉褶蕈	*Entoloma pyrinum*	DD		
1836	粉褶蕈科	Entolomataceae	方形粉褶蕈	*Entoloma quadratum*	LC		
1837	粉褶蕈科	Entolomataceae	灰褐粉褶蕈	*Entoloma ravum*	DD		
1838	粉褶蕈科	Entolomataceae	褐盖粉褶蕈	*Entoloma rhodopolium*	LC		
1839	粉褶蕈科	Entolomataceae	圆孢粉褶蕈	*Entoloma rotundisporum*	DD		
1840	粉褶蕈科	Entolomataceae	紫粉褶蕈	*Entoloma rubellum*	DD		
1841	粉褶蕈科	Entolomataceae	锈红粉褶蕈	*Entoloma rusticoides*	DD		
1842	粉褶蕈科	Entolomataceae	赭红粉褶蕈	*Entoloma salmoneum*	DD		
1843	粉褶蕈科	Entolomataceae	粗柄粉褶蕈	*Entoloma sarcopum*	LC		
1844	粉褶蕈科	Entolomataceae	淡黄褐粉褶蕈	*Entoloma saundersii*	DD		
1845	粉褶蕈科	Entolomataceae	灰粉褶蕈	*Entoloma sepium*	LC		

序号 No.	科名 Chinese Family Names	科 Family	汉语学名 Chinese Names	学名 Scientific Names	评估等级 Status	评估依据 Assessment Criteria	特有种 Endemic
1846	粉褶蕈科	Entolomataceae	丝状粉褶蕈	*Entoloma sericeum*	DD		
1847	粉褶蕈科	Entolomataceae	齿状粉褶蕈	*Entoloma serrulatum*	DD		
1848	粉褶蕈科	Entolomataceae	山东粉褶蕈	*Entoloma shandongense*	DD		√
1849	粉褶蕈科	Entolomataceae	单孢粉褶蕈	*Entoloma singularisporum*	DD		
1850	粉褶蕈科	Entolomataceae	波缘粉褶蕈	*Entoloma sinuatum*	LC		
1851	粉褶蕈科	Entolomataceae	浅斑粉褶蕈	*Entoloma speculum*	DD		
1852	粉褶蕈科	Entolomataceae	泥炭藓粉褶蕈	*Entoloma sphagnorum*	DD		
1853	粉褶蕈科	Entolomataceae	细刺粉褶蕈	*Entoloma spiculosum*	DD		
1854	粉褶蕈科	Entolomataceae	直柄粉褶蕈	*Entoloma strictius*	LC		
1855	粉褶蕈科	Entolomataceae	硬毛粉褶蕈	*Entoloma strigosissimum*	DD		
1856	粉褶蕈科	Entolomataceae	近白粉褶蕈	*Entoloma subalbidum*	DD		
1857	粉褶蕈科	Entolomataceae	近高粉褶蕈	*Entoloma subaltissimum*	DD		√
1858	粉褶蕈科	Entolomataceae	近棕丝粉褶蕈	*Entoloma subaraneosum*	DD		√
1859	粉褶蕈科	Entolomataceae	近杯伞状粉褶蕈	*Entoloma subclitocyboides*	VU	B2ab(iii)	√
1860	粉褶蕈科	Entolomataceae	近偏生粉褶蕈	*Entoloma subeccentricum*	DD		√
1861	粉褶蕈科	Entolomataceae	近漏斗形粉褶蕈	*Entoloma subinfundibuliforme*	DD		√
1862	粉褶蕈科	Entolomataceae	亚亮盖粉褶蕈	*Entoloma sublucidum*	DD		
1863	粉褶蕈科	Entolomataceae	近平盖粉褶蕈	*Entoloma subplanum*	DD		
1864	粉褶蕈科	Entolomataceae	近方形粉褶蕈	*Entoloma subquadratum*	DD		
1865	粉褶蕈科	Entolomataceae	放射粉褶蕈	*Entoloma subradiatum*	DD		
1866	粉褶蕈科	Entolomataceae	近薄囊粉褶蕈	*Entoloma subtenuicystidiatum*	DD		√
1867	粉褶蕈科	Entolomataceae	沟纹粉褶蕈	*Entoloma sulcatum*	DD		
1868	粉褶蕈科	Entolomataceae	踝孢粉褶蕈	*Entoloma talisporum*	LC		
1869	粉褶蕈科	Entolomataceae	邓氏粉褶蕈	*Entoloma tengii*	DD		√
1870	粉褶蕈科	Entolomataceae	纤细粉褶蕈	*Entoloma tenuiculum*	DD		
1871	粉褶蕈科	Entolomataceae	纤弱粉褶蕈	*Entoloma tenuissimum*	DD		√
1872	粉褶蕈科	Entolomataceae	蚁生粉褶蕈	*Entoloma termitophilum*	DD		

序号 No.	科名 Chinese Family Names	科 Family	汉语学名 Chinese Names	学名 Scientific Names	评估等级 Status	评估依据 Assessment Criteria	特有种 Endemic
1873	粉褶蕈科	Entolomataceae	绒毛粉褶蕈	*Entoloma tomentosum*	DD		√
1874	粉褶蕈科	Entolomataceae	曲柄粉褶蕈	*Entoloma tortuosum*	DD		
1875	粉褶蕈科	Entolomataceae	具脐粉褶蕈	*Entoloma umbilicatum*	DD		
1876	粉褶蕈科	Entolomataceae	茶粉褶蕈	*Entoloma umbrinellum*	DD		
1877	粉褶蕈科	Entolomataceae	波状粉褶蕈	*Entoloma undatum*	DD		
1878	粉褶蕈科	Entolomataceae	春生粉褶蕈	*Entoloma vernum*	DD		
1879	粉褶蕈科	Entolomataceae	泡状囊体粉褶蕈	*Entoloma vesiculosocystidium*	DD		√
1880	粉褶蕈科	Entolomataceae	紫罗兰褐粉褶蕈	*Entoloma violaceobrunneum*	DD		
1881	粉褶蕈科	Entolomataceae	灰紫粉褶蕈	*Entoloma violaceum*	DD		
1882	粉褶蕈科	Entolomataceae	蓝紫粉褶蕈	*Entoloma violascens*	DD		
1883	粉褶蕈科	Entolomataceae	变绿粉褶蕈	*Entoloma virescens*	LC		
1884	粉褶蕈科	Entolomataceae	绿缘粉褶蕈	*Entoloma viridomarginatum*	DD		
1885	粉褶蕈科	Entolomataceae	韦伯粉褶蕈	*Entoloma weberi*	DD		
1886	粉褶蕈科	Entolomataceae	云南粉褶蕈	*Entoloma yunnanense*	DD		√
1887	粉褶蕈科	Entolomataceae	平红盖菇	*Rhodocybe truncata*	LC		
1888	粉褶蕈科	Entolomataceae	丽红柱菇	*Rhodophana nitellina*	LC		
1889	粉褶蕈科	Entolomataceae	浅棕赤褶菇	*Rhodophyllus brunneolus*	DD		
1890	粉褶蕈科	Entolomataceae	内蒙赤褶菇	*Rhodophyllus intramongolicus*	DD		
1891	粉褶蕈科	Entolomataceae	怡人赤褶菇	*Rhodophyllus placidus*	DD		
1892	粉褶蕈科	Entolomataceae	方孢赤褶菇	*Rhodophyllus quadratus*	DD		
1893	牛排菌科	Fistulinaceae	肝色牛排菌	*Fistulina hepatica*	LC		
1894	牛排菌科	Fistulinaceae	亚牛排菌	*Fistulina subhepatica*	LC		√
1895	牛排菌科	Fistulinaceae	盎孔菌	*Porodisculus pendulus*	LC		
1896	牛排菌科	Fistulinaceae	放射假牛排菌	*Pseudofistulina radicata*	DD		
1897	牛排菌科	Fistulinaceae	中国假牛排菌	*Pseudofistulina sinensis*	DD		√
1898	拟层孔菌科	Fomitopsidaceae	北方淀粉囊孔菌	*Amylocystis lapponica*	DD		
1899	拟层孔菌科	Fomitopsidaceae	白黄拟变孔菌	*Anomoloma albolutescens*	DD		

序号 No.	科名 Chinese Family Names	科 Family	汉语学名 Chinese Names	学名 Scientific Names	评估等级 Status	评估依据 Assessment Criteria	特有种 Endemic
1900	拟层孔菌科	Fomitopsidaceae	鲜黄拟变孔菌	*Anomoloma flavissimum*	DD		
1901	拟层孔菌科	Fomitopsidaceae	白菌索拟变孔菌	*Anomoloma myceliosum*	LC		
1902	拟层孔菌科	Fomitopsidaceae	黄菌索拟变孔菌	*Anomoloma rhizosum*	DD		√
1903	拟层孔菌科	Fomitopsidaceae	柔丝变孔菌	*Anomoporia bombycina*	NT		
1904	拟层孔菌科	Fomitopsidaceae	肿丝变孔菌	*Anomoporia vesiculosa*	DD		√
1905	拟层孔菌科	Fomitopsidaceae	白薄孔菌	*Antrodia albida*	LC		
1906	拟层孔菌科	Fomitopsidaceae	白褐薄孔菌	*Antrodia albobrunnea*	DD		
1907	拟层孔菌科	Fomitopsidaceae	竹生薄孔菌	*Antrodia bambusicola*	DD		√
1908	拟层孔菌科	Fomitopsidaceae	灰白薄孔菌	*Antrodia calceus*	DD		
1909	拟层孔菌科	Fomitopsidaceae	炭生薄孔菌	*Antrodia carbonica*	DD		
1910	拟层孔菌科	Fomitopsidaceae	樟薄孔菌	*Antrodia cinnamomea*	NT		√
1911	拟层孔菌科	Fomitopsidaceae	粗糙薄孔菌	*Antrodia crassa*	NT		
1912	拟层孔菌科	Fomitopsidaceae	棉絮薄孔菌	*Antrodia gossypium*	LC		
1913	拟层孔菌科	Fomitopsidaceae	异形薄孔菌	*Antrodia heteromorpha*	LC		
1914	拟层孔菌科	Fomitopsidaceae	兴安薄孔菌	*Antrodia hingganensis*	LC		√
1915	拟层孔菌科	Fomitopsidaceae	沙棘薄孔菌	*Antrodia hippophaes*	DD		
1916	拟层孔菌科	Fomitopsidaceae	黄山薄孔菌	*Antrodia huangshanensis*	DD		√
1917	拟层孔菌科	Fomitopsidaceae	拉拉山薄孔菌	*Antrodia lalashana*	DD		√
1918	拟层孔菌科	Fomitopsidaceae	大孢薄孔菌	*Antrodia macrospora*	DD		
1919	拟层孔菌科	Fomitopsidaceae	小薄孔菌	*Antrodia malicola*	LC		
1920	拟层孔菌科	Fomitopsidaceae	地貌状薄孔菌	*Antrodia mappa*	DD		
1921	拟层孔菌科	Fomitopsidaceae	锈色薄孔菌	*Antrodia pictilis*	LC		
1922	拟层孔菌科	Fomitopsidaceae	垫形薄孔菌	*Antrodia pulvinascens*	DD		
1923	拟层孔菌科	Fomitopsidaceae	西加薄孔菌	*Antrodia sitchensis*	DD		
1924	拟层孔菌科	Fomitopsidaceae	污薄孔菌	*Antrodia sordida*	DD		
1925	拟层孔菌科	Fomitopsidaceae	紫杉薄孔菌	*Antrodia taxa*	DD		√
1926	拟层孔菌科	Fomitopsidaceae	王氏薄孔菌	*Antrodia wangii*	LC		√

序号 No.	科名 Chinese Family Names	科 Family	汉语学名 Chinese Names	学名 Scientific Names	评估等级 Status	评估依据 Assessment Criteria	特有种 Endemic
1927	拟层孔菌科	Fomitopsidaceae	黄薄孔菌	Antrodia xantha	LC		
1928	拟层孔菌科	Fomitopsidaceae	脆拟薄孔菌	Antrodiopsis oleracea	DD		
1929	拟层孔菌科	Fomitopsidaceae	金黄卧孔菌	Auriporia aurea	LC		
1930	拟层孔菌科	Fomitopsidaceae	橘黄卧孔菌	Auriporia aurulenta	DD		
1931	拟层孔菌科	Fomitopsidaceae	有盖黄卧孔菌	Auriporia pileata	LC		
1932	拟层孔菌科	Fomitopsidaceae	栎牛舌孔菌	Buglossoporus quercinus	LC		
1933	拟层孔菌科	Fomitopsidaceae	北方梭囊孔菌	Climacocystis borealis	LC		
1934	拟层孔菌科	Fomitopsidaceae	卡斯坦耳壳菌	Dacryobolus karstenii	DD		
1935	拟层孔菌科	Fomitopsidaceae	鬼笔状耳壳菌	Dacryobolus phalloides	DD		
1936	拟层孔菌科	Fomitopsidaceae	苏丹耳壳菌	Dacryobolus sudans	DD		
1937	拟层孔菌科	Fomitopsidaceae	可疑迷孔菌	Daedalea ambigua	DD		
1938	拟层孔菌科	Fomitopsidaceae	环状迷孔菌	Daedalea circularis	DD		√
1939	拟层孔菌科	Fomitopsidaceae	肉色迷孔菌	Daedalea dickinsii	LC		
1940	拟层孔菌科	Fomitopsidaceae	坡地迷孔菌	Daedalea dochmia	DD		
1941	拟层孔菌科	Fomitopsidaceae	栎迷孔菌	Daedalea quercina	DD		
1942	拟层孔菌科	Fomitopsidaceae	辐射迷孔菌	Daedalea radiata	DD		√
1943	拟层孔菌科	Fomitopsidaceae	环槽迷孔菌	Daedalea sulcata	DD		
1944	拟层孔菌科	Fomitopsidaceae	扩展董氏孔菌	Donkioporia expansa	DD		
1945	拟层孔菌科	Fomitopsidaceae	根状素孔菌	Fibroporia radiculosa	LC		
1946	拟层孔菌科	Fomitopsidaceae	纤维素孔菌	Fibroporia vaillantii	LC		
1947	拟层孔菌科	Fomitopsidaceae	仰卧小层孔菌	Fomitella supina	DD		
1948	拟层孔菌科	Fomitopsidaceae	突然拟层孔菌	Fomitopsis abruptus	DD		
1949	拟层孔菌科	Fomitopsidaceae	安徽拟层孔菌	Fomitopsis anhuiensis	DD		√
1950	拟层孔菌科	Fomitopsidaceae	桦拟层孔菌	Fomitopsis betulina	LC		
1951	拟层孔菌科	Fomitopsidaceae	栗褐拟层孔菌	Fomitopsis castanea	NT		
1952	拟层孔菌科	Fomitopsidaceae	红颗拟层孔菌	Fomitopsis cytisina	DD		
1953	拟层孔菌科	Fomitopsidaceae	稍硬拟层孔菌	Fomitopsis durescens	DD		

序号 No.	科名 Chinese Family Names	科 Family	汉语学名 Chinese Names	学名 Scientific Names	评估等级 Status	评估依据 Assessment Criteria	特有种 Endemic
1954	拟层孔菌科	Fomitopsidaceae	海南拟层孔菌	Fomitopsis hainaniana	DD		√
1955	拟层孔菌科	Fomitopsidaceae	木质拟层孔菌	Fomitopsis lignea	DD		
1956	拟层孔菌科	Fomitopsidaceae	栗黑褐拟层孔菌	Fomitopsis nigra	DD		
1957	拟层孔菌科	Fomitopsidaceae	药用拟层孔菌	Fomitopsis officinalis	DD		
1958	拟层孔菌科	Fomitopsidaceae	牡蛎形拟层孔菌	Fomitopsis ostreiformis	DD		
1959	拟层孔菌科	Fomitopsidaceae	瘤盖拟层孔菌	Fomitopsis palustris	LC		
1960	拟层孔菌科	Fomitopsidaceae	珀松拟层孔菌	Fomitopsis persoonii	DD		
1961	拟层孔菌科	Fomitopsidaceae	松生拟层孔菌	Fomitopsis pinicola	LC		
1962	拟层孔菌科	Fomitopsidaceae	类彼特拟层孔菌	Fomitopsis pseudopetchii	DD		
1963	拟层孔菌科	Fomitopsidaceae	漆红拟层孔菌	Fomitopsis rubida	DD		
1964	拟层孔菌科	Fomitopsidaceae	漆红缘拟层孔菌	Fomitopsis rufolaccata	LC		
1965	拟层孔菌科	Fomitopsidaceae	三明拟层孔菌	Fomitopsis sanmingensis	DD		√
1966	拟层孔菌科	Fomitopsidaceae	灵敏拟层孔菌	Fomitopsis sensitiva	DD		
1967	拟层孔菌科	Fomitopsidaceae	白边脆层孔菌	Fragifomes niveomarginatus	DD		√
1968	拟层孔菌科	Fomitopsidaceae	白丝薄皮孔菌	Ischnoderma albotextum	DD		
1969	拟层孔菌科	Fomitopsidaceae	芳香薄皮孔菌	Ischnoderma benzoinum	LC		
1970	拟层孔菌科	Fomitopsidaceae	树脂薄皮孔菌	Ischnoderma resinosum	LC		
1971	拟层孔菌科	Fomitopsidaceae	哀牢山焗孔菌	Laetiporus ailaoshanensis	DD		√
1972	拟层孔菌科	Fomitopsidaceae	奶油焗孔菌	Laetiporus cremeiporus	LC		
1973	拟层孔菌科	Fomitopsidaceae	朱红焗孔菌	Laetiporus miniatus	LC		
1974	拟层孔菌科	Fomitopsidaceae	高山焗孔菌	Laetiporus montanus	LC		
1975	拟层孔菌科	Fomitopsidaceae	暗色焗孔菌	Laetiporus persicinus	DD		
1976	拟层孔菌科	Fomitopsidaceae	硫色焗孔菌	Laetiporus sulphureus	LC		
1977	拟层孔菌科	Fomitopsidaceae	环纹焗孔菌	Laetiporus zonatus	LC		√
1978	拟层孔菌科	Fomitopsidaceae	软新薄孔菌	Neoantrodia infirma	DD		
1979	拟层孔菌科	Fomitopsidaceae	杨生新薄孔菌	Neoantrodia leucaena	DD		√
1980	拟层孔菌科	Fomitopsidaceae	原始新薄孔菌	Neoantrodia primaeva	LC		

序号 No.	科名 Chinese Family Names	科 Family	汉语学名 Chinese Names	学名 Scientific Names	评估等级 Status	评估依据 Assessment Criteria	特有种 Endemic
1981	拟层孔菌科	Fomitopsidaceae	狭檐薄孔菌	*Neoantrodia serialis*	LC		
1982	拟层孔菌科	Fomitopsidaceae	变形新薄孔菌	*Neoantrodia variiformis*	LC		
1983	拟层孔菌科	Fomitopsidaceae	硬白孔层孔菌	*Niveoporofomes spraguei*	LC		
1984	拟层孔菌科	Fomitopsidaceae	赤杨寡孔菌	*Oligoporus alni*	LC		
1985	拟层孔菌科	Fomitopsidaceae	桃寡孔菌	*Oligoporus persicinus*	DD		
1986	拟层孔菌科	Fomitopsidaceae	近悬垂寡孔菌	*Oligoporus subpendulus*	DD		
1987	拟层孔菌科	Fomitopsidaceae	韦氏寡孔菌	*Oligoporus wakefieldiae*	DD		
1988	拟层孔菌科	Fomitopsidaceae	骨质多孔菌	*Osteina obducta*	LC		
1989	拟层孔菌科	Fomitopsidaceae	树皮生帕氏孔菌	*Parmastomyces corticola*	LC		
1990	拟层孔菌科	Fomitopsidaceae	克拉帕氏孔菌	*Parmastomyces kravtzevianus*	DD		
1991	拟层孔菌科	Fomitopsidaceae	软帕氏孔菌	*Parmastomyces mollissimus*	LC		
1992	拟层孔菌科	Fomitopsidaceae	紫杉帕氏孔菌	*Parmastomyces taxi*	DD		
1993	拟层孔菌科	Fomitopsidaceae	未定暗迷孔菌	*Phaeodaedalea incerta*	DD		
1994	拟层孔菌科	Fomitopsidaceae	施魏暗孔菌	*Phaeolus schweinitzii*	LC		
1995	拟层孔菌科	Fomitopsidaceae	梭伦小滴孔菌	*Piptoporellus soloniensis*	LC		
1996	拟层孔菌科	Fomitopsidaceae	阿穆泊氏孔菌	*Postia amurensis*	DD		√
1997	拟层孔菌科	Fomitopsidaceae	香泊氏孔菌	*Postia balsamea*	LC		
1998	拟层孔菌科	Fomitopsidaceae	褐泊氏孔菌	*Postia brunnea*	DD		
1999	拟层孔菌科	Fomitopsidaceae	蓝灰泊氏孔菌	*Postia caesia*	LC		
2000	拟层孔菌科	Fomitopsidaceae	白垩泊氏孔菌	*Postia calcarea*	DD		√
2001	拟层孔菌科	Fomitopsidaceae	灰泊氏孔菌	*Postia cana*	DD		√
2002	拟层孔菌科	Fomitopsidaceae	蜡泊氏孔菌	*Postia ceriflua*	LC		
2003	拟层孔菌科	Fomitopsidaceae	异肉泊氏孔菌	*Postia duplicata*	DD		
2004	拟层孔菌科	Fomitopsidaceae	莲座泊氏孔菌	*Postia floriformis*	LC		√
2005	拟层孔菌科	Fomitopsidaceae	红斑泊氏孔菌	*Postia fragilis*	LC		
2006	拟层孔菌科	Fomitopsidaceae	胶囊泊氏孔菌	*Postia gloeocystidiata*	DD		√
2007	拟层孔菌科	Fomitopsidaceae	胶孔泊氏孔菌	*Postia gloeopora*	DD		

序号 No.	科名 Chinese Family Names	科 Family	汉语学名 Chinese Names	学名 Scientific Names	评估等级 Status	评估依据 Assessment Criteria	特有种 Endemic
2008	拟层孔菌科	Fomitopsidaceae	扇盖泊氏孔菌	*Postia guttulata*	LC		
2009	拟层孔菌科	Fomitopsidaceae	冬生泊氏孔菌	*Postia hibernica*	LC		
2010	拟层孔菌科	Fomitopsidaceae	绒毛泊氏孔菌	*Postia hirsuta*	DD		
2011	拟层孔菌科	Fomitopsidaceae	日本泊氏孔菌	*Postia japonica*	DD		
2012	拟层孔菌科	Fomitopsidaceae	砖红泊氏孔菌	*Postia lateritia*	DD		
2013	拟层孔菌科	Fomitopsidaceae	白褐泊氏孔菌	*Postia leucomallella*	DD		
2014	拟层孔菌科	Fomitopsidaceae	洛易泊氏孔菌	*Postia lowei*	DD		
2015	拟层孔菌科	Fomitopsidaceae	斜管泊氏孔菌	*Postia obliqua*	DD		√
2016	拟层孔菌科	Fomitopsidaceae	黄白泊氏孔菌	*Postia ochraceoalba*	LC		
2017	拟层孔菌科	Fomitopsidaceae	粗毛泊氏孔菌	*Postia pelliculosa*	DD		
2018	拟层孔菌科	Fomitopsidaceae	精致泊氏孔菌	*Postia perdelicata*	DD		
2019	拟层孔菌科	Fomitopsidaceae	翼状泊氏孔菌	*Postia ptychogaster*	DD		
2020	拟层孔菌科	Fomitopsidaceae	秦岭泊氏孔菌	*Postia qinensis*	DD		√
2021	拟层孔菌科	Fomitopsidaceae	异味泊氏孔菌	*Postia rancida*	DD		
2022	拟层孔菌科	Fomitopsidaceae	厚垣孢泊氏孔菌	*Postia rennyi*	DD		
2023	拟层孔菌科	Fomitopsidaceae	丝软泊氏孔菌	*Postia sericeomollis*	LC		
2024	拟层孔菌科	Fomitopsidaceae	希玛泊氏孔菌	*Postia simanii*	DD		
2025	拟层孔菌科	Fomitopsidaceae	柄生泊氏孔菌	*Postia stiptica*	LC		
2026	拟层孔菌科	Fomitopsidaceae	灰蓝泊氏孔菌	*Postia subcaesia*	LC		
2027	拟层孔菌科	Fomitopsidaceae	饼形泊氏孔菌	*Postia subplacenta*	DD		√
2028	拟层孔菌科	Fomitopsidaceae	亚波泊氏孔菌	*Postia subundosa*	DD		√
2029	拟层孔菌科	Fomitopsidaceae	灰白泊氏孔菌	*Postia tephroleuca*	LC		
2030	拟层孔菌科	Fomitopsidaceae	波状泊氏孔菌	*Postia undosa*	LC		
2031	拟层孔菌科	Fomitopsidaceae	斑纹泊氏孔菌	*Postia zebra*	DD		√
2032	拟层孔菌科	Fomitopsidaceae	开展层腹孔菌	*Ptychogaster effusus*	DD		
2033	拟层孔菌科	Fomitopsidaceae	白黄小密孔菌	*Pycnoporellus alboluteus*	LC		
2034	拟层孔菌科	Fomitopsidaceae	光小密孔菌	*Pycnoporellus fulgens*	LC		

序号 No.	科名 Chinese Family Names	科 Family	汉语学名 Chinese Names	学名 Scientific Names	评估等级 Status	评估依据 Assessment Criteria	特有种 Endemic
2035	拟层孔菌科	Fomitopsidaceae	粉肉红层孔菌	*Rhodofomes cajanderi*	LC		
2036	拟层孔菌科	Fomitopsidaceae	肉色红层孔菌	*Rhodofomes carneus*	LC		
2037	拟层孔菌科	Fomitopsidaceae	灰红层孔菌	*Rhodofomes incarnatus*	DD		
2038	拟层孔菌科	Fomitopsidaceae	玫瑰色红层孔菌	*Rhodofomes roseus*	LC		
2039	拟层孔菌科	Fomitopsidaceae	似浅肉红色红层孔菌	*Rhodofomes subfeei*	DD		√
2040	拟层孔菌科	Fomitopsidaceae	铜拟红层孔菌	*Rhodofomitopsis cupreorosea*	LC		
2041	拟层孔菌科	Fomitopsidaceae	粉拟红层孔菌	*Rhodofomitopsis feei*	LC		
2042	拟层孔菌科	Fomitopsidaceae	囊体微红层孔菌	*Rubellofomes cystidiatus*	DD		
2043	拟层孔菌科	Fomitopsidaceae	蹄迷孔菌	*Ungulidaedalea fragilis*	DD		√
2044	脆孔菌科	Fragiliporiaceae	脆孔菌	*Fragiliporia fragilis*	DD		√
2045	灵芝科	Ganodermataceae	厦门乌芝	*Amauroderma amoiense*	LC		√
2046	灵芝科	Ganodermataceae	耳匙乌芝	*Amauroderma auriscalpium*	DD		
2047	灵芝科	Ganodermataceae	华南乌芝	*Amauroderma austrosinense*	LC		
2048	灵芝科	Ganodermataceae	大孔乌芝	*Amauroderma bataanense*	DD		
2049	灵芝科	Ganodermataceae	牛肝菌状乌芝	*Amauroderma boleticeum*	DD		
2050	灵芝科	Ganodermataceae	光粗柄乌芝	*Amauroderma conjunctum*	DD		
2051	灵芝科	Ganodermataceae	大瑶山乌芝	*Amauroderma dayaoshanense*	DD		√
2052	灵芝科	Ganodermataceae	伊勒乌芝	*Amauroderma ealaense*	DD		
2053	灵芝科	Ganodermataceae	黑漆乌芝	*Amauroderma exile*	DD		
2054	灵芝科	Ganodermataceae	福建乌芝	*Amauroderma fujianense*	DD		√
2055	灵芝科	Ganodermataceae	广西乌芝	*Amauroderma guangxiense*	DD		√
2056	灵芝科	Ganodermataceae	香港乌芝	*Amauroderma hongkongense*	DD		√
2057	灵芝科	Ganodermataceae	漏斗形乌芝	*Amauroderma infundibuliforme*	DD		
2058	灵芝科	Ganodermataceae	岛乌芝	*Amauroderma insulare*	DD		
2059	灵芝科	Ganodermataceae	江西乌芝	*Amauroderma jiangxiense*	DD		√
2060	灵芝科	Ganodermataceae	弄岗乌芝	*Amauroderma longgangense*	DD		√
2061	灵芝科	Ganodermataceae	黑肉乌芝	*Amauroderma nigrum*	DD		

序号 No.	科名 Chinese Family Names	科 Family	汉语学名 Chinese Names	学名 Scientific Names	评估等级 Status	评估依据 Assessment Criteria	特有种 Endemic
2062	灵芝科	Ganodermataceae	脐状乌芝	*Amauroderma omphalodes*	DD		
2063	灵芝科	Ganodermataceae	寄生乌芝	*Amauroderma parasiticum*	DD		
2064	灵芝科	Ganodermataceae	惑乌芝	*Amauroderma perplexum*	DD		
2065	灵芝科	Ganodermataceae	新见乌芝	*Amauroderma praetervisum*	DD		
2066	灵芝科	Ganodermataceae	皮勒乌芝	*Amauroderma preussii*	LC		
2067	灵芝科	Ganodermataceae	皱盖乌芝	*Amauroderma rude*	LC		
2068	灵芝科	Ganodermataceae	环裂乌芝	*Amauroderma rugosum*	LC		
2069	灵芝科	Ganodermataceae	暗褐肉乌芝	*Amauroderma schomburgkii*	DD		
2070	灵芝科	Ganodermataceae	黑柄乌芝	*Amauroderma scopulosum*	DD		
2071	灵芝科	Ganodermataceae	亚乌芝	*Amauroderma subrugosum*	DD		
2072	灵芝科	Ganodermataceae	多变乌芝	*Amauroderma variabile*	DD		
2073	灵芝科	Ganodermataceae	五指山乌芝	*Amauroderma wuzhishanense*	NT		√
2074	灵芝科	Ganodermataceae	乐东乌芝	*Amauroderma yuedongense*	DD		
2075	灵芝科	Ganodermataceae	云南乌芝	*Amauroderma yunnanense*	NT		√
2076	灵芝科	Ganodermataceae	广布灵芝	*Ganoderma adspersum*	DD		
2077	灵芝科	Ganodermataceae	拟热带灵芝	*Ganoderma ahmadii*	LC		
2078	灵芝科	Ganodermataceae	白边灵芝	*Ganoderma albomarginatum*	DD		√
2079	灵芝科	Ganodermataceae	安倍那灵芝	*Ganoderma amboinense*	LC		
2080	灵芝科	Ganodermataceae	树舌灵芝	*Ganoderma applanatum*	NT		
2081	灵芝科	Ganodermataceae	暗色灵芝	*Ganoderma atrum*	LC		√
2082	灵芝科	Ganodermataceae	南方灵芝	*Ganoderma australe*	LC		
2083	灵芝科	Ganodermataceae	闽南灵芝	*Ganoderma austrofujianense*	LC		√
2084	灵芝科	Ganodermataceae	坝王岭灵芝	*Ganoderma bawanglingense*	LC		√
2085	灵芝科	Ganodermataceae	兼性灵芝	*Ganoderma bicharacteristicum*	DD		√
2086	灵芝科	Ganodermataceae	褐灵芝	*Ganoderma brownii*	LC		
2087	灵芝科	Ganodermataceae	喜热灵芝	*Ganoderma calidophilum*	LC		√
2088	灵芝科	Ganodermataceae	鸡油菌状灵芝	*Ganoderma cantharelloideum*	DD		√

序号 No.	科名 Chinese Family Names	科 Family	汉语学名 Chinese Names	学名 Scientific Names	评估等级 Status	评估依据 Assessment Criteria	特有种 Endemic
2089	灵芝科	Ganodermataceae	薄盖灵芝	*Ganoderma capense*	LC		
2090	灵芝科	Ganodermataceae	册亨灵芝	*Ganoderma cehengense*	DD		√
2091	灵芝科	Ganodermataceae	紫铜灵芝	*Ganoderma chalceum*	LC		
2092	灵芝科	Ganodermataceae	澄海灵芝	*Ganoderma chenghaiense*	DD		√
2093	灵芝科	Ganodermataceae	琼中灵芝	*Ganoderma chiungchungense*	DD		√
2094	灵芝科	Ganodermataceae	匙状灵芝	*Ganoderma cochlear*	LC		
2095	灵芝科	Ganodermataceae	巨大灵芝	*Ganoderma colossus*	DD		
2096	灵芝科	Ganodermataceae	密纹灵芝	*Ganoderma crebrostriatum*	DD		√
2097	灵芝科	Ganodermataceae	高盏灵芝	*Ganoderma cupulatiprocerum*	DD		
2098	灵芝科	Ganodermataceae	柯蒂斯灵芝	*Ganoderma curtisii*	LC		
2099	灵芝科	Ganodermataceae	小孔栗褐灵芝	*Ganoderma dahlii*	LC		
2100	灵芝科	Ganodermataceae	大青山灵芝	*Ganoderma daiqingshanense*	DD		√
2101	灵芝科	Ganodermataceae	吊罗山灵芝	*Ganoderma diaoluoshanense*	DD		√
2102	灵芝科	Ganodermataceae	唐氏灵芝	*Ganoderma donkii*	DD		
2103	灵芝科	Ganodermataceae	硬孔灵芝	*Ganoderma duropora*	DD		
2104	灵芝科	Ganodermataceae	弯柄灵芝	*Ganoderma flexipes*	LC		
2105	灵芝科	Ganodermataceae	台湾灵芝	*Ganoderma formosanum*	DD		√
2106	灵芝科	Ganodermataceae	木蹄灵芝	*Ganoderma formosissimum*	DD		
2107	灵芝科	Ganodermataceae	拱状灵芝	*Ganoderma fornicatum*	LC		
2108	灵芝科	Ganodermataceae	有柄灵芝	*Ganoderma gibbosum*	LC		
2109	灵芝科	Ganodermataceae	桂南灵芝	*Ganoderma guinanense*	DD		√
2110	灵芝科	Ganodermataceae	贵州灵芝	*Ganoderma guizhouense*	DD		√
2111	灵芝科	Ganodermataceae	海南灵芝	*Ganoderma hainanense*	LC		√
2112	灵芝科	Ganodermataceae	尖峰岭灵芝	*Ganoderma jianfenglingense*	DD		√
2113	灵芝科	Ganodermataceae	胶纹灵芝	*Ganoderma koningsbergii*	LC		
2114	灵芝科	Ganodermataceae	昆明灵芝	*Ganoderma kunmingense*	DD		√
2115	灵芝科	Ganodermataceae	白肉灵芝	*Ganoderma leucocontextum*	LC		√

序号 No.	科名 Chinese Family Names	科 Family	汉语学名 Chinese Names	学名 Scientific Names	评估等级 Status	评估依据 Assessment Criteria	特有种 Endemic
2116	灵芝科	Ganodermataceae	莱特灵芝	*Ganoderma leytense*	DD		
2117	灵芝科	Ganodermataceae	裂迭灵芝	*Ganoderma lobatum*	LC		
2118	灵芝科	Ganodermataceae	黄边灵芝	*Ganoderma luteomarginatum*	LC		√
2119	灵芝科	Ganodermataceae	黄灵芝	*Ganoderma luteum*	DD		
2120	灵芝科	Ganodermataceae	大孔灵芝	*Ganoderma magniporum*	DD		√
2121	灵芝科	Ganodermataceae	华中灵芝	*Ganoderma mediosinense*	DD		√
2122	灵芝科	Ganodermataceae	墨江灵芝	*Ganoderma meijiangense*	DD		√
2123	灵芝科	Ganodermataceae	小孢灵芝	*Ganoderma microsporum*	LC		√
2124	灵芝科	Ganodermataceae	奇异灵芝	*Ganoderma mirabile*	DD		
2125	灵芝科	Ganodermataceae	奇绒毛灵芝	*Ganoderma mirivelutinum*	DD		√
2126	灵芝科	Ganodermataceae	重伞灵芝	*Ganoderma multipileum*	LC		√
2127	灵芝科	Ganodermataceae	重盖灵芝	*Ganoderma multiplicatum*	LC		
2128	灵芝科	Ganodermataceae	异壳丝灵芝	*Ganoderma mutabile*	DD		√
2129	灵芝科	Ganodermataceae	新日本灵芝	*Ganoderma neojaponicum*	LC		
2130	灵芝科	Ganodermataceae	亮黑灵芝	*Ganoderma nigrolucidum*	LC		
2131	灵芝科	Ganodermataceae	光亮灵芝	*Ganoderma nitidum*	LC		
2132	灵芝科	Ganodermataceae	褚漆灵芝	*Ganoderma ochrolaccatum*	LC		
2133	灵芝科	Ganodermataceae	狭长孢灵芝	*Ganoderma orbiforme*	LC		
2134	灵芝科	Ganodermataceae	壳状灵芝	*Ganoderma ostracodes*	DD		
2135	灵芝科	Ganodermataceae	小马蹄灵芝	*Ganoderma parviungulatum*	DD		√
2136	灵芝科	Ganodermataceae	佩氏灵芝	*Ganoderma petchii*	LC		
2137	灵芝科	Ganodermataceae	弗氏灵芝	*Ganoderma pfeifferi*	LC		
2138	灵芝科	Ganodermataceae	橡胶灵芝	*Ganoderma philippii*	LC		
2139	灵芝科	Ganodermataceae	多分枝灵芝	*Ganoderma ramosissimum*	LC		
2140	灵芝科	Ganodermataceae	任氏灵芝	*Ganoderma renii*	DD		√
2141	灵芝科	Ganodermataceae	无柄灵芝	*Ganoderma resinaceum*	LC		
2142	灵芝科	Ganodermataceae	大圆灵芝	*Ganoderma rotundatum*	DD		√

序号 No.	科名 Chinese Family Names	科 Family	汉语学名 Chinese Names	学名 Scientific Names	评估等级 Status	评估依据 Assessment Criteria	特有种 Endemic
2143	灵芝科	Ganodermataceae	三明灵芝	*Ganoderma sanmingense*	DD		
2144	灵芝科	Ganodermataceae	树灵芝	*Ganoderma sessile*	DD		
2145	灵芝科	Ganodermataceae	山东灵芝	*Ganoderma shandongense*	DD		√
2146	灵芝科	Ganodermataceae	上思灵芝	*Ganoderma shangsiense*	LC		√
2147	灵芝科	Ganodermataceae	四川灵芝	*Ganoderma sichuanense*	NT		√
2148	灵芝科	Ganodermataceae	思茅灵芝	*Ganoderma simaoense*	DD		√
2149	灵芝科	Ganodermataceae	紫灵芝	*Ganoderma sinense*	DD		
2150	灵芝科	Ganodermataceae	具柄灵芝	*Ganoderma stipitatum*	LC		
2151	灵芝科	Ganodermataceae	拟层状灵芝	*Ganoderma stratoideum*	DD		√
2152	灵芝科	Ganodermataceae	树脂灵芝	*Ganoderma subresinosum*	LC		
2153	灵芝科	Ganodermataceae	伞状灵芝	*Ganoderma subumbraculum*	DD		
2154	灵芝科	Ganodermataceae	密纹薄灵芝	*Ganoderma tenue*	LC		√
2155	灵芝科	Ganodermataceae	茶病灵芝	*Ganoderma theaecola*	LC		√
2156	灵芝科	Ganodermataceae	西藏灵芝	*Ganoderma tibetanum*	DD		√
2157	灵芝科	Ganodermataceae	三角状灵芝	*Ganoderma triangulum*	LC		√
2158	灵芝科	Ganodermataceae	热带灵芝	*Ganoderma tropicum*	LC		
2159	灵芝科	Ganodermataceae	馒形灵芝	*Ganoderma trulla*	DD		
2160	灵芝科	Ganodermataceae	铁杉灵芝	*Ganoderma tsugae*	DD		
2161	灵芝科	Ganodermataceae	粗皮灵芝	*Ganoderma tsunodae*	LC		
2162	灵芝科	Ganodermataceae	马蹄状灵芝	*Ganoderma ungulatum*	DD		√
2163	灵芝科	Ganodermataceae	紫光灵芝	*Ganoderma valesiacum*	LC		
2164	灵芝科	Ganodermataceae	韦伯灵芝	*Ganoderma weberianum*	LC		
2165	灵芝科	Ganodermataceae	威廉灵芝	*Ganoderma williamsianum*	DD		
2166	灵芝科	Ganodermataceae	芜湖灵芝	*Ganoderma wuhuense*	DD		√
2167	灵芝科	Ganodermataceae	兴义灵芝	*Ganoderma xingyiense*	DD		√
2168	灵芝科	Ganodermataceae	镇宁灵芝	*Ganoderma zhenningense*	DD		√
2169	灵芝科	Ganodermataceae	环带灵芝	*Ganoderma zonatum*	DD		

序号 No.	科名 Chinese Family Names	科 Family	汉语学名 Chinese Names	学名 Scientific Names	评估等级 Status	评估依据 Assessment Criteria	特有种 Endemic
2170	灵芝科	Ganodermataceae	贵州鸡冠孢芝	*Haddowia guizhouense*	DD		
2171	灵芝科	Ganodermataceae	长柄鸡冠孢芝	*Haddowia longipes*	LC		
2172	灵芝科	Ganodermataceae	咖啡网孢灵芝	*Humphreya coffeata*	LC		
2173	灵芝科	Ganodermataceae	伞形咖啡网孢灵芝	*Humphreya lloydii*	DD		
2174	腹孢菌科	Gastrosporiaceae	简单腹孢菌	*Gastrosporium simplex*	DD		
2175	地星科	Geastraceae	伯克利地星	*Geastrum berkeleyi*	LC		
2176	地星科	Geastraceae	花冠状地星	*Geastrum corollinum*	LC		
2177	地星科	Geastraceae	雅致地星	*Geastrum elegans*	LC		
2178	地星科	Geastraceae	恩勒地星	*Geastrum englerianum*	DD		
2179	地星科	Geastraceae	毛嘴地星	*Geastrum fimbriatum*	LC		
2180	地星科	Geastraceae	花形地星	*Geastrum floriforme*	LC		
2181	地星科	Geastraceae	皱嘴地星	*Geastrum hariotii*	DD		
2182	地星科	Geastraceae	爪哇地星	*Geastrum javanicum*	LC		
2183	地星科	Geastraceae	葫芦形地星	*Geastrum lageniforme*	DD		
2184	地星科	Geastraceae	具檐地星	*Geastrum limbatum*	DD		
2185	地星科	Geastraceae	黑头地星	*Geastrum melanocephalum*	DD		
2186	地星科	Geastraceae	极小地星	*Geastrum minimum*	LC		
2187	地星科	Geastraceae	木生地星	*Geastrum mirabile*	LC		
2188	地星科	Geastraceae	摩根地星	*Geastrum morganii*	DD		
2189	地星科	Geastraceae	篦齿地星	*Geastrum pectinatum*	LC		
2190	地星科	Geastraceae	小柄地星	*Geastrum pedicellatum*	DD		
2191	地星科	Geastraceae	四裂地星	*Geastrum quadrifidum*	LC		
2192	地星科	Geastraceae	粉红地星	*Geastrum rufescens*	LC		
2193	地星科	Geastraceae	袋形地星	*Geastrum saccatum*	LC		
2194	地星科	Geastraceae	施氏地星	*Geastrum schmidelii*	DD		
2195	地星科	Geastraceae	褶皱地星	*Geastrum striatum*	DD		
2196	地星科	Geastraceae	尖顶地星	*Geastrum triplex*	LC		

序号 No.	科名 Chinese Family Names	科 Family	汉语学名 Chinese Names	学名 Scientific Names	评估等级 Status	评估依据 Assessment Criteria	特有种 Endemic
2197	地星科	Geastraceae	绒皮地星	*Geastrum velutinum*	LC		
2198	地星科	Geastraceae	鸟状多口马勃	*Myriostoma coliforme*	DD		
2199	地星科	Geastraceae	弹球菌	*Sphaerobolus stellatus*	LC		
2200	粘齿菌科	Gloeodontiaceae	糙孢粘齿菌	*Gloeodontia subasperispora*	DD		
2201	粘褶菌科	Gloeophyllaceae	黑盖北方韧革菌	*Boreostereum radiatum*	DD		
2202	粘褶菌科	Gloeophyllaceae	硫北方韧革菌	*Boreostereum sulphuratum*	DD		
2203	粘褶菌科	Gloeophyllaceae	褐盖北方韧革菌	*Boreostereum vibrans*	DD		
2204	粘褶菌科	Gloeophyllaceae	冷杉粘褶菌	*Gloeophyllum abietinum*	LC		
2205	粘褶菌科	Gloeophyllaceae	紫色粘褶菌	*Gloeophyllum berkeleyi*	DD		
2206	粘褶菌科	Gloeophyllaceae	炭生粘褶菌	*Gloeophyllum carbonarium*	NT		
2207	粘褶菌科	Gloeophyllaceae	桧粘褶菌	*Gloeophyllum juniperinum*	DD		
2208	粘褶菌科	Gloeophyllaceae	香粘褶菌	*Gloeophyllum odoratum*	LC		
2209	粘褶菌科	Gloeophyllaceae	喜干粘褶菌	*Gloeophyllum protractum*	LC		
2210	粘褶菌科	Gloeophyllaceae	篱边粘褶菌	*Gloeophyllum sepiarium*	LC		
2211	粘褶菌科	Gloeophyllaceae	条纹粘褶菌	*Gloeophyllum striatum*	LC		
2212	粘褶菌科	Gloeophyllaceae	褐粘褶菌	*Gloeophyllum subferrugineum*	LC		
2213	粘褶菌科	Gloeophyllaceae	密粘褶菌	*Gloeophyllum trabeum*	LC		
2214	粘褶菌科	Gloeophyllaceae	台湾灰卧孔菌	*Griseoporia taiwanensis*	DD		√
2215	粘褶菌科	Gloeophyllaceae	冷杉绒柄革菌	*Veluticeps abietina*	LC		
2216	粘褶菌科	Gloeophyllaceae	含糊绒柄革菌	*Veluticeps ambigua*	DD		
2217	粘褶菌科	Gloeophyllaceae	柏克莱绒柄革菌	*Veluticeps berkeleyana*	DD		
2218	粘褶菌科	Gloeophyllaceae	小孢绒柄革菌	*Veluticeps microspora*	DD		
2219	钉菇科	Gomphaceae	承德高腹菌	*Gautieria chengdensis*	VU	B2ab(iii)	√
2220	钉菇科	Gomphaceae	形似高腹菌	*Gautieria gautierioides*	DD		
2221	钉菇科	Gomphaceae	球孢高腹菌	*Gautieria globispora*	DD		√
2222	钉菇科	Gomphaceae	湖北高腹菌	*Gautieria hubeiensis*	DD		√
2223	钉菇科	Gomphaceae	山地高腹菌	*Gautieria monticola*	DD		

序号 No.	科名 Chinese Family Names	科 Family	汉语学名 Chinese Names	学名 Scientific Names	评估等级 Status	评估依据 Assessment Criteria	特有种 Endemic
2224	钉菇科	Gomphaceae	高腹菌	*Gautieria morchelliformis*	DD		
2225	钉菇科	Gomphaceae	苍白高腹菌	*Gautieria pallida*	DD		
2226	钉菇科	Gomphaceae	神农架高腹菌	*Gautieria shennongjiaensis*	LC		√
2227	钉菇科	Gomphaceae	中华高腹菌	*Gautieria sinensis*	DD		√
2228	钉菇科	Gomphaceae	新疆高腹菌	*Gautieria xinjiangensis*	DD		√
2229	钉菇科	Gomphaceae	粘鸡油菌	*Gloeocantharellus lateritius*	DD		
2230	钉菇科	Gomphaceae	白粘鸡油菌	*Gloeocantharellus pallidus*	DD		
2231	钉菇科	Gomphaceae	桃红粘鸡油菌	*Gloeocantharellus persicinus*	DD		√
2232	钉菇科	Gomphaceae	紫粘鸡油菌	*Gloeocantharellus purpurascens*	DD		
2233	钉菇科	Gomphaceae	钉菇	*Gomphus clavatus*	LC		
2234	钉菇科	Gomphaceae	东方钉菇	*Gomphus orientalis*	NT		√
2235	钉菇科	Gomphaceae	四川钉菇	*Gomphus szechwanensis*	DD		√
2236	钉菇科	Gomphaceae	云南钉菇	*Gomphus yunnanensis*	DD		√
2237	钉菇科	Gomphaceae	冷杉暗锁瑚菌	*Phaeoclavulina abietina*	LC		
2238	钉菇科	Gomphaceae	粗茎暗锁瑚菌	*Phaeoclavulina campestris*	DD		
2239	钉菇科	Gomphaceae	竹林暗锁瑚菌	*Phaeoclavulina capucina*	DD		
2240	钉菇科	Gomphaceae	柯奇暗锁瑚菌	*Phaeoclavulina cokeri*	DD		
2241	钉菇科	Gomphaceae	蓝顶暗锁瑚菌	*Phaeoclavulina cyanocephala*	LC		
2242	钉菇科	Gomphaceae	脱色暗锁瑚菌	*Phaeoclavulina decolor*	DD		
2243	钉菇科	Gomphaceae	萎垂白暗锁瑚菌	*Phaeoclavulina flaccida*	LC		
2244	钉菇科	Gomphaceae	紫暗锁瑚菌	*Phaeoclavulina grandis*	DD		
2245	钉菇科	Gomphaceae	长茎暗锁瑚菌	*Phaeoclavulina longicaulis*	LC		
2246	钉菇科	Gomphaceae	大孢暗锁瑚菌	*Phaeoclavulina macrospora*	DD		
2247	钉菇科	Gomphaceae	多变暗锁瑚菌	*Phaeoclavulina mutabilis*	DD		
2248	钉菇科	Gomphaceae	锡金暗锁瑚菌	*Phaeoclavulina sikkimia*	DD		
2249	钉菇科	Gomphaceae	绿色暗锁瑚菌	*Phaeoclavulina viridis*	LC		
2250	钉菇科	Gomphaceae	刺孢暗锁瑚菌	*Phaeoclavulina zippelii*	DD		

序号 No.	科名 Chinese Family Names	科 Family	汉语学名 Chinese Names	学名 Scientific Names	评估等级 Status	评估依据 Assessment Criteria	特有种 Endemic
2251	钉菇科	Gomphaceae	美洲枝瑚菌	*Ramaria americana*	DD		√
2252	钉菇科	Gomphaceae	尖枝瑚菌	*Ramaria apiculata*	LC		
2253	钉菇科	Gomphaceae	丝纹孢枝瑚菌	*Ramaria araiospora*	DD		
2254	钉菇科	Gomphaceae	亚洲枝瑚菌	*Ramaria asiatica*	NT		√
2255	钉菇科	Gomphaceae	金黄枝瑚菌	*Ramaria aurea*	LC		
2256	钉菇科	Gomphaceae	变锈褐枝瑚菌	*Ramaria bataillei*	DD		
2257	钉菇科	Gomphaceae	葡萄状枝瑚菌	*Ramaria botrytis*	LC		
2258	钉菇科	Gomphaceae	红顶枝瑚菌	*Ramaria botrytoides*	NT		
2259	钉菇科	Gomphaceae	小孢密枝瑚菌	*Ramaria bourdotiana*	DD		
2260	钉菇科	Gomphaceae	圆孢枝瑚菌	*Ramaria brevispora*	DD		
2261	钉菇科	Gomphaceae	褐枝瑚菌	*Ramaria brunneicontusa*	DD		
2262	钉菇科	Gomphaceae	棕顶枝瑚菌	*Ramaria brunneipes*	NT		√
2263	钉菇科	Gomphaceae	驼毛色枝瑚菌	*Ramaria camelicolor*	DD		
2264	钉菇科	Gomphaceae	皱褶枝瑚菌	*Ramaria capitata*	DD		
2265	钉菇科	Gomphaceae	雪松枝瑚菌	*Ramaria cedretorum*	LC		
2266	钉菇科	Gomphaceae	联丛枝瑚菌	*Ramaria conjunctipes*	DD		
2267	钉菇科	Gomphaceae	嗜蓝粒枝瑚菌	*Ramaria cyaneigranosa*	LC		
2268	钉菇科	Gomphaceae	囊托枝瑚菌	*Ramaria cystidiophora*	DD		
2269	钉菇科	Gomphaceae	胡萝卜状枝瑚菌	*Ramaria daucipes*	DD		
2270	钉菇科	Gomphaceae	延生枝瑚菌	*Ramaria decurrens*	LC		
2271	钉菇科	Gomphaceae	离生枝瑚菌	*Ramaria distinctissima*	NT		√
2272	钉菇科	Gomphaceae	枯皮枝瑚菌	*Ramaria ephemeroderma*	NT		√
2273	钉菇科	Gomphaceae	洱源枝瑚菌	*Ramaria eryuanensis*	NT		√
2274	钉菇科	Gomphaceae	雅形枝瑚菌	*Ramaria eumorpha*	LC		
2275	钉菇科	Gomphaceae	芬兰枝瑚菌	*Ramaria fennica*	LC		
2276	钉菇科	Gomphaceae	黄枝瑚菌	*Ramaria flava*	LC		
2277	钉菇科	Gomphaceae	浅黄枝瑚菌	*Ramaria flavescens*	LC		

序号 No.	科名 Chinese Family Names	科 Family	汉语学名 Chinese Names	学名 Scientific Names	评估等级 Status	评估依据 Assessment Criteria	特有种 Endemic
2278	钉菇科	Gomphaceae	黄顶枝瑚菌	*Ramaria flaviceps*	LC		
2279	钉菇科	Gomphaceae	黄环枝瑚菌	*Ramaria flavicingula*	DD		
2280	钉菇科	Gomphaceae	胶黄枝瑚菌	*Ramaria flavigelatinosa*	LC		
2281	钉菇科	Gomphaceae	棕黄枝瑚菌	*Ramaria flavobrunnescens*	LC		
2282	钉菇科	Gomphaceae	黄肥皂草枝瑚菌	*Ramaria flavosaponaria*	DD		
2283	钉菇科	Gomphaceae	臭枝瑚菌	*Ramaria foetida*	DD		
2284	钉菇科	Gomphaceae	美丽枝瑚菌	*Ramaria formosa*	LC		
2285	钉菇科	Gomphaceae	白变枝瑚菌	*Ramaria fragillima*	DD		
2286	钉菇科	Gomphaceae	烟色枝瑚菌	*Ramaria fumigata*	LC		
2287	钉菇科	Gomphaceae	深褐枝瑚菌	*Ramaria fuscobrunnea*	LC		√
2288	钉菇科	Gomphaceae	胶质枝瑚菌	*Ramaria gelatinosa*	DD		
2289	钉菇科	Gomphaceae	纤细枝瑚菌	*Ramaria gracilis*	LC		
2290	钉菇科	Gomphaceae	大枝瑚菌	*Ramaria grandis*	DD		
2291	钉菇科	Gomphaceae	淡红枝瑚菌	*Ramaria hemirubella*	NT		√
2292	钉菇科	Gomphaceae	脐孢枝瑚菌	*Ramaria hilaris*	NT		√
2293	钉菇科	Gomphaceae	金红顶枝瑚菌	*Ramaria holorubella*	LC		
2294	钉菇科	Gomphaceae	隐枝瑚菌	*Ramaria incognita*	DD		
2295	钉菇科	Gomphaceae	印滇枝瑚菌	*Ramaria indoyunmaniana*	NT		√
2296	钉菇科	Gomphaceae	乳褐枝瑚菌	*Ramaria lacteobrunnescens*	DD		
2297	钉菇科	Gomphaceae	光孢枝瑚菌	*Ramaria laeviformosoides*	NT		√
2298	钉菇科	Gomphaceae	拉根特枝瑚菌	*Ramaria largentii*	DD		
2299	钉菇科	Gomphaceae	橘色枝瑚菌	*Ramaria leptoformosa*	LC		
2300	钉菇科	Gomphaceae	拟细枝瑚菌	*Ramaria linearioides*	NT		√
2301	钉菇科	Gomphaceae	细枝瑚菌	*Ramaria linearis*	NT		√
2302	钉菇科	Gomphaceae	花孢枝瑚菌	*Ramaria lorithamnus*	DD		
2303	钉菇科	Gomphaceae	淡黄枝瑚菌	*Ramaria lutea*	DD		
2304	钉菇科	Gomphaceae	黄绿枝瑚菌	*Ramaria luteoaeruginea*	DD		√

序号 No.	科名 Chinese Family Names	科 Family	汉语学名 Chinese Names	学名 Scientific Names	评估等级 Status	评估依据 Assessment Criteria	特有种 Endemic
2305	钉菇科	Gomphaceae	马地枝瑚菌	*Ramaria madagascariensis*	DD		
2306	钉菇科	Gomphaceae	梅尔枝瑚菌	*Ramaria mairei*	LC		
2307	钉菇科	Gomphaceae	丁香枝瑚菌	*Ramaria marrii*	DD		
2308	钉菇科	Gomphaceae	木生密枝瑚菌	*Ramaria molleriana*	LC		
2309	钉菇科	Gomphaceae	绒柄枝瑚菌	*Ramaria murrillii*	DD		
2310	钉菇科	Gomphaceae	菌丝状枝瑚菌	*Ramaria myceliosa*	DD		
2311	钉菇科	Gomphaceae	短孢枝瑚菌	*Ramaria nanispora*	VU	A3cd	√
2312	钉菇科	Gomphaceae	拟粉红枝瑚菌	*Ramaria neoformosa*	VU	A3cd	
2313	钉菇科	Gomphaceae	光孢黄枝瑚菌	*Ramaria obtusissima*	LC		
2314	钉菇科	Gomphaceae	苍白枝瑚菌	*Ramaria pallida*	DD		
2315	钉菇科	Gomphaceae	淡紫枝瑚菌	*Ramaria pallidolilacina*	DD		√
2316	钉菇科	Gomphaceae	松生枝瑚菌	*Ramaria pinicola*	DD		
2317	钉菇科	Gomphaceae	多脚枝瑚菌	*Ramaria polypus*	DD		
2318	钉菇科	Gomphaceae	美极枝瑚菌	*Ramaria pulcherrima*	DD		
2319	钉菇科	Gomphaceae	紫枝瑚菌	*Ramaria purpurissima*	DD		
2320	钉菇科	Gomphaceae	血红枝瑚菌	*Ramaria rubella*	DD		
2321	钉菇科	Gomphaceae	红顶黄枝瑚菌	*Ramaria rubescens*	DD		
2322	钉菇科	Gomphaceae	朱细枝瑚菌	*Ramaria rubriattenuipes*	VU	A3cd	√
2323	钉菇科	Gomphaceae	红肉丛枝瑚菌	*Ramaria rubricarnata*	VU	B2ab(iii)	
2324	钉菇科	Gomphaceae	红枝瑚菌	*Ramaria rubrievanescens*	DD		
2325	钉菇科	Gomphaceae	皱枝瑚菌	*Ramaria rufescens*	LC		
2326	钉菇科	Gomphaceae	三陀罗枝瑚菌	*Ramaria sandaracina*	DD		
2327	钉菇科	Gomphaceae	变血红枝瑚菌	*Ramaria sanguinea*	DD		
2328	钉菇科	Gomphaceae	红柄枝瑚菌	*Ramaria sanguinipes*	NT		√
2329	钉菇科	Gomphaceae	偏白枝瑚菌	*Ramaria secunda*	LC		
2330	钉菇科	Gomphaceae	华联枝瑚菌	*Ramaria sinoconjunctipes*	NT		√
2331	钉菇科	Gomphaceae	溶解枝瑚菌	*Ramaria soluta*	DD		

序号 No.	科名 Chinese Family Names	科 Family	汉语学名 Chinese Names	学名 Scientific Names	评估等级 Status	评估依据 Assessment Criteria	特有种 Endemic
2332	钉菇科	Gomphaceae	小刺枝瑚菌	*Ramaria spinulosa*	DD		
2333	钉菇科	Gomphaceae	斯特枝瑚菌	*Ramaria strasseri*	LC		
2334	钉菇科	Gomphaceae	密枝瑚菌	*Ramaria stricta*	NT		
2335	钉菇科	Gomphaceae	金色枝瑚菌	*Ramaria subaurantiaca*	LC		√
2336	钉菇科	Gomphaceae	亚红顶枝瑚菌	*Ramaria subbotrytis*	LC		
2337	钉菇科	Gomphaceae	近延生枝瑚菌	*Ramaria subdecurrens*	DD		
2338	钉菇科	Gomphaceae	瑞典枝瑚菌	*Ramaria suecica*	LC		
2339	钉菇科	Gomphaceae	硬砖红枝瑚菌	*Ramaria testaceoflava*	LC		
2340	钉菇科	Gomphaceae	斑袍枝瑚菌	*Ramaria zebrispora*	NT		√
2341	钉菇科	Gomphaceae	毛陀螺菌	*Turbinellus floccosus*	LC		
2342	钉菇科	Gomphaceae	浅褐陀螺菌	*Turbinellus fujisanensis*	DD		
2343	钉菇科	Gomphaceae	考夫曼陀螺菌	*Turbinellus kauffmanii*	DD		
2344	铆钉菇科	Gomphidiaceae	易混色钉菇	*Chroogomphus confusus*	NT		√
2345	铆钉菇科	Gomphidiaceae	丝状色钉菇	*Chroogomphus filiformis*	DD		√
2346	铆钉菇科	Gomphidiaceae	球盖色钉菇	*Chroogomphus helveticus*	DD		
2347	铆钉菇科	Gomphidiaceae	东方色钉菇	*Chroogomphus orientirutilus*	NT		√
2348	铆钉菇科	Gomphidiaceae	假绒盖色钉菇	*Chroogomphus pseudotomentosus*	LC		
2349	铆钉菇科	Gomphidiaceae	淡紫色钉菇	*Chroogomphus purpurascens*	LC		
2350	铆钉菇科	Gomphidiaceae	淡粉色钉菇	*Chroogomphus roseolus*	DD		√
2351	铆钉菇科	Gomphidiaceae	血红色钉菇	*Chroogomphus rutilus*	LC		
2352	铆钉菇科	Gomphidiaceae	西伯利亚色钉菇	*Chroogomphus sibiricus*	DD		
2353	铆钉菇科	Gomphidiaceae	绒红色钉菇	*Chroogomphus tomentosus*	LC		
2354	铆钉菇科	Gomphidiaceae	酒色色钉菇	*Chroogomphus vinicolor*	DD		
2355	铆钉菇科	Gomphidiaceae	黏铆钉菇	*Gomphidius glutinosus*	LC		
2356	铆钉菇科	Gomphidiaceae	斑点铆钉菇	*Gomphidius maculatus*	LC		
2357	铆钉菇科	Gomphidiaceae	粉红铆钉菇	*Gomphidius roseus*	LC		
2358	铆钉菇科	Gomphidiaceae	亚红铆钉菇	*Gomphidius subroseus*	LC		

序号 No.	科名 Chinese Family Names	科 Family	汉语学名 Chinese Names	学名 Scientific Names	评估等级 Status	评估依据 Assessment Criteria	特有种 Endemic
2359	铆钉菇科	Gomphidiaceae	粘质铆钉菇	*Gomphidius viscidula*	DD		
2360	圆孔牛肝菌科	Gyroporaceae	暗紫圆孔牛肝菌	*Gyroporus atroviolaceus*	LC		
2361	圆孔牛肝菌科	Gyroporaceae	黄盖圆孔牛肝菌	*Gyroporus ballouii*	LC		
2362	圆孔牛肝菌科	Gyroporaceae	褐丛毛圆孔牛肝菌	*Gyroporus brunneofloccosus*	DD		√
2363	圆孔牛肝菌科	Gyroporaceae	褐圆圆孔牛肝菌	*Gyroporus castaneus*	LC		
2364	圆孔牛肝菌科	Gyroporaceae	蓝圆孔牛肝菌	*Gyroporus cyanescens*	LC		
2365	圆孔牛肝菌科	Gyroporaceae	黑圆孔牛肝菌	*Gyroporus earlei*	DD		
2366	圆孔牛肝菌科	Gyroporaceae	长囊体圆孔牛肝菌	*Gyroporus longicystidiatus*	LC		
2367	圆孔牛肝菌科	Gyroporaceae	马米西亚圆孔牛肝菌	*Gyroporus malesicus*	DD		√
2368	圆孔牛肝菌科	Gyroporaceae	微孢圆孔牛肝菌	*Gyroporus pseudomicrosporus*	DD		
2369	圆孔牛肝菌科	Gyroporaceae	紫褐圆孔牛肝菌	*Gyroporus purpurinus*	LC		
2370	圆孔牛肝菌科	Gyroporaceae	白盖圆孔牛肝菌	*Gyroporus subalbellus*	DD		
2371	圆孔牛肝菌科	Gyroporaceae	疣孢圆孔牛肝菌	*Gyroporus tuberculatosporus*	DD		√
2372	猴头菌科	Hericiaceae	薄膜齿菌	*Dentipellicula leptodon*	DD		
2373	猴头菌科	Hericiaceae	台湾膜齿菌	*Dentipellicula taiwaniana*	DD		√
2374	猴头菌科	Hericiaceae	无囊软齿菌	*Dentipellis acystidiata*	DD		√
2375	猴头菌科	Hericiaceae	易脆软齿菌	*Dentipellis fragilis*	DD		
2376	猴头菌科	Hericiaceae	小孢软齿菌	*Dentipellis microspora*	VU	B2ab(iii)	
2377	猴头菌科	Hericiaceae	冷杉猴头菌	*Hericium abietis*	DD		
2378	猴头菌科	Hericiaceae	高山猴头菌	*Hericium alpestre*	DD		
2379	猴头菌科	Hericiaceae	卷须猴头菌	*Hericium cirrhatum*	LC		
2380	猴头菌科	Hericiaceae	格状猴头菌	*Hericium clathroides*	LC		
2381	猴头菌科	Hericiaceae	珊瑚状猴头菌	*Hericium coralloides*	LC		
2382	猴头菌科	Hericiaceae	猴头菇	*Hericium erinaceus*	VU	A3cd	
2383	猴头菌科	Hericiaceae	二色松肉菌	*Laxitextum bicolor*	LC		
2384	胶珊瑚科	Holtermanniaceae	角状胶珊瑚	*Holtermannia corniformis*	LC		
2385	胶珊瑚科	Holtermanniaceae	胶珊瑚	*Holtermannia pinguis*	LC		

序号 No.	科名 Chinese Family Names	科 Family	汉语学名 Chinese Names	学名 Scientific Names	评估等级 Status	评估依据 Assessment Criteria	特有种 Endemic
2386	明木耳科	Hyaloriaceae	灰圆黏木耳	*Myxarium glairum*	LC		
2387	明木耳科	Hyaloriaceae	结节黏木耳	*Myxarium nucleatum*	LC		
2388	齿菌科	Hydnaceae	苔生格兰齿菌	*Grandinia muscicola*	DD		
2389	齿菌科	Hydnaceae	微白齿菌	*Hydnum albidum*	DD		
2390	齿菌科	Hydnaceae	卷缘齿菌	*Hydnum repandum*	LC		
2391	齿菌科	Hydnaceae	红齿菌	*Hydnum rufescens*	DD		
2392	齿菌科	Hydnaceae	非旋白齿菌	*Sistotrema athelioides*	DD		
2393	齿菌科	Hydnaceae	耐冷白齿菌	*Sistotrema brinkmannii*	DD		
2394	齿菌科	Hydnaceae	合生白齿菌	*Sistotrema confluens*	DD		
2395	齿菌科	Hydnaceae	苍白白齿菌	*Sistotrema muscicola*	DD		
2396	齿菌科	Hydnaceae	亚汇白齿菌	*Sistotrema subconfluens*	DD		√
2397	轴腹菌科	Hydnangiaceae	铜腹菌	*Hydnangium carneum*	LC		
2398	轴腹菌科	Hydnangiaceae	棘孢蜡蘑	*Laccaria acanthospora*	DD		√
2399	轴腹菌科	Hydnangiaceae	白蜡蘑	*Laccaria alba*	NT		√
2400	轴腹菌科	Hydnangiaceae	椭孢紫蜡蘑	*Laccaria amethysteo-occidentalis*	DD		
2401	轴腹菌科	Hydnangiaceae	紫蜡蘑	*Laccaria amethystina*	LC		
2402	轴腹菌科	Hydnangiaceae	窄褶蜡蘑	*Laccaria angustilamella*	NT		√
2403	轴腹菌科	Hydnangiaceae	橙黄蜡蘑	*Laccaria aurantia*	DD		√
2404	轴腹菌科	Hydnangiaceae	双色蜡蘑	*Laccaria bicolor*	LC		
2405	轴腹菌科	Hydnangiaceae	泡状蜡蘑	*Laccaria bullipellis*	DD		√
2406	轴腹菌科	Hydnangiaceae	刺孢蜡蘑	*Laccaria echinospora*	DD		
2407	轴腹菌科	Hydnangiaceae	橘红蜡蘑	*Laccaria fraterna*	LC		
2408	轴腹菌科	Hydnangiaceae	黄灰蜡蘑	*Laccaria fulvogrisea*	DD		√
2409	轴腹菌科	Hydnangiaceae	喜马拉雅蜡蘑	*Laccaria himalayensis*	DD		√
2410	轴腹菌科	Hydnangiaceae	漆亮蜡蘑	*Laccaria laccata*	LC		
2411	轴腹菌科	Hydnangiaceae	长柄蜡蘑	*Laccaria longipes*	DD		
2412	轴腹菌科	Hydnangiaceae	高山蜡蘑	*Laccaria montana*	LC		

序号 No.	科名 Chinese Family Names	科 Family	汉语学名 Chinese Names	学名 Scientific Names	评估等级 Status	评估依据 Assessment Criteria	特有种 Endemic
2413	轴腹菌科	Hydnangiaceae	棕黑蜡蘑	Laccaria negrimarginata	DD		√
2414	轴腹菌科	Hydnangiaceae	粉紫蜡蘑	Laccaria ochropurpurea	DD		
2415	轴腹菌科	Hydnangiaceae	俄亥俄蜡蘑	Laccaria ohiensis	DD		
2416	轴腹菌科	Hydnangiaceae	条柄蜡蘑	Laccaria proxima	LC		
2417	轴腹菌科	Hydnangiaceae	矮蜡蘑	Laccaria pumila	DD		
2418	轴腹菌科	Hydnangiaceae	紫褐蜡蘑	Laccaria purpureobadia	LC		
2419	轴腹菌科	Hydnangiaceae	鲑色蜡蘑	Laccaria salmonicolor	DD		
2420	轴腹菌科	Hydnangiaceae	条缘蜡蘑	Laccaria striatula	DD		√
2421	轴腹菌科	Hydnangiaceae	二孢蜡蘑	Laccaria tortilis	LC		
2422	轴腹菌科	Hydnangiaceae	灰酒红蜡蘑	Laccaria vinaceoavellanea	LC		
2423	轴腹菌科	Hydnangiaceae	云南蜡蘑	Laccaria yunnanensis	DD		√
2424	刺孢菌科	Hydnodontaceae	变绿短胞齿菌	Brevicellicium olivascens	DD		
2425	刺孢菌科	Hydnodontaceae	软树精齿菌	Dextrinodontia molliuscula	DD		
2426	刺孢菌科	Hydnodontaceae	唐菖蒲李茨齿菌	Litschauerella gladiola	DD		
2427	刺孢菌科	Hydnodontaceae	浅白伏白齿菌	Sistotremastrum niveocremeum	DD		
2428	刺孢菌科	Hydnodontaceae	极小小白齿菌	Sistotremella perpusilla	DD		
2429	刺孢菌科	Hydnodontaceae	短孢锥囊菌	Subulicystidium brachysporum	DD		
2430	刺孢菌科	Hydnodontaceae	长囊锥囊菌	Subulicystidium longisporum	DD		
2431	刺孢菌科	Hydnodontaceae	梅里德锥囊菌	Subulicystidium meridense	DD		
2432	刺孢菌科	Hydnodontaceae	纯洁糙孢孔菌	Trechispora amianthina	DD		
2433	刺孢菌科	Hydnodontaceae	亮白糙孢孔菌	Trechispora candidissima	DD		
2434	刺孢菌科	Hydnodontaceae	联树糙孢孔菌	Trechispora cohaerens	DD		
2435	刺孢菌科	Hydnodontaceae	二菌丝糙孢孔菌	Trechispora dimitica	DD		
2436	刺孢菌科	Hydnodontaceae	粉状糙孢孔菌	Trechispora farinacea	DD		
2437	刺孢菌科	Hydnodontaceae	袋囊糙孢孔菌	Trechispora hymenocystis	DD		
2438	刺孢菌科	Hydnodontaceae	小糙孢孔菌	Trechispora microspora	DD		
2439	刺孢菌科	Hydnodontaceae	软糙孢孔菌	Trechispora mollusca	LC		

序号 No.	科名 Chinese Family Names	科 Family	汉语学名 Chinese Names	学名 Scientific Names	评估等级 Status	评估依据 Assessment Criteria	特有种 Endemic
2440	剌孢菌科	Hydnodontaceae	可变糙孢孔菌	*Trechispora mutabilis*	DD		
2441	剌孢菌科	Hydnodontaceae	白糙孢孔菌	*Trechispora nivea*	DD		
2442	剌孢菌科	Hydnodontaceae	多角糙孢孔菌	*Trechispora polygonospora*	DD		
2443	剌孢菌科	Hydnodontaceae	球孢糙孢孔菌	*Trechispora praefocata*	DD		
2444	剌孢菌科	Hydnodontaceae	硬糙孢孔菌	*Trechispora rigida*	DD		
2445	剌孢菌科	Hydnodontaceae	亚缺刻糙孢孔菌	*Trechispora suberosa*	DD		√
2446	剌孢菌科	Hydnodontaceae	虫状管齿菌	*Tubulicium vermiferum*	DD		
2447	蜡伞科	Hygrophoraceae	棒柄瓶杯伞	*Ampulloclitocybe clavipes*	LC		
2448	蜡伞科	Hygrophoraceae	亚紫色拱顶菌	*Camarophyllus subviolaceus*	DD		
2449	蜡伞科	Hygrophoraceae	格氏蝇头菌	*Cantharocybe gruberi*	DD		
2450	蜡伞科	Hygrophoraceae	淡橙黄紫褶菇	*Chromosera citrinopallida*	DD		
2451	蜡伞科	Hygrophoraceae	蓝紫褶菇	*Chromosera cyanophylla*	LC		
2452	蜡伞科	Hygrophoraceae	金褶脐盖菇	*Chrysomphalina chrysophylla*	DD		
2453	蜡伞科	Hygrophoraceae	绿脐盖菇	*Chrysomphalina grossula*	DD		
2454	蜡伞科	Hygrophoraceae	橙拱顶伞	*Cuphophyllus aurantius*	DD		
2455	蜡伞科	Hygrophoraceae	灰色拱顶拱顶伞	*Cuphophyllus canescens*	DD		
2456	蜡伞科	Hygrophoraceae	乳色拱顶伞	*Cuphophyllus lacmus*	DD		
2457	蜡伞科	Hygrophoraceae	草地拱顶伞	*Cuphophyllus pratensis*	LC		
2458	蜡伞科	Hygrophoraceae	洁白拱顶伞	*Cuphophyllus virgineus*	LC		
2459	蜡伞科	Hygrophoraceae	梨形早丝伞	*Eonema pyriforme*	DD		
2460	蜡伞科	Hygrophoraceae	长柄湿果伞	*Gliophorus irrigatus*	DD		
2461	蜡伞科	Hygrophoraceae	可爱湿果伞	*Gliophorus laetus*	DD		
2462	蜡伞科	Hygrophoraceae	湿果伞	*Gliophorus psittacinus*	LC		
2463	蜡伞科	Hygrophoraceae	橙黄湿皮伞	*Humidicutis auratocephala*	DD		
2464	蜡伞科	Hygrophoraceae	冠状湿皮伞	*Humidicutis calyptriformis*	LC		
2465	蜡伞科	Hygrophoraceae	湿皮伞	*Humidicutis marginata*	LC		
2466	蜡伞科	Hygrophoraceae	尖锥形湿伞	*Hygrocybe acutoconica*	LC		

序号 No.	科名 Chinese Family Names	科 Family	汉语学名 Chinese Names	学名 Scientific Names	评估等级 Status	评估依据 Assessment Criteria	特有种 Endemic
2467	蜡伞科	Hygrophoraceae	紫湿伞	*Hygrocybe amoena*	DD		
2468	蜡伞科	Hygrophoraceae	舟湿伞	*Hygrocybe cantharellus*	LC		
2469	蜡伞科	Hygrophoraceae	蜡质湿伞	*Hygrocybe ceracea*	LC		
2470	蜡伞科	Hygrophoraceae	硫黄湿伞	*Hygrocybe chlorophana*	LC		
2471	蜡伞科	Hygrophoraceae	绯红湿伞	*Hygrocybe coccinea*	LC		
2472	蜡伞科	Hygrophoraceae	绯红齿湿伞	*Hygrocybe coccineocrenata*	DD		
2473	蜡伞科	Hygrophoraceae	变黑湿伞	*Hygrocybe conica*	LC		
2474	蜡伞科	Hygrophoraceae	血色湿伞	*Hygrocybe cruenta*	DD		
2475	蜡伞科	Hygrophoraceae	突顶猩红湿伞	*Hygrocybe cuspidata*	LC		
2476	蜡伞科	Hygrophoraceae	囊湿伞	*Hygrocybe cystidiata*	DD		
2477	蜡伞科	Hygrophoraceae	细鳞小湿伞	*Hygrocybe firma*	LC		
2478	蜡伞科	Hygrophoraceae	浅黄褐湿伞	*Hygrocybe flavescens*	LC		
2479	蜡伞科	Hygrophoraceae	灰褐湿伞	*Hygrocybe griseobrunnea*	DD		√
2480	蜡伞科	Hygrophoraceae	粉粒红湿伞	*Hygrocybe helobia*	DD		
2481	蜡伞科	Hygrophoraceae	稀褶黄湿伞	*Hygrocybe imazekii*	DD		
2482	蜡伞科	Hygrophoraceae	淡湿伞	*Hygrocybe insipida*	DD		
2483	蜡伞科	Hygrophoraceae	绯色湿伞	*Hygrocybe marchii*	DD		
2484	蜡伞科	Hygrophoraceae	朱红湿伞	*Hygrocybe miniata*	LC		
2485	蜡伞科	Hygrophoraceae	条缘橙湿伞	*Hygrocybe mucronella*	DD		
2486	蜡伞科	Hygrophoraceae	黑湿伞	*Hygrocybe nigrescens*	LC		
2487	蜡伞科	Hygrophoraceae	硝盐湿伞	*Hygrocybe nitrata*	DD		
2488	蜡伞科	Hygrophoraceae	羊臊湿伞	*Hygrocybe ovina*	DD		
2489	蜡伞科	Hygrophoraceae	细湿伞	*Hygrocybe parvula*	DD		
2490	蜡伞科	Hygrophoraceae	颇尔松湿伞	*Hygrocybe persoonii*	DD		
2491	蜡伞科	Hygrophoraceae	红紫湿伞	*Hygrocybe punicea*	LC		
2492	蜡伞科	Hygrophoraceae	安静湿伞	*Hygrocybe quieta*	DD		
2493	蜡伞科	Hygrophoraceae	蜡湿伞	*Hygrocybe subceracea*	DD		

序号 No.	科名 Chinese Family Names	科 Family	汉语学名 Chinese Names	学名 Scientific Names	评估等级 Status	评估依据 Assessment Criteria	特有种 Endemic
2494	蜡伞科	Hygrophoraceae	淡朱红湿伞	*Hygrocybe subcinnabarina*	DD		
2495	蜡伞科	Hygrophoraceae	淡褐湿伞	*Hygrocybe sublurida*	DD		
2496	蜡伞科	Hygrophoraceae	朱黄湿伞	*Hygrocybe suzukaensis*	DD		
2497	蜡伞科	Hygrophoraceae	丝旺尼尼湿伞	*Hygrocybe swanetica*	DD		
2498	蜡伞科	Hygrophoraceae	粗黄湿伞	*Hygrocybe turunda*	DD		
2499	蜡伞科	Hygrophoraceae	美味蜡伞	*Hygrophorus agathosmus*	DD		
2500	蜡伞科	Hygrophoraceae	白蜡伞	*Hygrophorus albidus*	DD		
2501	蜡伞科	Hygrophoraceae	树状蜡伞	*Hygrophorus arbustivus*	LC		
2502	蜡伞科	Hygrophoraceae	髯盖蜡伞	*Hygrophorus barbatulus*	DD		
2503	蜡伞科	Hygrophoraceae	拱盖蜡伞	*Hygrophorus camarophyllus*	LC		
2504	蜡伞科	Hygrophoraceae	灰色蜡伞	*Hygrophorus carnescens*	DD		
2505	蜡伞科	Hygrophoraceae	金齿蜡伞	*Hygrophorus chrysodon*	LC		
2506	蜡伞科	Hygrophoraceae	粘白蜡伞	*Hygrophorus cossus*	LC		
2507	蜡伞科	Hygrophoraceae	深黄蜡伞	*Hygrophorus croceus*	LC		
2508	蜡伞科	Hygrophoraceae	双色蜡伞	*Hygrophorus dichrous*	LC		
2509	蜡伞科	Hygrophoraceae	盘状蜡伞	*Hygrophorus discoideus*	DD		
2510	蜡伞科	Hygrophoraceae	粉黄蜡伞	*Hygrophorus discoxanthus*	DD		
2511	蜡伞科	Hygrophoraceae	象牙白蜡伞	*Hygrophorus eburneus*	LC		
2512	蜡伞科	Hygrophoraceae	变红蜡伞	*Hygrophorus erubescens*	LC		
2513	蜡伞科	Hygrophoraceae	粉肉色蜡伞	*Hygrophorus fagi*	LC		
2514	蜡伞科	Hygrophoraceae	胶环蜡伞	*Hygrophorus gliocyclus*	DD		
2515	蜡伞科	Hygrophoraceae	乳白蜡伞	*Hygrophorus hedrychii*	DD		
2516	蜡伞科	Hygrophoraceae	青黄蜡伞	*Hygrophorus hypothejus*	LC		
2517	蜡伞科	Hygrophoraceae	小红蜡伞	*Hygrophorus imazekii*	DD		
2518	蜡伞科	Hygrophoraceae	丝盖蜡伞	*Hygrophorus inocybiformis*	DD		
2519	蜡伞科	Hygrophoraceae	绒柄蜡伞	*Hygrophorus laurae*	DD		
2520	蜡伞科	Hygrophoraceae	劳伦蜡伞	*Hygrophorus lawrencei*	DD		

序号 No.	科名 Chinese Family Names	科 Family	汉语学名 Chinese Names	学名 Scientific Names	评估等级 Status	评估依据 Assessment Criteria	特有种 Endemic
2521	蜡伞科	Hygrophoraceae	浅黄褐蜡伞	*Hygrophorus leucophaeus*	LC		
2522	蜡伞科	Hygrophoraceae	黄蜡伞	*Hygrophorus ligatus*	DD		
2523	蜡伞科	Hygrophoraceae	粘盖蜡伞	*Hygrophorus limacinus*	DD		
2524	蜡伞科	Hygrophoraceae	林特纳蜡伞	*Hygrophorus lindtneri*	DD		
2525	蜡伞科	Hygrophoraceae	柠檬黄蜡伞	*Hygrophorus lucorum*	LC		
2526	蜡伞科	Hygrophoraceae	壳红蜡伞	*Hygrophorus miniaceus*	DD		
2527	蜡伞科	Hygrophoraceae	黄粉红蜡伞	*Hygrophorus nemoreus*	DD		
2528	蜡伞科	Hygrophoraceae	西方蜡伞	*Hygrophorus occidentalis*	DD		
2529	蜡伞科	Hygrophoraceae	橄榄白蜡伞	*Hygrophorus olivaceoalbus*	LC		
2530	蜡伞科	Hygrophoraceae	太平洋蜡伞	*Hygrophorus pacificus*	LC		
2531	蜡伞科	Hygrophoraceae	佩尔松蜡伞	*Hygrophorus persoonii*	LC		
2532	蜡伞科	Hygrophoraceae	云杉蜡伞	*Hygrophorus piceae*	DD		
2533	蜡伞科	Hygrophoraceae	著色蜡伞	*Hygrophorus pictus*	DD		
2534	蜡伞科	Hygrophoraceae	大白蜡伞	*Hygrophorus poetarum*	DD		
2535	蜡伞科	Hygrophoraceae	水湿淡黄蜡伞	*Hygrophorus pseudochrysaspis*	DD		
2536	蜡伞科	Hygrophoraceae	拟光蜡伞	*Hygrophorus pseudolucorum*	DD		
2537	蜡伞科	Hygrophoraceae	粉红蜡伞	*Hygrophorus pudorinus*	DD		
2538	蜡伞科	Hygrophoraceae	淡紫蜡伞	*Hygrophorus purpurascens*	DD		
2539	蜡伞科	Hygrophoraceae	疱突蜡伞	*Hygrophorus pustulatus*	DD		
2540	蜡伞科	Hygrophoraceae	凯莱蜡伞	*Hygrophorus queletii*	DD		
2541	蜡伞科	Hygrophoraceae	粗柄蜡伞	*Hygrophorus robustus*	DD		√
2542	蜡伞科	Hygrophoraceae	淡红蜡伞	*Hygrophorus russula*	LC		
2543	蜡伞科	Hygrophoraceae	灰蜡伞	*Hygrophorus sordidus*	DD		
2544	蜡伞科	Hygrophoraceae	美丽蜡伞	*Hygrophorus speciosus*	LC		
2545	蜡伞科	Hygrophoraceae	单色蜡伞	*Hygrophorus unicolor*	LC		
2546	拟蜡伞科	Hygrophoropsidaceae	橙黄拟蜡伞	*Hygrophoropsis aurantiaca*	LC		
2547	拟蜡伞科	Hygrophoropsidaceae	柔软白圆钮菌	*Leucogyrophana mollusca*	DD		

序号 No.	科名 Chinese Family Names	科 Family	汉语学名 Chinese Names	学名 Scientific Names	评估等级 Status	评估依据 Assessment Criteria	特有种 Endemic
2548	刺革菌科	Hymenochaetaceae	锈色星毛齿革菌	Asterodon ferruginosus	DD		
2549	刺革菌科	Hymenochaetaceae	黄褐集毛菌	Coltricia cinnamomea	LC		
2550	刺革菌科	Hymenochaetaceae	厚集毛菌	Coltricia crassa	DD		√
2551	刺革菌科	Hymenochaetaceae	杜波特集毛菌	Coltricia duportii	DD		
2552	刺革菌科	Hymenochaetaceae	火烧集毛菌	Coltricia focicola	DD		
2553	刺革菌科	Hymenochaetaceae	大孔集毛菌	Coltricia macropora	DD		√
2554	刺革菌科	Hymenochaetaceae	小果集毛菌	Coltricia minor	DD		√
2555	刺革菌科	Hymenochaetaceae	大集毛菌	Coltricia montagnei	LC		
2556	刺革菌科	Hymenochaetaceae	悦目小集毛菌	Coltricia oblectabilis	DD		
2557	刺革菌科	Hymenochaetaceae	中柄集毛菌	Coltricia opisthopus	DD		
2558	刺革菌科	Hymenochaetaceae	多年生集毛菌	Coltricia perennis	LC		
2559	刺革菌科	Hymenochaetaceae	喜红集毛菌	Coltricia pyrophila	DD		
2560	刺革菌科	Hymenochaetaceae	刺集毛菌	Coltricia spina	DD		√
2561	刺革菌科	Hymenochaetaceae	刺树集毛菌	Coltricia strigosipes	DD		
2562	刺革菌科	Hymenochaetaceae	铁杉集毛菌	Coltricia tsugicola	DD		√
2563	刺革菌科	Hymenochaetaceae	糙丝集毛菌	Coltricia verrucata	DD		
2564	刺革菌科	Hymenochaetaceae	魏氏集毛菌	Coltricia weii	DD		√
2565	刺革菌科	Hymenochaetaceae	悬垂小集毛孔菌	Coltriciella dependens	LC		
2566	刺革菌科	Hymenochaetaceae	舟孢小集毛孔菌	Coltriciella naviculiformis	DD		
2567	刺革菌科	Hymenochaetaceae	悦目小集毛孔菌	Coltriciella oblectabilis	DD		
2568	刺革菌科	Hymenochaetaceae	假悬垂小集毛孔菌	Coltriciella pseudodependens	DD		√
2569	刺革菌科	Hymenochaetaceae	小集毛孔菌	Coltriciella pusilla	DD		
2570	刺革菌科	Hymenochaetaceae	浅色小集毛孔菌	Coltriciella subpicta	DD		
2571	刺革菌科	Hymenochaetaceae	塔斯马尼亚小集毛孔菌	Coltriciella tasmanica	DD		
2572	刺革菌科	Hymenochaetaceae	祁连小木层孔菌	Coniferiporia qilianensis	DD		√
2573	刺革菌科	Hymenochaetaceae	硫色针叶树卧孔菌	Coniferiporia sulphurascens	DD		
2574	刺革菌科	Hymenochaetaceae	韦尔针叶树卧孔菌	Coniferiporia weirii	DD		

序号 No.	科名 Chinese Family Names	科 Family	汉语学名 Chinese Names	学名 Scientific Names	评估等级 Status	评估依据 Assessment Criteria	特有种 Endemic
2575	刺革菌科	Hymenochaetaceae	褐环褶菌	*Cyclomyces fuscus*	LC		
2576	刺革菌科	Hymenochaetaceae	口孔环褶菌	*Cyclomyces setiporus*	LC		
2577	刺革菌科	Hymenochaetaceae	云南环褶菌	*Cyclomyces yunnanensis*	DD		
2578	刺革菌科	Hymenochaetaceae	细囊弯齿革菌	*Deviodontia pilaecystidiata*	DD		
2579	刺革菌科	Hymenochaetaceae	硬锈红菌	*Erythromyces crocicreas*	LC		
2580	刺革菌科	Hymenochaetaceae	嗜穴小层卧孔菌	*Fomitiporella cavicola*	DD		
2581	刺革菌科	Hymenochaetaceae	空小层卧孔菌	*Fomitiporella caviphila*	DD		
2582	刺革菌科	Hymenochaetaceae	华小层卧孔菌	*Fomitiporella chinensis*	LC		
2583	刺革菌科	Hymenochaetaceae	薄小层卧孔菌	*Fomitiporella tenuissima*	DD		√
2584	刺革菌科	Hymenochaetaceae	版纳层卧孔菌	*Fomitiporia bannaensis*	LC		√
2585	刺革菌科	Hymenochaetaceae	沙棘层卧孔菌	*Fomitiporia hippophaeicola*	LC		
2586	刺革菌科	Hymenochaetaceae	五角层卧孔菌	*Fomitiporia pentaphylacis*	DD		√
2587	刺革菌科	Hymenochaetaceae	假斑层卧孔菌	*Fomitiporia pseudopunctata*	DD		
2588	刺革菌科	Hymenochaetaceae	层卧孔菌	*Fomitiporia punctata*	LC		
2589	刺革菌科	Hymenochaetaceae	石榴层卧孔菌	*Fomitiporia punicata*	DD		
2590	刺革菌科	Hymenochaetaceae	粗壮层卧孔菌	*Fomitiporia robusta*	DD		√
2591	刺革菌科	Hymenochaetaceae	薄管层卧孔菌	*Fomitiporia tenuitubus*	DD		√
2592	刺革菌科	Hymenochaetaceae	香榧层卧孔菌	*Fomitiporia torreyae*	DD		√
2593	刺革菌科	Hymenochaetaceae	蔡氏黄褐层孔菌	*Fulvifomes cesatii*	DD		
2594	刺革菌科	Hymenochaetaceae	塌孢黄褐层孔菌	*Fulvifomes collinus*	DD		√
2595	刺革菌科	Hymenochaetaceae	硬黄褐层孔菌	*Fulvifomes durissimus*	DD		
2596	刺革菌科	Hymenochaetaceae	灰褐黄褐层孔菌	*Fulvifomes glaucescens*	DD		
2597	刺革菌科	Hymenochaetaceae	印度黄褐层孔菌	*Fulvifomes indicus*	DD		
2598	刺革菌科	Hymenochaetaceae	无刺黄褐层孔菌	*Fulvifomes inermis*	LC		
2599	刺革菌科	Hymenochaetaceae	约翰逊黄褐层孔菌	*Fulvifomes johnsonianus*	DD		
2600	刺革菌科	Hymenochaetaceae	褐肉黄黄褐层孔菌	*Fulvifomes kanehirae*	LC		
2601	刺革菌科	Hymenochaetaceae	平伏黄黄褐层孔菌	*Fulvifomes mcgregorii*	DD		

序号 No.	科名 Chinese Family Names	科 Family	汉语学名 Chinese Names	学名 Scientific Names	评估等级 Status	评估依据 Assessment Criteria	特有种 Endemic
2602	刺革菌科	Hymenochaetaceae	峰孔黄褐层孔菌	*Fulvifomes melleoporus*	DD		
2603	刺革菌科	Hymenochaetaceae	膜黄褐层孔菌	*Fulvifomes membranaceus*	DD		
2604	刺革菌科	Hymenochaetaceae	梅里尔黄褐层孔菌	*Fulvifomes merrillii*	DD		
2605	刺革菌科	Hymenochaetaceae	微孢黄褐层孔菌	*Fulvifomes minisporus*	DD		√
2606	刺革菌科	Hymenochaetaceae	紫黄褐层孔菌	*Fulvifomes umbrinellus*	DD		
2607	刺革菌科	Hymenochaetaceae	沃沱西卓褐孔菌	*Fuscoporia altocedronensis*	DD		
2608	刺革菌科	Hymenochaetaceae	金色褐孔菌	*Fuscoporia chrysea*	DD		
2609	刺革菌科	Hymenochaetaceae	相邻褐孔菌	*Fuscoporia contigua*	DD		
2610	刺革菌科	Hymenochaetaceae	侧柄褐孔菌	*Fuscoporia discipes*	LC		
2611	刺革菌科	Hymenochaetaceae	铁色褐孔菌	*Fuscoporia ferrea*	LC		
2612	刺革菌科	Hymenochaetaceae	锈色褐孔菌	*Fuscoporia ferruginosa*	LC		
2613	刺革菌科	Hymenochaetaceae	福尔摩沙褐孔菌	*Fuscoporia formosana*	DD		√
2614	刺革菌科	Hymenochaetaceae	长刺褐孔菌	*Fuscoporia longisetulosa*	DD		
2615	刺革菌科	Hymenochaetaceae	黑壳褐孔菌	*Fuscoporia rhabarbarina*	LC		
2616	刺革菌科	Hymenochaetaceae	栗色褐孔菌	*Fuscoporia senex*	DD		
2617	刺革菌科	Hymenochaetaceae	硬毛褐孔菌	*Fuscoporia setifera*	DD		
2618	刺革菌科	Hymenochaetaceae	簇毛褐孔菌	*Fuscoporia torulosa*	DD		
2619	刺革菌科	Hymenochaetaceae	波状褐孔菌	*Fuscoporia undulata*	DD		
2620	刺革菌科	Hymenochaetaceae	瓦伯褐孔菌	*Fuscoporia wahlbergii*	DD		
2621	刺革菌科	Hymenochaetaceae	尖囊矛齿菌	*Hastodontia hastata*	DD		
2622	刺革菌科	Hymenochaetaceae	杜波特毛齿菌	*Hydnochaete duportii*	DD		
2623	刺革菌科	Hymenochaetaceae	日本毛齿菌	*Hydnochaete japonica*	DD		
2624	刺革菌科	Hymenochaetaceae	槭生刺革菌	*Hymenochaete acerosa*	DD		√
2625	刺革菌科	Hymenochaetaceae	复瓣黑刺革菌	*Hymenochaete adusta*	LC		
2626	刺革菌科	Hymenochaetaceae	异常刺革菌	*Hymenochaete anomala*	LC		
2627	刺革菌科	Hymenochaetaceae	无刚毛刺革菌	*Hymenochaete asetosa*	DD		√
2628	刺革菌科	Hymenochaetaceae	狭窄刺革菌	*Hymenochaete attenuata*	LC		

序号 No.	科名 Chinese Family Names	科 Family	汉语学名 Chinese Names	学名 Scientific Names	评估等级 Status	评估依据 Assessment Criteria	特有种 Endemic
2629	刺革菌科	Hymenochaetaceae	贝尔泰罗刺革菌	*Hymenochaete berteroi*	DD		
2630	刺革菌科	Hymenochaetaceae	双隔刺革菌	*Hymenochaete biformisetosa*	DD		√
2631	刺革菌科	Hymenochaetaceae	双孢刺革菌	*Hymenochaete bispora*	DD		
2632	刺革菌科	Hymenochaetaceae	北方刺革菌	*Hymenochaete borealis*	DD		
2633	刺革菌科	Hymenochaetaceae	硬刺革菌	*Hymenochaete cacao*	DD		
2634	刺革菌科	Hymenochaetaceae	厚刺革菌	*Hymenochaete cinnamomea*	LC		
2635	刺革菌科	Hymenochaetaceae	长矛刺革菌	*Hymenochaete contiformis*	DD		
2636	刺革菌科	Hymenochaetaceae	血色刺革菌	*Hymenochaete cruenta*	LC		
2637	刺革菌科	Hymenochaetaceae	壳状刺革菌	*Hymenochaete crustacea*	DD		
2638	刺革菌科	Hymenochaetaceae	相异刺革菌	*Hymenochaete dissimilis*	DD		
2639	刺革菌科	Hymenochaetaceae	紧实刺革菌	*Hymenochaete dura*	DD		
2640	刺革菌科	Hymenochaetaceae	黄边刺革菌	*Hymenochaete epichlora*	DD		
2641	刺革菌科	Hymenochaetaceae	薄伏刺革菌	*Hymenochaete episphaeria*	DD		
2642	刺革菌科	Hymenochaetaceae	裂纹刺革菌	*Hymenochaete fissurata*	DD		√
2643	刺革菌科	Hymenochaetaceae	佛罗里达刺革菌	*Hymenochaete floridea*	DD		
2644	刺革菌科	Hymenochaetaceae	褐伏刺革菌	*Hymenochaete fuliginosa*	DD		
2645	刺革菌科	Hymenochaetaceae	黄刺革菌	*Hymenochaete fulva*	DD		
2646	刺革菌科	Hymenochaetaceae	圆孢刺革菌	*Hymenochaete globispora*	DD		
2647	刺革菌科	Hymenochaetaceae	黄山刺革菌	*Hymenochaete huangshanensis*	DD		√
2648	刺革菌科	Hymenochaetaceae	非交织刺革菌	*Hymenochaete innexa*	LC		
2649	刺革菌科	Hymenochaetaceae	典色刺革菌	*Hymenochaete iodina*	DD		
2650	刺革菌科	Hymenochaetaceae	莱热刺革菌	*Hymenochaete legeri*	DD		
2651	刺革菌科	Hymenochaetaceae	狮黄刺革菌	*Hymenochaete leonina*	DD		
2652	刺革菌科	Hymenochaetaceae	长孢刺革菌	*Hymenochaete longispora*	DD		
2653	刺革菌科	Hymenochaetaceae	黄褐刺革菌	*Hymenochaete luteobadia*	DD		
2654	刺革菌科	Hymenochaetaceae	大孢刺革菌	*Hymenochaete macrospora*	DD		√
2655	刺革菌科	Hymenochaetaceae	巨孢刺革菌	*Hymenochaete megaspora*	DD		√

序号 No.	科名 Chinese Family Names	科 Family	汉语学名 Chinese Names	学名 Scientific Names	评估等级 Status	评估依据 Assessment Criteria	特有种 Endemic
2656	刺革菌科	Hymenochaetaceae	小刺革菌	*Hymenochaete minor*	DD		√
2657	刺革菌科	Hymenochaetaceae	小薄刺革菌	*Hymenochaete minuscula*	DD		
2658	刺革菌科	Hymenochaetaceae	红刺革菌	*Hymenochaete mougeotii*	DD		
2659	刺革菌科	Hymenochaetaceae	鼠灰刺革菌	*Hymenochaete murina*	DD		
2660	刺革菌科	Hymenochaetaceae	竹生刺革菌	*Hymenochaete muroiana*	DD		
2661	刺革菌科	Hymenochaetaceae	微孢刺革菌	*Hymenochaete nanospora*	DD		
2662	刺革菌科	Hymenochaetaceae	黑刺革菌	*Hymenochaete nigricans*	DD		
2663	刺革菌科	Hymenochaetaceae	褐边刺革菌	*Hymenochaete ochromarginata*	DD		
2664	刺革菌科	Hymenochaetaceae	齿状刺革菌	*Hymenochaete odontoides*	DD		√
2665	刺革菌科	Hymenochaetaceae	帕莫斯托刺革菌	*Hymenochaete parmastoi*	DD		√
2666	刺革菌科	Hymenochaetaceae	羽丝刺革菌	*Hymenochaete pinnatifida*	DD		
2667	刺革菌科	Hymenochaetaceae	拟复瓣刺革菌	*Hymenochaete pseudoadusta*	DD		
2668	刺革菌科	Hymenochaetaceae	栎生刺革菌	*Hymenochaete quercicola*	DD		√
2669	刺革菌科	Hymenochaetaceae	大黄黄色刺革菌	*Hymenochaete rhabarbarina*	DD		
2670	刺革菌科	Hymenochaetaceae	大黄刺革菌	*Hymenochaete rheicolor*	LC		
2671	刺革菌科	Hymenochaetaceae	杜鹃花生刺革菌	*Hymenochaete rhododendricola*	DD		√
2672	刺革菌科	Hymenochaetaceae	褐赤刺革菌	*Hymenochaete rubiginosa*	LC		
2673	刺革菌科	Hymenochaetaceae	半卷毛刺革菌	*Hymenochaete semistupposa*	LC		
2674	刺革菌科	Hymenochaetaceae	暗褐色刺革菌	*Hymenochaete senatoumbrina*	DD		
2675	刺革菌科	Hymenochaetaceae	分离刺革菌	*Hymenochaete separabilis*	DD		
2676	刺革菌科	Hymenochaetaceae	匙毛刺革菌	*Hymenochaete spathulata*	LC		
2677	刺革菌科	Hymenochaetaceae	球生刺革菌	*Hymenochaete sphaericola*	DD		
2678	刺革菌科	Hymenochaetaceae	球孢刺革菌	*Hymenochaete sphaerospora*	LC		
2679	刺革菌科	Hymenochaetaceae	广散刺革菌	*Hymenochaete spreta*	DD		
2680	刺革菌科	Hymenochaetaceae	近锈色刺革菌	*Hymenochaete subferruginea*	DD		
2681	刺革菌科	Hymenochaetaceae	塔斯马尼亚刺革菌	*Hymenochaete tasmanica*	DD		
2682	刺革菌科	Hymenochaetaceae	纤细刺革菌	*Hymenochaete tenuis*	LC		

序号 No.	科名 Chinese Family Names	科 Family	汉语学名 Chinese Names	学名 Scientific Names	评估等级 Status	评估依据 Assessment Criteria	特有种 Endemic
2683	刺革菌科	Hymenochaetaceae	薄刺革菌	*Hymenochaete tenuissima*	DD		
2684	刺革菌科	Hymenochaetaceae	铜壁关刺革菌	*Hymenochaete tongbiguanensis*	DD		√
2685	刺革菌科	Hymenochaetaceae	热带刺革菌	*Hymenochaete tropica*	DD		√
2686	刺革菌科	Hymenochaetaceae	榆刺革菌	*Hymenochaete ulmicola*	DD		
2687	刺革菌科	Hymenochaetaceae	单色刺革菌	*Hymenochaete unicolor*	DD		
2688	刺革菌科	Hymenochaetaceae	枯焦刺革菌	*Hymenochaete ustulata*	DD		
2689	刺革菌科	Hymenochaetaceae	散布刺革菌	*Hymenochaete vagans*	DD		
2690	刺革菌科	Hymenochaetaceae	柔毛刺革菌	*Hymenochaete villosa*	DD		
2691	刺革菌科	Hymenochaetaceae	帽状刺革菌	*Hymenochaete xerantica*	DD		
2692	刺革菌科	Hymenochaetaceae	云南刺革菌	*Hymenochaete yunnanensis*	DD		√
2693	刺革菌科	Hymenochaetaceae	厚褐拟刺革菌	*Hymenochaetopsis corrugata*	LC		
2694	刺革菌科	Hymenochaetaceae	缠结拟刺革菌	*Hymenochaetopsis intricata*	DD		
2695	刺革菌科	Hymenochaetaceae	纵褶拟刺革菌	*Hymenochaetopsis lamellata*	LC		√
2696	刺革菌科	Hymenochaetaceae	砖红拟刺革菌	*Hymenochaetopsis latesetosa*	DD		√
2697	刺革菌科	Hymenochaetaceae	柔软拟刺革菌	*Hymenochaetopsis lenta*	DD		
2698	刺革菌科	Hymenochaetaceae	绿实拟刺革菌	*Hymenochaetopsis olivacea*	LC		
2699	刺革菌科	Hymenochaetaceae	坚实拟刺革菌	*Hymenochaetopsis rigidula*	DD		
2700	刺革菌科	Hymenochaetaceae	近脊拟刺革菌	*Hymenochaetopsis subrigidula*	DD		√
2701	刺革菌科	Hymenochaetaceae	辐裂拟刺革菌	*Hymenochaetopsis tabacina*	LC		
2702	刺革菌科	Hymenochaetaceae	针拟刺革菌	*Hymenochaetopsis tabacinoides*	LC		
2703	刺革菌科	Hymenochaetaceae	安田拟刺革菌	*Hymenochaetopsis yasudae*	DD		
2704	刺革菌科	Hymenochaetaceae	喜栎核纤孔菌	*Inocutis dryophila*	DD		
2705	刺革菌科	Hymenochaetaceae	光核纤孔菌	*Inocutis levis*	LC		
2706	刺革菌科	Hymenochaetaceae	路易斯安纳核纤孔菌	*Inocutis ludoviciana*	DD		
2707	刺革菌科	Hymenochaetaceae	团核核纤孔菌	*Inocutis rheades*	LC		
2708	刺革菌科	Hymenochaetaceae	拟栎核纤孔菌	*Inocutis subdryophila*	DD		√
2709	刺革菌科	Hymenochaetaceae	柽柳核纤孔菌	*Inocutis tamaricis*	LC		

序号 No.	科名 Chinese Family Names	科 Family	汉语学名 Chinese Names	学名 Scientific Names	评估等级 Status	评估依据 Assessment Criteria	特有种 Endemic
2710	刺革菌科	Hymenochaetaceae	椭圆孢拟纤孔菌	Inonotopsis exilispora	DD		√
2711	刺革菌科	Hymenochaetaceae	垫拟纤孔菌	Inonotopsis subiculosa	DD		
2712	刺革菌科	Hymenochaetaceae	尖纤孔菌	Inonotus acutus	DD		√
2713	刺革菌科	Hymenochaetaceae	安氏纤孔菌	Inonotus andersonii	DD		
2714	刺革菌科	Hymenochaetaceae	踢纤孔菌	Inonotus calcitratus	DD		
2715	刺革菌科	Hymenochaetaceae	贾纳尔纤孔菌	Inonotus canariicola	DD		√
2716	刺革菌科	Hymenochaetaceae	芝山岩纤孔菌	Inonotus chihshanyenus	DD		√
2717	刺革菌科	Hymenochaetaceae	赤兰山纤孔菌	Inonotus chilanshanus	DD		√
2718	刺革菌科	Hymenochaetaceae	金黄边纤孔菌	Inonotus chrysomarginatus	DD		√
2719	刺革菌科	Hymenochaetaceae	聚生纤孔菌	Inonotus compositus	DD		√
2720	刺革菌科	Hymenochaetaceae	薄皮纤孔菌	Inonotus cuticularis	DD		
2721	刺革菌科	Hymenochaetaceae	变型刚毛纤孔菌	Inonotus diverticuloseta	DD		
2722	刺革菌科	Hymenochaetaceae	浅黄纤孔菌	Inonotus flavidus	DD		
2723	刺革菌科	Hymenochaetaceae	福山纤孔菌	Inonotus fushanianus	DD		√
2724	刺革菌科	Hymenochaetaceae	海南纤孔菌	Inonotus hainanensis	DD		√
2725	刺革菌科	Hymenochaetaceae	河南纤孔菌	Inonotus henanensis	DD		√
2726	刺革菌科	Hymenochaetaceae	硬毛纤孔菌	Inonotus hispidus	LC		
2727	刺革菌科	Hymenochaetaceae	变硬纤孔菌	Inonotus indurescens	DD		√
2728	刺革菌科	Hymenochaetaceae	宽边纤孔菌	Inonotus latemarginatus	DD		√
2729	刺革菌科	Hymenochaetaceae	鳞片纤孔菌	Inonotus leporinus	DD		
2730	刺革菌科	Hymenochaetaceae	劳埃德纤孔菌	Inonotus lloydii	DD		
2731	刺革菌科	Hymenochaetaceae	黄褐纤孔菌	Inonotus luteoumbrinus	DD		
2732	刺革菌科	Hymenochaetaceae	巨毛纤孔菌	Inonotus magnisetus	DD		√
2733	刺革菌科	Hymenochaetaceae	马氏纤孔菌	Inonotus mikadoi	DD		
2734	刺革菌科	Hymenochaetaceae	白边纤孔菌	Inonotus niveomarginatus	DD		√
2735	刺革菌科	Hymenochaetaceae	斜生纤孔菌	Inonotus obliquus	EN	B2ab(ii)	
2736	刺革菌科	Hymenochaetaceae	赭生纤孔菌	Inonotus ochroporus	DD		

序号 No.	科名 Chinese Family Names	科 Family	汉语学名 Chinese Names	学名 Scientific Names	评估等级 Status	评估依据 Assessment Criteria	特有种 Endemic
2737	刺革菌科	Hymenochaetaceae	厚皮纤孔菌	*Inonotus pachyphloeus*	DD		
2738	刺革菌科	Hymenochaetaceae	颇氏纤孔菌	*Inonotus patouillardii*	DD		
2739	刺革菌科	Hymenochaetaceae	暗褐纤孔菌	*Inonotus perchocolatus*	DD		
2740	刺革菌科	Hymenochaetaceae	普洱纤孔菌	*Inonotus puerensis*	DD		√
2741	刺革菌科	Hymenochaetaceae	栎纤孔菌	*Inonotus quercustris*	DD		
2742	刺革菌科	Hymenochaetaceae	里克纤孔菌	*Inonotus rickii*	DD		
2743	刺革菌科	Hymenochaetaceae	硬纤孔菌	*Inonotus rigidus*	DD		√
2744	刺革菌科	Hymenochaetaceae	罗德纤孔菌	*Inonotus rodwayi*	DD		
2745	刺革菌科	Hymenochaetaceae	粗糙纤孔菌	*Inonotus scaurus*	DD		
2746	刺革菌科	Hymenochaetaceae	铁色纤孔菌	*Inonotus sideroides*	DD		
2747	刺革菌科	Hymenochaetaceae	中国纤孔菌	*Inonotus sinensis*	DD		√
2748	刺革菌科	Hymenochaetaceae	斯氏纤孔菌	*Inonotus spligerberi*	DD		
2749	刺革菌科	Hymenochaetaceae	黏纤孔菌	*Inonotus subhispidus*	DD		
2750	刺革菌科	Hymenochaetaceae	拟光纤孔菌	*Inonotus sublevis*	DD		√
2751	刺革菌科	Hymenochaetaceae	烟草色纤孔菌	*Inonotus tabacinus*	LC		
2752	刺革菌科	Hymenochaetaceae	薄肉纤孔菌	*Inonotus tenuicarnis*	DD		
2753	刺革菌科	Hymenochaetaceae	三色纤孔菌	*Inonotus tricolor*	DD		
2754	刺革菌科	Hymenochaetaceae	三角形纤孔菌	*Inonotus triqueter*	DD		
2755	刺革菌科	Hymenochaetaceae	栎喜蓝孢孔菌	*Mensularia lithocarpi*	DD		√
2756	刺革菌科	Hymenochaetaceae	小节瘤蓝孢孔菌	*Mensularia nodulosa*	DD		
2757	刺革菌科	Hymenochaetaceae	卷翁孔菌	*Onnia circinata*	DD		
2758	刺革菌科	Hymenochaetaceae	东方翁孔菌	*Onnia orientalis*	DD		
2759	刺革菌科	Hymenochaetaceae	毛翁孔菌	*Onnia tomentosa*	DD		
2760	刺革菌科	Hymenochaetaceae	三角形翁孔菌	*Onnia triquetra*	DD		
2761	刺革菌科	Hymenochaetaceae	粉褐纤孔菌	*Phaeoporus pruinosus*	DD		
2762	刺革菌科	Hymenochaetaceae	锈小木层孔菌	*Phellinidium ferrugineofuscum*	LC		
2763	刺革菌科	Hymenochaetaceae	橡胶小木层孔菌	*Phellinidium lamaoense*	LC		

序号 No.	科名 Chinese Family Names	科 Family	汉语学名 Chinese Names	学名 Scientific Names	评估等级 Status	评估依据 Assessment Criteria	特有种 Endemic
2764	刺革菌科	Hymenochaetaceae	东方小木层孔菌	*Phellinidium orientale*	DD		
2765	刺革菌科	Hymenochaetaceae	鲍扎尔小木层孔菌	*Phellinidium pouzarii*	DD		
2766	刺革菌科	Hymenochaetaceae	红色小木层孔菌	*Phellinidium rufitinctum*	DD		
2767	刺革菌科	Hymenochaetaceae	贝壳拟木层孔菌	*Phellinopsis conchata*	LC		
2768	刺革菌科	Hymenochaetaceae	菁莱叶拟木层孔菌	*Phellinopsis helwingiae*	DD		√
2769	刺革菌科	Hymenochaetaceae	厚黑拟木层孔菌	*Phellinopsis overholtsii*	DD		
2770	刺革菌科	Hymenochaetaceae	平伏拟木层孔菌	*Phellinopsis resupinata*	DD		√
2771	刺革菌科	Hymenochaetaceae	尖针木层孔菌	*Phellinus acifer*	DD		√
2772	刺革菌科	Hymenochaetaceae	薄菌肉木层孔菌	*Phellinus acontextus*	DD		
2773	刺革菌科	Hymenochaetaceae	钢青木层孔菌	*Phellinus adamantinus*	DD		
2774	刺革菌科	Hymenochaetaceae	阿拉迪木层孔菌	*Phellinus allardii*	DD		
2775	刺革菌科	Hymenochaetaceae	竹生木层孔菌	*Phellinus bambusicola*	DD		√
2776	刺革菌科	Hymenochaetaceae	桦木层孔菌	*Phellinus betulinus*	DD		
2777	刺革菌科	Hymenochaetaceae	卡特木层孔菌	*Phellinus carteri*	DD		
2778	刺革菌科	Hymenochaetaceae	石竹木层孔菌	*Phellinus caryophylleus*	DD		
2779	刺革菌科	Hymenochaetaceae	石竹色木层孔菌	*Phellinus caryophylli*	DD		
2780	刺革菌科	Hymenochaetaceae	栲木层孔菌	*Phellinus castanopsidis*	DD		√
2781	刺革菌科	Hymenochaetaceae	黄木层孔菌	*Phellinus chrysoloma*	DD		
2782	刺革菌科	Hymenochaetaceae	青棵木层孔菌	*Phellinus cinchonensis*	DD		
2783	刺革菌科	Hymenochaetaceae	番红木层孔菌	*Phellinus crocatus*	DD		
2784	刺革菌科	Hymenochaetaceae	楮木层孔菌	*Phellinus cyclobalanopsidis*	DD		√
2785	刺革菌科	Hymenochaetaceae	李形木层孔菌	*Phellinus deuteroprunicola*	DD		√
2786	刺革菌科	Hymenochaetaceae	椭圆木层孔菌	*Phellinus ellipsoideus*	DD		√
2787	刺革菌科	Hymenochaetaceae	直立木层孔菌	*Phellinus erectus*	DD		
2788	刺革菌科	Hymenochaetaceae	香果木层孔菌	*Phellinus eugeniae*	DD		
2789	刺革菌科	Hymenochaetaceae	厚黑木层孔菌	*Phellinus everhartii*	DD		√
2790	刺革菌科	Hymenochaetaceae	厚贝木层孔菌	*Phellinus fastuosus*	DD		

序号 No.	科名 Chinese Family Names	科 Family	汉语学名 Chinese Names	学名 Scientific Names	评估等级 Status	评估依据 Assessment Criteria	特有种 Endemic
2791	刺革菌科	Hymenochaetaceae	锈褐色木层孔菌	*Phellinus ferrugineovelutinus*	DD		
2792	刺革菌科	Hymenochaetaceae	台湾木层孔菌	*Phellinus formosanus*	DD		√
2793	刺革菌科	Hymenochaetaceae	芳香木层孔菌	*Phellinus fragrans*	DD		
2794	刺革菌科	Hymenochaetaceae	福山木层孔菌	*Phellinus fushanianus*	DD		√
2795	刺革菌科	Hymenochaetaceae	淡黄木层孔菌	*Phellinus gilvus*	LC		
2796	刺革菌科	Hymenochaetaceae	格林纳达木层孔菌	*Phellinus grenadensis*	DD		
2797	刺革菌科	Hymenochaetaceae	哈尔蒂木层孔菌	*Phellinus hartigii*	LC		
2798	刺革菌科	Hymenochaetaceae	霍尼木层孔菌	*Phellinus hoehnelii*	DD		
2799	刺革菌科	Hymenochaetaceae	发火木层孔菌	*Phellinus igniarius*	LC		
2800	刺革菌科	Hymenochaetaceae	平滑木层孔菌	*Phellinus laevigatus*	DD		
2801	刺革菌科	Hymenochaetaceae	隆氏木层孔菌	*Phellinus lundellii*	LC		
2802	刺革菌科	Hymenochaetaceae	高山木层孔菌	*Phellinus montanus*	DD		√
2803	刺革菌科	Hymenochaetaceae	桑木层孔菌	*Phellinus mori*	DD		√
2804	刺革菌科	Hymenochaetaceae	新栎木层孔菌	*Phellinus neoquercinus*	DD		√
2805	刺革菌科	Hymenochaetaceae	环梭木层孔菌	*Phellinus nilgheriensis*	DD		
2806	刺革菌科	Hymenochaetaceae	假山毛榉木层孔菌	*Phellinus nothofagi*	DD		
2807	刺革菌科	Hymenochaetaceae	有害木层孔菌	*Phellinus noxius*	LC		
2808	刺革菌科	Hymenochaetaceae	云杉生木层孔菌	*Phellinus piceicola*	DD		√
2809	刺革菌科	Hymenochaetaceae	苹果木层孔菌	*Phellinus pomaceus*	LC		
2810	刺革菌科	Hymenochaetaceae	李生木层孔菌	*Phellinus prunicola*	DD		
2811	刺革菌科	Hymenochaetaceae	假火木层孔菌	*Phellinus pseudoigniarius*	DD		√
2812	刺革菌科	Hymenochaetaceae	假光滑木层孔菌	*Phellinus pseudolaevigatus*	DD		
2813	刺革菌科	Hymenochaetaceae	斑状木层孔菌	*Phellinus punctatiformis*	DD		
2814	刺革菌科	Hymenochaetaceae	紫褐木层孔菌	*Phellinus purpureogilvus*	DD		
2815	刺革菌科	Hymenochaetaceae	小木层孔菌	*Phellinus pusillus*	DD		
2816	刺革菌科	Hymenochaetaceae	栎木层孔菌	*Phellinus quercinus*	DD		
2817	刺革菌科	Hymenochaetaceae	裂纹木层孔菌	*Phellinus rimosus*	DD		

序号 No.	科名 Chinese Family Names	科 Family	汉语学名 Chinese Names	学名 Scientific Names	评估等级 Status	评估依据 Assessment Criteria	特有种 Endemic
2818	刺革菌科	Hymenochaetaceae	硬盖木层孔菌	*Phellinus scleropileatus*	DD		√
2819	刺革菌科	Hymenochaetaceae	毛木层孔菌	*Phellinus setulosus*	DD		
2820	刺革菌科	Hymenochaetaceae	沙氏木层孔菌	*Phellinus shaferi*	DD		
2821	刺革菌科	Hymenochaetaceae	寿山木层孔菌	*Phellinus shoushanus*	DD		√
2822	刺革菌科	Hymenochaetaceae	亮金木层孔菌	*Phellinus sonorae*	DD		
2823	刺革菌科	Hymenochaetaceae	枣红木层孔菌	*Phellinus spadiceus*	DD		
2824	刺革菌科	Hymenochaetaceae	亚光滑木层孔菌	*Phellinus sublaevigatus*	DD		√
2825	刺革菌科	Hymenochaetaceae	丁香木层孔菌	*Phellinus syringeus*	DD		
2826	刺革菌科	Hymenochaetaceae	窄盖木层孔菌	*Phellinus tremulae*	LC		
2827	刺革菌科	Hymenochaetaceae	葡萄生木层孔菌	*Phellinus viticola*	DD		
2828	刺革菌科	Hymenochaetaceae	威廉木层孔菌	*Phellinus williamsii*	DD		
2829	刺革菌科	Hymenochaetaceae	尤地木层孔菌	*Phellinus yucatanensis*	DD		
2830	刺革菌科	Hymenochaetaceae	夹肉木层孔菌	*Phellinus zealandicus*	DD		
2831	刺革菌科	Hymenochaetaceae	黑边近木层孔菌	*Phellopilus nigrolimitatus*	DD		
2832	刺革菌科	Hymenochaetaceae	吸水叶状层孔菌	*Phylloporia bibulosa*	DD		
2833	刺革菌科	Hymenochaetaceae	垫叶状层孔菌	*Phylloporia capucina*	DD		
2834	刺革菌科	Hymenochaetaceae	金褶叶状层孔菌	*Phylloporia chrysites*	DD		
2835	刺革菌科	Hymenochaetaceae	山楂叶状层孔菌	*Phylloporia crataegi*	DD		√
2836	刺革菌科	Hymenochaetaceae	垂生叶状层孔菌	*Phylloporia dependens*	DD		√
2837	刺革菌科	Hymenochaetaceae	雪柳叶状层孔菌	*Phylloporia fontanesiae*	DD		√
2838	刺革菌科	Hymenochaetaceae	灌木状叶状层孔菌	*Phylloporia fruticum*	DD		
2839	刺革菌科	Hymenochaetaceae	液泡叶状层孔菌	*Phylloporia gutta*	DD		√
2840	刺革菌科	Hymenochaetaceae	海南叶状层孔菌	*Phylloporia hainaniana*	DD		√
2841	刺革菌科	Hymenochaetaceae	南天竹叶状层孔菌	*Phylloporia nandinae*	DD		√
2842	刺革菌科	Hymenochaetaceae	长孢叶状层孔菌	*Phylloporia oblongospora*	DD		√
2843	刺革菌科	Hymenochaetaceae	高山叶状层孔菌	*Phylloporia oreophila*	DD		√
2844	刺革菌科	Hymenochaetaceae	篦形叶状层孔菌	*Phylloporia pectinata*	LC		

序号 No.	科名 Chinese Family Names	科 Family	汉语学名 Chinese Names	学名 Scientific Names	评估等级 Status	评估依据 Assessment Criteria	特有种 Endemic
2845	刺革菌科	Hymenochaetaceae	黑色叶状层菌	*Phylloporia pulla*	DD		
2846	刺革菌科	Hymenochaetaceae	茶藨子叶状层菌	*Phylloporia ribis*	DD		
2847	刺革菌科	Hymenochaetaceae	匙形叶状层菌	*Phylloporia spathulata*	DD		
2848	刺革菌科	Hymenochaetaceae	椴木叶状层菌	*Phylloporia tiliae*	DD		√
2849	刺革菌科	Hymenochaetaceae	美丽云芝	*Polystictus formosae*	DD		
2850	刺革菌科	Hymenochaetaceae	白腐云芝	*Polystictus lamii*	DD		
2851	刺革菌科	Hymenochaetaceae	苍黄云芝	*Polystictus pallidus*	DD		
2852	刺革菌科	Hymenochaetaceae	珀松云芝	*Polystictus persoonii*	DD		
2853	刺革菌科	Hymenochaetaceae	褐色云芝	*Polystictus phaeus*	DD		
2854	刺革菌科	Hymenochaetaceae	原裂云芝	*Polystictus prosector*	DD		
2855	刺革菌科	Hymenochaetaceae	白贝云芝	*Polystictus purus*	DD		
2856	刺革菌科	Hymenochaetaceae	放射皱云芝	*Polystictus radiatorugosus*	DD		
2857	刺革菌科	Hymenochaetaceae	皱褐云芝	*Polystictus sepia*	DD		
2858	刺革菌科	Hymenochaetaceae	狭稽云芝	*Polystictus setulosus*	DD		
2859	刺革菌科	Hymenochaetaceae	单色云芝	*Polystictus unicolor*	LC		
2860	刺革菌科	Hymenochaetaceae	斯里兰卡云芝	*Polystictus zeylanicus*	DD		
2861	刺革菌科	Hymenochaetaceae	沟纹松孔迷孔菌	*Porodaedalea cancriformans*	DD		
2862	刺革菌科	Hymenochaetaceae	喜马拉雅松孔迷孔菌	*Porodaedalea himalayensis*	DD		
2863	刺革菌科	Hymenochaetaceae	洛叶松松孔迷孔菌	*Porodaedalea laricis*	LC		
2864	刺革菌科	Hymenochaetaceae	松孔迷孔菌	*Porodaedalea pini*	DD		
2865	刺革菌科	Hymenochaetaceae	厚盖假纤孔菌	*Pseudoinonotus dryadeus*	DD		
2866	刺革菌科	Hymenochaetaceae	西藏假纤孔菌	*Pseudoinonotus tibeticus*	DD		√
2867	刺革菌科	Hymenochaetaceae	香根菊状褐层孔菌	*Pyropolyporus baccharidis*	DD		
2868	刺革菌科	Hymenochaetaceae	饼状褐层孔菌	*Pyropolyporus endotheius*	DD		
2869	刺革菌科	Hymenochaetaceae	肿红皮孔菌	*Pyrrhoderma scaurum*	LC		
2870	刺革菌科	Hymenochaetaceae	黑红皮孔菌	*Pyrrhoderma sendaiense*	DD		
2871	刺革菌科	Hymenochaetaceae	鲍姆桑黄孔菌	*Sanghuangporus baumii*	LC		

序号 No.	科名 Chinese Family Names	科 Family	汉语学名 Chinese Names	学名 Scientific Names	评估等级 Status	评估依据 Assessment Criteria	特有种 Endemic
2872	刺革菌科	Hymenochaetaceae	忍冬桑黄孔菌	*Sanghuangporus lonicericola*	DD		
2873	刺革菌科	Hymenochaetaceae	藏忍冬桑黄孔菌	*Sanghuangporus lonicerinus*	DD		
2874	刺革菌科	Hymenochaetaceae	桑黄孔菌	*Sanghuangporus sanghuang*	DD		√
2875	刺革菌科	Hymenochaetaceae	杨桑黄孔菌	*Sanghuangporus vaninii*	LC		
2876	刺革菌科	Hymenochaetaceae	锦带花桑黄孔菌	*Sanghuangporus weigelae*	LC		
2877	刺革菌科	Hymenochaetaceae	环区花桑黄孔菌	*Sanghuangporus zonatus*	DD		√
2878	刺革菌科	Hymenochaetaceae	悬垂热带孔菌	*Tropicoporus dependens*	DD		
2879	刺革菌科	Hymenochaetaceae	裂蹄热带孔菌	*Tropicoporus linteus*	DD		
2880	刺革菌科	Hymenochaetaceae	北方筒毛革菌	*Tubulicrinis borealis*	DD		
2881	刺革菌科	Hymenochaetaceae	眉藻筒毛革菌	*Tubulicrinis calothrix*	DD		
2882	刺革菌科	Hymenochaetaceae	紊乱筒毛革菌	*Tubulicrinis confusus*	DD		
2883	刺革菌科	Hymenochaetaceae	块状筒毛革菌	*Tubulicrinis glebulosus*	DD		
2884	刺革菌科	Hymenochaetaceae	钩筒毛革菌	*Tubulicrinis hamatus*	DD		
2885	刺革菌科	Hymenochaetaceae	杖杖筒毛革菌	*Tubulicrinis sceptrifer*	DD		
2886	刺革菌科	Hymenochaetaceae	薄黄褐孔菌	*Xanthochrous gilvicolor*	DD		
2887	刺革菌科	Hymenochaetaceae	辐射状金黄卧孔菌	*Xanthoporia radiata*	LC		
2888	腹菌科	Hymenogastraceae	爱氏逆盔孢伞	*Galerina atkinsoniana*	DD		
2889	腹菌科	Hymenogastraceae	褐盔孢伞	*Galerina badipes*	DD		
2890	腹菌科	Hymenogastraceae	蜡黄盔孢伞	*Galerina cerina*	DD		
2891	腹菌科	Hymenogastraceae	棒盔孢伞	*Galerina clavata*	DD		
2892	腹菌科	Hymenogastraceae	双型幕盔孢伞	*Galerina dimorphocystis*	DD		
2893	腹菌科	Hymenogastraceae	无菌幕盔孢伞	*Galerina evelata*	DD		
2894	腹菌科	Hymenogastraceae	簇生盔孢伞	*Galerina fasciculata*	LC		
2895	腹菌科	Hymenogastraceae	细条盔孢伞	*Galerina filiformis*	DD		
2896	腹菌科	Hymenogastraceae	黄褐盔孢伞	*Galerina helvoliceps*	LC		
2897	腹菌科	Hymenogastraceae	异囊盔孢伞	*Galerina heterocystis*	DD		
2898	腹菌科	Hymenogastraceae	苔藓盔孢伞	*Galerina hypnorum*	DD		

序号 No.	科名 Chinese Family Names	科 Family	汉语学名 Chinese Names	学名 Scientific Names	评估等级 Status	评估依据 Assessment Criteria	特有种 Endemic
2899	腹菌科	Hymenogastraceae	纹缘盔孢伞	*Galerina marginata*	LC		
2900	腹菌科	Hymenogastraceae	大囊盔孢伞	*Galerina megalocystis*	DD		
2901	腹菌科	Hymenogastraceae	小菇型盔孢伞	*Galerina mycenoides*	DD		
2902	腹菌科	Hymenogastraceae	头囊盔孢伞	*Galerina oregonensis*	DD		
2903	腹菌科	Hymenogastraceae	湿生盔孢伞	*Galerina paludosa*	DD		
2904	腹菌科	Hymenogastraceae	萦纹盔孢伞	*Galerina perplexa*	DD		
2905	腹菌科	Hymenogastraceae	菲氏盔孢伞	*Galerina phillipsii*	DD		
2906	腹菌科	Hymenogastraceae	盖条盔孢伞	*Galerina pistillicystis*	DD		
2907	腹菌科	Hymenogastraceae	矮盔孢伞	*Galerina pumila*	DD		
2908	腹菌科	Hymenogastraceae	柳盔孢伞	*Galerina salicicola*	DD		
2909	腹菌科	Hymenogastraceae	铁盔孢伞	*Galerina sideroides*	DD		
2910	腹菌科	Hymenogastraceae	泥炭藓盔孢伞	*Galerina sphagnorum*	DD		
2911	腹菌科	Hymenogastraceae	柱盔孢伞	*Galerina stylifera*	DD		
2912	腹菌科	Hymenogastraceae	细条盖盔孢伞	*Galerina subpectinata*	DD		
2913	腹菌科	Hymenogastraceae	条盖盔孢伞	*Galerina sulciceps*	LC		
2914	腹菌科	Hymenogastraceae	胫囊体盔孢伞	*Galerina tibiicystis*	DD		
2915	腹菌科	Hymenogastraceae	三域盔孢伞	*Galerina triscopa*	DD		
2916	腹菌科	Hymenogastraceae	钩形盔孢伞	*Galerina uncialis*	DD		
2917	腹菌科	Hymenogastraceae	毒盔孢伞	*Galerina venenata*	DD		
2918	腹菌科	Hymenogastraceae	沟条盔孢伞	*Galerina vittiformis*	LC		
2919	腹菌科	Hymenogastraceae	绿褐裸伞	*Gymnopilus aeruginosus*	LC		
2920	腹菌科	Hymenogastraceae	橙黄裸伞	*Gymnopilus aurantiacus*	DD		
2921	腹菌科	Hymenogastraceae	橙褐裸伞	*Gymnopilus aurantiobrunneus*	DD		√
2922	腹菌科	Hymenogastraceae	美丽裸伞	*Gymnopilus bellulus*	DD		
2923	腹菌科	Hymenogastraceae	变蓝绿裸伞	*Gymnopilus caerulovirescens*	DD		√
2924	腹菌科	Hymenogastraceae	藏花黄褶裸伞	*Gymnopilus crociphyllus*	DD		
2925	腹菌科	Hymenogastraceae	延生裸伞	*Gymnopilus decurrens*	DD		

序号 No.	科名 Chinese Family Names	科 Family	汉语学名 Chinese Names	学名 Scientific Names	评估等级 Status	评估依据 Assessment Criteria	特有种 Endemic
2926	腹菌科	Hymenogastraceae	平展裸伞	*Gymnopilus depressus*	DD		
2927	腹菌科	Hymenogastraceae	热带紫褐裸伞	*Gymnopilus dilepis*	DD		
2928	腹菌科	Hymenogastraceae	栎裸伞	*Gymnopilus dryophilus*	DD		
2929	腹菌科	Hymenogastraceae	独龙江裸伞	*Gymnopilus dulongjiangensis*	DD		√
2930	腹菌科	Hymenogastraceae	厄尔裸伞	*Gymnopilus earlei*	DD		
2931	腹菌科	Hymenogastraceae	长柄裸伞	*Gymnopilus elongatipes*	DD		√
2932	腹菌科	Hymenogastraceae	金黄裸伞	*Gymnopilus flavus*	DD		
2933	腹菌科	Hymenogastraceae	发光裸伞	*Gymnopilus fulgens*	DD		
2934	腹菌科	Hymenogastraceae	海南裸伞	*Gymnopilus hainanensis*	DD		√
2935	腹菌科	Hymenogastraceae	硬毛裸伞	*Gymnopilus hispidus*	DD		
2936	腹菌科	Hymenogastraceae	杂裸伞	*Gymnopilus hybridus*	DD		
2937	腹菌科	Hymenogastraceae	橙裸伞	*Gymnopilus junonius*	LC		
2938	腹菌科	Hymenogastraceae	条缘裸伞	*Gymnopilus liquiritiae*	LC		
2939	腹菌科	Hymenogastraceae	黄褶裸伞	*Gymnopilus luteofolius*	DD		
2940	腹菌科	Hymenogastraceae	刺盖裸伞	*Gymnopilus noviholocirrhus*	DD		
2941	腹菌科	Hymenogastraceae	细鳞裸伞	*Gymnopilus parvisquamulosus*	DD		
2942	腹菌科	Hymenogastraceae	细裸伞	*Gymnopilus parvulus*	DD		
2943	腹菌科	Hymenogastraceae	楮裸伞	*Gymnopilus penetrans*	DD		
2944	腹菌科	Hymenogastraceae	苦裸伞	*Gymnopilus picreus*	LC		
2945	腹菌科	Hymenogastraceae	丽裸伞	*Gymnopilus pulchrifolius*	DD		
2946	腹菌科	Hymenogastraceae	红褐裸伞	*Gymnopilus rufobrunneus*	DD		
2947	腹菌科	Hymenogastraceae	红斑裸伞	*Gymnopilus rufopunctatus*	DD		
2948	腹菌科	Hymenogastraceae	红鳞裸伞	*Gymnopilus rufosquamulosus*	DD		
2949	腹菌科	Hymenogastraceae	亚苦裸伞	*Gymnopilus sapineus*	LC		
2950	腹菌科	Hymenogastraceae	充满裸伞	*Gymnopilus satur*	DD		
2951	腹菌科	Hymenogastraceae	近美丽裸伞	*Gymnopilus subbellulus*	DD		
2952	腹菌科	Hymenogastraceae	地生裸伞	*Gymnopilus terrestris*	DD		

序号 No.	科名 Chinese Family Names	科 Family	汉语学名 Chinese Names	学名 Scientific Names	评估等级 Status	评估依据 Assessment Criteria	特有种 Endemic
2953	腹菌科	Hymenogastraceae	越南裸伞	*Gymnopilus tonkinensis*	DD		
2954	腹菌科	Hymenogastraceae	阳山裸伞	*Gymnopilus yangshanensis*	DD		√
2955	腹菌科	Hymenogastraceae	白粘滑菇	*Hebeloma album*	DD		
2956	腹菌科	Hymenogastraceae	窄褶粘滑菇	*Hebeloma angustilamellatum*	DD		√
2957	腹菌科	Hymenogastraceae	瓶囊粘滑菇	*Hebeloma aprile*	DD		
2958	腹菌科	Hymenogastraceae	活力粘滑菇	*Hebeloma birrus*	DD		
2959	腹菌科	Hymenogastraceae	粗柄粘滑菇	*Hebeloma bulbiferum*	DD		
2960	腹菌科	Hymenogastraceae	大毒粘滑菇	*Hebeloma crustuliniforme*	LC		
2961	腹菌科	Hymenogastraceae	毒粘滑菇	*Hebeloma fastibile*	LC		
2962	腹菌科	Hymenogastraceae	褐粘滑菇	*Hebeloma helvolescens*	DD		
2963	腹菌科	Hymenogastraceae	冬生粘滑菇	*Hebeloma hiemale*	LC		
2964	腹菌科	Hymenogastraceae	短柄粘滑菇	*Hebeloma ingratum*	DD		
2965	腹菌科	Hymenogastraceae	凸盖粘滑菇	*Hebeloma lactariolens*	DD		
2966	腹菌科	Hymenogastraceae	中生粘滑菇	*Hebeloma mesophaeum*	LC		
2967	腹菌科	Hymenogastraceae	赭黄粘滑菇	*Hebeloma ochraceum*	DD		√
2968	腹菌科	Hymenogastraceae	小粘滑菇	*Hebeloma pusillum*	DD		
2969	腹菌科	Hymenogastraceae	根粘滑菇	*Hebeloma radicosum*	DD		
2970	腹菌科	Hymenogastraceae	大孢粘滑菇	*Hebeloma sacchariolens*	LC		
2971	腹菌科	Hymenogastraceae	大粘滑菇	*Hebeloma sinapizans*	LC		
2972	腹菌科	Hymenogastraceae	波状粘滑菇	*Hebeloma sinuosum*	LC		
2973	腹菌科	Hymenogastraceae	土黄粘滑菇	*Hebeloma spoliatum*	DD		
2974	腹菌科	Hymenogastraceae	多鳞粘滑菇	*Hebeloma squamulosum*	DD		√
2975	腹菌科	Hymenogastraceae	褐顶粘滑菇	*Hebeloma testaceum*	DD		
2976	腹菌科	Hymenogastraceae	暗褐粘滑菇	*Hebeloma vaccinum*	DD		
2977	腹菌科	Hymenogastraceae	弯柄粘滑菇	*Hebeloma vatricosum*	DD		
2978	腹菌科	Hymenogastraceae	黄盖粘滑菇	*Hebeloma versipelle*	DD		
2979	腹菌科	Hymenogastraceae	淡紫红粘滑菇	*Hebeloma vinosophyllum*	DD		

序号 No.	科名 Chinese Family Names	科 Family	汉语学名 Chinese Names	学名 Scientific Names	评估等级 Status	评估依据 Assessment Criteria	特有种 Endemic
2980	腹菌科	Hymenogastraceae	豆粒层腹菌	*Hymenogaster arenarius*	DD		
2981	腹菌科	Hymenogastraceae	苍岩山层腹菌	*Hymenogaster cangyanshanensis*	DD		√
2982	腹菌科	Hymenogastraceae	柠檬黄层腹菌	*Hymenogaster citrinus*	LC		
2983	腹菌科	Hymenogastraceae	梭孢层腹菌	*Hymenogaster fusisporus*	DD		
2984	腹菌科	Hymenogastraceae	吉尔克层腹菌	*Hymenogaster gilkeyae*	LC		
2985	腹菌科	Hymenogastraceae	赫斯层腹菌	*Hymenogaster hessei*	DD		
2986	腹菌科	Hymenogastraceae	宽梭孢层腹菌	*Hymenogaster latifusisporus*	DD		
2987	腹菌科	Hymenogastraceae	黄层腹菌	*Hymenogaster luteus*	DD		
2988	腹菌科	Hymenogastraceae	灰包状层腹菌	*Hymenogaster lycoperdineus*	DD		
2989	腹菌科	Hymenogastraceae	壳孢层腹菌	*Hymenogaster mischosporus*	DD		
2990	腹菌科	Hymenogastraceae	多变层腹菌	*Hymenogaster mutabilis*	DD		
2991	腹菌科	Hymenogastraceae	钝层腹菌	*Hymenogaster muticus*	DD		
2992	腹菌科	Hymenogastraceae	橄榄色层腹菌	*Hymenogaster olivaceus*	DD		
2993	腹菌科	Hymenogastraceae	帕氏层腹菌	*Hymenogaster parksii*	DD		
2994	腹菌科	Hymenogastraceae	杨生层腹菌	*Hymenogaster populetorum*	LC		
2995	腹菌科	Hymenogastraceae	亚球孢层腹菌	*Hymenogaster subglobisporus*	DD		
2996	腹菌科	Hymenogastraceae	亚矮层腹菌	*Hymenogaster submanus*	DD		
2997	腹菌科	Hymenogastraceae	沟折层腹菌	*Hymenogaster sulcatus*	LC		
2998	腹菌科	Hymenogastraceae	软层腹菌	*Hymenogaster tener*	LC		
2999	腹菌科	Hymenogastraceae	疣梭孢层腹菌	*Hymenogaster verrucifusisporus*	DD		
3000	腹菌科	Hymenogastraceae	梭孢层腹菌	*Hymenogaster vittatus*	DD		
3001	腹菌科	Hymenogastraceae	普通层腹菌	*Hymenogaster vulgaris*	DD		
3002	腹菌科	Hymenogastraceae	西藏层腹菌	*Hymenogaster xizangensis*	LC		√
3003	腹菌科	Hymenogastraceae	波地脆伞	*Naucoria bohemica*	DD		
3004	腹菌科	Hymenogastraceae	污白脆伞	*Naucoria escharioides*	DD		
3005	腹菌科	Hymenogastraceae	枣褐脆伞	*Naucoria spadicea*	DD		
3006	腹菌科	Hymenogastraceae	亚簇生脆伞	*Naucoria subconspersa*	DD		

序号 No.	科名 Chinese Family Names	科 Family	汉语学名 Chinese Names	学名 Scientific Names	评估等级 Status	评估依据 Assessment Criteria	特有种 Endemic
3007	腹菌科	Hymenogastraceae	炭生厚壁孢伞	*Pachylepyrium carbonicola*	DD		
3008	腹菌科	Hymenogastraceae	鳞柄裸盖伞	*Psilocybe baeocystis*	LC		
3009	腹菌科	Hymenogastraceae	肉桂色裸盖菇	*Psilocybe cinnamomea*	DD		√
3010	腹菌科	Hymenogastraceae	冠状裸盖菇	*Psilocybe coronilla*	LC		
3011	腹菌科	Hymenogastraceae	古巴裸盖菇	*Psilocybe cubensis*	LC		
3012	腹菌科	Hymenogastraceae	蓝柄裸盖菇	*Psilocybe cyanescens*	LC		
3013	腹菌科	Hymenogastraceae	黄褐裸盖菇	*Psilocybe fasciata*	LC		
3014	腹菌科	Hymenogastraceae	髓质裸盖菇	*Psilocybe medullosa*	DD		
3015	腹菌科	Hymenogastraceae	蒙古裸盖菇	*Psilocybe mongolica*	DD		
3016	腹菌科	Hymenogastraceae	贫穷裸盖菇	*Psilocybe paupera*	LC		
3017	腹菌科	Hymenogastraceae	粘裸盖菇	*Psilocybe pelliculosa*	DD		
3018	腹菌科	Hymenogastraceae	暗裸盖菇	*Psilocybe plutonia*	DD		
3019	腹菌科	Hymenogastraceae	亚铜绿裸盖菇	*Psilocybe subaeruginascens*	DD		
3020	腹菌科	Hymenogastraceae	近蓝盖裸盖菇	*Psilocybe subcaerulipes*	DD		
3021	腹菌科	Hymenogastraceae	瘤核裸盖菇	*Psilocybe tuberifera*	LC		
3022	腹菌科	Hymenogastraceae	毒裸盖菇	*Psilocybe venenata*	LC		
3023	腹菌科	Hymenogastraceae	拟变蓝裸盖菇	*Psilocybe wayanadensis*	DD		
3024	腹菌科	Hymenogastraceae	越南裸盖菇	*Psilocybe yungensis*	DD		
3025	腹菌科	Hymenogastraceae	假环柄球盖菇	*Stropharia lepiotiformis*	DD		√
3026	辐片包科	Hysterangiaceae	白辐片包	*Hysterangium album*	LC		
3027	辐片包科	Hysterangiaceae	石灰质辐片包	*Hysterangium calcareum*	DD		
3028	辐片包科	Hysterangiaceae	灰辐片包	*Hysterangium cinereum*	DD		
3029	辐片包科	Hysterangiaceae	网格辐片包	*Hysterangium clathroides*	LC		
3030	辐片包科	Hysterangiaceae	棕色辐片包	*Hysterangium fuscum*	DD		
3031	辐片包科	Hysterangiaceae	哈氏辐片包	*Hysterangium harknessii*	DD		
3032	辐片包科	Hysterangiaceae	宽肢辐片包	*Hysterangium latiappendiculatum*	DD		√
3033	辐片包科	Hysterangiaceae	小孢辐片包	*Hysterangium microsporum*	DD		

序号 No.	科名 Chinese Family Names	科 Family	汉语学名 Chinese Names	学名 Scientific Names	评估等级 Status	评估依据 Assessment Criteria	特有种 Endemic
3034	辐片包科	Hysterangiaceae	摩泽里辐片包	Hysterangium moselei	DD		
3035	辐片包科	Hysterangiaceae	合混辐片包	Hysterangium neglectum	DD		
3036	辐片包科	Hysterangiaceae	钝孢辐片包	Hysterangium obtusum	DD		
3037	辐片包科	Hysterangiaceae	西方辐片包	Hysterangium occidentale	DD		
3038	辐片包科	Hysterangiaceae	离被辐片包	Hysterangium separabile	DD		
3039	辐片包科	Hysterangiaceae	匐生辐片包	Hysterangium stoloniferum	LC		
3040	辐片包科	Hysterangiaceae	松塔辐片包	Hysterangium strobilus	LC		
3041	辐片包科	Hysterangiaceae	瓦氏辐片包	Hysterangium thwaitesii	DD		
3042	未定科	Incertae sedis	层囊盘革菌	Aleurocystidiellum subcruentatum	DD		
3043	未定科	Incertae sedis	铁杉层囊盘革菌	Aleurocystidiellum tsugae	DD		
3044	未定科	Incertae sedis	紫异珊瑚菌	Alloclavaria purpurea	LC		
3045	未定科	Incertae sedis	黄白斑褶伞	Anellaria ochroleuca	DD		
3046	未定科	Incertae sedis	平斑褶伞	Anellaria planiuscula	DD		
3047	未定科	Incertae sedis	无锁伏孔菌	Aporpium efibulatum	DD		√
3048	未定科	Incertae sedis	奇异无乳头皮菌	Atheloderma mirabile	DD		
3049	未定科	Incertae sedis	东方无乳头皮菌	Atheloderma orientale	LC		
3050	未定科	Incertae sedis	无华核孢伞	Atractosporocybe inornata	DD		
3051	未定科	Incertae sedis	梨形褐伏革菌	Brunneocorticium pyriforme	DD		√
3052	未定科	Incertae sedis	海绵粉环柄菇	Coniolepiota spongodes	LC		
3053	未定科	Incertae sedis	橙黄杯革菌	Cotylidia aurantiaca	DD		
3054	未定科	Incertae sedis	小斗杯革菌	Cotylidia decolorans	DD		
3055	未定科	Incertae sedis	白斗杯革菌	Cotylidia diaphana	LC		
3056	未定科	Incertae sedis	波边杯革菌	Cotylidia komabensis	LC		
3057	未定科	Incertae sedis	毡状杯革菌	Cotylidia pannosa	DD		
3058	未定科	Incertae sedis	波状杯革菌	Cotylidia undulata	DD		
3059	未定科	Incertae sedis	黄肉壳齿菌	Crustodontia chrysocreas	LC		
3060	未定科	Incertae sedis	印度环皮包	Cycloderma indicum	LC		

序号 No.	科名 Chinese Family Names	科 Family	汉语学名 Chinese Names	学名 Scientific Names	评估等级 Status	评估依据 Assessment Criteria	特有种 Endemic
3061	未定科	Incertae sedis	黑褐德克耳	*Ductifera nigrobrunnea*	DD		√
3062	未定科	Incertae sedis	琥珀德克耳	*Ductifera sucina*	DD		
3063	未定科	Incertae sedis	山核桃榆孔菌	*Elmerina caryae*	LC		
3064	未定科	Incertae sedis	有枝榆孔菌	*Elmerina cladophora*	DD		
3065	未定科	Incertae sedis	毛榆孔菌	*Elmerina hispida*	LC		
3066	未定科	Incertae sedis	褶榆孔菌	*Elmerina holophaea*	DD		
3067	未定科	Incertae sedis	皱紊革菌	*Fibricium rude*	DD		
3068	未定科	Incertae sedis	冷杉弗兰兰孔菌	*Frantisekia abieticola*	DD		√
3069	未定科	Incertae sedis	葡萄生平平革菌	*Ginnsia viticola*	DD		
3070	未定科	Incertae sedis	相似粘纹菌	*Gloeohypochnicium analogum*	DD		
3071	未定科	Incertae sedis	荞胃状胶晶革菌	*Gloeopeniophorella sacrata*	DD		
3072	未定科	Incertae sedis	蛋黄黏黄蜡伞	*Gloioxanthomyces vitellinus*	DD		
3073	未定科	Incertae sedis	贝状桂花耳	*Guepinia buccina*	DD		
3074	未定科	Incertae sedis	开裂桂花耳	*Guepinia fissa*	DD		
3075	未定科	Incertae sedis	桂花耳	*Guepinia helvelloides*	LC		
3076	未定科	Incertae sedis	椭圆异重担菌	*Heterorepetobasidium ellipsoideum*	DD		√
3077	未定科	Incertae sedis	亚球孢异重担菌	*Heterorepetobasidium subglobosum*	DD		√
3078	未定科	Incertae sedis	异形囊孔菌	*Hirschioporus anomalus*	DD		
3079	未定科	Incertae sedis	紫齿囊孔菌	*Hirschioporus purpureus*	DD		
3080	未定科	Incertae sedis	长毛囊孔菌	*Hirschioporus versatilis*	DD		
3081	未定科	Incertae sedis	相连织丝菌	*Intextomyces contiguus*	LC		
3082	未定科	Incertae sedis	冠突毛地花菌	*Laeticutis cristata*	LC		
3083	未定科	Incertae sedis	热带拉氏卧孔菌	*Larssoniporia tropicalis*	LC		
3084	未定科	Incertae sedis	蒙古白丽蘑	*Leucocalocybe mongolica*	VU	C1	
3085	未定科	Incertae sedis	小白白伞	*Leucocybe candicans*	LC		

序号 No.	科名 Chinese Family Names	科 Family	汉语学名 Chinese Names	学名 Scientific Names	评估等级 Status	评估依据 Assessment Criteria	特有种 Endemic
3086	未定科	Incertae sedis	合生白伞	Leucocybe connata	LC		
3087	未定科	Incertae sedis	污白白伞	Leucocybe houghtonii	DD		
3088	未定科	Incertae sedis	地钱罗勒菇	Loreleia marchantiae	DD		
3089	未定科	Incertae sedis	罗勒菇	Loreleia postii	DD		
3090	未定科	Incertae sedis	易萎小蜡壳菌	Microsebacina fugacissima	LC		
3091	未定科	Incertae sedis	蓝孔新地花菌	Neoalbatrellus caeruleoporus	DD		
3092	未定科	Incertae sedis	安田新地花菌	Neoalbatrellus yasudae	DD		
3093	未定科	Incertae sedis	波觉瓶小薆孔菌	Obba rivulosa	DD		
3094	未定科	Incertae sedis	土黄裂齿革菌	Odonticium canoluteum	DD		√
3095	未定科	Incertae sedis	扇形裂齿革菌	Odonticium flabelliradiatum	DD		
3096	未定科	Incertae sedis	布氏锐孔菌	Oxyporus bucholtzii	DD		
3097	未定科	Incertae sedis	黄白锐孔菌	Oxyporus cervinogilvus	DD		
3098	未定科	Incertae sedis	长白锐孔菌	Oxyporus changbaiensis	DD		√
3099	未定科	Incertae sedis	树皮生锐孔菌	Oxyporus corticola	LC		
3100	未定科	Incertae sedis	楔薆锐孔菌	Oxyporus cuneatus	LC		√
3101	未定科	Incertae sedis	银杏锐孔菌	Oxyporus ginkgonis	LC		
3102	未定科	Incertae sedis	宽边锐孔菌	Oxyporus latemarginatus	LC		√
3103	未定科	Incertae sedis	大孔锐孔菌	Oxyporus macroporus	DD		√
3104	未定科	Incertae sedis	长薆锐孔菌	Oxyporus obducens	LC		
3105	未定科	Incertae sedis	薄膜锐孔菌	Oxyporus pellicula	DD		
3106	未定科	Incertae sedis	山梅花锐孔菌	Oxyporus philadelphi	DD		
3107	未定科	Incertae sedis	云杉锐孔菌	Oxyporus piceicola	DD		√
3108	未定科	Incertae sedis	杨锐孔菌	Oxyporus populinus	LC		
3109	未定科	Incertae sedis	灰黄锐孔菌	Oxyporus ravidus	DD		
3110	未定科	Incertae sedis	中国锐孔菌	Oxyporus sinensis	DD		√
3111	未定科	Incertae sedis	拟杨锐孔菌	Oxyporus subpopulinus	DD		√
3112	未定科	Incertae sedis	尖薆锐孔菌	Oxyporus subulatus	LC		

序号 No.	科名 Chinese Family Names	科 Family	汉语学名 Chinese Names	学名 Scientific Names	评估等级 Status	评估依据 Assessment Criteria	特有种 Endemic
3113	未定科	Incertae sedis	栗褐疣孢斑褶菇	*Panaeolina castaneifolia*	DD		
3114	未定科	Incertae sedis	黄褐疣孢斑褶菇	*Panaeolina foenisecii*	LC		
3115	未定科	Incertae sedis	小孢疣孢斑褶菇	*Panaeolina microsperma*	DD		
3116	未定科	Incertae sedis	锐顶斑褶菇	*Panaeolus acuminatus*	LC		
3117	未定科	Incertae sedis	小型斑褶菇	*Panaeolus alcis*	LC		
3118	未定科	Incertae sedis	安的拉斑褶菇	*Panaeolus antillarum*	LC		
3119	未定科	Incertae sedis	黑斑褶菇	*Panaeolus ater*	LC		
3120	未定科	Incertae sedis	双孢斑褶菇	*Panaeolus bisporus*	DD		
3121	未定科	Incertae sedis	环斑斑褶菇	*Panaeolus cinctulus*	LC		
3122	未定科	Incertae sedis	暗蓝斑褶菇	*Panaeolus cyanescens*	LC		
3123	未定科	Incertae sedis	匐柄斑褶菇	*Panaeolus digressus*	DD		
3124	未定科	Incertae sedis	类生斑褶菇	*Panaeolus fimicola*	LC		
3125	未定科	Incertae sedis	白底斑褶菇	*Panaeolus leucophanes*	DD		
3126	未定科	Incertae sedis	卵形斑褶菇	*Panaeolus ovatus*	DD		
3127	未定科	Incertae sedis	沼生斑褶菇	*Panaeolus paludosus*	DD		
3128	未定科	Incertae sedis	蝶形斑褶菇	*Panaeolus papilionaceus*	LC		
3129	未定科	Incertae sedis	里米斑褶菇	*Panaeolus remyi*	DD		
3130	未定科	Incertae sedis	锥盖斑褶菇	*Panaeolus rickenii*	DD		
3131	未定科	Incertae sedis	半卵形斑褶菇	*Panaeolus semiovatus*	LC		
3132	未定科	Incertae sedis	无环斑斑褶菇	*Panaeolus sepulchralis*	LC		
3133	未定科	Incertae sedis	硬柄斑褶菇	*Panaeolus solidipes*	LC		
3134	未定科	Incertae sedis	褐红斑斑褶菇	*Panaeolus subbalteatus*	LC		
3135	未定科	Incertae sedis	雅丽斑褶菇	*Panaeolus subfirmus*	DD		
3136	未定科	Incertae sedis	热带斑褶菇	*Panaeolus tropicalis*	LC		
3137	未定科	Incertae sedis	腊肠孢小隔孢伏革菌	*Peniophorella allantospora*	DD		√
3138	未定科	Incertae sedis	红杆形小隔孢伏革菌	*Peniophorella baculorubrensis*	DD		
3139	未定科	Incertae sedis	刺囊小隔孢伏革菌	*Peniophorella echinocystis*	DD		

序号 No.	科名 Chinese Family Names	科 Family	汉语学名 Chinese Names	学名 Scientific Names	评估等级 Status	评估依据 Assessment Criteria	特有种 Endemic
3140	未定科	Incertae sedis	油小隔孢伏革菌	*Peniophorella guttulifera*	DD		
3141	未定科	Incertae sedis	软毛小隔孢伏革菌	*Peniophorella neopubera*	DD		√
3142	未定科	Incertae sedis	灰白小隔孢伏革菌	*Peniophorella pallida*	LC		
3143	未定科	Incertae sedis	坚实小隔孢伏革菌	*Peniophorella pertenuis*	LC		
3144	未定科	Incertae sedis	微毛小隔孢伏革菌	*Peniophorella pubera*	LC		
3145	未定科	Incertae sedis	皱小隔孢伏革菌	*Peniophorella rude*	LC		
3146	未定科	Incertae sedis	亚坚实小隔孢伏革菌	*Peniophorella subpraetermissa*	DD		√
3147	未定科	Incertae sedis	铁杉小隔孢伏革菌	*Peniophorella tsugae*	DD		
3148	未定科	Incertae sedis	多孔囊担菌	*Phlyctibasidium polyporoideum*	LC		
3149	未定科	Incertae sedis	雪白褶尾菌	*Plicatura nivea*	DD		
3150	未定科	Incertae sedis	波状拟褶尾菌	*Plicaturopsis crispa*	LC		
3151	未定科	Incertae sedis	散放多根地花菌	*Polypus dispansus*	NT		
3152	未定科	Incertae sedis	云杉原齿菌	*Protodontia piceicola*	DD		
3153	未定科	Incertae sedis	胶质假齿菌	*Pseudohydnum gelatinosum*	LC		
3154	未定科	Incertae sedis	非洲假赖特卧孔菌	*Pseudowrightoporia africana*	LC		
3155	未定科	Incertae sedis	黄孔假赖特卧孔菌	*Pseudowrightoporia aurantipora*	DD		
3156	未定科	Incertae sedis	吉氏假赖特卧孔菌	*Pseudowrightoporia gillesii*	DD		
3157	未定科	Incertae sedis	日本假赖特卧孔菌	*Pseudowrightoporia japonica*	DD		
3158	未定科	Incertae sedis	二色树脂菌	*Resinicium bicolor*	DD		
3159	未定科	Incertae sedis	鳞片树脂菌	*Resinicium furfuraceum*	DD		
3160	未定科	Incertae sedis	颗粒树脂菌	*Resinicium granulare*	DD		
3161	未定科	Incertae sedis	红缘树脂菌	*Resinicium pinicola*	LC		
3162	未定科	Incertae sedis	空柄根伞	*Rhizocybe vermicularis*	LC		
3163	未定科	Incertae sedis	杆孢华蜂巢菌	*Sinofavus allantosporus*	DD		√
3164	未定科	Incertae sedis	鳞斯氏壳菌	*Skvortzovia furfurella*	DD		
3165	未定科	Incertae sedis	牛樟芝	*Taiwanofungus camphoratus*	EN	B2ab(iii)	√
3166	未定科	Incertae sedis	鲑色牛樟芝	*Taiwanofungus salmoneus*	DD		√

序号 No.	科名 Chinese Family Names	科 Family	汉语学名 Chinese Names	学名 Scientific Names	评估等级 Status	评估依据 Assessment Criteria	特有种 Endemic
3167	未定科	Incertae sedis	淀粉孢台湾孔菌	*Taiwanoporia amylospora*	DD		√
3168	未定科	Incertae sedis	广西田腹菌	*Timgrovea kwangsiensis*	DD		√
3169	未定科	Incertae sedis	网孢田腹菌	*Timgrovea reticulata*	LC		
3170	未定科	Incertae sedis	冷杉附毛菌	*Trichaptum abietinum*	LC		
3171	未定科	Incertae sedis	二形附毛菌	*Trichaptum biforme*	LC		
3172	未定科	Incertae sedis	伯氏附毛菌	*Trichaptum brastagii*	LC		
3173	未定科	Incertae sedis	毛囊附毛菌	*Trichaptum byssogenum*	LC		
3174	未定科	Incertae sedis	褐紫附毛菌	*Trichaptum fuscoviolaceum*	LC		
3175	未定科	Incertae sedis	覆瓦附毛菌	*Trichaptum imbricatum*	DD		√
3176	未定科	Incertae sedis	落叶松附毛菌	*Trichaptum laricinum*	LC		
3177	未定科	Incertae sedis	高山附毛菌	*Trichaptum montanum*	DD		
3178	未定科	Incertae sedis	稍小附毛菌	*Trichaptum parvulum*	DD		
3179	未定科	Incertae sedis	多年附毛菌	*Trichaptum perenne*	DD		√
3180	未定科	Incertae sedis	佩氏附毛菌	*Trichaptum perrottetii*	DD		
3181	未定科	Incertae sedis	罗汉松附毛菌	*Trichaptum podocarpi*	DD		√
3182	未定科	Incertae sedis	多囊附毛菌	*Trichaptum polycystidiatum*	LC		
3183	未定科	Incertae sedis	毛边附毛菌	*Trichaptum sector*	DD		
3184	未定科	Incertae sedis	黑毛附毛菌	*Trichaptum trichomallum*	DD		
3185	未定科	Incertae sedis	粉拟筒毛革菌	*Tubulicrinopsis farinacea*	DD		
3186	未定科	Incertae sedis	两年生拟赖特臥孔菌	*Wrightoporiopsis biennis*	DD		√
3187	未定科	Incertae sedis	干盖菇	*Xeroceps skamania*	DD		
3188	未定科	Incertae sedis	云南干盖菇	*Xeroceps yunnanensis*	DD		√
3189	丝盖伞科	Inocybaceae	亚拉巴马靴耳	*Crepidotus alabamensis*	DD		
3190	丝盖伞科	Inocybaceae	淡白靴耳	*Crepidotus albissimus*	DD		
3191	丝盖伞科	Inocybaceae	平盖靴耳	*Crepidotus applanatus*	LC		
3192	丝盖伞科	Inocybaceae	土著靴耳	*Crepidotus autochthonus*	DD		
3193	丝盖伞科	Inocybaceae	基绒靴耳	*Crepidotus badiofloccosus*	LC		

序号 No.	科名 Chinese Family Names	科 Family	汉语学名 Chinese Names	学名 Scientific Names	评估等级 Status	评估依据 Assessment Criteria	特有种 Endemic
3194	丝盖伞科	Inocybaceae	桦木靴耳	*Crepidotus betulae*	DD		
3195	丝盖伞科	Inocybaceae	柔毛靴耳	*Crepidotus bresadolae*	DD		
3196	丝盖伞科	Inocybaceae	美鳞靴耳	*Crepidotus calolepis*	DD		
3197	丝盖伞科	Inocybaceae	喀尔巴阡靴耳	*Crepidotus carpaticus*	DD		
3198	丝盖伞科	Inocybaceae	卡斯珀靴耳	*Crepidotus caspari*	DD		
3199	丝盖伞科	Inocybaceae	球孢靴耳	*Crepidotus cesatii*	DD		
3200	丝盖伞科	Inocybaceae	朱红靴耳	*Crepidotus cinnabarinus*	LC		
3201	丝盖伞科	Inocybaceae	柠檬黄靴耳	*Crepidotus citrinus*	DD		
3202	丝盖伞科	Inocybaceae	科罗拉多靴耳	*Crepidotus coloradensis*	DD		
3203	丝盖伞科	Inocybaceae	杏黄靴耳	*Crepidotus croceotinctus*	DD		
3204	丝盖伞科	Inocybaceae	铬黄靴耳	*Crepidotus crocophyllus*	DD		
3205	丝盖伞科	Inocybaceae	绒毛靴耳	*Crepidotus epibryus*	DD		
3206	丝盖伞科	Inocybaceae	黄茸靴耳	*Crepidotus fulvotomentosus*	DD		
3207	丝盖伞科	Inocybaceae	胶黏靴耳	*Crepidotus haerens*	DD		
3208	丝盖伞科	Inocybaceae	毛靴耳	*Crepidotus herbarum*	DD		
3209	丝盖伞科	Inocybaceae	考氏靴耳	*Crepidotus kauffmanii*	DD		
3210	丝盖伞科	Inocybaceae	广叶靴耳	*Crepidotus latifolius*	DD		
3211	丝盖伞科	Inocybaceae	淡黄靴耳	*Crepidotus luteolus*	DD		
3212	丝盖伞科	Inocybaceae	圆孢靴耳	*Crepidotus malachius*	DD		
3213	丝盖伞科	Inocybaceae	软靴耳	*Crepidotus mollis*	LC		
3214	丝盖伞科	Inocybaceae	新囊靴耳	*Crepidotus neocystidiosus*	EN	B2ab(iii)	√
3215	丝盖伞科	Inocybaceae	肾形靴耳	*Crepidotus nephrodes*	DD		
3216	丝盖伞科	Inocybaceae	南方靴耳	*Crepidotus occidentalis*	DD		
3217	丝盖伞科	Inocybaceae	疣孢毛靴耳	*Crepidotus palmularis*	DD		
3218	丝盖伞科	Inocybaceae	佩埃特靴耳	*Crepidotus payettensis*	DD		
3219	丝盖伞科	Inocybaceae	松针靴耳	*Crepidotus pinicola*	DD		√
3220	丝盖伞科	Inocybaceae	柄靴耳	*Crepidotus stipitatus*	DD		

序号 No.	科名 Chinese Family Names	科 Family	汉语学名 Chinese Names	学名 Scientific Names	评估等级 Status	评估依据 Assessment Criteria	特有种 Endemic
3221	丝盖伞科	Inocybaceae	淡紫靴耳	*Crepidotus subpurpureus*	DD		
3222	丝盖伞科	Inocybaceae	亚疣孢靴耳	*Crepidotus subverrucisporus*	DD		
3223	丝盖伞科	Inocybaceae	硫色靴耳	*Crepidotus sulphurinus*	LC		
3224	丝盖伞科	Inocybaceae	多产靴耳	*Crepidotus uber*	LC		
3225	丝盖伞科	Inocybaceae	变色靴耳	*Crepidotus variabilis*	LC		
3226	丝盖伞科	Inocybaceae	乖巧靴耳	*Crepidotus versutus*	DD		
3227	丝盖伞科	Inocybaceae	刺暗皮伞	*Flammulaster erinaceellus*	LC		
3228	丝盖伞科	Inocybaceae	锈色暗皮伞	*Flammulaster ferrugineus*	DD		
3229	丝盖伞科	Inocybaceae	粗糙暗皮伞	*Flammulaster muricatus*	DD		
3230	丝盖伞科	Inocybaceae	锈褐暗皮伞	*Flammulaster siparius*	DD		
3231	丝盖伞科	Inocybaceae	韦氏暗皮伞	*Flammulaster wieslandri*	LC		
3232	丝盖伞科	Inocybaceae	单下丝盖伞	*Inocybe abjecta*	DD		
3233	丝盖伞科	Inocybaceae	畸形孢丝盖伞	*Inocybe abnormispora*	DD		
3234	丝盖伞科	Inocybaceae	辣味丝盖伞	*Inocybe acriolens*	DD		
3235	丝盖伞科	Inocybaceae	尖丝盖伞	*Inocybe acuta*	DD		
3236	丝盖伞科	Inocybaceae	酒红丝盖伞	*Inocybe adaequata*	LC		
3237	丝盖伞科	Inocybaceae	银边丝盖伞	*Inocybe albomarginata*	DD		
3238	丝盖伞科	Inocybaceae	紫晶丝盖伞	*Inocybe amethystina*	DD		
3239	丝盖伞科	Inocybaceae	褐色丝盖伞	*Inocybe assimilata*	LC		
3240	丝盖伞科	Inocybaceae	星孢丝盖伞	*Inocybe asterospora*	LC		
3241	丝盖伞科	Inocybaceae	金柄丝盖伞	*Inocybe aureostipes*	DD		
3242	丝盖伞科	Inocybaceae	小黄褐丝盖伞	*Inocybe auricoma*	LC		
3243	丝盖伞科	Inocybaceae	粉褐丝盖伞	*Inocybe aurora*	DD		
3244	丝盖伞科	Inocybaceae	淡棕丝盖伞	*Inocybe avellanea*	DD		
3245	丝盖伞科	Inocybaceae	多毛丝盖伞	*Inocybe bongardii*	DD		
3246	丝盖伞科	Inocybaceae	褐丝盖伞	*Inocybe brunnea*	DD		
3247	丝盖伞科	Inocybaceae	褐茸丝盖伞	*Inocybe brunneotomentosa*	DD		

序号 No.	科名 Chinese Family Names	科 Family	汉语学名 Chinese Names	学名 Scientific Names	评估等级 Status	评估依据 Assessment Criteria	特有种 Endemic
3248	丝盖伞科	Inocybaceae	毛丝盖伞	Inocybe caesariata	LC		
3249	丝盖伞科	Inocybaceae	翅鳞丝盖伞	Inocybe calamistrata	LC		
3250	丝盖伞科	Inocybaceae	丽孢丝盖伞	Inocybe calospora	LC		
3251	丝盖伞科	Inocybaceae	胡萝卜色丝盖伞	Inocybe caroticolor	DD		√
3252	丝盖伞科	Inocybaceae	开裂丝盖伞	Inocybe carpta	DD		
3253	丝盖伞科	Inocybaceae	鹿皮色丝盖伞	Inocybe cervicolor	LC		
3254	丝盖伞科	Inocybaceae	铜黄丝盖伞	Inocybe chalcodoxantha	DD		
3255	丝盖伞科	Inocybaceae	刺鳞丝盖伞	Inocybe cincinnata	DD		
3256	丝盖伞科	Inocybaceae	亚黄丝盖伞	Inocybe cookei	LC		
3257	丝盖伞科	Inocybaceae	绿褐丝盖伞	Inocybe corydalina	DD		
3258	丝盖伞科	Inocybaceae	绢毛丝盖伞	Inocybe curvipes	LC		
3259	丝盖伞科	Inocybaceae	空柄丝盖伞	Inocybe decipientoides	LC		
3260	丝盖伞科	Inocybaceae	甜苦丝盖伞	Inocybe dulcamara	DD		
3261	丝盖伞科	Inocybaceae	早生丝盖伞	Inocybe earleana	DD		
3262	丝盖伞科	Inocybaceae	变红丝盖伞	Inocybe erubescens	LC		
3263	丝盖伞科	Inocybaceae	浅褐丝盖伞	Inocybe eutheles	DD		
3264	丝盖伞科	Inocybaceae	小孢丝盖伞	Inocybe fastigiella	LC		
3265	丝盖伞科	Inocybaceae	纤维丝盖伞	Inocybe fibrosa	DD		
3266	丝盖伞科	Inocybaceae	黄褐丝盖伞	Inocybe flavobrunnea	LC		√
3267	丝盖伞科	Inocybaceae	卷毛丝盖伞	Inocybe flocculosa	DD		
3268	丝盖伞科	Inocybaceae	长柄丝盖伞	Inocybe fraudans	DD		
3269	丝盖伞科	Inocybaceae	菱色丝盖伞	Inocybe frumentacea	DD		
3270	丝盖伞科	Inocybaceae	锈褐丝盖伞	Inocybe fulvella	DD		
3271	丝盖伞科	Inocybaceae	黑丝盖伞	Inocybe fuscidula	DD		
3272	丝盖伞科	Inocybaceae	暗盘丝盖伞	Inocybe fuscodisca	DD		
3273	丝盖伞科	Inocybaceae	土味丝盖伞	Inocybe geophylla	LC		
3274	丝盖伞科	Inocybaceae	光滑丝盖伞	Inocybe glabrescens	DD		

序号 No.	科名 Chinese Family Names	科 Family	汉语学名 Chinese Names	学名 Scientific Names	评估等级 Status	评估依据 Assessment Criteria	特有种 Endemic
3275	丝盖伞科	Inocybaceae	光柄丝盖伞	Inocybe glabripes	DD		
3276	丝盖伞科	Inocybaceae	土黄丝盖伞	Inocybe godeyi	LC		
3277	丝盖伞科	Inocybaceae	具纹丝盖伞	Inocybe grammata	LC		
3278	丝盖伞科	Inocybaceae	灰紫鳞丝盖伞	Inocybe griseolilacina	LC		
3279	丝盖伞科	Inocybaceae	海南丝盖伞	Inocybe hainanensis	DD		√
3280	丝盖伞科	Inocybaceae	黑姆丝盖伞	Inocybe heimii	DD		
3281	丝盖伞科	Inocybaceae	毛纹丝盖伞	Inocybe hirtella	LC		
3282	丝盖伞科	Inocybaceae	低矮丝盖伞	Inocybe humilis	DD		
3283	丝盖伞科	Inocybaceae	暗毛丝盖伞	Inocybe lacera	LC		
3284	丝盖伞科	Inocybaceae	兰格丝盖伞	Inocybe langei	DD		
3285	丝盖伞科	Inocybaceae	棉毛丝盖伞	Inocybe lanuginosa	LC		
3286	丝盖伞科	Inocybaceae	下垂丝盖伞	Inocybe lasseri	DD		
3287	丝盖伞科	Inocybaceae	薄囊丝盖伞	Inocybe leptocystis	LC		
3288	丝盖伞科	Inocybaceae	薄褶丝盖伞	Inocybe leptophylla	LC		
3289	丝盖伞科	Inocybaceae	暗色丝盖伞	Inocybe lucifuga	DD		
3290	丝盖伞科	Inocybaceae	黄裂丝盖伞	Inocybe lutea	DD		
3291	丝盖伞科	Inocybaceae	变黄丝盖伞	Inocybe lutescens	DD		
3292	丝盖伞科	Inocybaceae	斑点丝盖伞	Inocybe maculata	LC		
3293	丝盖伞科	Inocybaceae	珍珠丝盖伞	Inocybe margaritispora	DD		
3294	丝盖伞科	Inocybaceae	蜜色锥形丝盖伞	Inocybe melleiconica	DD		
3295	丝盖伞科	Inocybaceae	混杂丝盖伞	Inocybe mixtilis	DD		
3296	丝盖伞科	Inocybaceae	米易丝盖伞	Inocybe miyiensis	DD		√
3297	丝盖伞科	Inocybaceae	山地丝盖伞	Inocybe montana	DD		
3298	丝盖伞科	Inocybaceae	糙柄丝盖伞	Inocybe muricellata	DD		
3299	丝盖伞科	Inocybaceae	芜菁丝盖伞	Inocybe napipes	LC		
3300	丝盖伞科	Inocybaceae	变黑丝盖伞	Inocybe nigrescens	DD		
3301	丝盖伞科	Inocybaceae	新泻丝盖伞	Inocybe niigatensis	DD		

序号 No.	科名 Chinese Family Names	科 Family	汉语学名 Chinese Names	学名 Scientific Names	评估等级 Status	评估依据 Assessment Criteria	特有种 Endemic
3302	丝盖伞科	Inocybaceae	光帽丝盖伞	Inocybe nitidiuscula	LC		
3303	丝盖伞科	Inocybaceae	高贵丝盖伞	Inocybe nobilis	DD		
3304	丝盖伞科	Inocybaceae	瘤孢丝盖伞	Inocybe nodulosospora	DD		
3305	丝盖伞科	Inocybaceae	暗丝盖伞	Inocybe obscura	DD		
3306	丝盖伞科	Inocybaceae	遮蔽丝盖伞	Inocybe obscurobadia	DD		
3307	丝盖伞科	Inocybaceae	模糊丝盖伞	Inocybe obsoleta	DD		
3308	丝盖伞科	Inocybaceae	赭缘丝盖伞	Inocybe ochraceomarginata	DD		
3309	丝盖伞科	Inocybaceae	黄白丝盖伞	Inocybe ochroalba	DD		
3310	丝盖伞科	Inocybaceae	橄榄绿丝盖伞	Inocybe olivaceonigra	DD		
3311	丝盖伞科	Inocybaceae	淡色丝盖伞	Inocybe oreina	DD		
3312	丝盖伞科	Inocybaceae	鳞紫丝盖伞	Inocybe ozeensis	DD		
3313	丝盖伞科	Inocybaceae	厚囊丝盖伞	Inocybe pachypleura	DD		
3314	丝盖伞科	Inocybaceae	苍白丝盖伞	Inocybe pallidicremea	LC		
3315	丝盖伞科	Inocybaceae	湿地丝盖伞	Inocybe paludinella	DD		
3316	丝盖伞科	Inocybaceae	光泽丝盖伞	Inocybe perlata	DD		
3317	丝盖伞科	Inocybaceae	粉衮丝盖伞	Inocybe peronatella	DD		
3318	丝盖伞科	Inocybaceae	多狮丝盖伞	Inocybe petiginosa	DD		
3319	丝盖伞科	Inocybaceae	褐色丝盖伞	Inocybe phaeoleuca	DD		
3320	丝盖伞科	Inocybaceae	羽状丝盖伞	Inocybe plumosa	DD		
3321	丝盖伞科	Inocybaceae	后腔丝盖伞	Inocybe posterula	DD		
3322	丝盖伞科	Inocybaceae	瞭望丝盖伞	Inocybe praetervisa	LC		
3323	丝盖伞科	Inocybaceae	疏生丝盖伞	Inocybe pruinosa	DD		
3324	丝盖伞科	Inocybaceae	拟星孢丝盖伞	Inocybe pseudoasterospora	DD		
3325	丝盖伞科	Inocybaceae	拟紫灰丝盖伞	Inocybe pseudogriseolilacina	DD		√
3326	丝盖伞科	Inocybaceae	小丝盖伞	Inocybe putilla	DD		
3327	丝盖伞科	Inocybaceae	梨香丝盖伞	Inocybe pyriodora	LC		
3328	丝盖伞科	Inocybaceae	辐射状丝盖伞	Inocybe radiata	LC		

序号 No.	科名 Chinese Family Names	科 Family	汉语学名 Chinese Names	学名 Scientific Names	评估等级 Status	评估依据 Assessment Criteria	特有种 Endemic
3329	丝盖伞科	Inocybaceae	波状丝盖伞	*Inocybe repanda*	DD		
3330	丝盖伞科	Inocybaceae	裂丝丝盖伞	*Inocybe rimosa*	LC		
3331	丝盖伞科	Inocybaceae	裂缘丝盖伞	*Inocybe rimosoides*	DD		
3332	丝盖伞科	Inocybaceae	红白丝盖伞	*Inocybe rufoalba*	DD		
3333	丝盖伞科	Inocybaceae	凳状丝盖伞	*Inocybe scabella*	DD		
3334	丝盖伞科	Inocybaceae	粗糙丝盖伞	*Inocybe scabra*	DD		
3335	丝盖伞科	Inocybaceae	毒丝盖伞	*Inocybe sindonia*	DD		
3336	丝盖伞科	Inocybaceae	成堆丝盖伞	*Inocybe sororia*	DD		
3337	丝盖伞科	Inocybaceae	球孢丝盖伞	*Inocybe sphaerospora*	DD		
3338	丝盖伞科	Inocybaceae	光亮丝盖伞	*Inocybe splendens*	DD		
3339	丝盖伞科	Inocybaceae	亚白盖丝盖伞	*Inocybe subalbidodisca*	DD		
3340	丝盖伞科	Inocybaceae	亚果丝盖伞	*Inocybe subcarpta*	DD		
3341	丝盖伞科	Inocybaceae	光褐丝盖伞	*Inocybe subdestricta*	DD		
3342	丝盖伞科	Inocybaceae	亚托丝盖伞	*Inocybe subvolvata*	DD		
3343	丝盖伞科	Inocybaceae	阴暗丝盖伞	*Inocybe tenebrosa*	DD		
3344	丝盖伞科	Inocybaceae	地丝盖伞	*Inocybe terrigena*	LC		
3345	丝盖伞科	Inocybaceae	虎斑纹丝盖伞	*Inocybe tigrina*	DD		
3346	丝盖伞科	Inocybaceae	糙孢丝盖伞	*Inocybe trechispora*	DD		
3347	丝盖伞科	Inocybaceae	荫生丝盖伞	*Inocybe umbratica*	LC		
3348	丝盖伞科	Inocybaceae	狐色丝盖伞	*Inocybe vulpinella*	DD		
3349	丝盖伞科	Inocybaceae	怀特丝盖伞	*Inocybe whitei*	LC		
3350	丝盖伞科	Inocybaceae	黄黑丝盖伞	*Inocybe xanthomelas*	LC		
3351	丝盖伞科	Inocybaceae	远生暗小皮伞	*Phaeomarasmius distans*	DD		
3352	丝盖伞科	Inocybaceae	尖刺暗小皮伞	*Phaeomarasmius erinaceus*	DD		
3353	丝盖伞科	Inocybaceae	新近暗小皮伞	*Phaeomarasmius neoaffinis*	DD		√
3354	丝盖伞科	Inocybaceae	裂纹暗小皮伞	*Phaeomarasmius rimulincola*	DD		
3355	丝盖伞科	Inocybaceae	卓克拉侧火菇	*Pleuroflammula chocoruensis*	DD		

序号 No.	科名 Chinese Family Names	科 Family	汉语学名 Chinese Names	学名 Scientific Names	评估等级 Status	评估依据 Assessment Criteria	特有种 Endemic
3356	丝盖伞科	Inocybaceae	簇囊侧火菇	*Pleuroflammula fagicola*	DD		
3357	丝盖伞科	Inocybaceae	黄侧火菇	*Pleuroflammula flammea*	DD		
3358	丝盖伞科	Inocybaceae	鳞侧火菇	*Pleuroflammula flavomarginata*	DD		
3359	丝盖伞科	Inocybaceae	多鳞苔侧火菇	*Pleuroflammula multifolia*	LC		
3360	丝盖伞科	Inocybaceae	豆孢侧火菇	*Pleuroflammula praestans*	DD		
3361	丝盖伞科	Inocybaceae	小鳞侧火菇	*Pleuroflammula squamulosa*	DD		
3362	丝盖伞科	Inocybaceae	亚硫磺侧火菇	*Pleuroflammula subsulphurea*	LC		
3363	丝盖伞科	Inocybaceae	白小侧耳	*Pleurotellus albellus*	DD		
3364	丝盖伞科	Inocybaceae	薄皮小侧耳	*Pleurotellus chioneus*	DD		
3365	丝盖伞科	Inocybaceae	密绒盖伞	*Simocybe centunculus*	DD		
3366	丝盖伞科	Inocybaceae	霍氏绒盖伞	*Simocybe haustellaris*	DD		
3367	丝盖伞科	Inocybaceae	橄榄色绒盖伞	*Simocybe sumptuosa*	DD		
3368	夏氏伏革菌科	Jaapiaceae	黄白夏氏伏革菌	*Jaapia ochroleuca*	LC		
3369	茸瑚菌科	Lachnocladiaceae	浅黄褐星座革菌	*Asterostroma cervicolor*	DD		
3370	茸瑚菌科	Lachnocladiaceae	苔藓星座革菌	*Asterostroma muscicola*	DD		
3371	茸瑚菌科	Lachnocladiaceae	匙形双叉侧柄菌	*Dichopleuropus spathulatus*	DD		
3372	茸瑚菌科	Lachnocladiaceae	北方双叉韧革菌	*Dichostereum boreale*	DD		
3373	茸瑚菌科	Lachnocladiaceae	褐伏双叉韧革菌	*Dichostereum effuscatum*	DD		
3374	茸瑚菌科	Lachnocladiaceae	颗粒双叉韧革菌	*Dichostereum granulosum*	LC		
3375	茸瑚菌科	Lachnocladiaceae	苍白双叉韧革菌	*Dichostereum pallescens*	DD		
3376	茸瑚菌科	Lachnocladiaceae	类芽茸瑚菌	*Lachnocladium cladonioides*	DD		
3377	茸瑚菌科	Lachnocladiaceae	平伏厚革垫菌	*Scytinostroma duriusculum*	DD		
3378	茸瑚菌科	Lachnocladiaceae	苹果根朽革垫菌	*Scytinostroma galactinum*	LC		
3379	茸瑚菌科	Lachnocladiaceae	卢西革垫菌	*Scytinostroma lusitanicum*	DD		
3380	茸瑚菌科	Lachnocladiaceae	香革垫菌	*Scytinostroma odoratum*	DD		
3381	茸瑚菌科	Lachnocladiaceae	多层革垫菌	*Scytinostroma portentosum*	DD		
3382	茸瑚菌科	Lachnocladiaceae	柳叉丝垫菌	*Vararia athabascensis*	DD		

序号 No.	科名 Chinese Family Names	科 Family	汉语学名 Chinese Names	学名 Scientific Names	评估等级 Status	评估依据 Assessment Criteria	特有种 Endemic
3383	茸瑚菌科	Lachnocladiaceae	硬叉丝革菌	*Vararia investiens*	DD		
3384	茸瑚菌科	Lachnocladiaceae	娃氏叉丝革菌	*Vararia vassilievae*	DD		
3385	木瑚菌科	Lentariaceae	扇索状刺顶菌	*Hydnocristella himantia*	DD		
3386	木瑚菌科	Lentariaceae	宽丝刺顶菌	*Hydnocristella latihypha*	DD		√
3387	木瑚菌科	Lentariaceae	变绿凯文菌	*Kavinia alboviridis*	DD		
3388	木瑚菌科	Lentariaceae	微黄木瑚菌	*Lentaria byssiseda*	DD		
3389	木瑚菌科	Lentariaceae	枝木瑚菌	*Lentaria surculus*	DD		
3390	木瑚菌科	Lentariaceae	蛋黄木瑚菌	*Lentaria vitellina*	DD		
3391	离褶伞科	Lyophyllaceae	星形菌	*Asterophora lycoperdoides*	LC		
3392	离褶伞科	Lyophyllaceae	近似黄丽蘑	*Calocybe buxea*	DD		
3393	离褶伞科	Lyophyllaceae	香杏丽蘑	*Calocybe gambosa*	LC		
3394	离褶伞科	Lyophyllaceae	白褐丽蘑	*Calocybe gangraenosa*	LC		
3395	离褶伞科	Lyophyllaceae	褐盖丽蘑	*Calocybe ochracea*	DD		
3396	离褶伞科	Lyophyllaceae	北方不规则孢伞	*Gerhardtia borealis*	LC		
3397	离褶伞科	Lyophyllaceae	斑玉蕈	*Hypsizygus marmoreus*	VU	B2ab(iii)	
3398	离褶伞科	Lyophyllaceae	小斑玉蕈	*Hypsizygus tessulatus*	DD		
3399	离褶伞科	Lyophyllaceae	榆干玉蕈	*Hypsizygus ulmarius*	LC		
3400	离褶伞科	Lyophyllaceae	淡白离褶伞	*Lyophyllum albellum*	DD		
3401	离褶伞科	Lyophyllaceae	荷叶离褶伞	*Lyophyllum decastes*	LC		
3402	离褶伞科	Lyophyllaceae	污油离褶伞	*Lyophyllum immundum*	DD		
3403	离褶伞科	Lyophyllaceae	烟熏离褶伞	*Lyophyllum infumatum*	LC		
3404	离褶伞科	Lyophyllaceae	暗褐离褶伞	*Lyophyllum loricatum*	LC		
3405	离褶伞科	Lyophyllaceae	大孢离褶伞	*Lyophyllum macrosporum*	LC		
3406	离褶伞科	Lyophyllaceae	黑离褶伞	*Lyophyllum pusillum*	DD		
3407	离褶伞科	Lyophyllaceae	菱孢离褶伞	*Lyophyllum rhombisporum*	DD		√
3408	离褶伞科	Lyophyllaceae	墨染离褶伞	*Lyophyllum semitale*	LC		
3409	离褶伞科	Lyophyllaceae	玉蕈离褶伞	*Lyophyllum shimeji*	LC		

序号 No.	科名 Chinese Family Names	科 Family	汉语学名 Chinese Names	学名 Scientific Names	评估等级 Status	评估依据 Assessment Criteria	特有种 Endemic
3410	离褶伞科	Lyophyllaceae	西口孢离褶伞	*Lyophyllum sykosporum*	DD		
3411	离褶伞科	Lyophyllaceae	角形离褶伞	*Lyophyllum transforme*	LC		
3412	离褶伞科	Lyophyllaceae	角孢离褶伞	*Lyophyllum trigonosporum*	LC		
3413	离褶伞科	Lyophyllaceae	腐木硬柄菇	*Ossicaulis lignatilis*	LC		
3414	离褶伞科	Lyophyllaceae	肉色假离褶伞	*Rugosomyces carneus*	DD		
3415	离褶伞科	Lyophyllaceae	金黄假离褶伞	*Rugosomyces chrysenteron*	LC		
3416	离褶伞科	Lyophyllaceae	紫盖假离褶伞	*Rugosomyces ionides*	LC		
3417	离褶伞科	Lyophyllaceae	丽杯假离褶伞	*Rugosomyces naucoria*	LC		
3418	离褶伞科	Lyophyllaceae	桃色假离褶伞	*Rugosomyces persicolor*	DD		
3419	离褶伞科	Lyophyllaceae	黑灰相良蘑	*Sagaranella tylicolor*	LC		
3420	离褶伞科	Lyophyllaceae	焦土灰顶伞	*Tephrocybe ambusta*	DD		
3421	离褶伞科	Lyophyllaceae	黑灰顶伞	*Tephrocybe anthracophila*	DD		
3422	离褶伞科	Lyophyllaceae	恶臭灰顶伞	*Tephrocybe mephitica*	DD		
3423	离褶伞科	Lyophyllaceae	腐臭灰顶伞	*Tephrocybe putida*	DD		
3424	离褶伞科	Lyophyllaceae	臭灰顶伞	*Tephrocybe rancida*	DD		
3425	离褶伞科	Lyophyllaceae	斯氏灰顶伞	*Tephrocybe striipilea*	DD		
3426	离褶伞科	Lyophyllaceae	金黄蚁巢伞	*Termitomyces aurantiacus*	NT		
3427	离褶伞科	Lyophyllaceae	乌黑蚁巢伞	*Termitomyces badius*	DD		
3428	离褶伞科	Lyophyllaceae	球根蚁巢伞	*Termitomyces bulborhizus*	NT		√
3429	离褶伞科	Lyophyllaceae	桔褐蚁巢伞	*Termitomyces citriophyllus*	DD		
3430	离褶伞科	Lyophyllaceae	盾尖蚁巢伞	*Termitomyces clypeatus*	DD		
3431	离褶伞科	Lyophyllaceae	刚果蚁巢伞	*Termitomyces congolensis*	DD		
3432	离褶伞科	Lyophyllaceae	类粉褶蕈蚁巢伞	*Termitomyces entolomoides*	DD		
3433	离褶伞科	Lyophyllaceae	真根蚁巢伞	*Termitomyces eurrhizus*	DD		
3434	离褶伞科	Lyophyllaceae	亮盖蚁巢伞	*Termitomyces fuliginosus*	DD		
3435	离褶伞科	Lyophyllaceae	球形蚁巢伞	*Termitomyces globulus*	DD		
3436	离褶伞科	Lyophyllaceae	谷堆蚁巢伞	*Termitomyces heimii*	NT		

序号 No.	科名 Chinese Family Names	科 Family	汉语学名 Chinese Names	学名 Scientific Names	评估等级 Status	评估依据 Assessment Criteria	特有种 Endemic
3437	离褶伞科	Lyophyllaceae	印度蚁巢伞	*Termitomyces indicus*	DD		
3438	离褶伞科	Lyophyllaceae	绵毛蚁巢伞	*Termitomyces lanatus*	DD		
3439	离褶伞科	Lyophyllaceae	壳状蚁巢伞	*Termitomyces le-testui*	DD		
3440	离褶伞科	Lyophyllaceae	乳突蚁巢伞	*Termitomyces mammiformis*	NT		
3441	离褶伞科	Lyophyllaceae	中型蚁巢伞	*Termitomyces medius*	DD		
3442	离褶伞科	Lyophyllaceae	蚁巢伞	*Termitomyces meipengianus*	DD		√
3443	离褶伞科	Lyophyllaceae	小果蚁巢伞	*Termitomyces microcarpus*	LC		
3444	离褶伞科	Lyophyllaceae	暗色蚁巢伞	*Termitomyces rabuorii*	DD		
3445	离褶伞科	Lyophyllaceae	根柄蚁巢伞	*Termitomyces radicatus*	NT		
3446	离褶伞科	Lyophyllaceae	粗柄蚁巢伞	*Termitomyces robustus*	DD		
3447	离褶伞科	Lyophyllaceae	红橙蚁巢伞	*Termitomyces rutilans*	DD		
3448	离褶伞科	Lyophyllaceae	箭型蚁巢伞	*Termitomyces sagitiformis*	DD		
3449	离褶伞科	Lyophyllaceae	裂纹蚁巢伞	*Termitomyces schimperi*	DD		
3450	离褶伞科	Lyophyllaceae	刺状蚁巢伞	*Termitomyces spiniformis*	DD		
3451	离褶伞科	Lyophyllaceae	巨大蚁巢伞	*Termitomyces titanicus*	DD		
3452	离褶伞科	Lyophyllaceae	端圆蚁巢伞	*Termitomyces tylerianus*	VU	A3cd	
3453	离褶伞科	Lyophyllaceae	乌姆科瓦蚁巢伞	*Termitomyces umkowaan*	DD		
3454	离褶伞科	Lyophyllaceae	纯白小口蘑	*Tricholomella constricta*	DD		
3455	小皮伞科	Marasmiaceae	香雅典娜小菇	*Atheniella adonis*	LC		
3456	小皮伞科	Marasmiaceae	狭褶雅典娜小菇	*Atheniella leptophylla*	DD		
3457	小皮伞科	Marasmiaceae	松球小孢伞	*Baeospora myosura*	LC		
3458	小皮伞科	Marasmiaceae	紫褶小孢伞	*Baeospora myriadophylla*	LC		
3459	小皮伞科	Marasmiaceae	钟状帽形伞	*Calyptella campanula*	LC		
3460	小皮伞科	Marasmiaceae	白帽形伞	*Calyptella capula*	LC		
3461	小皮伞科	Marasmiaceae	伞菌状钟伞	*Campanella agaricina*	LC		
3462	小皮伞科	Marasmiaceae	博尼钟伞	*Campanella boninensis*	DD		
3463	小皮伞科	Marasmiaceae	竹生钟伞	*Campanella junghuhnii*	LC		

序号 No.	科名 Chinese Family Names	科 Family	汉语学名 Chinese Names	学名 Scientific Names	评估等级 Status	评估依据 Assessment Criteria	特有种 Endemic
3464	小皮伞科	Marasmiaceae	麦黄钟伞	Campanella straminea	EN	B2ab(iii)	√
3465	小皮伞科	Marasmiaceae	暗淡色钟伞	Campanella tristis	LC		
3466	小皮伞科	Marasmiaceae	杯状毛伞	Chaetocalathus craterellus	LC		
3467	小皮伞科	Marasmiaceae	盔状毛伞	Chaetocalathus galeatus	DD		
3468	小皮伞科	Marasmiaceae	细小毛伞	Chaetocalathus liliputianus	LC		
3469	小皮伞科	Marasmiaceae	丰多小杯伞	Clitocybula abundans	DD		
3470	小皮伞科	Marasmiaceae	开放小杯伞	Clitocybula aperta	DD		
3471	小皮伞科	Marasmiaceae	松木小杯伞	Clitocybula familia	DD		
3472	小皮伞科	Marasmiaceae	小杯伞	Clitocybula lacerata	LC		
3473	小皮伞科	Marasmiaceae	木生小杯伞	Clitocybula lignicola	DD		
3474	小皮伞科	Marasmiaceae	紫罗兰毛皮伞	Crinipellis iopus	DD		
3475	小皮伞科	Marasmiaceae	云杉毛皮伞	Crinipellis piceae	LC		
3476	小皮伞科	Marasmiaceae	毛皮伞	Crinipellis scabella	LC		
3477	小皮伞科	Marasmiaceae	隔毛毛皮伞	Crinipellis septotricha	DD		
3478	小皮伞科	Marasmiaceae	刚毛毛皮伞	Crinipellis setipes	DD		
3479	小皮伞科	Marasmiaceae	鳞毛皮伞	Crinipellis squamosa	DD		√
3480	小皮伞科	Marasmiaceae	亚绒毛皮伞	Crinipellis subtomentosa	DD		
3481	小皮伞科	Marasmiaceae	白老伞	Gerronema albidum	LC		
3482	小皮伞科	Marasmiaceae	藓邻居老伞	Gerronema bryogeton	LC		
3483	小皮伞科	Marasmiaceae	黄色老伞	Gerronema chrysocarpum	DD		√
3484	小皮伞科	Marasmiaceae	柠黄老伞	Gerronema citrinum	LC		
3485	小皮伞科	Marasmiaceae	拱垂老伞	Gerronema reclinis	LC		
3486	小皮伞科	Marasmiaceae	黄褐老伞	Gerronema strombodes	DD		
3487	小皮伞科	Marasmiaceae	近黄老伞	Gerronema subchrysophyllum	DD		
3488	小皮伞科	Marasmiaceae	纤细老伞	Gerronema tenue	DD		
3489	小皮伞科	Marasmiaceae	褐黄老伞	Gerronema xanthophyllum	DD		
3490	小皮伞科	Marasmiaceae	雪白哈宁管菌	Henningsomyces candidus	DD		

序号 No.	科名 Chinese Family Names	科 Family	汉语学名 Chinese Names	学名 Scientific Names	评估等级 Status	评估依据 Assessment Criteria	特有种 Endemic
3491	小皮伞科	Marasmiaceae	小哈宁管菌	*Henningsomyces leptus*	DD		√
3492	小皮伞科	Marasmiaceae	微小哈宁管菌	*Henningsomyces minimus*	DD		
3493	小皮伞科	Marasmiaceae	菌肉哈宁管菌	*Henningsomyces subiculatus*	DD		√
3494	小皮伞科	Marasmiaceae	暗灰湿柄伞	*Hydropus atramentosus*	DD		
3495	小皮伞科	Marasmiaceae	毛腿湿柄伞	*Hydropus floccipes*	DD		
3496	小皮伞科	Marasmiaceae	烟煤湿柄伞	*Hydropus fuliginarius*	LC		
3497	小皮伞科	Marasmiaceae	墨染湿柄伞	*Hydropus marginellus*	LC		
3498	小皮伞科	Marasmiaceae	变黑湿柄伞	*Hydropus nigrita*	DD		
3499	小皮伞科	Marasmiaceae	米色乳金伞	*Lactocollybia epia*	DD		
3500	小皮伞科	Marasmiaceae	巨囊伞	*Macrocystidia cucumis*	LC		
3501	小皮伞科	Marasmiaceae	血状小皮伞	*Marasmius aimara*	DD		
3502	小皮伞科	Marasmiaceae	近白小皮伞	*Marasmius albogriseus*	LC		
3503	小皮伞科	Marasmiaceae	银紫小皮伞	*Marasmius albopurpureus*	LC		
3504	小皮伞科	Marasmiaceae	白柄小皮伞	*Marasmius albostipitatus*	DD		√
3505	小皮伞科	Marasmiaceae	高山小皮伞	*Marasmius alpinus*	DD		
3506	小皮伞科	Marasmiaceae	淡棕小皮伞	*Marasmius alutaceus*	DD		
3507	小皮伞科	Marasmiaceae	阿里马小皮伞	*Marasmius arimana*	DD		
3508	小皮伞科	Marasmiaceae	亚洲小皮伞	*Marasmius asiaticus*	DD		
3509	小皮伞科	Marasmiaceae	无污盖小皮伞	*Marasmius aspilocephalus*	DD		
3510	小皮伞科	Marasmiaceae	橙黄小皮伞	*Marasmius aurantiacus*	DD		
3511	小皮伞科	Marasmiaceae	金锈小皮伞	*Marasmius aurantioferrugineus*	DD		
3512	小皮伞科	Marasmiaceae	南方小皮伞	*Marasmius australis*	DD		√
3513	小皮伞科	Marasmiaceae	地小皮伞	*Marasmius bahamensis*	LC		
3514	小皮伞科	Marasmiaceae	竹小皮伞	*Marasmius bambusinus*	LC		
3515	小皮伞科	Marasmiaceae	乳白黄小皮伞	*Marasmius bekolacongoli*	DD		
3516	小皮伞科	Marasmiaceae	靓丽小皮伞	*Marasmius bellus*	LC		
3517	小皮伞科	Marasmiaceae	比尼小皮伞	*Marasmius beniensis*	DD		

序号 No.	科名 Chinese Family Names	科 Family	汉语学名 Chinese Names	学名 Scientific Names	评估等级 Status	评估依据 Assessment Criteria	特有种 Endemic
3518	小皮伞科	Marasmiaceae	伯特路小皮伞	*Marasmius berteroi*	LC		
3519	小皮伞科	Marasmiaceae	布里蒂小皮伞	*Marasmius bulliardii*	LC		
3520	小皮伞科	Marasmiaceae	毛状小皮伞	*Marasmius capillaris*	DD		
3521	小皮伞科	Marasmiaceae	桄小皮伞	*Marasmius caryotae*	DD		
3522	小皮伞科	Marasmiaceae	草茎生小皮伞	*Marasmius caulicinalis*	DD		
3523	小皮伞科	Marasmiaceae	脐顶小皮伞	*Marasmius chordalis*	LC		
3524	小皮伞科	Marasmiaceae	狭缩小皮伞	*Marasmius coarctatus*	DD		
3525	小皮伞科	Marasmiaceae	联柄小皮伞	*Marasmius cohaerens*	LC		
3526	小皮伞科	Marasmiaceae	巧克力小皮伞	*Marasmius coklatus*	DD		
3527	小皮伞科	Marasmiaceae	丘生小皮伞	*Marasmius collinus*	DD		
3528	小皮伞科	Marasmiaceae	融合小皮伞	*Marasmius confertus*	DD		
3529	小皮伞科	Marasmiaceae	皱小皮伞	*Marasmius corrugatus*	DD		
3530	小皮伞科	Marasmiaceae	鬃毛小皮伞	*Marasmius crinis-equi*	LC		
3531	小皮伞科	Marasmiaceae	秆生小皮伞	*Marasmius culmisedus*	DD		
3532	小皮伞科	Marasmiaceae	早生小皮伞	*Marasmius curreyi*	DD		
3533	小皮伞科	Marasmiaceae	多囊小皮伞	*Marasmius cystidiosus*	DD		
3534	小皮伞科	Marasmiaceae	无锁小皮伞	*Marasmius defibulatus*	DD		
3535	小皮伞科	Marasmiaceae	鼎湖小皮伞	*marasmius dinghuensis*	DD		
3536	小皮伞科	Marasmiaceae	臭味小皮伞	*Marasmius dysodes*	DD		
3537	小皮伞科	Marasmiaceae	硬刺小皮伞	*Marasmius echinatulus*	DD		
3538	小皮伞科	Marasmiaceae	爱氏小皮伞	*Marasmius edwallianus*	DD		
3539	小皮伞科	Marasmiaceae	类叶生小皮伞	*Marasmius epiphylloides*	DD		
3540	小皮伞科	Marasmiaceae	叶生小皮伞	*Marasmius epiphyllus*	LC		
3541	小皮伞科	Marasmiaceae	花盖小皮伞	*Marasmius floriceps*	DD		
3542	小皮伞科	Marasmiaceae	栖叶小皮伞	*Marasmius foliicola*	DD		
3543	小皮伞科	Marasmiaceae	菁黄小皮伞	*Marasmius galbinus*	DD		√
3544	小皮伞科	Marasmiaceae	草生小皮伞	*Marasmius graminum*	LC		

序号 No.	科名 Chinese Family Names	科 Family	汉语学名 Chinese Names	学名 Scientific Names	评估等级 Status	评估依据 Assessment Criteria	特有种 Endemic
3545	小皮伞科	Marasmiaceae	灰红小皮伞	*Marasmius griseoroseus*	DD		
3546	小皮伞科	Marasmiaceae	圭亚那小皮伞	*Marasmius guyanensis*	DD		
3547	小皮伞科	Marasmiaceae	红盖小皮伞	*Marasmius haematocephalus*	LC		
3548	小皮伞科	Marasmiaceae	海南小皮伞	*Marasmius hainanensis*	DD		√
3549	小皮伞科	Marasmiaceae	蜜黄小皮伞	*Marasmius helvolus*	LC		
3550	小皮伞科	Marasmiaceae	小鹿色小皮伞	*Marasmius hinnuleus*	DD		
3551	小皮伞科	Marasmiaceae	马鬃小皮伞	*Marasmius hippiochaetes*	DD		
3552	小皮伞科	Marasmiaceae	胡索尼小皮伞	*Marasmius hudsonii*	DD		
3553	小皮伞科	Marasmiaceae	湿伞状小皮伞	*Marasmius hygrocybiformis*	DD		√
3554	小皮伞科	Marasmiaceae	膜盖小皮伞	*Marasmius hymeniicephalus*	LC		
3555	小皮伞科	Marasmiaceae	接合小皮伞	*Marasmius instititius*	DD		
3556	小皮伞科	Marasmiaceae	白轮小皮伞	*Marasmius leucorotalis*	DD		
3557	小皮伞科	Marasmiaceae	灰白小皮伞	*Marasmius leucozonites*	DD		
3558	小皮伞科	Marasmiaceae	泥小皮伞	*Marasmius limosus*	DD		
3559	小皮伞科	Marasmiaceae	类黄小皮伞	*Marasmius luteolus*	DD		
3560	小皮伞科	Marasmiaceae	大孢小皮伞	*Marasmius macrosporus*	DD		√
3561	小皮伞科	Marasmiaceae	马丁小皮伞	*Marasmius martinii*	DD		
3562	小皮伞科	Marasmiaceae	大型小皮伞	*Marasmius maximus*	LC		
3563	小皮伞科	Marasmiaceae	小羊羔小皮伞	*Marasmius microhaedinus*	DD		
3564	小皮伞科	Marasmiaceae	蒙氏小皮伞	*Marasmius montagneanus*	DD		
3565	小皮伞科	Marasmiaceae	帚状小皮伞	*Marasmius muscariformis*	DD		
3566	小皮伞科	Marasmiaceae	新无柄小皮伞	*Marasmius neosessilis*	LC		
3567	小皮伞科	Marasmiaceae	黑顶小皮伞	*Marasmius nigrodiscus*	DD		
3568	小皮伞科	Marasmiaceae	瘤囊小皮伞	*Marasmius nodulocystis*	DD		
3569	小皮伞科	Marasmiaceae	假爱神小皮伞	*Marasmius nothomyrciae*	DD		
3570	小皮伞科	Marasmiaceae	裸小皮伞	*Marasmius nudatus*	DD		
3571	小皮伞科	Marasmiaceae	瓦哈卡小皮伞	*Marasmius oaxacanus*	DD		

序号 No.	科名 Chinese Family Names	科 Family	汉语学名 Chinese Names	学名 Scientific Names	评估等级 Status	评估依据 Assessment Criteria	特有种 Endemic
3572	小皮伞科	Marasmiaceae	隐形小皮伞	*Marasmius occultatiformis*	DD		
3573	小皮伞科	Marasmiaceae	淡赭色小皮伞	*Marasmius ochroleucus*	DD		
3574	小皮伞科	Marasmiaceae	硬柄小皮伞	*Marasmius oreades*	LC		
3575	小皮伞科	Marasmiaceae	淡盖小皮伞	*Marasmius pallidocephalus*	DD		
3576	小皮伞科	Marasmiaceae	全红小皮伞	*Marasmius panerythrus*	DD		
3577	小皮伞科	Marasmiaceae	缅甸小皮伞	*Marasmius parishii*	DD		
3578	小皮伞科	Marasmiaceae	细小皮伞	*Marasmius parvulus*	DD		√
3579	小皮伞科	Marasmiaceae	苍白小皮伞	*Marasmius pellucidus*	DD		
3580	小皮伞科	Marasmiaceae	盾小皮伞	*Marasmius personatus*	LC		
3581	小皮伞科	Marasmiaceae	褐小皮伞	*Marasmius phaeus*	DD		
3582	小皮伞科	Marasmiaceae	脉盖小皮伞	*Marasmius phlebodiscus*	DD		
3583	小皮伞科	Marasmiaceae	毛丛树小皮伞	*Marasmius pilgerodendri*	DD		
3584	小皮伞科	Marasmiaceae	宽子小皮伞	*Marasmius platyspermus*	DD		
3585	小皮伞科	Marasmiaceae	扇褶小皮伞	*Marasmius plicatulus*	DD		
3586	小皮伞科	Marasmiaceae	褶偶小皮伞	*Marasmius plicatus*	DD		
3587	小皮伞科	Marasmiaceae	褐斑小菇小皮伞	*Marasmius polylepidis*	DD		
3588	小皮伞科	Marasmiaceae	孔类小菇小皮伞	*Marasmius poromycenoides*	DD		
3589	小皮伞科	Marasmiaceae	韭味小皮伞	*Marasmius prasiosmus*	DD		
3590	小皮伞科	Marasmiaceae	拟皱小皮伞	*Marasmius pseudocorrugatus*	DD		
3591	小皮伞科	Marasmiaceae	拟花味小皮伞	*Marasmius pseudoeuosmus*	DD		√
3592	小皮伞科	Marasmiaceae	拟雪白小皮伞	*Marasmius pseudoniveus*	DD		
3593	小皮伞科	Marasmiaceae	紫红小皮伞	*Marasmius pulcherripes*	LC		
3594	小皮伞科	Marasmiaceae	紫沟条小皮伞	*Marasmius purpureostriatus*	LC		
3595	小皮伞科	Marasmiaceae	大黄黄色小皮伞	*Marasmius rhabarbarinus*	DD		
3596	小皮伞科	Marasmiaceae	邻菌索小皮伞	*Marasmius rhizomorphogeton*	DD		
3597	小皮伞科	Marasmiaceae	皱褶小皮伞	*Marasmius rhyssophyllus*	DD		
3598	小皮伞科	Marasmiaceae	沟边小皮伞	*Marasmius riparius*	LC		

序号 No.	科名 Chinese Family Names	科 Family	汉语学名 Chinese Names	学名 Scientific Names	评估等级 Status	评估依据 Assessment Criteria	特有种 Endemic
3599	小皮伞科	Marasmiaceae	轮小皮伞	*Marasmius rotalis*	LC		
3600	小皮伞科	Marasmiaceae	小白小皮伞	*Marasmius rotula*	LC		
3601	小皮伞科	Marasmiaceae	类圆形小皮伞	*Marasmius rotuloides*	DD		
3602	小皮伞科	Marasmiaceae	红小皮伞	*Marasmius ruber*	DD		
3603	小皮伞科	Marasmiaceae	甘蔗小皮伞	*Marasmius sacchari*	DD		
3604	小皮伞科	Marasmiaceae	近无柄小皮伞	*Marasmius sessiliaffinis*	DD		
3605	小皮伞科	Marasmiaceae	毛褶小皮伞	*Marasmius setulosifolius*	LC		
3606	小皮伞科	Marasmiaceae	干小皮伞	*Marasmius siccus*	LC		
3607	小皮伞科	Marasmiaceae	疏叶小皮伞	*Marasmius sparsifolius*	DD		√
3608	小皮伞科	Marasmiaceae	斯氏小皮伞	*Marasmius spegazzinii*	LC		
3609	小皮伞科	Marasmiaceae	类苔小皮伞	*Marasmius splachnoides*	DD		
3610	小皮伞科	Marasmiaceae	斯托氏小皮伞	*Marasmius staudtii*	DD		
3611	小皮伞科	Marasmiaceae	黄小皮伞	*Marasmius strictipes*	DD		
3612	小皮伞科	Marasmiaceae	拟聚生小皮伞	*Marasmius subabundans*	DD		√
3613	小皮伞科	Marasmiaceae	近血红小皮伞	*Marasmius subaimara*	DD		√
3614	小皮伞科	Marasmiaceae	近刚毛小皮伞	*Marasmius subsetiger*	DD		√
3615	小皮伞科	Marasmiaceae	亚草绿小皮伞	*Marasmius subviridiphyllus*	DD		√
3616	小皮伞科	Marasmiaceae	素贴山小皮伞	*Marasmius suthepensis*	DD		
3617	小皮伞科	Marasmiaceae	圆头小皮伞	*Marasmius tereticeps*	DD		
3618	小皮伞科	Marasmiaceae	西藏小皮伞	*Marasmius tibeticus*	DD		√
3619	小皮伞科	Marasmiaceae	特立尼小皮伞	*Marasmius trinitatis*	DD		
3620	小皮伞科	Marasmiaceae	脐状小皮伞	*Marasmius umbilicatus*	DD		√
3621	小皮伞科	Marasmiaceae	脐状白小皮伞	*Marasmius umboalbus*	DD		
3622	小皮伞科	Marasmiaceae	黑粉菌小皮伞	*Marasmius ustilago*	DD		
3623	小皮伞科	Marasmiaceae	莲座小皮伞	*Marasmius vialis*	DD		
3624	小皮伞科	Marasmiaceae	维恩小皮伞	*Marasmius wynneae*	DD		
3625	小皮伞科	Marasmiaceae	旱生小皮伞	*Marasmius xerophyticus*	DD		

序号 No.	科名 Chinese Family Names	科 Family	汉语学名 Chinese Names	学名 Scientific Names	评估等级 Status	评估依据 Assessment Criteria	特有种 Endemic
3626	小皮伞科	Marasmiaceae	杯伞状大金钱菌	Megacollybia clitocyboidea	LC		
3627	小皮伞科	Marasmiaceae	宽褶大金钱菌	Megacollybia platyphylla	LC		
3628	小皮伞科	Marasmiaceae	有害丛梗霉皮伞	Moniliophthora perniciosa	DD		
3629	小皮伞科	Marasmiaceae	真线假革耳	Nothopanus eugrammus	LC		
3630	小皮伞科	Marasmiaceae	贝形圆孢侧耳	Pleurocybella porrigens	LC		
3631	小皮伞科	Marasmiaceae	簇生似挂钟菌	Rectipilus fasciculatus	DD		
3632	小皮伞科	Marasmiaceae	桂色刚囊柄皮伞	Setulipes hakgalensis	DD		
3633	小皮伞科	Marasmiaceae	黑蓝四角孢伞	Tetrapyrgos atrocyanea	DD		
3634	小皮伞科	Marasmiaceae	黑柄四角孢伞	Tetrapyrgos nigripes	DD		
3635	小皮伞科	Marasmiaceae	贝状沟褶菌	Trogia buccinalis	DD		
3636	小皮伞科	Marasmiaceae	污黄沟褶菌	Trogia icterina	DD		
3637	小皮伞科	Marasmiaceae	漏斗状沟褶菌	Trogia infundibuliformis	DD		
3638	小皮伞科	Marasmiaceae	毒沟褶菌	Trogia venenata	DD		√
3639	肉孔菌科	Meripilaceae	贝叶奇果菌	Grifola frondosa	DD		
3640	肉孔菌科	Meripilaceae	莲座奇果菌	Grifola rosularis	DD		
3641	肉孔菌科	Meripilaceae	流苏剌孔菌	Hydnopolyporus fimbriatus	LC		
3642	肉孔菌科	Meripilaceae	巨肉孔菌	Meripilus giganteus	DD		
3643	肉孔菌科	Meripilaceae	透明亚卧孔菌	Physisporinus vitreus	LC		
3644	肉孔菌科	Meripilaceae	贴生硬孔菌	Rigidoporus adnatus	DD		
3645	肉孔菌科	Meripilaceae	黄褐硬孔菌	Rigidoporus aureofulvus	DD		
3646	肉孔菌科	Meripilaceae	黄绿硬孔菌	Rigidoporus biokoensis	DD		
3647	肉孔菌科	Meripilaceae	灰硬孔菌	Rigidoporus cinereus	DD		
3648	肉孔菌科	Meripilaceae	软革硬孔菌	Rigidoporus crocatus	LC		
3649	肉孔菌科	Meripilaceae	无锁硬孔菌	Rigidoporus defibulatus	DD		
3650	肉孔菌科	Meripilaceae	突囊硬孔菌	Rigidoporus eminens	DD		√
3651	肉孔菌科	Meripilaceae	扣状硬孔菌	Rigidoporus fibulatus	DD		√
3652	肉孔菌科	Meripilaceae	海南硬孔菌	Rigidoporus hainanicus	DD		√

序号 No.	科名 Chinese Family Names	科 Family	汉语学名 Chinese Names	学名 Scientific Names	评估等级 Status	评估依据 Assessment Criteria	特有种 Endemic
3653	肉孔菌科	Meripilaceae	平丝硬孔菌	*Rigidoporus lineatus*	LC		
3654	肉孔菌科	Meripilaceae	小孔硬孔菌	*Rigidoporus microporus*	LC		
3655	肉孔菌科	Meripilaceae	微小硬孔菌	*Rigidoporus minutus*	LC		√
3656	肉孔菌科	Meripilaceae	血红硬孔菌	*Rigidoporus sanguinolentus*	DD		
3657	肉孔菌科	Meripilaceae	榆硬孔菌	*Rigidoporus ulmarius*	LC		
3658	肉孔菌科	Meripilaceae	波状硬孔菌	*Rigidoporus undatus*	DD		
3659	肉孔菌科	Meripilaceae	赭紫硬孔菌	*Rigidoporus vinctus*	LC		
3660	干朽菌科	Meruliaceae	粉残孔菌	*Abortiporus biennis*	LC		
3661	干朽菌科	Meruliaceae	乳白刺无乳头菌	*Atheliachaete galactites*	DD		
3662	干朽菌科	Meruliaceae	血红刺无乳头菌	*Atheliachaete sanguinea*	LC		
3663	干朽菌科	Meruliaceae	烟管菌	*Bjerkandera adusta*	LC		
3664	干朽菌科	Meruliaceae	烟色烟管菌	*Bjerkandera fumosa*	LC		
3665	干朽菌科	Meruliaceae	白垩近射脉菌	*Cabalodontia cretacea*	DD		
3666	干朽菌科	Meruliaceae	凯莱近射脉菌	*Cabalodontia queletii*	DD		
3667	干朽菌科	Meruliaceae	莫尔蜡伏革菌	*Cerocorticium molle*	DD		
3668	干朽菌科	Meruliaceae	皱革菌	*Cladoderris dendritica*	DD		
3669	干朽菌科	Meruliaceae	枥壳皮革菌	*Crustoderma dryinum*	DD		
3670	干朽菌科	Meruliaceae	皱折波边革菌	*Cymatoderma caperatum*	DD		
3671	干朽菌科	Meruliaceae	树枝状波边革菌	*Cymatoderma dendriticum*	DD		
3672	干朽菌科	Meruliaceae	多疣波边革菌	*Cymatoderma elegans*	LC		
3673	干朽菌科	Meruliaceae	海南波边革菌	*Cymatoderma hainanense*	DD		√
3674	干朽菌科	Meruliaceae	漏斗波边革菌	*Cymatoderma infundibuliforme*	DD		
3675	干朽菌科	Meruliaceae	委内瑞拉波边革菌	*Cymatoderma venezuelae*	DD		
3676	干朽菌科	Meruliaceae	浅黄黄孔菌	*Flaviporus citrinellus*	DD		
3677	干朽菌科	Meruliaceae	喜湿黄孔菌	*Flaviporus hydrophilus*	DD		
3678	干朽菌科	Meruliaceae	黑卷黄孔菌	*Flaviporus liebmannii*	LC		
3679	干朽菌科	Meruliaceae	麦黄黄孔菌	*Flaviporus stramineus*	DD		

序号 No.	科名 Chinese Family Names	科 Family	汉语学名 Chinese Names	学名 Scientific Names	评估等级 Status	评估依据 Assessment Criteria	特有种 Endemic
3680	干朽菌科	Meruliaceae	黄囊孔菌	*Flavodon flavus*	LC		
3681	干朽菌科	Meruliaceae	二胶化孔菌	*Gelatoporia dichroa*	LC		
3682	干朽菌科	Meruliaceae	模糊半胶孔菌	*Gloeoporus ambiguus*	DD		
3683	干朽菌科	Meruliaceae	窄孢半胶孔菌	*Gloeoporus pannocinctus*	DD		
3684	干朽菌科	Meruliaceae	硫色半胶孔菌	*Gloeoporus sulphuricolor*	DD		
3685	干朽菌科	Meruliaceae	紫杉半胶孔菌	*Gloeoporus taxicola*	LC		
3686	干朽菌科	Meruliaceae	类革半胶孔菌	*Gloeoporus thelephoroides*	LC		
3687	干朽菌科	Meruliaceae	天目山半胶孔菌	*Gloeoporus tienmuensis*	DD		
3688	干朽菌科	Meruliaceae	波兰拟圆炷菌	*Gyrophanopsis polonensis*	DD		
3689	干朽菌科	Meruliaceae	金根刺脉菌	*Hyphophlebia chrysorhiza*	LC		
3690	干朽菌科	Meruliaceae	无囊丝皮菌	*Hyphoderma acystidiatum*	DD		√
3691	干朽菌科	Meruliaceae	白丝皮菌	*Hyphoderma albicans*	DD		
3692	干朽菌科	Meruliaceae	恰丝皮菌	*Hyphoderma amoenum*	DD		
3693	干朽菌科	Meruliaceae	埃尔斯丝皮菌	*Hyphoderma ayresii*	DD		√
3694	干朽菌科	Meruliaceae	棒丝皮菌	*Hyphoderma clavatum*	DD		√
3695	干朽菌科	Meruliaceae	乳白丝皮菌	*Hyphoderma cremeoalbum*	LC		
3696	干朽菌科	Meruliaceae	奶油丝皮菌	*Hyphoderma cremeum*	DD		√
3697	干朽菌科	Meruliaceae	明确丝皮菌	*Hyphoderma definitum*	DD		
3698	干朽菌科	Meruliaceae	密丝皮菌	*Hyphoderma densum*	DD		√
3699	干朽菌科	Meruliaceae	霍氏丝皮菌	*Hyphoderma hjortstamii*	DD		√
3700	干朽菌科	Meruliaceae	利氏丝皮菌	*Hyphoderma litschaueri*	DD		
3701	干朽菌科	Meruliaceae	玛氏丝皮菌	*Hyphoderma malenconii*	DD		
3702	干朽菌科	Meruliaceae	麦迪波茵丝皮菌	*Hyphoderma medioburiense*	DD		
3703	干朽菌科	Meruliaceae	小囊丝皮菌	*Hyphoderma microcystidium*	DD		
3704	干朽菌科	Meruliaceae	念珠丝皮菌	*Hyphoderma moniliforme*	DD		
3705	干朽菌科	Meruliaceae	林生丝皮菌	*Hyphoderma nemorale*	DD		
3706	干朽菌科	Meruliaceae	钝形丝皮菌	*Hyphoderma obtusiforme*	DD		

序号 No.	科名 Chinese Family Names	科 Family	汉语学名 Chinese Names	学名 Scientific Names	评估等级 Status	评估依据 Assessment Criteria	特有种 Endemic
3707	干朽菌科	Meruliaceae	西方丝皮菌	*Hyphoderma occidentale*	DD		
3708	干朽菌科	Meruliaceae	裂纹丝皮菌	*Hyphoderma rimulosum*	DD		√
3709	干朽菌科	Meruliaceae	刚毛丝皮菌	*Hyphoderma setigerum*	LC		
3710	干朽菌科	Meruliaceae	西伯利亚丝皮菌	*Hyphoderma sibiricum*	LC		
3711	干朽菌科	Meruliaceae	亚棒状丝皮菌	*Hyphoderma subclavatum*	DD		√
3712	干朽菌科	Meruliaceae	亚刚毛丝皮菌	*Hyphoderma subsetigerum*	DD		√
3713	干朽菌科	Meruliaceae	纤细丝皮菌	*Hyphoderma tenue*	DD		
3714	干朽菌科	Meruliaceae	易变丝皮菌	*Hyphoderma transiens*	LC		
3715	干朽菌科	Meruliaceae	香蒲丝皮菌	*Hyphoderma typhicola*	DD		
3716	干朽菌科	Meruliaceae	颗粒丝皮菌	*Hyphoderma variolosum*	DD		
3717	干朽菌科	Meruliaceae	柔丝纹革菌	*Hypochnicium bombycinum*	DD		
3718	干朽菌科	Meruliaceae	爱立逊纹革菌	*Hypochnicium erikssonii*	DD		
3719	干朽菌科	Meruliaceae	斑点纹革菌	*Hypochnicium punctulatum*	DD		
3720	干朽菌科	Meruliaceae	鲑贝耙菌	*Irpex consors*	DD		
3721	干朽菌科	Meruliaceae	齿囊耙菌	*Irpex hydnoides*	LC		
3722	干朽菌科	Meruliaceae	乳白耙菌	*Irpex lacteus*	LC		
3723	干朽菌科	Meruliaceae	软刺耙菌	*Irpex mukhinii*	DD		√
3724	干朽菌科	Meruliaceae	软线耙菌	*Irpex vellereus*	LC		
3725	干朽菌科	Meruliaceae	假石灰杰克氏孔菌	*Jacksonomyces pseudocretaceus*	DD		√
3726	干朽菌科	Meruliaceae	橙色容氏孔菌	*Junghuhnia aurantilaeta*	DD		
3727	干朽菌科	Meruliaceae	皱容氏孔菌	*Junghuhnia collabens*	LC		
3728	干朽菌科	Meruliaceae	壳状容氏孔菌	*Junghuhnia crustacea*	DD		
3729	干朽菌科	Meruliaceae	扇形容氏孔菌	*Junghuhnia flabellata*	DD		√
3730	干朽菌科	Meruliaceae	小容氏菌	*Junghuhnia minor*	DD		√
3731	干朽菌科	Meruliaceae	光亮容氏菌	*Junghuhnia nitida*	LC		
3732	干朽菌科	Meruliaceae	假小孢容氏孔菌	*Junghuhnia pseudominuta*	DD		√
3733	干朽菌科	Meruliaceae	菌寄生容氏孔菌	*Junghuhnia pseudozilingiana*	DD		

序号 No.	科名 Chinese Family Names	科 Family	汉语学名 Chinese Names	学名 Scientific Names	评估等级 Status	评估依据 Assessment Criteria	特有种 Endemic
3734	干朽菌科	Meruliaceae	菌索容氏孔菌	*Junghuhnia rhizomorpha*	DD		√
3735	干朽菌科	Meruliaceae	环带容氏孔菌	*Junghuhnia zonata*	DD		
3736	干朽菌科	Meruliaceae	西伯利亚洛氏孔菌	*Loweomyces sibiricus*	DD		
3737	干朽菌科	Meruliaceae	亚大洛氏孔菌	*Loweomyces subgiganteus*	DD		
3738	干朽菌科	Meruliaceae	白疏伏革菌	*Lyomyces albus*	DD		√
3739	干朽菌科	Meruliaceae	头囊疏伏革菌	*Lyomyces capitatocystidiatus*	DD		√
3740	干朽菌科	Meruliaceae	李生疏伏革菌	*Lyomyces pruni*	LC		
3741	干朽菌科	Meruliaceae	薄疏伏革菌	*Lyomyces tenuissimus*	DD		√
3742	干朽菌科	Meruliaceae	金色干朽菌	*Merulius aureus*	DD		
3743	干朽菌科	Meruliaceae	突干朽菌	*Merulius insignis*	DD		
3744	干朽菌科	Meruliaceae	乳黄干朽菌	*Merulius nothofagi*	DD		
3745	干朽菌科	Meruliaceae	假伏果干朽菌	*Merulius pseudolacrymans*	DD		
3746	干朽菌科	Meruliaceae	香味齿孔菌	*Metuloidea fragrans*	DD		
3747	干朽菌科	Meruliaceae	穆氏齿孔菌	*Metuloidea murashkinskyi*	DD		
3748	干朽菌科	Meruliaceae	狭针菌	*Mycoacia angustata*	DD		√
3749	干朽菌科	Meruliaceae	小黄针菌	*Mycoacia chrysella*	DD		
3750	干朽菌科	Meruliaceae	暗针菌	*Mycoacia fuscoatra*	DD		
3751	干朽菌科	Meruliaceae	异囊针菌	*Mycoacia heterocystidia*	DD		√
3752	干朽菌科	Meruliaceae	齿状针菌	*Mycoacia odontoidea*	DD		√
3753	干朽菌科	Meruliaceae	桑志华小齿菌	*Mycoleptodon licentii*	DD		
3754	干朽菌科	Meruliaceae	长齿类小齿菌	*Mycoleptodonoides aitchisonii*	LC		
3755	干朽菌科	Meruliaceae	皮类小齿菌	*Mycoleptodonoides pergamenea*	DD		
3756	干朽菌科	Meruliaceae	热带类小齿菌	*Mycoleptodonoides tropicalis*	DD		√
3757	干朽菌科	Meruliaceae	娃氏类小齿菌	*Mycoleptodonoides vassiljevae*	DD		
3758	干朽菌科	Meruliaceae	黑刺针测菌	*Mycorrhaphium adustulum*	DD		
3759	干朽菌科	Meruliaceae	烟色针测菌	*Mycorrhaphium adustum*	LC		
3760	干朽菌科	Meruliaceae	无柄针测菌	*Mycorrhaphium sessile*	DD		√

序号 No.	科名 Chinese Family Names	科 Family	汉语学名 Chinese Names	学名 Scientific Names	评估等级 Status	评估依据 Assessment Criteria	特有种 Endemic
3761	干朽菌科	Meruliaceae	硫黄裂齿菌	*Odontia sulphurea*	DD		
3762	干朽菌科	Meruliaceae	枫生射脉菌	*Phlebia acerina*	DD		
3763	干朽菌科	Meruliaceae	离心射脉菌	*Phlebia centrifuga*	DD		
3764	干朽菌科	Meruliaceae	红桂射脉菌	*Phlebia coccineofulva*	DD		
3765	干朽菌科	Meruliaceae	网柄射脉菌	*Phlebia dictyophoroides*	DD		√
3766	干朽菌科	Meruliaceae	灰黄射脉菌	*Phlebia griseoflavescens*	DD		
3767	干朽菌科	Meruliaceae	紫色射脉菌	*Phlebia lilascens*	DD		
3768	干朽菌科	Meruliaceae	黏射脉菌	*Phlebia livida*	LC		
3769	干朽菌科	Meruliaceae	透明射脉菌	*Phlebia pellucida*	DD		√
3770	干朽菌科	Meruliaceae	射脉菌	*Phlebia radiata*	LC		
3771	干朽菌科	Meruliaceae	红射脉菌	*Phlebia rufa*	LC		
3772	干朽菌科	Meruliaceae	簇生射脉菌	*Phlebia subconspersa*	DD		
3773	干朽菌科	Meruliaceae	胶质射脉菌	*Phlebia tremellosa*	LC		
3774	干朽菌科	Meruliaceae	瘤射脉菌	*Phlebia tuberculata*	DD		
3775	干朽菌科	Meruliaceae	浅黄射脉卧孔菌	*Phlebiporia bubalina*	DD		√
3776	干朽菌科	Meruliaceae	巴西柄杯菌	*Podoscypha brasiliensis*	DD		
3777	干朽菌科	Meruliaceae	簇生柄杯菌	*Podoscypha caespitosa*	DD		
3778	干朽菌科	Meruliaceae	莲座柄杯菌	*Podoscypha elegans*	DD		
3779	干朽菌科	Meruliaceae	无毛柄杯菌	*Podoscypha glabrescens*	DD		
3780	干朽菌科	Meruliaceae	内卷柄杯菌	*Podoscypha involuta*	DD		
3781	干朽菌科	Meruliaceae	漏斗柄杯菌	*Podoscypha mellissii*	DD		
3782	干朽菌科	Meruliaceae	亮红柄杯菌	*Podoscypha nitidula*	DD		
3783	干朽菌科	Meruliaceae	小柄杯菌	*Podoscypha parvula*	DD		
3784	干朽菌科	Meruliaceae	菲律宾柄杯菌	*Podoscypha philippinensis*	DD		
3785	干朽菌科	Meruliaceae	托塞柄杯菌	*Podoscypha thozetii*	DD		
3786	干朽菌科	Meruliaceae	楔形美丽柄杯菌	*Podoscypha venustula*	LC		
3787	干朽菌科	Meruliaceae	角孔齿舌革菌	*Radulodon aneirinus*	LC		

序号 No.	科名 Chinese Family Names	科 Family	汉语学名 Chinese Names	学名 Scientific Names	评估等级 Status	评估依据 Assessment Criteria	特有种 Endemic
3788	干朽菌科	Meruliaceae	科普兰齿舌革菌	*Radulodon copelandii*	LC		
3789	干朽菌科	Meruliaceae	平伏齿舌革菌	*Radulodon licentii*	DD		
3790	干朽菌科	Meruliaceae	亚酒红齿舌革菌	*Radulodon subvinosus*	DD		
3791	干朽菌科	Meruliaceae	针小肉齿菌	*Sarcodontia setosa*	DD		
3792	干朽菌科	Meruliaceae	多沫小肉齿菌	*Sarcodontia spumea*	LC		
3793	干朽菌科	Meruliaceae	齿菌状扫帚状菌	*Scopuloides hydnoides*	DD		
3794	干朽菌科	Meruliaceae	集刺齿耳	*Steccherinum aggregatum*	DD		
3795	干朽菌科	Meruliaceae	白线齿耳	*Steccherinum albofibrillosum*	DD		
3796	干朽菌科	Meruliaceae	阔纤毛齿耳	*Steccherinum ciliolatum*	DD		
3797	干朽菌科	Meruliaceae	奶油色齿耳	*Steccherinum cremicolor*	DD		√
3798	干朽菌科	Meruliaceae	长齿耳	*Steccherinum elongatum*	DD		√
3799	干朽菌科	Meruliaceae	毛边齿耳	*Steccherinum fimbriatellum*	LC		
3800	干朽菌科	Meruliaceae	缝缘齿耳	*Steccherinum fimbriatum*	LC		
3801	干朽菌科	Meruliaceae	台湾齿耳	*Steccherinum formosanum*	DD		√
3802	干朽菌科	Meruliaceae	蜡黄齿耳	*Steccherinum helvolum*	DD		
3803	干朽菌科	Meruliaceae	圆孢齿耳	*Steccherinum hydneum*	LC		
3804	干朽菌科	Meruliaceae	撕裂齿耳	*Steccherinum lacerum*	DD		
3805	干朽菌科	Meruliaceae	亮盖齿耳	*Steccherinum laeticolor*	DD		
3806	干朽菌科	Meruliaceae	赭黄齿耳	*Steccherinum ochraceum*	LC		
3807	干朽菌科	Meruliaceae	山生齿耳	*Steccherinum oreophilum*	DD		
3808	干朽菌科	Meruliaceae	扁刺齿耳	*Steccherinum rawakense*	LC		
3809	干朽菌科	Meruliaceae	韧齿耳	*Steccherinum robustius*	DD		
3810	干朽菌科	Meruliaceae	半伏齿耳	*Steccherinum semisupiniforme*	LC		
3811	干朽菌科	Meruliaceae	亚圆孢齿耳	*Steccherinum subglobosum*	LC		√
3812	干朽菌科	Meruliaceae	假光亮齿耳	*Steccherinum subnitidum*	DD		√
3813	干朽菌科	Meruliaceae	尖囊齿耳	*Steccherinum subulatum*	DD		√
3814	干朽菌科	Meruliaceae	佩克金黄孔菌	*Xanthoporus peckianus*	DD		

序号 No.	科名 Chinese Family Names	科 Family	汉语学名 Chinese Names	学名 Scientific Names	评估等级 Status	评估依据 Assessment Criteria	特有种 Endemic
3815	干朽菌科	Meruliaceae	丁香金黄孔菌	*Xanthoporus syringae*	DD		
3816	栓心包科	Mesophelliaceae	腹粒菌	*Chondrogaster pachysporus*	DD		
3817	小菇科	Mycenaceae	金肾胶孔菌	*Favolaschia auriscalpium*	DD		
3818	小菇科	Mycenaceae	丛伞胶孔菌	*Favolaschia manipularis*	LC		
3819	小菇科	Mycenaceae	日本胶孔菌	*Favolaschia nipponica*	DD		
3820	小菇科	Mycenaceae	杯状胶孔菌	*Favolaschia peziziformis*	DD		
3821	小菇科	Mycenaceae	无柄胶孔菌	*Favolaschia pezizoidea*	DD		
3822	小菇科	Mycenaceae	疹胶孔菌	*Favolaschia pustulosa*	LC		
3823	小菇科	Mycenaceae	伞胶孔菌	*Favolaschia staudtii*	DD		
3824	小菇科	Mycenaceae	鲜橙胶孔菌	*Favolaschia thwaitesii*	DD		
3825	小菇科	Mycenaceae	南亚胶孔菌	*Favolaschia tonkinensis*	LC		
3826	小菇科	Mycenaceae	黄胶孔菌	*Favolaschia volkensii*	DD		
3827	小菇科	Mycenaceae	丝牛肝菌	*Filoboletus mycenoides*	DD		
3828	小菇科	Mycenaceae	瘤丝牛肝菌	*Filoboletus verruculosus*	DD		
3829	小菇科	Mycenaceae	滇丝牛肝菌	*Filoboletus yunnanensis*	DD		
3830	小菇科	Mycenaceae	黑褐胶伞	*Heimiomyces atrofulvus*	DD		
3831	小菇科	Mycenaceae	枝生半小菇	*Hemimycena candida*	LC		
3832	小菇科	Mycenaceae	帽形半小菇	*Hemimycena cucullata*	DD		
3833	小菇科	Mycenaceae	娇柔半小菇	*Hemimycena delectabilis*	DD		
3834	小菇科	Mycenaceae	细丽半小菇	*Hemimycena gracilis*	DD		
3835	小菇科	Mycenaceae	硬毛半小菇	*Hemimycena hirsuta*	DD		
3836	小菇科	Mycenaceae	半小菇	*Hemimycena lactea*	DD		
3837	小菇科	Mycenaceae	假白半小菇	*Hemimycena pseudolactea*	DD		
3838	小菇科	Mycenaceae	里肯半小菇	*Hemimycena rickenii*	DD		
3839	小菇科	Mycenaceae	黄桷缝裂伞	*Hiatula flavipes*	DD		
3840	小菇科	Mycenaceae	沟纹小菇	*Mycena abramsii*	LC		
3841	小菇科	Mycenaceae	红顶小菇	*Mycena acicula*	LC		

序号 No.	科名 Chinese Family Names	科 Family	汉语学名 Chinese Names	学名 Scientific Names	评估等级 Status	评估依据 Assessment Criteria	特有种 Endemic
3842	小菇科	Mycenaceae	鹰色小菇	*Mycena aetites*	DD		
3843	小菇科	Mycenaceae	褐色小菇	*Mycena alcalina*	LC		
3844	小菇科	Mycenaceae	紫茸小菇	*Mycena alphitophora*	LC		
3845	小菇科	Mycenaceae	长柄小菇	*Mycena amicta*	DD		
3846	小菇科	Mycenaceae	开唇兰小菇	*Mycena anoectochili*	DD		√
3847	小菇科	Mycenaceae	弯柄小菇	*Mycena arcangeliana*	LC		
3848	小菇科	Mycenaceae	黄鳞小菇	*Mycena auricoma*	DD		
3849	小菇科	Mycenaceae	棘囊小菇	*Mycena brevispina*	DD		√
3850	小菇科	Mycenaceae	加州小菇	*Mycena californiensis*	DD		
3851	小菇科	Mycenaceae	毛状小菇	*Mycena capillaripes*	DD		
3852	小菇科	Mycenaceae	焚光小菇	*Mycena chlorophos*	DD		
3853	小菇科	Mycenaceae	灰小菇	*Mycena cineraria*	DD		
3854	小菇科	Mycenaceae	柠黄色小菇	*Mycena citricolor*	DD		
3855	小菇科	Mycenaceae	桔色凹小菇	*Mycena citrinomarginata*	DD		
3856	小菇科	Mycenaceae	棒小菇	*Mycena clavicularis*	DD		
3857	小菇科	Mycenaceae	棒柄小菇	*Mycena clavularis*	DD		
3858	小菇科	Mycenaceae	金钱菌小菇	*Mycena collybiformis*	DD		
3859	小菇科	Mycenaceae	乌黑小菇	*Mycena coracina*	DD		
3860	小菇科	Mycenaceae	角凸小菇	*Mycena corynephora*	DD		
3861	小菇科	Mycenaceae	橙黄小菇	*Mycena crocata*	LC		
3862	小菇科	Mycenaceae	蓝色小菇	*Mycena cyanophos*	DD		
3863	小菇科	Mycenaceae	蓝柄小菇	*Mycena cyanothrix*	DD		
3864	小菇科	Mycenaceae	软弱小菇	*Mycena debilis*	DD		
3865	小菇科	Mycenaceae	石斛小菇	*Mycena dendrobii*	DD		√
3866	小菇科	Mycenaceae	鼎湖小菇	*Mycena dinghuensis*	DD		√
3867	小菇科	Mycenaceae	栎小菇	*Mycena dryopteriphila*	DD		
3868	小菇科	Mycenaceae	异常小菇	*Mycena egregia*	DD		

序号 No.	科名 Chinese Family Names	科 Family	汉语学名 Chinese Names	学名 Scientific Names	评估等级 Status	评估依据 Assessment Criteria	特有种 Endemic
3869	小菇科	Mycenaceae	黄柄小菇	*Mycena epipterygia*	LC		
3870	小菇科	Mycenaceae	变红小菇	*Mycena erubescens*	DD		
3871	小菇科	Mycenaceae	纤柄小菇	*Mycena filopes*	DD		
3872	小菇科	Mycenaceae	黄色小菇	*Mycena flavescens*	DD		
3873	小菇科	Mycenaceae	蓝小菇	*Mycena galericulata*	LC		
3874	小菇科	Mycenaceae	乳柄小菇	*Mycena galopus*	LC		
3875	小菇科	Mycenaceae	粘柄小菇	*Mycena glutinocothurnata*	DD		
3876	小菇科	Mycenaceae	萤光小菇	*Mycena glutinosa*	DD		
3877	小菇科	Mycenaceae	血红小菇	*Mycena haematopus*	LC		
3878	小菇科	Mycenaceae	肝色小菇	*Mycena hepatica*	DD		
3879	小菇科	Mycenaceae	全紫小菇	*Mycena holoporphyra*	LC		
3880	小菇科	Mycenaceae	科尔沁小菇	*Mycena hondurensis*	DD		
3881	小菇科	Mycenaceae	美柄小菇	*Mycena inclinata*	DD		
3882	小菇科	Mycenaceae	唯一小菇	*Mycena insignis*	DD		
3883	小菇科	Mycenaceae	光滑小菇	*Mycena laevigata*	DD		
3884	小菇科	Mycenaceae	广叶小菇	*Mycena latifolia*	DD		
3885	小菇科	Mycenaceae	利叶小菇	*Mycena leaiana*	DD		
3886	小菇科	Mycenaceae	狭头小菇	*Mycena leptocephala*	DD		
3887	小菇科	Mycenaceae	细条小菇	*Mycena lineata*	DD		
3888	小菇科	Mycenaceae	洛氏小菇	*Mycena lohwagii*	DD		
3889	小菇科	Mycenaceae	长刺毛小菇	*Mycena longiseta*	DD		
3890	小菇科	Mycenaceae	黄小菇	*Mycena luteopallens*	DD		
3891	小菇科	Mycenaceae	斑点小菇	*Mycena maculata*	DD		
3892	小菇科	Mycenaceae	麦梅菲小菇	*Mycena mcmurphyi*	DD		
3893	小菇科	Mycenaceae	楝黄小菇	*Mycena meligena*	DD		
3894	小菇科	Mycenaceae	蜜黄小菇	*Mycena mellea*	DD		
3895	小菇科	Mycenaceae	叶生小菇	*Mycena metata*	DD		

序号 No.	科名 Chinese Family Names	科 Family	汉语学名 Chinese Names	学名 Scientific Names	评估等级 Status	评估依据 Assessment Criteria	特有种 Endemic
3896	小菇科	Mycenaceae	小孢小菇	Mycena microspora	DD		
3897	小菇科	Mycenaceae	毛霉小菇	Mycena mucor	DD		
3898	小菇科	Mycenaceae	白柄小菇	Mycena niveipes	DD		
3899	小菇科	Mycenaceae	具核小菇	Mycena nucleata	DD		√
3900	小菇科	Mycenaceae	兰小菇	Mycena orchidicola	DD		√
3901	小菇科	Mycenaceae	奥力根小菇	Mycena oregonensis	DD		
3902	小菇科	Mycenaceae	奥氏小菇	Mycena overholtsii	DD		
3903	小菇科	Mycenaceae	暗花纹小菇	Mycena pelianthina	LC		
3904	小菇科	Mycenaceae	影像小菇	Mycena photogena	DD		
3905	小菇科	Mycenaceae	密丝小菇	Mycena plectophylla	DD		
3906	小菇科	Mycenaceae	沟柄小菇	Mycena polygramma	LC		
3907	小菇科	Mycenaceae	普兰小菇	Mycena pruni	DD		
3908	小菇科	Mycenaceae	拟安络小菇	Mycena pseudoandrosacea	DD		
3909	小菇科	Mycenaceae	拟胶粘小菇	Mycena pseudoglutinosa	DD		
3910	小菇科	Mycenaceae	假美柄小菇	Mycena pseudoinclinata	DD		
3911	小菇科	Mycenaceae	微细小菇	Mycena pseudostylobates	DD		
3912	小菇科	Mycenaceae	蕨秆生小菇	Mycena pterigena	DD		
3913	小菇科	Mycenaceae	洁小菇	Mycena pura	LC		
3914	小菇科	Mycenaceae	林小菇	Mycena renati	DD		
3915	小菇科	Mycenaceae	粉色小菇	Mycena rosea	LC		
3916	小菇科	Mycenaceae	粉红小菇	Mycena rosella	DD		
3917	小菇科	Mycenaceae	红边小菇	Mycena roseomarginata	LC		
3918	小菇科	Mycenaceae	褐边小菇	Mycena rubromarginata	DD		
3919	小菇科	Mycenaceae	褐粉小菇	Mycena rutilantiformis	DD		
3920	小菇科	Mycenaceae	红褐盖小菇	Mycena sanguinolenta	LC		
3921	小菇科	Mycenaceae	北方小菇	Mycena septentrionalis	DD		
3922	小菇科	Mycenaceae	星状小菇	Mycena stellaris	DD		

序号 No.	科名 Chinese Family Names	科 Family	汉语学名 Chinese Names	学名 Scientific Names	评估等级 Status	评估依据 Assessment Criteria	特有种 Endemic
3923	小菇科	Mycenaceae	密小菇	Mycena stipata	DD		
3924	小菇科	Mycenaceae	球果小菇	Mycena strobilicola	DD		
3925	小菇科	Mycenaceae	柱小菇	Mycena stylobates	LC		
3926	小菇科	Mycenaceae	浅白小菇	Mycena subaquosa	LC		
3927	小菇科	Mycenaceae	蓝褐小菇	Mycena subcaerulea	DD		
3928	小菇科	Mycenaceae	近白小菇	Mycena subcana	DD		
3929	小菇科	Mycenaceae	亚粘小菇	Mycena subglutinosa	DD		
3930	小菇科	Mycenaceae	近细小菇	Mycena subgracilis	DD		√
3931	小菇科	Mycenaceae	亚长刺毛小菇	Mycena sublongiseta	DD		√
3932	小菇科	Mycenaceae	柔弱小菇	Mycena tenerrima	DD		
3933	小菇科	Mycenaceae	薄盖小菇	Mycena tenuiceps	DD		
3934	小菇科	Mycenaceae	铃铛小菇	Mycena tintinnabulum	DD		
3935	小菇科	Mycenaceae	特洛伊小菇	Mycena trojana	DD		
3936	小菇科	Mycenaceae	榆小菇	Mycena ulmicola	DD		
3937	小菇科	Mycenaceae	针芽小菇	Mycena vexans	DD		
3938	小菇科	Mycenaceae	绿缘小菇	Mycena viridimarginata	DD		
3939	小菇科	Mycenaceae	织纹小菇	Mycena vitilis	DD		
3940	小菇科	Mycenaceae	黑盖小菇	Mycena vitrea	DD		
3941	小菇科	Mycenaceae	普通小菇	Mycena vulgaris	DD		
3942	小菇科	Mycenaceae	黄囊小菇	Mycena xanthocystidium	DD		√
3943	小菇科	Mycenaceae	红柄扇菇	Panellus haematopus	LC		
3944	小菇科	Mycenaceae	温和扇菇	Panellus mitis	LC		
3945	小菇科	Mycenaceae	东方扇菇	Panellus orientalis	DD		
3946	小菇科	Mycenaceae	柔毛扇菇	Panellus pubescens	DD		√
3947	小菇科	Mycenaceae	小扇菇	Panellus pusillus	LC		
3948	小菇科	Mycenaceae	裂褶扇菇	Panellus ringens	DD		
3949	小菇科	Mycenaceae	暗褶扇菇	Panellus rupicola	DD		

序号 No.	科名 Chinese Family Names	科 Family	汉语学名 Chinese Names	学名 Scientific Names	评估等级 Status	评估依据 Assessment Criteria	特有种 Endemic
3950	小菇科	Mycenaceae	晚生腐菇	Panellus serotinus	LC		
3951	小菇科	Mycenaceae	止血扇菇	Panellus stipticus	LC		
3952	小菇科	Mycenaceae	日本脂小菇	Resinomycena japonica	DD		
3953	小菇科	Mycenaceae	毛柄脂小菇	Resinomycena mirabilis	DD		
3954	小菇科	Mycenaceae	光孢黏柄小菇	Roridomyces lamprosporus	DD		
3955	小菇科	Mycenaceae	黏柄小菇	Roridomyces roridus	LC		
3956	小菇科	Mycenaceae	美味黏肉菇	Sarcomyxa edulis	LC		√
3957	小菇科	Mycenaceae	紫褐色齿缘菇	Scytinotus violaceofulvus	DD		
3958	小菇科	Mycenaceae	盘状幕盖菇	Tectella patellaris	LC		
3959	小菇科	Mycenaceae	钟形干脐菇	Xeromphalina campanella	LC		
3960	小菇科	Mycenaceae	黄褐干脐菇	Xeromphalina cauticinalis	DD		
3961	小菇科	Mycenaceae	小赤褐色干脐菇	Xeromphalina curtipes	DD		
3962	小菇科	Mycenaceae	彩丽干脐菇	Xeromphalina picta	DD		
3963	小菇科	Mycenaceae	细柄干脐菇	Xeromphalina tenuipes	LC		
3964	白耳科	Naemateliaceae	金耳	Naematelia aurantialba	VU	A3cd	√
3965	白耳科	Naemateliaceae	小孢白耳	Naematelia microspora	DD		
3966	白耳科	Naemateliaceae	羊肚菌状白耳	Naematelia morchelliformis	DD		
3967	新小薄孔菌科	Neoantrodiellaceae	白膏新小薄孔菌	Neoantrodiella gypsea	LC		
3968	新小薄孔菌科	Neoantrodiellaceae	崖柏新小薄孔菌	Neoantrodiella thujae	DD		√
3969	类脐菇科	Omphalotaceae	砖红炭褶菌	Anthracophyllum lateritium	DD		
3970	类脐菇科	Omphalotaceae	变黑炭褶菌	Anthracophyllum nigritum	LC		
3971	类脐菇科	Omphalotaceae	堆联脚金	Connopus acervatus	LC		
3972	类脐菇科	Omphalotaceae	碱绿裸柄伞	Gymnopus alkalivirens	DD		
3973	类脐菇科	Omphalotaceae	安络裸柄伞	Gymnopus androsaceus	LC		
3974	类脐菇科	Omphalotaceae	金黄裸柄伞	Gymnopus aquosus	LC		
3975	类脐菇科	Omphalotaceae	橙黄裸柄伞	Gymnopus aurantiacus	DD		
3976	类脐菇科	Omphalotaceae	小丝纹裸柄伞	Gymnopus brassicolens	DD		

序号 No.	科名 Chinese Family Names	科 Family	汉语学名 Chinese Names	学名 Scientific Names	评估等级 Status	评估依据 Assessment Criteria	特有种 Endemic
3977	类脐菇科	Omphalotaceae	栗色裸柄伞	*Gymnopus castaneus*	DD		
3978	类脐菇科	Omphalotaceae	群生裸柄伞	*Gymnopus confluens*	LC		
3979	类脐菇科	Omphalotaceae	双色裸柄伞	*Gymnopus dichrous*	DD		
3980	类脐菇科	Omphalotaceae	栎裸柄伞	*Gymnopus dryophilus*	LC		
3981	类脐菇科	Omphalotaceae	红柄裸柄伞	*Gymnopus erythropus*	LC		
3982	类脐菇科	Omphalotaceae	簇生裸柄伞	*Gymnopus fasciatus*	DD		
3983	类脐菇科	Omphalotaceae	臭小裸柄伞	*Gymnopus foetidus*	LC		
3984	类脐菇科	Omphalotaceae	紫褐裸柄伞	*Gymnopus fuscopurpureus*	DD		
3985	类脐菇科	Omphalotaceae	暗裸柄伞	*Gymnopus fuscotramus*	DD		√
3986	类脐菇科	Omphalotaceae	纺锤柄裸柄伞	*Gymnopus fusipes*	LC		
3987	类脐菇科	Omphalotaceae	蝗螂裸柄伞	*Gymnopus hariolorum*	DD		
3988	类脐菇科	Omphalotaceae	厌裸柄伞	*Gymnopus impudicus*	DD		
3989	类脐菇科	Omphalotaceae	无味裸柄伞	*Gymnopus indoctus*	DD		
3990	类脐菇科	Omphalotaceae	堇紫裸柄伞	*Gymnopus iocephalus*	DD		
3991	类脐菇科	Omphalotaceae	约翰斯顿裸柄伞	*Gymnopus johnstonii*	DD		
3992	类脐菇科	Omphalotaceae	尖柄裸柄伞	*Gymnopus lanipes*	DD		
3993	类脐菇科	Omphalotaceae	茂盛裸柄伞	*Gymnopus luxurians*	DD		
3994	类脐菇科	Omphalotaceae	梅内胡裸柄伞	*Gymnopus menehune*	DD		
3995	类脐菇科	Omphalotaceae	小伞裸柄伞	*Gymnopus microsporus*	DD		
3996	类脐菇科	Omphalotaceae	褐黄裸柄伞	*Gymnopus ocior*	DD		
3997	类脐菇科	Omphalotaceae	奥端金裸柄伞	*Gymnopus oreadoides*	DD		
3998	类脐菇科	Omphalotaceae	臭裸柄伞	*Gymnopus perforans*	DD		
3999	类脐菇科	Omphalotaceae	靴状裸柄伞	*Gymnopus peronatus*	LC		
4000	类脐菇科	Omphalotaceae	密褶裸柄伞	*Gymnopus polyphyllus*	DD		
4001	类脐菇科	Omphalotaceae	宝宝裸柄伞	*Gymnopus putillus*	DD		
4002	类脐菇科	Omphalotaceae	半粗毛柄金裸柄伞	*Gymnopus semihirtipes*	DD		
4003	类脐菇科	Omphalotaceae	狭褶裸柄伞	*Gymnopus stenophyllus*	LC		

序号 No.	科名 Chinese Family Names	科 Family	汉语学名 Chinese Names	学名 Scientific Names	评估等级 Status	评估依据 Assessment Criteria	特有种 Endemic
4004	类脐菇科	Omphalotaceae	皮革金褓柄伞	*Gymnopus terginus*	DD		
4005	类脐菇科	Omphalotaceae	卷木菇	*Lentinula boryana*	DD		
4006	类脐菇科	Omphalotaceae	香菇	*Lentinula edodes*	LC		
4007	类脐菇科	Omphalotaceae	新西兰木菇	*Lentinula novae-zelandiae*	DD		
4008	类脐菇科	Omphalotaceae	白柄微皮伞	*Marasmiellus albiceps*	DD		√
4009	类脐菇科	Omphalotaceae	褐白微皮伞	*Marasmiellus albofuscus*	LC		
4010	类脐菇科	Omphalotaceae	桤木微皮伞	*Marasmiellus alneus*	DD		
4011	类脐菇科	Omphalotaceae	纯白微皮伞	*Marasmiellus candidus*	LC		
4012	类脐菇科	Omphalotaceae	矮生微皮伞	*Marasmiellus chamaecyparidis*	DD		
4013	类脐菇科	Omphalotaceae	灰微皮伞	*Marasmiellus cinereus*	DD		
4014	类脐菇科	Omphalotaceae	空基微皮伞	*Marasmiellus coilobasis*	DD		
4015	类脐菇科	Omphalotaceae	哥伦比亚微皮伞	*Marasmiellus columbianus*	DD		
4016	类脐菇科	Omphalotaceae	密褶微皮伞	*Marasmiellus confertifolius*	DD		
4017	类脐菇科	Omphalotaceae	皮微皮伞	*Marasmiellus corticum*	DD		
4018	类脐菇科	Omphalotaceae	树状微皮伞	*Marasmiellus dendroegrus*	LC		
4019	类脐菇科	Omphalotaceae	疏褶微皮伞	*Marasmiellus distantifolius*	DD		
4020	类脐菇科	Omphalotaceae	伴栎微皮伞	*Marasmiellus dryogeton*	DD		
4021	类脐菇科	Omphalotaceae	象牙白微皮伞	*Marasmiellus eburneus*	DD		
4022	类脐菇科	Omphalotaceae	无节微皮伞	*Marasmiellus enodis*	DD		
4023	类脐菇科	Omphalotaceae	私囊微皮伞	*Marasmiellus filocystis*	DD		√
4024	类脐菇科	Omphalotaceae	歪柄微皮伞	*Marasmiellus goossensiae*	DD		
4025	类脐菇科	Omphalotaceae	棉羽微皮伞	*Marasmiellus gossypinulus*	DD		
4026	类脐菇科	Omphalotaceae	洪都拉斯微皮伞	*Marasmiellus hondurensis*	DD		
4027	类脐菇科	Omphalotaceae	褐盖微皮伞	*Marasmiellus laschiopsis*	DD		
4028	类脐菇科	Omphalotaceae	中孢微皮伞	*Marasmiellus mesosporus*	DD		
4029	类脐菇科	Omphalotaceae	雪白微皮伞	*Marasmiellus nivosus*	DD		
4030	类脐菇科	Omphalotaceae	少微皮伞	*Marasmiellus oligocinsulae*	DD		

序号 No.	科名 Chinese Family Names	科 Family	汉语学名 Chinese Names	学名 Scientific Names	评估等级 Status	评估依据 Assessment Criteria	特有种 Endemic
4031	类脐菇科	Omphalotaceae	巴拿马微皮伞	*Marasmiellus panamensis*	DD		
4032	类脐菇科	Omphalotaceae	伯南布哥微皮伞	*Marasmiellus pernambucensis*	DD		
4033	类脐菇科	Omphalotaceae	小柄微皮伞	*Marasmiellus petiolorum*	DD		
4034	类脐菇科	Omphalotaceae	褐褶微皮伞	*Marasmiellus phaeophyllus*	DD		
4035	类脐菇科	Omphalotaceae	鹊柄微皮伞	*Marasmiellus picipes*	DD		
4036	类脐菇科	Omphalotaceae	毛微皮伞	*Marasmiellus pilosus*	DD		
4037	类脐菇科	Omphalotaceae	假侧丝微皮伞	*Marasmiellus pseudoparaphysatus*	DD		
4038	类脐菇科	Omphalotaceae	微型微皮伞	*Marasmiellus pusillimus*	DD		√
4039	类脐菇科	Omphalotaceae	栎微皮伞	*Marasmiellus quercinus*	LC		
4040	类脐菇科	Omphalotaceae	枝杆微皮伞	*Marasmiellus ramealis*	LC		
4041	类脐菇科	Omphalotaceae	圣玛尔塔微皮伞	*Marasmiellus sanctae-marthae*	DD		
4042	类脐菇科	Omphalotaceae	中国微皮伞	*Marasmiellus sinensis*	DD		√
4043	类脐菇科	Omphalotaceae	类狭褶微皮伞	*Marasmiellus stenophylloides*	DD		
4044	类脐菇科	Omphalotaceae	近变白微皮伞	*Marasmiellus subdealbatus*	DD		√
4045	类脐菇科	Omphalotaceae	近叶生微皮伞	*Marasmiellus subepiphyllus*	DD		√
4046	类脐菇科	Omphalotaceae	近草生微皮伞	*Marasmiellus subgraminis*	DD		
4047	类脐菇科	Omphalotaceae	柔弱微皮伞	*Marasmiellus tenerrimus*	DD		
4048	类脐菇科	Omphalotaceae	四色微皮伞	*Marasmiellus tetrachrous*	DD		
4049	类脐菇科	Omphalotaceae	三色微皮伞	*Marasmiellus tricolor*	DD		
4050	类脐菇科	Omphalotaceae	特洛伊微皮伞	*Marasmiellus troyanus*	LC		
4051	类脐菇科	Omphalotaceae	瓦氏微皮伞	*Marasmiellus vaillantii*	DD		
4052	类脐菇科	Omphalotaceae	蒜味微菇	*Mycetinis alliaceus*	DD		
4053	类脐菇科	Omphalotaceae	蒜头状微菇	*Mycetinis scorodonius*	LC		
4054	类脐菇科	Omphalotaceae	鞭囊类脐菇	*Omphalotus flagelliformis*	DD		√
4055	类脐菇科	Omphalotaceae	棕褶类脐菇	*Omphalotus guepiniformis*	DD		
4056	类脐菇科	Omphalotaceae	毒类脐菇	*Omphalotus illudens*	DD		
4057	类脐菇科	Omphalotaceae	日本类脐菇	*Omphalotus japonicus*	LC		

序号 No.	科名 Chinese Family Names	科 Family	汉语学名 Chinese Names	学名 Scientific Names	评估等级 Status	评估依据 Assessment Criteria	特有种 Endemic
4058	类脐菇科	Omphalotaceae	发光类脐菇	Omphalotus lutescens	DD		
4059	类脐菇科	Omphalotaceae	茅山类脐菇	Omphalotus mangensis	DD		√
4060	类脐菇科	Omphalotaceae	橄榄类脐菇	Omphalotus olearius	DD		
4061	类脐菇科	Omphalotaceae	乳酪状红金钱菌	Rhodocollybia butyracea	LC		
4062	类脐菇科	Omphalotaceae	斑盖红金钱菌	Rhodocollybia maculata	LC		
4063	类脐菇科	Omphalotaceae	暗褐盖红金钱菌	Rhodocollybia meridana	DD		
4064	类脐菇科	Omphalotaceae	展盖金红金钱菌	Rhodocollybia prolixa	DD		
4065	桩菇科	Paxillaceae	柔软光黑腹菌	Alpova mollis	DD		
4066	桩菇科	Paxillaceae	特拉氏光黑腹菌	Alpova trappei	DD		
4067	桩菇科	Paxillaceae	阳城光黑腹菌	Alpova yangchengensis	VU	A3cd	√
4068	桩菇科	Paxillaceae	铅色圆牛肝菌	Gyrodon lividus	LC		
4069	桩菇科	Paxillaceae	小圆牛肝菌	Gyrodon minutus	DD		
4070	桩菇科	Paxillaceae	田纳西圆牛肝菌	Gyrodon tennesseensis	DD		
4071	桩菇科	Paxillaceae	含糊黑腹菌	Melanogaster ambiguus	DD		
4072	桩菇科	Paxillaceae	布鲁姆黑腹菌	Melanogaster broomeanus	LC		
4073	桩菇科	Paxillaceae	梭孢黑腹菌	Melanogaster fusisporus	LC		
4074	桩菇科	Paxillaceae	间型黑腹菌	Melanogaster intermedius	LC		
4075	桩菇科	Paxillaceae	北美黑腹菌	Melanogaster natsii	LC		
4076	桩菇科	Paxillaceae	倒卵孢黑腹菌	Melanogaster obovatisporus	DD		√
4077	桩菇科	Paxillaceae	卵孢黑腹菌	Melanogaster ovoidisporus	LC		√
4078	桩菇科	Paxillaceae	山西黑腹菌	Melanogaster shanxiensis	DD		√
4079	桩菇科	Paxillaceae	刺孢黑腹菌	Melanogaster spinisporus	DD		√
4080	桩菇科	Paxillaceae	亚球孢黑腹菌	Melanogaster subglobisporus	DD		√
4081	桩菇科	Paxillaceae	杂色黑腹菌	Melanogaster variegatus	DD		
4082	桩菇科	Paxillaceae	湿圆孢牛肝菌	Paragyrodon sphaerosporus	DD		
4083	桩菇科	Paxillaceae	奥尔桩菇	Paxillus atraetopus	DD		
4084	桩菇科	Paxillaceae	丝桩菇	Paxillus filamentosus	DD		

序号 No.	科名 Chinese Family Names	科 Family	汉语学名 Chinese Names	学名 Scientific Names	评估等级 Status	评估依据 Assessment Criteria	特有种 Endemic
4085	桩菇科	Paxillaceae	卷边桩菇	*Paxillus involutus*	LC		
4086	桩菇科	Paxillaceae	东方桩菇	*Paxillus orientalis*	DD		√
4087	桩菇科	Paxillaceae	皱褶桩菇	*Paxillus rhytidophyllus*	DD		√
4088	桩菇科	Paxillaceae	绒毛桩菇	*Paxillus rubicundulus*	DD		
4089	桩菇科	Paxillaceae	滇桩菇	*Paxillus yunnanensis*	DD		√
4090	隔孢伏革菌科	Peniophoraceae	类克氏硬孔革菌	*Duportella kuehneroides*	DD		
4091	隔孢伏革菌科	Peniophoraceae	黄纱硬孔革菌	*Duportella miranda*	DD		
4092	隔孢伏革菌科	Peniophoraceae	毛硬孔革菌	*Duportella tristicula*	DD		
4093	隔孢伏革菌科	Peniophoraceae	类毛硬孔革菌	*Duportella tristiculoides*	DD		√
4094	隔孢伏革菌科	Peniophoraceae	鲑色拟胶囊伏革菌	*Gloeocystidiopsis salmonea*	DD		
4095	隔孢伏革菌科	Peniophoraceae	柠檬黄黏革菌	*Gloiothele citrina*	DD		
4096	隔孢伏革菌科	Peniophoraceae	近柠檬黄黏革菌	*Gloiothele citrinoidea*	DD		√
4097	隔孢伏革菌科	Peniophoraceae	球黏革菌	*Gloiothele globosa*	DD		√
4098	隔孢伏革菌科	Peniophoraceae	乳液黏革菌	*Gloiothele lactescens*	DD		
4099	隔孢伏革菌科	Peniophoraceae	白隔孢伏革菌	*Peniophora alba*	DD		
4100	隔孢伏革菌科	Peniophoraceae	白褐隔孢伏革菌	*Peniophora albobadia*	DD		
4101	隔孢伏革菌科	Peniophoraceae	橙黄隔孢伏革菌	*Peniophora aurantiaca*	DD		
4102	隔孢伏革菌科	Peniophoraceae	双角隔孢伏革菌	*Peniophora bicornis*	DD		
4103	隔孢伏革菌科	Peniophoraceae	波尔本隔孢伏革菌	*Peniophora borbonica*	DD		
4104	隔孢伏革菌科	Peniophoraceae	灰隔孢伏革菌	*Peniophora cinerea*	DD		
4105	隔孢伏革菌科	Peniophoraceae	柠黄隔孢伏革菌	*Peniophora citrinella*	DD		
4106	隔孢伏革菌科	Peniophoraceae	直立隔孢伏革菌	*Peniophora ericina*	DD		
4107	隔孢伏革菌科	Peniophoraceae	肉色隔孢伏革菌	*Peniophora incarnata*	LC		
4108	隔孢伏革菌科	Peniophoraceae	粉灰隔孢伏革菌	*Peniophora isabellina*	DD		
4109	隔孢伏革菌科	Peniophoraceae	马来隔孢伏革菌	*Peniophora malaiensis*	DD		
4110	隔孢伏革菌科	Peniophoraceae	满洲隔孢伏革菌	*Peniophora manshurica*	DD		
4111	隔孢伏革菌科	Peniophoraceae	裸隔孢伏革菌	*Peniophora nuda*	DD		

序号 No.	科名 Chinese Family Names	科 Family	汉语学名 Chinese Names	学名 Scientific Names	评估等级 Status	评估依据 Assessment Criteria	特有种 Endemic
4112	隔孢伏革菌科	Peniophoraceae	卵孢隔孢伏革菌	*Peniophora ovalispora*	DD		
4113	隔孢伏革菌科	Peniophoraceae	粉褐隔孢伏革菌	*Peniophora pithya*	DD		
4114	隔孢伏革菌科	Peniophoraceae	枝丝隔孢伏革菌	*Peniophora polygonia*	DD		
4115	隔孢伏革菌科	Peniophoraceae	假裸隔孢伏革菌	*Peniophora pseudonuda*	DD		
4116	隔孢伏革菌科	Peniophoraceae	栎隔孢伏革菌	*Peniophora quercina*	DD		
4117	隔孢伏革菌科	Peniophoraceae	里德隔孢伏革菌	*Peniophora reidii*	DD		
4118	隔孢伏革菌科	Peniophoraceae	闪烁隔孢伏革菌	*Peniophora scintillans*	DD		
4119	隔孢伏革菌科	Peniophoraceae	北方隔孢伏革菌	*Peniophora septentrionalis*	DD		
4120	隔孢伏革菌科	Peniophoraceae	匙形隔孢伏革菌	*Peniophora spathulata*	DD		√
4121	隔孢伏革菌科	Peniophoraceae	台湾隔孢伏革菌	*Peniophora taiwanensis*	DD		√
4122	隔孢伏革菌科	Peniophoraceae	角孢隔孢伏革菌	*Peniophora trigonosperma*	DD		
4123	隔孢伏革菌科	Peniophoraceae	光泽隔孢伏革菌	*Peniophora vernicosa*	DD		
4124	隔孢伏革菌科	Peniophoraceae	变形隔孢伏革菌	*Peniophora versiformis*	DD		
4125	暗银耳科	Phaeotremellaceae	茶暗银耳	*Phaeotremella foliacea*	LC		
4126	暗银耳科	Phaeotremellaceae	新紫暗银耳	*Phaeotremella neofoliacea*	DD		√
4127	鬼笔科	Phallaceae	大红星头鬼笔	*Aseroe coccinea*	DD		
4128	鬼笔科	Phallaceae	红星头鬼笔	*Aseroe rubra*	LC		
4129	鬼笔科	Phallaceae	阿切尔笼头菌	*Clathrus archeri*	LC		
4130	鬼笔科	Phallaceae	柱状笼头菌	*Clathrus columnatus*	DD		
4131	鬼笔科	Phallaceae	卷曲笼头菌	*Clathrus crispatus*	DD		
4132	鬼笔科	Phallaceae	拟卷曲笼头菌	*Clathrus crispus*	DD		
4133	鬼笔科	Phallaceae	海南笼头菌	*Clathrus hainanensis*	EN	B2ab(iii)	√
4134	鬼笔科	Phallaceae	红树笼头菌	*Clathrus nicaeensis*	DD		
4135	鬼笔科	Phallaceae	红笼头菌	*Clathrus ruber*	LC		
4136	鬼笔科	Phallaceae	西宁笼头菌	*Clathrus xiningensis*	DD		√
4137	鬼笔科	Phallaceae	短裙竹荪	*Dictyophora duplicata*	DD		
4138	鬼笔科	Phallaceae	台湾竹荪	*Dictyophora formosana*	DD		

序号 No.	科名 Chinese Family Names	科 Family	汉语学名 Chinese Names	学名 Scientific Names	评估等级 Status	评估依据 Assessment Criteria	特有种 Endemic
4139	鬼笔科	Phallaceae	皱盖竹荪	*Dictyophora merulina*	DD		
4140	鬼笔科	Phallaceae	杂色竹荪	*Dictyophora multicolor*	DD		
4141	鬼笔科	Phallaceae	红裙竹荪	*Dictyophora nana*	DD		
4142	鬼笔科	Phallaceae	南昌竹荪	*Dictyophora nanchangensis*	DD		
4143	鬼笔科	Phallaceae	棒竹荪	*Dictyophora phalloidea*	DD		
4144	鬼笔科	Phallaceae	美竹荪	*Dictyophora speciosa*	DD		
4145	鬼笔科	Phallaceae	攀枝花内笼头菌	*Endoclathrus panzhihuaensis*	DD		√
4146	鬼笔科	Phallaceae	云南内笔菌	*Endophallus yunnanensis*	NT		√
4147	鬼笔科	Phallaceae	白网球菌	*Ileodictyon gracile*	DD		
4148	鬼笔科	Phallaceae	皱白鬼笔	*Ithyphallus rugulosus*	DD		
4149	鬼笔科	Phallaceae	博尼疣盖鬼笔	*Jansia boninensis*	DD		
4150	鬼笔科	Phallaceae	雅致疣盖鬼笔	*Jansia elegans*	DD		
4151	鬼笔科	Phallaceae	昆明小林块腹菌	*Kobayasia kunmingica*	DD		√
4152	鬼笔科	Phallaceae	小林块腹菌	*Kobayasia nipponica*	LC		
4153	鬼笔科	Phallaceae	柱状拱门菌	*Laternea columnata*	DD		
4154	鬼笔科	Phallaceae	蛛丝状散尾鬼笔	*Lysurus arachnoideus*	DD		
4155	鬼笔科	Phallaceae	十字散尾鬼笔	*Lysurus cruciatus*	DD		
4156	鬼笔科	Phallaceae	圆柱散尾鬼笔	*Lysurus gardneri*	LC		
4157	鬼笔科	Phallaceae	五棱散尾鬼笔	*Lysurus mokusin*	LC		
4158	鬼笔科	Phallaceae	围篱状散尾鬼笔	*Lysurus periphragmoides*	DD		
4159	鬼笔科	Phallaceae	竹林蛇头菌	*Mutinus bambusinus*	LC		
4160	鬼笔科	Phallaceae	婆罗洲蛇头菌	*Mutinus borneensis*	LC		
4161	鬼笔科	Phallaceae	狗蛇头菌	*Mutinus caninus*	LC		
4162	鬼笔科	Phallaceae	雅致蛇头菌	*Mutinus elegans*	DD		
4163	鬼笔科	Phallaceae	弗勒歇蛇头菌	*Mutinus fleischeri*	LC		
4164	鬼笔科	Phallaceae	任氏蛇头菌	*Mutinus zenkeri*	DD		
4165	鬼笔科	Phallaceae	桔红鬼笔	*Phallus aurantiacus*	DD		

序号 No.	科名 Chinese Family Names	科 Family	汉语学名 Chinese Names	学名 Scientific Names	评估等级 Status	评估依据 Assessment Criteria	特有种 Endemic
4166	鬼笔科	Phallaceae	朱红鬼笔	*Phallus cinnabarinus*	DD		
4167	鬼笔科	Phallaceae	短裙鬼笔	*Phallus duplicatus*	DD		
4168	鬼笔科	Phallaceae	棘托鬼笔	*Phallus echinovolvatus*	DD		√
4169	鬼笔科	Phallaceae	黄脉鬼笔	*Phallus flavocostatus*	LC		
4170	鬼笔科	Phallaceae	台湾鬼笔	*Phallus formosanus*	DD		
4171	鬼笔科	Phallaceae	香鬼笔	*Phallus fragrans*	LC		√
4172	鬼笔科	Phallaceae	粉托鬼笔	*Phallus hadriani*	DD		
4173	鬼笔科	Phallaceae	白鬼笔	*Phallus impudicus*	LC		
4174	鬼笔科	Phallaceae	长裙鬼笔	*Phallus indusiatus*	LC		
4175	鬼笔科	Phallaceae	纯黄鬼笔	*Phallus luteus*	LC		
4176	鬼笔科	Phallaceae	大孢鬼笔	*Phallus macrosporus*	DD		√
4177	鬼笔科	Phallaceae	马德拉鬼笔	*Phallus maderensis*	DD		
4178	鬼笔科	Phallaceae	巨盖鬼笔	*Phallus megacephalus*	DD		√
4179	鬼笔科	Phallaceae	黄裙鬼笔	*Phallus multicolor*	DD		
4180	鬼笔科	Phallaceae	南昌鬼笔	*Phallus nanchangensis*	DD		√
4181	鬼笔科	Phallaceae	深红鬼笔	*Phallus rubicundus*	LC		
4182	鬼笔科	Phallaceae	红托鬼笔	*Phallus rubrovolvatus*	LC		√
4183	鬼笔科	Phallaceae	细皱鬼笔	*Phallus rugulosus*	DD		
4184	鬼笔科	Phallaceae	硫色鬼笔	*Phallus sulphureus*	LC		
4185	鬼笔科	Phallaceae	台北鬼笔	*Phallus taipeiensis*	DD		√
4186	鬼笔科	Phallaceae	细黄鬼笔	*Phallus tenuis*	LC		
4187	鬼笔科	Phallaceae	纤细鬼笔	*Phallus tenuissimus*	DD		√
4188	鬼笔科	Phallaceae	北方小块腹菌	*Protuberella borealis*	DD		
4189	鬼笔科	Phallaceae	安顺假笼头菌	*Pseudoclathrus anshunensis*	DD		√
4190	鬼笔科	Phallaceae	柱孢假笼头菌	*Pseudoclathrus cylindrosporus*	DD		√
4191	鬼笔科	Phallaceae	雷公山假笼头菌	*Pseudoclathrus leigongshanensis*	DD		√
4192	鬼笔科	Phallaceae	五臂假笼头菌	*Pseudoclathrus pentabrachiatus*	DD		√

序号 No.	科名 Chinese Family Names	科 Family	汉语学名 Chinese Names	学名 Scientific Names	评估等级 Status	评估依据 Assessment Criteria	特有种 Endemic
4193	鬼笔科	Phallaceae	三叉鬼笔	*Pseudocolus fusiformis*	LC		
4194	鬼笔腹菌科	Phallogastraceae	囊状鬼笔腹菌	*Phallogaster saccatus*	DD		
4195	鬼笔腹菌科	Phallogastraceae	块腹菌	*Protubera maracuja*	DD		
4196	原毛平革菌科	Phanerochaetaceae	褐山小薄孔菌	*Antrodiella brunneimontana*	LC		
4197	原毛平革菌科	Phanerochaetaceae	加拿大小薄孔菌	*Antrodiella canadensis*	DD		
4198	原毛平革菌科	Phanerochaetaceae	山毛榉小薄孔菌	*Antrodiella faginea*	DD		
4199	原毛平革菌科	Phanerochaetaceae	包被小薄孔菌	*Antrodiella incrustans*	DD		
4200	原毛平革菌科	Phanerochaetaceae	奶油小薄孔菌	*Antrodiella lactea*	DD		√
4201	原毛平革菌科	Phanerochaetaceae	小孔小薄孔菌	*Antrodiella micra*	VU	B1ab(i,iii,iv)+2ab(i,iii,i v)	√
4202	原毛平革菌科	Phanerochaetaceae	微孢小薄孔菌	*Antrodiella nanospora*	DD		√
4203	原毛平革菌科	Phanerochaetaceae	帕拉斯小薄孔菌	*Antrodiella pallasii*	DD		
4204	原毛平革菌科	Phanerochaetaceae	下垂小薄孔菌	*Antrodiella pendulina*	DD		√
4205	原毛平革菌科	Phanerochaetaceae	罗美小薄孔菌	*Antrodiella romellii*	DD		
4206	原毛平革菌科	Phanerochaetaceae	半卧小薄孔菌	*Antrodiella semisupina*	DD		
4207	原毛平革菌科	Phanerochaetaceae	干腐小薄孔菌	*Antrodiella serpula*	DD		
4208	原毛平革菌科	Phanerochaetaceae	具柄小薄孔菌	*Antrodiella stipitata*	DD		√
4209	原毛平革菌科	Phanerochaetaceae	乌苏里小薄孔菌	*Antrodiella ussurii*	DD		√
4210	原毛平革菌科	Phanerochaetaceae	黄蝶小薄孔菌	*Antrodiella versicutis*	DD		
4211	原毛平革菌科	Phanerochaetaceae	麦白絮干朽菌	*Byssomerulius albostramineus*	DD		
4212	原毛平革菌科	Phanerochaetaceae	革质絮干朽菌	*Byssomerulius corium*	LC		
4213	原毛平革菌科	Phanerochaetaceae	非洲叠生星毛革菌	*Candelabrochaete africana*	DD		
4214	原毛平革菌科	Phanerochaetaceae	卷叠生星毛革菌	*Candelabrochaete cirrata*	DD		
4215	原毛平革菌科	Phanerochaetaceae	疣叠生星毛革菌	*Candelabrochaete verruculosa*	DD		
4216	原毛平革菌科	Phanerochaetaceae	阿拉华蜡卧孔菌	*Ceriporia alachuana*	LC		
4217	原毛平革菌科	Phanerochaetaceae	橘黄蜡卧孔菌	*Ceriporia aurantiocarnescens*	DD		
4218	原毛平革菌科	Phanerochaetaceae	卡玛蜡卧孔菌	*Ceriporia camaresiana*	DD		
4219	原毛平革菌科	Phanerochaetaceae	厚壁蜡卧孔菌	*Ceriporia crassitunicata*	DD		√

序号 No.	科名 Chinese Family Names	科 Family	汉语学名 Chinese Names	学名 Scientific Names	评估等级 Status	评估依据 Assessment Criteria	特有种 Endemic
4220	原毛平革菌科	Phanerochaetaceae	大卫蜡卧孔菌	*Ceriporia davidii*	DD		
4221	原毛平革菌科	Phanerochaetaceae	浅褐蜡卧孔菌	*Ceriporia excelsa*	DD		
4222	原毛平革菌科	Phanerochaetaceae	锈色卧蜡卧孔菌	*Ceriporia ferrugineocincta*	DD		
4223	原毛平革菌科	Phanerochaetaceae	江西蜡卧孔菌	*Ceriporia jiangxiensis*	DD		√
4224	原毛平革菌科	Phanerochaetaceae	撕裂蜡卧孔菌	*Ceriporia lacerata*	LC		
4225	原毛平革菌科	Phanerochaetaceae	小革蜡卧孔菌	*Ceriporia leptoderma*	DD		
4226	原毛平革菌科	Phanerochaetaceae	蜜蜡卧孔菌	*Ceriporia mellea*	DD		
4227	原毛平革菌科	Phanerochaetaceae	蜂蜜蜡卧孔菌	*Ceriporia mellita*	DD		
4228	原毛平革菌科	Phanerochaetaceae	南岭蜡卧孔菌	*Ceriporia nanlingensis*	DD		√
4229	原毛平革菌科	Phanerochaetaceae	紫蜡卧孔菌	*Ceriporia purpurea*	DD		
4230	原毛平革菌科	Phanerochaetaceae	网状蜡卧孔菌	*Ceriporia reticulata*	DD		
4231	原毛平革菌科	Phanerochaetaceae	紧密蜡卧孔菌	*Ceriporia spissa*	DD		
4232	原毛平革菌科	Phanerochaetaceae	迟缓蜡卧孔菌	*Ceriporia tarda*	DD		
4233	原毛平革菌科	Phanerochaetaceae	圆胞蜡卧孔菌	*Ceriporia totara*	DD		
4234	原毛平革菌科	Phanerochaetaceae	变绿蜡卧孔菌	*Ceriporia viridans*	LC		
4235	原毛平革菌科	Phanerochaetaceae	类木垫蜡卧孔菌	*Ceriporiopsis xylostromatoides*	LC		
4236	原毛平革菌科	Phanerochaetaceae	白黄拟蜡孔菌	*Ceriporiopsis alboaurantia*	DD		√
4237	原毛平革菌科	Phanerochaetaceae	黑白拟蜡孔菌	*Ceriporiopsis albonigrescens*	DD		
4238	原毛平革菌科	Phanerochaetaceae	硫磺拟蜡孔菌	*Ceriporiopsis egula*	DD		√
4239	原毛平革菌科	Phanerochaetaceae	菌素拟蜡孔菌	*Ceriporiopsis fimbriata*	DD		√
4240	原毛平革菌科	Phanerochaetaceae	浅黄拟蜡孔菌	*Ceriporiopsis gilvescens*	DD		
4241	原毛平革菌科	Phanerochaetaceae	淡砖红拟蜡孔菌	*Ceriporiopsis hypolateritius*	DD		
4242	原毛平革菌科	Phanerochaetaceae	耶利奇拟蜡孔菌	*Ceriporiopsis jelicii*	DD		
4243	原毛平革菌科	Phanerochaetaceae	薰衣草拟蜡孔菌	*Ceriporiopsis lavendula*	DD		√
4244	原毛平革菌科	Phanerochaetaceae	黑拟蜡孔菌	*Ceriporiopsis merulinus*	DD		
4245	原毛平革菌科	Phanerochaetaceae	靠状拟蜡孔菌	*Ceriporiopsis mucida*	LC		
4246	原毛平革菌科	Phanerochaetaceae	胶拟蜡孔菌	*Ceriporiopsis resinascens*	LC		

序号 No.	科名 Chinese Family Names	科 Family	汉语学名 Chinese Names	学名 Scientific Names	评估等级 Status	评估依据 Assessment Criteria	特有种 Endemic
4247	原毛平革菌科	Phanerochaetaceae	玫瑰拟蜡孔菌	*Ceriporiopsis rosea*	DD		√
4248	原毛平革菌科	Phanerochaetaceae	弯孢拟蜡孔菌	*Ceriporiopsis subvermispora*	DD		
4249	原毛平革菌科	Phanerochaetaceae	暗色拟蜡孔菌	*Ceriporiopsis umbrinescens*	DD		
4250	原毛平革菌科	Phanerochaetaceae	花状肉齿耳	*Climacodon dubitativus*	DD		
4251	原毛平革菌科	Phanerochaetaceae	丽极肉齿耳	*Climacodon pulcherrimus*	DD		
4252	原毛平革菌科	Phanerochaetaceae	玫瑰斑肉齿耳	*Climacodon roseomaculatus*	DD		
4253	原毛平革菌科	Phanerochaetaceae	大肉齿耳	*Climacodon septentrionalis*	DD		
4254	原毛平革菌科	Phanerochaetaceae	下弯无锁革菌	*Efibula deflectens*	DD		
4255	原毛平革菌科	Phanerochaetaceae	吉恩无锁革菌	*Efibula ginnsii*	DD		√
4256	原毛平革菌科	Phanerochaetaceae	土黄无锁革菌	*Efibula lutea*	DD		√
4257	原毛平革菌科	Phanerochaetaceae	亚齿状无锁革菌	*Efibula subodontoidea*	DD		√
4258	原毛平革菌科	Phanerochaetaceae	热带无锁革菌	*Efibula tropica*	LC		
4259	原毛平革菌科	Phanerochaetaceae	多瘤无锁革菌	*Efibula tuberculata*	DD		√
4260	原毛平革菌科	Phanerochaetaceae	晶约氏革菌	*Hjortstamia novae-granata*	DD		
4261	原毛平革菌科	Phanerochaetaceae	皱小丝皮菌	*Hyphodermella corrugata*	DD		
4262	原毛平革菌科	Phanerochaetaceae	光膨大韧革菌	*Inflatostereum glabrum*	DD		
4263	原毛平革菌科	Phanerochaetaceae	美丽拟干朽菌	*Meruliopsis bella*	DD		
4264	原毛平革菌科	Phanerochaetaceae	巴拉尼黄绿孢革菌	*Niemelaea balaenae*	DD		
4265	原毛平革菌科	Phanerochaetaceae	解蛇毒黄绿孢革菌	*Niemelaea consobrina*	DD		
4266	原毛平革菌科	Phanerochaetaceae	奶油黄绿孢革菌	*Niemelaea cremea*	DD		
4267	原毛平革菌科	Phanerochaetaceae	刺原毛平革菌	*Phanerochaete aculeata*	DD		
4268	原毛平革菌科	Phanerochaetaceae	近缘原毛平革菌	*Phanerochaete affinis*	DD		
4269	原毛平革菌科	Phanerochaetaceae	白原毛平革菌	*Phanerochaete alba*	DD		√
4270	原毛平革菌科	Phanerochaetaceae	微白原毛平革菌	*Phanerochaete albida*	DD		√
4271	原毛平革菌科	Phanerochaetaceae	狭囊原毛平革菌	*Phanerochaete angustocystidiata*	DD		√
4272	原毛平革菌科	Phanerochaetaceae	土色原毛平革菌	*Phanerochaete argillacea*	DD		√
4273	原毛平革菌科	Phanerochaetaceae	南方原毛平革菌	*Phanerochaete australis*	LC		

序号 No.	科名 Chinese Family Names	科 Family	汉语学名 Chinese Names	学名 Scientific Names	评估等级 Status	评估依据 Assessment Criteria	特有种 Endemic
4274	原毛平革菌科	Phanerochaetaceae	褐原毛平革菌	*Phanerochaete brunnea*	DD		√
4275	原毛平革菌科	Phanerochaetaceae	伯特原毛平革菌	*Phanerochaete burtii*	LC		
4276	原毛平革菌科	Phanerochaetaceae	纤毛原毛平革菌	*Phanerochaete calotricha*	LC		
4277	原毛平革菌科	Phanerochaetaceae	头状原毛平革菌	*Phanerochaete capitata*	DD		√
4278	原毛平革菌科	Phanerochaetaceae	肉原原毛平革菌	*Phanerochaete carnosa*	LC		
4279	原毛平革菌科	Phanerochaetaceae	混合原毛平革菌	*Phanerochaete commixtoides*	DD		√
4280	原毛平革菌科	Phanerochaetaceae	象牙白原毛平革菌	*Phanerochaete eburnea*	DD		√
4281	原毛平革菌科	Phanerochaetaceae	黄原毛平革菌	*Phanerochaete flavidogrisea*	DD		√
4282	原毛平革菌科	Phanerochaetaceae	红黄原毛平革菌	*Phanerochaete fulva*	DD		√
4283	原毛平革菌科	Phanerochaetaceae	球原毛平革菌	*Phanerochaete globosa*	DD		√
4284	原毛平革菌科	Phanerochaetaceae	丝囊原毛平革菌	*Phanerochaete hyphocystidiata*	DD		√
4285	原毛平革菌科	Phanerochaetaceae	肿原毛平革菌	*Phanerochaete inflata*	DD		√
4286	原毛平革菌科	Phanerochaetaceae	间型原毛平革菌	*Phanerochaete intertexta*	DD		√
4287	原毛平革菌科	Phanerochaetaceae	薄原毛平革菌	*Phanerochaete leptoderma*	DD		
4288	原毛平革菌科	Phanerochaetaceae	玛梯里原毛平革菌	*Phanerochaete martelliana*	DD		
4289	原毛平革菌科	Phanerochaetaceae	齿状原毛平革菌	*Phanerochaete odontoidea*	DD		√
4290	原毛平革菌科	Phanerochaetaceae	帕氏原毛平革菌	*Phanerochaete parmastoi*	DD		√
4291	原毛平革菌科	Phanerochaetaceae	反卷原毛平革菌	*Phanerochaete reflexa*	DD		√
4292	原毛平革菌科	Phanerochaetaceae	变红原毛平革菌	*Phanerochaete rubescens*	LC		
4293	原毛平革菌科	Phanerochaetaceae	乳白原毛平革菌	*Phanerochaete sordida*	LC		
4294	原毛平革菌科	Phanerochaetaceae	革质原毛平革菌	*Phanerochaete stereoides*	LC		
4295	原毛平革菌科	Phanerochaetaceae	亚腊肠原毛平革菌	*Phanerochaete suballantoidea*	DD		√
4296	原毛平革菌科	Phanerochaetaceae	亚球孢原毛平革菌	*Phanerochaete subglobosa*	DD		√
4297	原毛平革菌科	Phanerochaetaceae	台湾原毛平革菌	*Phanerochaete taiwaniana*	DD		√
4298	原毛平革菌科	Phanerochaetaceae	厚粉红原毛平革菌	*Phanerochaete velutina*	LC		
4299	原毛平革菌科	Phanerochaetaceae	黄孢原毛齿菌	*Phanerodontia chrysosporium*	DD		
4300	原毛平革菌科	Phanerochaetaceae	亚栎原刺革菌	*Phaneroites subquercinus*	DD		

序号 No.	科名 Chinese Family Names	科 Family	汉语学名 Chinese Names	学名 Scientific Names	评估等级 Status	评估依据 Assessment Criteria	特有种 Endemic
4301	原毛平革菌科	Phanerochaetaceae	褐囊拟射脉菌	*Phlebiopsis brunneocystidiata*	DD		√
4302	原毛平革菌科	Phanerochaetaceae	栗褐拟射脉菌	*Phlebiopsis castanea*	LC		
4303	原毛平革菌科	Phanerochaetaceae	厚拟射脉菌	*Phlebiopsis crassa*	DD		
4304	原毛平革菌科	Phanerochaetaceae	黄白拟射脉菌	*Phlebiopsis flavidoalba*	DD		
4305	原毛平革菌科	Phanerochaetaceae	大拟射脉菌	*Phlebiopsis gigantea*	LC		
4306	原毛平革菌科	Phanerochaetaceae	喜马拉雅拟射脉菌	*Phlebiopsis himalayensis*	DD		
4307	原毛平革菌科	Phanerochaetaceae	光囊拟射脉菌	*Phlebiopsis lamprocystidiata*	DD		√
4308	原毛平革菌科	Phanerochaetaceae	松拟射脉菌	*Phlebiopsis laxa*	DD		√
4309	原毛平革菌科	Phanerochaetaceae	纸质拟射脉菌	*Phlebiopsis papyrina*	DD		
4310	原毛平革菌科	Phanerochaetaceae	皮拉特拟射脉菌	*Phlebiopsis pilatii*	LC		
4311	原毛平革菌科	Phanerochaetaceae	粉红拟射脉菌	*Phlebiopsis ravenelii*	DD		
4312	原毛平革菌科	Phanerochaetaceae	枣红剖口韧菌	*Porostereum spadiceum*	LC		
4313	原毛平革菌科	Phanerochaetaceae	浅红匝孔菌	*Pouzaroporia subrufa*	DD		
4314	原毛平革菌科	Phanerochaetaceae	白色伪壶担菌	*Pseudolagarobasidium calcareum*	DD		
4315	原毛平革菌科	Phanerochaetaceae	豆生伪壶担菌	*Pseudolagarobasidium leguminicola*	DD		√
4316	原毛平革菌科	Phanerochaetaceae	丝状根刺革菌	*Rhizochaete filamentosa*	LC		
4317	原毛平革菌科	Phanerochaetaceae	硫色根刺革菌	*Rhizochaete sulphurina*	LC		
4318	原毛平革菌科	Phanerochaetaceae	蓝色特蓝伏革菌	*Terana coerulea*	DD		
4319	歧裂灰包科	Phelloriniaceae	网格歧裂灰包	*Dictyocephalos attenuatus*	DD		
4320	歧裂灰包科	Phelloriniaceae	赫氏歧裂灰包	*Phellorinia herculeana*	LC		
4321	栅菌科	Phragmoxenidiaceae	刘氏叶胶耳	*Phyllogloea liui*	DD		√
4322	泡头菌科	Physalacriaceae	北方蜜环菌	*Armillaria borealis*	LC		
4323	泡头菌科	Physalacriaceae	黄小蜜环菌	*Armillaria cepistipes*	DD		
4324	泡头菌科	Physalacriaceae	高卢蜜环菌	*Armillaria gallica*	DD		
4325	泡头菌科	Physalacriaceae	黄盖蜜环菌	*Armillaria luteopileata*	DD		
4326	泡头菌科	Physalacriaceae	蜜环菌	*Armillaria mellea*	DD		

序号 No.	科名 Chinese Family Names	科 Family	汉语学名 Chinese Names	学名 Scientific Names	评估等级 Status	评估依据 Assessment Criteria	特有种 Endemic
4327	泡头菌科	Physalacriaceae	暗蜜环菌	Armillaria obscura	LC		
4328	泡头菌科	Physalacriaceae	奥氏蜜环菌	Armillaria ostoyae	LC		
4329	泡头菌科	Physalacriaceae	芥黄蜜环菌	Armillaria sinapina	DD		
4330	泡头菌科	Physalacriaceae	亚空蜜环菌	Armillaria subcava	LC		
4331	泡头菌科	Physalacriaceae	黄假蜜环菌	Armillariella cepistipes	DD		
4332	泡头菌科	Physalacriaceae	刺孢伞	Cibaomyces glutinis	LC		
4333	泡头菌科	Physalacriaceae	微隐皮伞	Cryptomarasmius minutus	DD		
4334	泡头菌科	Physalacriaceae	舒展柱担菌	Cylindrobasidium evolvens	DD		
4335	泡头菌科	Physalacriaceae	光柱担菌	Cylindrobasidium laeve	LC		
4336	泡头菌科	Physalacriaceae	陶兰柱担菌	Cylindrobasidium torrendii	LC		
4337	泡头菌科	Physalacriaceae	粗糙鳞盖菇	Cyptotrama asprata	LC		
4338	泡头菌科	Physalacriaceae	金黄鳞盖菇	Cyptotrama chrysopepla	DD		
4339	泡头菌科	Physalacriaceae	雕柄无环蜜环菌	Desarmillaria ectypa	DD		
4340	泡头菌科	Physalacriaceae	易逝无环蜜环菌	Desarmillaria tabescens	LC		
4341	泡头菌科	Physalacriaceae	干草冬菇	Flammulina fennae	DD		
4342	泡头菌科	Physalacriaceae	淡色冬菇	Flammulina rossica	LC		
4343	泡头菌科	Physalacriaceae	金针菇	Flammulina velutipes	LC		
4344	泡头菌科	Physalacriaceae	云南冬菇	Flammulina yunnanensis	DD		√
4345	泡头菌科	Physalacriaceae	黑柄粘菇	Gloiocephala menieri	DD		
4346	泡头菌科	Physalacriaceae	杏仁形长根菇	Hymenopellis amygdaliformis	NT		√
4347	泡头菌科	Physalacriaceae	科伦索长根菇	Hymenopellis colensoi	DD		
4348	泡头菌科	Physalacriaceae	鳞柄长根菇	Hymenopellis furfuracea	DD		
4349	泡头菌科	Physalacriaceae	蜡伞长根菇	Hymenopellis hygrophoroides	DD		
4350	泡头菌科	Physalacriaceae	日本长根菇	Hymenopellis japonica	DD		
4351	泡头菌科	Physalacriaceae	大孢长根菇	Hymenopellis megalospora	DD		
4352	泡头菌科	Physalacriaceae	长根菇	Hymenopellis radicata	LC		
4353	泡头菌科	Physalacriaceae	卵孢长根菇	Hymenopellis raphanipes	DD		

序号 No.	科名 Chinese Family Names	科 Family	汉语学名 Chinese Names	学名 Scientific Names	评估等级 Status	评估依据 Assessment Criteria	特有种 Endemic
4354	泡头菌科	Physalacriaceae	膜被长根菇	Hymenopellis velata	DD		√
4355	泡头菌科	Physalacriaceae	酒红长根菇	Hymenopellis vinocontusa	DD		
4356	泡头菌科	Physalacriaceae	褐褶边粘盖菌	Mucidula brunneomarginata	LC		
4357	泡头菌科	Physalacriaceae	粘盖菌	Mucidula mucida	LC		
4358	泡头菌科	Physalacriaceae	黑盖小奥德蘑	Oudemansiella badia	DD		
4359	泡头菌科	Physalacriaceae	毕氏小奥德蘑	Oudemansiella bii	DD		√
4360	泡头菌科	Physalacriaceae	热带小奥德蘑	Oudemansiella canarii	LC		
4361	泡头菌科	Physalacriaceae	厚小奥德蘑	Oudemansiella crassifolia	DD		
4362	泡头菌科	Physalacriaceae	梵净山小奥德蘑	Oudemansiella fanjingshanensis	DD		√
4363	泡头菌科	Physalacriaceae	球孢小奥德蘑	Oudemansiella globospora	DD		
4364	泡头菌科	Physalacriaceae	凸孢小奥德蘑	Oudemansiella platensis	DD		
4365	泡头菌科	Physalacriaceae	亚白环黏小奥德蘑	Oudemansiella submucida	LC		
4366	泡头菌科	Physalacriaceae	云南小奥德蘑	Oudemansiella yunnanensis	DD		√
4367	泡头菌科	Physalacriaceae	毛柄拟干蘑	Paraxerula caussei	DD		
4368	泡头菌科	Physalacriaceae	椭孢拟干蘑	Paraxerula ellipsospora	DD		√
4369	泡头菌科	Physalacriaceae	长根拟干蘑	Paraxerula hongoi	DD		
4370	泡头菌科	Physalacriaceae	泡头菌	Physalacria inflata	DD		
4371	泡头菌科	Physalacriaceae	侧壁泡头菌	Physalacria lateriparies	DD		√
4372	泡头菌科	Physalacriaceae	迈坡泡头菌	Physalacria maipoensis	DD		√
4373	泡头菌科	Physalacriaceae	竹泡头菌	Physalacria sasae	DD		
4374	泡头菌科	Physalacriaceae	东方小长桥菌	Ponticulomyces orientalis	DD		√
4375	泡头菌科	Physalacriaceae	污黄根皮伞	Rhizomarasmius epidryas	DD		
4376	泡头菌科	Physalacriaceae	刚毛根皮伞	Rhizomarasmius setosus	DD		
4377	泡头菌科	Physalacriaceae	皱盖根皮伞	Rhizomarasmius undatus	LC		
4378	泡头菌科	Physalacriaceae	糙孢玫耳	Rhodotus asperior	DD		√
4379	泡头菌科	Physalacriaceae	掌状玫耳	Rhodotus palmatus	LC		
4380	泡头菌科	Physalacriaceae	密白松果菇	Strobilurus albipilatus	DD		

序号 No.	科名 Chinese Family Names	科 Family	汉语学名 Chinese Names	学名 Scientific Names	评估等级 Status	评估依据 Assessment Criteria	特有种 Endemic
4381	泡头菌科	Physalacriaceae	球果松果菇	*Strobilurus conigenus*	DD		
4382	泡头菌科	Physalacriaceae	西方松果菇	*Strobilurus occidentalis*	DD		
4383	泡头菌科	Physalacriaceae	大囊松果菇	*Strobilurus stephanocystis*	LC		
4384	泡头菌科	Physalacriaceae	绒毛松果菇	*Strobilurus tenacellus*	DD		
4385	泡头菌科	Physalacriaceae	污白松果菇	*Strobilurus trullisatus*	LC		
4386	泡头菌科	Physalacriaceae	黄绒干蘑	*Xerula pudens*	DD		
4387	泡头菌科	Physalacriaceae	中华干蘑	*Xerula sinopudens*	DD		
4388	泡头菌科	Physalacriaceae	硬毛干蘑	*Xerula strigosa*	DD		√
4389	侧耳科	Pleurotaceae	渐狭亚侧耳	*Hohenbuehelia angustata*	LC		
4390	侧耳科	Pleurotaceae	紧靠亚侧耳	*Hohenbuehelia approximans*	DD		
4391	侧耳科	Pleurotaceae	暗蓝亚侧耳	*Hohenbuehelia atrocoerulea*	DD		
4392	侧耳科	Pleurotaceae	橙囊亚侧耳	*Hohenbuehelia aurantiocystis*	LC		
4393	侧耳科	Pleurotaceae	勺状亚侧耳	*Hohenbuehelia auriscalpium*	DD		
4394	侧耳科	Pleurotaceae	并发亚侧耳	*Hohenbuehelia concurrens*	DD		
4395	侧耳科	Pleurotaceae	杯点亚侧耳	*Hohenbuehelia cyphelliformis*	DD		
4396	侧耳科	Pleurotaceae	柔膜亚侧耳	*Hohenbuehelia fluxilis*	DD		
4397	侧耳科	Pleurotaceae	灰白亚侧耳	*Hohenbuehelia grisea*	DD		
4398	侧耳科	Pleurotaceae	硬亚侧耳	*Hohenbuehelia haptoclada*	DD		
4399	侧耳科	Pleurotaceae	霍氏亚侧耳	*Hohenbuehelia horakii*	DD		
4400	侧耳科	Pleurotaceae	巨囊亚侧耳	*Hohenbuehelia ingentimetuloidea*	DD		√
4401	侧耳科	Pleurotaceae	平孢亚侧耳	*Hohenbuehelia leiospora*	DD		
4402	侧耳科	Pleurotaceae	薄孢亚侧耳	*Hohenbuehelia leptospora*	DD		
4403	侧耳科	Pleurotaceae	长柄亚侧耳	*Hohenbuehelia longipes*	DD		
4404	侧耳科	Pleurotaceae	灰黄鳞亚侧耳	*Hohenbuehelia mastrucata*	DD		
4405	侧耳科	Pleurotaceae	粘毛亚侧耳	*Hohenbuehelia myxotricha*	DD		
4406	侧耳科	Pleurotaceae	黑亚侧耳	*Hohenbuehelia nigra*	DD		
4407	侧耳科	Pleurotaceae	橄榄绿毛亚侧耳	*Hohenbuehelia olivacea*	DD		√

序号 No.	科名 Chinese Family Names	科 Family	汉语学名 Chinese Names	学名 Scientific Names	评估等级 Status	评估依据 Assessment Criteria	特有种 Endemic
4408	侧耳科	Pleurotaceae	花瓣状亚侧耳	Hohenbuehelia petaloides	LC		
4409	侧耳科	Pleurotaceae	松亚侧耳	Hohenbuehelia pinacearum	DD		
4410	侧耳科	Pleurotaceae	冷亚侧耳	Hohenbuehelia portegna	DD		
4411	侧耳科	Pleurotaceae	肾形亚侧耳	Hohenbuehelia reniformis	NT		
4412	侧耳科	Pleurotaceae	森林亚侧耳	Hohenbuehelia silvana	LC		
4413	侧耳科	Pleurotaceae	匙形亚侧耳	Hohenbuehelia spathulata	DD		
4414	侧耳科	Pleurotaceae	亚肾形亚侧耳	Hohenbuehelia subrenformis	DD		
4415	侧耳科	Pleurotaceae	胶质亚侧耳	Hohenbuehelia tremula	DD		
4416	侧耳科	Pleurotaceae	的黎亚侧耳	Hohenbuehelia tripolitania	DD		
4417	侧耳科	Pleurotaceae	黑灰孢亚侧耳	Hohenbuehelia tylospora	DD		
4418	侧耳科	Pleurotaceae	蹄亚侧耳	Hohenbuehelia unguicularis	DD		
4419	侧耳科	Pleurotaceae	冷杉侧耳	Pleurotus abieticola	DD		
4420	侧耳科	Pleurotaceae	短柄侧耳	Pleurotus anserinus	LC		
4421	侧耳科	Pleurotaceae	褐侧耳	Pleurotus badius	DD		
4422	侧耳科	Pleurotaceae	梅尔侧耳	Pleurotus bretschneideri	DD		
4423	侧耳科	Pleurotaceae	贝盖侧耳	Pleurotus calyptratus	LC		
4424	侧耳科	Pleurotaceae	金顶侧耳	Pleurotus citrinopileatus	LC		
4425	侧耳科	Pleurotaceae	蓝灰侧耳	Pleurotus columbinus	DD		
4426	侧耳科	Pleurotaceae	白黄侧耳	Pleurotus cornucopiae	LC		
4427	侧耳科	Pleurotaceae	盖囊侧耳	Pleurotus cystidiosus	LC		
4428	侧耳科	Pleurotaceae	淡红侧耳	Pleurotus djamor	LC		
4429	侧耳科	Pleurotaceae	栎侧耳	Pleurotus dryinus	LC		
4430	侧耳科	Pleurotaceae	红侧耳	Pleurotus eous	DD		
4431	侧耳科	Pleurotaceae	刺芹侧耳	Pleurotus eryngii	NT		
4432	侧耳科	Pleurotaceae	阿魏侧耳	Pleurotus ferulae	NT		√
4433	侧耳科	Pleurotaceae	扇形侧耳	Pleurotus flabellatus	LC		
4434	侧耳科	Pleurotaceae	柔韧侧耳	Pleurotus flexilis	DD		√

序号 No.	科名 Chinese Family Names	科 Family	汉语学名 Chinese Names	学名 Scientific Names	评估等级 Status	评估依据 Assessment Criteria	特有种 Endemic
4435	侧耳科	Pleurotaceae	佛罗里达侧耳	*Pleurotus floridanus*	LC		
4436	侧耳科	Pleurotaceae	巢柄侧耳	*Pleurotus fossulatus*	LC		
4437	侧耳科	Pleurotaceae	秀珍侧耳	*Pleurotus geesterani*	DD		
4438	侧耳科	Pleurotaceae	巨大侧耳	*Pleurotus giganteus*	LC		
4439	侧耳科	Pleurotaceae	小白侧耳	*Pleurotus limpidus*	LC		
4440	侧耳科	Pleurotaceae	临川侧耳	*Pleurotus lindquistii*	DD		
4441	侧耳科	Pleurotaceae	膜质侧耳	*Pleurotus membranaceus*	DD		
4442	侧耳科	Pleurotaceae	蒙古侧耳	*Pleurotus mongolicus*	DD		
4443	侧耳科	Pleurotaceae	白灵侧耳	*Pleurotus nebrodensis*	DD		
4444	侧耳科	Pleurotaceae	仙人掌侧耳	*Pleurotus opuntiae*	DD		
4445	侧耳科	Pleurotaceae	平菇	*Pleurotus ostreatus*	DD		
4446	侧耳科	Pleurotaceae	佩南侧耳	*Pleurotus penangensis*	DD		
4447	侧耳科	Pleurotaceae	扁柄侧耳	*Pleurotus platypus*	LC		
4448	侧耳科	Pleurotaceae	肺形侧耳	*Pleurotus pulmonarius*	LC		
4449	侧耳科	Pleurotaceae	小亚侧耳	*Pleurotus pusillus*	DD		
4450	侧耳科	Pleurotaceae	萨门红侧耳	*Pleurotus samoensis*	DD		
4451	侧耳科	Pleurotaceae	小白隔侧耳	*Pleurotus septicus*	DD		
4452	侧耳科	Pleurotaceae	灰白侧耳	*Pleurotus spodoleucus*	LC		
4453	侧耳科	Pleurotaceae	网隙侧耳	*Pleurotus subareolatus*	DD		
4454	侧耳科	Pleurotaceae	托林侧耳	*Pleurotus tuoliensis*	DD		√
4455	光柄菇科	Pluteaceae	糊精质孢矮菇	*Chamaeota dextrinoidespora*	DD		√
4456	光柄菇科	Pluteaceae	黄光柄菇	*Pluteus admirabilis*	DD		
4457	光柄菇科	Pluteaceae	小白光柄菇	*Pluteus albidus*	DD		
4458	光柄菇科	Pluteaceae	白柄光柄菇	*Pluteus albostipitatus*	DD		
4459	光柄菇科	Pluteaceae	两面囊光柄菇	*Pluteus amphicystis*	DD		
4460	光柄菇科	Pluteaceae	黑褐光柄菇	*Pluteus atrofuscus*	LC		
4461	光柄菇科	Pluteaceae	黑边光柄菇	*Pluteus atromarginatus*	LC		

序号 No.	科名 Chinese Family Names	科 Family	汉语学名 Chinese Names	学名 Scientific Names	评估等级 Status	评估依据 Assessment Criteria	特有种 Endemic
4462	光柄菇科	Pluteaceae	橘红光柄菇	*Pluteus aurantiorugosus*	LC		
4463	光柄菇科	Pluteaceae	灰光柄菇	*Pluteus cervinus*	LC		
4464	光柄菇科	Pluteaceae	金褐光柄菇	*Pluteus chrysophaeus*	LC		
4465	光柄菇科	Pluteaceae	棕灰光柄菇	*Pluteus cinereofuscus*	DD		
4466	光柄菇科	Pluteaceae	裂盖光柄菇	*Pluteus diettrichii*	DD		
4467	光柄菇科	Pluteaceae	嫩光柄菇	*Pluteus ephebeus*	LC		
4468	光柄菇科	Pluteaceae	污白光柄菇	*Pluteus escharies*	DD		
4469	光柄菇科	Pluteaceae	短小光柄菇	*Pluteus exiguus*	DD		
4470	光柄菇科	Pluteaceae	凤凰光柄菇	*Pluteus fenghuangensis*	DD		√
4471	光柄菇科	Pluteaceae	黄烟色光柄菇	*Pluteus flavofuligineus*	DD		
4472	光柄菇科	Pluteaceae	粒盖光柄菇	*Pluteus granularis*	DD		
4473	光柄菇科	Pluteaceae	灰顶光柄菇	*Pluteus griseodiscus*	DD		
4474	光柄菇科	Pluteaceae	裂光柄菇	*Pluteus hiatulus*	DD		
4475	光柄菇科	Pluteaceae	硬毛光柄菇	*Pluteus hispidulus*	DD		
4476	光柄菇科	Pluteaceae	狮黄光柄菇	*Pluteus leoninus*	LC		
4477	光柄菇科	Pluteaceae	长条纹光柄菇	*Pluteus longistriatus*	LC		
4478	光柄菇科	Pluteaceae	卷缘光柄菇	*Pluteus luctuosus*	DD		
4479	光柄菇科	Pluteaceae	土黄光柄菇	*Pluteus luteus*	DD		√
4480	光柄菇科	Pluteaceae	小孢光柄菇	*Pluteus microsporus*	LC		
4481	光柄菇科	Pluteaceae	南昆光柄菇	*Pluteus nankungensis*	DD		√
4482	光柄菇科	Pluteaceae	矮光柄菇	*Pluteus nanus*	LC		
4483	光柄菇科	Pluteaceae	白色光柄菇	*Pluteus pallidus*	DD		
4484	光柄菇科	Pluteaceae	豹斑光柄菇	*Pluteus pantherinus*	DD		
4485	光柄菇科	Pluteaceae	白光柄菇	*Pluteus pellitus*	LC		
4486	光柄菇科	Pluteaceae	帽盖光柄菇	*Pluteus petasatus*	LC		
4487	光柄菇科	Pluteaceae	皱皮光柄菇	*Pluteus phlebophorus*	DD		
4488	光柄菇科	Pluteaceae	粉褶光柄菇	*Pluteus plautus*	LC		

序号 No.	科名 Chinese Family Names	科 Family	汉语学名 Chinese Names	学名 Scientific Names	评估等级 Status	评估依据 Assessment Criteria	特有种 Endemic
4489	光柄菇科	Pluteaceae	球盖光柄菇	*Pluteus podospileus*	DD		
4490	光柄菇科	Pluteaceae	波扎里光柄菇	*Pluteus pouzarianus*	DD		
4491	光柄菇科	Pluteaceae	粉状光柄菇	*Pluteus pulverulentus*	DD		
4492	光柄菇科	Pluteaceae	紫褐光柄菇	*Pluteus purpureofuscus*	DD		√
4493	光柄菇科	Pluteaceae	裂纹光柄菇	*Pluteus rimosus*	DD		
4494	光柄菇科	Pluteaceae	罗梅尔光柄菇	*Pluteus romellii*	DD		
4495	光柄菇科	Pluteaceae	粉白光柄菇	*Pluteus roseocandidus*	DD		
4496	光柄菇科	Pluteaceae	柳光柄菇	*Pluteus salicinus*	LC		
4497	光柄菇科	Pluteaceae	囊盖光柄菇	*Pluteus scrotiformis*	DD		
4498	光柄菇科	Pluteaceae	臼足光柄菇	*Pluteus semibulbosus*	LC		
4499	光柄菇科	Pluteaceae	近灰光柄菇	*Pluteus subcervinus*	LC		
4500	光柄菇科	Pluteaceae	网盖光柄菇	*Pluteus thomsonii*	LC		
4501	光柄菇科	Pluteaceae	稀茸光柄菇	*Pluteus tomentosulus*	DD		
4502	光柄菇科	Pluteaceae	发形光柄菇	*Pluteus umbrinellus*	DD		
4503	光柄菇科	Pluteaceae	暗褐光柄菇	*Pluteus umbrosus*	LC		
4504	光柄菇科	Pluteaceae	小包脚菇	*Volvariella argentina*	DD		
4505	光柄菇科	Pluteaceae	巴氏小包脚菇	*Volvariella bakeri*	DD		
4506	光柄菇科	Pluteaceae	丝盖小包脚菇	*Volvariella bombycina*	LC		
4507	光柄菇科	Pluteaceae	冬小包脚菇	*Volvariella brumalis*	VU	A3cd	√
4508	光柄菇科	Pluteaceae	古巴小包脚菇	*Volvariella cubensis*	DD		
4509	光柄菇科	Pluteaceae	双体小包脚菇	*Volvariella diplasia*	DD		
4510	光柄菇科	Pluteaceae	可食小包脚菇	*Volvariella esculenta*	DD		
4511	光柄菇科	Pluteaceae	白毛小包脚菇	*Volvariella hypopithys*	DD		
4512	光柄菇科	Pluteaceae	间型小包脚菇	*Volvariella media*	DD		
4513	光柄菇科	Pluteaceae	灰小包脚菇	*Volvariella murinella*	DD		
4514	光柄菇科	Pluteaceae	雪白小包脚菇	*Volvariella nivea*	DD		√
4515	光柄菇科	Pluteaceae	拟苞小包脚菇	*Volvariella pseudovolvacea*	DD		

序号 No.	科名 Chinese Family Names	科 Family	汉语学名 Chinese Names	学名 Scientific Names	评估等级 Status	评估依据 Assessment Criteria	特有种 Endemic
4516	光柄菇科	Pluteaceae	矮小包脚菇	*Volvariella pusilla*	LC		
4517	光柄菇科	Pluteaceae	褐毛小包脚菇	*Volvariella subtaylorii*	DD		
4518	光柄菇科	Pluteaceae	立起小包脚菇	*Volvariella surrecta*	DD		
4519	光柄菇科	Pluteaceae	小绒苞小包脚菇	*Volvariella taylorii*	DD		
4520	光柄菇科	Pluteaceae	裂毛小包脚菇	*Volvariella terastia*	DD		
4521	光柄菇科	Pluteaceae	毛托小包脚菇	*Volvariella villosovolva*	DD		
4522	光柄菇科	Pluteaceae	草菇	*Volvariella volvacea*	LC		
4523	光柄菇科	Pluteaceae	黏盖草菇	*Volvopluteus gloiocephalus*	LC		
4524	多孔菌科	Polyporaceae	皮饼多孢孔菌	*Abundisporus fuscopurpureus*	LC		
4525	多孔菌科	Polyporaceae	软多孢孔菌	*Abundisporus mollissimus*	DD		√
4526	多孔菌科	Polyporaceae	绒毛多孢孔菌	*Abundisporus pubertatis*	LC		
4527	多孔菌科	Polyporaceae	栎生多孢孔菌	*Abundisporus quercicola*	DD		√
4528	多孔菌科	Polyporaceae	浅粉多孢孔菌	*Abundisporus roseoalbus*	LC		
4529	多孔菌科	Polyporaceae	深波状粉孔菌	*Amyloporia sinuosa*	LC		
4530	多孔菌科	Polyporaceae	拟黄粉孔菌	*Amyloporia subxantha*	DD		√
4531	多孔菌科	Polyporaceae	缩深黄孔菌	*Aurantiporus fissilis*	LC		
4532	多孔菌科	Polyporaceae	变形深黄孔菌	*Aurantiporus transformatus*	DD		
4533	多孔菌科	Polyporaceae	灰皮布氏多孔菌	*Bresadolia cuticulata*	DD		√
4534	多孔菌科	Polyporaceae	软肉布氏多孔菌	*Bresadolia hapalopus*	DD		√
4535	多孔菌科	Polyporaceae	潮润布氏多孔菌	*Bresadolia uda*	LC		
4536	多孔菌科	Polyporaceae	疣面革褶菌	*Cellulariella acuta*	LC		
4537	多孔菌科	Polyporaceae	钻天柳蜡孔菌	*Cerioporus choseniae*	DD		
4538	多孔菌科	Polyporaceae	薄盖蜡孔菌	*Cerioporus leptocephalus*	LC		
4539	多孔菌科	Polyporaceae	柔蜡孔菌	*Cerioporus mollis*	LC		
4540	多孔菌科	Polyporaceae	鳞蜡孔菌	*Cerioporus squamosus*	LC		
4541	多孔菌科	Polyporaceae	硬固蜡孔菌	*Cerioporus stereoides*	LC		
4542	多孔菌科	Polyporaceae	多变蜡孔菌	*Cerioporus varius*	LC		

序号 No.	科名 Chinese Family Names	科 Family	汉语学名 Chinese Names	学名 Scientific Names	评估等级 Status	评估依据 Assessment Criteria	特有种 Endemic
4543	多孔菌科	Polyporaceae	白黄下皮黑孔菌	*Cerrena albocinnamomea*	LC		√
4544	多孔菌科	Polyporaceae	金黄孢下皮黑孔菌	*Cerrena aurantiopora*	DD		
4545	多孔菌科	Polyporaceae	毛边下皮黑孔菌	*Cerrena drummondii*	LC		
4546	多孔菌科	Polyporaceae	单色下皮黑孔菌	*Cerrena unicolor*	LC		
4547	多孔菌科	Polyporaceae	环带下皮黑孔菌	*Cerrena zonata*	LC		
4548	多孔菌科	Polyporaceae	林氏灰孔菌	*Cinereomyces lindbladii*	LC		
4549	多孔菌科	Polyporaceae	褐拟革盖菌	*Coriolopsis badia*	DD		
4550	多孔菌科	Polyporaceae	褐白拟革盖菌	*Coriolopsis brunneoleuca*	DD		
4551	多孔菌科	Polyporaceae	软盖拟革盖菌	*Coriolopsis byrsina*	LC		
4552	多孔菌科	Polyporaceae	伸长拟革盖菌	*Coriolopsis elongatus*	DD		
4553	多孔菌科	Polyporaceae	粗壁孢拟革盖菌	*Coriolopsis fibula*	DD		
4554	多孔菌科	Polyporaceae	粗拟革盖菌	*Coriolopsis gallica*	LC		
4555	多孔菌科	Polyporaceae	淡黄拟革盖菌	*Coriolopsis luteola*	DD		√
4556	多孔菌科	Polyporaceae	烟色拟革盖菌	*Coriolopsis luteo-olivacea*	DD		
4557	多孔菌科	Polyporaceae	绒拟革盖菌	*Coriolopsis occidentalis*	LC		
4558	多孔菌科	Polyporaceae	褐色拟革盖菌	*Coriolopsis phaea*	DD		
4559	多孔菌科	Polyporaceae	粉敷拟革盖菌	*Coriolopsis pruinata*	DD		
4560	多孔菌科	Polyporaceae	软拟革盖菌	*Coriolopsis turgida*	DD		
4561	多孔菌科	Polyporaceae	粗壁孢革盖菌	*Coriolus fibula*	LC		
4562	多孔菌科	Polyporaceae	粗毛革盖菌	*Coriolus hirsutulus*	DD		
4563	多孔菌科	Polyporaceae	毛纹革盖菌	*Coriolus hirtellus*	DD		
4564	多孔菌科	Polyporaceae	黄薄革盖菌	*Coriolus membranaceus*	DD		
4565	多孔菌科	Polyporaceae	黄褐革盖菌	*Coriolus neaniscus*	LC		
4566	多孔菌科	Polyporaceae	美丽革盖菌	*Coriolus pavonius*	DD		
4567	多孔菌科	Polyporaceae	多纹革盖菌	*Coriolus polyzonus*	DD		
4568	多孔菌科	Polyporaceae	中华隐孔菌	*Cryptoporus sinensis*	LC		√
4569	多孔菌科	Polyporaceae	隐孔菌	*Cryptoporus volvatus*	LC		

序号 No.	科名 Chinese Family Names	科 Family	汉语学名 Chinese Names	学名 Scientific Names	评估等级 Status	评估依据 Assessment Criteria	特有种 Endemic
4570	多孔菌科	Polyporaceae	壳状拟迷孔菌	*Daedaleopsis conchiformis*	DD		
4571	多孔菌科	Polyporaceae	粗糙拟迷孔菌	*Daedaleopsis confragosa*	LC		
4572	多孔菌科	Polyporaceae	东洋拟迷孔菌	*Daedaleopsis nipponica*	LC		
4573	多孔菌科	Polyporaceae	中国拟迷孔菌	*Daedaleopsis sinensis*	LC		
4574	多孔菌科	Polyporaceae	三色拟迷孔菌	*Daedaleopsis tricolor*	LC		
4575	多孔菌科	Polyporaceae	迷惑异薄孔菌	*Datronia decipiens*	DD		
4576	多孔菌科	Polyporaceae	光异薄孔菌	*Datronia glabra*	DD		
4577	多孔菌科	Polyporaceae	奥克曼异薄孔菌	*Datronia orcomanta*	DD		
4578	多孔菌科	Polyporaceae	俯卧异薄孔菌	*Datronia perstrata*	DD		
4579	多孔菌科	Polyporaceae	淡黑异薄孔菌	*Datronia sepiicolor*	DD		
4580	多孔菌科	Polyporaceae	黑盖小异薄孔菌	*Datroniella melanocarpa*	LC		√
4581	多孔菌科	Polyporaceae	盘状小异薄孔菌	*Datroniella scutellata*	LC		
4582	多孔菌科	Polyporaceae	亚热带小异薄孔菌	*Datroniella subtropica*	LC		√
4583	多孔菌科	Polyporaceae	西藏小异薄孔菌	*Datroniella tibetica*	LC		√
4584	多孔菌科	Polyporaceae	热带小异薄孔菌	*Datroniella tropica*	LC		√
4585	多孔菌科	Polyporaceae	乌苏里齿伏革菌	*Dentocorticium ussuricum*	DD		
4586	多孔菌科	Polyporaceae	扁桃状二丝孔菌	*Dichomitus amygdalinus*	DD		
4587	多孔菌科	Polyporaceae	田野二丝孔菌	*Dichomitus campestris*	DD		
4588	多孔菌科	Polyporaceae	白扁二丝孔菌	*Dichomitus leucoplacus*	DD		
4589	多孔菌科	Polyporaceae	波状二丝孔菌	*Dichomitus sinuolatus*	DD		√
4590	多孔菌科	Polyporaceae	污染二丝孔菌	*Dichomitus squalens*	LC		
4591	多孔菌科	Polyporaceae	硬二丝孔菌	*Diplomitoporus crustulinus*	NT		
4592	多孔菌科	Polyporaceae	迷路状二丝孔菌	*Diplomitoporus daedaleiformis*	LC		
4593	多孔菌科	Polyporaceae	淡黄二丝孔菌	*Diplomitoporus flavescens*	DD		
4594	多孔菌科	Polyporaceae	粗硬春孔菌	*Earliella scabrosa*	LC		
4595	多孔菌科	Polyporaceae	短刺棘刚毛菌	*Echinochaete brachypora*	DD		
4596	多孔菌科	Polyporaceae	赤褐棘刚毛菌	*Echinochaete ruficeps*	DD		

序号 No.	科名 Chinese Family Names	科 Family	汉语学名 Chinese Names	学名 Scientific Names	评估等级 Status	评估依据 Assessment Criteria	特有种 Endemic
4597	多孔菌科	Polyporaceae	细长棘刚毛菌	Echinochaete russiceps	DD		
4598	多孔菌科	Polyporaceae	菊竹上皮孔菌	Epithele bambusae	DD		
4599	多孔菌科	Polyporaceae	瘦弱上皮孔菌	Epithele macarangae	DD		
4600	多孔菌科	Polyporaceae	尼考上皮孔菌	Epithele nikau	DD		
4601	多孔菌科	Polyporaceae	鲑色艾氏孔菌	Erastia salmonicolor	LC		
4602	多孔菌科	Polyporaceae	黑烧土喇叭菌	Faerberia carbonaria	DD		
4603	多孔菌科	Polyporaceae	丛生棱孔菌	Favolus acervatus	DD		
4604	多孔菌科	Polyporaceae	棱盖棱孔菌	Favolus junghuhnii	DD		
4605	多孔菌科	Polyporaceae	小孢棱孔菌	Favolus microporus	DD		
4606	多孔菌科	Polyporaceae	假桦棱孔菌	Favolus pseudobetulinus	DD		
4607	多孔菌科	Polyporaceae	宽鳞棱孔菌	Favolus squamosus	LC		
4608	多孔菌科	Polyporaceae	略薄棱孔菌	Favolus tenuiculus	LC		
4609	多孔菌科	Polyporaceae	薄扇黄层菌	Flabellophora licmophora	LC		
4610	多孔菌科	Polyporaceae	层架菌	Flabellophora superposita	DD		
4611	多孔菌科	Polyporaceae	竹生红盖孔菌	Flammeopellis bambusicola	DD		√
4612	多孔菌科	Polyporaceae	离层孔菌	Fomes abruptus	DD		
4613	多孔菌科	Polyporaceae	广布层孔菌	Fomes extensus	DD		
4614	多孔菌科	Polyporaceae	簇生层孔菌	Fomes fasciatus	DD		
4615	多孔菌科	Polyporaceae	木蹄层孔菌	Fomes fomentarius	LC		
4616	多孔菌科	Polyporaceae	黄绿层孔菌	Fomes fulvellus	LC		
4617	多孔菌科	Polyporaceae	暗黄层孔菌	Fomes fulvus	DD		
4618	多孔菌科	Polyporaceae	弯凸层孔菌	Fomes gibbosus	DD		
4619	多孔菌科	Polyporaceae	半灰层孔菌	Fomes hemitephrus	DD		
4620	多孔菌科	Polyporaceae	楝树层孔菌	Fomes meliae	DD		
4621	多孔菌科	Polyporaceae	黑漆层孔菌	Fomes nigrolaccatus	DD		
4622	多孔菌科	Polyporaceae	牡蛎色层孔菌	Fomes ostricolor	DD		
4623	多孔菌科	Polyporaceae	多疣层孔菌	Fomes pseudosenex	DD		

序号 No.	科名 Chinese Family Names	科 Family	汉语学名 Chinese Names	学名 Scientific Names	评估等级 Status	评估依据 Assessment Criteria	特有种 Endemic
4624	多孔菌科	Polyporaceae	粗糙粗毛盖菌	*Funalia aspera*	LC		
4625	多孔菌科	Polyporaceae	绒毛粗毛盖菌	*Funalia floccosa*	DD		
4626	多孔菌科	Polyporaceae	血红粗毛盖菌	*Funalia sanguinaria*	LC		
4627	多孔菌科	Polyporaceae	崖柏粗毛盖菌	*Funalia thujae*	DD		√
4628	多孔菌科	Polyporaceae	管裂褐皮黑孔菌	*Fuscocerrena portoricensis*	LC		
4629	多孔菌科	Polyporaceae	棕稠线齿菌	*Grammothele fuligo*	LC		
4630	多孔菌科	Polyporaceae	线线齿菌	*Grammothele lineata*	LC		
4631	多孔菌科	Polyporaceae	栎线齿菌	*Grammothele quercina*	DD		√
4632	多孔菌科	Polyporaceae	亚洲拟线齿菌	*Grammothelopsis asiatica*	DD		√
4633	多孔菌科	Polyporaceae	亚热带拟线齿菌	*Grammothelopsis subtropica*	DD		√
4634	多孔菌科	Polyporaceae	深黄彩孔菌	*Hapalopilus croceus*	LC		
4635	多孔菌科	Polyporaceae	浅黄彩孔菌	*Hapalopilus flavus*	DD		√
4636	多孔菌科	Polyporaceae	刚毛彩孔菌	*Hapalopilus hispidulus*	DD		
4637	多孔菌科	Polyporaceae	脉状卧彩孔菌	*Hapalopilus phlebiiformis*	DD		
4638	多孔菌科	Polyporaceae	彩孔菌	*Hapalopilus rutilans*	LC		
4639	多孔菌科	Polyporaceae	苦味全缘孔菌	*Haploporus amarus*	DD		√
4640	多孔菌科	Polyporaceae	宽孢全缘孔菌	*Haploporus latisporus*	DD		√
4641	多孔菌科	Polyporaceae	尼泊尔全缘孔菌	*Haploporus nepalensis*	DD		
4642	多孔菌科	Polyporaceae	香味全缘孔菌	*Haploporus odorus*	DD		
4643	多孔菌科	Polyporaceae	辛迪全缘孔菌	*Haploporus thindii*	LC		
4644	多孔菌科	Polyporaceae	沟纹阳盖伞	*Heliocybe sulcata*	LC		
4645	多孔菌科	Polyporaceae	帽形蜂窝菌	*Hexagonia cucullata*	LC		
4646	多孔菌科	Polyporaceae	光盖蜂窝菌	*Hexagonia glabra*	DD		
4647	多孔菌科	Polyporaceae	异孔蜂窝菌	*Hexagonia heteropora*	DD		
4648	多孔菌科	Polyporaceae	硬蜂窝窝菌	*Hexagonia rigida*	DD		
4649	多孔菌科	Polyporaceae	薄边蜂窝菌	*Hexagonia tenuis*	DD		
4650	多孔菌科	Polyporaceae	哈氏雷丸菌	*Laccocephalum hartmannii*	DD		

序号 No.	科名 Chinese Family Names	科 Family	汉语学名 Chinese Names	学名 Scientific Names	评估等级 Status	评估依据 Assessment Criteria	特有种 Endemic
4651	多孔菌科	Polyporaceae	巨核雷丸菌	Laccocephalum mylittae	LC		
4652	多孔菌科	Polyporaceae	乳色平栓菌	Leiotrametes lactinea	LC		
4653	多孔菌科	Polyporaceae	门氏平栓菌	Leiotrametes menziesii	LC		
4654	多孔菌科	Polyporaceae	漏斗韧伞	Lentinus arcularius	DD		
4655	多孔菌科	Polyporaceae	栗褐韧伞	Lentinus badius	LC		
4656	多孔菌科	Polyporaceae	贝特韧伞	Lentinus berteroi	DD		
4657	多孔菌科	Polyporaceae	冬生韧伞	Lentinus brumalis	LC		
4658	多孔菌科	Polyporaceae	枝柄韧伞	Lentinus cladopus	LC		
4659	多孔菌科	Polyporaceae	合生韧伞	Lentinus connatus	LC		
4660	多孔菌科	Polyporaceae	毛缘韧伞	Lentinus elmeri	DD		
4661	多孔菌科	Polyporaceae	啮蚀状韧伞	Lentinus erosus	DD		
4662	多孔菌科	Polyporaceae	褐韧伞	Lentinus fuscus	DD		
4663	多孔菌科	Polyporaceae	纤头韧伞	Lentinus inocephalus	DD		
4664	多孔菌科	Polyporaceae	光滑韧伞	Lentinus levis	DD		
4665	多孔菌科	Polyporaceae	火星韧伞	Lentinus martianoffianus	DD		
4666	多孔菌科	Polyporaceae	芳香韧伞	Lentinus odorus	DD		
4667	多孔菌科	Polyporaceae	杂色韧伞	Lentinus polychrous	LC		
4668	多孔菌科	Polyporaceae	层出韧伞	Lentinus prolifer	DD		
4669	多孔菌科	Polyporaceae	拉莫斯韧伞	Lentinus ramosii	DD		
4670	多孔菌科	Polyporaceae	网纹鳞韧伞	Lentinus retinervis	DD		
4671	多孔菌科	Polyporaceae	环柄韧伞	Lentinus sajor-caju	LC		
4672	多孔菌科	Polyporaceae	硬柄韧伞	Lentinus scleropus	LC		
4673	多孔菌科	Polyporaceae	鳞盖韧伞	Lentinus squamosus	DD		
4674	多孔菌科	Polyporaceae	翘鳞韧伞	Lentinus squarrosulus	LC		
4675	多孔菌科	Polyporaceae	深裂韧伞	Lentinus subdulcis	DD		
4676	多孔菌科	Polyporaceae	亚致密韧伞	Lentinus substrictus	LC		
4677	多孔菌科	Polyporaceae	虎皮韧伞	Lentinus tigrinus	LC		

序号 No.	科名 Chinese Family Names	科 Family	汉语学名 Chinese Names	学名 Scientific Names	评估等级 Status	评估依据 Assessment Criteria	特有种 Endemic
4678	多孔菌科	Polyporaceae	毛发韧伞	Lentinus tricholoma	DD		
4679	多孔菌科	Polyporaceae	菌核韧伞	Lentinus tuber-regium	LC		
4680	多孔菌科	Polyporaceae	绒毛韧伞	Lentinus velutinus	LC		
4681	多孔菌科	Polyporaceae	扁平革稠菌	Lenzites applanatus	DD		
4682	多孔菌科	Polyporaceae	桦革稠菌	Lenzites betulinus	LC		
4683	多孔菌科	Polyporaceae	古巴革稠菌	Lenzites cubensis	DD		
4684	多孔菌科	Polyporaceae	超群革稠菌	Lenzites eximius	DD		
4685	多孔菌科	Polyporaceae	光秀革稠菌	Lenzites glabrus	DD		
4686	多孔菌科	Polyporaceae	东方革稠菌	Lenzites japonicus	LC		
4687	多孔菌科	Polyporaceae	厚革稠菌	Lenzites kusanoi	DD		
4688	多孔菌科	Polyporaceae	马来革稠菌	Lenzites malaccensis	LC		
4689	多孔菌科	Polyporaceae	铜钱状革稠菌	Lenzites nummularius	DD		
4690	多孔菌科	Polyporaceae	宽褶革稠菌	Lenzites platyphyllus	LC		
4691	多孔菌科	Polyporaceae	软绣灰革稠菌	Lenzites repandus	DD		
4692	多孔菌科	Polyporaceae	合欢革稠菌	Lenzites shichianus	DD		
4693	多孔菌科	Polyporaceae	中国革稠菌	Lenzites sinensis	DD		
4694	多孔菌科	Polyporaceae	似安息香革稠菌	Lenzites styracinus	DD		
4695	多孔菌科	Polyporaceae	薄盖革稠菌	Lenzites tenuis	DD		
4696	多孔菌科	Polyporaceae	三色革稠菌	Lenzites tricolor	DD		
4697	多孔菌科	Polyporaceae	柔软细长孔菌	Leptoporus mollis	LC		
4698	多孔菌科	Polyporaceae	白刺桑革菌	Licentia yaochanica	DD		√
4699	多孔菌科	Polyporaceae	海南木孔菌	Lignosus hainanensis	DD		√
4700	多孔菌科	Polyporaceae	孤苓木孔菌	Lignosus rhinocerus	DD		
4701	多孔菌科	Polyporaceae	神圣木孔菌	Lignosus sacer	DD		
4702	多孔菌科	Polyporaceae	叠生木孔菌	Lignosus superpositus	DD		
4703	多孔菌科	Polyporaceae	金缕梅芽革菌	Lloydella hamamelidis	DD		
4704	多孔菌科	Polyporaceae	微灰齿脉菌	Lopharia cinerascens	LC		

序号 No.	科名 Chinese Family Names	科 Family	汉语学名 Chinese Names	学名 Scientific Names	评估等级 Status	评估依据 Assessment Criteria	特有种 Endemic
4705	多孔菌科	Polyporaceae	小脊齿脉菌	*Lopharia lirellosa*	DD		
4706	多孔菌科	Polyporaceae	纸状齿脉菌	*Lopharia papyracea*	DD		
4707	多孔菌科	Polyporaceae	灰孔洛伊菌	*Loweporus tephroporus*	LC		
4708	多孔菌科	Polyporaceae	网孔宽丝孔菌	*Macrohyporia dictyopora*	DD		
4709	多孔菌科	Polyporaceae	拟囊状体巨孔菌	*Megasporia cystidiolophora*	DD		√
4710	多孔菌科	Polyporaceae	椭圆巨孔菌	*Megasporia ellipsoidea*	DD		√
4711	多孔菌科	Polyporaceae	蜂巢巨孔菌	*Megasporia hexagonoides*	DD		
4712	多孔菌科	Polyporaceae	大孢巨孔菌	*Megasporia major*	LC		√
4713	多孔菌科	Polyporaceae	紫巨孔菌	*Megasporia violacea*	DD		√
4714	多孔菌科	Polyporaceae	小孔大孢孔菌	*Megasporoporia microporela*	DD		
4715	多孔菌科	Polyporaceae	小大孢孔菌	*Megasporoporia minuta*	DD		√
4716	多孔菌科	Polyporaceae	刚毛大孢孔菌	*Megasporoporia setulosa*	LC		
4717	多孔菌科	Polyporaceae	孔擦亚大孢孔菌	*Megasporoporiella cavernulosa*	DD		
4718	多孔菌科	Polyporaceae	杜鹃亚大孢孔菌	*Megasporoporiella rhododendri*	DD		√
4719	多孔菌科	Polyporaceae	亚孔擦亚大孢孔菌	*Megasporoporiella subcavernulosa*	LC		√
4720	多孔菌科	Polyporaceae	小黑壳孔菌	*Melanoderma microcarpum*	DD		√
4721	多孔菌科	Polyporaceae	灰黑孔菌	*Melanoporia nigra*	DD		
4722	多孔菌科	Polyporaceae	朴树微孔菌	*Microporellus celtis*	DD		√
4723	多孔菌科	Polyporaceae	卵形微孔菌	*Microporellus obovatus*	LC		
4724	多孔菌科	Polyporaceae	紫灰微孔菌	*Microporellus violaceocinerascens*	DD		
4725	多孔菌科	Polyporaceae	褐小孔菌	*Microporus affinis*	LC		
4726	多孔菌科	Polyporaceae	黑白小孔菌	*Microporus alboater*	DD		
4727	多孔菌科	Polyporaceae	东洋小孔菌	*Microporus nipponicus*	DD		
4728	多孔菌科	Polyporaceae	黄柄小孔菌	*Microporus xanthopus*	LC		
4729	多孔菌科	Polyporaceae	同生软孔菌	*Mollicarpus cognatus*	DD		
4730	多孔菌科	Polyporaceae	高黎贡山新异薄孔菌	*Neodatronia gaoligongensis*	DD		√
4731	多孔菌科	Polyporaceae	中国新异薄孔菌	*Neodatronia sinensis*	LC		√

序号 No.	科名 Chinese Family Names	科 Family	汉语学名 Chinese Names	学名 Scientific Names	评估等级 Status	评估依据 Assessment Criteria	特有种 Endemic
4732	多孔菌科	Polyporaceae	新棱孔菌	*Neofavolus alveolaris*	LC		
4733	多孔菌科	Polyporaceae	三河新棱孔菌	*Neofavolus mikawae*	LC		
4734	多孔菌科	Polyporaceae	红柄新棱孔菌	*Neofavolus suavissimus*	LC		
4735	多孔菌科	Polyporaceae	烟色新小层孔菌	*Neofomitella fumosipora*	DD		
4736	多孔菌科	Polyporaceae	环区新小层孔菌	*Neofomitella polyzonata*	DD		√
4737	多孔菌科	Polyporaceae	红褐新小层孔菌	*Neofomitella rhodophaea*	LC		
4738	多孔菌科	Polyporaceae	粘新韧伞	*Neolentinus adhaerens*	LC		
4739	多孔菌科	Polyporaceae	浅杯状新韧伞	*Neolentinus cyathiformis*	LC		
4740	多孔菌科	Polyporaceae	洁丽新韧伞	*Neolentinus lepideus*	LC		
4741	多孔菌科	Polyporaceae	黑层孔菌	*Nigrofomes melanoporus*	NT		
4742	多孔菌科	Polyporaceae	硬黑孔菌	*Nigroporus durus*	LC		
4743	多孔菌科	Polyporaceae	乌苏里黑孔菌	*Nigroporus ussuriensis*	DD		
4744	多孔菌科	Polyporaceae	薄黑孔菌	*Nigroporus vinosus*	LC		
4745	多孔菌科	Polyporaceae	亚拉巴马厚孢孔菌	*Pachykytospora alabamae*	LC		
4746	多孔菌科	Polyporaceae	纸状厚孢孔菌	*Pachykytospora papyracea*	LC		
4747	多孔菌科	Polyporaceae	瘤厚孢孔菌	*Pachykytospora tuberculosa*	LC		
4748	多孔菌科	Polyporaceae	纤毛革耳	*Panus brunneipes*	LC		
4749	多孔菌科	Polyporaceae	粗毛革耳	*Panus ciliatus*	LC		
4750	多孔菌科	Polyporaceae	贝壳状革耳	*Panus conchatus*	LC		
4751	多孔菌科	Polyporaceae	黄革耳	*Panus farneus*	DD		
4752	多孔菌科	Polyporaceae	新粗毛革耳	*Panus neostrigosus*	LC		
4753	多孔菌科	Polyporaceae	毛革耳	*Panus setiger*	LC		
4754	多孔菌科	Polyporaceae	绒柄革耳	*Panus similis*	LC		
4755	多孔菌科	Polyporaceae	鳞毛革耳	*Panus strigellus*	LC		
4756	多孔菌科	Polyporaceae	非洲多年卧孔菌	*Perenniporia africana*	DD		
4757	多孔菌科	Polyporaceae	干多年卧孔菌	*Perenniporia aridula*	DD		√
4758	多孔菌科	Polyporaceae	竹生多年卧孔菌	*Perenniporia bambusicola*	DD		

序号 No.	科名 Chinese Family Names	科 Family	汉语学名 Chinese Names	学名 Scientific Names	评估等级 Status	评估依据 Assessment Criteria	特有种 Endemic
4759	多孔菌科	Polyporaceae	版纳多年卧孔菌	*Perenniporia bannaensis*	DD		√
4760	多孔菌科	Polyporaceae	紧密多年卧孔菌	*Perenniporia compacta*	DD		
4761	多孔菌科	Polyporaceae	三角多年卧孔菌	*Perenniporia contraria*	DD		
4762	多孔菌科	Polyporaceae	囊多年卧孔菌	*Perenniporia cystidiata*	DD		√
4763	多孔菌科	Polyporaceae	下延多年卧孔菌	*Perenniporia decurrata*	DD		
4764	多孔菌科	Polyporaceae	红栗褐多年卧孔菌	*Perenniporia delavayi*	DD		
4765	多孔菌科	Polyporaceae	树状多年卧孔菌	*Perenniporia dendrohyphidia*	DD		
4766	多孔菌科	Polyporaceae	椭圆孢多年卧孔菌	*Perenniporia ellipsospora*	DD		
4767	多孔菌科	Polyporaceae	外来多年卧孔菌	*Perenniporia ellisiana*	DD		
4768	多孔菌科	Polyporaceae	费氏多年卧孔菌	*Perenniporia fergusii*	DD		
4769	多孔菌科	Polyporaceae	台湾多年卧孔菌	*Perenniporia formosana*	DD		√
4770	多孔菌科	Polyporaceae	梣多年卧孔菌	*Perenniporia fraxinea*	LC		
4771	多孔菌科	Polyporaceae	白蜡多年卧孔菌	*Perenniporia fraxinophila*	LC		
4772	多孔菌科	Polyporaceae	戈氏多年卧孔菌	*Perenniporia gomezii*	DD		
4773	多孔菌科	Polyporaceae	海南多年卧孔菌	*Perenniporia hainaniana*	DD		√
4774	多孔菌科	Polyporaceae	服部多年卧孔菌	*Perenniporia hattorii*	DD		√
4775	多孔菌科	Polyporaceae	小蹄形多年卧孔菌	*Perenniporia inflexibilis*	LC		
4776	多孔菌科	Polyporaceae	灰黄多年卧孔菌	*Perenniporia isabellina*	DD		
4777	多孔菌科	Polyporaceae	日本多年卧孔菌	*Perenniporia japonica*	LC		
4778	多孔菌科	Polyporaceae	裂状多年卧孔菌	*Perenniporia lacerata*	DD		√
4779	多孔菌科	Polyporaceae	浅黄多年卧孔菌	*Perenniporia luteola*	DD		√
4780	多孔菌科	Polyporaceae	怀槐多年卧孔菌	*Perenniporia maackiae*	LC		
4781	多孔菌科	Polyporaceae	大孔多年卧孔菌	*Perenniporia macropora*	DD		√
4782	多孔菌科	Polyporaceae	褐壳多年卧孔菌	*Perenniporia malvena*	LC		
4783	多孔菌科	Polyporaceae	角壳多年卧孔菌	*Perenniporia martia*	LC		
4784	多孔菌科	Polyporaceae	淡黄多年卧孔菌	*Perenniporia medulla-panis*	LC		
4785	多孔菌科	Polyporaceae	小多年卧孔菌	*Perenniporia minor*	DD		√

序号 No.	科名 Chinese Family Names	科 Family	汉语学名 Chinese Names	学名 Scientific Names	评估等级 Status	评估依据 Assessment Criteria	特有种 Endemic
4786	多孔菌科	Polyporaceae	骨质多年卧孔菌	Perenniporia minutissima	LC		
4787	多孔菌科	Polyporaceae	南仁山多年卧孔菌	Perenniporia nanjenshana	DD		√
4788	多孔菌科	Polyporaceae	南岭多年卧孔菌	Perenniporia nanlingensis	DD		√
4789	多孔菌科	Polyporaceae	褚白多年卧孔菌	Perenniporia ochroleuca	LC		
4790	多孔菌科	Polyporaceae	奥地多年卧孔菌	Perenniporia ohiensis	DD		
4791	多孔菌科	Polyporaceae	绵羊状多年卧孔菌	Perenniporia oviformis	DD		
4792	多孔菌科	Polyporaceae	树皮多年卧孔菌	Perenniporia phloiophila	DD		
4793	多孔菌科	Polyporaceae	云杉多年卧孔菌	Perenniporia piceicola	DD		√
4794	多孔菌科	Polyporaceae	梨生多年卧孔菌	Perenniporia pyricola	DD		√
4795	多孔菌科	Polyporaceae	菌索多年卧孔菌	Perenniporia rhizomorpha	DD		√
4796	多孔菌科	Polyporaceae	玫缘多年卧孔菌	Perenniporia russeimarginata	DD		√
4797	多孔菌科	Polyporaceae	黄白多年卧孔菌	Perenniporia subacida	LC		
4798	多孔菌科	Polyporaceae	亚白灰孢多年卧孔菌	Perenniporia subtephropora	DD		√
4799	多孔菌科	Polyporaceae	薄多年卧孔菌	Perenniporia tenuis	LC		
4800	多孔菌科	Polyporaceae	天目多年卧孔菌	Perenniporia tianmuensis	DD		√
4801	多孔菌科	Polyporaceae	西藏多年卧孔菌	Perenniporia tibetica	DD		√
4802	多孔菌科	Polyporaceae	截多年卧孔菌	Perenniporia truncatospora	LC		
4803	多孔菌科	Polyporaceae	黄多年卧孔菌	Perenniporia xantha	DD		
4804	多孔菌科	Polyporaceae	奇异黑斑根孔菌	Picipes admirabilis	DD		
4805	多孔菌科	Polyporaceae	黄褐黑斑根孔菌	Picipes badius	LC		
4806	多孔菌科	Polyporaceae	黑柄黑斑根孔菌	Picipes melanopus	LC		
4807	多孔菌科	Polyporaceae	喜根黑斑根孔菌	Picipes rhizophilus	LC		
4808	多孔菌科	Polyporaceae	拟黑柄黑斑根孔菌	Picipes submelanopus	DD		√
4809	多孔菌科	Polyporaceae	太白黑斑根孔菌	Picipes taibaiensis	DD		√
4810	多孔菌科	Polyporaceae	条纹黑斑根孔菌	Picipes virgatus	LC		
4811	多孔菌科	Polyporaceae	印度毛孔菌	Piloporia indica	DD		
4812	多孔菌科	Polyporaceae	萨雅毛孔菌	Piloporia sajanensis	DD		

序号 No.	科名 Chinese Family Names	科 Family	汉语学名 Chinese Names	学名 Scientific Names	评估等级 Status	评估依据 Assessment Criteria	特有种 Endemic
4813	多孔菌科	Polyporaceae	喜根拟多孔菌	*Polyporellus rhizophilus*	DD		
4814	多孔菌科	Polyporaceae	白盖多孔菌	*Polyporus albiceps*	DD		
4815	多孔菌科	Polyporaceae	长管多孔菌	*Polyporus annulatus*	DD		
4816	多孔菌科	Polyporaceae	扃盖多孔菌	*Polyporus antilopus*	DD		
4817	多孔菌科	Polyporaceae	漏斗多孔菌	*Polyporus arcularius*	LC		
4818	多孔菌科	Polyporaceae	嘉氏多孔菌	*Polyporus calkinsii*	DD		
4819	多孔菌科	Polyporaceae	针叶树生多孔菌	*Polyporus conifericola*	DD		√
4820	多孔菌科	Polyporaceae	冠突多孔菌	*Polyporus cristatus*	DD		
4821	多孔菌科	Polyporaceae	鸡冠多孔菌	*Polyporus cristulatus*	DD		
4822	多孔菌科	Polyporaceae	楔形褐多孔菌	*Polyporus cuneatobrunneus*	DD		
4823	多孔菌科	Polyporaceae	网柄多孔菌	*Polyporus dictyopus*	LC		
4824	多孔菌科	Polyporaceae	粉多孔菌	*Polyporus dielsii*	DD		
4825	多孔菌科	Polyporaceae	密多孔菌	*Polyporus farinacea*	DD		
4826	多孔菌科	Polyporaceae	簇生多孔菌	*Polyporus fasciculatus*	DD		
4827	多孔菌科	Polyporaceae	美丽多孔菌	*Polyporus formosus*	DD		
4828	多孔菌科	Polyporaceae	黄硬毛多孔菌	*Polyporus gilvorigidus*	DD		
4829	多孔菌科	Polyporaceae	棱盖多孔菌	*Polyporus grammocephalus*	DD		
4830	多孔菌科	Polyporaceae	圭亚那多孔菌	*Polyporus guianensis*	DD		
4831	多孔菌科	Polyporaceae	湖南多孔菌	*Polyporus hunanensis*	DD		
4832	多孔菌科	Polyporaceae	淡红多孔菌	*Polyporus hypomiltinus*	DD		
4833	多孔菌科	Polyporaceae	尖峰岭多孔菌	*Polyporus jianfenglingensis*	DD		√
4834	多孔菌科	Polyporaceae	理坡瑞多孔菌	*Polyporus leprieurii*	LC		
4835	多孔菌科	Polyporaceae	利普西那多孔菌	*Polyporus lipsiensis*	LC		
4836	多孔菌科	Polyporaceae	小多孔菌	*Polyporus minor*	DD		
4837	多孔菌科	Polyporaceae	蒙古多孔菌	*Polyporus mongolicus*	DD		√
4838	多孔菌科	Polyporaceae	穆地多孔菌	*Polyporus musashiensis*	DD		
4839	多孔菌科	Polyporaceae	珠光多孔菌	*Polyporus perula*	DD		

序号 No.	科名 Chinese Family Names	科 Family	汉语学名 Chinese Names	学名 Scientific Names	评估等级 Status	评估依据 Assessment Criteria	特有种 Endemic
4840	多孔菌科	Polyporaceae	菲律宾多孔菌	*Polyporus philippinensis*	LC		
4841	多孔菌科	Polyporaceae	青柄多孔菌	*Polyporus picipes*	LC		
4842	多孔菌科	Polyporaceae	杨多孔菌	*Polyporus plorans*	DD		
4843	多孔菌科	Polyporaceae	杯多孔菌	*Polyporus pocula*	DD		
4844	多孔菌科	Polyporaceae	微小多孔菌	*Polyporus pumilus*	DD		√
4845	多孔菌科	Polyporaceae	青沟多孔菌	*Polyporus qinggouensis*	DD		
4846	多孔菌科	Polyporaceae	长根多孔菌	*Polyporus radicatus*	LC		
4847	多孔菌科	Polyporaceae	红斑多孔菌	*Polyporus rugulosus*	LC		
4848	多孔菌科	Polyporaceae	皱褶多孔菌	*Polyporus sepia*	DD		
4849	多孔菌科	Polyporaceae	亚奇多孔菌	*Polyporus subadmirabilis*	DD		
4850	多孔菌科	Polyporaceae	近莲座多孔菌	*Polyporus subfloriformis*	DD		√
4851	多孔菌科	Polyporaceae	近木质多孔菌	*Polyporus sublignosus*	DD		√
4852	多孔菌科	Polyporaceae	近软多孔菌	*Polyporus submollis*	DD		√
4853	多孔菌科	Polyporaceae	微垂多孔菌	*Polyporus subpendulus*	DD		
4854	多孔菌科	Polyporaceae	极薄多孔菌	*Polyporus tenuissimus*	DD		
4855	多孔菌科	Polyporaceae	栓多孔菌	*Polyporus trametoides*	DD		
4856	多孔菌科	Polyporaceae	喇叭多孔菌	*Polyporus tubaeformis*	DD		
4857	多孔菌科	Polyporaceae	块茎形多孔菌	*Polyporus tuberaster*	LC		
4858	多孔菌科	Polyporaceae	茯苓多孔菌	*Polyporus tuckahoe*	DD		
4859	多孔菌科	Polyporaceae	猪苓多孔菌	*Polyporus umbellatus*	LC		
4860	多孔菌科	Polyporaceae	新疆多孔菌	*Polyporus xinjiangensis*	DD		√
4861	多孔菌科	Polyporaceae	远安多孔菌	*Polyporus yuananensis*	DD		√
4862	多孔菌科	Polyporaceae	金毛卧孔菌	*Poria aureotomentosa*	DD		√
4863	多孔菌科	Polyporaceae	长孢卧孔菌	*Poria barbaeformis*	DD		
4864	多孔菌科	Polyporaceae	下褐卧孔菌	*Poria hypobrunnea*	DD		
4865	多孔菌科	Polyporaceae	褐黄卧孔菌	*Poria lurida*	DD		
4866	多孔菌科	Polyporaceae	桑生卧孔菌	*Poria moricola*	DD		√

序号 No.	科名 Chinese Family Names	科 Family	汉语学名 Chinese Names	学名 Scientific Names	评估等级 Status	评估依据 Assessment Criteria	特有种 Endemic
4867	多孔菌科	Polyporaceae	裂齿卧孔菌	Poria pellicula	DD		
4868	多孔菌科	Polyporaceae	北京卧孔菌	Poria pepinensis	DD		√
4869	多孔菌科	Polyporaceae	波缘卧孔菌	Poria sinuascens	DD		
4870	多孔菌科	Polyporaceae	堇紫卧孔菌	Poria violacea	DD		
4871	多孔菌科	Polyporaceae	白纹线孔菌	Porogramme albocincta	DD		
4872	多孔菌科	Polyporaceae	贝壳巢孔菌	Poronidulus conchifer	LC		
4873	多孔菌科	Polyporaceae	格纹假梭孔菌	Pseudofavolus bipindiensis	DD		
4874	多孔菌科	Polyporaceae	多纹假梭孔菌	Pseudofavolus polygrammus	DD		
4875	多孔菌科	Polyporaceae	美观假梭孔菌	Pseudofavolus pulchellus	DD		
4876	多孔菌科	Polyporaceae	巧克力假滴孔菌	Pseudopiptoporus chocolatus	DD		
4877	多孔菌科	Polyporaceae	朱红密孔菌	Pycnoporus cinnabarinus	LC		
4878	多孔菌科	Polyporaceae	血红密孔菌	Pycnoporus sanguineus	LC		
4879	多孔菌科	Polyporaceae	白边火木蹄孔菌	Pyrofomes albomarginatus	LC		
4880	多孔菌科	Polyporaceae	栲生火木蹄孔菌	Pyrofomes castanopsidis	DD		√
4881	多孔菌科	Polyporaceae	德氏火木蹄孔菌	Pyrofomes demidoffii	DD		
4882	多孔菌科	Polyporaceae	扁红孔菌	Rhodonia placenta	DD		
4883	多孔菌科	Polyporaceae	匙形冠孔菌	Royoporus spatulatus	LC		
4884	多孔菌科	Polyporaceae	白黄干皮孔菌	Skeletocutis albocremea	DD		
4885	多孔菌科	Polyporaceae	软革干皮孔菌	Skeletocutis alutacea	LC		
4886	多孔菌科	Polyporaceae	异干皮孔菌	Skeletocutis amorpha	LC		
4887	多孔菌科	Polyporaceae	竹生干皮孔菌	Skeletocutis bambusicola	DD		√
4888	多孔菌科	Polyporaceae	双泡干皮孔菌	Skeletocutis biguttulata	DD		
4889	多孔菌科	Polyporaceae	歪胞干皮孔菌	Skeletocutis brevispora	DD		
4890	多孔菌科	Polyporaceae	肉灰干皮孔菌	Skeletocutis carneogrisea	DD		√
4891	多孔菌科	Polyporaceae	菌索干皮孔菌	Skeletocutis fimbriata	DD		√
4892	多孔菌科	Polyporaceae	肿干皮孔菌	Skeletocutis inflata	DD		√
4893	多孔菌科	Polyporaceae	柯氏干皮孔菌	Skeletocutis krawtzewii	DD		

序号 No.	科名 Chinese Family Names	科 Family	汉语学名 Chinese Names	学名 Scientific Names	评估等级 Status	评估依据 Assessment Criteria	特有种 Endemic
4894	多孔菌科	Polyporaceae	薄干皮孔菌	*Skeletocutis kuehneri*	DD		
4895	多孔菌科	Polyporaceae	紫干皮孔菌	*Skeletocutis lilacina*	DD		
4896	多孔菌科	Polyporaceae	浅黄干皮孔菌	*Skeletocutis luteolus*	DD		√
4897	多孔菌科	Polyporaceae	雪白干皮孔菌	*Skeletocutis nivea*	LC		
4898	多孔菌科	Polyporaceae	新西兰干皮孔菌	*Skeletocutis novae-zelandiae*	DD		
4899	多孔菌科	Polyporaceae	黄白干皮孔菌	*Skeletocutis ochroalba*	DD		
4900	多孔菌科	Polyporaceae	香干皮孔菌	*Skeletocutis odora*	LC		
4901	多孔菌科	Polyporaceae	纸干皮孔菌	*Skeletocutis papyracea*	DD		
4902	多孔菌科	Polyporaceae	大孢干皮孔菌	*Skeletocutis percandida*	DD		
4903	多孔菌科	Polyporaceae	多年干皮孔菌	*Skeletocutis perennis*	DD		√
4904	多孔菌科	Polyporaceae	星状干皮孔菌	*Skeletocutis stellae*	DD		
4905	多孔菌科	Polyporaceae	亚肉质干皮孔菌	*Skeletocutis subincarnata*	LC		
4906	多孔菌科	Polyporaceae	亚星状干皮孔菌	*Skeletocutis substellae*	DD		√
4907	多孔菌科	Polyporaceae	拟常见干皮孔菌	*Skeletocutis subvulgaris*	DD		√
4908	多孔菌科	Polyporaceae	珠里姆干皮孔菌	*Skeletocutis tschulymica*	DD		
4909	多孔菌科	Polyporaceae	莲蓬稀管菌	*Sparsitubus nelumbiformis*	LC		√
4910	多孔菌科	Polyporaceae	优美绵皮孔菌	*Spongipellis delectans*	LC		
4911	多孔菌科	Polyporaceae	毛盖绵皮孔菌	*Spongipellis litschaueri*	LC		
4912	多孔菌科	Polyporaceae	单色绵皮孔菌	*Spongipellis unicolor*	DD		
4913	多孔菌科	Polyporaceae	石色乳孔菌	*Theleporus calcicolor*	LC		
4914	多孔菌科	Polyporaceae	球状色孔菌	*Tinctoporellus bubalinus*	DD		√
4915	多孔菌科	Polyporaceae	红木色孔菌	*Tinctoporellus epimiltinus*	LC		
4916	多孔菌科	Polyporaceae	土黄色孔菌	*Tinctoporellus hinnuleus*	DD		
4917	多孔菌科	Polyporaceae	戴尔菲小栓菌	*Trametella telfairii*	DD		√
4918	多孔菌科	Polyporaceae	白栓菌	*Trametes albida*	DD		
4919	多孔菌科	Polyporaceae	毛状栓菌	*Trametes apiaria*	LC		
4920	多孔菌科	Polyporaceae	褐栓菌	*Trametes brunneola*	DD		

序号 No.	科名 Chinese Family Names	科 Family	汉语学名 Chinese Names	学名 Scientific Names	评估等级 Status	评估依据 Assessment Criteria	特有种 Endemic
4921	多孔菌科	Polyporaceae	瓣环栓菌	*Trametes cingulata*	DD		
4922	多孔菌科	Polyporaceae	深红栓菌	*Trametes coccinea*	DD		
4923	多孔菌科	Polyporaceae	榍梓栓菌	*Trametes cotonea*	DD		
4924	多孔菌科	Polyporaceae	立方栓菌	*Trametes cubensis*	DD		
4925	多孔菌科	Polyporaceae	冠囊栓菌	*Trametes cystidiolophora*	DD		√
4926	多孔菌科	Polyporaceae	凹形栓菌	*Trametes ectypa*	DD		
4927	多孔菌科	Polyporaceae	雅致栓菌	*Trametes elegans*	LC		
4928	多孔菌科	Polyporaceae	椭孢栓菌	*Trametes ellipsospora*	DD		
4929	多孔菌科	Polyporaceae	浅黄栓菌	*Trametes flavida*	DD		
4930	多孔菌科	Polyporaceae	偏肿栓菌	*Trametes gibbosa*	LC		
4931	多孔菌科	Polyporaceae	微黄栓菌	*Trametes gilvoides*	LC		
4932	多孔菌科	Polyporaceae	光栓菌	*Trametes glabrorigens*	LC		
4933	多孔菌科	Polyporaceae	异孢栓菌	*Trametes heterospora*	DD		
4934	多孔菌科	Polyporaceae	硬毛栓菌	*Trametes hirsuta*	LC		
4935	多孔菌科	Polyporaceae	多硬毛栓菌	*Trametes hirta*	DD		
4936	多孔菌科	Polyporaceae	灰白栓菌	*Trametes incana*	DD		
4937	多孔菌科	Polyporaceae	草野栓菌	*Trametes kusanoana*	LC		
4938	多孔菌科	Polyporaceae	狮栓菌	*Trametes leonina*	DD		
4939	多孔菌科	Polyporaceae	柳氏栓菌	*Trametes ljubarskyi*	DD		
4940	多孔菌科	Polyporaceae	马尼拉栓菌	*Trametes manilaensis*	LC		
4941	多孔菌科	Polyporaceae	玛丽安娜栓菌	*Trametes marianna*	DD		
4942	多孔菌科	Polyporaceae	巨大栓菌	*Trametes maxima*	DD		
4943	多孔菌科	Polyporaceae	黄薄栓菌	*Trametes membranacea*	DD		
4944	多孔菌科	Polyporaceae	亚褐带栓菌	*Trametes meyenii*	DD		
4945	多孔菌科	Polyporaceae	米梅栓菌	*Trametes mimetes*	DD		
4946	多孔菌科	Polyporaceae	谦逊栓菌	*Trametes modesta*	LC		
4947	多孔菌科	Polyporaceae	黄褐栓菌	*Trametes neaniscus*	DD		

序号 No.	科名 Chinese Family Names	科 Family	汉语学名 Chinese Names	学名 Scientific Names	评估等级 Status	评估依据 Assessment Criteria	特有种 Endemic
4948	多孔菌科	Polyporaceae	似雪栓菌	Trametes nivosa	LC		
4949	多孔菌科	Polyporaceae	淡黄褐栓菌	Trametes ochracea	LC		
4950	多孔菌科	Polyporaceae	东方栓菌	Trametes orientalis	LC		
4951	多孔菌科	Polyporaceae	密褶栓菌	Trametes palisotii	LC		
4952	多孔菌科	Polyporaceae	小美蝶栓菌	Trametes pavonia	DD		
4953	多孔菌科	Polyporaceae	羊毛栓菌	Trametes pocas	DD		
4954	多孔菌科	Polyporaceae	多带栓菌	Trametes polyzona	LC		
4955	多孔菌科	Polyporaceae	柔毛栓菌	Trametes pubescens	LC		
4956	多孔菌科	Polyporaceae	角形栓菌	Trametes quarrei	DD		
4957	多孔菌科	Polyporaceae	栎栓菌	Trametes quercina	DD		
4958	多孔菌科	Polyporaceae	槐栓菌	Trametes robiniophila	LC		
4959	多孔菌科	Polyporaceae	组明栓菌	Trametes socotrana	DD		
4960	多孔菌科	Polyporaceae	美栓菌	Trametes speciosa	LC		
4961	多孔菌科	Polyporaceae	膨大栓菌	Trametes strumosa	DD		
4962	多孔菌科	Polyporaceae	香栓菌	Trametes suaveolens	LC		
4963	多孔菌科	Polyporaceae	玫色栓菌	Trametes suberosa	DD		
4964	多孔菌科	Polyporaceae	亚香栓菌	Trametes subsuaveolens	DD		√
4965	多孔菌科	Polyporaceae	大孔肉色栓菌	Trametes tenuirosea	DD		
4966	多孔菌科	Polyporaceae	浅红栓菌	Trametes tephroleuca	DD		
4967	多孔菌科	Polyporaceae	毛栓菌	Trametes trogii	LC		
4968	多孔菌科	Polyporaceae	变栓菌	Trametes varians	DD		
4969	多孔菌科	Polyporaceae	多色栓菌	Trametes variegata	DD		
4970	多孔菌科	Polyporaceae	漆柄栓菌	Trametes vernicipes	LC		
4971	多孔菌科	Polyporaceae	变色栓菌	Trametes versicolor	LC		
4972	多孔菌科	Polyporaceae	大褶栓菌	Trametes vespacea	LC		
4973	多孔菌科	Polyporaceae	长绒毛栓菌	Trametes villosa	LC		
4974	多孔菌科	Polyporaceae	环敏栓菌	Trametes zonata	DD		

序号 No.	科名 Chinese Family Names	科 Family	汉语学名 Chinese Names	学名 Scientific Names	评估等级 Status	评估依据 Assessment Criteria	特有种 Endemic
4975	多孔菌科	Polyporaceae	齿贝拟栓菌	*Trametopsis cervina*	LC		
4976	多孔菌科	Polyporaceae	薄皮畸孢孔菌	*Truncospora detrita*	DD		
4977	多孔菌科	Polyporaceae	杏黄干酪菌	*Tyromyces armeniacus*	DD		
4978	多孔菌科	Polyporaceae	薄皮干酪菌	*Tyromyces chioneus*	LC		
4979	多孔菌科	Polyporaceae	灰盖干酪菌	*Tyromyces fumidiceps*	DD		
4980	多孔菌科	Polyporaceae	毛蹄干酪菌	*Tyromyces galactinus*	DD		
4981	多孔菌科	Polyporaceae	透明干酪菌	*Tyromyces hyalinus*	DD		
4982	多孔菌科	Polyporaceae	覆瓦干酪菌	*Tyromyces imbricatus*	DD		√
4983	多孔菌科	Polyporaceae	肉色干酪菌	*Tyromyces incarnatus*	DD		
4984	多孔菌科	Polyporaceae	硫磺干酪菌	*Tyromyces kmetii*	DD		
4985	多孔菌科	Polyporaceae	蹄形干酪菌	*Tyromyces lacteus*	LC		
4986	多孔菌科	Polyporaceae	白绵干酪菌	*Tyromyces leucospongius*	LC		
4987	多孔菌科	Polyporaceae	类舌状干酪菌	*Tyromyces raduloides*	DD		
4988	多孔菌科	Polyporaceae	接骨木状干酪菌	*Tyromyces sambuceus*	DD		
4989	多孔菌科	Polyporaceae	粗毛干酪菌	*Tyromyces setiger*	DD		
4990	多孔菌科	Polyporaceae	近下垂干酪菌	*Tyromyces subpendulus*	DD		
4991	多孔菌科	Polyporaceae	西藏干酪菌	*Tyromyces tibeticus*	DD		√
4992	多孔菌科	Polyporaceae	宽万德孔菌	*Vanderbylia latissima*	LC		
4993	多孔菌科	Polyporaceae	近邻万德孔菌	*Vanderbylia vicina*	DD		
4994	多孔菌科	Polyporaceae	长白山沃菲卧孔菌	*Wolfiporia cartilaginea*	DD		√
4995	多孔菌科	Polyporaceae	锥沃菲卧孔菌	*Wolfiporia castanopsis*	DD		√
4996	多孔菌科	Polyporaceae	茯苓	*Wolfiporia cocos*	LC		
4997	多孔菌科	Polyporaceae	弯孢沃菲卧孔菌	*Wolfiporia curvispora*	DD		√
4998	多孔菌科	Polyporaceae	宽丝沃菲卧孔菌	*Wolfiporia dilatohypha*	DD		
4999	多孔菌科	Polyporaceae	烟煤干菌	*Xerotus fuliginosus*	DD		
5000	多孔菌科	Polyporaceae	小干菌	*Xerotus pusillus*	DD		
5001	多孔菌科	Polyporaceae	纳雷姆玉成孔菌	*Yuchengia narymica*	LC		

序号 No.	科名 Chinese Family Names	科 Family	汉语学名 Chinese Names	学名 Scientific Names	评估等级 Status	评估依据 Assessment Criteria	特有种 Endemic
5002	皮孔菌科	Porotheleaceae	白树皮伞	*Phloeomana alba*	DD		
5003	皮孔菌科	Porotheleaceae	微绢树皮伞	*Phloeomana minutula*	LC		
5004	皮孔菌科	Porotheleaceae	树皮伞	*Phloeomana speirea*	DD		
5005	皮孔菌科	Porotheleaceae	毛边皮孔菌	*Porotheleum fimbriatum*	LC		
5006	小脆柄菇科	Psathyrellaceae	小褐小鬼伞	*Coprinellus aokii*	DD		
5007	小脆柄菇科	Psathyrellaceae	聚生小鬼伞	*Coprinellus congregatus*	DD		
5008	小脆柄菇科	Psathyrellaceae	白小鬼伞	*Coprinellus disseminatus*	LC		
5009	小脆柄菇科	Psathyrellaceae	家园小鬼伞	*Coprinellus domesticus*	LC		
5010	小脆柄菇科	Psathyrellaceae	速亡小鬼伞	*Coprinellus ephemerus*	DD		
5011	小脆柄菇科	Psathyrellaceae	卷毛小鬼伞	*Coprinellus flocculosus*	DD		
5012	小脆柄菇科	Psathyrellaceae	无锁小鬼伞	*Coprinellus heptemerus*	DD		
5013	小脆柄菇科	Psathyrellaceae	凤仙小鬼伞	*Coprinellus impatiens*	DD		
5014	小脆柄菇科	Psathyrellaceae	灰糠小鬼伞	*Coprinellus marculentus*	DD		
5015	小脆柄菇科	Psathyrellaceae	晶粒小鬼伞	*Coprinellus micaceus*	LC		
5016	小脆柄菇科	Psathyrellaceae	辐毛小鬼伞	*Coprinellus radians*	LC		
5017	小脆柄菇科	Psathyrellaceae	林生小鬼伞	*Coprinellus silvaticus*	LC		
5018	小脆柄菇科	Psathyrellaceae	亚凤仙小鬼伞	*Coprinellus subimpatiens*	DD		
5019	小脆柄菇科	Psathyrellaceae	角鳞小鬼伞	*Coprinellus truncorum*	DD		
5020	小脆柄菇科	Psathyrellaceae	庭院小鬼伞	*Coprinellus xanthothrix*	DD		
5021	小脆柄菇科	Psathyrellaceae	秃拟鬼伞	*Coprinopsis alopecia*	DD		
5022	小脆柄菇科	Psathyrellaceae	墨汁拟鬼伞	*Coprinopsis atramentaria*	LC		
5023	小脆柄菇科	Psathyrellaceae	灰盖拟鬼伞	*Coprinopsis cinerea*	LC		
5024	小脆柄菇科	Psathyrellaceae	心孢拟鬼伞	*Coprinopsis cordispora*	DD		
5025	小脆柄菇科	Psathyrellaceae	丝膜拟鬼伞	*Coprinopsis cortinata*	DD		
5026	小脆柄菇科	Psathyrellaceae	费赖斯拟鬼伞	*Coprinopsis friesii*	LC		
5027	小脆柄菇科	Psathyrellaceae	疣孢拟鬼伞	*Coprinopsis insignis*	LC		
5028	小脆柄菇科	Psathyrellaceae	牙买加拟鬼伞	*Coprinopsis jamaicensis*	DD		

序号 No.	科名 Chinese Family Names	科 Family	汉语学名 Chinese Names	学名 Scientific Names	评估等级 Status	评估依据 Assessment Criteria	特有种 Endemic
5029	小脆柄菇科	Psathyrellaceae	琼斯拟鬼伞	Coprinopsis jonesii	DD		
5030	小脆柄菇科	Psathyrellaceae	白毛拟鬼伞	Coprinopsis lagopides	DD		
5031	小脆柄菇科	Psathyrellaceae	白绒拟鬼伞	Coprinopsis lagopus	LC		
5032	小脆柄菇科	Psathyrellaceae	黑拟鬼伞	Coprinopsis melanthina	DD		
5033	小脆柄菇科	Psathyrellaceae	麻醉拟鬼伞	Coprinopsis narcotica	DD		
5034	小脆柄菇科	Psathyrellaceae	新白绒拟鬼伞	Coprinopsis neolagopus	DD		
5035	小脆柄菇科	Psathyrellaceae	雪白拟鬼伞	Coprinopsis nivea	LC		
5036	小脆柄菇科	Psathyrellaceae	双孢拟鬼伞	Coprinopsis novorugosobispora	DD		√
5037	小脆柄菇科	Psathyrellaceae	绒白拟鬼伞	Coprinopsis pachyderma	DD		
5038	小脆柄菇科	Psathyrellaceae	绒白小拟鬼伞	Coprinopsis pachysperma	DD		
5039	小脆柄菇科	Psathyrellaceae	小射纹拟鬼伞	Coprinopsis patouillardii	DD		
5040	小脆柄菇科	Psathyrellaceae	疱拟鬼伞	Coprinopsis phlyctidospora	DD		
5041	小脆柄菇科	Psathyrellaceae	鹊拟鬼伞	Coprinopsis picacea	DD		
5042	小脆柄菇科	Psathyrellaceae	辐射拟鬼伞	Coprinopsis radiata	DD		
5043	小脆柄菇科	Psathyrellaceae	长根拟鬼伞	Coprinopsis radicans	DD		
5044	小脆柄菇科	Psathyrellaceae	粪生拟鬼伞	Coprinopsis stercorea	DD		
5045	小脆柄菇科	Psathyrellaceae	皱皮囊皮菇	Cystoagaricus strobilomyces	DD		
5046	小脆柄菇科	Psathyrellaceae	俯垂类脆柄菇	Homophron cernuum	DD		
5047	小脆柄菇科	Psathyrellaceae	枣红类脆柄菇	Homophron spadiceum	LC		
5048	小脆柄菇科	Psathyrellaceae	长柄垂幕菇	Hypholoma elongatipes	DD		
5049	小脆柄菇科	Psathyrellaceae	泪褶毡毛脆柄菇	Lacrymaria lacrymabunda	LC		
5050	小脆柄菇科	Psathyrellaceae	土黄毡毛脆柄菇	Lacrymaria pyrotricha	DD		
5051	小脆柄菇科	Psathyrellaceae	黄束丝菌	Ozonium auricomum	LC		
5052	小脆柄菇科	Psathyrellaceae	褐束丝菌	Ozonium stuposum	DD		
5053	小脆柄菇科	Psathyrellaceae	金毛近地伞	Parasola auricoma	DD		
5054	小脆柄菇科	Psathyrellaceae	锥盖近地伞	Parasola conopilus	DD		
5055	小脆柄菇科	Psathyrellaceae	射纹近地伞	Parasola leiocephala	LC		

序号 No.	科名 Chinese Family Names	科 Family	汉语学名 Chinese Names	学名 Scientific Names	评估等级 Status	评估依据 Assessment Criteria	特有种 Endemic
5056	小脆柄菇科	Psathyrellaceae	纹乱近地伞	Parasola misera	DD		
5057	小脆柄菇科	Psathyrellaceae	褶纹近地伞	Parasola plicatilis	LC		
5058	小脆柄菇科	Psathyrellaceae	皱褶脆柄菇	Psathyra corrugis	DD		
5059	小脆柄菇科	Psathyrellaceae	白柄小脆柄菇	Psathyrella albipes	DD		
5060	小脆柄菇科	Psathyrellaceae	白盖小脆柄菇	Psathyrella albocapitata	DD		
5061	小脆柄菇科	Psathyrellaceae	砂褶小脆柄菇	Psathyrella ammophila	DD		
5062	小脆柄菇科	Psathyrellaceae	阿拉根那小脆柄菇	Psathyrella araguana	DD		
5063	小脆柄菇科	Psathyrellaceae	沙丘小脆柄菇	Psathyrella arenulina	DD		
5064	小脆柄菇科	Psathyrellaceae	亚美尼亚小脆柄菇	Psathyrella armeniaca	DD		
5065	小脆柄菇科	Psathyrellaceae	黑褶小脆柄菇	Psathyrella badiophylla	DD		
5066	小脆柄菇科	Psathyrellaceae	双皮小脆柄菇	Psathyrella bipellis	DD		
5067	小脆柄菇科	Psathyrellaceae	微黄小脆柄菇	Psathyrella byssina	DD		
5068	小脆柄菇科	Psathyrellaceae	草地小脆柄菇	Psathyrella campestris	LC		
5069	小脆柄菇科	Psathyrellaceae	黄盖小脆柄菇	Psathyrella candolleana	LC		
5070	小脆柄菇科	Psathyrellaceae	细小脆柄菇	Psathyrella corrugis	LC		
5071	小脆柄菇科	Psathyrellaceae	古巴小脆柄菇	Psathyrella cubensis	DD		
5072	小脆柄菇科	Psathyrellaceae	软弱小脆柄菇	Psathyrella debilis	DD		
5073	小脆柄菇科	Psathyrellaceae	暗小脆柄菇	Psathyrella fusca	DD		
5074	小脆柄菇科	Psathyrellaceae	戈登小脆柄菇	Psathyrella gordonii	DD		
5075	小脆柄菇科	Psathyrellaceae	灰白小脆柄菇	Psathyrella griseoalba	DD		√
5076	小脆柄菇科	Psathyrellaceae	硬毛小脆柄菇	Psathyrella hispida	DD		
5077	小脆柄菇科	Psathyrellaceae	膜盖小脆柄菇	Psathyrella hymenocephala	DD		
5078	小脆柄菇科	Psathyrellaceae	丛毛小脆柄菇	Psathyrella kauffmanii	DD		
5079	小脆柄菇科	Psathyrellaceae	乳褐小脆柄菇	Psathyrella lactobrunnescens	DD		
5080	小脆柄菇科	Psathyrellaceae	白灰小脆柄菇	Psathyrella leucotephra	DD		
5081	小脆柄菇科	Psathyrellaceae	长柄小脆柄菇	Psathyrella longipes	DD		
5082	小脆柄菇科	Psathyrellaceae	条环小脆柄菇	Psathyrella longistriata	DD		

序号 No.	科名 Chinese Family Names	科 Family	汉语学名 Chinese Names	学名 Scientific Names	评估等级 Status	评估依据 Assessment Criteria	特有种 Endemic
5083	小脆柄菇科	Psathyrellaceae	卢特小脆柄菇	*Psathyrella lutensis*	DD		
5084	小脆柄菇科	Psathyrellaceae	小根小脆柄菇	*Psathyrella microrhiza*	LC		
5085	小脆柄菇科	Psathyrellaceae	小孢小脆柄菇	*Psathyrella microspora*	LC		
5086	小脆柄菇科	Psathyrellaceae	粘胶小脆柄菇	*Psathyrella mucosa*	DD		√
5087	小脆柄菇科	Psathyrellaceae	花盖小脆柄菇	*Psathyrella multipedata*	LC		
5088	小脆柄菇科	Psathyrellaceae	丛生小脆柄菇	*Psathyrella multissima*	LC		
5089	小脆柄菇科	Psathyrellaceae	米氏小脆柄菇	*Psathyrella murrillii*	DD		
5090	小脆柄菇科	Psathyrellaceae	类脆伞小脆柄菇	*Psathyrella naucorioides*	DD		
5091	小脆柄菇科	Psathyrellaceae	黑点小脆柄菇	*Psathyrella nigripunctipes*	DD		√
5092	小脆柄菇科	Psathyrellaceae	钝小脆柄菇	*Psathyrella obtusata*	LC		
5093	小脆柄菇科	Psathyrellaceae	奥林匹亚小脆柄菇	*Psathyrella olympiana*	DD		
5094	小脆柄菇科	Psathyrellaceae	沼泽小脆柄菇	*Psathyrella palustris*	DD		
5095	小脆柄菇科	Psathyrellaceae	透明小脆柄菇	*Psathyrella pellucidipes*	DD		
5096	小脆柄菇科	Psathyrellaceae	褚褐小脆柄菇	*Psathyrella pennata*	DD		
5097	小脆柄菇科	Psathyrellaceae	胶小脆柄菇	*Psathyrella pertinax*	DD		
5098	小脆柄菇科	Psathyrellaceae	珠芽小脆柄菇	*Psathyrella piluliformis*	LC		
5099	小脆柄菇科	Psathyrellaceae	草原小脆柄菇	*Psathyrella pratensis*	DD		
5100	小脆柄菇科	Psathyrellaceae	白小脆柄菇	*Psathyrella prona*	DD		
5101	小脆柄菇科	Psathyrellaceae	假皮小脆柄菇	*Psathyrella pseudocasca*	DD		
5102	小脆柄菇科	Psathyrellaceae	微小小脆柄菇	*Psathyrella pygmaea*	DD		
5103	小脆柄菇科	Psathyrellaceae	赤褐小脆柄菇	*Psathyrella rubiginosa*	DD		
5104	小脆柄菇科	Psathyrellaceae	荒草生小脆柄菇	*Psathyrella rudericola*	DD		
5105	小脆柄菇科	Psathyrellaceae	皱盖小脆柄菇	*Psathyrella rugocephala*	DD		
5106	小脆柄菇科	Psathyrellaceae	锯屑小脆柄菇	*Psathyrella scobinacea*	DD		
5107	小脆柄菇科	Psathyrellaceae	辛格小脆柄菇	*Psathyrella singeri*	DD		
5108	小脆柄菇科	Psathyrellaceae	灰褐小脆柄菇	*Psathyrella spadiceogrisea*	DD		
5109	小脆柄菇科	Psathyrellaceae	球囊小脆柄菇	*Psathyrella sphaerocystis*	DD		

序号 No.	科名 Chinese Family Names	科 Family	汉语学名 Chinese Names	学名 Scientific Names	评估等级 Status	评估依据 Assessment Criteria	特有种 Endemic
5110	小脆柄菇科	Psathyrellaceae	泥炭藓小脆柄菇	*Psathyrella sphagnicola*	DD		
5111	小脆柄菇科	Psathyrellaceae	连接小脆柄菇	*Psathyrella spintrigera*	DD		
5112	小脆柄菇科	Psathyrellaceae	类连接小脆柄菇	*Psathyrella spintrigeroides*	DD		
5113	小脆柄菇科	Psathyrellaceae	鳞小脆柄菇	*Psathyrella squamosa*	DD		
5114	小脆柄菇科	Psathyrellaceae	近变小脆柄菇	*Psathyrella subincerta*	DD		√
5115	小脆柄菇科	Psathyrellaceae	褐黄小脆柄菇	*Psathyrella subnuda*	DD		
5116	小脆柄菇科	Psathyrellaceae	蒂氏小脆柄菇	*Psathyrella thiersii*	DD		
5117	小脆柄菇科	Psathyrellaceae	胆小小脆柄菇	*Psathyrella trepida*	DD		
5118	小脆柄菇科	Psathyrellaceae	灰暗小脆柄菇	*Psathyrella tristis*	DD		
5119	小脆柄菇科	Psathyrellaceae	香蒲小脆柄菇	*Psathyrella typhae*	DD		
5120	小脆柄菇科	Psathyrellaceae	褐鳞小脆柄菇	*Psathyrella velutinopsis*	DD		
5121	小脆柄菇科	Psathyrellaceae	棉毛新脆柄菇	*Typhrasa gossypina*	DD		
5122	羽瑚菌科	Pterulaceae	假铁杉丝瑚菌	*Aphanobasidium pseudotsugae*	DD		
5123	羽瑚菌科	Pterulaceae	近轴冕瑚菌	*Coronicium proximum*	DD		
5124	羽瑚菌科	Pterulaceae	簇生龙爪菌	*Deflexula fascicularis*	DD		
5125	羽瑚菌科	Pterulaceae	褐丁香紫龙爪菌	*Deflexula lilaceobrunnea*	DD		
5126	羽瑚菌科	Pterulaceae	榆龙爪菌	*Deflexula ulmi*	DD		
5127	羽瑚菌科	Pterulaceae	冬生球瑚菌	*Globulicium hiemale*	DD		
5128	羽瑚菌科	Pterulaceae	针状羽瑚菌	*Pterula aciculiformis*	DD		
5129	羽瑚菌科	Pterulaceae	毛羽瑚菌	*Pterula capillaris*	DD		
5130	羽瑚菌科	Pterulaceae	卧生羽瑚菌	*Pterula decumbens*	DD		
5131	羽瑚菌科	Pterulaceae	梭孢羽瑚菌	*Pterula fusispora*	DD		
5132	羽瑚菌科	Pterulaceae	大羽瑚菌	*Pterula grandis*	DD		
5133	羽瑚菌科	Pterulaceae	喜马拉雅羽瑚菌	*Pterula himalayensis*	DD		
5134	羽瑚菌科	Pterulaceae	多裂羽瑚菌	*Pterula multifida*	DD		
5135	羽瑚菌科	Pterulaceae	雪白羽瑚菌	*Pterula nivea*	LC		
5136	羽瑚菌科	Pterulaceae	帚状羽瑚菌	*Pterula penicellata*	DD		

序号 No.	科名 Chinese Family Names	科 Family	汉语学名 Chinese Names	学名 Scientific Names	评估等级 Status	评估依据 Assessment Criteria	特有种 Endemic
5137	羽瑚菌科	Pterulaceae	钻形羽瑚菌	*Pterula subulata*	DD		
5138	羽瑚菌科	Pterulaceae	木羽蠹菌	*Pterulicium xylogenum*	DD		
5139	羽瑚菌科	Pterulaceae	汇合钝齿壳菌	*Radulomyces confluens*	DD		
5140	羽瑚菌科	Pterulaceae	臼齿状钝齿壳菌	*Radulomyces molaris*	DD		
5141	重担菌科	Repetobasidiaceae	爱立逊重担菌	*Repetobasidium erikssonii*	DD		
5142	重担菌科	Repetobasidiaceae	间型重担菌	*Repetobasidium intermedium*	DD		√
5143	重担菌科	Repetobasidiaceae	瘦藓菇	*Rickenella fibula*	LC		
5144	重担菌科	Repetobasidiaceae	斯瓦氏藓菇	*Rickenella swartzii*	DD		
5145	重担菌科	Repetobasidiaceae	晶星革菌	*Sidera lenis*	LC		
5146	重担菌科	Repetobasidiaceae	洛伊晶星革菌	*Sidera lowei*	DD		
5147	重担菌科	Repetobasidiaceae	新月晶星革菌	*Sidera lunata*	DD		
5148	重担菌科	Repetobasidiaceae	普通晶星革菌	*Sidera vulgaris*	DD		
5149	须腹菌科	Rhizopogonaceae	柱孢须腹菌	*Rhizopogon cylindrisporus*	DD		
5150	须腹菌科	Rhizopogonaceae	截孢须腹菌	*Rhizopogon fabri*	LC		
5151	须腹菌科	Rhizopogonaceae	类黄须腹菌	*Rhizopogon luteoloides*	DD		
5152	须腹菌科	Rhizopogonaceae	浅黄须腹菌	*Rhizopogon luteolus*	LC		
5153	须腹菌科	Rhizopogonaceae	变黑须腹菌	*Rhizopogon nigrescens*	LC		
5154	须腹菌科	Rhizopogonaceae	黑根须腹菌	*Rhizopogon piceus*	LC		
5155	须腹菌科	Rhizopogonaceae	里亚氏须腹菌	*Rhizopogon reae*	LC		
5156	须腹菌科	Rhizopogonaceae	瑰色须腹菌	*Rhizopogon roseolus*	LC		
5157	须腹菌科	Rhizopogonaceae	山西须腹菌	*Rhizopogon shanxiensis*	DD		√
5158	须腹菌科	Rhizopogonaceae	褐黄须腹菌	*Rhizopogon superiorensis*	DD		
5159	红菇科	Russulaceae	刺博氏菇	*Boidinia aculeata*	DD		
5160	红菇科	Russulaceae	波尔本博氏菇	*Boidinia borbonica*	DD		√
5161	红菇科	Russulaceae	灰博氏菇	*Boidinia cana*	DD		
5162	红菇科	Russulaceae	鳞盖博氏菇	*Boidinia furfuracea*	DD		√
5163	红菇科	Russulaceae	颗粒博氏菇	*Boidinia granulata*	DD		√

序号 No.	科名 Chinese Family Names	科 Family	汉语学名 Chinese Names	学名 Scientific Names	评估等级 Status	评估依据 Assessment Criteria	特有种 Endemic
5164	红菇科	Russulaceae	乳白博氏菇	*Boidinia lacticolor*	DD		
5165	红菇科	Russulaceae	淡黄博氏菇	*Boidinia luteola*	DD		√
5166	红菇科	Russulaceae	大孢博氏菇	*Boidinia macrospora*	DD		√
5167	红菇科	Russulaceae	过氧博氏菇	*Boidinia peroxydata*	DD		
5168	红菇科	Russulaceae	邻博氏菇	*Boidinia propinqua*	DD		
5169	红菇科	Russulaceae	柠檬黄裸腹菌	*Gymnomyces citrinus*	DD		
5170	红菇科	Russulaceae	吉尔克裸腹菌	*Gymnomyces gilkeyae*	DD		
5171	红菇科	Russulaceae	南京裸腹菌	*Gymnomyces nanjingensis*	DD		√
5172	红菇科	Russulaceae	罗杰斯裸腹菌	*Gymnomyces rogersii*	DD		
5173	红菇科	Russulaceae	橄榄菇	*Lactarius acerrimus*	LC		
5174	红菇科	Russulaceae	灰辣乳菇	*Lactarius acris*	LC		
5175	红菇科	Russulaceae	集生乳菇	*Lactarius agglutinatus*	DD		
5176	红菇科	Russulaceae	白肉色乳菇	*Lactarius albocarneus*	DD		
5177	红菇科	Russulaceae	狭褶乳菇	*Lactarius angustifolius*	DD		
5178	红菇科	Russulaceae	网隙乳菇	*Lactarius areolatus*	DD		
5179	红菇科	Russulaceae	盾形乳菇	*Lactarius aspideus*	DD		
5180	红菇科	Russulaceae	黑橄榄色乳菇	*Lactarius atro-olivaceus*	DD		
5181	红菇科	Russulaceae	黑鳞乳菇	*Lactarius atrosquamulosus*	DD		√
5182	红菇科	Russulaceae	暗绿乳菇	*Lactarius atroviridis*	DD		
5183	红菇科	Russulaceae	橙褚乳菇	*Lactarius aurantiaco-ochraceus*	DD		
5184	红菇科	Russulaceae	桔色乳菇	*Lactarius aurantiacus*	LC		
5185	红菇科	Russulaceae	无环乳菇	*Lactarius azonites*	DD		
5186	红菇科	Russulaceae	棕红乳菇	*Lactarius badiosanguineus*	DD		
5187	红菇科	Russulaceae	双球乳菇	*Lactarius bisporus*	DD		
5188	红菇科	Russulaceae	粘乳菇	*Lactarius blennius*	LC		
5189	红菇科	Russulaceae	布氏乳菇	*Lactarius blumii*	DD		
5190	红菇科	Russulaceae	橙红轮纹乳菇	*Lactarius bresadolanus*	DD		

序号 No.	科名 Chinese Family Names	科 Family	汉语学名 Chinese Names	学名 Scientific Names	评估等级 Status	评估依据 Assessment Criteria	特有种 Endemic
5191	红菇科	Russulaceae	浓香乳菇	*Lactarius camphoratus*	LC		
5192	红菇科	Russulaceae	炭生乳菇	*Lactarius carbonicola*	DD		
5193	红菇科	Russulaceae	栗褐乳菇	*Lactarius castaneus*	LC		√
5194	红菇科	Russulaceae	栲乳菇	*Lactarius castanopsidis*	DD		
5195	红菇科	Russulaceae	长白乳菇	*Lactarius changbaiensis*	VU	B2ab(iii)	√
5196	红菇科	Russulaceae	又褶轮纹乳菇	*Lactarius chelidonium*	LC		
5197	红菇科	Russulaceae	鸡足山乳菇	*Lactarius chichuensis*	LC		√
5198	红菇科	Russulaceae	黄汁乳菇	*Lactarius chrysorrheus*	LC		
5199	红菇科	Russulaceae	灰乳菇	*Lactarius cinereus*	DD		
5200	红菇科	Russulaceae	黄褐乳菇	*Lactarius cinnamomeus*	DD		
5201	红菇科	Russulaceae	环纹乳菇	*Lactarius circellatus*	LC		
5202	红菇科	Russulaceae	柠檬味乳菇	*Lactarius citriolens*	DD		
5203	红菇科	Russulaceae	白杨乳菇	*Lactarius controversus*	LC		
5204	红菇科	Russulaceae	皱皮乳菇	*Lactarius corrugis*	LC		
5205	红菇科	Russulaceae	藏红花乳菇	*Lactarius croceus*	DD		
5206	红菇科	Russulaceae	杯状乳菇	*Lactarius cyathula*	DD		
5207	红菇科	Russulaceae	近绿乳菇	*Lactarius decipiens*	LC		
5208	红菇科	Russulaceae	柔美乳菇	*Lactarius delicatus*	DD		
5209	红菇科	Russulaceae	松乳菇	*Lactarius deliciosus*	LC		
5210	红菇科	Russulaceae	粗质乳菇	*Lactarius deterrimus*	LC		
5211	红菇科	Russulaceae	绒毛乳菇	*Lactarius echinatus*	DD		
5212	红菇科	Russulaceae	烟色乳菇	*Lactarius firmus*	DD		
5213	红菇科	Russulaceae	浅黄褐乳菇	*Lactarius flavidulus*	DD		
5214	红菇科	Russulaceae	波缘乳菇	*Lactarius flexuosus*	DD		
5215	红菇科	Russulaceae	暗褐乳菇	*Lactarius fuliginosus*	LC		
5216	红菇科	Russulaceae	褐乳菇	*Lactarius fulvissimus*	DD		
5217	红菇科	Russulaceae	褐橄榄色乳菇	*Lactarius fusco-olivaceus*	DD		

序号 No.	科名 Chinese Family Names	科 Family	汉语学名 Chinese Names	学名 Scientific Names	评估等级 Status	评估依据 Assessment Criteria	特有种 Endemic
5218	红菇科	Russulaceae	宽褶黑乳菇	*Lactarius gerardii*	LC		
5219	红菇科	Russulaceae	香乳菇	*Lactarius glyciosmus*	LC		
5220	红菇科	Russulaceae	纤细乳菇	*Lactarius gracilis*	LC		
5221	红菇科	Russulaceae	大孢乳菇	*Lactarius grandisporus*	DD		
5222	红菇科	Russulaceae	浅灰乳菇	*Lactarius griseus*	DD		
5223	红菇科	Russulaceae	红汁乳菇	*Lactarius hatsudake*	LC		
5224	红菇科	Russulaceae	亮栗色乳菇	*Lactarius helvus*	LC		
5225	红菇科	Russulaceae	肝色乳菇	*Lactarius hepaticus*	DD		
5226	红菇科	Russulaceae	毛脚乳菇	*Lactarius hirtipes*	DD		√
5227	红菇科	Russulaceae	湿乳菇	*Lactarius hygrophoroides*	LC		
5228	红菇科	Russulaceae	鲜红乳菇	*Lactarius hysginus*	LC		
5229	红菇科	Russulaceae	翘鳞乳菇	*Lactarius imbricatus*	DD		√
5230	红菇科	Russulaceae	尖顶辣乳菇	*Lactarius imperceptus*	DD		
5231	红菇科	Russulaceae	靛蓝乳菇	*Lactarius indigo*	LC		
5232	红菇科	Russulaceae	窝乳菇	*Lactarius lacunarum*	DD		
5233	红菇科	Russulaceae	木生乳菇	*Lactarius lignicola*	LC		√
5234	红菇科	Russulaceae	黑乳菇	*Lactarius lignyotus*	LC		
5235	红菇科	Russulaceae	淡紫乳菇	*Lactarius lilacinus*	DD		
5236	红菇科	Russulaceae	光亮乳菇	*Lactarius luculentus*	DD		
5237	红菇科	Russulaceae	黄白乳菇	*Lactarius luteocanus*	DD		
5238	红菇科	Russulaceae	点柄乳菇	*Lactarius maculatus*	DD		
5239	红菇科	Russulaceae	迷你乳菇	*Lactarius minimus*	EN	B2ab(iii)	
5240	红菇科	Russulaceae	胶粘乳菇	*Lactarius mucidus*	DD		
5241	红菇科	Russulaceae	小蝇乳菇	*Lactarius muscicola*	DD		
5242	红菇科	Russulaceae	乳黄色乳菇	*Lactarius musteus*	LC		
5243	红菇科	Russulaceae	易变乳菇	*Lactarius mutabilis*	DD		
5244	红菇科	Russulaceae	矮小乳菇	*Lactarius namus*	DD		

序号 No.	科名 Chinese Family Names	科 Family	汉语学名 Chinese Names	学名 Scientific Names	评估等级 Status	评估依据 Assessment Criteria	特有种 Endemic
5245	红菇科	Russulaceae	茶绿乳菇	*Lactarius necator*	LC		
5246	红菇科	Russulaceae	黑紫乳菇	*Lactarius nigroviolascens*	DD		
5247	红菇科	Russulaceae	歪斜乳菇	*Lactarius obliquus*	LC		
5248	红菇科	Russulaceae	暗乳菇	*Lactarius obscuratus*	DD		
5249	红菇科	Russulaceae	西方乳菇	*Lactarius occidentalis*	DD		
5250	红菇科	Russulaceae	峨眉乳菇	*Lactarius omeiensis*	DD		√
5251	红菇科	Russulaceae	苍白乳菇	*Lactarius pallidus*	LC		
5252	红菇科	Russulaceae	小池地乳菇	*Lactarius paludinellus*	DD		
5253	红菇科	Russulaceae	小乳菇	*Lactarius parvus*	DD		
5254	红菇科	Russulaceae	佩克乳菇	*Lactarius peckii*	DD		
5255	红菇科	Russulaceae	皮乳菇	*Lactarius pergamenus*	DD		
5256	红菇科	Russulaceae	沥青色乳菇	*Lactarius picinus*	LC		
5257	红菇科	Russulaceae	屏格尼乳菇	*Lactarius pinckneyensis*	DD		
5258	红菇科	Russulaceae	辣乳菇	*Lactarius piperatus*	LC		
5259	红菇科	Russulaceae	波宁乳菇	*Lactarius porninae*	DD		
5260	红菇科	Russulaceae	土橙黄乳菇	*Lactarius porninsis*	LC		
5261	红菇科	Russulaceae	翅孢乳菇	*Lactarius pterosporus*	DD		
5262	红菇科	Russulaceae	绒边乳菇	*Lactarius pubescens*	LC		
5263	红菇科	Russulaceae	灰褐乳菇	*Lactarius pyrogalus*	DD		
5264	红菇科	Russulaceae	红褐乳菇	*Lactarius quieticolor*	LC		
5265	红菇科	Russulaceae	油味乳菇	*Lactarius quietus*	LC		
5266	红菇科	Russulaceae	复生乳菇	*Lactarius repraesentaneus*	LC		
5267	红菇科	Russulaceae	卷边乳菇	*Lactarius resimus*	DD		
5268	红菇科	Russulaceae	龟裂乳菇	*Lactarius rimosellus*	DD		
5269	红菇科	Russulaceae	罗氏乳菇	*Lactarius romagnesii*	DD		
5270	红菇科	Russulaceae	红乳菇	*Lactarius rufus*	LC		
5271	红菇科	Russulaceae	坂本乳菇	*Lactarius sakamotoi*	DD		

序号 No.	科名 Chinese Family Names	科 Family	汉语学名 Chinese Names	学名 Scientific Names	评估等级 Status	评估依据 Assessment Criteria	特有种 Endemic
5272	红菇科	Russulaceae	赭红乳菇	*Lactarius salmoneus*	DD		
5273	红菇科	Russulaceae	鲑色乳菇	*Lactarius salmonicolor*	LC		
5274	红菇科	Russulaceae	血红乳菇	*Lactarius sanguifluus*	LC		
5275	红菇科	Russulaceae	似白乳菇	*Lactarius scoticus*	DD		
5276	红菇科	Russulaceae	黄乳菇	*Lactarius scrobiculatus*	LC		
5277	红菇科	Russulaceae	半血红乳菇	*Lactarius semisanguifluus*	DD		
5278	红菇科	Russulaceae	水液乳菇	*Lactarius serifluus*	LC		
5279	红菇科	Russulaceae	全缘乳菇	*Lactarius similissimus*	DD		
5280	红菇科	Russulaceae	污褐乳菇	*Lactarius sordidus*	DD		
5281	红菇科	Russulaceae	辣乳菇	*Lactarius spinosulus*	DD		
5282	红菇科	Russulaceae	多鳞乳菇	*Lactarius squamulosus*	DD		√
5283	红菇科	Russulaceae	微甜乳菇	*Lactarius subdulcis*	LC		
5284	红菇科	Russulaceae	近火焰色乳菇	*Lactarius subflammeus*	DD		
5285	红菇科	Russulaceae	近橄榄色乳菇	*Lactarius subolivaceus*	DD		
5286	红菇科	Russulaceae	黄灰稀褶乳菇	*Lactarius subplinthogalus*	LC		
5287	红菇科	Russulaceae	亚水液乳菇	*Lactarius subserifluus*	DD		
5288	红菇科	Russulaceae	香亚环乳菇	*Lactarius subzonarius*	LC		
5289	红菇科	Russulaceae	萨姆氏乳菇	*Lactarius sumstinei*	DD		
5290	红菇科	Russulaceae	易烂乳菇	*Lactarius tabidus*	DD		
5291	红菇科	Russulaceae	硫黄乳菇	*Lactarius theiogalus*	DD		
5292	红菇科	Russulaceae	大戟乳菇	*Lactarius tithymalinus*	DD		
5293	红菇科	Russulaceae	疝疼乳菇	*Lactarius torminosus*	LC		
5294	红菇科	Russulaceae	常见乳菇	*Lactarius trivialis*	DD		
5295	红菇科	Russulaceae	丑乳菇	*Lactarius turpis*	DD		
5296	红菇科	Russulaceae	潮湿乳菇	*Lactarius uvidus*	LC		
5297	红菇科	Russulaceae	绒白乳菇	*Lactarius vellereus*	LC		
5298	红菇科	Russulaceae	凋萎状乳菇	*Lactarius vietus*	LC		

序号 No.	科名 Chinese Family Names	科 Family	汉语学名 Chinese Names	学名 Scientific Names	评估等级 Status	评估依据 Assessment Criteria	特有种 Endemic
5299	红菇科	Russulaceae	酒红乳菇	*Lactarius vinaceorufescens*	DD		
5300	红菇科	Russulaceae	堇菜色乳菇	*Lactarius violascens*	LC		
5301	红菇科	Russulaceae	多汁乳菇	*Lactarius volemus*	LC		
5302	红菇科	Russulaceae	沃尔特乳菇	*Lactarius waltersii*	DD		
5303	红菇科	Russulaceae	王氏乳菇	*Lactarius wangii*	DD		√
5304	红菇科	Russulaceae	温泉乳菇	*Lactarius wenquanensis*	DD		√
5305	红菇科	Russulaceae	拟轮纹乳菇	*Lactarius zonarioides*	DD		
5306	红菇科	Russulaceae	轮纹乳菇	*Lactarius zonarius*	LC		
5307	红菇科	Russulaceae	黑茸多汁乳菇	*Lactifluus atrovelutinus*	DD		√
5308	红菇科	Russulaceae	粉绿多汁乳菇	*Lactifluus glaucescens*	DD		
5309	红菇科	Russulaceae	淡黄多汁乳菇	*Lactifluus luteolus*	LC		
5310	红菇科	Russulaceae	茶油多汁乳菇	*Lactifluus ochrogalactus*	DD		
5311	红菇科	Russulaceae	白绒多汁乳菇	*Lactifluus puberulus*	DD		√
5312	红菇科	Russulaceae	多皱多汁乳菇	*Lactifluus rugatus*	DD		
5313	红菇科	Russulaceae	亚稀褶茸多汁乳菇	*Lactifluus subgerardii*	LC		
5314	红菇科	Russulaceae	近辣多汁乳菇	*Lactifluus subpiperatus*	LC		
5315	红菇科	Russulaceae	亚绒盖多汁乳菇	*Lactifluus subvellereus*	LC		
5316	红菇科	Russulaceae	薄囊多汁乳菇	*Lactifluus tenuicystidiatus*	DD		√
5317	红菇科	Russulaceae	凋萎状多汁乳菇	*Lactifluus vitellinus*	DD		
5318	红菇科	Russulaceae	碘味地红菇	*Macowanites iodiolens*	DD		
5319	红菇科	Russulaceae	云南地红菇	*Macowanites yunnanensis*	DD		√
5320	红菇科	Russulaceae	尖褶红菇	*Russula acrifolia*	LC		
5321	红菇科	Russulaceae	烟色红菇	*Russula adusta*	LC		
5322	红菇科	Russulaceae	铜绿红菇	*Russula aeruginea*	LC		
5323	红菇科	Russulaceae	白红菇	*Russula albida*	LC		
5324	红菇科	Russulaceae	小白红菇	*Russula albidula*	LC		
5325	红菇科	Russulaceae	白纹红菇	*Russula alboareolata*	LC		

序号 No.	科名 Chinese Family Names	科 Family	汉语学名 Chinese Names	学名 Scientific Names	评估等级 Status	评估依据 Assessment Criteria	特有种 Endemic
5326	红菇科	Russulaceae	黑白红菇	*Russula albonigra*	LC		
5327	红菇科	Russulaceae	赤杨红菇	*Russula alnetorum*	DD		
5328	红菇科	Russulaceae	革红菇	*Russula alutacea*	LC		
5329	红菇科	Russulaceae	怡红菇	*Russula amoena*	LC		
5330	红菇科	Russulaceae	怡人红菇	*Russula amoenolens*	DD		
5331	红菇科	Russulaceae	鸭红菇	*Russula anatina*	LC		
5332	红菇科	Russulaceae	平滑红菇	*Russula aquosa*	LC		
5333	红菇科	Russulaceae	暗绿红菇	*Russula atroaeruginea*	DD		√
5334	红菇科	Russulaceae	黑紫红菇	*Russula atropurpurea*	LC		
5335	红菇科	Russulaceae	橙黄红菇	*Russula aurea*	LC		
5336	红菇科	Russulaceae	橙红菇	*Russula aurora*	LC		
5337	红菇科	Russulaceae	天蓝红菇	*Russula azurea*	LC		
5338	红菇科	Russulaceae	酱色红菇	*Russula badia*	DD		
5339	红菇科	Russulaceae	斑盖褚红菇	*Russula ballouii*	LC		
5340	红菇科	Russulaceae	桦红菇	*Russula betularum*	LC		
5341	红菇科	Russulaceae	宾川红菇	*Russula binchuanensis*	DD		√
5342	红菇科	Russulaceae	短柄红菇	*Russula brevipes*	LC		
5343	红菇科	Russulaceae	褐红菇	*Russula brunneola*	DD		
5344	红菇科	Russulaceae	紫褐红菇	*Russula brunneoviolacea*	LC		
5345	红菇科	Russulaceae	蓝紫红菇	*Russula caerulea*	LC		
5346	红菇科	Russulaceae	栲裂皮红菇	*Russula castanopsidis*	LC		
5347	红菇科	Russulaceae	空柄红菇	*Russula cavipes*	DD		
5348	红菇科	Russulaceae	白柄红菇	*Russula cernohorskyi*	DD		
5349	红菇科	Russulaceae	迟生红菇	*Russula cessans*	DD		
5350	红菇科	Russulaceae	长白红菇	*Russula changbaiensis*	DD		√
5351	红菇科	Russulaceae	鸡足山红菇	*Russula chichuensis*	LC		
5352	红菇科	Russulaceae	裘氏红菇	*Russula chiui*	DD		

序号 No.	科名 Chinese Family Names	科 Family	汉语学名 Chinese Names	学名 Scientific Names	评估等级 Status	评估依据 Assessment Criteria	特有种 Endemic
5353	红菇科	Russulaceae	灰绿红菇	Russula chloroides	LC		
5354	红菇科	Russulaceae	灰黄红菇	Russula claroflava	LC		
5355	红菇科	Russulaceae	致密红菇	Russula compacta	LC		
5356	红菇科	Russulaceae	解毒红菇	Russula consobrina	DD		
5357	红菇科	Russulaceae	珊状红菇	Russula corallina	DD		
5358	红菇科	Russulaceae	奶榛色红菇	Russula cremeoavellanea	LC		
5359	红菇科	Russulaceae	壳状红菇	Russula crustosa	LC		
5360	红菇科	Russulaceae	铜色红菇	Russula cuprea	DD		
5361	红菇科	Russulaceae	蓝黄红菇	Russula cyanoxantha	LC		
5362	红菇科	Russulaceae	拟土黄红菇	Russula decipiens	DD		
5363	红菇科	Russulaceae	褪色红菇	Russula decolorans	LC		
5364	红菇科	Russulaceae	美味红菇	Russula delica	LC		
5365	红菇科	Russulaceae	密褶红菇	Russula densifolia	LC		
5366	红菇科	Russulaceae	苋茉红菇	Russula depallens	LC		
5367	红菇科	Russulaceae	潜惑红菇	Russula dissimulans	LC		
5368	红菇科	Russulaceae	象牙黄斑红菇	Russula eburneoareolata	DD		
5369	红菇科	Russulaceae	毒红菇	Russula emetica	LC		
5370	红菇科	Russulaceae	呕吐色红菇	Russula emeticicolor	DD		
5371	红菇科	Russulaceae	非白红菇	Russula exalbicans	LC		
5372	红菇科	Russulaceae	山毛榉红菇	Russula faginea	DD		
5373	红菇科	Russulaceae	粉柄红菇	Russula farinipes	LC		
5374	红菇科	Russulaceae	苦红菇	Russula fellea	LC		
5375	红菇科	Russulaceae	淡黄红菇	Russula flavida	LC		
5376	红菇科	Russulaceae	硫孢红菇	Russula flavispora	DD		
5377	红菇科	Russulaceae	臭红菇	Russula foetens	LC		
5378	红菇科	Russulaceae	脆红菇	Russula fragilis	LC		
5379	红菇科	Russulaceae	暗褐红菇	Russula fuliginosa	DD		

序号 No.	科名 Chinese Family Names	科 Family	汉语学名 Chinese Names	学名 Scientific Names	评估等级 Status	评估依据 Assessment Criteria	特有种 Endemic
5380	红菇科	Russulaceae	叉褶红菇	*Russula furcata*	LC		
5381	红菇科	Russulaceae	灰褐红菇	*Russula gracillima*	LC		
5382	红菇科	Russulaceae	绵粒红菇	*Russula granulata*	LC		
5383	红菇科	Russulaceae	可爱红菇	*Russula grata*	LC		
5384	红菇科	Russulaceae	灰红菇	*Russula grisea*	LC		
5385	红菇科	Russulaceae	灰肉红菇	*Russula griseocarnosa*	DD		√
5386	红菇科	Russulaceae	灰棕红菇	*Russula griseofusca*	DD		
5387	红菇科	Russulaceae	广东红菇	*Russula guangdongensis*	DD		
5388	红菇科	Russulaceae	汉德尔红菇	*Russula handelii*	DD		
5389	红菇科	Russulaceae	异褶红菇	*Russula heterophylla*	LC		
5390	红菇科	Russulaceae	土生红菇	*Russula humidicola*	DD		
5391	红菇科	Russulaceae	无害红菇	*Russula innocua*	DD		
5392	红菇科	Russulaceae	变色红菇	*Russula integra*	LC		
5393	红菇科	Russulaceae	堇菜色红菇	*Russula ionochlora*	DD		
5394	红菇科	Russulaceae	日本红菇	*Russula japonica*	LC		
5395	红菇科	Russulaceae	吉林红菇	*Russula jilinensis*	DD		√
5396	红菇科	Russulaceae	关西红菇	*Russula kansaiensis*	LC		
5397	红菇科	Russulaceae	乳白红菇	*Russula lactea*	LC		
5398	红菇科	Russulaceae	悦色红菇	*Russula laeta*	DD		
5399	红菇科	Russulaceae	落叶松红菇	*Russula laricina*	DD		
5400	红菇科	Russulaceae	怡人色红菇	*Russula lepidicolor*	LC		
5401	红菇科	Russulaceae	淡紫红菇	*Russula lilacea*	LC		
5402	红菇科	Russulaceae	变蓝红菇	*Russula livescens*	LC		
5403	红菇科	Russulaceae	红黄红菇	*Russula luteoloalba*	DD		
5404	红菇科	Russulaceae	触黄红菇	*Russula luteotacta*	DD		
5405	红菇科	Russulaceae	黄绿红菇	*Russula luteoviridans*	DD		
5406	红菇科	Russulaceae	斑点红菇	*Russula maculata*	DD		

序号 No.	科名 Chinese Family Names	科 Family	汉语学名 Chinese Names	学名 Scientific Names	评估等级 Status	评估依据 Assessment Criteria	特有种 Endemic
5407	红菇科	Russulaceae	梅利红菇	*Russula mairei*	DD		
5408	红菇科	Russulaceae	绒紫红菇	*Russula mariae*	LC		
5409	红菇科	Russulaceae	髓质红菇	*Russula medullata*	LC		
5410	红菇科	Russulaceae	巨孢红菇	*Russula megaspora*	DD		
5411	红菇科	Russulaceae	蜜味红菇	*Russula melliolens*	DD		
5412	红菇科	Russulaceae	小红菇	*Russula minutula*	LC		
5413	红菇科	Russulaceae	软红菇	*Russula mollis*	LC		
5414	红菇科	Russulaceae	厚皮红菇	*Russula mustelina*	LC		
5415	红菇科	Russulaceae	矮小红菇	*Russula nana*	DD		
5416	红菇科	Russulaceae	臭味红菇	*Russula nauseosa*	LC		
5417	红菇科	Russulaceae	黑红菇	*Russula nigricans*	LC		
5418	红菇科	Russulaceae	光亮红菇	*Russula nitida*	LC		
5419	红菇科	Russulaceae	高贵红菇	*Russula nobilis*	LC		
5420	红菇科	Russulaceae	黄白红菇	*Russula ochroleuca*	LC		
5421	红菇科	Russulaceae	香红菇	*Russula odorata*	DD		
5422	红菇科	Russulaceae	菁黄红菇	*Russula olivacea*	LC		
5423	红菇科	Russulaceae	橄榄色红菇	*Russula olivascens*	LC		
5424	红菇科	Russulaceae	橄榄绿红菇	*Russula olivina*	DD		
5425	红菇科	Russulaceae	峨嵋红菇	*Russula omiensis*	LC		
5426	红菇科	Russulaceae	奥地红菇	*Russula orinocensis*	DD		
5427	红菇科	Russulaceae	淡孢红菇	*Russula pallidospora*	DD		
5428	红菇科	Russulaceae	沼泽红菇	*Russula paludosa*	LC		
5429	红菇科	Russulaceae	似天蓝红菇	*Russula parazurea*	LC		
5430	红菇科	Russulaceae	菁灰红菇	*Russula patouillardii*	DD		
5431	红菇科	Russulaceae	篦形红菇	*Russula pectinata*	LC		
5432	红菇科	Russulaceae	拟篦形红菇	*Russula pectinatoides*	LC		
5433	红菇科	Russulaceae	天竺葵红菇	*Russula pelargonia*	DD		

序号 No.	科名 Chinese Family Names	科 Family	汉语学名 Chinese Names	学名 Scientific Names	评估等级 Status	评估依据 Assessment Criteria	特有种 Endemic
5434	红菇科	Russulaceae	桃红菇	*Russula persicina*	DD		
5435	红菇科	Russulaceae	异白粉红菇	*Russula poichilochroa*	LC		
5436	红菇科	Russulaceae	杂色红菇	*Russula polychroma*	DD		
5437	红菇科	Russulaceae	多褶红菇	*Russula polyphylla*	LC		
5438	红菇科	Russulaceae	假金红菇	*Russula pseudoaurata*	DD		√
5439	红菇科	Russulaceae	假美味红菇	*Russula pseudodelica*	LC		
5440	红菇科	Russulaceae	假全缘红菇	*Russula pseudointegra*	DD		
5441	红菇科	Russulaceae	假鳞盖红菇	*Russula pseudolepida*	DD		
5442	红菇科	Russulaceae	假罗梅尔红菇	*Russula pseudoromellii*	DD		
5443	红菇科	Russulaceae	拟菱红菇	*Russula pseudovesca*	DD		√
5444	红菇科	Russulaceae	美红菇	*Russula puellaris*	LC		
5445	红菇科	Russulaceae	斑柄红菇	*Russula punctipes*	LC		
5446	红菇科	Russulaceae	大朱红菇	*Russula pungens*	DD		
5447	红菇科	Russulaceae	紫红菇	*Russula punicea*	DD		
5448	红菇科	Russulaceae	微紫红菇	*Russula purpurina*	LC		
5449	红菇科	Russulaceae	凯莱红菇	*Russula queletii*	DD		
5450	红菇科	Russulaceae	鸡冠红菇	*Russula risigallina*	LC		
5451	红菇科	Russulaceae	罗梅尔红菇	*Russula romellii*	LC		
5452	红菇科	Russulaceae	红色红菇	*Russula rosea*	LC		
5453	红菇科	Russulaceae	玫瑰柄红菇	*Russula roseipes*	LC		
5454	红菇科	Russulaceae	丽大红菇	*Russula rubella*	DD		
5455	红菇科	Russulaceae	变黑红菇	*Russula rubescens*	LC		
5456	红菇科	Russulaceae	大红菇	*Russula rubra*	LC		
5457	红菇科	Russulaceae	血根草红菇	*Russula sanguinaria*	LC		
5458	红菇科	Russulaceae	血红菇	*Russula sanguinea*	LC		
5459	红菇科	Russulaceae	辣红菇	*Russula sardonia*	LC		
5460	红菇科	Russulaceae	点柄黄红菇	*Russula senecis*	LC		

序号 No.	科名 Chinese Family Names	科 Family	汉语学名 Chinese Names	学名 Scientific Names	评估等级 Status	评估依据 Assessment Criteria	特有种 Endemic
5461	红菇科	Russulaceae	晚生红菇	*Russula serotina*	DD		
5462	红菇科	Russulaceae	四川红菇	*Russula sichuanensis*	DD		√
5463	红菇科	Russulaceae	金匕红菇	*Russula solaris*	LC		
5464	红菇科	Russulaceae	成堆红菇	*Russula sororia*	LC		
5465	红菇科	Russulaceae	斯氏红菇	*Russula steinbachii*	DD		
5466	红菇科	Russulaceae	亚致密红菇	*Russula subcompacta*	DD		
5467	红菇科	Russulaceae	粉红菇	*Russula subdepallens*	LC		
5468	红菇科	Russulaceae	亚臭红菇	*Russula subfoetens*	LC		
5469	红菇科	Russulaceae	亚黑红菇	*Russula subnigricans*	LC		
5470	红菇科	Russulaceae	大理红菇	*Russula taliensis*	LC		
5471	红菇科	Russulaceae	薄盖红菇	*Russula tenuiceps*	LC		
5472	红菇科	Russulaceae	土耳其红菇	*Russula turci*	LC		
5473	红菇科	Russulaceae	矮红菇	*Russula uncialis*	LC		
5474	红菇科	Russulaceae	细皮囊体红菇	*Russula velenovskyi*	LC		
5475	红菇科	Russulaceae	春生红菇	*Russula verna*	DD		
5476	红菇科	Russulaceae	多色红菇	*Russula versicolor*	LC		
5477	红菇科	Russulaceae	菱红菇	*Russula vesca*	LC		
5478	红菇科	Russulaceae	多隔皮囊体红菇	*Russula veternosa*	LC		
5479	红菇科	Russulaceae	酒色红菇	*Russula vinosa*	LC		
5480	红菇科	Russulaceae	酒红褐红菇	*Russula vinosobrunnea*	DD		
5481	红菇科	Russulaceae	堇紫红菇	*Russula violacea*	LC		
5482	红菇科	Russulaceae	紫柄红菇	*Russula violeipes*	LC		
5483	红菇科	Russulaceae	变绿红菇	*Russula virescens*	LC		
5484	红菇科	Russulaceae	浅绿红菇	*Russula viridella*	DD		
5485	红菇科	Russulaceae	粘质红菇	*Russula viscida*	DD		
5486	红菇科	Russulaceae	粘红菇	*Russula viscosa*	LC		
5487	红菇科	Russulaceae	黄孢红菇	*Russula xerampelina*	LC		

序号 No.	科名 Chinese Family Names	科 Family	汉语学名 Chinese Names	学名 Scientific Names	评估等级 Status	评估依据 Assessment Criteria	特有种 Endemic
5488	红菇科	Russulaceae	云南红菇	*Russula yunnanensis*	DD		
5489	红菇科	Russulaceae	浙江红菇	*Russula zhejiangensis*	DD		√
5490	红菇科	Russulaceae	乳丝乳腹菌	*Zelleromyces lactifer*	DD		√
5491	红菇科	Russulaceae	南京乳腹菌	*Zelleromyces nanjinggensis*	DD		
5492	红菇科	Russulaceae	枝刺孢乳腹菌	*Zelleromyces ramispinus*	DD		√
5493	红菇科	Russulaceae	中国乳腹菌	*Zelleromyces sinensis*	DD		√
5494	裂褶菌科	Schizophyllaceae	宽裂褶菌	*Schizophyllum amplum*	DD		
5495	裂褶菌科	Schizophyllaceae	裂褶菌	*Schizophyllum commune*	LC		
5496	裂褶菌科	Schizophyllaceae	扇形裂褶菌	*Schizophyllum flabellare*	DD		
5497	裂孔菌科	Schizoporaceae	淡橙黄革齿菌	*Alutaceodontia alutacea*	DD		
5498	裂孔菌科	Schizoporaceae	刺小背孔菌	*Chaetoporellus krawtzewii*	DD		
5499	裂孔菌科	Schizoporaceae	齿小刺孔菌	*Echinoporia hydnophora*	DD		
5500	裂孔菌科	Schizoporaceae	鲑贝丝齿菌	*Fibrodontia brevidens*	DD		
5501	裂孔菌科	Schizoporaceae	冷杉产丝齿菌	*Hyphodontia abieticola*	DD		
5502	裂孔菌科	Schizoporaceae	黄褐产丝齿菌	*Hyphodontia alutaria*	LC		
5503	裂孔菌科	Schizoporaceae	尖产丝齿菌	*Hyphodontia arguta*	LC		
5504	裂孔菌科	Schizoporaceae	细齿产丝齿菌	*Hyphodontia barba-jovis*	LC		
5505	裂孔菌科	Schizoporaceae	灰产丝齿菌	*Hyphodontia cineracea*	DD		
5506	裂孔菌科	Schizoporaceae	厚层产丝齿菌	*Hyphodontia crassa*	DD		√
5507	裂孔菌科	Schizoporaceae	弯孢产丝齿菌	*Hyphodontia curvispora*	LC		
5508	裂孔菌科	Schizoporaceae	二型产丝齿菌	*Hyphodontia dimorpha*	DD		√
5509	裂孔菌科	Schizoporaceae	丛毛产丝齿菌	*Hyphodontia floccosa*	DD		
5510	裂孔菌科	Schizoporaceae	隐囊产丝齿菌	*Hyphodontia latitans*	LC		
5511	裂孔菌科	Schizoporaceae	小孢产丝齿菌	*Hyphodontia microspora*	LC		
5512	裂孔菌科	Schizoporaceae	软产丝齿菌	*Hyphodontia mollis*	DD		√
5513	裂孔菌科	Schizoporaceae	产丝齿菌	*Hyphodontia pallidula*	DD		
5514	裂孔菌科	Schizoporaceae	邻产丝齿菌	*Hyphodontia propinqua*	DD		

序号 No.	科名 Chinese Family Names	科 Family	汉语学名 Chinese Names	学名 Scientific Names	评估等级 Status	评估依据 Assessment Criteria	特有种 Endemic
5515	裂孔菌科	Schizoporaceae	舌状产丝齿菌	*Hyphodontia radula*	LC		
5516	裂孔菌科	Schizoporaceae	隔囊产丝齿菌	*Hyphodontia septocystidiata*	DD		√
5517	裂孔菌科	Schizoporaceae	勺形产丝齿菌	*Hyphodontia spathulata*	LC		
5518	裂孔菌科	Schizoporaceae	密产丝齿菌	*Hyphodontia stipata*	LC		
5519	裂孔菌科	Schizoporaceae	软革产丝齿菌	*Hyphodontia subalutacea*	LC		
5520	裂孔菌科	Schizoporaceae	亚球孢产丝齿菌	*Hyphodontia subglobosa*	LC		√
5521	裂孔菌科	Schizoporaceae	亚淡色产丝齿菌	*Hyphodontia subpallidula*	DD		√
5522	裂孔菌科	Schizoporaceae	亚匙形产丝齿菌	*Hyphodontia subspathulata*	DD		
5523	裂孔菌科	Schizoporaceae	阿尔泰奈氏齿菌	*Kneiffiella altaica*	DD		
5524	裂孔菌科	Schizoporaceae	羊毛状奈氏齿菌	*Kneiffiella lanata*	LC		
5525	裂孔菌科	Schizoporaceae	蛇皮奈氏齿菌	*Kneiffiella serpentiformis*	DD		√
5526	裂孔菌科	Schizoporaceae	中国奈氏齿菌	*Kneiffiella sinensis*	DD		√
5527	裂孔菌科	Schizoporaceae	管形奈氏齿菌	*Kneiffiella tubuliformis*	DD		√
5528	裂孔菌科	Schizoporaceae	霍氏白木层孔菌	*Leucophellinus hobsonii*	LC		
5529	裂孔菌科	Schizoporaceae	齿白木层孔菌	*Leucophellinus irpicoides*	LC		
5530	裂孔菌科	Schizoporaceae	粉软卧孔菌	*Poriodontia subvinosa*	VU	B2ab(iii)	
5531	裂孔菌科	Schizoporaceae	近光彩裂孔菌	*Schizopora paradoxa*	LC		
5532	裂孔菌科	Schizoporaceae	鞍马山趋木齿菌	*Xylodon anmashanensis*	DD		√
5533	裂孔菌科	Schizoporaceae	阿帕奇趋木齿菌	*Xylodon apacheriensis*	DD		
5534	裂孔菌科	Schizoporaceae	粗糙趋木齿菌	*Xylodon asperus*	LC		
5535	裂孔菌科	Schizoporaceae	短齿趋木齿菌	*Xylodon brevisetus*	DD		
5536	裂孔菌科	Schizoporaceae	囊趋木齿菌	*Xylodon cystidiatus*	DD		
5537	裂孔菌科	Schizoporaceae	刺趋木齿菌	*Xylodon echinatus*	DD		√
5538	裂孔菌科	Schizoporaceae	浅黄趋木齿菌	*Xylodon flaviporus*	DD		
5539	裂孔菌科	Schizoporaceae	哈氏趋木齿菌	*Xylodon hallenbergii*	DD		√
5540	裂孔菌科	Schizoporaceae	异囊趋木齿菌	*Xylodon heterocystidiatus*	DD		√
5541	裂孔菌科	Schizoporaceae	圆柱孢趋木齿菌	*Xylodon nespori*	DD		

序号 No.	科名 Chinese Family Names	科 Family	汉语学名 Chinese Names	学名 Scientific Names	评估等级 Status	评估依据 Assessment Criteria	特有种 Endemic
5542	裂孔菌科	Schizoporaceae	聂氏齿木齿菌	*Xylodon niemelaei*	DD		√
5543	裂孔菌科	Schizoporaceae	裸齿木齿菌	*Xylodon nudisetus*	DD		
5544	裂孔菌科	Schizoporaceae	卵孢齿木齿菌	*Xylodon ovisporus*	DD		
5545	裂孔菌科	Schizoporaceae	膜质齿木齿菌	*Xylodon pelliculae*	DD		
5546	裂孔菌科	Schizoporaceae	无锁齿木齿菌	*Xylodon poroideoefibulatus*	DD		√
5547	裂孔菌科	Schizoporaceae	拟热带齿木齿菌	*Xylodon pseudotropicus*	DD		√
5548	裂孔菌科	Schizoporaceae	齿舌齿木齿菌	*Xylodon radula*	DD		
5549	裂孔菌科	Schizoporaceae	菌索齿木齿菌	*Xylodon rhizomorphus*	DD		√
5550	裂孔菌科	Schizoporaceae	开裂齿木齿菌	*Xylodon rimosissimus*	LC		
5551	裂孔菌科	Schizoporaceae	接骨木齿木齿菌	*Xylodon sambuci*	LC		
5552	裂孔菌科	Schizoporaceae	亚棒状齿木齿菌	*Xylodon subclavatus*	DD		√
5553	裂孔菌科	Schizoporaceae	丁香齿木齿菌	*Xylodon syringae*	DD		
5554	裂孔菌科	Schizoporaceae	台湾齿木齿菌	*Xylodon taiwanianus*	DD		√
5555	硬皮马勃科	Sclerodermataceae	具斑疱孢马勃	*Phlyctospora maculata*	DD		
5556	硬皮马勃科	Sclerodermataceae	豆马勃	*Pisolithus arhizus*	LC		
5557	硬皮马勃科	Sclerodermataceae	小果豆马勃	*Pisolithus microcarpus*	LC		
5558	硬皮马勃科	Sclerodermataceae	彩色豆马勃	*Pisolithus tinctorius*	DD		
5559	硬皮马勃科	Sclerodermataceae	网隙硬皮马勃	*Scleroderma areolatum*	LC		
5560	硬皮马勃科	Sclerodermataceae	南方硬皮马勃	*Scleroderma australe*	DD		
5561	硬皮马勃科	Sclerodermataceae	大孢硬皮马勃	*Scleroderma bovista*	LC		
5562	硬皮马勃科	Sclerodermataceae	光硬皮马勃	*Scleroderma cepa*	LC		
5563	硬皮马勃科	Sclerodermataceae	橘色硬皮马勃	*Scleroderma citrinum*	LC		
5564	硬皮马勃科	Sclerodermataceae	网孢硬皮马勃	*Scleroderma dictyosporum*	DD		
5565	硬皮马勃科	Sclerodermataceae	黄硬皮马勃	*Scleroderma flavidum*	DD		
5566	硬皮马勃科	Sclerodermataceae	佛罗里达硬皮马勃	*Scleroderma floridanum*	DD		
5567	硬皮马勃科	Sclerodermataceae	马勃状硬皮马勃	*Scleroderma lycoperdoides*	DD		
5568	硬皮马勃科	Sclerodermataceae	奇异硬皮马勃	*Scleroderma paradoxum*	DD		

序号 No.	科名 Chinese Family Names	科 Family	汉语学名 Chinese Names	学名 Scientific Names	评估等级 Status	评估依据 Assessment Criteria	特有种 Endemic
5569	硬皮马勃科	Sclerodermataceae	波地硬皮马勃	*Scleroderma poltaviense*	DD		
5570	硬皮马勃科	Sclerodermataceae	多根硬皮马勃	*Scleroderma polyrhizum*	LC		
5571	硬皮马勃科	Sclerodermataceae	碗豆形硬皮马勃	*Scleroderma sinnamariense*	DD		
5572	硬皮马勃科	Sclerodermataceae	薄硬皮马勃	*Scleroderma tenerum*	LC		
5573	硬皮马勃科	Sclerodermataceae	多疣硬皮马勃	*Scleroderma verrucosum*	LC		
5574	硬皮马勃科	Sclerodermataceae	云南硬皮马勃	*Scleroderma yunnanense*	DD		√
5575	硬皮腹菌科	Sclerogastraceae	致密硬皮腹菌	*Sclerogaster compactus*	DD		
5576	硬皮腹菌科	Sclerogastraceae	棱孢硬皮腹菌	*Sclerogaster minor*	DD		
5577	蜡壳担耳科	Sebacinaceae	白无锁担耳	*Efibulobasidium albescens*	DD		
5578	蜡壳菌科	Sebacinaceae	蜡皮马鞍蜡壳菌	*Helvellosebacina concrescens*	DD		
5579	蜡壳菌科	Sebacinaceae	白蜡壳菌	*Sebacina candida*	DD		
5580	蜡壳菌科	Sebacinaceae	地生蜡壳菌	*Sebacina epigaea*	DD		
5581	蜡壳菌科	Sebacinaceae	棕褐蜡壳菌	*Sebacina fuliginea*	DD		
5582	蜡壳菌科	Sebacinaceae	黑蜡壳菌	*Sebacina fuscata*	DD		√
5583	蜡壳菌科	Sebacinaceae	灰蜡壳菌	*Sebacina grisea*	DD		
5584	蜡壳菌科	Sebacinaceae	蜡壳菌	*Sebacina incrustans*	LC		
5585	蜡壳菌科	Sebacinaceae	粘蜡壳菌	*Sebacina pululahuana*	DD		
5586	干腐菌科	Serpulaceae	假伏果圆柱菌	*Gyrophana pseudolacrymans*	DD		
5587	干腐菌科	Serpulaceae	腐索状干腐菌	*Serpula himantioides*	LC		
5588	干腐菌科	Serpulaceae	伏果干腐菌	*Serpula lacrymans*	LC		
5589	干腐菌科	Serpulaceae	相似干腐菌	*Serpula similis*	LC		
5590	链担耳科	Sirobasidiaceae	日本链担耳	*Sirobasidium japonicum*	DD		
5591	链担耳科	Sirobasidiaceae	大链担耳	*Sirobasidium magnum*	LC		
5592	链担耳科	Sirobasidiaceae	链担耳	*Sirobasidium sanguineum*	LC		
5593	绣球菌科	Sparassidaceae	短柄绣球菌	*Sparassis brevipes*	DD		
5594	绣球菌科	Sparassidaceae	绣球菌	*Sparassis crispa*	LC		
5595	绣球菌科	Sparassidaceae	囊状体绣球菌	*Sparassis cystidiosa*	DD		

序号 No.	科名 Chinese Family Names	科 Family	汉语学名 Chinese Names	学名 Scientific Names	评估等级 Status	评估依据 Assessment Criteria	特有种 Endemic
5596	绣球菌科	Sparassidaceae	黄绣球菌	*Sparassis laminosa*	DD		
5597	绣球菌科	Sparassidaceae	广叶绣球菌	*Sparassis latifolia*	DD		
5598	绣球菌科	Sparassidaceae	匙状绣球菌	*Sparassis spathulata*	DD		
5599	刺孢齿耳菌科	Steccherinaceae	美国类小薄孔菌	*Antella americana*	DD		
5600	刺孢齿耳菌科	Steccherinaceae	中国类小薄孔菌	*Antella chinensis*	DD		√
5601	刺孢齿耳菌科	Steccherinaceae	黄毛南小薄孔菌	*Austeria citrea*	DD		
5602	刺孢齿耳菌科	Steccherinaceae	日本奶酪孔菌	*Butyrea japonica*	DD		
5603	刺孢齿耳菌科	Steccherinaceae	黄白奶酪孔菌	*Butyrea luteoalba*	LC		
5604	刺孢齿耳菌科	Steccherinaceae	柔韧匙孔菌	*Trulla duracina*	LC		
5605	冠孢革菌科	Stephanosporaceae	蜜齿菌生冠毛菌	*Cristinia helvetica*	DD		
5606	冠孢革菌科	Stephanosporaceae	黄林菌孔菌	*Mycolindtneria flava*	DD		
5607	冠孢革菌科	Stephanosporaceae	糙孢林菌孔菌	*Mycolindtneria trachyspora*	DD		
5608	冠孢革菌科	Stephanosporaceae	黄冠孢革菌	*Stephanospora flava*	DD		
5609	韧革菌科	Stereaceae	帚状刺担菌	*Acanthobasidium penicillatum*	DD		
5610	韧革菌科	Stereaceae	龟裂白刺担菌	*Acanthobasidium weirii*	DD		
5611	韧革菌科	Stereaceae	艾氏刺囊革菌	*Acanthofungus ahmadii*	DD		
5612	韧革菌科	Stereaceae	裂纹刺囊革菌	*Acanthofungus rimosus*	DD		√
5613	韧革菌科	Stereaceae	兰灰小棘囊菌	*Acanthophysellum lividocoeruleum*	DD		
5614	韧革菌科	Stereaceae	变丝棘囊菌	*Acanthophysium oakesii*	DD		
5615	韧革菌科	Stereaceae	异常盘革菌	*Aleurodiscus aberrans*	DD		
5616	韧革菌科	Stereaceae	串球盘革菌	*Aleurodiscus amorphus*	LC		
5617	韧革菌科	Stereaceae	橙黄盘革菌	*Aleurodiscus aurantius*	DD		
5618	韧革菌科	Stereaceae	伯格尼盘革菌	*Aleurodiscus berggrenii*	DD		
5619	韧革菌科	Stereaceae	葡萄盘革菌	*Aleurodiscus botryosus*	DD		
5620	韧革菌科	Stereaceae	奶油色盘革菌	*Aleurodiscus cremicolor*	DD		
5621	韧革菌科	Stereaceae	罕见盘革菌	*Aleurodiscus diffissus*	DD		
5622	韧革菌科	Stereaceae	厚白盘革菌	*Aleurodiscus disciformis*	DD		

序号 No.	科名 Chinese Family Names	科 Family	汉语学名 Chinese Names	学名 Scientific Names	评估等级 Status	评估依据 Assessment Criteria	特有种 Endemic
5623	韧革菌科	Stereaceae	大盘革菌	*Aleurodiscus grantii*	DD		
5624	韧革菌科	Stereaceae	刺丝盘革菌	*Aleurodiscus mirabilis*	LC		
5625	韧革菌科	Stereaceae	坚牢盘革菌	*Aleurodiscus stereoides*	DD		
5626	韧革菌科	Stereaceae	韦氏盘革菌	*Aleurodiscus wakefieldiae*	DD		
5627	韧革菌科	Stereaceae	褚黄集革菌	*Conferticium ochraceum*	DD		
5628	韧革菌科	Stereaceae	阿地胶囊伏革菌	*Gloeocystidiellum aspellum*	DD		
5629	韧革菌科	Stereaceae	致密胶囊伏革菌	*Gloeocystidiellum compactum*	DD		√
5630	韧革菌科	Stereaceae	共托胶囊伏革菌	*Gloeocystidiellum convolvens*	DD		
5631	韧革菌科	Stereaceae	软弱胶囊伏革菌	*Gloeocystidiellum debile*	DD		
5632	韧革菌科	Stereaceae	台湾胶囊伏革菌	*Gloeocystidiellum formosanum*	DD		√
5633	韧革菌科	Stereaceae	黑姆胶囊伏革菌	*Gloeocystidiellum heimii*	DD		
5634	韧革菌科	Stereaceae	松胶胶囊伏革菌	*Gloeocystidiellum laxum*	DD		√
5635	韧革菌科	Stereaceae	黄油囊胶囊伏革菌	*Gloeocystidiellum luridum*	DD		
5636	韧革菌科	Stereaceae	念珠胶囊伏革菌	*Gloeocystidiellum moniliforme*	DD		√
5637	韧革菌科	Stereaceae	茧皮胶囊伏革菌	*Gloeocystidiellum porosum*	DD		
5638	韧革菌科	Stereaceae	紫胶囊伏革菌	*Gloeocystidiellum purpureum*	DD		√
5639	韧革菌科	Stereaceae	烟草色胶囊伏革菌	*Gloeocystidiellum tabacinum*	DD		√
5640	韧革菌科	Stereaceae	泡囊胶囊伏革菌	*Gloeocystidiellum vesiculosum*	DD		
5641	韧革菌科	Stereaceae	吉恩粘革菌	*Gloeomyces ginnsii*	DD		√
5642	韧革菌科	Stereaceae	禾生粘革菌	*Gloeomyces graminicola*	DD		√
5643	韧革菌科	Stereaceae	念珠粘革菌	*Gloeomyces moniliformis*	DD		
5644	韧革菌科	Stereaceae	孔形杯座菌	*Matula poroniiforme*	DD		
5645	韧革菌科	Stereaceae	念珠新盘革菌	*Neoaleurodiscus monilifer*	DD		
5646	韧革菌科	Stereaceae	角壳韧革菌	*Stereum durum*	DD		
5647	韧革菌科	Stereaceae	烟色韧革菌	*Stereum gausapatum*	LC		
5648	韧革菌科	Stereaceae	毛韧革菌	*Stereum hirsutum*	LC		
5649	韧革菌科	Stereaceae	柝韧革菌	*Stereum lithocarpi*	DD		√

序号 No.	科名 Chinese Family Names	科 Family	汉语学名 Chinese Names	学名 Scientific Names	评估等级 Status	评估依据 Assessment Criteria	特有种 Endemic
5650	韧革菌科	Stereaceae	脱毛韧革菌	*Stereum lobatum*	LC		
5651	韧革菌科	Stereaceae	膜韧革菌	*Stereum membranaceum*	DD		
5652	韧革菌科	Stereaceae	红斗韧革菌	*Stereum nitidum*	DD		
5653	韧革菌科	Stereaceae	黄褐韧革菌	*Stereum ochraceoflavum*	DD		
5654	韧革菌科	Stereaceae	长毛韧革菌	*Stereum ochroleucum*	LC		
5655	韧革菌科	Stereaceae	轮纹韧革菌	*Stereum ostrea*	LC		
5656	韧革菌科	Stereaceae	北京韧革菌	*Stereum pekinense*	DD		
5657	韧革菌科	Stereaceae	银丝韧革菌	*Stereum rameale*	DD		
5658	韧革菌科	Stereaceae	皱纹韧革菌	*Stereum rugosiusculum*	DD		
5659	韧革菌科	Stereaceae	皱韧革菌	*Stereum rugosum*	DD		
5660	韧革菌科	Stereaceae	血痕韧革菌	*Stereum sanguinolentum*	DD		
5661	韧革菌科	Stereaceae	绒毛韧革菌	*Stereum subtomentosum*	LC		
5662	韧革菌科	Stereaceae	褶色韧革菌	*Stereum umbrinum*	DD		
5663	韧革菌科	Stereaceae	绵毛韧革菌	*Stereum vellereum*	LC		
5664	韧革菌科	Stereaceae	变色韧革菌	*Stereum versicolor*	DD		
5665	韧革菌科	Stereaceae	丛片齿木菌	*Xylobolus frustulatus*	LC		
5666	韧革菌科	Stereaceae	紫灰齿木菌	*Xylobolus illudens*	DD		
5667	韧革菌科	Stereaceae	大齿木菌	*Xylobolus princeps*	LC		
5668	韧革菌科	Stereaceae	金丝齿木菌	*Xylobolus spectabilis*	LC		
5669	韧革菌科	Stereaceae	密绒齿木菌	*Xylobolus subpileatus*	DD		
5670	拟韧革菌科	Stereopsidaceae	小斗拟韧革菌	*Stereopsis burtiana*	LC		
5671	拟韧革菌科	Stereopsidaceae	土红拟韧革菌	*Stereopsis craspedia*	DD		
5672	拟韧革菌科	Stereopsidaceae	厚盖拟韧革菌	*Stereopsis crassipileata*	DD		√
5673	拟韧革菌科	Stereopsidaceae	细柄拟韧革菌	*Stereopsis gracilistipitata*	DD		√
5674	拟韧革菌科	Stereopsidaceae	瓣裂拟韧革菌	*Stereopsis hiscens*	DD		
5675	拟韧革菌科	Stereopsidaceae	绒盖拟韧革菌	*Stereopsis humphreyi*	LC		
5676	球盖菇科	Strophariaceae	野田头菇	*Agrocybe arvalis*	LC		

序号 No.	科名 Chinese Family Names	科 Family	汉语学名 Chinese Names	学名 Scientific Names	评估等级 Status	评估依据 Assessment Criteria	特有种 Endemic
5677	球盖菇科	Strophariaceae	布罗德韦田头菇	*Agrocybe broadwayi*	DD		
5678	球盖菇科	Strophariaceae	褐色田头菇	*Agrocybe brunneola*	DD		
5679	球盖菇科	Strophariaceae	硬田头菇	*Agrocybe dura*	LC		
5680	球盖菇科	Strophariaceae	隆起田头菇	*Agrocybe elatella*	DD		
5681	球盖菇科	Strophariaceae	无环田头菇	*Agrocybe farinacea*	LC		
5682	球盖菇科	Strophariaceae	紧实田头菇	*Agrocybe firma*	DD		
5683	球盖菇科	Strophariaceae	早生田头菇	*Agrocybe hesleri*	DD		
5684	球盖菇科	Strophariaceae	喜湿田头菇	*Agrocybe ombrophila*	LC		
5685	球盖菇科	Strophariaceae	沼生田头菇	*Agrocybe paludosa*	LC		
5686	球盖菇科	Strophariaceae	平田田头菇	*Agrocybe pediades*	LC		
5687	球盖菇科	Strophariaceae	田头菇	*Agrocybe praecox*	LC		
5688	球盖菇科	Strophariaceae	小田头菇	*Agrocybe pusiola*	DD		
5689	球盖菇科	Strophariaceae	西藏田头菇	*Agrocybe tibetensis*	DD		
5690	球盖菇科	Strophariaceae	维瓦田头菇	*Agrocybe vervacti*	DD		
5691	球盖菇科	Strophariaceae	沼泽棕菇	*Bogbodia uda*	DD		
5692	球盖菇科	Strophariaceae	黑杨环伞	*Cyclocybe aegerita*	LC		
5693	球盖菇科	Strophariaceae	柱状环伞	*Cyclocybe cylindracea*	LC		
5694	球盖菇科	Strophariaceae	深色环伞	*Cyclocybe erebia*	LC		
5695	球盖菇科	Strophariaceae	寄生环伞	*Cyclocybe parasitica*	DD		
5696	球盖菇科	Strophariaceae	柳生环伞	*Cyclocybe salicaceicola*	LC		√
5697	球盖菇科	Strophariaceae	喜粪黄囊菇	*Deconica coprophila*	LC		
5698	球盖菇科	Strophariaceae	鳞柄黄囊菇	*Deconica crobula*	DD		
5699	球盖菇科	Strophariaceae	客居黄囊菇	*Deconica inquilina*	DD		
5700	球盖菇科	Strophariaceae	粪生黄囊菇	*Deconica merdaria*	LC		
5701	球盖菇科	Strophariaceae	山地黄囊菇	*Deconica montana*	LC		
5702	球盖菇科	Strophariaceae	菲氏黄囊菇	*Deconica phillipsii*	DD		
5703	球盖菇科	Strophariaceae	叶生黄囊菇	*Deconica phyllogena*	DD		

序号 No.	科名 Chinese Family Names	科 Family	汉语学名 Chinese Names	学名 Scientific Names	评估等级 Status	评估依据 Assessment Criteria	特有种 Endemic
5704	球盖菇科	Strophariaceae	棕色火菇	Flammula fusa	DD		
5705	球盖菇科	Strophariaceae	云杉火菇	Flammula picea	DD		
5706	球盖菇科	Strophariaceae	葡萄酒色火菇	Flammula vinosa	DD		
5707	球盖菇科	Strophariaceae	异果半鳞伞	Hemipholiota heteroclita	DD		
5708	球盖菇科	Strophariaceae	白半鳞伞	Hemipholiota populnea	LC		
5709	球盖菇科	Strophariaceae	尖垂幕菇	Hypholoma acutum	DD		
5710	球盖菇科	Strophariaceae	烟色垂幕菇	Hypholoma capnoides	LC		
5711	球盖菇科	Strophariaceae	红垂幕菇	Hypholoma cinnabarinum	LC		√
5712	球盖菇科	Strophariaceae	单生垂幕菇	Hypholoma dispersum	DD		
5713	球盖菇科	Strophariaceae	弹丝垂幕菇	Hypholoma elatum	DD		
5714	球盖菇科	Strophariaceae	长垂幕菇	Hypholoma elongatum	DD		
5715	球盖菇科	Strophariaceae	黄褐垂幕菇	Hypholoma epixanthum	DD		
5716	球盖菇科	Strophariaceae	欧石楠状垂幕菇	Hypholoma ericaeum	DD		
5717	球盖菇科	Strophariaceae	簇生垂幕菇	Hypholoma fasciculare	LC		
5718	球盖菇科	Strophariaceae	砖红垂幕菇	Hypholoma lateritium	LC		
5719	球盖菇科	Strophariaceae	勿忘草垂幕菇	Hypholoma myosotis	DD		
5720	球盖菇科	Strophariaceae	多毛垂幕菇	Hypholoma polytrichi	DD		
5721	球盖菇科	Strophariaceae	长根垂幕菇	Hypholoma radicosum	DD		
5722	球盖菇科	Strophariaceae	星顶垂幕菇	Hypholoma stellatum	DD		√
5723	球盖菇科	Strophariaceae	砖红韧垂幕菇	Hypholoma subericaeum	DD		
5724	球盖菇科	Strophariaceae	木生库恩菇	Kuehneromyces lignicola	DD		
5725	球盖菇科	Strophariaceae	库恩菇	Kuehneromyces mutabilis	LC		
5726	球盖菇科	Strophariaceae	春生库恩菇	Kuehneromyces vernalis	LC		
5727	球盖菇科	Strophariaceae	多鳞利拉特菇	Leratiomyces squamosus	LC		
5728	球盖菇科	Strophariaceae	薄花边沼丝伞	Naematoloma appendiculatum	DD		
5729	球盖菇科	Strophariaceae	圆盘沼丝伞	Naematoloma discoideum	DD		√
5730	球盖菇科	Strophariaceae	长柄沼丝伞	Naematoloma elongatipes	DD		

序号 No.	科名 Chinese Family Names	科 Family	汉语学名 Chinese Names	学名 Scientific Names	评估等级 Status	评估依据 Assessment Criteria	特有种 Endemic
5731	球盖菇科	Strophariaceae	土黄沿丝伞	*Naematoloma gracile*	LC		
5732	球盖菇科	Strophariaceae	垂暮沿丝伞	*Naematoloma hypholomoides*	DD		
5733	球盖菇科	Strophariaceae	冷杉沿丝伞	*Pholiota abietis*	LC		
5734	球盖菇科	Strophariaceae	黄褐鳞伞	*Pholiota abstrusa*	DD		
5735	球盖菇科	Strophariaceae	多脂鳞伞	*Pholiota adiposa*	LC		
5736	球盖菇科	Strophariaceae	阿拉巴马鳞伞	*Pholiota alabamensis*	LC		
5737	球盖菇科	Strophariaceae	桤生鳞伞	*Pholiota alnicola*	LC		
5738	球盖菇科	Strophariaceae	小柄鳞伞	*Pholiota angustipes*	DD		
5739	球盖菇科	Strophariaceae	红顶鳞伞	*Pholiota astragalina*	DD		
5740	球盖菇科	Strophariaceae	金毛鳞伞	*Pholiota aurivella*	LC		
5741	球盖菇科	Strophariaceae	块鳞伞	*Pholiota aurivelloides*	DD		
5742	球盖菇科	Strophariaceae	毕格芳鳞伞	*Pholiota bigelowii*	LC		
5743	球盖菇科	Strophariaceae	短柄鳞伞	*Pholiota brevipes*	DD		√
5744	球盖菇科	Strophariaceae	盔囊鳞伞	*Pholiota capocystidia*	DD		√
5745	球盖菇科	Strophariaceae	烧地鳞伞	*Pholiota carbonaria*	LC		
5746	球盖菇科	Strophariaceae	褶鳞伞	*Pholiota cerasina*	DD		
5747	球盖菇科	Strophariaceae	密生鳞伞	*Pholiota condensa*	LC		
5748	球盖菇科	Strophariaceae	硫黄鳞伞	*Pholiota conissans*	DD		
5749	球盖菇科	Strophariaceae	合生鳞伞	*Pholiota connata*	LC		
5750	球盖菇科	Strophariaceae	古巴鳞伞	*Pholiota cubensis*	DD		
5751	球盖菇科	Strophariaceae	纹饰鳞伞	*Pholiota decorata*	LC		
5752	球盖菇科	Strophariaceae	横开鳞伞	*Pholiota decussata*	LC		
5753	球盖菇科	Strophariaceae	鼎湖鳞伞	*Pholiota dinghuensis*	NT		
5754	球盖菇科	Strophariaceae	异色鳞伞	*Pholiota discolor*	DD		
5755	球盖菇科	Strophariaceae	长柄鳞伞	*Pholiota elongatipes*	LC		
5756	球盖菇科	Strophariaceae	铁锈鳞伞	*Pholiota ferruginea*	LC		
5757	球盖菇科	Strophariaceae	丝鳞伞	*Pholiota filamentosa*	LC		

序号 No.	科名 Chinese Family Names	科 Family	汉语学名 Chinese Names	学名 Scientific Names	评估等级 Status	评估依据 Assessment Criteria	特有种 Endemic
5758	球盖菇科	Strophariaceae	黄鳞伞	*Pholiota flammans*	LC		
5759	球盖菇科	Strophariaceae	变黄鳞伞	*Pholiota flavescens*	LC		
5760	球盖菇科	Strophariaceae	淡黄鳞伞	*Pholiota flavida*	LC		
5761	球盖菇科	Strophariaceae	拟黄褐鳞伞	*Pholiota fulvella*	LC		
5762	球盖菇科	Strophariaceae	黄盘鳞伞	*Pholiota fulvodisca*	LC		
5763	球盖菇科	Strophariaceae	颗粒鳞伞	*Pholiota granulosa*	LC		
5764	球盖菇科	Strophariaceae	苛味鳞伞	*Pholiota graveolens*	LC		
5765	球盖菇科	Strophariaceae	群生鳞伞	*Pholiota gregariiformis*	LC		
5766	球盖菇科	Strophariaceae	多鳞黄鳞伞	*Pholiota gummosa*	LC		
5767	球盖菇科	Strophariaceae	黄缘鳞伞	*Pholiota hiemalis*	LC		
5768	球盖菇科	Strophariaceae	高地鳞伞	*Pholiota highlandensis*	LC		
5769	球盖菇科	Strophariaceae	扬氏鳞伞	*Pholiota jahnii*	LC		
5770	球盖菇科	Strophariaceae	墨卵鳞伞	*Pholiota johnsoniana*	LC		
5771	球盖菇科	Strophariaceae	科迪亚克鳞伞	*Pholiota kodiakensis*	LC		
5772	球盖菇科	Strophariaceae	乳白鳞伞	*Pholiota lactea*	LC		
5773	球盖菇科	Strophariaceae	黏环鳞伞	*Pholiota lenta*	LC		
5774	球盖菇科	Strophariaceae	柠檬鳞伞	*Pholiota limonella*	DD		
5775	球盖菇科	Strophariaceae	粘皮鳞伞	*Pholiota lubrica*	LC		
5776	球盖菇科	Strophariaceae	发光鳞伞	*Pholiota lucifera*	DD		
5777	球盖菇科	Strophariaceae	鲜黄鳞伞	*Pholiota luteola*	LC		
5778	球盖菇科	Strophariaceae	变土黄鳞伞	*Pholiota lutescens*	LC		
5779	球盖菇科	Strophariaceae	长缘囊鳞伞	*Pholiota malicola*	LC		
5780	球盖菇科	Strophariaceae	小孢鳞伞	*Pholiota microspora*	LC		
5781	球盖菇科	Strophariaceae	光帽鳞伞	*Pholiota nameko*	LC		
5782	球盖菇科	Strophariaceae	奥林匹亚鳞伞	*Pholiota olympiana*	LC		
5783	球盖菇科	Strophariaceae	细鳞伞	*Pholiota parva*	DD		
5784	球盖菇科	Strophariaceae	小鳞伞	*Pholiota parvula*	DD		

序号 No.	科名 Chinese Family Names	科 Family	汉语学名 Chinese Names	学名 Scientific Names	评估等级 Status	评估依据 Assessment Criteria	特有种 Endemic
5785	球盖菇科	Strophariaceae	小梗鳞伞	Pholiota pedicellatum	DD		
5786	球盖菇科	Strophariaceae	杉木鳞伞	Pholiota piceina	LC		
5787	球盖菇科	Strophariaceae	多色鳞伞	Pholiota polychroa	LC		
5788	球盖菇科	Strophariaceae	白边黄鳞伞	Pholiota potanini	DD		
5789	球盖菇科	Strophariaceae	卷丝黄鳞伞	Pholiota praecellens	DD		
5790	球盖菇科	Strophariaceae	暗黄鳞伞	Pholiota pseudosiparia	LC		
5791	球盖菇科	Strophariaceae	羞鳞伞	Pholiota pudica	LC		
5792	球盖菇科	Strophariaceae	细柔鳞伞	Pholiota pusilla	DD		
5793	球盖菇科	Strophariaceae	硬柄鳞伞	Pholiota rigidipes	DD		
5794	球盖菇科	Strophariaceae	红鳞伞	Pholiota rubra	DD		√
5795	球盖菇科	Strophariaceae	空囊鳞伞	Pholiota scabella	DD		
5796	球盖菇科	Strophariaceae	闪散鳞伞	Pholiota scamba	DD		
5797	球盖菇科	Strophariaceae	泡状鳞伞	Pholiota spumosa	LC		
5798	球盖菇科	Strophariaceae	翘鳞伞	Pholiota squarrosa	LC		
5799	球盖菇科	Strophariaceae	糠秕鳞伞	Pholiota squarrosipes	DD		
5800	球盖菇科	Strophariaceae	多脂翘翘鳞伞	Pholiota squarrosoadiposa	LC		
5801	球盖菇科	Strophariaceae	尖鳞伞	Pholiota squarrosoides	LC		
5802	球盖菇科	Strophariaceae	亚苦鳞伞	Pholiota subamara	LC		
5803	球盖菇科	Strophariaceae	近碳鳞伞	Pholiota subcarbonaria	DD		
5804	球盖菇科	Strophariaceae	亚黄鳞伞	Pholiota subflavida	LC		
5805	球盖菇科	Strophariaceae	近乳白鳞伞	Pholiota sublutea	DD		
5806	球盖菇科	Strophariaceae	近赭色鳞伞	Pholiota subochracea	LC		
5807	球盖菇科	Strophariaceae	亚鳞鳞伞	Pholiota subsquarrosa	DD		
5808	球盖菇科	Strophariaceae	近绒毛鳞伞	Pholiota subvelutina	LC		
5809	球盖菇科	Strophariaceae	土生鳞伞	Pholiota terrestris	LC		
5810	球盖菇科	Strophariaceae	小瘤鳞伞	Pholiota tuberculosa	LC		
5811	球盖菇科	Strophariaceae	黏膜鳞伞	Pholiota velaglutinosa	LC		

序号 No.	科名 Chinese Family Names	科 Family	汉语学名 Chinese Names	学名 Scientific Names	评估等级 Status	评估依据 Assessment Criteria	特有种 Endemic
5812	球盖菇科	Strophariaceae	喙囊鳞伞	*Pholiota veris*	LC		
5813	球盖菇科	Strophariaceae	酒红褐鳞伞	*Pholiota vinaceobrunnea*	LC		
5814	球盖菇科	Strophariaceae	变绿鳞伞	*Pholiota virescens*	DD		√
5815	球盖菇科	Strophariaceae	杂纹鳞伞	*Pholiota virgata*	LC		
5816	球盖菇科	Strophariaceae	偏孢孔原球盖菇	*Protostropharia dorsipora*	LC		
5817	球盖菇科	Strophariaceae	半原球盖菇	*Protostropharia semiglobata*	LC		
5818	球盖菇科	Strophariaceae	铜绿球盖菇	*Stropharia aeruginosa*	LC		
5819	球盖菇科	Strophariaceae	亮白球盖菇	*Stropharia albonitens*	DD		
5820	球盖菇科	Strophariaceae	黄囊球盖菇	*Stropharia chrysocystidia*	DD		√
5821	球盖菇科	Strophariaceae	盐碱球盖菇	*Stropharia halophila*	DD		
5822	球盖菇科	Strophariaceae	哈德球盖菇	*Stropharia hardii*	DD		
5823	球盖菇科	Strophariaceae	浅褐色球盖菇	*Stropharia hornemannii*	LC		
5824	球盖菇科	Strophariaceae	涂擦球盖菇	*Stropharia inuncta*	DD		
5825	球盖菇科	Strophariaceae	吉林球盖菇	*Stropharia jilinensis*	LC		√
5826	球盖菇科	Strophariaceae	黑孢球盖菇	*Stropharia melanosperma*	DD		
5827	球盖菇科	Strophariaceae	假蓝球盖菇	*Stropharia pseudocyanea*	DD		
5828	球盖菇科	Strophariaceae	皱环球盖菇	*Stropharia rugomarginata*	LC		
5829	球盖菇科	Strophariaceae	酒红球盖菇	*Stropharia rugosoannulata*	NT		
5830	球盖菇科	Strophariaceae	干柄球盖菇	*Stropharia siccipes*	DD		
5831	球盖菇科	Strophariaceae	近鳞球盖菇	*Stropharia subsquamulosa*	LC		
5832	球盖菇科	Strophariaceae	云南球盖菇	*Stropharia yunnanensis*	DD		√
5833	球盖菇科	Strophariaceae	桔黄球盖菇	*Stropholoma aurantiacum*	DD		
5834	乳牛肝菌科	Suillaceae	亚洲小牛肝菌	*Boletinus asiaticus*	LC		
5835	乳牛肝菌科	Suillaceae	木生小牛肝菌	*Boletinus lignicola*	DD		
5836	乳牛肝菌科	Suillaceae	点柄小牛肝菌	*Boletinus punctatipes*	LC		
5837	乳牛肝菌科	Suillaceae	粘柄褐孔小牛肝菌	*Fuscoboletinus glandulosus*	LC		
5838	乳牛肝菌科	Suillaceae	淡色褐孔小牛肝菌	*Fuscoboletinus grisellus*	LC		

序号 No.	科名 Chinese Family Names	科 Family	汉语学名 Chinese Names	学名 Scientific Names	评估等级 Status	评估依据 Assessment Criteria	特有种 Endemic
5839	乳牛肝菌科	Suillaceae	美观褐孔小牛肝菌	*Fuscoboletinus spectabilis*	LC		
5840	乳牛肝菌科	Suillaceae	落叶松裸盖小牛肝菌	*Psiloboletinus lariceti*	DD		
5841	乳牛肝菌科	Suillaceae	酸乳牛肝菌	*Suillus acidus*	LC		
5842	乳牛肝菌科	Suillaceae	白柄乳牛肝菌	*Suillus albidipes*	LC		
5843	乳牛肝菌科	Suillaceae	可爱乳牛肝菌	*Suillus amabilis*	DD		
5844	乳牛肝菌科	Suillaceae	美洲乳牛肝菌	*Suillus americanus*	LC		
5845	乳牛肝菌科	Suillaceae	黏盖乳牛肝菌	*Suillus bovinus*	LC		
5846	乳牛肝菌科	Suillaceae	短柄乳牛肝菌	*Suillus brevipes*	LC		
5847	乳牛肝菌科	Suillaceae	变蓝乳牛肝菌	*Suillus caerulescens*	DD		
5848	乳牛肝菌科	Suillaceae	空柄乳牛肝菌	*Suillus cavipes*	LC		
5849	乳牛肝菌科	Suillaceae	空柄拟乳牛肝菌	*Suillus cavipoides*	DD		√
5850	乳牛肝菌科	Suillaceae	褐乳牛肝菌	*Suillus collinitus*	DD		
5851	乳牛肝菌科	Suillaceae	易惑乳牛肝菌	*Suillus decipiens*	LC		
5852	乳牛肝菌科	Suillaceae	淡色乳牛肝菌	*Suillus flavidus*	LC		
5853	乳牛肝菌科	Suillaceae	黄褐乳牛肝菌	*Suillus flavoluteus*	DD		
5854	乳牛肝菌科	Suillaceae	黄乳牛肝菌	*Suillus flavus*	LC		
5855	乳牛肝菌科	Suillaceae	腺柄乳牛肝菌	*Suillus glandulosipes*	LC		
5856	乳牛肝菌科	Suillaceae	胶质乳牛肝菌	*Suillus gloeous*	DD		√
5857	乳牛肝菌科	Suillaceae	点柄乳牛肝菌	*Suillus granulatus*	LC		
5858	乳牛肝菌科	Suillaceae	厚环乳牛肝菌	*Suillus grevillei*	LC		
5859	乳牛肝菌科	Suillaceae	昆明乳牛肝菌	*Suillus kunmingensis*	LC		√
5860	乳牛肝菌科	Suillaceae	变黄乳牛肝菌	*Suillus lutescens*	DD		
5861	乳牛肝菌科	Suillaceae	褐环乳牛肝菌	*Suillus luteus*	LC		
5862	乳牛肝菌科	Suillaceae	南岭乳牛肝菌	*Suillus nanlingensis*	DD		
5863	乳牛肝菌科	Suillaceae	淡黄褐乳牛肝菌	*Suillus ochraceoroseus*	LC		
5864	乳牛肝菌科	Suillaceae	苍白盖乳牛肝菌	*Suillus pallidiceps*	DD		
5865	乳牛肝菌科	Suillaceae	琥珀乳牛肝菌	*Suillus placidus*	LC		

序号 No.	科名 Chinese Family Names	科 Family	汉语学名 Chinese Names	学名 Scientific Names	评估等级 Status	评估依据 Assessment Criteria	特有种 Endemic
5866	乳牛肝菌科	Suillaceae	泪珠乳牛肝菌	*Suillus plorans*	DD		
5867	乳牛肝菌科	Suillaceae	斑柄乳牛肝菌	*Suillus punctipes*	DD		
5868	乳牛肝菌科	Suillaceae	网纹乳牛肝菌	*Suillus reticulatus*	DD		
5869	乳牛肝菌科	Suillaceae	红肉褐孔乳牛肝菌	*Suillus rubricontextus*	DD		√
5870	乳牛肝菌科	Suillaceae	迟生褐孔乳牛肝菌	*Suillus serotinus*	LC		
5871	乳牛肝菌科	Suillaceae	虎皮乳牛肝菌	*Suillus spraguei*	LC		
5872	乳牛肝菌科	Suillaceae	金乳牛肝菌	*Suillus subaureus*	LC		
5873	乳牛肝菌科	Suillaceae	亚褐环乳牛肝菌	*Suillus subluteus*	LC		
5874	乳牛肝菌科	Suillaceae	近网纹乳牛肝菌	*Suillus subreticulatus*	DD		√
5875	乳牛肝菌科	Suillaceae	绒毛乳牛肝菌	*Suillus tomentosus*	LC		
5876	乳牛肝菌科	Suillaceae	糙皮乳牛肝菌	*Suillus tridentinus*	DD		
5877	乳牛肝菌科	Suillaceae	杂色乳牛肝菌	*Suillus variegatus*	DD		
5878	乳牛肝菌科	Suillaceae	灰乳牛肝菌	*Suillus viscidus*	LC		
5879	小塔氏菌科	Tapinellaceae	紫杉邦氏菌	*Bondarcevomyces taxi*	DD		
5880	小塔氏菌科	Tapinellaceae	金色伪干朽菌	*Pseudomerulius aureus*	LC		
5881	小塔氏菌科	Tapinellaceae	波纹伪干朽菌	*Pseudomerulius curtisii*	LC		
5882	小塔氏菌科	Tapinellaceae	黑毛小塔氏菌	*Tapinella atrotomentosa*	LC		
5883	小塔氏菌科	Tapinellaceae	无柄小塔氏菌	*Tapinella corrugata*	DD		
5884	小塔氏菌科	Tapinellaceae	耳状小塔氏菌	*Tapinella panuoides*	LC		
5885	革菌科	Thelephoraceae	玛氏小革菌	*Lenzitella malenconii*	DD		
5886	革菌科	Thelephoraceae	纤维裂齿菌	*Odontia fibrosa*	DD		
5887	革菌科	Thelephoraceae	簇扇菌	*Polyozellus multiplex*	DD		
5888	革菌科	Thelephoraceae	黑褐假小垫革菌	*Pseudotomentella atrofusca*	DD		
5889	革菌科	Thelephoraceae	黄绿假小垫革菌	*Pseudotomentella flavovirens*	DD		
5890	革菌科	Thelephoraceae	暗假小垫革菌	*Pseudotomentella tristis*	DD		
5891	革菌科	Thelephoraceae	头花革菌	*Thelephora anthocephala*	DD		
5892	革菌科	Thelephoraceae	橙黄革菌	*Thelephora aurantiotincta*	DD		

序号 No.	科名 Chinese Family Names	科 Family	汉语学名 Chinese Names	学名 Scientific Names	评估等级 Status	评估依据 Assessment Criteria	特有种 Endemic
5893	革菌科	Thelephoraceae	贝形革菌	*Thelephora badia*	DD		
5894	革菌科	Thelephoraceae	南革菌	*Thelephora borneensis*	DD		
5895	革菌科	Thelephoraceae	石竹色革菌	*Thelephora caryophyllea*	LC		
5896	革菌科	Thelephoraceae	褐革菌	*Thelephora fimbriata*	DD		
5897	革菌科	Thelephoraceae	棕色革菌	*Thelephora fuscella*	DD		
5898	革菌科	Thelephoraceae	干巴菌	*Thelephora ganbajun*	VU	A3cd	√
5899	革菌科	Thelephoraceae	菊苣状革菌	*Thelephora intybacea*	DD		
5900	革菌科	Thelephoraceae	日本革菌	*Thelephora japonica*	DD		
5901	革菌科	Thelephoraceae	多瓣裂革菌	*Thelephora multifida*	DD		
5902	革菌科	Thelephoraceae	多瓣革菌	*Thelephora multipartita*	LC		
5903	革菌科	Thelephoraceae	掌状革菌	*Thelephora palmata*	LC		
5904	革菌科	Thelephoraceae	帚革菌	*Thelephora penicillata*	DD		
5905	革菌科	Thelephoraceae	软革菌	*Thelephora soluta*	DD		
5906	革菌科	Thelephoraceae	疣革菌	*Thelephora terrestris*	LC		
5907	革菌科	Thelephoraceae	莲座革菌	*Thelephora vialis*	LC		
5908	革菌科	Thelephoraceae	干革菌	*Thelephora xerantha*	DD		√
5909	革菌科	Thelephoraceae	藓生小垫革菌	*Tomentella bryophila*	DD		
5910	革菌科	Thelephoraceae	变灰小垫革菌	*Tomentella cinerascens*	DD		
5911	革菌科	Thelephoraceae	蓝小垫革菌	*Tomentella coerulea*	DD		
5912	革菌科	Thelephoraceae	常见小垫革菌	*Tomentella crinalis*	LC		
5913	革菌科	Thelephoraceae	埃尔默小垫革菌	*Tomentella ellisii*	DD		
5914	革菌科	Thelephoraceae	锈小垫革菌	*Tomentella ferruginea*	DD		
5915	革菌科	Thelephoraceae	瘤孢小垫革菌	*Tomentella griseoumbrina*	DD		
5916	革菌科	Thelephoraceae	砖红小垫革菌	*Tomentella lateritia*	DD		
5917	革菌科	Thelephoraceae	灰紫小垫革菌	*Tomentella lilacinogrisea*	DD		
5918	革菌科	Thelephoraceae	卷毛小垫革菌	*Tomentella stuposa*	DD		
5919	革菌科	Thelephoraceae	地生小垫革菌	*Tomentella terrestris*	DD		

序号 No.	科名 Chinese Family Names	科 Family	汉语学名 Chinese Names	学名 Scientific Names	评估等级 Status	评估依据 Assessment Criteria	特有种 Endemic
5920	革菌科	Thelephoraceae	淡绿小垫革菌	*Tomentella viridis*	DD		
5921	革菌科	Thelephoraceae	刺孢拟小垫革菌	*Tomentellopsis echinospora*	DD		
5922	川普包科	Trappeaceae	肉桂色川普包	*Trappea cinnamomea*	DD		√
5923	银耳科	Tremellaceae	黄银耳	*Tremella aurantia*	LC		
5924	银耳科	Tremellaceae	澳洲银耳	*Tremella australiensis*	DD		
5925	银耳科	Tremellaceae	波纳银耳	*Tremella boraborensis*	LC		
5926	银耳科	Tremellaceae	肉白银耳	*Tremella carneoalba*	DD		
5927	银耳科	Tremellaceae	茎生银耳	*Tremella caulicola*	LC		
5928	银耳科	Tremellaceae	脑形银耳	*Tremella cerebriformis*	DD		√
5929	银耳科	Tremellaceae	朱砂色银耳	*Tremella cinnabarina*	LC		
5930	银耳科	Tremellaceae	棒梗银耳	*Tremella clavisterigma*	DD		
5931	银耳科	Tremellaceae	合生银耳	*Tremella coalescens*	DD		
5932	银耳科	Tremellaceae	痢疾银耳	*Tremella dysenterica*	DD		
5933	银耳科	Tremellaceae	展生银耳	*Tremella effusa*	DD		√
5934	银耳科	Tremellaceae	脑状银耳	*Tremella encephala*	LC		
5935	银耳科	Tremellaceae	大锁银耳	*Tremella fibulifera*	LC		
5936	银耳科	Tremellaceae	火红色银耳	*Tremella flammea*	LC		
5937	银耳科	Tremellaceae	金黄银耳	*Tremella flava*	DD		√
5938	银耳科	Tremellaceae	叶银耳	*Tremella frondosa*	DD		
5939	银耳科	Tremellaceae	银耳	*Tremella fuciformis*	LC		
5940	银耳科	Tremellaceae	琥珀银耳	*Tremella fuscosuccinea*	DD		√
5941	银耳科	Tremellaceae	球孢银耳	*Tremella globispora*	LC		
5942	银耳科	Tremellaceae	海南银耳	*Tremella hainanensis*	DD		√
5943	银耳科	Tremellaceae	角状银耳	*Tremella iduensis*	LC		
5944	银耳科	Tremellaceae	硬银耳	*Tremella indurata*	DD		
5945	银耳科	Tremellaceae	条裂银耳	*Tremella laciniata*	DD		
5946	银耳科	Tremellaceae	长担银耳	*Tremella longibasidia*	DD		√

序号 No.	科名 Chinese Family Names	科 Family	汉语学名 Chinese Names	学名 Scientific Names	评估等级 Status	评估依据 Assessment Criteria	特有种 Endemic
5947	银耳科	Tremellaceae	茅山银耳	*Tremella mangensis*	DD		√
5948	银耳科	Tremellaceae	勐仑银耳	*Tremella menglunensis*	DD		√
5949	银耳科	Tremellaceae	肠膜状银耳	*Tremella mesenterella*	DD		
5950	银耳科	Tremellaceae	黄金银耳	*Tremella mesenterica*	DD		
5951	银耳科	Tremellaceae	刺银耳	*Tremella nipponica*	DD		
5952	银耳科	Tremellaceae	隐叉银耳	*Tremella occultifuroidea*	DD		√
5953	银耳科	Tremellaceae	垫状银耳	*Tremella pulvinalis*	DD		
5954	银耳科	Tremellaceae	珊瑚状银耳	*Tremella ramarioides*	DD		√
5955	银耳科	Tremellaceae	扁平银耳	*Tremella resupinata*	DD		√
5956	银耳科	Tremellaceae	玫色银耳	*Tremella roseotincta*	DD		
5957	银耳科	Tremellaceae	棕红银耳	*Tremella rufobrunnea*	DD		
5958	银耳科	Tremellaceae	萨摩亚银耳	*Tremella samoensis*	DD		
5959	银耳科	Tremellaceae	血银耳	*Tremella sanguinea*	LC		√
5960	银耳科	Tremellaceae	沟纹银耳	*Tremella sulcariae*	DD		√
5961	银耳科	Tremellaceae	台湾银耳	*Tremella taiwanensis*	DD		√
5962	银耳科	Tremellaceae	热带银耳	*Tremella tropica*	DD		√
5963	银耳科	Tremellaceae	赖特银耳	*Tremella wrightii*	LC		
5964	胶瑚菌科	Tremellodendropsidaceae	白胶瑚菌	*Tremellodendropsis pusio*	DD		
5965	胶瑚菌科	Tremellodendropsidaceae	结节胶瑚菌	*Tremellodendropsis tuberosa*	DD		
5966	口蘑科	Tricholomataceae	碱生褶盾菌	*Arrhenia acerosa*	LC		
5967	口蘑科	Tricholomataceae	褶盾菌	*Arrhenia auriscalpium*	DD		
5968	口蘑科	Tricholomataceae	杯状褶盾菌	*Arrhenia cupularis*	DD		
5969	口蘑科	Tricholomataceae	分离褶盾菌	*Arrhenia discorosea*	DD		
5970	口蘑科	Tricholomataceae	外溶褶盾菌	*Arrhenia epichysium*	LC		
5971	口蘑科	Tricholomataceae	灰褐褶盾菌	*Arrhenia griseopallida*	DD		
5972	口蘑科	Tricholomataceae	紫色褶盾菌	*Arrhenia lilacinicolor*	DD		
5973	口蘑科	Tricholomataceae	裂片褶盾菌	*Arrhenia lobata*	DD		

序号 No.	科名 Chinese Family Names	科 Family	汉语学名 Chinese Names	学名 Scientific Names	评估等级 Status	评估依据 Assessment Criteria	特有种 Endemic
5974	口蘑科	Tricholomataceae	黑色褶盾菌	*Arrhenia obatra*	DD		
5975	口蘑科	Tricholomataceae	欧尼斯褶盾菌	*Arrhenia onisca*	DD		
5976	口蘑科	Tricholomataceae	乡村褶盾菌	*Arrhenia rustica*	LC		
5977	口蘑科	Tricholomataceae	勺形褶盾菌	*Arrhenia spathulata*	DD		
5978	口蘑科	Tricholomataceae	荫生褶盾菌	*Arrhenia umbratilis*	LC		
5979	口蘑科	Tricholomataceae	绒衰褶盾菌	*Arrhenia velutipes*	DD		
5980	口蘑科	Tricholomataceae	楮杯伞	*Bonomyces sinopicus*	LC		
5981	口蘑科	Tricholomataceae	黄褐色孢菌	*Callistosporium luteo-olivaceum*	LC		
5982	口蘑科	Tricholomataceae	银白拟鸡油菌	*Cantharellopsis prescotii*	DD		
5983	口蘑科	Tricholomataceae	类苦小鸡油菌	*Cantharellula felleoides*	DD		
5984	口蘑科	Tricholomataceae	脐形小鸡油菌	*Cantharellula umbonata*	LC		
5985	口蘑科	Tricholomataceae	大乳头蘑	*Catathelasma imperiale*	DD		
5986	口蘑科	Tricholomataceae	梭柄乳头蘑	*Catathelasma ventricosum*	LC		
5987	口蘑科	Tricholomataceae	突顶金钱菌	*Caulorhiza umbonata*	DD		
5988	口蘑科	Tricholomataceae	哥氏假挂钟菌	*Cellypha goldbachii*	DD		
5989	口蘑科	Tricholomataceae	云南脐棒菇	*Clavomphalia yunnanensis*	DD		√
5990	口蘑科	Tricholomataceae	虎皮杯伞	*Clitocybe albocinerea*	DD		
5991	口蘑科	Tricholomataceae	亚历山大杯伞	*Clitocybe alexandrii*	DD		
5992	口蘑科	Tricholomataceae	窄褶杯伞	*Clitocybe angustifolia*	DD		
5993	口蘑科	Tricholomataceae	极细杯伞	*Clitocybe angustissima*	DD		
5994	口蘑科	Tricholomataceae	楮黄杯伞	*Clitocybe bresadolana*	DD		
5995	口蘑科	Tricholomataceae	冬杯伞	*Clitocybe brumalis*	DD		
5996	口蘑科	Tricholomataceae	白壳杯伞	*Clitocybe candida*	LC		
5997	口蘑科	Tricholomataceae	碗杯伞	*Clitocybe catinus*	LC		
5998	口蘑科	Tricholomataceae	凹陷杯伞	*Clitocybe concava*	DD		
5999	口蘑科	Tricholomataceae	肋纹杯伞	*Clitocybe costata*	DD		
6000	口蘑科	Tricholomataceae	卷边杯伞	*Clitocybe crispa*	DD		

序号 No.	科名 Chinese Family Names	科 Family	汉语学名 Chinese Names	学名 Scientific Names	评估等级 Status	评估依据 Assessment Criteria	特有种 Endemic
6001	口蘑科	Tricholomataceae	白霜杯伞	*Clitocybe dealbata*	LC		
6002	口蘑科	Tricholomataceae	肉质杯伞	*Clitocybe diatreta*	DD		
6003	口蘑科	Tricholomataceae	双色杯伞	*Clitocybe dicolor*	DD		
6004	口蘑科	Tricholomataceae	双足杯伞	*Clitocybe ditopa*	DD		
6005	口蘑科	Tricholomataceae	甜杯伞	*Clitocybe dulcidula*	DD		
6006	口蘑科	Tricholomataceae	偏柄杯伞	*Clitocybe eccentrica*	DD		
6007	口蘑科	Tricholomataceae	簇生杯伞	*Clitocybe fasciculata*	LC		
6008	口蘑科	Tricholomataceae	芳香杯伞	*Clitocybe fragrans*	LC		
6009	口蘑科	Tricholomataceae	暗色杯伞	*Clitocybe fuligineipes*	DD		
6010	口蘑科	Tricholomataceae	暗鳞鳞杯伞	*Clitocybe fuscosquamula*	DD		
6011	口蘑科	Tricholomataceae	深凹杯伞	*Clitocybe gibba*	LC		
6012	口蘑科	Tricholomataceae	灰褐杯伞	*Clitocybe griseifolia*	DD		
6013	口蘑科	Tricholomataceae	广东杯伞	*Clitocybe guangdongensis*	DD		√
6014	口蘑科	Tricholomataceae	湿纹杯伞	*Clitocybe hydrogramma*	DD		
6015	口蘑科	Tricholomataceae	水浸杯伞	*Clitocybe hydrophora*	DD		
6016	口蘑科	Tricholomataceae	尼马杯伞	*Clitocybe imaiana*	DD		
6017	口蘑科	Tricholomataceae	漏斗形杯伞	*Clitocybe infundibuliformis*	LC		
6018	口蘑科	Tricholomataceae	粉肉色杯伞	*Clitocybe leucodiatreta*	DD		
6019	口蘑科	Tricholomataceae	隐花杯伞	*Clitocybe marginella*	DD		
6020	口蘑科	Tricholomataceae	环纹杯伞	*Clitocybe metachroa*	DD		
6021	口蘑科	Tricholomataceae	烟云杯伞	*Clitocybe nebularis*	LC		
6022	口蘑科	Tricholomataceae	林地杯伞	*Clitocybe obsoleta*	DD		
6023	口蘑科	Tricholomataceae	香杯伞	*Clitocybe odora*	LC		
6024	口蘑科	Tricholomataceae	水银杯伞	*Clitocybe opaca*	DD		
6025	口蘑科	Tricholomataceae	波边杯伞	*Clitocybe ornamentalis*	DD		
6026	口蘑科	Tricholomataceae	苍白杯伞	*Clitocybe pallescens*	DD		
6027	口蘑科	Tricholomataceae	落叶杯伞	*Clitocybe phyllophila*	LC		

序号 No.	科名 Chinese Family Names	科 Family	汉语学名 Chinese Names	学名 Scientific Names	评估等级 Status	评估依据 Assessment Criteria	特有种 Endemic
6028	口蘑科	Tricholomataceae	类褶杯伞	*Clitocybe phyllophiloides*	DD		
6029	口蘑科	Tricholomataceae	松生杯伞	*Clitocybe pinophila*	DD		
6030	口蘑科	Tricholomataceae	罗汉松杯伞	*Clitocybe podocarpi*	DD		
6031	口蘑科	Tricholomataceae	拟褶杯伞	*Clitocybe pseudophyllophila*	DD		√
6032	口蘑科	Tricholomataceae	异味杯伞	*Clitocybe rancida*	DD		
6033	口蘑科	Tricholomataceae	环带杯伞	*Clitocybe rivulosa*	LC		
6034	口蘑科	Tricholomataceae	粗壮杯伞	*Clitocybe robusta*	DD		
6035	口蘑科	Tricholomataceae	鳞杯伞	*Clitocybe squamulosa*	LC		
6036	口蘑科	Tricholomataceae	柄毛杯伞	*Clitocybe stipitata*	DD		
6037	口蘑科	Tricholomataceae	硬毛杯伞	*Clitocybe strigosa*	DD		
6038	口蘑科	Tricholomataceae	亚氏杯伞	*Clitocybe suaveolens*	DD		
6039	口蘑科	Tricholomataceae	亚淡黄杯伞	*Clitocybe subalutacea*	DD		
6040	口蘑科	Tricholomataceae	亚白杯伞	*Clitocybe subcandicans*	DD		√
6041	口蘑科	Tricholomataceae	亚灰白毛杯伞	*Clitocybe subcanescens*	DD		
6042	口蘑科	Tricholomataceae	亚内卷杯伞	*Clitocybe subinvoluta*	DD		
6043	口蘑科	Tricholomataceae	亚黄杯伞	*Clitocybe sublutea*	DD		
6044	口蘑科	Tricholomataceae	亚鲑色杯伞	*Clitocybe subsalmonea*	DD		
6045	口蘑科	Tricholomataceae	发汗杯伞	*Clitocybe sudorifica*	DD		
6046	口蘑科	Tricholomataceae	环盖杯伞	*Clitocybe tornata*	DD		
6047	口蘑科	Tricholomataceae	平头杯伞	*Clitocybe truncicola*	DD		
6048	口蘑科	Tricholomataceae	韦伯杯伞	*Clitocybe vibecina*	DD		
6049	口蘑科	Tricholomataceae	五台山杯伞	*Clitocybe wutaishanensis*	DD		√
6050	口蘑科	Tricholomataceae	白黄金钱菌	*Collybia alboflavida*	DD		
6051	口蘑科	Tricholomataceae	卷金钱菌	*Collybia cirrhata*	DD		
6052	口蘑科	Tricholomataceae	柠檬黄金钱菌	*Collybia citrina*	DD		
6053	口蘑科	Tricholomataceae	具核金钱菌	*Collybia cookei*	LC		
6054	口蘑科	Tricholomataceae	柱状孢金钱菌	*Collybia cylindrospora*	DD		

序号 No.	科名 Chinese Family Names	科 Family	汉语学名 Chinese Names	学名 Scientific Names	评估等级 Status	评估依据 Assessment Criteria	特有种 Endemic
6055	口蘑科	Tricholomataceae	雪白金钱菌	*Collybia nivea*	LC		
6056	口蘑科	Tricholomataceae	长根金钱菌	*Collybia radicata*	DD		
6057	口蘑科	Tricholomataceae	裸柄金钱菌	*Collybia reineckeana*	DD		
6058	口蘑科	Tricholomataceae	半焦金钱菌	*Collybia semiusta*	DD		
6059	口蘑科	Tricholomataceae	近裸金钱菌	*Collybia subnuda*	DD		
6060	口蘑科	Tricholomataceae	菌核金钱菌	*Collybia tuberosa*	DD		
6061	口蘑科	Tricholomataceae	丝绒金钱菌	*Collybia velutinopunctata*	DD		
6062	口蘑科	Tricholomataceae	腹鼓状金钱菌	*Collybia ventricosa*	DD		
6063	口蘑科	Tricholomataceae	环带金钱菌	*Collybia zonata*	DD		
6064	口蘑科	Tricholomataceae	疣孢贝伞	*Conchomyces verrucisporus*	DD		
6065	口蘑科	Tricholomataceae	雅薄伞	*Delicatula integrella*	LC		
6066	口蘑科	Tricholomataceae	皮蘑	*Dermoloma cuneifolium*	DD		
6067	口蘑科	Tricholomataceae	双球法伞菌	*Fayodia bisphaerigera*	DD		
6068	口蘑科	Tricholomataceae	条纹加曼蘑	*Gamundia striatula*	DD		
6069	口蘑科	Tricholomataceae	奇异贾康蘑	*Giacomia mirabilis*	DD		
6070	口蘑科	Tricholomataceae	美丽近蜡伞	*Haasiella venustissima*	DD		
6071	口蘑科	Tricholomataceae	沟纹湿星伞	*Hygroaster sulcatus*	DD		√
6072	口蘑科	Tricholomataceae	粗糙孢湿星伞	*Hygroaster trachysporus*	DD		√
6073	口蘑科	Tricholomataceae	阿尔泰漏斗伞	*Infundibulicybe altaica*	DD		
6074	口蘑科	Tricholomataceae	肉色漏斗伞	*Infundibulicybe geotropa*	DD		
6075	口蘑科	Tricholomataceae	铲状漏斗伞	*Infundibulicybe trulliformis*	DD		
6076	口蘑科	Tricholomataceae	苦味香蘑	*Lepista amara*	DD		
6077	口蘑科	Tricholomataceae	微蓝香蘑	*Lepista cyanophaea*	DD		
6078	口蘑科	Tricholomataceae	稠密香蘑	*Lepista densifolia*	DD		
6079	口蘑科	Tricholomataceae	灰紫香蘑	*Lepista glaucocana*	LC		
6080	口蘑科	Tricholomataceae	浓香蘑	*Lepista graveolens*	LC		
6081	口蘑科	Tricholomataceae	肉色香蘑	*Lepista irina*	LC		

序号 No.	科名 Chinese Family Names	科 Family	汉语学名 Chinese Names	学名 Scientific Names	评估等级 Status	评估依据 Assessment Criteria	特有种 Endemic
6082	口蘑科	Tricholomataceae	夜莺香蘑	*Lepista luscina*	LC		
6083	口蘑科	Tricholomataceae	裸香蘑	*Lepista nuda*	LC		
6084	口蘑科	Tricholomataceae	林缘香蘑	*Lepista panaeolus*	DD		
6085	口蘑科	Tricholomataceae	带盾香蘑	*Lepista personata*	LC		
6086	口蘑科	Tricholomataceae	高香蘑	*Lepista procera*	DD		
6087	口蘑科	Tricholomataceae	规则香蘑	*Lepista regularis*	DD		
6088	口蘑科	Tricholomataceae	凹窝白香蘑	*Lepista ricekii*	DD		
6089	口蘑科	Tricholomataceae	紫晶香蘑	*Lepista sordida*	LC		
6090	口蘑科	Tricholomataceae	绶生香蘑	*Lepista tarda*	DD		
6091	口蘑科	Tricholomataceae	球状白丝膜菌	*Leucocortinarius bulbiger*	LC		
6092	口蘑科	Tricholomataceae	纯白桩菇	*Leucopaxillus albissimus*	LC		
6093	口蘑科	Tricholomataceae	黄白白桩菇	*Leucopaxillus alboalutaceus*	LC		
6094	口蘑科	Tricholomataceae	蜡质白桩菇	*Leucopaxillus cerealis*	DD		
6095	口蘑科	Tricholomataceae	龙胆白桩菇	*Leucopaxillus gentianeus*	DD		
6096	口蘑科	Tricholomataceae	大白桩菇	*Leucopaxillus giganteus*	LC		
6097	口蘑科	Tricholomataceae	鳞盖白桩菇	*Leucopaxillus lepistoides*	DD		
6098	口蘑科	Tricholomataceae	马萨卡白桩菇	*Leucopaxillus masakanus*	DD		
6099	口蘑科	Tricholomataceae	臭味白桩菇	*Leucopaxillus nauseosodulcis*	DD		
6100	口蘑科	Tricholomataceae	异白桩菇	*Leucopaxillus paradoxus*	LC		
6101	口蘑科	Tricholomataceae	美丽白桩菇	*Leucopaxillus pulcherrimus*	DD		
6102	口蘑科	Tricholomataceae	三色白桩菇	*Leucopaxillus tricolor*	DD		
6103	口蘑科	Tricholomataceae	华美白鳞伞	*Leucopholiota decorosa*	LC		
6104	口蘑科	Tricholomataceae	木生白鳞伞	*Leucopholiota lignicola*	DD		
6105	口蘑科	Tricholomataceae	巨大口蘑	*Macrocybe gigantea*	NT		
6106	口蘑科	Tricholomataceae	洛巴伊大口蘑	*Macrocybe lobayensis*	LC		
6107	口蘑科	Tricholomataceae	巨型大口蘑	*Macrocybe titans*	DD		
6108	口蘑科	Tricholomataceae	白黄钻囊蘑	*Melanoleuca arcuata*	LC		

序号 No.	科名 Chinese Family Names	科 Family	汉语学名 Chinese Names	学名 Scientific Names	评估等级 Status	评估依据 Assessment Criteria	特有种 Endemic
6109	口蘑科	Tricholomataceae	短柄铦囊蘑	Melanoleuca brevipes	LC		
6110	口蘑科	Tricholomataceae	锈藤铦囊蘑	Melanoleuca candida	DD		
6111	口蘑科	Tricholomataceae	近亲铦囊蘑	Melanoleuca cognata	LC		
6112	口蘑科	Tricholomataceae	聚生铦囊蘑	Melanoleuca congregata	DD		
6113	口蘑科	Tricholomataceae	沙地铦囊蘑	Melanoleuca deserticola	DD		
6114	口蘑科	Tricholomataceae	钟形铦囊蘑	Melanoleuca exscissa	LC		
6115	口蘑科	Tricholomataceae	草生铦囊蘑	Melanoleuca graminicola	LC		
6116	口蘑科	Tricholomataceae	条柄铦囊蘑	Melanoleuca grammopodia	LC		
6117	口蘑科	Tricholomataceae	矮铦囊蘑	Melanoleuca humilis	DD		
6118	口蘑科	Tricholomataceae	白柄铦囊蘑	Melanoleuca leucopoda	DD		√
6119	口蘑科	Tricholomataceae	黑白铦囊蘑	Melanoleuca melaleuca	NT		
6120	口蘑科	Tricholomataceae	山铦囊蘑	Melanoleuca oreina	LC		
6121	口蘑科	Tricholomataceae	灰褐铦囊蘑	Melanoleuca paedida	LC		
6122	口蘑科	Tricholomataceae	厚褶铦囊蘑	Melanoleuca platyphylla	DD		
6123	口蘑科	Tricholomataceae	紫柄缝铦囊蘑	Melanoleuca porphyropoda	DD		√
6124	口蘑科	Tricholomataceae	闪光铦囊蘑	Melanoleuca resplendens	LC		
6125	口蘑科	Tricholomataceae	直柄铦囊蘑	Melanoleuca strictipes	LC		
6126	口蘑科	Tricholomataceae	褡褐铦囊蘑	Melanoleuca stridula	DD		
6127	口蘑科	Tricholomataceae	亚凸顶铦囊蘑	Melanoleuca subacuta	DD		
6128	口蘑科	Tricholomataceae	亚高山铦囊蘑	Melanoleuca subalpina	LC		
6129	口蘑科	Tricholomataceae	近裂缝铦囊蘑	Melanoleuca subrimosa	DD		
6130	口蘑科	Tricholomataceae	近条柄铦囊蘑	Melanoleuca substrictipes	LC		
6131	口蘑科	Tricholomataceae	扁盖铦囊蘑	Melanoleuca tabularis	DD		
6132	口蘑科	Tricholomataceae	粒柄铦囊蘑	Melanoleuca verrucipes	LC		
6133	口蘑科	Tricholomataceae	扇状藓瓣菌	Mniopetalum flabelliforme	DD		√
6134	口蘑科	Tricholomataceae	小藓瓣菌	Mniopetalum miniatum	DD		√
6135	口蘑科	Tricholomataceae	藓生孢微菇	Mycenella bryophila	DD		

—495—

序号 No.	科名 Chinese Family Names	科 Family	汉语学名 Chinese Names	学名 Scientific Names	评估等级 Status	评估依据 Assessment Criteria	特有种 Endemic
6136	口蘑科	Tricholomataceae	毛孢微菇	*Mycenella lasiosperma*	DD		
6137	口蘑科	Tricholomataceae	珍珠孢微菇	*Mycenella margaritispora*	DD		
6138	口蘑科	Tricholomataceae	粗糙孢微菇	*Mycenella trachyspora*	DD		
6139	口蘑科	Tricholomataceae	高山黏脐菇	*Myxomphalia marthae*	DD		
6140	口蘑科	Tricholomataceae	黏脐菇	*Myxomphalia maura*	LC		
6141	口蘑科	Tricholomataceae	喇叭脐菇	*Omphalia buccinalis*	DD		
6142	口蘑科	Tricholomataceae	小白脐菇	*Omphalia gracillima*	DD		
6143	口蘑科	Tricholomataceae	雷丸脐菇	*Omphalia lapidescens*	DD		
6144	口蘑科	Tricholomataceae	亚透脐菇	*Omphalia subpellucida*	DD		
6145	口蘑科	Tricholomataceae	北方脐星菇	*Omphaliaster borealis*	DD		
6146	口蘑科	Tricholomataceae	喇叭亚脐菇	*Omphalina buccinalis*	DD		
6147	口蘑科	Tricholomataceae	小白亚脐菇	*Omphalina gracillima*	DD		
6148	口蘑科	Tricholomataceae	克氏亚脐菇	*Omphalina kuehneri*	DD		
6149	口蘑科	Tricholomataceae	褶褐亚脐菇	*Omphalina lilaceorosea*	DD		
6150	口蘑科	Tricholomataceae	点地梅状亚脐菇	*Omphalina pseudoandrosacea*	DD		
6151	口蘑科	Tricholomataceae	蓝紫亚脐菇	*Omphalina subhepatica*	DD		
6152	口蘑科	Tricholomataceae	白亚脐菇	*Omphalina subpallida*	DD		
6153	口蘑科	Tricholomataceae	萎垂白近香蘑	*Paralepista flaccida*	LC		
6154	口蘑科	Tricholomataceae	黄白近香蘑	*Paralepista gilva*	DD		
6155	口蘑科	Tricholomataceae	斑近香蘑	*Paralepista maculosa*	DD		
6156	口蘑科	Tricholomataceae	华美近香蘑	*Paralepista splendens*	LC		
6157	口蘑科	Tricholomataceae	粘盖拟近香蘑	*Paralepistopsis acromelalga*	DD		
6158	口蘑科	Tricholomataceae	玫红褐蘑	*Phaeotellus roseolus*	DD		
6159	口蘑科	Tricholomataceae	黄毛拟侧耳	*Phyllotopsis nidulans*	LC		
6160	口蘑科	Tricholomataceae	粉红褶拟侧耳	*Phyllotopsis rhodophyllus*	LC		
6161	口蘑科	Tricholomataceae	长孢假小蜜环菌	*Pseudoarmillariella bacillaris*	DD		√
6162	口蘑科	Tricholomataceae	假小蜜环菌	*Pseudoarmillariella ectypoides*	DD		

序号 No.	科名 Chinese Family Names	科 Family	汉语学名 Chinese Names	学名 Scientific Names	评估等级 Status	评估依据 Assessment Criteria	特有种 Endemic
6163	口蘑科	Tricholomataceae	毒假杯伞	Pseudoclitocybe atra	DD		
6164	口蘑科	Tricholomataceae	假杯伞	Pseudoclitocybe cyathiformis	LC		
6165	口蘑科	Tricholomataceae	条缘灰假杯伞	Pseudoclitocybe expallens	LC		
6166	口蘑科	Tricholomataceae	粉褶假斜盖伞	Pseudoclitopilus rhodoleucus	DD		
6167	口蘑科	Tricholomataceae	扁柄假脐菇	Pseudoomphalina compressipes	DD		
6168	口蘑科	Tricholomataceae	长孢伏褶菌	Resupinatus alboniger	LC		
6169	口蘑科	Tricholomataceae	小伏褶菌	Resupinatus applicatus	LC		
6170	口蘑科	Tricholomataceae	条纹伏褶菌	Resupinatus striatulus	DD		
6171	口蘑科	Tricholomataceae	毛伏褶菌	Resupinatus trichotis	LC		
6172	口蘑科	Tricholomataceae	蛛丝缝伞	Rimbachia arachnoidea	DD		
6173	口蘑科	Tricholomataceae	喜藓缝伞	Rimbachia bryophila	DD		
6174	口蘑科	Tricholomataceae	梅氏毛缘菇	Ripartites metrodii	DD		
6175	口蘑科	Tricholomataceae	毛缘菇	Ripartites tricholoma	LC		
6176	口蘑科	Tricholomataceae	白漏斗辛格杯伞	Singerocybe alboinfundibuliformis	DD		
6177	口蘑科	Tricholomataceae	热带辛格杯伞	Singerocybe humilis	DD		
6178	口蘑科	Tricholomataceae	凹陷辛格杯伞	Singerocybe umbilicata	DD		√
6179	口蘑科	Tricholomataceae	湿地泥炭藓菇	Sphagnurus paluster	DD		
6180	口蘑科	Tricholomataceae	席氏金黄菌瘿伞	Squamanita schreieri	DD		
6181	口蘑科	Tricholomataceae	脐芖菌瘿伞	Squamanita umbonata	LC		
6182	口蘑科	Tricholomataceae	酸涩口蘑	Tricholoma acerbum	DD		
6183	口蘑科	Tricholomataceae	夏口蘑	Tricholoma aestuans	LC		
6184	口蘑科	Tricholomataceae	白棕口蘑	Tricholoma albobrunneum	DD		
6185	口蘑科	Tricholomataceae	白口蘑	Tricholoma album	LC		
6186	口蘑科	Tricholomataceae	银盖口蘑	Tricholoma argyraceum	DD		
6187	口蘑科	Tricholomataceae	黑鳞口蘑	Tricholoma atrosquamosum	DD		
6188	口蘑科	Tricholomataceae	橙柄口蘑	Tricholoma aurantiipes	DD		
6189	口蘑科	Tricholomataceae	桔黄口蘑	Tricholoma aurantium	LC		

序号 No.	科名 Chinese Family Names	科 Family	汉语学名 Chinese Names	学名 Scientific Names	评估等级 Status	评估依据 Assessment Criteria	特有种 Endemic
6190	口蘑科	Tricholomataceae	假松口蘑	*Tricholoma bakamatsutake*	DD		
6191	口蘑科	Tricholomataceae	竹生口蘑	*Tricholoma bambusarum*	LC		
6192	口蘑科	Tricholomataceae	布细口蘑	*Tricholoma buzae*	DD		
6193	口蘑科	Tricholomataceae	欧洲松口蘑	*Tricholoma caligatum*	DD		
6194	口蘑科	Tricholomataceae	囊口蘑	*Tricholoma cifuentesii*	DD		
6195	口蘑科	Tricholomataceae	灰环口蘑	*Tricholoma cingulatum*	LC		
6196	口蘑科	Tricholomataceae	蜜环口蘑	*Tricholoma colossus*	DD		
6197	口蘑科	Tricholomataceae	白毛口蘑	*Tricholoma columbetta*	DD		
6198	口蘑科	Tricholomataceae	油口蘑	*Tricholoma equestre*	LC		
6199	口蘑科	Tricholomataceae	直柄口蘑	*Tricholoma evenosum*	DD		
6200	口蘑科	Tricholomataceae	油黄口蘑	*Tricholoma flavum*	DD		
6201	口蘑科	Tricholomataceae	栗褐松口蘑	*Tricholoma fulvocastaneum*	DD		
6202	口蘑科	Tricholomataceae	黄褐口蘑	*Tricholoma fulvum*	LC		
6203	口蘑科	Tricholomataceae	鳞盖口蘑	*Tricholoma imbricatum*	LC		
6204	口蘑科	Tricholomataceae	绿皮口蘑	*Tricholoma inodermeum*	DD		
6205	口蘑科	Tricholomataceae	草黄口蘑	*Tricholoma lascivum*	DD		
6206	口蘑科	Tricholomataceae	淡紫褶口蘑	*Tricholoma lavendulophyllum*	DD		√
6207	口蘑科	Tricholomataceae	棕黄褐口蘑	*Tricholoma luridum*	DD		
6208	口蘑科	Tricholomataceae	美洲口蘑	*Tricholoma magnivelare*	DD		
6209	口蘑科	Tricholomataceae	松口蘑	*Tricholoma matsutake*	VU	B2ab(ii)	
6210	口蘑科	Tricholomataceae	毒蝇口蘑	*Tricholoma muscarium*	DD		
6211	口蘑科	Tricholomataceae	粉褶口蘑	*Tricholoma orirubens*	DD		
6212	口蘑科	Tricholomataceae	豹斑口蘑	*Tricholoma pardinum*	LC		
6213	口蘑科	Tricholomataceae	锈口蘑	*Tricholoma pessundatum*	LC		
6214	口蘑科	Tricholomataceae	杨树口蘑	*Tricholoma populinum*	LC		
6215	口蘑科	Tricholomataceae	灰口蘑	*Tricholoma portentosum*	LC		
6216	口蘑科	Tricholomataceae	棘柄口蘑	*Tricholoma psammopus*	LC		

序号 No.	科名 Chinese Family Names	科 Family	汉语学名 Chinese Names	学名 Scientific Names	评估等级 Status	评估依据 Assessment Criteria	特有种 Endemic
6217	口蘑科	Tricholomataceae	假根口蘑	Tricholoma radicans	DD		
6218	口蘑科	Tricholomataceae	粗壮口蘑	Tricholoma robustum	LC		
6219	口蘑科	Tricholomataceae	皂鼠口蘑	Tricholoma saponaceum	LC		
6220	口蘑科	Tricholomataceae	雕纹口蘑	Tricholoma scalpturatum	LC		
6221	口蘑科	Tricholomataceae	褶缘黑点口蘑	Tricholoma sciodes	DD		
6222	口蘑科	Tricholomataceae	丝盖口蘑	Tricholoma sejunctum	LC		
6223	口蘑科	Tricholomataceae	盖突口蘑	Tricholoma spermaticum	DD		
6224	口蘑科	Tricholomataceae	直立口蘑	Tricholoma stans	DD		
6225	口蘑科	Tricholomataceae	具纹口蘑	Tricholoma striatum	DD		
6226	口蘑科	Tricholomataceae	硫色口蘑	Tricholoma sulphureum	DD		
6227	口蘑科	Tricholomataceae	纤细口蘑	Tricholoma tenue	DD		
6228	口蘑科	Tricholomataceae	棕灰口蘑	Tricholoma terreum	LC		
6229	口蘑科	Tricholomataceae	虎斑口蘑	Tricholoma tigrinum	DD		
6230	口蘑科	Tricholomataceae	褐黑口蘑	Tricholoma ustale	LC		
6231	口蘑科	Tricholomataceae	拟褐黑口蘑	Tricholoma ustaloides	DD		
6232	口蘑科	Tricholomataceae	红鳞口蘑	Tricholoma vaccinum	LC		
6233	口蘑科	Tricholomataceae	条纹口蘑	Tricholoma virgatum	LC		
6234	口蘑科	Tricholomataceae	泽勒氏口蘑	Tricholoma zelleri	DD		
6235	口蘑科	Tricholomataceae	南美杉拟口蘑	Tricholomopsis araucariae	DD		
6236	口蘑科	Tricholomataceae	竹林拟口蘑	Tricholomopsis bambusina	DD		
6237	口蘑科	Tricholomataceae	淡红拟口蘑	Tricholomopsis crocobapha	DD		
6238	口蘑科	Tricholomataceae	黄拟口蘑	Tricholomopsis decora	LC		
6239	口蘑科	Tricholomataceae	丝囊拟口蘑	Tricholomopsis flavissima	DD		
6240	口蘑科	Tricholomataceae	青盖拟口蘑	Tricholomopsis lividipileata	VU	B2ab(iii)	√
6241	口蘑科	Tricholomataceae	黑拟口蘑	Tricholomopsis nigra	DD		
6242	口蘑科	Tricholomataceae	黑鳞拟口蘑	Tricholomopsis nigrosquamosa	DD		√
6243	口蘑科	Tricholomataceae	赭红拟口蘑	Tricholomopsis rutilans	LC		

序号 No.	科名 Chinese Family Names	科 Family	汉语学名 Chinese Names	学名 Scientific Names	评估等级 Status	评估依据 Assessment Criteria	特有种 Endemic
6244	口蘑科	Tricholomataceae	血红拟口蘑	*Tricholomopsis sanguinea*	DD		
6245	口蘑科	Tricholomataceae	土黄拟口蘑	*Tricholomopsis sasae*	DD		
6246	口蘑科	Tricholomataceae	舒兰拟口蘑	*Tricholomopsis shulanensis*	DD		√
6247	口蘑科	Tricholomataceae	科森十字孢口蘑	*Tricholosporum cossonianum*	DD		
6248	口蘑科	Tricholomataceae	梭孢十字孢口蘑	*Tricholosporum goniospermum*	DD		
6249	口蘑科	Tricholomataceae	紫褶十字孢口蘑	*Tricholosporum porphyrophyllum*	DD		
6250	假脐菇科	Tubariaceae	粗糙假脐菇	*Tubaria confragosa*	DD		
6251	假脐菇科	Tubariaceae	鳞皮假脐菇	*Tubaria furfuracea*	DD		
6252	假脐菇科	Tubariaceae	石栎假脐菇	*Tubaria lithocarpicola*	DD		√
6253	假脐菇科	Tubariaceae	透明假脐菇	*Tubaria pellucida*	DD		
6254	胶膜菌科	Tulasnellaceae	堇色胶膜菌	*Tulasnella violacea*	DD		
6255	核瑚菌科	Typhulaceae	灯心草大核瑚菌	*Macrotyphula juncea*	DD		
6256	核瑚菌科	Typhulaceae	褐柄杵瑚菌	*Pistillaria fuscipes*	DD		
6257	核瑚菌科	Typhulaceae	蜂斗菜杵瑚菌	*Pistillaria petasitis*	DD		
6258	核瑚菌科	Typhulaceae	空管核瑚菌	*Typhula fistulosa*	DD		
6259	核瑚菌科	Typhulaceae	禾草核瑚菌	*Typhula graminum*	DD		
6260	核瑚菌科	Typhulaceae	肉孢核瑚菌	*Typhula incarnata*	DD		
6261	核瑚菌科	Typhulaceae	粒头核瑚菌	*Typhula micans*	DD		
6262	核瑚菌科	Typhulaceae	透根核瑚菌	*Typhula phacorrhiza*	DD		
6263	核瑚菌科	Typhulaceae	亚核瑚菌	*Typhula subsclerotioides*	DD		
6264	核瑚菌科	Typhulaceae	仙仗核瑚菌	*Typhula uncialis*	DD		
6265	核瑚菌科	Typhulaceae	多变核瑚菌	*Typhula variabilis*	DD		
6266	侧担菌科	Xenasmataceae	粉侧担菌	*Xenasma pruinosum*	DD		
6267	侧担菌科	Xenasmataceae	涂氏侧担菌	*Xenasma tulasnelloideum*	DD		
6268	侧担菌科	Xenasmataceae	不定形小侧担菌	*Xenasmatella vaga*	LC		

中国生物多样性红色名录—地衣型真菌　RedlistofChina'sBiodiversity—Lichens

序号 No.	科名 Chinese Family Names	科 Family	汉语学名 Chinese Names	学名 Scientific Names	评估等级 Status	评估依据 Assessment Criteria	特有种 Endemic
1	纤柔菌科	Abrothallaceae	佩氏纤柔菌	*Abrothallus peyritschii*	DD		
2	微孢衣科	Acarosporaceae	微孢衣	*Acarospora admissa*	DD		
3	微孢衣科	Acarosporaceae	包氏微孢衣	*Acarospora bohlinii*	LC		
4	微孢衣科	Acarosporaceae	短片微孢衣	*Acarospora brevilobata*	DD		
5	微孢衣科	Acarosporaceae	暗黑微孢衣	*Acarospora fuscata*	DD		
6	微孢衣科	Acarosporaceae	苍果微孢衣	*Acarospora glaucocarpa*	DD		
7	微孢衣科	Acarosporaceae	聚盘微孢衣	*Acarospora glypholecioides*	DD		
8	微孢衣科	Acarosporaceae	戈壁微孢衣	*Acarospora gobiensis*	LC		
9	微孢衣科	Acarosporaceae	侵占微孢衣	*Acarospora invadens*	LC		
10	微孢衣科	Acarosporaceae	亚球微孢衣	*Acarospora jenisejensis*	LC		
11	微孢衣科	Acarosporaceae	节微孢衣	*Acarospora nodulosa*	DD		
12	微孢衣科	Acarosporaceae	寡微孢衣	*Acarospora oligospora*	LC		
13	微孢衣科	Acarosporaceae	蓝杯微孢衣	*Acarospora pelioscypha*	DD		
14	微孢衣科	Acarosporaceae	垫微孢衣	*Acarospora pulvinata*	LC		
15	微孢衣科	Acarosporaceae	荒漠微孢衣	*Acarospora schleicheri*	LC		
16	微孢衣科	Acarosporaceae	翡翠微孢衣	*Acarospora smaragdula*	DD		
17	微孢衣科	Acarosporaceae	缝裂微孢衣	*Acarospora superans*	LC		
18	微孢衣科	Acarosporaceae	托敏氏微孢衣	*Acarospora tominiana*	LC		
19	微孢衣科	Acarosporaceae	瘤微孢衣	*Acarospora tuberculifera*	DD		
20	微孢衣科	Acarosporaceae	茶褐微孢衣	*Acarospora umbrina*	DD		
21	微孢衣科	Acarosporaceae	维罗纳微孢衣	*Acarospora veronensis*	DD		
22	微孢衣科	Acarosporaceae	疣微孢衣	*Acarospora verruculosa*	DD		
23	微孢衣科	Acarosporaceae	糙聚盘衣	*Glypholecia scabra*	LC		
24	微孢衣科	Acarosporaceae	黄金卵石衣	*Pleopsidium chlorophanum*	DD		
25	微孢衣科	Acarosporaceae	圆果煤尘衣	*Polysporina cyclocarpa*	DD		

序号 No.	科名 Chinese Family Names	科 Family	汉语学名 Chinese Names	学名 Scientific Names	评估等级 Status	评估依据 Assessment Criteria	特有种 Endemic
26	微孢衣科	Acarosporaceae	普通煤尘衣	*Polysporina simplex*	DD		
27	微孢衣科	Acarosporaceae	棍棒网盘衣	*Sarcogyne clavus*	DD		
28	微孢衣科	Acarosporaceae	脑纹网盘衣	*Sarcogyne gyrocarpa*	LC		
29	微孢衣科	Acarosporaceae	对称网盘衣	*Sarcogyne regularis*	DD		
30	微孢衣科	Acarosporaceae	中国网盘衣	*Sarcogyne sinensis*	DD		
31	微孢衣科	Acarosporaceae	单生网盘衣	*Sarcogyne solitaria*	DD		
32	柄盘衣科	Anamylopsoraceae	丽柄盘衣	*Anamylopsora pulcherrima*	DD		
33	极地衣科	Arctomiaceae	极地衣	*Arctomia teretiuscula*	DD		√
34	斑衣菌科	Arthoniaceae	枯草斑衣	*Arthonia antillarum*	DD		
35	斑衣菌科	Arthoniaceae	朱砂斑衣	*Arthonia cinnabarina*	LC		
36	斑衣菌科	Arthoniaceae	静斑衣	*Arthonia clemens*	DD		
37	斑衣菌科	Arthoniaceae	扁平斑衣	*Arthonia complanata*	LC		
38	斑衣菌科	Arthoniaceae	丽斑衣	*Arthonia elegans*	DD		
39	斑衣菌科	Arthoniaceae	小块斑衣	*Arthonia glebosa*	DD		
40	斑衣菌科	Arthoniaceae	圣栎斑衣	*Arthonia ilicina*	DD		
41	斑衣菌科	Arthoniaceae	准枯草斑衣	*Arthonia parantillarum*	DD		√
42	斑衣菌科	Arthoniaceae	辐射斑衣	*Arthonia radiata*	LC		
43	斑衣菌科	Arthoniaceae	夷红斑衣	*Arthonia spadicea*	LC		
44	斑衣菌科	Arthoniaceae	三腔斑衣	*Arthonia trilocularis*	DD		
45	斑衣菌科	Arthoniaceae	酒红斑衣	*Arthonia vinosa*	DD		
46	斑衣菌科	Arthoniaceae	座盘芝麻粒衣	*Arthothelium chiodectoides*	DD		
47	斑衣菌科	Arthoniaceae	无花果芝麻粒衣	*Arthothelium ruanum*	LC		
48	斑衣菌科	Arthoniaceae	粉隐囊衣	*Cryptothecia aleurella*	DD		
49	斑衣菌科	Arthoniaceae	粉果隐囊衣	*Cryptothecia aleurocarpa*	DD		
50	斑衣菌科	Arthoniaceae	隐果隐囊衣	*Cryptothecia subnidulans*	DD		
51	斑衣菌科	Arthoniaceae	亚藏隐囊衣	*Cryptothecia subtecta*	DD		
52	斑衣菌科	Arthoniaceae	魏氏腹枝衣	*Herpothallon weii*	DD		√

序号 No.	科名 Chinese Family Names	科 Family	汉语学名 Chinese Names	学名 Scientific Names	评估等级 Status	评估依据 Assessment Criteria	特有种 Endemic
53	斑衣菌科	Arthoniaceae	印度小斑衣	*Stirtonia indica*	DD		
54	斑衣菌科	Arthoniaceae	轻载瘤衣	*Tylophoron moderatum*	DD		
55	星核衣科	Arthopyreniaceae	疑星核衣	*Arthopyrenia cinchonae*	DD		
56	星核衣科	Arthopyreniaceae	亚突星核衣	*Arthopyrenia subantecellens*	DD		
57	珠节衣科	Arthrorhaphidaceae	高山珠节衣	*Arthrorhaphis alpina*	DD		
58	珠节衣科	Arthrorhaphidaceae	柠檬珠节衣	*Arthrorhaphis citrinella*	DD		
59	珠节衣科	Arthrorhaphidaceae	灰色珠节衣	*Arthrorhaphis grisea*	DD		
60	珠节衣科	Arthrorhaphidaceae	摆珠节衣	*Arthrorhaphis vacillans*	DD		
61	羊角衣科	Baeomycetaceae	聚果羊角衣	*Baeomyces botryophorus*	DD		
62	羊角衣科	Baeomycetaceae	短羊角衣	*Baeomyces brevis*	DD		
63	羊角衣科	Baeomycetaceae	羊角衣	*Baeomyces fungoides*	DD		
64	羊角衣科	Baeomycetaceae	叶羊角衣	*Baeomyces placophyllus*	DD		
65	羊角衣科	Baeomycetaceae	淡红羊角衣	*Baeomyces rufus*	LC		
66	羊角衣科	Baeomycetaceae	血红羊角衣	*Baeomyces sanguineus*	DD		
67	羊角衣科	Baeomycetaceae	壳型鳞角衣	*Phyllobaeis crustacea*	DD		√
68	小蜡盘衣科	Biatorellaceae	散沥青衣	*Piccolia conspersa*	DD		
69	小蜡盘衣科	Biatorellaceae	埃默氏沥青衣	*Piccolia elmeri*	DD		
70	锈疣衣科	Brigantiaeaceae	紫色疣衣	*Brigantiaea purpurata*	DD		
71	旋衣科	Byssolomataceae	平絮衣	*Byssolecania deplanata*	DD		
72	旋衣科	Byssolomataceae	白缘毛旋衣	*Byssoloma leucoblepharum*	DD		
73	旋衣科	Byssolomataceae	刺旋衣	*Byssoloma subdiscordans*	DD		
74	旋衣科	Byssolomataceae	普氏铃衣	*Calopadia puiggarii*	DD		
75	旋衣科	Byssolomataceae	布氏肉盘衣	*Fellhanera bouteillei*	DD		
76	旋衣科	Byssolomataceae	针晶肉盘衣	*Fellhanera rhaphidophylli*	DD		
77	旋衣科	Byssolomataceae	亚暗黑肉盘衣	*Fellhanera subfuscatula*	DD		
78	旋衣科	Byssolomataceae	肉盘衣	*Fellhanera subternella*	DD		
79	旋衣科	Byssolomataceae	精细肉盘衣	*Fellhanera subtilis*	DD		

序号 No.	科名 Chinese Family Names	科 Family	汉语学名 Chinese Names	学名 Scientific Names	评估等级 Status	评估依据 Assessment Criteria	特有种 Endemic
80	旋衣科	Byssolomataceae	绿粉芽肉盘衣	*Fellhanera viridisorediata*	DD		
81	旋衣科	Byssolomataceae	黑氏类肉盘衣	*Fellhaneropsis kurokawana*	DD		
82	旋衣科	Byssolomataceae	蛛丝绵毛衣	*Lasioloma arachnoideum*	DD		
83	旋衣科	Byssolomataceae	盘状锈疣衣	*Lopadium disciforme*	DD		
84	旋衣科	Byssolomataceae	贴亚网衣	*Micarea adnata*	DD		
85	旋衣科	Byssolomataceae	亚网衣	*Micarea bauschiana*	DD		
86	旋衣科	Byssolomataceae	灰亚网衣	*Micarea cinerea*	DD		
87	旋衣科	Byssolomataceae	变黑亚网衣	*Micarea denigrata*	DD		
88	旋衣科	Byssolomataceae	木亚网衣	*Micarea lignaria*	DD		
89	旋衣科	Byssolomataceae	石亚网衣	*Micarea lithinella*	DD		
90	旋衣科	Byssolomataceae	黄亚网衣	*Micarea lutulata*	DD		
91	旋衣科	Byssolomataceae	黑亚网衣	*Micarea melaena*	DD		
92	旋衣科	Byssolomataceae	小球亚网衣	*Micarea micrococca*	DD		
93	旋衣科	Byssolomataceae	低亚网衣	*Micarea misella*	DD		
94	旋衣科	Byssolomataceae	蓝果亚网衣	*Micarea peliocarpa*	DD		
95	旋衣科	Byssolomataceae	柄亚网衣	*Micarea stipitata*	DD		
96	旋衣科	Byssolomataceae	林亚网衣	*Micarea sylvicola*	DD		
97	旋衣科	Byssolomataceae	嗜叶孢足衣	*Sporopodium phyllocharis*	DD		
98	旋衣科	Byssolomataceae	黄白孢足衣	*Sporopodium xantholeucum*	DD		
99	旋衣科	Byssolomataceae	叶壳壳盘衣	*Tapellaria epiphylla*	DD		
100	粉衣科	Caliciaceae	顶杯衣	*Acroscyphus sphaerophoroides*	EN	B1ab(iii)+2ab(iii)	
101	粉衣科	Caliciaceae	烟黑瘤衣	*Buellia aethalea*	DD		
102	粉衣科	Caliciaceae	美洲黑瘤衣	*Buellia americana*	DD		
103	粉衣科	Caliciaceae	灰黑瘤衣	*Buellia atrocinerella*	DD		
104	粉衣科	Caliciaceae	红褐黑瘤衣	*Buellia badia*	DD		
105	粉衣科	Caliciaceae	中央黑瘤衣	*Buellia centralis*	DD		
106	粉衣科	Caliciaceae	盘形黑瘤衣	*Buellia disciformis*	LC		

序号 No.	科名 Chinese Family Names	科 Family	汉语学名 Chinese Names	学名 Scientific Names	评估等级 Status	评估依据 Assessment Criteria	特有种 Endemic
107	粉衣科	Caliciaceae	开放黑瘤衣	*Buellia efflorescens*	DD		
108	粉衣科	Caliciaceae	玫瑰黑瘤衣	*Buellia erubescens*	DD		
109	粉衣科	Caliciaceae	伸宽瘤衣	*Buellia extenuata*	DD		
110	粉衣科	Caliciaceae	喜马拉雅黑瘤衣	*Buellia himalayensis*	DD		
111	粉衣科	Caliciaceae	三隔黑瘤衣	*Buellia lauri-cassiae*	DD		
112	粉衣科	Caliciaceae	薄黑瘤衣	*Buellia leptocline*	DD		
113	粉衣科	Caliciaceae	类薄黑瘤衣	*Buellia leptoclinoides*	DD		
114	粉衣科	Caliciaceae	霜盘黑瘤衣	*Buellia lindingeri*	DD		
115	粉衣科	Caliciaceae	薄交黑瘤衣	*Buellia metaleptodes*	DD		
116	粉衣科	Caliciaceae	暗黑瘤衣	*Buellia obscurior*	DD		
117	粉衣科	Caliciaceae	单眼黑瘤衣	*Buellia ocellata*	DD		
118	粉衣科	Caliciaceae	多孢黑瘤衣	*Buellia polyspora*	DD		
119	粉衣科	Caliciaceae	肉黑瘤衣	*Buellia sarcogynoides*	DD		
120	粉衣科	Caliciaceae	石黑瘤衣	*Buellia saxorum*	DD		
121	粉衣科	Caliciaceae	承黑瘤衣	*Buellia sequax*	DD		
122	粉衣科	Caliciaceae	拟黑瘤衣	*Buellia spuria*	DD		
123	粉衣科	Caliciaceae	小星黑瘤衣	*Buellia stellulata*	DD		
124	粉衣科	Caliciaceae	亚盘黑瘤衣	*Buellia subdisciformis*	DD		
125	粉衣科	Caliciaceae	亚隐黑瘤衣	*Buellia subocculta*	DD		
126	粉衣科	Caliciaceae	糙孢黑瘤衣	*Buellia trachyspora*	DD		
127	粉衣科	Caliciaceae	类三壁黑瘤衣	*Buellia triphragmioides*	DD		
128	粉衣科	Caliciaceae	美丽黑瘤衣	*Buellia venusta*	DD		
129	粉衣科	Caliciaceae	漆毛黑瘤衣	*Buellia vernicoma*	DD		
130	粉衣科	Caliciaceae	冷杉粉衣	*Calicium abietinum*	DD		
131	粉衣科	Caliciaceae	凸镜粉衣	*Calicium lenticulare*	DD		
132	粉衣科	Caliciaceae	亮粉果衣	*Cyphelium lucidum*	DD		
133	粉衣科	Caliciaceae	诺氏粉果衣	*Cyphelium notarisii*	DD		

序号 No.	科名 Chinese Family Names	科 Family	汉语学名 Chinese Names	学名 Scientific Names	评估等级 Status	评估依据 Assessment Criteria	特有种 Endemic
134	粉衣科	Caliciaceae	小梁粉果衣	*Cyphelium tigillare*	DD		
135	粉衣科	Caliciaceae	鳞饼衣	*Dimelaena oreina*	LC		
136	粉衣科	Caliciaceae	黑白多瘤胞	*Diplotomma alboatrum*	LC		
137	粉衣科	Caliciaceae	粉型多瘤胞	*Diplotomma epipolium*	DD		
138	粉衣科	Caliciaceae	海登氏多瘤胞	*Diplotomma hedinii*	DD		
139	粉衣科	Caliciaceae	海滩黑囊基衣	*Dirinaria aegialita*	DD		
140	粉衣科	Caliciaceae	扁平黑囊基衣	*Dirinaria applanata*	LC		
141	粉衣科	Caliciaceae	粗糙黑囊基衣	*Dirinaria aspera*	DD		
142	粉衣科	Caliciaceae	汇合黑囊基衣	*Dirinaria confluens*	DD		
143	粉衣科	Caliciaceae	淆黑囊基衣	*Dirinaria confusa*	DD		
144	粉衣科	Caliciaceae	有色黑囊基衣	*Dirinaria picta*	DD		
145	粉衣科	Caliciaceae	贝哈氏衣	*Hafellia bahiana*	DD		
146	粉衣科	Caliciaceae	枝生哈氏衣	*Hafellia curatellae*	DD		
147	粉衣科	Caliciaceae	光面黑盘衣	*Pyxine berteriana*	LC		
148	粉衣科	Caliciaceae	椰子黑盘衣	*Pyxine cocoes*	DD		
149	粉衣科	Caliciaceae	群聚黑盘衣	*Pyxine consocians*	DD		
150	粉衣科	Caliciaceae	柯普兰氏黑盘衣	*Pyxine copelandii*	LC		
151	粉衣科	Caliciaceae	珊瑚黑盘衣	*Pyxine coralligera*	DD		
152	粉衣科	Caliciaceae	金色黑盘衣	*Pyxine endochrysina*	LC		
153	粉衣科	Caliciaceae	亚橄榄黑盘衣	*Pyxine limbulata*	LC		
154	粉衣科	Caliciaceae	墨氏黑盘衣	*Pyxine meissnerina*	DD		
155	粉衣科	Caliciaceae	小孢黑盘衣	*Pyxine microspora*	DD		
156	粉衣科	Caliciaceae	菲律宾黑盘衣	*Pyxine philippina*	DD		
157	粉衣科	Caliciaceae	粉芽黑盘衣	*Pyxine sorediata*	LC		
158	粉衣科	Caliciaceae	淡灰黑盘衣	*Pyxine subcinerea*	LC		
159	粉衣科	Caliciaceae	日本雕纹衣	*Sculptolumina japonica*	DD		
160	黄烛衣科	Candelariaceae	同色黄烛衣	*Candelaria concolor*	LC		

序号 No.	科名 Chinese Family Names	科 Family	汉语学名 Chinese Names	学名 Scientific Names	评估等级 Status	评估依据 Assessment Criteria	特有种 Endemic
161	黄烛衣科	Candelariaceae	纤黄烛衣	*Candelaria fibrosa*	LC		
162	黄烛衣科	Candelariaceae	帆黄黄茶渍	*Candelariella antennaria*	DD		
163	黄烛衣科	Candelariaceae	金黄黄茶渍	*Candelariella aurella*	DD		
164	黄烛衣科	Candelariaceae	粉黄黄茶渍	*Candelariella efflorescens*	DD		
165	黄烛衣科	Candelariaceae	黄茶渍	*Candelariella grimmiae*	DD		
166	黄烛衣科	Candelariaceae	甘肃黄茶渍	*Candelariella kansuensis*	DD		
167	黄烛衣科	Candelariaceae	间黄茶渍	*Candelariella medians*	DD		
168	黄烛衣科	Candelariaceae	尼泊尔黄茶渍	*Candelariella nepalensis*	DD		
169	黄烛衣科	Candelariaceae	油黄茶渍	*Candelariella oleifera*	DD		
170	黄烛衣科	Candelariaceae	折黄茶渍	*Candelariella reflexa*	DD		
171	黄烛衣科	Candelariaceae	莲座黄茶渍	*Candelariella rosulans*	DD		
172	黄烛衣科	Candelariaceae	粉芽黄茶渍	*Candelariella sorediosa*	DD		
173	黄烛衣科	Candelariaceae	蛋黄茶渍	*Candelariella vitellina*	DD		
174	黄烛衣科	Candelariaceae	柱头黄茶渍	*Candelariella xanthostigma*	DD		
175	炭菌科	Carbonicolaceae	蚁炭菌	*Carbonicola myrmecina*	DD		
176	腊肠衣科	Catillariaceae	阿里山腊肠衣	*Catillaria arisana*	DD		
177	腊肠衣科	Catillariaceae	钢灰腊肠衣	*Catillaria chalybeia*	DD		
178	腊肠衣科	Catillariaceae	寄生腊肠衣	*Catillaria hospitans*	DD		
179	腊肠衣科	Catillariaceae	无性腊肠衣	*Catillaria imperfecta*	DD		
180	腊肠衣科	Catillariaceae	甘肃腊肠衣	*Catillaria kansuensis*	DD		
181	腊肠衣科	Catillariaceae	黑棒腊肠衣	*Catillaria nigroclavata*	DD		
182	腊肠衣科	Catillariaceae	木腊肠衣	*Catillaria picila*	DD		
183	腊肠衣科	Catillariaceae	假盘腊肠衣	*Catillaria pseudopeziza*	DD		
184	腊肠衣科	Catillariaceae	暗色腊肠衣	*Catillaria tristiopsis*	DD		
185	腊肠衣科	Catillariaceae	山疱壁衣	*Halecania alpivaga*	DD		
186	干瘤菌科	Celotheliaceae	小针干瘤菌	*Celothelium aciculiferum*	DD		
187	金絮衣科	Chrysotrichaceae	烛金絮衣	*Chrysothrix candelaris*	LC		

序号 No.	科名 Chinese Family Names	科 Family	汉语学名 Chinese Names	学名 Scientific Names	评估等级 Status	评估依据 Assessment Criteria	特有种 Endemic
188	金霉衣科	Chrysotrichaceae	金霉衣	*Chrysothrix chlorina*	DD		
189	金霉衣科	Chrysotrichaceae	黄金霉衣	*Chrysothrix xanthina*	DD		
190	石蕊科	Cladoniaceae	聚筒蕊	*Cladia aggregata*	LC		
191	石蕊科	Cladoniaceae	黄雀石蕊	*Cladonia aberrans*	DD		
192	石蕊科	Cladoniaceae	尖石蕊	*Cladonia acuminata*	LC		
193	石蕊科	Cladoniaceae	黑穗石蕊	*Cladonia amaurocraea*	LC		
194	石蕊科	Cladoniaceae	林石蕊	*Cladonia arbuscula*	DD		
195	石蕊科	Cladoniaceae	类黄粉石蕊	*Cladonia bacilliformis*	LC		
196	石蕊科	Cladoniaceae	菊花石蕊	*Cladonia bellidiflora*	LC		
197	石蕊科	Cladoniaceae	北方石蕊	*Cladonia borealis*	DD		
198	石蕊科	Cladoniaceae	葡萄石蕊	*Cladonia botrytes*	DD		
199	石蕊科	Cladoniaceae	腐石蕊	*Cladonia cariosa*	LC		
200	石蕊科	Cladoniaceae	肉石蕊	*Cladonia carneola*	DD		
201	石蕊科	Cladoniaceae	斜漏斗石蕊	*Cladonia cenotea*	LC		
202	石蕊科	Cladoniaceae	颈石蕊	*Cladonia cervicornis*	LC		
203	石蕊科	Cladoniaceae	喇叭粉石蕊	*Cladonia chlorophaea*	LC		
204	石蕊科	Cladoniaceae	粒皮石蕊	*Cladonia chondrotypa*	DD		
205	石蕊科	Cladoniaceae	缘毛石蕊	*Cladonia ciliata*	LC		
206	石蕊科	Cladoniaceae	红石蕊	*Cladonia coccifera*	LC		
207	石蕊科	Cladoniaceae	枪石蕊	*Cladonia coniocraea*	LC		
208	石蕊科	Cladoniaceae	钝角石蕊	*Cladonia corniculata*	DD		
209	石蕊科	Cladoniaceae	角石蕊	*Cladonia cornuta*	LC		
210	石蕊科	Cladoniaceae	细枝石蕊	*Cladonia corymbescens*	DD		
211	石蕊科	Cladoniaceae	穿杯石蕊	*Cladonia crispata*	LC		
212	石蕊科	Cladoniaceae	黄粉石蕊	*Cladonia cyanipes*	LC		
213	石蕊科	Cladoniaceae	枝石蕊	*Cladonia dactylota*	DD		
214	石蕊科	Cladoniaceae	脱皮石蕊	*Cladonia decorticata*	DD		

序号 No.	科名 Chinese Family Names	科 Family	汉语学名 Chinese Names	学名 Scientific Names	评估等级 Status	评估依据 Assessment Criteria	特有种 Endemic
215	石蕊科	Cladoniaceae	正硫石蕊	*Cladonia deformis*	LC		
216	石蕊科	Cladoniaceae	裂芽石蕊	*Cladonia dehiscens*	DD		
217	石蕊科	Cladoniaceae	戴氏石蕊	*Cladonia delavayi*	VU	B2ab(ii); D2	
218	石蕊科	Cladoniaceae	小红石蕊	*Cladonia didyma*	DD		
219	石蕊科	Cladoniaceae	胀石蕊	*Cladonia digitata*	DD		
220	石蕊科	Cladoniaceae	狭杯红石蕊	*Cladonia diversa*	DD		
221	石蕊科	Cladoniaceae	长石蕊	*Cladonia ecmocyna*	DD		
222	石蕊科	Cladoniaceae	红心石蕊	*Cladonia erythrosperma*	DD		
223	石蕊科	Cladoniaceae	繁鳞石蕊	*Cladonia fenestralis*	LC		
224	石蕊科	Cladoniaceae	粉石蕊	*Cladonia fimbriata*	LC		
225	石蕊科	Cladoniaceae	坚石蕊	*Cladonia firma*	DD		
226	石蕊科	Cladoniaceae	红头石蕊	*Cladonia floerkeana*	LC		
227	石蕊科	Cladoniaceae	果石蕊	*Cladonia fruticulosa*	LC		
228	石蕊科	Cladoniaceae	分枝石蕊	*Cladonia furcata*	LC		
229	石蕊科	Cladoniaceae	白粉石蕊	*Cladonia glauca*	LC		
230	石蕊科	Cladoniaceae	细石蕊	*Cladonia gracilis*	LC		
231	石蕊科	Cladoniaceae	粒红石蕊	*Cladonia granulans*	LC		
232	石蕊科	Cladoniaceae	戈雷石蕊	*Cladonia grayi*	DD		
233	石蕊科	Cladoniaceae	珍珠灰石蕊	*Cladonia grisea*	LC		
234	石蕊科	Cladoniaceae	杯角石蕊	*Cladonia groenlandica*	DD		
235	石蕊科	Cladoniaceae	裸柄石蕊	*Cladonia gymnopoda*	LC		
236	石蕊科	Cladoniaceae	矮石蕊	*Cladonia humilis*	LC		
237	石蕊科	Cladoniaceae	东亚石蕊	*Cladonia kanewskii*	DD		
238	石蕊科	Cladoniaceae	橙石蕊	*Cladonia krempelhuberi*	DD		
239	石蕊科	Cladoniaceae	带饼石蕊	*Cladonia libifera*	LC		
240	石蕊科	Cladoniaceae	黄白石蕊	*Cladonia luteoalba*	DD		
241	石蕊科	Cladoniaceae	瘦柄红石蕊	*Cladonia macilenta*	LC		

序号 No.	科名 Chinese Family Names	科 Family	汉语学名 Chinese Names	学名 Scientific Names	评估等级 Status	评估依据 Assessment Criteria	特有种 Endemic
242	石蕊科	Cladoniaceae	硬柄石蕊	Cladonia macroceras	LC		
243	石蕊科	Cladoniaceae	巨叶石蕊	Cladonia macrophylla	DD		
244	石蕊科	Cladoniaceae	类大叶石蕊	Cladonia macrophyllodes	DD		
245	石蕊科	Cladoniaceae	大翅石蕊	Cladonia macroptera	LC		
246	石蕊科	Cladoniaceae	鳞杯石蕊	Cladonia magyarica	LC		
247	石蕊科	Cladoniaceae	小葱石蕊	Cladonia maxima	LC		
248	石蕊科	Cladoniaceae	黑柄石蕊	Cladonia melanocaulis	DD		
249	石蕊科	Cladoniaceae	结珊瑚石蕊	Cladonia metacorallifera	DD		
250	石蕊科	Cladoniaceae	细长石蕊	Cladonia metalepta	DD		
251	石蕊科	Cladoniaceae	软鹿石蕊	Cladonia mitis	LC		
252	石蕊科	Cladoniaceae	蒙古石蕊	Cladonia mongolica	LC		
253	石蕊科	Cladoniaceae	矮小石蕊	Cladonia nana	DD		
254	石蕊科	Cladoniaceae	黄绿石蕊	Cladonia ochrochlora	LC		
255	石蕊科	Cladoniaceae	寄生石蕊	Cladonia parasitica	DD		
256	石蕊科	Cladoniaceae	空石蕊	Cladonia perfossa	DD		√
257	石蕊科	Cladoniaceae	头状石蕊	Cladonia peziziformis	LC		
258	石蕊科	Cladoniaceae	鳞叶石蕊	Cladonia phyllophora	LC		
259	石蕊科	Cladoniaceae	粉杯红石蕊	Cladonia pleurota	LC		
260	石蕊科	Cladoniaceae	莲座石蕊	Cladonia pocillum	LC		
261	石蕊科	Cladoniaceae	畸鹿石蕊	Cladonia portentosa	DD		
262	石蕊科	Cladoniaceae	拟小红石蕊	Cladonia pseudodidyma	DD		
263	石蕊科	Cladoniaceae	拟雀石蕊	Cladonia pseudoevansii	CR	B1ab(iii)+2ab(iii)	
264	石蕊科	Cladoniaceae	拟裸柄石蕊	Cladonia pseudogymnopoda	DD		
265	石蕊科	Cladoniaceae	喇叭石蕊	Cladonia pyxidata	LC		
266	石蕊科	Cladoniaceae	麸皮石蕊	Cladonia ramulosa	LC		
267	石蕊科	Cladoniaceae	鹿石蕊	Cladonia rangiferina	LC		
268	石蕊科	Cladoniaceae	鹿角石蕊	Cladonia rangiformis	DD		

序号 No.	科名 Chinese Family Names	科 Family	汉语学名 Chinese Names	学名 Scientific Names	评估等级 Status	评估依据 Assessment Criteria	特有种 Endemic
269	石蕊科	Cladoniaceae	宽杯石蕊	*Cladonia rappii*	DD		
270	石蕊科	Cladoniaceae	裂杯石蕊	*Cladonia rei*	LC		
271	石蕊科	Cladoniaceae	粗皮石蕊	*Cladonia scabriuscula*	LC		
272	石蕊科	Cladoniaceae	中华石蕊	*Cladonia sinensis*	DD		√
273	石蕊科	Cladoniaceae	匍匐石蕊	*Cladonia sobolescens*	DD		
274	石蕊科	Cladoniaceae	鳞片石蕊	*Cladonia squamosa*	LC		
275	石蕊科	Cladoniaceae	雀石蕊	*Cladonia stellaris*	LC		
276	石蕊科	Cladoniaceae	大叶石蕊	*Cladonia strepsilis*	LC		
277	石蕊科	Cladoniaceae	小鳞石蕊	*Cladonia stricta*	DD		
278	石蕊科	Cladoniaceae	白点石蕊	*Cladonia stygia*	DD		
279	石蕊科	Cladoniaceae	拟小杯石蕊	*Cladonia subconistea*	LC		
280	石蕊科	Cladoniaceae	亚多型石蕊	*Cladonia submultiformis*	DD		
281	石蕊科	Cladoniaceae	亚麸皮石蕊	*Cladonia subpityrea*	DD		
282	石蕊科	Cladoniaceae	拟枪石蕊	*Cladonia subradiata*	LC		
283	石蕊科	Cladoniaceae	亚鳞石蕊	*Cladonia subsquamosa*	DD		
284	石蕊科	Cladoniaceae	尖头石蕊	*Cladonia subulata*	LC		
285	石蕊科	Cladoniaceae	硫腐石蕊	*Cladonia sulphurina*	DD		
286	石蕊科	Cladoniaceae	类腐石蕊	*Cladonia symphocarpa*	DD		
287	石蕊科	Cladoniaceae	寸石蕊	*Cladonia uncialis*	LC		
288	石蕊科	Cladoniaceae	千层石蕊	*Cladonia verticillata*	LC		
289	石蕊科	Cladoniaceae	多枝红石蕊	*Cladonia vulcani*	DD		
290	石蕊科	Cladoniaceae	云南石蕊	*Cladonia yunnana*	DD		
291	石蕊科	Cladoniaceae	圆盘衣	*Gymnoderma coccocarpum*	EN	B1ab(iii)+2ab(iii)	
292	石蕊科	Cladoniaceae	岛圆盘衣	*Gymnoderma insulare*	EN	B1ab(iii)+B2ab(iii)	
293	石蕊科	Cladoniaceae	大柱衣	*Pilophorus acicularis*	LC		
294	石蕊科	Cladoniaceae	圆头柱衣	*Pilophorus cereolus*	DD		
295	石蕊科	Cladoniaceae	棒柱衣	*Pilophorus clavatus*	LC		

序号 No.	科名 Chinese Family Names	科 Family	汉语学名 Chinese Names	学名 Scientific Names	评估等级 Status	评估依据 Assessment Criteria	特有种 Endemic
296	石蕊科	Cladoniaceae	果柱衣	*Pilophorus fruticosus*	DD		√
297	石蕊科	Cladoniaceae	云南柱衣	*Pilophorus yunnanensis*	DD		√
298	石蕊科	Cladoniaceae	扇盘衣	*Thysanothecium scutellatum*	DD		
299	锁珊菌科	Clavulinaceae	美角藻瑚菌	*Multiclavula calocera*	DD		
300	锁珊菌科	Clavulinaceae	洁藻瑚菌	*Multiclavula clara*	DD		
301	锁珊菌科	Clavulinaceae	润藻瑚菌	*Multiclavula fossicola*	DD		
302	锁珊菌科	Clavulinaceae	腐木藻瑚菌	*Multiclavula mucida*	LC		
303	锁珊菌科	Clavulinaceae	苔藓藻瑚菌	*Multiclavula pogonati*	DD		
304	锁珊菌科	Clavulinaceae	中华藻瑚菌	*Multiclavula sinensis*	DD		√
305	锁珊菌科	Clavulinaceae	春藻瑚菌	*Multiclavula vernalis*	DD		
306	瓦衣科	Coccocarpiaceae	环纹瓦衣	*Coccocarpia erythroxyli*	LC		
307	瓦衣科	Coccocarpiaceae	粗瓦衣	*Coccocarpia palmicola*	LC		
308	瓦衣科	Coccocarpiaceae	鳞瓦衣	*Coccocarpia pellita*	LC		
309	球孔衣科	Coccotremataceae	球孔衣	*Coccotrema cucurbitula*	NT		
310	绒衣科	Coenogoniaceae	亮绒衣	*Coenogonium dilucidum*	DD		
311	绒衣科	Coenogoniaceae	裂芽绒衣	*Coenogonium isidiatum*	DD		
312	绒衣科	Coenogoniaceae	林氏绒衣	*Coenogonium linkii*	DD		
313	绒衣科	Coenogoniaceae	金黄绒衣	*Coenogonium luteum*	LC		
314	绒衣科	Coenogoniaceae	皮氏绒衣	*Coenogonium pineti*	DD		
315	绒衣科	Coenogoniaceae	亚深黄绒衣	*Coenogonium subluteum*	DD		
316	胶衣科	Collemataceae	小鳞黐叶衣	*Blennothallia furfureola*	DD		
317	胶衣科	Collemataceae	葡萄串胶衣	*Collema callibotrys*	DD		
318	胶衣科	Collemataceae	小丽胶衣	*Collema callopismum*	DD		
319	胶衣科	Collemataceae	球胶衣	*Collema coccophorum*	DD		
320	胶衣科	Collemataceae	扁平胶衣	*Collema complanatum*	LC		
321	胶衣科	Collemataceae	鸡冠胶衣	*Collema cristatum*	DD		
322	胶衣科	Collemataceae	束孢胶衣	*Collema fasciculare*	LC		

序号 No.	科名 Chinese Family Names	科 Family	汉语学名 Chinese Names	学名 Scientific Names	评估等级 Status	评估依据 Assessment Criteria	特有种 Endemic
323	胶衣科	Collemataceae	石胶衣	*Collema flaccidum*	LC		
324	胶衣科	Collemataceae	粉屑胶衣	*Collema furfuraceum*	LC		
325	胶衣科	Collemataceae	棕绿胶衣	*Collema fuscovirens*	DD		
326	胶衣科	Collemataceae	隆胶衣	*Collema glebulentum*	LC		
327	胶衣科	Collemataceae	日本胶衣	*Collema japonicum*	LC		
328	胶衣科	Collemataceae	夏威夷胶衣	*Collema kauaiense*	DD		
329	胶衣科	Collemataceae	薄胶衣	*Collema leptaleum*	LC		
330	胶衣科	Collemataceae	庐山胶衣	*Collema lushanense*	DD		√
331	胶衣科	Collemataceae	尼泊尔胶衣	*Collema nepalense*	LC		
332	胶衣科	Collemataceae	黑胶衣	*Collema nigrescens*	LC		
333	胶衣科	Collemataceae	东瀛胶衣	*Collema nipponicum*	DD		
334	胶衣科	Collemataceae	台湾胶衣	*Collema peregrinum*	DD		√
335	胶衣科	Collemataceae	珀氏胶衣	*Collema poeltii*	DD		
336	胶衣科	Collemataceae	多果胶衣	*Collema polycarpon*	DD		
337	胶衣科	Collemataceae	美小胶衣	*Collema pulchellum*	LC		
338	胶衣科	Collemataceae	皱胶衣	*Collema rugosum*	LC		
339	胶衣科	Collemataceae	褶胶衣	*Collema ryssoleum*	LC		
340	胶衣科	Collemataceae	白山胶衣	*Collema shiroumanum*	LC		
341	胶衣科	Collemataceae	四川胶衣	*Collema sichuanense*	LC		√
342	胶衣科	Collemataceae	砖孢胶衣	*Collema subconveniens*	LC		
343	胶衣科	Collemataceae	亚石胶衣	*Collema subflaccidum*	LC		
344	胶衣科	Collemataceae	亚黑胶衣	*Collema subnigrescens*	LC		
345	胶衣科	Collemataceae	短柄胶衣	*Collema substipitatum*	LC		
346	胶衣科	Collemataceae	坚韧胶衣	*Collema tenax*	LC		
347	胶衣科	Collemataceae	得州胶衣	*Collema texanum*	DD		
348	胶衣科	Collemataceae	灌丛胶衣	*Collema thamnodes*	DD		
349	胶衣科	Collemataceae	波缘胶衣	*Collema undulatum*	DD		

序号 No.	科名 Chinese Family Names	科 Family	汉语学名 Chinese Names	学名 Scientific Names	评估等级 Status	评估依据 Assessment Criteria	特有种 Endemic
350	胶衣科	Collemataceae	胶耳衣	*Lathagrium auriforme*	DD		
351	胶衣科	Collemataceae	阿里山猫耳衣	*Leptogium arisanense*	LC		
352	胶衣科	Collemataceae	南美猫耳衣	*Leptogium austroamericanum*	LC		
353	胶衣科	Collemataceae	粗糙猫耳衣	*Leptogium brebissonii*	DD		
354	胶衣科	Collemataceae	伯吉氏猫耳衣	*Leptogium burgessii*	LC		
355	胶衣科	Collemataceae	伯内氏猫耳衣	*Leptogium burnetiae*	LC		
356	胶衣科	Collemataceae	蓝猫耳衣	*Leptogium caesium*	DD		
357	胶衣科	Collemataceae	内含猫耳衣	*Leptogium capense*	DD		
358	胶衣科	Collemataceae	树皮猫耳衣	*Leptogium corticola*	DD		
359	胶衣科	Collemataceae	变兰猫耳衣	*Leptogium cyanescens*	LC		
360	胶衣科	Collemataceae	戴氏猫耳衣	*Leptogium delavayi*	LC		
361	胶衣科	Collemataceae	齿裂猫耳衣	*Leptogium denticulatum*	DD		
362	胶衣科	Collemataceae	皱表猫耳衣	*Leptogium furfuraceum*	DD		
363	胶衣科	Collemataceae	沟表猫耳衣	*Leptogium hibernicum*	DD		
364	胶衣科	Collemataceae	裸果猫耳衣	*Leptogium hildenbrandii*	LC		
365	胶衣科	Collemataceae	多毛猫耳衣	*Leptogium hirsutum*	LC		
366	胶衣科	Collemataceae	爪哇猫耳衣	*Leptogium javanicum*	LC		
367	胶衣科	Collemataceae	猫耳衣	*Leptogium menziesii*	DD		
368	胶衣科	Collemataceae	薄刃猫耳衣	*Leptogium moluccanum*	DD		
369	胶衣科	Collemataceae	棒芽猫耳衣	*Leptogium papillosum*	DD		
370	胶衣科	Collemataceae	青猫耳衣	*Leptogium pichneum*	DD		
371	胶衣科	Collemataceae	拟鳞粉猫耳衣	*Leptogium pseudofurfuraceum*	LC		
372	胶衣科	Collemataceae	土星猫耳衣	*Leptogium saturninum*	LC		
373	胶衣科	Collemataceae	无柄猫耳衣	*Leptogium sessile*	LC		
374	胶衣科	Collemataceae	闪光猫耳衣	*Leptogium splendens*	LC		
375	胶衣科	Collemataceae	太白猫耳衣	*Leptogium taibaiense*	DD		√
376	胶衣科	Collemataceae	类黑猫耳衣	*Leptogium trichophoroides*	LC		

序号 No.	科名 Chinese Family Names	科 Family	汉语学名 Chinese Names	学名 Scientific Names	评估等级 Status	评估依据 Assessment Criteria	特有种 Endemic
377	胶衣科	Collemataceae	黑猫耳衣	Leptogium trichophorum	DD		
378	胶衣科	Collemataceae	王氏猫耳衣	Leptogium wangii	DD		√
379	胶衣科	Collemataceae	魏氏猫耳衣	Leptogium weii	DD		√
380	胶衣科	Collemataceae	拟皮胶囊衣	Physma byrsaeum	DD		
381	胶衣科	Collemataceae	皮胶囊衣	Physma byrsinum	DD		
382	胶衣科	Collemataceae	美果胶囊衣	Physma callicarpum	DD		
383	胶衣科	Collemataceae	辐射胶囊衣	Physma radians	DD		
384	胶衣科	Collemataceae	日本小颖衣	Ramalodium japonicum	DD		
385	粉头衣科	Coniocybaceae	麸屑口果粉衣	Chaenotheca furfuracea	LC		
386	粉头衣科	Coniocybaceae	茎口果粉衣	Chaenotheca stemonea	DD		
387	伏革菌科	Corticiaceae	珊瑚地钱菌	Marchandiomyces corallinus	DD		
388	棉絮衣科	Crocyniaceae	台湾棉絮衣	Crocynia faurieana	DD		
389	棉絮衣科	Crocyniaceae	棉絮衣	Crocynia gossypina	DD		
390	盘耳衣科	Elixiaceae	盘耳衣	Elixia flexella	DD		
391	裂痕衣科	Fissurinaceae	鸽色裂隙衣	Fissurina columbina	LC		
392	裂痕衣科	Fissurinaceae	杜氏裂隙衣	Fissurina dumastii	LC		
393	裂痕衣科	Fissurinaceae	硬壳裂隙衣	Fissurina incrustans	DD		
394	裂痕衣科	Fissurinaceae	针芽裂隙衣	Fissurina isidiata	DD		√
395	裂痕衣科	Fissurinaceae	小裂隙衣	Fissurina micromma	DD		
396	棕网盘科	Fuscideaceae	杯棕网盘	Fuscidea cyathoides	DD		
397	棕网盘科	Fuscideaceae	软棕网盘	Fuscidea mollis	LC		
398	棕网盘科	Fuscideaceae	恒拟孢衣	Maronea constans	DD		
399	棕网盘科	Fuscideaceae	桑葚暗孢衣	Orphniospora moriopsis	DD		
400	楔形衣科	Gomphillaceae	皮氏薄蜡衣	Asterothyrium pittieri	DD		
401	楔形衣科	Gomphillaceae	白毛刺衣	Echinoplaca leucotrichoides	DD		
402	楔形衣科	Gomphillaceae	缘毛榴果衣	Gyalectidium ciliatum	DD		
403	楔形衣科	Gomphillaceae	星盘衣	Gyalidea asteriscus	LC		

序号 No.	科名 Chinese Family Names	科 Family	汉语学名 Chinese Names	学名 Scientific Names	评估等级 Status	评估依据 Assessment Criteria	特有种 Endemic
404	楔形衣科	Gomphillaceae	日本星盘衣	*Gyalidea japonica*	DD		
405	楔形衣科	Gomphillaceae	鲁宗星盘衣	*Gyalidea luzonensis*	DD		
406	楔形衣科	Gomphillaceae	拉姆氏亚星盘衣	*Gyalideopsis lambinonii*	DD		
407	楔形衣科	Gomphillaceae	藓生亚星星盘衣	*Gyalideopsis muscicola*	DD		
408	楔形衣科	Gomphillaceae	喙亚星盘衣	*Gyalideopsis rostrata*	DD		
409	楔形衣科	Gomphillaceae	万氏亚星星盘衣	*Gyalideopsis vainioi*	DD		
410	楔形衣科	Gomphillaceae	桑氏毛蜡衣	*Tricharia santessoni*	DD		√
411	楔形衣科	Gomphillaceae	万氏毛蜡衣	*Tricharia vainioi*	DD		
412	文字衣科	Graphidaceae	红霜盘衣	*Diorygma erythrellum*	LC		
413	文字衣科	Graphidaceae	象形霜盘衣	*Diorygma hieroglyphicum*	DD		
414	文字衣科	Graphidaceae	厚粉霜盘衣	*Diorygma hololeucum*	DD		
415	文字衣科	Graphidaceae	容氏霜盘衣	*Diorygma junghuhnii*	LC		
416	文字衣科	Graphidaceae	马氏霜盘衣	*Diorygma macgregorii*	LC		
417	文字衣科	Graphidaceae	大孢霜盘衣	*Diorygma megasporum*	DD		
418	文字衣科	Graphidaceae	厚唇霜盘衣	*Diorygma pachygraphum*	LC		
419	文字衣科	Graphidaceae	粉霜盘衣	*Diorygma pruinosum*	LC		
420	文字衣科	Graphidaceae	白粉霜盘衣	*Diorygma soozanum*	DD		
421	文字衣科	Graphidaceae	裂馬双缘衣	*Diploschistes actinostomus*	LC		
422	文字衣科	Graphidaceae	白双缘衣	*Diploschistes anactinus*	DD		
423	文字衣科	Graphidaceae	大环形双缘衣	*Diploschistes cinereocaesius*	LC		
424	文字衣科	Graphidaceae	优扁双缘衣	*Diploschistes euganeus*	DD		
425	文字衣科	Graphidaceae	藓生双缘衣	*Diploschistes muscorum*	LC		
426	文字衣科	Graphidaceae	双缘衣	*Diploschistes scruposus*	LC		
427	文字衣科	Graphidaceae	中华双缘衣	*Diploschistes sinensis*	DD		
428	文字衣科	Graphidaceae	新疆双缘衣	*Diploschistes xinjiangensis*	DD		√
429	文字衣科	Graphidaceae	白果白唇衣	*Dyplolabia afzelii*	LC		
430	文字衣科	Graphidaceae	辐射裂隙衣	*Fissurina radiata*	DD		

序号 No.	科名 Chinese Family Names	科 Family	汉语学名 Chinese Names	学名 Scientific Names	评估等级 Status	评估依据 Assessment Criteria	特有种 Endemic
431	文字衣科	Graphidaceae	磨裂隙衣	*Fissurina triticea*	DD		
432	文字衣科	Graphidaceae	刻痕衣	*Glyphis cicatricosa*	DD		
433	文字衣科	Graphidaceae	小杯刻痕衣	*Glyphis scyphulifera*	LC		
434	文字衣科	Graphidaceae	阿瑞氏文字衣	*Graphis acharii*	DD		
435	文字衣科	Graphidaceae	灰枝文字衣	*Graphis albissima*	LC		
436	文字衣科	Graphidaceae	高山文字衣	*Graphis alpestris*	DD		
437	文字衣科	Graphidaceae	均文字衣	*Graphis analoga*	DD		
438	文字衣科	Graphidaceae	裸文字衣	*Graphis aperiens*	DD		
439	文字衣科	Graphidaceae	隐文字衣	*Graphis aphanes*	DD		
440	文字衣科	Graphidaceae	黑脉文字衣	*Graphis assimilis*	LC		
441	文字衣科	Graphidaceae	星雀文字衣	*Graphis asterizans*	DD		
442	文字衣科	Graphidaceae	云杉文字衣	*Graphis benguetensis*	DD		
443	文字衣科	Graphidaceae	双果文字衣	*Graphis bifera*	LC		
444	文字衣科	Graphidaceae	淡兰文字衣	*Graphis caesiella*	LC		
445	文字衣科	Graphidaceae	离心文字衣	*Graphis centrifuga*	DD		
446	文字衣科	Graphidaceae	鹿色文字衣	*Graphis cervina*	DD		
447	文字衣科	Graphidaceae	黑红文字衣	*Graphis cervinonigra*	DD		
448	文字衣科	Graphidaceae	环带文字衣	*Graphis cincta*	LC		
449	文字衣科	Graphidaceae	闭毛文字衣	*Graphis cleistoblephara*	LC		
450	文字衣科	Graphidaceae	钝盘文字衣	*Graphis cognata*	DD		
451	文字衣科	Graphidaceae	密集文字衣	*Graphis conferta*	LC		
452	文字衣科	Graphidaceae	树突文字衣	*Graphis dendrogramma*	DD		
453	文字衣科	Graphidaceae	裂出文字衣	*Graphis descissa*	DD		
454	文字衣科	Graphidaceae	蜕皮文字衣	*Graphis deserpens*	DD		
455	文字衣科	Graphidaceae	无鳞文字衣	*Graphis desquamescens*	LC		
456	文字衣科	Graphidaceae	曲盘文字衣	*Graphis dupaxana*	LC		
457	文字衣科	Graphidaceae	双文字衣	*Graphis duplicata*	DD		

序号 No.	科名 Chinese Family Names	科 Family	汉语学名 Chinese Names	学名 Scientific Names	评估等级 Status	评估依据 Assessment Criteria	特有种 Endemic
458	文字衣科	Graphidaceae	齐文字衣	*Graphis elegantula*	LC		
459	文字衣科	Graphidaceae	内黄文字衣	*Graphis endoxantha*	DD		
460	文字衣科	Graphidaceae	树表文字衣	*Graphis epiphloea*	DD		
461	文字衣科	Graphidaceae	丝线文字衣	*Graphis filiformis*	LC		
462	文字衣科	Graphidaceae	裂隙文字衣	*Graphis fissurata*	DD		
463	文字衣科	Graphidaceae	福建文字衣	*Graphis fujianensis*	DD		√
464	文字衣科	Graphidaceae	叉形文字衣	*Graphis furcata*	DD		
465	文字衣科	Graphidaceae	乳皮文字衣	*Graphis galactoderma*	DD		
466	文字衣科	Graphidaceae	灰白文字衣	*Graphis glaucescens*	DD		
467	文字衣科	Graphidaceae	黑白文字衣	*Graphis glauconigra*	DD		
468	文字衣科	Graphidaceae	层藻文字衣	*Graphis gonimica*	LC		
469	文字衣科	Graphidaceae	广东文字衣	*Graphis guangdongensis*	DD		√
470	文字衣科	Graphidaceae	汉氏文字衣	*Graphis handelii*	LC		
471	文字衣科	Graphidaceae	裂文字衣	*Graphis hiascens*	LC		
472	文字衣科	Graphidaceae	泰北文字衣	*Graphis hossei*	LC		
473	文字衣科	Graphidaceae	湖南文字衣	*Graphis hunanensis*	DD		
474	文字衣科	Graphidaceae	满菌文字衣	*Graphis hyphosa*	DD		
475	文字衣科	Graphidaceae	浸皱文字衣	*Graphis immersella*	DD		
476	文字衣科	Graphidaceae	半陷文字衣	*Graphis immersicans*	DD		
477	文字衣科	Graphidaceae	缠结文字衣	*Graphis intricata*	LC		
478	文字衣科	Graphidaceae	日本文字衣	*Graphis japonica*	DD		
479	文字衣科	Graphidaceae	基隆文字衣	*Graphis kelungana*	DD		
480	文字衣科	Graphidaceae	岩生文字衣	*Graphis lapidicola*	DD		
481	文字衣科	Graphidaceae	细果文字衣	*Graphis leptocarpa*	LC		
482	文字衣科	Graphidaceae	梭盘文字衣	*Graphis librata*	LC		
483	文字衣科	Graphidaceae	线纹文字衣	*Graphis lineola*	LC		
484	文字衣科	Graphidaceae	长枝文字衣	*Graphis longiramea*	LC		

序号 No.	科名 Chinese Family Names	科 Family	汉语学名 Chinese Names	学名 Scientific Names	评估等级 Status	评估依据 Assessment Criteria	特有种 Endemic
485	文字衣科	Graphidaceae	金边文字衣	*Graphis marginata*	DD		
486	文字衣科	Graphidaceae	矮小文字衣	*Graphis nanodes*	LC		
487	文字衣科	Graphidaceae	寡孢文字衣	*Graphis oligospora*	DD		
488	文字衣科	Graphidaceae	骨针文字衣	*Graphis oxyclada*	DD		
489	文字衣科	Graphidaceae	尖孢文字衣	*Graphis oxyspora*	DD		
490	文字衣科	Graphidaceae	近杜氏文字衣	*Graphis paradussii*	DD		√
491	文字衣科	Graphidaceae	平行文字衣	*Graphis parallela*	DD		
492	文字衣科	Graphidaceae	桃盘文字衣	*Graphis persicina*	DD		
493	文字衣科	Graphidaceae	松皮文字衣	*Graphis pinicola*	LC		
494	文字衣科	Graphidaceae	短盘文字衣	*Graphis plagiocarpa*	DD		
495	文字衣科	Graphidaceae	铅文字衣	*Graphis plumbea*	DD		
496	文字衣科	Graphidaceae	多层文字衣	*Graphis proserpens*	LC		
497	文字衣科	Graphidaceae	李生文字衣	*Graphis prunicola*	DD		
498	文字衣科	Graphidaceae	伦施文字衣	*Graphis renschiana*	LC		
499	文字衣科	Graphidaceae	根生文字衣	*Graphis rhizicola*	LC		
500	文字衣科	Graphidaceae	小隙文字衣	*Graphis rimulosa*	LC		
501	文字衣科	Graphidaceae	粗面文字衣	*Graphis rustica*	LC		
502	文字衣科	Graphidaceae	文字衣	*Graphis scripta*	DD		
503	文字衣科	Graphidaceae	条果文字衣	*Graphis streblocarpa*	DD		
504	文字衣科	Graphidaceae	皱沟文字衣	*Graphis striatula*	DD		
505	文字衣科	Graphidaceae	亚黑脉文字衣	*Graphis subassimilis*	LC		
506	文字衣科	Graphidaceae	亚纹皮文字衣	*Graphis subdisserpens*	LC		
507	文字衣科	Graphidaceae	亚蛇形文字衣	*Graphis subserpentina*	LC		
508	文字衣科	Graphidaceae	美林文字衣	*Graphis sundarbanensis*	LC		
509	文字衣科	Graphidaceae	细柔文字衣	*Graphis tenella*	LC		
510	文字衣科	Graphidaceae	细裂文字衣	*Graphis tenuirima*	DD		
511	文字衣科	Graphidaceae	粗皮文字衣	*Graphis tsunodae*	LC		

序号 No.	科名 Chinese Family Names	科 Family	汉语学名 Chinese Names	学名 Scientific Names	评估等级 Status	评估依据 Assessment Criteria	特有种 Endemic
512	文字衣科	Graphidaceae	蕊木文字衣	Graphis urandrae	LC		
513	文字衣科	Graphidaceae	疣体文字衣	Graphis verrucata	DD		√
514	文字衣科	Graphidaceae	条纹文字衣	Graphis vittata	LC		
515	文字衣科	Graphidaceae	王氏文字衣	Graphis wangii	DD		√
516	文字衣科	Graphidaceae	魏氏文字衣	Graphis weii	DD		√
517	文字衣科	Graphidaceae	灰白半实衣	Hemithecium alboglauca	DD		
518	文字衣科	Graphidaceae	巴氏半实衣	Hemithecium balbisii	LC		
519	文字衣科	Graphidaceae	半实衣	Hemithecium canlaonense	DD		
520	文字衣科	Graphidaceae	双砖孢半实衣	Hemithecium duomurisporum	DD		√
521	文字衣科	Graphidaceae	交织半实衣	Hemithecium implicatum	DD		
522	文字衣科	Graphidaceae	欧氏半实衣	Hemithecium oshioi	DD		
523	文字衣科	Graphidaceae	厚缘厚基衣	Leiorreuma crassimarginatum	DD		√
524	文字衣科	Graphidaceae	膨大厚基衣	Leiorreuma dilatatum	DD		
525	文字衣科	Graphidaceae	高举厚基衣	Leiorreuma exaltatum	DD		
526	文字衣科	Graphidaceae	黑厚基衣	Leiorreuma melanostalazans	DD		
527	文字衣科	Graphidaceae	刚毛厚基衣	Leiorreuma sericeum	LC		
528	文字衣科	Graphidaceae	替代厚基衣	Leiorreuma vicarians	DD		
529	文字衣科	Graphidaceae	通点多网衣	Myriotrema compunctum	DD		
530	文字衣科	Graphidaceae	小多网衣	Myriotrema minutum	DD		
531	文字衣科	Graphidaceae	亚通点多网衣	Myriotrema subcompunctum	DD		
532	文字衣科	Graphidaceae	穿孔点衣	Ocellularia perforata	DD		
533	文字衣科	Graphidaceae	台地灰线衣	Pallidogramme chapadana	LC		
534	文字衣科	Graphidaceae	绿果灰线衣	Pallidogramme chlorocarpoides	DD		
535	文字衣科	Graphidaceae	乳黄灰线衣	Pallidogramme chrysenteron	LC		
536	文字衣科	Graphidaceae	树黑文衣	Phaeographis dendritica	LC		
537	文字衣科	Graphidaceae	树生黑文衣	Phaeographis dendroides	DD		
538	文字衣科	Graphidaceae	福建黑文衣	Phaeographis fujianensis	DD		√

序号 No.	科名 Chinese Family Names	科 Family	汉语学名 Chinese Names	学名 Scientific Names	评估等级 Status	评估依据 Assessment Criteria	特有种 Endemic
539	文字衣科	Graphidaceae	细黑文衣	*Phaeographis gracilenta*	DD		
540	文字衣科	Graphidaceae	晕黑文衣	*Phaeographis haloniata*	DD		
541	文字衣科	Graphidaceae	杂色黑文衣	*Phaeographis heterochroa*	DD		
542	文字衣科	Graphidaceae	类杂色黑文衣	*Phaeographis heterochroides*	LC		
543	文字衣科	Graphidaceae	兰底黑文衣	*Phaeographis hypoglauca*	DD		
544	文字衣科	Graphidaceae	缠结黑文衣	*Phaeographis intricans*	DD		
545	文字衣科	Graphidaceae	焚黑文衣	*Phaeographis inusta*	LC		
546	文字衣科	Graphidaceae	皿形黑文衣	*Phaeographis lecanographa*	DD		
547	文字衣科	Graphidaceae	丽江黑文衣	*Phaeographis lidjiangensis*	DD		
548	文字衣科	Graphidaceae	裂片黑文衣	*Phaeographis lobata*	DD		
549	文字衣科	Graphidaceae	星盘黑文衣	*Phaeographis neotricosa*	DD		
550	文字衣科	Graphidaceae	平黑文衣	*Phaeographis planiuscula*	DD		
551	文字衣科	Graphidaceae	宽果黑文衣	*Phaeographis platycarpa*	DD		
552	文字衣科	Graphidaceae	霜果黑文衣	*Phaeographis pruinifera*	LC		
553	文字衣科	Graphidaceae	雕型黑文衣	*Phaeographis scalpturata*	DD		
554	文字衣科	Graphidaceae	绢黑文衣	*Phaeographis sericea*	DD		
555	文字衣科	Graphidaceae	林生黑文衣	*Phaeographis silvicola*	DD		
556	文字衣科	Graphidaceae	细枝黑文衣	*Phaeographis subdividens*	DD		
557	文字衣科	Graphidaceae	亚斑黑文衣	*Phaeographis submaculata*	DD		
558	文字衣科	Graphidaceae	扭曲黑文衣	*Phaeographis tortuosa*	DD		
559	文字衣科	Graphidaceae	武冈黑文衣	*Phaeographis wukangensis*	DD		
560	文字衣科	Graphidaceae	热带凸唇衣	*Platygramme discurrens*	LC		
561	文字衣科	Graphidaceae	海南凸唇衣	*Platygramme hainanensis*	DD		
562	文字衣科	Graphidaceae	吕金凸唇衣	*Platygramme lueckingii*	DD		√
563	文字衣科	Graphidaceae	米勒凸唇衣	*Platygramme muelleri*	DD		√
564	文字衣科	Graphidaceae	肥孢凸唇衣	*Platygramme pachyspora*	DD		
565	文字衣科	Graphidaceae	宽边凸唇衣	*Platygramme platyloma*	DD		

序号 No.	科名 Chinese Family Names	科 Family	汉语学名 Chinese Names	学名 Scientific Names	评估等级 Status	评估依据 Assessment Criteria	特有种 Endemic
566	文字衣科	Graphidaceae	凸唇衣	*Platygramme pudica*	DD		
567	文字衣科	Graphidaceae	台湾凸唇衣	*Platygramme taiwanensis*	DD		√
568	文字衣科	Graphidaceae	小突双实衣	*Platythecium colliculosum*	LC		
569	文字衣科	Graphidaceae	光滑双实衣	*Platythecium leiogramma*	DD		
570	文字衣科	Graphidaceae	红双实衣	*Platythecium pyrrhochroa*	LC		
571	文字衣科	Graphidaceae	亚洲棒盘衣	*Rhabdodiscus asiaticus*	DD		
572	文字衣科	Graphidaceae	曲肉果衣	*Sarcographa glyphiza*	DD		
573	文字衣科	Graphidaceae	异肉果衣	*Sarcographa heteroclita*	DD		
574	文字衣科	Graphidaceae	结肉果衣	*Sarcographa intricans*	DD		
575	文字衣科	Graphidaceae	蛇肉果衣	*Sarcographa medusulina*	DD		
576	文字衣科	Graphidaceae	黑肉果衣	*Sarcographa melanocarpa*	DD		
577	文字衣科	Graphidaceae	丝肉果衣	*Sarcographa tricosa*	LC		
578	文字衣科	Graphidaceae	异孢肉果衣	*Sarcographina heterospora*	DD		
579	文字衣科	Graphidaceae	微孢枝盘衣	*Thalloloma microsporum*	DD		√
580	文字衣科	Graphidaceae	浅黄枝盘衣	*Thalloloma ochroleucum*	DD		√
581	文字衣科	Graphidaceae	曼氏板文衣	*Thecaria montagnei*	DD		
582	文字衣科	Graphidaceae	苦木板文衣	*Thecaria quassiicola*	DD		
583	文字衣科	Graphidaceae	壮文盒衣	*Thecographa prosiliens*	DD		
584	文字衣科	Graphidaceae	点疣孔衣	*Thelotrema berkeleyanum*	DD		
585	文字衣科	Graphidaceae	帽贝疣孔衣	*Thelotrema lepadinum*	DD		
586	文字衣科	Graphidaceae	小疣孔衣	*Thelotrema microstomum*	DD		
587	文字衣科	Graphidaceae	鼠色疣孔衣	*Thelotrema murinum*	DD		
588	文字衣科	Graphidaceae	污核疣孔衣	*Thelotrema porinoides*	DD		
589	文字衣科	Graphidaceae	相似疣孔衣	*Thelotrema similans*	DD		
590	文字衣科	Graphidaceae	韦伯氏疣孔衣	*Thelotrema weberi*	DD		
591	凹盘衣科	Gyalectaceae	石生隐床衣	*Cryptolechia saxatilis*	DD		
592	凹盘衣科	Gyalectaceae	无色隐床衣	*Cryptolechia subincolorella*	DD		

序号 No.	科名 Chinese Family Names	科 Family	汉语学名 Chinese Names	学名 Scientific Names	评估等级 Status	评估依据 Assessment Criteria	特有种 Endemic
593	凹盘衣科	Gyalectaceae	淡棕凹盘衣	*Gyalecta alutacea*	DD		
594	凹盘衣科	Gyalectaceae	小孔凹盘衣	*Gyalecta foveolaris*	DD		
595	凹盘衣科	Gyalectaceae	山毛榉厚瓶衣	*Pachyphiale fagicola*	DD		
596	赤星衣科	Haematommataceae	博松氏赤星衣	*Haematomma persoonii*	DD		
597	赤星衣科	Haematommataceae	白赤星衣	*Haematomma puniceum*	LC		
598	赤星衣科	Haematommataceae	赤星衣	*Haematomma rufidulum*	DD		
599	赤星衣科	Haematommataceae	瓦特氏赤星衣	*Haematomma wattii*	DD		
600	蜡伞科	Hygrophoraceae	高山藻伞菌	*Lichenomphalia alpina*	DD		
601	蜡伞科	Hygrophoraceae	哈德孙藻伞菌	*Lichenomphalia hudsoniana*	LC		
602	蜡伞科	Hygrophoraceae	蜡黄藻伞菌	*Lichenomphalia luteovitellina*	DD		
603	蜡伞科	Hygrophoraceae	帽状藻伞菌	*Lichenomphalia umbellifera*	LC		
604	蜡伞科	Hygrophoraceae	毡毛藻伞菌	*Lichenomphalia velutina*	DD		
605	膜衣科	Hymeneliaceae	蜡膜衣	*Hymenelia ceracea*	DD		
606	膜衣科	Hymeneliaceae	疤膜衣	*Hymenelia epulotica*	DD		
607	膜衣科	Hymeneliaceae	湖膜衣	*Hymenelia lacustris*	DD		
608	膜衣科	Hymeneliaceae	香汇纳衣	*Ionaspis odora*	DD		
609	膜衣科	Hymeneliaceae	黑震盘衣	*Tremolecia atrata*	DD		
610	膜衣科	Hymeneliaceae	肝震盘衣	*Tremolecia lividonigra*	DD		
611	霜降衣科	Icmadophilaceae	小淡盘衣	*Dibaeis absoluta*	DD		
612	霜降衣科	Icmadophilaceae	粉芽淡盘衣	*Dibaeis sorediata*	DD		
613	霜降衣科	Icmadophilaceae	日本舌柱衣	*Glossodium japonicum*	DD		
614	霜降衣科	Icmadophilaceae	霜降衣	*Icmadophila ericetorum*	LC		
615	霜降衣科	Icmadophilaceae	树拟羊角衣	*Pseudobaeomyces insignis*	DD		
616	霜降衣科	Icmadophilaceae	白角衣	*Siphula ceratites*	DD		
617	霜降衣科	Icmadophilaceae	卧白角衣	*Siphula decumbens*	VU	B2ab(ii); D2	
618	霜降衣科	Icmadophilaceae	地茶	*Thamnolia vermicularis*	NT		
619	未定科	Incertae sedis	莱氏串胃衣	*Botryolepraria lesdainii*	LC		

序号 No.	科名 Chinese Family Names	科 Family	汉语学名 Chinese Names	学名 Scientific Names	评估等级 Status	评估依据 Assessment Criteria	特有种 Endemic
620	未定科	Incertae sedis	阿勒氏藓菌衣	*Bryobilimbia ahlesii*	DD		
621	未定科	Incertae sedis	红藓菌衣	*Bryobilimbia sanguineoatra*	DD		
622	未定科	Incertae sedis	群杆孢	*Cercidospora soror*	LC		
623	未定科	Incertae sedis	耙状云片衣	*Dictyonema irpicinum*	DD		
624	未定科	Incertae sedis	灌溉云片衣	*Dictyonema irrigatum*	DD		
625	未定科	Incertae sedis	膜云片衣	*Dictyonema membranaceum*	DD		
626	未定科	Incertae sedis	云片衣	*Dictyonema thelephora*	DD		
627	未定科	Incertae sedis	邻内球菌	*Endococcus propinquus*	DD		
628	未定科	Incertae sedis	隔孢黑盘菌	*Karschia talcophila*	DD		
629	未定科	Incertae sedis	柱头菌	*Lichenostigma cosmopolites*	DD		
630	未定科	Incertae sedis	小皿叶	*Normandina pulchella*	LC		
631	未定科	Incertae sedis	高山暗孢菌	*Phaeosporobolus alpinus*	DD		
632	茶渍科	Lecanoraceae	藻光体衣	*Calvitimela aglaea*	DD		
633	茶渍科	Lecanoraceae	美尼亚光体衣	*Calvitimela armeniaca*	DD		
634	茶渍科	Lecanoraceae	黄炭盘	*Carbonea vitellinaria*	LC		
635	茶渍科	Lecanoraceae	轮炭盘	*Carbonea vorticosa*	DD		
636	茶渍科	Lecanoraceae	灰绿野粮衣	*Circinaria caesiocinerea*	DD		
637	茶渍科	Lecanoraceae	聚茶渍	*Lecanora accumulata*	DD		
638	茶渍科	Lecanoraceae	肝茶渍	*Lecanora adolfii*	DD		√
639	茶渍科	Lecanoraceae	小白茶渍	*Lecanora albella*	LC		
640	茶渍科	Lecanoraceae	异形茶渍	*Lecanora allophana*	DD		
641	茶渍科	Lecanoraceae	山茶渍	*Lecanora alpigena*	LC		
642	茶渍科	Lecanoraceae	善茶渍	*Lecanora amicalis*	DD		
643	茶渍科	Lecanoraceae	银白茶渍	*Lecanora argentea*	LC		
644	茶渍科	Lecanoraceae	碎茶渍	*Lecanora argopholis*	LC		
645	茶渍科	Lecanoraceae	贝氏茶渍	*Lecanora behringii*	DD		
646	茶渍科	Lecanoraceae	布鲁氏茶渍	*Lecanora bruneri*	DD		

序号 No.	科名 Chinese Family Names	科 Family	汉语学名 Chinese Names	学名 Scientific Names	评估等级 Status	评估依据 Assessment Criteria	特有种 Endemic
647	茶渍科	Lecanoraceae	兰茶渍	*Lecanora caesioalutacea*	DD		
648	茶渍科	Lecanoraceae	加州茶渍	*Lecanora californica*	DD		
649	茶渍科	Lecanoraceae	平原茶渍	*Lecanora campestris*	LC		
650	茶渍科	Lecanoraceae	杜鹃茶渍	*Lecanora cateilea*	DD		
651	茶渍科	Lecanoraceae	中华茶渍	*Lecanora cathayensis*	DD		
652	茶渍科	Lecanoraceae	坚盘茶渍	*Lecanora cenisia*	LC		
653	茶渍科	Lecanoraceae	小盘茶渍	*Lecanora chinensis*	DD		
654	茶渍科	Lecanoraceae	亚丽茶渍	*Lecanora chlarotera*	LC		
655	茶渍科	Lecanoraceae	黄心茶渍	*Lecanora chrysocardia*	DD		
656	茶渍科	Lecanoraceae	肉灰茶渍	*Lecanora cinereocarnea*	DD		
657	茶渍科	Lecanoraceae	棕灰茶渍	*Lecanora cinereofusca*	DD		
658	茶渍科	Lecanoraceae	空果茶渍	*Lecanora circumborealis*	DD		
659	茶渍科	Lecanoraceae	钝齿茶渍	*Lecanora crenulata*	DD		
660	茶渍科	Lecanoraceae	散茶渍	*Lecanora dispersa*	LC		
661	茶渍科	Lecanoraceae	散粒茶渍	*Lecanora dispersogranulata*	DD		
662	茶渍科	Lecanoraceae	内褐茶渍	*Lecanora endophaeoides*	DD		
663	茶渍科	Lecanoraceae	负苍白茶渍	*Lecanora expallens*	DD		
664	茶渍科	Lecanoraceae	粉末茶渍	*Lecanora farinaria*	DD		
665	茶渍科	Lecanoraceae	暗黄茶渍	*Lecanora flavidofusca*	DD		
666	茶渍科	Lecanoraceae	红黄茶渍	*Lecanora flavidorufa*	LC		
667	茶渍科	Lecanoraceae	绿茶渍	*Lecanora flavoviridis*	DD		
668	茶渍科	Lecanoraceae	黄褐星茶渍	*Lecanora fulvastra*	DD		
669	茶渍科	Lecanoraceae	美蕊茶渍	*Lecanora gangaleoides*	LC		
670	茶渍科	Lecanoraceae	甘肃茶渍	*Lecanora gansuensis*	LC		√
671	茶渍科	Lecanoraceae	戛氏茶渍	*Lecanora garovaglioi*	DD		
672	茶渍科	Lecanoraceae	地茶渍	*Lecanora geoica*	DD		
673	茶渍科	Lecanoraceae	裸茶渍	*Lecanora glabrata*	DD		

序号 No.	科名 Chinese Family Names	科 Family	汉语学名 Chinese Names	学名 Scientific Names	评估等级 Status	评估依据 Assessment Criteria	特有种 Endemic
674	茶渍科	Lecanoraceae	小茶渍	*Lecanora hagenii*	DD		
675	茶渍科	Lecanoraceae	希腊茶渍	*Lecanora hellmichiana*	DD		
676	茶渍科	Lecanoraceae	淡栗茶渍	*Lecanora helva*	DD		
677	茶渍科	Lecanoraceae	平线茶渍	*Lecanora horiza*	DD		
678	茶渍科	Lecanoraceae	粉芽茶渍	*Lecanora impudens*	DD		
679	茶渍科	Lecanoraceae	伊穆氏茶渍	*Lecanora imshaugii*	LC		
680	茶渍科	Lecanoraceae	笑茶渍	*Lecanora insignis*	DD		
681	茶渍科	Lecanoraceae	缠结茶渍	*Lecanora intricata*	LC		
682	茶渍科	Lecanoraceae	侵生茶渍	*Lecanora invadens*	DD		
683	茶渍科	Lecanoraceae	赭茶渍	*Lecanora isabellina*	DD		
684	茶渍科	Lecanoraceae	日本茶渍	*Lecanora japonica*	DD		
685	茶渍科	Lecanoraceae	基隆茶渍	*Lecanora kelungensis*	DD		
686	茶渍科	Lecanoraceae	青海茶渍	*Lecanora kukunorensis*	DD		
687	茶渍科	Lecanoraceae	癞屑茶渍	*Lecanora leprosa*	DD		
688	茶渍科	Lecanoraceae	洛钶氏茶渍	*Lecanora loekoesii*	LC		
689	茶渍科	Lecanoraceae	米库尔茶渍	*Lecanora mikuraensis*	DD		
690	茶渍科	Lecanoraceae	瘤体茶渍	*Lecanora nipponica*	LC		
691	茶渍科	Lecanoraceae	晶缘茶渍	*Lecanora novae-hollandiae*	LC		
692	茶渍科	Lecanoraceae	石茶渍	*Lecanora opiniconensis*	LC		
693	茶渍科	Lecanoraceae	口茶渍	*Lecanora orosthea*	DD		
694	茶渍科	Lecanoraceae	厚茶渍	*Lecanora pachirana*	DD		
695	茶渍科	Lecanoraceae	多网茶渍	*Lecanora perplexa*	DD		
696	茶渍科	Lecanoraceae	粉霜茶渍	*Lecanora perpruinosa*	DD		
697	茶渍科	Lecanoraceae	拟鳞茶渍	*Lecanora pseudistera*	DD		
698	茶渍科	Lecanoraceae	丽盘茶渍	*Lecanora pulicaris*	LC		
699	茶渍科	Lecanoraceae	昆士兰茶渍	*Lecanora queenslandica*	DD		
700	茶渍科	Lecanoraceae	岩茶渍	*Lecanora rupicola*	DD		

序号 No.	科名 Chinese Family Names	科 Family	汉语学名 Chinese Names	学名 Scientific Names	评估等级 Status	评估依据 Assessment Criteria	特有种 Endemic
701	茶渍科	Lecanoraceae	柳茶渍	*Lecanora saligna*	LC		
702	茶渍科	Lecanoraceae	四川茶渍	*Lecanora setschwana*	DD		
703	茶渍科	Lecanoraceae	半埋茶渍	*Lecanora subimmergens*	DD		
704	茶渍科	Lecanoraceae	亚沉茶渍	*Lecanora subimmersa*	DD		
705	茶渍科	Lecanoraceae	东茶渍	*Lecanora subjaponica*	LC		√
706	茶渍科	Lecanoraceae	褶皱茶渍	*Lecanora subrugosa*	LC		
707	茶渍科	Lecanoraceae	硫茶渍	*Lecanora sulphurea*	DD		
708	茶渍科	Lecanoraceae	近硫色茶渍	*Lecanora sulphurescens*	DD		
709	茶渍科	Lecanoraceae	斯瓦氏茶渍	*Lecanora swartzii*	DD		
710	茶渍科	Lecanoraceae	合茶渍	*Lecanora symmicta*	DD		
711	茶渍科	Lecanoraceae	流苏茶渍	*Lecanora thysanophora*	DD		
712	茶渍科	Lecanoraceae	热带茶渍	*Lecanora tropica*	DD		
713	茶渍科	Lecanoraceae	褶色茶渍	*Lecanora umbrina*	DD		
714	茶渍科	Lecanoraceae	韦氏茶渍	*Lecanora vainioi*	DD		
715	茶渍科	Lecanoraceae	异茶渍	*Lecanora varia*	DD		
716	茶渍科	Lecanoraceae	魏氏茶渍	*Lecanora weii*	LC		√
717	茶渍科	Lecanoraceae	无色小网衣	*Lecidella achristotera*	DD		
718	茶渍科	Lecanoraceae	中亚小网衣	*Lecidella alaiensis*	DD		
719	茶渍科	Lecanoraceae	泡状小网衣	*Lecidella bullata*	DD		
720	茶渍科	Lecanoraceae	破小网衣	*Lecidella carpathica*	LC		
721	茶渍科	Lecanoraceae	油色小网衣	*Lecidella elaeochroma*	LC		
722	茶渍科	Lecanoraceae	小盘小网衣	*Lecidella enteroleucella*	DD		
723	茶渍科	Lecanoraceae	优果小网衣	*Lecidella euphorea*	DD		
724	茶渍科	Lecanoraceae	海洋小网衣	*Lecidella oceanica*	DD		
725	茶渍科	Lecanoraceae	平小网衣	*Lecidella stigmatea*	LC		
726	茶渍科	Lecanoraceae	肿胀小网衣	*Lecidella tumidula*	DD		
727	茶渍科	Lecanoraceae	苔生小网衣	*Lecidella wulfenii*	DD		

序号 No.	科名 Chinese Family Names	科 Family	汉语学名 Chinese Names	学名 Scientific Names	评估等级 Status	评估依据 Assessment Criteria	特有种 Endemic
728	茶渍科	Lecanoraceae	木生小网衣	*Lecidella xylophila*	DD		
729	茶渍科	Lecanoraceae	奇果衣	*Miriquidica complanata*	DD		
730	茶渍科	Lecanoraceae	覆盖奇果衣	*Miriquidica obnubila*	DD		
731	茶渍科	Lecanoraceae	云南奇果衣	*Miriquidica yunnanensis*	DD		√
732	茶渍科	Lecanoraceae	厚缘多盘衣	*Myriolecis flowersiana*	DD		
733	茶渍科	Lecanoraceae	多齿多盘衣	*Myriolecis percrenata*	DD		
734	茶渍科	Lecanoraceae	半苍多盘衣	*Myriolecis semipallida*	DD		
735	茶渍科	Lecanoraceae	石墙原类梅	*Protoparmeliopsis muralis*	DD		
736	茶渍科	Lecanoraceae	栎红蜡盘衣	*Pyrrhospora quernea*	DD		
737	茶渍科	Lecanoraceae	红脐鳞	*Rhizoplaca chrysoleuca*	LC		
738	茶渍科	Lecanoraceae	褐脐鳞	*Rhizoplaca fumida*	DD		√
739	茶渍科	Lecanoraceae	华脐鳞	*Rhizoplaca huashanensis*	CR	A4ac; B1ab(ii,iii)+2ab(ii,iii); D2	√
740	茶渍科	Lecanoraceae	盾脐鳞	*Rhizoplaca peltata*	DD		
741	茶渍科	Lecanoraceae	异脐鳞	*Rhizoplaca subdiscrepans*	DD		
742	茶渍科	Lecanoraceae	拟沃氏衣	*Woessia pseudohyphophorifera*	DD		
743	网衣科	Lecideaceae	准扁桃盘衣	*Amygdalaria consentiens*	DD		
744	网衣科	Lecideaceae	淡锈盘衣	*Bellemerea cinereorufescens*	LC		
745	网衣科	Lecideaceae	铜黑锈盘衣	*Bellemerea cupreoatra*	DD		
746	网衣科	Lecideaceae	山衬衣	*Clauzadea monticola*	DD		
747	网衣科	Lecideaceae	密果沉衣	*Immersaria athroocarpa*	LC		
748	网衣科	Lecideaceae	伊朗沉衣	*Immersaria iranica*	DD		
749	网衣科	Lecideaceae	乌斯沉衣	*Immersaria usbekica*	DD		
750	网衣科	Lecideaceae	柯氏菌	*Koerberiella wimmeriana*	DD		
751	网衣科	Lecideaceae	白明网衣	*Lecidea albohyalina*	DD		
752	网衣科	Lecideaceae	黑棕网衣	*Lecidea atrobrunnea*	DD		
753	网衣科	Lecideaceae	耳盘网衣	*Lecidea auriculata*	DD		

序号 No.	科名 Chinese Family Names	科 Family	汉语学名 Chinese Names	学名 Scientific Names	评估等级 Status	评估依据 Assessment Criteria	特有种 Endemic
754	网衣科	Lecideaceae	海蓝网衣	*Lecidea berengeriana*	LC		
755	网衣科	Lecideaceae	包氏网衣	*Lecidea bohlinii*	LC		
756	网衣科	Lecideaceae	可可网衣	*Lecidea cacaotina*	DD		
757	网衣科	Lecideaceae	汇合网衣	*Lecidea confluens*	DD		
758	网衣科	Lecideaceae	煤网衣	*Lecidea fuliginosa*	DD		
759	网衣科	Lecideaceae	伪网衣	*Lecidea hypocrita*	DD		
760	网衣科	Lecideaceae	腹网衣	*Lecidea hypopta*	DD		
761	网衣科	Lecideaceae	甘肃网衣	*Lecidea kansuensis*	DD		
762	网衣科	Lecideaceae	青网衣	*Lecidea lactea*	LC		
763	网衣科	Lecideaceae	岩网衣	*Lecidea lapicida*	DD		
764	网衣科	Lecideaceae	石生网衣	*Lecidea lithophila*	DD		
765	网衣科	Lecideaceae	褚癞肩网衣	*Lecidea ochroleprosa*	DD		
766	网衣科	Lecideaceae	赭红网衣	*Lecidea ochrorufa*	DD		
767	网衣科	Lecideaceae	杂网衣	*Lecidea promiscens*	DD		
768	网衣科	Lecideaceae	原混网衣	*Lecidea promixta*	DD		
769	网衣科	Lecideaceae	中华网衣	*Lecidea sinensis*	DD		
770	网衣科	Lecideaceae	亚凹网衣	*Lecidea subconcava*	DD		
771	网衣科	Lecideaceae	微凸网衣	*Lecidea subelevata*	LC		
772	网衣科	Lecideaceae	方斑网衣	*Lecidea tessellata*	LC		
773	网衣科	Lecideaceae	垂圆顶衣	*Lecidoma demissum*	DD		
774	网衣科	Lecideaceae	沙地菌盘衣	*Mycobilimbia sabuletorum*	DD		
775	网衣科	Lecideaceae	细准衣	*Paraporpidia leptocarpa*	DD		
776	网衣科	Lecideaceae	白兰假网衣	*Porpidia albocaerulescens*	LC		
777	网衣科	Lecideaceae	夏洛特假网衣	*Porpidia carlottiana*	DD		
778	网衣科	Lecideaceae	黑白假网衣	*Porpidia cinereoatra*	DD		
779	网衣科	Lecideaceae	壳假网衣	*Porpidia crustulata*	DD		
780	网衣科	Lecideaceae	灰色假网衣	*Porpidia grisea*	DD		

序号 No.	科名 Chinese Family Names	科 Family	汉语学名 Chinese Names	学名 Scientific Names	评估等级 Status	评估依据 Assessment Criteria	特有种 Endemic
781	网衣科	Lecideaceae	罗威假网衣	*Porpidia lowiana*	LC		
782	网衣科	Lecideaceae	腹斑假网衣	*Porpidia macrocarpa*	DD		
783	网衣科	Lecideaceae	宽果假网衣	*Porpidia platycarpoides*	DD		
784	网衣科	Lecideaceae	香格里拉假网衣	*Porpidia shangrila*	DD		√
785	网衣科	Lecideaceae	粉芽假网衣	*Porpidia soredizodes*	DD		
786	网衣科	Lecideaceae	圈型假网衣	*Porpidia speirea*	DD		
787	网衣科	Lecideaceae	鳞假网衣	*Porpidia squamosa*	DD		√
788	网衣科	Lecideaceae	超假网衣	*Porpidia superba*	DD		
789	网衣科	Lecideaceae	汤姆氏假网衣	*Porpidia thomsonii*	DD		
790	网衣科	Lecideaceae	结瘤假网衣	*Porpidia tuberculosa*	DD		
791	绒枝科	Leprocaulaceae	微绒枝	*Leprocaulon microscopicum*	DD		
792	多极孢衣科	Letrouitiaceae	线形多极孢衣	*Letrouitia parabola*	DD		
793	衣外菌科	Lichenoconiaceae	衣外菌	*Lichenoconium erodens*	DD		
794	衣外菌科	Lichenoconiaceae	茶渍衣外菌	*Lichenoconium lecanorae*	DD		
795	异极衣科	Lichinaceae	垫状真衣	*Euopsis pulvinata*	DD		
796	异极衣科	Lichinaceae	合点天粘衣	*Lempholemma chalazanum*	DD		
797	异极衣科	Lichinaceae	多孢同枝衣	*Peccania polyspora*	DD		
798	异极衣科	Lichinaceae	地生同枝衣	*Peccania terricola*	DD		
799	异极衣科	Lichinaceae	多孢菊花衣	*Phylliscum demangeonii*	DD		
800	异极衣科	Lichinaceae	玳瑁菊花衣	*Phylliscum testudineum*	DD		
801	异极衣科	Lichinaceae	甘肃鳞壁衣	*Psorotichia kansuensis*	DD		
802	异极衣科	Lichinaceae	小鳞壁衣	*Psorotichia minuta*	DD		
803	异极衣科	Lichinaceae	蒙古鳞壁衣	*Psorotichia mongolica*	DD		
804	异极衣科	Lichinaceae	鳞壁衣	*Psorotichia murorum*	DD		
805	异极衣科	Lichinaceae	黑鳞壁衣	*Psorotichia nigra*	LC		
806	异极衣科	Lichinaceae	莎氏鳞壁衣	*Psorotichia schaereri*	DD		
807	异极衣科	Lichinaceae	卷翅衣	*Pterygiopsis convoluta*	DD		

序号 No.	科名 Chinese Family Names	科 Family	汉语学名 Chinese Names	学名 Scientific Names	评估等级 Status	评估依据 Assessment Criteria	特有种 Endemic
808	异极衣科	Lichinaceae	糠类核衣	*Pyrenopsis furfurea*	DD		
809	异极衣科	Lichinaceae	垫盾链衣	*Thyrea pulvinata*	DD		
810	肺衣科	Lobariaceae	粗叶上枝	*Dendriscocaulon bolacinum*	DD		
811	肺衣科	Lobariaceae	齿果肺衣	*Lobaria adscripturiens*	LC		
812	肺衣科	Lobariaceae	中华肺衣	*Lobaria chinensis*	LC		√
813	肺衣科	Lobariaceae	厚肺衣	*Lobaria crassior*	LC		
814	肺衣科	Lobariaceae	二色肺衣	*Lobaria dichroa*	DD		
815	肺衣科	Lobariaceae	杂色肺衣	*Lobaria discolor*	DD		
816	肺衣科	Lobariaceae	褐毛肺衣	*Lobaria fuscotomentosa*	DD		
817	肺衣科	Lobariaceae	三苔肺衣	*Lobaria gyrophorica*	DD		
818	肺衣科	Lobariaceae	针芽肺衣	*Lobaria isidiophora*	DD		
819	肺衣科	Lobariaceae	裂芽肺衣	*Lobaria isidiosa*	DD		
820	肺衣科	Lobariaceae	日本肺衣	*Lobaria japonica*	DD		
821	肺衣科	Lobariaceae	拟针芽肺衣	*Lobaria kazawaensis*	LC		
822	肺衣科	Lobariaceae	光肺衣	*Lobaria kurokawae*	DD		
823	肺衣科	Lobariaceae	鲜绿肺衣	*Lobaria laetevirens*	DD		
824	肺衣科	Lobariaceae	薄叶肺衣	*Lobaria linita*	DD		
825	肺衣科	Lobariaceae	小裂片肺衣	*Lobaria lobulata*	DD		√
826	肺衣科	Lobariaceae	南肺衣	*Lobaria meridionalis*	DD		
827	肺衣科	Lobariaceae	东方肺衣	*Lobaria orientalis*	DD		
828	肺衣科	Lobariaceae	悬肺衣	*Lobaria pindarensis*	DD		
829	肺衣科	Lobariaceae	拟肺衣	*Lobaria pseudopulmonaria*	DD		
830	肺衣科	Lobariaceae	肺衣	*Lobaria pulmonaria*	DD		
831	肺衣科	Lobariaceae	栎肺衣	*Lobaria quercizans*	DD		
832	肺衣科	Lobariaceae	网脊肺衣	*Lobaria retigera*	DD		
833	肺衣科	Lobariaceae	库页岛肺衣	*Lobaria sachalinensis*	DD		
834	肺衣科	Lobariaceae	蜂巢肺衣	*Lobaria scrobiculata*	LC		

序号 No.	科名 Chinese Family Names	科 Family	汉语学名 Chinese Names	学名 Scientific Names	评估等级 Status	评估依据 Assessment Criteria	特有种 Endemic
835	肺衣科	Lobariaceae	匙芽肺衣	*Lobaria spathulata*	LC		
836	肺衣科	Lobariaceae	亚平肺衣	*Lobaria sublaevis*	DD		
837	肺衣科	Lobariaceae	亚蜂窝肺衣	*Lobaria subscrobiculata*	DD		
838	肺衣科	Lobariaceae	瘤芽肺衣	*Lobaria tuberculata*	LC		
839	肺衣科	Lobariaceae	玉龙肺衣	*Lobaria yulongensis*	DD		√
840	肺衣科	Lobariaceae	云南肺衣	*Lobaria yunnanensis*	DD		√
841	肺衣科	Lobariaceae	银白假杯点衣	*Pseudocyphellaria argyracea*	LC		
842	肺衣科	Lobariaceae	黄假杯点衣	*Pseudocyphellaria aurata*	LC		
843	肺衣科	Lobariaceae	黄褐假杯点衣	*Pseudocyphellaria cinnamomea*	DD		
844	肺衣科	Lobariaceae	金缘假杯点衣	*Pseudocyphellaria crocata*	LC		
845	肺衣科	Lobariaceae	海南假杯点衣	*Pseudocyphellaria hainanensis*	DD		√
846	肺衣科	Lobariaceae	缠结假杯点衣	*Pseudocyphellaria intricata*	DD		
847	肺衣科	Lobariaceae	裂芽假杯点衣	*Pseudocyphellaria neglecta*	DD		
848	肺衣科	Lobariaceae	杯点牛皮衣	*Sticta cyphellulata*	DD		
849	肺衣科	Lobariaceae	双缘牛皮叶	*Sticta duplolimbata*	DD		
850	肺衣科	Lobariaceae	蕨状牛皮叶	*Sticta filix*	LC		
851	肺衣科	Lobariaceae	扇形牛皮叶	*Sticta flabelliformis*	DD		
852	肺衣科	Lobariaceae	台湾牛皮叶	*Sticta formosana*	DD		
853	肺衣科	Lobariaceae	黑牛皮叶	*Sticta fuliginosa*	LC		
854	肺衣科	Lobariaceae	柄扇牛皮叶	*Sticta gracilis*	LC		
855	肺衣科	Lobariaceae	亨利牛皮叶	*Sticta henryana*	DD		
856	肺衣科	Lobariaceae	粉缘牛皮叶	*Sticta limbata*	DD		
857	肺衣科	Lobariaceae	假黄牛皮叶	*Sticta mougeotiana*	DD		
858	肺衣科	Lobariaceae	南洋牛皮叶	*Sticta neocaledonica*	DD		
859	肺衣科	Lobariaceae	平滑牛皮叶	*Sticta nylanderiana*	DD		
860	肺衣科	Lobariaceae	宽叶牛皮叶	*Sticta platyphylloides*	DD		
861	肺衣科	Lobariaceae	垫状牛皮叶	*Sticta pulvinata*	LC		

序号 No.	科名 Chinese Family Names	科 Family	汉语学名 Chinese Names	学名 Scientific Names	评估等级 Status	评估依据 Assessment Criteria	特有种 Endemic
862	肺衣科	Lobariaceae	深波牛皮叶	*Sticta sinuosa*	DD		
863	肺衣科	Lobariaceae	镶边牛皮叶	*Sticta submarginifera*	DD		
864	肺衣科	Lobariaceae	缘裂牛皮叶	*Sticta weigelii*	LC		
865	柄座衣科	Malmideaceae	带耳柄座衣	*Malmidea aurigera*	DD		
866	柄座衣科	Malmideaceae	颗粒柄座衣	*Malmidea granifera*	DD		
867	柄座衣科	Malmideaceae	下黑柄座衣	*Malmidea hypomelaena*	DD		
868	托盘衣科	Megalariaceae	劳氏大盘衣	*Megalaria laureri*	DD		
869	大孢衣科	Megalosporaceae	黑红大孢衣	*Megalospora atrorubricans*	DD		
870	大孢衣科	Megalosporaceae	硫大孢衣	*Megalospora sulphurata*	DD		
871	大孢衣科	Megalosporaceae	结瘤大孢衣	*Megalospora tuberculosa*	DD		
872	大孢衣科	Megalosporaceae	韦伯氏大孢衣	*Megalospora weberi*	DD		
873	大孢衣科	Megasporaceae	环状平茶渍	*Aspicilia annulata*	LC		
874	大孢衣科	Megasporaceae	异形平茶渍	*Aspicilia anseris*	LC		
875	大孢衣科	Megasporaceae	水生平茶渍	*Aspicilia aquatica*	LC		
876	大孢衣科	Megasporaceae	亚洲平茶渍	*Aspicilia asiatica*	LC		
877	大孢衣科	Megasporaceae	包氏平茶渍	*Aspicilia bohlinii*	LC		
878	大孢衣科	Megasporaceae	灰平茶渍	*Aspicilia cinerea*	LC		
879	大孢衣科	Megasporaceae	皱褶平茶渍	*Aspicilia corrugatula*	DD		
880	大孢衣科	Megasporaceae	铜绿平茶渍	*Aspicilia cupreoglauca*	DD		
881	大孢衣科	Megasporaceae	脱皮平茶渍	*Aspicilia decorticata*	DD		
882	大孢衣科	Megasporaceae	荒漠平茶渍	*Aspicilia desertorum*	DD		
883	大孢衣科	Megasporaceae	定形平茶渍	*Aspicilia determinata*	DD		
884	大孢衣科	Megasporaceae	彩斑平茶渍	*Aspicilia exuberans*	DD		
885	大孢衣科	Megasporaceae	拟亚洲平茶渍	*Aspicilia hartliana*	DD		
886	大孢衣科	Megasporaceae	海登氏平茶渍	*Aspicilia hedinii*	DD		
887	大孢衣科	Megasporaceae	霍夫曼平茶渍	*Aspicilia hoffmannii*	LC		
888	大孢衣科	Megasporaceae	拉康平茶渍	*Aspicilia lacanosa*	DD		

序号 No.	科名 Chinese Family Names	科 Family	汉语学名 Chinese Names	学名 Scientific Names	评估等级 Status	评估依据 Assessment Criteria	特有种 Endemic
889	大孢衣科	Megasporaceae	高寒平茶渍	*Aspicilia lesleyana*	LC		
890	大孢衣科	Megasporaceae	斑点平茶渍	*Aspicilia maculata*	LC		
891	大孢衣科	Megasporaceae	小盘平茶渍	*Aspicilia microplaca*	DD		
892	大孢衣科	Megasporaceae	褐白平茶渍	*Aspicilia ochraceoalba*	LC		
893	大孢衣科	Megasporaceae	野油平茶渍	*Aspicilia oleifera*	LC		
894	大孢衣科	Megasporaceae	桃红平茶渍	*Aspicilia persica*	DD		
895	大孢衣科	Megasporaceae	褶平茶渍	*Aspicilia plicigera*	LC		
896	大孢衣科	Megasporaceae	微糙平茶渍	*Aspicilia scabridula*	DD		
897	大孢衣科	Megasporaceae	片岩平茶渍	*Aspicilia schisticola*	DD		
898	大孢衣科	Megasporaceae	亚白平茶渍	*Aspicilia subalbicans*	DD		
899	大孢衣科	Megasporaceae	亚兰灰平茶渍	*Aspicilia subcaesia*	DD		
900	大孢衣科	Megasporaceae	亚汇平茶渍	*Aspicilia subconfluens*	DD		
901	大孢衣科	Megasporaceae	凹平茶渍	*Aspicilia subdepressa*	DD		
902	大孢衣科	Megasporaceae	微黄平茶渍	*Aspicilia subflavida*	DD		
903	大孢衣科	Megasporaceae	白边平茶渍	*Aspicilia sublaqueata*	DD		
904	大孢衣科	Megasporaceae	西藏平茶渍	*Aspicilia tibetica*	DD		
905	大孢衣科	Megasporaceae	扭曲平茶渍	*Aspicilia tortuosa*	DD		√
906	大孢衣科	Megasporaceae	小角平茶渍	*Aspicilia transbaicalica*	LC		
907	大孢衣科	Megasporaceae	疣平茶渍	*Aspicilia verrucigera*	LC		
908	大孢衣科	Megasporaceae	火山平茶渍	*Aspicilia volcanica*	DD		
909	大孢衣科	Megasporaceae	粉瓣茶衣	*Lobothallia alphoplaca*	DD		
910	大孢衣科	Megasporaceae	厚瓣茶衣	*Lobothallia crassimarginata*	DD		
911	大孢衣科	Megasporaceae	贺兰瓣茶衣	*Lobothallia helanensis*	DD		√
912	大孢衣科	Megasporaceae	原辐瓣茶衣	*Lobothallia praeradiosa*	DD		√
913	大孢衣科	Megasporaceae	粉霜瓣茶衣	*Lobothallia pruinosa*	DD		√
914	大孢衣科	Megasporaceae	小疣巨孢衣	*Megaspora verrucosa*	LC		
915	黑斑衣科	Melaspileaceae	黑斑衣	*Melaspilea diplasiospora*	DD		

序号 No.	科名 Chinese Family Names	科 Family	汉语学名 Chinese Names	学名 Scientific Names	评估等级 Status	评估依据 Assessment Criteria	特有种 Endemic
916	单芽菌科	Monoblastiaceae	不等芽异形菌	*Anisomeridium anisolobum*	DD		
917	单芽菌科	Monoblastiaceae	异形菌	*Anisomeridium conorostratum*	DD		√
918	单芽菌科	Monoblastiaceae	联芽形菌	*Anisomeridium consobrinum*	DD		
919	单芽菌科	Monoblastiaceae	海德异形菌	*Anisomeridium hydei*	DD		√
920	单芽菌科	Monoblastiaceae	聚孔异形菌	*Anisomeridium polypori*	DD		
921	单芽菌科	Monoblastiaceae	亚织异形菌	*Anisomeridium subnexum*	DD		
922	单芽菌科	Monoblastiaceae	特码拉异形菌	*Anisomeridium tamarindi*	DD		
923	单芽菌科	Monoblastiaceae	顶生异形菌	*Anisomeridium terminatum*	DD		√
924	单芽菌科	Monoblastiaceae	斯柔氏异形菌	*Anisomeridium throwerae*	DD		√
925	单芽菌科	Monoblastiaceae	峡孢散乳头菌	*Distothelia isthmospora*	DD		
926	黑红衣科	Mycoblastaceae	邻黑红衣	*Mycoblastus affinis*	DD		
927	黑红衣科	Mycoblastaceae	黑盘灰衣	*Tephromela atra*	DD		
928	粉衣科	Mycocaliciaceae	湖南类口果粉衣	*Chaenothecopsis hunanensis*	DD		√
929	粉衣科	Mycocaliciaceae	非洲楝类口果粉衣	*Chaenothecopsis khayensis*	DD		
930	粉衣科	Mycocaliciaceae	穿孔类口果粉衣	*Chaenothecopsis perforata*	DD		√
931	粉衣科	Mycocaliciaceae	胶类口果粉衣	*Chaenothecopsis resinophila*	DD		√
932	球囊菌科	Mycosphaerellaceae	节瘤斑点菌	*Stigmidium arthrorhaphidis*	DD		√
933	球囊菌科	Mycosphaerellaceae	勺斑点菌	*Stigmidium cupulare*	DD		
934	肾盘衣科	Nephromataceae	钟形肾盘衣	*Nephroma bellum*	DD		
935	肾盘衣科	Nephromataceae	黄假根肾盘衣	*Nephroma flavorhizinatum*	DD		√
936	肾盘衣科	Nephromataceae	瑞士肾盘衣	*Nephroma helveticum*	DD		
937	肾盘衣科	Nephromataceae	裂芽肾盘衣	*Nephroma isidiosum*	LC		
938	肾盘衣科	Nephromataceae	爪哇肾盘衣	*Nephroma javanicum*	DD		
939	肾盘衣科	Nephromataceae	牟氏肾盘衣	*Nephroma moeszii*	DD		
940	肾盘衣科	Nephromataceae	镶边肾盘衣	*Nephroma parile*	DD		
941	肾盘衣科	Nephromataceae	毛腹肾盘衣	*Nephroma resupinatum*	LC		
942	肾盘衣科	Nephromataceae	中国肾盘衣	*Nephroma sinense*	DD		

序号 No.	科名 Chinese Family Names	科 Family	汉语学名 Chinese Names	学名 Scientific Names	评估等级 Status	评估依据 Assessment Criteria	特有种 Endemic
943	肾盘衣科	Nephromataceae	亚瑞士肾盘衣	*Nephroma subhelveticum*	DD		√
944	肾盘衣科	Nephromataceae	光腹肾盘衣	*Nephroma subparile*	DD		
945	肾盘衣科	Nephromataceae	热带肾盘衣	*Nephroma tropicum*	DD		
946	肉疣衣科	Ochrolechiaceae	非洲肉疣衣	*Ochrolechia africana*	DD		
947	肉疣衣科	Ochrolechiaceae	颖粒肉疣衣	*Ochrolechia akagiensis*	LC		
948	肉疣衣科	Ochrolechiaceae	黄粉肉疣衣	*Ochrolechia alboflavescens*	LC		
949	肉疣衣科	Ochrolechiaceae	阴阳肉疣衣	*Ochrolechia androgyna*	DD		
950	肉疣衣科	Ochrolechiaceae	珊瑚肉疣衣	*Ochrolechia antillarum*	LC		
951	肉疣衣科	Ochrolechiaceae	瘤型肉疣衣	*Ochrolechia balcanica*	DD		
952	肉疣衣科	Ochrolechiaceae	寒生肉疣衣	*Ochrolechia frigida*	DD		
953	肉疣衣科	Ochrolechiaceae	冰川肉疣衣	*Ochrolechia glacialis*	DD		
954	肉疣衣科	Ochrolechiaceae	哈氏肉疣衣	*Ochrolechia harmandii*	DD		
955	肉疣衣科	Ochrolechiaceae	柱芽肉疣衣	*Ochrolechia isidiata*	LC		
956	肉疣衣科	Ochrolechiaceae	平滑肉疣衣	*Ochrolechia laevigata*	DD		
957	肉疣衣科	Ochrolechiaceae	珍珠肉疣衣	*Ochrolechia margarita*	DD		
958	肉疣衣科	Ochrolechiaceae	墨西哥肉疣衣	*Ochrolechia mexicana*	DD		
959	肉疣衣科	Ochrolechiaceae	粉末肉疣衣	*Ochrolechia microstictoides*	LC		
960	肉疣衣科	Ochrolechiaceae	山地肉疣衣	*Ochrolechia montana*	LC		
961	肉疣衣科	Ochrolechiaceae	俄勒冈肉疣衣	*Ochrolechia oregonensis*	DD		
962	肉疣衣科	Ochrolechiaceae	白裂芽肉疣衣	*Ochrolechia pallentiisidiata*	DD		√
963	肉疣衣科	Ochrolechiaceae	苍白肉疣衣	*Ochrolechia pallescens*	LC		
964	肉疣衣科	Ochrolechiaceae	肉疣衣	*Ochrolechia parella*	LC		
965	肉疣衣科	Ochrolechiaceae	拟苍白肉疣衣	*Ochrolechia pseudopallescens*	DD		
966	肉疣衣科	Ochrolechiaceae	莲座肉疣衣	*Ochrolechia rosella*	LC		
967	肉疣衣科	Ochrolechiaceae	亚裂芽肉疣衣	*Ochrolechia subisidiata*	DD		
968	肉疣衣科	Ochrolechiaceae	亚苍白肉疣衣	*Ochrolechia subpallescens*	LC		
969	肉疣衣科	Ochrolechiaceae	亚莲座肉疣衣	*Ochrolechia subrosella*	DD		√

序号 No.	科名 Chinese Family Names	科 Family	汉语学名 Chinese Names	学名 Scientific Names	评估等级 Status	评估依据 Assessment Criteria	特有种 Endemic
970	肉疣衣科	Ochrolechiaceae	亚绿肉疣衣	Ochrolechia subviridis	LC		
971	肉疣衣科	Ochrolechiaceae	酒石肉疣衣	Ochrolechia tartarea	LC		
972	肉疣衣科	Ochrolechiaceae	轮生肉疣衣	Ochrolechia trochophora	LC		
973	肉疣衣科	Ochrolechiaceae	裂芽肉疣衣	Ochrolechia yasudae	LC		
974	肉疣衣科	Ochrolechiaceae	乳白果疣衣	Varicellaria lactea	LC		
975	肉疣衣科	Ochrolechiaceae	粉色果疣衣	Varicellaria rhodocarpa	DD		
976	肉疣衣科	Ochrolechiaceae	包被果疣衣	Varicellaria velata	DD		
977	孔文衣科	Opegraphaceae	钙孔文衣	Opegrapha calcarea	LC		
978	孔文衣科	Opegraphaceae	草孔文衣	Opegrapha herbarum	DD		
979	盾叶衣科	Ophioparmaceae	蔚青盾叶	Boreoplaca ultrafrigida	DD		
980	盾叶衣科	Ophioparmaceae	拉普兰蛇孢衣	Ophioparma lapponica	LC		
981	鳞叶衣科	Pannariaceae	东亚毛面衣	Erioderma asahinae	DD		
982	鳞叶衣科	Pannariaceae	小果毛面衣	Erioderma meiocarpum	LC		
983	鳞叶衣科	Pannariaceae	卷曲毛面衣	Erioderma tomentosum	DD		
984	鳞叶衣科	Pannariaceae	阿氏棕鳞衣	Fuscopannaria ahlneri	LC		
985	鳞叶衣科	Pannariaceae	暗白棕鳞衣	Fuscopannaria leucophaea	DD		
986	鳞叶衣科	Pannariaceae	雀斑棕鳞衣	Fuscopannaria leucosticta	LC		
987	鳞叶衣科	Pannariaceae	遗漏棕鳞衣	Fuscopannaria praetermissa	DD		
988	鳞叶衣科	Pannariaceae	森林棕鳞衣	Fuscopannaria saltuensis	DD		√
989	鳞叶衣科	Pannariaceae	粉芽棕鳞衣	Fuscopannaria sorediata	DD		
990	鳞叶衣科	Pannariaceae	晶体苞衣	Kroswia crystallifera	DD		
991	鳞叶衣科	Pannariaceae	周壁孢苞衣	Kroswia epispora	LC		√
992	鳞叶衣科	Pannariaceae	芽苞衣	Kroswia gemmascens	LC		
993	鳞叶衣科	Pannariaceae	绵毛鳞叶衣	Pannaria conoplea	LC		
994	鳞叶衣科	Pannariaceae	埃默氏鳞叶衣	Pannaria emodii	DD		
995	鳞叶衣科	Pannariaceae	台湾鳞叶衣	Pannaria formosana	DD		√
996	鳞叶衣科	Pannariaceae	铁色鳞叶衣	Pannaria lurida	LC		

序号 No.	科名 Chinese Family Names	科 Family	汉语学名 Chinese Names	学名 Scientific Names	评估等级 Status	评估依据 Assessment Criteria	特有种 Endemic
997	鳞叶衣科	Pannariaceae	玛丽鳞叶衣	*Pannaria mariana*	DD		
998	鳞叶衣科	Pannariaceae	锈红鳞叶衣	*Pannaria rubiginosa*	LC		
999	鳞叶衣科	Pannariaceae	柱鳞叶衣	*Pannaria stylophora*	DD		
1000	鳞叶衣科	Pannariaceae	灰甲衣	*Parmeliella grisea*	DD		
1001	鳞叶衣科	Pannariaceae	鳞甲衣	*Parmeliella incisa*	LC		
1002	鳞叶衣科	Pannariaceae	类盘原鳞衣	*Protopannaria peizoides*	DD		
1003	鳞叶衣科	Pannariaceae	粉苔鳞薛衣	*Psoroma sphinctrinum*	DD		
1004	梅衣科	Parmeliaceae	多刺树发	*Alectoria acanthodes*	DD		
1005	梅衣科	Parmeliaceae	金黄树发	*Alectoria ochroleuca*	DD		
1006	梅衣科	Parmeliaceae	长葡树发	*Alectoria sarmentosa*	DD		
1007	梅衣科	Parmeliaceae	变色树发	*Alectoria variabilis*	DD		
1008	梅衣科	Parmeliaceae	实心袋	*Allantoparmelia almquistii*	DD		
1009	梅衣科	Parmeliaceae	黄条厚枝衣	*Allocetraria ambigua*	LC		
1010	梅衣科	Parmeliaceae	粉头厚枝衣	*Allocetraria capitata*	DD		√
1011	梅衣科	Parmeliaceae	皱头厚枝衣	*Allocetraria corrugatula*	DD		√
1012	梅衣科	Parmeliaceae	杏黄厚枝衣	*Allocetraria endochrysea*	DD		
1013	梅衣科	Parmeliaceae	黑黄厚枝衣	*Allocetraria flavonigrescens*	LC		
1014	梅衣科	Parmeliaceae	小球厚枝衣	*Allocetraria globulans*	DD		
1015	梅衣科	Parmeliaceae	裂芽厚枝衣	*Allocetraria isidiigera*	VU	B1ab(i)	√
1016	梅衣科	Parmeliaceae	小管厚枝衣	*Allocetraria madreporiformis*	LC		
1017	梅衣科	Parmeliaceae	中华厚枝衣	*Allocetraria sinensis*	LC		√
1018	梅衣科	Parmeliaceae	叉蔓厚枝衣	*Allocetraria stracheyi*	DD		
1019	梅衣科	Parmeliaceae	云南厚枝衣	*Allocetraria yunnanensis*	DD		√
1020	梅衣科	Parmeliaceae	霜绵腹衣	*Anzia colpota*	DD		
1021	梅衣科	Parmeliaceae	小鸡冠绵腹衣	*Anzia cristulata*	DD		
1022	梅衣科	Parmeliaceae	台湾绵腹衣	*Anzia formosana*	DD		
1023	梅衣科	Parmeliaceae	淡绵腹衣	*Anzia hypoleucoides*	LC		

序号 No.	科名 Chinese Family Names	科 Family	汉语学名 Chinese Names	学名 Scientific Names	评估等级 Status	评估依据 Assessment Criteria	特有种 Endemic
1024	梅衣科	Parmeliaceae	黑腹绵腹衣	Anzia hypomelaena	DD		
1025	梅衣科	Parmeliaceae	日本绵腹衣	Anzia japonica	LC		
1026	梅衣科	Parmeliaceae	白绵腹衣	Anzia leucobatoides	LC		
1027	梅衣科	Parmeliaceae	仙人掌绵腹衣	Anzia opuntiella	LC		
1028	梅衣科	Parmeliaceae	瘤绵绵腹衣	Anzia ornata	DD		
1029	梅衣科	Parmeliaceae	拟霜绵腹衣	Anzia pseudocolpota	LC		✓
1030	梅衣科	Parmeliaceae	蔷薇绵腹衣	Anzia rhabdorhiza	DD		✓
1031	梅衣科	Parmeliaceae	半圆柱绵腹衣	Anzia semiteres	DD		
1032	梅衣科	Parmeliaceae	离心北极梅	Arctoparmelia centrifuga	DD		
1033	梅衣科	Parmeliaceae	曲心北极梅	Arctoparmelia incurva	DD		
1034	梅衣科	Parmeliaceae	平坦北极梅	Arctoparmelia separata	LC		
1035	梅衣科	Parmeliaceae	金黄裸腹叶	Asahinea chrysantha	LC		
1036	梅衣科	Parmeliaceae	北极小腊肠衣	Brodoa oroarctica	DD		
1037	梅衣科	Parmeliaceae	亚洲小孢发	Bryoria asiatica	LC		
1038	梅衣科	Parmeliaceae	双色小孢发	Bryoria bicolor	LC		
1039	梅衣科	Parmeliaceae	钢灰小孢发	Bryoria chalybeiformis	DD		
1040	梅衣科	Parmeliaceae	刺小孢发	Bryoria confusa	LC		
1041	梅衣科	Parmeliaceae	类角小孢发	Bryoria cornicularioides	DD		
1042	梅衣科	Parmeliaceae	广开小孢发	Bryoria divergescens	VU	B2ab(ii); D2	
1043	梅衣科	Parmeliaceae	叉小孢发	Bryoria furcellata	LC		
1044	梅衣科	Parmeliaceae	淡褐小孢发	Bryoria fuscescens	DD		
1045	梅衣科	Parmeliaceae	横断山小孢发	Bryoria hengduanensis	DD		✓
1046	梅衣科	Parmeliaceae	喜马拉雅小孢发	Bryoria himalayensis	DD		
1047	梅衣科	Parmeliaceae	非网状小孢发	Bryoria implexa	DD		
1048	梅衣科	Parmeliaceae	乳白小孢发	Bryoria lactinea	DD		
1049	梅衣科	Parmeliaceae	绵毛小孢发	Bryoria lanestris	DD		
1050	梅衣科	Parmeliaceae	光滑小孢发	Bryoria levis	DD		

序号 No.	科名 Chinese Family Names	科 Family	汉语学名 Chinese Names	学名 Scientific Names	评估等级 Status	评估依据 Assessment Criteria	特有种 Endemic
1051	梅衣科	Parmeliaceae	蚕丝小孢发	*Bryoria nadvornikiana*	LC		
1052	梅衣科	Parmeliaceae	尼泊尔小孢发	*Bryoria nepalensis*	LC		
1053	梅衣科	Parmeliaceae	光亮小孢发	*Bryoria nitidula*	LC		
1054	梅衣科	Parmeliaceae	多叉小孢发	*Bryoria perspinosa*	LC		
1055	梅衣科	Parmeliaceae	波氏小孢发	*Bryoria poeltii*	LC		
1056	梅衣科	Parmeliaceae	硬质小孢发	*Bryoria rigida*	DD		√
1057	梅衣科	Parmeliaceae	单一小孢发	*Bryoria simplicior*	DD		
1058	梅衣科	Parmeliaceae	珊粉小孢发	*Bryoria smithii*	LC		
1059	梅衣科	Parmeliaceae	毛状小孢发	*Bryoria trichodes*	LC		
1060	梅衣科	Parmeliaceae	多形小孢发	*Bryoria variabilis*	LC		
1061	梅衣科	Parmeliaceae	亚洲球针叶	*Bulbothrix asiatica*	DD		√
1062	梅衣科	Parmeliaceae	戈氏球针叶	*Bulbothrix goebelii*	DD		
1063	梅衣科	Parmeliaceae	裂芽球针叶	*Bulbothrix isidiza*	LC		
1064	梅衣科	Parmeliaceae	细长球针叶	*Bulbothrix lacinia*	DD		√
1065	梅衣科	Parmeliaceae	乳头球针叶	*Bulbothrix mammillaria*	DD		√
1066	梅衣科	Parmeliaceae	大孢球针叶	*Bulbothrix meizospora*	DD		
1067	梅衣科	Parmeliaceae	尾球针叶	*Bulbothrix scortella*	DD		
1068	梅衣科	Parmeliaceae	四川球针叶	*Bulbothrix setschwanensis*	LC		
1069	梅衣科	Parmeliaceae	亚尾球针叶	*Bulbothrix subscortea*	DD		
1070	梅衣科	Parmeliaceae	烟草球针叶	*Bulbothrix tabacina*	LC		
1071	梅衣科	Parmeliaceae	云南球针叶	*Bulbothrix yunnana*	DD		√
1072	梅衣科	Parmeliaceae	粉斑灰点衣	*Canomaculina subsumpta*	DD		
1073	梅衣科	Parmeliaceae	多色灰点衣	*Canomaculina subtinctoria*	DD		
1074	梅衣科	Parmeliaceae	针牙灰叶	*Canoparmelia amazonica*	DD		
1075	梅衣科	Parmeliaceae	松萝酸灰叶	*Canoparmelia ecaperata*	DD		
1076	梅衣科	Parmeliaceae	石芽灰叶	*Canoparmelia owariensis*	DD		
1077	梅衣科	Parmeliaceae	粉芽灰叶	*Canoparmelia texana*	DD		

序号 No.	科名 Chinese Family Names	科 Family	汉语学名 Chinese Names	学名 Scientific Names	评估等级 Status	评估依据 Assessment Criteria	特有种 Endemic
1078	梅衣科	Parmeliaceae	肝褐岛衣	Cetraria hepatizon	DD		
1079	梅衣科	Parmeliaceae	岛衣	Cetraria islandica	LC		
1080	梅衣科	Parmeliaceae	白边岛衣	Cetraria laevigata	LC		
1081	梅衣科	Parmeliaceae	黑缘岛衣	Cetraria melaloma	DD		
1082	梅衣科	Parmeliaceae	皮革岛衣	Cetraria pallescens	DD		
1083	梅衣科	Parmeliaceae	藏岛衣	Cetraria xizangensis	VU	B2ab(i)	√
1084	梅衣科	Parmeliaceae	细裂小岛衣	Cetrariella delisei	LC		
1085	梅衣科	Parmeliaceae	类岛衣	Cetrariopsis wallichiana	LC		
1086	梅衣科	Parmeliaceae	粒芽斑叶	Cetrelia braunsiana	LC		
1087	梅衣科	Parmeliaceae	粉缘斑叶	Cetrelia cetrarioides	LC		
1088	梅衣科	Parmeliaceae	奇氏斑叶	Cetrelia chicitae	LC		
1089	梅衣科	Parmeliaceae	领斑叶	Cetrelia collata	LC		
1090	梅衣科	Parmeliaceae	大维氏斑叶	Cetrelia davidiana	LC		
1091	梅衣科	Parmeliaceae	戴氏斑叶	Cetrelia delavayana	DD		
1092	梅衣科	Parmeliaceae	裂芽斑叶	Cetrelia isidiata	LC		
1093	梅衣科	Parmeliaceae	日本斑叶	Cetrelia japonica	LC		
1094	梅衣科	Parmeliaceae	裸斑叶	Cetrelia nuda	DD		
1095	梅衣科	Parmeliaceae	橄榄斑叶	Cetrelia olivetorum	LC		
1096	梅衣科	Parmeliaceae	拟橄榄斑叶	Cetrelia pseudolivetorum	LC		
1097	梅衣科	Parmeliaceae	血红斑叶	Cetrelia sanguinea	LC		
1098	梅衣科	Parmeliaceae	中华斑叶	Cetrelia sinensis	LC		
1099	梅衣科	Parmeliaceae	朝氏类斑叶	Cetreliopsis asahinae	DD		
1100	梅衣科	Parmeliaceae	黄类斑叶	Cetreliopsis endoxanthoides	DD		
1101	梅衣科	Parmeliaceae	类斑叶	Cetreliopsis rhytidocarpa	DD		
1102	梅衣科	Parmeliaceae	皮刺角衣	Coelocaulon aculeatum	LC		
1103	梅衣科	Parmeliaceae	叉角衣	Coelocaulon divergens	DD		
1104	梅衣科	Parmeliaceae	中华地指衣	Dactylina chinensis	DD		

序号 No.	科名 Chinese Family Names	科 Family	汉语学名 Chinese Names	学名 Scientific Names	评估等级 Status	评估依据 Assessment Criteria	特有种 Endemic
1105	梅衣科	Parmeliaceae	长丝萝	*Dolichousnea longissima*	NT		
1106	梅衣科	Parmeliaceae	暗点衣	*Emodomelanelia masonii*	DD		
1107	梅衣科	Parmeliaceae	柔扁枝衣	*Evernia divaricata*	LC		
1108	梅衣科	Parmeliaceae	裸扁枝衣	*Evernia esorediosa*	LC		
1109	梅衣科	Parmeliaceae	扁枝衣	*Evernia mesomorpha*	LC		
1110	梅衣科	Parmeliaceae	普氏扁枝衣	*Evernia prunastri*	DD		
1111	梅衣科	Parmeliaceae	卷黄岛衣	*Flavocetraria cucullata*	LC		
1112	梅衣科	Parmeliaceae	雪黄岛衣	*Flavocetraria nivalis*	LC		
1113	梅衣科	Parmeliaceae	巴尔迪莫皱衣	*Flavoparmelia baltimorensis*	LC		
1114	梅衣科	Parmeliaceae	皱衣	*Flavoparmelia caperata*	LC		
1115	梅衣科	Parmeliaceae	小皱衣	*Flavoparmelia caperatula*	DD		
1116	梅衣科	Parmeliaceae	卷叶皱衣	*Flavoparmelia soredians*	LC		
1117	梅衣科	Parmeliaceae	皱黄星点衣	*Flavopunctelia flaventior*	DD		
1118	梅衣科	Parmeliaceae	卷叶黄星点衣	*Flavopunctelia soredica*	DD		
1119	梅衣科	Parmeliaceae	高山袋衣	*Hypogymnia alpina*	LC		
1120	梅衣科	Parmeliaceae	弓形袋衣	*Hypogymnia arcuata*	LC		
1121	梅衣科	Parmeliaceae	硬袋衣	*Hypogymnia austerodes*	LC		
1122	梅衣科	Parmeliaceae	暗粉袋衣	*Hypogymnia bitteri*	LC		
1123	梅衣科	Parmeliaceae	球叶袋衣	*Hypogymnia bulbosa*	LC		√
1124	梅衣科	Parmeliaceae	泡袋衣	*Hypogymnia bullata*	DD		
1125	梅衣科	Parmeliaceae	球粉袋衣	*Hypogymnia capitata*	DD		√
1126	梅衣科	Parmeliaceae	密叶袋衣	*Hypogymnia congesta*	DD		√
1127	梅衣科	Parmeliaceae	肿果袋衣	*Hypogymnia delavayi*	LC		
1128	梅衣科	Parmeliaceae	环萝袋衣	*Hypogymnia diffractaica*	LC		√
1129	梅衣科	Parmeliaceae	粉袋衣	*Hypogymnia farinacea*	DD		
1130	梅衣科	Parmeliaceae	串孔脆袋衣	*Hypogymnia fragillima*	LC		
1131	梅衣科	Parmeliaceae	横断山袋衣	*Hypogymnia hengduanensis*	LC		√

序号 No.	科名 Chinese Family Names	科 Family	汉语学名 Chinese Names	学名 Scientific Names	评估等级 Status	评估依据 Assessment Criteria	特有种 Endemic
1132	梅衣科	Parmeliaceae	黄袋衣	*Hypogymnia hypotrypa*	DD		
1133	梅衣科	Parmeliaceae	狭叶袋衣	*Hypogymnia irregularis*	LC		√
1134	梅衣科	Parmeliaceae	蜡光袋衣	*Hypogymnia laccata*	LC		√
1135	梅衣科	Parmeliaceae	粉唇袋衣	*Hypogymnia laxa*	LC		√
1136	梅衣科	Parmeliaceae	丽江袋衣	*Hypogymnia lijiangensis*	LC		√
1137	梅衣科	Parmeliaceae	表纹袋衣	*Hypogymnia lugubris*	DD		
1138	梅衣科	Parmeliaceae	大孢袋衣	*Hypogymnia macrospora*	LC		
1139	梅衣科	Parmeliaceae	背孔袋衣	*Hypogymnia magnifica*	LC		√
1140	梅衣科	Parmeliaceae	变袋衣	*Hypogymnia metaphysodes*	LC		
1141	梅衣科	Parmeliaceae	日光山袋衣	*Hypogymnia nikkoensis*	VU	B2ab(ii); D2	
1142	梅衣科	Parmeliaceae	光亮袋衣	*Hypogymnia nitida*	LC		√
1143	梅衣科	Parmeliaceae	乳头点袋衣	*Hypogymnia papilliformis*	DD		
1144	梅衣科	Parmeliaceae	舒展袋衣	*Hypogymnia pendula*	DD		√
1145	梅衣科	Parmeliaceae	袋衣	*Hypogymnia physodes*	LC		
1146	梅衣科	Parmeliaceae	类霜袋衣	*Hypogymnia pruinoidea*	LC		√
1147	梅衣科	Parmeliaceae	霜袋衣	*Hypogymnia pruinosa*	LC		√
1148	梅衣科	Parmeliaceae	拟粉袋衣	*Hypogymnia pseudobitteriana*	LC		
1149	梅衣科	Parmeliaceae	假杯点袋衣	*Hypogymnia pseudocyphellata*	DD		√
1150	梅衣科	Parmeliaceae	拟指袋衣	*Hypogymnia pseudoenteromorpha*	DD		
1151	梅衣科	Parmeliaceae	灰袋衣	*Hypogymnia pseudohypotrypa*	LC		
1152	梅衣科	Parmeliaceae	拟袋衣	*Hypogymnia pseudophysodes*	DD		
1153	梅衣科	Parmeliaceae	拟霜袋衣	*Hypogymnia pseudopruinosa*	LC		√
1154	梅衣科	Parmeliaceae	粉末袋衣	*Hypogymnia pulverata*	DD		
1155	梅衣科	Parmeliaceae	石生袋衣	*Hypogymnia saxicola*	LC		√
1156	梅衣科	Parmeliaceae	长叶袋衣	*Hypogymnia stricta*	LC		
1157	梅衣科	Parmeliaceae	节肢袋衣	*Hypogymnia subarticulata*	LC		
1158	梅衣科	Parmeliaceae	腋圆袋衣	*Hypogymnia subduplicata*	DD		

序号 No.	科名 Chinese Family Names	科 Family	汉语学名 Chinese Names	学名 Scientific Names	评估等级 Status	评估依据 Assessment Criteria	特有种 Endemic
1159	梅衣科	Parmeliaceae	亚粉袋衣	*Hypogymnia subfarinacea*	LC		
1160	梅衣科	Parmeliaceae	亚洁袋衣	*Hypogymnia submundata*	LC		√
1161	梅衣科	Parmeliaceae	亚霜袋衣	*Hypogymnia subpruinosa*	LC		√
1162	梅衣科	Parmeliaceae	台湾高山袋衣	*Hypogymnia taiwanalpina*	EN	B1ab(iii)+2ab(iii)	√
1163	梅衣科	Parmeliaceae	狭胞袋衣	*Hypogymnia tenuispora*	DD		√
1164	梅衣科	Parmeliaceae	汤姆逊袋衣	*Hypogymnia thomsoniana*	LC		
1165	梅衣科	Parmeliaceae	管袋衣	*Hypogymnia tubulosa*	DD		
1166	梅衣科	Parmeliaceae	条袋衣	*Hypogymnia vittata*	LC		
1167	梅衣科	Parmeliaceae	亚覆瓦双歧根	*Hypotrachyna addita*	DD		
1168	梅衣科	Parmeliaceae	东方双歧根	*Hypotrachyna adjuncta*	LC		
1169	梅衣科	Parmeliaceae	树发双歧根	*Hypotrachyna alectorialica*	DD		
1170	梅衣科	Parmeliaceae	亚洲双歧根	*Hypotrachyna asiatica*	DD		√
1171	梅衣科	Parmeliaceae	条双歧根	*Hypotrachyna cirrhata*	DD		
1172	梅衣科	Parmeliaceae	疱粉双歧根	*Hypotrachyna croceopustulata*	DD		
1173	梅衣科	Parmeliaceae	环萝双歧根	*Hypotrachyna diffractaica*	DD		√
1174	梅衣科	Parmeliaceae	切割双歧根	*Hypotrachyna exsecta*	LC		
1175	梅衣科	Parmeliaceae	颗粒双歧根	*Hypotrachyna granulans*	LC		
1176	梅衣科	Parmeliaceae	义笃双歧根	*Hypotrachyna ikomae*	DD		
1177	梅衣科	Parmeliaceae	覆瓦双歧根	*Hypotrachyna imbricatula*	DD		
1178	梅衣科	Parmeliaceae	双歧根	*Hypotrachyna koyaensis*	DD		
1179	梅衣科	Parmeliaceae	唇瓣双歧根	*Hypotrachyna lipidifera*	DD		
1180	梅衣科	Parmeliaceae	墨西哥双歧根	*Hypotrachyna mexicana*	DD		
1181	梅衣科	Parmeliaceae	新双歧根	*Hypotrachyna neostictifera*	DD		
1182	梅衣科	Parmeliaceae	尼泊尔双歧根	*Hypotrachyna nepalensis*	LC		√
1183	梅衣科	Parmeliaceae	野岳双歧根	*Hypotrachyna nodakensis*	DD		
1184	梅衣科	Parmeliaceae	荧光双歧根	*Hypotrachyna novella*	LC		
1185	梅衣科	Parmeliaceae	骨白双歧根	*Hypotrachyna osseoalba*	LC		

序号 No.	科名 Chinese Family Names	科 Family	汉语学名 Chinese Names	学名 Scientific Names	评估等级 Status	评估依据 Assessment Criteria	特有种 Endemic
1186	梅衣科	Parmeliaceae	多形双歧根	*Hypotrachyna physcioidea*	DD		
1187	梅衣科	Parmeliaceae	灰条双歧根	*Hypotrachyna pseudosinuosa*	DD		
1188	梅衣科	Parmeliaceae	卷叶双歧根	*Hypotrachyna revoluta*	DD		
1189	梅衣科	Parmeliaceae	灌双歧根	*Hypotrachyna rhizodendroidea*	LC		
1190	梅衣科	Parmeliaceae	华双歧根	*Hypotrachyna sinensis*	LC		√
1191	梅衣科	Parmeliaceae	黄条双歧根	*Hypotrachyna sinuosa*	DD		
1192	梅衣科	Parmeliaceae	粉芽双歧根	*Hypotrachyna sorocheila*	DD		
1193	梅衣科	Parmeliaceae	亚平双歧根	*Hypotrachyna sublaevigata*	DD		
1194	梅衣科	Parmeliaceae	亚粉双歧根	*Hypotrachyna subsorocheila*	DD		√
1195	梅衣科	Parmeliaceae	针芽双歧根	*Hypotrachyna vexans*	LC		
1196	梅衣科	Parmeliaceae	金丝绣球	*Lethariella cashmeriana*	VU	A3d; B2ab(ii,iv); D2	
1197	梅衣科	Parmeliaceae	金丝刷	*Lethariella cladonioides*	VU	A3d; B2ab(ii,iv); D2	
1198	梅衣科	Parmeliaceae	曲金丝	*Lethariella flexuosa*	VU	B2ab(ii); D2	
1199	梅衣科	Parmeliaceae	中华金丝	*Lethariella sinensis*	VU	B2ab(ii); D2	√
1200	梅衣科	Parmeliaceae	金丝带	*Lethariella zahlbruckneri*	VU	A4ac; B2ab(ii); D2	
1201	梅衣科	Parmeliaceae	暗褐衣	*Melanelia stygia*	LC		
1202	梅衣科	Parmeliaceae	银白褐衣	*Melanelia subargentifera*	DD		
1203	梅衣科	Parmeliaceae	假杯点褐衣	*Melanelia subaurifera*	DD		
1204	梅衣科	Parmeliaceae	唇粉芽伊氏叶	*Melanelixia albertana*	DD		
1205	梅衣科	Parmeliaceae	光伊氏叶	*Melanelixia fuliginosa*	DD		
1206	梅衣科	Parmeliaceae	类茸伊氏叶	*Melanelixia glabroides*	DD		
1207	梅衣科	Parmeliaceae	胡氏伊氏叶	*Melanelixia huei*	DD		
1208	梅衣科	Parmeliaceae	亚珊茸伊氏叶	*Melanelixia subvillosella*	DD		√
1209	梅衣科	Parmeliaceae	珊茸伊氏叶	*Melanelixia villosella*	LC		
1210	梅衣科	Parmeliaceae	长芽黑尔衣	*Melanohalea elegantula*	DD		
1211	梅衣科	Parmeliaceae	乳突黑尔衣	*Melanohalea exasperata*	DD		
1212	梅衣科	Parmeliaceae	微糙黑尔衣	*Melanohalea exasperatula*	DD		

序号 No.	科名 Chinese Family Names	科 Family	汉语学名 Chinese Names	学名 Scientific Names	评估等级 Status	评估依据 Assessment Criteria	特有种 Endemic
1213	梅衣科	Parmeliaceae	假裂芽黑尔衣	*Melanohalea gomukhensis*	DD		
1214	梅衣科	Parmeliaceae	烟色黑尔衣	*Melanohalea infumata*	DD		
1215	梅衣科	Parmeliaceae	条裂黑尔衣	*Melanohalea laciniatula*	DD		
1216	梅衣科	Parmeliaceae	小裂片黑尔衣	*Melanohalea lobulata*	DD		√
1217	梅衣科	Parmeliaceae	橄榄黑尔衣	*Melanohalea olivacea*	LC		
1218	梅衣科	Parmeliaceae	拟橄榄黑尔衣	*Melanohalea olivaceoides*	DD		
1219	梅衣科	Parmeliaceae	波氏黑尔衣	*Melanohalea poeltii*	DD		
1220	梅衣科	Parmeliaceae	北方黑尔衣	*Melanohalea septentrionalis*	DD		
1221	梅衣科	Parmeliaceae	亚长芽黑尔衣	*Melanohalea subelegantula*	DD		
1222	梅衣科	Parmeliaceae	亚乳突黑尔衣	*Melanohalea subexasperata*	DD		√
1223	梅衣科	Parmeliaceae	鼓面孔叶衣	*Menegazzia anteforata*	DD		√
1224	梅衣科	Parmeliaceae	凸缘孔叶衣	*Menegazzia asahinae*	LC		
1225	梅衣科	Parmeliaceae	裸孔叶衣	*Menegazzia primaria*	DD		
1226	梅衣科	Parmeliaceae	假杯点孔叶衣	*Menegazzia pseudocyphellata*	DD		√
1227	梅衣科	Parmeliaceae	漏斗孔叶衣	*Menegazzia subsimilis*	DD		
1228	梅衣科	Parmeliaceae	孔叶衣	*Menegazzia terebrata*	LC		
1229	梅衣科	Parmeliaceae	异暗山褐衣	*Montanelia predisjuncta*	DD		
1230	梅衣科	Parmeliaceae	圆腋黄髓叶	*Myelochroa amagiensis*	LC		
1231	梅衣科	Parmeliaceae	金色黄髓叶	*Myelochroa aurulenta*	LC		
1232	梅衣科	Parmeliaceae	皱褶黄髓叶	*Myelochroa entotheiochroa*	LC		
1233	梅衣科	Parmeliaceae	绿色黄髓叶	*Myelochroa galbina*	DD		
1234	梅衣科	Parmeliaceae	东亚黄髓叶	*Myelochroa hayachinensis*	DD		
1235	梅衣科	Parmeliaceae	疱体黄髓叶	*Myelochroa leucotyliza*	DD		
1236	梅衣科	Parmeliaceae	反卷黄髓叶	*Myelochroa metarevoluta*	LC		
1237	梅衣科	Parmeliaceae	裂芽黄髓叶	*Myelochroa persisidians*	LC		
1238	梅衣科	Parmeliaceae	水杨嗪黄髓叶	*Myelochroa salazinica*	DD		√
1239	梅衣科	Parmeliaceae	中华黄髓叶	*Myelochroa sinica*	DD		√

序号 No.	科名 Chinese Family Names	科 Family	汉语学名 Chinese Names	学名 Scientific Names	评估等级 Status	评估依据 Assessment Criteria	特有种 Endemic
1240	梅衣科	Parmeliaceae	亚黄髓叶	*Myelochroa subaurulenta*	LC		
1241	梅衣科	Parmeliaceae	细裂黄髓叶	*Myelochroa xantholepis*	LC		
1242	梅衣科	Parmeliaceae	艾氏肾岛衣	*Nephromopsis ahtii*	LC		
1243	梅衣科	Parmeliaceae	黄髓肾岛衣	*Nephromopsis endocrocea*	DD		
1244	梅衣科	Parmeliaceae	横断山肾岛衣	*Nephromopsis hengduanensis*	DD		√
1245	梅衣科	Parmeliaceae	柯氏肾岛衣	*Nephromopsis komarovii*	LC		
1246	梅衣科	Parmeliaceae	赖氏肾岛衣	*Nephromopsis laii*	LC		
1247	梅衣科	Parmeliaceae	台湾肾岛衣	*Nephromopsis morisonicola*	DD		
1248	梅衣科	Parmeliaceae	丽肾岛衣	*Nephromopsis ornata*	DD		
1249	梅衣科	Parmeliaceae	皮革肾岛衣	*Nephromopsis pallescens*	LC		
1250	梅衣科	Parmeliaceae	宽瓣肾岛衣	*Nephromopsis stracheyi*	LC		
1251	梅衣科	Parmeliaceae	魏氏肾岛衣	*Nephromopsis weii*	DD		√
1252	梅衣科	Parmeliaceae	尖孢岛菌	*Nesolechia oxyspora*	DD		
1253	梅衣科	Parmeliaceae	枝芽缘点衣	*Nipponoparmelia isidioclada*	DD		
1254	梅衣科	Parmeliaceae	平缘点衣	*Nipponoparmelia laevior*	DD		
1255	梅衣科	Parmeliaceae	拟平缘点衣	*Nipponoparmelia pseudolaevior*	DD		
1256	梅衣科	Parmeliaceae	拟实缘点衣	*Nipponoparmelia ricasolioides*	DD		
1257	梅衣科	Parmeliaceae	亚洲砖孢发	*Oropogon asiaticus*	LC		
1258	梅衣科	Parmeliaceae	台湾砖孢发	*Oropogon formosanus*	LC		
1259	梅衣科	Parmeliaceae	东方砖孢发	*Oropogon orientalis*	DD		
1260	梅衣科	Parmeliaceae	黑麦酮砖孢发	*Oropogon secalonicus*	DD		√
1261	梅衣科	Parmeliaceae	云南砖孢发	*Oropogon yunnanensis*	DD		√
1262	梅衣科	Parmeliaceae	成长梅衣	*Parmelia adaugescens*	LC		
1263	梅衣科	Parmeliaceae	螺壳梅衣	*Parmelia cochleata*	DD		
1264	梅衣科	Parmeliaceae	亚广子梅衣	*Parmelia fertilis*	LC		
1265	梅衣科	Parmeliaceae	茸梅衣	*Parmelia glabra*	DD		
1266	梅衣科	Parmeliaceae	蛇纹梅衣	*Parmelia marmariza*	DD		

序号 No.	科名 Chinese Family Names	科 Family	汉语学名 Chinese Names	学名 Scientific Names	评估等级 Status	评估依据 Assessment Criteria	特有种 Endemic
1267	梅衣科	Parmeliaceae	海叶梅衣	*Parmelia marmorophylla*	LC		
1268	梅衣科	Parmeliaceae	稀生梅衣	*Parmelia meiophora*	LC		
1269	梅衣科	Parmeliaceae	木里梅衣	*Parmelia muliensis*	DD		
1270	梅衣科	Parmeliaceae	高山梅衣	*Parmelia niitakana*	DD		
1271	梅衣科	Parmeliaceae	北方梅衣	*Parmelia omphalodes*	LC		
1272	梅衣科	Parmeliaceae	类羽根梅衣	*Parmelia praesquarrosa*	DD		
1273	梅衣科	Parmeliaceae	石梅衣	*Parmelia saxatilis*	DD		
1274	梅衣科	Parmeliaceae	白边梅衣	*Parmelia shinanoana*	DD		
1275	梅衣科	Parmeliaceae	羽根梅衣	*Parmelia squarrosa*	DD		
1276	梅衣科	Parmeliaceae	亚变梅衣	*Parmelia submutata*	LC		
1277	梅衣科	Parmeliaceae	槽梅衣	*Parmelia sulcata*	LC		
1278	梅衣科	Parmeliaceae	三苔酸缘毛梅	*Parmelina gyrophorica*	LC		√
1279	梅衣科	Parmeliaceae	栎黄缘毛梅	*Parmelina quercina*	LC		
1280	梅衣科	Parmeliaceae	皮革缘毛梅	*Parmelina tiliacea*	DD		
1281	梅衣科	Parmeliaceae	雅砻缘毛梅	*Parmelina yalungana*	DD		
1282	梅衣科	Parmeliaceae	印度甲衣	*Parmelinella chozoubae*	DD		
1283	梅衣科	Parmeliaceae	小孢甲衣	*Parmelinella simplicior*	DD		
1284	梅衣科	Parmeliaceae	小裂芽甲衣	*Parmelinella wallichiana*	LC		
1285	梅衣科	Parmeliaceae	反卷狭叶衣	*Parmelinopsis afrorevoluta*	DD		
1286	梅衣科	Parmeliaceae	头粉狭叶衣	*Parmelinopsis cryptochlora*	LC		
1287	梅衣科	Parmeliaceae	淡腹狭叶衣	*Parmelinopsis expallida*	LC		
1288	梅衣科	Parmeliaceae	毛裂芽狭叶衣	*Parmelinopsis horrescens*	LC		
1289	梅衣科	Parmeliaceae	裂片狭叶衣	*Parmelinopsis microlobulata*	DD		
1290	梅衣科	Parmeliaceae	稠芽狭叶衣	*Parmelinopsis minarum*	LC		
1291	梅衣科	Parmeliaceae	原岛衣酸狭叶衣	*Parmelinopsis protocetrarica*	DD		
1292	梅衣科	Parmeliaceae	疱体狭叶衣	*Parmelinopsis spumosa*	LC		
1293	梅衣科	Parmeliaceae	疱体粉芽狭叶衣	*Parmelinopsis subfatiscens*	LC		

序号 No.	科名 Chinese Family Names	科 Family	汉语学名 Chinese Names	学名 Scientific Names	评估等级 Status	评估依据 Assessment Criteria	特有种 Endemic
1294	梅衣科	Parmeliaceae	水杨酸猴叶衣	Parmelinopsis swinscowii	DD		
1295	梅衣科	Parmeliaceae	绿小叶衣	Parmeliopsis ambigua	DD		
1296	梅衣科	Parmeliaceae	紫溃酸大叶梅	Parmotrema andinum	DD		
1297	梅衣科	Parmeliaceae	假缘毛大叶梅	Parmotrema arnoldii	LC		
1298	梅衣科	Parmeliaceae	华南大叶梅	Parmotrema austrosinense	LC		
1299	梅衣科	Parmeliaceae	睫毛大叶梅	Parmotrema cetratum	LC		
1300	梅衣科	Parmeliaceae	类毛大叶梅	Parmotrema crinitoides	DD		√
1301	梅衣科	Parmeliaceae	毛大叶梅	Parmotrema crinitum	LC		
1302	梅衣科	Parmeliaceae	鸡冠大叶梅	Parmotrema cristiferum	LC		
1303	梅衣科	Parmeliaceae	弯曲大叶梅	Parmotrema deflectens	DD		
1304	梅衣科	Parmeliaceae	灰黄大叶梅	Parmotrema dilatatum	LC		
1305	梅衣科	Parmeliaceae	无毛大叶梅	Parmotrema eciliatum	LC		
1306	梅衣科	Parmeliaceae	三苔酸大叶梅	Parmotrema eunetum	DD		
1307	梅衣科	Parmeliaceae	正大叶梅	Parmotrema eurysacum	DD		
1308	梅衣科	Parmeliaceae	假鸡冠大叶梅	Parmotrema gardneri	DD		
1309	梅衣科	Parmeliaceae	东方大叶梅	Parmotrema grayanum	DD		
1310	梅衣科	Parmeliaceae	隐斑大叶梅	Parmotrema hababianum	DD		
1311	梅衣科	Parmeliaceae	黄髓大叶梅	Parmotrema immiscens	DD		
1312	梅衣科	Parmeliaceae	厚大叶梅	Parmotrema incrassatum	DD		
1313	梅衣科	Parmeliaceae	光滑大叶梅	Parmotrema laeve	DD		√
1314	梅衣科	Parmeliaceae	宽大叶梅	Parmotrema latissimum	DD		
1315	梅衣科	Parmeliaceae	北美大叶梅	Parmotrema louisiana	DD		
1316	梅衣科	Parmeliaceae	中美大叶梅	Parmotrema margaritatum	DD		
1317	梅衣科	Parmeliaceae	麦氏大叶梅	Parmotrema mellissii	LC		
1318	梅衣科	Parmeliaceae	密裂大叶梅	Parmotrema myriolobulatum	CR	A4ac; B1ab(ii)+2ab(ii); D2	
1319	梅衣科	Parmeliaceae	新疱大叶梅	Parmotrema neopustulatum	DD		

序号 No.	科名 Chinese Family Names	科 Family	汉语学名 Chinese Names	学名 Scientific Names	评估等级 Status	评估依据 Assessment Criteria	特有种 Endemic
1320	梅衣科	Parmeliaceae	尼尔山大叶梅	*Parmotrema nilgherrense*	LC		
1321	梅衣科	Parmeliaceae	奥氏大叶梅	*Parmotrema overeemii*	DD		
1322	梅衣科	Parmeliaceae	穿孔大叶梅	*Parmotrema perforatum*	DD		
1323	梅衣科	Parmeliaceae	珠光大叶梅	*Parmotrema perlatum*	LC		
1324	梅衣科	Parmeliaceae	双色大叶梅	*Parmotrema permutatum*	DD		
1325	梅衣科	Parmeliaceae	亚葫芦大叶梅	*Parmotrema poolii*	DD		
1326	梅衣科	Parmeliaceae	裂芽大叶梅	*Parmotrema praeisidiosum*	DD		
1327	梅衣科	Parmeliaceae	类粉缘大叶梅	*Parmotrema praesorediosum*	LC		
1328	梅衣科	Parmeliaceae	粉尼尔山大叶梅	*Parmotrema pseudonilgherrense*	LC		
1329	梅衣科	Parmeliaceae	粉芽大叶梅	*Parmotrema rampoddense*	LC		
1330	梅衣科	Parmeliaceae	粉网大叶梅	*Parmotrema reticulatum*	LC		
1331	梅衣科	Parmeliaceae	襄瓣大叶梅	*Parmotrema saccatilobum*	LC		
1332	梅衣科	Parmeliaceae	缘毛大叶梅	*Parmotrema sancti-angelii*	LC		
1333	梅衣科	Parmeliaceae	赛普曼大叶梅	*Parmotrema sipmanii*	DD		
1334	梅衣科	Parmeliaceae	亚珊瑚大叶梅	*Parmotrema subcorallinum*	LC		
1335	梅衣科	Parmeliaceae	裂芽网纹大叶梅	*Parmotrema subisidiosum*	LC		
1336	梅衣科	Parmeliaceae	亚宽瓣大叶梅	*Parmotrema sublatifolium*	DD		√
1337	梅衣科	Parmeliaceae	亚黄褐大叶梅	*Parmotrema subochraceum*	DD		
1338	梅衣科	Parmeliaceae	皱纹大叶梅	*Parmotrema subrugatum*	DD		
1339	梅衣科	Parmeliaceae	硫大叶梅	*Parmotrema sulphuratum*	DD		
1340	梅衣科	Parmeliaceae	大叶梅	*Parmotrema tinctorum*	LC		
1341	梅衣科	Parmeliaceae	亚毛大叶梅	*Parmotrema ultralucens*	LC		
1342	梅衣科	Parmeliaceae	卓氏大叶梅	*Parmotrema zollingeri*	DD		
1343	梅衣科	Parmeliaceae	裂芽宽叶衣	*Platismatia erosa*	LC		
1344	梅衣科	Parmeliaceae	台湾宽叶衣	*Platismatia formosana*	DD		
1345	梅衣科	Parmeliaceae	海绿宽叶衣	*Platismatia glauca*	DD		
1346	梅衣科	Parmeliaceae	多凹宽叶衣	*Platismatia lacunosa*	DD		

序号 No.	科名 Chinese Family Names	科 Family	汉语学名 Chinese Names	学名 Scientific Names	评估等级 Status	评估依据 Assessment Criteria	特有种 Endemic
1347	梅衣科	Parmeliaceae	碟形皮叶	*Pleurosticta acetabulum*	DD		
1348	梅衣科	Parmeliaceae	石生皮叶	*Pleurosticta koflerae*	DD		
1349	梅衣科	Parmeliaceae	黑原梅	*Protoparmelia atriseda*	DD		
1350	梅衣科	Parmeliaceae	褐原梅	*Protoparmelia badia*	DD		
1351	梅衣科	Parmeliaceae	柔毛拟毡衣	*Pseudephebe pubescens*	DD		
1352	梅衣科	Parmeliaceae	拟扁枝衣	*Pseudevernia furfuracea*	DD		
1353	梅衣科	Parmeliaceae	粉斑星点梅	*Punctelia borreri*	LC		
1354	梅衣科	Parmeliaceae	异亚粗星点梅	*Punctelia jeckeri*	DD		
1355	梅衣科	Parmeliaceae	星点梅	*Punctelia perreticulata*	DD		
1356	梅衣科	Parmeliaceae	粗星点梅	*Punctelia rudecta*	LC		
1357	梅衣科	Parmeliaceae	裂片星点梅	*Punctelia subflava*	LC		
1358	梅衣科	Parmeliaceae	亚粗星点梅	*Punctelia subrudecta*	LC		
1359	梅衣科	Parmeliaceae	玄球针黄叶	*Relicina abstrusa*	LC		
1360	梅衣科	Parmeliaceae	马来球针黄叶	*Relicina malesiana*	DD		
1361	梅衣科	Parmeliaceae	平球针黄叶	*Relicina planiuscula*	DD		
1362	梅衣科	Parmeliaceae	小球针黄叶	*Relicina relicinula*	DD		
1363	梅衣科	Parmeliaceae	悉尼球针黄叶	*Relicina sydneyensis*	LC		
1364	梅衣科	Parmeliaceae	槽枝	*Sulcaria sulcata*	DD		
1365	梅衣科	Parmeliaceae	绿丝槽枝	*Sulcaria virens*	VU	B2ab(ii); D2	
1366	梅衣科	Parmeliaceae	美洲土可曼衣	*Tuckermanopsis americana*	DD		
1367	梅衣科	Parmeliaceae	绿色土可曼衣	*Tuckermanopsis chlorophylla*	DD		
1368	梅衣科	Parmeliaceae	土可曼衣	*Tuckermanopsis ciliaris*	DD		
1369	梅衣科	Parmeliaceae	黄褐土可曼衣	*Tuckermanopsis gilva*	DD		
1370	梅衣科	Parmeliaceae	小土可曼衣	*Tuckermanopsis microphyllica*	DD		
1371	梅衣科	Parmeliaceae	卷缘土可曼衣	*Tuckermanopsis ulophylloides*	DD		
1372	梅衣科	Parmeliaceae	拉氏缘毛衣	*Tuckneraria laureri*	LC		
1373	梅衣科	Parmeliaceae	松软缘毛衣	*Tuckneraria laxa*	DD		

序号 No.	科名 Chinese Family Names	科 Family	汉语学名 Chinese Names	学名 Scientific Names	评估等级 Status	评估依据 Assessment Criteria	特有种 Endemic
1374	梅衣科	Parmeliaceae	拟褶缘毛衣	Tuckneraria pseudocomplicata	LC		
1375	梅衣科	Parmeliaceae	针芽缘毛衣	Tuckneraria togashii	DD		
1376	梅衣科	Parmeliaceae	尖刺松萝	Usnea aciculifera	LC		
1377	梅衣科	Parmeliaceae	亚历山大松萝	Usnea arizonica	DD		
1378	梅衣科	Parmeliaceae	广生松萝	Usnea baileyi	DD		
1379	梅衣科	Parmeliaceae	柔软松萝	Usnea bismolliuscula	DD		
1380	梅衣科	Parmeliaceae	孔松萝	Usnea cavernosa	LC		
1381	梅衣科	Parmeliaceae	角松萝	Usnea ceratina	LC		
1382	梅衣科	Parmeliaceae	綦松萝	Usnea confusa	DD		
1383	梅衣科	Parmeliaceae	短粗松萝	Usnea crassiuscula	DD		√
1384	梅衣科	Parmeliaceae	俯仰松萝	Usnea decumbens	DD		√
1385	梅衣科	Parmeliaceae	双型松萝	Usnea diplotypa	DD		
1386	梅衣科	Parmeliaceae	小塔松萝	Usnea dorogawensis	LC		
1387	梅衣科	Parmeliaceae	希望松萝	Usnea esperantiana	DD		
1388	梅衣科	Parmeliaceae	拟轴孔松萝	Usnea eumitrioides	DD		
1389	梅衣科	Parmeliaceae	垂线式松萝	Usnea filipendula	DD		
1390	梅衣科	Parmeliaceae	黄褐松萝	Usnea flavocardia	DD		
1391	梅衣科	Parmeliaceae	松萝	Usnea florida	LC		
1392	梅衣科	Parmeliaceae	脆松萝	Usnea fragilescens	DD		
1393	梅衣科	Parmeliaceae	平滑松萝	Usnea galbinifera	DD		
1394	梅衣科	Parmeliaceae	光松萝	Usnea glabrata	LC		
1395	梅衣科	Parmeliaceae	无毛松萝	Usnea glabrescens	LC		
1396	梅衣科	Parmeliaceae	硬光松萝	Usnea hapalotera	DD		
1397	梅衣科	Parmeliaceae	黄昏松萝	Usnea hesperina	DD		
1398	梅衣科	Parmeliaceae	喜马拉雅松萝	Usnea himalayana	DD		
1399	梅衣科	Parmeliaceae	硬毛松萝	Usnea hirta	LC		
1400	梅衣科	Parmeliaceae	重果松萝	Usnea iteratocarpa	DD		√

序号 No.	科名 Chinese Family Names	科 Family	汉语学名 Chinese Names	学名 Scientific Names	评估等级 Status	评估依据 Assessment Criteria	特有种 Endemic
1401	梅衣科	Parmeliaceae	甘肃松萝	*Usnea kansuensis*	DD		
1402	梅衣科	Parmeliaceae	吉林松萝	*Usnea kirinensis*	DD		√
1403	梅衣科	Parmeliaceae	癞屑化松萝	*Usnea lapponica*	DD		
1404	梅衣科	Parmeliaceae	白松萝	*Usnea leucospilodea*	DD		
1405	梅衣科	Parmeliaceae	小刺褐松萝	*Usnea luridorufa*	DD		
1406	梅衣科	Parmeliaceae	大果松萝	*Usnea macrocarpa*	DD		√
1407	梅衣科	Parmeliaceae	大刺松萝	*Usnea macrospinosa*	DD		√
1408	梅衣科	Parmeliaceae	斑松萝	*Usnea maculata*	DD		
1409	梅衣科	Parmeliaceae	增田氏松萝	*Usnea masudana*	DD		√
1410	梅衣科	Parmeliaceae	勐养松萝	*Usnea mengyangensis*	DD		√
1411	梅衣科	Parmeliaceae	粗皮松萝	*Usnea montis-fuji*	LC		
1412	梅衣科	Parmeliaceae	新几内亚松萝	*Usnea neoguineensis*	DD		
1413	梅衣科	Parmeliaceae	栖息松萝	*Usnea nidifica*	LC		
1414	梅衣科	Parmeliaceae	光秃松萝	*Usnea niparensis*	DD		
1415	梅衣科	Parmeliaceae	台湾松萝	*Usnea ogatai*	DD		
1416	梅衣科	Parmeliaceae	东方松萝	*Usnea orientalis*	DD		
1417	梅衣科	Parmeliaceae	环基松萝	*Usnea pangiana*	LC		
1418	梅衣科	Parmeliaceae	拟长松萝	*Usnea pectinata*	DD		
1419	梅衣科	Parmeliaceae	拟台湾松萝	*Usnea pseudogatae*	DD		√
1420	梅衣科	Parmeliaceae	拟粗皮松萝	*Usnea pseudomontis-fuji*	DD		
1421	梅衣科	Parmeliaceae	密枝松萝	*Usnea pycnoclada*	LC		
1422	梅衣科	Parmeliaceae	下弯松萝	*Usnea recurvata*	DD		√
1423	梅衣科	Parmeliaceae	红髓松萝	*Usnea roseola*	LC		
1424	梅衣科	Parmeliaceae	深红松萝	*Usnea rubicunda*	LC		
1425	梅衣科	Parmeliaceae	红皮松萝	*Usnea rubrotincta*	LC		
1426	梅衣科	Parmeliaceae	疣松萝	*Usnea scabrata*	LC		
1427	梅衣科	Parmeliaceae	短松萝	*Usnea schadenbergiana*	DD		

序号 No.	科名 Chinese Family Names	科 Family	汉语学名 Chinese Names	学名 Scientific Names	评估等级 Status	评估依据 Assessment Criteria	特有种 Endemic
1428	梅衣科	Parmeliaceae	变色松萝	*Usnea sensitiva*	DD		√
1429	梅衣科	Parmeliaceae	西畴松萝	*Usnea sichowensis*	DD		√
1430	梅衣科	Parmeliaceae	中华松萝	*Usnea sinensis*	DD		
1431	梅衣科	Parmeliaceae	亚角松萝	*Usnea subcornuta*	DD		
1432	梅衣科	Parmeliaceae	亚花松萝	*Usnea subfloridana*	LC		
1433	梅衣科	Parmeliaceae	亚直角松萝	*Usnea subrectangulata*	NT		√
1434	梅衣科	Parmeliaceae	亚粗壮松萝	*Usnea subrobusta*	NT		√
1435	梅衣科	Parmeliaceae	亚不育松萝	*Usnea substerilis*	DD		
1436	梅衣科	Parmeliaceae	灌松萝	*Usnea thomsonii*	LC		
1437	梅衣科	Parmeliaceae	结节松萝	*Usnea torulosa*	DD		
1438	梅衣科	Parmeliaceae	毛状松萝	*Usnea trichodea*	LC		
1439	梅衣科	Parmeliaceae	波松萝	*Usnea undulata*	DD		
1440	梅衣科	Parmeliaceae	云南松萝	*Usnea yunnanensis*	DD		√
1441	梅衣科	Parmeliaceae	桧黄髓衣	*Vulpicida juniperinus*	DD		
1442	梅衣科	Parmeliaceae	花黄髓衣	*Vulpicida pinastri*	LC		
1443	梅衣科	Parmeliaceae	棣氏黄髓衣	*Vulpicida tilesii*	DD		
1444	梅衣科	Parmeliaceae	旱黄梅	*Xanthoparmelia camtschadalis*	DD		
1445	梅衣科	Parmeliaceae	棒芽黄黄梅	*Xanthoparmelia claviculata*	DD		
1446	梅衣科	Parmeliaceae	科罗拉多黄黄梅	*Xanthoparmelia coloradoensis*	LC		
1447	梅衣科	Parmeliaceae	刚果黄黄梅	*Xanthoparmelia congensis*	DD		
1448	梅衣科	Parmeliaceae	散生黄黄梅	*Xanthoparmelia conspersa*	LC		
1449	梅衣科	Parmeliaceae	缩黄黄梅	*Xanthoparmelia constrictans*	DD		
1450	梅衣科	Parmeliaceae	朝鲜黄黄梅	*Xanthoparmelia coreana*	DD		
1451	梅衣科	Parmeliaceae	棕黄黄梅	*Xanthoparmelia delisei*	DD		
1452	梅衣科	Parmeliaceae	荒漠黄黄梅	*Xanthoparmelia desertorum*	DD		
1453	梅衣科	Parmeliaceae	杜瑞氏黄黄梅	*Xanthoparmelia durietzii*	LC		√
1454	梅衣科	Parmeliaceae	除黄黄梅	*Xanthoparmelia eradicata*	DD		

序号 No.	科名 Chinese Family Names	科 Family	汉语学名 Chinese Names	学名 Scientific Names	评估等级 Status	评估依据 Assessment Criteria	特有种 Endemic
1455	梅衣科	Parmeliaceae	贴生黄梅	*Xanthoparmelia hypopsila*	DD		
1456	梅衣科	Parmeliaceae	线形黄梅	*Xanthoparmelia lineola*	DD		
1457	梅衣科	Parmeliaceae	淡腹黄梅	*Xanthoparmelia mexicana*	LC		
1458	梅衣科	Parmeliaceae	柔黄梅	*Xanthoparmelia molliuscula*	DD		
1459	梅衣科	Parmeliaceae	蒙古黄梅	*Xanthoparmelia mongolica*	DD		
1460	梅衣科	Parmeliaceae	新暗腹黄梅	*Xanthoparmelia neotinctina*	DD		
1461	梅衣科	Parmeliaceae	新墨西哥黄梅	*Xanthoparmelia novomexicana*	DD		
1462	梅衣科	Parmeliaceae	东方黄梅	*Xanthoparmelia orientalis*	DD		
1463	梅衣科	Parmeliaceae	齿裂黄梅	*Xanthoparmelia protomatrae*	DD		
1464	梅衣科	Parmeliaceae	粗黄梅	*Xanthoparmelia scabrosa*	DD		
1465	梅衣科	Parmeliaceae	菊叶黄梅	*Xanthoparmelia stenophylla*	DD		
1466	梅衣科	Parmeliaceae	亚平黄梅	*Xanthoparmelia sublaevis*	DD		
1467	梅衣科	Parmeliaceae	亚分枝黄梅	*Xanthoparmelia subramigera*	DD		
1468	梅衣科	Parmeliaceae	拟菊叶黄梅	*Xanthoparmelia taractica*	LC		
1469	梅衣科	Parmeliaceae	黑黄梅	*Xanthoparmelia tasmanica*	LC		
1470	梅衣科	Parmeliaceae	暗腹黄梅	*Xanthoparmelia tinctina*	LC		
1471	梅衣科	Parmeliaceae	北美黄梅	*Xanthoparmelia viriduloumbrina*	LC		
1472	梅衣科	Parmeliaceae	西藏黄梅	*Xanthoparmelia xizangensis*	DD		
1473	地卷科	Peltigeraceae	绿皮地卷	*Peltigera aphthosa*	LC		
1474	地卷科	Peltigeraceae	大地卷	*Peltigera canina*	LC		
1475	地卷科	Peltigeraceae	盾地卷	*Peltigera collina*	LC		
1476	地卷科	Peltigeraceae	密茸地卷	*Peltigera coloradoensis*	DD		
1477	地卷科	Peltigeraceae	大陆地卷	*Peltigera continentalis*	LC		
1478	地卷科	Peltigeraceae	裂边地卷	*Peltigera degenii*	LC		
1479	地卷科	Peltigeraceae	分指地卷	*Peltigera didactyla*	LC		
1480	地卷科	Peltigeraceae	长孢地卷	*Peltigera dolichospora*	DD		
1481	地卷科	Peltigeraceae	平盘软地卷	*Peltigera elisabethae*	LC		

序号 No.	科名 Chinese Family Names	科 Family	汉语学名 Chinese Names	学名 Scientific Names	评估等级 Status	评估依据 Assessment Criteria	特有种 Endemic
1482	地卷科	Peltigeraceae	粒芽地卷	*Peltigera evansiana*	LC		
1483	地卷科	Peltigeraceae	平盘地卷	*Peltigera horizontalis*	LC		
1484	地卷科	Peltigeraceae	赭腹地卷	*Peltigera hymenina*	LC		
1485	地卷科	Peltigeraceae	穴芽地卷	*Peltigera isidiophora*	DD		√
1486	地卷科	Peltigeraceae	克氏地卷	*Peltigera kristinssonii*	DD		
1487	地卷科	Peltigeraceae	鳞地卷	*Peltigera lepidophora*	LC		
1488	地卷科	Peltigeraceae	白腹地卷	*Peltigera leucophlebia*	LC		
1489	地卷科	Peltigeraceae	软地卷	*Peltigera malacea*	LC		
1490	地卷科	Peltigeraceae	膜地卷	*Peltigera membranacea*	LC		
1491	地卷科	Peltigeraceae	南方地卷	*Peltigera meridiana*	DD		
1492	地卷科	Peltigeraceae	细裂地卷	*Peltigera microphylla*	LC		
1493	地卷科	Peltigeraceae	光滑地卷	*Peltigera neckeri*	LC		
1494	地卷科	Peltigeraceae	长根地卷	*Peltigera neopolydactyla*	LC		
1495	地卷科	Peltigeraceae	黑癞地卷	*Peltigera nigripunctata*	LC		
1496	地卷科	Peltigeraceae	多指地卷	*Peltigera polydactylon*	DD		
1497	地卷科	Peltigeraceae	白脉地卷	*Peltigera ponojensis*	LC		
1498	地卷科	Peltigeraceae	裂芽地卷	*Peltigera praetextata*	DD		
1499	地卷科	Peltigeraceae	霜地卷	*Peltigera pruinosa*	DD		
1500	地卷科	Peltigeraceae	地卷	*Peltigera rufescens*	DD		
1501	地卷科	Peltigeraceae	小瘤地卷	*Peltigera scabrosa*	DD		
1502	地卷科	Peltigeraceae	西伯利亚地卷	*Peltigera sibirica*	DD		
1503	地卷科	Peltigeraceae	粉芽地卷	*Peltigera sorediata*	LC		
1504	地卷科	Peltigeraceae	亚霜地卷	*Peltigera subincusa*	DD		
1505	地卷科	Peltigeraceae	小地卷	*Peltigera venosa*	LC		
1506	地卷科	Peltigeraceae	雾灵地卷	*Peltigera wulingensis*	DD		√
1507	地卷科	Peltigeraceae	蔡氏地卷	*Peltigera zahlbruckneri*	DD		
1508	地卷科	Peltigeraceae	双孢散盘衣	*Solorina bispora*	LC		

序号 No.	科名 Chinese Family Names	科 Family	汉语学名 Chinese Names	学名 Scientific Names	评估等级 Status	评估依据 Assessment Criteria	特有种 Endemic
1509	地卷科	Peltigeraceae	镉黄散盘衣	Solorina crocea	DD		
1510	地卷科	Peltigeraceae	八孢散盘衣	Solorina octospora	LC		
1511	地卷科	Peltigeraceae	宽果散盘衣	Solorina platycarpa	DD		
1512	地卷科	Peltigeraceae	凹散盘衣	Solorina saccata	LC		
1513	地卷科	Peltigeraceae	散盘衣	Solorina simensis	DD		
1514	地卷科	Peltigeraceae	绵散盘衣	Solorina spongiosa	LC		
1515	盾衣科	Peltulaceae	波氏盾衣	Peltula bolanderi	DD		
1516	盾衣科	Peltulaceae	棒盾衣	Peltula clavata	DD		
1517	盾衣科	Peltulaceae	柱盾衣	Peltula cylindrica	DD		
1518	盾衣科	Peltulaceae	粉芽盾衣	Peltula euploca	LC		
1519	盾衣科	Peltulaceae	凹盾衣	Peltula impressula	DD		
1520	盾衣科	Peltulaceae	小盾衣	Peltula minuta	DD		
1521	盾衣科	Peltulaceae	暗盾衣	Peltula obscurans	DD		
1522	盾衣科	Peltulaceae	台盾衣	Peltula placodizans	DD		
1523	盾衣科	Peltulaceae	根盾衣	Peltula radicata	DD		
1524	盾衣科	Peltulaceae	多曲盾衣	Peltula tortuosa	DD		
1525	盾衣科	Peltulaceae	臣氏盾衣	Peltula zabolotnoji	DD		
1526	盾衣科	Peltulaceae	树生叶盾衣	Phyllopeltula corticola	DD		
1527	鸡皮衣科	Pertusariaceae	畸形鸡皮衣	Pertusaria aberrans	LC		
1528	鸡皮衣科	Pertusariaceae	微白鸡皮衣	Pertusaria albescens	DD		
1529	鸡皮衣科	Pertusariaceae	白球鸡皮衣	Pertusaria albiglobosa	DD		√
1530	鸡皮衣科	Pertusariaceae	阿氏鸡皮衣	Pertusaria allothwaitesii	DD		
1531	鸡皮衣科	Pertusariaceae	高地鸡皮衣	Pertusaria alticola	LC		√
1532	鸡皮衣科	Pertusariaceae	苦味鸡皮衣	Pertusaria amara	LC		
1533	鸡皮衣科	Pertusariaceae	网纹鸡皮衣	Pertusaria areolata	DD		
1534	鸡皮衣科	Pertusariaceae	竹生鸡皮衣	Pertusaria bambusetorum	DD		
1535	鸡皮衣科	Pertusariaceae	北方鸡皮衣	Pertusaria borealis	LC		

序号 No.	科名 Chinese Family Names	科 Family	汉语学名 Chinese Names	学名 Scientific Names	评估等级 Status	评估依据 Assessment Criteria	特有种 Endemic
1536	鸡皮衣科	Pertusariaceae	短孢鸡皮衣	*Pertusaria brachyspora*	DD		
1537	鸡皮衣科	Pertusariaceae	肉白鸡皮衣	*Pertusaria carneopallida*	LC		
1538	鸡皮衣科	Pertusariaceae	中国鸡皮衣	*Pertusaria chinensis*	DD		
1539	鸡皮衣科	Pertusariaceae	疤痕鸡皮衣	*Pertusaria cicatricosa*	LC		
1540	鸡皮衣科	Pertusariaceae	褚色鸡皮衣	*Pertusaria cobrata*	DD		
1541	鸡皮衣科	Pertusariaceae	鸡皮衣	*Pertusaria commutata*	LC		
1542	鸡皮衣科	Pertusariaceae	复合鸡皮衣	*Pertusaria composita*	LC		
1543	鸡皮衣科	Pertusariaceae	丰鸡皮衣	*Pertusaria copiosa*	DD		
1544	鸡皮衣科	Pertusariaceae	珊瑚鸡皮衣	*Pertusaria corallina*	LC		
1545	鸡皮衣科	Pertusariaceae	乳头鸡皮衣	*Pertusaria dactylina*	DD		
1546	鸡皮衣科	Pertusariaceae	椭圆鸡皮衣	*Pertusaria elliptica*	DD		
1547	鸡皮衣科	Pertusariaceae	外鸡皮衣	*Pertusaria excludens*	LC		
1548	鸡皮衣科	Pertusariaceae	淡绿鸡皮衣	*Pertusaria flavicans*	LC		
1549	鸡皮衣科	Pertusariaceae	驼峰鸡皮衣	*Pertusaria gibberosa*	DD		
1550	鸡皮衣科	Pertusariaceae	赤星鸡皮衣	*Pertusaria haematommoides*	DD		
1551	鸡皮衣科	Pertusariaceae	半球鸡皮衣	*Pertusaria hemisphaerica*	DD		
1552	鸡皮衣科	Pertusariaceae	横断鸡皮衣	*Pertusaria hengduanensis*	DD		√
1553	鸡皮衣科	Pertusariaceae	喜马拉雅鸡皮衣	*Pertusaria himalayensis*	DD		
1554	鸡皮衣科	Pertusariaceae	黄山鸡皮衣	*Pertusaria huangshanensis*	DD		√
1555	鸡皮衣科	Pertusariaceae	撕裂鸡皮衣	*Pertusaria lacericans*	DD		
1556	鸡皮衣科	Pertusariaceae	平滑果鸡皮衣	*Pertusaria leiocarpella*	DD		
1557	鸡皮衣科	Pertusariaceae	平台鸡皮衣	*Pertusaria leioplaca*	LC		
1558	鸡皮衣科	Pertusariaceae	白围鸡皮衣	*Pertusaria leucopsara*	DD		
1559	鸡皮衣科	Pertusariaceae	白孢鸡皮衣	*Pertusaria leucosora*	LC		
1560	鸡皮衣科	Pertusariaceae	粗鸡皮衣	*Pertusaria leucosorodes*	LC		
1561	鸡皮衣科	Pertusariaceae	黑白鸡皮衣	*Pertusaria leucostigma*	LC		
1562	鸡皮衣科	Pertusariaceae	丽江鸡皮衣	*Pertusaria lijiangensis*	LC		√

序号 No.	科名 Chinese Family Names	科 Family	汉语学名 Chinese Names	学名 Scientific Names	评估等级 Status	评估依据 Assessment Criteria	特有种 Endemic
1563	鸡皮衣科	Pertusariaceae	四川鸡皮衣	*Pertusaria monogona*	LC		
1564	鸡皮衣科	Pertusariaceae	斑点鸡皮衣	*Pertusaria multipuncta*	LC		
1565	鸡皮衣科	Pertusariaceae	裂疣鸡皮衣	*Pertusaria nakamurae*	DD		
1566	鸡皮衣科	Pertusariaceae	眼点鸡皮衣	*Pertusaria oculata*	LC		
1567	鸡皮衣科	Pertusariaceae	睛鸡皮衣	*Pertusaria ophthalmiza*	LC		
1568	鸡皮衣科	Pertusariaceae	巨孢鸡皮衣	*Pertusaria oshioi*	LC		√
1569	鸡皮衣科	Pertusariaceae	准密生鸡皮衣	*Pertusaria parapycnothelia*	DD		√
1570	鸡皮衣科	Pertusariaceae	近祁连鸡皮衣	*Pertusaria paraqilianensis*	NT		√
1571	鸡皮衣科	Pertusariaceae	孔鸡皮衣	*Pertusaria pertusa*	LC		
1572	鸡皮衣科	Pertusariaceae	宽果鸡皮衣	*Pertusaria platycarpiza*	DD		
1573	鸡皮衣科	Pertusariaceae	坚疣鸡皮衣	*Pertusaria plittiana*	LC		
1574	鸡皮衣科	Pertusariaceae	拟珊瑚鸡皮衣	*Pertusaria pseudocorallina*	LC		
1575	鸡皮衣科	Pertusariaceae	密生鸡皮衣	*Pertusaria pycnothelia*	DD		
1576	鸡皮衣科	Pertusariaceae	祁连鸡皮衣	*Pertusaria qilianensis*	DD		√
1577	鸡皮衣科	Pertusariaceae	藓生鸡皮衣	*Pertusaria quartans*	LC		
1578	鸡皮衣科	Pertusariaceae	硬鸡皮衣	*Pertusaria rigida*	LC		
1579	鸡皮衣科	Pertusariaceae	黑口鸡皮衣	*Pertusaria sommerfeltii*	DD		
1580	鸡皮衣科	Pertusariaceae	球鸡皮衣	*Pertusaria sphaerophora*	LC		
1581	鸡皮衣科	Pertusariaceae	钟乳鸡皮衣	*Pertusaria stalactiza*	DD		
1582	鸡皮衣科	Pertusariaceae	类钟乳鸡皮衣	*Pertusaria stalactizoides*	DD		
1583	鸡皮衣科	Pertusariaceae	亚多斑鸡皮衣	*Pertusaria submultipuncta*	LC		
1584	鸡皮衣科	Pertusariaceae	海滨鸡皮衣	*Pertusaria subobductans*	LC		
1585	鸡皮衣科	Pertusariaceae	亚褐鸡皮衣	*Pertusaria subochracea*	DD		
1586	鸡皮衣科	Pertusariaceae	亚孔鸡皮衣	*Pertusaria subpertusa*	LC		
1587	鸡皮衣科	Pertusariaceae	亚玫瑰鸡皮衣	*Pertusaria subrosacea*	DD		
1588	鸡皮衣科	Pertusariaceae	亚风鸡皮衣	*Pertusaria subventosa*	DD		
1589	鸡皮衣科	Pertusariaceae	四孢鸡皮衣	*Pertusaria tetrathalamia*	LC		

序号 No.	科名 Chinese Family Names	科 Family	汉语学名 Chinese Names	学名 Scientific Names	评估等级 Status	评估依据 Assessment Criteria	特有种 Endemic
1590	鸡皮衣科	Pertusariaceae	硫点鸡皮衣	*Pertusaria thiospoda*	DD		
1591	鸡皮衣科	Pertusariaceae	特韦氏鸡皮衣	*Pertusaria thwaitesii*	LC		
1592	鸡皮衣科	Pertusariaceae	粗果鸡皮衣	*Pertusaria trachythallina*	DD		
1593	鸡皮衣科	Pertusariaceae	颗粒鸡皮衣	*Pertusaria variolosa*	LC		
1594	鸡皮衣科	Pertusariaceae	紫罗兰鸡皮衣	*Pertusaria violacea*	DD		
1595	鸡皮衣科	Pertusariaceae	王氏鸡皮衣	*Pertusaria wangii*	DD		√
1596	鸡皮衣科	Pertusariaceae	魏氏鸡皮衣	*Pertusaria weii*	DD		√
1597	鸡皮衣科	Pertusariaceae	武陵鸡皮衣	*Pertusaria wulingensis*	LC		√
1598	鸡皮衣科	Pertusariaceae	黄鸡皮衣	*Pertusaria xanthodes*	LC		
1599	鸡皮衣科	Pertusariaceae	黄台鸡皮衣	*Pertusaria xanthoplaca*	LC		
1600	鸡皮衣科	Pertusariaceae	云南鸡皮衣	*Pertusaria yunnana*	LC		√
1601	疱衣菌科	Phlyctidaceae	亮疱衣	*Phlyctis argena*	LC		
1602	疱衣菌科	Phlyctidaceae	亚亮疱衣	*Phlyctis subargena*	DD		√
1603	蜈蚣衣科	Physciaceae	毛边雪花衣	*Anaptychia ciliaris*	LC		
1604	蜈蚣衣科	Physciaceae	东北雪花衣	*Anaptychia ethiopica*	DD		
1605	蜈蚣衣科	Physciaceae	裂芽雪花衣	*Anaptychia isidiza*	LC		
1606	蜈蚣衣科	Physciaceae	掌状雪花衣	*Anaptychia palmulata*	LC		
1607	蜈蚣衣科	Physciaceae	倒齿雪花衣	*Anaptychia runcinata*	LC		
1608	蜈蚣衣科	Physciaceae	刚毛雪花衣	*Anaptychia setifera*	DD		
1609	蜈蚣衣科	Physciaceae	腺毛雪花衣	*Anaptychia tentaculata*	LC		
1610	蜈蚣衣科	Physciaceae	污白雪花衣	*Anaptychia ulothricoides*	DD		
1611	蜈蚣衣科	Physciaceae	白哑铃孢	*Heterodermia albicans*	DD		
1612	蜈蚣衣科	Physciaceae	狭叶哑铃孢	*Heterodermia angustiloba*	LC		
1613	蜈蚣衣科	Physciaceae	卷梢哑铃孢	*Heterodermia boryi*	LC		
1614	蜈蚣衣科	Physciaceae	丛毛哑铃孢	*Heterodermia comosa*	LC		
1615	蜈蚣衣科	Physciaceae	指哑铃孢	*Heterodermia dactyliza*	DD		
1616	蜈蚣衣科	Physciaceae	树哑铃孢	*Heterodermia dendritica*	LC		

序号 No.	科名 Chinese Family Names	科 Family	汉语学名 Chinese Names	学名 Scientific Names	评估等级 Status	评估依据 Assessment Criteria	特有种 Endemic
1617	蜈蚣衣科	Physciaceae	大哑铃孢	*Heterodermia diademata*	LC		
1618	蜈蚣衣科	Physciaceae	深裂哑铃孢	*Heterodermia dissecta*	LC		
1619	蜈蚣衣科	Physciaceae	黄髓哑铃孢	*Heterodermia firmula*	LC		
1620	蜈蚣衣科	Physciaceae	扇哑铃孢	*Heterodermia flabellata*	LC		
1621	蜈蚣衣科	Physciaceae	兰腹哑铃孢	*Heterodermia hypocaesia*	DD		
1622	蜈蚣衣科	Physciaceae	黄腹哑铃孢	*Heterodermia hypochraea*	LC		
1623	蜈蚣衣科	Physciaceae	白腹哑铃孢	*Heterodermia hypoleuca*	LC		
1624	蜈蚣衣科	Physciaceae	灰白哑铃孢	*Heterodermia incana*	DD		
1625	蜈蚣衣科	Physciaceae	裂芽哑铃孢	*Heterodermia isidiophora*	DD		
1626	蜈蚣衣科	Physciaceae	阿里哑铃孢	*Heterodermia japonica*	LC		
1627	蜈蚣衣科	Physciaceae	黑白哑铃孢	*Heterodermia leucomelos*	LC		
1628	蜈蚣衣科	Physciaceae	黄哑铃孢	*Heterodermia lutescens*	DD		
1629	蜈蚣衣科	Physciaceae	小叶哑铃孢	*Heterodermia microphylla*	LC		
1630	蜈蚣衣科	Physciaceae	暗哑铃孢	*Heterodermia obscurata*	LC		
1631	蜈蚣衣科	Physciaceae	太平洋哑铃孢	*Heterodermia pacifica*	DD		
1632	蜈蚣衣科	Physciaceae	琴哑铃孢	*Heterodermia pandurata*	DD		
1633	蜈蚣衣科	Physciaceae	透明哑铃孢	*Heterodermia pellucida*	LC		
1634	蜈蚣衣科	Physciaceae	毛果哑铃孢	*Heterodermia podocarpa*	LC		
1635	蜈蚣衣科	Physciaceae	拟哑铃孢	*Heterodermia pseudospeciosa*	LC		
1636	蜈蚣衣科	Physciaceae	哑铃孢	*Heterodermia speciosa*	LC		
1637	蜈蚣衣科	Physciaceae	小刺哑铃孢	*Heterodermia spinulosa*	DD		
1638	蜈蚣衣科	Physciaceae	翘哑铃孢	*Heterodermia subascendens*	DD		
1639	蜈蚣衣科	Physciaceae	四川哑铃孢	*Heterodermia szechuanensis*	LC		√
1640	蜈蚣衣科	Physciaceae	拟白腹哑铃孢	*Heterodermia togashii*	DD		
1641	蜈蚣衣科	Physciaceae	波圆哑铃孢	*Heterodermia undulata*	LC		√
1642	蜈蚣衣科	Physciaceae	云南哑铃孢	*Heterodermia yunnanensis*	LC		√
1643	蜈蚣衣科	Physciaceae	颈外蜈蚣叶	*Hyperphyscia syncolla*	LC		

序号 No.	科名 Chinese Family Names	科 Family	汉语学名 Chinese Names	学名 Scientific Names	评估等级 Status	评估依据 Assessment Criteria	特有种 Endemic
1644	蜈蚣衣科	Physciaceae	垂状黑蜈蚣衣	*Phaeophyscia cernohorskyi*	DD		
1645	蜈蚣衣科	Physciaceae	睫毛黑蜈蚣衣	*Phaeophyscia ciliata*	LC		
1646	蜈蚣衣科	Physciaceae	混黑蜈蚣衣	*Phaeophyscia confusa*	DD		
1647	蜈蚣衣科	Physciaceae	密集黑蜈蚣衣	*Phaeophyscia constipata*	LC		
1648	蜈蚣衣科	Physciaceae	脱色黑蜈蚣衣	*Phaeophyscia decolor*	DD		
1649	蜈蚣衣科	Physciaceae	变黑蜈蚣衣	*Phaeophyscia denigrata*	DD		
1650	蜈蚣衣科	Physciaceae	红髓黑蜈蚣衣	*Phaeophyscia endococcina*	DD		
1651	蜈蚣衣科	Physciaceae	红心黑蜈蚣衣	*Phaeophyscia erythrocardia*	DD		
1652	蜈蚣衣科	Physciaceae	裂芽黑蜈蚣衣	*Phaeophyscia exornatula*	LC		
1653	蜈蚣衣科	Physciaceae	白刺毛黑蜈蚣衣	*Phaeophyscia hirtuosa*	DD		
1654	蜈蚣衣科	Physciaceae	毛边黑蜈蚣衣	*Phaeophyscia hispidula*	LC		
1655	蜈蚣衣科	Physciaceae	湖南黑蜈蚣衣	*Phaeophyscia humana*	LC		√
1656	蜈蚣衣科	Physciaceae	覆瓦黑蜈蚣衣	*Phaeophyscia imbricata*	DD		
1657	蜈蚣衣科	Physciaceae	粉缘黑蜈蚣衣	*Phaeophyscia limbata*	LC		
1658	蜈蚣衣科	Physciaceae	黑蜈蚣衣	*Phaeophyscia nigricans*	DD		
1659	蜈蚣衣科	Physciaceae	圆叶黑蜈蚣衣	*Phaeophyscia orbicularis*	DD		
1660	蜈蚣衣科	Physciaceae	刺黑蜈蚣衣	*Phaeophyscia primaria*	LC		
1661	蜈蚣衣科	Physciaceae	细小黑蜈蚣衣	*Phaeophyscia pusilloides*	DD		
1662	蜈蚣衣科	Physciaceae	火红黑蜈蚣衣	*Phaeophyscia pyrrhophora*	DD		
1663	蜈蚣衣科	Physciaceae	美丽黑蜈蚣衣	*Phaeophyscia rubropulchra*	DD		
1664	蜈蚣衣科	Physciaceae	暗裂芽黑蜈蚣衣	*Phaeophyscia sciastra*	LC		
1665	蜈蚣衣科	Physciaceae	翘叶蜈蚣衣	*Physcia adscendens*	LC		
1666	蜈蚣衣科	Physciaceae	斑面蜈蚣衣	*Physcia aipolia*	LC		
1667	蜈蚣衣科	Physciaceae	大白蜈蚣衣	*Physcia alba*	DD		
1668	蜈蚣衣科	Physciaceae	小白蜈蚣衣	*Physcia albinea*	LC		
1669	蜈蚣衣科	Physciaceae	黑纹蜈蚣衣	*Physcia atrostriata*	LC		
1670	蜈蚣衣科	Physciaceae	兰灰蜈蚣衣	*Physcia caesia*	LC		

序号 No.	科名 Chinese Family Names	科 Family	汉语学名 Chinese Names	学名 Scientific Names	评估等级 Status	评估依据 Assessment Criteria	特有种 Endemic
1671	蜈蚣衣科	Physciaceae	珊瑚芽蜈蚣衣	*Physcia clementei*	DD		
1672	蜈蚣衣科	Physciaceae	凸蜈蚣衣	*Physcia convexella*	DD		
1673	蜈蚣衣科	Physciaceae	皱波蜈蚣衣	*Physcia crispa*	DD		
1674	蜈蚣衣科	Physciaceae	膨大蜈蚣衣	*Physcia dilatata*	DD		
1675	蜈蚣衣科	Physciaceae	半开蜈蚣衣	*Physcia dimidiata*	DD		
1676	蜈蚣衣科	Physciaceae	疑蜈蚣衣	*Physcia dubia*	LC		
1677	蜈蚣衣科	Physciaceae	湖北蜈蚣衣	*Physcia hupehensis*	VU	B2ab(ii); D2	√
1678	蜈蚣衣科	Physciaceae	下黑蜈蚣衣	*Physcia integrata*	DD		
1679	蜈蚣衣科	Physciaceae	半羽蜈蚣衣	*Physcia leptalea*	DD		
1680	蜈蚣衣科	Physciaceae	日本蜈蚣衣	*Physcia nipponica*	DD		
1681	蜈蚣衣科	Physciaceae	异白点蜈蚣衣	*Physcia phaea*	LC		
1682	蜈蚣衣科	Physciaceae	粉芽蜈蚣衣	*Physcia sorediosa*	DD		
1683	蜈蚣衣科	Physciaceae	蜈蚣衣	*Physcia stellaris*	LC		
1684	蜈蚣衣科	Physciaceae	狭叶蜈蚣衣	*Physcia stenophyllina*	LC		
1685	蜈蚣衣科	Physciaceae	长毛蜈蚣衣	*Physcia tenella*	LC		
1686	蜈蚣衣科	Physciaceae	糙蜈蚣衣	*Physcia tribacia*	LC		
1687	蜈蚣衣科	Physciaceae	粉唇蜈蚣衣	*Physcia tribacioides*	DD		
1688	蜈蚣衣科	Physciaceae	多疣蜈蚣衣	*Physcia verrucosa*	DD		
1689	蜈蚣衣科	Physciaceae	粉小蜈蚣衣	*Physciella chloantha*	DD		
1690	蜈蚣衣科	Physciaceae	美洲大泡衣	*Physconia americana*	DD		
1691	蜈蚣衣科	Physciaceae	变色大泡衣	*Physconia detersa*	LC		
1692	蜈蚣衣科	Physciaceae	粉大泡衣	*Physconia distorta*	LC		
1693	蜈蚣衣科	Physciaceae	优美大泡衣	*Physconia elegantula*	DD		
1694	蜈蚣衣科	Physciaceae	灰色大泡衣	*Physconia grisea*	LC		
1695	蜈蚣衣科	Physciaceae	颗粒大泡衣	*Physconia grumosa*	LC		
1696	蜈蚣衣科	Physciaceae	北海道大泡衣	*Physconia hokkaidensis*	DD		
1697	蜈蚣衣科	Physciaceae	甘肃大泡衣	*Physconia kansuensis*	DD		

序号 No.	科名 Chinese Family Names	科 Family	汉语学名 Chinese Names	学名 Scientific Names	评估等级 Status	评估依据 Assessment Criteria	特有种 Endemic
1698	蜈蚣衣科	Physciaceae	白平大孢衣	*Physconia leucoleiptes*	DD		
1699	蜈蚣衣科	Physciaceae	裂片大孢衣	*Physconia lobulifera*	DD		
1700	蜈蚣衣科	Physciaceae	伴藓大孢衣	*Physconia muscigena*	LC		
1701	蜈蚣衣科	Physciaceae	亚灰大孢衣	*Physconia perisidiosa*	VU		
1702	蜈蚣衣科	Physciaceae	雅致大孢衣	*Physconia venusta*	DD		
1703	蜈蚣衣科	Physciaceae	散生饼干衣	*Rinodina aspersa*	DD		
1704	蜈蚣衣科	Physciaceae	毕氏饼干衣	*Rinodina bischoffii*	DD		
1705	蜈蚣衣科	Physciaceae	包氏饼干衣	*Rinodina bohlinii*	DD		
1706	蜈蚣衣科	Physciaceae	冠状饼干衣	*Rinodina capensis*	DD		
1707	蜈蚣衣科	Physciaceae	短饼干衣	*Rinodina colobina*	DD		
1708	蜈蚣衣科	Physciaceae	康拉德饼干衣	*Rinodina conradii*	DD		
1709	蜈蚣衣科	Physciaceae	小角饼干衣	*Rinodina cornutula*	DD		
1710	蜈蚣衣科	Physciaceae	金氏饼干衣	*Rinodina gennarii*	DD		
1711	蜈蚣衣科	Physciaceae	台湾饼干衣	*Rinodina imitatrix*	DD		
1712	蜈蚣衣科	Physciaceae	甘肃饼干衣	*Rinodina kansuensis*	DD		
1713	蜈蚣衣科	Physciaceae	网盘饼干衣	*Rinodina lecideina*	DD		
1714	蜈蚣衣科	Physciaceae	肾饼干衣	*Rinodina nephroidea*	DD		
1715	蜈蚣衣科	Physciaceae	黑色饼干衣	*Rinodina oxydata*	DD		
1716	蜈蚣衣科	Physciaceae	海岩饼干衣	*Rinodina perminuta*	DD		
1717	蜈蚣衣科	Physciaceae	胎座饼干衣	*Rinodina placynthielloides*	DD		√
1718	蜈蚣衣科	Physciaceae	多室饼干衣	*Rinodina pluriloculata*	DD		√
1719	蜈蚣衣科	Physciaceae	点状粉芽饼干衣	*Rinodina punctosorediata*	DD		√
1720	蜈蚣衣科	Physciaceae	密果饼干衣	*Rinodina pycnocarpa*	DD		
1721	蜈蚣衣科	Physciaceae	坚果饼干衣	*Rinodina pyrina*	DD		
1722	蜈蚣衣科	Physciaceae	栎饼干衣	*Rinodina roboris*	DD		
1723	蜈蚣衣科	Physciaceae	饼干衣	*Rinodina sophodes*	DD		
1724	蜈蚣衣科	Physciaceae	亚癞胃饼干衣	*Rinodina subleprosula*	DD		

序号 No.	科名 Chinese Family Names	科 Family	汉语学名 Chinese Names	学名 Scientific Names	评估等级 Status	评估依据 Assessment Criteria	特有种 Endemic
1725	蜈蚣衣科	Physciaceae	亚黑饼干衣	*Rinodina subnigra*	DD		
1726	蜈蚣衣科	Physciaceae	叠生饼干衣	*Rinodina superposita*	DD		
1727	蜈蚣衣科	Physciaceae	砂石饼干衣	*Rinodina teichophila*	DD		
1728	蜈蚣衣科	Physciaceae	地生饼干衣	*Rinodina terrestris*	LC		
1729	蜈蚣衣科	Physciaceae	硫饼干衣	*Rinodina thiomela*	DD		
1730	蜈蚣衣科	Physciaceae	泥炭饼干衣	*Rinodina turfacea*	DD		
1731	蜈蚣衣科	Physciaceae	变异饼干衣	*Rinodina varians*	DD		
1732	蜈蚣衣科	Physciaceae	黄黑饼干衣	*Rinodina xanthomelana*	DD		
1733	蜈蚣衣科	Physciaceae	堇紫饼干衣	*Rinodina zwackhiana*	DD		
1734	胎座衣科	Placynthiaceae	黑胎座衣	*Placynthium nigrum*	DD		
1735	胎座衣科	Placynthiaceae	毛眉多柄衣	*Polychidium dendriscum*	DD		
1736	胎座衣科	Placynthiaceae	短小多柄衣	*Polychidium stipitatum*	DD		
1737	胎座衣科	Placynthiaceae	鳞芽小芽衣	*Vestergrenopsis isidiata*	DD		
1738	污核衣科	Porinaceae	紫铜污核衣	*Porina aenea*	DD		
1739	污核衣科	Porinaceae	钟形污核衣	*Porina bellendenica*	DD		
1740	污核衣科	Porinaceae	绿污核衣	*Porina chlorotica*	DD		
1741	污核衣科	Porinaceae	珊瑚污核衣	*Porina coralloidea*	DD		
1742	污核衣科	Porinaceae	叶表污核衣	*Porina epiphylla*	DD		
1743	污核衣科	Porinaceae	台湾污核衣	*Porina formosana*	DD		
1744	污核衣科	Porinaceae	格仑氏污核衣	*Porina guentheri*	DD		
1745	污核衣科	Porinaceae	纤污核衣	*Porina leptalea*	DD		
1746	污核衣科	Porinaceae	檐污核衣	*Porina limbulata*	DD		
1747	污核衣科	Porinaceae	光污核衣	*Porina nitidula*	DD		
1748	污核衣科	Porinaceae	小坚果污核衣	*Porina nucula*	DD		
1749	污核衣科	Porinaceae	小果污核衣	*Porina nuculastrum*	DD		
1750	污核衣科	Porinaceae	淡红污核衣	*Porina rubentior*	DD		
1751	污核衣科	Porinaceae	四角污核衣	*Porina tetracerae*	DD		

序号 No.	科名 Chinese Family Names	科 Family	汉语学名 Chinese Names	学名 Scientific Names	评估等级 Status	评估依据 Assessment Criteria	特有种 Endemic
1752	污核衣科	Porinaceae	黑白丝果衣	*Trichothelium alboatrum*	DD		
1753	原乳衣科	Protothelenellaceae	原乳衣	*Protothelenella sphinctrinoidella*	DD		
1754	裸衣科	Psilolechiaceae	亮裸衣	*Psilolechia lucida*	DD		
1755	鳞网衣科	Psoraceae	原胚衣	*Protoblastenia amagiensis*	DD		
1756	鳞网衣科	Psoraceae	网原胚衣	*Protoblastenia areolata*	DD		
1757	鳞网衣科	Psoraceae	台湾原胚衣	*Protoblastenia formosana*	DD		
1758	鳞网衣科	Psoraceae	石生原胚衣	*Protoblastenia rupestris*	DD		
1759	鳞网衣科	Psoraceae	朝比氏鳞网衣	*Psora asahinae*	VU	B2ab(ii); D2	√
1760	鳞网衣科	Psoraceae	凹鳞网衣	*Psora crenata*	DD		
1761	鳞网衣科	Psoraceae	红鳞网衣	*Psora decipiens*	LC		
1762	鳞网衣科	Psoraceae	黑红小鳞衣	*Psorula rufonigra*	DD		
1763	小核衣科	Pyrenulaceae	眼点炭壳衣	*Anthracothecium oculatum*	DD		
1764	小核衣科	Pyrenulaceae	韭绿炭壳衣	*Anthracothecium prasinum*	DD		
1765	小核衣科	Pyrenulaceae	畸小核衣	*Pyrenula anomala*	DD		
1766	小核衣科	Pyrenulaceae	盾小核衣	*Pyrenula aspistea*	DD		
1767	小核衣科	Pyrenulaceae	星小核衣	*Pyrenula astroidea*	DD		
1768	小核衣科	Pyrenulaceae	拟小核衣	*Pyrenula falsaria*	DD		
1769	小核衣科	Pyrenulaceae	白穴小核衣	*Pyrenula leucotrypa*	DD		
1770	小核衣科	Pyrenulaceae	斑点小核衣	*Pyrenula macularis*	DD		
1771	小核衣科	Pyrenulaceae	乳头小核衣	*Pyrenula mamillana*	DD		
1772	小核衣科	Pyrenulaceae	黄褐小核衣	*Pyrenula ochraceoflava*	DD		
1773	小核衣科	Pyrenulaceae	小核衣	*Pyrenula parvinuclea*	DD		
1774	小核衣科	Pyrenulaceae	帽状小核衣	*Pyrenula pileata*	DD		
1775	小核衣科	Pyrenulaceae	略小核衣	*Pyrenula pseudobufonia*	DD		
1776	小核衣科	Pyrenulaceae	类小核衣	*Pyrenula pyrenuloides*	DD		
1777	树花科	Ramalinaceae	始杆孢衣	*Bacidia arceutina*	DD		
1778	树花科	Ramalinaceae	羔杆孢衣	*Bacidia arnoldiana*	DD		

序号 No.	科名 Chinese Family Names	科 Family	汉语学名 Chinese Names	学名 Scientific Names	评估等级 Status	评估依据 Assessment Criteria	特有种 Endemic
1779	树花科	Ramalinaceae	藓杆孢衣	*Bacidia bagliettoana*	DD		
1780	树花科	Ramalinaceae	绿色杆孢衣	*Bacidia chloroticula*	DD		
1781	树花科	Ramalinaceae	周杆孢衣	*Bacidia circumspecta*	DD		
1782	树花科	Ramalinaceae	柔杆孢衣	*Bacidia delicata*	DD		
1783	树花科	Ramalinaceae	杆孢衣	*Bacidia egenula*	DD		
1784	树花科	Ramalinaceae	杂绿杆孢衣	*Bacidia heterochroa*	DD		
1785	树花科	Ramalinaceae	污杆孢衣	*Bacidia impura*	DD		
1786	树花科	Ramalinaceae	肉白杆孢衣	*Bacidia laurocerasi*	DD		
1787	树花科	Ramalinaceae	淡盘杆孢衣	*Bacidia medialis*	DD		
1788	树花科	Ramalinaceae	台湾杆孢衣	*Bacidia morosa*	DD		
1789	树花科	Ramalinaceae	多色杆孢衣	*Bacidia polychroa*	DD		
1790	树花科	Ramalinaceae	三隔杆孢衣	*Bacidia triseptata*	DD		
1791	树花科	Ramalinaceae	蜜眠孢衣	*Bacidina apiahica*	DD		
1792	树花科	Ramalinaceae	台湾托盘衣	*Catinaria kelungana*	DD		
1793	树花科	Ramalinaceae	厚璧孢衣	*Japewia tornoensis*	DD		
1794	树花科	Ramalinaceae	柯氏园茶渍	*Lecania koerberiana*	DD		
1795	树花科	Ramalinaceae	泡鳞型副茶渍	*Lecania toninioides*	DD		
1796	树花科	Ramalinaceae	白树猵衣	*Phyllopsora albicans*	DD		
1797	树花科	Ramalinaceae	布特氏树猵衣	*Phyllopsora buettneri*	DD		
1798	树花科	Ramalinaceae	绿色树猵衣	*Phyllopsora chlorophaea*	DD		
1799	树花科	Ramalinaceae	珊瑚树猵衣	*Phyllopsora corallina*	DD		
1800	树花科	Ramalinaceae	鳞粉树猵衣	*Phyllopsora furfuracea*	DD		
1801	树花科	Ramalinaceae	毡树猵衣	*Phyllopsora pannosa*	DD		
1802	树花科	Ramalinaceae	小孢树猵衣	*Phyllopsora stenosperma*	DD		
1803	树花科	Ramalinaceae	圆棒蚣衣	*Physcidia cylindrophora*	DD		
1804	树花科	Ramalinaceae	高峰树花	*Ramalina almquistii*	LC		
1805	树花科	Ramalinaceae	美洲树花	*Ramalina americana*	DD		

序号 No.	科名 Chinese Family Names	科 Family	汉语学名 Chinese Names	学名 Scientific Names	评估等级 Status	评估依据 Assessment Criteria	特有种 Endemic
1806	树花科	Ramalinaceae	粗树花	*Ramalina aspera*	DD		
1807	树花科	Ramalinaceae	狭叶树花	*Ramalina attenuata*	DD		
1808	树花科	Ramalinaceae	杯树花	*Ramalina calicaris*	DD		
1809	树花科	Ramalinaceae	墨西哥树花	*Ramalina chihuahuana*	DD		
1810	树花科	Ramalinaceae	假杯树花	*Ramalina commixta*	LC		
1811	树花科	Ramalinaceae	扁平树花	*Ramalina complanata*	DD		
1812	树花科	Ramalinaceae	对折树花	*Ramalina conduplicans*	LC		
1813	树花科	Ramalinaceae	细齿树花	*Ramalina denticulata*	DD		
1814	树花科	Ramalinaceae	小树花	*Ramalina dilacerata*	LC		
1815	树花科	Ramalinaceae	粉树花	*Ramalina farinacea*	LC		
1816	树花科	Ramalinaceae	丛生树花	*Ramalina fastigiata*	DD		
1817	树花科	Ramalinaceae	半裂树花	*Ramalina fissa*	DD		
1818	树花科	Ramalinaceae	白蜡树花	*Ramalina fraxinea*	DD		
1819	树花科	Ramalinaceae	侯氏树花	*Ramalina hossei*	LC		
1820	树花科	Ramalinaceae	肿树花	*Ramalina inflata*	DD		
1821	树花科	Ramalinaceae	间枝树花	*Ramalina intermedia*	LC		
1822	树花科	Ramalinaceae	瘤枝树花	*Ramalina intermediella*	LC		
1823	树花科	Ramalinaceae	石生树花	*Ramalina litoralis*	DD		
1824	树花科	Ramalinaceae	叶树花	*Ramalina maciformis*	DD		
1825	树花科	Ramalinaceae	细脉树花	*Ramalina nervulosa*	DD		
1826	树花科	Ramalinaceae	钝树花	*Ramalina obtusata*	LC		
1827	树花科	Ramalinaceae	太平洋树花	*Ramalina pacifica*	DD		
1828	树花科	Ramalinaceae	彭氏树花	*Ramalina pentecostii*	DD		
1829	树花科	Ramalinaceae	穿孔树花	*Ramalina pertusa*	DD		
1830	树花科	Ramalinaceae	芽树花	*Ramalina peruviana*	LC		
1831	树花科	Ramalinaceae	粉粒树花	*Ramalina pollinaria*	LC		
1832	树花科	Ramalinaceae	多形树花	*Ramalina polymorpha*	DD		

序号 No.	科名 Chinese Family Names	科 Family	汉语学名 Chinese Names	学名 Scientific Names	评估等级 Status	评估依据 Assessment Criteria	特有种 Endemic
1833	树花科	Ramalinaceae	拟石树花	Ramalina pseudosekika	DD		
1834	树花科	Ramalinaceae	矮树花	Ramalina pumila	DD		
1835	树花科	Ramalinaceae	安魂树花	Ramalina requienii	DD		
1836	树花科	Ramalinaceae	肉刺树花	Ramalina roesleri	LC		
1837	树花科	Ramalinaceae	石树花	Ramalina sekika	LC		
1838	树花科	Ramalinaceae	信浓树花	Ramalina shinanoana	DD		
1839	树花科	Ramalinaceae	中国树花	Ramalina sinensis	DD		
1840	树花科	Ramalinaceae	亚平树花	Ramalina subcomplanata	LC		
1841	树花科	Ramalinaceae	亚粉树花	Ramalina subfarinacea	DD		
1842	树花科	Ramalinaceae	亚曲树花	Ramalina subgeniculata	DD		
1843	树花科	Ramalinaceae	长树花	Ramalina subleptocarpha	DD		
1844	树花科	Ramalinaceae	娇嫩树花	Ramalina tenella	DD		
1845	树花科	Ramalinaceae	安田氏树花	Ramalina yasudae	DD		
1846	树花科	Ramalinaceae	香泡鳞衣	Toninia aromatica	DD		
1847	树花科	Ramalinaceae	白泡鳞衣	Toninia candida	DD		
1848	树花科	Ramalinaceae	表记泡鳞衣	Toninia episema	DD		
1849	树花科	Ramalinaceae	雕泡鳞衣	Toninia sculpturata	LC		
1850	树花科	Ramalinaceae	叶泡鳞衣	Toninia sedifolia	DD		
1851	树花科	Ramalinaceae	淡泡鳞衣	Toninia tristis	DD		
1852	果衣科	Ramboldiaceae	野果衣	Ramboldia elabens	DD		
1853	果衣科	Ramboldiaceae	异果衣	Ramboldia heterocarpa	DD		
1854	果衣科	Ramboldiaceae	红果衣	Ramboldia russula	DD		
1855	地图衣科	Rhizocarpaceae	袖珍瘤衣	Catolechia wahlenbergii	DD		
1856	地图衣科	Rhizocarpaceae	粗糙表衣	Epilichen scabrosus	DD		
1857	地图衣科	Rhizocarpaceae	黑红地图衣	Rhizocarpon badioatrum	DD		
1858	地图衣科	Rhizocarpaceae	小孢地图衣	Rhizocarpon copelandii	DD		
1859	地图衣科	Rhizocarpaceae	灰地图衣	Rhizocarpon disporum	DD		

序号 No.	科名 Chinese Family Names	科 Family	汉语学名 Chinese Names	学名 Scientific Names	评估等级 Status	评估依据 Assessment Criteria	特有种 Endemic
1860	地图衣科	Rhizocarpaceae	类石地图衣	*Rhizocarpon eupetraeoides*	DD		
1861	地图衣科	Rhizocarpaceae	淡白地图衣	*Rhizocarpon expallescens*	DD		
1862	地图衣科	Rhizocarpaceae	地图衣	*Rhizocarpon geographicum*	LC		
1863	地图衣科	Rhizocarpaceae	巨地图衣	*Rhizocarpon grande*	DD		
1864	地图衣科	Rhizocarpaceae	蒙氏地图衣	*Rhizocarpon hochstetteri*	DD		
1865	地图衣科	Rhizocarpaceae	腹地图衣	*Rhizocarpon infernulum*	DD		
1866	地图衣科	Rhizocarpaceae	间型地图衣	*Rhizocarpon intermediellum*	DD		
1867	地图衣科	Rhizocarpaceae	甘肃地图衣	*Rhizocarpon kansuense*	VU	B2ab(ii); D2	
1868	地图衣科	Rhizocarpaceae	池地图衣	*Rhizocarpon lavatum*	LC		
1869	地图衣科	Rhizocarpaceae	拟地图衣	*Rhizocarpon nipponense*	DD		
1870	地图衣科	Rhizocarpaceae	小地图衣	*Rhizocarpon parvum*	DD		
1871	地图衣科	Rhizocarpaceae	石地图衣	*Rhizocarpon petraeum*	DD		
1872	地图衣科	Rhizocarpaceae	褶地图衣	*Rhizocarpon plicatile*	DD		
1873	地图衣科	Rhizocarpaceae	多果地图衣	*Rhizocarpon polycarpum*	LC		
1874	地图衣科	Rhizocarpaceae	微地图衣	*Rhizocarpon pusillum*	DD		
1875	地图衣科	Rhizocarpaceae	疏地图衣	*Rhizocarpon reductum*	LC		
1876	地图衣科	Rhizocarpaceae	红地图衣	*Rhizocarpon rubescens*	LC		
1877	地图衣科	Rhizocarpaceae	蜥羽地图衣	*Rhizocarpon saurinum*	DD		
1878	地图衣科	Rhizocarpaceae	乌绿地图衣	*Rhizocarpon viridiatrum*	DD		
1879	染料衣科	Roccellaceae	多菌孢衣	*Bactrospora myriadea*	LC		
1880	染料衣科	Roccellaceae	橘黄座盘衣	*Chiodecton aurantiacoflavum*	DD		
1881	染料衣科	Roccellaceae	乳酪座盘衣	*Chiodecton congestulum*	DD		
1882	染料衣科	Roccellaceae	鸡冠衣	*Cresponea leprieurii*	DD		
1883	染料衣科	Roccellaceae	茎鸡冠衣	*Cresponea premnea*	DD		
1884	染料衣科	Roccellaceae	近鸡冠衣	*Cresponea proximata*	LC		
1885	染料衣科	Roccellaceae	柱双子衣	*Dichosporidium boschianum*	DD		
1886	染料衣科	Roccellaceae	海南全缘衣	*Enterographa hainanensis*	DD		√

序号 No.	科名 Chinese Family Names	科 Family	汉语学名 Chinese Names	学名 Scientific Names	评估等级 Status	评估依据 Assessment Criteria	特有种 Endemic
1887	染料衣科	Roccellaceae	白全缘衣	*Enterographa pallidella*	DD		
1888	染料衣科	Roccellaceae	灰全缘衣	*Enterographa praepallens*	DD		
1889	染料衣科	Roccellaceae	泥碗衣	*Lecanactis limosescens*	DD		
1890	染料衣科	Roccellaceae	类大果碗衣	*Lecanactis macrocarpoides*	DD		
1891	染料衣科	Roccellaceae	台湾碗衣	*Lecanactis submorosa*	DD		
1892	染料衣科	Roccellaceae	散叶睛衣	*Mazosia dispersa*	DD		
1893	染料衣科	Roccellaceae	小疣叶睛衣	*Mazosia melanophthalma*	LC		
1894	染料衣科	Roccellaceae	单眼叶睛衣	*Mazosia ocellata*	DD		
1895	染料衣科	Roccellaceae	无疣叶睛衣	*Mazosia phyllosema*	DD		
1896	染料衣科	Roccellaceae	黑孔文衣	*Opegrapha melanospila*	DD		
1897	染料衣科	Roccellaceae	多变孔文衣	*Opegrapha varia*	DD		
1898	染料衣科	Roccellaceae	中华染料衣	*Roccella sinensis*	DD		
1899	染料衣科	Roccellaceae	日本小染衣	*Roccellina nipponica*	DD		
1900	染料衣科	Roccellaceae	珍珠裂盘衣	*Schismatomma margaritaceum*	DD		
1901	染料衣科	Roccellaceae	辐硬衣	*Sclerophyton actinoboloides*	DD		
1902	锥形孢科	Ropalosporaceae	绿锥形孢	*Ropalospora chlorantha*	DD		
1903	锥形孢科	Ropalosporaceae	黑锥形孢	*Ropalospora phaeoplaca*	LC		
1904	缘孢衣科	Scoliciosporaceae	绿球缘孢衣	*Scoliciosporum chlorococcum*	DD		
1905	缘孢衣科	Scoliciosporaceae	粉霜缘孢衣	*Scoliciosporum pruinosum*	DD		
1906	缘孢衣科	Scoliciosporaceae	褚绿缘孢衣	*Scoliciosporum umbrinum*	DD		
1907	球粉衣科	Sphaerophoraceae	双型球衣	*Bunodophoron diplotypum*	LC		
1908	球粉衣科	Sphaerophoraceae	台湾球衣	*Bunodophoron formosanum*	LC		
1909	球粉衣科	Sphaerophoraceae	黑果球衣	*Bunodophoron melanocarpum*	LC		
1910	球粉衣科	Sphaerophoraceae	球粉衣	*Sphaerophorus globosus*	DD		
1911	多孢衣科	Sporastatiaceae	亚洲多孢衣	*Sporastatia asiatica*	DD		
1912	多孢衣科	Sporastatiaceae	龟甲多孢衣	*Sporastatia testudinea*	DD		
1913	鳞紫渍科	Squamarinaceae	软骨鳞紫渍	*Squamarina cartilaginea*	LC		

序号 No.	科名 Chinese Family Names	科 Family	汉语学名 Chinese Names	学名 Scientific Names	评估等级 Status	评估依据 Assessment Criteria	特有种 Endemic
1914	鳞茶渍科	Squamarinaceae	石膏鳞茶渍	*Squamarina gypsacea*	DD		
1915	鳞茶渍科	Squamarinaceae	甘肃鳞茶渍	*Squamarina kansuensis*	DD		
1916	鳞茶渍科	Squamarinaceae	条斑鳞茶渍	*Squamarina lentigera*	LC		
1917	鳞茶渍科	Squamarinaceae	厚叶鳞茶渍	*Squamarina pachyphylla*	DD		
1918	鳞茶渍科	Squamarinaceae	半育鳞茶渍	*Squamarina semisterilis*	DD		
1919	珊瑚枝科	Stereocaulaceae	白色癞屑衣	*Lepraria albicans*	DD		
1920	珊瑚枝科	Stereocaulaceae	树癞屑衣	*Lepraria arbuscula*	DD		
1921	珊瑚枝科	Stereocaulaceae	淡蓝癞屑衣	*Lepraria caesioalba*	DD		
1922	珊瑚枝科	Stereocaulaceae	厚癞屑衣	*Lepraria crassissima*	DD		
1923	珊瑚枝科	Stereocaulaceae	橘黄癞屑衣	*Lepraria eburnea*	DD		
1924	珊瑚枝科	Stereocaulaceae	灰白癞屑衣	*Lepraria incana*	LC		
1925	珊瑚枝科	Stereocaulaceae	裂片癞屑衣	*Lepraria lobificans*	DD		
1926	珊瑚枝科	Stereocaulaceae	膜癞屑衣	*Lepraria membranacea*	DD		
1927	珊瑚枝科	Stereocaulaceae	癞屑衣	*Lepraria neglecta*	DD		
1928	珊瑚枝科	Stereocaulaceae	拟树癞屑衣	*Lepraria pseudoarbuscula*	DD		
1929	珊瑚枝科	Stereocaulaceae	沃氏癞屑衣	*Lepraria vouauxii*	DD		
1930	珊瑚枝科	Stereocaulaceae	山地珊瑚枝	*Stereocaulon alpestre*	DD		
1931	珊瑚枝科	Stereocaulaceae	高山珊瑚枝	*Stereocaulon alpinum*	DD		
1932	珊瑚枝科	Stereocaulaceae	串束珊瑚枝	*Stereocaulon botryosum*	DD		
1933	珊瑚枝科	Stereocaulaceae	锥型珊瑚枝	*Stereocaulon coniophyllum*	DD		
1934	珊瑚枝科	Stereocaulaceae	迪氏珊瑚枝	*Stereocaulon depreaultii*	DD		
1935	珊瑚枝科	Stereocaulaceae	裸珊瑚枝	*Stereocaulon exutum*	DD		
1936	珊瑚枝科	Stereocaulaceae	小叶珊瑚枝	*Stereocaulon foliolosum*	LC		
1937	珊瑚枝科	Stereocaulaceae	禾草珊瑚枝	*Stereocaulon graminosum*	DD		
1938	珊瑚枝科	Stereocaulaceae	喜马拉雅珊瑚枝	*Stereocaulon himalayense*	DD		
1939	珊瑚枝科	Stereocaulaceae	同型珊瑚枝	*Stereocaulon intermedium*	DD		
1940	珊瑚枝科	Stereocaulaceae	东亚珊瑚枝	*Stereocaulon japonicum*	DD		

序号 No.	科名 Chinese Family Names	科 Family	汉语学名 Chinese Names	学名 Scientific Names	评估等级 Status	评估依据 Assessment Criteria	特有种 Endemic
1941	珊瑚枝科	Stereocaulaceae	康定珊瑚枝	*Stereocaulon kangdingense*	DD		√
1942	珊瑚枝科	Stereocaulaceae	多果珊瑚枝	*Stereocaulon myriocarpum*	LC		
1943	珊瑚枝科	Stereocaulaceae	粉帽珊瑚枝	*Stereocaulon pileatum*	DD		
1944	珊瑚枝科	Stereocaulaceae	早熟珊瑚枝	*Stereocaulon prostratum*	DD		
1945	珊瑚枝科	Stereocaulaceae	细纹珊瑚枝	*Stereocaulon rivulorum*	LC		
1946	珊瑚枝科	Stereocaulaceae	石生珊瑚枝	*Stereocaulon saxatile*	DD		
1947	珊瑚枝科	Stereocaulaceae	大珊瑚枝	*Stereocaulon sorediiferum*	DD		
1948	珊瑚枝科	Stereocaulaceae	粉叶珊瑚枝	*Stereocaulon sorediiphyllum*	DD		√
1949	珊瑚枝科	Stereocaulaceae	无性珊瑚枝	*Stereocaulon sterile*	DD		
1950	点盘菌科	Stictidaceae	银边点盘菌	*Stictis albomarginata*	DD		√
1951	点盘菌科	Stictidaceae	肉色点盘菌	*Stictis carnea*	DD		
1952	点盘菌科	Stictidaceae	八仙花点盘菌	*Stictis hydrangeae*	DD		
1953	点盘菌科	Stictidaceae	星状点盘菌	*Stictis stellata*	DD		
1954	点盘菌科	Stictidaceae	等乳果衣	*Thelopsis isiaca*	DD		
1955	峡孢菌科	Strangosporaceae	柔葚型峡孢菌	*Strangospora moriformis*	DD		
1956	叶上衣科	Strigulaceae	裂孢叶上衣	*Strigula schizospora*	DD		
1957	叶上衣科	Strigulaceae	叶上衣	*Strigula smaragdula*	DD		
1958	叶上衣科	Strigulaceae	亚砖壁叶上衣	*Strigula submuriformis*	DD		
1959	叶上衣科	Strigulaceae	精细叶上衣	*Strigula subtilissima*	DD		
1960	黄枝衣科	Teloschistaceae	锈胚衣	*Blastenia ferruginea*	LC		
1961	黄枝衣科	Teloschistaceae	欧苔衣	*Bryoplaca jungermanniae*	DD		
1962	黄枝衣科	Teloschistaceae	四孢苔衣	*Bryoplaca tetraspora*	DD		
1963	黄枝衣科	Teloschistaceae	白斑橙衣	*Caloplaca albovariegata*	DD		
1964	黄枝衣科	Teloschistaceae	美橙衣	*Caloplaca amoena*	LC		
1965	黄枝衣科	Teloschistaceae	黑红橙衣	*Caloplaca atrosanguinea*	DD		
1966	黄枝衣科	Teloschistaceae	双色橙衣	*Caloplaca bicolor*	DD		
1967	黄枝衣科	Teloschistaceae	包氏橙衣	*Caloplaca bohlinii*	DD		

序号 No.	科名 Chinese Family Names	科 Family	汉语学名 Chinese Names	学名 Scientific Names	评估等级 Status	评估依据 Assessment Criteria	特有种 Endemic
1968	黄枝衣科	Teloschistaceae	蜡黄橙衣	*Caloplaca cerina*	LC		
1969	黄枝衣科	Teloschistaceae	卷橙衣	*Caloplaca cirrochroopsis*	DD		
1970	黄枝衣科	Teloschistaceae	转橙衣	*Caloplaca conversa*	LC		
1971	黄枝衣科	Teloschistaceae	双生橙衣	*Caloplaca diphyodes*	DD		
1972	黄枝衣科	Teloschistaceae	果橙衣	*Caloplaca gambiensis*	DD		
1973	黄枝衣科	Teloschistaceae	土生橙衣	*Caloplaca geoica*	DD		
1974	黄枝衣科	Teloschistaceae	吉拉氏橙衣	*Caloplaca giraldii*	DD		
1975	黄枝衣科	Teloschistaceae	聚盘橙衣	*Caloplaca grimmiae*	DD		
1976	黄枝衣科	Teloschistaceae	海登橙衣	*Caloplaca hedinii*	DD		
1977	黄枝衣科	Teloschistaceae	全橙衣	*Caloplaca holochracea*	DD		
1978	黄枝衣科	Teloschistaceae	非红橙衣	*Caloplaca irrubescens*	DD		
1979	黄枝衣科	Teloschistaceae	甘肃橙衣	*Caloplaca kansuensis*	DD		
1980	黄枝衣科	Teloschistaceae	长带橙衣	*Caloplaca leptozona*	DD		
1981	黄枝衣科	Teloschistaceae	暗橙衣	*Caloplaca obscurella*	DD		
1982	黄枝衣科	Teloschistaceae	骨橙衣	*Caloplaca pulicarioides*	LC		√
1983	黄枝衣科	Teloschistaceae	蜂窝橙衣	*Caloplaca scrobiculata*	LC		
1984	黄枝衣科	Teloschistaceae	墙橙衣	*Caloplaca teicholyta*	DD		
1985	黄枝衣科	Teloschistaceae	天山橙衣	*Caloplaca tianshanensis*	DD		√
1986	黄枝衣科	Teloschistaceae	托敏氏橙衣	*Caloplaca tominii*	DD		
1987	黄枝衣科	Teloschistaceae	杷森氏橙衣	*Caloplaca transcaspica*	DD		
1988	黄枝衣科	Teloschistaceae	多变橙衣	*Caloplaca variabilis*	DD		
1989	黄枝衣科	Teloschistaceae	柠檬黄绿衣	*Flavoplaca citrina*	DD		
1990	黄枝衣科	Teloschistaceae	拟橙衣	*Fulgensia bracteata*	LC		
1991	黄枝衣科	Teloschistaceae	深橙果衣	*Gyalolechia bassiae*	LC		
1992	黄枝衣科	Teloschistaceae	黄绿橙果衣	*Gyalolechia flavovirescens*	DD		
1993	黄枝衣科	Teloschistaceae	粉胎座衣	*Ioplaca pindarensis*	DD		
1994	黄枝衣科	Teloschistaceae	韩岛许白衣	*Jasonhuria bogilana*	LC		

序号 No.	科名 Chinese Family Names	科 Family	汉语学名 Chinese Names	学名 Scientific Names	评估等级 Status	评估依据 Assessment Criteria	特有种 Endemic
1995	黄枝衣科	Teloschistaceae	卷黄粒	*Leproplaca cirrochroa*	DD		
1996	黄枝衣科	Teloschistaceae	橙黄粒	*Leproplaca xantholyta*	LC		
1997	黄枝衣科	Teloschistaceae	细片多枝衣	*Polycauliona candelaria*	DD		
1998	黄枝衣科	Teloschistaceae	砂岩淡平衣	*Rufoplaca arenaria*	DD		
1999	黄枝衣科	Teloschistaceae	粉芽黄鳞衣	*Rusavskia sorediata*	LC		
2000	黄枝衣科	Teloschistaceae	缠结茸衣	*Seirophora contortuplicata*	DD		
2001	黄枝衣科	Teloschistaceae	凹面茸枝衣	*Seirophora lacunosa*	DD		
2002	黄枝衣科	Teloschistaceae	东方茸枝衣	*Seirophora orientalis*	DD		
2003	黄枝衣科	Teloschistaceae	柔毛茸枝衣	*Seirophora villosa*	DD		
2004	黄枝衣科	Teloschistaceae	浅黄枝衣	*Teloschistes flavicans*	DD		
2005	黄枝衣科	Teloschistaceae	拟变泡衣	*Variospora dolomiticola*	DD		
2006	黄枝衣科	Teloschistaceae	丽石黄衣	*Xanthoria elegans*	LC		
2007	黄枝衣科	Teloschistaceae	石黄衣	*Xanthoria parietina*	DD		
2008	黄枝衣科	Teloschistaceae	东北假杯点黄	*Zeroviella mandschurica*	LC		
2009	乳衣科	Thelenellaceae	瘤多囊衣	*Julella vitrispora*	DD		
2010	乳衣科	Thelenellaceae	棕色头灰	*Thelenella luridella*	DD		
2011	褐边衣科	Trapeliaceae	冷嗳茶渍	*Placopsis gelida*	DD		
2012	褐边衣科	Trapeliaceae	流沥渍衣	*Placynthiella icmalea*	DD		
2013	褐边衣科	Trapeliaceae	寡沥渍衣	*Placynthiella oligotropha*	DD		
2014	褐边衣科	Trapeliaceae	沼泽沥渍衣	*Placynthiella uliginosa*	DD		
2015	褐边衣科	Trapeliaceae	环藓缝裂衣	*Rimularia gyromuscosa*	DD		√
2016	褐边衣科	Trapeliaceae	挤褐边衣	*Trapelia coarctata*	LC		
2017	褐边衣科	Trapeliaceae	内卷褐边衣	*Trapelia involuta*	DD		
2018	褐边衣科	Trapeliaceae	叶状褐边衣	*Trapelia placodioides*	DD		
2019	褐边衣科	Trapeliaceae	亚色褐边衣	*Trapelia subconcolor*	DD		
2020	褐边衣科	Trapeliaceae	曲色褐衣	*Trapeliopsis flexuosa*	DD		
2021	褐边衣科	Trapeliaceae	粒类褐衣	*Trapeliopsis granulosa*	LC		

序号 No.	科名 Chinese Family Names	科 Family	汉语学名 Chinese Names	学名 Scientific Names	评估等级 Status	评估依据 Assessment Criteria	特有种 Endemic
2022	褐边衣科	Trapeliaceae	海南类褐衣	Trapeliopsis hainanensis	DD		√
2023	褐边衣科	Trapeliaceae	沃氏类褐衣	Trapeliopsis wallrothii	DD		
2024	银耳科	Tremellaceae	扁枝银耳	Tremella everniae	DD		√
2025	口蘑科	Tricholomataceae	光滑藓娘衣	Muscinupta laevis	DD		
2026	乳嘴衣科	Trypetheliaceae	肉桂星星果衣	Astrothelium cinnamomeum	DD		
2027	乳嘴衣科	Trypetheliaceae	瘤星果衣	Astrothelium variolosum	DD		
2028	乳嘴衣科	Trypetheliaceae	巨子桂冠衣	Laurera megasperma	DD		
2029	乳嘴衣科	Trypetheliaceae	聚扇衣	Polymeridium proponens	DD		
2030	乳嘴衣科	Trypetheliaceae	双周拟核衣	Pseudopyrenula bicincta	DD		
2031	乳嘴衣科	Trypetheliaceae	亚曲拟核衣	Pseudopyrenula subnudata	DD		
2032	乳嘴衣科	Trypetheliaceae	乳嘴衣	Trypethelium eluteriae	DD		
2033	乳嘴衣科	Trypetheliaceae	白色乳嘴衣	Trypethelium epileucodes	DD		
2034	乳嘴衣科	Trypetheliaceae	光乳嘴衣	Trypethelium nitidiusculum	DD		
2035	乳嘴衣科	Trypetheliaceae	热带乳嘴衣	Trypethelium tropicum	DD		
2036	石耳科	Umbilicariaceae	东亚疱脐衣	Lasallia asiae-orientalis	LC		
2037	石耳科	Umbilicariaceae	大理疱脐衣	Lasallia daliensis	DD		√
2038	石耳科	Umbilicariaceae	中华疱脐衣	Lasallia mayebarae	DD		
2039	石耳科	Umbilicariaceae	淡腹疱脐衣	Lasallia papulosa	DD		
2040	石耳科	Umbilicariaceae	宾州疱脐衣	Lasallia pensylvanica	LC		
2041	石耳科	Umbilicariaceae	孔疱脐衣	Lasallia pertusa	DD		
2042	石耳科	Umbilicariaceae	露西疱脐衣	Lasallia rossica	DD		
2043	石耳科	Umbilicariaceae	华东疱脐衣	Lasallia sinorientalis	LC		√
2044	石耳科	Umbilicariaceae	藏疱脐衣	Lasallia xizangensis	DD		√
2045	石耳科	Umbilicariaceae	阿尔泰石耳	Umbilicaria altaiensis	EN	A4ac; B1ab(ii)+2ab(ii); D2	√
2046	石耳科	Umbilicariaceae	皱面粗根石耳	Umbilicaria aprina	DD		
2047	石耳科	Umbilicariaceae	棕色石耳	Umbilicaria badia	DD		

序号 No.	科名 Chinese Family Names	科 Family	汉语学名 Chinese Names	学名 Scientific Names	评估等级 Status	评估依据 Assessment Criteria	特有种 Endemic
2048	石耳科	Umbilicariaceae	卡罗里石耳	*Umbilicaria caroliniana*	DD		
2049	石耳科	Umbilicariaceae	灰石耳	*Umbilicaria cinerascens*	LC		
2050	石耳科	Umbilicariaceae	花石耳	*Umbilicaria cylindrica*	DD		
2051	石耳科	Umbilicariaceae	网脊石耳	*Umbilicaria decussata*	DD		
2052	石耳科	Umbilicariaceae	庐山石耳	*Umbilicaria esculenta*	VU	A4ad; B2ab(iv); D2	
2053	石耳科	Umbilicariaceae	焦山石耳	*Umbilicaria flocculosa*	DD		
2054	石耳科	Umbilicariaceae	台湾石耳	*Umbilicaria formosana*	LC		
2055	石耳科	Umbilicariaceae	薄石耳	*Umbilicaria herrei*	DD		
2056	石耳科	Umbilicariaceae	粗根石耳	*Umbilicaria hirsuta*	DD		
2057	石耳科	Umbilicariaceae	北方石耳	*Umbilicaria hyperborea*	DD		
2058	石耳科	Umbilicariaceae	红腹石耳	*Umbilicaria hypococcinea*	DD		
2059	石耳科	Umbilicariaceae	印度石耳	*Umbilicaria indica*	LC		
2060	石耳科	Umbilicariaceae	小石耳	*Umbilicaria kisovana*	DD		
2061	石耳科	Umbilicariaceae	淡腹石耳	*Umbilicaria krascheninnikovii*	DD		
2062	石耳科	Umbilicariaceae	周裂石耳	*Umbilicaria loboperipherica*	VU	B2ab(ii)	√
2063	石耳科	Umbilicariaceae	网脊平盘石耳	*Umbilicaria lyngei*	LC		
2064	石耳科	Umbilicariaceae	微石耳	*Umbilicaria minuta*	DD		√
2065	石耳科	Umbilicariaceae	放射盘石耳	*Umbilicaria mühlenbergii*	LC		
2066	石耳科	Umbilicariaceae	小黑腹石耳	*Umbilicaria nanella*	LC		
2067	石耳科	Umbilicariaceae	尼泊尔石耳	*Umbilicaria nepalensis*	DD		
2068	石耳科	Umbilicariaceae	皱面黑腹石耳	*Umbilicaria nylanderiana*	DD		
2069	石耳科	Umbilicariaceae	复叶石耳	*Umbilicaria polyphylla*	DD		
2070	石耳科	Umbilicariaceae	多盘石耳	*Umbilicaria proboscidea*	DD		
2071	石耳科	Umbilicariaceae	拟灰石耳	*Umbilicaria pseudocinerascens*	DD		√
2072	石耳科	Umbilicariaceae	雪根石耳	*Umbilicaria rhizinata*	DD		
2073	石耳科	Umbilicariaceae	硬根石耳	*Umbilicaria rigida*	DD		
2074	石耳科	Umbilicariaceae	灰叶石耳	*Umbilicaria spodochroa*	DD		

序号 No.	科名 Chinese Family Names	科 Family	汉语学名 Chinese Names	学名 Scientific Names	评估等级 Status	评估依据 Assessment Criteria	特有种 Endemic
2075	石耳科	Umbilicariaceae	皮芽石耳	*Umbilicaria squamosa*	EN	B1ab(ii)+2ab(ii); D2	√
2076	石耳科	Umbilicariaceae	光面石耳	*Umbilicaria subglabra*	DD		
2077	石耳科	Umbilicariaceae	栅栏皮石耳	*Umbilicaria subumbilicarioides*	DD		√
2078	石耳科	Umbilicariaceae	太白石耳	*Umbilicaria taibaiensis*	EN	B1ab(i,ii)+2ab(i,ii); D2	√
2079	石耳科	Umbilicariaceae	鳞石耳	*Umbilicaria thamnodes*	LC		
2080	石耳科	Umbilicariaceae	齿腐石耳	*Umbilicaria torrefacta*	DD		
2081	石耳科	Umbilicariaceae	肉根石耳	*Umbilicaria tylorrhiza*	DD		
2082	石耳科	Umbilicariaceae	毛根石耳	*Umbilicaria vellea*	LC		
2083	石耳科	Umbilicariaceae	淡肤根石耳	*Umbilicaria virginis*	DD		
2084	石耳科	Umbilicariaceae	云南石耳	*Umbilicaria yunnana*	LC		
2085	瓶口衣科	Verrucariaceae	太平洋鳞砖孢	*Agonimia pacifica*	DD		
2086	瓶口衣科	Verrucariaceae	沃氏鳞砖孢	*Agonimia vouauxii*	DD		
2087	瓶口衣科	Verrucariaceae	黑灰鳞核衣	*Catapyrenium atrocinereum*	DD		
2088	瓶口衣科	Verrucariaceae	包氏鳞核衣	*Catapyrenium bohlinii*	LC		
2089	瓶口衣科	Verrucariaceae	淡棕鳞核衣	*Catapyrenium cinereorufescens*	DD		
2090	瓶口衣科	Verrucariaceae	大鳞核衣	*Catapyrenium crustosum*	DD		
2091	瓶口衣科	Verrucariaceae	不等鳞核衣	*Catapyrenium inaequale*	DD		
2092	瓶口衣科	Verrucariaceae	甘肃鳞核衣	*Catapyrenium kansuense*	DD		
2093	瓶口衣科	Verrucariaceae	绵毛鳞核衣	*Catapyrenium lachneum*	DD		
2094	瓶口衣科	Verrucariaceae	微片鳞核衣	*Catapyrenium minutum*	DD		
2095	瓶口衣科	Verrucariaceae	大孢鳞核衣	*Catapyrenium perminutum*	DD		
2096	瓶口衣科	Verrucariaceae	土生鳞核衣	*Catapyrenium perumbratum*	DD		
2097	瓶口衣科	Verrucariaceae	密鳞核衣	*Catapyrenium subcompactum*	DD		
2098	瓶口衣科	Verrucariaceae	云南小果衣	*Dermatocarpella yunnana*	DD		√
2099	瓶口衣科	Verrucariaceae	肠形皮果衣	*Dermatocarpon intestiniforme*	DD		
2100	瓶口衣科	Verrucariaceae	薄叶皮果衣	*Dermatocarpon leptophyllum*	DD		
2101	瓶口衣科	Verrucariaceae	水生皮果衣	*Dermatocarpon luridum*	DD		

序号 No.	科名 Chinese Family Names	科 Family	汉语学名 Chinese Names	学名 Scientific Names	评估等级 Status	评估依据 Assessment Criteria	特有种 Endemic
2102	瓶口衣科	Verrucariaceae	皮果衣	*Dermatocarpon miniatum*	LC		
2103	瓶口衣科	Verrucariaceae	长根皮果衣	*Dermatocarpon moulinsii*	LC		
2104	瓶口衣科	Verrucariaceae	黑腹皮果衣	*Dermatocarpon muhlenbergii*	DD		
2105	瓶口衣科	Verrucariaceae	短绒皮果衣	*Dermatocarpon vellereum*	LC		
2106	瓶口衣科	Verrucariaceae	晶体石果衣	*Endocarpon crystallinum*	DD		√
2107	瓶口衣科	Verrucariaceae	黑边石果衣	*Endocarpon nigromarginatum*	DD		
2108	瓶口衣科	Verrucariaceae	淡石果衣	*Endocarpon pallidum*	DD		
2109	瓶口衣科	Verrucariaceae	石果衣	*Endocarpon pusillum*	DD		
2110	瓶口衣科	Verrucariaceae	中华石果衣	*Endocarpon sinense*	DD		
2111	瓶口衣科	Verrucariaceae	瓦氏被核衣	*Involucropyrenium waltheri*	DD		
2112	瓶口衣科	Verrucariaceae	褪色平裂菌	*Merismatium decolorans*	DD		
2113	瓶口衣科	Verrucariaceae	地衣米勒氏菌	*Muellerella lichenicola*	DD		
2114	瓶口衣科	Verrucariaceae	矮小米勒氏菌	*Muellerella pygmaea*	DD		
2115	瓶口衣科	Verrucariaceae	石蕊新鳞核衣	*Neocatapyrenium cladonioideum*	DD		
2116	瓶口衣科	Verrucariaceae	岬类盾鳞衣	*Placidiopsis poronioides*	DD		√
2117	瓶口衣科	Verrucariaceae	浅灰类盾鳞衣	*Placidiopsis pseudocinerea*	DD		
2118	瓶口衣科	Verrucariaceae	粗糙叶核衣	*Placopyrenium trachyticum*	DD		
2119	瓶口衣科	Verrucariaceae	朝比氏侧乳头衣	*Pleurotheliopsis asahinae*	DD		
2120	瓶口衣科	Verrucariaceae	全缘多囊衣	*Polyblastia integrascens*	DD		
2121	瓶口衣科	Verrucariaceae	甘肃多囊衣	*Polyblastia kansuensis*	DD		
2122	瓶口衣科	Verrucariaceae	矮疣衣	*Staurothele clopima*	LC		
2123	瓶口衣科	Verrucariaceae	无鳞矮疣衣	*Staurothele desquamescens*	DD		
2124	瓶口衣科	Verrucariaceae	法氏矮疣衣	*Staurothele fauriei*	DD		
2125	瓶口衣科	Verrucariaceae	淡红矮疣衣	*Staurothele rufa*	DD		
2126	瓶口衣科	Verrucariaceae	云南矮疣衣	*Staurothele yunnana*	DD		√
2127	瓶口衣科	Verrucariaceae	小乳突衣	*Thelidium minutulum*	DD		
2128	瓶口衣科	Verrucariaceae	核乳突衣	*Thelidium pyrenophorum*	DD		

序号 No.	科名 Chinese Family Names	科 Family	汉语学名 Chinese Names	学名 Scientific Names	评估等级 Status	评估依据 Assessment Criteria	特有种 Endemic
2129	瓶口衣科	Verrucariaceae	云南乳突衣	*Thelidium yunnanum*	DD		√
2130	瓶口衣科	Verrucariaceae	瓶口衣	*Verrucaria aethiobola*	DD		
2131	瓶口衣科	Verrucariaceae	平坦瓶口衣	*Verrucaria applanatula*	DD		
2132	瓶口衣科	Verrucariaceae	水生瓶口衣	*Verrucaria aquatilis*	DD		
2133	瓶口衣科	Verrucariaceae	凹面瓶口衣	*Verrucaria calciseda*	DD		
2134	瓶口衣科	Verrucariaceae	反向瓶口衣	*Verrucaria contraria*	DD		
2135	瓶口衣科	Verrucariaceae	砖筋瓶口衣	*Verrucaria dolosa*	DD		
2136	瓶口衣科	Verrucariaceae	芬克氏瓶口衣	*Verrucaria funckii*	DD		
2137	瓶口衣科	Verrucariaceae	灰白瓶口衣	*Verrucaria glaucina*	LC		
2138	瓶口衣科	Verrucariaceae	贡山瓶口衣	*Verrucaria gongshanensis*	DD		√
2139	瓶口衣科	Verrucariaceae	海石瓶口衣	*Verrucaria halizoa*	DD		
2140	瓶口衣科	Verrucariaceae	红河瓶口衣	*Verrucaria honghensis*	DD		√
2141	瓶口衣科	Verrucariaceae	噬水瓶口衣	*Verrucaria hydrela*	DD		
2142	瓶口衣科	Verrucariaceae	凹纹瓶口衣	*Verrucaria impressula*	DD		
2143	瓶口衣科	Verrucariaceae	斜瓶口衣	*Verrucaria inaequalis*	LC		
2144	瓶口衣科	Verrucariaceae	青海瓶口衣	*Verrucaria kukunorensis*	DD		
2145	瓶口衣科	Verrucariaceae	广瓶口衣	*Verrucaria latebrosa*	DD		
2146	瓶口衣科	Verrucariaceae	绿春瓶口衣	*Verrucaria luchunensis*	DD		√
2147	瓶口衣科	Verrucariaceae	巨孔瓶口衣	*Verrucaria macrostoma*	DD		
2148	瓶口衣科	Verrucariaceae	珍珠瓶口衣	*Verrucaria margacea*	DD		
2149	瓶口衣科	Verrucariaceae	蒙古瓶口衣	*Verrucaria mongolica*	DD		
2150	瓶口衣科	Verrucariaceae	墙生瓶口衣	*Verrucaria muralis*	LC		
2151	瓶口衣科	Verrucariaceae	黑面瓶口衣	*Verrucaria nigrescens*	DD		
2152	瓶口衣科	Verrucariaceae	怒江瓶口衣	*Verrucaria nujiangensis*	DD		√
2153	瓶口衣科	Verrucariaceae	褐孔瓶口衣	*Verrucaria ochrostoma*	DD		
2154	瓶口衣科	Verrucariaceae	盾形瓶口衣	*Verrucaria parmigera*	DD		
2155	瓶口衣科	Verrucariaceae	台湾瓶口衣	*Verrucaria pinguicula*	DD		

序号 No.	科名 Chinese Family Names	科 Family	汉语学名 Chinese Names	学名 Scientific Names	评估等级 Status	评估依据 Assessment Criteria	特有种 Endemic
2156	瓶口衣科	Verrucariaceae	岗岩瓶口衣	*Verrucaria praetermissa*	DD		
2157	瓶口衣科	Verrucariaceae	爱河瓶口衣	*Verrucaria rheitrophila*	DD		
2158	瓶口衣科	Verrucariaceae	片岩瓶口衣	*Verrucaria schisticola*	DD		
2159	维氏衣科	Vezdaeaceae	黄维氏衣	*Vezdaea flava*	DD		√
2160	维氏衣科	Vezdaeaceae	柄维氏衣	*Vezdaea stipitata*	DD		
2161	黄核衣科	Xanthopyreniaceae	嗜盐核胶衣	*Pyrenocollema halodytes*	DD		
2162	木刻衣科	Xylographaceae	平木刻衣	*Xylographa parallela*	LC		
2163	木刻衣科	Xylographaceae	截木刻衣	*Xylographa trunciseda*	DD		
2164	木刻衣科	Xylographaceae	藤木刻衣	*Xylographa vitiligo*	LC		

关于发布《环境与健康数据字典（第一版）》的公告

生态环境部公告 2018 年第 11 号

为贯彻《中华人民共和国环境保护法》，推动环境与健康信息标准化工作，促进信息共享与互联互通，生态环境部组织制定了《环境与健康数据字典（第一版）》（见附件），现予公布，供参照执行。

特此公告。

附件：环境与健康数据字典（第一版）（略）

生态环境部

2018 年 5 月 28 日

关于公布《公民生态环境行为规范（试行）》的公告

生态环境部公告 2018 年第 12 号

为牢固树立社会主义生态文明观，推动形成人与自然和谐发展现代化建设新格局，倡导简约适度、绿色低碳的生活方式，引领公民践行生态环境责任，携手共建天蓝、地绿、水清的美丽中国，生态环境部、中央文明办、教育部、共青团中央、全国妇联编制了《公民生态环境行为规范（试行）》（见附件），现予公布。

特此公告。

附件：公民生态环境行为规范（试行）

生态环境部

中央文明办

教育部

共青团中央

全国妇联

2018 年 6 月 4 日

公民生态环境行为规范
（试　行）

第一条　**关注生态环境**。关注环境质量、自然生态和能源资源状况，了解政府和企业发布的生态环境信息，学习生态环境科学、法律法规和政策、环境健康风险防范等方面知识，树立良好的生态价值观，提升自身生态环境保护意识和生态文明素养。

第二条　**节约能源资源**。合理设定空调温度，夏季不低于26度，冬季不高于20度，及时关闭电器电源，多走楼梯少乘电梯，人走关灯，一水多用，节约用纸，按需点餐不浪费。

第三条　**践行绿色消费**。优先选择绿色产品，尽量购买耐用品，少购买使用一次性用品和过度包装商品，不跟风购买更新换代快的电子产品，外出自带购物袋、水杯等，闲置物品改造利用或交流捐赠。

第四条　**选择低碳出行**。优先步行、骑行或公共交通出行，多使用共享交通工具，家庭用车优先选择新能源汽车或节能型汽车。

第五条　**分类投放垃圾**。学习并掌握垃圾分类和回收利用知识，按标志单独投放有害垃圾，分类投放其他生活垃圾，不乱扔、乱放。

第六条　**减少污染产生**。不焚烧垃圾、秸秆，少烧散煤，少燃放烟花爆竹，抵制露天烧烤，减少油烟排放，少用化学洗涤剂，少用化肥农药，避免噪声扰民。

第七条　**呵护自然生态**。爱护山水林田湖草生态系统，积极参与义务植树，保护野生动植物，不破坏野生动植物栖息地，不随意进入自然保护区，不购买、不使用珍稀野生动植物制品，拒食珍稀野生动植物。

第八条　**参加环保实践**。积极传播生态环境保护和生态文明理念，参加各类环保志愿服务活动，主动为生态环境保护工作提出建议。

第九条　**参与监督举报**。遵守生态环境法律法规，履行生态环境保护义务，积极参与和监督生态环境保护工作，劝阻、制止或通过"12369"平台举报破坏生态环境及影响公众健康的行为。

第十条　**共建美丽中国**。坚持简约适度、绿色低碳的生活与工作方式，自觉做生态环境保护的倡导者、行动者、示范者，共建天蓝、地绿、水清的美好家园。

关于发布《土壤环境质量 农用地土壤污染风险管控标准（试行）》等两项国家环境质量标准的公告

生态环境部公告 2018 年第 13 号

为贯彻《中华人民共和国环境保护法》，保护土壤环境质量，管控土壤污染风险，现批准《土壤环境质量 农用地土壤污染风险管控标准（试行）》《土壤环境质量 建设用地土壤污染风险管控标准（试行）》等两项标准为国家环境质量标准，由生态环境部与国家市场监督管理总局联合发布。

标准名称、编号如下：

《土壤环境质量 农用地土壤污染风险管控标准（试行）》（GB 15618—2018）；

《土壤环境质量 建设用地土壤污染风险管控标准（试行）》（GB 36600—2018）。

以上标准自 2018 年 8 月 1 日起实施，由中国环境出版社出版，标准内容可在生态环境部网站（kjs.mee.gov.cn/hjbhbz/）查询。

自以上标准实施之日起，《土壤环境质量标准》（GB 15618—1995）废止。

特此公告。

（此公告业经国家市场监督管理总局田世宏会签）

生态环境部

2018 年 6 月 22 日

关于发布国家污染物排放标准《重型柴油车污染物排放限值及测量方法（中国第六阶段）》的公告

生态环境部公告 2018 年第 14 号

为贯彻《中华人民共和国环境保护法》《中华人民共和国大气污染防治法》，防治压燃式及气体燃料点燃式发动机汽车排气对环境的污染，保护生态环境，保障人体健康，现批准《重型柴油车污染物排放限值及测量方法（中国第六阶段）》为国家污染物排放标准，并由生态环境部与国家市场监督管理总局联合发布。

标准名称、编号如下：

重型柴油车污染物排放限值及测量方法（中国第六阶段）（GB 17691—2018）。

按有关法律规定，该标准具有强制执行的效力。

该标准自 2019 年 7 月 1 日起实施，由中国环境科学出版社出版，标准内容可在生态环境部网站（www.mee.gov.cn）查询。

自标准实施之日起，《装用点燃式发动机重型汽车曲轴箱污染物排放限值》（GB 11340—2005）中气体燃料点燃式发动机相关内容及《车用压燃式、气体燃料点燃式发动机与汽车排气污染物排放限值及测量方法（中国III、IV、V阶段）》（GB 17691—2005）废止。

特此公告。

（此公告业经国家市场监督管理总局田世宏会签）

生态环境部

2018 年 6 月 22 日

关于发布《排污许可证申请与核发技术规范　农副食品加工工业——淀粉工业》国家环境保护标准的公告

生态环境部公告　2018 年第 15 号

为贯彻落实《中华人民共和国环境保护法》《中华人民共和国大气污染防治法》《中华人民共和国水污染防治法》等法律法规、《国务院办公厅关于印发控制污染物排放许可制实施方案的通知》（国办发〔2016〕81 号）和《排污许可管理办法（试行）》（环境保护部令　第 48 号），完善排污许可技术支撑体系，指导和规范淀粉工业排污单位排污许可证申请与核发工作，现批准《排污许可证申请与核发技术规范　农副食品加工工业——淀粉工业》为国家环境保护标准，并予发布。

标准名称、编号如下：

《排污许可证申请与核发技术规范　农副食品加工工业——淀粉工业》（HJ 860.2—2018）。

以上标准自发布之日起实施，由中国环境出版社出版，标准内容可在生态环境部网站（kjs.mee.gov.cn/hjbhbz/）查询。

特此公告。

生态环境部

2018 年 6 月 30 日

关于发布《排污许可证申请与核发技术规范　农副食品加工工业——屠宰及肉类加工工业》国家环境保护标准的公告

生态环境部公告　2018 年第 16 号

为贯彻落实《中华人民共和国环境保护法》《中华人民共和国大气污染防治法》《中华人民共和国水污染防治法》等法律法规、《国务院办公厅关于印发控制污染物排放许可制实施方案的通知》(国办发〔2016〕81 号)和《排污许可管理办法(试行)》(环境保护部令　第 48 号),完善排污许可技术支撑体系,指导和规范屠宰及肉类加工工业排污单位排污许可证申请与核发工作,现批准《排污许可证申请与核发技术规范　农副食品加工工业——屠宰及肉类加工工业》为国家环境保护标准,并予发布。

标准名称、编号如下:

《排污许可证申请与核发技术规范　农副食品加工工业——屠宰及肉类加工工业》(HJ 860.3—2018)。

以上标准自发布之日起实施,由中国环境出版社出版,标准内容可在生态环境部网站(kjs.mee.gov.cn/hjbhbz/)查询。

特此公告。

生态环境部
2018 年 6 月 30 日

关于发布国家环境保护标准《民用建筑环境空气颗粒物(PM$_{2.5}$)渗透系数调查技术规范》的公告

生态环境部公告　2018 年第 18 号

为贯彻《中华人民共和国环境保护法》,推进环境健康风险管理,规范民用建筑环境空气颗粒物(PM$_{2.5}$)渗透系数调查工作,现批准《民用建筑环境空气颗粒物(PM$_{2.5}$)渗透系数调查技术规范》为国家环境保护标准,并予发布。

标准名称、编号如下:

《民用建筑环境空气颗粒物(PM$_{2.5}$)渗透系数调查技术规范》(HJ 949—2018)。

本标准自发布之日起实施，由中国环境出版社出版，标准内容可在生态环境部网站（kjs.mee.gov.cn/hjbhbz/）查询。

特此公告。

生态环境部

2018 年 7 月 12 日

关于发布《环境标志产品技术要求　凹印油墨和柔印油墨》等 4 项国家环境保护标准的公告

生态环境部公告　2018 年第 19 号

为贯彻《中华人民共和国环境保护法》，保护生态环境，促进技术进步，现批准《环境标志产品技术要求　凹印油墨和柔印油墨》《环境标志产品技术要求　竹制品》《环境标志产品技术要求　家用洗碗机》《环境标志产品技术要求　食具消毒柜》为国家环境保护标准，并予发布。

标准名称、编号如下：

一、《环境标志产品技术要求　凹印油墨和柔印油墨》（HJ 371—2018）；

二、《环境标志产品技术要求　竹制品》（HJ 2548—2018）；

三、《环境标志产品技术要求　家用洗碗机》（HJ 2549—2018）；

四、《环境标志产品技术要求　食具消毒柜》（HJ 2550—2018）。

以上标准自 2018 年 10 月 1 日起实施，自实施之日起，《环境标志产品技术要求　凹印油墨和柔印油墨》（HJ/T 371—2007）废止。

上述标准由中国环境出版社出版，标准内容可登录生态环境部网站（www.mee.gov.cn）查询。

特此公告。

生态环境部

2018 年 7 月 12 日

关于发布国家环境保护标准《低、中水平放射性固体废物近地表处置安全规定》的公告

生态环境部公告　2018 年第 20 号

为贯彻《中华人民共和国环境保护法》《中华人民共和国放射性污染防治法》《中华人民共和国核安全法》，防治放射性废物污染，保障人体健康，现批准《低、中水平放射性固体废物近地表处置安全规定》为国家放射性污染防治标准，并由生态环境部与国家市场监督管理总局联合发布。

标准名称、编号如下：

《低、中水平放射性固体废物近地表处置安全规定》（GB 9132—2018）。

按有关法律规定，该标准具有强制执行的效力。

该标准自 2019 年 1 月 1 日起实施，自实施之日起，《低、中水平放射性固体废物的浅地层处置规定》（GB 9132—1988），《放射性废物近地表处置的废物接收准则》（GB 16933—1997）废止。

该标准由中国环境科学出版社出版，标准内容可在生态环境部网站（http：//www.mee.gov.cn）查询。

特此公告。

（此公告业经国家市场监督管理总局田世宏会签）

生态环境部
2018 年 7 月 10 日

关于发布《固体废物　多环芳烃的测定　气相色谱—质谱法》等三项国家环境保护标准的公告

生态环境部公告　2018 年第 21 号

为贯彻《中华人民共和国环境保护法》，保护环境，保障人体健康，规范生态环境监

测工作，现批准《固体废物　多环芳烃的测定　气相色谱—质谱法》等三项标准为国家环境保护标准，并予发布。

标准名称、编号如下：

一、《固体废物　多环芳烃的测定　气相色谱—质谱法》（HJ 950—2018）；

二、《固体废物　半挥发性有机物的测定　气相色谱—质谱法》（HJ 951—2018）；

三、《土壤和沉积物　多溴二苯醚的测定　气相色谱—质谱法》（HJ 952—2018）。

以上标准自 2018 年 12 月 1 日起实施，由中国环境出版社出版。标准内容可在生态环境部网站（kjs.mee.gov.cn/hjbhbz/）查询。

特此公告。

生态环境部

2018 年 7 月 29 日

关于发布《环境空气　氟化物的测定　滤膜采样/氟离子选择电极法》等两项国家环境保护标准的公告

生态环境部公告　2018 年第 22 号

为贯彻《中华人民共和国环境保护法》，保护生态环境，保障人体健康，规范生态环境监测工作，现批准《环境空气　氟化物的测定　滤膜采样/氟离子选择电极法》等两项标准为国家环境保护标准，并予发布。

标准名称、编号如下：

一、《环境空气　氟化物的测定　滤膜采样/氟离子选择电极法》（HJ 955—2018）；

二、《环境空气　苯并[a]芘的测定　高效液相色谱法》（HJ 956—2018）。

以上标准自 2018 年 9 月 1 日起实施，由中国环境出版社出版。标准内容可在生态环境部网站（kjs.mee.gov.cn/hjbhbz/）查询。

特此公告。

生态环境部

2018 年 7 月 29 日

关于发布《水质 钴的测定 火焰原子吸收分光光度法》等三项国家环境保护标准的公告

生态环境部公告 2018 年第 23 号

为贯彻《中华人民共和国环境保护法》，保护生态环境，保障人体健康，规范生态环境监测工作，现批准《水质 钴的测定 火焰原子吸收分光光度法》等三项标准为国家环境保护标准，并予发布。

标准名称、编号如下：

一、《水质 钴的测定 火焰原子吸收分光光度法》（HJ 957—2018）；

二、《水质 钴的测定 石墨炉原子吸收分光光度法》（HJ 958—2018）；

三、《水质 四乙基铅的测定 顶空/气相色谱—质谱法》（HJ 959—2018）。

以上标准自 2019 年 1 月 1 日起实施，由中国环境出版社出版。标准内容可在生态环境部网站（kjs.mee.gov.cn/hjbhbz/）查询。

特此公告。

生态环境部

2018 年 7 月 29 日

关于发布《环境影响评价技术导则 大气环境》国家环境保护标准的公告

生态环境部公告 2018 年第 24 号

为贯彻《中华人民共和国环境保护法》和《中华人民共和国环境影响评价法》，防治大气污染，促进空气质量改善，进一步规范建设项目大气环境影响评价工作，现批准《环境影响评价技术导则 大气环境》为国家环境保护标准，并予发布。

标准名称、编号如下：

《环境影响评价技术导则 大气环境》（HJ 2.2—2018）。

该标准自 2018 年 12 月 1 日起实施，由中国环境出版社出版。标准内容可在生态环境部网站（www.mee.gov.cn）查询。

自标准实施之日起，《环境影响评价技术导则　大气环境》（HJ 2.2—2008）废止。

特此公告。

生态环境部

2018 年 7 月 30 日

关于发布《排污单位自行监测技术指南　制革及毛皮加工工业》等三项国家环境保护标准的公告

生态环境部公告　2018 年第 25 号

为贯彻《中华人民共和国环境保护法》《中华人民共和国水污染防治法》《中华人民共和国大气污染防治法》，保护环境，保障人体健康，规范排污单位自行监测工作，现批准《排污单位自行监测技术指南　制革及毛皮加工工业》等三项为国家环境保护标准，并予发布。

标准名称、编号如下：

一、《排污单位自行监测技术指南　制革及毛皮加工工业》（HJ 946—2018）；

二、《排污单位自行监测技术指南　石油化学工业》（HJ 947—2018）；

三、《排污单位自行监测技术指南　化肥工业-氮肥》（HJ 948.1—2018）。

以上标准自 2018 年 10 月 1 日起实施，由中国环境出版社出版。标准内容可在生态环境部网站（www.mee.gov.cn）查询。

特此公告。

生态环境部

2018 年 7 月 29 日

关于发布《排污许可证申请与核发技术规范　锅炉》和《排污许可证申请与核发技术规范　陶瓷砖瓦工业》两项国家环境保护标准的公告

生态环境部公告　2018 年第 26 号

为贯彻落实《中华人民共和国环境保护法》《中华人民共和国大气污染防治法》《中华人民共和国水污染防治法》等法律法规、《国务院办公厅关于印发控制污染物排放许可制实施方案的通知》（国办发〔2016〕81 号）和《排污许可管理办法（试行）》（环境保护部令第 48 号），完善排污许可技术支撑体系，指导和规范锅炉、陶瓷砖瓦工业排污单位排污许可证申请与核发工作，现批准《排污许可证申请与核发技术规范　锅炉》和《排污许可证申请与核发技术规范　陶瓷砖瓦工业》为国家环境保护标准，并予发布。

标准名称、编号如下：

一、《排污许可证申请与核发技术规范　锅炉》（HJ 953 —2018）；

二、《排污许可证申请与核发技术规范　陶瓷砖瓦工业》（HJ 954—2018）。

以上标准自发布之日起实施，由中国环境出版社出版。标准内容可在生态环境部网站（kjs.mee.gov.cn/hjbhbz/）查询。

特此公告。

生态环境部

2018 年 7 月 31 日

关于发布《土壤和沉积物　氨基甲酸酯类农药的测定柱后衍生—高效液相色谱法》等四项国家环境保护标准的公告

生态环境部公告　2018 年第 27 号

为贯彻《中华人民共和国环境保护法》，保护生态环境，保障人体健康，规范生态环境监测工作，现批准《土壤和沉积物　氨基甲酸酯类农药的测定　柱后衍生—高效液相色谱法》等四项标准为国家环境保护标准，并予发布。

标准名称、编号如下：

一、《土壤和沉积物　氨基甲酸酯类农药的测定　柱后衍生-高效液相色谱法》（HJ 960—2018）；

二、《土壤和沉积物　氨基甲酸酯类农药的测定　高效液相色谱-三重四极杆质谱法》（HJ 961—2018）；

三、《土壤　pH 值的测定　电位法》（HJ 962—2018）；

四、《固体废物　有机磷类和拟除虫菊酯类等 47 种农药的测定　气相色谱-质谱法》（HJ 963—2018）；

以上标准自 2019 年 1 月 1 日起实施，由中国环境出版社出版，标准内容可在生态环境部网站（kjs.mee.gov.cn/hjbhbz/）查询。

特此公告。

生态环境部
2018 年 8 月 2 日

关于发布《环境空气质量标准》（GB 3095—2012）修改单的公告

生态环境部公告　2018 年第 29 号

为贯彻《中华人民共和国环境保护法》和《中华人民共和国大气污染防治法》，防治污染，保护和改善生态环境，保障人体健康，完善国家环保标准体系，现批准《环境空气质量标准》（GB 3095—2012）修改单，并由生态环境部与国家市场监督管理总局联合发布。

该标准修改单自 2018 年 9 月 1 日起实施。

特此公告。

（此公告业经国家市场监督管理总局田世宏会签）

附件：《环境空气质量标准》（GB 3095—2012）修改单

生态环境部
2018 年 8 月 13 日

《环境空气质量标准》（GB 3095—2012）修改单

3.14 "标准状态 standard state 指温度为 273 K，压力为 101.325 kPa 时的状态。本标准中的污染物浓度均为标准状态下的浓度"修改为："参比状态 reference state 指大气温度为 298.15 K，大气压力为 1013.25 hPa 时的状态。本标准中的二氧化硫、二氧化氮、一氧化碳、臭氧、氮氧化物等气态污染物浓度为参比状态下的浓度。颗粒物（粒径小于等于 10 μm）、颗粒物（粒径小于等于 2.5 μm）、总悬浮颗粒物及其组分铅、苯并[a]芘等浓度为监测时大气温度和压力下的浓度"。

关于发布《铜镍钴采选废水治理工程技术规范》等 3 项国家环境保护标准的公告

生态环境部公告 2018 年第 30 号

为贯彻《中华人民共和国环境保护法》，规范相关行业污染防治工程建设和运行管理，现批准《铜镍钴采选废水治理工程技术规范》《铅冶炼废水治理工程技术规范》《印制电路板废水治理工程技术规范》为国家环境保护标准，并予公布。

标准名称、编号如下：

《铜镍钴采选废水治理工程技术规范》（HJ 2056—2018）；

《铅冶炼废水治理工程技术规范》（HJ 2057—2018）；

《印制电路板废水治理工程技术规范》（HJ 2058—2018）。

以上标准自 2018 年 9 月 1 日起实施，由中国环境科学出版社出版，标准内容可在生态环境部网站（kjs.mee.gov.cn/hjbhbz/）查询。

特此公告。

生态环境部

2018 年 8 月 13 日

关于发布《环境空气 二氧化硫的测定 甲醛吸收—副玫瑰苯胺分光光度法》（HJ 482—2009）等 19 项标准修改单公告

生态环境部公告 2018 年第 31 号

为贯彻《中华人民共和国环境保护法》和《中华人民共和国大气污染防治法》，保护环境，保障人体健康，规范生态环境监测工作，现批准《环境空气二氧化硫的测定甲醛吸收—副玫瑰苯胺分光光度法》（HJ 482—2009）等 19 项标准修改单，并予发布。

标准名称、编号如下：

一、《环境空气 二氧化硫的测定 甲醛吸收—副玫瑰苯胺分光光度法》（HJ 482—2009）修改单；

二、《环境空气 二氧化硫的测定 四氯汞盐吸收—副玫瑰苯胺分光光度法》（HJ 483—2009）修改单；

三、《环境空气 氮氧化物（一氧化氮和二氧化氮）的测定 盐酸萘乙二胺分光光度法》（HJ 479—2009）修改单；

四、《环境空气 臭氧的测定 靛蓝二磺酸钠分光光度法》（HJ 504—2009）修改单；

五、《环境空气 臭氧的测定 紫外光度法》（HJ 590—2010）修改单；

六、《环境空气 PM_{10} 和 $PM_{2.5}$ 的测定 重量法》（HJ 618—2011）修改单；

七、《环境空气 铅的测定 石墨炉原子吸收分光光度法》（HJ 539—2015）修改单；

八、《环境空气 铅的测定 火焰原子吸收分光光度法》（GB/T 15264—1994）修改单；

九、《环境空气 总悬浮颗粒物的测定 重量法》（GB/T 15432—1995）修改单；

十、《环境空气 质量手工监测技术规范》（HJ 194—2017）修改单；

十一、《环境空气颗粒物（PM_{10} 和 $PM_{2.5}$） 连续自动监测系统技术要求及检测方法》（HJ 653—2013）修改单；

十二、《环境空气颗粒物（PM_{10} 和 $PM_{2.5}$） 连续自动监测系统安装和验收技术规范》（HJ 655—2013）修改单；

十三、《环境空气气态污染物（SO_2、NO_2、O_3、CO）连续自动监测系统技术要求及检测方法》（HJ 654—2013）修改单；

十四、《环境空气颗粒物（PM_{10} 和 $PM_{2.5}$）采样器技术要求及检测方法》（HJ 93—2013）修改单；

十五、《环境空气颗粒物（$PM_{2.5}$）手工监测方法（重量法）技术规范》（HJ 656—2013）修改单；

十六、《空气和废气颗粒物中铅等金属元素的测定 电感耦合等离子体质谱法》

（HJ 657—2013）修改单；

十七、《环境空气六价铬的测定柱后衍生离子色谱法》（HJ 779—2015）修改单；

十八、《环境空气气态汞的测定金膜富集冷原子吸收分光光度法》（HJ 910—2017）修改单；

十九、《环境空气汞的测定巯基棉富集-冷原子荧光分光光度法（暂行）》（HJ 542—2009）修改单。

以上标准修改单自 2018 年 9 月 1 日起实施，内容可在生态环境部网站（kjs.mee.gov.cn/hjbhbz）查询。

特此公告。

生态环境部

2018 年 8 月 13 日

关于发布《环境空气气态污染物（SO_2、NO_2、O_3、CO）连续自动监测系统运行和质控技术规范》等两项国家环境保护标准的公告

生态环境部公告 2018 年第 32 号

为贯彻《中华人民共和国环境保护法》和《中华人民共和国大气污染防治法》，保护环境，保障人体健康，规范生态环境监测工作，现批准《环境空气气态污染物（SO_2、NO_2、O_3、CO）连续自动监测系统运行和质控技术规范》和《环境空气颗粒物（PM_{10} 和 $PM_{2.5}$）连续自动监测系统运行和质控技术规范》为国家环境保护标准，并予发布。

标准名称、编号如下：

一、《环境空气气态污染物（SO_2、NO_2、O_3、CO）连续自动监测系统运行和质控技术规范》（HJ 818—2018）；

二、《环境空气颗粒物（PM_{10} 和 $PM_{2.5}$）连续自动监测系统运行和质控技术规范》（HJ 817—2018）。

以上标准自 2018 年 9 月 1 日起实施，由中国环境科学出版社出版，标准内容可在生态环境部网站（kjs.mee.gov.cn/hjbhbz/）查询。

特此公告。

生态环境部

2018 年 8 月 13 日

关于发布《排污许可证申请与核发技术规范 有色金属工业——再生金属》国家环境保护标准的公告

生态环境部公告 2018 年第 33 号

为贯彻落实《中华人民共和国环境保护法》《中华人民共和国大气污染防治法》和《中华人民共和国水污染防治法》等法律法规，以及《国务院办公厅关于印发控制污染物排放许可制实施方案的通知》（国办发〔2016〕81 号）和《排污许可管理办法（试行）》（环境保护部令第 48 号），完善排污许可技术支撑体系，指导和规范再生有色金属排污单位排污许可证申请与核发工作，现批准《排污许可证申请与核发技术规范 有色金属工业——再生金属》为国家环境保护标准，并予发布。

标准名称、编号如下：

《排污许可证申请与核发技术规范 有色金属工业——再生金属》（HJ 863.4—2018）。

以上标准自发布之日起实施，由中国环境出版社出版。标准内容可在生态环境部网站（kjs.mee.gov.cn/hjbhbz/）查询。

特此公告。

生态环境部

2018 年 8 月 17 日

关于发布《非道路移动机械污染防治技术政策》的公告

生态环境部公告 2018 年第 34 号

为贯彻《中华人民共和国环境保护法》《中华人民共和国大气污染防治法》等法律法规，落实《中共中央 国务院关于全面加强生态环境保护 坚决打好污染防治攻坚战的意见》和《国务院关于印发打赢蓝天保卫战三年行动计划的通知》等文件要求，防治非道路移动机械污染大气环境，保障生态环境安全和人体健康，指导环境管理与科学治污，促进非道路移动机械污染防治技术进步，我部组织制订了《非道路移动机械污染防治技术政策》，现予发布。文件内容可登录生态环境部网站（http://www.mee.gov.cn）查询。

附件：非道路移动机械污染防治技术政策

生态环境部

2018 年 8 月 19 日

附件

非道路移动机械污染防治技术政策

一、总则

（一）为贯彻《中华人民共和国环境保护法》和《中华人民共和国大气污染防治法》等法律法规，改善环境质量，促进非道路移动机械污染防治技术进步，制定本技术政策。

（二）本技术政策所称的非道路移动机械是指我国境内所有新生产、进口及在用的以压燃式、点燃式发动机和新能源（例如：插电式混合动力、纯电动、燃料电池等）为动力的移动机械、可运输工业设备等。

（三）本技术政策提出了非道路移动机械在设计、生产、使用、回收等全生命周期内的大气、噪声等污染的防治技术。大气污染物主要指一氧化碳（CO）、碳氢化合物（HC）、氮氧化物（NO_x）和颗粒物（PM）。

（四）非道路移动机械产品应向低能耗、低污染的方向发展。优先发展非道路移动机械用发动机电控燃油系统、高效增压系统、排气后处理系统及污染控制系统所使用的传感器。

（五）污染物排放控制目标：

新生产装用压燃式发动机的非道路移动机械，2020 年达到国家第四阶段排放控制水平，2025 年与世界最先进排放控制水平接轨。

新生产装用小型点燃式发动机的非道路移动机械，2020 年前后达到国家第三阶段排放控制水平，2025 年与世界最先进排放控制水平接轨。

新生产装用大型点燃式发动机的非道路移动机械，在 2025 年前达到世界最先进排放控制水平。

（六）鼓励地方政府根据大气环境质量需求，对非道路移动机械分时、分类划定禁止使用高排放非道路移动机械的区域。优先控制城市建成区内非道路移动机械的污染物排放，逐步建立非道路移动机械使用的登记制度。

鼓励淘汰高排放非道路移动机械。

二、新生产（含进口）非道路移动机械

（一）鼓励生态设计。鼓励开展非道路移动机械模块化、无（低）害化、绿色低碳、循环利用等产品生态设计，综合考虑生产、使用、回收等全生命周期内的资源消耗及污染排放。

（二）鼓励排放提前达标。鼓励非道路移动机械生产企业通过机内净化技术降低原机排放水平，装用压燃式发动机的非道路移动机械安装壁流式颗粒物捕集器（DPF）、选择性催化还原装置（SCR）；装用大型点燃式发动机的非道路移动机械安装三元催化转化器（TWC）等排放控制装置；装用小型点燃式发动机的非道路移动机械安装氧化型催化转化器（OC），提前达到国家下一阶段的非道路移动机械排放标准。

（三）产品应信息公开。非道路移动机械生产企业应依法依规公开排放检验、污染控制装置和排放相关技术信息，供社会公众监督，维修企业免费查询使用。

（四）提高产品环保生产一致性水平。非道路移动机械生产企业应不断提高产品环保生产一致性管理水平。根据国家排放标准对生产一致性的要求，建立并不断完善产品排放性能和耐久性能的控制方法，在产品开发、生产过程的质量控制、售后服务等各个环节，有效落实生产一致性保证计划。生产一致性检查应重点加强对发动机电子控制单元（ECU）和相关传感器部件、在线诊断系统、燃油供给系统、进气系统、排气后处理装置、废气再循环装置（EGR）等系统和零部件的检查。

（五）提高产品排放在用符合性。生产企业应加强其产品及其污染物排放装置耐久性的研究，对非道路移动机械在实际使用中的排放情况进行监测自查，确保非道路移动机械污染物排放的在用符合性。

生产企业应引导用户正确使用和维护保养排放相关控制装置，应在其产品说明书中，明确列出维护排放水平的内容，应详细说明非道路移动机械使用的适用条件、排放控制策略、日常保养项目、排放相关零部件的更换周期、维护保养规程以及企业认可的零部件等，为保证非道路移动机械污染物排放的在用符合性提供技术保障。

（六）加强排放在线监控和诊断。新生产非道路移动机械应根据相关标准要求，增加排放在线诊断系统，对与排放相关部件的运行状态进行实时监控，当监测到非道路移动机械排放超标时，应采取报警、限扭、强制怠速运转等手段，限制排放超标非道路移动机械的正常使用，督促用户及时进行维修处理。

（七）推广排放远程监控技术。利用信息技术的进步和发展，通过安装卫星定位及远程排放监控装置、电子围栏平台建设、数据库动态分析等方法，逐步实现对各类非道路移动机械的远程排放监控。企业应积极参与推进定位系统和远程排放监控系统与生态环境部门的联网。优先对在城市中使用的非道路移动机械实施排放远程监控管理。

（八）积极开展天然气、生物柴油等替代燃料的排放控制技术研究。重点研究替代燃料使用过程中的常规污染物和非常规污染物排放特性，科学评估使用替代燃料对环境空气及非道路移动机械排放性能、可靠性和耐久性的影响，确保替代燃料使用的安全性和规范性。

（九）控制温室气体排放。逐步将二氧化碳（CO_2）、甲烷（CH_4）、氧化亚氮（N_2O）等非道路移动机械排放的温室气体纳入排放管理体系，实现非道路移动机械大气污染物与温室气体排放的协同控制。

（十）加强对进口二手非道路移动机械的排放控制。进口二手非道路移动机械的排放控制水平，应满足我国新生产非道路移动机械现行排放标准要求。

（十一）提高噪声污染控制水平。生产企业应加强对非道路移动机械产品噪声污染控制技术的研究、开发和应用，不断提高噪声污染控制水平。

新生产非道路移动机械噪声污染控制的技术原则为：优先采用发动机优化燃烧、电控管理技术、优化进排气消声器，采用吸声和隔声技术、提高发动机刚度和整机匹配等技术措施，降低新生产非道路移动机械的噪声污染。

（十二）企业应具备污染物排放检测能力。生产企业应配备非道路移动机械（或发动机）污染物排放检测设备，对产品按照标准要求进行排放检验，检验合格才能出厂销售。

三、在用非道路移动机械

（一）加强在用非道路移动机械的排放检测和维修。加强非道路移动机械的维修、保养，使其保持良好的技术状态。加强对非道路移动机械排放检测能力的建设；经检测排放不达标的非道路移动机械，应强制进行维修、保养，保证非道路移动机械及其污染控制装置处于正常技术状态。

非道路移动机械维修企业应配备必要的排放检测及诊断设备，确保维修后的非道路移动机械排放稳定达标，同时妥善保存维修记录。

（二）研究建立在用非道路移动机械登记制度。鼓励有条件的地方，对需要重点监控的在用非道路移动机械进行登记，并对其排放状况进行监督检查。

（三）在用非道路移动机械的排放治理改造。在排放治理改造中，针对要改造的非道路移动机械，应先进行科学的、系统的匹配和小规模示范应用，确认技术的可行性和治理效果，再进行推广应用，并确保对改造产品的持续维护和质量监管。

（四）加强对再制造发动机的排放管理。对装用再制造发动机的非道路移动机械，再制造发动机的排放性能指标应不低于原机定型时的排放要求，且只能作为配件进入发动机配件市场，用于替换同等排放水平的发动机。

（五）加强非道路移动机械的噪声控制。禁止任何单位或个人擅自拆除弃用非道路移动机械的消声、隔声和吸声装置，加强对噪声控制装置的维护保养。

四、非道路用燃料、机油及氮氧化物还原剂

（一）提升油品和氮氧化物还原剂质量。燃油应不断降低烯烃、芳烃、多环芳烃的含量；机油应不断降低硫、磷、硫酸盐灰分的含量；氮氧化物还原剂应重点研究解决低温结晶问题，降低醛类、金属离子等杂质的含量。

（二）加强生产、销售环节管理。禁止生产、进口、销售不符合标准的燃料、机油和氮氧化物还原剂。鼓励油品生产企业在生产环节加入能辨别生产企业的微量物质示踪剂。确保终端使用环节的燃料、机油及氮氧化物还原剂质量稳定满足国家标准的要求。

五、鼓励研发及推广应用的污染防治技术

（一）鼓励研发的污染防治技术

1. 鼓励新能源动力技术的开发应用。鼓励混合动力、纯电动、燃料电池等新能源技

术在非道路移动机械上的应用，优先发展中小非道路移动机械动力装置的新能源化，逐步达到超低排放、零排放。

2. 加快各类先进污染控制技术的自主研发和国产化。压燃式发动机主要污染控制技术包括：电控燃油喷射系统（EFI）、SCR、DPF、高效增压中冷系统（TC）、闭环控制废气再循环装置（EGR）、柴油氧化型催化转化器（DOC）、固体氨选择性催化还原装置（SSCR）等先进后处理系统，以及排放控制传感器等关键零部件及相关技术。

点燃式发动机主要污染控制技术包括：EFI、分层扫气技术及电控化油器等关键零部件及相关技术。

3. 鼓励开展噪声控制技术的研究。对于发动机应优化机内燃烧、优化进排气消声器，优化插入损失，降低功率损失比；对于非道路移动机械应优化旋转件匹配、发动机和变速箱的匹配、采用吸隔声材料的研究等措施，降低整个非道路移动机械设备的噪声。

（二）鼓励推广应用的排放控制技术

1. 压燃式发动机非道路移动机械排放控制技术

装用压燃式发动机的非道路移动机械鼓励优先采用的排放控制技术见表1。

表1　装用压燃式发动机的非道路移动机械排放控制技术

功率（P_{max}）/kW	$P_{max}<19$	$19 \leq P_{max}<37$	$37 \leq P_{max}<56$	$56 \leq P_{max} \leq 560$	$P_{max}>560$
国四	EFI	EFI	EFI+TC+EGR+DOC+DPF	EFI+TC+DOC+DPF+SCR	EFI+TC+SCR
国五	—	EFI+DOC+DPF+排放远程监控	EFI+TC+EGR+DOC+DPF+排放远程监控	EFI+TC+DOC+DPF+SCR+排放远程监控	EFI+TC+SCR+排放远程监控

2. 点燃式发动机非道路移动机械排放控制技术

（1）手持式二冲程发动机

应推广具有低逃逸率的高效扫气系统，并加装 OC。

（2）大型点燃式发动机（19 kW 以上）

应推广使用 EFI，实现空燃比的闭环控制，加装三元催化器（TWC），降低 HC、CO和 NO_x 的排放。

对装用汽油发动机的非道路移动机械，鼓励采用低渗透油管、油箱和炭罐等燃油蒸发控制装置，以有效控制蒸发排放。

（三）鼓励开发排放测试技术及设备

1. 加快非道路移动机械排放测试设备和技术的研究开发，加快非道路移动机械远程排放监控系统、在线诊断系统测试技术的引进吸收和开发，加快后处理系统传感器国产化的研发，为非道路移动机械产品的生产一致性、在用符合性和企业新产品研发提供保障。

2. 鼓励车载排放测试技术及测试设备的研究开发，为加强在用非道路移动机械排放监管提供技术保障。

序号	缩写	中文名称
1	CH_4	甲烷
2	CO	一氧化碳
3	CO_2	二氧化碳
4	DOC	柴油氧化型催化转化器
5	DPF	壁流式颗粒捕集器
6	ECU	电子控制单元
7	EFI	电控燃油喷射系统
8	EGR	废气再循环装置
9	HC	碳氢化合物
10	N_2O	氧化亚氮
11	NO_x	氮氧化物
12	OC	氧化型催化转化器
13	PEMS	便携式排放测试系统
14	PM	颗粒物
15	SCR	选择性催化还原装置
16	SSCR	固体氨选择性催化还原装置
17	TC	增压中冷
18	TWC	三元催化转化器

关于发布国家环境保护标准《环境空气 一氧化碳的自动测定 非分散红外法》的公告

生态环境部公告 2018 年第 36 号

为贯彻《中华人民共和国环境保护法》，保护生态环境，保障人体健康，规范生态环境监测工作，现批准《环境空气 一氧化碳的自动测定 非分散红外法》为国家环境保护标准，并予发布。

标准名称、编号如下：

《环境空气 一氧化碳的自动测定 非分散红外法》（HJ 965—2018）。

以上标准自 2018 年 9 月 1 日起实施，由中国环境出版社出版，标准内容可在生态环境部网站（kjs.mee.gov.cn/hjbhbz/）查询。

特此公告。

生态环境部

2018 年 8 月 31 日

关于发布《环境影响评价技术导则 土壤环境（试行）》国家环境保护标准的公告

生态环境部公告 2018 年第 38 号

为贯彻《中华人民共和国环境保护法》和《中华人民共和国环境影响评价法》，保护土壤环境质量，管控土壤污染风险，现批准《环境影响评价技术导则 土壤环境（试行）》为国家环境保护标准，并予发布。

标准名称、编号如下：

《环境影响评价技术导则 土壤环境（试行）》（HJ 964—2018）。

该标准自 2019 年 7 月 1 日起实施，由中国环境出版社出版，标准内容可在生态环境部网站（www.mee.gov.cn）查询。

特此公告。

生态环境部

2018 年 9 月 13 日

关于发布国家环境保护标准《核动力厂运行前辐射环境本底调查技术规范》的公告

生态环境部公告 2018 年第 39 号

为贯彻《中华人民共和国环境保护法》《中华人民共和国放射性污染防治法》，规范核动力厂辐射环境本底调查工作，现批准《核动力厂运行前辐射环境本底调查技术规范》为国家环境保护标准，并予发布。

标准名称、编号如下：

《核动力厂运行前辐射环境本底调查技术规范》（HJ 969—2018）。

上述标准自 2019 年 1 月 1 日起实施，由中国环境出版社出版，标准内容可在生态环境部网站（http//www.mee.gov.cn）查询。

特此公告。

生态环境部

2018 年 9 月 20 日

关于发布国家环境保护标准《生态环境信息基本数据集编制规范》的公告

生态环境部公告　2018 年第 40 号

为贯彻《中华人民共和国环境保护法》，推进生态环境信息标准化，规范生态环境信息基本数据集编制工作，现批准《生态环境信息基本数据集编制规范》为国家环境保护标准，并予发布。

标准名称、编号如下：

《生态环境信息基本数据集编制规范》（HJ 966—2018）。

本标准自发布之日起实施，由中国环境出版社出版，标准内容可在生态环境部网站（kjs.mee.gov.cn/hjbhbz/）查询。

特此公告。

生态环境部

2018 年 9 月 22 日

关于发布《排污许可证申请与核发技术规范　电池工业》等两项国家环境保护标准的公告

生态环境部公告　2018 年第 41 号

为贯彻落实《中华人民共和国环境保护法》《中华人民共和国大气污染防治法》《中华人民共和国水污染防治法》等法律法规、《国务院办公厅关于印发控制污染物排放许可制实施方案的通知》（国办发〔2016〕81 号）和《排污许可管理办法（试行）》（环境保护部令 第 48 号），完善排污许可技术支撑体系，指导和规范电池，磷肥、钾肥、复混肥料、有机肥料和微生物肥料工业排污单位排污许可证申请与核发工作，现批准《排污许可证申请与核发技术规范 电池工业》和《排污许可证申请与核发技术规范 磷肥、钾肥、复混肥料、有机肥料和微生物肥料工业》为国家环境保护标准，并予发布。

标准名称、编号如下：

一、《排污许可证申请与核发技术规范 电池工业》（HJ 967—2018）。

二、《排污许可证申请与核发技术规范 磷肥、钾肥、复混肥料、有机肥料和微生物肥料工业》（HJ 864.2—2018）。

以上标准自发布之日起实施，由中国环境出版社出版。标准内容可在生态环境部网站（kjs.mee.gov.cn/hjbhbz/）查询。

特此公告。

生态环境部
2018 年 9 月 23 日

关于发布《排污许可证申请与核发技术规范 汽车制造业》国家环境保护标准的公告

生态环境部公告 2018 年第 42 号

为贯彻落实《中华人民共和国环境保护法》《中华人民共和国大气污染防治法》《中华人民共和国水污染防治法》等法律法规以及《国务院办公厅关于印发控制污染物排放许可制实施方案的通知》（国办发〔2016〕81 号）、《排污许可管理办法（试行）》（环境保护部令 第 48 号），完善排污许可技术支撑体系，指导和规范汽车制造业排污单位排污许可证申请与核发工作，现批准《排污许可证申请与核发技术规范 汽车制造业》为国家环境保护标准，并予发布。

标准名称、编号如下：

《排污许可证申请与核发技术规范 汽车制造业》（HJ 971—2018）。

以上标准自发布之日起实施，由中国环境出版社出版。标准内容可在生态环境部网站（htt：//mee.gov.cn）查询。

特此公告。

生态环境部
2018 年 9 月 28 日

关于发布《环境影响评价技术导则 地表水环境》国家环境保护标准的公告

生态环境部公告 2018 年第 43 号

为贯彻《中华人民共和国环境保护法》和《中华人民共和国环境影响评价法》，防治水污染，促进地表水环境质量改善，进一步规范建设项目地表水环境影响评价的科学性，现批准《环境影响评价技术导则 地表水环境》为国家环境保护标准，并予发布。

标准名称、编号如下：

《环境影响评价技术导则 地表水环境》（HJ 2.3—2018）。

该标准自 2019 年 3 月 1 日起实施，由中国环境出版社出版，标准内容可在生态环境部网站（www.mee.gov.cn）查询。

自标准实施之日起，《环境影响评价技术导则 地面水环境》（HJ 2.3—93）废止。

特此公告。

生态环境部
2018 年 9 月 30 日

关于发布国家环境保护标准《移动通信基站电磁辐射环境监测方法》的公告

生态环境部公告 2018 年第 44 号

为贯彻《中华人民共和国环境保护法》，防治电磁辐射环境污染，改善环境质量，规范移动通信基站电磁辐射环境监测工作，现批准《移动通信基站电磁辐射环境监测方法》为国家环境保护标准，并予发布。

标准名称、编号如下：

《移动通信基站电磁辐射环境监测方法》（HJ 972—2018）。

本标准自 2019 年 1 月 1 日起实施。自实施之日起，原国家环境保护总局和原信息产业部联合印发的《移动通信基站电磁辐射环境监测方法》（试行，环发〔2007〕114号）废止。

本标准由中国环境科学出版社出版，标准内容可在生态环境部网站（kjs.mee.gov.cn/hjbhbz/）查询。

特此公告。

生态环境部

2018年9月30日

关于发布《环境影响评价技术导则　城市轨道交通》
国家环境保护标准的公告

生态环境部公告　2018年第45号

为贯彻《中华人民共和国环境保护法》和《中华人民共和国环境影响评价法》，防治噪声和振动污染，促进城市轨道交通发展，进一步规范城市轨道环境影响评价工作，现批准《环境影响评价技术导则　城市轨道交通》为国家环境保护标准，并予发布。

标准名称、编号如下：

《环境影响评价技术导则　城市轨道交通》（HJ 453—2018）。

该标准自2019年3月1日起实施，由中国环境出版社出版，标准内容可在生态环境部网站（www.mee.gov.cn）查询。

特此公告。

生态环境部

2018年10月9日

关于发布《水质　石油类和动植物油类的测定　红外分光光度法》等两项国家环境保护标准的公告

生态环境部公告　2018 年第 46 号

为贯彻《中华人民共和国环境保护法》，保护生态环境，保障人体健康，规范生态环境监测工作，现批准《水质　石油类和动植物油类的测定　红外分光光度法》等两项标准为国家环境保护标准，并予发布。

标准名称、编号如下：

一、《水质　石油类和动植物油类的测定　红外分光光度法》（HJ 637—2018）；

二、《水质　石油类的测定　紫外分光光度法（试行）》（HJ 970—2018）。

以上标准自 2019 年 1 月 1 日起实施，由中国环境出版社出版，标准内容可在生态环境部网站（kjs.mee.gov.cn/hjbhbz/）查询。

自以上标准实施之日起，《水质　石油类和动植物油类的测定　红外分光光度法》（HJ 637—2012）废止。

特此公告。

生态环境部

2018 年 10 月 10 日

关于发布国家环境保护标准《建设项目环境风险评价技术导则》的公告

生态环境部公告　2018 年第 47 号

为贯彻《中华人民共和国环境保护法》和《中华人民共和国环境影响评价法》，进一步提高建设项目环境风险评价的科学性和规范性，现批准《建设项目环境风险评价技术导则》为国家环境保护标准，并予发布。

标准名称、编号如下：

建设项目环境风险评价技术导则（HJ 169—2018）。

该标准自 2019 年 3 月 1 日起实施，由中国环境出版社出版，标准内容可在生态环境部网站（www.mee.gov.cn）查询。

自标准实施之日起，《建设项目环境风险评价技术导则》（HJ/T 169—2004）废止。

特此公告。

生态环境部
2018 年 10 月 14 日

关于发布《环境影响评价公众参与办法》
配套文件的公告

生态环境部公告　2018 年第 48 号

《环境影响评价公众参与办法》（生态环境部令　第 4 号）已于 2018 年 7 月发布，将于 2019 年 1 月 1 日起施行。根据该办法的相关规定，现将《建设项目环境影响评价公众意见表》等 2 个配套文件予以公告，与该办法一并施行。

附件：1. 建设项目环境影响评价公众意见表
2. 建设项目环境影响评价公众参与说明格式要求

生态环境部
2018 年 10 月 12 日

附件 1

建设项目环境影响评价公众意见表

填表日期 ＿＿＿＿年＿＿＿月＿＿＿日

项目名称	××××项目
一、本页为公众意见	

与本项目环境影响和环境保护措施有关的建议和意见（注：根据《环境影响评价公众参与办法》规定，涉及征地拆迁、财产、就业等与项目环评无关的意见或者诉求不属于项目环评公参内容）	
	（填写该项内容时请勿涉及国家秘密、商业秘密、个人隐私等内容，若本页不够可另附页）

二、本页为公众信息

（一）公众为公民的请填写以下信息

姓　名	
身份证号	
有效联系方式（电话号码或邮箱）	
经常居住地址	××省××市××县（区、市）××乡（镇、街道）××村（居委会）××村民组（小区）
是否同意公开个人信息（填同意或不同意）	（若不填则默认为不同意公开）

（二）公众为法人或其他组织的请填写以下信息

单位名称	

工商注册号或统一社会信用代码	
有效联系方式 （电话号码或邮箱）	
地　址	××省××市××县（区、市）××乡（镇、街道）××路××号

注：法人或其他组织信息原则上可以公开，若涉及不能公开的信息请在此栏中注明法律依据和不能公开的具体信息。

附件2

建设项目环境影响评价公众参与说明
格式要求

1　概述

建设单位组织的建设项目环境影响评价公众参与整体情况概述。

2　首次环境影响评价信息公开情况

2.1　公开内容及日期

说明公开主要内容及日期，分析是否符合《环境影响评价公众参与办法》（以下简称《办法》）要求（确定环境影响报告书编制单位日期一般以委托函或合同载明日期为准）。

2.2　公开方式

2.2.1　网络

载体选取符合性分析，网络公示时间、网址及截图。

2.2.2　其他

如同时还采用了其他方式，予以说明。

2.3　公众意见情况

公众提出意见情况，包括数量、形式等。

3　征求意见稿公示情况

3.1　公示内容及时限

说明公示主要内容及时限，分析是否符合《办法》要求（征求意见稿应是主要内容基本完成的环境影响报告书）。

3.2　公示方式

3.2.1　网络

载体选取的符合性分析，网络公示时间、网址及截图等。

3.2.2　报纸

载体选取的符合性分析，报纸名称、日期及照片。

3.2.3 张贴

张贴区域选取的符合性分析，张贴的时间、地点及照片。

3.2.4 其他

如同时还采用了其他方式，予以说明。

3.3 查阅情况

说明查阅场所设置情况、查阅情况。

3.4 公众提出意见情况

公众在征求意见期间提出意见情况，包括数量、形式等。

4 其他公众参与情况

说明是否采取了深度公众参与，论证合理性。

4.1 公众座谈会、听证会、专家论证会等情况

若采用公众座谈会方式开展深度公众参与的，应说明公众代表选取原则和过程，会上相关情况等，附座谈会纪要。

若采用听证会方式开展深度公众参与的，应说明听证会筹备及召开情况，附听证笔录。

若采用专家论证会方式开展深度公众参与的，应说明专家选取原则和过程，列席论证会的公众选取原则和过程，会上相关情况等，附专家论证意见。

4.2 其他公众参与情况

如采取了请求地方人民政府加强协调指导等其他方式的公众参与，说明相关情况。

4.3 宣传科普情况

若采取了科普宣传措施的，说明相关情况。

5 公众意见处理情况

5.1 公众意见概述和分析

说明收到意见的数量、形式，分类列出公众意见等（与项目环评无关的意见或者诉求不纳入）。

5.2 公众意见采纳情况

说明对公众环境影响相关意见的采纳情况，并说明在环境影响报告书中的对应内容。

5.3 公众意见未采纳情况

详细阐述公众意见的未采纳情况，说明理由，并说明反馈情况。

6 报批前公开情况

6.1 公开内容及日期

说明公开主要内容及日期，分析是否符合《办法》要求（此次公开的应是未包含国家秘密、商业秘密、个人隐私等依法不应公开内容的拟报批环境影响报告书全本）。

6.2 公开方式

6.2.1 网络

载体选取符合性分析，网络公开时间、网址及截图。

6.2.2　其他

如同时还采用了其他方式，予以说明。

7　其他

存档备查情况及其他需要说明的内容。

8　诚信承诺

我单位已按照《办法》要求，在××××项目环境影响报告书编制阶段开展了公众参与工作，在环境影响报告书中充分采纳了公众提出的与环境影响相关的合理意见，对未采纳的意见按要求进行了说明，并按照要求编制了公众参与说明。

我单位承诺，本次提交的《××××项目环境影响评价公众参与说明》内容客观、真实，未包含依法不得公开的国家秘密、商业秘密、个人隐私。如存在弄虚作假、隐瞒欺骗等情况及由此导致的一切后果由××（建设单位名称或单位负责人姓名）承担全部责任。

承诺单位：（单位名称及公章，无公章的由单位负责人签字）

承诺时间：××××年××月××日

9　附件

其他需要提交的附件（公众提交的公众意见表不纳入附件，但应存档备查）。

注：

1. 根据《办法》规定，公众参与说明需要公开，因此，建设单位在编制公众参与说明时，应不包含依法不得公开的国家秘密、商业秘密、个人隐私等内容。

2. 关于"6.报批前公开情况"章节，建设单位按照《办法》要求在报批前公开公众参与说明时，由于报批前公开环节尚未开始，故不包括本章内容。向生态环境主管部门报送公众参与说明时，应包含本章内容。

关于禁止生产以一氟二氯乙烷（HCFC-141b）为发泡剂的冰箱冷柜产品、冷藏集装箱产品、电热水器产品的公告

生态环境部公告　2018年第49号

为履行《保护臭氧层维也纳公约》和《关于消耗臭氧层物质的蒙特利尔议定书》（以下简称议定书），根据《消耗臭氧层物质管理条例》的有关规定和中国聚氨酯泡沫行业含氢氯氟烃（HCFCs）淘汰计划要求，在聚氨酯泡沫行业第一阶段（2011—2018年）HCFCs淘汰工作结束后，冰箱冷柜、冷藏集装箱、电热水器行业将全面禁止一氟二氯乙烷（HCFC-141b）的使用。为履行议定书规定的目标，推动行业向低碳环保的技术方向发展，促进产业转型升级，现将有关事项公告如下：

一、自 2019 年 1 月 1 日起，任何企业不得使用一氟二氯乙烷（HCFC-141b）为发泡剂生产冰箱冷柜产品、冷藏集装箱产品、电热水器产品。

二、本公告所适用的冰箱冷柜产品是指《家用和类似用途制冷器具》（GB/T 8059）标准所规定的家用电冰箱（家用冷藏箱、家用冷冻箱、家用冷藏冷冻箱）、冷柜等产品以及《冷藏陈列柜》（GB/T 21001.1）标准所规定的冷藏陈列柜产品。

三、本公告所适用的冷藏集装箱产品是指 ISO1496-1 中规定的冷藏集装箱和保温式集装箱等产品。

四、本公告所适用的电热水器产品是指《储水式电热水器》（GB/T 20289—2006）标准所规定的储水式电热水器。

五、本公告的产品适用范围以现行最新的标准中涵盖的同类内容为准。

六、各有关部门应积极督促企业认真执行上述规定，切实做好一氟二氯乙烷（HCFC-141b）的淘汰工作。对违反上述规定使用一氟二氯乙烷（HCFC-141b）的企业，由地方生态环境主管部门会同有关部门依法予以处罚。

特此公告。

生态环境部
2018 年 10 月 18 日

关于发布《低、中水平放射性固体废物包安全标准》等四项放射性污染防治标准的公告

生态环境部公告 2018 年第 50 号

为贯彻《中华人民共和国环境保护法》《中华人民共和国放射性污染防治法》《中华人民共和国核安全法》，防治放射性废物污染，保障人体健康，现批准《低、中水平放射性固体废物包安全标准》《低、中水平放射性废物高完整性容器——球墨铸铁容器》《低、中水平放射性废物高完整性容器——混凝土容器》《低、中水平放射性废物高完整性容器——交联高密度聚乙烯容器》等 4 项标准为国家放射性污染防治标准，并由生态环境部与国家市场监督管理总局联合发布。

标准名称、编号如下：

一、《低、中水平放射性固体废物包安全标准》（GB 12711—2018）；

二、《低、中水平放射性废物高完整性容器——球墨铸铁容器》（GB 36900.1—2018）；

三、《低、中水平放射性废物高完整性容器——混凝土容器》（GB 36900.2—2018）；

四、《低、中水平放射性废物高完整性容器——交联高密度聚乙烯容器》（GB 36900.3—2018）。

按有关法律规定，上述标准具有强制执行效力。

上述标准自 2019 年 3 月 1 日起实施，自实施之日起，《低、中水平放射性固体废物包安全标准》（GB 12711—1991）废止。

上述标准由中国环境科学出版社出版，标准内容可在生态环境部网站（http：//www.mee.gov.cn）查询。

特此公告。

（此公告业经国家市场监督管理总局田世宏会签）

生态环境部

2018 年 10 月 29 日

关于发布《非道路移动柴油机械排气烟度限值及测量方法》等三项国家污染物排放标准的公告

生态环境部公告 2018 年第 51 号

为贯彻《中华人民共和国环境保护法》和《中华人民共和国大气污染防治法》，防治机动车和非道路移动机械排气对环境的污染，现批准《非道路移动柴油机械排气烟度限值及测量方法》《汽油车污染物排放限值及测量方法（双怠速法及简易工况法)》《柴油车污染物排放限值及测量方法（自由加速法及加载减速法)》为国家环境保护标准，并由生态环境部与国家市场监督管理总局联合发布。

标准名称、编号如下：

一、《非道路移动柴油机械排气烟度限值及测量方法》（GB 36886—2018）；

二、《汽油车污染物排放限值及测量方法（双怠速法及简易工况法)》（GB 18285—2018）；

三、《柴油车污染物排放限值及测量方法（自由加速法及加载减速法)》（GB 3847—2018）。

《非道路移动柴油机械排气烟度限值及测量方法》于 2018 年 12 月 1 日起实施，《汽油车污染物排放限值及测量方法（双怠速法及简易工况法)》《柴油车污染物排放限值及测量方法（自由加速法及加载减速法)》于 2019 年 5 月 1 日起实施。自 2019 年 5 月 1 日起，《点燃式发动机汽车排气污染物排放限值及测量方法（双怠速法和工况法)》（GB 18285—2005）、《确定点燃式发动机在用汽车简易工况法排气污染物排放限值的原则和方法》（HJ/T 240—2005）、《车用压燃式发动机和压燃式发动机汽车排气烟度排放限值及测量方法》（GB 3847—2005）、《确定压燃式发动机在用汽车加载减速法排气烟度排放限值的原则和方法》（HJ/T 241—2005）废止。

上述标准由中国环境出版社出版，标准内容可在生态环境部网站（www.mee.gov.cn）查询。

特此公告。

（此公告业经国家市场监督管理总局田世宏会签）

生态环境部

2018 年 11 月 7 日

关于发布《排污许可证申请与核发技术规范　水处理（试行）》国家环境保护标准的公告

生态环境部公告　2018 年第 52 号

为贯彻落实《中华人民共和国环境保护法》《中华人民共和国大气污染防治法》《中华人民共和国水污染防治法》等法律法规、《国务院办公厅关于印发控制污染物排放许可制实施方案的通知》（国办发〔2016〕81 号）和《排污许可管理办法（试行）》（环境保护部令　第 48 号），完善排污许可技术支撑体系，指导和规范污水处理厂排污许可证申请与核发工作，现批准《排污许可证申请与核发技术规范　水处理（试行）》为国家环境保护标准，并予发布。

标准名称、编号如下：

《排污许可证申请与核发技术规范　水处理（试行）》（HJ 978—2018）。

以上标准自发布之日起实施，由中国环境出版社出版。标准内容可在生态环境部网站（kjs.mee.gov.cn/hjbhbz/）查询。

特此公告。

生态环境部

2018 年 11 月 12 日

关于发布国家环境保护标准《固定污染源废气一氧化碳的测定　定电位电解法》的公告

生态环境部公告　2018 年第 53 号

为贯彻《中华人民共和国环境保护法》，保护生态环境，保障人体健康，规范生态环境监测工作，现批准《固定污染源废气　一氧化碳的测定　定电位电解法》为国家环境保护标准，并予发布。

标准名称、编号如下：

《固定污染源废气　一氧化碳的测定　定电位电解法》（HJ 973—2018）。

以上标准自 2019 年 3 月 1 日起实施，由中国环境出版社出版，标准内容可在生态环境部网站（kjs.mee.gov.cn/hjbhbz/）查询。

特此公告。

生态环境部
2018 年 11 月 13 日

关于发布国家环境保护标准《水质　烷基汞的测定 吹扫捕集/气相色谱—冷原子荧光光谱法》的公告

生态环境部公告　2018 年第 54 号

为贯彻《中华人民共和国环境保护法》，保护生态环境，保障人体健康，规范生态环境监测工作，现批准《水质　烷基汞的测定　吹扫捕集/气相色谱—冷原子荧光光谱法》为国家环境保护标准，并予发布。

标准名称、编号如下：

《水质　烷基汞的测定　吹扫捕集/气相色谱—冷原子荧光光谱法》（HJ 977—2018）。

以上标准自 2019 年 3 月 1 日起实施，由中国环境出版社出版，标准内容可在生态环境部网站（kjs.mee.gov.cn/hjbhbz/）查询。

特此公告。

生态环境部
2018 年 11 月 13 日

关于发布《土壤和沉积物　11 种元素的测定　碱熔—电感 耦合等离子体发射光谱法》等三项国家环境保护标准的公告

生态环境部公告　2018 年第 55 号

为贯彻《中华人民共和国环境保护法》，保护生态环境，保障人体健康，规范生态环境监测工作，现批准《土壤和沉积物　11 种元素的测定　碱熔—电感耦合等离子体发射光谱法》等三项标准为国家环境保护标准，并予发布。

标准名称、编号如下：

一、《土壤和沉积物　11 种元素的测定　碱熔—电感耦合等离子体发射光谱法》（HJ 974—2018）；

二、《固体废物　苯系物的测定　顶空-气相色谱法》（HJ 975—2018）；

三、《固体废物　苯系物的测定　顶空/气相色谱-质谱法》（HJ 976—2018）。

以上标准自 2019 年 3 月 1 日起实施，由中国环境出版社出版，标准内容可在生态环境部网站（kjs.mee.gov.cn/hjbhbz/）查询。

特此公告。

生态环境部

2018 年 11 月 13 日

关于增补《中国现有化学物质名录》的公告

生态环境部公告　2018 年第 58 号

根据《新化学物质环境管理办法》（环境保护部令　第 7 号）和《关于新化学物质环境管理登记有关衔接事项的通知》（环办〔2010〕123 号）相关要求，我部组织对部分已登记新化学物质进行了审查，现将 2 种符合要求的环境保护部令　第 7 号下已登记新化学物质和 43 种符合要求的《新化学物质环境管理办法》（国家环境保护总局令　第 17 号）下已登记新化学物质增补列入《中国现有化学物质名录》，并按现有化学物质管理。

特此公告。

附件：1. 列入《中国现有化学物质名录》的 2 种符合要求的《新化学物质环境管理办法》（环境保护部令　第 7 号）下已登记新化学物质

2. 列入《中国现有化学物质名录》的 43 种符合要求的《新化学物质环境管理办法》（国家环境保护总局令　第 17 号）下已登记新化学物质

生态环境部

2018 年 11 月 21 日

列入《中国现有化学物质名录》的 2 种符合要求的《新化学物质环境管理办法》

（环境保护部令 第 7 号）下已登记新化学物质

序号	中 文 类 名	英 文 类 名	流水号	环境管理类别	备 注
1	（取代的苯基）偶氮取代的碳多环酸金属盐	Substituted carbopolycyclic acid, (substituted phenyl) azo, metal salt	9501	危险类	
2	（卤代磺苯偶氮基）羟基萘甲酸钙盐	(Halogenosulfophenylazo) hydroxylnaphthalenecarboxylic acid, calcium salt	9502	重点环境管理危险类	印刷油墨的颜料添加剂

附件 2

列入《中国现有化学物质名录》的 43 种符合要求的《新化学物质环境管理办法》

（国家环境保护总局令 第 17 号）下已登记新化学物质

序号	中文名称	中文别名	英文名称	分子式	CAS 号或流水号	备注
1	1,3-二苯基-1,2,3-丙三酮-2-[O-（乙氧基羰基）肟]		1,2,3-Propanetrione,1,3-diphenyl-2-[O- (ethoxycarbonyl) oxime]	$C_{18}H_{15}NO_5$	111451-23-1	
2	N-乙酰氧基-N-{3-（乙酰氧亚胺）-9-乙基-6-（1-萘甲酰基）-9H-咔唑-3-基]-1-甲基丙基}乙酰胺		N-acetoxy-N-{3- (acetoxyimino) -3-[9-ethyl-6- (1-naphthoyl) -9H-carbazole-3-yl]-1-methyl propyl};acetamide	$C_{34}H_{32}O_6N_3$	9503	
3	4-氯乙酰乙酸乙酯		Ethyl 4-chloro acetoacetate	$C_6H_9ClO_3$	638-07-3	
4	2-羟基乙酰胺-N,N-二椰油烷基衍生物		Acetamide,2-hydroxy-N,N-dicoco alkyl derives		866259-61-2	

序号	中文名称	中文别名	英文名称	英文别名	分子式	CAS号或流水号	备注
5	N,N-二乙酸-L-谷氨酸四钠		Tetrasodium N,N-bis（carboxylatomethyl）-L-glutamate		$C_9NO_8Na_4$	51981-21-6	
6	N-{2-[2-（二甲胺基）乙氧基]乙基}-N-甲基-1,3-丙二胺		N-{2-[2-（dimethylamino）ethoxy]ethyl}-N-methyl-1,3-propanediamine		$C_{10}H_{25}N_3O$	189253-72-3	
7	2,2'-（1,4-亚苯基二次甲基）双-,四乙基丙二酸酯		Propanedioic acid,2,2'-（1,4-phenylenedimethylidyne）bis-,tetraethyl ester		$C_{22}H_{26}O$	6337-43-5	
8	邻苯二甲酸酐和 2,3-吡啶二甲酸、尿素的反应产物与铜的配合物的氨基磺酰基、磺基、[2-[[4-[（3-磺苯基）氨基]-1,3,5-三嗪-2-基[氨基]乙基]氨基]磺酰基的钠盐		Copper,phthalic anhydride-2,3-pyridinedicarboxylic acid-urea reaction products complexes,aminosulfonyl sulfo[[2-[[4-[（3-sulfophenyl）amino]-6-[（4-sulfophenyl）amino]-1,3,5-triazin-2-yl]amino]ethyl]amino]sulfonyl derives.,sodium salts		$C_{(32-a)}H_{(16-a-1-m-n)}Cu$ $N_{(8+a)} \cdot (SO_3Na)_l \cdot (SO_2NH_2)_m \cdot (C_{17}H_{16}N_7Na_2O_8S_3)_n$ a: 代表吡啶环的数目，$0 \leqslant a \leqslant 3$	1025071-45-7	
9	2-[[2,7-二氢-3-甲基-2,7-二氧化-1-（3-磺基苯甲酰基）-3H-萘并[1,2,3-de]喹啉-6-基]氨基]-5-（己基磺酰基）苯磺酸二铵		Diammonium 2-[[2,7-dihydro-3-methyl-2,7-dioxo-1-（3-sulfobenzoyl）-3H-naphtho[1,2,3-de]quinolin-6-yl]amino]-5-（hexylsulfonyl）benzenesulfonate		$C_{36}H_{38}N_4O_{11}S_3$	1054448-65-5	
10	二苯碘鎓硝酸盐		Diphenyliodonium nitrate		$C_{12}H_{10}INO_3$	722-56-5	
11	5,5'-[2,2,2-三氟-1-（三氟甲基）亚乙基]双[2-羟基-1,3-苯二甲醇]		5,5'-[2,2,2-tri-Fluoro-1-（trifluoromethyl）ethylidene]bis[2-hydroxy-1,3-benzenedimethanol]		$C_{19}H_{18}O_6F_6$	441768-78-1	
12	二（2-羟乙基）-3-氨丙基三乙氧基硅烷		Bis（2-hydroxyethyl）-3-aminopropyltriethoxysilane		$C_{13}H_{31}NO_5Si$	7538-44-5	
13	1,2-丙二酮1-苯基-2-[邻-（乙氧基羰基）肟]		1,2-Propanedione,1-phenyl-2-[o-（ethoxycarbonyl）oxime]		$C_{12}H_{13}NO_4$	65894-76-0	
14	四（3-巯基丁酸）季戊四醇酯与三（3-巯基丁酸）季戊四醇酯的混合物		Mixture of [（3-sulfanylbutanoyl）oxy]-2,2-bis{[（3-sulfanylbutanoyl）oxy]methyl}propyl 3-sulfanylbutanoate and 3-hydroxy-2,2-bis {[（3-sulfanylbutanoyl）oxy]methyl}propyl 3-sulfanylbutanoate		$(C_{21}H_{36}O_8S_4)_x \cdot (C_{17}H_{30}O_7S_3)_y$	9504	
15	2-辛基-1-十二碳烯		2-Octyl-1-dodecene		$C_{20}H_{40}$	37624-31-0	

序号	中文名称	中文别名	英文名称	英文别名	分子式	CAS 号或流水号	备注
16	4-（2,7-二氢-3-甲基-2,7-二氧代-1-（3-磺酰苯甲酰-3H-萘并[1,2,3-de]喹啉-6-基胺）苯-1,3-二磺酸三铵		Triammonium 4-[2,7-dihydro-3-methyl-2,7-dioxo-1-（3-sulfonatobenzoyl）-3H-naphtho[1,2,3-de] quinoline-6-ylamino）benzene-1,3-disulfonate		$C_{30}H_{29}N_5O_{12}S_3$	878651-25-3	
17	4-氨基苯磺酸与重氮化的 4,4'-亚甲基双[2,6-二甲基苯胺]、N-（2-甲氧基苯基）-3-氧代丁酰胺和 2,4,6-三氯-1,3,5-三嗪反应产物的水解产物		Benzenesulfonic acid,4-amino-,reaction products with diazotized 4,4'-methylenebis[2,6-dimethyl benzenamine],N-（2-methoxyphenyl）-3-oxobut anamide and 2,4,6-trichloro-1,3,5-triazine,hydrolyzed		$[C_{11}H_{13}NO_3 \cdot C_6H_7NO_3S \cdot C_3Cl_3N_3 \cdot W_{99}]_x$	1165939-52-5	
18	2-（2-乙烯基氧基乙氧基）乙基丙烯酸酯		2-（2-Vinyloxyethoxy）ethyl acrylate		$C_9H_{14}O_4$	86273-46-3	
19	1,3-双（2-羟乙基）-5,5-二甲基-2,4-咪唑烷二酮		1,3-Bis（2-hydroxyethyl）-5,5-dimethyl-2,4-imidazolidinedione		$C_9H_{16}N_2O_4$	26850-24-8	
20	反式-2-（3-叔丁基-4-氰基-5-{2-（2,6-二乙基-4-甲基-3-磺苯胺合）-6-[2,6-二乙基-4-甲基-3-磺-N-（6-磺-1,3-苯并噻唑基偶氮基]吡唑-1-基）-1,3-苯并噻唑-6-磺酸四锂与四个磺基被中和为锂盐的 1-（1,3-苯并噻唑-2-基）-5-[6-（N-（1,3-苯并噻唑-2-基）-2,6-二乙基-4-甲基苯胺合）-6-[2,6-二乙基-4-甲基苯胺合]-3-吡啶偶氮基]-3-叔丁基-1-H-吡唑-4-腈的复杂反应混合物		Complex reaction mixture of cis-2-（3-tert-butyl-4-cyano-5-{2-（2,6-diethyl-4-methyl-3-sulfoanilino）-6-[2,6-diethyl-4-methyl-3-sulfo-N-（6-sulfo-1,3-benzothiazol-2-yl）anilino]-3-pyridylazo}pyrazol-1-yl）-1,3-benzothiazole-6-sulfonic acid,tetralithium salts,trans-2-（3-tert-butyl-4-cyano-5-{2-（2,6-diethyl-4-methyl-3-sulfoanilino）-6-[2,6-diethyl-4-methyl-3-sulfo-N-（6-sulfo-1,3-benzothiazol-2-yl）anilino]-4-methyl-3-pyridylazo}pyrazol-1-yl）-1,3-benzothiazole-6-sulfonic acid,tetralithium salts and1-（1,3-benzothiazole-2-yl）-5-[6-[N-（1,3-benzothiazole-2-yl）-2,6-diethyl-4-methylanilino]-4-methyl-2-（2,6-diethyl-4-methylanilino）-3-pyridylazo]-3-tert-butyl-1H-pyrazol-4-carbonitrile,carrying 4 sulfo groups neutralized as lithium salts		$C_{50}H_{48}Li_4N_{10}O_{12}S_6$	9505	

序号	中文名称	中文别名	英文名称	英文别名	分子式	CAS 号或流水号	备注
21	中性 7-[2-[5-氧基-4-甲基-2,6-双（4-磺基苯氨基）吡啶-3-基偶氮]-4-（2-萘基）噻唑-5-基偶氮]萘-1,3,5-三磺酸锂·钠混合盐		7-[2-[5-Cyano-4-methyl-2,6-bis（4-sulfophenylamino）pyridin-3-ylazo]-4-（2-naphtyl）thiazol-5-ylazol]naphthalene-1,3,5-trisulfonic acid,mixed lithium/sodium neutral salts		$C_{42}H_{24}Li_mN_9Na_nO_{15}S_6$（$m+n=5, 3 \le m \le 5$）	9506	
22	1,1'-（6-羟基-1,3,5-三吖嗪-2,4-二基）双[5-{5-氨基-3-叔丁基-1H-吡唑-4-基偶氮}-4-氰基-1H-吡唑-1-基]间苯二酸五钾		1,1'-(6-Hydroxy-1,3,5-triazine-2,4-diyl) bis[5-{5-amino-3-tert-butyl-1H-pyrazol-4-ylazo}-4-cyano-1H-pyrazol-1-yl} isophthalic acid] pentapotassium salt		$C_{41}H_{30}N_{19}O_9K_5$	9507	
23	（1R,2S）-rel-1,2-环己烷二甲酸钙盐（1:1）		1,2-Cyclohexanedicarboxylic acid,calcium salt (1:1) , (1R,2S) -rel-		$C_8H_{10}O_4 \cdot Ca$	491589-22-1	
24	1,2,3-三脱氧-4,6：5,7-双-O-[（4-丙基苯基）亚甲基]-壬甲醇		Nonitol,1,2,3-trideoxy-4,6 : 5,7-bis-O-[(4-propylphenyl) methylene]-		$C_{29}H_{40}O_6$	882073-43-0	
25	C_{18-50} 支链环化和直链的（费托）重馏分		Distillates (fischer-tropsch) ,heavy,C_{18-50}-branched, cyclic and linear		$C_{18}H_{38}$ 至 $C_{50}H_{102}$	848301-69-9	
26	2-甲基乙酰乙酸基苯胺与 4-乙酰乙基苯氨基磺酸化钾、3,3'-二氯联苯胺二盐酸盐、盐酸和亚硝酸钠的反应物及其钙盐和铝盐的混合体		Mixture of reaction product of 2'-methylacetoacetanilide,potassium 4-acetoacetylaminobenzenesulphonate,3,3'-dichlorobenzidine dihydrochloride,hydrogen chloride and sodium nitrite,and its calcium salt and its aluminium salt			1032192-65-6	
27	[29H,31H-酞菁合（2-）-κN29,κN30,κN31,κN32]锌的溴化氯化物		Zinc,[29H,31H-phthalocyaninato (2-) - κ N 29, κ N 30, κ N 31, κ N 32]-,brominated chlorinated		$C_{32}H_{16}N_8Zn \cdot Br \cdot Cl$	728018-63-1	
28	（2Z）-2-苯基-2-己烯腈		(2Z) -2-Phenyl-2-hexenenitrile		$C_{12}H_{13}N$	130786-09-3	
29	7-异丙基-2H,4H-1,5-苯并二氧杂七环-3-酮		7-Isopropyl-2H,4H-1,5-benzodioxepin-3-one		$C_{12}H_{14}O_3$	950919-28-5	
30	硫代辛酸 S-[3-（三乙氧基甲硅烷基）丙基]酯与 2-甲基-1,3-丙二醇和 3-（三乙氧基甲硅烷基）-1-丙硫醇的反应物		Octanethioic acid,S-[3- (triethoxysilyl) propyl] ester,reaction products with 2-methyl-1,3-propanediol and 3- (triethoxysilyl) -1-propanethiol			922519-17-3	

序号	中文名称	中文别名	英文名称	英文别名	分子式	CAS号或流水号	备注
31	3-二可可烷基胺基-1,2-丙二醇		3-(Dicoco alkylamino)-1,2-propanediol			9508	
32	2,3-二羟基-二[(2R,3R)-rel混合的C$_{12-16}$-烷基和富含C$_{13}$的C$_{11-14}$-异烷基]丁二酸酯		Butanedioic acid,2,3-dihydroxy-,mixed C$_{12-16}$-alkyl and C$_{13}$-rich C$_{11-14}$-isoalkyl diesters, (2R,3R) -rel			9509	
33	3-氨基-4-辛醇		3-Amino-4-octanol		$C_8H_{19}NO$	1001354-72-8	
34	2-(4-二乙氨基-2-羟基苯甲基)苯甲酸己酯		2-(4-Diethylamino-2-hydroxybenzoyl)-benzoic acid hexylester		$C_{24}H_{31}NO_4$	302776-68-7	
35	2-[4'-[二氟-(3,4,5-三氟-苯氧基)-甲基]-3',5'-二氟-[1,1'-联苯]-4-基]-5-乙基四氢-2H-吡喃		2-[4'-[Difluoro(3,4,5-trifluorophenoxy)methyl]-3',5'-difluoro[1,1'-biphenyl]-4-yl]-5-ethyltetrahydro-2H-Pyran		$C_{26}H_{21}F_7O_2$	787582-75-6	
36	2-[4'-[二氟-(3,4,5-三氟-苯氧基)-甲基]-3',5'-二氟-[1,1'-联苯]-4-基]-5-丙基四氢-2H-吡喃		2-[4'-[Difluoro(3,4,5-trifluorophenoxy)methyl]-3',5'-difluoro[1,1'-biphenyl]-4-yl]-5-propyltetrahydro-2H-Pyran		$C_{27}H_{23}F_7O_2$	700863-48-5	
37	4-丁基-4-乙基-2-氟-1,1,4,1-三联苯		4-Butyl-4-ethyl-2-fluoro-1,1,4,1-terphenyl		$C_{24}H_{25}F$	825633-75-8	
38	1,1,1,2,2,3,3,4,4,5,5,6,6-十三氟辛烷		1,1,1,2,2,3,3,4,4,5,5,6,6-Tridecafluorooctane		$C_8H_5F_{13}$	80793-17-5	
39	2-对氯苯基-3-氰基-4-溴-5-三氟甲基吡咯		2-(p-chlorophenyl)-3-cyano-4-bromo-5-triluoromethyl pyrrole		$C_{12}H_5BrClF_3N_2$	122454-29-9	

序号	中文类名	英文类名	流水号	备注
1	丙烯酰异氰酸酯	Acryloylisocyanate	9510	
2	芳醇、脂肪醇的己二酸二酯混合物	Mixture of hexanedioic acid diesters of aromatic alcohol and aliphatic alcohol	9511	
3	喹吖二酮化合物003	Quinacridone Compound 003	9512	
4	N-烷基吡咯烷二酮的衍生物	N-Alkyl pyrrolidinedione derivative	9513	

关于发布《污染源源强核算技术指南 平板玻璃制造》等五项国家环境保护标准的公告

生态环境部公告 2018 年第 59 号

为贯彻落实《中华人民共和国环境保护法》和《中华人民共和国环境影响评价法》，完善固定污染源环境管理技术支撑体系，指导和规范固定污染源源强核算工作，现批准《污染源源强核算技术指南 平板玻璃制造》《污染源源强核算技术指南 炼焦化学工业》《污染源源强核算技术指南 石油炼制工业》《污染源源强核算技术指南 有色金属冶炼》和《污染源源强核算技术指南 电镀》为国家环境保护标准，并予发布。

标准名称、编号如下：

《污染源源强核算技术指南 平板玻璃制造》（HJ 980—2018）；

《污染源源强核算技术指南 炼焦化学工业》（HJ 981—2018）；

《污染源源强核算技术指南 石油炼制工业》（HJ 982—2018）；

《污染源源强核算技术指南 有色金属冶炼》（HJ 983—2018）；

《污染源源强核算技术指南 电镀》（HJ 984—2018）。

以上标准自 2019 年 1 月 1 日起实施，由中国环境出版社出版，标准内容可在生态环境部网站（www.mee.gov.cn）查询。

特此公告。

生态环境部

2018 年 11 月 27 日

关于发布国家环境保护标准《电子加速器辐照装置辐射安全和防护》的公告

生态环境部公告 2018 年第 60 号

为贯彻《中华人民共和国放射性污染防治法》和《放射性同位素与射线装置安全和防护条例》，进一步规范射线装置的辐射安全监管，现批准《电子加速器辐照装置辐射安全和防护》为国家环境保护标准，并予发布。

标准名称、编号如下：

《电子加速器辐照装置辐射安全和防护》（HJ 979—2018）。

该标准自 2019 年 3 月 1 日起实施，由中国环境出版社出版，标准内容可在生态环境部网站（http：//www.mee.gov.cn）查询。

特此公告。

生态环境部

2018 年 11 月 30 日

关于发布《排污单位自行监测技术指南 电镀工业》
等五项国家环境保护标准的公告

生态环境部公告 2018 年第 61 号

为贯彻《中华人民共和国环境保护法》《中华人民共和国水污染防治法》《中华人民共和国大气污染防治法》，保护环境，保障人体健康，规范排污单位自行监测工作，现批准《排污单位自行监测技术指南 电镀工业》等五项标准为国家环境保护标准，并予发布。

标准名称、编号如下：

一、《排污单位自行监测技术指南 电镀工业》（HJ 985—2018）；

二、《排污单位自行监测技术指南 农副食品加工业》（HJ 986—2018）；

三、《排污单位自行监测技术指南 农药制造工业》（HJ 987—2018）；

四、《排污单位自行监测技术指南 平板玻璃工业》（HJ 988—2018）；

五、《排污单位自行监测技术指南 有色金属工业》（HJ 989—2018）。

以上标准自 2019 年 3 月 1 日起实施，由中国环境出版社出版，标准内容可在生态环境部网站（www.mee.gov.cn）查询。

特此公告。

生态环境部

2018 年 12 月 4 日

关于发布《国家大气污染物排放标准制订技术导则》等两项国家环境保护标准的公告

生态环境部公告 2018 年第 65 号

为贯彻《中华人民共和国环境保护法》和《中华人民共和国大气污染防治法》《中华人民共和国水污染防治法》，规范国家大气污染物排放标准和国家水污染物排放标准制订工作，指导地方大气污染物排放标准和地方水污染物排放标准制订工作，现批准《国家大气污染物排放标准制订技术导则》等两项国家环境保护标准，并予发布。

标准名称、编号如下：

一、《国家大气污染物排放标准制订技术导则》（HJ 945.1—2018）；

二、《国家水污染物排放标准制订技术导则》（HJ 945.2—2018）。

以上标准自 2019 年 1 月 1 日起实施，由中国环境出版集团出版，标准内容可在生态环境部网站（www.mee.gov.cn）查询。

特此公告。

生态环境部

2018 年 12 月 19 日

关于发布国家环境保护标准《辐射环境空气自动监测站运行技术规范》的公告

生态环境部公告 2018 年第 67 号

为贯彻《中华人民共和国环境保护法》《中华人民共和国放射性污染防治法》，规范辐射环境空气自动监测站运行维护和质量保证工作，现批准《辐射环境空气自动监测站运行技术规范》为国家环境保护标准，并予发布。

标准名称、编号如下：

《辐射环境空气自动监测站运行技术规范》（HJ 1009—2019）。

以上标准自 2019 年 3 月 1 日起实施，由中国环境出版集团出版，标准内容可在生态环境部网站（http：//www.mee.gov.cn）查询。

特此公告。

生态环境部

2018 年 12 月 24 日

关于调整《进口废物管理目录》的公告

生态环境部公告　2018 年第 68 号

为进一步规范固体废物进口管理，防治环境污染，根据《中华人民共和国固体废物污染环境防治法》《固体废物进口管理办法》及有关法律法规，生态环境部、商务部、发展改革委、海关总署对现行的《非限制进口类可用作原料的固体废物目录》和《限制进口类可用作原料的固体废物目录》进行以下调整：

将废钢铁、铜废碎料、铝废碎料等 8 个品种固体废物（见附件），从《非限制进口类可用作原料的固体废物目录》调入《限制进口类可用作原料的固体废物目录》，自 2019 年 7 月 1 日起执行。

《进口废物管理目录》（环境保护部、商务部、发展改革委、海关总署、质检总局 2017 年第 39 号公告）所附目录与本公告不一致的，以本公告为准。

特此公告。

附件：2019 年 7 月 1 日起调整为限制进口的固体废物目录

生态环境部

商务部

发展改革委

海关总署

2018 年 12 月 21 日

2019 年 7 月 1 日起调整为限制进口的固体废物目录

序号	海关商品编号	废物名称	证书名称	适用环境保护控制标准	其他要求或注释
1	7204100000	铸铁废碎料	废钢铁	GB 16487.6	
2	7204290000	其他合金钢废碎料	废钢铁	GB 16487.6	
3	7204300000	镀锡钢铁废碎料	废钢铁	GB 16487.6	
4	7204410000	机械加工中产生的钢铁废料（机械加工指车、刨、铣、磨、锯、锉、剪、冲加工）	废钢铁	GB 16487.6	
5	7204490090	未列明钢铁废碎料	废钢铁	GB 16487.6	
6	7204500000	供再熔的碎料钢铁锭	废钢铁	GB 16487.6	
7	7404000090	其他铜废碎料	铜废碎料	GB 16487.7	
8	7602000090	其他铝废碎料	铝废碎料	GB 16487.7	

注：海关商品编号栏仅供参考。

关于发布《污染源源强核算技术指南　纺织印染工业》等八项国家环境保护标准的公告

生态环境部公告　2018 年第 69 号

　　为贯彻落实《中华人民共和国环境保护法》和《中华人民共和国环境影响评价法》，完善固定污染源环境管理技术支撑体系，指导和规范固定污染源源强核算工作，现批准《污染源源强核算技术指南　纺织印染工业》《污染源源强核算技术指南　锅炉》《污染源源强核算技术指南　制药工业》《污染源源强核算技术指南　农药制造工业》《污染源源强核算技术指南　化肥工业》《污染源源强核算技术指南　制革工业》《污染源源强核算技术指南　农副食品加工工业—制糖工业》《污染源源强核算技术指南　农副食品加工工业—淀粉工业》为国家环境保护标准，并予发布。

　　标准名称、编号如下：

　　《污染源源强核算技术指南　纺织印染工业》（HJ 990—2018）；

　　《污染源源强核算技术指南　锅炉》（HJ 991—2018）；

　　《污染源源强核算技术指南　制药工业》（HJ 992—2018）；

　　《污染源源强核算技术指南　农药制造工业》（HJ 993—2018）；

《污染源源强核算技术指南 化肥工业》（HJ 994—2018）；

《污染源源强核算技术指南 制革工业》（HJ 995—2018）；

《污染源源强核算技术指南 农副食品加工工业—制糖工业》（HJ 996.1—2018）；

《污染源源强核算技术指南 农副食品加工工业—淀粉工业》（HJ 996.2—2018）。

以上标准自 2019 年 3 月 1 日起实施，由中国环境出版集团出版，标准内容可在生态环境部网站（www.mee.gov.cn）查询。

特此公告。

生态环境部

2018 年 12 月 25 日

关于发布进口货物的固体废物属性鉴别程序的公告

生态环境部公告 2018 年第 70 号

为贯彻《中华人民共和国固体废物污染环境防治法》和《固体废物进口管理办法》，加强进口固体废物的环境管理，规范进口货物的固体废物属性鉴别工作，现发布《进口货物的固体废物属性鉴别程序》（见附件）。

该程序自发布之日起实施，《关于发布固体废物属性鉴别机构名单及鉴别程序的通知》（环发〔2008〕18 号）同时废止。

特此公告。

附件：进口货物的固体废物属性鉴别程序

生态环境部

海关总署

2018 年 12 月 26 日

附件

进口货物的固体废物属性鉴别程序

1 总则

1.1 目的

为规范进口货物的固体废物属性鉴别工作，依据《中华人民共和国固体废物污染环境防治法》《固体废物进口管理办法》等相关规定，制定本程序。

1.2 适用范围

本程序适用于进口物质、物品的固体废物属性鉴别，及相关部门对鉴别机构的管理。

1.3 固体废物属性鉴别工作依据

（1）《中华人民共和国固体废物污染环境防治法》；

（2）《中华人民共和国进出口商品检验法》；

（3）《固体废物进口管理办法》；

（4）《进口废物管理目录》；

（5）《固体废物鉴别标准　通则》（GB 34330）；

（6）《中华人民共和国进出口税则》；

（7）《国家危险废物名录》。

1.4 术语和定义

（1）固体废物属性鉴别

是指判断进口物质、物品是否属于固体废物以及判断其所属固体废物类别的活动。

（2）鉴别机构

是指接受海关、生态环境主管部门等的委托，从事固体废物属性鉴别的机构。

（3）委托方

是指向鉴别机构提出鉴别申请的机构或单位。

（4）委托鉴别

是指由委托方向鉴别机构申请进行固体废物属性鉴别的行为。

（5）复检鉴别

是指对已经出具鉴别结论的同一批进口货物再次进行固体废物属性鉴别的活动。

（6）样品

是指从整批进口货物中抽取，并能完整、真实地展示和反映货物属性特征的少量实物。

2 固体废物属性鉴别工作程序

固体废物属性鉴别工作程序主要包括鉴别委托和受理、鉴别、复检、分歧或异议处理等。

2.1 鉴别委托与受理

（1）委托鉴别时，委托方应向鉴别机构提交以下材料：

①委托鉴别申请函（需说明鉴别原因）；

②鉴别货物产生来源信息；

③申请复检鉴别时应提交自我申明以及已进行的检验或鉴别材料；

④鉴别机构要求的其他必要信息。

（2）鉴别机构同意受理委托，应告知委托方所需鉴别工作费用和时间。

2.2 一般鉴别

属于以下情形之一的，委托方可委托鉴别机构对物质、物品是否属于固体废物和固体废物类别进行鉴别：

（1）海关因物质或物品属性专门性问题难以作出是否将进口货物纳入固体废物管理范围决定的，可由海关委托鉴别机构进行固体废物属性鉴别；

（2）海关缉私部门查处的走私货物需要进行固体废物属性鉴别的；生态环境主管部门

和其他政府机构等在监督管理过程中需要进行固体废物属性鉴别的；

（3）行政部门、司法机关受理收货人或其代理人有关行政复议、行政诉讼等后可视需求委托鉴别机构进行固体废物属性鉴别。

2.3 复检鉴别

收货人或其代理人对海关将其进口货物纳入固体废物管理范围持有异议的，可申请复检鉴别，由海关委托鉴别机构进行固体废物属性复检鉴别。复检鉴别最多执行一次。已承担过该批货物鉴别任务的鉴别机构原则上不接受复检鉴别委托。

复检鉴别时委托方应将海关判定依据（检验查验报告或鉴别报告）书面告知复检鉴别机构，该批货物已经过鉴别的，受理复检鉴别的机构应将复检鉴别受理行为书面告知首次鉴别机构。委托方没有进行告知的复检鉴别及其结论视为无效。鉴别机构应在鉴别报告中注明为复检鉴别。

2.4 分歧或异议处理

复检鉴别与首次鉴别的结论不一致的，或者相关方对鉴别结论存在严重分歧的，或者没有合适的鉴别机构进行鉴别的，相关方（如海关、司法机关、收货人或其代理人等）可向海关总署提出书面申请，申请时需提交已进行的固体废物属性鉴别报告及相关材料，并书面说明各相关方对鉴别结论的不同意见及理由。海关总署就申请征求生态环境部意见。

生态环境部会同海关总署组织召开专家会议进行研究，专家组成员由生态环境部、海关总署推荐的专家组成，实施该进口货物的固体废物属性检验和鉴别机构的人员不应作为专家组成员。专家会议达成的一致意见应作为最终处理意见，因客观证据不充分导致专家会议难以达成一致意见的，需要提出具体的下一步工作要求，如补充分析检测数据，需要再次召开专家会议的，由生态环境部确定时间和地点。

3 固体废物属性鉴别技术规定

3.1 采样要求

（1）原则上由海关负责对鉴别物质、物品进行采样，也可根据鉴别物质、物品的现场管理情况，由海关联合鉴别机构进行采样；

（2）采样时应做好采样记录并保存好样品；

（3）集装箱货物采样前应全部开箱进行观察，如各集装箱货物外观特征或物理性状一致，按照表 1 规定采用简单随机采样法进行采样；如货物外观特征或物理性状不一致，应分类采样、分开包装、分别送检；

表 1　集装箱采样份数及要求

整批货物集装箱数量/个	1～3	4～8	9～17	18～30	31～55	56～80	81～120	>120
随机抽取集装箱数量/个（≥）	1	3	5	7	9	12	16	20
采样份数/份（≥）	2	3	5	7	9	12	16	20

（4）散装货物的采样份数按照每 25 吨折算为一个集装箱货物后，按照表 1 要求进行采样；

（5）容器盛装的液态货物，分别从容器的上部和下部采取样品混合成 1 份样品；多个盛装容器的液态货物参照表1进行采样；

（6）已经转移到货场或堆场的大批量散货（200吨以上，包括拆包后的散货），如果外观具有相对一致性和均匀性，表1的采样份数可适当减少，但不应少于3份，并做好相应的记录和情况说明；

（7）每份样品采样量应符合鉴别机构的要求，应至少满足实验室测试和留样的基本需求。固态样品推荐为4～5 kg，液态样品推荐为2～2.5 kg，具体采样量由鉴别机构自行设定。委托方保留相同备份样品。对于散装货物有取制样标准的，可以按照相应取制样标准采样、制样；

（8）通常情况下，所采样品保留不少于1年，相关记录保留不少于3年，涉案样品和记录应保存至结案。如属于危险品、易腐烂/变质样品以及其他不能长期保留的样品，鉴别机构应告知委托方并进行无害化处理，保留相关记录。

3.2 样品分析检测

（1）样品的分析检测项目选择应以判断物质产生来源和属性为主要目的，根据不同样品特点有选择性地进行分析检测，包括但不限于外观特征、物理指标、主要成分及含量、主要物质化学结构、杂质成分及含量、典型特征指标、加工性能、危险废物特性等；

（2）样品的分析检测应符合相关规范，鉴别机构的实验室管理规范、制度齐全；当需要分包进行分析检测时，应优先选择有计量认证资质的实验室，或者选择有经验的专业实验室。

3.3 样品属性鉴别判断

（1）将鉴别样品的理化特征和特性分析结果与文献资料、产品标准等进行对比分析，必要时可咨询相关行业专家，确定鉴别样品的基本产生工艺过程；

（2）依据《固体废物鉴别标准 通则》（GB 34330）对鉴别样品进行固体废物属性判断；

（3）同一份鉴别样品或同一批鉴别样品为固体废物和非固体废物混合物的，应在工艺来源或产生来源的合理性分析基础上，进行整体综合判断，当发现明显混入有害组分时应从严要求。

3.4 现场鉴别

（1）对不适合送样鉴别的待鉴别物质、物品，鉴别机构可进行现场鉴别；

（2）现场鉴别时，应对该批鉴别货物全部打开集装箱进行察看，记录和描述开箱货物特征；

（3）现场鉴别掏箱查验数不少于该批鉴别货物集装箱数量的10%，根据现场情况，掏箱操作可实行全掏、半掏或1/3掏，以能够看清和掌握货物整体状况为准，记录和描述掏箱货物特征；如果开箱后的货物较少，不需要掏箱便可准确判断箱内货物状况的，可以不实施掏箱；

（4）掏出的货物拆包/件的查验比例应不少于该箱掏出货物的20%，记录和描述掏箱和拆包货物特征；

（5）对散装海运和陆运的固体废物现场鉴别，实施100%查验，落地查验数量不少于该批鉴别货物数量的10%。

3.5 鉴别报告编写

（1）鉴别报告应包含必要的鉴别信息，如委托方、样品来源、报关单号、收样时间、样品标记、样品编号、样品外观描述、鉴别工作依据、鉴别报告签发时间、鉴别报告编号等，依据现场查验即可完成的鉴别报告可适当简化；

（2）鉴别报告应编写规范，条理清晰，分析论证合理，属性结论明确；

（3）鉴别报告至少应有鉴别人员和审核人员签字，加盖鉴别机构的公章；

（4）需要对已经发出的鉴别报告进行修改或补充时，应收回已发出的报告原件，并在重新出具的鉴别报告中进行必要的说明。

3.6 鉴别时限要求

（1）接受委托后，鉴别机构应尽快开展鉴别工作，出具鉴别报告，对委托样品的鉴别时间从确定接收鉴别样品算起，原则上不应超过 35 个工作日；特殊情况可适当延长鉴别时间，但鉴别机构应及时告知委托方；

（2）对委托进行的现场鉴别，从完成现场查验算起，原则上不应超过 5 个工作日，但不包括采样与实验室分析检测所需要的时间；

特殊情况可适当延长鉴别时间，但鉴别机构应及时告知委托方。

4 鉴别机构管理

（1）生态环境部、海关总署建立部门间的固体废物属性鉴别沟通机制，鉴别机构向各自的主管部门报送鉴别情况，包括鉴别案例任务、发现的主要问题、对策建议等；

（2）鉴别机构和委托方应采取保密措施，鉴别期间不得向相关当事方及其他无关人员泄露鉴别信息，鉴别报告或鉴别结论在保密期限内不得向其他无关人员泄露；

（3）生态环境部、海关总署对鉴别机构实行动态管理，对鉴别报告存在重大疑义或受到多次投诉举报的，进行重点检查，对发现业务水平低、管理混乱、弄虚作假、涉嫌违法违规鉴别的，依法依规进行处理；

（4）在固体废物属性鉴别费用没有纳入国家相关部门财政预算的情况下，鉴别费用按照委托鉴别样品数收取，或者由鉴别机构自行决定，原则上由委托方支付。

关于发布《环境空气 降水中有机酸（乙酸、甲酸和草酸）的测定 离子色谱法》等五项国家环境保护标准的公告

生态环境部公告 2018 年第 71 号

为贯彻《中华人民共和国环境保护法》，保护生态环境，保障人体健康，规范生态环境监测工作，现批准《环境空气 降水中有机酸（乙酸、甲酸和草酸）的测定 离子色谱法》等五项标准为国家环境保护标准，并予发布。

标准名称、编号如下：

一、《环境空气 降水中有机酸（乙酸、甲酸和草酸）的测定 离子色谱法》（HJ 1004—

2018）；

二、《环境空气　降水中阳离子（Na^+、NH_4^+、K^+、Mg^{2+}、Ca^{2+}）的测定　离子色谱法》（HJ 1005—2018）；

三、《固定污染源废气　挥发性卤代烃的测定　气袋采样-气相色谱法》（HJ 1006—2018）；

四、《固定污染源废气　碱雾的测定　电感耦合等离子体发射光谱法》（HJ 1007—2018）；

五、《卫星遥感秸秆焚烧监测技术规范》（HJ 1008—2018）。

以上标准自 2019 年 6 月 1 日起实施，由中国环境出版集团出版，标准内容可在生态环境部网站（kjs.mee.gov.cn/hjbhbz/）查询。

特此公告。

生态环境部

2018 年 12 月 26 日

关于发布《土壤和沉积物　醛、酮类化合物的测定　高效液相色谱法》等三项国家环境保护标准的公告

生态环境部公告　2018 年第 72 号

为贯彻《中华人民共和国环境保护法》，保护生态环境，保障人体健康，规范生态环境监测工作，现批准《土壤和沉积物　醛、酮类化合物的测定　高效液相色谱法》等三项标准为国家环境保护标准，并予发布。

标准名称、编号如下：

一、《土壤和沉积物　醛、酮类化合物的测定　高效液相色谱法》（HJ 997—2018）；

二、《土壤和沉积物　挥发酚的测定　4-氨基安替比林分光光度法》（HJ 998—2018）；

三、《固体废物　氟的测定　碱熔-离子选择电极法》（HJ 999—2018）。

以上标准自 2019 年 6 月 1 日起实施，由中国环境出版集团出版，标准内容可在生态环境部网站（kjs.mee.gov.cn/hjbhbz/）查询。

特此公告。

生态环境部

2018 年 12 月 26 日

关于发布《水质　粪大肠菌群的测定　滤膜法》
等五项国家环境保护标准的公告

生态环境部公告　2018 年第 73 号

为贯彻《中华人民共和国环境保护法》，保护生态环境，保障人体健康，规范生态环境监测工作，现批准《水质　粪大肠菌群的测定　滤膜法》等五项标准为国家环境保护标准，并予发布。

标准名称、编号如下：

一、《水质　粪大肠菌群的测定　滤膜法》（HJ 347.1—2018）；

二、《水质　粪大肠菌群的测定　多管发酵法》（HJ 347.2—2018）；

三、《水质　细菌总数的测定　平皿计数法》（HJ 1000—2018）；

四、《水质　总大肠菌群、粪大肠菌群和大肠埃希氏菌的测定　酶底物法》（HJ 1001—2018）；

五、《水质　丁基黄原酸的测定　液相色谱-三重四极杆串联质谱法》（HJ 1002—2018）。

以上标准自 2019 年 6 月 1 日起实施，由中国环境出版集团出版，标准内容可在生态环境部网站（kjs.mee.gov.cn/hjbhbz/）查询。

自以上标准实施之日起，《水质　粪大肠菌群的测定　多管发酵法和滤膜法（试行）》（HJ/T 347—2007）废止。

特此公告。

生态环境部

2018 年 12 月 26 日

关于发布《铜冶炼废水治理工程技术规范》和《铜冶炼
废气治理工程技术规范》国家环境保护标准的公告

生态环境部公告　2018 年第 74 号

为贯彻《中华人民共和国环境保护法》，规范相关行业污染防治工程建设和运行管理，现批准《铜冶炼废水治理工程技术规范》和《铜冶炼废气治理工程技术规范》为国家环境保护标准，并予公布。

标准名称、编号如下：

一、《铜冶炼废水治理工程技术规范》（HJ 2059—2018）；

二、《铜冶炼废气治理工程技术规范》（HJ 2060—2018）。

以上标准自 2019 年 3 月 1 日起实施，由中国环境出版集团出版，标准内容可在生态环境部网站（http：//www.mee.gov.cn/）查询。

特此公告。

生态环境部

2018 年 12 月 28 日

关于发布《环境空气挥发性有机物气相色谱连续监测系统技术要求及检测方法》等四项国家环境保护标准的公告

生态环境部公告　2018 年第 75 号

为贯彻《中华人民共和国环境保护法》，保护生态环境，保障人体健康，规范生态环境监测工作，现批准《环境空气挥发性有机物气相色谱连续监测系统技术要求及检测方法》等四项标准为国家环境保护标准，并予发布。

标准名称、编号如下：

一、《环境空气挥发性有机物气相色谱连续监测系统技术要求及检测方法》（HJ 1010—2018）；

二、《环境空气和废气　挥发性有机物组分便携式傅里叶红外监测仪技术要求及检测方法》（HJ 1011—2018）；

三、《环境空气和废气　总烃、甲烷和非甲烷总烃便携式监测仪技术要求及检测方法》（HJ 1012—2018）；

四、《固定污染源废气非甲烷总烃连续监测系统技术要求及检测方法》（HJ 1013—2018）。

以上标准自 2019 年 7 月 1 日起实施，由中国环境出版集团出版，标准内容可在生态环境部网站（kjs.mee.gov.cn/hjbhbz/）查询。

特此公告。

生态环境部

2018 年 12 月 29 日

关于发布 2018 年《国家先进污染防治技术目录（大气污染防治领域）》的公告

生态环境部公告 2018 年第 76 号

为贯彻《中华人民共和国环境保护法》《中华人民共和国大气污染防治法》，推动大气污染防治领域技术进步，满足污染治理对先进技术的需求，我部组织筛选了一批大气污染控制先进技术，编制形成 2018 年《国家先进污染防治技术目录（大气污染防治领域）》（见附件），现予发布。

附件：2018 年《国家先进污染防治技术目录（大气污染防治领域）》

生态环境部

2018 年 12 月 29 日

附件：

2018 年《国家先进污染防治技术目录（大气污染防治领域）》

序号	技术细分领域	技术名称	工艺路线	主要技术指标	技术特点	适用范围	技术类别
1	工业烟气污染防治	钢铁窑炉烟气颗粒物预荷电袋式除尘技术	钢铁窑炉高温烟气先经冷却器降温至 60℃～200℃后，经粉尘预荷电装置荷电，再经气流分布装置进入袋滤器，细颗粒物被超细面层精细滤料截留去除	颗粒物排放浓度可<10 mg/m³。运行阻力 700～1 000 Pa	采用复合式预荷电+袋滤器结构可显著降低设备运行阻力	，钢铁及有色等行业窑炉除尘	推广技术
2		静电滤槽电除尘技术	在电除尘器收尘板末端设置采用冷拔锰镍合金丝织成的微孔网状结构静电滤槽收尘装置，可有效捕集振打清灰产生的二次扬尘	颗粒物排放浓度可<5 mg/m³	增加电除尘器有效收尘面积，有效控制振打清灰产生的二次扬尘	钢铁及有色等行业窑炉除尘	推广技术

序号	技术细分领域	技术名称	工艺路线	主要技术指标	技术特点	适用范围	技术类别
3		转炉煤气干法电除尘及煤气回收成套技术	转炉出炉煤气经冷却降温并调质后，采用圆筒形防爆电除尘器除尘。煤气符合回收条件时，经冷却器直接喷淋冷却至70℃以下进入气柜；不符合回收条件时，通过烟囱点火放散。蒸发冷却器内约30%的粗粉尘沉降到底部，粗灰返回转炉循环利用	转炉炉口处烟气含尘量约200 g/m³，经除尘后颗粒物排放浓度可＜10 mg/m³；氧气（O_2）浓度＜1%时，煤气完全回收利用	实现了转炉煤气的干法深度净化、粉尘循环利用、煤气高效回收，及全系统的自动化、智能化保证了系统的运行安全	钢铁行业40～350 t/h转炉一次除尘	推广技术
4		转炉煤气湿法洗涤与湿式电除尘复合除尘技术	转炉一次烟气经湿法洗涤除尘后进入湿式电除尘器除尘，形成湿式除尘与双电场湿式电除尘器串联形式的复合除尘系统。湿式电除尘极板上收集的粉尘经水冲洗后送至水处理厂处理	出口颗粒物浓度可＜20 mg/m³	湿法洗涤结合湿式电除尘，大幅提高转炉烟气除尘效率	钢铁行业转炉一次烟气除尘	示范技术
5	工业烟气污染气防治	炭基催化剂多污染物协同脱除及资源化利用技术	利用炭基催化剂的选择性催化还原性能，喷入氨将氮氧化物（NO_x）还原为氮气（N2）；利用炭基催化剂的吸附性能，吸附烟气中二氧化硫（SO_2），吸附饱和后催化剂可再生循环使用。解吸出富含SO_2的气体用于生产浓硫酸、硫酸铵、液体SO_2等产品	入口SO_2浓度约500～3 000 mg/m³、NO_x浓度约200～650 mg/m³时，出口SO_2浓度≤10 mg/m³、NO_x浓度≤50 mg/m³。反应器入口温度120℃～150℃	采用两级移动床工艺，实现多污染物协同脱除	燃煤工业锅炉、钢铁行业烟气净化	推广技术
6		多孔碳低温催化氧化烟气脱硫技术	烟气经预处理系统除尘、调质，当温度、颗粒物浓度、水分、氧浓度等指标满足要求后进入装填有多孔碳催化剂的脱硫塔。烟气经过催化剂床层时，SO_2、O_2、水（H_2O）被催化剂捕捉并催化氧化生成硫酸，脱硫塔出口烟气达标排放饱和催化剂可水洗再生，再生淋洗液可用于制备硫酸铵	入口烟气中SO_2浓度≤8 000 mg/m³时，出口SO_2浓度≤50 mg/m³，出口硫酸雾浓度≤5 mg/m³。脱硫塔内反应温度50℃～200℃，空塔气速≤0.5 m/s	脱硫效率高，可适应烟气量及SO_2浓度波动大的情况	硫酸、焦化、钢铁、有色等行业烟气脱硫	示范技术
7		电解铝烟气氧化铝脱氟除尘技术	采用氧化铝作为吸收剂净化电解铝烟气中氟化物。利用离心力作用，通过旋转方式将氧化铝从烟道中心甩入四周烟气中，氧化铝和烟气混合后迅速吸附烟气中氟化物，烟气进入袋式除尘器净化达标排放	出口颗粒物浓度可＜5 mg/m³，细颗粒物（$PM_{2.5}$）净化效率可达98%以上，氟化物浓度可＜0.5 mg/m³。系统运行阻力＜600 Pa	）无动力自离散旋转加料反应器加料混合均匀，同步做到除氟、除尘	电解铝行业烟气净化	推广技术

序号	技术细分领域	技术名称	工艺路线	主要技术指标	技术特点	适用范围	技术类别
8		电炉烟气多重捕集除尘与余热回收技术	电炉炉内排烟经余热锅炉回收余热降温后经袋式除尘器除尘达标排放；采用"半密闭导流烟罩+屋顶贮留集尘罩+铁水溜槽排烟罩"相结合的方式全过程捕集电炉在加废钢、兑铁水、熔炼、出钢等过程中产生的排烟，烟气在半密闭导流烟罩及铁水溜槽排烟罩导流作用下流经屋顶贮留集尘罩，再经袋式除尘器除尘达标排放采用炉内一次排烟和炉外移动半密闭罩二次排烟相结合的方式捕集钢包电弧炉烟气，经袋式除尘器除尘达标排放	电炉炉内排烟除尘系统入口颗粒物平均浓度为10～13 g/m³，钢包电弧炉除尘系统入口颗粒物平均浓度 16 g/m³；除尘后出口颗粒物平均浓度可＜10 mg/m³	余热锅炉回收电炉炉内排烟余热；采用组合式集气装置有效捕集烟气，除尘效率高	电炉冶炼过程中产生的高温含尘烟气治理	推广技术
9	工业烟气污染防治	焦炉烟气中低温选择性催化还原(SCR)脱硝技术	脱硫后烟气与喷氨段喷入的氨初步混合后通过烟气均布段进行充分混合，然后经管道送入低温 SCR 脱硝催化剂段，将烟气中 NOₓ 还原为 N₂ 和 H₂O	运行烟气温度200 ℃～280 ℃，入口 NO_x 浓度 ≤1 200 mg/m³，出口 NO_x 浓度 ≤130 mg/m³；系统氨逃逸≤3 ppm，阻力≤1 500 Pa	实现低温 SCR 脱硝，催化剂活性可原位恢复，反应器可模块化组装	焦炉烟气脱硝	推广技术
10		焦化烟气旋转喷雾法脱硫+SCR脱硝技术	采用高速旋转雾化器将碱性浆液雾化成细小雾滴与烟气接触反应脱硫，雾滴被烟气热量干燥为固体颗粒物后经袋式除尘器去除；脱硫除尘后烟气经热风炉升温后进入 SCR 脱硝系统与喷入的氨气混合，在导流板作用下均匀流向催化剂床层，将其中 NOₓ 还原脱除后达标排放	出口烟气中颗粒物浓度可＜10 mg/m³，SO_2 浓度可＜30 mg/m³，NO_x 浓度可＜130 mg/m³	排除了 SO_2 对脱硝的影响，有利于减少脱硝催化剂填装量、延长催化剂寿命	焦炉烟气净化	示范技术
11		陶瓷触媒管式多污染物协同控制技术	烟气经换热降温至 400 ℃以下，与烟道喷入的氢氧化钙粉充分混合脱除烟气中酸性气体，再与喷入烟道的氨水雾化氨气、吸附剂粉混合，然后进入陶瓷一体化反应釜，通过陶瓷触媒滤管实现 SCR 脱硝及高效除尘，净化烟气经余热锅炉回收余热后达标排放	出口 NO_x 浓度可＜100 mg/m³，硫氧化物(SO_x浓度可＜20 mg/m³，颗粒物浓度可＜5 mg/m³，氟化氢（HF）浓度可＜5 mg/m³，氨逃逸可＜5 ppm	)协同脱除烟气中颗粒物、SO_x、NO_x、HF 等污染物	玻璃窑炉烟气净化	示范技术

序号	技术细分领域	技术名称	工艺路线	主要技术指标	技术特点	适用范围	技术类别
12		催化裂化再生烟气除尘脱硫技术	催化裂化再生烟气先经换热器降温后进入袋式除尘器除尘，然后采用氢氧化钠溶液喷淋与烟气中SO_2逆向接触进行湿法烟气脱硫，脱硫后烟气经换热器升温后排放	出口颗粒物浓度可<10 mg/m³，除尘效率和脱硫效率均可达 99%以上	实现催化裂化再生烟气高效除尘，提高后续脱硫效率	催化裂化、催化裂解装置再生烟气净化	推广技术
13		湿法电石渣烟气脱硫技术	采用电石渣制成的浆液作为脱硫吸收剂，在吸收塔内自上而下与烟气逆流接触，烟气中SO_2与浆液中氢氧化钙反应脱除，脱硫浆液在吸收塔底部浆池强制氧化生成石膏	出口 SO_2 浓度可<35 mg/m³	采用电石渣作为吸收剂脱硫，实现以废治废、资源综合利用	燃煤工业锅炉、非电行业烟气脱硫	推广技术
14	工业烟气污染防治	电除尘器用脉冲高压电源	将脉冲宽度 100 μS 及以下的窄脉冲电压波形叠加到基础直流高压上，在电场电极上施加快速上升的脉冲电压，使电晕线上产生均匀的电晕分布和强烈的电晕放电，显著提高电场内部击穿电压，使粉尘更多荷电。同时，在不降低或提高峰值电压的情况下，通过改变脉冲重复频率调节电晕电流，实现在较低的电流密度下收尘	粉尘排放浓度和运行能耗可分别降低 30%以上	改善粉尘尤其是细微粉尘的荷电效率，可大幅提高除尘效率、降低运行能耗	电除尘器	推广技术
15		燃煤电厂烟气低低温电除尘余热利用技术	用热回收器吸收除尘器进口烟气余热后，进入电除尘器的烟气温度由低温状态（120℃～170℃）下降到低低温状态（85℃～110℃），提高电除尘效率。热回收器吸收的烟气余热通过再加热器加热脱硫后湿烟气，使脱硫后烟温由 45℃～50℃提升到 70℃以上。热回收器与再加热器间通过管路系统实现闭式循环	电除尘器出口颗粒物浓度可≤20 mg/m³。热回收器出口烟温（除尘器入口）85℃～110℃，再加热器出口烟温≥70℃	提高电除尘效率，实现余热利用	燃煤电站及燃煤工业锅炉烟气治理	推广技术

序号	技术细分领域	技术名称	工艺路线	主要技术指标	技术特点	适用范围	技术类别
16		燃煤电厂SCR系统智能喷氨技术	采用预测控制技术提前预测入口 NO_x 浓度等关键参数，耦合运行数据智能预测矫正等控制策略实现SCR系统喷氨总量优化控制；根据运行数据解析喷氨格栅前烟气流动、NO_x 浓度分布时空变化实现喷氨自动调控，使喷氨格栅前烟道截面内氨与 NO_x 实现更优匹配	出口 NO_x 浓度平均波动偏差降低30%，氨消耗量降低10%左右	实现精准喷氨，减少了氨逃逸	燃煤电厂SCR脱硝系统	推广技术
17		静电增强除雾技术	在传统除雾器基础上增设电晕极，当湿冷烟气以一定流速通过除雾器各电场通道时，烟气中液滴及颗粒等荷电，并在电场力、气流流经阳极板时产生的离心力和惯性力的多重作用下撞击到阳极板上汇集形成水膜落至收集器内，实现除尘除雾	出口颗粒物浓度可≤10 mg/m³。系统运行阻力<150 Pa	除尘除雾效率高	燃煤电站及燃煤工业锅炉烟气深度净化	推广技术
18	工业烟气污染防治	湿式相变凝聚除尘及余热回收集成装置	将湿法脱硫后烟气通入众多氟塑料、小直径冷凝管组成的管束换热器回收余热，适度降低烟气温度，使饱和烟气中水蒸气在微细颗粒物表面冷凝，促进颗粒物凝聚，提高细颗粒物捕集效率	颗粒物排放浓度可≤5 mg/m³	同时净化湿法脱硫后烟气中的细颗粒物和三氧化硫（SO_3），并可实现烟气余热利用	燃煤电站、燃煤工业锅炉除尘	示范技术
19		湿法白泥燃煤烟气脱硫技术	采用工业废弃物白泥作为脱硫剂对燃煤烟气进行两级湿法喷淋脱硫，一级脱硫采用吸收塔底部浆液循环喷淋，二级脱硫采用吸收塔外浆液池（AFT）浆液循环喷淋	脱硫效率可达99%以上	利用工业废弃物白泥作为脱硫剂脱硫，实现以废治废、资源综合利用	造纸企业周边燃煤锅炉、窑炉脱硫	示范技术
20		烟道喷射碱性吸附剂脱除 SO_3 协同除 Hg 技术	在SCR脱硝系统后烟道内喷射碱性吸附剂与烟气中 SO_3 和汞（Hg）反应生成固体颗粒物，再经除尘实现对烟气中 SO_3 和Hg的有效脱除	空预器入口 SO_3 浓度可达5ppm以下，净烟气中汞浓度可达 1 μg/m³ 以下	实现 SO_3 高效控制的同时协同控制Hg	电力行业燃煤机组烟气净化	示范技术
21		含硫化氢尾气制硫酸技术	先燃烧含硫化氢尾气生成 SO_2，SO_2 再经催化氧化生成 SO_3，SO_3 与水蒸汽结合生成硫酸蒸汽，硫酸蒸汽再经冷凝成为硫酸	硫回收率≥99.8%，排放尾气中 SO_2 浓度可≤100 mg/m³	将有害气体硫化氢（H_2S）转变成工业原料	合成氨工业含 H_2S 废气治理	推广技术

序号	技术细分领域	技术名称	工艺路线	主要技术指标	技术特点	适用范围	技术类别
22	工业烟气污染防治	面源扬尘的集约化治理技术	以环境空气质量监测数据为依据、水性聚合物抑尘剂为主体、智慧化喷洒作业为实施方式，提高堆场和城区扬尘治理的有效性。根据 PM2.5 可吸入颗粒物（PM_{10}）实时监测结果及其变化趋势，确定水性聚合物抑尘剂的用量和喷洒频次根据尘源属性确定抑尘剂的品种，根据实时气象参数、尘源状态以及周边环境状况制定并实施喷洒作业方案	露天煤炭堆场治理期间，和建筑工地的 PM_{10} 浓度可降低 30%～50%	集监测、抑尘剂和喷洒作业技术于一体，污染治理的针对性和有效性明显提升	城区及煤炭堆场、建筑工地回填土堆场扬尘治理	示范技术
23	挥发性有机工业废气污染防治	平版印刷零醇润版洗版技术	采用亲水性材料制作计量辊、串水辊、着水辊及水斗辊，仅用水即可完成平版印刷的润版和洗版过程，无需添加酒精、异丙醇及其他醇类醚类物质。印品质量和生产效率不低于传统技术	挥发性工业有机废气（VOCs）排放削减量可＞98%，润洗版废液排放削减量可＞87%	无醇润版洗版，从源头减排 VOCs	包装印刷行业平版印刷系统 VOCs 减排	推广技术
24		包装印刷行业节能优化及废气收集处理一体化技术	将印刷车间进行区域划分，使车间内无组织废气流入节能型热风输出及废气预处理设备（ESO）；ESO 采用平衡式送排风方式，使各个干燥烘箱的排风可以多级利用，减风增浓；经 ESO 浓缩后的废气送入 VOCs 氧化设备净化处理	排风量减少 70% 以上，VOCs 浓度可提高 3 倍以上，减风增浓后可直接进入氧化设备净化	提高包装印刷行业 VOCs 废气浓度，有利于后续氧化燃烧及余热回收	包装印刷等行业 VOCs 治理	推广技术
25		人造板低温粉末涂装技术	粉末涂料通过静电喷涂于人造板表面，然后通过中红外波辐射固化形成漆膜。喷涂前对板件表面采用紫外光及热双固化的水性紫外光（UV固化涂料体系进行喷涂封闭处理，喷涂后采用特殊打磨抛光工艺形成镜面效果，通过热转印生成纹理装饰效果	漆膜固化温度 90℃～115℃，一次性喷涂漆膜厚度可达 50～80 μm。VOCs 接近零排放	封边采用水性紫外光（UV）固化涂料，边部光滑不开裂，粉末涂料固化温度低，VOCs 源头减排	人造板涂装	推广技术
26		木质家具水性涂料 LED 光固化技术	将水性涂料的环保性和发光二极管（LED）光固化的漆膜性能结合，实现在 395 nmLED 光源下的水性漆固化干燥，从源头减少 VOCs 和臭氧排放	水性涂料VOCs含量低，排气中臭氧浓度＜0.1 ppm。LED 光源寿命长达 2 万～3 万 h，能耗仅为 UV 光源的 10%～20%	采用长波紫外 LED 灯光固化水性涂料，臭氧产生量少，VOCs 排放量小	木质家具制造业	示范技术

序号	技术细分领域	技术名称	工艺路线	主要技术指标	技术特点	适用范围	技术类别
27		定形机废气余热回收及处理技术	废气先经具有自动清理功能的多级过滤装置去除毛絮，然后经气水换热装置回用热量；再经多级除蜡除杂装置除去蜡质、树脂等粘附物，喷淋降温除去部分颗粒物并使油烟冷凝后，经机械和静电装置去除油烟和颗粒物，并利用回收的热量对烟气加热升温后排放。废水经油水分离并净化后达标排放，废油委托有资质的单位处理处置	出口染整油烟排放浓度和颗粒物排放浓度均可＜10 mg/m³	集成多种污染治理技术和余热回收技术，实现节能减排	印染、化纤行业定形机废气治理	推广技术
28		旋转式蓄热燃烧VOCs净化技术	含VOCs气体经旋转阀分配至蓄热室，经蓄热材料预热后进入燃烧室，通过燃烧器将气体加热至800℃以上氧化分解VOCs，燃烧后气体通过旋转阀引导至入口的相反侧蓄热室，将热量释放至蓄热材料中，冷却后从出口排出	VOCs净化效率可达98%以上，热回收效率可达95%以上	采用旋转阀，阀门数减少，占地面积小、能耗较低	包装印刷、涂装、化工、电子等行业的中高浓度VOCs治理	推广技术
29	挥发性有机工业废气污染防治	分子筛吸附-移动脱附VOCs净化技术	废气收集后经多级过滤装置去除漆雾、颗粒物再经分子筛吸附床吸附后达标排放。分子筛吸附床吸附饱和后由移动式解吸装置原位脱附，脱附出的VOCs经催化燃烧装置净化处理	净化效率可达90%以上	分子筛吸附剂安全性高，移动脱附再生方式经济性好	分散小规模的喷涂作业VOCs治理	示范技术
30		基于冷凝-吸附联合工艺的油气回收技术	冷凝模块采用压缩机机械制冷，将油气温度分级降低使不同组分分级冷凝为液态，经充分冷凝后低浓度尾气经预冷器换热后输送至吸附模块。吸附模块中两个吸附罐交替进行吸附—脱附—吹扫过程，经吸附处理的尾气达标排放，脱附油气送回冷凝模块处理。冷凝液进入回收储罐	处理油气流量＜1000 m³/h，油气回收率可达99%以上。油气回收冷凝系统进气温度＜40℃	将冷凝法和吸附法两种油气回收工艺有机结合，降低设备成本，减少现场占地面积	油气VOCs回收	推广技术

序号	技术细分领域	技术名称	工艺路线	主要技术指标	技术特点	适用范围	技术类别
31	挥发性有机工业废气污染防治	臭氧协同常温催化恶臭净化技术	废气先经喷淋增湿去除粉尘及可溶性物质并初步降温，经平衡器再次降温并脱除水雾后进入催化氧化塔，利用复合催化剂活化臭氧分子，将废气中可氧化成分氧化分解，实现低浓度恶臭净化并达标排放	恶臭净化效率可达 90%以上	采用复合高效催化剂，实现恶臭常温净化	化工、制药、农药、纺织印染碳纤维生产、污水处理等行业废气治理	推广技术
32		低浓度恶臭气体生物净化技术	低浓度恶臭气体经预洗池喷淋去除颗粒物和水溶性组分、调节温湿度后，进入生物滤池，通过湿润、多孔和充满活性微生物的滤层，实现对废气中恶臭物质的吸附、吸收和降解净化	典型 VOCs 物质去除率可达 60%以上，臭气净化效率可达 85%以上	采用具有高效吸附能力的生物填料及适合不同废气的高效优势菌种，净化效率高	低浓度恶臭气体净化	推广技术
33		以固体氨为还原剂的 SCR 技术	利用氯化锶（$SrCl_2$）吸附氨（NH_3）形成配位化合物以固态形式存储在储氨装置中。非工作状态下，储氨装置内处于常压状态，安全稳定。车辆启动后，加热控制器开启，NH_3传输到计量及喷射模块，实现精准喷射，提高 NO_x 净化效率，控制 NH_3 逃逸	用于国Ⅲ柴油机减排，NO_x 排放可达国Ⅴ标准	NH_3 释放温度低、速度快、控制精度高，系统故障率低	柴油机 NO_x 减排	推广技术
34	柴油机尾气污染防治	基于柴油机颗粒物过滤器和 SCR 的柴油机减排改造技术	尾气经柴油机氧化催化器将一氧化碳（CO）、一氧化氮（NO）、未完全燃烧的碳氢化合物和碳颗粒部分氧化为二氧化碳（CO_2）、H_2O 和二氧化氮（NO_2），同时提高尾气温度，经催化型柴油机颗粒过滤器去除颗粒物并连续被动再生，经闭环控制 SCR 去除 NO_x，实现尾气中颗粒物和 NO_x 减排	用于国Ⅲ柴油车升级改造，NO_x 排放可满足国Ⅳ新车排放标准；颗粒物排放可满足国Ⅴ排放标准	对在用柴油车进行改造治理，可实现 NO_x 和颗粒物同时减排	柴油机排放治理	示范技术
35		船舶尾气脱硫脱硝后处理技术	以尿素为还原剂，采用 SCR 技术脱除尾气中 NO_x，以碱液为吸收剂，采用湿法烟气洗涤技术脱除尾气中 SO_2	NO_x 净化率 ≥80%，NH_3 逃逸≤10 ppm。含硫量3.5%的高硫油 SO_2 净化效率>95%	SCR 脱硝结合烟气洗涤脱硫，船用环境适应性好，和柴油机匹配性能好	船用柴油机、锅炉NO_x、SO_2 净化	示范技术

备注：1. 示范技术具有创新性，技术指标先进、治理效果好，基本达到实际工程应用水平，具有工程示范价值；推广技术是经工程实践证明了的成熟技术，治理效果稳定、经济合理可行，鼓励推广应用。

2. 本目录基于 2018 年公开征集所得技术编制；本目录所列技术的典型应用案例见中国环境保护产业协会网站（http://www.caepi.net.cn）"服务中心→先进技术目录及案例"栏目。

关于发布《制糖工业污染防治可行技术指南》
等 4 项国家环境保护标准的公告

生态环境部公告 2018 年第 77 号

为贯彻《中华人民共和国环境保护法》《中华人民共和国水污染防治法》《中华人民共和国大气污染防治法》等法律，防治环境污染，改善环境质量，推动企事业单位污染防治措施升级改造和技术进步，现批准《制糖工业污染防治可行技术指南》等 4 项可行技术指南为国家环境保护标准，并予发布。

标准名称、编号如下：

一、《制糖工业污染防治可行技术指南》（HJ 2303—2018）；

二、《陶瓷工业污染防治可行技术指南》（HJ 2304—2018）；

三、《玻璃制造业污染防治可行技术指南》（HJ 2305—2018）；

四、《炼焦化学工业污染防治可行技术指南》（HJ 2306—2018）。

以上标准自 2019 年 3 月 1 日起实施，由中国环境出版集团出版，标准内容可登录生态环境部网站（www.mee.gov.cn）查询。

特此公告。

生态环境部

2018 年 12 月 29 日

生态环境保护文件选编 2018

（下册）

生态环境部办公厅　编

中国环境出版集团·北京

图书在版编目（CIP）数据

生态环境保护文件选编. 2018 / 生态环境部办公厅编.
—北京：中国环境出版集团，2019.11
ISBN 978-7-5111-4142-2

Ⅰ．①生…　Ⅱ．①生…　Ⅲ．①生态环境保护—文件
—汇编—中国—2018　Ⅳ．①X-012

中国版本图书馆 CIP 数据核字（2019）第 250220 号

出 版 人　武德凯
责任编辑　曹　玮
责任校对　任　丽
封面设计　彭　杉

出版发行　中国环境出版集团
　　　　　（100062　北京市东城区广渠门内大街 16 号）
　　　　　网　　址：http://www.cesp.com.cn
　　　　　电子邮箱：bjgl@cesp.com.cn
　　　　　联系电话：010-67112765（编辑管理部）
　　　　　　　　　　010-67113412（第二分社）
　　　　　发行热线：010-67125803，010-67113405（传真）
　　　　　印装质量热线：010-67113404
印　　刷　北京市联华印刷厂
版　　次　2019 年 11 月第 1 版
印　　次　2019 年 11 月第 1 次印刷
开　　本　787×1092　1/16
印　　张　40.75
字　　数　992 千字
定　　价　全书上下两册，定价 285.00 元

目　录

关于生产和使用消耗臭氧层物质建设项目管理
有关工作的通知

环大气〔2018〕5 号

各省、自治区、直辖市环境保护厅（局），新疆生产建设兵团环境保护局：

根据我国政府批准加入的《关于消耗臭氧层物质的蒙特利尔议定书》（以下简称《议定书》）及其有关修正案，除特殊用途外，我国已淘汰受控用途的哈龙、全氯氟烃、四氯化碳、甲基氯仿和甲基溴等消耗臭氧层物质的生产和使用，正在逐步削减受控用途的含氢氯氟烃的生产和使用。为实现《议定书》规定的履约目标，依据《消耗臭氧层物质管理条例》的有关规定，现将有关要求通知如下：

一、禁止新建、扩建生产和使用作为制冷剂、发泡剂、灭火剂、溶剂、清洗剂、加工助剂、气雾剂、土壤熏蒸剂等受控用途的消耗臭氧层物质的建设项目。

二、改建、异址建设生产受控用途的消耗臭氧层物质的建设项目，禁止增加消耗臭氧层物质生产能力。

三、新建、改建、扩建生产化工原料用途的消耗臭氧层物质的建设项目，生产的消耗臭氧层物质仅用于企业自身下游化工产品的专用原料用途，不得对外销售。

四、新建、改建、扩建副产四氯化碳的建设项目，应当配套建设四氯化碳处置设施。

五、本通知所指消耗臭氧层物质具体见《中国受控消耗臭氧层物质清单》（环境保护部、发展改革委、工业和信息化部公告 2010 年第 72 号）。

六、本通知自印发之日起实施。原《关于禁止新建生产、使用消耗臭氧层物质生产设施的通知》（环发〔1997〕733 号）、《关于〈关于禁止新建生产、使用消耗臭氧层物质生产设施的通知〉的补充通知》（环发〔1999〕147 号）、《关于严格控制新（扩）建四氯化碳生产项目的通知》（环办〔2003〕28 号）、《关于严格控制新、扩建或改建 1,1.1-三氯乙烷和甲基溴生产项目的通知》（环办〔2003〕60 号）、《关于禁止新建使用消耗臭氧层物质作为加工助剂生产设施的公告》（环函〔2004〕410 号）、《关于严格控制新（扩）建项目使用四氯化碳的补充通知》（环办〔2006〕15 号）、《关于严格控制新建、改建、扩建含氢氯氟烃生产项目的通知》（环办〔2008〕104 号）、《关于严格控制新建使用含氢氯氟烃生产设施的通知》（环办〔2009〕121 号）、《关于严格控制新建、改建、扩建含氢氯氟烃生产项目的补充通知》（环办函〔2015〕644 号）同时废止。

环境保护部

2018 年 1 月 23 日

关于强化建设项目环境影响评价事中事后
监管的实施意见

环环评〔2018〕11 号

各省、自治区、直辖市环境保护厅（局），新疆生产建设兵团环境保护局：

根据党中央、国务院简政放权、转变政府职能改革的有关要求，各级环保部门持续推进环境影响评价（以下简称环评）制度改革，在简化、下放、取消环评相关行政许可事项的同时，强化环评事中事后监管，各项工作取得积极进展。但是，一些地方观念转变不到位，仍然存在"重审批、轻监管""重事前、轻事中事后"现象；一些地方编造数据、弄虚作假的环评文件时常出现；一些地方环评事中事后监管机制不落地，环评"刚性"约束不强。为切实保障环评制度效力，现就强化建设项目环评事中事后监管，提出本实施意见。

一、总体要求

（一）构建综合监管体系。各级环保部门要按照简政放权、转变政府职能的总体要求，以问题为导向，以提升环评效力为目标，坚持明确责任、协同监管、公开透明、诚信约束的原则，完善项目环评审批、技术评估、建设单位落实环境保护责任以及环评单位从业等各环节的事中事后监管工作机制，加快构建政府监管、企业自律、公众参与的综合监管体系，确保环评源头预防环境污染和生态破坏作用有效发挥。

（二）完善监管内容。加强事中监管，对环保部门要重点检查其环评审批行为和审批程序合法性、审批结果合规性；对技术评估机构要重点检查其技术评估能力、独立对环评文件进行技术评估并依法依规提出评估意见情况，是否存在乱收费行为；对环评单位要重点监督其是否依法依规开展作业，确保环评文件的数据资料真实、分析方法正确、结论科学可信；对建设单位要重点监督其依法依规履行环评程序、开展公众参与情况。加强事后监管，对环保部门要重点检查其对建设项目环境保护"三同时"监督检查情况；对环评单位要重点开展环评文件质量抽查复核；对建设单位要重点监督落实环评文件及批复要求，在项目设计、施工、验收、投入生产或使用中落实环境保护"三同时"及各项环境管理规定情况。

（三）明确监管责任。按照"谁审批、谁负责"的原则，各级环评审批部门在日常管理中负责对环评"放管服"事项和技术评估机构、环评单位从业情况进行检查。按照"属地管理"原则，各级环境监察执法、核与辐射安全监管部门在日常管理中加强建设单位环境保护"三同时"要求落实情况的检查。环境保护部和省级环保部门要充分运用环境保护督察等工作机制，对地方政府和有关部门落实环评制度情况开展监督。

二、做好监管保障

（四）依法开展环评制度改革。鼓励地方在强化环评源头预防作用的原则下，"于法有据"地出台环评"放管服"有关改革措施。上级环保部门对下级环保部门环评改革措施的依法合规性进行督导，对可能出现的偏差及时要求纠正，保证改革沿着正确的方向前行。下放环评审批权限，应综合评估承接部门的承接能力、承接条件，审慎下放石化化工、有色、钢铁、造纸等环境影响大、环境风险高项目的环评审批权，并对承接部门的审批程序、审批结果进行监督，确保放得下、接得住、管得好。

（五）架构并严守"三线一单"。设区的市级及以上环保部门要根据生态保护红线、环境质量底线、资源利用上线和环境准入负面清单（简称"三线一单"）环境管控要求，从空间布局约束、污染物排放管控、环境风险防控、资源开发效率等方面提出优布局、调结构、控规模、保功能等调控策略及导向性的环境治理要求，制定区域、行业环境准入限制或禁止条件。各级环保部门在环评审批中，应按照《关于以改善环境质量为核心加强环境影响评价管理的通知》（环环评〔2016〕150号）要求，建立"三挂钩"机制（项目环评审批与规划环评、现有项目环境管理、区域环境质量联动机制），强化"三线一单"硬约束，项目环评审批不得突破变通、降低标准。

（六）实施清单式管理。落实分类管理，建设项目环评文件的编制应符合《建设项目环境影响评价分类管理名录》要求，不得擅自更改和降低环评文件类别。严格分级审批，各级环保部门开展环评审批应符合《环境保护部审批环境影响评价文件的建设项目目录》和各省依法制定的环评文件分级审批规定；下放调整审批权限应履行法定程序，对下放的环评审批事项，上级环保部门不得随意上收；环评文件委托审批应依法开展，委托审批的环保部门对委托审批后果承担法律责任。环境保护部分行业制定建设项目环评文件审批原则和重大变动界定清单。鼓励省级环保部门依法依规制定本行政区内其他行业的环评文件审批原则。地方各级环保部门应严格执行建设项目环评文件审批和重大变动界定要求，统一建设项目环评管理尺度。

（七）做好与排污许可制度的衔接。各级环保部门要将排污许可证作为落实固定污染源环评文件审批要求的重要保障，严格建设项目环境影响报告书（表）的审查，结合排污许可证申请与核发技术规范和污染防治可行技术指南，核定建设项目的产排污环节、污染物种类及污染防治设施和措施等基本信息；依据国家或地方污染物排放标准、环境质量标准和总量控制要求，按照污染源源强核算技术指南、环评要素导则等，严格核定排放口数量、位置以及每个排放口的污染物种类、允许排放浓度和允许排放量、排放方式、排放去向、自行监测计划等与污染物排放相关的主要内容。建设项目发生实际排污行为之前应获得排污许可证，建设项目无证排污或不按证排污的，根据环境保护设施验收条件有关规定，建设单位不得出具环境保护设施验收合格意见。

三、创新监管方式

（八）运用大数据进行监管。环境保护部建设全国统一的环评申报系统、环境保护验收系统，并与环境影响登记表备案系统、排污许可管理系统、环境执法系统进行整合，统一纳入"智慧环评"综合监管平台。强化环评相关数据采集和关联集成，制定环评监管预警指标体系，增强面向监管的数据可用性，建立源头异常发现、过程问题识别、违法惩戒推送的智能模型，实现监管信息智能推送、监管业务智能触发。各级环保部门要运用大数据、"互联网+"等信息技术手段，实施智能、精准、高效的环评事中事后监管。

（九）开展双随机抽查。环境保护部负责组织协调全国环评事中事后监管抽查工作，地方各级环保部门负责本行政区的随机抽查工作。抽查重点事项为环境影响报告书（表）编制及审批情况、环境影响登记表备案及承诺落实情况、环境保护"三同时"落实情况、环境保护验收情况及相关主体责任落实情况等。各级环保部门以环评申报系统、环境保护验收系统等数据库为依托，随机抽取产生抽查对象。每年抽查石油加工、化工、有色金属冶炼、水泥、造纸、平板玻璃、钢铁等重点行业建设项目数量的比例应当不低于10%。对有严重违法违规记录、环境风险高的项目应提高抽查比例、实施靶向监管。对抽查发现的违法违规行为，要依法惩处问责。抽查情况和查处结果要及时向社会公开。

（十）发挥环境影响后评价监管作用。依法应当开展环境影响后评价的建设项目，应及时开展工作，对其实际产生的环境影响以及污染防治、生态保护和风险防范措施的有效性进行跟踪监测和验证评价，并提出补救方案或者改进措施。纳入排污许可管理的建设项目排污许可证执行报告、台账记录和自行监测等情况应作为环境影响后评价的重要依据。

四、强化技术机构管理

（十一）加强环评文件质量管理。环境保护部制定环评文件技术复核管理办法，上级环保部门可以对下级环保部门审批的建设项目环境影响报告书（表）开展技术复核。完善技术复核手段，采取人工复核和智能校核相结合方式，开展环评文件法规、空间、技术一致性校核。对技术复核判定有重大技术质量问题的，要向审批部门进行通报，对影响审批结论的，应要求采取整改措施。环评文件技术复核及处理结果向社会公开。

（十二）发挥技术评估作用。各级环保部门可通过政府采购方式委托技术评估机构开展环境影响报告书（表）的技术评估。技术评估机构要改进技术评估方式方法，完善技术手段，为环评审批严把技术关，重点审查建设项目的环境可行性、环境影响分析预测评估的可靠性、环境保护措施的有效性、环境影响评价结论的科学性等，并对其提出的技术评估意见负责。

（十三）规范环评技术服务。建设单位可以委托或者采取公开招标等方式选择具有相应能力的环评单位，对其建设项目进行环境影响评价、编制建设项目环境影响报告书（表）。环评单位应不断提高服务能力和水平，确保编制的环境影响报告书（表）的真实性和科学性。环境保护部制定环评技术服务行业管理办法，规范环评技术服务从业行为，依靠全国环评单位和人员的诚信管理体系推动环评单位和人员恪守行业规范和职业道德。制定建设项目环评单位技术能力推荐性指南，提出编制重大建设项目环境影响报告书的环评单位专业能力推荐性指标。

五、加大惩戒问责力度

（十四）严格环评审批责任追究。严肃查处不严格执行环评文件分级审批和分类管理有关规定，越权审批、拆分审批、变相审批等违法违规行为。在建设项目不符合环境保护法律法规和相关法定规划、所在区域环境质量未达标且建设项目拟采取的措施不能满足区域环境质量改善目标、采取的措施无法确保污染物达标排放或未采取必要措施预防和控制生态破坏、改扩建和技术改造项目未针对原有环境污染和生态破坏提出有效防治措施，或者环评文件基础资料明显不实、内容存在重大缺陷、遗漏，评价结论不明确、不合理等情况下批复环评文件的，要依法进行责任追究。对符合《建设项目环境影响评价区域限批管理办法（试行）》所列情形的，暂停审批有关区域的建设项目环评文件。

（十五）严格环评违法行为查处。依法查处建设项目环评文件未经审批擅自开工建设、不依法备案环境影响登记表等违法行为。依法查处建设单位在建设项目初步设计中未落实防治污染和生态破坏的措施、建设过程中未同时组织实施环境保护措施、环境保护设施未经验收或者验收不合格即投入生产或使用、未公开环境保护设施验收报告、未依法开展环境影响后评价等违法行为。对建设项目环评违法问题突出的地区，要约谈地方政府及相关部门负责人。

（十六）严格环评从业监管。各级环保部门应建立环评单位和人员的诚信档案，记录建设项目环境影响报告书（表）编制质量差、扰乱环评市场秩序等不良信用情况和行政处罚情况，并向社会公开。环境保护部定期对累积失信次数多的单位和人员名单进行集中通报。严肃查处环评单位及人员不负责任、弄虚作假致使建设项目环境影响报告书（表）失实或存在严重质量问题等行为；造成环境污染或生态破坏等严重后果的，还应追究连带责任；构成犯罪的，依法追究刑事责任。各级环保部门及其所属事业单位和人员不得从事建设项目环境影响报告书（表）编制，一经发现应严肃追究违规者及所在部门负责人责任。

（十七）实施失信惩戒。根据国务院《关于建立完善守信联合激励和失信联合惩戒制度加快推进社会诚信建设的指导意见》（国发〔2016〕33 号）和国家发展改革委、环境保护部等 31 部门《关于对环境保护领域失信生产经营单位及其有关人员开展联合惩戒的合作备忘录》（发改财金〔2016〕1580 号）要求，各级环保部门应当及时将对建设单位、环评单位、技术评估机构及其有关人员作出的行政处罚、行政强制等信息纳入全国或者本地区的信用信息共享平台，落实跨部门联合惩戒机制，推动各部门依法依规对严重失信的有关单位及法定代表人、相关责任人员采取限制或禁止市场准入、行政许可或融资行为，停止执行其享受的环保、财政、税收方面优惠政策等惩戒措施。

六、形成社会共治

（十八）落实环评信息公开机制方案。各级环保部门应健全建设项目环评信息公开机制和内部监督机制，依法依规公开建设项目环评信息，推进环评"阳光审批"。强化对建设单位的监督约束，落实建设项目环评信息的全过程、全覆盖公开，确保公众能够方便获取建设项目环评信息。畅通公众参与和社会监督渠道，保障可能受建设项目环境影响公众的环境权益。

（十九）发挥公众参与环评的监督作用。建设单位在建设项目环境影响报告书报送审批前，应采取适当形式，遵循依法、有序、公开、便利的原则，公开征求公众意见并对公众参与的真实性和结果负责。各级环保部门应监督建设单位依法规范开展公众参与，保证公众环境保护知情权、参与权和监督权。推进形成多方参与、社会共治的环境治理体系。

七、强化组织实施

（二十）提高思想认识。加强环评事中事后监管，对解决当前面临的突出问题，充分发挥环评源头预防效能具有重要意义。各级环保部门务必充分认识强化环评事中事后监管的必要性和重要性，正确处理履行监管职责与服务发展的关系，注重检查与指导、惩处与教育、监管与服务相结合，确保监管不缺位、不错位、不越位。

（二十一）加强组织领导。各级环保部门要结合本地实际认真研究制定属地监管工作方案，明确职责划分，细化工作内容，强化责任考核，建立健全工作推进机制，着力强化工作执行力度。研究建立符合环评事中事后监管特点的环境执法管理制度和有利于监管执法的激励制度，强化监管执法，加强跟踪检查，切实把环评事中事后监管落到实处。

（二十二）做好宣传引导。各级环保部门要加强环评相关法律法规及政策宣传力度，通过多种形式特别是新媒体鼓励全社会参与环评事中事后监管，形成理解、关心、支持事中事后监管的社会氛围。积极宣传环评事中事后监管的主要措施、成效，引导相关责任方提高环境保护责任意识，坚守环境保护底线，健全完善环评事中事后监管工作长效机制。

环境保护部
2018 年 1 月 25 日

关于印发《全国集中式饮用水水源地环境保护
专项行动方案》的通知

环环监〔2018〕25 号

各省、自治区、直辖市人民政府，新疆生产建设兵团：

为贯彻落实党的十九大关于坚决打好污染防治攻坚战的决策部署，加快解决饮用水水源地突出环境问题，经国务院同意，现将《全国集中式饮用水水源地环境保护专项行动方案》印发给你们，请认真抓好落实。

附件：全国集中式饮用水水源地环境保护专项行动方案

环境保护部

水利部

2018 年 3 月 9 日

附件

全国集中式饮用水水源地环境保护专项行动方案

近年来，我国饮用水水源地环境保护工作取得积极进展，但保护形势依然严峻，一些地区饮用水水源保护区划定不清、边界不明、违法问题多见，环境风险隐患突出。为贯彻落实党的十九大关于坚决打好污染防治攻坚战的决策部署，加快解决饮用水水源地突出环境问题，依据《中华人民共和国水污染防治法》、《中华人民共和国水法》和《水污染防治行动计划》等规定，环境保护部、水利部联合开展全国集中式饮用水水源地环境保护专项行动（以下简称专项行动）。

一、目标任务

严格依据《中华人民共和国水污染防治法》等法律法规要求，利用两年时间，全面完成县级及以上城市（包括县级人民政府驻地所在镇）地表水型集中式饮用水水源保护区"划、立、治"三项重点任务，努力实现"保"的目标。

（一）划定饮用水水源保护区。重点检查是否依法划定饮用水水源保护区。尚未完成保护区划定或保护区划定不符合法律法规要求的，限期划定或调整。

（二）设立保护区边界标志。重点检查是否在饮用水水源保护区的边界设立明确的地理界标和明显的警示标志。不符合法律法规要求的，限期整改。

（三）整治保护区内环境违法问题。重点检查饮用水水源一、二级保护区内是否存在排污口、违法建设项目、违法网箱养殖等问题，保护区内环境违法问题全部限期清理整治到位。

通过落实"划、立、治"三项重点任务，定期开展水质监测，确保饮用水水源地水质得到保持和改善，努力提高饮用水水源环境安全保障水平。

二、进度安排

2018 年 3 月底前，县级及以上城市完成水源地环境保护专项排查，建立问题清单。

2018 年年底前，长江经济带 11 省（市）完成县级及以上城市水源地环境保护专项整治，其他地区完成地级及以上城市水源地环境保护专项整治。

2019 年年底前，所有县级及以上城市完成水源地环境保护专项整治。

三、任务分工

各省级人民政府负责组织制定专项行动实施方案，督促指导市、县级人民政府开展专项排查和问题整改工作，核查整改情况，加强跟踪督办。及时研究批复有关市、县人民政府提出的饮用水水源保护区划定或调整方案。

市、县级人民政府按照省级人民政府部署，全面、深入、细致开展专项排查，对环境违法问题科学制定整改方案，依法处理、分类处置、精准施策，积极稳妥解决难点问题。

各级环保、水利等部门要加强协调配合，根据各自职责，加强对地方的支持和指导，推动排查整治工作有序开展。

四、工作步骤

（一）全面摸底排查。开展县级及以上城市水源地环境保护专项排查，逐一核实水源地基本信息，查清水源保护区划定、边界设立以及违法建设项目等环境违法问题，建立问题清单。各省（区、市）人民政府于 2018 年 3 月底前将排查情况及问题清单报送环境保护部、水利部（样式见附表 1），并向社会公开。

（二）实施清理整治。按照"一个水源地、一套方案、一抓到底"原则，制定环境违法问题整改方案，明确具体措施、任务分工、时间节点、责任单位和责任人等。按照整改方案，如期完成各项整治任务。

（三）逐一核查销号。各市、县级人民政府建立问题清单整改销号制度，整改完成一个，销号一个，并向省级人民政府备案。从 2018 年 4 月起，各省（区、市）人民政府每月月底前向环境保护部、水利部报送整治工作进展情况（样式见附表 2），并向社会公开；2018 年年底前和 2019 年年底前，分别将专项行动总结报送环境保护部和水利部。

五、工作要求

（一）加强组织领导。地方各级人民政府是水源地环境保护的责任主体，要坚决扛起生态文明建设的政治责任，明确职责分工，细化工作措施，构建政府统领、部门协作、社会参与的工作格局，有序推进排查整治工作。

（二）明确整治标准。各地根据实际情况和水源地环境保护需要，依法依规开展水源保护区划定、标志设立和环境违法问题清理整治。未划定保护区或保护区划定不符合法律法规要求的，参照《饮用水水源保护区划分技术规范》（HJ 338—2018），按法定程序予以划定或调整；未设立保护区界标和警示牌或设立不符合法律法规要求的，参照《饮用水水源保护区标志技术要求》（HJ/T 433—2008）予以设立或纠正；一、二级保护区内存在环境违法问题的，按照《中华人民共和国水污染防治法》《中华人民共和国水法》《集中式饮用水水源地规范化建设环境保护技术要求》（HJ 773—2015）予以清理整治。

（三）严格责任落实。地方各级人民政府要勇于担当，敢于碰硬，做到排查无盲区、整治无死角、环境违法问题全部按期清零。环境保护部会同水利部定期开展督查督办，重点检查各地水源地是否完成保护区划定、环境违法问题排查整治是否到位，督促各地工作落实。对履职不力、弄虚作假、进展迟缓等问题突出的，以及饮用水水源地水质出现恶化的，采取通报批评、公开约谈等措施；情节严重的，移交有关地方按不同情形实行问责。

对工作成效突出的，予以通报表扬。

（四）做好技术支撑。环境保护部定期组织开展饮用水水源地卫星遥感监测，为地方排查整治工作提供技术支持。各地按要求完成饮用水水源保护区矢量边界信息制作，完善水源地基础信息档案。

（五）强化信息公开。地方各级人民政府建立信息公开制度，在一报（党报）一网（政府网站）开设"饮用水水源地环境保护专项行动"专栏，从 2018 年 3 月起，每月月底前公开问题清单和整治进展情况，接受社会监督。可邀请媒体、公众等参与执法检查，公开曝光典型违法案件。从 2018 年 4 月起，环境保护部通过网站、"环保部发布"双微（微博、微信），每月公开各地问题清单和整治进展情况。

（六）健全长效机制。地方各级人民政府要以专项行动为契机，健全水源地日常监管制度，强化部门合作，完善饮用水水源地环境保护协调联动机制，防止已整改问题死灰复燃，切实提高饮用水水源环境安全保障水平。

附表：1. 饮用水水源地环境问题排查情况统计表
　　　 2. 饮用水水源地环境问题清理整治进展情况统计表

附表 1

饮用水水源地环境问题排查情况统计表

填报单位（盖章）：　　　　　　　　　　　　　　　填报时间：

问题序号	所在地	水源地名称	保护区类型（一级/二级）	问题类型	问题具体情况	具体整治措施	计划完成整治时间	备注

填表人：　　　　　　　　　　　　　　　　　　　　联系方式：

备注：1. 请使用 EXCEL 格式制表，请勿改变表格格式（如加减列、合并单元格、变更填写表格内容顺序等）。

　　　2. 所在地：按××市××县样式填报。

　　　3. 若同一水源地同时涉及多种类型违法行为（如排污口和工业企业），请分别填报，每个环境问题单列一行。

　　　4. 保护区类型：按问题所在位置填写一级/二级。

　　　5. 问题类型：排污口、工业企业、码头、旅游餐饮、交通穿越、农业面源污染、生活面源污染、其他问题（未划定保护区或保护区划定不符合法律法规要求、未设立保护区界标和警示牌或设立不符合法律法规要求、未制作保护区矢量边界信息等）。

　　　6. 问题具体情况：详细填写问题有关情形描述。其中，生活面源污染请详细说明涉及居民人数、生活污水和垃圾收集处理情况等。

附表 2

饮用水水源地环境问题清理整治进展情况统计表

填报单位（盖章）：   填报时间：

问题序号	所在地	水源地名称	问题具体情况	整治进展情况	是否完成整治	备注

填表人：   联系方式：

备注：1. 请使用 EXCEL 格式制表，请勿改变表格格式（如加减列、合并单元格、变更填写表格内容顺序等）。
2. 所在地：按××市××县样式填报。
3. 整治进展情况：详细填写整治措施以及取得的成效。
4. 本表相关信息务必与附表 1 保持一致。

关于同意伊犁川宁生物技术有限公司开展国家环境保护抗生素菌渣无害化处理与资源化利用工程技术中心建设的函

环科技函〔2018〕4 号

伊犁川宁生物技术有限公司：

你公司报送的《国家环境保护抗生素菌渣无害化处理与资源化利用工程技术中心建设方案》（以下简称《方案》）收悉。该工程技术中心建设符合我部对抗生素菌渣无害化处理与资源化利用技术研发需要以及我部《国家环境保护工程技术中心管理办法》的有关规定。经研究，同意依托你公司建设国家环境保护抗生素菌渣无害化处理与资源化利用工程技术中心（以下简称中心）。

中心的主要任务是：结合我国抗生素原料药生产现状及特点，以我国抗生素菌渣污染控制、改善环境质量为目标，开展抗生素菌渣无害化处理与资源化利用技术的创新、融合和系统集成，突破抗生素菌渣无害化处理与资源化利用领域的关键技术和共性技术，通过工程化加以推广应用，推动我国抗生素原料药生产行业的健康可持续发展。

中心建设期为两年。请按照《方案》中提出的建设内容和建设目标，关注本领域技术发展动态，开展技术研发和创新活动，提高技术创新和成果转化能力，抓紧落实资金投入，按期完成中心的各项建设任务。同时按照《国家环境保护工程技术中心管理办法》的规定和要求，履行中心相应的责任和义务，按时向我部提交《工程技术中心建设情况年度报告》，并及时报告建设期间的重大事项。

环境保护部

2018 年 1 月 10 日

关于建设项目"未批先建"违法行为法律适用问题的意见

环政法函〔2018〕31号

各省、自治区、直辖市环境保护厅（局），新疆生产建设兵团环境保护局，计划单列市、省会城市环境保护局：

新环境保护法和新环境影响评价法施行以来，关于建设单位未依法报批建设项目环境影响报告书、报告表，或者未依照环境影响评价法第二十四条的规定重新报批或者报请重新审核环境影响报告书、报告表，擅自开工建设（以下简称"未批先建"）违法行为的行政处罚，在法律适用、追溯期限以及后续办理环境影响评价手续等方面，实践中存在不同争议。经研究，现就有关法律法规的适用问题提出以下意见。

一、关于"未批先建"违法行为行政处罚的法律适用

（一）相关法律规定

2002年公布的原环境影响评价法（自2003年9月1日起施行）第三十一条第一款、第二款分别规定：

"建设单位未依法报批建设项目环境影响评价文件，或者未依照本法第二十四条的规定重新报批或者报请重新审核环境影响评价文件，擅自开工建设的，由有权审批该项目环境影响评价文件的环境保护行政主管部门责令停止建设，限期补办手续；逾期不补办手续的，可以处五万元以上二十万元以下的罚款，对建设单位直接负责的主管人员和其他直接责任人员，依法给予行政处分。

"建设项目环境影响评价文件未经批准或者未经原审批部门重新审核同意，建设单位擅自开工建设的，由有权审批该项目环境影响评价文件的环境保护行政主管部门责令停止建设，可以处五万元以上二十万元以下的罚款，对建设单位直接负责的主管人员和其他直接责任人员，依法给予行政处分。"

2014年修订的新环境保护法（自2015年1月1日起施行）第六十一条规定："建设单位未依法提交建设项目环境影响评价文件或者环境影响评价文件未经批准，擅自开工建设的，由负有环境保护监督管理职责的部门责令停止建设，处以罚款，并可以责令恢复原状。"

2016年修正的新环境影响评价法（自2016年9月1日起施行）第三十一条规定："建设单位未依法报批建设项目环境影响报告书、报告表，或者未依照本法第二十四条的规定重新报批或者报请重新审核环境影响报告书、报告表，擅自开工建设的，由县级以上环境保护行政主管部门责令停止建设，根据违法情节和危害后果，处建设项目总投资额百分之

一以上百分之五以下的罚款，并可以责令恢复原状；对建设单位直接负责的主管人员和其他直接责任人员，依法给予行政处分。"

通过以上法律修订，新环境保护法和新环境影响评价法取消了"限期补办手续"的要求。

（二）法律适用

关于"未批先建"违法行为的行政处罚，我部 2016 年 1 月 8 日作出的《关于〈环境保护法〉（2014 修订）第六十一条适用有关问题的复函》（环政法函〔2016〕6 号）已对"新法实施前已经擅自开工建设的项目的法律适用"作出相关解释，现针对实践中遇到的问题，进一步提出补充意见如下：

1. 建设项目于 2015 年 1 月 1 日后开工建设，或者 2015 年 1 月 1 日之前已经开工建设且之后仍然进行建设的，立案查处的环保部门应当适用新环境保护法第六十一条的规定进行处罚，不再依据修正前的环境影响评价法作出"限期补办手续"的行政命令。

2. 建设项目于 2016 年 9 月 1 日后开工建设，或者 2016 年 9 月 1 日之前已经开工建设且之后仍然进行建设的，立案查处的环保部门应当适用新环境影响评价法第三十一条的规定进行处罚，不再依据修正前的环境影响评价法作出"限期补办手续"的行政命令。

二、关于"未批先建"违法行为的行政处罚追溯期限

（一）相关法律规定

行政处罚法第二十九条规定："违法行为在二年内未被发现的，不再给予行政处罚。法律另有规定的除外。前款规定的期限，从违法行为发生之日起计算；违法行为有连续或者继续状态的，从行为终了之日起计算。"

（二）追溯期限的起算时间

根据上述法律规定，"未批先建"违法行为的行政处罚追溯期限应当自建设行为终了之日起计算。因此，"未批先建"违法行为自建设行为终了之日起二年内未被发现的，环保部门应当遵守行政处罚法第二十九条的规定，不予行政处罚。

（三）违反环保设施"三同时"验收制度的行政处罚

1. 建设单位同时构成"未批先建"和违反环保设施"三同时"验收制度两个违法行为的，应当分别依法作出相应处罚。

对建设项目"未批先建"并已建成投入生产或者使用，同时违反环保设施"三同时"验收制度的违法行为应当如何处罚，全国人大常委会法制工作委员会 2007 年 3 月 21 日作出的《关于建设项目环境管理有关法律适用问题的答复意见》（法工委复〔2007〕2 号）规定："关于建设单位未依法报批建设项目环境影响评价文件却已建成建设项目，同时该建设项目需要配套建设的环境保护设施未建成、未经验收或者经验收不合格，主体工程正式投入生产或者使用的，应当分别依照《环境影响评价法》第三十一条、《建设项目环境保护管理条例》第二十八条的规定作出相应处罚。"

据此，建设单位同时构成"未批先建"和违反环保设施"三同时"验收制度两个违法行为的，应当分别依法作出相应处罚。

2. 对违反环保设施"三同时"验收制度的处罚，不受"未批先建"行政处罚追溯期

限的影响。

建设项目违反环保设施"三同时"验收制度投入生产或者使用期间，由于违反环保设施"三同时"验收制度的违法行为一直处于连续或者继续状态，因此，即使"未批先建"违法行为已超过二年行政处罚追溯期限，环保部门仍可以对违反环保设施"三同时"验收制度的违法行为依法作出处罚，不受"未批先建"违法行为行政处罚追溯期限的影响。

（四）其他违法行为的行政处罚

建设项目"未批先建"并投入生产或者使用后，有关单位或者个人具有超过污染物排放标准排污，通过暗管、渗井、渗坑、灌注或者篡改、伪造监测数据，或者不正常运行污染防治设施等逃避监管的方式排污等情形之一，分别构成独立违法行为的，环保部门应当对相关违法行为依法予以处罚。

三、关于建设单位可否主动补交环境影响报告书、报告表报送审批

（一）新环境保护法和新环境影响评价法并未禁止建设单位主动补交环境影响报告书、报告表报送审批

对"未批先建"违法行为，2014年修订的新环境保护法第六十一条增加了处罚条款，该条款与原环境影响评价法（2002年）第三十一条相比，未规定"责令限期补办手续"的内容；2016年修正的新环境影响评价法第三十一条，亦删除了原环境影响评价法"限期补办手续"的规定。不再将"限期补办手续"作为行政处罚的前置条件，但并未禁止建设单位主动补交环境影响报告书、报告表报送审批。

（二）建设单位主动补交环境影响报告书、报告表并报送环保部门审查的，有权审批的环保部门应当受理

因"未批先建"违法行为受到环保部门依据新环境保护法和新环境影响评价法作出的处罚，或者"未批先建"违法行为自建设行为终了之日起二年内未被发现而未予行政处罚的，建设单位主动补交环境影响报告书、报告表并报送环保部门审查的，有权审批的环保部门应当受理，并根据不同情形分别作出相应处理：

1. 对符合环境影响评价审批要求的，依法作出批准决定。

2. 对不符合环境影响评价审批要求的，依法不予批准，并可以依法责令恢复原状。

建设单位同时存在违反"三同时"验收制度、超过污染物排放标准排污等违法行为的，应当依法予以处罚。

我部之前印发的相关解释与本意见不一致的，以本意见为准。原国家环境保护总局《关于如何认定建设单位违法行为连续性问题的复函》（环发〔1999〕23号）和《关于〈环境影响评价法〉第三十一条法律适用问题的复函》（环函〔2004〕470号）同时废止。

环境保护部
2018年2月22日

关于联合开展"绿盾 2018"自然保护区监督检查专项行动的通知

环生态函〔2018〕43 号

各省、自治区、直辖市环境保护厅（局）、国土资源厅（局）、水利厅（局）、农业（农牧、农村经济）厅（局、委）、林业厅（局）、海洋厅（局），中国科学院华南植物园：

为贯彻落实党的十九大精神，持续深入贯彻落实《中共中央办公厅 国务院办公厅关于甘肃祁连山国家级自然保护区生态环境问题督查处理情况及其教训的通报》要求，严格执行《中华人民共和国环境保护法》《中华人民共和国野生动物保护法》《中华人民共和国水法》和《中华人民共和国自然保护区条例》等法律法规，严肃查处涉及自然保护区的各类违法违规活动，切实加强自然保护区监督管理，在开展"绿盾 2017"国家级自然保护区监督检查专项行动的基础上，环境保护部、国土资源部、水利部、农业部、国家林业局、中国科学院、国家海洋局联合开展"绿盾 2018"自然保护区监督检查专项行动。现将《"绿盾 2018"自然保护区监督检查专项行动实施方案》（见附件）印发给你们，请结合本地实际，认真贯彻落实。对"绿盾 2017"国家级自然保护区监督检查专项行动中尚未完成整改的老问题和此次专项行动中发现的新问题要扭住不放，一抓到底，始终保持高压态势，促进有效解决。

附件："绿盾 2018"自然保护区监督检查专项行动实施方案

环境保护部
国土资源部
水利部
农业部
林业局
中科院
海洋局
2018 年 3 月 6 日

"绿盾 2018"自然保护区监督检查专项行动实施方案

为贯彻落实党的十九大精神，持续深入贯彻落实《中共中央办公厅　国务院办公厅关于甘肃祁连山国家级自然保护区生态环境问题督查处理情况及其教训的通报》要求，切实加强自然保护区监督管理，在开展"绿盾 2017"国家级自然保护区监督检查专项行动（以下简称"绿盾 2017"专项行动）的基础上，环境保护部、国土资源部、水利部、农业部、国家林业局、中国科学院、国家海洋局（以下简称七部门）联合开展"绿盾 2018"自然保护区监督检查专项行动。

一、指导思想

以习近平新时代中国特色社会主义思想为指引，深入贯彻落实党的十九大精神和党中央、国务院关于生态文明建设的决策部署，切实提高政治站位，坚决扛起加强自然保护区监督管理的重要政治责任，着力解决自然保护区管理中的突出问题，严厉打击涉及自然保护区的各类违法违规行为，牢固构筑国家生态安全屏障。

二、工作目标

在开展"绿盾 2017"专项行动基础上，进一步突出问题导向，全面排查全国 469 个国家级自然保护区和 847 个省级自然保护区存在的突出环境问题，坚决制止和惩处破坏自然保护区生态环境的违法违规行为，严肃追责问责，落实管理责任，始终保持高压态势，对发现的问题扭住不放、一抓到底，不达目的、绝不罢休，充分发挥震慑、警示和教育作用。

三、组织方式

七部门共同组织实施"绿盾 2018"自然保护区监督检查专项行动，成立专项行动联合巡查组，督促地方各级人民政府及其相关部门严肃查处涉及自然保护区的违法违规活动，推动整顿治理取得实效。

各省（区、市）环境保护厅（局）会同其他自然保护区省级行政主管部门，建立健全各省（区、市）专项行动工作机制，采取自然保护区省级管理部门检查与自然保护区自查相结合的方式，组织开展本行政区域内专项行动。

四、具体行动

按照《中华人民共和国环境保护法》《中华人民共和国野生动物保护法》《中华人民共和国水法》和《中华人民共和国自然保护区条例》等法律法规要求，严肃查处自然保护区各类违法违规活动，落实管理责任，层层传导压力，督促问题整改。具体包括：

（一）开展"绿盾2017"专项行动问题整改"回头看"

针对"绿盾2017"专项行动中发现的问题，重点检查问题的整改进展、整改效果、销号情况和追责问责情况，按照突出重点、先易后难的原则，确保尚未完成整改或整改效果不佳的重点问题整改落实到位；要对问题突出的保护区进行重点检查和巡查，对整改不及时、不到位或经整改后问题仍然突出的地方和部门，将进行约谈。

（二）坚决查处自然保护区内新增违法违规问题

依据环境保护部印发的遥感监测疑似问题清单（重点是2017年下半年新增和扩大的工矿开发以及核心区缓冲区内的旅游、水电开发等活动）、省级历年自查以及媒体披露、非政府组织和群众举报的信息等，组织开展国家级及省级自然保护区问题排查，进一步摸清问题底数，建立台账。重点排查采矿（石）、采砂、工矿企业和保护区核心区缓冲区内旅游开发、水电开发等对生态环境影响较大的活动，以及2017年以来新增和规模明显扩大的人类活动。

针对各种违法违规行为，实行"拉条挂账、整改销号"，责令立即停止相关活动，依法依规予以严厉处罚，对涉及自然保护区违法违规活动的单位和个人进行严肃处理，涉嫌构成犯罪的，依法移送司法机关调查处理；要及时制定和实施整改方案，明确责任单位、责任人和完成时限，限期进行生态整治修复。

（三）重点检查国家级自然保护区管理责任落实不到位的问题

针对地方政府在国家级自然保护区勘界立标、管理机构设置、人员配备、资金保障等管理责任落实不到位的情况，重点检查自然保护区范围及各功能区边界是否存在问题、是否开展勘界工作、立标工作是否符合相关标准要求、是否建立管理机构并配备人员、保护资金是否到位等方面工作，压实管理责任。

（四）严格督办自然保护区问题排查整治工作

七部门共同加强对各地排查整治工作的督办检查，组织联合巡查组开展巡查和抽查，对照自然保护区违法违规问题管理台账和整改方案，核查问题追责情况、整改方案合理性、整改进展、生态修复效果等情况。对不认真组织排查、排查中弄虚作假、整改不及时、未严肃追责的行为，予以通报批评。问题突出、长期管理不力、整改不彻底的，对负有责任的自然保护区所在市县人民政府、自然保护区省级相关主管部门进行公开约谈或重点督办。

五、进度安排

2018年3月底和5月底前，环境保护部分别印发国家级自然保护区和省级自然保护区最新遥感监测问题清单，各省（区、市）制定本省（区、市）专项行动工作方案。

4月至7月，各省（区、市）环保部门牵头，会同相关自然保护区行政主管部门组织专门工作队伍，指导督促检查市县级政府和自然保护区管理机构完成问题排查、处理、整改等工作。七部门对地方整改销号工作给予指导。

7月底前，各省（区、市）将本省（区、市）专项行动结果同时报送环境保护部及有关行政主管部门，附自然保护区点位核查及问题整改情况一览表（附表1）和涉及自然保护区违法违规问题追责问责情况一览表（附表2）。

8月至9月，七部门联合组成巡查组，对各地自然保护区问题排查整治工作进行巡查督办，检查各地政府和保护区管理机构专项工作实施情况。

10月至11月，环境保护部会同有关部门对查处和整改问题不力、或仍存在较大问题的自然保护区所在市县级人民政府及省级自然保护区相关主管部门进行公开约谈或重点督办，督促其整改。

12月底前，七部门编制本次专项行动总结报告，向国务院报告，并向全社会通报专项行动工作情况及结果。

六、工作要求

（一）加强组织协调，落实工作责任

要明确任务分工，细化工作措施，层层压实责任，密切沟通协作，形成工作合力。各级环境保护部门会同有关部门制定专项行动工作方案，统筹安排自然保护区问题排查整治、起草上报总结报告等事宜，相关部门主要领导要安排部署工作，加强组织、协调和调度。省级自然保护区行政主管部门按照职责分工，组织各自主管的国家级自然保护区内各类违法违规活动的查处工作。

要明确市县级政府和自然保护区管理机构自查、省级政府及其相关自然保护区管理部门检查和国家相关自然保护区管理部门督查的责任分工。国家相关部门主要负责对省、市级政府相关部门自然保护区管理工作进行督政，对县级政府和自然保护区管理机构问题查处整改工作进行实地检查抽查，并对国家级自然保护区内相关问题的整改给予必要的支持、指导和帮助；省级政府负责组织对本行政区域内国家级和省级自然保护区内违法违规问题进行实地核查、处理，对整改工作进行组织和检查，并对省级自然保护区内存在问题的查处和整改负全责；市县级政府和自然保护区管理机构负责组织自查，并对发现问题进行处理和整改。

（二）敢于真抓碰硬，完善监管机制

要紧盯自然保护区工作中的关键问题和薄弱环节，勇于担当，敢于碰硬，真抓实干，做好调查取证、原因分析、问题查处和责任追究等工作，做到不留死角、不留疑点，确保检查到位、查处到位、整改到位。以抓铁有痕、踏石留印的作风落实各项整改措施，以改革创新的精神着力破解自然保护区工作中存在的深层次矛盾和体制机制障碍，切实提高自然保护区管理水平。

切实整改专项行动中发现的自然保护区管理问题和监管漏洞，并将专项行动中行之有效的措施和经验及时转化为长效工作机制和制度。省级环境保护主管部门要会同相关行业主管部门加快建立健全自然保护区省级天、空、地一体化监控平台和信息共享机制，开展地方级自然保护区监督检查，一级抓一级，层层传导压力，倒逼责任落实，从源头防范自然保护区违法违规案件的发生。

（三）强化社会监督，做好信息公开

各地专项行动组织机构成立后，要公布举报电话和信箱，公开征集问题线索，鼓励公众积极举报涉及自然保护区的违法违规行为；邀请媒体参与执法检查；在地方主要报纸或官方网站上设立"'绿盾2018'自然保护区监督检查专项行动"专栏,主动公开重大问题整改信息,充分利用电视、广播、报纸、互联网等各种媒体,定期向社会公开专项行动进展情况,通过典型案例的宣传报道,正确引导舆论,形成社会监督压力,努力营造社会公众积极参与的良好氛围。

七部门将邀请媒体参与专项行动执法检查工作,切实加大宣传力度。环境保护部在"一报、一网、两微"(中国环境报、环保部官网、环保部微博和微信)主动公开专项行动督查信息,接受群众和社会监督。

附表1

××省(区、市)自然保护区点位核查及问题整改情况一览表

保护区序号	保护区名称	点位序号	所在功能区	经纬度	是否违法违规	问题描述	问题类型	建设单位	建设时间	是否处罚	处罚形式	罚款/万元	整改措施及时限	整改进展	拆除建筑面积/m²	是否销号	备注
一		保护区情况汇总:															
		1															
		2															
		…															
二		保护区情况汇总:															
		1															
		2															
		…															
此表可延续																	
全省情况汇总																	

填表人:　　　　　　　联系方式:　　　　　　　审核人:

填 表 说 明

1. 一省一表,以 excel 电子表格的方式填写。
2. 保护区序号:核查点位所在保护区的顺序号。
3. 保护区名称:核查点位所在保护区的名称。
4. 点位序号:所在保护区内的核查点位顺序号。
5. 所在功能区:核查点位所在的功能区。
6. 经纬度:核查点位所在的经纬度,以"度分秒"方式填写。
7. 是否违法违规:核查点位是否违法违规,如果违法违规则填"是",否则填"否"。

8. 问题描述：填写问题具体情况，包括设施现状、违反了哪几条法律法规、生态破坏情况等。

9. 问题类型：问题类型包括工矿用地、采石场、能源设施、旅游设施、交通设施、养殖场、道路、农业用地、居民点、其他人工设施。

10. 建设单位：该点位建设或运行的单位名称，如无主或无名，也请标明。

11. 建设时间：该违法违规点位建设的时间，以"××××年××月"的形式填写。

12. 是否处罚：该点位属于违法违规点位，且已处罚，则填"是"，未处罚则填"否"。

13. 处罚形式：如果"是否处罚"栏填写"是"，则该栏填写处罚形式，如罚款、吊销营业执照、停产、关闭等。

14. 罚款：对违法违规问题的处罚金额，以"万元"为单位。

15. 整改措施及时限：针对违法违规点所提出的整改措施及时限，如"限××××年××月前完全拆除"。

16. 拆除建筑面积：拆除违法违规建筑的面积，以"平方米"为单位。

17. 是否销号：依照各地方销号制度，填写该违法违规点位的销号情况，如已销号则填"是"，否则填"否"。

18. 备注：除上述问题以外，另有需说明的特殊情况。

19. 每保护区的"保护区情况汇总"一行，填写该保护区的汇总情况，填写格式为：共处理违法违规问题××个，共整改违法违规问题××个，处罚企业/个人××个，关停企业××个，拆除建筑面积××万平方米，罚款××万元，整改完成××个问题，整改完成率××%。

20. 每省的最后一行"全省情况汇总"，填写该省点位核查与整改的汇总情况，填写格式为：共核查保护区××个（其中国家级××个、省级××个、市县级××个），共处理违法违规问题××个，共整改违法违规问题××个，处罚企业/个人×× 个，关停企业××个，拆除建筑面积××万平方米，罚款××万元，整改完成××个问题，整改完成率××%。

注：汇总时请注意避免重复计算。

附表2

××省（区、市）涉及自然保护区违法违规问题追责问责情况一览表

问题序号	问题名称	追责问责人数					追责问责形式			备注
		省级	厅级	县级	科级	其他	党纪政纪处分	诫勉谈话	通报批评	
1										
2										
3										
...										
此表可延续										
	全省情况汇总									

填表人：　　　　　　　　　　联系方式：　　　　　　　　　审核人：

填 表 说 明

1. 一省一表，以 excel 电子表格的方式填写。

2. 问题名称：涉及该自然保护区的违法违规项目名称。

3. 追责问责人数：因涉及该保护区违法违规问题而追责问责的人数，分别以省级、厅级、县级、科级、其他等 5 个级别进行统计。

4. 追责问责形式：追责问责形式分三种，即党纪政纪处分、诫勉谈话、通报批评。该栏分别统计各问责形式的人数，其中，党纪政纪处分要详细说明，如"党内严重警告处分××人"、"行政警告处分××人"等。

5. 备注：除前述内容外，需另外说明的情况。

6. 每省的最后一行"全省情况汇总"，填写该省涉保护区问题追责问责的汇总情况，填写格式为：共追责问责××个问题（保护区），共追责问责××人，其中省级××人，厅级××人，县级××人，科级××人；此中，党纪政纪处分××人，诫勉谈话××人，通报批评××人。

注：汇总时请注意避免重复计算。

关于公布黑龙江盘中等 17 处国家级自然保护区面积、范围及功能区划的函

环生态函〔2018〕44 号

黑龙江省、浙江省、江西省、湖北省、广西壮族自治区、四川省、西藏自治区、陕西省、甘肃省、新疆维吾尔自治区人民政府，林业局：

国务院已批准新建黑龙江盘中、黑龙江平顶山、黑龙江乌马河紫貂、黑龙江岭峰、黑龙江七星砬子东北虎、浙江安吉小鲵、江西南风面、湖北长阳崩尖子、湖北五道峡、广西银竹老山资源冷杉、四川白河、西藏玛旁雍错湿地、西藏麦地卡湿地、陕西摩天岭、甘肃多儿、新疆阿勒泰科克苏湿地、新疆温泉新疆北鲵等 17 处国家级自然保护区。现将 17 处自然保护区的面积、范围及功能区划予以公布（见附件 1、2）。面积、范围及功能区划以数字和附图为准，文字描述作为参考。

有关地区和部门要认真贯彻《国务院办公厅关于公布辽宁楼子山等 18 处新建国家级自然保护区名单的通知》（国办发〔2016〕33 号）、《国务院办公厅关于公布黑龙江盘中等 17 处新建国家级自然保护区名单的通知》（国办发〔2017〕64 号）的要求，依据公布的面积、范围和功能区划，抓紧组织开展自然保护区的勘界和立标工作，落实自然保护区的土地权属，标明区界，并向社会公告。

附件：1．黑龙江盘中等 17 处国家级自然保护区的面积和范围

　　　　2．黑龙江盘中等 17 处国家级自然保护区功能区划图

环境保护部

2018 年 3 月 19 日

附件 1

黑龙江盘中等 17 处国家级自然保护区的面积和范围

一、黑龙江盘中国家级自然保护区

　　黑龙江盘中国家级自然保护区总面积 55 074 公顷，其中核心区面积 24 906 公顷，缓冲区面积 14 739 公顷，实验区面积 15 429 公顷。保护区位于黑龙江省塔河县境内，范围在东经 123°33′12″－124°09′08″，北纬 52°44′46″－52°57′12″之间。

　　保护区边界自盘古至盘中保护区公路 7 千米处管护站（123°55′30″E，52°46′09″N）起，沿山脊经 645 米高程点（123°50′57″E，52°46′09″N）、727 米高程点（123°44′38″E，52°46′15″N）、849 米高程点（123°39′01″E，52°46′18″N）至 927 米高程点（123°35′01″E，52°46′25″N），沿山脊向西北至小白嘎拉山（123°33′25″E，52°48′04″N），沿小白嘎拉山鞍部至 854 米高程点（123°33′12″E，52°48′46″N），沿山脊向东北经 751 米高程点（123°34′09″E，52°50′49″N）、672 米高程点（123°38′17″E，52°52′57″N）、729 米高程点（123°39′49″E，52°53′41″N）、721 米高程点（123°44′09″E，52°54′19″N）至 744 米高程点（123°47′31″E，52°56′14″N），向东南至 495 米高程点（123°51′53″E，52°54′38″N），沿塔里亚河向东北至拐点（123°59′29″E，52°56′56″N），沿山脊向东南至 560.2 米高程点（124°00′34″E，52°54′46″N），向东经 523.8 米高程点（124°03′01″E，52°54′51″N）至塔里亚口（124°05′42″E，52°56′51″N），沿盘古河向北至西湖里河河口（124°06′18″E，52°57′13″N），沿西湖里河向东南至拐点（124°07′16″E，52°56′39″N），沿山脊经 427.7 米高程点（124°07′09″E，52°54′51″N）、460.8 米高程点（124°09′08″E，52°52′54″N）至布鲁克里河（124°07′19″E，52°51′43″N），向西南至拐点（124°04′09″E，52°49′47″N），沿山脊经 440.8 米高程点（124°01′54″E，52°49′32″N）至 618.4 米高程点（123°57′12″E，52°44′46″N），沿山脊向西北经盘古河至起点。

二、黑龙江平顶山国家级自然保护区

　　黑龙江平顶山国家级自然保护区总面积 20 241 公顷，其中核心区面积 6 668 公顷，缓冲区面积 7 937 公顷，实验区面积 5 636 公顷。保护区位于黑龙江省哈尔滨市通河县境内，

范围在东经 128°22′59″—128°40′36″，北纬 46°24′20″—46°37′27″之间。

保护区边界自兴隆林业局与双丰、桃山林业局三局交界的白石砬子山顶（128°27′38″E，46°37′27″N）起，向东沿兴隆林业局与桃山林业局局界经 4 个拐点（128°28′31″E，46°37′00″N；128°29′25″E，46°36′32″N；128°30′50″E，46°36′18″N；128°31′54″E，46°35′54″N）至兴隆林业局白石林场与东方林场场界（128°33′29″E，46°34′36″N），沿兴隆林业局与桃山林业局局界向东经 5 个拐点（128°35′09″E，46°34′43″N；128°35′19″E，46°35′02″N；128°36′27″E，46°34′51″N；128°36′52″E，46°34′17″N；128°38′15″E，46°34′24″N）至兴隆林业局与朗乡林业局局界（128°39′26″E，46°34′24″N），沿兴隆林业局与朗乡林业局局界向东经 1 个拐点（128°40′14″E，46°34′25″N）至省道鸡讷公路（128°40′36″E，46°33′39″N），向西南经 4 个拐点（128°39′04″E，46°32′32″N；128°37′51″E，46°32′42″N；128°37′37″E，46°31′50″N；128°36′39″E，46°31′43″N）至拐点（128°34′38″E，46°31′21″N），向南至东方林场 13、14、20 林班交界点（128°34′55″E，46°30′51″N），沿林班界经 2 个拐点（128°33′38″E，46°29′46″N；128°33′16″E，46°28′57″N）至东方林场 25、30、31 林班交界点（128°33′05″E，46°27′58″N），沿 25、29、30、35 林班界经 2 个拐点（128°31′13″E，46°27′44″N；128°31′49″E，46°27′04″N）至东方林场与凤山林场场界（128°32′12″E，46°25′55″N），沿凤山林场与东方林场场界经 1 个拐点（128°30′33″E，46°26′38″N）至东方、凤山与太平林场交界处（128°29′42″E，46°26′50″N），沿太平与凤山林场场界经 2 个拐点（128°29′12″E，46°25′36″N；128°28′22″E，46°24′45″N）至岔林河（128°27′54″E，46°24′20″N），沿岔林河至西八道河与岔林河交汇处（128°26′16″E，46°25′12″N），沿西八道河经 3 个拐点（128°27′10″E，46°25′46″N；128°27′48″E，46°26′42″N；128°27′32″E，46°27′30″N）至太平与白石林场场界（128°28′45″E，46°28′13″N），向北至东八道河与平岗河交汇处（128°29′26″E，46°28′40″N），沿东八道河经 2 个拐点（128°29′20″E，46°29′29″N；128°27′54″E，46°31′40″N）至白石林场 26、33、41 林班交界点（128°28′13″E，46°32′30″N），沿白石林场 33 林班界向西至 32、33、41 林班交界点（128°26′25″E，46°32′02″N），向北经 4 个拐点（128°26′03″E，46°33′47″N；128°25′50″E，46°34′00″N；128°25′26″E，46°33′46″N；128°24′24″E，46°34′42″N）至兴隆林业局与双丰林业局局界交汇处（128°23′37″E，46°34′43″N），沿山脊向东北经 2 个拐点（128°23′52″E，46°36′09″N；128°25′12″E，46°37′05″N）至起点。

三、黑龙江乌马河紫貂国家级自然保护区

黑龙江乌马河紫貂国家级自然保护区总面积 20 949 公顷，其中核心区面积 8 808 公顷，缓冲区面积 6 137 公顷，实验区面积 6 004 公顷。保护区位于黑龙江省伊春市乌马河区境内，范围在东经 128°37′36″—128°52′11″，北纬 47°19′04″—47°32′58″之间。

保护区边界自乌带公路 21.5 千米处（128°42′08″E，47°32′58″N）起，沿翠岭经营所边界经 3 个拐点（128°45′31″E，47°31′57″N；128°47′18″E，47°31′49″N；128°48′17″E，47°31′00″N）至拐点（128°49′17″E，47°30′33″N），沿美溪林业局局界经 9 个拐点（128°49′16″E，47°29′57″N；128°49′55″E，47°29′18″N；128°49′32″E，47°28′34″N；128°51′08″E，47°26′55″N；128°52′06″E，47°26′37″N；128°52′11″E，47°25′50″N；128°50′42″E，47°25′04″N；128°48′53″E，47°25′18″N；128°47′58″E，47°23′50″N）至拐点（128°49′22″E，47°23′34″N），

沿前进经营所 424、425、433 林班线经 3 个拐点（128°49′42″E，47°23′06″N；128°48′47″E，47°22′30″N；128°49′38″E，47°22′00″N）至拐点（128°49′23″E，47°21′23″N），沿带岭林业局局界经 6 个拐点（128°48′36″E，47°20′44″N；128°48′04″E，47°20′53″N；128°47′15″E，47°20′25″N；128°45′43″E，47°19′35″N；128°44′31″E，47°20′02″N；128°43′28″E，47°19′44″N）至拐点（128°41′46″E，47°19′22″N），沿铁力林业局局界经 4 个拐点（128°39′18″E，47°19′04″N；128°38′35″E，47°20′27″N；128°37′36″E，47°20′51″N；128°37′59″E，47°21′26″N）至西岭林场 403 和 401 林班线交叉点（128°37′59″E，47°21′26″N），沿 401 林班线经 3 个拐点（128°38′24″E，47°21′49″N；128°38′32″E，47°22′15″N；128°39′17″E，47°22′39″N）至乌带公路（128°39′34″E，47°23′07″N），沿乌带公路至拐点（128°41′03″E，47°21′21″N），沿前进经营所与西岭林场场界至拐点（128°41′23″E，47°22′26″N），沿前进经营所 416、417、427、429、430、419、418 林班线经 5 个拐点（128°44′06″E，47°21′59″N；128°44′27″E，47°22′06″N；128°45′03″E，47°21′26″N；128°46′38″E，47°21′57″N；128°45′31″E，47°23′12″N）至拐点（128°46′18″E，47°23′44″N），沿西岭林场 392、391、390 林班线经 4 个拐点（128°45′21″E，47°24′04″N；128°45′22″E，47°24′21″N；128°43′28″E，47°24′17″N；128°44′19″E，47°24′41″N）至乌带公路（128°42′26″E，47°25′30″N），沿乌带公路至起点。

四、黑龙江岭峰国家级自然保护区

黑龙江岭峰国家级自然保护区总面积 68 373 公顷，其中核心区面积 26 660 公顷，缓冲区面积 22 307 公顷，实验区面积 19 406 公顷。保护区位于黑龙江省大兴安岭地区漠河县境内，范围在东经 122°41′30″－123°26′05″，北纬 52°15′03″－52°31′00″之间。

保护区边界自最北端（122°53′28″E，52°31′05″N）起，向东南经 11 个拐点（122°55′16″E，52°30′59″N；122°55′38″E，52°30′40″N；122°56′16″E，52°29′59″N；122°56′40″E，52°30′06″N；122°57′25″E，52°29′32″N；122°58′34″E，52°28′54″N；122°59′45″E，52°28′36″N；123°00′49″E，52°28′05″N；123°01′30″E，52°27′40″N；123°02′01″E，52°27′10″N；123°02′40″E，52°27′08″N）至拐点（123°02′57″E，52°26′59″N），向西北经 9 个拐点（123°03′52″E，52°27′11″N；123°04′51″E，52°27′17″N；123°05′27″E，52°27′26″N；123°06′04″E，52°27′44″N；123°05′51″E，52°27′44″N；123°06′00″E，52°28′06″N；123°06′11″E，52°28′09″N；123°06′18″E，52°28′26″N；123°06′08″E，52°28′35″N）至保护区东北角（123°06′12″E，52°28′57″N），向东南经 13 个拐点（123°07′31″E，52°28′01″N；123°07′33″E，52°26′41″N；123°06′50″E，52°25′43″N；123°07′56″E，52°25′21″N；123°09′10″E，52°25′10″N；123°09′39″E，52°24′45″N；123°09′42″E，52°24′33″N；123°11′53″E，52°24′27″N；123°12′16″E，52°23′58″N；123°13′02″E，52°23′56″N；123°13′44″E，52°22′23″N；123°14′22″E，52°22′11″N；123°15′04″E，52°22′19″N）至保护区最东端（123°16′35″E，52°21′36″N），向西南经 30 个拐点（123°15′04″E，52°20′52″N；123°12′21″E，52°19′15″N；123°11′36″E，52°19′27″N；123°10′42″E，52°19′41″N；123°10′22″E，52°19′31″N；123°09′04″E，52°20′16″N；123°08′18″E，52°20′20″N；123°07′24″E，52°19′41″N；123°05′03″E，52°19′17″N；123°04′38″E，52°19′15″N；123°04′19″E，52°19′03″N；123°03′55″E，52°19′09″N；123°02′35″E，52°18′54″N；123°02′19″E，52°18′45″N；123°01′06″E，52°18′25″N；123°00′04″E，52°17′58″N；122°59′21″E，52°17′39″N；122°57′45″E，52°18′11″N；122°55′45″E，

52°17′59″N；122°55′10″E，52°18′14″N；122°54′08″E，52°17′48″N；122°53′19″E，52°17′25″N；
122°52′38″E，52°16′23″N；122°51′32″E，52°16′37″N；122°50′50″E，52°15′48″N；122°48′43″E，
52°15′12″N；122°46′47″E，52°15′08″N；122°45′52″E，52°15′24″N；122°45′31″E，52°15′55″N；
122°44′11″E，52°15′27″N），到达保护区最南端点（122°41′53″E，52°15′11″N），向西北经
34 个拐点（122°41′06″E，52°15′37″N；122°41′25″E，52°16′04″N；122°39′17″E，52°16′55″N；
122°39′44″E，52°17′46″N；122°39′10″E，52°18′18″N；122°39′03″E，52°18′45″N；122°38′46″E，
52°19′06″N；122°40′13″E，52°19′46″N；122°40′07″E，52°20′26″N；122°40′40″E，52°20′35″N；
122°41′16″E，52°20′47″N；122°41′59″E，52°22′00″N；122°42′36″E，52°22′35″N；122°42′30″E，
52°23′05″N；122°42′24″E，52°23′20″N；122°43′24″E，52°23′29″N；122°43′57″E，52°24′04″N；
122°44′37″E，52°24′20″N；122°44′23″E，52°24′53″N；122°44′47″E，52°25′11″N；122°44′46″E，
52°26′41″N；122°45′08″E，52°26′49″N；122°46′05″E，52°27′34″N；122°47′12″E，52°26′54″N；
122°47′28″E，52°27′06″N；122°48′05″E，52°27′24″N；122°48′48″E，52°27′56″N；122°48′48″E，
52°28′32″N；122°49′24″E，52°29′33″N；122°49′52″E，52°29′43″N；122°50′03″E，52°30′05″N；
122°51′19″E，52°30′26″N；122°51′57″E，52°30′25″N；122°52′38″E，52°30′35″N）至起点。

五、黑龙江七星砬子东北虎国家级自然保护区

黑龙江七星砬子东北虎国家级自然保护区总面积 55 740 公顷，其中核心区面积 21 770
公顷，缓冲区面积 21 397 公顷，实验区面积 12 573 公顷。保护区位于黑龙江省佳木斯市
桦南县境内，范围在东经 130°45′12″—131°10′17″，北纬 46°07′23″—46°35′40″之间。

保护区边界自完达山脉那丹哈达岭七星峰（130°54′07″E，46°35′39″N）起，向东南沿
800 米等高线经双鸭山林业局边界（130°55′46″E，46°34′53″N）至双鸭山林业局与桦南林
业局交界处（131°03′17″E，46°23′51″N），向西北至桦南林业局 1 林班北部（131°01′55″E，
46°24′11″N），向西南经桦南林业局种子园公路（130°55′58″E，46°19′27″N），向东南至桦
南林业局 20、21 林班交汇处（131°09′24″E，46°12′23″N），向西南经大金沙河（131°09′09″E，
46°08′12″N）至拐点（130°58′08″E，46°10′31″N），向西北经东合村北部（130°53′25″E，
46°15′58″N）至下桦村北部（130°52′08″E，46°16′13″N），向西至八虎力河（130°45′19″E，
46°15′26″N），向北至四方台村东部（130°46′55″E，46°21′16″N），向东北至桦南县与林业
局施业区交汇处（130°50′42″E，46°33′06″N），向东北经 200 个拐点的连线至起点，拐点
坐标分别为：130°54′07″E，46°35′39″N；130°54′34″E，46°35′17″N；130°55′23″E，46°34′56″N；
130°55′46″E，46°34′53″N；130°56′06″E，46°34′39″N；130°56′33″E，46°33′38″N；130°57′15″E，
46°32′48″N；130°57′17″E，46°32′18″N；130°57′46″E，46°31′43″N；130°57′37″E，46°31′26″N；
130°57′20″E，46°31′19″N；130°57′26″E，46°30′56″N；130°57′47″E，46°30′49″N；130°57′55″E，
46°30′19″N；130°58′20″E，46°30′07″N；131°00′09″E，46°29′29″N；131°00′26″E，46°29′30″N；
131°01′14″E，46°28′53″N；131°00′38″E，46°26′45″N；131°01′00″E，46°26′15″N；131°01′28″E，
46°26′07″N；131°03′19″E，46°25′24″N；131°03′21″E，46°25′02″N；131°02′58″E，46°24′47″N；
131°03′09″E，46°24′36″N；131°03′17″E，46°23′51″N；131°03′03″E，46°23′44″N；131°02′43″E，
46°23′49″N；131°02′34″E，46°24′02″N；131°01′55″E，46°24′11″N；131°01′25″E，46°24′06″N；
131°01′12″E，46°23′52″N；131°00′50″E，46°23′07″N；131°00′35″E，46°23′06″N；131°00′20″E，

46°22′35″N；131°00′02″E，46°22′25″N；130°59′26″E，46°22′25″N；130°58′59″E，46°21′34″N；130°58′41″E，46°21′24″N；130°58′39″E，46°21′10″N；130°57′55″E，46°21′04″N；130°57′26″E，46°20′37″N；130°56′38″E，46°20′23″N；130°56′34″E，46°19′57″N；130°55′58″E，46°19′26″N；130°56′33″E，46°18′53″N；130°56′25″E，46°18′16″N；130°57′20″E，46°16′51″N；130°57′37″E，46°16′34″N；130°58′04″E，46°16′32″N；130°58′18″E，46°16′01″N；130°58′47″E，46°15′33″N；130°59′00″E，46°15′36″N；131°00′23″E，46°15′28″N；131°00′52″E，46°15′14″N；131°01′35″E，46°15′18″N；131°02′20″E，46°14′40″N；131°02′56″E，46°14′19″N；131°03′33″E，46°14′11″N；131°03′58″E，46°13′53″N；131°04′50″E，46°13′45″N；131°05′04″E，46°13′25″N；131°05′51″E，46°13′08″N；131°06′21″E，46°12′51″N；131°06′36″E，46°12′23″N；131°07′14″E，46°12′18″N；131°07′33″E，46°12′26″N；131°08′17″E，46°12′17″N；131°08′38″E，46°12′30″N；131°09′24″E，46°12′23″N；131°09′25″E，46°11′49″N；131°09′25″E，46°09′56″N；131°10′04″E，46°09′41″N；131°09′57″E，46°09′13″N；131°10′15″E，46°08′42″N；131°10′16″E，46°08′24″N；131°09′09″E，46°08′12″N；131°09′43″E，46°07′49″N；131°09′14″E，46°07′55″N；131°08′23″E，46°07′47″N；131°08′08″E，46°07′54″N；131°05′59″E，46°07′23″N；131°05′08″E，46°08′03″N；131°04′46″E，46°08′46″N；131°03′27″E，46°08′30″N；131°02′52″E，46°09′23″N；131°01′40″E，46°09′31″N；131°00′58″E，46°10′06″N；130°59′52″E，46°10′06″N；130°58′59″E，46°10′12″N；130°59′26″E，46°10′18″N；130°58′08″E，46°10′31″N；130°57′50″E，46°10′46″N；130°57′54″E，46°11′27″N；130°58′21″E，46°11′33″N；130°57′42″E，46°12′16″N；130°57′16″E，46°12′30″N；130°57′23″E，46°13′05″N；130°57′03″E，46°13′15″N；130°57′08″E，46°13′41″N；130°57′02″E，46°14′01″N；130°56′47″E，46°14′19″N；130°56′26″E，46°14′26″N；130°56′22″E，46°14′38″N；130°56′02″E，46°14′47″N；130°55′35″E，46°15′14″N；130°55′01″E，46°15′47″N；130°54′40″E，46°16′02″N；130°53′29″E，46°15′47″N；130°53′25″E，46°15′58″N；130°53′43″E，46°16′02″N；130°53′31″E，46°16′19″N；130°52′56″E，46°15′59″N；130°52′08″E，46°16′13″N；130°51′32″E，46°16′09″N；130°51′09″E，46°15′58″N；130°50′44″E，46°16′39″N；130°50′27″E，46°16′45″N；130°49′57″E，46°16′34″N；130°50′16″E，46°16′30″N；130°50′12″E，46°16′18″N；130°50′01″E，46°16′09″N；130°47′49″E，46°15′47″N；130°47′12″E，46°15′50″N；130°46′33″E，46°15′20″N；130°45′19″E，46°15′26″N；130°45′25″E，46°15′48″N；130°45′12″E，46°16′07″N；130°45′49″E，46°16′23″N；130°46′59″E，46°16′25″N；130°47′32″E，46°16′26″N；130°48′10″E，46°17′26″N；130°48′59″E，46°17′46″N；130°48′35″E，46°18′08″N；130°47′38″E，46°18′50″N；130°48′26″E，46°19′30″N；130°48′53″E，46°19′31″N；130°48′56″E，46°19′41″N；130°48′11″E，46°20′08″N；130°47′49″E，46°20′20″N；130°46′42″E，46°20′28″N；130°46′55″E，46°21′16″N；130°46′48″E，46°21′30″N；130°47′16″E，46°21′48″N；130°47′36″E，46°21′46″N；130°48′15″E，46°22′09″N；130°48′01″E，46°22′32″N；130°48′30″E，46°22′52″N；130°49′11″E，46°22′54″N；130°49′26″E，46°23′08″N；130°49′19″E，46°23′29″N；130°50′00″E，46°23′51″N；130°50′39″E，46°23′52″N；130°50′46″E，46°24′13″N；130°50′21″E，46°24′32″N；130°50′01″E，46°25′01″N；130°49′40″E，46°24′50″N；130°49′14″E，46°25′32″N；130°49′39″E，46°26′16″N；130°50′19″E，46°26′45″N；130°50′48″E，46°26′45″N；130°51′18″E，46°26′59″N；130°51′35″E，46°27′21″N；130°51′19″E，46°28′33″N；130°50′55″E，46°29′26″N；130°50′56″E，46°29′55″N；130°50′23″E，46°31′04″N；130°50′41″E，46°31′14″N；130°50′37″E，46°31′27″N；130°50′41″E，46°31′43″N；130°50′51″E，46°31′57″N；

130°50′48″E，46°32′19″N；130°50′15″E，46°32′22″N；130°50′19″E，46°32′44″N；130°50′42″E，46°33′06″N；130°51′17″E，46°33′05″N；130°51′29″E，46°33′21″N；130°52′04″E，46°33′37″N；130°52′28″E，46°33′54″N；130°52′45″E，46°34′21″N；130°52′43″E，46°34′47″N；130°53′03″E，46°35′13″N；131°01′17″E，46°28′23″N；131°02′22″E，46°09′35″N；131°05′45″E，46°07′56″N；131°06′56″E，46°07′29″N；131°03′17″E，46°08′50″N；131°03′04″E，46°09′00″N；131°00′34″E，46°10′10″N；130°53′32″E，46°35′23″N；130°56′08″E，46°34′25″N；130°57′02″E，46°33′05″N；130°57′00″E，46°32′57″N；130°57′20″E，46°32′37″N；130°57′36″E，46°32′01″N；130°59′01″E，46°30′05″N；130°59′35″E，46°29′47″N；130°59′39″E，46°29′50″N；130°54′43″E，46°35′16″N；130°55′05″E，46°35′06″N。

六、浙江安吉小鲵国家级自然保护区

浙江安吉小鲵国家级自然保护区总面积 1 242.5 公顷，其中核心区面积 567.1 公顷，缓冲区面积 143.9 公顷，实验区面积 531.5 公顷。保护区位于浙江省湖州市安吉县境内，范围在东经 119°23′48″－119°26′38″，北纬 30°22′32″－30°25′12″之间。

保护区边界自拐点（119°26′30″E，30°24′46″N）起，沿安吉县与临安市县界向南至拐点（119°23′51″E，30°22′37″N），沿浙江省与安徽省省界向北至拐点（119°24′50″E，30°24′39″N），向北经章村镇长潭村、报福镇深溪坞村（119°24′48″E，30°24′44″N）、2 个拐点（119°24′52″E，30°25′12″N；119°24′51″E，30°24′38″N）至起点。

七、江西南风面国家级自然保护区

江西南风面国家级自然保护区总面积 10 588 公顷，其中核心区面积 4 125.88 公顷，缓冲区面积 1 882.63 公顷，实验区面积 4 579.49 公顷。保护区位于江西省吉安市遂川县境内，范围在东经 113°57′47″－114°07′03″，北纬 26°09′18″－26°26′10″之间。

保护区边界自上坳村北部赵公亭（114°05′07″E，26°24′56″N）起，沿山脊向南经 2 个拐点（114°05′05″E，26°24′43″N；114°05′29″E，26°24′25″N）、1388 米高程点、1208 米高程点至黄元洞（114°05′01″E，26°22′34″N），向东经 3 个拐点（114°05′23″E，26°22′35″N；114°05′42″E，26°22′52″N；114°06′01″E，26°22′23″N）至土黄里（114°06′42″E，26°22′31″N），沿上坳村村道北侧山脊线至一线天（114°07′03″E，26°22′19″N），向西南至高兴村鸡公顶（114°06′14″E，26°21′20″N），向西经 1 144.4 米高程点和 2 个拐点（114°05′46″E，26°21′24″N；114°05′05″E，26°21′20″N）至赖氏廖（114°04′29″E，26°21′13″N），向南至 1097 米高程点，经 3 个拐点（114°03′37″E，26°20′34″N；114°03′57″E，26°20′27″N；114°04′08″E，26°19′57″N）至 1 689.8 米高程点，经 1619 米、1 336.7 米、1019 米、1 174.4 米、1422 米、1 501.7 米、1178 米、1231 米高程点至竹头岗（114°03′19″E，26°17′56″N），经拐点（114°03′03″E，26°17′12″N）、下湾（114°03′21″E，26°16′57″N）至高杉窝（114°03′08″E，26°16′37″N），经牛塘（114°03′14″E，26°16′08″N）、沙湖里（114°02′25″E，26°15′53″N）、1 260.1 米高程点、龙颈里（114°01′41″E，26°14′39″N）、大水垄（114°01′08″E，26°14′38″N）至营盘圩村（114°00′33″E，26°14′02″N），沿营盘圩村与禾坑村、桐古村村界至寨背垄（113°59′39″E，

26°13′38″N），经 1 304.2 米高程点、2 个拐点（113°59′08″E，26°13′47″N；113°58′58″E，26°13′46″N）、大排垄（113°58′37″E，26°13′23″N）、枫树垄（113°58′44″E，26°13′05″N）、湖洋弯（113°58′35″E，26°12′40″N）、高岚排（113°58′26″E，26°12′10″N）、牛垄坪（113°58′45″E，26°11′55″N）至大夏村（113°58′13″E，26°11′15″N），沿大夏村与桐古村、小夏村村界至回垄仙坳（113°58′31″E，26°13′38″N），沿河向南至省界（113°57′06″E，26°09′22″N），沿省界向北至起点。

八、湖北长阳崩尖子国家级自然保护区

湖北长阳崩尖子国家级自然保护区总面积 13 313 公顷，其中核心区面积 4 602 公顷，缓冲区面积 3 883 公顷，实验区面积 4 828 公顷。保护区位于湖北省宜昌市长阳土家族自治县境内，范围在东经 110°39′20″－110°48′02″，北纬 30°16′04″－30°23′58″之间。

保护区边界自鼓罗洞东北（110°39′48″E，30°18′56″N）起，沿河向北经灯盏溪至拐点（110°39′21″E，30°19′03″N），向北经桃子坪西、蔡家屋场、倒裁坑北至曹家冲（110°41′34″E，30°21′32″N），向西北至杨树坳（110°41′08″E，30°22′06″N），沿河向北经对舞溪、老竹园至青龙坡北（110°43′21″E，30°23′29″N），向西至张家坳北（110°45′48″E，30°23′58″N），沿河经 2 个拐点（110°46′19″E，30°23′47″N；110°45′47″E，30°23′17″N）至桃子岭，沿沟至上溪湾（110°46′47″E，30°23′32″N），沿河向东南经后村至腰站（110°47′34″E，30°21′55″N），经拐点（110°47′49″E，30°21′20″N）至石板坡（110°47′06″E，30°20′39″N），沿山脊至八丈岩（110°46′20″E，30°20′02″N），经拐点（110°46′32″E，30°19′46″N）至响石溪（110°47′15″E，30°19′42″N），沿河经郭长岭至中溪（110°46′42″E，30°17′59″N），经拐点（110°46′02″E，30°17′42″N）至池岩坪（110°46′12″E，30°16′46″N），经孟家山至吊水岩（110°45′08″E，30°16′04″N），向西经四方洞至南木湾（110°42′21″E，30°16′15″N），向西北至杜树坪（110°41′14″E，30°16′46″N），沿中溪河至向家坪（110°40′17″E，30°17′52″N），向西北至起点。

九、湖北五道峡国家级自然保护区

湖北五道峡国家级自然保护区总面积 20 860 公顷，其中核心区 7 650 公顷，缓冲区 6 352 公顷，实验区 6 858 公顷。保护区位于湖北省襄阳市保康县境内，范围在东经 111°05′52″－111°27′56″，北纬 31°37′48″－31°45′23″之间。

保护区东界以 19 个拐点的连线为界，拐点坐标分别为（111°27′26″E，31°43′45″N；111°26′46″E，31°43′33″N；111°26′43″E，31°43′23″N；111°26′19″E，31°43′21″N；111°26′12″E，31°42′50″N；111°27′15″E，31°43′21″N；111°27′56″E，31°41′51″N；111°26′35″E，31°41′41″N；111°25′49″E，31°41′13″N；111°26′00″E，31°40′56″N；111°25′19″E，31°40′27″N；111°24′47″E，31°40′29″N；111°24′29″E，31°39′45″N；111°24′20″E，31°39′36″N；111°24′30″E，31°39′32″N；111°23′45″E，31°38′39″N；111°23′53″E，31°38′26″N；111°23′40″E，31°38′22″N；111°23′16″E，31°37′48″N）；南界以 34 个拐点的连线为界，拐点坐标分别为（111°23′16″E，31°37′48″N；111°22′35″E，31°38′11″N；111°21′29″E，31°38′53″N；111°21′05″E，31°39′04″N；111°21′09″E，31°39′17″N；111°21′00″E，31°39′17″N；111°20′59″E，31°39′48″N；111°20′20″E，31°39′59″N；

111°19'59"E，31°40'41"N；111°19'53"E，31°40'28"N；111°19'33"E，31°40'33"N；111°19'42"E，31°40'17"N；111°19'54"E，31°39'58"N；111°19'41"E，31°39'50"N；111°19'19"E，31°40'14"N；111°18'30"E，31°40'14"N；111°18'06"E，31°39'50"N；111°18'05"E，31°39'41"N；111°18'18"E，31°39'37"N；111°18'20"E，31°38'50"N；111°17'58"E，31°38'08"N；111°17'06"E，31°38'17"N；111°16'59"E，31°38'37"N；111°15'15"E，31°40'00"N；111°13'59"E，31°41'33"N；111°12'58"E，31°41'33"N；111°12'57"E，31°41'49"N；111°11'36"E，31°41'34"N；111°11'25"E，31°41'44"N；111°10'36"E，31°41'43"N；111°10'21"E，31°41'28"N；111°08'24"E，31°41'43"N；111°08'07"E，31°42'13"N；111°07'52"E，31°42'16"N）；西界以 10 个拐点的连线为界，拐点坐标分别为（111°07'52"E，31°42'16"N；111°07'50"E，31°42'38"N；111°07'39"E，31°42'37"N；111°07'18"E，31°42'54"N；111°07'25"E，31°43'02"N；111°06'48"E，31°43'50"N；111°06'16"E，31°43'22"N；111°05'53"E，31°43'54"N；111°05'57"E，31°43'57"N；111°05'52"E，31°44'06"N）；北界以 19 个拐点的连线为界，拐点坐标分别为（111°05'52"E，31°44'06"N；111°06'29"E，31°44'58"N；111°08'15"E，31°45'12"N；111°09'48"E，31°45'18"N；111°11'35"E，31°45'22"N；111°12'24"E，31°45'07"N；111°13'12"E，31°44'28"N；111°13'56"E，31°43'06"N；111°16'49"E，31°43'14"N；111°16'48"E，31°43'26"N；111°17'24"E，31°43'40"N；111°17'46"E，31°43'22"N；111°20'34"E，31°43'52"N；111°21'59"E，31°43'14"N；111°23'32"E，31°42'53"N；111°24'27"E，31°43'34"N；111°25'40"E，31°44'16"N；111°26'42"E，31°44'25"N；111°27'26"E，31°43'45"N）。

十、广西银竹老山资源冷杉国家级自然保护区

广西银竹老山资源冷杉国家级自然保护区总面积4 341.2公顷，其中核心区面积1 769.3公顷，缓冲区面积541.8公顷，实验区面积2 030.1公顷。保护区位于广西壮族自治区桂林市资源县境内，范围在东经110°32'31″－110°37'11″，北纬26°13'29″－26°20'25″之间。

保护区边界自龙头山 1 616.8 米山峰（110°36'25″E，26°19'53″N）起，沿广西和湖南两省省界向东北至 1 327.1 米高程点（110°37'01″E，26°19'32″N），向南经 1 204.1 米高程点、1 179.1 米高程点、1 148.1 米高程点、1 279.2 米高程点至 1 271 米山峰（110°36'18″E，26°17'57″N），沿山脊向东南经 1 282.2 米高程点至 1 132.2 米山峰（110°36'32″E，26°17'38″N），向西南经 1 041.6 米高程点、1 105 米高程点、1 144 米高程点、1 301 米高程点、1 308 米高程点、1 294.4 米山峰（110°35'53″E，26°15'59″N）、1 253.6 米山峰、1 595.3 米高程点、1 667米高程点、1 641.1 米高程点、1 648.2 米高程点、1 576.6 米高程点、1 644.2 米高程点、1 473.3米高程点、1 335.2 高程点至 1 205 米高程点（110°33'14″E，26°13'31″N），向西至 1 797 米山峰（110°32'31″E，26°13'55″N），向西北经 1 802.4 米高程点、1 902.8 米高程点至 1 922.4 米山峰（110°32'56″E，26°14'36″N），沿广西和湖南两省省界经二宝鼎（110°32'31″E，26°16'00″N）、银竹老山（110°32'31″E，26°16'11″N）、1 814.2 米山峰（110°32'56″E，26°17'12″N）、江头山（110°35'06″E，26°18'34″N）、横冲界（110°35'31″E，26°19'04″N）至起点。

十一、四川白河国家级自然保护区

四川白河国家级自然保护区总面积 16 204.3 公顷，其中核心区面积 9 722.6 公顷，缓

冲区面积 2 074.1 公顷，实验区面积 4 407.6 公顷。保护区位于四川省阿坝藏族羌族自治州九寨沟县境内，范围在东经 104°01′—104°12′，北纬 33°10′—33°22′之间。

保护区东界以 17 个拐点的连线为界，拐点坐标分别为（104°10′35″E，33°17′39″N；104°10′38″E，33°17′32″N；104°10′45″E，33°17′26″N；104°10′48″E，33°17′24″N；104°10′51″E，33°15′38″N；104°10′48″E，33°15′21″N；104°10′33″E，33°14′46″N；104°10′25″E，33°14′28″N；104°10′08″E，33°13′59″N；104°09′41″E，33°13′42″N；104°09′43″E，33°13′33″N；104°09′30″E，33°13′17″N；104°09′11″E，33°12′55″N；104°08′37″E，33°12′26″N；104°08′35″E，33°11′50″N；104°07′57″E，33°11′37″N；104°07′38″E，33°11′08″N）；南界以 11 个拐点的连线为界，拐点坐标分别为（104°06′48″E，33°11′04″N；104°06′18″E，33°10′57″N；104°06′06″E，33°10′56″N；104°06′02″E，33°11′07″N；104°05′44″E，33°11′17″N；104°05′14″E，33°11′10″N；104°05′08″E，33°11′17″N；104°05′13″E，33°11′31″N；104°04′40″E，33°12′17″N；104°04′04″E，33°12′44″N；104°03′24″E，33°12′49″N）；西界以 24 个拐点的连线为界，拐点坐标分别为（104°03′36″E，33°13′30″N；104°03′27″E，33°13′33″N；104°02′47″E，33°14′14″N；104°02′18″E，33°14′21″N；104°02′17″E，33°14′28″N；104°01′44″E，33°14′46″N；104°01′12″E，33°14′58″N；104°01′27″E，33°15′19″N；104°02′13″E，33°15′35″N；104°02′23″E，33°15′47″N；104°02′30″E，33°15′54″N；104°02′38″E，33°16′30″N；104°02′52″E，33°16′38″N；104°02′48″E，33°16′55″N；104°02′48″E，33°17′09″N；104°02′16″E，33°17′22″N；104°01′46″E，33°17′42″N；104°01′57″E，33°18′01″N；104°02′01″E，33°18′15″N；104°01′48″E，33°18′38″N；104°01′42″E，33°18′57″N；104°01′34″E，33°19′38″N；104°01′10″E，33°19′41″N；104°01′01″E，33°19′49″N）；北界以 59 个拐点的连线为界，拐点坐标分别为（104°01′36″E，33°20′02″N；104°01′59″E，33°20′08″N；104°02′03″E，33°19′59″N；104°02′06″E，33°20′09″N；104°02′05″E，33°20′16″N；104°02′24″E，33°20′25″N；104°02′50″E，33°20′33″N；104°03′01″E，33°20′31″N；104°03′24″E，33°20′59″N；104°03′53″E，33°21′11″N；104°04′25″E，33°20′41″N；104°04′34″E，33°20′47″N；104°04′40″E，33°20′44″N；104°04′45″E，33°20′37″N；104°04′55″E，33°20′33″N；104°05′04″E，33°20′19″N；104°05′49″E，33°19′53″N；104°06′05″E，33°19′33″N；104°06′27″E，33°19′38″N；104°06′22″E，33°19′04″N；104°06′31″E，33°18′40″N；104°06′52″E，33°17′40″N；104°06′58″E，33°17′44″N；104°07′12″E，33°18′13″N；104°07′32″E，33°18′32″N；104°07′25″E，33°18′50″N；104°06′35″E，33°19′48″N；104°06′57″E，33°19′40″N；104°07′21″E，33°19′36″N；104°07′49″E，33°19′33″N；104°08′05″E，33°19′33″N；104°08′43″E，33°19′18″N；104°09′10″E，33°18′36″N；104°09′16″E，33°18′28″N；104°09′17″E，33°18′33″N；104°08′59″E，33°18′27″N；104°08′38″E，33°18′13″N；104°08′14″E，33°18′01″N；104°08′24″E，33°17′50″N；104°08′30″E，33°17′32″N；104°07′53″E，33°17′05″N；104°08′05″E，33°16′58″N；104°08′02″E，33°16′40″N；104°08′21″E，33°16′23″N；104°07′30″E，33°16′03″N；104°07′37″E，33°15′24″N；104°07′46″E，33°15′03″N；104°08′08″E，33°15′30″N；104°09′02″E，33°15′17″N；104°09′14″E，33°15′30″N；104°09′04″E，33°15′38″N；104°09′03″E，33°15′44″N；104°09′26″E，33°15′49″N；104°09′56″E，33°15′37″N；104°09′51″E，33°16′01″N；104°10′22″E，33°16′04″N；104°10′08″E，33°16′48″N；104°09′50″E，33°17′21″N；104°10′29″E，33°17′44″N）。

十二、西藏玛旁雍错湿地国家级自然保护区

西藏玛旁雍错湿地国家级自然保护区总面积 101 190 公顷，其中核心区面积 67 791.32 公顷，缓冲区面积 10 680.67 公顷，实验区面积 22 718.01 公顷。保护区位于西藏自治区普兰县境内，范围在东经 81°05′09″－81°43′54″，北纬 30°30′20″－30°56′23″之间。

保护区边界自色乌弄巴河沟的托钦达桑（81°43′49″E，30°42′05″N）起，沿色乌弄巴南岸经格拉日（81°40′00″E，30°43′59″N）、拐点（81°37′50″E，30°43′53″N）、色龙寺西（81°36′35″E，30°42′04″N）、色龙寺西南（81°36′33″E，30°41′37″N）、4 830.6 米高程点（81°36′52″E，30°40′21″N）、拐点（81°35′43″E，30°38′51″N）、卓松木加（81°37′46″E，30°37′49″N）、拐点（81°35′36″E，30°38′47″）、4 601 米高程点（81°35′01″E，30°38′30″N）、扎曲北岸（81°34′03″E，30°36′17″）、勒朗（81°38′19″E，30°34′40″N）、米地卡沙（81°36′59″E，30°34′27″N）、布汝阿（81°38′38″E，30°32′51″N）、波玛布（81°37′22″E，30°34′12″N）、当果其沙（81°35′27″E，N30°34′39″N）、拐点（81°33′50″E，30°36′09″N）、拉布日勒（81°32′27″E，30°35′05″N）、甲勒（81°35′09″E，30°30′20″N）、卡果（81°33′22″E，30°33′47″N）、阿旺宗（81°32′14″E，30°34′56″N）、错果棍巴东（81°26′38″E，30°33′35″N）、错果棍巴北（81°26′24″E，30°33′46″N）、错果棍巴西（81°26′13″E，30°33′38″N）、拐点（81°24′23″E，30°33′33″N）、纳依指（81°22′22″E，30°34′33″N）、德玛（81°21′33″E，30°35′38″N）、拐点（81°22′38″E，30°39′58″N）、江玛（81°22′12″E，30°40′49″N）、泽底（81°21′18″E，30°42′04″N）、色阿（81°22′03″E，30°43′17″N）、布玛（81°21′27″E，30°46′07″N）、拐点（81°18′31″E，30°46′54″N）、4 716 米高程点（81°15′28″E，30°46′03″N）、多阿拉（81°18′51″E，30°41′13″N）、多玛姜（81°18′06″E，30°35′53″N）、4 764 米高程点（81°13′50″E，30°34′43″N）、4 782.4 米高程点（81°12′36″E，30°35′46″N）、5 065 米高程点（81°10′43″E，30°35′25″N）、4 819.5 米高程点（81°06′50″E，30°37′31″N）、4 698 米高程点（81°06′05″E，30°38′44″N）、婆沙弄巴（81°05′11″E，N30°40′31″N）、木弄洁（81°06′59″E，30°42′24″N）、日阿让（81°09′01″E，30°42′54″N）、拐点（81°10′21″E，30°42′50″N）、破若木若（81°10′13″E，30°44′19″N）、白阿场玛（81°12′00″E，30°48′48″N）、甲布欧（81°11′15″E，30°49′26″N）、克巴玛加（81°11′20″E，30°51′33″N）、4 588 米高程点（81°13′59″E，N30°53′01″N）、响玛木堆（81°14′50″E，30°53′00″N）、玛嘎宁巴（81°16′57″E，30°56′23″N）、柏如归桑（81°15′20″E，30°52′24″N）、罗马曲（81°17′32″E，30°53′30″N）、巴嘎宁巴西（81°17′14″E，30°52′24″N）、错布几（81°23′12″E，30°52′54″N）、巴嘎宁巴东（81°17′31″E，30°52′13″N）、劳淌（81°19′51″E，30°46′44″N）、极无棍巴（81°22′01″E，30°45′55″N）、江弄（81°25′10″E，30°48′00″N）、朗木朗棍巴西（81°29′06″E，30°47′14″N）、扎长那祖（81°27′19″E，30°50′22″N）、朗木朗棍巴东（81°29′20″E，30°47′15″N）、个洛几错出口（81°34′45″E，30°47′02″N）、那亚几错北（81°36′36″E，30°46′21″N）、色乌弄巴北（81°37′50″E，30°44′02″N）至起点。

十三、西藏麦地卡湿地国家级自然保护区

西藏麦地卡湿地国家级自然保护区总面积 88 052.37 公顷，其中核心区面积 32 882.47

公顷，缓冲区面积 14 164.04 公顷，实验区面积 41 005.86 公顷。保护区位于西藏自治区那曲地区嘉黎县境内，范围在东经 92°45′55″—93°19′25″，北纬 30°51′04″—31°09′44″之间。

保护区边界自彭错错帕尔玛湖东北方山梁 5 391 米高程点（93°19′25″E，31°03′44″N）起，向西南经彭错错帕尔玛湖东岸至拐点（93°17′57″E，31°02′51″N），沿山脊经 5 512 米高程点、5 525 米高程点、5 571 米高程点（93°16′41″E，31°03′04″N）至彭错孔玛朵峰（93°16′39″E，31°03′25″N），沿山脊向西北至彭错卧玛河（93°16′16″E，31°03′48″N）沿河至拐点（93°16′12″E，31°04′02″N），向西北经 5 044 米高程点（93°13′45″E，31°04′53″N）至托怕弄巴西侧山脚（93°10′34″E，31°05′17″N），向西北至小路（93°12′14″E，31°05′32″N），沿小路向西南至 5 064 米高程点（93°09′54″E，31°04′49″N），向西南经门磴哪不日阿峰（93°07′39″E，31°00′14″N）、5 050 米高程点、5 684 米高程点、5 604 米高程点、5 074 米高程点至它你拉峰西侧山梁（93°01′37″E，30°58′39″N），沿山梁向南经会也弄巴、5 586 米高程点、5 604 米高程点、5 582 米高程点、5 592 米高程点、5 587 米高程点至峨弄拉东北方 5 476 米高程点（92°58′02″E，30°52′05″N），向西南至峨弄拉（92°56′35″E，30°51′05″N），向西北经 5 546 米高程点、5 592 米高程点、4 980 米高程点、5 486 米高程点、5 416 米高程点至 5 362 米高程点（92°50′07″E，30°52′57″N），沿山脊向西北经 5 248 米高程点（92°49′48″E，30°53′45″N）至 5 302 米高程点（92°47′55″E，30°54′06″N），沿山脊向西北经 5 246 米高程点至山脚小路（92°46′58″E，30°55′21″N），沿小路向西至子格错（92°46′03″E，30°55′34″N），向西北至拐点（92°45′56″E，30°55′55″N），向北经 4 968 米高程点、4 810 米高程点、4 886 米高程点至县乡公路（92°46′45″E，31°00′01″N），沿公路向东北经拐点（92°50′26″E，31°03′38″N）至鱼日（92°51′07″E，31°03′46″N），向东北至马荣曲与查学弄巴交汇处（92°51′42″E，31°04′25″N），沿马荣曲向北至拐点（92°51′47″E，31°04′49″N），向西北经 4 868 米高程点、5 180 米高程点、措日阿哈育（92°48′00″E，31°05′42″N）至 4 943 米高程点（92°47′17″E，31°06′38″N），沿小路至错日阿错湖西侧（92°48′40″E，31°08′16″N），沿小路至错日阿错湖东北方（92°51′02″E，31°07′42″N），沿小路向东至沙商朵（92°55′03″E，31°07′28″N），向东南至 4 921 米高程点（92°56′51″E，31°07′01″N），向东北经 4 890 米高程点至热他曲（92°58′18″E，31°07′16″N），沿热他曲向东北经拐点（92°59′33″E，31°08′52″N）至小路（93°00′04″E，31°08′49″N），沿小路向东北至拐点（93°00′47″E，31°09′12″N），沿河向东南至拐点（93°02′49″E，31°08′30″N），向东北至无名小湖（93°03′25″E，31°09′04″N），向东北经 4 986 米高程点至拐点（93°06′12″E，31°09′43″N），向东南至拐点（93°06′59″E，31°09′31″N），向东南至湖公打布次儿（93°07′45″E，31°08′54″N），沿小路向东经 5 020 米高程点、5 028 米高程点（93°12′40″E，31°08′25″N）至拐点（93°13′31″E，31°08′22″N），向东北至沙舍拉南（93°15′48″E，31°08′34″N），向东南至优新格（93°16′42″E，31°07′29″N），沿山梁向东南至马尔波贺尔康东南方山包（93°18′32″E，31°05′57″N），向南至拐点（93°18′30″E，31°06′33″N），沿山梁向东至 5 581 米高程点（93°19′26″E，31°05′43″N），向西南至 5 388 米高程点（93°19′06″E，31°04′47″N），向东南至起点。

十四、陕西摩天岭国家级自然保护区

陕西摩天岭国家级自然保护区总面积 8 520 公顷，其中核心区面积 2 804 公顷，缓冲

区面积 2 510 公顷，实验区面积 3 206 公顷。保护区位于陕西省汉中市留坝县境内，范围在东经 107°03′09″—107°10′20″，北纬 33°31′53″—33°40′02″之间。

保护区边界自摩天岭山梁（107°10′20″E，33°40′10″N）起，沿山脊至小摩天岭山梁（107°09′34″E，33°39′40″N），沿山脊经 8 个拐点（107°09′24″E，33°39′08″N；107°08′54″E，33°38′31″N；107°08′37″E，33°38′27″N；107°07′24″E，33°36′03″N；107°06′52″E，33°34′48″N；107°07′12″E，33°35′09″N；107°07′01″E，33°35′05″N；107°06′49″E，33°34′41″N）至马鞍山鞍部（107°06′19″E，33°33′42″N），沿山脊经 4 个拐点（107°05′41″E，33°33′29″N；107°05′25″E，33°32′46″N；107°04′50″E，33°32′25″N；107°04′38″E，33°32′09″N）至桅杆石山顶（107°04′30″E，33°31′53″N），沿背山脊经 7 个拐点（107°04′06″E，33°31′52″N；107°03′32″E，33°31′55″N；107°03′09″E，33°31′51″N；107°03′01″E，33°32′01″N；107°03′09″E，33°33′05″N；107°03′28″E，33°33′48″N；107°03′38″E，33°34′03″N）至文川河，沿文川河巡护道路经 2 个拐点（107°03′27″E，33°34′23″N；107°03′11″E，33°34′31″N）、文川河沟口（107°03′00″E，33°34′24″N）至姜上公路（107°03′09″E，33°34′55″N），沿姜上公路至拐点（107°03′16″E，33°34′41″N），沿河流经 7 个拐点（107°03′15″E，33°35′16″N；107°03′35″E，33°35′52″N；107°03′43″E，33°36′06″N；107°04′07″E，33°36′23″N；107°04′24″E，33°36′38″N；107°04′39″E，33°36′49″N；107°04′41″E，33°36′51″N）至西沟，沿西沟便道经 6 个拐点（107°04′34″E，33°36′53″N；107°04′31″E，33°37′00″N；107°04′09″E，33°37′14″N；107°03′52″E，33°37′23″N；107°03′42″E，33°37′59″N；107°03′44″E，33°38′18″N）至鹰嘴石山梁（107°03′24″E，33°38′23″N），沿山脊线经 2 个拐点（107°03′25″E，33°38′36″N；107°03′58″E，33°38′53″N）至窝窝店山顶（107°04′36″E，33°39′17″N），沿山脊经 11 拐点（107°04′54″E，33°38′59″N；107°05′26″E，33°39′30″N；107°05′46″E，33°39′44″N；107°06′23″E，33°39′58″N；107°06′45″E，33°40′09″N；107°07′08″E，33°40′08″N；107°07′24″E，33°40′16″N；107°08′06″E，33°40′15″N；107°09′14″E，33°40′44″N；107°10′02″E，33°40′32″N；107°10′15″E，33°40′18″N；107°10′21″E，33°40′19″N）至起点。

十五、甘肃多儿国家级自然保护区

甘肃多儿国家级自然保护区总面积 54 575 公顷，其中核心区面积 19 389.50 公顷，缓冲区面积 9 496.35 公顷，实验区面积 25 689.15 公顷。保护区位于甘肃省甘南藏族自治州迭部县境内，范围在东经 103°37′30″—104°03′47″，北纬 33°39′25″—33°58′48″之间。

保护区边界自迭部县、舟曲县与四川省九寨沟县交界处（104°02′44″E，33°41′14″N）起，向西沿甘肃省与四川省省界经 30 个拐点（104°01′57″E，33°41′25″N；103°57′57″E，33°40′31″N；103°55′48″E，33°41′05″N；103°55′15″E，33°40′59″N；103°51′53″E，33°41′19″N；103°50′39″E，33°40′45″N；103°49′27″E，33°40′50″N；103°48′48″E，33°40′45″N；103°48′25″E，33°40′36″N；103°48′08″E，33°40′18″N；103°47′46″E，33°39′53″N；103°46′51″E，33°39′57″N；103°45′47″E，33°39′26″N；103°44′58″E，33°40′17″N；103°43′17″E，33°40′54″N；103°41′55″E，33°41′24″N；103°41′10″E，33°41′43″N；103°40′55″E，33°41′16″N；103°40′23″E，33°41′14″N；103°39′52″E，33°41′15″N；103°39′49″E，33°42′03″N；103°38′49″E，33°41′50″N；103°39′56″E，33°42′46″N；103°39′47″E，33°43′16″N；103°39′13″E，33°42′59″N；103°38′55″E，33°43′23″N；

103°38′30″E，33°42′36″N；103°38′09″E，33°43′02″N；103°37′55″E，33°42′36″N；103°37′31″E，33°42′51″N）至拐点（103°37′36″E，33°43′35″N），沿山脊向东北经 17 个拐点（103°38′29″E，33°44′12″N；103°40′09″E，33°44′11″N；103°40′38″E，33°44′36″N；103°42′32″E，33°45′12″N；103°43′26″E，33°45′47″N；103°44′27″E，33°46′31″N；103°47′14″E，33°46′35″N；103°48′25″E，33°47′08″N；103°48′12″E，33°47′55″N；103°45′59″E，33°48′42″N；103°45′49″E，33°49′21″N；103°47′11″E，33°49′40″N；103°47′26″E，33°50′02″N；103°47′07″E，33°51′44″N；103°46′06″E，33°52′51″N；103°44′01″E，33°54′57″N；103°43′29″E，33°56′00″N）至白龙江（103°43′25″E，33°56′24″N），沿白龙江向东北经 4 个拐点（103°43′36″E，33°56′38″N；103°44′24″E，33°56′38″N；103°46′30″E，33°57′30″N；103°46′43″E，33°58′09″N）至拐点（103°47′60″E，33°58′45″N），沿山脊向南经 14 个拐点（103°47′25″E，33°57′06″N；103°47′34″E，33°54′33″N；103°48′17″E，33°54′00″N；103°50′28″E，33°52′35″N；103°51′40″E，33°51′42″N；103°53′53″E，33°50′41″N；103°54′02″E，33°49′52″N；103°55′34″E，33°48′31″N；103°57′06″E，33°48′16″N；103°58′05″E，33°47′17″N；103°59′21″E，33°47′02″N；104°03′45″E，33°44′11″N；104°03′00″E，33°43′08″N；104°02′14″E，33°42′31″N）至起点。

十六、新疆阿勒泰科克苏湿地国家级自然保护区

新疆阿勒泰科克苏湿地国家级自然保护区总面积 30 667 公顷，其中核心区面积 10 648 公顷，缓冲区面积 9 719 公顷，实验区面积 10 300 公顷。保护区位于新疆维吾尔自治区阿勒泰市境内，范围在东经 87°09′12″—87°34′59″，北纬 47°28′31″—47°40′09″ 之间。

保护区边界自阔克苏农场（87°26′34″E，47°35′38″N）起，向北经蒙古湾（87°27′38″E，47°36′08″N）、加尔玛（87°28′34″E，47°36′45″N）、小苇湖（87°29′05″E，47°37′11″N）、拐点（87°30′21″E，47°37′08″N）、阔尔图（87°31′06″E，47°37′33″N）、阔克苏村（87°29′08″E，47°38′49″N）、阿克齐村（87°28′20″E，47°39′38″N）至喀拉库木村（87°26′42″E，47°39′53″N），沿排碱渠经 2 个拐点（87°25′48″E，47°38′42″N；87°22′43″E，47°38′55″N）、沙尔胡木（87°22′23″E，47°40′05″N）、喀拉库木（87°18′11″E，47°37′38″N）、拐点（87°17′03″E，47°36′00″N）至克兰奎汉（87°17′03″E，47°36′00″N），沿布尔津县界经拐点（87°14′52″E，47°34′39″N）、哈拉库勒（87°09′14″E，47°35′17″N）、也尔思特村（87°13′14″E，47°33′19″N）、大修厂（87°14′12″E，47°32′23″N）、哈拉布哈（87°17′06″E，47°31′19″N）、布铁吾塔勒（87°17′54″E，47°30′43″N）、拐点（87°18′53″E，47°30′08″N）至拐点（87°19′58″E，47°29′24″N），沿额尔齐斯河向东经 2 个拐点（87°21′04″E，47°29′19″N；87°21′16″E，47°29′03″N）、解特库勒（87°22′33″E，47°28′31″N）、马善默克塔普（87°23′21″E，47°28′49″N）、散德科库木（87°26′33″E，47°30′10″N）、阿克依特（87°31′24″E，47°30′23″N）、四十一户（87°32′43″E，47°29′57″N）、齐巴尔塔勒（87°34′12″E，47°30′51″N）、也克阿沙（87°34′54″E，47°32′36″N）、拐点（87°34′54″E，47°32′36″N）、塔斯吾特库勒（87°33′36″E，47°32′36″N）、塔兰齐（87°32′54″E，47°33′00″N）、泰吾特克勒（87°31′30″E，47°33′23″N）、捞河提（87°31′27″E，47°34′08″N）至托格孜塔劳（87°30′50″E，47°34′07″N），沿克兰河至起点。

十七、新疆温泉新疆北鲵国家级自然保护区

新疆温泉新疆北鲵国家级自然保护区总面积 694.5 公顷,其中核心区面积 286.88 公顷,缓冲区面积 271.65 公顷,实验区面积 135.97 公顷。保护区位于新疆维吾尔自治区博尔塔拉蒙古自治州温泉县境内,范围在东经 80°29′09″－80°32′13″,北纬 44°52′45″－44°56′26″之间。

保护区边界自保护区西北角(80°31′29″E,44°56′26″N)起,沿苏鲁别珍河谷西部边界向南经 2 个拐点(80°30′33″E,44°55′53″N;80°29′37″E,44°53′28″N)至保护区西南角(80°29′09″E,44°53′25″N),沿苏鲁别珍河谷南部边界向东经拐点(80°29′54″E,44°52′55″N)、上游冲沟拐点(80°31′43″E,44°52′46″N)至保护区东南角(80°32′13″E,44°52′45″N),向北横穿苏鲁别珍河谷湿地至拐点(80°32′03″E,44°53′22″N),沿苏鲁别珍河谷西边界向东至拐点(80°30′34″E,44°53′24″N),沿苏鲁别珍河谷西边界向北至保护区东北角(80°32′08″E,44°56′04″N),沿新疆生产建设兵团边界向西至起点。

附件 2

黑龙江盘中等 17 处国家级自然保护区功能区划图

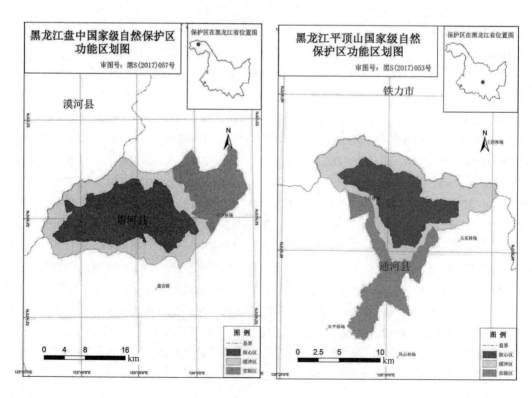

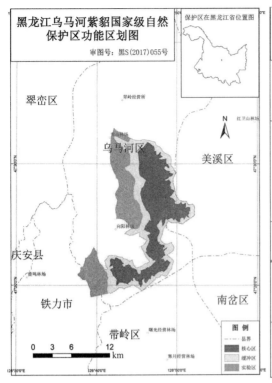

黑龙江乌马河紫貂国家级自然保护区功能区划图

审图号：黑S(2017)055号

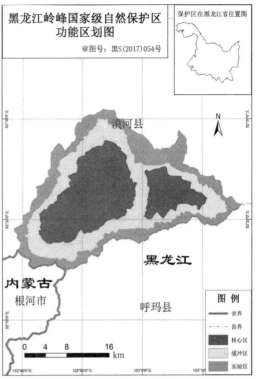

黑龙江岭峰国家级自然保护区功能区划图

审图号：黑S(2017)054号

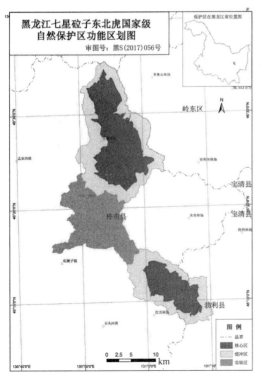

黑龙江七星砬子东北虎国家级自然保护区功能区划图

审图号：黑S(2017)056号

浙江安吉小鲵国家级自然保护区功能区划图

审图号：浙S(2017)216号

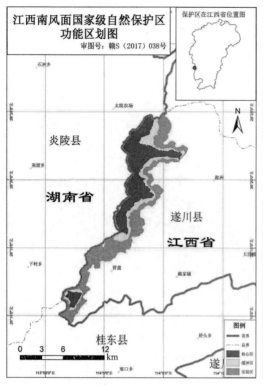

江西南风面国家级自然保护区功能区划图

审图号：赣S（2017）038号

保护区在江西省位置图

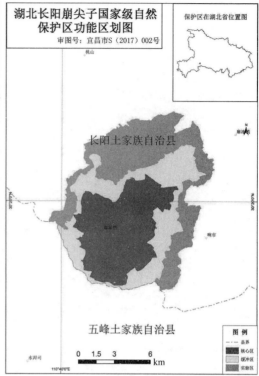

湖北长阳崩尖子国家级自然保护区功能区划图

审图号：宜昌市S（2017）002号

保护区在湖北省位置图

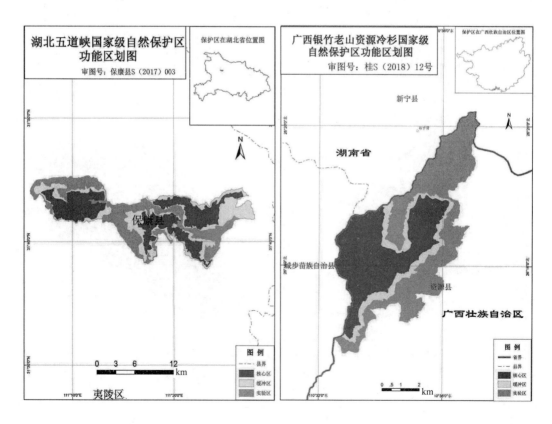

湖北五道峡国家级自然保护区功能区划图

审图号：保康县S（2017）003

保护区在湖北省位置图

广西银竹老山资源冷杉国家级自然保护区功能区划图

审图号：桂S（2018）12号

保护区在广西壮族自治区位置图

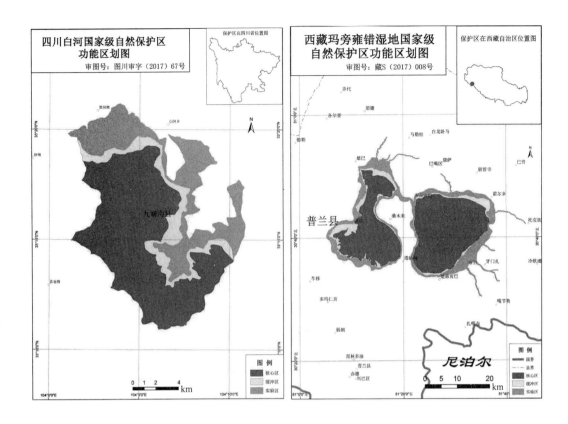

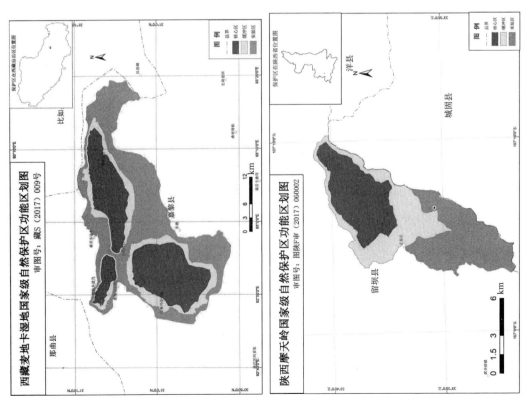

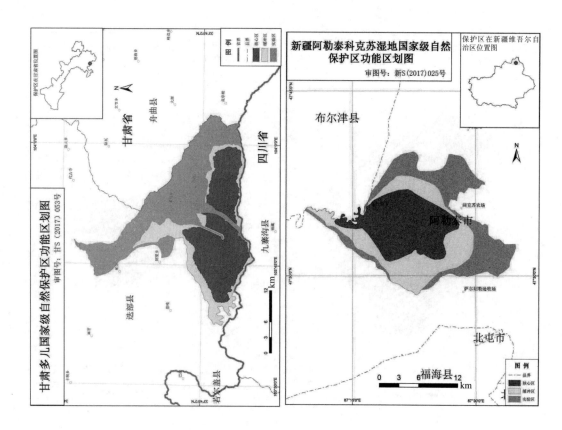

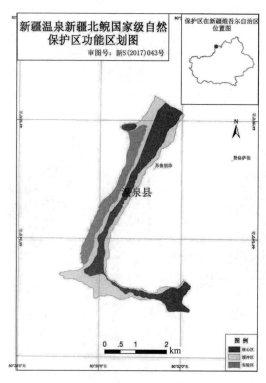

关于印发《重点流域水生生物多样性保护方案》的通知

环生态〔2018〕3 号

各有关省、自治区、直辖市环保厅（局）、渔业厅（局）、水利（水务）厅（局）：

为贯彻落实《水污染防治行动计划》，切实做好水生生物多样性保护工作，生态环境部会同农业农村部、水利部制订了《重点流域水生生物多样性保护方案》，现印发给你们，请结合本地实际，抓好落实。

附件：重点流域水生生物多样性保护方案

生态环境部
农业农村部
水利部
2018 年 3 月 22 日

附件

重点流域水生生物多样性保护方案

我国水生生物多样性极为丰富，具有特有程度高、孑遗物种多等特点，在世界生物多样性中占据重要地位。我国江河湖泊众多，生境类型复杂多样，为水生生物提供了良好的生存条件和繁衍空间，尤其是长江、黄河、珠江、松花江、淮河、海河和辽河等重点流域，是我国重要的水源地和水生生物宝库，维系着我国众多珍稀濒危物种和重要水生经济物种的生存与繁衍。近年来，我国水生生物多样性保护法律法规不断完善，就地保护体系初步建立，管理制度逐步健全，但是由于栖息地丧失和破碎化、资源过度利用、水环境污染、外来物种入侵等原因，部分流域水生态环境不断恶化，珍稀水生野生动植物濒危程度加剧，水生物种资源严重衰退，已成为影响中国生态安全的突出问题。

党的十八大以来，习近平总书记对长江经济带生态环境保护工作作出一系列重要指示，确立了以长江为代表的流域生态环境保护的总方向和基本遵循。生态文明体制改革步伐加快推进，为破解重点流域水生生物多样性下降的难题，提升整体性、系统性保护水平，提供了有利契机。全社会生物多样性保护意识逐步提高，为重点流域共抓大保护凝聚了社会共识。国际社会通过了全球 2020 年生物多样性目标，对水生生物多样性保护和生物资源可持续利用提出了明确要求，为重点流域保护创造了良好国际环境。

保护重点流域水生生物多样性，是保障生态安全的必然要求，关系人民福祉，关乎子孙后代和民族未来，对建设生态文明和美丽中国具有重要意义。

一、指导思想

深入贯彻党的十九大精神，以邓小平理论、"三个代表"重要思想、科学发展观为指导，深入贯彻落实习近平新时代中国特色社会主义思想，围绕统筹推进"五位一体"总体布局和协调推进"四个全面"战略布局，牢固树立创新、协调、绿色、开放、共享的发展理念，尊重自然、顺应自然、保护自然，共抓大保护，不搞大开发，以水陆统筹、部门协同、区域联动为手段，优化水生生物多样性保护体系，完善管理制度，强化保护措施，加强科技支撑，加快水生生物资源环境修复，维护重点流域水生生态系统的完整性和自然性，改善水生生物生存环境，保护水生生物多样性，促进人与自然和谐发展。

二、基本原则

（一）保护优先、绿色发展。坚持保护优先，坚持"绿水青山就是金山银山"的基本理念，把流域水生生物多样性保护放在突出位置。加强河湖、湿地等典型水生生物栖息地和物种的全面保护。推进生产方式、生活方式绿色化，建立健全流域绿色发展机制，实现流域社会经济与生物多样性保护的协调发展。

（二）系统保护、区域联动。建立健全区域联动机制，加强流域上下游、左右岸、干支流各政府、各部门之间联合行动。将流域作为一个整体，全面谋划产业布局、资源开发与水生生物多样性保护，科学调度水资源，保障基本生态用水，开展系统性保护和修复，构建流域水生生物多样性保护网络，实施水生生物增殖放流、栖息地修复、迁地保护、生态通道修复等措施，实现江湖连通、水陆统筹、生态良好，提高保护工作的全面性、系统性和科学性。

（三）突出重点、因地制宜。根据水生生物及其生境的重要性和受威胁程度，确定保护重点。江河源区重点保护河流、湖泊、沼泽湿地等自然生境，上游地区以多种珍稀特有物种及其生境为主要保护对象，中游地区以濒危物种和重要经济种类及其生境为主要保护对象，下游或河口地区以濒危物种、重要经济种类和洄游种类及其生境为主要保护对象。立足流域水生生物多样性保护实际需求，制定优先行动，因地制宜开展流域保护工作，切实解决流域保护工作的突出问题。

三、主要目标

到 2020 年，水生生物多样性观测评估体系、就地保护体系、水域用途管控体系和执法体系得到完善，努力使重点流域水生生物多样性下降速度得到初步遏制。具体指标包括：

——开展重点流域水生生物多样性本底调查，建设重点流域水生生物多样性观测、评估和预警体系，对保护重点实行有效监控；

——开展现有保护区的保护需求与效果科学评估，以及规范化管理建设，在此基础上，新建、晋升、调整、清退一批自然保护区和水产种质资源保护区，管护能力得到提高，重要濒危水生物种种类得到较好保护；

——建成一批珍稀濒危水生生物和重要水产种质资源迁地保护设施；

——重要河湖被挤占的生态用水逐步得到退减，流域综合调度得到加强。

到 2030 年，形成完善的水生生物多样性保护政策法律体系和生物资源可持续利用机制，重点流域水生生物多样性得到切实保护。

四、重点任务

（一）开展调查观测

在流域干流、重要支流和附属水体，调查鱼类、水生哺乳动物、底栖动物、水生植物、浮游生物等物种的组成、分布和种群数量，对水生生物受威胁状况进行全面评估，明确亟须保护的生态系统、物种和重要区域。建立水生生物多样性观测网络，掌握重要水生生物动态变化情况。开发水生生物多样性预测预警模型，建立流域水生生态系统预警技术体系和应急响应机制。定期发布流域水生生物多样性观测公报。

（二）强化就地保护

优化保护区网络建设，完善保护区空间布局。加强流域源头生境保护，加大长江江豚、中华鲟、达氏鲟等珍稀濒危、特有物种产卵场、索饵场、越冬场、洄游通道等关键栖息地保护力度。根据保护需要，在重要水生生物栖息地划定自然保护区、种质资源保护区、重要湿地，将各类水生生物重要分布区纳入保护范畴。加强保护区能力建设，改善保护区管护基础设施，强化保护区管理，切实有效发挥保护区功能。定期对自然保护区人类活动进行遥感监测和实地核查。在科学评估基础上，根据保护和管理实际，整合现有资源，适时调整部分保护区范围、分区与等级。严格执行禁渔期、禁渔区等制度，逐步扩大制度落实范围，坚决打击非法捕捞行为。

（三）加强迁地保护

在重点流域干流、重要支流及附属水体，建立濒危、珍稀、特有物种人工繁育和救护中心，推进珍稀濒危物种保护与人工繁育技术研究，攻克珍稀濒危物种驯养和繁育的关键技术。构建重点流域水生生物种质资源基因库，加强对水产遗传资源、特别是珍稀水产遗传资源的保护，加强水生生物遗传资源的开发与利用研究，提升生物遗传资源的可持续利用水平。对栖息地环境遭到严重破坏的重点物种要加强替代生境的研究，寻找和建设适宜的保护场所开展有针对性的迁地保护行动，最大限度保护生物多样性的完整性、特有性。

（四）开展生态修复

研究水域生态退化的过程和机理，提出水生生物栖息地和洄游通道恢复目标，制定完善水生生态修复标准和技术体系，加强对污染水域的修复治理。开展水生生物洄游通道和重要栖息地恢复工程。加强河湖水系生态修复，经科学评估及合理规划，对具备条件的涉水工程实施生态化改造。科学实施江河湖库水系连通工程，实现江河湖泊水系循环畅通，维护河湖生态健康。科学实施水生生物增殖放流，强化区域生态承载力研究，强化和规范增殖放流管理，加强增殖放流效果跟踪评估，严控无序放流，严禁放流外来物种，确保放流效果和质量。

（五）规范水域开发

加强对水利水电、挖砂采石、航道疏浚、城乡建设、岸线利用等涉水工程的规范化管理，严格执行环境影响评价制度，对水生生物资源生态环境造成破坏的，建设单位应当采取相应的保护和补偿措施。严格管控破坏珍稀、濒危、特有物种栖息地，超标排放污染物，开（围）垦、填埋、排干湿地等对水环境和水生生物造成重大影响的活动。深入研究闸坝、跨流域生态调水等对流域水生态的影响，开展流域多水库联合调度研究，实施生态调度、江湖连通、灌江纳苗，研究建立健全河湖生态流量保障机制。

（六）推进科学养殖

科学布局水产养殖，加快依法划定禁止养殖区、限制养殖区和养殖区。科学制定江河湖库养殖容量标准，严格控制湖区围栏和网箱养殖，合理确定江河湖库养殖规模，积极发展生态健康养殖，推广大水面生态增养殖、池塘内循环养殖、工厂化循环水养殖、稻田种养结合等生态健康养殖模式。加强全价人工配合饲料推广，逐步减少冰鲜鱼直接投喂，加快养殖尾水处理等环保设施升级改造。强化对外来物种养殖的管理，规范民间放生行为，严控外来物种入侵。

五、重点流域水生生物多样性保护行动

（一）长江流域

1. 长江流域水生生物多样性及其保护现状

据不完全统计，长江流域有淡水鲸类 2 种，鱼类 424 种，浮游植物 1 200 余种（属），浮游动物 753 种（属），底栖动物 1 008 种（属），水生高等植物 1 000 余种。流域内分布有白鱀豚、中华鲟、达氏鲟、白鲟、长江江豚等国家重点保护野生动物，圆口铜鱼、岩原鲤、长薄鳅等特有物种，以及"四大家鱼"等重要经济鱼类。目前，长江流域已建立水生生物、内陆湿地自然保护区 119 处，其中国家级自然保护区 19 处，国家级水产种质资源保护区 217 处。

2. 长江流域水生生物多样性面临的主要威胁

长江流域长期围湖造田、挖砂采石、交通航运及干支流部分已建、在建水电站，压缩了水生生物生存空间，导致水生生物栖息地破碎化。污废水排放导致部分水域水污染问题突出。外来入侵物种种类数量不断增加，影响范围不断扩大。过度捕捞加剧渔业资源衰退，主要经济鱼类种群数量明显减少。总体而言，长江流域水生生物多样性正呈现逐年降低的趋势，上游受威胁鱼类种数占总数的 27.6%，重点保护物种濒危程度加剧，白鱀豚、白鲟、鲥鱼已功能性灭绝，长江江豚、中华鲟成为极危物种。

3. 长江流域水生生物多样性保护重点

长江源头区重点保护各支流源头及山溪湿地，高原高寒草甸、湿地原始生境，以及长丝裂腹鱼、黄石爬鳅等高原冷水鱼类及其栖息地。

金沙江及长江上游重点保护金沙江水系特有鱼类资源、附属高原湖泊鱼类等狭域物种及其栖息地，白鲟、达氏鲟、胭脂鱼等重点保护鱼类和长薄鳅等 67 种特有鱼类及其栖息地。

三峡库区水系重点保护喜流水鱼类及圆口铜鱼、圆筒吻鮈等长江上游特有鱼类，以及"四大家鱼"、铜鱼等重要经济鱼类种质资源及其栖息地。

长江中下游水系重点保护长江江豚、中华鲟栖息地和洄游通道，"四大家鱼"、川陕哲罗鲑、黄颡鱼、铜鱼、鳊、鳜等重要经济鱼类种质资源及其栖息地。长江河口重点保护中华绒螯蟹、鳗鲡、暗纹东方鲀等的产卵场和栖息地。

4. 长江流域水生生物多样性保护任务

开展长江流域水生生物多样性调查与观测网络建设，定期发布长江水生生物多样性观测公报。推进长江流域水生生物自然保护区和水产种质资源保护区全面禁捕，新建一批水生生物自然保护区和水产种质资源保护区，提升一批原有保护区等级，建成覆盖上中下游的保护网络。加强长江流域水生生物多样性迁地保护建设，推动建立渔业资源保护与修复和水产种质资源库。开展水生生物关键洄游通道研究，建立洄游通道评估与建设技术体系。实施增殖放流、生态调度、灌江纳苗、江湖连通等修复措施，推进水生生物洄游通道修复工程、产卵场修复工程和水生生态系统修复工程。强化外来物种入侵防治，定期评估入侵状况，建立外来物种入侵防控预警体系。

（二）黄河流域

1. 黄河流域水生生物多样性及其保护现状

据不完全统计，黄河流域有鱼类 130 种，底栖动物 38 种（属），水生植物 40 余种，浮游生物 333 种（属）。流域内分布有秦岭细鳞鲑、水獭、大鲵等国家重点保护野生动物。目前，黄河流域已建立水生生物、内陆湿地自然保护区 58 处，其中国家级自然保护区 18 处，国家级水产种质资源保护区 48 处。

2. 黄河流域水生生物多样性面临的主要威胁

黄河流域以占全国2%的水资源承纳了全国约6%的废污水和7%的化学需氧量排放量，部分干支流污染严重。涉水工程建设对水生生物资源及其生境造成影响。水生生物资源量减少，受威胁鱼类种数占总数的 14.7%。北方铜鱼、黄河雅罗鱼等常见经济鱼类分布范围急剧缩小，甚至成为濒危物种。池沼公鱼、大银鱼、巴西龟、克氏原螯虾等外来入侵物种对土著鱼类造成不利影响。

3. 黄河流域水生生物多样性保护重点

黄河源头区保护重点为花斑裸鲤、极边扁咽齿鱼、拟鲶高原鳅、厚唇裸重唇鱼、黄河裸裂尻鱼、骨唇黄河鱼、黄河高原鳅等物种及高原湖泊、河网等重要生境。

黄河上游保护重点为刺鮈、厚唇裸重唇鱼、骨唇黄河鱼、黄河裸裂尻鱼、拟鲇高原鳅、极边扁咽齿鱼、花斑裸鲤等物种及上游宽谷河段生态系统。

黄河中游保护重点为北方铜鱼、大鼻吻鮈、兰州鲇、黄河鮈、黄河雅罗鱼、乌苏里拟鲿、唇？等物种及干流河道内沙洲、河湾、通河湖泊等重要生境，支流汾渭盆地河流湿地生态系统和兰州鲇、北方铜鱼、大鼻吻鮈、黄河鲤、赤眼鳟、平鳍鳅蛇等物种及其生境，秦岭北麓溪流大鲵、秦岭细鳞鲑、多鳞白甲鱼、水獭等珍稀濒危物种及其生境。

黄河下游保护重点为溯河洄游鱼类、日本鳗鲡、中华绒螯蟹、刀鲚、北方铜鱼、"四大家鱼"等物种及其生境。黄河三角洲河口保护重点为河口洄游性鱼类、滨海水生生物及其栖息地。

4. 黄河流域水生生物多样性保护任务

开展黄河流域水生生物多样性调查与观测网络建设，评估黄河水生生物受威胁状况。开展黄河口水生生物多样性就地保护，加强黄河中上游重要鱼类栖息地保护，提高水生生物自然保护区和水产种质资源保护区建设管理水平。推动建设重要水生生物繁育中心和种质资源库。开展水生生物资源增殖放流和生态系统修复，在黄河上游源区段等重点河段开展鱼类生态通道修复，实施乌梁素海生态环境综合整治，开展生境连通相关研究。在黄河中游推动开展鱼类产卵场修复与重建示范工程，在黄河口推动开展退化水生生态系统修复示范工程。合理配置黄河流域水资源，基本保证干流重要控制断面生态流量。评估外来水生生物入侵状况，有效控制黄河流域外来水生生物。

（三）珠江流域

1. 珠江流域水生生物多样性及其保护现状

据不完全统计，珠江流域有鱼类 425 种，浮游藻类 210 种（属），浮游动物 410 种（属），底栖动物 268 种（属），水生维管束植物 129 种。流域内分布有中华鲟、中华白海豚、鼋、花鳗鲡、金钱鲃、大鲵等国家重点保护动物，南方波鱼、海南异鱲等约 200 种特有鱼类。目前，珠江流域已建立水生生物、内陆湿地自然保护区 44 处，国家级水产种质资源保护区 27 处。

2. 珠江流域水生生物多样性面临的主要威胁

目前，珠江流域航运及渔业捕捞活动频繁，水电工程众多，对水生生物栖息地造成破坏。珠江上游受威胁鱼类种数占总数的 20.9%，许多传统经济鱼类从常见种、优势种演替为稀有种，洄游性鱼类种群数量锐减，中华鲟已多年未见。部分支流水葫芦泛滥，麦瑞加拉鲮、巴西龟、革胡子鲇等外来入侵物种已形成种群，严重破坏水生生物多样性。

3. 珠江流域水生生物多样性保护重点

珠江源头重点保护各支流源头及山溪湿地原始生境，保护曲靖白鱼、云南倒刺鲃、宜良墨头鱼、云南裂腹鱼、稆胸鳅鸵、薄鳅、叶结鱼、瑶山鲤等特有鱼类，广西溶洞区洞穴鱼金线鲃类。

珠江中上游重点保护高原湖泊、湿地生态系统和杞麓白鱼、鲦白鱼、星云白鱼、大鳞白鱼等珍稀特有鱼类，广西段珍稀、特有和重要经济鱼类及其栖息地和产卵场，西江中华鲟等国家重点保护物种和经济鱼类及其栖息地、洄游通道与产卵场，保护"四大家鱼"、似鱤、鳡等。

珠江河口河网重点保护中华白海豚栖息地，以及中华鲟、黄唇鱼等国家重点保护鱼类及其产卵场、洄游通道与栖息地。

4. 珠江流域水生生物多样性保护任务

开展珠江流域水生生物多样性调查与观测网络建设，定期发布珠江水生生物多样性观测公报。根据珍稀物种保护需要，新建一批水生生物自然保护区和水产种质资源保护区，提升一批原有保护区等级。建设水生生物繁育基地和珍稀濒危水生生物物种基因保存库，加强珠江流域水生生物多样性迁地保护建设。开展水生生物洄游通道修复，改善各闸坝之间的连通性。加强对小水电站下泄生态流量的监督管理以及建设、运行和管理中的生态环境保护。实施增殖放流、生态调度、灌江纳苗、江湖连通等修复措施，示范开展产卵场修复工程和水生生态系统修复工程。强化外来物种入侵防治，规范外来养殖水生生物引进行为，建立外来物种入侵防控预警体系。

（四）松花江流域

1．松花江流域水生生物多样性及其保护现状

松花江流域已知有鱼类 81 种，底栖动物 118 种（属），水生维管束植物 80 种，两栖爬行动物 23 种。流域内分布有濒危物种施氏鲟、达氏鳇，以及大麻哈鱼、乌苏里白鲑、日本七鳃鳗、细鳞鲑、哲罗鲑、黑龙江茴鱼、花羔红点鲑等珍稀冷水性鱼类。目前，松花江流域建有水生生物和内陆湿地自然保护区 44 处，其中国家级自然保护区 19 处，国家级水产种质资源保护区 24 处。

2．松花江流域水生生物多样性面临的主要威胁

松花江流域部分已建水库、水电站，一定程度上阻隔了施氏鲟、达氏鳇、大麻哈鱼等多种洄游鱼类的洄游通道。河道疏浚、水下挖沙采石等涉水活动使水生生物产卵场、索饵场、越冬场等栖息地遭到破坏，鱼类种群数量持续下降。尽管目前松花江流域大部分水体水质呈改善趋势，但部分支流水域污染依然严重。

3．松花江流域水生生物多样性保护重点

松花江源头区保护重点为南源西流松花江和北源嫩江湿地生态系统、珍稀水生动物栖息地及鱼类产卵场。松花江干流上游保护重点为森林冷水湿地和细鳞鲑、哲罗鲑等流水性鱼类产卵场。松花江干流中下游保护重点为森林湿地，及施氏鲟、达氏鳇、大麻哈鱼等冷水性鱼类产卵场、索饵场和洄游通道。

4．松花江流域水生生物多样性保护任务

开展松花江流域水生生物多样性调查与观测网络建设，评估松花江水生生物受威胁状况。强化松花江流域水生生物多样性就地保护，科学论证在松花江流域水生生物保护敏感区域新建自然保护区或水产种质资源保护区的必要性，研究论证保护区级别调整。加强松花江流域水生生物多样性迁地保护设施建设，推动建立珍稀鱼类繁育基地和迁地保护中心。研究实施流域水系连通工程。实施水生生物增殖放流，推动实施松花江干流与重要支流水生生态系统修复工程。

（五）淮河流域

1．淮河流域水生生物多样性及其保护现状

淮河水系已知鱼类 115 种，水生植物 60 余种，两栖爬行动物 40 余种，浮游动物 200 余种（属），浮游植物 250 余种（属），底栖动物 70 余种（属）。流域内分布有中华水韭、莼菜、野菱和水蕨等国家重点保护植物，大鲵、虎纹蛙和胭脂鱼等国家重点保护动物。目前淮河流域已建立水生生物和内陆湿地自然保护区 24 处，其中国家级自然保护区 1 处，国家级水产种质资源保护区 39 处。

2．淮河流域水生生物多样性面临的主要威胁

近年来，淮河流域水环境质量逐年提升，但历史上水污染严重，对水生生物造成巨大损害，目前尚未得到根本性控制。淮河流域涉水工程造成水生生物栖息地破碎化，水生生物栖息地呈现退化和萎缩趋势。

3．淮河流域水生生物多样性保护重点

淮河源头区重点保护源头湿地生态系统和大鲵、虎纹蛙等国家重点保护野生动物及鳜、鲂、鲴、鲌等重要经济鱼类。

淮河中游重点保护花鳗鲡、野菱等国家重点保护野生动植物和长吻鮠、江黄颡鱼、橄榄蛏蚌、淮河鲤等土著物种及其栖息地。

淮河下游湖泊重点保护野菱等国家重点保护野生植物和湖鲚、银鱼、鳜、河蚬等重要经济物种及其栖息地。

沂沭泗河水系重点保护莼菜、水蕨等国家重点保护水生植物以及银鱼、沂河鲤、青虾、鳜、翘嘴鲌、鲢、鳙等重要经济物种及其栖息地。

4. 淮河流域水生生物多样性保护任务

开展淮河流域水生生物多样性调查与观测网络建设。推进流域内自然保护区和水产种质资源保护区全面禁捕。加强淮河流域内现有自然保护区和水产种质资源保护区的建设与管理。根据需要建设一批珍稀特有水生生物繁育基地和增殖放流基地。优化淮河流域现有水工程调度运行方式，改善河道连通状况和水生生物生境。实施增殖放流，开展清洁型小流域面源污染控制工程建设，示范开展水生生态系统修复工程。

（六）海河流域

1. 海河流域水生生物多样性及其保护现状

据不完全统计，海河流域有鱼类 100 余种，底栖动物 72 种（属）。目前，海河流域已建立内陆湿地自然保护区 19 处，其中国家级自然保护区 3 处，国家级水产种质资源保护区 15 处。

2. 海河流域水生生物多样性面临的主要威胁

海河流域水资源严重短缺，呈过度开发状态；地下水超采严重，生态水量严重不足，对水生生物栖息地造成较大影响。海河流域废污水排放量逐年增加，劣V类水河长占总河长的 45.8%。外来物种入侵加剧，互花米草入侵河口滩涂，并呈泛滥趋势，对土著物种造成严重危害。

3. 海河流域水生生物多样性保护重点

在白洋淀重点保护湿地生态系统和黄颡鱼、乌鳢、鳜鱼等重要经济鱼类；在滹沱河重点保护中华鳖和黄颡鱼等重要经济物种；在潮白河上游及其支流重点保护湿地生态系统和大鲵、中华九刺鱼、细鳞鲑、瓦氏雅罗鱼等水生生物。

4. 海河流域水生生物多样性保护任务

开展海河流域水生生物多样性调查与观测网络建设，评估海河水生生物受威胁状况。强化海河流域水生生物多样性就地保护，突出水生生态系统和重要经济鱼类保护，加强海河流域保护区能力建设。实施海河流域退化水生生态系统修复，优先在白洋淀、张家口市桑干河口实施生物多样性保护与修复工程，在北京市永定河山峡段实施综合整治工程，在官厅水库洋河入库口和妫水河入库口分别开展水质净化工程和湿地修复工程。

（七）辽河流域

1. 辽河流域水生生物多样性及其保护现状

辽河流域已知鱼类 53 种，常见大型水生植物 16 种，流域内分布有斑海豹、江豚等国家重点保护动物；鲂、鲤、鲫、乌鳢、辽河刀鲚、乔氏新银鱼、东北雅罗鱼、凤鲚、海龙、海马等重要经济鱼类，以及中国毛虾、中华绒螯蟹、文蛤等水产资源。辽河流域已建立水生生物、内陆湿地自然保护区 25 处，其中国家级自然保护区 2 处，国家级种质资源保护区 8 处，另有"辽河保护区"1 处。

2．辽河流域水生生物多样性面临的主要威胁

受生境丧失和人类干扰的影响，辽河流域水生生物资源不断减少，生物多样性日益降低，物种濒危程度加剧。水生生物栖息地破碎化，部分河段涉水活动对鱼类索饵场、产卵场造成破坏。东辽河近年来水质严重下降，浑河、太子河及其支流污染严重，对水生生物产生严重威胁。

3．辽河流域水生生物多样性保护重点

辽河流域保护重点包括辽河河口湿地生态系统及辽河刀鲚等珍稀野生动物及其栖息地，三岔河区域湿地生态系统及黄颡鱼、辽河突吻鮈、辽河刀鲚等栖息地。

4．辽河流域水生生物多样性保护任务

开展辽河流域水生生物多样性调查与观测网络建设，评估辽河水生生物受威胁状况。强化辽河流域水生生物多样性就地保护，加强已有保护区建设。实施辽河流域退化水生生态系统修复，优先在柳河口实施河岸带修复与建设工程。

六、保障措施

（一）加强组织领导

国务院各部门按照职责分工，建立协调联络机制，密切沟通配合，落实监管责任，加强对地方工作的指导和支持，定期开展督导督查，切实保障工作有序开展。

有关省（区、市）人民政府对本行政区域水生生物多样性保护负总责，要把水生生物多样性保护目标和任务纳入地方国民经济和社会发展规划以及相关领域行业规划中。编制实施省级水生生物多样性保护方案，加强组织领导，落实主体责任，强化工作措施。统筹流域和行政区边界，加强协调与联动。实施评估考核，将水生生物多样性保护成效作为各级党政领导干部政绩考核的重要内容。

（二）完善资金机制

地方政府要整合现有资金渠道，提高使用效率，建立长期、稳定的资金投入机制。中央财政加大对水生生物多样性保护与恢复项目支持力度，向欠发达地区和重点地区倾斜。

完善多元化资金融筹机制，推动设立重点流域水生生物多样性保护基金。充分发挥市场机制作用，引导社会资本投入。建立健全水生生物资源有偿使用制度，完善水生生物多样性损害赔偿机制和生态补偿机制。

（三）加强执法检查

有关各级人民政府和行业主管部门要加强对捕捞、养殖、废污水排放、涉水工程建设、挖沙采石、航道疏浚等涉水行为的监管力度，组织开展"清江""清河""清湖"等专项执法行动，严厉查处破坏水生生物多样性的违法违规行为。推进联合执法、区域执法、交叉执法等执法机制创新，强化执法监督和责任追究，构建和完善行政执法与刑事司法衔接机制。建立流域定期会商制度和协作应急处置机制，加强信息共享。强化执法机构和人员建设，加强执法装备建设，增强执法能力，规范执法行为，提升执法水平。

（四）强化科技支撑

完善科技支撑体系，加强珍稀濒危水生生物繁育技术研究，大力推动水生生物多样性保护与修复关键技术应用。整合现有资源，加强科技研发基地、重点实验室、技术支撑平

台等能力建设。完善水生生物多样性调查、观测、就地保护、迁地保护、生境恢复、过鱼设施等标准与技术规范，强化水生生态系统修复集成示范。建立水生生物资源大数据平台，提高数据和信息共享水平。

（五）推动公众参与

加强宣传教育引导，通过电视、网络及微信、微博等新媒体，营造水生生物多样性保护的舆论氛围，提升公众对水生生物多样性保护的认知度和参与度。完善政府信息公开制度，定期发布水生生物多样性保护信息，保障公众知情权、参与权、监督权。建立奖惩机制，激发全社会保护水生生物多样性的积极性，鼓励开展水生生物保护和救助，及时曝光破坏水生生物多样性的违法违规行为，协助执法部门严肃查处。

关于加强固定污染源氮磷污染防治的通知

环水体〔2018〕16号

各省、自治区、直辖市环境保护厅（局），新疆生产建设兵团环境保护局：

为进一步加强固定污染源氮磷污染防治工作，按照《水污染防治行动计划》《控制污染物排放许可制实施方案》《"十三五"生态环境保护规划》等文件要求，现就有关事项通知如下。

一、高度重视固定污染源氮磷污染防治

近年来，全国水污染防治形势面临新的变化，总磷逐渐成为重点湖库、长江经济带地表水首要污染物，无机氮、磷酸盐成为近岸海域首要污染物，部分地区氮磷污染上升为水污染防治的主要问题，成为影响流域水质改善的突出瓶颈。

氮磷污染来源较多，工矿企业、污水集中处理设施、畜禽养殖场等固定污染源氮磷排放仍是重要来源，在一些地方还是主要来源。长期以来，总氮、总磷未纳入国家污染物减排考核约束体系，不少地方重视不够，对工矿企业以及污水集中处理设施氮磷达标排放监测不力、监管不严，导致固定污染源氮磷排放存在底数不清、治理能力不足等问题，个别地方甚至存在一个企业污染一条河流的情况。

各地要高度重视氮磷污染防治工作，以重点行业企业、污水集中处理设施、规模化畜禽养殖场氮磷排放达标整治为突破口，强化固定污染源氮磷污染防治；重点流域要以实施排污许可制为契机和抓手，严格控制并逐步削减重点行业氮磷排放总量，推动流域水质改善。

二、全面推进固定污染源氮磷达标排放

（一）明确重点行业企业并建立台账。依据《固定污染源排污许可分类管理名录（2017年版）》，综合考虑历年环境统计氮磷排放数据、行业氮磷实际排放强度、行业企业数量规模等因素，选择肥料制造、农药制造等行业，以及污水集中处理设施、规模化畜禽养殖场等作为氮磷排放重点行业（详见附件）。地市级环境保护主管部门，应依托排污许可证核发管理逐行业掌握氮磷排放重点行业企业信息，排污许可证每覆盖到一个重点行业，督促各重点行业企业建立氮磷排放管理台账。

（二）摸清重点行业氮磷排放底数。省级及以下环境保护主管部门应督促指导重点行业企业按排污许可证要求及相关规定开展总氮总磷自行监测、记录台账、报送监测结果并向社会公开。已申领排污许可证的重点行业企业及城镇污水处理厂应按排污许可证的规定定期上报氮磷达标情况及相关监测数据，地市级环境保护主管部门据此汇总行业企业氮磷达标情况及监测数据，摸清该行业排放浓度和排放总量情况。氮磷排放重点行业的重点排污单位，应按照《关于加快重点行业重点地区的重点排污单位自动监控工作的通知》（环办环监〔2017〕61号）要求，于2018年6月底前安装含总氮和（或）总磷指标的自动在线监控设备并与环境保护主管部门联网。

（三）提升氮磷污染防治水平。督促指导相关工矿企业、污水集中处理设施优化升级生产治理设施，强化运行管理，提高脱氮除磷能力和效率。重点开展磷肥和磷化工企业生产工艺及污水处理设施建设改造，提高磷回收率；推进磷石膏堆场标准化建设，实现磷石膏无害化处理和资源化利用；规范化建设并严格管理磷矿采选企业尾矿库，杜绝尾矿库外排水不达标排放。推动氮肥、合成氨等行业生产和治理工艺提升，进一步提高氨或尿素回收。提高农副食品加工、食品制造等行业水循环利用率，强化末端脱氮除磷处理。有条件的地区，可在排污单位污水排放口后或支流汇入干流、河流入湖等位置，因地制宜建设人工湿地水质净化工程，进一步减少入河湖的氮磷总量。

三、实施重点流域重点行业氮磷排放总量控制

企事业单位排污许可证规定的氮磷许可排放量即为该单位氮磷排放总量控制指标。重点流域重点行业所有企业氮磷排放总量控制指标汇总，形成重点流域重点行业氮磷排放总量控制指标。

生态环境部将依据《水污染防治行动计划》《"十三五"生态环境保护规划》提出的实施氮磷排放总量控制区域，结合流域水质现状和改善需求，确定实施氮磷排放总量控制的流域控制单元及对应行政区域。对于已完成排污许可证核发的重点行业，根据排污许可证氮磷许可排放量信息确定相关流域控制单元及对应行政区域的行业总量控制指标，实施行业总量控制。

对于氮磷超标流域控制单元内新建、改建、扩建涉及氮磷排放的建设项目，环保部门应当按照《排污许可管理办法（试行）》（原环境保护部令 第48号）和《关于做好环境影响评价制度与排污许可制衔接相关工作的通知》（环办环评〔2017〕84号）相关规定，

实施氮磷排放总量指标减量替代，并严格落实到相关单位排污许可证上，严控氮磷新增排放。

四、加强固定污染源氮磷排放执法监管

省级环境保护主管部门要指导市、县两级人民政府在制定实施工业污染源全面达标排放工作方案中，强化氮磷排放达标管理。对氮磷排放不达标的企业建立整改台账，记录超标问题、整改责任、整改措施和整改时限，每季度公布整改进度和整改结果，整改不到位不得销号。对达标无望的企业，应依法提请地方人民政府责令关闭。对重大问题应实行挂牌督办，跟踪整改销号。环境保护主管部门应会同相关行业主管部门依法依规对超标单位实施联合惩戒。2019 年底前，基本完成氮磷排放重点行业企业超标整治工作。

生态环境部优先将工作成效显著地区的氮磷减排工程纳入水污染防治中央项目储备库，对工作任务不落实、工作目标未完成的地区采取挂牌督办、约谈、限批等措施，将重点区域氮磷污染防治工作问题突出的纳入中央环保督察。

附件：总氮总磷排放重点行业

生态环境部
2018 年 4 月 8 日

附件

总氮总磷排放重点行业

序号	《固定污染源排污许可分类管理名录（2017 年版）》行业类别	总氮排放重点行业	总磷排放重点行业
一、畜牧业 03			
1	牲畜饲养 031，家禽饲养 032	设有污水排放口的规模化畜禽养殖场、养殖小区（具体规模化标准按《畜禽规模养殖污染防治条例》执行）	
二、农副食品加工业 13			
2	屠宰及肉类加工 135	屠宰及肉类加工	
3	其他农副食品加工 139	淀粉及淀粉制品制造	
三、食品制造业 14			
4	乳制品制造 144	以生鲜牛（羊）乳及其制品为主要原料的液体乳及固体乳制品制造	——
5	调味品、发酵制品制造 146	含发酵工艺的味精制造	——
四、酒、饮料和精制茶制造业 15			
6	酒的制造 151	啤酒制造、有发酵工艺的酒精制造、白酒制造、黄酒制造、葡萄酒制造	

序号	《固定污染源排污许可分类管理名录（2017 年版）》行业类别	总氮排放重点行业	总磷排放重点行业
7	饮料制造 152	含发酵工艺或者原汁生产的饮料制造	

五、纺织业 17

| 8 | 棉纺织及印染精加工 171，毛纺织及染整精加工 172，麻纺织及染整精加工 173，丝绢纺织及印染精加工 174，化纤织造及印染精加工 175 | 含印花、蜡染工序的 | — |

六、皮革、毛皮、羽毛及其制品和制鞋业 19

| 9 | 皮革鞣制加工 191，毛皮鞣制及制品加工 193 | 含脱灰、软化工序的 | — |

七、造纸和纸制品业 22

| 10 | 纸浆制造 221 | 以植物或者废纸为原料的纸浆生产 | — |
| 11 | 造纸 222 | 用纸浆或者矿渣棉、云母、石棉等其他原料悬浮在流体中的纤维，经过造纸机或者其他设备成型，或者手工操作而成的纸及纸板的制造（包括机制纸及纸板制造、手工纸制造、加工纸制造） | — |

八、化学原料和化学制品制造业 26

12	基础化学原料制造 261	硝酸	无机磷化工
13	肥料制造 262	合成氨、氮肥、复混肥、复合肥	磷肥、复混肥、复合肥
14	农药制造 263	—	含磷化学农药制造

九、医药制造业 27

| 15 | 化学药品原料药制造 271 | 发酵类制药 | 发酵类制药 |

十、汽车制造业 36

| 16 | 汽车制造 361-367 | — | 汽车制造（有表面涂装工序的） |

十一、计算机、通信和其他电子设备制造业 39

| 17 | 计算机制造 391，电子器件制造 397，电子元件及电子专用材料制造 398，其他电子设备制造 399 | — | 半导体液晶面板制造（有表面涂装工序的） |

十二、水的生产和供应业 46

| 18 | 污水处理及其再生利用 462 | 生活污水集中处理、工业废水集中处理 | |

关于印发《土壤污染防治行动计划实施情况评估考核规定（试行）》的通知

环土壤〔2018〕41号

各省、自治区、直辖市人民政府：

按照《国务院关于印发土壤污染防治行动计划的通知》（国发〔2016〕31号）要求，生态环境部会同国务院有关部门制定了《土壤污染防治行动计划实施情况评估考核规定（试行）》（见附件）。现印发给你们，请认真组织落实。

附件：土壤污染防治行动计划实施情况评估考核规定（试行）

生态环境部

发展改革委

科技部

工业和信息化部

财政部

自然资源部

住房城乡建设部

水利部

农业农村部

卫生健康委

应急部

市场监管总局

林业草原局

2018年5月24日

附件

土壤污染防治行动计划实施情况评估考核规定
（试　行）

第一条　为落实土壤污染防治工作责任，强化监督考核，管控土壤环境风险，根据《国务院关于印发土壤污染防治行动计划的通知》（国发〔2016〕31 号）要求，制定本规定。

第二条　本规定适用于对各省（区、市）人民政府《土壤污染防治行动计划》（以下简称《土十条》）2018 年至 2020 年实施情况的年度评估和终期考核。

第三条　评估考核工作坚持统一组织协调、部门分工负责，强化风险管控、突出重点工作，定量与定性相结合、行政考核与社会监督相结合的原则。

第四条　评估考核内容包括土壤污染防治目标完成情况和土壤污染防治重点工作完成情况两个方面。年度评估内容是土壤污染防治重点工作完成情况；终期考核内容是土壤污染防治目标完成情况，兼顾土壤污染防治重点工作完成情况。

土壤污染防治重点工作包括：土壤污染状况详查、源头预防、农用地分类管理、建设用地准入管理、试点示范、落实各方责任及公众参与等六个方面。

土壤污染防治目标包括：受污染耕地安全利用率、污染地块安全利用率两个方面。

评估考核指标见附 1，指标解释及评分细则见附 2。

第五条　评估考核采用评分法，土壤污染防治目标完成情况和土壤污染防治重点工作完成情况满分均为 100 分，评估或考核结果分为优秀、良好、合格、不合格四个等级。评分 90 分（含）以上为优秀、80 分（含）至 90 分（不含）为良好、60 分（含）至 80 分（不含）为合格、60 分以下为不合格（即未通过评估或考核）。

2019 年至 2021 年，每年年初对各地上年度《土十条》实施情况进行年度评估，评估土壤污染防治重点工作完成情况。

2021 年进行终期考核，考核土壤污染防治目标完成情况。以土壤污染防治目标完成情况划分等级，以 2020 年度土壤污染防治重点工作完成情况评估结果进行校核，评分高于 60 分（含）的，土壤污染防治目标完成情况评分等级即为考核结果；评分低于 60 分的，评分等级降 1 档作为考核结果。

2018 年至 2020 年，出现 1 次年度评估结果为不合格的，终期考核结果不得评为优秀；出现 2 次年度评估结果为不合格的，终期考核结果不得评为良好；出现 3 次年度评估结果为不合格的，终期考核结果为不合格。

遇重大自然灾害（如洪涝、地震等），对土壤环境质量产生重大影响以及其他重大特殊情形的，可结合重点工作完成情况和土壤污染防治目标完成情况，综合考虑后确定年度评估和终期考核结果。

第六条　地方人民政府是《土十条》实施的责任主体。各省（区、市）人民政府要依据国家确定的土壤污染防治目标，制定本地区土壤污染防治工作方案，将目标、任务逐级分解到市（地）、县级人民政府，把重点任务落实到相关部门和企业，合理安排重点任务和项目实施进度，明确资金来源、配套政策、责任部门、组织实施和保障措施等。

第七条　评估考核工作由生态环境部牵头，会同国务院相关部门组成评估考核工作组，负责组织实施评估考核工作。

《土十条》年度评估，实行任务牵头部门负责制，由相关任务牵头部门负责组织对有关土壤污染防治重点工作完成情况进行评估，形成书面意见，报送生态环境部。

第八条　评估考核采取以下步骤：

（一）自查评分。各省（区、市）人民政府应按照评估考核要求，建立包括电子信息在内的工作台账，对《土十条》实施情况进行全面自查和自评打分，于每年 1 月底前将上年度自查报告报送生态环境部，抄送国务院办公厅和《土十条》各任务牵头部门。2018 年至 2020 年年度评估自查报告应包括土壤污染防治重点工作完成情况；终期考核自查报告应包括土壤污染防治目标完成情况。

（二）部门审查。《土十条》各任务牵头部门会同参与部门负责相应重点任务的评估考核，结合日常监督检查情况，对各省（区、市）人民政府自查报告进行审查，形成书面意见，于每年 2 月底前报送生态环境部。

生态环境部各督察局应将地方人民政府及其有关部门贯彻落实《土十条》的情况纳入环境保护督察、专项督察等环境保护督政工作范畴，有关情况及时报送生态环境部。生态环境部统一汇总后，印送《土十条》各任务牵头部门及相关省级人民政府。

（三）组织抽查。生态环境部会同有关部门采取"双随机（随机选派人员、随机抽查部分地区）"方式，根据各省（区、市）人民政府的自查报告、各牵头部门的书面意见和环境督察情况，对被抽查的省（区、市）进行实地评估考核，形成抽查评估考核报告。

（四）综合评价。生态环境部对相关部门审查和抽查情况进行汇总，作出综合评价，于每年 6 月底前形成年度评估结果并向国务院报告。终期考核结果于 2021 年 6 月底前向国务院报告。

第九条 评估考核结果经国务院审定后，由生态环境部向各省（区、市）人民政府通报，并交由中央组织部和审计署分别作为对各省（区、市）领导班子和领导干部综合考核评价、自然资源资产离任审计的重要依据。

对未通过年度评估或终期考核的省（区、市），要提出限期整改意见，整改完成前，暂停审批有关地区土壤环境重点监管行业企业建设项目（民生项目与节能减排项目除外）环境影响评价文件；整改不到位的，要约谈有关省级人民政府及其相关部门负责人。对土壤环境问题突出、区域土壤环境质量明显下降、防治工作不力、群众反映强烈的地区，要约谈有关地市级人民政府和省级人民政府相关部门主要负责人。

对未通过终期考核的省（区、市），必要时由国务院领导同志约谈有关省（区、市）人民政府有关负责人。

对评估考核结果为优秀和进步较大的地区进行通报表扬。

中央财政将评估考核结果作为土壤污染防治相关资金分配的重要参考依据。

第十条 在评估考核中对干预、伪造数据的，要依法依纪追究有关单位和人员责任。在评估考核过程中发现违纪问题需要追究问责的，按相关程序移送纪检监察机关办理。对失职渎职、弄虚作假的，根据有关规定和情节轻重，予以通报、诫勉、责令公开道歉、组织调整或组织处理、纪律处分；对构成犯罪的，要依法追究刑事责任，已经调离、提拔或者退休的，也要终身追究责任。

第十一条 各省（区、市）人民政府可根据本规定，结合各自实际情况，对本地区《土十条》实施情况开展评估考核。

第十二条 本规定由生态环境部负责解释。

评估考核指标

土壤污染防治目标完成情况

序号	考核内容	考 核 事 项	分值
一	农用地	受污染耕地安全利用率	50
		农产品超标事件	扣分项
二	建设用地	污染地块安全利用率	50
		污染地块再开发利用环境事件	扣分项

土壤污染防治重点工作完成情况

序号	评估内容	评估事项	分值	牵头部门	参与部门
一	土壤污染状况详查（15分）	详查工作组织实施情况	15	生态环境部	财政部、自然资源部、住房和城乡建设部、农业农村部、卫生健康委
二	源头预防（24分）	涉重金属行业污染防控	9	生态环境部	发展改革委、工业和信息化部
		工业固体废物堆存场所环境整治	5	生态环境部	发展改革委、工业和信息化部
		化肥农药使用量零增长	2	农业农村部	
		废弃农膜回收利用	3		
		非正规垃圾堆放点排查整治	5	住房和城乡建设部	生态环境部、农业农村部、水利部
三	农用地分类管理（27分）	耕地土壤环境质量类别划定	4	农业农村部	生态环境部
		受污染耕地安全利用和治理与修复	12	农业农村部	自然资源部、生态环境部、粮食和物资局、财政部
		重度污染耕地种植结构调整或退耕还林还草	11	农业农村部	发展改革委、财政部、自然资源部、林业草原局
四	建设用地准入管理（20分）	疑似污染地块名单建立	2	生态环境部	工业和信息化部、自然资源部、住房和城乡建设部
		污染地块名录建立	2	生态环境部	
		污染地块再开发利用准入管理	6	自然资源部	住房和城乡建设部、生态环境部
		土地征收、收回、收购等环节监管	6	自然资源部	生态环境部
		暂不开发利用污染地块环境风险管控	4	生态环境部	自然资源部、住房和城乡建设部
五	试点示范（7分）	土壤污染治理与修复技术应用试点	4	生态环境部	科技部、财政部、农业农村部
		土壤污染综合防治先行区建设	3		财政部
		鼓励地方创新和先行先试	加分项		发展改革委、财政部、自然资源部、住房和城乡建设部、农业农村部、林业草原局

序号	评估内容	评估事项	分值	牵头部门	参与部门
六	落实各方责任及公众参与（7分）	部门协调配合	2	生态环境部	发展改革委、科技部、工业和信息化部、财政部、自然资源部、住房和城乡建设部、水利部、农业农村部、卫生健康委、市场监管总局、应急管理部、林业草原局、粮食和物资局
		环境信息公开	3		
		宣传教育	2		
		土壤污染事件	扣分项		

注：部分省份不涉及土壤污染治理与修复技术应用试点、土壤污染综合防治先行区建设、受污染耕地安全利用和治理与修复等任务，满分不足100分的，按实际得分乘以100分除以实际满分进行折算。

附2

指标解释及评分细则

第一类　土壤污染防治目标完成情况

一、农用地

受污染耕地安全利用率

（一）指标解释

1. 受污染耕地安全利用率是指实现安全利用的受污染耕地面积，占行政区受污染耕地总面积的比例。

2. 考核各省份受污染耕地安全利用率指标完成情况。

（二）考核要求

1. 各省（区、市）受污染耕地安全利用率达到国家与各省（区、市）签订的《土壤污染防治目标责任书》（以下简称《目标责任书》）工作目标要求。

2. 受污染耕地安全利用率只进行终期考核，不进行年度评估。

（三）计算方法

1. 受污染耕地安全利用率计算公式为：

$$A = \frac{B}{C} \times 100\%$$

其中，A 代表某区域受污染耕地安全利用率；B 代表某区域实现安全利用受污染耕地面积；C 代表某区域受污染耕地总面积。实现安全利用受污染耕地面积的评价方法另行制定。

2. 数据来源：农业农村、生态环境等部门。

（四）赋分方法

2021年，以省（区、市）为考核单元，对受污染耕地安全利用率进行终期考核。

完成《目标责任书》确定工作目标的，按40分计，每超额完成1个百分点，视任务量等情况加1至5分，总分不超过50分；每低于1个百分点，视任务量等情况扣1至5分；总分低于30分的，《土十条》终期考核结果为不合格。

（五）扣分

农产品超标事件

《土十条》实施期间，因耕地土壤污染导致农产品超标且造成不良社会影响的，每发生 1 起，视情节轻重，终期考核扣 1 至 5 分，扣完为止。

二、建设用地

污染地块安全利用率

（一）指标解释

1. 污染地块安全利用率是指符合规划用地土壤环境质量要求的再开发利用污染地块面积，占行政区域内全部再开发利用污染地块面积的比例。

2. 考核各省份污染地块安全利用率指标完成情况。

（二）考核要求

1. 各省（区、市）污染地块安全利用率达到《目标责任书》工作目标要求。

2. 污染地块安全利用率只进行终期考核，不进行年度评估。

（三）计算方法

1. 污染地块安全利用率计算公式为：

$$G = \frac{H}{K} \times 100\%$$

其中，G 代表某行政区污染地块安全利用率；H 代表某行政区符合规划用地土壤环境质量要求的再开发利用污染地块面积；K 代表某行政区再开发利用污染地块总面积。

2. 数据来源：生态环境、住房城乡建设等部门。

（四）考核面积认定

1. 2017 年 7 月 1 日至 2020 年 12 月 31 日期间，获取建设工程规划许可证的再开发利用污染地块总面积，作为污染地块安全利用率考核基数。

2. 获取建设工程规划许可证的再开发利用污染地块，其土壤环境质量符合相应规划用地要求的，该地块面积计入安全利用的再开发利用污染地块面积。

3. 再开发利用的疑似污染地块、污染地块，未按照《污染地块土壤环境管理办法（试行）》（环境保护部令　第 42 号）有关规定开展环境调查、风险评估、风险管控、治理与修复及其效果评估，以及未将相关报告（方案）上传全国污染地块土壤环境管理信息系统（以下简称污染地块信息系统）并向社会公开的，其面积按不符合规划用地土壤环境质量要求的再开发利用污染地块面积计。

（五）赋分方法

2021 年，以省（区、市）为考核单元，对污染地块安全利用率进行终期考核。

完成《目标责任书》确定工作目标的，按 40 分计，超额完成的，按超额完成比例进行加分，总分不超过 50 分；每低于 1 个百分点，扣 5 分；总分低于 30 分的，《土十条》终期考核结果为不合格。

（六）扣分

污染地块再开发利用环境事件

《土十条》实施期间，因疑似污染地块或污染地块再开发利用不当且造成不良社会影响的，每发生 1 起，视情节轻重，终期考核扣 1 至 5 分，扣完为止。

第二类　土壤污染防治重点工作完成情况

一、土壤污染状况详查（15 分）

（一）详查工作组织实施情况（15 分）

1. 指标解释

评估各地土壤污染状况详查工作开展情况，考核各地土壤污染状况详查任务完成情况。

2. 工作要求

按照《全国土壤污染状况详查总体方案》及本省（区、市）实施方案要求，依据有关技术规定，组织专业技术力量，规范开展土壤污染状况详查工作。要强化监督检查，严格质量管理，确保如期、保质完成详查工作任务。2018 年底前，完成农用地土壤污染状况详查工作，2020 年底前，完成重点行业企业用地土壤污染状况调查工作。

3. 评分方法

按照国家土壤污染状况详查工作统一部署，根据各地自查报告，结合全国土壤污染状况详查工作协调小组办公室日常调度及监督管理情况、各国家级质量控制实验室联合提交的详查工作质量监督检查及评估情况，对详查工作进展情况提出评估意见，对详查工作任务完成情况提出考核意见。

2018 年起，按详查总体方案或省级实施方案的进度安排推进详查工作，并且满足详查工作质量管理要求的，计 15 分。

存在以下问题的，予以扣分，扣完为止：

（1）因地方数据整合分析不到位，或对重点行业企业和问题区域梳理排查工作不到位，导致出现应纳入详查范围而实际未纳入的农用地土壤点位超标区域、土壤重点污染源影响区、土壤污染问题突出区域等，每发现 1 例，扣 0.5 分；如发现地方人民政府或有关部门刻意隐瞒不报的，每发现 1 例，扣 2 分；

（2）详查工作中出现严重质量问题（由国家级质量控制实验室联合评估）的，每发现 1 次，扣 0.5 分；问题整改不力且造成严重后果的，加扣 1 分；

（3）详查工作进度明显滞后的，扣 2 分；多次督促、工作进度依然缓慢的，加扣 2 分；无正当理由，2018 年、2020 年未如期、保质上报农用地和重点行业企业用地调查结果的，扣 8 分。

二、源头预防（24 分）

（一）涉重金属行业污染防控（9 分）

1. 指标解释

评估各地涉重金属行业污染防控情况。

2. 工作要求

严格执行重金属污染物排放标准，以解决突出问题为导向，各省（区、市）有针对性将重金属减排目标分解到重点地区和重点行业企业。到 2020 年，各省（区、市）应完成

《目标责任书》规定的重点重金属排放量削减目标。

重点行业包括重有色金属矿（含伴生矿）采选业（铜、铅锌、镍钴、锡、锑和汞矿采选业等）、重有色金属冶炼业（铜、铅锌、镍钴、锡、锑和汞冶炼等）、铅蓄电池制造业、皮革及其制品业（皮革鞣制加工等）、化学原料及化学制品制造业（电石法聚氯乙烯行业、铬盐行业等）、电镀行业。重点重金属污染物包括铅、汞、镉、铬和类金属砷。

3．评分方法

根据生态环境、发展改革等部门提供的证明材料，结合督察、抽查、现场检查结果，核定任务完成情况。

2018 年至 2019 年，制定重金属污染物排放年度控制目标并完成的，计 9 分。

2020 年，依据《目标责任书》要求，完成重点重金属污染物排放量下降比例指标要求的，计 9 分。

存在以下问题的，予以扣分：

（1）存在涉重金属行业"散乱污"现象的，视情节轻重，每发现 1 起，扣 0.5 至 2 分，扣完为止。

（2）年度发生涉重金属重大及以上突发环境事件 1 起的，扣 9 分；年度发生涉重金属重大及以上突发环境事件 2 起及以上的，年度评估结果判定为不合格。

（3）未组织行政区内电石法聚氯乙烯行业企业制定并实施用量强度减半方案的，视情节轻重，扣 0.5 至 1 分。2020 年，行政区内电石法聚氯乙烯行业企业用量强度未实现减半的，每核实 1 家企业，视情节轻重，扣 0.5 至 1 分。

（二）工业固体废物堆存场所环境整治（5 分）

1．指标解释

评估各地工业固体废物堆存场所环境整治完成情况。

2．工作要求

开展尾矿、煤矸石、工业副产石膏、粉煤灰、赤泥、冶炼渣、电石渣、铬渣、砷渣，以及脱硫、脱硝、除尘产生的固体废物堆存场所环境整治，完善防扬散、防流失、防渗漏等设施，制定环境整治方案并有序实施。

3．评分方法

根据生态环境、发展改革、工业和信息化等部门提供的证明材料，结合督察、抽查、现场检查结果，核定任务完成情况。

2018 年起，制定工业固体废物堆存场所环境整治方案并按计划组织实施的，计 5 分。存在以下问题的，予以扣分，扣完为止：

依据日常检查、督察、举报、媒体曝光等，发现未落实环境整治要求且造成不良社会影响的，每核实 1 处，视情节轻重，扣 0.5 至 2 分。

（三）化肥农药使用量零增长（2 分）

1．指标解释

评估各地化肥农药使用量零增长行动计划实施情况。

2．工作要求

合理使用化肥农药，鼓励农民增施有机肥，科学施用农药。到 2020 年，全国主要农作物化肥、农药使用量实现零增长，测土配方施肥技术推广覆盖率提高到 90%以上。

3．评分方法

根据农业农村等部门提供的证明材料，核定任务完成情况。

2018年至2019年，制定化肥农药使用量零增长年度工作方案并组织实施的，计1分，否则计0分；按照年度计划开展测土配方施肥技术推广相关工作的，计1分，否则计0分。

2020年，与2019年相比，主要农作物化肥农药使用量实现零增长的，计1分，否则计0分；测土配方施肥技术推广覆盖率提高到90%以上的，计1分，否则计0分。

（四）废弃农膜回收利用（3分）

1．指标解释

评估各地废弃农膜回收利用情况。

2．工作要求

建立健全废弃农膜回收贮运和综合利用网络，开展废弃农膜回收利用试点，到2020年，河北、辽宁、山东、河南、甘肃、新疆农膜使用量较高省份力争实现废弃农膜全面回收利用。

3．评分方法

根据农业农村等部门提供的证明材料，核定任务完成情况。

2018年至2019年，河北、辽宁、山东、河南、甘肃、新疆制定废弃农膜回收利用试点工作方案并按计划实施的，计3分，未完成年度计划的，按完成比例计分。

2020年，河北、辽宁、山东、河南、甘肃、新疆废弃农膜回收利用率达到80%以上的，计3分，否则计0分。其他省份该项任务不计分。

（五）非正规垃圾堆放点排查整治（5分）

1．指标解释

评估各地非正规垃圾堆放点排查和整治任务完成情况。

2．工作要求

2018年起，制定并印发非正规垃圾堆放点排查和整治方案，分年度逐步开展整治。

3．评分方法

根据住房城乡建设、生态环境、农业农村、水利等部门提供的排查整治方案和总结报告等证明材料，核定任务完成情况。

2018年起，制定印发非正规垃圾堆放点排查整治方案并按计划组织实施的，计5分。存在以下问题的，予以扣分，扣完为止：

经日常检查、抽查、督察、媒体报道、举报等，发现应纳入整治范围的非正规垃圾堆放点而实际未纳入的，每核实1处，扣1分。

三、农用地分类管理（27分）

（一）耕地土壤环境质量类别划定（4分）

1．指标解释

评估各地耕地土壤环境质量类别划定任务完成情况。

2．工作要求

制定耕地土壤环境质量类别划定工作计划并逐步实施。根据详查结果等，按照国家有关技术指南，开展全省类别划定工作，建立分类清单，数据上传农用地土壤环境管理信息系统，定期对各类别耕地面积、分布等信息进行更新。

3．评分方法

根据农业农村、生态环境等部门提供的证明材料，核定任务完成情况。

2018年，制定耕地土壤环境质量类别划定工作计划的，计4分，否则计0分。

2019年，完成年度任务并将数据上传农用地土壤环境管理信息系统的，计4分；未完成年度任务的，按完成比例计分。

2020年，完成全部耕地土壤环境质量类别划定工作的，计2分，否则计0分；建立耕地土壤环境质量分类清单的，计1分，否则计0分；将数据上传农用地土壤环境管理信息系统的，计1分，否则计0分。

（二）受污染耕地安全利用和治理与修复（12分）

1．指标解释

评估各地受污染耕地安全利用和治理与修复任务完成情况。

2．工作要求

制定受污染耕地安全利用计划并组织实施，完成《目标责任书》下达的工作任务。

制定受污染耕地治理与修复计划，建立项目库并组织实施，完成《目标责任书》下达的工作任务，委托第三方机构对治理与修复效果进行评估。

依据全国土壤污染状况详查结果，经国务院同意后，可对各省（区、市）《目标责任书》中确定的受污染耕地安全利用、治理与修复任务进行适当调整。

3．评分方法

根据农业农村、自然资源、生态环境、粮食等部门提供的证明材料，查看各地受污染耕地安全利用、治理与修复任务工作台账，结合日常督察、重点抽查、现场核查等，核定任务完成情况。

对于经过科学评估适合继续生产农产品并应用安全利用类措施的受污染耕地，依据产出农产品质量抽查结果，农产品质量达标的，视为安全利用（具体评价方法另行制定）；采取相关措施降低土壤中污染物浓度或将有毒有害物质转化为无害物质且产出农产品质量达标的，视为完成治理与修复任务。

2018年起，制定受污染耕地安全利用和治理与修复年度计划（或在土壤污染防治年度工作方案中有相关计划）并落实的，计12分；未完成的，按年度计划完成比例计分。

存在以下问题的，予以扣分，扣完为止：

在安全利用或治理与修复过程中，未经科学论证相关措施，导致耕地土壤破坏且不及时纠正的，或发生二次污染的，每发现1起，视情节轻重，扣0.5至2分。

（三）重度污染耕地种植结构调整或退耕还林还草（11分）

1．指标解释

评估各地重度污染耕地种植结构调整、退耕还林还草等任务完成情况。

2．工作要求

制定受污染耕地种植结构调整或退耕还林还草计划，并按计划组织实施，完成《目标责任书》下达的工作任务。

依据全国土壤污染状况详查结果，经国务院同意后，可对各省（区、市）《目标责任书》中确定的重度污染耕地种植结构调整或退耕还林还草任务进行适当调整。

3．评分方法

根据农业农村、发展改革、财政、自然资源、林业和草原等部门提供的证明材料，查看各地受污染耕地种植结构调整或退耕还林还草等任务实施的工作台账，结合日常督察、重点抽查、现场核查结果，核定任务完成情况。

实施了种植结构调整或退耕还林还草的受污染耕地，视为完成任务。

2018 年起，制定受污染耕地种植结构调整或退耕还林还草年度计划，或在土壤污染防治年度工作方案中包括有关计划并落实的，计 11 分；未完成的，按年度计划完成比例计分。

四、建设用地准入管理（20 分）

（一）疑似污染地块名单建立（2 分）

1．指标解释

评估各地疑似污染地块名单建立情况。

2．工作要求

依据《污染地块土壤环境管理办法（试行）》，建立疑似污染地块名单，及时上传污染地块信息系统并动态更新。

3．评分方法

根据生态环境、工业和信息化、自然资源、住房城乡建设等部门提供的环境统计、工业企业信息、土地信息等证明材料，对疑似污染地块名单建立情况进行评估。

2018 年起，所有县（市、区）全部建立疑似污染地块名单的，计 2 分。若某县（市、区）无疑似污染地块，视为疑似污染地块名单已建立。

存在以下问题的，予以扣分：

依据日常检查、督察、举报、媒体曝光等，发现应建而未建疑似污染地块名单的县（市、区），每核实 1 个县（市、区），扣 1 分，最高不超过 20 分。

（二）污染地块名录建立（2 分）

1．指标解释

评估各地污染地块名录建立及动态更新情况。

2．工作要求

2018 年起，对纳入疑似污染地块名单的地块，各地要按相关要求组织开展土壤环境初步调查，根据初步调查报告，建立污染地块名录，及时上传污染地块信息系统，同时向社会公开。对列入污染地块名录的地块，设区的市级生态环境部门应当书面通知土地使用权人。

2018 年起，省会城市和所有地级市应全部建立污染地块名录。

污染地块名录未上传污染地块信息系统的，视为未建立。

3．评分方法

根据生态环境等部门提供的调查评估报告等证明材料，对污染地块名录建立情况进行评估。

2018 年起，省会城市和所有地级市全部建立污染地块名录的，计 2 分；存在 1 个地级市未建立的，计 1 分；省会城市或 2 个（含）以上地级市未建立的，建设用地准入管理任务整体不得分。

存在以下问题的，予以扣分，扣完为止：

依据日常检查、督察、举报、媒体曝光等，发现污染地块名录存在遗漏的，每核实 1 处，扣 0.5 分。

（三）污染地块再开发利用准入管理（6 分）

1．指标解释

评估各地再开发利用的疑似污染地块、污染地块土壤环境质量是否符合再开发利用条件，并将其纳入城乡规划。

2．工作要求

地方人民政府编制城市总体规划时，应根据疑似污染地块、污染地块名录及其土壤环境质量评估结果、负面清单，合理确定污染地块的土地用途。

地方各级城乡规划部门在编制控制性详细规划时，应根据疑似污染地块、污染地块名录及其土壤环境质量评估结果、负面清单，合理确定污染地块的土地用途，明确污染地块再开发利用必须符合规划用途的土壤环境质量要求，并征求生态环境部门意见，反馈意见作为附件随控制性详细规划报地方人民政府审批。

3．评分办法

根据自然资源、住房城乡建设、生态环境等部门提供的证明材料，核定任务完成情况。

2018 年起，评估年度内，各地制修订的涉及疑似污染地块、污染地块的城市总体规划、控制性详细规划等相关规划获批时，相关县（市、区）全部按照工作要求开展工作的，计 5 分；10%（含）以下未按工作要求开展工作的，计 3 分；10%以上未按工作要求开展工作的，计 0 分。

（四）土地征收、收回、收购等环节监管（6 分）

1．指标解释

评估各地在涉疑似污染地块或污染地块的土地征收、收回、收购等环节监管情况。

2．工作要求

地方人民政府承担土地征收工作的相关部门，在涉疑似污染地块或污染地块的土地征收环节，应当通过污染地块信息系统查询相关地块的土壤环境质量状况，并记录查询日期和地块的土壤环境质量状况结果；截至查询时，查询结果为疑似污染地块的，应委托第三方开展土壤环境质量状况调查评估，并征求生态环境部门意见。

地方各级自然资源主管部门应加强对土地收回、收购工作等环节的监管。有关地方人民政府或相关部门在开展土地收回、收购工作时，应及时查询污染地块信息系统，对涉及疑似污染地块或污染地块的，应记录查询日期和地块土壤环境质量状况结果，并征求生态环境部门的意见，取得生态环境部门的书面回复。

3．评分办法

根据自然资源、生态环境等部门提供的证明材料，核定任务完成情况。

2018 年起，各地在开展疑似污染地块或污染地块的土地征收、收回、收购等环节工作时，所有县（市、区）均按工作要求开展工作的，计 6 分；10%（含）以下未按工作要求开展工作的，计 4 分；10%以上未按工作要求开展工作的，计 0 分。

（五）暂不开发利用污染地块环境风险管控（4分）

1．指标解释

评估各地对暂不开发利用或现阶段不具备治理修复条件的污染地块环境风险管控情况。

2．工作要求

地方各级生态环境部门会同自然资源、住房和城乡建设部门，根据污染地块名录确定暂不开发利用或现阶段不具备治理修复条件的污染地块，生态环境部门要制定污染地块风险管控年度计划，并督促相关责任主体编制污染地块环境风险管控方案并实施。

3．评分方法

根据生态环境、自然资源等部门提供的证明材料，结合督察、抽查结果，核定任务完成情况。

2018年起，对于暂不开发利用或现阶段不具备治理修复条件的污染地块，按年度计划编制污染地块环境风险管控方案的，计4分，否则计0分。

存在以下问题的，予以扣分，扣完为止：

依据日常检查、督察、举报等，发现未落实环境风险管控方案或风险管控不力造成不良社会影响的，每核实1处，视情节轻重，扣0.5至2分。

五、试点示范（7分）

（一）土壤污染治理与修复技术应用试点（4分）

1．指标解释

评估各地列入《目标责任书》的土壤污染治理与修复技术应用试点任务完成情况。

2．工作要求

2018年起，制定土壤污染治理与修复技术应用试点任务年度计划并实施。2020年，完成土壤污染治理与修复技术应用试点项目并开展效果评估。

3．评分方法

根据生态环境、科技、财政、农业农村等部门提供的证明材料，以及各地土壤污染治理与修复技术应用试点实施工作台账，结合督察、抽查、现场检查结果等，核定任务完成情况。

2018年起，制定土壤污染治理与修复技术应用试点任务年度计划并按计划实施的，计4分；未完成的，按年度计划完成比例计分。

没有土壤污染治理与修复技术应用试点项目的省份，该项不计分。

存在以下问题的，予以扣分，扣完为止：

依据日常检查、督察、重点抽查、群众举报信息，发现未按计划实施的，每核实1处，扣0.5分；在治理与修复过程中产生二次污染且未及时采取措施的，每核实1处，视情节轻重，扣0.5至2分。

（二）土壤污染综合防治先行区建设（3分）

1．指标解释

评估土壤污染综合防治先行区建设任务完成情况。

2．工作要求

2018年起，浙江、湖北、湖南、广东、广西、贵州启动土壤污染综合防治先行区建设，重点在土壤污染源头预防、风险管控、治理与修复、监管能力建设等方面进行探索，制定并完成先行区年度建设计划。

3．评分方法

根据生态环境、财政等部门提供的证明材料，依据各地土壤污染综合防治先行区建设工作台账，核定任务完成情况。

2018 年起，制定并完成先行区年度建设计划的，计 3 分，否则计 0 分。

其他省份该项不计分。

（三）鼓励地方创新和先行先试（加分项）

1．指标解释

鼓励地方结合本地实际，改革创新，推动土壤污染防治法规标准、政策制度等建设。

2．评分方法

根据生态环境、发展改革、财政、自然资源、住房城乡建设、农业农村、林业和草原等部门提供的证明材料，核定加分事项。

出台省级土壤污染防治相关法规的，自出台年份算起，每年年度评估均加 2 分；设区的市出台土壤污染防治相关法规的，自出台年份算起，每年年度评估均加 1 分。

设立省级土壤污染防治专项资金的，自设立年份算起，每年年度评估均加 1 分。

土壤污染防治项目库建设较好并定期组织项目申报、进行更新的，年度评估视情况加 0.5 至 1 分；对年度土壤污染防治专项资金预算执行率达 80%以上的且项目有实质性进展的，年度评估视情况加 0.5 至 1 分。

省级或以下土壤环境质量监测网络建设为土壤污染风险防控发挥积极作用的，每年年度评估视情况加 0.5 至 1 分。

开展省级土壤污染防治先行区建设并按年度计划实施的，每年年度评估均加 1 分。

土壤污染防治先进经验在国家层面得到推广的，当年年度评估加 1 分。

地方县级以上人民政府主要领导干部、分管生态环境工作的领导干部带头宣传《土十条》、在党政领导干部培训班或深入基层（中小学、乡村等）开展土壤污染防治等生态环境保护专题讲座的，视情况加 0.5 至 1 分。

六、落实各方责任及公众参与（7 分）

（一）部门协调配合（2 分）

1．指标解释

评估各地土壤污染防治工作协调机制建立和运行情况。

2．工作要求

在地方各级人民政府领导下，建立生态环境、自然资源、住房城乡建设、水利、农业农村、林业和草原等部门的土壤污染防治信息共享机制和工作协调机制，各有关部门按照职责分工，协同做好土壤污染防治工作。

3．评分方法

查看各地组织协调机构印发的文件、会议纪要等证明材料，并访谈相关人员。

地方各级人民政府建立实质性协调机制的，计 2 分，否则计 0 分。

存在以下问题的，予以扣分，扣完为止：

（1）随机抽取各省（区、市）行政区域内 3 至 5 个县（市、区），查看土壤污染防治工作协调机制建立和运行情况，发现1个县（市、区）未建立的，扣1分；发现2个（含）以上县（市、区）未建立的，扣2分。

（2）依据日常督察、重点抽查、现场核查以及经核实的社会媒体报道、群众举报信息，发现因部门之间协调不力，影响土壤污染防治工作的，视情节轻重，予以扣分。包括但不限于以下情形：在土壤污染状况详查中，生态环境、农业农村、自然资源、住房城乡建设、财政、卫生健康等部门间信息共享不力，影响详查工作质量和进度的；住房城乡建设、自然资源、生态环境等部门间信息沟通不畅，未实行建设用地联动监管，导致不符合相应规划用地土壤环境质量要求的污染地块进入用地程序等。

（二）环境信息公开（3分）

1．指标解释

评估各地人民政府、企业等信息公开情况。

2．工作要求

按《土十条》要求公开相关信息。

3．评分方法

根据各地提供的年度环境状况公报、重点监管企业土壤环境自行监测报告等公开情况的证明材料，核定任务完成情况。

"十三五"期间，各地至少发布一次本行政区域土壤环境状况的，计0.5分，否则计0分。

各地确定土壤环境重点监管企业名单，实行动态更新，并向社会公开的，计0.5分，否则计0分。

列入土壤环境重点监管企业名单的企业，每年自行对其用地进行土壤环境监测，并将结果向社会公开的，计0.5分，否则计0分。

土壤污染治理与修复工程完工后，责任单位委托第三方机构对治理与修复效果进行评估，结果向社会公开的，计0.5分；公开不力的，视情节轻重扣分，最高可扣0.5分。

各省（区、市）要委托第三方机构对行政区域内各县（市、区）土壤污染治理与修复效果进行综合评估，结果向社会公开。"十三五"期间，至少评估和公开1次。全部公开的，计0.5分，否则计0分。

受委托的专业机构在编制土壤环境初步调查报告、土壤环境详细调查报告、风险评估报告、风险管控方案、治理与修复方案过程中，或者受委托的第三方机构在编制治理与修复效果评估报告过程中，违反有关规定，不负责任或者弄虚作假致使报告失实的，由县级以上生态环境主管部门将该机构失信情况记入其环境信用记录，通过国家企业信用信息公示系统依法向社会公开。全部公开的，计0.5分，否则计0分。

以上情况存在不适用的，按实际计分除以所适用项目的总分后，乘以3分进行折算。

（三）宣传教育（2分）

1．指标解释

评估各地营造保护土壤环境良好社会氛围，普及土壤污染防治相关知识，加强法律法规政策宣传解读等情况。

2．工作要求

各省（区、市）将土壤污染防治培训纳入党政领导干部培训，开展土壤环境宣传教育，强化土壤环境重点监管企业宣传教育。

3．评分方法

依据生态环境等部门提供的证明材料，核定任务完成情况。

2018 年起，各省（区、市）将土壤污染防治培训纳入党政领导干部培训计划并开展相关培训的，计 0.5 分，否则计 0 分。

2018 年起，各省（区、市）开展了各种不同形式土壤环境宣传教育的，计 0.5 分，否则计 0 分。

2018 年起，随机抽查 30～50 家土壤环境重点监管企业以及有重点监管尾矿库企业的主要负责人，重点就《土十条》有关污染源监管的要求开展问卷调查，问卷调查得分在 60 分以上的，为合格。问卷调查全部合格的，计 1 分，否则按问卷调查合格比例计分。

（四）土壤污染事件（扣分项）

根据生态环境、发展改革、工业和信息化、自然资源、住房城乡建设、农业农村、应急管理等部门提供的证明材料，结合日常检查、抽查、督察、媒体报道、举报等途径，核实相关情况。

电子废物、废轮胎、废塑料等违法违规的再生利用活动污染严重且造成不良社会影响的，经现场督察、媒体报道、举报并核实的，每发生 1 起，年度评估扣 1 分。

因耕地土壤污染导致农产品超标且造成不良社会影响的，每发生 1 起，视情节轻重，年度评估扣 1 至 5 分。

因疑似污染地块或污染地块再开发利用不当且造成不良社会影响的，每发生 1 起，视情节轻重，年度评估扣 1 至 5 分。

关于加强生态环境监测机构监督管理工作的通知

环监测〔2018〕45 号

各省、自治区、直辖市环境保护厅（局）、质量技术监督局（市场监督管理部门），新疆生产建设兵团环境保护局、质量技术监督局：

为贯彻落实中共中央办公厅、国务院办公厅《关于深化环境监测改革提高环境监测数据质量的意见》（厅字〔2017〕35 号）、《生态环境监测网络建设方案》（国办发〔2015〕56 号）、《国务院关于加强质量认证体系建设促进全面质量管理的意见》（国发〔2018〕3 号）精神，创新管理方式，规范监测行为，促进我国生态环境监测工作健康发展，现将有关事项通知如下：

一、加强制度建设

（一）完善资质认定制度。凡向社会出具具有证明作用的数据和结果的生态环境监测机构均应依法取得检验检测机构资质认定。国家认证认可监督管理委员会（以下简称国家认监委）和生态环境部联合制定《检验检测机构资质认定　生态环境监测机构评审补充要求》。国家认监委和各省级市场监督管理部门（以下统称资质认定部门）依法实施生态环境监测机构资质认定工作，建立生态环境监测机构资质认定评审员数据库，加强评审员队伍建设，发挥生态环境行业评审组作用，规范资质认定评审行为。

（二）加快完善监管制度。资质认定部门依据《检验检测机构资质认定管理办法》（原质检总局令　第163号）对获得检验检测机构资质认定的生态环境监测机构实施分类监管。生态环境部修订《环境监测质量管理技术导则》（HJ 630—2011），完善生态环境监测机构质量体系建设，强化对人员、仪器设备、监测方法、手工和自动监测等重要环节的质量管理。各类生态环境监测机构应按照国家有关规定不断健全完善内部管理的规章制度，提高管理水平。

（三）建立责任追溯制度。生态环境监测机构要严格执行国家和地方的法律法规、标准和技术规范。建立覆盖方案制定、布点与采样、现场测试、样品流转、分析测试、数据审核与传输、综合评价、报告编制与审核签发等全过程的质量管理体系。采样人员、分析人员、审核与授权签字人对监测原始数据、监测报告的真实性终身负责。生态环境监测机构负责人对监测数据的真实性和准确性负责。生态环境监测机构应对监测原始记录和报告归档留存，保证其具有可追溯性。

二、加强事中事后监管

（四）综合运用多种监管手段。生态环境部门和资质认定部门重点对管理体系不健全、监测活动不规范、存在违规违法行为的生态环境监测机构进行监管。健全对生态环境监测机构的"双随机"抽查机制，建立生态环境监测机构名录库、检查人员名录库。联合或根据各自职责定期组织开展监督检查，通过统计调查、监督检查、能力验证、比对核查、投诉处理、审核年度报告、核查资质认定信息、评价管理体系运行、审核原始记录和监测报告等方式加强监管。

（五）严肃处理违法违规行为。生态环境部门和资质认定部门应根据法律法规，对生态环境监测机构和人员监测行为存在不规范或违法违规情况的，视情形给予告诫、责令改正、责令整改、罚款或撤销资质认定证书等处理，并公开通报。涉嫌犯罪的移交公安机关予以处理。生态环境监测机构申请资质认定提供虚假材料或者隐瞒有关情况的，资质认定部门依法不予受理或者不予许可，一年内不得再次申请资质认定；撤销资质认定证书的生态环境监测机构，三年内不得再次申请资质认定。

（六）建立联合惩戒和信息共享机制。生态环境部门和资质认定部门应建立信息共享机制，加强部门合作和信息沟通，及时将生态环境监测机构资质认定和违法违规行为及处罚结果等监管信息在各自门户网站向社会公开。根据《国务院办公厅关于加强个人诚信体系建设的指导意见》相关要求，对信用优良的生态环境监测机构和人员提供更多服务便利，对严重失信的生态环境监测机构和人员，将违规违法等信息纳入"全国信用信息共享平台"。

（七）加强社会监督。创新社会监督方式，畅通社会监督渠道，积极鼓励公众广泛参与。生态环境部门举报电话"12369"和市场监督管理部门举报电话"12365"受理生态环境监测数据弄虚作假行为的举报。行业协会应制定行业自律公约、团体标准等自律规范，组织开展行业信用等级评价，建立健全信用档案，推动行业自律结果的采信，努力形成良好的环境和氛围。

三、提高监管能力和水平

（八）加强队伍建设，创新监管手段。生态环境部门和资质认定部门应加强监管人员队伍建设，强化监管人员培训，不断提高监管人员综合素质和能力水平。相关人员在工作中滥用职权、玩忽职守、徇私舞弊的，依规依法予以处理；构成犯罪的，依法追究刑事责任。充分发挥大数据、信息化等技术在监督管理中的作用，不断提高监管效能。

（九）强化部门联动，形成工作合力。生态环境部门和资质认定部门应切实统一思想，提高认识，加强组织领导和工作协调，按照本通知要求制定联合监管和信息共享的实施方案，建立畅通、高效、科学的联合监管机制，有效保障生态环境监测数据质量，提高监测数据公信力和权威性，促进生态环境管理水平全面提升。

生态环境部
市场监管总局
2018 年 5 月 28 日

关于印发《2018—2019 年蓝天保卫战重点区域强化督查方案》的通知

环环监〔2018〕48 号

各省、自治区、直辖市环境保护厅（局），新疆生产建设兵团环境保护局：

为贯彻落实习近平总书记在全国生态环境保护大会上的重要讲话精神，坚决打赢蓝天保卫战，进一步推动地方各级党委政府及相关部门落实大气污染防治责任，持续改善京津冀及周边地区、汾渭平原、长三角地区等重点区域环境空气质量，巩固大气污染防治成效，我部决定继续开展大气污染防治强化督查，并制定了《2018—2019 年蓝天保卫战重点区域强化督查方案》（见附件），现印发给你们，请认真组织实施。

联系人：生态环境部吴金龙、张辉钊

电话：（010）66103113、66556445

传真：（010）66103111、66556444

邮箱：dqqhdc@mee.gov.cn
附件：2018—2019 年蓝天保卫战重点区域强化督查方案

生态环境部

2018 年 6 月 7 日

附件

2018—2019 年蓝天保卫战重点区域强化督查方案

为贯彻落实习近平总书记在全国生态环境保护大会上的重要讲话精神，坚决打赢蓝天保卫战，进一步改善京津冀及周边地区、汾渭平原及长三角地区等重点区域（以下简称重点区域）环境空气质量，持续开展大气污染防治强化督查，制定本方案。

一、目标任务

进一步督促重点区域地方各级党委政府及有关部门落实大气污染防治责任，按照打赢蓝天保卫战工作要求，继续加强区域联防联控，深化综合整治，加大各类涉气环境违法行为打击力度，持续巩固大气污染防治成效，推动环境空气质量改善。通过大规模、集中式督查达到实战练兵目的，促进全国生态环境综合执法队伍交流，提高业务能力水平，锻炼生态环境保护铁军。

二、督查内容

突出重点区域、重点时段和重点领域，围绕产业结构、能源结构、运输结构和用地结构四项重点任务，督促重点区域地方各级党委政府及有关部门落实各项任务及措施，按期完成攻坚任务。

（一）"散乱污"企业综合整治情况

是否根据产业政策、产业布局规划，以及土地、环保、质量、安全、能耗等要求，制定"散乱污"企业整治方案及标准；是否按照"先停后治"的原则，实施分类处置；是否按要求完成整改；是否存在清单外的"散乱污"企业；是否存在已取缔"散乱污"企业死灰复燃情况。

（二）工业企业环境问题治理情况

排查涉气工业企业环保设施安装、运行及达标排放情况。重点检查污染防治设施是否按要求建设；是否存在不正常运行污染防治设施、超标排放、以逃避现场检查为目的临时停产、非紧急情况下开启应急排放通道等逃避监管的方式排放大气污染物行为；重点区域二氧化硫、氮氧化物、颗粒物、挥发性有机物（VOCs）是否全面执行大气污染物特别排放限值；是否对钢铁、建材、有色、火电、焦化、铸造等重点行业及燃煤锅炉无组织排放情况采取有效管控措施；是否对物料（含废渣）运输、装卸、储存、转移和工艺过程等无组织排放实施深度治理。

（三）工业炉窑整治情况

是否制定工业炉窑综合整治实施方案，并开展拉网式排查工作；是否淘汰不达标工业炉窑；是否淘汰热电联产供热管网覆盖范围内的燃煤加热、烘干炉（窑）；是否按要求淘汰关停环保、能耗、安全等不达标的 30 万千瓦以下燃煤发电机组。

（四）清洁取暖及燃煤替代情况

是否制定本年度清洁取暖及燃煤替代清单，以乡镇（街道）为单位，逐村入户抽查各项工作落实情况；列入清单的乡镇（街道）是否按要求杜绝散煤燃烧；对照上年度清单，抽查已完成清洁取暖或燃煤替代的地区是否存在散煤复烧的情况。

（五）燃煤锅炉综合整治情况

是否存在未严格按要求淘汰、改造燃煤锅炉情况；淘汰类燃煤锅炉须拆除烟囱或物理截断烟道，不具备复产条件；改造类燃煤锅炉须确保正常运行治污设施、达标排放。

（六）运输结构及方式调整情况

是否对运输结构及运输方式进行调整，2018 年年底前，重点区域沿海主要港口，包括天津港、唐山港、黄骅港等煤炭集港须改由铁路或水路运输；新、改、扩建涉及大宗物料运输的建设项目，原则上不得采用公路运输。

（七）露天矿山综合整治情况

是否对污染环境、破坏生态、乱采滥挖的露天矿山依法予以关闭；是否对污染治理不达标的露天矿山依法责令停产整治；是否存在拒不停产或未完成整治，擅自恢复生产的情况；是否对责任主体灭失的露天矿山进行修复、减尘抑尘；是否存在重点区域新建露天矿山建设项目的情况。

（八）扬尘综合治理情况

建筑施工工地是否采取工地周边围挡、物料堆放覆盖、土方开挖湿法作业、路面硬化、出入车辆清洗、渣土车辆密闭运输"六个百分之百"措施；是否安装在线监测和视频监控，并与当地有关主管部门联网。

（九）秸秆禁烧管控情况

是否履行秸秆禁烧主体责任，是否建立网格化监管制度；尤其是夏收及秋收阶段，是否存在秸秆焚烧情况。

（十）错峰生产落实情况

是否按要求制定"一企一策"的采暖季错峰生产方案，实施差别化管理；对照清单及方案，检查相关企业是否按要求进行限产、停产；企业未按期完成治理改造任务的，是否纳入当地错峰生产方案，实施停产；未列入管理清单的工业炉窑，是否纳入秋冬季错峰生产方案。

（十一）重污染天气应急措施落实情况

重污染天气应急启动期间，是否按照当地重污染天气应急预案要求，及时发布相应级别预警，启动应急预案；各城市是否制定重污染天气应急减排项目清单，各企业（单位）是否按照预案要求落实减排措施。

（十二）群众投诉的突出环境问题办理情况

生态环境部适时将"12369"电话、微信举报、来信来访投诉等案件，作为督办问题交相关地方政府办理，并对办理结果进行核查，督促解决群众反映强烈的突出环境问题。

（十三）其他督查事项

根据打赢蓝天保卫战工作要求，将视情况调整督查内容，并督促落实相关任务措施。

三、督查范围

（一）京津冀及周边地区包括北京市，天津市，河北省石家庄（含辛集）、唐山、保定（含定州）、廊坊、沧州、衡水、邯郸、邢台市，山西省太原、阳泉、长治、晋城市，山东省济南、淄博、聊城、德州、滨州、济宁、菏泽市，河南省郑州（含巩义）、新乡（含长垣）、鹤壁、安阳（含滑县）、焦作（含济源）、濮阳、开封市（含兰考）（以下简称"2+26"城市）。

（二）汾渭平原11城市包括山西省吕梁、晋中、临汾、运城市，河南省洛阳、三门峡市，陕西省西安、咸阳、宝鸡、铜川、渭南市以及杨凌示范区。

（三）长三角地区包括上海市、江苏省、浙江省、安徽省。

四、督查时间

第一阶段（2018年6月11日至2018年8月5日），共4个轮次。对"2+26"城市"散乱污"企业整治、燃煤锅炉淘汰、部督办问题整改以及《京津冀及周边地区2017—2018年秋冬季大气污染综合治理攻坚行动方案》规定的其他措施落实情况开展"回头看"。梳理热点网格、群众投诉举报，重点发现新的涉气问题。

第二阶段（2018年8月20日至2018年11月11日），共6个轮次。对"2+26"城市、汾渭平原11城市开展全面督查，排查工业炉窑、矿山治理、小火电淘汰、"公转铁"落实、扬尘治理及秸秆焚烧等方面存在的问题，以问题为导向督促各项任务及措施落实到位。

第三阶段（2018年11月12日至2019年4月28日），共11个轮次。重点督促"2+26"城市、汾渭平原11城市、长三角地区落实秋冬季减排措施，排查错峰生产及重污染天气各项应对措施落实情况。

每个督查组现场督查2周，共安排21轮次督查。

五、督查工作方式

（一）统一调度指挥

生态环境部专项督查办公室（以下简称专项办）统一负责指挥、调度、协调强化督查工作。专项办建立组长工作微信群及地方联络群，通过微信群实时调度有关工作。每月根据阶段性工作重点明确、细化督查内容，按照"条块结合"原则制定督查任务计划表，实现任务精准安排，确保督查取得实效。

（二）开展精细排查

督查组根据任务计划表、各类清单台账、热点网格信息及工商、电力数据等，对企业（单位）涉气环境问题整治情况进行精细化排查，并将每日检查情况通过环境执法平台督查APP（以下简称督查APP）报送专项办。对督查中发现的各类问题，要及时针对具体任务固定证据，保存相关资料，必要时可现场制作询问及勘验笔录，形成完整证据链。

（三）及时交办问题

专项办每日对报送的检查情况进行复审，第一时间通过督办问题清单（电子版）交办地方政府。每轮次督查结束后，汇总印发正式督办函，送各相关市、县（区）人民政府、管委会，抄送各相关省份人民政府办公厅及环保厅（局），要求限期整改。相关城市人民政府需对交办问题建立台账，跟进整改落实情况。

（四）核查整改情况

每两轮督查结束后，安排一周时间，由督查组对之前交办问题进行核查，确保按期整改到位。

（五）实施公开约谈

根据督查情况，对工业企业环境违法问题集中、大气污染防治工作整体推进不力、责任落实不到位且大气污染问题十分突出的城市，进行挂牌督办或公开约谈。

（六）严肃量化问责

针对大气污染严重、重污染天气频发、环境质量改善达不到时序进度甚至恶化的城市，适时开展中央环保专项督察。第二阶段起，生态环境部将就污染防治攻坚战各专项行动，统筹制定量化问责办法，并完善细则，严格实施。

六、建档立卡完善台账

各地应按照督查内容及蓝天保卫战的工作要求，对"散乱污"企业、燃煤锅炉、工业炉窑、小火电、散煤替代等重点任务实行清单化、台账式管理。尽快完成排查、制定任务清单、建立工作台账，做到应查尽查，无死角、无遗漏。京津冀及周边地区要在现有工作的基础上继续完善，查漏补缺，汾渭平原地区要加快补充建立上述清单台账，做到底数清、任务清、责任清。

七、人员安排

（一）人员构成及分组

由生态环境部统一组织部署，从有关省（区、市）环保厅（局）推荐的人员中抽调（暂不从北京、天津、河北、山西、山东、河南、陕西、西藏、新疆及新疆生产建设兵团环保部门抽调人员），与生态环境部派出机构和直属单位的业务骨干组成督查组。每个督查组由3人组成，从地方环保系统抽调2或3人，并视情况加入1名部派出机构或直属单位人员。同一省份或城市派出的督查人员，尽量安排在一个被督查城市、同一个督查组。同时，在每个城市设置一个督查组作为中心组，除对分配的县（市、区）开展正常督查外，负责该市所辖县（市、区）各督查组的统筹、协调事项，协调涉及地市级人民政府有关督查事宜，各中心组增加 1 名处级及以上干部担任组长。

"2+26"城市总体安排 200 个左右的督查组，汾渭平原 11 个城市总体安排 90 个左右的督查组，长三角地区以安排特别行动组为主，开展不定期督查。

根据督查任务安排及重污染天气应急响应情况，将适时派出特别行动组，对重点区域、重点领域、重点时段开展专项督查，人员从近两年强化督查工作表现突出的督查组中选取。

（二）组长负责制

每个督查组设组长 1 名，由现场执法经验丰富、统筹协调能力强的地方抽调人员担任，负责本组督查组织、指挥、协调工作。组内其他人员应服从组长工作安排，共同做好督查工作。

（三）人员确定

各派员省份环境保护厅（局）应提前安排抽调人员，组织培训学习，指导抽调人员提前熟悉检查地区情况，做好检查行程安排。每月 15 日前，将下月抽调参加督查人员的相关信息报送专项办。

（四）轮换方式

督查组每两周轮换，前后轮次人员共同工作一天。以后一轮次第一个星期一作为工作交接日，后一轮次人员应在工作交接日前一天（即星期日）到达督查地点，前一轮次人员应在工作交接日后一天（即星期二）离开。前后轮次 6 名督查人员共同工作一天，其中 4 人共同开展日常督查，现场进行"传、帮、带"；另外 2 人在驻地负责督查材料和保障物资交接。

八、保障措施

（一）经费保障

督查工作经费已由生态环境部统筹安排、直接划拨至派员省份环保部门。派员省份要通过预先借支等方式，保障督查人员正常开展工作。督查组应自行安排用餐，按每人每天 100 元餐费标准核算伙食补助，在检查地食堂用餐的，应按标准支付用餐费用。住宿费由个人据实结算，应严格按照住宿标准选择符合规定的宾馆。每组自行租用 1 台车辆，相关费用（包括租车费、燃油费、过路过桥费、司机劳务费、餐食费等）按照合同或协议实报实销。

（二）人员培训

根据各阶段督查任务及内容，专项办每月开展一次视频培训会议，对参加督查的人员进行远程培训。同时邀请前期表现优秀的督查组讲授督查要点，交流督查经验。各省（区、市）环境保护厅（局）负责组织各市（县）环境保护部门参加远程培训。

（三）舆论宣传

1. 在《中国环境报》、生态环境部官方网站、微博、微信公众号开设专栏，及时发布督查动态，介绍工作进展、检查情况等。

2. 在专栏中设置"曝光台"，定期发布环境违法典型案例，采取图文并茂方式，直观反映企业存在的违法违规排污行为，形成高压态势。

3. 针对公众普遍关心的热点问题，主动发声，积极回应，正确引导社会舆论。

4. 组织媒体记者开展伴随式采访，采访一线督查人员，曝光突出问题，进一步加大宣传报道力度。

5. 对治理大气污染成效突出的地区、各地污染防治好的经验做法，以及表现优秀的督查组等，组织媒体进行现场深入采访报道，发挥示范带动作用。

（四）异地执法信息公示

按照《环境监察执法证件管理办法》"下级环境监察执法人员受上级环境保护主管部门委派开展异地环境监察执法活动的，不受环境监察执法证件规定的区域范围限制"的规定，督查开始前，生态环境部将对参加督查人员及其执法证件信息进行公示，明确临时执法范围调整。督查过程中，督查人员应出示生态环境部印发的身份证明函及个人执法证件进行异地执法。

（五）补休安排

根据督查计划总体安排，除春节前后（2019 年 1 月 28 日至 2 月 17 日）暂停督查外，其余节假日均正常开展督查工作。督查任务结束后，派员单位要根据周末、法定及属地节假日，安排参加督查人员补休。

九、工作要求

（一）开展独立督查

督查组采取独立督查方式，地方各级人民政府及相关部门不得陪同检查。督查组要根据总体安排，灵活拟定每日督查计划，认真研究选取有代表性的企业（点位）进行检查，尽量覆盖所有乡镇，充分反映各县（区）整体情况，不得由地方指定。督查组要事先做好保密工作，严查各类环境违法行为，以及地方政府工作不到位的情况。督查过程中，确需当地指引的，可在到达后与所在乡镇联系人联系，请求配合。如发现严重环境违法行为线索，需及时调查取证、现场监测的，可要求当地环保部门做好配合工作。

（二）联络机制

北京、天津、河北、山西、山东、河南、陕西 7 省（市）环保厅（局）各确定 1 名总联络人（副厅级），负责督查工作总体联系对接，重要事项沟通协调等工作；确定 1 名督查工作联系人，负责督查工作信息收发、整改情况反馈等工作。

"2+26"城市、汾渭平原 11 城市人民政府及环保局各确定 1 名工作联系人，负责督查期间重要事项的沟通协调，交办信息收发、信息公开等工作。同时，确定 1 名后勤应急保障联络人，负责督查组在各城市督查期间医疗急救、事故险情、材料打印等协调、协助与情况上报、联络等工作。

"2+26"城市、汾渭平原 11 城市各县（市、区、管委会）环保部门确定 1 名联络人，负责日常工作协调。

派员省份环保厅（局）确定 1 名抽调工作联系人，负责安排抽调人员、报送相关信息等工作。

有关省（区、市）环保厅（局）将本省各级单位联系人汇总后，于 2018 年 6 月 8 日前报送专项办。

（三）及时报送信息

督查组现场检查时要使用生态环境部提供的督查 APP 做好记录，应在现场完成信息录入（包括检查记录及现场照片等），并于第一时间由参与检查人员共同确认后上传。每轮次督查结束后，各督查组报送督查总结报告，综述督查中发现的问题和处理情况，以及地方在大气污染综合治理工作中好的做法，成立临时党支部的督查组要将开展党务学习、工作情况一并上报。

（四）完善督查交接

前后两轮次督查人员应做好工作交接。前一轮次人员要将前期督查工作情况、发现的问题、地方整改情况等有关资料，移交至下一轮次督查组。前一轮次人员应在现场检查中，通过 "传、帮、带" 的形式，介绍当地重点行业类型、污染源分布等基本情况，并传授前期总结出的督查经验。

（五）坚持压力传导

督查组应紧紧围绕地方党委、政府及有关部门大气污染综合治理责任落实情况开展督查，不替代地方开展工作。不同城市应各有侧重，重点盯住不作为、乱作为、慢作为等问题，通过督查切实传导压力，推动地方真正把工作抓实，强化严督严查，始终保持高压态势。

（六）人员选派

派员省份要高度重视强化督查工作，综合考虑人员年龄、健康状况、业务专长、政治素养等方面因素，选取政治可靠、信念坚定、作风正派、自律性强、业务过硬的人员参加督查。派员单位是参加督查人员的 "廉政第一责任人"，要做好行前动员培训，强化廉洁自律教育，经常关心参加督查人员的生活保障，统筹做好人员、工作协调，处理好异地督查和属地工作的关系，做到 "两手抓、两不误"。

（七）建立临时党支部

按照关于加强临时党支部建设的要求，党员人数为 3 人及以上的督查组，应成立临时党支部，组织开展理论学习，加强纪律监督，切实发挥战斗堡垒作用。未达到成立临时党支部要求的督查组，党员要带头发扬先锋模范作用，带动其他督查人员做好督查工作，确保督查取得实效。

（八）安全提示

各督查组要提前做好相关准备，克服异地督查、水土不服、路线不熟等带来的诸多困难。督查过程中务必依法执法、文明执法、规范执法，避免与被督查对象发生过激行为或冲突。如遇极端天气等不利于督查出行的情况，各督查组向专项办报告后可在驻地开展学习，整理相关资料，完善督查计划。督查期间，要注意饮食卫生，司机应定期轮换，避免疲劳驾驶，确保饮食和交通安全。

十、考核通报

建立督查激励和约束机制，对督查工作情况进行 "周排名、轮通报、月表扬"。

（一）以问题为导向，制定评分考核机制。专项办每日统计、汇总各督查组检查任务的数量，审核发现问题质量，评估发现问题的严重程度和检查难易程度，每周综合评价各督查组工作情况并排名，以 "每周一榜" 形式，在生态环境部 "两微、一网、一报" 公开表扬排名前十位的督查组。

（二）每轮次督查结束后，向省级环保部门印发督查情况通报。通报 39 个被督查城市发现问题数量及类型；以派员城市为单位，综合评价所派督查组的督查效果，并依据考核评分结果，通报表扬前 10 的派员城市，点名批评考核落后的派员城市。

（三）每月向获得每轮次排名前 3 名的督查组所属省、市两级人民政府致函进行表扬和感谢。

（四）对连续 3 天发现问题明显偏少、质量不高的督查组，向派出省份有关负责人电话通报情况，督促改进工作、提高质量。对连续排名较差的督查组所属省份或城市，将在大练兵评比中酌情扣分。发现督查人员存在廉政问题的，依法依纪严肃查处，并取消其所在单位年度评优评先资格。

十一、严守廉政纪律

督查组成员要严格执行中央八项规定精神、《生态环境部督查和巡查工作纪律规定》及党风廉政建设的相关要求，不安排与督查无关的活动。督查开始前，督查组成员应签署廉政承诺书，督查结束后，应填写廉政自查表。督查期间，督查组成员与地方人员在非工作场合沟通检查发现问题时，须 3 人及以上同时在场，并在廉政自查表中做好会面登记。督查期间，发现督查人员存在违法、违纪、违规情况的，将立即移交有关部门严肃处理。

　　附：1. 分阶段督查重点
　　　　2. 抽调人员信息及安排表
　　　　3. 联系人员信息表

附 1

分阶段督查重点

2018 年 6 月 10 日，参加第一轮次督查人员到位。2018 年 6 月 11 日至 2019 年 4 月 28 日，每两周进行一次人员轮换，各阶段督查重点将有所侧重，并根据工作要求适时调整。

一、2018 年 6—7 月督查重点

对"2+26"城市"散乱污"企业整治、燃煤锅炉淘汰、部督办问题整改等情况开展"回头看"，重点排查未按要求和时限完成整改情况；梳理热点网格、群众投诉举报，全面排查发现新的涉气环境问题。

二、2018 年 8—9 月督查重点

排查"散乱污"企业及燃煤锅炉淘汰改造建档立卡和自查整治情况；排查各城市工业企业环保设施安装、运行及达标排放情况；排查工业炉窑、矿山治理、小火电淘汰、扬尘治理及秸秆焚烧等情况。

三、2018 年 10 月督查重点

逐村抽户排查清洁取暖燃煤替代、燃煤小锅炉淘汰情况；港口"公转铁"落实情况；同时兼顾排查"散乱污"企业，防止反弹。

四、2018 年 11—12 月督查重点

进入供暖期后，排查各城市错峰生产企业停限产措施落实情况；启动重污染天气预警时，排查重点区域重污染天气应急预案启动及相关措施落实情况；核查供暖投诉，保障群众温暖过冬；核查 2018 年年底前各城市明确时限要求完成的任务。

五、2019 年 1—4 月督查重点

启动重污染天气预警时，排查重点区域重污染天气应急预案启动及相关措施落实情况。

附2

抽调人员信息及安排表
（样 例）

序号	轮次	所属省份	所属地市	姓名	年龄	性别	工作单位	职务	擅 长 行 业	是否党员	环境监察执法证件号	手机号码	组长推荐	督查组别
1	1	江苏	南京	张三	35	男	南京市环境监察总队	副支队长	□火电　□钢铁 □水泥　□有色 □平板玻璃 □电解铝 □化工、石化 其他：（请注明）	是	×× ××	13212345678	建议担任组长	石家庄1组

附3

联系人员信息表（京津冀晋鲁豫陕）

省份	联络人	姓名	职务	单位	电话（传真）	手机	电子邮箱
	总联络人						
	督查工作联系人						

联系人员信息表（"2+26"城市、汾渭平原 11 城市）

城市	联络人	姓名	职务	单位	电话（传真）	手机	电子邮箱
	政府联络人						
	市环保局联络人						
	应急保障联络人						
	××县（市、区）环保部门联络人						

联系人员信息表（派员省份）

省份	联络人	姓名	职务	单位	电话（传真）	手机	电子邮箱
	抽调工作联系人						

关于印发《生态环境部贯彻落实〈全国人民代表大会常务委员会关于全面加强生态环境保护　依法推动打好污染防治攻坚战的决议〉实施方案》的通知

环厅〔2018〕70 号

各省、自治区、直辖市环境保护厅（局），新疆生产建设兵团环境保护局，机关各部门，各派出机构、直属单位：

《生态环境部贯彻落实〈全国人民代表大会常务委员会关于全面加强生态环境保护 依法推动打好污染防治攻坚战的决议〉实施方案》（见附件）已经 2018 年第八次生态环境部常务会议审议通过，现印发给你们，请结合实际认真贯彻落实。

附件：生态环境部贯彻落实《全国人民代表大会常务委员会关于全面加强生态环境保护　依法推动打好污染防治攻坚战的决议》实施方案

生态环境部

2018 年 7 月 30 日

附件

生态环境部贯彻落实《全国人民代表大会常务委员会关于全面加强生态环境保护　依法推动打好污染防治攻坚战的决议》实施方案

2018 年 7 月 9 日至 10 日，十三届全国人民代表大会常务委员会专门加开一次会议，即十三届全国人大常委会第四次会议，审议大气污染防治法执法检查报告和开展专题询问，并表决通过《全国人民代表大会常务委员会关于全面加强生态环境保护　依法推动打好污染防治攻坚战的决议》（以下简称《决议》）。这是十三届全国人大常委会坚决贯彻落实党中央打好污染防治攻坚战决策部署的重大举措和具体行动，充分体现了全国人大常委会深入贯彻习近平新时代中国特色社会主义思想特别是习近平生态文明思想的政治自觉和责任担当，对全面加强生态环境保护、坚决打好污染防治攻坚战必将发挥重要指导、监督和推动作用。

为贯彻落实《决议》，更加自觉地在全国人大及其常委会监督指导支持下，以法律的武器治理污染，用法治的力量保护生态环境，依法推动打好污染防治攻坚战，制定本实施方案。

一、指导思想

深入学习贯彻习近平新时代中国特色社会主义思想和党的十九大精神，以习近平生态文明思想为指导，认真落实全国生态环境保护大会决策部署和中共中央、国务院《关于全面加强生态环境保护坚决打好污染防治攻坚战的意见》，紧紧围绕全面加强生态环境保护、坚决打好污染防治攻坚战，在全国人大及其常委会的监督指导支持下，深入贯彻落实《决议》，加大普法和执法力度，推动生态环境法律制度全面有效实施，用最严格的制度最严密的法治保护生态环境，确保各项工作任务落地见效，推动生态环境质量持续改善，不断满足人民日益增长的优美生态环境需要，为全面建成小康社会、加快建设美丽中国提供坚实保障。

二、落实举措

（一）大力督促落实生态文明建设责任制。严格落实生态环境保护"党政同责、一岗双责"，压实地方各级党委和政府生态环境保护责任。进一步明确生态环境质量"只能更好、不能变坏"的责任底线，督促生态环境质量不达标地区尽快制定实施限期达标规划。加快推动出台中央和国家机关相关部门生态环境保护责任清单。落实县级以上人民政府每年向本级人民代表大会或人民代表大会常务委员会报告环境状况和环境保护目标完成情况，依法接受监督。建立健全并严格落实环境保护目标责任制和考核评价制度，严格责任追究，督促各级党委和政府及有关部门落实生态文明建设和生态环境保护的政治责任。监督指导企业落实污染防治和防止生态破坏的主体责任，做到持证按证（排污许可证）排污，达标排放。制定环境保护督察工作规定。指导推动省级环境保护督察工作，2018年基本实现地市督察全覆盖。组织开展中央环境保护督察"回头看"。对污染防治攻坚战的一些关键领域，组织机动式、点穴式环境保护专项督察。

（二）积极推动生态环境保护法律制度体系建设。配合立法机关，加快土壤污染防治、固体废物污染防治、噪声污染防治、长江生态环境保护、海洋环境保护，以及生态环境监测、排污许可、碳排放权交易管理等方面的法律法规立法进程，建立健全覆盖保护水、气、土和生物等生态环境要素与管控核、声、光、渣等各种污染要素的法律规范，构建科学严密、系统完备的污染防治法律制度体系。加快制定与生态环境保护法律法规配套的部门规章。加强标准制修订协调工作，及时出台并不断完善生态环境保护标准。抓紧开展生态环境保护法规、规章、司法解释和规范性文件的全面清理工作，对不符合不衔接不适应法律规定、中央精神和形势需要的，及时推动废止或修改。积极支持有立法权的地方人大及其常委会和人民政府加快制定、修改生态环境保护方面的地方性法规和规章，结合本地实际进一步明确细化上位法规定，积极探索在生态环境保护领域先于国家进行立法。

（三）自觉接受和配合做好人大执法检查等法律实施监督。积极配合和支持各级人大及其常委会把生态文明建设作为重点工作领域，通过执法检查、听取审议工作报告、专题询问、质询等监督形式，督促有关方面认真实施生态环境保护法律，抓紧解决突出生态环境问题，进一步加大投入力度，强化科技支撑，加强生态环境保护队伍特别是基层队伍的能力建设，建立健全环境污染治理长效机制。认真落实全国人大常委会执法检查报告和专题询问提出的意见和建议，把执法检查中发现的问题作为中央环境保护督察（及"回头看"）和环境保护专项督察的重点，针对督察整改不力、环境问题突出、环境质量恶化等情况，对地市政府主要负责人开展约谈，并提请有关纪检监察机关依纪依法处理，严肃问责。会同有关部门，针对大气污染防治法执法检查发现的突出问题以及审议提出的意见建议，认真研究整改，确保大气污染防治法各项规定落到实处，以最严密的法治保障打赢蓝天保卫战。会同有关部门，认真研究固体废物污染环境防治法执法检查发现的问题，坚持问题导向，突出重点、立行立改。全力配合全国人大做好海洋环境保护法执法检查工作，推动将海洋环境保护法实施情况纳入沿海地方人大及其常委会常态化监督范围，适时推动"湾长制"纳入中央全面深化改革工作任务，构建陆海统筹、河海兼顾、多方协调的海洋环境治理长效机制，进一步压紧压实地方党委和政府治理责任。

（四）严格执行生态环境保护法律制度。坚持有法必依、执法必严、违法必究，加强环境执法监管，继续强化按日连续处罚、查封扣押、限产停产、移送行政拘留等手段的综合运用，实现环境保护法配套办法在各地得到全面实施的目标，落实污染者必须依法承担责任的原则，依法推动企业主动承担全面履行保护环境、防治污染的主体责任。加快建立健全生态环境保护行政执法和刑事司法衔接机制，继续加强与公安机关、检察机关的衔接配合，建立联席会议制度、重大案件联合挂牌督办制度，强化信息共享机制。积极主动配合最高人民检察院、最高人民法院出台相关司法文件，健全协作机制，推动落实环境公益诉讼制度。

（五）广泛动员和鼓励公众积极参与生态环境保护。加强生态文明法律知识和科学知识宣传普及，推动生态环境保护纳入国民教育体系和党政领导干部培训体系。推动开展好"美丽中国，我是行动者"主题实践活动，倡导简约适度、绿色低碳的生活方式，引导全社会增强法治意识、生态意识、环保意识、节约意识。广泛深入宣传《公民生态环境行为规范（试行）》，引导公众自觉履行生态环境保护法定义务，自觉践行绿色生活。继续完善全国环保举报管理平台功能，加强对各级环保举报工作规范化管理，督促各地做好群众举报受理、查处、反馈工作。完善公众监督、举报反馈机制，保护举报人的合法权益，鼓励有条件的地区实施有奖举报，鼓励群众用法律的武器保护生态环境，形成崇尚生态文明、保护生态环境的社会氛围。

（六）不断强化生态环境保护信息公开。会同有关部门研究制定生态环保信息强制性披露改革文件，健全生态环保信息强制性披露制度，督促上市公司、发债企业等市场主体全面、及时、准确披露环境信息。《政府信息公开条例》修订发布后，及时修订出台《环境信息公开办法（试行）》，继续深入推进生态环境重点领域信息公开，依法公开环境质量信息和环保目标责任，保障人民群众的知情权、参与权、监督权。依法公开企业环境违法处罚信息，将重点排污单位名录公开情况、对企业环境信息公开的检查情况列入对各省级生态环境保护部门的考核范围，督促各地加强对企业环境信息公开情况的监督检查。对不主动公开或不如实公开环境信息的企业依法进行处罚，并予以公开。充分发挥各类媒体的舆论监督作用，以"生态环境部"两微、《中国环境报》等为主要载体，及时曝光突出生态环境问题，报道整改进展情况。针对中央环保督察"回头看"及"清废行动2018"等生态环境保护专项行动，组织中央主流媒体、重要市场媒体及新媒体进行伴随式采访。

（七）依法扎实推动开展打好污染防治攻坚战的"7+4"组合行动。在全国人大及其常委会监督指导支持下，聚焦重点领域，依法推动打赢蓝天保卫战和打好柴油货车污染治理、城市黑臭水体治理、渤海综合治理、长江保护修复、水源地保护、农业农村污染治理攻坚战等七场标志性重大战役，组织开展落实《禁止洋垃圾入境推进固体废物进口管理制度改革实施方案》、打击固体废物及危险废物非法转移和倾倒、垃圾焚烧发电行业达标排放、"绿盾"自然保护区监督检查等四个专项行动，着力解决突出生态环境问题，加快补齐生态环境短板，不断增强人民群众的获得感、幸福感和安全感。

三、有关要求

（一）提高政治站位。要牢固树立"四个意识"，坚决维护习近平总书记党中央的核心、全党的核心地位，坚决维护党中央权威和集中统一领导，全面贯彻落实党中央决策部署，把贯彻落实《决议》与深入贯彻落实习近平新时代中国特色社会主义思想和党的十九大精神结合起来，作为学习宣传贯彻习近平生态文明思想和全国生态环境保护大会精神的具体行动，切实担负起生态文明建设和生态环境保护的政治责任。

（二）加强组织领导。地方各级生态环境部门和部机关各部门要强化一把手责任制，主要负责同志要高度重视，周密安排、精心组织《决议》各项工作任务落实，统筹安排部署，及时完善措施，在落实落细落小上下功夫，不断推动各项工作取得新进展。

（三）突出工作实效。坚持以改善生态环境质量为核心，以解决人民群众反映强烈的突出生态环境问题为重点，以压实地方党委和政府及其相关部门责任为抓手，加快立法进度，严格执法监管，加大违法惩处，强化法治保障，让法律法规制度在攻坚战中更好发挥刚性约束作用，依法推动污染防治攻坚战取得实效。

关于发布排污许可证承诺书样本、排污许可证申请表和排污许可证格式的通知

环规财〔2018〕80 号

各省、自治区、直辖市环境保护厅（局），新疆生产建设兵团环境保护局：

依据《排污许可管理办法（试行）》，我部组织制定了排污许可证承诺书（样本）、排污许可证申请表（试行）及排污许可证格式（具体见附件1～附件3）。现印发给你们，

请遵照执行。

本通知发布后，《关于印发〈排污许可证管理暂行规定〉的通知》（环水体〔2016〕186号）废止。

附件：1. 承诺书（样本）

2. 排污许可证申请表（试行）

3. 排污许可证格式

生态环境部

2018 年 8 月 17 日

附件 1

承 诺 书
（样 本）

××环境保护厅（局）：

我单位已了解《排污许可管理办法（试行）》及其他相关文件规定，知晓本单位的责任、权利和义务。我单位不位于法律法规规定禁止建设区域内，不存在依法明令淘汰或者立即淘汰的落后生产工艺装备、落后产品，对所提交排污许可证申请材料的完整性、真实性和合法性承担法律责任。我单位将严格按照排污许可证的规定排放污染物、规范运行管理、运行维护污染防治设施、开展自行监测、进行台账记录并按时提交执行报告、及时公开环境信息。在排污许可证有效期内，国家和地方污染物排放标准、总量控制要求或者地方人民政府依法制定的限期达标规划、重污染天气应急预案发生变化时，我单位将积极采取有效措施满足要求，并及时申请变更排污许可证。一旦发现排放行为与排污许可证规定不符，将立即采取措施改正并报告生态环境主管部门。我单位将自觉接受生态环境主管部门监管和社会公众监督，如有违法违规行为，将积极配合调查，并依法接受处罚。

特此承诺。

单位名称：（盖章）

法定代表人（主要负责人）：　　　　　　（签字）

年　　月　　日

排污许可证申请表

（试 行）

（首次申请□延续□变更□）

单位名称：

注册地址：

行业类别：

生产经营场所地址：

统一社会信用代码：

法定代表人（主要负责人）：

技术负责人：

固定电话：

移动电话：

企业盖章：

申请日期： 年 月 日

附件 3

排污许可证格式

注：正本采用 200G 铜版纸印刷，尺寸为 420 mm×297 mm，页边距分别为上：5 cm，下：0.75 cm，左：1.27 cm，右：1.27 cm。

关于生态环境执法中建设项目"总投资额"认定问题的指导意见（试行）

环政法〔2018〕85 号

各省、自治区、直辖市环境保护厅（局）、发展和改革委员会，新疆生产建设兵团环境保护局、发展和改革委员会：

为落实《中华人民共和国环境影响评价法》第三十一条、《中华人民共和国海洋环境保护法》第八十二条，以及《企业投资项目核准和备案管理条例》等有关规定，现就生态环境执法中作为处罚基准的建设项目总投资额认定问题，提出以下意见：

一、对实行审批制管理的政府投资项目，已经取得建设项目审批文件的，可以根据与该建设项目所处进度对应的有关审批文件中的投资匡算、投资估算或者投资概算认定总投资额。

二、对实行核准制管理的企业投资项目，已经取得建设项目核准文件的，可以根据该建设项目核准文件确定的投资规模认定总投资额。

三、对实行备案制管理的企业投资项目，可以根据备案的项目总投资额认定。

四、有下列情形之一的建设项目，有关行使行政处罚权的主管部门可以委托工程咨询单位、资产评估机构、会计师事务所等专业机构进行评估确定其总投资额：

（一）备案的项目总投资额与实际情况存在明显差异的；

（二）未经审批、核准、备案的；

（三）产业政策禁止投资建设的。

地方有关行使行政处罚权的主管部门可以根据实际情况，探索采取要求建设单位有关责任人出具证明文件、第三方询价等方式对建设项目总投资额进行认定。

五、对正在建设过程中的建设项目，不能根据建设项目在建设过程中实际发生的投资额认定该建设项目总投资额。

六、对已经全部建成并投入生产或者使用的建设项目，项目单位能够证明项目实际投资额与审批、核准文件或者备案信息不一致的，根据该建设项目实际全部投资额认定总投资额。

地方在执行本意见过程中，如遇到问题或者有相关意见建议，请及时向生态环境部和国家发展和改革委员会反映。

生态环境部

发展改革委

2018 年 8 月 27 日

关于生态环境领域进一步深化"放管服"改革，推动经济高质量发展的指导意见

环规财〔2018〕86 号

各省、自治区、直辖市环境保护厅（局），新疆生产建设兵团环境保护局：

为进一步深化生态环境领域"放管服"改革，协同推动经济高质量发展和生态环境高水平保护，不断满足人民日益增长的美好生活需要和优美生态环境需要，现提出如下指导意见：

一、总体要求

（一）指导思想。以习近平新时代中国特色社会主义思想为指导，全面贯彻党的十九大和十九届二中、三中全会精神，深入贯彻习近平生态文明思想，认真落实党中央、国务

院深化"放管服"改革部署要求，坚持稳中求进，坚持统筹兼顾，以加快审批制度改革、强化环境监管执法、优化生态环境公共服务为重点，以推进环保产业发展为抓手，以健全生态环境经济政策为保障，深化生态环境领域"放管服"改革，充分释放发展活力，激发有效投资空间，创造公平营商环境，引导稳定市场预期，实现环境效益、经济效益、社会效益相统一，为打好污染防治攻坚战、推动经济高质量发展提供有力支撑。

（二）基本原则。

坚持问题导向。以解决影响经济高质量发展突出问题为导向，强化生态环境政策措施对促进产业升级、优化营商环境的正向拉动作用。

坚持改革引领。充分发挥市场在资源配置中的决定性作用和更好发挥政府引导作用，积极推进生态环境领域简政放权，不断激发市场主体活力和社会创造力。

坚持分类施策。充分考虑不同地区、不同领域、不同行业的差异性，统筹兼顾，着力体现生态环境政策法规制定的科学性和执行的公平性、严肃性。

坚持落地见效。树立"在监管中服务、在服务中监管"的工作理念，确保放出活力、管出公平、服出便利，切实提高"放管服"改革措施成效。

二、加快审批制度改革，激发发展活力与动力

（三）进一步深化简政放权，转变政府职能。切实落实已下放和取消的生态环境领域行政审批事项，做好生态环境机构改革涉及行政审批事项的划入整合和取消下放工作，推动修改相关的法律法规、部门规章、规范性文件。加快推动生态环境行政许可标准化，持续精简审批环节，提高审批效率。健全并严格落实主要行业环评审批原则、准入条件和重大变动清单。各级生态环境部门不得违规设置或保留水土保持、行业预审等环评审批的前置条件。涉及法定保护区域的项目，在符合法律法规规定的前提下，主管部门意见不作为环评审批的前置条件。着力治理生态环境领域中介服务不规范、乱收费行为。加快推进货车年审、年检和尾气排放检验"三检合一"。持续推进"减证便民"行动，进一步压缩行政申请材料。

（四）进一步改革环评管理方式，激发市场活力。强化生态保护红线、环境质量底线、资源利用上线和生态环境准入清单的宏观管控，建立健全对规划环评、项目环评的指导和约束机制，全面开展区域空间生态环境评价。加强制度联动，排污许可证载入环评要求，作为企业守法准则和监督执法依据。进一步细化规划环评与项目环评联动的管理要求，避免重复评价。加大环评违法惩戒力度，坚决遏制"未批先建"等违法违规行为。实施《建设项目环境影响评价分类管理名录》动态修订，优化环评分类。完善环评技术导则体系，更加聚焦环境影响事项。加强环评质量管理，强化环评文件技术复核。落实新修订的《环境影响评价公众参与办法》，优化公众参与程序和形式。

（五）进一步提高环评审批效率，服务实体经济。各级生态环境部门要主动服务，提前指导，开展重大项目审批调度，拉条挂账形成清单，会同行业主管部门督促建设单位尽早开展环评，合理安排报批时间。优化审批管理，为重大基础设施、民生工程和重大产业布局项目开辟绿色通道，实行即到即受理、即受理即评估、评估与审查同步，审批时限原则上压缩至法定的一半。实施分类处理，对符合生态环境保护要求的项目一律加快环评审批；对审批中发现涉及生态保护红线和相关法定保护区的输气管线、铁路等线性项目，指导督促项目优

化调整选线、主动避让；确实无法避让的，要求建设单位采取无害化穿（跨）越方式，或依法依规向有关行政主管部门履行穿越法定保护区的行政许可手续、强化减缓和补偿措施。

三、强化环境监管执法，营造公平发展环境

（六）深化生态环境保护督察，压实责任推动高质量发展。推动生态环境保护督察向纵深发展，完善排查、交办、核查、约谈、专项督察机制。持续开展中央和省级生态环境保护督察、"回头看"或专项督察。推动加大钢铁、建材等重点行业落后产能淘汰力度，取缔不符合国家产业政策的小型造纸、制革、印染等严重污染生态环境的生产项目。加强督察整改，推动列入整改方案的污染治理、生态修复、提标改造、产业调整等重大项目整改到位、落地见效，倒逼解决制约高质量发展的环境基础设施短板和产业深层次问题。健全投诉举报和查处机制，分析全国生态环境举报信息，对群众反映突出的生态环境问题开展预警，定期发布预警信息。加强中央生态环境保护督察问责工作，对损害生态环境的地方和单位的领导干部，要依纪依法精准问责。

（七）严格依法监管，为守法企业创造公平竞争环境。坚持依法依规，着力整治既无相关手续、又无污染治理设施的"散乱污"企业，有效解决"劣币驱逐良币"的问题。综合运用按日连续处罚、查封扣押、限产停产等手段依法处罚严重生态环境违法行为。对污染物超过排放标准被生态环境主管部门责令限制生产、停产整治的企业，完成环境整治要求并经生态环境主管部门同意后，方可恢复生产。全面落实"双随机、一公开"制度，实现对不同生态环境守法水平监管对象的差别化管理，对超标企业加大查处力度，对长期稳定达标排放的合法企业减少监管频次。

（八）严格禁止"一刀切"，保护合法合规企业权益。

坚决反对形式主义、官僚主义，针对污染防治的重点领域、重点区域、重点时段和重点任务，按照污染排放绩效和环境管理实际需要，科学制定实施管控措施，有效减少污染物排放，推动企业绿色发展和产业转型升级，坚决反对"一刀切"。各地在生态环境保护督察执法中，严格禁止"一律关停""先停再说"等敷衍应对做法，坚决避免以生态环境保护为借口紧急停工停业停产等简单粗暴行为。对于符合生态环境保护要求的企业，不得采取集中停产整治措施。对工程施工、生活服务业、养殖业、特色产业、工业园区以及城市管理等重点行业和领域，各地要出台细化防止"一刀切"的有效措施，及时向社会发布公告。对生态环境保护督察执法中发现的问题，各地应按要求制定可行的整改方案，加强政策配套，根据具体问题明确整改阶段目标，禁止层层加码，避免级级提速。各地要加强对生态环境保护"一刀切"问题的查处力度，坚决遏制假借生态环境保护督察等名义开展违法违规活动，对不作为、乱作为现象，发现一起、查处一起，严肃问责。

四、优化生态环境公共服务，增强服务高质量发展能力

（九）推进"互联网+政务服务"，提高政务服务效率。启动"生态环境部政务服务综合平台——'互联网+政务服务'平台建设"项目。建立网上审批数据资源库，整合集成建设项目环评、新化学物质环境管理登记等行政审批系统，构建"一站式"办事平台。优

化门户网站和行政审批大厅设置，全面推进网上申报、辅以快递（纸件）窗口受理，加快实施"不见面"审批。督促地方完善污染源监管动态信息库、执法人员信息库、随机抽查信息系统，切实提高生态环境政务信息服务能力。

（十）推动生态环境大数据建设，提升信息服务水平。开发全国生态环境监测实时共享数据库，加快生态环境大数据平台建设。加强生态环境信息互联互通，实现数据资源统一管理和集中共享，打破"信息孤岛"。建立健全生态环境保护信息强制性公开制度，监督重点排污单位及时公布自行监测的污染排放数据、治污设施运行情况、生态环境违法处罚及整改情况等信息，公开排放不达标设施的设备提供商、运营维护单位等信息。建立生态环境部门与金融监管部门信息共享机制，将企业生态环境违法违规信息纳入金融信用信息基础数据库。大力推行排污企业环境信用记录，深化部门间企业信用信息共享和联合惩戒，按照有关规定在"信用中国"网站公开，并与排污许可证、执法监督、绿色金融等政策联动。

（十一）强化生态环境科技支撑，增强技术服务能力。加强重点实验室、工程技术中心、科学观测研究站、环保智库等生态环境保护科技创新平台建设。围绕生态环境保护科技成果转化技术评估、技术验证、二次开发、技术交易、产业孵化全链条，加快建立国家生态环境保护科技成果转化综合服务平台，定期发布先进适用技术推荐目录以及环保装备、技术需求信息。推动建立生态环境专家服务团队，对重点区域、重点流域和重点行业进行把脉问诊，开展生态环境保护技术政策和技术供需对接，提出切实可行解决方案。推行生态环境监测领域服务社会化，加强社会监测机构监管，严厉打击生态环境监测数据造假等违法违规行为，确保生态环境数据真实准确。

五、推进环保产业发展，打造高质量发展新增长点

（十二）加快生态环境项目实施，释放环保产业有效需求。以打好污染防治攻坚战七大标志性战役为重点，推进重大治理工程建设，有效带动环保产业发展。指导各地做好污染防治攻坚项目储备规划，及时向社会公开项目信息与投资需求。建立健全中央环保投资项目储备库。健全财政专项资金支持项目绩效考评体系，将工程实施进展、运维效率、服务效果等纳入考评。建立项目储备、实施成效与资金安排联动机制。加快制修订重点行业水、大气污染物排放标准和规范，充分发挥标准对环保产业发展的预期引领和倒逼促进作用。

（十三）推进环境治理模式创新，提升环保产业发展效果。探索开展生态环境导向的城市开发（EOD）模式，推进生态环境治理与生态旅游、城镇开发等产业融合发展，在不同领域打造标杆示范项目。以工业园区、小城镇为重点，推行生态环境综合治理托管服务，启动一批生态环境综合治理托管模式试点。在生态文明建设示范区创建、山水林田湖草生态保护修复工程试点中，对生态环境治理模式与机制创新的地区予以支持。推进与以生态环境质量改善为核心相适应的工程项目实施模式，强化建设与运营统筹，开展按效付费的生态环境绩效合同服务，提升整体生态环境改善绩效。规范生态环境领域政府和社会资本合作（PPP）模式，加快出台《关于打好污染防治攻坚战　推进生态环境领域政府和社会资本合作的实施意见》，采取多种方式支持对实现污染防治攻坚战目标支撑作用强、生态环境效益显著的 PPP 项目。

（十四）加强行业规范引导，促进环保产业健康发展。依托行业协会、科研机构等研究发布重点领域生态环境治理项目基准收益率，引导行业投资合理收益。对生态环境领域PPP项目与环境污染第三方治理项目引入第三方担保支付平台。开展生态环保企业信用等级评价，实施生态环保标杆企业和生态环境违法企业信息公开。分类制定出台《生态环境项目技术标评标指南》，指导招投标机构完善评标流程和方法，加大生态环境技术和生态环境效果评价分值权重，有效防止恶性低价中标。推进高效除尘、污染场地修复、挥发性有机物（VOCs）治理设备与材料等领域规范标准的制定和发布，提高环保产业标准化水平。完善生态环境技术评价制度，以实际运行成效评估技术的先进性和适用性。

六、健全生态环境经济政策，充分发挥市场在资源配置中的决定性作用

（十五）创新绿色金融政策，化解生态环保企业融资瓶颈制约。积极推动设立国家绿色发展基金，发挥国家对绿色投资的引导作用，支持执行国家重大战略和打好污染防治攻坚战的重点地区、重点领域、重点行业。建立环境责任保险制度，将环境风险高、环境污染事件较为集中的行业企业纳入投保范围，加强环境风险监控。推动建立区域性及全国性排污权交易市场，推进全国碳排放权交易市场建设。引导开发性金融资金对生态环境治理的投入。鼓励绿色信贷、绿色债券等绿色金融产品创新，推动开展排污权、收费权、应收账款、知识产权、政府购买服务协议及特许经营协议项下收益质押担保融资。

（十六）落实价格财税政策，调动市场主体积极性。加快落实国家促进绿色发展的价格机制，地方各级生态环境部门积极配合价格主管部门建立并逐步完善污水处理收费、固体废物处理收费、节约用水水价、节能环保电价等价格机制。研究完善市场化的环境权利定价机制，推动环境权益及未来收益权切实成为合格抵质押物。与税务部门配合，大力推进环境保护税征管能力和配套建设，逐步完善适用于本地区的污染物项目及税额标准。配合有关部门制定有利于生态环境保护的相关税收优惠和补贴政策，积极落实环境保护专用设备企业所得税和第三方治理企业所得税优惠政策。

（十七）创新环境经济政策，促进绿色生产和消费。继续促进生态环境保护综合名录在产业结构优化中发挥效用，增加"高污染、高环境风险"名录产品种类。加快建立生态环境保护"领跑者"制度，探索建立"领跑者"财政补贴、金融信贷支持等政策。强化清洁生产审核机制，推行绿色供应链建设。积极发挥绿色消费引领作用，推广环境标志产品。完善绿色贸易政策，推广中国绿色产品标准，推动共建绿色"一带一路"。

地方各级生态环境部门要勇于担当、主动作为，强化协调配合，按照本意见要求，结合本地区实际，创新做法，细化举措，制定落实方案。要加强宣传引导，研究新问题、新情况，总结推广经验，建立奖惩机制，对实施成效显著的地区予以表扬，对落实不力的予以通报，确保生态环境领域"放管服"改革各项任务落到实处、促进高质量发展取得实效。各省（区、市）生态环境保护部门要将本意见落实情况于每年1月底前报送生态环境部。

生态环境部

2018 年 8 月 30 日

关于印发《京津冀及周边地区 2018—2019 年秋冬季大气污染综合治理攻坚行动方案》的通知

环大气〔2018〕100 号

石家庄、唐山、邯郸、邢台、保定、沧州、廊坊、衡水、太原、阳泉、长治、晋城、济南、淄博、济宁、德州、聊城、滨州、菏泽、郑州、开封、安阳、鹤壁、新乡、焦作、濮阳市人民政府，雄安新区管理委员会，定州、辛集、济源市人民政府，中国石油天然气集团有限公司、中国石油化工集团公司、中国海洋石油集团有限公司、国家电网有限公司、中国铁路总公司：

为贯彻党中央、国务院关于打赢蓝天保卫战决策部署，落实《打赢蓝天保卫战三年行动计划》，全力做好 2018—2019 年秋冬季大气污染防治工作，国务院副总理韩正主持召开京津冀及周边地区大气污染防治领导小组第一次会议并作重要讲话。会议审议通过了《京津冀及周边地区 2018—2019 年秋冬季大气污染综合治理攻坚行动方案》（以下简称《攻坚行动方案》）。现印发执行，并就有关事项通知如下：

一、统一思想，抓好落实

各地区、各部门稳步推进大气污染防治工作，2018 年 1—8 月，京津冀及周边地区环境空气质量呈现稳中向好趋势，但成效并不稳固，特别是秋冬季大气环境形势依然严峻，预计 2018 年冬季气象条件总体较上年偏差，空气质量有可能出现反弹。各地区、各部门和有关中央企业要进一步把思想认识行动统一到党中央、国务院的决策部署上来，加强组织领导，坚持稳中求进工作总基调，突出问题导向，聚焦重点领域和重点时段，采取更有针对性措施，扎实做好秋冬季大气污染综合治理各项工作，推进环境空气质量持续改善。

二、加强指导，落实责任

各相关部门要按照职责分工指导各地落实《攻坚行动方案》任务要求，完善政策措施，加大扶持力度，充分调动地方和企业积极性，同时强化监督和管理。地方人民政府是《攻坚行动方案》落实责任主体，要将任务分解细化，明确时间表和责任人；要以群众真实感受作为检验标准，确保各项统计考核数据真实准确，以实际成效取信于民。企业是污染治理的实施主体，应主动承担社会责任，制定实施方案。中央企业要起到模范带头作用。各相关部门和地方人民政府要注重宣传引导，及时主动发布权威信息，动员全民共同打赢蓝天保卫战。

三、加强调度，强化考核

各相关省（市）于 2018 年 9 月底前向生态环境部报送"散乱污"企业清理整顿项目清单、散煤治理确村确户清单、重污染天气应急预案减排项目清单，2018 年 10 月底前报送锅炉综合整治清单、工业炉窑管理清单、重点行业挥发性有机物无组织排放改造全口径清单、工业企业错峰生产方案。从 2018 年 10 月起，各相关省（市）和中央企业每月 5 日前上报重点任务进展情况。实施严格考核问责，对大气污染治理责任不落实、工作不到位、污染问题突出、空气质量恶化的地区强化督察问责，切实落实地方党委、政府生态环境保护"党政同责""一岗双责"。

四、联系人及联系方式

生态环境部　王凤
电话：（010）66556285
传真：（010）66556282
邮箱：dqsgdy@mee.gov.cn
附件：京津冀及周边地区 2018—2019 年秋冬季大气污染综合治理攻坚行动方案

生态环境部
发展改革委
工业和信息化部
公安部
财政部
自然资源部
住房城乡建设部
交通运输部
商务部
应急部
市场监管总局
能源局
北京市人民政府
天津市人民政府
河北省人民政府
山西省人民政府
山东省人民政府
河南省人民政府
2018 年 9 月 18 日

附件：

京津冀及周边地区 2018—2019 年秋冬季大气污染综合治理
攻坚行动方案

一、总体要求

主要目标：坚持稳中求进，在巩固环境空气质量改善成果的基础上，推进空气质量持续改善。全面完成 2018 年空气质量改善目标；2018 年 10 月 1 日至 2019 年 3 月 31 日，京津冀及周边地区细颗粒物（$PM_{2.5}$）平均浓度同比下降 3%左右，重度及以上污染天数同比减少 3%左右。

实施范围：京津冀及周边地区，包含北京市，天津市，河北省石家庄、唐山、邯郸、邢台、保定、沧州、廊坊、衡水市，山西省太原、阳泉、长治、晋城市，山东省济南、淄博、济宁、德州、聊城、滨州、菏泽市，河南省郑州、开封、安阳、鹤壁、新乡、焦作、濮阳市（以下简称"2+26"城市，含河北省定州市、辛集市，河南省济源市）。

基本思路：坚持问题导向，立足于产业结构、能源结构、运输结构和用地结构调整优化，以推进清洁取暖、公转铁、企业提标升级改造为重点，巩固"散乱污"企业综合整治成果，狠抓柴油货车、工业炉窑和挥发性有机物（VOCs）专项整治，加强区域联防联控，有效应对重污染天气，严格督察问责，深入推进秋冬季大气污染综合治理攻坚行动。

二、主要任务

（一）调整优化产业结构。

1. 严控"两高"行业产能。各地加快完成生态保护红线、环境质量底线、资源利用上线、生态环境准入清单编制工作，明确禁止和限制发展的行业、生产工艺和产业目录。2018 年 12 月底前，完成生态保护红线划定工作。加快城市建成区重污染企业搬迁改造或关闭退出，推动实施一批水泥、玻璃、焦化、化工等重污染企业搬迁工程。城市建成区钢铁企业要切实采取彻底关停、转型发展、就地改造、域外搬迁等方式实施分类处置。钢铁等重污染企业搬迁应重点向区外转移。唐山、邯郸、安阳市不允许新建、扩建单纯新增产能的钢铁项目，禁止省外钢铁企业搬迁转移至该地。

加大钢铁、焦化、建材等行业产能淘汰和压减力度，列入去产能的钢铁企业，需一并退出配套的烧结、焦炉、高炉等设备。2018 年，河北省钢铁产能压减退出 1 000 万吨以上，山西省压减退出 225 万吨，山东省压减退出 355 万吨。在确保电力、热力稳定供应基础上，区域内完成 38 台共 277 万千瓦燃煤小火电机组的淘汰任务。河北、山西省全面启动炭化室高度在 4.3 米及以下、运行寿命超过 10 年的焦炉淘汰工作；河北、山东、河南省要按照 2020 年底前炼焦产能与钢铁产能比不高于 0.4 的目标，加大独立焦化企业淘汰力度。

2. 巩固"散乱污"企业综合整治成果。各地要建立"散乱污"企业动态管理机制，进一步完善"散乱污"企业认定标准和整改要求，坚决杜绝"散乱污"项目建设和已取缔的"散乱污"企业异地转移、死灰复燃。2018 年 9 月底前，各地完成新一轮"散乱污"企业排查工作，按照"先停后治"的原则，实施分类处置。对关停取缔类的，切实做到"两断三清"（切断工业用水、用电，清除原料、产品、生产设备）；对整合搬迁类的，应依法依规办理相关审批手续；对升级改造类的，对标先进企业实施深度治理，由相关部门会审签字后方可投入运行。

对"散乱污"企业集群要实行整体整治，制定总体整改方案并向社会公开，同步推进区域环境整治工作，改变"脏乱差"生产环境。

3. 深化工业污染治理。自 2018 年 10 月 1 日起，严格执行火电、钢铁、石化、化工、有色（不含氧化铝）、水泥行业以及工业锅炉大气污染物特别排放限值，推进重点行业污染治理设施升级改造。继续推进工业企业无组织排放治理，在安全生产许可条件下，实施封闭储存、密闭输送、系统收集，2018 年 12 月底前基本完成。

有序推进钢铁行业超低排放改造。深化有组织排放控制，烧结烟气颗粒物、二氧化硫、氮氧化物排放浓度分别不高于 10 毫克/米^3、35 毫克/米^3、50 毫克/米^3，其他主要生产工序分别不高于 10 毫克/米^3、50 毫克/米^3、200 毫克/米^3；强化无组织排放管控，厂内所有散状物料储存、输送及主要生产车间应密闭或封闭；实施清洁运输，大宗物料和产品主要通过铁路、水路、管道、新能源汽车或达到国六排放标准汽车等方式运输。鼓励城市建成区内焦炉实施炉体加罩封闭，并对废气进行收集处理。

各地禁止新增化工园区，加大各类开发区整合提升和集中整治力度，减少工业聚集区污染。按照"一区一热源"原则，推进园区内分散燃煤锅炉有效整合。有条件的工业聚集区建设集中喷涂工程中心，配套高效治污设施，替代企业独立喷涂工序。

4. 加快推进排污许可管理。2018 年 12 月底前，各城市完成陶瓷、再生金属等工业排污许可证核发，将错峰生产方案载入排污许可证。已完成排污许可证核发的行业，2018 年 10 月底前，各城市要将相关错峰生产方案要求补充到排污许可证中。加大依证监管执法和处罚力度，强化信息公开和公众监督，确保排污单位落实持证排污、按证排污的环境管理主体责任，严厉依法打击无证排污违法行为。

（二）加快调整能源结构。

5. 有效推进清洁取暖。集中资源大力推进散煤治理，各地应按照 2020 年采暖期前平原地区基本完成生活和冬季取暖散煤替代的任务要求，制定三年实施方案，确定年度治理任务，兼顾农业大棚、畜禽舍等散煤治理工作，同步推动建筑节能改造，提高能源利用效率。坚持从实际出发，统筹兼顾温暖过冬与清洁取暖；坚持因地制宜，合理确定改造技术路线，宜电则电、宜气则气、宜煤则煤、宜热则热，积极推广太阳能光热利用和集中式生物质利用；坚持突出重点，优先保障大气污染防治重点地区天然气需求，优先推进对城市空气质量影响大的地区散煤治理；坚持以气定改、以电定改，各地在优先保障 2017 年已经开工的居民"煤改气""煤改电"项目用气用电基础上，根据年度和采暖期新增气量以及实际供电能力合理确定居民"煤改气""煤改电"户数；坚持先立后破，对以气代煤、以电代煤等替代方式，在气源电源未落实情况下，原有取暖设施不予拆除。

根据各地上报，2018 年 10 月底前，"2+26"城市要完成散煤替代 362 万户。其中，北京市替代 15 万户，平原地区基本实现散煤"清零"；天津市替代 19 万户，力争 2019 年 10

月底前基本完成散煤替代工作；河北省替代 174 万户，力争 2019 年 10 月底前基本完成北京市以南、石家庄市以北散煤替代工作；山西省替代 28 万户、山东省替代 45 万户、河南省替代 81 万户。各地要以乡镇或区县为单元整体推进，完成散煤替代的地区，采取综合措施，防止散煤复烧。严厉打击劣质煤销售，确保行政区域内使用的散煤符合相关煤炭质量标准。

6. 开展锅炉综合整治。依法依规加大燃煤小锅炉（含茶水炉、经营性炉灶、储粮烘干设备等燃煤设施）淘汰力度。坚持因地制宜、多措并举。制定并落实供热衔接方案，在确保供热安全可靠的前提下，加快集中供热管网建设，优先利用热电联产等清洁供暖方式淘汰管网覆盖范围内燃煤锅炉。2018 年 12 月底前，北京、天津、河北省（市）基本淘汰每小时 35 蒸吨以下燃煤锅炉；山西、山东、河南省淘汰每小时 10 蒸吨及以下燃煤锅炉，城市建成区基本淘汰每小时 35 蒸吨以下燃煤锅炉。各地开展排查工作，严禁以燃烧醇基燃料等为名掺烧化工废料。

2018 年 10 月底前，天津、河北、山东、河南省（市）基本完成每小时 65 蒸吨及以上燃煤锅炉超低排放改造，达到燃煤电厂超低排放水平。生物质锅炉应采用专用锅炉，禁止掺烧煤炭等其他燃料，配套布袋等高效除尘设施。积极推进城市建成区生物质锅炉超低排放改造。

加快推进燃气锅炉低氮改造，原则上改造后氮氧化物排放浓度不高于 50 毫克/米 ^{3}。2018 年 10 月底前，北京市基本完成燃气锅炉低氮改造任务；天津市完成改造 222 台、5908 蒸吨；河北省完成 353 台、8028 蒸吨；山西省完成 17 台、100 蒸吨；山东省完成 182 台、409 蒸吨；河南省力争完成 278 台、1450 蒸吨。

（三）积极调整运输结构。

7. 大幅提升铁路货运量。各省（市）要制定运输结构调整三年行动方案，提出大宗货物、集装箱及中长距离货物运输公转铁、铁水联运、绿色货运枢纽建设实施计划，明确运输结构调整目标。充分发挥已有铁路专用线运输能力，增加铁路大宗货物中长距离运输量。加大铁路与港口连接线、工矿企业铁路专用线建设投入，加快钢铁、电解铝、电力、焦化等重点企业铁路专用线建设。新改扩建涉及大宗物料运输的建设项目，应尽量采用铁路、水路或管道等绿色运输方式。

2018 年 12 月底前，环渤海地区、山东省沿海主要港口和唐山港、黄骅港的煤炭集港改由铁路或水路运输；提升疏港矿石铁路运输比例，鼓励通过带式输送机管廊疏港；加快唐曹、水曹等货运铁路线建设，大力提升张唐、瓦日铁路线煤炭运输量；加快推广集装箱多式联运，重点港口集装箱铁水联运量增长 10%以上；建设城市绿色货运配送示范工程。

8. 加快车船结构升级。各城市要制定营运车船结构升级三年行动方案，确保 2020 年城市建成区公交、环卫、邮政、出租、通勤、轻型物流配送车辆中新能源和国六排放标准清洁能源汽车的比例达到 80%。制定国三及以下排放标准的营运中重型柴油货车、采用稀薄燃烧技术或"油改气"的老旧燃气车辆提前淘汰计划。依法强制报废超过使用年限的船舶。

自 2018 年 10 月 1 日起，城市建成区新增和更新的公交、环卫、邮政车辆等基本采用新能源或清洁能源汽车。港口、机场、铁路货场等新增或更换作业车辆主要采用新能源或清洁能源汽车。北京、天津、石家庄、太原、济南、郑州市制定 2020 年底前建成区公交车全部更换为新能源汽车实施方案。各地加快淘汰国三及以下排放标准的营运中重型柴油货车、采用稀薄燃烧技术或"油改气"的老旧燃气车辆。

（四）优化调整用地结构。

9. 加强扬尘综合治理。严格降尘考核，各城市平均降尘量不得高于 9 吨/月·平方千米。自 2018 年 10 月起，生态环境部每月向社会公布各城市降尘监测结果，各省（市）每月公布区县降尘监测结果。

严格施工和道路扬尘监管。2018 年 10 月底前，各城市建立施工工地动态管理清单。建筑工地要做到工地周边围挡、物料堆放覆盖、土方开挖湿法作业、路面硬化、出入车辆清洗、渣土车辆密闭运输"六个百分之百"。各地 5 000 平方米及以上土石方建筑工地全部安装在线监测和视频监控，并与当地有关主管部门联网。各类长距离的市政、城市道路、水利等线性工程，实行分段施工。各地要将施工工地扬尘污染防治纳入"文明施工"管理范畴，建立扬尘控制责任制度，扬尘治理费用列入工程造价；将扬尘管理不到位的不良信息纳入建筑市场信用管理体系，情节严重的，列入建筑市场主体"黑名单"；对渣土车辆未做到密闭运输的，一经查处按上限处罚，拒不改正的，车辆不得上道路行驶。大力推进道路清扫保洁机械化作业，提高道路机械化清扫率。

10. 推进露天矿山综合整治。原则上禁止新建露天矿山项目。对违反资源环境法律法规和有关规划、污染环境、破坏生态、乱采滥挖的露天矿山，依法予以关闭；对污染治理不规范的露天矿山，依法责令停产整治，整治完成经相关部门组织验收合格后方可恢复生产，对拒不停产或擅自恢复生产的依法强制关闭；对责任主体灭失的露天矿山，要加强修复绿化、减尘抑尘。全面加强矸石山综合治理，消除自燃和冒烟现象。

11. 严控秸秆露天焚烧。坚持疏堵结合，因地制宜大力推进秸秆机械还田和秸秆肥料化、原料化、饲料化、基料化、能源化等综合利用。强化地方各级政府秸秆禁烧主体责任，建立全覆盖网格化监管体系，充分利用卫星遥感等手段密切监测各地秸秆焚烧情况，加强"定点、定时、定人、定责"管控，在大气强化督查和巡查过程中强化秸秆露天焚烧检查，自 2018 年 9 月起，开展秋收阶段秸秆禁烧专项巡查。

（五）实施柴油货车污染治理专项行动。

12. 严厉查处机动车超标排放行为。2018 年 12 月底前，各省（市）对新生产、销售的车（机）型系族全面开展抽检工作。严格新注册登记柴油车排放检验，各地排放检验机构在对新注册登记柴油货车开展检验时，要通过国家机动车排污监控平台逐车核实环保信息公开情况，查验污染控制装置，开展上线排放检测，生态环境主管部门要加强指导监督。依法取消地方环保达标公告和目录审批。

各城市要形成生态环境部门检测、公安交管部门处罚、交通运输部门监督维修的联合监管常态化工作机制，加大路检路查力度，依托超限超载检查站点等，开展柴油货车污染控制装置、车载诊断系统（OBD）、尾气排放达标情况等监督抽查。对物流园区、货物集散地、涉及大宗物料运输的工业企业、公交场站、长途客运站、施工工地、沿海沿江港口等车辆集中停放、使用的重点场所，采取"双随机、一公开"等方式，开展入户监督抽测，同步抽测车用燃油、车用尿素质量及使用情况。各地开展在用汽车排放检测与强制维护制度（I/M 制度）建设工作。通过随机抽检、远程监控等方式加强对排放检验机构的监管，做到年度全覆盖，重点核查超标车、异地车辆、注册 5 年以上的营运柴油车的检测过程数据、视频图像和检测报告等，严厉打击排放检验机构弄虚作假行为，涉嫌犯罪的移送司法机关。

推动高排放车辆深度治理。按照政府引导、企业负责、全程监控模式，推进里程低、残值高等具备改造条件的柴油车深度治理，并安装远程排放监控设备和精准定位系统，与生态环境主管部门联网，实时监控油箱和尿素箱液位变化，以及氮氧化物、颗粒物排放情况，确保治理效果。有条件的城市定期更换出租车三元催化装置。

13．加强非道路移动源污染防治。2018 年 12 月底前，各城市要完成非道路移动机械摸底调查，划定并公布低排放控制区。低排放控制区、港口码头和民航通用机场禁止使用冒黑烟等高排放非道路移动机械，对出现冒黑烟的地区、港口和机场等，向社会通报并责成整改。对低排放控制区内使用的工程机械定期开展抽查。加大老旧工程机械淘汰力度。

推动靠港船舶优先使用岸电，新建码头（危险货物泊位除外）同步规划、设计、建设岸电设施，加快现有港口码头岸电设施建设。推广地面电源替代飞机辅助动力装置，民航机场在飞机停靠期间主要使用岸电。

14．强化车用油品监督管理。2018 年 10 月底前，各地要开展打击黑加油站点专项行动。建立常态化管理机制，实行多部门联合执法，以城乡结合部、国省道、企业自备油库和物流车队等为重点，通过采取有奖举报、随机抽查和重点检查等手段，严厉打击违法销售车用油品的行为，涉嫌犯罪的移送司法机关。对黑加油站点和黑移动加油车，一经发现，坚决取缔，严防死灰复燃。

各城市开展对炼油厂、储油库、加油（气）站和企业自备油库的常态化监督检查，严厉查处生产、销售、存储和使用不合格油品行为。天津港、唐山港、黄骅港等船舶排放控制区内开展船用燃料油使用监管，打击船舶使用不合规燃油行为。

（六）实施工业炉窑污染治理专项行动。

15．全面排查工业炉窑。各城市要以钢铁、有色、建材、焦化、化工等行业为重点，涉及钢铁、铸造、铁合金，铜、铝、铅、锌冶炼及再生，水泥、玻璃、陶瓷、砖瓦、耐火材料、石灰、防水建筑材料，焦化、化肥、无机盐、电石等企业，按照熔炼炉、熔化炉、烧结机（炉）、焙（煅）烧炉、加热炉、热处理炉、干燥炉（窑）、炼焦炉、煤气发生炉等 9 类，开展拉网式排查。要与第二次污染源普查工作紧密结合，于 2018 年 10 月底前建立详细管理清单。自 2018 年 11 月 1 日起，未列入管理清单中的工业炉窑，一经发现，立即纳入秋冬季错峰生产方案，实施停产。

制定工业炉窑综合整治实施方案，按照"淘汰一批，替代一批，治理一批"的原则，分类提出整改要求，明确时间节点和改造任务，推进工业炉窑结构升级和污染减排。

16．加大不达标工业炉窑淘汰力度。修订完善综合标准体系，加严标准要求，严格执法监管，促使一批能耗、环保、安全、质量、技术达不到要求的产能，依法依规关停退出。对热效率低下、敞开未封闭、装备简易落后、自动化水平低，布局分散、规模小、无组织排放突出，以及无治理设施或治理设施工艺落后的工业炉窑，加大淘汰力度。加快淘汰一批化肥行业固定床间歇式煤气化炉。

17．加快清洁能源替代。对以煤、石油焦、渣油、重油等为燃料的加热炉、热处理炉、干燥炉（窑）等，加快使用清洁能源以及利用工厂余热、电厂热力等进行替代。

2018 年 12 月底前，基本取缔燃煤热风炉、钢铁行业燃煤供热锅炉；有色行业基本淘汰燃煤干燥窑、燃煤反射炉、以煤为燃料的熔铅锅和电铅锅；基本淘汰热电联产供热管网覆盖范围内的燃煤加热、烘干炉（窑）；高炉煤气、焦炉煤气实施精脱硫改造，煤气中硫化氢浓度小于 20 毫克/米³；大力淘汰炉膛直径 3 米以下燃料类煤气发生炉；集中使用煤气发生炉的工业园区，暂不具备改用天然气条件的，原则上应建设统一的清洁煤制气中心。禁止掺烧高硫石油焦。

18. 实施工业炉窑深度治理。铸造行业烧结、高炉工序污染排放控制，参照钢铁行业相关标准要求执行。已有行业排放标准的工业炉窑，严格执行行业排放标准相关规定。暂未制订行业排放标准的其他工业炉窑，按照颗粒物、二氧化硫、氮氧化物排放限值分别不高于 30 毫克/米³、200 毫克/米³、300 毫克/米³ 执行；自 2019 年 1 月 1 日起达不到上述要求的，实施停产整治。鼓励各地制定更为严格的地方排放标准。

全面淘汰环保工艺简易、治污效果差的单一重力沉降室、旋风除尘器、多管除尘器、水膜除尘器、生物降尘等除尘设施，水洗法、简易碱法、简易氨法、生物脱硫等脱硫设施。

（七）实施 VOCs 综合治理专项行动。

19. 深入推进重点行业 VOCs 专项整治。按照分业施策、一行一策的原则，推进重点行业 VOCs 治理。鼓励各省（市）编制重点行业 VOCs 污染治理技术指南。2018 年 12 月底前，各地完成重点工业行业 VOCs 综合整治及提标改造。未完成治理改造的企业，依法实施停产整治，纳入冬季错峰生产方案。

北京市重点推进石化、包装印刷、工业涂装等行业 VOCs 治理升级改造，全面推动实施餐饮行业达标治理改造，完成 VOCs 治理任务 61 家；天津市重点推进石化、塑料、橡胶制品、家具等工业涂装、包装印刷等行业 VOCs 综合治理，完成 VOCs 治理任务 293 家，持续推进餐饮油烟深度治理和机动车维修行业涂漆作业综合治理；河北省重点推进石化、焦化、制药、橡胶制品、塑料、工业涂装、包装印刷等行业 VOCs 综合治理，完成治理任务 640 家；山西省重点推进有机化工、焦化、橡胶制品、工业涂装行业 VOCs 综合治理，完成治理任务 79 家；山东省重点推进石化、制药、农药、工业涂装、包装印刷等行业 VOCs 综合治理，完成治理任务 364 家；河南省重点推进煤化工、农药、制药、橡胶制品、工业涂装等行业 VOCs 综合治理，完成治理任务 126 家。

20. 加强源头控制。禁止新改扩建涉高 VOCs 含量溶剂型涂料、油墨、胶黏剂等生产和使用的项目。积极推进工业、建筑、汽修等行业使用低（无）VOCs 含量原辅材料和产品。自 2019 年 1 月 1 日起，汽车原厂涂料、木器涂料、工程机械涂料、工业防腐涂料即用状态下的 VOCs 含量限值分别不得高于 580 克/升、600 克/升、550 克/升、550 克/升。北京、天津、河北省（市）严格执行《建筑类涂料与胶黏剂挥发性有机化合物含量限值标准》要求，加强建筑类涂料和胶黏剂产品质量监督检测；"2+26" 城市中其他城市自 2019 年 1 月 1 日起参照执行。积极推进汽修行业使用低 VOCs 含量的涂料，自 2019 年 1 月 1 日起，汽车修补漆全部使用即用状态下 VOCs 含量不高于 540 克/升的涂料，其中，底色漆和面漆不高于 420 克/升。

21. 强化 VOCs 无组织排放管控。开展工业企业 VOCs 无组织排放摸底排查，包括工艺过程无组织排放、动静密封点泄漏、储存和装卸逸散排放、废水废液废渣系统逸散排放等。2018 年 10 月底前，各地建立重点行业 VOCs 无组织排放改造全口径清单，加快推进 VOCs 无组织排放治理。

加强工艺过程无组织排放控制。VOCs 物料应储存于密闭储罐或密闭容器中，并采用密闭管道或密闭容器输送；离心、过滤单元操作采用密闭式离心机、压滤机等设备，干燥单元操作采用密闭干燥设备，设备排气孔排放 VOCs 应收集处理；反应尾气、蒸馏装置不凝尾气等工艺排气，以及工艺容器的置换气、吹扫气、抽真空排气等应收集处理。

全面推行泄漏检测与修复（LDAR）制度。对泵、压缩机、阀门、法兰及其他连接件等动静密封点进行泄漏检测，并建立台账，记录检测时间、检测仪器读数、修复时间、修复后检测仪器读数等信息。2018 年 12 月底前，石化企业设备与管线组件泄漏率控制在 3‰以内。全面开展化工行业 LDAR 工作。

加强储存、装卸过程中逸散排放控制。真实蒸气压大于等于 76.6 kPa 的挥发性有机液体，储存应采用低压罐或压力罐；真实蒸气压大于等于 5.2 kPa 且小于 76.6 kPa 的挥发性有机液体，储罐应采用浮顶罐或安装 VOCs 收集治理设施的固定顶罐，其中，内浮顶罐采取浸液式密封、机械式鞋形密封等高效密封方式，外浮顶罐采用双重密封。有机液体的装载采用顶部浸没式或底部装载方式，装载设施应配备废气收集处理系统或气相平衡系统。

加强废水、废液和废渣系统逸散排放控制。含 VOCs 废水的输送系统在安全许可条件下，应采取与环境空气隔离的措施；含 VOCs 废水处理设施应加盖密闭，排气至 VOCs 处理设施；处理、转移或储存废水、废液和废渣的容器应密闭。

22．推进治污设施升级改造。企业应依据排放废气的风量、温度、浓度、组分以及工况等，选择适宜的技术路线，确保稳定达标排放。2018 年 10 月底前，各地要对工业企业 VOCs 治污设施，开展一轮治污效果执法检查，严厉打击市场不规范行为；对于不能稳定达标排放的简易处理工艺，督促企业限期整改。鼓励企业采用多种技术组合工艺，提高 VOCs 治理效率。低温等离子体技术、光催化技术仅适用于处理低浓度有机废气或恶臭气体。采用活性炭吸附技术应配备脱附工艺，或定期更换活性炭并建立台账。

23．全面推进油品储运销 VOCs 治理。2018 年 10 月底前，所有加油站、储油库、油罐车完成油气回收治理工作。积极推进储油库和加油站安装油气回收自动监测设备。

（八）有效应对重污染天气。

24．加强重污染天气应急联动。强化省级预报能力建设，2018 年 12 月底前，省级预报中心基本实现以城市为单位的 7 天预报能力。统一区域应急预警标准，将区域应急联动措施纳入各城市应急预案。建立快速应急联动响应机制，确保启动区域应急联动时，各相关城市迅速响应、有效应对。当预测到区域将出现大范围重污染天气时，生态环境部基于区域会商结果，通报预警信息，各相关城市要据此及时发布预警，按相应级别启动应急响应措施，实施区域应急联动。

25．夯实应急减排措施。2018 年 9 月底前，各城市完成重污染天气应急预案减排措施清单编制，报生态环境部备案。在黄色、橙色、红色预警级别中，二氧化硫、氮氧化物和颗粒物等主要污染物减排比例分别不低于全社会排放总量的 10%、20% 和 30%，VOCs 减排比例不低于 10%、15% 和 20%。

细化应急减排措施，落实到企业各工艺环节，实施清单化管理。优先调控产能过剩行业并加大调控力度；优先管控高耗能、高排放行业；同行业内企业根据污染物排放绩效水平进行排序并分类管控；优先对城市建成区内的高污染企业、使用高污染燃料的企业等采取停产、限产措施。企业应制定"一厂一策"实施方案，优先选取污染物排放量较大且能够快速安全响应的工艺环节，采取停产限产措施，并在厂区显著位置公示，接受社会监督。创新监管方式，利用电量、视频监控、物料衡算等手段，核实企业各项应急减排措施落实情况。

（九）实施工业企业错峰生产与运输。

26．因地制宜推进工业企业错峰生产。实行差别化错峰生产，严禁采取"一刀切"方式。各地重点对钢铁、建材、焦化、铸造、有色、化工等高排放行业，实施采暖期错峰生产；根据采暖期月度环境空气质量预测预报结果，可适当缩短或延长错峰生产时间。

对各类污染物不能稳定达标排放，未达到排污许可管理要求，或未按期完成 2018—2019 年秋冬季大气污染综合治理改造任务的，全面采取错峰生产措施。对属于《产业结构调整指导目录》限制类的，要提高限产比例或实施停产。对行业污染排放绩效水平明显好于同行业其他企业的环保标杆企业，可不予限产，包括：钢铁企业有组织排放、无组织排放和大宗物料及产品运输全面达到超低排放的，采用电炉短流程炼钢生产线的；焦炉炉体加罩封闭、配备焦炉烟囱废气脱硫脱硝装置，且达到特别排放限值的；铸造熔炼设备颗粒物、二氧化硫排放浓度稳定达到 20 毫克/米^3、100 毫克/米^3（冲天炉必须安装烟气排放自动监控设施）的；陶瓷、砖瓦、玻璃棉、石膏板、岩棉、矿物棉等建材企业，在资源有保障前提下，使用天然气、电、电厂热力等清洁能源作为燃料或热源，且稳定达标排放的；电解铝、铝用炭素企业稳定达到超低排放（颗粒物、二氧化硫排放浓度分别不高于 10 毫克/米^3、35 毫克/米^3）的，氧化铝企业稳定达到特别排放限值的。错峰生产企业涉及供暖、协同处置城市垃圾或危险废物等保民生任务的，应保障基本民生需求。

各省应制定重点行业差异化错峰生产绩效评价指导意见。各城市要结合本地产业结构和企业污染排放绩效情况，制定错峰生产实施方案，细化落实到企业具体生产线、工序和设备，并明确具体的安全生产措施。2018 年 10 月底前，省级相关部门将错峰生产方案报送工业和信息化部、生态环境部、发展改革委。错峰生产清单一经确定，不得随意调整，如确有必要调整的，需在省级人民政府网站公告并报送工业和信息化部、生态环境部、发展改革委。

27．实施大宗物料错峰运输。各地要针对钢铁、建材、焦化、有色、化工、矿山等涉及大宗物料运输的重点用车企业以及港口码头，制定错峰运输方案，纳入重污染天气应急预案中，在橙色及以上重污染天气预警期间，原则上不允许重型载货车进出厂区（保证安全生产运行、运输民生保障物资或特殊需求产品，以及为外贸货物、进出境旅客提供港口集疏运服务的达到国五及以上排放标准的车辆除外）。重点企业和单位在车辆出入口安装视频监控系统，并保留监控记录三个月以上，秋冬季期间每日登记所有柴油货车进出情况，并保留至 2019 年 4 月 30 日。

（十）加强基础能力建设。

28．完善环境空气质量监测网络。2018 年 9 月底前，各省（市）要在国控监测网基础上，进一步将省控、市控和县控空气质量监测点位统一联网。全面推进国家级新区、高新区、重点工业园区及港口环境空气质量监测站点建设，各城市至少建成一套环境空气 VOCs监测站点。继续加快推进京津冀及周边地区大气颗粒物组分和光化学网能力建设。

29．加强污染源自动监控体系建设。2018 年 10 月底前，生态环境部出台 VOCs 在线监测技术规范。各地要严格落实排气口高度超过 45 米的高架源安装自动监控设施、数据传输有效率达到 90% 的监控要求，未达到的予以停产整治。石化、化工、包装印刷、工业涂装等 VOCs 排放重点源，纳入重点排污单位名录，加快安装废气排放自动监控设施，并与生态环境主管部门联网。企业在正常生产以及限产、停产、检修等非正常工况下，均应保证自动监控设施正常运行并联网传输数据。各地对出现数据缺失、长时间掉线等异常情况，要及时进行核实和调查处理。2018 年 12 月底前，钢铁等重点企业厂区内布设空气质量监测微站点，监控颗粒物等管控情况。

建设机动车"天地车人"一体化监控系统。2018 年 12 月底前，各城市完成 10 套左右固定垂直式、2 套左右移动式遥感监测设备建设工作，各省（市）完成机动车排放检验信息系统平台建设，形成国家、省、市遥感监测、定期排放检验数据三级联网体系，实现监控数据实时、稳定传输。

30．强化科技支撑。继续推进实施大气重污染成因与治理攻关项目，加强大气污染成因与控制技术研究重点专项等科技项目技术成果的转移转化和推广应用。2018 年 9 月底前，各城市要完成 $PM_{2.5}$ 源解析更新工作。推广"一市一策"驻点跟踪研究机制，深化"边研究、边产出、边应用、边反馈、边完善"工作模式，对研究形成的成果和共识组织专家统一对外发声。在重污染期间，组织专家解读污染成因机理、污染过程、应急措施及应急效果等。

31．加大环境执法力度。坚持铁腕治污，综合运用按日连续处罚、查封扣押、限产停产等手段依法从严处罚环境违法行为，强化排污者责任。创新环境监管方式，推广"双随机、一公开"等监管，推进联合执法、交叉执法。加强区县级环境执法能力建设。将烟气自动监测数据作为执法依据，严肃查处不正常运行自动监控设施及逃避监管等违法行为。加强市场整顿，对治理效果差、技术服务能力弱、运营管理水平低的治理单位，公布名单，纳入全国信用信息共享平台，并通过"信用中国"网站公示公开，实行联合惩戒。

三、保障措施

（十一）加强组织领导。

京津冀及周边地区大气污染防治领导小组负责指导、督促、监督有关部门和地方落实秋冬季大气污染综合治理攻坚行动，健全责任体系，组织实施考评奖惩。各地要切实加强组织领导，把秋冬季大气污染综合治理攻坚行动放在重要位置，作为打赢蓝天保卫战的关键举措。各省（市）人民政府是本地大气污染防治工作实施责任主体，主要领导为第一责任人；各有关部门按照打赢蓝天保卫战职责分工，积极落实相关任务要求。

各城市要在 2018 年 9 月底前，制定本地落实方案，分解目标任务。按照管发展的管环保、管生产的管环保、管行业的管环保原则，进一步细化分工任务，制定配套措施，落实"一岗双责"。要科学安排指标进度，确保各项工作有力有序完成。

（十二）强化中央生态环保督察和大气专项督查。

将秋冬季大气污染防治重点任务落实不力、环境问题突出，且环境空气质量改善不明显甚至恶化的地区作为中央生态环境保护督察重点。结合中央生态环境保护督察"回头看"工作，重点督察地方党委和政府及有关部门大气污染综合治理不作为、慢作为，甚至失职失责等问题；对问题严重的地区视情开展"点穴式、机动式"专项督察。

持续开展大气污染防治强化专项督查，抽调全国环境执法骨干人员，采取定点进驻和压茬式进驻、随机抽查与"热点网格"相结合的方式，确保实现全覆盖。重点检查各地在产业、能源、运输和用地结构调整优化方面落实情况、存在的问题；"散乱污"企业整治、散煤治理、燃煤小锅炉淘汰落实不到位和死灰复燃等问题；企业超标排放、自动监测数据弄虚作假、治污设施不正常运行、未完成提标改造、工业炉窑治理不到位、VOCs专项整治不落实等问题；柴油车管控、公转铁推进落实不力等问题；以及扬尘管控不到位、错峰生产未有效落实、重污染天气应对不力等问题。对发现的问题实行"拉条挂账"式跟踪管理。

（十三）加大政策支持力度。

建立中央大气污染防治专项资金安排与地方环境空气质量改善联动机制，调动地方政府治理大气污染积极性。中央财政进一步加大大气污染防治专项资金支持力度，将清洁取暖试点城市范围扩展至"2+26"城市。地方各级人民政府要加大本级大气污染防治资金支持力度，重点用于散煤治理、高排放车辆淘汰和改造、工业污染源深度治理、燃煤锅炉替代、环保能力建设等领域。支持依法合规开展大气污染防治领域的政府和社会资本合作（PPP）项目建设。

完善上网侧峰谷分时电价政策，延长采暖用电谷段时长至 10 个小时以上，支持具备条件的地区建立采暖用电的市场化竞价采购机制，采暖用电参加电力市场化交易谷段输配电价减半执行。农村地区利用地热能向居民供暖（制冷）的项目运行电价参照居民用电价格执行。出台港口岸基供电优惠政策，降低岸电运营商用电成本，鼓励各地加大对港口岸电设施建设和经营的补贴力度。支持车船和作业机械使用清洁能源。提升铁路货运服务水平，建立健全灵活的运价调整机制，降低铁路运输成本。落实好对高污染、高耗能和产能过剩行业的差别化电价、水价政策，对限制类、淘汰类企业大幅提高电价，支持各地进一步提高加价幅度。各地要健全供热价格机制，合理制定清洁取暖价格。

（十四）全力做好气源电源供应保障。

抓好天然气产供储销体系和调峰能力建设。加快 2018 年天然气基础设施互联互通重点工程建设，确保按计划建成投产。地方政府、城镇燃气企业和不可中断大用户、上游供气企业要加快储气设施建设步伐。优化天然气使用方向，确保突出重点，新增天然气量优先用于城镇居民和冬季取暖散煤替代，实现增气减煤；原则上不再新建天然气热电联产和天然气化工项目。各地要建立调峰用户清单，夯实"压非保民"应急预案。地方政府对"煤改电"配套电网工程和天然气互联互通管网建设应给予支持，统筹协调"煤改电""煤改气"建设用地。

中央企业要切实担负起社会责任，加大投入，确保气源电源稳定供应。中石油、中石化、中海油要积极筹措天然气资源，重点向京津冀及周边地区倾斜，要加快管网互联互通和储气能力建设。国家电网公司要进一步加大"煤改电"力度，在条件具备的地区加快建设一批输变电工程，与相关城市统筹"煤改电"工程规划和实施，提高以电代煤比例。

（十五）实施严格考核问责。

严格落实生态环境保护"党政同责""一岗双责"。针对大气污染治理责任不落实、工作不到位、污染问题突出、空气质量恶化的地区，强化督察问责。制定量化问责办法，对重点攻坚任务完成不到位，或者环境空气质量改善不到位且改善幅度排名靠后的，实施量化问责。综合运用排查、交办、核查、约谈、专项督察"五步法"监管机制，压实基层责任。

京津冀及周边地区大气污染防治领导小组办公室对各地空气质量改善和重点任务进展情况进行月调度、月排名、季考核，各地每月5日前上报重点任务进展情况；每月向空气质量改善幅度达不到时序进度或重点任务进展缓慢的城市和区县下发预警通知函；对每季度空气质量改善幅度达不到目标任务或重点任务进展缓慢或空气质量指数（AQI）持续"爆表"的城市和区县，公开约谈政府主要负责人；对未能完成终期空气质量改善目标任务或重点任务进展缓慢的城市和区县，严肃问责相关责任人，实行区域环评限批。发现篡改、伪造监测数据的，考核结果直接认定为不合格，并依法依纪追究责任。

（十六）加强宣传教育和信息公开。

各地要高度重视攻坚行动宣传工作，制定宣传工作方案，并抓好落实。每月召开一次新闻发布会，通报攻坚行动进展情况。及时回应公众关心的热点问题。积极协调地方电视台在当地新闻节目中设立"曝光台"栏目，自2018年11月1日起，每周一至周五报道突出环境问题及整改情况，播出时长不少于三分钟。组织开展"美丽中国，我是行动者"活动，引导、鼓励公众自觉参与大气污染防治工作，形成全社会关心、支持攻坚行动的良好氛围。

要把信息公开作为推动大气污染防治工作的重要抓手，建立健全环保信息强制公开制度。各省（市）要对区县环境空气质量进行排名，并向社会公布。重点排污单位及时公布自行监测和污染排放数据、污染治理措施、重污染天气应对、环保违法处罚及整改等信息。已核发排污许可证的企业按要求及时公布执行报告。机动车和非道路移动机械生产、进口企业依法向社会公开排放检验、污染控制技术等环保信息。鼓励有条件的地区、企业通过电子显示屏等方式向社会公开环境信息，接受社会监督。

附表1

2018年10月1日—2019年3月31日京津冀及周边地区城市空气质量改善目标

城市	PM$_{2.5}$平均浓度同比下降比例/%	重污染天数同比减少/天
北京市	持续改善	持续改善
天津市	持续改善	持续改善
石家庄市	4.5	2
（辛集）	4.5	2
唐山市	4	1
邯郸市	4.5	2
邢台市	4	2
保定市	3	2
（定州）	3	2
沧州市	3	1
廊坊市	持续改善	持续改善
衡水市	3	1
太原市	2.5	持续改善
阳泉市	1.5	持续改善
长治市	3	持续改善
晋城市	4	1

城市	PM$_{2.5}$平均浓度同比下降比例/%	重污染天数同比减少/天
济南市	2	持续改善
淄博市	2.5	1
济宁市	2.5	1
德州市	1.5	1
聊城市	3	1
滨州市	2	持续改善
菏泽市	4	1
郑州市	4	1
开封市	4.5	1
安阳市	3.5	2
鹤壁市	3.5	1
新乡市	2.5	1
焦作市	3.5	2
濮阳市	3.5	1
济源市	3.5	1

附表2

北京市 2018—2019 年秋冬季大气污染综合治理攻坚行动方案

类别	重点工作	主要任务	完成时限	工程措施
产业结构调整	产业布局调整	淘汰退出不符合首都功能定位的一般制造业	2018 年 12 月底前	加大不符合首都功能定位的一般制造业企业淘汰退出力度，全年共退出 500 家
		开展"散乱污"企业及集群动态整治	2018 年 9 月底前	各区完成新一轮"散乱污"企业排查，实行"动态清零"
		实施排污许可	2018 年 12 月底前	按照国家统一安排完成排污许可证核发任务
		砖瓦行业深度治理	2018 年 12 月底前	各区开展砖瓦行业排查，涉及《北京市工业污染行业生产工艺调整退出及设备淘汰目录（2017 年版）》的关停退出；以煤为燃料的立即停止燃煤、拆除燃煤设施；以天然气为燃料的确保达标排放
		陶瓷行业深度治理	2018 年 12 月底前	各区开展陶瓷行业排查，加强陶瓷行业企业日常监管，确保达标排放
		无组织排放治理	2018 年 12 月底前	各区组织对使用水泥、砂石等粉状物料的重点行业企业开展排查，实施物料运输、装卸、储存、转移和工艺过程等无组织排放深度治理
能源结构调整	清洁取暖	清洁能源替代散煤	2018 年 10 月底前	完成散煤治理 15 万户，其中，气代煤约 2 万户、电代煤约 13 万户，共替代散煤 45 万吨
	清洁取暖	洁净煤替代散煤	2018 年采暖期前	暂不具备清洁能源替代条件地区推广洁净煤替代散煤，替代约 30 万户
		煤质监管	长期坚持	严厉打击劣质煤销售使用，未实施改造的地区全面供应优质煤，严防已实现散煤清洁能源替代的地区反弹

类别	重点工作	主要任务	完成时限	工程措施
能源结构调整	煤炭消费总量控制	煤炭消费总量削减	2018 年 12 月底前	严格落实《北京市 2018 年压减燃煤和清洁能源建设工作计划》，2018 年，煤炭消费总量削减到 420 万吨以内
	锅炉综合整治	燃煤锅炉清洁能源改造	2018 年采暖期前	在保障温暖过冬的前提下，力争完成燃煤锅炉清洁能源改造 13 台、745 蒸吨
		燃气锅炉低氮改造	2018 年 12 月底前	开展燃气锅炉污染排放监督检查工作，对发现超标排放的锅炉单位随时督促整改
运输结构调整	货物运输方式调整	提高铁路货运比例	2018 年 12 月底前	研究制定运输结构调整方案
		大力发展多式联运	2018 年 12 月底前	研究制定物流业三年提升行动计划
	机动车结构升级	发展新能源车	2018 年 12 月底前	研究制定以推进柴油车电动化为重点的新一轮（2018—2020）新能源车推广专项实施方案
			2018 年 12 月底前	推动物流集散地建设集中式充电桩和快速充电桩，为新能源车辆城市运行提供便利
		老旧车淘汰	长期坚持	积极推进老旧车辆淘汰更新
	强化移动源污染防治	新车环保监督管理	长期坚持	新注册登记柴油货车开展检验时，逐车核实环保信息公开情况，查验污染控制装置，开展上线排放检测，确保实现全覆盖
			长期坚持	严格做好新车一致性和在用符合性执法检查，对排放超标的车型依法处罚 2018 年全年完成新车 400 辆次执法抽检工作
		在用车执法监管	长期坚持	按照"公安处罚，环保配合检测"的方式，全年人工检查重型柴油车排放 130 万辆次
			长期坚持	对初检或日常监督抽测发现的超标车、异地车辆、注册 5 年以上的营运柴油车进行过程数据、视频图像和检测报告复核
			2018 年 12 月底前	排放检验机构监管全覆盖
		油品治理提升	2018 年 9 月底前	开展打击黑加油站点专项行动
			长期坚持	市场监管部门牵头加强对油品制售企业的质量监督管理，严厉打击生产、销售不合格油品和车用尿素行为利用在线监控和人工检查相结合的方式，做好加油站和储油库油气回收检查工作
		加强非道路移动机械污染防治	长期坚持	加强非道路移动机械执法力度，低排放区内禁止使用高排放非道路移动机械
			长期坚持	加强对首都机场使用机械执法力度，对排放超标机械严格处罚推进机场岸电使用
		机动车检测机构管理	长期坚持	通过远程监控、现场巡查，严厉打击机动车排放检验机构尾气检测弄虚作假、屏蔽或修改车辆环保监控参数等违法行为，实现全覆盖落实《北京市机动车检验检测机构记分制管理办法（试行）》，通过驻场检查和网络监控等方式，加强对全市机动车检验检测机构的监管
			长期坚持	交通运输、环保部门做好维修企业联网，上传一二类维修企业的环保检测不达标和不达标车辆维修治理数据信息

类别	重点工作	主要任务	完成时限	工程措施
用地结构调整	矿山综合整治	强化露天矿山综合治理	2018年10月底前	对污染治理不规范的露天矿山，责令停产整治
	扬尘综合治理	建筑扬尘治理	长期坚持	严格组织落实施工工地"六个百分之百"要求，加大执法检查力度，建立执法检查量、违法查处率等指标体系，每周对各区的执法检查情况进行排名、通报
		施工扬尘管理清单	2018年9月底前	建立各类施工工地扬尘管理清单，并定期动态更新
		施工扬尘监管	长期坚持	利用在水务、交通、房建和市政基础设施工程，新机场、副中心等建设施工工地、搅拌站等已安装的600套在线监控设备，及时通报、反馈问题工地，并移交各区进行处理
		道路扬尘综合整治	2018年12月底前	全市道路"冲扫洗收"新工艺作业覆盖率达到89%以上；开展城六区、副中心等重点区域道路扬尘快速检测，建立监测、反馈、整改、复核的道路扬尘监管机制
		裸地扬尘	2018年12月底前	各区政府组织全面排查、建立台账，采取覆盖、绿化、铺装等方法，分类施策、动态整治
		规范渣土车管理	2018年12月底前	开展渣土车联合执法和定期督导检查，严厉打击无资质、标识不全、故意遮挡或污损车牌等渣土车违法行为
		降尘量控制	长期坚持	全市降尘量控制在9吨/月·平方千米
	秸秆综合利用	加强秸秆焚烧管控	长期坚持	全面禁止秸秆、枯枝落叶、垃圾等露天焚烧，开展秸秆禁烧专项巡查
		加强秸秆综合利用	全年	按照秸秆肥料化、饲料化、基料化、燃料化、原料化的原则，加快推进农作物秸秆综合利用，全市秸秆综合利用率达到98.5%
	控制农业氨排放	种植业	全年	积极推广测土配方施肥、水肥一体化和有机肥替代化肥技术，减少氮肥施用，实现负增长
		畜禽养殖业	全年	优化调整畜禽养殖布局和规模，推动种养结合、循环发展，整治畜禽养殖污染，推进畜禽粪污资源化利用，粪污资源化利用率增加到75%以上
工业炉窑专项整治	工业炉窑整治	工业炉窑排查整治	2018年12月底前	结合第二次污染源普查，各区开展拉网式排查，加大工业炉窑治理力度，确保稳定达标排放
VOCs专项整治	重点行业VOCs治理	行业VOCs综合整治	2018年12月底前	完成1家石化企业、10家工业涂装企业、50家包装印刷企业VOCs治理
			长期坚持	禁止建设生产和使用高VOCs含量的溶剂型涂料、油墨、胶黏剂等项目
		燕山石化治理提升	2018年12月底前	燕山石化完成高压料仓废气深度治理、170蒸吨锅炉氮氧化物深度治理等重点工程，针对重点环节开展4轮泄漏检测修复；顺丁橡胶、丁苯橡胶、稀土橡胶装置后处理尾气排放口安装挥发性有机物在线连续监测系统；在厂界安装挥发性有机物环境自动监测设施
	油品储运销	油气回收	2018年12月底前	各区组织辖区内年销售汽油量超过2000吨（含）的加油站完成油气回收在线监控改造

类别	重点工作	主要任务	完成时限	工程措施
VOCs专项整治	推广使用低VOCs含量产品	推广使用低VOCs含量产品	长期坚持	严格执行北京市《建筑类涂料和胶黏剂挥发性有机化合物含量限值标准》，组织在全市房屋建设和维修、市政道路和桥梁、城市综合整治等工程中使用达标材料加强生产、销售领域建筑类涂料和胶黏剂产品检测
	餐饮行业治理	有序推进餐饮行业达标排放	长期坚持	严格落实《餐饮业大气污染物排放标准》要求，加强执法检查，督促餐饮服务单位按标准限值要求达标排放
	执法检查	重点VOCs行业执法检查	长期坚持	组织开展印刷、家具、汽修、医药、电子、机械等重点行业企业挥发性有机物排放专项检查，严厉打击违法排污行为，定期通报执法排名情况
重污染天气应对	错峰生产	重点行业错峰生产	2018年10月15日前	根据实际情况，制定建材、化工等行业错峰生产方案
	修订完善应急预案及减排清单	完善预警分级标准体系	长期坚持	落实空气重污染应急预案要求，在不利气象条件下，按照生态环境部的统筹调度，及时启动应急预案，实施区域空气重污染应急联动
		夯实应急减排措施	2018年9月底前	各区进一步梳理细化应急预案减排措施清单，按照黄色、橙色、红色级别减排比例原则上分别不低于10%、20%、30%的要求，夯实应急减排措施
能力建设	完善环境监测监控网络	粗颗粒监测网络建设	2018年12月底前	推进各区、街道（乡镇）粗颗粒物监测网络建设，边建设边使用，对监测结果进行排名通报
		降尘量监测点位布设	2018年12月底前	进一步升级降尘监测技术条件，在33个监测点位基础上进一步扩大到50个
		遥感监测系统平台建设	2018年12月底前	建成机动车遥感监测系统国家、省、市三级联网平台，并稳定传输数据
		定期排放检验机构三级联网	2018年12月底前	完善市级机动车检验机构监管平台，实现检测视频监控、防作弊报警提示、数据统计分析、检测机构管理、车辆环保信息管理，实现三级联网对超标排放车辆开展大数据分析，追溯相关方责任
		重型柴油车车载诊断系统远程监控系统建设	全年	开展重型柴油车车载诊断系统远程监控系统建设
	源排放清单编制	编制大气污染源排放清单	2018年9月底前	完成2017年大气污染源排放清单编制
保障机制	落实环境保护责任	严格落实环境保护责任	长期坚持	进一步落实环境保护"党政同责、一岗双责"要求，督促各区、市有关部门严格执行《北京市环境保护工作职责分工》，健全"管发展、管生产、管行业必须管环保"的环境保护工作责任体系，形成齐抓共管的合力
	环保专项督察	开展市级环保专项督察	全年	组织开展机动式、点穴式市级环保专项督察，适时组织市级环保督察整改情况"回头看"，对落实环保责任不到位、监管不力、失职渎职的，依纪依法追究责任

天津市 2018—2019 年秋冬季大气污染综合治理攻坚行动方案

类别	重点工作	主要任务	完成时限	工 程 措 施
产业结构调整	优化产业布局	"三线一单"编制	2018 年 12 月底前	开展"三线一单"编制工作，完成生态保护红线划定
		着力破解"钢铁围城"问题	2018 年 8 月底前	制定实施钢铁行业结构调整和布局优化规划方案，确定调整任务和目标，推进钢铁产业布局集中、产能减量、产品高端、体制优化
			2018 年 12 月底前	钢铁产能严格控制在 2 000 万吨以内
		加快解决"园区围城"问题	2018 年 12 月底前	依法对 49 个国家级和市级工业园区予以保留，对 35 个工业园区（集聚区）予以整合，对 10 个工业园区（集聚区）予以撤销取缔
	"散乱污"企业综合整治	完成"散乱污"企业整治	2018 年 12 月底前	持续对"散乱污"企业进行排查更新，对全市 "散乱污"企业"先停后治"，实施关停取缔、搬迁和原地提升改造
	工业源污染治理	实施排污许可	2018 年 12 月底前	按照国家统一安排完成排污许可证核发任务
		钢铁超低排放	2018 年 12 月底前	推进荣程钢铁、天钢联合特钢公司超低排放改造
		焦化行业深度治理	2018 年 12 月底前	研究推进天铁炼焦炉体封闭改造工程
		铸锻行业深度治理	2018 年 12 月底前	按照《铸锻工业大气污染物排放标准》，对 223 家企业实施提标改造
		无组织排放治理	2018 年 12 月底前	完成荣程钢铁等 4 家钢铁、泰嘉热力等 5 家供热站、国电津能等 7 家火电、佳元精密等 7 家铸造、耀皮玻璃等 1 家玻璃、天铁炼焦等 1 家焦化企业共 25 家工业企业的无组织排放深度治理
能源结构调整	清洁取暖	清洁能源替代散煤	2018 年 10 月底前	完成 18.69 万户农村居民散煤清洁能源替代,其中"煤改电"3.59 万户、"煤改气"15.02 万户、集中供热 0.07 万户
		洁净煤替代散煤	2018 年 10 月底前	对未实施清洁取暖的，做好无烟型煤招标、生产、供应工作，确保实现无烟型煤替代全覆盖其中，2018 年 10 月底前，完成大规模集中配送；采暖期间做好零散配煤
		扩大高污染燃料禁燃区划定范围	2018 年 9 月底前	调整高污染燃料禁燃区区划，将全面完成以电代煤、以气代煤的地区划入高污染燃料禁燃区，禁燃区内禁止新、改、扩建使用高污染燃料的项目
		煤质监管	长期坚持	严厉打击劣质煤流通、销售和使用，持续开展采暖期供热企业燃用煤炭煤质检查
	煤炭消费总量控制	煤炭消费总量削减	2018 年 12 月底前	2018 年煤炭消费总量控制在 4 200 万吨以内，发电及供热用煤占比达到 70%以上，煤炭占一次能源比重明显优于国家平均水平
		清洁能源替代利用	2018 年 12 月底前	可再生能源电力装机规模力争达到 125 万千瓦
			2018 年 12 月底前	地热供暖面积力争达到 2 700 万平方米

类别	重点工作	主要任务	完成时限	工　程　措　施
能源结构调整	煤炭消费总量控制	天然气供应保障	2018年12月底前	天然气供应保障能力力争达到90亿米³以上
		严格控制新建燃煤项目	长期坚持	严格控制新建燃煤项目，实行耗煤项目减量替代，禁止配套建设自备燃煤电站
	锅炉综合整治	淘汰燃煤锅炉	长期坚持	持续开展供热、工业和商业燃煤锅炉治理，巩固2017年燃煤锅炉改燃关停整治成果，确保不反弹
		严格落实超低排放监管	长期坚持	充分发挥煤电机组和燃煤锅炉全部达到超低排放标准或特别排放限值的环境效益，依托燃煤设施在线监测全覆盖，强化动态监管
		燃气锅炉低氮改造	2018年9月底前	按照改造后氮氧化物排放浓度不高于80毫克/米³、部分不高于30毫克/米³的要求，完成222台5 908蒸吨燃气锅炉低氮改造
		生物质成型燃料锅炉深度治理	2018年12月底前	按照《生物质成型燃料锅炉大气污染物排放标准》，对249家企业实施提标改造
运输结构调整	货物运输方式优化调整	铁路货运比例提升	2018年12月底前	2018年港口货运铁路集疏运运量力争达到9 000万吨
			长期坚持	天津港煤炭集疏港持续由铁路运输，严格禁止汽运煤炭集疏港
			2018年12月底前	天津港矿石运输量铁路运输比例达到30%以上
			2018年12月底前	出台天津市运输结构调整方案
		推动铁路货运重点项目建设	2018年12月底前	基本建成南港铁路
		大力发展多式联运	长期坚持	鼓励海铁联运，大幅提高铁路运输量到2020年铁路货运比达到16%，天津港集装箱铁路集疏港比例达到1.5%
			长期坚持	利用"互联网+"等业态创新方式，深入推进道路货运无车承运人试点，促进供需匹配，有效降低货车空驶率
	城市交通出行结构优化调整	优化公共交通系统	2018年12月底前	建成以轨道交通为骨干、以城市公交为主体的公共交通系统，2018年全市新开、延长、调整公交线路40条，轨道交通运营里程达到217千米
		绿色交通出行体系建设	2018年12月底前	2018年全市轨道交通、城市公交和共享单车出行力争达到18.7亿人次
	车船结构升级	发展新能源车	2018年12月底前	新投入建成区的公交车全部采用新能源公交车，投入新能源公交车总数超过4 700辆
			2018年12月底前	新增新能源汽车2万辆，占全市汽车保有量达到3%推进公交、环卫、邮政、通勤、轻型城市物流配送车辆使用新能源或清洁能源车
			2018年12月底前	在物流园、产业园、工业园、大型商业购物中心、农贸批发市场等物流集散地及公共停车场建设集中式充电桩和快速充电桩3 000个，全市总量达到11 000个
		老旧车淘汰	2018年12月底前	淘汰国Ⅰ、国Ⅱ汽油车和国Ⅲ柴油车总计3万辆

类别	重点工作	主要任务	完成时限	工程措施
运输结构调整	船舶更新升级	老旧船舶淘汰、内河航运船型标准化	2018年7月1日起	全面实施新生产船舶发动机第一阶段排放标准
	车船燃油品质改善	油品质量升级	长期坚持	持续加强车用油品监管，实现车用柴油、普通柴油、部分船舶用油"三油并轨"
		加强车用汽柴油质量监管	长期坚持	对炼油厂、加油站的车用汽柴油进行环保指标监督抽检，抽检覆盖率达到100%；对不合格产品依法进行后处理，对抽检结果进行通报
			长期坚持	对储油库（包括企业自备油库）抽检覆盖率达到100%；开展柴油货车油箱油品主要环保指标抽检，逐步提高抽检合格率
			长期坚持	2018年9月底前，开展打击黑加油站点专项行动，严厉打击黑加油站点，重点依法查处流动加油车售油违法违规行为
		加强车用尿素质量监管	长期坚持	对车用尿素生产企业抽检覆盖率达到100%；对不合格产品依法进行后处理，对抽检结果进行通报；抽检合格率达到98%
			长期坚持	市内高速公路、国省公路沿线加油站点持续全面销售符合产品质量要求的车用尿素，保证柴油车辆尾气处理系统的尿素需求
	强化移动源污染防治	新车环保监督管理	长期坚持	新注册登记柴油货车开展检验时，逐车核实环保信息公开情况，查验污染控制装置，开展上线排放检测，确保实现全覆盖
			长期坚持	禁止制造、进口、销售和注册登记国家第五阶段标准（不含）以下的轻型柴油车；在进口环节，加强海关检验检疫管控，对国家第五阶段标准（不含）以下的轻型柴油车不允许入境
		老旧车治理和改造	长期坚持	铁路内燃机车逐步消除冒黑烟现象
			2018年12月底前	50辆柴油车安装污染控制装置并配备实时排放监控终端，并与有关部门联网，完成远程监控试点
运输结构调整	强化移动源污染防治	在用车执法监管	2018年12月底前	组织实施机动车大户制管理，制定工作方案，强化日常监管
			长期坚持	开展机动车检验机构专项整治，实现全覆盖；加强机动车排放检验机构监管，完善监管平台，创新监管方法，严厉打击未按规范进行排放检测和弄虚作假等违法行为；对初检或日常监督抽测发现的超标车、异地车辆、注册5年以上的营运柴油车进行过程数据、视频图像和检测报告复核
			2018年12月底前	开展在用汽车排放检测与强制维护制度（I/M）建设工作
			长期坚持	围绕货车通行主要道路、物流货运通道等，按照"环保取证、交管部门处罚"的工作机制，开展常态化联合执法检查，对超标排放的违法车辆，经环保部门检测后，对尾气排放超标车辆依法实施处罚

类别	重点工作	主要任务	完成时限	工 程 措 施
运输结构调整	强化移动源污染防治	在用车执法监管	2018 年 12 月底前	在排放检验机构企业官方网站和办事业务大厅建设显示屏，通过高清视频实时公开柴油车排放检验全过程及检验结果，完成 1～2 家试点
		加强非道路移动机械和船舶污染防治	长期坚持	划定并公布禁止使用高排放非道路移动机械的区域，禁止使用冒黑烟和超标排放非道路移动机械，严格组织落实；对违法行为依法严处，每季度抽查在用非道路移动机械施工工地达到 50%，攻坚行动期间实现全覆盖
			长期坚持	开展摸底调查和编码登记；建立分行业非道路移动机械使用监管机制，实施长效监管；坚决禁止不达标工程机械入场作业
			长期坚持	以施工工地和港口码头、机场等为重点，推进柴油施工机械和作业机械清洁化
			长期坚持	重污染天气预警期间，除涉及安全生产及应急抢险任务外，停止使用非道路移动机械
			长期坚持	持续加大船舶用油执法检查力度，严厉打击使用不达标燃油行为
		推动靠港船舶和飞机使用岸电	2018 年 12 月底前	2018 年，天津港口新增 4 个集装箱泊位具备提供岸电能力，新增 2 个 5 万吨级以上干散货泊位具备提供岸电能力，总量达到 9 个
			2018 年 12 月底前	建设 33 台地面电源替代飞机辅助动力装置，制定设备启用计划并有序推进
		严格落实高排放车辆限行措施	长期坚持	继续禁止高排放（原国Ⅰ、国Ⅱ标准）轻型汽油车工作日（因法定节假日放假调休星期六、星期日上班的除外）在外环线以内（含外环线）区域道路通行
			长期坚持	继续禁止中重型载货汽车在外环线以内（含外环线）道路通行
		加强道路交通安全设施和交通管理科技设施建设	长期坚持	扩大交通信号区域协调控制系统规模，力争在年底前达到 2 000 个路口，加强电子警察的覆盖范围，扩展电子警察系统功能，完善重点易堵路段交通护栏、警示提示标志，缓解交通拥堵，减少机动车因长时间等候导致尾气排放
用地结构调整	扬尘综合治理	施工扬尘管理清单	2018 年 9 月底前	建立各类施工工地扬尘管理清单，并定期动态更新
		施工扬尘管控	长期坚持	各类施工工地严格落实"六个百分之百"污染防控措施；对各类长距离施工的市政、公路、水利等线性工程，全面实行分段施工，并同步落实好扬尘防控措施各行业主管部门按照职责分工对各类施工项目持续加大监管力度，对出现违规排污的企业，依法暂停投标资格，从重处罚，并按规定向社会公开
		渣土运输专项整治	长期坚持	全面落实渣土源头监管全覆盖、运输车辆全密闭，环城四区处置场建成达标后投入运行，实现渣土运输企业和车辆的规范化管理

类别	重点工作	主要任务	完成时限	工 程 措 施
用地结构调整	扬尘综合治理	渣土运输专项整治	长期坚持	中心城区和滨海新区核心区施工工地实现智能渣土车运输全覆盖
		施工扬尘监管	长期坚持	对全市 1 691 个建筑工地安装在线监测和视频监控，基本实现土石方作业建筑工地全覆盖，并与市主管部门联网
		加强城市清扫保洁力度	长期坚持	持续实施道路扫保"以克论净"考核，定期对城乡结合部、背街小巷等区域进行重点清扫
			长期坚持	按照 9 吨/月·平方千米标准，每月进行降尘量考核
			长期坚持	全面清洗公共设施、交通护栏、绿化隔离带等部位积尘浮尘
		加强城市清扫保洁力度	长期坚持	加强国省公路和高速公路机扫保洁对外环线以及与外环线相连的环城四区放射线，重点区域周边主要国省公路，滨海新区与中心城区之间的连接线，各区的穿城镇公路及建城区的环线公路，通往旅游景区公路，做到机械清扫每天 2 次、水洗路面隔天 1 次、洒水降尘作业隔天 1 次；其他普通国省公路水洗路面隔两天 1 次，洒水降尘作业隔两天 1 次
			长期坚持	高速公路严格按照作业标准采取机械清扫、路面洒水降尘和人工保洁措施
		强化裸地治理	长期坚持	对 2018 年新排查发现的 2 040 块共计 22.795 平方千米裸地因地制宜全面治理，并防止污染反弹
	烟花爆竹燃放管控	强化烟花爆竹禁放	长期坚持	严格执行《天津市人民代表大会常务委员会关于禁止燃放烟花爆竹的决定》，落实禁止销售、燃放烟花爆竹要求
			2018 年 12 月底前	修订《天津市烟花爆竹安全管理办法》
			2018 年 12 月底前	滨海新区和环城四区按照全市统一部署，研究提出本区全域禁止燃放烟花爆竹要求
	秸秆综合利用	做好秸秆综合利用	2018 年 12 月底前	秸秆综合利用率达到 97%以上
		严格秸秆禁烧	长期坚持	持续加大露天焚烧秸秆执法检查力度，建立网格化监管制度，在秋收阶段开展秸秆禁烧专项巡查
			长期坚持	全面落实禁止焚烧垃圾、落叶、枯草要求
			长期坚持	引导群众不在道路及社区非指定区域内焚烧花圈、纸钱等
			长期坚持	用好用足高架视频、无人机和卫星遥感技术，实现秸秆禁烧科技化监管全覆盖
	控制农业氨排放	种植业	2018 年 12 月底前	减少化肥农药使用量，增加有机肥使用量，实现化肥农药使用量负增长
		畜禽养殖业	长期坚持	强化畜禽粪污资源化利用，改进养殖场通风环境，提高畜禽粪污综合利用率，减少氨挥发排放

类别	重点工作	主要任务	完成时限	工 程 措 施
工业炉窑专项整治	工业炉窑整治	工业炉窑排查	2018 年 10 月底前	开展拉网式排查，建立各类工业炉窑管理清单
		工业炉窑治理	2018 年 10 月底前	加大工业炉窑治理力度，确保稳定达标排放
		煤气发生炉淘汰	2018 年 10 月底前	按照"主体移位、切断连接、清除燃料、永不复用"的标准，实施工业煤气发生炉（制备原料的煤气发生炉除外）专项整治，2018 年 10 月底前全部完成拆改逾期未完成的，依法实施停产整治
VOCs专项整治	VOCs 综合治理	重点行业VOCs 综合治理	2018 年 12 月底前	完成 74 家包装印刷企业、66 家塑料企业、46 家工业涂装企业、35 家化工企业、30 家家具企业、23 家橡胶企业等共计 293 家企业的 VOCs 治理，工业企业 VOCs 治理实现全覆盖
			长期坚持	禁止建设生产和使用高 VOCs 含量的溶剂型涂料、油墨、胶黏剂等项目
		餐饮油烟深度治理	2018 年 12 月底前	持续推进餐饮油烟治理；再完成 700 家餐饮企业油烟治理，确保油烟净化设施与排风机同步运行、定期清洗中心城区及其他重点地区坚决禁止露天烧烤
		机动车维修行业涂漆作业综合治理	2018 年 12 月底前	制定实施天津市机动车维修行业涂漆作业综合治理实施方案，2018 年 7 月 31 日前完成机动车维修企业涂漆作业提升改造和综合治理；大力推广环保涂料，自 2018 年 6 月 1 日起，一类机动车维修企业改用水性环保型涂料，2018 年 12 月底前涉及涂漆作业的机动车维修企业全部改用水性环保型涂料
		加强建筑类涂料和胶黏剂质量监管	2018 年 12 月底前	组织对生产和销售的建筑类涂料和胶黏剂产品进行质量监督抽检，在生产及流通领域抽检 58 批次；公开通报抽检结果，对不合格产品依法开展后处理
	油品储运销	油气回收	2018 年 10 月底前	完成加油站、储油库、油罐车油气回收治理
		安装油气回收在线监测	采暖期前	年销售汽油量大于 5 000 吨及其他具备条件的加油站，安装油气回收在线监测设备，并与油气回收监控平台联网
	专项执法	VOCs 专项执法	长期坚持	严厉打击违法排污行为
重污染天气应对	错峰生产	重点行业错峰生产	2018 年 10 月15 日前	制定钢铁、建材、焦化、铸造、有色、化工等行业错峰生产方案采暖期对重点行业实行差异化错峰生产，对钢铁、水泥、焦化、火电等涉及大宗原材料及产品运输的重点用车企业实行错峰运输，大幅减少污染物排放
	修订完善应急预案及减排清单	完善预警分级标准体系	2018 年 9 月底前	统一应急预警标准，实施区域应急联动
		夯实应急减排清单	2018 年 9 月底前	完成应急预案减排措施清单编制
	预警应对能力建设	强化预警应对能力	长期坚持	推进空气质量预测预报能力建设，确保市级预测预报部门具备 3 天精细化预报和 7 天趋势分析预测能力
			长期坚持	依托大气重污染成因与治理攻关研究，提升重污染天气应对技术支撑能力，充分利用大数据分析等信息化手段提高管理效率和工作成效

类别	重点工作	主要任务	完成时限	工程措施
重污染天气应对	跨区域集疏港联动	健全跨区域集疏港联动机制	长期坚持	协调建立京津冀及周边地区跨区域集疏港联动机制，如遇重污染天气二级及以上应急响应，提前告知周边省市同步实施天津港集疏运车辆管控措施
			长期坚持	严格落实集疏运车辆（民生保障物资或特殊需求产品除外）禁止进出港区要求
	应急成效后评估	开展应急成效后评估工作	长期坚持	在典型污染过程结束后，对预警发布情况、预案措施落实情况以及响应措施的针对性和可操作性、环境效益等进行总结评估，总结经验、分析问题、查找不足，形成典型案例，制定改进措施
能力建设	完善环境监测监控网络	重点污染源自动监控体系建设	2018 年 12 月底前	针对排气口高度超过 45 米的高架源，20 蒸吨及以上燃油、燃气锅炉，10 蒸吨及以上生物质燃料锅炉，钢铁联合企业符合自动监测设备安装技术条件的所有烟气排放口，安装烟气排放自动监控设施
			2019 年 3 月底前	石化、化工、包装印刷、工业涂装等 VOCs 排放重点源，排放速率大于 2.5 kg/h 或排气量大于 60 000 m^3/h 的工业企业 VOCs 排放筒，基本实现 VOCs 在线监测全覆盖
		机动车遥感监测系统平台建设	2018 年 12 月底前	建成机动车遥感监测系统国家—省—市三级联网平台，并稳定传输数据
		排放检验机构三级联网	攻坚行动期间	全部机动车排放检验机构实现国家—省—市三级联网，确保监控数据实时、稳定传输
		工程机械排放监控平台建设	2018 年 12 月底前	试点开展工程机械安装实时定位和排放监控装置

河北省石家庄市 2018—2019 年秋冬季大气污染综合治理攻坚行动方案

类别	重点工作	主要任务	完成时限	工程措施
产业结构调整	优化产业布局	"三线一单"编制	2019 年 4 月底前	完成生态保护红线编制；启动环境质量底线、资源利用上线、环境准入清单编制工作，明确禁止和限制发展的行业、生产工艺和产业目录
		建成区重污染企业搬迁	2018 年 12 月底前	实施华北制药华胜有限公司制造五车间、河北华荣制药有限公司、石药集团中诺药业（石家庄）有限公司中润生产区、河北华润药业有限公司、石家庄市环城生物化工厂、河北华运鸿业化工有限公司、河北金源化工有限公司、正定县金石化工有限公司、石家庄力神锻压机床公司、石家庄正元化肥有限公司等 10 家企业搬迁改造
		园区整治	2018 年 12 月底前	完成园区进一步提升优化治理工作，达到相关要求
	"两高"行业产能控制	压减水泥产能	2018 年 12 月底前	压减水泥产能 350 万吨
		压减焦炭产能	2018 年 12 月底前	压减焦炭产能 130 万吨
	"散乱污"企业综合整治	开展"散乱污"企业及集群综合整治	2018 年 10 月底前	完成 500 家"散乱污"企业及集群综合整治，其中，关停取缔 173 家，升级改造 326 家，整合搬迁 1 家
			全年	建立"散乱污"企业动态排查管理机制

类别	重点工作	主要任务	完成时限	工程措施
产业结构调整	工业源污染治理	实施排污许可	2018年12月底前	按照国家、省统一安排完成排污许可证核发任务
		钢铁超低排放	2018年12月底前	推进河北敬业钢铁有限公司超低排放改造（3台230平米烧结机和2台260平米烧结机完成脱硝治理）
		焦化行业深度治理	2018年9月底前	完成河北力马燃气有限公司、金鑫焦化有限公司脱硫、脱硝、除尘改造
	工业源污染治理	陶瓷行业深度治理	2018年12月底前	完成河北浩锐陶瓷制品有限公司脱硫、脱硝、除尘改造
		电力行业深度治理	2018年12月底前	完成4家112MW燃煤电厂脱硫、脱硝、除尘改造
		工业企业料场堆场管理	2018年10月底前	钢铁、水泥、平板玻璃、陶瓷、焦化、铸造行业企业料场堆场管理全部达到河北省《煤场、料场、渣场、扬尘污染控制技术规范》（DB13/T2352—2016）地方标准存储要求，实现规范管理
能源结构调整	清洁取暖	清洁能源替代散煤	2018年10月底前	完成散煤替代31.057万户，其中，气代煤23.694万户、电代煤7.363万户
		洁净煤替代散煤	2018年10月底前	暂不具备清洁能源替代条件地区推广洁净煤替代散煤30万户
		煤质监管	全年	严厉查处无照经营；"禁燃区"内严禁散煤经营；按照年度抽检计划，对现有32家散煤销售网点进行抽检，全年抽检煤炭达到经营主体全覆盖
	煤炭消费总量控制	煤炭消费总量削减	2018年12月底前	煤炭消费总量较2017年削减80万吨
	锅炉综合整治	淘汰燃煤锅炉	2018年10月底前	淘汰35蒸吨以下燃煤锅炉113台3704.9蒸吨
		锅炉节能和超低排放改造	2018年10月底前	完成65蒸吨及以上燃煤锅炉超低排放改造28台2813蒸吨
		燃气锅炉低氮改造	2018年12月底前	完成10蒸吨以上129台燃气锅炉低氮改造
运输结构调整	铁路货运比例提升		2018年12月底前	出台运输结构调整方案
			2018年12月底前	铁路货运量比2017年增长17%
	车船结构升级		2018年10月底前	电动公交车保有总量1920辆，比例34%；重点区域建成区电动公交车保有量1810辆，比例32%
		发展新能源车	2018年10月底前	新增和更新城市出租、邮政、公交、通勤、轻型物流配送车辆采用新能源或清洁能源汽车，共2560辆
			2018年12月底前	加快新能源电动汽车的充电桩建设推动新能源汽车在网约出租汽车应用，鼓励开展分时租赁，在充电基础设施布局和建设方面给予支持
		老旧车淘汰	2018年12月底前	加快国三及以下营运中重型柴油车淘汰

类别	重点工作	主要任务	完成时限	工 程 措 施
运输结构调整	车船燃油品质改善	油品质量升级	长期坚持	全面供应符合国六标准的车用汽柴油，停止销售低于国六标准的汽柴油，实现车用柴油、普通柴油、部分船舶用油"三油并轨"
			全年	强化油品质量监管，按照年度抽检计划，在全市加油站（点）抽检车用汽柴油共计 2 000 个批次
			2018 年 9 月底前	根据省市推进成品油市场整治系列方案要求，开展打击黑加油站点专项行动，对黑加油站点查处取缔工作进行督导
			全年	从炼油厂、储油库、加油加气站抽检 1 500 批次；从高速公路、国道、省道沿线加油站抽检尿素 100 次
	强化移动源污染防治	新车环保达标监管	长期坚持	新注册登记柴油货车开展检验时，逐车核实环保信息公开情况，查验污染控制装置，开展上线排放检测，确保实现全覆盖
		在用车执法监管	长期坚持	在用燃油、燃气的出租车定期更换三元催化器
			2018 年 12 月底前	检查排放检验机构 69 家，实现监管全覆盖
			2018 年 12 月底前	开展在用汽车排放检测与强制维护制度（I/M）建设工作
			长期坚持	对初检或日常监督抽测发现的超标车、异地车辆、注册 5 年以上的营运柴油车进行过程数据、视频图像和检测报告复核
			2018 年 12 月底前	在排放检验机构企业官方网站和办事业务大厅建设显示屏，通过高清视频实时公开柴油车排放检验全过程及检验结果，完成 1～2 家试点
		加强非道路移动机械污染防治	2018 年 12 月底前	开展非道路移动机械摸底调查和监管的试点工作
			2018 年 12 月底前	启动民航机场停靠期间岸电使用
用地结构调整	矿山综合整治	强化露天矿山综合治理	2018 年 10 月底前	对污染不达标的有证露天矿山实施停产整治，不达标一律不得恢复生产对 12 处责任主体灭失矿山迹地进行综合治理
	扬尘综合治理	建筑扬尘治理	长期坚持	严格落实施工工地"六个百分之百"要求
		施工扬尘管理清单	2018 年 9 月底前	建立各类施工工地扬尘管理清单，并定期动态更新
		施工扬尘监管	2018 年 10 月底前	规模以上建筑工地安装在线监测和视频监控，并与当地行业主管部门联网
		道路扬尘综合整治	全年	城市道路机械化清扫率达到 90%，县城达到 85%
	秸秆综合利用	加强秸秆焚烧管控	全年	建立网格化监管制度，在秋收阶段开展秸秆禁烧专项巡查
		加强秸秆综合利用	全年	秸秆综合利用率达到 96%
	控制农业氨排放	种植业	全年	2018 年化肥使用量减少 8 000 吨，氮肥利用率提高到 38%
		畜禽养殖业	全年	畜禽粪污综合利用率达到 70% 以上

类别	重点工作	主要任务	完成时限	工 程 措 施
工业炉窑专项整治	工业炉窑治理	工业炉窑排查	2018 年 8 月底前	开展拉网式排查，建立各类工业炉窑管理清单
		工业炉窑改造	2018 年 10 月底前	加大工业炉窑治理力度，确保稳定达标排放
		煤气发生炉淘汰	2018 年 12 月底前	在气源保障的前提下，淘汰煤气发生炉 22 台，完成赞皇陶瓷"煤改气"
		煤气化炉整改	2018 年 12 月底前	完成化肥行业固定床间歇式煤气化炉整改
VOCs 专项整治	重点行业 VOCs 治理	重点行业 VOCs 综合治理	2018 年 10 月底前	持续对石油化工、制药、有机化工、焦化、表面涂装、印刷、印染、木质家具、橡胶和塑料制品、制革、纺织面料鞋生产制造、平板玻璃等行业开展 VOCs 深度治理
		重点行业 VOCs 治理设施升级改造	2018 年 10 月底前	对 37 家制药企业已有 VOCs 治理设施进行升级改造，提高 VOCs 去除效率
	油品储运销	安装油气回收在线监测	2018 年 12 月底前	17 个年销售汽油量 5000 吨以上加油站全部安装油气回收在线监测设备
	专项执法	VOCs 专项执法	长期坚持	严厉打击违法排污行为
重污染天气应对	错峰生产	重点行业错峰生产	2018 年 10 月 15 日前	制定钢铁、建材、焦化、铸造、有色、化工等行业错峰生产方案
	修订完善应急预案及减排清单	完善预警分级标准体系	2018 年 9 月底前	统一应急预警标准，实施区域应急联动
		夯实应急减排措施	2018 年 9 月底前	完成应急预案减排措施清单编制
能力建设	完善环境监测监控网络	降尘量监测点位布设	2018 年 8 月底前	在市区增设 5 个降尘监测点位，所辖县（市）区增设 18 个降尘监测点位
		重点污染源自动监控体系建设	2018 年 8 月底前	石化、化工、包装印刷、工业涂装等 VOCs 排放重点源安装烟气排放在线监控设备或超标报警装置 190 家
		遥感监测系统平台建设	2018 年 10 月底前	建成遥感监测系统平台，实现国家—省—市三级联网，并稳定传输数据
			2018 年 12 月底前	建成 10 台（套）固定垂直式遥感监测设备、1 台（套）移动式遥感监测设备
		定期排放检验机构三级联网	2018 年 12 月底前	机动车排放检验机构实现国家—省—市三级联网，确保监控数据实时、稳定传输
		工程机械排放监控平台建设	2018 年 12 月底前	启动开展工程机械安装实时定位和排放监控装置
		重型柴油车车载诊断系统远程监控系统建设	2018 年 12 月底前	启动开展重型柴油车车载诊断系统远程监控
	源排放清单编制	编制大气污染源排放清单	2018 年 9 月底前	完成 2017 年大气污染源排放清单编制

河北省唐山市2018—2019年秋冬季大气污染综合治理攻坚行动方案

类别	重点工作	主要任务	完成时限	工程措施
产业结构调整	优化产业布局	"三线一单"编制	2018年12月底前	完成生态保护红线编制工作；启动环境质量底线、资源利用上线、环境准入清单编制工作，明确禁止和限制发展的行业、生产工艺和产业目录
		建成区重污染企业搬迁	2018年12月底前	市建成区内铸造、陶瓷企业搬迁入园采暖期结束后，丰南区国丰钢铁南区停产
			长期	按照"一港双城"规划，加快市中心区及周边重化工企业向曹妃甸、乐亭等沿海区域转移；推进首钢二期、河钢临港基地、丰南钢铁联合重组、千万吨炼化等项目建设，打造沿海重化工产业集群
	"两高"行业产能控制	压减钢铁产能	2018年12月底前	完成压减退出炼钢产能500万吨，炼铁产能281万吨，同步关停配套烧结、炼焦工序
		压减焦炭产能	2018年12月底前	压减焦炭产能185万吨
	"散乱污"企业综合整治	开展"散乱污"企业及集群综合整治	2018年10月底前	完成新排查出2 767家"散乱污"企业分类整治持续巩固整治成果，建立"散乱污"企业动态排查管理机制
	工业源污染治理	实施排污许可	2018年12月底前	按照国家、省统一安排完成排污许可证核发任务
		钢铁超低排放	2018年10月底前	大力推进钢铁企业超低排放改造
		焦化行业深度治理	2018年12月底前	22家焦化企业完成脱硫、脱硝、除尘改造城市建成区焦化企业启动焦炉炉体加罩封闭工作
		电力企业脱白治理	2018年9月底前	推进燃煤电厂湿法脱硫烟气"脱白"治理
		玻璃行业治理	2018年9月底前	2家平板玻璃企业完成脱硫脱硝治理，达到超低排放要求
		陶瓷、铸造行业深度治理	2018年9月底前	479家铸造企业、111家陶瓷企业完成"煤改气""煤改电"陶瓷行业完成燃气隧道窑烟气脱硝治理，氮氧化物达到200毫克/米^{3}以下铸造企业深度治理达到行业标准
		工业企业料场堆场管理	2018年10月底前	钢铁、焦化、水泥、平板玻璃、陶瓷和铸造等行业企业料场堆场管理全部达到河北省《煤场、料场、渣场、扬尘污染控制技术规范》（DB13/T2352—2016）地方标准存储要求，实现规范管理
		殡葬企业污染治理	2018年9月底前	对全市44台火化炉、3台焚烧炉进行环保更新改造，烟气达到《火葬场大气污染物排放标准》（GB 13801—2015）
		恶臭气体专项整治	2018年10月底前	完成82家企业恶臭污染源治理

类别	重点工作	主要任务	完成时限	工 程 措 施
能源结构调整	清洁取暖	清洁能源替代散煤	2018 年 10 月底前	完成清洁能源替代散煤 14.691 万户,其中气代煤 11.044 万户、电代煤 3.647 万户
		煤质监管	2018 年 10 月底前	市中心区外建设 29 个集中的散煤经销场所
			全年	严格煤炭质量检验标准,加强型煤、洗精煤等生产企业产品质量监督抽查,生产企业抽查覆盖率达到 95% 以上;严格执行国家和省定标准,规范和加强煤质检测站煤质抽检、检测制度;加强散煤销售、使用环节抽检力度,煤质抽检覆盖率不低于 95%,对抽验发现经营不合格散煤行为的,依法处罚
	煤炭消费总量控制	煤炭消费总量削减	2018 年 12 月底前	煤炭消费总量较 2017 年削减 190 万吨
	锅炉综合整治	淘汰燃煤锅炉	2018 年 10 月底前	淘汰 35 蒸吨及以下燃煤锅炉 64 台、1 313 蒸吨
		锅炉节能和超低排放改造	2018 年 10 月底前	完成燃煤锅炉超低排放改造 7 台、685 蒸吨
		燃气锅炉低氮改造	2018 年 10 月底前	完成 38 台 10 蒸吨以上燃气锅炉低氮改造
运输结构调整	货物运输方式优化调整	铁路货运比例提升	2018 年 10 月底前	出台运输结构调整行动计划
			2018 年 12 月底前	完成曹妃甸港通用码头铁路专用线、铁路港池岛专用线工程建设;唐钢不锈钢、国义钢铁、经安钢铁公司等 5 家钢铁企业铁路专用线完成技术改造,九江钢铁、鑫达钢铁、荣信钢铁公司等 6 家钢铁企业铁路专用线开工建设;支持利用城市现有铁路、物流货场转型升级为城市配送中心,深化唐山南、杨家口城市配送中心方案研究
			长期坚持	唐山港煤炭集疏港持续由铁路运输,严格禁止汽运煤炭集疏港
	车船结构升级	发展新能源车	2018 年 12 月底前	新能源汽车销售量 1 700 辆,增长 10%
			2018 年 10 月 1 日起	新增和更新城市公交、环卫、邮政、出租、通勤、轻型物流配送车辆全部采用新能源或清洁能源汽车
			2018 年 12 月底前	电动公交车保有总量 800 辆,占比 23%,城市建成区电动公交车保有量 300 辆,占比 13%
			2018 年 12 月底前	推进港口、机场、铁路货场等新增或更换作业车辆采用新能源或清洁能源汽车
			2018 年 12 月底前	完成新能源节能车充电桩建设方案
		老旧车淘汰	2018 年 12 月底前	制定营运柴油货车和采用稀薄燃烧技术、"油改气"老旧燃气车辆提前淘汰更新目标及实施计划淘汰老旧机动车 4 545 辆,淘汰国三及以下营运中重型柴油货车 102 辆
			长期坚持	在用燃油、燃气的出租车定期更换三元催化器

类别	重点工作	主要任务	完成时限	工程措施
运输结构调整	船舶更新升级	老旧船舶淘汰、内河航运船型标准化	2018 年 7 月 1 日起	全面实施新生产船舶发动机第一阶段排放标准
			2018 年 12 月底前	推广使用电动、天然气等清洁能源或新能源船舶 41 艘
			2018 年 12 月底前	淘汰使用 20 年以上的内河航运船舶 2 艘
	车船燃油品质改善	油品质量升级	长期坚持	全面供应符合国六标准的车用汽柴油,停止销售低于国六标准的汽柴油,实现车用柴油、普通柴油、部分船舶用油"三油并轨"
			2018 年 12 月底前	港口内靠岸停泊的船舶应使用硫含量不高于 0.5%的燃油唐山港集疏港采用清洁能源或国Ⅳ以上排放标准车辆
			长期坚持	对销售、储存的车用汽柴油、车用尿素进行质量监督抽检,抽检覆盖率达到 100%,对不合格产品依法进行处理
			全年	加强对 869 家成品油经营主体抽检油品,经营主体覆盖率 85%以上
			2018 年 9 月底前	开展打击黑加油站点专项行动
	强化移动源污染防治	新车环保监督管理	长期坚持	新注册登记柴油货车开展检验时,逐车核实环保信息公开情况,查验污染控制装置,开展上线排放检测工作试点开展将环保信息随车清单纳入车辆档案管理确保实现全覆盖
			2018 年 12 月底前	开展销售环节机动车环保信息公开核查工作
		在用车执法监管	2018 年 12 月底前	试点开展里程低、残值高等具备条件的柴油车治理改造,安装污染控制装置,配备实时排放监控装置,并与环境保护等主管部门联网
			2018 年 12 月底前	排放检验机构监管全覆盖
			全年	对初检或日常监督抽测发现的超标车、异地车辆、注册 5 年以上的营运柴油车进行过程数据、视频图像和检测报告复核
			2018 年 12 月底前	开展货车污染整治专项行动,重点整治国、省干道、市区外环线运输钢铁、焦化、水泥等超限超载、扬尘飘洒和尾气超标排放的货车
			2018 年 12 月底前	在排放检验机构企业官方网站和办事业务大厅建设显示屏,通过高清视频实时公开柴油车排放检验全过程及检验结果,完成 1~2 家试点
		加强非道路移动机械和船舶污染防治	2018 年 12 月底前	开展销售环节非道路移动机械(包括农用机械)环保信息公开核查工作
			2018 年 12 月底前	划定唐山市非道路移动机械低排放控制区,低排放控制区内施工工地禁止使用国Ⅲ以下排放标准非道路移动机械

类别	重点工作	主要任务	完成时限	工 程 措 施
运输结构调整	强化移动源污染防治	推动靠港船舶和飞机使用岸电	2018年12月底前	启动民航机场停靠期间使用岸电
			2018年12月底前	唐山港建成6套高压固定式、2套高压移动式和16套低压移动式岸电设施
用地结构调整	矿山综合整治	强化露天矿山综合治理	2018年10月底前	对环保不达标的有证露天矿山实施停产整治，不达标一律不得恢复生产对4处责任主体灭失矿山迹地进行综合治理
	扬尘综合治理	建筑扬尘治理	长期坚持	严格落实施工工地"六个百分之百"要求
		施工扬尘管理清单	2018年8月底前	建立各类施工工地扬尘管理清单，并定期动态更新
		施工扬尘监管	2018年10月底前	建筑工地安装在线监测和视频监控，并与当地行业主管部门联网
		道路扬尘综合整治	2018年12月底前	城市道路机械化清扫率达到89%，县城达到82%
		强化降尘量考核	全年	平均降尘量不得高于9吨/月·平方千米
	秸秆综合利用	加强秸秆焚烧管控	全年	安装240个高空视频监控，实现涉农区域监控全覆盖，并与市环保指挥中心联网；在秋收阶段开展秸秆禁烧专项巡查
		加强秸秆综合利用	全年	秸秆综合利用率保持在96%以上
	控制农业氨排放	种植业	全年	有机肥推广使用面积由2017年的70万亩增加到80万亩
		畜禽养殖业	全年	畜禽粪污综合利用率达到70%以上
工业炉窑专项整治	工业炉窑治理	工业炉窑排查	2018年9月底前	开展排查，建立各类工业炉窑管理清单
		工业炉窑改造	2018年10月底前	启动工业炉窑集中整治专项行动
		煤气发生炉淘汰	2018年8月底前	完成461台煤气发生炉、燃煤热风炉、燃煤烘干炉等燃煤炉窑淘汰或清洁能源替代
VOCs专项整治	重点行业VOCs治理	重点行业VOCs综合治理	2018年8月底前	完成105家重点行业的VOCs治理，安装在线监测或报警装置，并与市环保局联网
	油品储运销	安装油气回收在线监测	2018年12月底前	完成21家年销售汽油量大于5 000吨及其他具备条件的加油站油气回收在线监测设备的安装，在线数据接入环保大数据平台，实现实时在线监管
	专项执法	VOCs专项执法	长期坚持	严厉打击违法排污行为，对治理效果差、技术服务能力弱、运营管理水平低的治理单位，公布名单，实行联合惩戒
重污染天气应对	错峰生产及运输	重点行业错峰生产	2018年10月15日前	制定钢铁、建材、焦化、铸造、化工等行业错峰生产方案
	修订完善应急预案及减排清单	完善预警分级标准体系	2018年9月底前	统一应急预警标准，实施区域应急联动
		夯实应急减排措施	2018年9月底前	完成应急预案减排措施清单编制

类别	重点工作	主要任务	完成时限	工程措施
能力建设	完善环境监测监控网络	完善环保指挥中心建设	2018 年 8 月底前	完善唐山市环保指挥中心建设；增设 672 个监测点位，实现唐山市环境监测监控全覆盖
		重点污染源自动监控体系建设	2018 年 8 月底前	45 米以上的高架源企业共联网 140 家，包括 376 套在线监控设备
		遥感监测系统平台建设	2018 年 10 月底前	建成遥感监测系统平台，实现国家—省—市三级联网，并稳定传输数据
			2018 年 12 月底前	完成国家规定的 10 套固定垂直式和 1 套移动遥感监测设备的遥感监测网络建设
		定期排放检验机构三级联网	2018 年 12 月底前	全部机动车排放检验机构实现国家—省—市三级联网，确保监控数据实时、稳定传输
		工程机械排放监控平台建设	2018 年 12 月底前	启动开展工程机械安装实时定位和排放监控装置
		重型柴油车车载诊断系统远程监控系统建设	2018 年 12 月底前	启动开展重型柴油车车载诊断系统远程监控
	源排放清单编制	编制大气污染源排放清单	2018 年 9 月底前	完成 2017 年大气污染源排放清单编制

河北省邯郸市 2018—2019 年秋冬季大气污染综合治理攻坚行动方案

类别	重点工作	主要任务	完成时限	工程措施
产业结构调整	优化产业布局	"三线一单"编制	2019 年 4 月底前	按要求开展生态保护红线、环境质量底线、资源利用上线、环境准入清单编制工作，明确禁止和限制发展的行业、生产工艺和产业目录
		城市工业企业退城搬迁改造	2018 年 12 月底前	力争 10 家企业完成搬迁改造或关停
		化工园区整治	2018 年 12 月底前	加强管理，提升馆陶化工园区管理水平，确保稳定达标排放
	"两高"行业产能控制	压减退出钢铁产能	2018 年 10 月底前	制定 2018—2020 年去产能方案 2018 年压减退出炼钢产能 30 万吨，炼铁产能 151 万吨，同步退出配套的烧结、高炉等设备产能
		压减煤炭产能	2018 年 10 月底前	化解煤炭产能 115 万吨(磁县六合工业有限公司产能 80 万吨，永年焦窑煤矿产能 35 万吨)
		压减焦炭产能	2018 年 10 月底前	淘汰焦炭产能 180 万吨
	"散乱污"企业综合整治	开展"散乱污"企业及集群综合整治	2018 年 10 月底前	完成 2018 年新排查 1 028 家"散乱污"企业综合整治，其中，关停取缔 929 家、升级改造 92 家、整合搬迁 7 家
			全年	建立"散乱污"企业动态排查管理机制
	工业源污染治理	实施排污许可	2018 年 12 月底前	按照国家、省统一安排完成排污许可证核发任务
		钢铁行业超低排放	2019 年 4 月底前	大力推进钢铁企业超低排放改造
		焦化行业超低排放	2019 年 4 月底前	完成 24 家焦化企业焦炉烟囱和推煤、出焦等工序超低排放改造试点启动焦炉炉体加罩工程

类别	重点工作	主要任务	完成时限	工 程 措 施
产业结构调整	工业源污染治理	砖瓦、陶瓷、铸造行业深度治理	2018年10月底前	完成197家砖瓦窑企业深度治理，污染物排放稳定达到行业排放限值完成7家陶瓷、3家玻璃企业工业燃煤炉窑煤改天然气
		钢铁、焦化企业无组织排放治理	2018年12月底前	18家钢铁企业、24家焦化企业全面完成无组织排放治理和监测系统、监控平台建设
		水泥、玻璃、陶瓷、火电、铸造、锅炉等行业无组织排放治理	2018年12月底前	完成16家火电、26家水泥、3家平板玻璃、212家铸造、7家陶瓷和14台燃煤锅炉物料（含废渣）运输、装卸、储存、转移、输送以及生产工艺过程等无组织排放的深度治理
能源结构调整	清洁取暖	清洁能源替代散煤	2018年10月底前	完成散煤替代28.092万户，其中，气代煤22.754万户、电代煤5.338万户
		煤质监管	全年	严格煤炭质量检验，加强型煤、洗精煤等生产企业产品质量监督抽查，生产企业抽查覆盖率达到90%以上；严格执行国家和省定标准，规范和加强煤质检测站煤质抽检、检测制度；加强散煤销售、使用环节抽检力度，煤质抽检覆盖率不低于90%，对抽验发现经营不合格散煤行为的，依法处罚
	煤炭消费总量控制	煤炭消费总量削减	全年	煤炭消费总量较2017年削减160万吨
		淘汰关停落后煤电机组	2018年12月底前	在确保电力、热力供应基础上，压减30万千瓦以下燃煤机组8台、26.8万千瓦
	锅炉综合整治	淘汰燃煤锅炉	2018年9月底前	淘汰167台35蒸吨及以下燃煤锅炉以及所有茶炉大灶、经营性小煤炉，实现35蒸吨及以下燃煤锅炉"清零"
		锅炉节能和超低排放改造	2018年9月底前	完成8台65蒸吨以上集中供暖燃煤锅炉超低排放改造
		燃气锅炉低氮改造	2018年10月底前	完成10蒸吨以上燃气锅炉低氮改造10台302蒸吨
运输结构调整	货物运输方式优化调整	铁路货运比例提升	2018年12月底前	全市重点企业有铁路运输的县铁路运输平均占比达到60%，其中邯郸钢铁铁运占比达到93%以上，邯郸热电铁运占比达到60%以上，河北马头电厂铁运占比达到90%以上
		推动铁路货运重点项目建设	2018年12月底前	出台运输结构调整方案积极推进邯郸东郊电厂、武安普阳、武安保税园区、武安烘熔（元宝山）、邯郸国际陆港等专用线建设，加快沙午线建设，打通"最后一千米"
	车船结构升级	发展新能源车	2018年12月底前	新增和更新城市公交、环卫、邮政、出租、通勤、轻型物流配送车辆采用新能源或清洁能源汽车4300辆（标准车）
			2018年12月底前	电动公交保有总量1200辆，主城区实现电动公交全覆盖
			2018年12月底前	在物流园、产业园、工业园、大型商业购物中心、农贸批发市场等物流集散地建设集中式充电桩和快速充电桩100个

类别	重点工作	主要任务	完成时限	工 程 措 施
运输结构调整	车船结构升级	老旧车淘汰	2018年12月底前	淘汰老旧车22 675辆
			2018年12月底前	制定营运柴油货车和燃气车辆提前淘汰更新目标及实施计划，推进国五及以下采用稀薄燃烧技术或"油改气"老旧燃气淘汰工作
	车船燃油品质改善	油品质量升级	长期坚持	全面供应符合国六标准的车用汽柴油，停止销售低于国六标准的汽柴油，实现车用柴油、普通柴油、部分船舶用油"三油并轨"
			长期坚持	对销售的车用汽柴油、车用尿素进行质量监督抽检，对加油站点的抽检覆盖率达到100%，对不合格产品依法进行处理，对抽检结果进行公示
			全年	对主城区，即环城路以内（含环城路两侧）和开发区（邯临路以南、东环路以东、人民路以北、秦皇大街以西），国有加油站每季度抽检一次，对其它加油站（点）每月抽检一次；对主城区外国有加油站每半年抽检一次，对其它加油站（点）每季度抽检一次
			2018年9月底前	开展打击黑加油站点专项行动，全面取缔无证无照经营黑加油站点（车）
	强化移动源污染防治	新车环保监督管理	长期坚持	新注册登记柴油货车开展检验时，逐车核实环保信息公开情况，查验污染控制装置，开展上线排放检测，确保实现全覆盖
		在用车执法监管	2019年12月底前	开展在用汽车排放检测与强制维护制度（I/M）建设工作
			长期坚持	对初检或日常监督抽测发现的超标车、异地车辆、注册5年以上的营运柴油车进行过程数据、视频图像和检测报告复核
			2018年12月底前	开展47家机动车检验机构专项整治，实现全覆盖
			2018年12月底前	在排放检验机构企业官方网站和办事业务大厅建设显示屏，通过高清视频实时公开柴油车排放检验全过程及检验结果，完成1~2家试点
		加强非道路移动机械和船舶污染防治	2018年12月底前	组织开展非道路移动机械摸底调查，制定非道路移动机械低排放控制区划定方案
		推动靠港飞机使用岸电	2018年12月底前	启动邯郸机场靠港飞机停靠期间使用岸电设备建设
用地结构调整	矿山综合整治	强化露天矿山综合治理	2018年12月底前	完成12处责任主体灭失露天矿山迹地综合治理
	扬尘综合治理	建筑扬尘治理	全年	严格落实施工工地"六个百分之百"要求
		施工扬尘管理清单	2018年9月底前	建立各类施工工地扬尘管理清单，并定期动态更新
		施工扬尘监管	2018年10月底前	主城区所有建筑工地安装在线监测和视频监控，并与当地行业主管部门联网
		道路扬尘综合整治	2018年12月底前	市建成区主干道机械化清扫率达到100%，其他适合机械化清扫的道路机械化清扫率达到90%以上；县城建成区道路总体机械化清扫率达到80%以上

类别	重点工作	主要任务	完成时限	工 程 措 施
用地结构调整	秸秆综合利用	加强秸秆焚烧管控	全年	建立网格化监管制度，在秋收阶段开展秸秆禁烧专项巡查
		加强秸秆综合利用	全年	秸秆综合利用率达到96%
	控制农业氨排放	种植业	全年	有机肥使用比例由2017年的26.7%增加到30%
		畜禽养殖业	全年	畜禽粪污综合利用率达到70%以上
工业炉窑专项整治	工业炉窑治理	制定实施方案	2018年8月底前	制定工业炉窑综合整治实施方案
		工业炉窑排查	2018年8月底前	开展拉网式排查，建立各类工业炉窑管理清单
		工业炉窑改造	2018年10月底前	加大工业炉窑治理力度，确保稳定达标排放
VOCs专项整治	重点行业VOCs治理	重点行业VOCs综合治理	2018年10月底前	完成276家焦化、化工、制药、印刷、涂装等企业VOCs治理，工业企业VOCs治理全覆盖
			2018年12月底前	276家企业完成VOCs在线监测或报警装置安装
	油品储运销	油品储运销综合整治	2018年10月底前	完成加油站、储油库、油罐车油气回收治理
		安装油气回收在线监测	采暖期前	年销售汽油量大于5 000吨的加油站，完成安装油气回收在线监测设备
	专项执法	VOCs专项执法	长期坚持	严厉打击违法排污行为，对治理效果差、技术服务能力弱、运营管理水平低的治理单位，公布名单，实行联合惩戒
重污染天气应对	错峰生产	重点行业错峰生产	2018年10月15日前	针对钢铁、建材、焦化、铸造、化工等重点行业制定错峰生产方案
	修订完善应急预案及减排清单	完善预警分级标准体系	2018年9月底前	统一应急预警标准，区分不同季节应急响应标准，实施区域应急联动
		夯实应急减排措施	2018年9月底前	完成应急预案减排措施清单编制
能力建设	完善环境监测监控网络	遥感监测系统平台建设	2018年10月底前	建成机动车遥感监测系统国家—省—市三级联网平台，并稳定传输数据
		定期排放检验机构三级联网	2018年12月底前	机动车排放检验机构实现国家—省—市三级联网，确保监控数据实时、稳定传输
		工程机械排放监控平台建设	2018年12月底前	启动工程机械安装实时定位和排放监控装置
		重型柴油车车载诊断系统远程监控系统建设	2018年12月底前	启动重型柴油车车载诊断系统远程监控系统建设
	源排放清单编制	编制大气污染源排放清单	2018年9月底前	完成2017年大气污染源排放清单编制

类别	重点工作	主要任务	完成时限	工 程 措 施
产业结构调整	优化产业布局	"三线一单"编制	2019 年 4 月底前	完成环境准入清单编制工作,明确禁止和限制发展的行业、生产工艺和产业目录;加快推进生态保护红线、环境质量底线、资源利用上线编制工作
	"两高"行业产能控制	压减钢铁产能	2018 年 12 月底前	退出 1 家钢铁企业炼铁产能 50 万吨
		压减煤炭产能	2018 年 12 月底前	淘汰 2 处煤矿煤炭产能 66 万吨
		压减焦炭产能	2018 年 12 月底前	淘汰 2 座焦炉,产能 70 万吨
		压减平板玻璃产能	2018 年 12 月底前	淘汰晶牛玻璃产能 250 万重量箱
	"散乱污"企业综合整治	开展"散乱污"企业及集群综合整治	2018 年 10 月底前	完成 876 家"散乱污"企业综合整治,其中,关停取缔 488 家,升级改造 320 家,整合搬迁 68 家
			2018 年 9 月底前	建立"散乱污"企业排查管理动态机制
	工业源污染治理	实施排污许可	2018 年 12 月底前	按照国家、省统一安排完成排污许可证核发任务
		钢铁超低排放	2018 年 12 月底前	完成德龙钢铁有限公司 132 平方米烧结机超低排放改造
		平板玻璃行业深度治理	2018 年 12 月底前	大力推进平板玻璃企业超低排放改造,完成河北迎新集团浮法玻璃有限公司平板玻璃二线、三线、四线超低排放升级改造工程
		焦化行业深度治理	2018 年 12 月底前	完成河北中煤旭阳焦化有限公司 6#、7#、8#、9#焦炉脱硝改造
		无组织排放治理	2018 年 12 月底前	德龙钢铁有限公司、河北中煤旭阳焦化有限公司、建投邢台热电有限责任公司、冀中能源股份有限公司章村矿矸石热电厂、冀中能源股份有限公司东庞矿矸石热电厂完成物料(含废渣)运输、装卸、储存、转移、输送以及生产工艺过程等无组织排放的深度治理
能源结构调整	清洁取暖	清洁能源替代散煤	2018 年 10 月底前	完成散煤替代 15.312 万户,其中气代煤 7.226 万户、电代煤 8.086 万户
		加强复烧监管	全年	对已完成散煤替代的区域和已划定的"禁燃区",加强巡查监管,严防散煤燃烧污染反弹
		煤质监管	全年	严厉打击劣质煤销售使用
	煤炭消费总量控制	煤炭消费总量削减	2018 年 12 月底前	煤炭消费总量较 2017 年削减 30 万吨
	锅炉综合整治	淘汰燃煤锅炉	2018 年 10 月底前	淘汰 35 蒸吨及以下燃煤锅炉 59 台 1 350 蒸吨
		锅炉节能和超低排放改造	2018 年 10 月底前	完成燃煤锅炉超低排放改造 13 台 1 076 蒸吨
		燃气锅炉低氮改造	2018 年 10 月底前	完成燃气锅炉低氮改造 33 台 952.8 蒸吨

类别	重点工作	主要任务	完成时限	工 程 措 施
运输结构调整	货物运输方式优化调整	铁路货运比例提升	2018 年 12 月底前	邢台钢铁、中煤旭阳、国泰发电等主城区及周边工业企业，有铁路运输能力的企业"以运定产"，原则上不再使用重型货车运输主要原材料和产品，邢钢、旭阳、国泰铁路运输最低比例分别为 60%、60%、95%以上
			2018 年 12 月底前	出台运输结构调整方案，加快大型运输企业铁路建设，完成沙河电厂运输铁路建设，满足临时铁路运输条件；完成建投邢台热电厂运输铁路建设；启动德龙钢铁及沙河玻璃园区等铁路专线规划等前期建设，德龙钢铁铁路专线力争 2019 年底前完成，沙河玻璃园区铁路专线力争 2020 年底前完成
	车辆结构升级	发展新能源车	2018 年 12 月底前	新增新能源车 3 500 辆（标准车）推进出租车、环卫、公交、邮政、通勤车、轻型物流配送车辆使用新能源和清洁能源汽车
			2018 年 12 月底前	主城区电动公交保有总量 550 辆，比例达到 49%
			2018 年 12 月底前	建设 300 个集中式充电桩和快速充电桩
		老旧车淘汰	2018 年 12 月底前	加快国三营运中重型柴油车淘汰
			2018 年 12 月底前	推进采用稀薄燃烧技术和"油改气"的老旧燃气车辆淘汰
	车船燃油品质改善	油品质量升级	长期坚持	全面供应符合国六标准的车用汽柴油，停止销售低于国六标准的汽柴油，实现车用柴油、普通柴油、部分船舶用油"三油并轨"
			全年	对生产、销售的车用汽柴油、车用尿素进行质量监督抽检，抽检覆盖率达到 100%对储存、使用的车用汽柴油、车用尿素进行质量监督抽检，逐步提高合格率
			2018 年 9 月底前	全面取缔黑加油站点，持续开展打击取缔黑加油站点专项行动
	强化移动源污染防治	新车环保监督管理	长期坚持	新注册登记柴油货车开展检验时，逐车核实环保信息公开情况，查验污染控制装置，开展上线排放检测，确保实现全覆盖
		在用车执法监管	秋冬季期间	开展在用汽车排放检测与强制维护制度（I/M）建设工作
			长期坚持	对初检或日常监督抽测发现的超标车、异地车辆、注册 5 年以上的营运柴油车进行过程数据、视频图像和检测报告复核
			2018 年 12 月底前	排放检验机构监管全覆盖检查排放检验机构 38 家，比例 100%
			2018 年 12 月底前	在排放检验机构企业官方网站和办事业务大厅建设显示屏，通过高清视频实时公开柴油车排放检验全过程及检验结果，完成 1～2 家试点

类别	重点工作	主要任务	完成时限	工 程 措 施
运输结构调整	强化移动源污染防治	加强非道路移动机械和船舶污染防治	2018年12月底前	完成非道路移动机械摸底调查,制定非道路移动机械低排放控制区划定方案
			长期坚持	禁止使用冒黑烟非道路移动机械
用地结构调整	矿山综合整治	强化露天矿山综合治理	2018年10月底前	对环保不达标的有证露天矿山实施停产整治,不达标一律不得恢复生产对38处责任主体灭失矿山迹地进行综合治理
	扬尘综合治理	建筑扬尘治理	长期坚持	严格落实施工工地"六个百分之百"要求
		施工扬尘管理清单	2018年9月底前	建立各类施工工地扬尘管理清单,并定期动态更新
		施工扬尘监管	2018年10月底前	主城区所有建筑工地安装在线监测和视频监控,并与当地行业主管部门联网
		道路扬尘综合整治	2018年12月底前	地级及以上城市道路机械化清扫率达到85%,县城达到75%
		强化降尘量考核	全年	以平均降尘量小于9吨/月·平方千米作为控制指标,开展降尘量监测,并纳入县市区党政领导干部考核问责范围
	秸秆综合利用	加强秸秆焚烧管控	全年	建立网格化监管制度,在秋收阶段开展秸秆禁烧专项巡查
		加强秸秆综合利用	全年	秸秆综合利用率达到95%
	控制农业氨排放	种植业	全年	减少化肥农药使用量,化肥使用量较2017年减少6 600吨,同时增加有机肥使用量
		畜禽养殖业	全年	畜禽粪污综合利用率达到70%以上
工业炉窑专项整治	工业炉窑治理	制定实施方案	2018年9月底前	制定工业炉窑综合整治实施方案
		工业炉窑排查	2018年9月底前	开展拉网式排查,建立各类工业炉窑管理清单
		工业炉窑治理	2018年12月底前	加大工业炉窑治理力度,确保稳定达标排放
		煤气发生炉淘汰	2018年10月底前	淘汰3米以下煤气发生炉8台
VOCs专项整治	重点行业VOCs治理	重点行业VOCs综合治理	2018年10月底前	完成3家包装印刷、22家表面涂装、12家玻璃深加工、1家防水材料、1家废物处置、8家有机化工企业、2家机械加工、1家建材加工、1家垃圾处理、2家农药制造、2家电缆、1家生物制药、5家塑料加工、4家橡胶、1家医药制造、2家铸造企业共68家企业VOCs治理
	油品储运销	安装油气回收在线监测	2018年12月底前	年销售汽油量大于5 000吨及其他具备条件的加油站安装油气回收在线监测设备
	专项执法	VOCs专项执法	长期坚持	严厉打击违法排污行为,对治理效果差、技术服务能力弱、运营管理水平低的治理单位,公开名单,实行联合惩戒
重污染天气应对	错峰生产	重点行业错峰生产	2018年10月15日前	制定钢铁、建材、焦化、铸造、化工等行业错峰生产方案
	修订完善应急预案及减排清单	完善预警分级标准体系	2018年9月底前	统一应急预警标准,实施区域应急联动
		夯实应急减排措施	2018年9月底前	完成应急预案减排措施清单编制

类别	重点工作	主要任务	完成时限	工 程 措 施
能力建设	完善环境监测监控网络	环境空气质量监测网络建设	2018 年 12 月底前	省级以上开发区增设环境空气质量自动监测站点 22 个，并与省环保厅联网
		环境空气 VOCs 监测	2018 年 12 月底前	建成环境空气 VOCs 监测站点 1 个
		重点污染源自动监控体系建设	2018 年 9 月底前	84 家重点企业完成 VOCs 在线监测或报警装置安装
		遥感监测系统平台建设	2018 年 10 月底前	建成遥感监测系统平台，实现国家—省—市三级联网，并稳定传输数据
			2018 年 12 月底前	建成固定式遥感监测点位 10 个，移动式遥感监测点位 2 个
		定期排放检验机构三级联网	2018 年 12 月底前	机动车排放检验机构实现国家—省—市三级联网，确保监控数据实时、稳定传输
		工程机械排放监控平台建设	2018 年 12 月底前	启动工程机械实时定位和排放监控装置安装工作
	源排放清单编制	编制大气污染源排放清单	2018 年 9 月底前	完成 2017 年大气污染源排放清单动态更新

河北省邢台市 2018—2019 年秋冬季大气污染综合治理攻坚行动方案

类别	重点工作	主要任务	完成时限	工 程 措 施
产业结构调整	优化产业布局	"三线一单"编制	2019 年 4 月底前	完成环境准入清单编制工作，明确禁止和限制发展的行业、生产工艺和产业目录；加快推进生态保护红线、环境质量底线、资源利用上线编制工作
	"两高"行业产能控制	压减钢铁产能	2018 年 12 月底前	退出 1 家钢铁企业炼铁产能 50 万吨
		压减煤炭产能	2018 年 12 月底前	淘汰 2 处煤矿煤炭产能 66 万吨
		压减焦炭产能	2018 年 12 月底前	淘汰 2 座焦炉，产能 70 万吨
		压减平板玻璃产能	2018 年 12 月底前	淘汰晶牛玻璃产能 250 万重量箱
	"散乱污"企业综合整治	开展"散乱污"企业及集群综合整治	2018 年 10 月底前	完成 876 家"散乱污"企业综合整治，其中，关停取缔 488 家，升级改造 320 家，整合搬迁 68 家
			2018 年 9 月底前	建立"散乱污"企业排查管理动态机制
	工业源污染治理	实施排污许可	2018 年 12 月底前	按照国家、省统一安排完成排污许可证核发任务
		钢铁超低排放	2018 年 12 月底前	完成德龙钢铁有限公司 132 平方米烧结机超低排放改造
		平板玻璃行业深度治理	2018 年 12 月底前	大力推进平板玻璃企业超低排放改造，完成河北迎新集团浮法玻璃有限公司平板玻璃二线、三线、四线超低排放升级改造工程
		焦化行业深度治理	2018 年 12 月底前	完成河北中煤旭阳焦化有限公司 6#、7#、8#、9#焦炉脱硝改造

类别	重点工作	主要任务	完成时限	工 程 措 施
产业结构调整	工业源污染治理	无组织排放治理	2018 年 12 月底前	德龙钢铁有限公司、河北中煤旭阳焦化有限公司、建投邢台热电有限责任公司、冀中能源股份有限公司章村矿矸石热电厂、冀中能源股份有限公司东庞矿矸石热电厂完成物料（含废渣）运输、装卸、储存、转移、输送以及生产工艺过程等无组织排放的深度治理
能源结构调整	清洁取暖	清洁能源替代散煤	2018 年 10 月底前	完成散煤替代 15.312 万户，其中气代煤 7.226 万户、电代煤 8.086 万户
		加强复烧监管	全年	对已完成散煤替代的区域和已划定的"禁燃区"，加强巡查监管，严防散煤燃烧污染反弹
		煤质监管	全年	严厉打击劣质煤销售使用
	煤炭消费总量控制	煤炭消费总量削减	2018 年 12 月底前	煤炭消费总量较 2017 年削减 30 万吨
	锅炉综合整治	淘汰燃煤锅炉	2018 年 10 月底前	淘汰 35 蒸吨及以下燃煤锅炉 59 台 1 350 蒸吨
		锅炉节能和超低排放改造	2018 年 10 月底前	完成燃煤锅炉超低排放改造 13 台 1 076 蒸吨
		燃气锅炉低氮改造	2018 年 10 月底前	完成燃气锅炉低氮改造 33 台 952.8 蒸吨
运输结构调整	货物运输方式优化调整	铁路货运比例提升	2018 年 12 月底前	邢台钢铁、中煤旭阳、国泰发电等主城区及周边工业企业，有铁路运输能力的企业"以运定产"，原则上不再使用重型货车运输主要原材料和产品，邢钢、旭阳、国泰铁路运输最低比例分别为 60%、60%、95%以上
			2018 年 12 月底前	出台运输结构调整方案，加快大型运输企业铁路建设，完成沙河电厂运输铁路建设，满足临时铁路运输条件；完成建投邢台热电厂运输铁路建设；启动德龙钢铁及沙河玻璃园区等铁路专线规划等前期建设，德龙钢铁铁路专线力争 2019 年底前完成，沙河玻璃园区铁路专线力争 2020 年底前完成
	车辆结构升级	发展新能源车	2018 年 12 月底前	新增新能源车 3500 辆（标准车）推进出租车、环卫、公交、邮政、通勤车、轻型物流配送车辆使用新能源和清洁能源汽车
			2018 年 12 月底前	主城区电动公交保有总量 550 辆，比例达到 49%
			2018 年 12 月底前	建设 300 个集中式充电桩和快速充电桩
		老旧车淘汰	2018 年 12 月底前	加快国三营运中重型柴油车淘汰
			2018 年 12 月底前	推进采用稀薄燃烧技术和"油改气"的老旧燃气车辆淘汰
	车船燃油品质改善	油品质量升级	长期坚持	全面供应符合国六标准的车用汽柴油，停止销售低于国六标准的汽柴油，实现车用柴油、普通柴油、部分船舶用油"三油并轨"
			全年	对生产、销售的车用汽柴油、车用尿素进行质量监督抽检，抽检覆盖率达到 100%对储存、使用的车用汽柴油、车用尿素进行质量监督抽检，逐步提高合格率
			2018 年 9 月底前	全面取缔黑加油站点，持续开展打击取缔黑加油站点专项行动

类别	重点工作	主要任务	完成时限	工 程 措 施
运输结构调整	强化移动源污染防治	新车环保监督管理	长期坚持	新注册登记柴油货车开展检验时，逐车核实环保信息公开情况，查验污染控制装置，开展上线排放检测，确保实现全覆盖
		在用车执法监管	秋冬季期间	开展在用汽车排放检测与强制维护制度（I/M）建设工作
			长期坚持	对初检或日常监督抽测发现的超标车、异地车辆、注册5年以上的营运柴油车进行过程数据、视频图像和检测报告复核
			2018年12月底前	排放检验机构监管全覆盖检查排放检验机构38家，比例100%
			2018年12月底前	在排放检验机构企业官方网站和办事业务大厅建设显示屏，通过高清视频实时公开柴油车排放检验全过程及检验结果，完成1~2家试点
		加强非道路移动机械和船舶污染防治	2018年12月底前	完成非道路移动机械摸底调查，制定非道路移动机械低排放控制区划定方案
			长期坚持	禁止使用冒黑烟非道路移动机械
用地结构调整	矿山综合整治	强化露天矿山综合治理	2018年10月底前	对环保不达标的有证露天矿山实施停产整治，不达标一律不得恢复生产对38处责任主体灭失矿山迹地进行综合治理
	扬尘综合治理	建筑扬尘治理	长期坚持	严格落实施工工地"六个百分之百"要求
		施工扬尘管理清单	2018年9月底前	建立各类施工工地扬尘管理清单，并定期动态更新
		施工扬尘监管	2018年10月底前	主城区所有建筑工地安装在线监测和视频监控，并与当地行业主管部门联网
		道路扬尘综合整治	2018年12月底前	地级及以上城市道路机械化清扫率达到85%，县城达到75%
		强化降尘量考核	全年	以平均降尘量小于9吨/月·平方千米作为控制指标，开展降尘量监测，并纳入县市区党政领导干部考核问责范围
	秸秆综合利用	加强秸秆焚烧管控	全年	建立网格化监管制度，在秋收阶段开展秸秆禁烧专项巡查
		加强秸秆综合利用	全年	秸秆综合利用率达到95%
	控制农业氨排放	种植业	全年	减少化肥农药使用量，化肥使用量较2017年减少6 600吨，同时增加有机肥使用量
		畜禽养殖业	全年	畜禽粪污综合利用率达到70%以上
工业炉窑专项整治	工业炉窑治理	制定实施方案	2018年9月底前	制定工业炉窑综合整治实施方案
		工业炉窑排查	2018年9月底前	开展拉网式排查，建立各类工业炉窑管理清单
		工业炉窑治理	2018年12月底前	加大工业炉窑治理力度，确保稳定达标排放
		煤气发生炉淘汰	2018年10月底前	淘汰3米以下煤气发生炉8台

类别	重点工作	主要任务	完成时限	工 程 措 施
VOCs专项整治	重点行业VOCs治理	重点行业VOCs综合治理	2018年10月底前	完成3家包装印刷、22家表面涂装、12家玻璃深加工、1家防水材料、1家废物处置、8家有机化工企业、2家机械加工、1家建材加工、1家垃圾处理、2家农药制造、2家电缆、1家生物制药、5家塑料加工、4家橡胶、1家医药制造、2家铸造企业共68家企业VOCs治理
	油品储运销	安装油气回收在线监测	2018年12月底前	年销售汽油量大于5 000吨及其他具备条件的加油站安装油气回收在线监测设备
	专项执法	VOCs专项执法	长期坚持	严厉打击违法排污行为,对治理效果差、技术服务能力弱、运营管理水平低的治理单位,公开名单,实行联合惩戒
重污染天气应对	错峰生产	重点行业错峰生产	2018年10月15日前	制定钢铁、建材、焦化、铸造、化工等行业错峰生产方案
	修订完善应急预案及减排清单	完善预警分级标准体系	2018年9月底前	统一应急预警标准,实施区域应急联动
		夯实应急减排措施	2018年9月底前	完成应急预案减排措施清单编制
能力建设	完善环境监测监控网络	环境空气质量监测网络建设	2018年12月底前	省级以上开发区增设环境空气质量自动监测站点22个,并与省环保厅联网
		环境空气VOCs监测	2018年12月底前	建成环境空气VOCs监测站点1个
		重点污染源自动监控体系建设	2018年9月底前	84家重点企业完成VOCs在线监测或报警装置安装
		遥感监测系统平台建设	2018年10月底前	建成遥感监测系统平台,实现国家—省—市三级联网,并稳定传输数据
			2018年12月底前	建成固定式遥感监测点位10个,移动式遥感监测点位2个
		定期排放检验机构三级联网	2018年12月底前	机动车排放检验机构实现国家—省—市三级联网,确保监控数据实时、稳定传输
		工程机械排放监控平台建设	2018年12月底前	启动工程机械实时定位和排放监控装置安装工作
	源排放清单编制	编制大气污染源排放清单	2018年9月底前	完成2017年大气污染源排放清单动态更新

河北省保定市2018—2019年秋冬季大气污染综合治理攻坚行动方案

类别	重点工作	主要任务	完成时限	工 程 措 施
产业结构调整	优化产业布局	"三线一单"编制	2019年4月底前	完成生态保护红线、环境质量底线、资源利用上线、环境准入清单编制工作,明确禁止和限制发展的行业、生产工艺和产业目录
		建成区重污染企业搬迁	2018年12月底前	实施长天药业公司(东风路厂区)200吨中药产能企业搬迁改造
	"散乱污"企业综合整治	开展"散乱污"企业及集群综合整治	2018年9月底前	完成1 443家"散乱污"企业及集群综合整治其中,关停取缔579家,整合搬迁864家
			2018年9月底前	建立"散乱污"企业动态排查管理机制

类别	重点工作	主要任务	完成时限	工 程 措 施
产业结构调整	工业源污染治理	实施排污许可	2018 年 12 月底前	按国家和省要求完成排污许可证核发
		无组织排放深度治理	2018 年 12 月底前	完成 28 家砖瓦企业、6 家水泥企业、33 家铸造企业，以及顺平县润东陶瓷等 3 家企业，涞源神邦球团生产企业物料（含废渣）运输、装卸、储存、转移、输送以及生产工艺过程等无组织排放的深度治理
		殡葬火化炉和焚烧炉专项治理	2018 年 10 月底前	全市殡仪馆的殡仪焚烧炉、火化炉完成环保更新改造，烟气排放达标
能源结构调整	清洁取暖	清洁能源替代散煤	2018 年 10 月底前	完成散煤替代 25.092 万户，其中气代煤 22.233 万户、电代煤 2.859 万户
		洁净煤替代散煤	2018 年 10 月底前	暂不具备清洁能源替代条件地区推广洁净煤替代散煤
		热电联产集中供热	2018 年 12 月底前	深能保定西北郊热电厂 2 号机组投产，涿州京源热电厂 2 号机组投产，淘汰管网覆盖范围内的燃煤锅炉和散煤
		煤质监管	全年	严厉打击劣质煤销售使用，生产企业抽查覆盖率达到 90% 以上严管劣质散煤流通销售，售煤企业煤质抽检覆盖率达到 90%
	煤炭消费总量控制	煤炭消费总量削减	全年	煤炭消费总量较 2017 年削减 20 万吨
		淘汰关停落后煤电机组	2018 年 12 月底前	在确保电力、热力供应基础上，淘汰关停曲阳田原热电 2 台 1.5 万千瓦、保定华源热电 2 台 12.5 万千瓦燃煤机组
	锅炉综合整治	淘汰燃煤锅炉	2018 年 10 月底前	淘汰 35 蒸吨及以下燃煤锅炉 19 台 444.6 蒸吨
		锅炉节能和超低排放改造	2018 年 9 月底前	完成燃煤锅炉超低排放改造 11 台 825 蒸吨
		燃气锅炉低氮改造	2018 年 10 月底前	完成 10 蒸吨以上燃气锅炉 44 台 1 215 蒸吨低氮改造
运输结构调整	车船结构升级	发展新能源车	2018 年 9 月底前	出台运输结构调整方案
			2018 年 12 月底前	启动深能保定西北郊热电厂铁路运煤专线项目前期工作
			2018 年 12 月底前	推广新能源汽车 11 000 辆标准车，建设完成无轨电车 2 号专线
			2018 年 12 月底前	城市建成区新增和更新 200 辆城市公交、35 辆双源无轨电车、200 辆出租、20 辆轻型物流配送新能源或清洁能源汽车推进环卫、邮政、通勤车辆使用新能源或清洁能源车
			2018 年 12 月底前	电动公交保有总量达到 661 辆，主城区新增或更新公交车 100% 为电动车
			2018 年 12 月底前	建设新能源汽车充电桩 860 个，累计充电桩数量达到 3 660 个
		老旧车淘汰	2018 年 12 月底前	淘汰老旧车 14 402 辆，推进国三及以下中重型营运柴油货车、采用稀薄燃烧技术和"油改气"的老旧燃气车辆淘汰

类别	重点工作	主要任务	完成时限	工 程 措 施
运输结构调整	车船燃油品质改善	油品质量升级	2018 年 9 月底前	加强加油站整治，开展打击黑加油站点专项行动，坚决取缔非法加油站
			全年	强化油品质量监管，按照年度抽检计划，在全市加油站（点）抽检车用汽柴油共计 2 000 个批次根据省市推进成品油市场整治系列方案要求，对黑加油站点查处取缔工作进行督导
			全年	对储油库、加油加气站和企业自备油库抽查达到 1 300 次以上，对高速公路、国道、省道沿线加油站抽检尿素达到 150 次以上
	强化移动源污染防治	新车环保监督管理	长期坚持	新注册登记柴油货车开展检验时，逐车核实环保信息公开情况，查验污染控制装置，开展上线排放检测，确保实现全覆盖
		在用车执法监管	2018 年 12 月底前	排放检验机构监管全覆盖检查机动车排放检验机构 46 家，比例 100%
			2018 年 12 月底前	开展在用汽车排放检测与强制维护制度（I/M）建设工作
			长期坚持	对初检或日常监督抽测发现的超标车、异地车辆、注册 5 年以上的营运柴油车进行过程数据、视频图像和检测报告复核
			2018 年 12 月底前	在排放检验机构企业官方网站和办事业务大厅建设显示屏，通过高清视频实时公开柴油车排放检验全过程及检验结果，完成 1~2 家试点
		加强非道路移动机械和船舶污染防治	2018 年 12 月底前	完成非道路移动机械摸底调查，年底前制定非道路移动机械低排放控制区划定方案
用地结构调整	矿山综合整治	强化露天矿山综合治理	2018 年 10 月底前	对环保不达标的有证露天矿山实施停产整治，不达标一律不得恢复生产对 42 处责任主体灭失矿山迹地进行综合治理
	扬尘综合治理	建筑扬尘治理	长期坚持	严格落实施工工地"六个百分之百"要求
		施工扬尘管理清单	2018 年 9 月底前	建立各类施工工地扬尘管理清单，并定期动态更新
		施工扬尘监管	2018 年 10 月底前	5000 平方米及以上建筑工地安装在线监测和视频监控，与当地行业主管部门联网
		道路扬尘综合整治	2018 年 12 月底前	地级及以上城市道路机械化清扫率达到 83% 以上，县城达到 75% 以上
	秸秆综合利用	加强秸秆焚烧管控	全年	建立网格化监管制度，在秋收阶段开展秸秆禁烧专项巡查
		加强秸秆综合利用	全年	秸秆综合利用率达到 95% 以上
	控制农业氨排放	种植业	全年	有机肥使用比例由 2017 年的 15.58% 增加到 16%（按使用面积计算）
		畜禽养殖业	全年	畜禽粪污综合利用率由 2017 年的 65% 增加到 70%

类别	重点工作	主要任务	完成时限	工 程 措 施
工业炉窑专项整治	工业炉窑治理	制定实施方案	2018 年 8 月底前	制定工业炉窑综合整治实施方案
		工业炉窑排查	2018 年 8 月底前	开展拉网式排查，建立各类工业炉窑管理清单
		工业炉窑深度治理	2018 年 10 月底前	开展工业炉窑污染深度治理，确保稳定达标排放
VOCs专项整治	重点行业VOCs治理	VOCs 在线监测或超标报警设备安装	2018 年 10 月底前	完成有机化工（347 家）、包装印刷（54 家）、表面涂装（59 家）及其他重点行业共 623 家企业 VOCs 在线监测或超标报警设备安装工作
		开展恶臭气体专项治理	2018 年 12 月底前	对重点工业企业、工业污水处理厂及其他恶臭污染源进行全面排查，加强源头管控
		实施汽修喷漆行业污染专项治理	2018 年 10 月底前	全面取缔露天喷漆作业，依法关停取缔无证、无环保手续、无环保治理设施和不能达标排放的汽修喷漆企业
	油品储运销	安装油气回收在线监测	2018 年 12 月底前	11 个年销售汽油量 5 000 吨以上的加油站全部安装油气回收在线监测设备
重污染天气应对	错峰生产	重点行业错峰生产	2018 年 10 月 15 日前	制定钢铁、建材、铸造、有色、化工等行业错峰生产方案，更新错峰生产和错峰运输企业清单
	修订完善应急预案及减排清单	完善预警分级标准体系	2018 年 9 月底前	统一应急预警标准，实施区域应急联动
		夯实应急减排措施	2018 年 9 月底前	完成新阶段的应急预案减排措施清单编制
能力建设	完善环境监测监控网络	遥感监测系统平台建设	2018 年 10 月底前	建成遥感监测系统平台，实现国家—省—市三级联网，并稳定传输数据
		定期排放检验机构三级联网	2018 年 12 月底前	辖区所有机动车排放检验机构实现国家—省—市三级联网，确保监控数据实时、稳定传输
		工程机械排放监控平台建设	2018 年 12 月底前	启动工程机械安装实时定位和排放监控装置工作
		重型柴油车车载诊断系统远程监控系统建设	2018 年 12 月底前	启动重型柴油车车载诊断系统远程监控工作
	源排放清单编制	编制大气污染源排放清单	2018 年 10 月底前	完成 2017 年大气污染源排放清单动态更新

河北省沧州市 2018—2019 年秋冬季大气污染综合治理攻坚行动方案

类别	重点工作	主要任务	完成时限	工 程 措 施
产业结构调整	优化产业布局	"三线一单"编制	2019 年 4 月底前	完成生态保护红线编制，启动环境质量底线，资源利用上线和环境准入清单编制工作，明确禁止和限制发展的行业、生产工艺产业目录
		建成区重污染企业搬迁	2018 年 12 月底前	实施沧州百利塑胶有限公司、献县诚信脚手架厂、献县淮镇顺兴脚手架厂和肃宁县九龙混凝土销售有限公司等 4 家企业退城搬迁
		化工园区整治	2018 年 12 月底前	完成渤海新区临港化工园区恶臭气体治理

类别	重点工作	主要任务	完成时限	工 程 措 施
产业结构调整	"两高"行业产能控制	压减平板玻璃	2018 年 12 月底前	平板玻璃行业全面退出，压减平板玻璃产能 250 万重量箱
	"散乱污"企业综合整治	开展"散乱污"企业及集群综合整治	2018 年 9 月底前	建立"散乱污"企业动态排查管理机制
			2018 年 10 月底前	完成 3 482 家"散乱污"企业综合整治，其中，关停取缔类 399 家，提升改造类 3 066 家，整合搬迁类 17 家
	工业源污染治理	实施排污许可	2018 年 12 月底前	按照国家、省统一安排完成排污许可证核发任务
		钢铁超低排放	2019 年 4 月底前	推进沧州中铁设备有限公司炼钢、炼铁和烧结等工序超低排放改造
		焦化行业深度治理	2019 年 4 月底前	推进河北渤海煤焦化有限公司焦化生产设备安装脱硝等设备，实施污染物超低排放改造
		铸造行业深度治理	2018 年 12 月底前	推进铸造行业升级整合和深度治理
		无组织排放治理	2018 年 12 月底前	完成 1 家钢铁企业（沧州中铁设备有限公司）、5 家水泥企业物料（含废渣）运输、装卸、储存、转移、输送以及生产工艺过程等无组织排放的深度治理
能源结构调整	清洁取暖	清洁能源替代散煤	2018 年 10 月底前	完成散煤治理 23.189 万户，其中，气代煤 21.767 万户，电代煤 1.422 万户
		洁净煤替代散煤	2018 年 10 月底前	暂不具备清洁能源替代条件地区推广洁净煤替代散煤，替代 108 万户
		煤质监管	全年	加强 24 家型煤生产企业产品质量监督抽查，抽查覆盖率达到 95%以上；加强煤质抽检力度，实现抽检全覆盖
	煤炭消费总量控制	煤炭消费总量削减	全年	全社会煤炭消费总量较 2017 年削减 10 万吨
	锅炉综合整治	淘汰燃煤锅炉	2018 年 10 月底前	淘汰县城、城乡结合部和农村地区 35 蒸吨及以下燃煤锅炉、茶炉大灶、经营性小煤炉共 857 台 1 244 蒸吨
		锅炉节能和超低排放改造	2018 年 10 月底前	完成 65 蒸吨以上燃煤锅炉超低排放改造 8 台 1 186 蒸吨
		燃气锅炉低氮改造	2018 年 10 月底前	完成 18 台 667 蒸吨 10 蒸吨以上煤改气锅炉同步实施低氮改造
运输结构调整	货物运输方式优化调整	铁路货运比例提升	2018 年 12 月底前	加大黄骅港公路治超力度，黄骅港疏港矿石铁路运输比重较 2017 年增加 10 个百分点
			2018 年 12 月底前	出台运输结构调整计划
		推动铁路货运重点项目建设	长期坚持	黄骅港的煤炭集港全部由铁路运输
	车船结构升级	发展新能源车	2018 年 12 月底前	推广新能源车 3 500 辆标车
			2018 年 12 月底前	在现有 1 700 套基础上，新建 500 套充电桩
		老旧车淘汰	2018 年 12 月底前	推进国三及以下中重型营运柴油货车、采用稀薄燃烧技术和"油改气"的老旧燃气车辆淘汰
			2018 年 7 月 1 日起	全面实施新生产船舶发动机第一阶段排放标准

类别	重点工作	主要任务	完成时限	工 程 措 施
运输结构调整	车船燃油品质改善	油品质量升级	长期坚持	全面供应符合国六标准的车用汽柴油，停止销售低于国六标准的汽柴油实现车用柴油、普通柴油、部分船舶用油"三油并轨"
			2018 年 9 月底前	开展打击黑加油站点专项行动
			全年	对生产、销售车用汽柴油进行质量监督抽检，抽检率达98%；对储存、使用汽柴油进行质量监督抽检，逐年提高合格率
	强化移动源污染防治	新车环保监督管理	长期坚持	新注册登记柴油货车开展检验时，逐车核实环保信息公开情况，查验污染控制装置，开展上线排放检测，确保实现全覆盖
		在用车执法监管	2018 年 12 月底前	开展在用汽车排放检测与强制维护制度（I/M）建设工作
			长期坚持	对初检或日常监督抽测发现的超标车、异地车辆、注册5 年以上的营运柴油车进行过程数据、视频图像和检测报告复核
			2018 年 12 月底前	开展 61 家机动车检验机构专项整治，实现监管全覆盖
			全年	在中心城区联合设置 10 个一线主要管控点，对过境重型柴油车开展专项治理其他县（市、区）设置 51 处执勤点，对重型柴油车进行常态化管控
			2018 年 12 月底前	在排放检验机构企业官方网站和办事业务大厅建设显示屏，通过高清视频实时公开柴油车排放检验全过程及检验结果，完成 1～2 家试点
		加强非道路移动机械污染防治	2018 年 12 月底前	完成非道路移动机械摸底调查，制定非道路移动机械低排放控制区划定方案
		推动靠港船舶使用岸电	2018 年 12 月底前	黄骅港建成高压岸电 8 套，低压岸电 11 套，供 24 个泊位使用
用地结构调整	扬尘综合治理	施工扬尘管理清单	2018 年 9 月底前	建立各类施工工地扬尘管理清单，并定期动态更新
		建筑扬尘治理	长期坚持	严格落实施工工地"六个百分之百"要求
		施工扬尘监管	2018 年 10 月底前	主城区和县城建成区规模以上建筑工地安装在线监测和视频监控，并与当地行业主管部门联网
		道路扬尘综合整治	2018 年 12 月底前	地级及以上城市道路机械化清扫率达到 90%，县城达到75%
		实施降尘考核	全年	平均降尘量不得高于 9 吨/月·平方千米
	秸秆综合利用	加强秸秆焚烧管控	全年	建立网格化监管制度，在秋收阶段开展秸秆禁烧专项巡查
		加强秸秆综合利用	全年	秸秆综合利用率达到 96%
	控制农业氨排放	畜禽养殖业	全年	畜禽粪污综合利用率达到 70% 以上

类别	重点工作	主要任务	完成时限	工程措施
工业炉窑专项整治	工业炉窑治理	制定实施方案	2018 年 9 月底前	制定工业炉窑综合整治实施方案
		工业炉窑排查	2018 年 9 月底前	开展拉网式排查，建立各类工业炉窑管理清单
		煤气发生炉淘汰	2018 年 12 月底前	全部完成淘汰，逾期未完成的一律停产整治
VOCs 专项整治	重点行业 VOCs 治理	重点行业 VOCs 综合治理	2018 年 12 月底前	对列入省重点治理企业清单和重点监管企业清单的 168 家企业，完成 VOCs 在线监测设备或超标报警传感装置安装工作，对石化、化工、医药等行业 VOCs 污染治理再排查，实施升级改造深度治理
		汽修行业 VOCs 整治	2018 年 8 月底前	完成 665 家汽修喷漆企业 VOCs 污染整治工作
	油品储运销	安装油气回收在线监测	2018 年 12 月底前	年销售汽油量大于 5 000 吨的加油站，安装油气回收在线监测设备
	专项执法	VOCs 专项执法	长期坚持	严厉打击违法排污行为
重污染天气应对	错峰生产	重点行业错峰生产	2018 年 10 月 15 日前	制定钢铁、建材、焦化、铸造、化工等行业错峰生产方案
	修订完善应急预案及减排清单	完善预警分级标准体系	2018 年 9 月底前	统一应急预警标准，实施区域应急联动
		夯实应急减排措施	2018 年 9 月底前	完成应急预案减排措施清单编制
能力建设	完善环境监测监控网络	环境空气质量监测网络建设	2018 年 8 月底前	对 18 个省级以上开发区、1 个港口（作业区）完成空气质量自动监测站建设
		重点污染源自动监控体系建设	2018 年 12 月底前	67 家高架源企业全部安装烟气排放自动监控设施，共 125 套
		遥感监测系统平台建设	2018 年 10 月底前	完成 10 套固定垂直式和 6 台移动式遥感监测装置，建成遥感监测系统平台，实现国家—省—市三级联网
		定期排放检验机构三级联网	2018 年 12 月底前	机动车排放检验机构实现国家—省—市三级联网，确保监控数据实时、稳定传输
		工程机械排放监控平台建设	2018 年 12 月底前	启动工程机械安装实时定位和排放监控装置安装工作
		重型柴油车车载诊断系统远程监控系统建设	2018 年 12 月底前	启动重型柴油车车载诊断系统远程监控工作
	源排放清单编制	编制大气污染源排放清单	2018 年 9 月底前	完成 2017 年大气污染源排放清单编制

河北省廊坊市 2018—2019 年秋冬季大气污染综合治理攻坚行动方案

类别	重点工作	主要任务	完成时限	工 程 措 施
产业结构调整	优化产业布局	"三线一单"编制	2019 年 4 月底前	启动生态保护红线、环境质量底线、资源利用上线、环境准入清单编制工作，明确禁止和限制发展的行业、生产工艺和产业目录
	"两高"行业产能控制	压减钢铁产能	2018 年 12 月底前	力争完成一家钢铁企业产能压减任务，压减炼钢产能 384 万吨，炼铁产能 354 万吨
	"散乱污"企业综合整治	开展"散乱污"企业及集群综合整治	2018 年 9 月底前	完成 1 552 家"散乱污"企业及集群综合整治，其中，关停取缔 1476 家，升级改造 76 家
		建立"散乱污"动态管理机制	长期坚持	持续巩固整治成果，对已整治的"散乱污"企业开展"回头看"，坚决杜绝死灰复燃，虚假整改；充分发挥县乡村三级网格化监管体系作用，对反弹的"散乱污"工业企业，发现一起取缔一起
	工业源污染治理	实施排污许可	2018 年 12 月底前	按照国家、省统一安排完成排污许可证核发任务
		强化高架源监管	长期坚持	强化工业污染源环境监管，实现自动监控长期全面覆盖
能源结构调整	清洁取暖	散煤替代	2018 年 10 月底前	完成散煤替代 7.711 万户，其中，气代煤 7.703 万户、电代煤 0.008 万户
		加强复烧监管	长期坚持	巩固好"双代"成果，加强督导检查，杜绝已完成散煤替代的地区出现散煤复烧
	煤炭消费总量控制	煤炭消费总量削减	全年	煤炭消费总量较 2017 年削减 20 万吨
	锅炉综合整治	淘汰燃煤锅炉	2018 年 10 月底前	淘汰 35 蒸吨及以下燃煤锅炉 40 台 843 蒸吨
		锅炉节能和超低排放改造	2018 年 10 月底前	对保留的燃煤锅炉排放状况加强监管，确保稳定达到特别排放限值要求，同步推动超低排放改造试点工程
		燃气锅炉低氮改造	2018 年 10 月底前	力争完成 10 蒸吨以上燃气锅炉低氮改造 46 台 1 813 蒸吨
运输结构调整	车船结构升级	发展新能源车	2018 年 12 月底前	完成推广新能源汽车 1800 辆标准车
			2018 年 12 月底前	推进城市建成区新增和更新的公交、环卫、邮政、出租、通勤、轻型物流配送车辆使用新能源或清洁能源汽车
			2018 年 12 月底前	新建新能源汽车充电桩 836 个，累计充电桩数量达到 3 452 个
		老旧车淘汰	2018 年 12 月底前	淘汰老旧车 2 967 辆，其中柴油车 1 777 辆，汽油车 1 164 辆，其他车 26 辆
	车船燃油品质改善	油品质量升级	2018 年 12 月底前	强化油品质量监管，抽检覆盖率达到 100%
		成品油及车用尿素质量监督检查	2018 年 9 月底前	开展打击黑加油站点专项行动
			攻坚行动期间	对储油库、加油（气）站和企业自备油库的抽查全覆盖
			攻坚行动期间	对高速公路、国道和省道沿线加油站（点）销售车用尿素情况实现全覆盖抽查

类别	重点工作	主要任务	完成时限	工 程 措 施
运输结构调整	强化移动源污染防治	新车环保监督管理	长期坚持	新注册登记柴油货车开展检验时，逐车核实环保信息公开情况，查验污染控制装置，开展上线排放检测，确保实现全覆盖
		老旧车治理和改造	2018年12月底前	强化在用车执法管理，路检2万辆；遥感监测5万辆；对尾气检测机构实施全覆盖抽查
		在用车联合执法专项行动	2018年12月底前	开展在用汽车排放检测与强制维护制度（I/M）建设工作
			长期坚持	对初检或日常监督抽测发现的超标车、异地车辆、注册5年以上的营运柴油车进行过程数据、视频图像和检测报告复核
		建立完善在用汽车排放检测与强制维护制度	全年	生态环境、公安交管、交通运输等部门建立排放检测、执法处罚和维修治理信息共享
			2018年12月底前	在排放检验机构企业官方网站和办事业务大厅建设显示屏，通过高清视频实时公开柴油车排放检验全过程及检验结果，完成1～2家试点
		加强非道路移动机械和船舶污染防治	2018年12月底前	完成非道路移动机械摸底调查，制定非道路移动机械低排放控制区划定方案
用地结构调整	矿山综合整治	强化露天矿山综合治理	2018年10月底前	对35处责任主体灭失矿山迹地进行综合治理
	扬尘综合治理	建筑扬尘治理	长期坚持	严格落实施工工地"六个百分之百"要求
		施工扬尘管理清单	2018年9月底前	建立各类施工工地扬尘管理清单，并定期动态更新
		施工扬尘监管	2018年10月底前	建筑工地安装在线监测和视频监控，并与当地行业主管部门联网
		道路扬尘综合整治	2018年12月底前	市主城区道路机械化清扫率达到85%，县城达到75%
		实施降尘考核	全年	平均降尘量不得高于9吨/月·平方千米
	秸秆综合利用	加强秸秆焚烧管控	全年	建立网格化监管制度，在秋收阶段开展秸秆禁烧专项巡查
		加强秸秆综合利用	全年	秸秆综合利用率达到95%
		建设秸秆焚烧红外视频监控	长期坚持	健全禁烧责任体系和工作机制，落实县、乡、村属地管理责任，建立秸秆焚烧高架红外视频监控系统，对重点涉农区域实现监控全覆盖
	控制农业氨排放	种植业	全年	减少化肥农药使用量，增加有机肥使用量，实现化肥农药使用量负增长
		畜禽养殖业	全年	畜禽粪污综合利用率达到70%以上
工业炉窑专项整治	工业炉窑治理	工业炉窑排查	2018年9月底前	开展拉网式排查，建立各类工业炉窑管理清单
		制定实施方案	2018年9月底前	制定工业炉窑综合整治实施方案
		开展殡葬火化和焚烧炉专项治理	2018年10月底前	全市殡仪馆的殡仪焚烧炉24台火化炉完成环保更新改造，烟气排放达到《火葬场大气污染物排放标准》（GB 13801—2015）

类别	重点工作	主要任务	完成时限	工 程 措 施
VOCs专项整治	重点行业VOCs治理	重点行业VOCs综合治理	2018年12月底前	完成89家市级VOCs排放企业深度治理，其中表面涂装类39家、印刷类24家、化工类22家、建材类2家、家具制造类2家
	油品储运销	安装油气回收在线监测	2018年12月底前	24座年销售汽油量大于5 000吨的加油站加快安装油气回收在线监测设备
	专项执法	VOCs专项执法	长期坚持	严厉打击违法排污行为，对治理效果差、技术服务能力弱、运营管理水平低的治理单位，公布名单，实行联合惩戒
	汽修行业专项治理	实施汽修喷漆行业污染整治	2018年10月底前	强化汽修喷漆行业监管，开展拉网式摸底排查，建立汽修喷漆企业管理台账，规范喷漆作业，严格环保要求，加强废气收集和处置，确保达标排放全面取缔露天喷漆作业，依法关停取缔无证、无环保手续、无环保治理设施和设施处理效率低下、不能达标排放的汽修喷漆企业
重污染天气应对	错峰生产及运输	重点行业错峰生产	2018年10月15日前	针对钢铁、建材、铸造、有色、化工等行业全面进行重新排查，更新错峰生产和错峰运输企业清单
	修订完善应急预案及减排清单	完善预警分级标准体系	2018年9月底前	统一应急预警标准，区分不同季节应急响应标准，实施区域应急联动
		夯实应急减排措施	2018年9月底前	在2017年2 887家重污染天气应急减排企业清单基础上，重新摸底排查，制定重污染天气应急减排清单
能力建设	完善环境监测监控网络	重点污染源自动监控体系建设	2018年10月底前	完成120家省定重点企业VOCs在线监测设备或超标报警传感装置的安装工作
		遥感监测系统平台建设	2018年12月底前	建成固定式遥感监测设备6套，移动式遥感监测车2台
			2018年10月底前	建成机动车遥感监测系统国家、省、市三级联网平台，并稳定传输数据
		定期排放检验机构三级联网	2018年12月底前	全部机动车排放检验机构实现国家—省—市三级联网，确保监控数据实时、稳定传输
		非道路移动机械管控平台建设	2018年12月底前	启动施工现场非道路移动机械安装实时定位装置
		重型柴油车车载诊断系统远程监控系统建设	2018年12月底前	启动重型柴油车车载诊断系统远程监控
	源排放清单编制	编制大气污染源排放清单	2018年9月底前	完成2017年大气污染源排放清单编制

河北省衡水市 2018—2019 年秋冬季大气污染综合治理攻坚行动方案

类别	重点工作	主要任务	完成时限	工 程 措 施
产业结构调整	优化产业布局	"三线一单"编制	2019 年 4 月底前	完成生态保护红线、环境质量底线、资源利用上线和环境准入清单编制工作
		建成区重污染企业搬迁	2018 年 12 月底前	完成衡水电机股份有限公司、衡水富力特管业有限公司 2 家企业搬迁改造
		化工园区整治	2018 年 12 月底前	加强管理，提升化工园区管理水平，达到相关要求
	"散乱污"企业综合整治	开展"散乱污"企业及集群综合整治	2018 年 10 月底前	完成新排查出的 508 家"散乱污"企业综合整治，其中，关停取缔 263 家，升级改造 239 家，整合搬迁 6 家
			长期坚持	建立"散乱污"企业动态管理机制
	工业源污染治理	实施排污许可	2018 年 12 月底前	按照国家、省统一安排完成排污许可证核发任务
		铸造行业深度治理	2018 年 10 月底前	铸造行业全部完成深度治理
		工业料场堆场管理	2018 年 12 月底前	完成 105 家工业企业料场堆场规范化管理
能源结构调整	清洁取暖	清洁能源替代散煤	2018 年 10 月底前	完成清洁能源替代散煤 27.084 万户，其中，气代煤 25.9 万户、电代煤 1.184 万户
		洁净型煤替代散煤	2018 年 10 月底前	暂不具备清洁能源替代条件地区推广洁净型煤替代散煤，替代 7 万户以上
		加强煤炭经营监管	长期坚持	加强督导检查，严禁散煤替代区域出现散煤经营
		煤质监管	全年	严管劣质散煤流通销售，严厉打击经营行为，严格管控散煤销售网点，实现散煤经营网点"清零"
	煤炭消费总量控制	煤炭消费总量削减	全年	煤炭消费总量较 2017 年削减 5 万吨
	锅炉综合整治	淘汰燃煤锅炉	2018 年 10 月底前	淘汰 35 蒸吨及以下燃煤锅炉 18 台 107 蒸吨
		燃气锅炉低氮改造	2018 年 10 月底前	完成 10 蒸吨以上燃气锅炉低氮改造 23 台 399 蒸吨
运输结构调整	货物运输方式优化调整	铁路货运比例提升	2018 年 12 月底前	出台运输结构调整方案
	车船结构升级	发展新能源车	2018 年 12 月底前	新能源汽车推广 1 800 辆标准车，推动公交、出租、环卫、邮政、通勤、轻型物流配送车辆使用新能源和清洁能源汽车
			2018 年 12 月底前	电动公交车保有总量 700 辆，市区主城区电动公交比例达到 50%
			2018 年 12 月底前	全市充电桩累计达到 1 000 个
		老旧车淘汰	2018 年 12 月底前	淘汰老旧车 4 108 辆，推进国三及以下中重型营运柴油货车淘汰

类别	重点工作	主要任务	完成时限	工 程 措 施
运输结构调整	燃油品质改善	油品质量升级	长期坚持	全面供应符合国六标准的车用汽柴油，停止销售低于国六标准的车用汽柴油
			全年	全年及秋冬季攻坚期间对储油库、加油站和企业自备油库的抽查频次达到 4 次
			2018 年 12 月底前	对高速公路、国道和省道沿线加油站（点）销售车用尿素情况进行抽查
			2018 年 9 月底前	开展打击黑加油站点专项行动 2 次
	强化移动源污染防治	新车环保监督管理	长期坚持	新注册登记柴油货车开展检验时，逐车核实环保信息公开情况，查验污染控制装置，开展上线排放检测，确保实现全覆盖
		在用车执法监管	2018 年 12 月底前	检查排放检验机构车 23 家，实现监管全覆盖
			长期坚持	对初检或日常监督抽测发现的超标车、异地车辆、注册 5 年以上的营运柴油车进行过程数据、视频图像和检测报告复核
			2018 年 12 月底前	在排放检验机构企业官方网站和办事业务大厅建设显示屏，通过高清视频实时公开柴油车排放检验全过程及检验结果，完成 1～2 家试点
		加强非道路移动机械污染防治	2018 年 12 月底前	制定非道路移动机械低排放控制区划定方案，初步完成非道路移动机械摸底调查
用地结构调整	扬尘综合治理	建筑扬尘治理	长期坚持	严格落实施工工地"六个百分之百"要求
		施工扬尘管理清单	2018 年 9 月底前	建立各类施工工地扬尘管理清单，并定期动态更新
		施工扬尘监管	2018 年 10 月底前	市主城区所有建筑工地安装在线监测和视频监控，并与当地行业主管部门联网
		道路扬尘综合整治	2018 年 12 月底前	市主城区道路机械化清扫率达到 90% 以上，县城建城区达到 75%，并逐步提升县城机械化清扫率
	秸秆综合利用	加强秸秆焚烧管控	全年	建立网格化监管制度，开展秸秆禁烧专项巡查
		建设秸秆焚烧红外视频监控	2018 年 8 月底前	所有县市区安装完成视频监控和红外线报警系统
		加强秸秆综合利用	全年	秸秆综合利用率达到 96%
	控制农业氨排放	种植业	全年	改进肥料使用类型和施肥方式，增施有机肥，减少大气氨排放
		畜禽养殖业	全年	畜禽粪污综合利用率达到 70% 以上
工业炉窑专项整治	工业炉窑治理	制定实施方案	2018 年 9 月底前	制定工业炉窑综合整治实施方案
		工业炉窑排查	2018 年 9 月底前	开展拉网式排查，建立各类工业炉窑管理清单
		工业炉窑深度治理	2018 年 12 月底前	推进工业炉窑深度治理

类别	重点工作	主要任务	完成时限	工程措施
VOCs专项整治	重点行业VOCs治理	重点行业VOCs综合治理	全年	强化工业源VOCs日常监管和综合管控，按照行业特点继续推进VOCs深度治理
	专项执法	VOCs专项执法	长期坚持	严厉打击违法排污行为
重污染天气应对	错峰生产	重点行业错峰生产	2018年10月15日前	制定建材、铸造、化工等行业错峰生产方案
	修订完善应急预案及减排清单	完善预警分级标准体系	2018年9月底前	统一应急预警标准，区分不同季节应急响应标准，实施区域应急联动
		夯实应急减排措施	2018年9月底前	在2017年重污染天气应急减排企业清单基础上，重新摸底排查，制定重污染天气应急减排清单
能力建设	完善环境监测监控网络	重点污染源自动监控体系建设	2018年10月底前	排气口高度45米以上高架源全部安装在线；完成省定145家重点监管企业VOCs在线监控设施或超标报警装置安装工作
		遥感监测系统平台建设	2018年12月底前	建设10套固定式、2套移动式遥感监测设备
			2018年10月底前	建成机动车遥感监测系统国家、省、市三级联网平台，并稳定传输数据
		定期排放检验机构三级联网	2018年12月底前	机动车排放检验机构实现国家—省—市三级联网，确保监控数据实时、稳定传输
		非道路移动机械管控平台建设	2018年12月底前	启动施工现场非道路移动机械安装实时定位装置
能力建设	完善环境监测监控网络	重型柴油车车载诊断系统远程监控系统建设	2018年12月底前	启动重型柴油车车载诊断系统远程监控建设
	源排放清单编制	编制大气污染源排放清单	2018年9月底前	完成2017年大气污染源排放清单编制
	颗粒物来源解析	开展$PM_{2.5}$来源解析	2018年8月底前	完成2017年秋冬季城市大气污染颗粒物源解析

河北省雄安新区2018—2019年秋冬季大气污染综合治理攻坚行动方案

类别	重点工作	主要任务	完成时限	工程措施
产业结构调整	优化产业布局	"三线一单"编制	2018年12月底前	根据新区规划纲要，积极谋划三县辖区内生态保护红线、环境质量底线和资源利用上线以及环境准入清单编制工作
	产业布局调整	工业园区整治	2018年12月底前	加强管理，开展安新县和雄县2个工业园区的企业整治，提升环境管理水平，实现园区内企业达标排放
	"散乱污"企业综合整治	开展"散乱污"企业及集群综合整治	2018年10月底前	完成12 247家"散乱污"企业及集群综合整治，其中，关停取缔9 851家、升级改造2 396家
			全年	建立动态排查管理机制
	工业源污染治理	实施排污许可	2018年12月底前	按国家和省要求完成排污许可证核发

类别	重点工作	主要任务	完成时限	工程措施
能源结构调整	清洁取暖	清洁能源替代散煤	2018 年 10 月底前	完成散煤替代 0.609 万户，其中气代煤 0.109 万户，电代煤 0.5 万户
	锅炉综合整治	淘汰燃煤锅炉	2018 年 10 月底前	淘汰 35 蒸吨以下燃煤锅炉 2 台 36 蒸吨
		燃气锅炉低氮改造	2018 年 10 月底前	完成燃气锅炉低氮改造 1 台 15 蒸吨
运输结构调整	货物运输方式优化调整	大力发展多式联运	2018 年 12 月底前	结合省方案，出台运输结构调整方案，建设绿色物流体系，支持利用城市现有物流货场转型升级为城市配送中心，建立 2 个配送中心
	车船结构升级	发展新能源车	2018 年 12 月底前	新增和更新 140 辆新能源或清洁能源汽车推进出租、环卫、公交、邮政、通勤、轻型物流配送车辆使用新能源或清洁能源车
		老旧车淘汰	2018 年 12 月底前	淘汰国三及以下营运中重型柴油货车 89 辆
	车船燃油品质改善	油品质量升级	2019 年 1 月 1 日起	全面供应符合国六标准的车用汽柴油，停止销售低于国六标准的汽柴油，实现车用柴油、普通柴油、部分船舶用油"三油并轨"
			2018 年 12 月底前	全年及秋冬季攻坚期间对储油库、加油（气）站和企业自备油库的抽查频次达到 60%
			2018 年 9 月底前	开展打击黑加油站点专项行动
			攻坚行动期间	对高速公路、国道和省道沿线加油站（点）销售车用尿素情况的进行抽查，力争全覆盖
	强化移动源污染防治	新车环保监督管理	长期坚持	新注册登记柴油货车开展检验时，逐车核实环保信息公开情况，查验污染控制装置，开展上线排放检测，确保实现全覆盖
		老旧车治理和改造	2018 年 12 月底前	排放检验机构监管全覆盖
			长期坚持	对初检或日常监督抽测发现的超标车、异地车辆、注册 5 年以上的营运柴油车进行过程数据、视频图像和检测报告复核
			2018 年 12 月底前	更换 10 辆出租车三元催化装置
		建立完善在用汽车排放检测与强制维护制度	2018 年 12 月底前	开展在用汽车排放检测与强制维护制度（I/M）建设工作
			全年	联合生态环境、公安交管、交通运输等部门，建立排放检测、执法处罚和维修治理信息共享机制
			2018 年 12 月底前	在排放检验机构企业官方网站和办事业务大厅建设显示屏，通过高清视频实时公开柴油车排放检验全过程及检验结果，完成 1～2 家试点
		加强非道路移动机械和船舶污染防治	2018 年 12 月底前	开展非道路移动机械摸底调查，按照省要求制定非道路移动机械低排放控制区划定方案，对区域内使用的非道路移动机械开展检查

类别	重点工作	主要任务	完成时限	工 程 措 施
用地结构调整	扬尘综合治理	建筑扬尘治理	长期坚持	严格落实施工工地"六个百分之百"要求
		施工扬尘管理清单	2018 年 9 月底前	建立各类施工工地扬尘管理清单，并定期动态更新
		施工扬尘监管	2018 年 10 月底前	3 000 平米以上建筑工地安装在线监测和视频监控，并与当地行业主管部门联网
		道路扬尘综合整治	2018 年 12 月底前	县城建成区城市道路机械化清扫率达到 80%
		实施降尘考核	全年	平均降尘量不得高于 9 吨/月·平方千米
	秸秆综合利用	加强秸秆焚烧管控	全年	红外视频监控 99 个摄像头 33 个乡镇全覆盖，建立网格化监管制度，在秋收阶段开展秸秆禁烧专项巡查
		加强秸秆综合利用	全年	秸秆综合利用率达到 95%
	控制农业氨排放	种植业	全年	有机肥使用比例由 2017 年的 25% 增加到 30%
		畜禽养殖业	全年	畜禽粪污综合利用率达到 70% 以上
VOCs 专项整治	重点行业 VOCs 治理	重点行业 VOCs 综合治理	2018 年 10 月底前	完成 14 家重点 VOCs 企业在线监控设备或报警装置安装及联网
		重点行业 VOCs 治理设施升级改造	2018 年 10 月底前	对辖区内 63 家涉 VOCs 企业开展深度治理，设施进行升级改造，进一步提高 VOCs 去除效率，确保稳定达标排放
	油品储运销	油品储运销综合整治	2018 年 12 月底前	完成加油站及 34 辆油罐车油气回收治理
	专项执法	VOCs 专项执法	长期坚持	严厉打击违法排污行为，对治理效果差、技术服务能力弱、运营管理水平低的治理单位，公布名单，实行联合惩戒
重污染天气应对	错峰生产及运输	重点行业错峰生产	2018 年 10 月 15 日前	针对印染、橡胶、塑料、包装印刷等行业制定错峰生产方案
	修订完善应急预案及减排清单	完善预警分级标准体系	2018 年 9 月底前	统一应急预警标准，区分不同季节应急响应标准，实施区域应急联动
		夯实应急减排措施	2018 年 9 月底前	按省统一要求落实应急减排比例细化应急减排措施，落实到企业各工艺环节，实施"一厂一策"清单化管理，涉及大宗物料运输的重点用车企业，按要求实施应急运输响应
能力建设	完善环境监测监控网络	定期排放检验机构三级联网	2018 年 12 月底前	推动机动车排放检验机构联网，向国家平台传送数据
	源排放清单编制	编制大气污染源排放清单	2018 年 12 月底前	启动大气污染源排放清单编制工作

河北省定州市 2018—2019 年秋冬季大气污染综合治理攻坚行动方案

类别	重点工作	主要任务	完成时限	工 程 措 施
产业结构调整	优化产业布局	"三线一单"编制	2019 年 4 月底前	完成生态保护红线、环境质量底线、资源利用上线、环境准入清单编制工作,明确禁止和限制发展的行业、生产工艺和产业目录
		建成区重污染企业搬迁	2018 年 12 月底前	完成河北旭阳焦化有限公司(旧厂区产能 120 万吨)企业搬迁改造
	"散乱污"企业综合整治	开展"散乱污"企业及集群综合整治	2018 年 10 月底前	完成 156 家"散乱污"企业综合整治,其中,关停取缔 46 家,升级改造 96 家,整合搬迁 14 家
			2018 年 12 月底前	持续巩固整治成果,建立"散乱污"企业动态排查管理机制,对已整治的"散乱污"企业开展"回头看",坚决杜绝死灰复燃,虚假整改;充分发挥县乡村三级网格化监管体系作用,对反弹的"散乱污"工业企业,发现一起取缔一起
	工业源污染治理	实施排污许可	2018 年 12 月底前	按照国家、省统一安排完成排污许可证核发任务
		无组织排放治理	2018 年 12 月底前	完成河北旭阳焦化有限公司煤场封闭
能源结构调整	清洁取暖	清洁能源替代散煤	2018 年 10 月底前	完成散煤替代 0.739 万户,均为气代煤
		洁净煤替代散煤	2018 年 10 月底前	推进暂不具备清洁能源替代条件的区域推广洁净型煤
		煤质监管	全年	严格煤炭质量检验标准,加强型煤等煤炭加工企业产品质量监督抽查,生产企业抽查覆盖率达到 95%以上;加强散煤销售、使用环节抽检力度,煤质抽检覆盖率不低于 95%,对抽验发现经营不合格散煤行为的,依法处罚
	煤炭消费总量控制	煤炭消费总量削减	全年	煤炭消费总量较 2017 年削减 2 万吨
	锅炉综合整治	淘汰燃煤锅炉	2018 年 10 月底前	淘汰燃煤锅炉 3 台 60 蒸吨
		燃气锅炉低氮改造	2018 年 10 月底前	完成 10 蒸吨以上燃气锅炉低氮改造 3 台 45 蒸吨
运输结构调整	车船结构升级	发展新能源车	2018 年 12 月底前	新能源汽车销量 2 000 标准车
			2018 年 12 月底前	184 辆新增和更新城市公交、环卫、邮政、出租、通勤、轻型物流配送车辆采用新能源或清洁能源汽车
			2018 年 12 月底前	电动公交车保有总量 108 辆,比例达到 59%
			2018 年 12 月底前	在物流园、产业园、工业园、大型商业购物中心、农贸批发市场等物流集散地建设集中式充电桩和快速充电桩 200 个
		老旧车淘汰	2018 年 12 月底前	推进国三及以下中重型柴油货车、国五及以下采用稀薄燃烧技术或"油改气"老旧燃气车淘汰工作

类别	重点工作	主要任务	完成时限	工 程 措 施
运输结构调整	车船燃油品质改善	油品质量升级	长期坚持	全面供应符合国六标准的车用汽柴油，停止销售低于国六标准的汽柴油
			全年	全年及秋冬季攻坚期间对储油库、加油（气）站的抽查频次达到2次及以上；对高速公路、国道和省道沿线加油站（点）销售车用尿素情况的抽查频次达到2次及以上
			2018年9月底前	开展打击黑加油站点专项行动
	强化移动源污染防治	新车环保监督管理	长期坚持	新注册登记柴油货车开展检验时，逐车核实环保信息公开情况，查验污染控制装置，开展上线排放检测，确保实现全覆盖
		在用车执法监管	长期坚持	对初检或日常监督抽测发现的超标车、异地车辆、注册5年以上的营运柴油车进行过程数据、视频图像和检测报告复核
	强化移动源污染防治	建立完善在用汽车排放检测与强制维护制度	2018年12月底前	开展在用汽车排放检测与强制维护制度（I/M）建设工作
			2018年12月底前	排放检验机构监管全覆盖
			2018年12月底前	在排放检验机构企业官方网站和办事业务大厅建设显示屏，通过高清视频实时公开柴油车排放检验全过程及检验结果，完成1～2家试点
		加强非道路移动机械污染防治	2018年12月底前	开展非道路移动机械摸底调查，制定非道路移动机械低排放控制区划定方案
用地结构调整	扬尘综合治理	建筑扬尘治理	长期坚持	严格落实施工工地"六个百分之百"要求
		施工扬尘管理清单	2018年9月底前	建立各类施工工地扬尘管理清单，并定期动态更新
		施工扬尘监管	2018年10月底前	建成区所有建筑工地安装在线监测和视频监控，并与当地行业主管部门联网
		道路扬尘综合整治	2018年12月底前	城市道路机械化清扫率达到88%
	秸秆综合利用	加强秸秆焚烧管控	长期坚持	建立网格化监管制度，在秋收阶段开展秸秆禁烧专项巡查
			长期坚持	健全禁烧责任体系和工作机制，落实县、乡、村属地管理责任2018年8月底前，建立秸秆焚烧高架红外视频监控系统，对重点涉农区域实现监控全覆盖
		加强秸秆综合利用	全年	秸秆综合利用率达到96%
	控制农业氨排放	种植业	全年	减少化肥农药使用量，增加有机肥使用量，实现化肥农药使用量负增长
		畜禽养殖业	全年	畜禽粪污综合利用率达到70%以上
工业炉窑专项整治	工业炉窑治理	工业炉窑排查	2018年9月底前	开展拉网式排查，建立各类工业炉窑管理清单
		制定实施方案	2018年9月底前	制定工业炉窑综合整治实施方案

类别	重点工作	主要任务	完成时限	工 程 措 施
VOCs专项整治	重点行业VOCs治理	重点行业VOCs治理设施升级改造	2018年10月底前	完成1家工业涂装企业VOCs治理
	油品储运销	油品储运销综合整治	全年	加强加油站油气回收日常监管
	专项执法	VOCs专项执法	长期坚持	严厉打击违法排污行为，对治理效果差、技术服务能力弱、运营管理水平低的治理单位，公布名单，实行联合惩戒
重污染天气应对	错峰生产	重点行业错峰生产	2018年10月15日前	制定建材、焦化、铸造、化工等行业错峰生产方案
	修订完善应急预案及减排清单	完善预警分级标准体系	2018年9月底前	统一应急预警标准，实施区域应急联动
		夯实应急减排措施	2018年9月底前	完成应急预案减排措施清单编制
能力建设	完善环境监测监控网络	环境空气质量监测网络建设	2018年8月底前	完成2个工业园区环境空气质量自动监测站点建设，并与中国环境监测总站实现数据直联
		环境空气VOCs监测	2018年8月底前	建成3个环境空气VOCs监测站点
		遥感监测系统平台建设	2018年12月底前	建成4套固定垂直式和1台移动式遥感监测设备
			2018年10月底前	建成机动车遥感监测系统国家、省、市三级联网平台，并稳定传输数据
		定期排放检验机构三级联网	2018年12月底前	机动车排放检验机构实现国家—省—市三级联网，确保监控数据实时、稳定传输
		工程机械排放监控平台建设	2018年12月底前	启动开展工程机械安装实时定位和排放监控装置
		重型柴油车车载诊断系统远程监控系统建设	2018年12月底前	启动开展重型柴油车车载诊断系统远程监控
	源排放清单编制	编制大气污染源排放清单	2018年9月底前	完成2017年大气污染源排放清单动态更新

河北省辛集市2018—2019年秋冬季大气污染综合治理攻坚行动方案

类别	重点工作	主要任务	完成时限	工 程 措 施
产业结构调整	优化产业布局	"三线一单"编制	2019年4月底前	完成生态保护红线编制，启动环境质量底线、资源利用上线、环境准入清单编制工作
		建成区重污染企业搬迁	2018年12月底前	完成万雅博化工公司、康联石油公司、佳联化工、建阳化工等10家企业搬迁改造
	"散乱污"企业综合整治	开展"散乱污"企业及集群综合整治	2018年10月底前	完成141家"散乱污"企业综合整治，其中，关停取缔104家，升级改造35家，整合搬迁2家
		"散乱污"企业动态排查管理机制	全年	持续巩固整治成果，对已整治的"散乱污"企业开展"回头看"，坚决杜绝死灰复燃，虚假整改；充分发挥县乡村三级网格化监管体系作用，对反弹的"散乱污"工业企业，发现一起取缔一起

类别	重点工作	主要任务	完成时限	工 程 措 施
产业结构调整	工业源污染治理	实施排污许可	2018年12月底前	按照国家、省统一安排完成排污许可证核发任务
		钢铁超低排放	2018年12月底前	完成澳森钢铁公司烧结烟气超低排放改造
		无组织排放治理	2018年12月底前	澳森钢铁公司完成深度治理，原料大棚封闭加雾炮抑尘，原料运输皮带廊封闭，运输车辆封闭，生产车间封闭，所有生产点位配备除尘器，炼钢车间配综合除尘器
		工业园区治理	2018年12月底前	完成张古庄镇南昌村泡塑区涉VOCs企业综合整治
能源结构调整	清洁取暖	清洁能源替代散煤	2018年10月底前	完成散煤替代1.1万户，其中气代煤0.5万户、电代煤0.6万户
		洁净煤替代散煤	2018年10月底前	暂不具备"双代"替代条件的区域推广洁净型煤
		煤质监管	全年	严格煤炭质量检验标准，加强型煤生产企业产品质量监督抽查，生产企业抽查覆盖率达到90%以上；规范和加强煤质检测站煤质抽检、检测制度，散煤煤质抽检覆盖率达到100%，对抽验发现经营劣质散煤行为的，依法处罚
	煤炭消费总量控制	煤炭消费总量削减	全年	煤炭消费总量较2017年削减1万吨
		淘汰关停落后燃煤机组	2018年10月底前	在确保电力、热力供应基础上，淘汰关停德瑞淀粉有限公司燃煤机组1台0.15万千瓦
	锅炉综合整治	淘汰燃煤锅炉	2018年12月底前	淘汰燃煤锅炉10台242蒸吨
		锅炉节能和超低排放改造	2018年10月底前	完成燃煤锅炉超低排放改造1台75蒸吨
		燃气锅炉低氮改造	2018年12月底前	完成10蒸吨以上燃气锅炉低氮改造4台65蒸吨
运输结构调整	车船结构升级	铁路货运比例提升	2018年12月底前	出台运输结构调整计划计划提升铁路货运能力和运输比例，由2017年的0%增加到15%，约45万吨
		发展新能源车	2018年10月底前	新增200辆新能源标准车推动出租、环卫、公交、邮政、通勤、轻型物流配送车辆使用新能源或清洁能源车
			2018年10月底前	电动公交车保有总量269辆，比例达到100%
			2018年12月底前	新增60个充电桩，数量达到160个推进在物流园、产业园、工业园、大型商业购物中心、农贸批发市场等物流集散地及公共停车场建设集式充电桩和快速充电桩
		老旧车淘汰	2018年12月底前	淘汰老旧车596辆推进国三及以下中重型柴油货车、国五及以下采用稀薄燃烧技术或"油改气"老旧燃气车淘汰工作

类别	重点工作	主要任务	完成时限	工 程 措 施
运输结构调整	车船燃油品质改善	油品质量升级	长期坚持	全面供应符合国六标准的车用汽柴油，停止销售低于国六标准的汽柴油
			全年	全年及秋冬季攻坚期间对炼油厂、储油库、加油（气）站和企业自备油库的抽查频次达到 4 次及以上；对高速公路、国道和省道沿线加油站（点）销售车用尿素情况的抽查频次达到 4 次及以上
			2018 年 9 月底前	开展打击黑加油站点专项行动
	强化移动源污染防治	新车环保监督管理	长期坚持	新注册登记柴油货车开展检验时，逐车核实环保信息公开情况，查验污染控制装置，开展上线排放检测，确保实现全覆盖
		在用车执法监管	长期坚持	对初检或日常监督抽测发现的超标车、异地车辆、注册 5 年以上的营运柴油车进行过程数据、视频图像和检测报告复核
		建立完善在用汽车排放检测与强制维护制度	2018 年 12 月底前	检查机动车排放检验机构 2 家，实现监管全覆盖
			2018 年 12 月底前	开展在用汽车排放检测与强制维护制度（I/M）建设工作
			2018 年 12 月底前	在排放检验机构企业官方网站和办事业务大厅建设显示屏，通过高清视频实时公开柴油车排放检验全过程及检验结果，完成 1~2 家试点
		加强非道路移动机械污染防治	2018 年 12 月底前	开展非道路移动机械摸底调查，制定非道路移动机械低排放控制区划定方案
用地结构调整	扬尘综合治理	建筑扬尘治理	长期坚持	严格落实施工工地"六个百分之百"要求
		施工扬尘管理清单	2018 年 9 月底前	建立各类施工工地扬尘管理清单，并定期动态更新
		施工扬尘监管	2018 年 10 月底前	建筑工地安装在线监测和视频监控，并与当地行业主管部门联网
		道路扬尘综合整治	2018 年 12 月底前	城市道路机械化清扫率达到 90%
用地结构调整	秸秆综合利用	加强秸秆焚烧管控	长期坚持	建立网格化监管制度，在秋收阶段开展秸秆禁烧专项巡查
			持续开展	健全禁烧责任体系和工作机制，落实市、乡、村属地管理责任，加强秸秆禁烧执法检查，开展专项整治行动，利用泛测公司 150 个微型监测站及 25 个蓝天卫士高清视频探头，对重点涉农区域实现监控全覆盖
	控制农业氨排放	种植业	全年	减少化肥农药使用量，增加有机肥使用量，实现化肥农药使用量负增长
		畜禽养殖业	全年	畜禽粪污综合利用率达到 70% 以上
工业炉窑专项整治	工业炉窑治理	制定实施方案	2018 年 9 月底前	制定工业炉窑综合整治实施方案
		工业炉窑排查	2018 年 9 月底前	开展拉网式排查，建立各类工业炉窑管理清单

类别	重点工作	主要任务	完成时限	工　程　措　施
VOCs 专项整治	油品储运销	油品储运销综合整治	全年	加强加油站油气回收日常监管
	专项执法	VOCs 专项执法	长期坚持	严厉打击违法排污行为，对治理效果差、技术服务能力弱、运营管理水平低的治理单位，公布名单，实行联合惩戒
重污染天气应对	错峰生产	重点行业错峰生产	2018 年 10 月 15 日前	制定钢铁、建材、铸造、化工等行业错峰生产方案
	修订完善应急预案及减排清单	完善预警分级标准体系	2018 年 9 月底前	统一应急预警标准，实施区域应急联动
		夯实应急减排措施	2018 年 9 月底前	完成应急预案减排措施清单编制
能力建设	完善环境监测监控网络	遥感监测系统平台建设	2018 年 10 月底前	建成 4 套固定垂直式遥感监测设备建成机动车遥感监测系统国家、省、市三级网平台，并稳定传输数据
		定期排放检验机构三级联网	2018 年 12 月底前	机动车排放检验机构实现国家—省—市三级联网，确保监控数据实时、稳定传输
能力建设	完善环境监测监控网络	工程机械排放监控平台建设	2018 年 12 月底前	启动开展工程机械安装实时定位和排放监控装置
		重型柴油车车载诊断系统远程监控系统建设	2018 年 12 月底前	启动开展重型柴油车车载诊断系统远程监控
	源排放清单编制	编制大气污染源排放清单	2018 年 9 月底前	完成 2017 年大气污染源排放清单动态更新

山西省太原市 2018—2019 年秋冬季大气污染综合治理攻坚行动方案

类别	重点工作	主要任务	完成时限	工　程　措　施
产业结构调整	优化产业布局	"三线一单"编制	2018 年 12 月底前	完成生态保护红线划定工作；启动环境质量底线、资源利用上线、环境准入清单编制工作
	产业布局调整	焦化企业搬迁改造	2018 年 12 月底前	推进清徐、阳曲县焦化企业搬迁改造
	"散乱污"企业综合整治	"散乱污"企业动态管理	2018 年 9 月底前	完成新一轮"散乱污"企业排查，建立动态管理机制
		开展"散乱污"企业及集群综合整治	2018 年 10 月底前	完成新发现"散乱污"企业综合整治
	工业源污染治理	实施排污许可	2018 年 12 月底前	按照国家、省统一安排完成排污许可证核发任务
		钢铁超低排放	2018 年 10 月底前	完成山西太钢不锈钢股份有限公司烧结机尾气超低排放改造
		焦化行业深度治理	2018 年 9 月底前	完成 14 家 1 347 万吨产能焦化企业脱硫、脱硝、除尘改造，达到特别排放限值太钢焦化厂完成焦炉烟气超低排放改造，启动焦炉炉体加罩改造工作
		无组织排放治理	2018 年 12 月底前	2 家 1 400 万吨产能钢铁企业，3 家 8 400 吨/日产能水泥企业，4 家 280 万吨焦化企业，完成物料（含废渣）运输、装卸、储存、转移、输送以及生产工艺过程等无组织排放的深度治理

类别	重点工作	主要任务	完成时限	工 程 措 施
能源结构调整	清洁取暖	清洁能源替代散煤	2018年10月底前	完成散煤治理9.11万户,其中,气代煤2.89万户、电代煤1.84万户,集中供热替代0.06万户,其他清洁能源替代4.32万户
			2018年9月底前	将城市建成区划定为"禁煤区","禁煤区"范围内除煤电、集中供热和原料用煤企业外,禁止储存、销售、燃用煤炭
		煤质监管	全年	严厉打击劣质煤销售使用,民用散煤销售企业每月抽检覆盖率达到10%以上,全年抽检覆盖率达到100%依法查处销售劣质煤的单位,集中清理、整顿、取缔不达标散煤供应渠道
		集中供暖	2018年10月底前	完成集中供热扩网800万平米,市区城市建成区清洁取暖覆盖率达到100%
	煤炭消费总量控制	煤炭消费总量削减	2018年12月底前	重点削减非电力用煤,提高电力用煤比例,实现煤炭总量负增长
		淘汰关停落后煤电机组	2018年10月底前	在确保电力、热力供应基础上,淘汰关停燃煤机组5台140万千瓦
		淘汰燃煤锅炉	2018年10月底前	淘汰燃煤锅炉193台20蒸吨及以下燃煤锅炉,合计307.9蒸吨涉及供暖锅炉"煤改气"的,在气源有保障前提下有序推进,并按照先立后破原则做好取暖衔接工作
		锅炉节能和超低排放改造	2018年10月底前	完成燃煤锅炉超低排放改造4台1 120蒸吨
		燃气锅炉低氮改造	2018年12月底前	制定激励政策,引导燃气锅炉进行超低氮改造
运输结构调整	货物运输方式优化调整	铁路货运比例提升	2018年12月底前	2018年铁路货运量力争比2017年增长10%左右
			2018年10月底前	出台运输结构调整方案
			2018年12月底前	山西太钢不锈钢股份有限公司煤炭具备百分之百铁路运输能力
			2018年12月底前	积极推动创建城市绿色货运配送工程
运输结构调整	车船结构升级	发展新能源车	2018年12月底前	新能源汽车生产销售600辆,增长20%
			2018年12月底前	新增和更新400辆纯电动城市公交、114辆环卫清洁能源汽车,推动出租、邮政、通勤、轻型物流配送车辆使用新能源或清洁能源车
			2018年12月底前	启动电动公交车更新工作,制定实施方案
			2018年12月底前	机场、铁路货场启动新能源车更新工作,制定实施方案
			2018年12月底前	推动在物流园、产业园、工业园、大型商业购物中心、农贸批发市场等物流集散地建设集中式充电桩和快速充电桩,制定实施方案

类别	重点工作	主要任务	完成时限	工 程 措 施
运输结构调整	车船结构升级	老旧车淘汰	2018 年 12 月底前	推进国三及以下排放标准营运柴油货车 1060 辆提前淘汰更新
			2018 年 12 月底前	淘汰采用稀薄燃烧技术和"油改气"的老旧燃气车辆 30 辆
	车船燃油品质改善	油品质量升级	长期坚持	全面供应符合国六标准的车用汽柴油，停止销售低于国六标准的汽柴油，禁止销售普通柴油
			全年	开展对油库（含企业自备油库）的抽查，每月不低于 30%，年度实现全覆盖开展对加油站的抽测，每月不低于 5%，年度实现全覆盖对高速公路、国道和省道沿线加油站（点）销售车用尿素情况的抽查达到 20 次以上
			2018 年 9 月底前	开展打击黑加油站点专项行动
	强化移动源污染防治	新车环保监督管理	长期坚持	新注册登记柴油货车开展检验时，逐车核实环保信息公开情况，查验污染控制装置，开展上线排放检测，确保实现全覆盖
		在用车执法监管	长期坚持	对初检或日常监督抽测发现的超标车、异地车辆、注册 5 年以上的营运柴油车进行过程数据、视频图像和检测报告复核
	强化移动源污染防治	建立完善在用汽车排放检测与强制维护制度	2018 年 12 月底前	检查排放检验机构 22 家，实现监管全覆盖
			2018 年 12 月底前	开展在用汽车排放检测与强制维护制度（I/M）建设工作
			2018 年 12 月底前	在排放检验机构企业官方网站和办事业务大厅建设显示屏，通过高清视频实时公开柴油车排放检验全过程及检验结果，完成 1～2 家试点
		加强非道路移动机械污染防治	2018 年 9 月底前	完成非道路移动机械摸底调查，制定非道路移动机械低排放控制区划定方案
			2018 年 12 月底前	建设 18 台地面电源替代飞机辅助动力装置，民航机场在飞机停靠期间使用岸电比例达到 70%
用地结构调整	矿山综合整治	强化露天矿山综合治理	2018 年 10 月底前	全面完成露天矿山摸底排查对违反资源环境法律法规、规划，污染环境、破坏生态、乱采滥挖的露天矿山，一经发现依法予以关闭
			2018 年 12 月底前	矸石山全面消除自燃和冒烟现象
	扬尘综合治理	建筑扬尘治理	长期坚持	加强动态监测，定期巡查，严格落实施工工地"六个百分之百"要求
		施工扬尘管理清单	2018 年 10 月底前	建立各类施工工地扬尘管理清单，并定期动态更新
		施工扬尘监管	长期坚持	4 000 平方米以上建筑工地安装在线监测和视频监控，并与当地行业主管部门联网
		道路扬尘综合整治	2018 年 12 月底前	地级及以上城市道路机械化清扫率达到 86%，县城力争达到 60%

类别	重点工作	主要任务	完成时限	工 程 措 施
用地结构调整	扬尘综合治理	渣土运输车监管	全年	新增渣土车必须为新能源车辆，并采取密闭措施现有渣土车辆全部采用"全密闭""全定位""全监控"的新型环保渣土车，建立倒查机制，对违法渣土运输车辆，同时追溯上游施工工地责任
		露天堆场扬尘整治	全年	全面清理城乡结合部以及城中村拆迁的渣土和建筑垃圾，不能及时清理的必须采取苫盖等抑尘措施
	秸秆综合利用	加强秸秆焚烧管控	全年	建立网格化监管制度，在秋收阶段开展秸秆禁烧专项巡查
		加强秸秆综合利用	全年	秸秆综合利用率达到95%
	控制农业氨排放	种植业	全年	减少化肥农药使用量，增加有机肥使用量，实现化肥农药使用量负增长，提高化肥利用率，2020年达到40%以上
		畜禽养殖业	2018年12月底前	畜禽粪污资源化利用率由2017年的65%增加到70%
工业炉窑专项整治	工业炉窑治理	制定实施方案	2018年9月底前	制定工业炉窑综合整治实施方案
		工业炉窑排查	2018年9月底前	开展拉网式排查，建立各类工业炉窑管理清单
		煤气发生炉淘汰	2018年8月底前	淘汰煤气发生炉5台
		铸造行业治理	2018年12月底前	铸造企业按《铸造工业大气污染物排放标准（征求意见稿)》中大气污染物特别排放限值进行改造
VOCs专项整治	重点行业VOCs治理	重点行业VOCs综合治理	长期坚持	对涉VOCs排放企业进行再排查，对已经改造完成的219家企业加强运行监管，确保设施正常运行禁止建设生产和使用高VOCs含量的溶剂型涂料、油墨、胶黏剂等项目
		重点行业VOCs治理设施升级改造	2018年12月底前	对双喜轮胎制造企业进行升级改造，提高VOCs去除效率
	油品储运销	油品储运销综合整治	长期坚持	强化加油站、储油库、油罐车油气回收治理设施运行监管，确保正常运行
		安装油气回收在线监测	2018年12月底前	23个加油站安装油气回收在线监测设备
	专项执法	VOCs专项执法	长期坚持	严厉打击违法排污行为
重污染天气应对	错峰生产	重点行业错峰生产	2018年10月15日前	针对钢铁、建材、焦化、铸造、有色、化工等高排放行业，制定错峰生产方案，实施差别化管理
	修订完善应急预案及减排清单	完善预警分级标准体系	2018年9月底前	统一应急预警标准，实施区域应急联动
		夯实应急减排措施	2018年9月底前	对重污染天气应急减排清单实施更新，黄色、橙色、红色预警级别污染物减排比例原则上不低于10%、20%、30%

类别	重点工作	主要任务	完成时限	工 程 措 施
能力建设	完善环境监测监控网络	环境空气质量监测网络建设	2018年12月底前	推动高新区、省级开发区、重点工业园区设置空气质量监测站点
		环境空气VOCs监测	2018年12月底前	开展环境空气质量VOCs监测
		重点污染源自动监控体系建设	2018年12月底前	新增烟气排放自动监控设施6套化工、包装印刷、工业涂装等VOCs排放重点源纳入重点排污单位名录，安装烟气排放自动监控设施，完成20家试点
		遥感监测系统平台建设	2018年12月底前	建成5套遥感监测设备
			2018年10月底前	建成机动车遥感监测系统国家、省、市三级联网平台，并稳定传输数据
		定期排放检验机构三级联网	2018年10月底前	机动车排放检验机构实现国家—省—市三级联网，确保监控数据实时、稳定传输
		工程机械排放监控平台建设	2018年12月底前	启动工程机械安装实时定位和排放监控装置
		重型柴油车车载诊断系统远程监控系统建设	2018年12月底前	启动重型柴油车车载诊断系统远程监控
	源排放清单编制	编制大气污染源排放清单	2018年12月底前	完成2017年大气污染源排放清单动态更新

山西省阳泉市2018—2019年秋冬季大气污染综合治理攻坚行动方案

类别	重点工作	主要任务	完成时限	工 程 措 施
产业结构调整	优化产业布局	"三线一单"编制	2019年4月底前	完成生态保护红线划定工作；启动环境质量底线、资源利用上线、环境准入清单编制工作
		建成区重污染企业搬迁	2020年12月底前	完成阳泉市阀门有限责任公司、阳泉市水泵厂2家企业异地搬迁改造
	"两高"行业产能控制	压减平板玻璃/电解铝等"两高"产能	2018年12月底前	完成鸿泰煤业、燕龛煤矿、三矿裕公井3家煤炭企业205万吨去产能任务
	"散乱污"企业综合整治	开展"散乱污"企业及集群综合整治	2018年9月底前	完成"散乱污"企业及集群新一轮排查工作，并建立动态管理机制，一经发现，及时分类处置
			2018年10月底前	完成对新发现"散乱污"企业综合整治
	工业源污染治理	实施排污许可	2018年12月底前	按照国家、省统一安排完成排污许可证核发任务
		焦化行业深度治理	2018年12月底前	完成2家120万吨产能焦化脱硫、脱硝、除尘改造，达到特别排放限值要求；启动焦炉实施炉体加罩封闭，并对废气进行收集处理
		砖瓦行业深度治理	2018年12月底前	完成11个砖瓦行业企业的脱硫、脱硝、除尘改造，确保达标排放
		电解铝/铸造等行业深度治理	2018年12月底前	完成山西兆丰铝电有限责任公司电解铝分公司、冀东水泥、亚美水泥、南娄水泥深度治理，达到特别排放限值要求

类别	重点工作	主要任务	完成时限	工 程 措 施
产业结构调整	工业源污染治理	无组织排放治理	2018年12月底前	开展水泥（3家）、电解铝（1家）、火电（7家）、焦化（2家）、铸造（5家）等重点行业及企业燃煤锅炉无组织排放排查，建立管理台账，对物料（含废渣）运输、装卸、储存、转移和工艺过程等无组织排放实施深度治理，对121个储煤场、65个物料场堆场进行全封闭
能源结构调整	清洁取暖	清洁能源替代散煤	2018年9月底前	将城市建成区划定为"禁煤区"，"禁煤区"范围内除煤电、集中供热和原料用煤企业外，禁止储存、销售、燃用煤炭
			2018年10月底前	城市建成区清洁取暖覆盖率达到100%；完成散煤治理2.19万户，其中"煤改气"0.77万户，"煤改电"0.59万户，集中供热0.83万户
		煤质监管	全年	严厉打击劣质煤销售使用，民用散煤销售企业每月抽检覆盖率达到10%以上，全年抽检覆盖率达到100%依法查处销售劣质煤的单位，集中清理、整顿、取缔不达标散煤供应渠道
	煤炭消费总量控制	煤炭消费总量削减	2018年12月底前	重点削减非电力用煤，提高电力用煤比例，实现煤炭总量负增长
		淘汰燃煤锅炉	2018年12月底前	全面淘汰行政区域内10蒸吨及以下燃煤锅炉，淘汰县城建成区20蒸吨以下燃煤锅炉，淘汰所有燃煤茶浴炉涉及供暖锅炉"煤改气"的，在气源有保障前提下有序推进，并按照先立后破原则做好取暖衔接工作
		锅炉节能和超低排放改造	2019年9月底前	完成4台共360蒸吨燃煤锅炉超低排放改造，全面完成市区及县城建成区燃煤供暖锅炉和其他区域65吨以上燃煤锅炉（盂县热力公司4台、阳泉煤业集团平定化工有限责任公司3台）超低排放改造
		燃气锅炉低氮改造	2018年12月底前	完成燃气锅炉低氮改造方案
运输结构调整	货物运输方式优化调整	铁路货运比例提升	2018年12月底前	铁路货运量力争比2017年增长5%左右
			2018年10月底前	出台运输结构调整方案
		推动铁路货运重点项目建设	2018年10月底前	山西阳光发电有限责任公司建设铁路运煤专用线，完成"公转铁"，所使用的煤炭改由铁路运输，日运量达到2000吨
		大力发展多式联运	长期	研究建设城市绿色物流配送中心
	车船结构升级	发展新能源车	2018年12月底前	市区实现公交纯电动化全覆盖、出租车纯电动化率达到60%以上；新增渣土车必须为新能源车辆，并采取密闭措施；推进环卫、邮政、通勤、轻型物流配送车辆使用新能源或清洁能源汽车
			2018年12月底前	制定方案，推进铁路货场新增或更换作业车辆采用新能源或清洁能源汽车
			2018年12月底前	推动在物流园、产业园、工业园、大型商业购物中心、农贸批发市场等物流集散地建设集中式充电桩和快速充电桩，制定实施方案年内建设物流集散地集中式充电桩和快速充电桩30个

类别	重点工作	主要任务	完成时限	工 程 措 施
运输结构调整	车船结构升级	老旧车淘汰	2018年12月底前	推进国三及以下中重型柴油货车、国五及以下采用稀薄燃烧技术或"油改气"老旧燃气车淘汰工作
	车船燃油品质改善	油品质量升级	长期坚持	全面供应符合国六标准的车用汽柴油，停止销售低于国六标准的汽柴油
			全年	对销售、储存的车用汽柴油进行质量监督抽检，对油库（含企业自备油库）的抽检比例实现全覆盖
			2018年12月底前	对高速公路、国道、省道沿线加油站点销售车用尿素的抽查频次达到2次
			2018年9月底前	开展打击黑加油站点专项行动
	强化移动源污染防治	新车环保监督管理	长期坚持	新注册登记柴油货车开展检验时，逐车核实环保信息公开情况，查验污染控制装置，开展上线排放检测，确保实现全覆盖
		老旧车治理和改造	2018年12月底前	推进柴油车安装污染控制装置并配备实时排放监控终端，与有关部门联网
		在用车执法监管	长期坚持	对初检或日常监督抽测发现的超标车、异地车辆、注册5年以上的营运柴油车进行过程数据、视频图像和检测报告复核
	强化移动源污染防治	建立完善在用汽车排放检测与强制维护制度	2018年12月底前	开展在用汽车排放检测与强制维护制度（I/M）建设工作
			2018年12月底前	排放检验机构监管全覆盖
			2018年12月底前	在排放检验机构企业官方网站和办事业务大厅建设显示屏，通过高清视频实时公开柴油车排放检验全过程及检验结果，完成1~2家试点
		非道路移动机械和船舶污染防治	2018年12月底前	完成非道路移动机械（工程机械）摸底调查，推进非道路移动机械低排放控制区方案划定
用地结构调整	矿山综合整治	强化露天矿山综合治理	2018年10月底前	全面完成露天矿山摸底排查，对违反资源环境法律法规、规划，污染环境、破坏生态、乱采滥挖的露天矿山，一经发现依法予以关闭
			2018年10月底前	矸石山全部消除自燃和冒烟现象，完成20座矸石山的生态恢复治理工程
	扬尘综合治理	建筑扬尘治理	长期坚持	加强动态监测，定期巡查，严格落实施工工地"六个百分之百"要求
		施工扬尘管理清单	2018年10月底前	建立各类施工工地扬尘管理清单，并定期动态更新
		施工扬尘监管	长期坚持	城市建成区、县城建成区内，4 000平方米以上的建筑工地安装在线监测和视频监控，并与当地行业主管部门联网
		道路扬尘综合整治	2018年10月底前	城市建成道路机械化清扫率达到80%以上，县城达到70%以上
		渣土运输车监管	全年	所有渣土车辆全部采用"全密闭""全定位""全监控"的新型环保渣土车，建立倒查机制，对违法渣土运输车辆，同时追溯上游施工工地责任
		露天堆场扬尘整治	全年	全面清理城乡结合部以及城中村拆迁的渣土和建筑垃圾，不能及时清理的必须采取苫盖等抑尘措施

类别	重点工作	主要任务	完成时限	工 程 措 施
用地结构调整	秸秆综合利用	加强秸秆焚烧管控	全年	建立网格化监管制度，在秋收阶段开展秸秆禁烧专项巡查加大宣传力度，广泛开展社区居民和村民的宣传教育工作，确保本辖区无秸秆焚烧情况发生
		加强秸秆综合利用	全年	秸秆综合利用率达到85%
	控制农业氨排放	种植业	2020年12月底前	减少化肥农药使用量，增加有机肥使用量，实现化肥农药使用量负增长提高化肥利用率，2020年达到40%以上
		畜禽养殖业	全年	畜禽粪污资源化利用率由2017年的65%增加到70%
工业炉窑专项整治	工业炉窑治理	制定实施方案	2018年9月底前	制定工业炉窑综合整治实施方案
		工业炉窑排查	2018年9月底前	开展拉网式排查，建立各类工业炉窑管理清单
		煤气发生炉淘汰	2018年12月底前	淘汰煤气发生炉10台
VOCs专项整治	重点行业VOCs治理	重点行业VOCs综合治理	2018年10月底前	完成2家化工企业、6家工业涂装企业、3家印刷企业的VOCs治理；对已完成治理的企业，加强运行监管，确保设施正常运行；对各类重点VOCs排放企业进行再排查，确保治理设施完善，运行正常
			长期	禁止建设生产和使用高VOCs含量的溶剂型涂料、油墨、胶黏剂等项目
	油品储运销	油品储运销综合整治	2018年10月底前	强化加油站、储油库、油罐车油气回收治理设施运行监管，确保正常运行
		安装油气回收在线监测	2018年12月底前	5 000吨/年销售汽油量加油站安装油气回收在线监测设备
	专项执法	VOCs专项执法	长期坚持	严厉打击违法排污行为
重污染天气应对	错峰生产修订完善应急预案及减排清单	重点行业错峰生产	2018年10月15日前	针对建材、焦化、铸造、有色、化工等高排放行业，制定错峰生产方案，实施差别化管理
		完善预警分级标准体系	2018年9月底前	统一应急预警标准，实施区域应急联动
		夯实应急减排措施	2018年9月底前	对重污染天气应急减排清单实施更新，黄色、橙色、红色预警级别污染物减排比例原则上不低于10%、20%、30%
能力建设	完善环境监测监控网络	环境空气VOCs监测	2018年12月底前	开展环境空气质量VOCs监测
		重点污染源自动监控体系建设	2018年12月底前	对排气口高度超过45米的高架源，全部安装烟气排放自动监控设施；推动化工、包装印刷、工业涂装等VOCs排放重点源，纳入重点排污单位名录，推广安装排放自动监控设施
		遥感监测系统	2018年12月底前	建成5台（套）固定垂直式遥感监测设备、1台（套）移动式遥感监测设备
		平台建设	2018年10月底前	建成机动车遥感监测系统国家、省、市三级联网平台，并稳定传输数据

类别	重点工作	主要任务	完成时限	工 程 措 施
能力建设	完善环境监测监控网络	定期排放检验机构三级联网	2018 年 12 月底前	机动车排放检验机构实现国家—省—市三级联网，确保监控数据实时、稳定传输
		工程机械排放监控平台建设	2018 年 12 月底前	启动开展工程机械安装实时定位和排放监控装置
		重型柴油车车载诊断系统远程监控系统建设	2018 年 12 月底前	启动开展重型柴油车车载诊断系统远程监控
	源排放清单编制	编制大气污染源排放清单	2018 年 9 月底前	完成 2017 年大气污染源排放清单动态更新

山西省长治市 2018—2019 年秋冬季大气污染综合治理攻坚行动方案

类别	重点工作	主要任务	完成时限	工 程 措 施
产业结构调整	优化产业布局	"三线一单"编制	2019 年 4 月底前	完成生态保护红线划定工作；启动环境质量底线、资源利用上线、环境准入清单编制工作
	"两高"行业产能控制	压减钢铁产能	2018 年 12 月底前	压减粗钢产能 155 万吨，其中，淘汰中钢特材科技（山西）有限公司 1 座 60 吨转炉，压减 95 万吨粗钢产能；淘汰黎城金元钢铁有限公司 1 座 35 吨转炉，压减 60 万吨粗钢产能
		压减焦炭产能	2018 年 12 月底前	化解焦炭过剩产能 160 万吨
		压减煤炭产能	2018 年 12 月底前	淘汰 4 家煤矿煤炭产能 165 万吨其中，淘汰山西地宝煤业有限公司 30 万吨；淘汰梅园嘉元煤业有限公司 30 万吨；淘汰山西槐安煤业有限公司 45 万吨；淘汰山西长治县雄山李坊煤业有限公司 60 万吨
	"散乱污"企业综合整治	开展"散乱污"企业及集群综合整治	2018 年 9 月底前	完成"散乱污"企业新一轮排查工作
			2018 年 10 月底前	完成对新排查出的"散乱污"企业综合整治
			长期坚持	建立"散乱污"企业及集群动态排查机制，一经发现及时分类处置；对已取缔的"散乱污"企业开展回头看，坚决杜绝异地转移和死灰复燃
	工业源污染治理	实施排污许可	2018 年 12 月底前	按照国家、省统一安排完成排污许可证核发任务
		钢铁超低排放	2018 年 12 月底前	推动钢铁企业开展超低排放改造
		平板玻璃行业深度治理	2018 年 9 月底前	推进 2 家 1 700 吨/日产能平板玻璃除尘、脱硫、脱硝深度治理，确保稳定达标
		水泥行业深度治理	2018 年 9 月底前	完成 13 家 1 029 万吨水泥企业特别排放限值改造
		焦化行业深度治理	2018 年 9 月底前	完成 12 家 1 211 万吨产能焦化特别排放限值改造，2019 年 9 月底前剩余焦化企业全部完成特别排放限值改造；推动焦炉实施炉体加罩封闭，对废气进行收集处理

类别	重点工作	主要任务	完成时限	工 程 措 施
产业结构调整	工业源污染治理	火电钢铁深度治理	2018 年 12 月底	推进 12 家燃煤电厂、5 家钢铁企业实现烟气"脱白"
		砖瓦行业深度治理	2018 年 9 月底前	完成 66 家 29.34 亿块产能的砖瓦生产企业脱硫除尘改造
		无组织排放治理	2018 年 9 月底前	5 家钢铁企业、13 家水泥(含粉磨站)企业、2 家平板玻璃企业、25 家焦化企业、12 家燃煤电厂完成物料(含废渣)运输、装卸、储存、转移、输送以及生产工艺过程等无组织排放的深度治理
能源结构调整	清洁取暖	散煤替代	2018 年 10 月底前	完成散煤替代 12.07 万户,其中气代煤 4.37 万户、电代煤 0.41 万户、集中供热替代 4.72 万户、地热能替代 0.07 万户,其他清洁能源替代 2.5 万户
		煤质监管	全年	严厉打击劣质煤销售使用,民用散煤销售企业每月抽检覆盖率达到 10%以上,全年抽检覆盖率达到 100%;严厉查处无照经营,依法查处销售劣质煤的单位,集中清理、整顿、取缔不达标散煤供应渠道;"禁煤区"范围内严禁销售、存储、使用、生产、运输煤炭及其制品
	煤炭消费总量控制	煤炭消费总量削减	2018 年 12 月底前	重点削减非电力用煤,提高电力用煤比例,实现煤炭消费总量负增长
	锅炉综合整治	淘汰燃煤锅炉	2018 年 12 月底前	完成行政区域内 10 蒸吨及以下燃煤锅炉淘汰工作,淘汰乡镇企事业单位及经营性燃煤锅炉 1 139 台 2 020.4 蒸吨;12 月底前制定 35 蒸吨以下燃煤锅炉淘汰计划涉及供暖锅炉"煤改气"的,在气源有保障前提下有序推进,并按照先立后破原则做好取暖衔接工作
		燃气锅炉低氮改造	2018 年 10 月底前	完成燃气锅炉低氮改造 17 台 100 蒸吨
运输结构调整	货物运输方式优化调整	铁路货运比例提升	2018 年 10 月底前	出台运输结构调整方案
			2018 年 12 月底前	铁路货运量力争比 2017 年增长 10%左右
		大力发展多式联运	2018 年 12 月底前	研究建设城市绿色物流体系,支持利用城市现有铁路、物流货场转型升级为城市配送中心
	车船结构升级	发展新能源车	2018 年 10 月 1 日起	更新出租汽车全部为新能源车;推进环卫、邮政、通勤车、轻型物流配送车辆使用新能源或清洁能源汽车
			2018 年 12 月底前	新增和更新 12 辆城市公交新能源汽车;电动公交车保有总量达到 1 068 辆,比例达到 84%
			2018 年 12 月底前	推进机场、铁路货场新增或更换作业车辆采用新能源或清洁能源汽车
			2019 年 6 月底前	市区建成区公交车、出租车、环卫车全部更换为新能源汽车
			2018 年 12 月底前	推动在物流园、产业园、工业园、大型商业购物中心、农贸批发市场等物流集散地建设集中式充电桩和快速充电桩,制定实施方案
		老旧车淘汰	2018 年 12 月底前	淘汰国三及以下营运中重型柴油货车 300 辆
			全年	推进淘汰采用稀薄燃烧技术和"油改气"的老旧燃气车辆

类别	重点工作	主要任务	完成时限	工 程 措 施
运输结构调整	车船燃油品质改善	油品质量升级	长期坚持	全面供应符合国六标准的车用汽柴油，停止销售低于国六标准的汽柴油，实现车用柴油、普通柴油并轨
			长期坚持	开展加油站成品油抽检，每月不低于5%，年内实现全覆盖开展油库（含企业自备油库）成品油抽查，每月不低于30%，年内实现全覆盖对高速公路、国道和省道沿线加油站（点）销售车用尿素情况的抽查频次达到20次以上
			2018年9月底前	开展打击黑加油站点专项行动
运输结构调整	强化移动源污染防治	新车环保监督管理	长期坚持	新注册登记柴油货车开展检验时，逐车核实环保信息公开情况，查验污染控制装置，开展上线排放检测，确保实现全覆盖
		老旧车治理和改造	2018年12月底前	推进具备条件的柴油车安装污染控制装置并配备实时排放监控终端，并与有关部门联网
		在用车执法监管	长期坚持	对初检日日常监督抽测发现的超标车、异地车辆、注册5年以上的营运柴油车进行过程数据、视频图像和检测报告复核
		建立完善在用汽车排放检测与强制维护制度	2018年12月底前	检查排放检验机构25家，实现监管全覆盖
			2018年12月底前	开展在用汽车排放检测与强制维护制度（I/M）建设工作
			2018年12月底前	在排放检验机构企业官方网站和办事业务大厅建设显示屏，通过高清视频实时公开柴油车排放检验全过程及检验结果，完成1~2家试点
		加强非道路移动机械和船舶污染防治	2018年12月底前	非道路移动机械摸底调查情况，制定非道路移动机械低排放控制区划定方案
			全年	禁止使用冒黑烟和超标排放非道路移动机械车辆
		推动靠港船舶和飞机使用岸电	2018年12月底前	加快机场岸电设施建设，推广地面电源替代飞机辅助动力装置，民航飞机在机场停靠期间主要使用岸电
用地结构调整	矿山综合整治	强化露天矿山综合治理	2018年10月底前	完成5座矸石山的生态恢复；对违反资源环境法律法规、规划，污染环境、破坏生态、乱采滥挖的露天矿山，一经发现依法予以关闭；全部消除矸石山自燃和冒烟现象
	扬尘综合治理	建筑扬尘治理	长期坚持	加强动态监测，定期巡查，严格落实施工工地"六个百分之百"要求
		施工扬尘管理清单	2018年10月底前	建立各类施工工地扬尘管理清单，并定期动态更新
		施工扬尘监管	长期坚持	建成区内的建筑工地安装在线监测和视频监控，并与当地行业主管部门联网
		道路扬尘综合整治	2018年12月底前	建成区道路机械化清扫率达到70%，县城力争达到55%左右

类别	重点工作	主要任务	完成时限	工程措施
用地结构调整	扬尘综合治理	露天堆场扬尘整治	全年	全面清理城乡结合部以及城中村拆迁的渣土和建筑垃圾，不能及时清理的必须采取苫盖等抑尘措施
		渣土运输车监管	全年	所有渣土车辆全部采用"全密闭""全定位""全监控"的新型环保渣土车，建立倒查机制，对违法渣土运输车辆，同时追溯上游施工工地责任
	秸秆综合利用	加强秸秆焚烧管控	全年	建立网格化监管制度，在秋收阶段开展秸秆禁烧专项巡查
		加强秸秆综合利用	全年	秸秆综合利用率达到89%
	控制农业氨排放	种植业	长期坚持	减少化肥农药使用量，增加有机肥使用量，实现化肥农药使用量负增长提高化肥利用率，2020年达到40%以上
		畜禽养殖业	2018年12月底前	畜禽粪污资源化利用率由2017年的65%增加到70%
工业炉窑专项整治	工业炉窑治理	制定实施方案	2018年9月底前	制定工业炉窑综合整治实施方案
		工业炉窑排查	2018年9月底前	开展拉网式排查，建立各类工业炉窑管理清单
		煤气发生炉淘汰	2018年12月底前	淘汰2台煤气发生炉
		砖瓦隧道窑淘汰	2018年12月底前	淘汰2家11 000万块砖产能的砖瓦企业
		工业炉窑改造	2018年9月底前	完成44家355.35万吨石灰产能的石灰窑的脱硫除尘改造
VOCs专项整治	重点行业VOCs治理	重点行业VOCs综合治理	2018年12月底前	完成25家焦化企业、4家化工企业、17家工业涂装企业、13家包装印刷企业、1家医药、1家橡胶制品业和6家其他行业（沥青搅拌站、防水材料等）的VOCs治理对已完成改造的企业加强设施运行管理，确保长期稳定达标排放
			长期坚持	禁止建设生产和使用高VOCs含量的溶剂型涂料、油墨、胶黏剂等项目
		汽修行业VOCs治理	2018年12月底前	完成232家汽车修理企业及门店、90家干洗门店、484家餐饮、78家喷绘广告企业的VOCs治理工作
VOCs专项整治	油品储运销	油品储运销综合整治	全年	强化加油站、储油库、油罐车油气回收设施运行监管，确保正常运行
		安装油气回收在线监测	2018年12月底前	年销售汽油量大于5 000吨及其他具备条件的加油站，加快安装油气回收在线监测设备
	专项执法	VOCs专项执法	长期坚持	严厉打击违法排污行为，对治理效果差、技术服务能力弱、运营管理水平低的治理单位，公布名单，实行联合惩戒
重污染天气应对	错峰生产及运输	重点行业错峰生产	2018年10月15日前	针对钢铁、建材、焦化、铸造、有色、化工等高排放行业，制定错峰生产方案，实施差别化管理
	修订完善应急预案及减排清单	完善预警分级标准体系	2018年9月底前	统一应急预警标准，区分不同季节应急响应标准，实施区域应急联动
		夯实应急减排措施	2018年9月底前	9月底前对重污染天气应急减排清单实施更新，黄色、橙色、红色预警级别污染物减排比例原则上不低于10%、20%、30%

类别	重点工作	主要任务	完成时限	工 程 措 施
能力建设	完善环境监测	环境空气质量监测网络建设	2018 年 12 月底前	推动高新区、省级开发区、重点工业园区设置空气质量监测站点
		环境空气 VOCs 监测	2018 年 12 月底前	开展环境空气质量 VOCs 监测
	监控网络	重点污染源自动监控体系建设	2018 年 12 月底前	针对排气口高度超过 45 米的高架源，新增安装烟气排放自动监控设施 6 套功汽车安装 1 台 VOCs 自动监控设施，推动其他化工、工业涂装等 VOCs 排放重点源纳入重点排污单位名录，2019 年基本完成
		遥感监测系统平台建设	2018 年 12 月底前	建成 5 个固定垂直式遥感监测设备
			2018 年 10 月底前	建成机动车遥感监测系统国家、省、市三级联网平台，并稳定传输数据
		定期排放检验机构三级联网	2018 年 12 月底前	全部机动车排放检验机构实现国家—省—市三级联网，确保监控数据实时、稳定传输
	完善环境监测监控网络	工程机械排放监控平台建设	2018 年 12 月底前	启动开展工程机械安装实时定位和排放监控装置
		重型柴油车车载诊断系统远程监控系统建设	2018 年 12 月底前	启动开展重型柴油车车载诊断系统远程监控
	源排放清单编制	编制大气污染源排放清单	2018 年 9 月底前	完成 2017 年大气污染源排放清单编制
	污染排放精准化管控	实施重点行业污染物排放精准化管控	2018 年 12 月底前	建成长治市精准减排大数据管控服务系统，对重点行业企业污染物排放实施精准化管控

山西省晋城市 2018—2019 年秋冬季大气污染综合治理攻坚行动方案

类别	重点工作	主要任务	完成时限	工 程 措 施
产业结构调整	优化产业布局	"三线一单"编制	2018 年 12 月底前	完成生态保护红线划定工作；启动环境质量底线、资源利用上线、环境准入清单编制工作
		市区周边 10 千米范围内重污染企业搬迁	2018 年 12 月底前	市区建成区无重污染企业，市区周边 10 千米范围 1 家煤化工企业、7 家钢铁（铸造）企业、2 家建材企业制定搬迁计划
	"两高"行业产能控制	压减煤炭产能	2018 年 12 月底前	压减煤炭产能 240 万吨
	"散乱污"企业综合整治	开展"散乱污"企业及集群综合整治	2018 年 9 月底前	完成"散乱污"企业及集群新一轮排查工作，并建立动态管理机制，一经发现，及时分类处置
			2018 年 10 月底前	完成新发现的"散乱污"企业综合整治
	工业源污染治理	实施排污许可	2018 年 12 月底前	按照国家、省统一安排完成排污许可证核发任务
		焦化行业深度治理	2018 年 9 月底前	高平市三甲炼焦有限责任公司、山西兴高能源股份有限公司实施深度治理，达到特别排放限值

类别	重点工作	主要任务	完成时限	工 程 措 施
产业结构调整	工业源污染治理	砖瓦行业深度治理	2018年9月底前	高平市凤阳墙体建材有限公司、高平市环利达新型墙体材料厂及山西兰花大阳煤矿墙体材料股份有限公司等109家砖瓦企业建设配套高效除尘、脱硫设施，同时进一步采取相应技术和措施，减少烟气中可溶性盐、硫酸雾、有机物等可凝结颗粒物的排放，有效消除石膏雨、有色烟羽等现象
		水泥行业深度治理	2018年9月底前	陵川金隅水泥有限公司、晋城山水水泥有限公司及阳城县泊鑫建材有限公司等10家水泥生产企业（含粉磨站）实施深度治理，全部达到特别排放限值要求
		钢铁行业深度治理	2018年10月底前	晋城福盛钢铁有限公司、泽州县金球铸造有限公司、沁水县顺世达铸业有限公司及晋城市健牛工贸有限公司等10家钢铁（含高炉铸造）企业实施烧结团烟气深度治理，减少烟气中可溶性盐、硫酸雾及有机物排放，稳定达到特别排放限值标准
		煤化工企业深度治理	2018年9月底前	山西兰花煤化工有限责任公司、山西兰花科技创业股份有限公司、山西金象煤化工有限责任公司以及山西天泽煤化工集团股份有限公司煤气化厂等14家煤化工企业实施改造提升，造气吹风气锅炉排放的大气污染物达到燃煤锅炉特别排放限值要求；造气循环冷却水沉淀池和污水处理站废水池进行封闭，逸散废气采取焚烧等净化治理；净化、压缩放空气和变换气脱硫液闪蒸气以及脱碳工艺性VOCs进行回收治理；尿素造粒塔安装布袋收尘等粉尘回收装置
		无组织排放治理	2018年10月底前	钢铁、铸造、水泥、砖瓦及洗煤（矸）行业企业完成物料（含废渣）运输、装卸、储存、转移、输送以及生产工艺过程等无组织排放治理
		工业园区治理	2018年10月底前	完成阳城县安阳建瓷园区集中整治
能源结构调整	清洁取暖	清洁能源替代散煤	2018年10月底前	完成散煤替代5.12万户，其中气代煤1.1万户、电代煤0.25万户、集中供热替代3.38万户、其他清洁能源替代0.4万户
		洁净煤替代散煤	2018年10月底前	市区建成区实施清洁取暖100%全覆盖，暂不具备清洁能源替代条件地区全部采用洁净煤替代散煤
		煤质监管	长期坚持	严厉打击劣质煤销售使用，民用散煤销售企业每月抽检覆盖率达到10%以上，全年抽检覆盖率达到100%依法查处销售劣质煤的单位，集中清理、整顿、取缔不达标散煤供应渠道
	煤炭消费总量控制	煤炭消费总量削减	2018年12月底前	重点削减非电力用煤，提高电力用煤比例，实现煤炭消费总量负增长
	锅炉综合整治	淘汰燃煤锅炉	2018年12月底前	完成行政区域内10蒸吨及以下燃煤锅炉淘汰工作涉及供暖锅炉"煤改气"的，在气源有保障前提下有序推进，并按照先立后破原则做好取暖衔接工作
		提高燃煤供暖设施环保标准	2018年9月底前	所有保留的供热燃煤锅炉排放的大气污染物在严格执行特别排放限值基础上，20蒸吨及以上锅炉全部安装在线监控设施，并与环保部门联网
		燃气锅炉低氮改造	2018年12月底前	完成燃气锅炉低氮改造方案，引导燃气锅炉进行低氮改造

类别	重点工作	主要任务	完成时限	工　程　措　施
运输结构调整	货物运输方式优化调整	铁路货运比例提升	2018 年 12 月底前	铁路货运量力争比 2017 年增长 10%左右
			2018 年 12 月底前	研究建设城市绿色物流配送中心
		推动铁路货运重点项目建设	2018 年 12 月底前	加快推进福盛钢铁、运通物流 2 条铁路专用线建设
	车船结构升级	发展新能源车	2018 年 12 月底前	18 辆城市公交车、357 辆出租车新增和更新采用新能源或清洁能源汽车推进出租、环卫、公交、邮政、通勤、轻型城市物流配送车辆使用新能源或清洁能源汽车
			2019 年 6 月底前	市建成区公交车、出租车、环卫车全部更换为新能源汽车
			2018 年 12 月底前	推进铁路货场新增或更换作业车辆采用新能源或清洁能源汽车
			2018 年 12 月底前	推动在物流园、产业园、工业园、大型商业购物中心、农贸批发市场等物流集散地建设集中式充电桩和快速充电桩，制定实施方案
		老旧车淘汰	2018 年 10 月底前	推进国三及以下中重型柴油货车、国五及以下采用稀薄燃烧技术或"油改气"老旧燃气车淘汰工作
车船燃油品质改善	油品质量升级		长期坚持	全面供应符合国六标准的车用汽柴油，停止销售低于国六标准的汽柴油
			2018 年 12 月底前	开展加油站成品油抽检，每月不低于 5%，年内实现全覆盖对高速公路、国道和省道沿线加油站（点）销售车用尿素情况的抽查频次达到 20 次以上
			2018 年 9 月底前	开展打击黑加油站点专项行动
运输结构调整	强化移动源污染防治	新车环保监督管理	长期坚持	新注册登记柴油货车开展检验时，逐车核实环保信息公开情况，查验污染控制装置，开展上线排放检测，确保实现全覆盖
		老旧车治理和改造	2018 年 12 月底前	推进中重型国三柴油运输车安装污染控制装置并配备实时排放监控终端，并与有关部门联网
		在用车执法监管	长期坚持	对初检或日常监督抽测发现的超标车、异地车辆、注册 5 年以上的营运柴油车进行过程数据、视频图像和检测报告复核
		建立完善在用汽车排放检测与强制维护制度	2018 年 12 月底前	开展在用汽车排放检测与强制维护制度（I/M）建设工作
			2018 年 12 月底前	检查排放检验机构 12 家，实现全覆盖
			2018 年 12 月底前	在排放检验机构企业官方网站和办事业务大厅建设显示屏，通过高清视频实时公开柴油车排放检验全过程及检验结果，完成 1～2 家试点
		加强非道路移动机械污染防治	2018 年 10 月底前	完成非道路移动机械摸底调查，制定非道路移动机械低排放控制区划定方案
			长期坚持	在低排放控制区内禁止使用冒黑烟非道路移动机械

类别	重点工作	主要任务	完成时限	工 程 措 施
用地结构调整	矿山综合整治	强化露天矿山综合治理	2018年10月底前	全面完成露天矿山摸底排查对违反资源环境法律法规、规划，污染环境、破坏生态、乱采滥挖的露天矿山，一经发现依法予以关闭
			2018年12月底前	矸石山全部消除自燃和冒烟现象
	扬尘综合治理	建筑扬尘治理	长期坚持	加强动态监测，定期巡查，严格落实施工工地"六个百分之百"要求
		施工扬尘管理清单	2018年10月底前	建立各类施工工地扬尘管理清单，并定期动态更新
		施工扬尘监管	长期坚持	规模以上土石方建筑工地全部安装在线监测和视频监控，并与当地有关主管部门联网
		渣土运输车监管	长期坚持	新增渣土车必须为新能源车辆，并采取密闭措施现有渣土车辆全部采用"全密闭""全定位""全监控"的新型环保渣土车，建立倒查机制，对违法渣土运输车辆，同时追溯上游施工工地责任
		露天堆场扬尘整治	长期坚持	全面清理城乡结合部以及城中村拆迁的渣土和建筑垃圾，不能及时清理的必须采取苫盖等抑尘措施
		道路扬尘综合整治	长期坚持	市区所有道路清扫保洁率达到100%；市区40条主干道路（路段）机械化清扫率达到100%，每日至少机械化湿式清扫2次，西环路、北环路每日机械湿式清扫1次；市区4条重点路段冲洗率达到100%，非冰期每天冲洗1次，西环路、北环路非结冰期每周冲洗1次县城机械化清扫率力争达到61%以上
	秸秆综合利用	加强秸秆焚烧管控	长期坚持	建立网格化监管制度，在秋收阶段开展秸秆禁烧专项巡查
		加强秸秆综合利用	2018年12月底前	秸秆综合利用率达到85%
	控制农业氨排放	种植业	长期坚持	减少化肥农药使用量，增加有机肥使用量，实现化肥农药使用量负增长，提高化肥利用率
		畜禽养殖业	2018年12月底前	畜禽粪污资源化利用率由2017年的65%增加到70%
工业炉窑专项整治	工业炉窑治理	制定实施方案	2018年9月底前	制定工业炉窑综合整治实施方案
		工业炉窑排查	2018年9月底前	开展拉网式排查，建立各类工业炉窑管理清单
		煤气发生炉淘汰	2018年12月底前	淘汰煤气发生炉10台
		燃煤加热、烘干炉（窑）淘汰	2018年10月底前	淘汰燃煤加热、烘干炉（窑）5台

类别	重点工作	主要任务	完成时限	工 程 措 施
VOCs专项整治	重点行业VOCs治理	重点行业VOCs综合治理	2018年10月底前	深入推进煤化工、精细化工、工业涂装等重点行业企业VOCs治理，加强运行监管，确保设施正常运行
			长期坚持	禁止建设生产和使用高VOCs含量的溶剂型涂料、油墨、胶黏剂等项目
	油品储运销	油品储运销综合整治	长期坚持	强化加油站、储油库、油罐车油气回收治理设施运行监管，确保正常运行
		安装油气回收在线监测	长期坚持	加强对已安装油气回收在线监测设备的2个年销售5000吨汽油加油站的运行监管，确保稳定运行
	专项执法	VOCs专项执法	长期坚持	严厉打击违法排污行为
重污染天气应对	错峰生产	重点行业错峰生产	2018年10月15日前	针对钢铁、建材、焦化、铸造、化工等高排放行业，制定错峰生产方案，实施差别化管理
	修订完善应急预案及减排清单	完善预警分级标准体系	2018年9月底前	统一应急预警标准，实施区域应急联动
		夯实应急减排措施	2018年9月底前	对重污染天气应急减排清单实施更新，黄色、橙色、红色预警级别污染物减排比例原则上不低于10%、20%、30%
能力建设	完善环境监测监控网络	环境空气质量监测网络建设	2018年12月底前	推动省级开发区、重点工业园区设置空气质量监测站点，并与中国环境监测总站实现数据直联
		环境空气VOCs监测	2018年12月底前	开展环境空气质量VOCs监测
		重点污染源自动监控体系建设	2018年10月底前	新增烟气排放自动监控设施18家21套推动化工、包装印刷、工业涂装等VOCs排放重点源，纳入重点排污单位名录，安装烟气排放自动监控设施，2019年基本完成
		遥感监测系统平台建设	2018年12月底前	建成10台（套）固定垂直式遥感监测设备、1台（套）移动式遥感监测设备
			2018年10月底前	建成机动车遥感监测系统国家、省、市三级联网平台，并稳定传输数据
		定期排放检验机构三级联网	2018年12月底前	机动车排放检验机构实现国家—省—市三级联网，确保监控数据实时、稳定传输
		工程机械排放监控平台建设	2018年12月底前	启动工程机械安装实时定位和排放监控装置
		重型柴油车车载诊断系统远程监控系统建设	2018年12月底前	启动重型柴油车车载诊断系统远程监控
	源排放清单编制	编制大气污染源排放清单	2018年9月底前	完成2017年大气污染源排放清单动态更新

山东省济南市 2018—2019 年秋冬季大气污染综合治理攻坚行动方案

类别	重点工作	主要任务	完成时限	工 作 措 施
产业结构调整	优化产业布局	"三线一单"编制	2018 年 12 月底前	完成生态保护红线、环境质量底线、资源利用上线、环境准入清单编制工作
		东部老工业区企业搬迁	2018 年 12 月底前	完成东部老工业区济钢阿科力化工有限公司、济南钢城矿业有限公司等 10 家工业企业搬迁改造
	"散乱污"企业综合整治	开展"散乱污"企业及集群综合整治	2018 年 9 月底前	完成新一轮"散乱污"企业排查工作，建立"散乱污"企业动态管理机制
			长期坚持	巩固"散乱污"企业整治工作成果，坚决杜绝已取缔的"散乱污"企业异地转移、死灰复燃，对新排查出的"散乱污"企业，按照"先停后治"的原则，实施分类处置
	工业源污染治理	实施排污许可	2018 年 12 月底前	按照国家、省统一安排完成排污许可证核发任务
		钢铁超低排放	2018 年 12 月底前	启动开展山东闽源钢铁有限公司超低排放改造
		砖瓦行业深度治理	2018 年 10 月底前	完成济南历城区皂角树新型建材厂、济南市历城区陈孟新型建材厂 2 家砖厂脱硫、脱硝改造
		其他行业深度治理	2018 年 9 月底前	完成水泥、建材、炭素等行业深度治理，10 月 1 日起未达到国家特别排放限值要求的实施停产整治
		无组织排放治理	2018 年 12 月底前	完成钢铁、水泥、火电、建材等行业物料（含废渣）运输、装卸、储存、转移、输送以及生产工艺过程等无组织排放深度治理
能源结构调整	清洁取暖	清洁能源替代散煤	2018 年 10 月底前	完成散煤替代 3.3 万户，其中，气代煤 1 万户、电代煤 1 万户、集中供热替代 1.3 万户
		煤质监管	全年	严厉打击劣质煤销售使用，强化执法监管依法关停无合法手续和环保、安全不达标的民用煤生产加工企业，严格限制核准、备案新建、改扩建民用煤生产加工能力强化民用燃煤和炉具产品质量监管，依法查处煤炭及其制品生产、销售、运输、燃用、存储、检验检测等环节的违法违规行为
	煤炭消费总量控制	煤炭消费总量削减	2018 年 12 月底前	完成国家和省下达的煤炭削减任务，确保煤炭消费总量持续下降
	锅炉综合整治	淘汰燃煤锅炉	2018 年 12 月底前	行政区域内基本完成 35 蒸吨以下燃煤锅炉淘汰工作
		锅炉节能和超低排放改造	2018 年 12 月底前	推进开展生物质锅炉超低排放改造
		燃气锅炉低氮改造	2018 年 12 月底前	推进开展燃气锅炉低氮改造
运输结构调整	货物运输方式优化调整	铁路货运比例提升	2018 年 12 月底前	出台运输结构调整行动计划
		大力发展多式联运	2018 年 12 月底前	加快推进城市集约货运配送优化城市货运和快递配送体系，在城市周边布局建设公共货场站或快件分拨中心
			2018 年 12 月底前	完善城市主要商业区、校园、机关、社区等末端配送节点设施，引导企业发展统一配送、集中配送、共同配送等集约化组织方式

类别	重点工作	主要任务	完成时限	工作措施
运输结构调整	车船结构升级	发展新能源车	2018年12月底前	新增城市公交车均为新能源汽车，年底前新购969辆加大环卫专用车辆更新力度，逐步淘汰国三及以下排放标准的车辆，新增新能源大型环卫专用车辆60辆，推动出租车新能源化
			2018年12月底前	市区电动公交车保有量1 381辆，其中包括双源无轨电车121辆，纯电动车1 260辆
			2018年12月底前	机场、铁路货场等新增作业车辆（含非道路移动机械）采用新能源车
			2018年12月底前	建设集中式充电桩和快速充电桩11 000个，总量累计达到19 000个
		老旧车淘汰	2018年12月底前	力争淘汰老旧车15 000辆其中淘汰国三及以下老旧高排放柴油货车5 000辆
			2018年12月底前	推进采用稀薄燃烧技术等老旧燃气车辆的淘汰工作
	燃油品质改善	油品质量升级	全年	全年及秋冬季攻坚期间加大油品质量抽检力度，对在营加油站、油品仓储和批发企业，每年监督检测达到100%全覆盖
			全年	秋冬季攻坚期间对高速公路、国道和省道沿线加油站（点）销售车用尿素情况监督检查100%全覆盖
			长期坚持	组织开展成品油市场综合整治行动，取缔无证无照经营黑加油站点（车）2018年9月底前开展打击黑加油站点专项行动
	强化移动源污染防治	新车环保监督管理	长期坚持	新注册登记柴油货车开展检验时，逐车核实环保信息公开情况，查验污染控制装置，开展上线排放检测，确保实现全覆盖
		老旧车治理和改造	2018年12月底前	试点老旧柴油车深度治理，具备条件的安装污染控制装置、配备实时排放监控终端
			2018年12月底前	推进制定出租车定期更换三元催化器的管理政策措施通过经济激励，对行驶20万千米以上或使用满两年的出租车要求其定期更换三元催化器
		在用车执法监管	全年	健全完善"路检以公安部门为责任主体、停放地抽检以环保部门为责任主体"的长效工作机制，加强车辆排放监督检查
			全年	通过随机抽检、远程监控等方式加强监管，2018年12月底前做到排放检验机构监督检查100%全覆盖对于伪造检验结果、出具虚假报告的排放检验机构，公开曝光并依法依规予以处罚，情节严重的撤销资质认定（计量认证）证书
			2018年12月底前	在排放检验机构企业官方网站和办事业务大厅建设显示屏，通过高清视频实时公开柴油车排放检验全过程及检验结果，完成1～2家试点
			2018年12月底前	对初检或日常监督抽测发现的超标车、异地车辆、注册5年以上的营运柴油车进行过程数据、视频图像和检测报告复核

类别	重点工作	主要任务	完成时限	工作措施
运输结构调整	强化移动源污染防治	建立完善在用汽车排放检测与强制维护制度	2018年12月底前	建立完善的机动车排放检测与强制维修管理制度，凡经检测，污染物排放超标的应到具有资质的汽车维修企业维修整治，全部实现检测与维修的闭环管理
		加强非道路移动机械污染防治	2018年12月底前	开展非道路移动机械摸底调查，推进制定非道路移动机械低排放控制区划定方案
		推动飞机使用岸电	2018年12月底前	推进建设地面电源替代飞机辅助动力装置，民航机场在飞机停靠期间主要使用岸电
用地结构调整	矿山综合整治	强化露天矿山综合治理	2018年10月底前	对污染治理不规范的露天矿山，依法责令停产整治
	扬尘综合治理	建筑扬尘治理	长期坚持	严格落实施工工地"六个百分之百"要求严格执行《济南市扬尘污染防治管理规定》和《济南市建设工程扬尘污染治理若干措施》相关要求
		施工扬尘管理清单	2018年9月底前	建立各类施工工地扬尘管理清单，并定期动态更新
		施工扬尘监管	长期坚持	房屋建筑、轨道交通、市政道路、水务水利、拆迁等合同工期在三个月及以上的施工工地全部安装扬尘在线监测和视频监控设施，并与当地行业主管部门综合监管平台实时联网
		道路扬尘综合整治	2018年12月底前	对主次道路行车道采取"冲、洒、扫、洗、吸"的多功能机械化降尘作业流程，城市主次道路机械化清扫率达到98%
	秸秆综合利用	加强秸秆焚烧管控	全年	按照"属地管理、分级负责、全面覆盖、责任到人"的原则，强化各级政府对本行政区域秸秆禁烧工作的领导责任，逐级签订秸秆禁烧责任状，层层落实禁烧责任，在秋收阶段开展秸秆禁烧专项巡查
		加强秸秆综合利用	全年	秸秆综合利用率达到97%
	控制农业氨排放	种植业	全年	合理调整施肥结构，优化配置肥料资源，鼓励使用有机肥、生物肥等新型肥料，化肥利用率由2017年的38%增加到39%
		畜禽养殖业	全年	畜禽粪污资源化利用率由2017年的76%增加到78%
工业炉窑专项整治	工业炉窑治理	制定实施方案	2018年9月底前	组织制定工业炉窑综合整治实施方案
		工业炉窑排查	2018年9月底前	开展拉网式排查，建立各类工业炉窑管理清单
		煤气发生炉淘汰	2018年12月底前	推进淘汰煤气发生炉
		燃煤加热、烘干炉（窑）淘汰	2018年12月底前	推进淘汰燃煤加热、烘干炉（窑）
		工业炉窑深度治理	2018年12月底前	开展工业炉（窑）深度治理工作，确保稳定达标排放

类别	重点工作	主要任务	完成时限	工 作 措 施
VOCs 专项整治	重点行业 VOCs 治理	重点行业 VOCs 治理设施升级改造	2018 年 12 月底前	对 5 家表面涂装（商河县 3 家、槐荫区 1 家、平阴县 1 家），2 家包装印刷（商河县），1 家有机化工（商河县）已有 VOCs 治理设施进行升级改造，提高 VOCs 去除效率
	油品储运销	油品储运销综合整治	2018 年 12 月底前	所有加油站安装油气回收后处理装置
		安装油气回收在线监测	2018 年 12 月底前	完成 41 座年销售汽油量大于 3000 吨（含）以上的加油站油气回收在线监测系统的安装工作
	专项执法	VOCs 专项执法	长期坚持	严厉打击违法排污行为
重污染天气应对	错峰生产	重点行业错峰生产	2018 年 10 月 15 日前	制定钢铁、建材、铸造、炭素、化工等行业错峰生产方案
	修订完善应急预案及减排清单	完善预警分级标准体系	2018 年 9 月底前	按要求统一应急预警标准，区分不同季节应急响应标准，实施区域应急联动
		夯实应急减排措施	2018 年 9 月底前	修订重污染天气应急预案减排措施清单，明确各级别污染物排放比例，指导企业根据清单制定"一企一策"减排方案
能力建设	完善环境监测监控网络	重点污染源自动监控体系建设	2018 年 12 月底前	对涉 VOCs 重点排放源，进行试点安装 VOCs 排放自动监控设施，下达第一批 VOCs 污染源自动监控设施安装建设计划，新安装烟气排放自动监控设施 18 套
		遥感监测系统平台建设	2019 年 3 月底前	建设 9 个固定垂直式遥感监测点位
			2018 年 10 月底前	建成机动车遥感监测系统国家、省、市三级联网平台，并稳定传输数据
		工程机械排放监控平台建设	2018 年 12 月底前	启动工程机械安装实时定位和排放监控装置工作
		重型柴油车车载诊断远程监控系统建设	2018 年 12 月底前	启动重型柴油车车载诊断远程监控系统的建设工作
	源排放清单编制	编制大气污染源排放清单	2018 年 8 月底前	初步完成 2017 年清单更新编制工作

山东省淄博市 2018—2019 年秋冬季大气污染综合治理攻坚行动方案

类别	重点工作	主要任务	完成时限	工 程 措 施
产业结构调整	优化产业布局	"三线一单"编制	2018 年 12 月底前	完成生态保护红线编制工作，推进环境质量底线、资源利用上线、环境准入清单编制工作
		建成区重污染企业搬迁	2018 年 12 月底前	制定搬迁方案，加快城市建成区重污染企业搬迁改造或关闭退出，推动实施一批水泥、平板玻璃、焦化、化工等重污染企业搬迁工程
		工业园区整治	2018 年 12 月底前	制定化工园区整治方案，明确化工园区整合提升改造任务
	"两高"行业产能控制	压减钢铁产能	2018 年 10 月底前	化解淄博齐林傅山钢铁有限公司炼钢产能 70 万吨、炼铁产能 60 万吨，同步退出配套烧结装置

类别	重点工作	主要任务	完成时限	工 程 措 施
产业结构调整	"散乱污"企业综合整治	开展"散乱污"企业及集群综合整治	2018 年 9 月底前	完成新一轮"散乱污"企业排查工作,建立动态管理机制
			长期坚持	巩固"散乱污"企业整治工作成果,坚决杜绝已取缔的"散乱污"企业异地转移、死灰复燃,对新排查出的"散乱污"企业,按照"先停后治"的原则,责令立即停止生产,实施分类处置
	工业源污染治理	实施排污许可	2018 年 12 月底前	按照国家、省统一安排完成排污许可证核发任务
		钢铁超低排放	2018 年 12 月底前	启动山东永锋钢铁有限公司、淄博隆盛钢铁有限公司、淄博傅山钢铁有限公司等 3 家钢铁企业的超低排放改造工作
		焦化行业深度治理	2018 年 12 月底前	启动淄博鑫港燃气有限公司 100 万吨焦化项目的炉体加罩等深度治理工作
	工业源污染治理	无组织排放治理	2018 年 10 月底前	完成 10 家水泥企业、3 家钢铁企业、2 家焦化企业、2 家平板玻璃企业、37 家建筑陶瓷企业、56 家耐火材料企业、17 家日用玻璃企业、25 家砖瓦企业等物料(含废渣)运输、装卸、储存、转移、输送以及生产工艺过程等无组织排放的深度治理
能源结构调整	清洁取暖	清洁能源替代散煤	2018 年 10 月底前	完成散煤替代 10.21 万户,其中,气代煤 5.11 万户、电代煤 0.55 万户、集中供热替代 4.55 万户
		洁净煤替代散煤	2018 年 10 月底前	暂不具备清洁能源替代条件地区推广洁净煤替代散煤,替代 12.5 万户
		煤质监管	长期坚持	通过开展煤炭清洁利用联合执法,规范整顿煤炭经营秩序,严厉打击劣质散煤销售使用同时加强日常监管,及时处理举报经营销售劣质散煤行为科学制定煤质抽检计划,加大煤质抽检力度,加严执法处置措施,促进全市煤质的整体提升
	煤炭消费总量控制	煤炭消费总量削减	2018 年 12 月底前	完成国家和省下达的煤炭减量任务,确保煤炭消费总量持续下降
		淘汰关停落后煤电机组	2018 年 12 月底前	制定全市煤电整合方案,在确保电力热力供应基础上,依法依规淘汰或停运 9 台机组,总容量 26.7 万千瓦
	锅炉综合整治	淘汰燃煤锅炉	2018 年 12 月底前	持续开展供热、工业和商业燃煤锅炉治理,巩固 2017 年燃煤锅炉改燃关停整治成果,确保不反弹城市建成区基本淘汰 35 蒸吨以下燃煤锅炉
		燃气锅炉低氮改造	2018 年 12 月底前	启动燃气锅炉(511 台)低氮改造,力争 2019 年底前完成
运输结构调整	货物运输方式优化调整	铁路货运比例提升	2018 年 12 月底前	出台淄博市运输结构调整方案
		大力发展多式联运	2018 年 12 月底前	建设多式联运物流园区和省级多式联运示范工程,推动开通淄博至青岛港集装箱多式联运货运班列
		大力发展多式联运	2018 年 12 月底前	建设 2 个城市绿色物流配送中心
			长期坚持	提高铁路资源利用效率,大幅提高铁路运输量,鼓励海铁联运、空铁联运等运输组织

类别	重点工作	主要任务	完成时限	工程措施
运输结构调整	货物运输方式优化调整	大力发展多式联运	长期坚持	持续推进道路运输工具更新淘汰和运输组织方式转变，研究推动甩挂运输、无车承运、城市物流绿色配送等领域示范创建，有效促进道路货物运输行业节能减排，提高运输效率
	车船结构升级	发展新能源车	2018年12月底前	新增和更新200辆城市公交、180辆出租新能源或清洁能源汽车
			2018年12月底前	新能源公交保有总量2047辆，比例达到50%
		老旧车淘汰	2018年12月底前	淘汰国三及以下营运中重型柴油货车1 200辆加快淘汰老旧车
			2018年10月底前	推进淘汰采用稀薄燃烧技术（国V及以下、油改气燃气车）等老旧燃气车辆
	车船燃油品质改善	油品质量升级	长期坚持	持续加强车用油品监管，实现车用柴油、普通柴油、部分船舶用油"三油并轨"
			长期坚持	全年及秋冬季攻坚期间加大油品质量抽检力度，对在营加油站、油品仓储和批发企业，每年监督检测达到100%全覆盖
			长期坚持	严厉打击黑加油站点，重点依法查处流动加油车售油违法违规行为2018年9月底前开展打击黑加油站站点专项整治行动，严厉打击违法违规生产经营成品油行为
		加强车用尿素质量监管	长期坚持	市内高速公路、国省公路沿线加油站点持续全面销售符合产品质量要求的车用尿素，保证柴油车辆尾气处理系统的尿素需求
			长期坚持	秋冬季攻坚期间对高速公路、国道和省道沿线加油站（点）销售车用尿素情况监督检查100%全覆盖对销售车用尿素的产品质量高速公路、国道和省道沿线加油站（点）抽检比例不少于30%
	强化移动源污染防治	新车环保监督管理	长期坚持	新注册登记柴油货车开展检验时，逐车核实环保信息公开情况，查验污染控制装置，开展上线排放检测，确保实现全覆盖
		老旧车治理和改造	2018年12月底前	445辆国Ⅲ重型柴油营运货车加装DPF，并与有关部门联网
			长期坚持	积极宣传推广出租车更换三元催化装置
		在用车执法监管	全年	健全完善"路检以公安部门为责任主体、停放地抽检以环保部门为责任主体"的长效工作机制
			全年	开展在用汽车排放检测与强制维护制度（I/M）建设工作
			全年	对初检或日常监督抽测发现的超标车、异地车辆、注册5年以上的营运柴油车进行过程数据、视频图像和检测报告复核
			2018年12月底前	在排放检验机构企业官方网站和办事业务大厅建设显示屏，通过高清视频实时公开柴油车排放检验全过程及检验结果，完成1～2家试点

类别	重点工作	主要任务	完成时限	工　程　措　施
运输结构调整	强化移动源污染防治	在用车执法监管	全年	通过随机抽检、远程监控等方式加强监管，2018 年 12 月底前做到对排放检验机构监督检查 100%全覆盖对于伪造检验结果、出具虚假报告的排放检验机构，公开曝光并依法依规予以处罚，情节严重的撤销资质认定（计量认证）证书
		加强非道路移动机械污染防治	2018 年 12 月底前	开展非道路移动机械摸底调查和非道路移动机械低排放控制区划定工作，开展区域内工程机械检查
用地结构调整	矿山综合整治	强化露天矿山综合治理	全年	巩固露天矿山整治成果，确保达到相关要求
	扬尘综合治理	建筑扬尘治理	长期坚持	全面严格落实施工工地"六个百分之百"要求
		施工扬尘管理清单	2018 年 9 月底前	建立各类施工工地扬尘管理清单，并定期动态更新
		施工扬尘监管	2018 年 10 月底前	5 000 平方米及以上的建筑工地安装在线监测和视频监控，并与当地行业主管部门联网
		道路扬尘综合整治	2018 年 12 月底前	城市和县城快速路、主次干道的车行道机械化清扫率达到 90%以上，支路、慢车道、人行道机械化清扫率达到 40%以上
	秸秆综合利用	加强秸秆焚烧管控	全年	按照"属地管理、分级负责、全面覆盖、责任到人"的原则，强化各级政府对本行政区域秸秆焚烧工作的领导责任，逐级签订秸秆禁烧责任状，层层落实禁烧责任，在秋收阶段开展秸秆禁烧专项巡查
		加强秸秆综合利用	全年	秸秆综合利用率达到 93%
	控制农业氨排放	种植业	全年	有机肥使用比例稳步提升
		畜禽养殖业	全年	到 2018 年底，畜禽粪污资源化利用率由 2017 年的 77%增加到 78%
工业炉窑专项整治	工业炉窑治理	工业炉窑排查	2018 年 9 月底前	开展拉网式排查，建立各类工业炉窑管理清单，组织制定工业炉窑综合整治实施方案
		工业炉窑治理	2018 年 10 月底前	加大工业炉窑治理力度，确保稳定达标排放
		煤气发生炉淘汰	2018 年 10 月底前	开展煤气发生炉整治或淘汰工作
VOCs 专项整治	重点行业 VOCs 治理	开展源头防控	2018 年 10 月底前	对包装印刷、表面喷涂等行业企业开展源头更换水性漆、水性墨、水性涂料等，未更换的全部纳入秋冬季错峰生产目录，实施停产
		开展过程管控	2018 年 10 月底前	出台全市 37 家石化、有机化工等重点行业 LDAR 检测指南，明确检测及修复频次、标准、规范等，建立 LDAR 管控平台
		安装在线设施	2018 年 12 月底前	明确 VOCs 在线监测设施安装重点企业名录，12 月底前全部安装到位
	专项执法	VOCs 专项执法	长期坚持	严厉打击违法排污行为

类别	重点工作	主要任务	完成时限	工程措施
重污染天气应对	错峰生产	重点行业错峰生产	2018年10月15日前	制定钢铁、建材、焦化、铸造、化工等行业错峰生产方案
	修订完善应急预案及减排清单	完善预警分级标准体系	2018年9月底前	统一应急预警标准，实施区域应急联动
		夯实应急减排措施	2018年9月底前	完成应急预案减排措施清单编制
能力建设	完善环境监测监控网络	环境空气VOCs监测	2018年10月底前	建成环境空气VOCs监测站点10个
		遥感监测系统平台建设	2018年11月底前	建成5套固定垂直式和1套移动式遥感监测设备
			2018年10月底前	建成机动车遥感监测系统国家、省、市三级联网平台，并稳定传输数据
		镇办空气质量监测系统建设	2018年9月底前	所有镇办全部安装符合国家标准的空气质量自动监测站点，并建立监控平台和每月定期通报制度，对镇办实施考核排名
		工程机械排放监控平台建设	2018年12月底前	启动工程机械安装实时定位和排放监控装置
		重型柴油车车载诊断系统远程监控系统建设	2018年12月底前	启动重型柴油车车载诊断系统远程监控
	源排放清单编制	编制大气污染源排放清单	2018年9月底前	完成2017年大气污染源排放清单动态更新

山东省济宁市2018—2019年秋冬季大气污染综合治理攻坚行动方案

类别	重点工作	主要任务	完成时限	工程措施
产业结构调整	优化产业布局	"三线一单"编制	2018年12月底前	完成生态保护红线、环境质量底线、资源利用上线、环境准入清单编制基础工作
		建成区重污染企业搬迁	2018年12月底前	推动鲁抗医药南厂区全面停产、北厂区实施拆除搬迁等工作
		化工园区整治	2018年12月底前	制定化工园区整治方案，明确化工园区提升改造任务完成鱼台化工产业园、兖州化学助剂产业园整改完成梁山涂料产业园申报评审
	"两高"行业产能控制	火电行业整合	2018年12月底前	完成主城区及周边煤电机组整合方案，加大小机组综合整治
		压减水泥产能	2018年12月底前	按山东省压减任务执行
		压减焦炭产能	2018年12月底前	按山东省压减任务执行
	"散乱污"企业及集群综合整治	开展"散乱污"企业及集群综合整治	2018年9月底前	完成"散乱污"企业新一轮排查工作，建立动态管理机制完成5家新发现"散乱污"企业综合整治
			长期坚持	巩固散乱污企业整治成果，防止死灰复燃，实施散乱污企业动态清零，发现一起治理一起，防止死灰复燃
	工业源污染治理	实施排污许可	2018年12月底前	按照国家、省统一安排完成排污许可证核发任务

类别	重点工作	主要任务	完成时限	工程措施
产业结构调整	工业源污染治理	焦化行业深度治理	2018年12月底前	山东荣信煤化有限公司、国际焦化有限公司、山东济矿民生煤化有限公司、济宁盛发焦化有限公司、微山县同泰焦化有限公司完成焦炉煤气脱硝除尘升级改造；国际焦化有限公司、山东济矿民生煤化有限公司2018年9月底前完成干熄焦改造，济宁盛发焦化有限公司、微山县同泰焦化有限公司开展干熄焦改造启动实施焦炉炉体加罩封闭工作
		砖瓦行业深度治理	2018年12月底前	完成110家砖瓦企业脱硫、脱硝、除尘升级改造，确保稳定达标排放
		铸造行业深度治理	2018年12月底前	完成104家铸造企业脱硝、除尘及无组织排放治理升级改造，确保稳定达标排放
		无组织排放治理	2018年12月底前	完成18家火电厂、86家工业企业料场封闭式改造
		工业园区治理	2018年12月底前	加速推进工业园区环保整治、厂区绿化硬化等工作，达到相关要求
能源结构调整	清洁取暖	清洁能源替代散煤	2018年10月底前	完成8.73万户散煤替代，其中气代煤4.3万户，电代煤2.13万户，集中供热替代2.3万户
		洁净煤替代散煤	2018年10月底前	暂不具备清洁能源替代条件的40.4万户推广洁净煤替代散煤，替代散煤25.11万吨
		煤质监管	全年	严厉打击劣质煤销售使用，依法查处取缔无照经营，销售不符合质量标准的煤炭，以及在禁燃区内销售高污染煤炭的违法行为
	煤炭消费总量控制	煤炭消费总量削减	2018年12月底前	落实各项煤炭消费减量工作措施，确保完成山东省下达的煤炭消费总量控制目标
		淘汰关停落后煤电机组	2018年12月底前	在确保电力、热力供应基础上，淘汰或停运30万千瓦以下燃煤机组2台，共15万千瓦
	锅炉综合整治	淘汰燃煤锅炉	2018年12月底前	淘汰16台20蒸吨及以下燃煤锅炉，城市建成区基本淘汰35蒸吨以下燃煤锅炉
	锅炉综合整治	锅炉节能和超低排放改造	2018年12月底前	完成鱼台长青环保能源有限公司1台130蒸吨生物质锅炉超低排放升级改造，确保稳定达标排放
		燃气锅炉低氮改造	2018年12月底前	完成济宁黑猫炭黑有限公司2台75蒸吨燃气锅炉治污设施提标改造，确保稳定达标排放
运输结构调整	货物运输方式优化调整	铁路货运比例提升	2018年12月底前	出台济宁市调整交通运输结构工作实施方案
		大力发展多式联运	2018年12月底前	确定5家甩挂运输试点企业作为市级重点扶持的大型运输企业，为其主、挂车分别单独办理《道路运输证》积极做好多式联运示范项目申报工作
			2018年12月底前	制定绿色物流配送中心建设方案
	车船结构升级	发展新能源车	2018年12月底前	新增新能源公交车84辆；更新城市出租车辆采用清洁能源汽车249辆，比例达到100%推动环卫、邮政、通勤、轻型物流配送车辆使用新能源或清洁能源汽车
			2018年12月底前	电动公交保有总量4 340辆，比例68.32%；主城区清洁能源和新能源公交车运营比例100%

类别	重点工作	主要任务	完成时限	工 程 措 施
运输结构调整	车船结构升级	发展新能源车	2018年12月底前	机场、铁路货场等新增或更换作业车辆采用新能源车，其中，机场新增或更换作业车辆采用新能源或清洁能源汽车4辆，比例达到18%
			2018年12月底前	力争建成充电桩3 000个
		老旧车淘汰	2018年12月底前	淘汰国三及以下营运中重型柴油货车3878辆
			2018年10月底前	推进淘汰采用稀薄燃烧技术和"油改气"的老旧燃气车辆
	船舶更新升级	老旧船舶淘汰、内河航运船型标准化	2019年7月1日起	全面实施新生产船舶发动机第一阶段排放标准
			2018年12月底前	新增使用LNG清洁能源船舶1艘
			2018年12月底前	淘汰1艘内河航运船舶
	车船燃油品质改善	油品质量升级	长期坚持	全部供应国六标准车用汽柴油，禁止销售普通柴油实现车用柴油、普通柴油、部分船舶用油三油并轨
			长期坚持	全年及秋冬季攻坚期间加大油品质量抽检力度，对在营加油站、油品仓储和批发企业，每年监督检测达到100%全覆盖
			攻坚行动期间	对高速公路、国道和省道沿线加油站（点）销售车用尿素情况监督检查100%全覆盖，对销售车用尿素的产品质量高速公路、国道和省道沿线加油站（点）抽检比例不少于30%
			2018年9月底前	开展打击取缔黑加油站点专项行动
	强化移动源污染防治	新车环保监督管理	长期坚持	新注册登记柴油货车开展检验时，逐车核实环保信息公开情况，查验污染控制装置，开展上线排放检测，确保实现全覆盖
		老旧车治理和改造	2018年12月底前	督促城区出租企业建立台账，登记出租车更换三元催化器有关信息
		在用车执法监管	全年	加强车辆排放监督抽测
			2018年12月底前	开展在用汽车排放检测与强制维护制度（I/M）建设工作
			2018年12月底前	对机动车检验机构监督检查实现全覆盖
			2018年12月底前	在排放检验机构企业官方网站和办事业务大厅建设显示屏，通过高清视频实时公开柴油车排放检验全过程及检验结果，完成1～2家试点
			全年	对初检或日常监督抽测发现的超标车、异地车辆、注册5年以上的营运柴油车进行过程数据、视频图像和检测报告复核

类别	重点工作	主要任务	完成时限	工 程 措 施
运输结构调整	强化移动源污染防治	加强非道路移动机械和船舶污染防治	2018年12月底前	开展非道路移动机械摸底调查和非道路移动机械低排放控制区划定工作对区域内工程机械进行监督检查
			2018年12月底前	机场新增或更换作业车辆采用新能源或清洁能源汽车4辆，比例达到18%，对不符合要求的工程机械不允许进施工现场港口清洁化改造和淘汰排放不达标工程机械、港作机械14台
		推动靠港船舶和飞机使用岸电	2018年12月底前	完成一批港口码头、公共锚地（停泊区）岸基供电试点项目建设，并加大推广力度，推进码头岸电使用
			2018年12月底前	推动建设地面电源替代飞机辅助动力装置，民航机场在飞机停靠期间使用岸电
用地结构调整	矿山综合整治	强化露天矿山综合治理	2018年10月底前	对48家露天矿山严格按照《济宁市露天非煤矿山开采行业大气污染治理技术导则》要求，强化开采、加工、储存、装卸及管理过程中各项控尘措施，达不到导则要求的停产整治
	扬尘综合治理	建筑扬尘治理	长期坚持	严格落实施工工地"六个百分之百"要求
		施工扬尘管理清单	2018年9月底前	建立各类施工工地扬尘管理清单，并定期动态更新
		施工扬尘监管	2018年10月底前	所有建筑工地安装在线监测和视频监控，并与当地行业主管部门联网
		道路扬尘综合整治	2018年12月底前	城市道路机械化清扫率达到100%，曲阜市达到90%、泗水县达到80%、邹城市达到100%、微山县达到90%、鱼台县达到72.3%、金乡县达到90%、嘉祥县达到92%、汶上县达到90%、梁山县达到94%
	秸秆综合利用	加强秸秆焚烧管控	全年	建立网格化监管制度，在秋收阶段开展秸秆禁烧专项巡查
		加强秸秆综合利用	全年	秸秆综合利用率达到96%
	控制农业氨排放	种植业	全年	2017年商品有机肥（含生物有机肥）使用量16.48万吨，2019年增加到17.5万吨
		畜禽养殖业	全年	加快推进畜禽养殖场粪污设施升级改造，到2018年底，畜禽粪便处理利用率、污水处理利用率、畜禽粪污综合利用率、规模养殖场粪污处理设施装备配套率分别达到86%、61%、78%、88%以上
工业炉窑专项整治	工业炉窑治理	制定实施方案	2018年9月底前	制定工业炉窑综合整治实施方案
		工业炉窑排查	2018年9月底前	开展拉网式排查，建立各类工业炉窑管理清单
		煤气发生炉淘汰	2018年12月底前	推进27台煤气发生炉淘汰
		工业炉窑改造	2018年12月底前	开展工业炉（窑）深度治理工作，确保稳定达标排放

类别	重点工作	主要任务	完成时限	工 程 措 施
VOCs 专项整治	重点行业 VOCs 治理	重点行业 VOCs 治理设施升级改造	2018 年 12 月底前	对 1 家石化、29 家化工、35 家工业涂装、11 家包装印刷企业已有 VOCs 治理设施进行升级改造，提高收集率和 VOCs 去除效率
	油品储运销	安装油气回收在线监测	2018 年 12 月底前	完成 11 个年销售汽油量大于 5 000 吨（含）以上加油站安装油气回收在线监测设备
	专项执法	VOCs 专项执法	长期坚持	严厉打击违法排污行为
重污染天气应对	错峰生产	重点行业错峰生产	2018 年 10 月 15 日前	制定建材、焦化、铸造、有色、化工等行业错峰生产方案
	修订完善应急预案及减排清单	完善预警分级标准体系	2018 年 9 月底前	按要求统一应急预警标准，区分不同季节应急响应标准，实施区域应急联动
		夯实应急减排措施	2018 年 9 月底前	修订重污染天气应急预案减排措施清单，明确各级别污染物排放比例，指导企业根据清单制定"一企一策"减排方案
能力建设	完善环境监测监控网络	环境空气 VOCs 监测	2018 年 12 月底前	推动 7 家化工园区进行 VOCs 监测，推动建设城市 VOCs 监测站点
		重点污染源自动监控体系建设	2018 年 12 月底前	对涉 VOCs 重点排放源，安装 VOCs 排放自动监控设施，下达第一批 VOCs 污染源自动监控设施安装建设计划，新安装烟气排放自动监控设施 10 套
		遥感监测系统平台建设	2018 年 10 月底前	建成机动车遥感监测系统国家、省、市三级联网平台，并稳定传输数据
			2018 年 12 月底前	安装配备 5 台（套）固定垂直式遥感监测设备和 1 台（套）移动遥感监测设备
		机动车检验机构联网	全年	机动车检验机构三级联网数据稳定传输
		工程机械排放监控平台建设	2018 年 12 月底前	启动工程机械安装实时定位和排放监控装置
		重型柴油车车载诊断系统远程监控系统建设	2018 年 12 月底前	启动重型柴油车车载诊断系统远程监控
	源排放清单编制	编制大气污染源排放清单	2018 年 9 月底前	完成 2017 年大气污染源排放清单编制

山东省德州市 2018—2019 年秋冬季大气污染综合治理攻坚行动方案

类别	重点工作	主要任务	完成时限	工 程 措 施
产业结构调整	优化产业布局	"三线一单"编制	2018 年 12 月底前	开展生态保护红线、环境质量底线、资源利用上线、环境准入清单编制工作
		化工园区整治	2018 年 12 月底前	制定化工园区规划方案
	"散乱污"企业综合整治	开展"散乱污"企业及集群综合整治	全年	巩固"散乱污"企业整治工作成果，坚决杜绝已取缔的"散乱污"企业异地转移、死灰复燃
			2018 年 9 月底前	完成"散乱污"企业新一轮排查工作，建立"散乱污"企业动态管理机制
			2018 年 10 月底前	对新排查出的"散乱污"企业，按照"先停后治"的原则，责令立即停止生产，实施分类处置

类别	重点工作	主要任务	完成时限	工 程 措 施
产业结构调整	工业源污染治理	实施排污许可	2018年12月底前	按照国家、省统一安排完成排污许可证核发任务
		钢铁行业超低排放改造	2018年11月15日前	完成山东莱钢永锋钢铁有限公司（470万吨产能）1#、2#、3#高炉煤气锅炉二氧化硫超低排放改造
			2018年12月底前	制定烧结、球团烟气脱硝治理工作方案
		焦化行业深度治理	2019年9月底前	完成金能科技股份有限公司深度治理，达到特别排放限值
		无组织排放治理	2018年12月底前	推进钢铁、水泥、火电、建材等行业企业238个项目无组织排放深度治理，完成物料（含废渣）运输、装卸、储存、转移、输送以及生产工艺过程等无组织排放的深度治理，完成山东莱钢永锋钢铁有限公司焦炭仓改造；推进华能德州电厂煤场封闭改造
能源结构调整	清洁取暖	清洁能源替代散煤	2018年10月底前	完成散煤替代5万户，其中，气代煤4万户，电代煤1万户
		煤质监管	全年	做好煤质检验工作，加大清洁煤生产企业监督抽查力度
	煤炭消费总量控制	煤炭消费总量削减	2018年12月底前	按照省统一部署，削减煤炭消费总量
		燃煤锅炉淘汰	2018年12月底前	行政区域内完成10蒸吨及以下燃煤锅炉淘汰工作，城市建成区基本淘汰35蒸吨以下燃煤锅炉
		燃气锅炉低氮改造	2018年10月底前	完成2蒸吨及以上燃气锅炉低氮改造20台鼓励企业开展超低氮改造
运输结构调整	货物运输方式优化调整	铁路货运比例提升	2018年12月底前	铁路货运量比2017年增长7%
			2018年10月底前	出台运输结构调整方案
		推动铁路货运重点项目建设	2018年12月底前	力争建设鲁源铁路货运专用线，加快推进金能科技有限公司专用线建设
			2019年3月底前	力争建成陵城铁路物流基地工程
		大力发展多式联运	2018年12月底前	建设德州运达物流园多式联运型和干支衔接型货运枢纽（物流园区）
			2018年12月底前	建设德州东北商贸物流城、鹏玺现代综合物流园绿色物流配送中心
	车船结构升级	发展新能源车	2018年12月底前	新增和更新237辆城市公交、204辆出租、89辆轻型物流配送车辆全部为新能源或清洁能源汽车
			2018年12月底前	电动公交车保有总量1 211辆，比例达到69%
			2018年12月底前	建设9个物流集散地集中式充电桩和快速充电桩
		老旧车淘汰	2018年12月底前	淘汰国三及以下营运中重型柴油货车850辆左右
			2018年10月底前	启动淘汰采用稀薄燃烧技术（国五及以下、油改气燃气车）和"油改气"的老旧燃气车辆方案

类别	重点工作	主要任务	完成时限	工 程 措 施
运输结构调整	车船燃油品质改善	油品质量升级	全年	每季度对储油库、加油站进行质量抽检，秋冬季攻坚期间每月进行质量抽检；每季度对高速公路、国道和省道沿线加油站（点）销售的车用尿素进行质量抽检，市县两级对储油库、加油站监督检测年度全覆盖
			2018 年 9 月底前	开展打击取缔黑加油站点专项行动
	强化移动源污染防治	新车环保监督管理	长期坚持	新注册登记柴油货车开展检验时，逐车核实环保信息公开情况，查验污染控制装置，开展上线排放检测，确保实现全覆盖
		老旧车治理和改造	2018 年 12 月底前	试点老旧柴油车深度治理，具备条件的安装污染控制装置、配备实时排放监控终端
			2018 年 12 月底前	制定出租车定期更换三元催化器的管理政策措施通过经济激励，对行驶 20 万千米以上或使用满两年的出租车要求其定期更换三元催化器
		在用车执法监管	全年	健全完善"路检以公安部门为责任主体、停放地抽检以环保部门为责任主体"的长效工作机制
			全年	开展在用汽车排放检测与强制维护制度（I/M）建设工作
			全年	对初检或日常监督抽测发现的超标车、异地车辆、注册 5 年以上的营运柴油车进行过程数据、视频图像和检测报告复核
			2018 年 12 月底前	在排放检验机构企业官方网站和办事业务大厅建设显示屏，通过高清视频实时公开柴油车排放检验全过程及检验结果，完成 1～2 家试点
			2018 年 12 月底前	全覆盖检查排放检验机构，比例 100%
		加强非道路移动机械污染防治	2018 年 12 月底前	开展非道路移动机械摸底调查，制定非道路移动机械低排放控制区划定方案，开展区域内的非道路移动机械监督检查
			2018 年 12 月底前	试点开展工程机械改造
用地结构调整	扬尘综合治理	建筑扬尘治理	长期坚持	严格落实建筑施工工地"六个百分之百"要求
		施工扬尘管理清单	2018 年 9 月底前	建立各类施工工地扬尘管理清单，并定期动态更新
		施工扬尘监管	2018 年 10 月底前	5000 平方米及以上施工工地安装在线监测和视频监控，并与当地行业主管部门联网
		道路扬尘综合整治	2018 年 12 月底前	城市、县城快速路和主次干道的车行道机扫、洒水率达到 90% 以上，支路、慢车道、人行道机扫、冲洗率达到 40% 以上
	秸秆综合利用	加强秸秆焚烧管控	全年	建立网格化监管制度，在秋收阶段开展秸秆禁烧专项巡查
		加强秸秆综合利用	2018 年 12 月底前	秸秆综合利用率达到 94.5%
	控制农业氨排放	种植业	全年	2018 年继续开展果菜有机肥替代化肥工作，鼓励农民增施有机肥、生物肥料，稳步提高商品有机肥（含生物有机肥）使用量
		畜禽养殖业	全年	畜禽粪污资源化利用率由 2017 年的 76% 增加到 78%

类别	重点工作	主要任务	完成时限	工 程 措 施
工业炉窑专项整治	工业炉窑治理	制定实施方案	2018 年 9 月底前	制定工业炉窑综合整治实施方案
		工业炉窑排查	2018 年 9 月底前	开展拉网式排查，建立各类工业炉窑管理清单
		燃煤加热、烘干炉（窑）淘汰	2018 年 12 月底前	推进淘汰燃煤加热、烘干炉（窑）
		工业炉（窑）深度治理	2018 年 12 月底前	开展工业炉（窑）深度治理工作，确保稳定达标
		工业炉窑改造	2018 年 12 月底前	阳煤平原化工有限公司制定"退城入园"计划
VOCs专项整治	重点行业VOCs治理	重点行业VOCs 综合治理	2018 年 12 月底前	开展调查，推进 237 家石化、有机化工、制药、印刷、喷涂、家具、玻璃钢等行业工业企业 VOCs 治理设施升级改造
	油品储运销	油品储运销综合整治	2018 年 12 月底前	全市区域内完成加油站油气三级回收治理
		安装油气回收在线监测	2018 年 12 月底前	2 个年销售汽油 5 000 吨以上的加油站安装油气回收在线监测设备
	专项执法	VOCs专项执法	长期坚持	严厉打击违法排污行为
重污染天气应对	错峰生产	重点行业错峰生产	2018 年 10 月15 日前	制定钢铁、建材、焦化、铸造、有色、化工等行业错峰生产方案
	修订完善应急预案及减排清单	完善预警分级标准体系	2018 年 9 月底前	统一应急预警标准，实施区域应急联动
		夯实应急减排措施	2018 年 9 月底前	完成应急预案减排措施清单编制
能力建设	完善环境监测监控网络	重点污染源自动监控体系建设	2018 年 9 月底前	推进 VOCs 在线监测设施建设制定工作实施方案
		遥感监测系统平台建设	2018 年 12 月底前	安装配套 5 套固定垂直式和 1 套遥感式监测设备
			2018 年 10 月底前	建成机动车遥感监测系统国家、省、市三级联网平台，并稳定传输数据
		定期排放检验机构三级联网	全年	机动车排放检验机构实现国家—省—市三级联网，确保监控数据实时、稳定传输
		工程机械排放监控平台建设	2018 年 12 月底前	启动工程机械安装实时定位和排放监控装置建设工作
		重型柴油车车载诊断系统远程监控系统建设	2018 年 12 月底前	启动重型柴油车车载诊断系统远程监控
	源排放清单编制	编制大气污染源排放清单	2018 年 8 月底前	初步完成 2017 年大气污染源排放清单动态更新

山东省聊城市 2018—2019 年秋冬季大气污染综合治理攻坚行动方案

类别	重点工作	主要任务	完成时限	工 程 措 施
产业结构调整	优化产业布局	"三线一单"编制	2018 年 12 月底前	完成生态保护红线、环境质量底线、资源利用上线、环境准入清单编制工作
		化工园区整治	2018 年 12 月底前	完成聊城市鲁西化工产业园区治理，并进一步完善废水、废气和固废污染治理基础设施，组织园区建立环境保护工作考核管理制度
			2018 年 9 月底前	组织化工园区按照《山东省化工园区评分标准》进行重新申报认定对新上化工项目提高准入门槛，严格把关
	"两高"行业产能控制	产能压减及整治	2018 年 12 月底前	编制燃煤小机组综合整治实施方案，加大燃煤机组综合整治，钢铁、焦化、水泥、有色等行业完成国家和省下达的产能压减任务
	"散乱污"企业综合整治	开展"散乱污"企业及集群综合整治	2018 年 10 月底前	对新发现的 43 家"散乱污"企业完成清理整治，进一步加强"散乱污"企业摸排和监管，9 月底前再开展一轮集中排查，建立动态排查管理机制，对新发现的"散乱污"企业，发现一家，取缔一家，10 月底前一律按照"两断三清"的要求完成清理取缔
	工业源污染治理	实施排污许可	2018 年 12 月底前	按照国家、省统一安排完成排污许可证核发任务
		钢铁超低排放	2018 年 12 月底前	完成鑫华钢铁有限公司烧结烟气超低排放改造
		砖瓦行业深度治理	2018 年 12 月底前	完成 9 家砖瓦窑厂脱硫、脱硝、除尘升级改造，其中，冠县 7 家、莘县 2 家
		重点行业无组织排放治理	2018 年 12 月底前	东阿鑫华特钢有限公司和临清兴潘特钢有限公司完成物料（含废渣）运输、装卸、储存、转移、输送以及生产工艺过程等无组织排放治理；东昌府区山水水泥有限公司建设 1 个 15 000 平方米水泥熟料密闭钢结构储存棚、1 个 6 250 平方米商混骨料密闭钢结构储存棚、1 个直径 26 米高度 28 米粉煤灰钢板仓和 2 个直径 26 米、高 30 米水泥钢板仓；临清市 1 家 120 万吨产能水泥企业完成物料（含废渣）运输、装卸、储存、转移、输送以及生产工艺过程等无组织排放治理
		工业园区治理	2018 年 12 月底前	完成 5 个县级工业园区集中整治（临清的烟店、松林工业园区、冠县工业园区、莘县古云工业园区、高唐县经济开发区）；完成冠县工业园区、古云工业园区集中供热改造
能源结构调整	清洁取暖	清洁能源替代散煤	2018 年 10 月底前	完成散煤替代 9.57 万户，其中，气代煤 6.54 万户、电代煤 2.96 万户、集中供热替代 0.07 万户
		洁净煤替代散煤	2018 年采暖期前	完成洁净型煤替代 10 万户，替代散煤 10 万吨
		煤质监管	全年	严厉打击劣质煤加工和销售行为，对违反大气污染防治法等法律法规的煤炭产品生产、销售单位依法查处，取缔高污染燃料禁燃区内所有煤炭产品的生产及销售行为，取缔高污染燃料禁燃区外除洁净型煤和动力煤炭之外的劣质煤炭产品的生产及销售行为，对已经取缔的散煤经营户加大检查力度，防止死灰复燃

类别	重点工作	主要任务	完成时限	工 程 措 施
能源结构调整	煤炭消费总量控制	煤炭消费总量削减	2018 年 12 月底前	煤炭消费总量较 2017 年削减 41 万吨，总量控制在 2200 万吨以内
		淘汰关停落后燃煤机组	2018 年 12 月底前	在确保电力、热力供应基础上，淘汰或停运高唐信莱大豆有限公司自备电厂 1 台小燃煤机组
	锅炉综合整治	淘汰燃煤锅炉	2018 年 12 月底前	行政区域内完成 10 蒸吨及以下燃煤锅炉淘汰工作，城市建成区基本淘汰 35 蒸吨以下燃煤锅炉
	锅炉综合整治	锅炉超低排放改造	2018 年 12 月底前	完成莘县冠华蛋白有限公司、莘县新嘉华保健品有限公司和茌平华鲁制药有限公司 3 台 35 蒸吨燃煤锅炉超低排放改造，临清市卫河酒业有限公司 35 蒸吨燃煤锅炉改为生物质锅炉，并实现超低排放
		燃气锅炉低氮改造	2018 年 12 月底前	完成燃气锅炉低氮改造 180 台共 258.5 蒸吨，其中，东昌府区 30 台 46 蒸吨、临清市 40 台 28.5 蒸吨、冠县 47 台 58 蒸吨、莘县 38 台 75 蒸吨、高唐 15 台 30 蒸吨、经开区 10 台 21 蒸吨
运输结构调整	货物运输方式优化调整	铁路货运比例提升	2018 年 12 月底前	茌平信发集团完成铁路货运线路建设并投入运行，实现集团 50%以上煤炭、75%以上铝矿石及氧化铝粉货运改铁运
			2018 年 12 月底前	铁路货运量力争比 2017 年增加 15%左右
			2018 年 12 月底前	研究建设城市绿色物流配送中心
	车船结构升级	发展新能源车	2018 年 12 月底前	全市新增及更换 41 辆出租车为新能源或清洁能源汽车，城市建成区清洁能源和新能源公交车运营比例达到 95%以上，推进环卫、邮政、通勤、轻型物流配送车辆使用新能源或清洁能源汽车
			2018 年 12 月底前	全市电动公交保有总量 2618 辆，比例达到 77%
		老旧车淘汰	2018 年 12 月底前	淘汰国三及以下营运重型柴油车 200 辆
			2018 年 12 月底前	推进采用稀薄燃烧技术等老旧燃气车辆的淘汰
	车船燃油品质改善	油品质量升级	长期坚持	全面供应符合国六标准的车用汽柴油，停止销售低于国六标准的汽柴油，实现车用柴油、普通柴油、部分船舶用油"三油并轨"
			长期坚持	全面取缔无证无照经营黑加油站和流动加油车，开展打击黑加油站点专项行动
			2018 年 12 月底前	加强对油品质量的综合监管，从炼油厂、储油库、加油加气站抽检不少于 600 个批次的样品从高速公路、国道省道沿线加油站抽检车用尿素不少于 100 个批次
	强化移动源污染防治	新车环保监督管理	长期坚持	新注册登记柴油货车开展检验时，逐个核实环保信息公开情况，查验污染控制装置，开展上线排放检测，确保实现全覆盖
		老旧车治理和改造	2018 年 12 月底前	推进具备条件的重型柴油货车安装污染控制装置，配备实时排放监控终端，与有关部门联网

类别	重点工作	主要任务	完成时限	工 程 措 施
运输结构调整	强化移动源污染防治	在用车执法监管	2018年12月底前	实现排放检验机构监管全覆盖
			2018年12月底前	开展在用汽车排放检测与强制维护制度（I/M）建设工作
			2018年12月底前	在排放检验机构企业官方网站和办事业务大厅建设显示屏，通过高清视频实时公开柴油车排放检验全过程及检验结果，完成1~2家试点
			全年	对初检或日常监督抽测发现的超标车、异地车辆、注册5年以上的营运柴油车进行过程数据、视频图像和检测报告复核
		加强非道路移动机械和船舶污染防治	2018年12月底前	完成非道路移动机械摸底调查，制定非道路移动机械低排放控制区划定方案
			2018年12月底前	开展工程机械改造181台，其中城市建成区31台、茌平县150台
用地结构调整	扬尘综合治理	施工扬尘管理清单	2018年9月底前	建立各类施工工地扬尘管理清单，并定期动态更新
		建筑扬尘治理	长期坚持	严格落实施工工地"六个百分之百"要求
		施工扬尘监管	长期坚持	5 000平方米及以上施工工地安装在线监测和视频监控，并与当地行业主管部门联网
		道路扬尘综合整治	全年	城区道路主次干道机械化清扫率达到98%，每天洒水频率一级道路大于等于六次，二级道路二到四次，三级道路一到二次；制定主要街道两侧绿化带、辅路的专项保洁制度，县城区道路机械化清扫率达到75%以上
	秸秆综合利用	加强秸秆焚烧管控	全年	建立网格化监管制度，在秋收阶段开展秸秆禁烧专项巡查
		加强秸秆综合利用	全年	秸秆综合利用率达到90%以上
用地结构调整	控制农业氨排放	种植业	全年	有机肥使用比例由2017年的16.5%增加到17%
		畜禽养殖业	2018年12月底前	畜禽粪污资源化利用率由2017年的76%增加到78%
工业炉窑专项整治	工业炉窑治理	工业炉窑排查	2018年9月底前	开展拉网式排查，建立各类工业炉窑管理清单
		制定实施方案	2018年12月底前	制定工业炉窑综合整治实施方案，对全市78台工业炉窑进行分类深度治理
		煤气发生炉淘汰	2018年12月底前	淘汰冠县常发板业有限公司等企业8台煤气发生炉，对剩余18台煤气发生炉建立管理台账，加强执法监管
VOCs专项整治	重点行业VOCs治理	重点行业VOCs综合治理	2018年12月底前	完成1家石化企业、7家化工企业、16家工业涂装企业、8家包装印刷企业VOCs治理。其中，高唐1家工业涂装企业、3家包装印刷企业；开发区8家工业涂装企业、3家包装印刷企业；高新区1家石化企业、7家化工企业、7家工业涂装企业、2家包装印刷企业
		重点行业VOCs治理设施升级改造	2018年12月底前	对11家化工企业、4家包装印刷企业（临清10家化工企业、4家包装印刷企业，度假区1家化工企业）已有VOCs治理设施进行升级改造，提高VOCs去除效率

类别	重点工作	主要任务	完成时限	工 程 措 施
VOCs专项整治	油气回收	安装油气回收在线监测设施	2018年10月底前	中国石化聊城分公司第二加油站等年销售汽油量大于5 000吨及其他具备条件的加油站，安装油气回收在线监测设备
	专项执法	VOCs专项执法	长期坚持	严厉打击违法排污行为，对治理效果差、技术服务能力弱、运营管理水平低的治理单位，公布名单，实行联合惩戒
重污染天气应对	错峰生产及运输	重点行业错峰生产	2018年10月15日前	针对钢铁、建材、焦化、铸造、有色、化工等行业制定错峰生产方案
	修订完善应急预案及减排清单	完善预警分级标准体系	2018年9月底前	统一应急预警标准，区分不同季节应急响应标准，实施区域应急联动
		夯实应急减排措施	2018年10月底前	根据更新的2017年污染源清单，完成应急预案减排措施清单编制进一步修订重污染天气应急预案，提高应急预案中污染物减排比例，黄色、橙色、红色级别减排比例原则上分别不低于10%、20%、30%
		加强重污染天气预警预报	全年	开展重污染天气形成机理研究，综合运用地面观测、遥感、数值预报产品资料，开展重污染天气精细化预报
能力建设	完善环境监测监控网络	降尘量监测点位布设	2018年12月底前	古楼、柳园、新区、湖西、道口铺、闫寺、凤凰、北城、东城、蒋官屯等10个街道办事处增加布设降尘监测点
		重点污染源自动监控体系建设	2018年12月底前	对20家VOCs重点排放企业新增安装VOCs在线监测设备，并与环保部门实现联网启动生物质锅炉在线监测设备安装并与环保部门联网
		遥感监测系统平台建设	2018年12月底前	建成5台固定遥感监测设施和1台移动式遥感监测系统
			2018年10月底前	建成机动车遥感监测系统国家、省、市三级联网平台，并稳定传输数据
		定期排放检验机构三级联网	2018年12月底前	全部机动车排放检验机构实现国家—省—市三级联网，确保监控数据实时、稳定传输
		工程机械排放监控平台建设	全年	启动开展工程机械安装实时定位和排放监控装置
		重型柴油车车载诊断系统远程监控系统建设	全年	启动开展重型柴油车车载诊断系统远程监控
	源排放清单编制	编制大气污染源排放清单	2018年9月底前	完成2017年大气污染源排放清单编制

山东省滨州市 2018—2019 年秋冬季大气污染综合治理攻坚行动方案

类别	重点工作	主要任务	完成时限	工作措施
产业结构调整	优化产业布局	"三线一单"编制	2018年12月底前	完成生态保护红线划定工作，推进环境质量底线、资源利用上线、环境准入清单编制工作
		化工园区整治	2018年12月底前	完成博兴化工园区新增空气预警站项目建设；滨州工业园区建设园区智慧监管系统，包括环境监测平台、4座空气监测站；沾化区工业园区完成异味治理
	"散乱污"企业综合整治	开展"散乱污"企业及集群综合整治	2018年9月底前	开展新一轮"散乱污"企业排查，建立"散乱污"企业动态管理机制
			长期坚持	加大巡查检查力度，严防"散乱污"企业"死灰复燃"和异地迁建对新排查出的"散乱污"企业，按照"先停后治"的原则，责令立即停止生产，实施分类处置
	工业源污染治理	实施排污许可	2018年12月底前	按照国家、省统一安排完成排污许可证核发任务
		钢铁超低排放	2018年12月底前	推进西王金属科技有限公司烧结工序超低排放改造工作
		焦化行业深度治理	2018年10月底前	山东铁雄冶金科技有限公司1#焦炉、2#焦炉脱硫脱硝除尘设施升级改造推动其他焦化企业治污设施升级改造
		水泥行业深度治理	2018年10月底前	山东鲁北化工股份有限公司磷铵硫酸水泥联产装置完成石膏制酸尾气治理工程建设，新建脱硫塔及湿式电除尘器
		炭素行业深度治理	2018年10月底前	推进山东天阳炭素有限公司焙烧炉脱硫脱硝除尘设施升级改造工作
		无组织排放治理	2018年12月底前	滨州北海汇宏新材料有限公司、山东鲁北化工股份有限公司、邹平县汇能热电有限公司、山东魏桥铝电有限公司、惠民县汇宏新材料有限公司、阳信县汇宏新材料有限公司、山东盛和热能有限公司煤场封闭工程；山东鲁北化工股份有限公司、无棣汇泰化工有限公司石膏料场改造
能源结构调整	清洁取暖	清洁能源替代散煤	2018年10月底前	完成散煤替代1.21万户，其中，气代煤1.08万户，电代煤0.13万户
		洁净煤替代散煤	2018年10月底前	对暂不具备清洁采暖条件的区域，推广使用洁净煤进行替代
		煤质监管	全年	健全煤炭质量管理体系，加强煤炭质量全过程监管，提高煤炭品质，严格控制劣质煤炭进入消费市场，严厉打击劣质煤销售
	煤炭消费总量控制	煤炭消费总量削减	2018年12月底前	煤炭消费总量较2017年削减约400万吨
	锅炉综合整治	燃煤锅炉淘汰	2018年12月底前	行政区域内完成10蒸吨及以下燃煤锅炉淘汰工作，城市建成区基本淘汰35蒸吨以下燃煤锅炉
		超低排放改造	2018年12月底前	山东金缘生物热电有限公司75蒸吨和130蒸吨生物质锅炉完成超低排放改造
		燃气锅炉低氮改造	2018年12月底前	开展燃气锅炉摸底排查，健全完善管理清单，启动燃气锅炉低氮改造工作

类别	重点工作	主要任务	完成时限	工作措施
运输结构调整	货物运输方式优化调整	铁路货运比例提升	2018 年 12 月底前	铁路货运量比 2017 年增长 10%
			2018 年 12 月底前	出台运输结构调整方案
		推动铁路货运重点项目建设	2018 年 12 月底前	完成阳信汇宏新材料有限公司铁路专用线项目建设
	车船结构升级	发展新能源车	2018 年 12 月底前	启动城市建成区公交、出租、环卫、邮政、通勤、轻型物流配送等 6 类新能源车或清洁能源车推广工作，确保到 2020 年达到保有量的 80%
			2018 年 12 月底前	铁路货场新增或更换作业车辆采用新能源车
			2018 年 12 月底前	加快建设物流集散地集中式充电桩和快速充电桩
		老旧车淘汰	2018 年 12 月底前	推进国三及以下中重型柴油货车、国五及以下采用稀薄燃烧技术或"油改气"老旧燃气车淘汰工作
	燃油品质改善	油品质量升级	长期坚持	所有加油站全部供应国六标准车用柴油，禁止销售普通柴油
			长期坚持	加大油品质量抽检力度，对在营加油站、油品仓储和批发企业，每年监督检测达到 100% 全覆盖
			全年	秋冬季攻坚期间对高速公路、国道和省道沿线加油站（点）销售车用尿素情况监督检查 100% 全覆盖对销售车用尿素的产品质量，高速公路、国道和省道沿线加油站（点）抽检比例不少于 30%
			2018 年 9 月底前	开展打击黑加油站点专项行动
	强化移动源污染防治	新车环保监督管理	长期坚持	新注册登记柴油货车开展检验时，逐车核实环保信息公开情况，查验污染控制装置，开展上线排放检测，确保实现全覆盖
		老旧车治理和改造	2018 年 12 月底前	具备条件的国三柴油营运货车安装污染控制装置并配备实时排放监控终端，并与有关部门联网
			2018 年 12 月底前	出租车定期环检，环检不合格的车辆更换三元催化装置
		在用车执法监管	全年	健全完善"路检以公安部门为责任主体、停放地抽检以环保部门为责任主体"的长效工作机制
			全年	开展在用汽车排放检测与强制维护制度（I/M）建设工作
			全年	对初检或日常监督抽测发现的超标车、异地车辆、注册 5 年以上的营运柴油车进行过程数据、视频图像和检测报告复核
			全年	通过随机抽检、远程监控等方式加强排放检验机构的监管 2018 年 12 月底前做到对排放检验机构监督检查 100% 全覆盖对于伪造检验结果、出具虚假报告的排放检验机构，公开曝光并依法依规予以处罚，情节严重的撤销资质认定（计量认证）证书

类别	重点工作	主要任务	完成时限	工 作 措 施
运输结构调整	强化移动源污染防治	在用车执法监管	2018年12月底前	在排放检验机构企业官方网站和办事业务大厅建设显示屏，通过高清视频实时公开柴油车排放检验全过程及检验结果，完成1~2家试点
		加强非道路移动机械污染防治	2018年12月底前	开展非道路移动机械摸底调查和非道路移动机械低排放控制区划定工作，开展区域内工程机械检查
		推动靠港船舶使用岸电	2018年12月底前	滨州港口20%以上四类专业化泊位（集装箱、客滚、游轮、3千吨级以上客运和5万吨级以上干散货泊位）具备向船舶供应岸电的能力
用地结构调整	矿山综合整治	强化露天矿山综合治理	2018年12月底前	对前期关停的30处露天矿山，依法治理到位
	扬尘综合治理	建筑扬尘治理	长期坚持	严格落实施工工地"六个百分之百"要求
		施工扬尘管理清单	2018年9月底前	建立各类施工工地扬尘管理清单，并定期动态更新
		施工扬尘监管	2018年10月底前	建筑面积5 000平方米及以上建筑工地安装在线监测和视频监控，并与当地行业主管部门联网
		道路扬尘综合整治	2018年12月底前	市级主次干道机扫率达到100%，县城达到80%
	秸秆综合利用	加强秸秆焚烧管控	全年	建立网格化监管制度，在秋收阶段开展秸秆禁烧专项巡查
		加强秸秆综合利用	全年	秸秆综合利用率达到92.5%
	控制农业氨排放	种植业	全年	有机肥使用比例由2017年的22万吨增加到24万吨
		畜禽养殖业	全年	强化畜禽粪污资源化利用，提高畜禽粪污综合利用率，减少氨挥发排放
工业炉窑专项整治	工业炉窑治理	制定实施方案	2018年9月底前	制定工业炉窑综合整治实施方案
		工业炉窑排查	2018年9月底前	开展拉网式排查，建立各类工业炉窑管理清单
		煤气发生炉淘汰	2018年10月底前	完成煤气发生炉整治方案，推进氧化铝集中的生产地区统一煤制气中心建设工作，淘汰炉膛直径3米以下燃料类煤气发生炉
		燃煤加热、烘干炉（窑）淘汰	2018年12月底前	推进淘汰燃煤加热、烘干炉（窑）
		工业炉窑深度治理	2018年12月底前	开展工业炉（窑）深度治理工作，确保稳定达标排放
VOCs专项整治	重点行业VOCs治理	重点行业VOCs综合整治	2018年10月底前	无棣鑫岳燃化有限公司完成汽油组分储罐和装卸车油气回收工程改造
	油品储运销	安装油气回收在线监测	2018年12月底前	在完成5个年销售汽油量大于5 000吨的加油站安装油气回收在线监测设备的基础上，研究扩大安装范围，推进年销售汽油量大于3 000吨的加油站安装在线监测设备
	专项执法	VOCs专项执法	长期坚持	严厉打击违法排污行为

类别	重点工作	主要任务	完成时限	工作措施
重污染天气应对	错峰生产	重点行业错峰生产	2018年10月15日前	制定钢铁、建材、铸造、炭素、化工等行业错峰生产方案
	修订完善应急预案及减排清单	完善预警分级标准体系	2018年9月底前	统一应急预警标准，实施区域应急联动
		夯实应急减排措施	2018年9月底前	完成应急预案减排措施清单编制
能力建设	完善环境监测监控网络	环境空气质量监测网络建设	2018年12月底前	力争建成覆盖所有乡镇的监测网络，新建六项参数空气自动监测站62个，由四参数升六项参数空气自动监测站14个，更新改造管理空气自动监测站8个
		重点污染源自动监控体系建设	2018年12月底前	完成山东先达化工有限公司、山东永鑫化工有限公司、山东成达新能源有限公司、山东京博石化有限公司无组织VOCs自动监控设备安装
		遥感监测系统平台建设	2018年12月底前	配备固定式遥感监测设备5台，移动式遥感监测设备1台
		遥感监测系统平台建设	2018年10月底前	建成机动车遥感监测系统国家、省、市三级联网平台，并稳定传输数据
		定期排放检验机构三级联网	2018年12月底前	机动车排放检验机构实现国家—省—市三级联网，确保监控数据实时、稳定传输
		工程机械排放监控平台建设	2018年12月底前	启动工程机械安装实时定位和排放监控装置
		重型柴油车车载诊断系统远程监控系统建设	2018年12月底前	启动重型柴油车车载诊断系统远程监控
	源排放清单编制	编制大气污染源排放清单	2018年8月底前	初步完成2017年大气污染源排放清单动态更新

山东省菏泽市2018—2019年秋冬季大气污染综合治理攻坚行动方案

类别	重点工作	主要任务	完成时限	工程措施
产业结构调整	优化产业布局	"三线一单"编制	2019年12月底前	完成生态保护红线、环境质量底线、资源利用上线、环境准入清单编制工作，明确禁止和限制发展的行业、生产工艺和产业目录
		建成区重污染企业搬迁	2018年12月底前	完成菏泽康利化工有限公司、郓城恒信釉料制品有限公司等30家企业关闭、搬迁、转产工作
		化工园区整治	2018年10月底前	禁止新增化工园区对现有化工园区开展整改提升，达到《山东省化工园区评分标准》合格等次
	"两高"行业产能控制	制定方案	2018年10月底前	制定"两高"行业产能压减方案，确保完成国家、省下达的压减任务
	"散乱污"企业综合整治	"散乱污"企业及集群排查	2018年9月底前	完成新一轮"散乱污"企业排查

类别	重点工作	主要任务	完成时限	工程措施
产业结构调整	"散乱污"企业综合整治	开展"散乱污"企业及集群综合整治	2018年12月底前	持续推进"散乱污"企业整治，对新发现的"散乱污"企业按照"先停后治"的要求，分类进行整治
	工业源污染治理	实施排污许可	2018年12月底前	按照国家、省统一安排完成排污许可证核发任务
		焦化行业深度治理	2018年10月底前	完成巨野县山东铁雄新沙能源有限公司一期、二期工程220万吨/年脱硫改造推进焦化行业脱硝改造
		砖瓦行业深度治理	2018年10月底前	完成67家砖瓦企业脱硫、脱硝、除尘改造和无组织排放治理
		无组织排放治理	2018年12月底前	完成11家企业无组织排放治理项目
	工业源污染治理	工业园区治理	2018年12月底前	完成牡丹区黄罡镇工业园区、牡丹区沙土镇工业园区、曹县开发区工业园区、曹县毛纺工业园区、成武县工业园区集中供热改造5家
能源结构调整	清洁取暖	清洁能源替代散煤	2018年10月底前	完成散煤替代7万户，其中，气代煤2万户、电代煤5万户制定菏泽市2018—2020清洁取暖计划，确保2020年采暖期前实现散煤清零
		洁净煤替代散煤	2018年10月底前	推广洁净煤替代散煤，替代16.1万户
		煤质监管	全年	严厉打击劣质煤销售使用，建立网格化监管模式，绘制区域管控地图，每月开展联合执法专项行动，严禁煤炭经营销售、燃用和复燃；建立市、县区、企业三级煤质检测体系，严格按照《菏泽市煤炭质量指标》标准，每月对工业用煤、清洁煤炭进行抽样检测
	煤炭消费总量控制	煤炭消费总量削减	2018年12月底前	完成省下达的煤炭消费总量削减任务
	锅炉综合整治	淘汰燃煤锅炉	2018年12月底前	行政区域内完成10蒸吨及以下燃煤锅炉淘汰工作，城市建成区基本淘汰35蒸吨以下燃煤锅炉
		燃气锅炉低氮改造	2018年12月底前	推进燃气锅炉低氮改造工作，确保2020年全部完成
	货物运输方式优化调整	铁路货运比例提升	2018年12月底前	出台菏泽市运输结构调整方案
		新能源汽车推广	2018年12月底前	制定新能源汽车推广计划，确保新能源汽车销量逐年增长
	车船结构升级	发展新能源车	2018年12月底前	新增和更新100辆城市公交、更新71辆出租新能源或清洁能源汽车推进环卫、邮政、通勤、轻型物流配送车新能源化
			2018年9月底前	电动公交保有总量550辆，比例达到57%
			2018年12月底前	制定物流集散地集中式充电桩和快速充电桩建设方案
		老旧车淘汰	2018年12月底前	淘汰国三及以下营运中重型柴油货车2048辆推进国五及以下采用稀薄燃烧技术或"油改气"老旧燃气车淘汰工作

类别	重点工作	主要任务	完成时限	工 程 措 施
运输结构调整	车船燃油品质改善	油品质量升级	全年	全面供应符合国六标准的车用汽柴油，停止销售低于国六标准的汽柴油，全年及秋冬季攻坚期间对炼油厂、储油库、加油（气）站和企业自备油库的抽查频次达到每季度1次，覆盖100%对高速公路、国道和省道沿线加油站（点）销售车用尿素情况进行每季度抽查，全面取缔黑加油站点，每季度开展打击取缔黑加油站点专项行动，2018年9月底前开展
	强化移动源污染防治	新车环保监督管理	长期坚持	新注册登记柴油货车开展检验时，逐车核实环保信息公开情况，查验污染控制装置，开展上线排放检测，确保实现全覆盖
		老旧车治理和改造	2018年12月底前	11辆柴油车安装污染控制装置并配备实时排放监控终端，并与有关部门联网
		在用车执法监管	全年	加强车辆排放监督检查检查排放检验机构41家，比例100%2018年12月底前实现排放检验机构监管全覆盖，开展在用汽车排放检测与强制维护制度（I/M）建设工作，对初检或日常监督抽测发现的超标车、异地车辆、注册5年以上的营运柴油车进行过程数据、视频图像和检测报告复核
			2018年12月底前	在排放检验机构企业官方网站和办事业务大厅建设显示屏，通过高清视频实时公开柴油车排放检验全过程及检验结果，完成1~2家试点
		加强非道路移动机械和船舶污染防治	2019年12月底前	完成非道路移动机械摸底调查，制定非道路移动机械低排放控制区划定方案，全面禁用冒黑烟和超标排放的非道路移动机械
用地结构调整	扬尘综合治理	建筑扬尘治理	长期坚持	严格落实施工工地"六个百分之百"要求
		施工扬尘管理清单	2018年9月底前	建立各类施工工地扬尘管理清单，并定期动态更新
		施工扬尘监管	2018年10月底前	5 000平方米及以上建筑工地，全部安装在线监测和视频监控设备，并与当地有关主管部门联网
		道路扬尘综合整治	2018年12月底前	城区道路机械化清扫率达到90%，县城达到80%
	秸秆综合利用	加强秸秆焚烧管控	全年	建立网格化监管制度，在秋收阶段开展秸秆禁烧专项巡查
		加强秸秆综合利用	全年	秸秆综合利用率达到90%
	控制农业氨排放	种植业	全年	有机肥使用量由2017年的12.39万吨增加到13万吨
		畜禽养殖业	全年	畜禽粪污资源化利用率由2017年的76%增加到78%
工业炉窑专项整治	工业炉窑治理	制定实施方案	2018年10月底前	开展拉网式排查，建立各类工业炉窑管理清单
		煤气发生炉淘汰	2018年12月底前	启动炉膛直径3米以下燃料类煤气发生炉淘汰工作
		工业炉窑改造	2018年12月底前	山东新洋丰肥业有限公司、菏泽金正大生态工程有限公司完成工业炉（窑）改造2台

类别	重点工作	主要任务	完成时限	工 程 措 施
VOCs 专项整治	重点行业 VOCs 治理	重点行业 VOCs 综合治理	2018年12月底前	对1家石化企业、7家有机化工企业、3家其他企业VOCs治理设施进行升级改造，提高收集率和VOCs去除效率
	油品储运销	安装油气回收在线监测	2018年9月底前	年销售汽油5 000吨以上的7家加油站全部安装油气回收在线监测设备
	专项执法	VOCs专项执法	长期坚持	严厉打击违法排污行为
重污染天气应对	错峰生产	重点行业错峰生产	2018年10月15日前	制定建材、焦化、有色、化工等行业错峰生产方案
	修订完善应急预案及减排清单	完善预警分级标准体系	2018年9月底前	统一应急预警标准，实施区域应急联动
		夯实应急减排措施	2018年9月底前	完成应急预案减排措施清单编制
能力建设	完善环境监测监控网络	环保智慧监管平台建设及运维项目	2018年9月底前	启动菏泽市环保智慧监管平台建设及运维项目，建设市县乡三级环保智慧监管平台，对全市环保相关行业监管平台及污染点源全接入，具备监测预警、综合分析、网格化监管、应急响应、公众参与等多功能
		环境空气质量监测网络建设	2018年9月底前	增设环境空气质量自动监测站点152个，做到乡镇全覆盖
		降尘量监测点位布设	2018年9月底前	布设降尘量监测点位22个，实现每个县区2个
		重点污染源自动监控体系建设	2018年12月底前	新增化工、建材行业烟气排放自动监控设施50套
		遥感监测系统平台建设	2018年12月底前	完成5个遥感监测设备安装
			2018年10月底前	建成机动车遥感监测系统国家、省、市三级联网平台，并稳定传输数据
		工程机械排放监控平台建设	2018年12月底前	试点开展工程机械安装实时定位和排放监控装置
	源排放清单编制	编制大气污染源排放清单	2018年9月底前	完成2017年大气污染源排放清单动态更新

河南省郑州市 2018—2019 年秋冬季大气污染综合治理攻坚行动方案

类别	重点工作	主要任务	完成时限	工 程 措 施
产业结构调整	优化产业布局	"三线一单"编制	2018年9月底前	启动生态保护红线、环境质量底线、资源利用上线、环境准入清单编制
		建成区重污染企业搬迁	2018年12月底前	完成郑州欧丽电子（集团）有限公司、郑州金阳电气有限公司、郑州勘察机械有限公司等12家企业搬迁，继续推进新力电力、金星啤酒、拓洋实业搬迁工作
	"两高"行业产能控制	区域性传统产业整合	2018年9月底前	制定新密市耐材，荥阳市建筑机械加工、碳素、采碎石和氯化石蜡，登封市刚玉、石灰窑等传统产业整合方案，开展砖瓦窑行业综合整治工作

类别	重点工作	主要任务	完成时限	工 程 措 施
产业结构调整	"两高"行业产能控制	淘汰关停落后煤电机组	2018年9月底前	明确中心城区30万千瓦以下不达标燃煤机组关停的具体时间和路线,按照先立后破、不立不破的原则,在确保电力、热力供应基础上,泰祥热电2台2×13.5万千瓦机组2019年10月份停运;新力电力老厂2019年3月停运
		过剩产能淘汰	2018年12月底前	淘汰郑州市煤炭工业(集团)振兴二矿有限公司、新密市超化煤矿有限公司等在内的六家煤矿,实现煤炭产能退出135万吨
			2018年10月底前	研究制定水泥行业产业结构调整方案,力争压减水泥产能30%
			2018年12月底前	淘汰河南昌泰不锈钢板有限公司60吨转炉1座
	"散乱污"企业综合整治	开展"散乱污"企业及集群综合整治	2018年9月底前	建立"散乱污"企业动态清零机制
			2018年10月底前	完成新一轮"散乱污"企业排查工作完成新发现"散乱污"企业的整治
	工业源污染治理	实施排污许可	2018年12月底前	按照国家、省统一安排完成排污许可证核发任务
		钢铁超低排放	2018年10月底前	推进郑州永通特钢有限公司、河南昌泰不锈钢板有限公司烧结烟气超低排放改造
		电解铝深度治理	2018年9月底前	完成河南中孚铝业有限公司深度治理,确保稳定达到特别排放限值
		砖瓦行业	2018年10月底前	推进砖瓦窑行业深度治理
		水泥行业	2018年12月底前	推进6家水泥企业超低排放改造
		炭素行业	2018年12月底前	推进20家炭素企业超低排放改造
		无组织排放治理	2018年12月底前	加强钢铁、建材、有色、火电、铸造等重点行业已完成无组织排放治理企业的监管,进一步排查重点行业无组织排放,对排查出不符合要求的企业进行治理,新密裕中能源有限公司、荥阳国电有限公司完成储煤场封闭工程建设
能源结构调整	清洁取暖	清洁能源替代散煤	2018年10月底前	完成散煤替代19万户,其中,电代煤16.2万户,气代煤0.8万户,地热能替代2万户;完成集中供热替代699万平方米
			2018年12月底前	全市新增集中供热能力3 000万平方米,中心城区集中供热普及率达到85%以上
		洁净煤替代散煤	2018年12月底前	全市9家生产仓储中心,55家配送网点正常运营,确保洁净型煤供应,满足不具备电、气替代散煤条件地区群众能源消费需求
		煤质监管	长期坚持	全面强化煤炭质量管控,全市范围内禁止销售不符合《低硫煤及制品》标准的燃煤,依据职责强化监管,依法处罚生产、销售、经营劣质煤等行为

类别	重点工作	主要任务	完成时限	工 程 措 施
能源结构调整	煤炭消费总量控制	煤炭消费总量削减	2018年12月底前	2018年煤炭消费总量控制在2201万吨以内
		压减本地发电量	2018年12月底前	加大外调电力度,力争全年实现外电入郑124亿千瓦时,在确保电力供应的基础上,力争本地发电量减少10%以上;2018—2019年采暖期,在确保集中供热的前提下,力争本地发电量同比减少20%以上
	锅炉综合整治	淘汰燃煤锅炉	2018年10月底前	行政区域内基本完成35蒸吨以下燃煤锅炉淘汰工作,淘汰12台425蒸吨燃煤锅炉(河南省新郑煤电有限责任公司2台20蒸吨燃煤锅炉、河南建华管桩有限公司1台15蒸吨燃煤锅炉、河南正佳能源环保股份有限公司1台20蒸吨燃煤锅炉、河南鸽瑞复合材料有限公司1台20蒸吨燃煤锅炉、中储粮油脂(新郑)有限公司2台25蒸吨燃煤锅炉、中原环保新密热力有限公司3台80蒸吨燃煤锅炉、巩义市恒星金属制品有限公司2台20蒸吨燃煤锅炉)
		燃气锅炉低氮改造	2018年9月底前	鼓励4蒸吨以上锅炉开展燃气锅炉低氮改造示范工程,力争完成燃气锅炉低氮改造200台
	货物运输方式优化调整	铁路货运比例提升	2018年12月底前	新力电力铁路运煤比例达到60%以上
			2018年9月底前	出台运输结构调整专项方案
		推进大围合区域市场外迁	2018年12月底前	完成四环内涉及重型柴油车运输的物流批发市场摸排,力争外迁市场31家
		大力发展多式联运	2018年12月底前	推进建设两个国家级多式联运示范工程;推进建设5个河南省多式联运示范工程
			2018年10月底前	开展绿色物流配送中心建设,鼓励具备条件的物流园区进行升级改造,完成方案制定
			长期坚持	按照《郑州国际航空货运枢纽战略规划》(2018—2035年),建设郑州国际航空货运枢纽,建设以航空运输为核心的多式联运中心,促进航空、铁路、公路"三网"深度融合发展,形成4小时覆盖全国,20小时服务全球的机场货运综合交通体系
	车船结构升级	发展新能源车	2018年12月底前	重点推进新能源汽车在公交、环卫、邮政、出租、通勤、轻型物流配送等领域的应用推广;新增公交车、渣土车、铁路货场作业车新能源车比例达到100%
			2018年12月底前	新购置新能源公交车360辆以上,在投入运营的公交车辆中,新能源公交车占总公交车辆数90%以上,其中纯电动公交车在新能源公交车数量中占比30%以上
			2018年12月底前	交通运管部门对新能源或清洁能源汽车办理营运手续开辟绿色通道、快捷通道,优先办理
			2018年12月底前	按照民航总局"油改电"部署,郑州机场新增或更新地面特种车辆优先采用新能源或清洁能源汽车,提前谋划电动车配套设施设备建设方案
			2018年12月底前	完成7 000个充电桩建设任务

类别	重点工作	主要任务	完成时限	工 程 措 施
运输结构调整	车船结构升级	老旧车淘汰	2018 年 12 月底前	推进国三及以下中重型柴油货车、国五及以下采用稀薄燃烧技术或"油改气"老旧燃气车淘汰工作
			2018 年 12 月底前	四环以内国三以下柴油车辆（重型柴油车实施"双降"技术改造达到国四排放标准车辆除外）禁止通行
	车船燃油品质改善	加强车用汽柴油质量监管	长期坚持	全面供应符合国六标准的车用汽柴油，严厉查处加油站销售不符合国六标准的汽柴油
			长期坚持	对加油站销售的车用汽柴油进行质量监督抽检，全年及秋冬季攻坚期间对加油站的抽查频次达到 500 个批次；对不合格产品依法进行处理，对抽检结果进行通报
			2018 年 9 月底前	开展打击取缔黑加油站点专项行动全面取缔黑加油站点，严禁黑加油站死灰复燃
			长期坚持	对生产、销售、储存的车用汽柴油进行质量监督抽检，抽检覆盖率达到 100%，对不合格产品依法进行后处理，抽检结果及时通报
			长期坚持	严厉依法查处流动加油车售油违法违规行为
		加强车用尿素质量监管	长期坚持	市内高速公路、国省公路沿线加油站点全面销售符合产品质量要求的车用尿素，保证柴油车辆尾气处理系统的尿素需求
			长期坚持	以高速公路、国道和省道沿线加油站为重点，加强监管执法，对销售的车用尿素进行质量监督抽检，抽检不少于 30 批次，对不合格产品依法进行处理，对抽检结果进行通报
	强化移动源污染防治	新车环保监督管理	长期坚持	新注册登记柴油货车开展检验时，逐车核实环保信息公开情况，查验污染控制装置，开展上线排放检测，确保实现全覆盖
		老旧车治理和改造	2018 年 9 月底前	制定专项方案，燃油、燃气出租车逐步更换为纯电动汽车
		在用车执法监管	长期坚持	对初检或日常监督抽测发现的超标车、异地车辆、注册 5 年以上的营运柴油车进行过程数据、视频图像和检测报告复核
			2018 年 12 月底前	排放检验机构监管全覆盖
			2018 年 12 月底前	在排放检验机构企业官方网站和办事业务大厅建设显示屏，通过高清视频实时公开柴油车排放检验全过程及检验结果，完成 1~2 家试点
		加强非道路移动机械污染防治	长期坚持	完成非道路移动机械摸底调查，制定非道路移动机械低排放控制区划定方案，出台《郑州市人民政府关于划定禁止使用高排放非道路移动机械区域的通知》，6 月 1 日起实行成立联合执法队伍，按照属地管理原则对辖区内工厂、物流企业和施工工地等场所非道路移动机械排气污染情况进行检查每月检查比例不少于总数的 20%，发现使用禁用非道路移动机械的依法依规给予处罚

类别	重点工作	主要任务	完成时限	工 程 措 施
运输结构调整	强化移动源污染防治	推动靠港船舶和飞机使用岸电	2018 年 12 月底前	建设 12 套地面电源替代飞机辅助动力装置，力争将桥载设备使用协议签约率提高到 40%
		大力开展交通宣传引导	长期坚持	围绕大气污染防治工作，交通安全出行和引导服务，完善恶劣天气、道路施工交通组织、突发情况交通管理应急信息整合、发布，有效引导交通流量，减少交通拥堵
		加强道路交通安全设施和交通管理科技设施建设	长期坚持	扩大交通信号区域协调控制系统规模，力争在年底前达到 2 000 个路口，加强电子警察的覆盖范围，扩展电子警察系统功能，完善重点易堵路段交通护栏、警示提示标志，缓解交通拥堵，减少机动车因长时间等候导致尾气排放
用地结构调整	矿山综合整治	强化露天矿山综合治理	2018 年 10 月底前	完成全市矿山企业排查，严格执行采矿许可证制度，无采矿许可证或采矿许可证到期未重新取得采矿许可证的企业依法实施关闭；对污染治理不规范、排放不达标的露天矿山，按照"一矿一策"制定整治方案，依法责令停产整治
			2018 年 10 月底前	全市生产矿山实现 100% 规范运行，责任主体灭失的露天矿山治理率达到 50%
	扬尘综合治理	建筑扬尘治理	长期坚持	施工工地施工过程中必须做到"八个百分之百"，即工地周边 100% 围挡、各类物料堆放 100% 覆盖、土方开挖及拆迁作业 100% 湿法作业、出场车辆 100% 清洗、施工现场主要场区及道路 100% 硬化、渣土车辆 100% 密闭运输、建筑面积 5 000 平方米以上及涉及石方作业的施工工地 100% 安装在线视频监控、工地内非道路移动机械车辆 100% 达标，并自觉接受市政府发布的各级预警管控
		施工扬尘管理清单	2018 年 9 月底前	建立各类施工工地扬尘管理清单，并定期动态更新
		施工扬尘监管	长期坚持	全面落实施工单位扬尘污染防治责任和行业主管部门监督管理责任
			长期坚持	推行"以克论净"的保洁标准，确保扬尘不出院、车辆不带泥对于建筑面积 5 000 平方米及以上的施工工地、长度 200 米以上的市政、国省干线公路和中型规模以上水利枢纽等线性工程重点扬尘防控点安装扬尘在线监测设备并与行业主管部门联网
		道路扬尘综合整治	2018 年 12 月底前	各类交通道路机械化清扫率达到国省干线、快速通道 85%，县道 70%
			2018 年 12 月底前	市区城市主次干道机械化清扫率达到 90%，县城达到 75%
		渣土运输专项整治	长期坚持	全面落实渣土源头监管全覆盖、运输车辆全密闭，实现渣土运输企业和车辆的规范化管理
			长期坚持	中心城区施工工地实现智能渣土车辆运输全覆盖

类别	重点工作	主要任务	完成时限	工 程 措 施
用地结构调整	秸秆综合利用	加强城市清扫保洁力度	长期坚持	持续实施道路扫保"以克论净"考核，定期对城乡接合部、背街小巷等区域进行重点清扫
			长期坚持	按照 9 吨/月·平方千米进行降尘量考核
			长期坚持	每周开展清洁城市行动，全面清洗公共设施、交通护栏、绿化隔离带等部位积尘浮尘
			长期坚持	高速公路严格按照作业标准采取机械清扫、路面洒水降尘和人工保洁措施
		加强秸秆焚烧管控	长期坚持	建立网格化监管制度，在秋收阶段开展秸秆禁烧专项巡查
			长期坚持	持续加大露天焚烧秸秆力度，建立网格化监管制度，在秋收阶段开展秸秆禁烧专项巡查
			长期坚持	全面落实禁止焚烧垃圾、落叶、枯草要求
		加强秸秆综合利用	2018 年 12 月底前	秸秆综合利用率达到 92.5%
	控制农业氨排放	种植业	2018 年 12 月底前	减少化肥农药使用量，增加有机肥使用量，测土配方施肥技术覆盖率达到 81% 以上，实现化肥农药使用量负增长
		畜禽养殖业	2018 年 12 月底前	畜禽粪污资源化利用率由 2017 年的 60% 增加到 68%
工业炉窑专项整治	工业炉窑治理	制定实施方案	2018 年 10 月底前	出台工业炉窑综合整治实施方案
		工业炉窑排查	2018 年 10 月底前	开展拉网式排查，建立各类工业炉窑管理清单
		煤气发生炉淘汰	2018 年 12 月底前	荥阳辉煌实业有限公司、郑州方圆碳素有限公司等企业 24 台煤气发生炉拆除或改用清洁能源
VOCs 专项整治	重点行业 VOCs 治理	严格控制新建项目	长期坚持	禁止建设生产和使用高 VOCs 含量的溶剂型涂料、油墨、胶黏剂等项目
		重点行业 VOCs 治理设施升级改造	2018 年 10 月底前	开展涉 VOCs 源排查对无治理设施或治理设施不符合要求的企业实施停产治理
		餐饮油烟深度治理	2018 年 12 月底前	按照《河南省餐饮服务业油烟污染防治管理办法》和排放标准要求，持续推进餐饮油烟深度治理，确保油烟净化设施与排风机同步运行、定期清洗
		开展生活源 VOCs 污染防治	2018 年 10 月底前	基本淘汰开启式干洗机定期进行干洗机及干洗机输送管道、阀门检查，防止干洗剂泄漏
			2018 年 10 月底前	启动有机溶剂型涂料生产、沥青类防水材料生产、人造板生产以及使用有机溶剂型涂料的家具制造、木制品加工工艺企业退出市场工作，制定工作方案
		VOCs 在线监控系统建设	2018 年 10 月底前	推进 10 家整车制造企业安装 VOCs 在线监测设备，鼓励其他企业安装，并与环保部门联网
			2018 年 10 月底前	完成建设 VOCs 在线监控平台

类别	重点工作	主要任务	完成时限	工 程 措 施
VOCs专项整治	油品储运销	油品储运销综合整治	2018年12月底前	完成加油站、储油库、油罐车油气回收治理
		安装油气回收在线监测	2018年12月底前	新增27个加油站安装油气回收在线监测设备
	专项执法	VOCs专项执法	全年	加强执法监管，委托第三方检测公司，每月对不少于10家VOCs重点企业开展飞行监测，不能稳定达标排放的实施停产治理
重污染天气应对	错峰生产	重点行业错峰生产	2018年10月15日前	制定钢铁、铸造、建材、有色、化工等行业错峰生产方案
	修订完善应急预案及减排清单	完善预警分级标准体系	2018年9月底前	修订完善郑州市重污染天气应急预案；在严格落实国家、省区域联动基础上，主动与周边地市开展联防联控
		夯实应急减排措施	2018年9月底前	完成应急预案减排措施清单编制
		强化预警应对能力	2018年12月底前	推进空气质量预测预报能力建设，确保市级预测预报部门具备3天精细化预报和7天趋势分析预测能力
			长期坚持	依托大气重污染成因与治理攻关研究，提升重污染天气应对技术支撑能力，充分利用大数据分析等信息化手段提高管理效率和工作成效
		开展应急成效后评估工作	长期坚持	在典型污染过程结束后，对预警发布情况、预案措施落实情况以及响应措施的针对性和可操作性、环境效益等进行总结评估，总结经验、分析问题、查找不足，形成典型案例，制定改进措施
能力建设	完善环境监测监控网络	环境空气质量监测网络建设	2018年12月底前	增设环境空气质量自动监测站点5个
		环境空气VOCs监测	2018年12月底前	建成环境空气VOCs监测站点1个
		重点污染源自动监控体系建设	2018年9月底前	新增烟气排放自动监控设施25套
		遥感监测系统平台建设	2018年9月底前	对现有的4台移动遥感监测设备完成升级改造，对已安装的10套固定遥感监测设备完善功能，遥感数据实现联网
			2018年10月底前	建成机动车遥感监测系统国家、省、市三级联网平台，并稳定传输数据
		定期排放检验机构三级联网	2018年12月底前	机动车排放检验机构实现国家—省—市三级联网，确保监控数据实时、稳定传输
		工程机械排放监控平台建设	2018年12月底前	试点开展工程机械安装实时定位和排放监控装置工作
		重型柴油车车载诊断系统远程监控系统建设	2018年12月底前	开展重型柴油车车载诊断系统远程监控工作
	源排放清单编制	编制大气污染源排放清单	2018年9月底前	完成2017年大气污染源排放清单动态更新

河南省开封市 2018—2019 年秋冬季大气污染综合治理攻坚行动方案

类别	重点工作	主要任务	完成时限	工 程 措 施
产业结构调整	优化产业布局	"三线一单"编制	2018 年 10 月底前	启动生态保护红线、环境质量底线、资源利用上线，环境准入清单编制工作
		建成区重污染企业搬迁	2018 年 10 月底前	启动晋开化工一分公司、东大化工、铁塔橡胶 3 家企业搬迁前期工作
			2018 年 12 月底前	兰考县力争完成华帝、大亨、通顺路桥、三联、龙腾 5 家商砼的搬迁
		化工园区整治	2018 年 10 月底前	启动精细化工园区环境综合整治，提升环境治理水平
	"散乱污"企业综合整治	开展"散乱污"企业及集群综合整治	2018 年 9 月底前	建立市、县、乡三级联动监管机制和动态清零机制，完成新一轮"散乱污"企业排查工作
			2018 年 10 月底前	完成新发现"散乱污"企业整治，确保"散乱污"企业不会死灰复燃发现一家取缔一家
	工业源污染治理	实施排污许可	2018 年 12 月底前	按照国家、省统一安排完成排污许可证核发任务
		砖瓦行业治理	2018 年 12 月底前	完成 28 家砖瓦企业治理任务
		无组织排放治理	2018 年 9 月底前	完成 22 家重点排放企业物料（含废渣）运输、装卸、储存、转移、输送以及生产工艺过程等粉尘无组织排放的深度治理
		工业园区治理	2018 年 12 月底前	全面完成精细化工园区、黄龙工业园区集中供热改造
能源结构调整	清洁取暖	清洁能源替代散煤	2018 年 10 月底前	城区新增供暖面积为 71 万平方米完成散煤替代 9.6 万户，其中，气代煤 0.18 万户，电代煤 7.82 万户，地热能替代 1.6 万户辖区内全域（不含兰考县）禁止燃用散煤
		强化监管检查	全年	建立工商、公安、交通联合执法体系，杜绝外域散煤入汴，严厉查处隐蔽散煤经销点建立责任追究机制，对发现燃用散煤的，严格问责
				兰考县落实优质煤供应和保障，监督洁净型煤配送中心建立购销台账，禁止销售不符合洁净型煤经营使用地方质量标准的劣质煤
	煤炭消费总量控制	煤炭消费总量削减	2018 年 12 月底前	煤炭消费总量较 2017 年削减 14.4 万吨
	锅炉综合整治	淘汰燃煤锅炉	2018 年 10 月底前	推进 35 蒸吨以下燃煤锅炉淘汰，制定实施方案
			2018 年 9 月底前	兰考县完成 2 台 35 蒸吨燃煤锅炉淘汰工作
		锅炉节能和超低排放改造	2018 年 10 月底前	研究制定生物质锅炉在线监控安装方案
		燃气锅炉低氮改造	2018 年 12 月底前	完成金盛热力等 4 家重点企业 190 蒸吨燃气锅炉低氮燃烧改造，改造标准为氮氧化物浓度不高于 50 毫克/米^3

类别	重点工作	主要任务	完成时限	工 程 措 施
运输结构调整	货物运输方式优化调整	推动铁路货运重点项目建设	2018年12月底前	制定运输结构调整方案，晋开二分公司等大宗物料运输重点企业制定专用铁路建设计划，建成后，由铁路运输替代现有公路运输，新增铁路运输量400万吨/年
	车船结构升级	发展新能源车	2018年12月底前	加大新能源车辆的宣传推广，鼓励新能源车辆的销售开封市建成区全年机动车限号，大力宣传新能源汽车不受限制
			2018年12月底前	电动公交保有总量760辆，比例61.4%制定城市新能源公交更新计划，2019年新增不低于300辆新能源公交车2018年8月起，道路保洁第三方公司新增环卫车辆新能源比例不低于80%；新增邮政、出租、通勤、轻型物流配送车辆中，新能源或清洁能源汽车比例达到80%
			2018年12月底前	铁路货场新增或更换作业车辆逐步采用新能源或清洁能源汽车
			2018年12月底前	在物流园、产业园、工业园、大型商业购物中心、农贸批发市场等物流集散地建设集中式充电桩和快速充电桩165个
		老旧车淘汰	2018年12月底前	推进国三及以下中重型柴油货车、国五及以下采用稀薄燃烧技术或"油改气"老旧燃气车淘汰工作
		老旧船舶淘汰、内河航运船型标准化	2018年12月底前	新增船舶均须实行发动机第一阶段排放标准
			2018年12月底前	淘汰内河航运船舶1艘
	车船燃油品质改善	油品质量升级	全年	巩固2017年车用汽柴油国六标准升级成果，巩固车用柴油、普通柴油、部分船舶用油"三油并轨"
			全年	全年及秋冬季攻坚期间对加油站的销售油品抽查率达到100%；对高速公路、国道和省道沿线加油站（点）销售车用尿素情况的抽查率达到100%
			2018年9月底前	开展打击黑加油站点专项行动
	强化移动源污染防治	新车环保监督管理	长期坚持	新注册登记柴油货车开展检验时，逐车核实环保信息公开情况，查验污染控制装置，开展上线排放检测，确保实现全覆盖
		在用车执法监管	全年	加强高排放柴油车禁行工作，禁行区内禁止未安装尾气处理设施的超标柴油车通行
			全年	开展在用汽车排放检测与强制维护制度（I/M）建设工作
			长期坚持	对初检或日常监督抽测发现的超标车、异地车辆、注册5年以上的营运柴油车进行过程数据、视频图像和检测报告复核
			2018年12月底前	排放检验机构监管全覆盖
			2018年12月底前	在排放检验机构企业官方网站和办事业务大厅建设显示屏，通过高清视频实时公开柴油车排放检验全过程及检验结果，完成1~2家试点

类别	重点工作	主要任务	完成时限	工 程 措 施
运输结构调整	强化移动源污染防治	加强非道路移动机械和船舶污染防治	2018年12月底前	完成非道路移动工程机械摸底调查,视情况修订开封市非道路移动工程机械禁用区范围及管理规定筹备建设非道路移动工程机械管理平台
			2018年12月底前	组织开展非道路移动工程机械禁用区专项执法检查
用地结构调整	扬尘综合治理	建筑扬尘治理	长期坚持	严格落实施工工地"六个百分之百"要求
		施工扬尘管理清单	2018年9月底前	建立各类施工工地扬尘管理清单,并定期动态更新
		施工扬尘监管	2018年9月底前	建筑施工工地全部安装在线监控并联网渣土车全部实施自动密闭改造并联网
		生态廊道建设	2018年11月底前	完成生态廊道建设方案制定,增强黄河滩区防风固沙建设工作;加强滩区道路机扫保洁
		道路扬尘综合整治	全年	城区主次干道机械化清扫率达到100%,县城达到60%
	秸秆综合利用	加强秸秆焚烧管控	全年	建立网格化监管制度,在秋收阶段开展秸秆禁烧专项巡查
		加强秸秆综合利用	全年	秸秆综合利用率达到88%
	控制农业氨排放	种植业	全年	有机肥使用比例由2017年的40%增加到43%(以纯有机肥的面积计算为主)
		畜禽养殖业	全年	畜禽粪污资源化利用率由2017年的60%增加到74%
工业炉窑专项整治	工业炉窑治理	制定实施方案	2018年9月底前	制定工业炉窑综合整治实施方案
		工业炉窑排查	2018年9月底前	开展拉网式排查,建立各类工业炉窑管理清单
		煤气发生炉淘汰	2018年10月底前	完成城市规划区内的7家工业煤气发生炉的拆除或清洁能源改造工作逾期未完成拆改的,依法实施停产整治
VOCs专项整治	重点行业VOCs治理	重点行业VOCs综合治理	2018年10月底前	完成12家企业VOCs治理
		重点行业VOCs治理设施升级改造	2018年12月底前	推进奇瑞汽车喷涂车间VOCs治理设施升级改造,提高VOCs去除效率
	油品储运销	油品储运销综合整治	长期坚持	巩固加油站、储油库、油罐车油气回收治理成果
		安装油气回收在线监测	2018年12月底前	3个加油站安装油气回收在线监测设备
	专项执法	VOCs专项执法	长期坚持	组织开展VOCs专项执法检查,严厉打击违法排污行为
重污染天气应对	错峰生产	重点行业错峰生产	2018年10月15日前	制定建材、铸造、有色、化工等行业错峰生产方案
	修订完善应急预案及减排清单	完善预警分级标准体系	2018年9月底前	统一应急预警标准,实施区域应急联动
		夯实应急减排措施	2018年9月底前	完成应急预案减排措施清单编制

类别	重点工作	主要任务	完成时限	工　程　措　施
能力建设	完善环境监测监控网络	环境空气质量监测网络建设	2018年12月底前	增设乡镇环境空气质量自动监测站点64个
		重点污染源自动监控体系建设	2018年10月底前	完成综合整治的砖瓦窑企业全部加装烟气排放自动监控设施
		遥感监测系统平台建设	2018年10月底前	安装12套固定式、3套移动式遥感设备，建成机动车遥感监测系统国家、省、市三级联网平台，并稳定传输数据
		定期排放检验机构三级联网	全年	确保机动车排放检验监控平台监控数据实时、稳定传输
	源排放清单编制	编制大气污染源排放清单	2018年9月底前	完成2017年大气污染源排放清单动态更新

河南省安阳市2018—2019年秋冬季大气污染综合治理攻坚行动方案

类别	重点工作	主要任务	完成时限	工　程　措　施
产业结构调整	优化产业布局	"三线一单"编制	2018年12月底前	按要求开展生态保护红线、环境质量底线、资源利用上线、环境准入清单编制工作
		建成区重污染企业搬迁	2018年12月底前	制定市区涉气污染企业搬迁计划，重点推动安彩高科玻璃炉窑、灵锐热电2个项目加快搬迁滑县永达化工厂关闭退出，2018年底厂区生产装置全部拆除
		化工园区整治	2018年12月底前	加大铜冶煤化工园区、彰武化工园区2个园区环境综合整治力度，提升园区环境管理水平
	"两高"行业产能控制	压减钢铁产能	2018年12月底前	制定安阳市钢铁行业转型升级规划
		压减焦炭产能	2018年12月底前	按照国家、省制定的区域产业布局要求，研究安阳市"以钢定焦"具体措施
		压减其他行业产能	2018年12月底前	推动实施林州市铸造、殷都区和龙安区铁合金等行业产能优化整合，搬迁入园
	"散乱污"企业综合整治	开展"散乱污"企业及集群综合整治	2018年10月底前	建立"散乱污"动态清零机制9月底前完成新一轮排查，10月底完成新发现"散乱污"企业整治
	工业源污染治理	实施排污许可	2018年12月底前	按照国家、省统一安排完成排污许可证核发任务
		钢铁超低排放	2019年4月底前	开展钢铁行业深度治理，加快推进全市钢铁企业超低排放提标改造
		焦化行业深度治理	2018年8月底前	完成6家焦化深度治理改造，安钢集团制定焦炉加罩密闭改造和废气全收集净化处理系统改造计划，启动1～2台焦炉改造试点前期工作
		化工行业深度治理	2018年10月底前	滑县完成开仓化工、盈德气体2家化工企业深度治理
		砖瓦行业深度治理	2018年9月底前	对89家砖瓦行业进行停产治理，稳定达标的允许生产滑县完成贺祥建材和龙村建材2家企业脱硫、脱硝和除尘改造

类别	重点工作	主要任务	完成时限	工　程　措　施
产业结构调整	工业源污染治理	陶瓷行业深度治理	2019 年 4 月底前	完成 9 家陶瓷企业烟气深度治理改造
		其他行业深度治理	2018 年 9 月底前	完成 1 家电解铝、2 家铅冶炼企业提标改造，达到特别排放限值要求
		无组织排放治理	2018 年 8 月底前	1 家钢铁企业（安钢集团第二原料场封闭改造），15 家建材企业，1 家火电企业（大唐安阳），1 家焦化企业（林州新达焦化焦炭场密闭），1 家有色金属企业（林丰铝电电解烟气），11 台锅炉企业完成物料（含废渣）运输、装卸、储存、转移、输送以及生产工艺过程等无组织排放深度治理滑县完成盈德气体、中盈化肥 2 家企业物料（含废渣）运输、装卸、储存、转移、输送以及生产工艺过程等无组织排放深度治理
能源结构调整	清洁取暖	清洁能源替代散煤	2018 年 10 月底前	新增集中供热 105 万平方米完成散煤替代 10.5 万户，其中，气代煤 0.4 万户、电代煤 9.6 万户、地热能替代 0.5 万户
		洁净煤替代散煤	2018 年 10 月底前	暂不具备清洁能源替代条件的地区推广洁净煤替代散煤，替代 43.82 万户（其中滑县完成 23.82 万户）
		煤质监管	全年	严厉打击劣质煤销售使用，市工商局牵头，会同公安、城管、交通运输、质检、环保等部门联合执法，严禁违法运输销售使用散煤和不合格型煤
能源结构调整	锅炉综合整治	淘汰燃煤锅炉	2018 年 12 月底前	市区规划区内完成 2 台 35 蒸吨以下燃煤锅炉淘汰工作
		锅炉节能和超低排放改造	2018 年 8 月底前	完成安化集团 7 台燃煤锅炉超低排放改造
		燃气锅炉低氮改造	2018 年 12 月底前	完成 20 台 10 蒸吨及以上燃气锅炉低氮改造
运输结构调整	货物运输方式优化调整	铁路货运比例提升	2018 年 12 月底前	安李铁路线满负荷运作，提升货运量
			2019 年 4 月底前	研究安阳市运输结构调整方案，积极谋划林州红旗渠经济开发区、水冶镇、铜冶镇、内黄陶瓷园区等重点区域铁路运输建设计划，协调铁路管理部门支持安钢集团、大唐安阳电厂、安化集团、安彩高科等现有铁路专用线的企业提升铁路货运比例
		推动铁路货运重点项目建设	2018 年 12 月底前	加快安西联络线土地组卷报批工作，本年度力争开工建设；年内启动安西物流园项目前期工作
		大力发展多式联运	2018 年 12 月底前	建设 1 个多式联运示范工程项目
			2018 年 12 月底前	制定安阳市绿色货运配送示范工程实施方案
	车船结构升级	发展新能源车	2018 年 12 月底前	全年销售新能源车 1 200 辆（含滑县 200 辆）以上
			2018 年 12 月底前	新增和更新 300 辆城市公交、5 辆环卫、706 辆出租更换为新能源车推动邮政、通勤、轻型物流配送车等新能源化安钢集团开展纯电动重卡试点滑县新增和更新 80 辆城市公交、13 辆环卫新能源车

类别	重点工作	主要任务	完成时限	工　程　措　施
运输结构调整	车船结构升级	发展新能源车	2018年12月底前	电动公交保有总量1622辆，比例达到75%，滑县电动公交保有总量330辆，比例达到94%
			2018年12月底前	建设7个物流集散地集中式充电桩和532个快速充电桩滑县完成建设集中式充电桩或快速充电桩建设方案
		老旧车淘汰	2019年4月底前	淘汰老旧车4000台，其中国三及以下营运中重型柴油货车707辆（其中滑县完成淘汰国三及以下营运中重型柴油货车56辆）
			2018年12月底前	对采用稀薄燃烧技术和"油改气"的老旧燃气车辆进行摸底排查，建立清单，制定淘汰方案，从出租车、重点企业货运车入手分步推进
	车船燃油品质改善	油品质量升级	长期坚持	全面供应符合国六标准车用汽柴油，停止销售低于国六标准的汽柴油
		加强车用汽柴油质量监管	长期坚持	对储存、销售的车用汽柴油进行质量监督抽检，抽检覆盖率达到100%，对不合格油品依法进行后处理，对抽检结果进行通报
			长期坚持	开展打击黑加油站点专项行动全面取缔黑加油站点
		加强车用尿素质量监管	长期坚持	市内高速公路、国省公路沿线加油站点持续全面销售符合产品质量要求的车用尿素，每月抽检率不低于10%，保证柴油车辆尾气处理系统的尿素质量达标
	强化移动源污染防治	新车环保监督管理	长期坚持	新注册登记柴油货车开展检验时，逐车核实环保信息公开情况，查验污染控制装置，开展上线排放检测，确保实现全覆盖
			长期坚持	全市禁止销售和注册登记国家第五阶段标准（不含）以下的轻型柴油车
		老旧车治理和改造	2019年4月底前	制定柴油车安装污染控制装置并配备实时排放监控终端联网试点工作方案，开展试点工作
			2018年12月底前	更换300辆出租车三元催化装置
		在用车执法监管	长期坚持	对初检或日常监督抽测发现的超标柴油车、异地车辆、注册5年以上的营运柴油车进行过程数据、视频图像和检测报告复核
运输结构调整	强化移动源污染防治	在用车执法监管	2018年12月底前	排放检验机构监管全覆盖
			2018年12月底前	在排放检验机构企业官方网站和办事业务大厅建设显示屏，通过高清视频实时公开柴油车排放检验全过程及检验结果，完成1~2家试点
			2019年4月底前	开展在用汽车排放检测与强制维护制度（I/M）建设工作
			长期坚持	围绕货车通行主要道路、物流货运通道等，按照"环保取证、交管部门处罚"的工作机制，开展常态化联合执法检查，对超标排放的违法车辆，经环保部门检测后，对尾气排放超标车辆依法实施处罚

类别	重点工作	主要任务	完成时限	工 程 措 施
运输结构调整	强化移动源污染防治	加强非道路移动机械污染防治	2018年12月底前	划定并公布禁止使用高排放非道路移动机械的区域，禁止使用冒黑烟和超标排放非道路移动机械，严格组织落实；对违法行为依法严处，每月抽查率达到20%，攻坚行动期间实现全覆盖
			长期坚持	开展摸底调查和编码登记；建立分行业非道路移动机械使用监管机制，实施长效监管；坚决禁止不达标工程机械入场作业
			长期坚持	以施工工地为重点，推进柴油施工机械和作业机械清洁化
			长期坚持	重污染天气预警期间，除涉及安全生产及应急抢险任务外，停止使用非道路移动机械
用地结构调整	矿山综合整治	强化露天矿山综合治理	2018年10月底前	制定专项整治方案，开展生态修复；对违法矿山依法查处、停产整治
	扬尘综合治理	建筑扬尘治理	长期坚持	严格落实施工工地"六个百分之百"要求
		施工扬尘管理清单	2018年8月底前	建立各类施工工地扬尘管理清单，并定期动态更新
		施工扬尘监管	2018年10月底前	市区建筑工地及200米以上市政工地、公路项目、交通项目、新中型规模以上水利枢纽工程安装在线监测和视频监控，并与行业主管部门联网
	扬尘综合治理	道路扬尘综合整治	2018年12月底前	城市主要道路机械化清扫率达到100%
			长期坚持	持续实施道路扫保"以克论净"考核，定期对城乡结合部、背街小巷等区域进行重点清扫
			长期坚持	按照9吨/月·平方千米进行降尘量考核
			长期坚持	全面清洗公共设施、交通护栏、绿化隔离带等部位积尘浮尘
			长期坚持	加强国省公路、县乡公路破损路面排查修复；加强国省道机扫保洁对市区外环线以及与外环线相连的道路，重点区域周边主要国省干线公路实施机械化洒水精扫精细化作业，保持路面平整、干净、潮湿、不起尘
			长期坚持	严查渣土车扬尘污染，对未密闭的给予上限处罚、停业整顿
	秸秆综合利用	秸秆焚烧管控	全年	建立网格化监管制度，在秋收阶段开展秸秆禁烧专项巡查
		秸秆综合利用	全年	秸秆综合利用率90%
	控制农业氨排放	种植业	长期坚持	减少化肥农药使用量，增加有机肥使用量，实现化肥农药使用量负增长
		畜禽养殖业	长期坚持	强化畜禽粪污资源化利用，改进养殖场通风环境，提高畜禽粪污综合利用率

类别	重点工作	主要任务	完成时限	工 程 措 施
工业炉窑专项整治	工业炉窑治理	制定实施方案	2018年10月底前	开展拉网式排查，建立各类工业炉窑管理清单，制定工业炉窑综合整治实施方案
		工业炉窑治理	2018年12月底前	加大工业炉窑治理力度，已有行业排放标准的确保稳定达标排放；暂未制定行业排放标准的其他工业炉窑，按照颗粒物、二氧化硫、氮氧化物排放限值分别不高于30毫克/米³、200毫克/米³、300毫克/米³执行自2019年1月1日起不达标的，停产治理对完成深度治理、符合安阳市超低排放标准的，实行绿色调度政策支持
		煤气发生炉淘汰	2018年12月底前	林州市淘汰6家9台直径3米煤气发生炉；内黄县淘汰3台直径3米煤气发生炉
		天然气替代煤气发生炉	2018年12月底前	内黄县编制陶瓷园区建设清洁煤制气中心或天然气改造方案，并尽快组织实施禁止掺烧石油焦
		工业炉窑改造	2018年12月底前	安化集团制定改造方案，推进落实固定床间歇式煤气化炉整改
VOCs专项整治	重点行业VOCs治理	重点行业VOCs综合治理	2018年12月底前	完成10家化工企业、8家农药、1家橡胶制品、1家制药企业、滑县7家农药企业VOCs治理任务
		重点行业VOCs治理设施升级改造	2018年10月底前	16家工业涂装企业、2家包装印刷企业已有VOCs治理设施进行升级改造，提高VOCs去除效率
		强化VOCs无组织排放管控	2018年12月底前	加快推进VOCs无组织排放过程控制、化工行业LDAR工作、储存和装卸过程逸散排放控制、废水废液和废渣系统逸散排放控制等治理措施
	油品储运销	严格油气回收装置监管	2018年10月	全市加油站、油库、油罐车完成油气回收工作积极推进储油库和加油站安装油气回收自动监测设备
	专项执法	VOCs专项执法	长期坚持	严厉打击违法排污行为
重污染天气应对	错峰生产	重点行业错峰生产	2018年9月底前	制定钢铁、建材、焦化、铸造、有色、化工、铁合金等行业错峰生产方案，结合国家、省统一部署和企业"一厂一策"超低排放深度治理实际绩效，逐个企业确定错峰生产措施
	修订完善应急预案及减排清单	完善预警分级标准体系	2018年9月底前	修订完善重污染天气应急预案；在严格落实国家、省区域联动基础上，主动与周边地市开展联防联控
		夯实应急减排措施	2018年9月底前	组织全市所有涉气企业，一企一策逐个工段、设备明确不同预警级别管控减排措施，编制应急预案减排措施清单
能力建设	监测能力建设	重点污染源自动监控体系建设	2018年9月底前	新增烟气排放自动监控设施13套
		遥感监测系统平台建设	2018年10月底前	建成14套固定式（其中滑县4套）、2台移动式遥感监测设备，建成遥感监测系统平台，建成机动车遥感监测系统国家、省、市三级联网平台，并稳定传输数据
		定期排放检验机构三级联网	2018年10月底前	机动车排放检验机构实现国家—省—市三级联网，确保监控数据实时、稳定传输

类别	重点工作	主要任务	完成时限	工 程 措 施
能力建设	监测能力建设	工程机械排放监控平台建设	2018 年 12 月底前	启动开展工程机械安装实时定位和排放监控装置
		重型柴油车车载诊断系统远程监控系统建设	2018 年 12 月底前	启动开展重型柴油车车载诊断系统远程监控
	源排放清单编制	编制大气污染源排放清单	2018 年 9 月底前	完成 2017 年大气污染源排放清单动态更新

河南省鹤壁市 2018—2019 年秋冬季大气污染综合治理攻坚行动方案

类别	重点工作	主要任务	完成时限	工 程 措 施
产业结构调整	优化产业布局	"三线一单"编制	2018 年 9 月底前	启动生态保护红线、环境质量底线、资源利用上线、环境准入清单编制
	"两高"行业产能控制	过剩产能淘汰	2018 年 11 月底前	关闭退出鹤壁煤业（集团）有限责任公司五环分公司矿井 1 对，核定产能 36 万吨
	"散乱污"企业综合整治	整治"散乱污"企业	2018 年 10 月底前	建立"散乱污"动态清零机制 9 月底前完成新一轮排查，10 月底前完成新发现"散乱污"企业的整治继续保持严查严打态势，发现一处整治一处
	工业源污染治理	实施排污许可	2018 年 12 月底前	按照国家、省统一安排完成排污许可证核发任务
		砖瓦行业深度治理	2018 年 10 月底前	完成 12 家年产 10.5 亿块砖瓦企业深度治理
		铸造行业深度治理	2018 年 10 月底前	完成鹤壁鑫镕铸业有限责任公司除尘改造
		水泥行业超低排放试点	2018 年 10 月底前	力争完成河南省同力水泥有限公司、河南省豫鹤同力水泥有限公司 2 家水泥熟料企业超低排放改造试点
		特别排放限值治理	2018 年 9 月底前	完成 6 家无机化、4 家合成树脂、1 家硫酸、1 家铁合金等共计 12 家企业特别排放限值改造治理
		无组织排放治理	2018 年 9 月底前	完成 3 家火电、82 家建材、6 家锅炉等企业物料运输和生产工艺环节的无组织排放治理工作
			2018 年 10 月底前	完成 3 家火电、82 家建材、6 家锅炉等企业料场堆场无组织排放整治工作
	清洁取暖	推进集中供热	2018 年 11 月 15 日前	市区建成区新建改造供热管网 9 千米，新建改造热力站 7 座，新增供暖面积 99 万平方米
		清洁能源替代散煤	2018 年 10 月底前	完成散煤替代 7.7 万户，其中电代煤 7 万户、地热能替代 0.5 万户、其他清洁能源替代 0.2 万户；完成集中供热替代 99 万平方米
		洁净煤替代散煤	2018 年 10 月底前	暂不具备清洁能源替代条件地区实现洁净煤替代散煤全覆盖
		加强燃煤监管	全年	工商部门牵头，会同公安、城管、交通运输、质监、环保等部门联合执法，严禁违法运输、销售、使用散煤；冬季采暖期间，每月开展一次专项检查，依法严厉打击生产销售不合格清洁型煤行为；质监、环保部门联合对企业燃用煤开展煤质抽测

类别	重点工作	主要任务	完成时限	工程措施
强化移动源污染防治	煤炭消费总量控制	煤炭消费总量控制	全年	2018 年煤炭消费总量控制在 698 万吨以内
		严格控制新增煤炭消费	全年	落实《河南省耗煤项目煤炭消费替代管理（暂行）办法》，规范耗煤项目煤炭消费等量或减量替代，从源头控制新建高耗煤项目
	锅炉综合整治	淘汰燃煤锅炉	2018 年 12 月底前	行政区域内基本完成 35 蒸吨以下燃煤锅炉淘汰工作淘汰河南殷都化工有限公司、鹤壁市瑞州纸业有限公司、河南鹤淇建民食品有限公司、鹤壁洁联新材料科技有限公司各 1 台 15 蒸吨，燃煤锅炉共计 4 台 60 蒸吨
		燃气锅炉低氮改造	2018 年 12 月底前	力争完成 14 台共计 100 蒸吨燃气锅炉低氮改造
运输结构调整	货物运输方式优化调整	铁路货运比例提升	2018 年 12 月底前	出台鹤壁市运输结构调整方案，重点围绕鹤壁煤炭产业园区、鹤煤集团所属矿井和火电、水泥以及其他货物运输量较大的重点行业企业制定措施，提高铁路货运比例
			2018 年 12 月底前	建设鹤壁时丰站与日瓦铁路线相连接的铁路专用线，建设从产业园区到丰鹤电厂、鹤淇电厂的全封闭管状皮带机运输机，力争年底前完成建设
		大力发展多式联运	2018 年 12 月底前	推进河南煤炭储配交易中心鹤壁煤炭产业园区多式联运型和干支衔接型货运枢纽（物流园区）示范项目建设，实现煤炭运输以铁路和管带机为主、公路运输为辅的运输方式
	车船结构升级	发展新能源车	2018 年 12 月底前	新增和更新城市公交车辆 200 辆，更新占比达到 100%；出租车更新清洁能源 108 辆，更新占比达到 100%；推进城市公交、环卫、邮政、出租、通勤、轻型物流配送车辆；新能源或清洁能源汽车
			2018 年 12 月底前	电动公交保有总量 510 辆，占比达到 50%环卫新能源车总保有量达到 30 辆，占比达到 7.8%
			2018 年 12 月底前	力争新建充电站 1 座、充电桩不少于 120 个
		老旧车淘汰	2018 年 12 月底前	推进国三及以下中重型柴油货车、国五及以下采用稀薄燃烧技术或"油改气"老旧燃气车淘汰工作
	车船燃油品质改善	油品质量升级	全年	全面保障国六标准的车用汽柴油供应，实现车用柴油、普通柴油、部分船舶用油"三油并轨"
			2018 年 12 月底前	完成成品油抽检 150 批次以上
			2018 年 9 月底前	开展打击黑加油站点专项行动
			攻坚行动期间	秋冬季攻坚期间工商、商务等部门抽检油库、加油站比例不低于全市在营加油站的 30%质监部门每月抽检中石化鹤壁油库乙醇汽油调配站 1 次
			长期坚持	新注册登记柴油货车开展检验时，逐车核实环保信息公开情况，查验污染控制装置，开展上线排放检测，确保实现全覆盖

类别	重点工作	主要任务	完成时限	工　程　措　施
运输结构调整	车船燃油品质改善	在用车执法监管	2018年12月底前	更换80辆出租车三元催化装置
			全年	全市设置固定检查检测站点3处，设置流动检查检测工作组1个，以重型柴油车监管为重点，公安、环保、交通运输、商务及相关单位人员开展重型车排放联合检查检测
			长期坚持	对初检或日常监督抽测发现的超标车、异地车辆、注册5年以上的营运柴油车进行过程数据、视频图像和检测报告复核
			2018年12月底前	质监部门会同环保部门检查排放检验机构11家，实现监管全覆盖
			长期坚持	加强机动车排放检验机构监管，完善监管平台，创新监管方法，严厉打击未按规范进行排放检测和弄虚作假等违法行为
			2018年12月底前	在排放检验机构企业官方网站和办事业务大厅建设显示屏，通过高清视频实时公开柴油车排放检验全过程及检验结果，完成1~2家试点
			全年	对于需要进行环保检测的机动车检车时，市交警支队车管所监控中心对于环保检测信息不达标的，不予审核通过
			全年	对达到报废标准的机动车，督促机动车所有人及时办理车辆报废手续对于连续3个检验周期未检验的机动车，经公告仍未办理注销登记的，采取强制报废
			2018年12月底前	开展在用汽车排放检测与强制维护制度（I/M）建设工作
		加强非道路移动机械和船舶污染防治	2018年12月底前	完成非道路移动机械摸底调查，加强高排放非道路移动机械禁用区内工程机械执法监管，按照上级安排部署推进建设工程机械排放监控平台
用地结构调整	矿山综合整治	强化露天矿山综合治理	2018年10月底前	对污染治理不规范的露天矿山，依法责令停产整治
	扬尘综合治理	建筑扬尘治理	长期坚持	严格落实施工工地"六个百分之百"要求
		施工扬尘管理清单	2018年9月底前	建立各类施工工地扬尘管理清单，并定期动态更新
		施工扬尘监管	2018年10月底前	5000平方米以上建筑工地全部安装在线监测和视频监控，并与当地行业主管部门联网
		道路扬尘综合整治	2018年12月底前	城市道路机械化清扫率达到100%，县城达到100%
用地结构调整	秸秆综合利用	加强秸秆焚烧管控	全年	建立网格化监管制度，在秋收阶段开展秸秆禁烧专项巡查
		加强秸秆综合利用	全年	秸秆综合利用率达到95%
	控制农业氨排放	种植业	全年	减少化肥农药使用量，增加有机肥使用量，实现化肥农药使用量负增长
		畜禽养殖业	全年	畜禽粪污资源化利用达到70%

类别	重点工作	主要任务	完成时限	工 程 措 施
工业炉窑专项整治	工业炉窑治理	制定实施方案	2018年9月底前	制定工业炉窑综合整治实施方案
		工业炉窑排查	2018年10月底前	开展拉网式排查，建立各类工业炉窑管理清单
		煤气发生炉淘汰	2018年10月底前	淘汰河南瑞兴堡建材有限公司1台、鹤壁市山城区工业陶瓷厂1台，共计2台煤气发生炉
VOCs专项整治	重点行业VOCs治理	重点行业VOCs综合治理	2018年9月底前	完成4家化工企业、5家橡胶制品企业、4家农药企业的VOCs治理
	油品储运销	油品储运销综合整治	2018年9月底前	全面完成在营加油站、储油库、油罐车油气回收治理
	专项执法	VOCs专项执法	长期坚持	严厉打击违法排污行为
重污染天气应对	错峰生产	重点行业错峰生产	2018年10月15日前	按照国家、省统一安排部署制定建材、铸造、化工等行业错峰生产方案
	修订完善应急预案及减排清单	完善预警分级标准体系	2018年9月底前	统一应急预警标准，实施区域应急联动
		夯实应急减排措施	2018年9月底前	完成应急预案减排措施清单编制
能力建设	完善环境监测监控网络	降尘量监测点位布设	2018年12月底前	布设鹤壁集乡政府、市监测站、迎宾馆、浚县环保局和淇县中医院等降尘量监测点位5个
		环境空气VOCs监测	2018年12月底前	建成环境空气VOCs手工监测点位1个（市环保局点位）
		重点污染源自动监控体系建设	全年	推进姬家山化工园区VOCs在线监控试点工作确保14家高架源企业的23套烟气排放自动监控设施正常稳定运行
		遥感监测系统平台建设	2018年10月底前	计划完成"10+2"机动车尾气遥感监测设备及系统平台，建成机动车遥感监测系统国家、省、市三级联网平台，并稳定传输数据
		定期排放检验机构三级联网	2018年10月底前	机动车排放检验机构实现国家—省—市三级联网，确保监控数据实时、稳定传输
	源排放清单编制	编制大气污染源排放清单	2018年9月底前	完成2017年大气污染源排放清单编制
	颗粒物来源解析	开展PM$_{2.5}$来源解析	2018年7月底前	完成2017年城市大气污染颗粒物源解析

河南省新乡市2018—2019年秋冬季大气污染综合治理攻坚行动方案

类别	重点工作	主要任务	完成时限	工 程 措 施
产业结构调整	优化产业布局	"三线一单"编制	2018年9月底前	启动生态保护红线、环境质量底线、资源利用上线、环境准入清单编制
		化工企业搬迁改造	2018年10月底前	启动河南晋开集团延化化工有限公司、新乡市玉源化工有限公司、新乡县新煜化工有限公司、河南省昊利达化工有限公司、新乡制药股份有限公司、河南心连心化肥有限公司（老厂）共6家化工企业异地迁建
		化工园区整治	2018年12月底前	制定新乡市化工园区整治方案，明确化工园区整合提升改造任务，全面禁止新增化工园区
	"两高"行业产能控制	压减砖瓦窑行业产能	2018年12月底前	完成获嘉县东关窑场、获嘉县大洛轵窑场和新乡县朝阳新型建材有限公司3家企业的关闭退出
		压减化工行业产能	2018年10月底前	启动新乡神马正华化工有限公司、新乡磷化钾肥有限公司、新乡喜缔染化有限公司、新乡市盛威生物有限公司4家化工企业关闭退出
	"散乱污"企业综合整治	开展"散乱污"企业及集群综合整治	2018年10月底前	建立"散乱污"动态清零机制9月底前完成新一轮排查，10月底前完成新发现"散乱污"企业的整治继续保持严查严打态势，发现一处整治一处
			长期坚持	持续巩固整治成果，建立"散乱污"企业动态排查机制，对已整治的"散乱污"企业开展回头看，坚决杜绝死灰复燃，虚假整改；充分发挥市县乡三级网格监管体系作用，对反弹的"散乱污"工业企业，发现一起取缔一起
	工业源污染治理	实施排污许可	2018年12月底前	按照国家、省统一安排完成排污许可证核发任务
		水泥行业超低排放	2018年10月底前	推进水泥熟料企业超低排放改造
		炭素行业超低排放	2018年10月底前	完成4家炭素企业超低排放改造
		铸造行业深度治理	2018年10月底前	推进铸造企业煤炉改电炉或天然气炉，并稳定达到《工业炉窑大气污染物排放标准》（DB/1066—2015）
		化工企业深度治理	2018年9月底前	完成22家化工企业特别排放限值改造
		有色再生企业深度治理	2018年9月底前	完成6家有色再生企业特别排放限值改造
		砖瓦窑深度治理	2018年9月底前	对54家砖瓦窑企业进行停产治理，稳定达标的允许生产
		无组织排放治理	2018年10月底前	3家火电企业（国家电投集团新乡豫新发电有限责任公司、华电渠东发电有限公司、华电新乡发电有限公司），1家化工企业（新乡白鹭投资集团有限公司），1家建材企业（获嘉县前进新型建材厂）完成物料（含废渣）运输、装卸、储存、转移、输送以及生产工艺过程等无组织排放的深度治理，未按时要求完成无组织排放改造治理的企业，依法予以处罚，实施停产整治
		工业园区治理	2018年12月底前	完成对牧野区民营汽车工业园区喷涂工艺调研，推进集中喷涂工程中心建设

类别	重点工作	主要任务	完成时限	工 程 措 施
能源结构调整	清洁取暖	清洁能源替代散煤	2018年10月底前	完成散煤替代14万户，其中，气代煤0.35万户、电代煤12.65万户、地热替代1万户；完成集中供热替代94万平方米城市建成区集中供热普及率达到80%以上，各县（市）和凤泉区、经开区、平原示范区集中供热普及率平均达45%以上
			2018年12月底前	城市建成区集中供热普及率达到95%以上，地热供暖面积力争达到90万平方米
		洁净煤替代散煤	2018年10月底前	各县（市、区）政府和管委会组织乡镇和村委、社区工作人员在9—10月深入到居民家中逐户进行询问统计洁净型煤需求数量，并将统计结果报送至工信部门，按照"以需定产"的原则，指导洁净型煤生产加工中心科学组织生产加工
		煤质监管	全年	组织开展市、县（市、区）、乡镇（街道）、村（社区）四级秋冬季燃煤散烧治理专项检查行动质监、工商部门以洁净型煤生产、销售环节为重点，定期开展检查；在采暖期间，每月组织开展洁净型煤质专项检查，依法严厉打击销售不合格清洁型煤行为
	煤炭消费总量控制	煤炭消费总量削减	2018年12月底前	煤炭消费总量较2017年削减37万吨（其中长垣县煤炭消费总量较2017年削减2.5万吨）
	锅炉综合整治	淘汰燃煤锅炉	2018年9月底前	行政区域内基本完成35蒸吨以下燃煤锅炉淘汰工作，淘汰规划区范围内35蒸吨以下燃煤锅炉4台70蒸吨
运输结构调整	货物运输方式优化调整	铁路货运比例提升	2018年12月底前	加大电厂采暖期大宗物料铁路货运比例，力争铁路货运量比2017年增长5%
			2018年12月底前	结合新乡实际出台运输结构调整方案
		推动铁路货运重点项目建设	长期坚持	整合龙泉村车站心连心化肥厂专用线、新乡市地建煤专用线（集装箱发送）、塔铺专用铁路（中亚集装箱班列）以及渠东电厂（煤炭到达）、豫新电厂（煤炭到达）专用线，逐年提高铁路货运比例
		大力发展多式联运	全年	推动新乡货运东站（二期）项目、西工区西部公铁物流园、河南现代公铁物流园区建设
			2018年12月底前	新能源汽车销量达到1 000辆（其中长垣县销售新能源车达到734辆）
	调整道路运输路线	107国道东移	全年	加快国道107东移改线工程进度
	车船结构升级	发展新能源车	2018年12月底前	全市新增及更换的公交车中新能源公交车比重应不低于60%，党政机关及公共机构购买的新能源汽车占当年配备更新总量的比例不低于30%（长垣县新增和更新30辆城市公交新能源或清洁能源汽车），积极推行出租车、环卫、邮政、通勤车辆新能源化
			2018年12月底前	力争新增130辆电动公交车（其中长垣县完成电动公交保有总量140辆，比例73.3%）
			2018年12月底前	争取在物流园、产业园、工业园、大型商业购物中心、农贸批发市场等物流集散地建设集中式充电桩和快速充电桩200个（其中长垣县建设集中式充电桩和快速充电桩113个）

类别	重点工作	主要任务	完成时限	工程措施
运输结构调整	车船结构升级	老旧车淘汰	2018年12月底前	制定国三及以下营运重型柴油货车逐年淘汰方案老旧车淘汰1000辆,其中国三及以下运营重型柴油货车300辆(其中长垣县淘汰老旧车180辆,其中国三及以下营运中重型柴油货车20辆)
			2018年12月底前	结合电动车推广,推进淘汰采用稀薄燃烧技术和"油改气"的老旧燃气车辆
	车船燃油品质改善	油品质量升级	2018年7月1日起	全面供应符合国六标准的车用汽柴油,停止销售低于国六标准的汽柴油
			全年	全年严格执行《新乡市2018年油品质量抽检检查实施方案》,持续开展专项检查,按月报送报表,每季度报送总结对储油库、加油站和企业自备油库的每月抽检率不低于20%,年内实现民营加油站点油品抽检全覆盖市内高速公路、国省公路沿线加油站点持续全面销售符合产品质量要求的车用尿素,每月抽检率不低于10%,保证柴油车辆尾气处理系统的尿素用量需求和质量要求(其中长垣县全年及秋冬季攻坚期间对加油(气)站和企业自备油库的抽查频次达到10次;对高速公路、国道和省道沿线加油站(点)销售车用尿素情况的抽查频次达到10次)
			2018年9月底前	开展打击黑加油站点专项行动严厉打击黑加油站点,重点依法查处流动加油车售油违法违规行为
	强化移动源污染防治	新车环保监督管理	长期坚持	新注册登记柴油货车开展检验时,逐车核实环保信息公开情况,查验污染控制装置,开展上线排放检测,确保实现全覆盖
		老旧车治理和改造	全年	推进柴油车安装污染控制装置并配备实时排放监控终端,并与有关部门联网工作
		在用车执法监管	2018年12月底前	对当地30家机动车排放检验机构实现全覆盖检查,实现监管全覆盖
			2018年12月底前	开展在用汽车排放检测与强制维护制度(I/M)建设工作
			长期坚持	对初检或日常监督抽测发现的超标车、异地车辆、注册5年以上的营运柴油车进行过程数据、视频图像和检测报告复核
			2018年12月底前	在排放检验机构企业官方网站和办事业务大厅建设显示屏,通过高清视频实时公开柴油车排放检验全过程及检验结果,完成1~2家试点
		加强非道路移动机械污染防治	2018年12月底前	完善制定《新乡市非道路移动机械污染整治行动工作方案》,完成非道路移动机械摸底调查推进非道路移动机械低排放控制区划定方案制定

类别	重点工作	主要任务	完成时限	工 程 措 施
用地结构调整	矿山综合整治	强化露天矿山综合治理	2018 年 9 月底前	由公安部门牵头，市国土、环保、安检等部门配合，结合扫黑除恶专项行动，深入开展为期三个月的打击违法采矿行为专项行动，形成高压态势
			2018 年 10 月底前	由公安部门牵头，市国土、环保、安检等部门配合对持证矿山进行联合检查，对环保、安全监管、生态修复不达标的，一律关停对没有采矿证的碎石企业，骨料加工生产企业，一律取缔对粗放开采、污染严重企业，一律予以处罚对超层越界开采企业，一律顶格处罚严格设置全面永久性禁采区域，采矿权已到期的，立即关闭退出，采矿权即将到期的，不再办理延期手续，按照采矿权到期时间关闭退出，2019 年年底前仍未到期的，按照政策性关闭政策，估计剩余可采储量退还相应价款，全面关闭退出
	扬尘综合治理	建筑扬尘治理	长期坚持	严格落实施工工地"六个百分之百"要求
		垃圾清运车	2018 年 12 月底前	建筑垃圾清运车辆全部实现自动化密闭运输，统一安装卫星定位装置，并与主管部门联网
		施工扬尘管理清单	2018 年 9 月底前	建立各类施工工地扬尘管理清单，并定期动态更新
		施工扬尘监管	长期坚持	建成区所有建筑工地安装在线监测和视频监控，并与当地行业主管部门联网
		道路扬尘综合整治	长期坚持	按照道路扬尘清扫标准，细化结冰期和非结冰期道路清扫方案，重点加强对绕城国省高速公路、国省干线公路的扬尘清扫清洗力度，绕城区国省高速公路每两日至少清扫 1 次，绕城区国省干线公路每日至少清扫 1~2 次，市区主次干道机械化清扫率达到 100%，县城主次干道机械化清扫率达到 100%
	秸秆综合利用	加强秸秆焚烧管控	全年	强化基层行政村和村民组秸秆、农作物废弃物禁烧联防联控责任，加强卫星遥感、"蓝天卫士"系统及无人机等应用，努力实现全市夏秋卫星"零火点"目标实施秋收阶段秸秆焚烧专项巡查
		加强秸秆综合利用	2018 年 12 月底前	全市秸秆综合利用率平均达到 88% 以上（其中长垣县秸秆综合利用率达 95%）
	控制农业氨排放	种植业	全年	减少化肥农药使用量，增加有机肥使用量，实现化肥农药使用量负增长（其中长垣县有机肥使用比例由 2017 年的 1.67% 增加到 1.94%）
		畜禽养殖业	2018 年 12 月底前	畜禽粪污资源化利用率由 2017 年的 65% 增加到 72%（其中长垣县畜禽粪污资源化利用率由 2017 年的 66% 增加到 68%）
工业炉窑专项整治	工业炉窑治理	工业炉窑排查	2018 年 8 月底前	开展拉网式排查，建立各类工业炉窑管理清单
		制定实施方案	2018 年 9 月底前	制定新乡市工业炉窑专项检查实施方案，对已完成治理的陶瓷、耐材等工业炉窑开展检查，确保其稳定达标排放
		煤气发生炉淘汰	2018 年 9 月底前	完成城市建成区内 5 台工业煤气发生炉的拆除或清洁能源改造工作，逾期未完成拆改的，依法实施停产整治

类别	重点工作	主要任务	完成时限	工程措施
VOCs专项整治	重点行业VOCs治理	重点行业VOCs综合治理	2018年9月底前	完成12家制药企业、4家农药企业、2家煤化工企业（河南晋开集团延化化工有限公司和新乡市永昌化工有限责任公司）、10家橡胶企业挥发性有机物治理工作
	油品储运销	油品储运销综合整治	长期坚持	对所有加油站、储油库、油罐车的油气回收装置进行年检和定期抽查
		安装油气回收在线监测	采暖期前	完成4家（其中长垣县2家）5 000吨以上加油站油气回收在线监测设备安装
	专项执法	VOCs专项执法	长期坚持	按照规定开展VOCs专项执法，严厉打击违法排污行为
重污染天气应对	错峰生产	重点行业错峰生产	2018年10月15日前	制定建材、铸造、有色、化工等重点行业错峰生产方案
	修订完善应急预案及减排清单	完善预警分级标准体系	2018年9月底前	统一应急预警标准，实施区域应急联动
		夯实应急减排措施	2018年9月底前	完成应急预案减排措施清单编制
能力建设	完善环境	环境空气质量监测网络建设	2018年9月底前	增设78个乡镇环境空气质量自动监测点位
		环境空气VOCs监测	2018年9月底前	推进环境空气VOCs监测站点建设
		重点污染源自动监控体系建设	2018年12月底前	新增烟气排放自动监控设施9套
		遥感监测系统	2018年10月底前	完成10台固定式、2台移动式遥感监测设备建设，建成机动车遥感监测系统国家、省、市三级联网平台，并稳定传输数据（长垣县完成固定式尾气遥感监测设备4套、移动式尾气遥感监测设备1台）
	监测监控网络	平台建设	长期坚持	对于通过遥感监测发现的超标排放车辆依法进行处罚，并溯源车辆制造企业、排放检验机构、所属运输企业、注册登记地、行驶途经地等，并向社会曝光
		定期排放检验机构三级联网	2018年8月底前	机动车排放检验机构实现国家—省—市三级联网，确保监控数据实时、稳定传输
		工程机械排放监控平台建设	2018年12月底前	启动开展工程机械安装实时定位和排放监控装置
		重型柴油车车载诊断系统远程监控系统建设	2018年12月底前	启动开展重型柴油车车载诊断系统远程监控
	源排放清单编制	编制大气污染源排放清单	2018年9月底前	完成2017年大气污染源排放清单动态更新

河南省焦作市 2018—2019 年秋冬季大气污染综合治理攻坚行动方案

类别	重点工作	主要任务	完成时限	工 程 措 施
产业结构调整	优化产业布局	"三线一单"编制	2018 年 9 月底前	启动生态保护红线、环境质量底线、资源利用上线和环境准入清单编制工作
		建成区重污染企业搬迁或关闭	2018 年 12 月底前	完成千年冷冻设备有限公司、龙光影视设备有限责任公司、晨光标牌厂、焦作市豫轮内胎制造有限公司、众胜橡胶公司、维纳精细陶瓷公司等 6 家企业的搬迁或关闭
	"两高"行业产能控制	压减煤炭产能	2018 年 12 月底前	完成河南焦煤能源有限公司演马庄矿 120 万吨煤炭产能的淘汰任务
	"散乱污"企业综合整治	开展"散乱污"企业及集群综合整治	2018 年 10 月底前	建立"散乱污"企业排查动态清零机制 9 月底前完成新一轮排查，10 月底前完成新发现"散乱污"企业的整治
	工业源污染治理	实施排污许可	2018 年 12 月底前	按照国家、省统一安排完成排污许可证核发任务
		平板玻璃行业超低排放改造	2018 年 12 月底前	力争完成河南思可达光伏材料股份有限公司、河南裕华新材料股份有限公司超低排放改造
		炭素行业超低排放改造	2018 年 12 月底前	力争完成武陟县虹桥碳素有限责任公司、武陟县碳素厂、焦作市东星炭素有限公司、焦作市东星炭电极有限公司、沁阳市黄河碳素有限责任公司、沁阳市碳素有限公司、焦作市万都碳素（沁阳）有限公司、焦作市鸿鹏碳素有限公司、温县东方炭素有限公司、焦作市中州炭素有限公司、河南恒裕炭素有限公司等 11 家炭素企业超低排放改造
		水泥熟料行业超低排放改造	2018 年 12 月底前	推进水泥熟料生产企业超低排放改造
	工业源污染治理	电解铝行业超低排放改造	2018 年 12 月底前	力争完成焦作万方铝业股份有限公司超低排放改造工作
		化工行业深度治理改造	2018 年 12 月底前	完成河南三木表层材料工业园有限公司、焦作市广兴化工有限责任公司、焦作煤业（集团）开元化工有限责任公司、昊华宇航化工有限责任公司、焦作市锦瑞达铝业有限公司、多氟多化工股份有限公司、冠通化工有限公司、爱尔福克有限公司、龙蟒佰利联集团股份有限公司等 9 家企业特别排放限值改造
		无组织排放治理	2018 年 10 月底前	完成河南金山化工有限责任公司、广济药业（孟州）有限公司、河南天虹纸业有限责任公司、孟州市金玉米有限责任公司、焦作隆丰皮草企业有限公司、焦作煤业（集团）冯营电力有限责任公司、沁阳长怀电力有限公司等 7 家重点企业无组织排放治理

类别	重点工作	主要任务	完成时限	工 程 措 施
能源结构调整	清洁取暖	清洁能源替代散煤	2018 年 10 月底前	完成散煤替代 8.5 万户,其中气代煤 0.25 万户,电代煤 7.75 万户,地热替代 0.5 万户;集中供热替代 136 万平方米
		集中供热工程建设	2018 年采暖期前	城市建成区集中供热普及率达到 85% 以上
		科学实施清洁型煤替代	全年	依托全市现有洁净型煤生产、仓储、供应和配送网点体系,完善县(市)、乡(镇)、村三级配送机制,在不具备电代煤、气代煤的农村地区,实施洁净型煤替代散煤
		煤质监管	全年	持续组织开展市、县(区)、乡镇(街道)、村(社区)四级秋冬季燃煤散烧治理专项检查行动,确保生产、流通、使用的型煤符合《商品煤质量民用型煤》(GB 34170—2017)要求依据《中华人民共和国大气污染防治法》,以洁净型煤生产、销售环节为重点,定期开展检查;冬季采暖期间,每月组织开展洁净型煤质专项检查,依法严厉打击销售不合格清洁型煤行为
	煤炭消费总量控制	煤炭消费总量削减	2018 年 12 月底前	2018 年煤炭消费总量控制在 1 485 万吨以内
		淘汰关停落后煤电机组	2018 年 12 月底前	在确保电力、热力供应基础上,力争淘汰关停沁阳长怀电力有限公司 5.5 万千瓦机组、中铝中州铝业有限公司 2 台 0.6 万千瓦机组、风神轮胎股份有限公司 2.5 万千瓦机组和焦煤集团演马电厂 2.5 万千瓦机组共计 5 台 11.7 万千瓦燃煤机组
	煤炭消费总量控制	严格控制新建燃煤项目	全年	严格控制新建燃煤项目,实行耗煤项目减量替代,禁止配套建设自备燃煤电站
		淘汰燃煤锅炉	2018 年 12 月底前	行政区域内基本完成 35 蒸吨以下燃煤锅炉淘汰工作,淘汰孟州市金玉米有限责任公司(1 台 35 吨)、河南鑫源生物科技有限公司(1 台 50 吨)、河南鑫河阳酒精有限公司(1 台 15 吨)、河南永威安防股份有限公司(2 台 15 吨)等共计 5 台 130 蒸吨燃煤锅炉
运输结构调整	货物运输方式优化调整	铁路货运比例提升	2018 年 9 月底前	出台《焦作市 2018 年优化交通运输结构实施方案》
		推动铁路货运重点项目建设	2018 年 12 月底前	神华国能焦作电厂有限公司燃煤铁路专用线建成投用
	车船结构升级	优化公共交通系统	2018 年 12 月底前	完成新增电动公交车 60 辆,电动公交车及燃气公交车总量达到 650 辆,占全市城区公交车比例达到 75% 以上
			2018 年 12 月底前	建设 150 台充电桩
		老旧车淘汰	2018 年 10 月底前	推进国三及以下中重型柴油货车、国五及以下采用稀薄燃烧技术或"油改气"老旧燃气车淘汰工作
	船舶更新升级	老旧船舶淘汰、内河航运船型标准化	2018 年 7 月 1 日起	全面实施新生产船舶发动机第一阶段排放标准
			2018 年 10 月底前	推广使用电动、天然气等清洁能源或新能源船舶 15 艘

类别	重点工作	主要任务	完成时限	工 程 措 施
运输结构调整	车船燃油品质改善	加强车用汽柴油质量监管	长期坚持	全面供应符合国六标准的车用汽柴油，停止销售低于国六标准的汽柴油
			全年	严厉打击制售劣质油品行为，加强成品油经营站（点）抽检，月抽检率不得低于10%
			2018年9月底前	开展打击黑加油站点专项行动严厉打击黑加油站点，重点依法查处流动加油车售油违法违规行为
		加强车用尿素质量监管	长期坚持	市内高速公路、国省公路沿线加油站点持续全面销售符合产品质量要求的车用尿素，保证柴油车辆尾气处理系统的尿素需求
			全年	加强生产、销售车用尿素的质量监督抽检，覆盖率达到100%，逐步提高抽检合格率
	强化移动源污染防治	新车环保监督管理	长期坚持	新注册登记柴油货车开展检验时，逐车核实环保信息公开情况，查验污染控制装置，开展上线排放检测，确保实现全覆盖
		老旧车治理和改造	2018年12月底前	完成50辆出租车三元催化装置更换
		严格过境货车绕行主城区	全年	依托限高卡点和固定检查站做好大货车管控，过境货车严禁入市，只允许往市区送货且有备案的货运车辆入市
		开展机动车尾号限行	全年	按照《焦作市人民政府关于实施城区机动车限行措施的通告》，在主城区部分区域实施机动车限行措施
		在用车执法监管	全年	开展机动车检验机构专项整治，全年检查排放检验机构18家，实现监管全覆盖，秋冬季60%；加强机动车排放检验机构监管，完善监管平台，创新监管办法，严厉打击未按规范进行排放检测和弄虚作假等违法行为
			2018年12月底前	在排放检验机构企业官方网站和办事业务大厅建设显示屏，通过高清视频实时公开柴油车排放检验全过程及检验结果，完成1～2家试点
			长期坚持	对初检或日常监督抽测发现的超标车、异地车辆、注册5年以上的营运柴油车进行过程数据、视频图像和检测报告复核
			2018年12月底前	开展试点，基本建立I/M制度
		加强非道路移动机械污染防治	2018年12月底前	完成非道路移动机械摸底调查，建立非道路移动机械排放情况台账
			全年	组织开展高排放非道路移动机械禁行区专项执法行动，对违法行为依法实施联合惩戒，对业主单位依法实施处罚
			全年	重污染天气预警期间，除涉及安全生产及应急抢险任务外，停止使用非道路移动机械

类别	重点工作	主要任务	完成时限	工 程 措 施
用地结构调整	矿山综合整治	强化露天矿山综合治理	全年	开展露天矿山执法检查，依据《焦作市北山生态环境保护条例》，对排放不达标的露天矿山，按照"一矿一策"制定整治方案，依法实施停产整治
	扬尘综合治理	建筑扬尘治理	长期坚持	新建和在建建筑、市政、拆除、公路、水利等各类工地严格落实"六个百分之百"要求
		施工扬尘管理清单	2018 年 9 月底前	建立各类施工工地扬尘管理清单，并定期动态更新
		施工扬尘监管	长期坚持	5 000 平方米及以上建筑工地安装在线监测和视频监控，并与当地行业主管部门联网
		全城清洁行动	全年	每周至少开展一次全城清洁行动，全面清洗公共设施、交通护栏、绿化隔离带等部位积尘浮尘，确保城市清洁全覆盖
				按照 9 吨/月·平方千米进行降尘量考核
		道路扬尘综合整治	全年	持续实施城区主要道路扫保"以克论净"考核，定期对城乡结合部、背街小巷等区域进行重点清扫
			全年	加强对绕城国省高速公路、国省干线公路的扬尘清扫清洗力度，有效减少起尘量
	秸秆综合利用	加强秸秆焚烧管控	全年	强化各级政府秸秆禁烧主体责任，强化基层行政村和村民组秸秆禁烧联防联控责任
		加强秸秆综合利用	全年	秸秆综合利用率达到 90%以上
	控制农业氨排放	畜禽养殖业	全年	畜禽规模养殖场粪污资源化利用率达到 72.8%
	禁放烟花爆竹	强化烟花爆竹禁限燃放管控	全年	按照《焦作市人民政府办公室关于明确城区全面禁放烟花爆竹工作有关事项的通知》，落实县级以上城市建成区禁止销售、燃放烟花爆竹要求，指导督促各地加强生产、运输、销售等源头管控，规范烟花爆竹销售网点管理
工业炉窑专项整治	工业炉窑治理	工业炉窑排查	2018 年 8 月底前	开展拉网式排查，建立各类工业炉窑管理清单
		工业炉窑治理	2018 年 10 月底前	加大工业炉窑治理力度，确保稳定达标排放
VOCs 专项整治	VOCs 治理	重点行业VOCs 治理	2018 年 12 月底前	完成孟州鑫磊树脂有限责任公司、焦作市活力橡胶制品有限公司、焦作市丰宇橡胶有限公司、沁阳市华升橡塑有限公司、恒成橡胶、温县环球橡胶丁基内胎、焦作市安耐实业有限公司、安发轮胎等 8 家橡胶制品企业，焦作华生化工有限公司 1 家农药行业，焦作丽珠合成制药有限公司 1 家制药企业共计 10 家企业VOCs 综合治理
	油气回收	油气回收装置使用监管	全年	加强储油库、加油站日常监管巡查，严格油气回收装置使用监管，确保油气回收装置正常稳定运行
	专项执法	VOCs 专项执法	长期坚持	严厉打击违法排污行为

类别	重点工作	主要任务	完成时限	工 程 措 施
重污染天气应对	错峰生产及运输	重点行业错峰生产	2018 年 10 月 15 日前	制定钢铁、建材、铸造、有色、化工等行业错峰生产方案
	修订完善应急预案及减排清单	完善预警分级标准体系	2018 年 9 月底前	统一应急预警标准，实施区域应急联动
		夯实应急减排措施	2018 年 9 月底前	完成重污染天气应急预案及清单修订，各部门各单位要根据预案要求制定落实措施，各工业企业要根据各自实际制定实施方案
能力建设	完善环境监测监控网络	环境空气质量监测网络建设	2018 年 12 月底前	建成 1 个气溶胶激光雷达观测站
		企业 VOCs 在线监测	2018 年 12 月底前	试点开展河南风神轮胎有限公司 VOCs 在线设备安装工作
		重点污染源自动监控体系建设	2018 年 9 月底前	完成 10 台 10 吨以上天然气锅炉氮氧化物自动监控基站建设联网
	完善环境监测监控网络	遥感监测系统平台建设	2018 年 12 月底前	在城区安装 10 套固定垂直式遥感监测设备、2 套移动式遥感监测设备的基础上，建设机动车尾气遥感监测市级平台，建成机动车遥感监测系统国家、省、市三级联网平台，并稳定传输数据
		工程机械排放监控平台建设	2018 年 12 月底前	建设高排放非道路移动机械低排放控制区管理平台
		定期排放检验机构三级联网	2018 年 10 月底前	机动车排放检验机构全部实现国家、省、市三级联网，确保监控数据实时、稳定传输
	源排放清单编制	编制大气污染源排放清单	2018 年 9 月底前	完成 2017 年大气污染源排放清单动态更新
	颗粒物来源解析	开展 PM$_{2.5}$ 来源解析	2018 年 9 月底前	完成 2017 年城市大气污染颗粒物源解析

河南省濮阳市 2018—2019 年秋冬季大气污染综合治理攻坚行动方案

类别	重点工作	主要任务	完成时限	工 程 措 施
产业结构调整	优化产业布局	"三线一单"编制	2018 年 9 月底前	启动生态保护红线、环境质量底线、资源利用上线、环境准入清单编制
		化工园区整治	2018 年 9 月底前	按照"红黄蓝绿"不同标识启动对城区周边化工企业搬迁和改造主要包括以下 7 个化工行业为主导产业的产业聚集区：濮阳市产业集聚区、濮阳经济技术产业集聚区、濮阳市化工产业集聚区、范县产业集聚区、台前县产业集聚区
	"散乱污"企业综合整治	开展"散乱污"企业及集群综合整治	2018 年 10 月底前	建立"散乱污"动态清零机制 9 月底前完成新一轮排查，10 月底前完成新发现"散乱污"企业的整治
	工业源污染治理	实施排污许可	2018 年 12 月底前	按照国家、省统一安排完成排污许可证核发任务

类别	重点工作	主要任务	完成时限	工　程　措　施
产业结构调整	工业源污染治理	砖瓦行业深度治理	2018 年 10 月底前	制定砖瓦行业深度治理专项实施方案，稳步推进特别排放限值改造
		无组织排放治理	2018 年 9 月底前	完成 1 家火电（濮润热电有限公司）、4 家锅炉（河南省中原大化集团有限责任公司两个厂区、濮阳龙宇化工有限公司、国电濮阳热电有限公司）、47 家建材行业物料（含废渣）运输、装卸、储存、转移、输送以及生产工艺过程等无组织排放的深度治理
		工业园区治理	2018 年 12 月底前	台前县、南乐县产业集聚区完成集中供热改造，濮阳市工业园区、范县濮王产业集聚区基本实现集中供热
能源结构调整	清洁取暖	集中供暖	2018 年 10 月底前	市建成区集中供热普及率达到 85% 以上
		清洁能源替代散煤	2018 年 10 月底前	完成散煤替代 10 万户，其中电代煤 7.99 万户、气代煤 0.01 万户、地热能替代 1.8 万户、其他清洁能源替代 0.2 万户；完成集中供热替代 32 万平方米
		洁净煤替代散煤	采暖期	推广洁净型煤 8 万户
		煤质监管	长期坚持	严厉打击劣质煤销售使用
	煤炭消费总量控制	煤炭消费总量削减	2018 年 12 月底前	煤炭消费总量较 2017 年削减 1.25 万吨
	锅炉综合整治	淘汰燃煤锅炉	2018 年 12 月底前	行政区域内基本完成 35 蒸吨以下燃煤锅炉淘汰工作，淘汰 10～35 蒸吨燃煤锅炉 4 台 102 蒸吨
		燃气锅炉低氮改造	2018 年 12 月底前	制定燃气锅炉低氮燃烧改造专项方案，有序开展工作
运输结构调整	货物运输方式优化调整	铁路货运比例提升	2018 年 12 月底前	出台运输结构调整方案
	车船结构升级	发展新能源车	2018 年 12 月底前	新能源汽车销售 1 000 辆以上，新增 120 辆城市电动公交，推广环卫、邮政、出租、通勤、轻型物流配送新能源或清洁能源汽车
			2018 年 12 月底前	电动公交车保有总量 608 辆，比例达到 72%
			2018 年 11 月底前	建设 5 个集中式充电站，20 个充电桩
		老旧车淘汰	2018 年 12 月底前	淘汰国三及以下营运中重型柴油货车 500 辆
			2018 年 12 月底前	推进国五及以下采用稀薄燃烧技术或"油改气"老旧燃气车淘汰工作
	车船燃油品质改善	油品质量升级	长期坚持	全面供应符合国六标准的车用汽柴油，停止销售低于国六标准的汽柴油
			长期坚持	全年及秋冬季攻坚期间对炼油厂、储油库、加油（气）站和企业自备油库的抽查频次达到 121 次，对储油库、民营加油站的抽查批次达到 127 次；对高速公路、国道和省道沿线加油站（点）销售车用尿素情况的抽查批次达到 105 次；对高速公路、国道和省道沿线加油站（点）销售车用尿素情况的抽查频次达到 121 次
			2018 年 9 月底前	开展打击黑加油站点专项行动

类别	重点工作	主要任务	完成时限	工 程 措 施
运输结构调整	强化移动源污染防治	新车环保监督管理	长期坚持	新注册登记柴油货车开展检验时,逐车核实环保信息公开情况,查验污染控制装置,开展上线排放检测,确保实现全覆盖
		老旧车治理和改造	2018年12月底前	试点安装柴油车污染控制装置并配备实时排放监控终端,并与有关部门联网
			2018年12月底前	检查排放检验机构车21家,实现监管全覆盖
			2018年12月底前	在排放检验机构企业官方网站和办事业务大厅建设显示屏,通过高清视频实时公开柴油车排放检验全过程及检验结果,完成1~2家试点
			2018年12月底前	开展在用汽车排放检测与强制维护制度(I/M)建设工作
			长期坚持	对初检或日常监督抽测发现的超标车、异地车辆、注册5年以上的营运柴油车进行过程数据、视频图像和检测报告复核
		加强非道路移动机械污染防治	2018年12月底前	完成非道路移动机械摸底调查,制定非道路移动机械低排放控制区划定方案
			2018年12月底前	完成工程机械改造(加装或者更换符合要求的污染控制装置,同时加装在线监控系统,与环保部门联网)100台
用地结构调	扬尘综合治理	深入开展城市清洁行动	长期坚持	全面深入开展城市清洁行动,确保城市平均降尘量不高于9吨/月·平方千米
		建筑扬尘治理	长期坚持	严格落实施工工地"六个百分之百"要求
		施工扬尘管理清单	2018年9月底前	建立各类施工扬尘管理清单,并每月动态更新
		施工扬尘监管	长期坚持	建筑工地安装在线监测和视频监控,并与当地行业主管部门联网(建筑面积5000平方米及以上工地、长度200米以上的市政、国省干线公路和中型规模以上水利枢纽等线性工程,要在工地出入口、施工作业区、料堆等重点区域安装在线视频监测监控设备,并与当地行业主管部门联网)
		道路扬尘综合整治	2018年10月底前	市建成区城市道路机械化清扫率达到100%,县城达到90%
	秸秆综合利用	加强秸秆焚烧管控	长期坚持	建立网格化监管制度,在秋收阶段开展秸秆禁烧专项巡查
		加强秸秆综合利用	长期坚持	秸秆综合利用率达到88%以上
	控制农业氨排放	种植业	2018年12月底前	有机肥使用比例由2017年的20%增加到21.5%
		畜禽养殖业	长期坚持	畜禽粪污资源化利用率达到68%
	禁燃禁放	加强禁燃禁放管制	长期坚持	划定禁燃禁放区域,长期坚持禁燃禁放工作

类别	重点工作	主要任务	完成时限	工 程 措 施
工业炉窑专项整治	工业炉窑治理	制定实施方案	2018年10月底前	制定工业炉窑综合整治实施方案
		工业炉窑排查	2018年12月底前	开展拉网式排查，建立各类工业炉窑管理清单
VOCs专项整治	重点行业VOCs治理	重点行业VOCs综合治理	2018年10月底前	完成11家制药、农药、煤化工、橡胶制品、表面涂装等企业VOCs治理推进清丰县家具行业集中喷漆中心建设
		重点企业VOCs监控	2018年10月底前	16家企业安装VOCs在线监控设施并与环保部门联网
	专项执法	VOCs专项执法	长期坚持	严厉打击违法排污行为
重污染天气应对	错峰生产	重点行业错峰生产	2018年10月15日前	制定各类建材制造加工、制药、化工类等行业错峰生产方案
	修订完善应急预案及减排清单	完善预警分级标准体系	2018年9月底前	统一应急预警标准，实施区域应急联动
		夯实应急减排措施	2018年10月底前	完成应急预案减排措施清单编制
能力建设	完善环境监测监控网络	环境空气VOCs监测	2018年12月底前	推进实施VOCs监测站点建设
		重点污染源自动监控体系建设	2018年10月底前	新增烟气排放自动监控设施28套
		遥感监测系统平台建设	2018年10月底前	建成10套固定式、2套移动式遥感监测系统，同时建成遥感监测平台，建成机动车遥感监测系统国家、省、市三级联网平台，并稳定传输数据
		定期排放检验机构三级联网	长期坚持	机动车排放检验机构实现国家—省—市三级联网，确保监控数据实时、稳定传输
		工程机械排放监控平台建设	2019年3月底前	试点开展工程机械安装实时定位和排放监控装置
		重型柴油车车载诊断系统远程监控系统建设	2019年3月底前	试点开展柴油货车车载诊断系统远程监控
	源排放清单编制	编制大气污染源排放清单	2018年9月底前	完成2017年大气污染源排放清单动态更新

河南省济源市 2018—2019 年秋冬季大气污染综合治理攻坚行动方案

类别	重点工作	主要任务	完成时限	工 程 措 施
产业结构调整	优化产业布局	"三线一单"编制	2018 年 9 月底前	启动生态保护红线、环境质量底线、资源利用上线，环境准入清单编制
		建成区重污染企业搬迁	2018 年 8 月底前	制定城市建成区重污染企业搬迁计划
			2018 年 12 月底前	开展济源市济水乙炔厂搬迁改造
		化工园区整治	2018 年 12 月底前	加大市化工产业园、五龙口化工园区环境综合整治力度，提升园区环境管理水平
	工业源污染治理	开展"散乱污"企业及集群综合整治	2018 年 10 月底前	持续开展"散乱污"排查，完成 30 家"散乱污"企业综合整治，其中，关停取缔 20 家、升级改造 7 家、整合搬迁 3 家，建立"散乱污"动态清零机制，9 月底前完成新一轮排查，10 月底完成新发现"散乱污"企业整治
		实施排污许可	2018 年 12 月底前	按照国家、省统一安排完成排污许可证核发任务
		钢铁行业污染治理	2018 年 9 月底前	完成济源钢铁企业特别排放限值改造
		焦化行业深度治理	2018 年 9 月底前	完成金马能源、豫港焦化脱硫、脱硝、除尘改造，达到大气污染物特别排放限值
		砖瓦行业深度治理	2018 年 11 月底前	完成 24 家砖瓦企业脱硫、脱硝、除尘改造，实现达标排放
		陶瓷行业深度治理	2018 年 9 月底前	完成 14 家陶瓷脱硫、脱硝、除尘改造，确保污染物稳定达标排放
		铸造行业深度治理	2018 年 9 月底前	完成 26 家铸造企业脱硫、脱硝、除尘改造，污染物排放达到《河南省工业炉窑大气污染物排放标准》（DB41/10662015）要求
		有色行业深度治理	2018 年 9 月底前	完成豫光、万洋、金利 3 家有色金属企业脱硫、脱硝、除尘改造，污染物排放达到大气污染物特别排放限值要求
		水泥行业超低排放改造	2018 年 9 月底前	推进中联水泥超低排放改造
		聚氯乙烯行业深度治理	2018 年 9 月底前	完成联创、方升化工 2 家聚氯乙烯企业深度治理，达到特别排放限值要求
		玻璃行业深度治理	2018 年 12 月底前	推进玻璃行业深度治理
		钢铁行业无组织排放治理	2018 年 12 月底前	完成济源钢铁物料（含废渣）运输、装卸、储存、转移、输送以及生产工艺过程等无组织排放的深度治理
		水泥行业无组织排放治理	2018 年 12 月底前	完成中联水泥、天坛山水泥、五三一水泥、万友达水泥、金龙水泥等物料（含废渣）运输、装卸、储存、转移、输送以及生产工艺过程等无组织排放的深度治理

类别	重点工作	主要任务	完成时限	工 程 措 施
产业结构调整	工业源污染治理	其他行业无组织排放治理	2018 年 12 月底前	完成 3 家建材、2 家肥料制造、19 家有色、2 家焦化、5 家煤炭开采,启动 2 家火电等行业物料运输和按照"场地硬化、流体进库、密闭传输、湿法装卸、车辆冲洗"的标准,对煤炭、煤矸石、煤灰、煤渣、水泥、石灰、石膏、砂土、废渣等易产生粉尘的粉状、粒状物料及燃料实现密闭储存,实现"空中防扬散、地面防流失、地下防渗漏"
		工业园区治理	2018 年 10 月底前	推进沁北电厂对玉川集聚区和玉泉产业园集中供热进度,保证新增用户热源供应
能源结构调整	煤炭消费总量控制	清洁能源替代散煤	2018 年 10 月底前	完成散煤替代 1.8 万户,其中,电代煤 1.5 万户、地热能替代 0.3 万户;集中供热替代 107 万平方米
		洁净煤替代散煤	2018 年 10 月底前	暂不具备清洁能源替代条件的地区推广洁净煤替代散煤,替代 8.9 万户
		煤质监管	长期坚持	落实国家要求,将全面完成以电代煤、以气代煤的地区划入高污染燃料禁燃区,禁燃区内禁止新、改、扩建使用高污染燃料的项目
		煤质监管	长期坚持	对 56 家煤场、19 家洁净型煤厂进行监管,全面排查治理经营性储煤场地,实行建档立卡、动态监管
		煤质监管	长期坚持	严厉打击劣质煤销售使用,开展联合执法,严禁向高污染燃料禁燃区销售煤及煤制品冬季采暖期间,每月开展一次专项检查,依法严厉打击生产销售不合格清洁型煤行为持续开展采暖期供热企业燃用煤炭煤质检查
		煤炭消费总量削减	2018 年 12 月底前	煤炭消费总量控制在 1 212 万吨,较 2017 年削减 5 万吨
		天然气供应保障	2018 年 12 月底前	开展 90 万米^{3}储气能力建设,按济源市 2017 年度 3 天民用气量进行保供
		燃气锅炉低氮改造	2018 年 12 月底前	对 40 台 4 吨以上燃气锅炉进行监测,对达不到排放要求的进行低氮燃烧技术改造
运输结构调整	车船结构升级	铁路货运比例提升	2018 年 12 月底前	已有铁路线的企业,货运量比 2017 年增长 10%
		铁路货运比例提升	2018 年 12 月底前	出台济源市运输结构调整方案,明确济源钢铁、沁北电厂等已有铁路线的企业货运提升能力措施,对万洋、金利等没有铁路的制定建设计划
		大力发展多式联运	2018 年 12 月底前	加快推进 1 个多式联运型和干支衔接型货运枢纽(物流园区)集装箱多式联运建设
		大力发展多式联运	2018 年 12 月底前	制定绿色货运配送示范工程实施方案
		发展新能源车	2018 年 12 月底前	销售新能源车 1 200 辆
		发展新能源车	2018 年 12 月底前	新增或更新 40 辆城市公交、12 辆环卫、12 辆邮政、66 辆出租新能源或清洁能源(国六燃气车辆)汽车,推进通勤和轻型物流配送车辆采用新能源和清洁能源车
		发展新能源车	2018 年 12 月底前	电动公交车保有总量 152 辆,比例达到 70% 以上
		发展新能源车	2018 年 12 月底前	建设充电站 1 座、充电桩 300 个

类别	重点工作	主要任务	完成时限	工　程　措　施
运输结构调整	车船结构升级	老旧车淘汰	2018 年 12 月底前	淘汰国三及以下营运中重型柴油货车 150 辆淘汰老旧车辆 551 辆
			2018 年 12 月底前	对采用稀薄燃烧技术和"油改气"的老旧燃气车辆进行摸底排查，制定淘汰方案，从出租车、重点企业货运车辆入手分步推进
		老旧船舶淘汰、内河航运船型标准化	2018 年 7 月 1 日起	全面实施新生产船舶发动机第一阶段排放标准
			2018 年 9 月底前	淘汰内河航运船舶 3 艘
	车船燃油品质改善	油品质量升级	2018 年 7 月 1 日起	全面供应符合国六标准的车用汽柴油，停止销售低于国六标准的汽柴油
			2018 年 12 月底前	持续加强车用油品监管，实现车用柴油、普通柴油、部分船舶用油"三油并轨"
			全年	完成成品油抽检 150 批次以上
			攻坚行动期间	抽检油库、加油站比例不低于全市在营加油站的30%每月抽检中石化油库乙醇汽油调配站 1 次
		加强车用汽柴油质量监管	长期坚持	对本市储存、销售的车用汽柴油进行质量监督抽检，抽检覆盖率达到 100%，对不合格油品依法进行后处理，对抽检结果进行通报，抽检合格率达到 98%
			2018 年 9 月底前	开展打击黑加油站点专项行动
		加强车用尿素质量监管	长期坚持	开展市内高速公路、国省公路沿线加油站点车用尿素抽查，每月站点不低于 10%
	强化移动源污染防治	新车环保监督管理	长期坚持	新注册登记柴油货车开展检验时，逐车核实环保信息公开情况，查验污染控制装置，开展上线排放检测，确保实现全覆盖
		老旧车治理和改造	2018 年 12 月底前	制定柴油车安装污染控制装置并配备实时排放监控终端联网试点工作方案
			2018 年 12 月底前	对全市 736 辆出租车三元催化装置进行检查，制定更换标准，进行更换
		在用车执法监管	长期坚持	对初检或日常监督抽测发现的超标车、异地车辆、注册 5 年以上的营运柴油车进行过程数据、视频图像和检测报告复核
			2018 年 12 月底前	排放检验机构监管全覆盖；严厉打击未按规范进行尾气检测和弄虚作假等违法行为
		在用车执法监管	2018 年 12 月底前	在排放检验机构企业官方网站和办事业务大厅建设显示屏，通过高清视频实时公开柴油车排放检验全过程及检验结果，完成 1～2 家试点
			2018 年 12 月底前	开展在用汽车排放检测与强制维护制度（I/M）建设工作
			长期坚持	在梨林超限站等货车通行主要道路，开展常态化联合执法检查，对尾气排放超标车辆依法实施处罚

类别	重点工作	主要任务	完成时限	工 程 措 施
运输结构调整	强化移动源污染防治	加强非道路移动机械污染防治	2018年12月底前	严禁在禁止使用高排放非道路移动机械的区域使用冒黑烟和超标排放的非道路移动机械每月抽查率达到20%
			2018年12月底前	开展摸底调查和编码登记；建立分行业非道路移动机械使用监管机制；按照安排部署推进监控平台建设
			长期坚持	重污染天气预警期间，除涉及安全生产及应急抢险任务外，停止使用非道路移动机械
			长期坚持	加强高排放非道路移动机械禁用区内工程机械执法监管禁止企业和工地使用不达标工程机械
用地结构调整	矿山综合整治	强化露天矿山综合治理	2018年9月底前	对7家污染治理不规范的露天矿山，依法责令停产整治
	扬尘综合治理	建筑扬尘治理	长期坚持	施工工地严格落实"六个百分之百"要求
		施工扬尘管理清单	2018年9月底前	建立各类施工工地扬尘管理清单，并定期动态更新
		施工扬尘监管	长期坚持	200米以上线性工地、5 000平方米以上建筑工地、水利枢纽工程安装在线监测和视频监控，并与行业主管部门联网实现"三员"监管全覆盖
		道路扬尘综合整治	2018年9月底前	城区道路机械化清扫率达到100%
			长期坚持	实施城市道路每平方米10克，其他道路每平米15克"以克论净"考核按照9吨/月·平方千米进行降尘量考核
		道路扬尘综合整治	长期坚持	对住建、交通、镇办、企业的清扫车加装卫星定位，每周统计里程，进行通报考核城区道路每天洗扫3次，县、乡道每天清扫1次，临近城区的国省干线以及城乡结合部重点道路每天清扫2次
			长期坚持	每周五下午开展全城集中大清洗
	秸秆综合利用	加强秸秆焚烧管控	全年	利用"蓝天卫士"视频监控网络，建立四级网格化监管制度，在夏秋收阶段开展秸秆禁烧专项巡查
		加强秸秆综合利用	全年	秸秆综合利用率达到88%
	控制农业氨排放	种植业	全年	有机肥使用比例由2017年的10%增加到13%
		畜禽养殖业	全年	畜禽粪污资源化利用率由2017年的60%增加到68%
工业炉窑专项整治	工业炉窑治理	制定实施方案	2018年8月底前	开展拉网式排查，建立各类工业炉窑管理清单，制定工业炉窑综合整治实施方案
		工业炉窑治理	2018年10月底前	依据行业标准和在线监测数据，加大工业炉窑治理力度，确保稳定达标排放
		热风炉淘汰	2018年9月底前	丰田肥业改造4台热风炉

类别	重点工作	主要任务	完成时限	工　程　措　施
VOCs专项整治	重点行业VOCs治理	重点行业VOCs综合治理	2018年9月底前	完成2家焦化、2家涂料、6家橡胶、12家化工企业VOCs治理试点开展维修企业使用水性漆行业自律工作
		重点行业VOCs治理设施升级改造	2018年11月底前	对13家包装印刷企业已有VOCs治理设施进行升级改造
	油品储运销	油品储运销综合整治	2018年12月底前	对1个储油库、83个在营加油站、43辆油罐车油气回收治理设施日常监督性监测100%，抽测比例不低于10%
	专项执法	VOCs专项执法	长期坚持	对违法排污、治理效果差、运营管理水平低的单位，列入环保"黑名单"，实行联合惩戒
重污染天气应对	错峰生产	重点行业错峰生产	2018年10月15日前	制定钢铁、建材、焦化、铸造、有色、化工等行业错峰生产方案，结合国家、省统一部署和企业"一厂一策"超低排放深度治理实际绩效，逐个企业确定错峰生产措施
	修订完善应急预案及减排清单	完善预警分级标准体系	2018年9月底前	修订完善污染天气应急预案；在严格落实国家、省区域联动基础上，主动与周边地市开展联防联控
		夯实应急减排措施	2018年9月底前	完成应急预案减排措施清单编制
能力建设	完善环境监测监控网络	环境空气质量监测网络建设	2018年12月底前	增设环境空气质量自动监测9个乡镇站，覆盖辖区所有镇，并实现数据直联
		降尘量监测点位布设	2018年9月底前	新增降尘量监测点位2个（监测站、市委党校）
		环境空气VOCs监测	2018年12月底前	建成环境空气VOCs监测站点1个
		重点污染源自动监控体系建设	2018年9月底前	对所有工业炉窑进行动态排查更新，新增烟气排放自动监控设施87套
		遥感监测系统平台建设	2018年10月底前	建成2套机动车固定式遥感监测、1套移动式遥感监测设施和系统平台，建成机动车遥感监测系统国家、省、市三级联网平台，并稳定传输数据
		定期排放检验机构三级联网	2018年10月底前	确保机动车监管平台稳定运行，监控数据实时、稳定传输
		工程机械排放监控平台建设	全年	利用已建成的机动车监管平台，对工程机械实施监管
		重型柴油车车载诊断系统远程监控系统建设	全年	利用已建成的机动车监管平台，对治理改造的重型柴油车车载诊断系统进行远程监控
	源排放清单编制	编制大气污染源排放清单	2018年9月底前	结合第二次污染源普查，对主要大气污染源排放清单进行动态更新

关于印发《汾渭平原 2018—2019 年秋冬季大气污染综合治理攻坚行动方案》的通知

环大气〔2018〕132 号

晋中、运城、临汾、吕梁、洛阳、三门峡、西安、铜川、宝鸡、咸阳、渭南市人民政府，杨凌示范区管委会，西咸新区管委会，韩城市人民政府，中国石油天然气集团有限公司、中国石油化工集团公司、中国海洋石油集团有限公司、国家电网有限公司、中国铁路总公司：

为贯彻党中央、国务院关于打赢蓝天保卫战决策部署，落实《打赢蓝天保卫战三年行动计划》，全力做好 2018—2019 年秋冬季大气污染防治工作，汾渭平原大气污染防治协作小组第一次全体会议审议通过了《汾渭平原 2018—2019 年秋冬季大气污染综合治理攻坚行动方案》（见附件）。现印发给你们，请认真贯彻执行。

请各相关省于 2018 年 10 月底前向生态环境部报送"散乱污"企业清理整顿项目清单、散煤治理确村确户清单、工业炉窑管理清单、无组织排放改造全口径清单、锅炉综合整治清单、重污染天气应急预案减排项目清单；2018 年 11 月 15 日前，向工业和信息化部、生态环境部、发展改革委报送工业企业错峰生产方案。从 2018 年 11 月起，各相关省和中央企业每月 5 日前报送重点任务进展情况。

联系人：生态环境部王凤

电话：（010）66556285

传真：（010）66556282

邮箱：dqsgdy@mee.gov.cn

附件：汾渭平原 2018—2019 年秋冬季大气污染综合治理攻坚行动方案

生态环境部　发展改革委

工业和信息化部　公安部

财政部　自然资源部

住房城乡建设部　交通运输部

商务部　市场监管总局

能源局　山西省人民政府

河南省人民政府　陕西省人民政府

2018 年 10 月 23 日

关于印发《长三角地区 2018—2019 年秋冬季大气污染综合治理攻坚行动方案》的通知

环大气〔2018〕140 号

南京、无锡、徐州、常州、苏州、南通、连云港、淮安、盐城、扬州、镇江、泰州、宿迁、杭州、宁波、温州、湖州、嘉兴、绍兴、金华、衢州、舟山、台州、丽水、合肥、马鞍山、芜湖、黄山、池州、六安、宣城、安庆、铜陵、淮南、滁州、阜阳、亳州、淮北、蚌埠、宿州市人民政府，中国石油天然气集团有限公司、中国石油化工集团公司、中国海洋石油集团有限公司、国家电网有限公司、中国铁路总公司：

为贯彻党中央、国务院关于打赢蓝天保卫战决策部署，落实《打赢蓝天保卫战三年行动计划》，全力做好 2018—2019 年秋冬季大气污染防治工作，长三角区域大气污染防治协作小组审议通过了《长三角地区 2018—2019 年秋冬季大气污染综合治理攻坚行动方案》（见附件）。现印发给你们，请认真贯彻执行。

请各相关省（市）于 2018 年 11 月 15 日前向生态环境部报送"散乱污"企业清理整顿项目清单、工业炉窑管理清单、无组织排放改造全口径清单、锅炉综合整治清单、重污染天气应急预案减排项目清单；向工业和信息化部、生态环境部、发展改革委报送工业企业错峰生产方案。从 2018 年 11 月起，各相关省（市）和中央企业每月 5 日前报送重点任务进展情况。

联系人：生态环境部毕方、李巍

电话：（010）66556278（兼传真），66556685

邮箱：daqichu@mee.gov.cn

附件：长三角地区 2018—2019 年秋冬季大气污染综合治理攻坚行动方案

生态环境部　发展改革委

工业和信息化部　公安部

财政部　自然资源部

住房城乡建设部　交通运输部

商务部　市场监管总局

能源局　上海市人民政府

江苏省人民政府　浙江省人民政府

安徽省人民政府

2018 年 11 月 1 日

生态环境部　农业农村部关于印发农业农村污染治理攻坚战行动计划的通知

环土壤〔2018〕143 号

各省、自治区、直辖市人民政府，发展改革委、财政部、自然资源部、住房城乡建设部、水利部、卫生健康委：

经国务院同意，现将《农业农村污染治理攻坚战行动计划》（见附件）印发给你们，请认真贯彻落实。

附件：农业农村污染治理攻坚战行动计划

生态环境部

农业农村部

2018 年 11 月 6 日

附件

农业农村污染治理攻坚战行动计划

治理农业农村污染，是实施乡村振兴战略的重要任务，事关全面建成小康社会，事关农村生态文明建设。为深入贯彻全国生态环境保护大会和中央财经委员会第一次会议精神，加快解决农业农村突出环境问题，打好农业农村污染治理攻坚战，制定本行动计划。

一、总体要求

（一）指导思想。深入贯彻习近平新时代中国特色社会主义思想，深入贯彻党的十九大和十九届二中、三中全会精神，认真落实党中央、国务院决策部署，紧紧围绕统筹推进"五位一体"总体布局和协调推进"四个全面"战略布局，牢固树立和贯彻落实新发展理念，按照实施乡村振兴战略的总要求，强化污染治理、循环利用和生态保护，深入推进农村人居环境整治和农业投入品减量化、生产清洁化、废弃物资源化、产业模式生态化，深化体制机制改革，发挥好政府和市场两个作用，充分调动农民群众积极性、主动性，突出重点区域，动员各方力量，强化各项举措，补齐农业农村生态环境保护突出短板，进一步增强广大农民的获得感和幸福感，为全面建成小康社会打下坚实基础。

（二）基本原则。

——保护优先、源头减量。编制实施国土空间规划，严格生态保护红线管控，统筹农村生产、生活和生态空间，优化种植和养殖生产布局、规模和结构，强化环境监管，推动农业绿色发展，从源头减少农业面源污染。

——问题导向、系统施治。坚持优先解决农民群众最关心最直接最现实的突出环境问题，重点开展农村饮用水水源保护、生活垃圾污水治理、养殖业和种植业污染防治。统筹实施污染治理、循环利用和脱贫攻坚，系统推进农业投入品减量化、生产清洁化、废弃物资源化、产业模式生态化。

——因地制宜、实事求是。根据环境质量、自然条件、经济水平和农民期盼，科学确定本地区整治目标任务，既尽力而为，又量力而行，集中力量解决突出环境问题。坚持从实际出发，采用适用的治理技术和模式，注重实效，不搞一刀切，不搞形式主义。

——落实责任、形成合力。强化地方责任，明确省负总责、市县落实。充分发挥市场主体作用，调动村委会等基层组织和农民的积极性，切实加强统筹协调，加大投入力度，强化监督考核，建立上下联动、部门协作、责权清晰、监管有效的工作推进机制。

（三）行动目标。通过三年攻坚，乡村绿色发展加快推进，农村生态环境明显好转，农业农村污染治理工作体制机制基本形成，农业农村环境监管明显加强，农村居民参与农业农村环境保护的积极性和主动性显著增强。到 2020 年，实现"一保两治三减四提升"："一保"，即保护农村饮用水水源，农村饮水安全更有保障；"两治"，即治理农村生活垃圾和污水，实现村庄环境干净整洁有序；"三减"，即减少化肥、农药使用量和农业用水总量；"四提升"，即提升主要由农业面源污染造成的超标水体水质、农业废弃物综合利用率、环境监管能力和农村居民参与度。

二、主要任务

（四）加强农村饮用水水源保护。

加快农村饮用水水源调查评估和保护区划定。县级及以上地方人民政府要结合当地实际情况，组织有关部门开展农村饮用水水源环境状况调查评估和保护区的划定，2020 年底前完成供水人口在 10 000 人或日供水 1 000 吨以上的饮用水水源调查评估和保护区划定工作。农村饮用水水源保护区的边界要设立地理界标、警示标志或宣传牌。将饮用水水源保护要求和村民应承担的保护责任纳入村规民约。（生态环境部牵头，地方各级人民政府负责落实。以下均需地方各级人民政府落实，不再列出）

加强农村饮用水水质监测。县级及以上地方人民政府组织相关部门监测和评估本行政区域内饮用水水源、供水单位供水、用户水龙头出水的水质等饮用水安全状况。实施从源头到水龙头的全过程控制，落实水源保护、工程建设、水质监测检测"三同时"制度。供水人口在 10 000 人或日供水 1 000 吨以上的饮用水水源每季度监测一次。各地按照国家相关标准，结合本地水质本底状况确定监测项目并组织实施。县级及以上地方人民政府有关部门，应当向社会公开饮用水安全状况信息。（生态环境部、卫生健康委、水利部、住房城乡建设部按职责分工负责）

开展农村饮用水水源环境风险排查整治。以供水人口在 10 000 人或日供水 1 000 吨以上的饮用水水源保护区为重点，对可能影响农村饮用水水源环境安全的化工、造纸、冶炼、制药等风险源和生活污水垃圾、畜禽养殖等风险源进行排查。对水质不达标的水源，采取水源更换、集中供水、污染治理等措施，确保农村饮水安全。（生态环境部牵头，农业农村部、水利部、住房城乡建设部参与）

（五）加快推进农村生活垃圾污水治理。

加大农村生活垃圾治理力度。统筹考虑生活垃圾和农业废弃物利用、处理，建立健全符合农村实际、方式多样的生活垃圾收运处置体系。有条件的地区，开展农村生活垃圾分类减量化试点，推行垃圾就地分类和资源化利用。到 2020 年，东部地区、中西部城市近郊区等有基础、有条件的地区，基本实现农村生活垃圾处置体系全覆盖；中西部有较好基础、基本具备条件的地区，力争实现 90%左右的村庄生活垃圾得到治理。基本完成非正规垃圾堆放点排查整治，实施整治全流程监管，严厉查处在农村地区随意倾倒、堆放垃圾行为。2019 年底前，要完成县级及以上集中式饮用水水源保护区及群众反映强烈的非正规垃圾堆放点整治。（农业农村部牵头，住房城乡建设部、水利部、生态环境部按职责分工负责）

梯次推进农村生活污水治理。各省（区、市）要区分排水方式、排放去向等，加快制修订农村生活污水处理排放标准，筛选农村生活污水治理实用技术和设施设备，采用适合本地区的污水治理技术和模式。以县级行政区域为单位，实行农村生活污水处理统一规划、统一建设、统一管理，优先整治南水北调东线中线水源地及其输水沿线、京津冀、长江经济带、环渤海区域及水质需改善的控制单元范围内的村庄。到 2020 年，确保新增完成 13 万个建制村的环境综合整治任务。开展协同治理，推动城镇污水处理设施和服务向农村延伸，加强改厕与农村生活污水治理的有效衔接，将农村水环境治理纳入河长制、湖长制管理。到 2020 年，东部地区、中西部城市近郊区的农村生活污水治理率明显提高；中西部有较好基础、基本具备条件的地区，生活污水乱排乱放得到管控。（农业农村部、住房城乡建设部、生态环境部、卫生健康委、水利部按职责分工负责）

保障农村污染治理设施长效运行。地方各级人民政府应结合本地实际，制定管理办法，明确设施管理主体，建立资金保障机制，加强管护队伍建设，建立监督管理机制，保障已建成的农村生活垃圾污水处理设施正常运行。开展经常性的排查，对设施不能正常运行的，提出限期整改要求，逾期未整改到位的，应通报批评或约谈相关负责人。对新建污染治理设施，建设及运行维护资金没有保障的，不得安排资金和项目。（农业农村部、发展改革委、财政部、住房城乡建设部、生态环境部按职责分工负责）

（六）着力解决养殖业污染。

推进养殖生产清洁化和产业模式生态化。优化调整畜禽养殖布局，推进畜禽养殖标准化示范创建升级，带动畜牧业绿色可持续发展。引导生猪生产向粮食主产区和环境容量大的地区转移。推广节水、节料等清洁养殖工艺和干清粪、微生物发酵等实用技术，实现源头减量。严格规范兽药、饲料添加剂的生产和使用，严厉打击生产企业违法违规使用兽用抗菌药物的行为。推进水产生态健康养殖，实施水产养殖池塘标准化改造。（农业农村部牵头）

加强畜禽粪污资源化利用。推进畜禽粪污资源化利用，实现生猪等畜牧大县整县畜禽粪污资源化利用。鼓励和引导第三方处理企业将养殖场户畜禽粪污进行专业化集中处理。加强畜禽粪污资源化利用技术集成，因地制宜推广粪污全量收集还田利用等技术模式。到2020年，全国畜禽粪污综合利用率达到75%以上。（农业农村部牵头）

严格畜禽规模养殖环境监管。将规模以上畜禽养殖场纳入重点污染源管理，对年出栏生猪5 000头（其他畜禽种类折合猪的养殖规模）以上和涉及环境敏感区的畜禽养殖场（小区）执行环评报告书制度，其他畜禽规模养殖场执行环境影响登记表制度，对设有排污口的畜禽规模养殖场实施排污许可制度。将符合有关标准和要求的还田利用量作为统计污染物削减量的重要依据。推动畜禽养殖场配备视频监控设施，记录粪污处理、运输和资源化利用等情况，防止粪污偷运偷排。（生态环境部牵头，农业农村部参与）完善畜禽规模养殖场直联直报信息系统，构建统一管理、分级使用、共享直联的管理平台。南方水网地区要以水环境质量改善为导向，加快畜禽粪污资源化利用，着力提升畜禽粪污综合利用率和规模养殖场粪污处理设施装备配套率。到2019年，大型规模养殖场实现粪污处理设施装备全配套；到2020年，所有规模养殖场粪污处理设施装备配套率达到95%以上。（农业农村部牵头，生态环境部参与）

加强水产养殖污染防治和水生生态保护。优化水产养殖空间布局，依法科学划定禁止养殖区、限制养殖区和养殖区。推进水产生态健康养殖，积极发展大水面生态增养殖、工厂化循环水养殖、池塘工程化循环水养殖、连片池塘尾水集中处理模式等健康养殖方式，推进稻渔综合种养等生态循环农业。推动出台水产养殖尾水排放标准，加快推进养殖节水减排。发展不投饵滤食性、草食性鱼类增养殖，实现以渔控草、以渔抑藻、以渔净水。严控河流、近岸海域投饵网箱养殖。大力推进以长江为重点的水生生物保护行动，修复水生生态环境，加强水域环境监测。（农业农村部、生态环境部牵头，自然资源部、水利部参与）

（七）有效防控种植业污染。

持续推进化肥、农药减量增效。深入推进测土配方施肥和农作物病虫害统防统治与全程绿色防控，提高农民科学施肥用药意识和技能，推动化肥、农药使用量实现负增长。集成推广化肥机械深施、种肥同播、水肥一体等绿色高效技术，应用生态调控、生物防治、理化诱控等绿色防控技术。制修订并严格执行化肥农药等农业投入品质量标准，严格控制高毒高风险农药使用，研发推广高效缓控释肥料、高效低毒低残留农药、生物肥料、生物农药等新型产品和先进施肥施药机械。加快培育社会化服务组织，开展统配统施、统防统治等服务。协同推进果菜茶有机肥替代化肥示范县和果菜茶病虫害全程绿色防控示范县建设，发挥种植大户、家庭农场、专业合作社等新型农业经营主体的示范作用，带动绿色高效技术更大范围应用。到2020年，全国主要农作物化肥农药使用量实现负增长，化肥、农药利用率均达到40%以上，测土配方施肥技术覆盖率达到90%以上，全国主要农作物绿色防控覆盖率达到30%以上、主要农作物病虫害专业化统防统治覆盖率达到40%以上，鄱阳湖和洞庭湖周边地区化肥、农药使用量比2015年减少10%以上。（农业农村部牵头）

加强秸秆、农膜废弃物资源化利用。切实加强秸秆禁烧管控，强化地方各级政府秸秆禁烧主体责任。重点区域建立网格化监管制度，在夏收和秋收阶段加大监管力度。东北地区要针对秋冬季秸秆集中焚烧问题，制定专项工作方案，加强科学有序疏导。严防因秸秆露天焚烧造成区域性重污染天气。坚持堵疏结合，加大政策支持力度，整县推进秸秆全量化综合利用，优先开展就地还田。在秸秆综合利用领域尽快取得一批突破性科研成果，加强示范推广。到 2020 年，全国秸秆综合利用率达到 85%以上。（生态环境部、农业农村部、发展改革委、财政部按职责分工负责）在重点用膜地区，整县推进农膜回收利用，推广地膜减量增效技术，做好 100 个地膜回收利用示范县建设。加大新修订的地膜国家标准宣传贯彻力度，从源头保障地膜可回收性。完善废旧地膜等回收处理制度，试点"谁生产、谁回收"的地膜生产者责任延伸制度，实现地膜生产企业统一供膜、统一回收。加大研发力度，争取在降解地膜应用配套技术、高强度地膜替代产品、地膜回收机械、地膜综合利用技术等方面尽快取得一批突破性科研成果。到 2020 年，全国农膜回收率达到 80%以上，河北、辽宁、山东、河南、甘肃、新疆等农膜使用量较高省份力争实现废弃农膜全面回收利用。（农业农村部、发展改革委、财政部牵头，生态环境部参与）

大力推进种植产业模式生态化。发展节水农业，实施"华北节水压采、西北节水增效、东北节水增粮、南方节水减排"战略，加强节水灌溉工程建设和节水改造，选育抗旱节水品种，发展旱作农业，推广水肥一体化等节水技术。在东北、西北、黄淮海等区域，推进规模化高效节水灌溉。到 2020 年，基本完成大型灌区、重点中型灌区续建配套和节水改造任务，农业灌溉用水量控制在 3 720 亿米^3 以内，农田灌溉水有效利用系数达到 0.55 以上，有效减少农田退水对水体的污染。开展种植产业模式生态化试点，推进国家农业可持续发展试验示范区创建，大力发展绿色、有机农产品。推进一二三产业融合发展，发挥生态资源优势，发展休闲农业和乡村旅游。（农业农村部、水利部牵头）

实施耕地分类管理。在土壤污染状况详查的基础上，有序推进耕地土壤环境质量类别划定，2020 年底前建立分类清单。根据土壤污染状况和农产品超标情况，安全利用类耕地集中的县（市、区）要结合当地主要作物品种和种植习惯，制定实施受污染耕地安全利用方案，采取农艺调控、替代种植等措施，降低农产品超标风险。加强对严格管控类耕地的用途管理，依法划定特定农产品禁止生产区域，严禁种植食用农产品；实施重度污染耕地种植结构调整或退耕还林还草。（农业农村部牵头，生态环境部、自然资源部参与）

开展涉镉等重金属重点行业企业排查整治。以耕地重金属污染问题突出区域和铅、锌、铜等有色金属采选及冶炼集中区域为重点，聚焦涉镉等重金属重点行业企业，开展排查整治行动，切断污染物进入农田的途径。对难以有效切断重金属污染途径，且土壤重金属污染严重、农产品重金属超标问题突出的耕地，要及时划入严格管控类，实施严格管控措施，降低农产品镉等重金属超标风险。（生态环境部、农业农村部牵头，财政部参与）

（八）提升农业农村环境监管能力。

严守生态保护红线。明确和落实生态保护红线管控要求，以县为单位，针对农业资源与生态环境突出问题，建立农业产业准入负面清单，因地制宜制定禁止和限制发展产业目录，明确种植业、养殖业发展方向和开发强度，强化准入管理和底线约束。生态保护红线内禁止城镇化和工业化活动，生态保护红线内现存的耕地不得擅自扩大规模。在长江干流、主要支流及重要湖泊、重要河口、重要海湾的敏感区域内，严禁以任何形式围垦河湖海洋、违法占用河湖水域和海域，严格管控沿河环湖沿海农业面源污染。（生态环境部、自然资源部、水利部、农业农村部按职责分工负责）

强化农业农村生态环境监管执法。创新监管手段，运用卫星遥感、大数据、APP 等技术装备，充分利用乡村治安网格化管理平台，及时发现农业农村环境问题。鼓励公众监督，对农村地区生态破坏和环境污染事件进行举报。结合第二次全国污染源普查和相关部门已开展的污染源调查统计工作，建立农业农村生态环境管理信息平台。构建农业农村生态环境监测体系，结合现有环境监测网络和农村环境质量试点监测工作，加强对农村集中式饮用水水源、日处理能力 20 吨及以上的农村生活污水处理设施出水和畜禽规模养殖场排污口的水质监测。纳入国家重点生态功能区中央转移支付支持范围的县域，应设置或增加农村环境质量监测点位，其他有条件的地区可适当设置或增加农村环境质量监测点位。结合省以下生态环境机构监测监察执法垂直管理制度改革，加强农村生态环境保护工作，建立重心下移、力量下沉、保障下倾的农业农村生态环境监管执法工作机制。落实乡镇生态环境保护职责，明确承担农业农村生态环境保护工作的机构和人员，确保责有人负、事有人干。（生态环境部、农业农村部牵头，财政部、自然资源部、卫生健康委参与）通过畜禽规模养殖场直联直报信息系统，统计规模以上养殖场生产、设施改造和资源化利用情况。加强肥料、农药登记管理，建立健全肥料、农药使用调查和监测评价体系。（农业农村部牵头、生态环境部参与）

三、保障措施

（九）加强组织领导。完善中央统筹、省负总责、市县落实的工作推进机制。中央有关部门要密切协作配合，形成工作合力。农业农村部牵头负责农村生活垃圾污水治理、农业污染源头减量和废弃物资源化利用。生态环境部对农业农村污染治理实施统一监督指导，会同农业农村部、住房城乡建设部等有关部门加强污染治理信息共享、定期会商、督导评估，形成"一岗双责"、齐抓共管的工作格局。

省级人民政府对本地区农村生态环境质量负责，加快治理本地区农业农村突出环境问题，明确牵头责任部门、实施主体，提供组织和政策保障，做好监督考核。各省（区、市）要在摸清底数、总结经验的基础上，抓紧编制省级农业农村污染治理实施方案。省级实施方案要对照本行动计划提出的目标和任务，以县（市、区）为单位，从实际出发，重点对主要由农业面源污染造成水质超标的水体控制单元等环境问题突出区域的具体目标和主要任务作出规划。各省（区、市）要在 2018 年年底前完成实施方案编制工作，并报生态环境部、农业农村部、住房城乡建设部备核。市级要做好上下衔接、域内协调和督促检查工作。强化县级主体责任，做好项目落地、资金使用、推进实施等工作，对实施效果负责。乡镇要做好具体组织实施工作。强化农村基层党组织领导核心地位，引导农村党员发挥先锋模范作用，带领村民参与农业农村污染治理。

（十）完善经济政策。深入推进农业水价综合改革，全面实行超定额用水累进加价，并同步建立精准补贴机制。2020 年底前，北京、上海、江苏、浙江等省份，农田水利工程设施完善的缺水和地下水超采地区，以及新增高效节水灌溉项目区、国家现代农业产业园要率先完成改革任务。鼓励有条件的地区探索建立污水垃圾处理农户缴费制度，综合考虑污染防治形势、经济社会承受能力、农村居民意愿等因素，合理确定缴费水平和标准。研究建立农民施用有机肥市场激励机制，支持农户和新型农业经营主体使用有机肥、配方肥、高效缓控释肥。研究制定有机肥厂、规模化大型沼气工程、第三方处理机构等畜禽粪污处理主体用地用电优惠政策，保障用地需求，按设施农业用地进行管理，享受农业用电价格。鼓励各地出台有机肥生产、运输等扶持政策，结合实际统筹加大秸秆还田等补贴力度。推进秸秆和畜禽粪污发电并网运行、电量全额保障性收购以及生物天然气并网。落实畜禽规模养殖场粪污资源化利用和秸秆等农业废弃物资源化利用电价优惠政策。

（十一）加强村民自治。强化村委会在农业农村环境保护工作中协助推进垃圾污水治理和农业面源污染防治的责任。各地各部门要广泛开展农业农村污染治理宣传和教育，宣讲政策要求，开展技术帮扶。将农业农村环境保护纳入村规民约，建立农民参与生活垃圾分类、农业废弃物资源化利用的直接受益机制。引导农民保护自然环境，科学使用农药、肥料、农膜等农业投入品，合理处置畜禽粪污等农业废弃物。充分依托农业基层技术服务队伍，提供农业农村污染治理技术咨询和指导，推广绿色生产方式。开展卫生家庭等评选活动，举办"小手拉大手"等中小学生科普教育活动，推广绿色生活方式。形成家家参与、户户关心农村生态环境保护的良好氛围。

（十二）培育市场主体。培育各种形式的农业农村环境治理市场主体，采取城乡统筹、整县打包、建运一体等多种方式，吸引第三方治理企业、农民专业合作社等参与农村生活垃圾、污水治理和农业面源污染治理。落实和完善融资贷款扶持政策，鼓励融资担保机构按照市场化原则积极向符合支持范围的农业农村环境治理企业项目提供融资担保服务。推动建立农村有机废弃物收集、转化、利用网络体系，探索建立规模化、专业化、社会化运营管理机制。

（十三）加大投入力度。建立地方为主、中央适当补助的政府投入体系。地方各级政府要统筹整合环保、城乡建设、农业农村等资金，加大投入力度，建立稳定的农业农村污染治理经费渠道。深化"以奖促治"政策，合理保障农村环境整治资金投入，并向贫困落后地区适当倾斜，让农村贫困人口在参与农业农村污染治理攻坚战中受益。支持地方政府依法合规发行政府债券筹集资金，用于农业农村污染治理。采取以奖代补、先建后补、以工代赈等多种方式，充分发挥政府投资撬动作用，提高资金使用效率。

（十四）强化监督工作。各省（区、市）要以本地区实施方案为依据，制定验收标准和办法，以县为单位进行验收。将农业农村污染治理工作纳入本省（区、市）污染防治攻坚战的考核范围，作为本省（区、市）党委和政府目标责任考核、市县干部政绩考核的重要内容。将农业农村污染治理突出问题纳入中央生态环保督察范畴，对污染问题严重、治理工作推进不力的地区进行严肃问责。

生态环境部　发展改革委　自然资源部关于印发《渤海综合治理攻坚战行动计划》的通知

环海洋〔2018〕158 号

天津市、河北省、辽宁省、山东省人民政府，科技部、工业和信息化部、财政部、住房城乡建设部、交通运输部、水利部、农业农村部、文化和旅游部、应急部、市场监管总局、林草局、中国海警局：

经国务院同意，现将《渤海综合治理攻坚战行动计划》（见附件）印发给你们，请认真贯彻落实。

附件：渤海综合治理攻坚战行动计划

生态环境部
发展改革委
自然资源部
2018 年 11 月 30 日

附件

渤海综合治理攻坚战行动计划

为全面贯彻党中央、国务院决策部署，落实《中共中央国务院关于全面加强生态环境保护坚决打好污染防治攻坚战的意见》（中发〔2018〕17 号）的要求，打好渤海综合治理攻坚战，加快解决渤海存在的突出生态环境问题，制定本行动计划。

一、总体要求

（一）指导思想。全面贯彻党的十九大和十九届二中、三中全会精神，以习近平新时代中国特色社会主义思想为指导，深入贯彻习近平生态文明思想，认真落实党中央、国务院决策部署，以改善渤海生态环境质量为核心，以突出生态环境问题为主攻方向，坚持陆海统筹、以海定陆，坚持"污染控制、生态保护、风险防范"协同推进，治标与治本相结合，重点突破与全面推进相衔接，科学谋划、多措并举，确保渤海生态环境不再恶化、三年综合治理见到实效。

（二）范围。开展渤海综合治理的范围为渤海全海区、环渤海的辽宁省、河北省、山东省和天津市（以下统称三省一市）。以"1+12"沿海城市，即天津市和其他 12 个沿海地级及以上城市（大连市、营口市、盘锦市、锦州市、葫芦岛市、秦皇岛市、唐山市、沧州市、滨州市、东营市、潍坊市、烟台市）为重点。

（三）主要目标。通过三年综合治理，大幅降低陆源污染物入海量，明显减少入海河流劣Ⅴ类水体；实现工业直排海污染源稳定达标排放；完成非法和设置不合理入海排污口（以下称两类排污口）的清理工作；构建和完善港口、船舶、养殖活动及垃圾污染防治体系；实施最严格的围填海管控，持续改善海岸带生态功能，逐步恢复渔业资源；加强和提升环境风险监测预警和应急处置能力。到 2020 年，渤海近岸海域水质优良（一、二类水质）比例达到 73%左右。

二、重点任务

（一）陆源污染治理行动。

1. 入海河流污染治理

按"一河一策"要求，三省一市编制实施国控入海河流（设置国家地表水环境质量监测断面的入海河流）水质改善方案，加强汇入渤海的国控入海河流和其他入海河流的流域综合治理，减少总氮等污染物入海量（具体河流名单和治理要求由生态环境部会同有关部门另行印发）。

深入开展国控入海河流污染治理。对已达到 2020 年水质考核目标的河流，加强日常监管，保持河流水质状况稳定；对尚未达到 2020 年水质考核目标的河流，重点实施综合整治。2020 年底前，国控入海河流劣 V 类水体明显减少，达到水污染防治目标责任书确定的目标要求，沿海城市辖区内国控入海河流总氮浓度在 2017 年的基础上下降 10%左右。（生态环境部牵头，发展改革委、住房城乡建设部、水利部等参与，三省一市各级政府负责落实。以下所有任务均须三省一市各级政府负责落实，不再列出）

推动其他入海河流污染治理。2019 年 6 月底前，沿海城市将其他入海河流纳入常规监测计划，并开展水质监测（含总氮指标），三省一市继续实施本省（市）的近岸海域污染防治实施方案，加强河流水质管理和污染治理。（生态环境部牵头，发展改革委、住房城乡建设部、水利部等参与）

2. 直排海污染源整治

开展入海排污口溯源排查。在清查入海水流和清理两类排污口工作基础上，对沿海城市陆地和海岛上所有直接向海域排放污（废）水的入海排污口进行全面溯源排查，查清所有直排海污染源，包括直接向排污口排污的工业企业、城镇污水处理设施、工业集聚区污水集中处理设施，并逐一登记；加快推动排污许可证核发工作，已实施排污许可的行业和范围，实行依法持证排污。2019 年 6 月底前，完成入海排污口"一口一册"管理档案建立和两类排污口清理工作。（生态环境部牵头，工业和信息化部、住房城乡建设部等参与）

严格控制工业直排海污染源排放。提高污（废）水处理能力，保证污（废）水处理设施运行有效性和稳定性，督促工业直排海污染源全面稳定达标排放。工业集聚区污（废）水集中处理设施执行国家排放标准中相关限值（具体要求由生态环境部会同有关部门另行印发）。三省一市根据当地水质状况和治理需求，确定沿海城市执行国家排放标准中水污染物特别排放限值的行业、指标和时限。2019 年 6 月底前，沿海城市制定不达标工业直排海污染源全面稳定达标排放改造方案。2020 年 7 月起，工业直排海污染源实现稳定达标排放。（生态环境部牵头，工业和信息化部、住房城乡建设部等参与）

3. "散乱污"企业清理整治

结合《打赢蓝天保卫战三年行动计划》相关"强化'散乱污'企业综合整治"要求，沿海城市推进"散乱污"企业清理整治。对上述企业中采用《产业结构调整指导目录》规定的属于淘汰类的落后生产工艺装备或生产落后产品的生产装置，依法予以淘汰。持续加强监管，防止新发问题。（生态环境部牵头，工业和信息化部、自然资源部等参与）

4. 农业农村污染防治

依托《农业农村污染治理攻坚战行动计划》，将三省一市作为重点区域，开展农药化肥的科学合理使用、畜禽养殖污染治理、农业废弃物资源化利用、农村生活污水治理、农村生活垃圾的收集转运处置等工作。（分工按《农业农村污染治理攻坚战行动计划》执行）

5. 城市生活污染防治

依托《城市黑臭水体治理攻坚战行动计划》，将沿海城市作为重点区域，加快补齐城市环境基础设施建设短板；落实海绵城市建设要求，有效减少城市面源污染；开展城镇污水处理"提质增效"、城市初期雨水收集处理、垃圾收集转运及处理处置等工作。（分工按《城市黑臭水体治理攻坚战行动计划》执行）

6. 水污染物排海总量控制

开展水污染物排海总量控制试点。沿海城市逐步建立重点海域水污染物排海总量控制制度，天津市、秦皇岛市开展总量控制制度试点。（生态环境部牵头，工业和信息化部、住房城乡建设部、农业农村部、水利部等参与）

实施总氮总量控制。沿海城市按照固定污染源总氮污染防治的要求，推进涉氮重点行业固定污染源治理（有关涉氮重点行业范围由生态环境部会同有关部门另行印发），实行依法持证排污。开展依排污许可证执法，并根据排污许可证确定对应涉氮重点行业总氮总量控制指标，实施沿海城市辖区内的行业总氮总量控制。2019年底前，完成总氮超标整治，实现达标排放。2020年底前，完成覆盖所有污染源的排污许可证核发工作，并实施沿海城市辖区内总氮总量控制。（生态环境部牵头，发展改革委、工业和信息化部、住房城乡建设部、农业农村部等参与）

7. 严格环境准入与退出

完成"三线一单"（生态保护红线、环境质量底线、资源利用上线和生态环境准入清单），明确禁止和限制发展的涉水涉海行业、生产工艺和产业目录。严格执行环境影响评价制度，推动高质量发展和绿色发展。加强规划环评工作，深化沿海重点区域、重点行业、重点流域和产业布局的规划环评，调整优化不符合生态环境功能定位的产业布局。（生态环境部牵头，发展改革委、工业和信息化部、自然资源部、水利部等参与）

（二）海域污染治理行动。

8. 海水养殖污染治理

优化水产养殖生产布局，以辽东湾顶部海域、普兰店湾、莱州湾为重点，治理海水养殖污染。按照禁止养殖区、限制养殖区和生态红线区的管控要求，规范和清理滩涂与近海海水养殖。根据海洋环境监测结果，在生态敏感脆弱区、赤潮灾害高发区、严重污染区等海域依法禁止投饵式海水养殖，开展海域休养轮作试点。推进生态健康养殖和布局景观化，鼓励和推动深海养殖、海洋牧场建设。2019年底前，完成非法和不符合分区管控要求的海水养殖清理整治；依法划定的海滨风景名胜区内和地市级以上人民政府批准的海水浴场周边一定范围内禁止非法海水养殖；完成海上养殖使用环保浮球等升级改造工作。2020年底前，研究制订地方海水养殖污染控制方案，推进沿海县（市、区）海水池塘和工厂化养殖升级改造。（农业农村部、生态环境部牵头，财政部、自然资源部、中国海警局等参与）

9. 船舶污染治理

严格执行《船舶水污染物排放控制标准》，限期淘汰不能达到污染物排放标准的船舶，严禁新建不达标船舶进入运输市场；规范船舶水上拆解，禁止冲滩拆解。依法报废超过使用年限的运输船舶。禁止船舶向水体超标排放含油污水，继续实施渤海海区船舶排污设备铅封管理制度。（交通运输部牵头，农业农村部、工业和信息化部、生态环境部、市场监管总局等参与）

10. 港口污染治理

推进船舶污染物接收处置设施建设。加强环渤海港口和船舶修造厂的环卫及污水处理设施建设规划与所在地城市市政基础设施建设规划的统筹融合。推动港口、船舶修造厂加快船舶含油污水、化学品洗舱水、生活污水和垃圾等污染物的接收设施建设，所在地城市政府加强转运及处置设施建设，并做好船、港、城设施衔接。2020 年底前，沿海港口、船舶修造厂达到船舶污染物接收、转运及处置设施建设要求。（交通运输部牵头，发展改革委、自然资源部、工业和信息化部、生态环境部、住房城乡建设部、农业农村部等参与）

开展渔港环境综合整治。开展渔港（含综合港内渔业港区）摸底排查工作，加强含油污水、洗舱水、生活污水和垃圾、渔业垃圾等清理和处置，推进污染防治设施建设和升级改造，提高渔港污染防治监督管理水平。2019 年底前，三省一市完成沿海渔港的摸底排查工作，编制渔港名录，并向社会公开，推进名录内渔港的污染防治设备设施建设。2020 年底前，三省一市完成渔港环境清理整治，实现名录内渔港污染防治设备设施全覆盖。（农业农村部牵头，发展改革委、生态环境部、住房城乡建设部等参与）

11. 海洋垃圾污染防治

沿岸（含海岛）高潮线向陆一侧一定范围内，禁止生活垃圾堆放、填埋，规范生活垃圾收集装置，禁止新建工业固体废物堆放、填埋场所，现有非法的工业固体废物堆放、填埋场所依法停止使用，做好环境风险防控，确保不发生次生环境污染事件。严厉打击向海洋倾倒垃圾的违法行为，禁止垃圾入海。开展入海河流和近岸海域垃圾综合治理，2019 年底前，沿海城市全部建立垃圾分类和"海上环卫"工作机制，完成沿岸一定范围内生活垃圾堆放点的清除，实施垃圾分类制度，具备海上垃圾打捞、处理处置能力；2020 年底前，实现入海河流和近岸海域垃圾的常态化防治。（住房城乡建设部牵头，生态环境部、发展改革委、交通运输部、农业农村部、文化和旅游部、中国海警局等参与）

12. 建立实施湾长制

构建陆海统筹的责任分工和协调机制，督促三省一市各级政府履行渤海环境保护主体责任，将治理责任细化分解到各级政府部门。三省一市在辽东湾、渤海湾、莱州湾建立实施湾长制，并逐步分解落实到沿海城市。（生态环境部牵头，自然资源部、中国海警局、水利部等参与）

（三）生态保护修复行动。

13. 海岸带生态保护

划定并严守渤海海洋生态保护红线。渤海海洋生态保护红线区在三省一市管理海域面积中的占比达到 37%左右。严格执行生态保护红线管控要求。2020 年底前，依法拆除违规工程和设施，全面清理非法占用生态保护红线区的围填海项目。（自然资源部、生态环境部牵头，发展改革委、中国海警局等参与）

实施最严格的围填海管控。除国家重大战略项目外，禁止审批新增围填海项目。对合法合规围填海项目闲置用地进行科学规划，引导符合国家产业政策的项目消化存量资源，优先支持发展海洋战略性新兴产业、绿色环保产业、循环经济产业和海洋特色产业。（自然资源部、发展改革委牵头，工业和信息化部、科技部、生态环境部、中国海警局等参与）

强化渤海岸线保护。实施最严格的岸线开发管控，对岸线周边生态空间实施严格的用途管制措施，统筹岸线、海域、土地利用与管理，加强岸线节约利用和精细化管理，进一步优化和完善岸线保护布局。除国家重大战略项目外，禁止新增占用自然岸线的开发建设活动，并通过岸线修复确保自然岸线（含整治修复后具有自然海岸形态特征和生态功能的岸线）长度持续增长。定期组织开展海岸线保护情况巡查和专项执法检查，严肃查处违法占用海岸线的行为。2020年，渤海自然岸线保有率保持在35%左右。（自然资源部牵头，发展改革委、生态环境部、林草局、中国海警局等参与）

强化自然保护地选划和滨海湿地保护。落实自然保护地管理责任，坚决制止和惩处破坏生态环境的违法违规行为，严肃追责问责。实行滨海湿地分级保护和总量管控，分批确定重要湿地名录和面积，建立各类滨海湿地类型自然保护地。未经批准利用的无居民海岛，应当维持现状。禁止非法采挖海砂，加强监督执法，2019年三省一市组织开展监督检查和执法专项行动，严厉打击非法采挖海砂行为。2020年底前，将河北滦南湿地和黄骅湿地、天津大港湿地和汉沽湿地、山东莱州湾湿地等重要生态系统选划为自然保护地。（自然资源部牵头，生态环境部、林草局、中国海警局等参与）

14．生态恢复修复

加强河口海湾综合整治修复。因地制宜开展河口海湾综合整治修复，实现水质不下降、生态不退化、功能不降低，重建绿色海岸，恢复生态景观。辽宁省以大小凌河口、双台子河口、大辽河口、普兰店湾、复州湾和锦州湾海域为重点，河北省以滦河口、北戴河口、滦南湿地、黄骅湿地以及所辖渤海湾海域为重点，天津市以七里海潟湖湿地、大港湿地、汉沽湿地以及所辖渤海湾海域为重点，山东省以黄河口、小清河口、莱州湾海域为重点，按照"一湾一策、一口一策"的要求，加快河口海湾整治修复工程。2019年6月底前，完成河口海湾综合整治修复方案编制，提出针对性的污染治理、生态保护修复、环境监管等整治措施。2020年底前，完成整治修复方案确定的目标任务。渤海滨海湿地整治修复规模不低于6 900公顷。（自然资源部牵头，发展改革委、生态环境部、农业农村部、水利部、林草局等参与）

加强岸线岸滩综合治理修复。沿海城市依法清除岸线两侧的违法建筑物和设施，恢复和拓展海岸基干林带范围。实施受损岸线治理修复工程，对基岩、砂砾质海岸，采取海岸侵蚀防护等措施维持岸滩岸线稳定；对淤泥质岸线、三角洲岸线以及滨海旅游区等，通过退养还滩、拆除人工设施等方式，清理未经批准的养殖池塘、盐池、渔船码头等；对受损砂质岸段，实施海岸防护、植被固沙等修复工程，维护砂质岸滩的稳定平衡。2020年底前，沿海城市整治修复岸线新增70千米左右。（自然资源部牵头，生态环境部、农业农村部、林草局等参与）

15．海洋生物资源养护

严格控制海洋捕捞强度。继续组织实施海洋渔业资源总量管理制度。推进渤海海区禁捕限捕，总结并继续组织山东、辽宁进行限额捕捞试点，启动河北限额捕捞试点工作。优化海洋捕捞作业结构，全面清理取缔"绝户网"等对渔业资源和环境破坏性大的渔具，清理整治渤海违规渔具，严厉打击涉渔"三无"船舶，逐步压减捕捞能力。2019年起，逐年减少海洋捕捞许可证数量，实现海洋捕捞产量负增长，确保 2020 年与 2015 年相比减幅不低于 24%。2020 年底前，近海捕捞机动渔船数量和功率比 2017 年削减 10%以上。（农业农村部牵头，交通运输部、生态环境部、中国海警局等参与）

大力养护海洋生物资源。三省一市每年增殖海洋类经济物种不少于 45 亿单位，举办增殖放流活动不少于 300 次。鼓励建立以人工鱼礁为载体、底播增殖为手段、增殖放流为补充的海洋牧场示范区。严格执行伏季休渔制度，并根据渤海渔业资源调查评估状况，适当调整休渔期，逐步恢复渔业资源。（农业农村部牵头，财政部、生态环境部、中国海警局等参与）

（四）环境风险防范行动。

16．陆源突发环境事件风险防范

开展环渤海区域突发环境事件风险评估工作，加强区域环境事件风险防范能力建设。督促沿海城市加大执法检查力度，推动辖区化工企业落实安全环保主体责任，提升突发环境事件风险防控能力。2019 年底前，完成涉危化品、重金属和工业废物（含危险废物）以及核电等重点企业突发环境事件风险评估和环境应急预案备案工作。加强环境风险源邻近海域环境监测和区域环境风险防范。2020 年底前，沿海城市完成区域突发环境事件风险评估和政府环境应急预案修订。（生态环境部牵头，应急部、自然资源部、财政部、工业和信息化部、交通运输部等参与）

17．海上溢油风险防范

近岸海域溢油风险防范。2019 年底前，建立沿岸原油码头、船舶等重点风险源专项检查制度，定期开展执法检查，依法严肃查处环境违法行为。明确近岸海域和海岸的溢油污染治理责任主体，提升溢油指纹鉴定能力，完善应急响应和指挥机制，配置应急物资库。完成渤海海上溢油污染近岸海域风险评估，防范溢油等污染事故发生。2020 年底前，建立海上溢油污染海洋环境联合应急响应机制，建成溢油应急物资统计、监测、调用综合信息平台。（交通运输部牵头，生态环境部、自然资源部、应急部、工业和信息化部、农业农村部、中国海警局等参与）

石油勘探开发海上溢油风险防范。2019 年底前，完成海上石油平台、油气管线、陆域终端等风险专项检查，定期开展专项执法检查。加强海上溢油影响的环境监测，完善海上石油开发油指纹库。2020 年底前，完成渤海石油勘探开发海上溢油风险评估，开展海上排污许可试点工作，推动建立石油勘探开发海上排污许可制度。（生态环境部牵头，交通运输部、自然资源部、应急部、工业和信息化部、中国海警局等参与）

18．海洋生态灾害预警与应急处置

在海洋生态灾害高发海域、重点海水浴场、滨海旅游区等区域，建立海洋赤潮（绿潮）灾害监测、预警、应急处置及信息发布体系。开展海洋水产品贝毒抽样检测与养殖海域溯源工作，严控相关问题水产品流入市场及扩散。加强海水浴场、电厂取水口水母灾害监测预警，强化公众宣传及对相关企事业单位的预警信息通报。（自然资源部牵头，财政部、生态环境部、农业农村部、市场监管总局等参与）

三、保障措施

（一）加强组织领导。国务院相关部门要密切配合，形成工作合力。三省一市是行动计划的实施主体，要提高政治站位，充分认识渤海环境保护的重要意义，切实加强对渤海综合治理攻坚战的组织领导，严格落实生态环境保护党政同责、一岗双责，将行动计划的目标和任务逐级分解，落实到相关地市、部门，明确责任人，层层压实责任，摸清底数，对渤海污染实施长效治理，确保行动计划三年内取得实效，为渤海生态环境质量的根本改善奠定基础。（生态环境部牵头，各相关部门参与）

（二）强化监督考核。采取排查、交办、核查、约谈、专项督察"五步法"，切实推动解决渤海生态环境突出问题和强化薄弱工作环节，进一步强化地方主体责任。加大环境执法监督力度，推进联合执法、区域执法、交叉执法，强化执法监督和责任追究。构建行动计划考核体系。结合第一轮中央生态环境保护督察"回头看"和第二轮中央生态环境保护督察工作，针对行动计划实施过程中的突出问题和问题突出地区，视情开展生态环境保护专项督察，对监督管理职责履行不到位、存在瞒报漏报、弄虚作假、未能完成终期生态环境改善目标任务或重点任务进展缓慢的地区，督促限期整改，并视情采取函告、通报、约谈等措施。（生态环境部牵头，各相关部门参与）

（三）加大资金投入。建立"中央引导、地方为主、市场运作、社会参与"的多元化资金投入机制。统筹现有各类中央财政性涉海生态环境保护资金，加大对渤海综合治理攻坚战的投入，并对符合中央投入方向的项目，在现有渠道中给予支持。地方切实发挥主动性和能动性，加大地方财政投入力度，充分利用市场投融资机制，吸引多方面资金向渤海生态环境保护领域集聚。（财政部、发展改革委牵头，生态环境部等参与）

（四）强化科技支撑。建立渤海综合治理科研协同工作机制。加强国家重点研发计划"海洋环境安全保障"重点专项和"水体污染控制与治理"科技重大专项等科技成果在污染治理与生态环境保护领域的转化应用，形成一批可复制、可推广的环境治理和生态修复实用技术。（科学技术部牵头，各相关部门参与）

整合优势资源，创新组织形式，建立渤海综合治理协同业务攻关平台。进一步加强渤海生态环境与海洋生物资源本底调查、近岸海域生态环境承载能力、海洋生态安全评估等关键问题研究。积极开展海洋污染防治、海洋生态保护与修复、海洋灾害和突发环境事件应急预警预报等成果集成和示范应用。（生态环境部牵头，各相关部门参与）

（五）强化规划引领与机制创新。各有关部门制定空间规划和相关专项规划时，要考虑渤海生态环境保护和综合治理要求，并加以细化，引导地区优化产业布局、调整产业结构、科学合理开发利用。三省一市各级政府在制定海洋经济、海岸带综合保护与利用等相关规划时，要有效统筹衔接渤海综合治理工作，确保综合治理攻坚一体推进。（自然资源部、发展改革委、生态环境部牵头，水利部、农业农村部等参与）

研究建立跨行政区的海洋环境保护合作机制，强化纵向指导和横向联动，建立健全定期会商机制，加强与其他污染防治攻坚战的协调配合，同步推进，协同攻坚，提升渤海环境综合治理能力。构建渤海资源环境承载能力监测预警长效机制，根据监测评价结果，对渤海临界超载区域和超载区域实施差别化管理措施。坚持"谁受益、谁补偿"的原则，综合运用财政、税收和市场手段，采用以奖代补等形式，建立奖优罚劣的海洋生态保护效益补偿机制。（生态环境部牵头，发展改革委、财政部、自然资源部、水利部、农业农村部等参与）

（六）完善监测监控体系。按照陆海统筹、统一布局、服务攻坚的原则，加快建立与攻坚战相匹配的生态环境监测体系。加强监测能力建设，保障监测运行经费，在专用监测船舶、在线监测设施、应急处置设备等方面加大投入力度。强化渤海网格化监测和动态监视监测，建设海洋环境实时在线监控系统。实施渤海海洋生态风险监测，加强对危化品及危险废物等环境健康危害因素的监测。2019 年，启动渤海海洋生态环境本底调查和第三次海洋污染基线调查，为动态调整优化攻坚策略、客观评价攻坚成效提供基础信息，为长远治本打下坚实基础。（生态环境部牵头，发展改革委、财政部、自然资源部、水利部、农业农村部、林草局等参与）

（七）加强信息公开和公众参与。加强环境信息公开、公众参与和宣传，建立健全渤海生态环境信息共享机制。组织公众、社会组织等参与海洋环境保护公益活动，提高公众保护海洋环境的意识。三省一市要按规定公开建设项目环境影响评价信息，重点排污单位要依法、及时、准确地在当地主流媒体上公开污染物排放、治污设施运行情况等环境信息。通过公开听证、网络征集等形式，充分了解公众对重大决策和建设项目的意见。健全环境违法行为举报制度，充分发挥环保举报热线和网络平台作用，及时处理公众举报投诉。对取得较好治理效果的区域和案例进行宣传推广。（生态环境部牵头，各相关部门参与）

关于生态环境保护助力打赢精准脱贫攻坚战的指导意见

环科财〔2018〕162 号

各省、自治区、直辖市生态环境厅（局），新疆生产建设兵团环境保护局，机关各部门，各派出机构、直属单位：

为深入贯彻习近平新时代中国特色社会主义思想和党的十九大精神，认真落实党中央、国务院脱贫攻坚决策部署，特别是《中共中央 国务院关于打赢脱贫攻坚战三年行动的指导意见》，按照中央单位定点扶贫工作推进会议最新要求，进一步落实行业扶贫责任，以生态环境保护助力打赢精准脱贫攻坚战，制定本指导意见。

一、总体要求

（一）指导思想

全面贯彻党的十九大和十九届二中、三中全会精神，以习近平新时代中国特色社会主义思想为指导，深入学习贯彻习近平总书记关于扶贫工作的重要论述，坚持绿水青山就是金山银山的理念，坚持精准扶贫精准脱贫基本方略，充分发挥行业优势，支持贫困地区打好打赢污染防治和精准脱贫两个攻坚战，以生态环境保护助力脱贫攻坚，聚焦深度贫困地区，突出问题导向，细化实化政策措施，着力提高脱贫攻坚质量，着力增强贫困人口获得感，着力提高生态环保扶贫能力，着力加强扶贫领域作风建设，把脱贫攻坚责任落到实处，推动生态环保扶贫取得新的更大成效，为决胜全面建成小康社会筑牢基础。

（二）工作目标

到 2020 年，全国贫困地区绿色发展的主动性和自觉性进一步增强，污染防治和精准脱贫两大攻坚战协同共进，生态环境保护水平同全面建成小康社会目标相适应，贫困人口生态环境获得感、幸福感明显增强，贫困地区、贫困人口在生态环境保护中获得稳定收益，生态环境保护对脱贫攻坚的支撑作用进一步发挥，支持创建一批绿水青山就是金山银山的典型。

（三）基本原则

坚持绿色发展。牢固树立保护生态环境就是保护生产力、改善生态环境就是发展生产力的理念，将生态文明理念融入到经济发展和脱贫攻坚全过程、全方位、全地域，引导、倒逼贫困地区绿色发展，探索绿水青山就是金山银山的新模式新机制，实现保护生态环境与消除贫困的统一。

坚持精准施策。统筹协调区域流域生态环境治理保护与精准扶贫，坚持问题导向，强化政策倾斜，进一步提高贫困人口的参与度、受益水平和获得感，推动解决区域性整体贫困和现行标准下农村贫困人口实现脱贫。

坚持协同推进。把脱贫攻坚质量放在首位，更加注重帮扶的长期效果，坚持生态环境保护和脱贫攻坚一体推进，在脱贫攻坚中把保护生态环境放在突出位置，研究部署生态环保工作时统筹考虑脱贫攻坚。

坚持改革创新。完善污染防治、生态保护修复体制机制，坚持绩效导向，确保贫困地区生态环境治理保护可持续、见实效。加快推进生态文明体制改革，建立稳定脱贫长效机制，让改革红利率先惠及贫困地区、贫困人口。改进生态环保专项资金分配方式，向贫困地区、贫困人口倾斜。

二、加大对深度贫困地区支持力度

集中力量支持深度贫困地区脱贫攻坚，协同处理好发展和保护的关系，促进解决区域性整体贫困。

支持深度贫困地区加强生态环境保护，严格生态空间管控，强化生态保护红线、各类自然保护地监管，守住绿水青山。加强对深度贫困地区环境影响评价服务指导，支持因地制宜、高标准高起点发展具有比较优势的特色产业，对涉及脱贫攻坚、符合生态环境保护要求的建设项目加快审批。

支持深度贫困地区打好污染防治攻坚战，因地制宜打好蓝天保卫战、水源地保护、农业农村污染治理等重大战役，实施大气污染防治、水污染防治、土壤污染防治、农村环境整治、生态保护修复、生物多样性保护与减贫等生态环境治理保护工程项目，相关工程项目优先入库，优先安排各级财政专项资金，推动提高"以奖代补"标准。

推动将深度贫困县纳入重点生态功能区转移支付范围，加大转移支付力度。扩大区域流域间横向生态保护补偿范围，让更多深度贫困地区受益。在林业碳汇参与碳市场交易、有机产业发展、干部选派、试点示范等方面进一步向深度贫困地区倾斜，鼓励纳入碳排放权交易市场的重点排放单位优先购买贫困地区林业碳汇。

引导社会力量支持深度贫困地区脱贫攻坚，支持企事业单位和社会组织在深度贫困地区开展产业扶贫、就业扶贫、教育扶贫和公益扶贫，生态环境部下属全国性社会组织积极参与"三区三州"脱贫攻坚。

扎实推进"十三五"全国生态环境系统对口支援新疆、西藏和崇义工作，完善工作机制，加大人才、政策、资金、项目倾斜，全面落实规划任务，支持生态产业化、产业生态化，筑牢生态安全屏障，在保护中实现绿色转型发展。

三、加强生态环境保护扶贫

结合全面加强生态环境保护坚决打好污染防治攻坚战，落实行业扶贫责任，让贫困地区、贫困人口从生态环境保护中稳定受益，建立生态环境保护扶贫大格局。

（一）推动贫困地区绿色发展

支持贫困地区探索符合当地实际的绿水青山就是金山银山新模式新机制，因地制宜将生态环境优势转化为绿色发展优势、脱贫攻坚优势，鼓励创建"两山"理论实践创新基地。

对贫困地区涉及生态保护红线、自然保护区的现有、新（改、扩）建生产生活等项目实施分类管控。对位于生态保护红线、自然保护区等各类保护地内现有扶贫项目，按照尊重历史、实事求是原则依法依规进行管理、运行和维护，对确与生态保护红线、自然保护区管控要求不一致的，由省级主管部门根据生态环境影响评估结果提出退出、保留或调整建议，并按规定程序报批。对新（改、扩）建扶贫项目，按照管控要求实施管理。

优化贫困地区环评管理，支持贫困地区每年年初制定需环评审批的建设项目清单，报具备审批权限的生态环境部门提前介入，提高审批效率。大力支持加快补齐基础设施短板，实施特色产业提升工程，科学合理有序开发资源，创办一二三产业融合发展产业园，高标准建设生态工业园区，发展新兴产业、生态产业。对按照规划环评审查意见要求建设的产业园区入园项目，依法简化建设项目环评文件内容。全国生态环境系统具备规划环评能力的事业单位，优先承接贫困地区的规划环评编制项目，费用减免。

坚持绿色发展、可持续发展原则，规范引导种养业、扶贫车间和扶贫驿站及农家乐、渔家乐等乡村旅游产业。支持发展生态农业、有机农业，推广生态种养殖模式，发展"三品一标"（无公害农产品、绿色食品、有机农产品、农产品地理标志）产品，大力支持国家有机食品生产基地建设。支持生态环境资源向旅游资源转化，结合当地自然资源优势、民俗文化、休闲农业等发展生态旅游经济，延伸产业链价值链，实施乡村旅游扶贫工程，推动旅游特色村、休闲养生基地建设，支持创建生态旅游示范区。加快开展生态环保扶贫效益评估，将绿水青山向金山银山的转化价值量化表达。

（二）加快解决突出环境问题

支持贫困地区加大环境治理力度，改善生态环境质量，破除发展瓶颈，提高生态环境支撑水平，增强贫困地区可持续发展能力和贫困人口获得感。支持具备条件的贫困地区实施清洁取暖工程，发展沼气发电、生物质能等清洁能源。通过加大综合利用政策支持力度促进秸秆离田，统筹做好农作物秸秆综合利用。配合有关部门实施农村饮用水水质提升工程，整治饮用水水源地，全面解决贫困人口饮水安全问题。支持生态搬迁和易地扶贫搬迁集中安置区规划建设配套污水垃圾处理设施。支持贫困地区工矿废弃地风险管控或修复利用，加快解决历史遗留的土壤污染问题，推动重度污染的耕地纳入新一轮退耕还林还草范围，分类制定退耕政策机制。

引导贫困地区落实畜禽养殖禁养区、限养区和适养区要求，推动规模化养殖。以就地消纳、能量循环、综合利用为主要方式，支持畜禽粪污资源化利用，配合有关部门在财税、价格、信贷等方面优先给予贫困地区政策扶持，扩大有机肥生产利用。支持推广加厚地膜，促进解决地膜污染问题，继续减少化肥农药使用量。

积极推进农村人居环境整治三年行动，针对农村垃圾、污水治理和村容村貌等重点领域，加快补齐农村环境短板，推动实现贫困地区农村环境明显改善。

（三）巩固生态资源优势

加大贫困地区生态保护修复与监管力度，将整体保护、系统修复、综合治理与精准扶贫、提高贫困人口收入、逐步改善生产生活条件相结合，实现生态保护与脱贫双赢。推进山水林田湖草生态保护修复试点，支持退耕还林还草、湿地保护与恢复、水生态治理等生态工程建设，实现贫困地区自然生态资产保值增值。扩大生物多样性保护与减贫试点，推广生物多样性保护、恢复与减贫示范技术，优先开展贫困地区生物多样性资源价值评估，推进生物多样性资源管理和有偿使用，采取替代生计、生态旅游等措施，探索生物多样性保护与减贫协同模式。

四、健全长效机制

（一）健全生态保护补偿机制

积极协调相关部门进一步加大重点生态功能区转移支付力度，将更多贫困县纳入转移支付范围。扩大流域上下游横向生态补偿试点，生态补偿资金向上游贫困地区倾斜，推动调整和完善生态补偿资金支出或收益使用方式，提高贫困人口直接受益水平。加强贫困地区参与碳市场能力建设，支持开发符合相关方法学要求的温室气体减排项目，将贫困地区林业碳汇项目优先纳入全国碳排放权交易市场抵消机制。积极推动贫困地区生态综合补偿试点。

（二）建立贫困人口参与机制

引导贫困地区采取政府购买服务或设立公益岗位的方式，吸纳贫困人口参与生态环境保护，安置贫困人口就业，增加劳务收入。污染防治、生态保护修复等工程项目建设运行中，设置一定数量岗位安排贫困人口就业，在政府采购、招投标、合同约定中予以明确保障。鼓励各地根据需要设置生态环境强化监督、生态保护红线管护等岗位，让贫困人口参与生态环境监管，对表现突出的给予奖励，提高贫困人口生态环境保护积极性。

（三）深化多方合作联动

落实各级生态环境部门定点扶贫和行业扶贫责任，按照属地党委和政府要求，承担定点扶贫任务，加强对本地生态环保扶贫工作的指导支持，积极参与东西部扶贫协作工作。充分发挥社会组织作用，引导社会资源参与生态环保扶贫。鼓励支持企业集团在生态保护和污染防治任务重的贫困地区开展生态环保扶贫行动，重点支持京津冀大气污染防治和京津水源涵养区、南水北调源头区、生态重要及敏感脆弱区的贫困县，同步打好污染防治和精准脱贫两个攻坚战。加强部门联动、省市县乡村联动，形成生态环保扶贫工作合力。

五、强化支撑保障

（一）加强组织领导。深入学习贯彻习近平总书记关于扶贫工作的重要论述和一系列新理念新思路新战略，认真贯彻落实党中央、国务院脱贫攻坚决策部署，加强对生态环境保护扶贫工作的统筹谋划、工作指导，坚持把脱贫攻坚作为重大政治任务和重要民生事项来抓，坚持生态环境保护和脱贫攻坚协同共进，各级生态环境部门主要负责同志要高度重视本地区本部门生态环境保护扶贫的重大政策、重大问题，加强调查研究，统筹安排部署，切实做到人员到位、责任到位、工作到位、效果到位。各级生态环境部门对贫困地区涉及各类环保督察执法、生态保护红线、自然保护区等问题加强跟踪指导，防止"一刀切"。

（二）提高生态环境保护扶贫能力。按照打好两个攻坚战要求，加强生态环境人员队伍建设，解决经费保障问题，培养一批既懂生态环境保护又懂脱贫攻坚的干部。抓党建促扶贫，派强用好驻村第一书记，加强跟踪管理、定期到村指导，严格落实项目、资金、责任三捆绑要求，加大保障支持力度。注重选派思想好、作风正、能力强的优秀干部到贫困地区挂职锻炼，协助分管扶贫工作，主要精力投入脱贫攻坚。加强选派驻村第一书记和挂职扶贫干部管理、培训和使用。推动农村污水垃圾处理、畜禽养殖污染防治、秸秆综合利用、生态环境咨询等技术下乡。

（三）强化投入保障。各类生态环境保护专项资金向贫困地区倾斜，在资金分配时把脱贫攻坚作为重要的考量因素，适当提高贫困地区切块分配因子。支持贫困县按规定加强资金统筹整合使用，明确生态环境保护扶贫目标任务，确保整合资金围绕脱贫攻坚项目精准使用，提高资金使用效率和效益。加强对资金使用情况的跟踪了解，开展绩效评估和监督检查。鼓励各级生态环境部门通过自有资金、捐款等渠道，支持贫困地区脱贫攻坚。支持贫困县建立吸引社会资本投入生态环境保护扶贫的市场化机制。

（四）推进作风治理。贯彻落实中央纪委二次全会精神、中央纪委 2018—2020 年扶贫领域腐败和作风问题专项治理工作部署、国务院扶贫开发领导小组扶贫领域作风建设要求，把作风建设贯穿脱贫攻坚全过程，集中力量解决扶贫领域"四个意识"不强、责任落实不到位、工作措施不精准、资金管理使用不规范、工作作风不扎实、考核评估不严不实等问题。把政治责任落到实处，把资金用到实处、把工作干到实处，改进调查研究，注重工作实效，减轻基层工作负担，严肃查处形式主义、官僚主义问题。

（五）加强宣传推广。建立健全生态环境保护扶贫宣传工作机制，广泛开展生态环境保护扶贫政策宣传，提高贫困人口对政策举措的感受度，增强主体意识和参与积极性。各级生态环境部门用好官网、微博、微信、报纸等媒体平台，加强对生态环境保护扶贫工作的宣传，实现上下互联互通。组织好扶贫日活动，加强重要时间节点的宣传报道。及时总结典型经验和优良做法，加强对扶贫项目、扶贫成效和扶贫人物的宣传推广，营造有利于生态环境保护扶贫工作开展的良好氛围。各级生态环境部门扶贫工作的重要进展、重要信息及时向上级生态环境部门和同级扶贫部门报告。

生态环境部
2018 年 12 月 5 日

关于印发《柴油货车污染治理攻坚战行动计划》的通知

环大气〔2018〕179 号

各省、自治区、直辖市人民政府，新疆生产建设兵团，教育部、科技部、司法部、住房城乡建设部、农业农村部、应急部、海关总署、税务总局、民航局、邮政局：

经国务院同意，现将《柴油货车污染治理攻坚战行动计划》印发给你们，请认真贯彻落实。

生态环境部　发展改革委
工业和信息化部　公安部
财政部交通　运输部
商务部　市场监管总局
能源局　铁路局
中国铁路总公司
2018 年 12 月 30 日

关于印发《长江保护修复攻坚战行动计划》的通知

环水体〔2018〕181 号

上海、江苏、浙江、安徽、江西、湖北、湖南、重庆、四川、贵州、云南省（市）人民政府，国务院有关部委、直属机构：

经国务院同意，现将《长江保护修复攻坚战行动计划》印发给你们，请认真贯彻落实。

生态环境部
发展改革委
2018 年 12 月 31 日

长江保护修复攻坚战行动计划

长江是中华民族的母亲河，也是中华民族发展的重要支撑。推动长江经济带发展必须从中华民族长远利益考虑，把修复长江生态环境摆在压倒性位置，共抓大保护、不搞大开发。为深入贯彻全国生态环境保护大会精神，打好长江保护修复攻坚战，制定本行动计划。

一、总体要求

（一）指导思想。以习近平新时代中国特色社会主义思想为指导，全面贯彻党的十九大和十九届二中、三中全会精神，深入贯彻习近平生态文明思想和习近平总书记关于长江经济带发展重要讲话精神，认真落实党中央、国务院决策部署，以改善长江生态环境质量为核心，以长江干流、主要支流及重点湖库为突破口，统筹山水林田湖草系统治理，坚持污染防治和生态保护"两手发力"，推进水污染治理、水生态修复、水资源保护"三水共治"，突出工业、农业、生活、航运污染"四源齐控"，深化和谐长江、健康长江、清洁长江、安全长江、优美长江"五江共建"，创新体制机制，强化监督执法，落实各方责任，着力解决突出生态环境问题，确保长江生态功能逐步恢复，环境质量持续改善，为中华民族的母亲河永葆生机活力奠定坚实基础。

（二）基本原则。

——生态优先、统筹兼顾。树立绿水青山就是金山银山的理念，把修复长江生态环境摆在压倒性位置，融入长江经济带发展的各方面和全过程。以长江保护修复推动形成节约资源和保护生态环境的文化理念、产业结构、生产和生活方式，以高质量发展成果提升长江保护修复水平，努力实现长江发展与保护和谐共赢。

——空间管控、严守红线。坚持山水林田湖草系统治理，强化"三线一单"（生态保护红线、环境质量底线、资源利用上线，生态环境准入清单）硬约束，健全生态环境空间管控体系，划定河湖生态缓冲带，实施流域控制单元精细化管理，分解落实各级责任，用最严格制度最严密法治保护生态环境，坚决遏止沿河环湖各类无序开发活动。

——突出重点、带动全局。以长江干流、主要支流及重点湖库为重点，加快入河（湖、库）排污口（以下简称排污口）排查整治，强化工业、农业、生活、航运污染治理，加强生态系统保护修复，全面推动长江经济带大保护工作，为全国生态环境保护形成示范带动作用。

——齐抓共管、形成合力。坚持生态环境保护"党政同责""一岗双责"，落实地方生态环境保护责任。通过更好发挥政府的作用，激发和保障市场的决定性作用，完善"政府统领、企业施治、市场驱动、公众参与"的生态环境保护机制，构建齐抓共管大格局，着力解决长江大保护突出生态环境问题。

（三）工作目标。通过攻坚，长江干流、主要支流及重点湖库的湿地生态功能得到有效保护，生态用水需求得到基本保障，生态环境风险得到有效遏制，生态环境质量持续改善。到 2020 年年底，长江流域水质优良（达到或优于Ⅲ类）的国控断面比例达到 85% 以上，丧失使用功能（劣于Ⅴ类）的国控断面比例低于 2%；长江经济带地级及以上城市建成区黑臭水体消除比例达 90% 以上，地级及以上城市集中式饮用水水源水质优良比例高于97%。

（四）重点区域范围。在长江经济带覆盖的上海、江苏、浙江、安徽、江西、湖北、湖南、重庆、四川、云南、贵州等 11 省市（以下称沿江 11 省市）范围内，以长江干流、主要支流及重点湖库为重点开展保护修复行动。长江干流主要指四川省宜宾市至入海口江段；主要支流包含岷江、沱江、赤水河、嘉陵江、乌江、清江、湘江、汉江、赣江等河流；重点湖库包含洞庭湖、鄱阳湖、巢湖、太湖、滇池、丹江口、洱海等湖库。

二、主要任务

（一）强化生态环境空间管控，严守生态保护红线。

完善生态环境空间管控体系。编制实施长江经济带国土空间规划，划定管制范围，严格管控空间开发利用。根据流域生态环境功能需要，明确生态环境保护要求，加快确定生态保护红线、环境质量底线、资源利用上线，制定生态环境准入清单。原则上在长江干流、主要支流及重点湖库周边一定范围划定生态缓冲带，依法严厉打击侵占河湖水域岸线、围垦湖泊、填湖造地等行为，各地可根据河湖周边实际情况对范围进行合理调整。开展生态缓冲带综合整治，严格控制与长江生态保护无关的开发活动，积极腾退受侵占的高价值生态区域，大力保护修复沿河环湖湿地生态系统，提高水环境承载能力。2019 年年底前，基本建成长江经济带"三线一单"信息共享系统。2020 年年底前，完成生态保护红线勘界定标工作。（生态环境部、自然资源部按职责分工牵头，发展改革委、住房城乡建设部、交通运输部、水利部、林草局等参与，地方各级人民政府负责落实。以下均需地方各级人民政府落实，不再列出）

实施流域控制单元精细化管理。坚持山水林田湖草系统治理，按流域整体推进水生态环境保护，强化水功能区水质目标管理，细化控制单元，明确考核断面，将流域生态环境保护责任层层分解到各级行政区域，结合实施河长制湖长制，构建以改善生态环境质量为核心的流域控制单元管理体系。2020 年年底前，沿江 11 省市完成控制单元划分，确定控制单元考核断面和生态环境管控目标。（生态环境部牵头，自然资源部、住房城乡建设部、水利部、农业农村部等参与）

整治劣Ⅴ类水体。以湖北省十堰市神定河口、泗河口断面，荆门市马良龚家湾、拖市、运粮湖同心队断面；四川省成都市二江寺断面，自贡市碳研所断面，内江市球溪河口断面；云南省昆明市通仙桥、富民大桥断面，楚雄州西观桥断面；贵州省黔南州凤山桥边断面等12个国控断面为重点，综合施策，力争2020年底前长江流域国控断面基本消除劣Ⅴ类水体。（生态环境部牵头，有关部门参与）

（二）排查整治排污口，推进水陆统一监管。

按照水陆统筹、以水定岸的原则，有效管控各类入河排污口。统筹衔接前期长江入河排污口专项检查和整改提升工作安排，对于已查明的问题，加快推进整改工作。及时总结整改提升经验，为进一步深入排查奠定基础。选择有代表性的地级城市深入开展各类排污口排查整治试点，综合利用卫星遥感、无人机航拍、无人船和智能机器人探测等先进技术，全面查清各类排污口情况和存在的问题，实施分类管理，落实整治措施。通过试点工作，探索出排污口排查和整治经验，建立健全一整套排污口排查整治标准规范体系。2019年完成试点工作，之后在长江干流及主要支流全面开展排污口排查整治，并持续推进。（生态环境部牵头，有关部门参与）

（三）加强工业污染治理，有效防范生态环境风险。

优化产业结构布局。加快重污染企业搬迁改造或关闭退出，严禁污染产业、企业向长江中上游地区转移。长江干流及主要支流岸线1千米范围内不准新增化工园区，依法淘汰取缔违法违规工业园区。以长江干流、主要支流及重点湖库为重点，全面开展"散乱污"涉水企业综合整治，分类实施关停取缔、整合搬迁、提升改造等措施，依法淘汰涉及污染的落后产能。加强腾退土地污染风险管控和治理修复，确保腾退土地符合规划用地土壤环境质量标准。2020年年底前，沿江11省市有序开展"散乱污"涉水企业排查，积极推进清理和综合整治工作。（工业和信息化部、生态环境部牵头，发展改革委等参与）

规范工业园区环境管理。新建工业企业原则上都应在工业园区内建设并符合相关规划和园区定位，现有重污染行业企业要限期搬入产业对口园区。工业园区应按规定建成污水集中处理设施并稳定达标运行，禁止偷排漏排。加大现有工业园区整治力度，完善污染治理设施，实施雨污分流改造。组织评估依托城镇生活污水处理设施处理园区工业废水对出水的影响，导致出水不能稳定达标的，要限期退出城镇污水处理设施并另行专门处理。依法整治园区内不符合产业政策、严重污染环境的生产项目。2020年年底前，国家级开发区中的工业园区（产业园区）完成集中整治和达标改造。（生态环境部牵头，发展改革委、科技部、工业和信息化部、住房城乡建设部、商务部等参与）

强化工业企业达标排放。制定造纸、焦化、氮肥、有色金属、印染、农副食品加工、原料药制造、制革、农药、电镀等十大重点行业专项治理方案，推动工业企业全面达标排放。深入推进排污许可证制度，2020年年底前，完成覆盖所有固定污染源的排污许可证核发工作。（生态环境部、工业和信息化部等按职责分工负责）

推进"三磷"综合整治。组织湖北、四川、贵州、云南、湖南、重庆等省市开展"三磷"（即磷矿、磷肥和含磷农药制造等磷化工企业、磷石膏库）专项排查整治行动，磷矿重点排查矿井水等污水处理回用和监测监管，磷化工重点排查企业和园区的初期雨水、含磷农药母液收集处理以及磷酸生产环节磷回收，磷石膏库重点排查规范化建设管理和综合利用等情况。2019年上半年，相关省市完成排查，制定限期整改方案，并实施整改。2020年底前，对排查整治情况进行监督检查和评估。（生态环境部牵头，有关部门参与）

加强固体废物规范化管理。实施打击固体废物环境违法行为专项行动，持续深入推动长江沿岸固体废物大排查，对发现的问题督促地方政府限期整改，对发现的违法行为依法查处，全面公开问题清单和整改进展情况。建立部门和区域联防联控机制，建立健全环保有奖举报制度，严厉打击固体废物非法转移和倾倒等活动。2020年年底前，有效遏制非法转移、倾倒、处置固体废物案件高发态势。深入落实《禁止洋垃圾入境推进固体废物进口管理制度改革实施方案》。（生态环境部牵头，工业和信息化部、公安部、住房城乡建设部、交通运输部、卫生健康委、海关总署等参与）

严格环境风险源头防控。开展长江生态隐患和环境风险调查评估，从严实施环境风险防控措施。深化沿江石化、化工、医药、纺织、印染、化纤、危化品和石油类仓储、涉重金属和危险废物等重点企业环境风险评估，限期治理风险隐患。在主要支流组织调查，摸清尾矿库底数，按照"一库一策"开展整治工作。（生态环境部牵头，发展改革委、工业和信息化部、应急部、自然资源部等参与）

（四）持续改善农村人居环境，遏制农业面源污染。

加快推进美丽宜居村庄建设。持续开展农村人居环境整治行动，推进农村"厕所革命"，探索建立符合农村实际的生活污水、垃圾处理处置体系，有条件的地区可开展农村生活垃圾分类减量化试点，推行垃圾就地分类和资源化利用。加快推进农村生态清洁小流域建设。加强农村饮用水水源环境状况调查评估和保护区（保护范围）划定。2020年年底前，有基础、有条件的地区基本实现农村生活垃圾处置体系全覆盖，农村生活污水治理率明显提高。（农业农村部牵头，生态环境部、住房城乡建设部、水利部、卫生健康委等参与）

实施化肥、农药施用量负增长行动。开展化肥、农药减量利用和替代利用，加大测土配方施肥推广力度，引导科学合理施肥施药。推进有机肥替代化肥和废弃农膜回收，完善废旧地膜和包装废弃物等回收处理制度。2020年年底前，化肥利用率提高到40%以上，测土配方施肥技术推广覆盖率达到93%以上，鄱阳湖和洞庭湖周边地区化肥、农药使用量比2015年减少10%以上。（农业农村部牵头，生态环境部等参与）

着力解决养殖业污染。推进畜禽粪污资源化利用，鼓励第三方处理企业开展畜禽粪污专业化集中处理，因地制宜推广粪污全量收集还田利用等技术模式。着力提升粪污处理设施装备配套率。2020年年底前，所有规模养殖场粪污处理设施装备配套率达到95%以上，生猪等畜牧大县整县实现畜禽粪污资源化利用。持续推进渔业绿色发展，发布实施养殖水域滩涂规划，依法划定禁止养殖区、限制养殖区和养殖区，禁止超规划养殖。积极引导渔民退捕转产，加快禁捕区域划定，实施水生生物保护区全面禁捕。严厉打击"电毒炸"和违反禁渔期禁渔区规定等非法捕捞行为，全面清理取缔"绝户网"等严重破坏水生生态系统的禁用渔具和涉渔"三无"船舶。2020年年底前，长江流域重点水域实现常年禁捕；重点湖库非法围网养殖完成全面整治。（农业农村部牵头，发展改革委、财政部、自然资源部、生态环境部、水利部、林草局等参与）

（五）补齐环境基础设施短板，保障饮用水水源水质安全。

加强饮用水水源保护。推动饮用水水源地规范化建设，划定饮用水水源保护区，规范保护区标志及交通警示标志设置，建设一级保护区隔离防护工程。全面推进长江经济带饮用水水源地环境保护专项行动，重点排查和整治县级及以上城市饮用水水源保护区内的违法违规问题。2020年年底前，城市饮用水水源地规范化建设比例达到60%以上，乡镇及以

上集中式饮用水水源保护区划定工作基本完成。（生态环境部牵头，住房城乡建设部、水利部、交通运输部、林草局等参与）

推动城镇污水收集处理。加快推进沿江地级及以上城市建成区黑臭水体治理，以黑臭水体整治为契机，加快补齐生活污水收集和处理设施短板，推进老旧污水管网改造和破损修复，提升城镇污水处理水平。对污水处理设施产生的污泥进行稳定化、无害化和资源化处理处置，禁止处理处置不达标的污泥进入耕地，非法污泥堆放点一律予以取缔。2020年年底前，沿江地级及以上城市基本无生活污水直排口，基本消除城中村、老旧城区和城乡结合部生活污水收集处理设施空白区，城市生活污水集中收集效能显著提高，污泥无害化处理处置率达到90%以上。（住房城乡建设部牵头，发展改革委、生态环境部等参与）

全力推进垃圾收集转运及处理处置。建立健全城镇垃圾收集转运及处理处置体系，推动生活垃圾分类，统筹布局生活垃圾转运站，淘汰敞开式收运设施，在城市建成区推广密闭压缩式收运方式，加快建设生活垃圾处理设施。对于无渗滤液处理设施、渗滤液处理不达标的生活垃圾处理设施，加快完成改造。2020年年底前，完成城市水体蓝线范围内的非正规垃圾堆放点整治，实现沿江城镇垃圾全收集全处理。（住房城乡建设部牵头，发展改革委、生态环境部等参与）

（六）加强航运污染防治，防范船舶港口环境风险。

深入推进非法码头整治。巩固长江干线非法码头整治成果，研究建立监督管理长效机制，坚决防止反弹和死灰复燃。按照长江干线非法码头治理标准和生态保护红线管控等要求，开展长江主要支流非法码头整治，推进砂石集散中心建设，促进沿江港口码头科学布局。2020年年底前，全面完成长江主要支流非法码头清理取缔。（推动长江经济带发展领导小组办公室牵头制定长效机制的指导意见；交通运输部牵头推进相关工作，发展改革委、工业和信息化部、财政部、生态环境部、水利部等参与）

完善港口码头环境基础设施。优化沿江码头布局，严格危险化学品港口码头建设项目审批管理。推进生活污水、垃圾、含油污水、化学品洗舱水接收设施建设。加快港口码头岸电设施建设，逐步提高三峡、葛洲坝过闸船舶待闸期间岸电使用率。港口、船舶修造厂所在地市、县级人民政府切实落实《中华人民共和国水污染防治法》要求，统筹规划建设船舶污染物接收、转运及处理处置设施。2020年年底前，完成港口、船舶修造厂污染物接收设施建设，做好与城市公共转运、处置设施的衔接；主要港口和排放控制区港口50%以上已建的集装箱、客滚、邮轮、3千吨级以上客运和5万吨级以上干散货专业化泊位，具备向船舶供应岸电的能力。（交通运输部牵头，发展改革委、工业和信息化部、财政部、生态环境部、住房城乡建设部、国家电网、三峡集团等参与）

加强船舶污染防治及风险管控。积极治理船舶污染，严格执行《船舶水污染物排放控制标准》，加快淘汰不符合标准要求的高污染、高能耗、老旧落后船舶，推进现有不达标船舶升级改造。2020年年底前，完成现有船舶改造，经改造仍不能达到标准要求的，加快淘汰。尽快制定化学品运输船舶强制洗舱规定，促进化学品洗舱水达标处理。强化长江干流及主要支流水上危险化学品运输环境风险防范，严厉打击危险化学品非法水上运输及油污水、化学品洗舱水等非法转运处置等行为。2020年年底前，严禁单壳化学品船和600载重吨以上的单壳油船进入长江干线、京杭运河、长江三角洲等高等级航道网以及乌江、湘江、沅水、赣江、信江、合裕航道、江汉运河。（交通运输部牵头，工业和信息化部、生

态环境部、商务部、市场监管总局等参与）

（七）优化水资源配置，有效保障生态用水需求。

实行水资源消耗总量和强度双控。严格用水总量指标管理，健全覆盖省、市、县三级行政区域的用水总量控制指标体系，加快完成跨省江河流域水量分配，严格取用水管控。严格用水强度指标管理，建立重点用水单位监控名录，对纳入取水许可管理的单位和其他用水大户实行计划用水管理。2020 年年底前，长江经济带用水总量控制在 2922 亿米^3 以内；万元工业增加值用水量比 2015 年下降 25%以上。（水利部牵头，发展改革委、工业和信息化部等参与）

严格控制小水电开发。严格控制长江干流及主要支流小水电、引水式水电开发。沿江 11 省市组织开展摸底排查，科学评估，建立台账，实施分类清理整顿，依法退出涉及自然保护区核心区或缓冲区、严重破坏生态环境的违法违规建设项目，进行必要的生态修复。全面整改审批手续不全、影响生态环境的小水电项目。对保留的小水电项目加强监管，完善生态环境保护措施。2020 年年底前，基本完成小水电清理整顿工作。（水利部牵头，发展改革委、自然资源部、生态环境部、能源局、农业农村部等参与）

切实保障生态流量。加强流域水量统一调度，切实保障长江干流、主要支流和重点湖库基本生态用水需求。深化河湖水系连通运行管理，实施长江上中游水库群联合调度，增加枯水期下泄流量，确保生态用水比例只增不减。2020 年年底前，长江干流及主要支流主要控制节点生态基流占多年平均流量比例在 15%左右。（水利部牵头，发展改革委、生态环境部、交通运输部、农业农村部、统计局、国家电网、三峡集团等参与）

（八）强化生态系统管护，严厉打击生态破坏行为。

严格岸线保护修复。实施长江岸线保护和开发利用总体规划，统筹规划长江岸线资源，严格分区管理与用途管制。落实河长制湖长制，编制"一河一策""一湖一策"方案，针对突出问题，开展专项整治行动，严厉打击筑坝围堰等违法违规行为。推进长江干流两岸城市规划范围内滨水绿地等生态缓冲带建设。落实岸线规划分区管控要求，组织开展长江干流岸线保护和利用专项检查行动。2020 年年底前，基本完成岸线修复工作，恢复岸线生态功能。（水利部、住房城乡建设部按职责分工牵头，自然资源部、交通运输部、林草局等参与）

严禁非法采砂。沿江 11 省市严格落实禁采区、可采区、保留区和禁采期管理措施，加强对非法采砂行为的监督执法。2019 年年底前，组织跨部门联合监督检查和执法专项行动，严厉打击非法采砂行为。2020 年年底前，建立长江干流及主要支流非法采砂跨区域联动执法机制。（水利部牵头，公安部、自然资源部、交通运输部等参与）

实施生态保护修复。从生态系统整体性和长江流域系统性出发，开展长江生态环境大普查，摸清资源环境本底情况，系统梳理和掌握各类生态环境风险隐患。（生态环境部会同自然资源部、水利部、林草局等部门负责）开展退耕还林还草还湿、天然林资源保护、河湖与湿地保护恢复、矿山生态修复、水土流失和石漠化综合治理、森林质量精准提升、长江防护林体系建设、野生动植物保护及自然保护区建设、生物多样性保护等生态保护修复工程。因地制宜实施排污口下游、主要入河（湖）口等区域人工湿地水质净化工程。强化以中华鲟、长江鲟、长江江豚为代表的珍稀濒危物种拯救工作，加大长江水生生物重要栖息地保护力度，实施水生生物产卵场、索饵场、越冬场和洄游通道等关键生境保护修复工程，开展长江干流、主要支流及重点湖库水生生物保护区监督检查。2020年年底前，以国际重要湿地和国家级湿地自然保护区为重点，完成10处左右湿地保护与修复工程建设。（发展改革委、自然资源部、生态环境部、水利部、农业农村部、林草局等按照职责分工负责）

强化自然保护区生态环境监管。持续开展自然保护区监督检查专项行动，重点排查自然保护区内采矿（石）、采砂、设立码头、开办工矿企业、挤占河（湖）岸、侵占湿地以及核心区缓冲区内旅游开发、水电开发等对生态环境影响较大的活动，坚决查处各种违法违规行为。2019年6月底前，沿江11省市完成长江干流、主要支流和重点湖库各级自然保护区自查，制定限期整改方案。对自查和整改情况，开展监督检查。（生态环境部牵头，自然资源部、交通运输部、农业农村部、水利部、林草局等参与）

三、保障措施

（一）加强党的领导。

全面落实生态环境保护"党政同责""一岗双责"。地方政府要把打好长江保护修复攻坚战放在突出位置，主要领导是本行政区域第一责任人，组织制定本地区工作方案，细化分解目标任务，明确部门分工，落实各级河长湖长责任，确保各项工作有力有序完成。各有关部门切实履行生态环境保护职责，主动对表、积极作为、分工协作、共同发力，构建长江保护修复齐抓共管大格局。（生态环境部牵头，有关部门参与）

严格考核问责。将长江保护修复攻坚战年度和终期目标任务完成情况作为重要内容，纳入污染防治攻坚战成效考核，做好考核结果应用。发现篡改、伪造监测数据的地区，考核结果认定为不合格，并依法依纪追究责任。对工作不力、责任不落实、环境污染严重、问题突出的地区，由生态环境部公开约谈当地政府主要负责人。按照国家有关规定，对在长江保护修复攻坚战工作中涌现出的先进典型予以表彰奖励。（生态环境部牵头，中央组织部、人力资源社会保障部等参与）

（二）完善政策法规标准。

强化长江保护法律保障。推动制定出台长江保护法，为长江经济带实现绿色发展，全面系统解决空间管控、防洪减灾、水资源开发利用与保护、水污染防治、水生态保护、航运管理、产业布局等重大问题提供法律保障。（司法部、生态环境部、发展改革委、交通运输部、水利部、自然资源部、林草局等部门参与）

推动制定地方性环境标准。根据流域生态环境功能目标，明确流域生态环境管控要求，有针对性制定地方水污染物排放标准。岷江、沱江、乌江等总磷污染重点区域应研究制定针对总磷控制的地方水污染物排放标准。（生态环境部牵头，有关部门参与）

（三）健全投资与补偿机制。

拓宽投融资渠道。各级财政支出要向长江保护修复攻坚战倾斜，增加中央水污染防治专项投入。采取多种方式拓宽融资渠道，鼓励、引导和吸引政府与社会资本合作（PPP）项目参与长江生态环境保护修复。完善资源环境价格收费政策，探索将生态环境成本纳入经济运行成本，逐步建立完善污水垃圾处理收费制度，城镇污水处理收费标准原则上应补偿到污水处理和污泥处置设施正常运营并合理盈利。扩大差别电价、阶梯电价执行的行业范围，拉大峰谷电价价差，探索建立基于单位产值能耗、污染物排放的差别化电价政策。完善高耗水行业用水价格机制，提高火电、钢铁、纺织、造纸、化工、食品发酵等高耗水行业用水价格，鼓励发展节水高效现代农业。全面清理取消对高污染排放行业的各种不合理价格优惠政策，研究完善有机肥生产销售运输使用等环节的支持政策和长江港口、水上服务区、待闸锚地岸电电价扶持政策。（发展改革委、财政部、人民银行按职责分工牵头，生态环境部、住房城乡建设部、水利部等参与）

完善流域生态补偿。健全长江流域生态补偿机制，深入实施长江经济带生态保护修复奖励政策，进一步加大中央财政支持长江经济带及源头地区生态补偿资金投入，推进沿江11 省市实施市场化、多元化的横向生态补偿。实行国家重点生态功能区转移支付资金与补偿地区生态环境保护绩效挂钩。沿江 11 省市加快建立行政区域内与水生态环境质量挂钩的财政资金奖惩机制。（财政部牵头，发展改革委、生态环境部、水利部、农业农村部、自然资源部、林草局等参与）

（四）强化科技支撑。

加强科学研究和成果转化。加快开展长江生态保护修复技术研发，系统推进区域污染源头控制、过程削减、末端治理等技术集成创新与风险管理创新，尽快形成一批可复制可推广的区域生态环境治理技术模式。加强珍稀濒危物种保护及其关键生境修复技术攻关。整合各方科技资源，创新科技服务模式，促进水体污染控制与治理科技重大专项、水资源高效开发利用、重大有害生物灾害防治、农业面源和重金属污染农田综合防治与修复技术研发等科研项目成果转化。（科技部、生态环境部、住房城乡建设部按职责分工牵头，水利部、农业农村部、林草局等参与）

大力发展节能环保产业。积极发展节能环保技术、装备、服务等产业，完善支持政策。构建市场导向的绿色技术创新体系。创新环境治理服务模式，拓展环境服务托管、第三方监测治理等服务市场。培育农业农村环境治理市场主体，推动建立政府主导、市场主体、农户参与的农业生产和农村生活废弃物收集、转化、利用三级网络体系。（发展改革委牵头，工业和信息化部、科技部、生态环境部、水利部、农业农村部等参与）

（五）严格生态环境监督执法。

建立完善长江环境污染联防联控机制和预警应急体系，建立健全跨部门、跨区域突发环境事件应急响应机制和执法协作机制，加强长江流域环境违法违规企业信息共享，构建环保信用评价结果互认互用机制。（生态环境部牵头，最高人民法院、最高人民检察院、发展改革委、公安部、司法部、交通运输部、水利部、农业农村部、林草局等参与）

加大生态环境执法力度。加快组建长江流域环境监管执法机构，增强环境监管和行政执法合力。统一实行生态环境保护执法，从严处罚生态环境违法行为，着力解决长江流域环境违法、生态破坏、风险隐患突出等问题。坚持铁腕治污，对非法排污、违法处置固体废物特别是危险废物等行为，综合运用按日连续处罚、查封扣押、限产停产等手段依法从严查处。强化排污者责任，对未依法取得排污许可证、未按证排污的排污单位，依法依规从严处罚。加强涉生态环境保护的司法力量建设，健全行政执法与刑事司法、行政检察衔接机制，完善信息共享、案情通报、案件移送等制度。（生态环境部、中央编办按职责分工牵头，最高人民法院、最高人民检察院、公安部、司法部、交通运输部、水利部、农业农村部等参与）

深入开展生态环境保护督察。将长江保护修复攻坚战目标任务完成情况纳入中央生态环境保护督察及其"回头看"范畴，对污染治理不力、保护修复进展缓慢、存在突出环境问题、生态环境质量改善达不到进度要求甚至恶化的地区，视情组织专项督察，进一步压实地方政府及有关部门责任，杜绝敷衍整改、表面整改、假装整改。全面开展省级生态环境保护督察，实现对地市督察全覆盖。建立完善排查、交办、核查、约谈、专项督察"五步法"监管机制。（生态环境部负责）

提升监测预警能力。开展天地一体化长江水生态环境监测调查评估，完善水生态监测指标体系，开展水生生物多样性监测试点，逐步完善水生态环境监测评估方法。制定实施长江经济带排污口监测体系建设方案。落实水环境质量监测预警办法，对水环境质量达标滞后地区开展预警工作。完成长江干流岸线生态环境无人机遥感调查，摸清长江干流岸线排污口、固体废物堆放、岸线开发利用、生态本底、企业空间分布等情况。（生态环境部牵头，有关部门参与）

（六）促进公众参与。

加强环境信息公开。定期公开国控断面水质状况、水环境质量达标滞后地区等信息。地方各级人民政府及时公开本行政区域内生态环境质量、"三线一单"划定及落实、饮用水水源地保护及水质、黑臭水体整治等攻坚战相关任务完成情况等信息。重点企业定期公开污染物排放、治污设施运行情况等环境信息。各地要建立宣传引导和群众投诉反馈机制，发布权威信息，及时回应群众关心的热点、难点问题。（生态环境部牵头，有关部门参与）

构建全民行动格局。增强人民群众的获得感，聚焦群众身边的突出生态环境问题，引导群众建言献策，鼓励群众通过多种渠道举报生态环境违法行为，接受群众监督，群策群力，群防群治，让全社会参与到保护母亲河行动中来。鼓励有条件的地区选择环境监测、城市污水和垃圾处理等设施向公众开放，拓宽公众参与渠道。新闻媒体充分发挥监督引导作用，全面阐释长江保护修复的重要意义，积极宣传各地生态环境管理法律法规、政策文件、工作动态和经验做法。（生态环境部牵头，中央宣传部、教育部等参与）

司法部　生态环境部关于印发《环境损害司法鉴定机构登记评审细则》的通知

司发通〔2018〕54号

各省、自治区、直辖市司法厅（局）、环境保护厅（局），新疆生产建设兵团司法局、环境保护局：

为规范环境损害司法鉴定机构登记管理工作，不断提升环境损害司法鉴定机构和鉴定人的业务能力，根据《全国人民代表大会常务委员会关于司法鉴定管理问题的决定》、《生态环境损害赔偿制度改革方案》、《司法鉴定机构登记管理办法》（司法部令第95号）、《司法鉴定人登记管理办法》（司法部令第 96 号）、《司法部 环境保护部关于印发〈环境损害司法鉴定机构登记评审办法〉〈环境损害司法鉴定机构登记评审专家库管理办法〉的通知》（司发通〔2016〕101 号）等法律、规章及文件有关规定，司法部和生态环境部联合组织制定了《环境损害司法鉴定机构登记评审细则》（以下简称《细则》）。《细则》具体规定了环境损害司法鉴定机构登记评审的程序、评分标准、专业能力要求、实验室和仪器设备配置要求等，对于客观公正、全面准确地评价申请从事环境损害司法鉴定业务的法人或其他组织能力水平，切实提高环境损害司法鉴定准入登记工作的针对性、规范性和科学性具有重要意义。

请各地严格按照《细则》规定组织开展环境损害司法鉴定机构登记评审工作，严把入口关，不断提高环境损害司法鉴定管理工作水平，努力为新时代美丽中国建设作出新贡献。

司法部
生态环境部
2018 年 6 月 14 日

环境损害司法鉴定机构登记评审细则

本细则适用于专家对申请从事环境损害司法鉴定业务的法人或者其他组织（以下简称申请人）的技术条件和技术能力进行评审的活动。

一、省级司法行政机关应当按照《行政许可法》、《司法鉴定机构登记管理办法》（司法部令第 95 号）、《司法鉴定人登记管理办法》（司法部令 第 96 号）等规定，对申请人的申请材料进行认真审查，根据审查情况，按照法定时限出具受理决定书或者不予受理决定书。决定受理的，省级司法行政机关应当于 5 个工作日内组织专家开展评审工作。

二、省级司法行政机关会同省级生态环境主管部门，按照《司法部 环境保护部关于印发〈环境损害司法鉴定机构登记评审办法〉〈环境损害司法鉴定机构登记评审专家库管理办法〉的通知》（司发通〔2016〕101 号）的规定，在环境损害司法鉴定机构登记评审专家库中随机抽取并确定评审专家，按鉴定事项组织建立专家评审组，每个鉴定事项的评审专家组人数不少于 3 人，其中国家库专家不少于 1 人。

三、专家评审组应当按照以下流程开展评审工作：

（一）推选组长。采取专家自荐、组内推荐等方式，确定一名组长（若以上方式未能推选出组长，则由省级司法行政机关指定组长），负责召集专家、主持评审工作等。

（二）制定工作方案。根据申请人拟从事鉴定事项的特点和要求制定有针对性的工作方案，明确评审的时限、组织方式、实施程序、主要内容、专家分工等，作为开展评审工作的指南和参考。

（三）开展评审工作。专家评审组按照工作方案确定的时间开展评审工作。评审的主要内容为查阅有关申请材料，听取汇报、答辩，对专业人员的专业技术能力进行考核，实地查看工作场所和环境，核查申请人的管理制度和运行情况，实验室的仪器设备配置和质量管理水平，现场进行勘验和评估，也可以根据需要增加其他评审内容。

评审专家应当遵守法律、法规和有关保密、回避等要求，严格按照本细则所列的各个考核评审项目，独立、客观、公正地进行评审，不受任何单位和个人干涉，并对评审意见负责。

（四）按项目进行评分。评审组的每名专家分别按照本细则确定的评分标准逐项进行打分，平均得出各项目最终评分结果，经求和后计算出专家评审总得分。

评审总得分为100分，其中人员条件、技术能力和设施设备情况占比为2∶5∶3。

（五）形成专家评审意见书。评审工作完成后，根据评审得分情况及评审专家意见认真填写《环境损害司法鉴定机构登记专家评审意见书》（以下简称《评审意见书》）。专家评审得分为70分（含）以上，且人员条件、技术能力和设施设备分别不低于12分、30分和18分的申请人，应当给予"具备设立环境损害司法鉴定机构的技术条件和技术能力"的评审结论；专家评审得分为70分以下或人员条件、技术能力和设施设备得分中有一项未达到该项满分60%的申请人，应当给予"不具备设立环境损害司法鉴定机构的技术条件和技术能力"的评审结论。各省份可以根据本地环境损害司法鉴定行业发展实际对该分数适当进行调整，但上下幅度不得超过10分，即最低60分（含），最高80分（含）。

要根据申请人综合情况，特别是拟申请从事环境损害司法鉴定业务的人员适合从事的执业类别［评审专家根据附件1（二）《申请从事环境损害司法鉴定人评分表》的评分结果及专业特长对拟申请从事环境损害司法鉴定业务的人员适合从事的执业类别提出建议，原则上每个人员的执业类别不超过两项，特殊专业人才执业类别不超过三项］，在评审意见中明确适合从事的具体环境损害司法鉴定执业类别。

《评审意见书》填写完成后，由每位评审专家签名，并送交省级司法行政机关。评审专家对评审结论有不同意见的，应当记录在《评审意见书》中。

四、省级司法行政机关应当指定专人负责专家评审组组织及联络沟通工作，并做好相应的工作记录，与专家评审工作形成的其他材料一起作为工作档案留存。

五、省级司法行政机关应当加强与省级生态环境主管部门的联络沟通，共同研究解决专家评审工作中遇到的困难和问题，确保专家评审工作正常进行。省级生态环境主管部门发现专家评审以及《评审意见书》等材料存在问题的，应当及时反馈省级司法行政机关。

六、本细则发布前已经登记的环境损害司法鉴定机构，应当在省级司法行政机关确定的期限内按照本细则规定的标准和条件进行整改。整改完成后，省级司法行政机关会同省级生态环境主管部门组织专家对该机构进行能力评估，仍不能满足基本能力要求，符合注销登记条件的，依法予以注销。

七、本细则自发布之日起施行。

附件1.《环境损害司法鉴定机构登记评审评分标准》

附件2.《环境损害司法鉴定机构和人员专业能力要求》

附件3.《环境损害司法鉴定机构实验室和仪器设备配置要求》

附件4.《环境损害司法鉴定机构登记专家评审意见书》

附件5.《环境损害司法鉴定机构登记评审工作方案（参考模板）》

环境损害司法鉴定机构登记评审评分标准

（一）申请从事环境损害司法鉴定业务法人或其他组织评分表

评审要素			评审标准	得分
一、环境损害司法鉴定人构成（20分）	1.鉴定人数量（10分）		每一个所申请的环境损害司法鉴定类别中，鉴定人数量少于3人的，不得分；3人，得3分；4人，得5分；5人，得8分；6人以上（含6人），得10分	
	2.专业配置（10分）	地表水和沉积物、环境空气、土壤与地下水、近海海洋与海岸带、生态系统、其他	基本要求（5分）：需配备具有以下专业的环境损害司法鉴定人：环境科学与工程（或环境科学、环境工程）、生态学、资源与环境经济学（或人口、资源与环境经济学）。3个专业配备完整得5分，缺少一个专业扣2分	
			专业要求（5分）：参照附件2"人员专业要求"一栏进行打分。配备一个专业方向得1分；同一专业具有2名及以上鉴定人的，得2分。本项累计得分不超过5分	
		污染物性质鉴定	参照附件2"人员专业要求"一栏进行打分。配备一个专业方向得1分；同一专业具有2名及以上鉴定人的，得2分。本项累计得分不超过10分	
		生态系统类别中的物种鉴定	植物分类学/动物分类学/昆虫分类学/植物学、动物学/水生生物学；具有1名上述专业鉴定人得2分，同一专业多名鉴定人可累计得分，最高不超过10分	
二、技术水平（50分）	1.鉴定评估项目数量（10分）		以申请机构为主体，负责或参与省部级及以上机构委托的环境损害鉴定评估项目及相关工作，每负责一项得5分，每参加一项得3分；以申请机构为主体，负责或参与地市级机构委托的环境损害鉴定评估项目及相关工作，并依鉴定程序出具鉴定意见或报告的，每负责一项得4分，每参加一项得2分；以申请机构为主体，负责或参与县处级机构委托的环境损害鉴定评估项目及相关工作，每负责一项得3分，每参加一项得1分；以申请机构为主体，负责或参与其他法人委托的环境损害鉴定评估项目，每负责一项得2分，每参加一项得1分。以上项目以任务合同书、项目合同书等材料为准。本项累计得分不超过10分	
	2.鉴定评估项目与相关工作成果完成质量（10分）		根据申请机构提交的已完成的鉴定意见（或报告）、相关研究报告、工作成果等材料内容，对照附件2中的"专业能力"一栏，评估申请机构是否具有对应鉴定类别的各项能力。达到全部专业能力要求的，得10分。达到部分专业能力要求的，根据申请机构的专业能力水平得1～9分	
	3.鉴定人能力（30分）		按照附件1（二）《申请从事环境损害司法鉴定人评分表》，对申请机构的每个环境损害司法鉴定人进行打分后，计算鉴定人平均得分（按四舍五入取整）。鉴定人平均得分为55分及以下的，不得分；鉴定人平均得分为56～64分的，得10分；鉴定人平均得分为65～69分的，得13分；鉴定人平均得分为70～74分的，得16分；鉴定人平均得分为75～79分的，得19分；鉴定人平均得分为80～84分的，得22分；鉴定人平均得分为85～89分的，得25分；鉴定人平均得分为90～94分的，得28分；鉴定人平均得分为95及以上的，得30分	

评审要素		评审标准	得分
三、实验室条件（30分）	1.实验室资质（6分）	申请机构所属检测实验室必须通过中国计量认证（CMA）或中国合格评定国家认可委员会（CNAS）认可或良好实验室规范（GLP）认证，且批准能力表与申请业务鉴定项目相关。通过上述认证中其任意一项的，得4分，通过两项以上（含两项）认证的，得6分。未通过上述任何一项认证的，不得分	
	2.仪器配置及使用情况（24分）	仪器配置数量（18）：1. 必配仪器满足附件3中相应鉴定类别所列全部项目的，得12分，否则不得分，一种仪器配置多台（套）的，不加分；2. 选配仪器根据配置数量，得0~6分，最高不超过6分	
		仪器维护使用情况（6）：根据实际情况打分：1. 抽查部分仪器使用情况，状态良好，可正常使用，并有专人定期维护：5~6分；2. 抽查部分仪器使用情况，状态较好：3~4分；3. 抽查部分仪器使用情况，存在不能正常使用的情况：0~2分	
总分			

（二）申请从事环境损害司法鉴定人评分表

核定要素	分值	要素	主要内容	单项分值	评审标准	得分
一、职业道德	5	职业道德	拥护中华人民共和国宪法、遵守法律、法规和社会公德，品行良好的公民	5	满足《司法鉴定人登记管理办法》（司法部令第96号）中第十二条的，申报表填写规范，所附材料能与之对应且真实有效的，得5分；有《司法鉴定人登记管理办法》（司法部令第96号）中第十三条规定情形的，直接取消评审资格	
二、基本情况	10	现有学位或职称	具有相应学位或职称	0~5	学士以下，不得分；具有学士学位，得1分；具有硕士学位或初级职称，得2分；具有博士学位或中级职称，得3分；具有副高级职称，得4分；具有正高级职称，得5分	
		从业年限	从事环境损害鉴定评估相关工作的年限（博士研究生及博士后阶段计入）	0~5	5年以下，不得分；5年，得1分；5年以上，每增加一年加1分，最高得5分	
三、工作能力	40	专业技术能力	在本执业类别开展鉴定工作及相关工作情况	0~35 0~19 20~29 30~35 一般 良好 优秀	根据申报材料，查阅鉴定人完成的环境损害鉴定评估项目相关资料，根据开展的工作情况以及现场答辩、考试等方式，评估鉴定人是否具有附件2相应鉴定类别中所列的专业能力（符合某一或某几个环节要求均可），参照附件2的要求打分	
		组织协调能力	能够独立或带领团队开展相关技术工作能力	0~5	依据团队规模和取得的实绩酌情给分，不超过5分	

核定要素	分值	要素	主要内容	单项分值	评审标准	得分
四、工作成果	45	技术文件	主持或主要参与完成的环境损害鉴定评估相关技术报告、标准、制度等，被批准发布或采用，以书面文件或批准机构官方网站内容为准	0～15	被国家或部委批准发布或采用的，根据成果和排名，每个成果得1～5分，排名5名以后不得分；被省级政府机构批准发布或采用的，根据成果和排名，每个成果1～4分，排名4名以后不得分；被地市级政府机构批准发布或采用的，根据成果和排名，每个成果1～3分，排名3名以后不得分。本项累计得分不超过15分	
		论文著作	在公开发行的期刊上发表的环境损害鉴定评估相关学术论文，公开出版的学术著作	0～10	发表SCI期刊论文，根据作者排名，每篇1～5分，第五作者以后不得分（通信作者视同于第一作者，下同）；发表EI论文，根据作者排名，每篇1～4分，第四作者以后不得分；在国内核心期刊发表论文，根据作者排名，每篇1～3分，第三作者以后不得分；在国内非核心期刊发表论文，第一作者和通信作者得1分，其他作者不得分；著作根据封面作者排名，得1～5分，第五作者以后不得分；群体作者不计分；翻译著作根据封面作者排名，得1～3分，第三作者以后不得分。本项累计得分不超过10分	
		培训交流影响	参加司法鉴定专业培训交流情况	0～20	（1）参加省级及以上生态环境主管部门组织的环境损害鉴定评估专业培训，以及省级及以上司法行政机关组织的司法鉴定人执业培训，均通过结业考试的，得15分。（2）在国际或全国性环境损害司法鉴定学术会议提交论文并主讲1次，得2分。本项累计得分不超过5分	
总分						

建议申请人从事＿＿＿＿＿＿＿＿＿＿＿＿＿＿＿执业类别

环境损害司法鉴定机构和人员专业能力要求

序号	鉴定事项	适用范围	人员专业要求	专业能力要求
1	污染物性质鉴定	危险废物鉴定,有毒物质鉴定,污染物其他物理、化学性质的鉴定	化学/应用化学/无机化学/分析化学/有机化学/化学工程/化学工程与工艺/环境科学/环境科学与工程/环境工程/卫生毒理学/生物化学与分子生物学/生物科学/化学生物学/农药学	具备根据相关标准进行危险废物鉴定和环境污染物类别、性质和毒性毒理鉴定的能力,具备定性和定量分析污染物浓度、预测污染物理化性质、环境行为和毒性特征的能力。具体包括: (1)熟悉常见化学污染物的性质和检测分析方法,能够根据需求制定污染物性质鉴别工作方案; (2)能够根据现场勘察、行业特征、快速检测等手段和信息综合分析判断特征污染物; (3)能够综合利用多种分析方法识别未知污染物; (4)能够根据废物鉴别相关技术标准和文件进行危险废物鉴定; (5)能够根据文献资料和模型方法预测毒性,或根据国内外标准化的毒性测试规范方法鉴定主要污染物毒性特征、计算毒性当量; (6)具备确定鉴定废物合理的处置利用方式及其处置利用费用的能力
2	地表水和沉积物环境损害鉴定	因环境污染或生态破坏造成的地表水、沉积物水生生物等水环境资源以及水生态系统服务的损害鉴定	环境科学/环境工程/环境科学与工程/地理信息科学(或地图学与地理信息系统/大地测量学与测量工程/摄影测量与遥感/地图制图与地理信息工程)/水文学及水资源/水文与水资源工程/水力学及河流动力学/水质科学与技术/水生生物学/生态学/化学/应用化学/无机化学/分析化学/有机化学	具备地表水环境质量及水生态系统人类活动识别、污染物识别、污染物迁移转化模拟、因果关系分析、健康风险评估、损害确定和量化、恢复方案设计及费用计算、恢复效果评估等能力,具体包括: (1)具备开展污染区域行业特征、点源面源排放摸查、快速检测识别特征污染物,以及判断入侵物种、非法捕捞等破坏活动的能力; (2)具备地表水环境中水质、水生生物类群(大型底栖动物、浮游动物、浮游植物等)、沉积物等多介质及河流、湖库、河口等不同类型生态系统现场勘察、污染物监测与分析识别,以及损害评估方案设计的能力; (3)利用地表水环境背景值、标准值、对照值等数据进行综合分析以确定地表水环境质量与水生态系统服务基线水平,结合现场调查结果,确认环境损害的能力; (4)具备使用相关水质模型、污染物迁移扩散模型,进行地表水中污染物迁移转化模拟分析、还原污染过程、模拟污染趋势、确定污染范围,运用多受体环境暴露评估模型、毒理学实验、生物评价方法等进行地表水和沉积物、水生生物风险、水生态系统服务评估,对损害进行实物量化的能力; (5)具备基于污染物环境生物、物理、化学迁移转化过程,采用统计学、同位素等技术进行地表水和沉积物污染物、物种和生态服务损害解析,构建概念模型,进行损害因果关系分析的能力; (6)具备地表水和沉积物环境介质、生态服务损害价值量化分析以及判断废水及其污染物合理处理工艺及其费用的能力; (7)具备地表水和沉积物生态环境恢复目标制定、技术筛选、恢复方案设计及恢复费用计算的能力; (8)具备地表水环境资源及不同类型生态系统环境监测、生态恢复效果评估的能力

序号	鉴定事项	适用范围	人员专业要求	专业能力要求
3	空气污染环境损害鉴定	因环境污染造成的环境空气损害，以及由于空气污染导致的生物资源和生态系统服务的损害鉴定	环境科学/环境工程/环境科学与工程/地理信息科学（或地图学与地理信息系统/大地测量学与测量工程/摄影测量与遥感/地图制图与地理信息工程）/大气科学/大气物理与大气环境/应用气象学/气象学/生态学/生物科学/植物学/化学/应用化学/无机化学/分析化学/有机化学	具备环境空气中特征污染物监测、污染源强计算、污染物扩散转化模拟、暴露反应关系量化分析、损害确定和量化、因果关系分析、健康风险评估等能力，具体包括： （1）具备开展环境空气污染源强模拟、烟气抬升计算、无组织扩散计算、最大落地浓度模拟计算的能力； （2）具备开展环境空气特征污染物监测和损害评估方案设计的能力； （3）具备根据相关标准对环境空气特征污染物监测数据进行综合分析确定环境空气基线水平，进行损害确认的能力； （4）具备使用相关软件进行大气污染物扩散和沉降模拟分析、污染团轨迹分析、空气质量变化分析以及预测污染趋势和污染范围的能力； （5）具备分析并建立环境空气污染物与农作物等生物受体及其生态服务之间暴露反应关系，开展环境空气损害因果关系分析和损害评估的能力； （6）具备判断排放废气污染物合理处理工艺及其费用以及生物受体损害价值量化的能力
4	土壤与地下水环境损害鉴定	因环境污染或生态破坏造成农田、矿区、居住和工矿企业用地等土壤与地下水环境资源及生态系统服务损害的鉴定	环境科学/环境工程/环境科学与工程/地理信息科学（或地图学与地理信息系统/大地测量学与测量工程/摄影测量与遥感/地图制图与地理信息工程）/土壤学/地质学/地球化学/地质工程/地下水科学与工程/生态学（或植物学/动物学/生物科学）/农业资源与环境/化学/应用化学/无机化学/分析化学/有机化学	具备土壤和地下水中特征污染物识别、污染物迁移转化模拟、损害确定和量化、因果关系分析、生态服务评估、恢复方案设计及费用计算、恢复效果评估等能力，具体包括： （1）具备开展行业特征分析、现场勘察、快速检测以分析识别土壤和地下水中特征污染物的能力； （2）具备开展土壤和地下水污染物监测、以及生态服务调查和损害评估方案设计的能力； （3）具备根据土壤和地下水背景值、标准值、对照值对特征污染物监测数据、生物资源与生态服务观测数据进行综合分析以确定土壤和地下水环境基线与生态服务基线水平，进行损害确认的能力； （4）具备地质和水文地质条件综合分析能力； （5）具备使用相关软件进行土壤和地下水中污染物空间分布和迁移转化模拟分析以还原污染过程、预测污染趋势，确定污染和生态服务损害程度和范围，对损害进行实物量化的能力； （6）具备识别土壤和地下水污染来源、迁移途径、受体，构建土壤和地下水污染概念模型，开展土壤和地下水环境损害因果关系分析的能力； （7）具备运用相关软件进行土壤和地下水中污染物健康与生态风险评估的能力； （8）具备土壤和地下水环境与生态服务修复或恢复技术筛选、恢复方案设计及损害价值量化，以及分析倾倒和堆放废物合理的处置利用方式及其处置利用费用的能力； （9）具备土壤和地下水环境与生态服务恢复效果评估的能力

序号	鉴定事项	适用范围	人员专业要求	专业能力要求
5	近海海洋与海岸带环境损害鉴定	因环境污染或生态破坏造成的海洋水质、海洋生物、沉积物等环境资源,海岸带与海洋生物资源以及海岸带与海洋生态系统服务损害的鉴定	环境科学/环境工程/环境科学与工程/地理信息科学（或地图学与地理信息系统/大地测量学与测量工程/摄影测量与遥感/地图制图与地理信息工程）/海洋科学/海洋技术/海洋化学/海洋生物学/海洋地质/海洋资源与环境/化学/应用化学/无机化学/分析化学/有机化学	具备近海海洋与海岸带水环境质量及生态系统人类活动识别、污染物识别、污染物迁移转化模拟、因果关系分析、生态风险评估、损害确定和量化、恢复方案设计及费用计算、恢复效果评估等能力,具体包括: （1）具备开展污染区域行业特征、点源面源排放摸查、快速检测识别特征污染物,或判断入侵物种、非法捕捞、围填海、非法排污等活动的分析能力; （2）具备近海海洋与海岸带环境中水质、水生生物类群（大型底栖动物、浮游动物、浮游植物等）、沉积物等环境介质,红树林、珊瑚、盐沼草和海草等生物资源,以及入海河口、海湾、滩涂湿地等不同类型栖息地现场勘察、污染物快速监测与分析识别、生态系统服务调查,以及损害评估方案设计的能力; （3）具备根据海水与地表水环境背景值、标准值、对照值对特征污染物监测数据、生物资源与生态服务观测数据进行综合分析确定近海海洋与海岸带环境质量与生态服务基线水平,确认环境损害的能力; （4）具备使用相关水质模型、污染物迁移扩散模型进行近海海洋与海岸带中污染物迁移转化模拟分析、还原污染过程、模拟污染趋势、确定污染范围,运用多受体环境暴露评估模型、毒理学实验、生物评价等进行近海海洋与海岸带生物和生态风险评估,对损害进行实物量化的能力; （5）具备基于污染物环境生物、物理、化学迁移转化过程,采用统计学、同位素等技术进行污染物、物种和生态系统破坏解析,构建概念模型,进行损害因果关系分析的能力; （6）具备近海海洋与海岸带环境恢复目标制定、技术筛选、恢复方案设计及损害价值量化分析的能力; （7）具备近海海洋与海岸带环境质量、生物资源及不同类型栖息地生态环境恢复监测、恢复效果评估的能力
6	生态系统环境损害鉴定	因环境污染或生态破坏造成的植物、动物等生物资源与森林、草原、湿地、耕地等生态系统服务损害的鉴定	环境科学/环境工程/环境科学与工程/地理信息科学（或地图学与地理信息系统/大地测量学与测量工程/摄影测量与遥感/地图制图与地理信息工程）/生物科学/生态学/植物学/动物学/水生生物学/生物化学与分子生物学/林学/野生动物植物保护与利用/水土保持与荒漠化防治/森林工程/森林保护	具备开展野生生物资源调查、物种分类和鉴定、生态破坏因果关系判定、生态系统服务损害量化、生态恢复工程设计等工作的专业技能,具体包括: （1）对野生动植物、珍稀物种等进行物种以及保护物种等级的鉴别;对动物种群分布、数量和结构的动态变化的分析能力;对植物群落的组成、结构和分布等动态变化的分析能力;对野生水生动植物、水生珍稀物种栖息地动态变化的分析能力; （2）具备对生态系统物种、结构和服务调查采样的能力; （3）具备对生态系统物种、结构和功能或服务损害的识别、损害量化和损失计算的专业技能; （4）掌握生态恢复的原理和原则,能够针对不同生态系统设计生态恢复工程和措施的能力; （5）掌握生态系统服务或功能实物量化以及价值评估的原则和方法; （6）具备不同尺度生态空间分析技术应用能力,包括各种移动终端的操作能力与对空间数据分析软件的操作应用能力; （7）具备生态系统与服务恢复效果监测与评估的能力

序号	鉴定事项	适用范围	人员专业要求	专业能力要求
7	其他环境损害鉴定	由于噪声、振动、光、热、电磁辐射、电离辐射等污染造成的环境损害鉴定	噪声、振动：环境科学/环境工程/物理学/应用物理学/声学/安全工程/安全技术及工程 光、热：环境科学/环境工程/物理学/应用物理学/光学/安全工程/安全技术及工程 电磁与电离辐射：环境工程/无线电物理/核物理/辐射防护与核安全/工程物理/核工程与核技术/电磁场与微波技术/辐射防护及环境保护	具备噪声、振动、光、热、电磁辐射、电离辐射等监测能力、损害调查确认、因果关系分析、损害量化等能力，具体包括： （1）具备噪声、振动、光、热、电磁辐射或电离辐射的监测分析与损害评估方案设计的能力； （2）具备利用文献或实验鉴别分析噪声、振动、光、热、电磁辐射或电离辐射致生物损害的能力； （3）具备噪声、振动、光、热、电磁辐射或电离辐射与生物损害的因果关系分析判断能力； （4）具备噪声、振动、光、热、电磁辐射或电离辐射致生物损害的实物或价值量化能力

注：鉴定过程中，如有必要，可咨询医药、冶炼、电镀、印染等行业，以及农业、林业、畜牧业、水利等领域其他专家意见，上述行业或领域专业人员非鉴定机构必配司法鉴定人。

附件3

环境损害司法鉴定机构实验室和仪器设备配置要求

一、污染物性质鉴定

序号	事项	场所	配置	单位	配置要求	备注
01	功能实验室		样品储存室（柜）		必配	
			样品预处理室		必配	
			天平仪器室		选配	
			理化分析室		必配	
			大型仪器室		必配	
			生物毒性实验室		必配	
02	试剂和样品保存	样品储存室、样品预处理室	便携式冷藏箱	个	必配	
			样品保存和试剂保存冰箱	台	必配	
			药品柜	个	必配	
			超低温冰箱	台	选配	
03	样品预处理	样品预处理室、天平仪器室	快速溶剂萃取仪	台	必配	
			恒温水浴锅	台	必配	
			恒温振荡培养箱（摇床）	台	必配	

序号	事项	场所	配置	单位	配置要求	备注
03	样品预处理	样品预处理室、天平仪器室	微波消解仪	台	必配	
			蒸馏装置	套	必配	
			抽滤装置	套	必配	
			固相萃取仪	台	选配	
			烘箱	台	必配	
			离心机	台	必配	
			分析天平	台	必配	
			通风橱	个	必配	
			磁力搅拌器	台	必配	
			移液管、微量移液器	套	必配	
			涡旋混合仪	台	必配	
			超纯水仪	台	选配	
			旋转蒸发仪	台	必配	
			氮吹仪	台	必配	
			冷冻干燥机	台	选配	
			超声波清洗器	台	选配	
04	基本理化性质及组成检测	理化分析室、大型仪器室	pH 计	台	必配	
			温度计	支	必配	
			氧化还原电位仪	台	必配	
			电导率仪	台	必配	
			浊度计	台	必配	
			红外光谱仪	台	选配	
			紫外/可见分光光度计	台	必配	
			X 射线荧光光谱仪	台	选配	
			X 射线衍射（XRD）	台	选配	
			总有机碳分析仪	台	选配	
			离子色谱仪	台	选配	
			元素分析仪	台	选配	
			流动注射分析仪	台	选配	
			差热式分析仪器	台	选配	
			马弗炉	台	选配	
05	金属与无机非金属检测	大型仪器室	电感耦合等离子体光谱仪	台	必配	
			电感耦合等离子体质谱仪	台	选配	
			火焰/石墨炉原子吸收分光光度计+原子荧光分光光度计	台	选配	
			冷原子荧光分光光度计	台	选配	
			离子色谱仪	台	选配	
			毛细管电泳仪	台	选配	
06	有机物质检测	大型仪器室	气相色谱仪	台	必配（二选一）	
			气相色谱-质谱联用仪	台		
			液相色谱仪	台	选配	
			液相色谱-质谱联用仪	台	选配	

序号	事项	场所	配置	单位	配置要求	备注
07	环境危害性和毒性	生物毒性实验室	独立的试验生物饲养区		必配	
			水生生物测试系统及实验生物维持系统		选配	
			陆生生物测试系统及实验生物维持系统		选配	
			生物降解及模拟生物降解测试系统		选配	
			生物蓄积测试系统		选配	

二、地表水和沉积物、近海海洋与海岸带环境损害鉴定

序号	事项	场所	配置	单位	配置要求	备注
01	功能实验室		采样工具和快速检测仪器存放室		必配	
			样品储存室（柜）		必配	
			样品预处理室		必配	
			天平仪器室		选配	
			理化分析室		必配	
			大型仪器室		必配	
			生物毒性实验室		必配	
02	现场踏勘	现场	GPS（或DGPS）定位仪	台	必配	
			北斗卫星导航系统	套	选配	
			激光测距仪	台	必配	
			水位测量仪	台	必配	
			溶解氧仪	台	必配	
			盐度计	台	必配	
			流量计	台	必配	
			多普勒剖面仪	台	选配	
			便携式水质重金属检测仪	台	必配	
			便携式多参数水质测定仪	台	必配	
			航拍无人机	台	选配	
			便携式综合毒性检测仪	套	选配	
03	样品采集	现场	石油类采样器	套	必配	水和底泥样品采集
			水体采样器（一般指标）	套	必配	
			底泥采样器	套	必配	
			抽滤装置	套	必配	
			采样船	艘	选配	
			鱼探仪	台	选配	
			人工基质采样器	套	必配	
			弶网/圆锥网/底层网	套	选配	
			浮游生物网	套	必配	
			踢网/索伯网/D型抄网/带网夹泥器	套	必配	
			机械绞盘	套	必配	

序号	事项	场所	配置	单位	配置要求	备注
03	样品采集	现场	潜水设备	套	选配	水和底泥样品采集
			便携式地物光谱仪	台	必配	
			鱼眼镜头	个	必配	
			罗盘仪	台	选配	
			水下照相机	台	必配	
			探深仪	台	选配	
			生长锥（基径）	个	选配	
			激光测高仪	台	选配	
04	试剂和样品保存	样品储存室、样品预处理室	便携式冷藏箱	个	必配	
			样品和试剂保存冰箱	台	必配	
			药品柜	个	必配	
			超低温冰箱	台	必配	
			生物样品分拣鉴定工具	套	必配	
05	样品预处理	样品预处理室、天平仪器室	快速溶剂萃取仪	台	必配	
			恒温水浴锅	台	必配	
			恒温振荡培养箱（摇床）	台	必配	
			微波消解仪	台	必配	
			蒸馏装置	套	必配	
			抽滤装置	套	必配	
			固相萃取仪	台	选配	
			烘箱	台	必配	
			离心机	台	必配	
			分析天平	台	必配	
			通风橱	个	必配	
			磁力搅拌器	台	必配	
			移液管、微量移液器	套	必配	
			涡旋混合仪	台	必配	
			超纯水仪	台	选配	
			旋转蒸发仪	台	必配	
			氮吹仪	台	必配	
			冷冻干燥机	台	选配	
			超声波清洗器	台	选配	
			生物样品分拣鉴定工具	套	必配	
			显微镜	台	必配	
06	样品检测	理化分析室、大型仪器室	pH 计	台	必配	基本理化性质及组成检测
			温度计	支	必配	
			氧化还原电位仪	台	必配	
			电导率仪	台	必配	
			浊度计	台	必配	
			红外光谱仪	台	选配	
			紫外/可见分光光度计	台	必配	
			X 射线荧光光谱仪	台	选配	
			X 射线衍射（XRD）	台	选配	

序号	事项	场所	配置	单位	配置要求	备注
06	样品检测	理化分析室、大型仪器室	总有机碳分析仪	台	选配	基本理化性质及组成检测
			离子色谱仪	台	选配	
			元素分析仪	台	选配	
			流动分析仪	台	选配	
			差热式分析仪器	台	选配	
			马弗炉	台	选配	
		大型仪器室	电感耦合等离子体光谱仪	台	必配	金属与无机非金属检测
			电感耦合等离子体质谱仪	台	选配	
			火焰/石墨炉原子吸收分光光度计+原子荧光分光光度计	台	选配	
			冷原子荧光分光光度计	台	选配	
			离子色谱仪	台	选配	
			毛细管电泳仪	台	选配	
			气相色谱仪	台	必配（二选一）	有机物物质检测
			气相色谱-质谱联用仪	台		
			液相色谱仪	台	选配	
			液相色谱-质谱联用仪	台	选配	

三、空气污染环境损害鉴定

序号	事项	场所	配置	单位	配置要求	备注
01	功能实验室		采样工具和快速检测仪器存放室		必配	
			样品储存室（柜）		必配	
			样品预处理室		必配	
			天平仪器室		选配	
			仪器分析室		必配	
02	现场踏勘	现场	GPS定位仪	台	必配	
			北斗卫星导航系统	套	选配	
			激光测距仪	台	必配	
			照相机	台	必配	
			气象参数监测仪	台	必配	
			便携式气体检测仪	台	必配	
			便携式气体检测箱	台	选配	
			便携式气相色谱/质谱仪	台	选配	
			航拍无人机	台	选配	
03	样品采集	现场	空气样品采样器	套	必配	空气样品采集
			烟尘采样器	套	必配	
			采集刀/铁铲/镊子/指南针/抄网/望远镜	套/台	选配	陆生生物样品采集
			捕虫网/人工巢管/风力计/彩色诱集盘/放大镜/观察盒	套	选配	
			海拔仪	台	选配	
			传导率测定仪	台	选配	

序号	事项	场所	配置	单位	配置要求	备注
03	样品采集	现场	测角器	台	选配	陆生生物样品采集
			胸径尺/生长锥/激光测高仪/冠层分析仪	个/台	选配	
04	试剂和样品保存	样品储存室、样品预处理室	便携式冷藏箱	个	必配	
			样品和试剂保存冰箱	台	必配	
			药品柜	个	必配	
			超低温冰箱	台	必配	
05	样品预处理	样品预处理室、天平仪器室	旋转蒸发仪	台	必配	
			恒温水浴锅	台	必配	
			氮吹仪	台	必配	
			热脱附仪	台	必配	
			恒温恒湿箱	套	必配	
			烘箱	台	必配	
			离心机	台	必配	
			分析天平	台	必配	
			通风橱	个	必配	
			移液管、微量移液器	套	必配	
			超纯水仪	台	选配	
			超声波清洗器	台	选配	
06	样品检测	仪器分析室	红外光谱仪	台	选配	基本理化性质及组成检测
			紫外/可见分光光度计	台	必配	
			电感耦合等离子体光谱仪	台	必配	金属与无机非金属检测
			电感耦合等离子体质谱仪	台	选配	
			火焰/石墨炉原子吸收分光光度计+原子荧光分光光度计	台	选配	
			冷原子荧光分光光度计	台	选配	
			气相色谱仪	台	必配	有机物质检测
			气相色谱-质谱联用仪	台	（二选一）	
			液相色谱仪	台	选配	
			液相色谱-质谱联用仪	台	选配	

四、土壤和地下水环境损害鉴定

序号	事项	场所	配置	单位	配置要求	备注
01	功能实验室		采样工具和快速检测仪器存放室		必配	
			样品储存室（柜）		必配	
			样品预处理室		必配	
			天平仪器室		选配	
			理化分析室		必配	
			大型仪器室		必配	
02	现场踏勘	现场	GPS定位仪	台	必配	
			北斗卫星导航系统	套	选配	
			照相机	台	必配	

序号	事项	场所	配置	单位	配置要求	备注
02	现场踏勘	现场	激光测距仪	台	必配	
			水位测量仪	台	必配	
			地下水流向流速仪	台	必配	
			地下水位自动监测仪	台	必配	
			手持式挥发性有机化合物气体检测仪	台	必配	
			便携式水质重金属检测仪	台	必配	
			便携式多参数水质测定仪	台	必配	
			便携式 X 射线荧光分析仪	台	必配	
			航拍无人机	台	选配	
03	样品采集	现场	土壤采样设备	套	必配	土壤和地下水样品采集
			地下水采样设备	套	必配	
			土壤气采样设备	套	必配	
			采集刀/铁铲/镊子/指南针/抄网/望远镜	套/台	必配	陆生生物样品采集
			海拔仪		选配	
			传导率测定仪		选配	
			罗盘仪		选配	
			测角器		选配	
			胸径尺/生长锥/激光测高仪/冠层分析仪		选配	
04	试剂和样品保存	样品储存室、样品预处理室	便携式冷藏箱	个	必配	
			样品和试剂保存冰箱	台	必配	
			药品柜	个	必配	
			超低温冰箱	台	必配	
05	样品预处理	样品预处理室、天平仪器室	快速溶剂萃取仪	台	必配	
			恒温水浴锅	台	必配	
			恒温振荡培养箱（摇床）	台	必配	
			微波消解仪	台	必配	
			蒸馏装置	套	必配	
			抽滤装置	套	必配	
			固相萃取仪	台	选配	
			烘箱	台	必配	
			离心机	台	必配	
			分析天平	台	必配	
			通风橱	个	必配	
			磁力搅拌器	台	必配	
			移液管、微量移液器	套	必配	
			涡旋混合仪	台	必配	
			超纯水仪	台	选配	
			旋转蒸发仪	台	必配	
			氮吹仪	台	必配	
			冷冻干燥机	台	选配	
			超声波清洗器	台	选配	

序号	事项	场所	配置	单位	配置要求	备注
06	样品检测	理化分析室、大型仪器室	pH 计	台	必配	基本理化性质及组成检测
			温度计	支	必配	
			氧化还原电位仪	台	必配	
			电导率仪	台	必配	
			浊度计	台	必配	
			红外光谱仪	台	选配	
			紫外/可见分光光度计	台	必配	
			X 射线荧光光谱仪	台	选配	
			X 射线衍射（XRD）	台	选配	
			总有机碳分析仪	台	选配	
			离子色谱仪	台	选配	
			元素分析仪	台	选配	
			流动分析仪	台	选配	
			差热式分析仪器	台	选配	
			马弗炉	台	选配	
		大型仪器室	电感耦合等离子体光谱仪	台	必配	金属与无机非金属检测
			电感耦合等离子体质谱仪	台	选配	
			火焰/石墨炉原子吸收分光光度计+原子荧光分光光度计	台	选配	
			冷原子荧光分光光度计	台	选配	
			离子色谱仪	台	选配	
			毛细管电泳仪	台	选配	
			气相色谱仪	台	必配（二选一）	有机物物质检测
			气相色谱-质谱联用仪	台		
			液相色谱仪	台	选配	
			液相色谱-质谱联用仪	台	选配	

五、生态系统损害鉴定

序号	事项	场所	配置	单位	配置要求	备注
01	陆域生态系统现场踏勘和样品采集	现场	GPS 定位仪/指南针/抄网/麻醉瓶/望远镜/采样器/照相机	套/台	必配	蜜蜂、蝴蝶、大型真菌、地衣和苔藓、大中型土壤动物、两栖动物、爬行动物、鸟类、陆生哺乳动物、陆生维管植物等生物资源
			捕虫网/人工巢管/风力计/彩色诱集盘/放大镜/观察盒		选配	
			海拔仪		选配	
			传导率测定仪		选配	
			罗盘仪		选配	
			测角器		选配	
			便携式激光测距仪		选配	
			胸径尺/生长锥/激光测高仪		必配	
			冠层分析仪		选配	
			GPS 定位仪/铁铲/圆状取土钻/螺旋取土钻/罗盘仪/照相机/冷藏箱		必配	森林、草原、农田生态系统
			航拍无人机/越野车		选配	

序号	事项	场所	配置	单位	配置要求	备注
01			钻具/钻头/抽筒/钢丝绳/扩孔器		选配	
			胸径尺/生长锥/激光测高仪		必配	
			冠层分析仪		选配	
02	水域生态系统现场踏勘和样品采集	现场	望远镜/GPS（或DGPS）定位仪/罗盘仪/pH计/温度计/透明度盘/电子天平/采泥器/照相机/冷藏箱/流速仪/风速风向仪/水下照度计/空盒气压表	套/台	必配	水生维管植物、藻类、浮游生物（浮游植物和浮游动物）、鱼类、大型底栖动物、微生物、水鸟、水生哺乳动物、爬行动物和两栖动物等生物资源
			回声测探仪		选配	
			鱼探仪		选配	
			采样船		选配	
			点频度框架		选配	
			弴网/圆锥网/底层网		选配	
			浮游生物网		必配	
			踢网/索伯网/D型抄网/带网夹泥器		选配	
			多普勒剖面仪		选配	
			电鱼器		选配	
			GPS（或DGPS）定位仪/望远镜/罗盘仪/指南针/水下照相机/潜水设备/盐度折射计	套/台	必配	湿地淡水生态系统，入海河口、海岸带和海洋生态系统
			便携式地物光谱仪		选配	
			钻具/钻头/PVC管		选配	
			台站系统或自容式验潮仪		选配	
			水文气象浮标或遥测波浪浮标		选配	
			悬浮物沉降设备		选配	
			柱状采样器		选配	
			胸径尺/生长锥/激光测高仪		必配	
			自动图像设备		选配	
			光量子仪		选配	
			回声测探仪		选配	
03	样品观察和检测	理化分析室、大型仪器室	PCR仪	套/台	必配	
			高速冷冻离心机		必配	
			显微镜		必配	
			检尺记数器		必配	
			分光光度计		必配	
			马弗炉及烘箱		必配	
			激光粒度仪		必配	

六、其他类

序号	事项	场所	配置	单位	配置要求	备注
01	噪声类鉴定	现场	积分声级计	台	必配	
02	振动类鉴定	现场	环境振动仪	台	必配	
03	光污染鉴定	现场	照度计	台	必配	
			亮度计	台	必配	
04	电磁辐射鉴定	现场	非选频式宽带辐射测量仪	台	必配	
			工频电场、工频磁场测量仪	台	必配	
			选频式辐射测量仪	台	必配	

序号	事 项	场所	配置	单位	配置要求	备注
05	电离辐射鉴定	样品采集	GPS定位仪	台	必配	
			照相机	台	必配	
			土壤采样设备	套	必配	
			气碘采样器	台	必配	气碘采集
			气氚采样装置	台	必配	气氚采集
			碳-14采样装置	台	必配	空气中碳-14采集
			超大流量气溶胶采样仪	台	必配（三选一）	气体样品采集
			大流量气溶胶采样仪	台		
			中流量气溶胶采样仪	台		
		样品预处理、天平仪器室	分析天平	台	必配	
			烘箱	台	必配	
			电热板	台	必配	
			通风橱	个	必配	
			马弗炉	台	必配	
			移液管、微量移液器	套	必配	
			抽滤装置	套	必配	
			球磨仪	台	必配	
			粉碎机	台	必配	
			离心机	台	必配	
			电沉积装置	台	必配	钚-239放射性核素测量
			电动搅拌装置	台	必配	
			氚电解浓集装置	台	选配	
		仪器分析室	γ谱仪	台	必配	γ放射性核素测量
			α谱仪	台	必配	钚-239、钋-210等α放射性核素测量
			α、β计数器	台	必配	锶-90等β放射性核素、总α、总β放射性测量
			液闪谱仪	台	必配	氚、碳-14等放射性核素测量
			氡钍分析仪	台	必配	镭-226等放射性核素测量
			微量铀分析仪	台	必配	铀、钍测量
			紫外分光光度计	台	必配	
			热释光读出装置	台	必配	累积剂量测量
			退火炉	台	必配	
			X、γ剂量率仪	台	必配	
			表面污染测量仪	台	必配	
			中子测量仪	台	必配	
			氡钍及其子体测量仪	台	必配	氡钍及其子体测量
			便携式γ谱仪	台	选配	

环境损害司法鉴定机构登记
专家评审意见书

申请机构名称：_____

评 审 日 期：_____

一、申请机构基本信息

1. 名　称：_____

2. 统一社会信用代码：_____

3. 地　址：_____

4. 法定代表人：_____职务：_____

5. 联系电话：_____

6. 申请执业类别：_____

二、评审简况

1. 评审日期：_____年_____月_____日

2. 评审地点：

3. 评审范围：
　　□污染物性质
　　□地表水和沉积物
　　□空气污染
　　□土壤与地下水
　　□近海海洋与海岸带
　　□生态系统
　　□噪声、振动、光、热、电磁辐射、核辐射等其他环境损害鉴定

4. 评审依据：

《全国人大常委会关于司法鉴定管理问题的决定》《司法鉴定机构登记管理办法》《司法鉴定人登记管理办法》及司法部、生态环境部关于环境损害司法鉴定管理工作的相关文件。

三、评审情况

1. 整体情况：

2. 实验室及仪器设备等技术条件：

3. 鉴定人技术能力：

4. 其他需要说明的情况：

四、评审结论：

评审组组长签字：
评审组成员签字：

　　　　　　日期：
（如有不同意见请在下面空白处注明）

五、附件

附件5

环境损害司法鉴定机构登记评审工作方案
（参考模板）

一、申请机构名称及执业类别

二、评审组织单位

三、评审工作组人员

评审专家组组长：
评审专家组成员：
工作人员：

四、评审时间

××××年××月××日至××××年××月××日

五、评审程序和内容

（一）评阅申请机构申报资料

查看申请机构提交的已完成的工作成果、合同等，统计申请机构已完成的环境损害鉴定评估项目数量，按照附件1表（一）第二项技术水平中"鉴定评估项目数量"一栏的评分标准进行打分。查阅申请机构已完成的鉴定评估项目报告和相关工作成果，评估成果质量，按照附件1表（一）第二项技术水平中"鉴定评估项目与相关工作成果完成质量"一栏的评分标准进行打分。

（二）评阅鉴定人资料

对服务于鉴定机构、有聘用关系的鉴定人进行打分。环境损害司法鉴定人应当在一个环境损害司法鉴定机构中执业。

1．依据申请机构申请的鉴定类别和鉴定人数量、专业，按照附件1表（一）第一项"环境损害司法鉴定人构成"的评分标准进行打分。对鉴定人的专业要求包括学历和职称所涉及的专业。

2．逐一查阅申请机构中每个鉴定人的申请资料

查阅申请人提交的证书、证明、环境损害鉴定评估相关项目与其他工作成果等申请资料。按照附件1表（二）的评分标准进行打分。其中表（二）第三项"工作能力"中的"专业技术能力"一栏，通过查阅鉴定人完成的环境损害鉴定评估项目相关资料打分。专家组应按照申请人的申请执业类别和附件2"环境损害司法鉴定机构和人员专业能力要求"，以申请人提供的相关鉴定评估项目报告与研究成果章节为依据，对鉴定人在申请领域某环节的专业程度进行评分，每个申请领域所涉及的主要技术环节包括污染物来源分析、污染物性质或物种类别判定、鉴定方案编制、因果关系分析、损害实物量化、恢复方案设计与价值量化等方面，要求鉴定人至少具备上述一方面的能力，对于具有上述多方面鉴定能力的鉴定人，可适当加分。

3．计算申请机构鉴定人得分的算数平均分，按照附件1第二项"技术水平"中"鉴定人能力"一栏的评分标准进行打分。

（三）考查申请机构实验室条件

环境损害司法鉴定机构必须配备实验室作为开展环境损害鉴定工作的必要场所，实验室须通过中国计量认证（CMA）或中国合格评定国家认可委员会（CNAS）认可或良好实验室规范（GLP）认证。申请机构实验室不具备以上条件的，取消评审资格。

1．查阅申请机构的实验室资质证书、文件等，按照附件1第三项"实验室条件"中"实验室资质"一栏的评分标准进行打分。

2．根据申请机构所申请的环境损害司法鉴定类别，对照附件3"环境损害司法鉴定机构实验室和仪器设备配置要求"中的相应类别，查看实验室的基础设施条件和维护情况，核对必配仪器是否配置，选配仪器的配置数量等，按照附表1第三项"实验室条件"中"仪器配置及使用情况"的评分标准进行打分。

（四）现场考核

评审专家组认为申请材料不足以证明其专业技术能力的，可采用现场交流、口试、答辩

考核等形式，对申请机构及其鉴定人的专业能力进行现场考核，综合评定其专业技术能力。

评审组织单位应根据专家组的要求，组织相关人员参加现场考核并做好记录。

（五）汇总得分

每位评审专家分别对附件 1 表（一）、表（二）各项目进行打分并得出总分。根据各个专家的打分结果，计算附件 1 表（一）总分的算术平均分，得出申请机构的最终得分。

（六）撰写评审意见书

按照附件 4 "环境损害司法鉴定机构专家评审意见书"要求撰写评审意见书。

评审意见中应明确适合从事的具体环境损害司法鉴定执业类别，如某机构适合从事物种鉴定的，可以给出"适合从事生态系统环境损害鉴定（动物/植物/昆虫物种鉴定）业务"的评审意见。

六、人员分工

专家组组长应当根据评审专家组各位成员的工作特点与专业特长进行合理分工，保障评审工作顺利开展。

关于公布辽宁五花顶等 10 处国家级自然保护区面积、范围及功能区划的通知

环生态函〔2018〕81 号

辽宁省、吉林省、黑龙江省、湖南省、重庆市、四川省、云南省、西藏自治区人民政府，林草局：

国务院已批准新建辽宁五花顶、吉林园池湿地、黑龙江仙洞山、黑龙江朗乡、黑龙江黑瞎子岛、四川南莫且等 6 处国家级自然保护区，批准调整湖南东洞庭湖、重庆金佛山、云南白马雪山、西藏珠穆朗玛峰等 4 处国家级自然保护区的范围和功能区划。现将 10 处自然保护区的面积、范围及功能区划予以公布（见附件 1、2）。面积、范围及功能区划以数字和附图为准，文字描述作为参考。有关地区和部门要依据公布的面积、范围和功能区划，抓紧组织开展自然保护区的勘界和立标工作，落实自然保护区的土地权属，标明区界，并向社会公告。

附件：1. 辽宁五花顶等 10 处国家级自然保护区的面积和范围
2. 辽宁五花顶等 10 处国家级自然保护区的功能区划图

生态环境部

2018 年 7 月 21 日

附件 1

辽宁五花顶等 10 处国家级自然保护区的面积和范围

一、辽宁五花顶国家级自然保护区

辽宁五花顶国家级自然保护区总面积为 13 494.43 公顷，其中核心区面积 5 513.54 公顷，缓冲区面积 2 750.65 公顷，实验区面积 5 230.24 公顷。保护区位于辽宁省葫芦岛市绥中县境内，范围在东经 119°41′20″－120°06′00″，北纬 40°14′02″－40°28′17″之间。保护区由 2 个独立片区组成，分别为：小五花顶片区和大五花顶片区。

小五花顶片区边界自龙潭沟口（120°04′23″E，40°28′05″N）起，向东经白杨沟（120°05′24″E，40°28′58″N）至西平乡白杨村与沙金村交界处（120°6′14″E，40°27′25″N），向南经双阳沟口（120°06′59″E，40°27′49″N）至苇子沟口（120°06′38″E，40°26′24″N），向南至高甸子乡转子沟口（120°5′44″E，40°26′44″N），向西至大王庙镇庙沟口（120°03′04″，40°26′48″N），向西南经大王庙镇砬子山村 300 米山顶（120°03′38″E，40°26′55″N）、250 米高程点（120°02′48″E，40°26′13″N）至平台沟口（120°01′19″E，40°27′00″N），向西北经平台村至 150 米高程点（120°01′12″E，40°28′58″N），向东经平台村与白杨村交界处（120°02′02″E，40°28′05″N）、黑潮沟口（120°02′20″E，40°28′01″N）、小铁沟口（120°03′07″E，40°28′08″N）至起点。

大五花顶片区边界自秋子沟乡大杨树村、明水乡小杨树沟村与永安堡乡塔子沟村 3 村交界处（119°48′25″E，40°20′34″N）起，沿明水乡与永安堡乡乡界向东南至拐点（119°53′02″E，40°18′60″N），沿范家乡与永安堡乡乡界向南至前卫镇（119°53′10″E，40°18′49″N），沿前卫镇与永安堡乡乡界向西南至窟窿山东侧（119°52′26″E，40°17′17″N），沿乡界向东南至塔子沟村张家房子北侧（119°53′52″E，40°17′48″N），沿龙门沟向西至蛇盘沟北侧（119°52′36″E，40°16′23″N），向南至塔子沟村与边外村交界处（119°51′18″E，40°15′00″N），沿山脊线向西经栗木沟口（119°50′59″E，40°15′31″N）、边外村与大甸子村村界至车厂沟沟口（119°48′53″E，40°15′31″N），沿山脊线向西至大甸子村与花户村村界（119°46′58″E，40°15′04″N），向西至手巾沟沟口（119°45′25″E，40°15′49″N），向西经北沟沟口至花户村与西沟村交界处（119°43′43″E，40°15′35″N），沿村界向北至加碑岩乡王台村（119°42′49″E，40°15′18″N），向北沿楼房村、王台村和沟口村村界经 2 个拐点（119°42′11″E，40°17′59″N；119°43′05″E，40°18′18″N）至沟口村大羊圈沟口（119°44′10″E，40°18′04″N），向北经加碑岩乡与秋子沟乡乡界至大杨树村（119°45′25″E，40°19′19″N），向东经小料村龙滩沟口至起点。

二、吉林园池湿地国家级自然保护区

吉林园池湿地国家级自然保护区总面积 30 682 公顷，其中核心区面积 12 102 公顷，缓冲区面积 8 906 公顷，实验区面积 9 674 公顷。保护区位于吉林省延边朝鲜族自治州安图县境内，范围在东经 127°53′50.0″－128°27′52.2″，北纬 42°01′29.3″－42°37′35.9″之间。

保护区由 2 个独立片区组成，分别为：保护区北区和保护区南区。

保护区北区边界自二道松花江（128°01′40.4″E，42°37′19.7″N）起，向南至林区公路交汇处（128°03′25.8″E，42°36′33.8″N），沿林区公路至 650 米高程点（128°03′23.8″E，42°34′25.8″N）、610 米高程点（128°04′58.3″E，42°31′45.3″N）至宝马村西侧（128°04′26.9″E，42°27′30.5″N），沿环山线至与玉泉路交汇处（128°02′35.5″E，42°24′09.4″N），沿环山路至 1040 米高程点（127°53′50.0″E，42°20′45.4″N），再沿山脊经 1 100 米高程点（127°54′10.8″E，42°22′00.9″N），向东北至环山路（127°59′38.3″E，42°24′40.6″N），再向东北至 700 米高程点（128°02′47.1″E，42°30′33.1″N），至林区公路（127°59′50.5″E，42°36′28.5″N），向西北沿山脊至拐点（127°59′27.8″E，42°36′46.3″N），向东北至二道松花江（128°00′13.9″E，42°37′36.4″N），沿二道松花江至起点。

保护区南区边界自 129 县道（128°12′34.8″E，42°07′42.9″N）起，沿 129 县道至拐点（128°27′43.6″E，42°01′30.7″N），向北至 1 380 米高程点（128°27′46.8″E，42°02′35.8″N），沿山脊经 1 340 米高程点（128°27′31.2″E，42°03′21.8″N）、1 350 米高程点（128°27′02.6″E，42°04′32.0″N）至 1 400 米高程点（128°27′08.0″E，42°07′00.1″N），沿山脊向西北至 1 390 米高程点（128°26′55.8″E，42°07′11.1″N），向西至大车道交汇处（128°23′06.3″E，42°07′18.5″N），沿大车道至拐点处（128°22′07.2″E，42°07′47.6″N），向西至大车道（128°21′22.9″E，42°07′45.5″N），沿大车道至拐点（128°19′48.5″E，42°07′11.5″N），向北至拐点（128°19′57.6″E，42°08′51.8″N），向西至拐点（128°19′18.5″E，42°08′52.2″N），沿小河向东北至大车道（128°19′55.8″E，42°10′00.2″N），沿大车道向西南至拐点（128°14′31.0″E，42°07′44.1″N），向西至起点。

三、黑龙江朗乡国家级自然保护区

黑龙江朗乡国家级自然保护区总面积 31 355 公顷，其中核心区面积 14 413 公顷，缓冲区面积 7 996 公顷，实验区面积 8 946 公顷。保护区位于黑龙江省伊春市铁力市境内，范围在东经 128°55′30″—129°15′21″，北纬 46°31′58″—46°49′38″之间。

保护区边界自耳朵眼沟口（128°56′41.546″E，46°46′59.886″N）起，沿折棱河向东南至 50 林班边界控制点（129°3′7.316″E，46°39′53.762″N），沿东折保护站界向南至巴兰河（129°6′8.391″E，46°37′57.668″N），沿巴兰河向南至拐点（129°7′27.932″E，46°36′42.566″N），沿林场界向南至头道沟保护站 29 林班 8 小班南界（129°8′31.72″E，46°34′9.224″N），沿 29 林班 8、11、12 小班南界至巴兰河支流（129°9′16.189″E，46°34′1.648″N），沿巴兰河支流向西北至 24 林班 11 小班（129°10′1.781″E，46°34′40.553″N），沿 27 林班向西至依兰界岗脊（129°11′24.955″E，46°34′23.212″N），沿依兰界向东北至拐点（129°15′14.016″E，46°37′23.3″N），沿新东林场界向北至正岔河林场界（129°13′1.426″E，46°40′42.207″N），沿大西北岔林场界向西至大西北岔河（129°10′26.662″，46°41′19.431″），沿大西北岔河向南至拐点（129°10′4.544″E，46°40′53.995″N），沿正岔河林场界向北至清源保护站 33 林班（129°4′25.091″E，46°47′51.464″N），沿 33 林班界向西至大西北岔河（129°3′32.931″E，46°47′41.587″N），沿大西北岔河支流至 19 林班防火公路桥（129°3′597″E，46°48′35.496″N），沿 19 林班线东线及 13 林班 38、29 小班北线经 3 个拐点（129°1′29.593″E，46°49′44.747″N；

129°0′33.179″E，46°48′34.703″N；129°0′11.565″E，46°48′33.641″N）向西北至大西北岔河支流（128°59′57.832″E，46°48′33.804″N），沿 13 林班 29、31、30 小班西线，12 林班 22、21 小班北线、21 小班西线经 2 个拐点（128°59′15.669″E，46°47′53.361″N；128°59′9.804″E，46°47′56.274″N）至拐点（128°58′49.469″E，46°47′31.311″N），沿林场界向西至西折保护站（128°57′5.178″E，46°47′38.118″N），沿西折保护站 5 林班西界向南至起点。

四、黑龙江仙洞山梅花鹿国家级自然保护区

黑龙江仙洞山梅花鹿国家级自然保护区总面积 5 076 公顷，其中核心区 1 421 公顷，缓冲区 1 473 公顷，实验区 2 182 公顷。保护区位于黑龙江省齐齐哈尔市拜泉县境内，范围在东经 126°22′49.27″－126°31′01.12″，北纬 47°39′41.32″－47°43′24.17″之间。

保护区边界自国富镇合理村（126°23′23.909″E，47°42′41.857″N）起，向东经 10 个拐点（126°23′39.208″E，47°43′2.537″N；126°24′13.292″E，47°43′4.462″N；126°25′0.213″E，47°43′7.122″N；126°25′42.715″E，47°43′9.252″N；126°26′23.942″E，47°43′9.616″N；126°27′18.639″E，47°43′9.362″N；126°28′6.053″E，47°43′16.643″N；126°28′59.603″E，47°43′19.655″N；126°29′48.164″E，47°43′18.685″N；126°30′25.383″E，47°43′22.453″N）至兴隆村（126°30′43.710″E，47°43′22.664″N），向南经 20 个拐点（126°30′46.260″E，47°43′4.234″N；126°30′48.011″E，47°42′42.860″N；126°30′20.283″E，47°42′56.941″N；126°29′49.473″E，47°42′46.822″N；126°29′32.391″E，47°43′0.696″N；126°29′3.485″E，47°43′12.950″N；126°28′15.588″E，47°43′1.957″N；126°28′17.939″E，47°42′50.331″N；126°29′8.303″E，47°42′47.653″N；126°28′52.948″E，47°42′26.139″N；126°28′58.289″E，47°41′59.114″N；126°28′46.706″E，47°41′41.416″N；126°29′7.404″E，47°41′48.233″N；126°29′51.486″E，47°41′55.187″N；126°30′8.582″E，47°42′8.137″N；126°30′59.149″E，47°41′53.278″N；126°31′2.341″E，47°41′32.406″N；126°30′42.400″E，47°41′19.824″N；126°30′48.658″E，47°40′42.701″N；126°30′54.338″E，47°40′16.654″N）至爱护村（126°30′59.924″E，47°39′58.215″N），向西经 13 个拐点（126°30′22.421″E，47°40′5.535″N；126°29′56.280″E，47°40′25.284″N；126°29′8.973″E，47°40′28.469″N；126°28′41.509″E，47°40′24.053″N；126°28′5.369″E，47°40′24.454″N；126°27′35.361″E，47°40′5.704″N；126°27′24.202″E，47°39′50.828″N；126°26′49.066″E，47°39′49.208″N；126°26′21.320″E，47°39′52.448″N；126°25′44.587″E，47°39′40.490″N；126°25′3.418″E，47°39′40.720″N；126°24′43.989″E，47°40′3.064″N；126°24′0.261″E，47°40′2.418″N）至保护村（126°23′28.942″E，47°39′57.789″N），向北经 7 个拐点（126°23′10.247″E，47°40′19.843″N；126°23′4.954″E，47°40′47.058″N；126°23′9.859″E，47°41′9.628″N；126°22′50.770″E，47°41′45.946″N；126°23′8.418″E，47°41′49.069″N；126°23′3.435″E，47°42′18.019″N；126°23′26.775″E，47°42′20.195″N）至起点。

五、黑龙江黑瞎子岛国家级自然保护区

黑龙江黑瞎子岛国家级自然保护区总面积 12 417 公顷，其中核心区面积 6 415 公顷，

缓冲区面积 2 517 公顷，实验区面积 3 485 公顷。保护区位于黑龙江省抚远县境内，范围在东经 134°24′59″—134°43′44″，北纬 48°17′51″—48°25′13″之间。

保护区边界自黑瞎子岛最西端（134°24′59″E，48°23′05″N）起，沿黑龙江右岸向东北（黑龙江下游　方向）至保护区最北端（134°29′12″E，48°25′13″N），向东南经 3 个拐点（134°30′14″E，48°24′40″N；134°33′37″E，48°23′53″N；134°39′32″E，48°24′16″N）至保护区最东端（134°43′44″E，48°22′27″N），向西南至拐点（134°43′18″E，48°22′26″N），向西经 6 个拐点（134°41′00″E，48°23′22″N；134°39′00″E，48°22′57″N；134°40′50″E，48°20′14″N；134°39′48″E，48°19′49″N；134°39′21″E，48°19′08″N；134°38′50″E，48°19′08″N）至抚远水道（134°38′10″E，48°17′51″N），沿抚远水道经 4 个拐点（134°35′50″E，48°19′26″N；134°33′45″E，48°21′36″N；134°33′07″E，48°21′11″N；134°30′19″E，48°21′03″N）至起点。

六、四川南莫且湿地国家级自然保护区

四川南莫且湿地国家级自然保护区总面积98 410公顷，其中核心区面积67 444.3公顷，缓冲区面积11 569.1公顷，实验区面积19 396.6公顷。保护区位于四川省阿坝藏族羌族自治州壤塘县境内，范围在东经101°07′06″—101°29′07″，北纬31°59′40″—32°24′57″之间。

保护区边界自海子山 4 539 米山峰（101°28′21″E，32°19′48″N）起，沿壤塘县县界向西南经 4 550 米山峰（101°27′53″E，32°19′16″N）、波达（101°28′11″E，32°15′18″N）、协力亚（101°26′11″E，32°13′44″N）、4 450 米山峰（101°24′04″E，32°12′02″N）、4 540 米山峰（101°19′44″E，32°05′38″N）、2 个拐点（101°19′50″E，32°04′23″N；101°17′55″E，32°04′06″N）至 4 626 米山峰（101°16′56″E，32°00′07″N），沿上壤塘乡乡界向西经 7 个拐点（101°16′44″E，31°59′52″N；101°15′46″E，31°59′39″N；101°15′23″E，32°00′10″N；101°14′19″E，32°00′15″N；101°11′49″E，31°59′44″N；101°10′40″E，32°00′31″N；101°09′50″E，32°00′07″N）至玉青喀（101°08′22″E，32°00′27″N），沿上壤塘乡乡界向北经 4 670 米山峰（101°08′19″E，32°02′45″N）、4 664 米山峰（101°07′30″E，32°03′03″N）、4660　米山峰（101°08′17″E，32°05′28″N）、4 752 米山峰（101°07′08″E，32°07′35″N）、4 596 米山峰（101°07′46″E，32°10′02″N）、4 466 米山峰（101°07′47″E，32°11′04″N）、4 093 米高程点（101°08′52″E，32°14′13″N）、3 826 米高程点（101°08′47″E，32°16′42″N）、3 个拐点（101°09′59″E，32°16′40″N；101°10′22″E，32°18′36″N；101°11′20″E，32°18′43″N）至中壤塘乡布康木达村冬崩沟口（101°12′11″E，32°20′33″N），沿国有林和农耕地分界线向东南经上壤塘乡仁棚村仁彭（101°13′52″E，32°19′47″N）至上壤塘乡雪木达村雪木达（101°15′15″E，32°19′02″N），沿国有林和农耕地分界线向西北至中壤塘乡布康木达村扎木达（101°12′14″E，32°20′56″N），向东北经中壤塘乡布康木达村扎嘎森（101°12′30″E，32°22′46″N）、4 233 米山峰色农喀兰（101°14′09″E，32°23′57″N）、4 223 米山峰（101°15′42″E，32°24′40″N）至日阿钦喀（101°18′38″E，32°24′42″N），沿壤塘县县界向东南经 7　个拐点（101°19′42″E，32°22′56″N；101°21′25″E，32°22′09″N；101°22′27″E，32°22′51″N；101°24′28″E，32°22′29″N；101°25′20″E，32°21′42″N；101°25′09″E，32°21′10″N；101°27′56″E，32°20′26″N）至起点。

七、湖南东洞庭湖国家级自然保护区

调整后的湖南东洞庭湖国家级自然保护区总面积 157 628 公顷，其中核心区面积 33 286.2 公顷，缓冲区面积 32 369.8 公顷，实验区面积 91 972 公顷。保护区位于湖南省岳阳市境内，范围在东经 112°43′59.5″－113°13′13.4″，北纬 29°00′00″－29°37′45.7″之间。

保护区边界自北端道人矶（113°13′4″E，29°32′12″N）起，沿长江和洞庭湖大堤向西缓冲 300 米的界线向南至东风湖北岸七里山（113°7′9″E，29°24′31″N），向南沿洞庭湖大堤经东风湖至南湖与洞庭湖汇口处木材厂（113°4′40″E，29°21′7″N），向东沿南湖水岸线至京广铁路线与南湖交汇处（113°4′47″E，29°20′22″N），沿京广铁路向南至岳阳市养鸡场（113°4′36″E，29°20′00″N），沿山脚至黄沙湾（113°4′1″E，29°20′00″N ），向南沿洞庭湖大堤或岸线至高家嘴（113°4′58″E，29°17′34″N），沿 201 省道向西缓冲 600 米的界线向南至同兴（113°4′57″E，29°14′27″N），沿公路向东至畔湖村（113°5′25″E，29°14′29″N），沿 201 省道至青山村（113°6′16″E，29°12′34″N），沿小路向南至湘梁湖渔场北堤（113°6′10″E，29°11′47″N），沿山脚经陈洲咀（113°6′18″E，29°11′43″N）、费家（113°6′50″E，29°12′9″N）至杨家（113°7′17″E，29°12′19″N），向东至京广铁路（113°7′30″E，29°12′18″N），沿京广铁路线向南至荣家湾泥家湖以西新墙河大堤处（113°7′12″E，29°9′45″N），沿新墙河大堤向西经樟树潭（113°6′26″E，29°10′22″N）至东升（113°6′17″E，29°10′36″N），向南沿毛家湖南岸经拐点（113°6′4″E，29°11′7″N）至脚塘鸥（113°4′32″E，29°10′30″N），沿山脊至徐文昌（113°3′53″E，29°10′3″N），沿小路至樟树塘（113°3′45″E，29°9′51″N），沿山脊至赵水潭（113°2′44″E，29°9′27″N），沿小路向西南至大郝（113°02′15″E，29°9′29″N），沿万石湖第一重山脊线向西北至高桥湖洞庭湖岸（113°00′30″E，29°10′54″N），沿湖岸至老港针织厂布咀山（112°59′53″E，29°10′12″N），沿鹿角码头洞庭湖水岸线向南至老港芦苇场（113°0′41″E，29°8′46″N），沿山脊向东南至邓家（113°00′49″E，29°8′30″N），沿黄茅岗第一重山脊线向东至敖李家交叉路口（113°1′30″E，29°8′22″N），沿山脊向南经胡家窑（113°1′25″E，29°8′7″N）至象山贺（113°1′10″E，29°7′40″N），沿小路向东至张青杨（113°1′23″E，29°7′40″N），沿山脊至白沙湖（113°1′36″E，29°7′13″N），沿小路至刘定国（113°2′0″E，29°6′41″N），沿山脊经猫公井（113°2′19″E，29°6′28″N）、曾大园（113°3′14″E，29°5′51″N）、周丹屋（113°4′24″E，29°5′21″N）至狄世显（113°4′58″E，29°5′9″N），沿山脚向东南经雷公咀（113°5′39″E，29°5′3″N）至杨柳屋（113°6′6″E，29°4′34″N），沿山脊至下边彭（113°6′34″E，29°4′3″N），经彭家木屋山顶（113°6′49″E，29°3′51″N）至余陈屋（113°7′18″E，29°3′31″N），沿京广铁路向西缓冲 100 米的界线向南至张忠诚（113°7′9″E，29°3′3″N），沿黄秀渔场南第一重山脊线经拐点（113°6′52″E，29°3′5″N）至唐尹屋（113°6′32″E，29°3′12″N），向西南经新屋（113°5′48″E，29°2′52″N）至大屋（113°5′45″E，29°2′33″N），向南至陈家屋（113°5′46″E，29°2′3″N），沿水岸线向西至大明渔场（113°4′49″E，29°2′10″N），沿渔场南岸至王桂墩（113°4′23″E，29°2′22″N），沿坪桥院南岸向西经大沙头（113°2′44″E，29°3′25″N）至偏家嘴湘江堤（113°2′5″E，29°3′50″N），沿湘江东侧大堤向南至汨罗磊石（112°58′41″E，29°0′0″N），向西至南县县界（112°53′4″E，29°0′0″N），向北至岳阳县、湘阴县、沅江市三县交界点（112°56′41″E，29°3′47″N），沿岳阳县、沅江市县界

向北至华容县、岳阳县、南县三县交界点（112°46′39″E，29°11′7″N），沿湖堤向西北经内湖大堤、新沟闸（112°45′34″E，29°13′48″N）至团洲（112°46′55″E，29°19′43″N），沿沱江北岸大堤向西经四分场四队（112°43′42″E，29°19′11″N）至维新合垸南渡口（112°42′56″E，29°19′6″N），向北经徐家铺（112°42′58″E，29°19′50″N）至钱粮湖农场畜牧试验站（112°42′53″E，29°27′11″N），沿公路向东经202省道至华容河（112°44′8″E，29°27′32″N），沿华容河北岸大堤向东北至钱粮湖口（112°44′38″E，29°28′9″N），沿202省道向北至306省道（112°44′21″E，29°31′57″N），沿306省道向东北至072县道（112°48′38″E，29°34′22″N），沿072县道向北经朱扬家路口（112°49′11″E，29°34′23″N）至075县道（112°49′17″E，29°34′20″N），沿075县道向北至076县道（112°50′27″E，29°35′36″N），沿076县道经黄金乡（112°51′29″E，29°36′1″N）至长江大堤（112°53′43″E，29°37′20″N），沿大堤向北至白鹤罐（112°53′56″E，29°37′40″N），沿湖南省、湖北省省界至起点。

调整后的保护区设3处核心区，分别为：大小西湖-君山后湖核心区、红旗湖核心区、春风湖核心区。

大小西湖-君山后湖核心区边界自三大队渔场（112°48′58″E，29°30′37″N）起，沿洞庭湖岸线向南缓冲300米的界线向东南至五分四队（112°58′36″E，29°24′20″N），向西南至拐点（112°58′21″E，29°23′50″N），向东南经2个拐点（112°58′31″E，29°23′20″N；112°59′40″E，29°22′19″N）至君山（112°59′36″E，29°21′25″N），沿君山岸线至拐点（112°59′27″E，29°21′21″N），向南至拐点（112°59′27″E，29°20′43″N），向西南至新生洲（112°52′42″E，29°18′29″N），沿新生洲岸线至拐点（112°52′39″E，29°19′7″N），向北经拐点（112°53′15″E，29°19′29″N）至沱江（112°53′27″E，29°21′44″N），向西南至拐点（112°52′22″E，29°20′23″N），向西北至拐点（112°51′47″E，29°20′55″N），向东北至朝阳口芦苇站（112°52′40″E，29°22′20″N），向西北至拐点（112°51′48″E，29°24′6″N），向西至拐点（112°50′43″E，29°24′7″N），向北至拐点（112°50′43″E，29°25′21″N），向西南至拐点（112°49′58″E，29°24′23″N），沿洞庭湖岸线向北至长洲芦苇站（112°49′51″E，29°24′48″N），沿长洲岸线向东缓冲200米的界线至拐点（112°50′8″E，29°25′13″N），向北至拐点（112°50′15″E，29°26′3″N），向东北至拐点（112°50′24″E，29°26′18″N），向西至拐点（112°49′56″E，29°26′13″N），向北至拐点（112°50′28″E，29°27′56″N），经望君洲、望君洲中洲、北洲、9个拐点（112°49′36″E，29°28′19″N；112°49′24″E，29°27′40″N；112°49′10″E，29°28′12″N；112°48′31″E，29°28′13″N；112°48′14″E，29°28′48″N；112°48′1″E，29°28′15″N；112°48′0″E，29°28′44″N；112°47′53″E，29°27′43″N；112°46′32″E，29°27′14″N）至旗杆嘴船闸（112°46′37″E，29°28′3″N），沿洞庭湖岸线向东缓冲300米的界线至大东哈闸（112°46′43″E，29°28′51″N），沿洞庭湖岸线向东缓冲350米的界线至碾盘洲（112°47′33″E，29°29′22″N），沿洞庭湖岸线向东缓冲400米的界线至起点。

红旗湖核心区边界自关墩头东岸线（113°4′1″E，29°23′46″N）起，向东南至岳阳客轮站西1 200米处（113°4′25″E，29°23′24″N），向西南经6个拐点（113°3′58″E，29°22′24″N；113°3′18″E，29°21′42″N；113°3′0″E，29°20′57″N；113°0′41″E，29°17′40″N；113°0′27″E，29°16′24″N；112°59′34″E，29°15′9″N）至下红旗湖（112°57′58″E，29°15′15″N），向南至上红旗湖（112°57′20″E，29°12′55″N），向西经拐点（112°57′6″E，29°12′54″N）、红旗芦苇站（112°56′57″E，29°12′37″N）、4个拐点（112°56′47″E，29°12′54″N；112°56′35″E，29°12′42″N；

112°56′17″E，29°13′9″N；112°55′55″E，29°12′44″N）至飘尾港（112°55′36″E，29°12′57″N），向西南至雁子洲（112°54′17″E，29°11′33″N），向西至红星洲（112°51′24″E，29°11′16″N），向北至拐点（112°51′24″E，29°14′30″N），向东至八个墩（112°54′23″E，29°15′0″N），沿洲滩边界至拐点（112°57′36″E，29°17′36″N），向东至高山望（112°58′33″E，29°17′35″N），向北经拐点（112°59′39″E，29°19′12″N）至拐点（112°59′48″E，29°21′1″N），沿君山南岸线经拐点（113°0′13″E，29°21′6″N）、壕沟（113°0′34″E，29°21′25″N）至拐点（113°0′46″E，29°21′23″N），沿百弓墩岸线至拐点（113°1′42″E，29°21′44″N），向东北至关墩头（113°3′18″E，29°23′34″N），沿关墩头岸线至起点。

春风湖核心区边界自麻塘垸（113°3′57″E，29°16′47″N）起，沿麻塘大堤向西缓冲 380 米的界线向南至湘粮湖渔场西（113°5′29″E，29°11′51″N），沿毛家湖堤岸向北缓冲 230 米的界线向南经立新村（113°5′20″E，29°11′22″N）至岳武咀（113°3′30″E，29°11′12″N），沿湖岸线经喻家里（113°3′22″E，29°11′17″N）、牛扬西（113°2′39″E，29°11′39″N）、河边新屋（113°2′34″E，29°11′29″N）、陶家老屋（113°1′55″E，29°11′50″N）、九马咀东（113°1′26″E，29°11′48″N）至拐点（113°1′38″E，29°12′16″N），向东北经 6 个拐点（113°2′10″E，29°12′38″N；113°2′46″E，29°13′24″N；113°2′58″E，29°14′9″N；113°2′55″E，29°15′20″N；113°3′7″E，29°15′57″N；113°3′37″E，29°16′20″N）至起点。

八、重庆金佛山国家级自然保护区

调整后的重庆金佛山国家级自然保护区总面积 40 597 公顷，其中：核心区面积 9 870 公顷、缓冲区面积 11 113 公顷、实验区面积 19 614 公顷。保护区位于重庆市南川区境内，范围在东经 106°55′—107°20′，北纬 28°50′—29°20′之间。保护区由 8 个独立片区组成，分别为：金佛山片区、十步坎片区和 6 个飞地。

金佛山片区边界自南川区水江镇辉煌村小沟（107°20′36″E，29°11′09″N）起，向东北经拐点（107°21′18″E，29°11′30″N）至猫鼻岭（107°23′51″E，29°11′34″N），沿南川区与武隆县县界至贵州省省界（107°23′55″E，29°11′27″N），沿省界向南经 113 个拐点（107°24′23″E，29°09′49″N；107°24′05″E，29°08′35″N；107°25′18″E，29°07′52″N；107°24′23″E，29°05′48″N；107°23′17″E，29°05′42″N；107°21′59″E，29°05′59″N；107°22′17″E，29°03′39″N；107°20′45″E，29°03′59″N；107°19′26″E，29°04′00″N；107°15′23″E，28°57′57″N；107°18′53″E，28°55′14″N；107°17′52″E，28°54′16″N；107°15′32″E，28°52′35″N；107°14′36″E，28°51′17″N；107°13′04″E，28°49′55″N；107°13′13″E，28°50′19″N；107°12′57″E，28°50′21″N；107°12′31″E，28°50′17″N；107°11′15″E，28°50′28″N；107°11′30″E，28°51′33″N；107°11′53″E，28°52′14″N；107°11′07″E，28°52′46″N；107°11′23″E，28°52′56″N；107°11′09″E，28°53′34″N；107°10′32″E，28°53′02″N；107°10′32″E，28°53′28″N；107°09′56″E，28°53′04″N；107°08′44″E，28°53′09″N；107°08′49″E，28°52′49″N；107°08′22″E，28°52′44″N；107°08′28″E，28°53′19″N；107°07′26″E，28°53′30″N；107°08′17″E，28°54′14″N；107°09′49″E，28°54′21″N；107°11′55″E，28°53′54″N；107°12′17″E，28°54′03″N；107°13′07″E，28°54′05″N；107°13′17″E，28°54′44″N；107°14′07″E，28°54′28″N；107°14′50″E，28°54′37″N；107°15′55″E，28°55′01″N；107°16′09″E，28°56′10″N；107°15′22″E，28°56′04″N；107°14′58″E，28°56′36″N；107°14′40″E，28°56′11″N；107°13′35″E，28°56′58″N；

107°14′47″E, 28°57′28″N; 107°13′54″E, 28°58′56″N; 107°12′39″E, 28°57′23″N; 107°11′38″E, 28°58′02″N; 107°12′17″E, 28°58′48″N; 107°12′01″E, 28°59′48″N; 107°11′36″E, 28°59′53″N; 107°11′02″E, 28°59′37″N; 107°10′36″E, 28°57′54″N; 107°08′55″E, 28°56′56″N; 107°08′03″E, 28°58′21″N; 107°08′09″E, 28°59′19″N; 107°07′30″E, 28°58′33″N; 107°07′37″E, 28°59′42″N; 107°07′47″E, 29°00′35″N; 107°07′33″E, 29°00′53″N; 107°07′39″E, 29°00′45″N; 107°07′21″E, 29°00′23″N; 107°06′52″E, 29°00′20″N; 107°06′11″E, 28°59′20″N; 107°05′32″E, 28°57′41″N; 107°03′52″E, 28°55′49″N; 107°03′50″E, 28°54′52″N; 107°04′17″E, 28°54′33″N; 107°05′18″E, 28°53′38″N; 107°05′02″E, 28°53′06″N; 107°04′49″E, 28°52′30″N; 107°04′03″E, 28°52′11″N; 107°03′15″E, 28°52′15″N; 107°03′37″E, 28°52′54″N; 107°04′07″E, 28°53′03″N; 107°04′17″E, 28°53′26″N; 107°04′10″E, 28°53′25″N; 107°03′59″E, 28°53′20″N; 107°03′57″E, 28°53′38″N; 107°03′46″E, 28°53′41″N; 107°03′49″E, 28°53′57″N; 107°03′26″E, 28°53′47″N; 107°03′08″E, 28°53′51″N; 107°02′50″E, 28°54′22″N; 107°02′43″E, 28°54′52″N; 107°02′36″E, 28°55′10″N; 107°02′20″E, 28°55′15″N; 107°02′20″E, 28°55′30″N; 107°02′47″E, 28°55′17″N; 107°03′05″E, 28°56′07″N; 107°02′58″E, 28°56′16″N; 107°03′00″E, 28°56′28″N; 107°02′43″E, 28°56′42″N; 107°01′56″E, 28°56′55″N; 107°01′50″E, 28°57′15″N; 107°01′44″E, 28°57′03″N; 107°01′32″E, 28°56′55″N; 107°01′01″E, 28°57′00″N; 107°00′49″E, 28°57′17″N; 107°02′17″E, 28°58′21″N; 107°03′02″E, 28°59′20″N; 107°05′30″E, 29°01′30″N; 107°06′12″E, 29°01′42″N; 107°09′23″E, 29°02′11″N; 107°10′57″E, 29°02′44″N; 107°11′35″E, 29°02′57″N; 107°11′59″E, 29°03′11″N; 107°16′04″E, 29°03′47″N; 107°17′46″E, 29°05′55″N; 107°19′13″E, 29°06′46″N; 107°19′58″E, 29°07′00″N)、山王坪镇红花垭（107°19′42″E，29°07′29″N）至起点。

十步坎片区边界自水爬岩（106°57′09″E，29°07′22″N）起，经落凼（106°57′35″E，29°07′20″N）、拐点（106°57′36″E，29°06′44″N）、汪家坪（106°57′46″E，29°06′31″N）、大岩坪（106°57′28″E，29°06′03″N）、丁家湾（106°57′24″E，29°05′35″N）、罗家山（106°57′11″E，29°05′03″N）、赵家坡（106°56′52″E，29°04′35″N）、3个拐点（106°56′54″E，29°04′14″N；106°56′12″E，29°04′10″N；106°55′54″E，29°04′19″N）、偏岩子（106°57′00″E，29°06′06″N）至起点。

位于贵州省桐梓县境内的6个飞地的边界分别为：

1号飞地边界以5个拐点的连线为界，拐点坐标分别为：107°08′49″E，28°52′44″N；107°09′03″E，28°52′42″N；107°09′09″E，28°53′08″N；107°09′20″E，28°52′55″N；107°09′09″E，28°52′29″N。

2号飞地边界以4个拐点的连线为界，拐点坐标分别为：107°09′36″E，28°52′49″N；107°09′35″E，28°52′27″N；107°09′44″E，28°52′39″N；107°09′58″E，28°52′29″N。

3号飞地边界以3个拐点的连线为界，拐点坐标分别为：107°09′52″E，28°52′44″N；107°10′21″E，28°53′00″N；107°10′20″E，28°52′37″N。

4号飞地边界以3个拐点的连线为界，拐点坐标分别为：107°10′27″E，28°52′50″N；107°11′06″E，28°53′11″N；107°10′54″E，28°53′02″N。

5号飞地边界以5个拐点的连线为界，拐点坐标分别为：107°10′39″E，28°52′38″N；107°10′39″E，28°52′29″N；107°10′28″E，28°52′37″N；107°10′23″E，28°52′16″N；107°10′51″E，28°52′28″N。

6 号飞地边界以 3 个拐点的连线为界，拐点坐标分别为：107°10′36″E，28°51′57″N；107°10′27″E，28°51′47″N；107°10′53″E，28°51′43″N。

调整后的保护区设 10 处核心区，分别为：庙坝核心区、金佛山核心区、箐坝山核心区、柏枝山核心区和 6 个飞地核心区。

庙坝核心区边界自南川区水江镇辉煌村大山梁子 1 794.5 米山峰（107°21′46″E，29°10′51″N）起，经磨子沟（107°22′27″E，29°11′01″N）、岩湾（107°23′04″E，29°10′09″N）、2 个拐点（107°23′41″E，29°11′01″N；107°23′47″E，29°10′29″N）、庙坝村桃子湾（107°24′00″E，29°10′03″N）、2 个拐点（107°24′00″E，29°08′38″N；107°24′37″E，29°07′08″N）、庙坝村古老岩（107°24′12″E，29°06′12″N）、拐点（107°23′00″E，29°06′13″N）、庙坝村夏家寨（107°22′23″E，29°07′16″N）、6 个拐点（107°21′27″E，29°07′12″N；107°21′12″E，29°06′54″N；107°21′22″E，29°07′50″N；107°21′45″E，29°08′18″N；107°21′41″E，29°08′36″N；107°21′53″E，29°09′11″N）、庙坝村茶园（107°22′07″E，29°09′11″N）、庙坝（107°22′04″E，29°09′43″N）、2 个拐点（107°21′40″E，29°10′02″N；107°21′34″E，29°10′33″N）至起点。

金佛山核心区边界自三汇村石岗子（107°08′24″E，29°01′46″N）起，向东经 4 个拐点（107°09′00″E，29°01′48″N；107°10′05″E，29°02′09″N；107°10′16″E，29°02′00″N；107°10′01″E，29°01′15″N）、金佛山工区黄柏坪（107°10′43″E，28°59′54″N）、金佛山工区三步楼梯（107°10′42″E，28°58′53″N）、拐点（107°10′16″E，28°58′41″N）、下后槽（107°09′03″E，28°57′13″N）、金山镇龙山村羊角头（107°08′21″E，28°58′33″N）、龙山村锯子岩河沟（107°08′39″E，28°58′51″N）、2 个拐点（107°08′30″E，28°59′13″N；107°08′22″E，28°59′36″N）、猴子尖（107°08′01″E，28°59′59″N）、拐点（107°08′27″E，29°00′40″N）、金佛山自然保护区管理所（107°08′25″E，29°01′05″N）至起点。

箐坝山核心区边界自南平镇云雾村（107°03′00″E，28°57′19″N）起，向东经 2 个拐点（107°04′02″E，28°57′06″N；107°03′37″E，28°56′35″N）、金山镇金狮村合拢嘴河沟（107°03′24″E，28°55′27″N）、高家山（107°03′40″E，28°54′58″N）、茶坡（107°04′13″E，28°54′31″N）至王丑岗（107°04′10″E，28°53′24″N），沿重庆市与贵州省省界经 5 个拐点（107°03′59″E，28°53′20″N；107°03′57″E，28°53′38″N；107°03′46″E，28°53′41″N；107°03′49″E，28°53′57″N；107°03′26″E，28°53′47″N）至石水井 1 878.8 米山峰（107°03′08″E，28°53′51″N），沿重庆市綦江区与南川区县界向北经 9 个拐点（107°02′50″E，28°54′22″N；107°02′43″E，28°54′52″N；107°02′36″E，28°55′10″N；107°02′20″E，28°55′15″N；107°02′20″E，28°55′30″N；107°02′47″E，28°55′17″N；107°03′05″E，28°56′07″N；107°02′58″E，28°56′16″N；107°03′00″E，28°56′28″N）、倒流水岩（107°02′43″E，28°56′42″N）至起点。

柏枝山核心区边界自黑洞（107°28′08″E，28°52′45″N）起，向北经头渡镇柏枝村梯岩脚（107°08′53″E，28°53′23″N）、2 个拐点（107°09′26″E，28°53′08″N；107°10′43″E，28°53′49″N）、落凼坪岩下（107°13′52″E，28°54′15″N）、白果坪（107°14′39″E，28°52′40″N）至茶树村（107°12′33″E，28°50′17″N），沿重庆市与贵州省省界经 11 个拐点（107°11′15″E，28°50′28″N；107°11′30″E，28°51′33″N；107°11′53″E，28°52′14″N；107°11′07″E，28°52′46″N；107°11′23″E，28°52′56″N；107°11′09″E，28°53′34″N；107°10′32″E，28°53′02″N；107°10′32″E，28°53′28″N；107°09′56″E，28°53′04″N；107°08′44″E，28°53′09″N；107°08′49″E，28°52′49″N）至起点。

九、云南白马雪山国家级自然保护区

调整后的云南白马雪山国家级自然保护区总面积 282 106 公顷，其中核心区面积 116 122 公顷，缓冲区面积 48 243 公顷，实验区面积 117 741 公顷。保护区位于云南省迪庆藏族自治州德钦县和维西县境内，范围在东经 98°55′－99°24′，北纬 28°35′－27°24′之间。

保护区边界自斯木达西 0.7 公里处（99°10′32.3″E，28°35′50″N）起，沿金沙江向东南至森恩西南侧 0.3 公里处（99°17′42.1″E，28°15′52.1″N），沿山脊向西南至 2 521 米高程点（99°17′29.4″E，28°15′15.2″N），经 2 528 米高程点向西至小河（99°15′57.3″E，28°15′24.1″N），向西南至 3 046 米高程点（99°15′19″E，28°14′44.5″N），经 3 396 米高程点、3 682 米高程点、4 154 米高程点至不加失工（99°11′31.9″E，28°13′5.4″N），向东南经 4 242 米高程点、4 298 米高程点、4 276 米高程点、4 438 米高程点、4 412 米高程点、4 568 米高程点、4 677 米高程点、4 612 米高程点、4 334 米高程点、4 399 米高程点、4 492 米高程点至 3 724 米高程点西侧 1.3 公里处（99°20′4″E，28°0′31.8″N），向南经 4 222 米高程点、4 150 米高程点、4 152 米高程点、4 234 米高程点、4 216 米高程点、4 110 米高程点、4 166 米高程点、4 145 米高程点、4 149 米高程点、4 010 米高程点、3 806 米高程点至三叉路口（99°20′7.9″E，27°47′19.5″N），向西至霞若（99°17′59.5″E，27°46′58.5″N），向西北经 3 428 米高程点、3 604 米高程点、3 926 米高程点至 4 083 米高程点（99°13′48.1″E，27°49′27.8″N），向南至落怕米西南 0.4 公里处（99°13′52.1″E，27°47′42.7″N），向西至同丁泥马河（99°12′26.7″E，27°47′26.3″N），向东南至小路（99°12′36.7″E，27°46′44.2″N），向西至李丁光东侧 1.2 公里处（99°11′15.9″E，27°47′4.1″N），向北至李泥河（99°10′40.1″E，27°48′54.6″N），沿山脊向南至乐拉泥马河（99°9′10.0″E，27°44′13.3″N），向东北至小河（99°12′6″E，27°45′24.1″N），沿小河向南至小路（99°12′33.7″E，27°43′56.9″N），沿小路向东北至 3 900 米高程点西 0.5 公里处（99°13′11.2″E，27°44′10.4″N），沿山脊向南经马普地至峨墨格东北侧 0.9 公里处（99°13′53.6″E，27°39′54.7″N），向东经锅别鲁鲁、3 408 米高程点至小河（99°16′56.4″E，27°40′42.2″N），经种米光、3 287 米高程点至 2 286 米高程点（99°17′48.9″E，27°43′30.8″N），向南至小河（99°18′19.2″E，27°42′53″N），向北至小路（99°18′15.7″E，27°43′41.7″N），经 3 322 米高程点、3 611 米高程点、3 817 米高程点、4 091 米高程点至 3 628 米高程点西南 0.9 公里处（99°20′58.5″E，27°40′3.9″N），向东至 3 953 米高程点（99°22′18.4″E，27°39′57.4″N），向东经 3 631 米高程点至 3 636 米高程点（99°23′13.5″E，27°38′43.4″N），向东经 3 462 米高程点至 3 370 米高程点（99°24′50.6″E，27°38′44.8″N），沿山脊向西南至腊麦麦东北 1.2 公里处（99°22′49.8″E，27°37′43.5″N），向西至小河（99°21′58.30″E，27°38′31.5″N），向东南经苏松格至小河（99°21′59.1″E，27°37′58.9″N），沿山脊向北至拐点（99°21′26.8″E，27°38′17.9″N），向南至 2 284 米高程点（99°21′57.8″E，27°36′49.3″N），向西至拐点（99°20′6.5″E，27°36′12.3″N），向东南至 2 891 米高程点（99°20′38.1″E，27°35′42″N），向西至拐点（99°19′34.9″E，27°35′18.6″N），向东南至柯那西北侧山脚（99°20′21.2″E，27°34′29.0″N），沿山脚向西至格华后山（99°18′40.1″E，27°33′38.7″N），沿格华后山至毕支南侧小路（99°17′53.6″E，27°34′0.9″N），沿山脊向西北至小河（99°18′16.7″E，27°33′15.9″N），沿小河向南经喇嘛寺、牙洒至史夸底东北侧小路（99°17′0.5″E，

27°29′44.2″N），沿小路向东至 3 351 米高程点（99°18′54.4″E，27°29′11.4″N），沿山脊向西南至阿茶东侧 0.5 公里处（99°17′51.2″E，27°28′8.7″N），向东至小河（99°19′8.2″E，27°27′57.4″N），沿小河经日沙勒、2 832 米高程点、修八乃至 3 305 米高程点北 0.4 公里处（99°17′5.7″E，27°25′0″N），沿山脊向西北至拐点（99°16′33.9″E，27°25′9.1″N），向南至 3 403 米高程点东北 0.4 公里处（99°16′20.5″E，27°24′42.4″N），沿背母坐梁子向西北至 3 410 米高程点北 0.1 公里处（99°14′44.1″E，27°26′6.4″N），向西经 3 375 米高程点（99°13′40.1″E，27°25′56.2″N）、3 384 米高程点（99°13′22.5″E，27°26′12.2″N）、3 405 米高程点（99°12′12.7″E，27°25′50.8″N）至小路（99°12′0.4″E，27°25′29.7″N），向北至安一河支流（99°14′48.8″E，27°26′30.4″N），沿安一河南岸向西南至拐点（99°11′0″E，27°25′35.5″N），向西北至小河（99°10′31.7″E，27°25′54.1″N），向南至 3 062 米高程点南 2.3 公里处（99°10′20.8″E，27°25′4.0″N），经 3 189 米高程点（99°9′52.1″E，27°25′54.4″N）、3 409 米高程点（99°9′37.6″E，27°26′21.8″N）、3 754 米高程点（99°8′45.8″E，27°27′39.4″N）至 3 271 米高程点（99°8′47″E，27°28′38.3″N），沿小河向北至 3 742 米高程点西北 0.5 公里处（99°9′23.4″E，27°30′15.1″N），向西北经小黑海至羊圈房（99°7′38.5″E，27°30′51.9″N），沿山沟向北至尼普子史南侧小河（99°8′12.2″E，27°33′47.6″N），沿小河向东至拐点（99°9′7.1″E，27°33′51.1″N），向北经 3 648 米高程点（99°9′4.8″E，27°34′22.9″N）、大红岩（99°9′17.8″E，27°35′4.9″N）、燕窝克河（99°8′58.8″E，27°36′4.5″N）至 4 095 米高程点南 0.6 公里处（99°8′32.1″E，27°38′9.2″N），向西经二道石门关至 4 174 米高程点（99°6′50.1″E，27°37′38.2″N），沿山脊向北经 17 个拐点（99°5′9.1″E，27°38′4.9″N；99°5′50.5″E，27°39′49.4″N；99°5′13.9″E，27°39′53.2″N；99°5′29.0″E，27°40′33.8″N；99°4′34.1″E，27°40′34.9″N；99°5′11.2″E，27°41′17.8″N；99°4′52.7″E，27°41′31.9″N；99°5′32.1″E，27°42′5.6″N；99°4′43.5″E，27°43′9.9″N；99°5′37.0″E，27°43′53.3″N；99°4′33.9″E，27°44′48.9″N；99°5′9.1″E，27°45′32.5″N；99°4′44.2″E，27°45′48.1″N；99°5′13.1″E，27°45′51″N；99°5′13″E，27°46′15.3″N；99°4′38.4″E，27°46′18.1″N；99°5′2.8″E，27°46′59.8″N）至梓里河，沿梓里河向东至拐点（99°6′27.1″E，27°47′26.9″N），向北经 4 067 米高程点（99°6′14.2″E，27°48′18.9″N）、4 085 米高程点（99°6′47.5″E，27°48′43.0″N）、4 194 米高程点（99°6′35.2″E，27°49′40.3″N）、4 107 米高程点（99°7′0.2″E，27°50′30″N）至弄资大河（99°6′44.8″E，27°51′19.7″N），沿弄资大河向西至拐点（99°4′37.6″E，27°50′55.2″N），向西北经 3 571 米高程点（99°4′29.1″E，27°51′41.8″N）、3 835 米高程点（99°4′33.6″E，27°52′20″N）、3 391 米高程点（99°5′55.8″E，27°53′00″N）至洛通河（98°59′31.6″E，27°56′41.4″N），向西南经 3 026 米高程点（98°58′10.6″E，27°55′27.3″N）至拐点（98°57′18.2″E，27°55′16.2″N），向西北至拐点（98°56′7.8″E，27°56′49.1″N），向北至结义河（98°56′31.7″E，27°57′33.5″N），沿结义河向西至拐点（98°56′7.2″E，27°57′17.2″N），向北至小路（98°56′1.3″E，27°58′30.4″N），沿小路向东至 3 705 米高程点（98°57′39.9″E，27°58′28.9″N），向东北至拐点（98°58′11.2″E，27°59′45.8″N），向西至打尼那河（98°56′43.1″E，27°59′41.3″N），向北经 3 764 米高程点（98°56′59″E，28°0′52.9″N）、3 939 米高程点（98°58′35.2″E，28°1′2.5″N）、4 165 米高程点（98°59′59.6″E，28°3′54.9″N）、4 446 米高程点（99°0′20.5″E，28°4′32″N）至 4 202 米高程点（98°59′59.8″E，28°6′15.8″N），沿山脊向东北至 4 641 米高程点（99°1′30.2″E，28°7′15.9″N），向西北经 4 406 米高程点（99°0′23.1″E，28°8′18.9″N）、沙中牛场（98°57′44.3″E，28°10′43.3″N）至 4 336 米高程点西侧小路

（98°57′57.8″E，28°10′56.7″N），沿小路向北至小河（98°56′46.0″E，28°13′0.4″N），沿山脊向东北至扎拉雀尼北坡（98°58′25.6″E，28°14′30.7″N），向北经5 067米高程点（98°57′17.6″E，28°19′58.7″N）、5 180 米高程点、5 075 米高程点至白马雪山山顶（98°57′39.0″E，28°21′30.3″N），经4 848米高程点、白马雪山丫口至打马拉卡（99°2′24″E，28°24′15.7″N），沿山脊向西北经5 014米高程点（99°2′38.2″E，28°25′6.9″N）、4 892米高程点（99°1′47″E，28°25′52.7″N）、5 070米高程点（99°1′18″E，28°26′28.1″N）、5 026米高程点（99°0′47.7″E，28°28′35.8″N）、4 990米高程点（98°59′46.7″E，28°28′53.9″N）、5 019米高程点（98°59′37.1″E，28°28′45.9″N）、5 014 米高程点（98°58′38.7″E，28°29′19.5″N）至 5 019 米高程点（98°58′17.6″E，28°29′41.8″N），向北经5 021米高程点（98°58′51.4″E，28°30′10.2″N）、5 300米高程点（98°59′12.2″E，28°32′13.1″N）、5 304米高程点（98°59′1″E，28°32′47.6″N）、5 285米高程点、5 228米高程点（98°58′44.7″E，28°33′9.9″N）至拐点（98°58′55.7″E，28°34′26.4″N），沿山脊向东南经 5 176 米高程点、5 024 米高程点至 4 626 米高程点（99°4′59″E，28°32′56.2″N），向东北经4 321米高程点至4 408米高程点（99°6′22″E，28°34′18.3″N），向东北经3 836米高程点（99°7′49.56″E，28°34′21.67″N）、3 302米高程点（99°8′57.28″E，28°35′17.62″N）至起点。

调整后的保护区设2处核心区，分别为：北部核心区和南部核心区。

北部核心区边界自5 228米高程点（98°58′55.7″E，28°34′26.4″N）起，沿山脊向东南经5 176米高程点、5 024米高程点至4 626米高程点（99°4′59.0″E，28°32′56.2″N），向东北经 4 321 米高程点、4 408 米高程点至 3 836 米高程点西 0.4 公里处（99°7′32.5″E，28°34′19.3″N），向西南至3 600米高程点（99°6′39.6″E，28°33′38.2″N），经 3 688 米高程点（99°7′46.8″E，28°32′44.8″N）至4 250米高程点（99°7′46.9″E，28°31′17.1″N），向南至4 048 米高程点西北 1.1 公里处（99°8′0.4″E，28°29′18.8″N），向西至崩艾曲隆小河西 1.5公里处（99°4′55.8″E，28°29′3.8″N），向东南经3 830米高程点（99°6′19.2″E，28°26′55.3″N）至 3 914 米高程点（99°6′32.3″E，28°25′53.0″N），向南经 4 304 米高程点（99°5′50.4″E，28°24′30.3″N）、4 012米高程点（99°6′32.8″E，28°23′38.6″N）、4 134米高程点（99°6′32.5″E，28°22′39.8″N）至4 452米高程点（99°6′49.4″E，28°20′11.7″N），经4 924米高程点（99°4′9.6″E，28°22′14.6″N）、4 806 米高程点（99°3′22.4″E，28°23′36.2″N）至打拉马卡南侧小路，沿山脊向西北经 5 014 米高程点（99°2′38.3″E，28°25′6.8″N）、4 892 米高程点（99°1′51.1″E，28°25′51.1″N）、5 070 米高程点（99°1′18.0″E，28°26′28.9″N）、5 026 米高程点（99°0′47.5″E，28°28′35.8″N）、4 990米高程点（98°59′46.4″E，28°28′53.4″N）、5 019米高程点（98°59′37.1″E，28°28′45.8″N）、4 964 米高程点（98°59′8.6″E，28°29′0.3″N）、5 014 米高程点（98°58′38.8″E，28°29′19.7″N）至 5 019 米高程点（98°58′17.6″E，28°29′41.8″N），向北经 5 021 米高程点（98°58′40.6″E，28°29′55.5″N）、5 214 米高程点（98°58′51.7″E，28°30′10.3″N）、5 384 米高程点（98°59′11.3″E，28°31′10.4″N）、5 300 米高程点（98°59′11.1″E，28°32′12.9″N）、5 304米高程点（98°59′1.2″E，28°32′47.2″N）、5 285 米高程点（98°59′44.9″E，28°33′9.7″N）至起点。

南部核心区边界自阿口西北 0.2 公里处（99°10′48″E，27°28′8.4″N）起，沿山脊向西北经 3 751 米高程点（99°10′9.1″E，27°28′51.8″N）、3 768 米高程点（99°10′11.1″E，27°29′38.4″N）、4 031 米高程点（99°9′35.5″E，27°30′54.8″N）至鞍前列西南 0.7 公里处

（99°9′9.7″E，27°31′24.0″N），向东北至拐点（99°9′59.9″E，27°31′43.1″N），向北经 3 554 米高程点（99°10′0.4″E，27°32′38.5″N）至 3 417 米高程点（99°9′22.4″E，27°36′9.2″N），沿山脊向东北至 3 532 米高程点（99°10′2.7″E，27°36′41.9″N），沿小河东岸向西北经 3 609 米高程点（99°9′40.1″E，27°38′14.6″N）至 3 970 米高程点西南侧小路（99°9′2.3″E，27°38′52.3″N），沿小路向西南至 4 182 米高程点东 0.1 公里处（99°7′41.6″E，27°37′59.9″N），沿山脊线向西北至 3 412 米高程点东 0.1 公里处（99°6′16.4″E，27°39′23.9″N），向东北至拐点（99°6′41.2″E，27°40′1.9″N），向西北至 3 000 米高程点（99°5′50.1″E，27°40′38.6″N），向北经麻如郭（99°7′1″E，27°47′44.4″N）、俄德列山脚（99°6′58.9″E，27°48′52.5″N）、4 028 米高程点（99°6′52.8″E，27°52′26.2″N）至小路（99°6′52.8″E，27°52′49.3″N），经 4 143 米高程点（99°5′54.5″E，27°52′49.0″N）、4 132 米高程点（99°4′9.9″E，27°55′50.8″N）、4 259 米高程点至小路（99°0′59.3″E，27°57′51.0″N），经 4 201 米高程点（98°59′35.2″E，28°0′54.4″N）至 4 166 米高程点（98°59′47.9″E，28°2′16.9″N），向东北至 4 641 米高程点东 0.5 公里处（99°1′44.9″E，28°7′16.1″N），向西北经 4 336 米高程点（98°58′7.7″E，28°10′58.4″N）、4 495 米高程点（98°58′10.2″E，28°11′31.8″N）至 4 398 米高程点西南 0.8 公里处（98°57′22.7″E，28°13′15.6″N），向东北至扎拉雀尼东 0.6 公里处（98°58′46.4″E，28°14′8.6″N），向东至拐点（99°0′19.6″E，28°13′55.3″N），向东北至 4 942 米高程点北 1 公里处（99°1′47.9″E，28°16′32.3″N），向东南经 4 354 米高程点（99°2′46″E，28°16′29.7″N）、3 382 米高程点（99°6′7.9″E，28°11′34.7″N）至 3 802 米高程点东北 0.9 公里处（99°8′7.7″E，28°11′38.7″N），沿纠卡河西 0.5 公里处山脊线向南至 3 046 米高程点北 0.8 公里处（99°8′10.3″E，28°8′8.4″N），向西至 4 272 米高程点（99°6′55.5″E，28°8′6.8″N），向南经 4 252 米高程点（99°6′47.2″E，28°6′11.2″N）、4 322 米高程点（99°6′36.9″E，28°2′49.3″N）至 4 146 米高程点北 0.2 公里处（99°6′57.0″E，28°2′5.0″N），向东北至拐点（99°7′7.5″E，28°2′5.0″N），向西南至 4 596 米高程点（99°7′44.8″E，28°1′34.6″N），沿山脊向东至 3 872 米高程点（99°9′41.0″E，28°1′57.1″N），经 4 340 米高程点（99°10′1.1″E，28°0′25.9″N）向南至 4 023 米高程点（99°10′21.2″E，27°59′48.2″N），向东南至拐点（99°10′22.4″E，27°58′59.2″N），向西南至 4 147 米高程点（99°8′26.2″E，27°58′7.5″N），沿小路向东南至龙罗马河（99°9′31.9″E，27°56′59.2″N），沿龙罗马河向东至拐点（99°9′58″E，27°57′6.9″N），向东南经乌遮腊卡（99°10′52.1″E，27°54′53.3″N）、3 734 米高程点（99°11′21.8″E，27°54′15.2″N）至登罗马河（99°11′47.5″E，27°53′33.6″N），沿登罗马河南岸向东北至拐点（99°12′40.9″E，27°54′0.6″N），沿山脊向南经 3 861 米高程点（99°12′39″E，27°53′10.1″N）至 4 273 米高程点北 0.1 公里处（99°12′20″E，27°50′10.3″N），经石庄寨后山至古石腊（99°11′22.6″E，27°50′29.2″N），经五施泥马河向南至乐拉尼马河（99°9′16.8″E，27°43′46″N），沿山脊向东北至 3 793 米高程点西 0.3 公里处（99°1′52.9″E，27°44′46″N），向东南经 4 290 米高程点（99°12′16.9″E，27°43′46.1″N）至 3 900 米高程点西南 1.2 公里处（99°12′55.3″E，27°43′37.5″N），沿山脊经袜日母独山向南至克此抓以八河（99°12′48.8″E，27°40′0.9″N），经息普奶奶河向东至 3 606 米高程点（99°18′7.2″E，27°40′15.4″N），向北至拐点（99°18′11.4″E，27°40′49.9″N），向东北至施那海井（99°18′26.5″E，27°41′19.3″N），沿山脊向东至 3 866 米高程点东北 0.3 公里处（99°19′7.7″E，27°41′27.4″N），向东南经 4 144 米高程点（99°19′40.6″E，27°40′44.6″N）至 3 916 米高程点北 0.5 公里处（99°19′44.9″E，

27°40′19″N），向西南至 4 166 米高程点（99°19′11.2″E，27°38′32.1″N），向东南经 3 541 米高程点（99°20′7.2″E，27°38′17″N）至小河（99°20′50″E，27°37′54.2″N），向南经 3 425 米高程点（99°21′6.9″E，27°37′9.3″N）至 3 352 米高程点西北 0.3 公里处（99°21′12.4″E，27°36′52.1″N），向西南经拐点（99°18′52″E，27°36′9.1″N）至小路（99°18′53.5″E，27°35′42″N），沿山脊向西南至 2 493 米高程点（99°17′40.1″E，27°34′53.7″N），向西北至拐点（99°17′8″E，27°35′22.4″N），向西南至小河（99°16′31.5″E，27°34′49.1″N），沿小路向东南至柯公箐小路（99°17′43.8″E，27°34′2.3″N），向西北经那母工（99°17′20″E，27°33′37.6″N）至 3 000 米高程点（99°16′37.5″E，27°33′16.7″N），向东南至小河（99°16′55.9″E，27°34′49.9″N），向西至拐点（99°16′6.2″E，27°32′38.5″N），向北至 3 151 米高程点（99°15′59.2″E，27°30′50.3″N），向西经 3 544 米高程点（99°14′51.3″E，27°30′39.1″N）至 3 891 米高程点（99°12′15.2″E，27°30′32.1″N），向南至 3 666 米高程点南 0.5 公里处（99°11′46.2″E，27°28′57.5″N），向西北经 3 249 米高程点（99°10′56.4″E，27°28′19.4″N）至起点。

十、西藏珠穆朗玛峰国家级自然保护区

调整后的西藏珠穆朗玛峰国家级自然保护区总面积 3 381 900 公顷，其中核心区面积 1 009 442 公顷，缓冲区面积 592 839 公顷，实验区面积 1 779 619 公顷。保护区位于西藏自治区日喀则市吉隆县、聂拉木县、定日县和定结县境内，范围在东经 84°27′—88°21′，北纬 27°48′—29°12′之间。

保护区边界以 287 个拐点的连线为界，拐点坐标分别为：85°24′37.437″E，28°18′46.466″N；85°22′39.571″E，28°16′49.909″N；85°20′52.492″E，28°17′28.170″N；87°46′15.580″E，28°27′6.549″N；87°47′31.941″E，28°24′36.945″N；87°52′17.238″E，28°23′5.768″N；87°52′58.415″E，28°24′4.592″N；87°59′30.246″E，28°23′0.558″N；87°58′4.220″E，28°21′17.716″N；87°58′20.836″E，28°17′57.776″N；87°59′35.972″E，28°17′13.646″N；87°59′27.680″E，28°12′41.368″N；88°3′4.929″E，28°13′32.152″N；88°5′55.484″E，28°14′3.809″N；88°8′49.186″E，28°15′53.596″N；88°5′43.378″E，28°19′2.640″N；88°9′33.859″E，28°18′32.400″N；88°11′8.036″E，28°22′21.942″N；88°9′26.797″E，28°25′21.159″N；88°10′4.324″E，28°26′50.210″N；88°14′7.282″E，28°27′55.388″N；88°13′28.032″E，28°29′19.363″N；88°9′45.879″E，28°30′24.616″N；88°13′37.115″E，28°33′59.166″N；88°16′9.427″E，28°35′36.459″N；88°16′45.795″E，28°38′9.574″N；88°18′55.564″E，28°39′41.629″N；88°21′48.127″E，28°37′46.709″N；88°22′2.791″E，28°35′6.215″N；88°21′46.600″E，28°31′53.806″N；88°22′20.443″E，28°30′53.245″N；88°21′51.558″E，28°28′36.041″N；88°20′19.740″E，28°28′39.918″N；88°20′45.673″E，28°27′19.744″N；88°20′48.585″E，28°25′53.011″N；88°20′0.572″E，28°22′33.126″N；88°17′7.029″E，28°20′20.559″N；88°14′8.120″E，28°21′44.815″N；88°13′59.028″E，28°19′28.111″N；88°11′27.583″E，28°14′25.853″N；88°12′13.181″E，28°10′54.093″N；88°6′49.751″E，28°9′3.165″N；88°0′58.670″E，28°9′38.158″N；87°59′30.325″E，28°9′18.827″N；88°0′32.633″E，28°6′0.978″N；88°0′13.440″E，28°3′40.007″N；87°55′40.909″E，27°55′28.170″N；87°53′12.829″E，27°54′16.396″N；

87°51′15.046″E， 27°56′44.160″N； 87°49′55.808″E， 27°57′8.640″N； 87°46′59.750″E，

27°53′48.862″N； 87°46′41.542″E， 27°51′58.320″N； 87°43′25.928″E， 27°48′20.495″N；

87°40′7.352″E， 27°48′25.931″N； 87°40′17.760″E， 27°49′58.987″N； 87°38′9.056″E，

27°50′3.332″N； 87°36′47.538″E， 27°48′40.007″N； 87°35′25.526″E， 27°49′12.205″N；

87°34′49.105″E， 27°51′36.155″N； 87°33′34.178″E， 27°52′1.877″N； 87°32′12.055″E，

27°50′34.843″N； 87°28′49.112″E， 27°50′30.642″N； 87°26′58.150″E， 27°49′20.006″N；

87°24′50.543″E， 27°50′1.478″N； 87°26′54.311″E， 27°50′41.692″N； 87°24′18.196″E，

27°53′50.602″N； 87°22′53.373″E， 27°54′19.915″N； 87°24′41.406″E， 27°51′51.003″N；

87°22′29.586″E， 27°50′42.284″N； 87°21′47.045″E， 27°49′54.242″N； 87°19′10.654″E，

27°49′34.720″N； 87°15′46.141″E， 27°51′4.608″N； 87°13′38.068″E， 27°49′30.360″N；

87°8′26.664″E， 27°50′12.361″N； 87°6′44.626″E， 27°50′42.450″N； 87°6′23.011″E，

27°52′34.547″N； 87°5′28.327″E， 27°52′56.352″N； 87°4′50.038″E， 27°54′45.227″N；

87°0′56.635″E， 27°57′25.340″N； 86°59′3.998″E， 27°56′57.880″N； 86°55′33.197″E，

27°59′17.099″N； 86°52′13.631″E， 28°1′24.719″N； 86°50′22.204″E， 28°1′1.304″N；

86°47′23.179″E， 28°1′12.256″N； 86°44′59.395″E， 28°2′40.168″N； 86°45′53.586″E，

28°4′32.084″N； 86°44′54.784″E， 28°5′40.103″N； 86°41′20.602″E， 28°6′28.868″N；

86°38′8.588″E， 28°4′15.794″N； 86°36′50.641″E， 28°4′24.708″N； 86°36′15.484″E，

28°6′6.008″N； 86°33′57.330″E， 28°6′36.832″N； 86°33′58.183″E， 28°4′15.809″N；

86°32′6.454″E， 28°2′57.458″N； 86°31′1.470″E， 27°57′26.053″N； 86°28′17.663″E，

27°56′3.534″N； 86°26′31.564″E， 27°54′25.254″N； 86°24′41.260″E， 27°54′22.644″N；

86°22′33.514″E， 27°56′24.155″N； 86°20′8.387″E， 27°57′57.298″N； 86°19′3.374″E，

27°56′51.868″N； 86°14′9.190″E， 27°58′28.229″N； 86°12′34.211″E， 28°5′38.832″N；

86°11′45.186″E， 28°8′10.010″N； 86°11′50.759″E， 28°9′17.816″N； 86°10′32.182″E，

28°10′13.764″N； 86°9′40.792″E， 28°8′17.048″N； 86°6′46.768″E， 28°5′30.332″N；

86°4′48.749″E， 28°5′28.306″N； 86°5′38.573″E， 28°3′46.901″N； 86°4′49.105″E，

28°1′6.776″N； 86°6′10.404″E， 27°59′14.982″N； 86°6′47.484″E， 27°57′1.094″N；

86°7′31.454″E， 27°55′39.014″N； 86°2′15.407″E， 27°54′17.330″N； 86°0′44.521″E，

27°54′53.662″N； 85°59′57.034″E， 27°54′45.572″N； 85°56′52.465″E， 27°56′27.182″N；

85°58′32.227″E， 27°59′8.968″N； 87°29′48.988″E， 28°55′10.009″N； 87°29′32.644″E，

28°52′6.323″N； 87°31′29.564″E， 28°50′21.836″N； 87°30′34.578″E， 28°48′33.059″N；

87°32′5.215″E， 28°47′28.446″N； 87°33′39.316″E， 28°48′25.711″N； 87°35′16.627″E，

28°48′4.363″N； 87°36′52.427″E， 28°45′47.077″N； 87°39′32.936″E， 28°46′27.692″N；

87°43′35.872″E， 28°44′34.649″N； 87°44′34.127″E， 28°40′39.241″N； 87°45′23.072″E，

28°35′33.407″N； 87°43′26.128″E， 28°31′40.766″N； 87°26′34.116″E， 28°57′9.806″N；

85°57′47.452″E， 28°0′0.000″N； 85°56′26.729″E， 28°1′14.585″N； 85°53′58.823″E，

28°3′17.384″N； 85°54′7.009″E， 28°5′22.736″N； 85°53′56.573″E， 28°6′8.730″N；

85°52′5.639″E， 28°7′31.235″N； 85°52′16.158″E， 28°8′41.446″N； 85°50′54.445″E，

28°10′58.768″N； 85°47′51.853″E， 28°11′45.200″N； 85°44′58.434″E， 28°14′14.406″N；

85°44′1.496″E， 28°17′22.240″N； 85°43′53.807″E， 28°20′13.027″N； 85°42′30.395″E，

28°23'7.210"N ； 85°41'1.432"E ， 28°22'51.946"N ； 85°41'9.697"E ， 28°20'41.057"N ；
85°39'56.804"E ， 28°20'34.699"N ； 85°39'14.069"E ， 28°19'3.072"N ； 85°39'43.016"E ，
28°18'15.397"N ； 85°36'22.406"E ， 28°15'22.050"N ； 85°34'52.072"E ， 28°18'29.048"N ；
85°30'18.486"E ， 28°19'56.543"N ； 85°26'23.791"E ， 28°20'11.558"N ； 85°24'44.915"E ，
28°19'21.518"N ； 85°11'16.976"E ， 29°18'34.207"N ； 85°13'15.823"E ， 29°19'7.248"N ；
85°14'53.135"E ， 29°18'45.871"N ； 85°15'44.384"E ， 29°19'4.109"N ； 85°19'28.618"E ，
29°18'19.951"N ； 85°21'8.755"E ， 29°15'51.066"N ； 85°25'26.137"E ， 29°16'7.194"N ；
85°27'56.322"E ， 29°14'33.202"N ； 85°30'47.819"E ， 29°14'57.322"N ； 85°33'8.744"E ，
29°15'50.868"N ； 85°35'7.782"E ， 29°14'36.092"N ； 85°36'38.804"E ， 29°14'7.883"N ；
85°36'45.479"E ， 29°11'59.687"N ； 85°38'10.374"E ， 29°10'49.476"N ； 85°42'56.128"E ，
29°10'21.752"N ； 85°45'16.945"E ， 29°10'47.521"N ； 85°46'44.728"E ， 29°12'6.520"N ；
85°47'53.639"E ， 29°13'4.836"N ； 85°48'44.561"E ， 29°12'40.529"N ； 85°50'32.060"E ，
29°12'46.044"N ； 85°52'37.553"E ， 29°11'39.404"N ； 85°55'6.582"E ， 29°10'24.992"N ；
85°58'1.128"E ， 29°10'27.174"N ； 86°0'11.261"E ， 29°9'46.814"N ； 86°3'45.083"E ，
29°10'18.282"N ； 86°6'37.980"E ， 29°10'7.324"N ； 86°7'59.333"E ， 29°3'17.719"N ；
86°9'31.975"E ， 29°2'39.851"N ； 86°17'35.347"E ， 29°3'55.120"N ； 86°16'54.754"E ，
29°5'31.506"N ； 86°20'4.787"E ， 29°7'11.921"N ； 86°21'19.084"E ， 29°6'21.438"N ；
86°22'26.760"E ， 29°8'17.632"N ； 86°24'59.166"E ， 29°7'45.073"N ； 86°27'31.738"E ，
29°4'44.101"N ； 86°31'16.658"E ， 29°4'56.795"N ； 86°32'51.389"E ， 29°4'25.957"N ；
86°34'51.139"E ， 29°2'36.643"N ； 86°38'0.514"E ， 29°2'58.193"N ； 86°40'28.528"E ，
29°5'16.908"N ； 86°47'55.644"E ， 29°6'46.145"N ； 86°56'53.754"E ， 29°6'44.338"N ；
87°0'0.000"E ， 29°8'0.870"N ； 87°4'49.436"E ， 29°7'21.760"N ； 87°4'46.769"E ，
29°3'5.202"N ； 87°7'8.659"E ， 28°59'54.535"N ； 87°8'36.139"E ， 28°58'27.858"N ；
87°16'41.293"E ， 28°58'1.067"N ； 87°18'43.214"E ， 28°58'28.877"N ； 87°21'58.360"E ，
28°58'59.322"N ； 87°23'13.150"E ， 28°58'33.359"N ； 87°25'15.233"E ， 28°56'52.980"N ；
85°19'36.444"E ， 28°17'56.015"N ； 85°16'24.895"E ， 28°17'14.327"N ； 85°15'19.994"E ，
28°17'37.248"N ； 85°12'6.005"E ， 28°20'24.050"N ； 85°10'51.654"E ， 28°19'29.406"N ；
85°7'23.794"E ， 28°20'7.843"N ； 85°6'23.036"E ， 28°20'52.750"N ； 85°6'58.331"E ，
28°24'36.734"N ； 85°6'54.238"E ， 28°26'34.404"N ； 85°6'2.768"E ， 28°27'14.915"N ；
85°7'27.995"E ， 28°29'18.478"N ； 85°8'19.136"E ， 28°29'9.049"N ； 85°9'57.136"E ，
28°31'53.044"N ； 85°11'8.603"E ， 28°31'59.153"N ； 85°11'6.184"E ， 28°33'44.204"N ；
85°10'28.391"E ， 28°35'47.026"N ； 85°11'57.077"E ， 28°37'39.133"N ； 85°11'18.737"E ，
28°38'23.140"N ； 85°9'45.875"E ， 28°38'34.800"N ； 85°6'54.540"E ， 28°41'12.721"N ；
85°5'6.410"E ， 28°40'16.478"N ； 85°3'26.158"E ， 28°40'55.772"N ； 84°59'12.073"E ，
28°36'24.412"N ； 84°59'33.140"E ， 28°36'3.834"N ； 84°56'58.614"E ， 28°34'51.611"N ；
84°56'51.558"E ， 28°35'38.620"N ； 84°55'13.559"E ， 28°35'44.077"N ； 84°51'26.197"E ，
28°34'16.237"N ； 84°49'8.677"E ， 28°35'28.126"N ； 84°46'16.299"E ， 28°36'39.031"N ；
84°43'26.148"E ， 28°37'19.049"N ； 84°42'44.813"E ， 28°38'4.258"N ； 84°41'40.683"E ，
28°38'12.296"N ； 84°42'17.842"E ， 28°40'14.567"N ； 84°40'7.929"E ， 28°41'4.844"N ；

84°37′42.719″E， 28°44′10.878″N； 84°34′23.754″E， 28°44′8.117″N； 84°33′19.483″E，28°45′4.554″N； 84°30′51.829″E， 28°44′55.741″N； 84°29′29.649″E， 28°44′6.922″N；84°27′6.527″E， 28°45′51.890″N； 84°29′7.185″E， 28°47′50.467″N； 84°29′44.178″E，28°49′36.952″N； 84°32′10.626″E， 28°50′11.990″N； 84°31′30.223″E， 28°51′6.566″N；84°32′17.715″E， 28°54′10.908″N； 84°32′59.543″E， 28°54′14.386″N； 84°34′7.633″E，28°55′44.321″N； 84°36′14.112″E， 28°55′40.696″N； 84°38′26.801″E， 28°52′21.032″N；84°40′11.226″E， 28°52′46.801″N； 84°41′41.698″E， 28°51′55.728″N； 84°41′37.522″E，28°51′2.981″N； 84°42′25.312″E， 28°50′49.495″N； 84°43′38.590″E， 28°52′19.096″N；84°44′17.783″E， 28°53′5.190″N； 84°45′24.253″E， 28°52′48.245″N； 84°46′10.672″E，28°53′33.274″N； 84°44′51.130″E， 28°56′29.036″N； 84°43′45.844″E， 28°58′4.645″N；84°44′6.853″E， 28°59′51.281″N； 84°44′18.748″E， 29°1′39.778″N； 84°45′42.077″E，29°2′28.115″N； 84°47′59.352″E， 29°3′13.072″N； 84°49′54.214″E， 29°4′5.311″N；84°49′15.352″E， 29°5′53.135″N； 84°49′50.779″E， 29°6′24.232″N； 84°49′34.468″E，29°7′8.026″N； 84°51′4.828″E， 29°10′41.981″N； 84°52′36.041″E， 29°12′22.162″N；84°54′50.544″E， 29°10′50.596″N； 84°57′40.666″E， 29°10′24.046″N； 84°58′15.218″E，29°9′50.022″N； 85°0′19.584″E， 29°10′25.871″N； 85°2′11.616″E， 29°12′30.737″N；85°4′36.635″E， 29°15′37.526″N； 85°8′26.635″E， 29°17′32.662″N； 85°9′56.750″E，29°19′14.754″N；85°11′16.976″E， 29°18′34.207″N。

调整后的保护区设8处核心区，分别为：脱隆沟核心区、珠穆朗玛核心区、绒辖核心区、雪布岗核心区、贡当核心区、江村核心区、希夏邦马核心区、佩枯错核心区。

脱隆沟核心区边界东部和南部以国境线为界，北部和西部边界拐点坐标为：87°49′40″E，27°56′50″N；87°45′01″E，27°59′13″N；87°40′33″E，27°57′51″N；87°37′34″E，28°01′26″N；87°35′37″E，28°04′02″N；87°29′45″E，28°03′17″N；87°26′20″E，28°03′52″N；87°22′48″E，28°02′28″N；87°17′57″E，28°02′30″N；87°17′02″E，28°0′15″N；87°05′48″E，27°53′27″N。

珠穆朗玛核心区边界南部以国境线为界，从东到西边界拐点坐标为：87°05′48″E，27°53′27″N；87°17′02″E，28°0′15″N；87°10′22″E，28°04′16″N；87°11′46″E，28°10′03″N；87°10′29″E，28°10′26″N；87°13′16″E，28°13′14″N；87°13′33″E，28°16′35″N；87°10′58″E，28°19′03″N；87°09′17″E，28°18′55″N；87°08′23″E，28°21′15″N；87°05′50″E，28°19′07″N；86°59′19″E，28°17′06″N；86°58′43″E，28°15′03″N；86°47′44″E，28°18′49″N；86°47′36″E，28°22′56″N；86°44′19″E，28°24′23″N；86°36′30″E，28°22′22″N；86°30′43″E，28°25′35″N；86°19′35″E，28°27′34″N；86°20′46″E，28°17′50″N；86°23′26″E，28°18′07″N；86°25′06″E，28°16′04″N；86°29′23″E，28°16′02″N；86°32′41″E，28°13′37″N；86°34′05″E，28°06′41″N。

绒辖核心区边界东、南两面以国境线为界，西面以定日县与聂拉木县县界为界，北面边界拐点坐标为：86°34′05″E，28°06′41″N；86°32′41″E，28°13′37″N；86°29′23″E，28°16′02″N；86°25′06″E， 28°16′04″N；86°23′26″E， 28°18′07″N；86°20′46″E， 28°17′50″N。

雪布岗核心区边界西、南两面以国境线为界，东、北两面边界拐点坐标为：86°02′52″E，27°54′11″N；86°02′36″E， 27°54′56″N；86°00′16″E， 27°56′48″N；85°58′05″E， 27°59′00″N；85°58′05″，27°56′48″N。

贡当核心区南以国境线为界，西以吉隆县与萨嘎县县界为界，东、北两面边界拐点坐标为：85°06′50″E，28°41′16″N；85°08′16″E，28°45′34″N；85°01′26″E，28°46′52″N；85°02′25″E，28°48′53″N；85°01′23″E，28°50′16″N；84°55′54″E，28°51′33″N；84°52′38″E，28°51′08″N；84°49′50″E，28°49′53″N；84°47′46″E，28°50′57″N；84°48′49″E，28°52′07″N；84°46′26″E，28°53′32″N。

江村核心区西、南两面以国境线为界，东、北两面边界拐点坐标为：85°24′03″E，28°16′19″N；85°22′21″E，28°18′56″N；85°24′04″E，28°21′48″N；85°23′59″E，28°22′58″N；85°23′06″E，28°23′15″N；85°22′25″E，28°22′14″N；85°21′11″E，28°21′29″N；85°20′21″E，28°21′52″N；85°19′14″E，28°22′49″N；85°18′26″E，28°23′26″N；85°17′00″E，28°23′41″N；85°17′39″E，28°24′06″N；85°14′57″E，28°25′10″N；85°13′59″E，28°26′26″N；85°11′59″E，28°27′14″N；85°13′09″E，28°28′25″N；85°12′05″E，28°28′27″N；85°09′04″E，28°29′55″N。

希夏邦马核心区南以国境线为界，西以吉隆县与聂拉木县县界为界，东、北两面边界拐点坐标为：85°50′22″E，28°10′38″N；85°52′34″E，28°10′39″N；85°54′31″E，28°14′08″N；85°54′13″E，28°18′02″N；85°53′28″E，28°19′52″N；85°55′20″E，28°22′30″N；85°54′46″E，28°24′36″N；85°51′48″E，28°25′04″N；85°49′47″E，28°35′13″N；85°40′40″E，28°43′33″N；85°40′53″E，28°44′27″N；85°37′24″E，28°45′34″N；85°35′07″E，28°44′57″N；85°31′07″E，28°46′30″N；85°27′18″E，28°51′29″N；85°26′09″E，28°51′09″N；85°23′09″E，28°53′28″N；85°24′25″E，28°43′18″N；85°25′49″E，28°38′15″N。

佩枯错核心区边界以38个拐点的连线为界，拐点坐标分别为：85°41′17″E，28°45′04″N；85°42′52″E，28°51′22″N；85°45′02″E，28°51′48″N；85°46′13″E，28°56′12″N；85°48′08″E，28°56′36″N；85°49′43″E，29°02′39″N；85°52′14″E，29°04′01″N；85°52′45″E，29°06′32″N；85°47′20″E，29°08′10″N；85°44′08″E，29°04′59″N；85°35′14″E，29°04′21″N；85°35′09″E，29°09′06″N；85°29′02″E，29°08′14″N；85°22′39″E，29°10′58″N；85°15′01″E，29°11′05″N；85°11′51″E，29°13′51″N；85°10′24″E，29°13′25″N；85°06′02″E，29°13′49″N；85°04′34″E，29°11′59″N；85°02′39″E，29°11′44″N；85°02′29″E，29°09′21″N；85°04′53″E，29°07′18″N；85°03′57″E，29°05′15″N；85°04′51″E，29°03′57″N；85°04′08″E，28°59′09″N；85°05′41″E，28°58′09″N；85°09′58″E，28°59′57″N；85°14′41″E，28°59′20″N；85°16′16″E，29°00′12″N；85°17′21″E，28°59′01″N；85°20′16″E，28°59′57″N；85°22′24″E，28°58′52″N；85°24′34″E，28°58′28″N；85°23′20″E，28°54′13″N；85°27′38″E，28°51′57″N；85°30′24″E，28°47′26″N；85°35′35″E，28°45′25″N；85°38′11″E，28°45′56″N。

附件 2

辽宁五花顶等 10 处国家级自然保护区的功能区划图

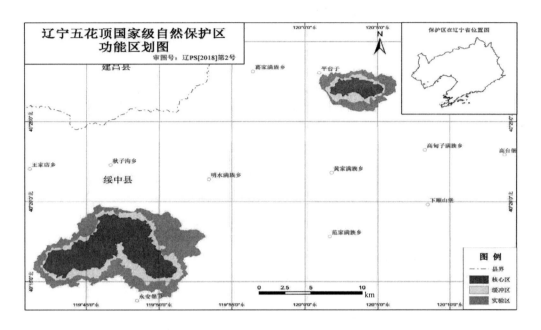

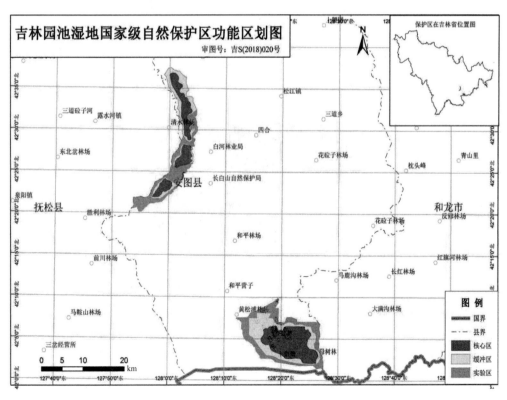

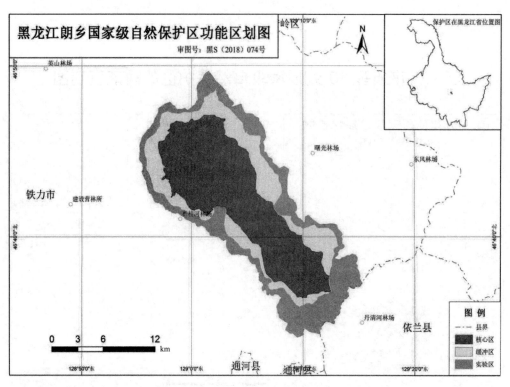

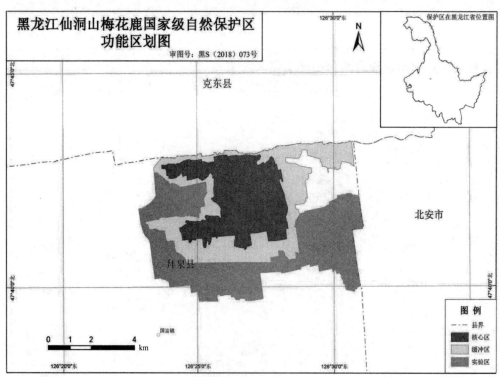

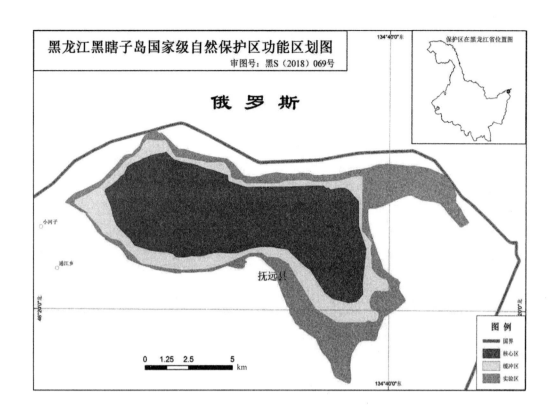

黑龙江黑瞎子岛国家级自然保护区功能区划图

审图号：黑S（2018）069号

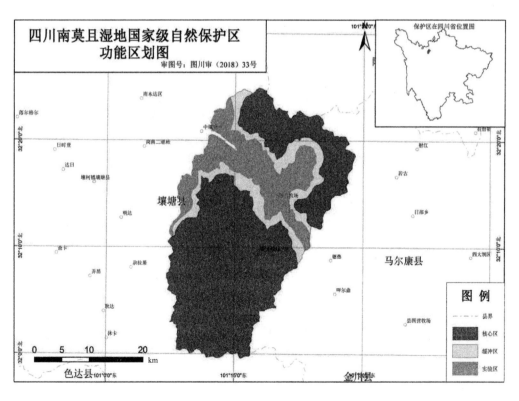

四川南莫且湿地国家级自然保护区
功能区划图

审图号：图川审（2018）33号

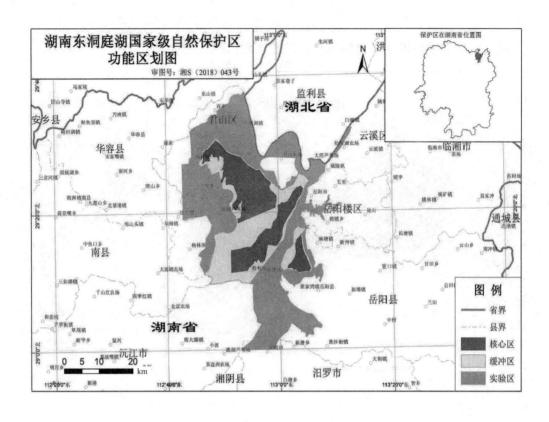

湖南东洞庭湖国家级自然保护区功能区划图

审图号：湘S（2018）043号

保护区在湖南省位置图

图例

省界
县界
核心区
缓冲区
实验区

重庆金佛山国家级自然保护区功能区划图

审图号：渝S（2018）016号

保护区在重庆市位置图

图例

省界
县界
核心区
缓冲区
实验区

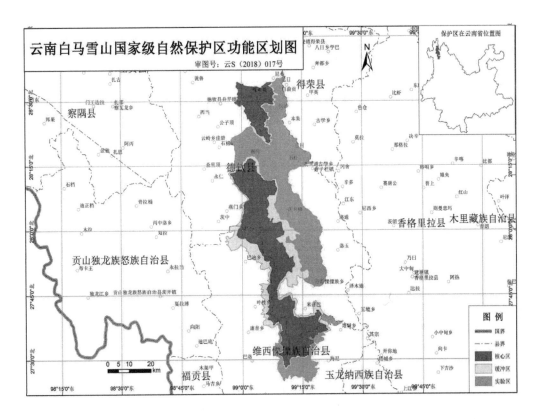

云南白马雪山国家级自然保护区功能区划图

审图号：云S（2018）017号

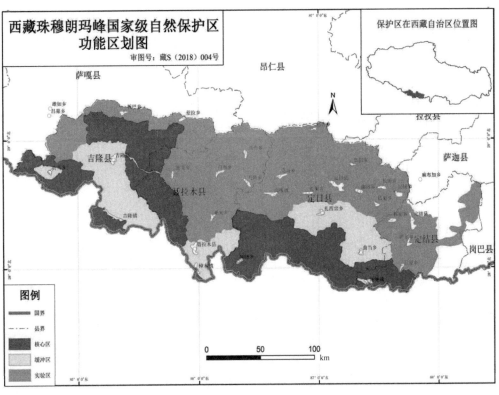

西藏珠穆朗玛峰国家级自然保护区功能区划图

审图号：藏S（2018）004号

关于开展长江生态环境保护修复驻点跟踪
研究工作的通知

环科财函〔2018〕206 号

上海、江苏、浙江、安徽、江西、湖北、湖南、重庆、四川、云南、贵州、青海省（市）生态环境厅（局），各有关城市人民政府，国家长江生态环境保护修复联合研究中心，各城市驻点跟踪研究工作组牵头单位，其他各有关单位：

为贯彻全国生态环境保护大会精神和习近平总书记在深入推动长江经济带发展座谈会上的重要讲话精神，落实《长江保护修复攻坚战行动计划》，创新科研组织实施机制，促进科学研究与行政管理深度融合，我部决定开展长江生态环境保护修复驻点跟踪研究工作，制定了《长江生态环境保护修复驻点跟踪研究工作方案》（以下简称《工作方案》，见附件 1），组建了各城市驻点跟踪研究工作组（见附件 2），组织优势单位和优秀专家团队深入沿江城市一线进行驻点研究和技术指导。

请各有关单位高度重视，加强组织实施，根据《工作方案》，结合地方实际需求，编制各城市驻点跟踪研究实施方案，尽快签订任务书，落实保障条件，积极推进驻点跟踪研究工作，切实支撑打好长江保护修复攻坚战。驻点跟踪研究相关进展与重大事项及时报送我部。

联系人：科技与财务司陈胜
电话：（010）66556209
传真：（010）66556206
附件：1. 长江生态环境保护修复驻点跟踪研究工作方案
　　　2. 长江生态环境保护修复驻点跟踪研究工作组清单

生态环境部
2018 年 12 月 28 日

附件 1

长江生态环境保护修复驻点跟踪研究工作方案

开展长江生态环境保护修复驻点跟踪研究（以下简称驻点跟踪研究）是落实习近平总

书记关于长江"共抓大保护"批示指示精神的一项重要举措，也是强化科技支撑服务打好长江保护修复攻坚战的一项具体行动。为高效、规范推进驻点跟踪研究工作，制定本方案。

一、指导思想

以习近平生态文明思想和党的十九大精神为指导，贯彻落实全国生态环境保护大会精神和习近平总书记在深入推动长江经济带发展座谈会上的重要讲话精神，创新科研组织实施机制，组织优势单位和专家团队深入沿江城市一线进行驻点研究和技术指导，促进科学研究与行政管理深度融合，支撑长江保护修复攻坚战的科学决策与精准施策。

二、工作目标

紧密围绕《长江保护修复攻坚战行动计划》的科学决策和精准施策需要，以长江流域沿线城市和区域生态环境质量改善为目标，以推动水体污染控制与治理科技重大专项（以下简称水专项）等国家科技计划项目成果转化应用、解决突出生态环境问题为主线，以专家团队驻点跟踪研究为抓手，形成"边研究、边产出、边应用、边反馈、边完善"的工作模式，提出科学性、针对性、操作性强的生态环境保护修复整体解决方案，着力解决科研成果不落地的问题以及地方政府"有想法、没办法"的技术瓶颈，为打好长江保护修复攻坚战提供强有力的科技支撑。

三、主要任务

（一）开展源清单编制和生态环境问题解析

结合全国第二次污染源普查、化工企业摸底调查、长江"清污行动"等工作，开展工矿企业、农业、生活、港口船舶等污染源排放现状调查，编制区域或流域污染源排放清单，建立排放清单动态更新工作机制。深入排查各类排污口，建立排污口档案。全面调查工业园区、化工企业、渣场、尾矿库和固体废物非法倾倒填埋点等风险源，形成风险源清单。以长江干流及一级支流岸线区域为重点，开展矿产资源开发利用、侵占生态空间等生态破坏现状调查，开展重要生态屏障区和河湖岸线区域生态状况调查，科学解析区域和流域生态环境问题及成因。提出重点污染源、风险源和优先控制污染物的管控建议，提出排污口清理整治工作建议。

（二）提出重点污染源控制与治理技术方案

结合区域突出环境问题，有针对性地开展特定行业的环境综合整治，提出综合利用、达标排放技术研发与应用解决方案，特别是要加大磷化工行业达标排放与磷石膏综合利用技术研发与示范。针对造纸、焦化、氮肥、有色金属、印染、农副食品加工、原料药制造、制革、农药、电镀等行业，以及城市面源、农业面源和航运等，结合地方实际情况，集成应用水专项等科研成果，形成一批可复制、可推广的污染防治成套技术方案和行业清洁生产技术指南。

针对化工、有色、印染、钢铁、光伏、电子、环境治理等行业危险废物和工业污泥产生量大、出路缺乏等现状，研究危险废物和工业污泥无害化处置的技术方案。选取长江流域重点行业研究危险废物产生系数，编制管理指南，指导危险废物产生量核查核算工作，推动危险废物精细化管理工作。提出长江流域尾矿库、工业污染场地、矿区等环境风险控制和生态修复技术方案。推动开展船舶港口污染防治工作，制定船舶港口污染控制技术方案。结合农业农村污染治理专项行动，提出化肥农药减施、增效、畜禽粪污资源化利用、秸秆资源化利用、水产养殖生态化改造、农村生活污水与垃圾处理处置的技术方案。分析各类污染源的减排潜力，紧密围绕流域和控制单元水环境管理要求，制定针对性强的污染控制措施和治理方案。

开展工业园区环境绩效评估，提出污染治理能力提升及生态工业链优化技术方案，提高环境管理水平，加快推动生态工业园区创建工作。

（三）支撑开展重要水体保护与修复

结合饮用水水源地环境保护专项行动，开展饮用水水源地现状评估，提出水源地保护优化方案。结合城市黑臭水体治理专项行动，开展黑臭水体成因分析，提出针对性、适宜性强的黑臭水体治理技术方案。开展重要河流、湖库及长三角邻近海域生态安全评估，制定水体及水生生物多样性保护修复技术方案。结合"绿盾"自然保护区监督检查专项行动，开展内陆湿地与水域类型自然保护区现状评估，提出自然保护区保护优化与生态修复方案。结合水文现状、水质改善和水生态保护需求，提出流域生态用水优化调度方案。

（四）开展生态环境风险监控预警

开展水生态试点监测，完善水生态监测指标体系和评价方法体系，准确评估长江及长三角邻近海域水生态环境质量状况及变化趋势。开展重点行业废水综合毒性监测与评估，提出重点行业废水综合毒性管控建议，提升生态环境风险监测评估与预警能力。

开展集中式饮用水源保护区、珍稀物种栖息地等重点敏感水体调查，评估敏感水体控制单元的重要性和敏感性，识别水环境风险类型和特征，提出水环境风险管控对策，整合和完善驻点城市水生态环境风险预警和应急响应平台。结合环境风险防控工程和应急物资储备库建设情况，完善突发性环境事件应急方案。实施环境应急全过程管理，建立联动机制与调度方案。

（五）提出"一市一策"综合解决方案

推动"三线一单"在市、县级行政区落地，划定长江干支流及重点湖库生态缓冲带，提出驻点城市水生态功能分区及重点断面达标方案，确定流域/区域生态环境空间管控目标，推动实现流域控制单元精细化管理。结合社会经济发展和生态环境保护目标，从产业结构调整、污染物达标排放、政策标准制修订、重大生态环境工程建设等方面，提出"一市一策""一区一策""一河一策""一湖一策"等综合解决方案，打造生态环境科技成果转化示范区。跟踪开展方案实施效果评估，不断优化完善方案。把握舆论主导权，及时公开工作进展情况，针对公众关注的热点焦点问题，及时进行科学解读和舆情引导。

（六）形成流域生态环境保护综合解决方案

集成长江流域各城市各区域数据和成果，制定流域生态环境质量持续改善路线图，提出流域生态环境质量改善分阶段目标、重点任务和重大工程建议。针对长江流域总磷超标问题，研究提出流域磷污染控制总体方案。针对沿江危险废物违法堆放填埋等严重问题，研究提出危险废物安全处理处置方案。以生态保护红线及各类自然保护地为基础，构建流域及区域生态安全格局，制定生态系统保护与修复方案。建立流域上下游生态补偿等统筹协调机制，建设流域管理决策和监控预警平台，实现流域联防联控。完善跨界断面、河湖有效衔接的环境标准体系。完善流域环境经济政策，提出流域产业空间布局优化方案，总结形成区域绿色发展模式。

（七）提升地方科技支撑能力

各城市确定若干名基础较好的研究人员，加入驻点跟踪研究工作组。利用国家层面人才、技术与平台优势，组织开展相应技术培训，形成一支立足当地、央地结合的生态环境保护科技队伍。建设一批科学观测研究站、重点实验室和工程技术中心，形成若干科研成果转化应用的示范基地，全面提升地方生态环境保护科技支撑能力。

各城市可以根据自身生态环境保护现状和实际工作需求，确定驻点跟踪研究的主要工作内容和任务，实施过程中也可以根据进展按程序适当调整工作重点。

四、工作组组成

驻点跟踪研究工作组由具有研究优势和积极性的中央级科研单位和地方生态环境科研与监测机构以及相关科研单位等共同组成。驻点跟踪研究工作组肩负"送科技、解难题"的任务，通过深入一线和驻地研究的方式，紧密结合地方政府打好污染防治攻坚战的实际需求，协助开展"找问题、提建议、出方案、做评估"等科技服务工作。按照"自愿合作、友好协商、合理组建、动态调整"的原则，各城市人民政府与科研单位充分对接，并与省（市）生态环境厅（局）以及国家长江生态环境保护修复联合研究中心（以下简称长江中心）协商后形成一支央地结合的工作组，明确工作组牵头单位和负责人，确定工作组成员内部分工，报送长江生态环境保护修复联合研究管理办公室（以下简称联合研究管理办公室）审定。根据地方需要，联合研究管理办公室也可为城市推荐驻点跟踪研究工作组。

相关城市要充分利用水专项既有的平台与成果，正在承担水专项长江流域相关任务的研究团队直接转化为驻点跟踪研究工作组。项目牵头单位和负责人是驻点跟踪研究的责任单位和责任人，可根据需要适当调整驻点跟踪研究工作组组成。

五、工作机制

驻点跟踪研究由联合研究管理办公室、长江中心、各城市驻点跟踪研究工作组以及各城市人民政府共同完成，以签订《XX市长江生态环境保护修复综合解决方案研究任务书》形式组织开展工作。

联合研究管理办公室设在生态环境部科技与财务司，负责驻点跟踪研究的统筹管理和监督考核。委托各省（市）生态环境厅（局）开展行政区域内驻点跟踪研究的日常调度和监督指导。

长江中心是驻点跟踪研究工作的技术抓总单位，负责制定统一的驻点跟踪研究技术规范和要求，提供平台和技术方法，组织开展技术培训和质量把关，并整理汇总各方情况，形成流域总体解决方案。

各城市工作组是驻点跟踪研究工作的责任主体，具体执行驻点跟踪研究的各项任务，支撑服务地方打好长江生态环境保护修复攻坚战。

各城市人民政府是驻点跟踪研究工作成果的用户，主要负责提出任务需求，协调域内相关部门和企业配合开展实地调研和现场测试，评价、应用驻点跟踪研究工作成果，提供必要的办公条件、科研设备、资金经费和数据资料等保障。

六、工作要求

（一）加强组织领导

驻点跟踪研究由长江生态环境保护修复联合研究领导小组领导，联合研究管理办公室具体指导。参与驻点跟踪研究工作的各方面要高度重视，加强党的领导，提高政治站位，切实把驻点跟踪研究当作一项重要政治任务来抓，全力保障驻点跟踪研究工作落到实处，有条件的地方要成立临时党支部，以党建工作促进业务工作。沿江各省（市）生态环境厅（局）要做好行政区域的组织协调，提供相应的指导和支持。各城市要成立政府挂帅，涵盖生态环境、水利、住房城乡建设、工业和信息化、农业农村等多部门协作的工作小组，提供办公条件，落实办公场所，指定联系人，明确地方队伍和人员，落实工作经费，细化跟踪研究实施方案，全程指导和监督跟踪研究工作。各驻点跟踪研究工作组成员所在单位要给予相应的研究条件保障。

（二）统一技术方法

成立生态环境风险与成因分析、生态环境保护与修复、管理综合决策支撑三个技术专家组，作为驻点跟踪研究的后台技术支撑力量，制定统一的跟踪研究工作技术规范，应用统一的模型和分析方法，严把各驻点跟踪研究工作组的成果质量关，确保"一市一策""一区一策""一河一策""一湖一策"等综合解决方案的系统性、科学性、准确性、针对性和适用性。

（三）实现资源共享

研究制定长江流域污染源数据、生态环境质量数据、各种专项行动数据以及研究成果等资源共享管理办法与平台，编制资源共享目录，制定统一的数据标准化方案，建立信息收集、更新机制，形成科技成果转化模式，建设资源共享系统，实现数据、仪器、设备、成果资源共享。

（四）加强工作衔接

驻点跟踪研究工作要与国家和地方《长江保护修复攻坚战行动计划》工作部署以及我部正在组织的专项督查、全国第二次污染源普查等工作紧密衔接、资源共享与相互支撑；要充分利用水专项等国家科技计划项目的现有研究成果，避免重复；各城市驻点跟踪研究工作组要加强交流，相互学习和借鉴先进的做法与经验。

（五）落实工作经费

建立国家、地方、社会、企业等多方资金投入机制。各地方作为长江保护修复的责任主体，要积极落实工作经费，保障驻点跟踪研究工作正常开展。各地方已经开展的或即将开展的相关合作经费可纳入驻点跟踪研究工作经费。鼓励有社会责任感的企业投入经费支持驻点跟踪研究工作。

（六）强化监督考核

各单位要依规依责加强对驻点跟踪研究工作的监督管理，积极推进工作产生实效，并切实防范廉政风险。联合研究管理办公室研究建立驻点跟踪研究调度考核机制，对达不到任务目标、重点任务进展缓慢、存在违纪违规行为的工作组，进行约谈并向社会通报相关结果。沿江各省（市）生态环境厅（局）加强对行政区域内各城市跟踪研究工作进行日常调度和监督管理。"一市一策"综合解决方案是否达到对应城市人民政府要求将作为驻点跟踪研究任务通过验收的前置条件。

附件 2

长江生态环境保护修复驻点跟踪研究工作组清单

序号	省份	城市	牵头单位	负责人
1	上海		上海市环境科学研究院	林卫青 正高级工程师
2	江苏	南京	南京大学	李爱民 教授
3		无锡	中国环境科学研究院	许秋瑾 研究员
4		常州	清华大学	余刚 教授
5		苏州	清华大学	贾海峰 副教授
6		南通	南京环境科学研究所	崔益斌 研究员
7		扬州	南京环境科学研究所	张毅敏 研究员
8		镇江	南京环境科学研究所	张胜田 研究员
9		泰州	江苏省环境科学研究院	涂勇 正高级工程师
10	浙江	湖州	浙江大学	徐向阳 教授
11		嘉兴	中国环境科学研究院	姜霞 研究员
12		舟山	中国环境科学研究院	刘瑞志 研究员
13	安徽	合肥	中国科学院南京地理与湖泊研究所	胡维平 研究员
14		马鞍山	同济大学	徐祖信 教授
15		芜湖	北京师范大学	郝芳华 教授
16		铜陵	北京师范大学	崔保山 教授
17		安庆	华南环境科学研究所	曾凡棠 研究员
18	江西	南昌	中国科学院生态环境研究中心	魏源送 研究员
19		九江	环境工程评估中心	陈凯麒 研究员
20		上饶	江西省环境保护科学研究院	陈宏文 研究员
21	湖北	武汉	中国科学院水生生物研究所	吴振斌 研究员
22		黄石	清华大学	杜斌 副教授
23		十堰	中国环境科学研究院	李鸣晓 研究员
24		襄阳	华中科技大学	吴晓晖 教授
25		宜昌	湖北省环境科学研究院	凌海波 高级工程师
26		荆州	长江水利委员会长江科学院 中国环境科学研究院	林莉 高级工程师 香宝 研究员
27		荆门	湖北省环境科学研究院	李松炳 正高级工程师
28		鄂州	湖北省环境科学研究院	陈晓飞 高级工程师
29		黄冈	湖北省环境科学研究院	刘哲 高级工程师
30		咸宁	中国环境科学研究院	孟凡生 副研究员

序号	省份	城市	牵头单位	负责人
31	湖南	株洲	湘潭大学	葛飞 教授
32		岳阳	湖南省环境保护科学研究院	成应向 研究员
33		郴州	华南环境科学研究所	谌建宇 研究员
34		常德	中国科学院生态环境研究中心	刘俊新 研究员
35		益阳	湖南大学	李小明 教授
36		娄底	中南大学	柴立元 教授
37	重庆		中国环境科学研究院	郑丙辉 研究员
38	四川	成都	成都市环境保护科学研究院	杨斌平 院长
39		自贡	四川省环境保护科学研究院	叶宏 研究员
40		攀枝花	中国环境科学研究院	姜永海 研究员
41		泸州	华南环境科学研究所	方晓航 正高级工程师
42		德阳	四川省环境保护科学研究院	钱骏 正高级工程师
43		绵阳	中国环境科学研究院	席北斗 研究员
44		广元	中国环境科学研究院	蒋进元 研究员
45		内江	中国环境科学研究院	段亮 研究员
46		乐山	环境工程评估中心	孔令辉 研究员
47		南充	四川省环境保护科学研究院	叶宏 研究员
48		宜宾	成都理工大学	刘树根 教授
49		眉山	四川省环境保护科学研究院	钱骏 正高级工程师
50		资阳	环境规划院	蒋洪强 研究员
51	云南	昆明	中国环境科学研究院	郑丙辉 研究员
52		大理	上海交通大学	王欣泽 研究员
53	贵州	贵阳	中国环境科学研究院	全占军 副研究员
54		遵义	华南环境科学研究所	李开明 研究员
55		黔东南州	贵州省环境科学研究设计院	徐浩 研究员
56		黔南州	中国环境科学研究院	冯朝阳 研究员
57		铜仁	中国科学院地球化学研究所	冯新斌 研究员
58	青海		青海省环境科学研究设计院	翟永洪 高级工程师

关于做好贯彻实施《中华人民共和国核安全法》有关工作的通知

国核安发〔2018〕14 号

各核设施营运单位：

《中华人民共和国核安全法》（以下简称《核安全法》）已于 2018 年 1 月 1 日正式施行。《核安全法》是国家安全法律体系的重要组成部分，是核安全领域的根本法。《核安全法》的发布实施，对于保障核安全，预防与应对核事故，安全利用核能，保护公众和从业人员的安全与健康，保护生态环境，促进经济社会可持续发展，具有十分重要的意义。为做好《核安全法》的贯彻实施工作，现将有关事项通知如下：

一、充分认识贯彻实施《核安全法》的重要意义，深入学习《核安全法》，全面贯彻《核安全法》的各项要求，细化核安全管理制度，严格落实核安全责任，积极培育和建设核安全文化，切实保证核设施的建造质量和运行安全。

二、《核安全法》明确核设施营运单位对核安全负全面责任，并规定了核设施营运单位应当具备的能力和符合的条件。请各核设施营运单位严格对照《核安全法》，进一步健全安全管理制度，强化相应的安全评价、资源配置和财务能力，必要的技术支撑、持续改进的能力以及应急响应能力和核损害赔偿财务保障能力等，从而保证核安全责任落到实处。

三、《核安全法》优化了核设施安全许可制度，取消了原有的核设施首次装投料许可。为妥善处理过渡期相关事宜，对于 2018 年 1 月 1 日前受理的首次装料申请，将继续其许可流程，具备条件后颁发首次装料批准书；2018 年 1 月 1 日起，国家核安全局不再受理首次装料（或投料）批准书相关申请事项；请已获得首次装料（或投料）批准书但未获得运行许可证的核设施营运单位及时提交《质量保证大纲（运行阶段）》，并申请将首次装料（或投料）批准书变更为运行许可证。

四、《核安全法》新增了放射性废物处理设施单位资质许可。按照《中华人民共和国立法法》有关规定，国家核安全局正在编制配套的实施办法，在实施办法出台后将正式受理此类申请。

五、为优化核安全监管流程，进一步发挥地区核与辐射安全监督站的职能作用，国家核安全局委托地区核与辐射安全监督站负责开展核电厂正常换料大修后反应堆首次临界前核安全检查和控制点释放工作。请各核电厂营运单位直接向本单位所在地区核与辐射安全监督站提出相关申请，并抄送国家核安全局。

特此通知。

国家核安全局

2018 年 1 月 16 日

关于发布核安全导则《核设施实物保护》的通知

国核安发〔2018〕52 号

环境保护部各核与辐射安全监督站、核与辐射安全中心，中国核工业集团有限公司，中国广核集团有限公司，中国华能集团公司，国家核电技术公司，清华大学核能与新能源技术研究院，深圳大学：

为进一步完善我国核与辐射安全法规体系，提高我国核安全监管水平，我局组织修定了核安全导则《核设施实物保护》（HAD 501/02—2018），现予发布，自发布之日起实施。

原《核设施实物保护（试行）》（HAD501/02—1998）自新导则发布之日起停止适用。

附件：核设施实物保护

国家核安全局

2018 年 2 月 11 日

附件

核安全导则　HAD 501/02—2018

核设施实物保护

国家核安全局　2018 年　月　日批准发布

本导则自发布之日起实施本导则由国家核安全局负责解释

本导则是指导性文件。在实际工作中可以采用不同于本导则的方法和方案，但必须证明所采用的方法和方案至少具有与本导则相同的安全水平。

1 引言

1.1 目的

本导则的目的是对核设施在规划、设计、建造、改造和运行实物保护系统方面提出统一的基本要求，以保障核设施的安全运行及其核材料的合法利用。

1.2 范围

本导则适用于我国新建、改建、扩建和运行的民用陆上固定式核设施。海岛型核电站、海上浮动反应堆等其他核设施可参照执行。

2 基本原则

2.1 设计基准威胁

核设施的设计基准威胁在报呈国家主管部门确认后，方可作为设计和评估实物保护系统的依据。

2.2 分级分区保护

根据保护目标的重要程度和潜在风险等级，实施核设施的实物保护分级（一级、二级、三级）和分区（要害区、保护区、控制区）保护。

2.3 系统完整、可靠与有效

实物保护系统应保证实现探测、延迟和响应三要素的协调，完善实物保护各类设备的功能，做到人防和技防措施的有机结合，最大限度减少部件失效产生的影响。

2.4 纵深防御和均衡保护

实物保护系统应按设施的实物保护级别设置多重实体屏障，并应配置多层次、不同技术类型的探测报警系统。同一保卫分区各部分的安全防护水平应基本一致，无明显薄弱环节和隐患。

2.5 同时设计、施工和运行

实物保护系统应与核设施的主体工程同时设计、同时施工和同时运行。

2.6 与其他系统相容

核设施在规划厂区布局时应对实物保护系统布局做出科学论证。实物保护系统应与核设施安全运行、应急、消防和辐射防护等系统相容。

2.7 网络安全

核设施营运单位应采取相应措施保障实物保护系统的网络安全。

3 组织机构及其职责

3.1 组织机构

（1）核设施营运单位应建立专职实物保护组织机构，明确其权限和职责并配置满足实物保护需要的保卫专职管理人员。

（2）核设施营运单位法定代表人应全面负责实物保护工作，可指定一名单位分管负责人具体承担本单位实物保护工作。

3.2 职责

核设施营运单位对所属设施的实物保护负责。其主要职责为：

（1）根据核设施建造和运行不同时期的特点，制修订并组织实施实物保护的各项规章制度。其主要内容包括：保卫工作大纲、实物保护质量保证、保密、警卫与守护、实物保护区域出入管理和突发事件处置预案等。

（2）负责实物保护区域内的巡逻工作，管理与控制人员、车辆和货物的出入，开展监视和警戒工作。在发生突发事件时，开展防卫、报警、阻击、配合有关部门查找和追回失踪的核材料等工作，最大限度地降低事件造成的危害和影响。

（3）负责保卫人员的管理、培训和考核工作。

（4）负责实物保护技防系统的使用、运行、维护和维修工作。

（5）确定本单位的警卫目标和岗哨设置，指导和协调武警部队的执勤工作。

（6）负责制定和申报本单位实物保护系统的运行、升级和改造方案。

（7）对本单位的实物保护系统开展有效性评估。主要内容包括：实物保护规章制度执行情况、实物保护系统运行及维护情况、实物保护系统的完整性与可靠性等。

4 分级和分区

4.1 核设施实物保护的分级

根据核设施在遭到破坏后可能产生的放射性释放对公众和环境的危害程度，核设施中核材料的类型、数量、富集度、辐射水平、物理和化学形态，核设施所处地理位置及类型等因素，将核设施分为三个实物保护级别。当核设施实物保护级别高于其核材料实物保护级别时，按核设施实物保护级别开展实物保护工作。

4.1.1　实施一级实物保护的核设施

（1）核材料达到一级实物保护的核设施；

（2）堆芯热功率在 100 MW（th）以上的反应堆；

（3）包含一部分新近卸堆的燃料，且总量大于 1017BqCs-137（相当于 3 000 MW（th）反应堆的堆芯存量）的乏燃料池；

（4）独立存放和处理高放废液放射性物质存量达到或超过危险量 D_2 值（常见放射性核素的 D_2 值见附录 A）10 000 倍的设施；

（5）独立的乏燃料元件后处理设施；

（6）上述未包括的但危险等同于上述条件的其他核设施。

4.1.2　实施二级实物保护的核设施

（1）核材料达到二级实物保护的核设施；

（2）堆芯热功率在 2 MW（th）以上且小于 100 MW（th）的反应堆；

（3）含有新近卸堆的需作主动冷却乏燃料的乏燃料储存设施；

（4）独立存放和处理弥散性高放固体废物及中放废液放射性物质存量达到或超过危险量 D_2 值 100 倍的设施，独立存放和处理高放废液放射性物质存量小于危险量 D_2 值 10 000 倍的设施；

（5）距场区边界 0.5 km 以内，且可能发生不受控临界事故的设施；

（6）上述未包括的但危险等同于上述条件的其他核设施。

4.1.3　实施三级实物保护的核设施

（1）核材料达到三级实物保护的核设施；

（2）堆芯热功率小于 2 MW（th）的反应堆；

（3）独立存放和处理弥散性中放固体废物及低放废液放射性物质存量达到或超过危险量 D_2 值 0.1 倍的设施，独立存放和处理弥散性高放固体废物及中放废液放射性物质存量小于危险量 D_2 值 100 倍的设施；

（4）若失去屏蔽，直接外照剂量率在 1 m 处超过 100 mGy/h 的设施；

（5）距场区边界超过 0.5 km，且可能发生不受控临界事故的设施；

（6）上述未包括的但危险等同于上述条件的其他核设施。

4.2　核设施的分区保护

4.2.1　保卫分区划分

核设施的实物保护区域实行分区保护与管理，划分为控制区、保护区和要害区。实施一级实物保护的核设施应设控制区、保护区和要害区；实施二级实物保护的核设施应设控制区和保护区；实施三级实物保护的核设施应设控制区。三区呈纵深布局，要害区应设置在保护区内，保护区应设置在控制区内。

4.2.2　分区保护

（1）本导则 4.1.1 节所涉及的核材料、装置、设备、配套设施（如主控室、核反应堆及其辅助厂房、核燃料库房、安全级发电机房、安全级冷却剂循环泵、高放废液处理设备、乏燃料元件后处理主工艺厂房等）和保卫控制中心，都应置于要害区。其他需保护的核材料、装置、设备和配套设施，视重要程度分别置于保护区或控制区。

（2）本导则 4.1.2 节所涉及的核材料、装置、设备、配套设施（如主控室、核反应堆及其辅助厂房、核燃料库房、应急发电机房、安全级冷却剂循环泵、低浓铀浓缩设备、中放废液及高放固体废物处理设备等）和保卫控制中心，都应置于保护区。其他需保护的核材料、装置、设备和配套设施，置于控制区。

（3）本导则 4.1.3 节所涉及的核材料、装置、设备、配套设施（如主控室、核反应堆及其辅助厂房、核燃料库房、低放废液及中低放固体废物处理设备等）和保卫值班室，都应置于控制区。

（4）各实物保护级别核设施的制卡室应置于控制区；主开关站和网控楼，非放射性的电、机、仪等维修车间，办公楼，大型仓库和贮存库（贮存核材料除外）等不应置于保护区或要害区。

5　固定场所的实物保护

5.1　警卫与守护

根据核设施实物保护等级应配置相应的警卫力量。警卫力量的组成人员通常包括武警、保卫、保安等，这些人员须通过定期的审查、培训和考核，并配备必要的装备和通信手段。警卫力量驻地应尽可能靠近核设施，以利于突发事件的快速响应和处置。核设施营运单位应授予警卫力量明确的职权，对其实行归口管理。警卫力量的主要职责是：

（1）执行实物保护区域各出入口、要害部位及周界的值勤、警戒和昼夜巡逻任务。

（2）在核材料存放点、重要核设备库房及其他要害部位，严格控制人员出入，做好审查登记工作。

（3）在发生报警的地段，就近复核、查验。

（4）在发生突发事件时，执行应急任务。主要包括：及时向上级及有关部门报告，迅速阻击、追踪、追捕入侵者，必要时对公众实施疏散和救援等。

5.2 实体屏障

实物保护区域的实体屏障须环绕、封闭整个被保护区域，不同区域的屏障应确保独立、完整、可靠，避免相互搭接。实体屏障可分为栅栏型和墙体型。控制区和要害区应设置单层屏障，可采用栅栏型或墙体型；保护区应设置双层屏障，采用栅栏型。各区屏障间的距离不宜小于 6 m，各区周界屏障两侧不得有利于攀爬的依附物。栅栏型实体屏障离保护目标或建筑物距离不宜小于 6 m。

5.2.1 一般要求

（1）栅栏型屏障由高强度、耐腐蚀钢丝制成。钢丝直径不小于 3 mm，栅格每边边长不大于 6 cm，或网孔面积不大于 12.9 cm^2。栅栏桩柱间距宜为 2～3 m。桩柱的基础部分须埋入地下。对于黏土地面，其深度不宜小于 0.9 m，并用混凝土浇灌。对于其他地质类型的地面（如冻土层或基岩层），桩柱基础部分深度可根据情况酌情增减。桩柱及其基础应满足强度、变形和稳定性要求。具体设计按现行《建筑地基基础设计规范》（GB 50007）、《混凝土结构设计规范》（GB 50010）和《钢结构设计规范》（GB 50017）的要求执行。栅栏底端与地面的距离不大于 5 cm。

（2）墙体型屏障由砖、石、混凝土、钢材或它们的组合构成。在设计和建造中应避免出现利于入侵者藏匿或掩蔽的场所。

（3）对于垂直部分高度不低于 2.5 m 的屏障，应在其顶部加装双向（V 型）或单向悬臂支架。支架臂向上倾斜，与垂直方向形成 30°～45°夹角。单臂支架伸向周界外侧，长度不小于 0.7 m，其上应附设多股平行间隔不大于 15 cm 的带倒刺的铁丝。双臂支架伸向周界的内外两侧，顶端应置带倒刺的螺旋滚网，螺旋直径不应小于 0.7 m，螺旋间距不应大于 0.6 m。

（4）屏障须建造在硬质或夯实地面上。若出现砂石松软、土壤迁移和地表易积水等情况，首先须使地面固化或铺设混凝土底座。

（5）屏障上的开孔，若面积大于 620 cm^2，最小间距超过 15 cm，须用垂直与水平间隔均小于 15 cm 的钢筋格架阻隔。钢筋须牢靠固定在开孔的周围，直径不应小于 1.6 cm。

（6）屏障下方若有人员可通行（通径大于 50 cm）的水渠、涵洞或管沟，则在允许水流通过的条件下，应以钢筋格架等阻隔；在无水流的凹陷地面，应将地面填平、夯实，或以钢轨、砖石或栅栏等封堵。上述措施须提供与屏障主体等同的延迟能力。

（7）在管道与屏障的交汇点，需采取加固、加盖、栓锁、栅网等保护措施，避免屏障整体的延迟能力因此类交汇点下降。

（8）在铁路与屏障的交汇点，须设置栅门。该栅门须具备与邻近屏障相同的延迟能力。在无火车通行时，铁路道岔不得朝向实物保护区域方向。

（9）控制区、保护区屏障内侧和要害区屏障外侧，应设有宽度不小于 2 m 的人员巡逻通道或宽度不小于 4 m 的车辆巡逻通道。当条件受限时，巡逻通道宽度可减小，但应保证单人或车辆通行。

5.2.2 附加要求

5.2.2.1 控制区

屏障垂直部分有效高度不应低于 2.5 m。若采用墙体型屏障，墙体厚度不应小于 200 mm。

5.2.2.2　保护区

双层屏障的外层垂直部分有效高度不应低于 1.5 m，内层垂直部分有效高度不应低于 2.5 m。

双层栅栏屏障之间形成隔离带，其宽度不宜小于 6 m。在隔离带内应地势平坦，防止积水，且不得堆放杂物，不得有树木和杂草。

5.2.2.3　要害区

（1）保护区内的建筑物自身可构成要害区的屏障，也可与邻近的栅栏或围墙相衔接，共同组成要害区屏障。

（2）自身构成要害区屏障的建筑物必须六面坚固。其墙体、地板和顶板的延迟能力应不低于 20 cm 厚的钢筋混凝土层。

（3）构成要害区屏障的建筑物墙体上的窗口，应以钢筋格架保护。钢筋间隔不应大于 15 cm，直径不应小于 1.6 cm，且须牢固镶嵌在窗框两侧；若采用不锈钢管栅栏，应具有等效强度。

5.3　出入口控制

5.3.1　人员出入口

（1）实物保护区域的人员出入口数量应保持在必要的最低限度。其延迟能力应与邻近的实体屏障相匹配。

（2）授权进入实物保护区域的人员应减少至必要的最低限度。出入实物保护区域的人员均须在出入口接受证件检查和安全检查。不同的实物保护区域应使用不同标识或授权的证件。所有证件都须具备防伪造、防复制、防涂改的功能。除另作规定外，在进入实物保护区域后所有人员应随身佩带或携带证件。

（3）对外来人员要求进入实物保护区域的申请，应严格规定审批权限。外来人员在获得进入授权后，须履行登记手续。出入保护区和要害区的临时来访人员应由本单位指定的人员全程陪同。

（4）出入口须配置视频监控和通信装置，能够随时保持与保卫控制中心的联系。

（5）出入口通道通常应处于锁闭状态，只有在出入口控制系统确认人员身份后，通道方可开启。每次开启只允许一名持证者出入。保护区和要害区出入口控制应有防返传、防胁迫、防尾随功能，控制区出入口控制应有防返传功能。

（6）保护区或/和要害区的出入口应有违禁品检查措施，以查验出入人员及其携带的物品。

（7）严格限制进入要害区的人数。核材料储存库的出入口按照"双人双锁"原则实施管理，一旦其中有人，应落实双人规则，通过不间断的监视实现对未授权行动的侦查。

5.3.2　车辆出入口

（1）各保卫分区的车辆出入口应单独设置，数量应保持在必要的最低限度。其延迟能力应与邻近的实体屏障相匹配。对确需进入实物保护区域的车辆应严格规定审批权限和陪同制度。

（2）各保卫区域须使用不同标识的车辆通行证，每次开门只允许一辆车出入。车辆上不得搭载人员出入。

（3）控制区车辆出入口应设置车辆减速装置。

（4）严格限制进入保护区的车辆，与生产运行无关的机动车及非机动车不得进入保护区。

（5）保护区车辆主出入口通常采用不能同时开启的双重门结构，其间是车辆安全检查区，用于进行违禁品检查。保护区车辆主出入口应配备违禁品检查设备。保护区主出入口车辆安全检查区内应设置防车辆冲撞装置。车辆只能在指定的停车区内停泊。

（6）保护区和要害区车辆出入口应配置入侵报警探测装置和视频监控设备。

5.3.3 应急出入口和临时出入口

5.3.3.1 应急出入口

应设置应急人员和车辆出入口，其延迟能力应与邻接的实体屏障相匹配。应急出入口（含逃生门）应安装入侵探测报警和视频监控设备。在发生突发事件时，该出入口授权开启，允许经批准的应急人员和车辆出入，实行消防、救护、救援等人员和车辆的无障碍通行。

5.3.3.2 临时出入口

因基建或技术改造施工等原因设置临时出入口的周期应尽可能短。临时出入口的保护水平和延迟能力应与邻接的实体屏障相匹配。控制区临时出入口应配备适当的通信设备，并由保卫人员昼夜守卫。保护区和要害区临时出入口应配备多种通信设备，加强人防管理，由警卫昼夜守卫。

5.4 技术防范措施

5.4.1 入侵报警系统

（1）保护区和要害区的周界须设置入侵报警系统。其技术要求见《核设施周界入侵报警系统》（HAD501/03）。在保护区双层屏障的隔离带内或内层栅栏上设置的入侵报警系统应由不同技术类型的探测器组成，并能覆盖到整个需探测的区域。

（2）保护区和要害区内跨越周界且无人值守的通道、出入口，以及屏障下方人员可通行（通径大于 50 cm）的水渠、涵洞或管沟，都应安装入侵探测装置。

（3）存放 II 级以上核材料、要害设备、机要信息的场所应安装室内入侵报警系统。在安装中应尽量减少被屏蔽、绕行或搅扰的可能。应在提高探测效率的同时尽量减少误报警。对于探测器可能受到的自然环境因素的干扰，以及可能产生的盲区和死角，都应采用其他技术类型的探测器作为补偿。对重要目标的监控应昼夜不间断进行，一旦发生入侵等事件，须立即报警。

（4）按照设计基准威胁，对水域或低空设置入侵报警装置或干预措施。

5.4.2 视频监控系统

（1）在安装入侵报警系统的部位应同时安装视频监控系统。在报警信号发出的同时，应联动该系统对报警部位进行实时复核。视频监控系统应具备将现场图像自动切换到指定的监视器上显示，并自动实时录像记录的功能；联动响应时间应满足相关核安全导则和国家标准的要求。

（2）对于要害部位，视频监控应连续运行，并进行录像。录像保存时间不应少于 30 天。

（3）视频监控系统不论在白天、黑夜或其他自然环境不利的条件下都应正常运行；图像应能覆盖到整个受保护的区域，不出现盲区和死角；图像质量应清晰到可以对报警部位作出正确评估，可以辨认出入侵者的基本特征；在发生系统失效或受外界搅扰等事件时，立即发出报警信号。

5.4.3 照明系统

（1）周界照明灯柱应安装在周界屏障的内侧，灯光朝向周界外侧；照明灯的开闭应由光敏传感器自动控制，并可在保卫控制中心或保卫值班室直接控制。控制区周界夜间地面照度不应低于 10 Lx；在视频监控范围内，保护区和要害区的夜间地面照度不应低于 20 Lx；室内受保护部位地面照度不应低于 20 Lx；主出入口工作面照度不应低于 150 Lx。

（2）照明灯的亮度、照度均匀度、显色性和部位设置均应满足警卫人员的观察和视频监控系统的正常工作需要；照明的阴影部位不得为入侵者提供藏匿条件。

（3）实行不间断视频监控的部位，须实行不间断照明。

5.4.4 通信系统

（1）核设施营运单位内的安全保卫主管部门、保卫控制中心和/或保卫值班室、岗哨、出入口和消防部门之间应具备快捷、通畅的有线和无线通信手段。

（2）保卫控制中心应与本单位的安全保卫主管部门、地方公安部门和/或武警部队值班室等保持直接且有专用通道的通信联系。

（3）巡逻人员应配备对讲机或其他无线通信工具。

5.4.5 供电系统

（1）实物保护系统应由主电源和备用电源供电。主电源通常来自实物保护系统外，也可由实物保护系统自备。备用电源可来自电力系统，也可采用 UPS、蓄电池、发电机/发电机组之一或组合，或其他类型；实施一级或二级实物保护的核设施备用电源应采用 UPS、蓄电池、发电机/发电机组之一或组合。备用电源应可维持实物保护系统应急负载运行 8 小时。若备用电源为发电机/发电机组，电源切换时应有保证连续供电的其他措施。

（2）在主电源失效时，应立即实施电源的自动或手动切换。电源切换时须满足：不引发误报警，不影响实物保护系统的正常运行和信息储存。保卫控制中心或保卫值班室应能收到相关的电源报警，并显示主、备电源的工作状态。

（3）实物保护系统的室内设备宜采用厂区联合接地方式，室外设备应采用适宜的接地制式。在设计接地装置时，应考虑因干、湿、冻结等季节因素对土壤电阻率的影响；禁止以大地作相线或中性线。防雷与接地设计中的具体要求参见《安全防范工程技术规范》（GB 50348—2004）的3.9节。

（4）实物保护供配电设备应采取适当的保护措施。

5.4.6 巡更系统

巡更系统应能按事先编制的程序，或随机调整的程序，通过信息识读器或其他方式，对巡逻人员实时状况及巡更点的安全保卫信息进行监督和记录，并将紧急事件及时传送给保卫控制中心或保卫值班室。

5.5 保卫控制中心、保卫值班室与应急指挥中心

实物保护等级为一级和二级的核设施设保卫控制中心，实物保护等级为三级的核设施设保卫值班室。保卫控制中心或保卫值班室是核设施中安全保卫信息的汇集和管理平台，必须由受过培训并通过考核的警卫人员昼夜值勤，每班值班人员不得少于 2 人。未经授权，其他人员一律不得入内。

技防系统和出入口控制功能在核应急时可手动切换到应急指挥中心。

5.5.1 保卫控制中心

5.5.1.1 建筑

（1）设在保护区或要害区内，且距所在实物保护区域周界的距离不小于 6 m。

（2）墙、门、顶板、底板应六面坚固，窗上应安装钢筋护栏。

（3）室内用具应采用阻燃材料。

（4）门扇应朝外开启，出入口应有门禁系统，门外应安装视频监控设备或在门上安装单向观察镜。

5.5.1.2　装备

应配备：

（1）计算机主机系统及相应的控制台和显示面板。

（2）报警灯光及声响装置以及其他技防设备，胁迫报警和紧急呼救装置。

（3）有线通信和无线通信装置。

（4）电源状态显示装置、电源切换装置及备用电源。

5.5.1.3　基本功能

（1）对出入口控制、入侵探测、视频监控、实物保护区域照明、通信、供电和巡逻等系统进行连续实时监控。在发生入侵等突发事件时，可通过声、光报警信号立即觉察，并显示出报警部位；在接收报警信号的同时，联动视频复核、录像等设备。在实物保护系统部件、线路出现失效、信号阻堵、情况异常或受到搅扰时可及时觉察，并显示出故障部位。

（2）采集、汇总和记录各出入口人员和车辆进出的信息。在发现异常时，即刻指令各出入口采取应急措施。

（3）与本部门领导、保卫工作主管、各出入口、警卫人员、值勤巡逻人员、地方公安部门和/或武警部队值班室保持通信联系，交换安全保卫信息并传达指令。

5.5.2　保卫值班室

（1）应设在控制区内，建筑物的门、窗和结构都应牢固。

（2）对控制区内的突发和异常事件应能立即觉察。除及时采取相应措施外，还须向本单位安全保卫主管部门和地方公安部门及时通报。

（3）备有有线、无线通信设备，胁迫报警及紧急呼救装置。

（4）设置备用电源。

5.5.3　应急指挥中心

应急指挥中心应配置实物保护系统计算机终端。在非应急状态时应急指挥中心实物保护计算机终端应与实物保护系统实施物理隔离。当核设施进入核应急状态，保卫值班人员需要撤离到应急指挥中心时，应取消物理隔离并启用应急指挥中心的实物保护系统相关设备。

5.6　突发事件处置

5.6.1　机构和人员职责

核设施营运单位应建立突发事件处置协调小组，并指定本单位一名分管负责人任小组负责人；要明确规定包括保卫、通信、交通、供水、供电、消防和武警部队在内的各部门和各级人员职责；对处置突发事件的人员应制定培训和考核计划。

5.6.2　方案

核设施营运单位应制定详细的突发事件处置方案，并严格执行。方案的基本内容包括：防止核设施的人为破坏，防止核材料被盗或非法转移，防止因入侵者趁机作案而造成的放射性释放和对公众的伤害；配合相关部门使事件造成的损失降至最低。

5.6.3 设备和器材

设备和器材包括：武器装备、警用器械、通信设备、消防器材和交通车辆。核设施中的这些器材和装备应保持在完整、完好和可随时启用的状态。

5.6.4 与地方有关部门的联系

在制定突发事件处置方案时，核设施营运单位应与地方公安、消防和环境保护等部门进行充分的协商，明确各部门的责任。方案制定后，应报地方公安部门备案。

5.6.5 突发事件演习

根据突发事件处置方案进行的模拟演习，每年应举行一次。内容以防卫、人员疏散、救援和协调各部门行动为主。应做好演习记录和演习后的评估与总结工作。

5.7 网络安全

实物保护系统相关网络均应采用专用网络，确保具有足够的保护措施，以防范网络攻击行为，并应考虑数据和/或软件的完整性、保密性和可用性，系统、服务器和/或数据的访问安全，系统、网络和相关设备的运行安全对实物保护系统的影响。

实物保护系统专用网络的防护等级应符合《信息安全技术信息系统安全等级保护定级指南》（GB/T 22240）和《信息安全技术信息系统安全等级保护基本要求》（GB/T 22239）的要求。

与核设施实物保护有关的涉密人员、涉密信息、涉密载体和密品管理应满足国家和主管部门发布的相关保密法律、法规和规定。

6 核设施建设期间的实体屏障与技防措施

6.1 分期建设核设施的实体屏障与技防措施

对于分期批准建设的核设施，每期核设施建设工程都应在其核材料进场前设置满足法规要求的实体屏障和技防系统。

6.2 同址建设的相邻核设施实体屏障与技防措施

对于同一厂址内连续建设的相邻核设施，在运行设施与在建设施之间应至少设置一层临时实体屏障，安装入侵探测装置、防冲撞装置，设置报警复核系统或固定岗哨，并考虑临时实体屏障的安保照明措施。临时设置的出入口应验证、控制出入。应加强警卫人员在临时实体屏障区域的周界巡视等人防管理措施，以实现实物保护系统的完整性和均衡性。

7 实物保护系统评估

7.1 基本要求

实物保护系统在方案设计和系统运行等阶段都应进行评估。在核设施的设计基准威胁、保护目标、响应力量和核材料实物保护等级改变后，或实物保护系统发生重大变更后，均应对实物保护系统重新评估。

不同阶段的评估结果均应报国务院核安全监督管理部门备案。

7.2 评估方法

实物保护系统评估方法分为定量评估和定性评估。实物保护系统定量评估的内容为风险评价；定性评估应在保护目标、核设施（核材料）实物保护等级、设计基准威胁、响应力量和实物保护系统组成已知的情况下依据相关标准，采用现场观察、抽样检查、试验和演习等方法对实物保护系统的有效性进行评估。

7.3 设计阶段的有效性评估

评估实物保护系统有效性是实物保护系统设计的重要部分。

应在实物保护系统设计方案确定前，基于设计基准威胁进行实物保护系统风险评价和有效性评估，验证系统是否满足各项法规标准的要求，分析系统的薄弱环节、发现系统的缺陷，评估改进措施的效果，并进行利益代价分析。

7.4 运行阶段的有效性评估

设计基准威胁有任何变更时，应对其影响作出评估。核设施营运单位应当根据当前设计基准威胁定期对实物保护系统实施风险评价和有效性评估，对相关设备进行性能测试。

核设施实物保护系统经验收并运行 1 年后，应进行有效性评估工作；以后应与核设施定期安全评价同步开展实物保护系统有效性评估；实物保护系统进行重大升级改造后也应进行有效性评估。

8 质量保证

核设施实物保护质量保证是核设施质量保证大纲的一部分，应符合相关法规的要求。

核设施营运单位必须编制和实施全面的质量保证大纲，覆盖可能影响核设施实物保护的所有活动。应当制定和实施实物保护系统质量保证程序，以满足对实物保护有重要意义的所有活动的特定要求。

实物保护的质量保证政策和计划应确保实物保护系统的设计、实施、操作和维护能够有效地应对设计基准威胁，并且符合国家相关规定。

名词解释

核设施 Nuclear Facilities

本导则涉及的核设施包括：
核电厂、核热电厂、核供汽供热厂等核动力厂及装置；
核动力厂以外的研究堆、实验堆、临界装置等其他反应堆；
核燃料生产、加工、贮存及后处理设施等核燃料循环设施；
放射性废物的处理、贮存、处置设施。

实物保护 Physical Protection

为防止入侵者盗窃、抢劫或非法转移核材料或破坏核设施所采取的保护措施。

实物保护系统 Physical Protection System

采用探测、延迟及响应的技术和能力，阻止破坏核设施的行为，防止盗窃、抢劫或非法转移核材料活动的安全防范系统。

设计基准威胁 Design Basis Threat

潜在的内部和外部或内外勾结的，可能企图对核材料或核设施实施擅自转移或蓄意破坏的敌对分子的属性和特征，实物保护系统要以此为依据进行设计和评估。

实体屏障 Physical Barrier

栅栏、围墙或类似的障碍物。它们可起到入侵延迟的作用和协助出入口控制的作用。

隔离带 Isolation Zone

实体屏障双层围栏之间的特定地带，其内部没有能隐藏或掩蔽人体的物体。

控制区 Control Access Area

任何采用临时措施或永久屏障设定的、具有明显界线的和出入受到控制的区域，它能隔离开在该区域内的核材料、设备和人员。

保护区 Protected Area

处于控制区内，始终受到警卫或电子装置严格监控的区域，其周界具有报警监视设备及完整可靠的实体屏障，出入口受到人防和技防措施的严格控制。

要害区 Vital Area

处于保护区内，存有设备、系统、装置或核材料的区域，若遭到破坏，就可能直接或间接地导致不可接受的放射性后果。

破坏 Sabotage

针对核设施或使用、储存或运输中的核材料，任何蓄意采取的行动，由此造成的辐射或放射性物质的释放，将直接或间接地危害到工作人员健康和安全，并危及公众和环境。

探测 Detection

判断一项已经发生或正在发生的未予授权的行为。包括觉察到这一行为，向保卫控制中心发出报警以及对报警的评价。

延迟 Delay

延长或推迟风险事件发生进程的措施。

响应 Response

为制止风险事件的发生，所采取的快速行动。

报警装置 Alarm apparatus

在不法分子入侵保护目标的事件或异常事件发生时，驱动声光信号，以警示值班或警卫人员的装置。

盲区 Blind Zone

在警戒范围内，安全防范手段未能覆盖的区域。

误报警 False Alarm

由于意外触动手动装置或自动装置，对未设计的报警状态做出的响应、部件的错误动作或损坏、操作人员失误等而发出的报警。

违禁品 Contraband

任何与实物保护目的相悖的物项。如私自携带的武器、爆炸物、核材料、机密信息、可能会引发破坏、恶性事件的易燃物、危险化学品和生物制剂等。

搅扰 Tamper，Tampering

干扰或损害数据有效性或装备完整性的行为。由此使实物保护系统原有功能受到威胁、影响或不能正常发挥。

有效性评估 Effectiveness Evaluation

分析实物保护系统挫败入侵的能力。

风险评价 Risk Analysis

分析针对核材料、核设施作案后果的过程。

实物保护系统网络安全 Cyber Security of Physical Protection System

通过采取必要措施，防范对实物保护系统网络的攻击、侵入、干扰、破坏和非法使用以及意外事故，使实物保护系统网络处于稳定可靠运行的状态，以及保障实物保护系统网络数据的完整性、保密性、可用性的能力。

附录 A 常见放射性核素的危险量 D_2 值（TBq）[①]

核素	D_2	核素	D_2	核素	D_2
H-3	2.E+03	Nb-95	6.E+01	Gd-153	8.E+01
C-14	5.E+01	Mo-99	2.E+01	Tm-170	2.E+01
P-32	2.E+01	Tc-99 m	7.E+02	Yb-169	3.E+01
S-35	6.E+01	Ru-103	3.E+01	Re-188	3.E+01
Cl-36	2.E+01	Ru-106	1.E+01	Ir-192	2.E+01
Cr-51	5.E+01	Pd-103	1.E+02	Au-198	3.E+01
Fe-55	8.E+02	Cd-109	3.E+01	Hg-203	2.E+00
Co-57	4.E+02	Te-132	8.E-01	Tl-204	2.E+01
Co-60	3.E+01	I-125	2.E-01	Po-210	6.E-02
Ni-63	6.E+01	I-129	UL	Ra-226（衰变产物）	7.E-02
Zn-65	3.E+02	I-131	2.E-01	Th-230	7.E-02
Ge-68	2.E+01	Cs-134	3.E+01	Th-232	UL
Se-75	2.E+02	Cs-137	2.E+01	U-232	6.E-02
Kr-85	2.E+03	Ba-133	7.E+01	U-235（Th-231）	8.E-05
Sr-89	2.E+01	Ce-141	2.E+01	U-238	UL
Sr-90	1.E+00	Ce-144	9.E+00	天然铀	UL
Y-90	1.E+01	Pm-147	4.E+01	贫铀	UL
Y-91	2.E+01	Eu-152	3.E+01	浓缩铀>20%	8.E-05

①参见：IAEA，Dangerous Quantities of Radioactive Material（D-values），EPR-D-VALUES，IAEA，Vienna（2006）.

核素	D_2	核素	D_2	核素	D_2
Zr-95	1.E+01	Eu-154	2.E+01	浓缩铀＞10%	8.E-04
Np-237（Pa-238）	7.E-02	Pu-240	6.E-02	（Am-241）/Be	6.E-02
Pu-238	6.E-02	Pu-241（Am-241）	3.E+00	Cm-242	4.E-02
Pu-239	6.E-02	Pu-242	7.E-02	Cm-244	5.E-02
Pu-239/Be	6.E-02	Am-241	8.E+00	Cf-252	1.E-01

注：a）UL 表示数量无限制；

　　b）放射性核素混合物的危险量 $D_2(M)$ 值由下式计算：

$$D_2(M) = 1 \bigg/ \sum_{i=1}^{i} \frac{f_i}{D_{2(i)}}$$

式中，f_i 是第 i 种核素在混合物中的放射性活度份额；$D_{2(i)}$ 是第 i 种核素的 D_2 值。

关于印发《民用核安全设备核安全 1 级铸锻件制造单位资格条件（试行）》等两份文件的通知

国核安发〔2018〕162 号

各有关单位：

　　根据《民用核安全设备监督管理条例》和《民用核安全设备设计制造安装和无损检验监督管理规定》（HAF601）的有关要求，我局组织制订了《民用核安全设备核安全 1 级铸锻件制造单位资格条件（试行）》《民用核安全设备核安全 2、3 级泵设计和制造单位资格条件（试行）》，现予公布，于公布之日起试行一年。

　　附件：1. 主送单位名单

　　　　　2. 民用核安全设备核安全 1 级铸锻件制造单位资格条件（试 行）

　　　　　3. 民用核安全设备核安全 2、3 级泵设计和制造单位资格条件（试行）

国家核安全局

2018 年 6 月 15 日

主送单位名单

1. 中国第一重型机械股份公司
2. 二重集团（德阳）重型装备股份有限公司
3. 上海电气上重铸锻有限公司
4. 中信重工机械股份有限公司
5. 太原重工股份有限公司
6. 沈阳科金特种材料有限公司
7. 大连大高阀门有限公司
8. 上海新闵重型锻造有限公司
9. 无锡市法兰锻造有限公司
10. 贵州航天新力铸锻有限责任公司
11. 安徽应流集团霍山铸造有限公司
12. 沈阳鼓风机集团核电泵业有限公司
13. 上海电气凯士比电泵阀有限公司
14. 重庆水泵厂有限责任公司
15. 上海凯泉泵业有限公司
16. 上海阿波罗机械股份有限公司
17. 大连深蓝泵业有限公司
18. 湖南湘电长沙水泵有限公司
19. 大连苏尔寿泵及压缩机有限公司
20. 安徽莱恩电泵有限公司
21. 江苏海狮泵业有限公司
22. 佳木斯电机股份有限公司
23. 大连海密梯克泵业有限公司
24. 大连帝国屏蔽电泵有限公司

附件2

民用核安全设备核安全1级铸锻件制造单位资格条件
（试　行）

一、总则

为进一步明确核安全1级铸锻件制造许可证取证、变更及延续申请单位应具备的资格条件，根据《民用核安全设备监督管理条例》和《民用核安全设备设计制造安装和无损检验监督管理规定》（HAF601）的要求，制定本资格条件。

二、适用范围

本资格条件适用于国务院核安全监管部门制定的《民用核安全设备目录（2016 年修订）》中列出的核安全 1 级铸锻件制造许可证取证、变更及延续申请单位的资格审查。

三、资格条件

（一）申请单位应持有有效的企业法人营业执照（或事业单位法人证书），且具备常规工业铸锻件制造能力。

（二）质量保证要求

1. 申请单位应具有完善的质量保证体系和健全的管理制度，并制定符合核电厂质量保证安全规定（HAF003）及相关导则要求的质量保证大纲和程序。

2. 申请单位应建立健全质量保证组织机构，配备足够的质量保证人员，并保证其组织独立性和充分的授权。

3. 申请单位应开展核安全文化建设，促进质量保证体系有效运行，强化质量过程控制，确保民用核安全设备质量和可靠性。

（三）人员要求

申请单位应配备与拟从事活动相适应的、经考核合格的专业技术人员，如冶炼、铸造、锻造、焊接、机加工、材料及热处理、无损检验、理化检验、质量保证等技术人员。

1. 申请单位技术负责人（总工程师、技术副总经理、技术总监等）应具有高级职称或取得中级职称满 5 年，且具有 5 年以上申请范围内同类产品制造经历，或相关专业本科及以上毕业，且具有 10 年以上申请范围内同类产品制造经历。

2. 申请单位应配备与拟从事活动相适应的核安全 1 级铸锻件工艺设计、设计转化等方面的设计人员。设计人员必须熟练地掌握相关标准规范、技术条件及上游采购技术要求。

3. 申请单位各主要制造环节（如冶炼、铸造、锻造、焊接、热处理、机加工、检验、试验）的技术负责人应具有相应专业中级（或以上级别）技术职称或本科及以上毕业满 5 年、专科毕业满 8 年，且长期从事本专业相关工作。各工艺环节应至少有 3 名以上技术人员。

4. 申请单位应配备与拟从事活动相适应的熟悉核质量保证体系相关要求的专职质量保证（QA）人员，总数应不少于 3 名。其中，质量保证部门负责人应具有中级（或以上级别）技术职称或本科及以上毕业满 5 年，且具有 5 年以上质量管理工作经历；其余专职质量保证人员应具有初级（或以上级别）技术职称或专科（或以上学历）毕业满 5 年，且具有 3 年以上质量管理工作经历。

5. 申请单位从事核安全 1 级铸件补焊活动的焊工应持有有效的民用核安全设备焊工、焊接操作工资格证书，持证焊工数量和持证项目应满足核安全 1 级铸件补焊的需要。每类焊接方法持证焊工应不少于 2 名。

6. 申请单位从事核安全 1 级铸锻件无损检验活动的人员应持有有效的民用核安全设

备无损检验人员资格证书，持证人员的数量和项目应满足核安全 1 级铸锻件的无损检验需要。对于制造过程中涉及的每项无损检验项目，申请单位应至少配备 2 名核 II 级（或以上级别）持证人员。申请单位持有核 II 级（或以上级别）无损检验证书的人员总数应不少于 6 人。民用核安全设备制造单位可委托其他民用核安全设备持证单位具备相应资质的无损检验人员开展无损检验活动，但不转移申请单位的质量责任。

7. 申请单位应配备与拟从事活动相适应的计量管理人员。对自行开展的每项计量检定项目，申请单位应至少配备 2 名注册计量师，且具有 2 年以上计量检定工作经历。

8. 申请单位应配备与拟从事活动相适应的经过核质量保证培训且考核合格的技术工人。

9. 申请单位人员应具备相应的核安全文化素养。员工应具有质疑的工作态度、严谨的工作方法和互相交流的工作习惯，坚决杜绝违法违规和不良作业习惯等人因问题。

（四）厂房和装备要求

1. 厂房

申请单位应配备与拟从事活动相适应的厂房和制造车间，其面积、跨度、高度、起重运输能力等，应能满足核安全 1 级铸锻件制造的需要。制造车间应根据制造和工艺要求，划分专用的生产区、半成品区、成品区、临时堆放区和检验试验区等，确保区域标识清晰，各区域（车间）的清洁度应能满足核安全 1 级铸锻件制造要求。

2. 库房

（1）原材料及成品库

申请单位应配备与拟从事活动相适应的原材料及焊材库（如有）、半成品和成品库或专用存放区，设置库房、专用货架及相应的转运设备，并满足分区存放（待检区、合格区、不合格区）、防潮、防尘、防机械损伤、防污染等要求。

（2）试样库

申请单位应配备与拟从事活动相适应的试样库，设置专用货架，用于存放材料复验（钢锭、电极棒、焊材等）、工艺评定、破坏性试验等环节产生的试件和试样，试样库应满足分区存放、防潮、防损伤、防污染等要求。

（3）档案室

申请单位应配备与拟从事活动相适应的档案室。核安全 1 级铸锻件产品的有关档案资料应在档案室内进行专区存放。档案室的面积和软硬件设施应满足档案保管的有关要求。档案室应配备计量检定合格的温/湿度计和温/湿度控制设备（如除湿机、空调等），并具有防火、防鼠、防虫等设备或设施。

3. 检验和试验场地

申请单位应配备与拟从事活动相适应的检验和试验场地，满足入厂、制造、出厂等阶段检验和试验要求。

4. 制造及工艺设备

申请单位应配备与拟从事活动相适应的制造和工艺设备，主要包括但不限于以下设备：

（1）生产设备

申请单位应配备与拟从事活动相适应的生产设备，如冶炼设备、铸造设备、锻造设备、焊接设备、热处理设备、机加工设备、水压试验设备等，设备的规格、数量、精度等应满足核安全 1 级铸锻件的制造需要。

（2）理化检验设备

申请单位应配备与拟从事活动相适应的理化检验设备，每类设备至少 1 台/套（分包项目除外），如化学成分分析仪器、力学性能测试设备、金相检验设备、落锤试验设备等。

（3）无损检验设备

申请单位应配备与拟从事活动相适应的无损检验设备，每项无损检验项目应至少配备 1 台/套设备。

（4）起吊运输设备

申请单位应配备与拟从事活动相适应的起吊运输设备，如行车、叉车等。

（5）试验设备

申请单位应配备与拟从事活动相适应的功能性试验设备。

（6）计量器具

申请单位应配备与拟从事活动相适应的计量器具，如几何尺寸、角度、粗糙度、形位公差、温度、流量、压力等。自行开展检定工作的申请单位，应配备相应的标准计量器具。

（五）技术能力要求

1．标准规范

申请单位应配备与拟从事活动相适应的制造标准、规范，同时，应对相关技术人员进行系统地培训，确保相关人员熟练掌握标准、规范及相关技术要求。

2．关键工艺

核安全 1 级铸锻件的制造关键工艺详见国务院核安全监管部门发布的《民用核安全机械设备设计和制造活动不能分包的关键工艺和技术》等相关文件。对于核安全 1 级铸锻件制造过程中涉及的关键工艺，申请单位应具备相应的技术储备和解决措施。

申请单位用于核安全 1 级铸锻件制造的关键工艺应是成熟的，使用这些工艺制造的铸锻件应至少具有 5 年运行历史并保持良好的运行记录。

3．工艺试验和工艺评定

申请单位在相关或相近产品制造中所开展的工艺试验和工艺评定工作，应能表明其已具备相关工艺试验和工艺评定经验。

4．采购和分包控制

申请单位应具备自行开展与拟申请活动范围相适应的无损检验（射线检验除外）和理化检验的能力，理化检验至少包括：化学分析（微量元素除外）、金相检验、拉伸、冲击、弯曲、硬度、晶间腐蚀、铁素体含量测定、落锤试验等项目。

申请单位必须有能力独立完成国务院核安全监管部门发布的《民用核安全机械设备设计和制造活动不能分包的关键工艺和技术》（国核安发〔2016〕211 号）等相关文件规定的核安全 1 级铸锻件制造关键工艺（理化检验按上述条款执行）。关键技术和关键工艺不得分包。

对于采购和分包的项目，申请单位应按照核质量保证要求进行有效控制。

（六）业绩要求

1．申请单位应具有至少 2 家核电营运单位、核电工程公司或民用核安全设备制造许可证持证单位的设备供货业绩。

2．许可证取证申请单位应具有 5 年以上和近 5 年内的核设施中非核级或常规工业中相同设备品种、同类材料、相近规格铸锻件的供货业绩，且具有核设施中一定数量的核安全 2、3 级相同设备品种、同类材料、相近规格铸锻件的供货业绩，近 5 年内业绩总量不少于 30 吨或 50 件。

3．许可证第一、二类变更申请单位应具有 5 年以上和近 5 年内核设施中核安全 2、3 级、非核级或常规工业中相同设备品种、同类材料、相近规格铸锻件的供货业绩，且近 5 年内业绩满足定量要求。同时，申请单位应具有原许可活动范围内的供货业绩和具有良好的质量史，且持证期间的业绩满足定量要求。具体要求参见国务院核安全监管部门发布的业绩要求相关文件。

4．许可证延续申请单位应具有原许可范围内的核级设备供货业绩，且近 5 年内业绩满足定量要求。具体要求参见国务院核安全监管部门发布的业绩要求相关文件。

5．申请单位应提供相关合同、完工报告、验收报告等业绩证明文件。对于正在执行的合同，因相关活动仍未完成，不能作为业绩。

6．对于不能完全满足业绩要求，但具有很强装备制造、质量管理和技术创新能力，以及良好企业文化和社会信誉且行业领先的申请单位，经国务院核安全监管部门严格审查后可按程序受理其申请。

7．申请单位被责令限期整改，逾期不整改或者经整改仍不符合发证条件的，由国务院核安全监管部门暂扣或者吊销许可证。

（七）模拟件制作要求

申请单位应具备《民用核安全机械设备模拟件制作（试行）》（HAD 601/01—2013）要求的模拟件制作能力。

（八）其他

申请单位应同时满足国务院核安全监管部门对民用核安全设备管理的其他要求。

四、附则

本资格条件自公布之日起试行一年。

附件 3

民用核安全设备核安全 2、3 级泵设计和制造单位资格条件
（试　行）

一、总则

为进一步明确核安全 2、3 级泵设计和制造许可证取证、变更及延续申请单位应具备的资格条件，根据《民用核安全设备监督管理条例》的要求，制定本资格条件。

二、适用范围

本资格条件适用于国务院核安全监管部门制定的《民用核安全设备目录（2016 年修订）》中列出的核安全 2、3 级泵（包括离心泵和屏蔽泵）设计和制造许可证取证、变更及延续申请单位的资格审查，其余泵品种暂不适用本资格条件。资格条件中的"设计"是指核安全 2、3 级泵制造许可证申请单位进行的设备设计活动。

三、资格条件

（一）申请单位应持有有效的企业法人营业执照（或事业单位法人证书），且具备常规工业泵设计和制造能力。

（二）质量保证要求

1. 申请单位应具有完善的质量保证体系和健全的管理制度，并制定符合核电厂质量保证安全规定（HAF003）及相关导则要求的质量保证大纲和程序。

2. 申请单位应建立健全质量保证组织机构，配备足够的质量保证人员，并保证其组织独立性和充分的授权。

3. 申请单位应开展核安全文化建设，促进质量保证体系有效运行，强化质量过程控制，确保民用核安全设备质量和可靠性。

（三）人员要求

申请单位应配备与拟从事活动相适应的、经考核合格的专业技术人员，如设计、材料、焊接、机加工、热处理、无损检验、理化检验、电仪、试验、质量保证等技术人员。

1. 申请单位技术负责人（总工程师、技术副总经理、技术总监等）应具有高级技术职称或取得中级职称满 5 年，且具有 10 年以上申请范围内同类型产品设计和制造经历。

2. 申请单位设计负责人应具有 5 年以上设计审核经历，且至少主持过 2 项核安全 2、3 级泵或核设施中非核级泵设计工作。

3. 申请单位各主要制造环节（如焊接、热处理、机加工、装配、检验、试验等）的技术负责人应具有相应专业中级（或以上级别）技术职称或本科及以上毕业满 5 年，且长期从事本专业相关工作。

4. 设计人员要求

申请单位设计人员必须经过培训，熟练掌握相关设计标准、规范后方可从事相关的设计工作。

根据所承担的职责，申请单位设计人员通常应包括一般设计人员、设计校核人员、设计审核人员、设计批准（或审定）人员。各级设计人员要求如下：

（1）一般设计人员应具有初级（或以上级别）技术职称或本科毕业满 3 年，且至少具有 2 年泵设计经历。

（2）设计校核人员应具有初级（或以上级别）技术职称或本科毕业满 5 年，且至少具有 3 年泵设计经历。此外，还应具有至少 1 年核安全 2、3 级泵或核设施中非核级泵设计经历。

（3）设计审核人员应具有中级（或以上级别）技术职称或本科毕业满8年，且至少具有5年泵设计经历。此外，还应具有至少2年核安全2、3级泵或核设施中非核级泵设计校核经历。

（4）设计批准（或审定）人员应具有中级（或以上级别）技术职称或本科毕业满10年，且至少具有3年核安全2、3级泵或核设施中非核级泵设计审核经历。

5．申请单位专职设计人员数量应不少于10名（不包括工艺设计、电仪设计），其中，设计校核人员数量应不少于5名，设计审核人员数量应不少于3名，设计批准（或审定）人员数量应不少于2名。

6．申请单位应配备与拟从事活动相适应的熟悉核质量保证体系相关要求的专职质量保证（QA）人员，总数应不少于3名。其中，质量保证部门负责人应具有中级（或以上级别）技术职称或本科及以上毕业满5年，且具有5年以上质量管理工作经历；其余专职质量保证人员应具有初级（或以上级别）技术职称或专科（或以上学历）毕业满5年，且具有3年以上质量管理工作经历。

7．申请单位从事核安全2、3级泵焊接活动的焊工、焊接操作工应持有有效的民用核安全设备焊工、焊接操作工资格证书，持证人员数量和持证项目应满足核安全2、3级泵的焊接需要。申请单位持证焊工、焊接操作工总数应不少于2名。

8．申请单位从事核安全2、3级泵无损检验的人员应持有有效的民用核安全设备无损检验人员资格证书，持证人员的数量和项目应满足核安全2、3级泵的无损检验需要。对于自行开展的每项无损检验项目，申请单位应至少配备2名核Ⅱ级（或以上级别）持证人员。申请单位持有核Ⅱ级（或以上级别）无损检验证书的人员总数应不少于3名。民用核安全设备制造单位可委托其他民用核安全设备持证单位具备相应资质的无损检验人员开展无损检验活动，但不转移申请单位的质量责任。

9．申请单位应配备与拟从事活动相适应的计量管理人员。对于自行开展的每项计量检定项目，申请单位应至少配备2名注册计量师，且具有2年以上计量检定工作经历。

10．申请单位应配备与拟从事活动相适应的专职检验和试验人员，满足入厂、制造、出厂等阶段检验和试验的需要。申请单位从事核安全2、3级泵动平衡试验人员总数应不少于2名，功能性试验人员总数应不少于3名。

11．申请单位应配备与拟从事活动相适应的经过核质量保证培训且考核合格的技术工人。

12．申请单位人员应具备相应的核安全文化素养。员工应具有质疑的工作态度、严谨的工作方法和互相交流的工作习惯，坚决杜绝违法违规和不良作业习惯等人因问题。

（四）设计软件和硬件要求

1．设计软件

申请单位应配备与拟从事活动相适应的且行业认可的设计软件，如泵结构设计、水力设计软件等。

2．设计硬件

申请单位应配备与拟从事活动相适应的设计硬件，如电脑、绘图仪等。

（五）厂房和装备要求

1．厂房

申请单位应配备与拟从事活动相适应的厂房、设计场所和制造车间。厂房和制造车间的面积、跨度、高度、起重运输能力等应满足核安全 2、3 级泵的制造需要。制造车间应根据制造和工艺要求，划分专用的生产区（含清洁装配区域）、半成品区、成品区、临时存放区和检验试验区等，确保区域标识清晰，各区域（车间）的清洁度应满足核安全2、3级泵制造要求。

2．库房

（1）原材料及成品库

申请单位应配备与拟从事活动相适应的原材料、半成品和成品库或专用存放区，设置库房、专用货架及相应的转运设备，并满足分区存放（待检区、合格区、不合格区）、防潮、防尘、防机械损伤、防污染等要求。

（2）外购件库

申请单位应配备与拟从事活动相适应的外购件库或存放区（包括电机、机械密封、联轴器、轴承、标准件等），设置库房和专用货架，并满足分区存放（待检区、合格区、不合格区）、防潮、防尘、防机械损伤、防污染等要求。

（3）试样库

申请单位应配备与拟从事活动相适应的试样库，设置专用货架，用于存放材料复验、工艺评定、破坏性试验等试件和试样，试样库应满足分区存放、防潮、防损伤、防污染等要求。

（4）焊材库

申请单位应配备与拟从事活动相适应的焊材库。焊材库应配备计量检定合格的温/湿度计和温/湿度控制设备（如除湿机、空调等），确保焊材库的温/湿度符合焊材管理要求；配备相应的摆放货架，满足分区（待检区、合格区、不合格区等）保存要求；制定严格的规章制度和程序，并张贴焊材存放、发放和回收管理程序。对于焊条和焊剂，申请单位还应配备合格的焊材烘干箱、焊材保温箱和保温桶。

（5）档案室

申请单位应配备与拟从事活动相适应的档案室。核安全 2、3 级泵的相关档案资料应在档案室进行专区存放。档案室的面积和软硬件设施应满足档案保管的有关要求。档案室应配备计量检定合格的温/湿度计和温/湿度控制设备（如除湿机、空调等），并具有防火、防鼠、防虫等设备或措施。

3．检验和试验场地

申请单位应配备与拟从事活动相适应的检验和试验场地，满足原材料和零部件入厂、制造、出厂等阶段检验和试验要求。

4．制造及工艺设备

申请单位应配备与拟从事活动相适应的制造及工艺设备，主要包括但不限于以下设备：

（1）生产设备

申请单位应配备与拟从事活动相适应的生产设备，如机加工设备、焊接设备、动平衡试验设备、水压试验设备等，设备的数量、规格、精度等应满足核安全 2、3 级泵的制造需要。其中，数控加工中心不少于 1 台、数控机床不少于 5 台、焊接设备不少于 6 台、动平衡试验设备不少于 2 台。

（2）理化检验设备

自行开展理化检验活动的申请单位，应配备与拟从事活动相适应的理化检验设备，每类设备至少 1 台/套。

（3）无损检验设备

自行开展无损检验活动的申请单位，应配备与拟从事活动相适应的无损检验设备，每个无损检验项目应至少配备 1 台/套设备。

（4）起吊运输设备

申请单位应配备与拟从事活动相适应的起吊运输设备，如行车、叉车等。

（5）功能性试验设备

申请单位应配备与拟从事活动相适应的功能性试验设备，试验台架不少于 2 台。

（6）计量器具

申请单位应配备与拟从事活动相适应的计量器具，如几何尺寸、角度、粗糙度、形位公差、温度、流量、压力、转速、振动、噪声等。自行开展检定工作的申请单位，应配备相应的标准计量器具。

（六）技术能力要求

1．标准规范

申请单位应配备与拟从事活动相适应的设计和制造标准、规范，同时，应对相关技术人员进行系统地培训，确保相关人员熟练掌握标准、规范及相关技术要求。

2．关键技术和工艺

核安全 2、3 级泵的设计关键技术和制造关键工艺详见国务院核安全监管部门发布的《民用核安全机械设备设计和制造活动不能分包的关键工艺和技术》（国核安发〔2016〕211号）等相关文件。对于核安全 2、3 级泵设计和制造过程中涉及的关键技术和关键工艺，申请单位应具备相应的技术储备和解决措施。

申请单位用于核安全 2、3 级泵设计和制造的关键技术和关键工艺应是成熟的，使用这些技术和工艺设计和制造的泵应至少具有 5 年运行历史并保持良好的运行记录。

3．工艺试验和工艺评定

申请单位在相关或相近产品制造过程中所开展的工艺试验和工艺评定工作，应能表明其已具备相关工艺试验和工艺评定经验。

4．采购和分包控制

申请单位必须有能力独立完成国务院核安全监管部门发布的《民用核安全机械设备设计和制造活动不能分包的关键工艺和技术》（国核安发〔2016〕211 号）等相关文件规定的核安全2、3级泵设计关键技术和制造关键工艺。关键技术和关键工艺不得分包。

对于主要采购和分包的项目，申请单位应按照核质量保证要求进行有效控制。

（七）业绩要求

1．申请单位应具有至少 2 家核电营运单位或核电工程公司的设备供货业绩。

2．许可证取证申请单位应具有 5 年以上和近 5 年内的核设施中非核级同种设备或常规工业中相同设备品种、相近能力特征参数泵的供货业绩，且近 5 年内业绩总量不少于 20 台。

3．许可证第一、二类变更申请单位应具有 5 年以上和近 5 年内的核设施中非核级同种设备或常规工业中相同设备品种、相近能力特征参数泵的供货业绩，且近 5 年内业绩满足定量要求。同时，申请单位应具有原许可活动范围内的供货业绩和具有良好的质量史，且持证期间的业绩满足定量要求。具体要求参见国务院核安全监管部门发布的业绩要求相关文件。

4．许可证延续申请单位应具有原许可范围内的核级设备供货业绩，且近 5 年内业绩满足定量要求。具体要求参见国务院核安全监管部门发布的业绩要求相关文件。

5．申请单位应提供合同、完工报告、验收报告等业绩证明文件。对于正在执行的合同，因相关活动仍未完成，不能作为业绩。

6．对于不能完全满足业绩要求，但具有很强装备制造、质量管理和技术创新能力，以及良好企业文化和社会信誉且行业领先的申请单位，经国务院核安全监管部门严格审查后可按程序受理其申请。

7．申请单位被责令限期整改，逾期不整改或者经整改仍不符合发证条件的，由国务院核安全监管部门暂扣或者吊销许可证。

（八）模拟件制作要求

申请单位应具备《民用核安全机械设备模拟件制作（试行）》（核安全导则 HAD601/01 — 2013）要求的模拟件制作能力。

（九）其他

申请单位应同时满足国务院核安全监管部门对民用核安全设备管理的其他要求。

四、附则

本资格条件自公布之日起试行一年。

关于印发机场、港口、水利（河湖整治与防洪除涝工程）三个行业建设项目环境影响评价文件审批原则的通知

环办环评〔2018〕2号

各省、自治区、直辖市环境保护厅（局），新疆生产建设兵团环境保护局：

为进一步规范建设项目环境影响评价文件审批，统一管理尺度，我部组织编制了机场、港口、水利（河湖整治与防洪除涝工程）三个行业建设项目环境影响评价文件审批原则（试行）。现印发给你们，请参照执行。国家环境保护政策和环境管理要求如有调整，建设项目环境影响评价文件审批按新的规定执行。

附件：1. 机场建设项目环境影响评价文件审批原则（试行）

2. 港口建设项目环境影响评价文件审批原则（试行）

3. 水利建设项目（河湖整治与防洪除涝工程）环境影响评价文件审批原则（试行）

环境保护部办公厅

2018年1月4日

附件1

机场建设项目环境影响评价文件审批原则
（试　行）

第一条　本原则适用于民用机场和军民合用机场建设项目环境影响评价文件的审批。其他类型机场建设项目可参照执行。

第二条　项目符合环境保护相关法律法规和政策要求，与主体功能区规划、环境功能区划、生态环境保护规划、民航布局及发展规划等相协调，满足相关规划环评要求。

第三条　新（迁）建项目从声环境、生态、水环境、土壤环境等环境要素方面开展了多场址方案环境比选，提出了必要的调整、优化要求。项目选址、施工布置不占用自然保

护区、风景名胜区、世界文化和自然遗产地、饮用水水源保护区以及其他生态保护红线等环境敏感区中法律法规禁止占用的区域。

第四条 对声环境敏感目标产生不利影响的，在技术、经济、安全可行的条件下，优先采取源头控制措施。对超标的声环境敏感目标，提出了调整跑道布置和方位角、跑道起降比例等工程优化方案，提出了环保拆迁、建筑隔声、周边相关规划控制及调整等措施。

在采取上述措施后，对声环境的不利影响能够得到缓解和控制，机场周边声环境敏感目标满足相关标准要求。

第五条 对重点保护及珍稀濒危野生动物重要栖息地、保护鸟类迁徙造成不利影响的，提出了调整跑道布置和方位角、优化飞行程序和跑道及起降比例等工程优化方案，提出了运营期灯光和噪声控制、生态修复等措施；对古树名木、重点保护及珍稀濒危野生植物造成不利影响的，采取了避让、工程防护、移栽等措施。

在采取上述措施后，对重点保护及珍稀濒危野生动植物及其重要生境的不利影响能够得到缓解和控制。

第六条 针对生活污水、油库区初期雨水、机修废水等污（废）水，提出了收集、处置措施和应满足的相应标准要求，明确了回用、综合利用或排放的具体方式。针对油库及油品输送设施、污水处理设施等，提出了分区防渗、泄漏监测等防止土壤和地下水污染的措施，并提出了土壤和地下水环境监控要求。

在采取上述措施后，对水环境和土壤环境的不利影响能够得到缓解和控制，各项污染物达标排放。

第七条 针对油库及油品输送设施，提出了按照有关规定设置必要的油气回收措施。有场区供暖设施的，提出了大气污染防治措施和要求。针对年旅客吞吐量（近期或远期）超千万人次机场，结合飞机尾气影响预测，提出了必要的对策建议。

在采取上述措施后，对环境空气的不利影响能够得到缓解和控制，各项污染物达标排放。

第八条 按照"减量化、资源化、无害化"的原则，提出了固体废物分类收集、贮存、运输、处理处置的相应措施。其中，危险废物的收集、贮存、运输和处置符合国家相关规定。变电站、空管系统、导航系统等工程的电磁环境影响符合相关标准要求。

第九条 项目施工组织方案具有环境合理性，对取、弃土（渣）场、施工场地等提出了防治水土流失和生态修复等措施。对施工期各类废（污）水、噪声、废气、固体废物等提出了防治或处置措施，符合环境保护相关标准和要求。其中，针对涉及净空区处理和高填深挖的项目，结合施工方案设计、地貌条件和区域生态类型，提出了合理平衡土石方尽量减少弃渣、植被恢复等措施。

在采取上述措施后，施工过程环境影响得到缓解和控制，不对周围生态环境和敏感目标产生重大不利影响。

第十条 针对油库及油品输送设施等可能引发的环境风险，提出了调整平面布局、优化设计、设置应急事故池等风险防范措施，以及储备应急物资、编制环境应急预案、与当地人民政府及相关部门、有关单位建立应急联动机制等要求。

第十一条 改、扩建项目全面梳理了既有相关工程存在的环保问题，提出了"以新带老"措施。

第十二条 按相关导则及规定要求制定了声环境、生态、水环境、大气环境等监测计划，明确了监测网点、因子、频次等有关要求，提出了开展环境影响后评价、根据监测评估结果优化环境保护措施的要求。根据需要和相关规定，提出了环境保护设计、开展相关科学研究、环境管理等要求。

针对年旅客吞吐量（近期或远期）超千万人次机场，提出了设置机场环境空气质量自动监测系统，以及在机场和主要声环境敏感区设置噪声实时监测系统的要求。

第十三条 对环境保护措施进行了深入论证，建设单位主体责任、投资估算、时间节点、预期效果明确，确保科学有效、安全可行、绿色协调。

第十四条 按相关规定开展了信息公开和公众参与。

第十五条 环境影响评价文件编制规范，符合相关管理规定和环评技术标准要求。

附件2

港口建设项目环境影响评价文件审批原则
（试　行）

第一条 本原则适用于沿海、内河港口建设项目环境影响评价文件的审批。

第二条 项目符合环境保护相关法律法规和政策要求，与主体功能区规划、近岸海域环境功能区划、水环境功能区划、生态功能区划、海洋功能区划、生态环境保护规划、港口总体规划、流域规划等相协调，满足相关规划环评要求。

第三条 项目选址、施工布置不占用自然保护区、风景名胜区、世界文化和自然遗产地、饮用水水源保护区以及其他生态保护红线等环境敏感区中法律法规禁止占用的区域。通过优化项目主要污染源和风险源的平面布置，与居民集中区等环境敏感区的距离科学合理。

第四条 项目对鱼类等水生生物的洄游通道及"三场"等重要生境、物种多样性及资源量产生不利影响的，提出了工程设计和施工方案优化、施工噪声及振动控制、施工期监控驱赶救助、迁地保护、增殖放流、人工鱼礁及其他生态修复措施。对湿地生态系统结构和功能、河湖生态缓冲带造成不利影响的，提出了优化工程设计、生态修复等措施。对陆域生态造成不利影响的，提出了避让环境敏感区、生态修复等对策。

在采取上述措施后，对水生生物的不利影响能够得到缓解和控制，不会造成原有珍稀濒危保护或重要经济水生生物在相关河段、湖泊或海域消失，不会对区域生态系统造成重大不利影响。

第五条 项目布置及水工构筑物改变水文情势，造成水体交换、水污染物扩散能力降低且影响水质的，提出了工程优化调整措施。针对冲洗污水、初期雨污水、含尘废水、含油污水、洗箱（罐）废水、生活污水等，提出了收集、处置措施。

在采取上述措施后，废（污）水能够得到妥善处置，排放、回用或综合利用均符合相关标准，排污口设置符合相关要求。

第六条 煤炭、矿石等干散货码头项目，综合考虑建设性质、运营方式、货种等特点，针对物料装卸、输送和堆场储存提出了必要可行的封闭工艺优化方案，以及防风抑尘网、喷淋湿式抑尘等措施。油气、化工等液体散货码头项目，提出了必要可行的挥发性气体控制、油气回收处理等措施。散装粮食、木材及其制品等采用熏蒸工艺的，提出了采用符合国家相关规定的工艺、药剂的要求以及控制气体挥发强度的措施。根据国家相关规划或政策规定，提出了配备岸电设施要求。

在采取上述措施后，粉尘、挥发性气体等排放符合相关标准，不会对周边环境敏感目标造成重大不利影响。

第七条　对声环境敏感目标产生不利影响的，提出了优化平面布置、选用低噪声设备、隔声减振等措施。按照国家相关规定，提出了一般固体废物、危险废物的收集、贮存、运输及处置要求。

在采取上述措施后，噪声排放、固体废物处置等符合相关标准，不会对周边居民集中区等环境敏感目标造成重大不利影响。

第八条　根据相关规划和政策要求，提出了船舶污水、船舶垃圾、船舶压载水及沉积物等接收处置措施。

第九条　项目施工组织方案具有环境合理性，对取、弃土（渣）场、施工场地（道路）等提出了水土流失防治和生态修复等措施。根据环境保护相关标准和要求，对施工期各类废（污）水、废气、噪声、固体废物等提出防治或处置措施。其中，涉水施工对水质造成不利影响的，提出了施工方案优化及悬浮物控制等措施；针对施工产生的疏浚物，提出了符合相关规定的处置或综合利用方案。

第十条　针对码头、港区航道等存在的溢油或危险化学品泄漏等环境风险，提出了工程防控、应急资源配备、事故池、事故污水处置等风险防范措施，以及环境应急预案编制、与地方人民政府及相关部门、有关单位建立应急联动机制等要求。

第十一条　改、扩建项目在全面梳理了与项目有关的现有工程环境问题基础上，提出了"以新带老"措施。

第十二条　按相关导则及规定要求，制定了水生生态、水环境、大气环境、噪声等环境监测计划，明确了监测网点、因子、频次等有关要求，提出了开展环境影响后评价、根据监测评估结果优化环境保护措施的要求。根据需要和相关规定，提出了环境保护设计、开展相关科学研究、环境管理等要求。

第十三条　对环境保护措施进行了深入论证，建设单位主体责任、投资估算、时间节点、预期效果明确，确保科学有效、安全可行、绿色协调。

第十四条　按相关规定开展了信息公开和公众参与。

第十五条　环境影响评价文件编制规范，符合相关管理规定和环评技术标准要求。

附件3

水利建设项目（河湖整治与防洪除涝工程）环境影响评价文件审批原则
（试　行）

第一条　本原则适用于河湖整治与防洪除涝工程环境影响评价文件的审批，工程建设内容包括疏浚、堤防建设、闸坝闸站建设、岸线治理、水系连通、蓄（滞）洪区建设、排涝治理等（引调水、防洪水库等水利枢纽工程除外）。其他类似工程可参照执行。

第二条 项目符合环境保护相关法律法规和政策要求，与主体功能区规划、生态功能区划、水环境功能区划、水功能区划、生态环境保护规划、流域综合规划、防洪规划等相协调，满足相关规划环评要求。工程涉及岸线调整（治导线变化）、裁弯取直、围垦水面和占用河湖滩地等建设内容的，充分论证了方案环境可行性，最大程度保持了河湖自然形态，最大限度维护了河湖健康、生态系统功能和生物多样性。

第三条 工程选址选线、施工布置原则上不占用自然保护区、风景名胜区、世界文化和自然遗产地以及其他生态保护红线等环境敏感区中法律法规禁止占用的区域，并与饮用水水源保护区的保护要求相协调。法律法规、政策另有规定的从其规定。

第四条 项目实施改变水动力条件或水文过程且对水质产生不利影响的，提出了工程优化调整、科学调度、实施区域流域水污染防治等措施。对地下水环境产生不利影响或次生环境影响的，提出了优化工程设计、导排、防护等针对性的防治措施。

在采取上述措施后，对水环境的不利影响能够得到缓解和控制，居民用水安全能够得到保障，相关区域不会出现显著的土壤潜育化、沼泽化、盐碱化等次生环境问题。

第五条 项目对鱼类等水生生物的洄游通道及"三场"等重要生境、物种多样性及资源量等产生不利影响的，提出了下泄生态流量、恢复鱼类洄游通道、采用生态友好型护岸（坡、底）、生态修复、增殖放流等措施。

在采取上述措施后，对水生生物的不利影响能够得到缓解和控制，不会造成原有珍稀濒危保护、区域特有或重要经济水生生物在相关河段消失，不会对相关河段水生生态系统造成重大不利影响。

第六条 项目对湿地生态系统结构和功能、河湖生态缓冲带造成不利影响的，提出了优化工程设计及调度运行方案、生态修复等措施。对珍稀濒危保护植物造成不利影响的，提出了避让、原位防护、移栽等措施。对陆生珍稀濒危保护动物及其生境造成不利影响的，提出了避让、救护、迁徙廊道构建、生境再造等措施。对景观产生不利影响的，提出了避让、优化设计、景观塑造等措施。

在采取上述措施后，对湿地以及陆生动植物的不利影响能够得到缓解和控制，与区域景观相协调，不会造成原有珍稀濒危保护动植物在相关区域消失，不会对陆生生态系统造成重大不利影响。

第七条 项目施工组织方案具有环境合理性，对料场、弃土（渣）场等施工场地提出了水土流失防治和生态修复等措施。根据环境保护相关标准和要求，对施工期各类废（污）水、扬尘、废气、噪声、固体废物等提出了防治或处置措施。其中，涉水施工涉及饮用水水源保护区或取水口并可能对水质造成不利影响的，提出了避让、施工方案优化、污染物控制等措施；涉水施工对鱼类等水生生物及其重要生境造成不利影响的，提出了避让、施工方案优化、控制施工噪声等措施；针对清淤、疏浚等产生的淤泥，提出了符合相关规定的处置或综合利用方案。

在采取上述措施后，施工期的不利环境影响能够得到缓解和控制，不会对周围环境和敏感保护目标造成重大不利影响。

第八条 项目移民安置的选址和建设方式具有环境合理性，提出了生态保护、污水处理、固体废物处置等措施。

针对蓄滞洪区的环境污染、新增占地涉及污染场地等，提出了环境管理对策建议。

第九条 项目存在河湖水质污染、富营养化或外来物种入侵等环境风险的，提出了针对性的风险防范措施以及环境应急预案编制、建立必要的应急联动机制等要求。

第十条 改、扩建项目在全面梳理了与项目有关的现有工程环境问题基础上，提出了与项目相适应的"以新带老"措施。

第十一条 按相关导则及规定要求，制定了水环境、生态等环境监测计划，明确了监测网点、因子、频次等有关要求，提出了开展环境影响后评价及根据监测评估结果优化环境保护措施的要求。根据需要和相关规定，提出了环境保护设计、开展相关科学研究、环境管理等要求。

第十二条 对环境保护措施进行了深入论证，建设单位主体责任、投资估算、时间节点、预期效果明确，确保科学有效、安全可行、绿色协调。

第十三条 按相关规定开展了信息公开和公众参与。

第十四条 环境影响评价文件编制规范，符合相关管理规定和环评技术标准要求。

关于印发《国家环境保护环境与健康工作办法（试行）》的通知

环办科技〔2018〕5号

各省、自治区、直辖市环境保护厅（局），新疆生产建设兵团环境保护局，各派出机构、直属单位：

为加强环境健康风险管理，推动保障公众健康理念融入环境保护政策，指导和规范环境保护部门环境与健康工作，根据《中华人民共和国环境保护法》《"健康中国2030"规划纲要》等法律法规和政策，我部组织编制了《国家环境保护环境与健康工作办法（试行）》（见附件）。现印发给你们，请结合实际抓好落实。

附件：国家环境保护环境与健康工作办法（试行）

环境保护部办公厅
2018年1月24日

国家环境保护环境与健康工作办法
（试 行）

第一章 总 则

第一条 为加强环境健康风险管理，推动保障公众健康理念融入环境保护政策，指导和规范环境保护部门环境与健康工作，根据《中华人民共和国环境保护法》《"健康中国2030"规划纲要》等法律法规和政策，制定本办法。

第二条 本办法适用于环境保护部门为预防和控制与健康损害密切相关的环境因素，最大限度防止企业事业单位和其他生产经营者因污染环境导致健康损害问题的发生或削弱其影响程度而开展的环境与健康监测、调查、风险评估和风险防控等活动。

本办法不适用于预防和控制与健康损害密切相关的原生环境因素和职业环境因素。

第三条 本办法中下列用语的含义是：

（一）环境健康风险指环境污染（生物、化学和物理）对公众健康造成不良影响的可能性，对这种可能性进行定性或定量的估计称为环境健康风险评估。

（二）环境健康风险监测指为动态掌握环境健康风险变化趋势，针对与健康密切相关的环境因素持续、系统开展的监测活动，监测内容包括环境健康风险源、环境污染因子暴露水平等。

（三）环境与健康调查指为掌握当前或历史上环境污染与公众健康状况之间的关系而组织的调查，调查内容包括污染源调查、环境质量状况调查、暴露调查和健康状况调查等。

（四）环境健康风险防控指为有效预防、控制和降低环境健康风险而采取的环境管理措施，内容包括环境监管和公民环境与健康素养提升等。

第四条 环境保护部负责指导、规范和协调环境与健康工作的开展。

（一）建立健全以防范公众健康风险为核心的环境与健康监测、调查和风险评估制度，拟定环境与健康政策、规划，起草法律法规草案，制修订相关基准和标准，实施环境健康风险防控；

（二）建立环境健康风险监测与评估技术体系，指导和协调重点区域、流域、行业环境与健康调查；

（三）引导环境与健康科学研究及创新，推动国际合作；

（四）实施公民环境与健康素养提升、环境健康风险交流和科普宣传工作；

（五）指导地方环境保护主管部门开展环境与健康工作。

第五条 设区的市级以上地方环境保护主管部门在本级地方人民政府领导或上级环境保护主管部门指导下，负责开展本行政区域内的环境与健康工作。制定部门环境与健康工作规划和计划，推动环境与健康工作纳入地区国民经济和社会发展规划及环境保护规划；根据工作需要提请本级人民政府建立环境与健康工作协调机制，推动环境保护、卫生计生等相关部门协作应对危害公众健康的环境问题。

相邻区域的地方环境保护主管部门应加强跨行政区域的环境与健康工作合作，协同防控和应对环境健康风险。

相邻区域的共同上级环境保护主管部门应推动、指导、监督跨行政区域环境与健康工作联动开展。

第六条 环境保护部和省级环境保护主管部门应设立环境健康风险评估专家委员会（以下简称专家委员会），并制定专家委员会章程。

专家委员会以提供咨询、论证的方式辅助环境保护主管部门开展环境与健康工作。

第七条 环境与健康信息涉及国家秘密、工作秘密、商业秘密及个人隐私的，环境保护主管部门应依照国家相关法律法规和有关规定进行管理。

第二章 监测、调查和风险评估

第八条 环境保护部统筹规划国家环境健康风险监测工作，制定监测方案并组织实施。

省级环境保护主管部门可按照国家环境健康风险监测相关技术规范，开展本行政区域内环境健康风险监测工作。

各级环境保护主管部门应推动环境健康风险监测纳入环境保护规划。

第九条 有下列情形之一的，设区的市级以上环境保护主管部门应组织开展环境与健康调查。

（一）环境保护主管部门根据环境管理需要，结合实际情况制定调查计划的；

（二）对环境健康风险监测结果进行风险评估，评估结果表明风险超过可接受水平，经研究确有调查必要的；

（三）公众对环境污染影响健康问题反复投诉，经研究确有调查必要的。

第十条 环境健康风险评估对象包括重点区域、流域和行业、建设项目以及污染地块等。

（一）设区的市级以上环境保护主管部门应在环境与健康监测、调查工作的基础上，针对重点区域、流域和行业开展环境健康风险评估，识别主要风险来源，评估风险发生的可能性及其危害程度。

（二）各级环境保护主管部门应依据《建设项目环境影响评价技术导则 总纲》等技术规范，要求建设单位对存在较大公众健康风险的建设项目开展影响公众健康的潜在环境风险因素识别并分析主要暴露途径。

（三）对用途拟变更为居住用地和商业、学校、医疗、养老机构等公共设施用地的污染地块，设区的市级环境保护主管部门应当书面通知土地使用权人，按照污染地块管理有关要求开展风险评估，重点关注公众健康风险。

第十一条 设区的市级以上环境保护主管部门应组织专家研究，加强对环境与健康监测、调查及风险评估结果的应用。

（一）环境健康风险超过可接受水平的，应提出针对性的风险防控对策措施，必要时可提请本级人民政府协调卫生计生等相关部门开展环境与健康调查；

（二）环境污染已经对公众健康造成损害的，应将调查结果报送本级人民政府、上级环境保护主管部门，提出环境污染治理措施，并将涉事区域、流域和行业纳入环境健康风险监测工作范围，实施持续动态监测，必要时依据国家相关法律法规开展应急处置；

（三）对于在环境与健康监测、调查等工作中发现的有利于健康的环境因素，环境保护主管部门应协调组织加强保护，避免环境污染和破坏。

第三章　环境健康风险防控

第十二条　各级环境保护主管部门应将环境健康风险评估与日常环境管理业务相结合，以解决危害公众健康的突出环境问题为导向，依据环境与健康相关法律法规、政策和技术规定，综合评估并筛选重点区域、流域和行业以及优先控制污染物，落实各项风险防控措施。

第十三条　根据对公众健康和生态环境的危害和影响程度，环境保护部依法公布有毒有害污染物名录和优先控制化学品名录，实行风险管理。

设区的市级以上环境保护主管部门应依据有毒有害污染物名录，结合环境与健康监测、调查、风险评估结果，将已对公众健康造成严重损害或具有较高环境健康风险的相关企业事业单位纳入重点排污单位名录，将有毒有害污染物相关管理要求纳入排污许可制度管理，并依法对排污单位安全隐患排查、风险防范措施等行为进行监督检查。

各级环境保护主管部门应对列入优先控制化学品名录的化学品，针对其产生环境风险、健康风险的主要环节，依据相关政策法规，结合经济技术可行性采取纳入排污许可制度管理、限制使用、鼓励替代、实施清洁生产审核及信息公开制度等风险防控措施，最大限度降低化学品的生产、使用对公众健康和环境的重大影响。

第十四条　环境保护部对环境基准工作进行统一监督管理，组织制定并发布基于公众健康的水环境基准、大气环境基准、土壤环境基准及其他基准，并作为国家和地方环境标准制修订和环境质量评价的重要依据。

环境保护部结合环境管理需要建立环境与健康标准体系，组织制定并发布环境与健康监测、调查、暴露评估、风险评估和信息标准等管理规范类标准，为评估环境健康风险、实施风险防控提供技术保障。

第十五条　各级环境保护主管部门应根据环境管理需要引导环境与健康科学技术研究、开发和应用，促进环境与健康能力建设，支持产学研结合，推动科技创新。

第十六条　对环境污染影响公众健康的情况，公民、法人和其他组织可以通过信函、传真、微信、电子邮件、"12369"环保举报热线、政府网站等途径，向环境保护主管部门举报。

第十七条　各级环境保护主管部门应通过电视、广播、报纸和网络等媒体宣传普及环境与健康相关政策法规和科学知识，提升公民环境与健康素养。

第四章　附　　则

第十八条　本办法由环境保护部负责解释。

第十九条　本办法自发布之日起实施。

关于印发制浆造纸等十四个行业建设项目重大变动清单的通知

环办环评〔2018〕6 号

各省、自治区、直辖市环境保护厅（局），新疆生产建设兵团环境保护局：

为进一步规范环境影响评价管理，根据《中华人民共和国环境影响评价法》和《建设项目环境保护管理条例》的有关规定，按照《关于印发环评管理中部分行业建设项目重大变动清单的通知》（环办〔2015〕52 号）要求，结合不同行业的环境影响特点，我部制定了制浆造纸等 14 个行业建设项目重大变动清单（试行），现印发给你们，请遵照执行。其中，钢铁、水泥、电解铝、平板玻璃等产能严重过剩行业的建设项目还应按照《国务院关于化解产能严重过剩矛盾的指导意见》（国发〔2013〕41 号）要求，落实产能等量或减量置换，各级环保部门不得审批其新增产能的项目。

各地在实施过程中如有问题或意见建议，可以书面形式反馈我部，我部将适时对清单进行补充、调整、完善。

附件：1．制浆造纸建设项目重大变动清单（试行）
   2．制药建设项目重大变动清单（试行）
   3．农药建设项目重大变动清单（试行）
   4．化肥（氮肥）建设项目重大变动清单（试行）
   5．纺织印染建设项目重大变动清单（试行）
   6．制革建设项目重大变动清单（试行）
   7．制糖建设项目重大变动清单（试行）
   8．电镀建设项目重大变动清单（试行）
   9．钢铁建设项目重大变动清单（试行）
   10．炼焦化学建设项目重大变动清单（试行）
   11．平板玻璃建设项目重大变动清单（试行）
   12．水泥建设项目重大变动清单（试行）
   13．铜铅锌冶炼建设项目重大变动清单（试行）
   14．铝冶炼建设项目重大变动清单（试行）

环境保护部办公厅
2018 年 1 月 29 日

制浆造纸建设项目重大变动清单
（试行）

适用于制浆、造纸、浆纸联合（含林浆纸一体化）以及纸制品建设项目环境影响评价管理。

规模：

1. 木浆或非木浆生产能力增加 20%及以上；废纸制浆或造纸生产能力增加 30%及以上。

建设地点：

2. 项目（含配套固体废物渣场）重新选址；在原厂址附近调整（包括总平面布置变化）导致防护距离内新增敏感点。

生产工艺：

3. 制浆、造纸原料或工艺变化，或新增漂白、脱墨、制浆废液处理、化学品制备工序，导致新增污染物或污染物排放量增加。

环境保护措施：

4. 废水、废气处理工艺变化，导致新增污染物或污染物排放量增加（废气无组织排放改为有组织排放除外）。

5. 锅炉、碱回收炉、石灰窑或焚烧炉废气排气筒高度降低 10%及以上。

6. 新增废水排放口；废水排放去向由间接排放改为直接排放；直接排放口位置变化导致不利环境影响加重。

7. 危险废物处置方式由外委改为自行处置或处置方式变化导致不利环境影响加重。

制药建设项目重大变动清单
（试行）

适用于发酵类制药、化学合成类制药、提取类制药、中药类制药、生物工程类制药、混装制剂制药建设项目环境影响评价管理，兽用药品及医药中间体制造建设项目可参照执行。

规模：

1. 中成药、中药饮片加工生产能力增加 50%及以上；化学合成类、提取类药品、生物工程类药品生产能力增加 30%及以上；生物发酵制药工艺发酵罐规格增大或数量增加，导致污染物排放量增加。

建设地点：

2. 项目重新选址；在原厂址附近调整（包括总平面布置变化）导致防护距离内新增

敏感点。

生产工艺：

3．生物发酵制药的发酵、提取、精制工艺变化，或化学合成类制药的化学反应（缩合、裂解、成盐等）、精制、分离、干燥工艺变化，或提取类制药的提取、分离、纯化工艺变化，或中药类制药的净制、炮炙、提取、精制工艺变化，或生物工程类制药的工程菌扩大化、分离、纯化工艺变化，或混装制剂制药粉碎、过滤、配制工艺变化，导致新增污染物或污染物排放量增加。

4．新增主要产品品种，或主要原辅材料变化导致新增污染物或污染物排放量增加。

环境保护措施：

5．废水、废气处理工艺变化，导致新增污染物或污染物排放量增加（废气无组织排放改为有组织排放除外）。

6．排气筒高度降低 10% 及以上。

7．新增废水排放口；废水排放去向由间接排放改为直接排放；直接排放口位置变化导致不利环境影响加重。

8．风险防范措施变化导致环境风险增大。

9．危险废物处置方式由外委改为自行处置或处置方式变化导致不利环境影响加重。

附件 3

农药建设项目重大变动清单
（试行）

适用于农药制造建设项目环境影响评价管理。

规模：

1．化学合成农药新增主要生产设施或生产能力增加 30% 及以上。

2．生物发酵工艺发酵罐规格增大或数量增加，导致污染物排放量增加。

建设地点：

3．项目重新选址；在原厂址附近调整（包括总平面布置变化）导致防护距离内新增敏感点。

生产工艺：

4．新增主要产品品种，主要生产工艺（备料、反应、发酵、精制/溶剂回收、分离、干燥、制剂加工等工序）变化，或主要原辅材料变化，导致新增污染物或污染物排放量增加。

环境保护措施：

5．废气、废水处理工艺变化，导致新增污染物或污染物排放量增加（废气无组织排放改为有组织排放除外）。

6．排气筒高度降低 10% 及以上。

7．新增废水排放口；废水排放去向由间接排放改为直接排放；直接排放口位置变化导致不利环境影响加重。

8．风险防范措施变化导致环境风险增大。

9．危险废物处置方式由外委改为自行处置或处置方式变化导致不利环境影响加重。

附件 4

化肥（氮肥）建设项目重大变动清单
（试行）

适用于氮肥制造建设项目环境影响评价管理。

规模：

1．合成氨或尿素、硝酸铵等主要氮肥产品生产能力增加 30%及以上。

建设地点：

2．项目（含配套固体废物渣场）重新选址；在原厂址附近调整（包括总平面布置变化）导致防护距离内新增敏感点。

生产工艺：

3．气化、净化等主要生产单元的工艺变化，新增主要产品品种或原辅材料、燃料变化，导致新增污染物或污染物排放量增加。

环境保护措施：

4．废水、废气处理工艺变化，导致新增污染物或污染物排放量增加（废气无组织排放改为有组织排放除外）。

5．烟囱或排气筒高度降低 10%及以上。

6．新增废水排放口；废水排放去向由间接排放改为直接排放；直接排放口位置变化导致不利环境影响加重。

7．风险防范措施变化导致环境风险增大。

8．危险废物处置方式由外委改为自行处置或处置方式变化导致不利环境影响加重。

附件 5

纺织印染建设项目重大变动清单
（试行）

适用于纺织品制造和服装制造建设项目环境影响评价管理。

规模：

1．纺织品制造洗毛、染整、脱胶或缫丝规模增加 30%及以上，其他原料加工（编织物及其制品制造除外）规模增加 50%及以上；服装制造湿法印花、染色或水洗规模增加 30%及以上，其他原料加工规模增加 50%及以上（100 万件/年以下的除外）。

建设地点：

2. 项目重新选址；在原厂址附近调整（包括总平面布置变化）导致防护距离内新增敏感点。

生产工艺：

3. 纺织品制造新增洗毛、染整、脱胶、缫丝工序，服装制造新增湿法印花、染色、水洗工序，或上述工序工艺、原辅材料变化，导致新增污染物或污染物排放量增加。

环境保护措施：

4. 废水、废气处理工艺变化，导致新增污染物或污染物排放量增加（废气无组织排放改为有组织排放除外）。

5. 排气筒高度降低10%及以上。

6. 新增废水排放口；废水排放去向由间接排放改为直接排放；直接排放口位置变化导致不利环境影响加重。

7. 危险废物处置方式由外委改为自行处置或处置方式变化导致不利环境影响加重。

附件6

制革建设项目重大变动清单
（试行）

适用于制革建设项目环境影响评价管理。

规模：

1. 制革生产能力增加30%及以上。

建设地点：

2. 项目重新选址；在原厂址附近调整（包括总平面布置变化）导致防护距离内新增敏感点。

生产工艺：

3. 生皮至蓝湿革、蓝湿革至成品革（坯革）、坯革至成品革生产工艺或原辅材料变化，导致新增污染物或污染物排放量增加。

环境保护措施：

4. 废水、废气处理工艺变化，导致新增污染物或污染物排放量增加（废气无组织排放改为有组织排放除外）。

5. 排气筒高度降低10%及以上。

6. 新增废水排放口；废水排放去向由间接排放改为直接排放；直接排放口位置变化导致不利环境影响加重。

7. 危险废物处置方式由外委改为自行处置或处置方式变化导致不利环境影响加重。

制糖建设项目重大变动清单

（试行）

适用于制糖工业建设项目环境影响评价管理。

规模：

1. 甘蔗、甜菜日加工能力，或原糖、成品糖生产能力增加 30% 及以上。

建设地点：

2. 项目重新选址；在原厂址附近调整（包括总平面布置变化）导致防护距离内新增敏感点。

生产工艺：

3. 以原糖或成品糖为原料精炼加工各种精幼砂糖工艺改为以农作物甘蔗、甜菜制作原糖工艺。

4. 产品方案调整或清净工艺变化，导致新增污染物或污染物排放量增加。

环境保护措施：

5. 废水、废气处理工艺变化，导致新增污染物或污染物排放量增加（废气无组织排放改为有组织排放除外）。

6. 排气筒高度降低 10% 及以上。

7. 新增废水排放口；废水排放去向由间接排放改为直接排放；直接排放口位置变化导致不利环境影响加重。

电镀建设项目重大变动清单

（试行）

适用于专业电镀建设项目环境影响评价管理，含专业电镀工序的建设项目参照执行。

规模：

1. 主镀槽规格增大或数量增加导致电镀生产能力增大 30% 及以上。

建设地点：

2. 项目重新选址；在原厂址附近调整（包括总平面布置变化）导致防护距离内新增敏感点。

生产工艺：

3. 镀种类型变化，导致新增污染物或污染物排放量增加。

4. 主要生产工艺变化；主要原辅材料变化导致新增污染物或污染物排放量增加。

环境保护措施：

5．废水、废气处理工艺变化，导致新增污染物或污染物排放量增加（废气无组织排放改为有组织排放除外）。

6．排气筒高度降低 10% 及以上。

7．新增废水排放口；废水排放去向由间接排放改为直接排放；直接排放口位置变化导致不利环境影响加重。

附件 9

钢铁建设项目重大变动清单
（试行）

适用于包含烧结/球团、炼铁、炼钢、热轧、冷轧（含酸洗和涂镀）工序的钢铁建设项目环境影响评价管理。

规模：

1．烧结、炼铁、炼钢工序生产能力增加 10% 及以上；球团、轧钢工序生产能力增加 30% 及以上。

建设地点：

2．项目重新选址；在原厂址附近调整（包括总平面布置变化）导致防护距离内新增敏感点。

生产工艺：

3．生产工艺流程、参数变化或主要原辅材料、燃料变化，导致新增污染物或污染物排放量增加。

4．厂内大宗物料转运、装卸或贮存方式变化，导致大气污染物无组织排放量增加。

环境保护措施：

5．废水、废气处理工艺变化，导致新增污染物或污染物排放量增加（废气无组织排放改为有组织排放除外）。

6．烧结机头废气、烧结机尾废气、球团焙烧废气、高炉矿槽废气、高炉出铁场废气、转炉二次烟气、电炉烟气排气筒高度降低 10% 及以上。

7．新增废水排放口；废水排放去向由间接排放改为直接排放；直接排放口位置变化导致不利环境影响加重。

8．其他可能导致环境影响或环境风险增大的环保措施变化。

炼焦化学建设项目重大变动清单
（试行）

适用于炼焦化学工业建设项目环境影响评价管理。

规模：

1．焦炭（含兰炭）生产能力增加 10%及以上。

2．常规机焦炉及热回收焦炉炭化室高度、宽度增大或孔数增加；半焦（兰炭）炭化炉数量增加或单炉生产能力增加 10%及以上。

建设地点：

3．项目重新选址；在原厂址附近调整（包括总平面布置变化）导致防护距离内新增敏感点。

生产工艺：

4．装煤方式、煤气净化工艺或厂内综合利用方式、熄焦工艺、化学产品生产工艺变化，导致新增污染物或污染物排放量增加。

5．主要原料、燃料变化，导致新增污染物或污染物排放量增加。

6．厂内大宗物料转运、装卸或贮存方式变化，导致大气污染物无组织排放量增加。

环境保护措施：

7．废气、废水处理工艺变化，导致新增污染物或污染物排放量增加（废气无组织排放改为有组织排放除外）。

8．焦炉烟囱（含焦炉烟气尾部脱硫、脱硝设施排放口），装煤、推焦地面站排放口，干法熄焦地面站排放口高度降低 10%及以上。

9．新增废水排放口；废水排放去向由间接排放改为直接排放；直接排放口位置变化导致不利环境影响加重。

平板玻璃建设项目重大变动清单
（试行）

适用于平板玻璃以及电子工业玻璃太阳能电池玻璃建设项目环境影响评价管理。

规模：

1．玻璃熔窑生产能力增加 30%及以上。

建设地点：

2．项目重新选址；在原厂址附近调整（包括总平面布置变化）导致防护距离内新增敏感点。

生产工艺：

3. 新增在线镀膜工序。

4. 纯氧助燃改为空气助燃导致污染物排放量增加。

5. 原辅材料、燃料调整导致新增污染物或污染物排放量增加。

环境保护措施：

6. 废水、熔窑废气处理工艺变化，导致新增污染物或污染物排放量增加（废气无组织排放改为有组织排放除外）。

7. 熔窑废气排气筒高度降低10%及以上。

8. 新增废水排放口；废水排放去向由间接排放改为直接排放；直接排放口位置变化导致不利环境影响加重。

附件12

水泥建设项目重大变动清单
（试行）

适用于水泥制造（含配套矿山、协同处置）和独立粉磨站建设项目环境影响评价管理。

规模：

1. 水泥熟料生产能力增加10%及以上；配套矿山开采能力或水泥粉磨生产能力增加30%及以上。

2. 水泥窑协同处置危险废物能力增加20%及以上；水泥窑协同处置非危险废物能力增大30%及以上。

建设地点：

3. 项目重新选址；在原厂址附近调整（包括总平面布置变化）或配套矿山、废石场选址变化，导致防护距离内新增敏感点。

生产工艺：

4. 增加协同处置处理工序（单元），或增加旁路放风系统并设置单独排气筒。

5. 水泥窑协同处置固体废物类别变化，导致新增污染物或污染物排放量增加。

6. 原料、燃料变化导致新增污染物或污染物排放量增加。

7. 厂内大宗物料转运、装卸或贮存方式变化，导致大气污染物无组织排放量增加。

环境保护措施：

8. 窑尾、窑头废气治理设施及工艺变化，或增加独立热源进行烘干，导致新增污染物或污染物排放量增加（废气无组织排放改为有组织排放除外）。

9. 窑尾、窑头废气排气筒高度降低10%及以上。

10. 协同处置固体废物暂存产生的渗滤液处理工艺由入窑高温段焚烧改为其他处理方式，导致新增污染物或污染物排放量增加。

铜铅锌冶炼建设项目重大变动清单
（试行）

适用于铜、铅、锌冶炼（含再生）建设项目环境影响评价管理。

规模：

1．冶炼生产能力增加 20%及以上。

建设地点：

2．项目（含配套固体废物渣场）重新选址；在原厂址附近调整（包括总平面布置变化）导致防护距离内新增敏感点。

生产工艺：

3．冶炼工艺或制酸工艺变化，冶炼炉窑炉型、数量、规格变化或主要原辅材料（含二次资源、再生资源）、燃料变化，导致新增污染物或污染物排放量增加。

环境保护措施：

4．废气、废水处理工艺变化，导致新增污染物或污染物排放量增加（废气无组织排放改为有组织排放除外）。

5．冶炼炉窑烟气、制酸尾气或环境集烟烟气排气筒高度降低 10%及以上。

6．新增废水排放口；废水排放去向由间接排放改为直接排放；直接排放口位置变化导致不利环境影响加重。

7．危险废物处置方式由外委改为自行处置或处置方式变化导致不利环境影响加重。

铝冶炼建设项目重大变动清单
（试行）

适用于以铝土矿为原料生产氧化铝、以氧化铝为原料生产电解铝，以及配套铝用炭素的铝冶炼建设项目环境影响评价管理。

规模：

1．氧化铝生产能力增加30%及以上；石油焦煅烧、阳（阴）极焙烧、铝电解工序生产能力增加 10%及以上。

建设地点：

2．项目（含配套赤泥堆场、电解槽大修渣场）重新选址；在原厂址附近调整（包括总平面布置变化）导致防护距离内新增敏感点。

生产工艺：

3．氧化铝生产、石油焦煅烧工艺变化，或原辅材料、燃料变化，导致新增污染物或污染物排放量增加。

4．厂内大宗物料转运、装卸或贮存方式变化，导致大气污染物无组织排放量增加。

环境保护措施：

5．废水、废气处理工艺变化，导致新增污染物或污染物排放量增加（废气无组织排放改为有组织排放除外）。

6．熟料烧成、氢氧化铝焙烧、石油焦煅烧、阳（阴）极焙烧、沥青融化、生阳极制造或铝电解烟气排气筒高度降低 10%及以上。

7．新增废水排放口；废水排放去向由间接排放改为直接排放；直接排放口位置变化导致不利环境影响加重。

8．赤泥堆存方式由干法改为湿法或半干法，由半干法改为湿法；危险废物处置方式由外委改为自行处置或处置方式变化导致不利环境影响加重。

关于印发《企业事业单位突发环境事件应急预案评审工作指南（试行）》的通知

环办应急〔2018〕8 号

各省、自治区、直辖市环境保护厅（局），新疆生产建设兵团环境保护局：

为指导企业事业单位做好突发环境事件应急预案评审工作，我部组织编制了《企业事业单位突发环境事件应急预案评审工作指南（试行）》（以下简称《评审工作指南》），现印发给你们。

《评审工作指南》规定了企业组织评审突发环境事件应急预案的基本要求、评审内容、评审方法、评审程序，供企业自行组织评审时参照使用。请各地结合实际，加强宣传、培训、指导，切实发挥评审作用，推动企业不断提升预案质量。

附件：企业事业单位突发环境事件应急预案评审工作指南（试行）

环境保护部办公厅
2018 年 1 月 30 日

企业事业单位突发环境事件应急预案评审工作指南
（试 行）

为指导企业事业单位（以下简称企业）组织评审突发环境事件应急预案（以下简称环境应急预案），提高评审的规范性、客观性、针对性，有效发挥评审作用，按照《企业事业单位突发环境事件应急预案备案管理办法（试行）》（以下简称《备案管理办法》）规定，制定本指南。

本指南规定了企业组织评审环境应急预案的基本要求、评审内容、评审方法、评审程序，并附有评审表等表格，供企业和评审人员参考。

1 适用范围

本指南适用于需要备案的企业组织对其环境应急预案及相关文件的评审。

2 主要依据

《中华人民共和国突发事件应对法》；

《中华人民共和国环境保护法》；

《中华人民共和国大气污染防治法》；

《中华人民共和国水污染防治法》；

《中华人民共和国固体废物污染环境防治法》；

《突发事件应急预案管理办法》（国办发〔2013〕101 号）；

《国家突发环境事件应急预案》（国办函〔2014〕119 号）；

《突发环境事件应急管理办法》（环境保护部令　第34号）；

《企业事业单位突发环境事件应急预案备案管理办法（试行）》（环发〔2015〕4 号）；

《企业突发环境事件风险评估指南（试行）》（环办〔2014〕34 号）；

《石油化工企业环境应急预案编制指南》（环办〔2010〕10 号）；

《尾矿库环境应急预案编制指南》（环办〔2015〕48 号）；

《企业突发环境事件隐患排查和治理工作指南（试行）》（环境保护部公告　2016 年第 74 号）；

《危险废物经营单位编制应急预案指南》（原国家环境保护总局公告　2007 年第 48 号）；

《突发环境事件应急监测技术规范》；

《尾矿库环境风险评估技术导则（试行）》；

《建设项目环境影响评价技术导则　总纲》；

《建设项目环境风险评价技术导则》。

凡是不注日期的引用文件，其有效版本适用于本指南。

3 术语和定义

下列术语和定义适用于本指南。

3.1 环境应急预案

企业为了在应对各类事故、自然灾害时，采取紧急措施，避免或最大程度减少污染物或其他有毒有害物质进入厂界外大气、水体、土壤等环境介质，而预先制定的工作方案。

3.2 环境应急预案评审

制定环境应急预案的企业，组织专家和可能受影响的居民代表、单位代表，对环境应急预案及其相关文件进行评议和审查，必要时进行现场查看核实，以发现环境应急预案中存在的缺陷，为企业审议、批准环境应急预案提供依据而进行的活动。

4 评审基本要求

4.1 评审主体

制定环境应急预案的企业。

4.2 评审时间

环境应急预案审签发布前。

4.3 评审人员

评审人员及其数量由企业自行确定。

评审人员，一般包括具有相关领域专业知识、实践经验的专家和可能受影响的居民代表、单位代表。其中，评审专家可以选自监管部门专家库、企业内部专家库、相关行业协会、同行业或周边企业具有环境保护、应急管理知识经验的人员，与企业有利害关系的一般应当回避。

评审人员数量，原则上较大以上突发环境事件风险（以下简称环境风险）企业不少于5人，一般环境风险企业不少于3人；其中，较大以上环境风险企业评审专家不少于3人，可能受影响的居民代表、单位代表不少于2人。

4.4 评审对象

评审对象为环境应急预案及其相关文件，包括环境应急预案及其编制说明、环境风险评估报告、环境应急资源调查报告（表）等文本。环境应急预案包括综合预案、专项预案、现场处置预案或其他形式预案的，可整体评审，并将这些预案之间的关系作为评审重点之一。

4.5 评审方式

评审可以采取会议评审、函审或者相结合的方式进行。较大以上环境风险企业，一般应采取会议评审方式，并对环境风险物质及环境风险单元、应急措施、应急资源等进行查看核实。

会议评审是指企业组织评审人员召开会议集中评审。

函审是指企业通过邮件等方式将环境应急预案文件送至评审人员分散评审。

4.6 评审经费

企业应将评审经费纳入编修环境应急预案的预算中。

5 评审内容

5.1 环境应急预案

重点评审环境应急预案的定位及与相关预案的衔接，组织指挥机构的构成及运行机制，信息传递、响应流程和措施等应对工作的方式方法，是否明确、合理、有可操作性，体现"先期处置"和"救环境"特点。

5.2 突发环境事件风险评估

重点评审风险分析是否合理、情景构建是否全面、完善风险防范措施的计划是否可行。

5.3 环境应急资源调查

重点评审调查内容是否全面、调查结果是否可信。

评审具体内容参见附表1。

6 评审方法

定性判断和定量打分相结合。

6.1 评审人员定性判断

评审专家依据相关法律法规、技术文件，结合专业知识、实践经验等，对环境应急预案的针对性、实用性和可操作性整体给出定性判断结果；参与评审的居民代表、单位代表，重点评审环境应急预案能否为周边居民和单位提供事件信息、告知如何避险和参与应对，给出定性判断结果。

无单独的环境风险评估报告和环境应急资源调查报告（表）、未从可能的突发环境事件情景出发或典型突发环境事件情景缺失、周边居民和单位无法获得事件信息的，评审人员可以直接判定为未通过评审。

6.2 评审专家定量打分

各评审专家参照附表1，对评审指标逐项给出"符合""部分符合""不符合"的结论，按照赋分原则逐项赋分、相加得出评审得分。结论为"部分符合""不符合"的应说明原因。

各评审专家评审得分的算数平均值为定量打分结果。评审得分差异过大时，评审组组长应组织进行讨论、确定定量打分结果。

6.3 得出评审结论

综合评审人员的定性判断和定量打分结果，对环境应急预案作出通过评审、原则通过评审但需进行修改复核或未通过评审的结论。

评审结论可参照以下原则确定：定量打分结果大于80分（含80分）的，为通过评审；小于60分（不含60分）的，为未通过评审；其他，为原则通过但需进行修改复核。

定性判断结果为未通过评审的，可以直接对环境应急预案作出未通过评审的结论，不再进行评审专家定量打分。

6.4 评审表优化调整

评审组组长可以针对被评审环境应急预案的具体情况，优化调整不适用的评审指标。原则上，评审得分满分为100分，环境应急预案所占分值不低于60分。对指标的优化调整应作出说明。

地方环保部门可以结合当地实际，补充调整评审指标及权重，也可以制定分行业的评审表。

7 评审程序

7.1 评审准备

1．确定评审人员、时间、地点、具体方式。

2．准备评审材料，包括环境应急预案及其编制说明、突发环境事件风险评估报告、环境应急资源调查报告（表）等文本，并在评审前送达评审人员。

7.2 评审实施

会议评审的，一般按以下程序进行。函审参照执行。

1．企业负责人介绍评审安排、评审人员。

2．评审人员组成评审组，确定评审组组长。

3．企业负责人介绍环境应急预案和编修过程，向评审人员说明重点内容。

4．评审组组长对评审进行适当分工，组织进行资料审核、现场查验、定性判断和定量打分。现场查验可以在会议评审前进行。

5．评审组开展定性判断和定量打分。定性判断为未通过的，可以结束评审。

6．评审组组长汇总评审情况，形成初步评审意见。

7．评审组与企业相关人员进行沟通，参照附表2形成评审意见。评审意见一般包括评审过程、总体评价、评审结论、问题清单、修改意见建议等内容，附定量打分结果和各评审专家评审表。

7.3 评审意见使用

企业对照评审意见修改完善环境应急预案，并说明修改情况。

评审结论为原则通过但需进行修改复核的，企业参照附表3形成修改说明，送评审组组长复核。涉及设施设备的一般应附现场图片，评审组组长对修改内容进行复核并签字确认。必要时，评审组组长应征求其他评审人员的意见。

评审结论为未通过评审的，企业应当对环境应急预案进行修改，重新组织评审。

评审意见、修改说明应与环境应急预案一并提交企业有关会议审议。

附表：1．企业事业单位突发环境事件应急预案评审表

2．企业事业单位突发环境事件应急预案评审意见表

3．企业事业单位突发环境事件应急预案修改说明表

企业事业单位突发环境事件应急预案评审表

预案编制单位：

（专业技术服务机构：_____）

企业环境风险级别：□一般；□较大；□重大

（本栏由企业填写）

"一票否决"项（以下三项中任意一项判定为"不符合"，则评审结论为"未通过"）

评审指标	评审意见		指标说明
	判定	说明	
有单独的环境风险评估报告和环境应急资源调查报告（表）	□符合 □不符合		突发事件应急预案管理办法有关规定； 备案管理办法第十条要求，应当在开展环境风险评估和环境应急资源调查的基础上编制环境应急预案
从可能的突发环境事件情景出发编制且典型突发环境事件情景无缺失	□符合 □不符合		突发事件应对法有关规定； 备案管理办法第九、十条，均对企业从可能的突发环境事件情景出发编制环境应急预案提出了要求； 典型突发环境事件情景基于真实事件与预期风险凝练、集合而成，体现各类事件的共性与规律
能够让周边居民和单位获得事件信息	□符合 □不符合		环境保护法第四十七条规定，在发生或可能发生突发环境事件时，企业应当及时通报可能受到危害的单位和居民。备案管理办法第十条也提出了相应要求

环境应急预案及相关文件的基本形式

评审项目		评审指标	评审意见			指标说明
			判定	得分	说明	
封面目录	1ᵃ	封面有环境应急预案、预案编制单位名称，预留正式发布预案的版本号、发布日期等设计；目录有编号、标题和页码，一般至少设置两级目录	□符合 □部分符合 □不符合			预案版本号指为便于索引、回溯而在发布时赋予预案的标识号，企业可以按照内部技术文件版本号管理要求执行；预案各章节可以有多级标题，但在目录中至少列出两级标题，便于查找
结构	2ᵃ	结构完整，格式规范	□符合 □部分符合 □不符合			结构完整指预案文件布局合理、层次分明，无错漏章节、段落；正文对附件的引用、说明等，与附件索引、附件一致；格式规范指预案文件符合企业内部公文格式标准，或文件字体、字号、版式、层次等遵循一定的规范

评审项目		评审指标	评审意见			指标说明
			判定	得分	说明	
行文	3ᵃ	文字准确，语言通顺，内容简明	□符合 □部分符合 □不符合			文字准确是指无明显错别字、多字、漏字、语句错误、数据错误、时间错误等现象； 语言通顺是指语言规范、连贯、易懂，合乎事理逻辑，关键内容不会产生歧义等； 内容简明是指环境应急预案、环境风险评估报告、环境应急资源调查报告独立成文，预案正文和附件内容分配合理，应对措施等重点信息容易找到，内容上无简单重复、大量互相引用等现象
环境应急预案编制说明						
过程说明	4ᵃ	说清预案编修过程	□符合 □部分符合 □不符合			编制过程主要包括成立环境应急预案编制工作组、开展环境风险评估和环境应急资源调查、征求关键岗位员工和可能受影响的居民、单位代表的意见、组织对预案内容进行推演等
问题说明	5ᵃ	说明意见建议及采纳情况、演练暴露问题及解决措施	□符合 □部分符合 □不符合			一般应有意见建议清单，并说明采纳情况及未采纳理由；演练（一般为检验性的桌面推演）暴露问题清单及解决措施，并体现在预案中
环境应急预案文本						
编制目的	6	体现：规范事发后的应对工作，提高事件应对能力，避免或减轻事件影响，加强企业与政府应对工作衔接	□符合 □部分符合 □不符合			此三项为预案的总纲。 关于"规范事发后的应对工作"，《突发事件应急预案管理办法》强调应急预案重在"应对"，适当向前延伸至"预警"，向后延伸至"恢复"。关于"加强企业与政府应对衔接"，根据备案管理办法，实行企业环境应急预案备案管理，其中一个重要作用是环保部门收集信息，服务于政府环境应急预案编修；另外，由于权限、职责、工作范围的不同，企业环境应急预案应该在指挥、措施、程序等方面留有"接口"，确保与政府预案有机衔接。 适用主体，指组织实施预案的责任单位；地理或管理范围，如某公司内、某公司及周边环境敏感区域内；事件类别，如生产废水事故排放、化学品泄漏、燃烧或爆炸次生环境事件等；工作内容，可包括预警、处置、监测等。 坚持环境优先，是因为环境一旦受到污染，修复难度大且成本高；应急工作与岗位职责相结合，强调应急任务要细化落实到具体工作岗位
适用范围	7	明确：预案适用的主体、地理或管理范围、事件类别、工作内容	□符合 □部分符合 □不符合			
工作原则	8	体现：符合国家有关规定和要求，结合本单位实际；救人第一、环境优先；先期处置、防止危害扩大；快速响应、科学应对；应急工作与岗位职责相结合等	□符合 □部分符合 □不符合			

评审项目		评审指标	评审意见			指标说明
			判定	得分	说明	
应急预案体系	9[b]	以预案关系图的形式，说明本预案的组成及其组成之间的关系、与生产安全事故预案等其他预案的衔接关系、与地方人民政府环境应急预案的衔接关系，辅以必要的重点内容说明	□符合 □部分符合 □不符合			本项目的三项指标，主要考察企业在环境应急预案编制过程中能否清晰把握预案体系。具体衔接方式、内容在应对流程和措施等部分体现。 有的企业环境应急预案包括综合预案、专项预案、现场预案或其他组成，应说明这些组成之间的衔接关系，确保各个组成清晰界定、有机衔接。企业环境应急预案一般应以现场处置预案为主，有针对性地提出各类事件情景下的污染防控措施，明确责任人员、工作流程、具体措施，落实到应急处置卡上。确需分类编制的，综合预案侧重明确应对原则、组织机构与职责、基本程序与要求，说明预案体系构成；专项预案侧重针对某一类事件，明确应急程序和处置措施。如不涉及以上情况，可以说明预案的主体框架。 环境应急预案定位于控制并减轻、消除污染，与企业内部生产安全事故预案等其他预案清晰界定、相互支持。 企业突发环境事件一般会对外环境造成污染，其预案应与所在地政府环境应急预案协调一致、相互配合
	10	预案体系构成合理，以现场处置预案为主，确有必要编制综合预案、专项预案，且定位清晰、有机衔接	□符合 □部分符合 □不符合			
	11	预案整体定位清晰，与内部生产安全事故预案等其他预案清晰界定、相互支持，与地方人民政府环境应急预案有机衔接	□符合 □部分符合 □不符合			
组织指挥机制	12	以应急组织体系结构图、应急响应流程图的形式，说明组织体系构成、应急指挥运行机制，配有应急队伍成员名单和联系方式表	□符合 □部分符合 □不符合			以图表形式，说明应急组织体系构成、运行机制、联系人及联系方式
	13	明确组织体系的构成及其职责。一般包括应急指挥部及其办事机构、现场处置组、环境应急监测组、应急保障组以及其他必要的行动组	□符合 □部分符合 □不符合			企业根据突发环境事件应急工作特点，建立由负责人和成员组成的、工作职责明确的环境应急组织指挥机构。注意与企业突发事件应急预案以及生产安全等预案中组织指挥体系的衔接
	14	明确应急状态下指挥运行机制，建立统一的应急指挥、协调和决策程序	□符合 □部分符合 □不符合			指挥运行机制，指的是总指挥与各行动小组相互作用的程序和方式，能够对突发环境事件状态进行评估，迅速有效进行应急响应决策，指挥和协调各行动小组活动，合理高效地调配和使用应急资源

评审项目		评审指标	评审意见			指标说明
			判定	得分	说明	
组织指挥机制	15	根据突发环境事件的危害程度、影响范围、周边环境敏感点、企业应急响应能力等，建立分级应急响应机制，明确不同应急响应级别对应的指挥权限	□符合 □部分符合 □不符合			例如有的企业将环境应急分为车间级、企业级、社会级，明确相应的指挥权限：车间负责人、企业负责人、接受当地政府统一指挥
	16	说明企业与政府及其有关部门之间的关系。明确政府及其有关部门介入后，企业内部指挥协调、配合处置、参与应急保障等工作任务和责任人	□符合 □部分符合 □不符合			例如政府及其有关部门介入后，环境应急指挥权的移交及企业内部的调整
监测预警	17	建立企业内部监控预警方案	□符合 □部分符合 □不符合			根据企业可能面临事件情景，结合事件危害程度、紧急程度和发展态势，对企业内部预警级别、预警发布与解除、预警措施进行总体安排
	18	明确监控信息的获得途径和分析研判的方式方法	□符合 □部分符合 □不符合			监控信息的获得途径，例如极端天气等自然灾害、生产安全事故等事故灾难、相关监控监测信息等； 分析研判的方式方法，例如根据相关信息和应急能力等，结合企业自身实际进行分析研判
	19	明确企业内部预警条件，预警等级，预警信息发布、接收、调整、解除程序、发布内容、责任人	□符合 □部分符合 □不符合			一般根据企业突发环境事件类型情景和自身的应急能力等，结合周边环境情况，确定预警等级，做到早发现、早报告、早发布； 红色预警一般为企业自身力量难以应对；橙色预警一般为企业需要调集内部绝大部分力量参与应对；黄色、蓝色预警根据企业实际需求确定
信息报告	20	明确企业内部事件信息传递的责任人、程序、时限、方式、内容等，包括向协议应急救援单位传递信息的方式方法	□符合 □部分符合 □不符合			从事件第一发现人至事件指挥人之间信息传递的方式、方法及内容，内容一般包括事件的时间、地点、涉及物质、简要经过、已造成或者可能造成的污染情况、已采取的措施等
	21	明确企业向当地人民政府及其环保等部门报告的责任人、程序、时限、方式、内容等，辅以信息报告格式规范	□符合 □部分符合 □不符合			从企业报告决策人、报告负责人到当地人民政府及其环保部门负责人（单位）之间信息传递的方式、方法及内容，内容一般包括企业及周边概况、事件的时间、地点、涉及物质、简要经过、已造成或者可能造成的污染情况、已采取的措施、请求支持的内容等

评审项目		评审指标	评审意见			指标说明
			判定	得分	说明	
信息报告	22	明确企业向可能受影响的居民、单位通报的责任人、程序、时限、方式、内容等	□符合 □部分符合 □不符合			从企业通报决策人、通报负责人到周边居民、单位负责人之间信息传递的方式、方法及内容，内容一般包括事件已造成或者可能造成的污染情况、居民或单位避险措施等
应急监测	23c	涉大气污染的，说明排放口和厂界气体监测的一般原则	□符合 □部分符合 □不符合			按照《突发环境事件应急监测技术规范》等有关要求，确定排放口和厂界气体监测一般原则，为针对具体事件情景制定监测方案提供指导； 排放口为突发环境事件中污染物的排放出口，包括按照相关环境保护标准设置的排放口
	24c	涉水污染的，说明废水排放口、雨水排放口、清净下水排放口等可能外排渠道监测的一般原则	□符合 □部分符合 □不符合			按照《突发环境事件应急监测技术规范》等有关要求，确定可能外排渠道监测的一般原则，为针对具体事件情景制定监测方案提供指导
	25	监测方案一般应明确监测项目、采样（监测）人员、监测设备、监测频次等	□符合 □部分符合 □不符合			针对具体事件情景制定监测方案
	26	明确监测执行单位；自身没有监测能力的，说明协议监测方案，并附协议	□符合 □部分符合 □不符合			自身没有监测能力的，应与当地环境监测机构或其他机构衔接，确保能够迅速获得环境检测支持
应对流程和措施	27b	根据环境风险评估报告中的风险分析和情景构建内容，说明应对流程和措施，体现：企业内部控制污染源-研判污染范围-控制污染扩散-污染处置应对流程和措施	□符合 □部分符合 □不符合			企业内部应对突发环境事件的原则性措施
	28b	体现必要的企业外部应急措施、配合当地人民政府的响应措施及对当地人民政府应急措施的建议	□符合 □部分符合 □不符合			突发环境事件可能或已经对企业外部环境产生影响时，企业在外部可以采取的原则性措施、对当地人民政府的建议性措施
	29c	涉及大气污染的，应重点说明受威胁范围、组织公众避险的方式方法，涉及疏散的一般应辅以疏散路线图；如果装备风向标，应配有风向标分布图	□符合 □部分符合 □不符合			避险的方式包括疏散、防护等，说明避险措施的原则性安排

评审项目	评审指标		评审意见			指标说明
			判定	得分	说明	
应对流程和措施	30[c]	涉及水污染的，应重点说明企业内收集、封堵、处置污染物的方式方法，适当延伸至企业外防控方式方法；配有废水、雨水、清净下水管网及重要阀门设置图	□符合 □部分符合 □不符合			说明控制水污染的原则性安排
	31[b]	分别说明可能的事件情景及应急处置方案，明确相关岗位人员采取措施的时间、地点、内容、方式、目标等	□符合 □部分符合 □不符合			按照以上原则性措施，针对具体事件情景，按岗位细化各项应对措施，并纳入岗位职责范围
	32[b]	将应急措施细化、落实到岗位，形成应急处置卡	□符合 □部分符合 □不符合			关键岗位的应急处置卡无遗漏，事件情景特征、处理步骤、应急物资、注意事项等叙述清晰
	33	配有厂区平面布置图，应急物资表/分布图	□符合 □部分符合 □不符合			
应急终止	34	结合本单位实际，说明应急终止的条件和发布程序	□符合 □部分符合 □不符合			列明应急终止的基本条件，明确应急终止的决策、指令内容及传递程序等
事后恢复	35	说明事后恢复的工作内容和责任人，一般包括：现场污染物的后续处理；环境应急相关设施、设备、场所的维护；配合开展环境损害评估、赔偿、事件调查处理等	□符合 □部分符合 □不符合			《突发事件应急预案管理办法》强调应急预案重在"应对"，适当向后延伸至"恢复"，即企业从突发环境事件应对的"非常规状态"过渡到"常规状态"的相关工作安排
保障措施	36	说明环境应急预案涉及的人力资源、财力、物资以及其他技术、重要设施的保障	□符合 □部分符合 □不符合			对各类保障措施进行总体安排
预案管理	37	安排有关环境应急预案的培训和演练	□符合 □部分符合 □不符合			对预案培训、演练进行总体安排
	38	明确环境应急预案的评估修订要求	□符合 □部分符合 □不符合			对预案评估修订进行总体安排

评审 项目	评审 指 标	评审意见			指 标 说 明
		判定	得分	说明	
环境风险评估报告					
风险 分析 c	39	识别出所有重要的环境 风险物质；列表，至少 列出重要环境风险物质 的名称、数量（最大存 在总量）、位置/所在装 置；环境风险物质数量 大于临界量的，辨识重 要环境风险单元	□符合 □部分符合 □不符合			对照企业突发环境事件风险评估相关文 件，识别出所有重要的物质；对于数量 大于临界量的，应辨识环境风险物质在 企业哪些环境风险单元集中分布
	40	重点核对生产工艺、环 境风险防控措施各项指 标的赋值是否合理	□符合 □部分符合 □不符合			按照企业突发环境事件风险评估相关文 件的赋分规则审查
	41	环境风险受体类型的确 定是否合理	□符合 □不符合			按照企业突发环境事件风险评估相关文 件的受体划分依据审查
	42	环境风险等级划分是否 正确	□符合 □不符合			按照企业突发环境事件风险评估相关文 件审查
情景 构建	43	列明国内外同类企业的 突发环境事件信息，提 出本企业可能发生的突 发环境事件情景	□符合 □部分符合 □不符合			列表说明事件的日期、地点、引发原因、 事件影响等内容，按照企业突发环境事 件风险评估相关文件，结合企业实际列 出事件情景
	44	源强分析，重点分析释 放环境风险物质的种 类、释放速率、持续时 间	□符合 □部分符合 □不符合			针对每种典型事件情景进行源强分析， 至少包括释放环境风险物质的种类、释 放速率、持续时间三个要素，可以参考 《建设项目环境风险评价技术导则》
	45	释放途径分析，重点分 析环境风险物质从释放 源头到受体之间的过程	□符合 □部分符合 □不符合			对于可能造成水污染的，分析环境风险 物质从释放源头，经厂界内到厂界外， 最终影响到环境风险受体的可能的路 径；对于可能造成大气污染的，分析从 泄漏源头释放至风险受体的路径
	46	危害后果分析，重点分 析环境风险物质的影响 范围和程度	□符合 □部分符合 □不符合			针对每种情景的重点环境风险物质，计 算浓度分布情况，说明影响范围和程度
	47	明确在最坏情景下，大 气环境风险物质影响最 远距离内的人口数量及 位置等，水环境敏感受 体的数量及位置等信 息，并附有相关示意图	□符合 □部分符合 □不符合			针对最坏情景的计算结果，列出受影响 的大气和水环境保护目标，附图示说明
完善计 划	48	分析现有环境风险防控 与应急措施所存在的差 距，制定环境风险防控 整改完善计划	□符合 □部分符合 □不符合			对现有环境风险防控与应急措施的完备 性、可靠性和有效性进行分析论证，找 出差距、问题。针对需要整改的短期、 中期和长期项目，分别制定完善环境风 险防控和应急措施的实施计划

评审 项目		评审指标	评审意见			指标说明
			判定	得分	说明	
环境应急资源调查报告（表）						
调查 内容	49	第一时间可调用的环境 应急队伍、装备、物资、 场所	□符合 □部分符合 □不符合			重点调查可以直接使用的环境应急资 源，包括：专职和兼职应急队伍；自储、 代储、协议储备的环境应急装备；自储、 代储、协议储备环境应急物资；应急处 置场所、应急物资或装备存放场所、应 急指挥场所。预案中的应急措施使用的 环境应急资源与现有资源一致
调查 结果	50	针对环境应急资源清 单，抽查数据的可信性	□符合 □部分符合 □不符合			通过逻辑分析、现场抽查等方式对调查 数据进行查验
合　计				—	—	

评审人员（签字）：

评审日期：　　年　　月　　日

注：1. 符合，指的是评审专家判定某一项指标所涉及的内容能够反映制定环境应急预案的企业开展了该项工作，
　　　且工作全面、深入、质量高；部分符合，指的是评审专家判定企业开展了该项工作，但工作不全面、不
　　　深入或质量不高；不符合，指的是评审人员判定企业未开展该项工作，或工作有重大疏漏、流于形式或
　　　质量差。
　　2. 赋分原则："符合"得 2 分、"部分符合"得 1 分、"不符合"得 0 分；其中标注 a 的指标得分按"符合"
　　　得 1 分、"部分符合"得 0.5 分、"不符合"得 0 分计，标注 b 的指标得分按"符合"得 3 分、"部分符合"
　　　得 1.5 分、"不符合"得 0 分计。
　　3. 指标调整：标注 c 的指标或项目中的部分指标，评审组可以对不适用的进行调整。
　　4. "一票否决"项不计入评审得分。
　　5. 指标说明供参考。

附表 2

<u>　　　　（企业事业单位名称）　　　　</u>**突发环境事件**
应急预案评审意见表

评审时间：	地点：
评审方式：□函审，□会议评审，□函审、会议评审结合，□其他	
评审结论：□通过评审，□原则通过但需进行修改复核，□未通过评审	
评审过程：	
总体评价：	
问题清单：	

修改意见和建议：	

评审人员人数：_____
评审组长签字：_____
其他评审人员签字：_____
企业负责人签字：_____

_____年____月____日

附：定量打分结果和各评审专家评审表。

附表3

_____（企业事业单位名称）_____ **突发环境事件**
应急预案修改说明表

序号	评审意见	采纳情况	说　明	索引
1				
2				
3				
…				

复核意见：

评审组组长签名：

_____年___月___日

注：1."说明"指说明修改情况，辅以必要的现场整改图片；

　　2."索引"指修改内容在预案中的具体体现之处。

关于印发《行政区域突发环境事件风险评估推荐方法》的通知

环办应急〔2018〕9号

各省、自治区、直辖市环境保护厅（局），新疆生产建设兵团环境保护局：

为指导地方政府组织开展区域突发环境事件风险评估，我部组织编制了《行政区域突发环境事件风险评估推荐方法》，现印发给你们，请参照执行。

请各地加强宣传、培训和指导，切实提高政府和部门突发环境事件应急预案质量，提升区域环境风险管控水平。

附件：行政区域突发环境事件风险评估推荐方法

环境保护部办公厅

2018年1月30日

附件

行政区域突发环境事件风险评估推荐方法

前　言

为贯彻《中华人民共和国环境保护法》《中华人民共和国突发事件应对法》《突发环境事件应急管理办法》，指导开展行政区域突发环境事件风险评估，科学支撑政府和部门突发环境事件应急预案编制，提升区域环境风险管控水平，制定本方法。

有下列情形之一的，建议及时评估或重新评估行政区域突发环境事件风险：1）未开展行政区域突发环境事件风险评估或评估已满五年的；2）有关行政区域突发环境事件风险评估标准或规范发生变化的；3）行政区域发生重大及以上突发环境事件的；4）行政区域内部环境风险源、环境风险受体类型、数量、分布以及环境风险防控与应急能力发生重大变化，初步判断可能致使区域环境风险等级发生变化的。

1　适用范围

本方法适用于地市级和区县级行政区域突发环境事件风险（以下简称环境风险）评估。

省级和乡镇级行政区域以及其他区域的环境风险评估可参考本方法。

2 规范性文件

本方法内容引用了下列文件中的条款。凡是不注日期的引用文件，其有效版本适用于本方法。

2.1 法律法规、规章、规范性文件

《中华人民共和国突发事件应对法》；

《中华人民共和国环境保护法》；

《中华人民共和国大气污染防治法》；

《中华人民共和国水污染防治法》；

《中华人民共和国固体废物污染环境防治法》；

《国务院关于加强环境保护重点工作的意见》（国发〔2011〕35号）；

《突发事件应急预案管理办法》（国办发〔2013〕101号）；

《国家突发环境事件应急预案》（国办函〔2014〕119号）；

《突发环境事件信息报告办法》（环境保护部令 第17号）；

《突发环境事件应急管理办法》（环境保护部令 第34号）；

《企业事业单位突发环境事件应急预案备案管理办法（试行）》（环发〔2015〕4号）；

《关于加强资源环境生态红线管控的指导意见》（发改环资〔2016〕1162号）。

2.2 标准、技术规范

《企业突发环境事件风险评估指南（试行）》（环办〔2014〕34号）；

《企业突发环境事件隐患排查和治理工作指南（试行）》（环境保护部公告 2016年第74号）；

《建设项目环境风险评价技术导则》（HJ/T169）；

《生态保护红线划定指南》（环办生态〔2017〕48号）。

2.3 其他参考资料

《Emergency Response Guidebook（北美应急响应手册)》。

3 术语与定义

3.1 突发环境事件风险评估子区域

指行政区域突发环境事件风险评估的单元，按照敏感目标类型可划分为突发大气环境事件风险评估子区域、突发水环境事件风险评估子区域和综合突发环境事件风险评估区域；按照下级行政区域边界可划分为若干下级行政子区域；按照地理空间可划分为若干网格区域。

3.2 行政区域环境风险源

指行政区域内可能造成突发环境事件的各类环境风险源。包括生产、使用、存储或释放涉及突发环境事件风险物质的企业，存储和装卸环境风险物质的港口码头，环境风险物质内陆水运及道路运输载具，尾矿库，石油天然气开采设施，集中式污水处理厂，危险废物经营单位，集中式垃圾处理设施，加油站，加气站，石油天然气及成品油长输管道等。

3.3 行政区域环境风险受体

指在突发环境事件中可能受到危害的企业外部人群、企业内部人群集中生活区、具有一定社会价值或生态环境功能的单位或区域等。环境风险受体分为水环境风险受体、大气环境风险受体。

3.4 人口集中区

指人口密度超过评估区域平均人口密度的区域，重点关注以居住、医疗卫生、文化教育、科研和行政办公为主要功能的区域。

3.5 生态保护红线

指在生态空间范围内具有特殊重要生态功能、必须强制性严格保护的区域，是保障和维护国家生态安全的底线和生命线，通常包括具有重要水源涵养、生物多样性维护、水土保持、防风固沙、海岸生态稳定等功能的生态功能重要区域，以及水土流失、土地沙化、石漠化、盐渍化等生态环境敏感脆弱区域。

3.6 缓冲区分析

指以点、线、面突发环境事件区域实体为基础，自动建立其周围一定宽度范围的缓冲区多边形图层，然后建立该图层与目标图层的叠加，进行分析而得到所需结果，是地理信息系统的一项空间分析功能，在本方法中，主要应用于区域环境风险识别。

3.7 叠加分析

指在同一空间参考系统下，通过对两个数据进行的一系列集合运算，产生新数据的过程，是地理信息系统的一项空间分析功能，在本方法中，主要应用于区域环境风险识别。

3.8 行政区域突发环境事件风险地图集

指以行政区域地图为基础绘制的环境风险源分布图、环境风险受体分布图、应急资源与风险防控工程措施分布图、环境风险区划图、网格化环境风险分析结果图等区域环境风险评估形成的一系列图件，是区域环境风险可视化表征的一种手段。

4 环境风险评估程序

区域环境风险评估，按照资料准备、环境风险识别、评估子区域划分、环境风险分析、环境风险防控与应急措施差距分析五个步骤实施（图1）。

5 资料准备

围绕环境风险源、环境风险受体、环境风险防控与应急救援能力等因素开展行政区域环境风险评估基础资料收集，主要包括：1）行政区域环境功能区划与空间布局；2）水环境风险受体、大气环境风险受体、生态保护红线信息；3）行政区域各类环境风险源突发环境事件应急预案（以下简称环境应急预案）、环境风险评估报告；4）针对未开展环境风险评估和环境应急预案编制的环境风险源，收集基本信息、环境风险物质存储量与运输量等；5）行政区域经济水平；6）行政区域环境风险防控与应急救援能力，环境应急资源现状与需求等。

资料收集的基准年为环境风险评估工作年份的上一年度，资料提供部门或单位应当对资料的准确性和真实性负责。

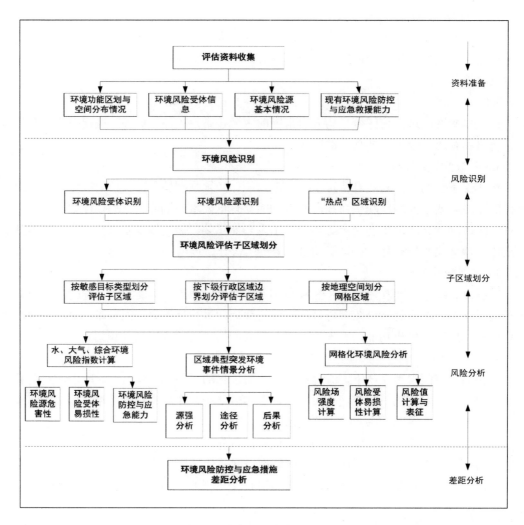

图 1 行政区域突发环境事件风险评估程序

5.1 行政区域环境功能区划与空间分布情况

表 1 行政区域环境功能区划与空间分布情况基础资料收集表

资料类别	资料明细	资料来源
行政区域基本情况	行政区划、区域面积、区域地形、地貌、气候类型、极端天气和自然灾害发生情况、常住人口数量、河流数量及总长度、水域面积、各季节主导风向、上年度 GDP 水平	统计部门等
行政区域基础图件	行政区划图、基础地形图、水系图、四季风向玫瑰图、土地利用类型图、环境功能区划图、环境风险受体分布图、环境风险源分布图、生态保护红线图、道路交通路网图和应急物资分布图	规划部门、国土部门、环保部门等
行政区域环境质量情况	最近五年地表水、地下水、大气环境质量数据、近岸海域环境质量数据	环保部门等

5.2 行政区域环境风险受体信息

表2　行政区域环境风险受体信息资料收集表

资料类别	资　料　明　细	资　料　来　源
水环境风险受体情况	集中式地表水、地下水饮用水水源保护区（包括一级保护区、二级保护区及准保护区）、农村及分散式饮用水水源保护区名称、地理坐标；饮用水水源取水口和农灌引水口名称、地理坐标；水产种质资源保护区的名称、地理坐标、等级；水产养殖区，天然渔场，海水浴场，盐场保护区的名称、地理坐标；跨（国家、省和市）界断面名称、地理坐标；生态保护红线划定或具有生态服务功能的其他水生态环境敏感区和脆弱区	部门：环保部门、水利部门、住建部门等 资料：各类环境风险源的环境应急预案及环境风险评估报告
大气环境风险受体情况	居民区名称、人口数量、地理坐标； 医疗卫生机构名称、等级、地理坐标； 文化教育机构名称、人口数量、地理坐标； 科研机构名称、员工数量、地理坐标； 行政机关和企事业单位名称、人员数量、地理坐标；商场和公园名称、客流量、地理坐标；军事禁区、军事管理区、国家相关保密区域名称和地理坐标； 机场、火车站、客运码头等重要基础设施名称、旅客运输数量、地理坐标	部门：环保部门、规划部门、国土部门等 资料：各类环境风险源的环境应急预案及环境风险评估报告
生态保护红线情况	行政区域生态保护红线划定报告（提取重点生态功能区、生态环境敏感区和脆弱区分布与面积信息）	部门：环保部门等

5.3 行政区域环境风险源基本情况

水环境风险源是指可能向水环境释放环境风险物质的各类环境风险源。大气环境风险源是指可能向大气环境释放环境风险物质的各类环境风险源。以清单方式列出各类环境风险源，统计各类环境风险源数量，收集各类环境风险源的环境风险评估报告和环境应急预案，提取以下信息：

表3　环境风险源基本信息收集表

环境风险源类别	资　料　明　细	资　料　来　源
环境风险企业	地理坐标、环境风险等级、污染物排放去向、环境风险物质种类与数量、可能造成的突发环境事件类别、近五年突发环境事件发生数量	部门：环保部门、经信部门等 资料：环境应急预案及环境风险评估报告
涉及环境风险物质装卸运输的港口码头	地理坐标、环境风险物质吞吐量、污染物排放去向、可能造成的突发环境事件级别、近五年突发环境事件发生数量	部门：环保部门、交通部门、公安部门、港口管理部门、经信部门等 资料：环境应急预案及环境风险评估报告
涉及环境风险物质运输的道路及水路运输载具	运输路线数量、地理坐标、经过的环境功能区类型、环境风险物质运输能力、可能造成的突发环境事件级别、近五年突发环境事件发生数量	部门：环保部门、交通部门、公安部门、经信部门等 资料：环境应急预案及环境风险评估报告

环境风险源类别	资 料 明 细	资 料 来 源
尾矿库	地理坐标、环境风险等级、可能造成的突发环境事件级别、近五年突发环境事件发生数量	
石油天然气开采设施	地理坐标、石油天然气开采量、可能造成的突发环境事件级别、近五年突发环境事件发生数量	
加油站及加气站	地理坐标、各类油气最大存储量、可能造成的突发环境事件级别、近五年突发环境事件发生数量	
集中式污水处理厂	地理坐标、污染物排放量、可能造成的突发环境事件级别	部门：环保部门、国土部门、经信部门、市政部门等
集中式垃圾处理设施	地理坐标、污染物排放量、垃圾处理量、垃圾处理方式、可能造成的突发环境事件级别、近五年突发环境事件发生数量	资料：环境应急预案及环境风险评估报告
危险废物经营单位	地理坐标、危险废物处理数量、可能造成的突发环境事件级别、近五年突发环境事件发生数量	
行政区域石油天然气及成品油长输管道	管线穿越的环境功能区类型、地理坐标、过境量，可能造成的突发环境事件级别、近五年突发环境事件发生数量	

5.4 行政区域现有环境风险防控与应急救援能力

包括现有区域环境监测预警能力、污染物拦截与应急处理处置能力、环境应急救援能力，详见表4。

表4 现有环境风险防控与应急救援能力信息收集表

资料类别	资料明细	资料来源
环境监测情况	环境质量监测点位及特征环境风险物质监测点位布设、监测设备、监测频率、主要监测污染物种类；环境监测机构及人员情况	环保部门等
固定源环境风险管理	环境风险源的突发环境事件隐患排查情况；环境风险评估开展率与环境应急预案备案率	环保部门等
移动源环境风险管理	移动源GPS设备配置情况；移动源运输路线是否为危险货物运输专用路线	交通部门等
区域环境应急管理	突发环境事件监测预警措施； 环境应急人员数量（企业层面和区域层面）； 政府和部门环境应急预案编制情况与应急演练频次； 企业与政府各类环境应急资源情况（环境应急物资的储备种类与数量、应急队伍建设情况）； 环境应急决策支持系统建设及运行情况；环境应急监测机构及队伍能力建设情况； 环境应急专家队伍与救援队伍建设情况； 环境应急物资库与信息库建设情况； 环境应急技术储备情况； 环境应急资金投入情况	环保部门、交通部门、财政部门、卫生部门、水利部门、消防部门、安监部门等
环境应急救援能力	河流闸坝设置情况； 通过拦截、稀释、导流、物化反应等应急处理处置方式防止水体污染扩大的措施； 可能受有毒有害气体影响的人员疏散方案	
环境应急联动机制	部门之间环境应急联动机制建立情况； 与周边行政区域的环境应急联动机制建立情况	

6 环境风险识别

6.1 环境风险受体识别

根据上述收集整理的环境风险受体相关资料，列表说明水环境风险受体、大气环境风险受体基本情况，包括受体类别、名称、地理坐标以及规模等信息。以水系图、行政区划图为基础，分别绘制水环境风险受体分布图、大气环境风险受体分布图。

6.2 环境风险源识别

根据上述收集整理的环境风险源相关资料，列表说明水环境风险源、大气环境风险源基本情况，包括风险源类别、名称、地理坐标、规模、主要环境风险物质名称和数量以及风险等级等信息。以水系图、行政区划图为基础，分别绘制水环境风险源分布图、大气环境风险源分布图。

6.3 "热点"区域识别

对水和大气环境风险源、环境风险受体分布图进行叠加分析，初步判断水环境风险、大气环境风险以及综合环境风险"热点"区域（即分布相对集中的区域）。针对"热点"区域，列表说明环境风险类型、主要环境风险源以及环境风险受体信息。

7 环境风险评估子区域划分

7.1 按敏感目标类型划分评估子区域

对于受外来环境风险源影响较大的行政区域，可按敏感目标类型划分环境风险评估子区域，包括突发水环境事件风险评估区域、突发大气环境事件风险评估子区域和综合环境风险评估区域。

（1）突发水环境、大气环境事件风险评估子区域。根据环境风险受体识别结果，利用地理信息系统缓冲区分析功能，围绕每一个环境风险受体，按照特定规则分别绘制缓冲区；对重叠的缓冲区进行叠加，分别形成突发水环境、大气环境事件风险评估子区域。缓冲区绘制原则见表5。

表 5 缓冲区绘制原则

环境风险受体类别	水体缓冲区	大气缓冲区
水环境风险受体： 乡镇及以上集中式饮用水水源保护区； 跨（国家、省和市）界断面； 海洋； 生态保护红线划定或具有水生态服务功能的其他水生态环境敏感区和脆弱区	行政区域内上游流域汇水区作为缓冲区； 水环境风险受体上游10公里跨行政区域的，以上游10公里流域汇水区作为缓冲区；跨国界的，以出境断面上游24小时流经范围（按最大日均流速计算）的汇水区作为缓冲区	/
大气环境风险受体： 人口密度超过评估区域平均人口密度的居民区、医院、学校等	/	以5公里为半径的区域作为缓冲区；若为山谷、盆地等复杂地形，则按照实际情况划定

（2）综合环境风险评估区域。水环境风险评估子区域、大气环境风险评估子区域和地市或区县行政边界叠加的区域为综合环境风险评估区域。综合环境风险评估区域仅有一个，水环境风险评估子区域和大气环境风险评估子区域可有多个。

评估子区域包含了其他行政区域 50%以上辖区面积，应商请其他行政区域或请示上级主管部门协调开展评估资料的收集工作，或由上级主管部门将这些区域作为一个整体开展跨区域环境风险评估。跨省界大江大河的水环境风险评估，建议由相关省（自治区、直辖市）联合开展。

7.2 按下级行政区域边界划分评估子区域

在不考虑跨界影响的情况下，可按照评估区域的下级行政区域边界划分评估子区域，直接计算每个下级行政区域的风险指数，并进行比较和排序。例如，一个有 10 个区县的地级市开展环境风险评估，可以按照区县行政边界划分成 10 个评估子区域。

7.3 按地理空间划分网格区域

对于资料数据充分、环境风险源和受体地理坐标较为精确的行政区域，可以按照地理空间将评估区域划分为若干网格区域，以网格为单元进行区域环境风险分析。网格精度可根据评估区域大小和实际需求确定，原则上网格不应大于 5 km×5 km，建议按照 1 km×1 km 划分网格。

8 区域环境风险分析

8.1 环境风险指数计算法

8.1.1 计算过程

环境风险指数计算法（以下简称指数法）包括水环境风险指数计算、大气环境风险指数计算和综合环境风险指数计算，是在资料准备和环境风险识别的基础上，参照附 1 分别确定水、大气、综合环境风险指标，对环境风险源强度指数（S）、环境风险受体脆弱性指数（V）、环境风险防控与应急能力指数（M）的各项指标分别打分并加和，得出指数值；使用公式（1）～公式（3）计算得出环境风险指数（R）；按照表 6 判定环境风险等级。工作程序见图 2。

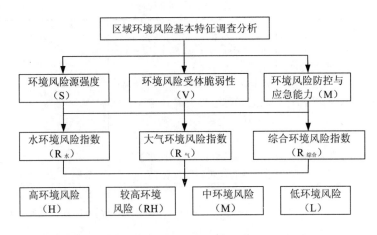

图 2　行政区域突发环境事件风险等级划分程序

指数法适用于对区域环境风险总体水平进行分析。

在计算环境风险指数时，按照评估子区域的类别，使用公式（1）～公式（3），分别计算水环境风险指数（$R_水$）、大气环境风险指数（$R_气$）和综合环境风险指数（$R_综合$）。

$$R_水 = \sqrt[3]{S_水 \cdot V_水 \cdot M_水} \tag{1}$$

$$R_气 = \sqrt[3]{S_气 \cdot V_气 \cdot M_气} \tag{2}$$

$$R_综合 = \sqrt[3]{S_综合 \cdot V_综合 \cdot M_综合} \tag{3}$$

对于环境风险防控与应急能力指数（M）涉及的各项指标难以获取，或仅考虑客观风险（环境风险源强度、环境风险受体脆弱性）的区域，可采用环境风险源强度指数（S）、环境风险受体脆弱性指数（V）两项指数相乘后开方的方法计算区域环境风险指数（R）。根据水环境、大气环境和综合环境风险指数的数值大小，将区域环境风险划分为高、较高、中、低四级。环境风险等级划分原则见表6。

表6　环境风险等级划分原则

环境风险指数（$R_水$、$R_气$、$R_综合$）	环境风险等级
≥50	高（H）
[40，50）	较高（RH）
[30，40）	中（M）
＜30	低（L）

8.1.2　结果表征

环境风险指数计算结果可采用两种方式表征：

（1）指数方式。单个区域的评估结果可参考表7，用包含类别、数值、等级、构成等信息的指数方式表征。多个区域的评估结果可采用在指数表征前加区域名称或代码的方式表征。

表7　环境风险指数表征示例

	水环境风险	大气环境风险	综合环境风险
类别+指数值	$R_水$67	$R_气$67	$R_综合$67
类别+指数值+等级	$R_水$67-H	$R_气$67-H	$R_综合$67-H
类别+指数值+等级+构成	$R_水$67-H-S70V70 M60	$R_气$67-H-S70V70 M60	$R_综合$67-H-S70V70 M60

（2）地图方式。根据评估确定的区域风险值，将不同区域的风险等级在地图上用对应的颜色表示，形成风险地图。高、较高、中、低四个等级分别对应红、橙、黄、蓝四种颜色。

8.2　网格化环境风险分析法

网格化环境风险分析是在对评估区域划分网格的基础上，按照风险场理论和环境风险受体易损性理论，分别量化每个网格环境风险场强度和环境风险受体易损性，并计算网格环境风险值的过程。该方法能更好地反映评估区域风险的空间分布特征，精准识别高风险区域。

网格化环境风险分析法（以下简称网格法）适用于分析区域环境风险空间分布特征。区县级、辖区面积较小或环境风险等级为高或较高的行政区域，建议开展网格化环境风险分析，识别区域内重点关注的风险"热点"区域。化工园区、工业聚集区等风险源叠加效应明显的区域，可以用网格法开展环境风险分析。

8.2.1　网格环境风险场强度计算

环境风险场强度与环境风险物质的危害性和释放量以及与风险源的距离有关，可视为环境风险源的环境风险物质最大存在量与临界量的比值、计算点与风险源距离的函数。

环境风险场按风险因子传播途径可以分为水环境风险场、大气环境风险场和土壤环境风险场。土壤环境风险场因其时间跨度大，在评估突发性环境风险时，暂不考虑。

（1）水环境风险场

水环境风险主要通过水系（或流域）扩散，本方法采用线性递减函数构建水环境风险场强度计算模型，假设最大影响范围为 10 km（可根据评估区域地理水文特征适当调整）。区域内某一个网格的水环境风险场强度可表示为：

$$E_{x,y} = \begin{cases} \sum_{i=1}^{n} Q_i P_{x,y} & 0 \leq l_i \leq 1 \\ \sum_{i=1}^{n} (\dfrac{10Q_i}{l_i} - Q_i) P_{x,y} & 1 < l_i \leq 10 \\ 0 & 10 < l \end{cases} \qquad (4)$$

式中：$E_{x,y}$ 为某一个网格的水风险场强度；Q_i 为第 i 个风险源环境风险物质最大存在量与临界量的比值；$P_{x,y}$ 为风险场在某一个网格出现的概率，一般可取 10^{-6}/a（可根据评估区域风险源特征适当调整）；l_i 为网格中心点与风险源的距离，单位为 km；n 为风险源的个数。

为便于各个网格水环境风险场强度的比较，本方法对各个网格的水环境风险场强度进行标准化处理，公式如下：

$$E_{x,y} = \frac{E_{x,y} - E_{min}}{E_{max} - E_{min}} \qquad (5)$$

式中：$E_{x,y}$ 为某一个网格的水环境风险场强度；E_{max} 为区域内网格的最大水环境风险场强度；E_{min} 为区域内网格的最小水环境风险场强度。

（2）大气环境风险场

假设评估区域地势平坦开阔，且忽略人工建筑对气体扩散的影响，区域内某一个网格的大气环境风险场强度可表示为：

$$E_{x,y} = \sum_{i=1}^{n} \frac{Q_i(\mu_i + 1)}{2} P_{x,y} \qquad (6)$$

$$\mu_i = \begin{cases} 1 + 0k_1 + 0k_2 + 0j, & l_i \leqslant s_1 \\ \dfrac{s_2 - l_i}{s_2 - s_1} + \dfrac{l_i - s_1}{s_2 - s_1}k_1 + 0k_2 + 0j, & s_1 < l_i \leqslant s_2 \\ & s_1 < l_i \leqslant s_2 \\ 0 + \dfrac{s_3 - l_i}{s_3 - s_2}k_1 + \dfrac{l_i - s_2}{s_3 - s_2}k_2 + 0j, & s_2 < l_i \leqslant s_3 \\ 0 + 0k_1 + \dfrac{s_4 - l_i}{s_4 - s_3}k_2 + \dfrac{l_i - s_3}{s_4 - s_3}j, & s_3 < l_i \leqslant s_4 \\ 0 + 0k_1 + 0k_2 + 1j & l_i > s_4 \end{cases} \quad (7)$$

式中：$E_{x,y}$ 为某一个网格的大气环境风险场强度；μ_i 为第 i 个风险源与某一个网格的联系度，Q_i 为第 i 个风险源环境风险物质最大存在量与临界量的比值；$P_{x,y}$ 为风险场在某一个网格出现的概率，一般可取 10^{-5}/a（可根据评估区域风险源特征调整）；l_i 为网格中心点与风险源的距离，单位为 km；n 为风险源的个数；k、j 分别为差异系数、对立系数，地势平坦开阔的地区取 k_1=0.5、k_2=-0.5、j =-1；s_1、s_2、s_3、s_4 分别取 1 km、3 km、5 km、10 km（可根据评估区域地理气象特征适当调整）。

标准化处理方法见公式（5）。

8.2.2 网格环境风险受体易损性计算

（1）水环境风险受体易损性计算

水环境风险受体易损性指数 $V_{x,y}$ 可根据生态红线涉及的不同区域的敏感性确定，具体方法见表 8。

表 8　$V_{x,y}$ 确定方法

目标	指标	描述	分值
水环境风险受体易损性指数	生态红线	网格位于国家级和省级禁止开发区内	100
		网格位于国家级和省级禁止开发区以外的生态红线内	80
		网格位于生态红线以外的区域	40

对于已划分水环境功能区的区域，可根据水环境功能区类别对水环境风险受体易损性指数进行确定。未进行生态红线划定和水环境功能区划分的区域，可根据地表水水域环境功能和保护目标，对水环境风险受体易损性指数进行估算。

（2）大气环境风险受体易损性计算

大气环境风险受体易损性计算模型可表示为：

$$V_{x,y} = \frac{pop_{x,y} - pop_{\min}}{pop_{\max} - pop_{\min}} \times 100 \quad (8)$$

式中：$V_{x,y}$ 为某一个网格的大气环境风险受体易损性指数；$pop_{x,y}$ 为某一个网格的人口数量；$pop_{\max}$ 为区域内网格的人口数量最大值；$pop_{\min}$ 为区域内网格的人口数量最小值。

8.2.3 网格环境风险值计算

利用公式（9）进行各个网格环境风险值的计算。可分别计算水环境风险值和大气环境风险值，并取两者的高值作为网格环境风险值。根据网格环境风险值的大小，将环境风险划分为四个等级：高风险（$R > 80$）、较高风险（$60 < R \leq 80$）、中风险（$30 < R \leq 60$）、低风险（$R \leq 30$）。整个评估区域的环境风险值可用所有网格风险值的平均值计算。

$$R_{x,y} = \sqrt{E_{x,y} V_{x,y}} \tag{9}$$

8.2.4 结果表征

网格化环境风险分析结果可采用两种方式表征：

（1）地图方式，即根据评估确定的网格风险值，将网格的风险等级在地图上用对应的颜色表示，形成风险地图，也可以用插值法对网格风险值进行均匀处理，获得相对平滑的风险地图。风险地图一般包括水环境风险地图、大气环境风险地图、综合环境风险地图、风险源分布图、风险受体分布图等。

（2）比例方式，即用评估区域中某一风险等级网格的面积占区域总面积的比例表示，例如，高风险区域面积占 30%。

9 典型突发环境事件情景分析

服务于环境应急预案编制的区域环境风险评估应进行典型突发环境事件情景分析，以分析典型突发环境事件的影响范围和程度。

可以依据环境风险识别结果开展典型突发环境事件情景分析，也可以在指数法和网格法分析的基础上，针对风险源和受体分布较为集中的区域开展典型突发环境事件情景分析。

9.1 典型突发环境事件情景筛选原则

（1）结合环境风险识别和环境风险分析结果，筛选区域重点关注的水和大气环境风险受体，确定区域重点关注的各类环境风险源及"热点"区域。

（2）以环境风险受体为出发点梳理各个风险企业环境风险评估报告中针对该环境风险受体的所有典型突发环境事件情景。未开展环境风险评估的企业，可结合环境风险物质种类及数量，参照同类企业环境风险评估结果确定相关信息。

（3）受多个环境风险源影响的环境风险受体，汇总分析可能发生的突发环境事件情景。

9.2 典型突发环境事件情景

列表综合分析区域可能发生的突发环境事件类型、特征污染物、主要影响受体等，并筛选需要开展定量分析的典型突发环境事件情景。

（1）突发大气环境事件情景

人口集中区等大气缓冲区内（参见表 5）环境风险源因风险物质泄漏或污染物排放造成大气污染，对大气环境风险受体产生影响的突发环境事件类型。风险源类型参见表 3。

（2）突发水环境事件情景

乡镇及以上集中式饮用水水源保护区、跨（国家、省和市）界断面、海洋以及其他水体缓冲区内（参见表 5）环境风险源因风险物质泄漏或污染物排放造成水污染，对水环境风险受体产生影响的突发环境事件类型。风险源类型参见表 3。

（3）群发或链发的突发环境事件情景

在化工园区、工业聚集区等环境风险源较为密集的区域，选取距离小于防护距离且涉及有毒有害或易燃易爆环境风险物质的相邻环境风险源，分析群发或链发的多米诺事件类型。

（4）复合突发环境事件情景

由挥发性风险物质造成的突发水环境事件，同时分析可能的大气环境影响；火灾、爆炸、泄漏等生产安全事故以及危险化学品交通运输事故，同时分析可能的大气环境影响和水环境影响。

（5）历史突发环境事件情景

评估本区域或风险特征相似的其他区域近五年已发生的较大及以上突发环境事件类型。

针对上述五类典型突发环境事件情景，原则上每类分别选取两个情景进行分析，选取情景的类型和数量可以根据评估区域环境风险特征和风险等级进行调整。

9.3　典型突发环境事件情景分析要点

典型突发环境事件情景分析包括源强分析、释放途径分析、后果分析，具体如下：

（1）源强分析重点分析释放的环境风险物质种类、物理化学性质及危害性、持续时间与释放量。应综合考虑行政区域内群发或链发的突发环境事件情景，并进行源强计算。

（2）释放途径分析重点分析环境风险物质从释放源头，最终影响到环境风险受体的可能性、释放条件、释放途径及风险防控与应急措施。针对重要的环境风险受体，列出污染物扩散的传输路径。对可能造成水环境污染的，依据季节性水文特征，分析涉及环境风险与应急措施的关键环节及应急物资、应急装备和应急救援队伍情况。对可能造成大气环境污染的，依据气象条件，分别分析环境风险物质小量和大量泄漏情况下，白天和夜间可能影响的范围，重点判断下风向最大影响距离。

（3）后果分析重点分析环境风险物质泄漏可能影响的范围以及对环境的影响程度。对可能造成水体污染的，分析受影响的饮用水水源地数量、受影响的生态敏感区、水质影响程度与持续时间、是否造成跨界影响，预估突发环境事件级别。对可能造成大气污染的，分析受影响和需要疏散的人口数量，确定事故发生点周边的人员紧急隔离距离、防护距离、疏散距离，预估突发环境事件级别。

9.4　典型突发环境事件情景分析参考模型与方法

有关源强和后果分析的计算方法可参考《建设项目环境风险评价技术导则》有关章节，也可引用企业环境风险评估报告的分析结果。国外比较成熟的模型方法也可参考，如参考《Emergency Response Guidebook（北美应急响应手册）》中相关疏散距离的最大值确定环境风险物质泄漏可能影响的范围。

10　环境风险防控与应急措施差距分析

根据环境风险识别与环境风险分析结果，重点对区域环境风险等级为较高及以上的区域，从环境风险受体、环境风险源以及区域环境风险管理与应急能力方面对比分析，找出问题和差距。

10.1　环境风险受体管理差距分析

按照《集中式饮用水水源环境保护指南（试行）》《生态保护红线划定指南》等有关规定，分析饮用水水源保护区以及生态保护红线等敏感目标的监控、防护等要求的落实情况。

（1）饮用水水源保护区

重点对比分析在饮用水水源保护区内是否设置排污口，在饮用水水源一级保护区内是否存在与供水设施和保护水源无关的建设项目，在饮用水水源二级保护区内是否存在新建、改建、扩建排放污染物的建设项目以及从事危险化学品装卸作业的货运码头、水上加油站，在饮用水水源二级保护区内是否新建、扩建对水体污染严重的建设项目，是否存在其他环境违法行为。

（2）生态保护红线

重点对比分析生态保护红线内是否存在不符合功能定位的开发活动。

（3）大气环境风险受体

机关、学校、医院、居民区等重要环境风险受体与环境风险源的各类防护距离是否符合环境影响评价文件及批复的要求。

10.2　环境风险源管理差距分析

（1）重点环境风险企业

按照《企业事业单位突发环境事件应急预案备案管理办法（试行）》《企业突发环境事件风险评估指南（试行）》以及《企业突发环境事件隐患排查和治理工作指南（试行）》等文件要求，分析区域内企业环境应急管理与风险防控措施落实情况。

例如，企业是否制定环境应急预案并备案、公开环境应急预案及培训演练情况；是否开展环境风险评估，确定风险等级；是否储备必要的环境应急装备和物资；是否建立健全隐患排查治理制度、突发水环境事件风险防控措施、环境风险监测预警体系（涉及有毒有害大气、水污染物名录的企业）以及信息通报等其他环境风险防控措施。

（2）移动源

按照《危险化学品安全管理条例》《道路危险货物运输管理规定》等有关规定，分析道路、水路运输监控、路线以及管理制度等要求的落实情况。

例如，危险化学品运输载具是否按规定安装 GPS 设备；承运人是否有资质；是否按专用路线和规定时间行驶。

10.3　区域环境风险管理与应急能力差距分析

（1）环境风险源布局与管理

按照《国务院办公厅关于推进城镇人口密集区危险化学品生产企业搬迁改造的指导意见》以及国家、地方有关淘汰落后产能、产业准入的要求，筛选重点环境风险防控区域、重点环境风险企业、行业及道路、水路运输重点风险源，分析区域环境风险是否可接受，并实施差异化、有针对性的环境风险管理。

（2）环境应急处置能力

重点分析突发水环境事件的应急处置能力，例如，分析评估区域能否通过筑坝、导流等方式对污染物进行拦截，通过上游调水降低水体中污染物浓度，通过投加反应剂、投加吸附剂等方式对污染物就地或异地处置；是否建设取水口应急防护工程；重点防控道路和桥梁是否设置导流槽、应急池。

重点分析突发大气环境事件的应急防护能力，例如，评估突发大气环境事件发生时，能否及时告知并组织环境风险源周边人员紧急疏散或就地防护。

（3）环境监测预警能力

重点分析区域环境监测预警能力是否满足应急需要，例如，是否按照《全国环境监测站建设标准》等有关规定，配备满足基本监测和应急监测需要的人员、仪器等；是否具备重要特征污染物的监测能力并按有关要求开展应急监测；是否在饮用水水源地取水口和连接水体建设监控预警设施，在涉及有毒有害气体的化工园区建设有毒有害气体监控预警设施，并具备有毒有害气体实时分析预警能力。

（4）环境应急预案管理

重点分析环境应急预案是否按照《突发事件应急预案管理办法》《突发环境事件应急管理办法》等要求进行管理，例如，是否对政府和部门环境应急预案定期评估和修订，是否按要求备案和演练；环保部门是否对企业环境应急预案有效管理。

（5）环境应急队伍建设

重点分析环境应急队伍是否满足本区域环境应急管理的需要，例如，按照有关规定、规划，分析环境应急管理机构应急管理人员数量、学历以及培训上岗率等；参照《环境保护部环境应急专家管理办法》等规定，分析专家库的建设情况；分析区域是否建立环境应急救援队伍。

（6）环境应急物资储备

重点分析本区域是否储备必要的环境应急物资，例如，分析应急物资实物、协议及生产能力储备情况；重点防控区域如化工园区、化学品运输码头、水上交通事故高发地段以及油气管道等，是否就近储备吸附剂、围油栏、临时围堰等应急物资。

（7）环境应急联动机制

重点分析存在跨界影响的相邻区域、相关部门之间是否签订应急联动协议、制定应急联动方案并建立机制保障实施。

在评估的基础上，提出区域环境风险管理措施建议，作为评估报告的内容，参见附3。

附1

行政区域突发环境事件风险指数计算法指标体系

附表1　总指标体系

评估指标			水环境风险指标	大气环境风险指标	综合环境风险指标
环境风险源强度（S）	环境风险源危害性	单位面积环境风险企业数量	✓	✓	✓
		单位面积环境风险物质存量与临界量的比值	✓	✓	✓
		环境风险等级为较大以上环境风险企业所占百分比	✓	✓	✓
		评估区域港口码头数量*	✓	✓	✓
		港口码头危险化学品吞吐量*	✓	✓	✓
		港口码头单位时间内危险化学品最大存储量*	✓	✓	✓

评估指标			水环境风险指标	大气环境风险指标	综合环境风险指标
环境风险源强度（S）	环境风险源危害性	道路运输危险化学品数量	✓	✓	✓
		内陆水运危险化学品数量*	✓		✓
		环境风险等级为较大及以上的尾矿库数量*	✓		✓
		石油天然气开采设施数量*	✓	✓	✓
		石油天然气及成品油长输管线跨越或影响区域情况*	✓		✓
	突发环境事件数量及环境投诉情况	近五年突发环境事件发生数量及影响	✓	✓	✓
		环境投诉数量			✓
环境风险受体脆弱性（V）	环境风险暴露途径	重要水体流通渠道水质类别	✓		✓
		水网密度指数	✓		✓
		居民区污染风向频率		✓	✓
	环境风险受体易损性	单位面积常住人口数量			✓
		单位面积环境风险受体数量	✓	✓	✓
		乡镇及以上集中式饮用水水源地数量	✓		✓
		乡镇及以上集中式饮用水水源地服务人口数量	✓		✓
	环境风险受体恢复性	人均 GDP 水平	✓	✓	✓
环境风险防控与应急能力（M）	行政区域环境风险防控能力建设	监测预警能力	✓	✓	✓
		污染物拦截、稀释和处置能力	✓		✓
	行政区域环境应急能力建设	环境应急预案编制情况	✓	✓	✓
		单位企业环境应急人员数量	✓	✓	✓
		应急物资储备情况	✓	✓	✓
		环境应急决策支持			✓
		应急监测能力	✓	✓	✓

注：1. 标"*"为特色指标，各地可结合实际进行指标的选择和剔除，未做标注的为通用指标，是开展评估的必要指标。

2. 利用附 1 计算行政区域突发环境事件风险指数的前提是评估区域内的环境风险企业、尾矿库均开展了企业环境风险评估，确定了环境风险等级。对于未确定环境风险等级的企业、尾矿库，可采用类比的方式确定等级后进行计算。

3. 若评估区域中不存在附 1 突发环境事件风险评估指标体系中提及的特色环境风险源类型，可将该评估指标剔除，将剔除的指标权重均分至与该指标同级别的其他指标。此外，评估区域可以根据自身环境风险特征和近年来突发环境事件类型，筛选本区域重点关注的环境风险源，在指数计算中将其权重分值进行适度提升。

附表2 环境风险源强度（S）分析指标

序号	评估指标	数据来源	水环境风险 指标说明	情况	分值	大气环境风险 指标说明	情况	分值	综合环境风险 指标说明	情况	分值
1	单位面积环境风险企业数量	环保部门，企业环境风险评估报告	评估区域中涉水环境风险企业数量与评估区域面积的比值，单位：个/平方公里	>0.5	7	评估区域中涉气环境风险企业数量与评估区域面积的比值，单位：个/平方公里	>0.5	10	评估区域中环境风险企业数量与评估区域面积的比值，单位：个/平方公里	>1	7
				(0.05-0.5]	5		(0.05-0.5]	7		(0.1-1]	5
				(0.005-0.05]	3		(0.005-0.05]	4		(0.01-0.1]	3
				[0-0.005]	0		[0-0.005]	0		[0-0.01]	0
2	单位面积环境风险物质存量与临界量的比值	环保部门，企业环境风险评估报告	评估区域内各个涉水环境风险企业中环境风险物质的数量与临界量的比值加和除以评估区域面积	>50	7	评估区域内各个涉气环境风险企业中环境风险物质的数量与临界量的比值加和除以评估区域面积	>50	10	评估区域内各企业中环境风险物质的数量与临界量比值加和除以评估区域面积	>100	7
				(25, 50]	3		(25, 50]	5		(50, 100]	3
				≤25	0		≤25	0		≤50	0
3	较大以上环境风险企业所占百分比	环保部门，企业环境风险评估报告	依据企业环境风险等级划分相关文件，等级为较大、重大的涉水环境风险企业数量占评估区域所有环境风险企业数量的百分数	>50	6	依据企业环境风险等级划分相关文件，等级为较大、重大的涉气环境风险企业数量占评估区域所有环境风险企业数量的百分数	>50	5	依据企业环境风险等级划分文件，较大、重大的环境风险企业数量占评估区所有企业数量的百分比	>65	6
				(20-50]	4		(20-50]	3		(30-65]	4
				(10-20]	2		(10-20]	1		(15-30]	2
				≤10	0		≤10	0		≤15	0
4	港口码头数量	港口管理部门	评估区域内涉及危险化学品装卸、暂存的港口码头（涉水）数量，单位：个	≥2	5	评估区域内涉及危险化学品装卸、暂存的港口码头（涉气），单位：个	≥2	5	评估区域内涉及危险化学品装卸、暂存的港口码头数量，单位：个	>2	5
				1	3		1	3		2	3
										1	1
				0	0		0	0		0	0

序号	评估指标	数据来源	水环境风险 指标说明	情况	分值	大气环境风险 指标说明	情况	分值	综合环境风险 指标说明	情况	分值
5	港口码头危险化学品各吞吐量	港口管理部门	评估区域内涉水港口码头危险化学品各吞吐量，可组织各个危险化学品港口码头填报数据，再进行汇总。单位：万吨	>50	5	评估区域内涉气港口码头危险化学品各吞吐量，可组织各个危险化学品港口码头填报数据，再进行汇总。单位：万吨	>50	5	评估区域内港口码头危险化学品各吞吐量，可组织各个危险化学品港口码头填报数据，再进行汇总。单位：万吨	>500	5
				(30, 50]	3		(30, 50]	3		(250, 500]	3
				(10, 30]	1		(10, 30]	1		(100, 250]	1
				≤10	0		≤10	0		≤100	0
6	港口码头危险化学品最大存储量	港口管理部门	评估区域内涉水港口码头危险化学品最大存储量（实际存储量），可组织各个危险化学品港口码头填报数据，再进行汇总。单位：万吨	>0.5	5	评估区域内涉气港口码头危险化学品最大存储量（实际存储量），可组织各个危险化学品港口码头填报数据，再进行汇总。单位：万吨	>0.5	5	评估区域内港口码头危险化学品最大存储量（实际存储量），可组织各个危险化学品港口码头填报数据，再进行汇总。单位：万吨	>0.5	5
				(0.3, 0.5]	3		(0.3, 0.5]	3		(0.3, 0.5]	3
				(0.1, 0.3]	1		(0.1, 0.3]	1		(0.1, 0.3]	1
				≤0.1	0		≤0.1	0		≤0.1	0
7	道路年运输危险化学品数量	交通部门	评估区域内每年以道路运输方式运输的危险化学品数量（涉水），单位：万吨	>300	15	评估区域内每年以道路运输方式运输的危险化学品数量（涉气），单位：万吨	>300	30	评估区域内每年以道路运输方式运输的危险化学品数量，单位：万吨	>300	15
				(30, 300]	9		(30, 300]	18		(30, 300]	9
				(3, 30]	3		(3, 30]	6		(3, 30]	3
				≤3	0		≤3	0		≤3	0
8	内陆水运危险化学品数量	海事部门	评估区域内每年以内陆水路运输方式运输的危险化学品数量，单位：万吨	>200	15	/		/	评估区域内每年以内陆水路运输方式运输的危险化学品数量，单位：万吨	>200	15
				(20, 200]	9					(20, 200]	9
				(2, 20]	3					(2, 20]	3
				≤2	0					≤2	0

序号	评估指标	数据来源	水环境风险			大气环境风险			综合环境风险		
			指标说明	情况	分值	指标说明	情况	分值	指标说明	情况	分值
9	环境风险等级为较大及以上的尾矿库数量	环保部门	依据《尾矿库环境风险评估技术导则（试行）》，等级为较大、重大的尾矿库数量（涉水），单位：座	≥3 2 1 无	5 3 1 0	/	/	/	依据《尾矿库环境风险评估技术导则（试行）》，等级为较大、重大的尾矿库数量，单位：座	>5 [3，5] [1，2] 无	5 3 1 0
10	石油天然气开采设施数量	工信部门	评估区域内有无石油天然气开采设施（涉水）	有 无	5 0	评估区域内有无石油天然气开采设施（涉气）	有 无	5 0	评估区域内石油天然气开采设施数量，单位：套	>100 [30，100] <30	5 3 0
11	石油天然气及成品油长输管线跨越区域情况	安监部门	评估区域内石油天然气及成品油长输管线跨越或影响的区域环境特征（涉水）。影响区域是指根据TSGD7003—2010《压力管道定期检验规则-长输（油气）管道》计算出的管道事故后果严重和潜在影响半径	跨越Ⅰ类、Ⅱ类地表水水域环境功能区和保护目标 跨越Ⅲ类、Ⅳ类地表水水域环境功能区和保护目标 跨越Ⅴ类、劣Ⅴ类地表水水域环境功能区和保护目标	5 3 1	评估区域内石油天然气及成品油长输管线跨越的区域环境特征（涉气）	跨越人口集中区 未跨越人口集中区	5 1	评估区域内石油天然气及成品油长输管线跨越或影响的区域环境特征。影响区域是指根据TSGD7003—2010《压力管道定期检验规则-长输（油气）管道》计算出的管道事故后果严重和潜在影响半径	跨越Ⅰ类、Ⅱ类地表水水域环境功能区和保护目标或人口集中区 跨越Ⅲ类、Ⅳ类地表水水域环境功能区和保护目标 跨越Ⅴ类、劣Ⅴ类地表水水域环境功能区和保护目标	5 3 1

序号	评估指标	数据来源	水环境风险			大气环境风险			综合环境风险		
			指标说明	情况	分值	指标说明	情况	分值	指标说明	情况	分值
12	近五年突发环境事件发生数量及影响	环保部门	参照《国家突发环境事件应急预案》，评估区域内近五年突发水环境事件发生数量及影响	突发水环境事件数量≥1且较大及以上等级的突发水环境事件数量≥1	20	参照《国家突发环境事件应急预案》，评估区域内近五年突发大气环境事件发生数量及影响	突发大气环境事件数量≥1且较大及以上等级的突发大气环境事件数量≥1	20	参照《国家突发环境事件应急预案》，评估区域内近五年突发环境事件发生数量及影响	突发环境事件数量≥2，且较大及以上等级的突发环境事件数量≥1	10
				突发水环境事件数量≥1，无较大及以上等级的突发水环境事件	10		突发大气环境事件数量≥1，无较大及以上等级的突发大气环境事件	10		突发环境事件数量≥1，无较大及以上等级的突发环境事件	5
				无突发水环境事件发生	0		无突发大气环境事件发生	0		无突发环境事件发生	0
13	环境投诉数量	环保部门	/	/	/	/	/	/	评估区域上一年度因环境问题来信、来访、电话及网络投诉总数，单位：件	>300	10
										[201，300]	7
										[100，200]	4
										<100	0

附表 3 环境风险受体脆弱性（V）分析指标

序号	评估指标	数据来源	水环境风险			大气环境风险			综合环境风险		
			指标说明	情况	分值	指标说明	情况	分值	指标说明	情况	分值
1	重要水体、流通渠道水质类别	水利部门、农业部门、环保部门	河道、湖泊水质类别，如Ⅰ类、Ⅱ类、Ⅲ类、Ⅳ类、Ⅴ类、劣Ⅴ类（若存在多个水质类别，取高值）	Ⅰ类、Ⅱ类	15	/	/	/	河道、湖泊水质类别，如Ⅰ类、Ⅱ类、Ⅲ类、Ⅳ类、Ⅴ类、劣Ⅴ类（若存在多个水质类别，取高值）	Ⅰ类、Ⅱ类	10
				Ⅲ类、Ⅳ类	7					Ⅲ类、Ⅳ类	5
				Ⅴ类、劣Ⅴ类	0					Ⅴ类、劣Ⅴ类	0

序号	评估指标	数据来源	水环境风险 指标说明	水环境风险 情况	水环境风险 分值	大气环境风险 指标说明	大气环境风险 情况	大气环境风险 分值	综合环境风险 指标说明	综合环境风险 情况	综合环境风险 分值
2	水网密度指数	环保部门	参照《生态环境状况评价技术规范》	>50	15	/	/	/	参照《生态环境状况评价技术规范》	>50	10
				(25, 50]	7					(25, 50]	5
				[0, 25]	0					[0, 25]	0
3	居民区污染频数	环保部门、气象部门、规划部门	/	/		人口密度超过评估区域平均人口密度的居民区，五公里范围内其为工业向上风区的风频，若存在多个风频则取高值	>20%	40	人口密度超过评估区域平均人口密度的居民区，五公里范围内其为工业向上风区的风频，若存在多个风频则取高值	>20%	10
							(13%-20%]	26		(13%-20%]	7
							[5%-13%]	13		[5%-13%]	4
							<5%	0		<5%	0
4	单位面积常住人口数量（人/平方公里）	统计部门	/	/	/	/	/	/	常住人口数量与评估区域总面积的比值，单位：人/平方公里	>1500	10
										(1000, 1500]	7
										[500, 1000]	4
										<500	0
5	单位面积环境风险受体数量（个/平方公里）	环保部门	单位面积中水环境风险受体数量，单位：个/平方公里	≥0.5	15	单位面积中大气环境风险受体数量，单位：个/平方公里	≥0.5	40	单位面积中环境风险受体数量，单位：个/平方公里	≥0.5	20
				[0.1-0.5)	10		[0.1-0.5)	26		[0.1-0.5)	14
				[0.01-0.1)	5		[0.01-0.1)	13		[0.01-0.1)	8
				<0.01	0		<0.01	0		<0.01	0
6	乡镇及以上集中式饮用水水源地数量	地方政府、环保部门	提供居民生活及公共服务用水的水源地的个数，包括河流、湖泊、水库等，单位：个	>10	15	/	/	/	提供居民生活及公共服务用水的水源地的个数，包括河流、湖泊、水库等，单位：个	>10	10
				[5, 10)	10					[5, 10)	7
				[1, 4)	5					[1, 4)	4
				0	0					0	0

序号	评估指标	数据来源	水环境风险 指标说明	情况	分值	大气环境风险 指标说明	情况	分值	综合环境风险 指标说明	情况	分值
7	乡镇及以上集中式饮用水水源地服务人口数量	地方政府	以乡镇及以上饮用水水源地为取水的人口数量，单位：万人	>10	20	/		/	以乡镇及以上集中式饮用水水源地为取水的人口数量，单位：万人	>100	10
				[7, 10]	14					[50, 100]	7
				[3, 7)	8					[30, 50)	4
				<3	0					<30	0
8	人均GDP水平	统计部门	评估子区域所在地市或区县上一年度GDP与当地常住人口数量的比值，单位：万元/人	<3	20	评估区域所在地市或区县上一年度GDP与当地常住人口数量的比值，单位：万元/人	<3	20	评估区域所在地市或区县上一年度GDP与当地常住人口的比值，单位：万元/人	<3	20
				[3, 5)	14		[3, 5)	14		[3, 5)	14
				[5, 10)	8		[5, 10)	8		[5, 10)	8
				≥10	0		≥10	0		≥10	0

附表 4 环境风险防控与应急能力（M）分析指标

序号	评估指标	数据来源	水环境风险 指标说明	情况	分值	大气环境风险 指标说明	情况	分值	综合环境风险 指标说明	情况	分值
1	监测预警能力	环保部门	评估区域内，通过设置监测点位监测应急预警突发水环境事件的能力	未设置应急监测、环境质量监测点位	20	评估区域内，涉及有毒有害气体环境风险企业是否安装有毒有害气体预警装置	50%以下的涉及有毒有害气体环境风险企业安装有毒有害气体预警装置	20	评估区域内，通过设置水环境应急监测点位预警突发水环境事件的能力以及涉及有毒有害气体环境风险企业安装有毒有害气体预警装置	未设置水环境应急监测点位，50%以下的涉及有毒有害气体环境风险企业安装有毒有害气体预警装置	20
				仅设置环境质量监测点位	10		50%以上80%以下的涉及有毒有害气体环境风险企业安装有毒有害气体预警装置	10		设置水环境应急监测点位，50%以上、80%以下的涉及有毒有害气体环境风险企业安装有毒有害气体预警装置	10

序号	评估指标	数据来源	水环境风险 指标说明	水环境风险 情况	水环境风险 分值	大气环境风险 指标说明	大气环境风险 情况	大气环境风险 分值	综合环境风险 指标说明	综合环境风险 情况	综合环境风险 分值
1	监测预警能力	环保部门	评估区域内，通过设置水环境应急监测点预测预警突发水环境事件的能力	设置应急监测及环境质量监测点位	0	评估区域内，涉及有毒有害气体环境风险企业是否安装有毒有害气体预警装置	80%以上的涉及有毒有害气体企业安装有毒有害气体预警装置	0	评估水环境应急设置水位监测点位，通过设置水环境应急监测点预测预警突发水环境事件的能力及涉及有毒有害气体环境风险企业安装有毒有害气体预警装置	设置水环境应急监测点位，80%以上的涉及有毒有害气体环境风险企业安装有毒有害气体预警装置	0
2	污染物的拦截、稀释和处置能力	政府应急部门	当突发环境事件发生时，评估区域内通过筑坝、导流等方式对污染物的拦截能力；通过上游调节水体中污染物浓度的能力；通过物化处理，吸附等方式对污染物就地处置或异地处置其中任意两种能力	拦截、导流、稀释及物理化学处理能力不具备	20	/		/	当突发环境事件发生时，评估区域内通过筑坝、导流等方式对污染物的拦截能力；通过上游调节水体中污染物浓度的能力；通过物化处理，吸附等方式对污染物就地处置或异地处置其中任意两种能力	拦截、导流、稀释及物理化学处理能力不具备	20
				具备拦截、导流、稀释及物理化学处理其中任意一种能力	10	/				具备拦截、导流、稀释及物理化学处理其中任意一种能力	10
				具备拦截、导流、稀释及物理化学处理其中任意两种能力	0					具备拦截、导流、稀释及物理化学处理其中任意两种能力	0
3	环境应急预案编制情况	政府应急部门	评估区域内是否具有专项应急预案；政府环境应急预案和部门应急预案中有无相关内容	无专项应急预案，在部门和政府预案中无相关内容	15	评估区域内是否具有专项应急预案；政府环境应急预案和部门应急预案中有无相关内容	无专项应急预案，在部门和政府预案中无相关内容	20	评估区域内是否具有完整应急预案体系，包括政府环境应急预案和部门环境应急预案等	无任何应急预案	10
				无专项应急预案，在部门应急预案或政府应急预案和部门应急预案中有相关内容	8		无专项应急预案，在部门应急预案或政府应急预案和部门应急预案中有相关内容	10		无政府应急预案，有部门应急预案或有部门应急预案，无政府应急预案	5
				有专项应急预案	0		有专项应急预案	0		既有政府应急预案，又有部门应急预案	0

序号	评估指标	数据来源	水环境风险			大气环境风险			综合环境风险		
			指标说明	情况	分值	指标说明	情况	分值	指标说明	情况	分值
4	环境应急决策支持	环境应急部门	/	/	/	/	/	/	是否成立环境应急机构或应急部门(环境应急中心)或具有相关职能的部门;是否建立突发环境事件应急专家组	未成立环境应急专门机构或部门,未建立突发环境事件应急专家组	15
										已成立环境应急专门机构或应急部门,但未建立突发环境应急专家组	7
										已成立环境应急专门机构或部门,已建立突发环境事件应急专家组	0
5	环境应急人员数量	环境应急部门	评估区域内环境人员数量,应急人员数量,主要参照全国环保部门环境应急能力建设标准中人员规模、人员学历和培训上岗率要求进行评估。选取与评估子区域所属行政区域级别匹配的区域级别标准进行评估	不达标	15	评估区域内环境人员数量,应急人员数量,主要参照全国环保部门环境应急能力建设标准中人员规模、人员学历和培训上岗率要求进行评估。选取与评估子区域所属行政区域级别匹配的区域级别标准进行评估	不达标	20	评估区域内环境人员数量,应急人员数量,主要参照全国环保部门环境应急能力建设标准中人员规模、人员学历和培训上岗率要求进行评估。选取与评估子区域所属行政区域级别匹配的区域级别标准进行评估	不达标	10
				三级	6		三级	8		三级	4
				二级	3		二级	4		二级	2
				一级	0		一级	0		一级	0

序号	评估指标	数据来源	水环境风险 指标说明	水环境风险 情况	分值	大气环境风险 指标说明	大气环境风险 情况	分值	综合环境风险 指标说明	综合环境风险 情况	分值
6	应急物资储备情况	环境应急部门	评估区域内突发水环境事件应急物资实物储备、生产协议储备、生产能力储备及其他地区储备情况及应急物资是否满足事件应急需求	本地物资不能满足事件应急需求，无其他地区物资储备信息	15	评估区域内突发大气环境事件应急物资实物储备、协议储备、生产能力储备及其他地区储备情况，是否满足应急需求	本地物资不能满足事件应急需求，无其他地区物资储备信息	20	评估区域内突发环境事件应急物资实物储备、生产协议储备、生产储备情况，是否满足事件应急需求	本地物资不能满足事件应急需求，无其他地区物资储备信息	15
				本地物资不能满足事件应急需求，但有其他地区储备信息及应急物资区域调用协议能力储备，可以进行调用	7		本地物资不能满足事件应急需求，但有其他地区储备信息及应急物资区域储备，可以进行调用	10		本地物资不能满足事件应急需求，但有其他地区储备信息，可以满足事件应急需求	7
				本地物资基本满足事件应急需求，不需要从其他区域调用	0		本地物资基本满足事件应急需求，不需要从其他区域调用	0		本地物资基本满足事件应急需求，不需要从其他区域调用	0
7	环境应急监测能力	环境监测部门	评估区域内环境应急监测能力情况，根据全国环境监测站建设标准，人员能力和应急监测仪器配置要求进行评估	不达标	15	评估区域内环境应急监测能力情况，根据全国环境监测站建设标准中关于人员能力和应急监测仪器配置环境要求进行评估	不达标	20	评估区域内环境应急监测能力情况，根据全国环境监测站建设标准中关于人员能力和应急监测仪器配置环境要求进行评估	不达标	10
				三级	6		三级	8		三级	5
				二级	3		二级	4		二级	2
				一级	0		一级	0		一级	0

行政区域突发环境事件风险评估报告编制参考大纲

1 前言

说明编制目的及编制过程

2 总则

2.1 编制原则
2.2 编制依据

政策法规、技术指南、标准规范及其他文件

3 资料准备

3.1 行政区域环境功能区划与空间分布情况
3.2 行政区域环境风险受体信息
3.3 行政区域环境风险源基本情况
3.4 行政区域现有环境风险防控与应急救援能力

4 环境风险识别

4.1 环境风险受体识别
4.2 环境风险源识别
4.3 "热点"区域识别

5 环境风险评估子区域划分

5.1 按敏感目标类型划分评估子区域
5.2 按下级行政区域边界划分评估子区域
5.3 按地理空间划分网格区域

6 环境风险分析

6.1 环境风险指数计算
6.1.1 水环境风险指数计算与等级划分
6.1.2 大气环境风险指数计算与等级划分
6.1.3 综合环境风险指数计算与等级划分
6.2 网格化环境风险分析
6.2.1 网格环境风险场强度计算
6.2.2 网格环境风险受体易损性计算
6.2.3 网格环境风险值计算与等级划分

7 典型突发环境事件情景分析

7.1 突发环境事件情景设定

7.2 突发环境事件情景源强分析

7.3 突发环境事件情景释放途径分析

7.4 突发环境事件情景后果分析

8 环境风险防控与应急措施差距分析

8.1 环境风险受体管理差距分析

8.2 环境风险源管理差距分析

8.3 区域环境风险管理与应急能力差距分析

9 行政区域环境风险管理措施建议

从列举优先管理对象清单、优化区域环境风险空间布局、区域环境风险防控和应急救援能力建设、环境应急预案管理等方面提出建议。

附3

行政区域环境风险管理措施建议举例

1 列举优先管理对象清单

根据识别分析结果，筛选建立包括重点环境风险源、重点环境风险受体以及重点管控区域在内的优先管理对象清单，对清单中风险源、风险受体以及区域实施重点监管。

（1）重点环境风险源清单。例如，重大环境风险等级企业、尾矿库，处在敏感区域的较大环境风险等级企业、尾矿库，连续发生突发环境事件的企业。

（2）重点环境风险受体清单。例如，处于高、较高等级水环境风险区域的集中式饮用水水源保护区，处于高、较高等级大气环境风险区域的人口集中区。

（3）重点管控区域清单。环境风险源集中的区域，例如，化工园区、工业聚集区；环境风险源与风险受体交错的区域，例如，不符合安全、环保距离要求的企业与居民混居区，危险化学品运输路线经过的人口集中区、饮用水水源保护区等区域。

2 区域环境风险空间布局优化

根据区域环境风险分布特点，按照相关法律法规、规划要求，从保护人口集中区、集中式饮用水水源保护区等重要环境风险受体角度出发，按照源头防控的原则，提出区域环境风险空间布局优化建议。

（1）环境风险源。例如，对于评估为高风险等级的区域，不再新、改、扩建增大环境风险的建设项目；推进工业园区外的风险企业入园，逐步淘汰重污染、高环境风险企业，对不符合防护距离要求的涉危、涉重企业实施搬迁，鼓励企业减少环境风险物质使用；合理调整危险化学品运输路线，避开人口集中区、集中式饮用水水源保护区等。

（2）环境风险受体。例如，严格集中式饮用水水源保护区监管，取缔集中式饮用水水源一级保护区内与供水设施和保护水源无关的建设项目，及时纠正环境违法行为；若高环境风险区域内的环境风险源短时间无法搬迁，对受影响的人口实施必要的搬迁、转移。

3 区域环境风险防控和应急救援能力建设

根据区域环境风险水平和能力差距分析结果，重点从环境监测预警、应急防护工程、队伍建设、物资储备以及联动机制等方面，提出区域环境风险防控和应急救援能力建设建议。

（1）环境监测预警。例如，根据相关标准规范，加强基础环境监测分析能力，强化重点特征污染物应急监测能力；在饮用水水源保护区取水口和连接水体、涉及有毒有害气体的化工园区或工业聚集区，建设监控预警设施及研判预警平台，提高水和大气环境应急监测预警能力。

（2）环境应急防护工程。例如，针对环境风险等级为较高以上的区域及可能的污染物扩散通道，加强污染物拦截、导流、稀释和物理化学处理能力建设，建设取水口应急防护工程，针对道路和桥梁建设导流槽、应急池。

（3）环境应急队伍建设。例如，建立健全环境应急管理机构，提高人员业务能力；加强环境应急专家库建设；设立专职或兼职的环境应急救援队伍，提高专业化、社会化水平。

（4）环境应急物资储备。例如，建立健全政府专门储备、企业代储备等多种形式的环境应急物资储备模式，建设环境应急资源信息数据库，提高区域综合保障能力；针对化工园区等重点区域，就近设置环境应急物资储备库。

（5）环境应急联动机制建设。例如，存在跨界影响的相邻区域，签订应急联动协议，制定跨区域、流域环境应急预案，定期会商、联合演练、联合应对。

4 区域突发环境事件应急预案管理

以提高环境应急预案针对性、实用性为目标，重点从企业、政府两个方面提出环境应急预案管理建议。

（1）企业环境应急预案。加强企业环境风险评估与环境应急预案备案管理，督促企业做好环境应急预案培训、演练，落实主体责任。

（2）政府环境应急预案。根据典型突发环境事件情景分析结果，编制、修订政府环境应急预案，明确应急指挥机构、职责分工、预警、应对响应流程，重点针对各种典型事件情景，细化应急处置方案及人员、物资调配流程，针对高、较高环境风险区域编制专项环境应急预案或实施方案。

关于公布第二批全国环境保护优秀培训教材评选结果的通知

环办人事〔2018〕10号

各省、自治区、直辖市环境保护厅（局），新疆生产建设兵团环境保护局，机关各部门，各派出机构、直属单位：

为贯彻落实《干部教育培训工作条例》，加强新形势下环保培训教材体系建设，促进优秀教材开发使用，提高环保业务培训实效，根据《全国环境保护优秀培训教材评选办法》，环境保护部组织开展了第二批全国环境保护优秀培训教材评选工作，确定《国家环境保护政策读本（第二版）》等18种教材（见附件）为第二批全国环境保护优秀培训教材，现予以公布。

这批教材以近两年出版为主，从不同侧面较好体现了我国生态文明建设和环境保护工作新的理论成果、实践成果，具有较强的指导性、针对性和实用性。全国环保系统要根据干部培养和实际工作需要，在干部教育培训中用好这批教材。要继续重视教材建设，以习近平新时代中国特色社会主义思想为指导，积极培育开发更多优秀环保培训教材，为建设高素质专业化环保人才队伍提供有力支撑。

教材使用过程中的意见建议，请及时与环境保护部行政体制与人事司联系。

联系电话：（010）66556804

附件：第二批全国环境保护优秀培训教材名单

环境保护部办公厅
2018年2月1日

附件

第二批全国环境保护优秀培训教材名单

序号	教材名称	作者	出版社	版次	字数
1	国家环境保护政策读本（第二版）	陈吉宁、马建堂 主编	国家行政学院出版社	2017年3月第2版	225千字
2	生态文明制度建设概论	环境保护部环境与经济政策研究中心 编著	中国环境出版社	2016年6月第1版	336千字

序号	教材名称		作者	出版社	版次	字数
3	环境空气质量预报预警方法技术指南（第二版）		中国环境监测总站 著	中国环境出版社	2017年5月第2版	510千字
4	控制PM$_{2.5}$污染：中国路线图与政策机制		王金南 主编	科学出版社	2016年12月第1版	444千字
5	火电厂污染防治技术手册		朱法华 等 著	中国电力出版社	2017年5月第1版	408千字
6	土壤污染防治行动计划研究		王夏晖、陆军、李志涛 主编	中国环境出版社	2017年2月第1版	248千字
7	固体废物鉴别原理与方法		周炳炎、王琪、于泓锦、郝雅琼 著	中国环境出版社	2016年1月第1版	402千字
8	固体废物鉴别与管理		杨玉飞 主编	河南科学技术出版社	2016年7月第1版	426千字
9	医疗废物非焚烧处理设施运行管理与操作技术培训教程		蔡凌、孙阳昭、优沛崧、任志远、姜晨 主编	中国环境出版社	2017年6月第1版	365千字
10	环境监测综合实验		赵晓莉、徐建强、陈敏东 编著	气象出版社	2016年6月第1版	454千字
11	环境污染犯罪司法解释图解案例手册		环境保护部环境监察局、最高人民检察院侦查监督厅、公安部治安管理局 主编	中国环境出版社	2017年2月第1版	75千字
12	核与辐射安全科普系列丛书	核电	环境保护部核与辐射安全中心 编著	中国原子能出版社	2015年12月第1版	140千字
		核燃料循环辐射环境影响和管理				108千字
		核燃料循环				194千字
		辐射防护				72千字
		核技术利用				165千字
13	核技术利用环保行政执法手册		上海市辐射环境监督站 编著	上海科学技术文献出版社	2017年3月第1版	357千字
14	环境统计基础		环境统计教材编写委员会 编	中国环境出版社	2016年5月第1版	256千字
15	"一带一路"生态环境蓝皮书	沿线重点国家生态环境状况报告	中国-东盟（上合组织）环境保护合作中心 编著	中国环境出版社	2015年12月第1版	1350千字
		沿线区域环保合作和国家生态环境状况报告			2017年5月第1版	790千字
16	环境友好使者应对气候变化创新行动培训教材	中国·世界·未来应对气候变化之减缓	环境保护部宣传教育中心 编著	北京燕山出版社	2017年2月第1版	84千字
						87千字
		气候变化的认知				66千字
17	环境教育基地指导手册		环境保护部宣传教育中心、自然之友 编著	气象出版社	2016年9月第1版	180千字
18	以案为鉴，警钟长鸣——环保系统违纪违法典型案例选编		中央纪委驻环境保护部纪检组 编	中国环境出版社	2017年9月第1版	150千字

关于加强"未批先建"建设项目环境影响评价
管理工作的通知

环办环评〔2018〕18 号

各省、自治区、直辖市环境保护厅（局），新疆生产建设兵团环境保护局：

为加强"未批先建"建设项目环境影响评价管理工作，根据《关于建设项目"未批先建"违法行为法律适用问题的意见》（环政法函〔2018〕31 号），现就有关事项通知如下：

一、"未批先建"违法行为是指，建设单位未依法报批建设项目环境影响报告书（表），或者未按照环境影响评价法第二十四条的规定重新报批或者重新审核环境影响报告书（表），擅自开工建设的违法行为，以及建设项目环境影响报告书（表）未经批准或者未经原审批部门重新审核同意，建设单位擅自开工建设的违法行为。

除火电、水电和电网项目外，建设项目开工建设是指，建设项目的永久性工程正式破土开槽开始施工，在此以前的准备工作，如地质勘探、平整场地、拆除旧有建筑物、临时建筑、施工用临时道路、通水、通电等不属于开工建设。

火电项目开工建设是指，主厂房基础垫层浇筑第一方混凝土。电网项目中变电工程和线路工程开工建设是指，主体工程基础开挖和线路基础开挖。水电项目筹建及准备期相关工程按照《关于进一步加强水电建设环境保护工作的通知》（环办〔2012〕4 号）执行。

二、各级环境保护部门要按照"属地管理"原则，对"未批先建"建设项目进行拉网式排查并依法予以处罚。

（一）建设项目于 2015 年 1 月 1 日新《中华人民共和国环境保护法》（以下简称《环境保护法》）施行后开工建设，或者 2015 年 1 月 1 日之前已经开工建设且之后仍然进行建设的，应当适用新《环境保护法》第六十一条规定进行处罚。

（二）建设项目于 2016 年 9 月 1 日新《中华人民共和国环境影响评价法》（以下简称《环境影响评价法》）施行后开工建设，或者 2016 年 9 月 1 日之前已经开工建设且仍然进行建设的，应当适用新《环境影响评价法》第三十一条的规定进行处罚。

（三）建设单位同时存在违反环境保护设施"三同时"和竣工环保验收制度等违法行为的，应当依法分别予以处罚。

（四）"未批先建"违法行为自建设行为终了之日起二年内未被发现的，依法不予行政处罚。

三、环保部门应当按照本通知第一条、第二条规定对"未批先建"等违法行为作出处罚，建设单位主动报批环境影响报告书（表）的，有审批权的环保部门应当受理，并根据技术评估和审查结论分别作出相应处理：

（一）对符合环境影响评价审批要求的，依法作出批准决定，并出具审批文件。

（二）对存在《建设项目环境保护管理条例》第十一条所列情形之一的，环保部门依法不予批准该项目环境影响报告书（表），并可以依法责令恢复原状。

四、各级环保部门要按照《关于以改善环境质量为核心加强环境影响评价管理的通知》（环环评〔2016〕150号）要求，在建设项目环境影响报告书（表）审批工作中严格落实项目环评审批与规划环评、现有项目环境管理、区域环境质量联动机制，更好地发挥环评制度从源头防范环境污染和生态破坏的作用，加快改善环境质量，推动高质量发展。

五、各级环保部门要督促"未批先建"建设项目依法履行环境影响评价手续。依法需申请排污许可证的"未批先建"建设项目，应当依照国家有关环保法律法规和《排污许可管理办法（试行）》的规定，在规定时限内完成环评报批手续。通过依法查处"未批先建"违法行为，依法受理和审查"未批先建"建设项目环评手续，将所有建设项目依法纳入环境管理，为实现排污许可证"核发一个行业，清理一个行业，规范一个行业"提供保障。

各地在执行中如遇到问题，请及时向我部反馈。

联系方式：环境保护部环境影响评价司，（010）66556419

环境保护部办公厅
2018年2月24日

关于印发《生活垃圾焚烧发电建设项目环境准入条件（试行）》的通知

环办环评〔2018〕20号

各省、自治区、直辖市环境保护厅（局），新疆生产建设兵团环境保护局：

为规范生活垃圾焚烧发电建设项目环境管理，引导生活垃圾焚烧发电行业健康有序发展，我部组织制定了《生活垃圾焚烧发电建设项目环境准入条件（试行）》，现印发给你们，作为开展生活垃圾焚烧发电建设项目环境影响评价工作的依据。

附件：生活垃圾焚烧发电建设项目环境准入条件（试行）

环境保护部办公厅
2018年3月4日

生活垃圾焚烧发电建设项目环境准入条件
（试 行）

第一条　为规范我国生活垃圾焚烧发电建设项目环境管理，引导生活垃圾焚烧发电行业健康有序发展，依据有关法律法规、部门规章和技术规范要求，制定本环境准入条件。

第二条　本环境准入条件适用于新建、改建和扩建生活垃圾焚烧发电项目。生活垃圾焚烧项目参照执行。

第三条　项目建设应当符合国家和地方的主体功能区规划、城乡总体规划、土地利用规划、环境保护规划、生态功能区划、环境功能区划等，符合生活垃圾焚烧发电有关规划及规划环境影响评价要求。

第四条　禁止在自然保护区、风景名胜区、饮用水水源保护区和永久基本农田等国家及地方法律法规、标准、政策明确禁止污染类项目选址的区域内建设生活垃圾焚烧发电项目。项目建设应当满足所在地大气污染防治、水资源保护、自然生态保护等要求。

鼓励利用现有生活垃圾处理设施用地改建或扩建生活垃圾焚烧发电设施，新建项目鼓励采用生活垃圾处理产业园区选址建设模式，预留项目改建或者扩建用地，并兼顾区域供热。

第五条　生活垃圾焚烧发电项目应当选择技术先进、成熟可靠、对当地生活垃圾特性适应性强的焚烧炉，在确定的垃圾特性范围内，保证额定处理能力。严禁选用不能达到污染物排放标准的焚烧炉。

焚烧炉主要技术性能指标应满足炉膛内焚烧温度≥850℃，炉膛内烟气停留时间≥2秒，焚烧炉渣热灼减率≤5%。应采用"3T+E"控制法使生活垃圾在焚烧炉内充分燃烧，即保证焚烧炉出口烟气的足够温度（Temperature）、烟气在燃烧室内停留足够的时间（Time）、燃烧过程中适当的湍流（Turbulence）和过量的空气（Excess-Air）。

第六条　项目用水应当符合国家用水政策并降低新鲜水用量，最大限度减少使用地表水和地下水。具备条件的地区，应利用城市污水处理厂的中水。

按照"清污分流、雨污分流"原则，提出厂区排水系统设计要求，明确污水分类收集和处理方案。按照"一水多用"原则强化水资源的串级使用要求，提高水循环利用率。

第七条　生活垃圾运输车辆应采取密闭措施，避免在运输过程中发生垃圾遗撒、气味泄漏和污水滴漏。

第八条　采取高效废气污染控制措施。烟气净化工艺流程的选择应符合《生活垃圾焚烧处理工程技术规范》（CJJ90）等相关要求，充分考虑生活垃圾特性和焚烧污染物产生量的变化及其物理、化学性质的影响，采用成熟先进的工艺路线，并注意组合工艺间的相互匹配。重点关注活性炭喷射量/烟气体积、袋式除尘器过滤风速等重要指标。鼓励配套建设二噁英及重金属烟气深度净化装置。

焚烧处理后的烟气应采用独立的排气筒排放，多台焚烧炉的排气筒可采用多筒集束式排放，外排烟气和排气筒高度应当满足《生活垃圾焚烧污染控制标准》（GB 18485）和地方相关标准要求。

严格恶臭气体的无组织排放治理，生活垃圾装卸、贮存设施、渗滤液收集和处理设施等应当采取密闭负压措施，并保证其在运行期和停炉期均处于负压状态。正常运行时设施内气体应当通过焚烧炉高温处理，停炉等状态下应当收集并经除臭处理满足《恶臭污染物排放标准》（GB 14554）要求后排放。

第九条　生活垃圾渗滤液和车辆清洗废水应当收集并在生活垃圾焚烧厂内处理或者送至生活垃圾填埋场渗滤液处理设施处理，立足于厂内回用或者满足 GB 18485 标准提出的具体限定条件和要求后排放。若通过污水管网或者采用密闭输送方式送至采用二级处理方式的城市污水处理厂处理，应当满足 GB 18485 标准的限定条件。设置足够容积的垃圾渗滤液事故收集池，对事故垃圾渗滤液进行有效收集，采取措施妥善处理，严禁直接外排。不得在水环境敏感区等禁设排污口的区域设置废水排放口。

采取分区防渗，明确具体防渗措施及相关防渗技术要求，垃圾贮坑、渗滤液处理装置等区域应当列为重点防渗区。

第十条　选择低噪声设备并采取隔声降噪措施，优化厂区平面布置，确保厂界噪声达标。

第十一条　安全处置和利用固体废物，防止产生二次污染。焚烧炉渣和除尘设备收集的焚烧飞灰应当分别收集、贮存、运输和处理处置。焚烧飞灰为危险废物，应当严格按照国家危险废物相关管理规定进行运输和无害化安全处置，焚烧飞灰经处理符合《生活垃圾填埋场污染控制标准》（GB 16889）中 6.3 条要求后，可豁免进入生活垃圾填埋场填埋；经处理满足《水泥窑协同处置固体废物污染控制标准》（GB 30485）要求后，可豁免进入水泥窑协同处置。废脱硝催化剂等其他危险废物须按相关要求妥善处置。产生的污泥或浓缩液应当在厂内妥善处置。鼓励配套建设垃圾焚烧残渣、飞灰处理处置设施。

第十二条　识别项目的环境风险因素，重点针对生活垃圾焚烧厂内各设施可能产生的有毒有害物质泄漏、大气污染物（含恶臭物质）的产生与扩散以及可能的事故风险等，制定环境应急预案，提出风险防范措施，制定定期开展应急预案演练计划。

评估分析环境社会风险隐患关键环节，制定有效的环境社会风险防范与化解应对措施。

第十三条　根据项目所在地区的环境功能区类别，综合评价其对周围环境、居住人群的身体健康、日常生活和生产活动的影响等，确定生活垃圾焚烧厂与常住居民居住场所、农用地、地表水体以及其他敏感对象之间合理的位置关系，厂界外设置不小于 300 米的环境防护距离。防护距离范围内不应规划建设居民区、学校、医院、行政办公和科研等敏感目标，并采取园林绿化等缓解环境影响的措施。

第十四条　有环境容量的地区，项目建成运行后，环境质量应当仍满足相应环境功能区要求。环境质量不达标的区域，应当强化项目的污染防治措施，提出可行有效的区域污染物减排方案，明确削减计划、实施时间，确保项目建成投产前落实削减方案，促进区域环境质量改善。

第十五条　按照国家或地方污染物排放（控制）标准、环境监测技术规范以及《国家重点监控企业自行监测及信息公开办法（试行）》等有关要求，制定企业自行监测方案及监测计划。每台生活垃圾焚烧炉必须单独设置烟气净化系统、安装烟气在线监测装置，按照《污染源自动监控管理办法》等规定执行，并提出定期比对监测和校准的要求。建立覆盖常规污染物、特征污染物的环境监测体系，实现烟气中一氧化碳、颗粒物、二氧化硫、氮氧化物、氯化氢和焚烧运行工况指标中炉内一氧化碳浓度、燃烧温度、含氧量在线监测，并与环境保护部门联网。垃圾库负压纳入分散控制系统（DCS）监控，鼓励开展在线监测。

对活性炭、脱酸剂、脱硝剂喷入量、焚烧飞灰固化/稳定化螯合剂等烟气净化用消耗性物资、材料应当实施计量并计入台账。

落实环境空气、土壤、地下水等环境质量监测内容，并关注土壤中二噁英及重金属累积环境影响。

第十六条　改、扩建项目实施的同时，应当针对现有工程存在的环保问题，制定"以新带老"整改方案，明确具体整改措施、资金、计划等。

第十七条　按照相关规定要求，针对项目建设的不同阶段，制定完整、细致的环境信息公开和公众参与方案，明确参与方式、时间节点等具体要求。提出通过在厂区周边显著位置设置电子显示屏等方式公开企业在线监测环境信息和烟气停留时间、烟气出口温度等信息，通过企业网站等途径公开企业自行监测环境信息的信息公开要求。建立与周边公众良好互动和定期沟通的机制与平台，畅通日常交流渠道。

第十八条　建立完备的环境管理制度和有效的环境管理体系，明确环境管理岗位职责要求和责任人，制定岗位培训计划等。

第十九条　鼓励制定构建"邻利型"服务设施计划，面向周边地区设立共享区域，因地制宜配套绿化或者休闲设施等，拓展惠民利民措施，努力让垃圾焚烧设施与居民、社区形成利益共同体。

第二十条　本环境准入条件自发布之日起施行。

关于砖瓦行业环保专项执法检查开展情况的通报

环办环监函〔2018〕26号

各省、自治区、直辖市环境保护厅（局），新疆生产建设兵团环境保护局：

2017年7月10日，我部印发《关于开展砖瓦行业环保专项执法检查的通知》（环办环监函〔2017〕1095号），在全国范围内组织开展砖瓦行业环保专项执法检查（以下简称专项执法检查）。各地精心部署，对砖瓦行业进行了全面检查，并对存在的环境问题依法依规进行了处理。现将有关情况通报如下：

一、基本情况

全国共排查砖瓦企业32103家，发现18095家存在环境问题，占检查企业的56%，地方环保部门对3354家企业进行了罚款，责令限期改正7189家、停产整治4870家、报请政府关停 8743 家。此外，对违法行为恶劣的 5 家企业实施了按日计罚，涉嫌环境违法司法移送 137 家，涉嫌污染犯罪司法移送 3 家。通过专项执法检查，严厉打击了一批砖瓦行业环境违法企业，促进了行业整体守法水平提升。

二、存在问题

从检查情况来看，除个别地区外，各地高度重视并督促砖瓦行业企业按要求进行整治。但由于历史欠账较多，加之部分砖瓦企业主体责任意识不强，环境管理能力欠缺，砖瓦行业环境问题较多。

（一）环评制度执行不到位。砖瓦企业大多分布在乡村，数量众多，具有建设早、规模小、投资少、管理运营理念相对滞后的特点，仅 51% 的企业办理了环评手续。

（二）环保治理措施不完善。大多数企业存在物料堆场未有效封闭，原料露天堆放，道路未硬化，厂区浮尘大，扬尘管控不到位，无组织粉尘排放严重等问题，仅 35% 的企业安装了除尘脱硫设施。

（三）环保设施不正常运行率高。部分企业存在配料系统和生产区域收尘措施不到位，脱硫、除尘污染处理设施运行不正常等问题，79% 的企业污染防治设施和在线监控设施不正常运行。

（四）污染物排放达标率低。各地对具备监测条件的 11 691 家砖瓦企业进行监测，结果显示仅 54% 的企业满足《砖瓦工业大气污染物排放标准》（GB 29620—2013）表 2 大气污染物排放限值。

（五）自动在线监控设施普遍缺乏。大多数砖瓦企业不属于重点监管企业，环境影响评价报告中未对安装在线自动监控设施提出明确要求，仅 7% 的企业安装废气在线监控设施。

三、工作要求

（一）督促问题全面整改到位。地方各级环保部门针对检查发现的问题进行挂账销号，采取有效措施，督促企业切实履行污染治理的主体责任，制定整改计划、明确整改时限和责任人员，确保环境问题按期整改到位。对正在整改的企业，督促其加快整改进度；对整改不到位的，坚决不允许复产；对逾期未整改到位，治理无望的企业，依法报请当地政府予以关停；对已关停的企业要防止死灰复燃。

（二）持续加强日常环境监管。地方各级环保部门在前期排查和整治的基础上，建立砖瓦企业环境管理档案，完善日常监管机制。对尚未进行监测的，尽快组织开展监测；对达到整治工作要求并正常生产的企业，督促其加强治污设施管理，确保稳定达标排放；严格按照"双随机一公开"要求，加强企业日常环境监管，发现环境违法问题依法严肃查处，持续保持打击环境违法行为的高压态势。

（三）进一步完善协作机制。地方各级环保部门要加强与其他部门沟通协作，推行环境保护信息共享；综合运用多种手段，倒逼企业转型升级；涉嫌环境违法犯罪的，及时移送公安机关立案查处；加强与新闻媒体合作，加大对典型环境违法案件的曝光力度；要通过综合执法强化企业的主体责任，倒逼形成企业主动守法，不敢违、不愿违和违不起的良好氛围。

环境保护部办公厅

2018 年 1 月 5 日

关于进一步做好纳污坑塘整治工作的意见

环办环监函〔2018〕98 号

各省、自治区、直辖市环境保护厅（局），新疆生产建设兵团环境保护局：

2017 年 4 月，我部部署开展纳污坑塘排查整治工作。各级地方人民政府和环保部门高度重视、迅速行动、扎实推进，取得了阶段性成果，但仍存在整治目标不明确、缺乏技术指导、验收销号制度不完善和长效机制不健全等问题。为进一步做好纳污坑塘整治工作，确保整治取得实效，提出以下意见：

一、突出整治重点，明确整治目标

各地应将含有废酸、废油、重金属、有机污染物及其他工业废物，导致地表水、地下水或土壤中污染物浓度水平明显高于所在地环境背景值的工业类纳污坑塘作为整治重点。根据纳污坑塘的环境污染状况、土地规划用途、所在区域的地表水、地下水环境功能区划等实际情况，评估确定合理的地表水、地下水、底泥及周边土壤污染控制和治理修复目标。原则上应首先控制污染物扩散。坑塘污水异地处理后外排水质应达到相应处理设施的污水排放要求；原地处理后外排或回灌水体污染物浓度水平应达到周边自然水体的背景值。

二、科学编制整治方案，实行限期治理

按照"一坑一案、限期治理"要求，在实地调查和环境监测基础上，确定污染物质、污染范围和污染程度，逐一编制整治方案。对存在较大环境风险，可能对人体健康或周边生态环境产生严重危害的纳污坑塘，应立即采取切断污染源、管控环境风险的措施。

针对工业类纳污坑塘，按照废酸、废油、重金属、难降解有机物等污染物种类和潜在环境风险情况，选择科学可行的治理方法，实行水、土同步治理，不应仅采取简单的加药处理和覆土回填等方式进行治理。

针对农村生活类纳污坑塘，可与美丽乡村建设、农村环境综合整治、农村生活垃圾治

理、农村污水治理工作结合，通过完善农村环保基础设施建设、加强生活垃圾收集处理等方式根治农村生活类纳污坑塘污染问题，改善农村环境质量。

针对养殖类纳污坑塘，可与畜禽养殖污染防治工作结合，通过禁养区划定整治、资源利用等方式，改善畜禽废水无序排放现状，消除养殖类纳污坑塘污染，推进畜禽养殖业污染防治工作。

合理确定整治工作完成时限，明确整治责任主体、整治重点、整治目标、任务分工、资金保障。充分发挥专家在纳污坑塘方案编制和实施中的作用，纳污坑塘集中的地区，可组建纳污坑塘整治专家团队，实现科学治污、精准治污。

三、严格验收要求，加大后续监管力度

省级环境保护主管部门结合本地实际情况确定完成整治纳污坑塘的验收程序，可由纳污坑塘所在地县级人民政府组织或委托第三方专业机构验收，也可由设区的市级环境保护主管部门组织验收。通过验收后，应将整治方案、监测报告、施工报告、验收意见、环保部门监督检查记录等相关材料归档。省级环境保护主管部门对完成验收的纳污坑塘抽查核实，并予以销号。

按照属地管辖原则，督促有关地方人民政府结合实际情况对整治后的纳污坑塘实施生态修复。通过航拍、遥感、现场踏勘等手段，对整治情况进行评估。对完成整治的纳污坑塘加大日常巡查检查力度，杜绝污染问题反弹。

各省级环境保护主管部门每半年在其政府官网上向社会公开纳污坑塘台账信息、整治方案、整治进展、销号情况等相关信息，接受公众监督。

四、狠抓责任落实，建立长效机制

切实落实地方人民政府对环境质量负责的主体责任，可通过签订纳污坑塘排查整治承诺书的形式，层层分解任务、落实责任，确保纳污坑塘整治工作取得实效。

将纳污坑塘排查整治纳入地方各级环境保护主管部门日常监管，结合环保网格化管理、环保专项行动、未利用地环境管理、环境投诉举报等工作，及时将新发现的纳污坑塘记入台账，实施整治。

严厉打击向坑塘非法排污环境违法犯罪行为，深挖污染源头，对纳污坑塘周边涉酸、涉重金属、涉危险废物企业重点排查，彻底斩断违法犯罪链条。综合运用查封扣押、按日连续处罚、限产停产、移送行政拘留等措施，依法追究违法者行政责任、刑事责任和民事责任。

环境保护部办公厅
2018 年 1 月 17 日

关于 2017 年度国家生态工业示范园区复查评估结果的通报

环办科技函〔2018〕101 号

苏州工业园区、苏州高新技术产业开发区、天津经济技术开发区、南京经济技术开发区、上海漕河泾新兴技术开发区、天津滨海高新技术开发区华苑科技园、上海化学工业经济技术开发区、山东阳谷祥光生态工业园区、临沂经济技术开发区、江苏常州钟楼经济开发区、江阴高新技术产业开发区：

根据《国家生态工业示范园区管理办法》和《关于开展 2017 年度国家生态工业示范园区复查评估的通知》（环办科技函〔2017〕639 号）要求，本着公开、公平、公正的原则，国家生态工业示范园区建设协调领导小组办公室组织专家对部分园区开展了复查评估工作。现将评估结果通报如下：

一、本次复查评估的 11 家园区自命名以来，园区产业结构和能源结构持续优化，环境管理与监控应急能力明显提升。园区通过重点项目建设，积极构建以资源能源高效利用、废物循环利用、污染物减量排放为主要特征的绿色、循环、低碳的工业共生体系，国家生态工业示范园区建设取得了显著成效。11 家园区全部通过复查评估（评估结果见附件）。

二、评估结果排名靠前的园区，生态建设成效突出，制订了产业规划，采用绿色招商机制、企业分级管理、环保退出机制、社会治理模式、配套设立环保引导资金等多种创新管理模式，不断完善生态产业链，推动产业高端化发展。持续开展节能减排，大力实施低碳化能源结构调整和技术改造，不断创新环境管理体系，实现挥发性有机化合物（VOCs）减排精细化管理。这些成功做法值得其他园区认真学习，加以借鉴。

三、复查评估中也发现个别园区存在一些问题。有的园区生态建设缺乏顶层设计的持续优化，建设规划未能与时俱进。有的园区在产业链构建方面薄弱，未能有效补齐生态产业链中的缺环、断环。有的园区档案管理体系不健全，生态工业信息平台的基础数据库不完善，相关信息发布与更新较少。希望出现上述问题的园区，深入查找原因，认真研究解决对策，科学制定整改方案，切实完成整改任务，并将相关落实情况纳入后续年度评价报告。

请各园区认真研究专家组意见，不断提升园区绿色发展水平，充分发挥国家生态工业示范园区的引领和示范作用。

附件：国家生态工业示范园区复查评估结果

环境保护部办公厅
商务部办公厅
科技部办公厅
2018 年 1 月 15 日

国家生态工业示范园区复查评估结果

名次	园 区 名 称	评估等级
1	上海化学工业经济技术开发区	优秀
2	天津滨海高新技术开发区华苑科技园	优秀
3	天津经济技术开发区	优秀
4	苏州工业园区	优秀
5	上海漕河泾新兴技术开发区	优秀
6	江阴高新技术产业开发区	优秀
7	临沂经济技术开发区	优秀
8	苏州高新技术产业开发区	良好
9	南京经济技术开发区	良好
10	山东阳谷祥光生态工业园区	良好
11	江苏常州钟楼经济开发区	良好

关于增补国家环境保护培训基地的通知

环办人事函〔2018〕115 号

各省、自治区、直辖市环境保护厅（局），新疆生产建设兵团环境保护局，机关各部门，各派出机构、直属单位，各其他有关单位：

根据环境保护培训工作需要，经有关部门推荐，我部决定增补天津市环境保护科学研究院等 5 个单位为国家环境保护培训基地，现将名单（见附件）印发给你们。

请按照《关于公布第一批国家环境保护培训基地名单的通知》（环办人事〔2016〕113号）要求，建设好、使用好国家环境保护培训基地，为建设高素质专业化环保人才队伍，坚决打好污染防治攻坚战，大力推进生态文明建设和生态环境保护，加快建设美丽中国提供有力支撑。

附件：国家环境保护培训基地名单（增补）

环境保护部办公厅

2018 年 1 月 22 日

国家环境保护培训基地名单
（增补）

序号	单位名称	基地类型	地点	重点业务领域	联系人	联系电话
1-21	天津市环境保护科学研究院	实训基地	天津市南开区	恶臭污染测试与控制领域	王亘	022-87671322 18622034260
1-22	绍兴文理学院	实训基地	浙江省绍兴市	环境执法（印染、化工）	王树芹	0575-88345021
3-21	云南大学	培训院校	云南省昆明市	核应用与辐射防护	杨先楚	0871-65034922
3-22	联合国环境署-同济大学环境与可持续发展学院	培训院校	上海市杨浦区	可持续发展，环保国际合作	孙洁	13764138117
3-23	中国传媒大学	培训院校	北京市朝阳区	环境新闻发布	刘思佳	010-65779530

关于发布全国土壤污染状况详查检测实验室名录
（增补）的通知

环办土壤函〔2018〕190号

各省、自治区、直辖市环境保护厅（局）、国土资源厅（局）、农业（农牧、农村经济）厅（局、委），新疆生产建设兵团环境保护局、国土资源局、农业局：

　　为确保高质量完成全国土壤污染状况详查工作，环境保护部、国土资源部和农业部根据详查工作进展及需求，在相关省（区、市）推荐的基础上确定了全国土壤污染状况详查检测实验室名录（增补），现印发给你们。请加强实验室管理，按相关管理和技术规定要求规范开展详查工作。

　　附件：全国土壤污染状况详查检测实验室名录（增补）

环境保护部办公厅
国土资源部办公厅
农业部办公厅
2018年2月6日

全国土壤污染状况详查检测实验室名录（增补）

序号	检测实验室	检测领域范围			工作范围	推荐部门
		土壤重金属	土壤PAHs	农产品重金属		
1	河北省地质矿产勘查开发局第四地质大队实验室	√		√	河北省	河北省环境保护厅
2	河北省地矿局第二地质大队实验室	√			河北省	河北省国土资源厅 河北省农业厅
3	玉溪市环境监测站*	√	√	√	云南省	云南省环境保护厅 云南省国土资源厅 云南省农业厅
4	石嘴山市环境监测站*	√	√		全国	宁夏回族自治区环境保护厅
5	银川市环境监测站*	√	√		宁夏回族自治区	宁夏回族自治区国土资源厅 宁夏回族自治区农牧厅

注：*指增加检测领域的首批检测实验室。

关于印发《环境空气臭氧前体有机物手工监测技术要求（试行）》的通知

环办监测函〔2018〕240号

各省、自治区、直辖市环境保护厅（局），新疆生产建设兵团环境保护局：

为贯彻落实《2018年重点地区环境空气挥发性有机物监测方案》（环办监测函〔2017〕2024号）有关要求，规范环境空气臭氧前体有机物手工监测工作，我部组织编制了《环境空气臭氧前体有机物手工监测技术要求（试行）》（见附件）。现予印发，请遵照执行。文本可登录我部网站（http：//www.mee.gov.cn）"通知公告"栏目下载。试行期间如有意见和建议，请及时反馈我部。

联系人：环境保护部环境监测司　赵国华

地址：北京市西城区西直门南小街115号

邮编：100035

电话：（010）66103118

传真：（010）66556824

环境保护部办公厅
2018 年 2 月 22 日

附件

环境空气臭氧前体有机物手工监测技术要求
（试行）

为贯彻《中华人民共和国环境保护法》和《中华人民共和国大气污染防治法》，保护环境，保障人体健康，规范环境空气臭氧前体有机物手工监测，制定本技术要求。

1 适用范围

本技术要求规定了开展环境空气中臭氧前体有机物手工监测的技术方法，包括点位布设、样品采集、测定方法、数据审核与上报、报告编写，以及质量控制与质量保证等内容。本技术要求适用于环境空气中臭氧前体有机物手工监测。

2 规范性引用文件

HJ 168 环境监测 分析方法标准制修订技术导则

HJ 630 环境监测质量管理技术导则

HJ 663 环境空气质量评价技术规范（试行）

HJ 664 环境空气质量监测点位布设技术规范（试行）

HJ 683 环境空气 醛酮类化合物的测定 高效液相色谱法

HJ 759 环境空气 挥发性有机物的测定 罐采样/气相色谱-质谱法

3 术语和定义

臭氧前体有机物：指在光照条件下能与氮氧化物（NO_x）等发生光化学反应生成臭氧的挥发性有机物，包括烷烃、烯烃、芳香烃、炔烃等非甲烷碳氢化合物（Non Methane Hydrocarbons，NMHCs）及醛、酮等含氧有机物（Oxygenated Volatile Organic Compounds，OVOCs）等。

4 启动监测

按照 HJ 663 评价的首要污染物为臭氧且年超标天数大于 30 d 的城市，一般应当组织开展臭氧前体有机物手工监测。具体根据相关管理要求或委托监测的要求开展。对要求开展环境空气挥发性有机物监测工作的区域，应将臭氧前体有机物监测与其他挥发性有机物监测工作统筹考虑。

监测的具体目标化合物应根据所监测地区的臭氧前体有机物排放水平及特征动态调

整确定，臭氧前体有机物监测清单见附录 A。

5 样品采集

5.1 点位布设

开展臭氧前体有机物手工监测的点位，一般选择在 HJ 664 规定的空气自动监测站点位上布设，监测点位基于近年臭氧监测浓度水平数据，应包含城市主城区内臭氧高浓度点，点位保持相对固定；当臭氧高浓度点发生变化的时候，应考虑增加监测点位。对于臭氧污染问题突出且具备监测条件的城市或区域，点位布设建议包括城市上风向或对照点位、臭氧前体有机物高浓度点位、臭氧高浓度点位及城市下风向点位。当全部空气监测站点位和对照点位不能满足采样和分析条件时，应选择能代表城市臭氧浓度平均水平的部分点位和对照点位作为监测点位。

采样器采样口一般设在距空气自动监测站顶部 1.5～2 m 高度，与其他采样设备的采样口距离＞2 m。

5.2 监测时间与频次

臭氧浓度较高的 5～10 月（各地可根据历年臭氧浓度监测数据做适当调整，或根据管理部门要求执行），每 6 d 采集一个 24 h 样品（即采样当天 0:00—24:00），并根据预报选择 1～2 个典型污染过程开展每日 8 个 3 h 样品（即采样日的 0:00—3:00、3:00—6:00、6:00—9:00、9:00—12:00、12:00—15:00、15:00—18:00、18:00—21:00、21:00—24:00 共计 8 个时段的样品）连续监测（或根据管理部门要求执行）。对于臭氧污染问题突出且具备监测条件的城市或区域，可根据需要增加监测频次。

5.3 采样方法

臭氧前体有机物的采样方式有采样罐和采样管两种，非甲烷碳氢化合物使用采样罐采集，醛酮类目标化合物使用吸附管采集。

5.3.1 采样罐采样

采用限流累积方式，采集的样品量应能满足分析的要求。采样罐的采样时间及设定的恒定流量参照 HJ 759 执行，使用前采样罐流量应校准。采样通过加装过滤器除去空气中的颗粒物，加装除臭氧小柱，去除臭氧影响。

采样时，采样人员应在采样点的下风向，避免采样人员对样品采集产生干扰。采样时应防止雨水吸入采样罐；必要时应采取遮挡措施。

5.3.2 吸附管采样

参照 HJ 683 执行。采样体积至少在 50 L 以上。

5.4 样品保存和运输

采样罐采集样品后常温条件下保存和运输，运输过程中应防止磕碰、泄漏和污染。吸附管采集样品后使用密封帽封闭两端管口，并用锡纸或铝箔包严，4℃ 以下保存与运输。采集后的样品应尽快分析，采样罐采集的样品在 20 d 内完成分析，吸附管采集的样品在 30 d 内分析完毕。

5.5 采样记录

样品采集时，应记录监测点位、采样时间、气象条件、人员信息、监测点周边环境状况及变化。站点空气自动监测系统有气象设备的，气象参数采用该站点空气自动监测系统的结果。采样记录表格式参见附录 E。

6 测定方法

6.1 非甲烷碳氢化合物

各实验室根据仪器配备情况可选择以下任意一种方法测定样品中非甲烷碳氢化合物，方法详见附录 B～D。

6.1.1 气相色谱-氢离子火焰检测器/质谱法

样品中的臭氧前体有机物经冷阱预浓缩，除去水及惰性气体后，进入气相色谱分离，用氢火焰离子火焰检测器检测 C_2～C_3 目标化合物，用质谱检测器检测其余目标化合物。

6.1.2 气相色谱-氢离子火焰检测法

采集后的样品采用冷阱预浓缩，除去水及惰性气体，进入气相色谱分离，用极性色谱柱分离 C_2～C_3 目标化合物，用非极性色谱柱分离其余目标化合物，分别用氢火焰离子化检测器检测。

6.1.3 气相色谱-质谱法

采集后的样品经三级冷阱预浓缩后，除去水及惰性气体，经配有柱温箱冷却装置的气相色谱分离，质谱检测器检测。

6.2 醛酮类含氧有机物

样品中醛酮类有机物采用 HJ 683 进行分析。使用改进的 C_{18} 柱、苯基柱或其他等效色谱柱，优化流动相等淋洗条件，解决该标准中丙烯醛和丙酮色谱峰分不开的问题。

7 质量保证和质量控制

7.1 监测人员要求

样品的采集和分析人员必须持相关项目的上岗证。

7.2 监测仪器管理与定期检查

计量器具和设备应按有关规定定期校验和维护，检定合格后方可使用。

7.3 实验室一般性要求

实验环境应远离有机溶剂，避免丙酮等的干扰。

7.4 采样质量控制

7.4.1 采样罐采样

采样罐应专罐专用，不得与污染源采样罐混用。

（1）清洗采样罐

采样罐使用前，应在实验室使用罐清洗装置对采样罐进行清洗，并记录采样罐的清洗时间。每清洗 20 只采样罐应至少抽测一只采样罐，目标化合物的浓度均应低于方法检出限。

（2）气密性检查

每次采样前，应采用加压或抽真空方式对采样罐的气密性进行检查，确认无漏气后方可进行采样。以下指标可确认采样罐气密性良好：将采样罐内充入气体至 207 kPa（30psig），关闭阀门放置 24 h 后检验，罐内压降不超过 13.8 kPa（2psig）；或将采样罐内抽真空至 6.7Pa（50 mtorr），关闭阀门放置 24 h 后检验，罐内真空度与原真空度差值不高于 2.6Pa（20 mtorr）。

（3）限流阀校准

采用限流阀进行恒速采样，限流阀使用前需经过流量校准，流量误差应<5%，采样时流量应稳定。

（4）进气口密封

采样前后，采样罐进气口应采用不锈钢或聚四氟乙烯密封帽密封，防止接口处受污染。

（5）标签记录

采样罐及采样管应带有清晰标签，标明采样日期与时间、采样地点、采样人员、分析物质。

7.3.2 吸附管采样

吸附管在采样过程中要确保没有穿透，穿透容量控制参照 HJ 683 执行。

7.4 监测分析的质量控制

7.4.1 质量控制的一般要求

（1）将本项分析测试工作纳入到根据 HJ 630 建立的质量管理体系中。

（2）监测单位开展监测前，应先按照 HJ 168 的有关规定进行方法证实。

7.4.2 校准曲线

标准使用气可采用动态稀释仪将高浓度标准气体进行稀释配制，每年应对稀释仪的质量流量计进行校准。

校准曲线至少包括 5 个不同的浓度点（不含 0 点），浓度范围应覆盖待测样品的浓度，如果待测样品目标化合物之间浓度差异在一个数量级以上，按普适原则，建立符合大多数目标化合物的校准曲线，对高浓度目标化合物单独建立校准曲线。

每日测定样品前，以校准曲线中间点进行校准，其测定结果与理论浓度值偏差应≤30%。

7.4.3 空白测定

（1）实验室空白

采样罐：以清洁采样罐注入高纯氮气作为实验室空白，每批样品分析前必须进行实验室空白测试。各目标化合物浓度测定值应小于方法检出限。

采样管：每一批采样管至少抽取 5%（至少 1 个）进行空白值检验，空白值应满足以下要求：甲醛<0.15 μg/管；乙醛<0.10 μg/管；丙酮<0.30 μg/管。

（2）运输空白

每批次样品至少分析一个运输空白样品，各项监测目标化合物浓度测定值应小于方法检出限。采样罐运输空白样品为经过清洗后、充满高纯氮气的容器，与采样容器一同送至采样点位，再随采集的样品运回实验室，按分析步骤进行分析。运输空白应在所有样品分析之前分析，如超过质控要求，本批次样品无效。

7.4.4 分析过程的质量控制

精密度控制：一般每批次进行不少于 5%（至少 1 个）的实验室平行样测定。平行样中目标化合物的相对偏差应≤30%。

准确度控制：使用含有监测目标化合物的有证标准气体进行测定，标准气体的不确定度应不超过±5%。

8 记录

记录按照统一记录表格记录，分别记录采样、分析测试、监测数据汇总等内容，参见附录 E。

9 数据审核与上报

9.1 分析结果的审核

监测结果（包括采样和实验记录、监测数据及质控数据等）审核主要包括：（1）采样操作过程是否规范、完整，对采样过程各参数允许范围进行检查，包括体积、流速、起止时间、持续时间、采样罐压力等；（2）实验室分析记录是否规范、完整，包括有效数字等；（3）质控指标复核，确保各项质控指标合格。对审核判定为无效的数据，应在提交上报数据时加以说明。

9.2 数据汇总及审定

审核通过后汇总上报。数据报送部门按照规定的格式汇总监测结果，并经相关负责人审核审定。

9.3 数据上报

审定后的数据汇总表按照规定的格式、方式和时间签发报出。

10 报告

10.1 监测报告

根据监测工作要求应定期编写并提交监测报告，监测报告应包括以下全部或部分内容。

（1）概述

项目任务来源、目的、承担单位、实施时间与时段、合作单位等。概括阐述总体监测情况和结果。

（2）监测概况

简要说明监测区域、范围、点位情况、监测时间与频次、监测项目、调查内容等。

（3）监测结果与综合分析

按点位或区域分析监测结果反映的特征进行污染状况分析。

（4）必要的对策措施与建议

必要时，依据监测与评价结果提出相应建议。

（5）附监测、调查结果统计报表

10.2 质量保证与质量控制报告

监测工作任务（包括年度工作）完成后，应对监测质量保证与质量控制进行总结，以体现监测工作的规范性和数据的科学性与准确性。报告应包括以下全部或部分内容。

（1）前言

项目任务来源、监测目的、监测任务实施单位、实施时间与时段、合作单位等的简要说明。概括阐述监测过程质量控制与质量保证情况及总体质控结论。

（2）质控概况

简要说明监测点位、监测时间、质控措施、实施监测单位资质、人员上岗、仪器设备检定等情况。

（3）结果与评价

说明质量控制的方式和方法，并对样品的受控情况进行统计，对精密度和准确度进行评价，列出各项目的相对偏差、相对标准偏差、相对误差及合格率等结果。质量控制结果的评价需要对同一区域（不同单位、不同监测时段）质量控制结果比较分析，对共性问题进行原因分析。

（4）问题与对策措施

如依据质量控制结果发现问题，提出整改对策与措施。

（5）附质量控制结果统计报表

附录 A

（规范性附录）

臭氧前体有机物监测清单

表 A.1　臭氧前体有机物监测清单

非甲烷碳氢化合物							
序号	CAS No.	英文名	中文名	序号	CAS No.	英文名	中文名
1	74-85-1	Ethylene	乙烯	30	589-34-4	3-Methylhexane	3-甲基己烷
2	74-86-2	Acetylene	乙炔	31	540-84-1	2,2,4-Trimethylpentane	2,2,4-三甲基戊烷
3	74-84-0	Ethane	乙烷	32	142-82-5	n-Heptane	正庚烷
4	115-07-1	Propylene	丙烯	33	108-87-2	Methylcyclohexane	甲基环己烷
5	74-98-6	Propane	丙烷	34	565-75-3	2,3,4-Trimethylpentane	2,3,4-三甲基戊烷
6	75-28-5	iso-Butane	异丁烷	35	108-88-3	Toluene	甲苯
7	106-98-9	1-Butene	1-丁烯	36	592-27-8	2-Methylheptane	2-甲基庚烷
8	106-97-8	n-Butane	正丁烷	37	589-81-1	3-Methylheptane	3-甲基庚烷
9	590-18-1	cis-2-Butene	顺-2-丁烯	38	111-65-9	n-Octane	正辛烷
10	624-64-6	trans-2-Butene	反-2-丁烯	39	100-41-4	Ethylbenzene	乙苯
11	78-78-4	iso-Pentane	异戊烷	40	108-38-3	m-Xylene	间-二甲苯
12	109-67-1	1-Pentene	1-戊烯	41	106-42-3	p-Xylene	对-二甲苯
13	109-66-0	n-Pentane	正戊烷	42	100-42-5	Styrene	苯乙烯
14	646-04-8	trans-2-Pentene	反-2-戊烯	43	95-47-6	o-Xylene	邻-二甲苯
15	78-79-5	Isoprene	异戊二烯	44	111-84-2	n-Nonane	正壬烷
16	627-20-3	cis-2-Pentene	顺-2-戊烯	45	98-82-8	iso-Propylbenzene	异丙苯
17	75-83-2	2,2-Dimethylbutane	2,2-二甲基丁烷	46	103-65-1	n-Propylbenzene	正丙苯
18	287-92-3	Cyclopentane	环戊烷	47	620-14-4	m-Ethyltoluene	间乙基甲苯
19	79-29-8	2,3-Dimethylbutane	2,3-二甲基丁烷	48	622-96-8	p-Ethyltoluene	对乙基甲苯
20	107-83-5	2-Methylpentane	2-甲基戊烷	49	108-67-8	1,3,5-Trimethylbenzene	1,3,5-三甲基苯
21	96-14-0	3-Methylpentane	3-甲基戊烷	50	95-63-6	1,2,4-Trimethylbenzene	1,2,4-三甲基苯
22	592-41-6	1-Hexene	1-己烯	51	526-73-8	1,2,3-Trimethylbenzene	1,2,3-三甲基苯
23	110-54-3	n-Hexane	正己烷	52	611-14-3	o-Ethyltoluene	邻乙基甲苯
24	108-08-7	2,4-Dimethylpentane	2,4-二甲基戊烷	53	124-18-5	n-Decane	正癸烷
25	96-37-7	Methylcyclopentane	甲基环戊烷	54	141-93-5	m-Diethylbenzene	间二乙基苯
26	71-43-2	Benzene	苯	55	105-05-5	p-Diethylbenzene	对二乙基苯
27	110-82-7	Cyclohexane	环己烷	56	1120-21-4	n-Undecane	正十一烷
28	591-76-4	2-Methylhexane	2-甲基己烷	57	112-40-3	n-Dodecane	正十二烷
29	565-59-3	2,3-Dimethylpentane	2,3-二甲基戊烷				

醛酮类							
序号	CASNo.	英文名	中文名	序号	CASNo.	英文名	中文名
1	50-00-0	Formaldehyde	甲醛	8	78-93-3	2-Butanone	2-丁酮
2	200-836-8	Acetaldehyde	乙醛	9	123-72-8	Butyraldehyde	正丁醛
3	107-02-8	Acrolein	丙烯醛	10	100-52-7	Benzaldehyde	苯甲醛
4	67-64-1	Acetone	丙酮	11	110-62-3	Pentanal	戊醛
5	123-38-6	Propionaldehyde	丙醛	12	620-23-5	m-Tolualdehyde	间甲基苯甲醛
6	4170-30-3	Crotonaldehyde	丁烯醛	13	66-25-1	Hexaldehyde	己醛
7	78-85-3	methacrylaldehyde	甲基丙烯醛				

附录 B
（资料性附录）

环境空气　臭氧前体有机物的测定　罐采样/气相色谱-氢离子火焰检测器/质谱检测器联用法

警告：本方法所使用标准品为易散逸的有毒化合物，应在通风条件下使用，操作应按规定要求佩戴防护器具，避免吸入或接触皮肤和衣物。

B.1　适用范围

本方法规定了测定环境空气中臭氧前体有机物的罐采样/气相色谱-氢离子火焰检测器/质谱检测器联用方法。

本方法适用于环境空气中乙烯等 57 种臭氧前体有机物的测定。如果通过方法适用性验证，其他挥发性有机物也可以采用本方法测定。

B.2　规范性引用文件

本方法内容引用了下列文件中的条款。凡是不注日期的引用文件，其有效版本适用于本方法。

HJ 194 环境空气质量手工监测技术规范

GB/T 6682 分析实验室用水规格和试验方法

B.3　方法原理

用内壁惰性化处理的不锈钢罐采集环境空气样品，然后样品经冷阱预浓缩，除去水及惰性气体后，进入气相色谱分离，用氢火焰离子化检测器检测 $C_2 \sim C_3$ 目标化合物，用质谱检测器检测其余目标化合物。$C_2 \sim C_3$ 目标化合物用保留时间定性，外标法定量；其余目标化合物用保留时间和质谱图与标准物质比对定性，内标法定量。

B.4 干扰及消除

B.4.1　实验室环境应完全远离有机溶剂，保证没有有机溶剂和其他挥发性有机物的本底干扰。

B.4.2　进样系统、预浓缩系统中气路连接材料挥发出的挥发性有机物会对分析造成干扰，适当升高温度、延长烘烤时间，将干扰降至最低。

B.4.3　所有样品经过的管路和接头均需进行惰性化处理并保温，以消除样品吸附、冷凝和交叉污染。

B.4.4　易挥发性有机物（尤其是氟碳化合物）在运输保存过程中可能会经阀门等部件扩散进罐中，从而污染样品。当样品罐内压力小于大气压时尤其容易发生。样品采集结束后，须确认阀门完全关闭，用密封帽密封罐采样口，隔绝外界气体，可有效降低此类干扰。

B.4.5　样品中过量的水汽和二氧化碳将会对分析造成干扰，所以分析系统必须装有除水汽和除二氧化碳装置。

B.4.6　同时分析高浓度样品和低浓度样品时，高浓度样品会对低浓度样品的检测产生记忆效应。因此，在分析一个高浓度样品后，应伴随分析一个空白样品，以确认系统是否受到污染。

B.4.7　每个被测高浓度样品的真空罐清洗后，应在下一次使用前进行本底污染分析。

B.5　试剂和材料

B.5.1　标准气：57 种 VOCs 标准气体，浓度为 1 μmol/mol。高压钢瓶保存，钢瓶压力不低于 1.0 MPa，可保存 1 年（或参见标气证书的相关说明）。

B.5.2　标准使用气：使用气体稀释装置（B.6.7），将标准气（B.5.1）用高纯氮气（B.5.9）稀释至 10 nmol/mol，可保存 30 d。

B.5.3　内标标准气（有证标准物质）：组分为一溴一氯甲烷、1，2-二氟苯、氯苯-d5、4-溴氟苯。浓度为 1 μmol/mol。高压钢瓶保存，钢瓶压力不低于 1.0 MPa，可保存 1 年（或参见标气证书的相关说明）。

B.5.4　内标标准使用气：使用气体稀释装置（B.6.7），将内标标准气（B.5.3）用高纯氮气（B.5.9）稀释至 100nmol/mol，可保存 30 d。

B.5.5　实验用水：电阻率≥18.0 MΩ·cm（25℃），其余指标应符合 GB/T 6682 中的一级水标准。

B.5.6　载气：高纯氮气，纯度≥99.999%；高纯氦气，纯度≥99.999%。

B.5.7　燃烧气：氢气，纯度≥99.95%。

B.5.8　助燃气：压缩空气。

B.5.9　稀释气：高纯氮气（纯度≥99.999%）或高纯空气（纯度≥99.999%），带除烃装置。

B5.10　制冷剂：液氮，或其他制冷方式。

B.6　仪器和设备

B.6.1　气相色谱仪：具氢火焰离子化检测器（FID）。

B.6.2　气相色谱-质谱仪：质谱部分具有电子轰击（EI）离子源。

注：本方法可选择两种方式进行。方式一：用冷冻浓缩/气相色谱-氢离子火焰检测器测定样品中 C_2～C_3 目标化合物，测定结束后，再用冷冻浓缩/气相色谱-质谱检测器测定样品中 C_4 以上目标化合物；方式

注二：气相色谱配备微控流板和柱温箱冷却装置，且同时配备了氢离子火焰检测器和质谱检测器时，采用冷冻浓缩/气相色谱-氢离子火焰检测器/质谱检测器联用法测定样品中 57 种目标化合物，其中 $C_2 \sim C_3$ 目标化合物经微控流板分离至氢离子火焰检测器检测，C_4 以上目标化合物经微控流板分离至质谱检测器检测。

B.6.3　毛细管色谱柱：石英毛细管色谱柱 1，60 m×320 μm×1 μm，固定相为 100%二甲基聚硅氧烷；石英毛细管色谱柱 2，30 m×320 μm×0.2 μm，固定相为苯乙烯-二乙烯基苯；或使用其他等效的毛细管色谱柱。

B.6.4　气体冷阱浓缩仪：具有自动定量取样及自动添加标准气体、内标的功能。采用液氮制冷。其他制冷方式如能达到有效除水汽、除二氧化碳效果，也可使用。气体冷阱浓缩仪与气相色谱仪连接管路均使用惰性化材质，并能在 50～150℃ 范围加热。

B.6.5　浓缩仪自动进样器：可实现采样罐样品自动进样。

B.6.6　罐清洗装置：能将采样罐抽至真空（<6.7Pa）；连接头为内壁惰性化处理的不锈钢材料，连接多个采样罐到清洗系统进行同时清洗。

B.6.7　气体稀释装置：最大稀释倍数可达 100 倍。

B.6.8　采样罐：内壁惰性化处理的不锈钢罐，容积 3.2 L 或 6 L。

B.6.9　流量控制器：带有颗粒物过滤器，孔径≤10 μm，与采样罐配套使用，使用前需经校准流量计校准。

B.6.10　校准流量计：在 10 ml/min～500 ml/min 范围精确测定流量。

B.6.11　真空压力表：精度要求≤7 kPa（1psi），压力范围：−101 kPa～202 kPa。

B.7　样品

B.7.1　采样罐的清洗和准备

使用罐清洗装置（B.6.6）对采样罐进行清洗，清洗过程可按罐清洗装置说明书操作进行，必要时可在 50～80℃进行加温清洗。清洗完毕后，将采样罐抽至真空（＜6.7 Pa），待用。每 20 只清洗完毕的采样罐，应至少取一只注入高纯氮气进行空白分析，确定清洗过程是否清洁。每个被测高浓度样品的真空罐在清洗后，在下一次使用前均应进行本底污染的检查。

B.7.2　样品的采集和保存

样品采集采用恒定流量的方式进行。每次采样前，必须对流量控制器（B.6.9）进行校准。流量控制器用于控制采样过程中采样流量的恒定。采样流量按公式（B.1）计算：

$$F = P \times V / T \times 60 \tag{B.1}$$

其中：F——流量，ml/min；

　　　P——采样罐最终压力，atm；

　　　V——采样罐体积，ml；

　　　T——采样时间，h。

采样按以下步骤进行：

（1）采样前，应检查采样罐真空度，以确保采样罐在存储和运输过程中没有泄漏。

（2）将采样罐带至采样点，取下进样口的防尘螺帽，安装流量控制器（B.6.9），拧开颗粒物过滤器螺帽，打开采样罐阀门，空气样品在压力差的作用下进入采样罐，开始恒流采样。

（3）采样结束后，用手拧紧采样阀。切勿过于用力或使用不适当的工具过度拧紧采样阀，以防损坏采样阀并导致罐漏气。

（4）采样前后，应在采样罐的标签上写好记录。

样品采集后尽快带回实验室分析，样品保存时间为 30 d。

B.7.3 试样的制备

实际样品分析前，须使用真空压力表测定罐内压力，若罐压力小于 83 kPa，必须用高纯氮气加压至 101 kPa，并按公式（B.2）计算稀释倍数。

$$f=Y_a/X_a \tag{B.2}$$

其中：f——稀释倍数，无量纲；

Y_a——稀释后的采样罐绝对压力，kPa；

X_a——稀释前的采样罐绝对压力，kPa。

样品分析后，测定的目标化合物浓度乘以稀释倍数即为空气样品中的目标化合物浓度。

B.7.4 空白试样的制备

B.7.4.1 实验室空白

将预先清洗好并抽至真空的采样罐（B.6.8）连在气体稀释装置（B.6.7）上，打开高纯氮气阀门。待采样罐压力达到预设值（一般为 101 kPa）后，关闭采样罐阀门以及钢瓶气阀门。

B.7.4.2 运输空白

将高纯氮气注入预先清洗好并抽至真空的采样罐，将采样罐带至采样现场，与同批次采集样品后的采样罐一起送回实验室分析。

B.8 分析步骤

B.8.1 仪器参考条件

B.8.1.1 样品预浓缩条件

样品预浓缩可采用液氮三级制冷或其他制冷方式，液氮制冷方式参考条件如下：

一级冷阱：捕集温度：−150℃；解析温度：10℃；阀温：100℃；烘烤温度：150℃；烘烤时间：15 min；一级冷阱的类型为填装玻璃微珠和 TENAX 的捕集阱；

二级冷阱：捕集温度：−30℃；解析温度：180℃；烘烤温度：190℃；烘烤时间：15 min；二级冷阱类型为填装 TENAX 的捕集阱；

三级聚焦：聚焦温度：−160℃；解析时间：2.5 min。注：若采用其他制冷方式，预浓缩分析条件可参考仪器规定。

B.8.1.2 GC-FID/MS 分析条件

一般采用 GC-FID 分析 C_2～C_3 目标化合物，采用 GC-MS 分析其余非甲烷碳氢目标化合物。

（1）GC-FID 分析 C_2～C_3 目标化合物参考条件

色谱柱：石英毛细管色谱柱 2（B.6.3）；

升温程序：35℃保持 5 min，以 5℃/min 的速率升温至 150℃，保持 0 min；再以 15℃/min 的速率升温至 220℃，保持 3 min；

色谱柱流量：1.5 ml/min；进样口温度：230℃；

检测器温度：300℃。

（2）GC-MS 分析其余目标化合物参考条件

色谱柱：石英毛细管色谱柱 1（B.6.3）；

程序升温：35℃保持 5 min，以 5℃/min 的速率升温至 150℃，保持 0 min；再以 15℃/min 的速率升温至 220℃，保持 3 min；

色谱柱流量：1.5 ml/min；进样口温度：230℃；

MS 条件：扫描范围质荷比：29～180。

注：若气相色谱配备微控流板和柱温箱冷却装置，且同时配备了氢离子火焰检测器和质谱检测器时，分析参考条件如下：色谱柱：石英毛细管色谱柱 1（B.6.3）；程序升温：−50℃保持 1 min，以 5℃/min 的速率升温至 150℃，保持 0 min，再以 15℃/min 的速率升温至 220℃，保持 3 min；色谱柱流量：1.5 ml/min；进样口温度：230℃；FID 检测器温度：300℃；MS 条件：扫描范围质荷比：29～180。

B.8.2　仪器性能检查

每天分析前，GC-MS 系统必须进行仪器性能检查。将 200 ml 4-溴氟苯（BFB）标准使用气体经气体浓缩仪进样，得到的 BFB 关键离子丰度应满足表 B.1 中的要求，否则需对仪器进行清洗和调整。

表 B.1　4-溴氟苯关键离子丰度标准

质量	离子丰度标准	质量	离子丰度标准
50	质量 95 的 15%～40%	174	大于质量 95 的 50%
95	基峰，100%相对丰度	175	质量 174 的 5%～9%
96	质量 95 的 5%～9%	176	质量 174 的 95%～105%
173	小于质量 174 的 2%	177	质量 176 的 5%～10%

B.8.3　校准

B.8.3.1　标准使用气体配制

采用气体稀释装置（B.6.7），通过调节标准混合气体和稀释气的流量比配制标准使用气体。标准气体气路的减压阀和连接气路应采用惰性化处理的不锈钢材质，减少吸附。流量设定值应位于质量流量控制器满量程的 10%～90%之间，以获取更为准确的结果。稀释后标准气体浓度按公式（B.3）计算。

$$C_f = C_i \times \frac{f_i}{f_t} \tag{B.3}$$

其中：C_f——稀释后标准气体浓度，nmol/mol；

C_i——标准气体初始浓度，nmol/mol；

f_i——标准气体流量，ml；

f_t——标准气体和稀释气总流量，ml。

B.8.3.2　内标使用气配制

将内标标准气（B.5.3）按照 B.8.3.1 的步骤配制成浓度为 100 nmol/mol。

B.8.3.3　绘制校准曲线

分别抽取 50.0 ml、100 ml、200 ml、400 ml、600 ml、800 ml 混合标准使用气（B.5.2），同时加入 50.0 ml 内标标准使用气（B.5.4）绘制校准曲线，相当于各校准点浓度分别为

1.25 nmol/mol、2.5 nmol/mol、5.0 nmol/mol、10.0 nmol/mol、15.0 nmol/mol、20.0 nmol/mol（可根据实际样品情况调整），内标物浓度为 12.5 nmol/mol。按照仪器参考条件，依次从低浓度到高浓度进行测定，记录标准系列目标化合物及内标的保留时间、定量离子的响应值（各组分的特征离子见表 D.2）。校准曲线至少应含 5 个浓度点（不含 0 点），浓度选取可根据样品实际情况进行调整。

以 $C_2 \sim C_3$ 目标化合物浓度为横坐标，色谱峰响应值为纵坐标，绘制校准曲线。

其余目标化合物采用平均相对响应因子法绘制校准曲线，按照公式（B.4）计算相对响应因子，按公式（B.5）计算目标化合物全部标准浓度点的平均相对响应因子。

$$RRF_i = \frac{A_i}{A_{ISi}} \times \frac{\rho_{IS}}{\rho_i} \tag{B.4}$$

式中：RRF_i——标准系列中第 i 点目标化合物的相对响应因子；

A_i——标准系列中第 i 点目标化合物定量离子的响应值；

A_{ISi}——标准系列中第 i 点内标定量离子的响应值；

ρ_{IS}——标准系列中内标的摩尔分数，nmol/mol；

ρ_i——标准系列中第 i 点目标化合物的摩尔分数，nmol/mol。

目标化合物的平均相对响应因子 $\overline{RRF}$，按照公式（B.5）进行计算：

$$\overline{RRF} = \frac{\sum_{i=1}^{n} RRF_i}{n} \tag{B.5}$$

式中：$\overline{RRF}$——目标化合物的平均相对响应因子；

RRF_i——标准系列中第 i 点目标化合物的相对响应因子；

n——标准系列点数。

B.8.3.4 色谱图

在规定的色谱条件下，$C_2 \sim C_3$ 目标化合物在 GC-FID 上的色谱图见图 B.1，其余目标化合物在 GC-MS 上的总离子流图见图 B.2，目标化合物的出峰顺序详见表 D.2。

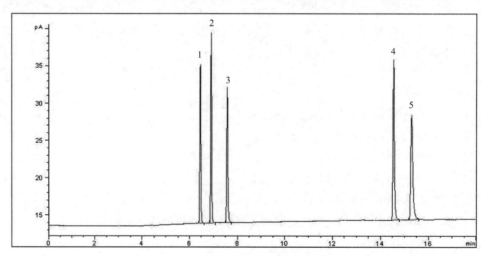

1-乙烯；2-乙炔；3-乙烷；4-丙烯；5-丙烷

图 B.1　$C_2 \sim C_3$ 目标化合物的色谱图

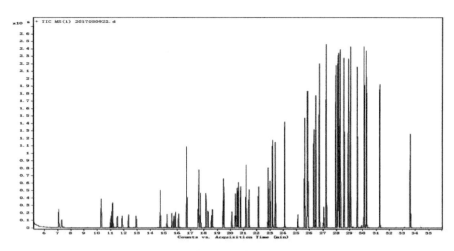

图 B.2　其余目标化合物总离子流图

B.8.4　试样测定

将制备好的样品（B.7.3）固定于自动进样器上，取样 400 ml 样品浓缩分析，同时加入 50.0 ml 内标标准使用气（B.5.4），按照仪器参考条件（B.8.1）进行测定。

B.8.5　空白样品测定

按照与样品测定相同的步骤进行实验室空白（B.7.4.1）和运输空白（B.7.4.2）的测定。

B.9　结果计算与表示

B.9.1　目标化合物的定性

$C_2 \sim C_3$ 目标化合物根据相对保留时间定性；其余目标化合物根据相对保留时间、样品与标准质谱图比较进行定性。

应多次分析标准气体得到目标化合物的保留时间均值，以平均保留时间±3 倍的标准偏差为保留时间窗口，样品中目标化合物的保留时间应在其范围内。

样品中目标化合物的辅助定性离子和定量离子峰面积比与标准系列的相对偏差应在±30%以内。

B.9.2　目标化合物的定量

B.9.2.1　$C_2 \sim C_3$ 目标化合物的定量

用外标法定量，按照公式（B.6）计算

$$\rho_x = \rho_a \times \frac{M}{22.4} \times f \tag{B.6}$$

式中：ρ_x——样品中目标化合物的浓度，$\mu g/m^3$；

　　　ρ_a——从校准曲线上得到的目标化合物的摩尔分数，nmol/mol；

　　　M——目标化合物的摩尔质量，g/mol；

　　　22.4——标准状态下（273.15 K，101.325 kPa 下）气体的摩尔体积，L/mol；

　　　f——稀释倍数。

B.9.2.2　其余目标化合物的定量

用内标法定量，按照公式（B.7）进行计算，各个化合物所对应的不同内标物及定量离子参照表 D.2 执行。

$$\rho_x = \frac{A_x \times \rho_{IS}}{A_{IS} \times \overline{RRF}} \times \frac{M}{22.4} \times f \tag{B.7}$$

式中：ρ_x——样品中目标化合物的浓度，$\mu g/m^3$；

A_x——目标化合物定量离子的响应值；

A_{IS}——内标物定量离子的响应值；

ρ_{IS}——样品中内标物的摩尔分数，nmol/mol；

$\overline{RRF}$——目标化合物的平均相对响应因子；

M——目标化合物的摩尔质量，g/mol；

22.4——标准状态下（273.15K，101.325 kPa 下）气体的摩尔体积，L/mol；

f——稀释倍数。

B.10 质量保证和质量控制

B.10.1 采样过程的质量保证和质量控制

B.10.1.1 罐清洁度检验

采样罐内壁须经惰性化处理。采样罐专罐专用，不得与污染源的采样罐混用。

清洁度检验方法：空白采样罐充入稀释气（B.5.9），按照与样品相同的分析步骤进行测试，每个目标化合物检出浓度应小于本实验室的方法检出限。

B.10.1.2 罐泄漏检查

每一个采样罐均应进行泄漏检查。可采用加压或抽真空方式进行。

将采样罐内充入气体至 207 kPa（30psig），关闭阀门放置 24 h 后检验，罐内压降不超过 13.8 kPa（2psig）；或将采样罐内抽真空至 6.7 Pa（50 mtorr），关闭阀门放置 24 h 后检验，罐内真空度与原真空度差值不高于 2.6 Pa（20 mtorr）。

B.10.1.3 采样部件要求

采样部件（管道、阀门）材质应为不锈钢或硼硅玻璃；流量控制器前端必须装有防止颗粒物进入采样系统的 2 μm 过滤器；采样部件的清洁只能用蒸馏水，不能用清洁剂或化学溶剂（丙酮、乙醇等）。

B.10.1.4 流量控制器的校准

每次采样前，流量控制器（B.6.9）必须进行校准，校准程序参照流量控制器说明书进行。

B.10.2 分析过程的质量保证和质量控制

B.10.2.1 仪器性能检查

气体稀释装置（B.6.7）的质量流量计每年至少校准一次。

每批样品分析之前或每 24 h 内，需进行仪器性能检查，得到的 BFB 质谱图离子丰度必须全部符合表 B.1 中的要求。

B.10.2.2 系统泄露检查

在样品分析前，必须进行系统泄露检查。检查方式为：打开预浓缩软件，在进气口均处于关闭的状态下，点击检漏按钮，进入检漏界面，可选抽真空或加压方式进行。

B.10.2.3 初始校准

校准曲线至少包含 5 个浓度水平（不含 0 点），初始校准曲线相关系数≥0.99 或相对响应因子（RRF）的相对标准偏差（RSD）应≤30%，否则应查找原因并重新建立校准曲线。

B.10.2.4　连续校准

每 24 h 分析一次校准曲线中间浓度点，每个目标化合物的测定结果与初始浓度值相对偏差应≤30%，否则应重新制作校准曲线。

B.10.2.5　仪器空白

每批样品分析之前或每 24 h 内，需分析一次仪器空白，具体测试方法为：设置进样体积为 0，按照与样品测定相同的步骤进行分析，每个目标化合物的测定结果须小于本实验室的方法检出限，否则应查找原因。

B.10.2.6　内标

内标与校准曲线中间点内标的保留时间变化不超过 20 s，定量离子响应值变化在 −50%～50%之间。

B.10.2.7　样品

每 20 个样品或每批次（少于 20 个样品/批）应至少分析一个实验室空白样品和一个运输空白样品，实验室空白和运输空白样品中每个目标化合物的测定结果均应低于本实验室的方法检出限。

每 20 个样品或每批次（少于 20 个样品/批）应分析一个平行样，平行样分析时目标化合物的相对偏差应≤30%。

B.10.2.8　检出限（MDL）

实验室每年至少测定一次方法检出限，仪器维修或有较大变动后，需重新测定检出限。

附录 C
（资料性附录）
环境空气　臭氧前体有机物的测定　罐采样/气相色谱-氢离子火焰检测法

警告：本方法所使用标准品为易散逸的有毒化合物，应在通风条件下使用，操作应按规定要求佩戴防护器具，避免吸入或接触皮肤和衣物。

C.1　适用范围

本方法规定了测定环境空气中臭氧前体有机物的罐采样/气相色谱-氢离子火焰检测方法。

本方法适用于环境空气中乙烯等 57 种臭氧前体有机物的测定。如果通过方法适用性验证，其他挥发性有机物也可以采用本方法测定。

C.2　规范性引用文件

本方法内容引用了下列文件中的条款。凡是不注日期的引用文件，其有效版本适用于本方法。

HJ 194　环境空气质量手工监测技术规范

GB/T 6682　分析实验室用水规格和试验方法

C.3 方法原理

用内壁惰性化处理的不锈钢罐采集环境空气样品，然后样品经冷阱预浓缩，除去水及惰性气体后，进入气相色谱分离，用氢火焰离子化检测器检测，保留时间定性，外标法定量。

C.4 干扰及消除

C.4.1 实验室环境应完全远离有机溶剂，保证没有有机溶剂和其他挥发性有机物的本底干扰。

C.4.2 进样系统、预浓缩系统中气路连接材料挥发出的挥发性有机物会对分析造成干扰，适当升高温度、延长烘烤时间，将干扰降至最低。

C.4.3 所有样品经过的管路和接头均需进行惰性化处理并保温，以消除样品吸附、冷凝和交叉污染。

C.4.4 易挥发性有机物（尤其是氟碳化合物）在运输保存过程中可能会经阀门等部件扩散进罐中，从而污染样品，当样品罐内压力小于大气压时尤其容易发生。样品采集结束后，须确认阀门完全关闭，用密封帽密封罐采样口，隔绝外界气体，可有效降低此类干扰。

C.4.5 样品中过量的水汽和二氧化碳将会对分析造成干扰，所以分析系统必须装有除水和除二氧化碳装置。

C.4.6 同时分析高浓度样品和低浓度样品时，高浓度样品会对低浓度样品的检测产生记忆效应。因此，在分析一个高浓度样品后，应伴随分析一个空白样品，以确认系统是否受到污染。

C.4.7 每个被测高浓度样品的真空罐清洗后，应在下一次使用前进行本底污染分析。

C.5 试剂和材料

C.5.1 标准气：57 种 VOCs 标准气体，浓度为 1 μmol/mol。高压钢瓶保存，钢瓶压力不低于 1.0 MPa，可保存 1 年（或参见标气证书的相关说明）。

C.5.2 标准使用气：使用气体稀释装置（C.6.6），将标准气（C.5.1）用高纯氮气（C.5.7）稀释至 10nmol/mol，可保存 30 d。

C.5.3 实验用水：电阻率≥18.0 MΩ·cm（25℃），其余指标应符合 GB/T 6682 中的一级水标准。

C.5.4 载气：高纯氮气，纯度≥99.999%。

C.5.5 燃烧气：氢气，纯度≥99.95%。

C.5.6 助燃气：压缩空气。

C.5.7 稀释气：高纯氮气（纯度≥99.999%）或高纯空气（纯度≥99.999%），带除烃装置。

C.5.8 制冷剂：液氮，或其他制冷方式。

C.6 仪器和设备

C.6.1 气相色谱仪：具氢火焰离子化检测器（FID）。

C.6.2 毛细管色谱柱：石英毛细管色谱柱 1，60 m×320 μm×1 μm，固定相为 100%二甲基聚硅氧烷；石英毛细管色谱柱 2，30 m×320 μm×0.2 μm，固定相为苯乙烯-二乙烯基苯；或使用其他等效的毛细管色谱柱。

C.6.3　气体冷阱浓缩仪：具有自动定量取样汽及自动添加标准气体、内标的功能。采用液氮制冷，其他制冷方式如能达到有效除水汽、除二氧化碳效果，也可使用。气体冷阱浓缩仪与气相色谱仪连接管路均使用惰性化材质，并能在 50～150℃ 范围加热。

C.6.4　浓缩仪自动进样器：可实现采样罐样品自动进样。

C.6.5　罐清洗装置：能将采样罐抽至真空（<6.7 Pa）；连接头为内壁惰性化处理的不锈钢材料，连接多个采样罐到清洗系统进行同时清洗。

C.6.6　气体稀释装置：最大稀释倍数可达 100 倍。

C.6.7　采样罐：内壁惰性化处理的不锈钢罐，容积 3.2 L 或 6 L。

C.6.8　流量控制器：带有颗粒物过滤器，孔径≤10 μm，与采样罐配套使用，使用前需经校准流量计校准。

C.6.9　校准流量计：在 10～500 ml/min 范围精确测定流量。

C.6.10　真空压力表：精度要求≤7 kPa（1psi），压力范围：−101～202 kPa。

C.7　样品

参见附录 B 中 B.7。

C.8　分析步骤

C.8.1　仪器参考条件

C.8.1.1　样品预浓缩参考条件（液氮制冷）

一级冷阱：捕集温度：−150℃；解析温度：10℃；阀温：100℃；烘烤温度：150℃；烘烤时间：15 min；

二级冷阱：捕集温度：-30℃；解析温度：180℃；烘烤温度：190℃；烘烤时间：15 min；

三级聚焦：聚焦温度：−160℃；解析时间：2.5 min。

注：若采用其他制冷方式，预浓缩分析条件可参考仪器规定。

C.8.1.2　GC-FID 分析条件

C_2～C_3 目标化合物采用石英毛细管色谱柱 2（C.6.2）测定；其他目标化合物采用石英毛细管色谱柱 1（C.6.2）测定，参考条件如下：

程序升温：36℃保持 5 min，以 5℃/min 的速率升温至 150℃，保持 0 min；再以 15℃/min 的速率升温至 220℃，保持 15 min。

色谱柱流量：1.5 ml/min；进样口温度：180℃。

C.8.2　校准

C.8.2.1　标准使用气体配制

采用气体稀释装置（C.6.6），通过调节标准混合气体和稀释气的流量比配制标准使用气体。标气气路的减压阀和连接气路应采用惰性化处理的不锈钢材质，减少吸附。流量设定值应位于质量流量控制器满量程的 10%～90% 之间，以获取更为准确的结果。稀释后标气浓度按公式（C.1）计算。

$$C_f = C_i \times \frac{f_i}{f_t} \tag{C.1}$$

其中：C_f——稀释后标气浓度，nmol/mol；

　　　C_i——标气初始浓度，nmol/mol；

f_i——标气流量，ml；

f_t——标气和稀释气总流量，ml。

C.8.2.2　绘制校准曲线

分别抽取 50.0 ml、100 ml、200 ml、400 ml、600 ml、800 ml 混合标准使用气（C.5.2），相当于各校准点浓度分别 0 nmol/mol、2.5 nmol/mol、5.0 nmol/mol、10.0 nmol/mol、15.0 nmol/mol、20.0 nmol/mol（可根据实际样品情况调整），按照仪器参考条件，依次从低浓度到高浓度进行测定，记录标准系列目标化合物的保留时间和响应值，以目标化合物的浓度为横坐标，色谱峰响应值为纵坐标，绘制校准曲线。

校准曲线至少应含 5 个浓度点，浓度选取可根据样品实际情况进行调整。

C.8.2.3　色谱图

在规定的色谱条件下，$C_2 \sim C_3$ 目标化合物的色谱图见图 C.1，其余目标化合物的色谱图见图 C.2。

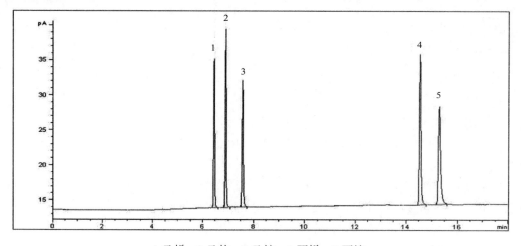

1-乙烯；2-乙炔；3-乙烷；4-丙烯；5-丙烷

图 C.1　$C_2 \sim C_3$ 目标化合物的色谱图

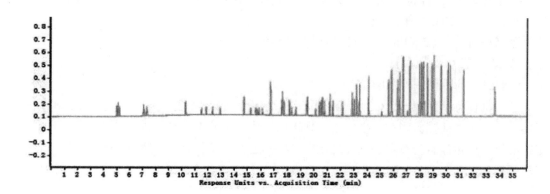

图 C.2　其余目标化合物色谱图

C.8.3　试样的测定

将制备好的样品固定于自动进样器上，取 400 ml 样品浓缩分析，按照仪器参考条件（C.8.1）进行测定。

C.8.4　空白试样的测定

按照与样品测定相同的步骤进行实验室空白和运输空白的测定。

C.9　结果计算与表示

C.9.1　目标化合物的定性

目标化合物根据相对保留时间定性，应多次分析标准气体得到目标化合物的保留时间均值，以平均保留时间±3 倍的标准偏差为保留时间窗口，样品中目标化合物的保留时间应在其范围内。

C.9.2　目标化合物的定量

用外标法定量，按照公式（C.2）计算

$$\rho_x = \rho_a \times \frac{M}{22.4} \times f \tag{C.2}$$

式中：ρ_x——样品中目标化合物的浓度，$\mu g/m^3$；

ρ_a——从校准曲线上得到的目标化合物的摩尔分数，nmol/mol；

M——目标化合物的摩尔质量，g/mol；

22.4——标态状态下（273.15K，101.325 kPa 下）气体的摩尔体积，L/mol；

f——稀释倍数。

C.10　质量保证和质量控制

C.10.1　采样过程的质量保证和质量控制

参见附录 B 中 B.10.1。

C.10.2　分析过程的质量保证和质量控制

C.10.2.1　质量流量计校准

气体稀释装置（C.6.6）的质量流量计每年至少校准一次。

C.10.2.2　系统泄漏检查

在样品分析前，必须进行系统泄漏检查。检查方式为：打开预浓缩软件，在进气口均处于关闭的状态下，点击检漏按钮，进入检漏界面，可选抽真空或加压方式进行。

C.10.2.3　初始校准

校准曲线至少包含 5 个浓度系列，初始校准曲线相关系数≥0.99，否则应查找原因并重新建立校准曲线。

C.10.2.4　连续校准

每 24 h 分析一次校准曲线中间浓度点，每个目标化合物的测定结果与初始浓度值相对偏差应≤30%，否则应重新制作校准曲线。

C.10.2.5　仪器空白

每批样品分析之前或每 24 h 内，需分析一次仪器空白，具体测试方法为：设置进样体积为 0，按照与样品测定相同的步骤进行分析，每个目标化合物的测定结果须小于本实验室的方法检出限，否则应查找原因。

C.10.2.6 样品

每 20 个样品或每批次（少于 20 个样品/批）应至少分析一个实验室空白样品和一个运输空白样品，实验室空白和运输空白样品中每个目标化合物的测定结果均应低于本实验室的方法检出限。

每 20 个样品或每批次（少于 20 个样品/批）应分析一个平行样，平行样分析时目标化合物的相对偏差应≤30%。

C.10.2.7 检出限（MDL）

实验室每年至少测定一次方法检出限，仪器更新或有较大变动时需重测检出限。

附录 D
（资料性附录）
环境空气　臭氧前体有机物的测定　罐采样/气相色谱-质谱法

警告：本方法所使用标准品为易散逸的有毒化合物，应在通风条件下使用，操作应按规定要求佩戴防护器具，避免吸入或接触皮肤和衣物。

D.1 适用范围

本方法规定了环境空气中 57 种臭氧前体有机物手工监测的罐采样/气相色谱-质谱法的测定方法。

本方法适用于环境空气和无组织排放废气中乙烷、乙烯等 57 种臭氧前体有机物的手工监测。

D.2 规范性引用文件

本方法内容引用了下列文件中的条款。凡是不注日期的引用文件，其有效版本适用于本方法。

HJ 194　环境空气质量手工监测技术规范

GB/T 6682　分析实验室用水规格和试验方法

D.3 方法原理

用内壁经硅烷化处理的不锈钢采样罐采集环境空气样品，样品经三级冷阱预浓缩后，除去水及惰性气体，经气相色谱分离后质谱检测器检测。根据色谱峰的保留时间、碎片离子质荷比及其丰度比定性，内标法定量。

D.4 干扰及消除

D.4.1 实验室环境应完全远离有机溶剂，保证没有有机溶剂和其他挥发性有机物的本底干扰。

D.4.2　进样系统、预浓缩系统中气路连接材料挥发出的挥发性有机物会对分析造成干扰，适当升高温度、延长烘烤时间，将干扰降至最低。

D.4.3　所有样品经过的管路和接头均需进行惰性化处理并保温，以消除样品吸附、冷凝和交叉污染。

D.4.4　易挥发性有机物（尤其是氟碳化合物）在运输保存过程中可能会经阀门等部件扩散进罐中，从而污染样品，当样品罐内压力小于大气压时尤其容易发生。样品采集结束后，须确认阀门完全关闭，用密封帽密封罐采样口，隔绝外界气体，以有效降低此类干扰。

D.4.5　样品中过量的水汽和二氧化碳将会对分析造成干扰，所以分析系统必须装有除水和除二氧化碳装置。

D.4.6　同时分析高浓度样品和低浓度样品时，高浓度样品会对低浓度样品的测定产生记忆效应。因此，在分析一个高浓度样品后，应伴随分析一个空白样品，以确认系统是否受到污染。

D.4.7　每个被测高浓度样品的真空罐清洗后，应在下一次使用前进行本底污染分析。

D.5　试剂和材料

D.5.1　标准气：57 种 VOCs 标准气体，浓度约为 1 µmol/mol。高压钢瓶保存，钢瓶压力不低于 1.0 MPa，可保存 1 年（或参见标气证书的相关说明）。

D.5.2　标准使用气：使用气体稀释装置（D.6.6），将标准气（D.5.1）用高纯氮气（D.5.9）稀释至 10 nmol/mol，可保存 30 d。

D.5.3　内标标准气（有证标准物质）：组分为一溴一氯甲烷、1,2-二氟苯、氯苯-d5、4-溴氟苯。浓度约为 1 µmol/mol。高压钢瓶保存，钢瓶压力不低于 1.0 MPa，可保存 1 年（或参见标气证书的相关说明）。

D.5.4　内标标准使用气：使用气体稀释装置（D.6.6），将内标标准气（D.5.3）用高纯氮气（D.5.9）稀释至 100nmol/mol，可保存 30 d。

D.5.5　实验用水为新制备的去离子水。

D.5.6　载气：高纯氮气，纯度≥99.999%；高纯氦气，纯度≥99.999%。

D.5.7　燃烧气：氢气，纯度≥99.95%。

D.5.8　助燃气：压缩空气。

D.5.9　稀释气：高纯氮气（纯度≥99.999%）或高纯空气（纯度≥99.999%），带除烃装置。

D.5.10　制冷剂：液氮，或其他制冷方式。

D.6　仪器和设备

D.6.1　气相色谱-质谱仪：气相部分具分流/不分流进样口和程序升温功能，可配有柱温箱冷却装置。质谱部分具 70eV 电子轰击（EI）离子源，四极杆质谱仪。

D.6.2　气体冷阱浓缩仪：具有自动定量取样及自动添加标准气体、内标的功能。采用液氮制冷，其他制冷方式如能达到有效除水汽、除二氧化碳效果，也可使用。气体冷阱浓缩仪与气相色谱仪连接管路均使用惰性化材质，并能在 50～150℃ 范围加热。

D.6.3　毛细管色谱柱：石英毛细管色谱柱 1，60 m×320 µm×1 µm，固定相为 100%二甲基聚硅氧烷；石英毛细管色谱柱2，30 m×1 mm，固定相为苯乙烯-二乙烯基苯；或使用其他等效的毛细管色谱柱。

D.6.4　自动进样器：可实现采样罐样品自动进样。

D.6.5　罐清洗装置：能将采样罐抽至真空（<6.7 Pa）；连接头为内壁惰性化处理的不锈钢材料，连接多个采样罐到清洗系统进行同时清洗。

D.6.6　气体稀释装置：可二级稀释，稀释倍数>100 倍。

D.6.7　采样罐：内壁经惰性化处理的不锈钢罐，容积3.2 L或6 L。

D.6.8　带限流阀的积分采样器：采样流量可调，采样前用流量校准装置校准流量。

D.7　样品

参见附录B中B.7。

D.8　分析步骤

D.8.1　样品预浓缩参考条件

样品预浓缩可采用液氮三级制冷或其他制冷方式，液氮制冷方式参考条件如下。

一级冷阱：捕集温度：-150℃；捕集流速：100 ml/min；解析预加热温度：-50℃；解析温度：10℃；烘烤温度：150℃，烘烤时间：10 min。一级冷阱的类型为填装玻璃微珠和TENAX的捕集阱。

二级冷阱：捕集温度为-30℃；捕集流速为 10 ml/min，捕集体积为 40 ml；解析温度为160℃；解析时间：3.0 min；烘烤温度为190℃；烘烤时间：10 min。二级冷阱类型为填装 TENAX 的捕集阱。

三级聚焦：聚焦温度为-160℃；进样时间为 2.0 min。系统烘烤时间为 10 min。

注：若采用其他制冷方式，预浓缩分析条件可参考仪器规定。

D.8.2　气相色谱参考条件

样品分析时，可根据实验室仪器配置的具体情况选择合适的分析方法。如果实验室内气相色谱仪配有柱温箱冷却装置，气相色谱参数参考（D.8.2.1）；如果气相色谱仪无柱温箱冷却装置，气相色谱参数可参考（D.8.2.2.）

D.8.2.1　气相色谱仪配有柱温箱冷却装置的气相色谱参数

毛细管柱：石英毛细管色谱柱1（D.6.3），或其他等效毛细管柱；程序升温：-50℃保持6 min，以 15℃/min 升温到10℃，再以 4℃/min 升温到150℃，再以 15℃/min 升温到240℃。

色谱柱流量：1.2 ml/min；

进样口温度：180℃；

溶剂延迟：4.0 min。

D.8.2.2　气相色谱仪无柱温箱冷却装置的气相色谱参数

毛细管柱：石英毛细管色谱柱1（D.6.3）、石英毛细管色谱柱2（D.6.3）；程序升温：36℃保持 5 min，以 5℃/min 的速率升温至150℃，保持 0 min；再以 15℃/min 的速率升温至220℃，保持 15 min。

色谱柱流量：1.2 ml/min；

进样口温度：180℃；溶剂延迟：1.5 min。

D.8.3 质谱参考条件

接口温度：280℃；

离子源温度：230℃；

四极杆温度：250℃；

扫描方式：选择离子扫描（SIM），各化合物组分特征离子见表 D.2。

D.8.4 校准

D.8.4.1 仪器性能检查

每天分析前，GC-MS 系统必须进行仪器性能检查。将 200 ml 4-溴氟苯（BFB）标准使用气体经气体浓缩仪进样，得到的 BFB 关键离子丰度应满足表 D.1 中的要求，否则需对仪器进行清洗和调整。

表 D.1 4-溴氟苯关键离子丰度标准

质量	离子丰度标准	质量	离子丰度标准
50	质量 95 的 15%～40%	174	大于质量 95 的 50%
95	基峰，100%相对丰度	175	质量 174 的 5%～9%
96	质量 95 的 5%～9%	176	质量 174 的 95%～105%
173	小于质量 174 的 2%	177	质量 176 的 5%～10%

D.8.4.2 标准使用气体配制

参见附录 B 中 B.8.3.1 中相关内容。

D.8.4.3 绘制校准曲线

分别抽取 50.0 ml、100 ml、200 ml、400 ml、600 ml、800 ml 混合标准使用气（D.5.2），同时加入 50.0 ml 内标标准使用气（D.5.4）绘制校准曲线，相当于各校准点浓度分别为 1.25 nmol/mol、2.5 nmol/mol、5.0 nmol/mol、10.0 nmol/mol、15.0 nmol/mol、20.0 nmol/mol（可根据实际样品情况调整），内标物浓度为 12.5 nmol/mol。按照仪器参考条件，依次从低浓度到高浓度进行测定，记录标准系列目标化合物及内标的保留时间、定量离子的响应值（各组分的特征离子见表 D.2）。校准曲线至少应含 5 个浓度点，浓度选取可根据样品实际情况进行调整。

D.8.5 分析步骤

将样品固定于自动进样器上，取 400 ml 样品浓缩分析。以连续校准样品、实验室空白、运输空白、样品的顺序测定，分析完高浓度样品后，应分析一个实验室空白，确定无交叉污染后方可进行后续样品分析。

具有柱温箱冷却装置的气相色谱仪可参考（D.8.2.1）的气相参数和其他仪器参数进行样品分析。

无柱温箱冷却装置的样品，使用石英毛细管色谱柱 2（D.6.3）分析乙烷、乙烯、乙炔、丙烷和丙烯 5 组分，其余组分使用石英毛细管色谱柱 1（D.6.3）分析。气相色谱参数参考（D.8.2.2），其余参数同上。

D.8.6 色谱图

具备柱温箱冷却装置分析的 57 种挥发性有机物的选择离子流图见图 D.1；无柱温箱冷却装置，两根不同极性毛细管柱分析的 57 种挥发性有机物的选择离子流图见图 D.2。

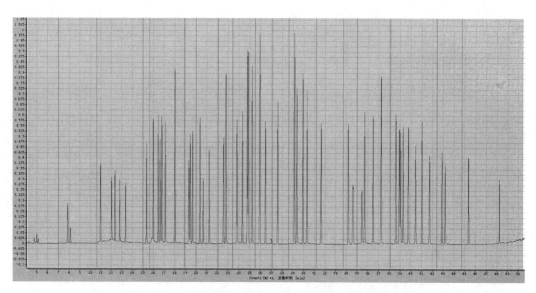

图 D.1　冷柱温进样，57 种挥发性有机物选择离子流图

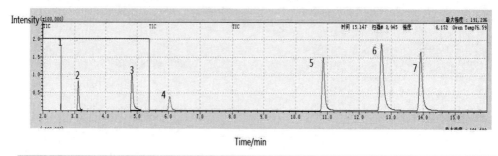

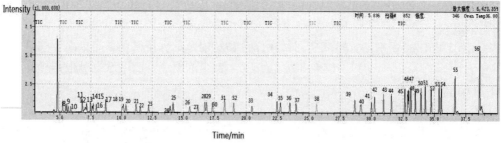

图 D.2　两根不同极性毛细管柱分析的 57 种挥发性有机物的选择离子流图

D.9　结果计算及表示

D.9.1　定性结果

目标化合物根据相对保留时间、样品与标准质谱图比较进行定性。

应多次分析标准气体得到目标化合物的保留时间均值，以平均保留时间±3 倍的标准偏差为保留时间窗口，样品中目标化合物的保留时间应在其范围内。

样品中目标化合物的辅助定性离子和定量离子峰面积比与标准系列的相对偏差应在±30%以内。

D.9.2 定量结果

用内标法定量，各个化合物所对应的不同内标物及定量离子参照表 D.2 执行，按照公式（D.1）进行计算。

$$\rho_x = \frac{A_x \times \rho_{IS}}{A_{IS} \times RRF} \times \frac{M}{22.4} \times f \qquad (D.1)$$

式中：ρ_x——样品中目标化合物的浓度，$\mu g/m^3$；

A_x——目标化合物定量离子的响应值；

A_{IS}——内标物定量离子的响应值；

ρ_{IS}——样品中内标物的摩尔分数，nmol/mol；

$\overline{RRF}$——目标化合物的平均相对响应因子；

M——目标化合物的摩尔质量，g/mol；

22.4——标准状态下（273.15K，101.325 kPa 下）气体的摩尔体积，L/mol；

f——稀释倍数。

D.10 质量保证和质量控制

D.10.1 采样过程的质量保证和质量控制

参见附录 B 中 B.10.1。

D.10.2 分析过程的质量保证和质量控制

（1）每 20 只清洗完毕的采样罐应至少抽取一只注入高纯氮气（D.5.9）进行空白分析，每种化合物的检出浓度应低于 0.2 ppbv，所有组分的加和应低于 10 ppbv。

（2）实验室空白和运输空白中目标组分的浓度应低于 3 倍本实验室方法检出限，所有组分的加和应低于 10 ppbv。实验室空白是注入清洁采样罐中的高纯氮气，初始校准、连续校准或分析完高浓度样品后应做一个实验室空白，确保无交叉污染。

（3）每 20 个样品或每批次（少于 20 个样品/批）应分析一个平行样，平行样品的相对偏差应≤30%。

（4）初始校准。校准曲线至少需要 5 个浓度梯度，目标化合物相对相应因子的相对标准偏差（RSD）≤30%，否则应查找原因并重新绘制曲线。

（5）连续校准。每 24 h 分析一次校准曲线中间浓度点，每个目标化合物的测定结果与初始浓度值相对偏差应≤30%，否则应重新制作校准曲线。

（6）实验室每年至少测定一次方法检出限，仪器维修或有较大变动后，需重新测定检出限。

表 D.2 目标化合物出峰顺序及定量离子、辅助离子一览表

序号	目标化合物名称	保留时间/min	定量离子	辅助离子	对应内标
1	乙烯	6.51	28	27、26	—
2	乙炔	6.93	26	25、24	—
3	乙烷	7.61	28	27、29	—
4	丙烯	7.078	41	42、39	一溴一氯甲烷
5	丙烷	7.314	44	43、39	一溴一氯甲烷
6	异丁烷	10.301	43	42、41	一溴一氯甲烷
7	1-丁烯	11.506	41	39、56	一溴一氯甲烷
8	正丁烷	11.872	58	42、41	一溴一氯甲烷

序号	目标化合物名称	保留时间/min	定量离子	辅助离子	对应内标
9	反式-2-丁烯	12.343	56	41、50	一溴一氯甲烷
10	顺式-2-丁烯	12.921	56	55、41、39	一溴一氯甲烷
11	异戊烷	14.735	57	43、72	一溴一氯甲烷
12	1-戊烯	15.240	42	55、70	一溴一氯甲烷
13	正戊烷	15.606	43	42、41	一溴一氯甲烷
14	异戊二烯	15.748	55	70、39	一溴一氯甲烷
15	反式-2-戊烯	15.865	67	53、39	一溴一氯甲烷
16	顺式-2-戊烯	16.107	55	70、42	一溴一氯甲烷
17	2,2-二甲基丁烷	16.716	57	71、43	一溴一氯甲烷
18	环戊烷	17.613	42	55、70	一溴一氯甲烷
19	2,3-二甲基丁烷	17.613	42	43、71、55	一溴一氯甲烷
20	2-甲基戊烷	17.744	43	71、41	一溴一氯甲烷
21	3-甲基戊烷	18.152	57	56、41	一溴一氯甲烷
22	1-己烯	18.317	56	41、84	一溴一氯甲烷
IS1	一溴一氯甲烷	18.519	130	128、49	—
23	正己烷	18.637	57	41、86	1,2-二氟苯
24	甲基环戊烷	19.499	57	43、85	1,2-二氟苯
25	2,4-二甲基戊烷	19.499	56	69、41、84	1,2-二氟苯
26	苯	20.116	78	77、52	1,2-二氟苯
27	环己烷	20.531	56	69、84	1,2-二氟苯
IS2	1,2-二氟苯	20.547	114	63	—
28	2-甲基己烷	20.612	43	57、85	氯苯-d5
29	2,3-二甲基戊烷	20.770	56	43、71	氯苯-d5
30	3-甲基己烷	20.770	57	43、70	氯苯-d5
31	2,2,4-三甲基戊烷	21.180	57	56、41	氯苯-d5
32	正庚烷	21.416	57	71、43、100	氯苯-d5
33	甲基环己烷	22.129	83	98、55	氯苯-d5
34	2,3,4-三甲基戊烷	22.863	43	71、55	氯苯-d5
35	甲苯	23.018	57	43、70、99	氯苯-d5
36	2-甲基庚烷	23.189	91	92	氯苯-d5
37	3-甲基庚烷	23.410	85	57、43	氯苯-d5
38	正辛烷	24.101	85	71、57	氯苯-d5
IS3	氯苯-d5	25.079	117	119、82	—
39	乙基苯	25.622	91	106	氯苯-d5
40	间-二甲苯	25.842	91	106	氯苯-d5
41	对-二甲苯	25.842	91	106	氯苯-d5
42	苯乙烯	26.323	85	57、128、43	氯苯-d5
43	邻二甲苯	26.470	104	78	氯苯-d5
44	正壬烷	26.723	91	106	氯苯-d5
IS4	4-溴氟苯	26.955	174	176	—
45	异丙基苯	27.242	105	120	4-溴氟苯
46	正丙苯	27.950	91	120	4-溴氟苯
47	间-乙基甲苯	28.098	105	120	4-溴氟苯
48	对-乙基甲苯	28.162	105	120	4-溴氟苯
49	1,3,5-三甲苯	28.278	105	120	4-溴氟苯
50	邻-乙基甲苯	28.563	105	120	4-溴氟苯
51	1,2,4-三甲苯	28.901	57	76、85、142	4-溴氟苯
52	正癸烷	29.060	105	120	4-溴氟苯
53	1,2,3-三甲苯	29.596	105	120	4-溴氟苯
54	间-二乙基苯	30.109	119	105、134	4-溴氟苯
55	对-二乙基苯	30.280	119	105、134	4-溴氟苯
56	正十一烷	31.266	57	71、156	4-溴氟苯
57	正十二烷	33.609	57	57、71、120	4-溴氟苯

附录 E

（资料性附录）

相关记录表格示例

表 E.1 采样记录表

采样日期_____ 采样地点_____ 经度_____ 纬度_____ 天气状况_____

| 监测项目 | 仪器型号及编号 | 样品编号 | 采样时间 | | | 采样流量/（L/min） | | 采样平均流量/（L/min） | 气象五参数 | | | | | 累计实况体积/m³ | 累计标准状态体积/Rm³ |
			开始时间	结束时间	累积时间	采样前	采样后		气温/℃	气压/kPa	相对湿度/%	风速/（m/s）	主导风向		

备注：建议采集并留存采样期间点位周围环境图像信息。

采样：   校对：   审核：

表 E.2 监测数据汇总上报表

| 序号 | 名称 | 样品编号 | | | |
		180101-0:00-3:00	…	…	…
1	丙烯				
2	丙烷				
3	异丁烷				
4	正丁烯				
5	正丁烷				
6	顺-2-丁烯				
7	反-2-丁烯				
8	异戊烷				
9	1-戊烯				
10	正戊烷				
…	……				

关于机动车环保检测机构项目环境影响评价分类管理意见的复函

环办环评函〔2018〕259 号

浙江省环境保护厅：

你厅《关于要求认定机动车环保检测机构项目环境影响评价类别的请示》（浙环〔2018〕1 号）收悉。经研究，函复如下：

根据《建设项目环境影响评价分类管理名录》（环境保护部令 第 44 号）第六条的规定，机动车环保检测机构项目环境影响评价分类按照驾驶员训练基地、公交枢纽、大型停车场类项目的相关规定执行。

特此函复。

环境保护部办公厅
2018 年 2 月 26 日

关于 2017 年度全国环评机构和环评工程师查处情况的通报

环办环评〔2018〕3 号

各省、自治区、直辖市环境保护厅（局），新疆生产建设兵团环境保护局：

为提高环评文件编制质量，保证环评审批实效，我部及地方各级环保部门进一步加大对环评机构和环评工程师的监督检查和责任追究力度。2017 年度各级环保部门共对存在违规问题的 143 家环评机构予以行政处理 255 家次，对 256 名环评工程师予以行政处理 266 人次。在环评机构查处中发现的主要问题包括：主持编制的环评文件质量较差、资质申请中隐瞒相关情况、不按要求提交检查材料和质量控制制度落实不到位等，其中环评文件质量问题占到 90%。在环评工程师查处中发现的主要问题包括：编制的环评文件质量较差和未如实申报从业情况等，其中环评文件质量问题占到 64%。相关查处情况已全部记入全国环评机构诚信档案，并在我部政府网站向社会公开。

现将受到两次及以上行政处理的 51 家环评机构和 7 名环评工程师的主要问题及处理情况进行集中通报。请地方各级环保部门继续加强环评机构环评质量监管，健全监管机制，对存在环评文件编制质量较差等问题的环评机构和环评工程师严肃查处，有关查处情况请及时报送我部。同时，将多次受到行政处理的环评机构作为重点监管对象，加大检查力度，强化环评制度的严肃性和有效性。

附件：1．2017 年度受到环保部门两次及以上行政处理的环评机构名单
2．2017 年度受到环保部门两次及以上行政处理的环评工程师名单

生态环境部办公厅
2018 年 3 月 26 日

附件 1

2017 年度受到环保部门两次及以上行政处理的环评机构名单

序号	环评机构名称	资质等级	证书编号	实施部门	受到行政处理的主要原因	行政处理方式	累计受行政处理次数
1	江苏久力环境工程有限公司（现已更名为江苏久力环境科技股份有限公司）	乙	1959	淄博市环境保护局	主持编制的环评文件质量较差	限期整改十二个月	8
				福建省环境保护厅	主持编制的环评文件季度考核不合格	限期整改六个月	
				海南省生态环境保护厅	主持编制的环评文件质量较差	限期整改六个月	
				浙江省环境保护厅	主持编制的环评文件年度考核不合格	通报批评	
				武汉市环境保护局	主持编制的环评文件质量较差	通报批评	
				宜昌市环境保护局	主持编制的环评文件质量较差	通报批评	
				仙桃市环境保护局	主持编制的环评文件质量较差	通报批评	
				济南市章丘区环境保护局	主持编制的环评文件质量较差	通报批评	
2	安徽省四维环境工程有限公司	乙	2130	新疆维吾尔自治区环境保护厅	主持编制的环评文件质量较差	限期整改六个月	7
				厦门市环境保护局思明分局	主持编制的环评文件质量较差	限期整改六个月	
				临沂市环境保护局高新技术产业开发区分局	主持编制的环评文件质量较差	限期整改六个月	

序号	环评机构名称	资质等级	证书编号	实施部门	受到行政处理的主要原因	行政处理方式	累计受行政处理次数
2	安徽省四维环境工程有限公司	乙	2130	广西壮族自治区环境保护厅	主持编制的环评文件质量较差	限期整改三个月	7
				安徽省环境保护厅	质量控制制度不完善	通报批评	
				河南省环境保护厅	主持编制的环评文件质量较差	通报批评	
				厦门市环境保护局集美分局	主持编制的环评文件质量较差	通报批评	
3	宁夏智诚安环科技发展股份有限公司（现已更名为宁夏智诚安环技术咨询有限公司）	乙	3804	新疆兵团第八师环境保护局	主持编制的环评文件质量较差	限期整改十二个月	7
				厦门市环境保护局	主持编制的环评文件质量较差	限期整改六个月	
				重庆市环境保护局	主持编制的环评文件质量较差	限期整改三个月	
				江苏省环境保护厅	主持编制的环评文件年度考核评分较低	通报批评	
				河南省环境保护厅	主持编制的环评文件质量较差	通报批评	
				厦门市环境保护局	主持编制的环评文件质量较差	通报批评	
				黄石市环境保护局	主持编制的环评文件质量较差	通报批评	
4	江苏绿源工程设计研究有限公司	乙	1951	淄博市环境保护局	主持编制的环评文件质量较差	限期整改十二个月	6
				新疆维吾尔自治区环境保护厅	主持编制的环评文件质量较差	限期整改六个月	
				厦门市环境保护局	主持编制的环评文件考核不及格	限期整改六个月	
				临沂市环境保护局高新技术产业开发区分局	主持编制的环评文件质量较差	限期整改六个月	
				黄石市环境保护局	主持编制的环评文件质量较差	通报批评	
				天门市环境保护局	考核得分较低	通报批评	
5	广州环发环保工程有限公司	乙	2854	广西壮族自治区环境保护厅	主持编制的环评文件质量较差	限期整改十二个月	6
				贵州省环境保护厅	主持编制的环评文件质量较差	限期整改九个月	
				福建省环境保护厅	主持编制的环评文件季度考核不合格	限期整改六个月	
				中山市环境保护局	主持编制的环评文件质量较差	限期整改六个月	
				石嘴山市环境保护局	主持编制的环评文件质量较差	限期整改六个月	
				西安市环境保护局	主持编制的环评文件质量较差	通报批评	

序号	环评机构名称	资质等级	证书编号	实施部门	受到行政处理的主要原因	行政处理方式	累计受行政处理次数
6	中环国评（北京）科技有限公司	乙	1057	广西壮族自治区环境保护厅	主持编制的环评文件质量较差	限期整改三个月	5
				河南省环境保护厅	主持编制的环评文件质量较差	通报批评	
				厦门市环境保护局	主持编制的环评文件质量较差	通报批评	
				黄石市环境保护局	主持编制的环评文件质量较差	通报批评	
				肇庆市环境保护局	主持编制的环评文件质量较差	通报批评	
7	安徽中环环境科学研究院有限公司	乙	2115	淄博市环境保护局	主持编制的环评文件质量较差	限期整改十二个月	5
				淄博市环境保护局周村分局	主持编制的环评文件质量较差	限期整改十二个月	
				宣城市环境保护局	主持编制的环评文件质量较差	限期整改六个月	
				中山市环境保护局	主持编制的环评文件质量较差	限期整改六个月	
				广西壮族自治区环境保护厅	主持编制的环评文件年度考核不合格	限期整改三个月	
8	河南源通环保工程有限公司	乙	2501	淄博市环境保护局	主持编制的环评文件质量较差	限期整改十二个月	5
				福建省环境保护厅	主持编制的环评文件季度考核不合格	限期整改六个月	
				新乡市环境保护局	主持编制的环评文件质量较差	限期整改六个月	
				广西壮族自治区环境保护厅	主持编制的环评文件年度考核不合格	限期整改三个月	
				江苏省环境保护厅	主持编制的环评文件年度考核评分低	通报批评	
9	东方环宇环保科技发展有限公司	乙	2543	三门峡市环境保护局	主持编制的环评文件未由相应环评工程师作为编制主持人；主持编制的环评文件质量差	限期整改十二个月	5
				江苏省环境保护厅	主持编制的环评文件质量较差，年度考核不合格	限期整改三个月	
				广西壮族自治区环境保护厅	主持编制的环评文件质量较差	限期整改三个月	
				贵州省环境保护厅	主持编制的环评文件质量较差	限期整改三个月	5
				河南省环境保护厅	主持编制的环评文件质量较差	通报批评	

序号	环评机构名称	资质等级	证书编号	实施部门	受到行政处理的主要原因	行政处理方式	累计受行政处理次数
10	深圳市环新环保技术有限公司	乙	2872	广西壮族自治区环境保护厅	主持编制的环评文件质量较差	限期整改十二个月	5
				中山市环境保护局	主持编制的环评文件质量较差	限期整改六个月	
				厦门市环境保护局	主持编制的环评文件质量较差	通报批评	
				黄石市环境保护局	主持编制的环评文件质量较差	通报批评	
				黄冈市环境保护局	主持编制的环评文件质量较差	通报批评	
11	北京中科尚环境科技有限公司	乙	1063	甘肃省环境保护厅	主持编制的环评文件质量较差	限期整改十二个月	4
				曲靖市环境保护局	主持编制的环评文件质量较差	限期整改九个月	
				环境保护部	主持编制的环评文件质量较差	限期整改六个月	
				江苏省环境保护厅	主持编制的环评文件年度考核评分较低	通报批评	
12	河南金环环境影响评价有限公司	乙	2551	广西壮族自治区环境保护厅	主持编制的环评文件质量较差	限期整改十二个月	4
				洛阳市环境保护局	主持编制的环评文件质量较差	限期整改六个月	
				黄冈市环境保护局	主持编制的环评文件质量较差	通报批评	
				天门市环境保护局	考核得分较低	通报批评	
13	广西钦天境环境科技有限公司	乙	2913	广州市番禺区环境保护局	主持编制的环评文件质量较差	限期整改十二个月	4
				福建省环境保护厅	主持编制的环评文件季度考核不合格	限期整改六个月	
				惠州市环境保护局仲恺高新区分局	主持编制的环评文件质量较差	限期整改六个月	
				广西壮族自治区环境保护厅	主持编制的环评文件质量较差	限期整改三个月	
14	中环联新（北京）环境保护有限公司	甲	1058	新疆维吾尔自治区环境保护厅	主持编制的环评文件质量较差	限期整改六个月	3
				中山市环境保护局	主持编制的环评文件质量较差	限期整改六个月	
				随州市环境保护局	主持编制的环评文件质量较差	通报批评	
15	时代盛华科技有限公司	乙	1070	青岛市环境保护局	主持编制的环评文件质量较差	限期整改六个月	3
				北京市环境保护局	档案管理不完善	通报批评	
				成都市环境保护局	主持编制的环评文件质量较差	通报批评	

序号	环评机构名称	资质等级	证书编号	实施部门	受到行政处理的主要原因	行政处理方式	累计受行政处理次数
16	河北师大环境科技有限公司	乙	1209	海南省生态环境保护厅	主持编制的环评文件质量较差	限期整改六个月	3
				随州市环境保护局	主持编制的环评文件质量较差	通报批评	
				寿光市环境保护局	主持编制的环评文件质量较差	通报批评	
17	松辽流域水资源保护局松辽水环境科学研究所（现已更名为长春松辽环境与水资源咨询服务中心）	乙	1627	甘肃省环境保护厅	主持编制的环评文件质量较差	限期整改十二个月	3
				福建省环境保护厅	季度考核中提交检查材料不完整	限期整改六个月	
				江苏省环境保护厅	主持编制的环评文件年度考核评分较低	通报批评	
18	安徽显闰环境工程有限公司	乙	2132	安庆市环境保护局	主持编制的环评文件质量较差	限期整改十二个月	3
				安徽省环境保护厅	资质证书管理制度执行不严格	限期整改六个月	
				江苏省环境保护厅	主持编制的环评文件年度考核评分较低	通报批评	
19	聊城大学	乙	2459	淄博市环境保护局	主持编制的环评文件质量较差	限期整改十二个月	3
				邹平县环境保护局	主持编制的环评文件质量较差	限期整改六个月	
				山东省环境保护厅	主持编制的环评文件质量较差	通报批评	
20	山东同济环境工程设计院有限公司	乙	2461	环境保护部	资质申请中隐瞒近一年内被环保部门责令限期整改的情况	一年内不得再次申请资质	3
				烟台市环境保护局	主持编制的环评文件质量较差	限期整改六个月	
				莒南县环境保护局	主持编制的环评文件质量较差	限期整改六个月	
21	泰安市禹通水务环保工程有限公司	乙	2488	淄博市环境保护局周村分局	主持编制的环评文件质量较差	限期整改六个月	3
				厦门市环境保护局	主持编制的环评文件质量较差	通报批评	
				济南市章丘区环境保护局	主持编制的环评文件质量较差	通报批评	

序号	环评机构名称	资质等级	证书编号	实施部门	受到行政处理的主要原因	行政处理方式	累计受行政处理次数
22	山东海特环保科技有限公司	乙	2490	临沂市费县环境保护局	主持编制的环评文件质量较差	限期整改六个月	3
				厦门市环境保护局	主持编制的环评文件质量较差	通报批评	
				济南市章丘区环境保护局	主持编制的环评文件质量较差	通报批评	
23	广州市环境保护工程设计院有限公司	乙	2834	荆州市环境保护局	主持编制的环评文件质量较差	通报批评	3
				东莞市环境保护局	项目负责人无故缺席环评文件技术评审会，严重影响后续审批工作	通报批评	
				天门市环境保护局	考核得分较低	通报批评	
24	四川省顺蓝天环保科技咨询有限公司（现已更名为四川锦绣中华环保科技有限公司）	乙	3229	江苏省环境保护厅	主持编制的环评文件年度考核评分较低	通报批评	3
				仙桃市环境保护局	主持编制的环评文件质量较差	通报批评	
				神农架林区环境保护局	主持编制的环评文件质量较差	通报批评	
25	贵州成达环保科技服务有限公司	乙	3323	中山市环境保护局	主持编制的环评文件质量较差	限期整改六个月	3
				贵州省环境保护厅	主持编制的环评文件质量较差	通报批评	
				厦门市环境保护局	主持编制的环评文件质量较差	通报批评	
26	宁夏华之洁环境技术有限公司	乙	3813	淄博市环境保护局	主持编制的环评文件质量较差	限期整改十二个月	3
				淄博市环境保护局周村分局	主持编制的环评文件质量较差	限期整改十二个月	
				沂水县环境保护局	主持编制的环评文件质量较差	限期整改六个月	
27	北京中咨华宇环保技术有限公司	甲	1051	环境保护部	主持编制的环评文件质量较差	限期整改六个月	2
				河南省环境保护厅	主持编制的环评文件质量较差	通报批评	
28	沈阳绿恒环境咨询有限公司	甲	1504	新疆维吾尔自治区环境保护厅	年度抽查中未提交检查材料	限期整改十二个月	2
				淄博市环境保护局	主持编制的环评文件质量较差	限期整改十二个月	

序号	环评机构名称	资质等级	证书编号	实施部门	受到行政处理的主要原因	行政处理方式	累计受行政处理次数
29	南京国环科技股份有限公司	甲	1901	山东省环境保护厅	主持编制的环评文件质量较差	限期整改六个月	2
				海南省生态环境保护厅	主持编制的环评文件质量较差	限期整改六个月	
30	北京万澈环境科学与工程技术有限责任公司	乙	1021	甘肃省环境保护厅	主持编制的环评文件质量较差	限期整改十二个月	2
				新疆维吾尔自治区环境保护厅	主持编制的环评文件质量较差	限期整改六个月	
31	北京华夏博信环境咨询有限公司	乙	1024	环境保护部	资质申请中隐瞒近一年内被环保部门责令限期整改情况	一年内不得再次申请资质	2
				福建省环境保护厅	主持编制的环评文件季度考核不合格	限期整改六个月	
32	北京文华东方环境科技有限公司	乙	1055	海南省生态环境保护厅	主持编制的环评文件质量较差	限期整改九个月	2
				厦门市环境保护局	主持编制的环评文件质量较差	通报批评	
33	世纪鑫海（天津）环境科技股份有限公司	乙	1114	山东省环境保护厅	主持编制的环评文件质量较差	通报批评	2
				河南省环境保护厅	主持编制的环评文件质量较差	通报批评	
34	河北德源环保科技有限公司	乙	1228	福建省环境保护厅	季度考核中提交检查材料不完整	限期整改六个月	2
				日照市环境保护局东港分局	主持编制的环评文件质量较差	通报批评	
35	吉林灵隆环境科技有限公司	乙	1606	淄博市环境保护局	主持编制的环评文件质量较差	限期整改十二个月	2
				山东省环境保护厅	主持编制的环评文件质量较差	通报批评	
36	苏州科太环境技术有限公司	乙	1971	甘肃省环境保护厅	主持编制的环评文件质量较差	限期整改十二个月	2
				泉州市环境保护局	主持编制的环评文件质量较差	通报批评	
37	江苏圣泰环境科技股份有限公司	乙	1977	抚州市环境保护局	主持编制的环评文件质量较差	限期整改十二个月	2
				江苏省环境保护厅	主持编制的环评文件年度考核评分较低	通报批评	
38	南京科泓环保技术有限责任公司	乙	1980	湖南省环境保护厅	主持编制的环评文件质量较差	限期整改六个月	2
				成都市环境保护局	主持编制的环评文件质量较差	通报批评	

序号	环评机构名称	资质等级	证书编号	实施部门	受到行政处理的主要原因	行政处理方式	累计受行政处理次数
39	巢湖中环环境科学研究有限公司	乙	2124	合肥市环境保护局高新技术产业开发区分局	主持编制的环评文件质量较差	限期整改六个月	2
				安徽省环境保护厅	环评文件质量内部审核流于形式	通报批评	
40	福建省环境保护股份公司	乙	2218	环境保护部	资质申请中隐瞒近一年内被环保部门责令限期整改的情况	一年内不得再次申请资质	2
				厦门市环境保护局	主持编制的环评文件质量较差	通报批评	
41	威海市环境保护科学研究所有限公司	乙	2416	淄博市环境保护局	主持编制的环评文件质量较差	限期整改十二个月	2
				烟台市环境保护局	主持编制的环评文件质量较差	限期整改六个月	
42	济南浩宏伟业技术咨询有限公司	乙	2472	莒南县环境保护局	主持编制的环评文件质量较差	限期整改十二个月	2
				厦门市环境保护局	主持编制的环评文件质量较差	通报批评	
43	河南迈达环境技术有限公司	乙	2546	中山市环境保护局	主持编制的环评文件质量较差	限期整改六个月	2
				佛山市禅城区环境保护局	主持编制的环评文件质量较差	通报批评	
44	河南省正德环保科技有限公司	乙	2548	广州市番禺区环境保护局	主持编制的环评文件质量较差	限期整改六个月	2
				三门峡市环境保护局	项目负责人无故缺席环评文件技术评审会及会前现场勘察	通报批评	
45	湖北星瑞环保科技有限公司	乙	2630	环境保护部	1名环评工程师为外单位人员	限期整改六个月	2
				恩施州环境保护局	主持编制的环评文件质量较差	通报批评	
46	深圳市宗兴环保科技有限公司	乙	2860	三门峡市环境保护局	主持编制的环评文件质量较差	限期整改十二个月	2
				贵州省环境保护厅	主持编制的环评文件质量较差	限期整改三个月	
47	广州中鹏环保实业有限公司	乙	2878	福建省环境保护厅	主持编制的环评文件季度考核不合格	限期整改六个月	2
				中山市环境保护局	主持编制的环评文件质量较差	限期整改六个月	
48	广西南宁新元环保技术有限公司	乙	2925	广西壮族自治区环境保护厅	主持编制的环评文件质量较差	限期整改六个月	2
				中山市环境保护局	主持编制的环评文件质量较差	限期整改六个月	

序号	环评机构名称	资质等级	证书编号	实施部门	受到行政处理的主要原因	行政处理方式	累计受行政处理次数
49	广西圣川环保工程有限公司	乙	2926	广西壮族自治区环境保护厅	主持编制的环评文件质量较差	限期整改六个月	2
				广州市增城区环境保护局	主持编制的环评文件质量较差	限期整改六个月	
50	四川省国环环境工程咨询有限公司	乙	3239	中山市环境保护局	主持编制的环评文件质量较差	限期整改六个月	2
				泉州市环境保护局	主持编制的环评文件质量较差	通报批评	
51	中国轻工业成都设计工程有限公司	乙	3256	贵州省环境保护厅	主持编制的环评文件质量较差	限期整改三个月	2
				陕西省环境保护厅	主持编制的环评文件质量较差	通报批评	

附件 2

2017 年度受到环保部门两次及以上行政处理的环评工程师名单

序号	姓名	职业资格证书编号	实施部门	受到行政处理的主要原因	行政处理方式	累计受行政处理次数
1	周建波	HP00013129	三门峡市环境保护局	主持编制的环评文件质量较差	限期整改十二个月	4
			贵州省环境保护厅	主持编制的环评文件质量较差	限期整改三个月	
			江苏省环境保护厅	主持编制的环评文件质量较差	通报批评	
			广西壮族自治区环境保护厅	主持编制的环评文件质量较差	通报批评	
2	罗岭东	HP0004516	贵州省环境保护厅	主持编制的环评文件质量较差	限期整改九个月	3
			广西壮族自治区环境保护厅	主持编制的环评文件质量较差	限期整改六个月	
			石嘴山市环境保护局	主持编制的环评文件质量较差	限期整改六个月	
3	郭秀梅	HP0011842	环境保护部	主持编制的环评文件质量较差	限期整改六个月	2
			江苏省环境保护厅	主持编制的环评文件质量较差	通报批评	
4	王成斌	HP0011793	青岛市环境保护局	主持编制的环评文件质量较差	限期整改六个月	2
			成都市环境保护局	主持编制的环评文件质量较差	限期整改六个月	

序号	姓　名	职业资格证书编号	实施部门	受到行政处理的主要原因	行政处理方式	累计受行政处理次数
5	张秀存	HP0010717	淄博市环境保护局周村分局	主持编制的环评文件质量较差	限期整改十二个月	2
			沂水县环境保护局	主持编制的环评文件质量较差	限期整改六个月	
6	王琦	HP00015164	安庆市环境保护局	主持编制的环评文件质量较差	限期整改十二个月	2
			江苏省环境保护厅	主持编制的环评文件质量较差	通报批评	
7	王勋跃	HP00017105	淄博市环境保护局	主持编制的环评文件不合格	限期整改十二个月	2
			新疆维吾尔自治区环境保护厅	主持编制的环评文件质量较差	限期整改六个月	

关于印发《清洁生产审核评估与验收指南》的通知

环办科技〔2018〕5 号

各省、自治区、直辖市和计划单列市环境保护厅（局）、发展改革委，新疆生产建设兵团环境保护局、发展改革委：

为科学推进清洁生产工作，规范清洁生产审核行为，指导清洁生产审核评估与验收工作，根据《中华人民共和国清洁生产促进法》《清洁生产审核办法》的规定，生态环境部、国家发展改革委制定了《清洁生产审核评估与验收指南》（见附件）。现印发给你们，请遵照执行。

附件：清洁生产审核评估与验收指南

生态环境部办公厅
发展改革委办公厅
2018 年 4 月 12 日

附件

清洁生产审核评估与验收指南

第一章 总 则

第一条 为科学规范推进清洁生产审核工作，保障清洁生产审核质量，指导清洁生产审核评估与验收工作，根据《中华人民共和国清洁生产促进法》和《清洁生产审核办法》（国家发展和改革委员会、环境保护部令 第 38 号），制定本指南。

第二条 本指南所称清洁生产审核评估是指企业基本完成清洁生产无/低费方案，在清洁生产中/高费方案可行性分析后和中/高费方案实施前的时间节点，对企业清洁生产审核报告的规范性、清洁生产审核过程的真实性、清洁生产中/高费方案及实施计划的合理性和可行性进行技术审查的过程。

本指南所称清洁生产审核验收是指按照一定程序，在企业实施完成清洁生产中/高费方案后，对已实施清洁生产方案的绩效、清洁生产目标的实现情况及企业清洁生产水平进行综合性评定，并做出结论性意见的过程。

第三条 本指南适用于《清洁生产审核办法》第二十条规定的"国家考核的规划、行动计划中明确指出需要开展强制性清洁生产审核工作的企业"和"申请各级清洁生产、节能减排等财政资金的企业"以及从事清洁生产管理活动的部门，其他需要开展清洁生产审核评估与验收的企业可参照本指南执行。

第四条 清洁生产审核评估与验收应坚持科学、公正、规范、客观的原则。

第五条 地方各级环境保护主管部门或节能主管部门组织清洁生产专家或委托相关单位，负责职责范围内的清洁生产审核评估与验收工作。

第二章 清洁生产审核评估

第六条 地市级（县级）环境保护主管部门或节能主管部门按照职责范围提出年度需开展清洁生产审核评估的企业名单及工作进度安排，逐级上报省级环境保护主管部门或节能主管部门确认后书面通知企业。

第七条 需开展清洁生产审核评估的企业应向本地具有管辖权限的环境保护主管部门或节能主管部门提交以下材料：

（一）《清洁生产审核报告》及相应的技术佐证材料；

（二）委托咨询服务机构开展清洁生产审核的企业，应提交《清洁生产审核办法》第十六条中咨询服务机构需具备条件的证明材料；自行开展清洁生产审核的企业应按照《清洁生产审核办法》第十五条、第十六条的要求提供相应技术能力证明材料。

第八条 清洁生产审核评估应包括但不限于以下内容：

（一）清洁生产审核过程是否真实，方法是否合理；清洁生产审核报告是否能如实客观反映企业开展清洁生产审核的基本情况等。

（二）对企业污染物产生水平、排放浓度和总量，能耗、物耗水平，有毒有害物质的使用和排放情况是否进行客观、科学的评价；清洁生产审核重点的选择是否反映了能源、资源消耗、废物产生和污染物排放方面存在的主要问题；清洁生产目标设置是否合理、科学、规范；企业清洁生产管理水平是否得到改善。

（三）提出的清洁生产中/高费方案是否科学、有效，可行性是否论证全面，选定的清洁生产方案是否能支撑清洁生产目标的实现。对"双超"和"高耗能"企业通过实施清洁生产方案的效果进行论证，说明能否使企业在规定的期限内实现污染物减排目标和节能目标；对"双有"企业实施清洁生产方案的效果进行论证，说明其能否替代或削减其有毒有害原辅材料的使用和有毒有害污染物的排放。

第九条　本地具有管辖权限的环境保护主管部门或节能主管部门组织专家或委托相关单位成立评估专家组，各专家可采取电话函件征询、现场考察、质询等方式审阅企业提交的有关材料，最后专家组召开集体会议，参照《清洁生产审核评估评分表》（见附表1）打分界定评估结果并出具技术审查意见。

第十条　清洁生产审核评估结果实施分级管理，总分低于 70 分的企业视为审核技术质量不符合要求，应重新开展清洁生产审核工作；总分为 70～90 分的企业，需按专家意见补充审核工作，完善审核报告，上报主管部门审查后，方可继续实施中/高费方案；总分高于 90 分的企业，可依据方案实施计划推进中/高费方案的实施。

技术审查意见参照《清洁生产审核评估技术审查意见样表》（见附表3）内容进行评述，提出清洁生产审核中尚存的问题，对清洁生产中/高费方案的可行性给出意见。

第十一条　本地具有管辖权限的环境保护主管部门或节能主管部门负责将评估结果及技术审查意见反馈给企业，企业需在清洁生产审核过程中予以落实。

第三章　清洁生产审核验收

第十二条　地方各级环境保护主管部门或节能主管部门应督促企业实施完成清洁生产中/高费方案并及时开展清洁生产审核验收工作。

第十三条　需开展清洁生产审核验收的企业应将验收材料提交至负责验收的环境保护主管部门或节能主管部门，主要包括：

（一）《清洁生产审核评估技术审查意见》；

（二）《清洁生产审核验收报告》；

（三）清洁生产方案实施前、后企业自行监测或委托有相关资质的监测机构提供的污染物排放、能源消耗等监测报告。

第十四条　《清洁生产审核验收报告》应由企业或委托咨询服务机构完成，其内容应当包括但不限于以下方面：（1）企业基本情况；（2）《清洁生产审核评估技术审查意见》的落实情况；（3）清洁生产中/高费方案完成情况及环境、经济效益汇总；（4）清洁生产目标实现情况及所达到的清洁生产水平；（5）持续开展清洁生产工作机制建设及运行情况。

第十五条　负责清洁生产审核验收的环境保护主管部门或节能主管部门组织专家或委托相关单位成立验收专家组，开展现场验收。现场验收程序包括听取汇报、材料审查、现场核实、质询交流、形成验收意见等。

第十六条　清洁生产审核验收内容包括但不限于以下内容：

（一）核实清洁生产绩效：企业实施清洁生产方案后，对是否实现清洁生产审核时设定的预期污染物减排目标和节能目标，是否落实有毒有害物质减量、减排指标进行评估；查证清洁生产中/高费方案的实际运行效果及对企业实施清洁生产方案前后的环境、经济效益进行评估；

（二）确定清洁生产水平：已经发布清洁生产评价指标体系的行业，利用评价指标体系评定企业在行业内的清洁生产水平；未发布清洁生产评价指标体系的行业，可以参照行业统计数据评定企业在行业内的清洁生产水平定位或根据企业近三年历史数据进行纵向对比说明企业清洁生产水平改进情况。

第十七条 清洁生产审核验收结果分为"合格"和"不合格"两种。依据《清洁生产审核验收评分表》（见附表 2）综合得分达到 60 分及以上的企业，其验收结果为"合格"。存在但不限于下列情况之一的，清洁生产审核验收不合格：

（一）企业在方案实施过程中存在弄虚作假行为；

（二）企业污染物排放未达标或污染物排放总量、单位产品能耗超过规定限额的；

（三）企业不符合国家或地方制定的生产工艺、设备以及产品的产业政策要求；

（四）达不到相关行业清洁生产评价指标体系三级水平（国内清洁生产一般水平）或同行业基本水平的；

（五）企业在清洁生产审核开始至验收期间，发生节能环保违法违规行为或未完成限期整改任务；

（六）其他地方规定的相关否定内容。

第十八条 地市级（县级）环境保护主管部门或节能主管部门应及时将验收"合格"与"不合格"企业名单报送省级主管部门，由省级主管部门以文件形式或在其官方网站向社会公布，对于验收"不合格"的企业，要求其重新开展清洁生产审核。

第四章 监督和管理

第十九条 生态环境部、国家发展改革委负责对全国的清洁生产审核评估与验收工作进行监督管理，并委托相关技术支持单位定期对全国清洁生产审核评估与验收工作情况及评估验收机构进行抽查。

第二十条 省级环境保护主管部门、节能主管部门每年按要求将本行政区域开展清洁生产审核评估与验收工作情况报送生态环境部、国家发展改革委。

第二十一条 清洁生产审核评估与验收工作经费及培训经费由组织评估与验收的部门提出年度经费安排，报请地方财政部门纳入预算予以保障，承担评估与验收工作的部门或者专家不得向被评估与验收企业及咨询服务机构收取费用。

第二十二条 评估与验收的专家组成员应从国家或地方清洁生产专家库中选取，由熟悉行业、清洁生产及节能环保的专家组成，且具有高级职称或十年以上从业经验的中级职称，专家组成员不得少于 3 人。参加评估或验收的专家如与企业或清洁生产审核咨询服务机构存在利益关系的，应当主动回避。

第二十三条 评估与验收组织部门应定期对专家进行培训，统一清洁生产审核评估与验收尺度，承担评估与验收工作的部门及专家应对评估或验收结论负责。

第五章　附　则

第二十四条　本指南引用的有关文件，如有修订，按最新文件执行。

第二十五条　各省、自治区、直辖市、计划单列市及新疆生产建设兵团有关主管部门可以依照本指南制定适合本区域的实施细则。

第二十六条　本指南由生态环境部、国家发展改革委负责解释，自印发之日起施行。

附表1：清洁生产审核评估评分表
附表2：清洁生产审核验收评分表
附表3：清洁生产审核评估技术审查意见样表
附表4：清洁生产审核验收意见样表

附表1

清洁生产审核评估评分表

企业名称：＿＿＿＿＿＿＿＿＿＿＿＿＿＿＿＿＿＿　　　　　　年　　月　　日

序号	指标内容	要　求	分值	得分
一、清洁生产审核报告规范性评估				
1	报告内容框架符合性	清洁生产审核报告符合《清洁生产审核指南 制订技术导则》中附录E的规定	3	
2	报告编写逻辑性	体现了清洁生产审核发现问题、分析问题、解决问题的思路和逻辑性	7	
二、清洁生产审核过程真实性评估				
1	审核准备	企业高层领导支持并参与	2	
		建立了清洁生产审核小组，制定了审核计划	1	
		广泛宣传教育，实现全员参与	1	
2	现状调查情况	企业概况、生产状况、工艺设备、资源能源、环境保护状况、管理状况等情况内容齐全，数据详实	4	
		工艺流程图能够体现主要原辅物料、水、能源及废物的流入、流出和去向，并进行了全面合理的介绍和分析	3	
		对主要原辅材料、水和能源的总耗和单耗进行了分析，并根据清洁生产评价指标体系或同行业水平进行客观评价	4	
3	企业问题分析情况	能够从原辅材料（含能源）、技术工艺、设备、过程控制、管理、员工、产品、废物等八个方面全面合理地分析和评价企业的产排污现状、水平和存在的问题	3	
		客观说明纳入强制性审核的原因，污染物超标或超总量情况，有毒有害物质的使用和排放情况	2	
		能够分析并发现企业现存的主要问题和清洁生产潜力	3	
4	审核重点设置情况	能够将污染物超标、能耗超标或有毒有害物质使用或排放环节作为必要考虑因素	4	
		能够着重考虑消耗大、公众压力大和有明显清洁生产潜力的环节	2	

序号	指标内容	要　　求	分值	得分
5	清洁生产目标设置情况	能够针对审核重点，具有定量化、可操作性，时限明确	4	
		如是"双超"企业，其清洁生产目标设置能使企业在规定的期限内达到国家或地方污染物排放标准、核定的主要污染物总量控制指标、污染物减排指标；如是"高耗能"企业，其清洁生产目标设置能使企业在规定的期限内达到单位产品能源消耗限额标准；如是"双有"企业，其清洁生产目标设置能体现企业有毒有害物质减量或减排要求	4	
		对于生产工艺与装备、资源能源利用指标、产品指标、污染物产生指标、废物回收利用指标及环境管理要求指标设置至少达到行业清洁生产评价指标三级基准值的目标	3	
6	审核重点资料的准备情况	能涵盖审核重点的工艺资料、原材料和产品及生产管理资料、废弃物资料、同行业资料和现场调查数据等	3	
		审核重点的详细工艺流程图或工艺设备流程图符合实际流程	3	
7	审核重点输入输出物流实测情况	准备工作完善，监测项目、监测点、监测时间和周期等明确，监测方法符合相关要求，监测数据详实可信	4	
8	审核重点物料平衡分析情况	准确建立了重点物料、能源、水和污染因子等平衡图，针对平衡结果进行了系统的追踪分析，阐述清晰	6	
9	审核重点废弃物产生原因分析情况	结合企业的实际情况，能从影响生产过程的八个方面深入分析，找出审核重点物料流失或资源、能源浪费、污染物产生的环节，分析物料流失和资源浪费原因，提出解决方案	6	

三、清洁生产方案可行性的评估

序号	指标内容	要　　求	分值	得分
1	无/低费方案的实施	无/低费方案能够遵循边审核边产生边实施原则基本完成，并能够现场举证，落实措施、制度、照片、资金使用账目等可查证资料	3	
		对实施的无/低费方案进行了全面、有效的经济和环境效益的统计	3	
2	中/高费方案的产生	中/高费方案针对性强，与清洁生产目标一致，能解决企业清洁生产审核的关键问题	6	
3	中/高费方案的可行性分析	中/高费方案具备详实的环境、技术、经济分析	6	
		所有量化数据有统计依据和计算过程，数据真实可靠	6	
4	中/高费方案的实施计划	有详细合理的统筹规划，实施进度明确，落实到部门	2	
		具有切实的资金筹措计划，并能确保资金到位	2	
	总　　分		100	

专家签名：　　　　　　　　　　时间：　　　　　　　　　年　　月　　日

附表2

清洁生产审核验收评分表

企业名称：_____　　　　　　　　　年　月　日

清洁生产审核验收关键指标			
序号	内　容	是	否
1	企业在方案实施过程中无弄虚作假行为		
2	企业稳定达到国家或地方要求的污染物排放标准，实现核定的主要污染物总量控制指标或污染物减排指标要求		
3	企业单位产品能源消耗符合限额标准要求		
4	已达到相关行业清洁生产评价指标体系三级水平（国内清洁生产一般水平）或同行业基本水平		
5	符合国家或地方制定的生产工艺、设备以及产品的产业政策要求		
6	清洁生产审核开始至验收期间，未发生节能环保违法违规行为或已完成违法违规的限期整改任务		
7	无其他地方规定的相关否定内容		
清洁生产审核与实施方案评价		分值	得分
清洁生产验收报告	提交的验收资料齐全、真实	3	
	报告编制规范，内容全面，附件齐全	3	
	如实反映审核评估后企业推进清洁生产和中/高费方案实施情况	4	
方案实施及相关证明材料	本轮清洁生产方案基本实施	5	
	清洁生产无/低费方案已纳入企业正常的生产过程和管理过程	4	
	中/高费方案实施绩效达到预期目标	4	
	中/高费方案未达到预期目标时，进行了原因分析，并采取了相应对策	4	
	未实施的中/高费方案理由充足，或有相应的替代方案	5	
	方案实施前后企业物料消耗、能源消耗变化等资料符合企业生产实际	4	
	方案实施后特征污染物环境监测数据或能耗监测数据达标	4	
	设备购销合同、财务台账或设备领用单等信息与企业实施方案一致	4	
	生产记录、财务数据、环境监测结果支持方案实施的绩效结果	5	
	经济和环境绩效进行了详实统计和测算，绩效的统计有可靠充足的依据	8	
企业清洁生产水平评估	方案实施后能耗、物耗、污染因子等指标认定和等级定位（与国内外同行业先进指标对比），以及企业清洁生产水平评估正确	6	
清洁生产绩效	按照行业清洁生产评价指标要求对生产工艺与装备、资源能源利用、产品、污染物产生、废物回收利用、环境管理等指标进行清洁生产审核前后的测算、对比，评估绩效	10	
现场考察	企业生产现场不存在明显的跑冒滴漏现象	3	
	中/高费方案实施现场与提供资料内容相符合	6	
	中/高费方案运行正常	6	
	无/低费方案持续运行	6	
持续清洁生产情况	企业审核临时工作机构转化为企业长期持续推进清洁生产的常设机构，并有企业相关文件给予证明	2	
	健全了企业清洁生产管理制度，相关方案落实到管理规程、操作规程、作业文件、工艺卡片中，融入企业现有管理体系	2	
	制定了持续清洁生产计划，有针对性，并切实可行	2	
总　分		100	
验收结论：	合格（　）　　　　不合格（　）		

注：关键指标7条否决指标中任何1条为"否"时，则验收不合格。

专家签名：　　　　　　　　时间：　　　　　　　　　　　　　　年　月　日

附表3

清洁生产审核评估技术审查意见样表

企业名称			
企业联系人		联系电话	
评估时间			
组织单位			
清洁生产咨询服务机构			

评估技术审查意见

一、总体评价

1．企业概况（企业领导重视程度、培训教育工作机制、企业合规性及清洁生产潜力分析是否到位）

2．对审核重点、目标确定结果及审核重点物料平衡分析的技术评估结果

3．对无/低费方案质量、数量、实施情况及绩效的核查结果

4．从方案的科学合理和针对性角度对拟实施中/高费方案进行评估（"双超"企业达标性方案、"高耗能"企业节能方案和"双有"企业的减量或替代方案）

5．对本次审核过程的规范性、针对性、有效性给出技术评估结果

二、对企业规范审核过程，不断深化审核，完善清洁生产审核报告以及进行整改的技术意见

专家组组长（签名）：

年　　月　　日

附表4

清洁生产审核验收意见样表

企业名称			
企业联系人		联系电话	
验收时间			
组织单位			

验收意见

一、清洁生产审核验收总体评价

1．对企业提交审核验收资料规范性评价

2．对审核评估后进行的清洁生产完善工作的核查结果

3．现场核查情况

4．无/低费方案是否纳入正常生产管理

5．中/高费方案实施情况及绩效（已实施的方案数，企业投入以及产生环境效益、经济效益以及其他方面的成效等）

6．对照清洁生产评价指标体系评价企业达到清洁生产的等级和水平

7．对企业本次审核的验收结论

二、强化企业清洁生产监督，持续清洁生产的管理意见

专家组组长（签名）：

年　　月　　日

关于印发城市轨道交通、水利（灌区工程）两个行业建设项目环境影响评价文件审批原则的通知

环办环评〔2018〕17 号

各省、自治区、直辖市环境保护厅（局），新疆生产建设兵团环境保护局：

为进一步规范建设项目环境影响评价文件审批，我部组织编制了城市轨道交通、水利（灌区工程）两个行业建设项目环境影响评价文件审批原则（试行，见附件）。现印发给你们，请参照执行。国家环境保护政策和环境管理要求如有调整，建设项目环境影响评价文件审批按新的规定执行。

附件：1. 城市轨道交通建设项目环境影响评价文件审批原则（试行）
      2. 水利建设项目（灌区工程）环境影响评价文件审批原则（试行）

生态环境部办公厅
2018 年 7 月 21 日

附件 1

城市轨道交通建设项目环境影响评价文件审批原则（试 行）

第一条　本原则适用于地铁、轻轨等城市轨道交通建设项目环境影响评价文件的审批。有轨电车、单轨交通、中低速磁浮等其他类型的城市轨道交通建设项目可参照执行。

第二条　项目符合生态环境保护相关法律法规和政策，与环境功能区划、生态环境保护规划等规划相协调，符合城市总体规划、城市轨道交通线网及建设规划和规划环评要求。

第三条　项目选址选线、施工布置未占用自然保护区、风景名胜区、饮用水水源保护区以及其他生态保护红线等环境敏感区中法律法规禁止占用的区域，与世界文化和自然遗产地、历史文化街区、文物保护单位的环境保护要求相协调。

第四条　对于高架、地面区段、车辆基地等出入线段沿线声环境保护目标环境质量预测超标的，提出了局部优化线位、功能置换和选用低噪声车辆、减振轨道、声屏障、干涉器、阻尼降噪器等措施；仍不能满足声环境功能区要求的，采取了隔声窗等辅助措施。车站风亭的设置满足相关规范要求，对于车站风亭周边声环境保护目标环境质量预测超标的，提出了选用低噪声设备和优化风亭与冷却塔的位置、布局、结构形式、消声降噪及风

井出口方向等措施；对于车辆基地、车辆段、停车场、变电站周围声环境保护目标环境质量预测超标的，提出了优化布局、选用低噪声设备、设置声屏障、进行功能置换等措施。

项目经过规划的居住、教育科研、医疗卫生、机关办公等噪声敏感建筑物集中区域的，提出了规划调整及控制、预留声屏障等降噪措施实施的技术条件等噪声防治建议。

对于邻近居民区、学校、医院等声环境保护目标的路段，提出了在施工期设置围挡、优化施工布置及工艺、合理安排施工时间等措施。

采取上述措施后，声环境保护目标环境质量现状达标的，项目实施后仍符合声环境质量标准；声环境质量现状不满足功能区要求的，项目实施后声环境质量达标或不恶化。车辆基地、车辆段、停车场、变电站等区域厂界环境噪声符合相应标准。施工期场界噪声符合相应标准。

第五条 对于住宅等环境保护目标环境振动超标的，提出了优化线位、功能置换、轨道减振、选用无缝钢轨等措施。对于地下穿越环境振动保护目标的，提出了局部优化线位、增加埋深、采用特殊轨道减振措施或车辆限速等复合型减振措施、采用非爆破或静音爆破施工法等要求。

对不可移动文物造成振动影响超标的，提出了局部优化线位、增加埋深、减振防护等措施。

项目经过规划的居住、教育科研、医疗卫生、机关办公等环境振动敏感建筑物集中区域的，提出了规划调整及控制等防治建议。

采取上述措施后，住宅等环境保护目标环境振动符合城市区域环境振动标准，城市轨道交通引起的敏感建筑二次结构噪声符合相应标准，不可移动文物的振动影响符合古建筑防工业振动技术规范或建筑工程容许振动标准。

第六条 项目涉及自然保护区、风景名胜区、世界文化和自然遗产地、重要湿地、重要野生动物栖息环境等特殊和重要生态敏感区的，结合涉及保护目标的类型、保护对象及保护要求，提出了优化设计线位、工程形式、施工方案等措施。对古树名木、重点保护及珍稀濒危植物造成影响的，提出了避绕、工程防护、异地移栽等保护措施和工程结束后的恢复措施。

直接涉及与地下水有联系的生态敏感区的，根据地质条件，提出了合理选择隧道穿越的地质层位、加大或控制埋深、采用对水环境扰动小的施工工艺、加强地表生态保护目标观测等措施。

项目施工组织方案具有环境合理性，对弃土（渣）场、施工场地等提出了水土流失防治和生态修复等措施。

采取上述措施后，生态影响得到了缓解和控制。

第七条 项目涉及地表水饮用水水源保护区或Ⅰ类、Ⅱ类敏感水体的，提出了优化工程设计和施工方案、禁止施工期废水废渣排入、收集路（桥）面径流等措施。涉及地下水饮用水水源保护区等环境保护目标的，提出了阻隔污染物扩散、控制水位下降等措施。

对于车辆基地、车辆段、停车场、车站的生活污水、车辆清洗及维修废水等污（废）水，提出了收集、处置和纳管措施。

采取上述措施后，对水环境的不利影响能够得到缓解和控制，各项污染物达标排放。

第八条 风亭和锅炉邻近居民区等环境保护目标的，提出了优化选址与布局、保持合理距离、改变出风口朝向、安装大气污染治理设施等措施。

针对施工扬尘污染，提出了封闭堆存及运输、对出入车辆进行冲洗、洒水降尘等措施。对于施工期各类运输车辆和非道路移动机械产生的废气，提出了使用合格的燃油（料）和车用尿素、禁止使用高排放或超标排放的车辆和作业机械、优先采用纯电动和清洁能源车辆等措施。

采取上述措施后，对环境空气的不利影响能够得到缓解和控制，各项污染物达标排放。

第九条　主变电站选址合理，边界和周围环境保护目标的电磁环境满足相关标准要求。

第十条　对于施工期施工作业及运营期地铁车站、车辆基地产生的固体废物，提出了分类收集、贮存、运输、处理处置的相应措施。其中，工程穿越土壤受污染区域，按照土壤环境管理的有关要求，提出了有效处置措施；危险废物的收集、贮存、运输和处置符合国家相关规定。

第十一条　对可能存在环境风险的项目，提出了采取环境风险防范措施、编制环境应急预案、与当地人民政府及相关部门、有关单位建立应急联动机制等要求。

第十二条　改、扩建项目在全面梳理与项目有关的现有工程环境问题的基础上，提出了"以新带老"措施。

第十三条　按相关导则及规定要求制定了噪声、振动、大气、地表水、地下水、生态和电磁等环境要素的监测计划，明确了监测网点、因子、频次等有关要求，提出了根据监测评估结果优化环境保护措施的要求。根据需要和相关规定，提出了开展生态环境保护设计、科学研究、环境管理、环境影响后评价等要求。

第十四条　对生态环境保护措施进行了深入论证，建设单位主体责任、投资估算、时间节点、预期效果明确，确保科学有效、安全可行、绿色协调。

第十五条　按相关规定开展了信息公开和公众参与。

第十六条　环境影响评价文件编制规范，符合相关管理规定和环评技术标准要求。

附件2

水利建设项目（灌区工程）环境影响评价文件审批原则
（试行）

第一条　本原则适用于灌区工程环境影响评价文件的审批，其他包含灌溉任务的工程可参照执行。灌区工程建设内容主要包括取（蓄）水工程、输水工程、排水工程、田间工程及附属工程等，如灌区项目开发任务包括城乡供水或建设内容涉及水库枢纽，应同时参照执行水利建设项目（引调水工程）环境影响评价文件审批原则（试行）或水电建设项目环境影响评价文件审批原则（试行）。

第二条　项目符合生态环境及资源相关法律法规和政策要求，与主体功能区规划、生态功能区划、水（环境）功能区划、水污染防治规划、生态环境保护规划等相协调，项目开发任务、供水量、供水范围和对象、灌区规模、种植结构等主要内容总体符合流域区域综合规划、水资源规划、灌区规划、农业生产规划、节水规划等相关规划及规划环评要求。

项目水资源开发利用符合以水定产、以水定地原则，未超出流域区域水资源利用上限，灌溉定额、灌溉用水保证率、灌溉水有效利用系数满足流域区域用水效率控制要求。

第三条 项目选址选线、取（蓄）水工程淹没、施工布置等不占用自然保护区、风景名胜区、世界文化和自然遗产地以及其他生态保护红线中法律法规禁止占用的区域，并与饮用水水源保护区、重要湿地等环境敏感区的保护要求相协调。

第四条 项目取（蓄）水造成河、湖或水库水文情势改变且带来不利影响的，统筹考虑了上、下游河道水环境、水生生态、景观、湿地等生态用水及生产、生活用水需求，提出了优化取水方案、泄放生态流量、实施在线监控等措施。通过节水、置换等措施获得供水水量的，用水方式和规模具有环境合理性和可行性。

采取上述措施后，未造成河道脱水，河道生态环境及生产、生活用水需求能够得到满足。

第五条 项目取（蓄）水、输水或灌溉造成周边区域地下水位变化，引起土壤潜育化、沼泽化、盐碱化、沙化或植被退化演替等次生环境问题或造成居民水井、泉水位下降影响居民用水安全的，提出了优化取（蓄）水方案及灌溉方式、渠道防渗、截水导排、生态修复或保障居民供水等措施。灌区土壤存在重金属污染等威胁农产品质量安全问题的，按照土壤环境管理的有关要求，提出了农艺调控、种植结构优化、耕地污染修复、灌溉水源调整或休耕等措施。

采取上述措施后，对地下水、土壤和植被的次生环境影响能够得到缓解和控制，居民用水和农产品质量安全能够得到保障。

第六条 项目取（输）水水质、水温满足灌溉水质和农作物生长要求。项目灌区农药化肥施用以及灌溉退水等对水环境造成污染的，提出了测土配方施肥、水肥一体化、控制农药与化肥施用种类及数量，以及建设生态沟渠、人工湿地、污水净化塘等措施。

采取上述措施后，对水环境造成的不利影响能够得到缓解和控制。

第七条 项目对湿地、陆生生态系统及珍稀保护陆生动植物造成不利影响的，提出了优化工程设计、合理安排工期、建设或保留动物迁移通道、异地保护、就地保护、生态修复等措施。可能引起灌区及周边土地退化的，提出了轮作、休耕等措施。项目对水生生态系统及鱼类等造成不利影响的，提出了优化工程设计及调度、拦河闸坝建设过鱼设施、引水渠首设置拦鱼设施、栖息地保护修复、增殖放流等措施。项目对景观产生不利影响的，提出了避让、优化设计、景观塑造等措施。

采取上述措施后，对生态的不利影响能够得到缓解和控制，不会造成原有珍稀保护动植物在相关区域和河段消失，并与区域景观相协调。

第八条 项目移民安置、专业项目改复建等工程建设方式和选址具有环境合理性，提出了生态保护和污染防治措施。另行立项的，提出了单独开展环境影响评价要求。

第九条 项目施工组织方案具有环境合理性，对主体工程区、料场、弃土（渣）场、施工道路等施工区域提出了水土流失防治、生态修复等措施。根据环境保护相关标准和要求，提出了施工期废（污）水、施工机械车辆尾气、扬尘、噪声、固体废物等防治措施。

项目在采取上述措施后，施工期的不利环境影响能够得到缓解和控制，不会对周围环境和环境保护目标造成重大不利影响。

第十条 项目存在外来物种入侵以及灌溉水质污染等环境风险的，提出了针对性的环境风险防范措施以及环境应急预案编制、建立必要的应急联动机制等要求。

第十一条　改、扩建或依托现有工程的项目，在全面梳理与项目有关的现有工程环境问题的基础上，提出了与项目相适应的"以新带老"措施。

第十二条　按相关导则及规定要求，制定了生态、水、土壤等环境要素的监测计划，明确了监测网点、因子、频次等有关要求，提出了根据监测评估结果优化环境保护措施的要求。根据生态环境保护需要和相关规定，提出了开展生态环境保护设计、科学研究、环境管理、环境影响后评价等要求。

第十三条　对生态环境保护措施进行了深入论证，建设单位主体责任、投资估算、时间节点、预期效果明确，确保科学有效、安全可行、绿色协调。

第十四条　按相关规定开展了信息公开和公众参与。

第十五条　环境影响评价文件编制规范，符合相关管理规定和环评技术标准要求。

关于印发《城市环境空气质量排名技术规定》的通知

环办监测〔2018〕19 号

各省、自治区、直辖市环境保护厅（局），新疆生产建设兵团环境保护局：

为贯彻落实《打赢蓝天保卫战三年行动计划》相关要求，进一步规范城市环境空气质量及变化程度排名工作，结合大气污染管理的新要求，我部制定了《城市环境空气质量排名技术规定》（见附件）。现印发给你们，请遵照执行。自本规定印发之日起，《关于印发〈城市环境空气质量排名技术规定〉的通知》（环办〔2014〕64 号）和《关于印发〈城市环境空气质量变化程度排名方案〉的通知》（环办监测函〔2017〕197 号）废止。

附件：城市环境空气质量排名技术规定

生态环境部办公厅
2018 年 7 月 20 日

附件

城市环境空气质量排名技术规定

一、适用范围

本规定适用于国家城市环境空气质量和变化程度的排名，以及各省（区、市）对本行政区域内地级及以上城市环境空气质量和变化程度的排名。

各省（区、市）对本行政区域内县级城市环境空气质量和变化程度的排名可参照执行。

二、规范性引用文件

（一）《环境空气质量标准》（GB 3095—2012）；

（二）《环境空气质量指数（AQI）技术规定（试行）》（HJ 633—2012）；

（三）《环境空气质量评价技术规范（试行）》（HJ 663—2013）；

（四）《数值修约规则与极限数值的表示和判定》（GB/T 8170—2008）；

（五）《环境空气质量自动监测技术规范》（HJ/T193—2005）。

三、排名方法

城市环境空气质量排名依据环境空气质量综合指数进行排序，若不同城市综合指数相同以并列计；城市环境空气质量变化程度排名依据环境空气质量综合指数变化率进行排序，若不同城市综合指数变化率相同以并列计，其中，评价时段内空气质量达到二级标准的城市以及空气质量由好到差排序在前 20%的城市，不纳入空气质量改善幅度相对较差城市的排名。

（一）评价点位

城市纳入国家环境空气质量监测网的所有城市评价点位。

（二）评价项目

《环境空气质量标准》（GB 3095—2012）中规定的 6 个基本项目：二氧化硫（SO_2）、二氧化氮（NO_2）、可吸入颗粒物（PM_{10}）、臭氧（O_3）、一氧化碳（CO）、细颗粒物（$PM_{2.5}$）。

（三）评价浓度

SO_2、NO_2、PM_{10}、$PM_{2.5}$ 的评价浓度为评价时段内日均浓度的平均值，O_3 的评价浓度为评价时段内日最大 8 小时平均值的第 90 百分位数，CO 的评价浓度为评价时段内日均浓度的第 95 百分位数。

（四）空气质量综合指数计算

空气质量综合指数是指评价时段内，参与评价的各项污染物的单项质量指数之和，综合指数越大表明城市空气污染程度越重。具体计算方法如下：

1. 单项质量指数

指标 i 的单项质量指数 I_i 按（式 1）计算：

$$I_i = \frac{C_i}{S_i} \qquad （式 1）$$

式中：C_i——指标 i 的评价浓度值；

S_i——指标 i 的标准值。当 i 为 SO_2、NO_2、PM_{10} 及 $PM_{2.5}$ 时，S_i 为污染物 i 的年均浓度二级标准限值；当 i 为 O_3 时，S_i 为日最大 8 小时平均的二级标准限值；当 i 为 CO 时，S_i 为日均浓度二级标准限值。

2. 综合指数

综合指数计算方法按（式2）计算：

$$I_{sum} = \sum_{i=1}^{6} I_i \qquad (式2)$$

式中：I_{sum}——综合指数；

I_i——指标 i 的单项指数，i 包括全部六项指标，即 SO_2、NO_2、PM_{10}、$PM_{2.5}$、CO 和 O_3。

3. 首要污染物

最大指数对应的污染物为首要污染物，最大指数计算方法按（式3）计算：

$$I_{max} = MAX(I_i) \qquad (式3)$$

式中：I_{max}——最大指数；

I_i——指标 i 的单项指数，i 包括全部六项指标，即 SO_2、NO_2、PM_{10}、$PM_{2.5}$、CO 和 O_3。

（五）空气质量综合指数同比变化率计算

空气质量综合指数同比变化率，以百分数计，保留 1 位小数。

计算公式如下：

$$R = \frac{I_{排名时段} - I_{上年同期}}{I_{上年同期}} \times 100\% \qquad (式4)$$

式中：R——综合指数变化率，以百分数计，保留 1 位小数；R 大于 0 代表空气质量变差，R 小于 0 代表空气质量改善，R 等于 0 代表持平；

$I_{排名时段}$——排名时段综合指数；

$I_{上年同期}$——上年同期综合指数。

四、排名周期

城市空气质量排名周期为月、季度、半年、年；空气质量变化程度排名周期为半年。

五、数据统计要求

（一）数据统计规定

1. 计算统计时段内城市 SO_2、NO_2、PM_{10}、$PM_{2.5}$ 和 CO 均值或特定百分位数时，先计算各点位的日均浓度，由各点位的日均浓度算术平均得到城市日均浓度，再由此计算统计时段内城市均值或特定百分位数。

2. 计算统计时段内城市 O_3 日最大 8 小时平均浓度或特定百分位数时，先计算各点位的 O_3 日最大 8 小时平均浓度，由各点位的日最大 8 小时平均浓度算术平均得到城市日最大 8 小时平均浓度，再由此计算统计时段内城市特定百分位数。

（二）数据统计有效性规定

1. 各评价项目的数据统计有效性要求按照《环境空气质量标准》（GB 3095—2012）

和《环境空气质量评价技术规范（试行）》（HJ 663—2013）中的有关规定执行。

2．统计评价项目的城市尺度浓度时，城市所有国控评价监测点位必须全部参加统计。

3．计算城市月均浓度、季均浓度、半年浓度和年均浓度时（对于 O_3 需要计算评价时段内日最大 8 小时平均值的特定百分位数，对于 CO 需要计算评价时段内日均值的特定百分位数），该城市所有有效监测数据必须全部参与统计，每月参与统计的有效城市日均浓度（对于 O_3 为日最大 8 小时平均浓度）最低不少于 27 天（二月份不少于 25 天），全年参与统计的有效城市日均浓度（对于 O_3 为日最大 8 小时平均浓度）最低不少于 324 天。

4．O_3 日最大 8 小时值的有效性规定为当日 8 时至 24 时所有滑动的 8 小时浓度值，每天至少有 14 个 8 小时浓度值，当 O_3 不满足 14 个有效数据时，若日最大 8 小时平均浓度超过浓度限值标准时，统计结果仍有效。

5．当任何一项污染物不满足上述有效性规定且任何一项污染物浓度超过二级标准限值时，以城市当日污染物浓度最高点位的数据，统计该城市当日污染物浓度并进行排名，对非不可抗因素导致数据缺失的城市，将在媒体上公开通报批评，并在大气污染防治行动计划考核中以未通过考核统计。

六、数据修约要求

数据统计结果按照《数值修约规则与极限数值的表示和判定》（GB/T 8170—2008）的要求进行修约，浓度单位及保留小数位数要求见表 1。各项指标的小时浓度作为基础数据单元，使用前也应进行修约。

表 1 指标的浓度单位和保留小数位数要求

指标项目	单　位	保留小数位数
SO_2、NO_2、PM_{10}、$PM_{2.5}$、O_3	微克/米^3	0
CO	毫克/米^3	1
综合指数、单项指数、最大指数	/	2
变化率	%	1

七、信息发布内容

（一）国家公布的城市环境空气质量排名情况内容包括：

环境空气质量相对较好的 20 个城市名单（即空气质量综合指数从小到大排序前 20 个城市，按照修约规则，空气质量综合指数相同的以并列计）。

环境空气质量相对较差的 20 个城市名单（即空气质量综合指数从小到大排序后 20 个城市，按照修约规则，空气质量综合指数相同的以并列计）。

公布城市名单同时公布各城市空气质量综合指数、最大单项指数、首要污染物名称。

（二）国家公布的城市环境空气质量变化程度排名情况内容包括：

环境空气质量变化程度相对较好的前 20 个城市名单和相对较差的后 20 个城市名单。

对于数据量不满足数据统计有效性规定的城市，公布其数据缺失情况。

各省（区、市）公布本行政区域内城市环境空气质量及变化程度排名情况时，公布的城市数量由各省（区、市）酌情确定。

附录

百分位数计算方法

污染物浓度序列的第 p 百分位数计算方法如下：

1. 将污染物浓度序列按数值从小到大排序，排序后的浓度序列为 $\{X_{(i)}, i=1, 2, \cdots n\}$。

2. 计算第 p 百分位数 m_p 的序数 k，序数 k 按式（1）计算：

$$k=1+(n-1) \cdot p\% \qquad (1)$$

式中：k——$p\%$ 位置对应的序数。

n——污染物浓度序列中的浓度值数量。

3. 第 p 百分位数 m_p 按式（2）计算：

$$m_p = X_{(s)} + \left[X_{(s+1)} - X_{(s)}\right] \times (k-s) \qquad (2)$$

式中：s——k 的整数部分，当 k 为整数时 s 与 k 相等。

关于做好淀粉等 6 个行业排污许可证管理工作的通知

环办规财〔2018〕26 号

各省、自治区、直辖市环境保护厅（局），新疆生产建设兵团环境保护局：

为贯彻落实《国务院办公厅关于印发控制污染物排放许可制实施方案的通知》（国办发〔2016〕81 号）要求，不断深化排污许可制改革，落实排污单位主体责任，实现"核发一个行业、清理一个行业、规范一个行业、达标一个行业"的工作目标，做好淀粉等 6 个行业排污许可证管理工作，现将有关事项通知如下：

一、工作目标

2018 年 9 月底前，各省份应完成淀粉等 6 个行业排污单位初步筛查工作，并将排污单位清单上传至全国排污许可证管理信息平台；2018 年底，按照分类处置原则，完成全国淀粉等 6 个行业排污许可证申请与核发及登记备案工作，确保所有排污单位纳入环境管理范围。

二、工作范围

淀粉工业排污许可证发放范围为年加工能力 15 万吨玉米、1.5 万吨薯类及以上的淀粉生产、年产能 1 万吨及以上的淀粉制品生产和其他淀粉和淀粉制品的排污单位；纳入备案登记的范围是豆制品制造、蛋品加工等农副食品加工排污单位。

屠宰及肉类加工行业排污许可证发放范围为年屠宰生猪 10 万头及以上、肉牛 1 万头及以上、肉羊 15 万头及以上、禽类 1 000 万只及以上的，以及其他规模和屠宰种类的屠宰及肉类加工排污单位。

陶瓷制品制造工业排污许可证核发范围为年产卫生陶瓷 150 万件及以上、年产日用陶瓷 250 万件及以上的排污单位。

石化行业排污许可证发证范围为原油加工及石油制品制造、人造原油制造的排污单位，以及位于长三角地区的初级塑料或者原状塑料的生产、合成橡胶制造、合成纤维单（聚合）体制造等排污单位。

钢铁行业排污许可证核发范围为含炼铁、烧结、球团等工序的生产的炼铁排污单位，含炼钢等工序的生产的炼钢排污单位，年产 50 万吨及以上冷轧的钢压延加工排污单位。

有色冶炼行业排污许可证核发范围为铜、铅锌、镍钴、锡、锑、铝、镁、汞、钛等常用有色金属冶炼及含再生铜、再生铝和再生铅冶炼的排污单位。

三、工作任务

（一）开展摸底排查工作

各省级生态环境主管部门应组织地市生态环境主管部门开展淀粉等 6 个行业排污单位的初步筛查工作，彻底摸清辖区内排污单位数量，所有投入运营包括已经启动但未完成关闭程序的排污单位均应纳入筛查范围。初步筛查工作应在现有排污单位管理信息基础上，充分利用发改、工信、工商、税务等有关部门排污单位信息，并结合目前正在开展的专项检查、第二次污染源普查等，进行比对排查，形成完整的初步排查清单，清单内容应包括排污单位名称、统一社会信用代码/组织机构代码、行业分类及所在行政区域。

各省级生态环境主管部门汇总各地市初步筛查清单，并结合省级部门掌握的相关数据对各地市初步筛查清单进行复核，形成全省淀粉等 6 个行业排污单位清单，于 2018 年 9 月底前，上传至全国排污许可证管理信息平台，同时反馈各地市生态环境主管部门。

（二）规范核发排污许可证

各级生态环境主管部门应根据固定污染源排污许可分类管理名录和农副食品加工工业-淀粉工业、农副食品加工工业——屠宰及肉类加工工业、陶瓷砖瓦工业、石化工业、钢铁工业以及有色金属工业等行业排污许可证申请与核发技术规范，加大对排污单位的培训力度，指导排污单位在全国排污许可证管理信息平台（公众端网址：http://permit.mee.gov.cn）上填报《排污许可证申请表（试行）》、签署《承诺书》，并在 2018 年底之前取得排污许可证。

省级生态环境主管部门应按照《排污许可管理办法（试行）》要求及时向社会发布公

告，明确淀粉等 6 个行业排污许可证的申请时限、核发机关、申请程序等相关事项。

地市级生态环境主管部门应根据淀粉等 6 个行业的排污单位清单，明确排污许可证核发目标任务和实施计划，依托全国排污许可证管理信息平台开展排污许可证的核发与管理工作。

省级生态环境主管部门可在本行政区域内组织开展排污许可证核发质量抽查工作，重点抽查排污许可证核发程序的合规性、许可浓度和排放量确定的准确性、管理要求的合理性和全面性等事项。

（三）做好分类处置工作

对位于禁止建设区域或存在淘汰工艺装备、落后产品的排污单位不得核发排污许可证，地市级生态环境主管部门应做好此类排污单位的信息登记工作，并报经有批准权的人民政府批准，依法处置。

对于《排污许可管理办法（试行）》实施前（即在 2018 年 1 月 10 日之前）已经投产、运营的排污单位，存在未批先建或属于环评重大变动的，在排污单位承诺改正并提出改正方案的前提下，生态环境主管部门依法进行处罚后，可以向其核发排污许可证，并在排污许可证中记载其存在的问题，规定其承诺改正内容和承诺改正期限，改正期限原则上为三至六个月，最长不超过一年。核发排污许可证时，按实际建设内容填报基本信息和登记信息，按排放标准核定许可排放浓度，按排污许可证申请与核发技术规范核定许可排放量，并在排污许可证中明确。改正完成后变更排污许可证时，应按照补办的环评文件要求从严确定许可排放量。

对于《排污许可管理办法（试行）》实施前（即在 2018 年 1 月 10 日之前）已经投产、运营的排污单位，存在无污染防治设施或者污染防治措施暂不符合排放要求的，在排污单位承诺改正并提出改正方案的前提下，生态环境主管部门依法进行处罚后，可以依据排污单位的申请和相关行业排污许可证申请与核发技术规范核发排污许可证，并在排污许可证中记载其存在的问题，明确改正要求和改正期限，改正期限原则上为三至六个月，最长不超过一年。同时，依法责令排污单位限期改正或者责令限制生产、停产整治。

生态环境主管部门应加强对需要改正的排污单位的日常监管，排污单位接受处罚后主动申请补办环评文件的，生态环境主管部门应当受理，并严格依法审批，对于存在《建设项目环境保护管理条例》第十一条所列情形的，一律不予审批其环境影响报告书（表）。在改正期间或者限制生产、停产整治期间，排污单位应当按证排污，遵守自行监测、台账记录和执行报告要求。生态环境主管部门应当按照排污许可证的规定加强监督检查。排污许可证规定的改正期限到期，排污单位完成改正任务或者提前完成改正任务的，可以向生态环境主管部门申请变更排污许可证。生态环境主管部门应根据排污单位的变更申请依法依规进行变更。排污许可证规定的改正期限到期，排污单位仍不符合许可条件的，由生态环境主管部门依法提出建议，报有批准权的人民政府批准责令其停业、关闭，并注销排污许可证。

（四）强化证后管理

各级生态环境主管部门应当根据行政区域内的排污单位分布情况，制定证后管理计划，尽早开展排污许可证执行情况监督管理工作。

开展年度执行报告核查工作，督促排污单位按证排污。核查内容包括执行报告的上报内容、报送频次是否满足排污许可证要求，并结合环境管理台账记录、监测数据以及其他监控手段等，核查执行报告的真实性。我部将定期在全国排污许可证管理信息平台上公布未按期报送执行报告的排污单位名单，并抄送环境保护税征收管理部门。

（五）推行按证执法

各级生态环境主管部门应当将排污许可证作为环境执法的重要内容，严厉打击无证排污行为，严格按照相关法律规定予以处罚，依法依规公开检查和处罚结果等监管信息，同时加强舆论宣传，鼓励社会公众、媒体等参与监督。

开展排污许可证现场核查。在排污单位取得排污许可证一年内，生态环境主管部门应至少开展一次现场核查，重点核查排污单位的实际运营情况与排污许可证相关内容的相符性。发现存在瞒报或提供虚假信息的，生态环境主管部门应依法予以处置并督促其改正；发现存在环境违法行为的，应依法进行处罚。

四、保障措施

（一）严格落实责任

各级生态环境主管部门应按照《国务院办公厅关于印发控制污染物排放许可制实施方案的通知》（国办发〔2016〕81号）等相关规定以及本通知要求，落实责任，建立调度机制，确保各项工作有序推进。我部将对排污单位按期申报，但生态环境主管部门未能按期完成排污许可证核发工作的情况，加大督办力度。

（二）加强培训宣传

我部将组织开展国家层面的培训，各地应尽快组织开展行政区域内相关部门和排污单位的培训，并通过多种渠道向企业、公众宣传排污许可证实施要求。

（三）及时报送信息

省级生态环境主管部门应于2018年9月底前，将淀粉等6个行业的排污单位清单，上传至全国排污许可证管理信息平台。我部将从2018年11月开始每月公布各省（区、市）淀粉等6个行业排污许可证申请与核发情况。

生态环境部办公厅
2018年9月6日

关于进一步强化生态环境保护监管执法的意见

环办环监〔2018〕28号

各省、自治区、直辖市环境保护厅（局），新疆生产建设兵团环境保护局：

近年来，在各地区、各部门的共同努力下，环境监管执法工作取得积极进展。但也应当看到，一些企业仍然存在违法排污、难以监管等突出环境问题。为贯彻落实党中央、国务院决策部署，坚决纠正违法排污乱象，压实企业及其主要负责人生态环境保护责任，推动守法成为常态，现提出如下意见。

一、落实企业主要负责人第一责任

地方各级生态环境部门要抓住企业主要负责人这一"关键少数"，督促其承担应尽的生态环境保护职责，做到责任清晰。

企业法定代表人、主要负责人对本单位的生态环境保护负第一责任。在严格执行建设项目环境影响评价和"三同时"制度、保障治污设施正常运行、杜绝超标排污、规范危险废物处理处置、杜绝环境污染和生态破坏事故、接受执法检查等方面履行领导职责。企业分管生态环境保护的负责人和主管人员对以上生态环境管理工作负直接责任。

企业造成环境污染和生态破坏，应当对其造成的生态环境损害和公众人身、财产损害依法承担责任。同时，地方各级生态环境部门应当依法依规追究相关企业法定代表人、实际控制人、主要负责人和直接责任人的责任。

二、全面推行"双随机、一公开"

地方各级生态环境部门要落实"放管服"改革要求，改进优化监管执法方式，健全以"双随机一公开"监管为基本手段、以重点监管为补充的新型监管机制，做到重点突出、提高效能。

一般企业落实"双随机"抽查，发挥"双随机"抽查对各个行业领域、各种规模类型企业的执法震慑作用。探索建立政府部门间"随机联查"制度，减轻分散检查对企业造成的负担。

重点企业实现"全覆盖"排查，电力、钢铁、冶金、石化、焦化等行业企业，各类工业园区和产业集聚区等重点区域内的生产企业，应当纳入重点监管范围。

对大型企业要组织技术专家，对其进行全面检查，确定重点环境问题和监管重点，并纳入监管档案。

三、利用科技手段精准发现违法问题

地方各级生态环境部门要充分运用科技手段，提高监管执法针对性、科学性、时效性，做到精准执法、高质高效。

在京津冀及周边地区大气污染热点网格监管的基础上，我部深入实施"千里眼"计划、扩大热点网格监管范围，汾渭平原和长三角地区城市如期完成大气污染热点网格的划分和筛选工作，分别于2018年10月、2019年1月起正式实施热点网格预警通报制度。我部将每月向社会公开上月预警网格名单。各省级生态环境部门要督促有关市、县对预警网格开展排查，及时整改，发现问题进行督办。

大力推进非现场监管执法，加快建设完善污染源实时自动监控体系，依托在线监控、卫星遥感、无人机等科技手段，充分发挥物联网、大数据、人工智能等信息技术作用，打造监管大数据平台，推动"互联网＋监管"，提高生态环境保护监管智慧化、精准化水平。

四、实施群众关切问题预警督办制度

地方各级生态环境部门要畅通并发挥"12369"电话热线、微信、网络等举报投诉渠道的作用，积极回应群众关切，做到民意畅通、回应有力。

我部将梳理群众关心的突出生态环境问题，并实施预警督办。按月向相关市级人民政府发送预警函，抄送省级生态环境部门，并通过生态环境部网站及"微博、微信公众号"将问题清单和查处情况向社会公开。

各省级生态环境部门要督促相关市级人民政府，严格落实预警督办要求，对能够立即解决的，采取有力措施解决问题；对短期内无法解决的，制定工作方案，积极引导群众通过合理合法方式维护权益、化解矛盾。同时，按照"谁办理，谁公开"的原则，在官方网站开设信息公开专栏，将举报情况、调查结果、整改方案及落实情况，全部向社会公开。

五、集中力量查处大案要案

地方各级生态环境部门要继续保持严打的高压态势，坚持零容忍、零懈怠、零缺位，严惩重罚违法犯罪行为。

坚决惩治任性违法，坚持有案必查，严肃查处屡查屡犯、弄虚作假、拒不纠正、虚假整改等违法乱象。对有案不查、重大案件久拖不结的，上级生态环境部门应当责令纠正或者直接查办。对群众反映强烈、社会影响较大等重点生态环境违法案件，予以挂牌督办，公开约谈，查处一批有影响力、有震慑力的典型案例。

全面强化"行政执法与刑事司法"衔接工作机制，深入开展重大案件联合执法行动、联合挂牌督办、联合现场督导，坚决克服有案不移、以罚代刑现象。对案情重大、影响恶劣的案件要联合公安机关挂牌督办，坚决依法严厉打击污染环境犯罪。

六、制定发布权力清单和责任清单

地方各级生态环境部门要推动形成边界清晰、分工合理的分工体系，建立科学有效的权力监督、制约机制，做到权责一致、履职尽责。

各省级生态环境部门应当根据省以下环保机构监测监察执法垂直管理制度的层级职能特点和执法任务需要，强化属地监管责任，明确市、县级生态环境部门监管执法的事权与责任。

市级生态环境部门应当根据实际，加强与相关部门协调，认真梳理法律法规规章，尤其是地方性法规和规章，公布本部门的执法权力清单和责任清单，向社会公开职能职责、执法依据、执法标准、运行流程、监督途径和问责机制。坚持法定职责必须为，严格依法履行职责。

七、严格禁止"一刀切"

地方各级生态环境部门要严格落实《禁止环保"一刀切"工作意见》《关于印发生态环境领域进一步深化"放管服"改革，推动经济高质量发展的指导意见》的有关要求，在生态环境保护监管执法中禁止"一刀切"，保护企业合法权益。

坚决反对形式主义、官僚主义，严格禁止"一律关停""先停再说"等懒政、敷衍做法，坚决避免以生态环境保护为借口紧急停工停业停产等简单粗暴行为。对于符合生态环境保护要求的企业，不得采取集中停产整治措施。

坚持依法依规，科学制定、实施可行的监管执法措施，加强政策配套，根据具体问题明确整改阶段目标，禁止层层加码，避免级级提速。对生态环境保护监管执法中不作为、乱作为现象，发现一起、查处一起，严肃问责。

请各省级生态环境部门于2018年10月底前，将本地区落实本意见的实施方案报送我部。每年年底前将落实本意见的进展情况报告报送我部。对责任不落实、工作不到位的，我部将通过中央生态环境保护督察严肃追责问责。

生态环境部办公厅

2018 年 9 月 13 日

关于进一步做好全国环保设施和城市污水垃圾处理设施向公众开放工作的通知

环办宣教〔2018〕29 号

各省、自治区、直辖市环境保护厅（局），新疆生产建设兵团环境保护局；各省、自治区住房城乡建设厅，海南省水务厅，直辖市城市管理委（市容园林委、绿化市容局、水务局），新疆生产建设兵团住房城乡建设局：

为深入贯彻党的十九大精神，落实《中共中央 国务院关于全面加强生态环境保护坚决打好污染防治攻坚战的意见》中关于"环保设施和城市污水垃圾处理设施向社会开放"的要求，结合各地执行《关于推进环保设施和城市污水垃圾处理设施向公众开放的指导意见》（环宣教〔2017〕62 号）情况，现将进一步做好设施开放工作有关要求通知如下：

一、工作目标

（一）总体目标

2020 年年底前，全国所有地级及以上城市选择至少 1 座环境监测设施、1 座城市污水处理设施、1 座垃圾处理设施、1 座危险废物集中处置或废弃电器电子产品处理设施定期向公众开放，接受公众参观。鼓励地级及以上城市有条件开放的四类设施全部开放。

（二）分阶段目标

分三年完成总体目标。到 2018 年、2019 年、2020 年年底前，各省（区、市）四类设施开放城市的比例分别达到 30%、70%、100%。

二、开放条件

各地生态环境部门和住房城乡建设（排水、环卫）部门应明确设施开放的必要条件和要求，结合当地设施单位情况，加强对公众开放工作的统筹安排、指导，并提供必要的支持，推动各类设施单位尽早达到开放要求，并向公众开放。

（一）开放单位应具备《环境监测设施向公众开放工作指南（试行）》等四类设施工作指南中规定的全部或部分设施种类，且设施稳定运行，达标排放。

（二）开放单位应具备保障参观者安全的相关设施，提供必要的安全防护用具，规划合理的参观路线及路线标识，确保参观过程安全。

（三）开放单位应有专（兼）职讲解员，讲解员应经过本单位培训并通过考核。

（四）针对公众普遍关心的生态环境问题（如处理技术工艺、处理效果、监测程序等），开放单位及有关部门应抓住重点环节、重点问题，设计针对不同人群关注点的讲解内容，并提供相应的宣传材料，包括宣传折页、招贴画、宣传短视频等。

三、管理要求

各地生态环境部门应会同住房城乡建设（排水、环卫）部门按照分阶段目标要求，择优选择符合开放条件或开放基础较好的设施单位进行开放，按照每 2 个月至少组织 1 次开放活动的要求制定年度开放实施计划，于当年 4 月底前将拟向公众开放的设施单位名单报生态环境部和住房城乡建设部（报送格式见附件，2018 年各类开放设施名单可于 2018 年 9 月底前报送），并向社会公开。相关部门要严格规范管理要求、明确开放流程，指导纳入开放名单的设施单位有序有效做好开放活动准备、实施、总结反馈阶段的组织筹备工作，确保开放工作顺利开展。

（一）活动准备

1．开放单位应做好现场防护措施和应急预案，保证参观者安全。

2．开放单位应对讲解员、引导员等进行培训和现场演练，针对不同群体设计不同的讲解内容和展示形式。

3．各地生态环境部门、开放单位应策划制作系列宣传产品，合理设计路线并做好开放现场布置，充分利用各类媒体资源做好事前宣传工作。

4．各地生态环境部门、开放单位应协调好预约报名参观、集体组织参观等不同人群时间，有序组织开放活动，积极邀请人大代表、政协委员、社会组织、学生、社区居民和企业员工等社会各界人士参与开放活动。

5．开放单位可结合固定场所、移动设施或网上平台等多种形式开放，灵活筹备现场活动。

（二）活动实施

1．各地生态环境部门、开放单位应在传统媒体、互联网等信息平台公布开放活动参与办法、开放时间、地点、参观内容等信息，组织做好报名工作，及时审核来访人员信息并通知审核结果。来访人员应如实登记有关信息，对于提供虚假信息的人员，开放单位可以拒绝其参观申请。

2．开放单位应对来访人员进行安全教育，发放必要的安全防护用具。来访人员须接受开放单位安排的安全教育，必要时签订安全承诺书、保密承诺书，不得发布虚假信息或泄漏开放单位涉及商业机密或自主产权的信息。参观过程中，来访人员应遵守参观规则，不得妨碍设施正常运行。

3．开放单位应在组织活动时有序引导来访人员参观，针对不同对象，进行生动形象、科学严谨的讲解，并与其进行充分交流互动。

（三）总结反馈

1．开放单位应采取问卷调查、微信留言、意见信箱、电子邮箱、记录登记等形式进行开放活动效果反馈，接受公众意见。

2．各地区、各单位要及时对开放工作情况进行总结评估，提炼经验，查找问题，整理保存相关材料，将开放活动总结和照片报送上级有关部门。

3．各地生态环境部门、开放单位要做好开放活动后的宣传报道工作，积极关注有关舆情动态，做好舆论引导工作。

四、组织保障

（一）落实责任。各地生态环境部门和住房城乡建设（排水、环卫）部门要充分认识公众开放工作的重要性，省级和地市级均需明确专门组织机构管理，专人负责，落实各项工作职责，确保公众开放工作顺利开展。

（二）完善制度。各省级生态环境、住房城乡建设（排水、环卫）部门要统筹、指导各地相关部门做好公众开放工作，制定各地公众开放工作实施计划，与各类设施单位建立密切联系，切实组织做好公众开放工作。

（三）确保实效。各地区、各单位应加强能力建设，有针对性地开展讲解员培训，编制通俗易懂的宣传资料等，将公众开放工作所需经费纳入相关部门年度预算，确保活动按计划有效开展。

（四）评估总结。各省级生态环境部门和住房城乡建设（排水、环卫）部门要加强对公众开放工作的组织领导，对组织开放活动成效突出的单位和个人予以表扬。生态环境部将会同住房城乡建设部对任务完成情况和实施效果进行督导评估，以适当形式将评估结果向社会公布；并适时召开现场会，总结推广先进经验。

五、联系人及联系方式

（一）生态环境部　云昊、杨玉玲

电话：（010）84630877、66556057

传真：（010）84630877

邮箱：gzkf@mee.gov.cn

（二）住房城乡建设部　简正、徐慧纬

电话：（010）58934756

传真：（010）58933434

邮箱：shirongchu@mohurd.gov.cn

附件：年全国环保设施和城市污水垃圾处理设施向公众开放名单

生态环境部办公厅

住房城乡建设部办公厅

2018 年 9 月 13 日

关于做好畜禽规模养殖项目环境影响评价管理
工作的通知

环办环评〔2018〕31 号

各省、自治区、直辖市环境保护厅（局），新疆生产建设兵团环境保护局：

　　为打好污染防治攻坚战，改善农业农村生产生活环境，充分发挥环境影响评价制度的预防作用，现将畜禽规模养殖建设项目环境影响评价（以下简称项目环评）管理有关事项通知如下。

一、优化项目选址，合理布置养殖场区

　　项目环评应充分论证选址的环境合理性，选址应避开当地划定的禁止养殖区域，并与区域主体功能区规划、环境功能区划、土地利用规划、城乡规划、畜牧业发展规划、畜禽养殖污染防治规划等规划相协调。当地未划定禁止养殖区域的，应避开饮用水水源保护区、风景名胜区、自然保护区的核心区和缓冲区、村镇人口集中区域，以及法律、法规规定的

禁止养殖区域。

项目环评应结合环境保护要求优化养殖场区内部布置。畜禽养殖区及畜禽粪污贮存、处理和畜禽尸体无害化处理等产生恶臭影响的设施，应位于养殖场区主导风向的下风向位置，并尽量远离周边环境保护目标。参照《畜禽养殖业污染防治技术规范》，并根据恶臭污染物无组织排放源强，以及当地的环境及气象等因素，按照《环境影响评价技术导则 大气环境》要求计算大气环境防护距离，作为养殖场选址以及周边规划控制的依据，减轻对周围环境保护目标的不利影响。

二、加强粪污减量控制，促进畜禽养殖粪污资源化利用

项目环评应以农业绿色发展为导向，优化工艺，通过采取优化饲料配方、提高饲养技术等措施，从源头减少粪污的产生量。鼓励采取干清粪方式，采取水泡粪工艺的应最大限度降低用水量。场区应采取雨污分离措施，防止雨水进入粪污收集系统。

项目环评应结合地域、畜种、规模等特点以及地方相关部门制定的畜禽粪污综合利用目标等要求，加强畜禽养殖粪污资源化利用，因地制宜选择经济高效适用的处理利用模式，采取粪污全量收集还田利用、污水肥料化利用、粪便垫料回用、异位发酵床、粪污专业化能源利用等模式处理利用畜禽粪污，促进畜禽规模养殖项目"种养结合"绿色发展。

鼓励根据土地承载能力确定畜禽养殖场的适宜养殖规模，土地承载能力可采用农业农村主管部门发布的测算技术方法确定。耕地面积大、土地消纳能力相对较高的区域，畜禽养殖场产生的粪污应力争实现全部就地就近资源化利用或委托第三方处理；当土地消纳能力不足时，应进一步提高资源化利用能力或适当减少养殖规模。鼓励依托符合环保要求的专业化粪污处理利用企业，提高畜禽养殖粪污集中收集利用能力。环评应明确畜禽养殖粪污资源化利用的主体，严格落实利用渠道或途径，确保资源化利用有效实施。

三、强化粪污治理措施，做好污染防治

项目环评应强化对粪污的治理措施，加强畜禽养殖粪污资源化利用过程中的污染控制，推进粪污资源的良性利用，应对无法资源化利用的粪污采取治理措施确保达标排放。畜禽规模养殖项目应配套建设与养殖规模相匹配的雨污分离设施，以及粪污贮存、处理和利用设施等，委托满足相关环保要求的第三方代为利用或者处理的，可不自行建设粪污处理或利用设施。

项目环评应明确畜禽粪污贮存、处理和利用措施。贮存池应采取有效的防雨、防渗和防溢流措施，防止畜禽粪污污染地下水。贮存池总有效容积应根据贮存期确定。进行资源化利用的畜禽粪污须处理并达到畜禽粪便还田、无害化处理等技术规范要求。畜禽规模养殖项目配套建设沼气工程的，应充分考虑沼气制备及贮存过程中的环境风险，制定环境风险防范措施及应急预案。

畜禽养殖粪污作为肥料还田利用的，应明确畜禽养殖场与还田利用的林地、农田之间的输送系统及环境管理措施，严格控制肥水输送沿途的弃、撒和跑冒滴漏，防止进入外部水体。对无法采取资源化利用的畜禽养殖废水应明确处理措施及工艺，确保达标排放或消

毒回用，排放去向应符合国家和地方的有关规定，不得排入敏感水域和有特殊功能的水域。

依据相关法律法规和技术规范，制定明确的病死畜禽处理、处置方案，及时处理病死畜禽。针对畜禽规模养殖项目的恶臭影响，可采取控制饲养密度、改善舍内通风、及时清粪、采用除臭剂、集中收集处理等措施，确保项目恶臭污染物达标排放。

四、落实环评信息公开要求，发挥公众参与的监督作用

建设单位在项目环评报告书报送审批前，应采取适当形式，遵循依法、有序、公开、便利的原则，公开征求意见并对真实性和结果负责。

地方生态环境部门应按照相关要求，主动公开项目环评报告书受理情况、拟作出的审批意见和审批情况，保障公众环境保护知情权、参与权和监督权。强化对建设单位的监督约束，落实建设项目环评信息的全过程、全覆盖公开，确保公众能够方便获取建设项目环评信息。

五、强化事中事后监管，形成长效管理机制

地方生态环境部门应加强畜禽规模养殖项目的全过程管理。建设单位必须严格执行环境保护"三同时"制度，落实各项生态环境保护措施，在项目建成后按照国家规定的程序和技术规范，开展建设项目竣工环境保护验收。各级生态环境部门通过随机抽查项目环评报告书等方式，掌握环境影响报告书的编制及审批、环境影响登记表备案及承诺落实、环境保护"三同时"落实、环境保护验收情况及相关主体责任落实等情况，及时查处违法违规行为。

生态环境部办公厅

2018 年 10 月 12 日

关于印发《长江流域水环境质量监测预警办法（试行）》的通知

环办监测〔2018〕36 号

云南省、贵州省、四川省、重庆市、湖北省、湖南省、江西省、安徽省、江苏省、浙江省、上海市生态环境（环境保护）厅（局）：

为落实推动长江经济带发展座谈会精神，把修复长江生态环境摆在压倒性位置，共抓

大保护、不搞大开发，进一步推进长江流域水生态环境保护工作，打好长江保护修复攻坚战，我部组织制订了《长江流域水环境质量监测预警办法（试行）》，现印发给你们，请认真贯彻落实。

联系人：生态环境监测司　张皓、张璘

电话：（010）66103117、66556808

联系人：中国环境监测总站　嵇晓燕、解鑫

电话：（010）84943098、84943100

附件：长江流域水环境质量监测预警办法（试行）

生态环境部办公厅

2018 年 11 月 5 日

附件

长江流域水环境质量监测预警办法
（试 行）

第一条　为落实推动长江经济带发展座谈会精神，把修复长江生态环境摆在压倒性位置，共抓大保护、不搞大开发，进一步推进长江流域水生态环境保护工作，打好长江保护修复攻坚战，按照有关法律法规，制定本办法。

第二条　以"和谐长江、健康长江、清洁长江、优美长江和安全长江"为目标，以水环境质量只能变好、不能变差为原则，加快建立长江流域自动监测管理和技术体系，完善长江流域国家地表水环境监测网络，推进长江流域水环境质量持续改善。

第三条　本办法适用于长江流域云南、贵州、四川、重庆、湖北、湖南、江西、安徽、江苏、浙江、上海等 11 省（市）部分或全部的国土区域。

第四条　本办法所称监测预警，是指根据长江流域国家地表水监测断面（以下简称断面）监测结果，对断面水环境质量变差或存在完不成年度水质目标风险的，及时向地方政府进行通报、预警，推动做好长江流域水污染防治工作。

突发环境事件导致应急状态下的监测预警参照《突发环境事件应急管理办法》（原环境保护部令　第 34 号）有关规定执行。

第五条　生态环境部负责长江流域水环境质量监测预警工作，建立健全国家地表水环境质量监测预警体系，组织开展长江流域水环境质量监测评价，每月向相关省级人民政府和地级及以上城市人民政府通报水质状况；每季度向出现预警的地级及以上城市人民政府通报预警信息，抄送所属省级人民政府和推动长江经济带发展领导小组办公室及成员单位，并向社会公开相关预警信息。

第六条　地方各级人民政府依法对本行政区域的水环境质量负责，应当及时采取措施防治水污染，切实改善水环境质量。地级及以上城市人民政府作为水污染防治责任主体，在出现预警时应深入研究水环境质量下降原因，制定整改计划，并将整改计划落实情况及时向社会公开，主动接受社会监督。

第七条　长江流域水质监测预警等级划分为两级，分别为一级、二级，一级为最高级别。具体分级方法如下：

（一）同时满足以下情形的，属二级。

1. 断面当月水质类别和累计水质类别均较上年同期下降 1 个类别及以上，并且下降为Ⅲ类以下的（如水质同比由Ⅲ类下降为Ⅳ类等情形）；

2. 断面累计水质类别未达到当年水质目标；

3. 断面不符合更高等级预警条件。

（二）同时满足以下情形的，属一级。

1. 断面当月水质类别和累计水质类别均较上年同期下降 2 个类别及以上，并且下降为Ⅲ类以下的（如水质同比由Ⅲ类下降为Ⅴ类等情形）；

2. 断面累计水质类别未达到当年水质目标。

第八条　当地级及以上城市同时出现符合一级、二级预警条件认定标准的断面时，按照最高等级确定地级及以上城市的预警级别。

第九条　断面水环境质量评价执行《地表水环境质量评价办法（试行）》（环办〔2011〕22 号），评价结果应说清水环境质量状况，超标断面应说清超标项目和超标倍数。断面年度水质目标、责任城市按照各省（市）水污染防治目标责任书确定。

断面累计水质类别，以当年 1 月至当月逐月水环境质量监测结果的算术平均值进行评价确定。

第十条　因特别重大或重大的水旱、气象、地震等自然灾害原因导致断面水质达到预警级别的，可将事件影响期内的相关月份监测数据剔除后再进行评价，具体按《水污染防治行动计划实施情况考核规定（试行）》（环水体〔2016〕179 号）执行。

第十一条　跨省（市）界断面出现水质预警的，原则上由断面相关地级以上城市人民政府负责制定整改计划。当断面涉及同一省（市）的多个地级及以上城市时，由所在省级生态环境部门统筹协调制定整改计划。当断面涉及不同省（市）的多个地级及以上城市时，由生态环境部统筹协调制定整改计划。

第十二条　出现预警的地级及以上城市经切实采取整改措施，未再次达到一、二级预警级别或预警级别变化的，则在下季度预警通报中自动解除预警或调整预警级别。

第十三条　长江流域 11 省（市）可参照本办法，制定本行政区域的水环境质量监测预警办法。

第十四条　本办法由生态环境部负责解释。

第十五条　本办法自印发之日起实施。

关于印发《生态环境部定点扶贫三年行动方案（2018—2020年）》的通知

环办科财〔2018〕42号

机关各部门，在京派出机构、有关直属单位：

为贯彻《中共中央 国务院关于打赢脱贫攻坚战三年行动的指导意见》（中发〔2018〕16号），落实定点扶贫工作责任，支持围场、隆化两县打赢精准脱贫攻坚战，我部制定了《生态环境部定点扶贫三年行动方案（2018—2020年）》（见附件）。现印发给你们，请结合实际认真贯彻落实。

附件：生态环境部定点扶贫三年行动方案（2018—2020年）

生态环境部办公厅

2018年12月7日

附件

生态环境部定点扶贫三年行动方案
（2018—2020年）

根据《中共中央 国务院关于坚决打赢脱贫攻坚战的决定》《中共中央 国务院关于打赢脱贫攻坚战三年行动的指导意见》《中共中央办公厅 国务院办公厅关于进一步加强中央单位定点扶贫工作的指导意见》《中央单位定点扶贫工作考核办法（试行）》等要求，为进一步落实生态环境部定点扶贫工作责任，帮助河北省承德市围场县、隆化县（以下简称两县）如期完成脱贫攻坚任务，制定本工作方案。

一、指导思想

全面贯彻党的十九大和十九届二中、三中全会精神，以习近平新时代中国特色社会主义思想为指导，深入学习贯彻习近平总书记关于扶贫工作的重要论述，按照中央单位定点扶贫工作推进会议精神最新要求，坚持精准扶贫精准脱贫基本方略，坚持绿水青山就是金山银山的理念，围绕两县脱贫摘帽这一核心任务全方位加大帮扶力度，着力发挥部门优势，帮助两县协同推进生态环境保护和脱贫攻坚，提高脱贫攻坚质量；着力树立搞好生态环境保护就是扶贫的意识，创新工作机制，将生态环境保护帮扶转化为精准脱贫成效，提高贫困人口参与度和受益水平；着力压实帮扶责任，突出产业扶贫，实施到村到户精准帮扶措施，严格考核评议；着力加强协调配合，督促两县落实脱贫攻坚主体责任，建立健全长效机制。

二、工作目标

通过提高帮扶水平，用真心动真情使真劲，帮助两县如期全部脱贫摘帽，解决区域性整体贫困；两县现行标准以下农村贫困人口实现脱贫，消除绝对贫困；帮助两县防范重大涉贫事件；两县主要生态环境指标稳中有升，基本公共服务主要领域指标接近全国平均水平，农村人均可支配收入增长幅度高于全国平均水平。中央单位定点扶贫考核结果保持"较好"及以上。

根据两县脱贫计划，到 2019 年全部脱贫摘帽。其中：2018 年围场县脱贫 20 000 人，隆化县脱贫 27 312 人；2019 年围场县脱贫 23 062 人，隆化县脱贫 15 154 人（2020 年兜底保障 346 人）。通过全方位加大帮扶力度，支持两县按计划完成脱贫任务，2020 年再巩固提升一年。

三、主要措施

结合两县需求，深化政策措施，在发挥行业优势、结对帮扶、选派干部、督促检查、创新帮扶方式、动员社会力量参与、宣传推广等方面进一步加大力度，落实落细，创新机制，务求取得实效。

（一）发挥行业优势

结合全面加强生态环境保护坚决打好污染防治攻坚战，支持两县加快绿色转型发展，加强生态环境保护，建立有利于脱贫攻坚的长效机制，树立搞好生态环境保护就是扶贫的意识，以优美生态环境吸引投资和促进产业发展，通过加强污染治理创造就业机会，打造绿水青山就是金山银山的北方样板。（机关各部门，在京派出机构、有关直属单位）支持两县创建国家级生态文明建设示范区，探索绿水青山就是金山银山新模式新机制，将生态环境优势转化为绿色发展优势、脱贫攻坚优势。（自然生态保护司负责）支持整合资源型产业，大力发展新能源、新材料、康养旅游、绿色食品加工、生态环保等产业，规范引导种养业、乡村旅游产业，规模化发展特色农业，改善基础设施条件，提高基本公共服务水平。（机关各部门，在京派出机构、有关直属单位）

进一步巩固生态环境优势，推动两县空气质量持续改善，加强流域水污染防治，推动饮用水水源规范化建设，治理农业面源污染，加强山水林田湖草保护修复，改善农村人居环境。（科技与财务司、水生态环境司、大气环境司、土壤生态环境司按职责分工负责）中央财政生态环保专项资金继续向两县倾斜，落实对两县农村环境综合整治的支持政策，对纳入中央生态环保投资项目储备库的有关项目优先安排资金支持。（科技与财务司负责）开展生物多样性保护与减贫试点。（自然生态保护司负责）

积极协调有关部门，加大重点生态功能区转移支付力度，推进冀津引滦入津、京冀密云水库上游生态保护补偿试点，支持承德市及两县开展流域生态保护补偿试点。（科技与财务司、自然生态保护司、水生态环境司、生态环境监测司按职责分工负责）加强两县参与碳市场能力建设，支持开发符合方法学要求的温室气体自愿减排项目，将两县林业碳汇项目优先纳入全国碳排放权交易市场抵消机制。（应对气候变化司负责）

各部门、各部属单位结合工作实际加强对两县生态环境保护工作的指导支持，各项试点示范第一时间考虑两县，对两县面临的困难和问题要积极主动关心、及时指导疏导，为两县生态环境保护工作多办实事。（机关各部门，在京派出机构、有关直属单位）根据两县需求，在生态环境保护规划、工程项目、农村环境综合整治方案、污染治理技术等方面加大支持力度。（综合司、科技与财务司、水生态环境司、大气环境司、土壤生态环境司按职责分工负责）

积极协商两县，创新体制机制，协同推进生态环境保护和脱贫攻坚，为两县解决区域性整体贫困提供支撑，通过资源置换将生态环境保护帮扶转化为精准脱贫成效，让更多贫困村、贫困人口直接参与、直接受益。（科技与财务司负责）

（二）深化结对帮扶

根据贫困村分布、年度脱贫出列和实际工作需要等情况，及时调整、补充和完善结对帮扶关系，健全扶贫工作小组工作机制。（行政体制与人事司、科技与财务司、宣传教育司、机关党委按职责分工负责）

落实精准帮扶措施。瞄准建档立卡贫困人口，从贫困村特别是深度贫困村、贫困人口实际出发，因村施策、因户施策、因人施策，制定符合实际和真正管用的帮扶措施。结合"一村一策"脱贫方案，各扶贫工作小组在帮助结对帮扶贫困村继续推进已有产业的基础上，进一步统筹资源力量，集中打捆设计，力争在两县贫困村和产业相对集中的地区分别打造 1～2 个看得见、摸得着的特色产业，辐射带动周边一批贫困村、贫困户、贫困人口提高收入和增加收益。每个扶贫工作小组每年每村至少资助 5 名贫困学生；每年每村至少帮扶 1 所学校（幼儿园）；每年每村办 1 件实事，解决急迫的生产生活问题；每年每村至少开展一次慰问活动，每次慰问不少于 5 户贫困户。各项帮扶措施应把握力度，突出重点，注重帮扶需求性、均衡性和效益性，统筹平衡好扶贫与奖优、贫困户与非贫困户的关系。（各扶贫工作小组）

突出产业就业帮扶。加强与两县、乡镇、驻村工作队脱贫攻坚工作的衔接和融合，因地制宜采取资金、人才、信息、技术、市场等措施，帮助组织引导一批企业到两县投资兴业、发展产业、带动就业。鼓励具备能力的扶贫工作小组独立谋划实施产业扶贫项目，引导企业到贫困村建设"扶贫车间"，多措并举促进贫困人口就业。强化产业扶贫项目全过程参与，及时掌握进展情况，为项目顺利实施尽一份力，帮助两县培育出一批优势特色产业，促进稳定脱贫、提高脱贫质量，落实结对帮扶责任要求。（各扶贫工作小组）

（三）加强干部选派

选派有能力、有培养潜力优秀中青年干部到两县挂职，协助分管扶贫工作，主要职责是帮扶服务和指导督促扶贫工作，更多联系走访贫困村、贫困户，落实人在心在、履职尽责要求；挂职扶贫干部兼任生态环境部脱贫攻坚领导小组办公室（以下简称扶贫办）专项工作组副组长，代表扶贫办对两县脱贫攻坚工作、各扶贫工作小组定点帮扶措施成效加强跟踪督促，有关情况每季度向扶贫办报告。加大驻村第一书记选派力度，加强跟踪管理、定期到村指导，严格落实项目、资金、责任"三个捆绑"要求，确保主要精力投入到一线工作中，说好当地话，当好当地人。驻村第一书记和挂职扶贫干部加强沟通配合，形成合力，每月向扶贫办报告工作开展情况。制定驻村第一书记和挂职扶贫干部管理要求。（行政体制与人事司、科技与财务司按职责分工负责）

2018—2020 年，每个扶贫工作小组每年选派干部到每个结对帮扶贫困村参与脱贫攻坚，每年每村驻村至少 1 人、时间不少于 1 周，重点帮助结对帮扶贫困村做好精准识别、精准帮扶、精准退出工作，帮助实施结对帮扶项目，引进帮扶资源。各选派干部应结合实际，及时书面报告结对脱贫攻坚帮扶工作情况，经本部门、本单位主要负责同志审定后报扶贫办。（各扶贫工作小组）

（四）强化工作机制

组建两县脱贫攻坚前方工作组，由一位副司级干部挂职承德市担任组长，两县挂职副县长担任副组长（兼任扶贫办专项工作组副组长），两县驻村第一书记为成员，加强对两县脱贫攻坚工作、各扶贫工作小组定点帮扶措施的统筹协调和跟踪督促，配合开展定点扶贫环保资金项目监督检查。前方工作组要建立工作台账，实行清单式管理，每月回京报告工作，重点汇报工作过程中的重点难点问题、拉条挂账问题清单和"一村一策"落实情况、针对性解决方案措施等，并按月形成会议纪要和督办清单。（科技与财务司牵头，行政体制与人事司、宣传教育司、机关党委参与）

（五）强化督促指导

立足更高的政治站位，督促两县党委、政府落实主体责任，充分认识到定点扶贫工作，既包括生态环境部对两县的支持和服务，又包括两县自觉接受生态环境部的督促和指导。健全季度督促指导制度，结合两县建档立卡情况以及脱贫攻坚年度目标、计划和措施，完善督促指导内容，实施跟踪式督促指导，实行重点抽查和现场随机抽查相结合，帮助两县预判目标、难点，分析存在问题和差距，及时发现和纠正扶贫工作中存在的苗头性、倾向性问题，防止出现虚假脱贫、数字脱贫、违纪违规使用扶贫资金等严重问题，倒逼各扶贫工作小组落实帮扶责任和已承诺事项。对督促指导中发现的问题，及时向河北省生态环境厅、河北省扶贫办、承德市政府和两县党委、政府通报反馈。创新落实督促指导责任的方式方法，探索采用第三方督促指导。（科技与财务司牵头，行政体制与人事司、宣传教育司、机关党委参与）

加强对两县中央财政环保专项资金使用情况的监督检查，规范专项资金和项目安排程序，避免存在决策性失误和廉政风险，优先纳入年度专项资金监督检查范围，做到监督检查全覆盖，督促资金项目及时发挥实效，切实对贫困村、贫困人口形成支持。发挥挂职扶贫干部和前方工作组对资金项目的监督检查作用。（科技与财务司负责）

（六）创新帮扶方式

鼓励各扶贫工作小组结合实际大胆创新，在产业扶贫、教育扶贫、公益帮扶、生态环境保护帮扶等方面因地制宜，抓出特色，发挥引领带动作用。（各扶贫工作小组）

抓党建促脱贫攻坚，夯实基层党组织能力建设，按照中央组织部、中央和国家机关工委要求支持两县党建工作，各扶贫工作小组要与结对帮扶贫困村特别是深度贫困村开展党支部共建，宣传生态环保扶贫工作成效，建立与驻村工作队、村党支部委员会和村民委员会定期沟通协调机制，发挥党员先锋模范作用，提高基层干部认识水平，培育脱贫攻坚内生动力。鼓励各部门、各部属单位使用自有资金等支持无基层党组织活动场所的贫困村新建活动场所。（机关党委牵头，机关各部门，在京派出机构、有关直属单位参与）

动员社会力量参与，发挥牵线搭桥作用，积极引导有帮扶意愿的企业集团参与两县脱贫攻坚，在园区开发、现代农业、生态旅游、污染治理、农村人居环境整治等领域加强合作。发挥部属社团组织作用，引进扶贫资源。（科技与财务司牵头，机关有关部门，在京派出机构、有关直属单位参与）

推广两县特色产品，建设完善生态环保扶贫电商平台，按照财政资金支持开发、社会机构运营、干部职工广泛参与的模式，持续完善生态环保扶贫电商平台线上线下组织体系，机关、直属单位职工福利优先通过生态环保扶贫电商平台实施。（科技与财务司、机关党委、环境规划院、中华环境保护基金会牵头，机关有关部门，在京派出机构、有关直属单位参与）

创新贫困人口参与机制，引导两县采取政府购买服务或设立公益岗位的方式，吸纳贫困人口参与生态环境监管、农村环保设施运营、污染防治和生态修复工程等，安置贫困人口就业，增加劳务收入。（自然生态保护司、水生态环境司、大气环境司、土壤生态环境司、生态环境执法局按职责分工负责）

（七）加强宣传推广

深入宣传习近平总书记关于扶贫工作的重要论述，广泛宣传党中央、国务院脱贫攻坚方针政策，宣传脱贫攻坚取得的伟大成就和典型经验，帮助贫困地区干部群众更新发展观念，指导两县把外部帮扶与激发贫困群众内生动力结合起来，增强脱贫致富的积极性、主动性、创造性，为打赢脱贫攻坚战注入强大的精神动力。加强联系沟通，定期向国务院扶贫办、中央和国家机关工委报送生态环境部定点扶贫信息。建立两县脱贫攻坚进展季度报告制度，用好生态环境部官网、内网和"两微"、中国环境报等平台，拍摄年度定点扶贫工作宣传片，与河北省、承德市及两县实现互联互通，加强对定点扶贫工作的宣传。及时总结好经验、好做法，加强对定点扶贫项目、扶贫成效和扶贫人物的宣传，编写典型案例，推出一批典型。组织好扶贫日活动，加强重要时间节点、重要活动的宣传报道。健全各部门、各部属单位扶贫信息报送机制，提高定点扶贫宣传工作的系统性、时效性，营造良好舆论氛围。（科技与财务司、宣传教育司牵头，机关有关部门，在京派出机构、有关直属单位参与）

四、组织实施

（一）加强组织领导

加强生态环境部脱贫攻坚领导小组的领导，健全工作机制，切实发挥扶贫办作用，每年向中央报告脱贫攻坚工作情况。（科技与财务司牵头，行政体制与人事司、宣传教育司、机关党委参与）部党组每季度听取一次扶贫办的工作汇报，推动解决定点扶贫中存在的重点难点问题，部主要领导每年至少到两县调研督促指导1次，现场调度解决实际问题，指导督促两县落实主体责任。（办公厅牵头，科技与财务司参与）扶贫办每年组织制定定点扶贫年度工作要点，建立帮扶任务台账，定期调度通报进展情况，定期向部党组报告。（科技与财务司牵头，行政体制与人事司、宣传教育司、机关党委参与）把两县作为转变作风、调查研究的基地，通过总结经验，完善本部门扶贫政策。（科技与财务司、机关党委牵头，

机关有关部门，在京派出机构、有关直属单位参与）

各部门、各部属单位主要负责同志是第一责任人，亲自抓扶贫工作，主要负责同志和分管负责同志每年至少到结对帮扶贫困村1次，推动帮扶措施落实，具体工作责任到人。扶贫工作小组牵头单位应主动协调、发挥牵头作用，联合单位要积极参与，加强工作统筹，形成合力。各扶贫工作小组制定实施帮扶措施，应及时主动与挂职扶贫干部、驻村第一书记沟通。（机关各部门，在京派出机构、有关直属单位）

（二）改进工作作风

以扶贫领域腐败和作风问题专项治理为抓手，落实"严、真、细、实、快"工作要求，始终把作风建设贯穿定点扶贫工作全过程，集中力量解决作风建设的薄弱环节和突出问题，2018年重点解决重视不够、措施不精准、作风不扎实、责任不落实等问题。（科技与财务司牵头，机关有关部门，在京派出机构、有关直属单位参与）定期组织对两县和各部门、各部属单位的脱贫攻坚学习培训，进一步增强责任感和使命感，提高扶贫工作能力。（科技与财务司牵头，行政体制与人事司参与）改进调查研究，部领导率先垂范，牢牢把握"为什么去""去做什么""能干成什么"，坚持真正深入贫困村贫困户，坚持调研必解决问题。统筹调研慰问活动，各扶贫工作小组应行前向扶贫办报告、结束后报送信息，严格遵守中央有关规定，一律轻车简从，严禁层层陪同。各扶贫工作小组到两县开展帮扶活动，除确实工作需要外，应直接到村到户，一般不要求县、乡镇领导陪同。各扶贫工作小组帮扶措施，应序时推进、合理安排时间，避免年底扎堆。（机关各部门，在京派出机构、有关直属单位）

（三）严格考核评议

加严对各部门、各部属单位定点扶贫工作的考核，纳入领导班子述职述党建内容，年终予以考核评议。重点考核定点扶贫责任书完成情况、组织领导、措施效果、干部选派、信息报送、工作创新、作风建设等，组织结对帮扶村对各扶贫工作小组工作开展情况进行评议，评议结果纳入考核内容。（科技与财务司牵头，行政体制与人事司、宣传教育司、机关党委参与）

按照中央和国家机关工委统一部署，扶贫办认真做好中央单位定点扶贫工作考核及整改工作。结合各部门、各部属单位定点扶贫考核情况和两县脱贫攻坚进展情况，做好考核自查报告工作。对照先进典型找差距，全面查找问题和不足，深入剖析，举一反三，扎实整改，建立健全定点扶贫工作长效机制。（科技与财务司牵头，机关有关部门，在京派出机构、有关直属单位参与）

五、有关要求

各部门、各部属单位要切实增强责任感、使命感、紧迫感，扛起定点扶贫工作政治责任，把定点扶贫工作作为本部门、本单位重点工作进行安排部署，进一步强化目标导向、问题导向和绩效导向，进一步加大工作力度，创新机制，求真务实，确保定点扶贫工作取得新进展新成效。要清醒地认识到，在脱贫攻坚最后攻坚阶段，定点扶贫必须根据新形势新要求，既要切实制定好有力的政策措施，又要开展实实在在的具体帮扶行动；既要聚焦当前的定点扶贫任务，联系到县，帮扶到村、到户，确保定点扶贫县如期脱贫摘帽，又要立足长远、系统谋划，深入研究定点扶贫县脱贫攻坚中的一系列重大问题，促进定点扶贫县脱贫攻坚与乡村振兴的有机衔接。工作中遇到的情况和问题及时向扶贫办报告。

附：扶贫工作小组结对帮扶安排表

附

扶贫工作小组结对帮扶安排表

序号	牵头单位	联合部门/单位	贫困县	结对帮扶贫困村	
				深度贫困村	一般贫困村
1	环科院	科财司、气候司、气候中心	隆化县	干沟门村、小庙子村、河南村	三家村、东升村、北铺子村、大铺村
2	监测总站	监测司、应急中心	隆化县	田家营村、南山根、砬子沟	团瓢村、天义沟村、兴隆营村
3	环境发展中心	人事司、机关党委、文促会	围场县	沙里把村、大素汰村、三义永村、拐步楼村	扣花营村、哈里哈村、克字村、八十三号村
4	政研中心	法规司、水司	围场县	庙子沟村、小洼村、车家营村	八英庄村、横立营村
5	报　社	宣教司、督察办、执法局	隆化县	白杨沟村、羊鹿沟村、上城子村	西地村、南营村、宝山营村
6	出版集团	核二司、华北站、研促会	围场县	大苇子沟村、康家窝铺村、二把伙村、上三合义村	银水泉村、元宝洼村、太平地村
7	核安全中心	海洋司、核一司、核三司	隆化县	七道沟、上窑村、哑叭店村	岭沟门村、栾家湾村、石虎沟门村、茅吉口村
8	对外合作中心	生态司、大气司、学会	围场县	八顷村、牌楼村、要路沟村、八号地村	哈字村、桃山村
9	规划院	综合司、信息中心	围场县	毯梁沟村、红葫芦村、宝元昌村	平房村、小苇子沟村、城子村、二号村、十二号村
10	评估中心	环评司、记协	隆化县	松树底、南沟、黑沟、羊圈子	东北沟村、大官营村、海岱沟村、南孤山
11	基金会	办公厅、华北局、卫星中心	隆化县	厂沟门村、西底沟村、娘娘庙、茶棚	梁底村、黎明村、姚吉营村
12	东盟中心	国际司、服务中心	隆化县	泉眼沟、碾子沟村、石虎沟村	老窝铺村、大地村、榆树营村
13	固管中心	驻部纪检监察组、土壤司、固体司	围场县	海字村、吉上村、查字上村、盖子沟村	燕上村、西龙头村

注：围场、隆化两县原2016年脱贫出列的大铺村、克字村、八十三号村、茅吉口村、城子村、二号村、十二号村、海岱沟村、南孤山、榆树营村等10个村在2017年河北省组织的建档立卡"回头看"中，因贫困发生率高于2%，被河北省认定为贫困村序列，重新纳入各工作小组原帮扶序列。

关于进一步明确放射性物品航空运输临时存放安全监管有关问题的通知

环办辐射〔2018〕44 号

各省、自治区、直辖市生态环境厅（局），民航各地区管理局：

为进一步规范放射性物品航空运输临时存放安全管理，保障放射性物品航空运输安全，依据《放射性物品运输安全管理条例》（国务院令 第 562 号），现将放射性物品航空运输临时存放安全监管的有关要求通知如下：

航空公司、机场地面服务代理人为航空运输目的而在民用机场控制区内设立的临时存放航空运输货物中放射性物品的场地或库房，属于民用航空运输安全监管范畴，由各地民航行业管理部门按照航空运输有关规定实施监管，不需要核发辐射安全许可证。

本通知自印发之日起施行。本通知印发之前已核发的放射性物品航空运输临时仓贮单位的辐射安全许可证，由原发证机关依法撤回，并办理注销手续。

生态环境部办公厅

民航局综合司

2018 年 12 月 5 日

关于印发《生态环境损害鉴定评估技术指南 土壤与地下水》的通知

环办法规〔2018〕46 号

各省、自治区、直辖市生态环境厅（局），新疆生产建设兵团环境保护局，机关各部门，各派出机构、直属单位，各环境损害鉴定评估推荐机构：

根据生态环境损害赔偿制度改革工作需求，我部已于 2016 年 6 月印发《生态环境损害鉴定评估技术指南 总纲》《生态环境损害鉴定评估技术指南 损害调查》。

为进一步完善生态环境损害鉴定评估技术体系，规范生态环境损害鉴定评估工作，我部组织制定了《生态环境损害鉴定评估技术指南 土壤与地下水》（见附件），现予印发，供在开展生态环境损害鉴定评估有关工作中参照执行。

附件：生态环境损害鉴定评估技术指南 土壤与地下水

生态环境部办公厅

2018 年 12 月 20 日

附件

生态环境损害鉴定评估技术指南
土壤与地下水

Technical guidelines for identification and assessment of eco-environmental damage
Soil and groundwater

前 言

为贯彻《中华人民共和国环境保护法》，保护土壤与地下水环境及其生态服务功能，保障公众健康，规范涉及土壤与地下水的生态环境损害鉴定评估工作，为环境管理与环境司法提供依据，制定本指南。

本指南规定了涉及土壤与地下水的生态环境损害鉴定评估的内容、程序和技术要求。

本指南为指导性文件。

本指南为首次发布。

本指南由生态环境部法规与标准司组织制定。

本指南主要起草单位：环境规划院、中国科学院地理科学与资源研究所。

本指南由生态环境部解释。

1 适用范围

本指南适用于在中华人民共和国领域内因环境污染或生态破坏导致的涉及土壤与地下水的生态环境损害鉴定评估，规定了涉及土壤与地下水的生态环境损害鉴定评估的内容、工作程序、方法和报告编写要求等内容。

核与辐射事故导致的涉及土壤与地下水的生态环境损害鉴定评估工作不适用本指南。

2 规范性引用文件

本指南引用了下列标准规范、政策文件中的部分条款或内容。凡是注日期的引用文件，其随后所有的修改单（不包括勘误的内容）或修订版均不适用于本指南。凡是不注日期的引用文件，其最新版本适用于本指南。

GB 5084 农业灌溉水质标准

GB 5749　生活饮用水卫生标准

GB 11607　渔业水质标准

GB 12941　景观娱乐用水水质标准

GB/T 14848　地下水质量标准

GB 15618　土壤环境质量　农用地土壤污染风险管控标准（试行）

GB 36600　土壤环境质量　建设用地土壤污染风险管控标准（试行）

GB/T 18508　城镇土地估价规程

HJ 25.1　场地环境调查技术导则

HJ 25.2　场地环境监测技术导则

HJ 25.4　污染场地土壤修复技术导则

HJ/T164　地下水环境监测技术规范

HJ/T166　土壤环境监测技术规范

NY/T1121　土壤检测

HJ 493　水质样品的保存和管理技术规定

DZ/T 0290　地下水水质标准

CJ/T 206　城市供水水质标准

DZ/T 0282　水文地质调查规范（1∶50 000）

HJ 710.10　生物多样性观测技术导则　大中型土壤动物

HJ 710.11　生物多样性观测技术导则　大型真菌

《生态环境损害鉴定评估技术指南　总纲》（环办政法〔2016〕67 号）

《生态环境损害鉴定评估技术指南　损害调查》（环办政法〔2016〕67 号）

《环境损害鉴定评估推荐方法（第Ⅱ版）》（环办〔2014〕90 号）

《突发环境事件应急处置阶段环境损害评估推荐方法》（环发〔2014〕118 号）

《地下水环境状况调查评价工作指南（试行）》（环办〔2014〕99 号）

《地下水污染模拟预测评估工作指南（试行）》（环办〔2014〕99 号）

《地下水污染修复（防控）工作指南（试行）》（环办〔2014〕99 号）

3　术语和定义

下列术语和定义适用于本标准。

3.1　土壤　Soil

指位于陆地表层能够生长植物的疏松多孔物质层及其相关自然地理要素的综合体。

3.2　地下水　Ground water

指地面以下饱和含水层中的重力水。

3.3　环境敏感区　Environmental sensitive area

指依法设立的各级各类保护区域，以及对某类污染物或者生态影响特别敏感的区域，主要包括生态保护红线划定范围内或者其外的生态保护红线、自然保护区、海洋特别保护区、饮用水水源保护区、基本农田保护区、基本草原、重要湿地、天然林、野生动物重要栖息地、重点保护野生植物生长繁殖地、重要水生生物的栖息地和洄游通道、天然渔场、水土流失重点防治区、沙化土地封禁保护区、自然岸线，以及以居住、医疗卫生、文化教育、科研、行政办公等为主要功能的区域。

3.4　调查区　Investigation area

指根据涉及土壤与地下水的生态环境损害类型和空间范围确定的需要开展现场调查、地质勘探、采样监测和生物观测的区域，包括对照区。

3.5　评估区　Assessment area

指经过生态环境损害调查确定的发生损害、需要进入后续生态环境损害鉴定评估的区域。

3.6　判断布点法　Sampling based on professional judgment

指由专业调查人员基于对评估区域条件的了解，在判断有可能受到损害的点位进行布点的方法。

3.7　健康风险评估　Health risk assessment

指在土壤与地下水调查的基础上，分析其中的污染物对人群的主要暴露途径，评估污染物对人体健康的致癌风险或危害水平。

3.8　概念模型　Conceptual model

指用文字、图、表等方式来综合描述污染源、污染物迁移途径、人体或生态受体接触污染介质的过程和接触方式等。

3.9　迁移路径　Migration pathway

指污染物从污染源经由各种途径到达暴露受体的路线。

3.10　受体　Receptor

指评估区域及其周边环境中可能受到污染环境或破坏生态行为影响的土壤与地下水等环境要素以及人群、生物类群和生态系统。

3.11　土壤与地下水生态服务功能　Ecosystem services

土壤与地下水生态服务功能指土壤与地下水所具有的内在用途以及为保障人类生存及生活质量提供的惠益，如工业或商业用地、物种栖息地、农产品供给、水源供给等。

3.12　基线水平　Baseline level

指污染环境或破坏生态行为未发生时，评估区域内土壤、地下水环境质量及其生态服务功能的水平。

3.13　环境修复　Environmental remediation

指生态环境损害发生后，为防止污染物扩散迁移、降低环境中污染物浓度，将环境污染导致的人体健康风险或生态风险降至可接受风险水平而开展的必要的、合理的行动或措施。

3.14　生态恢复　Ecological restoration

指生态环境损害发生后，为将生态环境的物理、化学或生物特性及其提供的生态系统服务恢复至基线状态，同时补偿期间损害而采取的各项必要的、合理的措施。

3.15　理论治理成本　Theoretical treatment cost

指通过治理成本函数计算得到的治理成本。治理成本函数是以治理费用为因变量，以处理技术、处理规模、污染物去除效率等因素为自变量构建的函数模型。在污染物浓度以及治理目标确定的情况下，将以上变量带入治理成本函数，可得到相应的理论治理成本。

4 工作程序

涉及土壤与地下水的生态环境损害鉴定评估工作程序包括：

4.1 鉴定评估准备

掌握涉及土壤与地下水的生态环境损害的基本情况；了解评估区的自然环境与社会状况；初步判断土壤与地下水的受损范围，明确涉及土壤与地下水的生态环境损害鉴定评估的内容，确定鉴定评估方法，编制鉴定评估工作方案。

4.2 损害调查确认

通过开展地质和水文地质调查，明确污染物的迁移扩散条件；开展土壤与地下水污染状况调查以及土壤与地下水生态服务功能调查；确定土壤与地下水环境质量及其生态服务功能的基线水平；判断土壤与地下水环境及其生态服务功能是否受到损害。

4.3 因果关系分析

对于污染环境行为导致的损害，结合鉴定评估准备以及损害调查确认阶段获取的信息，进行污染源解析；提出从污染源到受体的迁移路径假设，并对其进行验证；基于污染源解析和迁移路径验证结果，分析污染环境行为与土壤与地下水损害之间是否存在因果关系。对于破坏生态行为导致的损害，分析破坏生态行为导致土壤与地下水环境及其生态服务功能损害的机理，判定破坏生态行为与土壤与地下水环境及其生态服务功能损害之间是否存在因果关系。

4.4 土壤与地下水损害实物量化

筛选确定土壤与地下水损害评估指标参数，对比受损土壤与地下水环境及其生态服务功能相关指标参数的现状与基线水平，确定土壤与地下水环境及其生态服务功能损害的范围和程度，计算土壤与地下水环境及其生态服务功能实物量。

4.5 土壤与地下水损害恢复或价值量化

基于替代等值原则评估土壤与地下水环境及其生态服务功能的损失。如果受损的土壤与地下水环境及其生态服务功能能够通过实施恢复措施进行恢复，或能够通过补偿性恢复补偿期间损害，采用基于恢复的方法进行损失计算，研究恢复目标，筛选恢复技术，比选恢复方案，包括基本恢复、补偿性恢复和补充性恢复方案，必要时计算恢复费用。如果受损的土壤与地下水环境及其生态服务功能不能通过实施恢复措施进行恢复，或不能通过补偿性恢复补偿期间损害，采用环境价值评估方法进行损失计算。

4.6 土壤与地下水损害鉴定评估报告编制

编制涉及土壤与地下水的生态环境损害鉴定评估报告（意见）书，同时建立完整的涉及土壤与地下水的生态环境损害鉴定评估工作档案。

4.7 土壤与地下水恢复效果评估

定期跟踪土壤与地下水环境及其生态服务功能的恢复情况，全面评估恢复效果是否达到预期目标；如果未达到预期目标，应进一步采取相应措施，直到达到预期目标为止。

涉及土壤与地下水的生态环境损害鉴定评估程序见图1。

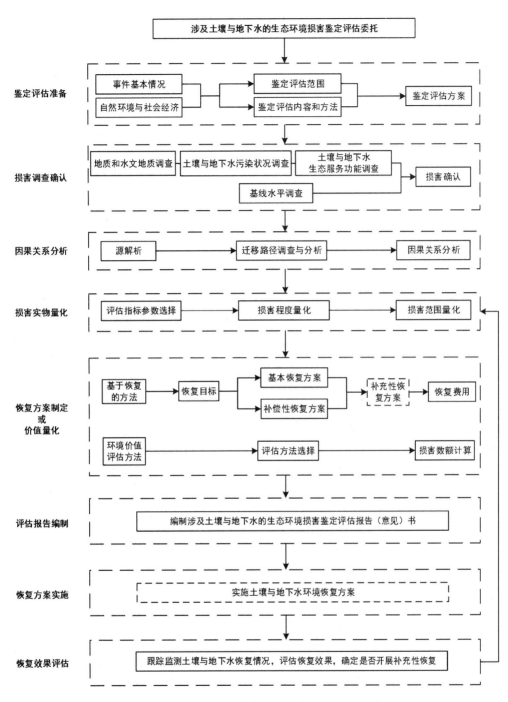

图 1　鉴定评估程序

5　鉴定评估准备

通过资料收集分析、文献查阅、座谈走访、问卷调查、现场踏勘、现场快速检测等方式，掌握涉及土壤与地下水的生态环境损害的基本情况，了解评估区的自然环境与社会状况，分析土壤与地下水可能的受损范围，明确涉及土壤与地下水的生态环境损害鉴定评估工作的主要内容，研究确定每一步评估工作要采用的具体方法，编制鉴定评估工作方案。

5.1 基本情况调查

5.1.1 分析或查明污染来源、生产历史、生产工艺和污染物产生环节、位置，污染物堆放和处置区域，历史污染事故及其处理情况；对于突发环境事件，应查明事件发生的时间、地点，可能产生的污染物的类型和性质、排放量（体积、质量），污染物浓度等资料和情况；

5.1.2 污染物排放方式、排放时间、排放频率、排放去向，特征污染物类别、浓度，可能产生的二次污染物类别、浓度等资料和情况；污染源排放的污染物进入外环境生成的次生污染物种类、数量和浓度等信息；受破坏林地、耕地、草地、湿地等生态系统的自然状态，以及伤害动植物的时间、方式和过程等信息；

5.1.3 污染物清理、防止污染扩散等控制措施实施的相关资料和情况，包括实施过程、实施效果、费用等相关信息；

5.1.4 监测工作开展情况及监测数据。

5.2 自然环境与社会经济信息收集

调查收集评估区域的自然环境信息，具体包括：

a）地形地貌、水文、气候气象资料；

b）地质和水文地质资料；

c）土地和地下水利用的历史、现状和规划信息；

d）已有地下水井的分布情况；

e）土壤与地下水历史监测资料；

f）居民区、饮用水水源地、生态保护红线、自然保护区、湿地、风景名胜区等环境敏感区分布信息以及主要生物资源的分布状况；

g）厂矿、水库、构筑物、沟渠、地下管网、渗坑及其他面源污染等分布情况。

收集评估区域的社会经济信息，具体包括：

a）经济和主要产业的现状和发展状况；

b）地方法规、政策与标准等相关信息；

c）人口、交通、基础设施、能源和水资源供给等信息。

5.3 工作方案制定

根据所掌握的损害情况和所收集到的自然环境和社会信息，初步判断土壤与地下水环境及其生态服务功能可能的受损范围，必要时可结合遥感图、影像图进行辅助判断，或利用现有监测数据进行污染物空间分布模拟，缺乏具有时效性的监测数据时，建立区域或场地概念模型进行推演，确定损害范围。

根据损害的基本情况以及鉴定评估委托事项，明确要开展的损害鉴定评估工作内容，设计工作程序，通过调研、专项研究、专家咨询等方式，确定每一项鉴定评估工作的具体方法，编制评估工作方案。

6 土壤与地下水损害调查确认

按照评估工作方案的要求，参照 DZ/T 0282 等相关规范性文件，开展地质和水文地质调查，掌握土壤性质、地层岩性及构造分布、地下水赋存条件、地下水循环等关键信息；

在此基础上，针对事件特征开展土壤与地下水布点采样分析，确定土壤与地下水污染状况，并对土壤与地下水的生态服务功能开展调查。同时，通过历史数据查询、对照区调查、标准比选等方式，确定土壤与地下水环境及其生态服务功能的基线水平，通过对比确认土壤与地下水环境及其生态服务功能是否受到损害。

6.1 地质和水文地质调查

6.1.1 调查目的

地质和水文地质调查的目的在于了解调查区土壤性质、地层岩性分布、构造发育、地下水类型、含水层分布、地下水补径排条件等情况，获取地质信息及关键水文地质参数，判断污染物在土壤和含水层中的迁移扩散条件，为土壤与地下水污染状况调查奠定基础，并为土壤与地下水环境及其生态服务功能受损情况的量化提供依据。

6.1.2 调查原则

a）充分利用现有资料。根据现有资料对调查区地质及水文地质信息进行初步了解，重点关注已有水井资料，初步识别评估区或区域含水层分布、地下水流场、地下水补径排信息，现有资料不足时，开展进一步调查。

b）兼顾区域和评估区水文地质条件开展调查。应以评估区为重点调查区，获得评估区所在区域地质及水文地质资料，根据区域资料初步判断评估区地质和水文地质信息，兼顾局部变化带来的影响，区域资料不能满足调查需要时，使用钻探、物探和相关试验等手段有针对性地开展评估区地质和水文地质调查工作。

6.1.3 调查方法

a）资料收集

进一步收集调查区域地质图、钻孔柱状图、地质剖面图、地质构造图、水文地质图等相关资料，识别调查区地层岩性及其分布情况、基岩裂隙发育情况，掌握调查区地下水赋存条件、含水层分布（埋深、厚度、岩性）、水文地质单元划分、地下水补径排条件及关键水文地质参数。

b）现状调查

收集已建水井的建井资料，了解井深、井结构、建井材料性质、滤水管分布等信息，根据含水层结构特征，对已建水井开展水位统测，掌握不同含水岩组地下水埋深、地下水流向，如果已建井结构、数量和位置满足条件，还可利用其开展水文地质试验，获取关键水文地质参数。利用已建水井开展水位统测、水质监测时，应注意排除存在建井记录不完整、封井不严等问题的水井。

c）钻探、物探和试验

对损害范围疑似较大、需要初步查明近地表地层介质及特殊构造分布、不便大范围开展钻探工作的情况，优先选择物探手段对区域进行识别，确定重点调查区，指导后续的钻探或水文地质试验工作，通过钻探验证或进一步确定重点调查区关注问题，如查明裂隙分布以确定污染物迁移的优先通道，通过水文地质试验查明渗透性异常区，以获取局部污染物迁移速率、分布情况突变原因等信息。

对损害范围疑似较小、需详细查明污染物分布特征、有条件开展详细钻探调查工作的情况，应充分利用调查区所在区域已有水文地质调查数据、物探结果等资料，并根据需要在重点关注点位开展钻探或水文地质试验工作，获取重点调查区地下水赋存条件、含水层分布、地下水补径排条件及重要水文地质参数。

当单一技术手段不足以完成损害评估调查工作时，需使用多种技术手段合理组合，如无法判断基岩裂隙分布时，可以采用物探和钻探相结合的方法查明基岩裂隙分布情况。同时，可利用土壤钻探和地下水监测井钻探过程中的钻孔记录确定地层岩性及其分布状况，利用地下水监测井开展水文地质试验。

6.2 土壤与地下水污染状况调查

6.2.1 特征污染物识别与选取

对于污染源明确的情况，通过现场踏勘、资料收集和人员访谈，根据生产工艺、行业特征、调查区域环境条件、物质性质和转化规律等，综合分析，识别并选取特征污染物。

对于污染源不明的情况，通过对采集样品的定性和定量分析，筛选特征污染物。特征污染物的筛选应结合调查区域特征，优先选择我国环境质量相关标准中规定的物质。对于检测到的环境质量相关标准中没有的物质，应通过查询国外相关标准、研究成果，必要时结合相关实验测试，评估其危害，确定是否作为特征污染物。

6.2.2 调查方法

初步调查阶段，以现场快速检测为主，实验室分析为辅。进行样品快速检测的同时保存不低于 20%比例的样品，以备复查。

详细调查阶段，开展系统的布点、采样。

6.2.3 点位布设

对于疑似损害范围较小或污染物迁移扩散范围相对较小的情况，可根据污染发生的位置、污染物的排放量、土壤与地下水环境及其生态服务功能受损情况以及区域的地质和水文地质条件，判断污染物可能的迁移扩散范围或土壤与地下水环境及其生态服务功能受损区，在该区域合理布设土壤与地下水调查点位，进行采样分析。采样布点可以参考 HJ 25.1 和 HJ 25.2，通常接近污染发生点的位置点位密集，远离污染发生点的位置点位相对稀疏；表层点位间隔小，深层点位间隔大。

对于疑似损害范围较大或污染物迁移扩散范围相对较大的情况，如无法对受损害区域的污染分布进行初步判断，可采用系统布点法，识别出受损害区域或污染分布区域后使用分区布点法或专业判断布点法有针对性地进行调查；如根据前期资料收集、分析与初步勘查结果，可识别疑似受损害区域，则将该区域作为重点调查区域。对于土壤，应在疑似受损害区域加密布点，确定损害范围和程度；对于地下水，应综合考虑地下水流向、水力坡降、含水层渗透性、埋深和厚度等水文地质条件及污染源和污染物迁移转化等因素，在地下水流向上游、地下水可能污染较严重区域、地下水流向下游分别布设监测点位。如涉及大气和地表水污染造成土壤与地下水污染的，布点时应同时考虑风向和地表水流方向。系统布点、分区布点和专业判断布点的方法可参照 HJ 25.1、HJ 25.2 和《地下水环境状况调查评价工作指南》（试行）（环办〔2014〕99 号）等相关标准规范。

6.2.4 样品检测

根据选定的特征污染物，分别取土壤与地下水样品，进行检测分析。在评估土壤与地下水环境及其生态服务功能受损情况时，应检测影响其生态服务功能的相关指标，如土壤生物群落及有机质、地下水矿物质含量及酸碱度等指标。土壤与地下水样品采集、保存、流转、分析检测、质量控制方法和要求参照 HJ/T166、HJ/T164 和 HJ 493 进行；涉及农用地时，参照 NY/T1121 进行。土壤生物群落的调查参照 HJ 710.10、HJ 710.11 进行。

6.3 土壤与地下水生态服务功能调查

6.3.1 土壤生态服务功能调查

通过查找土地利用类型图、国土规划资料等方式获取土地使用历史、当前土地利用状况、未来土地利用规划等信息，确定土壤损害发生前、损害期间、恢复期间评估区的土地利用类型，如耕地、园地、林地、草地、商服用地、住宅用地、工矿仓储用地、特殊用地（如旅游景点、自然保护区）等类型。如用地类型为耕地、园地、林地、草地，需查明或计算主要的种植或养殖物类型和产量等信息；如用地类型为商服用地、住宅用地、工矿仓储用地，需查明或计算用地的价值；如用地类型为旅游景点，需查明或计算旅游休闲服务价值；如用地类型为自然保护区，需查明或计算指示性物种的结构与数量等信息。

6.3.2 地下水生态服务功能调查

获取调查区域水资源使用历史、现状和规划信息，查明地下水损害发生前、损害期间、恢复期间评估区地下水的主要生态服务功能类型，如饮用水水源、农业灌溉用水、工业生产用水、居民生活用水、生态用水等供给支持服务，并查明或计算开采量、用水量、水资源价值等信息。

6.4 基线水平调查

6.4.1 优先使用历史数据作为基线水平

查阅相关历史档案或文献资料，包括针对调查区域开展的常规监测、专项调查、学术研究等过程获得的报告、监测数据、照片、遥感影像、航拍图片等结果，获取能够表征调查区土壤与地下水环境及其生态服务功能历史状况的数据。

6.4.2 以对照区调查数据作为基线水平

如果无法找到能够表征影响区域内土壤与地下水环境质量和生态服务功能历史状况的数据，则选择合适的对照区，进行土壤钻探、地下水监测井建设、采样分析和调查工作，获取对照区土壤与地下水环境质量和生态服务功能状况。对照区所在区域在地理位置、气候条件、地形地貌、生态环境特征、土地利用类型、社会经济条件、生态服务功能等方面应与影响区域类似，其土壤与地下水的物理、化学、生物学性质应与受损害影响的区域类似。地下水的对照点位应位于污染源的地下水流向上游。对照样品的采样深度应尽可能与影响区域内土壤与地下水的采样深度相同。

6.4.3 参考环境质量标准确定基线水平

如果无法获取历史数据和对照区数据，则根据影响区域土地利用方式和地下水使用功能，查找相应的土壤与地下水环境质量标准，包括国家标准、行业标准、地方标准和国外相关标准，如 GB 15618、GB 36600、GB/T 14848、GB 5749、GB 5084、GB 11607、GB 12941、DZ/T 0290、CJ/T 206。如果存在多个适用标准时，应该根据评估项目所在地区技术、经济水平和环境管理需求确定选择标准。

6.4.4 开展专项研究确定基线水平

如果无法获取历史数据和对照区数据，且无可用的土壤与地下水环境质量标准时，应开展专项研究，如土壤与地下水中污染物的健康风险评估、土壤与地下水中污染物的迁移转化规律研究和模拟、污染物浓度与种群密度和物种丰度等指标之间剂量-效应关系研究、生态服务功能专项调查等工作，以确定土壤与地下水环境及其生态服务功能的基线水平。

6.5 损害确认

当事件导致以下一种或几种后果时，可以确认造成了土壤与地下水环境及其生态服务功能损害：

a）调查点位所能代表区域的土壤与地下水中特征污染物的平均浓度超过基线水平20%以上；

b）调查区指示性生物物种种群数量、密度、结构、群落组成、结构、生物物种丰度等指标与基线相比存在统计学显著差异；

c）土壤与地下水的其他性质发生改变，导致土壤与地下水不再具备基线状态下的生态服务功能，如土壤的农产品生产功能、地下水的饮用功能等。

根据调查结果确定土壤与地下水环境及其生态服务功能损害的类型，并结合污染源分布、可能的迁移路径、受体特征等，确定不同类型生态环境损害的评估区。

7 土壤与地下水损害因果关系分析

7.1 污染环境行为与损害之间的因果关系分析

结合鉴定评估准备以及损害调查确认阶段获取的损害事件特征、评估区域环境条件、土壤与地下水污染状况等信息，采用必要的技术手段对污染源进行解析；构建概念模型，开展污染介质、载体调查，提出特征污染物从污染源到受体的迁移路径假设，并通过迁移路径的合理性、连续性分析，对迁移路径进行验证；基于污染源解析和迁移路径验证结果，分析污染环境行为与损害之间是否存在因果关系。

7.1.1 污染源解析

在已有污染源调查结果的基础上，通过人员访谈、现场踏勘、空间影像识别等手段和方法，调查潜在的污染源，必要时开展进一步的地质和水文地质调查，并根据实际情况选择合适的检测和统计分析方法确定污染源。

通过地质和水文地质调查，开展土壤与地下水采样分析，了解污染物的空间分布特征，或利用同位素技术，进一步分析可能的污染源。

污染源解析常用的检测和统计分析方法包括：

a）指纹法：采集潜在污染源和受体端土壤与地下水样品，分析污染物类型、浓度、比例等情况，采用指纹法进行特征比对，判断受体端和潜在污染源的同源性，确定污染源；

b）同位素技术：对于损害持续时间较长，且特征污染物为铅、镉、锌、汞等重金属或含有氯、碳、氢等元素的有机物时，可采用同位素技术，对潜在污染源和受体端土壤与地下水样品进行同位素分析，根据同位素组成和比例等信息，判断受体端和潜在污染源的同源性，确定污染源；

c）示踪技术：在潜在污染源所在位置投加示踪剂，在受体端对示踪剂进行追踪，对污染源进行确认；

d）多元统计分析法：采集潜在污染源和受体端土壤与地下水样品，分析污染物类型、浓度等情况，采用相关分析、主成分分析、聚类分析、因子分析等统计分析方法分析污染物与土壤、地下水理化指标及其时空分布相关性，判断受体端和潜在污染源的同源性，确定污染源。

7.1.2 迁移路径调查与分析

基于前期调查获取的信息，初步构建污染物迁移概念模型，通过地形条件分析、地质和水文地质条件调查和分析、包气带和含水层中污染物分布特征调查和分析等手段，识别传输污染物的载体和介质，提出污染源到受体之间可能的迁移路径的假设。

通过对载体运动方向和污染物空间分布特征的模拟和分析，判断迁移路径的合理性；并分析迁移路径的连续性，如果存在迁移路径不连续的情况，应对可能的优先通道进行分析。

必要时，利用示踪技术，对迁移路径进行验证。

7.1.3 因果关系分析

同时满足以下条件，可以确定污染环境行为与损害之间存在因果关系：

a）存在明确的污染环境行为；

b）土壤与地下水环境及其生态服务功能受到损害；

c）污染环境行为先于损害的发生；

d）受体端和污染源的污染物存在同源性；

e）污染源到受损土壤与地下水之间存在合理的迁移路径。

7.2 破坏生态行为与损害之间因果关系分析

通过文献查阅、专家咨询、遥感影像分析、现场调查等方法，分析破坏生态行为导致土壤与地下水环境及其生态服务功能受到损害的作用机理，建立破坏生态行为导致土壤与地下水环境及其生态服务功能受到损害的因果关系链条。同时满足以下条件，可以确定破坏生态行为与损害之间存在因果关系：

a）存在明确的破坏生态行为；

b）土壤与地下水环境及其生态服务功能受到损害；

c）破坏生态行为先于损害的发生；

d）根据生态学、水文地质学等理论，破坏生态行为与土壤与地下水环境及其生态服务功能损害具有关联性；

e）可以排除其他原因对土壤与地下水环境及其生态服务功能损害的贡献。

8 土壤与地下水损害实物量化

将土壤与地下水中特征污染物浓度、生物种群数量和密度等相关指标的现状水平与基线水平进行比较，分析土壤与地下水环境及其生态服务功能受损的范围和程度，计算土壤与地下水环境及其生态服务功能损害的实物量。

8.1 损害程度量化

损害程度量化主要是对土壤与地下水中特征污染物浓度、生物种群数量和密度等相关指标超过基线水平的程度进行分析，为生态环境恢复方案的设计和后续的费用计算、价值量化提供依据。

8.1.1 评估指标为污染物浓度

基于土壤、地下水中特征污染物平均浓度与基线水平，确定每个评估区域土壤与地下水的受损害程度：

$$K_i = （T_i - B）/B$$

式中，K_i —— 某评估区域土壤与地下水的受损害程度；

　　　　T_i —— 某评估区域土壤与地下水中特征污染物的平均浓度；

　　　　B —— 土壤与地下水中特征污染物的基线水平。

基于土壤与地下水中特征污染物平均浓度超过基线水平的区域面积占总调查区域面积的比例，确定评估区土壤与地下水的受损害程度：

$$K=No/N$$

式中，K —— 超基线率，即评估区土壤与地下水中特征污染物平均浓度超过基线水平的区域面积占总调查区域面积的比例；

　　　　No —— 评估区土壤与地下水中特征污染物平均浓度超过基线水平的区域面积；

　　　　N —— 土壤与地下水调查区域面积。

8.1.2 评估指标为土壤与地下水生态服务功能

如果土壤与地下水的生态服务功能受损，根据生态服务功能的类型特点和区域实际情况，选择适合的评估指标。如采用资源对等法，可用指示性生物物种种群数量、密度、结构，群落组成、结构，生物物种丰度等指标表征；如采用服务对等法，可用面积、体积等指标表征。基于土壤、地下水生态服务功能现状与基线水平，确定评估区域土壤与地下水生态服务功能的受损害程度：

$$K=（S-B）/B$$

式中，K —— 土壤与地下水生态服务功能的受损害程度；

　　　　S —— 土壤与地下水生态服务功能指标的现状水平；

　　　　B —— 土壤与地下水生态服务功能指标的基线水平。

8.2 损害范围量化

根据各采样点位土壤与地下水损害确认和损害程度量化的结果，分析受损土壤与地下水点位的位置和深度。在充分获取土壤和水文地质相关参数的情况下，构建调查区土壤与地下水污染概念模型，采用空间插值方法，模拟未采样点位土壤与地下水的损害情况，获得受损土壤与地下水的二维、三维空间分布，并根据需要模拟土壤与地下水中污染物的迁移扩散情况，明确土壤与地下水当前的损害范围及在评估时间范围内可能的损害范围，计算目前和在评估时间范围内可能受损的土壤、地下水面积与体积。地下水中污染物的迁移扩散模拟可参照《地下水污染模拟预测评估工作指南（试行）》（环办〔2014〕99号）。

根据土壤与地下水不同类型生态服务功能损害确认的结果，分析不同类型生态服务功能的损害范围和程度，如指示物种的活动范围和活动水平、植被覆盖度、旅游人次等指标的变化。

9 土壤与地下水损害恢复

损害情况发生后，如果土壤与地下水中的污染物浓度在两周内恢复至基线水平，生物种类和丰度及其生态服务功能未观测到明显改变，参照《突发环境事件应急处置阶段环境损害评估推荐方法》（环发〔2014〕118号）中的方法和要求进行污染清除和控制等实际费用的统计计算。

如果土壤与地下水中的污染物浓度不能在两周内恢复至基线水平，或者生物种类和丰度及其生态服务功能观测到明显改变，应判断受损的土壤与地下水环境及其生态服务功能是否能通过实施恢复措施进行恢复，如果可以，基于替代等值分析方法，制定基本恢复方案，并根据期间损害，制定补偿性恢复方案；如果制定的恢复方案未能将土壤与地下水环境及其生态服务功能完全恢复至基线水平并补偿期间损害，制定补充性恢复方案。

如果受损土壤与地下水环境及其生态服务功能不能通过实施恢复措施进行恢复或完全恢复到基线水平，或不能通过补偿性恢复措施补偿期间损害，利用环境价值评估方法对未予恢复的土壤与地下水环境及其生态服务功能损失进行计算。

9.1 土壤与地下水损害恢复方案的制定

9.1.1 恢复目标确定

a）基本恢复目标

基本恢复是将受损的土壤与地下水环境及其生态服务功能恢复至基线水平。

对于农用地和建设用地，先判断是否需要开展修复。如果需要开展修复，且基于风险的环境修复目标值低于基线水平，应当修复到基线水平（图 9-1，情景 I），并根据相关法律规定进一步确认应该承担基线水平与基于风险的环境修复目标值之间损害的责任方，要求责任方采取措施将风险降低到可接受水平；如果需要开展修复，且基于风险的环境修复目标值高于基线水平且均低于现状污染水平，应当修复到基于风险的环境修复目标值（图9-2，情景 II），并对基于风险的环境修复目标值与基线水平之间的损害进行评估计算，方法见 9.2。如果不需要开展修复，且现状污染水平高于基线水平，应对现状污染水平与基线水平之间的损害进行评估计算（情景 III），方法见 9.2。

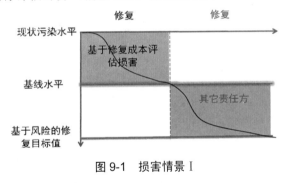

图 9-1　损害情景 I

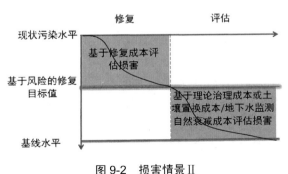

图 9-2　损害情景 II

基于风险的环境修复目标值参照 HJ 25.4 和《地下水污染修复（防控）工作指南》（试

行）（环办〔2014〕99 号）等相关标准规范确定。

将环境介质修复至基于风险的目标值后，还应采取必要的恢复措施，将受损的生态环境完全恢复至基线水平。

b）补偿性恢复目标

土壤与地下水环境的补偿性恢复目标是采用替代性的恢复方案补偿受损土壤与地下水环境及其生态服务功能恢复至基线水平的期间损害。

c）补充性恢复目标如果由于现场条件或技术可达性等限制原因，土壤与地下水环境及其生态服务功能的基本恢复实施后未达到基本恢复目标或补偿性恢复未达到补偿期间损害的目标，则应开展补充性恢复或者采用环境价值评估方法，填补或计算这部分损失。

9.1.2 恢复技术筛选

在掌握不同恢复技术的原理、适用条件、费用、成熟度、可靠性、恢复时间、二次污染和破坏、技术功能、恢复的可持续性等要素的基础上，参照附录 A 和附录 B 中的恢复技术清单、相关技术规范与类似案例经验，结合土壤与地下水污染特征、损害程度、范围和生态环境特性，从主要技术指标、经济指标等方面对各项恢复技术进行全面分析比较，确定备选技术；或采用专家评分的方法，通过设置评价指标体系和权重，对不同恢复技术进行评分，确定备选技术。提出一种或多种备选恢复技术，通过实验室小试、现场中试、应用案例分析等方式对备选恢复技术进行可行性评估。基于恢复技术比选和可行性评估结果，选择和确定恢复技术。

9.1.3 恢复方案确定

根据确定的恢复技术，可以选择一种或多种恢复技术进行组合，制定备选的综合恢复方案。综合恢复方案可能同时涉及基本恢复方案、补偿性恢复方案和补充性恢复方案，可能的情况包括：

a）仅制定基本恢复方案，不需要制定补偿性和补充性恢复方案：损害持续时间短于或等于一年，现有恢复技术可以使受损的土壤与地下水环境及其生态服务功能在一年内恢复到基线水平，经济成本可接受，不存在期间损害；

b）需要分别制定基本恢复方案和补偿性恢复方案：损害持续时间长于一年，有可行的恢复方案使受损的土壤与地下水环境及其生态服务功能在一年以上较长时间内恢复到基线水平，实施成本与恢复后取得的收益相比合理，存在期间损害。

补偿性恢复方案包括恢复具有与评估区域类似生态服务功能水平区域的异位恢复、使受损的区域具有更高生态服务功能水平的原位恢复、达到类似生态服务功能水平的替代性恢复，如通过修建污水处理设施替代受污染的地下水自然恢复损失，通过荒漠植被恢复替代受污染的土壤自然恢复损失等方案。制定补偿性恢复方案时应采用损害程度和范围等实物量指标，如污染物浓度、受损资源或服务的面积或体积。

c）需要分别制定基本恢复方案、补偿性恢复方案和补充性恢复方案：有可行的恢复方案使受损的土壤与地下水环境及其生态服务功能在一年以上较长时间内恢复到基线水平，实施成本与恢复后取得的收益相比合理，存在期间损害，需要制定补偿性恢复方案；基本恢复和补偿性恢复方案实施后未达到既定恢复目标的，需要进一步制定补充性恢复方案，使受损的土壤与地下水环境及其生态服务功能完全实现既定的基本恢复和补偿性恢复目标；

d）现有恢复技术无法使受损的土壤与地下水环境及其生态服务功能恢复到基线水平，

或只能恢复部分受损的土壤与地下水环境及其生态服务功能，通过环境价值评估方法对受损土壤与地下水环境及其生态服务功能，以及相应的期间损害进行价值量化，见9.2节。

由于基本恢复方案和补偿性恢复方案的实施时间与成本相互影响，应考虑损害的程度与范围、不同恢复技术和方案的难易程度、恢复时间和成本等因素，对综合恢复方案进行比选。参阅《环境损害鉴定评估推荐方法（第II版）》附录B。

综合恢复方案的筛选同时还需要考虑不同方案的成熟度、可靠性、二次污染、社会效益、经济效益和环境效益等方面，参阅《生态环境损害鉴定评估技术指南损害调查》（环办政法〔2016〕67号）附录表C-8。综合分析和比选不同备选恢复方案的优势和劣势，确定最佳恢复方案。

9.1.4 恢复费用计算

需要对恢复费用进行计算时，根据土壤与地下水的基本恢复、补偿性恢复和补充性恢复方案及其相关情况，按照下列优先级顺序选用费用计算方法，计算恢复工程实施所需要的费用：实际费用统计法、费用明细法、承包商报价法、指南或手册参考法、案例比对法。

a）实际费用统计法

实际费用统计法适用于污染清理和恢复措施已经完成或正在进行的情况，可通过收集实际发生的费用信息，参阅《生态环境损害鉴定评估技术指南损害调查》（环办政法〔2016〕67号）附录表C-7，并对实际发生费用的合理性进行审核后，将统计得到的实际发生费用作为恢复费用。

b）费用明细法

费用明细法适用于恢复方案比较明确，各项具体工程措施及其规模比较具体，所需要的设施、材料、设备等比较明确，且鉴定评估机构对方案各要素的成本比较清楚的情况。费用明细法应列出恢复方案的各项具体工程措施、各项措施的规模，明确需要建设的设施以及需要用到的材料和设备的数量和规格、能耗等内容，根据各种设施、材料、设备、能耗的单价，列出恢复工程费用明细。具体包括投资费、运行维护费、技术服务费、固定费用。投资费包括场地准备、设施安装、材料购置、设备租用等费用；运行维护费包括检查维护、监测、系统运行水电消耗和其它能耗、废弃物和废水处理处置等费用；技术服务费包括项目管理、调查取样和测试、质量控制、试验模拟、专项研究、恢复方案设计、报告编制等费用；固定费用包括设备更新、设备撤场、健康安全防护等费用。

c）承包商报价法

承包商报价法适用于恢复方案比较明确，各项具体工程措施及其规模比较具体、所需要的设施、材料、设备等比较确切，且鉴定评估机构对方案各要素的成本不清楚或不确定的情况。承包商报价法应选择3家或3家以上符合要求的承包商，由承包商根据恢复目标和恢复方案提出报价，对报价进行综合比较，确定合理的恢复费用。

d）指南或手册参考法

指南或手册参考法适用于已经筛选确定恢复技术，但具体恢复方案不明确的情况，基于所确定的恢复技术，参照相关指南或手册，确定技术的单价，根据待恢复土壤与地下水的量，计算恢复费用。

e）案例比对法

案例比对法适用于恢复技术和恢复方案均不明确的情况，调研与本项目规模、污染特征、环境条件相类似且时间较为接近的案例，基于类似案例的恢复费用，计算本项目可能的恢复费用。

9.2 其它价值量化方法

9.2.1 未修复到基线水平损害的量化方法

对于农用地或建设用地，如果经修复后未达到基线水平（图 9-2，情景 II）或现状污染水平超过基线水平但不需要修复（情景 III），按照如下方法计算基于风险的环境修复目标值或现状污染水平与基线水平之间的损害：

a）如果基于风险的环境修复目标值或现状污染水平与基线水平对应的土地或地下水利用类型相同，建议按照以下方法计算与基线之间的损害：如果能够获取土壤或地下水中污染物从基于风险的环境修复目标值或现状污染水平修复至基线水平的理论治理成本，基于该理论治理成本进行计算；如果无法获取理论治理成本、全部不需要修复且污染物排放量可获取，可以利用基于污染物排放量的虚拟治理成本计算；否则，基于土壤置换成本或地下水监测自然衰减成本计算。

b）如果基于风险的环境修复目标值或现状污染水平与基线水平对应的土地或地下水利用类型不同，需要制定环境修复、生态恢复方案，并计算土地或地下水利用类型改变对应的土地或水资源价值变化及其他生态服务功能的丧失。

9.2.2 无法恢复的损害量化方法

对于土壤与地下水环境及其生态服务功能无法通过工程恢复至基线水平，没有可行的补偿性恢复方案填补期间损害，或没有可用的补充性恢复方案将未完全恢复的土壤与地下水恢复至基线水平或填补期间损害时，需要根据土壤与地下水提供的服务功能，利用直接市场价值法、揭示偏好法、效益转移法、陈述偏好法等方法，对不能恢复或不能完全恢复的土壤与地下水及其期间损害进行价值量化。

各种生态环境价值量化方法及其适用条件参阅《环境损害鉴定评估推荐方法（第 II 版）》附录 A。如果损害前用地类型为耕地、园地、林地或草地，建议采用土地影子价格法计算土地资源功能损失，利用市场价值法计算种植或养殖物生产服务损失；如损害前用地类型为商服用地、住宅用地，建议利用市场价值法计算土地资源功能损失，利用市场价值法计算工商业生产服务损失；如损害前用地类型为旅游景点等特殊用地，建议利用旅行费用法计算旅游休闲服务损失；如损害前用地类型为自然保护区等特殊用地，建议利用支付意愿调查法计算生物多样性维持功能损失；如损害前用地类型为工矿仓储用地，建议根据实际情况选择市场价值法或参考周边土地利用类型进行土地资源功能损失计算，利用市场价值法计算工业生产服务损失；如损害前用地类型为未利用地，建议参考周边土地利用类型进行土地资源功能损失计算。城镇土地价值建议参照 GB/T 18508 计算。如果损害造成地下水资源用途改变或水资源量减少，建议采用水资源影子价格法计算水资源服务功能损失。如果采用非指南推荐的方法进行生态环境价值量化评估，需要详细阐述方法的合理性。

10 土壤与地下水恢复效果评估

制定恢复效果评估计划，通过采样分析、问卷调查等方式，定期跟踪土壤与地下水环境及其生态服务功能的恢复情况，全面评估恢复效果是否达到预期目标；如果未达到预期目标，应进一步采取相应措施，直到达到预期目标为止。

10.1 评估时间

恢复方案实施完成后，土壤与地下水的物理、化学和生物学状态及其生态服务功能水平基本达到稳定时，对恢复效果进行评估。

土壤恢复效果通常采用一次评估，地下水恢复效果通常需根据污染物和地质结构情况进行多次评估，直到地下水中污染物浓度不发生反弹，至少持续跟踪监测 12 个月。

10.2 评估内容和标准

恢复过程合规性，即恢复方案实施过程是否满足相关标准规范要求，是否产生了二次污染。

恢复效果达标性，即根据基本恢复、补偿性恢复、补充性恢复方案中设定的恢复目标，分别对基本恢复、补偿性恢复、补充性恢复的效果进行评估。

恢复效果评估标准参照 9.1。

10.3 评估方法

10.3.1 监测和采样分析

根据恢复效果评估计划，对恢复后的土壤与地下水进行监测、采样，分析污染物浓度、色度等指标，或开展生物调查及其它土壤与地下水的生态服务功能调查。调查应覆盖全部恢复区域，并基于恢复方案的特点制定差异化的布点方案。基于调查结果，采用逐个对比法或统计分析法判断是否达到恢复目标。

必要时，对周边土壤与地下水开展采样分析，确保恢复过程未造成污染物的迁移扩散，未对周边环境造成影响。

10.3.2 现场踏勘

通过现场踏勘，了解土壤与地下水环境及其生态服务功能恢复进展，判断土壤与地下水是否仍有异常颜色或气味，观察主要生态服务功能指示性指标的恢复情况，确定采样和调查时间。

10.3.3 分析比对

采用分析比对法，对照土壤与地下水恢复方案及相关的标准规范，分析土壤与地下水环境及其生态服务功能恢复过程中各项措施是否与方案一致，是否符合相关标准规范的要求；分析恢复过程中的各项监测数据，判断是否产生了二次污染；综合评价恢复过程的合规性。

10.3.4 问卷调查

通过设计调查表或调查问卷，调查基本恢复、补偿性恢复、补充性恢复措施所提供的生态服务功能类型和服务量，判断是否达到恢复目标；此外，调查公众与其他相关方对于恢复过程和结果的满意度。

11 报告编制

根据委托内容，基于评估过程所获得的数据和信息，编制涉及土壤与地下水的生态环境损害鉴定评估报告，报告的格式和内容参见附录 C。

附录 A　常用土壤恢复技术适用条件与技术性能
附录 B　常用地下水恢复技术适用条件与技术性能
附录 C　评估报告编制要求

附录 A

常用土壤恢复技术适用条件与技术性能

恢复技术	目标污染物	适用条件	成本	成熟度	可靠性	单位污染土壤恢复时间	二次污染和破坏	技术功能	恢复的可持续性
1. 污染物去除技术									
水泥窑协同处置技术	有机物、重金属	不宜用于汞、砷、铅等重金属污染较重的土壤；由于水泥生产时对进料中氯、硫等元素的含量有限值要求，在使用该技术时需慎重确定污染土壤的添加量	国内的应用成本为800~1 000 元/m³	该技术广泛应用于危险废物处理，国外较少用于污染土壤处理，国内已有很多污染土壤处理工程应用	能够完全消除污染	处理周期与水泥生产线的生产能力及污染土壤添加量相关	污染土壤转运过程中需要密封、苫盖和跟踪监控，防止遗撒、泄漏等	污染土壤处理后成为水泥熟料，土壤生态功能遭到完全破坏	恢复后土壤生态功能完全丧失，无法恢复
热脱附技术	挥发及半挥发性有机污染物（如石油烃、农药、多氯联苯）和重金属汞	不适用于无机物污染土壤（汞除外），也不适用于腐蚀性有机物、活性氧化剂和还原剂含量较高的土壤	国外对于中小型场地（2万 t 以下），约26 800 m³，处理成本为100~300 美元/m³，对于大型场地（大于26 800 m³）处理成本约为50 美元/m³，约合2万 t，约合2 000 元。国内对属于起步阶段，有少量应用案例	国外已广泛用于挥发性和半挥发性有机污染物相关的场地有机地恢复项目，其比例占到了美国超级基金场地恢复项目的8%。国内处理成本为600~2 000 元/t	可基本去除污染物，有机物去除率可达95%以上	处理周期为几周至几年	污染土壤转运过程中需要密封、苫盖和跟踪监控，防止遗撒、泄漏等。在处理过程需要密封、监控，产生的气体处理达标后排放	对于含氯有机物，非氢化的处理方式可以避免二噁英的生成	恢复后的土壤可再利用
原位化学氧化技术	石油烃、BTEX（苯、甲苯、乙苯、二甲苯）、酚类、MTBE（甲基叔丁基醚）、含氯有机溶剂、多环芳烃、农药等大部分有机物	适用于多种高浓度有机污染物的处理；在渗透性较差区域（如黏性土层中），氧化剂传输速率可能较慢；土壤中存在的一些腐殖酸、还原性金属等，会消耗大部分有机氧化剂；受 pH 值影响较大	美国的应用成本为220 000~230 000 美元/场地，123~164元/m³；国内的应用成本为300~1 500 元/m³	该技术在美国已经得到了广泛的工程化应用，被用于数千个有毒废弃场地，国内有部分工程应用	基本能满足恢复目标，对于某些难降解有机污染物如多环芳烃，可能需要进行进一步处理	一般少于 6 个月	污染物彻底氧化后，只产生水、二氧化碳等无害产物，二次污染风险较小	过程可能会发生产热、产气等不利影响，导致土壤气体向地下水中的污染物挥发到地表	恢复后的有机质损失致部分生态功能丧失，可利用性降低

—1154—

恢复技术	目标污染物	适用条件	成本	成熟度	可靠性	单位污染土壤恢复时间	二次污染和破坏	技术功能	恢复后的可持续性
异位化学氧化技术	石油烃、BTEX（苯、甲苯、乙苯、二甲苯）、酚类、MTBE（甲基叔丁基醚）、含氯有机溶剂、多环芳烃、农药等大部分有机物	不适用于重金属污染土壤的恢复，对于吸附性强、水溶性差的有机污染物应考虑必要的增溶、脱附等方式	国外的应用成本约为200~660美元/m³国内的应用成本一般为500~1 500元/m³	国外已经形成了较完善的技术体系，应用广泛，国内发展较快，已有工程应用	恢复效果比较可靠	处理周期与污染物初始浓度、恢复药剂与跟踪污染物反应机理有关。处理周期较短，一般为数周至数月	污染土壤转运过程中需要密封、苫盖，防止遗撒、泄漏等。土壤恢复过程中应密封、监控，气体须处理达标后排放	过程可能会发生产热、产气等不利影响，导致土壤结构和部分生态功能破坏	恢复后的土壤有机质受损导致部分生态功能丧失，可利用性降低
原位化学还原技术	重金属类（如六价铬）和氯代有机物等	受pH值影响较大	国外的应用成本150~200美元/m³；国内的应用成本为500~2000元/m³	在国外已得到了广泛的工程应用，国内有部分工程应用，但仍以小试和中试应用为主	基本能满足恢复目标	清理污染源区的速度相对较快，通常需要3~24个月	一些含氯有机污染物的降解产物仍有一定的毒性；固定的污染物在某些特定条件下可能会重新释放出来；一些危险化学物质的使用可能引起安全问题	过程可能会发生产热、产气等不利影响，导致土壤结构和部分生态功能破坏	恢复后存在土壤部分生态功能丧失，但可恢复
异位化学还原技术	重金属类（如六价铬）和氯代有机物等	适用于石油烃污染物的处理	在国外为200~660美元/m³；在国内，一般介于500~1 500元/m³之间	国外已经形成了较完善的技术体系，应用广泛，国内发展较快，已有工程应用	受环境中氧化物影响较大，稳定性较差	处理周期与污染物初始浓度、恢复药剂与污染物反应有关。处理周期较短，一般可以在数周到数月内完成	污染土壤转运过程中需密封、苫盖，防止遗撒、泄漏等。土壤恢复过程中应密封、监控，气体须处理达标后排放	过程可能会发生产热、产气等不利影响，导致土壤结构和部分生态功能破坏	恢复后存在土壤部分生态功能丧失，但可恢复

恢复技术	目标污染物	适用条件	成本	成熟度	可靠性	单位污染土壤恢复时间	二次污染和破坏	技术功能	恢复的可持续性
洗脱技术（异位）	重金属及半挥发性有机污染物、难挥发性有机污染物	对于大粒径级别污染土壤的恢复更为有效，砂砾、沙、细沙以及类似土壤中的污染物更容易被清洗出来，而黏土中的污染物则较难清洗，因此不宜用于土壤细粒（粘/粉粒）含量高于25%的土壤。常与其他恢复技术联用，扩散过程要求准确控制（避免污染物向非污染区扩散）	美国处理成本约为53~420美元/m³；欧洲处理成本约15~456欧元/m³，平均为116欧元/m³。国内处理成本约为600~3000元/m³。国内的应用成本为75~210元/m³	国外已经形成完善的技术体系，且工程应用广泛（美国、加拿大、欧洲及日本等已有较多的应用案例）；国内发展较快，已有工程应用案例	恢复效果较好，但需要配备废水处理系统	一般少于12个月	洗脱产生的污染废水容易造成二次污染	污染土壤处理后营养元素缺失，土壤生态功能基本丧失	恢复后土壤生态功能基本丧失，较难恢复
气相抽提技术	可用来处理挥发性和半挥发性的有机污染物（VOCs, SVOCs）和某些燃料，享利常数大于0.01或蒸汽压力大于66.6Pa（0.5 mm Hg柱）	适用于包气带污染土壤的恢复，且要求污染土层的渗透性强（透气率大于 1×10^{-4} cm/s），污染土壤应具有质地均一、渗透能力强，孔隙度大、湿度小和地下水位较深的特点。该技术对低渗透性的土壤进行恢复处理，地下水位亦会影响恢复	基于国外相关恢复工程案例，对于国外案例，该技术应用成本约为150~800元/t	在美国"国家优先名录"污染场地中，SVE技术作为最常用的污染源处理技术占污染源控制项目的25%，对于VOCs类的污染物，SVE技术则约占60%的份额。该技术在国外已有很多成功的工程案例。国内已有中试应用	能有效地去除土壤中的挥发性有机污染物	一般为6~24个月	经过该处理产生的气体和渗滤水也收集处理后排放，从而达到全过程对污染物的控制	污染土壤处理后损伤较小，生态功能基本无损伤	可持续性恢复

恢复技术	目标污染物	适用条件	成本	成熟度	可靠性	单位污染土壤恢复时间	二次污染和破坏	技术功能	恢复的可持续性
生物堆技术	石油烃等易生物降解的有机物	不适用于重金属、难降解有机污染物污染土壤的恢复，黏土类污染土壤恢复效果较差	美国应用的成本约为130~260美元/m³，国内的工程应用成本约为300~400元/m³	相关配套设施已能够成套化生产制造，在国外已广泛应用于石油烃等易生物降解污染土壤的恢复，技术成熟。国内发展也已比较成熟，相关核心设备已能够完全国产化，已有用于处理石油烃污染土壤及油泥的工程应用案例	恢复效率有限	一般为1~6个月	无二次污染，环境扰动小	污染土壤处理后基本无损伤，对土壤生态功能不产生影响	可持续性恢复
生物通风技术（原位）	挥发性、半挥发性有机物（如石油烃、非氯化溶剂、某些杀虫剂（防腐剂等））	适用于处理渗透率、高含水量和高粘性的非饱和土壤，不适合于重金属、难降解有机物污染土壤的恢复，不宜用于黏土等渗透系数较小的污染土壤恢复	国外相关示范场地处理成本约为13~27美元/m³。	该技术在国内实际恢复或工程示范范围少，尚处于中试阶段，缺乏工程应用经验和工程应用范例	对于恢复成品油污染土壤常有非常高效，包括汽油、喷气式油，燃料油、煤油和柴油等的恢复	一般为6~24月。	为避免二次污染，应对尾气处理设施建设的效果进行定期监测，以便及时采取相应的应对措施	污染土壤处理后损伤较小，生态功能基本无损伤	可持续性恢复

恢复技术	目标污染物	适用条件	成本	成熟度	可靠性	单位污染土壤恢复时间	二次污染和破坏	技术功能	恢复的可持续性
植物恢复技术	重金属（如砷、镉、铅、镍、锰、铬、锌、钴、铜，以及特定的有机污染物（如石油烃、五氯酚、多环芳烃等）	不适用于未找到恢复植物的重金属污染，也不适用于某些有机污染（如六六六、滴滴涕等）污染土壤的恢复；植物生长受气候、土壤等条件影响，本技术不适用于污染物浓度严重高或土壤理化性质及破坏不适合恢复植物生长的土壤	美国的应用成本约为25~100美元/t；国内的工程应用成本约为100~400元/t	相关配套设施已能够成套化生产制造，在国外已广泛应用于重金属、放射性核素因代汞、汽油、石油烃等污染土壤的恢复，技术相对比较成熟；本技术在国内发展也比较成熟，已广泛用于重金属污染土壤的恢复	恢复较慢，效果可行	一般为3~8年	为避免二次污染，应对焚烧炉、尾气处理设施及处理效果和重金属提取效果进行定期监测，以便及时采取相应的应对措施	污染土壤处理后即可再利用	不破坏土壤结构和肥力，恢复后的土壤可再利用
2. 污染物风险控制技术									
监控自然衰减技术	碳氢化合物［如BTEX（苯、甲苯乙苯、二甲苯）石油烃、多环芳烃、MTBE（甲基叔丁基醚）］、氯代烃、硝基芳香烃、重金属类非金属类（砷、硒）、含氧阴离子（如硝酸盐、过氯酸）等	对于地下水比较适用而很少用于土壤修复	主要为监测费用	基本不用于土壤污染处理	能够降低土壤环境风险，达到风险控制目标	数年至数十年，甚至更长	不产生二次污染，对生态环境的干扰小	污染土壤处理后可再利用	不破坏土壤结构和肥力，恢复后的土壤可再利用

恢复技术	目标污染物	适用条件	成本	成熟度	可靠性	单位污染土壤恢复时间	二次污染和破坏	技术功能	恢复后的可持续性
阻隔填埋技术	适用于重金属、有机物及重金属有机物复合污染土壤	不宜用于污染物水溶性强或渗透率高的地质活动频繁等地区。该方法不能降低污染物本身的毒性及其迁移性，即只能将污染物阻隔在特定的区域中；效果受地下水中污染物类型、酸碱组分、污染物类型活性、分布、墙体的深度、长度和宽度、场地水文地质条件、泥浆及回填材料的类型等因素的影响	该技术的处理成本与工程规模等因素相关，通常原位土壤阻隔覆盖技术应用成本为500~800元/m²；异位土壤阻隔填埋技术应用成本300~800元/m³；国外泥浆墙安装费用540~750美元/m³（不含化学分析，可行性或兼容性测试）	该技术在国外已经应用30多年，已成功用于近千个工程，技术已经相对比较成熟；国内已有较多的工程应用	能够降低土壤环境风险，达到风险控制目标	处理周期较短，一般为3~6个月	需要设置相应的气体收集系统、渗滤液收集系统并定期监测，及时作出响应，以防止二次污染	污染土壤生态功能没有得到恢复	在技术实施完毕后，封场进行生态恢复，封场后可以重新埋填该区域的利用价值，如建设公园绿地等
原位固化稳定化技术	金属类、石棉、放射性物质、腐蚀性无机物、氰化物等无机化合物，农药除草剂、石油或半挥发性有机物，多环芳烃类、多氯联苯类以及二噁英等有机化合物	不适用于挥发性有机化合物和以污染物总量为验收标准的项目	美国EPA数据显示，应用于浅层污染介质恢复成本约为50~80美元/m³，对于深层恢复成本约为195~330美元/m³。国内原位固化/稳定化技术单位土方恢复费用为500~1000元/m³	美英等国家率先开展了污染土壤固化稳定化研究，已形成了较完善的技术体系。据美国环保署统计，2005~2008年应用该技术的案例占恢复工程案例的7%，技术发展已较成熟；该技术在国内尚处于中试阶段	能够降低土壤环境风险，达到风险控制目标	一般为3~6个月	污染土壤添加药剂处理后，土壤碱性、含盐量等发生变化，造成土壤生态功能破坏	污染土壤处理后，土壤大都固封为结构完整的具有低渗透系数的固化体，土壤生态功能基本破坏	恢复后的土壤生态功能破坏，且难以恢复

恢复技术	目标污染物	适用条件	成本	成熟度	可靠性	单位污染土壤恢复时间	二次污染和破坏	技术功能	恢复后的可持续性
异位固化稳定化技术	金属类、石棉、放射性物质、腐蚀性无机物、氰化物以及砷化合物等无机物；农药/除草剂以及石油或潜于土壤表面上的油类污染物	主要应用于处理无机物污染的土壤，不适用于挥发性有机合物和以污染物总量为恢复目标的项目。当需要添加较多的固化稳定剂时，对土壤的增容效应较大，会显著增加后续土壤处置费用	据美国EPA数据，对于小型场地（约765 m³）处理成本约为160~245美元/m³；对于大型场地（38 228 m³），处理成本约为90~190美元/m³；国内处理成本一般为 500~1 500 元/m³	国外应用广泛，据美国EPA统计，1982—2008年已有200余项超级基金项目用该技术。国内用已有较多工程应用	能够降低土壤环境风险，达到风险控制目标	处理周期受土壤方量、恢复工艺、养护时间、施工设备恢复现场平面布局等影响。通常，日处理能力为100~1 200 m³，单批次处理周期1~2个月	污染土壤添加药剂处理后，土壤酸碱性、含盐量等发生变化，造成土壤生态功能破坏	污染土壤处理后，土壤生态功能基本破坏	恢复后的土壤生态功能基本破坏，需要很长时间逐渐恢复

附录 B

常用地下水恢复技术适用条件与技术性能

恢复技术	目标污染物	适用条件	费用	成熟度	可靠性	恢复时间	二次污染和破坏	技术功能	恢复的可持续性

1. 污染物去除技术

恢复技术	目标污染物	适用条件	费用	成熟度	可靠性	恢复时间	二次污染和破坏	技术功能	恢复的可持续性
抽出处理技术	可溶的有机和无机污染物以及浮于潜水面上的油类污染物	一般仅适用于渗透性好的含水层，对污染范围大、污染羽埋藏深的地下水污染治理具有优势；不宜用于渗解度低，吸附能力较强的污染物，以及渗透性较差或存在NAPL（非水相液体）的含水层	美国处理成本约为15~215美元/m³	国外80年代开始应用，应用广泛，据美国EPA统计，1982—2008年期间，有798个超级基金项目使用该技术。国内已有工程应用	初期效果较好，后期较差。该技术可以用于短时期的应急控制，不宜作为场地污染治理的长期手段	数年到数十年	抽出水量较大，会导致地下水资源的浪费，可能造成区域地下水位降低	污染地下水处理后回灌或者外排，处理后地下水基本生态功能得到部分恢复	需要封闭污染源，否则当地工程停止运行时，将出现严重的拖尾和污染物浓度升高的现象，恢复后的地下水需要很长时间完全恢复生态功能

恢复技术	目标污染物	适用条件	费用	成熟度	可靠性	恢复时间	二次污染和破坏	技术功能	恢复的可持续性
空气注入技术	可用来处理地下水中大量的挥发性和半挥发性有机污染物（各种燃料，如汽油、柴油、喷气燃油等；石油及油脂；BTEX及氯化物溶剂等）	适用于渗透性、均质性较好的岩层以及挥发性较大、溶解性较大的污染物。不适用于非挥发性的污染物，且受地质条件限制，不适合在低渗透率或高黏土含量的地区使用，同时不能应用于承压含水层及分层污染物治理。更适用于消除地下水中难移动处理的污染物（如DNAPL）	20~50美元/t	美国很多地方都采用了该技术来进行地下水的恢复，并取得了很好的效果。据美国EPA统计，1982—2005年期间地下水污染先治理场地中254个地下水污染恢复工程技术中有72个为曝气法。国内刚刚起步，实地应用是室内试验，部分是室内试验	通常与其他抽气技术（如相抽提技术）联用，恢复效果一般	1~4年	对生态环境的影响较小	恢复后地下水生态功能基本可恢复	恢复后的地下水生态功能基本可恢复
可渗透反应墙应用技术	碳氢化合物[如BTEX（苯、甲苯、乙苯、二甲苯）、石油烃]、氯代烃、氯代脂肪烃、防腐、金属、非金属、硝酸盐、硫酸盐以及放射性物质等	不适用于承压含水层，不宜用于承压含水层深度超过10 m的非承压含水层。对反应墙中沉淀和反应介质的更换、维护、监测要求较高	小型场地为0.21~0.28美元/m³地下水；大型场地0.10~0.17美元/m³地下水；据2012年3月美国海军工程司令部发布的技术报告，处理地下水的成本介于1.5~37.0美元/m³	该技术较为成熟，在北美和欧洲等发达国家有较多应用。美国环保署、美国海军工程服务中心等机构已制定并发布了技术的设计手册。国内尚处于小试和中试阶段	恢复效率较慢，后期污染出现反弹，恢复效果一般	通常需监测2年以上；墙体可使用5~10年，处理周期一般需要几年甚至几十年	可能存在二次污染	地下水基本生态功能恢复部分恢复	挖掘处理需避免二次污染，恢复后的地下水生态功能完全恢复

恢复技术	目标污染物	适用条件	费用	成熟度	可靠性	恢复时间	二次污染和破坏	技术功能	恢复的可持续性
原位化学氧化技术	石油烃、BTEX（苯、甲苯、乙苯、二甲苯）、酚类、MTBE（甲基叔丁基醚）、含氯有机溶剂、多环芳烃、农药等大部分有机物	适用于多种高浓度有机污染物的处理，当存在还原性金属等，会消耗大量氧化剂，受pH值影响较大	美国的应用成本为约123美元/m³左右	该技术在美国已经得到了广泛的工程应用，被用于数千个有毒废弃场地，国内部分工程应用	基本能满足恢复目标，对于某些难降解有机污染物如多环芳烃，可能需要进行进一步处理	一般小于6个月	污染物彻底氧化后，只产生水、二氧化碳等无害产物，二次污染风险较小	过程可能会发生产热、产气等不利影响，导致地下水中的污染物挥发到地表	可能存在拖尾和污染物浓度升高的现象，恢复后地下水的完全恢复生态功能需要一段时间
原位化学还原技术	重金属类（如六价铬）和氯代有机物（三氯乙烯）等	受pH值影响较大	国外的应用成本约130美元/m³左右	在国外已经得到了广泛的工程应用，国内有部分工程应用，但仍以小试和中试应用为主	基本能满足恢复目标，但对于重金属络合而言，恢复后期总量不变，具有潜在风险	一般为3～24个月	一些含氯有机物降解的产物仍有一定的毒性；固定的污染物在某些特定的条件下可能会重新释放出来；一些危险性的化学物质的使用可能会引起安全问题	过程可能会发生产热、产气等不利影响	可能存在拖尾和污染物浓度升高的现象，恢复后地下水的完全恢复生态功能需要一段时间

恢复技术	目标污染物	适用条件	费用	成熟度	可靠性	恢复时间	二次污染和破坏	技术功能	恢复的可持续性
多相抽提技术	适用于挥发性有机物污染与地下水，例如石油烃类油类（BTEX、汽油和柴油等）以及有机溶剂类（如三氯乙烯和四氯乙烯）	适用于加油站、石油企业和化工企业等多种和类型的污染场地，尤其适用于存在非水相液态污染物情形的污染地下水的恢复；不宜适用于渗透性差或者地下水位变动较大的场地	小型场地成本为29～72美元/m³；大型场地成本为30～68美元/m³，地下水处理成本为35美元/m³。国内恢复成本为400元/kg NAPL左右	国外技术成熟，已广泛应用。国内已有少量工程应用	场地水文地质条件和污染物分布可能会影响可复效率；可能需要同P&T技术等联用；对污染物的去除效果较好	一般为1～24个月	对地面环境的扰动较小；运行过程中地下水位与系统运行前相比略有下降	通过真空手段抽取地下、水、浮油层到地面进行相分离及处理，可部分恢复基本生态功能	需要封闭污染源，恢复处理后地下水需要较长时间恢复生态功能
原位微生物生物恢复技术	有机污染物为主	适用于渗透性较好的大面积污染区域的治理；适宜于污染物易降解的情况；在非均质性介质中难以覆盖整个污染区；不能降解所有污染物；对温度等环境条件要求较严	处理成本较高，特别是前期调查和筛选阶段	国内尚未有实际工程应用案例，还处于探索试验阶段	效果不稳定且无法完全去除污染物	一般大于6个月	以原位方式进行，可使对污染区域的干扰或破坏达到最小；使有机物分解为二氧化碳和水，可以永久地消除污染物的隐患，无二次污染，不会使污染转移	污染物很难清除完全，地下水生态功能恢复难	恢复处理后地下水要采取其他的恢复技术才可恢复生态功能

2. 污染物风险控制技术

恢复技术	目标污染物	适用条件	费用	成熟度	可靠性	恢复时间	二次污染和破坏	技术功能	恢复的可持续性
监测自然衰减技术	碳氢化合物[如BTEX(苯、甲苯乙苯、二甲苯)、多环芳烃、石油烃、MTBE(甲基叔丁基醚)]、氯代烃、硝基芳香烃、农药类、重金属属类、非金属类(砷、硒)、含氧阴离子(如硝酸盐、过氯酸)等	适用范围较窄，一般仅适用污染程度较低、污染物自然衰减能力较强的区域，适用于对场地恢复时间要求较短的情况	主要为监测、钻井等产生的费用，且美国单个项目费用为140 000～440 000美元	作为一种有效的方法已开始在世界范围内得到应用，但我国还处于萌芽阶段	能够降低环境风险，但恢复效果较差	时间较长，数年或更长时间	对环境破坏最小	不会带入外部干扰，地下水生态功能可自动恢复	地下水生态功能可恢复，地下水可再利用
原位阻隔技术	有机物、金属、核素等污染物	适用于埋深浅的潜水含水层，且地下水流动作用较小，对场地恢复时间要求较短的情况	其处理成本与阻隔材料、工程规模等因素相关。美国地下水处理成本介于1.5～37.0美元/m³。国内尚无可参考的工程案例的成本	国内现场应用较少，目前仍处于技术开发及其推广阶段	能够降低地下水环境风险	处理周期较长，一般需要几年甚至几十年	可能存在二次污染	会带入外部干扰，但恢复后地下水的生态功能可基本恢复	挖掘处理需避免二次污染，恢复后地下水生态功能基本恢复完全

评估报告编制要求

C.1 概述

C.1.1 事件基本情况

介绍涉及土壤与地下水的生态环境损害鉴定评估的背景情况,如果是突发环境事件,应写明事件发生的时间、地点、起因和经过,可能产生的污染物类型、性质、产生和排放量,污染物浓度,事件发生后采取的应急处置措施等基本情况;如果是大气污染物、废水和废弃物倾倒、排放、泄漏等情况导致的涉及土壤与地下水的生态环境损害事件,应写明损害区域的位置,生产经营历史、生产工艺、产排污环节、历史污染事故、潜在污染源、倾倒、排放、泄漏的大气污染物、废水或废弃物类型、排放量,特征污染物及其排放量,前期采取的污染控制或污染物清理措施等基本情况;如果是生态破坏导致的涉及土壤与地下水的生态环境损害事件,应写明生态破坏发生的时间、地点、起因和经过,生态服务功能破坏的类型或性质,对土壤与地下水的影响方式,已经采取的生态恢复措施等基本情况。

C.1.2 区域基本情况

简要介绍生态环境损害区域的自然环境状况和社会经济状况。自然环境状况包括地形地貌、水文、气候气象,地质和水文地质,土地和地下水利用历史、现状和规划,环境敏感区分布,现有地下水井分布,地面和地下构筑物分布,生态服务功能类型等内容。社会经济状况包括经济和主要产业的现状和发展状况,地方法规政策和标准规范,人口、交通、基础设施、能源和水源供给等内容。

C.1.3 鉴定评估工作基本情况

C.1.3.1 鉴定评估目标

依据委托方委托的鉴定评估事项,阐明开展涉及土壤与地下水的生态环境损害鉴定评估的目标。

C.1.3.2 鉴定评估依据

写明开展本次涉及土壤与地下水的生态环境损害鉴定评估所依据的法律法规、标准、技术规范等内容。

C.1.3.3 鉴定评估范围

写明本次涉及土壤与地下水的生态环境损害鉴定评估的损害类型、时间范围和空间范围及确定依据。

C.1.3.4 鉴定评估内容

写明本次涉及土壤与地下水的生态环境损害鉴定评估工作的主要内容,可选内容包括土壤与地下水损害调查确认、土壤与地下水损害因果关系分析、土壤与地下水损害实物量化、土壤与地下水损害恢复、土壤与地下水恢复效果评估等方面。

C.1.3.5 鉴定评估工作程序

详细阐明开展本次涉及土壤与地下水的生态环境损害鉴定评估工作的技术路线和工

作程序，并给出相应的流程图。

C.2　土壤与地下水损害调查确认

C.2.1　地质和水文地质调查

阐述土壤与地下水损害调查确认过程中所开展的地质和水文地质调查的方法，包括水文地质调查点位的布设方案和依据，钻探、建井方法，土工测试指标，抽水试验/微水试验方案。写明地质和水文地质调查结果，包括地层分布、地下水水位、地下水流向、渗透系数、地下水流速等信息，并在附件中附钻孔柱状图、地质剖面图、地下水等水位线图等图件。

C.2.2　土壤与地下水污染状况调查

阐述所开展的土壤与地下水污染状况调查过程，包括采样点位布设方案和依据，样品采集、保存和流转方法，分析测试方法，质量控制措施。分析土壤与地下水污染状况调查结果，包括土壤与地下水中污染物类型、浓度。

C.2.3　土壤与地下水生态服务功能调查

阐述土壤与地下水生态服务功能调查过程及所获得的结果。

C.2.4　基线水平调查

描述土壤与地下水基线水平确定的过程，详细阐明理由。如果是采用对照区域数据作为基线水平，应阐述对照区域调查过程，包括点位布设方案和依据，样品采集、保存和流转方法，分析测试方法，质量控制措施，以及调查结果。如果针对基线水平进行了专项研究，应阐述研究所用到的方法、模型、参数以及研究结果等内容。

C.2.5　损害确认

写明土壤与地下水损害确认的结果，包括是否存在生态环境损害、生态环境损害类型、损害评估区域等内容。

C.3　土壤与地下水损害因果关系分析

对于污染环境行为导致的损害，其损害鉴定评估报告的因果关系分析部分应包含以下内容：

C.3.1　污染源解析

详细介绍污染源解析的思路、过程和结果，对各类潜在污染源进行描述。对于潜在污染源不明确的情况，应说明污染源调查所采用的方法、过程和结果。当存在多个潜在污染源时，阐述污染源解析所采用的方法、过程和结果。如果开展了专项调查或专项研究，应详细阐明调查研究方案、实施过程及结果。

C.3.2　迁移路径调查与分析

阐述迁移路径调查和分析的过程。如果开展了专项调查或专项研究，应详细阐明调查研究方案、实施过程及结果。如果开展了模拟分析，应阐述模拟分析所用到的模型、参数及结果。

C.3.3　因果关系分析

总结污染源解析及迁移路径调查分析过程所获得的信息，依据因果关系判定原则，得出因果关系判定结论。

对于破坏生态行为导致的损害，其损害鉴定评估报告的因果关系分析部分应包含以下内容：详细介绍因果关系分析所采用的方法，阐述破坏生态行为导致土壤与地下水环境及其生态服务功能受到损害的作用机理分析过程，得出因果关系判定结论。

C.4 土壤与地下水损害实物量化

基于 2.4 所确定的基线水平，对土壤与地下水环境及其生态服务功能的损害程度和范围进行量化，计算土壤与地下水环境及其生态服务功能受损程度以及受损土壤与地下水的面积、体积，并给出土壤与地下水环境及其生态服务功能受损范围图。

C.5 土壤与地下水损害恢复或价值量化

阐明土壤与地下水环境及其生态服务功能综合恢复方案确定与价值量化的基本思路与依据。

如果基于恢复方案进行损害赔偿，应详细阐述基本恢复、补偿性恢复、补充性恢复的总体目标和分阶段目标及其确定依据，各个阶段所采用的恢复技术和方案及其比选过程。如果需要，基于所确定的恢复方案计算各阶段恢复费用。

如果基于经济评估方法确定损失，应阐述所用到的经济评估方法、选择依据、评估过程和评估结果。

C.6 土壤与地下水恢复效果评估

阐述土壤与地下水环境及其生态服务功能恢复效果评估内容、标准、效果评估过程所采用的方法及评估结果。阐述土壤与地下水环境及其生态服务功能恢复过程规范性评价所依据的标准和评价结果。阐述效果评估点位布设方案和依据，调查方法（包含样品采集、保存和流转方法，分析测试方法，质量控制措施），以及调查结果。如果采用调查问卷或调查表对土壤与地下水生态服务功能和公众满意度进行了调查，应详细介绍主要调查内容和结果。

当实施土壤与地下水恢复效果评估后，编写本章。

C.7 鉴定评估结论

针对涉及土壤与地下水的生态环境损害鉴定评估委托事项，写明每一项鉴定评估结论，包括土壤与地下水环境及其生态服务功能是否受到损害、损害是否与污染源具有因果关系、损害的范围和程度、受损土壤与地下水的价值、受损土壤与地下水的恢复过程是否合规以及是否达到目标等内容。对涉及土壤与地下水的生态环境损害鉴定评估过程中的特别事项进行说明，分析鉴定评估结论可能存在的不确定性。

对土壤与地下水损害的补充性恢复、跟踪监测、效果评估等工作提出必要的建议。

C.8 签字盖章

阐明涉及土壤与地下水的生态环境损害鉴定评估报告的真实性、合法性、科学性；明确报告的所有权、使用目的和使用范围；所有参与报告编制的人员进行署名，并盖报告编制单位公章。

C.9 附件

附件包括土壤与地下水损害鉴定评估工作过程中所制定的各类方案和所获取的各种证据资料，包括鉴定评估方案、各类调查监测方案、效果评估方案，各类调查监测数据和报告、效果评估报告，以及各类图件、照片、访谈记录等材料。

关于规范放射性同位素与射线装置豁免备案管理工作的通知

环办辐射〔2018〕49 号

各省、自治区、直辖市生态环境厅（局），各直属海关：

为深入贯彻落实国务院"放管服"改革要求，根据分级分类监管的原则，将极低风险的放射性同位素与射线装置纳入豁免管理，切实减轻企业负担。各省级生态环境部门应进一步规范核技术利用领域放射性同位素与射线装置豁免备案管理工作，并与海关协调配合，共同做好放射性同位素进出口的有关工作。现将有关要求通知如下：

一、办理方式

根据《放射性同位素与射线装置安全和防护管理办法》和《电离辐射防护与辐射源安全基本标准》（GB 18871—2002，以下简称《基本标准》），核技术利用领域放射性同位素与射线装置豁免备案应按如下方式办理：

（一）符合《基本标准》豁免水平的放射性同位素和射线装置，其国内生产单位或者进口产品的国内总代理单位（以下简称进口总代理单位）及其使用单位可填写《放射性同位素与射线装置豁免备案表》（见附件 1，以下简称《豁免备案表》），报所在地省级生态环境部门备案。

（二）《基本标准》中未列出豁免水平的放射性核素，可参考国际原子能机构《国际辐射防护和辐射源安全基本安全标准》（一般安全要求第三部分）中规定的豁免水平申报豁免备案。

（三）符合《基本标准》有条件豁免要求的含 V 类放射源设备（以下简称有条件豁免含源设备），其国内生产单位或进口总代理单位可填写《含源设备有条件豁免备案申报表》（见附件 2），向生态环境部申报备案。经审核确认设备用途正当并符合有条件豁免要求的，生态环境部予以备案，并明确其豁免条件。

二、豁免范围及效力

（一）符合《基本标准》豁免水平的放射性同位素和射线装置以及有条件豁免要求的

含源设备，在生产单位或进口总代理单位完成豁免备案后，该产品的销售、使用活动可免于辐射安全监管（销售或使用较大批量放射性同位素产品的除外），其他销售、使用单位无需逐一办理豁免备案手续；由使用单位完成备案的，仅该单位的使用活动可免于辐射安全监管。

（二）年销售量超过豁免水平 100 倍（有条件豁免含源设备 100 台）或者持有量超过豁免水平 10 倍（有条件豁免含源设备 10 台）的单位，属于销售或者使用较大批量豁免放射性同位素产品的单位，应当办理辐射安全许可证，并接受辐射安全监管。

（三）仅从事免于辐射安全监管的活动的单位，无须办理辐射安全许可证，原持有的辐射安全许可证申请注销。

（四）省级生态环境部门应将完成备案的《豁免备案表》抄报生态环境部，经生态环境部公告后在全国有效。

三、有条件豁免含源设备的监管

生产单位或进口总代理单位，在购买有条件豁免含源设备中的放射源（或直接进口已装入放射源的设备）时，应办理放射性同位素转让（或进口）手续，将放射源列入其台账；向使用单位（含代理销售单位）销售有条件豁免含源设备时，无须办理放射性同位素转让审批和备案手续，但应对设备中放射源的去向进行跟踪管理。

有条件豁免含源设备中放射源如发生个别丢失、被盗，不作为辐射事故处理，但使用单位应告知设备的生产单位或进口总代理单位。设备报废后，设备中的放射源应按废旧放射源有关规定返回原生产单位或者送交有资质的放射性废物收贮单位贮存，相关责任由设备的生产单位或进口总代理单位承担。

四、豁免放射性同位素的进出口管理

符合《基本标准》豁免水平的放射性同位素在进出口时，进出口单位应主动向海关提供经省级生态环境部门备案的《豁免备案表》，以办理有关手续。

有条件豁免含源设备中的放射源，在进口和出口时应按照《放射性同位素与射线装置安全和防护条例》及《放射性同位素与射线装置安全许可管理办法》有关规定办理进出口手续。

附件：1. 放射性同位素与射线装置豁免备案表
2. 含源设备有条件豁免备案申报表

生态环境部办公厅
海关总署办公厅
2018 年 12 月 24 日

放射性同位素与射线装置豁免备案表

填报日期： 年 月 日　　　　　　　　备案文号：＿＿＿＿＿辐豁备〔 〕号

基 本 情 况					
备案单位名称（公 章）					
注册地址				邮编	
辐射安全许可证持证情况	□有 □无	许可证编号		有效期至	
		许可的种类和范围			
法定代表人		联系人		联系电话	
证件类型	□营业执照 □法人证书 □其他＿＿＿＿	证件号码	□统一社会信用代码 □其他＿＿＿＿＿＿		
备案单位类别	□使用单位	对本单位使用本表中放射性同位素与射线装置的活动予以豁免管理			
	□生产单位 □进口总代理单位	对本表中本单位生产/代理进口的放射性同位素与射线装置的销售、使用活动（持有或转让大批量放射性同位素产品的除外）予以豁免管理			

附 件
□ 1. 符合豁免水平的证明材料
□ 2. 使用和销售情况说明
□ 3. 辐射安全许可证或营业执照（法人证书及其他有效证件）正、副本复印件
□ 4. 生产厂家/进口总代理证明文件及产品说明书样本
□ 5. 其他

备 案 内 容						
放 射 源						
序号	核素名称	生产单位	型号	活度（Bq）	数量（枚）	用途	进/出口
1							
2							
3							

非密封放射性物质							
序号	核素名称	生产单位	型号	总活度（Bq）	活度浓度（Bq/g，Bq/ml）	数量（g，ml）	物理形态	用途	进/出口
1									
2									
3									

射 线 装 置									
序号	装置名称	生产单位	型号	最大能量(keV)	最大管电压（kV）	最大管电流（mA）	剂量当量率（μSv/h）	数量（台）	用途
1									
2									
3									

放射源和非密封放射性物质进出口信息								
序号	核素名称	型号	活度（Bq）	数量	进/出口	进/出口海关名称	海关商品编号	备注
1								
2								
3								

拟申报的进出口有效期：

□　1年

□　长期有效

承诺：

　　本表内所填写的各项内容真实、完整、准确、有效，如存在弄虚作假、隐瞒欺骗等情况及由此导致的一切后果由本单位承担全部责任。

法定代表人或主要负责人（签字）：

备案回执：

　　本表中的放射性同位素与射线装置已经完成备案。

备案部门：　　（盖　章）

备案日期：　　年　月　日

予以备案的进出口有效期：□　　年　月　日至　　年　月　日

□　长期有效

注：本备案表一式四份（含附件一式四份），备案单位、备案单位所在地省级和设区市级生态环境部门各执一份，省级生态环境部门报生态环境部一份；涉及进出口的，本备案表增加一份报货物进出口海关。

填 表 说 明

1. 本表适用于符合《电离辐射与辐射源安全基本标准》（GB 18871—2002）附录 A2.1 和 A2.2 规定的豁免水平的放射性同位素与射线装置。

2. 本表中"备案文号"和"备案回执"由负责备案的生态环境部门填写，其他内容由备案单位填写。备案单位应为在中华人民共和国境内合法注册的单位。

3. "基本信息"填写要求如下：

（1）"备案单位名称"应填写规范全称，与本单位营业执照或法人证书等证件名称一致，并加盖单位公章；

（2）"辐射安全许可证持证情况"如持有许可证应选择"是"并按照实际情况填写其编号、有效期及活动种类和范围，如无许可证应选择"无"；其中由生产单位或进口总代理单位申报时，申报单位应持有辐射安全许可证；

（3）"证件类型"和"证件号码"应按照本单位持有的证件类型（如营业执照或法人证书等）选择并填写其号码，其中有统一社会信用代码号的应填写统一社会信用代码；

（4）"备案单位类别"应根据申报情况填写，生产单位或进口总代理单位为本单位生产（或进口）的产品统一申报豁免时应选择"生产单位"或"进口总代理单位"；为本单位在用或拟使用的放射性同位素或射线装置使用申报豁免的，应选择"使用单位"。需注意本表中所指放射性同位素产品的"生产单位"不限于利用加速器、反应堆等生产放射性核素原料的单位，也包括利用直接购买的原料生产标准源、标准物质等产品的单位。

（5）本表格中"销售或使用大批量放射性同位素产品"，是指年销售量超过豁免水平的 100 倍或者持有量超过豁免水平的 10 倍。对于销售或使用多种放射性核素的，应使用各种放射性核素的活度与其相应的豁免活度之比的和进行计算。

4. "附件"一栏中应选择随本表提供的附件，其中各类型单位申报时均需提供第 1、2、3 项（有辐射安全许可证单位无须提供营业执照或法人证书等），生产或进口总代理单位还需提供第 4 项。具体要求如下：

（1）"符合豁免水平的证明材料"。对放射源或非密封放射性物质，是指由生产单位出具的检测结果及产品证书（或相关证明材料），或有相应合法资质和能力的单位出具的活度/活度浓度检测报告；对射线装置是指有相应合法资质和能力的单位出具的距射线装置任何可达表面 0.1 m 处最大周围剂量当量率（或定向剂量当量率）的监测报告（对所产生辐射的最大能量不大于 5 keV 的，可只提供生产单位出具的产品证书或相关证明材料，无须提供监测报告）。

（2）"使用和销售情况说明"。如由使用单位申报，应简要描述放射源、非密封放射性物质、射线装置的使用方式、操作流程以及使用过程中采取的防护措施，并尽可能说明具体的使用地点（不固定使用场所的应作出合理说明，如设备对使用场所无辐射安全与防护要求等）；由生产或进口总代理单位申报时，应对其产品最终用户使用的方式、操作流程及防护措施进行描述，原则性描述产品使用场所的特征及要求，并说明对产品销售的管理措施，其中射线装置还应提供装置本身的安全和防护设计材料（如设计图、安全联锁逻辑图及相关防护材料参数等）。

（3）"生产厂家/进口总代理证明文件"是指证明申报的产品是由本单位生产的或由本

单位作为国内总代理的材料，其中后者需提供由国外生产厂家出具的授权文件。

（4）如有其他需要说明的情况，请另附有关说明材料并在表格中"5.其他"处标注材料名称；如无可不提供。

（5）有关附件材料应为中文或者英文版本，如无特殊说明均指复印件。

5."备案内容"按照豁免事项的实际内容（放射源、非密封放射性物质和射线装置）分别填写，行数不足可另行添加，填写要求如下：

（1）放射源和非密封放射性物质的"核素名称"规范填写示例如"Co-60"，对多核素混合的产品，应在"核素名称"一栏填写为"多核素混合"，列出所含的各种核素，并在活度、活度浓度栏中分别列出每种核素的活度、活度浓度。放射源的"活度"应填写单枚的活度并按科学计数法填写，规范示例如"3.7E+10"。非密封放射性物质的"总活度"，如使用固定型号的批量产品（如标准物质），应填写单个产品的活度及总数，如 3.7E+3×10，如非固定型号产品则填写总活度。非密封放射性物质的"物理形态"是指放射性同位素的形态，应填写"固态"、"液态"或"气态"。

（2）放射源和非密封放射性物质产品有固定型号的，应在"型号"栏目中填写型号名称，如无应填"/"；射线装置产品"型号"为必填项。

（3）射线装置的"最大能量"是指装置产生的电离辐射的最大能量，"最大管电压"是指 X 射线管阴极侧和阳极侧之间的最大电压，"最大管电流"是指 X 射线管阴极和阳极之间的最大电流，"剂量当量率"是指在距设备的任何可达表面 0.1 m 处所引起的最大周围剂量当量率或定向剂量当量率。

（4）放射源、非密封放射性物质和射线装置的"数量"，对放射源和射线装置分别以"枚"和"台"为单位，对非密封放射性物质应填写总质量或者体积，以"g"或"ml"为单位。如由使用单位申报时，一般应填写本单位拟申报豁免使用的总数量（有计划的长期使用但数量不累积的，如使用半衰期小于 100 天的放射性核素或使用消耗性的标准溶液等，可填写每年使用的数量）；如由生产单位（或总代理单位）申报时，应填写每年生产/销售的总量。

（5）涉及进出口豁免放射性同位素及其化合物的，应在"进/出口"栏填写"进口"或"出口"，并在"放射源或非密封放射性物质进出口信息"栏填写核素名称、型号、活度、数量、进/出口海关名称、海关商品编号（具体参见商务部和海关总署联合发布的《两用物项和技术进出口许可证管理目录》）、拟申报的进出口有效期等信息。此栏中填写的"数量"一般为需进/出口的总数，但进出口有效期选择"长期有效"时"数量"一栏应填写年进出口数量。

6."承诺"由单位法定代表人或授权的主要负责人员签字。

7.符合备案条件的，备案部门在"备案回执"栏盖章并填写予以备案的进出口有效期。

含源设备有条件豁免备案申报表

填报日期： 年 月 日

基 本 情 况						
申报单位名称（公章）						
注册地址					邮编	
法定代表人		联系人		联系电话		
证件类型	□营业执照 □法人证书 □其他____		证件号码	□统一社会信用代码 □其他_____		
辐射安全许可证编号				有效期至		年 月 日
许可活动种类和范围						

附 件
□ 1. 正当性分析
□ 2. 安全分析
□ 3. 规章制度
□ 4. 产品说明书样本
□ 5. 销售合同样本
□ 6. 设备生产厂家证明文件或进口设备国内总代理授权文件
□ 7. 辐射安全许可证正、副本复印件
□ 8. 其他

申 报 内 容				
含源设备信息	设备名称		设备型号	
	生产厂家	□本单位 □国外生产：		
	使用寿命		年销售量	
	主要用途		主要用户	
含源设备所含放射源信息	核素名称		活度（Bq）	
	枚数		使用寿命	
	放射源生产厂家			

承诺：

　　本单位承诺本表内所填写的各项内容真实、完整、准确，并承诺落实本表中生态环境部提出的豁免条件及有关要求，如存在弄虚作假、隐瞒欺骗等情况及由此导致的一切后果由本单位承担全部责任。

法定代表人或主要负责人签字：

注：本申请表与相关附件装订成册，封面盖章，一式三份。

填 表 说 明

1. 本表适用于符合《电离辐射与辐射源安全基本标准》（GB 18871—2002）附录 A2.3 规定的有条件豁免要求的含放射源的设备。

2. "基本信息"中，"申报单位名称"应填写全称，与本单位辐射安全许可证一致，并加盖单位公章；"证件类型"、"证件号码"应按照本单位持有的证件选择并填写，辐射安全许可证有关信息按照当前持证情况填写。

3. "附件"一栏中应选择随本表提供的附件，1—8 各项均需提供。具体要求如下：

（1）正当性分析应包括以下内容：

分析设备中使用放射源活动的正当性，说明设备使用的主要用途、领域及可能用户。

（2）安全分析应包括以下内容：

①放射源情况——描述放射源辐射特性、加工工艺、处置方式及放射源在设备中的安装情况等，并给出必要的示意图。

②设备结构——给出结构示意图及剖面图，说明设备结构情况及防拆卸等安全防护设施，标注放射源位置，说明是否能防止与放射性物质的任何接触或者放射性物质的泄漏。

③辐射安全分析——说明设备的使用条件、采取的防护管理措施和可能的辐射风险。

④辐射水平——给出有相应合法资质和能力的机构提供的含源设备辐射水平监测数据，说明监测条件、监测仪器和监测项目，并附正式监测报告。如含源设备的辐射水平无法通过仪器监测，估算辐射水平是否满足《基本标准》规定的要求。

（3）规章制度指与豁免管理相关的规章制度，应包含以下内容：

①含源设备生产标准。

②含源设备的放射源台账管理制度。

③含源设备销售管理制度。

④设备售后跟踪回访制度。

⑤用户的培训制度。

⑥废旧放射源处理方案。

（4）产品说明书样本应包括但不限于以下内容：

①设备含有放射源，并标注电离辐射警示标识。

②设备维修时放射源的相关注意事项。

③用户不能私自拆卸及处理含源设备，不再使用的含源设备必须由设备生产/销售单位负责处理。

（5）销售合同样本应包括但不限于以下内容：

①放射源信息。

②负责人及其联系方式。

③明确规定用户不再使用该设备时，含源设备必须由设备生产/销售单位负责处理，不得随意丢弃和转让他人。

（6）设备生产厂家证明文件或进口设备国内总代理授权文件是用来证明申报的产品是由本单位生产的或由本单位作为国内总代理的材料，前者需提交产品证书，后者需提供由国外生产商出具的授权文件。

（7）有关附件材料应为中文或者英文版本，如无特殊说明均指复印件。

4．"备案内容"分设备信息和放射源信息分别填写，要求如下：

（1）设备信息。"设备名称"和"设备型号"应填写含源设备的规范名称和型号并与产品说明书一致；"生产厂家"选择本单位或者填写设备的国外生产单位；"使用寿命"填写设备的使用寿命（与产品说明书一致）；"年销售量"按预计的销售量填写；"主要用途"简要填写设备用途（填写示例如"爆炸物检测"）；主要用户填写设备用户的主要类型（填写示例如"机场安检部门"）。

（2）放射源信息。放射源"核素名称"规范填写示例如"Co-60"，对多核素混合源，应在"核素名称"一栏填写为"多核素混合"，列出所含的各种核素，并在活度栏中分别列出每种核素的活度；"活度"应按科学计数法填写，规范示例如"3.7E+10"；"枚数"指同一台设备中含有放射源的数量；"使用寿命"填写放射源的使用寿命（推荐使用寿命一般由放射源生产厂家给出）；"放射源生产厂家"填写设备中所含放射源的生产厂家，如产品中的放射源可能来自多家单位需在此分别列出。

5．"承诺"由单位法定代表人或授权的主要负责人员签字。

关于进一步加强地方环境空气质量自动监测网城市站运维监督管理工作的通知

环办监测函〔2018〕128 号

各省、自治区、直辖市环境保护厅（局），新疆生产建设兵团环境保护局：

为深入贯彻落实中共中央办公厅、国务院办公厅《关于深化环境监测改革提高环境监测数据质量的意见》（厅字〔2017〕35 号，以下简称《意见》），我部于 2017 年 12 月组织对 10 个省（区、市）27 个地级以上城市 51 个地方环境空气质量自动监测站点（以下简称地方站点）开展了运维质量专项检查。在本次检查中发现部分省市对地方站点运维工作重视不够，监管不到位，部分地方站点运维质量不高。为进一步规范和加强站点运维和监管工作，提升环境质量自动监测数据质量，现将有关要求通知如下：

一、充分认识加强地方站点质量管理的重要性

客观、准确的环境空气自动监测数据是评价环境空气质量状况、反映污染治理成效、实施环境管理与决策的基本依据，数据质量事关政府公信力和环境管理水平。地方各级环保部门要高度重视，加强对地方站点运行维护的监督管理，规范环境空气自动监测行为，保障监测数据的客观准确、真实可靠。

二、完善地方站点及周边环境条件保障

地方各级环保部门要建立健全防范和惩治环境监测人为干扰干预的责任体系和工作机制，健全行政区域内站点管理措施。按要求制作各站点的警示站牌，严禁非运维人员进入自动监测站房或采样平台 20 米范围内；坚决取缔影响、干扰城市空气质量自动监测正常运行的设备设施。

地方各级环保部门要完善站点安全保障措施。采样区域要设立有效护栏，护栏高度以有效保障运维人员安全为准；完备稳压和防雷设施；规范监测仪器线路和管路连接；合理配置灭火器，有效保护站房安全。

三、加强地方站点日常运行维护

地方各级环保部门应要求运维机构按规范定期对仪器设备进行检查和养护，建立故障报修制度。环境空气颗粒物（PM_{10}、$PM_{2.5}$）监测仪、环境空气气态污染物（SO_2、NO_2、O_3、CO）分析仪和动态校准仪应按国家相关规范要求及时进行校准，确保仪器误差在允许范围内，用于校准监测仪器的设备（流量计、温度计、气压计）必须经检定校准。

地方各级环保部门要在本行政区域内建立站点仪器运行异常或数据信息异常的应急处理预案与检修、处理和报告制度。发现仪器处于异常工作状态，及时查找原因，采取补救措施；定期对采样头和采样管道进行清洗，及时或定期更换仪器设备耗材，保持站房内部环境干净整洁，布置整齐。

四、强化地方站点质量管理

地方各级环保部门应定期组织开展行政区域内站点的量值溯源与传递、手工比对、质控考核等工作，按规定做好质控记录，建立原始记录和电子记录档案。加大地方站点运维人员培训力度，强化法律意识、责任意识、质量意识和职业操守意识，提高运维人员的综合素质和技术能力，不断完善监测质量管理体系、监督考核和奖惩机制。

五、组织开展监督检查

各省级环保部门按照《关于加强环境质量自动监测质量管理的若干意见》（环办〔2014〕43 号）、《国家环境空气质量监测网城市站运行管理实施细则（试行）》以及本通知要求加强对地方站点运维工作的监督检查，对存在的问题及时整改，并于 2018 年 7 月 30 日前将检查整改落实情况报送我部。我部将结合贯彻落实《意见》相关工作部署，适时开展多种形式的监督检查。

联系人：杨嘉玥

电话：（010）66556824

邮箱：zhiguanchu@mee.gov.cn

生态环境部办公厅

2018 年 4 月 17 日

关于印发《国家地表水水质自动监测站文化建设方案（试行）》的通知

环办监测函〔2018〕215 号

各省、自治区、直辖市环境保护厅（局），新疆生产建设兵团环境保护局：

为强化国家地表水水质自动监测站（以下简称水站）公共服务功能，推进水站文化建设，丰富和拓展水站人文内涵，培育生态环境监测文化理念，树立国家生态环境监测品牌，我部制定了《国家地表水水质自动监测站文化建设方案（试行）》（见附件，以下简称《方案》）。请各地按照《方案》要求，结合本地实际抓好落实，全面推进水站文化建设。我部将在水站交接时一并予以验收，并适时组织"最美水站"评比活动。

联系人：生态环境部张皓、牛海涛

电话：（010）66103117、66103118

附件：国家地表水水质自动监测站文化建设方案（试行）

生态环境部办公厅

2018 年 5 月 2 日

附件

国家地表水水质自动监测站文化建设方案
（试　行）

国家地表水水质自动监测站（以下简称水站）是监测地表水水质现状，及时预警潜在环境风险的重要基础，是评估水污染治理成效，打好水污染防治攻坚战的重要支撑，也是监测为民、服务公众的重要平台。为进一步强化水站的公共服务功能，赋予水站人文内涵，丰富和拓展水站文化属性，培育生态环境监测文化理念，引导公众走进生态环境监测，了解生态环境监测，信任生态环境监测，树立国家生态环境监测品牌和权威，制定本方案。

一、指导思想

以习近平新时代中国特色社会主义思想为指导，全面贯彻党的十九大精神，坚持以人民为中心，立足监测为民、监测惠民，在确保监测数据真实、准确、全面的基础上，赋予水站人文内涵和文化属性，着力提升生态环境监测服务功能，树立国家生态环境监测品牌，引导公众积极参与生态环境保护，推动形成崇尚生态文明、共建美丽中国的良好风尚。

二、工作目标

通过推进水站文化建设，赋予水站人文内涵，丰富和拓展水站文化属性，着力把水站打造成生态环境监测知识的传播平台，生态环境科普的宣传基地，生态环境文化的交流窗口，公众参与和监督的重要媒介。

三、基本原则

坚持简朴实用、美观大方，倡导与自然环境相协调、与社会公众良性互动，引导和培育既相对统一又各具特色的水站文化。

注重实用、力戒奢华。以保证水站水质监测功能作为根本需求，确保监测数据真实、准确、全面。结合各地水站建设实际，坚持短期目标与长远规划相结合，简朴实用与美观大方相结合，开展水站站房建设。

统一规范、鼓励创新。国家对水站 LOGO、标志标识及水站内部管理制定统一要求。同时，坚持统一规范与地方特色相结合，各地结合本地实际，采用绿色低碳、环境友好的建设模式，本着与当地建筑风格和周边环境协调的原则，开展水站外观和格局的设计建设。

科普教育、公众参与。坚持静态展示与互动交流相结合，国家统一设计并持续优化水站公众号和 APP 应用，满足公众的环境信息需求。同时，鼓励各地选择位于城市市区、公园、风景名胜地等人流密度较大区域的水站，坚持专业信息与科普文化相结合，监测数据与百姓生活相结合，着力打造"环境科普文化宣传小站"，讲好生态环境监测故事。

全面推进，持续完善。鼓励各地在统一规范要求的基础上，结合本地实际，开展水站文化建设。国家和地方持续完善水站作为科普基地、宣教窗口和展示平台所需的软硬件建设。

四、主要内容

（一）统一标志标识

水站（包括本次国家地表水监测事权上收涉及的所有新建和已建水站）站房外部应统一设置水站标志牌、简介牌和 LOGO，各地按照生态环境部统一要求自行组织制作，并悬挂于指定位置。具体要求如下：

1．水站标志牌

悬挂于水站站房正门右侧（或左侧）醒目位置，标志牌下沿距离地面 1.8 米。具体材质及工艺、样式字体、外形尺寸及安装方式等技术要求详见附 1。

2．水站简介牌

悬挂于水站站房正门左侧（或右侧）醒目位置，上沿与水站标志牌同高，下沿距离地面 1.8 米。上嵌二维码标识，方便公众获取信息。简介内容应包括水站建设历程、河流（湖库）概况及历史沿革、生态环境保护监督举报电话、安全警示标语（有条件的水站可同时设计制作安全警示牌，安装在水站站房外和采水口处醒目位置，安全警示牌标语应与水站简介牌上的标语保持一致）等。具体材质及工艺、样式字体、外形尺寸及安装方式等技术要求详见附 2。

3．水站 LOGO

水站 LOGO 由生态环境保护徽（下端"MEE"为生态环境部英文缩写）和"国家生态环境监测"字样组合而成，左侧为生态环境保护徽、右侧为文字。水站 LOGO 可根据站房实际情况，分为箱体式和标牌式两种，其中箱体式 LOGO 主要安装在固定站或简易站主体建筑顶层醒目位置，标牌式 LOGO 主要安装在小型站或浮船站外侧醒目位置。具体材质及工艺、样式字体、外形尺寸及安装方式等技术要求详见附 3。

（二）内部展示基本要求

水站（包括本次国家地表水监测事权上收涉及的所有新建和已建水站）站房内部应统一设置站点流域表征图、运维管理体系图、水站系统流程图，其中，流域表征图和运维管理体系图由中国环境监测总站（以下简称监测总站）提供基础素材，水站系统流程图由中标的第三方运维公司提供基础素材，各地根据基础素材，结合站房内部装修布局，自行设计、制作、悬挂。

1．水站系统流程图

水站系统流程图要简明形象，应包括采配水单元、检测单元、数据采集与传输单元、控制单元等所有关键模块，并突出系统整体运行流程。具体要求见附 4。

2．站点流域表征图

站点流域表征图应清晰反映流域站点布设情况，重点突出该水站在流域中的空间位置。具体要求见附 5。

3．运维管理体系图

运维管理体系图包括岗位责任制度图、安全责任制度图、应急管理制度图、维护保养制度图等。每张图的内容都应简明扼要，明确要求、职责即可。具体要求见附 6。

（三）鼓励地方创新设计

在水站站房设计、建设和内部装修中，在满足国家对面积、标识等统一要求的基础上，鼓励各地结合本地实际，采用绿色低碳、环境友好的建设模式，同时综合考虑周边自然环境、地域特色和民族文化特征等因素自主选择设计方案，突出地方特色，打造既相对统一又各具特色的水站设计精品。

（四）充分应用新媒体

丰富水站二维码信息。使用手机扫描水站二维码，可获取水站相关信息（如水站简介、水质信息、考核目标、监测指标解析、仪器原理及工艺、运行方式及流程等）和水站建设历程影像资料。通过向公众宣传水站相关信息和历史影像资料，普及生态环境监测和保护知识，讲述生态环境监测发展历程，增强公众对生态环境监测的了解和信任。

服务公众需求。使用手机扫描水站二维码，可获取水站 APP 应用下载端口，通过下载安装应用，可实现对水站及水质相关信息的自助查询、浏览及意见反馈。公众可根据需求通过水站 APP 自助查询站点水质实时监测结果等信息，并通过留言窗口反馈建议和意见。同时，监测总站将通过后台定期统计公众查询信息情况和反馈意见，并结合统计结果，在充分考虑信息安全的基础上，不断优化和完善 APP 应用程序，实时更新发布信息内容，满足公众的知情权，引导公众参与环境保护。

（五）强化水站多重功能

在保证水质监测正常开展的情况下，根据水站面积、位置、周边环境情况，对位于市区、公园、风景名胜区等人口流动性较大地区的水站，强化水站多重功能。把水站打造为本地区的"科普小站"，通过设立参观区域、开辟科普文化专栏，在室外悬挂电子屏幕实时发布水质和科普信息，承担生态环境监测和生态环境保护的科普功能；选择有条件的水站作为对公众开放的环境监测设施，结合本地实际，有序向公众开放，引导公众走进监测，了解监测，信任监测；定期组织生态环境宣传活动，宣传生态保护理念，传播生态文明思想，把水站打造为本地区的环境宣传教育基地。

五、组织实施

（一）加强组织领导

生态环境部负责统筹协调水站文化建设工作，监测总站负责具体组织实施。地方各级环保部门可根据本方案，制定符合本地实际的地方水站文化建设方案，分级分层，全面推动水站文化建设工作。

（二）适时组织开展最美水站评比

为了更好地激发各地参与水站文化建设热情，将适时组织开展"最美水站"评比活动。由各省份结合本地实际对本地区水站进行初评，按一定比例推荐"最美水站"候选名单，由生态环境部组织专家进行最终评选，选出 100 个左右（约占全部水站数量的 5%）既满足国家统一规范要求又充分展示地方特色的水站作为"最美水站"，向社会公开，并通过生态环境部微信微博平台和生态环境部官网、中国环境报等进行公开宣传。

（三）加强互动交流

建立水站文化建设工作学习交流机制，鼓励互动交流，分享科普教育宣传工作经验，不断提升各地水站文化建设管理水平。

附：1.水站标志牌技术要求

2. 水站简介牌技术要求

3. 水站 LOGO 技术要求

4. 水站系统流程图技术要求

5. 站点流域表征图技术要求

6. 运维管理体系图技术要求

水站标志牌技术要求

水站标志牌由各地参照本技术要求制作，制作完成后应安装在水站站房正门处醒目位置。

一、材质及工艺

水站标志牌采用 304#（或更高标准级别）不锈钢制作，钢材厚度不低于 2 毫米，表面采用亚光拉丝工艺处理，加装镜面边条。

二、样式与字体

标志牌上所有字体均采用激光雕刻，并以黑色漆喷涂，喷涂颜色的 RGB 值为（0，0，0）。

标志牌上除"国家地表水水质自动监测网"和"中华人民共和国生态环境部"字样为方正大黑简体外，其余字样均为方正大标宋简体。

字体规格要求：

（一）"国家地表水水质自动监测网"为 81 磅。

（二）水站名称（水站命名规则详见环办监测函〔2017〕1762 号文件）为 130 磅（可根据字数多少适当调整大小）。

（三）断面编码为 81 磅。

（四）"中华人民共和国生态环境部"为 50 磅。

标识要求：

标志牌上的生态环境保护徽为圆形，直径为 6.5 厘米，采用激光雕刻，并以绿色和白色漆喷涂，喷涂颜色的 RGB 值分别为（0，154，68）和（255，255，255）。

图 1　水站标志牌参考效果

三、外形与尺寸

水站标志牌外形采用不锈钢长方体，在正面四边直角处倒角，形成立体效果。

水站标志牌尺寸为宽 70 厘米×高 50 厘米×厚 4 厘米。

四、水站标识牌安装

（一）标志牌应根据水站站房设计建造情况，悬挂于正门的右侧（或左侧）醒目位置（浮船站或小型站如无悬挂条件，可直接制作成标志牌安装固定在船体或站房外一侧），下沿距离地面 1.8 米。

（二）根据站房的类型选择合适的安装方式，安装位置明显，安装方式牢固并考虑防盗设置。

附 2

水站简介牌技术要求

水站简介牌由各地参照本技术要求制作，制作完成后应安装在水站站房正门处醒目位置。

一、材质及工艺

水站简介牌采用 304#（或更高标准级别）不锈钢制作，钢材厚度不低于 2 毫米，表面采用亚光拉丝工艺处理，加装镜面边条。

二、样式与字体

简介牌中所有字体均采用激光雕刻，其中"国家监测设施严禁干扰破坏"字样以红色漆喷涂，喷涂颜色的 RGB 值为（255，0，0），其余字样均以黑色漆喷涂，喷涂颜色的 RGB 值为（0，0，0）。

简介牌上除"XXX 站简介"和"国家监测设施　严禁干扰破坏"字样为方正大黑简体外，其余字样均为方正大标宋简体。

字体规格要求：

（一）"XXX 站简介"为 120 磅。

（二）"国家监测设施　严禁干扰破坏"为 80 磅。

（三）其余字体均为 45 磅（字体规格仅供参考，各地可根据每个站点简介内容多少适当调节字体大小和行间距）。

二维码规格要求：

简介牌上的二维码为正方形，尺寸为宽 6.8 厘米×高 6.8 厘米，采用激光雕刻，并以黑色漆喷涂，喷涂颜色的 RGB 值为（0，0，0）。

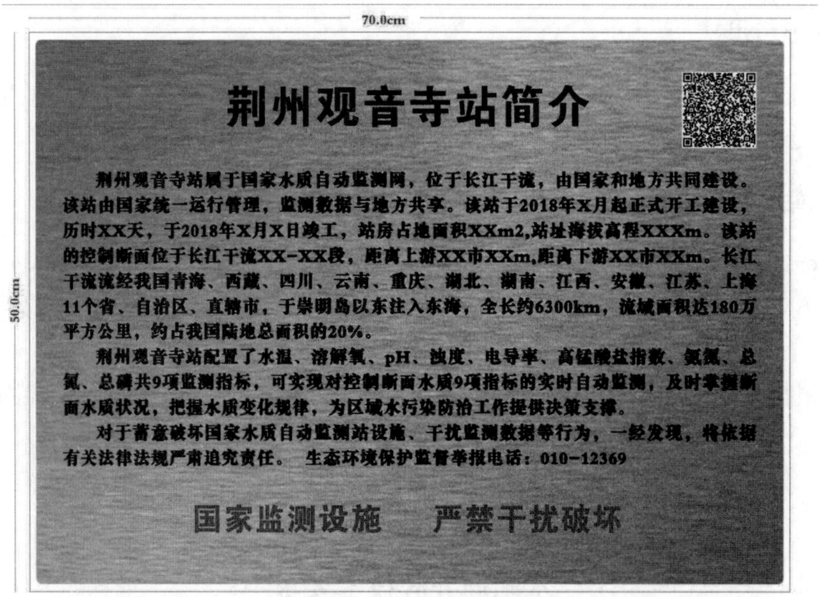

荆州观音寺站简介

荆州观音寺站属于国家水质自动监测网，位于长江干流，由国家和地方共同建设。该站由国家统一运行管理，监测数据与地方共享。该站于2018年X月起正式开工建设，历时XX天，于2018年X月X日竣工，站房占地面积XXm2，站址海拔高程XXXm。该站的控制断面位于长江干流XX-XX段，距离上游XX市XXm，距离下游XX市XXm。长江干流流经我国青海、西藏、四川、云南、重庆、湖北、湖南、江西、安徽、江苏、上海11个省、自治区、直辖市，于崇明岛以东注入东海，全长约6300km，流域面积达180万平方公里，约占我国陆地总面积的20%。

荆州观音寺站配置了水温、溶解氧、pH、浊度、电导率、高锰酸盐指数、氨氮、总氮、总磷共9项监测指标，可实现对控制断面水质9项指标的实时自动监测，及时掌握断面水质状况，把握水质变化规律，为区域水污染防治工作提供决策支撑。

对于蓄意破坏国家水质自动监测站设施、干扰监测数据等行为，一经发现，将依据有关法律法规严肃追究责任。 生态环境保护监督举报电话：010-12369

国家监测设施　严禁干扰破坏

图 1　水站简介牌参考效果

三、外形与尺寸

水站简介牌外形采用不锈钢长方体，在正面四边直角处倒角，形成立体效果。
水站简介牌尺寸为宽 70 厘米×高 50 厘米×厚 4 厘米。

四、水站简介牌安装

（一）简介牌应根据水站站房设计建造情况，悬挂于正门的左侧（或右侧）醒目位置（浮船站或小型站如无悬挂条件，可直接制作成标志牌安装固定在船体或站房外一侧），上沿与水站标志牌同高，下沿距离地面 1.8 米。

（二）根据站房的类型选择合适的安装方式，安装位置明显，安装方式牢固并考虑防盗设置，有条件的水站可同时设计制作安全警示牌，安装在水站站房外和采水口处醒目位置，安全警示牌标语应与水站简介牌上的标语保持一致。

附 3

水站 LOGO 技术要求

水站 LOGO 主体由生态环境保护徽（下端"MEE"为生态环境部英文缩写）和"国家生态环境监测"字样组合而成，左侧为生态环境保护徽、右侧为文字。由各地参照本技术要求制作，制作完成后安装在水站站房主体建筑顶层醒目位置。

一、材质及工艺

水站 LOGO 可根据站房实际情况，分为箱体式和标牌式两种，其中箱体式 LOGO 采用亚克力板作为表面材料，加装不锈钢框架，内部结构采用不锈钢管为加强材料，亚克力板表面采用丝印或喷砂等工艺；标牌式 LOGO 采用 304#（或更高标准级别）不锈钢制作，表面采用激光雕刻工艺处理。

二、样式与字体

水站 LOGO 底色采用蓝色喷涂，喷涂颜色的 RGB 值为（0，71，157）。

水站 LOGO 所有字样均为方正大黑简体，以白色喷涂，喷涂颜色的 RGB 值为（255，255，255）。

字体规格要求：

（一）"国家生态环境监测"为 820 磅。

（二）英文为 300 磅。

水站 LOGO 上的生态环境保护徽为圆形，直径为 80 厘米，以绿色和白色喷涂，喷涂颜色的 RGB 值分别为（0，154，68）和（255，255，255）。

以上字体和生态环境保护徽的尺寸和字体规格均为参考，各地应根据水站 LOGO 的实际大小，设计合理的尺寸和字体规格，以达到最佳展示效果。

图 1　水站 LOGO 参考效果

三、外形与尺寸

箱体式 LOGO 采用圆柱体和长方体不锈钢框架结构交叉连接而成，形成立体效果；尺寸为宽 600 厘米×高 60 厘米×厚 40 厘米。

标牌式 LOGO 采用不锈钢长方体，在正面四边直角处倒角，形成立体效果；尺寸为宽 600 厘米×高 60 厘米×厚 4 厘米。

以上外形尺寸均为参考，考虑到水站站房类型多样，各地应充分结合实际，根据站房类型和样式，设计合理的尺寸，以达到最佳展示效果。

四、水站 LOGO 安装

（一）箱体式 LOGO 主要安装在固定站或简易站主体建筑顶层醒目位置，标牌式 LOGO 主要安装小型站或浮船站外侧醒目位置。

（二）根据站房的类型选择合适的安装方式，安装位置明显，安装方式牢固，有条件的水站可以考虑在箱体式 LOGO 内设置 LED 灯，并接通站房电源，以提升夜间展示效果。

图 2　水站 LOGO 安装后效果

附 4

水站系统流程图技术要求

水站系统流程图的基本素材由中标的第三方运维公司提供，各地根据第三方运维公司提供的基础素材，自行设计制作水站系统流程图，制作完成后安装在水站站房内醒目位置。

一、材质及工艺

水站系统流程图采用 PP 纸制作，加装亚克力框架。

二、样式与字体

水站系统流程图标题栏底色的主色调为深绿色，呈现渐变式变化，主色调 RGB 值为

（61，172，44）；正文栏底色为浅绿色，底色 RGB 值为（235，245，236）。

水站系统流程图中所有字样均为方正大黑简体。其中，"系统流程图"字样为墨绿色，RGB 值为（0，92，95），4 毫米白色描边，描边色 RGB 值为（255，255，255）；其余字样均为灰黑色，RGB 值为（37，31，33）。

字体规格要求：

（一）"系统流程图"为 100 磅。

（二）其他字体为 50 磅（仅供参考，各地可根据中标运维公司提供的素材尺寸大小和内容多少确定合适的字体大小）。

水站系统流程图的底色及装饰图案仅供参考，各地可根据本地实际，结合地域特色和民族文化特征，自行设计。

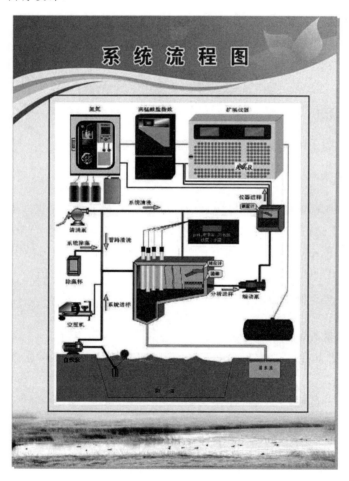

图 1　水站系统流程图参考效果

三、外形与尺寸

水站系统流程图外形采用长方体。

PP 纸板尺寸为宽 58 厘米×高 88 厘米×厚 3 毫米。

亚克力外框尺寸为宽 60 厘米×高 90 厘米×厚 5 毫米。

四、水站系统流程图安装

（一）水站系统流程图应根据水站站房内部面积和装修布局情况，安装在水站站房内醒目位置。

（二）根据站房的类型选择合适的安装方式，安装位置明显，安装方式牢固。

附5

站点流域表征图技术要求

水站站点流域表征图的基本素材（包括流域水系、行政边界、流域内所有站点经纬度信息等基础地理信息）由中国环境监测总站（以下简称监测总站）提供，各地根据监测总站提供的基础素材，自行设计制作站点流域表征图，应做到既能清晰反映流域站点布设情况，又重点突出该水站在流域中的空间位置。水站站点流域表征图制作完成后安装在水站站房内醒目位置。

一、材质及工艺

站点流域表征图采用 PP 纸制作，加装亚克力框架。

二、样式与字体

站点流域表征图标题栏底色的主色调为深绿色，呈现渐变式变化，主色调 RGB 值为（61，172，44）；正文栏底色为浅绿色，底色 RGB 值为（235，245，236）。

站点流域表征图中所有字样均为方正大黑简体。其中，"站点流域表征图"字样为墨绿色，RGB 值为（0，92，95），外加 4 毫米白色描边，描边色 RGB 值为（255，255，255）；其余字样均为灰黑色，RGB 值为（37，31，33）。

字体规格要求：

（一）"站点流域表征图"为 100 磅。

（二）其他字体为 60 磅（仅供参考，各地可根据监测总站提供的基础素材内容多少确定合适的字体大小）。

站点流域表征图的底色及装饰图案仅供参考，各地可根据本地实际，结合地域特色和民族文化特征，自行设计。

三、外形与尺寸

站点流域表征图外形采用长方体。

PP 纸板尺寸为宽 58 厘米×高 88 厘米×厚 3 毫米。

亚克力外框尺寸为宽 60 厘米×高 90 厘米×厚 5 毫米。

上述尺寸仅供参考，可根据每个站点所处流域底图的大小合理设计尺寸，确保站房内所有挂图尺寸协调美观。

四、水站站点流域表征图安装

（一）站点流域表征图应根据水站站房内部面积和装修布局情况，安装在水站站房内醒目位置。

（二）根据站房的类型选择合适的安装方式，安装位置明显，安装方式牢固。

图1　水站站点流域表征图参考效果

附6

运维管理体系图技术要求

水站运维管理体系图包括岗位责任制度图、安全责任制度图、应急管理制度图、维护保养制度图等，各图的基本素材由中国环境监测总站（以下简称监测总站）负责提供，各地根据监测总站提供的基础素材，自行设计制作运维管理体系图，制作完成后安装在水站站房内醒目位置。

一、材质及工艺

运维管理体系图均采用 PP 纸制作，加装亚克力框架。

二、样式与字体

运维管理体系图标题栏底色的主色调为深绿色，呈现渐变式变化，主色调 RGB 值为

（61，172，44）；正文栏底色为浅绿色，同时配有生态环境保护徽水印（水印为圆形，直径为 35 厘米），底色 RGB 值为（235，245，236）。

运维管理体系图中所有字样均为方正大黑简体，其中，标题字样为墨绿色，RGB 值为（0，92，95），外加 4 毫米白色描边，描边色 RGB 值为（255，255，255）；其余字样均为灰黑色，RGB 值为（37，31，33）。

字体规格要求：

（一）标题字体为 100 磅。

（二）其他字体为 50～80 磅（仅供参考，各地可根据每张图内文字的数量确定合适的字体大小和行距）。

运维管理体系图的底色及装饰图案仅供参考，各地可根据本地实际，结合地域特色和民族文化特征，自行设计。

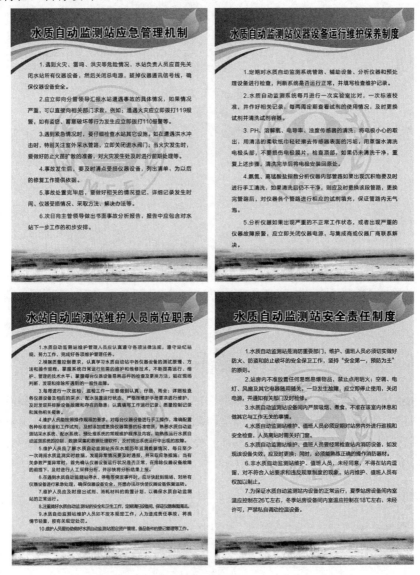

图 1　水站运维管理体系图参考效果

三、外形与尺寸

水站运维管理体系图外形采用长方体。

PP 纸板尺寸均为宽 58 厘米×高 88 厘米×厚 3 毫米。

亚克力外框尺寸均为宽 60 厘米×高 90 厘米×厚 5 毫米。

上述尺寸仅供参考，各地可根据每个站点站房类型及内部空间，合理设计水站运维管理体系图尺寸，但要确保站房内所有挂图尺寸协调美观。

四、水站运维管理体系图安装

（一）水站运维管理体系图应根据水站站房内部面积和装修布局情况，安装在水站站房内醒目位置。

（二）根据站房的类型选择合适的安装方式，安装位置明显，安装方式牢固。

关于全面排查处理长江沿线自然保护地违法违规开发活动的通知

环办生态函〔2018〕258 号

上海、江苏、浙江、安徽、江西、湖北、湖南、重庆、四川、贵州、云南省（市）环境保护厅（局）：

党中央、国务院高度重视长江流域生态环境保护，习近平总书记多次作出重要指示批示，要求当前和今后相当长一个时期，把修复长江生态环境摆在压倒性位置，共抓大保护，不搞大开发。2018 年 4 月，习近平总书记在视察长江时再次强调，推动长江经济带发展必须坚持生态优先、绿色发展的战略定位，对于长江来讲，第一位的是要保护好中华民族的母亲河，不能搞破坏性开发。长江是我国重要生态宝库和生态安全屏障区，其生态承载力是长江经济带发展的基本保障。但是，目前长江沿线仍有部分自然保护地存在着违法违规开发活动，对长江生态环境造成了严重影响和威胁。为全面排查处理长江沿线自然保护地违法违规开发活动，切实做好长江生态环境保护工作，现将有关要求通知如下：

一、进一步提高政治站位，坚决贯彻落实习近平总书记的指示批示精神，深化对长江生态环境保护重大意义的认识，建立长江生态环境保护工作长效机制，坚决遏制破坏长江生态环境的行为。强化监督检查，在国家级和省级自然保护区纳入"绿盾2018"自然保护区监督检查专项行动范围的基础上，将长江干流和主要支流的市级、县级自然保护区和其他各类各级自然保护地（风景名胜区、森林公园、湿地公园等）纳入监督检查范围，全面深入排查破坏自然保护地生态环境的违法违规行为。

二、重点排查在长江干流和主要支流自然保护地的违法违规侵占自然保护地、建设码头、挖沙采砂、工业开发、矿山开采、捕捞水生野生动物、侵占和损毁湿地、自然保护区核心区缓冲区内旅游开发和水电开发等破坏生态问题，建立详细的问题台账，实行拉条挂账和整改销号制度，全面彻底整改。

三、对于涉及自然保护地的违法违规问题，发现一起，查处一起，坚决予以纠正，对相关责任单位和责任人员予以严肃处理，并督促其及时彻底整改和全面修复。对因自然保护地管理责任落实不到位造成生态破坏的，要严肃追究相关地方政府和部门责任。

我部已完成相关国家级和省级自然保护区人类活动遥感监测工作，近期将委托卫星环境应用中心将有关遥感监测报告发送给你厅（局）。为了将遥感监控工作拓展到市、县级自然保护区和其他各类自然保护地。请你厅（局）对本行政区的市、县级自然保护区范围、边界和功能区划图的矢量数据进行汇总统计，于 2018 年 5 月底前报送我部。同时，抓紧搜集其他各类各级自然保护地的边界范围数据，于 2018 年 6 月底前报送我部。

联系人：生态环境部孙晨曦、房志
电话：（010）66556318、66556323

生态环境部办公厅
2018 年 5 月 10 日

关于坚决遏制固体废物非法转移和倾倒进一步加强危险废物全过程监管的通知

环办土壤函〔2018〕266 号

各省、自治区、直辖市环境保护厅（局），新疆生产建设兵团环境保护局：

为落实中央领导同志重要批示指示精神，严厉打击固体废物非法转移倾倒违法犯罪行为，坚决遏制固体废物非法转移高发态势，加强危险废物全过程监管，有效防控环境风险，现就有关要求通知如下：

一、深刻认识遏制固体废物非法转移倾倒，加强危险废物全过程监管的重要性

固体废物污染防治是生态环境保护工作的重要领域，是改善生态环境质量的重要环节，是保障人民群众环境权益的重要举措。加强固体废物和垃圾处置是党的十九大要求着力解决的突出环境问题之一，对于决胜全面建成小康社会，打好污染防治攻坚战具有重要意义。当前我国固体废物非法转移、倾倒、处置事件仍呈高发态势，中央领导同志十分重视，社会高度关注。

各级生态环境部门要以习近平新时代中国特色社会主义思想为指导，全面贯彻落实党的十九大精神，提高政治站位，切实增强"四个意识"，深刻认识遏制固体废物非法转移倾倒，加强危险废物全过程监管工作的重要性。按照省级督导、市县落实、严厉打击、强化监管的总体要求，落实市县两级地方人民政府责任及部门监管责任，以有效防控固体废物环境风险为目标，以危险废物污染防治为重点，摸清固体废物特别是危险废物产生、贮存、转移、利用、处置情况；分类科学处置排查发现的各类固体废物违法倾倒问题，依法严厉打击各类固体废物非法转移行为；全面提升危险废物利用处置能力和全过程信息化监管水平，有效防范固体废物特别是危险废物非法转移倾倒引发的突发环境事件。

二、开展固体废物大排查

（一）全面摸排妥善处置非法倾倒固体废物

各省级生态环境部门要督促市县两级地方人民政府以沿江、沿河、沿湖等区域为排查重点，组织开展固体废物非法贮存、倾倒和填埋情况专项排查；对于排查发现的非法倾倒固体废物，督促各地生态环境部门会同相关部门组织开展核查、鉴别和分类等工作，根据环境风险程度确定优先整治清单，做好涉危险废物突发环境事件的防范应对工作；对于危险废物、医疗废物、重量在 100 吨以上的一般工业固体废物和体积在 500 米^{3}以上的生活垃圾，督促各地生态环境部门会同相关部门按职责分工"一点一策"制定整治工作方案。对排查出的固体废物堆放倾倒点，督导市县两级地方人民政府迅速查明来源，落实相关责任，限期完成处置工作；无法查明来源的，应妥善处置；根据需要组织开展环境损害评估工作。

（二）全面调查危险废物和一般工业固体废物产生源及流向

各级生态环境部门要结合第二次全国污染源普查，会同相关部门按职责全面调查危险废物和一般工业固体废物产生情况，筛选产生量大的重点地区、重点行业和重点企业，分行业、种类建立清单；调查危险废物转移联单执行情况和一般工业固体废物的流向，重点掌握跨省转移的主要固体废物类别、转移量及主要的接收地。对于最终处置去向明确的，抽查核实处置方式的合法性；对于最终处置去向不明确的，严格追查去向，依法追究企业主体责任。

（三）调查评估危险废物和一般工业固体废物处置能力

各级生态环境部门要会同相关部门按职责调查危险废物和一般工业固体废物的处置设施建设和运行情况。重点针对固体废物产生量大、处置能力缺乏、非法转移问题突出的地区，调查评估危险废物和一般工业固体废物处置规划制定及实施情况，以及固体废物处置能力与产生量匹配情况。

三、严厉打击固体废物非法转移违法犯罪活动

（一）建立部门和区域联防联控机制

各省级生态环境部门要加强与公安、交通等部门之间沟通协作，建立多部门信息共享

和联动执法机制，及时共享固体废物跨省转移审批情况、危险废物转移联单、危险货物（危险废物）电子运单、危险废物违法转移情报等相关信息，定期通报危险废物转移种类、数量及流向情况。建立区域联防联控机制，加强沟通协调，共同应对固体废物跨界污染事件。

（二）协同相关部门重拳打击固体废物环境违法犯罪活动

地方各级生态环境部门根据本地区产业结构，重点针对本地区内主要危险废物种类，开展危险废物非法转移专项执法行动，处罚一批，移交一批，加大危险废物的环境监管和违法行为的查处力度。

各级生态环境部门要配合公安等部门，以危险废物为重点，持续开展打击固体废物环境违法犯罪活动，对非法收运、转移、倾倒、处置固体废物的企业、中间商、承运人、接收人等，要一追到底，涉嫌犯罪的，依据《中华人民共和国环境保护法》等法律法规及"两高"司法解释有关规定严肃惩处，查处一批，打击一批，对固体废物环境违法犯罪活动形成强有力的震慑，并根据需要开展生态环境损害赔偿工作。

（三）建立健全环保有奖举报制度

各级生态环境部门要对"12369"环保举报热线、信访等渠道涉及固体废物的举报线索逐一排查核实，做到"事事有着落，件件有回音"。鼓励将固体废物非法转移、倾倒、处置等列为重点奖励举报内容，提高公众、社会组织参与积极性，加强对环境违法行为的社会监督；加强舆论引导，提高公众对固体废物污染防治的环境意识；加大对重大案件查处的宣传力度，形成强力震慑，营造良好社会氛围。

四、落实企业和地方责任，强化督察问责

（一）落实产废企业污染防治主体责任

对产生危险废物的，产生一般工业固体废物量大、危害大的，以及垃圾、污水处理等相关行业，各级生态环境部门要会同相关部门要求相关企业，细化管理台账、申报登记，如实申报转移的固体废物实际利用处置途径及最终去向，并依据相关法规要求公开产生固体废物的类别、数量、利用和处置情况等信息。

各省级生态环境部门要鼓励将非法转移、倾倒、处置固体废物企业纳入环境保护领域违法失信名单，实行公开曝光，开展联合惩戒。各级生态环境部门要依法将存在固体废物违法行为的企业相关信息交送税务、证券监管等相关部门。

（二）督促地方保障固体废物集中处置能力

各省级生态环境部门要结合固体废物处置能力调查评估结果，对处置能力建设严重滞后、非法转移问题突出的地区，加大督导、约谈、限批力度，督促市县两级地方人民政府合理规划布局，重点保障危险废物、污泥和生活垃圾等处置设施用地，加快集中处置设施建设，补足处置能力缺口。

（三）持续开展危险废物规范化管理督查考核

各省级生态环境部门应严格组织开展危险废物规范化管理督查考核省级自查，督促企业严格落实危险废物各项法律制度和标准规范；对于抽查发现的问题及时交办市县两级地方人民政府，督促市县两级地方人民政府及时整改，切实落实危险废物环境监管责任。

（四）开展督察问责，压实地方责任链条

各省级生态环境部门要对固体废物大排查工作进行督导和抽查，对抽查发现的问题及时移交市县两级地方人民政府限期解决。对督办问题整改情况进行现场核查，逐一对账销号；对发现问题集中、整改缓慢的地区，进行通报、约谈。

各省级生态环境部门要将危险废物、污泥和生活垃圾等处置能力建设运行情况纳入省级环保督察内容，重点督察相关能力建设严重滞后、非法转移问题突出、发现问题整治不力的地方，对存在失职失责的，依法依规实施移交问责。

五、建立健全监管长效机制

（一）完善源头严防、过程严管、后果严惩监管体系

地方各级生态环境部门要根据本地区产业结构，对照《国家危险废物名录（2016 年版）》，对重点建设项目环评报告书（表）中危险废物种类、数量、污染防治措施等开展技术校核，对环评报告书（表）中存在弄虚作假的环评机构及行政审批人员，依法依规予以惩处，并督促相关责任方采取措施予以整改。

各省级生态环境部门要结合排污许可制度改革工作安排，鼓励有条件的地方和行业开展固体废物纳入排污许可管理试点。

各省级生态环境部门要结合省以下环保机构监测监察执法垂直管理制度改革，落实环境执法机构对固体废物日常执法职责，将固体废物纳入环境执法"双随机"计划，加大抽查力度，严厉打击非法转移、倾倒、处置固体废物行为。

（二）加强固体废物监管能力和信息化建设

各省级生态环境部门要着力强化省、市两级固体废物监管能力建设。加强环评、环境执法和固体废物管理机构人员的技术培训与交流。各地要在 2018 年 6 月 30 日之前实现与全国固体废物管理信息系统的互通互联，提升信息化监管能力和水平。全面推进危险废物管理计划电子化备案，工业固体废物、危险废物产生单位要每年 3 月 31 日之前通过全国固体废物管理信息系统报送产废数据。全面推动危险废物电子转移联单工作。

（三）建立健全督察问责长效机制

各省级生态环境部门要建立固体废物污染环境督察问责长效机制，持续开展打击固体废物非法转移倾倒专项行动，按照督查、交办、巡查、约谈、专项督察"五步法"，落实地方党委和政府责任。对固体废物非法转出转入问题突出、造成环境严重污染并产生恶劣影响的地区，开展点穴式、机动式专项督察，对查实的失职失责行为实施问责，切实发挥警示震慑作用。

六、有关要求

（一）各省级生态环境部门要在地方党委和政府的统一领导下，将本通知要求与第二次全国污染源普查、省以下环保机构监测监察执法垂直管理制度改革等生态环境领域各项重点工作和改革任务有机结合，强化与工信、住建、交通、水利、卫生等相关部门的沟通协作，明确职责分工，细化工作任务，制定具体方案，强化督查考核，扎实开展有

关工作。

（二）长江经济带 11 省市要按照《关于开展长江经济带固体废物大排查行动的通知》要求，按期完成排查任务并报送排查报告、问题台账和整改方案。

其他省份要在 2018 年 8 月 30 日前，将本地区落实本通知的实施方案报送我部备案；每年年底前将落实本通知的进展情况报告报送我部。

（三）我部将对各地落实本通知的情况进行定期调度督导，分期分批组织开展专项督查，并在全国范围内进行通报。对责任不落实、工作不作为的，将通过中央环境保护督察等机制严肃追责问责。

联系人：焦少俊、姜栋栋、张嘉陵

电话：（010）66556293

传真：（010）66556252

邮箱：swmd@mee.gov.cn

生态环境部办公厅

2018 年 5 月 10 日

关于《大气污染防治行动计划》实施情况终期考核结果的通报

环办大气函〔2018〕367 号

各省、自治区、直辖市人民政府办公厅：

根据《大气污染防治行动计划实施情况考核办法（试行）》（国办发〔2014〕21 号，以下简称《考核办法》）要求，我部会同发展改革委等部门，对全国 31 个省（区、市）贯彻实施《大气污染防治行动计划》（以下简称《大气十条》）情况进行终期考核，考核结果已报经国务院同意。现将有关情况通报如下：

《大气十条》实施 5 年来，在党中央、国务院坚强领导下，各地区各部门各单位思想统一、态度坚决、行动有力，扎实推进各项政策措施。初步建立齐抓共管的治理格局，产业、能源结构得到优化提升，重点行业和领域治理力度不断加大，环境法治保障更加有力，大气环境管理能力稳步提升，《大气十条》确定的 45 项重点工作任务全部按期完成。2017年，全国地级及以上城市可吸入颗粒物（PM_{10}）平均浓度比 2013 年下降 22.7%；京津冀、长三角、珠三角等重点区域细颗粒物（$PM_{2.5}$）平均浓度分别比 2013 年下降 39.6%、34.3%、27.7%；北京市 $PM_{2.5}$ 年均浓度降至 58 微克/米^3；《大气十条》确定的空气质量改善目标全面完成。

根据《考核办法》规定，《大气十条》终期仅考核空气质量改善目标完成情况。按照《大气污染防治行动计划实施情况考核办法（试行）实施细则》《2017 年度空气质量改善目标完成情况考核评估工作细则》要求，组织对各省（区、市）空气质量改善目标完成情况进行考核，并结合各省（区、市）《国民经济和社会发展第十三个五年规划纲要》空气质量约束性指标年度任务完成情况，对《大气十条》考核结果进行了修正。经考核，北京、内蒙古、黑龙江、上海、浙江、福建、山东、湖北、湖南、海南、四川、贵州、云南、西藏、青海等 15 个省份考核等级为优秀；天津、河北、辽宁、吉林、江苏、广东、重庆、新疆等 8 个省份考核等级为良好；山西、安徽、江西、河南、广西、陕西、甘肃、宁夏等 8 个省份考核等级为合格。

党的十九大报告要求"坚持全民共治、源头防治，持续实施大气污染防治行动，打赢蓝天保卫战"，中央经济工作会议要求进一步明显降低 $PM_{2.5}$ 浓度，明显减少重污染天数，明显改善大气环境质量，明显增强人民的蓝天幸福感。各地要深入贯彻落实党中央、国务院的决策部署，持续推动产业、能源、运输和用地结构调整，抓好重污染天气应对，继续深入开展大气污染防治工作，共同推动环境质量持续改善。

生态环境部办公厅

2018 年 5 月 17 日

关于开展"美丽中国，我是行动者"主题实践活动的通知

环办宣教函〔2018〕410 号

各省、自治区、直辖市和新疆生产建设兵团环境保护厅（局）、文明办、教育厅（教委、教育局）、团委、妇联：

为深入贯彻落实党的十九大和全国生态环境保护大会精神，倡导简约适度、绿色低碳生活方式，为打好污染防治攻坚战、建设美丽中国奠定坚实社会基础，现组织在全国开展为期三年的"美丽中国，我是行动者"主题实践活动。有关事项如下：

一、总体要求

（一）指导思想

以习近平新时代中国特色社会主义思想为指导，全面贯彻党的十九大关于推进绿色发展，倡导简约适度、绿色低碳的生活方式，反对奢侈浪费和不合理消费，开展创建节约型

机关、绿色家庭、绿色学校、绿色社区和绿色出行等行动的有关精神，以"美丽中国，我是行动者"为主题，以提高全民生态文明素养、积极践行《公民生态环境行为规范（试行）》为核心，倡导社会各界及公众身体力行，从选择简约适度、绿色低碳的生活方式做起，知行合一，参与美丽中国建设，让"绿水青山就是金山银山"的发展理念深入人心，让低碳环保的绿色生活方式成风化俗，在全社会营造人人、事事、时时、处处崇尚生态文明的社会氛围。

（二）基本原则

1．贴近生活。坚持融入日常、成为经常。活动策划和组织实施要贴近实际、贴近生活、贴近群众，以公众便于参与、乐于参与为出发点和落脚点；根据学校、家庭、社区、街道、农村、机关及企事业单位不同特点，精心设计，分类指导，吸引参与；推动公众在多节约一度电、少浪费一升水、关心支持并参与生态环境保护、坚决制止破坏环境行为过程中强化绿色生活观念、提高生态文明素养。

2．示范引领。坚持典型示范、价值引领。围绕衣、食、住、行、游等各方面，深度挖掘、生动展示公众身边践行绿色生活方式的良好实践、典型经验，为公众日常行为提供示范和遵循；紧密结合本地区本部门实际，打造公众参与度高、吸引力强、行之有效的品牌活动；发挥名人及青少年群体带动辐射作用，激发公众热情，引领主题实践活动往深里走、往实里走、往心里走。

3．实践养成。坚持知行合一、久久为功。积极培育生态道德、弘扬生态文化，使生态文明成为社会主流价值观，成为社会主义核心价值观的重要内容；大力宣传《中华人民共和国环境保护法》关于一切单位和个人都有保护环境的义务等规定，德法相济，助推《公民生态环境行为规范（试行）》内化于心、外化于行；引导公众积极参与绿色实践，逐步形成绿色低碳、文明健康生活习惯，让绿色生产、生活方式成为普遍形态，建立美丽中国建设过程人民参与、成效人民评价、成果人民共享长效机制。

（三）主要目标

通过三年不懈努力，在全社会牢固树立"绿水青山就是金山银山"理念，公众生态环境素养显著提升，形成尊重自然、顺应自然、保护自然生态共识，并落地生根转化为积极行动和巨大合力；人民群众把对美好生态环境向往转化为思想自觉和行动自觉，不坐而论道，不坐享其成，对不友好环境行为积极劝阻，勇敢说不，成为环境保护法律义务的自觉履行者、美好环境的坚定捍卫者、美丽中国建设的积极践行者；群众身边环境"脏、乱、差"现象得到明显遏制，公共空间生活及生态环境质量明显提升；生产、生活方式和消费模式呈现简约适度、绿色低碳、文明健康态势，生态文明观在全社会基本树立，初步形成人人争做美丽中国建设行动者、共同守护蓝天白云、绿水青山良好局面。

二、活动内容

（一）学校。将树立生态文明观、倡导师生践行绿色生活方式融入学校教学管理工作，开展丰富多样的教育实践活动。加强环境教育相关师资培训，鼓励教师在校内组织开展环保主题教育活动。充分利用青少年宫、中小学生研学实践教育基地等青少年校外活动场所，开展绿色生活方式课外教育实践活动，提升广大青少年生态环境人文及科学素养；推动绿色低碳知识进课堂、进教材，推动课本循环使用，课外读物交换阅读。以大学生生态环境保护志愿活动为抓手，依托大学生暑期"三下乡"等活动载体，鼓励高校大学生积极参与到宣传生态环境知识及绿色生活实践中去。用好新媒体平台开展线上线下互动活动。发挥青少年在家庭、社会的辐射带动作用。

（二）社区。组织开展社区生态环境大讲堂活动，向社区居民讲解身边生态环境知识，提高生态环境认识。针对践行绿色生活，给予社区居民系统性、专业性指导，引导居民购买节能环保低碳产品、拒绝过度消费，将绿色生活、绿色出行和绿色休闲模式带入家庭生活，让社区在学校、家庭、社会教育网络中发挥纽带作用。发动社区志愿者力量，开展环境监督工作，发现身边不环保、不文明生产、生活行为，积极劝阻或及时向"12369"举报，争当"生态环境达人"。根据地域地区特色，通过社区提示栏、标语、入户信函、宣传页、社区报、微信群等方式，宣传推广减少垃圾产生及进行垃圾分类具体方法。改善社区绿化，创造优美社区环境。

（三）企业。分行业、领域或在工业园区、商务楼宇开展生态环境责任培训，推动企业切实增强生态环境保护守法意识，承担起生态环境保护主体责任。倡导企业开放生产设施、工艺流程和污染治理设施，接受社会监督，传播低碳循环、绿色发展理念，打造生态环境宣传教育基地；合理安排规划，丰富形式内容，做好服务讲解，推动环保设施和城市污水垃圾处理设施向社会开放工作制度化、规范化；推动垃圾焚烧发电企业落实"装、树、联"（即依法依规安装污染物排放自动监测设备、厂区门口树立电子显示屏实时公布污染物排放和焚烧炉运行数据、自动监测设备与环保部门联网）要求，主动公开排放信息，增强和公众互信互动，自觉接受社会监督。督导重点行业污染源企业自觉达标排放。实施绿色采购，强化绿色包装，增强绿色供给，开展绿色回收，构建绿色产业链，树立生态环境友好良好社会形象。

（四）农村。将有效保护生态环境和自然资源、培养农民群众环境保护意识和良好生活习惯结合起来，推动各村各户积极投身农村人居环境整治行动。聚焦农村生活垃圾处理、生活污水处理、村容村貌整治，杜绝围湖造田、围海造地、过度养殖、过度捕捞、过度放牧以及种地过度使用化肥农药等不良现象，有效利用秸秆、粪便、农膜，防范土壤重金属污染，减少农业面源污染，防止农村生态破坏，改善农村人居环境，让生态美起来、环境靓起来，再现山清水秀、天蓝地绿、村美人和美丽画卷。

三、实施步骤

2018年，宣传动员。开展公民生态环境行为调查，了解公众生态环境行为基本特征；发布《公民生态环境行为规范（试行）》，为公众践行绿色生活方式提供行为指引；发布活动统一标识，制作活动宣传视频、主题歌曲、公益广告等公众喜闻乐见的宣传品，广泛宣传活动理念、方式和内容；各地根据总体要求，结合本地实际，面向重点人群，各显其能，设定具体活动名称，制定方案；六五环境日全国统一启动。

2019年，深化推进。在六五环境日集中曝光不环保典型行为，引导破除破坏生态环境陈规陋习；表扬最美环保行为、最美环保志愿者，发挥典型示范作用；从各地选取一批操作性强、参与度高、效果显著的活动项目予以支持、指导和展示、推广；召开现场会，推动主题实践活动向纵深发展；年终组成联合督导组，对各地活动开展情况进行抽查督导。

2020 年，总结提升。再次开展公众生态环境行为调查，量化检验活动成果并向社会公布；下半年召开活动总结会，总结三年实践探索经验，对各地优秀活动进行表扬，编写优秀活动案例，推动形成全民践行绿色生活方式成熟模式、共同参与美丽中国建设长效机制。

四、工作要求

（一）摆上重要位置。各地各部门要把开展"美丽中国，我是行动者"主题实践活动，放在深入学习贯彻习近平新时代中国特色社会主义思想和党的十九大精神的高度来认识，放在打好污染防治攻坚战、实现美丽中国目标、全面建成小康社会的高度来认识，增强思想自觉，摆上重要位置，提上重要议程，精心谋划部署，结合实际制定具体工作方案，突出工作重点，确保活动及时有效开展；对活动开展给予人力、物力、财力支持。

（二）齐心协力推进。各级文明办要加强对活动的指导，纳入精神文明建设总体部署，纳入文明城市、文明村镇、文明单位、文明家庭、文明校园创建规划，强化保障措施，及时检查督导；各级生态环境部门要积极主动协调其他部门，制定具有本地区特色、行之有效的年度方案和目标并推动实施；教育等部门要发挥职能优势，为活动开展创造条件、提供保障；共青团、妇联等部门要充分发挥桥梁纽带作用，组织动员所联系群众积极参与生态文明建设，广泛汇聚美丽中国建设的社会正能量。

（三）确保取得实效。各地各部门要把活动开展与打好污染防治攻坚战、美丽中国目标基本实现重要时间节点有机结合，选取合适对象，结合当地实际，提出细化方案，落实、落细、落小，积极推动实施，及时检查督导；要做好活动意义、内容及典型示范宣传，增强活动吸引力感染力，见人、见事、见精神；要创新形式与载体，用好新媒体平台及各方面社会资源，调动发挥年轻人的积极性创造性，确保活动开展有声有色，坚决防止形式主义、做表面文章，确保取得实实在在效果。

生态环境部办公厅
中央文明办秘书局
教育部办公厅
共青团中央办公厅
全国妇联办公厅
2018 年 6 月 1 日

关于 2017 年度全国环境影响评价文件技术复核发现问题及处理意见（第一批）的通报

环办环评函〔2018〕411 号

各省、自治区、直辖市环境保护厅（局），新疆生产建设兵团环境保护局，各相关环境影响评价机构及相关人员：

为贯彻落实"放管服"改革要求，强化环评审批业务指导和事中事后监管，根据《关于开展 2017 年度全国环境影响评价文件技术复核工作的通知》（环办环评函〔2017〕677号）要求，我部组织完成了第一批共 14 个省（区、市）各级生态环境部门及其他审批部门审批的 207 个建设项目环境影响报告书（表）技术复核工作。

经复核，共发现 21 个建设项目环境影响报告书（表）存在较大问题。根据《建设项目环境影响评价资质管理办法》（环境保护部令第 36 号）有关规定，对 9 家环评机构（另有 2 家机构已注销资质不再处理）及 26 名环评工程师作出行政处理。其中，责令环评文件存在主要环境保护目标遗漏、主要环境保护措施缺失等问题的 4 家环评机构和 10 名环评工程师限期整改十二个月；责令环评文件存在建设项目工程分析或者引用的现状监测数据错误等问题的 5 家环评机构和 16 名环评工程师限期整改六个月。有关问题及处理意见详见附件。其他问题处理结果将另行通报。

整改期自本通报印发之日起计算，相关情况记入全国环评机构诚信档案。对责令限期整改的环评机构，整改期间各级生态环境主管部门不得受理其编制的环境影响报告书（表）的审批申请；整改期满后，上述机构应向我部提交整改情况报告。对责令限期整改的环评工程师，整改期间各级生态环境主管部门不得受理其作为编制主持人和主要编制人员编制的环境影响报告书（表）的审批申请。

各级生态环境主管部门对复核发现影响审批结论的重大问题，应组织采取有效措施避免项目建设对环境产生重大影响。

上述机构及人员对处理意见有异议的，可在收到本通报之日起 60 日内向我部申请行政复议，也可在收到本通报之日起 6 个月内依法提起行政诉讼。

附件：2017 年度全国环境影响评价文件技术复核发现的问题及处理意见（第一批）

生态环境部办公厅
2018 年 6 月 1 日

2017 年度全国环境影响评价文件技术复核发现的问题及处理意见
（第一批）

序号	环评机构名称	资质证书编号	环评文件名称	编制主持人和主要编制人员	环评文件存在的主要问题	环评机构处理意见	环评工程师处理意见
1	浙江工业大学（现更名为：浙江工业大学工程设计集团有限公司）	国环评证乙字第2006号	浙江宏倍斯智能科技股份有限公司年产4万台不锈钢深井泵、30万套散热器喷涂及前处理生产线技改项目环境影响报告书	编制主持人：林春绵（HP0008283）主要编制人员：吕伯昇（HP0001235）何志桦（HP0001239）	1. 遗漏主要环境保护目标。遗漏多个在大气环境影响评价范围内的居民聚集保护点。不符合《环境影响评价技术导则 大气环境》（HJ 2.2—2008）相关要求。 2. 提出的地表水环境保护措施不可行。在项目区地表水水质超标、水环境无容量的情况下，未制定区域污染物削减方案，也未开展对纳污水体的环境影响预测及评价工作，不符合《环境影响评价技术导则 总纲》（HJ 2.1—2016）相关要求	责令限期整改十二个月	责令限期整改十二个月
2	安徽省四维环境工程有限公司	国环评证乙字第2130号	河南昌泰年产4万吨热镀锌构件项目环境影响报告书	编制主持人：余节发（HP00015161）主要编制人员：高利虎（HP0012292）	1. 遗漏主要环境保护目标。遗漏多个在大气环境影响评价范围内的居民聚集保护点。不符合《环境影响评价技术导则 大气环境》（HJ 2.2—2008）相关要求。 2. 遗漏主要评价因子。未分析酸洗后清洗废水中氯离子产生浓度和处理后的浓度，未对照《城市污水再生利用 工业用水水质》（GB/T 19923—2005）中对洗涤用水的标准（氯离子≤250毫克/升）分析废水处理后回用于洗涤的可行性。 3. 环境影响预测遗漏大气和噪声敏感点，不符合《环境影响评价技术导则 大气环境》（HJ 2.2—2008）、《环境影响评价技术导则 声环境》（HJ 2.4—2009）相关要求	责令限期整改十二个月	责令限期整改十二个月

序号	环评机构名称	资质证书编号	环评文件名称	编制主持人和主要编制人员	环评文件存在的主要问题	环评机构处理意见	环评工程师处理意见
3	济宁市环境保护科学研究所（已更名为：济宁市环境保护科学研究所有限公司）	国环评证乙字第2426号	S220平日路诸城绕城段改建工程环境影响报告书	编制主持人：李丙祥（HP00014694）主要编制人员：郭丽甜（HP00014695）刘甜甜（HP0012857）刘嫣谦（HP00014693）	主要环境保护措施缺失。经现场核实，项目穿越场实，对重要水环境敏感目标诸城市饮用水源二级保护区（青墩水库）与项目位置关系描述不明确，对饮用水源保护区相关影响分析和环保措施不完善；本工程为改扩建项目，"以新带老"内容缺失	责令限期整改十二个月	责令限期整改十二个月
4	东方宇环保科技发展有限公司	国环评证乙字第2543号	新蔡县金裘畜产品生产有限公司年加工100万标张牛原皮项目环境影响报告书	编制主持人：邓胜楠（HP00015934）	主要环境保护措施缺失。未对含铬废水泥砂泥提出单独预处理措施，将其和不含铬的植鞣工段退鞣水泥砂水送混凝沉淀脱色预处理一处理，不符合《制革及毛皮加工工业水污染物排放标准》（GB 30486—2013）相关要求	责令限期整改十二个月	责令限期整改十二个月
5	江苏诚智工程设计咨询有限公司	国环评证乙字第1966号	江苏圣奥能源有限公司年产15万吨苯加氢精制项目环境影响报告书	编制主持人：苗欢（HP00013667）主要编制人员：朱开页（HP0009699）李波（HP00013665）	1.遗漏主要环境评价因子。大气环境评价以及常规因子SO_2、$PM_{2.5}$、NO_x（日均值），不符合《环境影响评价技术导则 大气环境》（HJ 2.2—2008）相关要求。2.未对焦炉煤气中含量较高的硫化氢和氨进行风险评价，不符合《建设项目环境风险评价技术导则》（HJ/T169—2004）相关要求。3.二氧化硫大气预测结果错误	责令限期整改六个月	责令限期整改六个月
6	南京科泓环保技术有限责任公司	国环评证乙字第1980号	江苏长青农化南通有限公司年产35 000吨草铵膦、2 000吨麦草畏、500吨异草松项目环境影响报告书	编制主持人：沈晓庆（HP0010954）主要编制人员：李艳（HP00013638）	工程分析错误。拟建项目废气处理依托现有工程的RTO焚烧炉，根据废气组分拟建项目废气中含有氯苯、二氯甲烷及氯甲烷，未分析依托现有RTO焚烧炉是否合导致二噁英排放量增加	责令限期整改六个月	责令限期整改六个月
			贵州天时佳利能源开发有限责任公司息烽县小寨坝镇30 000吨/年废润滑油收集储存再生资源综合利用厂建设项目环境影响报告书	编制主持人：姜敏（HP00013622）主要编制人员：郝晓娟（HP00014292）	1.未结合周边环境保护目标分布，充分论证项目选址和装置布局的环境可行性，从环境风险防范角度，不符合《建设项目环境风险评价技术导则》（HJ/T169—2004）相关要求。2.环境影响预测与评价方法错误。确定地下水评价工作等级为二级，但未提供评价区环境水文地质条件调查资料，不符合《环境影响评价技术导则 地下水环境》（HJ 610—2016）相关要求	责令限期整改六个月	责令限期整改六个月

序号	环评机构名称	资质证书编号	环评文件名称	编制主持人和主要编制人员	环评文件存在的主要问题	环评机构处理意见	环评工程师处理意见
7	郑州大学环境技术咨询工程有限公司	国环评证乙字第2511号	河南莲花味精股份有限公司生物和发酵高科技园区改技改项目环境影响报告书	编制主持人：代巍（HP 0008754）主要编制人员：荣绍辉（HP 00013202）	遗漏主要评价因子。大气现状监测中未监测臭气浓度等特征因子，也未调查区域大气特征污染物源强，不符合《环境影响评价技术导则 大气环境》（HJ 2.2—2008）相关要求	责令限期整改六个月	责令限期整改六个月
8	宁夏特莱斯环保科技有限公司	国环评证乙字第3811号	宁夏鸿瑞达环保科技有限公司石嘴山正义关固体废物综合利用项目建项目环境影响报告书	编制主持人：邱雁鸿（HP 0011911）	大气环境影响评价等级错误。本项目评价范围内贸兰山国家级自然保护区为一类环境空气质量功能区，评价等级定为三级，不符合《环境影响评价技术导则 大气环境》（HJ 2.2—2008）相关要求	责令限期整改六个月	责令限期整改六个月
9	青海省环境科学研究设计院	国环评证甲字第3901号	格尔木宏扬环保科技有限公司水泥窑综合利用工业废弃物项目环境影响报告书	编制主持人：王涛（HP 0002501）	工程分析错误。提出对飞灰入窑前的预处理措施无法去除钾离子和氯离子等，未分析该措施实施的可行性	责令限期整改六个月	责令限期整改六个月
10	邢台市环境科学研究院	已注销资质	邢台嘉泰环保固（危）废物综合处置工程环境影响报告书	编制主持人：贾飞虎（HP 00015620）主要编制人员：么永盛（HP 0009388）	1.工程分析错误。部分危险废物处置用焚烧法处理不可行，不符合《危险废物工程技术导则》（HJ 2042—2014）相关要求。2. 大气环境现状影响评价监测因子遗漏特征污染物二噁英，不符合《环境影响评价技术导则 大气环境》（HJ 2.2—2008）相关要求	—	责令限期整改六个月
11	延安市环境科学研究所	已注销资质	神华宁夏煤业集团有限责任公司汝箕沟无烟煤分公司白笈沟采区接续北翼露天开采项目环境影响报告书	编制主持人：叶向德（HP 0001102）主要编制人员：叶建阳（HP 0007453）张亚玲（HP 0011202）	1.引用的现状监测数据错误。地下水现状评价引用2012年数据，不符合《环境影响评价技术导则 地下水环境》（HJ 610—2016）相关要求。2. 未开展外排土场地下水、环境空气影响预测，未明确外排土场对贸兰山自然保护区的环境影响；仅提出外排土场生态恢复的原则要求，无具体恢复措施	—	责令限期整改六个月

关于移动使用车载移动式集装箱/车辆检查
系统的复函

环办辐射函〔2018〕630 号

海关总署办公厅：

你厅《关于商请移动使用车载移动式集装箱/车辆检查系统的函》（署办关保函〔2018〕1 号）收悉。根据《放射性同位素与射线装置安全和防护条例》、《放射性同位素与射线装置安全许可管理办法》（环境保护部令 第 3 号）和《放射性同位素与射线装置安全和防护管理办法》（环境保护部令 第 18 号）的有关规定，函复如下：

一、你署在全国海关配备的 MT1213 车载移动式集装箱/车辆检查系统，由同方威视技术股份有限公司生产，使用一台电子加速器作为射线源，输出 X 射线最高能量为 6 MeV，根据《射线装置分类》应属 II 类射线装置。鉴于该型号设备可用于突击检查和随机布控，我部同意对其按照移动使用射线装置进行监管，相关海关在取得辐射安全许可证后，可在本海关的监管区域内移动使用该设备，且无须建筑物屏蔽。

二、对该型号设备，各省级生态环境部门在批复其环境影响评价文件和颁发辐射安全许可证时，工作场所可限定为海关监管区域内，无须进一步指定具体的使用位置。

三、该型号设备在移动使用时，应按照《放射性同位素与射线装置安全和防护条例》有关室外使用射线装置的要求，划出安全防护区域，设置明显电离辐射警告标志，必要时设专人警戒。

四、移动使用该型号检查设备的海关，应按照《货物/车辆辐射检查系统的放射防护要求》（GBZ143—2015）的相关规定，确保设备的泄漏辐射水平满足有关要求，实体屏蔽、安全联锁、红外报警装置、急停按钮、监控和通信等辐射安全设施有效运行，切实保障公众和环境的辐射安全。

特此函复。

生态环境部办公厅
2018 年 7 月 10 日

关于印发《水体污染控制与治理科技重大专项档案管理实施细则》的通知

环办科技函〔2018〕688号

各地方水专项协调领导小组办公室、各项目（课题）承担单位：

为进一步规范和加强水体污染控制与治理科技重大专项档案管理，根据《科技部关于印发〈国家科技重大专项（民口）档案管理规定〉的通知》（国科发专〔2017〕348号）要求，制定了《水体污染控制与治理科技重大专项档案管理实施细则》（见附件），现印发给你们，请遵照执行。

附件：水体污染控制与治理科技重大专项档案管理实施细则

生态环境部办公厅
住房城乡建设部办公厅
2018年7月18日

附件

水体污染控制与治理科技重大专项档案管理实施细则

第一章 总 则

第一条 为保证水体污染控制与治理科技重大专项（以下简称水专项）档案的安全性、真实性、可靠性、完整性和可用性，确保水专项信息资源长期保存和有效共享，根据《中华人民共和国档案法》《国家科技重大专项（民口）档案管理规定》《水体污染控制与治理科技重大专项管理暂行办法》《水体污染控制与治理科技重大专项验收暂行管理细则》《水体污染控制与治理科技重大专项资金管理实施细则（试行）》和国家相关保密法规，制订本细则。

第二条 水专项档案是指在水专项的规划、论证、组织实施、监督评估、考核验收等全过程中产生的，具有保存价值的文字、图表、声像等各种形式和载体的历史记录。

第三条 水专项档案是国家重要科技资源和知识资产，水专项档案管理工作是水专项管理的重要组成部分，应贯穿于水专项的规划、论证、组织实施、监督评估、考核验收等全过程。

第二章 组织领导及职责

第四条 水专项档案管理工作坚持统一领导、分级管理的原则。各级水专项组织实施管理部门要把档案管理工作纳入水专项整体工作，切实加强对水专项档案工作的组织领导。

第五条 水专项牵头组织单位生态环境部和住房城乡建设部（以下简称两牵头组织单位）负责水专项档案工作的管理、监督和检查。主要职责是：

（一）组织制订水专项档案管理实施细则和工作方案。

（二）建立水专项档案管理工作机制和责任体系，实行项目（课题）承担单位法人负责制和项目（课题）负责人负责制。

（三）指导和监督两牵头组织单位水专项管理办公室（以下简称水专项管理办公室）开展水专项档案管理的具体工作。

第六条 水专项管理办公室按职责分工具体落实水专项档案管理工作。主要职责是：

（一）负责制订水专项档案管理方案。

（二）为水专项档案管理工作提供人员、资金及保管场地等必要的支撑条件，确保档案管理责任落实到人、档案完整保存、工作顺利开展。

（三）负责水专项项目（课题）档案管理工作的组织协调、联络沟通、培训指导及监督检查。

（四）负责组织水专项项目（课题）承担单位开展项目（课题）文件材料的收集、整理、归档和档案验收及移交工作。

（五）负责收集、整理、归档自身产生的水专项文件材料，科学管理并按规定移交水专项档案。

第七条 地方水专项协调领导小组办公室、各专家组负责收集、整理及归档自身产生的水专项文件材料，并提供档案管理的必要支撑条件。

第八条 水专项项目（课题）承担单位按照法人负责制要求，具体落实项目（课题）档案管理工作，主要职责是：

（一）建立健全项目（课题）档案管理制度及工作责任体系，项目（课题）负责人对项目（课题）档案管理工作负直接责任。

（二）为项目（课题）档案管理工作提供人员、资金及保管场地等必要的支撑条件。

（三）收集、整理及归档自身产生的水专项文件材料，规范管理并按时移交项目（课题）档案，保证档案齐全、完整、真实、准确。

第三章 归档范围与整理要求

第九条 水专项文件材料归档范围按照《水专项文件材料归档及移交范围表》（见附1）执行，水专项档案保管期限为永久。

第十条 水专项文件材料归档整理要求：

水专项档案整理及归档应按照国家相关标准执行。

（一）水专项档案的收集、整理应遵循相关规定及标准，保证内容齐全、完整、真实、准确，能够全面反映水专项的立项背景、实施过程、验收及应用转化效果；档案应字迹清楚、图样清晰、图表整洁等。

（二）水专项项目（课题）文件材料按照项目（课题）进行分类整理，其中综合材料按年度—问题组卷。卷内文件按时间顺序排列，编制卷内目录与备考表，在备考表中对案卷基本情况进行说明。

（三）电子文件应与纸质文件材料同步归档。

第四章 过程管理与保存

第十一条 各级水专项组织实施管理部门及项目（课题）承担单位依据档案管理职责分工及相关规定，对水专项各实施阶段产生的应归档文件材料进行系统整理，及时归档保存。

第十二条 水专项项目（课题）参与单位应将各自产生的水专项档案移交项目（课题）牵头承担单位，形成项目（课题）全套档案，统一保管。

第十三条 水专项项目（课题）牵头承担单位在项目（课题）通过验收或终止、撤销后 3 个月内，将项目（课题）应移交档案报送水专项管理办公室。水专项管理办公室在每年 6 月底及 12 月底，将应移交档案报送科技部重大专项办公室。

第十四条 水专项管理办公室和项目（课题）承担单位应按照要求逐级移交档案，并对移交档案实行多套备份，确保移交后本级仍保存完整档案。

第十五条 水专项档案移交前，水专项管理办公室和项目（课题）承担单位应依据《水专项文件材料归档及移交范围表》和《水专项移交档案编号规则》（见附 2）对水专项移交档案进行编码标注。

第十六条 移交档案时，应按照国家有关标准和《水专项文件材料归档和移交范围表》同时移交纸质档案、电子档案并附档案材料清单（见附 3 和附 4），经档案接收单位审核后，双方履行交接手续。

第十七条 水专项各级组织实施管理部门须按照国家法律规定，向有关档案管理机构移交档案。

第十八条 水专项涉密档案管理严格遵照国家相关保密法律法规执行。

第五章 档案验收

第十九条 档案验收是水专项项目（课题）验收的前提。两牵头组织单位、水专项管理办公室、项目（课题）承担单位应将档案验收纳入管理工作程序，实行同步管理。

第二十条 水专项项目（课题）档案验收，由项目（课题）承担单位向水专项管理办公室提出验收申请，由水专项管理办公室组织验收。

第二十一条 项目（课题）档案验收工作由水专项管理办公室组织档案验收专家组（以下简称验收专家组）具体实施，验收专家组组成原则：

（一）验收专家组由相关技术、财务及档案专家组成，原则上为单数且不少于 3 人，并确认一名验收专家组长。验收专家组成员应签订承诺书。

（二）档案专家应满足以下条件：具有在政府机关、高等院校和科研机构、国有企业等从事档案工作或档案学研究的相关经历；具备副高级及以上专业技术职称。

第二十二条 档案验收内容主要包括：档案的完整、齐全情况，档案的分类、整理、组卷等情况，纸质档案与电子档案对应及真实性等情况。

第二十三条　验收程序

（一）提出申请。项目（课题）承担单位在任务合同期满后，按照《水专项文件材料归档及移交范围表》开展档案整理与自查，自查合格后向水专项管理办公室提出档案验收申请（见附 5）。自查内容主要包括：档案的齐全、完整、真实、有效情况，档案的整理、组卷质量，纸质档案与电子档案在内容、描述和形式上是否一致。

（二）组织验收。水专项管理办公室收到档案验收申请后，与项目（课题）承担单位拟定档案验收时间，及时组织验收专家组进行档案验收。

第二十四条　验收方式

（一）档案验收原则上以验收会的形式举行。验收会分两部分，一是由验收专家组听取项目（课题）承担单位汇报项目（课题）基本情况、档案管理总体情况；二是验收专家组现场查验项目（课题）档案。

（二）档案验收专家依据档案汇报及查验情况，填写《水专项项目（课题）档案验收专家个人评议表》（见附 6），验收专家组集体讨论形成《水专项项目（课题）档案验收专家组意见》（见附 7），并由验收专家组组长宣布档案验收意见。

（三）水专项项目（课题）档案验收专家组意见包括项目（课题）档案管理情况、档案整理及质量情况、档案验收结论及存在问题等方面内容。

第二十五条　水专项项目（课题）档案验收结论分为合格与不合格。验收组成员全部通过为合格，否则为不合格。档案验收综合得分总分为 100 分，得分高于 80 分（包括 80 分）为合格，得分低于 80 分为不合格。档案验收不合格的项目（课题），由验收专家组提出整改意见，项目（课题）承担单位应在 1 个月内整改完毕，并再次提交档案整改验收申请，由水专项管理办公室组织专家复验。

第二十六条　档案验收合格后，方可进行项目（课题）任务、财务验收。

第二十七条　水专项项目（课题）完成所有验收工作后，水专项管理办公室及项目（课题）承担单位应将验收阶段产生的应归档文件材料归入本项目（课题）档案。

第六章　共享与利用

第二十八条　各级水专项组织实施管理部门和项目（课题）承担单位要在严格遵守国家相关保密及知识产权保护的法律规定下，制订档案有效利用制度，推进水专项档案的共享服务。

第二十九条　各级水专项组织实施管理部门应加强项目（课题）档案信息资源开发利用，为水专项实施、监督检查、评估、督导、验收等管理工作提供便利条件，为科技创新、经济发展和社会进步提供支撑服务。

第三十条　对于重要的、珍贵的档案资料，一般不得提供原件使用。如特殊需要，须按照档案管理权限和工作程序，履行审批手续。

第七章　监督检查与考核奖惩

第三十一条　加强对档案管理工作的监督和检查，建立两牵头组织单位、水专项管理办公室、各专家组和项目（课题）承担单位的逐级监督检查制度，定期对档案保管及移交情况进行检查考核并通报结果。

第三十二条 水专项管理办公室及有关单位要对在水专项档案管理工作中做出突出贡献的单位和个人给予表彰，对没有及时归档、移交档案或存在归档整理不规范等问题的单位和相关责任人给予通报批评并限期整改。

第三十三条 在水专项档案的收集、整理、保管、利用、服务等管理工作中出现违法违纪行为的，依照《档案管理违法违纪行为处分规定》处理。

第八章 附 则

第三十四条 本细则未尽事宜，按有关规定执行。

第三十五条 本细则由水专项管理办公室负责解释，自印发之日起执行。原《水体污染控制与治理科技重大专项档案管理规定（试行）》（环办函〔2014〕36号）同时废止。

　　附：1. 水专项文件材料归档及移交范围表
　　　　2. 水专项移交档案编号规则
　　　　3. 水专项项目（课题）档案清单
　　　　4. 水专项专项层面档案移交清单
　　　　5. 水专项项目（课题）档案验收申请
　　　　6. 水专项项目（课题）档案验收专家个人评议表
　　　　7. 水专项项目（课题）档案验收专家组意见

附1

水专项文件材料归档及移交范围表

阶段	专项序号	文件材料名称	水专项管理办公室				项目（课题）承担单位				移交阶段序号
			归档要求	载体		是否移交	归档要求	载体		是否移交	
				纸质	电子			纸质	电子		
综合材料 Z	01	重要文件	必存	√	√	-	-	-	-	-	
	02	领导重要讲话记录	有则必存	√	√	-	-	-	-	-	
	03	水专项评估报告	有则必存	√	√	-	-	-	-	-	
	04	水专项年报	必存	√	√	-	-	-	-	-	
	05	水专项大事记	必存	√	√	-	-	-	-	-	
	06	通知通告	有则必存	√	√	-	-	-	-	-	
	07	水专项会议纪要（工作简报）	必存	√	√	-	-	-	-	-	
	08	出版刊物及资料	有则必存	√	-	-	-	-	-	-	
规划阶段 A	01	水专项实施方案（含总概算和阶段概算）及相关材料	必存	√	√	-	-	-	-	-	A01
	02	水专项阶段实施计划（含分年度概算）	必存	√	√	-	-	-	-	-	A02
	03	水专项年度计划（含年度预算）	必存	√	√	-	-	-	-	-	A03
	04	水专项管理办法、制度	必存	√	√	-	-	-	-	-	A04
	05	水专项年度指南	必存	√	√	-	-	-	-	-	A05
	06	水专项年度立项批复	必存	√	√	√	必存	√	-	-	B05

阶段	专项序号	文件材料名称	水专项管理办公室 归档要求	纸质	电子	是否移交	项目（课题）承担单位 归档要求	纸质	电子	是否移交	移交阶段序号
申报立项阶段 B	01	申报书	必存	√	√	√	必存	√	√	√	B01
	02	实施方案（论证版）	必存	√	√	-	必存	√	√	-	
	03	预算书（论证版）	必存	√	√	-	必存	√	√	-	
	04	形式审查意见	有则必存	√	√	-	-	-	-	-	
	05	论证评审会材料 （1）论证（择优评审）会议通知	必存	√	√	-	必存	√	√	-	
		（2）论证（评审）专家签到表	必存	√	√	√	-	-	-	-	B02
		（3）论证（评审）专家承诺书	必存	√	√	√	-	-	-	-	B02
		（4）论证（评审）专家回避表	有则必存	√	√	√	-	-	-	-	B02
		（5）论证（评审）专家打分表	必存	√	√	√	-	-	-	-	B02
		（6）论证（评审）专家分数统计表	必存	√	√	√	-	-	-	-	B02
		（7）论证（评审）专家个人意见	必存	√	√	√	-	-	-	-	B02
		（8）论证（评审）综合意见（含财务意见）	必存	√	√	√	有则必存	-	-	-	B02
		（9）评审视频资料	有则必存	-	√	√	-	-	-	-	B02
		（10）论证（评审）会速记材料	有则必存	√	√	-	-	-	-	-	
		（11）论证（评审）汇报 PPT	有则必存	√	√	-	必存	√	√	-	
	06	实施方案（最终版）及修改说明	必存	√	√	-	必存	√	√	-	
	07	财政部预算评审报告（或电子版打印）	必存	√	√	-	必存	√	√	-	
	08	预算申诉材料	必存	√	√	-	有则必存	√	√	-	
	09	预算书（根据评审报告修改最终版）	必存	√	√	√	必存	√	√	√	B07
	10	任务合同书审查 （1）任务合同书审查会议通知	有则必存	√	√	-	-	-	-	-	
		（2）任务合同书审查专家签到表	有则必存	√	√	-	-	-	-	-	
		（3）任务合同书审查专家组综合意见	有则必存	√	√	-	必存	√		-	
	11	任务合同书	必存	√	√	√	必存	√	√	√	B07
	12	其他相关材料	有则必存	√	√		有则必存	√	√	-	

阶段	专项序号	文件材料名称	水专项管理办公室 归档要求	载体 纸质	电子	是否移交	项目（课题）承担单位 归档要求	载体 纸质	电子	是否移交	移交阶段序号
过程管理阶段C	01	实验任务书、实验大纲	-	-	-	-	有则必存	-	√	-	
	02	实验、探测、测试、观测、观察、野外调查、考察等原始记录、整理记录和综合分析报告等	-	-	-	-	有则必存	-	√	-	
	03	设计文件和图纸,包括示范工程可研、初设和实施方案等文件及设计图纸	-	-	-	-	有则必存	-	√	-	
	04	计算文件、数据处理文件,照片、底片、录音带、录像带等声像文件	-	-	-	-	有则必存	-	√	-	
	05	样品、标本等实物的目录	-	-	-	-	有则必存	-	√	-	
	06	第三方监测方案(含专家组审查意见)	有则必存	√	√	-	有则必存	√	√	-	
	07	督导、中期评估及年度检查报告、意见及整改方案等相关材料	必存	√	√	-	有则必存	√	√	-	
	08	三部门监督评估 (1)三部门监督评估项目(课题)自查报告	必存	√	√	-	有则必存	√	√	-	
		(2)三部门监督评估水专项自查报告	必存	√	√	-	-	-	-	-	
		(3)三部门水专项监督评估报告	必存	√	√	-	-	-	-	-	
	09	项目(课题)阶段进展报告、成果报告	必存	√	√	-	必存	√	√	-	
	10	项目(课题)年度财务决算报告	有则必存	√	√	√	有则必存	√	√	√	D18
	11	水专项年度/阶段执行情况(总结)报告、检查报告	必存	√	√	-	-	-	-	-	
	12	变更材料 (1)变更申请	必存	√	√	√	有则必存	√	√	√	C06
		(2)变更审批表	必存	√	√	√	有则必存	√	√	√	C06
		(3)专家签到表	必存	√	√	√	-	-	-	-	C06
		(4)专家承诺书	必存	√	√	√	-	-	-	-	C06
		(5)专家组意见表	必存	√	√	√	-	-	-	-	C06
		(6)变更批复	必存	√	√	√	必存	√	√	√	C06
	13	执行过程中产生的科技报告	有则必存	√	√	-	有则必存	-	√	-	
	14	其他相关材料(含简报或会议纪要或动态等)	有则必存	√	√	-	有则必存	√	√	-	

阶段	专项序号		文件材料名称	水专项管理办公室				项目（课题）承担单位				移交阶段序号
				归档要求	载体		是否移交	归档要求	载体		是否移交	
					纸质	电子			纸质	电子		
验收阶段 D	01	第三方评估	（1）示范工程第三方评估申请书	有则必存	√	√	-	有则必存	√	-	-	
			（2）示范工程第三方评估通知	有则必存	√	√	-	有则必存	√	-	-	
			（3）示范工程第三方评估专家评估全套材料	有则必存	√	√	-	有则必存	√	√	-	
			（4）示范工程第三方评估报告	必存	√	√	√	有则必存	√	√	√	D06
	02	技术审查	（1）技术审查会通知	必存	√	√	-	-	-	-	-	
			（2）技术审查专家签到表	必存	√	√	-	-	-	-	-	
			（3）技术审查专家承诺书	必存	√	√	-	-	-	-	-	
			（4）技术审查专家组意见	必存	√	√	-	必存	-	-	-	
	03	档案验收	（1）档案验收申请	必存	√	√	√	-	√	√	√	D01
			（2）档案验收通知	必存	√	√	√	-	√	√	-	D02
			（3）档案验收专家签到表	必存	√	√	√	-	√	√	-	D09
			（4）档案验收专家承诺书	必存	√	√	√	-	√	√	-	D09
			（5）档案验收专家个人评议表	必存	√	√	√	-	√	√	-	D09
			（6）档案验收专家组意见	必存	√	√	√	必存	√	√	-	D09
	04	任务验收材料	（1）验收申请书及申请材料目录	必存	√	√	√	必存	√	√	√	D01
			（2）白评价报告（含科技报告）	必存	√	√	√	必存	√	√	√	D03
			（3）验收技术报告	必存	√	√	-	必存	√	√	-	
			（4）5000字成果报告和成果宣传报道材料	必存	√	√	-	必存	√	√	-	
			（5）成果汇编及证明材料（含①关键技术汇编②导则、标准、规范、指南、方案等汇编③示范工程（含管理平台）汇编（管理平台类需含证明材料）④材料/产品/设备/装备汇编⑤专利汇编⑥软件著作权汇编⑦已发表SCI/EI其他论文及专著汇编⑧野外工作站（基地）/实验室汇编⑨软件及数据库汇编⑩政策建议汇编⑪人才凝聚和培养汇编）	必存	√	√	√	必存	√	√	√	D05
			（6）查新报告	必存	√	√	√	必存	√	√	√	D05
			（7）针对年度检查、中期评估、重点抽查及专项审计等发现问题的整改报告，并附相关证明材料	必存	√	√	-	有则必存	√	√	-	

阶段	专项序号	文件材料名称	水专项管理办公室				项目（课题）承担单位				移交阶段序号
			归档要求	载体		是否移交	归档要求	载体		是否移交	
				纸质	电子			纸质	电子		
验收阶段D	04	任务验收材料	（8）子课题验收专家组意见	必存	√	√	-	必存	√	√	-	
			（9）验收现场测试报告	必存	√	√	-	有则必存	√	√	-	
			（10）成果应用证明材料/典型用户报告	必存	√	√	√	必存	√	√	√	D08
			（11）示范工程视频、照片	必存	-	√	-	必存	-	√	-	
			（12）任务验收汇报PPT及其他相关补充材料	必存	√	√	-	必存	√	√	-	
	05	财务验收材料	（1）财务收支执行情况报告	必存	√	√	-	必存	√	√	√	D13
			（2）中央财政结余资金情况说明	必存	√	√	-	必存	√	√	-	
			（3）财务审计报告（有会计师事务所的红章）	必存	√	√	√	必存	√	√	√	D16
			（4）外拨经费支出明细及银行汇款单及直接从财务账套打印的专项经费支出明细、自筹经费支出明细（加盖单位财务部门公章）	必存	√	√	-	必存	√	√	-	
			（5）购置设备对照清单	必存	√	√	-	必存	√	√	-	
			（6）批量购入10万元（含）材料清单及材料供应商资质证明	必存	√	√	-	必存	√	√	-	
			（7）测试化验加工协议，结算清单（或结算依据），发票，测试化验结果报告，测试单位资质证明等	必存	√	√	-	必存	√	√	-	
			（8）单台（套）10万元（含）以上设备费、材料费，单笔支出5000元（含）出版/文献/信息传播/知识产权事务费的支付凭证、支出合同及其他佐证资料复印件；单笔5000元（含）以上劳务费、专家咨询费的支付凭证及发放签收单复印件	必存	√	√	-	必存	√	√	-	
			（9）财务审计、抽查、中期评估、年度检查等各类检查发现的财务问题整改报告，并附相关证明材料	必存	√	√	-	有则必存	√	√	-	

阶段	专项序号	文件材料名称	水专项管理办公室				项目（课题）承担单位				移交阶段序号
			归档要求	载体		是否移交	归档要求	载体		是否移交	
				纸质	电子			纸质	电子		
验收阶段D	05	财务验收材料	（10）与参与单位签定的任务合同书或协议等文件	必存	√	√	-	必存	√	√	-	
			（11）管理部门及课题承担单位审批权限内的预算变更批复文件	必存	√	√	-	必存	√	√	-	
			（12）地方配套到位凭据	必存	√	√	-	有则必存	√	√	-	
			（13）账户对账单	必存	√	√	-	必存	√	√	-	
			（14）财务管理规章制度、组织管理章程等文件	必存	√	√	-	有则必存	√	√	-	
			（15）会计师事务所审计工作评议表	必存	√	-	-	必存	√	√	-	
			（16）中央、地方、自筹资金以及其他渠道资金等核算明细账	必存	√	√	√	必存	√	√	√	D21
			（17）后续支出情况报告及附件	必存	√	√	√	必存	√	√	√	D26
			（18）课题承担单位审批权限内的预算变更批复文件	必存	√	√	√	必存	√	√	√	C06
			（19）财务验收汇报PPT及其他相关补充材料	必存	√	√	-	必存	√	√	-	
	06	形式审查意见表	有则必存	√	-	-	-	-	-	-	
	07	验收会通知	必存	√	√	√	有则必存	-	√	-	D02
	08	任务验收会	（1）任务验收专家签到表	必存	√	√	√	-	-	-	-	D09
			（2）任务验收专家承诺书	必存	√	√	√	-	-	-	-	D09
			（3）任务验收评议表（专家个人意见）	必存	√	√	√	-	-	-	-	D09
			（4）任务验收专家组意见	有则必存	√	√	√	必存	√	√	-	D09
			（5）第三方监督报告等	必存	√	√	√	-	-	-	-	D09
	09	财务验收会	（1）财务验收专家签到表	必存	√	√	√	-	-	-	-	D23
			（2）财务验收专家承诺书	必存	√	√	√	-	-	-	-	D23
			（3）财务验收专家个人意见	必存	√	√	√	-	-	-	-	D23
			（4）财务验收专家组意见	必存	√	√	√	-	√	-	-	D23
			（5）审计报告专家评议表等	必存	√	√	-	-	-	-	-	
	10	验收整改报告	有则必存	√	√	√	有则必存	√	√	√	D25
	11	整改验收（复核）材料（参照验收执行）	有则必存	√	√	√	有则必存	√	√	-	D25
	12	验收结论书	必存	√	√	√	必存	√	√	-	D10

阶段	专项序号	文件材料名称	水专项管理办公室				项目（课题）承担单位				移交阶段序号
			归档要求	载体		是否移交	归档要求	载体		是否移交	
				纸质	电子			纸质	电子		
验收阶段 D	13	水专项项目（课题）财务验收报告	必存	√	√	√	必存	√	√	√	D17
	14	验收抽查材料（含抽查通知、报告、整改报告（方案）等）	必存	√	√	-	有则必存	√	√	-	
	15	成果简报	必存	√	√	-	必存	-	√	-	

注：1. "十二五"项目有则必存；

2. 电子文件或扫描件格式可为：PDF、DOC、JP（E）G、XLS、AVI、MP4、KAS、OWL等；

3. 对于未在本表中列出的文件材料，各项目（课题）可根据实际情况进行扩充；

4. 水专项档案的归档坚持纸质与电子档案并重的原则，电子档与纸质档内容一致；

5. "移交阶段序号"为科技部重大专项办公室规定的与"文件材料名称"项对应的阶段及序号代码，固定不变，需在项目（课题）移交档案时，在附3的"对应文件号"项中填写；

6. 水专项管理办公室移交是指水专项管理办公室向科技部重大专项办公室移交档案，项目（课题）承担单位移交是指项目（课题）承担单位向水专项管理办公室移交档案；

7. "三部门"指"科技部、发展改革委、财政部"。

附2

水专项移交档案编号规则

水专项移交档案编号规则如下所示：

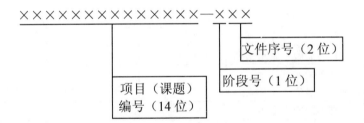

一、编号规则说明

编号前十四位为项目（课题）编号，规划阶段A（水专项实施方案及相关材料、水专项阶段实施计划等）中水专项管理类档案后六位补0；文件编号第十五位为英文半角"-"；文件编号第十六至十八位为《水专项文件材料归档及移交范围表》（附1）中"移交阶段序号"项对应编号，此号与"文件材料名称"项对应，固定不变，由一位阶段代码和两位阿拉伯数字组成。

二、水专项移交档案编号示例

例1：2012ZX07109001-B07（2012年立项的07专项（水专项）第1主题（湖泊主题）09项目001课题申报立项阶段的任务合同书）

例2：2008ZX07000000-A01（2008 年产生的 07 专项（水专项）规划阶段的实施方案及相关材料）

附3

水专项项目（课题）档案清单

项目（课题）名称： 　　　　项目（课题）编号： 　　　　共 　 页第 　 页

序号	档号	水专项项目（课题）档案材料名称	对应文件号	载体类型		页数	是否移交	备注
				电子	纸质			

移交单位（盖章）： 　　　　　　　　　　　　接收单位（盖章）：

移交人： 　　　　接收人： 　　　　交接日期： 　年 　月 　日

说明：1. 本表填写到文件级，针对一个项目（课题）内的具体文件，一份文件为一行；

　　　2. 档号指本单位档案中的真实档号，对应文件号指《水专项文件材料归档及移交范围表》（附 1）中对应的"移交阶段序号"；

　　　3. 未移交档案请在备注中说明原因；

　　　4. 项目（课题）承担单位向水专项管理办公室移交档案材料时提交本表。

附4

水专项专项层面档案移交清单

　　　　　　　　　　　　　　　　　　　　　　　共 　 页第 　 页

序号	档号/项目（课题）编号	水专项档案材料名称	负责人	件数	备注

移交单位（盖章）： 　　　　　　　　　　　　接收单位（盖章）：

移交人： 　　　　接收人： 　　　　交接日期： 　年 　月 　日

说明：1. 水专项管理办公室向科技部重大专项办公室移交档案材料时提交本表，并附所列项目（课题）档案清单（附3）；

　　　2. 档号：项目（课题）档案填写项目（课题）编号，管理档案填写档号；

　　　3. 档案材料名称：项目档案填写项目名称，非项目档案的档案材料名称要能概括本卷档案的内容。

水专项项目（课题）档案验收申请

项目（课题）名称及编号_____

项目（课题负责人）_____（签字）

项目（课题）承担单位_____（公章）

××××年××月

项目（课题）档案承诺书

"×××××××××××××"项目（课题）（课题编号），严格按照《水体污染控制与治理科技重大专项管理办法》《水体污染控制与治理科技重大专项项档案管理实施细则》等相关管理制度进行文件材料的收集、整理、归档工作。本项目（课题）归档文件材料齐全、完整、真实、准确。

项目（课题）负责人：

年　月　日

项目（课题）基本信息表

项目（课题）名称			
项目（课题）编号			
项目（课题）起止日期	自　　年　　月至　　年　　月		
项目（课题）承担单位			
项目（课题）负责人		总经费	总经费＿＿＿＿万元，其中中央财政经费＿＿＿＿万元
档案管理人员及联系方式			
任务合同书签订日期（或含延期批复）			
申请验收时间			
申请单位自查意见	按《水体污染控制与治理重大专项档案管理实施细则》及相关标准要求，已对本项目（课题）档案规范整理，自检符合要求，特申请该项目（课题）档案验收		
项目（课题）参加单位情况	参加单位名称	承担任务	负责人
档案整理情况	本项目（课题）纸质档案共包含＿＿＿＿盒，＿＿＿＿件。电子档案＿＿＿＿件		
档案质量情况	对档案质量情况的基本描述，包括档案齐全完整情况（是否包含所有必备项档案等），电子档案与纸质档案信息一致情况等		
提供相关材料	1.项目（课题）基本情况及档案管理总体情况 2.项目（课题）档案承诺书 3.项目（课题）档案清单		

一、项目（课题）基本情况

简述项目（课题）基本情况，包括目标、主要研究内容、预期成果、考核指标及经费情况。

二、任务完成情况

简述项目（课题）实施进展情况，包括主要研究内容、考核指标完成，成果产出及推广应用等情况。

三、资金投入和管理使用情况

简述项目（课题）中央财政资金到位和下拨，地方财政资金、单位自筹经费和工程配套等到位和落实，以及经费支出和经费执行率等经费管理和使用情况。

四、档案管理情况

1．承担单位档案管理情况。说明课题单位（牵头承担单位、参与单位）档案管理体系与工作机制，档案相关管理制度以及档案管理基础条件（人员、经费、场所、档案管理系统等）情况。

2．项目（课题）归档情况。说明项目（课题）档案的收集、整理和归档情况，包括在申报立项、过程管理、验收等各阶段档案组成及内容、数量等，以及电子档案的管理情况，填写档案清单（附表）；项目（课题）档案总共有多少卷，共计多少件（其中纸质多少件，电子多少件），归档文件材料内容是否齐全、完整、真实、准确；档号编制规则。

五、档案工作后续计划

1．工作计划
针对任务和财务验收，制定相关文件材料整理、归档计划；明确档案移交工作计划。
2．加快电子档案管理系统建设（如果有）。
3．加强档案人员的业务培训（如果有）。

附表

水专项项目（课题）档案清单

项目（课题）名称：　　　　项目（课题）编号：　　　　　　共　　页第　　页

序号	档　号	水专项项目（课题）档案材料名称	载体类型		页数	备注
			电子	纸质		

说明：1．本表填写到文件级，针对一个项目（课题）内的具体文件，一份文件为一行；

2．档号指本单位的档案中的真实档号。

附6

水专项项目（课题）档案验收专家个人评议表

项目（课题）名称				
项目（课题）编号				
项目（课题）起止时间	年　月至　年　月			
项目（课题）承担单位		项目（课题）负责人		
档案存放场所		档案负责人		
评议项		具体评分内容		评分
管理基础（20分）	管理体系与管理制度（10分）	有效执行国家档案相关法律法规，建立切实可行的档案管理体系及责任体系（4分）		
		建立健全档案管理工作制度，制定有效的管理办法和标准（6分）		
	档案管理基础条件（10分）	单位工作预算中包含档案管理相关经费（3分）		
		设置专门档案管理场地，场地符合管理要求，档案装具符合标准，档案材料符合耐久性要求（4分）		
		档案管理部门履行职能，配备专门档案管理工作人员（3分）		
管理质量（70分）	完整性（30分）	申报立项阶段：申报书、实施方案（含修改说明）、预算书、预算评审报告、合同书、立项批复等（6分）		
		过程管理阶段：设计文件和图纸、变更材料、与其他单位的协作协议、合同等相关文件、实验任务书、实验大纲等（12分）		
		验收阶段：示范工程第三方评估材料、技术审查材料、验收材料（任务和财务）、验收抽查材料（8分）		
		其他各阶段应归档的相关资料（4分）		
	准确性（20分）	归档文件材料内容真实、数据准确（12分）		
		归档文件材料签字盖章手续完备（8分）		
	系统性（10分）	档案分类科学，组卷规范、符合国家或行业标准（6分）		
		编目规范合理（4分）		
	有效性（10分）	归档文件材料为有效文件（6分）		
		档案存储、使用合理合规，保证安全有效（4分）		
电子档案（10分）	基础条件（3分）	具有完善的电子档案管理信息化系统/平台/软件，具有完善的电子档案安全管理制度和控制手段/措施（3分）		
	规范性（3分）	电子文件格式规范，电子文件编码、命名与纸质档案组卷完全对应，电子文件载体安全、可靠、易读性强，载体标识规范（3分）		
	一致性（4分）	纸质档案与电子档案同步建立并保持信息一致（4分）		
总　　分				

注：验收组成员全部通过为合格，否则为不合格。档案验收综合得分总分为100分，得分高于80分（包括80分）为合格；得分低于80分为不合格。

专家签名：

年　月　日

水专项项目（课题）档案验收专家组意见

项目（课题）名称					
项目（课题）编号					
项目（课题）起止时间	年　月至　年　月		验收日期	年　月　日	
项目（课题）责任单位					
项目（课题）负责人					

一、评分表

档案验收专家人数			有效意见份数		
专家序号	1	2	3	4	5
专家评分					
综合得分	注：1．综合得分＝（总得分）/（有效意见份数） 　　2．结果保留一位小数				

二、验收专家组意见

（一）对项目（课题）档案情况的总体评价

（二）需要整改的问题

三、档案验收结论建议

□1．合格　　　　　　　　　　□2．不合格

如专家组结论为不合格，按照有关规定整改，再次组织档案验收，验收结论如下：

□1．整改后合格　　　　　　　□2．整改后不合格

四、档案验收专家组名单

姓　名	单　位　名　称	专　业	职务/职称

档案验收专家组组长签名：　　　　　　　　　　　日　期：

档案验收专家签名：

关于进一步加强当前环境安全保障工作的通知

环办应急函〔2018〕694 号

各省、自治区、直辖市环境保护厅（局），新疆生产建设兵团环境保护局：

据中国气象局预报，2018 年 7—8 月我国气候状况总体偏差，降水呈"北多南少"分布特征。北方多雨区主要位于东北地区中南部、华北大部、西北地区中东部、黄淮、江汉北部、江淮北部、西南地区北部，南方多雨区主要位于江南东南部、华南南部。为有效防范和妥善应对暴雨洪涝、泥石流等自然灾害次生的突发环境事件，各地要认真贯彻落实《国务院安委会办公室 应急管理部关于进一步加强当前安全防范工作的紧急通知》（安委办明电〔2018〕10 号）和《关于切实加强 2018 年汛期环境安全防范工作的通知》（环办应急函〔2018〕248 号）等文件要求，切实加强环境风险防范，强化核与辐射安全监管，严格落实责任措施，有效遏制重特大突发环境事件，有力保障环境安全。现将有关要求强调如下：

一、落实责任，防范遏制重特大突发环境事件。进一步强化责任意识和底线思维，把环境安全保障工作摆到突出位置，始终保持高度警觉，防止突发环境事件风险积聚扩散，做好应对各类突发环境事件的应急准备。抓紧对当前突发环境事件风险防范工作进行再动员再部署，推动地方政府、企业和相关部门按照应急预案要求落实各项措施，确保人员、装备、物资调配到位，提高突发环境事件应对能力，坚决防范和遏制重特大突发环境事件。

二、强化预警，有效防控突发环境事件风险。密切关注汛情灾情，充分运用气象、水利、地震、地质灾害等部门预测预报成果，做到信息及时共享、同步应急联动。科学研判灾害性天气可能导致的突发环境事件风险，有针对性地采取防范应对措施。加强地表水水质监测和舆情跟踪，一旦发现异常情况，要迅速核查原因，及时报告信息，果断启动响应。

三、重点防范，落实企业环境安全主体责任。根据行政区域内突发环境事件风险状况和气象特点，加大对危险化学品生产、使用、存储单位，油气运输管线和尾矿库企业，以及民用核设施、核技术利用单位、铀矿冶企业等高风险企业的监督管理力度，督促企业落实环境安全隐患排查治理责任，提前采取突发环境事件风险防范和应对措施，严防极端自然灾害诱发或导致核与辐射安全事故，严防灾害性天气下危险化学品泄漏、尾矿库垮坝溢流等次生事故造成的环境损害。

四、科学周全，扎实做好突发环境事件应急处置工作。加强应急值守，严格执行领导带班和专人值班制度，保证通信联络畅通。事件处置过程中要充分发挥专家和专业救援队伍作用，快速准确开展监测和评价，将气象、水利等因素纳入决策考量范围，注意防范强降雨造成的消防废水溢流等情况，采取科学措施，有力有序应对，把突发环境事件的损失和影响降到最低。

生态环境部办公厅

2018 年 7 月 20 日

关于图书装订项目环境影响评价类别问题的复函

环办环评函〔2018〕702 号

河北省环境保护厅：

你厅《关于图书装订项目环境影响评价类别的请示》（冀环评函〔2018〕816 号）收悉。经研究，函复如下：

同意你厅的意见，对工厂化图书装订项目按照《建设项目环境影响评价分类管理名录》（环境保护部令 第 44 号）"十二、印刷和记录媒介复制业"中的"30 印刷厂；磁材料制品"类建设项目，编制环境影响报告表。

生态环境部办公厅

2018 年 7 月 21 日

关于页岩气开采建设项目环评分类管理
有关问题的复函

环办环评函〔2018〕725 号

重庆市环境保护局：

你局《关于页岩气建设项目环境影响评价分类管理有关问题的请示》（渝环〔2018〕102 号）收悉。经研究，函复如下：

《建设项目环境影响评价分类管理名录》（环境保护部令第 44 号）明确天然气、页岩气、砂岩气开采（含净化、液化）中的新区块开发项目编制环境影响报告书。规划范围与区块范围概念不同，已通过规划环评的规划范围内的新区块开发应编制环境影响报告书。

特此函复。

生态环境部办公厅

2018 年 7 月 25 日

关于印发《生态环境监测质量监督检查三年行动计划（2018—2020 年）》的通知

环办监测函〔2018〕793 号

各省、自治区、直辖市环境保护厅（局），新疆生产建设兵团环境保护局：

为深入贯彻中共中央办公厅、国务院办公厅《关于深化环境监测改革提高环境监测数据质量的意见》（厅字〔2017〕35 号，以下简称《意见》），我部制订了《生态环境监测质量监督检查三年行动计划（2018—2020 年）》（见附件）。现印发给你们，请结合实际认真落实，并就有关工作通知如下：

一、结合已开展的监督检查工作，制定本行政区域生态环境监测质量监督检查三年行动计划。

二、将本行政区域内本年度行动计划工作总结和下年度工作安排有关内容纳入《意见》落实情况进展报告，每年 12 月 31 日前报送我部。

三、监督检查工作中查处的环境监测弄虚作假典型案例要及时报送我部。

联系人：生态环境部 杨嘉玥

电话：（010）66556824

附件：生态环境监测质量监督检查三年行动计划（2018—2020 年）

生态环境部办公厅

2018 年 8 月 3 日

生态环境监测质量监督检查三年行动计划
（2018—2020 年）

生态环境监测质量是生态环境监测工作的生命线。为深入贯彻落实中共中央办公厅、国务院办公厅《关于深化环境监测改革提高环境监测数据质量的意见》（厅字〔2017〕35号，以下简称《意见》），着力解决当前个别地方不当干预生态环境监测、部分排污单位和生态环境监测机构监测数据弄虚作假等突出问题，制订《生态环境监测质量监督检查三年行动计划（2018—2020 年）》（以下简称《行动计划》）。

一、指导思想

以习近平新时代中国特色社会主义思想为指导，认真贯彻落实党中央、国务院决策部署和全国生态环境保护大会要求，立足我国生态环境管理的需要，以创新管理手段、强化监管能力、严格质量制度、规范监测行为为核心，打击监测数据弄虚作假行为，努力营造依法监测、科学监测、诚信监测的氛围，切实保障生态环境监测数据质量，为打赢蓝天保卫战、打好污染防治攻坚战提供有力保障。

二、基本原则

——坚持以治标促进治本，深挖导致生态环境监测数据质量问题的根源，堵塞漏洞，不断完善管理机制、规章制度、质量体系，提高监管水平和能力。

——坚持以重点促进全面，针对重点区域、重点行业、重要环节进行监督检查，以点带面着力解决突出问题。在此基础上规范各级各类生态环境监测机构监测行为，促进生态环境监测质量全面提升。

——坚持以检查促进整改，对在检查中发现的不规范之处即查即改，对严重影响生态环境监测数据质量的问题严肃惩处并及时通报，持续保持高压震慑态势。

——坚持以评价促进管理，通过监督检查，切实保障用于大气、水、土壤三大污染防治行动的相关监测数据真实可靠，更好地客观评价污染防治成效，为支撑生态环境管理提供坚实保障。

三、工作目标

通过实施《行动计划》，到 2020 年，不断健全生态环境监测数据质量保障责任体系，严厉打击不当干预生态环境监测行为，有效遏制生态环境监测机构和排污单位数据弄虚作假问题，营造诚实守信的社会环境和监测氛围，确保生态环境监测机构和人员独立公正开展工作，确保监测数据真实、准确、客观。

四、重点任务

针对当前服务生态环境管理的各类生态环境监测活动，包括生态环境监测机构（含社会化监测机构、机动车检验机构）监测质量、排污单位自行监测质量、环境空气和地表水自动监测质量开展监督检查，重点对监测机构质量体系运行规范性、监测数据弄虚作假情况和各类不当干预生态环境监测行为等开展监督检查。

五、检查内容

（一）生态环境监测机构数据质量专项检查（简称监测机构检查）

生态环境部每年随机抽查生态环境监测机构约 200 家，包括省、市、县级生态环境部门所属的监测机构 20~40 家；机动车检验机构约 100 家，其他社会化环境监测机构 60~80 家。

检查内容主要包括：资质认定有效期和监测能力范围、仪器设备检定校准、标准物质使用、监测报告和原始记录等情况；严肃查处篡改、伪造生态环境监测数据和报告等弄虚作假行为。

（二）排污单位自行监测质量专项检查（简称排污单位检查）

生态环境部以京津冀及周边地区、长三角地区、汾渭平原等区域为重点，检查造纸、火电、水泥、钢铁、焦化、化工、城市污水处理等重点行业排污单位手工监测和自动监测等自行监测数据质量；结合污染源自动监控年度工作重点，组织对不正常运行污染源自动监控设施或弄虚作假等违法行为开展检查。

检查内容主要包括：自行监测方案、原始记录等基础信息、异常情况处理、监测信息公开等情况；自动监控设施建设、日常运行维护校准、设备比对校验情况以及数据的真实性、准确性、完整性等情况。

（三）环境自动监测运维质量专项检查（简称运维质量检查）

生态环境部对国家、省级、地市级环境空气和地表水自动监测站点的运维质量开展专项检查，每年随机选取约 10%的国控、省控、市控点位或断面，共约 150 个环境空气站点或约 200 个地表水断面。

检查内容主要包括：标准规范及管理制度执行情况、自动监测仪器设备运行情况、标准样品使用情况、质量体系运行情况、运维保障情况（含人员、车辆、备机备品配件和质控设备等）、监测数据弄虚作假情况等。

结合上述检查工作，生态环境部对地方生态环境部门落实《意见》情况进行检查。检查内容主要包括：防范和惩治生态环境监测数据弄虚作假责任体系、工作机制、制度建立及执行情况；本地区监测质量管理工作开展和保障情况，以及不当干预监测问题的监督和处理情况；生态环境部约谈、通报生态环境监测不当干预问题的整改落实情况等。

六、组织方式及时间安排

《行动计划》3 年完成，生态环境部单独或联合有关部门每年制定各专项检查年度实施方案并实施。

（一）监测机构检查

生态环境部单独或会同市场监管总局对各级各类生态环境监测机构开展专项检查。使用检查监管 APP，采取资料初查、现场检查的方式开展随机抽查。专项检查采取"双随机"检查、交叉检查和飞行检查相结合的方式。

（二）排污单位检查

生态环境部负责对重点行业排污单位自行监测质量及自动监控系统进行检查，同时采用明查和暗查相结合、联网检查和现场抽查相结合的方式开展"双随机"检查。

（三）运维质量检查

生态环境部负责组织对环境空气和地表水自动监测运维机构监督检查。采用联网检查、现场检查和飞行检查的方式，在全国环境监测系统内抽调业务精良、政治过硬的环境空气、地表水自动监测专家，组成检查组，采取"地域回避"原则进行分组检查。

七、结果应用

生态环境部单独或会同有关部门对存在问题的监测机构、排污单位、运维机构予以通报；对违反《检验检测机构资质认定管理办法》的监测机构由其属地资质认定部门依法依规予以处理；发现地方党政领导干部不当干预生态环境监测活动的，移交有关任免机关或纪检监察机关依纪依法予以处理；涉嫌犯罪的，移交公安、司法机关予以处理，依法追究刑事责任及行政责任；发现地方生态环境部门在落实《意见》过程中存在不作为、慢作为，且问题突出的，纳入中央环境保护督察范畴。向社会公开通报监测数据造假典型案例，情形严重、影响恶劣的，要在政府网站或主流媒体公开，强化警示震慑作用，形成不敢为、不想为、不愿为的环境和氛围。

八、保障措施

（一）加强组织领导

地方各级生态环境部门要进一步提高认识，牢固树立生态环境监测质量意识，积极推动《意见》落实，认真做好本《行动计划》实施；积极会同有关部门充分发挥各自监管优势，建立部门合作机制，加强沟通，形成合力，打击生态环境监测数据弄虚作假行为。

（二）严格组织实施

各省级生态环境部门要依据本《行动计划》，结合已开展的监督检查工作，制定本行政区域三年行动计划。要突出重点领域和重点环节，加大"双随机"检查力度，务必使行动计划取得成效；要把生态环境监测质量监督检查列为 2018—2020 年生态环境监测质量管理的重点工作，在经费、人员等方面提供有力支持，保证各项任务扎实推进。

（三）加强宣传教育

对于检查中发现的问题，各级生态环境部门要及时通报；对于发现监测数据弄虚作假证据确凿的，移交有关部门查处后要综合运用报刊、广播、电视和互联网等媒体进行宣传。加大警示教育力度，解读生态环境监测质量管理政策，形成高压震慑态势，提升相关机构和人员监测质量意识。

（四）健全长效机制

各级生态环境部门要以此次检查为契机，总结检查中行之有效的经验和措施，查找管理漏洞，构建防范和惩治环境监测数据弄虚作假责任体系，完善相关管理制度，健全长效机制，提升管理水平，对监测数据弄虚作假行为零容忍，发现一起、查处一起，确保监测数据真实、客观、准确。

关于印发《重点行业企业用地调查信息采集工作手册（试行）》的通知

环办土壤函〔2018〕884 号

各省、自治区、直辖市环境保护厅（局），新疆生产建设兵团环境保护局：

为指导地方做好重点行业企业用地调查的信息采集组织实施工作，依据《全国土壤污染状况详查总体方案》《重点行业企业用地调查信息采集技术规定（试行）》《重点行业企业用地调查质量保证与质量控制技术规定（试行）》等文件，我部组织编制了《重点行业企业用地调查信息采集工作手册（试行）》（见附件）。现印发给你们，请遵照执行。

附件：重点行业企业用地调查信息采集工作手册（试行）

生态环境部办公厅
2018 年 8 月 24 日

附件

重点行业企业用地调查信息采集工作手册
（试行）

为指导地方做好重点行业企业用地调查信息采集（以下简称"信息采集"）组织实施工作，依据《全国土壤污染状况详查总体方案》、《重点行业企业用地调查信息采集技术规定（试行）》（以下简称《信息采集技术规定》）、《重点行业企业用地调查质量保证与质量控制技术规定（试行）》（以下简称《质控技术规定》）等文件，在总结重点行业企业用地调查（以下简称"企业用地调查"）试点工作经验的基础上，制定本手册。

一、工作内容

信息采集工作内容包括：资料收集与分析、现场踏勘与人员访谈、信息整理与填报、地块信息档案建立。

二、组织方式

信息采集工作建议由省级或地市级环保部门组织实施，通过直接委托或招投标方式确定具有场地调查评估经验，或具有环境影响评价、环境保护竣工验收、清洁生产审核等相关背景的专业机构从事信息采集工作。信息采集工作组织实施部门应结合本地企业用地调查组织实施特点，建立有效的质量控制（以下简称"质控"）工作机制，确定信息采集的质控单位。

基层环保部门负责协调工信、工商、国土、住建、税务、安监等相关部门提供必要的行政支持和相关资料，负责动员本地被调查企业配合做好信息采集工作；专业机构负责实施资料收集分析、现场踏勘访谈、信息整理填报、地块信息档案建立等工作，对调查表填报质量负责；被调查企业负责提供相关资料，配合现场勘查工作，对资料真实性负责。

三、确定调查对象

（一）调查对象确定的原则

重点行业企业的调查对象名单应由地方环保部门会同有关部门，依据《农用地土壤污染状况详查点位布设技术规定》（环办土壤函〔2017〕1021号）中的"附件1 土壤污染重点行业类别及土壤污染重点企业筛选原则"（以下简称"筛选原则"），对当地环保、工信、工商、国土、住建、税务、安监等部门掌握的企业清单整合，对整合后的清单内企业逐一甄别筛选确定。除此之外，符合下列情况的重点行业企业也应纳入调查名单：

1. 尚未开发利用的重点行业关闭搬迁企业；

2. 各地明确的土壤环境重点监管企业、土壤环境污染重点监管单位、排污许可管理中对重金属排放提出许可排放量要求的排污单位；

3. 地方环保部门认为其他对厂区土壤或地下水环境影响突出的企业。

（二）调查对象确定工作的具体实施

调查对象确定工作具体实施时包含国家整合初始企业名单、地方核实初始企业名单、地方增补企业名单三步。

1. 国家整合初始企业名单

国家整合地方空间位置遥感核实阶段确定的重点行业企业名单和农用地详查布点工作中地方核实确认的重点行业企业名单，形成初始企业名单。

各级环保部门在重点行业企业用地调查信息管理系统（以下简称"企业用地调查信息系统"）中为下一级环保部门建立管理账号，供其对初始名单进行核实与增补。省级环保部门应明确名单调整的报备流程，落实属地责任。

2. 地方核实初始企业名单

省级环保部门组织市级、县级环保部门对初始企业名单内的各企业名称、所属行政区域、行业、在产或关闭搬迁状态等基本信息进行核实、补充和完善，必要时进行现场核实。多方核实不存在的企业、军工涉密企业、历史上不存在实际生产行为的企业可不纳入调查范围。关闭搬迁地块调查只针对闲置未开发利用的地块，如地块已经开发利用，由各地根据实际情况，自行确定是否纳入调查范围。

3. 地方增补企业名单

地方增补企业名单是调查对象确定工作中至关重要的一步，必须做到应补尽补，确保各行政区域内调查对象的完整性、准确性。市级、县级环保部门按照筛选原则梳理相关部门掌握的企业清单，确定需要增补为调查对象的企业名单，通过企业用地调查信息系统上传。

四、信息采集前期准备

（一）环保部门准备工作

1. 建立协调机制

市级、县级环保部门与工信、工商、国土、住建、税务、安监等部门建立信息共享机制，协调相关部门提供关闭搬迁企业名单、区域土地利用规划、土地使用权变更登记记录、安全评价报告、危险化学品清单等相关资料（具体参照《信息采集技术规定》中表3）。

2. 召开工作动员会

市级、县级环保部门组织专业机构和被调查企业召开工作动员会，明确各方职责和任务，敦促企业积极配合专业机构及时提供企业资料和信息，全力支持信息采集现场工作。

3. 组织技术培训

省级、市级环保部门组织参与本行政区域信息采集工作的基层管理人员、技术支持单位工作人员、专业机构调查人员参加技术培训，明确企业用地调查总体思路与技术要求，统一信息采集质控技术要求，培训信息采集终端软件和企业用地调查信息系统操作，并强调工作纪律和保密要求。

4. 准备证明文件

组织实施信息采集的地方环保部门为专业机构出具开展工作的证明文件，或为专业机构调查人员制作工作证，便于调查人员进入企业现场开展工作。

5. 组织试点调查

鉴于企业用地调查为全国首次开展，建议信息采集的组织实施部门可分行业或分区域选择代表性的在产和关闭搬迁企业地块，组织专业机构按《信息采集技术规定》开展信息采集试点，落实信息采集技术要求，建立并优化组织实施模式，在试点的基础上全面开展信息采集工作。

（二）专业机构准备工作

1. 制定工作计划

专业机构基于受委托的任务量，做好工作计划，明确工作内容、人员分工和时间安排，成立信息采集工作组（以下简称"工作组"），落实信息采集质控的工作组自审和单位内审工作人员。

2. 准备物品和设备

工作组根据工作需求准备器具、文具、防护用品等物品，并进行信息采集终端软件和企业用地调查信息系统的调试。专业机构通过环保部门获取企业用地调查信息系统账号，建立工作组账号，进行调查任务的内部分配。调查人员在手机、平板电脑或其他专用手持设备上安装信息采集终端软件，并与企业用地调查信息系统联网调试。调查人员也可下载基础信息模板的 Excel 文件，填报后上传企业用地调查信息系统。

五、信息采集

专业机构多渠道收集资料，分析整理有用信息，建立地块信息档案，并通过现场踏勘和人员访谈核实存疑信息、补充未知信息、勾画地块空间信息，填报调查表并上传相关资料，经工作组自审、单位内审后上传企业用地调查信息系统。

（一）资料收集与分析

1. 资料清单准备

专业机构与企业和相关单位做好沟通，提出各部门及企业需准备的资料清单，并明确资料提供方式和时间。

2. 资料收集

专业机构根据《信息采集技术规定》中所列资料清单，从企业和各相关部门收集企业基本信息、生产经营、污染物排放、危险化学品清单、工程地质勘察等相关资料。

对于在产企业地块和有明确使用权主体的关闭搬迁企业地块，主要从企业收集资料，并从当地环保部门补充收集。

对于无明确使用权主体的关闭搬迁企业地块，主要通过以下途径收集信息：（1）走访环保、工信、工商、国土、住建、税务、安监、档案馆等相关部门，收集地块相关管理信息和历史资料；（2）走访街道、社区、企业老员工、周边民众等基层人员，了解地块变迁情况；（3）查询本地同行业类似企业情况，分析生产特点，类比判断被调查企业地块污染信息、特征污染物等，查询地块附近建筑的工程地质勘察资料，了解水文地质情况；（4）通过历史影像确定地块位置、边界、布局和变迁情况；（5）通过快速检测设备判断识别现场污染情况。

3. 资料分析

专业机构逐一查阅所收集资料，核实甄别多源信息，分析提取有用信息，重点分析特征污染物、迁移途径、土壤和地下水可能受污染程度等相关信息，初步填报调查表。

特征污染物为信息采集阶段关键指标，需结合企业生产工艺、污染物排放情况，将产品、原辅材料、中间产物、危险化学品、废气污染物、废水污染物等进行整合分析确定。不仅要考虑地块现存企业的特征污染物，还要兼顾地块上历史企业的特征污染物。

土层性质、地下水埋深、饱和带渗透性等迁移途径相关信息项主要从工程地质勘察报告中分析获取，可请有水文地质专业背景或开展过地质勘察工作的人员分析地层情况后填写；若企业无工程地质勘察报告，可参考企业附近其他企业、建筑物或公路的工程地质勘察信息。重点区域地表覆盖情况、地下防渗措施不能仅简单填写目前现状，要综合地块生产经营活动时间、地表覆盖、地面硬化或防渗的具体时间来综合分析判定。

（二）现场踏勘与人员访谈

1. 现场踏勘准备

专业机构人员根据企业资料分析、调查表初步填报情况，分析资料缺口，确定需补充、核实的信息，明确现场踏勘和人员访谈的工作重点。

与基层环保部门、被调查企业做好对接，提前沟通确定现场踏勘时间、访谈人员、现场踏勘内容和需求、企业现场安全和保密要求、现场工作注意事项等。

准备专业全球定位系统（GPS）设备、相机、防护用品、现场快速检测设备、访谈记录表、承诺书、进出企业的证明文件或工作证等物品。

2. 现场踏勘与人员访谈

专业机构人员赴企业开展现场踏勘与人员访谈，若需要可由基层环保部门或乡镇、街道联络人员陪同。现场发现实际情况与已有资料信息不一致时，以实际情况为准。工作要点包括：

（1）对企业地块基本信息进行核实、修正；

（2）与企业负责人员进行座谈交流，说明调查目的，签署企业承诺书；对于无法确定地块使用权人并签署承诺书的关闭搬迁企业地块，由专业机构做出说明，当地环保部门确认；

（3）对企业重点区域及周边环境进行全面踏勘，重点关注地下设施、防护措施及泄漏情况等，并拍照记录；了解企业地块边界、重要区域及周边敏感受体的空间位置；

（4）在条件允许的情况下，对熟悉地块情况的不同人员进行访谈，基于多方信息甄别判断，填写访谈记录表格；

（5）根据现场踏勘和人员访谈结果，对调查表信息进行核实、补充、调整。

（三）信息整理与填报

专业机构整理所收集的信息，使用企业用地调查信息系统或基础信息模板的 Excel 文件完成调查表填报，并将相关资料、记录、照片、承诺书上传。

专业机构基于收集的资料、现场踏勘及现场定点，勾画地块边界，标出生产车间、储罐、产品及原辅材料储存区、废水治理区、固体废物贮存或处置场等地块内重要区域以及周边 1 km 范围内的学校、医院、居民区、幼儿园、集中式饮用水水源地、饮用水井、食用农产品产地、自然保护区、地表水体等敏感受体。使用企业用地调查信息系统将空间信息矢量文件、空间信息截图文件和空间信息备注文件压缩后上传，具体操作参见附录。

调查表、相关证明材料、空间信息文件等信息采集阶段所需工作资料，在专业机构工作组自审和单位内审后，经企业用地调查信息系统提交。

（四）地块信息档案建立

专业机构按照"一企一档"的原则，根据《全国土壤污染状况详查档案管理办法（试行）》（环办土壤函〔2018〕728 号）及地方信息采集工作组织实施部门的要求，整理汇总信息采集阶段收集的文件资料、图件资料、现场照片及记录、信息调查表、空间信息文件等，建立地块信息档案，交由信息采集工作组织实施部门保存。

六、技术统筹与质量控制

为统一技术要求，保证工作质量，专业机构内部应加强工作总结与交流；省级、市级环保部门定期组织各专业机构之间的工作总结与交流，定期调度各专业机构工作进展；质控单位同步开展质量监督检查。

（一）专业机构定期进行工作总结

专业机构内部应定期组织工作总结会，各工作组对资料收集、现场踏勘、人员访谈、调查表填报工作中存在的技术和操作问题进行交流讨论，研究提出解决方法，请熟悉行业生产工艺的人员对特征污染物等重要信息把关，执行统一的技术要求，并及时将工作推进中的问题和建议反馈给信息采集工作组织实施部门。

（二）定期开展进展调度和总结

信息采集工作组织实施部门应定期调度专业机构工作进展，对未配合工作的被调查企业、未落实工作要求的专业机构进行督办。

召开工作总结会，集中研究处理各专业机构反馈的问题和建议，必要时进行专家咨询，统一技术要求。

（三）质量控制

质控工作与信息采集工作应同步启动。市级、县级环保部门组织实施信息采集工作的，需确定市级质控单位。

专业机构应建立健全质量审核制度，制定和实施内部质控计划，配备工作组自审、单位内审的质量检查人员，对信息采集的完整性、规范性和准确性进行检查并负责，调查表必须经质控相关人员审核签字后方可上报至企业用地调查信息系统。专业机构在完成调查任务后提交工作质量自评估报告。

质控单位按照《质控技术规定》的要求，制定细化的质量监督检查计划和技术要求，对本区域各专业机构填报的调查表进行抽查外审，如实填写地块信息调查表填报质量检查表，并对本区域各专业机构信息采集工作的质量进行综合评估。

七、地块信息调查表上报流程

地块信息调查表单位内审通过方能上报，各级质控单位可以同步开展外审，外审结果将纳入该专业机构工作质量评估中。信息采集结果需经信息采集工作组织实施部门审核确认后逐级上报，上报后上一级环保部门对地块信息调查表的外审结果将纳入对本行政区信息采集工作的成效评估中。具体流程见图1。

1. 省级组织实施信息采集工作的上报流程

地块信息调查表经专业机构调查工作组自审、单位内审后上报任务委托单位，由省级质控单位组织外审，通过后报省级环保部门审核确认并通过企业用地调查信息系统提交。

2．市级、县级环保部门组织实施信息采集工作的上报流程

地块信息调查表经专业机构调查工作组自审、单位内审后上报任务委托单位，由市级质控单位组织外审，通过后报市级环保部门审核确认并通过企业信息系统上报省级环保部门。

省级质控单位组织对专业机构提交的地块信息调查表进行抽查外审，通过后报省级环保部门审核确认并通过企业用地调查信息系统提交。省级、市级质控单位的外审可同时进行。市级环保部门上报省级环保部门后，省级质控单位对调查表的外审结果将作为市级环保部门信息采集工作成效评估的重要依据。

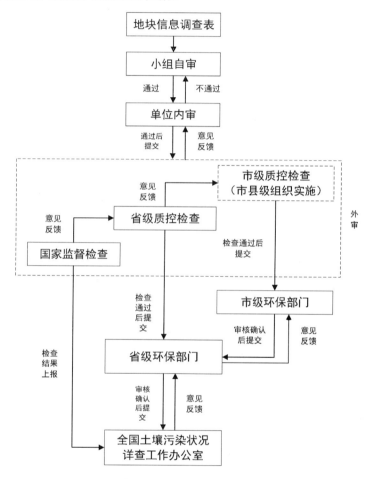

图1　企业地块信息调查表上报流程图

附录

重点行业企业用地空间信息采集及上报操作指南

一、工作内容

重点行业企业用地空间信息采集（以下简称"空间信息采集"）工作主要是基于现场踏勘与高分遥感影像，利用地理信息系统软件，采集重点行业企业用地空间信息并分级上

报。空间信息采集包括三方面内容：（1）勾画出地块边界；（2）标记生产车间、储罐、产品及原辅材料储存区、废水治理区、固体废物贮存或处置场等重要区域；（3）标记企业周边 1km 范围内的学校、医院、居民区、幼儿园、集中式饮用水水源地、饮用水井、食用农产品产地、自然保护区、地表水体等敏感受体。

二、工作流程

空间信息采集工作包括工作准备、现场踏勘和定点、空间信息勾画和标记、空间信息整理与上报。

（一）工作准备

1. 坐标系统

大地基准采用 2000 国家大地坐标系。投影方式采用地理坐标，坐标单位为度，保留小数点后 6 位。高程基准采用 1985 国家高程基准。

2. 工作底图

应选取图像质量较好、图像特征色彩纹理清晰、空间几何定位精度优于 10 米的高分遥感影像作为工作底图。

3. 地理信息系统软件

选取具有高分遥感影像展示、空间信息编辑、空间信息输出等功能的地理信息系统软件（如 ArcGIS、SuperMap、Google 地球等）进行企业用地空间信息的生产与输出。

（二）现场踏勘和定点

开展企业用地现场踏勘，利用专业 GPS 设备现场采集企业用地经纬度信息。若基于工作底图（高分遥感影像）便可准确、全面地标绘出相关信息，可不开展或选择性开展现场踏勘和定点工作。

1. 企业地块边界

利用专业 GPS 设备，在企业地块边界上至少测量 1 个点位的经纬度信息。对于空间连续且边界较规则的企业地块，可在门口或厂区内只测量 1 个点位的经纬度信息；对边界形状复杂或边界不清的企业地块，需测量多个点位的经纬度信息以描述企业地块的大致范围。

2. 重要区域

在生产车间、储罐、产品及原辅材料储存区、废水治理区、固体废物贮存或处置场等重要区域分别测量 1 个点位的经纬度信息。

3. 敏感受体

对调查企业地块周边 1km 范围内存在的学校、医院、居民区、幼儿园、集中式饮用水水源地、饮用水井、食用农产品产地、自然保护区、地表水体等敏感受体，在靠近企业的位置测量 1 个点位的经纬度信息。

（三）空间信息勾画和标记

利用地理信息系统软件，基于高分遥感影像底图，辅以现场测量获得的企业地块边界、重要区域、敏感受体等的 GPS 点位经纬度信息，勾画重点行业企业用地边界，标记重要区域和敏感受体位置，输出空间信息勾画和标记结果的高分遥感影像截图。

1. 企业地块边界勾画

使用多边形编辑工具勾画企业地块边界。

2. 重要区域和敏感受体标记

利用点编辑工具对企业地块内存在的重要区域（生产车间、储罐、产品及原辅材料储存区、废水治理区、固体废物贮存或处置场等）、企业地块周边 1 km 范围内存在的敏感受体（学校、医院、居民区、幼儿园、集中式饮用水水源地、饮用水井、食用农产品产地、自然保护区、地表水体等）标记空间位置，在点位属性表中填写类型编码，编码规则见表 1。

表 1　企业地块空间信息类型编码表

类别	类型	编码	说　　明	标记要求
重要区域	生产车间	11	企业生产区域	中心点
	储罐、产品及原辅材料储存区	12	企业储存区	中心点
	废水治理区	13	企业废水治理区	中心点
	固体废物贮存或处置场	14	企业固体废物堆场	中心点
	其他污染区域	10	其他可能存在污染的区域	中心点
敏感受体	学校	21	周边 1 km 范围内的学校	距离企业地块最近的点
	医院	22	周边 1 km 范围内的医院	距离企业地块最近的点
	居民区	23	周边 1 km 范围内的居民区	距离企业地块最近的点
	幼儿园	24	周边 1 km 范围内的幼儿园	距离企业地块最近的点
	集中式饮用水水源地	25	周边 1 km 范围内的水源地	距离企业地块最近的点
	饮用水井	26	周边 1 km 范围内的饮用水井	距离企业地块最近的点
	食用农产品产地	27	周边 1 km 范围内的食用农产品产地	距离企业地块最近的点
	自然保护区	28	周边 1 km 范围内的自然保护区	距离企业地块最近的点
	地表水体	29	周边 1 km 范围内的地表水体	距离企业地块最近的点
	其他敏感区域	20	周边 1 km 范围内的其他敏感区域	距离企业地块最近的点

（四）空间信息整理与上报

企业地块边界多边形矢量，文件命名方式为"地块编码+polygon"，格式为常用矢量格式 Shape 或 KMZ（如甲地块为"1101151780018polygon.shp"）。企业地块内重要区域和地块周边 1 公里范围内的敏感受体位置的点位矢量，文件命名方式为"地块编码+point"，格式为常用矢量格式 Shape 或 KMZ（如甲地块为"1101151780018point.shp"）。

企业地块空间信息叠加高分遥感影像截图，文件命名方式为"地块编码+截图"，格式统一为 JPG（如甲地块为"1101151780018 截图.jpg"）。

空间信息采集的其他需要说明的事项，可记录在备注文件中，文件命名方式为"地块编码+备注"，格式为 TXT（如甲地块为"1101151780018 备注.txt"）。

将上述文件压缩，文件命名方式为"地块编码"，格式为 RAR（如甲地块为"1101151780018.rar"），通过企业用地调查信息管理系统上报。

三、空间信息采集质控与整合上报

（一）空间信息采集质控

在开展空间信息采集质控工作时，自审、内审、外审均应对空间信息采集的准确性、规范性和完整性进行审核。

（二）整合上报

负责信息采集工作组织实施部门应对本行政区域内重点行业企业用地空间信息进行整合，形成统一的空间分布图件数据集与质量分析报告，空间分布图件数据集统一为 shape 文件格式。整合后的空间分布图件数据集与质量分析报告应逐级上报。

关于 2017 年度全国环境影响评价文件技术复核发现问题
及处理意见（第二批）的通报

环办环评函〔2018〕910 号

各省、自治区、直辖市环境保护厅（局），新疆生产建设兵团环境保护局，各相关环境影响评价机构及人员：

为贯彻落实"放管服"改革要求，强化环评审批业务指导和事中事后监管，根据《关于开展 2017 年度全国环境影响评价文件技术复核工作的通知》（环办环评函〔2017〕677号）要求，我部组织完成了第二批共 16 个省（区、市）各级生态环境主管部门及其他审批部门审批的 274 个建设项目环境影响报告书（表）的技术复核工作。经复核，发现 16个建设项目环境影响报告书（表）存在较大问题。

根据《建设项目环境影响评价资质管理办法》（环境保护部令　第 36 号）有关规定，对 8 家环评机构（另有 4 家机构已脱钩或注销资质，不再处理）及 19 名环评工程师作出行政处理。其中，责令环评文件存在主要环境保护目标遗漏、主要环境保护措施缺失等问题的 3 家环评机构和 4 名环评工程师限期整改 12 个月；责令环评文件存在建设项目工程分析或者引用的现状监测数据错误等问题的 5 家环评机构和 15 名环评工程师限期整改 6个月。有关问题及处理意见详见附件。

整改期自本通报印发之日起计算，相关情况记入全国环评机构及环评工程师诚信系统。对责令限期整改的环评机构，整改期间各级生态环境主管部门不得受理其编制的环境影响报告书（表）的审批申请；整改期满后，上述机构应向我部提交整改情况报告。对责令限期整改的环评工程师，整改期间各级生态环境主管部门不得受理其作为编制主持人和主要编制人员编制的环境影响报告书（表）的审批申请。

上述机构及人员对处理意见有异议的，可在收到本通报之日起 60 日内向我部申请行政复议，也可在收到本通报之日起 6 个月内依法提起行政诉讼。

各级生态环境主管部门对复核发现影响审批结论的重大问题，应组织采取有效措施避免项目建设对环境产生重大影响。

附件：2017 年度全国环境影响评价文件技术复核发现的问题及处理意见（第二批）

生态环境部办公厅

2018 年 8 月 30 日

关于生活垃圾焚烧发电生产废水排放问题的复函

环办环评函〔2018〕1038 号

天津市环境保护局：

你局《关于生活垃圾焚烧发电生产废水排放问题的请示》（津环保环评报〔2018〕95 号）收悉。经研究，函复如下：

《生活垃圾焚烧污染控制标准》（GB 18485—2014）规定，生活垃圾渗滤液和车辆清洗废水应收集并在生活垃圾焚烧厂内处理或送至生活垃圾填埋场渗滤液处理设施处理。若通过污水管网或采用密闭输送方式送至采用二级处理方式的城市污水处理厂处理，应满足以下条件：（1）在生活垃圾焚烧厂内处理后，总汞、总镉、总铬、六价铬、总砷、总铅等污染物浓度达到《生活垃圾填埋场污染控制标准》（GB 16889）表 2 规定的浓度限值要求；（2）城市二级污水处理厂每日处理生活垃圾渗滤液和车辆清洗废水总量不超过污水处理量的 0.5%；（3）城市二级污水处理厂应设置生活垃圾渗滤液和车辆清洗废水专用调节池，将其均匀注入生化处理单元；（4）不影响城市二级污水处理厂的污水处理效果。

来文所述"生活垃圾焚烧发电项目渗滤液、车辆清洗废水通过密闭输送方式送至采用二级处理方式的城市污水处理厂处理"，在满足 GB 18485 标准限定条件的前提下，不属于"采取其他规避监管的方式排放水污染物"的行为。

特此函复。

生态环境部办公厅

2018 年 9 月 22 日

关于进一步做好国家地表水水质自动监测站运维交接和比对测试工作的通知

环办监测函〔2018〕1041号

各省、自治区、直辖市环境保护厅（局），中国环境监测总站：

按照统一部署，在各地各部门的共同努力下，国家地表水水质自动监测站（以下简称水站）运维交接工作按计划推进，取得积极进展。截至目前，水站运维交接涉及的29个省份均已提交（或部分提交）运维交接申请，53.4%的水站已完成现场复核。为确保水站平稳交接、稳定运行，并尽快发挥作用，现将有关事项通知如下：

一、加快水站运维交接进度

各地方生态环境部门作为水站运维交接工作的责任主体，要按照《关于做好国家地表水水质自动监测站运维交接工作的通知》（环办监测函〔2018〕445号）要求，加快推进水站自查工作进度，尽快向中国环境监测总站（以下简称监测总站）提交所有水站运维交接申请。各水站运维公司要集中人力、物力，本着"提交一个、复核一个"的原则，加快水站现场复核工作进度。监测总站根据现场复核情况，尽快分批组织专家进行论证，确保2018年9月底前基本完成水站运维交接工作。部分因洪灾受损的水站交接时间可适当后延。自2018年10月起，已完成论证复核的水站进入地方生态环境部门和第三方运维公司共同运维期。2019年1月起，国家水站由第三方运维公司负责运行维护。

二、推进受灾水站重建修复

对因洪灾等原因导致水站损坏的情况，相关省份生态环境部门要尽快进行重建、修复，并确保建设质量。监测总站要组织专家对各地水站灾后重建、修复工作及时给予指导。原则上，受灾损坏水站的站房、配套设施、采水系统等重建、修复所需经费由相关省份自行解决，仪器设备修复、重置所需经费由国家统一解决。为避免受灾损坏水站再次受洪水影响，各相关省份应对本次站房被淹没或冲毁的水站进行重新选址，并按照水站选址论证流程报我部审核通过后，在新址新建水站。

三、规范水站日常运维管理

监测总站统一负责国家水站的日常运行管理，负责委托第三方机构开展水站运维和质量检查，并做好质量保证和质量控制工作。地方生态环境部门负责水站基础条件保障和水质异常预警应对工作，并配合监测总站做好水站日常管理。各第三方运维公司要严格按合同和标准规范要求，认真做好水站日常运维工作。我部将尽快出台《国家地表水环境质量监测网水质自动监测站运行管理办法（试行）》（以下简称《管理办法》），进一步明确各单位责任分工、工作要求，相关单位要认真落实，确保水站正常稳定运行，监测数据真实准确。原国家投资建设和上收地方建设的111个水站的运行管理按照《管理办法》执行，纳入国家地表水环境质量自动监测网统一管理。各地方生态环境部门要参照国家水站运维交接和运行管理的有关要求，进一步规范本地区水站运维管理工作。

四、全面开展比对测试工作

为更全面、系统地掌握不同流域、不同区域、不同季节和水期手工监测与自动监测数据一致性情况，及时分析数据差异原因并提出解决措施，加快建立自动监测为主、手工监测为辅的地表水环境质量监测体系，我部在认真总结前期比对测试工作基础上，依据有关标准和规范，制定了第二轮《水质自动监测与手工监测比对测试方案》（见附件）。计划自2018年10月起，组织开展第二轮水质自动监测与手工监测比对测试工作。本次比对测试工作分两个阶段进行。第一阶段为2018年10月至12月，第二阶段为2019年1月至12月。比对测试工作由监测总站具体组织实施，负责提供技术保障、加强数据质控、汇总分析并编制测试报告等工作，各水站所属地环境监测站负责第一阶段同时同点水样采集和分析工作，及时将水质分析结果报送监测总站。各水站运维单位负责水站日常运行维护、第二阶段比对测试的水样采集和分析、数据报送等工作。

五、有关要求

（一）各地方生态环境部门要进一步明确细化水站运维交接工作责任，每个环节均要落实具体责任人。要加强与运维公司的沟通协调，建立快速反应机制，及时整改水站现场复核反馈的各种问题，确保运维交接工作顺利开展。同时，要做好水站日常运行各项基础保障工作，确保水站持续稳定运行。

（二）监测总站要加强水站日常管理和业务指导，为各地水站运维交接工作提供技术支持，组织做好手工监测和自动监测比对测试工作，加强异常数据审核和分析研判，确保比对测试工作取得实效。

（三）各运维公司要严格按照《管理办法》和合同要求，制定详实的运维工作流程和管理制度，备足耗材配件，强化人员业务培训，明确岗位责任，认真做好水站日常运维工作，切实保障监测数据质量。

（四）各承担水质手工监测与自动监测比对测试工作的单位，要严格按照比对测试方案和标准规范要求，开展比对测试工作，完善手工监测和自动监测各项质控措施，加强数据审核，确保手工监测和自动监测数据质量。

我部将成立协调督导组，按照"重点突出、问题导向、强化落实"的原则，加大水站运维交接和比对测试督导工作，特别是对运维交接进度滞后和问题较多的地方进行强化督导，逐一研究解决问题，确保 2018 年 9 月底前基本完成水站运维交接工作。

联系人：生态环境监测司　张皓、赵加正

电话：（010）66103117、66556808

联系人：监测总站　姚志鹏、陈亚男

电话：（010）84943091、84943024

附件：水质自动监测与手工监测比对测试方案

生态环境部办公厅

2018 年 9 月 21 日

附件

水质自动监测与手工监测比对测试方案

为贯彻落实《生态环境监测网络建设方案》（国办发〔2015〕56 号），确保国家地表水环境质量监测、评价与考核由地表水手工监测体系向自动监测技术体系平稳过渡，现组织开展水质自动监测与手工监测比对测试工作，并制定本方案。

一、比对依据

（一）《地表水和污水监测技术规范》（HJ/T 91—2002）

（二）《地表水自动监测技术规范（试行）》（HJ 915—2017）

（三）《环境水质监测质量保证手册（第二版）》（化学工业出版社，1994）

（四）《国家地表水环境质量监测网监测任务作业指导书（试行）》（中国环境出版社，2017）

（五）《国家地表水自动监测站运行管理办法》（总站水字〔2007〕182 号）

二、工作内容

（一）比对范围

已建成并联网的 1 770 个国家地表水考核断面水站、原国家投资建设和上收地方建设的 111 个水站，共 1 881 个水站。

（二）比对内容

主要包括自动监测与手工监测同时同点比对和自动监测与采测分离比对两部分。

自动监测与手工监测同时同点比对：即自动监测与手工监测同时在水站采水口采集水样。自动监测系统采集的水样经自动监测仪器分析测试得到自动监测数据，手工采集的水样送至实验室分析得到手工监测数据。

自动监测与采测分离比对：每月水站的自动监测数据与采测分离数据进行比对。

（三）比对指标

包括常规五参数（水温、pH 值、溶解氧、电导率、浊度）、氨氮、高锰酸盐指数、总氮、总磷共 9 个参数。其中常规五参数为现场测试项目；氨氮、高锰酸盐指数、总磷、总氮等 4 项为实验室测试项目。

（四）比对时间与频次

一般安排在每月上旬，每月 1 次。

三、工作安排

（一）第一阶段

2018 年 10 月至 12 月，国家水站共同运维期，水样的采集和分析由水站所属地监测站负责。

（二）第二阶段

2019 年 1 月至 12 月，国家水站由第三方运维公司统一运行维护。水样的采集和分析按《地表水水质自动监测站运行维护技术规范》的质控要求，由第三方运维公司负责。

四、职责与分工

比对工作由生态环境监测司统一组织，中国环境监测总站（以下简称监测总站）具体实施，各地方监测站、第三方运维公司参与。

监测总站负责编制自动监测与手工监测比对方案、提供技术保障、比对测试报告编制等工作。

各地方监测站负责比对测试第一阶段的水样采集和分析、数据报送等工作。

各第三方运维公司负责水站日常运行维护、比对测试第二阶段的水样采集和分析、数据报送等工作。

五、质量控制与保证

手工监测的水样采集、前处理、运输、实验室分析、数据修约与报送等全过程的质量控制与保证严格遵照《国家地表水环境质量监测网监测任务作业指导书（试行）》执行。

自动监测的系统运行、日常维护、例行巡检、质控措施严格遵照《地表水水质自动监测站运行维护技术规范》（报批稿）执行。

六、数据报送

自动监测数据按照统一的通信协议实时上传至国家水质自动综合监管平台。

比对工作第一阶段手工监测数据由各属地监测站按照监测总站格式要求，以 excel 格式发送到监测总站水室邮箱 water@cnemc.cn。比对工作第二阶段手工监测数据由第三方运维公司根据要求上传至国家水质自动综合监管平台。

七、报告编制

比对测试第一阶段结束，监测总站编制第一阶段比对测试分析报告。
比对测试工作完成后，监测总站编制完整的比对测试分析报告。

关于加快制定地方农村生活污水处理排放标准的通知

环办水体函〔2018〕1083号

各省、自治区、直辖市环境保护厅（局）、住房城乡建设厅（建委、水务局），海南省水务厅：

农村生活污水处理排放标准是农村环境管理的重要依据，关系污水处理技术和工艺的选择，关系污水处理设施建设和运行维护成本。为落实《中共中央办公厅国务院办公厅关于印发〈农村人居环境整治三年行动方案〉的通知》要求，指导推动各地加快制定农村生活污水处理排放标准，提升农村生活污水治理水平，现就有关事项通知如下。

一、总体要求

农村生活污水治理，要以改善农村人居环境为核心，坚持从实际出发，因地制宜采用污染治理与资源利用相结合、工程措施与生态措施相结合、集中与分散相结合的建设模式和处理工艺。推动城镇污水管网向周边村庄延伸覆盖。积极推广易维护、低成本、低能耗的污水处理技术，鼓励采用生态处理工艺。加强生活污水源头减量和尾水回收利用。充分利用现有的沼气池等粪污处理设施，强化改厕与农村生活污水治理的有效衔接，采取适当方式对厕所粪污进行无害化处理或资源化利用，严禁未经处理的厕所粪污直排环境。

农村生活污水处理排放标准的制定，要根据农村不同区位条件、村庄人口聚集程度、污水产生规模、排放去向和人居环境改善需求，按照分区分级、宽严相济、回用优先、注重实效、便于监管的原则，分类确定控制指标和排放限值。

二、明确适用范围

农村生活污水就近纳入城镇污水管网的，执行《污水排入城镇下水道水质标准》（GB/T 31962—2015）。500 m^3/天（m^3/d）以上规模（含500 m^3/d）的农村生活污水处理设施可参照执行《城镇污水处理厂污染物排放标准》（GB 18918—2002）。农村生活污水处理排放标准原则上适用于处理规模在 500 m^3/d 以下的农村生活污水处理设施污染物排放管理，各地可根据实际情况进一步确定具体处理规模标准。

三、分类确定控制指标和排放限值

农村生活污水处理设施出水排放去向可分为直接排入水体、间接排入水体、出水回用三类。

出水直接排入环境功能明确的水体，控制指标和排放限值应根据水体的功能要求和保护目标确定。出水直接排入Ⅱ类和Ⅲ类水体的，污染物控制指标至少应包括化学需氧量（COD_{Cr}）、pH、悬浮物（SS）、氨氮（NH_3-N）等；出水直接排入Ⅳ类和Ⅴ类水体的，污染物控制指标至少应包括化学需氧量（COD_{Cr}）、pH、悬浮物（SS）等。出水排入封闭水体或超标因子为氮磷的不达标水体，控制指标除上述指标外应增加总氮（TN）和总磷（TP）。

出水直接排入村庄附近池塘等环境功能未明确的小微水体，控制指标和排放限值的确定，应保证该受纳水体不发生黑臭。

出水流经沟渠、自然湿地等间接排入水体，可适当放宽排放限值。

出水回用于农业灌溉或其他用途时，应执行国家或地方相应的回用水水质标准。

各省（区、市）可在上述要求基础上，结合污水处理规模、水环境现状等实际情况，合理制定地方排放标准，并明确监测、实施与监督等要求。

四、工作要求

各省（区、市）要根据本通知要求，抓紧制定地方农村生活污水处理排放标准，原则上于 2019 年 6 月底前完成。已制定地方农村生活污水处理排放标准的，要根据本通知要求抓紧修订或完善。地方农村生活污水处理排放标准由省（区、市）依法按程序组织制定和公布实施。

地方农村生活污水处理排放标准公布实施后，要在 10 个工作日内报生态环境部备案。标准执行过程中如有问题与建议，请与发布标准的省级人民政府或省级生态环境主管部门联系。

本通知执行过程中有关问题与建议，请与生态环境部、住房城乡建设部联系。

联系人：生态环境部　马涛

电话：（010）66103040

联系人：住房城乡建设部　周文理

电话：（010）58934567

生态环境部办公厅

住房城乡建设部办公厅

2018 年 9 月 29 日

关于城市放射性废物库清库工作相关事宜的复函

环办辐射函〔2018〕1101 号

辽宁省环境保护厅：

你厅《关于开展城市放射性废物库清库工作相关事宜的请示》（辽环〔2018〕64 号）收悉。经研究，函复如下：

一、城市放射性废物库清库工作不属建设项目，不需要履行环评审批手续。

二、国家废放射源集中贮存库位于甘肃矿区西北处置场内，是目前唯一的国家废放射源贮存库，主要任务是收贮废旧放射源和核技术利用放射性废物，由中核清原环境技术工程有限责任公司负责建造和运营。

特此函复。

生态环境部办公厅

2018 年 10 月 10 日

关于市政工程污泥干化项目环境影响评价类别问题的复函

环办环评函〔2018〕1129 号

浙江省环境保护厅：

你厅《关于要求认定市政工程污泥干化项目环境影响评价类别的请示》（浙环〔2018〕16 号）收悉。经研究，函复如下：

同意你厅意见，河道清淤、建筑施工等市政工程产生的污泥通过压滤方式减少污泥含水率，压滤后的污泥外送处置，压滤废水纳入市政污水处理场处理的市政工程污泥干化项目填报环境影响登记表。

特此函复。

生态环境部办公厅

2018 年 10 月 16 日

关于印发重点行业企业用地调查系列工作手册的通知

环办土壤函〔2018〕1168号

各省、自治区、直辖市生态环境（环境保护）厅（局），新疆生产建设兵团环境保护局：

为指导地方做好重点行业企业用地调查的信息采集质量控制、风险筛查结果纠偏、布点采样方案审核工作，依据《全国土壤污染状况详查总体方案》《重点行业企业用地调查信息采集技术规定（试行）》《重点行业企业用地调查质量保证与质量控制技术规定（试行）》《在产企业地块风险筛查与风险分级技术规定（试行）》《关闭搬迁企业地块风险筛查与风险分级技术规定（试行）》《重点行业企业用地调查疑似污染地块布点技术规定（试行）》《重点行业企业用地调查样品采集保存和流转技术规定（试行）》等文件，我部组织编制了重点行业企业用地调查系列工作手册（见附件）。现印发给你们，请参照执行。

  附件：1.重点行业企业用地调查信息采集质量控制工作手册（试行）
    2.重点行业企业用地调查风险筛查结果纠偏工作手册（试行）
    3.重点行业企业用地调查疑似污染地块布点采样方案审核工作手册（试行）

生态环境部办公厅

2018年10月24日

附件1

重点行业企业用地调查信息采集质量控制工作手册
（试行）

为指导地方做好重点行业企业用地调查信息采集质量控制（以下简称信息采集质控）组织实施工作，依据《全国土壤污染状况详查总体方案》《重点行业企业用地调查信息采集技术规定（试行）》（以下简称《信息采集技术规定》）、《重点行业企业用地调查质量保证与质量控制技术规定（试行）》（以下简称《质控技术规定》）等文件，在总结重点行业企业用地土壤污染状况调查（以下简称企业用地调查）试点工作经验的基础上，制定本手册。

本手册可为地方开展质量控制（以下简称质控）工作提供参考和借鉴，地方可根据需要结合本地情况细化实施。

一、使用对象

本手册主要供企业用地信息采集调查单位自审和内审质控人员，以及市级和省级外审质控专家等相关方参考。

二、工作内容

信息采集质控工作主要包括：

（一）调查表填报质量检查

各级外部质控和内部质控人员检查地块信息调查表（以下简称调查表）的完整性、规范性和准确性，其中准确性为重点检查内容。

（二）调查单位和质控单位的工作质量评估

信息采集组织实施机构对承担信息采集的调查单位进行工作质量评估，信息采集上级质控单位对下级质控单位进行工作质量评估。

三、工作方法

（一）调查表填报质量检查

质控人员查看地块基本资料和辅助资料的收集情况、现场踏勘照片、人员访谈记录、地块信息档案情况和空间信息文件等资料，并填写地块调查表填报支撑材料情况（附录1），初步评判资料收集情况是否足以支撑调查表填报，以及建档是否规范。

调查表填报质量检查主要检查填报信息的完整性、规范性和准确性。

1. 信息完整性检查

检查调查表中应填报项是否全部填报。若有缺项，统计带"*"和不带"*"的未填信息项数。带"*"的未填信息项数超过2个或不带"*"的未填信息项数超过5个，则判定为信息完整性检查不合格。

对于缺项，信息采集工作组（以下简称工作组）提供的说明如足以证明其履职尽责或为地方环保部门认可，则可认为说明合理。能提供合理说明的相关缺项则不计入未填信息项。

2. 信息规范性检查

检查调查表中已填报项是否按照《信息采集技术规定》中的填表说明规范填报。统计带"*"和不带"*"的不规范填报信息项数。若带"*"的不规范填报信息项数超过2个或不带"*"的不规范填报信息项数超过5个，则判定为信息规范性检查不合格。

3. 信息准确性检查

检查调查表中带"*"信息项填报是否准确，应重点关注地块风险筛查高分值指标项及对应信息项（附录2）。统计不准确的带"*"信息项数，不准确信息项数超过2个，则判定为信息准确性检查不合格。

本项检查要基于对上传的填报证明材料、地块电子档案和纸质档案进行综合分析后判定，如存在多源资料的信息项是否合理甄别、关联信息项是否前后矛盾、信息项填报是否综合考虑地块历史使用情况等。

4．调查表填报质量评价

地块信息完整性、规范性和准确性检查中，若有一项不合格则判定该调查表填报质量不合格；若三项均合格，统计调查表中带"*"的未填信息项、不规范信息项和不准确信息项总数，超过 5 个则判定为调查表填报质量不合格。

（二）调查单位和质控单位的工作质量评估

1．调查单位工作质量检查

检查调查单位是否建立了信息采集质量检查制度、制定了内部质控计划、配备了足够的自审和内审质量检查人员，是否对调查人员和质量检查人员进行了技术培训，自审、内审是否与调查工作同步开展，是否 100%开展了调查表自审和内审，是否对审核发现问题的整改复核形成了闭环并保存了完整记录。

必要时还应进行现场质量检查，核实地块信息采集内容的准确性。

2．质控单位工作质量检查

检查内容包括质控单位工作准备情况和质控工作开展情况。

质控单位工作准备情况包括：是否制定了信息采集质控工作方案、明确了人员职责分工和质控工作机制、组建了由场地污染调查、环境影响评价、环境监测、水文地质或地质勘探等专业领域技术专家组成的质控专家队伍。

质控工作开展情况包括：外审工作是否与信息采集工作同步启动，外审检查是否覆盖所有调查单位，检查比例是否达到总数的 20%；质控检查记录是否完备，是否形成问题发现、反馈、整改、复核的闭环；信息采集工作完成时是否对各调查单位信息采集工作质量进行综合评估，并编制完成信息采集质控工作总结报告。

各级质控单位同步开展信息采集质量外审工作。仅当下级管理部门审核上报调查表后，上级质控单位对其外审结果才作为对下级质控单位工作质量评估的依据。

3．工作质量评估

基于对调查单位和质控单位的工作质量检查，评估各单位工作质量，根据评估结果分为一般质量问题和严重质量问题。

一般质量问题包括但不限于：质控工作准备滞后或不充分、质控工作机制不合理等。

严重质量问题包括但不限于：对调查单位，内部质控机制失效、连续多个批次外审检查不合格等；对质控单位，质控专家队伍规模与信息采集质控工作量严重不匹配、质控工作机制失效、质控区域内调查表填报不合格情况严重等。

四、组织实施

（一）调查表填报的内部质量检查

调查单位组建信息采集工作组，指定质量检查员；组建信息采集质量检查组，指定组长，制定内审工作计划，统计内审一次通过率。

工作组质量检查员对本组完成的调查表逐一进行自审。自审合格的调查表，由质量检查员签字确认后提交本单位质量检查组进行内审；自审不合格的，工作组应及时进行修改完善，直至自审合格后签字提交。质量检查员除对本工作组完成的调查表进行自审外，还可在工作组间进行交互审查，统一调查单位内部各工作组之间的质量要求。

质量检查组对自审通过的调查表逐一进行内审。内审合格的调查表，由质量检查组组长签字确认后，通过重点行业企业用地调查信息管理系统提交，提交后调查单位将不能更改调查表；内审不合格的，质量检查组应将审查意见反馈给有关责任工作组，责任工作组应及时进行整改，并将修改完善的调查表提交质量检查组再次内审，直至内审合格。

调查单位应按照地方环保部门的企业用地调查档案管理要求建立调查地块的纸质档案和电子信息档案，并进行分类管理。调查地块档案包应含文件资料、图件资料、现场影像及记录、调查表等支撑调查表准确填报的所有证明文件。在各级质控单位进行外审时，调查单位需配合质量监督检查，尽快提供被抽中地块的完整电子信息档案，必要时提供纸质档案，供质控单位用于调查表填报质量的审核判定。

（二）调查表填报的外部质量检查

省级和市级质控单位结合本地信息采集工作的组织实施模式，建立信息采集质控工作机制，组建外审质控专家队伍，制定质控工作计划；结合信息采集工作进展同步启动质控工作，分批次对调查单位内审通过后提交的调查表进行检查，各级质控单位可同步开展外审工作。省级和市级质控单位分别随机开展外审检查工作，对每家调查单位已完成调查表的检查比例不低于20%，适当加大对在产企业用地调查表的检查比例。每个调查表外审完成后填写调查表填报质量检查表（附录3），对不符合项应进行标注，对检查不合格的调查表应出具调查表整改意见单（附录4）。在一个批次调查表的外审工作完成后，质控单位应填写调查表填报质量检查汇总表（附录5），出具该批次外审意见。

若外审检查的调查表合格率达到80%以上，则该批次外审检查为合格；若合格率小于80%，则该批次外审检查为不合格。

对批次外审检查合格的，调查单位应对外审发现的不合格调查表进行整改完善，并将修改后的调查表及整改回复单（附录6）重新提交质控单位外审，直至全部合格为止。

对批次外审检查不合格的，调查单位应对外审发现的不合格调查表和该批次其他未被检查的调查表进行整改完善，并将修改后的调查表及整改回复单（附录6）重新提交质控单位外审，直至该批次合格为止。质控单位应加大对批次检查不合格的调查单位后续的批次外审检查比例。

（三）调查单位和质控单位的工作质量评估

1. 调查单位的工作质量评估

省级和市级质控单位要定期汇总分析各调查单位阶段外审的结果，基于调查单位工作质量评估，对本行政区内各调查单位进行排名。

对发现问题较多、阶段排名靠后的调查单位，各级质控单位要加大其外审检查比例。对连续2个批次外审检查均不合格的，调查单位应重新开展本单位相应批次地块的信息采集工作，并重新填写调查表。对出现严重质量问题的调查单位，本行政区环保部门可调整其任务量甚至取消其调查资格，并在本行政区进行通报。对个别问题特别严重的调查单位应纳入信用系统，建立信用记录，并通过全国信用信息共享平台和国家企业信用信息公示系统向社会公布。

2. 质控单位的工作成效评估

上级质控单位要根据调查表上报情况，定期对下级质控单位的信息采集质控工作开展技术指导和阶段性评估，评估结果报同级环保部门。环保部门视下级行政区的信息采集质控工作成效对其采取预警、限期整改、通报等措施。

附录1

地块调查表填报支撑材料情况

调查单位		调查小组		企业类型	□在产□关闭搬迁□填埋场	
地块名称			地块代码			
自审人及自审日期			单位内审人及单位内审日期			
资料名称				收集情况		
资料收集情况	（1）环境影响评估报告书（表）、环境影响评估登记表			□有		□无
	（2）工业企业清洁生产审核报告			□有		□无
	（3）安全评估报告			□有		□无
	（4）排放污染物申报登记表			□有		□无
	（5）工程地质勘察报告			□有		□无
	（6）平面布置图			□有		□无
	（7）营业执照			□有		□无
	（8）全国企业信用信息公示系统			□有		□无
	（9）土地使用证或不动产权证书			□有		□无
	（10）土地登记信息、土地使用权变更登记记录			□有		□无
	（11）区域土地利用规划			□有		□无
	（12）危险化学品清单			□有		□无
	（13）危险废物转移联单			□有		□无
	（14）环境统计报表			□有		□无
	（15）竣工环境保护验收监测报告			□有		□无
	（16）环境污染事故记录			□有		□无
	（17）责令改正违法行为决定书			□有		□无
	（18）土壤及地下水监测记录			□有		□无
	（19）调查评估报告或相关记录			□有		□无
	（20）土地使用权人承诺书			□有		□无
	其他资料					
现场踏勘情况	踏勘区域有无影像资料			□有		□无
	企业正门			□有		□无
	生产车间			□有		□无
	储存区			□有		□无
	废水治理区			□有		□无
	废气治理设施			□有		□无
	固废储存区			□有		□无
	污染痕迹			□有		□无
	地面裂缝			□有		□无
	沟渠、水塘			□有		□无
	企业周边环境敏感点关系图			□有		□无
	备注					
人员访谈记录表		访谈总人数：人员构成：□企业员工□周边群众 □环保干部□其他人员				
空间信息文件		□企业地块边界、重要区域和敏感受体的空间信息矢量文件 □空间信息叠加高分遥感影像截图 □备注文件				
预判	资料收集情况	□足以支撑调查表填报　□不足以支撑				
	档案建立情况	□合理齐全　□不合理、不齐全				
填报人			填报日期			

地块风险筛查高分值指标项及对应信息项

地块类型	高分值风险筛查指标项	对应调查表中的信息项
在产企业地块	1. 生产经营活动时间 2. 地块中职工的人数 3. 地块周边 500 m 内的人口数量 4. 重点区域离最近敏感目标的距离 5. 污染物对人体健康的危害效应 6. 污染物迁移性 7. 污染物挥发性 8. 泄漏物环境风险 9. 地下水及邻近区域地表水用途 10. 地下水可能受污染程度 11. 地下防渗措施	1. 成立时间 2. 地块利用历史 3. 危险化学品名称 4. 企业是否开展过清洁生产审核 5. 废气污染物名称 6. 废水污染物名称 7. 厂区内是否有产品、原辅材料、油品的地下储罐或输送管线 8. 厂区内是否有工业废水的地下输送管线或储存池 9. 厂区内地下储罐、管线、储水池等设施是否有防渗措施 10. 该企业是否发生过化学品泄漏或环境污染事故 11. 特征污染物名称 12. 地块内职工人数 13. 地块周边 500 m 范围内人口数量 14. 地块周边 1 km 范围内存在以下敏感目标及敏感目标到最近的重点区域的距离 15. 地块所在区域地下水用途 16. 地块邻近区域（100 m 范围内）地表水用途
关闭搬迁企业地块	1. 生产经营活动时间 2. 污染物对人体健康的危害效应 3. 重点区域离最近敏感目标的距离 4. 土壤可能受污染程度 5. 地块土地利用方式 6. 重点区域面积 7. 污染物迁移性 8. 地块及周边 500 m 内人口数量 9. 污染物挥发性 10. 地下水及邻近区域地表水用途 11. 重点区域离最近饮用水井、集中式饮用水水源地的距离 12. 地下水可能受污染程度	1. 运营时间 2. 地块规划用途 3. 地块利用历史 4. 重点区域总面积 5. 该企业是否发生过化学品泄漏或环境污染事故 6. 该地块土壤是否存在以下情况（受污染程度） 7. 该地块地下水是否存在以下情况 8. 特征污染物名称 9. 地块内及周边 500 m 范围内人口数量 10. 地块周边 1 km 范围内存在以下敏感目标及敏感目标到最近的重点区域的距离 11. 地块所在区域地下水用途 12. 地块邻近区域（100 m 范围内）地表水用途

风险筛查高分值指标对应信息项填写说明

在产企业地块			
序号	信息项	填报要求	获取途径
1.	成立时间	1. 一般按《营业执照》或"国家企业信用信息公示系统"中查询的信息填写； 2. 若企业实际投产时间与上述资料中成立时间出入较大，则按实际投产时间填写	《营业执照》、国家企业信用信息公示系统、人员访谈等
2.	地块利用历史	1. 按照年代由近至远的顺序填写地块上被调查的在产企业成立之前的土地使用状况，追溯至农田或荒地； 2. 按土地用途分段填写，且各阶段之间不得有间隔； 3. 若土地用途为工业用地，则需填写行业，行业类别按《国民经济行业分类》（GB/T 4754—2011）行业大类填写	人员访谈、查阅历史资料等
3.	危险化学品名称	1. 填写企业产品和原辅材料中属于危险化学品的物质名称，按《危险化学品目录》品名规范填写； 2. 填报时应从系统词库中选择	1. 企业向安监部门报送的危险化学品清单； 2.《安全评价报告》中的危险化学品信息； 3. 将产品和原辅材料清单与《危险化学品目录》对照，找出属于目录中包含的危险化学品
4.	企业是否开展过清洁生产审核	按实际情况填写	访谈企业人员，并查阅《清洁生产审核报告》等资料核实
5.	废气污染物名称	1. 企业排放的废气中所含的有毒有害物质，包括重金属、有机物以及氟化物、氰化物等无机物； 2. 不应填写烟尘、颗粒物等常规监测指标	1. 参考排污许可、监测报告、排污申报表、环评报告、行业污染物排放标准等资料； 2. 根据生产工艺分析产排污节点及废气中的污染物
6.	废水污染物名称	1. 企业产生的工业废水中所含的有毒有害物质，包括重金属、有机物以及氟化物、氰化物等无机物； 2. 不应填写悬浮物、BOD、COD等常规监测指标	1. 参考排污许可、监测报告、排污申报表、环评报告、行业污染物排放标准等资料； 2. 根据生产工艺分析产排污节点及废水中的污染物
7.	厂区内是否有产品、原辅材料、油品的地下储罐或输送管线	结合地块历史情况填写，若企业地块内曾经有过，但现在没有也应按有填写	现场踏勘、人员访谈
8.	厂区内是否有工业废水的地下输送管线或储存池		
9.	厂区内地下储罐、管线、储水池等设施是否有防渗措施	结合地块历史情况填写，若企业地块内曾经存在地下设施的防渗措施与现状不同，则应保守的考虑历史和现状来填	

		在产企业地块	
序号	信息项	填报要求	获取途径
10.	该企业是否发生过化学品泄漏或环境污染事故	1. 企业曾经发生过的直接或间接影响厂区土壤或地下水的突发环境事件； 2. 若无相关记录，但通过访谈、网络查询等途径了解到曾发生过化学品泄漏或环境污染事故，也应计算在内	1. 访谈熟悉企业情况的环境监察人员、企业人员或周边居民； 2. 从企业管理档案及当地环境管理部门的环境管理、环境处罚等相关信息梳理分析获得； 3. 网络查询获得
11.	特征污染物名称	1. 企业生产、排污过程中产生的可能造成土壤污染的有毒有害物质，包括重金属、有机物以及氟化物、氰化物等无机物； 2. 应填写具体化学物质，不应填写重金属、VOCs 和 SVOCs 等污染物类别； 3. 应包含已填的危险化学品、废水及废气污染物； 4. 在企业地块内历史生产过程中的特征污染物也应填报	需结合企业生产历史、实际生产工艺、污染物排放情况，将产品、原辅材料、中间产物、危险化学品、废气污染物、废水污染物等进行整合分析确定
12.	地块内职工人数	1. 填写该企业长期工作的职工人数，不包括临时性出入企业的人员； 2. 若企业因生产调整等原因，现职工人数远小于正常生产时的职工人数，应按正常生产时的职工人数填报	访谈企业人员
13.	地块周边 500 m 范围内人口数量	按实际情况填写地块周边 500 m 范围内的人口数量，不包含企业地块内职工人数	人员访谈或查阅环境影响报告等资料
14.	地块周边 1 km 范围内存在以下敏感目标及敏感目标到最近的重点区域的距离	1. 按实际情况填写； 2. 距离应按敏感目标到地块内部重点区域的最近距离填写	查询电子地图，并结合现场踏勘获取
15.	地块所在区域地下水用途	1. 原则上指地块周边 1 km 范围内； 2. 一般只需考虑地块内污染物迁移可能影响到的浅层地下水；如有证据表明污染已影响到深层地下水，则需考虑深层地下水用途	访谈水利部门或国土部门管理人员
16.	地块邻近区域（100 m 范围内）地表水用途	1. 若地块周边 100 m 范围内有地表水体，则填写地表水用途； 2. 若没有，则不填	访谈企业人员或周边居民
		其他易错或有疑义的信息项	
17.	行业类别	1. 按照《国民经济行业分类》（GB/T 4754—2011），填写行业小类及四位数字组成的行业代码； 2. 若涉及多个行业小类，则填写所有行业小类（系统可实现）。注意主要行业类别应以企业产排污最重的类型填写	1. 参考环境影响报告书（表）《建设项目环境保护审批登记表》中的行业类别； 2. 参考相关资料中行业类别填报； 3. 参考《营业执照》的经营范围，对照《国民经济行业分类》（GB/T4754—2011），确定行业类别

其他易错或有疑义的信息项

序号	信息项	填报要求	获取途径
18.	重点区域总面积	1. 地块内生产区、储存区、废水治理区、固体废物贮存或处置区等重点区域的占地面积之和； 2. 若某些重点区域位于同一幢楼的不同楼层，计算总面积时仅计入一层的占地面积，不可重复叠加计算	按平面布置图估算，或现场踏勘测量
19.	重点区域地表（除绿化带外）是否存在未硬化地面	1. 对重点区域应进行实地踏勘，如果地面全面铺设防渗材料，应判断为存在硬化地面； 2. 如果存在部分重点区域未铺设防渗材料或历史上曾经未铺防渗材料的，应判定为存在未硬化地面	现场实地踏勘、人员访谈
20.	重点区域硬化地面是否存在破损或裂缝	1. 重点区域内存在因长期生产、车辆碾压、地面下沉等原因造成的非正常的地面裂缝或破损； 2. 若专业判断地上原辅料、油品等历史上或现况可能存在泄漏下渗的，应按存在破损或裂缝选择	现场实地踏勘
21.	土层性质	1. 从土壤表面由上至下依次填写地下水位以上包气带各土层的土层性质，不包括杂填土等人工填土层； 2. 综合分析每个地层的空间连续分布情况，进行适当归类； 3. 若地下水位浅，饱和带位于填土层，可在土层性质中填写填土层性质，一般按碎石土填写	1. 主要从工程地质勘察报告中分析获取，可请有水文地质专业背景或开展过地质勘察工作的人员分析地层情况后填写； 2. 若企业无工程地质勘察报告，可参考企业附近其他企业或建筑物工程地质勘察信息； 3. 如果上述地质勘察报告确实难以获取，可联系当地地勘部门获取相关信息
22.	地下水埋深	1. 填写具体数值，不应填写数值范围；2. 勘察报告中地下水埋深资料往往是一个范围或者有几个相关数值，根据区域情况，估算平均值	

关闭搬迁企业地块

序号	信息项	填报要求	获取途径
1.	运营时间	被调查的关闭搬迁企业在该地块上生产运作的起止时间	人员访谈、查阅历史资料等
2.	地块规划用途	按已有规划填写地块用途，若无规划填不确定	人员访谈、从规划部门获取资料
3.	地块利用历史	1. 按照年代由近至远的顺序填写地块上被调查的关闭搬迁企业成立之前的土地使用状况，追溯至农田或荒地； 2. 按土地用途分段填写，且各阶段之间不得有间隔； 3. 若土地用途为工业用地，则需填写行业，行业类型按《国民经济行业分类》（GB/T 4754—2011）行业大类填写	人员访谈、查阅历史资料等

序号	信息项	填报要求	获取途径
4.	重点区域总面积	同在产企业	
5.	该企业是否发生过化学品泄漏或环境污染事故	同在产企业	
6.	该地块土壤是否存在以下情况（受污染程度）	综合现况与历史情况填写	现场踏勘、人员访谈、相关记录查阅
7.	该地块地下水是否存在以下情况		
8.	特征污染物名称	同在产企业	
9.	地块内及周边 500 m 范围内人口数量	按实际情况填写地块内及周边 500 m 范围内的人口数量	人员访谈或查阅环境影响报告等资料
10.	地块周边 1 km 范围内存在以下敏感目标及敏感目标到最近的重点区域的距离	同在产企业	
11.	地块所在区域地下水用途	同在产企业	
12.	地块邻近区域（100 m 范围内）地表水用途	同在产企业	

其他易错或有疑义的信息项

序号	信息项	填报要求	获取途径
13.	行业类别	同在产企业	
14.	重点区域硬化地面是否存在破损或裂缝	1. 若现场建筑物及设备等未被拆除或破坏，则按在产企业填报要求； 2. 若现场建筑物及设备等已被拆除或破坏，则按现状填写	现场实地踏勘
15.	土层性质	同在产企业	
16.	地下水埋深	同在产企业	

调查表填报质量检查表

地块名称		地块编码		备注
企业类型	□在产□关闭搬迁□填埋场	调查表填报日期		（质量检查结果不合格项目名称）
调查单位		调查小组		
审查级别	□内审□市级外审□省级外审	检查次数	第___次检查	

完整性检查	地块基本情况表	□完整□*项缺__项 □非*项缺__项	
	污染源信息调查表	□完整□*项缺__项 □非*项缺__项	
	迁移途径信息调查表	□完整□*项缺__项 □非*项缺__项	
	敏感受体信息调查表	□完整□*项缺__项 □非*项缺__项	
	土壤或地下水环境监测调查表（在产企业）	□完整□*项缺__项 □非*项缺__项	
	环境监测和调查评估信息调查表（关闭搬迁企业）	□完整□*项缺__项 □非*项缺__项	
	合计 a	□合格□*项缺__项 □非*项缺__项	
规范性检查	地块基本情况表	□规范□*项不规范__项非*项不规范__项	
	污染源信息调查表	□规范□*项不规范__项□非*项不规范__项	
	迁移途径信息调查表	□规范□*项不规范__项□非*项不规范__项	
	敏感受体信息调查表	□规范□*项不规范__项□非*项不规范__项	
	土壤或地下水环境监测调查表（在产企业）	□规范□*项不规范__项□非*项不规范__项	
	环境监测和调查评估信息调查表（关闭搬迁企业）	□规范□*项不规范__项□非*项不规范__项	
	合计 b	□合格□*项不规范__项□非*项不规范__项	
准确性检查	地块基本情况表	□准确□*项不准确__项	
	污染源信息调查表	□准确□*项不准确__项	
	迁移途径信息调查表	□准确□*项不准确__项	
	敏感受体信息调查表	□准确□*项不准确__项	
	土壤或地下水环境监测调查表（在产企业）	□准确□*项不准确__项	
	环境监测和调查评估信息调查表（关闭搬迁企业）	□准确□*项不准确__项	
	合计 c	□合格□*项不准确__项	
调查表填报质量评价 d		□合格 □不合格	

审核人员： 审核日期：

注：a：信息完整性检查：若带"*"的未填项数超过 2 个或不带"*"的未填项数超过 5 个，则判定为信息完整性检查不合格；b：信息规范性检查：若带"*"的不规范填报项数超过 2 个或不带"*"的不规范填报项数超过 5 个，则判定为信息规范性检查不合格；c：信息准确性检查：当*项不准确填报项数超过 2 个，则判定为信息准确性检查不合格；d：调查表填报质量评价：完整性、规范性、准确性三者有一项不合格则判定该地块调查表填报为不合格；若三项均合格，统计调查表中带"*"的未填信息项、不规范信息项和不准确信息项总数，超过 5 个则判定为调查表填报质量不合格。对不合格调查表需出具整改意见单。

附录 4

调查表整改意见单

地块名称：_____

地块编码：_____

调查单位：	整改次数：第_____次
整改项目	整改意见
信息完整性	
信息规范性	
信息准确性	
其他整改意见	
质量检查人员：	检查日期：

附录 5

调查表填报质量检查汇总表

调查单位：_____ 第____批次 上报日期：_____

序号	地块名称	地块编码	企业类型（在产/关闭搬迁/填埋场）	检查结果		检查专家	检查日期	本批次存在的主要问题
				□ 合格	□ 不合格			
				□ 合格	□ 不合格			
				□ 合格	□ 不合格			
				□ 合格	□ 不合格			
				□ 合格	□ 不合格			
				□ 合格	□ 不合格			
				□ 合格	□ 不合格			

合格比例：_____%

批次检查结论：□合格　□不合格

汇总专家签字：_____ 日期：_____

附录 6

调查表整改回复单

地块名称：_____

地块编码：_____

调查单位：	整改次数：第_____次	
整改项目	整改意见	整改回复
信息完整性		
信息规范性		
信息准确性		
其他整改意见		
调查单位质量负责人：	日期：	

重点行业企业用地调查风险筛查结果纠偏工作手册
（试　行）

为指导地方做好重点行业企业用地调查（以下简称企业用地调查）风险筛查工作，确保风险筛查结果的科学性和合理性，依据《全国土壤污染状况详查总体方案》《在产企业风险筛查与风险分级技术规定》《关闭搬迁企业风险筛查与风险分级技术规定》等相关文件，在总结企业用地调查试点地区工作经验的基础上，制定本工作手册。

一、使用对象

本手册主要供地方企业用地调查组织实施单位、风险筛查结果纠偏技术支持单位、风险筛查结果纠偏专家等相关方参考。

二、工作必要性

由于风险筛查模型不可能适用于所有企业地块，全国统一的关注度划分标准无法满足各地不同的管理需求，部分地块基础信息严重缺失无法开展风险筛查，因此有必要组织具备污染地块调查评估相关工作经验、熟悉当地企业情况的专家，依靠专业判断，查找偏差企业，并结合实际情况进行纠偏调整，解决上述问题，确保风险筛查结果的科学性和合理性。

风险筛查结果纠偏应在基础信息采集工作质量得以保障后，对个别企业的风险筛查结果偏差进行修正。但纠偏工作中常会发现前期信息采集质控工作不扎实导致的基础信息失真问题，因此，纠偏工作中相关责任单位应同步整改发现的前期质量问题。

三、工作内容

风险筛查结果纠偏工作包括以下三个方面的内容：
（一）确定本地企业关注度划分标准；
（二）查找风险筛查得分与实际风险情况明显不符的企业并进行纠偏；
（三）针对个别基础信息太少不能开展风险筛查的企业地块，通过纠偏确定其关注度。

四、工作流程

风险筛查结果纠偏工作由负责信息采集组织实施的省级或市级环保部门负责。省级或市级环保部门应明确风险筛查结果纠偏技术支持单位（以下简称"技术支持单位"），成立纠偏专家组，组织对已完成的风险筛查工作进行纠偏。

技术支持单位应及时跟进信息采集工作进展，开展企业风险筛查计算，分析风险筛查结果的合理性，查找偏差企业，提出初步纠偏意见，协助纠偏专家组开展风险筛查结果纠偏工作。

（一）成立纠偏专家组

地方环保部门应做好风险筛查结果纠偏专家的筛选工作。纠偏专家应优先选择具备污染地块调查评估经验，或从事企业环境监察执法、环境影响评价、竣工环保验收、清洁生产审核评估等工作，熟悉当地企业情况的专家。

地方环保部门应组织纠偏专家参加企业用地调查相关技术培训和风险筛查结果纠偏专项培训。纠偏专家需熟练掌握企业用地调查目的、内容和相关技术要求。

（二）调整关注度划分标准

对当地企业风险筛查得分存在整体偏高或偏低的情况，应通过调整关注度划分标准进行整体纠偏。

此外，由于各地重点行业企业分布特点、企业环境管理水平、经济水平、土壤环境管理需求、土壤污染防治技术能力等方面存在较大差异，省级或市级环保部门在调整关注度划分标准时，还应结合本地实际情况。

省级环保部门要加强对本行政区域风险筛查结果纠偏工作的统筹和技术指导。各级环保部门调整确定的本地企业关注度划分标准，应逐级上报全国土壤污染状况详查工作办公室。

（三）风险筛查结果初步纠偏

技术支持单位分析风险筛查结果的合理性，利用统计方法或专家经验判断查找与实际风险情况明显不相符的企业，分析偏差原因，并提出初步纠偏建议。

1. 查找风险筛查结果可能存在偏差的企业

疑似高风险企业被评为低风险，可通过以下方式查找：（1）已有调查或现场快速监测等发现土壤或地下水存在污染的企业；（2）各级地方环保部门发布的土壤环境重点监管企业名单或土壤环境污染重点监管单位名录内的企业；（3）利用统计分析方法（附录1）查找在产企业地块污染现状、企业环境风险管理水平等二级指标得分、关闭搬迁企业污染特性等二级指标得分低于当地同行业类似企业得分，且关注度水平偏低的企业；（4）利用风险筛查系统的统计分析功能，查找在产企业地块污染现状、企业环境风险管理水平等二级指标得分、关闭搬迁企业污染特性等二级指标得分低于全国同行业类似企业得分，且关注度水平偏低的企业；（5）技术支持单位认为其他可能被低评的企业。

疑似低风险企业被评为高风险，可通过以下方式查找：（1）利用统计分析方法（附录1），查找在产企业地块污染现状、企业环境风险管理水平等二级指标得分、关闭搬迁企业污染特性等二级指标得分高于当地同行业类似企业得分，且关注度水平偏高的企业；（2）利用风险筛查系统的统计分析功能，查找在产企业地块污染现状等二级指标得分、关闭搬迁企业污染特性等二级指标得分高于全国同行业类似企业得分，且关注度水平偏高的企业；（3）技术支持单位认为其他可能被高评的企业。

2. 疑似偏差企业初步纠偏

针对疑似偏差企业，应逐一核实风险筛查各指标得分情况，重点针对风险筛查高分值指标项（附录2），明确导致风险筛查结果偏差的原因。偏差主要是信息填报质量问题和风险筛查模型在当地的适用性问题造成的。常见的信息填报质量问题包括：（1）企业基础信息项填报不完整，参与风险筛查计算的调查表信息项未填报；（2）企业基础信息项填报不规范（如污染物名称不规范等），风险筛查系统无法准确识别填报信息；（3）基础信息项填报不准确，如特征污染物偏多或偏少，企业污染防治水平偏严或偏宽等。

针对不同偏差原因，纠偏时应首先进行质量问题整改，建议：

（1）对基础信息填报存在不完整、不规范、不准确等质量问题的企业，需核实企业信息，必要时补充收集企业相关资料，更新基础信息调查表，重新计算风险筛查得分，更新关注度水平；

（2）对基础信息填报规范、完整、准确，风险筛查结果仍存在偏差的，可参考同行业类似企业，结合专业判断确定关注度水平。

3．确定无法开展风险筛查的企业地块的关注度

对个别企业基础资料严重缺失，无法计算风险筛查分值时，技术支持单位可参照同区域内同行业类似企业确定地块关注度，或可根据实际情况直接确定关注度。对填埋场、尾矿库、油气田等无法进行风险筛查的地块，地方可结合管理需要自行确定关注度水平。

4．编写风险筛查结果初步纠偏报告

技术支持单位应编写企业用地风险筛查结果初步纠偏报告（框架参考附录3），提交地方环保部门和风险筛查结果纠偏专家审核论证。

（四）风险筛查结果专家纠偏

地方环保部门组织召开风险筛查结果纠偏专家论证会。论证会参加人员应包括企业用地调查管理部门、企业用地调查技术牵头单位、风险筛查结果纠偏技术支持单位、信息采集单位、质控单位等有关单位的技术负责同志、纠偏专家等。纠偏专家论证会主要内容包括：

1．论证评审技术支持单位完成的风险筛查结果初步纠偏工作；

2．地方环保部门和纠偏专家分别依据企业环境管理经验、专业判断，提出初步纠偏范围以外还可能存在风险筛查结果偏差的企业；

3．对地方环保部门和纠偏专家提出的偏差企业，信息采集单位和质控单位等相关单位应详细说明企业基础信息采集的可靠性，分析企业得分的合理性及偏差原因；

4．纠偏专家根据相关单位的答辩情况，确定偏差企业并提出纠偏建议；

5．形成正式的风险筛查结果纠偏意见。

（五）问题整改与结果上报

地方环保部门应组织有关单位按照风险筛查结果纠偏意见，进行问题整改。技术支持单位应填写风险筛查结果纠偏汇总表（附录4），并连同专家论证会意见、纠偏专家信息表（附录5）、调整后的企业用地关注度划分标准（附录6）上传到详查数据库。风险筛查结果纠偏汇总表及专家论证会意见应加盖地方环保部门公章。

五、其他

技术支持单位、纠偏专家应与地方环保部门签订保密协议，对在风险筛查结果纠偏工作相关活动中获得的企业基础信息、风险筛查得分、关注度划分结果等信息保密。

企业用地风险筛查得分偏低或偏高的统计分析方法

内限区间是统计学上查找离群值的常用方法，内限区间上限和下限的计算方法如下：

（1）将数据按递增顺序排列；

（2）确定数据序列的四分位数的位置：

第 1 四分位数（Q1）的位置=（n+1）×0.25；

第 2 四分位数（Q2）的位置=（n+1）×0.5；

第 3 四分位数（Q3）的位置=（n+1）×0.75；

其中，n 为数据数量。

若四分位数位置带有小数时，所求四分位数由该小数左右相邻两个位置的数值计算得出，以 Q1 的计算公式为例：

Q1=Q1 位置左边的样本值+（Q1 位置右边的样本值-Q1 位置左边的样本值）×Q1 位置的小数部分

（3）计算四分位距（IQR）：

$$IQR=Q3-Q1$$

（4）计算内限区间上限和下限：

$$上限=Q3+1.5×IQR$$
$$下限=Q1-1.5×IQR$$

企业用地风险筛查得分高于同行业类似企业是指企业得分高于同行业类似企业得分内限区间上限；企业得分低于同行业类似企业是指企业得分低于同行业类似企业得分内限区间下限。

风险筛查高分值指标项

序号	风险筛查高分值指标项	最高分值
	在产企业土壤指标	
1	生产经营活动时间	15
2	地块中职工的人数	12
3	地块周边 500 米内的人口数量	9
4	重点区域离最近敏感目标的距离	9
5	污染物对人体健康的危害效应	7.5
6	污染物迁移性	7
7	污染物挥发性	6
8	泄漏物环境风险	5
	在产企业地下水指标	
1	生产经营活动时间	15
2	地下水及邻近区域地表水用途	12
3	重点区域离最近饮用水井或地表水体的距离	12

序号	风险筛查高分值指标项	最高分值
4	污染物对人体健康的危害效应	10.5
5	地下水可能受污染程度	6
6	污染物迁移性	6
7	地块周边 500 米内人口数量	6
8	泄漏物环境风险	5.5
9	地下防渗措施	5
关闭搬迁企业土壤指标		
1	生产经营活动时间	15
2	污染物对人体健康的危害效应	14
3	重点区域离最近敏感目标的距离	12
4	土壤可能受污染程度	10
5	地块土地利用方式	7.5
6	重点区域面积	6
7	污染物迁移性	6
8	地块及周边 500 米内人口数量	6
9	污染物挥发性	5
关闭搬迁企业地下水指标		
1	生产经营活动时间	18
2	污染物对人体健康的危害效应	16
3	地下水及邻近区域地表水用途	12
4	重点区域离最近饮用水井、集中式饮用水水源地的距离	12
5	地下水可能受污染程度	10
6	污染物迁移性	6
7	地块及周边 500 米内人口数量	6

附录3

风险筛查结果初步纠偏报告编写提纲

1．概述

1.1 工作背景与目的

1.2 企业用地调查对象

1.2.1 在产企业

1.2.2 关闭搬迁企业

1.2.3 其他地块

1.3 信息采集质控工作情况

1.4 信息采集工作总结

2．在产企业用地风险筛查

2.1 在产企业用地总体得分情况

2.2 分行业在产企业用地总体得分情况

2.3 在产企业关注度划分标准

2.4 风险筛查结果偏差企业识别及初步纠偏建议

2.5 确定无法进行风险筛查企业的关注度水平

3. 关闭搬迁企业用地风险筛查

3.1 关闭搬迁企业用地总体得分情况

3.2 分行业关闭搬迁企业用地总体得分情况

3.3 关闭搬迁企业关注度划分标准

3.4 风险筛查结果偏差企业识别及初步纠偏建议

3.5 确定无法进行风险筛查企业的关注度水平

4. 其他地块关注度水平确定

5. 结论与建议

附录4

风险筛查结果纠偏汇总表

序号	企业名称	纠偏前的关注度水平[1]	偏差类型[2]	纠偏方式[3]	纠偏后的关注度水平	备注

填表说明：

1. 关注度水平：高关注度、中关注度、低关注度

2. 偏差类型：

（1）已知污染企业低评；

（2）重点监管企业或重点监管单位低评；

（3）统计方法发现低评；

（4）地方管理部门或专家认为低评；

（5）统计方法发现高评；

（6）地方管理部门或专家认为高评；

（7）无法进行风险筛查计算；

（8）其他偏差类型，需在备注里说明。

3. 纠偏方式：

（1）核实更新企业基础信息，重新计算风险筛查结果；

（2）直升高关注地块；

（3）调整关注度水平；

（4）参考类似企业确定关注度。

纠偏专家信息表

姓名	工作单位	职务/职称	专业方向	联系电话	签字

附录 6

调整后的企业用地关注度划分标准

类型	行业类别	高关注度划分标准
在产企业		
关闭搬迁企业		

附件 3

重点行业企业用地调查疑似污染地块布点采样方案审核工作手册（试行）

为确保全国重点行业企业用地调查（以下简称企业用地调查）疑似污染地块布点采样的科学性和合理性，规范地方布点采样方案审核（以下简称方案审核）工作，依据企业用地调查相关技术规定，制定本手册，供企业用地调查初步采样调查组织实施单位、布点采样方案审核专家、布点采样方案编制单位（以下简称编制单位）等相关方参考。

一、工作内容

方案审核作为初步采样调查阶段质量控制的重要措施之一，具体工作包括：各地组织建立本地技术审核专家库、制定方案审核工作计划、开展方案审核、修改完善布点采样方案、上报审核通过的布点采样方案。

二、组织实施方式

各地根据企业用地调查组织实施模式，由省级或地市级环境保护部门统筹组织方案审核工作，可委托技术牵头单位或质控单位具体实施，按行业和地域制定审核工作计划，组织专家对布点采样方案的科学合理性进行审核。

省级环境保护部门建立专家库，吸纳有相关工作经验的专家，并组织专家培训。专家库应至少包含如下四方面专家：

（一）具备污染地块调查评估经验的专家；

（二）熟悉相关行业生产工艺的环评专家或清洁生产审核专家或行业协会的专家；

（三）具备水文地质或勘探相关专业背景的专家；

（四）分析测试方面的专家。

省级或地市级环境保护部门组织专家审核时，优先从国家和本省专家库中选择专家。

三、工作流程

负责初步采样调查组织实施的地方环境保护部门制定方案审核工作计划；组织专家对布点采样方案进行审核；编制单位根据专家审核意见修改完善布点采样方案，必要时再次上会审核；将审核通过的布点采样方案上传至重点行业企业用地调查信息管理系统。

（一）制定审核工作计划

地方环境保护部门根据当地初步采样调查任务量，考虑地块行业、地域分布和任务承担单位，制定方案审核工作计划。

（二）组织专家审核会

地方环境保护部门组织专家审核会，相关工作要点包括：

1. 确认方案满足上会条件：布点采样方案中的采样点已经过现场确定，确认采样点避开了地下构筑物、不影响正常生产、不存在安全隐患、具备采样条件、并经被调查企业签字认可；编制单位内部质量监督检查组审核通过。

2. 审核会专家选择：参与审核会的专家应不少于 3 名，应包括具备污染地块调查评估经验的专家、具有水文地质或勘探专业背景的专家、熟悉当地企业情况的相关行业专家及分析测试专家。当地管理部门和质控单位应派员参会。

3. 编制单位汇报布点采样方案，汇报内容应包括：

（1）地块基本情况，包括但不限于地块基本信息、区域水文地质条件、企业产品、原辅材料、生产工艺及产排污情况、信息采集工作情况（含资料收集、重点区域影像记录、调查表填报情况）、风险筛查结果等；

（2）点位布设情况，包括但不限于疑似污染区域的识别分析、布点区域的筛选依据、布点位置和数量的确定依据、点位现场核实确认和调整情况等；

（3）测试项目设置情况，包括但不限于特征污染物分析、测试项目的确定等；

（4）分析测试工作安排，包括但不限于分析测试方法的选择、检测实验室和外控实验室的选择及其资质认定的匹配情况等；

（5）样品采集工作安排，包括但不限于土孔钻探方法、地下水采样井建井与洗井、钻探深度和采样深度的确定、采样方法和采样设备的选择、样品数量、现场质控工作安排等；

（6）样品保存和流转工作安排，包括但不限于样品保存和运输条件、样品流转安排、是否满足测试时限要求等；

（7）质量保证与质量控制工作安排，包括但不限于现场采样环节、样品保存环节、流转环节等方面的质控内容；

（8）安全防护和应急处置计划，包括但不限于现场防护措施、现场应急措施等。

4. 专家对布点采样方案中点位布设、测试项目、分析测试、样品采集、保存流转安排等方面（具体参考方案审核要点）进行质询，对布点采样方案的科学合理性等进行评价，专家讨论后出具审核结论及修改意见。审核结论包括三类：

（1）直接通过；

（2）根据意见修改完善后经专家组长确认通过；

（3）根据意见修改完善后再上会审核。

对于布点合理性存疑、专家认为有必要进行现场踏勘确认的地块，由编制单位组织专家进行现场踏勘确认。布点采样方案再次上会审核时，原则上应尽量选择参与第一次审核的专家。

（三）修改完善方案

编制单位按照专家意见对布点采样方案进行修改完善，并在方案中附上专家审核意见和修改完善情况说明。针对需再次上会审核的布点采样方案，若调整布点区域或布点位置的，应现场核实点位具备采样条件，并与被调查企业再次沟通确认。

（四）上报方案

编制单位将专家审核通过的布点采样方案、专家审核意见、方案修改完善的情况说明一并上传至重点行业企业用地调查信息管理系统。

四、方案审核要点

方案审核要点主要包括点位布设、测试项目设置、分析测试安排、样品采集、保存流转等工作安排的科学合理性。

（一）点位布设

1. 疑似污染区域识别是否全面、准确；

2. 布点区域选择依据是否充分；

3. 布点数量是否符合有关技术规定；

4. 布点位置是否合理、是否经过现场确认。

（二）测试项目

1. 测试项目设置是否包含《土壤环境质量建设用地土壤污染风险管控标准》（GB 36600—2018）中的必测项目；

2. 测试项目设置是否充分考虑基础信息调查阶段确定的特征污染物；

3. 若测试项目未完全包含《土壤环境质量建设用地土壤污染风险管控标准》（GB 36600—2018）中的必测项目及地块特征污染物，理由是否充分。

（三）分析测试

1. 测试项目的分析测试方法是否明确；

2. 分析测试方法检出限等技术指标是否满足相关测试项目的评价标准要求；

3. 检测实验室及外控实验室是否确定，并具备相关测试项目的资质认定；

（四）样品采集

1. 土孔钻探方法及设备选择、钻探深度等是否合理；

2. 地下水采样井建井材料选择、成井过程、洗井方式等是否合理；

3．土壤和地下水样品采样深度是否合理；

4．样品采样方法、采样设备、现场空白和平行样等质控工作要求是否符合相关技术规定及相应分析测试方法的要求；

5．现场采样质量控制措施是否明确、质控平行样点选择、质控人员安排是否合理、是否建立了有效的质控流程和手段、是否形成质控闭环、是否明确了现场点位调整的工作流程。

（五）保存流转

1．对保存容器、保存剂添加、保存条件、运输及储存条件的要求等是否符合有关技术规定及相应的分析测试方法的要求；

2．样品流转安排能否保证样品保存条件和测试时限的要求。

关于放射性同位素示踪测井有关问题的复函

环办法规函〔2018〕1253 号

新疆维吾尔自治区环境保护厅：

你厅《关于放射性同位素示踪测井适用法律有关问题的请示》（新环字〔2018〕121 号）收悉。经研究，函复如下：

《放射性同位素与射线装置安全和防护条例》第三十六条规定："在室外、野外使用放射性同位素和射线装置的，应当按照国家安全和防护标准的要求划出安全防护区域，设置明显的放射性标志，必要时设专人警戒。"《放射性同位素与射线装置安全许可管理办法》（原国家环境保护总局令 第 31 号）第三十四条规定："在野外进行放射性同位素示踪试验的单位，应当在每次试验前编制环境影响报告表，并经试验所在地省级环境保护主管部门商同级有关部门审查批准后方可进行。"

放射性同位素示踪测井属于"在野外进行放射性同位素示踪试验"的一种形式。开展放射性同位素示踪测井活动前，应依法履行环境影响评价审批手续。需开展多次有计划的野外示踪试验的，其环境影响评价报告表可在试验前，对同一地质条件环境作一次总体评价，并报送审批。

特此函复。

生态环境部办公厅

2018 年 11 月 5 日

关于组织开展国家级自然保护区遥感监测实地核查和问题查处工作的通知

环办生态函〔2018〕1413号

各省、自治区、直辖市生态环境厅（局）：

我部委托卫星环境应用中心对 2018 年上半年国家级自然保护区人类活动变化情况进行遥感监测，形成《2018 年上半年国家级自然保护区人类活动变化遥感监测报告》，现将报告以电子文档的形式印送给你厅（局）。请按照《自然保护区人类活动遥感监测及核查处理方法（试行）》要求，组织地方各级政府和自然保护区主管部门开展实地核查工作，重点核查 141 处新增或规模扩大的采石场、工矿用地、水电设施和旅游设施等重要人类活动变化情况（有关重点点位信息见附件），于 2018 年 12 月底前将实地核查结果报我部。

请督促各地对核实发现的问题依法依规严肃处理，并于 2019 年 1 月底前将整改方案报我部，我部将组织对问题核查整改处理情况进行强化监督。

联系人：自然生态保护司　孙晨曦

电话：（010）66556318

传真：（010）66556314

附件：国家级自然保护区新增或规模扩大的重点疑似问题点位信息

生态环境部办公厅

2018 年 11 月 30 日

国家级自然保护区新增或规模扩大的重点疑似问题点点位信息

序号	保护区名称	位　　置	活动类型	变化情况	面积（公顷）	功能区	经　　度	纬　　度
1		安徽省宣城市泾县琴溪镇 205 国道	工矿用地	规模扩大	0.89	核心区	118°27'24.135"E	30°41'56.290"N
2		安徽省宣城市泾县琴溪镇双公路	工矿用地	规模扩大	0.13	核心区	118°27'35.771"E	30°41'37.077"N
3		安徽省宣城市泾县泾川镇双公路	工矿用地	规模扩大	0.36	核心区	118°27'29.751"E	30°41'38.725"N
4		安徽省宣城市泾县泾川镇清峰食品有限公司	工矿用地	规模扩大	0.45	核心区	118°27'16.219"E	30°41'33.322"N
5		安徽省宣城市泾县泾川镇清峰食品有限公司	工矿用地	规模扩大	0.29	核心区	118°27'17.897"E	30°41'37.744"N
6	安徽扬子鳄	安徽省宣城市泾县泾川镇国际花苑	工矿用地	规模扩大	0.63	核心区实验区	118°26'26.747"E	30°41'32.641"N
7		安徽省宣城市泾县泾川镇驾校	工矿用地	规模扩大	2.38	核心区实验区	118°27'14.449"E	30°41'22.196"N
8		安徽省宣城市泾县泾川镇水东路	工矿用地	规模扩大	0.15	实验区	118°25'54.634"E	30°41'49.423"N
9		安徽省宣城市泾县琴溪镇 Z002	工矿用地	规模扩大	1.36	实验区	118°25'32.273"E	30°42'42.669"N
10		安徽省宣城市泾县泾川镇张家洼	工矿用地	规模扩大	8.55	实验区	118°25'52.144"E	30°42'14.466"N
11		安徽省宣城市泾县泾川镇天官山	工矿用地	规模扩大	0.77	实验区	118°26'19.168"E	30°42'36.319"N
12		安徽省宣城市泾县泾川镇顶塘	工矿用地	规模扩大	1.22	实验区	118°26'12.774"E	30°42'30.952"N
13		安徽省宣城市泾县琴溪镇 322 省道	工矿用地	规模扩大	0.76	实验区	118°28'14.694"E	30°43'20.853"N
14		安徽省宣城市泾县琴溪镇 322 省道	工矿用地	规模扩大	0.31	实验区	118°28'22.634"E	30°43'23.456"N
15	北京松山	北京市延庆区 012 县道	采石场	新增	3.45	实验区	115°47'20.490"E	40°30'37.840"N
16		北京市延庆区 012 县道	采石场	新增	0.60	实验区	115°47'9.804"E	40°31'9.855"N
17	福建梁野山	福建省龙岩市武平县城厢镇官田上	采石场	规模扩大	0.79	实验区	116°9'7.497"E	25°7'19.198"N
18		福建省龙岩市武平县城厢镇 052 乡道	采石场	规模扩大	0.21	实验区	116°9'39.419"E	25°7'18.059"N

序号	保护区名称	位置	活动类型	变化情况	面积（公顷）	功能区	经度	纬度
19	福建厦门珍稀海洋物种	福建省厦门市湖里区禾山街道张厝美术馆	旅游设施	规模扩大	0.03	核心区	118°10'21.173"E	24°31'40.375"N
20	甘肃安西极旱荒漠	甘肃省酒泉市瓜州县锁阳城镇	工矿用地	规模扩大	0.07	实验区	96°25'31.322"E	39°54'45.675"N
21	甘肃兴隆山区	甘肃省兰州市榆中县连搭乡二龙山景区	旅游设施	规模扩大	0.06	缓冲区	104°0'27.198"E	35°51'27.271"N
22	甘肃张掖黑河湿地	甘肃省张掖市甘州区张掖市大弓农化有限公司	工矿用地	规模扩大	0.08	实验区	100°29'9.232"E	38°58'24.228"N
23	广东石门台	广东省清远市英德市沙口镇马尾坑	采石场	规模扩大	0.01	缓冲区	113°29'20.110"E	24°27'54.290"N
24		广东省清远市英德市沙口镇马尾坑	采石场	规模扩大	0.01	缓冲区	113°29'23.577"E	24°27'52.336"N
25	海南省三亚珊瑚礁	海南省三亚市吉阳区河东区街道鹿岭路52号	旅游设施	规模扩大	2.69	核心区	109°30'48.375"E	18°13'22.655"N
26		海南省三亚市天涯区河西区海底世界	旅游设施	规模扩大	3.42	核心区	109°22'22.855"E	18°14'37.381"N
27		海南省三亚市吉阳区河东区街道榆海路14号	旅游设施	规模扩大	0.09	核心区	109°32'19.990"E	18°13'8.086"N
28		海南省三亚市吉阳区河东区街道鹿回头头岭	旅游设施	规模扩大	0.31	核心区	109°28'54.952"E	18°11'43.390"N
29	柳江盆地地质遗迹	河北省秦皇岛市海港区石门寨镇杨家坪村	工矿用地	规模扩大	0.15	核心区 缓冲区 实验区	119°35'24.980"E	40°6'4.393"N
30		河北省秦皇岛市海港区石门寨镇杨家坪村	工矿用地	规模扩大	0.33	缓冲区 实验区	119°35'29.541"E	40°6'5.827"N
31	河南宝天曼	河南省南阳市内乡县夏馆镇侯沟宝天曼生态文化旅游区	采石场	规模扩大	0.20	实验区	111°53'21.154"E	33°31'55.716"N
32	河南董寨	河南省信阳市平桥区天桥街道金居大道	采石场	新增	3.90	实验区	114°16'55.955"E	32°5'45.898"N
33		河南省信阳市平桥区天梯街道杨小弯	采石场	新增	0.06	实验区	114°16'34.022"E	32°4'54.165"N
34		河南省信阳市罗山县彭新镇G4京港澳高速	采石场	新增	2.76	实验区	114°19'33.878"E	31°53'49.513"N

序号	保护区名称	位 置	活动类型	变化情况	面积（公顷）	功能区	经 度	纬 度
35		河南省信阳市罗山县铁铺镇 032 县道	采石场	新增	2.29	实验区	114°14′3.253″E	31°51′31.501″N
36		河南省信阳市平桥区天梯街道张家垮	采石场	规模扩大	0.88	实验区	114°16′33.008″E	32°5′18.604″N
37		河南省信阳市罗山县 032 县道	采石场	规模扩大	0.12	实验区	114°16′30.113″E	32°4′29.362″N
38		河南省信阳市平桥区五里店街道曹楼	采石场	规模扩大	0.65	实验区	114°15′10.918″E	32°2′40.951″N
39	河南董寨	河南省信阳市罗山县铁铺镇井沟	采石场	规模扩大	0.94	实验区	114°12′57.444″E	31°52′9.268″N
40		河南省信阳市罗山县灵山镇罗家垅灵山	工矿用地	规模扩大	0.14	缓冲区	114°15′37.559″E	31°55′24.312″N
41		河南省信阳市平桥区天梯街道李家洼	工矿用地	规模扩大	0.83	实验区	114°16′49.719″E	32°5′18.027″N
42		河南省信阳市罗山县 032 县道	工矿用地	规模扩大	0.32	实验区	114°16′18.059″E	32°4′33.624″N
43		河南省信阳市平桥区天梯街道军冲	工矿用地	规模扩大	0.20	实验区	114°16′59.247″E	32°4′54.171″N
44		河南省信阳市平桥区天梯街道军冲	工矿用地	规模扩大	0.08	实验区	114°16′57.136″E	32°4′58.086″N
45	河南伏牛山	河南省洛阳市嵩县白河镇白云山	旅游设施	规模扩大	0.44	实验区	111°50′31.893″E	33°40′52.589″N
46	河南黄河湿地	河南省洛阳市吉利区吉利乡	采石场	规模扩大	0.31	核心区	112°36′46.599″E	34°51′27.736″N
47	鸡公山国家级自然保护区	河南省信阳市浉河区李家寨镇韦家冲	采石场	规模扩大	5.58	实验区	114°30′0.799″E	31°47′56.836″N
48		河南省南阳市西峡县车村镇西边	工矿用地	规模扩大	0.22	缓冲区	111°32′27.443″E	33°18′14.832″N
49	河南南阳恐龙蛋化石群	河南省南阳市西峡县回车镇陈营	工矿用地	规模扩大	1.45	实验区	111°32′21.698″E	33°16′23.772″N
50		河南省南阳市内乡县瑞东镇别家	工矿用地	规模扩大	0.64	实验区	111°47′59.269″E	33°4′34.223″N
51		河南省西峡县五里桥镇 312 国道	工矿用地	规模扩大	0.15	实验区	111°2′35.481″E	33°19′36.811″N
52	河南太行山猕猴	河南省济源市济源市王屋镇阳济高速	采石场	规模扩大	8.77	实验区	112°22′11.837″E	35°11′49.736″N
53		河南省济源市济源市克井镇一号线	工矿用地	规模扩大	0.70	实验区	112°33′53.990″E	35°11′44.940″N
54	河南小秦岭	河南省三门峡市灵宝市豫灵土井沟	工矿用地	规模扩大	0.02	实验区	110°26′19.485″E	34°26′15.632″N
55		河南省三门峡市灵宝市豫灵西路匠	工矿用地	规模扩大	0.02	实验区	110°26′9.408″E	34°25′35.941″N
56	黑龙江八岔岛	黑龙江省佳木斯市同江市八岔乡八岔岛国家级自然保护区管理站	采石场	规模扩大	0.49	实验区	133°52′46.257″E	48°13′6.089″N
57	黑龙江茅兰沟	黑龙江省伊春市嘉荫县向阳乡	采石场	规模扩大	0.20	缓冲区	129°43′15.962″E	48°59′40.749″N

序号	保护区名称	位 置	活动类型	变化情况	面积（公顷）	功能区	经 度	纬 度
58	黑龙江南瓮河	内蒙古自治区呼伦贝尔市鄂伦春自治旗古源古源镇	采石场	规模扩大	0.22	核心区	125°20'45.711"E	51°18'51.141"N
59	黑龙江挠力河	黑龙江省双鸭山市饶河县八五九农场401乡道	工矿用地	规模扩大	4.49	实验区	134°44'49.233"E	47°24'24.171"N
60		黑龙江省双鸭山市饶河县八五九农场诺罗山	工矿用地	规模扩大	2.99	实验区	134°10'44.680"E	47°20'32.494"N
61		黑龙江省双鸭山市饶河县西丰镇	采石场	规模扩大	0.06	缓冲区	133°22'26.618"E	47°4'39.364"N
62		黑龙江省双鸭山市饶河县山里乡	采石场	规模扩大	1.41	实验区	133°23'48.613"E	47°9'43.501"N
63		黑龙江省双鸭山市饶河县饶河农场409乡道	工矿用地	规模扩大	0.08	实验区	133°58'13.312"E	47°6'21.634"N
64		黑龙江省双鸭山市饶河县西丰镇050县道	工矿用地	规模扩大	0.47	实验区	133°58'27.805"E	47°6'11.705"N
65		黑龙江省双鸭山市饶河县胜利农场天门村	工矿用地	规模扩大	10.25	实验区	133°43'50.465"E	47°22'18.776"N
66	黑龙江饶河东北黑蜂	黑龙江省双鸭山市饶河县饶河农场206县道	工矿用地	规模扩大	1.20	实验区	134°7'59.089"E	47°5'30.279"N
67		黑龙江省双鸭山市饶河县西丰镇050乡道	工矿用地	规模扩大	0.79	实验区	133°17'54.379"E	47°3'49.735"N
68		黑龙江省双鸭山市饶河县八五九农场401乡道	工矿用地	规模扩大	4.49	实验区	134°44'49.233"E	47°24'24.171"N
69		黑龙江省双鸭山市饶河县八五九农场诺罗山	工矿用地	规模扩大	2.99	实验区	134°10'44.680"E	47°20'32.494"N
70		黑龙江省双鸭山市饶河县胜利农场南湖六道街	工矿用地	规模扩大	1.69	实验区	133°51'50.305"E	47°21'30.016"N
71		黑龙江省双鸭山市饶河县八五九农场萱阳宾馆	工矿用地	规模扩大	3.62	实验区	134°41.058"E	47°25'31.666"N

序号	保护区名称	位置	活动类型	变化情况	面积（公顷）	功能区	经　度	纬　度
72	黑龙江饶河东北黑蜂	黑龙江省双鸭山市饶河县八五九农场营阳宾馆	工矿用地	规模扩大	0.83	实验区	134°3'46.359"E	47°25'28.912"N
73		黑龙江省双鸭山市饶河县八五九农场府园小火锅（八五九分店）	工矿用地	规模扩大	0.12	实验区	134°3'37.030"E	47°25'37.839"N
74		黑龙江省双鸭山市饶河县胜利农场胜利路	工矿用地	规模扩大	0.45	实验区	133°52'35.629"E	47°22'10.874"N
75		黑龙江省双鸭山市饶河县胜利农场胜利招待所	工矿用地	规模扩大	0.07	实验区	133°52'27.017"E	47°22'10.758"N
76		黑龙江省双鸭山市饶河县胜利农场中央大街	工矿用地	规模扩大	0.28	实验区	133°52'34.420"E	47°22'6.481"N
77	湖北洪湖	湖北省荆州市洪湖市新堤街道金湾酒店	旅游设施	规模扩大	0.14	实验区	113°24'21.402"E	29°49'28.099"N
78		湖北省荆州市洪湖市新堤街道金湾酒店	旅游设施	规模扩大	0.01	实验区	113°24'23.580"E	29°49'30.428"N
79	湖北五峰后河	湖北省宜昌市五峰土家族自治县湾潭镇湾潭坪	采石场	规模扩大	0.43	核心区缓冲区	110°30'4.332"E	30°8'2.871"N
80		湖北省荆州市监利县三洲镇	采石场	新增	2.93	实验区	112°58'36.940"E	29°29'7.233"N
81	湖南东洞庭湖	湖南省岳阳市岳阳楼区经济技术开发区通海路管理处107国道岳阳中南市场D区	采石场	新增	1.73	实验区	113°10'50.527"E	29°21'5.796"N
82		湖南省岳阳市君山区柳林洲镇	采石场	规模扩大	0.93	缓冲区实验区	112°57'55.877"E	29°25'8.014"N
83	湖南高望界	湖南省湘西土家族苗族自治州古丈县罗依溪镇锯里坡	工矿用地	规模扩大	0.13	实验区	110°4'11.035"E	28°45'23.748"N
84	湖南西洞庭湖	湖南省常德市汉寿县蒋家嘴镇七房湾	采石场	规模扩大	0.10	实验区	112°13'46.825"E	28°48'59.469"N
85	湖南张家界大鲵	湖南省张家界市桑植县利福塔镇230省道	工矿用地	规模扩大	2.98	实验区	110°7'59.215"E	29°23'8.993"N
86	吉林查干湖	吉林省松原市前郭尔罗斯蒙古族自治县八郎镇	工矿用地	规模扩大	0.59	实验区	124°26'43.619"E	45°18'30.680"N

序号	保护区名称	位置	活动类型	变化情况	面积（公顷）	功能区	经 度	纬 度
87		吉林省延边朝鲜族自治州敦化市黄泥河林业局 Z115	工矿用地	规模扩大	1.18	实验区	128°4′3.167″E	44°0′44.459″N
88		吉林省延边朝鲜族自治州敦化市黄泥河林业局东北岔河	工矿用地	规模扩大	0.63	实验区	128°5′18.878″E	44°0′50.941″N
89		吉林省延边朝鲜族自治州敦化市黄泥河林业局东北岔河	工矿用地	规模扩大	0.44	实验区	128°4′56.619″E	44°14.480″N
90	吉林黄泥河	吉林省延边朝鲜族自治州敦化市黄泥河林业局 Z115	工矿用地	规模扩大	0.18	实验区	128°4′50.650″E	44°17.154″N
91		吉林省延边朝鲜族自治州敦化市黄泥河林业局桃园私房莱饺子馆	工矿用地	规模扩大	0.17	实验区	128°4′12.283″E	44°0′44.230″N
92		吉林省延边朝鲜族自治州敦化市黄泥河林业局桃园私房莱饺子馆	工矿用地	规模扩大	0.24	实验区	128°4′12.827″E	44°0′41.310″N
93		吉林省延边朝鲜族自治州敦化市黄泥河林业局	工矿用地	规模扩大	0.31	实验区	128°5′32.204″E	44°2′48.159″N
94	吉林莫莫格	吉林省白城市镇赉县四方坨子农场恰宁子园 41 号楼	工矿用地	规模扩大	0.10	实验区	123°54′26.855″E	46°12′46.548″N
95		吉林省白城市镇赉县嘎什根乡 101 县道	水电设施	规模扩大	0.05	缓冲区	123°51′22.370″E	46°17′38.462″N
96	吉林松花江三湖	吉林省吉林市桦甸市公吉乡松江村	工矿用地	规模扩大	0.12	实验区	126°58′14.179″E	43°43′7.918″N
97		吉林省吉林市桦甸市公吉乡松江村	工矿用地	规模扩大	0.02	实验区	126°58′11.253″E	43°43′7.213″N
98	江西都阳湖候鸟	江西省九江市共青城市苏家垱乡土牛咀	采石场	规模扩大	2.10	实验区	115°53′48.283″E	29°15′17.347″N
99	辽宁成山头海滨地貌	辽宁省大连市金州区大李家街道滨海公路	工矿用地	规模扩大	0.01	实验区	122°7′38.328″E	39°9′7.927″N
100	辽宁桓仁老秃顶子	辽宁省本溪市桓仁满族自治县华来镇煤洞沟	工矿用地	规模扩大	0.02	实验区	124°57′24.097″E	41°19′51.816″N
101	辽宁蛇岛老铁山	辽宁省大连市旅顺口区铁山街道中牧路 1172 号	旅游设施	规模扩大	0.10	实验区	121°8′33.478″E	38°45′40.831″N

序号	保护区名称	位置	活动类型	变化情况	面积（公顷）	功能区	经 度	纬 度
102		辽宁省锦州市盘山县东郭镇欢一支	工矿用地	规模扩大	0.30	实验区	121°41'14.741"E	41°3'49.142"N
103		辽宁省盘锦市盘山县东郭镇曙欢路	工矿用地	规模扩大	0.15	实验区	121°45'53.943"E	41°7'0.379"N
104		辽宁省锦州市凌海市安屯镇欢一支	工矿用地	规模扩大	0.15	实验区	121°40'25.348"E	41°0'11.610"N
105		辽宁省盘锦市盘山县东郭镇绕阳河	工矿用地	规模扩大	0.15	实验区	121°47'59.616"E	41°6'49.651"N
106	辽宁双台河口	辽宁省盘锦市盘山县东郭镇凌海市安屯乡张家村委员会	工矿用地	规模扩大	0.08	实验区	121°40'23.196"E	40°59'16.015"N
107		辽宁省凌海市安屯镇张家村	工矿用地	规模扩大	0.08	实验区	121°40'3.944"E	40°59'24.830"N
108		辽宁省盘锦市盘山县东郭镇	工矿用地	规模扩大	0.07	实验区	121°47'30.173"E	41°7'24.669"N
109		辽宁省盘锦市盘山县东郭镇曙欢路	工矿用地	规模扩大	0.07	实验区	121°45'44.009"E	41°6'54.902"N
110		辽宁省盘锦市盘山县东郭镇欢一支	工矿用地	规模扩大	0.01	实验区	121°40'40.293"E	40°58'27.510"N
111	辽宁仙人洞	辽宁省大连市庄河市仙人洞镇仙人洞村	旅游设施	规模扩大	0.01	缓冲区	122°57'32.821"E	39°59'7.072"N
112	辽宁医巫闾山	辽宁省锦州市北镇市常兴店镇清岩寺沟	采石场	规模扩大	0.78	缓冲区	121°37'55.762"E	41°27'56.321"N
113	内蒙古大青山	内蒙古自治区包头市昆都仑区昆北街道营洞山	采石场	规模扩大	1.47	实验区	109°48'40.914"E	40°44'29.007"N
114		内蒙古自治区包头市土默特右旗美岱召镇沙图沟村	采石场	规模扩大	0.51	实验区	110°44'56.805"E	40°36'59.051"N
115		内蒙古自治区包头市青山区兴胜镇青五线	工矿用地	规模扩大	0.19	实验区	109°58'56.079"E	40°42'27.179"N
116		内蒙古自治区包头市昆都仑区昆北街道固阳大道	工矿用地	规模扩大	0.15	实验区	109°49'4.642"E	40°43'45.312"N
117	内蒙古贺兰山国家级自然保护区	内蒙古自治区阿拉善盟阿拉善左旗彦浩特镇	采石场	规模扩大	3.81	实验区	105°55'28.328"E	39°0'55.838"N
118	内蒙古西鄂尔多斯	内蒙古自治区鄂尔多斯市鄂托克旗盘井镇	工矿用地	规模扩大	0.04	实验区	107°54'3.680"E	39°19'40.809"N
119		内蒙古自治区鄂尔多斯市鄂托克旗盘井镇	工矿用地	规模扩大	0.43	实验区	107°5'34.964"E	39°19'25.864"N

序号	保护区名称	位 置	活动类型	变化情况	面积（公顷）	功能区	经 度	纬 度
120	宁夏贺兰山	宁夏回族自治区石嘴山市大武口区石炭井街道208乡道	工矿用地	规模扩大	0.98	核心区	106°20'21.412"E	39°11'47.784"N
121		宁夏回族自治区银川市贺兰县洪广镇苏路	工矿用地	规模扩大	23.62	实验区	106°1'42.847"E	38°4'11.834"N
122	宁夏灵武白芨滩	宁夏回族自治区银川市灵武市东塔镇下白线	工矿用地	规模扩大	0.52	实验区	106°23'18.071"E	38°4'56.237"N
123	宁夏沙坡头	宁夏回族自治区中卫市沙坡头区迎水桥镇沙坡头	旅游设施	新增	6.38	实验区	104°5'919.011"E	37°28'52.696"N
124	山东黄河三角洲	山东省东营市河口区仙河镇	工矿用地	新增	0.64	缓冲区	118°4'616.671"E	38°6'43.775"N
125		山东省东营市河口区仙河镇东营市海翔化工有限公司	工矿用地	规模扩大	0.14	实验区	118°52'0.301"E	38°4'54.765"N
126	山东马山	山东省青岛市即墨区青威路	工矿用地	规模扩大	0.42	实验区	120°2'2253.963"E	36°25'2.702"N
127	山西黑茶山	山西省吕梁市兴县固贤乡	采石场	新增	1.27	实验区	111°11'41.503"E	38°12'25.380"N
128		山西省吕梁市兴县固贤乡	采石场	新增	0.12	实验区	111°12'19.832"E	38°12'48.821"N
129		四川省宜宾市江安县怡乐镇马边稍	采石场	规模扩大	2.67	缓冲区	105°9'52.319"E	28°45'38.871"N
130		四川省宜宾市江安县怡乐镇土地坝	采石场	规模扩大	4.00	缓冲区	105°9'51.707"E	28°45'22.420"N
131	四川长江上游珍稀、特有鱼类	四川省宜宾市江安县阳春镇滥三路	采石场	规模扩大	24.52	缓冲区	105°9'44.515"E	28°43'36.041"N
132		四川省泸州市江阳区华阳街道E13县道	采石场	规模扩大	1.07	实验区	105°21'45.251"E	28°51'11.074"N
133		四川省泸州市江阳区邻玉镇大礁子	采石场	规模扩大	1.34	实验区	105°21'20.345"E	28°48'50.514"N
134		四川省泸州市江阳区方山镇白塔村	采石场	规模扩大	1.20	实验区	105°22'1.090"E	28°47'27.858"N
135	天津八仙山国家级自然保护区	天津市蓟州区孟圆农家农家旅馆	采石场	规模扩大	1.36	缓冲区	117°34'41.945"E	40°9'42.824"N
136	西藏色林错国家级自然保护区	西藏自治区那曲市申扎县	采石场	规模扩大	0.38	核心区	88°35'26.219"E	30°3'24.208"N
137	浙江大盘山	浙江省金华市磐安县文具323省道	水电设施	规模扩大	0.14	实验区	120°29'38.174"E	29°0'46.787"N
138	浙江天目山	浙江省杭州市临安区天目山山自然保护区	旅游设施	规模扩大	0.18	实验区	119°26'34.554"E	30°19'33.796"N

序号	保护区名称	位置	活动类型	变化情况	面积（公顷）	功能区	经度	纬度
139	浙江长兴地质遗迹	浙江省湖州市长兴县煤山镇长兴灰岩金钉子保护区	旅游设施	规模扩大	3.49	缓冲区实验区	119°42′31.683″E	31°4′53.916″N
140		浙江省湖州市长兴县煤山镇长兴金钉子远古世界景区	旅游设施	规模扩大	7.04	缓冲区实验区	119°42′9.861″E	31°4′42.144″N
141		浙江省湖州市长兴县煤山镇长兴灰岩金钉子保护区	旅游设施	规模扩大	0.18	实验区	119°42′23.380″E	31°4′46.680″N

关于 2018 年上半年建设项目环评文件技术复核发现问题及处理意见的通报

环办环评函〔2018〕1552 号

各省、自治区、直辖市生态环境厅（局），新疆生产建设兵团环境保护局，各相关环境影响评价机构及人员：

为贯彻落实"放管服"改革要求，强化环评审批业务指导和事中事后监管，我部组织开展了 2018 年第一季度、第二季度常态化建设项目环评文件技术复核工作，共涉及 31 个省（区、市）各级生态环境部门（审批局）审批的 309 个建设项目环境影响报告书（表）。

经复核，发现 21 个建设项目环境影响报告书（表）存在多处主要环境保护目标遗漏，主要环保措施缺失，引用的现状监测数据、评价工作等级或者评价标准适用错误等问题。根据《建设项目环境影响评价资质管理办法》（环境保护部令 第 36 号）第三十六条有关规定，对 14 家主持编制机构（另有 2 家机构已脱钩或注销资质，不再处理）及 31 名编制主持人/主要编制人员予以限期整改六个月的行政处理。

整改期自本通报印发之日起计算，相关情况记入全国环评机构及环评工程师诚信系统。对责令限期整改的环评机构，整改期间各级生态环境主管部门不得受理其编制的环境影响报告书（表）的审批申请。对责令限期整改的环评工程师，整改期间各级生态环境主管部门不得受理其作为编制主持人和主要编制人员编制的环境影响报告书（表）的审批申请。

上述机构及人员对处理意见有异议的，可在收到本通报之日起 60 日内向我部申请行政复议，也可在收到本通报之日起 6 个月内依法提起行政诉讼。

负责审批上述建设项目环境影响报告书（表）的生态环境主管部门对相关问题应组织采取有效措施，加强后续监管，避免项目建设对环境产生重大影响。具体发现问题及处理意见见附件。

附件：2018 年上半年建设项目环评文件技术复核发现问题及处理意见

生态环境部办公厅
2018 年 12 月 25 日

2018 年上半年建设项目环评文件技术复核核发现问题及处理意见

序号	环评文件名称	环评文件存在的主要问题	主持编制机构	资质证书编号	编制主持人及主要编制人员	审批部门	对主持编制机构的处理意见	对编制主持人及主要编制人员的处理意见	后续监管建议
1	广西翔吉有色金属有限公司年产 7.5 万吨电解铝项目环境影响报告书	1. 遗漏主要固体废物评价内容。未将项目产生的残阳极识别为固体废物，未对其属性进行判别，未论证处置措施可行性，不符合《固体废物鉴别标准 通则》(GB 34330—2017)"残阳极应为固体废物"的相关要求。 2. 残极处理车间污染防治措施不符合技术规范要求。电解阳极采取封闭、破碎和残极压脱等工序采取封闭、不符合《铝电解工程技术规范》(HJ 2033—2013)生治合理工程技术规范中"阳极组装应采取机械强制通风的负压净化系统"、《有色金属工业环境保护工程设计规范》(GB 50988—2014)中"残极处理设施"和《铝电解厂通风除尘与烟气净化设计规范》(GB 51020—2014)中有关上述工序"应设置集尘、除尘管道、除尘器……组成)系统处理"的要求	中铝国际工程股份有限公司	国环评证甲字第1052号	李玉珍 (HP 0006563)	广西壮族自治区环境保护厅	责令限期整改 六个月	责令限期整改 六个月	责成审批部门督促建设单位： 1. 按技术规范要求对电解质清理、破碎和残极压脱工段污染防治措施进行整改。 2. 对残阳极属性予以界定，并按相应标准完善残阳极贮存、处置污染防治措施

序号	环评文件名称	环评文件存在的主要问题	主持编制机构	资质证书编号	编制主持人及主要编制人员	审批部门	对主持编制机构的处理意见	对编制主持人及主要编制人员的处理意见	后续监管建议
2	中环信环保有限公司危险废物处置中心扩建及技改工程环境影响报告书	1. 遗漏环境质量现状评价因子。环境质量现状监测遗漏该类项目应控制的污染物CO，不符合《环境影响评价技术导则 大气环境》（HJ 2.2—2008）要求。2. 医疗废物贮存的废水防治措施不符合规范要求。未对医疗废物所等冲洗废水提出处置措施，不符合《医疗废物集中处置技术规范（试行）》（环发〔2003〕206号）中"医疗废物处置厂应建有污水集中消毒处理设施，处置厂的车辆、周转箱、暂时贮存医疗废物的场所、处置现场地面的冲洗污水应进行消毒处理，再进入处置厂内的污水集中消毒处理设施"的要求。3.医疗废物贮存的废气防治措施不符合规范要求。未对医疗废物贮存所废气提出处置措施不符合《医疗废物集中处置技术规范（试行）》（环发〔2003〕206号）中"医疗废物贮存同废气应入炉焚烧"的要求	中环联新（北京）环境保护有限公司	国环评证甲字第1058号	编制主持人：马允（HP 00016005）主要编制人员：崔艳芳（HP 0011558）	南阳市环境保护局	责令限期整改六个月	责令限期整改六个月	责成审批部门加强对建设单位监管，要求建设单位对贮存医疗废物产生的废水、废气进行规范处理
3	杭州百合环境科技有限公司危险固废热解焚烧项目环境影响报告书	未论证含汞废物、废酸热解焚烧可行性。项目采用热解焚烧工艺处理含汞废物（HW29）、废酸（HW34）等危险废物，不符合《危险废物处置工程技术导则》（HJ 2042—2014）附录I中"含汞废物（HW29）、废酸（HW34）不适宜焚烧处置"的要求	中环联新（北京）环境保护有限公司	国环评证甲字第1058号	马允（HP 00016005）	杭州大江东产业集聚区经济发展局	责令限期整改六个月	责令限期整改六个月	责成审批部门督促建设单位加强危废处置监管，如确不适宜焚烧处置的，则应采取合理的处置方式，确保满足环境管理要求

序号	环评文件名称	环评文件存在的主要问题	主持编制机构	资质证书编号	编制主持人及主要编制人员	审批部门	对主持编制机构的处理意见	对编制主持人及主要编制人员的处理意见	后续监管建议
4	乌鲁木齐国际机场北区改扩建工程环境影响报告书	1. 遗漏噪声敏感目标。未将新特阳光家园列入声环境敏感目标。 2. 噪声预测参数不全面。未给出各跑道不同飞行航向比例等预测参数。 3. 大气评价等级确定错误。在根据飞机尾气和锅炉烟气污染物分别计算出的评价等级为二级和三级情况下，将大气评价等级确定为三级，不符合《环境影响评价技术导则 大气环境》（HJ 2.2—2008）中"同一项目有多个污染源排放同一污染物时，则按各污染源分别确定其评价等级，并按评价级别最高者作为项目的评价等级"的要求。 4. 地下水污染防渗分区不符合导则要求。仅将油库库区及地下池划为重点防渗区，不符合《环境影响评价技术导则 地下水环境》（HJ 610—2016）中针对污染控制难易程度及天然包气带防污性能给出分区防渗技术要求。	煤炭工业太原设计研究院	国环评证甲字第1303号	编制主持人：杨（HP 0005229）主要编制人员：宋玉香（HP 0003957）韩翠花（HP 00016459）原杰辉（HP 00017863）	新疆维吾尔自治区环境保护厅	责令限期整改六个月	责令限期整改六个月	责成审批部门督促建设单位：1. 加强运营期敏感点噪声及大气跟踪监测，一旦出现超标，及时采取补救措施；2. 按照相关规定严格落实机场区域地下水污染防渗措施
5	江西金诺资源有限公司年产10万吨再生铝合金锭及2万吨铝压铸件项目环境影响报告书	遗漏大气环境评价因子。未将总悬浮颗粒物、铅及其化合物，锡及其化合物作为大气环境评价因子，不符合《环境影响评价技术导则 总纲》（HJ 2.1—2016）中"预测和评价因子应包括反映建设项目特点的常规污染因子、特征污染因子"的要求。	江苏润环环境科技有限公司	国环评证甲字第1907号	编制主持人：汤小强（HP 0002398）主要编制人员：饶甲（HP 0008635）	江西省环境保护厅	责令限期整改六个月	责令限期整改六个月	责成审批部门促建设单位对总悬浮颗粒物、铅及其化合物、锡及其化合物排放的监督和管理，确保满足环境管理要求

序号	环评文件名称	环评文件存在的主要问题	主持编制机构	资质证书编号	编制主持人及主要编制人员	审批部门	对主持编制机构的处理意见	对编制主持人及主要编制人员的处理意见	后续监管建议
6	南京开发区大型文化旅游项目地块改线工程环境影响报告书	1. 环境风险源强偏小。在3条原油管道管径分别为762毫米、508毫米和406毫米情况下，仅将管道10毫米孔径泄露作为最大可信事故不符合《建设项目环境风险评价技术导则》（HJ/T169—2004）中有关最大可信事故的"在所有预测的概率不为零的事故中，对环境危害最严重的重大事故（或健康）危害最严重的事故"的要求。未反映便民河下游西渡泵站（水利排涝）及其运行情况，未结合西渡泵站实际运行情况进行情况、漏进入长江的风险分析和制定相应的风险防范措施，未对区域应急物资配备和应急能力量进行深入分析	江苏润环环境科技有限公司	国环评证甲字第1907号	编制主持人：陈莹（HP00017030）主要编制人员：卢小刚（HP00017011）	南京市环境保护局	责令限期整改六个月		责成审批部门督促建设单位对环境风险评价进行补充论证，强化风险防范措施和应急预案，并严格落实
7	孟村回族自治县热力有限责任公司孟村回族自治县主城区集中供热工程环境影响报告书	大气预测浓度偏低。大气环境预测采用的烟气出口温度（353K），导致大气预测浓度偏低			编制主持人：吴静然（HP0012587）主要编制人员：岳晓隆（HP00015703）	孟村回族自治县环境保护局		责令限期整改六个月	责成审批部门督促建设单位加强监测，确保烟气污染物达标排放
8	迁曹高速公路京哈高速至沿海高速段工程环境影响报告书	1. 噪声预测感点不全面。刘庄子、丁庄户、丁庄户小学等噪声敏感点声环境，未按照《环境影响评价技术导则 声环境》（HJ 2.4—2009）中"分别计算主线、匝道对敏感点的贡献值并进行叠加"的要求进行预测。2. 噪声预测评价结论论证不足。声屏障长度不能完全覆盖马各庄、栗园、东杨庄、祁家营等敏感点，提出的居民住宅敏感点噪声预测值均能达标的结论缺乏依据	河北师大环评环境科技有限公司	国环评证乙字第1209号	编制主持人：岳晓隆（HP00015703）主要编制人员：底伟（HP0012585）何培培（HP0012572）	唐山市环境保护局	责令限期整改六个月	责令限期整改六个月	建议审批部门加强项目运营期敏感点噪声监测，一旦出现超标及时采取补救措施

序号	环评文件名称	环评文件存在的主要问题	主持编制机构	资质证书编号	编制主持人及主要编制人员	审批部门	对主持编制机构的处理意见	对编制主持人及主要编制人员的处理意见	后续监管建议
9	山西省和顺县羕井子水库工程环境影响报告书	1. 生态现状调查工作不符合相关要求。生态现状调查工作不满足一级评价要求，无生态监测布点图，不符合《环境影响评价技术导则 生态影响》（HJ 19—2011）表 B.1 "生态影响评价图件构成" 要求；未开展工程淹没等永久占地区动植物调查，不符合《环境影响评价技术导则 水利水电工程》（HJ/T 88—2003）3.4.9 条的相关现状调查，不符合《环境影响评价技术导则 水利水电工程》（HJ/T 88—2003）中有关环境现状调查和评价 "开展工程所处水生生物与生态现状调查" 的要求。2. 未对工程建设前后坝下河段流量变化进行预测分析，不符合《环境影响评价技术导则 水利水电工程》（HJ/T 88—2003）中 "水库工程应预测评价坝下游流量变化" 的要求	山西北龙工程咨询有限公司	国环评证乙字第1305号	编制主持人：尹晓煜（HP 0012053）主要编制人员：王军（HP 0003950）	晋中市环境保护局	责令限期整改六个月	责令限期整改六个月	责成审批部门督促建设单位落实生态流量在线监测
10	黔西南州医疗废物集中处置中心扩建工程环境影响报告书	1. 地下水评价工作等级判据不足。在未调查评价范围内分散式饮用水水源井分布情况和未明确项目是否位于兴义市头台坡水井泉水的补给水源（项目地下水下游1100米）的情况下，给出 "项目地下水下游1100米所在区域地下水环境敏感程度为不敏感" 的判定依据不足。2. 污染治理措施不可行。本项目产生的消毒残渣拟送至兴义垃圾填埋场暂存，但该填埋场防渗膜破裂已引起当地地下水环境质量超标，不具有依托性	山西智威环保科技咨询有限公司	国环评证乙字第1337号	张立肖（HP 00018987）	黔西南州环境保护局	责令限期整改六个月	责令限期整改六个月	责成审批部门督促建设单位加强项目产生残渣的管理，确保残渣处置合理可靠

序号	环评文件名称	环评文件存在的主要问题	主持编制机构	资质证书编号	编制主持人及主要编制人员	审批部门	对主持编制机构的处理意见	对编制主持人及主要编制人员的处理意见	后续监管建议
11	孝义市新环环保科技有限公司新建危险废弃物集中回收储存项目环境影响报告表	1. 排气筒高度不满足标准要求。生物质汽锅炉排气筒高度不低于8米，不符合《锅炉大气污染物排放标准》（GB 13271—2014）中"生物质成型燃料锅炉参照本标准中的燃煤锅炉排放要求执行"和"燃煤锅炉房烟囱高度随锅炉房总装机容量<1t/h（本项目为0.3t的生物质蒸汽锅炉）的烟囱最低高度为20米"的要求。2. 地下水影响预测遗漏评价因子。未对铅蓄电池电解液泄漏的特征因子硫酸根、铅进行地下水影响预测，不符合《环境影响评价技术导则 地下水环境》（HJ 610—2016）"地下水评价等级为二级，需对常规因子和特征因子均进行影响预测"的要求。	山西智成环保科技咨询有限公司	国环评证乙字第1337号	编制主持人：陈旭林（HP 00016481）主要编制人员：唐敏（HP 0005264）	孝义市环境保护局	责令限期整改六个月	责令限期整改六个月	责成审批部门督促建设单位：1. 对生物质锅炉除尘措施进行整改，确保污染物达标排放。2. 定期开展地下水中硫酸根、铅的监测，结合监测结果完善项目防渗措施，必要时加密监测频次
12	安徽佳牛皮革制品有限公司年产50万张牛皮半成品皮革项目环境影响报告书	1. 地下水评价等级错误。将项目类别确定为III类，地下水评价等级为三级，不符合《环境影响评价技术导则 地下水环境》（HJ 610—2016）中皮革类项目类别为I类，地下水评价等级至少为二级的要求。2. 环境空气现状监测不符合导则要求。废气特征因子非甲烷总烃现状监测采样为2天，不符合《环境影响评价技术导则 大气环境》（HJ 2.2—2008）中"连续采样7天"的规定。3. 有机废气处理措施可行性论证不足。未充分论证中活性炭直接吸附处理高温有机废气措施的可行性	巢湖中环环境科学研究有限公司（已更名为：安徽华森环境科学研究有限公司）	国环评证乙字第2124号	李玲丽（HP 00015204）	宿松县环境保护局	责令限期整改六个月	责令限期整改六个月	责成审批部门督促建设单位提出相应整改措施，确保废气达标排放

序号	环评文件名称	环评文件存在的主要问题	主持编制机构	资质证书编号	编制主持人及主要编制人员	审批部门	对主持编制机构的处理意见	对编制主持人及主要编制人员的处理意见	后续监管建议
13	危险废弃物处置项目环境影响报告书	1. 废气排放措施不符合相关要求。回转窑废气烟囱和喷射炉废气烟囱分开设置，不符合《危险废物焚烧污染控制标准》（GB 18484—2001）中"对有几个排气源的焚烧厂应集中到一个排气筒排放或采用多筒集合式排放"的要求。 2. 焚烧炉残渣处置方式可行性论证不足。未提供焚烧炉残渣返回回转窑焚烧处置方式的实际运行案例和工程化实验数据，不符合《建设项目环境影响评价技术导则 总纲》（HJ 2.1—2016）相关要求	威海市环境保护科学研究所有限公司	国环评证乙字第2416号	张阳（HP 0009547）	东营市经济技术开发区环境保护局	责令限期整改六个月	责令限期整改六个月	责成审批部门督促建设单位将焚烧炉烟囱改为多筒集合式排放，并对焚烧炉残渣经鉴别后处置
14	葛洲坝嘉鱼水泥有限公司利用水泥窑协同处置工业废弃物土壤项目环境影响报告书	1. 大气评价等级错误。本项目涉及重金属排放，大气评价等级确定为三级，不符合《环境影响评价技术导则 大气环境》（HJ 2.2—2008）中"项目排放的污染物对人体健康或生态环境有严重危害的特殊项目，评价等级一般不低于二级"的要求。 2. 现状监测遗漏特征污染因子。环境现状监测中缺少氯化氢、氟化氢特征因子，不符合《环境影响评价技术导则 大气环境》（HJ 2.2—2008 相关要求	，湖北荆环环保工程技术有限公司）	国环评证乙字第2609号	张顺武（HP 0003870）	咸宁市环境保护局	责令限期整改六个月	责令限期整改六个月	责成审批部门督促建设单位对项目涉及的特征污染因子进行补充监测，确保在项目运行中能够稳定达标排放，减少对周围环境的影响

序号	环评文件名称	环评文件存在的主要问题	主持编制机构	资质证书编号	编制主持人及主要编制人员	审批部门	对主持编制机构的处理意见	对编制主持人及主要编制人员的处理意见	后续监管建议
15	江西省莲花县黄沙水库抗旱应急水源工程环境影响报告书	1. 现状分析不足。缺少下游运行多年水电站的河流水资源开发现状及已造成的影响调查分析内容，流域生态环境问题调查分析不足。 2. 生态现状调查不符合相关要求。生态现状调查工作不满足一级评价要求，附具的植被调查方样线调查及占地范围内，未说明样方样线的代表性，无水生生态调查点位图，无鱼类调查名录，不符合《环境影响评价技术导则 生态影响》（HJ 19—2011）中"一级评价给出采样地样地样方方法测定的生物量、物种多样性数据"的要求。 3.水生生态预测评价论证不足。对水生生态影响预测评价依据不足，未分析水电站工程建设及下游测预测对水生生态的叠加影响，相关预测评价及保护措施不明确。 4.工程概况介绍不清，前后不一致，主要特性参数错误。报告书第 24 页工程特性表中的表述及现场核查结果均表明坝型为混凝土重力坝，而报告书第 206 页中出现"工程主要包含黏土心墙坝左岸灌溉输水洞，右岸溢流坝等工程"，"概述"第 24 页、第 225 页等处多次出现最大坝高 781.2 米、777 米，经现场核查工程最大坝高约 20 米	湖南景玺环保科技有限公司	国环评证乙字第 2710 号	编制主持人：唐旖旎（HP 00017210）主要编制人员：丁进宝（HP 0000604）	萍乡市环境保护局	责令限期整改六个月	责令限期整改六个月	责成审批部门督促建设单位落实生态流量在线监测

序号	环评文件名称	环评文件存在的主要问题	主持编制机构	资质证书编号	编制主持人及主要编制人员	审批部门	对主持编制机构的处理意见	对编制主持人及主要编制人员的处理意见	后续监管建议
16	机动车维修喷漆、液压油机油、废舱油回收与清舱废油环境影响报告表	1. 选址合理性分析论证不足。未按照《危险废物贮存污染控制标准》（GB 18597—2001）及其修改单的要求开展选址合理性分析。提出仓库废气治理措施不符合相关要求。2. 废气治理采用仓库通风排气后无组织排放，不符合《危险废物贮存污染控制标准》（GB 18597—2001）中"仓库式存储应有气体出口及气体净化装置"的要求。3. 地下水污染防治措施可行性论证不充分。未明确贮存区防渗性能与《危险废物贮存污染控制标准》（GB 18597—2001）要求的相符性	广西新北环环保科技有限公司	国环评证乙字第2909号	向东（HP 0012949）	宁化县环境保护局	责令限期整改六个月	责令限期整改六个月	责成审批部门督促建设单位对项目选址合理性、地下水污染防治措施进行重新论证；在选址合理的基础上按照《危险废物贮存污染控制标准》（GB 18597—2001）对工程贮存措施进行整改
17	广西鑫锋新能源科技有限公司年处理20万吨废铅酸蓄电池综合利用项目环境影响报告书	1. 破碎分选废气污染治措施可行性论证不足。未提供废电池破碎分选废气采用"物理挡截+SST型硫酸雾净化器"处理工艺的工程实例和工程化实验数据，不符合《建设项目环境影响评价技术导则 总纲》（HJ 2.1—2016）相关要求。2. 水淬渣污治措施不符合相关要求。在未明确竖炉水淬渣类型的情况下，按II类一般工业固体废物对竖炉水淬渣提出污染防治措施和环境管理要求，不符合《关于发布〈建设项目危险废物环境影响评价指南〉的公告》（原环境保护部公告2017年第43号）中"环评阶段不具备开展危险特性鉴别条件的可能含有危险特性的固体废物，环境影响报告书（表）中应明确疑似危险废物的名称、种类、可能的有害成分，并明确按危险废物从严管理，要求在该类固体废物产后开展危险特性鉴别"的要求	中国有色桂林矿产地质研究院有限公司	国环评证乙字第2924号	编制主持人：张静（HP 0006112）主要编制人员：黄伟（HP 0009266）	广西壮族自治区环境保护厅	责令限期整改六个月	责令限期整改六个月	责成审批部门督促建设单位加强破碎分选废气污染物监测，必要时改进废气治措施，提高污染物去除效率，确保污染物排放满足特别排放限值要求

序号	环评文件名称	环评文件存在的主要问题	主持编制机构	资质证书编号	编制主持人及主要编制人员	审批部门	对主持编制机构的处理意见	对编制主持人及主要编制人员的处理意见	后续监管建议
18	龙华江拦河坝工程环境影响报告书	1. 环境影响预测不全面。无工程运行期水文情势及蓄水后库区水质量预测分析内容，不符合《环境影响评价技术导则 水利水电工程》（HJ/T88—2003）中"水库工程应预测评价库区、坝下游及河口水位、流量、流速和泥沙冲淤变化及对环境的影响"的要求。2. 未预测分析增加城市供水后新增污染负荷的影响，未提出污染防治措施，不符合《水利建设项目（引调水工程）环境影响评价审批原则（试行）》（环办环评〔2016〕114号）的相关要求。	四川锦绣中华环保科技有限公司	国环评证乙字第3229号	任燕（HP 00018578）	南康区环境保护局	责令限期整改六个月	责令限期整改六个月	责成审批部门督促建设单位落实生态流量在线监测
19	甘肃省文县安昌河水电站工程变更环境影响报告书	1.生态评价等级错误。生态评价等级定为三级不符合《环境影响评价技术导则 生态影响》（HJ 19—2011）中"拦河闸坝建设明显改变水文情势等情况下，生态评价等级应上调一级"的要求。2.现状评价不充分。未针对工程已建的实际情况，梳理现有工程存在的环境问题，未提出具有针对性的环保措施及整改要求				陇南市环境保护局		责令限期整改六个月	责成审批部门督促建设单位加强对现有工程环境问题进行整改

序号	环评文件名称	环评文件存在的主要问题	主持编制机构	资质证书编号	编制主持人及主要编制人员	审批部门	对主持编制机构的处理意见	对编制主持人及主要编制人员的处理意见	后续监管建议
20	三都水族自治县交通运输局三都至腰收费站至苗龙路口道路改造工程环境影响报告书	1. 地表水环境质量执行标准错误。未根据审批部门批复的标准执行地表水II类标准。 2. 工程分析内容前后矛盾。未说明本工程借方约76万米³的来源：关于土料场设置情况中取土料场进行工程分析不一致，第42页设置"不设置混凝土搅拌站及砂石料场"，但又提出"初步选择料场位于本项目K3+000右侧，占地面积2.0327公顷"。 3. 噪声预测结果不可信。在工程近期、中期、远期的情况下，给出的近期、中期各车型噪声源强完全一致，并依此源强计算出噪声预测值完全一样的预测结果不可信	贵州成达环保科技服务有限公司	无（已注销）	夏世春（HP 0006188）	三都水族自治县环境保护局	/	责令限期整改六个月	建议审批部门加强项目运营期敏感点噪声监测，一旦出现超标及时采取补救措施
21	湖南华绿生物科技有限公司复混肥分公司复合肥生产线工艺改造及提产项目环境影响报告表	1. 工程分析不全面，未明确该项目已建成投运的实际情况和污染物排放情况。 2. 不就设置重大危险源开展环境影响评价，未将设置新增2个50 m³液氨储罐（最大贮存量为45t作为重大危险源开展环境影响评价，不符合《环境影响评价技术导则 大气环境》（HJ 2.2—2008）的相关要求。 3. 未就重大危险源开展环境影响评价。新增2个50 m³液氨储罐，不符合《危险化学品重大危险源辨识》（GB 18218—2009）中"液氨储量超过10吨的储罐应判定为重大危险源"的要求。 4. 液氨泄漏风险防控措施论证不足。未结合该项目2014年液氨泄漏事故情况论证液氨泄漏风险防控措施可靠性	湘潭市环境保护科学研究院	无（已脱钩）	余光辉（HP 0006779）	湘潭县环境保护局	/	责令限期整改六个月	责成审批部门加强对建设单位的日常监管，确保达标排放